Factores de conversión

Masa

$1\ \text{g} = 10^{-3}\ \text{kg}$
$1\ \text{kg} = 10^{3}\ \text{g}$
$1\ \text{u} = 1.66 \times 10^{-24}\ \text{g} = 1.66 \times 10^{-27}\ \text{kg}$
1 tonelada métrica = 1000 kg

Longitud

$1\ \text{nm} = 10^{-9}\ \text{m}$
$1\ \text{cm} = 10^{-2}\ \text{m} = 0.394\ \text{pulg}$
$1\ \text{m} = 10^{-3}\ \text{km} = 3.28\ \text{ft} = 39.4\ \text{pulg}$
$1\ \text{km} = 10^{3}\ \text{m} = 0.621\ \text{mi}$
$1\ \text{pulg} = 2.54\ \text{cm} = 2.54 \times 10^{-2}\ \text{m}$
$1\ \text{ft} = 0.305\ \text{m} = 30.5\ \text{cm}$
$1\ \text{mi} = 5280\ \text{ft} = 1609\ \text{m} = 1.609\ \text{km}$

Área

$1\ \text{cm}^2 = 10^{-4}\ \text{m}^2 = 0.1550\ \text{pulg}^2$
$\quad = 1.08 \times 10^{-3}\ \text{ft}^2$
$1\ \text{m}^2 = 10^{4}\ \text{cm}^2 = 10.76\ \text{ft}^2 = 1550\ \text{pulg}^2$
$1\ \text{pulg}^2 = 6.94 \times 10^{-3}\ \text{ft}^2 = 6.45\ \text{cm}^2$
$\quad = 6.45 \times 10^{-4}\ \text{m}^2$
$1\ \text{ft}^2 = 144\ \text{pulg}^2 = 9.29 \times 10^{-2}\ \text{m}^2 = 929\ \text{cm}^2$

Volumen

$1\ \text{cm}^3 = 10^{-6}\ \text{m}^3 = 3.53 \times 10^{-5}\ \text{ft}^3$
$\quad = 6.10 \times 10^{-2}\ \text{pulg}^3$
$1\ \text{m}^3 = 10^{6}\ \text{cm}^3 = 10^{3}\ \text{L} = 35.3\ \text{ft}^3$
$\quad = 6.10 \times 10^{4}\ \text{pulg}^3 = 264\ \text{gal}$
$1\ \text{litro} = 10^{3}\ \text{cm}^3 = 10^{-3}\ \text{m}^3 = 1.056\ \text{ct}$
$\quad = 0.264\ \text{gal} = 0.0353\ \text{ft}^3$
$1\ \text{pulg}^3 = 5.79 \times 10^{-4}\ \text{ft}^3 = 16.4\ \text{cm}^3$
$\quad = 1.64 \times 10^{-5}\ \text{m}^3$
$1\ \text{ft}^3 = 1728\ \text{pulg}^3 = 7.48\ \text{gal} = 0.0283\ \text{m}^3$
$\quad = 28.3\ \text{L}$
$1\ \text{ct} = 2\ \text{pt} = 946\ \text{cm}^3 = 0.946\ \text{L}$
$1\ \text{gal} = 4\ \text{ct} = 231\ \text{pulg}^3 = 0.134\ \text{ft}^3 = 3.785\ \text{L}$

Tiempo

1 h = 60 min = 3600 s
$1\ \text{día} = 24\ \text{h} = 1440\ \text{min} = 8.64 \times 10^{4}\ \text{s}$
$1\ \text{año} = 365\ \text{días} = 8.76 \times 10^{3}\ \text{h}$
$\quad = 5.26 \times 10^{5}\ \text{min} = 3.16 \times 10^{7}\ \text{s}$

Ángulo

$1\ \text{rad} = 57.3°$

$1° = 0.0175\ \text{rad}$	$60° = \pi/3\ \text{rad}$
$15° = \pi/12\ \text{rad}$	$90° = \pi/2\ \text{rad}$
$30° = \pi/6\ \text{rad}$	$180° = \pi\ \text{rad}$
$45° = \pi/4\ \text{rad}$	$360° = 2\pi\ \text{rad}$

$1\ \text{rev/min} = (\pi/30)\ \text{rad/s} = 0.1047\ \text{rad/s}$

Rapidez

$1\ \text{m/s} = 3.60\ \text{km/h} = 3.28\ \text{ft/s}$
$\quad = 2.24\ \text{mi/h}$
$1\ \text{km/h} = 0.278\ \text{m/s} = 0.621\ \text{mi/h}$
$\quad = 0.911\ \text{ft/s}$
$1\ \text{ft/s} = 0.682\ \text{mi/h} = 0.305\ \text{m/s}$
$\quad = 1.10\ \text{km/h}$
$1\ \text{mi/h} = 1.467\ \text{ft/s} = 1.609\ \text{km/h}$
$\quad = 0.447\ \text{m/s}$
$60\ \text{mi/h} = 88\ \text{ft/s}$

Fuerza

1 N = 0.225 lb
1 lb = 4.45 N
Peso equivalente de una masa de 1 kg en la superficie terrestre = 2.2 lb = 9.8 N

Presión

$1\ \text{Pa}\ (\text{N/m}^2) = 1.45 \times 10^{-4}\ \text{lb/pulg}^2$
$\quad = 7.5 \times 10^{-3}\ \text{torr (mm Hg)}$
$1\ \text{torr (mm Hg)} = 133\ \text{Pa}\ (\text{N/m}^2)$
$\quad = 0.02\ \text{lb/pulg}^2$
$1\ \text{atm} = 14.7\ \text{lb/pulg}^2 = 1.013 \times 10^{5}\ \text{N/m}^2$
$\quad = 30\ \text{pulg Hg} = 76\ \text{cm Hg}$
$1\ \text{lb/pulg}^2 = 6.90 \times 10^{3}\ \text{Pa}\ (\text{N/m}^2)$
$1\ \text{bar} = 10^{5}\ \text{Pa}$
$1\ \text{milibar} = 10^{2}\ \text{Pa}$

Energía

$1\ \text{J} = 0.738\ \text{ft·lb} = 0.239\ \text{cal}$
$\quad = 9.48 \times 10^{-4}\ \text{Btu} = 6.24 \times 10^{18}\ \text{eV}$
$1\ \text{kcal} = 4186\ \text{J} = 3.968\ \text{Btu}$
$1\ \text{Btu} = 1055\ \text{J} = 778\ \text{ft·lb} = 0.252\ \text{kcal}$
$1\ \text{cal} = 4.186\ \text{J} = 3.97 \times 10^{-3}\ \text{Btu}$
$\quad = 3.09\ \text{ft·lb}$
$1\ \text{ft·lb} = 1.36\ \text{J} = 1.29 \times 10^{-3}\ \text{Btu}$
$1\ \text{eV} = 1.60 \times 10^{-19}\ \text{J}$
$1\ \text{kWh} = 3.6 \times 10^{6}\ \text{J}$

Potencia

$1\ \text{W} = 0.738\ \text{ft·lb/s} = 1.34 \times 10^{-3}\ \text{hp}$
$\quad = 3.41\ \text{Btu/h}$
$1\ \text{ft·lb/s} = 1.36\ \text{W} = 1.82 \times 10^{-3}\ \text{hp}$
$1\ \text{hp} = 550\ \text{ft·lb/s} = 745.7\ \text{W}$
$\quad = 2545\ \text{Btu/h}$

Equivalentes masa-energía

$1\ \text{u} = 1.66 \times 10^{-27}\ \text{kg} \leftrightarrow 931.5\ \text{MeV}$
$1\ \text{masa de electrón} = 9.11 \times 10^{-31}\ \text{kg}$
$\quad = 5.49 \times 10^{-4}\ \text{u} \leftrightarrow 0.511\ \text{MeV}$
$1\ \text{masa de protón} = 1.672\,62 \times 10^{-27}\ \text{kg}$
$\quad = 1.007\,276\ \text{u} \leftrightarrow 938.27\ \text{MeV}$
$1\ \text{masa de neutrón} = 1.674\,93 \times 10^{-27}\ \text{kg}$
$\quad = 1.008\,665\ \text{u} \leftrightarrow 939.57\ \text{MeV}$

Temperatura

$T_F = \frac{9}{5} T_C + 32$
$T_C = \frac{5}{9} (T_F - 32)$
$T_K = T_C + 273$

Fuerza cgs

$1\ \text{dina} = 10^{-5}\ \text{N} = 2.25 \times 10^{-6}\ \text{lb}$

Energía cgs

$1\ \text{erg} = 10^{-7}\ \text{J} = 7.38 \times 10^{-6}\ \text{ft·lb}$

SEXTA EDICIÓN

FÍSICA

SEXTA EDICIÓN

FÍSICA

Jerry D. Wilson
Lander University
Greenwood, SC

Anthony J. Buffa
California Polytechnic State University
San Luis Obispo, CA

Bo Lou
Ferris State University
Big Rapids, MI

TRADUCCIÓN
Ma. de Lourdes Amador Araujo
Traductora profesional

REVISIÓN TÉCNICA
Alberto Lima Sánchez
Preparatoria de la Universidad La Salle

México • Argentina • Brasil • Colombia • Costa Rica • Chile • Ecuador
España • Guatemala • Panamá • Perú • Puerto Rico • Uruguay • Venezuela

Datos de catalogación bibliográfica

WILSON, JERRY; ANTHONY J. BUFA; BO LOU

Física. Sexta edición

PEARSON EDUCACIÓN, México, 2007

ISBN: 978-970-26-0851-6

Formato: 21 × 27 cm Páginas: 912

ISBN 0-13-149579-8

Edición en español
Editor: Enrique Quintanar Duarte
e-mail: enrique.quintanar@pearsoned.com
Editor de desarrollo: Felipe Hernández Carrasco
Supervisor de producción: Enrique Trejo Hernández

Edición en inglés
Senior Editor: Erik Fahlgren
Associate Editor: Christian Botting
Editor in Chief, Science: Dan Kaveney
Executive Managing Editor: Kathleen Schiaparelli
Assistant Managing Editor: Beth Sweeten
Manufacturing Buyer: Alan Fischer
Manufacturing Manager: Alexis Heydt-Long
Director of Creative Services: Paul Belfanti
Creative Director: Juan López
Art Director: Heather Scott
Director of Marketing, Science: Patrick Lynch
Media Editor: Michael J. Richards
Senior Managing Editor, Art Production and Management: Patricia Burns
Manager, Production Technologies: Matthew Haas
Managing Editor, Art Management: Abigail Bass
Art Editor: Eric Day
Art Studio: ArtWorks
Image Coordinator: Cathy Mazzucca
Mgr Rights & Permissions: Zina Arabia
Photo Researchers: Alexandra Truitt & Jerry Marshall
Research Manager: Beth Brenzel
Interior and Cover Design: Tamara Newnam
Cover Image: Greg Epperson/Index Stock Imagery
Managing Editor, Science Media: Nicole Jackson
Media Production Editors: William Wells, Dana Dunn
Editorial Assistant: Jessica Berta
Production Assistant: Nancy Bauer
Production Supervision/Composition: Prepare, Inc.

SEXTA EDICIÓN, 2007

Cámara Nacional de la Industria Editorial Mexicana. Reg. Núm. 1031.

ISBN 10: 970-26-0851-1
ISBN 13: 978-970-26-0851-6
Impreso en México. *Printed in Mexico.*
1 2 3 4 5 6 7 8 9 0 - 10 09 08

ACERCA DE LOS AUTORES

Jerry D. Wilson nació en Ohio y es profesor emérito de física y ex director de la División de Ciencias Físicas y Biológicas de Lander University en Greenwood, Carolina del Sur. Recibió el grado de licenciado en ciencias de la Universidad de Ohio, el grado de maestro en ciencias del Union College y, en 1970, el grado de doctor en física de la Universidad de Ohio. Obtuvo el grado de maestro en ciencias mientras trabajaba como físico especialista en el comportamiento de materiales.

Cuando estudiaba el doctorado, el profesor Wilson inició su carrera docente impartiendo cursos de física. Durante ese tiempo, fue coautor de un texto de física, del que actualmente circula la undécima edición. En combinación con su carrera docente, el profesor Wilson ha continuado con su labor de escribir libros, y es autor o coautor de seis textos. Aunque actualmente se ha retirado como profesor de tiempo completo, continúa escribiendo libros y artículos. Actualmente escribe la columna titulada *The Curiosity Corner*, que se publica semanalmente en periódicos locales y que también se encuentra disponible en Internet.

Anthony J. Buffa recibió el grado de licenciado en ciencias físicas del Rensselaer Polytechnic Institute en Troy, Nueva York, y el grado de doctor en física de la Universidad de Illinois, en Urbana-Champaign. En 1970, el profesor Buffa se incorporó al cuerpo docente de California Polytechnic State University, en San Luis Obispo. Se retiró recientemente y ahora es maestro de medio tiempo en Cal Poly, como profesor emérito de física. Ha realizado trabajos de investigación en física nuclear en diferentes laboratorios de aceleradores de partículas, incluido el LAMPF en Los Alamos National Laboratory. Trabajó como investigador asociado en el departamento de radioanalítica durante 16 años.

El principal interés del profesor Buffa sigue siendo la docencia. En el Cal Poly ha impartido cursos que van desde la introducción a la física hasta la mecánica cuántica; también desarrolló y supervisó numerosos experimentos de laboratorio e impartió cursos de física a los profesores de primaria y secundaria en los talleres organizados por la National Science Foundation (NSF). Combinando la física con su interés por el arte y la arquitectura, el doctor Buffa realiza trabajo artístico y hace sus propios dibujos, que utiliza para reforzar la efectividad de su labor en la enseñanza de la física. Además de continuar en la docencia, durante su retiro parcial, él y su esposa tratan de viajar más y esperan disfrutar de sus nietos durante mucho tiempo.

Bo Lou es profesor de física en Ferris State University en Michigan. Sus responsabilidades primordiales como docente son impartir cursos de introducción a la física y de laboratorio en el nivel de licenciatura. El profesor Lou enfatiza la importancia de la comprensión conceptual de las leyes y los principios básicos de la física y de sus aplicaciones prácticas al mundo real. También es un defensor entusiasta del uso de la tecnología en la enseñanza y el aprendizaje.

El profesor Lou recibió los grados de licenciado y de maestro en ciencias en ingeniería óptica de la Universidad de Zhejiang, en China, en 1982 y 1985, respectivamente, y el grado de doctor en física en el campo de materia condensada de la Universidad Emory en 1989.

El doctor Lou, su esposa Lingfei y su hija Alina residen actualmente en Big Rapids, Michigan. La familia Lou disfruta de los viajes, la naturaleza y el tenis.

CONTENIDO ABREVIADO

CONTENIDO

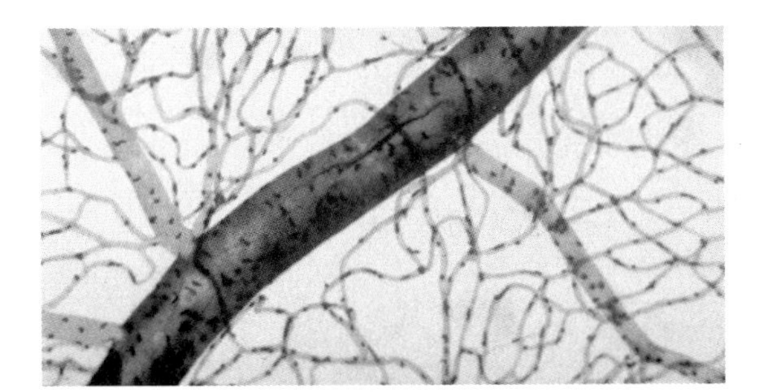

APRENDER DIBUJANDO

Aplicaciones [Las secciones A fondo aparecen en **negritas**; **(bio)** indica una aplicación biomédica]

PREFACIO

Creemos que hay dos metas básicas en un curso de introducción a la física: 1. ayudar a comprender los conceptos básicos y 2. habilitar a los estudiantes a utilizar esos conceptos en la resolución de una variedad de problemas.

Estas metas están vinculadas. Queremos que los estudiantes apliquen su comprensión conceptual conforme resuelven problemas. Por desgracia, los estudiantes a menudo comienzan el proceso de resolución de problemas buscando una ecuación. Existe la tentación de hacer embonar los números en las ecuaciones antes de visualizar la situación o de considerar los conceptos físicos que podrían utilizarse para resolver el problema. Además, los estudiantes pocas veces revisan su respuesta numérica para ver si concuerda con su comprensión de un concepto físico relevante.

Creemos —y los usuarios están de acuerdo— que las fortalezas de este libro de texto son las siguientes:

Base conceptual. Ayudar a los estudiantes a comprender los principios físicos casi invariablemente fortalece sus habilidades para resolver problemas. Hemos organizado las explicaciones e incorporado herramientas pedagógicas para asegurar que la comprensión de los conceptos conduzca al desarrollo de habilidades prácticas.

Cobertura concisa. Para mantener un enfoque agudo en lo esencial, hemos evitado temas de interés marginal. No deducimos relaciones cuando no arrojan luz sobre el principio en cuestión. Por lo general, es más importante que los estudiantes en este curso comprendan lo que una relación significa y cómo puede utilizarse para comprender las técnicas matemáticas o analíticas empleadas en obtenerla.

Aplicaciones. *Física* es un texto que se reconoce por la fuerte mezcla de aplicaciones relacionadas con la medicina, la ciencia, la tecnología y la vida diaria de las que se habla tanto en el cuerpo central del texto como en los recuadros *A fondo*. Al mismo tiempo que la sexta edición continúa incluyendo una amplia gama de aplicaciones, también hemos aumentado el número de aplicaciones biológicas y biomédicas, en atención al alto porcentaje de estudiantes de medicina y de campos relacionados con la salud que toman este curso. Una lista completa de aplicaciones, con referencias de página, se encuentra en las páginas X a XIII.

La sexta edición

Mientras trabajamos para reducir el número total de páginas en esta edición, hemos agregado material para fomentar una mayor comprensión de los estudiantes y para hacer de la física una materia más relevante, interesante y memorable para ellos.

Hechos de física. Cada capítulo comienza con varios hechos de física (entre cuatro y seis) acerca de descubrimientos o fenómenos cotidianos aplicables al tema central.

Resumen visual. El resumen al final de cada capítulo incluye representaciones visuales de los conceptos clave, que sirven como recordatorio para los estudiantes conforme repasan.

130 CAPÍTULO 4 Fuerza y movimiento

Repaso del capítulo

- Una **fuerza** es algo que puede cambiar el estado de movimiento de un objeto. Para producir un cambio en el movimiento, debe haber una fuerza neta, no equilibrada, distinta de cero:

$$\vec{\mathbf{F}}_{neta} = \Sigma\vec{\mathbf{F}}_i$$

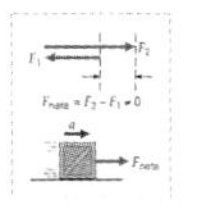

- La **primera ley de Newton del movimiento** también se denomina **ley de inercia**; inercia es la tendencia natural de los objetos a mantener su estado de movimiento. La ley dice que, en ausencia de una fuerza neta aplicada, un cuerpo en reposo permanece en reposo, y un cuerpo en movimiento permanece en movimiento con velocidad constante.
- La **segunda ley de Newton del movimiento** relaciona la fuerza neta que actúa sobre un objeto o un sistema con la masa (total) y la aceleración resultante. Define la relación de causa y efecto entre fuerza y aceleración:

$$\Sigma\vec{\mathbf{F}}_i = \vec{\mathbf{F}}_{neta} = m\vec{\mathbf{a}}$$

Una fuerza neta distinta de cero acelera la caja: $a = F/m$

...ción del **peso** en términos de masa es una forma de la

- La **tercera ley de Newton** indica que, por cada fuerza, hay una fuerza de reacción igual y opuesta. Según la tercera ley, las fuerzas opuestas de un par siempre actúan sobre objetos distintos.

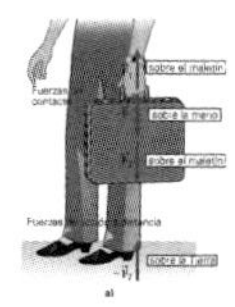

- Decimos que un objeto está en equilibrio traslacional si está en reposo o se mueve con velocidad constante. Si permanece en reposo, decimos que el objeto está en *equilibrio traslacional* estático. La condición de equilibrio traslacional se plantea así

$$\Sigma\vec{\mathbf{F}}_i = 0 \quad (4.4)$$

o bien,

$$\Sigma F_x = 0 \quad y \quad \Sigma F_y = 0 \quad (4.5)$$

- La fricción es la resistencia al movimiento que se da entre superficies en contacto. (En general, hay fricción entre todo tipo de medios: sólidos, líquidos y gases.)

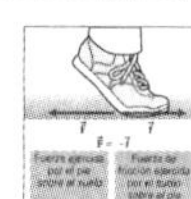

- La fuerza de fricción entre superficies se caracteriza por coeficientes de fricción (μ), uno para el caso estático y otro para el caso cinético (en movimiento). En muchas situaciones, $f = \mu N$, donde N es la fuerza ...

148 CAPÍTULO 5 Trabajo y energía

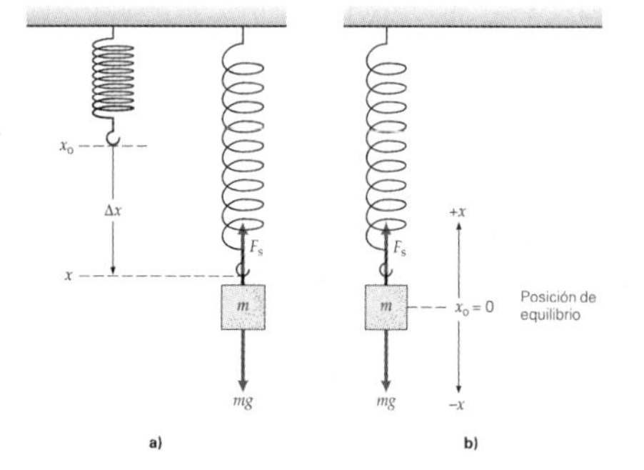

▶ **FIGURA 5.8 Referencia de desplazamiento** La posición de referencia x_o es arbitraria y suele elegirse por conveniencia. Podría ser *a*) el extremo del resorte sin carga o *b*) la posición de equilibrio cuando se suspende una masa del resorte. Esta última es muy conveniente en casos en que la masa oscila hacia arriba y hacia abajo en el resorte.

Ilustración 6.4 Resortes

5.3 El teorema trabajo-energía: energía cinética

OBJETIVOS: *a*) Estudiar el teorema trabajo-energía y *b*) aplicarlo para resolver problemas.

Ahora que tenemos una definición operativa de trabajo, examinemos su relación con la energía. La energía es uno de los conceptos científicos más importantes. La describimos como una cantidad que poseen los objetos o sistemas. Básicamente, el trabajo es algo que se hace *sobre* los objetos, en tanto que la energía es algo que los objetos *tienen*: la capacidad para efectuar trabajo.

Una forma de energía que está íntimamente asociada con el trabajo es la *energía cinética*. (Describiremos otra forma de energía, la *energía potencial*, en la sección 5.4.) Considere un objeto en reposo sobre una superficie sin fricción. Una fuerza horizontal actúa sobre el objeto y lo pone en movimiento. Se efectúa trabajo *sobre* el objeto, pero ¿a dónde "se va" el trabajo, por decirlo de alguna manera? Se va al objeto, poniéndolo en movimiento, es decir, modificando sus condiciones *cinéticas*. En virtud de su movimiento, decimos que el objeto ha ganado energía: energía cinética, que lo hace capaz de efectuar trabajo.

Exploración 6.1 Una definición operativa de trabajo

116 CAPÍTULO 4 Fuerza y movimiento

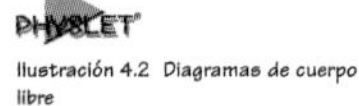

Ilustración 4.2 Diagramas de cuerpo libre

4.5 Más acerca de las leyes de Newton: diagramas de cuerpo libre y equilibrio traslacional

OBJETIVOS: *a*) Aplicar las leyes de Newton al análisis de diversas situaciones usando diagramas de cuerpo libre, y *b*) entender el concepto de equilibrio traslacional.

APRENDER DIBUJANDO

Fuerzas sobre un objeto en un plano inclinado y diagramas de cuerpo libre

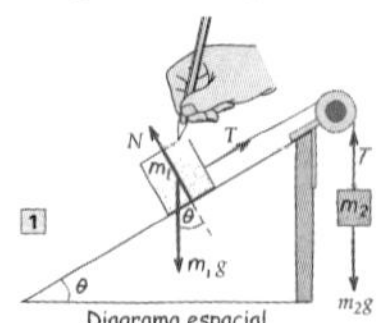

Ahora que conocemos las leyes de Newton y algunas de sus aplicaciones en el análisis del movimiento, debería ser evidente la importancia de esas leyes. Su planteamiento es sencillo, pero sus repercusiones son inmensas. Tal vez la segunda ley sea la que más a menudo se aplica, en virtud de su relación matemática. No obstante, la primera y la tercera se utilizan mucho en análisis cualitativo, como veremos al continuar nuestro estudio de las distintas áreas de la física.

En general, nos ocuparemos de aplicaciones en las que intervienen fuerzas constantes, las cuales producen aceleraciones constantes y nos permiten usar las ecuaciones de cinemática del capítulo 2 para analizar el movimiento. Si la fuerza es variable, la segunda ley de Newton es válida para la fuerza y la aceleración *instantáneas*; sin embargo, la aceleración variará con el tiempo, y necesitaremos algo de cálculo para analizarla. En general, nos limitaremos a aceleraciones y a fuerzas constantes. En esta sección presentaremos varios ejemplos de aplicaciones de la segunda ley de Newton, de manera que el lector se familiarice con su uso. Esta pequeña pero potente ecuación se usará una y otra vez a lo largo de todo el libro.

En el acervo para resolver problemas hay otro recurso que es de gran ayuda en las aplicaciones de fuerza: los diagramas de cuerpo libre, los cuales se explican en la siguiente sección.

y

dirección de la aceleración de m_1

x

m_1

2

Estrategia para resolver problemas: diagramas de cuerpo libre

En las ilustraciones de situaciones físicas, también conocidas como *diagramas espaciales*, se pueden dibujar vectores de fuerza en diferentes lugares para indicar sus puntos de aplicación. Sin embargo, como de momento sólo nos ocupamos de movimientos rectilíneos, podemos mostrar los vectores en *diagramas de cuerpo libre* (DCL) como si emanaran de un punto en común, que se elige como origen de los ejes x-y. Por lo regular, se escoge uno de los ejes en la dirección de la fuerza neta que actúa sobre un cuerpo, porque ésa es la dirección en la que acelerará el cuerpo. Además, suele ser útil descomponer los vectores de fuerza en componentes, y una selección adecuada de ejes x-y hace más sencilla dicha tarea.

En un diagrama de cuerpo libre, las flechas de los vectores no tienen que dibujarse exactamente a escala; aunque debe ser evidente si existe una fuerza neta o no, y si las fuerzas se equilibran o no en una dirección específica. Si las fuerzas no se equilibran, por la segunda ley de Newton, sabremos que debe haber una aceleración.

En resumen, los pasos generales para construir y usar diagramas de cuerpo libre son (remítase a las ilustraciones al margen mientras lee):

1. Haga un dibujo, o diagrama espacial, de la situación (si no le dan uno) e identifique las fuerzas que actúan sobre cada cuerpo del sistema. Un diagrama espacial es una ilustración de la situación física que identifica los vectores de fuerza.
2. Aísle el cuerpo para el cual se va a construir el diagrama de cuerpo libre. Trace un conjunto de ejes cartesianos, con el origen en un punto a través del cual actúan las fuerzas y con uno de los ejes en la dirección de la aceleración del cuerpo. (La aceleración tendrá la dirección de la fuerza neta, si la hay.)
3. Dibuje los vectores de fuerza debidamente orientados (incluyendo los ángulos) en el diagrama, de manera que los ejes emanen del origen. Si hay una fuerza no equilibrada, suponga una dirección de aceleración e indíquela con un vector de aceleración. Tenga cuidado de incluir sólo las fuerzas que actúan sobre el cuerpo aislado de interés.
4. Descomponga en componentes x y y las fuerzas que no estén dirigidas en los ejes x o y (use signos más y menos para indicar dirección y el sentido). Utilice el diagrama de cuerpo libre para analizar las fuerzas en términos de la segunda ley de Newton del movimiento. (*Nota:* si supone que la aceleración es en cierta dirección, y en la solución tiene el signo opuesto, la aceleración tendrá realmente la dirección opuesta a la que se supuso. Por ejemplo, si supone, que $\vec{a}$ está en la dirección $+x$, pero obtiene una respuesta negativa, querrá decir que $\vec{a}$ está en la dirección $-x$.)

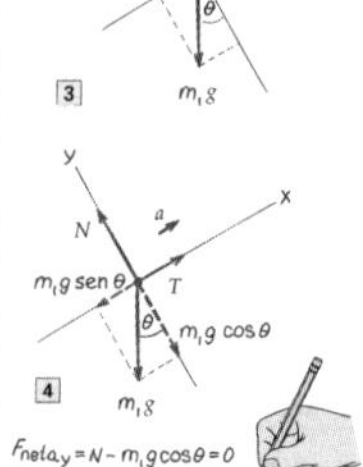

Integración de Physlet® Physics. Physlets son aplicaciones basadas en Java, que ilustran conceptos de física a través de la animación. *Physlet Physics* es un libro y un CD-ROM de amplia aceptación que contienen más de 800 Physlets en tres diferentes formatos: Ilustraciones Physlet, Exploraciones Physlet y Problemas Physlet. En la sexta edición de *Física*, los Physlets de *Physlet Physics* se denotan con un icono para que los estudiantes sepan cuándo una explicación y una animación alternativa están disponibles para apoyar la comprensión. El CD-ROM de *Physlet Physics* se incluye al adquirir el nuevo libro de texto.

Aplicaciones biológicas. No sólo aumentamos el número, sino que también ampliamos el alcance de las aplicaciones biológicas y biomédicas. Ejemplos de nuevas aplicaciones biológicas incluyen el uso de la energía corporal como fuente de potencia, la osteoporosis y la densidad mineral ósea, y la fuerza magnética en la medicina del futuro.

Hemos enriquecido las siguientes características pedagógicas en la sexta edición:

Aprendizaje mediante dibujos. La visualización es uno de los pasos más importantes en la resolución de problemas. En muchos casos, si los estudiantes elaboran un boceto de un problema, son capaces de resolverlo. La sección "Aprender dibujando" ayuda a los estudiantes de manera específica a hacer cierto tipo de bocetos y gráficas que les darán una comprensión clave en una variedad de situaciones de física.

Procedimiento sugerido de resolución de problemas. El apartado 1.7 brinda un esquema de trabajo para pensar acerca de la resolución de problemas. Esta sección incluye lo siguiente:

- Una panorámica de las estrategias de resolución de problemas
- Un procedimiento de seis pasos que es suficientemente general como para aplicarse a la mayoría de los problemas en física, pero que se utiliza fácilmente en situaciones específicas
- Ejemplos que ilustran con detalle el proceso de resolución de problemas y que muestran cómo se aplica en la práctica el procedimiento general

Estrategias de resolución de problemas y sugerencias. El tratamiento inicial de la resolución de problemas se sigue a través del libro con abundancia de sugerencias, consejos, advertencias, atajos y técnicas útiles para resolver tipos específicos de problemas. Estas estrategias y sugerencias ayudan a los estudiantes a aplicar principios generales a contexto específicos, así como a evadir los escollos y malos entendidos más comunes.

Ejemplos conceptuales. Estos ejemplos piden a los estudiantes que piensen acerca de una situación física y que resuelvan conceptualmente una pregunta o que elijan la predicción correcta a partir de un conjunto de resultados posibles, sobre la base de una comprensión de principios relevantes. La explicación que sigue ("Razonamiento y respuesta") explica con claridad cómo identificar la respuesta correcta, así como por qué las demás respuestas eran incorrectas.

Ejemplos trabajados. Tratamos de hacer los ejemplos del texto tan claros y detallados como fuera posible. El objetivo no es tan sólo mostrar a los estudiantes qué ecuaciones utilizar, sino también explicar la estrategia empleada y el papel de cada paso en el plan general. Se anima a los estudiantes a que aprendan el "porqué" de cada paso junto con el "cómo". Nuestra meta es brindar un modelo que sirva a los estudiantes para resolver problemas. Cada ejemplo trabajado incluye lo siguiente:

- ***Razonamiento*** que centra a los estudiantes en el pensamiento y análisis críticos que deben realizar antes de comenzar a utilizar las ecuaciones.
- ***Dado*** y ***Encuentre*** constituyen la primera parte de cada ***Solución*** para recordar a los alumnos la importancia de identificar lo que se conoce y lo que necesita resolverse.
- ***Ejercicios de refuerzo*** al final de cada ejemplo conceptual y de cada ejemplo trabajado refuerzan la importancia de la comprensión conceptual y ofrecen práctica adicional. (Las respuestas a los ejercicios de refuerzo se presentan al final del libro.)

Ejemplos integrados. Para reforzar aún más la conexión entre comprensión conceptual y resolución cuantitativa de problemas, hemos desarrollado ejemplos integrados para cada capítulo. Estos ejemplos se trabajan a través de una situación física de forma tanto cualitativa como cuantitativa. La parte cualitativa se resuelve seleccionando conceptualmente la respuesta correcta a partir de un conjunto de posibles respuestas. La parte cuantitativa supone una solución matemática relacionada con la parte conceptual, demostrando cómo la comprensión conceptual y los cálculos numéricos van de la mano.

Ejercicios al final de cada capítulo. Cada apartado del material final de los capítulos comienza con preguntas de opción múltiple (**OM**) para permitir a los estudiantes autoevaluarse rápidamente sobre el tema en cuestión. Luego se presentan preguntas conceptuales de respuesta corta (**PC**) que prueban la comprensión conceptual de los estudiantes y les piden razonar los principios. Los problemas cuantitativos redondean los ejercicios en cada apartado. *Física* incluye respuestas cortas a todos los ejercicios de número impar (cuantitativos *y* conceptuales) al final del libro, de manera que los estudiantes pueden verificar su comprensión.

Ejercicios apareados. Para animar a los estudiantes a que trabajen los problemas por sí mismos, la mayoría de las secciones incluyen por lo menos un conjunto de ejercicios apareados que se relacionan con situaciones similares. El primer problema de un par se resuelve en *Student Study Guide and Solutions Manuals*; el segundo problema, que explora una situación similar a la que se presentó en el primero, sólo tiene una respuesta al final del libro.

Ejercicios integrados. Al igual que los ejemplos integrados en el capítulo, los ejercicios integrados (**EI**) piden a los estudiantes resolver un problema cuantitativamente, así como una respuesta a una pregunta conceptual relacionada con el ejercicio. Al responder ambas partes, los estudiantes pueden ver si su respuesta numérica concuerda con su comprensión conceptual.

Ejercicios adicionales. Para asegurarse de que los estudiantes son capaces de sintetizar conceptos, cada capítulo concluye con un apartado de ejercicios adicionales extraídos de todas las secciones del capítulo y en ocasiones también de los principios básicos de capítulos anteriores.

***Instructor Resource Center on CD-ROM* (0-13-149712-X).** Este conjunto de CD-ROM, nuevo en esta edición, ofrece prácticamente todo recurso electrónico que usted necesitará en clase. Además de que podrá navegar libremente por los CD para encontrar los recursos que desea, el software le permitirá realizar la búsqueda mediante un catálogo de recursos. Los CD-ROM están organizados por capítulo e incluyen todas las ilustraciones y tablas de la sexta edición del libro en formatos JPEG y PowerPoint. Los IRC/CD también contienen el generador de pruebas *TestGenerator*, una poderosa plataforma dual y un software que se puede trabajar en red para crear pruebas que van desde breves cuestionarios hasta largos exámenes. Las preguntas del *Test Item File* de la sexta edición incluyen versiones aleatorizadas, de manera que los profesores tienen la posibilidad de utilizar el *Question Editor* para modificar las preguntas o crear nuevas. Los IRC/CD también contienen la versión para el profesor de *Physlet Physics*, esquemas de exposición para cada capítulo en PowerPoint, *ConceptTest* con preguntas para hacer "click" en PowerPoint, archivos de Microsoft Word por capítulo de todas las ecuaciones numeradas, los 11 videos de demostración *Physics You Can See* y versiones en Microsoft Word y PDF de *Test Item File, Instructor's Solutions Manual, Instructor's Resource Manual* y los ejercicios al final de los capítulos de la sexta edición de *Física*.

Companion Website con seguimiento del avance (http://www.prenhall.com/wilson)

Este sitio Web brinda a los estudiantes y profesores novedosos materiales *online* para utilizarse con la sexta edición de *Física*. El Companion Website con seguimiento del avance incluye lo siguiente:

- Integración de *Just-in-Time Teaching* (JiTT) *Warm-Ups, Puzzle, & Applications*, diseñados por Gregor Novak y Andrew Gavrin (Indiana University-Purdue University, Indianapolis): preguntas de calentamiento (*warm-up*) y preguntas de respuesta corta basadas en importantes conceptos presentados en los capítulos del libro. Los *puzzles* o acertijos son preguntas más complicadas que a menudo requieren integrar más de un concepto. Así, los profesores pueden asignar preguntas de calentamiento como cuestionario de lectura antes de la exposición en clase sobre ese tema, y las preguntas acertijo como tareas de refuerzo después de la clase. Los módulos de Applications responden la pregunta "¿para qué sirve la física?", al vincular los conceptos de física a los fenómenos del mundo real y a los avances en ciencia y tecnología. Cada módulo de aplicación contiene preguntas de respuesta corta y preguntas tipo ensayo.
- *Practice Questions:* un módulo de entre 20 y 30 preguntas de opción múltiple ordenadas jerárquicamente para repasar cada capítulo.
- *Ranking Task Exercises,* editados por Thomas O'Kuma (Lee College), David Maloney (Indiana University-Purdue University, Fort Wayne) y Curtis Hieggelke (Joliet Junior College), estos ejercicios conceptuales jerarquizados requieren que los estudiantes asignen un número para calificar diversas situaciones o las posibles variantes de una situación.
- Problemas *Physlet Physics: Physlets* son aplicaciones basadas en Java que ilustran conceptos de física mediante la animación. *Physlet Physics* incluye un libro de amplia circulación y un CD-ROM que contiene más de 800 *Physlets*. Los problemas *Physlet* son versiones interactivas del tipo de ejercicios que comúnmente se asignan como tarea para la casa. Problemas jerarquizados de *Physlet Physics* están disponibles para que los estudiantes se autoevalúen. Para tener acceso a ellos, los estudiantes utilizan su copia de *Physlet Physics* en CD-ROM, que se incluye junto con el presente libro.
- *MCAT Study Guide*, por Kaplan Test Prep and Admissions: esta guía ofrece a los estudiantes 10 pruebas sobre temas y conceptos comprendidos en el examen MCAT.

Blackboard. Blackboard es una plataforma de software extensa y flexible que ofrece un sistema de administración del curso, portales institucionales personalizados, comunidades *online* y una avanzada arquitectura que permite la integración de múltiples sistemas administrativos con base en la Web. Entre sus características están las siguientes:

- Seguimiento del progreso, administración de clases y de alumnos, libro de calificaciones, comunicación, tareas y herramientas de reporte.
- Programas de exámenes que ayudan a los profesores a diseñar versiones electrónicas de exámenes y pruebas sobre el contenido de la sexta edición de *Física*, a calificar automáticamente y a llevar un control de los resultados. Todas las pruebas pueden incluirse en el libro de calificaciones para una fácil administración del curso.
- Herramientas de comunicación como clase virtual (salas de *chat*, pizarra, transparencias), documentos compartidos y tableros de avisos.

CourseCompass, manejado por Blackboard. Con el más elevado nivel de servicio, apoyo y capacitación disponible en la actualidad, CourseCompass combina recursos *online* probados y de alta calidad para la sexta edición de *Física*, con herramientas electrónicas de administración de cursos fáciles de usar. CourseCompass está diseñado para satisfacer las necesidades individuales de los profesores, que podrán crear un curso *online* sin contar con habilidades técnicas o capacitación especiales. Entre sus características se encuentran las siguientes:

- Gran flexibilidad: los profesores pueden adaptar los contenidos de Prentice Hall para alcanzar sus propias metas de enseñanza, con escasa o ninguna asistencia externa.
- Evaluación, personalización, administración de clase y herramientas de comunicación.
- Acceso que sólo requiere de hacer clic: los recursos para la sexta edición de *Física* están disponibles a los profesores con un solo clic en el *mouse*.
- Un sistema con apoyo total que libera a los individuos y a las instituciones de gravosas cargas como atacar problemas y dar mantenimiento.

WebCt. WebCt ofrece un poderoso conjunto de herramientas que permite a los profesores diseñar programas educativos prácticos con base en la Web; se trata de recursos ideales para enriquecer un curso o para diseñar uno enteramente *online*. Las herramientas del WebCt, integradas con el contenido de la sexta edición de *Física*, da por resultado un sistema de enseñanza y aprendizaje versátil y enriquecedor. Entre sus características se encuentran las siguientes:

- Monitoreo de páginas y de progreso, administración de clase y de los alumnos, libro de calificaciones, comunicación, calendario y herramientas de reporte.
- Herramientas de comunicación que incluyen salas de *chat*, tableros de avisos, e-mail privado y pizarra.
- Herramientas de evaluación que ayudan a diseñar y administrar exámenes *online*, a calificarlos automáticamente y a llevar control de los resultados.

***WebAssign* (http://www.webassign.com).** El servicio de entrega de tareas *WebAssign* le dará la libertad de diseñar tareas a partir de una base de datos de ejercicios tomados de la sexta edición de *Física*, o de escribir y personalizar sus propios ejercicios. Usted tendrá total control sobre las tareas asignadas a sus alumnos, incluyendo fechas de entrega, contenido, retroalimentación y formatos de preguntas. Entre sus características destacan las siguientes:

- Crea, administra y revisa tareas 24 horas y siete días a la semana.
- Entrega, recoge, califica y registra tareas de forma instantánea.
- Ofrece más ejercicios de práctica, cuestionarios, tareas, actividades de laboratorio y exámenes.
- Asigna aleatoriamente valores numéricos o frases para crear preguntas únicas.
- Evalúa el desempeño de los alumnos para mantenerse al tanto de su progreso individual.
- Clasifica fórmulas algebraicas de acuerdo con su dificultad matemática.
- Capta la atención de sus alumnos que están a distancia.

Reconocimientos

Los miembros de AZTEC —Billy Younger, Michael LoPresto, David Curott y Daniel Lottis—, así como los excelentes revisores Michael Ottinger y Mark Sprague merecen algo más que un agradecimiento especial por su incansable, puntual y muy concienzuda revisión de este libro.

Docenas de otros colegas, que se listan más adelante, nos ayudaron a encontrar los métodos para lograr que esta sexta edición fuera una mejor herramienta de aprendizaje para los estudiantes. Estamos en deuda con ellos por sus atentas sugerencias y críticas constructivas, las cuales beneficiaron ampliamente el texto.

Estamos muy agradecidos con la editorial y con el equipo de producción de Prentice Hall, entre quienes mencionamos a Erick Fahlgren, Editor Sponsor; Heather Scott, Director de Arte; Christian Botting, Editor Asociado; y Jessica Berta, Asistente Editorial. En particular los autores quieren destacar la excelente labor de Simone Lukashov, Editor de Producción: sus amable, profesional y alegre supervisión hizo que el proceso para publicar este libro fuera eficiente y hasta placentero. Además, agradecemos a Karen Karlin, Editora de Desarrollo de Prentice Hall, por su valiosa ayuda en la parte editorial.

Asimismo, yo (Tonny Buffa) de nueva cuenta extiendo mis agradecimientos a mis coautores, Jerry Wilson y Bo Lou, por su entusiasta participación y su enfoque profesional para trabajar en esta edición. Como siempre, varios de mis colegas en Caly Poly nos brindaron su tiempo y sus fructíferos análisis. Entre ellos, menciono a los profesores Joseph Boone, Ronald Brown y Theodore Foster. Mi familia —mis esposa Connie, y mis hijas Jeanne y Julie— fueron, como siempre, una fuerza de apoyo continua y gratificante. También agradezco el apoyo de mi padre, Anthony Buffa y de mi tía Dorothy Abbott. Por último debo un reconocimiento a mis alumnos por contribuir con sus excelentes ideas en los últimos años.

Finalmente nos gustaría motivar a todos los usuarios este libro —estudiantes y profesores— a que nos transmitan cualesquiera sugerencias que tengan para mejorarlo. En verdad esperamos recibirlas.

—Jerry D. Wilson
jwilson@greenwood.net
—Anthony J. Buffa
abuffa@calpoly.edu
—Bo Lou
loub@ferris.edu

Revisores de la sexta edición:

David Aaron
South Dakota State University

E. Daniel Akpanumoh
Houston Community College, Southwest

Ifran Azeem
Embry-Riddle Aeronautical University

Raymond D. Benge
Tarrant County College

Frederick Bingham
University of North Carolina, Wilmington

Timothy C. Black
University of North Carolina, Wilmington

Mary Boleware
Jones County Junior College

Art Braundmeier
Southern Illinois University, Edwardsville

Michael L. Broyles
Collin County Community College

Debra L. Burris
Oklahoma City Community College

Jason Donav
University of Puget Sound

Robert M. Drosd
Portland Community College

Bruce Emerson
Central Oregon Community College

Milton W. Ferguson
Norfolk State University

Phillip Gilmour
Tri-County Technical College

Allen Grommet
East Arkansas Community College

Brian Hinderliter
North Dakota State University

Ben Yu-Kuang Hu
University of Akron

Porter Johnson
Illinois Institute of Technology

Andrew W. Kerr
University of Findlay

Jim Ketter
Linn-Benton Community College

Terrence Maher
Alamance Community College

Kevin McKone
Copiah Lincoln Community College

Kenneth L. Menningen
University of Wisconsin, Stevens Point

Michael Mikhaiel
Passaic County Community College

Ramesh C. Misra
Minnesota State University, Mankato

Sandra Moffet
Linn Benton Community College

Michael Ottinger
Missouri Western State College

James Palmer
University of Toledo

Kent J. Price
Morehead State University

Salvatore J. Rodano
Harford Community College

John B. Ross
Indiana University-Purdue University, Indianapolis

Terry Scott
University of Northern Colorado

Rahim Setoodeh
Milwaukee Area Technical College

Martin Shingler
Lakeland Community College

Mark Sprague
East Carolina State University

Steven M. Stinnett
McNeese State University

John Underwood
Austin Community College

Tristan T. Utschig
Lewis-Clark State College

Steven P. Wells
Louisiana Technical University

Christopher White
Illinois Institute of Technology

Anthony Zable
Portland Community College

John Zelinsky
Community College of Baltimore County, Essex

Revisores de ediciones anteriores

William Achor
Western Maryland College

Alice Hawthorne Allen
Virginia Tech

Arthur Alt
College of Great Falls

Zaven Altounian
McGill University

Frederick Anderson
University of Vermont

Charles Bacon
Ferris State College

Ali Badakhshan
University of Northern Iowa

Anand Batra
Howard University

Michael Berger
Indiana University

William Berres
Wayne State University

James Borgardt
Juniata College

Hugo Borja
Macomb Community College

Bennet Brabson
Indiana University

Jeffrey Braun
University of Evansville

Michael Browne
University of Idaho

David Bushnell
Northern Illinois University

Lyle Campbell
Oklahoma Christian University

James Carroll
Eastern Michigan State University

Aaron Chesir
Lucent Technologies

Lowell Christensen
American River College

Philip A. Chute
University of Wisconsin–Eau Claire

Robert Coakley
University of Southern Maine

Lawrence Coleman
University of California–Davis

Lattie F. Collins
East Tennessee State University

Sergio Conetti
University of Virginia, Charlottesville

James Cook
Middle Tennessee State University

David M. Cordes
Belleville Area Community College

James R. Crawford
Southwest Texas State University

William Dabby
Edison Community College

Purna Das
Purdue University

J. P. Davidson
University of Kansas

Donald Day
Montgomery College

Richard Delaney
College of Aeronautics

James Ellingson
College of DuPage

Donald Elliott
Carroll College

Arnold Feldman
University of Hawaii

John Flaherty
Yuba College

Rober J. Foley
University of Wisconsin–Stout

Lewis Ford
Texas A&M University

Donald Foster
Wichita State University

Donald R. Franceschetti
Memphis State University

Frank Gaev
ITT Technical Institute–Ft. Lauderdale

Rex Gandy
Auburn University

Simon George
California State–Long Beach

Barry Gilbert
Rhode Island College

Richard Grahm
Ricks College

Tom J. Gray
University of Nebraska

Douglas Al Harrington
Northeastern State University

Gary Hastings
Georgia State University

Xiaochun He
Georgia State University

J. Erik Hendrickson
University of Wisconsin–Eau Claire

Al Hilgendorf
University of Wisconsin–Stout

Joseph M. Hoffman
Frostburg State University

Andy Hollerman
University of Louisiana, Layfayette

Jacob W. Huang
Towson University

Randall Jones
Loyola University

Omar Ahmad Karim
University of North Carolina–Wilmington

S. D. Kaviani
El Camino College

Victor Keh
ITT Technical Institute–Norwalk, California

John Kenny
Bradley University

James Kettler
Ohio University, Eastern Campus

Dana Klinck
Hillsborough Community College

Chantana Lane
University of Tennessee–Chattanooga

Phillip Laroe
Carroll College

Rubin Laudan
Oregon State University

Bruce A. Layton
Mississippi Gulf Coast Community College

R. Gary Layton
Northern Arizona University

Kevin Lee
University of Nebraska

Paul Lee
California State University, Northridge

Federic Liebrand
Walla Walla College

Mark Lindsay
University of Louisville

Bryan Long
Columbia State Community College

Michael LoPresto
Henry Ford Community College

Dan MacIsaac
Northern Arizona University

Robert March
University of Wisconsin

Trecia Markes
University of Nebraska–Kearney

Aaron McAlexander
Central Piedmont Community College

William McCorkle
West Liberty State University

John D. McCullen
University of Arizona

Michael McGie
California State University–Chico

Paul Morris
Abilene Christian University

Gary Motta
Lassen College

J. Ronald Mowrey
Harrisburg Area Community College

Gerhard Muller
University of Rhode Island

K. W. Nicholson
Central Alabama Community College

Erin O'Connor
Allan Hancock College

Anthony Pitucco
Glendale Community College

William Pollard
Valdosta State University

R. Daryl Pedigo
Austin Community College

T. A. K. Pillai
University of Wisconsin–La Crosse

Darden Powers
Baylor University

Donald S. Presel
University of Massachusetts–Dartmouth

E. W. Prohofsky
Purdue University

Dan R. Quisenberry
Mercer University

W. Steve Quon
Ventura College

David Rafaelle
Glendale Community College

George Rainey
California State Polytechnic University

Michael Ram
SUNY–Buffalo

William Riley
Ohio State University

William Rolnick
Wayne State University

Robert Ross
University of Detroit–Mercy

Craig Rottman
North Dakota State University

Gerald Royce
Mary Washington College

Roy Rubins
University of Texas, Arlington

Sid Rudolph
University of Utah

Om Rustgi
Buffalo State College

Anne Schmiedekamp
Pennsylvania State University–Ogontz

Cindy Schwarz
Vassar College

Ray Sears
University of North Texas

Mark Semon
Bates College

Bartlett Sheinberg
Houston Community College

Jerry Shi
Pasadena City College

Peter Shull
Oklahoma State University

Thomas Sills
Wilbur Wright College

Larry Silva
Appalachian State University

Michael Simon
Housatonic Community Technical College

Christopher Sirola
Tri-County Technical College

Gene Skluzacek
St. Petersburg College

Soren P. Sorensen
University of Tennessee–Knoxville

Ross Spencer
Brigham Young University

Dennis W. Suchecki
San Diego Mesa College

Frederick J. Thomas
Sinclair Community College

Jacqueline Thornton
St. Petersburg Junior College

Anthony Trippe
ITT Technical Institute–San Diego

Gabriel Umerah
Florida Community College–Jacksonville

Lorin Vant-Hull
University of Houston

Pieter B. Visscher
University of Alabama

Karl Vogler
Northern Kentucky University

John Walkup
California Polytechnic State University

Arthur J. Ward
Nashville State Technical Institute

Larry Weinstein
Old Dominion University

John C. Wells
Tennessee Technical University

Arthur Wiggins
Oakland Community College

Kevin Williams
ITT Technical Institute–Earth City

Linda Winkler
Appalachian State University

Jeffery Wragg
College of Charleston

Rob Wylie
Carl Albert State University

John Zelinsky
Southern Illinois University

Dean Zollman
Kansas State University

CAPÍTULO 1

MEDICIÓN Y RESOLUCIÓN DE PROBLEMAS

HECHOS DE FÍSICA

- La tradición cuenta que en el siglo XII, el rey Enrique I de Inglaterra decretó que la yarda debería ser la distancia desde la punta de su real nariz a su dedo pulgar teniendo el brazo extendido. (Si el brazo del rey Enrique hubiera sido 3.37 pulgadas más largo, la yarda y el metro tendrían la misma longitud.)
- La abreviatura para la libra, *lb*, proviene de la palabra latina *libra*, que era una unidad romana de peso aproximadamente igual a una libra actual. La palabra equivalente en inglés *pound* viene del latín *pondero*, que significa "pesar". Libra también es un signo del zodiaco y se simboliza con una balanza (que se utiliza para pesar).
- Thomas Jefferson sugirió que la longitud de un péndulo con un periodo de un segundo se utilizara como la medida estándar de longitud.
- ¿Es verdadero el antiguo refrán "Una pinta es una libra en todo el mundo"? Todo depende de qué se esté hablando. El refrán es una buena aproximación para el agua y otros líquidos similares. El agua pesa 8.3 libras por galón, de manera que la octava parte de esa cantidad, o una pinta, pesa 1.04 libras.
- Pi (π), la razón entre la circunferencia de un círculo y su diámetro, es siempre el mismo número sin importar el círculo del que se esté hablando. Pi es un número irracional; esto es, no puede escribirse como la razón entre dos números enteros y es un decimal infinito, que no sigue un patrón de repetición. Las computadoras han calculado π en miles de millones de dígitos. De acuerdo con el *Libro Guinness de los Récords* (2004), π se ha calculado en 1 241 100 000 000 lugares decimales.

¿Es primero y 10? Es necesario medir, como en muchas otras cuestiones de nuestra vida. Las mediciones de longitud nos dicen qué distancia hay entre dos ciudades, qué estatura tienes y, como en esta imagen, si se llegó o no al primero y 10. Las mediciones de tiempo nos dicen cuánto falta para que termine la clase, cuándo inicia el semestre o el trimestre y qué edad tienes. Los fármacos que tomamos cuando estamos enfermos se dan en dosis medidas. Muchas vidas dependen de diversas mediciones realizadas por médicos, técnicos especialistas y farmacéuticos para el diagnóstico y tratamiento de enfermedades.

Las mediciones nos permiten calcular cantidades y resolver problemas. Las unidades también intervienen en la resolución de problemas. Por ejemplo, al determinar el volumen de una caja rectangular, si mide sus dimensiones en pulgadas, el volumen tendría unidades de $pulg^3$ (pulgadas cúbicas); si se mide en centímetros, entonces serían cm^3 (centímetros cúbicos). Las mediciones y la resolución de problemas forman parte de nuestras vidas. Desempeñan un papel esencialmente importante en nuestros intentos por describir y entender el mundo físico, como veremos en este capítulo. Pero primero veamos por qué se debe estudiar la física (A fondo 1.1).

A FONDO 1.1 ¿POR QUÉ ESTUDIAR FÍSICA?

La pregunta ¿por qué estudiar física? viene a la mente de muchos alumnos durante sus estudios universitarios. La verdad es que probablemente existen tantas respuestas como estudiantes, al igual que sucede con otras materias. Sin embargo, las preguntas podrían agruparse en varias categorías generales, que son las siguientes.

Tal vez usted no pretenda convertirse en un *físico*, pero para los especialistas en esta materia la respuesta es obvia. La introducción a la física provee los fundamentos de su carrera. La meta fundamental de la física es comprender de dónde proviene el universo, cómo ha evolucionado y cómo lo sigue haciendo, así como las reglas (o "leyes") que rigen los fenómenos que observamos. Estos estudiantes utilizarán su conocimiento de la física de forma continua durante sus carreras. Como un ejemplo de la investigación en física, considere la invención del transistor, a finales de la década de 1940, que tuvo lugar en un área especial de la investigación conocida como física del estado sólido.

Quizás usted tampoco pretenda convertirse en un *ingeniero especialista en física aplicada*. Para ellos, la física provee el fundamento de los principios de ingeniería utilizados para resolver problemas tecnológicos (aplicados y prácticos). Algunos de estos estudiantes tal vez no utilicen la física directamente en sus carreras; pero una buena comprensión de la física es fundamental en la resolución de los problemas que implican los avances tecnológicos. Por ejemplo, después de que los físicos inventaron el transistor, los ingenieros desarrollaron diversos usos para éste. Décadas más tarde, los transistores evolucionaron hasta convertirse en los modernos chips de computadora, que en realidad son redes eléctricas que contienen millones de elementos diminutos de transistores.

Es más probable que usted quiera ser un *especialista en tecnología* o en *ciencias biológicas* (médico, terapeuta físico, médico veterinario, especialista en tecnología industrial, etc.). En este caso, la física le brindará un marco de comprensión de los principios relacionados con su trabajo. Aunque las aplicaciones de las leyes de la física tal vez no sean evidentes de forma inmediata, comprenderlas será una valiosa herramienta en su carrera. Si usted se convierte en un profesional de la medicina, por ejemplo, se verá en la necesidad de evaluar resultados de IRM (imágenes de resonancia magnética), un procedimiento habitual en la actualidad. ¿Le sorprendería saber que las IRM se basan en un fenómeno físico llamado *resonancia magnética nuclear*, que descubrieron los físicos y que aún se utiliza para medir las propiedades nucleares y del estado sólido?

Si usted es un estudiante de una *especialidad no técnica*, el requisito de física pretende darle una educación integral; esto es, le ayudará a desarrollar la capacidad de evaluar la tecnología en el contexto de las necesidades sociales. Por ejemplo, quizá tenga que votar en relación con los beneficios fiscales para una fuente de producción de energía, y en ese caso usted querría evaluar las ventajas y las desventajas de ese proceso. O quizás usted se sienta tentado a votar por un funcionario que tiene un sólido punto de vista en torno al desecho del material nuclear. ¿Sus ideas son científicamente correctas? Para evaluarlas, es indispensable tener conocimientos de física.

Como podrá darse cuenta, no hay una respuesta única a la pregunta ¿por qué estudiar física? No obstante, sobresale un asunto primordial: el conocimiento de las leyes de la física ofrece un excelente marco para su carrera y le permitirá comprender el mundo que le rodea, o simplemente, le ayudará a ser un ciudadano más consciente.

1.1 Por qué y cómo medimos

OBJETIVOS: Distinguir entre unidades estándar y sistemas de unidades.

Imagine que alguien le está explicando cómo llegar a su casa. ¿Le serviría de algo que le dijeran: "Tome la calle Olmo durante un rato y dé vuelta a la derecha en uno de los semáforos. Luego siga de frente un buen tramo"? ¿O le agradaría tratar con un banco que le enviara a fin de mes un estado de cuenta que indicara: "Todavía tiene algo de dinero en su cuenta, pero no es mucho"?

Medir es importante para todos nosotros. Es una de las formas concretas en que enfrentamos el mundo. Este concepto resulta crucial en física. *La física se ocupa de describir y entender la naturaleza*, y la medición es una de sus herramientas fundamentales.

Hay formas de describir el mundo físico que no implican medir. Por ejemplo, podríamos hablar del color de una flor o un vestido. Sin embargo, la percepción del color es subjetiva: puede variar de una persona a otra. De hecho, muchas personas padecen daltonismo y no pueden distinguir ciertos colores. La luz que captamos también puede describirse en términos de longitudes de onda y frecuencias. Diferentes longitudes de onda están asociadas con diferentes colores debido a la respuesta fisiológica de nuestros ojos ante la luz. No obstante, a diferencia de las sensaciones o percepciones del color, las longitudes de onda pueden medirse. Son las mismas para todos. En otras palabras, las mediciones son objetivas. *La física intenta describir la naturaleza de forma objetiva usando mediciones.*

Unidades estándar

Las mediciones se expresan en valores unitarios o unidades. Seguramente usted ya sabe que se emplea una gran variedad de unidades para expresar valores medidos. Algunas de las primeras unidades de medición, como el pie, se referían originalmente a partes del cuerpo humano. (Incluso en la actualidad el palmo se utiliza para medir la alzada de los caballos. Un palmo equivale a 4 pulgadas.) Si una unidad logra aceptación oficial, decimos que es una **unidad estándar**. Tradicionalmente, un organismo gubernamental o internacional establece las unidades estándar.

Un grupo de unidades estándar y sus combinaciones se denomina **sistema de unidades**. Actualmente se utilizan dos sistemas principales de unidades: el sistema métrico y el sistema inglés. Este último todavía se usa ampliamente en Estados Unidos; aunque prácticamente ha desaparecido en el resto del mundo, donde se sustituyó por el sistema métrico.

Podemos usar diferentes unidades del mismo sistema o unidades de sistemas distintos para describir la misma cosa. Por ejemplo, expresamos nuestra estatura en pulgadas, pies, centímetros, metros o incluso millas (aunque esta unidad no sería muy conveniente). Siempre es posible convertir de una unidad a otra, y hay ocasiones en que son necesarias tales conversiones. No obstante, lo mejor, y sin duda lo más práctico, es trabajar de forma consistente dentro del mismo sistema de unidades, como veremos más adelante.

1.2 Unidades SI de longitud, masa y tiempo

OBJETIVOS: *a*) Describir SI y *b*) especificar las referencias de las tres principales cantidades base en ese sistema.

La longitud, la masa y el tiempo son cantidades físicas fundamentales que describen muchas cantidades y fenómenos. De hecho, los temas de la mecánica (el estudio del movimiento y las fuerzas) que se cubren en la primera parte de este libro *tan sólo* requieren estas cantidades físicas. El sistema de unidades que los científicos usan para representar éstas y otras cantidades se basa en el sistema métrico.

Históricamente, el sistema métrico fue consecuencia de propuestas para tener un sistema más uniforme de pesos y medidas hechas, que se dieron en Francia durante los siglos XVII y XVIII. La versión moderna del sistema métrico se llama **sistema internacional de unidades**, que se abrevia oficialmente **SI** (del francés *Système International des Unités*).

El SI incluye *cantidades base* y *cantidades derivadas*, que se describen con unidades base y unidades derivadas, respectivamente. Las **unidades base**, como el metro y el kilogramo, se representan con estándares. Las cantidades que se pueden expresar en términos de combinaciones de unidades base se llaman **unidades derivadas**. (Pensemos en cómo solemos medir la longitud de un viaje en kilómetros; y el tiempo que toma el viaje, en horas. Para expresar la rapidez con que viajamos, usamos la unidad derivada de kilómetros por hora, que representa distancia recorrida por unidad de tiempo, o longitud por tiempo.)

Uno de los refinamientos del SI fue la adopción de nuevas referencias estándar para algunas unidades base, como las de longitud y tiempo.

Longitud

La longitud es la cantidad base que usamos para medir distancias o dimensiones en el espacio. Por lo general decimos que longitud es la distancia entre dos puntos. Sin embargo, esa distancia dependerá de cómo se recorra el espacio entre los puntos, que podría ser con una trayectoria recta o curva.

La unidad SI de longitud es el **metro** (**m**). El metro se definió originalmente como 1/10 000 000 de la distancia entre el Polo Norte y el ecuador a lo largo de un meridia-

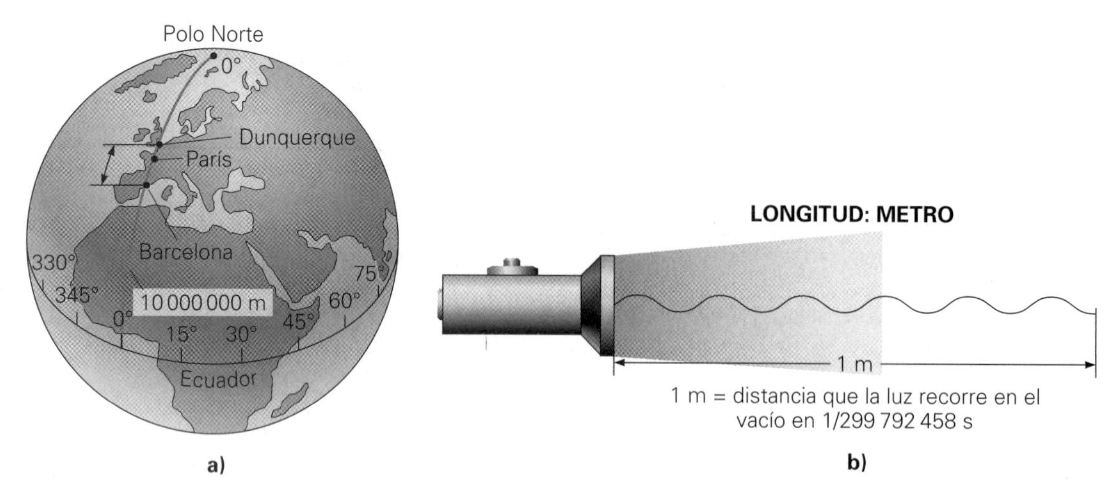

▲ **FIGURA 1.1 El estándar de longitud del SI: el metro** ***a)*** El metro se definió originalmente como 1/10 000 000 de la distancia entre el Polo Norte y el ecuador a lo largo de un meridiano que pasa por París, del cual se midió una porción entre Dunquerque y Barcelona. Se construyó una barra metálica (llamada metro de los archivos) como estándar. ***b)*** El metro se define actualmente en términos de la velocidad de la luz.

no que pasaba por París (▲figura 1.1a).* Se estudió una porción de este meridiano, entre Dunquerque, Francia y Barcelona, España, para establecer la longitud estándar, a la que se asignó el nombre *metre*, del vocablo griego *metron*, que significa "una medida". (La ortografía española es *metro*.) Un metro mide 39.37 pulgadas, poco más de una yarda.

La longitud del metro se conservó en un principio en forma de un estándar físico: la distancia entre dos marcas en una barra de metal (hecha de una aleación de platino-iridio) que se guardó en condiciones controladas y posteriormente se llamó metro de los archivos. Sin embargo, no es conveniente tener un estándar de referencia que cambia con las condiciones externas, como la temperatura. En 1983, el metro se redefinió en términos de un estándar más exacto, una propiedad de la luz que no varía: la longitud del trayecto recorrido por la luz en el vacío durante un intervalo de 1/299 792 458 de segundo (figura 1.1b). En otras palabras, la luz viaja 299 792 458 metros en un segundo, y la velocidad de la luz en el vacío se define como $c = 299\ 792\ 458$ m/s (c es el símbolo común para la velocidad de la luz). Observe que el estándar de longitud hace referencia al tiempo, que se puede medir con gran exactitud.

Masa

La masa es la cantidad base con que describimos cantidades de materia. Cuanto mayor masa tiene un objeto, contendrá más materia. (Veremos más análisis de la masa en los capítulos 4 y 7.)

La unidad de masa en el SI es el **kilogramo** (**kg**), el cual se definió originalmente en términos de un volumen específico de agua; aunque ahora se remite a un estándar material específico: la masa de un cilindro prototipo de platino-iridio que se guarda en la Oficina Internacional de Pesos y Medidas en Sèvres, Francia (▸figura 1.2). Estados Unidos tiene un duplicado del cilindro prototipo. El duplicado sirve como referencia para estándares secundarios que se emplean en la vida cotidiana y en el comercio. Es posible que a final de cuentas el kilogramo se vaya a remitir a algo diferente de un estándar material.

* Note que este libro y la mayoría de los físicos han adoptado la práctica de escribir los números grandes separando grupos de tres dígitos con un espacio fino: por ejemplo, 10 000 000 (no 10,000,000). Esto se hace para evitar confusiones con la práctica europea de usar la coma como punto decimal. Por ejemplo, 3.141 en México se escribiría 3,141 en Europa. Los números decimales grandes, como 0.537 84, también podrían separarse, por consistencia. Suelen usarse espacios en números que tienen más de cuatro dígitos antes o después del punto decimal.

Quizás usted haya notado que en general se usa la frase *pesos y medidas* en vez de *masas y medidas*. En el SI, la masa es una cantidad base; pero en el sistema inglés se prefiere usar el peso para describir cantidades de masa, por ejemplo, peso en libras en vez de masa en kilogramos. El peso de un objeto es la atracción gravitacional que la Tierra ejerce sobre el objeto. Por ejemplo, cuando nos pesamos en una báscula, nuestro peso es una medida de la fuerza gravitacional descendente que la Tierra ejerce sobre nosotros. Podemos usar el peso como una medida de la masa porque, cerca de la superficie terrestre, la masa y el peso son directamente proporcionales entre sí.

No obstante, tratar el peso como una cantidad base crea algunos problemas. Una cantidad base debería tener el mismo valor en cualquier parte. Esto se cumple para la masa: un objeto tiene la misma masa, o cantidad de materia, esté donde esté. *Sin embargo, no se cumple para el peso.* Por ejemplo, el peso de un objeto en la Luna es menor que su peso en la Tierra. Ello se debe a que la Luna tiene una masa menor que la de la Tierra y, por ello, la atracción gravitacional que la Luna ejerce sobre un objeto (es decir, el peso del objeto) es menor que la que ejerce la Tierra. Es decir, un objeto con cierta cantidad de masa tiene un peso dado en la Tierra, aunque en la Luna la misma cantidad de masa pesaría cuando mucho cerca de una sexta parte. Asimismo, el peso de un objeto varía según los diferentes planetas.

Por ahora, tengamos presente que en un lugar específico, como la superficie de la tierra, *el peso está relacionado con la masa, pero no son lo mismo.* Puesto que el peso de un objeto que tiene cierta masa varía dependiendo del lugar donde esté, resulta mucho más útil tomar la masa como cantidad base, como en el SI. Las cantidades base deberían mantenerse constantes independientemente de dónde se midan, en condiciones normales o estándar. La distinción entre masa y peso se explicará más a fondo en un capítulo posterior. Hasta entonces, nos ocuparemos básicamente de la masa.

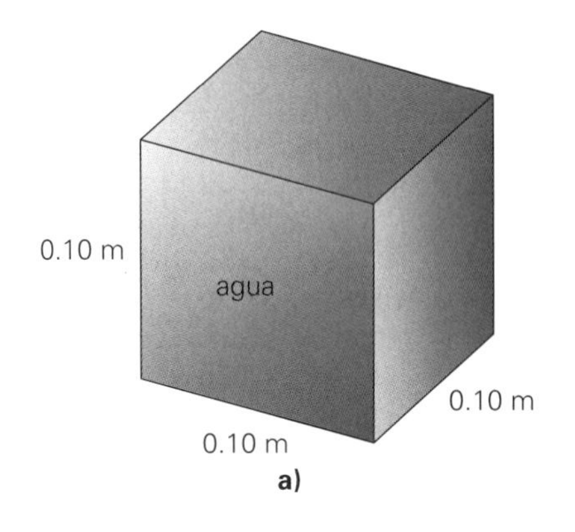

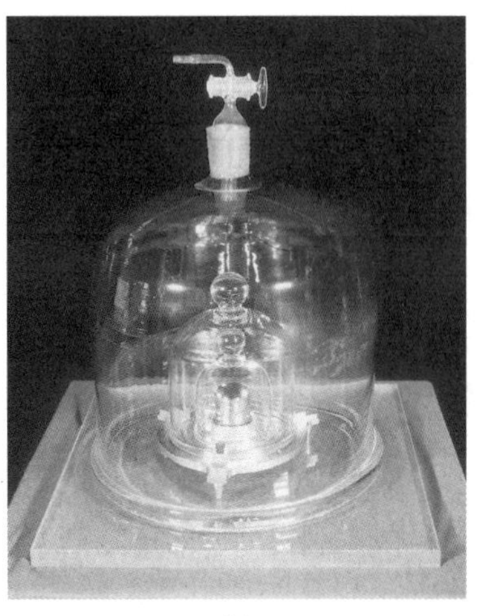

▲ **FIGURA 1.2 El estándar de masa del SI: el kilogramo** *a*) El kilogramo se definió originalmente en términos de un volumen específico de agua, un cubo de 0.10 m por lado, con lo que se asoció el estándar de masa con el estándar de longitud. *b*) Ahora el kilogramo estándar se define con un cilindro metálico. El prototipo internacional del kilogramo se conserva en la Oficina Francesa de Pesos y Medidas. Se le fabricó en la década de 1880 con una aleación de 90% platino y 10% iridio. Se han producido copias para usarse como prototipos nacionales de 1 kg, uno de los cuales es el estándar de masa de Estados Unidos, que se guarda en el Instituto Nacional de Normas y Tecnología (NIST) en Gaitherburg, MD.

Tiempo

El tiempo es un concepto difícil de definir. Una definición común es que el tiempo es el flujo continuo de sucesos hacia adelante. Este enunciado no es tanto una definición sino una observación de que nunca se ha sabido que el tiempo vaya hacia atrás, como sucedería cuando vemos una película en que el proyector funciona en reversa. A veces se dice que el tiempo es una cuarta dimensión que acompaña a las tres dimensiones del espacio (x, y, z, t), de tal manera que si algo existe en el espacio, también existe en el tiempo. En cualquier caso, podemos usar sucesos para tomar mediciones del tiempo. Los sucesos son análogos a las marcas en un metro que se utilizan para medir longitudes. (Véase A fondo 1.2 sobre ¿qué es el tiempo?)

La unidad SI del tiempo es el **segundo (s)**. Originalmente se usó el "reloj" solar para definir el segundo. Un día solar es el intervalo de tiempo que transcurre entre dos cruces sucesivos de la misma línea de longitud (meridiano) efectuados por el Sol. Se fijó un segundo como 1/86 400 de este día solar aparente (1 día = 24 h = 1440 min = 86 400 s). Sin embargo, el trayecto elíptico que sigue la Tierra en torno al Sol hace que varíe la duración de los días solares aparentes.

Para tener un estándar más preciso, se calculó un día solar promedio a partir de la duración de los días solares aparentes durante un año solar. En 1956, el segundo se remitió a ese día solar medio. Sin embargo, el día solar medio no es exactamente el mismo en todos los periodos anuales, a causa de las variaciones menores en los movimientos terrestres y a la lenta disminución de su tasa de rotación originada por la fricción de las mareas. Por ello, los científicos siguieron buscando algo mejor.

En 1967, un estándar atómico se adoptó una mejor referencia. El segundo se definió en términos de la frecuencia de radiación del átomo de cesio 133. Este "reloj atómico" usaba un haz de átomos de cesio para mantener el estándar de tiempo, con una variación de aproximadamente un segundo cada 300 años. En 1999 se adoptó otro reloj atómico de cesio 133, el reloj atómico de fuente que, como su nombre indica, se basa en la frecuencia de radiación de una fuente de átomos de cesio, en vez de un haz (▼ figura 1.3). La variación de este reloj es de ¡menos de un segundo cada 20 millones de años!*

* Se está desarrollando un reloj aún más preciso: el reloj atómico totalmente óptico, así llamado porque utiliza tecnología láser y mide el intervalo de tiempo más corto jamás registrado, que es 0.000 01. El nuevo reloj no utiliza átomos de cesio, sino un solo ion enfriado de mercurio líquido vinculado a un oscilador láser. La frecuencia del ion de mercurio es 100 000 veces más alta que la de los átomos de cesio, de ahí lo corto y preciso del intervalo de tiempo.

A FONDO 1.2 ¿QUÉ ES EL TIEMPO?

Durante siglos, la pregunta ¿qué es el tiempo? ha generado debates, y las respuestas a menudo han tenido un carácter filosófico. Pero la definición del tiempo todavía resulta evasiva en cierto grado. Si a usted se le pidiera definir el tiempo o explicarlo, ¿qué diría? Las definiciones generales parecen un tanto vagas. Por lo común, decimos:

> El tiempo es el flujo continuo y hacia delante de los sucesos.

Otras ideas en torno al tiempo incluyen las siguientes.
Platón, el filósofo griego observaba:

> El Sol, la Luna y ... los planetas fueron creados para definir y preservar los números del tiempo.

San Agustín también ponderaba el tiempo:

> ¿Qué es el tiempo? Si nadie pregunta, lo sé; si quiero explicarlo a quien pregunta, no lo sé.

Marco Aurelio, el filósofo y emperador romano, escribió:

> El tiempo es una especie de río de los hechos que suceden, y su corriente es fuerte.

El Sombrerero Loco, el personaje de *Alicia en el país de las maravillas*, de Lewis Carroll, creía saber lo que era el tiempo:

> Si tú conocieras el Tiempo tan bien como yo, no hablarías de desperdiciarlo... Ahora, si tan sólo estuvieras en buenos términos con él, haría casi cualquier cosa que tú quisieras con el reloj. Por ejemplo, supón que fueran las nueve de la mañana, la hora de comenzar las clases; sólo tendrías que susurrar una indicación al Tiempo, y allá iría el reloj en un abrir y cerrar de ojos; a la una y media, la hora del almuerzo.

El flujo "hacia delante" del tiempo implica una dirección, y esto se describe en ocasiones como la *flecha del tiempo*. Los acontecimientos no suceden como parece cuando un proyector de películas se pone en marcha hacia atrás. Si se agrega leche fría al café negro y caliente, se obtiene una mezcla de color café claro que se puede beber; pero no es posible obtener leche fría y café negro y caliente a partir de esa misma mezcla de color café. Así es la flecha irreversible de un proceso físico (y del tiempo): nunca se podría revertir el proceso para obtener un ingrediente frío y otro caliente. Esta flecha del tiempo se describirá en el capítulo 12 en términos de entropía, que indica cómo "fluirá" un proceso termodinámico.

La pregunta ¿qué es el tiempo? nos ayuda a comprender lo que significa una cantidad física *fundamental*, como la masa, la longitud o el tiempo mismo. Básicamente, éstas son las propiedades más simples de lo que pensaríamos para describir la naturaleza. Así que la respuesta más segura es:

> El tiempo es una cantidad física fundamental.

Esto, en cierto forma, enmascara nuestra ignorancia, y la física continúa a partir de ahí, utilizando el tiempo para describir y explicar lo que observamos.

Unidades base del SI

El SI tiene siete *unidades base* para siete cantidades base, las cuales se supone que son mutuamente independientes. Además del metro, el kilogramo y el segundo para 1. longitud, 2. masa y 3. tiempo, las unidades SI incluyen 4. corriente eléctrica (carga/segundo) en amperes (A), 5. temperatura en kelvin (K), 6. cantidad de sustancia en moles (mol) y 7. intensidad luminosa en candelas (cd). Véase la tabla 1.1.

Se cree que las cantidades mencionadas constituyen el número mínimo de cantidades base necesarias para describir cabalmente todo lo que se observa o mide en la naturaleza.

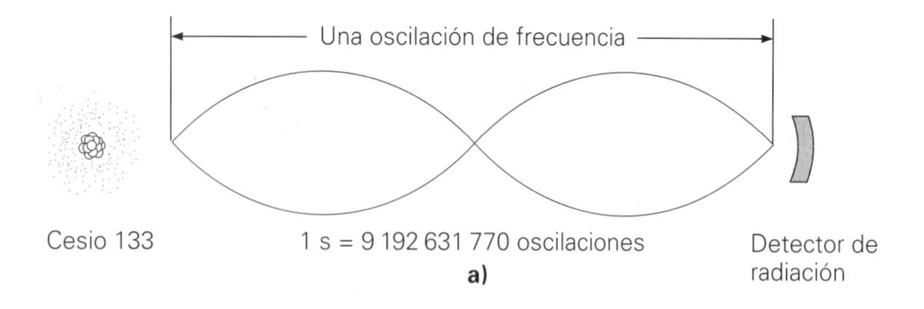

▲ **FIGURA 1.3 El estándar de tiempo en el SI: el segundo** El segundo se definió una vez en términos del día solar promedio. ***a)*** Ahora se define con base en la frecuencia de la radiación asociada con una transición atómica. ***b)*** El "reloj" atómico de fuente que se muestra aquí, en el NIST, es el estándar de tiempo para Estados Unidos. La variación de este reloj es de menos de un segundo cada 20 millones de años.

TABLA 1.1 Las siete unidades base del SI

Nombre de la unidad (abreviatura)	*Propiedad medida*
metro (m)	longitud
kilogramo (kg)	masa
segundo (s)	tiempo
ampere (A)	corriente eléctrica
kelvin (K)	temperatura
mol (mol)	cantidad de sustancia
candela (cd)	intensidad luminosa

1.3 Más acerca del sistema métrico

OBJETIVOS: Aprender a usar *a*) prefijos métricos y *b*) unidades métricas no estándares.

El sistema métrico que incluye las unidades estándar de longitud, masa y tiempo, ahora incorporados en el SI, en otros tiempos se conocía como **sistema mks** (por *m*etro-*k*ilogramo-segundo). Otro sistema métrico que se ha usado para manejar cantidades relativamente pequeñas es el **sistema cgs** (por *c*entímetro-*g*ramo-*s*egundo). En Estados Unidos, el sistema que se sigue usando generalmente es el sistema inglés de ingeniería, en el cual las unidades estándar de longitud, masa y tiempo son pie, slug y segundo, respectivamente. Tal vez el lector no haya oído hablar del slug porque, como ya dijimos, suele utilizarse la fuerza gravitacional (peso) en lugar de la masa —libras en vez de slugs— para describir cantidades de materia. Por ello, el sistema inglés también se conoce como **sistema fps** (por *f*oot[pie]-*p*ound[libra]-*s*econd[segundo]).

El sistema métrico predomina en todo el mundo y cada vez se está usando más en Estados Unidos. Gracias a su sencillez matemática, es el sistema de unidades preferido en ciencia y tecnología. Usaremos unidades SI en casi todo este libro. Todas las cantidades se pueden expresar en unidades SI. No obstante, algunas unidades de otros sistemas se aceptan para usos limitados por cuestiones prácticas; por ejemplo, la unidad de tiempo hora y la unidad de temperatura grado Celsius. En los primeros capítulos usaremos ocasionalmente unidades inglesas con fines comparativos, ya que en varios países esas unidades se siguen usando en actividades cotidianas y en muchas aplicaciones prácticas.

El creciente uso del sistema métrico en todo el mundo implica que debemos familiarizarnos con él. Una de sus mayores ventajas es que se trata de un sistema decimal, es decir, de base 10. Esto implica que se obtienen unidades más grandes o más pequeñas multiplicando o dividiendo, respectivamente, una unidad base por potencias de 10. En la tabla 1.2 se presenta una lista de algunos múltiplos de unidades métricas y sus prefijos correspondientes.

TABLA 1.2 Algunos múltiplos y prefijos de unidades métricas*

Múltiplo†	*Prefijo (y abreviatura)*	*Múltiplo*†	*Prefijo (y abreviatura)*
10^{12}	tera- (T)	$\mathbf{10^{-2}}$	**centi- (c)**
10^{9}	giga- (G)	$\mathbf{10^{-3}}$	**mili- (m)**
$\mathbf{10^{6}}$	**mega- (M)**	$\mathbf{10^{-6}}$	**micro- (μ)**
$\mathbf{10^{3}}$	**kilo- (k)**	10^{-9}	nano- (n)
10^{2}	hecto- (h)	10^{-12}	pico- (p)
10	deca- (da)	10^{-15}	femto- (f)
10^{-1}	deci- (d)	10^{-18}	atto- (a)

*Por ejemplo, 1 gramo (g) multiplicado por 1000 (que es 10^3) es 1 kilogramo (kg); 1 gramo multiplicado por 1/1000 (que es 10^{-3}) es 1 miligramo (mg).

†Los prefijos de uso más común están en negritas. Observe que las abreviaturas de los múltiplos 10^6 y mayores son mayúsculas, en tanto que las abreviaturas de los múltiplos más pequeños son minúsculas.

Ilustración 1.2 Animaciones, unidades y mediciones

En mediciones decimales, los prefijos *micro-*, *mili-*, *centi-*, *kilo-* y *mega-* son los más comúnmente usados; por ejemplo, microsegundo (μs), milímetro (mm), centímetro (cm), kilogramo (kg) y megabyte (MB), como en la capacidad de almacenamiento de un CD o un disco de computadora. La característica decimal del sistema métrico facilita la conversión de medidas de un tamaño de unidad métrica a otro. En el sistema inglés se deben usar diferentes factores de conversión, como 16 para convertir libras a onzas, y 12 para convertir pies en pulgadas. El sistema inglés se desarrolló históricamente y de forma no muy científica.

Un sistema base 10 que sí se usa generalmente en Estados Unidos es el monetario. Así como un metro se puede dividir en 10 decímetros, 100 centímetros o 1000 milímetros, la "unidad base" dólar se puede dividir en 10 "decidólares" (monedas de diez), 100 "centidólares" (centavos) o 1000 "milidólares" (décimas de centavo, que se usan para calcular impuestos prediales y gravámenes a los bonos). Puesto que todos los prefijos métricos son potencias de 10, no hay análogos métricos para las monedas de 5 y 25 centavos de dólar.

Los prefijos métricos oficiales ayudan a evitar confusiones. En Estados Unidos, por ejemplo, billion es mil millones (10^9); en tanto que en el mundo hispanoparlante y en Gran Bretaña, un billón es un millón de millones (10^{12}). El uso de prefijos métricos elimina confusiones, porque *giga-* indica 10^9 y *tera-* indica 10^{12}. Quizá ya haya oído hablar sobre *nano-*, un prefijo que indica 10^{-9}, y la nanotecnología.

En general, nanotecnología es cualquier tecnología que se practica a escala de nanómetros. Un nanómetro es una milmillonésima (10^{-9}) de un metro, aproximadamente la anchura de tres o cuatro átomos. Básicamente, la nanotecnología implica la fabricación o construcción de cosas átomo por átomo o molécula por molécula, así que el nanómetro es la escala adecuada. ¿Un átomo o una molécula a la vez? Esto parecería inverosímil, pero no lo es (véase la ◂figura 1.4).

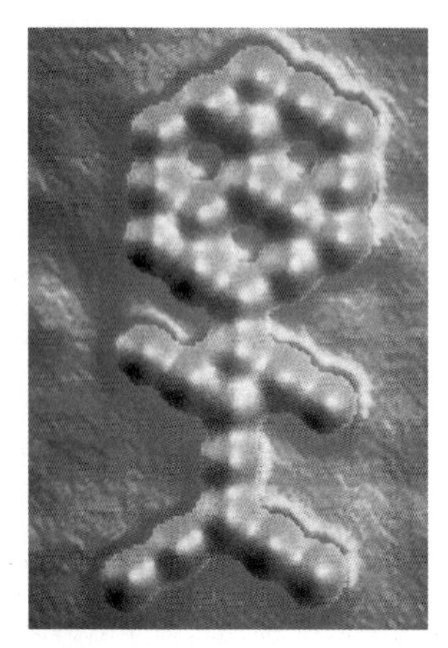

▲ **FIGURA 1.4** Hombre molecular
Esta figura se creó desplazando 28 moléculas, una por una. Cada saliente es la imagen de una molécula de monóxido de carbono. Las moléculas descansan en la superficie de un solo cristal de platino. El "hombre molecular" mide 5 nm de alto y 2.5 nm de ancho (de una mano a la otra). Se necesitarían más de 20 000 figuras como ésta, unidas de la mano, para abarcar un solo cabello humano. Las moléculas de la figura se acomodaron empleando un microscopio especial a temperaturas muy bajas.

Son bien conocidas las propiedades químicas de los átomos y las moléculas. Por ejemplo, al reordenar los átomos de la hulla podría producirse un diamante. (Somos capaces de lograrlo sin la nanotecnología, usando calor y presión.) La nanotecnología presenta la posibilidad de construir novedosos dispositivos o "máquinas" moleculares con propiedades y capacidades extraordinarias; por ejemplo en medicina. Las nanoestructuras podrían inyectarse al cuerpo e ir a un sitio específico, como un crecimiento canceroso, y suministrar directamente ahí un fármaco, de manera que otros órganos del cuerpo quedaran exentos de los efectos del medicamento. (Este proceso podría considerarse nanoquimioterapia.)

Aunque sea un tanto difícil comprender o visualizar el nuevo concepto de nanotecnología, tenga en mente que un nanómetro es una milmillonésima parte de un metro. El diámetro de un cabello humano mide aproximadamente 200 000 nanómetros, algo enorme en comparación con las nuevas nanoaplicaciones. El futuro nos depara una emocionante nanoera.

Volumen

En el SI, la unidad estándar de volumen es el metro cúbico (m^3): la unidad tridimensional derivada de la unidad base, el metro. Dado que esta unidad es bastante grande, a menudo resulta más conveniente usar la unidad no estándar de volumen (o capacidad) de un cubo de 10 cm (centímetros) por lado. Este volumen lleva el nombre de *litro* y se abrevia con **L**. El volumen de un litro es 1000 cm^3 (10 cm $\times$ 10 cm $\times$ 10 cm). Puesto que 1 L = 1000 mL (mililitros), se sigue que 1 mL = 1 cm^3. Véase la ▸figura 1.5a. [El centímetro cúbico a veces se abrevia cc, sobre todo en química y biología. Asimismo, el milímetro a veces se abrevia como ml, pero se prefiere la L mayúscula (mL) para que no haya confusión con el número uno.]

Nota: el *litro* a veces se abrevia con una "ele" minúscula (l), pero se prefiere una "ele" mayúscula (L) para que no se confunda con el número uno. (¿No es 1 L más claro que 1 l?)

De la figura 1.2 recordemos que la unidad estándar de masa, el kilogramo, se definió originalmente como la masa de un volumen cúbico de agua de 10 cm (0.10 m) de lado, es decir, la masa de un litro de agua.* Esto es, *1 L de agua tiene una masa de 1 kg*

* Esto se especifica a 4°C. El volumen del agua cambia ligeramente con la temperatura (expansión térmica, capítulo 10). Para nuestros propósitos, consideraremos que el volumen del agua permanece constante bajo condiciones normales de temperatura.

(figura 1.5b). También, dado que 1 kg = 1000 g y 1 L = 1000 cm^3, entonces *1 cm^3 (o 1 mL) de agua tiene una masa de 1 g.*

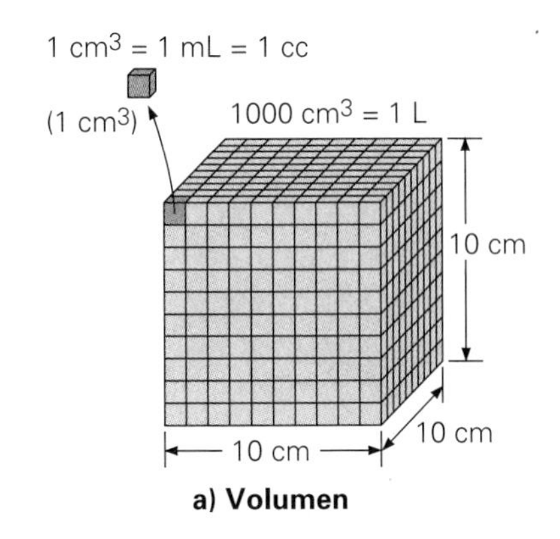

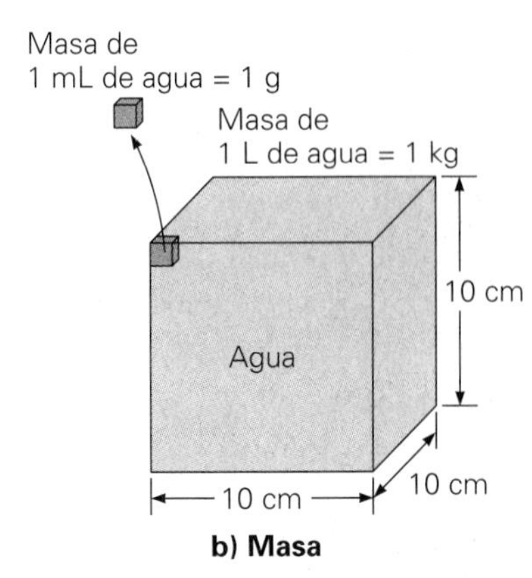

▲ **FIGURA 1.5** El litro y el kilogramo Otras unidades métricas se derivan del metro. ***a)*** Una unidad de volumen (capacidad) es el volumen de un cubo de 10 cm (0.01 m) por lado, y se llama *litro* (L). ***b)*** La masa de un litro de agua se definió como 1 kg. Observe que el cubo de decímetro contiene 1000 cm^3, o 1000 mL. Así, 1 cm^3, o 1 mL, de agua tiene una masa de 1 g.

Ejemplo 1.1 ■ La tonelada métrica: otra unidad de masa

Como vimos, la unidad métrica de masa originalmente estaba relacionada con el estándar de longitud, pues un litro (1000 cm^3) de agua tenía una masa de 1 kg. La unidad métrica estándar de volumen es el metro cúbico (m^3), y este volumen de agua se usó para definir una unidad más grande de masa llamada *tonelada métrica*. ¿A cuántos kilogramos equivale una tonelada métrica?

Razonamiento. Un metro cúbico es un volumen relativamente grande y contiene una gran cantidad de agua (más de una yarda cúbica; ¿por qué?). La clave es averiguar cuántos volúmenes cúbicos de 10 cm por lado (litros) hay en un metro cúbico. Por tanto, esperaremos un número grande.

Solución. Cada litro de agua tiene una masa de 1 kg, así que deberemos averiguar cuántos litros hay en 1 m^3. Puesto que un metro tiene 100 cm, un metro cúbico simplemente es un cubo con lados de 100 cm. Por lo tanto, un metro cúbico (1 m^3) tiene un volumen de 10^2 cm × 10^2 cm × 10^2 cm = 10^6 cm^3. Puesto que 1 L = 10^3 cm^3, deberá haber (10^6 cm^3)/(10^3 cm^3/L) = 1000 L en 1 m^3. Por lo tanto, 1 tonelada métrica equivale a 1000 kg.

Cabe señalar que todo el razonamiento se puede expresar de forma muy concisa con un solo cálculo:

$$\frac{1\ \text{m}^3}{1\ \text{L}} = \frac{100\ \text{cm} \times 100\ \text{cm} \times 100\ \text{cm}}{10\ \text{cm} \times 10\ \text{cm} \times 10\ \text{cm}} = 1000 \quad \text{o} \quad 1\ \text{m}^3 = 1000\ \text{L}$$

Ejercicio de refuerzo. ¿Cuál sería la longitud de los lados de un cubo que contenga una kilotonelada métrica de agua? (*Las respuestas de todos los Ejercicios de refuerzo se dan al final del libro.*)*

Los estadounidenses podrían estar más familiarizados con el litro de lo que pensamos, ya que su uso se está extendiendo en ese país, como muestra la ▾figura 1.6.

Aunque el sistema inglés cada vez se usa menos, podría ser útil tener una idea de la relación entre las unidades métricas e inglesas. Los tamaños relativos de algunas unidades se ilustran en la ▸figura 1.7. En breve trataremos la conversión matemática de una unidad a otra.

◂ **FIGURA 1.6** Dos, tres, uno y medio litro El litro ya es una unidad de volumen común en las bebidas gaseosas.

* La sección de Respuestas a ejercicios de refuerzo que sigue a los apéndices contiene las respuestas y, en el caso de Ejercicios conceptuales, el razonamiento, de todos los Ejercicios de refuerzo de este libro.

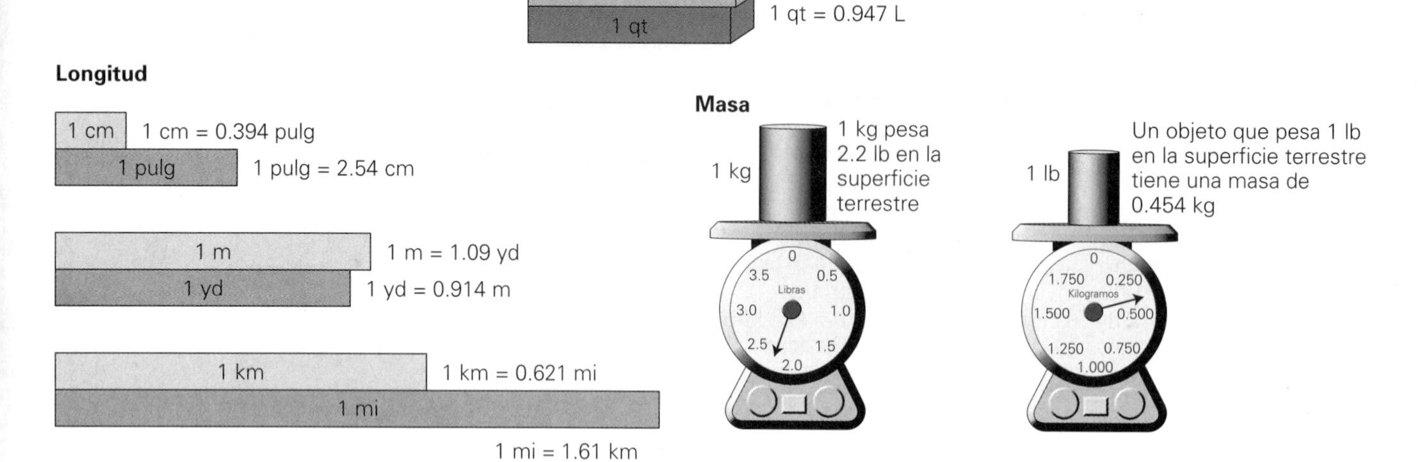

▲ **FIGURA 1.7 Comparación de algunas unidades SI e inglesas** Las barras ilustran la magnitud relativa de cada par de unidades. (*Nota:* las escalas de comparación son diferentes en cada caso.)

1.4 Análisis de unidades

OBJETIVOS: Explicar las ventajas del análisis de unidades y aplicarlo.

Las cantidades fundamentales, o base, empleadas en las descripciones físicas se llaman *dimensiones*. Por ejemplo, la longitud, la masa y el tiempo son dimensiones. Podríamos medir la distancia entre dos puntos y expresarla en unidades de metros, centímetros o pies; pero la cantidad tendría la dimensión de longitud en los tres casos.

Las dimensiones brindan un procedimiento mediante el cual es posible verificar la consistencia de las ecuaciones. En la práctica, resulta conveniente utilizar unidades específicas, como m, s y kg. (Véase la tabla 1.3.) Tales unidades pueden considerarse cantidades algebraicas y cancelarse. El empleo de unidades para verificar ecuaciones se llama **análisis unitario**, y muestra la consistencia de las unidades y si una ecuación es dimensionalmente correcta.

Usted seguramente habrá usado ecuaciones y sabrá que una ecuación es una igualdad matemática. Puesto que las cantidades físicas empleadas en las ecuaciones tienen unidades, *los dos miembros de una ecuación deben ser iguales no sólo en valor numérico, sino también en unidades (dimensiones).* Por ejemplo, supongamos que tenemos las cantidades de longitud $a = 3.0$ m y $b = 4.0$ m. Si insertamos estos valores en la ecua-

TABLA 1.3 Algunas unidades de cantidades comunes

Cantidad	*Unidad*
masa	kg
tiempo	s
longitud	m
área	m^2
volumen	m^3
velocidad (v)	$\frac{m}{s}$
aceleración (a o g)	$\frac{m}{s^2}$

ción $a \times b = c$, obtendremos $3.0 \text{ m} \times 4.0 \text{ m} = 12.0 \text{ m}^2$. Ambos lados de la ecuación son numéricamente iguales ($3 \times 4 = 12$) y tienen las mismas unidades: $\text{m} \times \text{m} = \text{m}^2$ (longitud)^2. Si una ecuación es correcta según el análisis de unidades, deberá ser dimensionalmente correcta. El ejemplo 1.2 ilustra el uso del análisis de unidades.

Ejemplo 1.2 ■ Comprobación de dimensiones: análisis de unidades

Un profesor anota dos ecuaciones en el pizarrón: *a*) $v = v_o + at$ y *b*) $x = v/2a$, donde x es una distancia en metros (m); v y v_o son velocidades en metros/segundo (m/s); a es aceleración en (metros/segundo)/segundo, o sea, metros/segundo^2 (m/s^2), y t es tiempo en segundos (s). ¿Las ecuaciones son dimensionalmente correctas? Averígüelo mediante el análisis de unidades.

Razonamiento. Simplemente insertamos las unidades de las cantidades en cada ecuación, cancelamos y verificamos las unidades en ambos miembros.

Solución.

a) La ecuación es

$$v = v_o + at$$

Al insertar las unidades de las cantidades físicas tenemos (tabla 1.3)

$$\frac{\text{m}}{\text{s}} = \frac{\text{m}}{\text{s}} + \left(\frac{\text{m}}{\text{s}^2} \times \text{s}\right) \quad \text{o} \quad \frac{\text{m}}{\text{s}} = \frac{\text{m}}{\text{s}} + \left(\frac{\text{m}}{\text{s} \times \cancel{\text{s}}} \times \cancel{\text{s}}\right)$$

Observe que las unidades se cancelan como los números en una fracción. Entonces, tenemos

$$\frac{\text{m}}{\text{s}} = \frac{\text{m}}{\text{s}} + \frac{\text{m}}{\text{s}} \quad \textit{(dimensionalmente correcto)}$$

La ecuación es dimensionalmente correcta, ya que las unidades de cada miembro son metros por segundo. (La ecuación también es una relación correcta, como veremos en el capítulo 2.)

b) Por análisis de unidades, la ecuación

$$x = \frac{v}{2a}$$

es

$$\text{m} = \frac{\left(\dfrac{\text{m}}{\text{s}}\right)}{\left(\dfrac{\text{m}}{\text{s}^2}\right)} = \frac{\cancel{\text{m}}}{\cancel{\text{s}}} \times \frac{\text{s}^{\cancel{2}}}{\cancel{\text{m}}} \quad \text{o} \quad \text{m} = \text{s} \quad \textit{(dimensionalmente incorrecta)}$$

El metro (m) no pueden ser igual al segundo (s), así que, en este caso, la ecuación es dimensionalmente incorrecta (longitud $\neq$ tiempo) y, por lo tanto, tampoco es físicamente correcta.

Ejercicio de refuerzo. ¿La ecuación $ax = v^2$ es dimensionalmente correcta? (*Las respuestas de todos los Ejercicios de refuerzo se dan al final del libro.*)

El análisis de unidades nos dice si una ecuación es dimensionalmente correcta, pero una ecuación con consistencia dimensional no necesariamente expresa correctamente la verdadera relación entre las cantidades. Por ejemplo, en términos de unidades,

$$x = at^2$$

es

$$\text{m} = (\text{m/s}^2)(\text{s}^2) = \text{m}$$

La ecuación es dimensionalmente correcta (longitud = longitud) pero, como veremos en el capítulo 2, no es físicamente correcta. La forma correcta de la ecuación —tanto en lo dimensional como en lo físico— es $x = \frac{1}{2}at^2$. (La fracción $\frac{1}{2}$ no tiene dimensiones; es un número adimensional.) El análisis de unidades no nos indica si una ecuación es correcta, sino tan sólo si es dimensionalmente consistente o no.

Unidades mixtas

El análisis de unidades también nos permite verificar si se están empleando unidades mixtas. En general, al resolver problemas es recomendable usar siempre el mismo sistema de unidades y la misma unidad para una dimensión dada a lo largo del ejercicio.

Por ejemplo, suponga que quiere comprar una alfombra que se ajuste a una área rectangular y mide los lados como 4.0 yd × 3.0 m. El área de la alfombra entonces sería $A = l \times w = 4.0 \text{ yd} \times 3.0 \text{ m} = 12 \text{ yd} \cdot \text{m}$, que confundiría al dependiente de la tienda de alfombras. Observe que esta ecuación es dimensionalmente correcta (longitud)^2 = (longitud)^2; pero las unidades son inconsistentes o están mezcladas. Así, el análisis de unidades señalará *unidades mixtas*. Note que es posible que una ecuación sea dimensionalmente correcta, incluso si las unidades son mixtas.

Veamos unidades mixtas en una ecuación. Suponga que usamos centímetros como unidad de x en la ecuación

$$v^2 = v_o^2 + 2ax$$

y que las unidades de las demás cantidades son las del ejemplo 1.2. En términos de unidades, esta ecuación daría

$$\left(\frac{\text{m}}{\text{s}}\right)^2 = \left(\frac{\text{m}}{\text{s}}\right)^2 + \left(\frac{\text{m} \times \text{cm}}{\text{s}^2}\right)$$

es decir,

$$\frac{\text{m}^2}{\text{s}^2} = \frac{\text{m}^2}{\text{s}^2} + \frac{\text{m} \times \text{cm}}{\text{s}^2}$$

que es dimensionalmente correcto, (longitud)^2/(tiempo)^2, en ambos lados de la ecuación. Pero las unidades son mixtas (m y cm). Los términos del lado derecho no deben sumarse sin convertir primero los centímetros a metros.

Cómo determinar las unidades de cantidades

Otro aspecto del análisis de unidades, que es muy importante en física, es la determinación de las unidades de cantidades a partir de las ecuaciones que las definen. Por ejemplo, la **densidad** (representada por la letra griega rho, ρ) se define con la ecuación

$$\rho = \frac{m}{V} \quad \textit{(densidad)} \tag{1.1}$$

donde m es masa y V es volumen. (La densidad es la masa de un objeto o sustancia por unidad de volumen, e indica qué tan compacta es esa masa.) ¿Qué unidades tiene la densidad? En el SI, la masa se mide en kilogramos; y el volumen, en metros cúbicos. Por lo tanto, la ecuación definitoria

$$\rho = \text{m}/V \quad (\text{kg/m}^3)$$

da la unidad derivada para la densidad: kilogramos por metro cúbico (kg/m^3) en el SI.

¿Qué unidades tiene π? La relación entre la circunferencia (c) y el diámetro (d) de un círculo está dada por la ecuación $c = \pi d$, así que $\pi = c/d$. Si la longitud se mide en metros, entonces

$$\pi = \frac{c}{d}\left(\frac{\cancel{\text{m}}}{\cancel{\text{m}}}\right)$$

Así pues, la constante π no tiene unidades, porque se cancelan. Es una constante adimensional con muchos dígitos, como vimos en la sección Hechos de física al inicio de este capítulo.

1.5 Conversión de unidades

OBJETIVOS: *a*) Explicar las relaciones del factor de conversión y *b*) aplicarlas para convertir unidades dentro de un sistema o de un sistema de unidades a otro.

Como las unidades de diferentes sistemas, o incluso diferentes unidades dentro del mismo sistema, pueden expresar la misma cantidad, a veces es necesario convertir las unidades de una cantidad a otra unidad. Por ejemplo, quizá tengamos que convertir pies en yardas o pulgadas en centímetros. Usted ya sabe cómo efectuar muchas conversiones de unidades. Si una habitación mide 12 ft de largo, ¿qué longitud tiene en yardas? La respuesta inmediata es 4 yd.

¿Cómo hizo esta conversión? Para ello es necesario conocer una relación entre las unidades pie y yardas. El lector sabe que 3 ft = 1 yd. Esto se denomina *enunciado de equivalencia*. Como vimos en la sección 1.4, los valores numéricos y las unidades deben ser iguales en ambos lados de una ecuación. En los enunciados de equivalencia, solemos utilizar un signo de igual para indicar que 1 yd y 3 ft representan la misma *longitud*, o una *longitud equivalente*. Los números son distintos porque están en diferentes *unidades* de longitud.

Matemáticamente, si queremos cambiar de unidades, usamos **factores de conversión**, que son enunciados de equivalencia expresados en forma de cocientes; por ejemplo, 1 yd/3 ft o 3 ft/1 yd. (Por conveniencia es común omitir el "1" en el denominador de tales cocientes; por ejemplo, 3 ft/yd.) Para comprender la utilidad de tales cocientes, observe la expresión 1 yd = 3 ft en la forma:

$$\frac{1\text{ yd}}{3\text{ ft}} = \frac{3\text{ ft}}{3\text{ ft}} = 1 \qquad \text{o} \qquad \frac{3\text{ ft}}{1\text{ yd}} = \frac{1\text{ yd}}{1\text{ yd}} = 1$$

Como se aprecia en estos ejemplos, el valor real de un factor de conversión es 1, y podemos multiplicar cualquier cantidad por 1 sin que se alteren su valor ni su magnitud. Por lo tanto, *un factor de conversión simplemente nos permite expresar una cantidad en términos de otras unidades sin alterar su valor ni su magnitud física.*

La forma en que convertimos 12 pies en yardas se expresa matemáticamente como:

$$12\,\cancel{\text{ft}} \times \frac{1\text{ yd}}{3\,\cancel{\text{ft}}} = 4\text{ yd} \qquad \textit{(las unidades de cancelan)}$$

Si usamos el factor de conversión adecuado, las unidades se cancelarán, como indican las rayas diagonales, de manera que el análisis de unidades es correcto, yd = yd.

Supongamos que nos piden convertir 12.0 pulgadas a centímetros. Tal vez en este caso no conozcamos el factor de conversión; pero podríamos obtenerlo de una tabla (como la que viene en los forros de este libro) que da las relaciones necesarias: 1 pulg = 2.54 cm o 1 cm = 0.394 pulg. No importa cuál de estos enunciados de equivalencia utilicemos. La cuestión, una vez que hayamos expresado el enunciado de equivalencia como factor de conversión, es si debemos multiplicar por ese factor o dividir entre él para efectuar la conversión. *Al convertir unidades, hay que aprovechar el análisis de unidades*; es decir, hay que dejar que las unidades determinen la forma adecuada del factor de conversión.

Observe que el enunciado de equivalencia 1 pulg = 2.54 cm puede dar pie a dos formas del factor de conversión: 1 pulg/2.54 cm o 2.54 cm/1 pulg. Al convertir pulg a cm, la forma apropiada para multiplicar es 2.54 cm/pulg. Al convertir centímetros a pulgada, debemos usar la forma 1 pulg/2.54 cm. (Se podrían usar las formas inversas en cada caso; pero las cantidades tendrían que *dividirse* entre los factores de conversión para que las unidades se cancelen correctamente.) En general, en todo este libro usaremos la forma de los factores de conversión por la que se multiplica.

Unos cuantos enunciados de equivalencia de uso común no son dimensional ni físicamente correctos; por ejemplo, considere 1 kg = 2.2 lb, que se usa para determinar rápidamente el peso de un objeto que está cerca de la superficie de la Tierra, dada su masa. El kilogramo es una unidad de masa; y la libra, una unidad de peso. Esto implica que 1 kg *equivale* a 2.2 lb; es decir, una *masa* de 1 kg tiene un *peso* de 2.2 lb. Puesto que la masa y el peso son directamente proporcionales, podemos usar el factor de conversión dimensionalmente incorrecto 1 kg/2.2 lb (pero *únicamente* cerca de la superficie terrestre).

Nota: 1 kg de masa tiene un peso equivalente de 2.2 lb cerca de la superficie de la Tierra.

a)

b)

▲ **FIGURA 1.8** Conversión de unidades Algunos letreros indican unidades tanto inglesas como métricas, como éstos que dan altitud y rapidez.

Ejemplo 1.3 ■ Conversión de unidades: uso de factores de conversión

a) Un jugador de baloncesto tiene 6.5 ft de estatura. ¿Qué estatura tiene en metros? *b*) ¿Cuántos segundos hay en un mes de 30 días? *c*) ¿Cuánto es 50 mi/h en metros por segundo? (Véase la tabla de factores de conversión en los forros de este libro.)

Razonamiento. Si usamos los factores de conversión correctos, el resto es sólo aritmética.

Solución.

a) De la tabla de conversión, tenemos que 1 ft = 0.305 m, así que

$$6.5\,\cancel{\text{ft}} \times \frac{0.305\text{ m}}{1\,\cancel{\text{ft}}} = 2.0\text{ m}$$

En la ◂Fig. 1.8 se muestra otra conversión pies-metros. ¿Es correcta?

b) El factor de conversión para días y segundos está disponible en la tabla (1 día = 86 400 s), pero quizá no siempre tengamos una tabla a la mano. Podemos usar varios factores de conversión bien conocidos para obtener el resultado:

$$30\,\frac{\cancel{\text{días}}}{\text{mes}} \times \frac{24\,\cancel{\text{h}}}{\cancel{\text{día}}} \times \frac{60\,\cancel{\text{min}}}{\cancel{\text{h}}} \times \frac{60\text{ s}}{\cancel{\text{min}}} = \frac{2.6 \times 10^6\text{ s}}{\text{mes}}$$

Observe cómo el análisis de unidades se encarga de comprobar los factores de conversión. El resto es simple aritmética.

c) En este caso, la tabla de conversión indica 1 mi = 1609 m y 1 h = 3600 s. (Esto último se puede calcular fácilmente.) Usamos estos cocientes para cancelar las unidades que se van a cambiar, y dejar así las unidades deseadas:

$$\frac{50\,\cancel{\text{mi}}}{1\,\cancel{\text{h}}} \times \frac{1609\text{ m}}{1\,\cancel{\text{mi}}} \times \frac{1\,\cancel{\text{h}}}{3600\text{ s}} = 22\text{ m/s}$$

Ejercicio de refuerzo. *a*) Convierta 50 mi/h directamente a metros por segundo empleando un solo factor de conversión y *b*) demuestre que este factor de conversión único se puede deducir de los del inciso *c*). (*Las respuestas de todos los Ejercicios de refuerzo se dan al final del libro.*)

Ejemplo 1.4 ■ Más conversiones: un sistema de capilares en verdad largo

Los capilares, los vasos sanguíneos más pequeños del cuerpo, conectan el sistema arterial con el venoso y suministran oxígeno y nutrimentos a nuestros tejidos (▾figura 1.9). Se calcula que si todos los capilares de un adulto se enderezaran y conectaran extremo con extremo alcanzarían una longitud de unos 64 000 km. *a*) ¿Cuánto es esto en millas? *b*) Compare esta longitud con la circunferencia de la Tierra.

Razonamiento. *a*) Esta conversión es sencilla; basta con usar el factor de conversión apropiado. *b*) ¿Cómo calculamos la circunferencia de un círculo o esfera? Hay una ecua-

▸ **FIGURA 1.9** Sistema de capilares Los capilares conectan los sistemas arterial y venoso del cuerpo. Son los vasos sanguíneos más pequeños, sin embargo, su longitud total es impresionante.

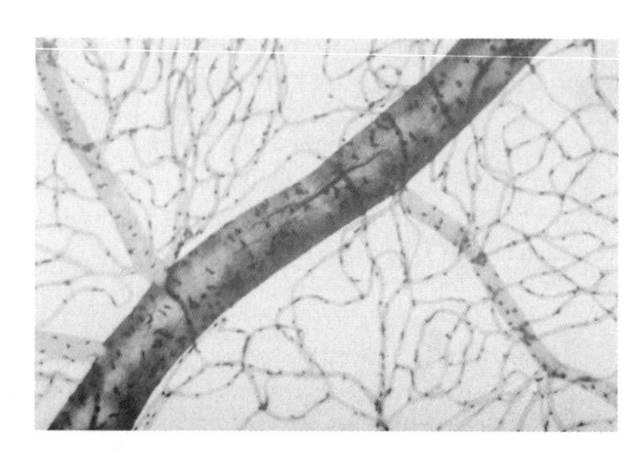

ción para hacerlo, pero necesitamos conocer el radio o el diámetro de la Tierra. (Si no recuerda uno de estos valores, vea la tabla de datos del sistema solar en los forros de este libro.)

Solución.

a) En la tabla de conversión vemos que 1 km = 0.621 mi, así que

$$64\,000\ \cancel{\text{km}} \times \frac{0.621\ \text{mi}}{1\ \cancel{\text{km}}} = 40\,000\ \text{mi} \quad \textit{(redondeo)}$$

b) Una longitud de 40 000 mi es considerable. Para compararla con la circunferencia (c) de la Tierra, recordemos que el radio de la Tierra mide aproximadamente 4000 mi, de manera que el diámetro (d) es 8000 mi. La circunferencia de un círculo está dada por $c = \pi d$, y

$$c = \pi d \approx 3 \times 8000\ \text{mi} \approx 24\,000\ \text{mi} \quad \textit{(sin redondeo)}$$

[Para que la comparación sea general, redondearemos π (= 3.14...) a 3. El símbolo $\approx$ significa "aproximadamente igual a".]

Entonces,

$$\frac{\text{longitud de capilares}}{\text{circunferencia de la Tierra}} = \frac{40\,000\ \text{mi}}{24\,000\ \text{mi}} = 1.7$$

Los capilares de nuestro cuerpo tienen una longitud total que daría 1.7 veces vuelta al mundo. ¡Caramba!

Ejercicio de refuerzo. Si tomamos la distancia promedio entre la costa este y la oeste de Estados Unidos como 4800 km, ¿cuántas veces cruzaría ese país la longitud total de los capilares de nuestro cuerpo? (*Las respuestas de todos los Ejercicios de refuerzo se dan al final del libro.*)

Ejemplo 1.5 ■ Conversión de unidades de área: elegir el factor de conversión correcto

Un tablero de avisos tiene una área de 2.5 m^2. Exprese esta área en centímetros cuadrados (cm^2).

Razonamiento. Este problema es una conversión de unidades de área, y sabemos que 1 m = 100 cm. Por lo tanto, habría que elevar al cuadrado para obtener metros cuadrados y centímetros cuadrados.

Solución. Un error común en esta clase de conversiones es usar factores incorrectos. Dado que 1 m = 100 cm, algunos suponen que 1 m^2 = 100 cm^2, lo cual es falso. El factor de conversión de área correcto puede obtenerse directamente del factor de conversión lineal correcto, 100 cm/1 m, o 10^2 cm/1 m, elevándolo al cuadrado el factor de conversión lineal:

$$\left(\frac{10^2\ \text{cm}}{1\ \text{m}}\right)^2 = \frac{10^4\ \text{cm}^2}{1\ \text{m}^2}$$

Entonces, 1 m^2 = 10^4 cm^2 (= 10 000 cm^2), y podemos escribir lo siguiente:

$$2.5\ \text{m}^2 \times \left(\frac{10^2\ \text{cm}}{1\ \text{m}}\right)^2 = 2.5\ \cancel{\text{m}^2} \times \frac{10^4\ \text{cm}^2}{1\ \cancel{\text{m}^2}} = 2.5 \times 10^4\ \text{cm}^2$$

Ejercicio de refuerzo. ¿Cuántos centímetros cúbicos hay en un metro cúbico? (*Las respuestas de todos los Ejercicios de refuerzo se dan al final del libro.*)

A lo largo de este libro, presentaremos varios Ejemplos conceptuales. Éstos muestran el razonamiento seguido para aplicar conceptos específicos, a menudo con pocas matemáticas, o sin ellas.

Ejemplo conceptual 1.6 ■ Comparación de rapidez usando conversión de unidades

Dos estudiantes difieren en lo que consideran la rapidez más alta, *a*) 1 km/h o *b*) 1 m/s. ¿Cuál elegiría usted? *Plantee claramente el razonamiento que siguió para llegar a su respuesta, antes de leer el párrafo siguiente. Es decir, ¿**por qué** escogió esa respuesta?*

Razonamiento y respuesta. Para contestar esto, hay que comparar las cantidades en las mismas unidades, lo cual implica conversión de unidades, tratando de encontrar las conversiones más sencillas. Al ver el prefijo *kilo-*, sabemos que 1 km es 1000 m. También, una hora se puede expresar como 3600 s. Entonces, la razón numérica de km/h es menor que 1, y $1\ \text{km/h} < 1\ \text{m/s}$, así que la respuesta es *b*). [1 km/h = 1000 m/3600 s = 0.3 m/s.]

Ejercicio de refuerzo. Un estadounidense y un europeo están comparando el rendimiento de la gasolina en sus respectivas camionetas. El estadounidense calcula que obtiene 10 mi/gal, y el europeo, 10 km/L. ¿Qué vehículo rinde más? (*Las respuestas de todos los Ejercicios de refuerzo se dan al final del libro.*)

Algunos ejemplos de la importancia de la conversión de unidades se incluyen en la sección A fondo 1.3.

A FONDO 1.3 ¿ES IMPORTANTE LA CONVERSIÓN DE UNIDADES?

La respuesta a esta pregunta es "¡Ya lo creo!" Veamos un par de casos ilustrativos. En 1999, la sonda Mars Climate Orbiter hizo un viaje al Planeta Rojo para investigar su atmósfera (figura 1). La nave espacial se aproximó a Marte en septiembre, pero de pronto se perdió el contacto entre la sonda y el personal en la Tierra, y no se volvió a recibir señal de Mars. Las investigaciones demostraron que la sonda se había aproximado a Marte a una altitud mucho más baja de la planeada. En vez de pasar a 147 km (87 millas) por encima de la superficie marciana, los datos recabados indicaron que Mars seguía una trayectoria que la llevaría a tan sólo 57 km (35 millas) de la superficie. Como resultado, la nave espacial se quemó en la atmósfera de Marte o chocó contra la superficie.

¿Cómo pudo suceder esto? Las investigaciones indican que el fracaso del Orbiter se debió primordialmente a un problema con la conversión de unidades. En Lockheed Martin Astronautics, donde se construyó la nave espacial, los ingenieros calcularon la información de navegación en unidades inglesas. Cuando los científicos del Laboratorio de Propulsión de la NASA recibieron los datos, supusieron que la información estaba en unidades métricas, como se pedía en las especificaciones de la misión. No se hizo la conversión de unidades, y una nave espacial de 125 millones de dólares se perdió en el Planeta Rojo, lo que provocó la vergüenza de muchas personas.

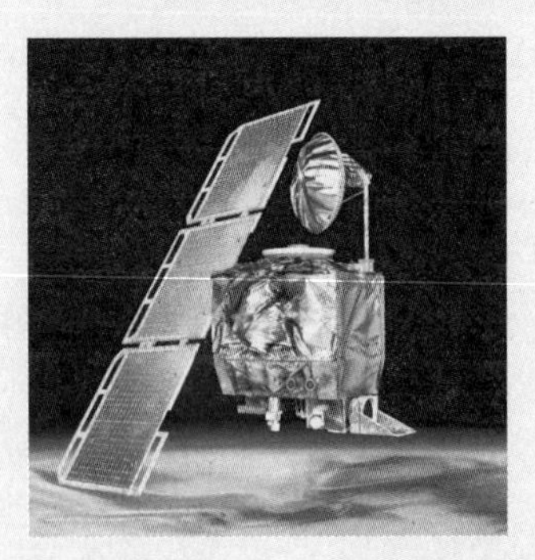

FIGURA 1 Mars Climate Orbiter La concepción de un artista de Mars cerca de la superficie del Planeta Rojo. La verdadera sonda se quemó en la atmósfera marciana, o chocó contra la superficie. La causa se atribuyó a la confusión de unidades, y el resultado fue que se perdió una nave espacial de 125 millones de dólares.

Más cerca de la Tierra, en 1983, el vuelo 143 de Air Canada seguía su trayecto de Montreal a Edmonton, Canadá, con 61 pasajeros a bordo del nuevo Boeing 767, el avión más avanzado del mundo para entonces. Casi a la mitad del vuelo, una luz de advertencia se encendió para una de las bombas de combustible, luego para otra, y finalmente para las cuatro bombas. Los motores se detuvieron y entonces este avanzado avión se volvió un planeador, cuando estaba a unas 100 millas del aeropuerto más cercano, en Winnipeg. Sin los motores funcionando, el avión del vuelo 143 se habría precipitado a 10 millas del aeropuerto, así que fue desviado a un viejo campo de aterrizaje de la Real Fuerza Aérea Canadiense, en Gimli. El piloto maniobró el avión sin potencia para el aterrizaje, deteniéndose a corta distancia de una barrera. ¿Acaso el avión apodado "el planeador de Gimli" tenía bombas de combustible en mal estado? No, ¡se quedó sin combustible!

Este reciente desastre fue provocado por otro problema de conversión. Las computadoras del combustible no funcionaban adecuadamente, así que los mecánicos utilizaron el antiguo procedimiento de medir el combustible en los tanques con una varilla de medición. La longitud de la varilla que se moja permite determinar el volumen de combustible por medio de valores en las tablas de conversión. Air Canada, durante años, había calculado la cantidad de combustible en libras; mientras que el consumo de combustible del 767 se expresaba en kilogramos. Y algo aún peor, el procedimiento de la varilla de medición daba la cantidad de combustible a bordo en litros, y no en libras o en kilogramos. El resultado fue que la aeronave se cargó con 22 300 lb de combustible en vez de los 22 300 kg que se requerían. Como 1 lb tiene una masa de 0.45 kg, el avión llevaba menos de la mitad del combustible necesario.

Estos incidentes destacan la importancia de emplear las unidades adecuadas, de efectuar correctamente las conversiones de unidades y de trabajar consistentemente con un mismo sistema de unidades. Varios ejercicios al final del capítulo lo desafiarán a desarrollar sus habilidades para realizar las conversiones de unidades de manera precisa.

1.6 Cifras significativas

OBJETIVOS: *a*) Determinar el número de cifras significativas de un valor numérico, y *b*) informar el número correcto de cifras significativas después de realizar cálculos sencillos.

Cuando se nos pide resolver un problema, generalmente nos ofrecen datos numéricos. Por lo regular, tales datos son números exactos o números medidos (cantidades). Los **números exactos** son números sin incertidumbre ni error. Esta categoría incluye números como el "100" que se usa para calcular porcentajes, y el "2" de la ecuación $r = d/2$ que relaciona el radio con el diámetro de un círculo. Los **números medidos** son números que se obtienen a través de procesos de medición, por lo que casi siempre tienen cierto grado de incertidumbre o error.

Cuando efectuamos cálculos con números medidos, el error de medición se *propaga*, o se arrastra, en las operaciones matemáticas. Entonces, surge la duda de cómo informar el error en un resultado. Por ejemplo, supongamos que nos piden calcular el tiempo (t) con la fórmula $x = vt$ y se nos dice que $x = 5.3$ m y $v = 1.67$ m/s. Entonces,

$$t = \frac{x}{v} = \frac{5.3 \text{ m}}{1.67 \text{ m/s}} = ?$$

▲ **FIGURA 1.10 Cifras significativas y no significativas** Para la operación de división 5.3/1.67, una calculadora con punto decimal flotante da muchos dígitos. Una cantidad calculada no puede ser más exacta que la cantidad menos exacta que interviene en el cálculo, de manera que este resultado debería redondearse a dos cifras significativas, es decir, 3.2.

Si hacemos la división en calculadora, obtendremos un resultado como 3.173 652 695 segundos (▸figura 1.10). ¿Cuántas cifras, o dígitos, deberíamos informar en la respuesta?

El error de incertidumbre del resultado de una operación matemática podría calcularse usando métodos estadísticos. Un procedimiento más sencillo, y ampliamente utilizado, para estimar la incertidumbre implica el uso de **cifras significativas (cs)** o *dígitos significativos*. El grado de exactitud de una cantidad medida depende de qué tan finamente dividida esté la escala de medición del instrumento. Por ejemplo, podríamos medir la longitud de un objeto como 2.5 cm con un instrumento y 2.54 cm con otro; el segundo instrumento brinda más cifras significativas y un mayor grado de exactitud.

Básicamente, *las cifras significativas en cualquier medición son los dígitos que se conocen con certeza, más un dígito que es incierto*. Este conjunto de dígitos por lo regular se define como todos los dígitos que se pueden leer directamente del instrumento con que se hizo la medición, más un dígito incierto que se obtiene estimando la fracción de la división más pequeña de la escala del instrumento.

Las cantidades 2.5 cm y 2.54 cm tienen dos y tres cifras significativas, respectivamente, lo cual es bastante evidente. Sin embargo, podría haber cierta confusión si una cantidad contiene uno o más ceros. Por ejemplo, ¿cuántas cifras significativas tiene la cantidad 0.0254 m? ¿Y 104.6 m? ¿2705.0 m? En tales casos, nos guiamos por estas reglas:

1. Los ceros al principio de un número no son significativos. Simplemente ubican el punto decimal. Por ejemplo,

   0.0254 m tiene tres cifras significativas (2, 5, 4)

2. Los ceros dentro de un número son significativos. Por ejemplo,

   104.6 m tiene cuatro cifras significativas (1, 0, 4, 6)

3. Los ceros al final de un número, después del punto decimal, son significativos. Por ejemplo,

   2705.0 m tiene cinco cifras significativas (2, 7, 0, 5, 0)

4. En el caso de enteros sin punto decimal, que terminan con uno o más ceros (ceros a la derecha) —por ejemplo, 500 kg— los ceros podrían ser significativos o no. En tales casos, no queda claro cuáles ceros sirven sólo para ubicar el punto decimal y cuáles son realmente parte de la medición. Es decir, si el primer cero de la izquierda (5$\underline{0}$0 kg) es el dígito estimado en la medición, sólo se conocerán con certeza dos dígitos, y sólo habrá dos cifras significativas. Asimismo, si el último

cero es el dígito estimado (50<u>0</u> kg), habrá tres cifras significativas. Esta ambigüedad podría eliminarse empleando notación científica (de potencias de 10):

$$5.0 \times 10^2 \text{ kg tiene dos cifras significativas}$$

$$5.00 \times 10^2 \text{ kg tiene tres cifras significativas}$$

Esta notación ayuda a expresar los resultados de los cálculos con el número correcto de cifras significativas, como veremos en breve. (El apéndice I incluye un repaso de la notación científica.)

(*Nota*: para evitar confusiones cuando demos cantidades con ceros a la derecha en los ejemplos y los ejercicios del texto, consideraremos que esos ceros son significativos. Por ejemplo, supondremos que un tiempo de 20 s tiene dos cifras significativas, aunque no lo escribamos como 2.0×10^1 s.)

Es importante informar los resultados de operaciones matemáticas con el número correcto de cifras significativas. Esto se logra siguiendo las reglas de 1) multiplicación y división y 2) suma y resta. Para obtener el número correcto de cifras significativas, los resultados se redondean. He aquí algunas reglas generales que usaremos para las operaciones matemáticas y el redondeo.

Cifras significativas en cálculos

1. Al multiplicar y dividir cantidades, deje tantas cifras significativas en la respuesta como haya en la cantidad con menos cifras significativas.
2. Al sumar o restar cantidades, deje el mismo número de posiciones decimales (redondeadas) en la respuestas como haya en la cantidad con menos decimales.

Reglas para redondear*

1. Si el primer dígito a desechar es menor que 5, deje el dígito anterior como está.
2. Si el primer dígito a desechar es 5 o más, incremente en 1 el dígito anterior.

Las reglas para cifras significativas implican que el resultado de un cálculo no puede ser más exacto que la cantidad menos exacta empleada. Es decir, no podemos aumentar la exactitud realizando operaciones matemáticas. Por lo tanto, el resultado que debería informarse para la operación de división que vimos al principio de esta sección es

$$\frac{\overset{(2\ cs)}{5.3\text{ m}}}{\underset{(3\ cs)}{1.67\text{ m/s}}} = 3.2\text{ s}\quad (2\ cs)$$

El resultado se redondea a dos cifras significativas. (Véase la figura 1.10.)

En los ejemplos que siguen se aplican estas reglas.

Ejemplo 1.7 ■ Uso de cifras significativas al multiplicar y dividir: aplicaciones de redondeo

Se realizan las operaciones siguientes y los resultados se redondean al número correcto de cifras significativas:

Multiplicación

$$\underset{(2\ cs)}{2.4\text{ m}} \times \underset{(3\ cs)}{3.65\text{ m}} = 8.76\text{ m}^2 = 8.8\text{ m}^2 \quad \textit{(redondeado a dos cs)}$$

División

$$\frac{\overset{(4\ cs)}{725.0\text{ m}}}{\underset{(3\ cs)}{0.125\text{ s}}} = 5800\text{ m/s} = 5.80 \times 10^3\text{ m/s} \quad \textit{(representado con tres cs; ¿por qué?)}$$

* Cabe señalar que estas reglas dan una exactitud aproximada, a diferencia de los resultados que se obtienen con métodos estadísticos más avanzados.

Ejercicio de refuerzo. Realice las siguientes operaciones y exprese las respuestas en la notación de potencias de 10 estándar (un dígito a la izquierda del punto decimal) con el número correcto de cifras significativas: *a*) $(2.0 \times 10^5 \text{ kg})(0.035 \times 10^2 \text{ kg})$ y *b*) $(148 \times 10^{-6} \text{ m})/(0.4906 \times 10^{-6} \text{ m})$. (*Las respuestas de todos los Ejercicios de refuerzo se dan al final del libro.*)

Ejemplo 1.8 ■ Uso de cifras significativas al sumar y restar: aplicación de las reglas

Se efectúan las siguientes operaciones encontrando el número que tiene menos decimales. (Por conveniencia se han omitido las unidades.)

Suma

En los números a sumar, observe que 23.1 es el que menos decimales tiene (uno):

$$\begin{array}{r} 23.1 \\ 0.546 \\ 1.45 \\ \hline 25.096 \end{array} \xrightarrow{\textit{(redondeando)}} 25.1$$

Resta

Se usa el mismo procedimiento de redondeo. Aquí, 157 tiene el menor número de decimales (ninguno).

$$\begin{array}{r} 157 \\ -5.5 \\ \hline 151.5 \end{array} \xrightarrow{\textit{(redondeando)}} 152$$

Ejercicio de refuerzo. Dados los números 23.15, 0.546 y 1.058, *a*) sume los primeros dos números y *b*) reste el último número al primero. (*Las respuestas de todos los Ejercicios de refuerzo se dan al final del libro.*)

Supongamos que debemos efectuar operaciones mixtas: multiplicación y/o división y suma y/o resta. ¿Qué hacemos en este caso? Simplemente seguimos las reglas de orden de las operaciones algebraicas, tomando nota de las cifras significativas sobre la marcha.

El número de dígitos que se informan en un resultado depende del número de dígitos de los datos. En general, en los ejemplos de este libro se obedecerán las reglas de redondeo, aunque habrá excepciones que darían pie a una diferencia, como se explica en la siguiente Sugerencia para resolver problemas.

Sugerencia para resolver problemas: la respuesta "correcta"

Al resolver problemas, el lector naturalmente tratará de obtener la respuesta correcta y quizá cotejará sus respuestas con las de la sección Respuestas a ejercicios impares al final del libro. Habrá ocasiones en que su respuesta difiera ligeramente de la que se da, aunque haya resuelto el problema de forma correcta. Esto podría deberse a varias cosas.

Como ya dijimos, lo mejor es redondear únicamente el resultado final de un cálculo de varias partes; sin embargo, esta práctica no siempre es conveniente en cálculos complejos. Hay casos en que los resultados de pasos intermedios son importantes en sí y deben redondearse al número adecuado de dígitos, como si fueran la respuesta final. Asimismo, los ejemplos de este libro a menudo se resuelven en pasos que muestran las etapas de *razonamiento* de la solución. Los resultados que se obtienen cuando se redondean los resultados de pasos intermedios tal vez difieran ligeramente, de aquellos que se obtienen cuando sólo se redondea la respuesta final.

También podría haber diferencias de redondeo cuando se usan factores de conversión. Por ejemplo, al convertir 5.0 mi a kilómetros, podríamos usar una de las dos formas del factor de conversión que se incluyen en los forros del libro:

$$5.0 \cancel{\text{mi}} \left(\frac{1.609 \text{ km}}{1 \cancel{\text{mi}}} \right) = (8.045 \text{ km}) = 8.0 \text{ km} \quad \textit{(dos cifras significativas)}$$

y

$$5.0 \cancel{\text{mi}} \left(\frac{1 \text{ km}}{0.621 \cancel{\text{mi}}} \right) = (8.051 \text{ km}) = 8.1 \text{ km} \quad \textit{(dos cifras significativas)}$$

(continúa en la siguiente página)

Exploración 1.1 Seleccionar y arrastrar a una posición

La diferencia se debe al redondeo de los factores de conversión. En realidad, 1 km = 0.6214 mi, así que 1 mi = (1/0.6214) km = 1.609 269 km ≈ 1.609 km. (Repita tales conversiones empleando los factores no redondeados, y vea qué obtiene.) Para evitar las diferencias de redondeo en las conversiones, por lo general utilizaremos la forma de multiplicación de los factores de conversión, como en la primera de las ecuaciones anteriores, a menos que haya un factor exacto conveniente, como 1 min/60 s.

Quizá haya pequeñas diferencias en las respuestas cuando se emplean diferentes métodos para resolver un problema, debido a diferencias de redondeo. Tenga presente que, al resolver problemas (para lo cual se da un procedimiento general en la sección 1.7), *si su respuesta difiere de la del texto únicamente en el último dígito, lo más probable es que la disparidad sea una diferencia de redondeo al utilizar un método de resolución alternativo.*

1.7 Resolución de problemas

OBJETIVOS: *a*) Establecer un procedimiento general para resolver problemas y *b*) aplicarlo a problemas representativos.

Un aspecto destacado de la física es la resolución de problemas. En general, ello significa aplicar principios y ecuaciones de física a los datos de una situación específica, para encontrar el valor de una cantidad desconocida o deseada. No existe un método universal para enfrentar un problema que automáticamente produzca una solución. Aunque no hay una fórmula mágica para resolver problemas, si tenemos varias prácticas consistentes que son muy útiles. Los pasos del siguiente procedimiento buscan ofrecerle un marco general para aplicar a la resolución de la mayoría de los problemas que se plantean en el texto. (Tal vez desee realizar modificaciones para ajustarlo a su propio estilo.)

En general, seguiremos estos pasos al resolver los problemas de ejemplo a lo largo del texto. Se darán más sugerencias útiles para resolver problemas donde sea conveniente.

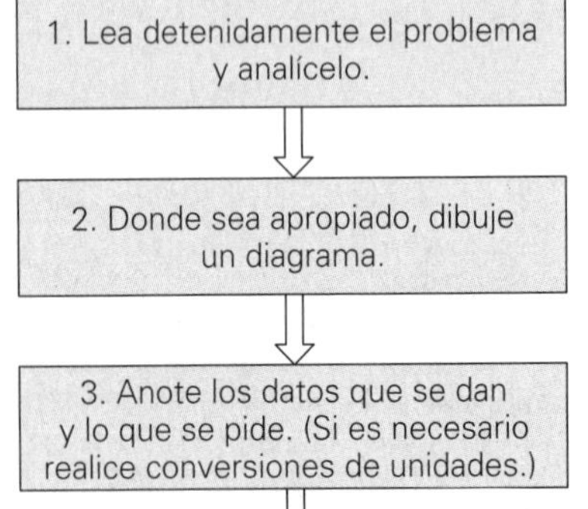

▲ **FIGURA 1.11 Diagrama de flujo del procedimiento sugerido para resolver problemas**

Procedimiento general para resolver problemas

1. *Lea detenidamente el problema y analícelo.* ¿Qué es lo que se pide y qué es lo que dan?
2. *Donde sea apropiado, dibuje un diagrama como ayuda para visualizar y analizar la situación física del problema.* Este paso quizá no sea necesario en todos los casos, pero a menudo resulta útil.
3. *Anote los datos que se dan y lo que se pide. Asegúrese que los datos estén expresados en el mismo sistema de unidades (por lo general el SI).* Si es necesario utilice el procedimiento de conversión de unidades que vimos en este capítulo. Quizás algunos datos no se den de forma explícita. Por ejemplo, si un automóvil "parte del reposo", su rapidez inicial es cero ($v_o = 0$). En algunos casos, se espera que el lector conozca ciertas cantidades, como la aceleración debida a la gravedad, g, o que las busque en tablas.
4. *Determine qué principio(s) y ecuación(es) son aplicables a la situación y cómo podrían llevarlo de la información dada a lo que se pide.* Tal vez sea necesario idear una estrategia de varios pasos. Asimismo, intente simplificar las ecuaciones lo más posible con manipulación algebraica. Cuanto menos cálculos realice, será menos probable que se equivoque: *no inserte los números antes de tiempo.*
5. *Sustituya las cantidades dadas (los datos) en la(s) ecuación(es) y efectúe los cálculos.* Informe el resultado en las unidades apropiadas y con el número correcto de cifras significativas.
6. *Considere si el resultado es razonable o no.* ¿La respuesta tiene una magnitud adecuada? (Es decir, ¿está en el orden correcto?) Por ejemplo, si la masa calculada para una persona resulta ser 4.60×10^2 kg, hay que dudar del resultado, pues 460 kg es un peso muy alto. ◂La figura 1.11 resume los principales pasos como un diagrama de flujo.

En general, hay tres tipos de ejemplos en este texto, como se indica en la tabla 1.4. Los pasos anteriores serían aplicables a los primeros dos tipos, puesto que incluyen cálculos. Los ejemplos conceptuales, en general, no siguen estos pasos, ya que son precisamente de naturaleza conceptual.

Al leer los ejemplos y los ejemplos integrados trabajados, usted deberá reconocer la aplicación general o el flujo de los pasos anteriores. Este formato se utilizará a lo largo del texto. Tomemos un ejemplo y otro integrado a manera de ilustración. En estos ejemplos se harán comentarios para destacar el enfoque de la resolución del problema y los pasos a seguir; esto no se hará en todos los ejemplos del libro, pero deberá comprenderse. Como en realidad no se han expuesto aún principios físicos, utilizaremos problemas de matemáticas y trigonometría, que servirán como un buen repaso.

TABLA 1.4 Tipos de ejemplos

Ejemplo: principalmente matemático por naturaleza Secciones: **Razonamiento** **Solución**
Ejemplo integrado: *a*) opción múltiple conceptual, *b*) refuerzo matemático Secciones: ***a*) Razonamiento conceptual** ***b*) Razonamiento cuantitativo y Solución**
Ejemplo conceptual: En general, sólo se necesita razonamiento para obtener la respuesta, aunque en ocasiones se requiere de matemáticas simples para justificar el razonamiento Secciones: **Razonamiento y Respuesta**

Ejemplo 1.9 ■ Encontrar el área de la superficie externa de un contenedor cilíndrico

Un contenedor cilíndrico cerrado, que se utiliza para almacenar material de un proceso de fabricación, tiene un radio exterior de 50.0 cm y una altura de 1.30 m. ¿Cuál es el área total de la superficie exterior del contenedor?

Razonamiento. (En este tipo de ejemplo, la sección Razonamiento generalmente combina los pasos 1 y 2 de la resolución de problemas que se explicaron antes.)

Debería notarse inmediatamente que las medidas de longitud se dan en unidades distintas, de manera que se requiere una conversión de unidades. Para visualizar y analizar el cilindro, resulta útil hacer un diagrama (▸figura 1.12). Con esta información en mente, se procede a encontrar la solución, utilizando la fórmula para el área de un cilindro (las áreas combinadas de los extremos circulares y la parte lateral del cilindro).

Solución. Se anota la información que se tiene y lo que se necesita encontrar (paso 3 del procedimiento):

Dados: $r = 50.0$ cm, $h = 1.30$ m   *Encuentre:* A (el área de la superficie exterior del cilindro)

Primero, hay que ocuparse de las unidades. En este caso, usted debería ser capaz de escribir de inmediato $r = 50.0 \text{ cm} = 0.500$ m. Pero, con frecuencia, las conversiones no son obvias, así que detengámonos en la conversión de unidades para ilustrar:

$$r = 50.0 \text{ cm}\left(\frac{1 \text{ m}}{100 \text{ cm}}\right) = 0.500 \text{ m}$$

Hay ecuaciones generales para obtener el área (y volumen) de objetos con formas comunes. El área de un cilindro se puede encontrar fácilmente (en el apéndice I); pero supongamos que usted no cuenta con esa fuente. En ese caso, le será posible determinarla. Al observar la figura 1.12, note que el área de la superficie exterior de un cilindro consiste en el área de dos extremos circulares y el área de un rectángulo (el cuerpo del cilindro extendido). Las ecuaciones para las áreas de estas formas comunes se recuerdan fácilmente. Entonces, el área de los dos extremos sería

$$2A_e = 2 \times \pi r^2 \quad \textit{(dos veces el extremo del área circular; área del círculo} = \pi r^2\textit{)}$$

y el área del cuerpo del cilindro es

$$A_b = 2\pi r \times h \quad \textit{(circunferencia del extremo circular multiplicada por la altura)}$$

Así, el área total es

$$A = 2A_e + A_b = 2\pi r^2 + 2\pi rh$$

Los datos podrían colocarse en la ecuación; pero en ocasiones es conveniente simplificar esta última para ahorrarse algunos pasos en el cálculo.

$$A = 2\pi r(r + h) = 2\pi(0.500 \text{ m})(0.500 \text{ m} + 1.30 \text{ m})$$
$$= \pi(1.80 \text{ m}^2) = 5.65 \text{ m}^2$$

y el resultado parece razonable considerando las dimensiones del cilindro.

Ejercicio de refuerzo. Si el grosor de las paredes de la parte lateral y de los extremos del cilindro es de 1.00 cm, ¿cuál es el volumen interior del cilindro? (*Las respuestas a los Ejercicios de refuerzo vienen al final del libro.*)

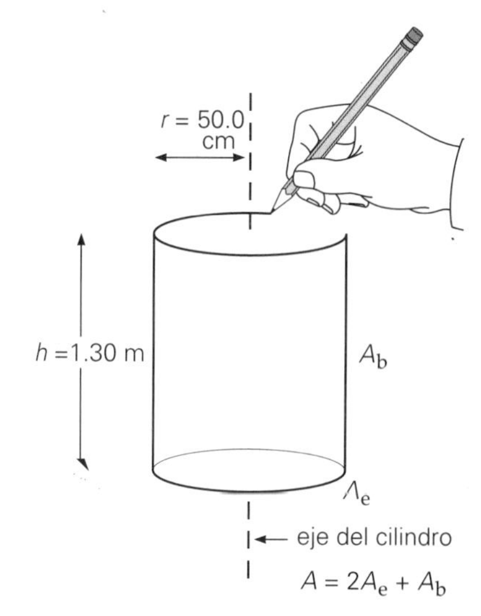

▲ **FIGURA 1.12 Un paso útil en la resolución del problema** Hacer un diagrama le ayudará a visualizar y a comprender mejor la situación. Véase el ejemplo 1.9.

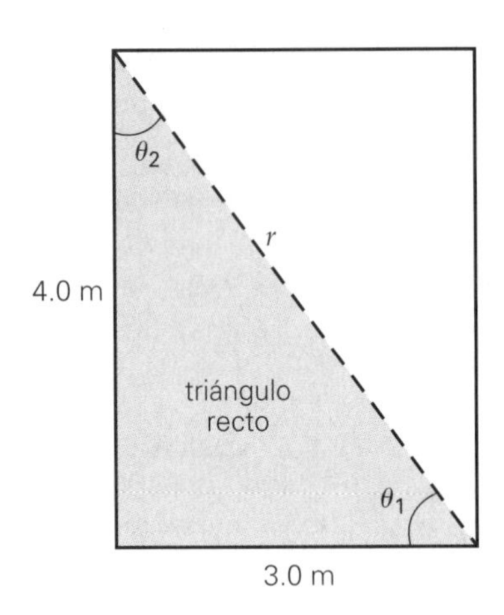

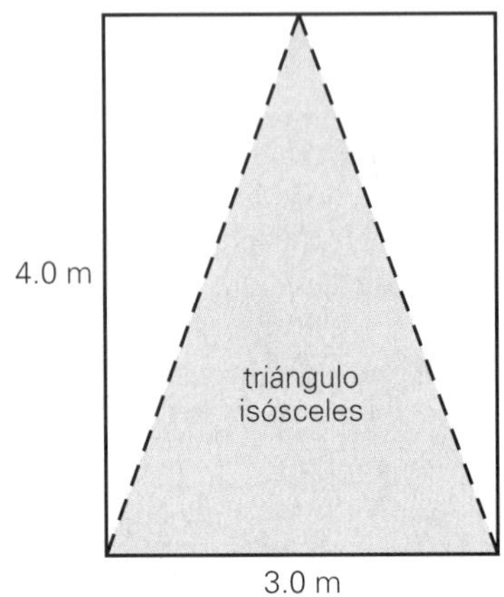

▲ **FIGURA 1.13 Proyecto para un arriate de flores** Dos tipos de triángulos para un arriate de flores. Véase el ejemplo 1.10.

Ejemplo integrado 1.10 ■ Lados y ángulos

a) Una especialista en jardinería dispone de un terreno rectangular que mide 3.0 × 4.0 m. Desea utilizar la mitad de esta área para hacer un arriate de flores. De los dos tipos de triángulos que se ilustran en la ◂figura 1.13, ¿cuál debería utilizar para hacer esto? 1) El triángulo recto, 2) el triángulo isósceles (con dos lados iguales), o 3) cualquiera de los dos. *b*) Al diseñar el arriate, la jardinera decide utilizar el triángulo recto. Como quiere delimitar los lados con hileras de piedras, necesita conocer la longitud total (L) de los lados del triángulo. También le gustaría conocer los valores de los ángulos agudos del triángulo. ¿Podría ayudarla para que no tenga que tomar las medidas?

***a*) Razonamiento conceptual.** El terreno rectangular tiene una área total de 3.0 × 4.0 m = 12 m². Es evidente que el triángulo recto divide el terreno a la mitad (figura 1.13). Esto no es tan obvio en el caso del triángulo isósceles. Pero al prestar mayor atención, se observa que las zonas en blanco podrían arreglarse de tal manera que su área combinada resulte la misma que el área sombreada que forma el triángulo isósceles. Así que el triángulo isósceles también divide el terreno a la mitad y la respuesta correcta es 3. [Esto se comprueba matemáticamente calculando las áreas de los triángulos. Área = $\frac{1}{2}$(altura × base).]

***b*) Razonamiento cuantitativo y solución.** Para determinar la longitud total de los lados, necesitamos encontrar la longitud de la hipotenusa del triángulo. Esto se logra usando el teorema de Pitágoras, $x^2 + y^2 = r^2$, y

$$r = \sqrt{x^2 + y^2} = \sqrt{(3.0\text{ m})^2 + (4.0\text{ m})^2} = \sqrt{25\text{ m}^2} = 5.0\text{ m}$$

(O de forma directa, tal vez usted haya notado que éste es un triángulo recto 3-4-5). Entonces,

$$L = 3.0\text{ m} + 4.0\text{ m} + 5.0\text{ m} = 12\text{ m}$$

Los ángulos agudos del triángulo se encuentran empleando trigonometría. En relación con los ángulos en la figura 1.13,

$$\tan\theta_1 = \frac{\text{cateto opuesto}}{\text{cateto adyacente}} = \frac{4.0\text{ m}}{3.0\text{ m}}$$

y

$$\theta_1 = \tan^{-1}\left(\frac{4.0\text{ m}}{3.0\text{ m}}\right) = 53°$$

De manera similar,

$$\theta_2 = \tan^{-1}\left(\frac{3.0\text{ m}}{4.0\text{ m}}\right) = 37°$$

que suman 90°, tal como se esperaría con un ángulo recto (90° + 90° = 180°).

Ejercicio de refuerzo. Determine la longitud total de los lados y los ángulos interiores del triángulo isósceles de la figura 1.13. (*Las respuestas a todos los Ejercicios de refuerzo vienen al final del libro.*)

Funciones trigonométricas básicas:

$$\cos\theta = \frac{x}{r}\left(\frac{\text{cateto adyacente}}{\text{hipotenusa}}\right)$$

$$\text{sen}\,\theta = \frac{y}{r}\left(\frac{\text{cateto opuesto}}{\text{hipotenusa}}\right)$$

$$\tan\theta = \frac{\text{sen}\,\theta}{\cos\theta} = \frac{y}{x}\left(\frac{\text{cateto opuesto}}{\text{cateto adyacente}}\right)$$

Estos ejemplos ilustran cómo se vinculan los pasos de la resolución de problemas para encontrar el resultado. Usted verá este patrón en los ejemplos resueltos en el libro, aunque no se haga explícito. Intente desarrollar sus propias habilidades para resolver problemas de una forma similar.

Por último, tomemos un ejemplo que supone razonamiento conceptual y algunos cálculos simples.

Ejemplo conceptual 1.11 ■ Ascenso en ángulo

Un piloto conduce su aeronave en dos tipos de ascenso en línea recta y con inclinación pronunciada a diferentes ángulos. En el primer ascenso, el avión recorre 40.0 km a un ángulo de 15 grados con respecto a la horizontal. En el segundo ascenso inclinado, el avión recorre 20.0 km a un ángulo de 30 grados con respecto a la horizontal. ¿Cómo se comparan las distancias verticales de los dos ascensos? *a*) La de la primera inclinación es mayor, *b*) la de la segunda inclinación es mayor, o *c*) ambas son iguales.

Razonamiento y respuesta. A primera vista, pareciera que las distancias verticales son iguales. Después de todo, el ángulo de la primera trayectoria es la mitad del de la segunda. Y la hipotenusa (distancia) del primer ascenso es el doble de la del segundo, así que ¿no se compensan los dos efectos de tal forma que la respuesta *c*) sea la correcta? No. La falla aquí radica en que la distancia vertical se basa en el seno del ángulo (haga un bosquejo), y el seno de un ángulo no es proporcional al ángulo. Verifique con su calculadora. $2 \times \text{sen } 15° = 0.518$ y $\text{sen } 30° = 0.500$. De manera que no se compensan. La mitad de la distancia al doble del ángulo da por resultado una menor distancia vertical, así que la respuesta correcta es *a*).

Ejercicio de refuerzo. En este ejemplo, ¿el segundo ascenso tendría que ser más o menos pronunciado que 30 grados, para que las distancias de ascenso fueran iguales? ¿Cuál debería ser el ángulo en este caso?

Aproximación y cálculos de orden de magnitud

A veces, al resolver algunos problemas, quizá no nos interese obtener una respuesta exacta, sino tan sólo un estimado o una cifra "aproximada". Podemos hacer aproximaciones redondeando las cantidades para facilitar los cálculos y tal vez no valernos de la calculadora. Por ejemplo, suponga que desea tener una idea del área de un círculo cuyo radio $r = 9.5$ cm. Si redondeamos $9.5 \text{ cm} \approx 10 \text{ cm}$ y $\pi \approx 3$ en vez de 3.14,

$$A = \pi r^2 \approx 3(10 \text{ cm})^2 = 300 \text{ cm}^2$$

(Es importante señalar que en los cálculos aproximados no nos fijamos en las cifras significativas.) La respuesta no es exacta, pero es una buena aproximación. Calcule la respuesta exacta para comprobarlo.

La notación de potencias de diez (científica) es muy conveniente para hacer aproximaciones en lo que se conoce como **cálculos de orden de magnitud**. *Orden de magnitud* significa que expresamos una cantidad a la potencia de 10 más cercana al valor real. Por ejemplo, en el cálculo anterior, aproximar $9.5 \text{ cm} \approx 10 \text{ cm}$ equivale a expresar 9.5 como 10^1, y decimos que el radio *es del orden de* 10 cm. Expresar una distancia de $75 \text{ km} \approx 10^2 \text{ km}$ indica que la distancia es del orden de 10^2 km. El radio de la Tierra es $6.4 \times 10^3 \text{ km} \approx 10^4 \text{ km}$, es decir, del orden de 10^4 km. Una nanoestructura con 8.2×10^{-9} m de anchura es del orden de 10^{-8} m, o 10 nm. (¿Por qué el exponente -8?)

Desde luego, un cálculo de orden de magnitud sólo da un estimado, pero éste bastaría para captar o entender mejor una situación física. Por lo general, el resultado de un cálculo de orden de magnitud tiene una precisión dentro de una potencia de 10, es decir, *dentro de un orden de magnitud*. De manera que el número que multiplica a la potencia de 10 está entre 1 y 10. Por ejemplo, si nos dieran un resultado de tiempo de 10^5 s, esperaríamos que la respuesta exacta esté entre 1×10^5 s y 10×10^5 s.

Ejemplo 1.12 ■ Cálculo de orden de magnitud: extracción de sangre

Un técnico médico extrae 15 cc de sangre de la vena de un paciente. En el laboratorio, se determina que este volumen de sangre tiene una masa de 16 g. Estime la densidad de la sangre, en unidades estándar del SI.

Razonamiento. Los datos se dan en unidades cgs (centímetro-gramo-segundo), que resultan prácticas para manejar cantidades enteras pequeñas en algunas situaciones. En medicina y química es común usar la abreviatura cc para indicar cm^3. La densidad (ρ) es masa por unidad de volumen, donde $\rho = m/V$ (sección 1.4).

Solución.

Dado: $m = 16 \cancel{\text{g}} \left(\dfrac{1 \text{ kg}}{1000 \cancel{\text{g}}} \right) = 1.6 \times 10^{-2} \text{ kg} \approx 10^{-2} \text{ kg}$ *Encuentre:* el estimado de ρ (densidad)

$$V = 15 \cancel{\text{cm}^3} \left(\frac{1 \text{ m}}{10^2 \cancel{\text{cm}}} \right)^3 = 1.5 \times 10^{-5} \text{ m}^3 \approx 10^{-5} \text{ m}^3$$

Por lo tanto, tenemos

$$\rho = \frac{m}{V} \approx \frac{10^{-2} \text{ kg}}{10^{-5} \text{ m}^3} \approx 10^3 \text{ kg/m}^3$$

Este resultado es muy cercano a la densidad promedio de la sangre entera, $1.05 \times 10^3 \text{ kg/m}^3$.

Ejercicio de refuerzo. Un paciente recibe 750 cc de sangre entera. Estime la masa de la sangre, en unidades estándar. (*Las respuestas de todos los Ejercicios de refuerzo se dan al final del libro.*)

Ejemplo 1.13 ■ ¿Cuántos glóbulos rojos hay en la sangre?

El volumen de sangre del cuerpo humano varía según la edad, el tamaño y el sexo del individuo. En promedio, el volumen es de unos 5 L. Un valor representativo para la concentración de glóbulos rojos (eritrocitos) es 5 000 000 por mm^3. Estime el número de glóbulos rojos que hay en su cuerpo.

Razonamiento. La cuenta de glóbulos rojos en células/mm^3 es una especie de "densidad" de glóbulos rojos. Si la multiplicamos por el volumen total de sangre [(células/volumen) × volumen total], obtendremos el número total de células. Sin embargo, tome en cuenta que los volúmenes deben estar en las mismas unidades.

Solución.

Dado:

$$V = 5\text{ L} = 5\,\cancel{\text{L}}\left(10^{-3}\,\frac{\text{m}^3}{\cancel{\text{L}}}\right) = 5 \times 10^{-3}\text{ m}^3 \approx 10^{-2}\text{ m}^3$$

$$\text{células/volumen} = 5 \times 10^6\,\frac{\text{células}}{\text{mm}^3} \approx 10^7\,\frac{\text{células}}{\text{mm}^3}$$

Encuentre: el número aproximado de glóbulos rojos en el cuerpo

Luego, cambiando a m^3,

$$\frac{\text{células}}{\text{volumen}} \approx 10^7\,\frac{\text{células}}{\cancel{\text{mm}^3}}\left(\frac{10^3\,\cancel{\text{mm}}}{1\text{ m}}\right)^3 \approx 10^{16}\,\frac{\text{células}}{\text{m}^3}$$

(*Nota*: el factor de conversión de L a m^3 se obtuvo directamente de las tablas de conversión, pero no se da un factor para convertir mm^3 a m^3, así que tan sólo empleamos una conversión conocida y la elevamos al cubo.) Por lo tanto, tenemos,

$$\left(\frac{\text{células}}{\text{volume}}\right)(\text{volumen total}) \approx \left(10^{16}\,\frac{\text{células}}{\cancel{\text{m}^3}}\right)(10^{-2}\,\cancel{\text{m}^3}) = 10^{14}\text{ glóbulos rojos}$$

Los glóbulos rojos (eritrocitos) son una de las células más abundantes presentes en el cuerpo humano.

Ejercicio de refuerzo. El número promedio de glóbulos blancos (leucocitos) en la sangre humana es de 5000 a 10 000 células por mm^3. Estime cuántos glóbulos blancos tiene en su cuerpo. (*Las respuestas de todos los Ejercicios de refuerzo se dan al final del libro.*)

Repaso del capítulo

- **Unidades SI de longitud, masa y tiempo.** El metro (m), el kilogramo (kg) y el segundo (s), respectivamente.

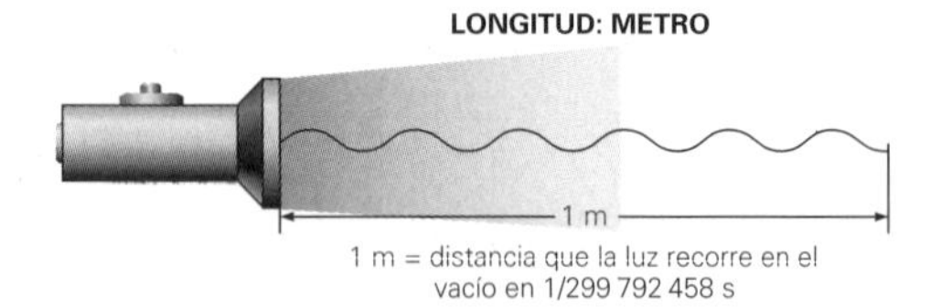

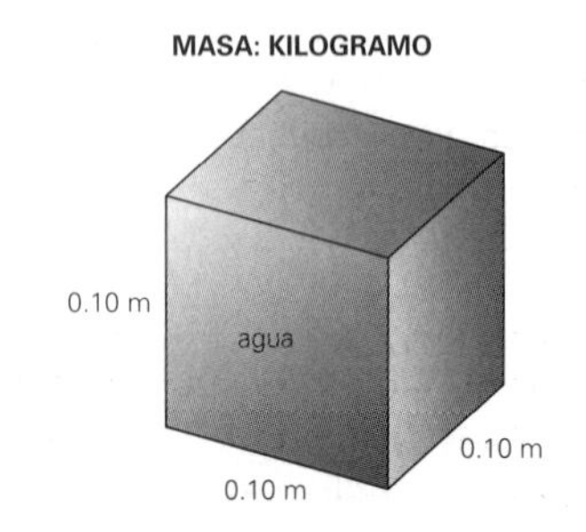

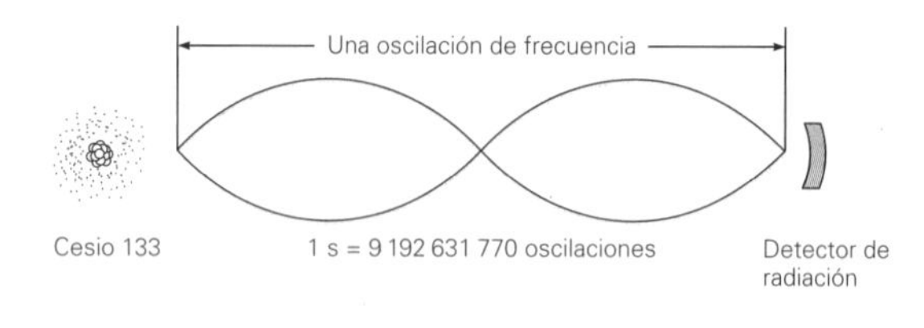

- **Litro (L).** Un volumen de 1000 mL o 1000 cm^3. Un litro de agua tiene una masa muy cercana a 1 kg.

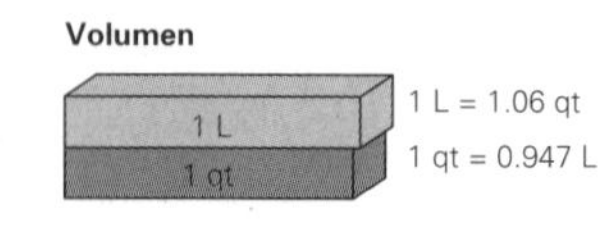

- **Análisis de unidades.** Sirve para determinar la consistencia de una ecuación, es decir, si es dimensionalmente correcta. El análisis de unidades ayuda a averiguar la unidad de una cantidad.
- **Cifras (dígitos) significativas.** Los dígitos que se conocen con certeza, más uno que es incierto, en los valores medidos.
- **Resolución de problemas.** Los problemas deben enfrentarse con un procedimiento consistente. Pueden realizarse cálculos de orden de magnitud si sólo se desea un valor aproximado.

Procedimiento sugerido para resolver problemas:

1. Lea detenidamente el problema y analícelo.
2. Donde sea apropiado, dibuje un diagrama.
3. Anote los datos que se dan y lo que se pide. (Si es necesario realice conversiones de unidades.)
4. Determine qué principio(s) son aplicables.
5. Realice los cálculos con los datos disponibles.
6. Considere si el resultado es razonable.

- **Densidad (ρ).** La masa por unidad de volumen de un objeto o sustancia, la cual es una medida de qué tan compacto es el material que contiene:

$$\rho = \frac{m}{V} \left(\frac{\text{masa}}{\text{volumen}}\right) \tag{1.1}$$

Ejercicios*

Los ejercicios designados **OM** *son preguntas de opción múltiple; los* **PC** *son preguntas conceptuales, y los* **EI** *son ejercicios integrados. A lo largo del texto, muchas secciones de ejercicios incluirán ejercicios "apareados". Estos pares de ejercicios, que se identifican con números subrayados, pretenden ayudar al lector a resolver problemas y aprender. El primer ejercicio de cada pareja (el de número par) se resuelve en la Guía de estudio, que puede consultarse si se necesita ayuda para resolverlo. El segundo ejercicio (de número impar) es similar, y su respuesta se da al final del libro.*

1.2 Unidades SI de longitud, masa y tiempo

1. **OM** ¿Cuántas unidades base tiene el SI: *a*) 3, *b*) 5, *c*) 7 o *d*) 9?

2. **OM** El único estándar del SI representado por un artefacto es *a*) el metro, *b*) el kilogramo, *c*) el segundo o *d*) la carga eléctrica.

3. **OM** ¿Cuál de las siguientes no es una cantidad base del SI? *a*) masa, *b*) peso, *c*) longitud o *d*) tiempo?

4. **OM** ¿Cuál de las siguientes es la unidad base de masa en el SI? *a*) libra, *b*) gramo, *c*) kilogramo o *d*) tonelada?

5. **PC** ¿Por qué no hay más unidades base en el SI?

6. **PC** ¿Por qué el peso no es una cantidad base?

7. **PC** ¿Con qué se reemplazó la definición original de segundo y por qué? ¿El reemplazo se continúa usando?

8. **PC** Mencione dos diferencias importantes entre el SI y el sistema inglés.

* Tenga presente aquí y en todo el libro que su respuesta a un ejercicio impar quizá difiera ligeramente de la dada al final del libro, a causa del redondeo. Vea la Sugerencia para resolver problemas: La "respuesta correcta" en este capítulo.

1.3 Más acerca del sistema métrico

9. **OM** El prefijo *giga-* significa *a*) 10^{-9}, *b*) 10^{9}, *c*) 10^{-6}, *d*) 10^{6}.

10. **OM** El prefijo *micro-* significa *a*) 10^{6}, *b*) 10^{-6}, *c*) 10^{3} o *d*) 10^{-3}.

11. **OM** Una nueva tecnología tiene que ver con el tamaño de objetos de qué prefijo métrico: *a*) *nano-*, *b*) *micro-*, *c*) *mega-*, *d*) *giga-*.

12. **OM** Un litro de agua tiene un volumen de *a*) 1 m^3, *b*) 1 qt, *c*) 1000 cm^3, *d*) 10^4 mm^3.

13. **PC** Si un compañero le dice que vio una mariquita de 3 cm de largo en su jardín, ¿le creería? ¿Y si otro estudiante afirma haber pescado un salmón de 10 kg?

14. **PC** Explique por qué 1 mL es equivalente a 1 cm^3.

15. **PC** Explique por qué una tonelada métrica es equivalente a 1000 kg.

16. ● El sistema métrico es un sistema decimal (base 10) y el sistema inglés es, en parte, un sistema duodecimal (base 12). Comente las consecuencias que tendría el uso de un sistema monetario duodecimal. ¿Qué valores tendrían las monedas en tal caso?

17. ● *a*) En el sistema inglés, 16 oz = 1 pt y 16 oz = 1 lb. ¿Hay un error aquí? Explique. *b*) Un acertijo viejo: ¿Una libra de plumas pesa más que una libra de oro? ¿Cómo es posible? (*Sugerencia:* Busque *ounce* en un diccionario en inglés.)

18. ●● Un marino le dice que si su barco viaja a 25 nudos (millas náuticas por hora) se está moviendo con mayor rapidez que un auto que viaja a 25 millas por hora. ¿Cómo es posible?

1.4 Análisis de unidades*

19. **OM** Ambos lados de una ecuación son iguales en *a*) valor numérico, *b*) unidades, *c*) dimensiones o *d*) todo lo anterior.

20. **OM** El análisis de unidades de una ecuación no puede decirnos si *a*) la ecuación es dimensionalmente correcta, *b*) la ecuación es físicamente correcta, *c*) el valor numérico es correcto o *d*) tanto *b* como *c*.

21. **OM** ¿Cuál de los siguientes incisos es verdadero para la cantidad $\frac{x}{t}$: *a*) Podría tener las mismas dimensiones pero unidades diferentes; *b*) podría tener las mismas unidades pero dimensiones diferentes; o *c*) tanto *a* como *b* son verdaderas.

22. **PC** ¿El análisis de unidades puede decirnos si usamos la ecuación correcta para resolver un problema? Explique.

23. **PC** La ecuación para encontrar el área de un círculo a partir de dos fuentes está dada como $A = \pi r^2$ y $A = \pi d^2/2$. ¿El análisis de unidades puede decirnos cuál es la correcta? Explique.

24. **PC** ¿Cómo podría el análisis de unidades ayudar a determinar las unidades de una cantidad?

25. ● Demuestre que la ecuación $x = x_o + vt$ es dimensionalmente correcta, donde v es velocidad, x y x_o son longitudes, y t es el tiempo.

26. ● Si x se refiere a distancia, v_o y v a rapideces, a a aceleración y t a tiempo, ¿cuál de las siguientes ecuaciones es dimensionalmente correcta? *a*) $x = v_o t + at^3$, *b*) $v^2 = v_o^2 + 2at$; *c*) $x = at + vt^2$; o *d*) $v^2 = v_o^2 + 2ax$.

27. ●● Use el análisis de unidades SI para demostrar que la ecuación $A = 4\pi r^2$, donde A es el área y r es el radio de una esfera, es dimensionalmente correcta.

28. ●● Le dicen a usted que el volumen de una esfera está dado por $V = \pi d^3/4$, donde V es el volumen y d es el diámetro de la esfera. ¿Esta ecuación es dimensionalmente correcta? (Use análisis de unidades SI para averiguarlo.)

29. ●● La ecuación correcta para el volumen de una esfera es $V = 4\pi r^3/3$, donde r es el radio de la esfera. ¿Es correcta la ecuación del ejercicio 28? Si no, ¿cómo debería expresarse en términos de d?

30. ●● La energía cinética (K) de un objeto de masa m que se mueve con velocidad v está dada por $K = \frac{1}{2}mv^2$. En el SI el nombre para la unidad de energía cinética es el joule (J). ¿Cuáles son las unidades del joule en términos de las unidades base del SI?

31. ●● La ecuación general de una parábola es $y = ax^2 = bx + c$, donde a, b y c son constantes. ¿Qué unidades tiene cada constante si y y x están en metros?

32. ●● En términos de las unidades base del SI se sabe que las unidades para presión (p) son $\frac{\text{kg}}{\text{m}\cdot\text{s}^2}$. Como tarea para su clase de física un estudiante deriva una expresión para la presión que ejerce el viento sobre una pared en términos de la densidad del aire (ρ) y de la velocidad del viento (v), y su resultado es $p = \rho v^2$. Utilice el análisis de unidades SI para demostrar que el resultado del estudiante es dimensionalmente consistente. ¿Esto prueba que su relación es físicamente correcta?

33. ●● La densidad se define como la masa de un objeto dividida entre el volumen del objeto. Use análisis de unidades SI para determinar la unidad SI de densidad. (Véase la sección 1.4 para las unidades de masa y volumen.)

34. ●● ¿Es dimensionalmente correcta la ecuación del área de un trapezoide, $A = \frac{1}{2}a(b_1 + b_2)$, donde a es la altura, y b_1 y b_2 son las bases? (▼figura 1.14.)

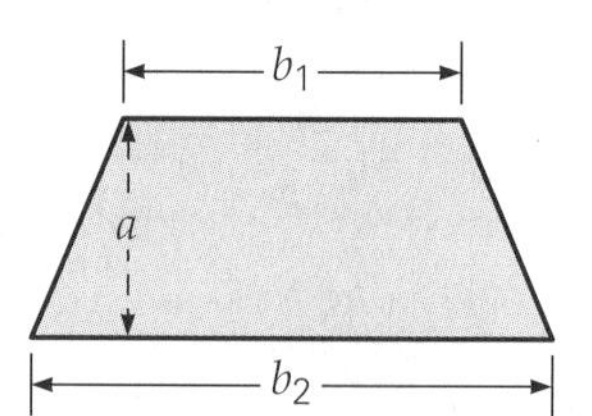

▲ **FIGURA 1.14 Área de un trapezoide** Véase el ejercicio 34.

35. ●● Utilizando análisis de unidades, un estudiante dice que la ecuación $v = \sqrt{2ax}$ es dimensionalmente correcta. Otro lo niega. ¿Quién cree usted que tenga la razón y por qué?

36. ●●● La segunda ley del movimiento de Newton (capítulo 4) se expresa con la ecuación $F = ma$, donde F representa fuerza, m es masa y a es aceleración. *a*) La unidad SI de fuerza lleva el muy adecuado nombre de newton (N). ¿A qué unidades equivale el newton en términos de cantidades base? *b*) Una ecuación para la fuerza, relacionada con el movimiento circular uniforme (capítulo 7) es $F = mv^2/r$, donde v es velocidad y r es el radio de la trayectoria circular. ¿Esta ecuación da las mismas unidades para el newton?

37. ●●● El momento angular (L) de una partícula de masa m que se mueve a una velocidad constante v en un círculo de radio r está dada por $L = mvr$. *a*) ¿Cuáles son las unidades del momento angular en términos de las unidades base del SI? *b*) Las unidades de energía cinética en términos de las unidades base del SI son $\frac{\text{kg}\cdot\text{m}^2}{\text{s}^2}$. Utilizando

* Las unidades de velocidad y aceleración se dan en la tabla 1.3.

el análisis de unidades SI, demuestre que la expresión para la energía cinética de esta partícula, en términos de su momento angular, $K = \frac{L^2}{2mr^2}$, es dimensionalmente correcta. *c*) En la ecuación anterior, el término mr^2 se denomina *momento de inercia* de la partícula en el círculo. ¿Cuáles son las unidades del momento de inercia en términos de las unidades base del SI?

38. ●●● La famosa equivalencia masa-energía de Einstein se expresa con la ecuación $E = mc^2$, donde E es energía, m es masa y c es la velocidad de la luz. *a*) ¿Qué unidades base tiene la energía en el SI? *b*) Otra ecuación para la energía es $E = mgh$, donde m es masa, g es la aceleración debida a la gravedad y h es altura. ¿Esta ecuación da las mismas unidades que en el inciso *a*)?

1.5 Conversión de unidades*

39. **OM** Una buena forma de garantizar la conversión correcta de unidades es *a*) usar otro instrumento de medición, *b*) siempre trabajar con el mismo sistema de unidades, *c*) usar análisis de unidades o *d*) decirle a alguien que verifique los cálculos.

40. **OM** Es común ver la igualdad 1 kg = 2.2 lb, lo cual significa que *a*) 1 kg equivale a 2.2 lb, *b*) es una ecuación verdadera, *c*) 1 lb = 2.2 kg o *d*) nada de lo anterior.

41. **OM** Usted tiene una cantidad de agua y quiere expresarla en unidades de volumen que den el número más grande. ¿Debería utilizar *a*) pulg^3; *b*) mL; *c*) μL; o *d*) cm^3?

42. **PC** ¿Los enunciados de una ecuación y de una equivalencia son lo mismo? Explique.

43. **PC** ¿Hace alguna diferencia multiplicar por un factor de conversión o dividir entre éste? Explique.

44. **PC** El análisis de unidades se aplica a la conversión de unidades? Explique.

45. ● La figura 1.8 (arriba) muestra la altura de un lugar tanto en pies como en metros. Si un poblado está 130 ft arriba del nivel del mar, a qué altitud estará en metros?

46. **EI** ● *a*) Si queremos expresar una estatura con el número más grande, usaremos 1) metros, 2) pies, 3) pulgadas o 4) centímetros? ¿Por qué? *b*) Si una persona mide 6.00 ft de estatura, ¿cuánto mide en centímetros?

47. ● Si los capilares de un adulto promedio se enderezaran y extendieran extremo con extremo, cubrirían una longitud de más de 40 000 mi (figura 1.9). Si su estatura es de 1.75 m, ¿a cuántas veces su estatura equivaldría la longitud de los capilares?

* Los factores de conversión se dan en los forros de este libro.

48. **EI** ● *a*) ¿En comparación con una botella de bebida gaseosa de dos litros, una de medio galón contiene 1) más, 2) la misma cantidad, o 3) menos bebida? *b*) Verifique su respuesta en el inciso *a*.

49. ● *a*) Un campo de fútbol americano mide 300 ft de largo y 160 ft de ancho. Dé sus dimensiones en metros. *b*) Un balón mide entre 11.0 y 11.25 pulg de largo. ¿Qué longitud tiene en centímetros?

50. ● Suponga que cuando Estados Unidos se vuelva totalmente métrico, las dimensiones de los campos de fútbol americano se fijarán en 100 m por 54 m. ¿Qué sería más grande, el campo métrico o un campo actual (véase el ejercicio 49a), y qué diferencia habría entre sus áreas?

51. ●● Si la sangre fluye con una rapidez promedio de 0.35 m/s en el sistema circulatorio humano, ¿cuántas millas viaja un glóbulo en 1.0 h?

52. ●● A bordo de un automóvil a reacción, el piloto de la Real Fuerza Aérea Andy Green rompió por primera vez la barrera del sonido sobre la tierra y alcanzó una rapidez terrestre récord de más de más de 763 mi/h en el desierto Black Rock (Nevada) el 15 de octubre de 1997 (▼figura 1.15). *a*) Exprese esta velocidad en m/s. *b*) ¿Cuánto tardaría el automóvil a reacción en recorrer un campo de fútbol de 300 ft a esa velocidad?

▲ **FIGURA 1.15 Recorrido récord** Véase el ejercicio 52.

53. **EI** ●● *a*) ¿Qué representa la mayor velocidad: 1) 1 m/s, 2) 1 km/h, 3) 1 ft/s, o 4) 1 mi/h? *b*) Exprese la velocidad de 15.0 m/s en mi/h.

54. ●● En la ▼figura 1.16 se muestra el velocímetro de un automóvil, *a*) ¿Qué lecturas equivalentes en kilómetros por hora irían en cada cuadro vacío? *b*) ¿Cuál sería la velocidad límite de 70 mi/h en kilómetros por hora?

▲ **FIGURA 1.16 Lecturas del velocímetro** Véase el ejercicio 54.

55. ●● Un individuo pesa 170 lb. *a*) ¿Cuál es su masa en kilogramos? *b*) Suponiendo que la densidad promedio del cuerpo humano es más o menos la misma del agua (lo cual es cierto), estime el volumen del cuerpo de este individuo tanto en metros cúbicos como en litros. Explique porque la unidad más pequeña del litro es más adecuada (conveniente) para describir este volumen.

56. ●● Si los componentes del sistema circulatorio humano (arterias, venas y capilares) estuvieran completamente estirados y unidos extremo con extremo, su longitud sería del orden de 100 000 km. ¿La longitud del sistema circulatorio alcanzaría para rodear la circunferencia de la Luna? Si es así, ¿cuántas veces?

57. ●● Los latidos del corazón humano, según su frecuencia del pulso, normalmente son de aproximadamente 60 latidos/min. Si el corazón bombea 75 mL de sangre en cada latido, ¿cuál es el volumen de sangre que se bombea en un día (en litros)?

58. ●● En el fútbol americano un receptor abierto común puede correr las 40 yardas en aproximadamente 4.5 segundos, partiendo del reposo. *a*) ¿Cuál es su velocidad promedio en m/s? *b*) ¿Cuál es su velocidad promedio en mi/h?

59. ●● En la ▼figura 1.17 se muestran las etiquetas de dos productos comunes. Úselas para determinar *a*) cuántos mililitros hay en 2 onzas líquidas (fl. oz.) y *b*) cuántas onzas hay en 100 g.

▲ **FIGURA 1.17 Factores de conversión** Véase el ejercicio 59.

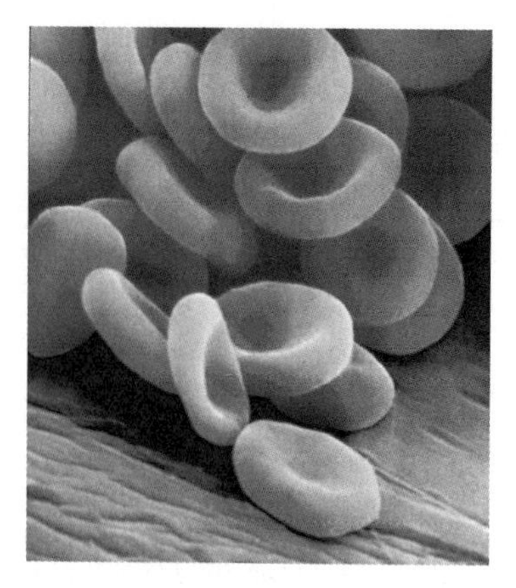

▲ **FIGURA 1.18 Glóbulos rojos** Véase el ejercicio 60.

60. ●● La ▲figura 1.18 muestra glóbulos rojos vistos con un microscopio electrónico de barrido. Normalmente, las mujeres tienen unos 4.5 millones de estas células en cada milímetro cúbico de sangre. Si la sangre fluye por el corazón a razón de 250 mL/min, ¿cuántos glóbulos rojos pasarán por el corazón de una mujer cada segundo?

61. ●●● Una estudiante midió 18 pulg de largo al nacer. Ahora, a los 20 años, tiene una estatura de 5 ft 6 pulg. ¿Cuántos centímetros ha crecido en promedio al año?

62. ●●● La densidad del mercurio metálico es de 13.6 g/cm^3. *a*) Exprese esta densidad en kg/m^3. *b*) ¿Cuántos kilogramos de mercurio se necesitarían para llenar un recipiente de 0.250 L?

63. ●●● El Coliseo Romano solía inundarse con agua para recrear antiguas batallas navales. Suponiendo que el piso del Coliseo es de 250 m de diámetro y el agua tiene una profundidad de 10 pies, *a*) ¿cuántos metros cúbicos de agua se necesitaron? *b*) ¿Cuánta masa tendría esta agua en kilogramos? *c*) ¿Cuánto pesaría el agua en libras?

64. ●●● En la Biblia, Noé debe construir un arca de 300 cubitos de largo, 50.0 cubitos de ancho y 30.0 cubitos de altura (▼figura 1.19). Los registros históricos indican que un cubito mide media yarda. *a*) ¿Qué dimensiones tendría el arca en metros? *b*) ¿Qué volumen tendría el arca en metros cúbicos? Para aproximar, suponga que el arca será rectangular.

▲ **FIGURA 1.19 Noé y su arca** Véase el ejercicio 64.

1.6 Cifras significativas

65. **OM** ¿Qué tiene más cifras significativas: *a*) 103.07, *b*) 124.5, *c*) 0.09916 o *d*) 5.408×10^5?

66. **OM** ¿Cuál de los siguientes números tiene cuatro cifras significativas? *a*) 140.05, *b*) 276.02, *c*) 0.004 006 o *d*) 0.073 004?

67. **OM** En una operación de multiplicación y/o división con los números 15 437, 201.08 y 408.0×10^5, ¿a cuántas cifras significativas debe redondearse el resultado? *a*) 3, *b*) 4, *c*) 5 o *d*) cualquier cantidad.

68. **PC** ¿Cuál es el propósito de las cifras significativas?

69. **PC** ¿Se conocen exactamente todas las cifras significativas informadas por un valor medido?

70. **PC** ¿Cómo se determina el número de cifras significativas para los resultados de cálculos que impliquen *a*) multiplicación, *b*) división, *c*) suma, *d*) resta?

71. ● Exprese la longitud 50 500 μm (micrómetros) en centímetros, decímetros y metros, con tres cifras significativas.

72. ● Utilizando un metro, un estudiante mide una longitud y la informa como 0.8755 m. ¿Cuánto mide la división más pequeña de la escala del metro?

73. ● Determine el número de cifras significativas en los siguientes números medidos: *a*) 1.007 m; *b*) 8.03 cm; *c*) 16.272 kg; *d*) 0.015 μs (microsegundos).

74. ● Exprese cada uno de los números del ejercicio 73 con dos cifras significativas.

75. ● ¿Cuál de las siguientes cantidades tiene tres cifras significativas: *a*) 305.0 cm, *b*) 0.0500 mm, *c*) 1.000 81 kg o *d*) 8.06×10^4 m^2?

76. ●● La portada de su libro de física mide 0.274 m de largo y 0.222 m de ancho. Calcule su área en m^2.

77. ●● El congelador (nevera) del refrigerador de un restaurante mide 1.3 m de altura, 1.05 m de ancho y 67 cm de profundidad. Determine su volumen en pies cúbicos.

78. **EI** ●● La superficie de una mesa rectangular mide 1.245 m por 0.760 m. *a*) La división más pequeña en la escala del instrumento de medición es 1) m, 2) cm, 3) mm. ¿Por qué? *b*) ¿Cuál es el área de la superficie de la mesa?

79. **EI** ●● Las dimensiones exteriores de una lata cilíndrica de gaseosa se informan como 12.559 cm para el diámetro y 5.62 cm para la altura. *a*) ¿Cuántas cifras significativas tendrá el área exterior total? 1) dos, 2) tres, 3) cuatro o 4) cinco. ¿Por qué? *b*) Calcule el área total exterior de la lata en cm^3.

80. ●● Exprese los siguientes cálculos con el número adecuado de cifras significativas: *a*) 12.634 + 2.1; *b*) 13.5 − 2.143; *c*) $\pi(0.25 \text{ m})^2$; *d*) 2.37/3.5.

81. **EI** ●●● Al resolver un problema, un estudiante suma 46.9 m y 5.72 m, y luego resta 38 m al resultado. *a*) ¿Cuántas posiciones decimales tendrá la respuesta final? 1) cero, 2) una o 3) dos. ¿Por qué? *b*) Dé la respuesta final.

82. ●●● Resuelva este ejercicio por los dos procedimientos que se indican, y comente y explique cualquier diferencia en las respuestas. Efectúe los cálculos usando una calculadora. Calcule $p = mv$, donde $v = x/t$. Se da: $x = 8.5$ m, $t = 2.7$ s y $m = 0.66$ kg. *a*) Primero calcule v y luego p. *b*) Calcule $p = mx/t$ sin paso intermedio. *c*) ¿Son iguales los resultados? Si no, ¿por qué?

1.7 Resolución de problemas

83. **OM** Un paso importante para resolver problemas antes de resolver matemáticamente una ecuación es *a*) verificar unidades, *b*) verificar cifras significativas, *c*) consultarlo con un amigo o *d*) comprobar que el resultado sea razonable.

84. **OM** Un último paso importante al resolver problemas, antes de informar la respuesta es *a*) guardar los cálculos, *b*) leer otra vez el problema, *c*) ver si la respuesta es razonable o *d*) cotejar los resultados con otro estudiante.

85. **OM** En lo cálculos de orden de magnitud, usted debería *a*) poner mucha atención en las cifras significativas, *b*) trabajar principalmente con el sistema inglés, *c*) obtener los resultados dentro de un factor de 100, *d*) expresar una cantidad a la potencia de 10 más cercana al valor real.

86. **PC** ¿Cuántos pasos implica un buen procedimiento para resolver problemas como el que se sugiere en este capítulo?

87. **PC** ¿Cuáles son los pasos fundamentales en el procedimiento para resolver problemas?

88. **PC** Cuando usted hace cálculos de orden de magnitud, ¿debería estar conciente de las cifras significativas? Explique.

89. **PC** Cuando usted hace cálculos de orden de magnitud, ¿qué tan precisa esperaría que fuera la respuesta? Explique.

90. ● Un lote de construcción en una esquina tiene forma de triángulo rectángulo. Si los dos lados perpendiculares entre sí miden 37 m y 42.3 m, respectivamente, ¿cuánto mide la hipotenusa?

91. ● El material sólido más ligero es el aerogel de sílice, cuya densidad típica es de aproximadamente 0.10 g/cm^3. La estructura molecular del aerogel de sílice suele tener 95% de espacio vacío. ¿Qué masa tiene 1 m^3 de aerogel de sílice?

92. ●● Casi todos los alimentos envasados muestran información nutrimental en la etiqueta. En la ▼ figura 1.20 se muestra una etiqueta abreviada, relativa a la grasa. Cuando un gramo de grasa se quema en el cuerpo, proporciona 9 calorías. (Una caloría alimentaria es en realidad una kilocaloría, como veremos en el capítulo 11.) *a*) ¿Qué porcentaje de las calorías de una porción proviene de grasas? *b*) Note que nuestra respuesta no coincide con el porcentaje de grasa total que se da en la figura 1.20. Ello se debe a que los valores porcentuales diarios dados son porcentajes de las cantidades máximas recomendadas de nutrimentos (en

gramos) contenidas en una dieta de 2000 Calorías. ¿Qué cantidad máxima de grasa total y de grasa saturada se recomienda para una dieta de 2000 Calorías?

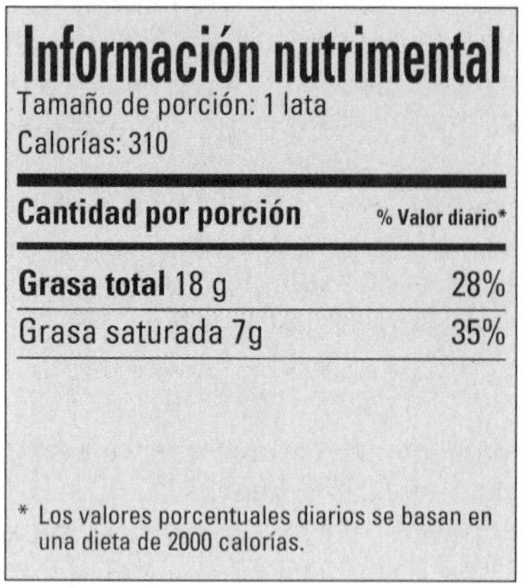

Información nutrimental
Tamaño de porción: 1 lata
Calorías: 310

Cantidad por porción	% Valor diario*
Grasa total 18 g	28%
Grasa saturada 7g	35%

* Los valores porcentuales diarios se basan en una dieta de 2000 calorías.

▲ **FIGURA 1.20 Hechos de nutrición** Véase el ejercicio 92.

93. ●● Se mide el espesor del total de páginas numeradas de un libro de texto y da 3.75 cm. *a*) Si la última página del libro lleva el número 860, ¿qué espesor promedio tiene una página? *b*) Repita empleando cálculos de orden de magnitud.

94. **IE** ●● Para ir a un estadio de fútbol desde su casa, usted primero conduce 1000 m al norte, luego 500 m al oeste y, por último, 1500 m al sur. *a*) Relativo a su casa, el estadio está 1) al norte del oeste, 2) al sur del este, 3) al norte del este o 4) al sur del oeste, *b*) ¿Qué distancia hay en línea recta de su casa al estadio?

95. ●● Se usan dos cadenas de 1.0 m de longitud para sostener una lámpara, como se muestra en la ▾figura 1.21. La distancia entre las dos cadenas es de 1.0 m en el techo. ¿Qué distancia vertical hay entre la lámpara y el techo?

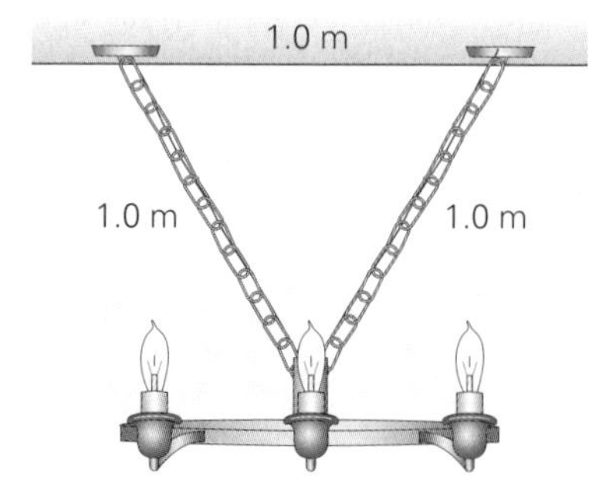

▲ **FIGURA 1.21 Soporte de la lámpara** Véase el ejercicio 95.

96. ●● El Palacio de las Pizzas de Tony vende una pizza mediana de 9.0 pulg (de diámetro) a $7.95 y una grande de 12 pulg a $13.50. ¿Qué pizza conviene más comprar?

97. ●● En la ▸figura 1.22, ¿qué región negra tiene mayor área, el círculo central o el anillo exterior?

98. ●● El Túnel del Canal, o "Chunnel", que cruza el Canal de la Mancha entre Gran Bretaña y Francia tiene 31 mi de longitud. (En realidad, hay tres túneles individuales.) Un tren de trasbordo que lleva pasajeros por el túnel viaja con una rapidez promedio de 75 mi/h. ¿Cuántos minutos tarda en promedio el tren en cruzar el Chunnel en un sentido?

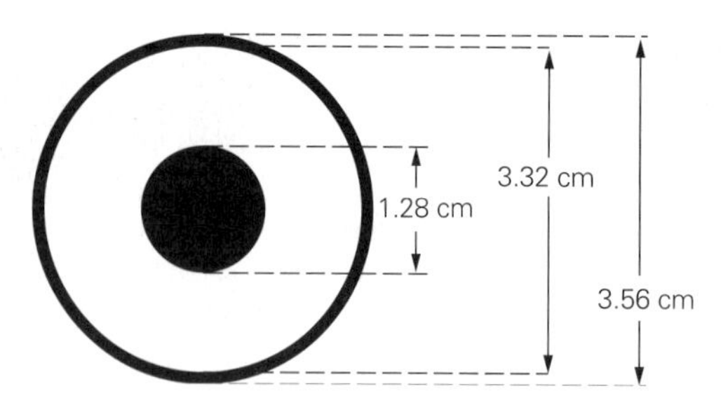

▲ **FIGURA 1.22 ¿Qué área negra es mayor?** Véase el ejercicio 97.

99. ●● La sangre de un ser humano adulto contiene el promedio de 7000/mm^3 de glóbulos blancos (leucocitos) y 250 000/mm^3 de plaquetas (trombocitos). Si una persona tiene un volumen de sangre de 5.0 L, estime el número total de glóbulos blancos y plaquetas en la sangre.

100. ●● Una área para césped de 10 ft por 20 ft se diseñó en un patio interior para colocar "losetas" de concreto circulares de 20 ft de diámetro, en un orden de manera que se tocaran entre sí. El césped existente se ajustará a los espacios libres. *a*) ¿Cuántas de esas losetas se requieren para hacer el trabajo? *b*) Cuando se termine el proyecto, ¿qué porcentaje del césped original se conservará?

101. ●● Experimentalmente, la fuerza que se siente en un automóvil debido a su movimiento a través del aire (inmóvil) varía aproximadamente como el cuadrado de la rapidez del automóvil. (Esta fuerza a veces se denomina "resistencia del aire".) Suponga que la fuerza varía exactamente como el cuadrado de la rapidez. Cerca de la ciudad a 30 mi/h, las mediciones indican que cierto automóvil experimenta una fuerza de resistencia del aire de 100 lb. ¿Qué magnitud de fuerza esperaría usted que el automóvil experimentara al viajar por la autopista a 65 mi/h?

102. ●● El número de cabellos en el cuero cabelludo normal es 125 000. Una persona saludable pierde cerca de 65 cabellos al día. (El nuevo cabello de los folículos pilosos expulsa el cabello viejo.) *a*) ¿Cuántos cabellos se pierden en un mes? *b*) La calvicie común (pérdida de cabello en la parte superior de la cabeza) afecta a cerca de 35 millones de hombres estadounidenses. Con un promedio de 15% del cuero cabelludo calvo, ¿cuántos cabellos pierde en un año uno de estos "calvos atractivos".

103. ●●● El lago Michigan, con una anchura y longitud aproximadas de 118 mi y 307 mi, respectivamente, y una profundidad media de 279 ft, es el segundo de los Grandes Lagos en volumen. Estime su volumen de agua en m^3.

104. **IE** ●●● En el Tour de Francia un competidor asciende por dos colinas sucesivas de diferentes pendiente y longitud. La primera tiene 2.00 km de longitud a un ángulo de 5° por encima de la horizontal. Ésta es inmediatamente seguida por una de 3.00 km a 7°. *a*) ¿Cuál será el ángulo general (neto) de principio a fin: 1) menor que 5°; 2) entre 5° y 7°, o 3) mayor que 7°? *b*) Calcule el verdadero ángulo general (neto) de ascenso experimentado por este competidor de principio a fin, para corroborar su razonamiento del inciso *a*).

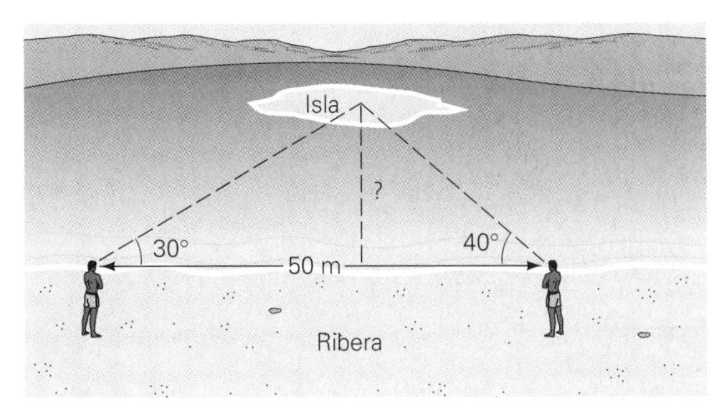

▲ **FIGURA 1.23 Medición con visuales** Véase el ejercicio 105.

105. ●●● Un estudiante quiere determinar la distancia entre una isla pequeña y la orilla de un lago (▲figura 1.23). Primero traza una línea de 50 m paralela a la ribera. Luego se coloca en cada extremo de la línea y mide el ángulo entre la visual a la isla y la línea que trazó. Los ángulos son de 30° y 40°. ¿A qué distancia de la orilla está la isla?

Ejercicios adicionales

106. **IE** Un automóvil se conduce 13 millas al este y luego cierta distancia al norte hasta llegar a una posición que está 25° al norte del este de su posición inicial. *a*) La distancia recorrida por el automóvil directamente al norte es 1) menor que, 2) igual a o 3) mayor que 13 millas. ¿Por qué? *b*) ¿Qué distancia viaja el automóvil en dirección norte?

107. Un avión vuela 100 mi al sur, de la ciudad A a la ciudad B; 200 mi al este, de la ciudad B a la ciudad C, y luego 300 mi al norte, de la ciudad C a la ciudad D. *a*) ¿Qué distancia hay en línea recta de la ciudad A a la ciudad D? *b*) ¿En qué dirección está la ciudad D en relación con la ciudad A?

108. En un experimento de radiactividad, un ladrillo de plomo sólido (con las mismas medidas que un ladrillo de piso exterior de 2.00″ × 4.00″ × 8.00″, excepto en que tiene una densidad que es 11.4 veces la del agua) se modifica para sostener una pieza cilíndrica de plástico sólido. Para realizar el experimento, se le pide un operador que perfore un agujero cilíndrico de 2.0 cm de diámetro en el centro del ladrillo, paralelo al lado más largo de éste. *a*) ¿Cuál es la masa del plomo (en kilogramos) que se removió del ladrillo? *b*) ¿Qué porcentaje del plomo original quedó en el ladrillo? *c*) Suponiendo que el agujero cilíndrico está completamente cubierto por el plástico (cuya densidad es dos veces superior a la del agua), determine la densidad general (promedio) de la combinación ladrillo/plástico después de que se termine el trabajo del taller.

109. Cierta noche un observador en la Tierra determina que el ángulo entre la dirección a Marte y la dirección al Sol es de 50°. En esa noche, suponiendo órbitas circulares, determine la distancia a Marte desde la tierra utilizando el radio conocido de las órbitas de ambos planetas.

110. Calcule el número de moléculas de agua en un vaso (8 oz exactamente) de agua 1 (fluido) = 0.0296 L. [*Sugerencia:* Quizás encuentre útil recordar que la masa de un átomo de hidrógeno es aproximadamente 1.67×10^{-27} kg y que la masa de un átomo de oxígeno es aproximadamente 16 veces ese valor.]

111. **IE** En las pruebas de tiempo de las 500 millas de Indianápolis, cada automóvil tiene la oportunidad de realizar cuatro vueltas consecutivas, y su velocidad general o promedio determina la posición de ese auto el día de la carrera. Cada vuelta cubre 2.5 mi (exactamente). Durante un recorrido de práctica, llevando su automóvil cuidadosa y gradualmente cada vez más rápido, un piloto registra la siguiente velocidad promedio para cada vuelta sucesiva: 160 mi/h, 180 mi/h, 200 mi/h y 220 mi/h. *a*) Su velocidad promedio será 1) exactamente el promedio de estas velocidades (190 mi/h), 2) mayor que 190 mi/h, o 3) menor que 190 mi/h. Explique. *b*) Para corroborar su razonamiento conceptual, calcule la velocidad promedio del automóvil.

112. Un estudiante que hace un experimento de laboratorio deja caer un pequeño cubo sólido dentro de un vaso cilíndrico con agua. El diámetro interior del vaso es 6.00 cm. El cubo se va al fondo y el nivel del agua en el vaso sube 1.00 cm. Si la masa del cubo es 73.6 g, *a*) determine la longitud de un lado del cubo, y *b*) calcule la densidad del cubo. (Por conveniencia, haga el ejercicio usando unidades del sistema cgs.)

El siguiente problema de física Physlet puede usarse con este capítulo.
1.1

CAPÍTULO

2 CINEMÁTICA: DESCRIPCIÓN DEL MOVIMIENTO

HECHOS DE FÍSICA

- "Denme materia y movimiento, y construiré el universo." René Descartes (1640).
- Nada puede exceder la rapidez de la luz (en el vacío), 3.0×10^8 m/s (186 000 mi/s).
- El avión a reacción y sin tripulación X-43A de la NASA es capaz de volar con una rapidez de 7700 km/h (4800 mi/h), más rápido que una bala disparada.
- La bala de un rifle de alto poder viaja con una rapidez aproximada de 2900 km/h (1800 mi/h).
- Las señales eléctricas entre el cerebro humano y los músculos viajan aproximadamente a 435 km/h (270 mi/h).
- Una persona en el ecuador viaja a una rapidez de 1600 km/h (1000 mi/h) a causa de la rotación de la Tierra.
- Rápido y lento (máxima rapidez aproximada):
  - Guepardo, 113 km/h (70 mi/h).
  - Caballo, 76 km/h (47 mi/h).
  - Galgo, 63 km/h (39 mi/h).
  - Conejo, 56 km/h (35 mi/h).
  - Gato, 48 km/h (30 mi/h).
  - Ser humano, 45 km/h (28 mi/h).
  - Pollo, 14 km/h (9 mi/h).
  - Caracol, 0.05 km/h (0.03 mi/h).
- Aristóteles pensaba que los objetos pesados caían más rápido que los ligeros. Galileo escribió: "Aristóteles afirma que una bola de hierro de 100 lb que cae desde una altura de 100 codos alcanza el suelo antes de que una bola de una libra haya caído desde una altura de un codo. Yo afirmo que ambas llegan al mismo tiempo."

El guepardo corre a todo galope. Es el más rápido de los animales terrestres y alcanza velocidades de hasta 113 km/h (70 mi/h). La sensación de movimiento es tan marcada en esta imagen capitular, que casi podemos sentir el paso del aire. Sin embargo, tal sensación de movimiento es una ilusión. El movimiento se da en el tiempo, pero la foto tan sólo puede "congelar" un instante. Veremos que, sin la dimensión del tiempo, prácticamente es imposible describir el movimiento.

La descripción del movimiento implica representar un mundo dinámico. Nada está perfectamente inmóvil. El lector podría sentarse, aparentemente en reposo, pero su sangre fluye, y el aire entra y sale de sus pulmones. El aire se compone de moléculas de gas que se mueven con diferente rapidez y en diferentes direcciones. Y, aunque experimente quietud, el lector, su silla, la construcción en que está y el aire que respira están girando en el espacio junto con la Tierra, que es parte de un sistema solar en una galaxia en movimiento espiral dentro de un universo en expansión.

La rama de la física que se ocupa del estudio del movimiento, lo que lo produce y lo afecta se llama **mecánica**. Los orígenes de la mecánica y del interés humano en el movimiento se remontan a las civilizaciones más antiguas. El estudio de los movimientos de los cuerpos celestes (la *mecánica celestial*) nació de la necesidad de medir el tiempo y la ubicación. Varios científicos de la antigua Grecia, entre quienes destacaba Aristóteles, propusieron teorías del movimiento que eran descripciones útiles, aunque más tarde se demostró que eran incorrectas o que estaban incompletas. Galileo (1564-1642) e Isaac Newton (1642-1727) formularon buena parte de los conceptos sobre el movimiento que tiene amplia aceptación.

La mecánica suele dividirse en dos partes: 1) cinemática y 2) dinámica. La **cinemática** se ocupa de *describir* el movimiento de los objetos, sin considerar qué lo causa. La **dinámica** analiza las *causas* del movimiento. Este capítulo cubre la cinemática y reduce la descripción del movimiento a sus términos más simples considerando el movimiento en línea recta. Aprenderemos a analizar los cambios de movimiento: aceleración, disminución de la rapidez y parado. Al hacerlo, nos ocuparemos de un caso especialmente interesante del movimiento acelerado: caída libre bajo la influencia únicamente de la gravedad.

2.1 Distancia y rapidez: cantidades escalares

OBJETIVOS: *a*) Definir distancia y calcular rapidez, y *b*) explicar qué es una cantidad escalar.

Distancia

En nuestro entorno vemos muchos casos de movimiento. Pero ¿qué es movimiento? Esta pregunta parece sencilla; sin embargo, el lector podría tener problemas para dar una respuesta inmediata (y no se vale usar formas del verbo "mover" para describir el movimiento). Después de reflexionarlo un poco, seguramente usted llegará a la conclusión de que el **movimiento** (o moverse) implica un cambio de posición. El movimiento puede describirse en parte especificando *qué tan* lejos viaja algo al cambiar de posición; es decir, qué distancia recorre. **Distancia** es simplemente la *longitud total del trayecto* recorrido al moverse de un lugar a otro. Por ejemplo, el lector podría viajar en automóvil de su ciudad natal a la universidad y expresar la distancia recorrida en kilómetros o millas. En general, la distancia entre dos puntos depende del camino seguido (▸ figura 2.1).

▲ **FIGURA 2.1 Distancia: longitud total del trayecto** Al ir de su ciudad natal a la universidad estatal, un estudiante podría tomar la ruta más corta y recorrer una distancia de 81 km (50 mi). Otro estudiante sigue una ruta más larga para visitar a un amigo en Podunk antes de volver a la escuela. El viaje más largo tiene dos segmentos, pero la distancia recorrida es la longitud total, 97 km + 48 km = 145 km (90 mi).

Nota: una cantidad escalar tiene magnitud pero no dirección.

Igual que muchas otras cantidades en física, la distancia es una **cantidad escalar**, que es una cantidad que sólo tiene magnitud, o tamaño. Es decir, un *escalar* sólo tiene un valor numérico, como 160 km o 100 mi. (Cabe señalar que la magnitud incluye unidades.) La distancia únicamente nos indica la magnitud: qué tan lejos, pero no qué tan lejos en alguna dirección. Otros ejemplos de escalares son cantidades como 10 s (tiempo), 3.0 kg (masa) y 20°C (temperatura). Algunos escalares tienen valores negativos, como −10°F.

Rapidez

Cuando algo se mueve, su posición cambia con el tiempo. Es decir, el objeto se mueve cierta distancia en cierto tiempo. Por consiguiente, tanto la longitud como el tiempo son cantidades importantes para describir el movimiento. Por ejemplo, imaginemos un automóvil y un peatón que van por una calle y recorren la distancia (longitud) de una cuadra. Es de esperar que el automóvil viaje con mayor rapidez, y cubra la misma distancia en menos tiempo, que la persona. Esta relación longitud-tiempo puede expresarse utilizando la *razón* a la cual se recorre la distancia, es decir, la **rapidez**.

Rapidez media ($\bar{s}$) es la distancia *d* recorrida; es decir, la longitud real del camino dividida entre el tiempo total Δt que tomó recorrer esa distancia:

$$\text{rapidez media} = \frac{\text{distancia recorrida}}{\text{tiempo total para recorrerla}} \tag{2.1}$$

$$\bar{s} = \frac{d}{\Delta t} = \frac{d}{t_2 - t_1}$$

Unidad SI de rapidez: metros por segundo (m/s)

Un símbolo con una raya encima suele denotar un promedio. Se usa la letra griega Δ para representar un cambio o diferencia en una cantidad; en este caso, la diferencia de tiempo entre el inicio (t_1) y el final (t_2) de un viaje, o el tiempo transcurrido.

La unidad estándar de rapidez en el SI es metros por segundo (m/s, longitud/tiempo), aunque en muchas aplicaciones cotidianas se usa kilómetros por hora (km/h). La unidad inglesa estándar es pies por segundo (ft/s), pero con frecuencia también se usa millas por hora (mi/h). A menudo el tiempo inicial que se toma es cero, $t_1 = 0$, como cuando de resetea un cronómetro, de manera que la ecuación queda $s = d/t$, donde se entiende que t es el tiempo total.

Puesto que la distancia es un escalar (igual que el tiempo), la rapidez también es un escalar. La distancia *no* tiene que ser en línea recta. (Véase la figura 2.1.) Por ejemplo, usted seguramente habrá calculado la rapidez media de un viaje en automóvil calculando la distancia a partir de las lecturas inicial y final del odómetro. Supongamos que dichas lecturas fueron 17 455 km y 17 775 km, respectivamente, para un viaje de cuatro horas. (Supondremos que el odómetro del automóvil marca kilómetros.) La resta de las lecturas da una distancia total recorrida d de 320 km, así que la rapidez media del viaje es $d/t = 320\ \text{km}/4.0\ \text{h} = 80\ \text{km/h}$ (o unas 50 mi/h).

▲ **FIGURA 2.2** Rapidez instantánea El velocímetro de un automóvil da la rapidez en un intervalo de tiempo muy corto, así que su lectura se aproxima a la rapidez instantánea.

La rapidez media da una descripción general del movimiento en un intervalo de tiempo Δt. En el caso del viaje en automóvil con una rapidez media de 80 km/h, la rapidez del vehículo no fue *siempre* 80 km/h. Con las diversas paradas durante el viaje, el automóvil se debe haber estado moviendo a menos de la rapidez promedio varias veces. Por lo tanto, tuvo que haberse estado moviendo a más de la rapidez media otra parte del tiempo. Una rapidez media no nos dice realmente con qué rapidez se estaba moviendo el automóvil en un instante dado durante el viaje. De forma similar, la calificación media que un grupo obtiene en un examen no nos indica la calificación de un estudiante en particular.

La **rapidez instantánea** es una cantidad que nos indica qué tan rápido se está moviendo *algo en un instante dado*. El velocímetro de un automóvil da una rapidez instantánea aproximada. Por ejemplo, el velocímetro de la ◂figura 2.2 indica una rapidez de unas 44 mi/h, o 70 km/h. Si el automóvil viaja con rapidez constante (de manera que la lectura del velocímetro no cambie), la rapidez media y la instantánea serán iguales. (¿Está de acuerdo? Piense en la analogía de las calificaciones del examen anterior. ¿Qué sucede si todos los estudiantes obtienen la misma calificación?)

Ejemplo 2.1 ■ Movimiento lento: el vehículo Mars Exploration

En enero de 2004, el vehículo de exploración Mars Exploration tocó la superficie de Marte e inició un desplazamiento para explorar el planeta (◂figura 2.3). La rapidez promedio de un vehículo de exploración sobre un suelo plano y duro es 5.0 cm/s. *a*) Suponiendo que el vehículo recorrió continuamente el terreno a esa rapidez promedio, ¿cuánto tiempo le tomaría recorrer 2.0 m en línea recta? *b*) Sin embargo, para garantizar un manejo seguro, el vehículo se equipó con software para evadir obstáculos, el cual hace que se detenga y evalúe su ubicación durante algunos segundos. De esta forma, el vehículo se desplaza a la rapidez promedio durante 10 s, luego se detiene y evalúa el terreno durante 20 s antes de seguir hacia adelante por otros 10 s; después se repite el ciclo. Tomando en cuenta esta programación, ¿cuál sería su rapidez promedio al recorrer los 2.0 m?

Razonamiento. *a*) Conociendo la rapidez promedio y la distancia, es posible calcular el tiempo a partir de la ecuación para la rapidez promedio (ecuación 2.1). *b*) Aquí, para calcular la rapidez promedio, debe utilizarse el tiempo total, incluidos los lapsos en que se detiene el vehículo.

▲ **FIGURA 2.3 Vehículo Mars Exploration** La nave exploró varias zonas de Marte, buscando las respuestas sobre la existencia de agua en ese planeta.

Solución. Se listan los datos con sus unidades: (los cm/s se convierten directamente a m/s).

Dados:
a) $\bar{s} = 5.0\ \text{cm/s} = 0.050\ \text{m/s}$
$d = 2.0\ \text{m}$
b) ciclos de 10 s de recorrido, altos de 20 s

Encuentre:
a) Δt (tiempo para recorrer la distancia)
b) $\bar{s}$ (rapidez promedio)

a) A partir de la ecuación 2.1, tenemos $\bar{s} = \dfrac{d}{\Delta t}$

Reordenando,

$$\Delta t = \frac{d}{\bar{s}} = \frac{2.0\ \text{m}}{0.050\ \text{m/s}} = 40\ \text{s}$$

b) Aquí necesitamos determinar el tiempo total para la distancia de 2.0 m. En cada intervalo de 10 s, se recorrería una distancia de $0.050\ \text{m/s} \times 10\ \text{s} = 0.50\ \text{m}$. Así, el tiempo total incluiría cuatro intervalos de 10 s para el recorrido real, y tres intervalos de 20 s para los altos, dado $\Delta t = 4 \times 10\ \text{s} + 3 \times 20\ \text{s} = 100\ \text{s}$. Entonces

$$\bar{s} = \frac{d}{\Delta t} = \frac{d}{t_2 - t_1} = \frac{2.0\ \text{m}}{100\ \text{s}} = 0.020\ \text{m/s}$$

Ejercicio de refuerzo. Suponga que la programación del vehículo de exploración fuera para recorridos de 5.0 s y altos de 10 s. ¿Cuánto tiempo le tomaría recorrer los 2.0 m en este caso? (*Las respuestas a todos los Ejercicios de refuerzo aparecen al final del libro.*)

2.2 Desplazamiento unidimensional y velocidad: cantidades vectoriales

OBJETIVOS: *a*) Definir desplazamiento y calcular velocidad, y *b*) explicar la diferencia entre cantidades escalares y vectoriales.

Desplazamiento

En el movimiento en línea recta, o rectilíneo, conviene especificar la posición usando el conocido sistema bidimensional de coordenadas cartesianas, con ejes x y y perpendiculares. Una trayectoria recta puede tener cualquier dirección, pero por conveniencia solemos orientar los ejes de coordenadas de manera que el movimiento siga uno de ellos. (Véase el ladillo Aprender dibujando.)

Como ya vimos, la distancia es una cantidad escalar que sólo tiene magnitud (y unidades). Sin embargo, al describir un movimiento podemos dar más información si especificamos una *dirección*. Esta información es especialmente sencilla cuando el cambio de posición es en línea recta. Definimos **desplazamiento** como la distancia en línea recta entre dos puntos, junto con la *dirección* del punto de partida a la posición final. A diferencia de la distancia (un escalar), el desplazamiento puede tener valores positivos o negativos, donde el signo indica la dirección a lo largo del eje de coordenadas.

Por lo tanto, el desplazamiento es una **cantidad vectorial**. En otras palabras, un vector tiene tanto magnitud como dirección. Por ejemplo, cuando describimos el desplazamiento de un avión como 25 kilómetros al norte, estamos dando una descripción vectorial (magnitud y dirección). Otras cantidades vectoriales son velocidad y aceleración.

Podemos aplicar álgebra a los vectores; pero necesitamos saber cómo especificar y manejar la parte de dirección del vector. Este proceso es relativamente sencillo en una dimensión cuando se usan los signo + y − para indicar la dirección. Para ilustrar esto al calcular desplazamientos, consideremos la situación que se muestra en la ▾figura 2.4, donde x_1 y x_2 indican posiciones inicial y final, respectivamente, en el eje x, conforme un estudiante se mueve en línea recta de los casilleros al laboratorio de física. Como puede verse en la figura 2.4a, la distancia escalar que él recorre es 8.0 m. Para especificar desplazamiento (un vector) entre x_1 y x_2, usamos la expresión

$$\Delta x = x_2 - x_1 \tag{2.2}$$

APRENDER DIBUJANDO

Coordenadas cartesianas y desplazamiento unidimensional

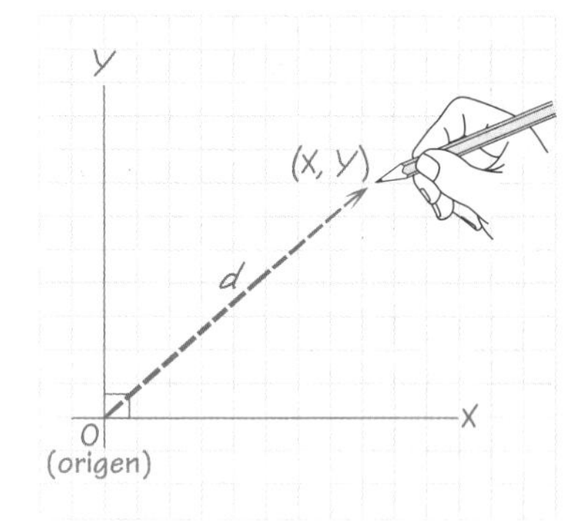

a) Sistema bidimensional de coordenadas cartesianas. Un vector de desplazamiento d ubica un punto (x, y)

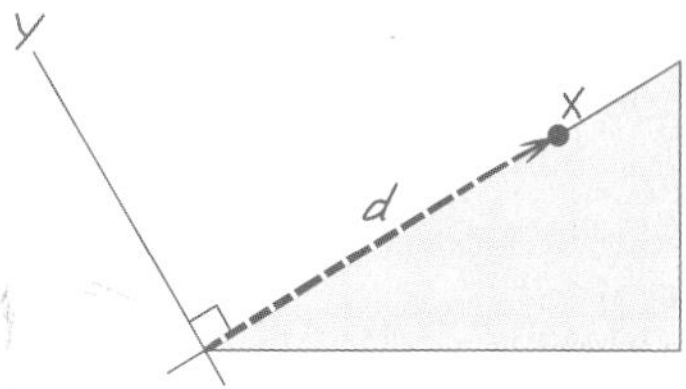

b) En movimiento unidimensional, o rectilíneo, conviene orientar uno de los ejes de coordenadas en la dirección del movimiento

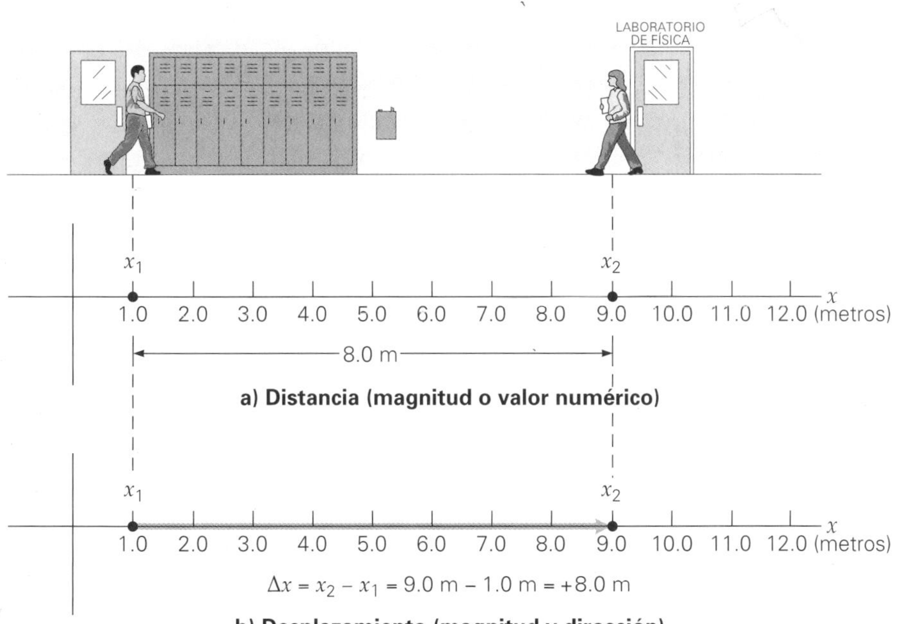

◂ **FIGURA 2.4 Distancia (escalar) y desplazamiento (vector)** *a*) La distancia (camino en línea recta) entre el estudiante y el laboratorio de física es 8.0 m y es una cantidad escalar. *b*) Para indicar desplazamiento, x_1 y x_2 especifican las posiciones inicial y final, respectivamente. El desplazamiento es entonces $\Delta x = x_2 - x_1 = 9.0$ m − 1.0 m = +8.0 m; es decir, 8.0 m en la dirección x positiva.

donde Δ representa, una vez más, un cambio o diferencia en una cantidad. Entonces, como en la figura 2.4b, tenemos

$$\Delta x = x_2 - x_1 = +9.0 \text{ m} - (+1.0 \text{ m}) = +8.0 \text{ m}$$

Nota: Δ siempre significa *final menos inicial*, así como un *cambio* en un saldo bancario es el saldo final menos el saldo inicial.

donde el signo + indica las posiciones en el eje. Así, el desplazamiento (magnitud y dirección) del estudiante es 8.0 m en la dirección x positiva, como indica el resultado positivo (+) de la figura 2.4b. (Al igual que en las matemáticas "normales", suele omitirse el signo más, pues se sobreentiende, así que este desplazamiento se puede escribir como $\Delta x = 8.0$ m en vez de $\Delta x = +8.0$ m.)

Nota: si el desplazamiento es en *una dirección*, la distancia es la magnitud del desplazamiento.

En este libro, las cantidades vectoriales por lo regular se indican con negritas y una flecha arriba; por ejemplo, un vector de desplazamiento se indica con $\vec{\mathbf{d}}$ o $\vec{\mathbf{x}}$, y uno de velocidad, con $\vec{\mathbf{v}}$. No obstante, cuando se trabaja en una sola dimensión esa notación no es necesaria y se simplifica usando signos más y menos para indicar las únicas dos direcciones posibles. Por lo regular el eje x se utiliza para los movimientos horizontales, y un signo más (+) indica la dirección a la derecha, o en la "dirección x positiva", en tanto que un signo menos (−) indica la dirección a la izquierda, o la "dirección x negativa".

Tenga presente que estos signos sólo "apuntan" en *direcciones específicas*. Un objeto que se mueve sobre el eje x negativo hacia el origen se estaría moviendo en la dirección x positiva, aunque su valor sea negativa. ¿Y un objeto que se mueve sobre el eje x positivo hacia el origen? Si usted contestó en la dirección x negativa, está en lo correcto. En los diagramas las flechas del vector indican las direcciones de las magnitudes asociadas.

Supongamos que la otra estudiante de la figura 2.4 camina del laboratorio de física (la posición inicial es diferente, $x_1 = +9.0$ m) al final de los casilleros (la posición final ahora es $x_2 = +1.0$ m). Su desplazamiento sería

$$\Delta x = x_2 - x_1 = +1.0 \text{ m} - (+9.0 \text{ m}) = -8.0 \text{ m}$$

El signo menos indica que la dirección del desplazamiento fue en la dirección x negativa, o a la izquierda en la figura. En este caso, decimos que los desplazamientos de ambos estudiantes son iguales (en magnitud) y opuestos (en dirección).

Nota: no confunda velocidad (un vector) con rapidez (un escalar).

Velocidad

Como hemos visto, la rapidez, al igual que la distancia que implica, es una cantidad escalar: sólo tiene magnitud. Otra cantidad que se usa para describir mejor el movimiento es la *velocidad*. En la conversación cotidiana, solemos usar los términos rapidez y velocidad como sinónimos; sin embargo, en física tienen distinto significado. La rapidez es un escalar y la velocidad es un vector: tiene magnitud y dirección. A diferencia de la rapidez (pero igual que el desplazamiento), las velocidades unidimensionales puede tener valores positivos y negativos, que indican direcciones.

La **velocidad** nos dice qué tan rápidamente se está moviendo algo y en qué dirección se está moviendo. Así como podemos hablar de rapidez media e instantánea, tenemos velocidades media e instantánea que implican desplazamientos vectoriales. La **velocidad media** es el desplazamiento dividido entre el tiempo total de recorrido. En una dimensión, esto implica sólo movimiento a lo largo de un eje, que se considera el eje x. En este caso,

$$\text{velocidad media} = \frac{\text{desplazamiento}}{\text{tiempo total de recorrido}} \qquad (2.3)^*$$

$$\bar{v} = \frac{\Delta x}{\Delta t} = \frac{x_2 - x_1}{t_2 - t_1}$$

Unidad SI de velocidad: metros por segundo (m/s)*

*Otra forma muy utilizada de esta ecuación es

$$\bar{v} = \frac{\Delta x}{\Delta t} = \frac{(x_2 - x_1)}{(t_2 - t_1)} = \frac{(x - x_o)}{(t - t_o)} = \frac{(x - x_o)}{t}$$

que, después de reacomodar, queda así:

$$x = x_o + \bar{v}t, \qquad (2.3)$$

donde x_o es la posición inicial, x es la posición final y $\Delta t = t$ con $t_o = 0$. En la sección 2.3 se explica esta notación.

En el caso de más de un desplazamiento (desplazamientos sucesivos), la velocidad media es igual al desplazamiento total o neto, dividido entre el tiempo total. El desplazamiento total se obtiene sumando algebraicamente los desplazamientos, según los signos de dirección.

Quizá se pregunte si hay relación entre rapidez media y velocidad media. Un vistazo a la figura 2.4 muestra que, si todo el movimiento es en la misma dirección, es decir, si nunca se invierte la dirección, la distancia es igual a la magnitud del desplazamiento. De manera que la rapidez media es igual a la magnitud de la velocidad media. *No obstante, hay que tener cuidado.* Este conjunto de relaciones no se cumple si hay inversión de dirección, como en el ejemplo 2.2.

Ejemplo 2.2 ■ Ida y vuelta: velocidades medias

Un deportista trota de un extremo al otro de una pista recta de 300 m en 2.50 min y, luego, trota de regreso al punto de partida en 3.30 min. ¿Qué velocidad media tuvo el deportista *a*) al trotar al final de la pista, *b*) al regresar al punto de partida y *c*) en el trote total?

Nota: en el caso de desplazamientos tanto en la dirección + como − (inversión de dirección), la distancia no es la magnitud del desplazamiento total.

Razonamiento. Las velocidades medias se calculan a partir de la ecuación de definición. Cabe señalar que los tiempos dados son los Δt asociados con los desplazamientos en cuestión.

Solución. El problema nos dice que:

Dado: $\Delta x_1 = 300$ m (tomando la dirección inicial como positiva)
$\Delta x_2 = -300$ m (tomando la dirección de regreso como negativa)
$\Delta t_1 = 2.50 \text{ min } (60 \text{ s/min}) = 150 \text{ s}$
$\Delta t_2 = 3.30 \text{ min } (60 \text{ s/min}) = 198 \text{ s}$

Encuentre: velocidades medias
a) el primer tramo,
b) el tramo de regreso,
c) el tramo total

a) La velocidad media al trotar hasta el final de la pista se calcula con la ecuación 2.3:

$$\bar{v}_1 = \frac{\Delta x_1}{\Delta t_1} = \frac{+300 \text{ m}}{150 \text{ s}} = +2.00 \text{ m/s}$$

b) De forma similar, para el trote de regreso, tenemos

$$\bar{v}_2 = \frac{\Delta x_2}{\Delta t_2} = \frac{-300 \text{ m}}{198 \text{ s}} = -1.52 \text{ m/s}$$

c) Para el recorrido total, debemos considerar dos desplazamientos, de ida y de vuelta, así que los sumamos para obtener el desplazamiento total, que luego dividimos entre el tiempo total:

$$\bar{v}_3 = \frac{\Delta x_1 + \Delta x_2}{\Delta t_1 + \Delta t_2} = \frac{300 \text{ m} + (-300 \text{ m})}{150 \text{ s} + 198 \text{ s}} = 0 \text{ m/s}$$

¡La velocidad media para el trote total es cero! ¿Ve el lector por qué? La definición de desplazamiento indica que la magnitud del desplazamiento es la distancia en línea recta entre dos puntos. El desplazamiento desde un punto regresando hasta ese mismo punto es cero; así que la velocidad media es cero. (Véase la ▸ figura 2.5.)

Podríamos haber encontrado el desplazamiento total con sólo calcular $\Delta x = x_{\text{final}} - x_{\text{inicial}} = 0 - 0 = 0$, donde las posiciones inicial y final se toman como el origen, pero lo hicimos en partes como ilustración.

Ejercicio de refuerzo. Calcule la rapidez media del deportista en cada caso del ejemplo, y compárela con las velocidades medias respectivas. [¿La rapidez media en *c*) será cero?] (*Las respuestas de todos los Ejercicios de refuerzo se dan al final del libro.*)

▲ **FIGURA 2.5** ¡De vuelta a *home*! Pese a haber cubierto casi 110 m entre las bases, en el momento en que el corredor se barre en la caja de bateo (su posición original) para llegar a *home*, su desplazamiento es cero, al menos si es un bateador derecho. Por más rápidamente que haya corrido las bases, su velocidad media para todo el recorrido también es cero.

Como muestra el ejemplo 2.2, la velocidad media sólo ofrece una descripción general del movimiento. Una forma de estudiar más de cerca el movimiento es considerando intervalos de tiempo más pequeños, es decir, haciendo que el tiempo de observación (Δt) sea cada vez más pequeño. Al igual que la rapidez, cuando Δt se aproxima a cero, obtenemos la **velocidad instantánea**, que describe qué tan rápidamente y en qué dirección se está moviendo algo *en un momento específico*.

La velocidad instantánea se define matemáticamente así:

$$v = \lim_{\Delta t \to 0} \frac{\Delta x}{\Delta t} \tag{2.4}$$

Esta expresión se lee como "la velocidad instantánea es igual al límite de $\Delta x/\Delta t$ cuando Δt se aproxima a cero". El intervalo de tiempo nunca llega a cero (¿por qué?); pero *se aproxima* a cero. Técnicamente la velocidad instantánea aún es una velocidad media; sin embargo, un Δt tan pequeño es básicamente un promedio "en un instante de tiempo" y, por ello, la llamamos velocidad *instantánea*.

Nota: la palabra *uniforme* significa "constante".

Movimiento uniforme se refiere a un movimiento con velocidad constante (magnitud constante *y* dirección constante). Como ejemplo de una dimensión, el automóvil de la ▼figura 2.6 tiene una velocidad uniforme. Recorre la misma distancia y experimenta el mismo desplazamiento en intervalos de tiempo iguales (50 km en cada hora), y no cambia la dirección de su movimiento.

Ilustración 1.3 *Obtención de datos*

Análisis gráfico

El análisis gráfico a menudo es útil para entender el movimiento y las cantidades relacionadas con él. Por ejemplo, el movimiento del automóvil de la figura 2.6a podría representarse en una gráfica de posición contra tiempo, o x contra t. Como se observa en la figura 2.6b, se obtiene una línea recta para una velocidad uniforme, o constante, en una gráfica así.

Δx (km)	Δt (h)	$\Delta x/\Delta t$
50	1.0	50 km/1.0 h = 50 km/h
100	2.0	100 km/2.0 h = 50 km/h
150	3.0	150 km/3.0 h = 50 km/h

a)

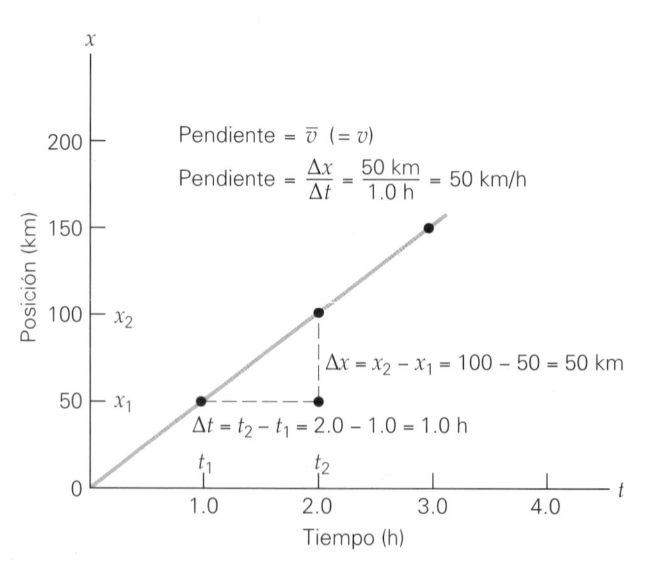

b)

▶ **FIGURA 2.6 Movimiento rectilíneo uniforme: velocidad constante** En el movimiento rectilíneo uniforme, un objeto viaja con velocidad constante, cubriendo la misma distancia en intervalos de tiempo iguales, ***a)*** Aquí, un automóvil recorre 50 km cada hora. ***b)*** Una gráfica de x contra t es una línea recta, pues se cubren desplazamientos iguales en tiempos iguales. El valor numérico de la pendiente de la línea es igual a la magnitud de la velocidad, y el signo de la pendiente da su dirección. (La velocidad media es igual a la velocidad instantánea en este caso. ¿Por qué?)

Ilustración 2.1 *Posición y desplazamiento*

Exploración 2.1 *Compare posición contra tiempo y velocidad contra gráficos de tiempo*

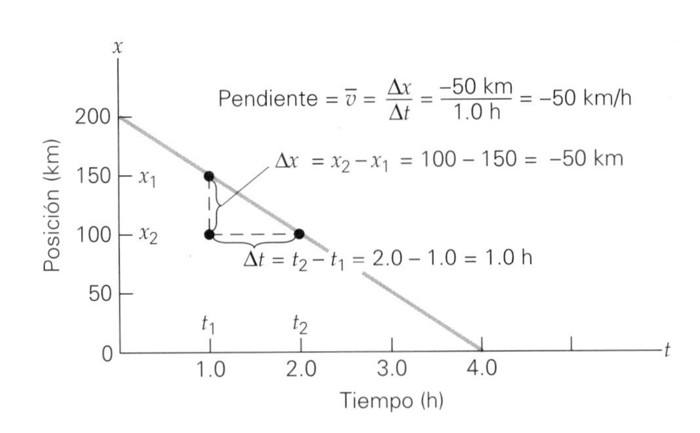

◀ **FIGURA 2.7 Gráfica de posición contra tiempo para un objeto que se mueve uniformemente en la dirección *x* negativa** Una línea recta con pendiente negativa en una gráfica de x contra t indica movimiento uniforme en la dirección x negativa. Observe que la posición del objeto cambia de forma constante. En $t = 4.0$ h, el objeto está en $x = 0$. ¿Qué aspecto tendría la gráfica si el movimiento continuara durante $t > 4.0$ h?

Recordemos que en las gráficas cartesianas de y contra x la pendiente de una recta está dada por $\Delta y/\Delta x$. Aquí, con una gráfica de x contra t, la pendiente de la línea, $\Delta x/\Delta t$, es igual a la velocidad media $\bar{v} = \Delta x/\Delta t$. En movimiento uniforme, este valor es igual a la velocidad instantánea. Es decir, $\bar{v} = v$. (¿Por qué?) El valor numérico de la pendiente es la magnitud de la velocidad, y el signo de la pendiente da la dirección. Una pendiente positiva indica que x aumenta con el tiempo, de manera que el movimiento es en la dirección x positiva. (El signo más suele omitirse, porque se sobreentiende, y así lo haremos a lo largo de este texto.)

Exploración 2.2 *Determine la gráfica correcta*

Suponga que una gráfica de posición contra tiempo para el movimiento de un automóvil es una línea recta con pendiente negativa, como en la ▲ figura 2.7. ¿Qué indica esta pendiente? Como se aprecia en la figura, los valores de posición (x) disminuyen con el tiempo a una tasa constante, lo cual indica que el automóvil viaja con movimiento uniforme, aunque en la dirección x negativa, lo cual se relaciona con el valor negativo de la pendiente.

En la mayoría de los casos, el movimiento de un objeto *no es uniforme*, lo cual significa que se cubren diferentes distancias en intervalos de tiempo iguales. Una gráfica de x contra t para un movimiento así en una dimensión es una línea curva, como la de la ▼ figura 2.8. La velocidad media del objeto en un intervalo de tiempo dado es la pendiente de una recta que pasa entre los dos puntos de la curva que corresponden a los tiempos inicial y final del intervalo. En la figura, como $\bar{v} = \Delta x/\Delta t$, la velocidad media para todo el viaje es la pendiente de la línea recta que une los puntos inicial y final de la curva.

Ilustración 2.2 *Velocidad promedio*

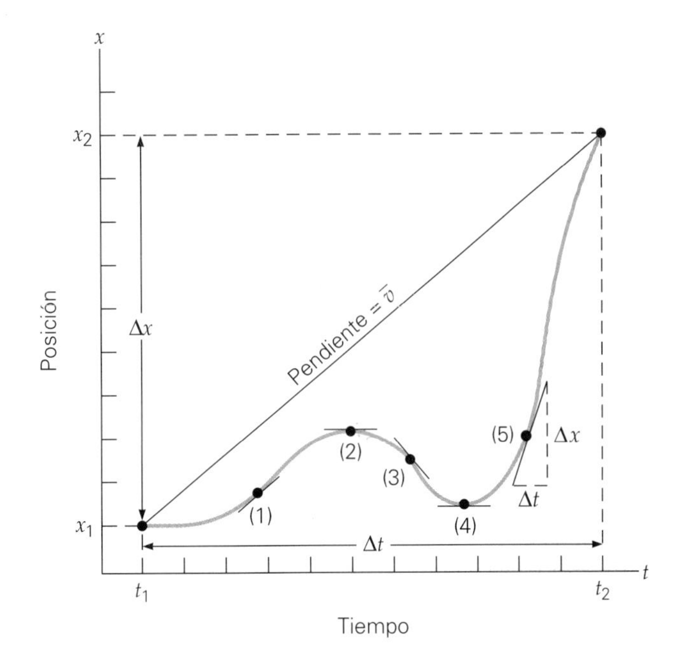

◀ **FIGURA 2.8 Gráfica de posición contra tiempo para un objeto en movimiento rectilíneo no uniforme** Si la velocidad no es uniforme, una gráfica de x contra t es una curva. La pendiente de la línea entre dos puntos es la velocidad media entre esos dos puntos, y la velocidad instantánea es la pendiente de una línea tangente a la curva en cualquier punto. Se muestran cinco líneas tangentes, con los intervalos $\Delta x/\Delta t$ para la quinta. ¿Puede el lector describir el movimiento del objeto con palabras?

Ilustración 2.3 *Velocidad promedio y velocidad instantánea*

La velocidad instantánea es igual a la pendiente de una línea recta tangente a la curva en un momento específico. En la figura 2.8 se muestran cinco líneas tangentes comunes. En (1), la pendiente es positiva y, por lo tanto, el movimiento es en la dirección x positiva. En (2), la pendiente de una línea tangente horizontal es cero, así que no hay movimiento. Es decir, el objeto se detuvo instantáneamente ($v = 0$). En (3), la pendiente es negativa, de manera que el objeto se está moviendo en la dirección x negativa. Entonces, el objeto se detuvo y cambió de dirección en el punto (2). ¿Qué está sucediendo en los puntos (4) y (5)?

Si dibujamos diversas líneas tangentes a lo largo de la curva, vemos que sus pendientes varían, lo cual indica que la velocidad instantánea está cambiando con el tiempo. Un objeto en movimiento no uniforme puede acelerarse, frenarse o cambiar de dirección. La forma de describir un movimiento con velocidad cambiante es el tema de la sección 2.3.

2.3 Aceleración

OBJETIVOS: *a*) Explicar la relación entre velocidad y aceleración, y *b*) realizar un análisis gráfico de la aceleración.

La descripción básica del movimiento implica la tasa de cambio de posición con el tiempo, que llamamos *velocidad*. Podemos ir un poco más lejos y considerar cómo cambia esa *tasa de cambio*. Supongamos que algo se está moviendo a velocidad constante y luego la velocidad cambia. Semejante cambio de velocidad se denomina *aceleración*. En un automóvil, llamamos *acelerador* al pedal de la gasolina. Cuando pisamos el acelerador, el automóvil aumenta su velocidad; si levantamos el pie, el automóvil baja la velocidad. En ambos casos, hay un cambio de velocidad con el tiempo. Definimos **aceleración** como la tasa de cambio de la velocidad con el tiempo.

La aceleración media es análoga a la **velocidad media**, es decir, es el cambio de velocidad dividido entre el tiempo que toma realizar ese cambio:

$$\text{aceleración media} = \frac{\text{cambio de velocidad}}{\text{tiempo que toma el cambio}} \tag{2.5}$$

$$\bar{a} = \frac{\Delta v}{\Delta t}$$

$$= \frac{v_2 - v_1}{t_2 - t_1} = \frac{v - v_o}{t - t_o}$$

Unidad SI de aceleración: metros por segundo al cuadrado (m/s^2).

Observe que sustituimos las variables inicial y final con una notación más común. v_o y t_o son la velocidad y el tiempo iniciales u originales, respectivamente, y v y t son la velocidad y el tiempo generales en algún momento futuro, cuando queremos conocer la velocidad v después de cierto tiempo específico t. (Ésta podría o no ser la velocidad final de una situación dada.)

A partir de $\Delta v/\Delta t$, las unidades SI de aceleración son metros por segundo (Δv) por segundo (Δt), es decir, (m/s)/s o m/(s · s), que comúnmente se expresa como metros por segundo al cuadrado (m/s^2). En el sistema inglés, las unidades son pies por segundo al cuadrado (ft/s^2).

Nota: en unidades compuestas, la multiplicación se indica con un punto centrado.

Como la velocidad es una cantidad vectorial, también lo es la aceleración, pues ésta representa un cambio de velocidad. Puesto que la velocidad tiene tanto magnitud como dirección, un cambio de velocidad implicaría cambios en cualquiera de estos factores, o en ambos. Por lo tanto, una aceleración podría deberse a un cambio de *rapidez* (la magnitud), un cambio de *dirección* o un cambio en *ambas*, como se muestra en la ▸figura 2.9.

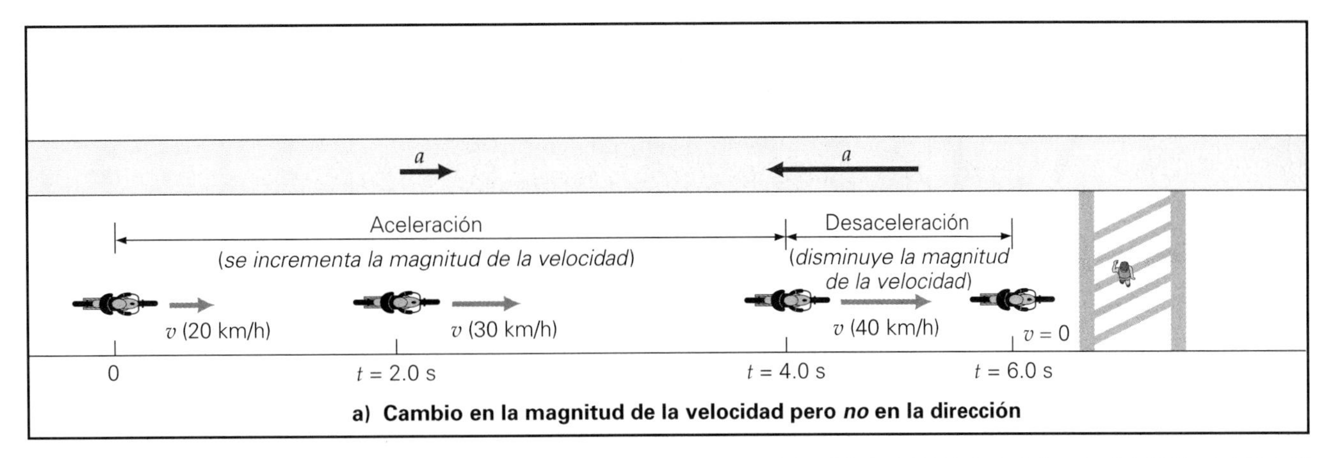

a) Cambio en la magnitud de la velocidad pero *no* en la dirección

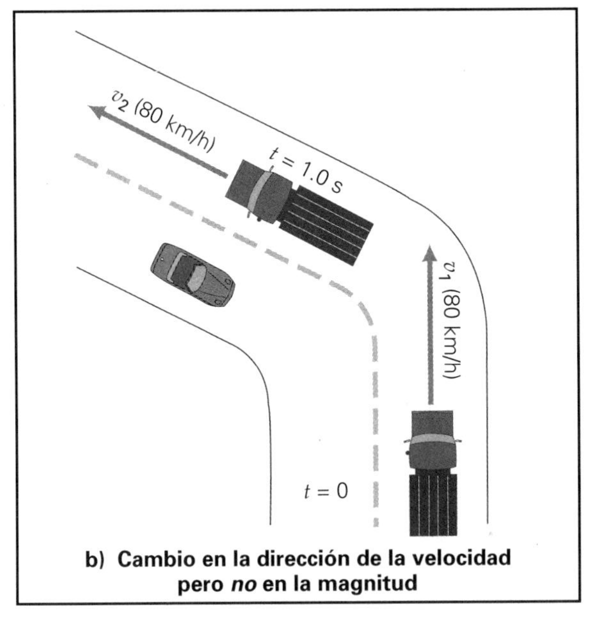

b) Cambio en la dirección de la velocidad pero *no* en la magnitud

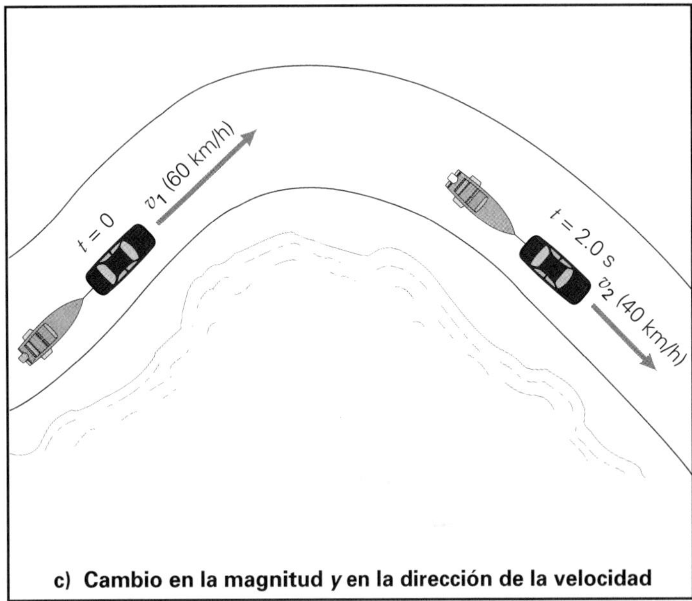

c) Cambio en la magnitud *y* en la dirección de la velocidad

▲ **FIGURA 2.9 Aceleración: la tasa de cambio de la velocidad con el tiempo** Puesto que la velocidad es una cantidad vectorial, con magnitud y dirección, puede haber una aceleración cuando hay ***a)*** un cambio de magnitud, pero no de dirección, ***b)*** un cambio de dirección, pero no de magnitud, o ***c)*** un cambio tanto de magnitud como de dirección.

En el caso del movimiento rectilíneo, usaremos signos más y menos para indicar las direcciones de velocidad y aceleración, como hicimos con el desplazamiento lineal. La ecuación 2.5 suele simplificarse como:

$$\bar{a} = \frac{v - v_o}{t} \tag{2.6}$$

donde se supone que $t_o = 0$. (v_o podría no ser cero, así que por lo general no podemos omitirla.)

La aceleración instantánea, análoga a la **velocidad instantánea**, es la aceleración en un instante específico. Esta cantidad se expresa matemáticamente como:

$$a = \lim_{\Delta t \to 0} \frac{\Delta v}{\Delta t} \tag{2.7}$$

Las condiciones del intervalo de tiempo cercano a cero son las que se describieron para la velocidad instantánea.

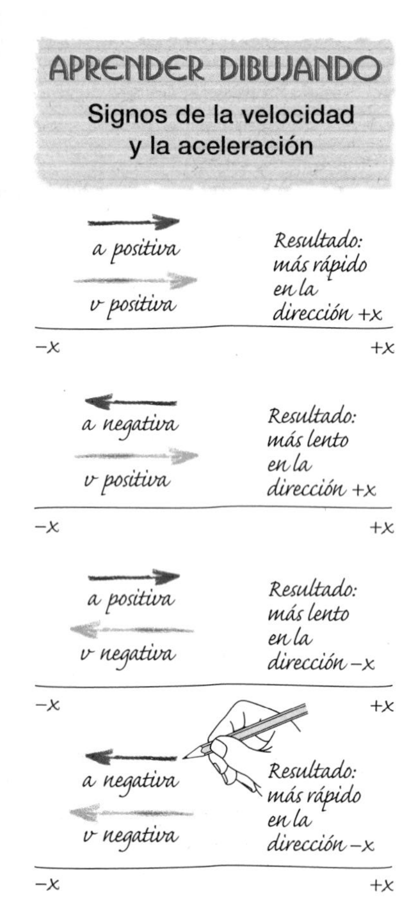

Ejemplo 2.3 ■ Frenado: aceleración media

Un matrimonio viaja en una camioneta SUV a 90 km/h por una carretera recta. Ven un accidente a lo lejos, así que el conductor disminuye su velocidad a 40 km/h en 5.0 s. ¿Qué aceleración media tuvo la camioneta?

Razonamiento. Para calcular la aceleración media, se necesitan las variables definidas en la ecuación 2.6, y se han dado.

Solución. Del planteamiento del problema, tenemos los siguientes datos:

Dado:

$$v_o = (90 \cancel{\text{km/h}})\left(\frac{0.278 \text{ m/s}}{1 \cancel{\text{km/h}}}\right) = 25 \text{ m/s}$$

$$v = (40 \cancel{\text{km/h}})\left(\frac{0.278 \text{ m/s}}{1 \cancel{\text{km/h}}}\right) = 11 \text{ m/s}$$

$$t = 5.0 \text{ s}$$

Encuentre: $\bar{a}$ (aceleración media)

[Aquí, suponemos que las velocidades instantáneas tienen dirección positiva, y se efectúan de inmediato las conversiones a unidades estándar (metros por segundo), ya que el tiempo se dio en segundos. En general, siempre trabajamos con unidades estándar.]

Dadas las velocidades inicial y final y el intervalo de tiempo, podemos calcular la aceleración media con la ecuación 2.6:

$$\bar{a} = \frac{v - v_o}{t} = \frac{11 \text{ m/s} - (25 \text{ m/s})}{5.0 \text{ s}} = -2.8 \text{ m/s}^2$$

El signo menos indica la dirección de la aceleración (del vector). En este caso, la dirección es opuesta a la dirección del movimiento ($v > 0$), y el automóvil se frena. A veces llamamos *desaceleración* a una aceleración negativa.

Ejercicio de refuerzo. ¿Una aceleración negativa necesariamente implica que el objeto en movimiento está desacelerando, o que su rapidez está disminuyendo? *Sugerencia:* véase la sección lateral "Aprender dibujando". (*Las respuestas de todos los Ejercicios de refuerzo se dan al final del libro.*)

Aceleración constante

Aunque la aceleración puede variar con el tiempo, por lo general restringiremos nuestro estudio del movimiento a aceleraciones constantes, para simplificar. (Una aceleración constante importante es aquella debida a la gravedad cerca de la superficie terrestre, que estudiaremos en la siguiente sección.) Puesto que en el caso de una aceleración constante el promedio es igual al valor constante ($\bar{a} = a$), podemos omitir la raya sobre la aceleración en la ecuación 2.6. Así, para una aceleración constante, la ecuación que relaciona velocidad, aceleración y tiempo suele escribirse como sigue (reacomodando la ecuación 2.6):

$$v = v_o + at \quad \textit{(sólo aceleración constante)} \tag{2.8}$$

(Cabe señalar que el término at representa el *cambio* de velocidad, ya que $at = v - v_o = \Delta v$.)

Ejemplo 2.4 ■ Arranque rápido, frenado lento: movimiento con aceleración constante

Un automóvil para "arrancones" que parte del reposo acelera en línea recta con una tasa constante de 5.5 m/s^2 durante 6.0 s. *a*) ¿Qué velocidad tiene el vehículo al final de ese periodo? *b*) Si en ese momento el carro despliega un paracaídas que lo frena con una tasa uniforme de 2.4 m/s^2, ¿cuánto tardará en detenerse?

Razonamiento. El vehículo primero acelera y luego frena, por lo que debemos fijarnos bien en los signos de dirección de las cantidades vectoriales. Elegimos un sistema de coordenadas con la dirección positiva en la dirección de la velocidad inicial. (Diagrame la situación.) Entonces podremos obtener las respuestas usando las ecuaciones adecuadas. Note que hay dos fases diferentes para el movimiento y, por lo tanto, dos aceleraciones diferentes. Vamos a distinguir tales fases con los subíndices 1 y 2.

Solución. Tomando el movimiento inicial en la dirección positiva, tenemos estos datos:

Dado: *a*) $v_o = 0$ (en reposo)	*Encuentre:* *a*) v_1 (velocidad final para la primera fase de movimiento)
$a_1 = 5.5 \text{ m/s}^2$	*b*) t_2 (tiempo para la segunda fase de movimiento)
$t_1 = 6.0 \text{ s}$	
b) $v_o = v_1$ [del inciso *a*)]	
$v_2 = 0$ (se detiene)	
$a_2 = -2.4 \text{ m/s}^2$ (dirección opuesta de v_o)	

Hemos presentado los datos en dos partes. Esto ayuda a no confundirse con los símbolos. Observe que la velocidad final v_1 que se calculará en el inciso *a* será la velocidad inicial v_o en el inciso *b*.

a) Para obtener la velocidad final, v, usamos directamente la ecuación 2.8:

$$v_1 = v_o + a_1 t_1 = 0 + (5.5 \text{ m/s}^2)(6.0 \text{ s}) = 33 \text{ m/s}$$

b) Aquí, queremos hallar el tiempo, así que despejamos t_2 de la ecuación 2.6 y usamos $v_o = v_1 = 33 \text{ m/s}$ del inciso *a* para obtener,

$$t_2 = \frac{v_2 - v_o}{a_2} = \frac{0 - (33 \text{ m/s})}{-2.4 \text{ m/s}^2} = 14 \text{ s}$$

Observe que el tiempo es positivo, como tendría que ser.

Ejercicio de refuerzo. ¿Qué velocidad instantánea tiene el carro 10 segundos después de desplegar el paracaídas? (*Las respuestas de todos los Ejercicios de refuerzo se dan al final del libro.*)

Es fácil representar gráficamente movimientos con aceleración constante graficando la velocidad instantánea contra el tiempo. En este caso una gráfica de v contra t es una recta cuya pendiente es igual a la aceleración, como se muestra en la ▼figura 2.10. Note que la ecuación 2.8 se puede escribir como $v = at + v_o$ que, como reconocerá el lector, tiene la forma de la ecuación de una línea recta, $y = mx + b$ (pendiente m e intersección b).

Ilustración 2.5 Movimiento en una columna o en una rampa

▼ **FIGURA 2.10 Gráficas de velocidad contra tiempo para movimientos con aceleración constante** La pendiente de una gráfica de v contra t es la aceleración. *a*) Una pendiente positiva indica un aumento de velocidad en la dirección positiva. Las flechas verticales a la derecha indican cómo la aceleración añade velocidad a la velocidad inicial v_o. *b*) Una pendiente negativa indica una disminución de la velocidad inicial v_o, es decir, una desaceleración. *c*) Aquí, una pendiente negativa indica una aceleración negativa, pero la velocidad inicial es en la dirección negativa, $-v_o$, así que la rapidez del objeto aumenta en esa dirección. *d*) La situación inicial aquí es similar a la del inciso *b*, pero termina pareciéndose a la de *c*. ¿Puede el lector explicar qué sucedió en el tiempo t_1?

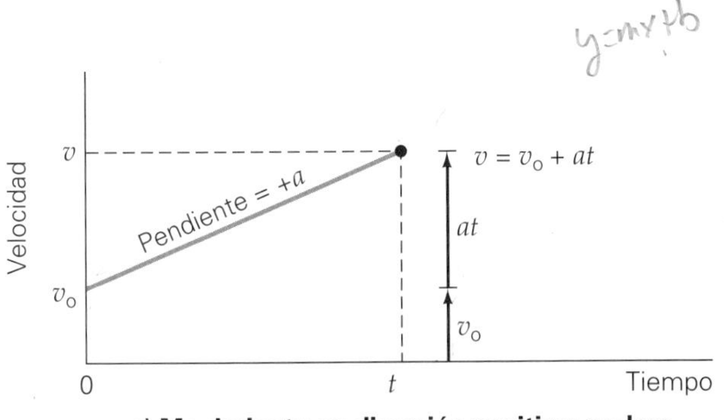

a) Movimiento en dirección positiva: acelera

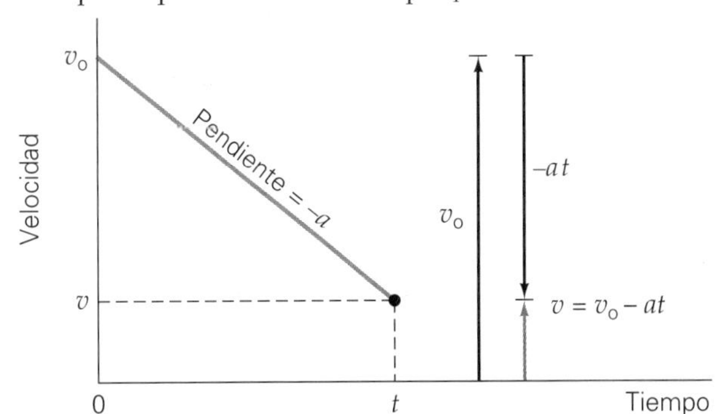

b) Movimiento en dirección positiva: frena

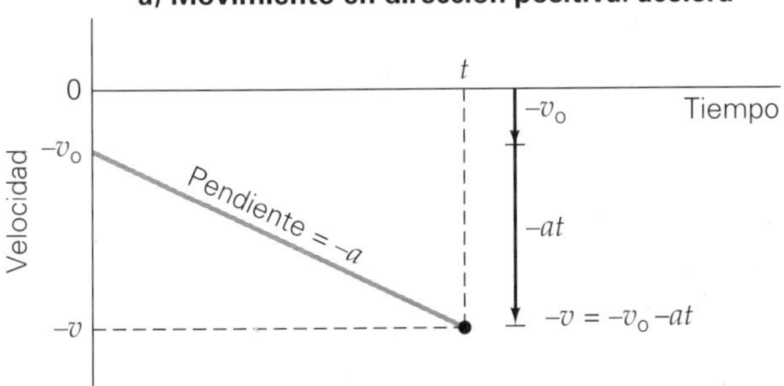

c) Movimiento en dirección negativa: acelera

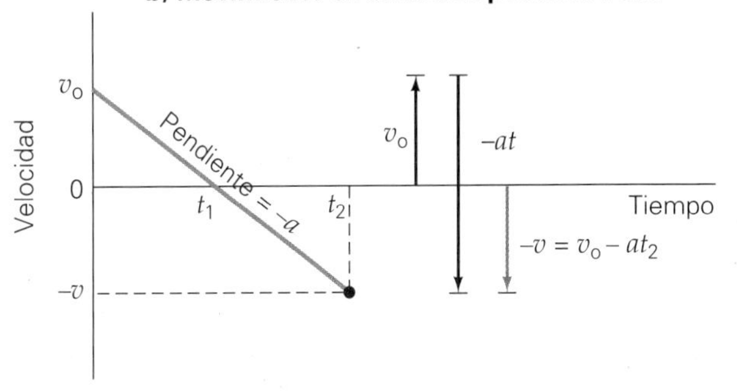

d) Cambio de dirección

Exploración 2.3 Una cortina tapa tu visión de la pelota de golf

En la figura 2.10a, el movimiento es en la dirección positiva, y la aceleración aumenta la velocidad después de un tiempo t, como indican las flechas verticales a la derecha de la gráfica. Aquí, la pendiente es positiva ($a > 0$). En la figura 2.10b, la pendiente negativa ($a < 0$) indica una aceleración negativa que produce un frenado o desaceleración. Sin embargo, la figura 2.10c ilustra cómo una aceleración negativa puede aumentar la velocidad (cuando el movimiento es en la dirección negativa). La situación en la figura 2.10d es un poco más compleja. ¿Puede el lector explicar qué está sucediendo ahí?

Cuando un objeto se mueve con aceleración constante, su velocidad cambia en la misma cantidad en cada unidad de tiempo. Por ejemplo, si la aceleración es de 10 m/s^2 en la misma dirección que la velocidad inicial, la velocidad del objeto aumentará en 10 m/s cada segundo. Supongamos que el objeto tiene una velocidad inicial v_o de 20 m/s en una dirección específica $t_o = 0$. Entonces, para $t = 0$, 1.0, 2.0, 3.0 y 4.0 s, las velocidades son 20, 30, 40, 50 y 60 m/s, respectivamente.

La velocidad media podría calcularse de la forma acostumbrada (ecuación 2.3), pero también podríamos reconocer de inmediato que la serie uniformemente creciente de números 20, 30, 40, 50 y 60 tiene un valor medio de 40 (el valor que está en el punto medio de la serie), y $\bar{v} = 40$ m/s. Note que el promedio de los valores inicial y final también da el promedio de la serie; es decir, $(20 + 60)/2 = 40$. Sólo cuando la velocidad cambia a una tasa uniforme debido a una aceleración constante, $\bar{v}$ es el promedio de las velocidades inicial y final:

$$\bar{v} = \frac{v + v_o}{2} \quad \textit{(sólo aceleración constante)} \tag{2.9}$$

Ejemplo 2.5 ■ En el agua: uso de múltiples ecuaciones

En un lago una lancha de motor que parte del reposo acelera en línea recta con una tasa constante de 3.0 m/s^2 durante 8.0 s. ¿Qué distancia recorre en ese tiempo?

Razonamiento. Sólo tenemos una ecuación para distancia (ecuación 2.3, $x = x_o + \bar{v}t$), pero no podemos usarla directamente. Primero debemos calcular la velocidad media, así que necesitaremos ecuaciones y pasos múltiples.

Solución. Después de leer el problema, resumir los datos e identificar lo que se pide (suponiendo que la lancha acelera en la dirección $+x$), tenemos:

Dado: $x_o = 0$
$v_o = 0$
$a = 3.0$ m/s^2
$t = 8.0$ s

Encuentre: x (distancia)

(Observe que todas las unidades son estándar.)

Al analizar el problema, podríamos razonar como sigue: para obtener x, tendremos que usar la ecuación 2.3 como $x = x_o + \bar{v}t$. (Debemos usar la velocidad media $\bar{v}$ porque la velocidad está cambiando, así que no es constante.) Como se nos dio el tiempo, ya sólo nos falta obtener $\bar{v}$. Por la ecuación 2.9, $\bar{v} = (v + v_o)/2$, y, con $v_o = 0$ sólo necesitamos la velocidad final v para resolver el problema. La ecuación 2.8, $v = v_o + at$, nos permite calcular v a partir de los datos. Así pues, tenemos:

La velocidad de la lancha al término de 8.0 s es

$$v = v_o + at = 0 + (3.0\ \text{m/s}^2)(8.0\ \text{s}) = 24\ \text{m/s}$$

La velocidad media en ese intervalo de tiempo es

$$\bar{v} = \frac{v + v_o}{2} = \frac{24\ \text{m/s} + 0}{2} = 12\ \text{m/s}$$

Por último, la magnitud del desplazamiento, que en este caso es igual a la distancia recorrida, está dada por la ecuación 2.3 (teniendo la posición inicial de la lancha como el origen, $x_o = 0$):

$$x = \bar{v}t = (12\ \text{m/s})(8.0\ \text{s}) = 96\ \text{m}$$

Ejercicio de refuerzo. (Avance.) En la sección 2.4 deduciremos la siguiente ecuación: $x = v_o t + \frac{1}{2}at^2$. Utilice los datos de este ejemplo para saber si esta ecuación da la distancia recorrida. (*Las respuestas de todos los Ejercicios de refuerzo se dan al final del libro.*)

2.4 Ecuaciones de cinemática (aceleración constante)

OBJETIVOS: *a*) Explicar las ecuaciones de cinemática para aceleración constante y *b*) aplicarlas a situaciones físicas.

Sólo necesitamos tres ecuaciones básicas para describir los movimientos en una dimensión con aceleración constante. En las secciones anteriores vimos que esas ecuaciones son:

$$x = x_o + \bar{v}t \quad (2.3)$$

$$\bar{v} = \frac{v + v_o}{2} \quad \textit{(sólo aceleración constante)} \quad (2.9)$$

$$v = v_o + at \quad \textit{(sólo aceleración constante)} \quad (2.8)$$

(Cabe señalar que la primera ecuación, ecuación 2.3, es general y no está limitada a situaciones de aceleración constante, como las otras dos ecuaciones.)

Sin embargo, como vimos en el ejemplo 2.5, la descripción del movimiento en algunos casos requiere aplicar varias de tales ecuaciones, lo cual quizá no sea evidente al principio. Sería útil reducir el número de operaciones que deben efectuarse para resolver problemas de cinemática, y podemos lograrlo combinando ecuaciones algebraicamente.

Por ejemplo, suponga que queremos una expresión que dé la ubicación x en términos del tiempo y la aceleración, y no en términos del tiempo ni de la velocidad media (como en la ecuación 2.3). Podemos eliminar v de la ecuación 2.3 sustituyendo v de la ecuación 2.9 en la ecuación 2.3:

$$x = x_o + \bar{v}t$$

y

$$x = x_o + \tfrac{1}{2}(v + v_o)t \quad \textit{(sólo aceleración constante)} \quad (2.10)$$

Entonces, al sustituir v de la ecuación 2.8, obtenemos

$$x = x_o + \tfrac{1}{2}(v_o + at + v_o)t$$

Al simplificar,

$$x = x_o + v_o t + \tfrac{1}{2}at^2 \quad \textit{(sólo aceleración constante)} \quad (2.11)$$

Exploración 2.4 Determine x(t) de un Monster Truck

En esencia, realizamos esta serie de pasos en el ejemplo 2.5. La ecuación combinada permite calcular directamente la distancia recorrida por la lancha de ese ejemplo:

$$x - x_o = \Delta x = v_o t + \tfrac{1}{2}at^2 = 0 + \tfrac{1}{2}(3.0\ \text{m/s}^2)(8.0\ \text{s})^2 = 96\ \text{m}$$

Es mucho más fácil, ¿no?

Quizá deseamos una expresión que dé la velocidad en función de la posición x, no del tiempo (como en la ecuación 2.8). Podemos eliminar t de la ecuación 2.8 usando la ecuación 2.10 en la forma

$$v + v_o = 2\frac{(x - x_o)}{t}$$

Entonces, al multiplicar esta ecuación por la ecuación 2.8 en la forma $(v - v_o) = at$ tenemos

$$(v + v_o)(v - v_o) = 2a(x - x_o)$$

y utilizando la relación $v^2 - v_o^2 = (v + v_o)(v - v_o)$, para obtener

$$v^2 = v_o^2 + 2a(x - x_o) \quad \textit{(sólo aceleración constante)} \quad (2.12)$$

Nota: $\Delta x = x - x_o$ es desplazamiento, pero con $x_o = 0$, como suele ser, $\Delta x = x$, y el valor de la posición x es el mismo que el del desplazamiento. Esto nos ahorra tener que escribir siempre $\Delta x = x - x_o$.

Ilustración 2.4 Aceleración constante y medición

Sugerencia para resolver problemas

Los estudiantes de cursos de introducción a la física a veces se sienten abrumados por las diversas ecuaciones de cinemática. No hay que olvidar que las ecuaciones y las matemáticas son las herramientas de la física. Todo mecánico o carpintero sabe que las herramientas facilitan el trabajo en la medida en que uno las conoce y sabe usarlas. Lo mismo sucede con las herramientas de la física.

Si resumimos las ecuaciones para movimiento rectilíneo con aceleración *constante* tenemos:

$$v = v_o + at \tag{2.8}$$

$$x = x_o + \tfrac{1}{2}(v + v_o)t \tag{2.10}$$

$$x = x_o + v_o t + \tfrac{1}{2}at^2 \tag{2.11}$$

$$v^2 = v_o^2 + 2a(x - x_o) \tag{2.12}$$

Este conjunto de ecuaciones se utiliza para resolver la mayoría de los problemas de cinemática. (Ocasionalmente, nos interesará una rapidez o una velocidad media pero, como ya señalamos, en general los promedios no nos dicen mucho.)

Observe que todas las ecuaciones de la lista tienen cuatro o cinco variables. Es preciso conocer todas las variables de una ecuación, menos una, para calcular lo que nos interesa. Por lo común elegimos una ecuación con la incógnita o la cantidad que se busca. Pero, como señalamos, hay que conocer las otras variables de la ecuación. Si no es así, entonces se habrá elegido la ecuación incorrecta y deberá utilizarse otra ecuación para encontrar la variable. (Otra posibilidad es que no se hayan dado los datos suficientes para resolver el problema, aunque ése no sería el caso en este libro de texto.)

Siempre hay que intentar entender y visualizar los problemas. Una lista de los datos, como la que se describe en el procedimiento para resolver problemas sugerido en el capítulo 1, nos ayudaría a decidir qué ecuación usar, pues nos indica las variables conocidas y las incógnitas. Recuerde esta estrategia al resolver los demás ejemplos de este capítulo. También es importante no pasar por alto *datos implícitos*, error que ilustra el ejemplo 2.6.

Exploración 2.5 Determine $x(t)$ y $v(t)$ del Lamborghini

Ejemplo conceptual 2.6 ■ ¡Algo está mal!

Un estudiante trabaja en un problema en el que interviene un objeto que acelera de manera constante; el estudiante quiere encontrar v. Se sabe que $v_o = 0$ y $t = 3.0$ s, pero no se conoce la aceleración a. Él examina las ecuaciones cinemáticas y decide, utilizando $v = at$ y $x = \frac{1}{2}at^2$ (con $x_o = v_o = 0$), que puede eliminarse la incógnita a. Con $a = v/t$ y $a = 2x/t^2$ e igualando,

$$v/t = 2x/t^2$$

pero x no se conoce, así que decide emplear $x = vt$ para eliminarla, y

$$v/t = 2vt/t^2$$

Se simplifica,

$$v = 2v \qquad \text{o} \qquad 1 = 2!$$

¿Qué está incorrecto aquí?

Razonamiento y respuesta. Evidentemente, se cometió un error grave y tiene que ver con el procedimiento de la resolución de problemas de la sección 1.7. El paso 4 dice: *Determine qué principios y ecuaciones se aplican a esta situación.* Puesto que sólo se utilizaron ecuaciones, una de ellas no debe aplicarse a esta situación. Al hacer una revisión y analizar, esto resulta ser $x = vt$, que se aplica sólo al movimiento no acelerado y, por lo tanto, no se aplica a este problema.

Ejercicio de refuerzo. Si sólo se conocen v_o y t, ¿hay alguna forma de encontrar v utilizando las ecuaciones cinemáticas dadas? Explique su respuesta. (*Las respuestas a todos los ejercicios de refuerzo aparecen al final del libro.*)

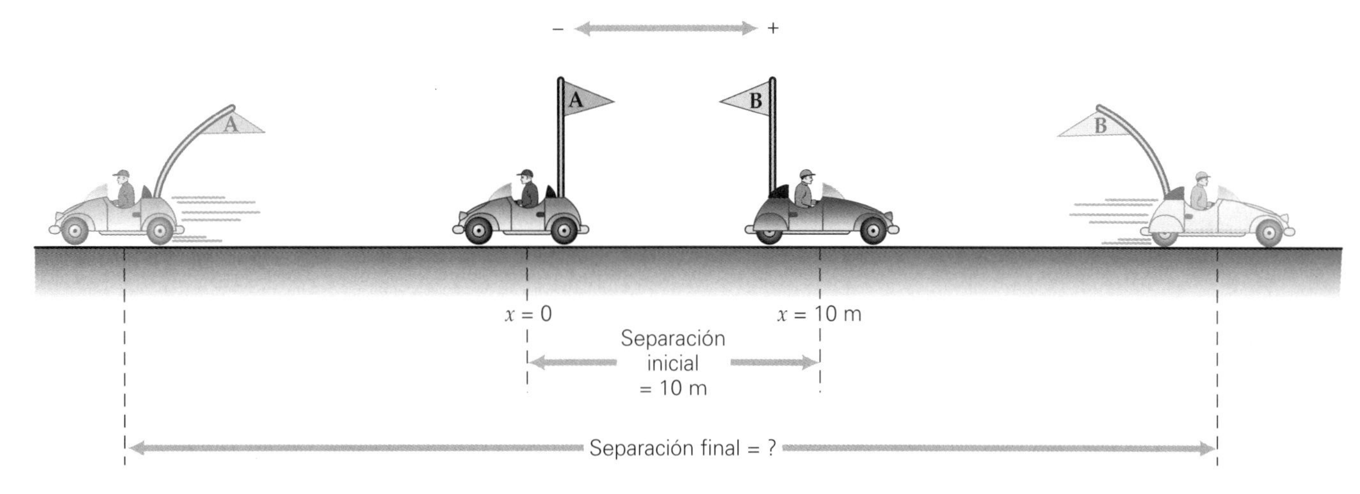

▲ **FIGURA 2.11** ¡Allá van! Dos carritos aceleran en direcciones opuestas. ¿Qué separación tienen en un momento posterior? Véase el ejemplo 2.7.

Ejemplo 2.7 ■ Separación: ¿dónde están ahora?

Dos pilotos de carritos están separados por 10 m en una pista larga y recta, mirando en direcciones opuestas. Ambos parten al mismo tiempo y aceleran con una tasa constante de 2.0 m/s^2. *a*) ¿Qué separación tendrán los carritos luego de 3.0 s?

Razonamiento. Sólo sabemos que los carritos tienen una separación inicial de 10 m, de manera que podemos colocarlos en cualquier punto del eje x. Es conveniente colocar uno en el origen para que una posición inicial (x_o) sea cero. En la ▲ figura 2.11 se muestra un diagrama de la situación.

Solución. El diagrama nos indica que tenemos los siguientes datos:

Dado: $x_{o_A} = 0$ *Encuentre:* la separación en $t = 3.0$ s

$a_A = -2.0 \text{ m/s}^2$

$t = 3.0 \text{ s}$

$x_{o_B} = 10 \text{ m}$

$a_B = 2.0 \text{ m/s}^2$

El desplazamiento que cada vehículo recorre está dada por la ecuación 2.11 [la única ecuación de desplazamiento (Δx) que incluye la aceleración (a)]: $x = x_o + v_o t + \frac{1}{2}at^2$. Pero espere: v_o no está en la lista Dado. Quizá pasamos por alto algún dato implícito. De inmediato nos damos cuenta de que $v_o = 0$ para ambos vehículos, así que

$$x_A = x_{o_A} + v_{o_A}t + \tfrac{1}{2}a_A t^2$$
$$= 0 + 0 + \tfrac{1}{2}(-2.0 \text{ m/s}^2)(3.0 \text{ s})^2 = -9 \text{ m}$$

y

$$x_B = x_{o_B} + v_{o_B}t + \tfrac{1}{2}a_B t^2$$
$$= 10 \text{ m} + 0 + \tfrac{1}{2}(2.0 \text{ m/s}^2)(3.0 \text{ s})^2 = 19 \text{ m}$$

Entonces, el vehículo A está 9 m a la izquierda del origen sobre el eje $-x$, mientras que el vehículo B está en una posición de 19 m a la derecha sobre el eje $+x$. Por lo tanto, la separación entre los dos carritos es de 28 m.

Ejercicio de refuerzo. ¿Sería diferente la separación si hubiéramos tomado la posición inicial del vehículo B como el origen, en vez de la del vehículo A? (*Las respuestas de todos los Ejercicios de refuerzo se dan al final del libro.*)

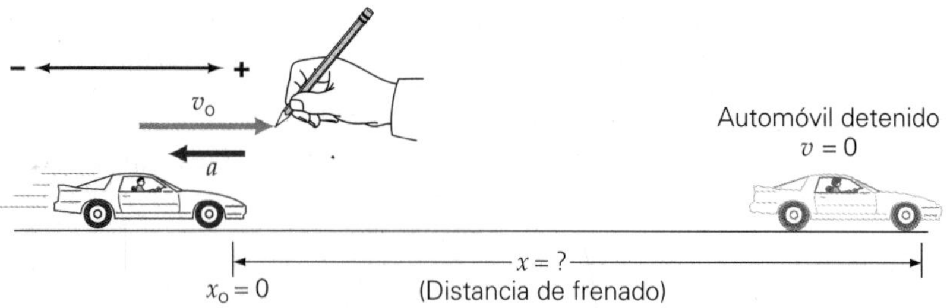

▲ **FIGURA 2.12 Distancia en que para un vehículo** Dibujo para visualizar la situación del ejemplo 2.8.

Ejemplo 2.8 ■ Frenado: distancia en que un vehículo para

La distancia de frenado de un vehículo es un factor importante para la seguridad en los caminos. Esta distancia depende de la velocidad inicial (v_o) y de la capacidad de frenado que produce la desaceleración, a, que suponemos constante. (En este caso, el signo de la aceleración es negativo, ya que es opuesto al de la velocidad, que suponemos positivo. Así pues, el vehículo disminuye su velocidad hasta parar.) Exprese la distancia de frenado x en términos de estas cantidades.

Razonamiento. Una vez más, necesitamos una ecuación de cinemática, y una lista de lo que se da y lo que se pide indica cuál es la apropiada. Se nos pide una distancia x, y no interviene el tiempo.

Solución. Estamos trabajando con variables, así que sólo podemos representar las cantidades en forma simbólica.

Dado: v_o (dirección positiva x)
a (< 0, dirección opuesta de v_o)
$v = 0$ (el automóvil se detiene)
$x_o = 0$ (el origen es la posición inicial del automóvil)

Encuentre: distancia de frenado x
(en términos de las variables dadas)

Aquí también ayuda diagramar la situación, sobre todo porque intervienen cantidades vectoriales (▲ figura 2.12). Dado que la ecuación 2.12 tiene las variables que queremos, nos deberá permitir encontrar la distancia de frenado x. Si expresamos la aceleración negativa explícitamente ($-a$) y suponemos $x_o = 0$, tendremos

$$v^2 = v_o^2 - 2ax$$

Puesto que el vehículo se para ($v = 0$), podemos despejar x:

$$x = \frac{v_o^2}{2a}$$

Esta ecuación da x en términos de la rapidez inicial del vehículo y la aceleración de frenado. Observemos que la distancia de frenado x es proporcional al cuadrado de la rapidez inicial. Por lo tanto, si la rapidez inicial es el doble, la distancia de frenado aumentará en un factor de 4 (con la misma desaceleración). Es decir, si la distancia de desaceleración es x_1 con una rapidez inicial de v_1, con un aumento del doble en la rapidez inicial ($v_2 = 2v_1$) la distancia de frenado aumentará cuatro veces:

$$x_1 = \frac{v_1^2}{2a}$$

$$x_2 = \frac{v_2^2}{2a} = \frac{(2v_1)^2}{2a} = 4\left(\frac{v_1^2}{2a}\right) = 4x_1$$

Podemos obtener el mismo resultado usando cocientes:

$$\frac{x_2}{x_1} = \frac{v_2^2}{v_1^2} = \left(\frac{v_2}{v_1}\right)^2 = 2^2 = 4$$

¿Será importante esta consideración para fijar límites de rapidez, digamos, en zonas escolares? (También habría que considerar el tiempo de reacción del conductor. En la sección 2.5 se da un método para aproximar el tiempo de reacción de una persona.)

Ejercicio de refuerzo. Las pruebas han demostrado que el Chevy Blazer tiene una desaceleración de frenado media de 7.5 m/s^2; en tanto que la de un Toyota Célica es de 9.2 m/s^2. Suponga que dos de estos vehículos se están conduciendo por un camino recto y plano a 97 km/h (60 mi/h), con el Célica adelante del Blazer. Un gato se cruza en el camino frente a ellos, y ambos conductores aplican los frenos al mismo tiempo y se detienen sin percance (sin arrollar ni golpear al gato). Suponiendo que ambos conductores tienen aceleración constante y el mismo tiempo de reacción, ¿a qué distancia mínima debe ir el Blazer del Célica para que no choque con éste cuando los dos vehículos se detienen? (*Las respuestas de todos los Ejercicios de refuerzo se dan al final del libro.*)

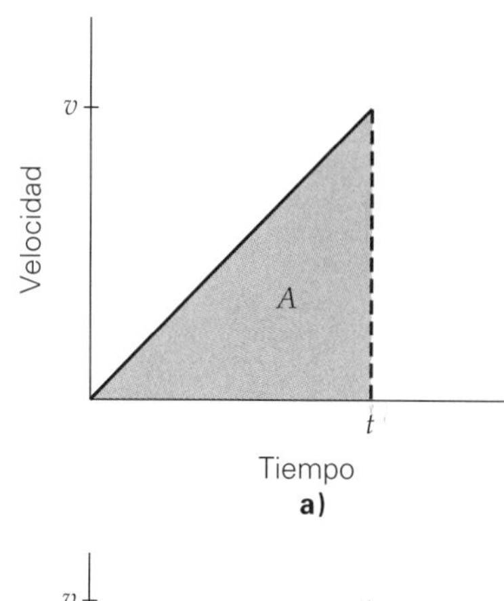

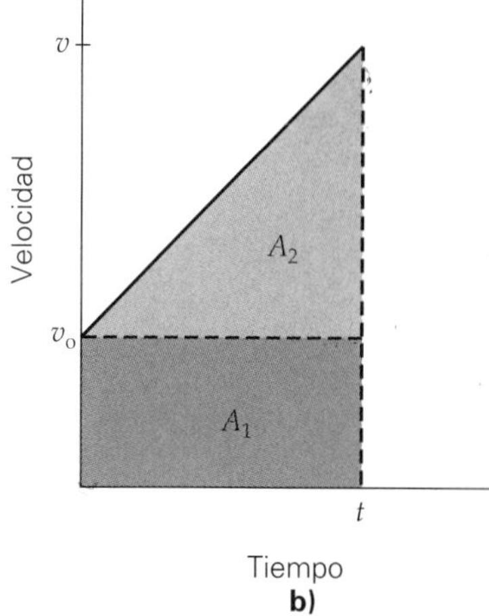

▲ **FIGURA 2.13 Gráficas de *v* contra *t*, otra vez** *a*) En la recta de aceleración constante, el área bajo la curva es igual a x, la distancia recorrida. *b*) Aunque v_o no sea cero, la distancia está dada por el área bajo la curva, que se dividió en dos partes, las áreas A_1 y A_2.

Análisis gráfico de ecuaciones de cinemática

Como se mostró en la figura 2.10, las gráficas de v contra t dan una línea recta cuya pendiente son los valores de la aceleración constante. Las gráficas de v contra t tienen otro aspecto interesante. Consideremos la que se muestra en la ▸figura 2.13a, en especial el área sombrada bajo la curva. Suponga que calculamos el área del triángulo sombreado donde, en general, $A = \frac{1}{2}ab\left[\text{Área} = \frac{1}{2}(\text{altitud})(\text{base})\right]$.

En la gráfica de la figura 2.13a, la altura es v y la base es t, así que $A = \frac{1}{2}vt$. Por la ecuación $v = v_o + at$, tenemos $v = at$, donde $v_o = 0$ (la intersección). Por lo tanto,

$$A = \tfrac{1}{2}vt = \tfrac{1}{2}(at)t = \tfrac{1}{2}at^2 = \Delta x$$

Entonces, Δx, el desplazamiento, es igual al área bajo una curva de v contra t.

Examinemos ahora la figura 2.13b. Aquí, v_o tiene un valor distinto de cero en $t = 0$, o sea que el objeto ya se está moviendo. Consideremos las dos áreas sombreadas. Sabemos que el área del triángulo es $A_2 = \frac{1}{2}at^2$, y el área del rectángulo es (con $x_o = 0$) $A_1 = v_o t$. Si sumamos estas áreas para obtener el área total, tenemos

$$A_1 + A_2 = v_o t + \tfrac{1}{2}at^2 = \Delta x$$

Es tan sólo la ecuación 2.11, que es igual al área bajo la curva de v contra t.

2.5 Caída libre

OBJETIVO: Usar las ecuaciones de cinemática para analizar la caída libre.

Uno de los casos más comunes de aceleración constante es la aceleración debida a la gravedad cerca de la superficie terrestre. Cuando dejamos caer un objeto, su velocidad inicial (en el momento en que se suelta) es cero. En un momento posterior, mientras cae, tiene una velocidad distinta de cero. Hubo un cambio en la velocidad y, por lo tanto, por definición hubo una aceleración. Esta **aceleración debida a la gravedad (*g*)** cerca de la superficie terrestre tiene una magnitud aproximada de

$$g = 9.80 \text{ m/s}^2 \quad \textit{(aceleración debida a la gravedad)}$$

Exploración 2.8 Determine el área bajo a(t) y v(t)

(o 980 cm/s^2) y está dirigida hacia abajo (hacia el centro de la Tierra). En unidades inglesas, el valor de g es de aproximadamente 32.2 ft/s^2.

Los valores que damos aquí para g son aproximados porque la aceleración debida a la gravedad varía un poco en los diferentes lugares, como resultado de diferencias en la altura sobre el nivel del mar y en la densidad media regional de masa de la Tierra. En este libro ignoraremos esas pequeñas variaciones, a menos que se indique lo contrario. (La gravedad se estudia con mayor detalle en el capítulo 7.) La resistencia del aire es otro factor que afecta (reduce) la aceleración de un objeto que cae; pero también la ignoraremos aquí por sencillez. (Consideraremos el efecto de fricción de la resistencia del aire en el capítulo 4.)

Decimos que los objetos que se mueven únicamente bajo la influencia de la gravedad están en **caída libre**. Las palabras "caída libre" nos hacen imaginar objetos que se dejan caer. No obstante, el término se puede aplicar en general a cualquier movimiento vertical bajo la influencia exclusiva de la gravedad. Los objetos que se sueltan desde el reposo o que se lanzan hacia arriba o hacia abajo están en caída libre una vez que se sueltan. Es decir, después de $t = 0$ (el momento del lanzamiento), sólo la gravedad influye en el movimiento. (Incluso cuando un objeto proyectado hacia arriba está ascendiendo, *está acelerando hacia abajo*.) Por lo tanto, podemos usar el conjunto de ecuaciones para movimiento en una dimensión con aceleración constante, para describir la caída libre.

La aceleración debida a la gravedad, g, tiene el mismo valor de todos los objetos en caída libre, sin importar su masa ni su peso. Antes se pensaba que los cuerpos más pesados caían más rápido que los más ligeros. Este concepto formó parte de la teoría del movimiento de Aristóteles. Es fácil observar que una moneda cae más rápidamente que una hoja de papel cuando se dejan caer simultáneamente desde la misma altura. Sin embargo, en este caso la resistencia del aire es muy importante. Si el papel se arruga hasta formar una bolita compacta, dará más batalla a la moneda. Asimismo, una pluma "flota" hacia abajo mucho más lentamente que una moneda que cae. No obstante, en un vacío aproximado, donde la resistencia del aire es insignificante, la pluma y la moneda caerán con la misma aceleración: la aceleración debida a la gravedad (▼figura 2.14).

El astronauta David Scott realizó un experimento similar en la Luna en 1971, al dejar caer simultáneamente una pluma y un martillo desde la misma altura. No necesitó una bomba de vacío: la Luna no tiene atmósfera y por consiguiente no hay resistencia del aire. El martillo y la pluma llegaron a la superficie lunar juntos; pero ambos cayeron más lentamente que en la Tierra. La aceleración debida a la gravedad cerca de la superficie lunar es aproximadamente la sexta parte de la que tenemos cerca de la superficie terrestre ($g_M \approx g/6$).

Las ideas que gozan actualmente de aceptación en cuanto al movimiento de cuerpos que caen se deben en gran medida a Galileo, quien desafió la teoría de Aristóteles e investigó experimentalmente el movimiento de tales objetos. Según la leyenda, Galileo estudió la aceleración de cuerpos que caen dejando caer objetos de diferente peso desde lo alto de la Torre Inclinada de Pisa. (Véase la sección "A fondo" sobre Galileo.)

▼ **FIGURA 2.14 Caída libre y resistencia del aire** *a*) Cuando se dejan caer simultáneamente de la misma altura, una pluma cae más lentamente que una moneda, a causa de la resistencia del aire. En cambio, cuando ambos objetos se dejan caer en un recipiente donde se hizo un buen vacío parcial, en el que la resistencia del aire es insignificante, la pluma y la moneda caen juntas con la misma aceleración constante. *b*) Demostración real con imagen de destello múltiple: una manzana y una pluma se sueltan simultáneamente a través de una escotilla en una cámara de vacío grande, y caen juntas... o casi. Puesto que el vacío es sólo parcial, todavía hay cierta resistencia del aire. (¿Qué piensa usted?)

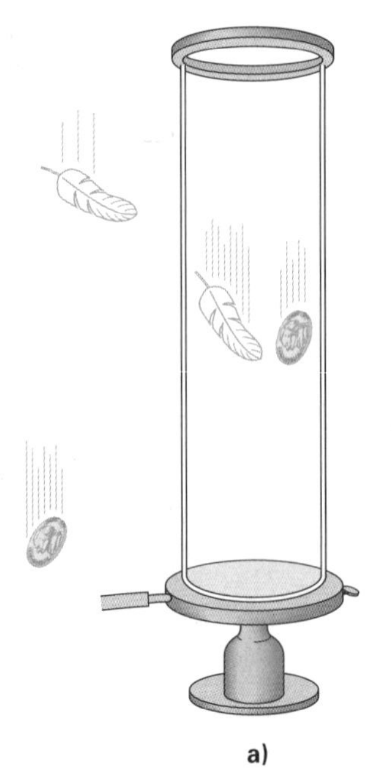

a)

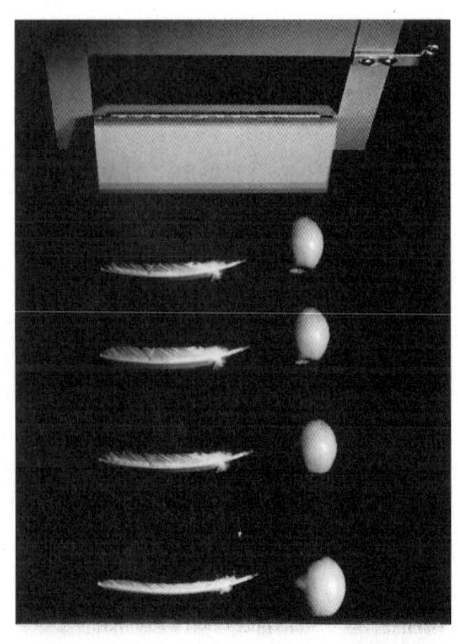

b)

A FONDO 2.1 GALILEO GALILEI Y LA TORRE INCLINADA DE PISA

FIGURA 1 Galileo Se dice que Galileo realizó experimentos de caída libre dejando caer objetos desde la Torre Inclinada de Pisa.

FIGURA 2 La Torre Inclinada de Pisa Construida como campanario para una catedral cercana, se edificó sobre un subsuelo inestable. Su construcción se inició en 1173, y comenzó a tenderse hacia un lado y luego hacia el otro, antes de inclinarse en su dirección actual. Hoy día, la torre diverge unos 5 m (16 ft) de la vertical en su parte superior. Se cerró en 1990 y se hizo un intento por estabilizarla y corregir la inclinación. Luego de cierta mejoría en la torre se abrió nuevamente al público.

Galileo Galilei (▲ figura 1) nació en Pisa, Italia, en 1564 durante el Renacimiento. En la actualidad se le conoce en todo el mundo por su nombre de pila y muchos lo consideran el padre de la ciencia moderna y la física experimental, lo cual avala la magnitud de sus aportaciones científicas.

Una de las mayores contribuciones de Galileo a la ciencia fue el establecimiento del método científico, es decir, la investigación por experimentación. En cambio, el enfoque de Aristóteles se basaba en la deducción lógica. En el método científico, para que una teoría sea válida, debe predecir o coincidir correctamente con resultados experimentales. Si no es así, o no es válida o debe modificarse. Galileo señalaba: "Creo que en el estudio de problemas naturales no debemos partir de la autoridad de lugares de las Escrituras, sino de experimentos razonables y de demostraciones necesarias".*

Tal vez la leyenda más popular y conocida acerca de Galileo sea que realizó experimentos dejando caer objetos desde la Torre Inclinada de Pisa (▸figura 2). Se ha puesto en duda que Galileo lo haya hecho realmente, pero de lo que no hay duda es de que cuestionó la perspectiva de Aristóteles respecto al movimiento de cuerpos que caen. En 1638, Galileo escribió:

> Aristóteles dice que una esfera de hierro de cien libras que cae de una altura de cien codos llega al suelo antes que una esfera de una libra haya caído un solo cúbito. Yo digo que llegan al mismo tiempo. Al realizar el experimento, constatamos que la más grande rebasa a la más pequeña por el espesor de dos dedos; es decir, cuando la mayor ha llegado al suelo, la otra está a dos grosores de dedo del suelo; no creo que tras esos dos dedos podamos ocultar los noventa y nueve cúbitos de Aristóteles.†

Éste y otros escritos revelan que Galileo conocía el efecto de la resistencia del aire.

Los experimentos en la Torre de Pisa supuestamente se efectuaron alrededor de 1590. En sus escritos de esa época, Galileo dice haber dejado caer objetos desde una torre alta, aunque nunca menciona específicamente la Torre de Pisa. Una carta que otro científico escribió a Galileo en 1641 describe la acción de dejar caer una bala de cañón y una de mosquete desde la Torre de Pisa. El primer relato que menciona un experimento similar de Galileo lo escribió Vincenzo Viviani, su último discípulo y primer biógrafo, doce años después de su muerte. No se sabe si Galileo se lo contó a Viviani en sus años postreros o si Viviani creó esta imagen de su antiguo maestro.

Lo importante es que Galileo reconoció (y probablemente demostró experimentalmente) que los objetos en caída libre caen con la misma aceleración, sea cual fuere su masa o peso. (Véase la figura 2.14.) Galileo no explicó por qué todos los objetos en caída libre tienen la misma aceleración; pero Newton sí lo hizo, como veremos en un capítulo posterior.

*De *Growth of Biological Thought: Diversity, Evolution & Inheritance*, por F. Meyr (Cambridge, MA: Harvard University Press, 1982).

†De *Aristotle Galileo and the Tower of Pisa*, por L. Cooper(Ithaca, NY: Cornell University Press, 1935).

Se acostumbra usar y para representar la dirección vertical y considerar positivo hacia arriba (como en el eje y vertical de las coordenadas cartesianas). Como la aceleración debida a la gravedad siempre es hacia abajo, está en la dirección y negativa. Esta aceleración negativa, $a = -g = -9.80\ \text{m/s}^2$, se sustituye en las ecuaciones de movimiento; sin embargo, la relación $a = -g$ se puede expresar explícitamente en las ecuaciones de movimiento rectilíneo, por conveniencia:

$$v = v_o - gt \tag{2.8'}$$

$$y = y_o + v_o t - \tfrac{1}{2}gt^2 \quad \text{(Ecuaciones de caída libre con } a_y = -g \text{ expresada explícitamente)} \tag{2.11'}$$

$$v^2 = v_o^2 - 2g(y - y_o) \tag{2.12'}$$

Ilustración 2.6 Caída libre

La ecuación 2.10 también es válida, pero no contiene a g:

$$y = y_o + \tfrac{1}{2}(v + v_o)t \tag{2.10'}$$

Por lo regular se toma el origen ($y = 0$) del marco de referencia como la posición inicial del objeto. El hecho de escribir explícitamente $-g$ en las ecuaciones nos recuerda su dirección.

Las ecuaciones se pueden escribir con $a = g$; por ejemplo, $v = v_o + gt$, asociando el signo menos directamente a g. En este caso, siempre sustituiremos $-9.80\ \text{m/s}^2$ por g. No obstante, cualquier método funciona y la *decisión es arbitraria*. Quizá su profesor prefiera uno u otro método.

Note que siempre debemos indicar explícitamente las direcciones de las cantidades vectoriales. La posición y y las velocidades v y v_o podrían ser positivas (hacia arriba) o negativas (hacia abajo); pero la aceleración debida a la gravedad siempre es hacia abajo.

El empleo de estas ecuaciones y la convención del signo (con $-g$ explícitamente expresado en las ecuaciones) se ilustran en los ejemplos que siguen. (Esta convención se usará durante todo el texto.)

Ejemplo 2.9 ■ Piedra lanzada hacia abajo: repaso de ecuaciones de cinemática

Un niño parado sobre un puente lanza una piedra verticalmente hacia abajo con una velocidad inicial de 14.7 m/s, hacia el río que pasa por abajo. Si la piedra choca contra el agua 2.00 s después, ¿a qué altura está el puente sobre el agua?

Razonamiento. Es un problema de caída libre, pero hay que observar que la velocidad inicial es hacia abajo, o negativa. Es importante expresar de manera explícita este hecho. Dibuje un diagrama para que le ayude a analizar la situación, si lo considera necesario.

Solución. Como siempre, primero escribimos lo que nos dan y lo que nos piden:

Dado: $v_o = -14.7$ m/s (se toma hacia abajo como dirección negativa)
$t = 2.00$ s
g $(= 9.80\ \text{m/s}^2)$

Encuentre: y (altura del puente sobre el agua)

Observe que g se toma como número positivo, porque en nuestra convención el signo menos direccional ya se incluyó en las anteriores ecuaciones de movimiento.

¿Qué ecuación(es) dará(n) la solución con los datos proporcionados? Debería ser evidente que la distancia que la piedra recorre en un tiempo t está dada directamente por la ecuación 2.11′. Tomando $y_o = 0$:

$$\begin{aligned} y &= v_o t - \tfrac{1}{2}gt^2 = (-14.7\ \text{m/s})(2.00\ \text{s}) - \tfrac{1}{2}(9.80\ \text{m/s}^2)(2.00\ \text{s})^2 \\ &= -29.4\ \text{m} - 19.6\ \text{m} = -49.0\ \text{m} \end{aligned}$$

El signo menos indica que el desplazamiento es hacia abajo. Así pues, la altura del puente es 49.0 m.

Ejercicio de refuerzo. ¿Cuánto más tardaría la piedra de este ejemplo en tocar el agua, si el niño la hubiera dejado caer en vez de lanzarla? (*Las respuestas de todos los Ejercicios de refuerzo se dan al final del libro.*)

El *tiempo de reacción* es el tiempo que un individuo necesita para notar, pensar y actuar en respuesta a una situación; por ejemplo, el tiempo que transcurre entre que se observa por primera vez una obstrucción en el camino cuando se conduce un automóvil, y se responde a ella aplicando los frenos. El tiempo de reacción varía con la complejidad de la situación (y con el individuo). En general, la mayoría del tiempo de reacción de una persona se dedica a pensar, pero la práctica en el manejo de una situación dada puede reducir ese tiempo. El siguiente ejemplo explica un método para medir el tiempo de reacción.

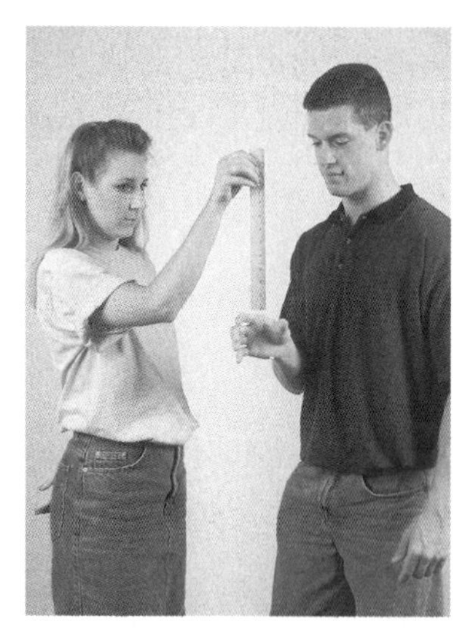

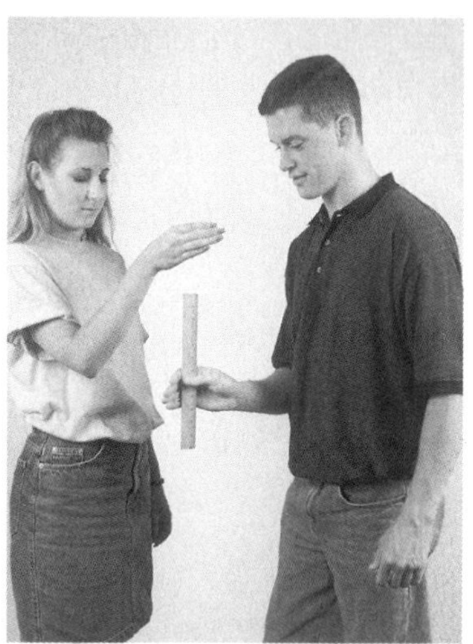

▲ **FIGURA 2.15** Tiempo de reacción El tiempo de reacción de una persona puede medirse pidiéndole que sujete una regla que se deja caer. Véase el ejemplo 2.10.

Ejemplo 2.10 ■ Medición del tiempo de reacción: caída libre

El tiempo de reacción de una persona puede medirse pidiendo a otra persona que deje caer una regla (sin previo aviso), cuya base está a la altura del pulgar y el índice de la primera persona, y entre ellos, como se muestra en la ▸figura 2.15. La primera persona sujeta lo antes posible la regla que cae, y se toma nota de la longitud de la regla que queda por debajo del dedo superior. Si la regla desciende 18.0 cm antes de ser atrapada, ¿qué tiempo de reacción tiene la persona?

Razonamiento. Intervienen tanto la distancia como el tiempo. Esta observación indica la ecuación de cinemática que debería usarse.

Solución. Observamos que sólo se da la distancia de caída. Sin embargo, sabemos algunas cosas más, como v_o y g, así que, tomando $y_o = 0$:

Dado: $y = -18.0 \text{ cm} = -0.180 \text{ m}$
$v_o = 0$
$g\ (= 9.80 \text{ m/s}^2)$

Encuentre: t (tiempo de reacción)

(Observe que la distancia y se convirtió en metros. ¿Por qué?) Vemos que la ecuación pertinente es la 2.11′ (con $v_o = 0$), que da

$$y = -\tfrac{1}{2}gt^2$$

Despejando t,

$$t = \sqrt{\frac{2y}{-g}} = \sqrt{\frac{2(-0.180 \text{ m})}{-9.80 \text{ m/s}^2}} = 0.192 \text{ s}$$

Pruebe este experimento con un compañero y mida su tiempo de reacción. ¿Por qué cree que debe ser otra persona la que deje caer la regla?

Ejercicio de refuerzo. Un truco popular consiste en usar un billete nuevo de dólar en vez de la regla de la figura 2.15, y decir a la persona que puede quedarse con el billete si lo puede atrapar. ¿Es buen negocio la propuesta? (La longitud de un billete de dólar es de 15.7 cm.) (*Las respuestas de todos los Ejercicios de refuerzo se dan al final del libro.*)

Ejemplo 2.11 ■ Caída libre hacia arriba y hacia abajo: uso de datos implícitos

Un trabajador que está parado en un andamio junto a una valla lanza una pelota verticalmente hacia arriba. La pelota tiene una velocidad inicial de 11.2 m/s cuando sale de la mano del trabajador en la parte más alta de la valla (▾figura 2.16). *a*) ¿Qué altura máxima alcanza la pelota sobre la valla? *b*) ¿Cuánto tarda en llegar a esa altura? *c*) ¿Dónde estará la pelota en $t = 2.00$ s?

Razonamiento. En el inciso *a*), sólo hay que considerar la parte ascendente del movimiento. Note que la pelota se detiene (velocidad instantánea cero) en la altura máxima, lo cual nos permite determinar esa altura. *b*) Conociendo la altura máxima, podemos determinar el tiempo de ascenso. En *c*), la ecuación distancia-tiempo (ecuación 2.11′) es válida para cualquier tiempo y da la posición (y) de la pelota relativa al punto de lanzamiento en $t = 2.00$ s.

(continúa en la siguiente página)

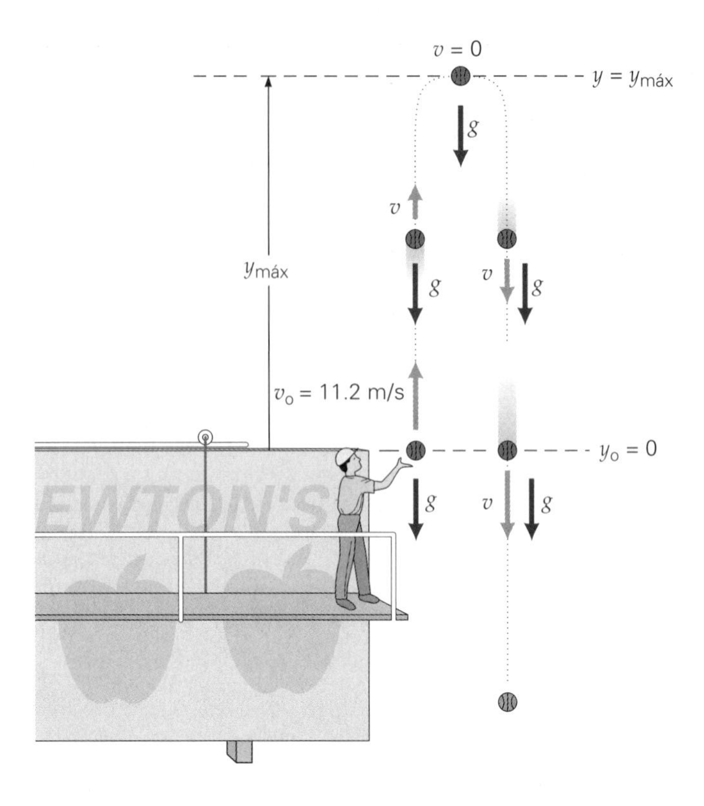

▲ **FIGURA 2.16 Caída libre hacia arriba y hacia abajo** Observe la longitud de los vectores de velocidad y aceleración en diferentes tiempos. (Las trayectorias ascendente y descendente de la pelota se desplazaron horizontalmente para tener una mejor ilustración.) Véase el ejemplo 2.11.

Solución. Parecería que lo único que se da en el problema general es la velocidad inicial v_o en el tiempo t_o. Sin embargo, se sobreentiende un par de datos más. Uno, desde luego, es la aceleración g, y el otro es la velocidad en la altura máxima, donde la pelota se detiene. Aquí, al cambiar de dirección, la velocidad de la pelota es momentáneamente cero, así que tenemos (tomando otra vez $y_o = 0$):

Dado: $v_o = 11.2$ m/s
g ($= 9.80$ m/s^2)
$v = 0$ (en $y_{máx}$)
$t = 2.00$ s [para el inciso *c*]

Encuentre: *a*) $y_{máx}$ (altura máxima por arriba del punto de lanzamiento)
b) t_a (tiempo de ascenso)
c) y (en $t = 2.00$ s)

a) Nos referimos a la altura de la parte más alta de la valla ($y_o = 0$). En esta parte del problema sólo nos ocupamos del movimiento ascendente: se lanza una pelota hacia arriba y se detiene en su altura máxima $y_{máx}$. Con $v = 0$ a esta altura, podemos obtener $y_{máx}$ directamente de la ecuación 2.12′:

$$v^2 = 0 = v_o^2 - 2gy_{max}$$

Así que,

$$y_{máx} = \frac{v_o^2}{2g} = \frac{(11.2 \text{ m/s})^2}{2(9.80 \text{ m/s}^2)} = 6.40 \text{ m}$$

relativa al borde superior de la valla ($y_o = 0$; véase la figura 2.16).

b) Sea t_a el tiempo en que la pelota sube a su altura máxima. Éste es el tiempo que la pelota tarda en alcanzar $y_{máx}$, donde $v = 0$. Puesto que conocemos v_o y v, obtenemos el tiempo t_a directamente de la ecuación 2.8′:

$$v = 0 = v_o - gt_a$$

Entonces,

$$t_a = \frac{v_o}{g} = \frac{11.2 \text{ m/s}}{9.80 \text{ m/s}^2} = 1.14 \text{ s}$$

c) La altura de la pelota en $t = 2.00$ s está dada directamente por la ecuación 2.11′:

$$y = v_o t - \tfrac{1}{2}gt^2$$
$$= (11.2\ \text{m/s})(2.00\ \text{s}) - \tfrac{1}{2}(9.80\ \text{m/s}^2)(2.00\ \text{s})^2 = 22.4\ \text{m} - 19.6\ \text{m} = 2.8\ \text{m}$$

Observe que esta altura de 2.8 m se mide hacia arriba desde el punto de referencia ($y_o = 0$). La pelota alcanzó su altura máxima y empieza su descenso.

Considerada desde otro punto de referencia, la situación del inciso *c* se analiza como si se dejara caer una pelota desde una altura de $y_{\text{máx}}$ sobre la parte superior de la valla con $v_o = 0$, y preguntando qué distancia cae en un tiempo $t = 2.00\ \text{s} - t_a\, 2.00\ \text{s} - 1.14\ \text{s} = 0.86$ s. La respuesta es (con $y_o = 0$ en la altura máxima):

$$y = v_o t - \tfrac{1}{2}gt^2 = 0 - \tfrac{1}{2}(9.80\ \text{m/s}^2)(0.86\ \text{s})^2 = -3.6\ \text{m}$$

Esta altura es la misma que la posición que obtuvimos antes, sólo que se mide con respecto a la altura máxima como punto de referencia; es decir,

$$y_{\text{máx}} - 3.6\ \text{m} = 6.4\ \text{m} - 3.6\ \text{m} = 2.8\ \text{m}$$

arriba del punto de inicio.

Ejercicio de refuerzo. ¿A qué altura la pelota de este ejemplo tiene una rapidez de 5.00 m/s? (*Sugerencia:* la pelota alcanza esta altura dos veces, una de subida y otra de bajada.) (*Las respuestas de todos los Ejercicios de refuerzo se dan al final del libro.*)

Veamos un par de hechos interesantes relacionados con el movimiento en caída libre de un objeto lanzado hacia arriba en ausencia de resistencia del aire. Primero, si el objeto regresa a su elevación de lanzamiento, entonces los tiempos de ascenso y descenso son iguales. Asimismo, en la cúspide de la trayectoria, la velocidad del objeto es cero durante un instante, pero la aceleración se mantiene, incluso ahí, en el valor constante de 9.8 m/s^2 hacia abajo. Si la aceleración se volviera cero, el objeto permanecería ahí, ¡como si la gravedad habría dejado de actuar!

Por último, el objeto regresa a su punto de origen con la misma rapidez con la que fue lanzado. (Las velocidades tienen la misma magnitud, pero tienen diferente dirección.)

Sugerencia para resolver problemas

Al resolver problemas de proyección vertical en que intervienen movimientos ascendentes y descendentes, a menudo se recomienda dividir el problema en dos partes y considerarlas por separado. Como vimos en el ejemplo 2.11, en la parte ascendente del movimiento la velocidad es cero en la altura máxima. Por lo general una cantidad de cero simplifica los cálculos. Asimismo, la parte descendente del movimiento es análoga a la de un objeto que se deja caer desde la altura máxima, donde la velocidad inicial cero.

No obstante, como muestra el ejemplo 2.11, podemos usar directamente las ecuaciones adecuadas para cualquier posición o tiempo del movimiento. Por ejemplo, en el inciso *c* notamos que la altura se obtuvo directamente para un tiempo *después* de que la pelota había alcanzado la altura máxima. También podríamos haber calculado directamente la velocidad de la pelota con la ecuación 2.8′, $v = vo - gt$.

También observe que la posición inicial siempre se tomó como $y_o = 0$. Este supuesto generalmente es válido y se acepta por conveniencia cuando en la situación sólo interviene un objeto (entonces, $y_o = 0$ en $t_o = 0$). Esta convención puede ahorrar mucho tiempo al plantear y resolver ecuaciones.

Lo mismo es válido con un solo objeto en movimiento horizontal: generalmente podemos tomar $x_o = 0$ en $t_o = 0$. Sin embargo, en este caso hay un par de excepciones: primera, si el problema especifica que el objeto está situado inicialmente en una posición distinta de $x_o = 0$; segunda, si en el problema intervienen dos objetos, como en el ejemplo 2.7. En este caso, si consideramos que un objeto inicialmente está en el origen, la posición inicial del otro no será cero.

PHYSLET®

Exploración 2.7 Caída de dos pelotas; una con caída retardada

Exploración 2.6 Lance una pelota de manera que casi toque el techo

Ejemplo 2.12 ■ Caída libre en Marte

El Mars Polar Lander se lanzó en enero de 1999 y se perdió cerca de la superficie marciana en diciembre de 1999. No se sabe qué pasó con esa nave espacial. (Véase la sección "A fondo" del capítulo 1 acerca de la importancia de la conversión de unidades.) Supongamos que se dispararon los retro-cohetes y luego se apagaron, y que la nave se detuvo para después caer hasta la superficie desde una altura de 40 m. (Muy improbable, pero supongamos que así fue.) Considerando que la nave está en caída libre, ¿con qué velocidad hizo impacto con la superficie?

Razonamiento. Esto parece análogo a un problema sencillo de dejar caer un objeto desde una altura. Y lo es, sólo que sucede en Marte. Ya vimos en esta sección que la aceleración debida a la gravedad en la superficie de la Luna es la sexta parte de la que tenemos en la Tierra. La aceleración debida a la gravedad también varía en otros planetas, así que necesitamos conocer g_{Marte}. Busque en el apéndice III. (Los apéndices contienen mucha información útil, así que no hay que olvidarse de revisarlos.)

Solución.

Dado: $y = -40$ m ($y_o = 0$ otra vez) *Encuentre:* v (magnitud, rapidez)

$$v_o = 0$$

$$g_{\text{Marte}} = (0.379)g = (0.379)(9.8\ \text{m/s}^2) = 3.7\ \text{m/s}^2 \text{ (del apéndice III)}$$

Por lo que utilizamos la ecuación 2.12′:

$$v^2 = v_o^2 - 2g_{\text{Marte}}y = 0 - 2(3.7\ \text{m/s}^2)(-40\ \text{m})$$

Entonces,

$$v^2 = 296\ \text{m}^2/\text{s}^2 \quad \text{y} \quad v = \sqrt{296\ \text{m}^2/\text{s}^2} = \pm\ 17\ \text{m/s}$$

Ésta es la velocidad, que sabemos que es hacia abajo, por lo que elegimos la raíz negativa y $v = -17$ m/s. Ya que la rapidez es la magnitud de la velocidad, es 17 m/s.

Ejercicio de refuerzo. Desde la altura de 40 m, ¿cuánto tardó el descenso del Lander? Calcúlelo empleando dos ecuaciones de cinemática distintas, y compare las respuestas. (*Las respuestas de todos los Ejercicios de refuerzo se dan al final del libro.*)

Repaso del capítulo

- El **movimiento** implica un cambio de posición; se puede describir en términos de la distancia recorrida (un escalar) o del desplazamiento (un vector).

- Una cantidad escalar sólo tiene magnitud (valor y unidades); una cantidad vectorial tiene magnitud y dirección.

- La **rapidez media** $\bar{s}$ (un escalar) es la distancia recorrida dividida entre el tiempo:

$$\text{rapidez media} = \frac{\text{distancia recorrida}}{\text{tiempo total de recorrido}}$$

$$\bar{s} = \frac{d}{\Delta t} = \frac{d}{t_2 - t_1} \quad (2.1)$$

- La **velocidad media** (un vector) es el desplazamiento dividido entre el tiempo total de recorrido:

$$\text{velocidad media} = \frac{\text{desplazamiento}}{\text{tiempo total de recorrido}}$$

$$\bar{v} = \frac{\Delta x}{\Delta t} = \frac{x_2 - x_1}{t_2 - t_1} \quad \text{o} \quad x = x_o + \bar{v}t \quad (2.3)$$

Distancia

50 km 100 km 150 km

0 1.0 h 2.0 h 3.0 h

Tiempo

- La **velocidad instantánea** (un vector) describe con qué rapidez y en qué dirección se está moviendo algo en un instante dado.
- La **aceleración** es la tasa de cambio de la velocidad con el tiempo, así que es una cantidad vectorial:

$$\text{aceleración media} = \frac{\text{cambio de velocidad}}{\text{tiempo que tarda el cambio}}$$

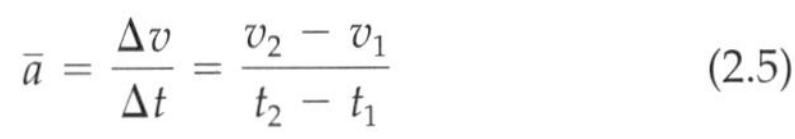

$$\bar{a} = \frac{\Delta v}{\Delta t} = \frac{v_2 - v_1}{t_2 - t_1} \quad (2.5)$$

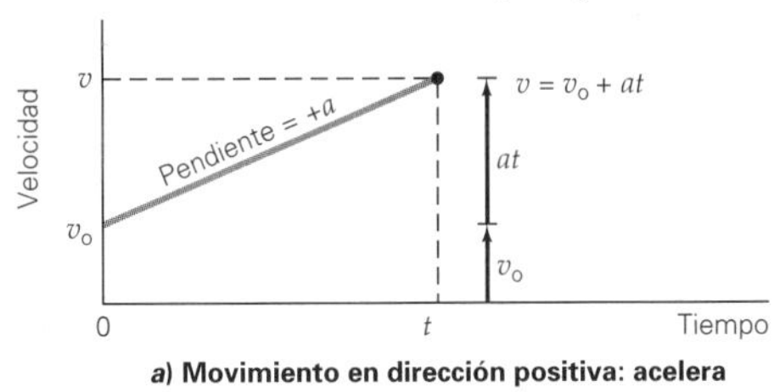

a) **Movimiento en dirección positiva: acelera**

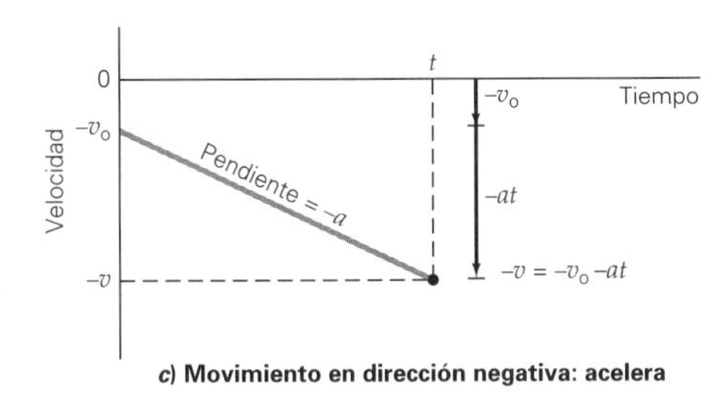

c) **Movimiento en dirección negativa: acelera**

- Las **ecuaciones de cinemática para aceleración *constante***:

$$\bar{v} = \frac{v + v_o}{2} \quad (2.9)$$

$$v = v_o + at \quad (2.8)$$

$$x = x_o + \tfrac{1}{2}(v + v_o)t \quad (2.10)$$

$$x = x_o + v_o t + \tfrac{1}{2}at^2 \quad (2.11)$$

$$v^2 = v_o^2 + 2a(x - x_o) \quad (2.12)$$

a positiva — *v positiva* — *Resultado: más rápido en la dirección +x*

a negativa — *v positiva* — *Resultado: más lento en la dirección +x*

- Un objeto en **caída libre** tiene una aceleración constante de magnitud $g = 9.80 \text{ m/s}^2$ (aceleración debida a la gravedad) cerca de la superficie de la Tierra.

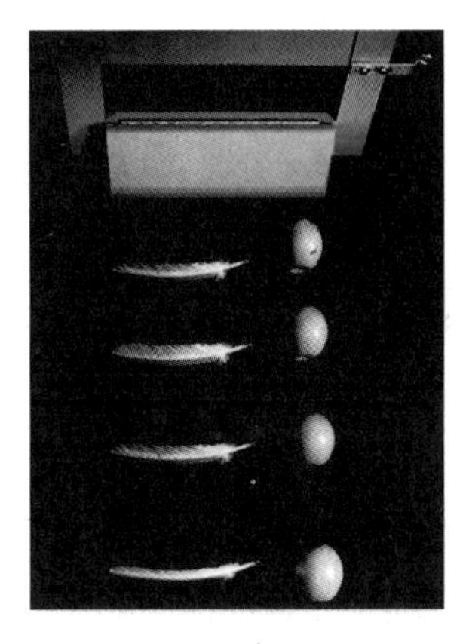

- Si expresamos $a = -g$ en las ecuaciones de cinemática para aceleración constante en la dirección y tenemos lo siguiente:

$$v = v_o - gt \quad (2.8')$$

$$y = y_o + \tfrac{1}{2}(v + v_o)t \quad (2.10')$$

$$y = y_o + v_o t - \tfrac{1}{2}gt^2 \quad (2.11')$$

$$v^2 = v_o^2 - 2g(y - y_o) \quad (2.12')$$

Ejercicios

Los ejercicios designados **OM** *son preguntas de opción múltiple; los* **PC** *son preguntas conceptuales; y los* **EI** *son ejercicios integrados. A lo largo del texto, muchas secciones de ejercicios incluirán ejercicios "apareados". Estos pares de ejercicios, que se identifican con números subrayados, pretenden ayudar al lector a resolver problemas y aprender, El primer ejercicio de cada pareja (el de número par) se resuelve en la Guía de estudio, que puede consultarse si se necesita ayuda para resolverlo. El segundo ejercicio (de número impar) es similar, y su respuesta se da al final del libro.*

2.1 Distancia y rapidez: cantidades escalares y 2.2 Desplazamiento unidimensional y velocidad: cantidades vectoriales

1. **OM** Una cantidad vectorial tiene *a*) sólo magnitud, *b*) sólo dirección o *c*) tanto dirección como magnitud.

2. **OM** ¿Qué se puede decir acerca de la distancia recorrida en relación con la magnitud del desplazamiento? *a*) que es mayor, *b*) que es igual, *c*) tanto *a* como *b*.

3. **OM** Una cantidad vectorial tiene *a*) sólo magnitud, *b*) sólo dirección o *c*) tanto dirección como magnitud.

4. **OM** ¿Qué se puede decir acerca de la rapidez promedio en relación con la magnitud de la velocidad promedio? *a*) que es mayor, *b*) que es igual, *c*) tanto *a* como *b*.

5. **PC** ¿El desplazamiento de una persona en un viaje puede ser cero, aunque la distancia recorrida en el viaje no sea cero? ¿Es posible la situación inversa? Explique.

6. **PC** Le dicen que una persona caminó 750 m. ¿Qué puede decir con certeza acerca de la posición final de la persona relativa al punto de partida?

7. **PC** Si el desplazamiento de un objeto es 300 m hacia el norte, ¿qué diría acerca de la distancia recorrida por ese objeto?

8. **PC** La rapidez es la magnitud de la velocidad. ¿La rapidez media es la magnitud de la velocidad media? Explique.

9. **PC** La velocidad promedio de una persona que trota en una pista recta se calcula en +5 km/h. ¿Es posible que la velocidad instantánea de esta persona sea negativa en algún momento durante el trayecto? Explique su respuesta.

10. ● ¿Qué magnitud tiene el desplazamiento de un automóvil que recorre media vuelta de una pista circular con 150 m de radio? ¿Y cuando recorre una vuelta completa?

11. ● Un estudiante lanza una piedra verticalmente hacia arriba desde su hombro, que está 1.65 m sobre el suelo. ¿Qué desplazamiento tendrá la piedra cuando caiga al suelo?

12. ● En 1999, el corredor marroquí Hicham El Guerrouj corrió la milla en 3 min, 43.13 s. ¿Qué rapidez media tuvo durante la carrera?

13. ● Una anciana camina 0.30 km en 10 min, dando la vuelta a un centro comercial. *a*) Calcule su rapidez media en m/s. *b*) Si ella quiere aumentar su rapidez media en 20% al dar una segunda vuelta, ¿en cuántos minutos deberá caminarla?

14. ●● A un paciente de hospital se le deben suministrar 500 cc de solución salina IV. Si la solución salina se suministra a una tasa de 4.0 mL/min, ¿cuánto tiempo tardará en acabarse el medio litro?

15. ●● La enfermera de un hospital camina 25 m para llegar a la habitación de un paciente, que está al final del pasillo, en 0.50 min. Habla con el paciente durante 4.0 min y luego regresa a la estación de enfermeras con la misma rapidez que a la ida. ¿Cuál fue la rapidez promedio de la enfermera?

16. ●● En un viaje de campo traviesa, una pareja maneja 500 mi en 10 h el primer día, 380 mi en 8.0 h en el segundo y 600 mi en 15 h en el tercero. ¿Cuál fue la rapidez promedio para todo el viaje?

17. **EI** ●● Un automóvil recorre tres cuartas parte de una vuelta en una pista circular de radio *R*. *a*) La magnitud del desplazamiento es 1) menor que *R*, 2) mayor que *R*, pero menor que 2*R*, o 3) mayor que 2*R* *b*) Si $R = 50$ m, ¿cuál es la magnitud del desplazamiento?

18. **EI** ●● Un automóvil de carreras da una vuelta a una pista circular de 500 m de radio en 50 s. *a*) La velocidad media del auto es 1) cero, 2) 100 m/s, 3) 200 m/s o 4) ninguna de las anteriores. ¿Por qué? *b*) Calcule la rapidez media del auto?

19. **EI** ●● Un estudiante corre 30 m al este, 40 m al norte y 50 m al oeste. *a*) La magnitud del desplazamiento neto del estudiante es 1) entre 0 y 20 m, 2) entre 20 m y 40 m o 3) entre 40 m y 60 m. *b*) Calcule el desplazamiento neto?

20. ●● Un estudiante lanza una pelota verticalmente hacia arriba de modo que sube 7.1 m hasta su altura máxima. Si la pelota se atrapa en la altura inicial 2.4 s después de ser lanzada, *a*) ¿qué rapidez media tuvo?, *b*) ¿qué velocidad media tuvo?

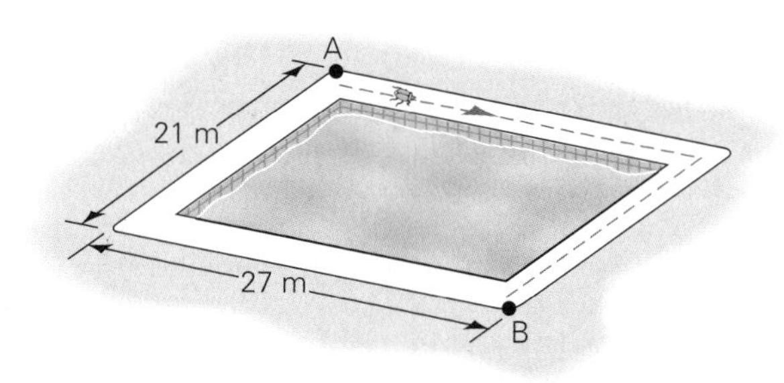

▲ **FIGURA 2.17 Rapidez contra velocidad** Véase el ejercicio 21. (No está a escala, se ha desplazado al insecto por claridad.)

21. ●● Un insecto repta por el borde de una piscina rectangular de 27 m de longitud y 21 m de anchura (▲figura 2.17). Tarda 30 min en reptar de la esquina A a la esquina B. Calcule *a*) su rapidez media y *b*) la magnitud de su velocidad media?

22. ●● Considere el movimiento sobre la superficie terrestre durante un día entero. *a*) ¿Cuál es la velocidad promedio de una persona situada en el ecuador de la Tierra? *b*) ¿Cuál es la rapidez promedio de una persona situada en el ecuador de la Tierra? *c*) Compare estos dos resultados en relación con una persona ubicada exactamente en el Polo Norte de la Tierra.

23. ●● Un pateador de futbol americano de una preparatoria hace un intento por anotar un gol de campo de 30.0 yardas y golpea el travesaño, que está a una altura de 10.0 ft. *a*)¿Cuál es el desplazamiento neto del balón desde el momento en que abandona el suelo hasta que golpea el travesaño? *b*) Suponiendo que el balón tardó 2.5 s en golpear el travesaño, ¿cuál fue su velocidad promedio? *c*) Explique por qué *no es posible* determinar su rapidez promedio a partir de estos datos.

24. ●● En la ▸figura 2.18 se presenta una gráfica de posición *versus* tiempo para un objeto en movimiento rectilíneo. *a*) ¿Cuáles son las velocidades promedio para los segmentos

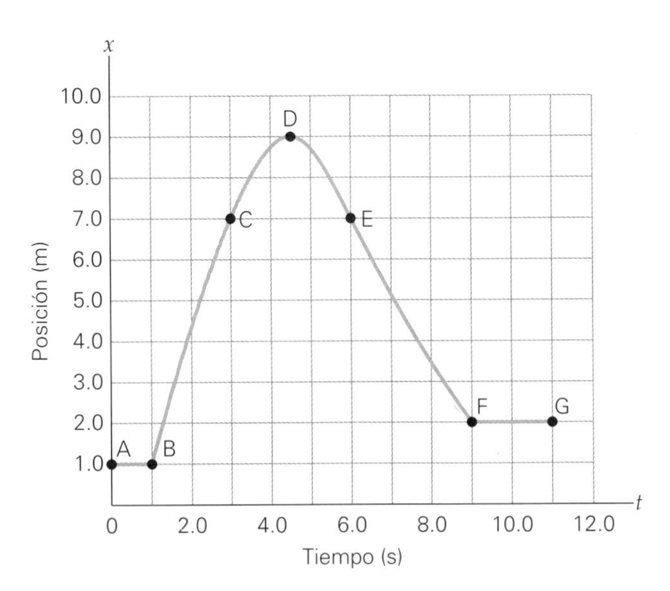

▲ **FIGURA 2.18 Posición contra tiempo** Véase el ejercicio 24.

AB, BC, CD, DE, EF, FG y BG? *b*) Indique si el movimiento es uniforme o no uniforme en cada caso. *c*) ¿Cuál es la velocidad instantánea en el punto D?

25. ●● Al demostrar un paso de baile, una persona se mueve en una dimensión, como se muestra en la ▾figura 2.19. Calcule *a*) la rapidez media y *b*) la velocidad media en cada fase del movimiento. *c*) Calcule la velocidad instantánea en $t = 1.0$ s, 2.5 s, 4.5 s y 6.0 s? *d*) Calcule la velocidad media para el intervalo entre $t = 4.5$ s y $t = 9.0$ s? [*Sugerencia:* recuerde que el desplazamiento total es el desplazamiento entre el punto de partida y el punto final.]

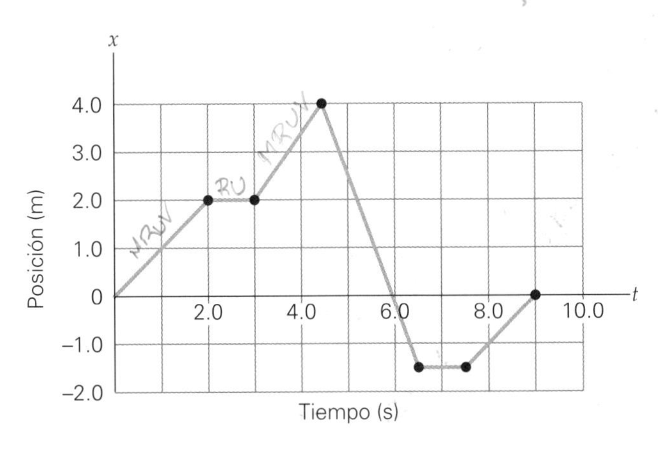

▲ **FIGURA 2.19 Posición contra tiempo** Véase el ejercicio 25.

26. ●● Podemos determinar la rapidez de un automóvil midiendo el tiempo que tarda en viajar entre dos mojones de milla en una carretera. *a*) ¿Cuántos segundos deberá tardar el automóvil en viajar entre dos mojones consecutivos, si su rapidez media es de 70 mi/h? *b*) Calcule la rapidez media si el carro tarda 65 s en viajar entre los mojones de milla?

27. ●● El cabello corto crece a una tasa aproximada de 2.0 cm/mes. Un estudiante universitario se corta el cabello para dejarlo de un largo de 1.5 cm. Se cortará de nuevo el cabello cuando éste mida 3.5 cm. ¿Cuánto tiempo transcurrirá hasta su siguiente visita al peluquero?

28. ●●● Un estudiante que regresa a casa en automóvil en Navidad parte a las 8:00 A.M. para hacer el viaje de 675 km, que efectúa casi en su totalidad en autopistas interestatales no urbanas. Si quiere llegar a casa antes de las 3:00 P.M., ¿qué rapidez media deberá mantener? ¿Tendrá que exceder el límite de velocidad de 65 mi/h?

29. ●●● Un vuelo de una línea aérea regional consta de dos etapas con una escala intermedia. El avión vuela 400 km directamente hacia el norte, del aeropuerto A al aeropuerto B. A partir de aquí, vuela 300 km directamente hacia el este hasta su destino final en el aeropuerto C. *a*) ¿Cuál es el desplazamiento del avión desde su punto de partida? *b*) Si el primer tramo del trayecto se recorre en 45 min y el segundo en 30 min, ¿cuál es la velocidad promedio del viaje? *c*) ¿Cuál es la rapidez promedio del viaje? *d*) ¿Por qué la rapidez promedio no es la misma que la magnitud para la velocidad promedio?

30. ●●● Dos corredoras se aproximan entre sí, en una pista recta con rapideces constantes de 4.50 m/s y 3.50 m/s, respectivamente, cuando están separadas 100 m (▾figura 2.20). ¿Cuánto tardarán en encontrarse y en qué posición lo harán si mantienen sus rapideces?

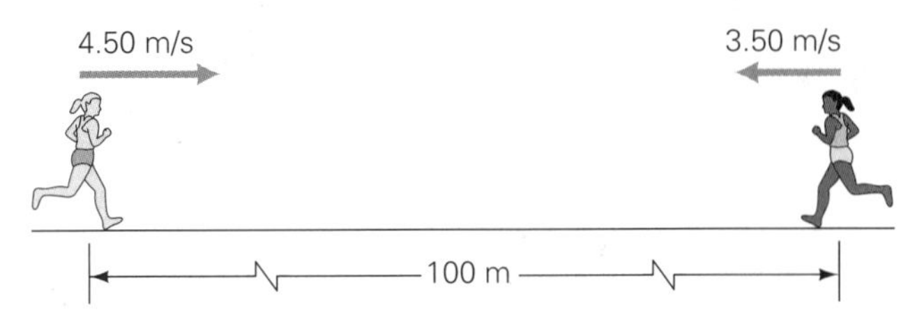

▲ **FIGURA 2.20 ¿Cuándo y dónde se encontrarán?** Véase el ejercicio 30.

2.3 Aceleración

31. **OM** La gráfica de posición contra tiempo para un objeto que tiene aceleración constante es *a*) una línea horizontal, *b*) una línea recta no horizontal ni vertical, *c*) una línea vertical, *d*) una curva.

32. **OM** La aceleración puede ser el resultado de *a*) un incremento en la rapidez, *b*) una disminución en la rapidez, *c*) un cambio en la dirección, *d*) todas las anteriores.

33. **OM** Una aceleración negativa puede provocar *a*) un incremento en la rapidez, *b*) una disminución en la rapidez, *c*) *a* o *b*.

34. **OM** El pedal de la gasolina de un automóvil por lo común se conoce como *acelerador*. ¿Cuál de los siguiente también podría llamarse acelerador? *a*) Los frenos; *b*) el volante; *c*) la palanca de velocidades; *d*) los tres incisos anteriores. Explique.

35. PC Un automóvil viaja con una rapidez constante de 60 mi/h en una pista circular. ¿El auto está acelerando? Explique su respuesta.

36. PC ¿Un objeto que se mueve rápido siempre tiene una aceleración mayor que uno que se mueve más lentamente? Dé algunos ejemplos y explique.

37. PC Un compañero de clase afirma que la aceleración negativa siempre significa que un objeto en movimiento está desacelerando. ¿Es verdadera esta afirmación? Explique por qué.

38. PC Describa los movimientos de dos objetos cuya gráfica de velocidad contra tiempo se presenta en la ▼figura 2.21.

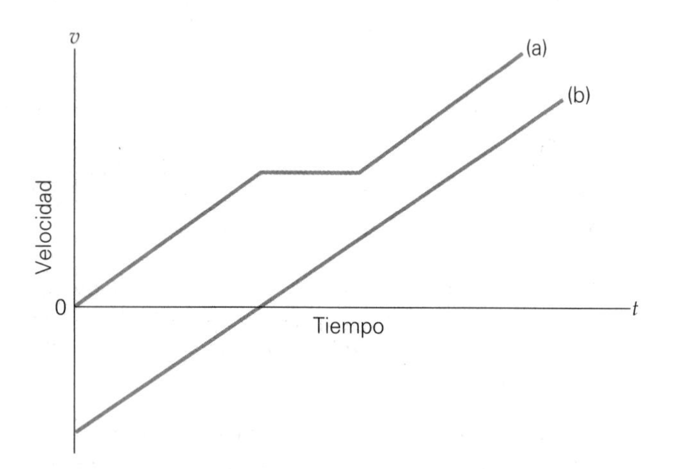

▲ **FIGURA 2.21 Descripción de movimiento**
Véase el ejercicio 38.

39. PC Un objeto que viaja a velocidad constante v_o experimenta una aceleración constante en la misma dirección durante un tiempo t. Luego experimenta una aceleración de igual magnitud en la dirección opuesta a v_o durante el mismo tiempo t. ¿Qué velocidad final tendrá el objeto?

<u>40.</u> ● Un automóvil que viaja a 15.0 km/h por un camino recto y plano acelera a 65.0 km/h en 6.00 s. Calcule la magnitud de la aceleración media del automóvil?

<u>41.</u> ● Un auto deportivo puede acelerar de 0 a 60 mi/h en 3.9 s. Calcule la magnitud de su aceleración media en m/s^2.

42. ● Si el automóvil del ejercicio 41 puede acelerar a 7.2 m/s^2, ¿cuánto tardará en acelerar de 0 a 60 mi/h?

43. EI ●● Un matrimonio viaja en automóvil a 40 km/h por una carretera recta. Ven un accidente en la distancia, así que el conductor aplica los frenos y en 5.0 s el vehículo baja uniformemente su velocidad hasta parar. *a*) ¿La dirección del vector de aceleración es 1. en la misma dirección, 2. en la dirección opuesta o 3. a 90° del vector de velocidad? ¿Por qué? *b*) ¿Cuánto debe cambiar la velocidad cada segundo entre el inicio del frenado y el alto total?

<u>44.</u> ●● Un paramédico conduce una ambulancia a una rapidez constante de 75 km/h por 10 cuadras de una calle recta. A causa del intenso tráfico, el conductor frena hasta los 30 km/h en 6 s y recorre dos cuadras más. ¿Cuál fue la aceleración promedio del vehículo?

<u>45.</u> ●● Con buenos neumáticos y frenos, un automóvil que viaja a 50 mi/h sobre el pavimento seco recorre 400 ft desde que el conductor reacciona ante algo que ve y hasta que detiene el vehículo. Si esta acción se realiza de manera uniforme, ¿cuál es la aceleración del automóvil? (Éstas son condiciones reales y 400 ft es aproximadamente la longitud de una cuadra de la ciudad.)

46. ●● Una persona arroja hacia arriba una pelota en línea recta con una rapidez inicial de 9.8 m/s y, al regresar a su mano, la golpea moviéndose hacia abajo con la misma rapidez. Si todo el trayecto dura 2.0 s, determine *a*) la aceleración promedio de la pelota y *b*) su velocidad promedio.

47. ●● Después del aterrizaje, un avión de pasajeros rueda por la pista en línea recta hasta detenerse a una velocidad promedio de −35.0 km/h. Si el avión tarda 7.00 s en llegar al reposo, ¿cuáles son la velocidad y la aceleración iniciales?

48. ●● Un tren que recorre una vía recta y a nivel tiene una rapidez inicial de 35.0 km/h. Se aplica una aceleración uniforme de 1.50 m/s^2 mientras el tren recorre 200 m. *a*) ¿Cuál es la rapidez del tren al final de esta distancia? *b*) ¿Cuánto tiempo le toma al tren recorrer los 200 m?

49. ●● Un disco (*puck*) de hockey que se desliza sobre hielo choca de frente contra las vallas de la cancha, moviéndose hacia la izquierda con una rapidez de 35 m/s. Al invertir su dirección, está en contacto con las vallas por 0.095 s, antes de rebotar con una rapidez menor de 11 m/s. Determine la aceleración promedio que experimentó el disco al chocar contra las vallas. Las aceleraciones típicas de los automóviles son de 5 m/s^2. Comente su respuesta y diga por qué es tan diferente de este último valor, especialmente cuando las rapideces del disco de hockey son similares a las de los automóviles.

50. ●● Calcule la aceleración para cada segmento de la gráfica de la ▼figura 2.22. Describa el movimiento del objeto durante el intervalo total de tiempo.

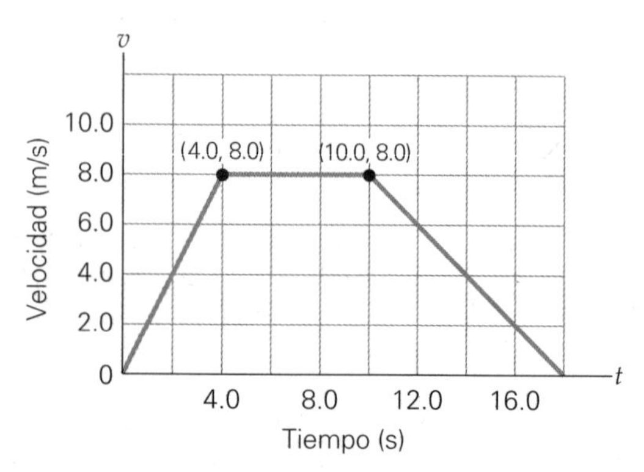

▲ **FIGURA 2.22 Velocidad contra tiempo**
Véanse los ejercicios 50 y 75.

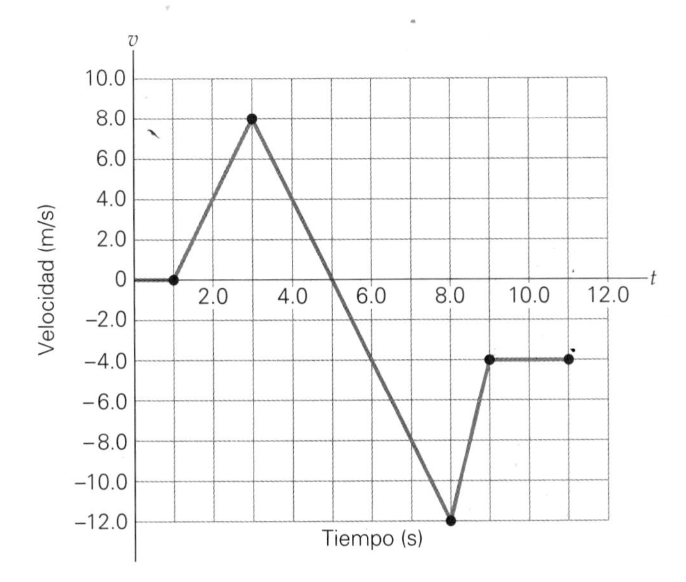

▲ **FIGURA 2.23 Velocidad contra tiempo** Véanse los ejercicios 51 y 79.

51. ●● La ▲figura 2.23 muestra una gráfica de velocidad contra tiempo para un objeto en movimiento rectilíneo. *a*) Calcule la aceleración para cada fase del movimiento. *b*) Describa el movimiento del objeto durante el último segmento de tiempo.

52. ●● Un automóvil que viaja inicialmente hacia la derecha, con una rapidez constante de 25 m/s durante 5.0 s, aplica los frenos y reduce su rapidez a una tasa constante de 5 m/s^2 durante 3.0 s. Entonces continúa viajando hacia la derecha a una rapidez constante pero menor sin volver a frenar durante otros 6.0 s. *a*) Para facilitar los cálculos, trace una gráfica de la velocidad del automóvil contra tiempo, asegurándose de mostrar los tres intervalos. *b*) ¿Cuál es su velocidad después de los 3.0 s de frenado? *c*) ¿Cuál fue su desplazamiento total durante los 14.0 s de su movimiento? *d*) ¿Cuál fue su rapidez promedio durante los 14.0 s?

53. ●●● Un tren normalmente viaja con rapidez uniforme de 72 km/h por un tramo largo de vía recta y plana. Cierto día, el tren debe hacer una parada de 2.0 min en una estación sobre esta vía. Si el tren desacelera con una tasa uniforme de 1.0 m/s^2 y, después de la parada, acelera con una tasa de 0.50 m/s^2, ¿cuánto tiempo habrá perdido por parar en la estación?

2.4 Ecuaciones de cinemática (aceleración constante)

54. **OM** Para una aceleración rectilínea constante, la gráfica de velocidad contra tiempo es *a*) una línea horizontal, *b*) una línea vertical, *c*) una línea recta no horizontal ni vertical o *d*) una línea curva.

55. **OM** Para una aceleración rectilínea constante, la gráfica de posición contra tiempo sería *a*) una línea horizontal, *b*) una línea vertical, *c*) una línea recta no horizontal ni vertical o *d*) una curva.

56. **OM** Un objeto acelera uniformemente desde el reposo durante t segundos. La rapidez media del objeto en este intervalo de tiempo es *a*) $\frac{1}{2}at$, *b*) $\frac{1}{2}at^2$, *c*) $2at$, *d*) $2at^2$.

57. **PC** Si la gráfica de la velocidad de un objeto *versus* tiempo es una línea horizontal, ¿qué podría decirse acerca de la aceleración del objeto?

58. **PC** Al resolver una ecuación cinemática para x, que tiene una aceleración negativa, ¿x es necesariamente negativa?

59. **PC** ¿Cuántas variables deben conocerse para resolver una ecuación cinemática?

60. **PC** Un compañero de clase afirma que la aceleración negativa siempre significa que un objeto en movimiento está desacelerando. ¿Es verdadera esta afirmación? Explique su respuesta.

61. ● En un rally de autos deportivos, un automóvil que parte del reposo acelera uniformemente con una tasa de 9.0 m/s^2 a lo largo de una distancia recta de 100 m. El tiempo a superar en este evento es 4.5 s. ¿Lo logra el conductor? ¿Qué aceleración mínima se requiere para hacerlo?

62. ● Un automóvil acelera desde el reposo con tasa constante de 2.0 m/s^2 durante 5.0 s. *a*) ¿Qué rapidez tendrá al término de ese lapso? *b*) ¿Qué distancia recorrerá en ese tiempo?

63. ● Un automóvil que viaja a 25 mi/h debe parar en un tramo de 35 m de una carretera. *a*) ¿Qué magnitud mínima debe tener su aceleración? *b*) ¿Cuánto tiempo tardará en detenerse el auto con esa desaceleración?

64. ● Una lancha de motor que viaja por una pista recta frena uniformemente de 60 a 40 km/h en una distancia de 50 m. Calcule la aceleración de la lancha.

65. ●● El conductor de una camioneta que va a 100 km/h aplica los frenos y el vehículo desacelera uniformemente a 6.50 m/s^2 en una distancia de 20.0 m. *a*) ¿Qué rapidez en km/h tiene la camioneta al término de esta distancia? *b*) ¿Cuánto tiempo ha transcurrido?

66. ●● Un carro cohete experimental que parte del reposo alcanza una rapidez de 560 km/h adespués de un recorrido recto de 400 m en una llanura plana. Suponiendo que la aceleración fue constante, *a*) ¿qué tiempo tardó el recorrido? *b*) ¿Qué magnitud tuvo la aceleración?

67. ●● Un carro cohete viaja con rapidez constante de 250 km/h por una llanura. El conductor imparte al vehículo un empuje en reversa y el carro experimenta una desaceleración continua y constante de 8.25 m/s^2. ¿Cuánto tiempo transcurre hasta que el vehículo está a 175 m del punto donde se aplicó el empuje en reversa? Describa la situación en su respuesta.

68. ●● Dos automóviles idénticos que pueden acelerar a 3.00 m/s^2 compiten en una pista recta con arranque en movimiento. El carro A tiene una rapidez inicial de

2.50 m/s; el B, de 5.0 m/s. *a*) Calcule la separación de los dos automóviles después de 10 s. *b*) ¿Qué automóvil se mueve con mayor velocidad después de 10 s?

69. ●● De acuerdo con las leyes de Newton del movimiento (que estudiaremos en el capítulo 4), una pendiente de 30° que no ejerce fricción debería proveer una aceleración de 4.90 m/s^2 hacia la parte inferior. Un estudiante con un cronómetro registra que un objeto, que parte del reposo, se desliza 15.00 m hacia abajo por una suave pendiente en exactamente 3.00 s. ¿En verdad la pendiente no ejerce fricción?

70. **EI** ●● Un objeto se mueve en la dirección $+x$ con una rapidez de 40 m/s. Al pasar por el origen, comienza a experimentar una aceleración constante de 3.5 m/s^2 en la dirección $-x$. *a*) ¿Qué sucederá después? 1) El objeto invertirá su dirección de movimiento en el origen. 2) El objeto seguirá viajando en la dirección $+x$. 3) El objeto viajará en la dirección $+x$ y luego invertirá su dirección. ¿Por qué? *b*) ¿Cuánto tiempo transcurre antes de que el objeto vuelva al origen? *c*) ¿Qué velocidad tiene el objeto al volver al origen?

71. ●● Una bala de rifle cuya rapidez al salir del cañón es 330 m/s se dispara directamente a un material denso especial que la detiene en 25 cm. Suponiendo que la desaceleración de la bala fue constante, ¿qué magnitud tuvo?

72. ●● El límite de velocidad en una zona escolar es 40 km/h (aproximadamente 25 mi/h). Un conductor que viaja a esa velocidad ve que un niño cruza corriendo la calle 13 m adelante de su automóvil. Aplica los frenos, y el automóvil desacelera con una tasa uniforme de 8.0 m/s^2. Si el tiempo de reacción del conductor es 0.25 s, ¿el auto se detendrá antes de golpear al niño?

73. ●● Suponiendo un tiempo de reacción de 0.50 s para el conductor del ejercicio 72, ¿el automóvil se detendrá antes de golpear al niño?

74. ●● Una bala que viaja horizontalmente con una rapidez de 350 m/s golpea una tabla perpendicular a la superficie, la atraviesa y sale por el otro lado con una rapidez de 210 m/s. Si la tabla tiene 4.00 cm de grosor, ¿cuánto tardará la bala en atravesarla?

75. ●● *a*) Demuestre que el área bajo la curva de una gráfica de velocidad contra tiempo, con aceleración constante, es igual al desplazamiento. [*Sugerencia:* el área de un triángulo es *ab*/2, o la mitad de la altura multiplicada por la base.] *b*) Calcule la distancia recorrida en el movimiento representado en la figura 2.22.

76. **EI** ●● Un objeto que está inicialmente en reposo experimenta una aceleración de 2.00 m/s^2 en una superficie horizontal. En estas condiciones, recorre 6.0 m. Designemos los primeros 3.00 m como la fase 1 utilizando un subíndice 1 para esas cantidades, y los siguientes 3.00 m como la fase 2 empleando un subíndice 2. *a*) ¿Cómo deberían relacionarse los tiempos para recorrer cada fase y la condición: 1) $t_1 < t_2$; 2) $t_1 = t_2$, o 3) $t_1 > t_2$? *b*) Ahora calcule los dos tiempos de recorrido y compárelos cuantitativamente.

77. **EI** ●● Un automóvil inicialmente en reposo experimenta pérdida de su freno de mano conforme desciende por una colina recta con una aceleración constante de 0.850 m/s^2, y recorre un total de 100 m. Designemos la primera mitad de la distancia como fase 1, utilizando un subíndice 1 para tales cantidades; y la segunda mitad como fase 2, empleando un subíndice 2. *a*) ¿Con qué condición deberían relacionarse las rapideces del automóvil al final de cada fase? 1) $v_1 < \frac{1}{2}v_2$; 2) $v_1 = \frac{1}{2}v_2$; o 3) $v_1 > \frac{1}{2}v_2$? *b*) Ahora calcule los dos valores de rapidez y compárelos cuantitativamente.

78. ●● Un objeto inicialmente en reposo experimenta una aceleración de 1.5 m/s^2 durante 6.0 s y luego viaja a velocidad constante por otros 8.0 s. ¿Cuál es la velocidad promedio del objeto durante el intervalo de 14 s?

79. ●●● La figura 2.23 muestra una gráfica de velocidad contra tiempo para un objeto en movimiento rectilíneo. *a*) Calcule las velocidades instantáneas a $t = 8.0$ s y $t = 11.0$ s. *b*) Calcule el desplazamiento final del objeto. *c*) Calcule la distancia total que el objeto recorre.

80. **EI** ●●● *a*) Un automóvil que viaja con rapidez v puede frenar para hacer un alto de emergencia en una distancia x. Suponiendo que las demás condiciones de manejo son similares, si la rapidez del automóvil es el doble, la distancia de frenado será 1) $\sqrt{2}x$, 2) $2x$, o 3) $4x$. *b*) Un conductor que viaja a 40.0 km/h en una zona escolar puede frenar para hacer un alto de emergencia en 3.00 m. Calcule la distancia de frenado si el automóvil viajara a 60.0 km/h?

81. ●●● Un automóvil acelera horizontalmente desde el reposo en un camino horizontal con aceleración constante de 3.00 m/s^2. Por el camino, pasa por dos fotoceldas ("ojos eléctricos", designados como 1 el primero y como 2 el segundo), que están separadas 20.0 m entre sí. El intervalo de tiempo para recorrer esta distancia de 20.0 m, según las fotoceldas, es 1.40 s. *a*) Calcule la rapidez del vehículo al pasar por cada ojo eléctrico. *b*) ¿Qué distancia hay entre el punto de partida y el primer ojo eléctrico? *c*) ¿Cuánto tiempo le tomará al auto llegar al primer ojo eléctrico?

82. ●●● Un automóvil viaja por una carretera larga y recta con una rapidez constante de 75.0 mi/h cuando la conductora ve un accidente 150 m más adelante. De inmediato, aplica el freno (ignore el tiempo de reacción). Entre ella y el accidente hay dos superficies diferentes. Primero hay 100 m de hielo (¡es el Oeste medio de E.U.!), donde su desaceleración es apenas de 1.00 m/s^2. A partir de ahí se encuentra sobre concreto seco, donde su desaceleración, ahora más normal, es de 7.00 m/s^2. *a*) ¿Cuál era su rapidez justo después de dejar la porción del camino cubierta de hielo? *b*) ¿Cuánta distancia recorre en total para detenerse? *c*) ¿Cuánto tiempo tarda en total para detenerse?

2.5 Caída libre

Sin considerar resistencia del aire en estos ejercicios.

83. **OM** Un objeto se lanza verticalmente hacia arriba. ¿Cuál de estas afirmaciones es cierta? *a*) Su velocidad cambia de manera no uniforme; *b*) su altura máxima es independiente de la velocidad inicial; *c*) su tiempo de ascenso es un poco mayor que su tiempo de descenso; *d*) la rapidez al volver a su punto de partida es igual a su rapidez inicial?

84. **OM** El movimiento de caída libre descrito en esta sección es válido para *a*) un objeto que se deja caer desde el reposo, *b*) un objeto que se lanza verticalmente hacia abajo, *c*) un objeto que se lanza verticalmente hacia arriba o *d*) todos los casos anteriores.

85. **OM** Un objeto que se suelta en caída libre *a*) cae 9.8 m cada segundo, *b*) cae 9.8 m durante el primer segundo, *c*) tiene un incremento de velocidad de 9.8 m/s cada segundo o *d*) tiene un incremento de aceleración de 9.8 m/s^2 cada segundo.

86. **OM** Se lanza un objeto en línea recta hacia arriba. Cuando alcanza su altura máxima: *a*) su velocidad es cero, *b*) su aceleración es cero, *c*) *a* y *b*.

87. **OM** Cuando un objeto se lanza verticalmente hacia arriba, está acelerando en *a*) su trayecto hacia arriba, *b*) su trayecto hacia abajo, *c*) *a* y *b*.

88. **PC** Cuando una pelota se lanza hacia arriba, ¿qué velocidad y aceleración tiene en su punto más alto?

89. **PC** Imagine que está en el espacio lejos de cualquier planeta, y lanza una pelota como lo haría en la Tierra. Describa el movimiento de la pelota.

90. **PC** Usted deja caer una piedra desde la ventana de un edificio. Después de un segundo, deja caer otra piedra. ¿Cómo varía con el tiempo la distancia que separa a las dos piedras?

91. **PC** ¿Cómo diferirá la caída libre que se experimenta en la Luna de la que se experimenta en la Tierra?

92. ● Un estudiante deja caer una pelota desde la azotea de un edificio alto; la pelota tarda 2.8 s en llegar al suelo. *a*) ¿Qué rapidez tenía la pelota justo antes de tocar el suelo? *b*) ¿Qué altura tiene el edificio?

93. **EI** ● El tiempo que un objeto que se deja caer desde el acantilado A tarda en chocar con el agua del lago que está abajo, es el doble del tiempo que tarda en llegar al lago otro objeto que se deja caer desde el acantilado B. *a*) La altura del acantilado A es 1) la mitad, 2) el doble o 3) cuatro veces la del acantilado B. *b*) Si el objeto tarda 1.8 s en caer del acantilado A al agua, ¿qué altura tienen los dos acantilados?

94. ● Para el movimiento de un objeto que se suelta en caída libre, dibuje la forma general de las gráficas *a*) v contra t y *b*) y contra t.

95. ● Un truco muy conocido consiste en dejar caer un billete de dólar (a lo largo) entre el pulgar y el índice de un compañero, diciéndole que lo sujete lo más rápidamente posible para quedarse con él. (La longitud del billete es de 15.7 cm, y el tiempo de reacción medio del ser humano es de unos 0.2 s. Véase la figura 2.15.) ¿Esta propuesta es un buen negocio? Justifique su respuesta.

96. ● Un niño lanza una piedra hacia arriba con una rapidez inicial de 15 m/s. ¿Qué altura máxima alcanzará la piedra antes de descender?

97. ● En el ejercicio 96 ¿qué altura máxima alcanzaría la piedra si el niño y la piedra estuvieran en la superficie de la Luna, donde la aceleración debida a la gravedad es sólo 1.67 m/s^2 ?

98. ●● El techo de una aula está 3.75 m sobre el piso. Un estudiante lanza una manzana verticalmente hacia arriba, soltándola a 0.50 m sobre el piso. Calcule la rapidez inicial máxima que puede darse a la manzana sin que toque el techo?

99. ●● Las Torres Gemelas Petronas de Malasia y la Torre Sears de Chicago tienen alturas de 452 y 443 m, respectivamente. Si se dejaran caer objetos desde la punta de cada una, ¿con qué diferencia de tiempo llegarían al suelo?

100. ●● Usted lanza una piedra verticalmente hacia arriba con una rapidez inicial de 6.0 m/s desde la ventana de una oficina del tercer piso. Si la ventana está 12 m sobre el suelo, calcule *a*) el tiempo que la piedra está en el aire y *b*) la rapidez que tiene la piedra justo antes de tocar el suelo.

101. **EI** ●● Una pelota Superball se deja caer desde una altura de 4.00 m. Suponiendo que la pelota rebota con el 95% de su rapidez de impacto, *a*) ¿rebotaría a 1) menos de 95%, 2) 95.0% o 3) más de 95% de la altura inicial? *b*) ¿Qué altura alcanzara la pelota?

102. ●● En un estadio de béisbol cubierto con un domo, el techo está diseñado de manera que las bolas bateadas no se estrellen contra él. Suponga que la máxima rapidez de una bola que se lanza en un partido de las ligas mayores es 95.0 mi/h y que el bat de madera la reduce a 80.0 mi/h. Suponga que la bola pierde contacto con el bat a una altura de 1.00 m del campo del juego. *a*) Determine la altura mínima que debe tener el techo, de manera que las bolas que salen disparadas por el bat que las lanza en línea recta hacia arriba no lo golpeen. *b*) En un juego real, una bola bateada llega a menos de 10.0 m de esta altura del techo. ¿Cuál era la rapidez de la bola al perder salir diparada por el bat?

103. ●● Durante el experimento descrito en el libro acerca de una pluma y un martillo que se dejan caer en la Luna, ambos objetos se liberaron desde una altura de 1.30 m. De acuerdo con el video del experimento, ambos tardaron 1.26 s en golpear la superficie lunar. *a*) ¿Cuál es el valor local de la aceleración de la gravedad en ese lugar de la Luna? *b*) ¿Qué rapidez llevaban los dos objetos justo antes de golpear la superficie?

104. ●● En la ▾figura 2.24 un estudiante en una ventana del segundo piso de una residencia ve que su profesora de matemáticas camina por la acera junto al edificio. Deja caer un globo lleno de agua desde 18.0 m sobre el suelo cuando la profesora está a 1.00 m del punto que está directamente abajo de la ventana. Si la estatura de la profesora es de 170 cm y camina con una rapidez de 0.450 m/s, ¿la golpeará el globo? Si no, ¿qué tan cerca pasará de ella?

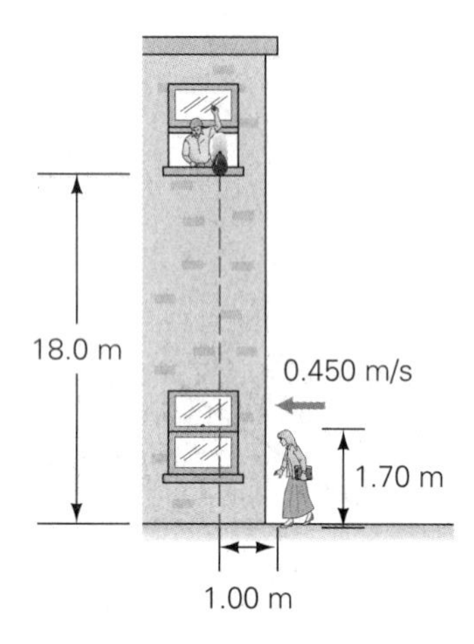

▲ **FIGURA 2.24 Bañe a la profesora** Véase el ejercicio 104. (Esta figura no está a escala.)

105. ●● Un fotógrafo en un helicóptero, que asciende verticalmente con una tasa constante de 12.5 m/s, deja caer accidentalmente una cámara por la ventana cuando el helicóptero está 60.0 m sobre el suelo. *a*) ¿Cuánto tardará la cámara en llegar al suelo? *b*) ¿Con qué rapidez chocará?

106. **EI** ●● La aceleración debida a la gravedad en la Luna es la sexta parte que en la Tierra. *a*) Si un objeto se dejara caer desde la misma altura en la Luna y en la Tierra, el tiempo que tardaría en llegar a la superficie de la Luna sería 1) $\sqrt{6}$, 2) 6 o 3) 36 veces mayor que el que tardaría en la Tierra. *b*) Para el caso de un proyectil con una velocidad inicial de 18.0 m/s hacia arriba, calcule la altura máxima y el tiempo total de vuelo en la Luna y en la Tierra?

107. ●●● Un objeto que se dejó caer tarda 0.210 s en pasar por una ventana de 1.35 m de altura. ¿Desde qué altura arriba del borde superior de la ventana se soltó el objeto? (Véase la ▸figura 2.25.)

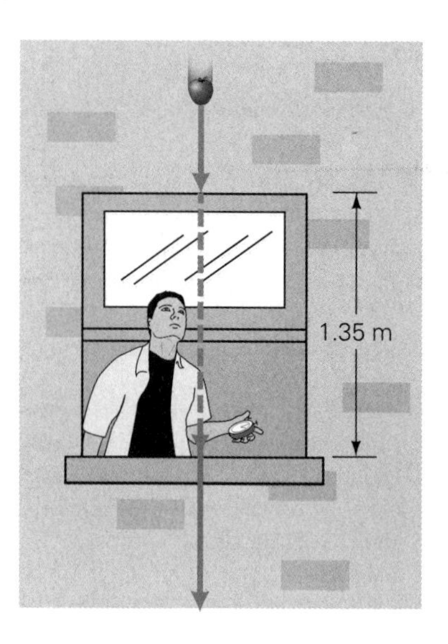

▲ **FIGURA 2.25 ¿De dónde vino?** Véase el ejercicio 107.

108. ●●● Una pelota de tenis se deja caer desde una altura de 10.0 m. Rebota en el piso y vuelve a subir a una altura de 4.00 m en su primer rebote. (Ignore el breve momento en que la pelota está en contacto con el piso.) *a*) Determine la rapidez de la pelota justo antes de que golpea el suelo en su trayectoria hacia abajo. *b*) Determine la rapidez de la pelota al rebotar en el piso en su trayecto ascendente hacia la altura de su primer rebote. *c*) ¿Por cuánto tiempo está la pelota en el aire desde el momento en que se deja caer hasta el momento en que alcanza la altura máxima de su primer rebote

109. ●●● Un cohete para recoger muestras de contaminantes se lanza en línea recta hacia arriba con una aceleración constante de 12.0 m/s^2, en los primeros 1000 m de vuelo. En ese punto, los motores se apagan y el cohete desciende por sí solo en caída libre. Ignore la resistencia del aire. *a*) ¿Cuál es la rapidez del cohete cuando los motores se apagan? *b*) ¿Cuál es la altura máxima que alcanza este cohete? *c*) ¿Cuánto tiempo le toma alcanzar su altura máxima?

110. ●●● Un cohete de prueba que contiene una sonda, para determinar la composición de la atmósfera superior, se dispara verticalmente hacia arriba desde una posición inicial a nivel del suelo. Durante el tiempo t que dura el combustible, el cohete asciende con aceleración constante hacia arriba de magnitud $2g$. Suponga que la altura que alcanza el cohete no es tan grande como para que la fuerza gravitacional de la Tierra no deba considerarse constante. *a*). ¿Qué altura y rapidez tiene el cohete cuando se agota el combustible? *b*) ¿Qué altura máxima alcanza el cohete? *c*) Si $t = 30.0$ s, calcule la altura máxima del cohete.

111. ●●● Un automóvil y una motocicleta parten del reposo al mismo tiempo en una pista recta; pero la motocicleta está 25.0 m atrás del automóvil (▸figura 2.26). El automóvil acelera con una tasa uniforme de 3.70 m/s^2, y la motocicleta, a 4.40 m/s^2. *a*) ¿Cuánto tardará la motocicleta en alcanzar al automóvil? *b*) ¿Qué distancia habrá recorrido cada vehículo durante ese tiempo? *c*) ¿Qué tan adelante del auto estará la motocicleta 2.00 s después? (Ambos vehículos siguen acelerando.)

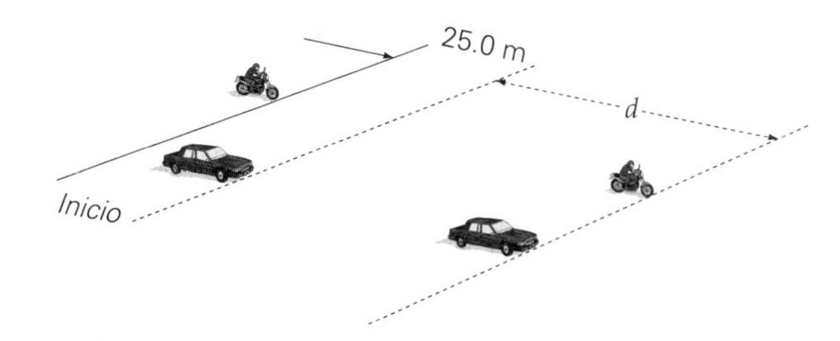

▲ **FIGURA 2.26 Carrera empatada** Véase el ejercicio 111. (La figura no está a escala.)

Ejercicios adicionales

112. Dos atletas corren con la misma rapidez promedio. El corredor A corta directamente hacia el norte siguiendo el diámetro de una pista circular, mientras que el corredor B recorre todo el semicírculo para encontrarse con su compañero en el lado opuesto de la pista. Suponga que la rapidez promedio común es de 2.70 m/s y que la pista tiene un diámetro de 150 m. *a*) ¿El corredor A llega cuántos segundos antes que el corredor B? *b*) ¿Cómo se comparan sus distancias de recorrido? *c*) ¿Cómo se comparan sus desplazamientos? *d*) ¿Cómo se comparan sus velocidades promedio?

113. Muchas carreteras con bajadas pronunciadas cuentan con rampas de emergencia, diseñadas para que en el caso de que un vehículo se quede sin frenos, el conductor pueda ingresar en ellas (por lo general, están cubiertas con grava suelta). La idea es que el vehículo llegue a la rampa y se detenga (en la grava) sin necesidad del sistema de frenos. En una región de Hawai, la longitud de la rampa de emergencia es de 300 m y ésta permite una desaceleración (constante) de 2.50 m/s^2. *a*) ¿Cuál es la rapidez máxima que un vehículo que se sale de la carretera puede llevar al tomar la rampa? *b*) ¿Cuánto tiempo le llevará a ese vehículo alcanzar el reposo? *c*) Suponga que otro vehículo, que va 10 mi/h (4.47 m/s) más rápido que el valor máximo, toma la rampa de emergencia. ¿Con qué rapidez irá al salir del área de grava?

114. El edificio más alto del mundo es la Torre Taipei 101 en Taipei, Taiwán, con 509 m (1667 ft) de altura y 101 pisos (▸figura 2.27). El mirador se encuentra en el piso 89, y los dos elevadores que llegan a ese lugar alcanzan una rapidez máxima de 1008 m/min cuando suben y 610 m/min cuando bajan. Suponiendo que estos valores máximos de rapidez se alcanzan en el punto medio del trayecto y que las aceleraciones son constantes para cada tramo de éste, *a*) ¿cuáles son las aceleraciones para el trayecto hacia arriba y para el trayecto hacia abajo? *b*) ¿Cuánto tiempo más tarda el viaje de bajada que el de subida?

115. A nivel del piso, Superman ve a Luisa Lane en problemas cuando el villano, Lex Luthor, la deja caer casi desde el último piso del edificio del Empire State. De inmediato, el Hombre de Acero empieza a volar a una aceleración constante para intentar rescatar en el aire a Luisa. Suponiendo que ella cayó desde una altura de 300 m y que Superman puede acelerar en línea recta hacia arriba a 15 m/s^2, determine *a*) ¿qué distancia caerá Luisa por el aire antes de que Superman la salve?, *b*) ¿cuánto tardará Superman en alcanzarla y *c*) la rapidez de uno y otro en el instante en que él la alcanza. Comente si esta rapidez sería peligrosa para Luisa, quien, al ser una común mortal, podría resultar lesionada al chocar con el indestructible Hombre de Acero, si las rapideces que llevan uno y otro son muy altas.

▲ **FIGURA 2.27 La más alta** La torre Taipei 101 en Taiwán es el edificio más alto del mundo. Con 101 pisos, tiene una altura de 509 m (1671 ft). La torre se terminó en 2004.

116. En la década de 1960 hubo un concurso para encontrar el automóvil que fuera capaz de realizar las siguientes dos maniobras (una justo después de la otra) en el menor tiempo total: primero, acelerar desde el reposo hasta 100 mi/h (45.0 m/s), y luego frenar hasta detenerse por completo. (Ignore la corrección del tiempo de reacción que ocurre entre las fases de aceleración y de frenado, y suponga que todas las aceleraciones son constantes.) Por varios años, el ganador fue el "auto de James Bond", el Aston Martin. Un año ganó el concurso cuando tardó sólo ¡un total de 15.0 segundos en realizar las dos proezas! Se sabe que su aceleración de frenado (desaceleración) fue asombrosamente de 9.00 m/s^2. *a*) Calcule el tiempo que duró la fase de frenado. *b*) Calcule la distancia que recorrió durante la fase de frenado. *c*) Calcule la aceleración del automóvil durante la fase de aceleración. *d*) Calcule la distancia que recorrió para alcanzar 100 mi/h.

117. Vamos a investigar un posible descenso vertical de una nave sobre la superficie de Marte, que incluye dos etapas: caída libre seguida por el despliegue de un paracaídas. Suponga que la sonda está cerca de la superficie, de manera que la aceleración de la gravedad en Marte es constante con un valor de 3.00 m/s^2. Suponga que la nave desciende, en un principio, verticalmente a 200 m/s a una altura de 20 000 m de la superficie del planeta. Ignore la resistencia del aire durante la fase de caída libre. Suponga que primero cae libremente una distancia de 8 000 m. (El paracaídas no se abre sino hasta que la nave está a 12 000 m de la superficie. Véase la ▸figura 2.28.) *a*) Determine la rapidez de la nave espacial al final de los 8 000 m de caída libre. *b*) A 12 000 m de la superficie, el paracaídas se despliega y la nave *inmediatamente* empieza a disminuir su rapidez. Si la sonda es capaz de resistir el choque contra la superficie hasta los 20.0 m/s, determine la desaceleración mínima constante necesaria durante esta fase. *c*) ¿Cuál es el tiempo total que tarda en llegar a la superficie desde la altura original de 20 000 m?

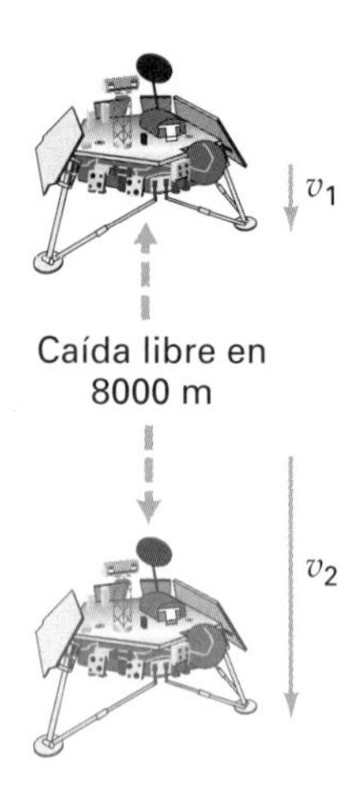

Frenado con el
paracaídas en los
últimos 12 000 m

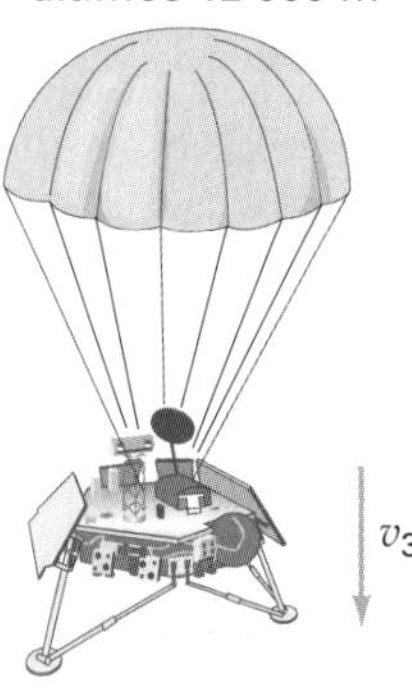

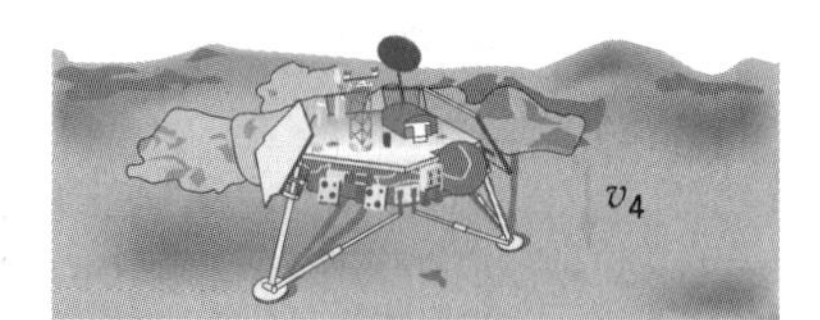

Justo sobre la superficie de Marte

▲ **FIGURA 2.28** ¡Ahí va! Véase el ejercicio 117.

PHYSLET® Los siguientes problemas de física Physlet se pueden utilizar con este capítulo.
1.2, 1.3, 2.1, 2.2, 2.3, 2.4, 2.5, 2.6, 2.7, 2.8, 2.9, 2.10, 2.11, 2.12, 2.13, 2.14, 2.18

CAPÍTULO

3 MOVIMIENTO EN DOS DIMENSIONES

HECHOS DE FÍSICA

- Origen de las palabras:
  - *cinemática*: del griego *kinema*, que significa "movimiento".
  - *velocidad*: del latín *velocitas*, que significa "rapidez".
  - *aceleración*: del latín *accelerare*, que significa "apresurar".
- Proyectiles:
  - "Big Bertha", una pieza de artillería que utilizaron los alemanes durante la Primera Guerra Mundial; su cañón medía 6.7 m (22 ft) y era capaz de lanzar proyectiles de 820 kg (1800 lb) a 15 km (9.3 millas).
  - El "Paris Gun", otra pieza de artillería que utilizaron los alemanes durante la Primera Guerra Mundial, con un cañón de 34 m (112 ft) de largo, era capaz de lanzar proyectiles de 120 kg (264 lb) a 131 km (81 millas). Este obús se diseñó para bombardear París, Francia, y sus proyectiles alcanzaban una altura máxima de 40 km (25 millas) durante su trayectoria de 170 s.
  - Para alcanzar la distancia máxima a nivel de tierra, un proyectil, de manera ideal, debería lanzarse con un ángulo de 45°. Con la resistencia del aire, la rapidez del proyectil se reduce, al igual que el alcance. El ángulo de proyección para el alcance máximo en este caso es menor de 45°, lo que da un mayor componente horizontal de la velocidad inicial, para ayudar a compensar la resistencia del aire.
  - El disco que se utiliza en las competencias deportivas es aerodinámico y, al lanzarlo, se le da cierta elevación. Por lo tanto, para lograr el alcance máximo, se requiere un mayor componente horizontal de velocidad inicial; de esta manera, el disco recorrerá una mayor distancia horizontalmente, mientras se eleva verticalmente.
- Récords de lanzamiento de disco:
  - Mujeres: 76.80 m (252 ft).
  - Hombres: 74.08 m (243 ft).
  - El disco que lanzan los hombres tiene una masa de 2 kg (4.4 lb), en tanto que el de las mujeres tiene una masa de 1 kg (2.2 lb).

¡Sí *puede* llegar desde aquí! Sólo es cuestión de saber qué camino tomar en el cruce. Pero, ¿alguna vez se ha preguntado el lector por qué tantos caminos se cruzan en ángulo recto? Hay un buen motivo. Puesto que vivimos en la superficie terrestre, estamos acostumbrados a describir los lugares en dos dimensiones, y una de las formas más sencillas de hacerlo es tomando como referencia dos ejes perpendiculares. Cuando queremos explicar a alguien cómo llegar a cierto lugar en la ciudad, le decimos, por ejemplo: "Camina cuatro cuadras hacia el centro y luego tres a la derecha". En el campo podríamos decir: "Camina cinco kilómetros al sur y luego uno al este". En ambos casos, necesitamos saber qué tan lejos ir en dos direcciones que están a 90° una de la otra.

Podríamos utilizar el mismo enfoque para describir el movimiento, y éste no tiene que ser en línea recta. Como veremos a continuación, también podemos usar vectores, que presentamos en el capítulo 2, para describir movimiento en trayectorias curvas. El análisis de un movimiento *curvilíneo* nos permitirá estudiar el comportamiento de pelotas bateadas, planetas en órbita alrededor del Sol e incluso electrones en átomos.

El movimiento curvilíneo puede analizarse empleando los componentes rectangulares del movimiento. En esencia, descomponemos el movimiento curvo en componentes rectangulares (x y y), y examinamos el movimiento en ambas dimensiones simultáneamente. Podemos aplicar a esos componentes las ecuaciones de cinemática que examinamos en el capítulo 2. Por ejemplo, para un objeto que se mueve en una trayectoria curva, las coordenadas x y y del movimiento en cualquier momento dan la posición del objeto en cualquier punto.

3.1 Componentes del movimiento

OBJETIVOS: *a*) Analizar el movimiento en términos de sus componentes, y *b*) aplicar las ecuaciones de cinemática a componentes de movimiento.

En el capítulo 1 consideramos que un objeto que se mueve en línea recta se mueve a lo largo de uno de los ejes cartesianos (x o y). Sin embargo, ¿qué pasa si el movimiento no se da a lo largo de un eje? Por ejemplo, consideremos la situación que se ilustra en la ▼figura 3.1, donde tres pelotas se mueven de manera uniforme sobre una mesa. La pelota que rueda en línea recta a lo largo de un costado de la tabla, designado como dirección x, se mueve en una dimensión. Es decir, su movimiento se puede describir con

▼ FIGURA 3.1 Componentes del movimiento ***a*)** La velocidad (y el desplazamiento) de un movimiento rectilíneo uniforme —el de la pelota azul oscuro— podría tener componentes x y y (v_x y v_y, como indica el dibujo a lápiz) debido a la orientación que se eligió para los ejes de coordenadas. Observe que la velocidad y el desplazamiento de la pelota en la dirección x son exactamente los que tendría una pelota que rueda a lo largo del eje x con una velocidad uniforme v_x. Se cumple una relación similar para el movimiento de la pelota en la dirección y. Puesto que el movimiento es uniforme, el cociente v_y/v_x (y por lo tanto θ) es constante. ***b*)** Podemos calcular las coordenadas (x, y) de la posición de la pelota y la distancia d que ha recorrido desde el origen, para cualquier tiempo t.

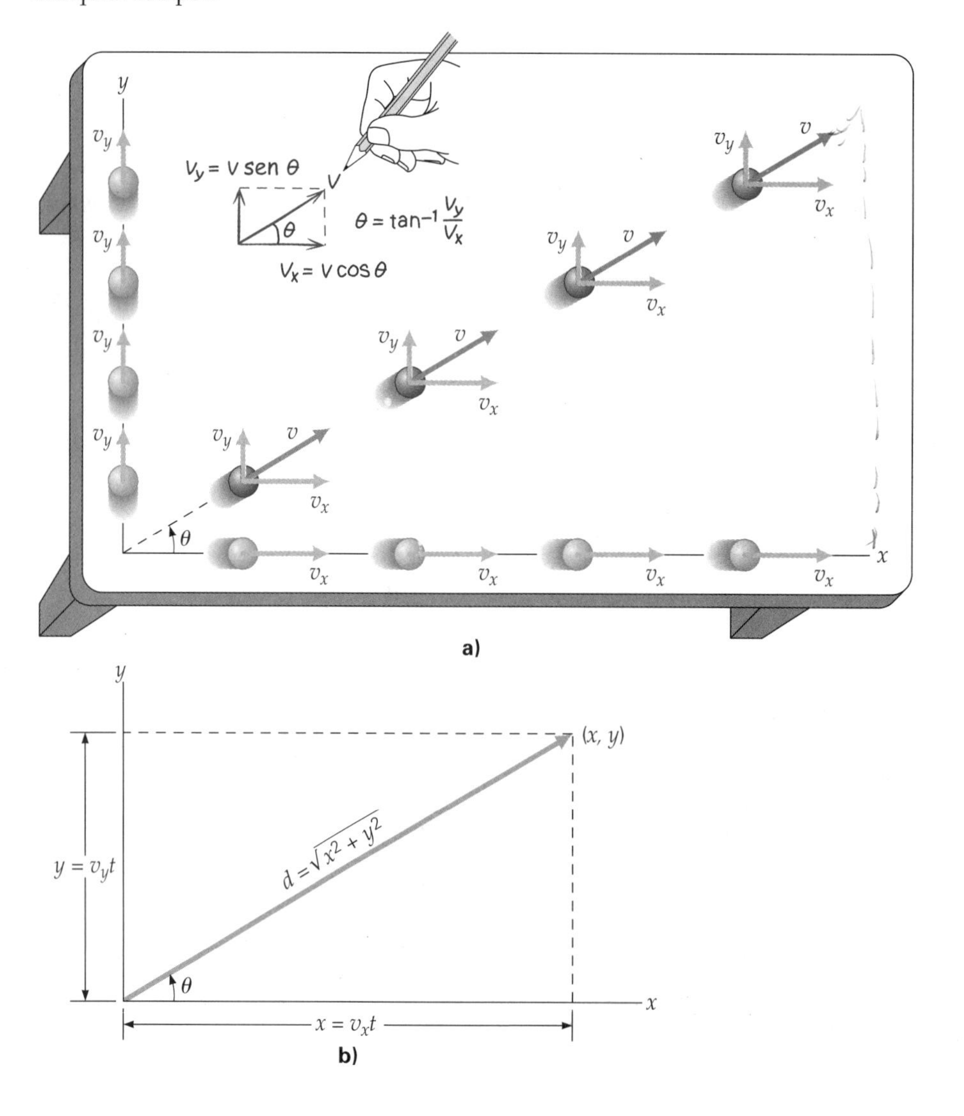

una sola coordenada, x, como hicimos con el movimiento en el capítulo 2. De forma similar, el movimiento de la pelota que se desplaza en la dirección y se puede describir con una sola coordenada y. En cambio, necesitamos ambas coordenadas, x y y, para describir el movimiento de la pelota que rueda diagonalmente por la mesa. Decimos entonces que este movimiento se describe *en dos dimensiones*.

Podríamos observar que, si la pelota que se mueve en diagonal fuera el único objeto a considerar, se podría elegir el eje x en la dirección del movimiento de esa pelota, y así el movimiento quedaría reducido a una sola dimensión. Esta observación es cierta, pero una vez que se fijan los ejes de coordenadas, los movimientos que no se realicen sobre ellos se deberán describir con dos coordenadas (x, y), es decir, en dos dimensiones. También hay que tener en cuenta que no todos los movimientos en un plano (dos dimensiones) son en línea recta. Pensemos en la trayectoria de una pelota que lanzamos a otro individuo. La trayectoria de semejante movimiento del proyectil es curva. (Estudiaremos tal movimiento en la sección 3.3.) Por lo general, se requieren ambas coordenadas.

Al considerar el movimiento de la pelota que se mueve diagonalmente por la mesa en la figura 3.1a, podemos pensar que la pelota se mueve simultáneamente en las direcciones x y y. Es decir, tiene una velocidad en la dirección x (v_x) y una en la dirección y (v_y) al mismo tiempo. Los componentes de velocidad combinados describen el movimiento real de la pelota. Si la pelota tiene una velocidad constante v en una dirección que forma un ángulo θ con el eje x, las velocidades en las direcciones x y y se obtendrán descomponiendo el vector de velocidad en **componentes de movimiento** en esas direcciones, como muestra el dibujo a lápiz de la figura 3.1a. Ahí vemos que los componentes v_x y v_y tienen las magnitudes

Ilustración 3.1 *Descomposición de vectores*

$$v_x = v \cos \theta \tag{3.1a}$$

y

$$v_y = v \operatorname{sen} \theta \tag{3.1b}$$

respectivamente. (Observe que $v = \sqrt{v_x^2 + v_y^2}$, de manera que v es una combinación de las velocidades en las direcciones x y y.)

El lector ya está familiarizado con el uso de componentes de longitud bidimensionales para encontrar las coordenadas x y y en un sistema cartesiano. En el caso de la pelota que rueda sobre la mesa, su posición (x, y), es decir, la distancia recorrida desde el origen en cada una de las direcciones componentes en el tiempo t, está dada por (ecuación 2.11 con $a = 0$)

$$x = x_o + v_x t \tag{3.2a}$$

Magnitud de componentes de desplazamiento (en condiciones de velocidad constante y cero aceleración)

$$y = y_o + v_y t \tag{3.2b}$$

respectivamente. (Aquí, x_o y y_o son las coordenadas de la pelota en $a = 0$, que podrían ser distintas de cero.) La distancia en línea recta desde el origen es entonces $d = \sqrt{x^2 + y^2}$ (figura 3.1b).

Cabe señalar que $\tan \theta = v_y/v_x$, así que la dirección del movimiento relativa al eje x está dada por $\theta = \tan^{-1}(v_y/v_x)$. (Véase el dibujo a mano de la figura 3.1a.) También, $\theta = \tan^{-1}(y/x)$. ¿Por qué?

En esta introducción a los componentes del movimiento, hemos colocado el vector de velocidad en el primer cuadrante $(0 < \theta < 90°)$, donde ambos componentes, x y y, son positivos. No obstante, como veremos con mayor detalle en la sección siguiente, los vectores pueden estar en cualquier cuadrante, y sus componentes pueden ser negativos. ¿Sabe usted en qué cuadrantes serían negativos los componentes v_x o v_y?

Ejemplo 3.1 ■ A rodar: uso de los componentes de movimiento

Si la pelota que se mueve en diagonal en la figura 3.1a tiene una velocidad constante de 0.50 m/s en un ángulo de 37° relativo al eje x, calcule qué distancia recorrerá en 3.0 s usando los componentes x y y de su movimiento.

Razonamiento. Dadas la magnitud y la dirección (ángulo) de la velocidad de la pelota, obtenemos los componentes x y y de la velocidad. Luego calculamos la distancia en cada dirección. Puesto que los ejes x y y son perpendiculares, el teorema de Pitágoras ofrece la distancia de la trayectoria rectilínea de la pelota, como se muestra en la figura 3.1b. (Tome nota del procedimiento: separar el movimiento en componentes, calcular lo necesario en cada dirección y recombinar si es necesario.)

Solución. Después de organizar los datos, tenemos

Dado: $v = 0.50$ m/s
$\theta = 37°$
$t = 3.0$ s

Encuentre: d (distancia recorrida)

La distancia recorrida por la pelota en términos de sus componentes x y y está dada por $d = \sqrt{x^2 + y^2}$. Para obtener x y y con la ecuación 3.2, primero necesitamos calcular los componentes de velocidad v_x y v_y (ecuación 3.1):

$$v_x = v \cos 37° = (0.50 \text{ m/s})(0.80) = 0.40 \text{ m/s}$$

$$v_y = v \operatorname{sen} 37° = (0.50 \text{ m/s})(0.60) = 0.30 \text{ m/s}$$

Así pues, con $x_o = 0$ y $y_o = 0$, las distancias componentes son

$$x = v_x t = (0.40 \text{ m/s})(3.0 \text{ s}) = 1.2 \text{ m}$$

y

$$y = v_y t = (0.30 \text{ m/s})(3.0 \text{ s}) = 0.90 \text{ m}$$

y la distancia real de la trayectoria es

$$d = \sqrt{x^2 + y^2} = \sqrt{(1.2 \text{ m})^2 + (0.90 \text{ m})^2} = 1.5 \text{ m}$$

Ejercicio de refuerzo. Suponga que una pelota rueda diagonalmente por una mesa con la misma rapidez que en este ejemplo, pero desde la esquina inferior derecha, que se toma como origen del sistema de coordenadas, hacia la esquina superior izquierda, con un ángulo 37° relativo al eje $-x$. Calcule los componentes de velocidad en este caso. (¿Cambiaría la distancia?) (*Las respuestas de todos los Ejercicios de refuerzo se dan al final del libro.*)

Sugerencia para resolver problemas

Observe que, en este sencillo caso, la distancia también puede obtenerse directamente $d = vt = (0.50 \text{ m/s})(3.0 \text{ s}) = 1.5$ m. Sin embargo, hemos resuelto este ejemplo de manera más general para ilustrar el uso de los componentes de movimiento. La solución directa sería evidente si las ecuaciones se combinaran algebraicamente antes de realizar los cálculos, como sigue:

$$x = v_x t = (v \cos \theta)t$$

y

$$y = v_y t = (v \operatorname{sen} \theta)t$$

de lo que se sigue que

$$d = \sqrt{x^2 + y^2} = \sqrt{(v \cos \theta)^2 t^2 + (v \operatorname{sen} \theta)^2 t^2} = \sqrt{v^2 t^2 (\cos^2 \theta + \operatorname{sen}^2 \theta)} = vt$$

Antes de adoptar la primera estrategia de resolución que se le ocurra, piense un momento si habría una forma más fácil o directa de enfrentar el problema.

Ecuaciones de cinemática para componentes de movimiento

El ejemplo 3.1 se refirió a un movimiento bidimensional en un plano. Si la velocidad es constante (componentes constantes v_x y v_y), el movimiento será en línea recta. El movimiento también puede acelerarse. Para un movimiento en un plano con *aceleración constante*, cuyos componentes son a_x y a_y, las componentes de desplazamiento y velocidad están dadas por las ecuaciones de cinemática del capítulo 2 para las direcciones x y y, respectivamente:

$$x = x_o + v_{x_o}t + \tfrac{1}{2}a_xt^2 \quad (3.3a)$$

$$y = y_o + v_{y_o}t + \tfrac{1}{2}a_yt^2 \quad (3.3b)$$

$$v_x = v_{x_o} + a_xt \quad (3.3c)$$

$$v_y = v_{y_o} + a_yt \quad (3.3d)$$

(sólo aceleración constante)

Ecuaciones de cinemática para componentes de desplazamiento y velocidad

Si un objeto se mueve inicialmente con velocidad constante y de repente experimenta una aceleración en la dirección de la velocidad o en la dirección opuesta, seguirá su camino rectilíneo acelerando o frenando, respectivamente.

No obstante, si la aceleración tiene un ángulo distinto de 0° o 180° respecto al vector de velocidad, el movimiento seguirá una trayectoria curva. Para que el movimiento de un objeto sea *curvilíneo* —es decir, que se desvíe de una trayectoria recta— se necesita una aceleración. En una trayectoria curva, el cociente de los componentes de velocidad varía con el tiempo. Es decir, la dirección del movimiento, $\theta = \tan^{-1}(v_y/v_x)$, varía con el tiempo, ya que uno de los componentes de velocidad, o ambos, lo hacen.

Exploración 3.2 Empleo de Gauntlet para controlar x, v y a

Considere una pelota que inicialmente se mueve sobre el eje x, como se ilustra en la ▼figura 3.2. Suponga que, a partir del tiempo $t_o = 0$, la pelota recibe una aceleración

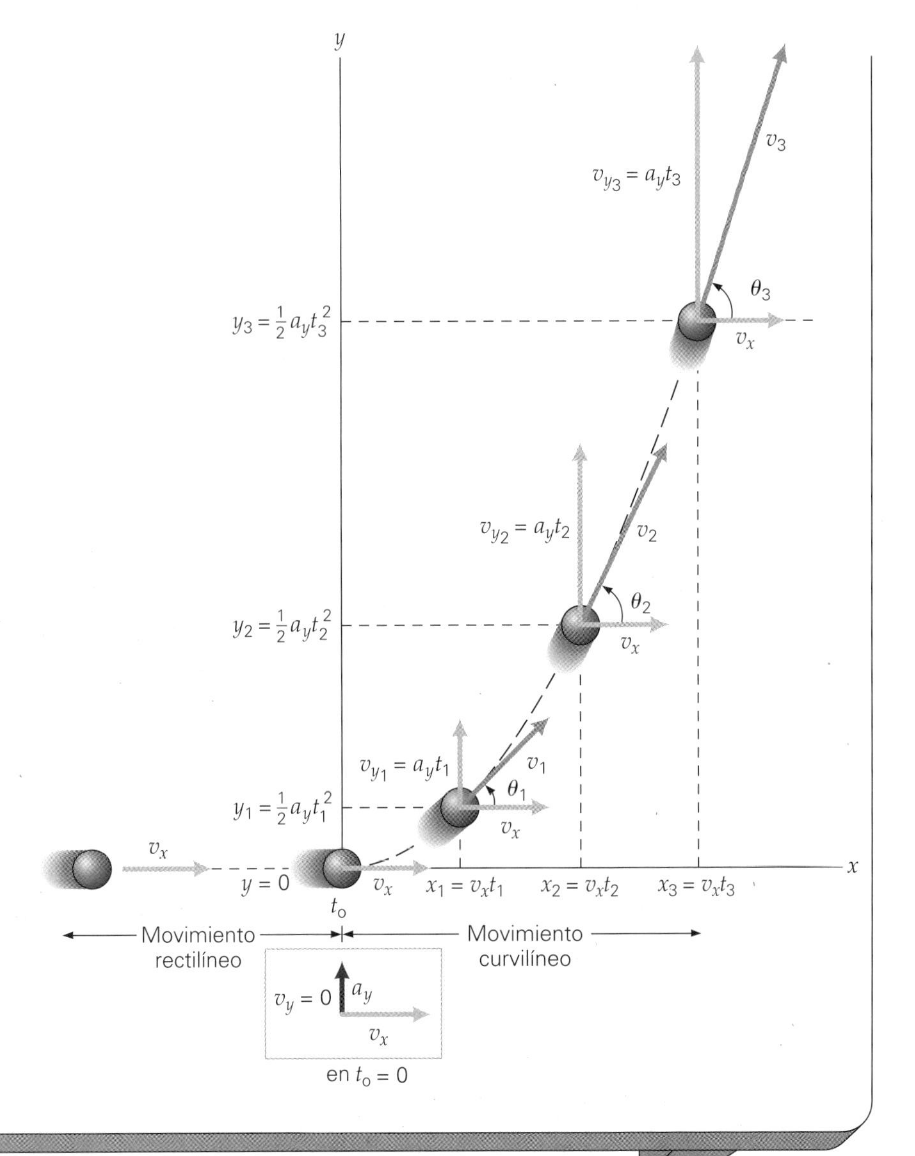

◀ **FIGURA 3.2 Movimiento curvilíneo** Una aceleración no paralela a la velocidad instantánea produce una trayectoria curva. Aquí se aplica una aceleración a_y en $t_o = 0$ a una pelota que inicialmente se movía con velocidad constante v_x. El resultado es una trayectoria curva con los componentes de velocidad que se muestran. Observe cómo v_y aumenta con el tiempo, en tanto que v_x permanece constante.

constante a_y en la dirección y. La magnitud del componente x del desplazamiento de la pelota está dada por $x = v_x t$; donde el término $\frac{1}{2}a_x t^2$ de la ecuación 3.3a se elimina por que no hay aceleración en la dirección x. Antes de t_o, el movimiento es en línea recta sobre el eje x; pero en cualquier momento después de t_o, la coordenada y no es cero y está dada por $y = \frac{1}{2}a_y t^2$ (ecuación 3.3b con $y_o = 0$ y $v_{yo} = 0$). El resultado es una trayectoria curva para la pelota.

Ilustración 3.3 La dirección de vectores de velocidad y aceleración

Observemos que la longitud (magnitud) del componente de velocidad v_y cambia con el tiempo, en tanto que la del componente v_x permanece constante. El vector de velocidad total *en cualquier momento* es tangente a la trayectoria curva de la pelota. Forma un ángulo θ con el eje x positivo, dado por $\theta = \tan^{-1}(v_y/v_x)$, que ahora cambia con el tiempo, como vemos en la figura 3.2 y en el ejemplo 3.2.

Ejemplo 3.2 ■ Una trayectoria curva: componentes vectoriales

Supongamos que la pelota de la figura 3.2 tiene una velocidad inicial de 1.50 m/s sobre el eje x y que, a partir de $t_o = 0$, recibe una aceleración de 2.80 m/s^2 en la dirección y. *a*) ¿Dónde estará la pelota 3.00 s después de t_o? *b*) ¿Qué velocidad tiene la pelota en ese momento?

Razonamiento. Tenga en cuenta que los movimientos en las direcciones x y y se pueden analizar de forma independiente. Para *a*), simplemente calculamos las posiciones x y y en el tiempo dado, tomando en cuenta la aceleración en la dirección y. Para *b*), obtenemos las velocidades componentes y las combinamos vectorialmente para determinar a la velocidad total.

Solución. Remitiéndonos a la figura 3.2, tenemos lo siguiente:

Dado: $v_{x_o} = v_x = 1.50$ m/s
$v_{y_o} = 0$
$a_x = 0$
$a_y = 2.80$ m/s^2
$t = 3.00$ s

Encuentre: *a*) (x, y) (coordenadas de posición)
b) v (velocidad, magnitud y dirección)

a) 3.00 s después de t_o las ecuaciones 3.3a y 3.3b nos dicen que la pelota recorrió las siguientes distancias desde el origen ($x_o = y_o = 0$) en las direcciones x y y, respectivamente:

$$x = v_{x_o}t + \tfrac{1}{2}a_x t^2 = (1.50 \text{ m/s})(3.00 \text{ s}) + 0 = 4.50 \text{ m}$$
$$y = v_{y_o}t + \tfrac{1}{2}a_y t^2 = 0 + \tfrac{1}{2}(2.80 \text{ m/s}^2)(3.00 \text{ s})^2 = 12.6 \text{ m}$$

Así pues, la posición de la pelota es $(x, y) = (4.50$ m, 12.6 m$)$. Si hubiéramos calculado la distancia $d = \sqrt{x^2 + y^2}$, ¿qué habríamos obtenido? (Note que esta cantidad no es la distancia real que la pelota recorrió en 3.00 s, sino más bien la magnitud del *desplazamiento*, es decir, la distancia en línea recta, desde el origen hasta $t = 3.00$ s.)

Nota: no confunda la dirección de la velocidad con la dirección del desplazamiento respecto al origen. La dirección de la velocidad siempre es tangente a la trayectoria.

b) El componente x de la velocidad está dado por la ecuación 3.3c:

$$v_x = v_{x_o} + a_x t = 1.50 \text{ m/s} + 0 = 1.50 \text{ m/s}$$

(Este componente es constante, pues no hay aceleración en la dirección x.) Asimismo, el componente y de la velocidad está dado por la ecuación 3.3d:

$$v_y = v_{y_o} + a_y t = 0 + (2.80 \text{ m/s}^2)(3.00 \text{ s}) = 8.40 \text{ m/s}$$

Por lo tanto, la magnitud de la velocidad es

$$v = \sqrt{v_x^2 + v_y^2} = \sqrt{(1.50 \text{ m/s})^2 + (8.40 \text{ m/s})^2} = 8.53 \text{ m/s}$$

y su dirección relativa al eje $+x$ es

$$\theta = \tan^{-1}\left(\frac{v_y}{v_x}\right) = \tan^{-1}\left(\frac{8.40 \text{ m/s}}{1.50 \text{ m/s}}\right) = 79.9°$$

Ejercicio de refuerzo. Suponga que la pelota de este ejemplo también recibió una aceleración de 1.00 m/s^2 en la dirección $+x$ a partir de t_o. ¿En qué posición estaría la pelota 3.00 s después de t_o en este caso?

Sugerencia para resolver problemas

Al usar las ecuaciones de cinemática, es importante recordar que el movimiento en las direcciones x y y se puede analizar de forma independiente; el factor que las vincula es el tiempo t. Es decir, obtenemos (x, y) y/o (v_x, v_y) en un tiempo t dado. También hay que tener en cuenta que a menudo tomamos $x_o = 0$ y $y_o = 0$, lo que significa que ubicamos al objeto en el origen en $t_o = 0$. Si el objeto en realidad está en otro lugar en $t_o = 0$, será necesario usar los valores de x_o y/o y_o en las ecuaciones adecuadas. (Véase ecuaciones 3.3a y b.)

3.2 Suma y resta de vectores

OBJETIVOS: *a*) Aprender la notación vectorial, *b*) ser capaz de sumar y restar vectores gráfica y analíticamente, y *c*) usar vectores para describir un movimiento en dos dimensiones.

Muchas cantidades físicas, incluidas aquellas que describen el movimiento, están asociadas a una dirección; es decir, son vectoriales. Ya trabajamos con algunas de esas cantidades relacionadas con el movimiento (desplazamiento, velocidad y aceleración), y encontraremos más durante el curso. Una técnica muy importante para analizar muchas situaciones físicas es la suma (y la resta) de vectores. Sumando o combinando tales cantidades (**suma vectorial**) podemos obtener el efecto total o neto: la *resultante*, que es como se llama a la *suma de vectores*.

Ya sumamos algunos vectores. En el capítulo 2 sumamos desplazamientos en una dimensión para obtener el desplazamiento neto. En este capítulo sumaremos componentes de vectores de movimiento, para calcular efectos netos. Recordemos que, en el ejemplo 3.2, combinamos los componentes de velocidad v_x y v_y para obtener la velocidad resultante.

En esta sección, examinaremos la suma y resta de vectores en general, junto con una notación vectorial común. Como veremos, estas operaciones no son iguales a la suma y resta de escalares o numéricas, que ya conocemos. Los vectores tienen *tanto* magnitud *como* dirección, por lo que aplicamos reglas distintas.

En general, hay métodos geométricos (gráficos) y analíticos (computacionales) para sumar vectores. Los métodos geométricos son útiles para visualizar los conceptos de la suma vectorial, sobre todo con un dibujo rápido. Sin embargo, los métodos analíticos se usan con mayor frecuencia porque son más rápidos y más precisos.

Nota: en notación vectorial, los vectores representan con símbolos en negritas y con flecha arriba, como $\vec{\mathbf{A}}$ y $\vec{\mathbf{B}}$, y sus magnitudes con símbolos en cursivas, como *A* y *B*. En la mayoría de las cifras, los vectores se representan con flechas (para *dirección*), cuya *magnitud* se indica a continuación.

En la sección 3.1 nos enfocamos sobre todo en componentes de vectores. La notación para las magnitudes de los componentes era, por ejemplo, v_x y v_y. Para representar vectores se utilizará la notación $\vec{\mathbf{A}}$ y $\vec{\mathbf{B}}$ (un símbolo en negritas testado con una flecha).

Suma de vectores: métodos geométricos

Nota: un vector (flecha) se puede desplazar en los métodos de suma de vectores: siempre y cuando no alteremos su longitud (magnitud) ni su dirección, no modificaremos el vector.

Método del triángulo Para sumar dos vectores, digamos $\vec{\mathbf{B}}$ y $\vec{\mathbf{A}}$ (es decir, para obtener $\vec{\mathbf{A}} + \vec{\mathbf{B}}$) con el **método del triángulo**, primero dibujamos $\vec{\mathbf{A}}$ en una hoja de papel milimétrico usando cierta escala (▾figura 3.3a). Por ejemplo, si $\vec{\mathbf{A}}$ es un desplazamiento en metros, una escala conveniente sería 1 cm : 1 m, de modo que un vector de 1 cm de longitud en el diagrama corresponda a 1 m de desplazamiento. Como se indica en la figura 3.3b, la dirección del vector $\vec{\mathbf{A}}$ se especifica con un ángulo θ_A relativo a un eje de coordenadas, por lo regular el eje x.

Luego, dibujamos $\vec{\mathbf{B}}$ con su cola en la punta de $\vec{\mathbf{A}}$. (Por esto, el método también se conoce como *método de punta a cola.*) El vector que va desde la cola de $\vec{\mathbf{A}}$ hasta la punta de $\vec{\mathbf{B}}$ será entonces el vector suma $\vec{\mathbf{R}}$, o la resultante de los dos vectores: $\vec{\mathbf{R}} = \vec{\mathbf{A}} + \vec{\mathbf{B}}$.

Si los vectores se dibujaron a escala, se podrá obtener la magnitud de $\vec{\mathbf{R}}$ midiendo su longitud y aplicando la conversión de escala. Con un enfoque gráfico así, la dirección del ángulo θ_R se mide con un transportador. Si conocemos las magnitudes y direcciones (ángulos θ) de $\vec{\mathbf{A}}$ y de $\vec{\mathbf{B}}$, también podremos calcular analíticamente la magnitud y la dirección de $\vec{\mathbf{R}}$ utilizando métodos trigonométricos. En el caso del triángulo no rectángulo de la figura 3.3b, utilizaríamos las leyes de los senos y cosenos. (Véase el apén-

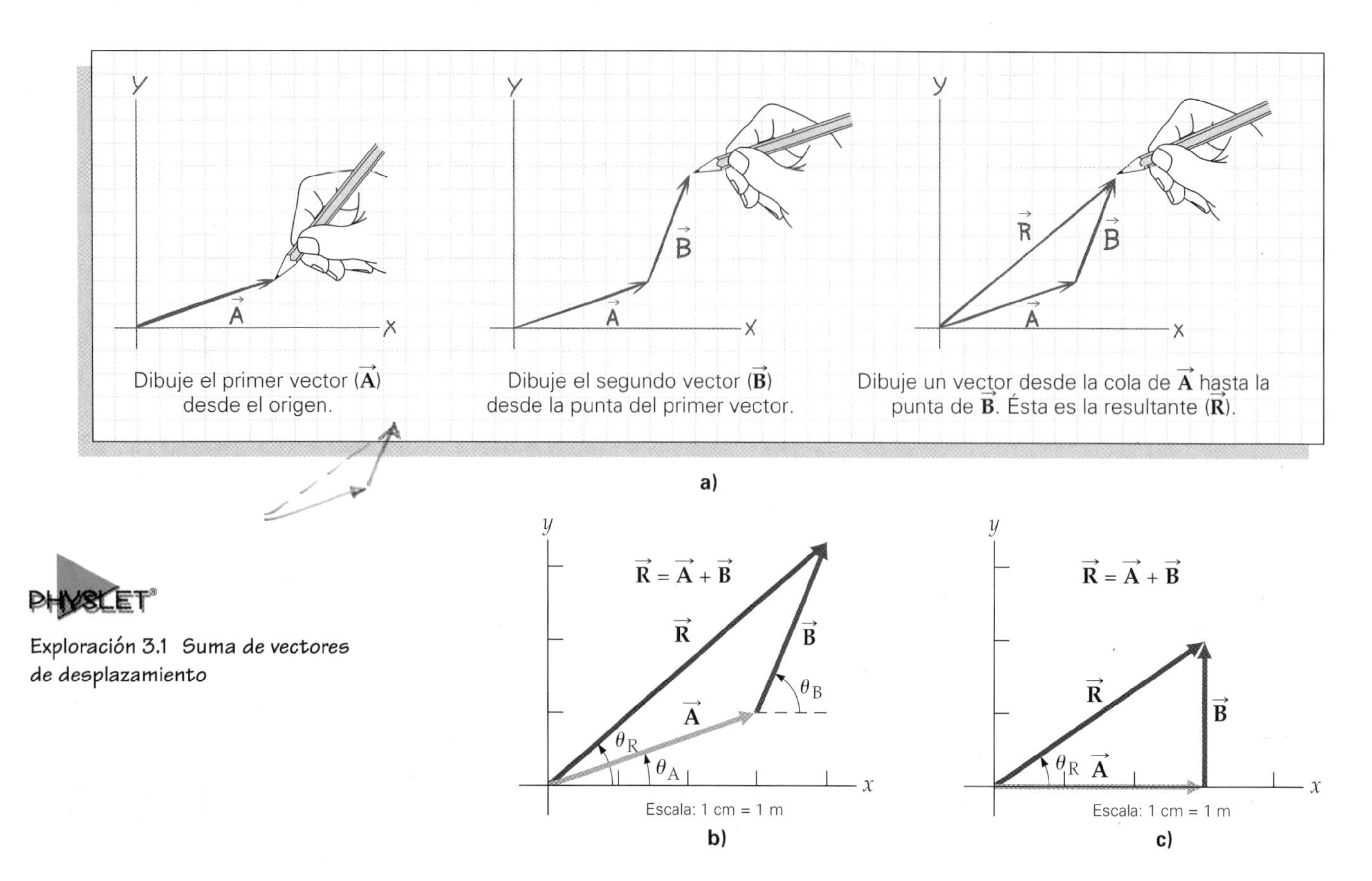

PHYSLET®

Exploración 3.1 Suma de vectores de desplazamiento

▲ **FIGURA 3.3 Método del triángulo para suma de vectores** *a)* Los vectores $\vec{\mathbf{A}}$ y $\vec{\mathbf{B}}$ se colocan punta a cola. El vector que se extiende desde la cola de $\vec{\mathbf{A}}$ hasta la punta de $\vec{\mathbf{B}}$, formando el tercer lado del triángulo, es la resultante o suma $\vec{\mathbf{R}} = \vec{\mathbf{A}} + \vec{\mathbf{B}}$. *b)* Cuando los vectores se dibujan a escala, se puede obtener la magnitud de $\vec{\mathbf{R}}$ midiendo la longitud $\vec{\mathbf{R}}$ y aplicando la conversión de escala, y entonces el ángulo de dirección θ_R se mide con un transportador. También pueden usarse métodos analíticos. En el caso de un triángulo no rectángulo, como en el inciso *b*, se pueden usar las leyes de los senos y los cosenos para determinar la magnitud de $\vec{\mathbf{R}}$ y de θ_R (apéndice I). *c)* Si el triángulo vectorial es rectángulo, $\vec{\mathbf{R}}$ es fácil de obtener usando el teorema de Pitágoras, de manera que el ángulo de dirección está dado por una función trigonométrica inversa.

dice I.) El método de punta a cola puede aplicarse a cualquier número de vectores. El vector que forma la cola del primer vector a la punta del segundo es la resultante o suma de vectores. Para más de dos vectores, se denomina método del polígono.

La resultante del triángulo rectángulo de vectores de la figura 3.3c sería mucho más fácil de calcular, utilizando el teorema de Pitágoras para obtener la magnitud, y una función trigonométrica inversa para obtener el ángulo de dirección. Observe que $\vec{\mathbf{R}}$ está constituido por los componentes x y y de $\vec{\mathbf{A}}$ y $\vec{\mathbf{B}}$. Tales componentes x y y son la base del método analítico de componentes que estudiaremos brevemente.

Resta de vectores La resta de vectores es un caso especial de la suma:

$$\vec{\mathbf{A}} - \vec{\mathbf{B}} = \vec{\mathbf{A}} + (-\vec{\mathbf{B}})$$

Es decir, para restar $\vec{\mathbf{B}}$ de $\vec{\mathbf{A}}$, sumamos un $\vec{\mathbf{B}}$ *negativo* a $\vec{\mathbf{A}}$. En el capítulo 2 vimos que un signo menos simplemente significa que el sentido del vector es opuesto al de aquel que lleva el signo más (por ejemplo, $+x$ y $-x$). Lo mismo es válido para los vectores con notación de negritas. El vector $-\vec{\mathbf{B}}$ tiene la misma magnitud que el vector $\vec{\mathbf{B}}$, pero está en sentido opuesto (▸figura 3.4). El diagrama vectorial de la figura 3.4 muestra una representación gráfica de $\vec{\mathbf{A}} - \vec{\mathbf{B}}$.

Componentes de vectores y método analítico de componentes

Probablemente el método analítico más utilizado para sumar varios vectores sea el **método de componentes**. En este libro lo usaremos de forma continua, por lo que es *indispensable* entender bien sus fundamentos. Se recomienda estudiar bien esta sección.

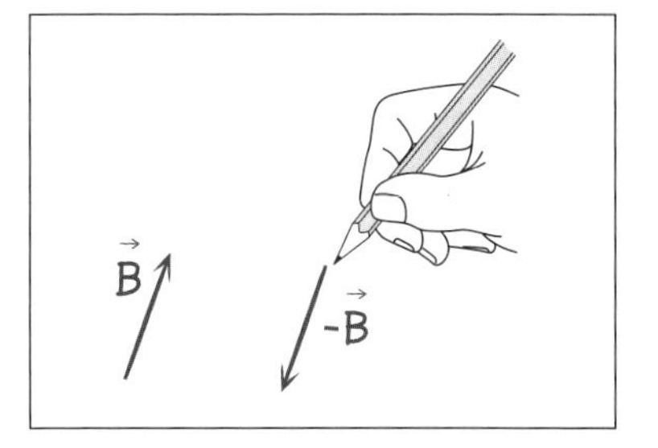

Suma de componentes rectangulares de vectores *Componentes rectangulares* se refiere a componentes de vectores que forman un ángulo recto (90°) entre sí; por lo regular se toman en las direcciones de las coordenadas rectangulares x y y. Ya presentamos la suma de tales componentes, al explicar los componentes de velocidad de un movimiento en la sección 3.1. Para el caso general, suponga que se suman $\vec{\mathbf{A}}$ y $\vec{\mathbf{B}}$, dos vectores perpendiculares, como en la ▾figura 3.5a. El ángulo recto facilita la tarea. La magnitud de $\vec{\mathbf{C}}$ está dada por el teorema de Pitágoras:

$$C = \sqrt{A^2 + B^2} \tag{3.4a}$$

La orientación de $\vec{\mathbf{C}}$ relativa al eje x está dada por el ángulo

$$\theta = \tan^{-1}\left(\frac{B}{A}\right) \tag{3.4b}$$

Esta notación es como se expresa una resultante en **forma de magnitud-ángulo**.

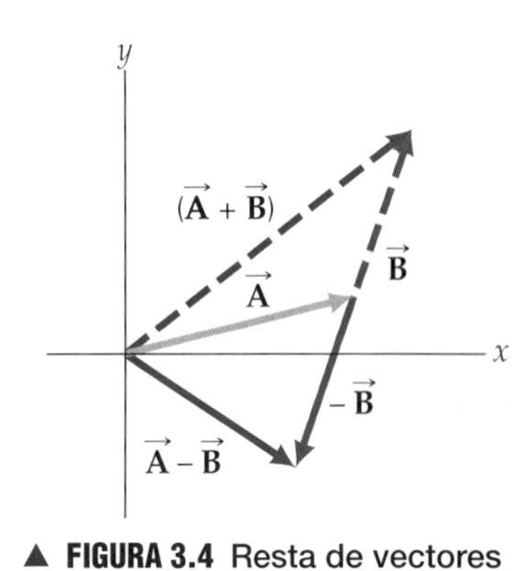

▲ **FIGURA 3.4 Resta de vectores** La resta de vectores es un caso especial de la suma; es decir, $\vec{\mathbf{A}} - \vec{\mathbf{B}} = \vec{\mathbf{A}} + (-\vec{\mathbf{B}})$, donde $-\vec{\mathbf{B}}$ tiene la misma magnitud que $\vec{\mathbf{B}}$, pero dirección opuesta. (Véase el dibujo.) Así, $\vec{\mathbf{A}} + \vec{\mathbf{B}}$ no es lo mismo que $\vec{\mathbf{B}} - \vec{\mathbf{A}}$, ni en longitud ni en dirección. ¿Puede usted demostrar geométricamente que $\vec{\mathbf{B}} - \vec{\mathbf{A}} = -(\vec{\mathbf{A}} - \vec{\mathbf{B}})$?

Descomposición de un vector en componentes rectangulares; vectores unitarios La descomposición de un vector en componentes rectangulares es en esencia el inverso de la suma de los componentes rectangulares del vector. Dado un vector $\vec{\mathbf{C}}$, la figura 3.5b ilustra cómo puede descomponerse en componentes vectoriales $\vec{\mathbf{C}}_x$ y $\vec{\mathbf{C}}_y$ en las direcciones x y y. Basta completar el triángulo de vectores con componentes x y y. Como muestra el diagrama, las magnitudes, o longitudes vectoriales, de estos componentes están dadas por

$$C_x = C\cos\theta \tag{3.5a}$$
$$C_y = C\,\text{sen}\,\theta \tag{3.5b}$$
(componentes de vectores)

respectivamente (lo cual es similar a $v_x = v\cos\theta$ y $v_y = v\,\text{sen}\,\theta$ en el ejemplo 3.1).* El ángulo de dirección de $\vec{\mathbf{C}}$ también puede expresarse en términos de los componentes, dado que $\tan\theta = C_y/C_x$, o

$$\theta = \tan^{-1}\left(\frac{C_y}{C_x}\right) \tag{3.6}$$
(dirección del vector a partir de las magnitudes de los componentes)

Forma magnitud-ángulo de un vector

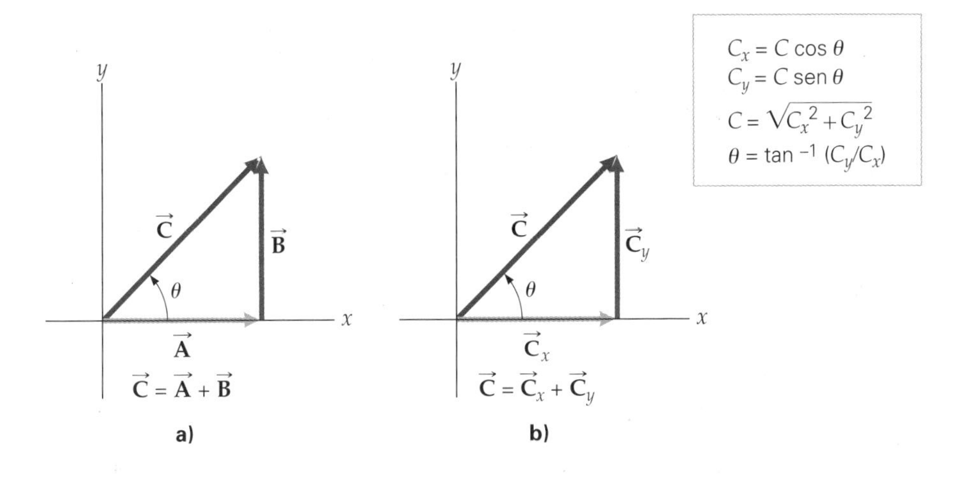

◂ **FIGURA 3.5 Componentes de vectores** *a)* Los vectores $\vec{\mathbf{A}}$ y $\vec{\mathbf{B}}$ sobre los ejes x y y, respectivamente, se suman para dar $\vec{\mathbf{C}}$. *b)* Un vector $\vec{\mathbf{C}}$ puede descomponerse en componentes rectangulares $\vec{\mathbf{C}}_x$ y $\vec{\mathbf{C}}_y$.

* La figura 3.5b ilustra únicamente un vector en el primer cuadrante, pero las ecuaciones son válidas para todos los cuadrantes cuando los vectores se toman con referencia al eje x positivo o negativo. Las direcciones de los componentes se indican con signos + y − como veremos a continuación.

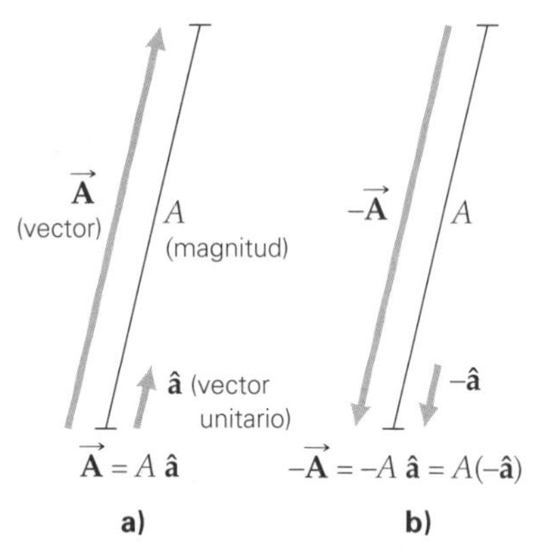

▲ **FIGURA 3.6 Vectores unitarios** *a)* Un vector unitario $\hat{\mathbf{a}}$ tiene magnitud 1, así que simplemente indica la dirección de un vector. Escrito junto con la magnitud A, representa al vector $\vec{\mathbf{A}}$, y $\vec{\mathbf{A}} = A\hat{\mathbf{a}}$. *b)* Para el vector $-\vec{\mathbf{A}}$, el vector unitario es $-\hat{\mathbf{a}}$, y $-\vec{\mathbf{A}} = -A\hat{\mathbf{a}} = A(-\hat{\mathbf{a}})$.

Otra forma para expresar la magnitud y dirección de un vector incluye vectores unitarios. Por ejemplo, como se muestra en la ◂figura 3.6, un vector $\vec{\mathbf{A}}$ se puede escribir como $\vec{\mathbf{A}} = A\hat{\mathbf{a}}$. La magnitud numérica se representa con A, y $\hat{\mathbf{a}}$ se llama **vector unitario**. Es decir, su magnitud es 1, pero no tiene unidades, de modo que simplemente indica la dirección del vector. Por ejemplo, una velocidad a lo largo del eje x se escribiría $\vec{\mathbf{v}} = (4.0\text{ m/s})\,\hat{\mathbf{x}}$ (es decir, una magnitud de 4.0 m/s en la dirección $+x$).

Observe cómo en la figura 3.6 $-\vec{\mathbf{A}}$ se representaría mediante esta notación. Aunque a veces se coloca el signo menos antes de la magnitud numérica, esta cantidad es un número absoluto; el menos realmente se refiere al vector unitario: $-\vec{\mathbf{A}} = -A\hat{\mathbf{a}} = A(-\hat{\mathbf{a}})$.* Es decir, el vector unitario tiene el sentido $-\hat{\mathbf{a}}$ (opuesta a $\hat{\mathbf{a}}$). Una velocidad de $\vec{\mathbf{v}} = (-4.0\text{ m/s})\,\hat{\mathbf{x}}$ tiene una magnitud de 4.0 m/s en el sentido $-x$; es decir, $\vec{\mathbf{v}} = (4.0\text{ m/s})(-\hat{\mathbf{x}})$.

Podemos usar esta notación para expresar explícitamente los componentes rectangulares de un vector. En el caso del desplazamiento de la pelota respecto al origen del ejemplo 3.2, se escribiría $\vec{\mathbf{d}} = (4.50\text{ m})\,\hat{\mathbf{x}} + (12.6\text{ m})\,\hat{\mathbf{y}}$, donde $\hat{\mathbf{x}}$ y $\hat{\mathbf{y}}$ son vectores unitarios en las direcciones x y y, respectivamente. En algunos casos, podría ser más conveniente expresar un vector general en esta **forma de componentes** de vectores unitarios:

$$\vec{\mathbf{C}} = C_x\hat{\mathbf{x}} + C_y\hat{\mathbf{y}} \tag{3.7}$$

Suma de vectores usando componentes

El **método analítico de componentes** para sumar vectores implica descomponer los vectores en componentes rectangulares y sumarlos en cada eje de manera independiente.

Este método se ilustra gráficamente en la ▾figura 3.7 con dos vectores $\vec{\mathbf{F}}_1$ y $\vec{\mathbf{F}}_2$.† *Las sumas de los componentes x y y de los vectores que se están sumando son entonces iguales a los componentes correspondientes del vector resultante.*

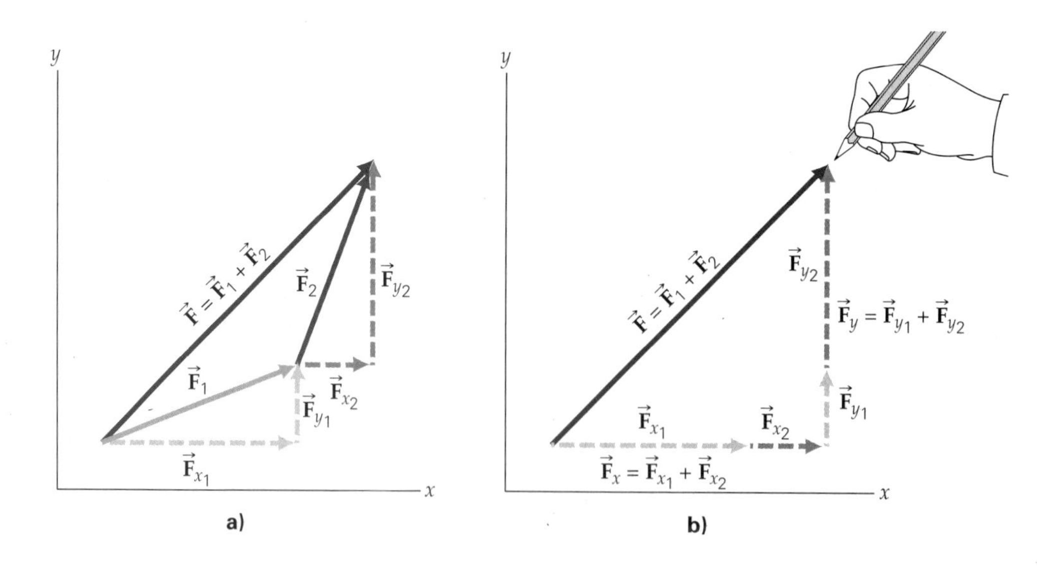

▸ **FIGURA 3.7 Suma de componentes** *a)* Al sumar vectores con el método de componentes, primero se descompone cada vector en sus componentes x y y. *b)* Las sumas de los componentes x y y de los vectores $\vec{\mathbf{F}}_1$ y $\vec{\mathbf{F}}_2$ son $\vec{\mathbf{F}}_x = \vec{\mathbf{F}}_{x_1} + \vec{\mathbf{F}}_{x_2}$ y $\vec{\mathbf{F}}_y = \vec{\mathbf{F}}_{y_1} + \vec{\mathbf{F}}_{y_2}$, respectivamente.

*A veces se usa un valor absoluto con esta notación, $\vec{\mathbf{A}} = |A|\hat{\mathbf{a}}$, o $-\vec{\mathbf{A}} = -|A|\hat{\mathbf{a}}$, para indicar claramente que la magnitud de $\vec{\mathbf{A}}$ es una cantidad positiva.

†Es común usar el símbolo $\vec{\mathbf{F}}$ para denotar fuerza, una cantidad vectorial muy importante que estudiaremos en el capítulo 4. Aquí, usamos $\vec{\mathbf{F}}$ como vector general, aunque su uso hará que usted se familiarice con la notación que emplearemos en el siguiente capítulo, donde será indispensable saber sumar fuerzas.

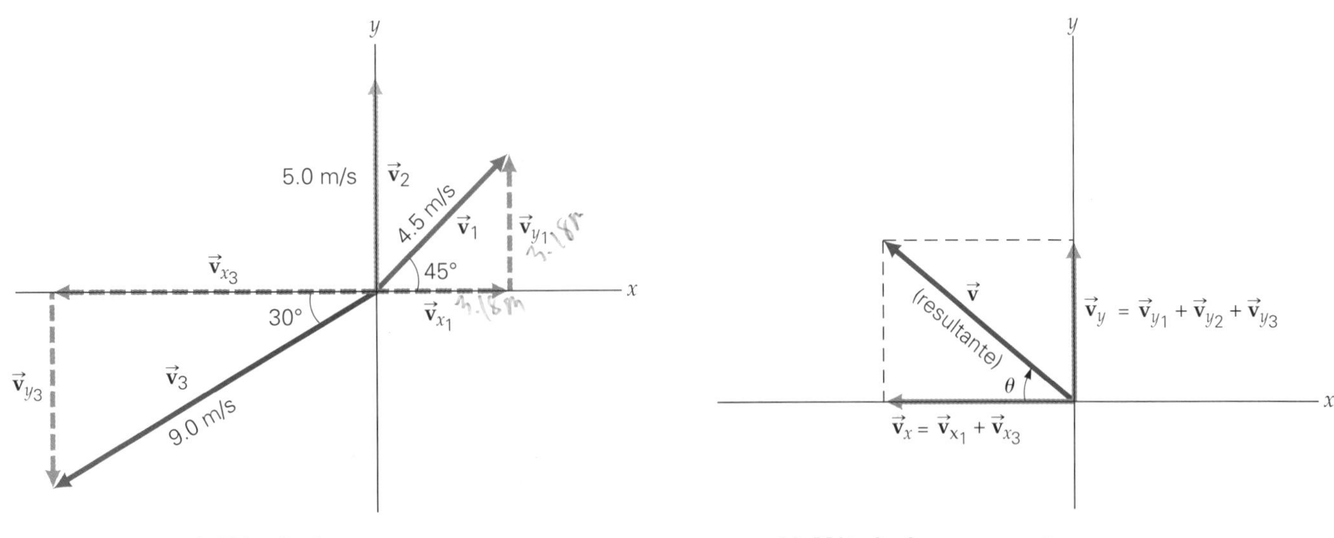

a) Método de componentes
(descomposición en componentes)

b) Método de componentes
(suma de componentes x y y mostrando las líneas punteadas desplazadas, para obtener la resultante)

▲ **FIGURA 3.8 Método de componentes para sumar vectores** *a)* En el método analítico de componentes, todos los vectores que se suman ($\vec{v}_1$, $\vec{v}_2$ y $\vec{v}_3$) se colocan primero con sus colas en el origen para descomponerlos fácilmente en sus componentes rectangulares. *b)* Las sumas respectivas de todos los componentes x y todos los componentes y luego se suman para dar los componentes de la resultante $\vec{v}$.

El mismo principio es válido si tenemos que sumar tres (o más) vectores. Podríamos obtener la resultante aplicando el método gráfico de punta a cola. Sin embargo, esta técnica implica dibujar los vectores a escala y usar un transportador para medir ángulos, lo cual quizá se lleve mucho tiempo. De hecho, por lo general es más conveniente juntar todas las colas en el origen, como en la ▲figura 3.8a. Tampoco es necesario dibujar los vectores a escala, ya que el dibujo aproximado es sólo una ayuda visual para aplicar el método analítico.

En el método de componentes, descomponemos los vectores que se van a sumar en sus componentes x y y, sumamos los componentes respectivos, y los recombinamos para obtener la resultante, que se muestra en la figura 3.8b. Si examinamos los componentes x, veremos que su suma vectorial tiene la dirección $-x$. Asimismo, la suma de los componentes y tiene la dirección $+y$. (Observemos que $\vec{v}_2$ está en la dirección y y su componente x es cero, y que un vector en la dirección x tendría componente y cero.)

Si usamos la notación de los signos más y menos para indicar sentidos, escribiremos los componentes x y y de la resultante como: $v_x = v_{x1} - v_{x3}$ y $v_y = v_{y1} - v_{y3}$. Una vez calculados los valores numéricos de los componentes de los vectores y sustituidos en estas ecuaciones, tendremos los valores de $v_x < 0$ y $v_y > 0$, como se muestra en la figura 3.8b.

Observemos también en la figura 3.8b que el ángulo direccional θ de la resultante se da respecto al eje x, lo mismo que los de los vectores individuales de la figura 3.8a. *Al sumar vectores por el método de componentes, usaremos como referencia el eje* x *más cercano, es decir, el eje* +x *o el eje* −x. Esta regla evita tener que manejar ángulos mayores que 90° (como sucede cuando medimos los ángulos de la forma acostumbrada, en sentido contrario a las manecillas del reloj, respecto al eje $+x$) y que usar fórmulas de doble ángulo, como $\cos(\theta + 90°)$. Esta restricción simplifica significativamente los cálculos. Podemos resumir los procedimientos recomendados para sumar analíticamente vectores con el método de componentes como sigue:

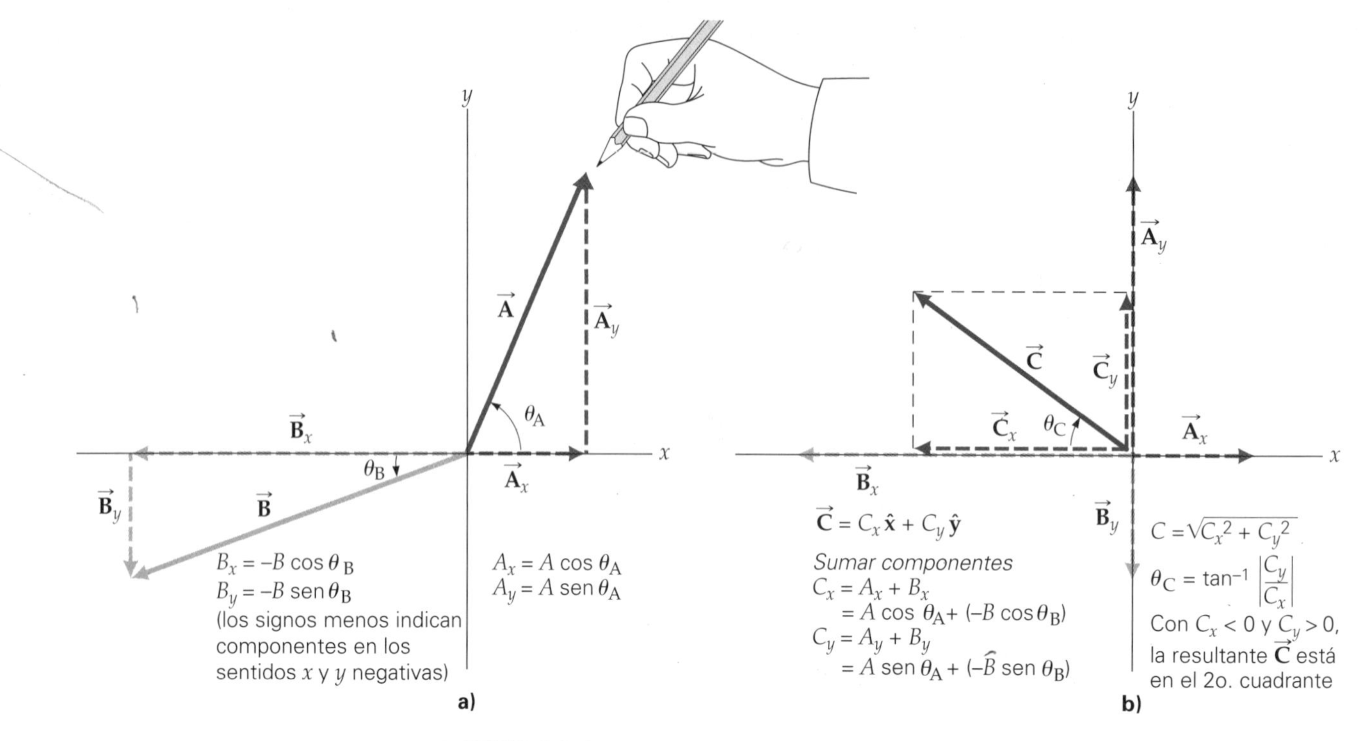

▲ **FIGURA 3.9 Suma de vectores por el método analítico de componentes**
a) Descomponga los vectores en sus componentes x y y. *b*) Sume vectorialmente todos los componentes x y todos los componentes y para obtener los componentes x y y de la resultante, es decir, $\vec{\mathbf{C}}_x$ y $\vec{\mathbf{C}}_y$. Exprese la resultante en la forma de componentes, o bien, en la forma de magnitud-ángulo. Todos ángulos se dan respecto al eje $+x$ o al eje $-x$, para que sean menores de 90°.

Procedimientos para sumar vectores con el método de componentes

1. Descomponga los vectores que se van a sumar en sus componentes x y y. Use los ángulos agudos (menores que 90°) entre los vectores y el eje x, e indique los sentidos de los componentes con signos más y menos (▲ figura 3.9).
2. Sume vectorialmente todos los componentes x y todos los componentes y para obtener los componentes x y y de la resultante, es decir, de la suma de los vectores.
3. Exprese el vector resultante con:
   a) la forma de componentes de vectores unitarios; por ejemplo, $\vec{\mathbf{C}} = C_x\hat{\mathbf{x}} + C_y\hat{\mathbf{y}}$, o bien,
   b) la forma de magnitud-ángulo.

Para usar la segunda notación, obtenemos la magnitud de la resultante a partir de los componentes x y y sumados, y empleando el teorema de Pitágoras:

$$C = \sqrt{C_x^2 + C_y^2}$$

Calculamos el ángulo de dirección (relativo al eje x) obteniendo la tangente inversa ($\tan^{-1}$) del *valor absoluto* (es decir, el valor positivo, sin considerar cualesquier signos menos) del cociente de las magnitudes de los componentes x y y:

$$\theta = \tan^{-1}\left|\frac{C_y}{C_x}\right|$$

Nota: el valor absoluto indica que se ignoran los signos menos (por ejemplo, $|-3| = 3$). Esto se hace para evitar valores negativos y ángulos mayores que 90°.

Determinamos el cuadrante donde está la resultante. Esta información se obtiene de los signos de los componentes sumados o de un dibujo de su suma con el método del triángulo. (Véase la figura 3.9.) El ángulo θ es el ángulo entre la resultante y el eje x en ese cuadrante.

Ejemplo 3.3 ■ Aplicación del método analítico de componentes: separar y combinar componentes *x* y *y*

Apliquemos los pasos del método de componentes a la suma de los vectores de la figura 3.8b. Los vectores con unidades de metros por segundo representan velocidades.

Razonamiento. Siga los pasos del procedimiento y apréndaselos. Básicamente, descomponemos los vectores en componentes y sumamos los componentes respectivos para obtener los componentes de la resultante, que podrían expresarse en forma de componentes o en forma de magnitud-ángulo.

Solución. Los componentes rectangulares de los vectores se muestran en la figura 3.8b. La suma de esos componentes da,

$$\vec{\mathbf{v}} = v_x\hat{\mathbf{x}} + v_y\hat{\mathbf{y}} = (v_{x_1} + v_{x_2} + v_{x_3})\,\hat{\mathbf{x}} + (v_{y_1} + v_{y_2} + v_{y_3})\,\hat{\mathbf{y}}$$

donde

$$\begin{aligned} v_x &= v_{x_1} + v_{x_2} + v_{x_3} = v_1 \cos 45° + 0 - v_3 \cos 30° \\ &= (4.5 \text{ m/s})(0.707) - (9.0 \text{ m/s})(0.866) = -4.6 \text{ m/s} \end{aligned}$$

y

$$\begin{aligned} v_y &= v_{y_1} + v_{y_2} + v_{y_3} = v_1 \operatorname{sen} 45° + v_2 - v_3 \operatorname{sen} 30° \\ &= (4.5 \text{ m/s})(0.707) + (5.0 \text{ m/s}) - (9.0 \text{ m/s})(0.50) = 3.7 \text{ m/s} \end{aligned}$$

En forma tabular, los componentes son:

Componentes x			*Componentes y*
v_{x_1}	$+v_1 \cos 45° = +3.2$ m/s	v_{y_1}	$+v_1 \operatorname{sen} 45° = +3.2$ m/s
v_{x_2}	$= 0$ m/s	v_{y_2}	$= +5.0$ m/s
v_{x_3}	$-v_3 \cos 30° = -7.8$ m/s	v_{y_3}	$-v_3 \operatorname{sen} 30° = -4.5$ m/s
Sumas:	$v_x = -4.6$ m/s		$v_y = +3.7$ m/s

Los sentidos de las componentes se indican con signos. (A veces se omite el signo + por sobreentenderse.) En este caso, v_2 no tiene componente x. En general, observe que para el método analítico de componentes, los componentes x son funciones coseno y los componentes y son funciones seno, siempre que la referencia sea el eje x más cercano.

En forma de componentes, el vector resultante es

$$\vec{\mathbf{v}} = (-4.6 \text{ m/s})\,\hat{\mathbf{x}} + (3.7 \text{ m/s})\,\hat{\mathbf{y}}$$

En forma de magnitud-ángulo, la magnitud de la velocidad resultante es

$$v = \sqrt{v_x^2 + v_y^2} = \sqrt{(-4.6 \text{ m/s})^2 + (3.7 \text{ m/s})^2} = 5.9 \text{ m/s}$$

Puesto que el componente x es negativo y el componente y es positivo, la resultante está en el *segundo cuadrante*, con un ángulo de

$$\theta = \tan^{-1}\left|\frac{v_y}{v_x}\right| = \tan^{-1}\left(\frac{3.7 \text{ m/s}}{4.6 \text{ m/s}}\right) = 39°$$

sobre el eje x negativo (véase la figura 3.8b).

Ejercicio de refuerzo. Suponga que en este ejemplo hay otro vector de velocidad $\vec{\mathbf{v}}_4 = (+4.6 \text{ m/s})\,\hat{\mathbf{x}}$. Calcule la resultante de los cuatro vectores en este caso?

Aunque sólo hemos hablado de movimiento en dos dimensiones (en un plano), es fácil extender el método de componentes a tres dimensiones. El vector de una velocidad en tres dimensiones tiene componentes x, y y z: $\vec{\mathbf{v}} = v_x\hat{\mathbf{x}} + v_y\hat{\mathbf{y}} + v_z\hat{\mathbf{z}}$ y su magnitud es $v = \sqrt{v_x^2 + v_y^2 + v_z^2}$.

APRENDER DIBUJANDO

Diagrame y sume

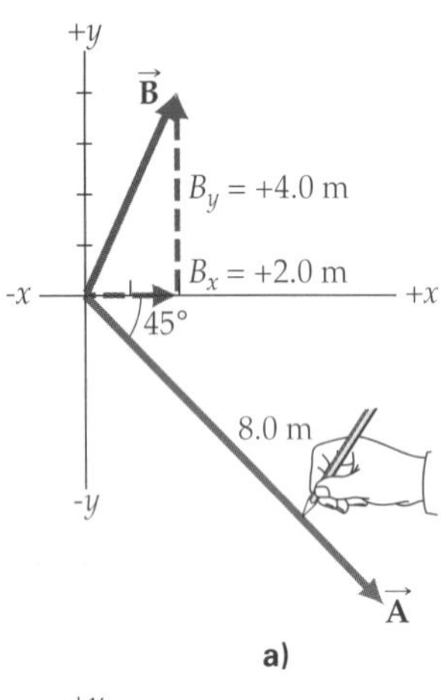

a)

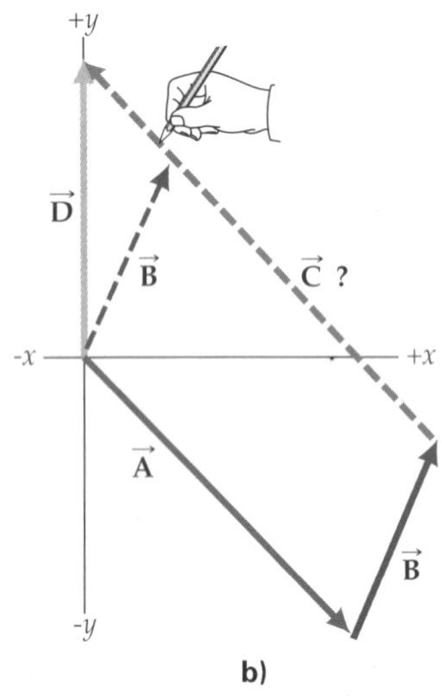

b)

a) Se hace un diagrama de los vectores $\vec{\mathbf{A}}$ y $\vec{\mathbf{B}}$. En un diagrama de vectores, las longitudes suelen estar a escala (por ejemplo, 1 cm : 1 metro) pero en los bosquejos rápidos sus longitudes se aproximan. *b)* Si desplazamos $\vec{\mathbf{B}}$ a la punta de $\vec{\mathbf{A}}$ y dibujamos $\vec{\mathbf{D}}$, podremos obtener el vector $\vec{\mathbf{C}}$ de la ecuación $\vec{\mathbf{A}} + \vec{\mathbf{B}} + \vec{\mathbf{C}} = \vec{\mathbf{D}}$.

Exploración 3.3 Aceleración de una pelota de golf que bordea el hoyo

Ejemplo 3.4 ■ Encuentre el vector: súmelos

Tenemos dos vectores de desplazamiento: $\vec{\mathbf{A}}$, con magnitud de 8.0 m y dirección de 45° por debajo del eje $+x$, y $\vec{\mathbf{B}}$, cuyas componentes x y y son +2.0 m y +4.0 m, respectivamente. Encuentre un vector $\vec{\mathbf{C}}$ tal que $\vec{\mathbf{A}} + \vec{\mathbf{B}} + \vec{\mathbf{C}}$ sea igual a un vector $\vec{\mathbf{D}}$ con magnitud de 6.0 m en la dirección $+y$.

Razonamiento. Nuevamente, un dibujo ayuda a entender la situación y da una idea general de los atributos de $\vec{\mathbf{C}}$. Sería como la de la sección Aprender dibujando. Observe que en el inciso *a* tanto $\vec{\mathbf{A}}$ y $\vec{\mathbf{B}}$ tienen componentes $+x$, así que $\vec{\mathbf{C}}$ necesitaría un componente $-x$ para cancelarlos. (La resultante $\vec{\mathbf{D}}$ apunta sólo en la dirección $+y$.) $\vec{\mathbf{B}}_y$ y $\vec{\mathbf{D}}$ están en la dirección $+y$, pero la componente $\vec{\mathbf{A}}_y$ es mayor en la dirección —y, así que $\vec{\mathbf{C}}$ requeriría un componente $+y$. Con esta información, vemos que $\vec{\mathbf{C}}$ estaría en el segundo cuadrante. Un dibujo de polígono (como el del inciso *b* de Aprender dibujando) confirma tal observación.

Así pues, sabemos que $\vec{\mathbf{C}}$ tiene componentes en el segundo cuadrante y una magnitud relativamente grande (por las longitudes de los vectores en el diagrama de polígono). Esta información nos da una idea de lo que estamos buscando y nos ayuda a decidir si los resultados de la solución analítica son razonables.

Solución.

Dado: $\vec{\mathbf{A}}$: 8.0 m, 45° abajo del eje $-x$ (cuarto cuadrante)

$\vec{\mathbf{B}}_x = (2.0\text{ m})\,\hat{\mathbf{x}}$

$\vec{\mathbf{B}}_y = (4.0\text{ m})\,\hat{\mathbf{y}}$

Encuentre: $\vec{\mathbf{C}}$ tal que $\vec{\mathbf{A}} + \vec{\mathbf{B}} + \vec{\mathbf{C}} = \vec{\mathbf{D}} = (+6.0\text{ m})\,\hat{\mathbf{y}}$

Hagamos una tabla de componentes para entenderlos mejor:

Componentes x	*Componentes y*
$A_x = A\cos 45° = (8.0\text{ m})(0.707) = +5.7\text{ m}$	$A_y = -A\,\text{sen}\,45° = -(8.0\text{ m})(0.707) = -5.7\text{ m}$
$B_x = +2.0\text{ m}$	$B_y = +4.0\text{ m}$
$C_x = ?$	$C_y = ?$
$D_x = 0$	$D_y = +6.0\text{ m}$

Para obtener los componentes de $\vec{\mathbf{C}}$, donde $\vec{\mathbf{A}} + \vec{\mathbf{B}} + \vec{\mathbf{C}} = \vec{\mathbf{D}}$, sumamos por separado los componentes x y y:

$$x:\quad \vec{\mathbf{A}}_x + \vec{\mathbf{B}}_x + \vec{\mathbf{C}}_x = \vec{\mathbf{D}}_x$$

es decir,

$$+5.7\text{ m} + 2.0\text{ m} + C_x = 0 \quad\text{y}\quad C_x = -7.7\text{ m}$$

$$y:\quad \vec{\mathbf{A}}_y + \vec{\mathbf{B}}_y + \vec{\mathbf{C}}_y = \vec{\mathbf{D}}_y$$

o

$$-5.7\text{ m} + 4.0\text{ m} + C_y = 6.0\text{ m} \quad\text{y}\quad C_y = +7.7\text{ m}$$

Entonces,

$$\vec{\mathbf{C}} = (-7.7\text{ m})\,\hat{\mathbf{x}} + (7.7\text{ m})\,\hat{\mathbf{y}}$$

También podemos expresar el resultado en forma de magnitud-ángulo:

$$C = \sqrt{C_x^2 + C_y^2} = \sqrt{(-7.7\text{ m})^2 + (7.7\text{ m})^2} = 11\text{ m}$$

y

$$\theta = \tan^{-1}\left|\frac{C_y}{C_x}\right| = \tan^{-1}\left|\frac{7.7\text{ m}}{-7.7\text{ m}}\right| = 45° \quad \textit{(arriba del eje } -x\textit{, ¿por qué?)}$$

Ejercicio de refuerzo. Suponga que $\vec{\mathbf{D}}$ apunta en el sentido opuesta $[\vec{\mathbf{D}} = (-6.0\text{ m})\,\hat{\mathbf{y}}]$. Determine $\vec{\mathbf{C}}$ en este caso.

3.3 Movimiento de proyectiles

OBJETIVOS: Analizar el movimiento de proyectiles para determinar *a*) posición, *b*) tiempo de vuelo y *c*) alcance.

Un ejemplo muy conocido de movimiento curvilíneo bidimensional es el de los objetos que se lanzan o proyectan con algún mecanismo. El movimiento de una piedra lanzada al otro lado de un arroyo o el de una pelota de golf golpeada en el "tee" son casos de **movimiento de proyectiles**. Una situación especial de movimiento de proyectil en una dimensión es el lanzamiento de un objeto verticalmente hacia arriba (o hacia abajo). Ya vimos este caso en el capítulo 2 en términos de caída libre (sin considerar la resistencia del aire). También trataremos el movimiento de proyectiles como caída libre, así que la única aceleración de un proyectil será la debida a la gravedad. Podemos usar componentes vectoriales para analizar el movimiento de proyectiles. Simplemente descomponemos el movimiento en sus componentes x y y, y los manejamos individualmente.

Proyecciones horizontales

Vale la pena analizar primero el movimiento de un objeto que se proyecta horizontalmente, paralelo a una superficie plana. Supongamos que lanzamos un objeto horizontalmente con velocidad inicial v_{x_o} como en la ▼figura 3.10. El movimiento de proyectiles se analiza a partir del instante en que se sueltan ($t = 0$). Una vez soltado el objeto, deja de haber aceleración horizontal ($a_x = 0$), así que, durante toda la trayectoria del objeto, la velocidad horizontal se mantiene constante: $v_x = v_{x_o}$.

Nota: repase la sección 2.5, caída libre en una dimensión.

Según la ecuación $x = x_o + v_x t$ (ecuación 3.2a), el objeto proyectado seguiría viajando indefinidamente en la dirección horizontal. Sin embargo, sabemos que esto no sucede. Tan pronto como se proyecta el objeto, está en caída libre en la dirección vertical, con $v_{y_o} = 0$ (como si se hubiera dejado caer) y $a_y = -g$. En otras palabras, el objeto proyectado viaja con velocidad uniforme en la dirección horizontal y, *al mismo tiempo*, sufre una aceleración en la dirección hacia abajo por la influencia de la gravedad. El resultado es una trayectoria curva, como se muestra en la figura 3.10. (Compare los movimientos de las figuras 3.10 y 3.2. ¿Percibe el lector similitudes?) Si no hubiera movimiento horizontal, el objeto simplemente caería al suelo en línea recta. De hecho, el tiempo de vuelo del objeto proyectado es *exactamente el mismo que si estuviera cayendo verticalmente.*

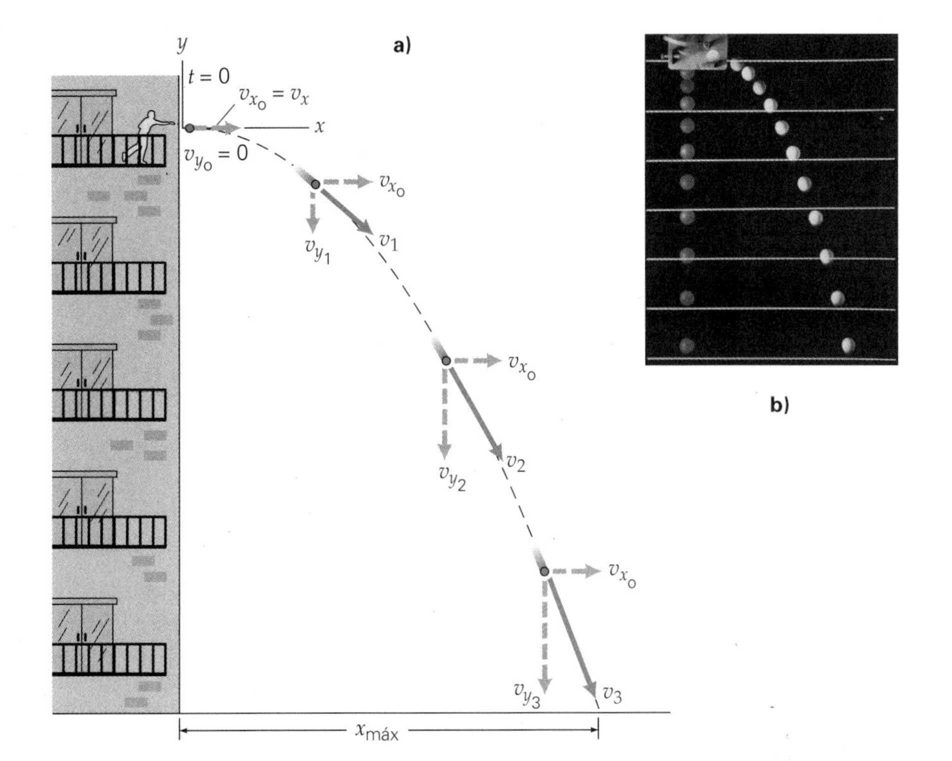

◀ **FIGURA 3.10 Proyección horizontal** *a*) Los componentes de velocidad de un proyectil lanzado horizontalmente muestran que el proyectil viaja a la derecha mientras cae, como lo indica el signo menos. *b*) Una fotografía con múltiples destellos muestra las trayectorias de dos pelotas de golf. Una se proyectó horizontalmente al mismo tiempo que la otra se dejaba caer en línea recta. Las líneas horizontales tienen una separación de 15 cm, y el intervalo entre destellos fue de $\frac{1}{30}$ s. Los movimientos verticales de las pelotas son idénticos. ¿Por qué? ¿Puede el lector describir el movimiento horizontal de la pelota que está en gris claro?

Observe los componentes del vector de velocidad en la figura 3.10a. La longitud del componente horizontal no cambia; pero la longitud del componente vertical aumenta con el tiempo. ¿Qué velocidad instantánea tiene el objeto en cualquier punto de su trayectoria? (Pensemos en términos de suma de vectores, como en la sección 3.3.) La imagen de la figura 3.10b muestra los movimientos reales de una pelota de golf que se proyecta horizontalmente y una que se deja caer simultáneamente desde el reposo. Las líneas de referencia horizontales muestran que las pelotas caen verticalmente con la misma rapidez. La única diferencia es que la que se proyectó horizontalmente también viaja hacia la derecha cuando cae.

Ejemplo 3.5 ■ Inicio hasta arriba: proyección horizontal

Suponga que la pelota de la figura 3.10a se proyecta desde una altura de 25.0 m sobre el suelo y se le imprime una velocidad horizontal inicial de 8.25 m/s. *a*) ¿Cuánto tiempo tardará la pelota en golpear el suelo? *b*) ¿A qué distancia del edificio tocará el suelo la pelota?

Razonamiento. Al examinar los componentes del movimiento, vemos que en el inciso *a* buscamos el tiempo que la pelota tarda en caer verticalmente, es decir, un caso análogo al de una pelota que se deja caer desde esa altura. Éste es también el tiempo que la pelota viaja en la dirección horizontal. La rapidez horizontal es constante, así que podremos calcular la distancia horizontal que nos piden en el inciso *b*.

Solución. Escribimos los datos eligiendo como origen el punto desde el que se lanza la pelota y tomando el sentido hacia abajo como negativo:

Dado: $y = -25.0\text{ m}$
$v_{x_o} = 8.25\text{ m/s}$
$a_x = 0$
$v_{y_o} = 0$
$a_y = -g$
($x_o = 0$ y $y_o = 0$ por el origen que elegimos.)

Encuentre: *a*) t (tiempo de vuelo)
b) x (distancia horizontal)

a) Como ya señalamos, el tiempo de vuelo es el mismo que la pelota tardaría en caer verticalmente al suelo. Para calcularlo, podemos usar la ecuación $y = y_o + v_{y_o}t - \frac{1}{2}gt^2$, donde se expresa la dirección negativa de g explícitamente, como en el capítulo 2. Con $v_{y_o} = 0$, tenemos

$$y = -\tfrac{1}{2}gt^2$$

Entonces,

$$t = \sqrt{\frac{2y}{-g}} = \sqrt{\frac{2(-25.0\text{ m})}{-9.80\text{ m/s}^2}} = 2.26\text{ s}$$

b) La pelota viaja en la dirección x durante el mismo tiempo que viaja en la dirección y (es decir, 2.26 s). Puesto que no hay aceleración en la dirección horizontal, la pelota viaja en esta dirección con velocidad uniforme. Así, con $x_o = 0$ y $a_x = 0$, tenemos

$$x = v_{x_o}t = (8.25\text{ m/s})(2.26\text{ s}) = 18.6\text{ m}$$

Ejercicio de refuerzo. *a*) Colocando los ejes en la base del edificio, demuestre que la ecuación resultante es la misma que en el ejemplo. *b*) ¿Qué velocidad (en forma de componentes) tiene la pelota justo antes de tocar el suelo?

Proyecciones con ángulos arbitrarios

Ilustración 3.4 Movimiento de proyectiles

En el caso general de movimiento de proyectiles, el objeto se proyecta con un ángulo θ arbitrario respecto a la horizontal; por ejemplo, una pelota de golf que se golpea con un palo (▸figura 3.11). Durante el movimiento de un proyectil, éste viaja hacia arriba y hacia abajo mientras viaja horizontalmente con velocidad constante. (¿La pelota tiene aceleración? Sí. En todos los puntos del movimiento, la gravedad está actuando, y $\vec{\mathbf{a}} = -g\,\hat{\mathbf{y}}$.)

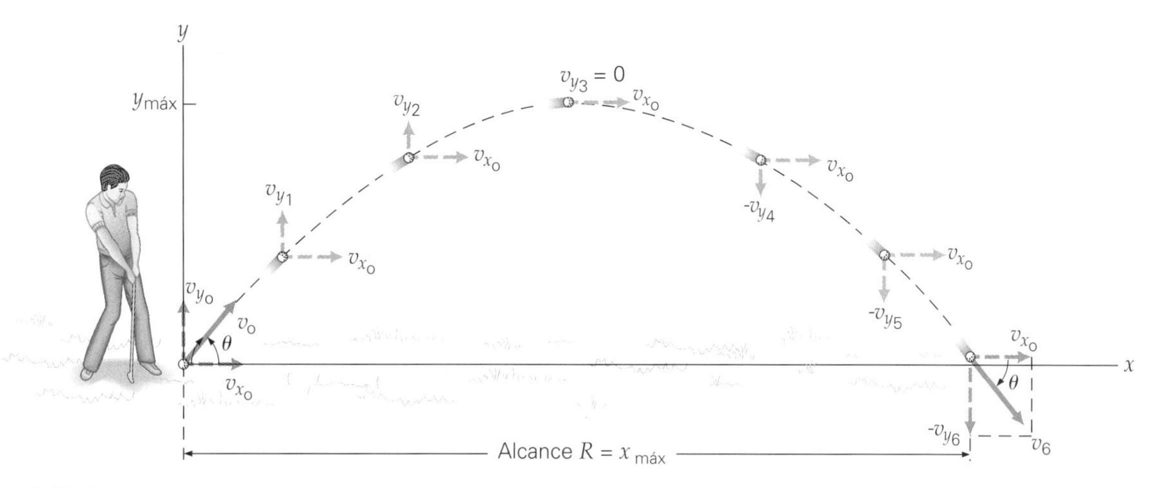

▲ **FIGURA 3.11 Proyección angulada** Se muestran los componentes de velocidad de la pelota en diversos instantes. (Las direcciones se indican con signos, aunque el signo + se omite porque por lo general se sobreentiende.) Observe que $v_y = 0$ en la cúspide de la trayectoria ($y_{máx}$). El alcance R es la distancia horizontal máxima ($x_{máx}$). (¿Por qué $v_0 = v_6$?)

Este movimiento también se analiza usando componentes. Igual que antes, tomamos los sentidos hacia arriba como positivo; y hacia abajo, como negativo. Primero descomponemos la velocidad inicial v_o en sus componentes rectangulares:

$$v_{x_o} = v_o \cos\theta \quad \textit{(componentes de velocidad inicial)} \qquad (3.8a)$$

$$v_{y_o} = v_o \operatorname{sen}\theta \qquad (3.8b)$$

Puesto que no hay aceleración horizontal y la gravedad actúa en el sentido y negativa, el componente x de la velocidad es constante, mientras que el componente y varía con el tiempo (véase la ecuación 3.3d):

$$v_x = v_{x_o} = v_o \cos\theta \quad \textit{(componentes de velocidad del movimiento de un proyectil)} \qquad (3.9a)$$

$$v_y = v_{y_o} - gt = v_o \operatorname{sen}\theta - gt \qquad (3.9b)$$

En la figura 3.11 se ilustran los componentes de la velocidad instantánea en diversos tiempos. La velocidad instantánea es la suma de estos componentes y es tangente a la trayectoria curva de la pelota en cualquier punto. Observe que la pelota golpea el suelo con la misma rapidez con que se lanzó (pero con $-v_{y_o}$) y con el mismo ángulo bajo la horizontal.

Asimismo, los componentes del desplazamiento están dados por ($x_o = y_o = 0$):

$$x = v_{x_o}t = (v_o \cos\theta)t \quad \textit{(componentes de desplazamiento del movimiento de un proyectil)} \qquad (3.10a)$$

$$y = v_{y_o}t - \tfrac{1}{2}gt^2 = (v_o \operatorname{sen}\theta)t - \tfrac{1}{2}gt^2 \qquad (3.10b)$$

La curva que producen estas ecuaciones (la trayectoria de movimiento del proyectil) se denomina **parábola**. Solemos llamar *arco parabólico* a la trayectoria de un proyectil. Tales arcos son muy comunes (▸figura 3.12).

Cabe señalar que, igual que en la proyección horizontal, *lo que los componentes del movimiento tienen en común es el tiempo*. Entre los aspectos del movimiento de proyectiles que podrían interesarnos en diversas situaciones están el tiempo de vuelo, la altura máxima alcanzada y el **alcance** (R), que es la distancia horizontal máxima recorrida.

▼ **FIGURA 3.12 Arcos parabólicos** Las chispas de metal caliente que saltan al soldar describen arcos parabólicos.

Nota: un proyectil sigue una trayectoria parabólica.

Ejemplo 3.6 ■ El primer golpe del golf: proyección angulada

Supongamos que un golfista golpea una pelota en el "tee" dándole una velocidad inicial de 30.0 m/s con un ángulo de 35° respecto a la horizontal, como en la figura 3.11. *a*) ¿Qué altura máxima alcanza la pelota? *b*) ¿Qué alcance tiene?

Razonamiento. La altura máxima tiene que ver con el componente y; el procedimiento para obtenerla es como el que usamos para determinar la altura máxima que alcanza una pelota proyectada verticalmente hacia arriba. La pelota viaja en la dirección x durante el tiempo que tarda en subir y bajar.

Solución.

Dado: $v_o = 30.0$ m/s
$\theta = 35°$
$a_y = -g$
(x_o y $y_o = 0$ y final $y = 0$)

Encuentre: *a*) $y_{\text{máx}}$
b) $R = x_{\text{máx}}$

Calculemos v_{x_o} y v_{y_o}, explícitamente para usar ecuaciones de cinemática simplificadas:

$$v_{x_o} = v_o \cos 35° = (30.0 \text{ m/s})(0.819) = 24.6 \text{ m/s}$$

$$v_{y_o} = v_o \,\text{sen}\, 35° = (30.0 \text{ m/s})(0.574) = 17.2 \text{ m/s}$$

a) Igual que para un objeto lanzado verticalmente hacia arriba, $v_y = 0$ en la altura máxima ($y_{\text{máx}}$). Así, calculamos el tiempo requerido para alcanzar la altura máxima (t_a) con la ecuación 3.9b igualando v_y a cero:

$$v_y = 0 = v_{y_o} - gt_a$$

Despejando t_a, tenemos

$$t_a = \frac{v_{y_o}}{g} = \frac{17.2 \text{ m/s}}{9.80 \text{ m/s}^2} = 1.76 \text{ s}$$

(Observe que t_a representa el tiempo que la pelota está en ascenso.)

Entonces, la altura máxima $y_{\text{máx}}$ se obtiene sustituyendo t_a en la ecuación 3.10b:

$$y_{\text{máx}} = v_{y_o}t_a - \tfrac{1}{2}gt_a^2 = (17.2 \text{ m/s})(1.76 \text{ s}) - \tfrac{1}{2}(9.80 \text{ m/s}^2)(1.76 \text{ s})^2 = 15.1 \text{ m}$$

La altura máxima también se podría haber obtenido directamente de la ecuación 2.11′, $v_y^2 = v_{y_o}^2 - 2gy$, con $y = y_{\text{máx}}$ y $v_y = 0$. Sin embargo, el método de resolución que usamos aquí ilustra la forma de obtener el tiempo de vuelo.

b) Al igual que en la proyección vertical, el tiempo de ascenso es igual al de descenso, así que el tiempo total de vuelo es $t = 2t_a$ (para volver a la altura desde la que se proyectó el objeto, $y = y_o = 0$, como se observa a partir de $y - y_o = v_{y_o}t - \frac{1}{2}gt^2 = 0$, y $t = 2v_{y_o}/g = 2t_a$.)

El alcance R es igual a la distancia horizontal recorrida ($y_{\text{máx}}$), la cual se obtiene fácilmente sustituyendo el tiempo total de vuelo $t = 2t_a = 2(1.76 \text{ s}) = 3.52$ s en la ecuación 3.10a:

$$R = x_{\text{máx}} = v_x t = v_{x_o}(2t_a) = (24.6 \text{ m/s})(3.52 \text{ s}) = 86.6 \text{ m}$$

Ejercicio de refuerzo. ¿Cómo cambiarían los valores de altura máxima ($y_{\text{máx}}$) y alcance ($x_{\text{máx}}$) si la pelota se hubiera golpeado inicialmente igual en la superficie de la Luna? (*Sugerencia:* $g_L = g/6$; es decir, la aceleración debida a la gravedad en la Luna es la sexta parte que en la Tierra.) No realice cálculos numéricos. Obtenga las respuestas examinando las ecuaciones.

El alcance de un proyectil es una consideración importante en diversas aplicaciones, y tiene especial importancia en los deportes donde se busca un alcance máximo, como el golf y el lanzamiento de jabalina.

En general, ¿qué alcance tiene un proyectil lanzado con velocidad v_o en un ángulo θ? Para contestar esta pregunta, deberemos considerar la ecuación empleada en el ejemplo 3.6 para calcular el intervalo, $R = v_x t$. Veamos primero las expresiones para v_x y t. Puesto que no hay aceleración en la dirección horizontal, sabemos que

$$v_x = v_{x_o} = v_o \cos\theta$$

y el tiempo total t (como vimos en el ejemplo 3.6) es

$$t = \frac{2v_{y_o}}{g} = \frac{2v_o \,\text{sen}\,\theta}{g}$$

Entonces,

$$R = v_x t = (v_o \cos\theta)\left(\frac{2v_o \operatorname{sen}\theta}{g}\right) = \frac{2v_o^2 \operatorname{sen}\theta\cos\theta}{g}$$

Utilizando la identidad trigonométrica sen $2\theta = 2\cos\theta$ sen θ (véase el apéndice I), tenemos

$$R = \frac{v_o^2 \operatorname{sen} 2\theta}{g} \quad \textit{alcance del proyectil } x_{\text{máx}} \; (\textit{sólo para } y_{\text{inicial}} = y_{\text{final}}) \tag{3.11}$$

Vemos que el alcance depende de la magnitud de la velocidad (o rapidez) inicial, v_o, y del ángulo de proyección, θ, suponiendo g constante. Hay que tener en cuenta que tal ecuación sólo es válida en el caso especial, pero común, de $y_{\text{inicial}} = y_{\text{final}}$ (es decir, cuando el punto de aterrizaje está a la misma altura que el de lanzamiento).

Ejemplo 3.7 ■ Un lanzamiento desde el puente

Una chica que está parada en un puente lanza una piedra con una velocidad inicial de 12 m/s en un ángulo de 45° bajo la horizontal, en un intento por golpear un trozo de madera que flota en el río (▼figura 3.13). Si la piedra se lanza desde una altura de 20 m sobre el río y llega a éste cuando la madera está a 13 m del puente, ¿golpeará la tabla? (Suponga que la tabla prácticamente no se mueve y que está en el plano del lanzamiento.)

Razonamiento. La pregunta es ¿qué alcance tiene la piedra? Si este alcance es igual a la distancia entre la tabla y el puente, la piedra golpeará la tabla. Para obtener el alcance de la piedra, necesitamos calcular el tiempo de descenso (a partir del componente y del movimiento) y, con él, calcular la distancia $x_{\text{máx}}$. (El tiempo es el factor vinculante.)

Solución.

Dado:
$v_o = 12$ m/s
$\theta = 45°$ $v_{x_o} = v_o \cos 45° = 8.5$ m/s
$y = -20$ m $v_{y_o} = -v_o \operatorname{sen} 45° = -8.5$ m/s
$x_{\text{tabla}} = 13$ m
$(x_o = y_o = 0)$

Encuentre: alcance o $x_{\text{máx}}$ de la piedra desde el puente. (¿Es igual a la distancia entre la tabla y el puente?)

Para obtener el tiempo en el caso de trayectorias hacia arriba, hemos usado $v_y = v_{y_o} - g$, donde $v_y = 0$ en la cúspide del arco. Sin embargo, en este caso v_y no es cero cuando la piedra llega al río, así que necesitamos obtener v_y para utilizar esa ecuación. Este valor se determina a partir de la ecuación de cinemática 2.11′,

$$v_y^2 = v_{y_o}^2 - 2gy$$

(continúa en la siguiente página)

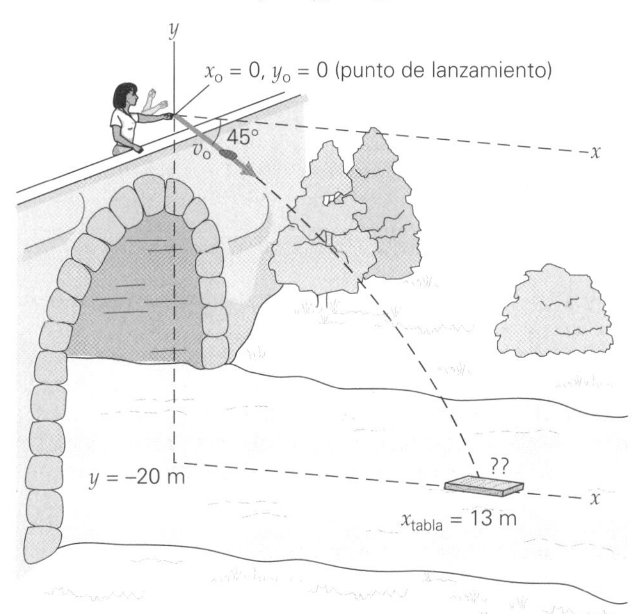

▲ **FIGURA 3.13** Lanzamiento desde el puente: ¿acierta o falla? Véase el ejemplo 3.7.

despejando,

$$v_y = \sqrt{(-8.5\text{ m/s})^2 - 2(9.8\text{ m/s}^2)(-20\text{ m})} = -22\text{ m/s}$$

(con la raíz negativa porque v_y es hacia abajo).

Ahora despejamos t en $v_y = v_{y_o} - gt$,

$$t = \frac{v_{y_o} - v_y}{g} = \frac{-8.5\text{ m/s} - (-22\text{ m/s})}{9.8\text{ m/s}^2} = 1.4\text{ s}$$

En este momento la distancia horizontal entre la piedra y el puente es

$$x_{\text{máx}} = v_{x_o}t = (8.5\text{ m/s})(1.4\text{ s}) = 12\text{ m}$$

Así que el lanzamiento de la chica se queda corto un metro (pues la tabla está a 13 m).

Podríamos utilizar la ecuación 3.10b, $y = y_o + v_{y_o}t - \frac{1}{2}gt^2$, para determinar el tiempo, aunque habría implicado resolver una ecuación cuadrática.

Ejercicio de refuerzo. *a*) ¿Por qué supusimos que la tabla está en el plano del lanzamiento? *b*) ¿Por qué en este ejemplo no usamos la ecuación 3.11 para encontrar el alcance? Demuestre que la ecuación 3.11 funciona en el ejemplo 3.6, pero no en el 3.7, calculando el alcance en cada caso y comparando los resultados con las respuestas obtenidas en los ejemplos.

Ejemplo conceptual 3.8 ■ ¿Cuál tiene mayor rapidez?

Considere dos pelotas, ambas lanzadas con la misma rapidez inicial v_o, pero una con un ángulo de 45° arriba de la horizontal y la otra con un ángulo de 45° abajo de la horizontal (▼figura 3.14). Determine si, al llegar al suelo, *a*) la pelota lanzada hacia arriba tiene mayor rapidez, *b*) la pelota proyectada hacia abajo tiene mayor rapidez o *c*) ambas tienen la misma rapidez. Plantee claramente el razonamiento y los principios de física que usó para llegar a su respuesta, antes de revisar lo siguiente. Es decir, ¿por qué eligió esa respuesta?

Razonamiento y respuesta. En primera instancia, pensaríamos que la respuesta es *b*, ya que esta pelota se lanza hacia abajo. No obstante, la pelota proyectada hacia arriba cae desde una altura máxima mayor, así que tal vez la respuesta sea *a*. Para resolver este dilema, observe la línea horizontal trazada en la figura 3.14 entre los dos vectores de velocidad, que se extiende hasta más allá de la trayectoria superior. Vea, además, que abajo de la línea, las trayectorias de ambas pelotas son iguales. Asimismo, cuando llega a esta lí-

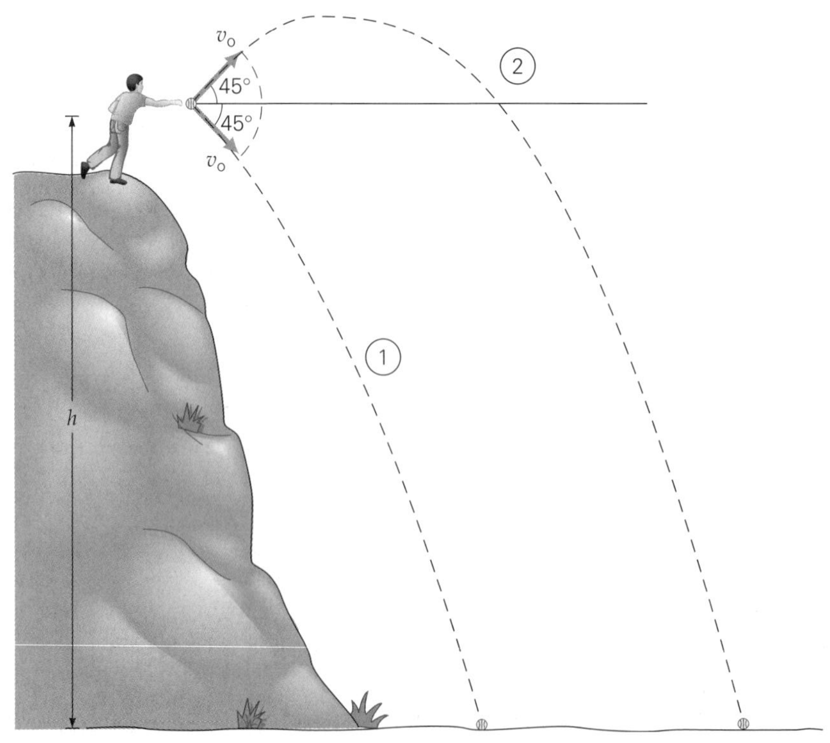

▲ **FIGURA 3.14** ¿Cuál tiene mayor velocidad? Véase el ejemplo 3.8.

nea, la velocidad hacia abajo de la pelota superior es v_o con un ángulo de 45° abajo de la horizontal. (Véase la figura 3.11.) Por lo tanto, en lo que respecta a la línea horizontal y más abajo, las condiciones son idénticas, con el mismo componente y y el mismo componente x constante. Por consiguiente, la respuesta es *c*.

Ejercicio de refuerzo. Suponga que la pelota lanzada hacia abajo se proyectó con un ángulo de −40°. ¿Qué pelota golpearía el suelo con mayor rapidez en este caso?

Sugerencia para resolver problemas

El alcance de un proyectil que se lanza hacia abajo, como en la figura 3.14, se obtiene como se hizo en el ejemplo 3.7. Pero, ¿cómo se obtiene el alcance de un proyectil lanzado hacia arriba? Podríamos ver este problema como uno de "alcance extendido". Una forma de resolverlo consiste en dividir la trayectoria en dos partes: 1) el arco sobre la línea horizontal y 2) el descenso bajo la línea horizontal, de modo que $x_{\text{máx}} = x_1 + x_2$. Sabemos cómo calcular x_1 (ejemplo 3.6) y x_2 (ejemplo 3.7). Otra forma de resolver el problema es usar $y = y_o + v_{y_o}t - \frac{1}{2}gt^2$, donde y es la posición final del proyectil, y despejar t, el tiempo total de vuelo. Luego se sustituye ese valor en la ecuación $x = v_{x_o}t$.

Exploración 3.5 Movimiento de un proyectil hacia arriba y hacia abajo

La ecuación 3.11, $R = \dfrac{v_o^2 \text{ sen } 2\theta}{g}$, nos permite calcular el alcance para un ángulo de proyección y una velocidad inicial específicos. Sin embargo, hay ocasiones en que nos interesa el alcance máximo con una velocidad inicial dada; por ejemplo, el alcance máximo de una pieza de artillería que dispara un proyectil con cierta velocidad inicial. ¿Hay un ángulo óptimo que dé el alcance máximo? En condiciones ideales, la respuesta sería *sí*.

Para cierta v_o, el alcance es máximo ($R_{\text{máx}}$) cuando sen $2\theta = 1$, pues este valor de θ da el valor máximo de la función seno (que varía entre 0 y 1). Entonces,

$$R_{\text{máx}} = \frac{v_o^2}{g} \quad (y_{\text{inicial}} = y_{\text{final}}) \tag{3.12}$$

Puesto que este alcance máximo se obtiene cuando sen $2\theta = 1$, y dado que sen $90° = 1$, tenemos

$$2\theta = 90° \quad \text{o} \quad \theta = 45°$$

para el alcance máximo con una rapidez inicial dada cuando el proyectil regresa a la altura desde la que se proyectó. Con un ángulo mayor o menor, si la rapidez inicial del proyectil es la misma, el alcance será menor, como se ilustra en la ▾figura 3.15. También, el alcance es el mismo para ángulos que están igualmente arriba y abajo de 45°, como 30° y 60°.

Así, para lograr el alcance máximo, el proyectil *idealmente* debe proyectarse con un ángulo de 45°. Sin embargo, hasta aquí hemos despreciado la resistencia del aire. En situaciones reales, como cuando se lanza o golpea fuertemente una pelota u otro objeto, ese factor podría tener un efecto importante. La resistencia del aire reduce la rapidez del proyectil, y por tanto el alcance. El resultado es que, cuando la resistencia del aire es

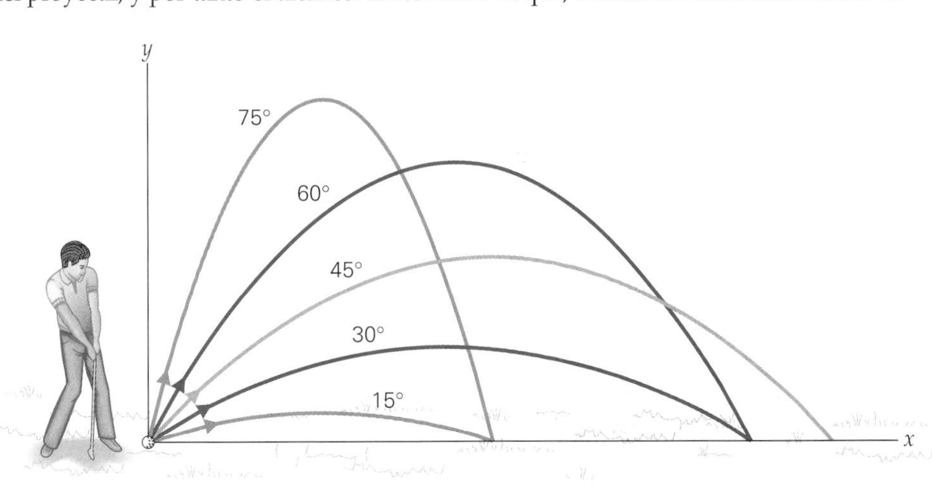

◀ **FIGURA 3.15** Alcance Para un proyectil con cierta rapidez inicial, el alcance máximo se logra idealmente con una proyección de 45° (sin resistencia del aire). Con ángulos de proyección mayores y menores que 45°, el alcance es menor, y es igual para ángulos que difieren igualmente de 45° (por ejemplo, 30 y 60°).

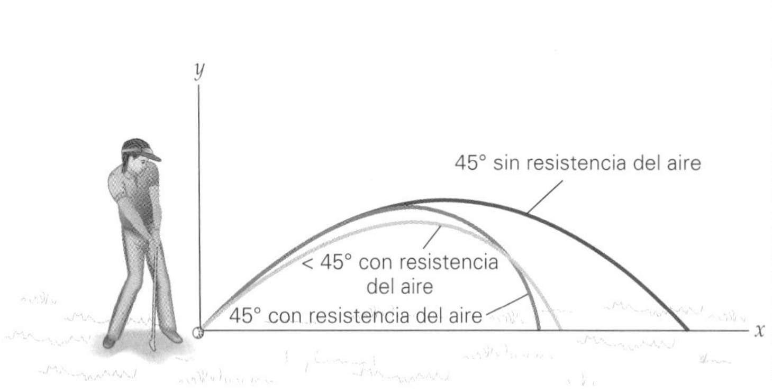

a)

b)

▲ **FIGURA 3.16 Resistencia del aire y alcance** *a)* Si la resistencia del aire es un factor, el ángulo de proyección para lograr un alcance máximo es menor que 45°. *b)* Lanzamiento de jabalina. A causa de la resistencia del aire la jabalina se lanza a un ángulo menor que 45° para lograr el máximo alcance.

factor, el ángulo de proyección para obtener el alcance máximo es menor que 45°, lo cual produce una velocidad horizontal inicial mayor (▲figura 3.16). Otros factores, como el giro y el viento, también podrían afectar el alcance del proyectil. Por ejemplo, el *backspin* (giro retrógrado) imprimido a una pelota de golf la levanta, y el ángulo de proyección para lograr el alcance máximo podría ser considerablemente menor que 45°.

No hay que olvidar que para lograr el alcance máximo con un ángulo de proyección de 45°, los componentes de la velocidad inicial deben ser iguales, es decir, $\tan^{-1}(v_{y_o}/v_{x_o}) = 45°$ y $\tan 45° = 1$, así que $v_{y_o} = v_{x_o}$. Sin embargo, habría casos donde tal situación no sea posible físicamente, como lo demuestra el Ejemplo conceptual 3.9.

Ejemplo conceptual 3.9 ■ El salto más largo: teoría y práctica

En una competencia de salto de longitud, ¿el saltador normalmente tiene un ángulo de lanzamiento *a)* menor que 45°, *b)* de exactamente 45°, o *c)* mayor que 45°? *Plantee claramente el razonamiento y los principios de física que usó para llegar a su respuesta, antes de leer el párrafo siguiente. Es decir, ¿**por qué** eligió esa respuesta?*

Razonamiento y respuesta. La resistencia del aire no es un factor importante aquí (aunque se toma en cuenta la velocidad del viento para establecer récords en pruebas de pista y campo). Por lo tanto, parecería que, para lograr el alcance máximo, el saltador despegaría con un ángulo de 45°. Sin embargo, hay otra consideración física. Examinemos más de cerca los componentes de la velocidad inicial del saltador (▼figura 3.17a).

Para lograr un salto de longitud máxima, el saltador corre lo más rápidamente que puede y luego se impulsa hacia arriba con toda su fuerza, para elevar al máximo los componentes de velocidad. El componente de velocidad vertical inicial v_{y_o} depende del empuje hacia arriba de las piernas del saltador; mientras que el componente de velocidad horizontal inicial v_{x_o} depende principalmente de la rapidez con que se corrió hasta el punto de salto. En general, se logra una mayor velocidad corriendo que saltando, de manera que $v_{x_o} > v_{y_o}$. Entonces, dado que $\theta = \tan^{-1}(v_{y_o}/v_{x_o})$, tenemos $\theta < 45°$, donde $v_{y_o}/v_{x_o} < 1$

a)

b)

▲ **FIGURA 3.17 Atletas en acción** *a)* Para maximizar un salto de longitud, los deportistas corren tanto como sea posible, y se impulsan hacia arriba con la mayor fuerza para maximizar los componentes de velocidad (v_x y v_y). *b)* Cuando atacan la canasta y saltan para anotar, los jugadores de baloncesto parecen estar suspendidos momentáneamente, o "colgados", en el aire.

en este caso. Por lo tanto, la respuesta es *a*; ciertamente no podría ser *c*. Un ángulo de lanzamiento típico para un salto largo es de 20 a 25°. (Si el saltador aumentara su ángulo de lanzamiento para acercarse más a los 45° ideales, su rapidez de carrera tendría que disminuir, y esto reduciría el alcance.)

Ejercicio de refuerzo. Al saltar para anotar, los jugadores de baloncesto parecen estar suspendidos momentáneamente, o "colgados", en el aire (figura 3.17b). Explique la física de este efecto.

Ejemplo 3.10 ■ ¿Un "slap shot" es bueno?

Un jugador de hockey lanza un tiro "slap shot" (tomando vuelo con el bastón) en una práctica (sin portero) cuando está 15.0 m directamente frente a la red. La red tiene 1.20 m de altura y el disco se golpea inicialmente con un ángulo de 5.00° sobre el hielo, con una rapidez de 35.0 m/s. Determine si el disco entra en la red o no. Si lo hace, determine si va en ascenso o en descenso cuando cruza el plano frontal de la red.

Razonamiento. Primero dibuje un diagrama de la situación empleando coordenadas x-y, suponiendo que el disco está en el origen en el momento del golpe e incluyendo la red y su altura, como en la ▼figura 3.18. Note que se exageró el ángulo de lanzamiento. Un ángulo de 5.00° es muy pequeño, pero desde luego que la red no es muy alta (1.20 m).

Para determinar si el tiro se convierte en gol, necesitamos saber si la trayectoria del disco lo lleva por arriba de la red o lo hace entrar en ella. Es decir, ¿qué altura (y) tiene el disco cuando su distancia horizontal es $x = 15$ m? Que el disco vaya en ascenso o en descenso a esta distancia horizontal dependerá de cuándo alcanza su altura máxima. Las ecuaciones adecuadas deberían darnos esta información; debemos tener presente que el tiempo es el factor que vincula los componentes x y y.

Solución. Hacemos nuestra lista acostumbrada de datos,

Dado:
$x = 15.0$ m, $x_o = 0$
$y_{net} = 1.20$ m, $y_o = 0$
$\theta = 5.00°$
$v_o = 35.0$ m/s
$v_{x_o} = v_o \cos 5.00° = 34.9$ m/s
$v_{y_o} = v_o \text{ sen } 5.00° = 3.05$ m/s

Encuentre: si el disco entra en la red y, si lo hace, si va de subida, o de bajada

La posición vertical del disco en cualquier tiempo t está dada por $y = v_{y_o}t - \frac{1}{2}gt^2$, así que necesitamos saber cuánto tiempo tarda el disco en recorrer los 15.0 m que lo separan de la red. El factor que vincula los componentes es el tiempo, que se obtiene del movimiento en x:

$$x = v_{x_o}t \quad \text{o} \quad t = \frac{x}{v_{x_o}} = \frac{15.0 \text{ m}}{34.9 \text{ m/s}} = 0.430 \text{ s}$$

Entonces, al llegar al frente de la red, el disco tiene una altura de

$$y = v_{y_o}t - \tfrac{1}{2}gt^2 = (3.05 \text{ m/s})(0.430 \text{ s}) - \tfrac{1}{2}(9.80 \text{ m/s}^2)(0.430 \text{ s})^2$$
$$= 1.31 \text{ m} - 0.906 \text{ m} = 0.40 \text{ m}$$

¡Gol!

El tiempo (t_a) que el disco tarda en alcanzar su altura máxima está dado por $v_y = v_{y_o} - gt_a$, donde $v_y = 0$ y

$$t_a = \frac{v_{y_o}}{g} = \frac{3.05 \text{ m/s}}{9.80 \text{ m/s}^2} = 0.311 \text{ s}$$

como el disco llega a la red en 0.430 s, va en descenso.

Ejercicio de refuerzo. ¿A qué distancia de la red comenzó a descender el disco?

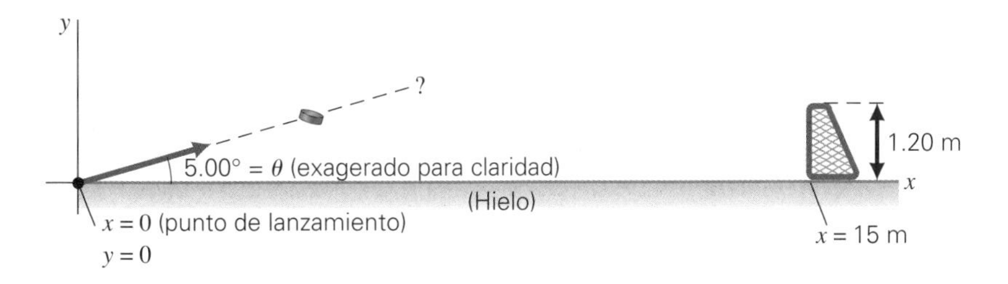

◀ **FIGURA 3.18** ¿Es gol? Véase el ejemplo 3.10.

3.4 Velocidad relativa

OBJETIVO: Comprender y determinar velocidades relativas mediante la suma y resta de vectores.

La velocidad no es absoluta, sino que depende del observador. Esto significa que es *relativa* al estado de movimiento del observador. Si observamos un objeto que se mueve a cierta velocidad, entonces esa velocidad debe ser relativa a algo más. Por ejemplo, en el juego de los bolos, la bola se mueve a lo largo de la pista con cierta velocidad, por lo que esta última es relativa a la pista. Los movimientos de los objetos a menudo se describen como relativos a la Tierra o al suelo, en los que comúnmente pensamos como marcos de referencia *estacionarios*. En otros ejemplos es conveniente utilizar un marco de referencia *en movimiento*.

Las mediciones deben efectuarse con respecto a alguna referencia. Por lo regular, esa referencia es el origen de un sistema de coordenadas. El punto designado como origen de un conjunto de ejes de coordenadas es arbitrario y un asunto de preferencia. Por ejemplo, podríamos "fijar" el sistema de coordenadas a un camino o al suelo, y medir el desplazamiento o la velocidad de un automóvil relativos a esos ejes. Para un marco de referencia "en movimiento", los ejes de coordenadas podría vincularse a un automóvil que avanza por una carretera. Al analizar un movimiento desde otro marco de referencia, no alteramos la situación física ni lo que está sucediendo, sólo el punto de vista desde el que lo describimos. Por lo tanto, decimos que el movimiento es *relativo* (a algún marco de referencia) y hablamos de **velocidad relativa**. Puesto que la velocidad es un vector, la suma y resta de vectores ayudan a determinar velocidades relativas.

Velocidades relativas en una dimensión

Cuando las velocidades son rectilíneas (en línea recta) en el mismo sentido o en sentidos opuestos, y todas tienen la misma referencia (digamos, el suelo), calculamos velocidades relativas usando la resta de vectores. Por ejemplo, considere unos automóviles que se mueven con velocidad constante a lo largo de una carretera recta y plana, como en la ▸figura 3.19. Las velocidades de los automóviles que se muestran en la figura son *relativas a la Tierra o al suelo*, como indica el conjunto de ejes de coordenadas que se usa como referencia en la figura 3.19a, con los movimientos a lo largo del eje x. También son relativos a los observadores estacionarios parados a la orilla de la carretera o sentados en el auto estacionado A. Es decir, estos observadores ven que los automóviles se mueven con velocidades $\vec{\mathbf{v}}_B = +90$ km/h y $\vec{\mathbf{v}}_C = -60$ km/h. La velocidad relativa de dos objetos está dada por la diferencia (vectorial) de velocidad entre ellos. Por ejemplo, la velocidad del automóvil B *relativa al automóvil* A está dada por

Nota: ¡utilice los subíndices con cuidado! $\vec{\mathbf{v}}_{AB}$ = velocidad de A relativa a B.

$$\vec{\mathbf{v}}_{BA} = \vec{\mathbf{v}}_B - \vec{\mathbf{v}}_A = (+90\text{ km/h})\,\hat{\mathbf{x}} - 0 = (+90\text{ km/h})\,\hat{\mathbf{x}}$$

Así, un individuo sentado en el automóvil A vería que el automóvil B se aleja (en la dirección x positiva) con una rapidez de 90 km/h. En este caso rectilíneo, los sentidos de las velocidades se indican con signos más y menos (además del signo menos de la ecuación).

Asimismo, la velocidad del auto C relativa a un observador en el auto A es

$$\vec{\mathbf{v}}_{CA} = \vec{\mathbf{v}}_C - \vec{\mathbf{v}}_A = (-60\text{ km/h})\,\hat{\mathbf{x}} - 0 = (-60\text{ km/h})\,\hat{\mathbf{x}}$$

La persona del auto A vería que el automóvil C se acerca (en el sentido x negativa) con una rapidez de 60 km/h.

No obstante, suponga que nos interesa conocer las velocidades de los otros autos *relativas al automóvil B* (es decir, desde el punto de vista de un observador en el auto B) o relativas a un conjunto de ejes de coordenadas, cuyo origen está fijo en el automóvil B (figura 3.19b). Relativo a esos ejes, el automóvil B no se está moviendo: actúa como punto de referencia fijo. Los otros automóviles se están moviendo relativos al automóvil B. La velocidad del auto C relativa al auto B es

$$\vec{\mathbf{v}}_{CB} = \vec{\mathbf{v}}_C - \vec{\mathbf{v}}_B = (-60\text{ km/h})\,\hat{\mathbf{x}} - (+90\text{ km/h})\,\hat{\mathbf{x}} = (-150\text{ km/h})\,\hat{\mathbf{x}}$$

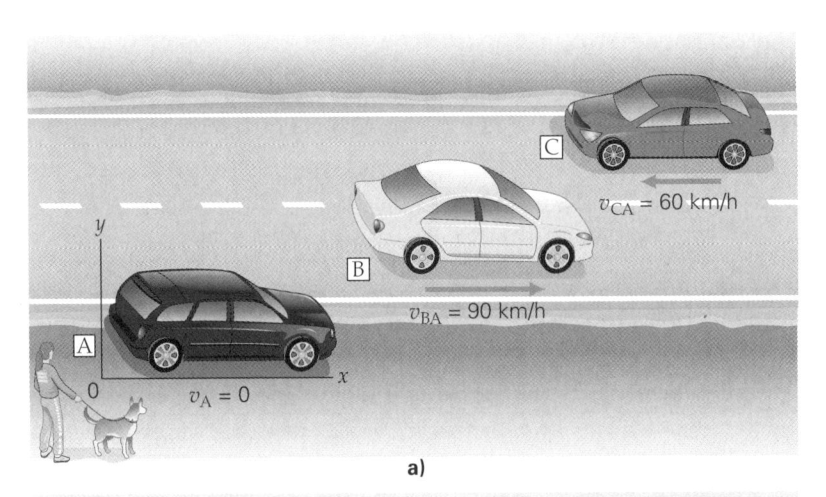

a)

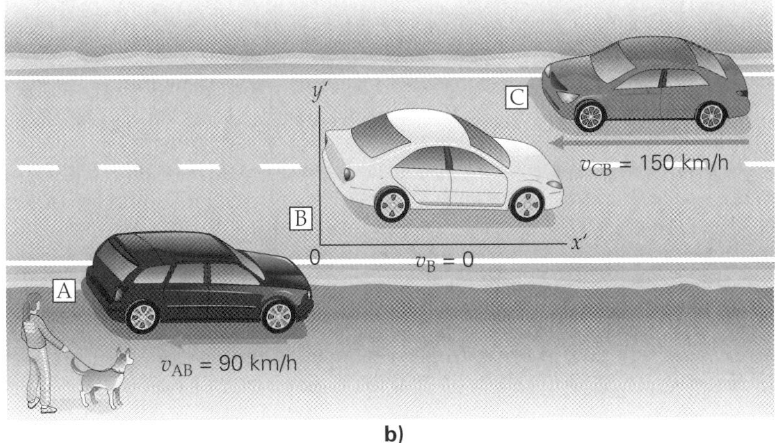

b)

c)

◀ **FIGURA 3.19 Velocidad relativa** La velocidad observada de un automóvil depende del marco de referencia, o es relativa a éste. Las velocidades que se muestran en *a*) son relativas al suelo o al automóvil estacionado. En *b*), el marco de referencia es con respecto al auto B, y las velocidades son las que observaría el conductor de este automóvil. (Véase el texto como descripción.) *c*) Estos aviones, que realizan reabastecimiento de combustible en el aire, por lo general se describen como en movimiento a cientos de kilómetros por hora. ¿A qué marco de referencia se refieren esas velocidades? ¿Qué velocidades tienen uno relativo al otro?

De forma similar, el auto A tiene una velocidad relativa al auto B de

$$\vec{\mathbf{v}}_{AB} = \vec{\mathbf{v}}_A - \vec{\mathbf{v}}_B = 0 - (+90\text{ km/h})\,\hat{\mathbf{x}} = (-90\text{ km/h})\,\hat{\mathbf{x}}$$

Observemos que, relativos a B, los otros autos se están moviendo en el sentido x negativa. Es decir, C se está aproximando a B con una velocidad de 150 km/h en el sentido x negativa, y A parece estarse alejando de B con una velocidad de 90 km/h en el sentido x negativa. (Imaginemos que estamos en el auto B, y tomemos esa posición como estacionaria. El auto C parecería venir hacia nosotros a gran rapidez, y el auto A se estaría quedando cada vez más atrás, como si se estuviera moviendo en reversa relativo a nosotros.) En general, observe que,

$$\vec{\mathbf{v}}_{AB} = -\vec{\mathbf{v}}_{BA}$$

¿Qué sucede con las velocidades de los autos A y B relativas al auto C? Desde el punto de vista (o de referencia) del automóvil C, los autos A y B parecerían estarse aproximando, o moviéndose en el sentido x positiva. Para la velocidad de B relativa a C, tenemos

$$\vec{\mathbf{v}}_{BC} = \vec{\mathbf{v}}_B - \vec{\mathbf{v}}_C = (90\text{ km/h})\,\hat{\mathbf{x}} - (-60\text{ km/h})\,\hat{\mathbf{x}} = (+150\text{ km/h})\,\hat{\mathbf{x}}$$

¿Puede el lector demostrar que $\vec{\mathbf{v}}_{AC} = (+60\text{ km/h})\,\hat{\mathbf{x}}$? Tome en cuenta también la situación en la figura 3.19c.

En algunos casos, podríamos tener que trabajar con velocidades que se toman con respecto a diferentes puntos de referencia. En tales casos obtendremos las velocidades relativas sumando vectores. Para resolver problemas de este tipo, *es indispensable identificar cuidadosamente los puntos de referencia de las velocidades.*

Examinemos primero un ejemplo unidimensional (rectilíneo). Suponga que un andador móvil recto en un gran aeropuerto se mueve con una velocidad de $\vec{\mathbf{v}}_{wg} = (+1.0\text{ m/s})\,\hat{\mathbf{x}}$, donde los subíndices indican la velocidad del andador (w) re-

Exploración 9.5 Dos aviones con velocidades de aterrizaje diferentes

lativa al suelo (g). Un pasajero (p) en el andador (w) quiere transbordar a otro avión y camina con una velocidad de $\vec{\mathbf{v}}_{pw} = (+2.0 \text{ m/s})\,\hat{\mathbf{x}}$ relativa al andador. ¿Qué velocidad tiene el pasajero relativa a un observador que está parado junto al andador (es decir, relativa al suelo)?

La velocidad que buscamos, $\vec{\mathbf{v}}_{pg}$, está dada por

$$\vec{\mathbf{v}}_{pg} = \vec{\mathbf{v}}_{pw} + \vec{\mathbf{v}}_{wg} = (2.0 \text{ m/s})\,\hat{\mathbf{x}} + (1.0 \text{ m/s})\,\hat{\mathbf{x}} = (3.0 \text{ m/s})\,\hat{\mathbf{x}}$$

Así, el observador estacionario ve que el pasajero viaja con una rapidez de 3.0 m/s por el andador. (Haga un dibujo que muestre la suma de vectores.) A continuación tenemos una explicación del uso correcto de los símbolos w.

Sugerencias para resolver problemas

Observe el patrón de los subíndices en este ejemplo. En el miembro derecho de la ecuación, los dos subíndices internos de los cuatro subíndices que hay en total son el mismo (w). Básicamente el andador (w) se utiliza como un marco de referencia intermedio. Los subíndices externos (p y g) son, en ese orden, los mismos de la velocidad relativa que está en el miembro izquierdo de la ecuación. Al sumar velocidades relativas, siempre compruebe que los subíndices tengan esta relación: indica que la ecuación se planteó correctamente.

¿Qué tal si un pasajero se sube en el mismo andador pero en la dirección contraria y camina con la misma rapidez que el andador? Ahora es indispensable indicar con un signo menos la dirección en la que está caminando el pasajero: $\vec{\mathbf{v}}_{pw} = (-1.0 \text{ m/s})\,\hat{\mathbf{x}}$. En este caso, relativo al observador estacionario,

$$\vec{\mathbf{v}}_{pg} = \vec{\mathbf{v}}_{pw} + \vec{\mathbf{v}}_{wg} = (-1.0 \text{ m/s})\,\hat{\mathbf{x}} + (1.0 \text{ m/s})\,\hat{\mathbf{x}} = 0$$

así que el pasajero está estacionario respecto al suelo, y el andador actúa como banda de ejercicio. (¡Excelente actividad física!)

Velocidades relativas en dos dimensiones

Desde luego que las velocidades no siempre son en direcciones iguales u opuestas. No obstante, si sabemos usar componentes rectangulares para sumar y restar vectores, seremos capaces de resolver problemas de velocidades relativas en dos dimensiones, como ilustran los ejemplos 3.11 y 3.12.

Ejemplo 3.11 ■ Al otro lado del río y río abajo: velocidad relativa y componentes de movimiento

La corriente de un río recto de 500 m de anchura fluye a 2.55 km/h. Una lancha de motor que viaja con rapidez constante de 8.00 km/h en aguas tranquilas cruza el río (▸figura 3.20). *a*) Si la proa de la lancha apunta directamente hacia la otra orilla del río, ¿qué velocidad tendrá la lancha relativa al observador estacionario que está sentado en la esquina del puente? *b*) ¿A qué distancia río abajo tocará tierra la lancha, relativa al punto directamente opuesto a su punto de partida?

Exploración 9.3 Compare el movimiento relativo en diferentes marcos

Razonamiento. Es muy importante designar con cuidado las cantidades dadas: ¿la velocidad de qué, relativa a qué? Una vez hecho esto, debería ser sencillo el inciso *a*. (Véase la Sugerencia para resolver problemas anterior.) Para los incisos *b* y *c* usaremos cinemática, donde la clave es el tiempo que la lancha tarda en cruzar el río.

Solución. Como se indica en la figura 3.20, tomamos como dirección x la que tiene la velocidad de flujo del río ($\vec{\mathbf{v}}_{rs}$, río a orilla), así que la velocidad de la lancha ($\vec{\mathbf{v}}_{br}$, lancha a río) está en la dirección y. Cabe señalar que la velocidad de flujo del río es *relativa a la orilla* y que la velocidad de la lancha es *relativa al río*, como indican los subíndices. Tenemos una lista de los datos:

Dado: $y_{max} = 500$ m (anchura del río)
$\vec{\mathbf{v}}_{rs} = (2.55 \text{ km/h})\,\hat{\mathbf{x}}$ (velocidad del río
$= (0.709 \text{ m/s})\,\hat{\mathbf{x}}$ *relativa a la orilla*)
$\vec{\mathbf{v}}_{br} = (8.00 \text{ km/h})\,\hat{\mathbf{y}}$
$= (2.22 \text{ m/s})\,\hat{\mathbf{y}}$ (velocidad de lancha *relativa al río*)

Encuentre: *a*) $\vec{\mathbf{v}}_{bs}$ (velocidad de lancha *relativa a la orilla*)
b) x (distancia río abajo)

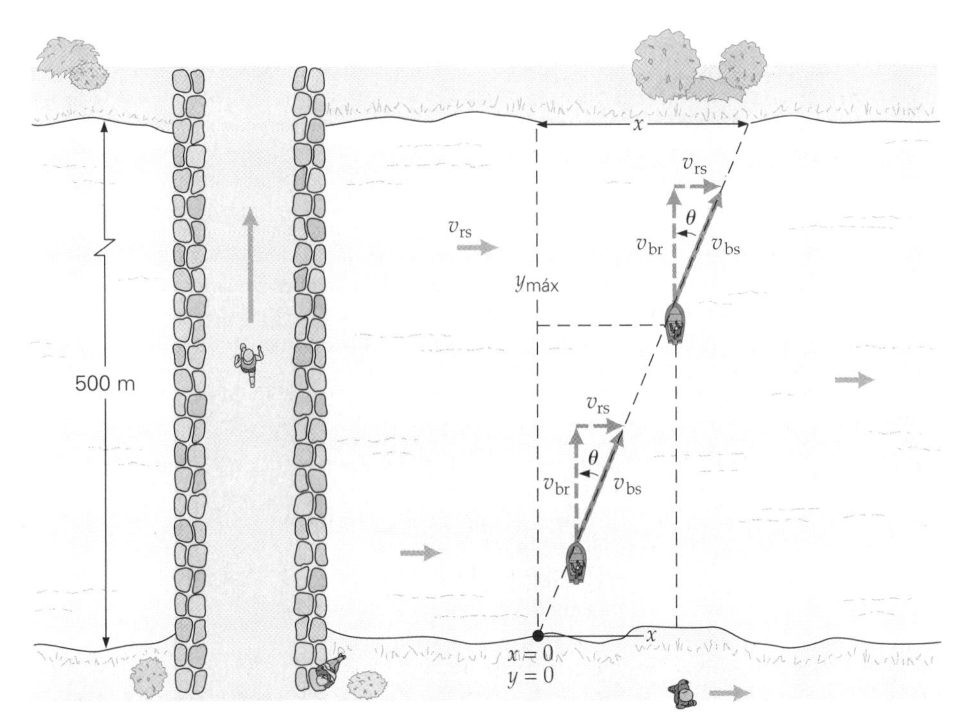

▲ **FIGURA 3.20 Velocidad relativa y componentes de movimiento** Conforme la lancha cruza el río, es arrastrada río abajo por la corriente. Véase el ejemplo 3.11.

Vemos que, a medida que la lancha avanza hacia la orilla opuesta, también es arrastrada río abajo por la corriente. Estos componentes de velocidad serían muy evidentes relativos al corredor que cruza el puente y al individuo que tranquilamente pasea río abajo en la figura 3.20. Si ambos observadores se mantienen al parejo de la lancha, la velocidad de cada uno igualará uno de los componentes de la velocidad de la lancha. Puesto que los componentes de velocidad son constantes, la lancha avanza en línea recta y cruza el río diagonalmente (de forma muy parecida a la pelota que rueda por la mesa en el ejemplo 3.1).

a) La velocidad de la lancha relativa a la orilla ($\vec{\mathbf{v}}_{bs}$) se obtiene por suma de vectores. En este caso, tenemos

$$\vec{\mathbf{v}}_{bs} = \vec{\mathbf{v}}_{br} + \vec{\mathbf{v}}_{rs}$$

Puesto que las velocidades no están sobre un eje, no podemos sumar directamente sus magnitudes. En la figura 3.20 vemos que los vectores forman un triángulo rectángulo, así que aplicamos el teorema de Pitágoras para encontrar la magnitud de v_{bs}:

$$v_{bs} = \sqrt{v_{br}^2 + v_{rs}^2} = \sqrt{(2.22 \text{ m/s})^2 + (0.709 \text{ m/s})^2}$$
$$= 2.33 \text{ m/s}$$

La dirección de esta velocidad está definida por

$$\theta = \tan^{-1}\left(\frac{v_{rs}}{v_{br}}\right) = \tan^{-1}\left(\frac{0.709 \text{ m/s}}{2.22 \text{ m/s}}\right) = 17.7°$$

b) Para obtener la distancia x que la lancha es arrastrada río abajo, usamos componentes. Vemos que, en la dirección y, $y_{máx} = v_{br}t$, y

$$t = \frac{y_{máx}}{v_{br}} = \frac{500 \text{ m}}{2.22 \text{ m/s}} = 225 \text{ s}$$

que es el tiempo que la lancha tarda en cruzar el río.

Durante ese tiempo, la corriente arrastra la lancha una distancia de

$$x = v_{rs}t = (0.709 \text{ m/s})(225 \text{ s}) = 160 \text{ m}$$

Ejercicio de refuerzo. ¿Cuál es la distancia que recorre la lancha cuando cruza el río?

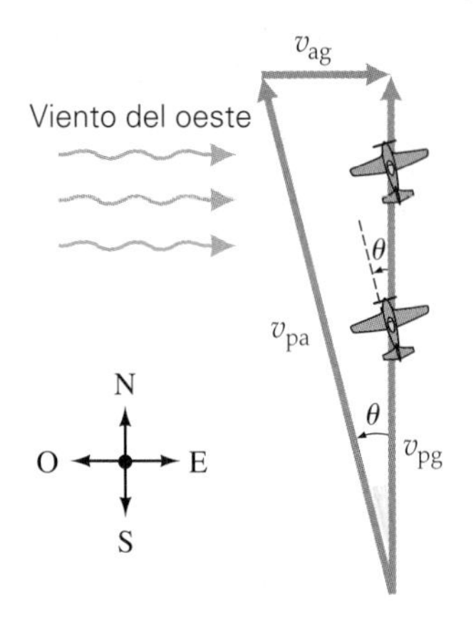

▲ **FIGURA 3.21 Vuelo contra el viento** Para volar directamente al norte, el rumbo (dirección θ) de la nave debe ser al noroeste. Véase el ejemplo 3.12.

Ejemplo 3.12 ■ Volar contra el viento: velocidad relativa

Una aeronave con una rapidez respecto al aire de 200 km/h (su rapidez en aire estacionario) vuela en una dirección tal que, cuando sopla un viento del oeste de 50.0 km/h, avanza en línea recta hacia el norte. (La dirección del viento se especifica por la dirección *desde* la cual sopla, así que un viento del oeste empuja hacia el este.) Para mantener su curso directamente al norte, el avión debe volar con cierto ángulo, como se ilustra en la ◂figura 3.21. ¿Qué rapidez tiene la nave a lo largo de su trayectoria al norte?

Razonamiento. Aquí también son importantes las designaciones de velocidad, pero la figura 3.21 muestra que los vectores de velocidad forman un triángulo rectángulo, así que calculamos la magnitud de la velocidad desconocida utilizando el teorema de Pitágoras.

Solución. Como siempre, es importante identificar el marco de referencia de las velocidades dadas.

Dado: $\vec{\mathbf{v}}_{pg} = 200$ km/h con ángulo θ (velocidad de la nave respecto al aire estacionario = rapidez del aire)
$\vec{\mathbf{v}}_{ag} = 50.0$ km/h este (velocidad del aire respecto a la Tierra, o al suelo = velocidad del viento)
El avión vuela al norte con velocidad $\vec{\mathbf{v}}_{pg}$

Encuentre: v_{pg} (rapidez de la nave)

La rapidez del avión (nave) respecto a la Tierra, o al suelo, es v_{pg}, es su rapidez respecto al aire. Vectorialmente, las velocidades respectivas tienen esta relación:

$$\vec{\mathbf{v}}_{pg} = \vec{\mathbf{v}}_{pa} + \vec{\mathbf{v}}_{ag}$$

Si no soplara el viento ($v_{ag} = 0$), la rapidez del avión respecto al aire y respecto al suelo serían idénticas. Sin embargo, un viento de frente (soplando directamente hacia el avión) reduciría la rapidez respecto al suelo, y un viento de cola la aumentaría. La situación es análoga a la de una embarcación que navega contra la corriente o corriente abajo, respectivamente.

Aquí, $\vec{\mathbf{v}}_{pg}$ es la resultante de los otros dos vectores, que pueden sumarse por el método del triángulo. Usamos el teorema de Pitágoras para obtener v_{pg}, teniendo en cuenta que v_{pa} es la hipotenusa del triángulo:

$$v_{pg} = \sqrt{v_{pa}^2 - v_{ag}^2} = \sqrt{(200\text{ km/h})^2 - (50.0\text{ km/h})^2} = 194\text{ km/h}$$

(Es conveniente usar las unidades de kilómetros por hora, ya que en el cálculo no intervienen otras unidades.)

Ejercicio de refuerzo. ¿Qué rumbo (dirección θ) debe tomar el avión en este ejemplo para avanzar directamente hacia el norte?

Repaso del capítulo

- El movimiento en dos dimensiones se analiza considerando sus componentes rectilíneos. El factor que vincula a los componentes es el tiempo.

Componentes de la velocidad inicial:

$$v_x = v_o \cos\theta \qquad (3.1a)$$

$$v_y = v_o \operatorname{sen}\theta \qquad (3.1b)$$

Componentes de desplazamiento (sólo aceleración constante):

$$x = x_o + v_{x_o}t + \tfrac{1}{2}a_x t^2 \qquad (3.3a)$$

$$y = y_o + v_{y_o}t + \tfrac{1}{2}a_y t^2 \qquad (3.3b)$$

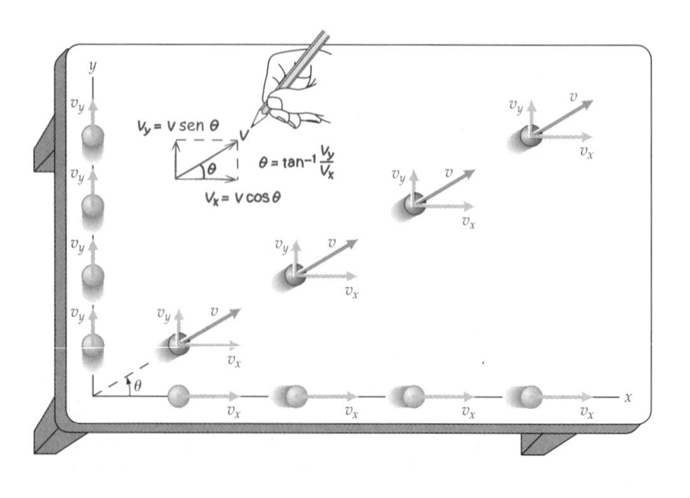

Componente de velocidad *(sólo aceleración constante):*

$$v_x = v_{x_o} + a_x t \quad (3.3c)$$

$$v_y = v_{y_o} + a_y t \quad (3.3d)$$

- De los diversos métodos de suma vectorial, el método de componentes es el más útil. Un vector resultante se puede expresar en **forma de magnitud-ángulo** o en **forma de componentes con vectores unitarios**.

Representación de vectores:

$$\left.\begin{aligned} C &= \sqrt{C_x^2 + C_y^2} \\ \theta &= \tan^{-1}\left|\frac{C_y}{C_x}\right| \end{aligned}\right\} \text{(forma de magnitud-ángulo)} \quad (3.4a)$$

$$\vec{\mathbf{C}} = C_x\hat{\mathbf{x}} + C_y\hat{\mathbf{y}} \quad \text{(forma de componentes)} \quad (3.7)$$

- El movimiento de proyectiles se analiza considerando los componentes horizontales y verticales por separado: velocidad constante en la dirección horizontal y una aceleración debida a la gravedad, g, en la dirección vertical hacia abajo. (Entonces, las ecuaciones anteriores para aceleración constante tienen una aceleración de $a = -g$ en vez de a.)

- **Alcance (R)** es la distancia horizontal máxima recorrida.

$$R = \frac{v_o^2 \operatorname{sen} 2\theta}{g} \quad \text{alcance del proyectil, } x_{\text{máx}} \text{ (sólo para } y_{\text{inicial}} = y_{\text{final}}) \quad (3.11)$$

$$R_{\text{máx}} = \frac{v_o^2}{g} \quad (y_{\text{inicial}} = y_{\text{final}}) \quad (3.12)$$

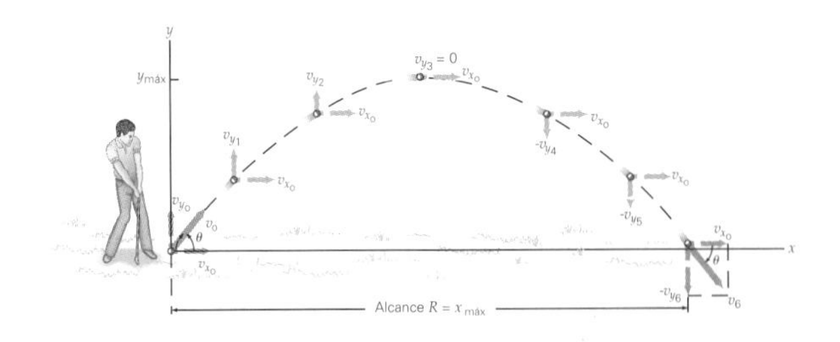

- La **velocidad relativa** se expresa en relación con un marco de referencia específico.

Ejercicios

Los ejercicios designados **OM** *son preguntas de opción múltiple; los* **PC** *son preguntas conceptuales; y los* **EI** *son ejercicios integrados. A lo largo del texto, muchas secciones de ejercicios incluirán ejercicios "apareados". Estos pares de ejercicios, que se identifican con* <u>*números subrayados*</u>*, pretenden ayudar al lector a resolver problemas y aprender. El primer ejercicio de cada pareja (el de número par) se resuelve en la Guía de estudio, que puede consultarse si se necesita ayuda para resolverlo. El segundo ejercicio (de número impar) es similar, y su respuesta se da al final del libro.*

3.1 Componentes del movimiento

1. **OM** En ejes cartesianos, el componente x de un vector generalmente se asocia con *a*) un coseno, *b*) un seno, *c*) una tangente o *d*) ninguna de las anteriores.

2. **OM** La ecuación $x = x_o + v_{x_o}t + \frac{1}{2}a_x t^2$ se aplica *a*) a todos los problemas de cinemática, *b*) sólo si v_{yo} es cero, *c*) a aceleraciones constantes, *d*) a tiempos negativos.

3. **OM** Para un objeto en movimiento curvilíneo, *a*) los componentes de velocidad son constantes, *b*) el componente de velocidad y necesariamente es mayor que el componente de velocidad *x*, *c*) hay una aceleración no paralela a la trayectoria del objeto, o *d*) los vectores de velocidad y aceleración deben estar a ángulos rectos (a 90°).

4. **PC** ¿El componente x de un vector puede ser mayor que la magnitud del vector? ¿Y qué pasa con el componente y? Explique sus respuestas.

5. **PC** ¿Es posible que la velocidad de un objeto sea perpendicular a la aceleración del objeto? Si es así, describa el movimiento.

6. **PC** Describa el movimiento de un objeto que inicialmente viaja con velocidad constante y luego recibe una aceleración de magnitud constante *a*) en una dirección paralela a la velocidad inicial, *b*) en una dirección perpendicular a la velocidad inicial y *c*) que siempre es perpendicular a la velocidad instantánea o dirección de movimiento.

7. **EI** ● Una pelota de golf se golpea con una rapidez inicial de 35 m/s con un ángulo menor que 45° sobre la horizontal. *a*) El componente horizontal de velocidad es 1. mayor que, 2) igual a o 3) menor que el componente vertical de velocidad. ¿Por qué? *b*) Si la pelota se golpea con un ángulo de 37°, ¿qué componentes horizontal y vertical de velocidad inicial tendrá?

8. **EI** ● Los componentes x y y de un vector de aceleración son 3.0 y 4.0 m/s^2, respectivamente. *a*) La magnitud del vector de aceleración es 1) menor que 3.0 m/s^2, 2) entre 3.0 y 4.0 m/s^2, 3) entre 4.0 y 7.0 m/s^2, 4) igual a 7 m/s^2. *b*) ¿Cuál es la magnitud y dirección de el vector aceleración?

9. ● Si la magnitud de un vector de velocidad es 7.0 m/s y el componente x es 3.0 m/s, ¿cuál es el componente y?

10. ●● El componente x de un vector de velocidad que forma un ángulo de 37° con el eje $+x$ tiene una magnitud de 4.8 m/s. *a*) ¿Qué magnitud tiene la velocidad? *b*) ¿Qué magnitud tiene el componente y de la velocidad?

11. **EI** ●● Un estudiante camina 100 m al oeste y 50 m al sur. *a*) Para volver al punto de partida, el estudiante debe caminar en términos generales 1) al sur del oeste, 2) al norte del este, 3) al sur del este o 4) al norte del oeste. *b*) ¿Qué desplazamiento llevará al estudiante al punto de partida?

12. ●● Una estudiante pasea diagonalmente por una plaza rectangular plana en su universidad, y cubre la distancia de 50 m en 1.0 min (▼figura 3.22). *a*) Si la ruta diagonal forma un ángulo de 37° con el lado largo de la plaza, ¿qué distancia habría recorrido la estudiante, si hubiera caminado dando media vuelta a la plaza en vez de tomar la ruta diagonal? *b*) Si la estudiante hubiera caminado la ruta exterior en 1.0 min con rapidez constante, ¿en cuánto tiempo habría caminado cada lado?

▲ **FIGURA 3.22 ¿Por dónde?** Véase el ejercicio 12.

13. ●● Una pelota rueda con velocidad constante de 1.50 m/s formando un ángulo de 45° por debajo del eje $+x$ en el cuarto cuadrante. Si definimos que la pelota está en el origen en $t = 0$, ¿qué coordenadas (x, y) tendrá 1.65 s después?

14. ●● Una pelota que rueda sobre una mesa tiene una velocidad cuyos componentes rectangulares son $v_x = 0.60$ m/s y $v_y = 0.80$ m/s. ¿Qué desplazamiento tiene la pelota en un intervalo de 2.5 s?

15. ●● Un avión pequeño despega con una velocidad constante de 150 km/h y un ángulo de 37°. A los 3.00 s, *a*) ¿a qué altura sobre el suelo está el avión y *b*) qué distancia horizontal habrá recorrido desde el punto de despegue?

16. **EI** ●● Durante parte de su trayectoria (que dura exactamente 1 min) un misil viaja con una rapidez constante de 2000 mi/h y mantiene un ángulo de orientación constante de 20° con respecto a la vertical. *a*) Durante esta fase, ¿qué es verdad con respecto a sus componentes de velocidad?: 1) $v_y > v_x$, 2) $v_y = v_x$ o 3) $v_y < v_x$. [*Sugerencia:* trace un dibujo y tenga cuidado con el ángulo.] *b*) Determine analíticamente los dos componentes de velocidad para confirmar su elección en el inciso *a* y calcule también qué tan lejos se elevará el misil durante este tiempo.

17. ●● En el instante en que una pelota desciende rodando por una azotea, tiene un componente horizontal de velocidad de +10.0 m/s y un componente vertical (hacia abajo) de 15.0 m/s. *a*) Determine el ángulo del techo. *b*) ¿Cuál es la rapidez de la pelota al salir de la azotea?

18. ●● Una partícula se mueve con rapidez de 3.0 m/s en la dirección $+x$. Al llegar al origen, recibe una aceleración continua constante de 0.75 m/s^2 en la dirección $-y$. ¿En qué posición estará la partícula 4.0 s después?

19. ●●● Con rapidez constante de 60 km/h, un automóvil recorre una carretera recta de 700 m que tiene una inclinación de 4.0° respecto a la horizontal. Un observador nota únicamente el movimiento vertical del auto. Calcule *a*) la magnitud de la velocidad vertical del auto y *b*) la distancia vertical que recorrió.

20. ●●● Un beisbolista da un *home run* hacia las gradas del jardín derecho. La pelota cae en una fila que se localiza 135 m horizontalmente con respecto a home y 25.0 m arriba del terreno de juego. Un aficionado curioso mide el tiempo de vuelo en 4.10 s. *a*) Determine los componentes de la velocidad promedio de la pelota. *b*) Determine la magnitud y el ángulo de su velocidad promedio. *c*) Explique por qué no es posible determinar su rapidez promedio a partir de los datos dados.

3.2 Suma y resta de vectores*

21. **OM** Se suman dos vectores con magnitud 3 y 4, respectivamente. La magnitud del vector resultante es *a*) 1, *b*) 7 o *c*) entre 1 y 7.

22. **OM** La resultante de $\vec{A} - \vec{B}$ es la misma que la de *a*) $\vec{B} - \vec{A}$, *b*) $-\vec{A} + \vec{B}$, o *c*) $-(\vec{A} + \vec{B})$, *d*) $-(\vec{B} - \vec{A})$.

23. **OM** Un vector unitario tiene *a*) magnitud, *b*) dirección, *c*) ninguna de las anteriores, *d*) tanto *a* como *b*.

24. **PC** En el ejercicio 21, ¿en qué condiciones la magnitud de la resultante sería igual a 1? ¿Y a 7 o a 5?

25. **PC** ¿Un vector diferente de cero puede tener un componente x de cero? Explique su respuesta.

26. **PC** ¿Es posible sumar una cantidad vectorial a una cantidad escalar?

27. **PC** ¿Es posible que $\vec{A} + \vec{B}$ sea igual a cero, cuando $\vec{A}$ y $\vec{B}$ tienen magnitudes diferentes de cero? Explique su respuesta.

28. **PC** ¿Hay vectores iguales en la ▼figura 3.23?

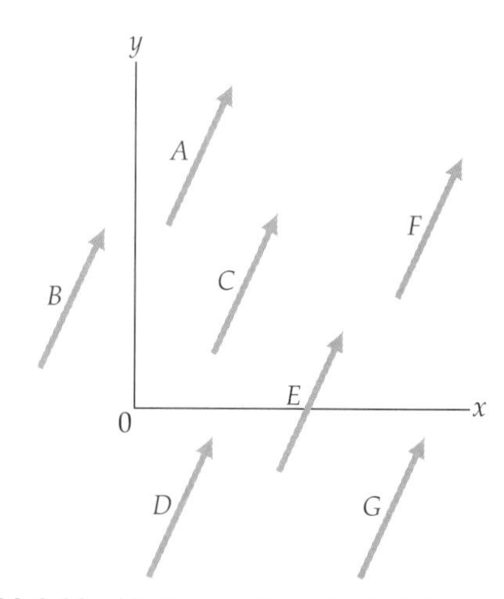

▲ **FIGURA 3.23 ¿Vectores diferentes?** Véase el ejercicio 28.

29. ● Empleando el método del triángulo, demuestre gráficamente que *a*) $\vec{A} + \vec{B} = \vec{B} + \vec{A}$ y *b*) si $\vec{A} - \vec{B} = \vec{C}$, entonces $\vec{A} = \vec{B} + \vec{C}$.

30. **EI** ● *a*) ¿La suma de vectores es asociativa? Es decir, $(\vec{A} + \vec{B}) + \vec{C} = \vec{A} + (\vec{B} + \vec{C})$? *b*) Justifique su respuesta gráficamente.

*En esta sección hay unos cuantos ejercicios que usan vectores de fuerza $(\vec{F})$. Tales vectores deberán sumarse como se haría con vectores de velocidad. La unidad SI de fuerza es el newton (N). Un vector de fuerza podría especificarse como $\vec{F} = 50$ N con un ángulo de 20°. Cierta familiaridad con los vectores $\vec{F}$ será muy útil en el capítulo 4.

31. ● Un vector tiene un componente x de -2.5 m y un componente y de 4.2 m. Exprese el vector en forma de magnitud-ángulo.

32. ● Para los dos vectores $\vec{\mathbf{x}}_1 = (20\text{ m})\,\hat{\mathbf{x}}$ y $\vec{\mathbf{x}}_2 = (15\text{ m})\,\hat{\mathbf{x}}$, calcule y muestre gráficamente *a*) $\vec{\mathbf{x}}_1 + \vec{\mathbf{x}}_2$, *b*) $\vec{\mathbf{x}}_1 - \vec{\mathbf{x}}_2$ y *c*) $\vec{\mathbf{x}}_2 - \vec{\mathbf{x}}_1$.

33. ● Durante un despegue (en aire inmóvil), un avión se mueve a una rapidez de 120 mi/h con un ángulo de 20° sobre el suelo. ¿Qué velocidad tiene el avión respecto al suelo?

34. ●● Dos muchachos tiran de una caja por un piso horizontal, como se muestra en la ▾ figura 3.24. Si $F_1 = 50.0$ N y $F_2 = 100$ N, encuentre la fuerza (o suma) resultante mediante *a*) el método gráfico y *b*) el método de componentes.

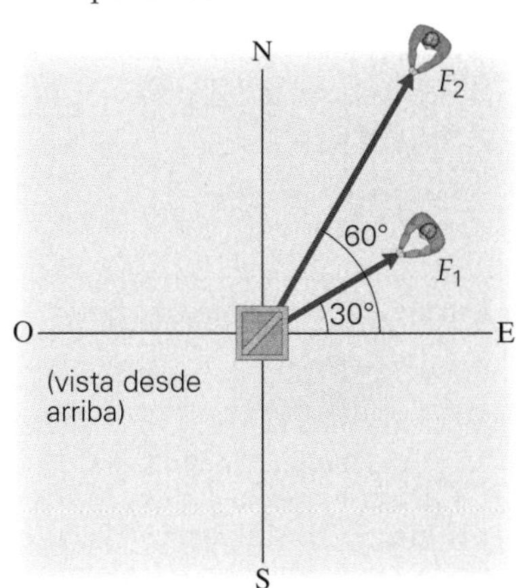

◀ **FIGURA 3.24 Suma de vectores de fuerza** Véanse los ejercicios 34 y 54.

35. ●● Para cada uno de los vectores dados, determine un vector que, al sumársele produzca un vector nulo (un vector con magnitud cero). Exprese el vector en la otra forma (componentes o magnitud-ángulo), no en la que se dio. *a*) $\vec{\mathbf{A}} = 4.5$ cm, 40° arriba del eje $+x$; *b*) $\vec{\mathbf{B}} = (2.0\text{ cm})\,\hat{\mathbf{x}} - (4.0\text{ cm})\,\hat{\mathbf{y}}$, *c*) $\vec{\mathbf{C}} = 8.0$ cm con un ángulo de 60° arriba del eje $-x$.

36. **EI** ●● *a*) Si se aumenta al doble cada uno de los dos componentes (x y y) de un vector, 1) la magnitud del vector aumenta al doble, pero la dirección no cambia; 2) la magnitud del vector no cambia, pero el ángulo de dirección aumenta al doble, o 3) tanto la magnitud como el ángulo de dirección del vector aumentan al doble. *b*) Si los componentes x y y de un vector de 10 m a 45° se aumentan al triple, describa el nuevo vector.

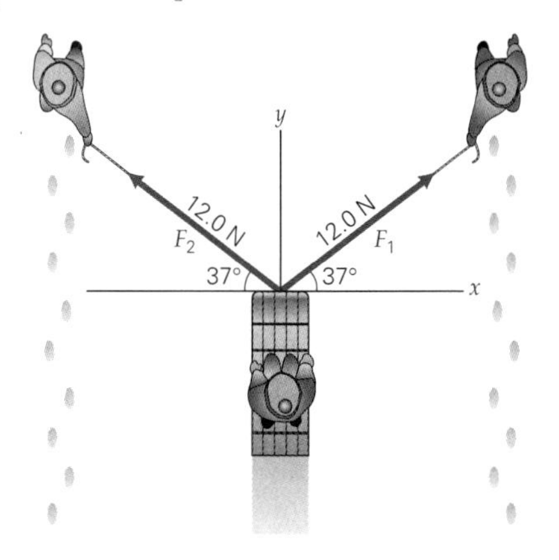

◀ **FIGURA 3.25 Suma de vectores** Vea el ejercicio 37.

37. ●● Dos hermanos están jalando a su otro hermano en un trineo (▾figura 3.25). *a*) Encuentre la resultante (o suma) de los vectores $\vec{\mathbf{F}}_1$ y $\vec{\mathbf{F}}_2$. *b*) Si $\vec{\mathbf{F}}_1$ en la figura estuviera a un ángulo de 27° en vez de 37° con el eje $+x$, ¿cuál sería la resultante (o suma) de $\vec{\mathbf{F}}_1$ y $\vec{\mathbf{F}}_2$?

38. ●● Dados dos vectores $\vec{\mathbf{A}}$, con longitud de 10.0 y angulado 45° bajo el eje $-x$, y $\vec{\mathbf{B}}$, que tiene un componente x de +2.0 y un componente y de +4.0, *a*) dibuje los vectores en los ejes x-y, con sus "colas" en el origen, y *b*) calcule $\vec{\mathbf{A}} + \vec{\mathbf{B}}$.

39. ●● La velocidad del objeto 1 en forma de componentes es $\vec{\mathbf{v}}_1 = (+2.0\text{ m/s})\,\hat{\mathbf{x}} + (-4.0\text{ m/s})\,\hat{\mathbf{y}}$. El objeto 2 tiene el doble de la rapidez del objeto 1, pero se mueve en dirección contraria. *a*) Determine la velocidad del objeto 2 en notación de componentes. *b*) ¿Cuál es la rapidez del objeto 2?

40. ●● Para los vectores de la ▾figura 3.26, obtenga $\vec{\mathbf{A}} + \vec{\mathbf{B}} + \vec{\mathbf{C}}$.

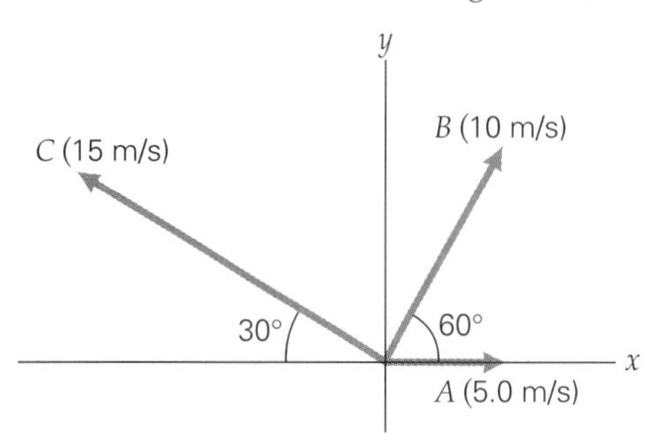

▲ **FIGURA 3.26 Suma de vectores** Véanse los ejercicios 40 y 41.

41. ●● Para los vectores de velocidad de la figura 3.26, obtenga $\vec{\mathbf{A}} - \vec{\mathbf{B}} - \vec{\mathbf{C}}$.

42. ●● Dados dos vectores $\vec{\mathbf{A}}$ y $\vec{\mathbf{B}}$ con magnitudes A y B, respectivamente, restamos $\vec{\mathbf{B}}$ de $\vec{\mathbf{A}}$ para obtener un tercer vector $\vec{\mathbf{C}} = \vec{\mathbf{A}} - \vec{\mathbf{B}}$. Si la magnitud de $\vec{\mathbf{C}}$ es $C = A + B$, ¿qué orientación relativa tienen los vectores $\vec{\mathbf{A}}$ y $\vec{\mathbf{B}}$?

43. ●● En dos movimientos sucesivos de ajedrez, un jugador primero mueve a su reina dos cuadros hacia delante, y luego la mueve tres cuadros hacia la izquierda (desde el punto de vista del jugador). Suponga que cada cuadro mide 3.0 cm de lado. *a*) Si se considera hacia delante (es decir, con dirección hacia el oponente) como el eje positivo y y hacia la derecha como el eje positivo x, indique el desplazamiento neto de la reina en forma de componentes. *b*) ¿En qué ángulo neto se movió la reina en relación con la dirección hacia la izquierda?

<u>44.</u> ●● Dos vectores de fuerza, $\vec{\mathbf{F}}_1 = (3.0\text{ N})\,\hat{\mathbf{x}} - (4.0\text{ N})\,\hat{\mathbf{y}}$ y $\vec{\mathbf{F}}_2 = (-6.0\text{ N})\,\hat{\mathbf{x}} + (4.5\text{ N})\,\hat{\mathbf{y}}$ se aplican a una partícula. ¿Qué tercera fuerza $\vec{\mathbf{F}}_3$ haría que la fuerza neta o resultante sobre la partícula fuera cero?

<u>45.</u> ●● Dos vectores de fuerza, $\vec{\mathbf{F}}_1 = 8.0$ N con un ángulo de 60° arriba del eje $+x$ y $\vec{\mathbf{F}}_2 = 5.5$ N con un ángulo de 45° abajo del eje $+x$, se aplican a una partícula en el origen. ¿Qué tercera fuerza $\vec{\mathbf{F}}_3$ haría que la fuerza neta o resultante sobre la partícula fuera cero?

46. ●● Un estudiante resuelve tres problemas que piden sumar dos vectores distintos, $\vec{\mathbf{F}}_1$ y $\vec{\mathbf{F}}_2$. Indica que las magnitudes de las tres resultantes están dadas por *a*) $F_1 + F_2$, *b*) $F_1 - F_2$ y *c*) $\sqrt{F_1^2 + F_2^2}$. Son posibles estos resultados? Si lo son, describa los vectores en cada caso.

47. ●● Un bloque que pesa 50 N descansa en un plano inclinado. Su peso es una fuerza dirigida verticalmente hacia abajo, como se ilustra en la ▾figura 3.27. Obtenga los componentes de la fuerza, el paralelo a la superficie del plano y el perpendicular a ella.

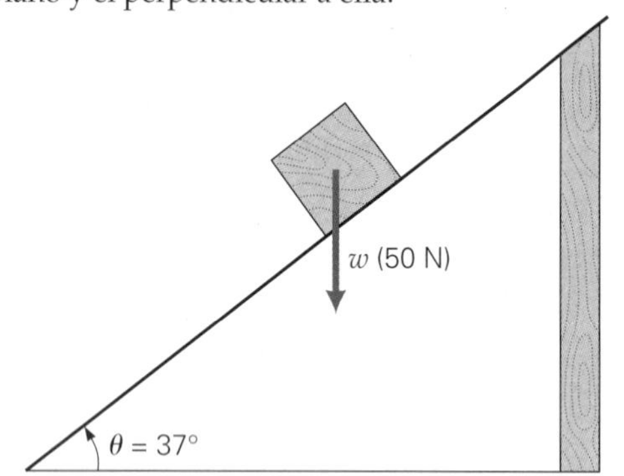

▲ **FIGURA 3.27 Bloque en un plano inclinado** Véase el ejercicio 47.

48. ●● Dos desplazamientos, uno con una magnitud de 15.0 m y un segundo con una magnitud de 20.0 m, pueden tener cualquier ángulo que usted desee. *a*) ¿Cómo realizaría la suma de estos dos vectores de manera que ésta tenga la mayor magnitud posible? ¿Cuál sería esa magnitud? *b*) ¿Cómo los orientaría de manera que la magnitud de la suma fuera la mínima? ¿Cuál sería ese valor? *c*) Generalice el resultado a cualesquiera dos vectores.

49. ●●● Una persona camina del punto A al punto B como se muestra en la ▾figura 3.28. Calcule su desplazamiento relativo al punto A.

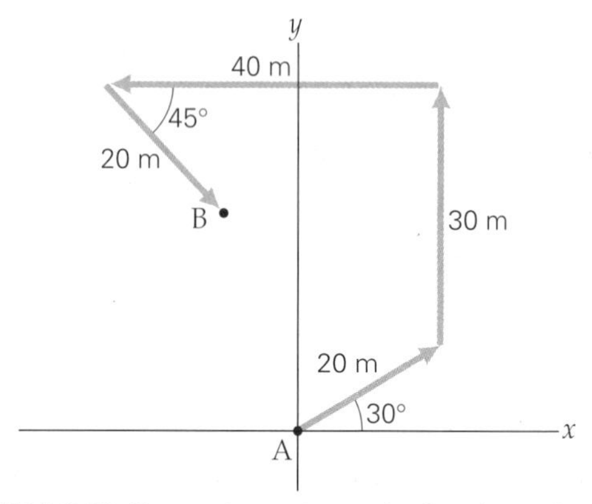

▲ **FIGURA 3.28 Suma de vectores de desplazamiento** Véase el ejercicio 49.

50. **EI** ●●● Una meteoróloga sigue el movimiento de una tormenta eléctrica con un radar Doppler. A las 8:00 P.M., la tormenta estaba 60 mi al noreste de su estación. A las 10:00 P.M., estaba 75 mi al norte. *a*) La dirección general de la velocidad de la tormenta es 1) al sur del este, 2) al norte del oeste, 3) al norte del este o 4) al sur del oeste. *b*) Calcule la velocidad promedio de la tormenta.

51. **EI** ●●● Un controlador de vuelo determina que un avión está 20.0 mi al sur de él. Media hora después, el mismo avión está 35.0 mi al noroeste de él. *a*) La dirección general de la velocidad del avión es 1) al este del sur, 2) al norte del oeste, 3) al norte del este o 4) al oeste del sur. *b*) Si el avión vuela con velocidad constante, ¿qué velocidad mantuvo durante ese tiempo?

52. **EI** ●●● La ▾figura 3.29 representa una ventana decorativa (el cuadro interior grueso), que pesa 100 N y que está suspendida sobre un patio (el cuadro exterior delgado). Los dos cables de las esquinas superiores están, cada uno, a 45° y el izquierdo ejerce una fuerza (F_1) de 100 N sobre la ventana. *a*) ¿Cómo se compara la magnitud de la fuerza que ejerce el cable superior derecho (F_2) con la que ejerce el cable superior izquierdo? 1) $F_2 > F_1$, 2) $F_2 = F_1$ o 3) $F_2 < F_1$. *b*) Utilice su resultado del inciso *a* para determinar la fuerza que ejerce el cable representado en la parte inferior (F_3).

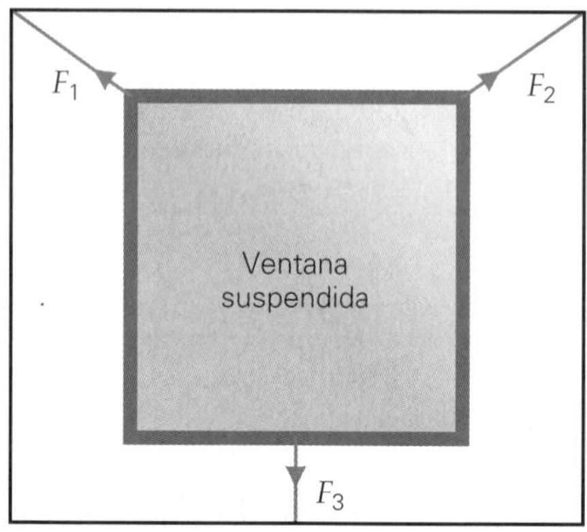

▲ **FIGURA 3.29 Una ventana suspendida sobre un patio** Véase el ejercicio 52.

53. ●●● Un golfista toma posición para su primer *putt* al hoyo que se localiza a 10.5 m exactamente al noroeste de la ubicación de la pelota. Golpea la pelota 10.5 m en línea recta, pero con el ángulo incorrecto, 40° derecho hacia el norte. Para que el golfista logre embocar la pelota con dos golpes, determine *a*) el ángulo del segundo *putt* y *b*) la magnitud del desplazamiento del segundo *putt*. *c*) Explique por qué no es posible determinar la longitud del trayecto del segundo *putt*.

54. ●●● Dos estudiantes tiran de una caja como se muestra en la figura 3.24. Si $F_1 = 100$ N y $F_2 = 150$ N, y un tercer estudiante quiere detener la caja, ¿qué fuerza deberá aplicar?

3.3 Movimiento de proyectiles*

55. **OM** Si se desprecia la resistencia del aire, el movimiento de un objeto proyectado con cierto ángulo consiste en una aceleración uniforme hacia abajo, combinada con *a*) una aceleración horizontal igual, *b*) una velocidad horizontal uniforme, *c*) una velocidad constante hacia arriba o *d*) una aceleración que siempre es perpendicular a la trayectoria del movimiento.

56. **OM** Un balón de fútbol americano se lanza en un pase largo. En comparación con la velocidad horizontal inicial del balón, el componente horizontal de su velocidad en el punto más alto es *a*) mayor, *b*) menor, *c*) el mismo.

57. **OM** Un balón de fútbol americano se lanza en un pase largo. En comparación con la velocidad vertical inicial del balón, el componente vertical de su velocidad en el punto más alto es *a*) mayor, *b*) menor, *c*) el mismo.

58. **PC** Una pelota de golf se golpea en un *fairway* plano. Cuando cae al suelo, su vector de velocidad ha sufrido un giro de 90°. ¿Con qué ángulo se lanzó la pelota? [*Sugerencia:* véase la figura 3.11.]

*Suponga que los ángulos son exactos, al determinar cifras significativas.

59. PC La figura 3.10b muestra una fotografía por destello múltiple de una pelota que cae desde el reposo, al tiempo que otra se proyecta horizontalmente desde la misma altura. Las dos pelotas tocan el suelo al mismo tiempo. ¿Por qué? Explique su respuesta.

60. PC En la ▾ figura 3.30, un "cañón" accionado por resorte en un carrito dispara verticalmente una esfera metálica. El carrito recibió un empujón para ponerlo en movimiento horizontal con velocidad constante, y se tira de un cordel sujeto a un gatillo para lanzar la esfera, la cual sube y luego vuelve a caer siempre en el cañón en movimiento. ¿Por qué la esfera siempre vuelve a caer en el cañón? Explique su respuesta.

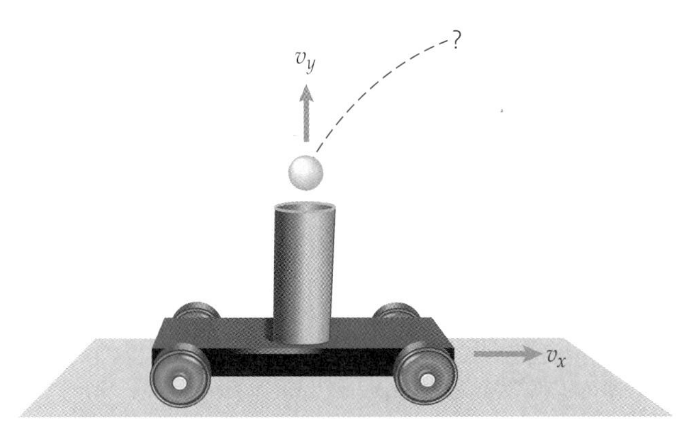

▲ **FIGURA 3.30 Carrito de balística** Véanse los ejercicios 60 y 69.

61. ● Una esfera con rapidez horizontal de 1.0 m/s rueda hasta caerse de una repisa que está a 2.0 m de altura. *a*) ¿Cuánto tardará la esfera en llegar al piso? *b*) ¿Qué tan lejos de un punto en el piso situado directamente abajo del borde de la repisa caerá la esfera?

62. ● Un electrón se expulsa horizontalmente del cañón de electrones de un monitor con una rapidez de 1.5×10^6 m/s. Si la pantalla está a 35 cm del extremo del cañón, ¿qué distancia vertical recorrerá el electrón antes de chocar con la pantalla? Según su respuesta, ¿cree que los diseñadores deban preocuparse por este efecto gravitacional?

63. ● Una esfera rueda horizontalmente con una rapidez de 7.6 m/s y se cae por el borde de una plataforma alta. Si la esfera cae a 8.7 m de un punto en el suelo que está directamente abajo del borde de la plataforma, ¿qué altura tiene la plataforma?

64. ● Se lanza una pelota horizontalmente desde la cima de una colina de 6.0 m de altura, con una rapidez de 15 m/s. ¿Qué tan lejos del punto en el suelo directamente debajo del punto de lanzamiento tocará el suelo la pelota?

65. ● Si el lanzamiento del ejercicio 64 se efectuara en la superficie lunar, donde la aceleración debida a la gravedad es de tan sólo 1.67 m/s^2, ¿qué respuesta se obtendría?

66. ●● Un pitcher lanza una bola rápida horizontalmente con una rapidez de 140 km/h hacia *home*, que está a 18.4 m de distancia. *a*) Si los tiempos combinados de reacción y bateo del bateador suman 0.350 s, ¿durante cuánto tiempo puede mirar el bateador la bola después de que sale de la mano del lanzador, antes de hacer el *swing*? *b*) En su recorrido hacia *home*, ¿qué tanto baja la pelota respecto a su línea horizontal original?

67. **EI** ●● La esfera A rueda con rapidez constante de 0.25 m/s por una mesa que está 0.95 m sobre el piso; y la esfera B rueda por el piso directamente abajo de la primera esfera, con la misma rapidez y dirección. *a*) Cuando la esfera A cae de la mesa al piso, 1) la esfera B está adelante de la A, 2) la esfera B choca con la A o 3) la esfera A queda adelante de la B. ¿Por qué? *b*) Cuando la pelota A toca el piso, ¿a qué distancia del punto directamente abajo del borde de la mesa estarán ambas esferas?

68. ●● Se dejará caer un paquete de abastecimiento desde un avión, de manera que toque tierra en cierto punto cerca de unos excursionistas. El avión se mueve horizontalmente con una velocidad constante de 140 km/h y se acerca al lugar a una altura de 0.500 km sobre el suelo. Al ver el punto designado, el piloto se prepara para soltar el paquete. *a*) ¿Qué ángulo debería haber entre la horizontal y la visual del piloto en el momento de soltar el paquete? *b*) ¿Dónde estará el avión cuando el paquete toque tierra?

69. ●● Un carrito con un cañón accionado por resorte dispara verticalmente una esfera metálica (figura 3.30). Si la rapidez inicial vertical de la esfera es 5.0 m/s y el cañón se mueve horizontalmente a una rapidez de 0.75 m/s, *a*) ¿a qué distancia del punto de lanzamiento la esfera vuelve a caer en el cañón, y *b*) qué sucedería si el cañón estuviera acelerando?

70. ●● Un futbolista patea un balón estacionario dándole una rapidez de 15.0 m/s con un ángulo de 15.0° respecto a la horizontal. *a*) Calcule la altura máxima que alcanza el balón. *b*) Calcule el alcance del balón. *c*) ¿Cómo podría aumentarse el alcance?

71. ●● Una flecha tiene una rapidez de lanzamiento inicial de 18 m/s. Si debe dar en un blanco a 31 m de distancia, que está a la misma altura, ¿con qué ángulo debería proyectarse?

72. ●● Un astronauta en la Luna dispara un proyectil de un lanzador en una superficie plana, de manera que pueda obtener el alcance máximo. Si el lanzador imparte al proyectil una velocidad inicial de 25 m/s, ¿qué alcance tendrá el proyectil? [*Sugerencia:* la aceleración debida a la gravedad en la Luna es tan sólo la sexta parte que en la Tierra.]

73. ●● En 2004 dos sondas descendieron exitosamente en Marte. La fase final del descenso en el Planeta Rojo consistió en el rebote de las sondas hasta que éstas llegaron al reposo (iban protegidas por "globos" inflados). En un rebote, los datos de telemetría (es decir, los datos electrónicos enviados a la Tierra) indicaron que la sonda inició uno de los rebotes a 25.0 m/s a un ángulo de 20° y tocó la superficie a una distancia de 110 m (y luego rebotó otra vez). Suponiendo que la región de aterrizaje era horizontal, determine la aceleración de la gravedad cerca de la superficie de Marte.

74. ●● En condiciones de laboratorio, el alcance de un proyectil puede utilizarse para determinar su rapidez. Para saber cómo se hace, suponga que una pelota cae rodando por una mesa horizontal y toca el suelo a 1.5 m de la orilla de la mesa. Si la superficie de la mesa está 90 cm por encima del piso, determine *a*) el tiempo que la pelota está en el aire y *b*) la rapidez de la pelota cuando pierde contacto con la mesa.

75. ●● Una piedra lanzada desde un puente 20 m arriba de un río tiene una velocidad inicial de 12 m/s dirigida 45° sobre la horizontal (▾ figura 3.31). *a*) ¿Qué alcance tiene la piedra? *b*) ¿Con qué velocidad llega la piedra al agua?

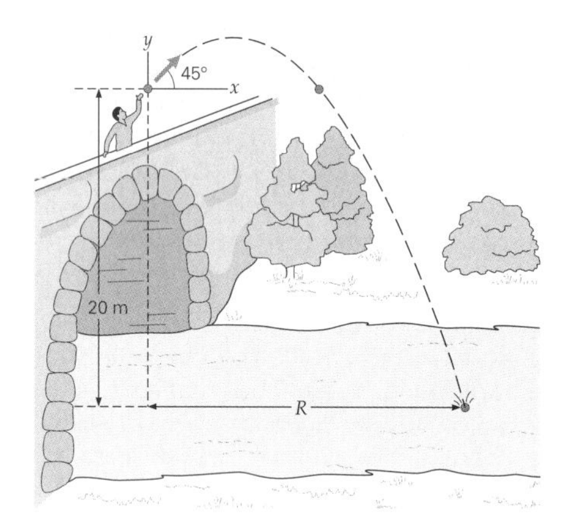

▲ **FIGURA 3.31 Panorama desde el puente** Véase el ejercicio 75.

76. ●● Si la máxima altura que alcanza un proyectil lanzado a nivel del suelo es igual a la mitad de su alcance, ¿cuál será el ángulo de lanzamiento?

77. ●● Se dice que Guillermo Tell atravesó con una flecha una manzana colocada sobre la cabeza de su hijo. Si la rapidez inicial de la flecha disparada fue de 55 m/s y el muchacho estaba a 15 m de distancia, ¿con qué ángulo de lanzamiento dirigió Guillermo la flecha? (Suponga que la flecha y la manzana están inicialmente a la misma altura sobre el suelo.)

78. ●●● Esta vez, Guillermo Tell dispara hacia una manzana que cuelga de un árbol (▼figura 3.32). La manzana está a una distancia horizontal de 20.0 m y a una altura de 4.0 m sobre el suelo. Si la flecha se suelta desde una altura de 1.00 m sobre el suelo y golpea la manzana 0.500 s después, ¿qué velocidad inicial tuvo la flecha?

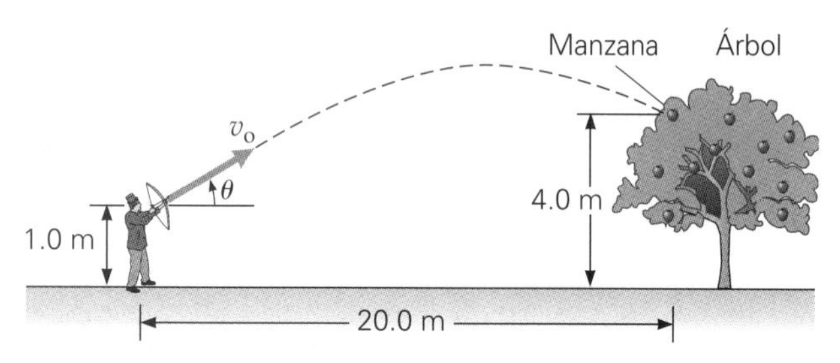

▲ **FIGURA 3.32 Tiro a la manzana** Véase el ejercicio 78. (No está a escala.)

79. ●●● En su práctica, un jugador de hockey lanza un tiro a una distancia horizontal de 15 m de la red (sin que estuviera el portero). La red mide 1.2 m de alto y el disco o puck es golpeado inicialmente a un ángulo de 5.0° por arriba de la horizontal y con una rapidez de 50 m/s. ¿El disco logró entrar en la portería?

80. ●●● En dos intentos, se lanza una jabalina a ángulos de 35 y 60°, respectivamente, con respecto a la horizontal, desde la misma altura y con la misma rapidez en cada caso. ¿En cuál de los dos casos la jabalina llega más lejos y cuántas veces más? (Suponga que la zona de llegada de las jabalinas está a la misma altura que la zona de lanzamiento.)

81. ●●● Una zanja de 2.5 m de anchura cruza una ruta para bicicletas (▼figura 3.33). Se ha construido una rampa ascendente de 15° en el acercamiento, de manera que el borde superior de la rampa esté a la altura de la parte más alta de la zanja. ¿Con qué rapidez mínima debe llegar una bicicleta para salvar la zanja? (Añada 1.4 m al alcance para que la parte trasera de la bicicleta libre la zanja.)

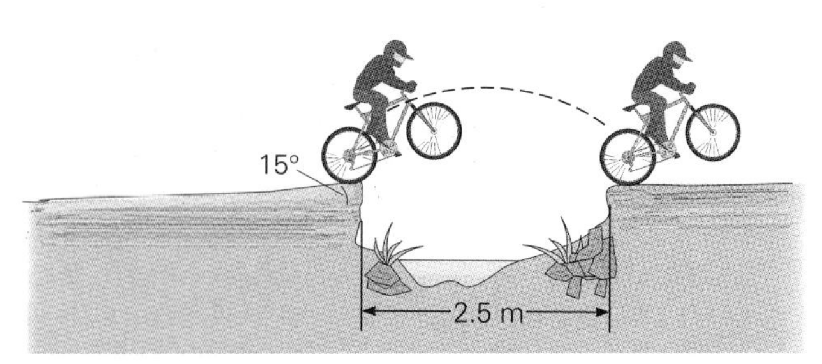

▲ **FIGURA 3.33 Salvar la zanja** Véase el ejercicio 81. (No está a escala.)

82. ●●● Una pelota rueda desde una azotea en un ángulo de 30° con respecto a la horizontal (▼figura 3.34). Cae rodando por la orilla con una rapidez de 5.00 m/s. La distancia desde ese punto hasta el suelo es de dos pisos o 7.00 m. *a*) ¿Durante cuánto tiempo está la pelota en el aire? *b*) ¿A qué distancia de la base de la casa cae la pelota? *c*) ¿Cuál es su rapidez justo antes de que haga contacto con el suelo?

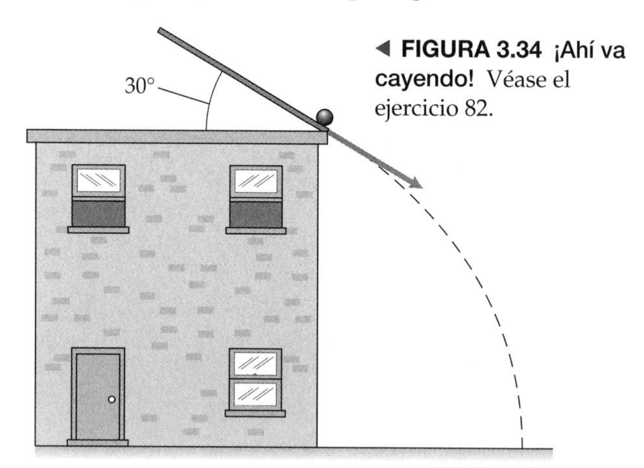

◀ **FIGURA 3.34 ¡Ahí va cayendo!** Véase el ejercicio 82.

83. ●●● Un mariscal de campo lanza un balón —con una velocidad de 50 ft/s a un ángulo 40° arriba de la horizontal— hacia un receptor abierto que está a 30 yd. El pase se suelta 5.0 ft sobre el suelo. Suponga que el receptor está estacionario y que atrapará el balón si éste le llega. ¿Será pase completo? Si no, ¿se quedará corto o "volará" al receptor?

84. ●●● Un jugador de baloncesto de 2.05 m de estatura hace un tiro cuando está a 6.02 m de la canasta (en la línea de tres puntos). Si el ángulo de lanzamiento es de 25° y el balón se lanzó a la altura de la cabeza del jugador, ¿con qué rapidez debe lanzarse para llegar a la canasta, que está 3.05 m sobre el piso?

85. ●●● El hoyo en un *green* de golf plano y elevado está a una distancia horizontal de 150 m del *tee* y a una altura de 12.0 m sobre el *tee*. Una golfista golpea su pelota con un ángulo 10.0° mayor que el de elevación del hoyo sobre el *tee* ¡y logra un hoyo en uno! *a*) Elabore un diagrama de la situación. *b*) Calcule la rapidez inicial de la bola. *c*) Suponga que la siguiente golfista golpea su pelota hacia el hoyo con la misma rapidez, pero con un ángulo 10.5° mayor que el de elevación del hoyo sobre el *tee*. ¿Entrará la bola en el agujero, se quedará corta o lo rebasará?

3.4 Velocidad relativa

86. **OM** Usted viaja a 70 km/h en un automóvil por un camino recto y horizontal. Un automóvil que viene hacia usted aparece con una rapidez de 130/kmh. ¿Qué tan rápido se aproxima el otro auto: *a*) 130 km/h, *b*) 60 km/h, *c*) 70 km/h o *d*) 80 km/h?

87. OM Dos automóviles se aproximan uno al otro sobre una carretera recta y horizontal. El automóvil A viaja a 60 km/h y el automóvil B a 80 km/h. El conductor del auto B ve que el auto A se aproxima con una rapidez de *a*) 60 km/h, *b*) 80 km/h, *c*) 20 km/h, *d*) superior a 100 km/h.

88. OM Para la situación planteada en el ejercicio 87, ¿con qué rapidez ve el conductor del automóvil A que se aproxima el automóvil B? *a*) 60 km/h, *b*) 80 km/h, *c*) 20 km/h o *d*) superior a 100 km/h.

89. PC Con frecuencia consideramos a la Tierra o al suelo como un marco de referencia estacionario. ¿Es verdadera esta suposición? Explique su respuesta.

90. PC Un estudiante camina en una banda sin fin a 4.0 m/s, permaneciendo en el mismo lugar del gimnasio. *a*) Calcule la velocidad del estudiante relativa al piso del gimnasio. *b*) Calcule la rapidez del estudiante relativa a la banda.

91. PC Usted corre en la lluvia por una acera recta hacia su residencia. Si la lluvia cae verticalmente relativa al suelo, ¿cómo deberá sostener usted su paraguas para protegerse al máximo de la lluvia? Explique su respuesta.

92. PC Cuando se dirige hacia la canasta para hacer una anotación, un jugador de baloncesto por lo general lanza el balón hacia arriba en relación con él mismo. Explique por qué.

93. PC Cuando usted viaja en un automóvil que se desplaza rápidamente, ¿en qué dirección lanzaría un objeto hacia arriba de manera que éste regresara a sus manos? Explique por qué.

94. ● Usted viaja en un auto por una autopista recta y plana a 90 km/h y otro automóvil lo rebasa en la misma dirección; el velocímetro del otro auto marca 120 km/h. *a*) Calcule su velocidad relativa al otro conductor. *b*) Calcule la velocidad del otro automóvil relativa a usted.

95. ● Con prisa por aprovechar una ganga en una tienda departamental, una mujer sube por la escalera eléctrica con una rapidez de 1.0 m/s relativa a la escalera, en vez de dejar simplemente que ésta la lleve. Si la escalera tiene una longitud de 20 m y se mueve con una rapidez de 0.50 m/s, ¿cuánto tardará la mujer en subir al siguiente piso?

96. ● Una persona viaja en la caja de una camioneta tipo pick-up que rueda a 70 km/h por un camino recto y plano. La persona lanza una pelota con una rapidez de 15 km/h relativa a la camioneta, en la dirección opuesta al movimiento del vehículo. Calcule la velocidad de la pelota *a*) relativa a un observador estacionario a la orilla del camino y *b*) relativa al conductor de un automóvil que se mueve en la misma dirección que la camioneta, con una rapidez de 90 km/h.

97. ● En el ejercicio 96, calcule las velocidades relativas si la pelota se lanza en la dirección en que avanza la camioneta.

98. ●● En un tramo de 500 m de un río, la rapidez de la corriente es constante de 5.0 m/s. ¿Cuánto tardará una lancha en terminar un viaje redondo (río arriba y río abajo), si su rapidez es de 7.5 m/s relativa al agua?

99. ●● Un andador móvil en un aeropuerto tiene 75 m de longitud y se mueve a 0.30 m/s. Una pasajera, después de recorrer 25 m parada en el andador, comienza a caminar con una rapidez de 0.50 m/s relativa a la superficie del andador. ¿Cuánto tiempo tarda en recorrer la longitud total del andador?

100. EI ●● Una nadadora nada al norte con una rapidez de 0.15 m/s relativa al agua cruzando un río, cuya corriente se mueve a 0.20 m/s en dirección al este. *a*) La dirección general de la velocidad de la nadadora, relativa a la ribera, es 1) al norte del este, 2) al sur del oeste, 3) al norte del oeste o 4) al sur del este. *b*) Calcule la velocidad de la nadadora relativa a la ribera.

101. ●● Una lancha que viaja con una rapidez de 6.75 m/s respecto al agua quiere cruzar directamente un río y regresar (▼figura 3.35). La corriente fluye a 0.50 m/s. *a*) ¿Con qué ángulo(s) debe guiarse la lancha? *b*) ¿Cuánto tiempo tardará en hacer el viaje redondo? (Suponga que la rapidez de la lancha es constante en todo momento, y que se da vuelta instantáneamente.)

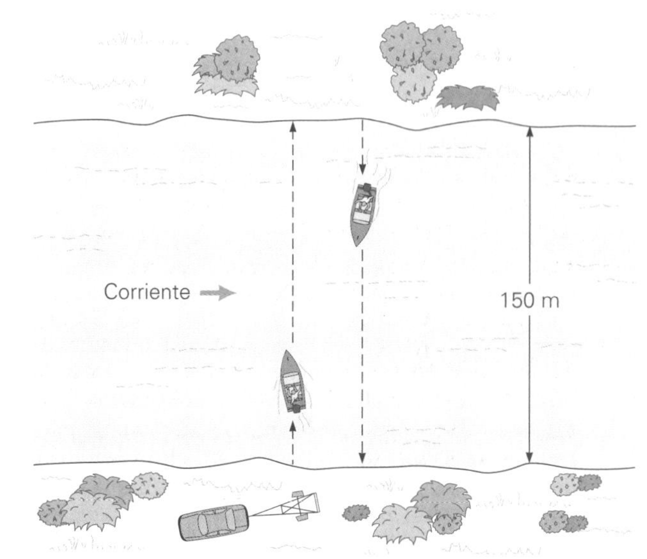

▲ **FIGURA 3.35 Ida y regreso** Véase el ejercicio 101. (No está a escala.)

102. EI ●● Está lloviendo y no hay viento. Cuando usted está sentado en un automóvil estacionado, la lluvia cae verticalmente relativa al auto y al suelo; pero cuando el auto avanza, la lluvia parece golpear el parabrisas con cierto ángulo. *a*) Al aumentar la velocidad del automóvil, este ángulo 1) también aumenta, 2) se mantiene igual o 3) disminuye. ¿Por qué? *b*) Si las lluvias caen con una rapidez de 10 m/s, pero parecen formar un ángulo de 25° relativo a la vertical, ¿con qué rapidez avanza el auto?

103. ●● Si la tasa de flujo de la corriente en un río que corre en línea recta es mayor que la rapidez de una lancha sobre el agua, la lancha no puede viajar *directamente a través* del río. Pruebe este enunciado.

104. EI ●● Usted se encuentra en una lancha de motor rápida que es capaz se mantener una rapidez constante de 20.0 m/s en aguas tranquilas. En una sección recta del río la lancha viaja paralelamente a la ribera. Usted nota que tarda 15.0 s en recorrer la distancia entre dos árboles localizados en la orilla del río, los cuales están separados 400 m entre sí. *a*) Usted está viajando 1) a favor de la corriente, 2) en contra de la corriente o 3) no hay corriente. *b*) En el caso de que haya corriente [según lo que determinó en el inciso *a*], calcule la rapidez de ésta.

105. ●● Una lancha de motor es capaz de viajar con una rapidez constante de 5.00 m/s en aguas tranquilas. La lancha se dirige a través de un pequeño río (de 200 m de ancho) a un ángulo de 25° río arriba con respecto a la línea que cruzaría directamente el río. La lancha termina 40.0 m río arriba con respecto a la dirección "que va derecho" cuando llega a la otra orilla. Determine la rapidez de la corriente del río.

106. ●●● Un comprador se encuentra en un centro comercial en la escalera eléctrica con dirección hacia abajo a un ángulo de 41.8° por debajo de la horizontal, con una rapidez constante de 0.75 m/s. Al mismo tiempo, un niño arroja un paracaídas de juguete desde el piso que está arriba de la escalera eléctrica; el juguete desciende verticalmente con una rapidez constante de 0.50 m/s. Determine la rapidez del paracaídas de juguete como se le observa desde la escalera eléctrica.

107. ●●● Un avión vuela a 150 mi/h (rapidez respecto al aire en reposo) en una dirección tal que, con un viento de 60.0 mi/h que sopla del este al oeste, viaja en línea recta hacia el sur. *a*) ¿Qué rumbo (dirección) debe tomar el avión para volar directamente al sur? *b*) Si el avión debe recorrer 200 mi en dirección sur, ¿cuánto tardará?

Ejercicios adicionales

108. Se intenta anotar un gol de campo cuando el balón está en el centro del campo, a 40 yd de los postes. Si el pateador le da al balón una velocidad de 70 ft/s hacia los postes, a un ángulo de 45° con respecto a la horizontal, ¿será bueno el intento? (El travesaño de los postes está 10 ft por encima del suelo, y el balón debe pasar por encima del travesaño y entre los postes para anotar el gol de campo.)

109. En la ▾figura 3.36 se muestra el instrumental para una demostración en clase. Una arma de fuego se apunta directamente a una lata, que se suelta al mismo tiempo que se dispara el arma. Ésta acertará en tanto la rapidez inicial de la bala sea suficiente para alcanzar el blanco que cae antes de que llegue al piso. Compruebe esta afirmación, utilizando la figura. [*Sugerencia:* observe que $y_o = x \tan \theta$.]

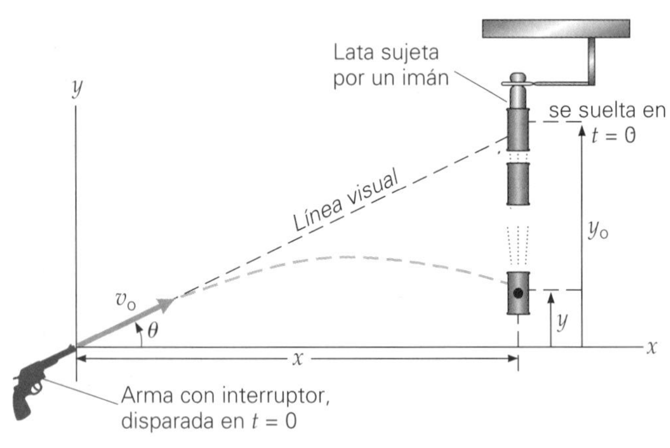

▲ **FIGURA 3.36 Tiro seguro** Véase el ejercicio 109. (No está a escala.)

110. **EI** Un lanzador de peso lanza un tiro desde una distancia vertical de 2.0 m con respecto al suelo (justo por encima de su oreja) con una rapidez de 12.0 m/s. La velocidad inicial es a un ángulo de 20° por encima de la horizontal. Suponga que el suelo es plano. *a*) En comparación con un proyectil lanzado con el mismo ángulo y con la misma rapidez a nivel del suelo, ¿el tiro estaría en el aire 1) durante un tiempo mayor, 2) durante un tiempo menor, o 3) durante la misma cantidad de tiempo? *b*) Justifique su respuesta explícitamente, determine el alcance del tiro y su velocidad justo antes del impacto en notación de vectores (componentes) unitarios.

111. Una de las primeras técnicas para "lanzar" una bomba nuclear consistía no en lanzarla, sino en dejarla caer mientras el avión iba en ascenso a una alta rapidez. La idea era "tirarla" durante el ascenso con un ángulo pronunciado, para dar tiempo a que el avión pudiera alejarse antes de que la bomba estallara. Suponga que el avión viaja a 600 km/h cuando libera la bomba a un ángulo de 75° por encima de la horizontal. Suponga también que el avión libera la bomba a una altura de 4000 m por encima del suelo y que la bomba debe detonar a una altura de 500 m sobre el suelo. Ignorando la resistencia del aire, *a*) ¿cuánto tiempo tiene el avión para alejarse antes de la detonación de la bomba? *b*) ¿Cuál es la altura máxima con respecto al nivel del suelo que alcanza la bomba? *c*) ¿Cuál es la rapidez de la bomba justo cuando estalla?

112. El automóvil A circula por una autopista de entronque de Los Ángeles hacia el este con una rapidez constante de 35.0 m/s. El automóvil B está por entrar a la autopista por la rampa de ingreso, y apunta a 10° al norte con respecto a la dirección este desplazándose a 30.0 m/s. (Véase la ▾figura 3.37.) Si los vehículos chocan, será en el punto marcado con una ✖ en la figura, que se localiza sobre la autopista a 350 m de la posición del automóvil A. Utilice el sistema de coordenadas *x-y* para representar las direcciones E-O contra N-S. *a*) ¿Cuál es la velocidad del automóvil B en relación con el automóvil A? *b*) Demuestre que los vehículos no chocan en el punto ✖. *c*) Determine a qué distancia están separados los automóviles (y cuál va adelante) cuando el automóvil B llega al punto ✖.

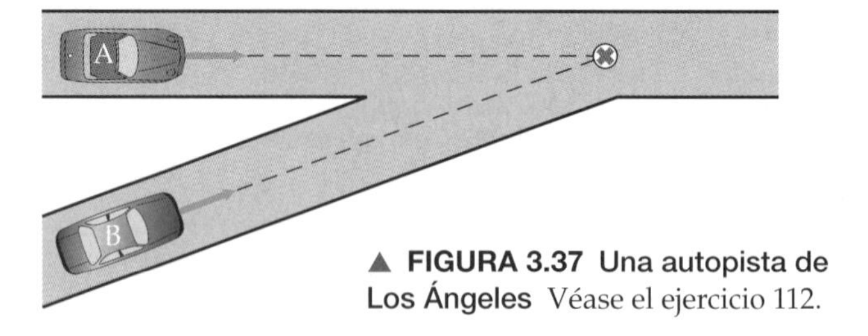

▲ **FIGURA 3.37 Una autopista de Los Ángeles** Véase el ejercicio 112.

Los siguientes problemas de física Physlet pueden utilizarse con este capítulo.
3.1, 3.2, 3.3, 3.4, 3.5, 3.6, 3.7, 3.8, 3.9, 3.10, 3.11, 3.12, 9.1, 9.2, 9.7, 9.9

CAPÍTULO

4 FUERZA Y MOVIMIENTO

HECHOS DE FÍSICA

- Isaac Newton nació en la Navidad de 1642, el mismo día en que murió Galileo. (De acuerdo con el calendario gregoriano vigente en la actualidad, la fecha del nacimiento de Newton corresponde al 4 de enero de 1643. Inglaterra no utilizó el calendario gregoriano sino hasta 1752.)
- Newton
  - descubrió que la luz blanca es una mezcla de colores y teorizó que la luz está constituida por partículas —a las que llamó corpúsculos— y no por ondas. En la actualidad se sabe que la luz tiene naturaleza dual, pues se comporta como una onda y está formada por partículas llamadas fotones.
  - desarrolló los fundamentos del cálculo. Por su parte, Gottfried Leibniz, un matemático alemán, desarrolló una versión similar del cálculo. Siempre hubo una amarga disputa entre Newton y Leibniz, sobre quién debería recibir el crédito por lograr la hazaña primero.
  - fabricó el primer telescopio de reflexión con una potencia de 40X.
- El astrónomo Edmond Halley se basó en el trabajo de Newton sobre la gravitación y las órbitas para predecir que un cometa que había observado en 1682 regresaría en 1758. El cometa regresó, tal como él predijo, y en su honor se le puso el nombre de Halley. Al contrario de la creencia generalizada, Halley no descubrió el cometa. Sus apariciones periódicas se habían registrado desde el año 263 a.C., cuando astrónomos chinos lo vieron por primera vez. Halley murió en 1742 y no pudo ver el retorno de su cometa.

No es preciso estudiar física para saber qué se necesita para poner en movimiento el automóvil de la fotografía (o cualquier otra cosa): un empujón o un tirón. Si el desesperado automovilista (o la grúa a la que pronto llamará) puede aplicar suficiente *fuerza*, entonces este vehículo se moverá.

Sin embargo, ¿por qué el automóvil está atorado en la nieve? Su motor puede generar fuerza suficiente. ¿Por qué el conductor no pone simplemente el coche en reversa y sale de ahí? Para que un automóvil pueda moverse, se necesita otra fuerza, además de la que el motor ejerce: *fricción*. Aquí, el problema con toda seguridad es que no hay suficiente fricción entre los neumáticos y la nieve.

En los capítulos 2 y 3 aprendimos a analizar el movimiento en términos de cinemática. Ahora nuestra atención se centrará en el estudio de la *dinámica*; es decir, ¿qué causa el movimiento y los cambios de movimiento? Así llegaremos a los conceptos de fuerza e inercia.

Muchos de los primeros científicos se ocuparon del estudio de la fuerza y el movimiento. El científico inglés Isaac Newton (1642-1727 ▸figura 4.1) resumió las diversas relaciones y principios de esos estudiosos pioneros en tres afirmaciones, o leyes, que desde luego se conocen como *leyes de Newton del movimiento*. Estas leyes sintetizan los conceptos de la dinámica. En este capítulo conoceremos lo que Newton pensaba acerca de las fuerzas y el movimiento.

▲ **FIGURA 4.1** Isaac Newton
Newton (1642-1727), una de las más grandes mentes científicas de la historia, realizó aportaciones fundamentales a las matemáticas, la astronomía y varias ramas de la física, entre ellas la óptica y la mecánica. Formuló las leyes del movimiento y de la gravitación universal, y fue uno de los padres del cálculo. Realizó algunos de sus trabajos más trascendentes cuando tan sólo tenía veintitantos años.

4.1 Los conceptos de fuerza y fuerza neta

OBJETIVOS: *a*) Relacionar fuerza y movimiento, y *b*) explicar qué es una fuerza neta o no equilibrada.

Primero examinemos de cerca el concepto de fuerza. Resulta sencillo dar ejemplos de fuerzas, pero ¿cómo definiría en general este concepto? Una definición operativa de fuerza se basa en efectos observados. Esto es, describimos una fuerza en términos de lo que hace. Por experiencia propia, sabemos que *las fuerzas pueden producir cambios en el movimiento*. Una fuerza es capaz de poner en movimiento un objeto estacionario. También acelera o frena un objeto en movimiento, o cambia la dirección en que se mueve. En otras palabras, una fuerza puede producir un cambio de velocidad (rapidez o dirección, o ambas); es decir, una aceleración. Por lo tanto, un *cambio* observado en un movimiento, incluido un movimiento desde el reposo, es evidencia de una fuerza. Este concepto nos lleva a una definición común de **fuerza**:

> Una fuerza es algo que puede cambiar el estado de movimiento de un objeto (su velocidad).

La palabra "puede" es muy importante aquí, ya que toma en cuenta la posibilidad de que una fuerza esté actuando sobre un cuerpo; pero que su capacidad para producir un cambio de movimiento esté equilibrada, o se anule, gracias a una o más fuerzas. Entonces, el efecto neto sería cero. Así, una sola fuerza *no necesariamente* produce un cambio de movimiento. No obstante, se sigue que, si una fuerza actúa *sola*, el cuerpo sobre el que actúa *sí* experimentará una aceleración.

Puesto que una fuerza puede producir una aceleración —una cantidad vectorial— la fuerza en sí deberá ser una cantidad vectorial, tanto con magnitud como con dirección. Si varias fuerzas actúan sobre un objeto, lo que nos interesa en muchos casos es su efecto combinado: la fuerza neta. La fuerza neta, $\vec{\mathbf{F}}_{\text{neta}}$, es la suma vectorial $\sum \vec{\mathbf{F}}_i$, o resultante, de todas las fuerzas que actúan sobre un objeto o sistema. (Véase la nota al margen.) Considere las fuerzas opuestas que se ilustran en la ▼ figura 4.2a. La fuerza neta es cero cuando fuerzas de igual magnitud actúan en direcciones opuestas (figura 4.2b). Decimos que tales fuerzas están equilibradas. Una fuerza neta distinta de cero es una fuerza no equilibrada (figura 4.2c). En este caso, la situación puede analizarse como si sólo estuviera actuando una fuerza, igual a la fuerza neta. Una fuerza neta no equilibrada, es decir, distinta de cero, produce una aceleración. En algunos casos, la aplicación de una fuerza no equilibrada también podría deformar un objeto,

Nota: en la notación $\sum \vec{\mathbf{F}}_i$, la letra griega sigma significa "sumatoria de" las fuerzas individuales (como se indica con el subíndice *i*): $\sum \vec{\mathbf{F}}_i = \vec{\mathbf{F}}_1 + \vec{\mathbf{F}}_2 + \vec{\mathbf{F}}_3 + \cdots$, es decir, una suma vectorial. Como se sobreentienden, a veces se omiten los subíndices *i*, y escribimos $\sum \vec{\mathbf{F}}$.

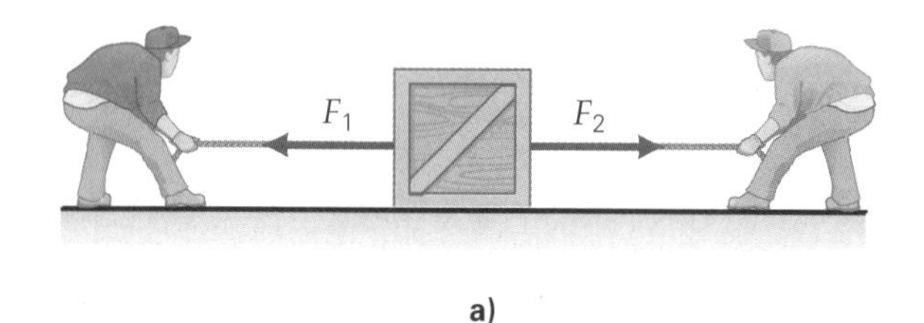

a)

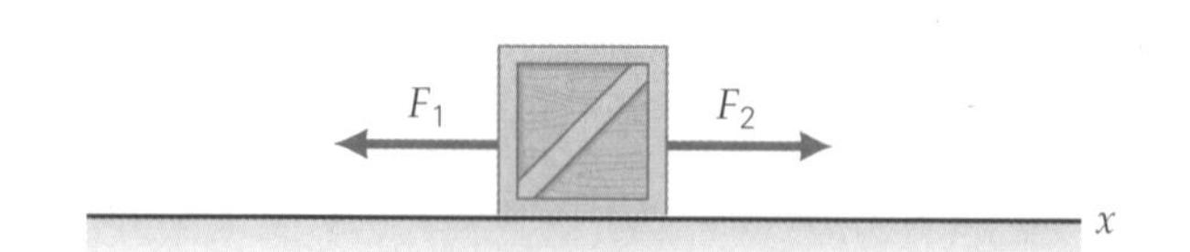

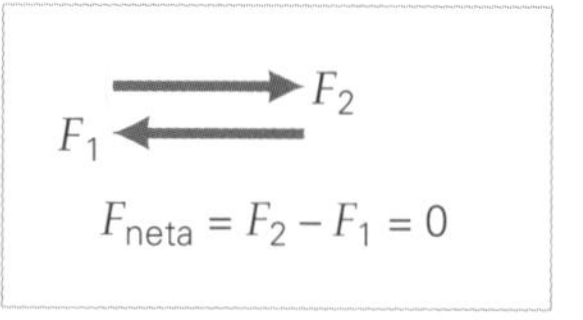

b) Fuerza neta cero (fuerzas equilibradas)

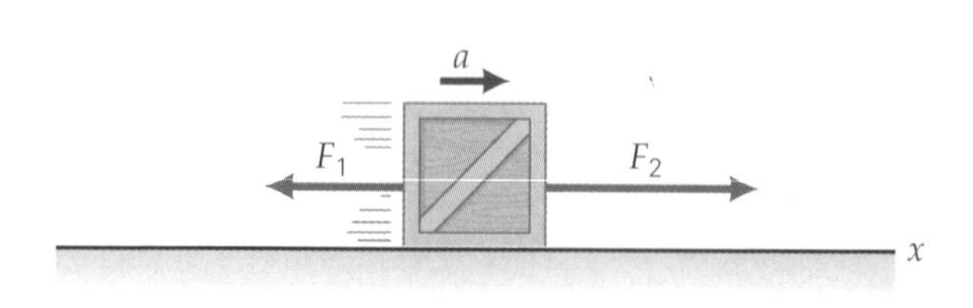

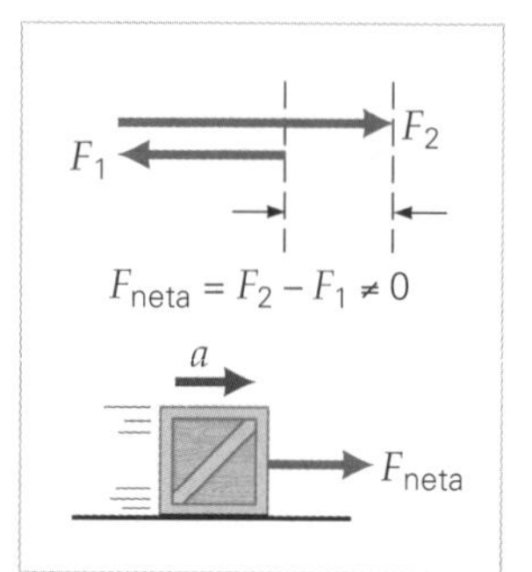

c) Fuerza neta distinta de cero (fuerzas no equilibradas)

▶ **FIGURA 4.2** Fuerza neta
a) Se aplican fuerzas opuestas a una caja de embalaje. *b*) Si las fuerzas tienen la misma magnitud, la resultante vectorial, o fuerza neta que actúa sobre la caja, es cero. Decimos que las fuerzas que actúan sobre la caja están equilibradas. *c*) Si las fuerzas tienen diferente magnitud, la resultante no es cero. Entonces, sobre la caja actúa una fuerza neta (F_{neta}) distinta de cero (no equilibrada) y produce una aceleración (por ejemplo, una caja inicialmente en reposo se pone en movimiento).

es decir, modificar su forma o su tamaño, o ambos (como veremos en el capítulo 9). Una deformación implica un cambio de movimiento de una parte de un objeto; por lo tanto, hay una aceleración.

En ocasiones, las fuerzas se dividen en dos tipos o clases. La más conocida de estas clases es la de las *fuerzas de contacto*. Estas fuerzas surgen de un contacto físico entre objetos. Por ejemplo, cuando empujamos una puerta para abrirla o lanzamos o pateamos un balón, ejercemos una fuerza de contacto sobre la puerta o el balón.

La otra clase de fuerzas es la de las *fuerzas de acción a distancia*. Esto incluye la gravedad, la fuerza eléctrica entre dos cargas y la fuerza magnética entre dos imanes. La Luna es atraída hacia la Tierra por la gravedad, que la mantiene en órbita, aunque nada parece estar transmitiendo físicamente esa fuerza.

Ahora que entendemos mejor el concepto de fuerza, veamos cómo las leyes de Newton relacionan fuerza y movimiento.

PHYSLET®

Exploración 4.2 Cambio de dos fuerzas aplicadas

Exploración 4.3 Cambio de la fuerza aplicada para llegar a la meta

4.2 Inercia y la primera ley de Newton del movimiento

OBJETIVOS: *a*) Plantear y explicar la primera ley de Newton del movimiento, y *b*) describir la inercia y su relación con la masa.

Galileo sentó las bases de la primera ley de Newton del movimiento. En sus investigaciones experimentales, Galileo dejó caer objetos para observar el movimiento bajo la influencia de la gravedad. (Véase la sección A fondo al respecto del capítulo 2.) Sin embargo, la relativamente grande aceleración debida a la gravedad hace que los objetos que caen se muevan con gran rapidez y recorran una distancia considerable en un tiempo corto. Por las ecuaciones de cinemática del capítulo 2, vemos que, 3.0 s después de dejarse caer, un objeto en caída libre tiene una rapidez de unos 29 m/s (64 mi/h) y habrá caído una distancia de 44 m (o cerca de 48 yd, casi la mitad de la longitud de un campo de fútbol). Por ello, fue muy difícil efectuar mediciones experimentales de distancia en caída libre contra tiempo, con los instrumentos que había en la época de Galileo.

Para reducir las velocidades y poder estudiar el movimiento, Galileo usó esferas que ruedan por planos inclinados. Dejaba que una esfera descendiera rodando por un plano inclinado y luego subiera por otro con diferente grado de inclinación (▼figura 4.3). Observó que la esfera alcanzaba rodando aproximadamente la misma altura en todos los casos; pero rodaba más lejos en la dirección horizontal cuando el ángulo de la pendiente era menor. Si se le permitía rodar por una superficie horizontal, la esfera viajaba una distancia considerable, y más si la superficie se hacía más tersa. Galileo se preguntó qué tan lejos llegaría la esfera si fuera posible hacer perfectamente lisa (sin fricción) la superficie horizontal. Aunque era imposible lograrlo experimentalmente, Galileo razonó que, en ese caso ideal con una superficie infinitamente larga, la esfera continuaría rodando indefinidamente con un movimiento rectilíneo uniforme, pues no habría nada (ninguna fuerza neta) que la hiciera cambiar su movimiento.

Ilustración 3.2 Movimiento en un plano inclinado

Según la teoría de Aristóteles del movimiento, que había sido aceptada durante unos 1500 años antes de la época de Galileo, el estado normal de todo cuerpo es el reposo (con la excepción de los cuerpos celestes, que se pensaba estaban naturalmente en movimiento). Aristóteles probablemente observó que los objetos que se mueven sobre una superficie tienden a bajar su velocidad y detenerse, así que su conclusión le pareció lógica. Galileo, en cambio, concluyó por los resultados de sus experimentos que los cuerpos en movimiento exhiben el comportamiento de mantener ese movimiento, y que si un cuerpo inicialmente está en reposo, se mantendrá en reposo a menos que algo haga que se mueva.

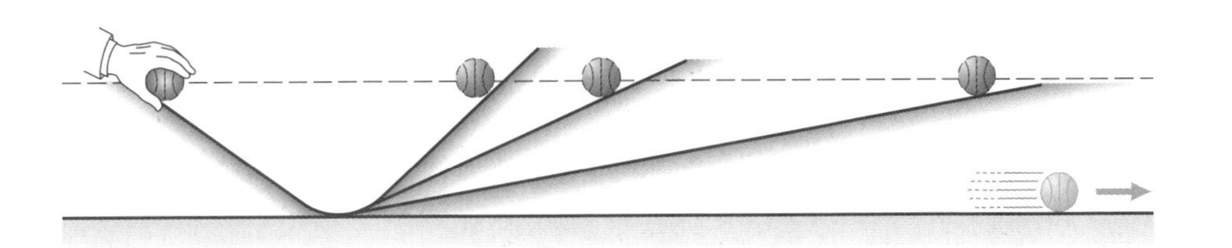

◀ **FIGURA 4.3 Experimento de Galileo** Una pelota rueda más lejos por la pendiente de subida a medida que disminuye el ángulo de inclinación. En una superficie horizontal lisa, la pelota rueda una mayor distancia antes de detenerse. ¿Qué tan lejos llegaría la pelota en una superficie ideal, perfectamente lisa? (En este caso la pelota se deslizaría debido a la ausencia de fricción.)

Galileo llamó inercia a esta tendencia de los objetos a mantener su estado inicial de movimiento. Es decir,

> Inercia es la tendencia natural de un objeto a mantener un estado de reposo o de movimiento rectilíneo uniforme (velocidad constante).

Por ejemplo, si usted alguna vez ha intentado detener un automóvil que rueda lentamente, empujándolo, ha sentido su resistencia a un cambio de movimiento, a detenerse. Los físicos describen la propiedad de inercia en términos del comportamiento observado. En la ◂figura 4.4 se ilustra un ejemplo comparativo de inercia. Si los dos sacos de arena tienen la misma densidad (masa por unidad de volumen; véase el capítulo 1), el mayor tendrá más masa y por lo tanto más inercia, lo cual notaremos de inmediato si tratamos de golpear ambos sacos.

Nota: la inercia *no* es una fuerza.

Newton relacionó el concepto de inercia con la masa. Originalmente, señaló que la masa era una cantidad de materia, pero luego la redefinió de la siguiente manera:

> La masa es una medida cuantitativa de la inercia.

Es decir, un objeto masivo tiene más inercia, o más resistencia a un cambio de movimiento, que uno menos masivo. Por ejemplo, un automóvil tiene más inercia que una bicicleta.

Primera ley de Newton: la ley de inercia

La **primera ley de Newton del movimiento**, también conocida como *ley de inercia*, resume tales observaciones:

> En ausencia de la aplicación una fuerza no equilibrada ($\vec{\mathbf{F}}_{\text{neta}} = 0$), un cuerpo en reposo permanece en reposo, y un cuerpo en movimiento permanece en movimiento con velocidad constante (rapidez y dirección constantes).

Es decir, si la fuerza neta que actúa sobre un objeto es cero, su aceleración será cero. Se movería con velocidad constante, o estaría en reposo: en ambos casos $\Delta\vec{\mathbf{v}} = 0$ o $\vec{\mathbf{v}} =$ es constante.

▲ **FIGURA 4.4** Diferencia de inercia
El saco de arena más grande tiene más masa y por lo tanto más inercia, o resistencia a un cambio de movimiento.

4.3 Segunda ley de Newton del movimiento

OBJETIVOS: *a*) Establecer y explicar la segunda ley de Newton del movimiento, *b*) aplicarla a situaciones físicas y *c*) distinguir entre peso y masa.

Un cambio de movimiento, o aceleración (es decir, un cambio de rapidez o de dirección, o de ambas cuestiones) es evidencia de una fuerza neta. Todos los experimentos indican que la aceleración de un objeto es directamente proporcional a la fuerza neta aplicada, y tiene la dirección de ésta; es decir,

$$\vec{\mathbf{a}} \propto \vec{\mathbf{F}}_{\text{neta}}$$

donde los símbolos en negritas con flechas arriba indican cantidades vectoriales. Por ejemplo, suponga que usted golpea dos pelotas idénticas. Si golpea una segunda pelota idéntica dos veces más fuerte que la primera (es decir, si le aplica el doble de fuerza), debería esperar que la aceleración de la segunda pelota fuera dos veces mayor que la de la primera (pero también en la dirección de la fuerza).

Sin embargo, como reconoció Newton, la inercia o masa del objeto también desempeña un papel. Para una fuerza neta dada, cuanto más masivo sea el objeto, menor será su aceleración. Por ejemplo, si usted golpea con la misma fuerza dos pelotas de diferente masa, la pelota menos masiva experimentaría una aceleración mayor. Es decir, la magnitud de la aceleración es inversamente proporcional a la de la masa.

De manera que tenemos:

$$\vec{\mathbf{a}} \propto \frac{\vec{\mathbf{F}}_{\text{neta}}}{m}$$

es decir, con palabras,

> La aceleración de un objeto es directamente proporcional a la fuerza neta que actúa sobre él e inversamente proporcional a su masa. La dirección de la aceleración es la de la fuerza neta aplicada.

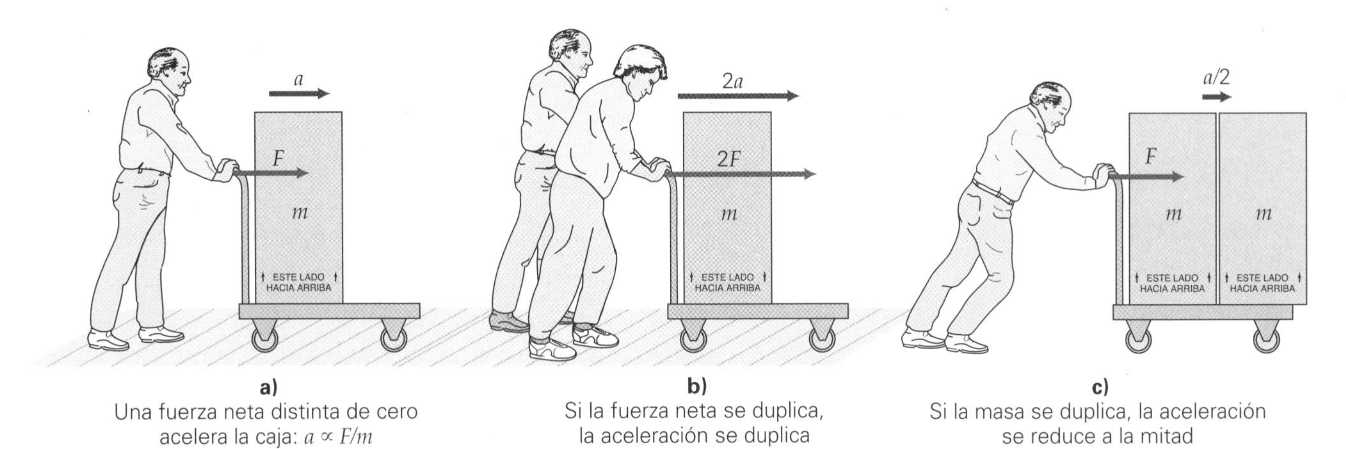

a) Una fuerza neta distinta de cero acelera la caja: $a \propto F/m$

b) Si la fuerza neta se duplica, la aceleración se duplica

c) Si la masa se duplica, la aceleración se reduce a la mitad

▲ **FIGURA 4.5 Segunda ley de Newton** Las relaciones entre fuerza, aceleración y masa que se ilustran aquí se expresan con la segunda ley de Newton del movimiento (suponiendo que no hay fricción).

Ilustración 4.3 Segunda ley de Newton y fuerza

La ▲figura 4.5 presenta algunas ilustraciones de este principio.

Dado que $\vec{\mathbf{F}}_{\text{net}} \propto m\vec{\mathbf{a}}$, la **segunda ley de Newton del movimiento** suele expresarse en forma de ecuación como

$$\vec{\mathbf{F}}_{\text{neta}} = m\vec{\mathbf{a}} \quad \textit{Segunda ley de Newton} \tag{4.1}$$

Unidad SI de fuerza: newton (N) o kilogramo-metro por segundo al cuadrado ($\text{kg} \cdot \text{m/s}^2$)

Segunda ley de Newton: fuerza y aceleración

donde $\vec{\mathbf{F}}_{\text{neta}} = \sum \vec{\mathbf{F}}_i$. La ecuación 4.1 define la unidad SI de fuerza, que muy adecuadamente se denomina **newton (N)**.

La ecuación 4.1 también indica que (por análisis de unidades) un newton en unidades base se define como $1\text{ N} = 1\text{ kg} \cdot \text{m/s}^2$. Es decir, una fuerza neta de 1 N da a una masa de 1 kg una aceleración de 1 m/s^2 (▸figura 4.6). La unidad de fuerza en el sistema inglés es la libra (lb). Una libra equivale aproximadamente a 4.5 N (en realidad, 4.448 N). Una manzana común pesa cerca de 1 N.

La segunda ley de Newton, $\vec{\mathbf{F}}_{\text{neta}} = m\vec{\mathbf{a}}$, permite el análisis cuantitativo de la fuerza y el movimiento, que consideraríamos como una relación de causa y efecto, donde la fuerza es la causa y la aceleración es el efecto (movimiento).

Observe que si la fuerza neta que actúa sobre un objeto es cero, la aceleración del objeto será cero, y permanecerá en reposo o en movimiento uniforme, lo cual es coherente con la primera ley. En el caso de una fuerza neta distinta de cero (no equilibrada), la aceleración resultante tiene la misma dirección que la fuerza neta.*

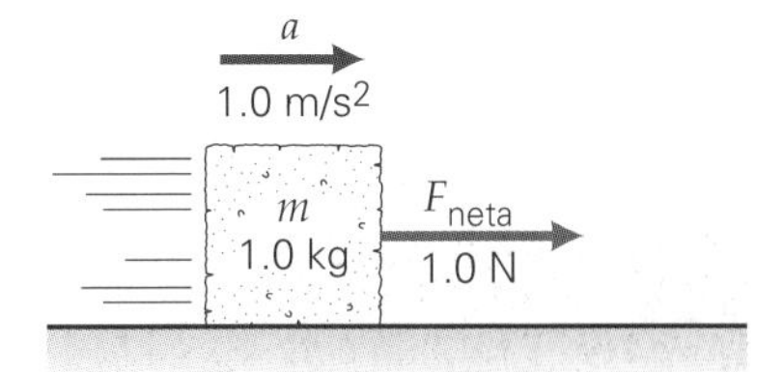

▲ **FIGURA 4.6 El newton (N)** Una fuerza neta de 1.0 N que actúa sobre una masa de 1.0 kg produce una aceleración de 1.0 m/s^2 (sobre una superficie sin fricción).

Peso

Podemos usar la ecuación 4.1 para relacionar la masa con el peso. En el capítulo 1 vimos que el peso es la fuerza de atracción gravitacional que un cuerpo celeste ejerce sobre un objeto. Para nosotros, esa fuerza es la atracción gravitacional de la Tierra. Es fácil demostrar sus efectos: si dejamos caer un objeto, caerá (acelerará) hacia la Tierra. Puesto que sólo una fuerza actúa sobre el objeto, su **peso** ($\vec{\mathbf{w}}$) es la fuerza neta $\vec{\mathbf{F}}_{\text{neta}}$, y podemos sustituir la aceleración debida a la gravedad ($\vec{\mathbf{g}}$) por $\vec{\mathbf{a}}$ en la ecuación 4.1. Por lo tanto, en términos de magnitudes, escribimos,

$$w = mg \tag{4.2}$$
$$(F_{\text{neta}} = ma)$$

De manera que la magnitud del peso de un objeto con 1.0 kg de masa es $w = mg = (1.0\text{ kg})(9.8\text{ m/s}^2) = 9.8\text{ N}$.

Así pues, 1.0 kg de masa tiene un peso de aproximadamente 9.8 N, o 2.2 lb, cerca de la superficie de la Tierra. Sin embargo, aunque la relación entre peso y masa dada

*Parecería que la primera ley de Newton es un caso especial de su segunda ley, pero no es así. La primera ley define lo que se conoce como un sistema inercial de referencia: un sistema donde no hay una fuerza neta, que no está acelerando o en el cual un objeto aislado está estacionario o se mueve con velocidad constante. Si se cumple la primera ley de Newton, entonces la segunda ley, en la forma $\mathbf{F}_{\text{neta}} = m\mathbf{a}$, es válida para dicho sistema.

Ilustración 4.1 Primera ley de Newton y marcos de referencia

por la ecuación 4.2 es sencilla, hay que tener presente que *la masa es la propiedad fundamental*. La masa no depende del valor de g; el peso sí. Como ya señalamos, la aceleración debida a la gravedad en la Luna es aproximadamente la sexta parte que en la Tierra, por lo que el peso de un objeto en la Luna sería la sexta parte de su peso en la Tierra; pero su masa, que refleja la cantidad de materia que contiene y su inercia, serían las mismas en ambos lugares.

La segunda ley de Newton (junto con el hecho de que $w \propto m$) explica por qué todos los objetos en caída libre tienen la misma aceleración. Considere, por ejemplo, dos objetos que caen; uno de los cuales tiene el doble de masa que el otro. El cuerpo con el doble de masa tiene el doble de peso, es decir, que sobre él actúa una fuerza gravitacional del doble. Sin embargo, el cuerpo más masivo también tiene el doble de inercia, así que se necesitaría el doble de fuerza para imprimirle la misma aceleración. Si expresamos matemáticamente esta relación, escribimos, para la masa menor (m), $F_{\text{neta}}/m = mg/m = g$, y para la masa mayor ($2m$), tenemos la misma aceleración: $a = F_{\text{neta}}/m = 2mg/2m = g$ (▸figura 4.7). En la sección A fondo 4.1 se describen otros efectos de g que quizás usted haya experimentado.

A FONDO 4.1 GRAVEDADES (g) DE FUERZA Y EFECTOS SOBRE EL CUERPO HUMANO

El valor de g en la superficie de la Tierra se denomina *aceleración estándar*, y a veces se usa como unidad no estándar. Por ejemplo, cuando despega una nave espacial, se dice que los astronautas experimentan una aceleración de "varias gravedades". Esta expresión significa que la aceleración de los astronautas es varias veces la aceleración estándar g. Puesto que $g = w/m$, también pensamos en g como la *fuerza* (el peso) *por unidad de masa*. Por ello, a veces se usa el término **gravedades de fuerza** para denotar fuerzas correspondientes a múltiplos de la aceleración estándar.

Para entender mejor esta unidad no estándar de fuerza, veamos algunos ejemplos. Durante el despegue de un avión comercial, los pasajeros experimentan una fuerza horizontal media de aproximadamente $0.20g$. Esto implica que, conforme el avión acelera sobre la pista, el respaldo del asiento ejerce sobre el pasajero una fuerza horizontal igual a la quinta parte del peso del pasajero (para acelerarlo junto con el avión), pero el pasajero siente que lo empujan hacia atrás contra el asiento. Al despegar con un ángulo de 30°, la fuerza se incrementa a cerca de $0.70g$.

Cuando alguien se somete a varias gravedades verticalmente, la sangre puede comenzar a acumularse en las extremidades inferiores, lo cual podría hacer que los vasos sanguíneos se distiendan o que los capilares se revienten. En tales condiciones, el corazón tiene problemas para bombear la sangre por todo el cuerpo. Con una fuerza de aproximadamente $4g$, la acumulación de sangre en la parte inferior del cuerpo priva de suficiente oxígeno a la cabeza. La falta de circulación sanguínea hacia los ojos llega a causar una ceguera temporal, y si falta oxígeno en el cerebro, el individuo se siente desorientado y finalmente pierde el conocimiento. Una persona común sólo puede resistir varias gravedades durante un periodo corto.

La fuerza máxima sobre los astronautas en un trasbordador espacial durante el despegue es de aproximadamente $3g$; sin embargo, los pilotos de aviones de combate se someten a aceleraciones de hasta $9g$ cuando salen de un vuelo en picada. Estos individuos usan "trajes g", que están especialmente diseñados para evitar el estancamiento de la sangre. La mayoría de estos trajes se inflan con aire comprimido y presionan las extremidades inferiores del piloto para evitar que la sangre se acumule ahí. Se está desarrollando un traje g hidrostático que contiene líquido, por lo que restringe mucho menos los movimientos que el aire. Cuando aumentan las gravedades, el líquido, al igual que la sangre del cuerpo, fluye hacia la parte inferior del traje y aplica presión a las piernas.

En la Tierra, donde sólo hay $1g$, se está usando una especie de "traje g" parcial, con la finalidad de prevenir coágulos en pacientes que se han sometido a cirugía de reemplazo de cadera. Se calcula que cada año entre 400 y 800 personas mueren durante los tres primeros meses después de tal cirugía, a causa sobre todo de los coágulos de sangre que se forman en una pierna, y se desprenden, pasan al torrente sanguíneo y finalmente se alojan en los pulmones, donde originan una condición llamada *embolia pulmonar*. En otros casos, un coágulo en la pierna podría detener el flujo de sangre hacia el corazón. Tales complicaciones surgen después de una cirugía de reemplazo de cadera, con mucha mayor frecuencia que después de casi cualquier otra cirugía, y lo hacen después de que el paciente ha sido dado de alta del hospital.

Los estudios han demostrado que la compresión neumática (operada por aire) de las piernas durante la hospitalización reduce tales riesgos. Un manguito de plástico en la pierna, que llega hasta el muslo, se infla a intervalos de unos cuantos minutos y empuja la sangre del tobillo hacia el muslo (figura 1). Este masaje mecánico evita que la sangre se estanque en las venas y se coagule. Con la ayuda de esta técnica y de terapia anticoagulante con fármacos, se espera prevenir muchas de las muertes postoperatorias.

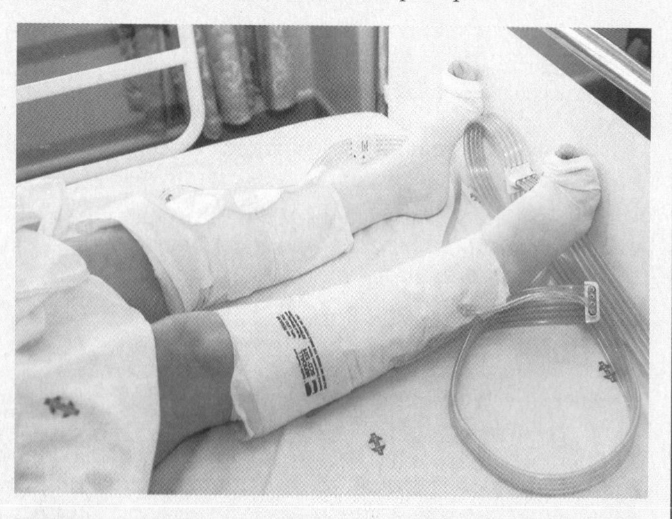

FIGURA 1 Masaje neumático El dispositivo en las piernas se infla periódicamente, empujando la sangre desde los tobillos y previniendo que la sangre se acumule en las arterias.

La segunda ley de Newton nos permite analizar situaciones dinámicas. Al usar esta ley, deberíamos tener presente que F_{neta} es la *magnitud de la fuerza neta* y que m es la *masa total del sistema*. Las fronteras que definen un sistema pueden ser reales o imaginarias. Por ejemplo, un sistema podría consistir en todas las moléculas de gas que están en cierto recipiente sellado. Sin embargo, también podríamos definir un sistema como todas las moléculas de gas que hay en un metro cúbico arbitrario de aire. Al estudiar dinámica, es común trabajar con sistemas compuestos por una o más masas discretas; la Tierra y la Luna, por ejemplo, o una serie de bloques sobre una mesa, o un tractor y un remolque, como en el ejemplo 4.1.

Nota: en $F_{neta} = ma$, m es la masa total del sistema.

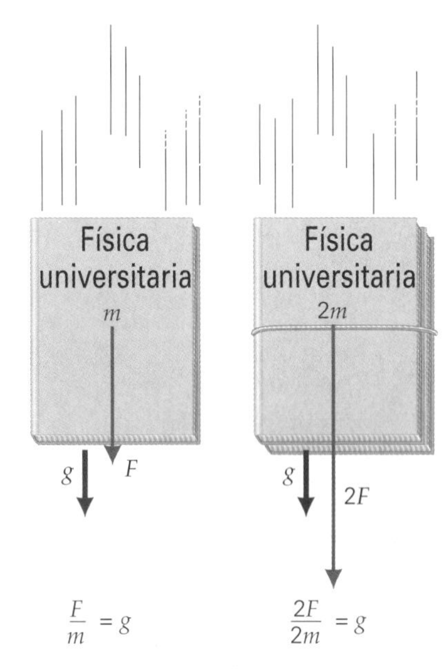

▲ **FIGURA 4.7 Segunda ley de Newton y caída libre** En caída libre, todos los objetos caen con la misma aceleración constante g. Si un objeto tiene el doble de masa que otro, sobre él actúa el doble de fuerza gravitacional. Sin embargo, al tener el doble de masa, el objeto también tiene el doble de inercia, de manera que se requiere dos veces más fuerza para darle la misma aceleración.

Ejemplo 4.1 ■ Segunda ley de Newton: cálculo de la aceleración

Un tractor tira de un remolque cargado sobre un camino plano, con una fuerza horizontal constante de 440 N (▼figura 4.8). Si la masa total del remolque y su contenido es de 275 kg, ¿qué aceleración tiene el remolque? (Desprecie todas las fuerzas de fricción.)

Razonamiento. Este problema es una aplicación directa de la segunda ley de Newton. Se da la masa total; tratamos las dos masas individuales (el remolque y su contenido) como una, y consideramos todo el sistema.

Solución. Tenemos estos datos:

Dado: $F = 440$ N, $m = 275$ kg

Encuentre: a (aceleración)

En este caso, F es la fuerza neta, y la aceleración está dada por la ecuación 4.1, $F_{neta} = ma$. Despejando la magnitud de a,

$$a = \frac{F_{neta}}{m} = \frac{440\text{ N}}{275\text{ kg}} = 1.60\text{ m/s}^2$$

y la dirección de a es la dirección de la tracción.

Observe que m es la masa *total* del remolque y su contenido. Si nos hubieran dado por separado las masas del remolque y su contenido —digamos, $m_1 = 75$ kg y $m_2 = 200$ kg, respectivamente— se habrían sumado en la ley de Newton: $F_{neta} = (m_1 + m_2)a$. También, en el mundo real habría una fuerza de fricción opuesta. Suponga que hay una fuerza de fricción eficaz de $f = 140$ N. En este caso, la fuerza neta sería la suma vectorial de la fuerza ejercida por el tractor y la fuerza de fricción, de manera que la aceleración sería (empleando signos para los sentidos)

$$a = \frac{F_{neta}}{m} = \frac{F - f}{m_1 + m_2} = \frac{440\text{ N} - 140\text{ N}}{275\text{ kg}} = 1.09\text{ m/s}^2$$

Una vez más, el sentido de a sería el sentido de la tracción.

Con una fuerza neta constante, la aceleración también es constante, así que podemos aplicar las ecuaciones de cinemática del capítulo 2. Suponga que el remolque partió del reposo ($v_o = 0$). ¿Qué distancia recorrió en 4.00 s? Utilizando la ecuación adecuada de cinemática (ecuación 2.11, con $x_o = 0$) para el caso con fricción, tenemos

$$x = v_o t + \tfrac{1}{2}at^2 = 0 + \tfrac{1}{2}(1.09\text{ m/s}^2)(4.00\text{ s})^2 = 8.72\text{ m}$$

Ejercicio de refuerzo. Suponga que la fuerza aplicada al remolque es de 550 N. Con la misma fuerza de fricción, ¿qué velocidad tendría el remolque 4.0 s después de partir del reposo? (*Las respuestas de todos los Ejercicios de refuerzo se dan al final del libro.*)

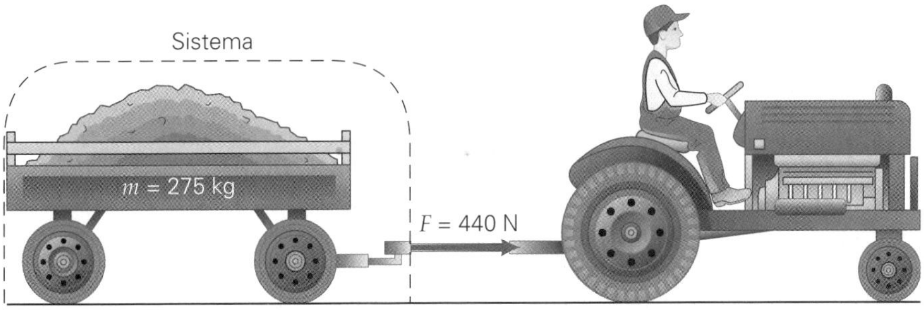

◀ **FIGURA 4.8 Fuerza y aceleración** Véase el ejemplo 4.1.

Ejemplo 4.2 ■ Segunda ley de Newton: cálculo de la masa

Una estudiante pesa 588 N. ¿Qué masa tiene?

Razonamiento. La segunda ley de Newton nos permite determinar la masa de un objeto si conocemos su peso (fuerza), pues se conoce g.

Solución.

Dado: $w = 588$ N *Encuentre:* m (masa)

Recuerde que el peso es una fuerza (gravitacional) y que se relaciona con la masa de un objeto en la forma $w = mg$ (ecuación 4.2), donde g es la aceleración debida a la gravedad (9.80 m/s^2). Después de reacomodar la ecuación, tenemos

$$m = \frac{w}{g} = \frac{588 \text{ N}}{9.80 \text{ m/s}^2} = 60.0 \text{ kg}$$

En los países que usan el sistema métrico, se usa la unidad de masa, el kilogramo, en vez de una unidad de fuerza, para expresar "peso". Se diría que esta estudiante pesa 60.0 "kilos".

Recuerde que 1 kg de masa tiene un peso de 2.2 lb en la superficie de la Tierra. Entonces, en unidades inglesas, ella pesaría 60.0 kg (2.2 lb/kg) = 132 lb.

Ejercicio de reforzamiento. *a*) Una persona en Europa está un poco pasada de peso y querría perder 5.0 "kilos". Calcule la pérdida equivalente en libras. *b*) ¿Qué "peso" tiene el lector en kilos?

Como hemos visto, un sistema dinámico puede constar de más de un objeto. En las aplicaciones de la segunda ley de Newton, suele ser provechoso, y a veces necesario, aislar un objeto dado dentro de un sistema. Dicho aislamiento es posible porque *la segunda ley de Newton también describe el movimiento de cualquier parte del sistema*, como demuestra el ejemplo 4.3.

Ilustración 4.5 Jala tus remolques

Ejemplo 4.3 ■ Segunda ley de Newton: ¿todo el sistema o una parte?

Dos bloques con masas $m_1 = 2.5$ kg y $m_2 = 3.5$ kg descansan en una superficie sin fricción y están conectados con un cordel ligero (▼ figura 4.9).* Se aplica una fuerza horizontal (F) de 12.0 N a m_1, como se indica en la figura. *a*) ¿Qué magnitud tiene la aceleración de las masas (es decir, del sistema total)? *b*) ¿Qué magnitud tiene la fuerza (T) en el hilo? [Cuando una cuerda o cordel se tensa, decimos que está sometido a tensión. En el caso de un cordel muy ligero, la fuerza en el extremo derecho tiene la misma magnitud (T) que en el izquierdo.]

Razonamiento. Es importante recordar que la segunda ley de Newton puede aplicarse a un sistema total o a cualquiera de sus partes (a un subsisistema, por decirlo así). Esto permite analizar componentes individuales de un sistema, si se desea. Es crucial identificar

▼ **FIGURA 4.9 Un sistema acelerado** Véase el ejemplo 4.3.

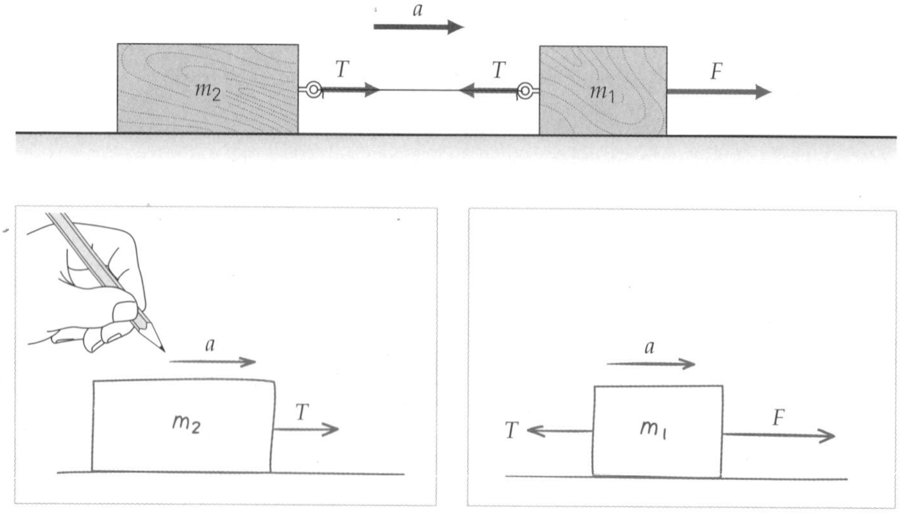

Separando las masas

* Cuando un objeto se describe como "ligero", se puede despreciar su masa al analizar la situación del problema. Es decir, su masa es insignificante en comparación con las demás masas.

las fuerzas que actúan, como ilustra este ejemplo. Luego aplicamos $F_{\text{neta}} = ma$ a cada subsistema o componente.

Solución. Cuidadosamente listamos los datos y lo que queremos calcular:

Dado: $m_1 = 2.5$ kg, $m_2 = 3.5$ kg, $F = 12.0$ N

Encuentre: *a*) a (aceleración) *b*) T (tensión, una fuerza)

Dada una fuerza aplicada, la aceleración de las masas se puede calcular con base en la segunda ley de Newton. Al aplicar esa ley, es importante tener presente que es válida para el sistema total o *para cualquiera de sus partes*; es decir, para la masa total ($m_1 + m_2$), a m_1 individualmente o a m_2 individualmente. Sin embargo, *debemos asegurarnos de identificar correctamente la fuerza o fuerzas apropiadas en cada caso.* La fuerza neta que actúa sobre las masas combinadas, por ejemplo, no es la misma que la fuerza neta que actúa sobre m_2 cuando se le considera por separado, como veremos.

a) Primero, tomando el sistema total (es decir, considerando tanto m_1 como m_2), vemos que la fuerza neta que actúa sobre este sistema es F. Cabe señalar que, al considerar el sistema total, nos interesa sólo la fuerza externa neta que actúa sobre él. Las fuerzas *internas* T, iguales y opuestas, nada tienen que ver en este caso, pues se anulan. Representaremos la masa total como M, y escribiremos:

$$a = \frac{F_{\text{neta}}}{M} = \frac{F}{m_1 + m_2} = \frac{12.0 \text{ N}}{2.5 \text{ kg} + 3.5 \text{ kg}} = 2.0 \text{ m/s}^2$$

La aceleración es en la dirección de la fuerza aplicada, como indica la figura.

b) Los cordeles (o hilos o alambres) flexibles sometidos a tensión ejercen una fuerza sobre un objeto, la cual está dirigida a lo largo del hilo. En la figura estamos suponiendo que la tensión se transmite *íntegramente* mediante el cordel; es decir, la tensión es la misma en todos los puntos del cordel. Así, la magnitud de T que actúa sobre m_2 es la misma que la que actúa sobre m_1. En realidad, esto es cierto sólo si el cordel tiene masa cero. En este libro únicamente consideraremos este tipo de cordeles o hilos *ligeros* (es decir, de masa insignificante) idealizados.

Entonces, una fuerza de magnitud T actúa sobre cada una de las masas, debido a la tensión en el cordel que las une. Para obtener el valor de T, es necesario considerar una *parte* del sistema que esté afectada por tal fuerza.

Podemos considerar cada bloque como un sistema aparte, en el cual sea válida la segunda ley de Newton. En estos subsistemas, la tensión entra en juego explícitamente. En el diagrama de la masa m_2 aislada de la figura 4.9, vemos que la única fuerza que actúa para acelerar esta masa es T. Conocemos los valores de m_2 y a, así que la magnitud de esta fuerza está dada directamente por

$$F_{\text{neta}} = T = m_2 a = (3.5 \text{ kg})(2.0 \text{ m/s}^2) = 7.0 \text{ N}$$

En la figura 4.9 también se muestra un diagrama aparte de m_1 y también aplicamos la segunda ley de Newton a este bloque para calcular T. Debemos sumar vectorialmente las fuerzas para obtener la fuerza neta sobre m_1 que produce su aceleración. Recordamos que los vectores en una dimensión se pueden escribir con signos de dirección y magnitudes, así que

$$F_{\text{neta}} = F - T = m_1 a \quad \textit{(tomamos la dirección de F como positiva)}$$

Luego despejamos la magnitud de T,

$$\begin{aligned} T &= F - m_1 a \\ &= 12.0 \text{ N} - (2.5 \text{ kg})(2.0 \text{ m/s}^2) = 12.0 \text{ N} - 5.0 \text{ N} = 7.0 \text{ N} \end{aligned}$$

Ejercicio de refuerzo. Suponga que se aplica a m_2 de la figura 4.9 una segunda fuerza horizontal de 3.0 N hacia la izquierda. ¿Qué tensión habría en el cordel en este caso?

La segunda ley en forma de componentes

La segunda ley de Newton no sólo se cumple para cualquier parte de un sistema, sino que también es válida para cada uno de los componentes de la aceleración. Por ejemplo, expresamos una fuerza en dos dimensiones en notación de componentes como sigue:

$$\Sigma \vec{\mathbf{F}}_i = m\vec{\mathbf{a}}$$

y

$$\Sigma(F_x \hat{\mathbf{x}} + F_y \hat{\mathbf{y}}) = m(a_x \hat{\mathbf{x}} + a_y \hat{\mathbf{y}}) = ma_x \hat{\mathbf{x}} + ma_y \hat{\mathbf{y}} \tag{4.3a}$$

Por lo tanto, para satisfacer tanto a x como a y de manera independiente, tenemos

$$\sum F_x = ma_x \quad \text{y} \quad \sum F_y = ma_y \tag{4.3b}$$

y la segunda ley de Newton es válida para cada componente por separado del movimiento. Cabe señalar que *ambas* ecuaciones deben cumplirse. (Asimismo, $\sum F_z = ma_z$ en tres dimensiones.) El ejemplo 4.4 ilustra la aplicación de la segunda ley empleando componentes.

Ejemplo 4.4 ■ Segunda ley de Newton: componentes de fuerza

Un bloque con masa de 0.50 kg viaja con una rapidez de 2.0 m/s en la dirección x positiva sobre una superficie plana sin fricción. Al pasar por el origen, el bloque experimenta durante 1.5 s una fuerza constante de 3.0 N que forma un ángulo de 60° con respecto al eje x (◂figura 4.10). ¿Qué velocidad tiene el bloque al término de ese lapso?

Razonamiento. El hecho de que la fuerza no sea en la dirección del movimiento inicial nos haría pensar que la solución es complicada. Sin embargo, en el recuadro de la figura 4.10 vemos que la fuerza se puede descomponer en componentes. Entonces, podremos analizar el movimiento en la dirección de cada componente.

Solución. Primero, escribimos los datos y lo que se pide:

Dado: $m = 0.50$ kg
$v_{x_o} = 2.0$ m/s
$v_{y_o} = 0$
$F = 3.0$ N, $\theta = 60°$
$t = 1.5$ s

Encuentre: $\vec{\mathbf{v}}$ (velocidad al término de 1.5 s)

Calculemos las magnitudes de las fuerzas en las direcciones de los componentes:

$$F_x = F\cos 60° = (3.0\text{ N})(0.500) = 1.5\text{ N}$$
$$F_y = F\,\text{sen}\,60° = (3.0\text{ N})(0.866) = 2.6\text{ N}$$

Luego, aplicamos la segunda ley de Newton a cada dirección para obtener los componentes de aceleración:

$$a_x = \frac{F_x}{m} = \frac{1.5\text{ N}}{0.50\text{ kg}} = 3.0\text{ m/s}^2$$
$$a_y = \frac{F_y}{m} = \frac{2.6\text{ N}}{0.50\text{ kg}} = 5.2\text{ m/s}^2$$

Ahora, por la ecuación de cinemática que relaciona velocidad y aceleración (ecuación 2.8), los componentes de velocidad del bloque están dados por

$$v_x = v_{x_o} + a_x t = 2.0\text{ m/s} + (3.0\text{ m/s}^2)(1.5\text{ s}) = 6.5\text{ m/s}$$
$$v_y = v_{y_o} + a_y t = 0 + (5.2\text{ m/s}^2)(1.5\text{ s}) = 7.8\text{ m/s}$$

Al término de los 1.5 s, la velocidad del bloque es

$$\vec{\mathbf{v}} = v_x\hat{\mathbf{x}} + v_y\hat{\mathbf{y}} = (6.5\text{ m/s})\hat{\mathbf{x}} + (7.8\text{ m/s})\hat{\mathbf{y}}$$

Ejercicio de refuerzo. *a*) ¿Qué dirección tiene la velocidad al término de los 1.5 s? *b*) Si la fuerza se aplicara con un ángulo de 30° (en vez de 60°) con respecto al eje x, ¿cómo cambiarían los resultados de este ejemplo?

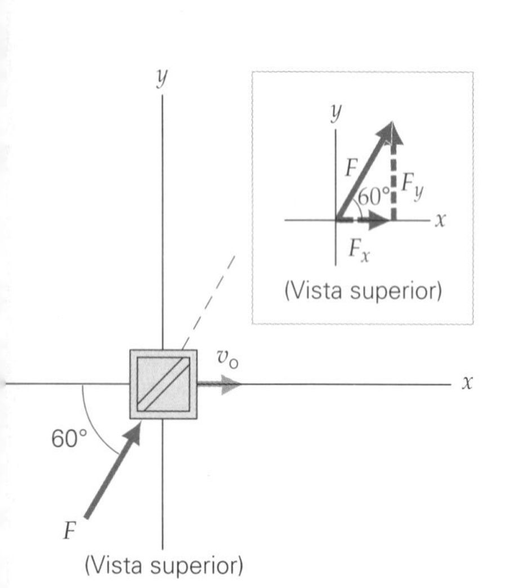

▲ **FIGURA 4.10** Desviado
Se aplica una fuerza a un bloque en movimiento cuando llega al origen, y el bloque se desvía de su trayectoria rectilínea. Véase el ejemplo 4.4.

Exploración 4.4 Determine la fuerza de un disco (*puck*) de jockey

Exploración 4.5 Sonda espacial con diversos motores

Exploración 4.6 Golpear una pelota de golf hacia el hoyo

4.4 Tercera ley de Newton del movimiento

OBJETIVOS: *a*) Plantear y explicar la tercera ley de Newton del movimiento, y *b*) identificar pares de fuerzas de acción-reacción.

Newton formuló una tercera ley cuya relevancia en la física es tan amplia como la de las dos primeras. Como introducción sencilla a la tercera ley, consideremos las fuerzas que intervienen en el caso de un cinturón de seguridad. Si vamos en un automóvil en movimiento y se aplican repentinamente los frenos, por la inercia seguimos moviéndonos hacia delante conforme el automóvil se detiene. (La fuerza de fricción entre el asiento y nuestros muslos no es suficiente para detenernos.) Al hacerlo, ejercemos fuerzas hacia delante sobre el cinturón de seguridad y la correa diagonal. Ambos ejercen las correspondientes fuerzas de reacción (hacia atrás) sobre nosotros y hacen que frenemos junto con el vehículo. Si no nos abrochamos el cinturón, seguiremos en movimiento (según la primera ley de Newton) hasta que otra fuerza, como la aplicada por el tablero o el parabrisas, nos detenga.

Comúnmente pensamos que las fuerzas se dan individualmente; sin embargo, Newton reconoció que es imposible tener una fuerza sola. Él observó que, en cualquier aplicación de fuerza, siempre hay una interacción mutua, y que las fuerzas siempre se dan en pares. Un ejemplo dado por Newton fue que, si ejercemos presión sobre una piedra con el dedo, el dedo también es presionado por la piedra (o recibe una fuerza de ésta).

Newton llamó a las fuerzas apareadas *acción* y *reacción*, y la **tercera ley de Newton del movimiento** es:

Para cada fuerza (acción), hay una fuerza igual y opuesta (reacción).

En notación simbólica, la tercera ley de Newton es

$$\vec{\mathbf{F}}_{12} = -\vec{\mathbf{F}}_{21}$$

Es decir, $\vec{\mathbf{F}}_{12}$ es la fuerza ejercida *sobre* el objeto 1 *por* el objeto 2, y $-\vec{\mathbf{F}}_{21}$ es la fuerza igual y opuesta ejercida *sobre* el objeto 2 *por* el objeto 1. (El signo menos indica la dirección opuesta.) *La decisión de cuál fuerza es la acción y cuál la reacción es arbitraria*; $\vec{\mathbf{F}}_{21}$ podría ser la reacción a $\vec{\mathbf{F}}_{12}$ o viceversa.

A primera vista, parecería que la tercera ley de Newton contradice la segunda: si siempre hay fuerzas iguales y opuestas, ¿cómo puede haber una fuerza neta distinta de cero? Algo que debemos recordar acerca del par de fuerzas de la tercera ley es que *las fuerzas de acción-reacción no actúan sobre el mismo objeto*. La segunda ley se ocupa de fuerzas que actúan sobre un objeto (o sistema) específico. Las fuerzas opuestas de la tercera ley actúan sobre objetos *distintos*. Por lo tanto, las fuerzas no pueden anularse entre sí ni tener una suma vectorial de cero cuando aplicamos la segunda ley a objetos individuales.

Para ilustrar esta distinción, considere las situaciones que se muestran en la ▸figura 4.11. Es común olvidarnos de la fuerza de reacción. Por ejemplo, en la sección izquierda de la figura 4.11a, la fuerza evidente que actúa sobre un bloque que descansa sobre una mesa es la atracción gravitacional de la Tierra, que se expresa como el peso mg. Sin embargo, *debe haber otra fuerza* que actúe sobre el bloque. Para que el bloque no tenga aceleración, la mesa deberá ejercer una fuerza hacia arriba $\vec{\mathbf{N}}$ cuya magnitud es igual al peso del bloque. Así, $\Sigma F_y = +N - mg = ma_y = 0$, donde la dirección de los vectores se indica con signos más y menos.

Como reacción a $\vec{\mathbf{N}}$, el bloque ejerce sobre la mesa una fuerza hacia abajo, $-\vec{\mathbf{N}}$, cuya magnitud es la del peso del bloque, mg. Sin embargo, $-\vec{\mathbf{N}}$ *no* es el peso del objeto. El peso y $-\vec{\mathbf{N}}$ tienen diferente origen: el peso es la fuerza gravitacional de acción a distancia; mientras que $-\vec{\mathbf{N}}$ es una fuerza de contacto entre las dos superficies.

Es fácil demostrar la presencia de esta fuerza hacia arriba sobre el bloque tomando éste con la mano y sosteniéndolo; estaremos ejerciendo una fuerza hacia arriba sobre el bloque (y sentimos una fuerza de reacción $-\vec{\mathbf{N}}$ sobre la mano). Si aplicáramos una fuerza mayor, es decir, $N > mg$, el bloque aceleraría hacia arriba.

Llamamos fuerza normal a la fuerza que una superficie ejerce sobre un objeto, y la denotamos con el símbolo N. *Normal* significa *perpendicular*. La **fuerza normal** que una superficie ejerce sobre un objeto siempre es perpendicular a la superficie. En la figura 4.11a, la fuerza normal es igual y opuesta al peso del bloque. Sin embargo, la fuerza normal no siempre es igual y opuesta al peso de un objeto. La fuerza normal es una fuerza de "reacción", ya que reacciona a la situación. Como ejemplos tenemos las figuras 4.11a, b, c y d, que se describen como la sumatoria de los componentes verticales (ΣF_y).

En la figura 4.11b se aplica una fuerza angulada hacia abajo.

$$\Sigma F_y\!: \quad N - mg - F_y = ma_y = 0 \quad \text{y} \quad N = mg + F_y \qquad (N > mg)$$

En la figura 4.11c se aplica una fuerza angulada hacia arriba.

$$\Sigma F_y\!: \quad N - mg + F_y = ma_y = 0 \quad \text{y} \quad N = mg - F_y \qquad (N < mg)$$

Tercera ley de Newton: acción y reacción

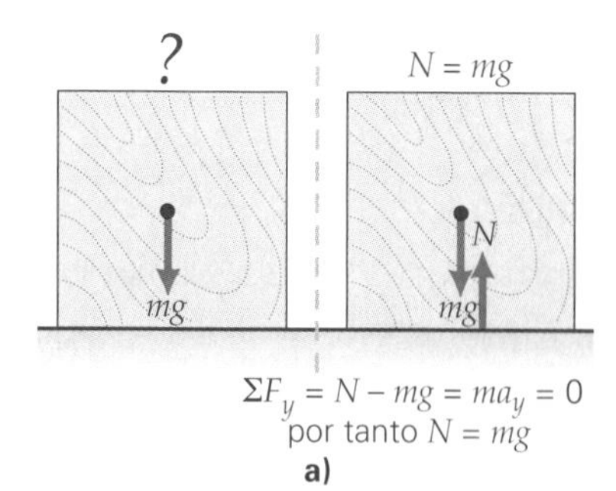

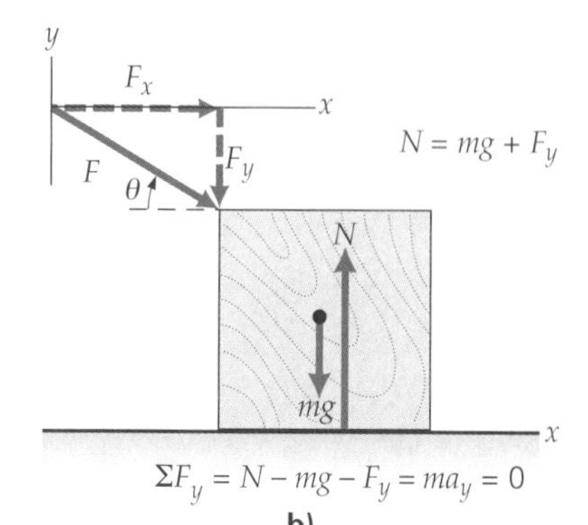

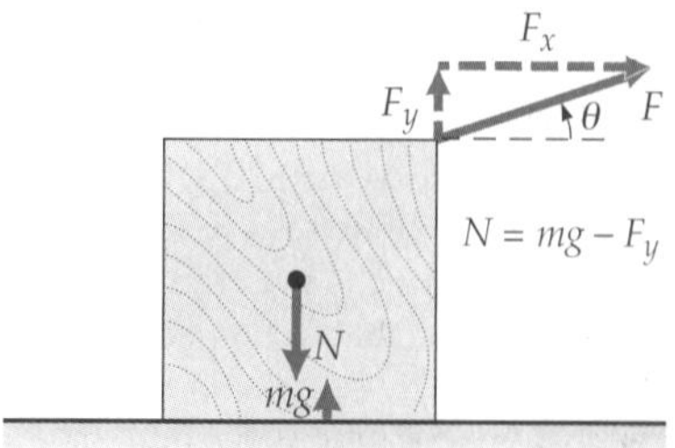

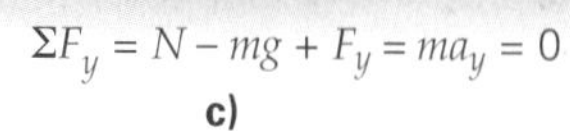

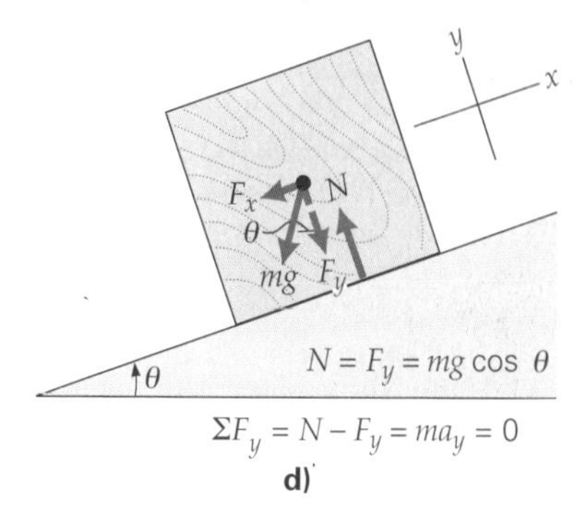

▲ **FIGURA 4.11 Distinciones entre la segunda y la tercera leyes de Newton** La segunda ley de Newton se ocupa de las fuerzas que actúan sobre un objeto (o sistema) específico. En cambio, la tercera ley de Newton se ocupa del par de fuerzas que actúa sobre objetos distintos. (Véase el ejemplo conceptual 4.5.)

En la figura 4.11d hay un bloque sobre un plano inclinado. (La fuerza normal es perpendicular a la superficie del plano.)

$$\sum F_y: \quad N - F_y = ma_y = 0, \quad \text{y} \quad N = F_y = mg \cos \theta$$

En este caso el componente de peso, F_x, aceleraría el bloque abajo del plano en ausencia de una fuerza de fricción igual y opuesta entre el bloque y la superficie del plano.

Ilustración 4.6 Tercera ley de Newton, fuerzas de contacto

Ejemplo conceptual 4.5 ■ ¿Dónde están los pares de fuerza de la tercera ley de Newton?

Una mujer que espera cruzar la calle lleva un maletín en la mano, como se observa en la ▾figura 4.12a. Identifique todos los pares de fuerza según la tercera ley en relación con el maletín en esta situación.

Razonamiento y respuesta. Al estar sostenido sin ningún movimiento, la aceleración del maletín es cero, y $\sum F_y = 0$. Centrándonos sólo en el maletín, es posible identificar dos fuerzas iguales y opuestas que actúan sobre él: su peso hacia abajo y la fuerza hacia arriba aplicada por la mano. Sin embargo, estas dos fuerzas *no constituyen* un par de fuerza de la tercera ley, porque actúan sobre el *mismo* objeto.

En una inspección general, usted se dará cuenta de que la fuerza de reacción ante la fuerza hacia arriba de la mano sobre el maletín es una fuerza hacia abajo en la mano. Entonces, ¿qué sucede con la fuerza de reacción al peso del maletín? Puesto que el peso es la fuerza de atracción gravitacional sobre el maletín que ejerce la Tierra, la fuerza correspondiente sobre la Tierra que ejerce el maletín constituye el par de fuerza de la tercera ley.

Ejercicio de refuerzo. La mujer, sin darse cuenta, tira su maletín como se observa en la figura 4.12b. ¿Existe algún par de fuerza según la tercera ley en esta situación? Explique su respuesta.

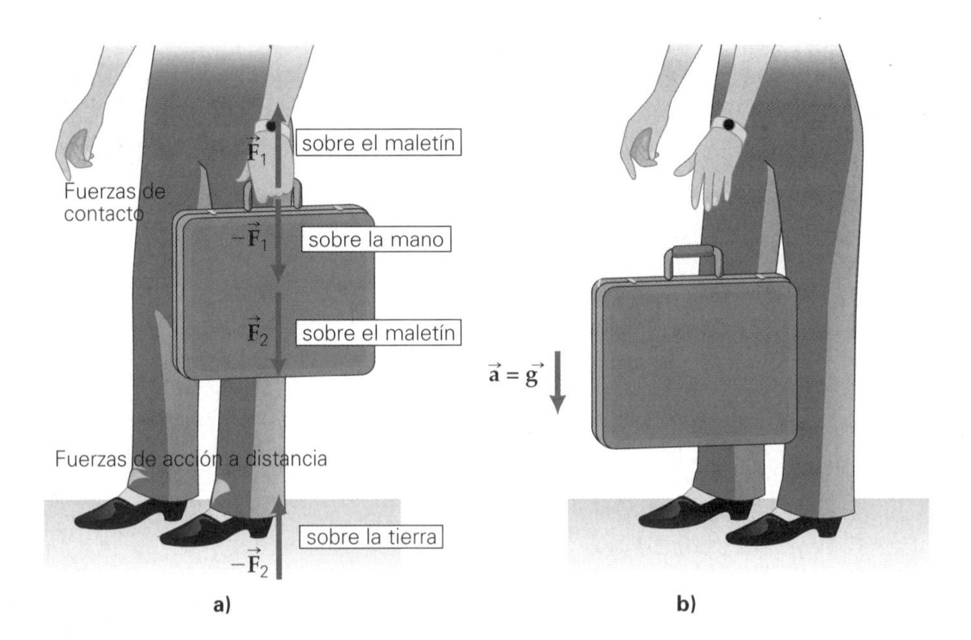

▶ **FIGURA 4.12** Pares de fuerzas de la tercera ley de Newton
a) Cuando una persona sostiene un maletín, hay dos pares de fuerzas: un par de contacto ($\vec{F}_1$ y $-\vec{F}_1$) y un par de acción a distancia (gravedad) ($\vec{F}_2$ y $-\vec{F}_2$). La fuerza neta que actúa sobre el maletín es cero: la fuerza de contacto hacia arriba ($\vec{F}_1$) equilibra a la fuerza del peso hacia abajo. Sin embargo, observe que la fuerza de contacto hacia arriba y la fuerza del peso hacia abajo no son un par según la tercera ley. *b*) ¿Hay algún par de fuerzas de acuerdo con la tercera ley? Véase el Ejercicio de refuerzo del ejemplo.

La propulsión a chorro es otro ejemplo de la tercera ley de Newton en acción. En el caso de un cohete, éste y los gases de escape ejercen fuerzas iguales y opuestas entre sí. El resultado es que los gases de escape aceleran alejándose del cohete, y éste acelera en la dirección opuesta. Cuando "se lanza" un cohete grande, como durante el despegue de un trasbordador espacial, el cohete libera gases de escape encendidos. Un error muy común es creer que los gases de escape "empujan" contra la plataforma de lanzamiento para acelerar el cohete. Si esta interpretación fuera correcta, no habría viajes espaciales, pues en el espacio no hay nada contra qué "empujar". La explicación correcta implica acción (gases que ejercen una fuerza sobre el cohete) y reacción (cohete que ejerce una fuerza opuesta sobre los gases).

En la sección A fondo 4.2 se da otro ejemplo de par acción-reacción.

A FONDO 4.2 NAVEGANDO CONTRA EL VIENTO: VIRADA

Un velero puede navegar fácilmente en la dirección del viento (ya que este último es el que infla las velas). Sin embargo, después de navegar cierta distancia en la dirección del viento, el capitán por lo general desea regresar al puerto, lo que supone "navegar contra el viento". Esto parece imposible, pero no lo es. Se le llama *virada* y se explica por medio de vectores de fuerza y de las leyes de Newton.

Un velero no puede navegar directamente contra el viento, puesto que la fuerza de éste sobre el velero lo aceleraría hacia atrás, es decir, hacia el lado opuesto de la dirección deseada. El viento que infla la vela ejerce una fuerza F_s perpendicular a ésta (figura 1a). Si el velero se guía con un ángulo relativo a la dirección del viento, existirá un componente de fuerza paralelo a la cabeza del velero ($F_{\parallel}$). Con este curso se gana cierta distancia contra el viento, pero nunca se haría llegar al velero de regreso al puerto. El componente perpendicular ($F_{\perp}$) actuaría sobre los lados y pondría al velero fuera de curso.

Así, como un viejo lobo de mar, el capitán "vira" o maniobra el velero de manera que el componente paralelo de la fuerza cambie en 90° (figura 1b). El capitán repite continuamente esta maniobra y, utilizando el curso en zigzag, el velero regresa al puerto (figura 2a).

¿Qué sucede con el componente perpendicular de la fuerza? Tal vez usted piense que esto llevaría al velero fuera de curso. Y lo haría, de hecho lo hace un poco, pero la mayoría de la fuerza perpendicular está equilibrada por la quilla del velero, que es la parte inferior de éste (figura 2b). La resistencia del agua ejerce una fuerza opuesta sobre la quilla, que anula la mayor parte de la fuerza perpendicular de los lados, produciendo poca —si acaso alguna— aceleración en esa dirección.

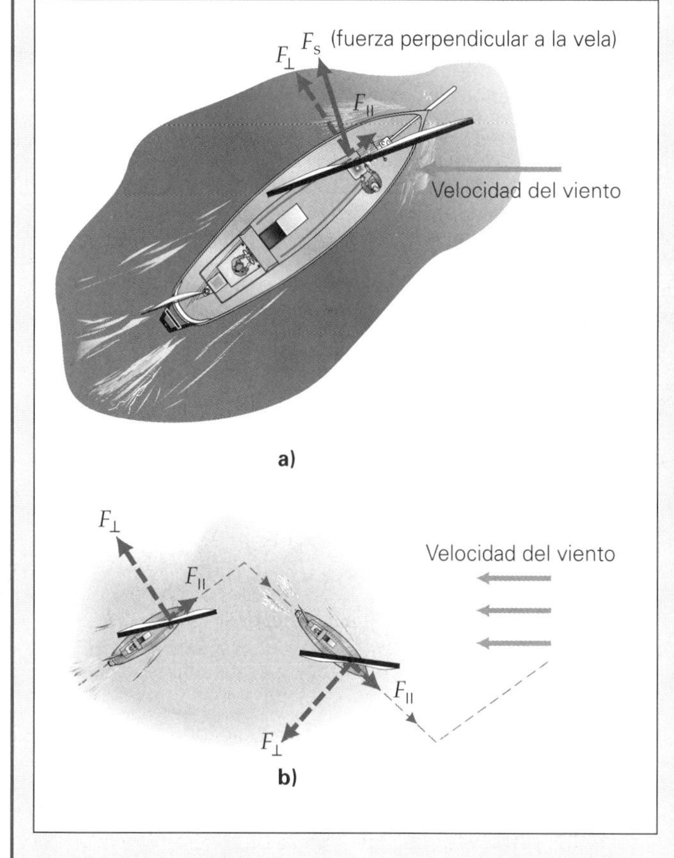

FIGURA 1 Vamos en virada *a)* El viento que infla la vela ejerce una fuerza perpendicular sobre ésta (F_s). Podemos descomponer este vector de fuerza en componentes. Una componente es paralela al movimiento del velero ($F_{\parallel}$). *b)* Al cambiar la dirección de la vela, el capitán puede "virar" el velero contra el viento.

FIGURA 2 Contra el viento *a)* Conforme el capitán lleva el velero contra el viento, se inicia la virada. *b)* El componente perpendicular de la fuerza en la virada llevaría al velero fuera de curso por los lados. Pero la resistencia del agua sobre la quilla en la parte inferior del velero ejerce una fuerza opuesta y anula la mayor parte de la fuerza de los lados.

Ilustración 4.2 Diagramas de cuerpo libre

APRENDER DIBUJANDO

Fuerzas sobre un objeto en un plano inclinado y diagramas de cuerpo libre

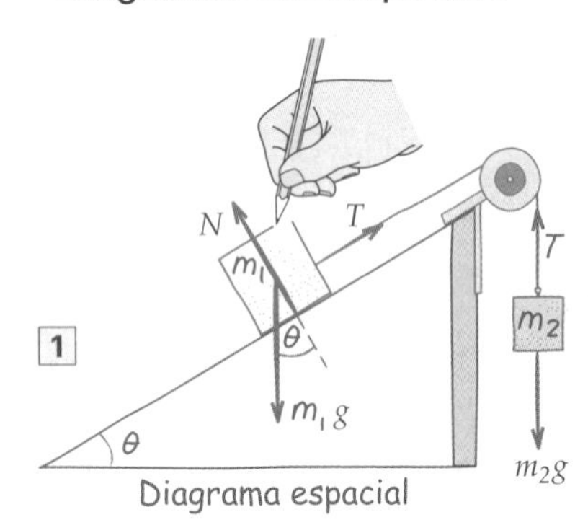

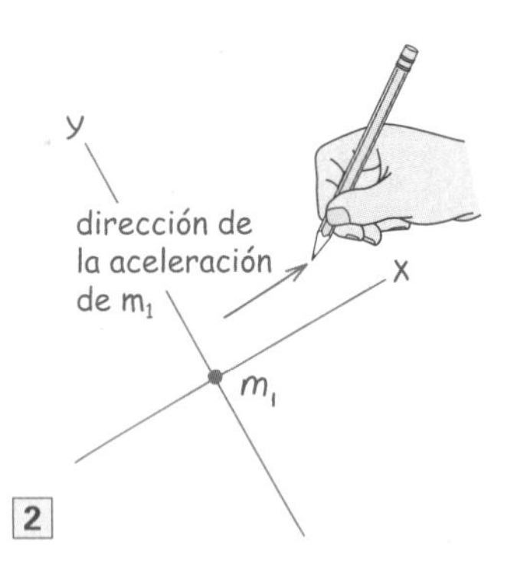

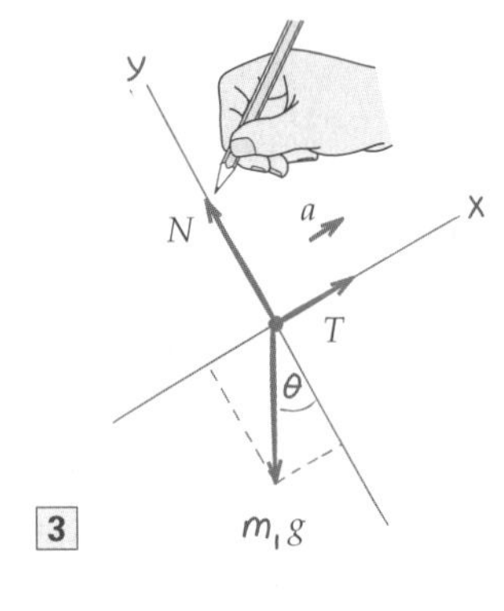

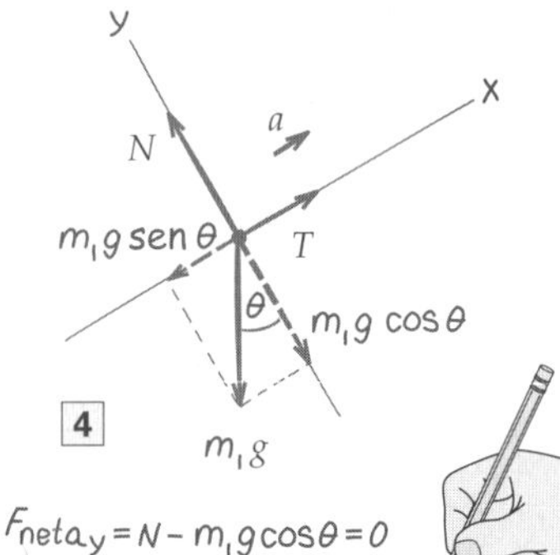

4.5 Más acerca de las leyes de Newton: diagramas de cuerpo libre y equilibrio traslacional

OBJETIVOS: *a*) Aplicar las leyes de Newton al análisis de diversas situaciones usando diagramas de cuerpo libre, y *b*) entender el concepto de equilibrio traslacional.

Ahora que conocemos las leyes de Newton y algunas de sus aplicaciones en el análisis del movimiento, debería ser evidente la importancia de esas leyes. Su planteamiento es sencillo, pero sus repercusiones son inmensas. Tal vez la segunda ley sea la que más a menudo se aplica, en virtud de su relación matemática. No obstante, la primera y la tercera se utilizan mucho en análisis cualitativo, como veremos al continuar nuestro estudio de las distintas áreas de la física.

En general, nos ocuparemos de aplicaciones en las que intervienen fuerzas constantes, las cuales producen aceleraciones constantes y nos permiten usar las ecuaciones de cinemática del capítulo 2 para analizar el movimiento. Si la fuerza es variable, la segunda ley de Newton es válida para la fuerza y la aceleración *instantáneas;* sin embargo, la aceleración variará con el tiempo, y necesitaremos algo de cálculo para analizarla. En general, nos limitaremos a aceleraciones y a fuerzas constantes. En esta sección presentaremos varios ejemplos de aplicaciones de la segunda ley de Newton, de manera que el lector se familiarice con su uso. Esta pequeña pero potente ecuación se usará una y otra vez a lo largo de todo el libro.

En el acervo para resolver problemas hay otro recurso que es de gran ayuda en las aplicaciones de fuerza: los diagramas de cuerpo libre, los cuales se explican en la siguiente sección.

Estrategia para resolver problemas: diagramas de cuerpo libre

En las ilustraciones de situaciones físicas, también conocidas como *diagramas espaciales*, se pueden dibujar vectores de fuerza en diferentes lugares para indicar sus puntos de aplicación. Sin embargo, como de momento sólo nos ocupamos de movimientos rectilíneos, podemos mostrar los vectores en *diagramas de cuerpo libre* (DCL) como si emanaran de un punto en común, que se elige como origen de los ejes x-y. Por lo regular, se escoge uno de los ejes en la dirección de la fuerza neta que actúa sobre un cuerpo, porque ésa es la dirección en la que acelerará el cuerpo. Además, suele ser útil descomponer los vectores de fuerza en componentes, y una selección adecuada de ejes x-y hace más sencilla dicha tarea.

En un diagrama de cuerpo libre, las flechas de los vectores no tienen que dibujarse exactamente a escala; aunque debe ser evidente si existe una fuerza neta o no, y si las fuerzas se equilibran o no en una dirección específica. Si las fuerzas no se equilibran, por la segunda ley de Newton, sabremos que debe haber una aceleración.

En resumen, los pasos generales para construir y usar diagramas de cuerpo libre son (remítase a las ilustraciones al margen mientras lee):

1. Haga un dibujo, o diagrama espacial, de la situación (si no le dan uno) e identifique las fuerzas que actúan sobre cada cuerpo del sistema. Un diagrama espacial es una ilustración de la situación física que identifica los vectores de fuerza.
2. Aísle el cuerpo para el cual se va a construir el diagrama de cuerpo libre. Trace un conjunto de ejes cartesianos, con el origen en un punto a través del cual actúan las fuerzas y con uno de los ejes en la dirección de la aceleración del cuerpo. (La aceleración tendrá la dirección de la fuerza neta, si la hay.)
3. Dibuje los vectores de fuerza debidamente orientados (incluyendo los ángulos) en el diagrama, de manera que los ejes emanen del origen. Si hay una fuerza no equilibrada, suponga una dirección de aceleración e indíquela con un vector de aceleración. Tenga cuidado de incluir sólo las fuerzas que actúan sobre el cuerpo aislado de interés.
4. Descomponga en componentes x y y las fuerzas que no estén dirigidas en los ejes x o y (use signos más y menos para indicar dirección y el sentido). Utilice el diagrama de cuerpo libre para analizar las fuerzas en términos de la segunda ley de Newton del movimiento. (*Nota:* si supone que la aceleración es en cierta dirección, y en la solución tiene el signo opuesto, la aceleración tendrá realmente la dirección opuesta a la que se supuso. Por ejemplo, si supone, que $\vec{\mathbf{a}}$ está en la dirección $+x$, pero obtiene una respuesta negativa, querrá decir que $\vec{\mathbf{a}}$ está en la dirección $-x$.)

Los diagramas de cuerpo libre son muy útiles para seguir uno de los procedimientos sugeridos para resolver problemas del capítulo 1: hacer un diagrama para visualizar y analizar la situación física del problema. *Acostúmbrese a elaborar diagramas de cuerpo libre para los problemas de fuerza, como se hace en los siguientes ejemplos.*

Ilustración 4.4 Masa sobre un plano inclinado

Exploración 4.1 Vectores para una caja sobre un plano inclinado

Ejemplo 4.6 ■ ¿Sube o baja?: movimiento en un plano inclinado sin fricción

Dos masas están unidas por un cordel (o hilo) ligero que pasa por una polea ligera con fricción insignificante, como ilustran los diagramas de Aprender dibujando. Una masa (m_1 = 5.0 kg) está en un plano inclinado de 20° sin fricción y el otro (m_2 = 1.5 kg) cuelga libremente. Calcule la aceleración de las masas. (En el diagrama sólo se muestra el diagrama de cuerpo libre de m_1. El lector tendrá que dibujar el de m_2.)

Razonamiento. Aplicamos la estrategia anterior para resolver problemas.

Solución. Siguiendo nuestro procedimiento habitual, escribimos

Dado: $m_1 = 5.0$ kg *Encuentre:* $\vec{\mathbf{a}}$ (aceleración)
$m_2 = 1.5$ kg
$\theta = 20°$

Para visualizar las fuerzas que intervienen, aislamos m_1 y m_2 y dibujamos diagramas de cuerpo libre para cada masa. En el caso de la masa m_1, hay tres fuerzas concurrentes (fuerzas que actúan a través de un punto en común): T, el peso m_1g y N, donde T es la fuerza de tensión del cordel sobre m_1 y N es la fuerza normal del plano sobre el bloque (DCL 3). Las fuerzas se dibujan emanando desde su punto de acción común. (Recordemos que los vectores pueden moverse en tanto no se alteren su magnitud ni su dirección.)

Comenzaremos por suponer que m_1 acelera plano arriba, en la dirección que tomamos como $+x$. (Da igual si suponemos que m_1 acelera plano arriba o plano abajo, como veremos en breve.) Observe que m_1g (el peso) se ha descompuesto en componentes. El componente x es opuesto a la dirección de aceleración supuesta; el componente y actúa perpendicularmente al plano y se equilibra con la fuerza normal N. (No hay aceleración en la dirección y, así que no hay fuerza neta en esa dirección.)

Entonces, aplicando la segunda ley de Newton en forma de componentes (ecuación 4.3b) a m_1, tenemos

$$\Sigma F_{x_1} = T - m_1 g \operatorname{sen}\theta = m_1 a$$

$$\Sigma F_{y_1} = N - m_1 g \cos\theta = m_1 a_y = 0 \quad (a_y = 0, \textit{ no hay fuerzas netas, las fuerzas se cancelan})$$

Y, para m_2

$$\Sigma F_{y_2} = m_2 g - T = m_2 a_y = m_2 a$$

donde se han despreciado las masas del cordel y la polea. Puesto que están conectadas por un cordel, las aceleraciones de m_1 y m_2 tienen la misma magnitud, y usamos $a_x = a_y = a$.

Si sumamos la primera y última ecuaciones para eliminar T, tenemos

$$m_2 g - m_1 g \operatorname{sen}\theta = (m_1 + m_2)a$$

(fuerza neta = masa *total* × aceleración)

(Note que ésta es la ecuación que se obtendría aplicando la segunda ley de Newton al sistema en su totalidad, ya que en el sistema que incluye los dos bloques, las fuerzas $+T$ son internas y se anulan.)

Ahora despejamos a:

$$a = \frac{m_2 g - m_1 g \operatorname{sen} 20°}{m_1 + m_2}$$

$$= \frac{(1.5\text{ kg})(9.8\text{ m/s}^2) - (5.0\text{ kg})(9.8\text{ m/s}^2)(0.342)}{5.0\text{ kg} + 1.5\text{ kg}}$$

$$= -0.32\text{ m/s}^2$$

El signo menos indica que la aceleración es opuesta a la dirección supuesta. Es decir, m_1 en realidad acelera plano abajo, y m_2 acelera hacia arriba. Como demuestra este ejemplo, si suponemos la dirección equivocada para la aceleración, el signo del resultado nos dará la dirección correcta de cualquier forma.

¿Podríamos calcular la fuerza de tensión T en el cordel si nos la pidieran? La forma de hacerlo debería ser evidente si se examina el diagrama de cuerpo libre.

Ejercicio de refuerzo. *a*) En este ejemplo, ¿cuál sería la masa mínima de m_2 para que m_1 no acelere arriba ni abajo del plano? *b*) Con las mismas masas del ejemplo, ¿cómo tendría que ajustarse el ángulo de inclinación para que m_1, no acelere arriba ni abajo del plano?

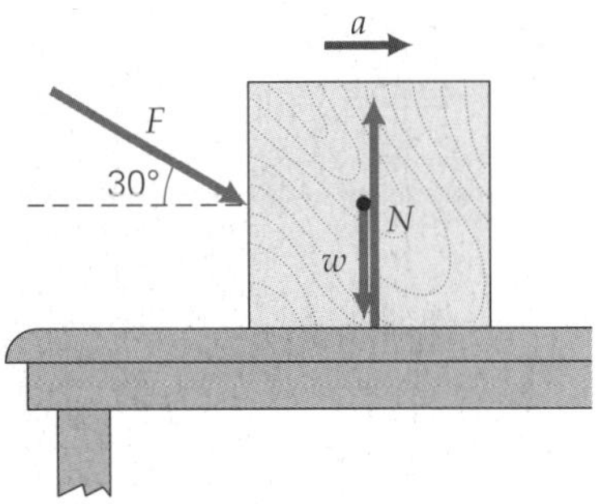

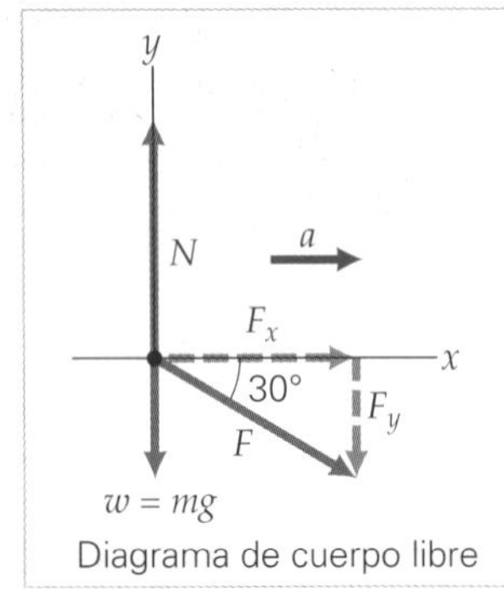

Diagrama de cuerpo libre

▲ **FIGURA 4.13** Cálculo de la fuerza de los efectos del movimiento
Véase el ejemplo 4.7.

Ejemplo 4.7 ■ Componentes de fuerza y diagramas de cuerpo libre

Una fuerza de 10.0 N se aplica con un ángulo de 30° respecto a la horizontal, a un bloque de 1.25 kg que descansa en una superficie sin fricción, como se ilustra en la ◂figura 4.13. *a*) ¿Qué magnitud tiene la aceleración que se imprime al bloque? *b*) ¿Qué magnitud tiene la fuerza normal?

Razonamiento. La fuerza aplicada puede descomponerse en componentes. El componente horizontal acelera el bloque. El componente vertical afecta la fuerza normal (véase la figura 4.11).

Solución. Primero anotamos los datos y lo que se pide:

Dado: $F = 10.0$ N
$m = 1.25$ kg
$\theta = 30°$
$v_o = 0$

Encuentre: *a*) a (aceleración)
b) N (fuerza normal)

Ahora dibujamos un diagrama de cuerpo libre para el bloque, como en la figura 4.13.

***a*)** La aceleración del bloque puede calcularse aplicando la segunda ley de Newton. Elegimos los ejes de manera que a esté en la dirección $+x$. Como muestra el diagrama de cuerpo libre, sólo un componente (F_x) de la fuerza aplicada F actúa en esta dirección. El componente de F en la dirección del movimiento es $F_x = F \cos\theta$. Aplicamos la segunda ley de Newton en la dirección $+x$ para calcular la aceleración:

$$F_x = F\cos 30° = ma_x$$

$$a_x = \frac{F\cos 30°}{m} = \frac{(10.0\text{ N})(0.866)}{1.25\text{ kg}} = 6.93\text{ m/s}^2$$

***b*)** La aceleración obtenida en el inciso *a* es la aceleración del bloque, ya que éste sólo se mueve en la dirección x (no acelera en la dirección y). Con $a_y = 0$, la suma de fuerzas en la dirección y deberá ser cero. Es decir, el componente hacia abajo de F que actúa sobre el bloque, F_y, y la fuerza de su peso, w, se deberán equilibrar con la fuerza normal, N, que la superficie ejerce hacia arriba sobre el bloque. Si no sucediera así, habría una fuerza neta y una aceleración en la dirección y.

Sumamos las fuerzas en la dirección y, tomando hacia arriba como positivo

$$\Sigma F_y = N - F_y - w = 0$$

es decir

$$N - F\text{ sen }30° - mg = 0$$

y

$$N = F\text{ sen }30° + mg = (10.0\text{ N})(0.500) + (1.25\text{ kg})(9.80\text{ m/s}^2) = 17.3\text{ N}$$

Así pues, la superficie ejerce una fuerza de 17.3 N hacia arriba sobre el bloque, y equilibra la suma de las fuerzas hacia abajo que actúan sobre él.

Ejercicio de refuerzo. *a*) Suponga que la fuerza sólo se aplica al bloque durante un tiempo corto. ¿Qué magnitud tiene la fuerza normal después de que se deja de aplicar la fuerza? *b*) Si el bloque se desliza hasta el borde de la mesa, ¿qué fuerza neta actuaría sobre el bloque justo después de rebasar el borde (sin la fuerza aplicada).

Exploración 4.7 Máquina de Atwood

Sugerencia para resolver problemas

No hay una sola forma fija de resolver los problemas; sin embargo, sí hay estrategias o procedimientos generales que ayudan a resolverlos, sobre todo aquellos donde interviene la segunda ley de Newton. Al utilizar nuestros procedimientos sugeridos para resolver problemas, presentados en el capítulo 1, incluiríamos los pasos siguientes cuando se trata de resolver problemas de aplicación de fuerzas:

- Elabore un diagrama de cuerpo libre para cada cuerpo individual, mostrando todas las fuerzas que actúan sobre ese cuerpo.
- Dependiendo de lo que se pida, aplique la segunda ley de Newton al sistema en su totalidad (en cuyo caso se anulan las fuerzas internas) o a una parte del sistema. Básicamente, *buscamos una ecuación (o conjunto de ecuaciones) que contenga la cantidad que queremos despejar*. Repase el ejemplo 4.3. (Si hay dos incógnitas, la aplicación de la segunda ley de Newton a dos partes del sistema podría dar dos ecuaciones con dos incógnitas. Véase el ejemplo 4.6.)
- Debemos tener presente que la segunda ley de Newton puede aplicarse a componentes de aceleración, y que las fuerzas se pueden descomponer para hacerlo. Repase el ejemplo 4.7.

Equilibrio traslacional

Es posible que varias fuerzas actúen sobre un objeto sin producir una aceleración. En tal caso, con $\vec{\mathbf{a}} = 0$, por la segunda ley de Newton sabemos que

$$\sum \vec{\mathbf{F}}_i = 0 \tag{4.4}$$

Es decir, la suma vectorial de las fuerzas, o fuerza neta, es cero, y el objeto permanece en reposo (como en la ▸figura 4.14), *o bien* se mueve con velocidad constante. En tales casos, decimos que los objetos están en **equilibrio traslacional**. Si permanece en reposo, decimos que el objeto está en *equilibrio traslacional estático*.

De lo anterior se sigue que las sumas de los componentes rectangulares de las fuerzas que actúan sobre un objeto en equilibrio traslacional también son cero (¿por qué?):

$$\left.\begin{aligned}\sum F_x &= 0\\ \sum F_y &= 0\end{aligned}\right\} \quad \textit{(sólo en equilibrio traslacional)} \tag{4.5}$$

En problemas tridimensionales $\sum F_z = 0$. Sin embargo, restringiremos nuestras explicaciones al caso bidimensional.

Las ecuaciones 4.5 dan lo que se conoce como **condición para equilibrio traslacional**. (En el capítulo 8 veremos las condiciones para consideraciones rotacionales.) Apliquemos esta condición del equilibrio traslacional a un caso de equilibrio estático.

a)

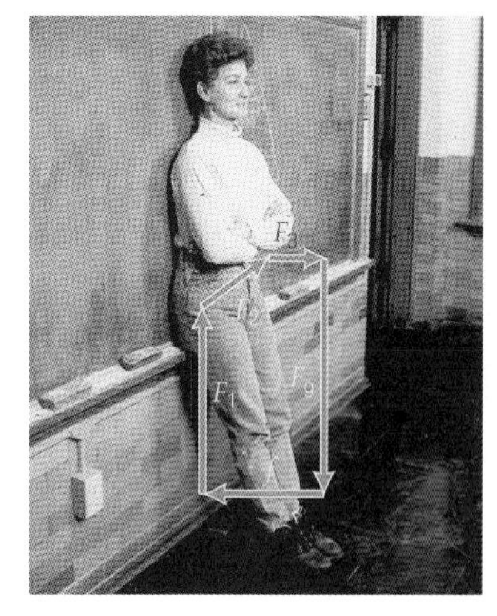

b)

▲ **FIGURA 4.14** Muchas fuerzas, cero aceleración *a)* Sobre esta profesora de física actúan por lo menos cinco fuerzas externas distintas. (Aquí, f es la fuerza de fricción.) No obstante, ella no experimenta aceleración alguna. ¿Por qué? *b)* La suma de los vectores de fuerza con el método del polígono revela que la suma vectorial de las fuerzas es cero. La profesora está en equilibrio traslacional estático. (También está en equilibrio rotacional estático; en el capítulo 8 veremos por qué.)

Ejemplo 4.8 ■ Mantenerse derecho: en equilibrio estático

Para mantener un hueso de la pierna roto en posición recta mientras sana, algunas veces se requiere tratamiento por *extensión*, que es el procedimiento mediante el cual se mantiene el hueso bajo fuerzas de tensión de estiramiento en ambos extremos para tenerlo alienado. Imagine una pierna bajo la tensión del tratamiento como en la ▾figura 4.15. El cordel está unido a una masa suspendida de 5.0 kg y pasa por una polea. El cordel unido arriba de la polea forma un ángulo de $\theta = 40°$ con la vertical. Ignorando la masa de la parte inferior de la pierna y de la polea, y suponiendo que todos los cordeles son ideales, determine la magnitud de la tensión en el cordel horizontal.

Razonamiento. La polea está en equilibrio estático y, por ende, ninguna fuerza neta actúa sobre ella. Si las fuerzas se suman horizontal y verticalmente, independientemente deberían dar cero, lo cual ayudaría a encontrar la tensión sobre el cordel horizontal.

Dado: con los datos listados:
$m = 5.0$ kg
$\theta = 40°$

Encuentre: T en el cordel horizontal

Solución. Trace los diagramas de cuerpo libre para la polea y las masas suspendidas (figura 4.15). Debería ser claro que el cordel horizontal tiene que ejercer una fuerza a la izquierda sobre la polea como se indica. Al sumar las fuerzas verticales sobre m, vemos que $T_1 = mg$. Al sumar las fuerzas verticales sobre la polea, tenemos

$$\sum F_y = +T_2 \cos\theta - T_1 = 0$$

y al sumar las fuerzas horizontales:

$$\sum F_x = +T_2 \operatorname{sen}\theta - T = 0$$

Despejando T de la ecuación anterior y sustituyendo T_2 de la primera:

$$T = T_2 \operatorname{sen}\theta = \frac{T_1}{\cos\theta}\operatorname{sen}\theta = mg\tan\theta$$

donde $T_1 = mg$. Puesto en números,

$$T = mg\tan\theta = (5.0\text{ kg})(9.8\text{ m/s}^2)\tan 40° = 41\text{ N}$$

Ejercicio de refuerzo. Suponga que la atención médica requiere una fuerza del tratamiento de 55 N sobre el talón. Manteniendo la masa suspendida de la misma forma, ¿se incrementaría o disminuiría el ángulo del cordel superior? Demuestre su respuesta calculando el ángulo que se pide.

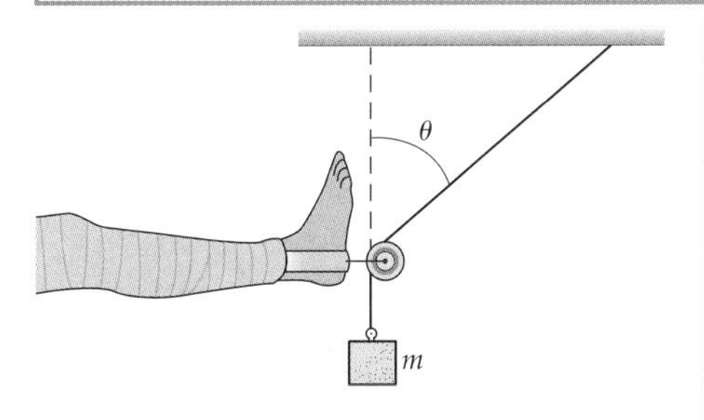

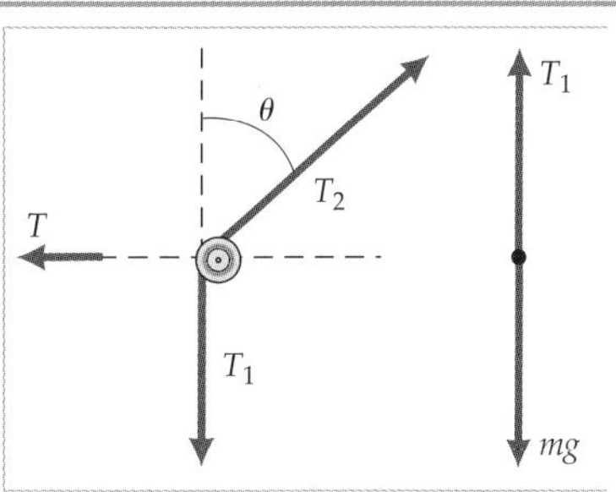

◂ **FIGURA 4.15** Equilibrio trasnacional estático Véase el ejemplo 4.8

Ejemplo 4.9 ■ De puntillas: en equilibrio estático

Un individuo de 80 kg se para en un solo pie con el talón levantado (▼figura 4.16a). Esto genera una fuerza de la tibia F_1 y una fuerza "que tira" del tendón de Aquiles F_2, como se ilustra en la figura 4.16b. En un caso típico, los ángulos son $\theta_1 = 15°$ y $\theta_2 = 21°$, respectivamente. *a*) Deduzca ecuaciones generales para F_1 y F_2, y demuestre que θ_2 debe ser mayor que θ_1 para evitar que se dañe el tendón de Aquiles. *b*) Compare la fuerza sobre el tendón de Aquiles con el peso de la persona.

Razonamiento. Se trata de un caso de equilibrio traslacional estático, así que podemos sumar los componentes x y y para obtener ecuaciones para F_1 y F_2.

Solución. La lista de lo que se nos da y lo que se nos pide es,

Dado: $m = 80$ kg
F_1 = fuerza de la tibia
F_2 = "tirón" del tendón
$\theta_1 = 15°, \theta_2 = 21°$
(La masa del pie m_f no se conoce.)

Encuentre: *a*) ecuaciones generales para F_1 y F_2
b) comparación de F_2 y el repaso del individuo

***a*)** Suponemos que el individuo de masa m está en reposo, parado sobre un pie. Por lo tanto, al sumar los componentes de la fuerza sobre el pie tenemos,

$$\Sigma F_x = +F_1 \operatorname{sen} \theta_1 - F_2 \operatorname{sen} \theta_2 = 0$$

$$\Sigma F_y = +N - F_1 \cos \theta_1 + F_2 \cos \theta_2 - m_f g = 0$$

donde m_f es la masa del pie. De la ecuación para F_x, tenemos

$$F_1 = F_2\left(\frac{\operatorname{sen} \theta_2}{\operatorname{sen} \theta_1}\right) \quad (1)$$

Sustituyendo en la ecuación para F_y, obtenemos,

$$N - F_2\left(\frac{\operatorname{sen} \theta_2}{\operatorname{sen} \theta_1}\right) \cos \theta_1 + F_2 \cos \theta_2 - m_f g = 0$$

Con $N = mg$, despejamos F_2 para obtener,

$$F_2 = \frac{N - m_f g}{\left(\frac{\operatorname{sen} \theta_2}{\tan \theta_1}\right) - \cos \theta_2} = \frac{mg - m_f g}{\cos \theta_2\left(\frac{\tan \theta_2}{\tan \theta_1} - 1\right)} \quad (2)$$

▼ **FIGURA 4.16 De puntillas** ***a*)** Una persona se para en un pie con el talón levantado. ***b*)** Las fuerzas que intervienen en esta posición (que no está a escala). Véase el ejemplo 4.9.

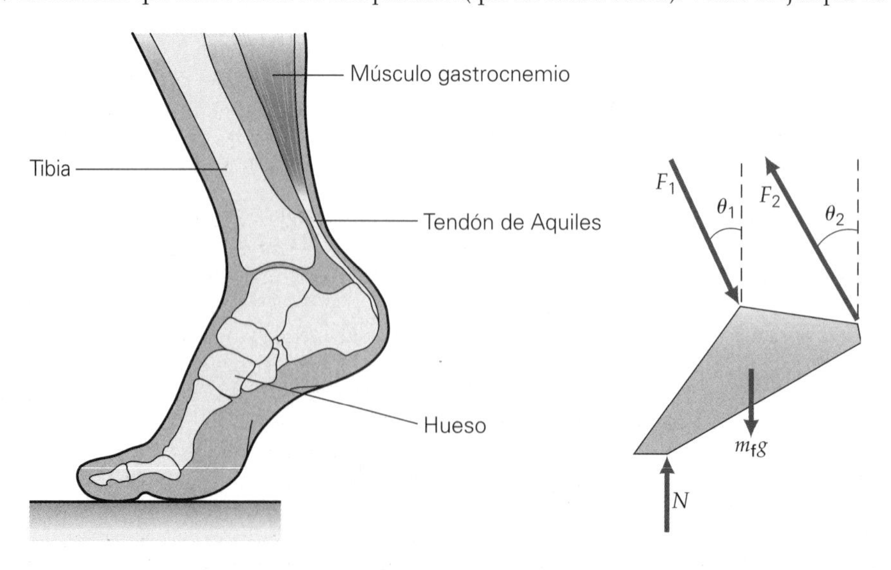

Luego, al examinar F_2 en la ecuación 2, vemos que si $\theta_2 = \theta_1$ o $\tan\theta_2 = \tan\theta_1$, F_2 es muy grande. (¿Por qué?) Entonces, para que la fuerza sea finita, $\tan\theta_2$ debe ser mayor que $\tan\theta_1$ o sea, $\theta_2 > \theta_1$. Dado que $21° > 15°$, vemos que evidentemente la naturaleza sabe de física.

Entonces, al sustituir F_2 en la ecuación 1 para calcular F_1,

$$F_1 = F_2\left(\frac{\text{sen}\,\theta_2}{\text{sen}\,\theta_1}\right) = \left[\frac{(m - m_f)g}{\cos\theta_2\left(\dfrac{\tan\theta_2}{\tan\theta_1}\right) - 1}\right]\left(\frac{\text{sen}\,\theta_2}{\text{sen}\,\theta_1}\right)$$

$$= \frac{(m - m_f)g\tan\theta_2}{\left(\dfrac{\tan\theta_2}{\tan\theta_1} - 1\right)\text{sen}\,\theta_1} = \frac{\tan\theta_2\,(m - m_f)g}{\cos\theta_1\tan\theta_2 - \text{sen}\,\theta_1}$$

(Verifica la manipulación trigonométrica de este último paso.)

b) El peso de la persona es $w = mg$, donde m es la masa del cuerpo de la persona. Esto se compara con F_2. Entonces, con $m \gg m_f$ (la masa total del cuerpo es mayor que la masa del pie), para una buena aproximación, m_f puede ser despreciable en comparación con m, es decir, $w - m_f g = mg - m_f g \approx w$. Así, para F_2

$$F_2 = \frac{w - m_f g}{\cos\theta_2\left(\dfrac{\tan\theta_2}{\tan\theta_1} - 1\right)} \approx \frac{w}{\cos 21°\left(\dfrac{\tan 21°}{\tan 15°} - 1\right)} = 2.5w$$

Por lo que la fuerza sobre el tendón de Aquiles es aproximadamente 2.5 veces el peso del individuo. Con razón la gente se distiende o desgarra este tendón, ¡incluso sin saltar!

Ejercicio de refuerzo. *a*) Compare la fuerza de la tibia con el peso de la persona. *b*) Suponga que la persona salta hacia arriba desde la posición de puntillas en un pie (como cuando se lanza el balón después de un salto con carrera en el baloncesto). ¿Cómo afectaría este salto a F_1 y F_2?

4.6 Fricción

OBJETIVOS: Explicar *a*) las causas de la fricción y *b*) cómo se describe la fricción empleando coeficientes de fricción.

La fricción se refiere a la omnipresente resistencia al movimiento que se da cuando dos materiales o medios están en contacto. Esta resistencia existe con todos los tipos de medios —sólidos, líquidos y gases—, y se caracteriza como **fuerza de fricción** (f). Por sencillez, hasta ahora por lo general hemos ignorado todos los tipos de fricción (incluida la resistencia del aire) en los ejemplos y problemas. Ahora que sabemos cómo describir el movimiento, estamos listos para considerar situaciones más realistas, que incluyen los efectos de la fricción.

En algunas situaciones reales, nos interesa aumentar la fricción; por ejemplo, al echar arena en un camino o una acera congelados, para mejorar la tracción. Esto parecería contradictorio, pues cabría suponer que un aumento en la fricción aumentaría la resistencia al movimiento. Casi siempre decimos que la fricción se opone al movimiento, y que la fuerza de fricción está en la dirección opuesta al movimiento. Sin embargo, consideremos las fuerzas que intervienen en la acción de caminar, que se ilustra en la ▸figura 4.17. De hecho la fuerza de fricción se resiste al movimiento (el del pie); pero está en la dirección del movimiento (caminar). Sin fricción, el pie se deslizaría hacia atrás. (Pensemos en lo que pasaría al caminar sobre una superficie muy resbalosa.) También considere a un trabajador que está de pie sobre el centro de la plataforma de un camión que acelera hacia adelante. Si no hay fricción entre los zapatos del trabajador y la plataforma del camión, aquél se deslizaría hacia atrás. Evidentemente, sí hay fricción entre los zapatos y la plataforma, lo cual evita que él se deslice hacia atrás y hace que se mueva hacia adelante.

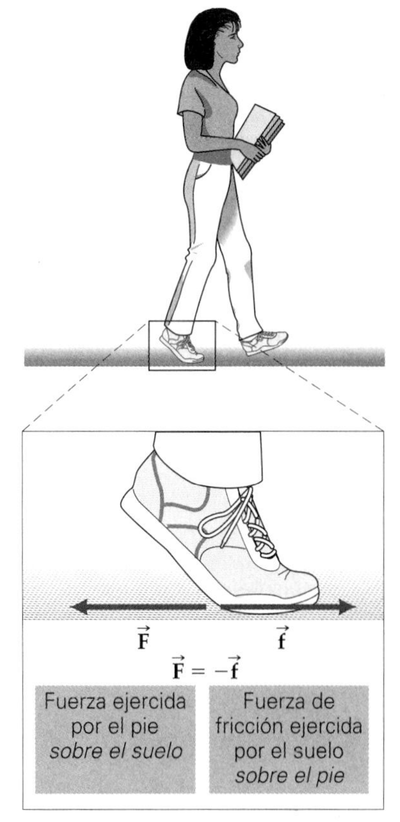

▲ **FIGURA 4.17 Fricción al caminar** Se muestra la fuerza de fricción, $\vec{f}$, en la dirección del movimiento al caminar. La fuerza de fricción impide que el pie se deslice hacia atrás mientras el otro pie se lleva hacia adelante. Si caminamos sobre una alfombra mullida, $\vec{F}$ se hace evidente porque sus hebras se doblan hacia atrás.

a)

b)

▲ **FIGURA 4.18 Aumento y reducción de la fricción**
a) Para arrancar rápidamente, los autos de arrancones necesitan asegurarse de que sus neumáticos no se deslicen cuando el semáforo de salida se encienda y pisen a fondo el acelerador. Por ello, tratan de aumentar al máximo la fricción entre sus neumáticos y la pista, "quemándolos" justo antes del inicio de la carrera. Esto se hace girando las ruedas con los frenos aplicados hasta que los neumáticos se calientan mucho. El caucho se vuelve tan pegajoso que casi se suelda a la superficie de la pista. *b*) El agua es un buen lubricante para reducir la fricción en juegos de parques de diversiones.

De manera que hay situaciones en que se desea la fricción (◂figura 4.18a) y situaciones en que es necesario reducirla (figura 4.18b). Por ejemplo, lubricamos las piezas móviles de las máquinas para que puedan moverse más libremente, con lo cual se reducen el desgaste y el gasto de energía. Los automóviles no podrían funcionar sin aceites y grasas que reduzcan la fricción.

En esta sección, nos ocupamos principalmente de la fricción entre superficies sólidas. Todas las superficies son microscópicamente ásperas, por más lisas que se vean o se sientan. Originalmente se pensó que la fricción se debía primordialmente al embonamiento mecánico de irregularidades *superficiales* (asperezas o puntos salientes). Sin embargo, las investigaciones han demostrado que la fricción entre las superficies en contacto de los sólidos ordinarios (y sobre todo de los metales) se debe en su mayoría a la adherencia local. Cuando dos superficies se juntan bajo presión, ocurre un soldado o pegado local en unas cuantas áreas pequeñas, donde las asperezas más grandes hacen contacto. Para superar esta adherencia local, debe aplicarse una fuerza lo bastante grande como para separar las regiones pegadas.

Por lo general la fricción entre sólidos se clasifica en tres tipos: estática, deslizante (cinética) y rodante. La **fricción estática** incluye todos los casos en que la fuerza de fricción es suficiente para impedir un movimiento relativo entre las superficies. Suponga que usted desea mover un escritorio grande. Lo empuja, pero el escritorio no se mueve. La fuerza de fricción estática entre las patas del escritorio y el piso se opone a la fuerza horizontal que está aplicando y la anula, por lo que no hay movimiento: hay una condición estática.

Sucede **fricción deslizante** o **cinética** cuando hay un movimiento (deslizamiento) relativo en la interfaz de las superficies en contacto. Al continuar empujando el escritorio, al final usted logrará deslizarlo, pero todavía hay mucha resistencia entre las patas del escritorio y el piso: hay fricción cinética.

La **fricción de rodamiento** se presenta cuando una superficie gira conforme se mueve sobre otra superficie; aunque no desliza ni resbala en el punto o área de contacto. La fricción de rodamiento, como la que se da entre la rueda de un tren y el riel, se atribuye a deformaciones locales pequeñas en la región de contacto. Este tipo de fricción es difícil de analizar y no la veremos aquí.

Fuerzas de fricción y coeficientes de fricción

En esta subsección, consideraremos las fuerzas de fricción que actúan sobre objetos estacionarios y en deslizamiento. Esas fuerzas se llaman *fuerza de fricción estática* y *fuerza de fricción cinética* (o *deslizante*), respectivamente. En experimentos, se ha visto que la fuerza de fricción depende tanto de la naturaleza de las dos superficies como de la *carga* (o fuerza normal) que presiona las superficies entre sí. De manera que podemos escribir $f \propto N$. En el caso de un cuerpo en una superficie horizontal, esta fuerza tiene la misma magnitud que el peso del objeto. (¿Por qué?) Sin embargo, como vimos en la figura de Aprender dibujando de la página 116, en un plano inclinado sólo un componente del peso contribuye a la carga.

La fuerza de fricción estática (f_s) entre superficies en contacto actúa en la dirección que se opone al inició de un movimiento relativo entre las superficies. La magnitud tiene diferentes valores, tales que

$$f_s \leq \mu_s N \quad \textit{(condiciones estáticas)} \qquad (4.6)$$

donde $\boldsymbol{\mu}_s$ es una constante de proporcionalidad llamada el **coeficiente de fricción estática**. (μ es la letra griega "mu". Se trata de una constante adimensional. ¿Cómo lo sabemos por la ecuación?)

El signo de menor o igual ($\leq$) indica que la fuerza de fricción estática podría tener valores o magnitudes diferentes, desde cero hasta cierto valor máximo. Para entender este concepto, examinemos la ▸figura 4.19. En la figura 4.19a, alguien empuja un archivero, pero no logra moverlo. Como no hay aceleración, la fuerza neta sobre el archivero es cero, y $F - f_s = 0$, es decir, $F = f_s$. Supongamos que una segunda persona también empuja, y el archivero sigue sin ceder. Entonces, f_s debe ser mayor ahora, porque se incrementó la fuerza aplicada. Por último, si la fuerza aplicada es lo bastante grande como para vencer la fricción estática, hay movimiento (figura 4.19c).

Ejemplo 4.10 ■ Tirar de una caja: fuerzas de fricción estática y cinética

a) En la ▼figura 4.20, si el coeficiente de fricción estática entre la caja de 40.0 kg y el piso es de 0.650, ¿con qué fuerza horizontal mínima debe tirar el trabajador para poner la caja en movimiento? *b*) Si el trabajador mantiene esa fuerza una vez que la caja empiece a moverse, y el coeficiente de fricción cinética entre las superficies es de 0.500, ¿qué magnitud tendrá la aceleración de la caja?

Razonamiento. Este escenario requiere la aplicación de las fuerzas de fricción. En *a*), es preciso calcular la fuerza máxima de fricción estática. En *b*), si el trabajador mantiene una fuerza aplicada de esa magnitud una vez que la caja esté en movimiento, habrá una aceleración, ya que $f_k < f_{s_{máx}}$.

Solución. Listamos los datos dados y lo que se nos pide,

Dado: $m = 40.0$ kg, $\mu_s = 0.650$, $\mu_k = 0.500$

Encuentre: *a*) F (fuerza mínima necesaria para mover la caja) *b*) a (aceleración)

***a*)** La caja no se moverá hasta que la fuerza aplicada F exceda ligeramente la fuerza máxima de fricción estática, $f_{s_{máx}}$. Por lo tanto, debemos calcular $f_{smáx}$ para determinar qué fuerza debe aplicar el trabajador. El peso de la caja y la fuerza normal tienen la misma magnitud en este caso (véase el diagrama de cuerpo libre de la figura 4.20), de manera que la fuerza máxima de fricción estática es

$$f_{s_{max}} = \mu_s N = \mu_s (mg)$$
$$= (0.650)(40.0 \text{ kg})(9.80 \text{ m/s}^2) = 255 \text{ N}$$

Entonces, la caja se moverá si la fuerza aplicada F excede 255 N.

***b*)** Ahora la caja está en movimiento, y el trabajador mantiene una fuerza aplicada constante $F = f_{s_{máx}} = 255$ N. La fuerza de fricción cinética f_k actúa sobre la caja; pero esta fuerza es menor que la fuerza aplicada F, porque $\mu_k < \mu_s$. Por lo tanto, hay una fuerza neta sobre la caja, y podemos obtener la aceleración de la caja utilizando la segunda ley de Newton en la dirección x:

$$\Sigma F_x = +F - f_k = F - \mu_k N = ma_x$$

Despejamos a_x y obtenemos

$$a_x = \frac{F - \mu_k N}{m} = \frac{F - \mu_k (mg)}{m}$$
$$= \frac{255 \text{ N} - (0.500)(40.0 \text{ kg})(9.80 \text{ m/s}^2)}{40.0 \text{ kg}} = 1.48 \text{ m/s}^2$$

Ejercicio de refuerzo. En promedio, ¿por qué factor μ_s es mayor que μ_k para superficies no lubricadas de metal sobre metal? (Véase la tabla 4.1.)

▼ **FIGURA 4.20 Fuerzas de fricción estática y cinética** Véase el ejemplo 4.10.

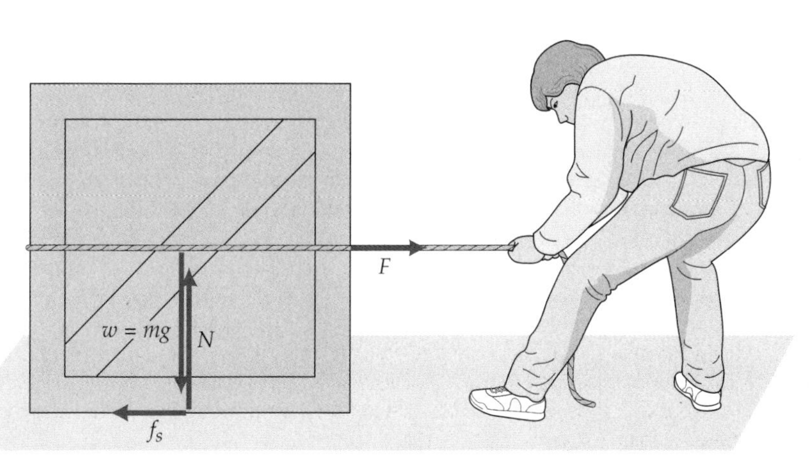

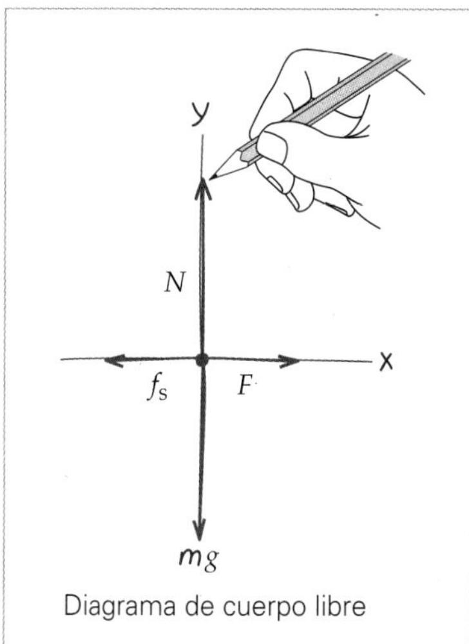

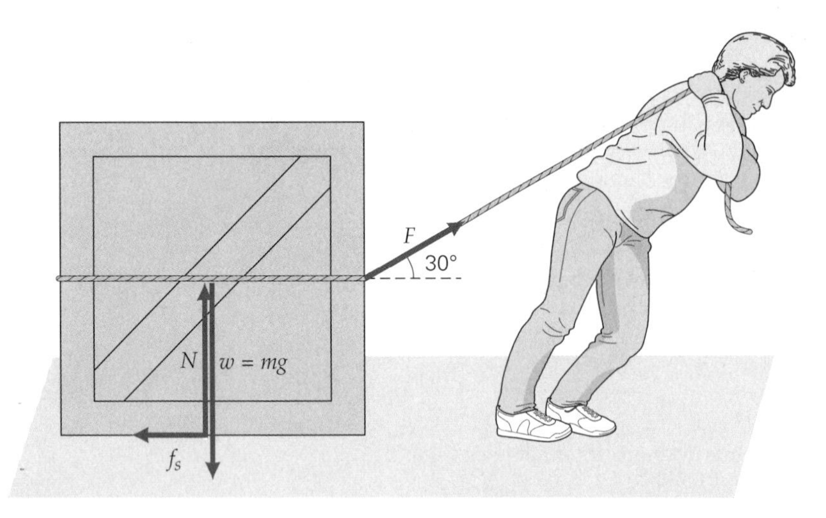

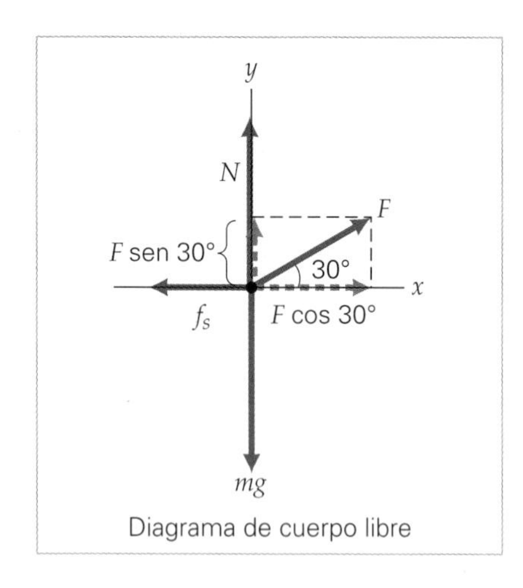

▲ **FIGURA 4.21** Tirar en dirección inclinada: un análisis más profundo de la fuerza normal Véase ejemplo 4.11.

Veamos a otro trabajador con la misma caja; pero ahora supongamos que el trabajador aplica la fuerza con cierto ángulo (▲ figura 4.21).

Ejemplo 4.11 ■ Tirar en dirección inclinada: un análisis más profundo de la fuerza normal

Un trabajador que tira de una caja aplica una fuerza con un ángulo de 30° respecto a la horizontal, como se muestra en la figura 4.21. ¿Cuál es la magnitud de la fuerza mínima que deberá aplicar para mover la caja? (Antes de ver la solución, ¿usted cree que la fuerza requerida en este caso sea mayor o menor que la del ejemplo 4.10?)

Razonamiento. Vemos que la fuerza aplicada forma un ángulo con la superficie horizontal, así que el componente vertical afectará la fuerza normal. (Véase la figura 4.11.) Este cambio en la fuerza normal, a la vez, afectará la fuerza máxima de fricción estática.

Solución. Los datos son los mismos que en el ejemplo 4.10, excepto que la fuerza se aplica de forma inclinada.

Dado: $\theta = 30°$ *Encuentre:* F (fuerza mínima necesaria para mover la caja)

En este caso, la caja se empezará a mover cuando el *componente horizontal* de la fuerza aplicada, $F \cos 30°$, exceda ligeramente la fuerza máxima de fricción estática. Por lo tanto, escribimos lo siguiente para la fricción máxima:

$$F \cos 30° = f_{s_{\text{máx}}} = \mu_s N$$

Sin embargo, en este caso la magnitud de la fuerza normal no es igual al peso de la caja, debido al componente hacia arriba de la fuerza aplicada. (Véase el diagrama de cuerpo libre de la figura 4.21.) Por la segunda ley de Newton, dado que $a_y = 0$, tenemos

$$\Sigma F_y = +N + F \text{ sen } 30° - mg = 0$$

es decir,

$$N = mg - F \text{ sen } 30°$$

Efectivamente, la fuerza aplicada sostiene parcialmente el peso de la caja. Si sustituimos esta expresión para N en la primera ecuación, tenemos

$$F \cos 30° = \mu_s(mg - F \text{ sen } 30°)$$

Y al despejar F,

$$F = \frac{mg}{(\cos 30°/\mu_s) + \text{sen } 30°}$$

$$= \frac{(40.0 \text{ kg})(9.80 \text{ m/s}^2)}{(0.866/0.650) + 0.500} = 214 \text{ N}$$

Por lo tanto, se necesita una fuerza aplicada menor en este caso, porque la fuerza de fricción es menor al ser menor la fuerza normal.

Ejercicio de refuerzo. En este ejemplo, note que la aplicación angulada de la fuerza produce dos efectos. Conforme se incrementa el ángulo entre la fuerza aplicada y la horizontal, se reduce el componente horizontal de la fuerza aplicada. No obstante, la fuerza normal también se reduce, así que $f_{s_{máx}}$ también disminuye. ¿Un efecto siempre supera al otro? Esto es, ¿la fuerza aplicada F necesaria para mover la caja siempre disminuye al aumentar el ángulo? (*Sugerencia:* investigue F para diferentes ángulos. Por ejemplo, calcule F para 20° y 50°. Ya tiene un valor para 30°. ¿Qué le dicen los resultados?

Ejemplo 4.12 ■ No hay desliz: fricción estática

Una caja está en el centro de la plataforma de carga de un camión que viaja a 80 km/h por una carretera recta y plana. El coeficiente de fricción estática entre la caja y la plataforma del camión es de 0.40. Cuando el camión frena uniformemente hasta detenerse, la caja no resbala sino que se mantiene inmóvil en el camión. ¿En qué distancia mínima puede frenar el camión sin que la caja se deslice sobre la plataforma?

Razonamiento. Tres fuerzas actúan sobre la caja, como se muestra en el diagrama de cuerpo libre de la ▸figura 4.22 (suponiendo que el camión viaja inicialmente en la dirección $+x$). Pero, ¡espere! Hay una fuerza neta en la dirección $-x$, así que debería haber una aceleración en esa dirección ($a_x < 0$). ¿Qué significa esto? Que en relación con el suelo, la caja está desacelerando con la misma tasa que el camión, lo cual es necesario para que la caja no resbale: la caja y el camión frenan juntos uniformemente.

La fuerza que crea esta aceleración para la caja es la fuerza de fricción estática. La aceleración se obtiene aplicando la segunda ley de Newton y luego se emplea en una de las ecuaciones de cinemática para calcular la distancia.

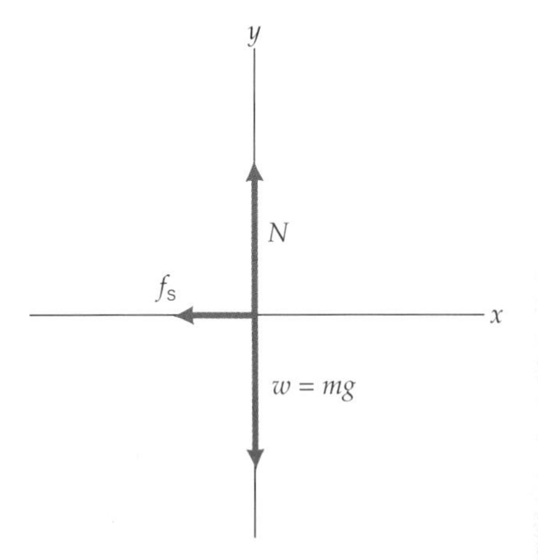

▲ **FIGURA 4.22** Diagrama de cuerpo libre Véase el ejemplo 4.12.

Solución.

Dado: $v_{x_o} = 80 \text{ km/h} = 22 \text{ m/s}$
$\mu_s = 0.40$

Encuentre: distancia mínima para detenerse

Aplicamos la segunda ley de Newton a la caja, con el valor máximo de f_s para encontrar la distancia mínima para detenerse,

$$\Sigma F_x = -f_{s_{máx}} = -\mu_s N = -\mu_s mg = ma_x$$

Ahora despejamos a_x,

$$a_x = -\mu_s g = -(0.40)(9.8 \text{ m/s}^2) = -3.9 \text{ m/s}^2$$

que es la desaceleración máxima del camión con la que la caja no se resbala.

Por lo tanto, la distancia de detención mínima (x) del camión se basará en esta aceleración y estará dada por la ecuación 2.12, donde $v_x = 0$ y tomamos x_o como el origen. Entonces,

$$v_x^2 = 0 = v_{x_o}^2 + 2(a_x)x$$

Ahora despejamos x:

$$x = \frac{v_{x_o}^2}{-2a_x} = \frac{(22 \text{ m/s})^2}{-2(-3.9 \text{ m/s}^2)} = 62 \text{ m}$$

¿Es razonable la respuesta? Esta longitud es aproximadamente dos tercios de un campo de fútbol americano.

Ejercicio de refuerzo. Dibuje un diagrama de cuerpo libre y describa lo que sucede en términos de aceleraciones y coeficientes de fricción, si la caja comienza a deslizarse hacia adelante cuando el camión está frenando (en otras palabras, si a_x excede -3.9 m/s^2).

Resistencia del aire

La **resistencia del aire** se refiere a la fuerza de resistencia que actúa sobre un objeto cuando se mueve a través del aire. Dicho de otro modo, la resistencia del aire es un tipo de fuerza de fricción. En los análisis de objetos que caen, por lo general omitimos el efecto de la resistencia del aire y aun así obtenemos aproximaciones válidas en caídas desde distancias relativamente cortas. Sin embargo, en caídas más largas no es posible despreciar la resistencia del aire.

▲ **FIGURA 4.23 Superficie aerodinámica** La superficie sobre el techo de la cabina de este camión hace aerodinámico al vehículo y así reduce la resistencia del aire, volviéndolo más eficiente.

La resistencia del aire sucede cuando un objeto en movimiento choca contra moléculas de aire. Por lo tanto, la resistencia del aire depende de la forma y el tamaño del objeto (que determinan el área del objeto que está expuesta a choques), así como su rapidez. Cuanto más grande sea el objeto, y más rápido se mueva, mayor será el número de moléculas de aire contra las que chocará. (La densidad del aire es otro factor, pero supondremos que esta cantidad es constante cerca de la superficie de la Tierra.) Para reducir la resistencia del aire (y el consumo de combustible), los automóviles se hacen "más eficientes", y en los camiones y las casas rodantes se instalan superficies aerodinámicas (◂figura 4.23).

Considere un objeto que cae. Puesto que la resistencia del aire depende de la rapidez, conforme un objeto que cae acelera bajo la influencia de la gravedad, la fuerza retardante de la resistencia del aire aumenta (▾figura 4.24a). La resistencia del aire para objetos del tamaño del cuerpo humano es proporcional al cuadrado de la rapidez, v^2, por lo que la resistencia aumenta con mucha rapidez. Así, cuando la rapidez se duplica, la resistencia del aire se incrementa por un factor de 4. En algún momento, la magnitud de la fuerza retardante es igual a la del peso del objeto (figura 4.24b), de manera que la fuerza neta sobre el objeto es cero. A partir de ese momento, el objeto cae con una velocidad máxima constante, llamada **velocidad terminal**, con magnitud v_t.

Es fácil ver esto con la ayuda de la segunda ley de Newton. Para el objeto que cae, tenemos

$$F_{neta} = ma$$

es decir,

$$mg - f = ma$$

donde, por conveniencia, la dirección hacia abajo se ha tomado como positiva. Al despejar a, tenemos

$$a = g - \frac{f}{m}$$

donde a es la magnitud de la aceleración instantánea hacia abajo.

Note que la aceleración de un objeto que cae, si tomamos en cuenta la resistencia del aire, es menor que g; es decir, $a < g$. Si el objeto sigue cayendo, su rapidez aumentará y, por ende, aumentará la fuerza de resistencia del aire f (porque depende de la rapidez), hasta que $a = 0$, cuando $f = mg$ y $f - mg = 0$. Entonces, el objeto cae con velocidad terminal constante.

PHYSLET®

Ilustración 5.5 Fricción del aire

Para un paracaidista que no ha abierto su paracaídas, la velocidad terminal es de unos 200 km/h (cerca de 125 mi/h). Para reducir la velocidad terminal a fin de alcanzarla antes y prolongar el tiempo de caída, el paracaidista trata de aumentar al máximo el área expuesta de su cuerpo, adoptando una posición extendida (▸figura 4.25). Esta posición aprovecha que la resistencia del aire depende del tamaño y la forma del objeto que cae. Una vez que se abre el paracaídas (que tiene una área expuesta mayor y una forma que atrapa el aire), la resistencia adicional al aire frena al paracaidista a cerca de 40 km/h (25 mi/h), la cual es preferible para aterrizar.

▼ **FIGURA 4.24 Resistencia del aire y velocidad terminal** *a)* A medida que aumenta la rapidez con que un objeto cae, también se incrementa la fuerza de fricción de la resistencia del aire. *b)* Cuando esta fuerza de fricción es igual al peso del objeto, la fuerza neta es cero, y el objeto cae con una velocidad (terminal) constante. *c)* Gráfica de rapidez contra tiempo que muestra estas relaciones.

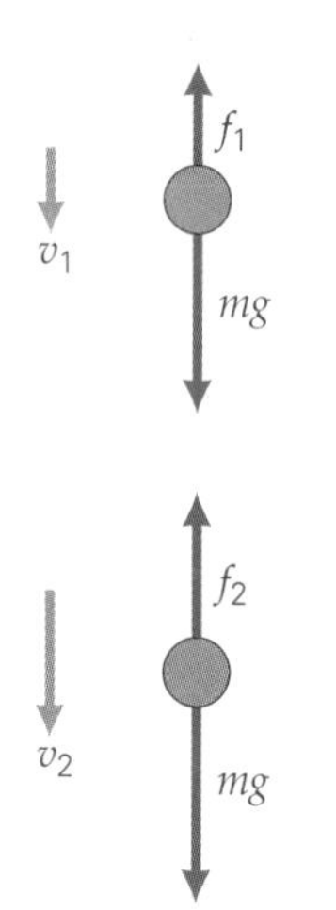

a) Conforme v se incrementa, f también lo hace.

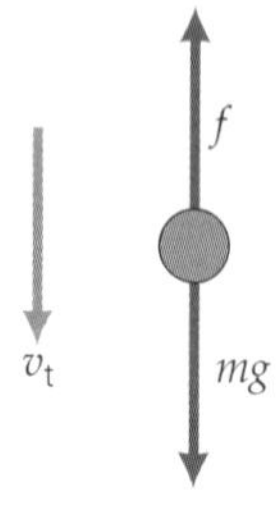

b) Cuando $f = mg$, el objeto cae con velocidad (terminal) constante.

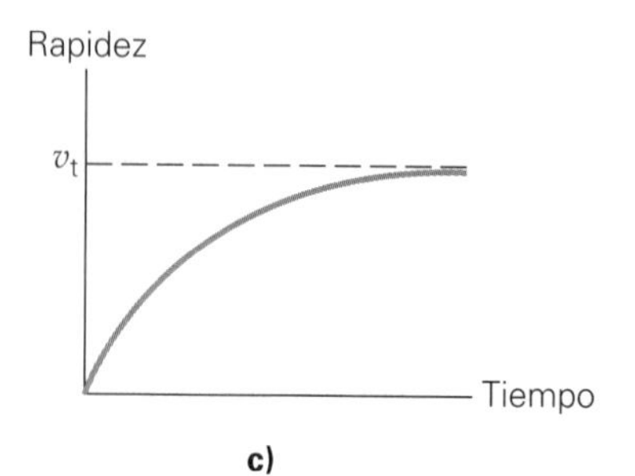

c)

◀ **FIGURA 4.25** Velocidad terminal
Los paracaidistas adoptan una posición extendida para aumentar al máximo la resistencia del aire. Esto hace que alcancen más rápidamente la velocidad terminal y prolonga el tiempo de caída. Aquí se observa una vista de los paracaidistas.

Ejemplo conceptual 4.13 ■ Carrera en descenso: resistencia del aire y velocidad terminal

Desde gran altura, un viajero en globo deja caer simultáneamente dos pelotas de idéntico tamaño, pero de peso muy distinto. Suponiendo que ambas pelotas alcanzan la velocidad terminal durante la caída, ¿qué se cumple? *a*) La pelota más pesada alcanza primero la velocidad terminal; *b*) las pelotas alcanzan al mismo tiempo la velocidad terminal; *c*) la pelota más pesada cae primero al suelo; *d*) las pelotas caen al suelo al mismo tiempo. *Plantee claramente el razonamiento y los principios de física que usó para llegar a su respuesta, antes de leer el párrafo siguiente. Es decir, ¿por qué eligió esa respuesta?*

Razonamiento y respuesta. La velocidad terminal se alcanza cuando el peso de la pelota se equilibra con la resistencia del aire. Ambas pelotas experimentan inicialmente la misma aceleración, g, y su rapidez y las fuerzas retardantes de la resistencia del aire aumentan con la misma tasa. El peso de la pelota más ligera se equilibrará primero, de manera que *a* y *b* son incorrectas. La pelota más ligera alcanza primero la velocidad terminal ($a = 0$), pero la pelota más pesada sigue acelerando y se adelanta a la pelota más ligera. Por lo tanto, la pelota más pesada cae primero al suelo, y la respuesta es *c*, lo cual excluye a *d*.

Ejercicio de refuerzo. Suponga que la pelota más pesada es mucho más grande que la más ligera. ¿Cómo podría esta diferencia afectar el resultado?

Vemos un ejemplo de velocidad terminal muy a menudo. ¿Por qué las nubes se mantienen aparentemente suspendidas en el cielo? Es indudable que las gotitas de aire o cristales de hielo (nubes altas) deberían caer… y lo hacen. Sin embargo, son tan pequeños que su velocidad terminal se alcanza rápidamente, y caen con tal lentitud que no lo notamos. La flotabilidad en el aire también es un factor (véase el capítulo 9). Además, podría haber corrientes de aire ascendentes que impiden al agua y el hielo llegar al suelo.

Un uso de la resistencia del "aire" fuera de la Tierra es el *aerofrenado*. Esta técnica aeronáutica utiliza la atmósfera planetaria para frenar una nave espacial en órbita. Cuando la nave pasa a través de la capa superior de la atmósfera planetaria, la "resistencia" atmosférica frena la rapidez de la nave, hasta colocar ésta en la órbita deseada. Se necesitan muchos movimientos, pues la nave debe pasar una y otra vez por la atmósfera hasta alcanzar la órbita final adecuada.

El aerofrenado es una técnica muy útil porque elimina la necesidad de transportar una pesada carga de propulsores químicos, que de otra forma serían indispensables para colocar la nave en órbita. Esto permite que la nave lleve más instrumentos científicos para realizar investigaciones. El aerofrenado se utilizó para ajustar la órbita de la sonda *Odisea* alrededor de Marte en 2001.

Repaso del capítulo

- Una **fuerza** es algo que puede cambiar el estado de movimiento de un objeto. Para producir un cambio en el movimiento, debe haber una fuerza neta, no equilibrada, distinta de cero:

$$\vec{\mathbf{F}}_{\text{neta}} = \Sigma \vec{\mathbf{F}}_i$$

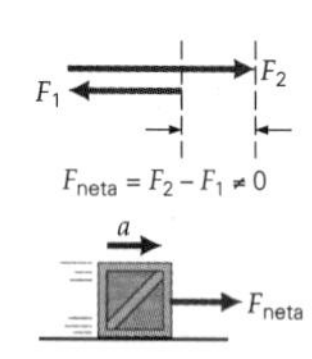

- La **primera ley de Newton del movimiento** también se denomina **ley de inercia**; inercia es la tendencia natural de los objetos a mantener su estado de movimiento. La ley dice que, en ausencia de una fuerza neta aplicada, un cuerpo en reposo permanece en reposo, y un cuerpo en movimiento permanece en movimiento con velocidad constante.

- La **segunda ley de Newton del movimiento** relaciona la fuerza neta que actúa sobre un objeto o un sistema con la masa (total) y la aceleración resultante. Define la relación de causa y efecto entre fuerza y aceleración:

$$\Sigma \vec{\mathbf{F}}_i = \vec{\mathbf{F}}_{\text{neta}} = m\vec{\mathbf{a}} \tag{4.1}$$

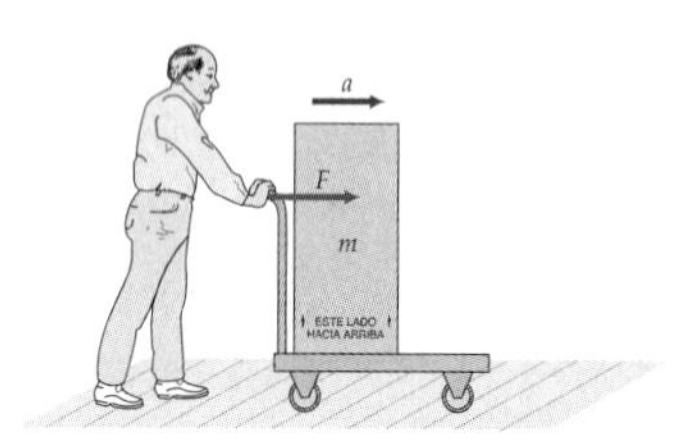

Una fuerza neta distinta de cero acelera la caja: $a \propto F/m$

La ecuación del **peso** en términos de masa es una forma de la segunda ley de Newton:

$$w = mg \tag{4.2}$$

La forma de componentes de la segunda ley es:

$$\Sigma(F_x\hat{\mathbf{x}} + F_y\hat{\mathbf{y}}) = m(a_x\hat{\mathbf{x}} + a_y\hat{\mathbf{y}}) = ma_x\hat{\mathbf{x}} + ma_y\hat{\mathbf{y}} \tag{4.3a}$$

y

$$\Sigma F_x = ma_x \quad \text{y} \quad \Sigma F_y = ma_y \tag{4.3b}$$

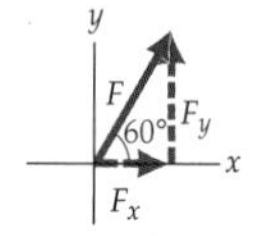

- La **tercera ley de Newton** indica que, por cada fuerza, hay una fuerza de reacción igual y opuesta. Según la tercera ley, las fuerzas opuestas de un par siempre actúan sobre objetos distintos.

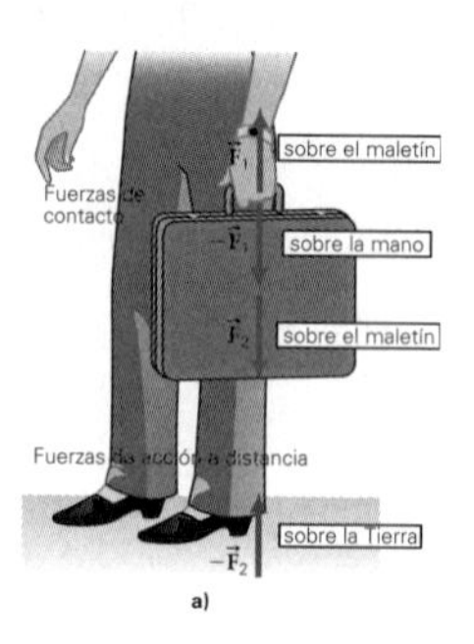

- Decimos que un objeto está en equilibrio traslacional si está en reposo o se mueve con velocidad constante. Si permanece en reposo, decimos que el objeto está en *equilibrio traslacional* estático. La condición de equilibrio traslacional se plantea así

$$\Sigma \vec{\mathbf{F}}_i = 0 \tag{4.4}$$

o bien,

$$\Sigma F_x = 0 \quad \text{y} \quad \Sigma F_y = 0 \tag{4.5}$$

- La fricción es la resistencia al movimiento que se da entre superficies en contacto. (En general, hay fricción entre todo tipo de medios: sólidos, líquidos y gases.)

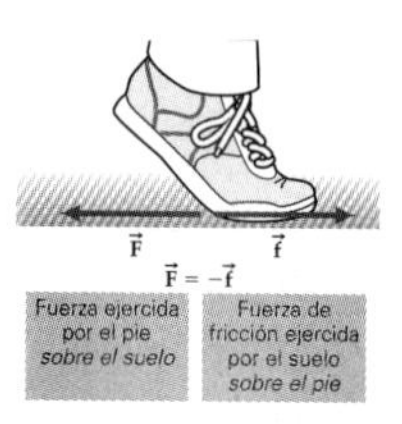

- La fuerza de fricción entre superficies se caracteriza por coeficientes de fricción (μ), uno para el caso estático y otro para el caso cinético (en movimiento). En muchas situaciones, $f = \mu N$, donde N es la fuerza normal, perpendicular a la superficie (es decir, la fuerza que la superficie ejerce *sobre* el objeto). Al ser un cociente de fuerzas (f/N), m es adimensional.

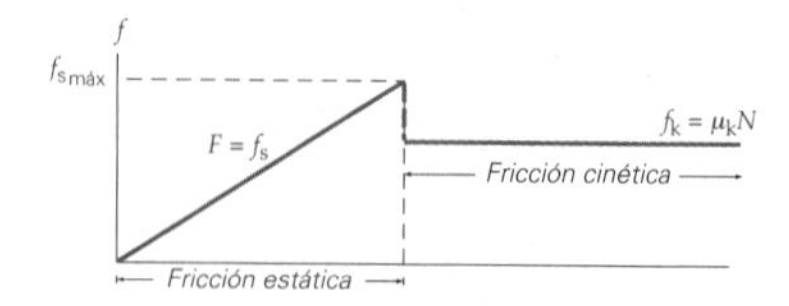

Fuerza de fricción estática:

$$f_s \leq \mu_s N \tag{4.6}$$

$$f_{s_{\text{máx}}} = \mu_s N \tag{4.7}$$

Fuerza de fricción cinética (deslizante):

$$f_k = \mu_k N \tag{4.8}$$

- La fuerza de resistencia del aire sobre un objeto que cae aumenta al aumentar la rapidez. Finalmente, el objeto alcanza una velocidad constante llamada *velocidad terminal*.

Ejercicios*

Los ejercicios designados **OM** *son preguntas de opción múltiple; los* **PC** *son preguntas conceptuales; y los* **EI** *son ejercicios integrados. A lo largo del texto, muchas secciones de ejercicios incluirán ejercicios "apareados". Estos pares de ejercicios, que se identifican con números subrayados, pretenden ayudar al lector a resolver problemas y aprender. El primer ejercicio de cada pareja (el de número par) se resuelve en la Guía de estudio, que puede consultarse si se necesita ayuda para resolverlo. El segundo ejercicio (de número impar) es similar, y su respuesta se da al final del libro.*

4.1 Los conceptos de fuerza y fuerza neta *y* 4.2 Inercia y la primera ley de Newton del movimiento

1. **OM** La masa está relacionada *a*) con el peso de un objeto, *b*) con su inercia, *c*) con su densidad, *d*) con todas las opciones anteriores.

2. **OM** Una fuerza *a*) siempre genera movimiento, *b*) es una cantidad escalar, *c*) es capaz de producir un cambio en el movimiento, *d*) tanto *a* como *b*.

3. **OM** Si un objeto se mueve a velocidad constante, *a*) debe haber una fuerza en la dirección de la velocidad, *b*) no debe haber fuerza en la dirección de la velocidad, *c*) no debe haber fuerza neta o *d*) debe haber una fuerza neta en la dirección de la velocidad.

4. **OM** Si la fuerza neta sobre un objeto es cero, el objeto podría *a*) estar en reposo, *b*) estar en movimiento a velocidad constante, *c*) tener aceleración cero o *d*) todo lo anterior.

5. **OM** La fuerza requerida para mantener un cohete moviéndose a una velocidad constante en el espacio lejano es *a*) igual al peso de la nave, *b*) dependiente de la rapidez con que se mueve la nave, *c*) igual a la que generan los motores del cohete a media potencia, *d*) cero.

6. **PC** Si un objeto está en reposo, no puede haber fuerzas actuando sobre él. ¿Es correcta esta afirmación? Explique. *b*) Si la fuerza neta sobre un objeto es cero, ¿podemos concluir que el objeto está en reposo? Explique.

7. **PC** En un avión a reacción comercial que despega, sentimos que nos "empujan" contra el asiento. Use la primera ley de Newton para explicar esto.

8. **PC** Un objeto pesa 300 N en la Tierra y 50 N en la Luna. ¿El objeto también tiene menos inercia en la Luna?

9. **PC** Considere un nivel de burbuja que descansa en una superficie horizontal (▼figura 4.26). Inicialmente, la burbuja de aire está en la parte media del tubo horizontal de vidrio. *a*) Si se aplica al nivel una fuerza para acelerarlo, ¿en qué dirección se moverá la burbuja? ¿En qué dirección se moverá la burbuja si se retira la fuerza y el nivel se frena debido a la fricción? *b*) A veces se usan niveles de este tipo como "acelerómetros" para indicar la dirección de la aceleración. Explique el principio que interviene. [*Sugerencia:* piense en empujar una palangana con agua.]

10. **PC** Como extensión del ejercicio 9, considere la situación de un niño que sostiene un globo inflado con helio en un automóvil cerrado que está en reposo. ¿Qué observará el niño cuando el vehículo *a*) acelere desde el reposo y luego *b*) frene hasta detenerse? (El globo no toca el techo del automóvil.)

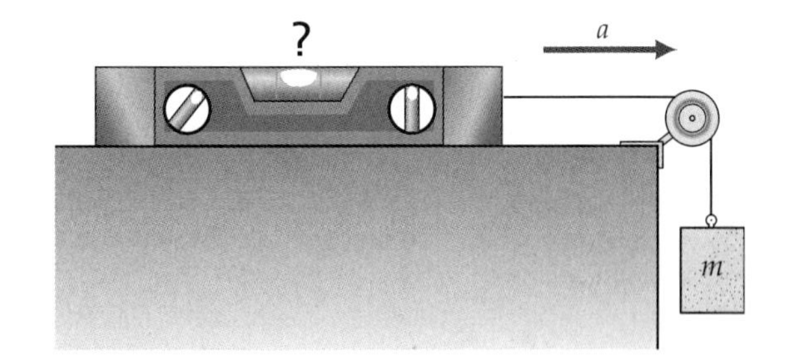

▲ **FIGURA 4.26 Nivel de burbuja/acelerómetro** Véase el ejercicio 9.

11. **PC** Éste es un truco antiguo (▼figura 4.27): si se tira del mantel con gran rapidez, la vajilla que estaba sobre él apenas se moverá. ¿Por qué?

▼ **FIGURA 4.27 ¿Magia o física?** Véase el ejercicio 11.

*A menos que se indique de otra manera, todos los objetos están cerca de la superficie terrestre, donde $g = 9.80 \text{ m/s}^2$.

12. ● ¿Qué tiene más inercia: 20 cm^3 de agua o 10 cm^3 de aluminio y cuántas veces más? (Véase la tabla 9.2.) $m_{Al} = 1.4m_{agua}$

13. ● Una fuerza neta de 4.0 N imprime a un objeto una aceleración de 10 m/s^2. ¿Cuál será la masa del objeto?

14. ● Dos fuerzas actúan sobre un objeto de 5.0 kg colocado sobre una superficie horizontal que no ejerce fricción. Una fuerza es de 30 N en la dirección $+x$, y la otra de 35 N en la dirección $-x$. ¿Cuál será la aceleración del objeto?

15. ● En el ejercicio 14, si la fuerza de 35 N actuara hacia abajo en un ángulo de 40° con respecto a la horizontal, ¿cuál sería la aceleración en este caso?

16. ● Considere una esfera de 2.0 kg y otra de 6.0 kg en caída libre. *a*) ¿Cuál es la fuerza que actúa sobre cada una? *b*) ¿Cuál es la aceleración de cada una?

17. **EI** ●● Un disco (*puck*) de hockey con un peso de 0.50 lb se desliza libremente a lo largo de una sección horizontal de hielo muy suave (que no ejerce fricción). *a*) Cuando se desliza libremente, ¿cómo se compara la fuerza hacia arriba del hielo sobre el disco (la fuerza normal) con la fuerza hacia arriba cuando el disco está permanentemente en reposo? 1) La fuerza hacia arriba es mayor cuando el disco se desliza; 2) la fuerza hacia arriba es menor cuando éste se desliza, o 3) la fuerza hacia arriba es la misma en ambas situaciones. *b*) Calcule la fuerza hacia arriba sobre el disco en ambas situaciones.

18. ●● Un bloque de 5.0 kg en reposo sobre una superficie sin fricción experimenta dos fuerzas, $F_1 = 5.5$ N y $F_2 = 3.5$ N, como se ilustra en la ▼figura 4.28. ¿Qué fuerza horizontal habría que aplicar también para mantener el bloque en reposo?

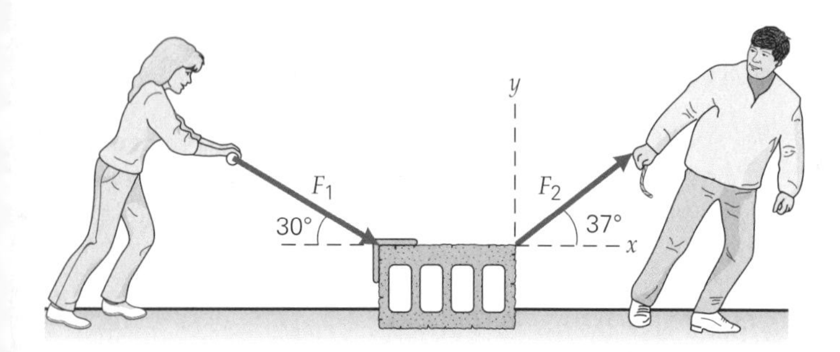

▲ **FIGURA 4.28 Dos fuerzas aplicadas** Véase el ejercicio 18.

19. **EI** ●● *a*) Se le indica que un objeto tiene aceleración cero. ¿Qué de lo siguiente es verdad? 1) El objeto está en reposo; 2) el objeto se mueve con velocidad constante; 3) tanto 1) como 2) son posibles; o 4) ni 1 ni 2 son posibles. *b*) Dos fuerzas que actúan sobre el objeto son $F_1 = 3.6$ N a 74° bajo el eje $+x$ y $F_2 = 3.6$ N a 34° por arriba del eje $-x$. ¿Habrá una tercera fuerza sobre el objeto? ¿Por qué? Si la hay, ¿qué fuerza es?

20. **EI** ●● Un pez de 25 lb es capturado y jalado hacia el bote. *a*) Compare la tensión en el cordel de la caña de pescar cuando el pescado es subido verticalmente (con una rapidez constante), con la tensión cuando el pescado se sostiene verticalmente en reposo para la ceremonia de toma de fotografía en el muelle. ¿En qué caso es mayor la tensión? 1) Cuando se está subiendo al pescado; 2) cuando se le sostiene firmemente o 3) la tensión es la misma en ambas situaciones. *b*) Calcule la tensión en el cordel de la caña de pescar.

21. ●●● Un objeto de 1.5 kg se mueve hacia arriba por el eje y con una rapidez constante. Cuando llega al origen, se le aplican las fuerzas $F_1 = 5.0$ N a 37° por arriba del eje $+x$, $F_2 = 2.5$ N en la dirección $+x$, $F_3 = 3.5$ N a 45° debajo del eje $-x$ y $F_4 = 1.5$ N en la dirección $-y$. *a*) ¿El objeto continuará moviéndose por el eje *y*? *b*) Si no, ¿qué fuerza aplicada simultáneamente lo mantendrá moviéndose por el eje *y* con rapidez constante?

22. **EI** ●●● Tres fuerzas horizontales (las únicas horizontales) actúan sobre una caja colocada sobre el piso. Una de ellas (llamémosla F_1) actúa derecho hacia el este y tiene una magnitud de 150 lb. Una segunda fuerza (F_2) tiene un componente hacia el este de 30.0 lb y un componente hacia el sur de 40.0 lb. La caja permanece en reposo. (Ignore la fricción.) *a*) Diagrame las dos fuerzas conocidas sobre la caja. ¿En cuál cuadrante estará la tercera fuerza (desconocida)? 1) En el primer cuadrante; 2) en el segundo cuadrante; 3) en el tercer cuadrante o 4) en el cuarto cuadrante. *b*) Encuentre la tercera fuerza desconocida en newtons y compare su respuesta con la estimación a partir del diagrama.

4.3 Segunda ley de Newton del movimiento

23. **OM** La unidad de fuerza newton equivale a *a*) kg · m/s, *b*) kg · m/s^2, *c*) kg · m^2/s o *d*) ninguna de las anteriores.

24. **OM** La aceleración de un objeto es *a*) inversamente proporcional a la fuerza neta que actúa sobre él, *b*) directamente proporcional a su masa, *c*) directamente proporcional a la fuerza neta e inversamente proporcional a su masa, *d*) ninguna de las anteriores.

25. **OM** El peso de un objeto es directamente proporcional *a*) a su masa, *b*) a su inercia, *c*) a la aceleración de la gravedad, *d*) a todas las anteriores.

26. **PC** Un astronauta tiene una masa de 70 kg medida en la Tierra. ¿Cuánto pesará en el espacio lejano, lejos de cualquier cuerpo celestial? ¿Qué masa tendrá ahí?

27. **PC** En general, en este capítulo consideramos fuerzas aplicadas a objetos de masa constante. ¿Cómo cambiaría la situación si se agregara o quitara masa a un sistema mientras se le está aplicando una fuerza? Dé ejemplos de situaciones en que podría suceder esto.

28. **PC** Los motores de la mayoría de los cohetes producen un empuje (fuerza hacia adelante) constante. Sin embargo, cuando un cohete se lanza al espacio, su aceleración se incrementa con el tiempo mientras sigue funcionando el motor. ¿Esta situación infringe la segunda ley de Newton? Explique.

29. **PC** Los buenos receptores de fútbol americano suelen tener manos "suaves" para atrapar el balón (▸figura 4.29). ¿Cómo interpretaría esta descripción con base en la segunda ley de Newton?

▲ **FIGURA 4.29 Manos suaves** Véase el ejercicio 29.

30. ● Se aplica una fuerza neta de 6.0 N sobre una masa de 1.5 kg. ¿Cuál es la aceleración del objeto?

31. ● ¿Qué masa tiene un objeto que acelera a 3.0 m/s^2 bajo la influencia de una fuerza neta de 5.0 N?

32. ● Un jumbo jet Boeing 747 cargado tiene una masa de 2.0×10^5 kg. ¿Qué fuerza neta se requiere para imprimirle una aceleración de 3.5 m/s^2 en la pista de despegue?

33. **EI** ● Un objeto de 6.0 kg se lleva a la Luna, donde la aceleración debida a la gravedad es sólo la sexta parte que en la Tierra. *a*) La masa del objeto en la Luna es 1) cero, 2) 1.0 kg, 3) 6.0 kg o 4) 36 kg. ¿Por qué? *b*) ¿Cuánto pesa el objeto en la Luna?

34. ● ¿Cuánto pesa en newtons una persona de 150 lb? Calcule su masa en kilogramos.

35. **EI** ●● La ▼ figura 4.30 muestra la etiqueta de un producto. *a*) La etiqueta es correcta 1) en la Tierra; 2) en la Luna, donde la aceleración debida a la gravedad es apenas la sexta parte que en la Tierra; 3) en el espacio lejano, donde casi no hay gravedad o 4) en todos los lugares anteriores. *b*) ¿Qué masa de lasaña indicaría una etiqueta para una cantidad que pesa 2 lb en la Luna?

36. ●● En una competencia universitaria, 18 estudiantes levantan un auto deportivo. Mientras lo sostienen, cada estudiante ejerce una fuerza hacia arriba de 400 N. *a*) ¿Qué masa tiene el automóvil en kilogramos? *b*) ¿Cuánto pesa en libras?

37. ●● *a*) Una fuerza horizontal actúa sobre un objeto en una superficie horizontal sin fricción. Si la fuerza se reduce a la mitad y la masa del objeto se aumenta al doble, la aceleración será 1) cuatro veces, 2) dos veces, 3) la mitad o 4) la cuarta parte de la que tenía antes. *b*) Si la aceleración del objeto es de 1.0 m/s^2 y la fuerza aplicada se aumenta al doble mientras la masa se reduce a la mitad, ¿qué aceleración tendrá entonces?

38. ●● El motor de un avión de juguete de 1.0 kg ejerce una fuerza de 15 N hacia adelante. Si el aire ejerce una fuerza de resistencia de 8.0 N sobre el avión, ¿qué magnitud tendrá la aceleración del avión?

39. ●● Cuando se aplica una fuerza horizontal de 300 N a una caja de 75.0 kg, ésta se desliza por un piso plano, oponiéndose a una fuerza de fricción cinética de 120 N. ¿Qué magnitud tiene la aceleración de la caja?

40. **EI** ●● Un cohete está alejado de todos los planetas y de las estrellas, de manera que la gravedad no está en consideración. El cohete utiliza sus motores para acelerar hacia arriba con un valor de $a = 9.80$ m/s^2. Sobre el piso de la cabina central hay un cajón (un objeto con forma de ladrillo), cuya masa es de 75.0 kg (▼ figura 4.31). *a*) ¿Cuántas fuerzas actúan sobre el cajón? 1) cero; 2) una; 3) dos; 4) tres. *b*) Determine la fuerza normal sobre el cajón y compárela con la fuerza normal que éste experimentaría si estuviera en reposo sobre la superficie terrestre.

▲ **FIGURA 4.30 ¿Etiqueta correcta?** Véase ejercicio 35.

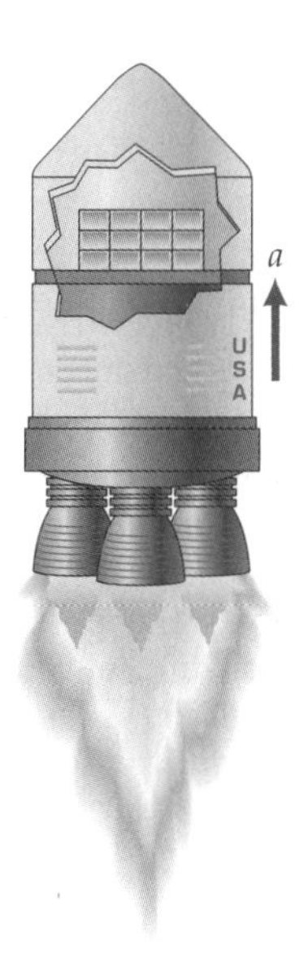

▲ **FIGURA 4.31 ¡Vámonos!** Véase el ejercicio 40.

41. ●● Un objeto, cuya masa es de 10.0 kg, se desliza *hacia arriba* por un muro vertical resbaladizo. Una fuerza F de 60 N actúa sobre el objeto con un ángulo de 60°, como se muestra en la ▼figura 4.32. *a*) Determine la fuerza normal ejercida sobre el objeto por el muro. *b*) Determine la aceleración del objeto.

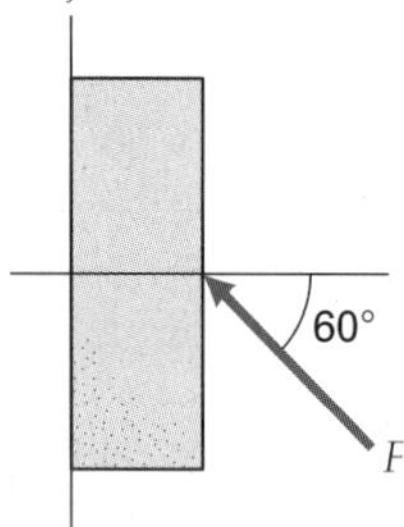

▲ **FIGURA 4.32 Hacia arriba por el muro** Véase el ejercicio 41.

42. ●● En un frenado de emergencia para evitar un accidente, un cinturón de seguridad con correa al hombro sostiene firmemente a un pasajero de 60 kg. Si el automóvil viajaba inicialmente a 90 km/h y se detuvo en 5.5 s en un camino recto y plano, ¿qué fuerza media aplicó el cinturón al pasajero?

43. ●● Una catapulta de portaaviones acelera un avión de 2000 kg uniformemente, desde el reposo hasta una rapidez de lanzamiento de 320 km/h, en 2.0 s. ¿Qué magnitud tiene la fuerza neta aplicada al avión?

44. ●●● En su servicio, un tenista acelera una pelota de 56 g horizontalmente, desde el reposo hasta una rapidez de 35 m/s. Suponiendo que la aceleración es uniforme a lo largo de una distancia de aplicación de la raqueta de 0.50 m, ¿qué magnitud tiene la fuerza que la raqueta ejerce sobre la pelota?

45. ●●● Un automóvil se patina y está fuera de control sobre una carretera horizontal cubierta de nieve (que no ejerce fricción). Su masa es de 2000 kg y va directamente hacia Louise Lane con una rapidez de 45.0 m/s. Cuando el automóvil se encuentra a 200 m de ella, Superman comienza a ejercer una fuerza constante F sobre el auto relativa a la horizontal con una magnitud de 1.30×10^4 N (es un tipo fuerte) a un ángulo de 30° hacia abajo. ¿Superman estaba en lo correcto? ¿Esa fuerza era suficiente para detener el automóvil antes de que golpeara a Louise?

4.4 Tercera ley de Newton del movimiento

46. **OM** Las fuerzas de acción y reacción de la tercera ley de Newton *a*) están en la misma dirección, *b*) tienen diferentes magnitudes, *c*) actúan sobre diferentes objetos o *d*) pueden ser la misma fuerza.

47. **OM** Un tabique golpea una ventana de vidrio y la rompe. Entonces, *a*) la magnitud de la fuerza que el tabique ejerce sobre el vidrio es mayor que la magnitud de la fuerza que el vidrio ejerce sobre el tabique, *b*) la magnitud de la fuerza del tabique contra el vidrio es menor que la del vidrio contra el tabique, *c*) la magnitud de la fuerza del tabique contra el vidrio es igual a la del vidrio contra el tabique o *d*) nada de lo anterior.

48. **OM** Un camión de carga choca de frente contra un automóvil, el cual sufre daños mucho mayores que el camión. Esto nos permite afirmar que *a*) la magnitud de la fuerza que el camión ejerce sobre el auto es mayor que la magnitud de la fuerza que el auto ejerce sobre el camión, *b*) la magnitud de la fuerza del camión contra el auto es menor que la del auto contra el camión, *c*) la magnitud de la fuerza del camión contra el auto es igual a la del automóvil contra el camión o *d*) nada de lo anterior.

49. **PC** Veamos la situación que viven de un granjero y un caballo. Cierto día, un granjero engancha una carreta pesada a su caballo y le exige tirar de ella. El caballo le dice: "Bueno. No puedo tirar de la carreta porque, según la tercera ley de Newton, si aplico una fuerza a la carreta, ella aplicará una fuerza igual y opuesta sobre mí. El resultado neto es que las fuerzas se cancelarán y no podré mover la carreta. Por lo tanto, es imposible que tire de la carreta." ¡El granjero está furioso! ¿Qué puede decir para convencer al caballo de que se mueva?

50. **PC** ¿Hay un error en estas afirmaciones? Cuando se golpea una pelota de béisbol con un bate, hay fuerzas iguales y opuestas sobre el bate y sobre la pelota. Las fuerzas se cancelan y no hay movimiento.

51. **EI** ● Un libro descansa sobre una superficie horizontal. *a*) Hay 1) una, 2) dos o 3) tres fuerza(s) que actúa(n) sobre el libro. *b*) Identifique la fuerza de reacción a cada fuerza sobre el libro.

52. ●● En un evento olímpico de patinaje de figura, un patinador de 65 kg empuja a su compañera de 45 kg, haciendo que ella acelere a una tasa de 2.0 m/s^2. ¿A qué tasa acelerará el patinador? ¿Cuál es la dirección de su aceleración?

53. **EI** ●● Un velocista cuya masa es de 65.0 kg inicia su carrera empujando horizontalmente hacia atrás sobre los tacos de salida con una fuerza de 200 N. *a*) ¿Qué fuerza provoca que acelere desde los bloques? 1) Su empuje sobre los bloques; 2) la fuerza hacia abajo que ejerce la gravedad, o 3) la fuerza que los tacos ejercen hacia delante sobre él. *b*) Determine su aceleración inicial cuando pierde contacto con los tacos de salida.

54. ●● Jane y Juan, cuyas masas son de 50 y 60 kg, respectivamente, están parados en una superficie sin fricción a 10 m de distancia entre sí. Juan tira de una cuerda que lo une a Jane, y le imprime a ella una aceleración de 0.92 m/s^2 hacia él. *a*) ¿Qué aceleración experimenta Juan? *b*) Si la fuerza se aplica de forma constante, ¿dónde se juntarán Juan y Jane?

55. **EI** ●●● Durante un arriesgada acción, el equipo de rescate de un helicóptero acelera inicialmente a una pequeña niña (cuya masa es de 25.0 kg) verticalmente desde la azotea de un edificio en llamas. Hacen esto luego de arrojar una cuerda hacia la niña, quien debe asirse de ella mientras la levantan. Ignore la masa de la cuerda. *a*) ¿Qué fuerza provoca que la niña acelere verticalmente hacia arriba? 1) Su peso; 2) el tirón del helicóptero sobre la cuerda; 3) el tirón de la niña sobre la cuerda, o 4) el tirón de la cuerda sobre la niña. *b*) Determine el tirón de la cuerda (es decir, la tensión) si el valor de la aceleración inicial de la niña es $a_y = +0.750$ m/s^2.

4.5 Más acerca de las leyes de Newton: diagramas de cuerpo libre y equilibrio traslacional

56. **OM** Las ecuaciones de cinemática del capítulo 2 pueden utilizarse *a*) sólo con fuerzas constantes, *b*) sólo con velocidades constantes, *c*) con aceleraciones variables, *d*) todas las opciones anteriores son verdaderas.

57. **OM** La condición (o condiciones) para el equilibrio de traslación es (o son): *a*) $\sum F_x = 0$, *b*) $\sum F_y = 0$, *c*) $\sum \vec{\mathbf{F}}_i = 0$, *d*) todas las anteriores.

58. **PC** Dibuje un diagrama de cuerpo libre de una persona que va en el asiento de un avión *a*) que acelera sobre la pista para despegar y *b*) después de despegar a una ángulo de 20° respecto al suelo.

59. **PC** Una persona empuja perpendicularmente sobre un bloque de madera que se colocó contra un muro. Dibuje un diagrama de cuerpo libre e identifique las fuerzas de reacción a todas las fuerzas sobre el bloque.

60. **PC** Una persona se pone de pie sobre una báscula de baño (que no es del tipo digital) con los brazos a los costados. Entonces, rápidamente alza los brazos sobre su cabeza, y nota que la lectura de la báscula se incrementa conforme los sube. De manera similar, hay un decremento en la lectura conforme baja sus brazos a la posición inicial. ¿Por qué se altera la lectura de la báscula? (Trate de hacerlo usted mismo.)

61. **EI** ● *a*) Cuando un objeto está en un plano inclinado, la fuerza normal que el plano ejerce sobre el objeto es 1) menor que, 2) igual a o 3) mayor que el peso del objeto. ¿Por qué? *b*) Para un objeto de 10 kg en un plano inclinado de 30°, calcule el peso del objeto y la fuerza normal que el plano ejerce sobre él.

62. ●● Una persona de 75.0 kg está parada sobre una báscula dentro de un elevador. ¿Qué marca la escala en newtons si el elevador *a*) está en reposo, *b*) sube con velocidad constante de 2.00 m/s y *c*) acelera hacia arriba a 2.0 m/s^2?

63. ●● En el ejercicio 62, ¿qué pasa si el elevador acelera hacia abajo a 2.00 m/s^2?

64. **EI** ●● El peso de un objeto de 500 kg es de 4900 N. *a*) Cuando el objeto está en un elevador en movimiento, su peso medido podría ser 1) cero, 2) entre cero y 4900 N, 3) más de 4900 N o 4) todo lo anterior. ¿Por qué? *b*) Describa el movimiento si el peso medido del objeto es de tan sólo 4000 N en un elevador en movimiento.

65. ●● *a*) Un esquiador acuático de 75 kg es jalado por un bote con una fuerza horizontal de 400 N derecho hacia el este, con una resistencia del agua sobre los esquíes de 300 N. Una súbita ráfaga de viento ejerce otra fuerza horizontal de 50 N sobre el esquiador a un ángulo de 60° al norte del este. En ese instante, ¿cuál es la aceleración del esquiador? *b*) ¿Cuál sería la aceleración del esquiador si la fuerza del viento fuera en dirección contraria a la que se indica en el inciso *a*?

66. ●● Un niño tira de una caja de 30 kg de masa con una fuerza de 25 N en la dirección que se muestra en la ▾ figura 4.33. *a*) Sin considerar la fricción, ¿qué aceleración tiene la caja? *b*) ¿Qué fuerza normal ejerce el suelo sobre la caja?

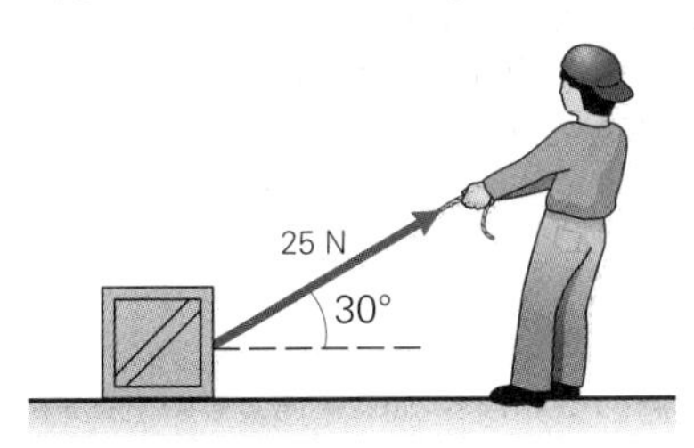

▲ **FIGURA 4.33 Tirar de una caja** Véase el ejercicio 66.

67. ●● Una joven empuja una podadora de pasto de 25 kg como se muestra en la ▾ figura 4.34. Si $F = 30$ N y $\theta = 37°$, *a*) ¿qué aceleración tiene la podadora y *b*) qué fuerza normal ejerce el césped sobre la podadora? No tome en cuenta la fricción.

▲ **FIGURA 4.34 Corte del césped** Véase el ejercicio 67.

68. ●● Un camión de 3000 kg remolca un automóvil de 1500 kg con una cadena. Si la fuerza neta hacia adelante que el suelo ejerce sobre el camión es de 3200 N, *a*) ¿qué aceleración tiene el coche? *b*) ¿Qué tensión hay en la cadena?

69. ●● Un bloque cuya masa es de 25.0 kg se desliza hacia abajo sobre una superficie inclinada a 30° que no ejerce fricción. Para asegurarse de que el bloque no acelere, ¿cuál es la fuerza mínima que se debe ejercer sobre él y en qué dirección?

70. **EI** ●● *a*) Un esquiador olímpico baja sin empujarse por una pendiente de 37°. Sin tomar en cuenta la fricción, actúa(n) 1) una, 2) dos o 3) tres fuerza(s) sobre el esquiador. *b*) ¿Qué aceleración tiene el esquiador? *c*) Si el esquiador tiene una rapidez de 5.0 m/s en la parte más alta de la pendiente de 35 m de longitud, ¿qué rapidez tiene al llegar a la base?

71. ●● Un coche sube por impulso (con el motor apagado) por una pendiente de 30°. Si en la base de la pendiente su rapidez era de 25 m/s, ¿qué distancia recorrerá antes de detenerse?

72. ●● Suponga condiciones ideales sin fricción para el dispositivo que se ilustra en la ▾ figura 4.35. ¿Qué aceleración tiene el sistema si *a*) $m_1 = 0.25$ kg, $m_2 = 0.50$ kg y $m_3 = 0.25$ kg; y *b*) $m_1 = 0.35$ kg, $m_2 = 0.15$ kg y $m_3 = 0.50$ kg?

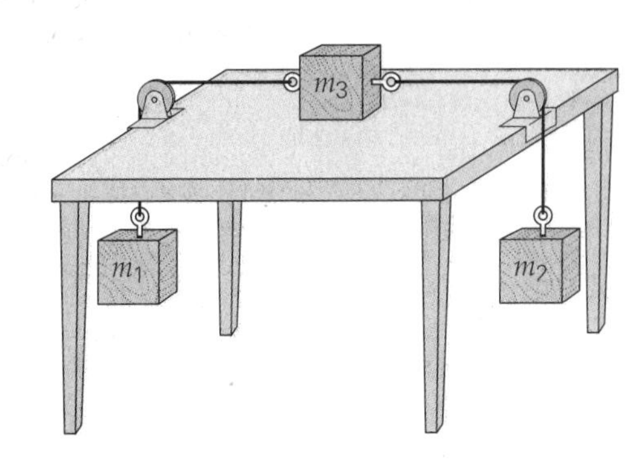

▲ **FIGURA 4.35 ¿Hacia adónde acelerarán?** Véanse los ejercicios 72, 110 y 111.

73. **EI ●●** Se ata una cuerda por ambos extremos a dos árboles, y se cuelga una bolsa en su parte media, de manera que la cuerda se comba verticalmente. *a*) La tensión sobre la cuerda depende 1) únicamente de la separación de los árboles, 2) únicamente del combado, 3) tanto de la separación como del combado, o 4) ni de la separación ni del combado. *b*) Si la distancia entre los árboles es de 10 m, la masa de la bolsa es de 5.0 kg y el combado es de 0.20 m, ¿qué tensión habrá en la cuerda?

74. ●● Un gimnasta de 55 kg pende verticalmente de un par de anillos paralelos. *a*) Si las cuerdas que sostienen los anillos están sujetas al techo directamente arriba, ¿qué tensión habrá en cada cuerda? *b*) Si las cuerdas están sujetas de manera que forman un ángulo de 45° con el techo, ¿qué tensión habrá en cada cuerda?

75. ●● El automóvil de un físico tiene un pequeño plomo suspendido de una cuerda sujeta al toldo. Partiendo del reposo, después de una fracción de segundo, el vehículo acelera a una tasa constante durante 10 s. En este tiempo, la cuerda (con el peso en su extremo) forma un ángulo hacia atrás (opuesto a la aceleración) de 15.0° con respecto a la vertical. Determine la aceleración del automóvil (y la del peso) durante el intervalo de 10 s.

76. ●● Un niño ata con un cordel una masa (m) de 50.0 g a un carrito de juguete (masa $M = 350$ g). El cordel se hace pasar por encima del borde de una mesa mediante una polea sin fricción (ignore su masa y la del cordel) de manera que el cordel quede horizontal. Suponiendo que el carrito tiene ruedas cuya fricción se ignora, calcule *a*) la aceleración del carrito y *b*) la tensión en el cordel.

77. ●● En los aeropuertos al final de la mayoría de las pistas de aterrizaje, se construye una extensión de la pista utilizando una sustancia especial llamada *formcreto*. Este material puede resistir el peso de automóviles, pero se desmorona bajo el peso de los aviones, para frenarlos si aún van rápido al final de la pista. Si un avión de masa 2.00×10^5 kg debe detenerse desde una rapidez de 25.0 m/s sobre un trecho de 100 m de largo de formcreto, ¿cuál será la fuerza promedio que ejerce el formcreto sobre el avión?

78. ●● Un rifle pesa 50.0 N y su cañón mide 0.750 de largo. Con él se dispara una bala de 25.0 g, que sale por el cañón con una rapidez de 300 m/s, después de haber sido acelerada de manera uniforme. ¿Cuál es la magnitud de la fuerza que la bala ejerce sobre el rifle?

79. ●● Una fuerza horizontal de 40 N, que actúa sobre un bloque en una superficie a nivel que no ejerce fricción, produce una aceleración de 2.5 m/s^2. Un segundo bloque, con una masa de 4.0 kg, se deja caer sobre el primero. ¿Cuál es la magnitud de la aceleración de la combinación de bloques si la misma fuerza continúa actuando? (Suponga que el segundo bloque no se desliza sobre el primero.)

80. ●● La *máquina Atwood* consiste en dos masas suspendidas de una polea fija, como se muestra en la ▸figura 4.36. Se le llama así por el científico británico George Atwood (1746-1807), quien la usó para estudiar el movimiento y medir el valor de g. Si $m_1 = 0.55$ kg y $m_2 = 0.80$ kg, *a*) ¿qué aceleración tiene el sistema y *b*) qué magnitud tiene la tensión en el cordel?

81. ●● Una máquina de Atwood (figura 4.36) tiene masas suspendidas de 0.25 y 0.20 kg. En condiciones ideales, ¿qué aceleración tendrá la masa más pequeña?

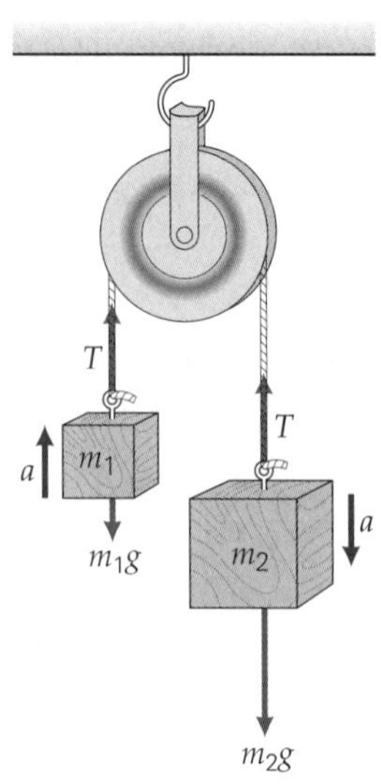

▲ **FIGURA 4.36 Máquina de Atwood** Véanse los ejercicios 80, 81 y 82.

82. ●●● Una masa, $m_1 = 0.215$ kg, de una máquina de Atwood ideal (figura 4.36) descansa en el piso 1.10 m más abajo que la otra masa, $m_2 = 0.255$ kg. *a*) Si las masas se sueltan del reposo, ¿cuánto tardará m_2 en llegar al piso? *b*) ¿A qué altura sobre el piso ascenderá m_1? [*Sugerencia:* cuando m_2 choca contra el piso, m_1 sigue moviéndose hacia arriba.]

83. **EI ●●●** Dos bloques están conectados mediante un cordel ligero y son acelerados hacia arriba por una fuerza F. La masa del bloque superior es de 50.0 kg; y la del bloque inferior, de 100 kg. La aceleración hacia arriba del sistema completo es de 1.50 m/s^2. Ignore la masa del cordel. *a*) Dibuje el diagrama de cuerpo libre para cada bloque. Utilice los diagramas para determinar cuál de las siguientes expresiones es verdadera para la magnitud de la tensión T del cordel en comparación con otras fuerzas: 1) $T > w_2$ y $T < F$; 2) $T > w_2$ y $T > F$; 3) $T < w_2$ y $T < F$, o 4) $T = w_2$ y $T < F$. *b*) Aplique las leyes de Newton para determinar el tirón F que se requiere. *c*) Calcule la tensión T en el cordel.

84. ●●● En el dispositivo ideal sin fricción que se muestra en la ▾figura 4.37, $m_1 = 2.0$ kg. Calcule m_2 si ambas masas están en reposo. ¿Y si ambas masas se mueven con velocidad constante?

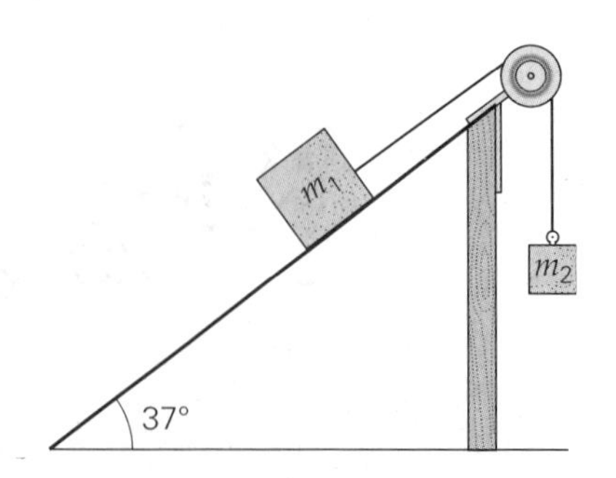

▲ **FIGURA 4.37 Máquina de Atwood inclinada** Véanse los ejercicios 84, 85 y 112.

85. ●●● En el dispositivo ideal de la figura 4.37, $m_1 = 3.0$ kg y $m_2 = 2.5$ kg. *a*) ¿Qué aceleración tienen las masas? *b*) ¿Qué tensión hay en el cordel?

86. ●●● Dos bloques están en contacto sobre una tabla nivelada y sin fricción. La masa del bloque izquierdo es de 5.00 kg y la masa del bloque derecho es de 10.0 kg; ambos aceleran hacia la izquierda a 1.50 m/s^2. Una persona a la izquierda ejerce una fuerza (F_1) de 75.0 N hacia la derecha. Otra persona ejerce una fuerza desconocida (F_2) hacia la izquierda. *a*) Determine la fuerza F_2. *b*) Calcule la fuerza de contacto N entre los dos bloques (esto es, la fuerza normal en sus superficies verticales en contacto).

4.6 Fricción

87. **OM** En general, la fuerza de fricción *a*) es mayor para superficies lisas que para las ásperas, *b*) depende de la rapidez de deslizamiento, *c*) es proporcional a la fuerza normal o *d)* depende mucho del área de contacto.

88. **OM** El coeficiente de fricción cinética, μ_k: *a*) suele ser mayor que el de fricción estática, μ_s; *b*) suele ser igual a μ_s; *c*) suele ser menor que μ_s, o *d*) es igual a la fuerza aplicada que excede la fuerza estática máxima.

89. **OM** Un cajón está a la mitad de la plataforma de un camión. El conductor acelera el camión gradualmente desde el reposo hasta una rapidez normal, pero luego tiene que detenerse súbitamente para evitar chocar contra un automóvil. Si el cajón se desliza conforme el camión se detiene, la fuerza de fricción *a*) estaría en la dirección hacia delante, *b*) estaría en la dirección hacia atrás, *c*) sería cero.

90. **PC** Identifique la dirección de la fuerza de fricción en los siguientes casos: *a*) un libro que descansa en una mesa; *b*) una caja que resbala por una superficie horizontal; *c*) un coche que da vuelta en un camino plano; *d*) el movimiento inicial de una pieza transportada por una banda sin fin de una línea de ensamble.

91. **PC** El propósito de los frenos antibloqueo de un automóvil es evitar que las ruedas se bloqueen; entonces, el coche seguirá rodando en vez de deslizarse. ¿Por qué el rodamiento habría de reducir la distancia de detención, en comparación con el deslizamiento?

92. **PC** La ▼figura 4.38 muestra las alas delantera y trasera de un automóvil de carreras Indy. Estas alas generan una fuerza de abatimiento: la fuerza vertical que el aire ejerce hacia abajo cuando se mueve sobre el vehículo. ¿Por qué es deseable tal fuerza? Un carro Indy puede generar una fuerza de abatimiento igual al doble de su peso. ¿Y por qué no simplemente hacer más pesados los coches?

▲ **FIGURA 4.38 Fuerza de abatimiento** Véase el ejercicio 92.

93. **PC** *a*) Solemos decir que la fricción se opone al movimiento. Sin embargo, cuando caminamos, la fuerza de fricción es en la dirección de nuestro movimiento (figura 4.17). ¿Hay alguna inconsistencia en términos de la segunda ley de Newton? Explique. *b*) ¿Qué efectos tendría el viento sobre la resistencia del aire? [*Sugerencia:* el viento puede soplar en diferentes direcciones.]

94. **PC** ¿Por qué los neumáticos para arrancones son anchos y lisos, en tanto que los neumáticos de automóviles para pasajeros son más angostos y tienen surcos (▼figura 4.39)? ¿Se debe a consideraciones de fricción o de seguridad? ¿Esta diferencia contradice el hecho de que la fricción es independiente del área superficial?

▲ **FIGURA 4.39 Neumáticos para autos de carrera y de pasajeros: seguridad** Véase el ejercicio 94.

95. **EI** ● Una caja de 20 kg descansa en una superficie horizontal áspera. Si se le aplica una fuerza horizontal de 120 N, la caja acelera a 1.0 m/s^2. *a*) Si se dobla la fuerza aplicada, la aceleración 1) aumentará, pero a menos del doble; 2) también aumentará al doble; o 3) aumentará a más del doble. ¿Por qué? *b*) Calcule la aceleración para demostrar su respuesta al inciso *a*.

96. ● Al mover un escritorio de 35.0 kg de un lado de un salón al otro, un profesor descubre que se requiere una fuerza horizontal de 275 N para poner el escritorio en movimiento, y una de 195 N para mantenerlo en movimiento con rapidez constante. Calcule los coeficientes de fricción *a*) estática y *b*) cinética entre el escritorio y el piso.

97. ● Una caja de 40 kg está en reposo en una superficie horizontal. Si el coeficiente de fricción estática entre la caja y la superficie es de 0.69, ¿qué fuerza horizontal se requiere para moverla?

98. ● Los coeficientes de fricción estática y cinética entre una caja de 50 kg y una superficie horizontal son 0.500 y 0.400, respectivamente. *a*) ¿Qué aceleración tiene la caja si se le aplica una fuerza horizontal de 250 N? *b*) ¿Y si se aplican 235 N?

99. ●● Una caja de embalaje se coloca en un plano inclinado de 20°. Si el coeficiente de fricción estática entre la caja y el plano es de 0.65, ¿la caja se deslizará hacia abajo por el plano si se suelta desde el reposo? Justifique su respuesta.

100. ●● Un automóvil de 1500 kg viaja a 90 km/h por una carretera recta de concreto. Ante una situación de emergencia, el conductor pone los frenos y el automóvil derrapa hasta detenerse. ¿En qué distancia se detendrá en *a*) pavimento seco y *b*) pavimento mojado, respectivamente?

101. ●● Un jugador de hockey golpea un disco (*puck*) con su bastón y le imparte una rapidez inicial de 5.0 m/s. Si el *puck* desacelera uniformemente y se detiene en una distancia de 20 m, ¿qué coeficiente de fricción cinética habrá entre el hielo y el disco?

102. ●● En su intento por mover un pesado sillón (cuya masa es de 200 kg) por un piso alfombrado, un hombre determina que debe ejercer una fuerza horizontal de 700 N para lograr que el sillón apenas se mueva. Una vez que el sillón comienza a moverse, el hombre continúa empujando con una fuerza de 700 N, y su hija (una especialista en física) estima que entonces acelera a 1.10 m/s^2. Determine *a*) el coeficiente de fricción estática y *b*) el coeficiente de fricción cinética entre el sillón y la alfombra.

103. **EI** ●● Al tratar de empujar un cajón por una superficie horizontal de concreto, una persona tiene que elegir entre empujarlo hacia abajo con un ángulo de 30° o tirar de él hacia arriba con un ángulo de 30°. *a*) ¿Cuál de las siguientes opciones es más probable que requiera de menos fuerza por parte de la persona? 1) Empujar con un ángulo hacia abajo; 2) tirar con el mismo ángulo, pero hacia arriba, o 3) empujar el cajón o tirar de él es algo que no importa. *b*) Si el cajón tiene una masa de 50.0 kg y el coeficiente de fricción cinética entre éste y el concreto es 0.750, calcule la fuerza requerida para moverlo a través del concreto con una rapidez constante para ambas situaciones.

104. ●● Suponga que las condiciones de la pendiente para el esquiador de la ▼figura 4.40 son tales que el esquiador viaja a velocidad constante. ¿Con base en la fotografía podría usted calcular el coeficiente de fricción cinética entre la superficie nevada y los esquíes? Si la respuesta es sí, describa cómo lo haría.

▲ **FIGURA 4.40 Un descenso** Véase el ejercicio 104.

105. ●● Un bloque de madera de 5.0 kg se coloca en un plano inclinado de madera ajustable. *a*) ¿Más allá de qué ángulo de inclinación el bloque comenzará a *resbalar* por el plano? *b*) ¿A qué ángulo habría que ajustar entonces el plano para que el bloque se siguiera deslizando con rapidez constante?

106. ●● Un bloque cúbico con una masa de 2.0 kg y 10 cm por lado comienza apenas a deslizarse por un plano inclinado de 30° (▼figura 4.41). Otro bloque de la misma altura y el mismo material tiene una base de 20 × 10 cm y, por lo tanto, una masa de 4.0 kg. *a*) ¿Con qué ángulo crítico comenzará a deslizarse el bloque más masivo? ¿Por qué? *b*) Estime el coeficiente de fricción estática entre el bloque y el plano.

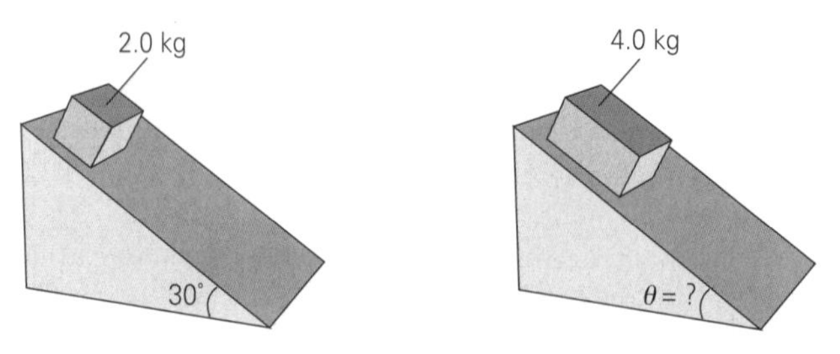

▲ **FIGURA 4.41 ¿Con qué ángulo comenzará a deslizarse?** Véase el ejercicio 106.

107. ●● En el aparato de la ▼figura 4.42, m_1 = 10 kg y los coeficientes de fricción estática y cinética entre m_1 y la tabla son 0.60 y 0.40, respectivamente. *a*) ¿Qué masa de m_2 pondrá al sistema en movimiento? *b*) Una vez que el sistema se empiece a mover, ¿qué aceleración tendrá?

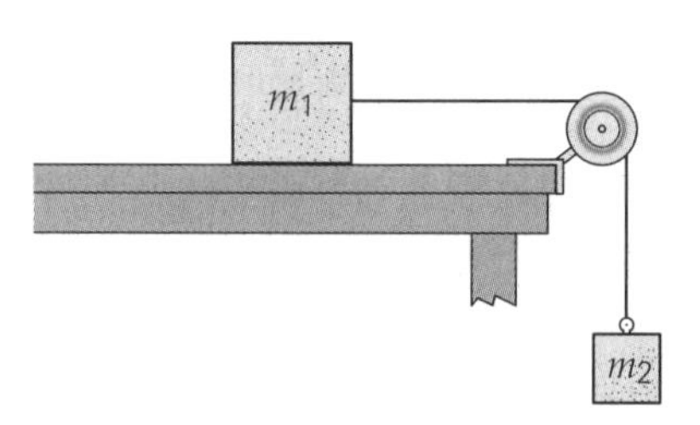

▲ **FIGURA 4.42 Fricción y movimiento** Véase el ejercicio 107.

108. ●● Al cargar un camión de reparto de pescado, una persona empuja un bloque de hielo hacia arriba sobre un plano inclinado a 20° con rapidez constante. La fuerza de empuje tiene una magnitud de 150 N y es paralela al plano inclinado. El bloque tiene una masa de 35.0 kg. *a*) ¿El plano no ejerce fricción? *b*) Si el plano sí ejerce fricción, ¿cuál será la fuerza de fricción cinética sobre el bloque de hielo?

109. ●●● Un objeto, cuya masa es de 3.0 kg, se desliza *hacia arriba* por un muro vertical a *velocidad constante*, cuando una fuerza F de 60 N actúa sobre él a un ángulo de 60° con respecto a la horizontal. *a*) Dibuje un diagrama de cuerpo libre para el objeto. *b*) Con base en las leyes de Newton, determine la fuerza normal sobre el objeto. *c*) Determine la fuerza de fricción cinética sobre el objeto.

110. ●●● Para el dispositivo de la figura 4.35, ¿qué valor mínimo del coeficiente de fricción estática entre el bloque (m_3) y la mesa mantendría el sistema en reposo si m_1 = 0.25 kg, m_2 = 0.50 kg y m_3 = 0.75 kg?

111. ●●● Si el coeficiente de fricción cinética entre el bloque y la mesa de la figura 4.35 es de 0.560, y m_1 = 0.150 kg y m_2 = 0.250 kg, *a*) ¿qué valor de m_3 mantendría al sistema en movimiento con rapidez constante? *b*) Si m_3 = 0.100 kg, ¿qué magnitud tendría la aceleración del sistema?

112. ●●● En el dispositivo de la figura 4.37, $m_1 = 2.0$ kg y los coeficientes de fricción estática y cinética entre m_1 y el plano inclinado son 0.30 y 0.20, respectivamente. *a*) ¿Qué valor tiene m_2 si ambas masas están en reposo? *b*) ¿Y si se mueven con velocidad constante?

Ejercicios adicionales

113. **EI** Un bloque (A, cuya masa es de 2.00 kg) está en reposo encima de otro (B, cuya masa es de 5.00 kg) sobre una superficie horizontal. La superficie es una banda eléctrica que acelera hacia la derecha a 2.50 m/s^2. B no se desliza sobre la superficie de la banda, ni A se desliza sobre la superficie de B. *a*) Dibuje un diagrama de cuerpo libre para cada bloque. Utilice estos diagramas para determinar la fuerza responsable de la aceleración de A. Indique cuál de las siguientes opciones constituye esa fuerza: 1) el tirón de la banda, 2) la fuerza normal sobre A que ejerce la superficie de B, 3) la fuerza de fricción estática en la base de B o 4) la fuerza de la fricción estática que actúa sobre A y que se debe a la superficie de B. *b*) Determine las fuerzas de fricción estática en cada bloque.

114. Al mover una caja cuya masa es de 75.0 kg hacia abajo, por una rampa resbaladiza (pero que ejerce cierta fricción) y con una inclinación de 20°, un trabajador se da cuenta de que debe ejercer una fuerza horizontal de 200 N para impedir que la caja acelere por la rampa. *a*) Determine la fuerza normal N sobre la caja. *b*) Determine el coeficiente de fricción cinética entre la caja y la rampa móvil.

115. Dos bloques (A y B) se mantienen unidos mientras una fuerza $F = 200$ N los jala hacia la derecha (▼figura 4.43). B está sobre la cubierta áspera y horizontal de una mesa (con coeficiente de fricción cinética de 0.800). *a*) ¿Cuál será la aceleración del sistema? *b*) ¿Cuál será la fuerza de fricción entre los dos objetos?

116. Un cohete de juguete de dos secciones se lanza verticalmente desde el reposo. Mientras las dos secciones están juntas, los motores del cohete que se encuentran en la sección inferior ejercen una fuerza hacia arriba de 500 N. La sección superior (cono de nariz) tiene una masa (m) de 2.00 kg y la sección inferior tiene una masa (M) de 8.00 kg. *a*) Dibuje el diagrama de cuerpo libre para cada sección y determine si en los dos diagramas hay fuerzas que constituyen un par de acción-reacción. Si es así, indique cuáles son. (Podría haber más de un par.) *b*) Calcule la aceleración del cohete. *c*) Determine la fuerza de contacto entre las dos secciones (es decir, la fuerza normal hacia arriba que ejerce la sección inferior sobre la sección superior).

117. Un bloque (M) de 5.00 kg sobre un plano con 30° de inclinación está conectado con una cuerda ligera, mediante una polea que no ejerce fricción, a una masa desconocida, m. El coeficiente de fricción cinética entre el bloque y el plano inclinado es 0.100. Cuando el sistema se libera desde el reposo, la masa m acelera hacia arriba a 2.00 m/s^2. Determine *a*) la tensión de la cuerda y *b*) el valor de m.

118. **EI** Al sacar un bote del agua para guardarlo durante el invierno, la instalación de almacenamiento utiliza una correa ancha formada de cables que operan en el mismo ángulo (medidos con respecto a la horizontal) en ambos lados del bote (▼figura 4.44). *a*) Conforme el bote sube verticalmente y θ decrece, la tensión en los cables 1) aumenta, 2) disminuye, 3) permanece igual. *b*) Determine la tensión en cada cable, si el bote tiene una masa de 500 kg, el ángulo de cada cable es de 45° con respecto a la horizontal y el bote se sostiene momentáneamente en reposo. Compare este resultado con la tensión cuando el bote se eleva y se sostiene en reposo de manera que el ángulo sea de 30°.

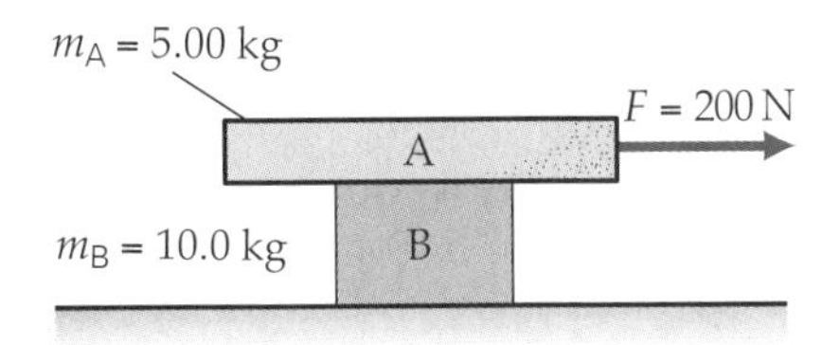

▲ **FIGURA 4.43 Arrastre de dos bloques** Véase el ejercicio 115.

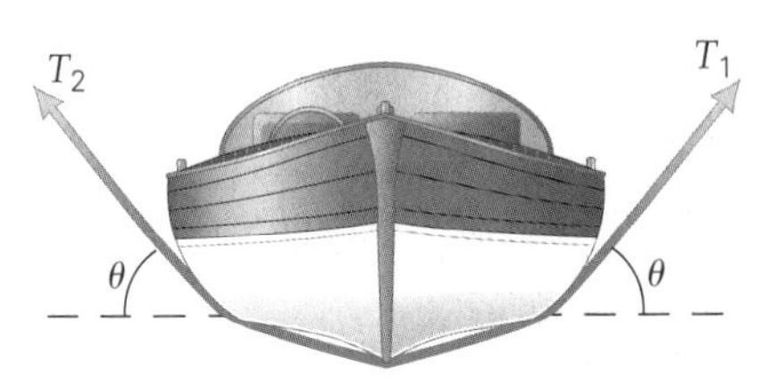

▲ **FIGURA 4.44 Alcen el bote** Véase el ejercicio 118.

Los siguientes problemas Physlet de física pueden utilizarse con este capítulo. 4.1, 4.2, 4.3, 4.4, 4.5, 4.6, 4.7, 4.8, 4.9, 4.10, 4.11, 4.13, 5.1, 5.2, 5.3, 5.4, 5.5, 5.6, 5.7

CAPÍTULO

5 TRABAJO Y ENERGÍA

HECHOS DE FÍSICA

- La palabra *cinética* proviene del griego *kinein*, que significa "moverse".
- *Energía* proviene del griego *energeia*, que significa "actividad".
- Estados Unidos tiene el 5% de la población mundial, pero consume el 26% de la producción de energía.
- Reciclar el aluminio requiere un 95% menos de energía que fabricarlo a partir de materia prima.
- El cuerpo humano funciona dentro de los límites impuestos por la ley de la conservación de la energía total, pues requiere obtener energía de los alimentos en igual cantidad que la energía que gasta en el trabajo externo que implican las actividades diarias, las actividades internas y las pérdidas de calor del sistema.
- La tasa de metabolismo basal (TMB) es una medida de la tasa a la que el cuerpo humano gasta energía. Un hombre promedio de 70 kg requiere aproximadamente 7.5×10^6 J de energía basal al día, para vivir y realizar las funciones básicas (como la respiración, la circulación de la sangre y la digestión). Cualquier tipo de ejercicio requiere más energía (por ejemplo, subir las escaleras requiere de 4.6×10^6 J adicionales por hora).
- El cuerpo humano utiliza los músculos para propulsarse, convirtiendo la energía almacenada en movimiento. Hay 630 músculos activos en el cuerpo humano que actúan en grupos.

Fuente: Harold E. Edgerton/©Harold & Esther Edgerton Foundation, 2002, cortesía de Palm Press, Inc.

Una descripción del salto con pértiga (garrocha), como se muestra en la imagen, sería: un atleta corre con una pértiga, la planta en el suelo e intenta empujar su cuerpo por arriba de una barra colocada a cierta altura. Sin embargo, un físico podría dar una descripción distinta: el atleta tiene energía potencial química almacenada en su cuerpo. Usa tal energía potencial para efectuar trabajo al correr por la pista para adquirir velocidad, es decir, energía cinética. Cuando planta la pértiga, casi toda su energía cinética se convierte en energía potencial elástica de la pértiga flexionada. Esta energía potencial se utiliza para levantar al atleta, es decir, efectuar trabajo contra la gravedad, y se convierte parcialmente en energía potencial gravitacional. En el punto más alto apenas queda suficiente energía cinética para llevar al saltador sobre la barra. Durante la caída, la energía potencial gravitacional se convierte otra vez en energía cinética, que el colchón absorbe al efectuar trabajo para detener la caída. El saltador participa en un juego de toma y daca de trabajo-energía.

Este capítulo se enfoca en dos conceptos que son muy importantes tanto en la ciencia como en la vida cotidiana: *trabajo* y *energía*. Comúnmente pensamos en el trabajo como algo relacionado con hacer o lograr algo. Puesto que el trabajo nos cansa físicamente (y a veces mentalmente), hemos inventado máquinas y dispositivos para reducir el esfuerzo que realizamos personalmente. Cuando pensamos en energía se nos viene a la mente el costo del combustible para transporte y calefacción, o quizá los alimentos que proporcionan la energía que nuestro cuerpo necesita para llevar a cabo sus procesos vitales y trabajar.

Aunque estas nociones no definen realmente el trabajo ni la energía, nos guían en la dirección correcta. Como seguramente habrá usted adivinado, el trabajo y la energía están íntimamente relacionados. En física, como en la vida cotidiana, cuando algo tiene energía, puede efectuar trabajo. Por ejemplo, el agua que se precipita por las compuertas de una presa tiene energía de movimiento, y esta energía permite al agua efectuar el trabajo de impulsar una turbina o un dínamo para generar electricidad. En cambio, es imposible efectuar trabajo sin energía.

La energía existe en varias formas: hay energía mecánica, química, eléctrica, calorífica, nuclear, etc. Podría haber una transformación de una forma a otra; pero se *conserva* la cantidad total de energía, es decir, nunca cambia. Esto es lo que hace tan útil el concepto de energía. Cuando una cantidad que puede medirse físicamente se conserva, no sólo nos permite entender mejor la naturaleza, sino que casi siempre nos permite enfrentar problemas prácticos desde otro enfoque. (El lector conocerá otras cantidades que se conservan al continuar su estudio de la física.)

5.1 Trabajo efectuado por una fuerza constante

OBJETIVOS: *a*) Definir trabajo mecánico y *b*) calcular el trabajo efectuado en diversas situaciones.

Usamos comúnmente la palabra *trabajo* de diversas maneras: vamos al trabajo, trabajamos en proyectos, trabajamos en nuestro escritorio o con computadoras, trabajamos en problemas. Sin embargo, en física *trabajo* tiene un significado muy específico. Mecánicamente, el trabajo implica fuerza y desplazamiento, y usamos la palabra *trabajo* para describir cuantitativamente lo que se logra cuando una fuerza mueve un objeto cierta distancia. En el caso más sencillo de una fuerza *constante* que actúa sobre un objeto, el trabajo se define como sigue:

> El **trabajo** efectuado por una fuerza constante que actúa sobre un objeto es igual al producto de las magnitudes del desplazamiento y el componente de la fuerza paralelo a ese desplazamiento.

El trabajo implica fuerza y desplazamiento

De manera que trabajo implica una fuerza que actúa sobre un objeto que se mueve cierta distancia. Podría aplicarse una fuerza, como en la ▼figura 5.1a, pero *si no hay movimiento (no hay desplazamiento), no se efectúa trabajo*. Para una fuerza constante F que actúa *en la misma dirección* que el desplazamiento d (figura 5.1b), el trabajo (W) se define como el producto de sus magnitudes:

$$W = Fd \qquad (5.1)$$

y es una cantidad escalar. (Como cabría esperar, cuando se efectúa trabajo en la figura 5.1b, se gasta energía. Veremos la relación entre trabajo y energía en la sección 5.3.)

En general, lo único que efectúa trabajo es una fuerza, o *componente* de fuerza, paralela a la línea de movimiento o desplazamiento del objeto (figura 5.1c). Es decir, si la fuerza actúa con un ángulo θ con respecto al desplazamiento del objeto, $F_{\parallel} = F \cos \theta$

Nota: el producto de dos vectores (fuerza y desplazamiento) en este caso es un tipo especial de multiplicación de vectores y produce una cantidad escalar igual a ($F \cos \theta$)d. Así, el trabajo es un escalar: no tiene dirección. Sin embargo, sí puede ser positivo, cero o negativo, dependiendo del ángulo.

▼ **FIGURA 5.1 Trabajo efectuado por una fuerza constante: el producto de las magnitudes del componente paralelo de la fuerza y el desplazamiento** *a*) Si no hay desplazamiento, no se efectúa trabajo: $W = 0$. ***b*)** Para una fuerza constante en la dirección del desplazamiento, $W = Fd$. ***c*)** Para una fuerza constante angulada respecto al desplazamiento, $W = (F \cos \theta)d$.

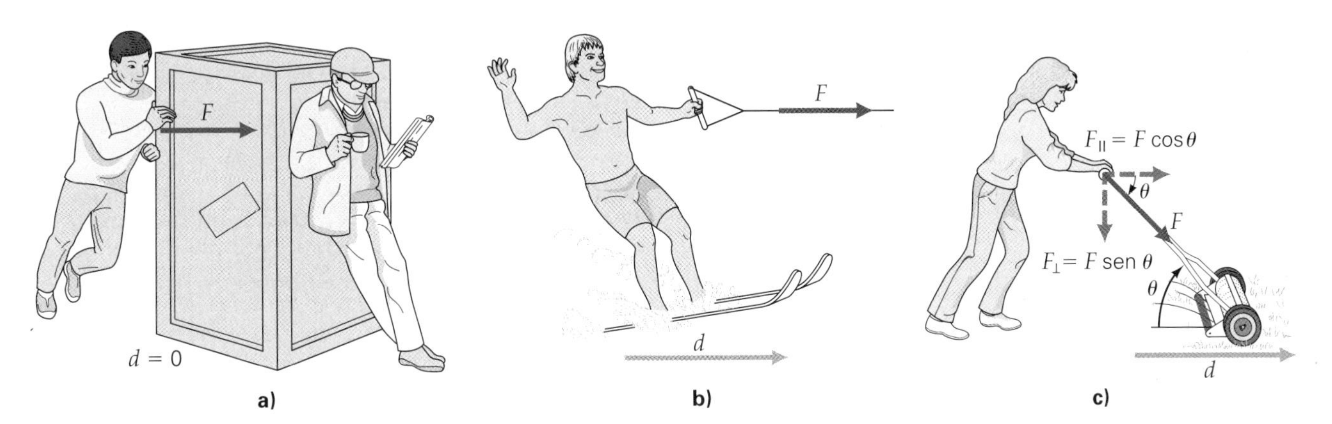

será el componente de la fuerza paralelo al desplazamiento. Por lo tanto, una ecuación más general para el trabajo efectuado por una fuerza constante es

$$W = F_{\parallel}d = (F\cos\theta)d \quad \textit{(trabajo realizado por una fuerza constante)} \qquad (5.2)$$

El joule (J), que se pronuncia "yul", se llama así en honor a James Prescott Joule (1818-1889), un científico inglés que investigó el trabajo y la energía.

Observe que θ es el ángulo *entre* los vectores de fuerza y desplazamiento. Para no olvidar este factor, podemos escribir $\cos\theta$ entre las magnitudes de la fuerza y el desplazamiento, $W = F(\cos\theta)d$. Si $\theta = 0°$ (es decir, si la fuerza y el desplazamiento tienen la misma dirección, como en la figura 5.1b), entonces $W = F(\cos 0°)d = Fd$, y la ecuación 5.2 se reduce a la ecuación 5.1. El componente perpendicular de la fuerza, $F_{\perp} = F \operatorname{sen}\theta$, no efectúa trabajo, ya que no hay desplazamiento en esta dirección.

Las unidades del trabajo se pueden determinar mediante la ecuación $W = Fd$. Con la fuerza en newtons y el desplazamiento en metros, el trabajo tiene la unidad SI de newton-metro (N · m). Esta unidad recibe el nombre de **joule** (J):

$$Fd = W$$
$$1\,\text{N}\cdot\text{m} = 1\,\text{J}$$

Por ejemplo, el trabajo realizado por una fuerza de 25 N sobre un objeto mientras éste tiene un desplazamiento paralelo de 2.0 m es $W = Fd = (25\,\text{N})(2.0\,\text{m}) = 50\,\text{N}\cdot\text{m}$, o 50 J.

Por la ecuación anterior, vemos también que, en el sistema inglés, el trabajo tendría la unidad libra-pie. Sin embargo, el nombre suele escribirse al revés: la unidad inglesa estándar de trabajo es el **pie-libra (ft · lb)**. Un ft · lb equivale a 1.36 J.

APRENDER DIBUJANDO

Trabajo: área bajo la curva de F contra x

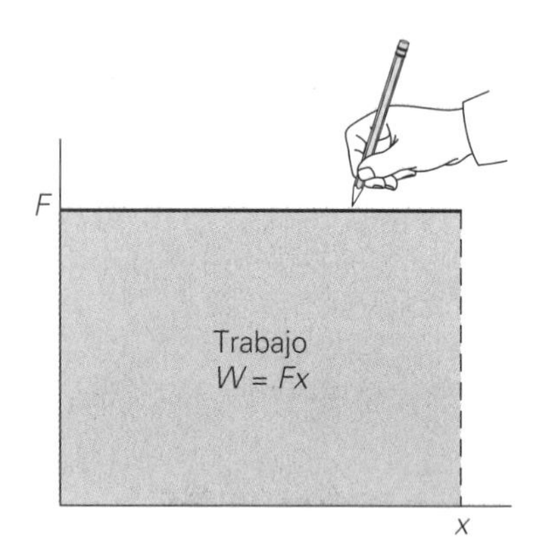

Podemos analizar el trabajo gráficamente. Suponga que una fuerza constante F en la dirección x actúa sobre un objeto mientras éste se mueve una distancia x. Entonces, $W = Fx$ y si graficamos F contra x, obtendremos una gráfica de línea recta como la que se muestra en la sección lateral Aprender dibujando. El área bajo la línea es Fx, así que esta área es igual al trabajo efectuado por la fuerza sobre la distancia dada. Después consideraremos una fuerza no constante o variable.*

Recordemos que *el trabajo es una cantidad escalar* y, como tal, puede tener un valor positivo o negativo. En la figura 5.1b, el trabajo es positivo, porque la fuerza actúa en la misma dirección que el desplazamiento (y cos 0° es positivo). El trabajo también es positivo en la figura 5.1c, porque un componente de fuerza actúa en la dirección del desplazamiento (y $\cos\theta$ es positivo).

Sin embargo, si la fuerza, o un componente de fuerza, actúa en la dirección opuesta al desplazamiento, el trabajo es negativo, porque el término coseno es negativo. Por ejemplo, con $\theta = 180°$ (fuerza opuesta al desplazamiento), $\cos 180° = -1$, así que el trabajo es negativo: $W = F_{\parallel}d = (F\cos 180°)d = -Fd$. Un ejemplo es una fuerza de frenado que desacelera un objeto. Véase Aprender dibujando de la página 143.

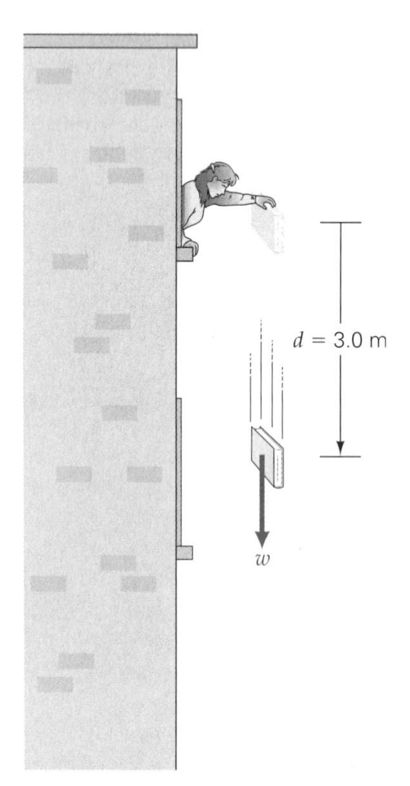

▲ **FIGURA 5.2 El trabajo mecánico requiere movimiento** Véase el ejemplo 5.1.

Ejemplo 5.1 ■ Psicología aplicada: trabajo mecánico

Una estudiante sostiene su libro de texto de psicología, que tiene una masa de 1.5 kg, afuera de una ventana del segundo piso de su dormitorio hasta que su brazo se cansa; entonces lo suelta (◂figura 5.2). *a*) ¿Cuánto trabajo efectúa la estudiante sobre el libro por el simple hecho de sostenerlo fuera de la ventana? *b*) ¿Cuánto trabajo efectúa la fuerza de gravedad durante el tiempo en el que el libro cae 3.0 m?

Razonamiento. Analizamos las situaciones en términos de la definición de trabajo, recordando que fuerza y desplazamiento son los factores clave.

Solución. Hacemos una lista de los datos

Dado: $v_o = 0$ (inicialmente en reposo)
$m = 1.5\,\text{kg}$
$d = 3.0\,\text{m}$

Encuentre: *a*) W (trabajo realizado por la estudiante al sostenerlo)
b) W (trabajo realizado por la gravedad al caer)

***a*)** Aunque la estudiante se cansa (porque se efectúa trabajo dentro del cuerpo para mantener los músculos en estado de tensión), no efectúa trabajo sobre el libro por el simple hecho de mantenerlo estacionario. Ella ejerce una fuerza hacia arriba sobre el libro (igual en magnitud a su peso); pero el desplazamiento es cero en este caso ($d = 0$). Por lo tanto, $W = Fd = F \times 0 = 0\,\text{J}$.

*El trabajo es el área bajo la curva de F contra x, aunque la curva no sea una línea recta. Para calcular el trabajo en tales circunstancias por lo general se requieren matemáticas avanzadas.

b) Mientras el libro cae, la única fuerza que actúa sobre él es la gravedad (sin considerar la resistencia del aire), que es igual en magnitud al peso del libro: $F = w = mg$. El desplazamiento es en la misma dirección que la fuerza ($\theta = 0°$) y tiene una magnitud de $d = 3.0$ m, así que el trabajo efectuado por la gravedad es

$$W = F(\cos 0°)d = (mg)d = (1.5\ \text{kg})(9.8\ \text{m/s}^2)(3.0\ \text{m}) = +44\ \text{J}$$

(Es positivo porque la fuerza y el desplazamiento están en la misma dirección.)

Ejercicio de refuerzo. Una pelota de 0.20 kg se lanza hacia arriba. ¿Cuánto trabajo efectúa la gravedad sobre la pelota, mientras ésta sube de 2.0 a 3.0 m de altura? (*Las respuestas de todos los Ejercicios de refuerzo se dan al final del libro.*)

Ejemplo 5.2 ■ Trabajo duro

Un trabajador jala un cajón de madera de 40.0 kg con una cuerda, como se ilustra en la ▾figura 5.3. El coeficiente de fricción cinética (de deslizamiento) entre el cajón y el piso es 0.550. Si él mueve el cajón con una velocidad constante una distancia de 7.00 m, ¿cuánto trabajo se realiza?

Razonamiento. Lo mejor que se puede hacer en este tipo de problemas es dibujar un diagrama de cuerpo libre, como se indica en la figura. Para determinar el trabajo, debe conocerse la fuerza F. Como es habitual en estos casos, es necesario sumar las fuerzas.

Solución.

Dado: $m = 40.0$ kg
$\mu_k = 0.550$
$d = 7.00$ m
$\theta = 30°$ (a partir de la figura)

Encuentre: W (el trabajo realizado al mover 7.00 m el cajón)

Entonces, al sumar las fuerzas en las direcciones x y y:

$$\Sigma F_x = F\cos 30° - f_k = F\cos 30° - \mu_k N = ma_x = 0$$

$$\Sigma F_y = N + F\ \text{sen}\ 30° - mg = ma_y = 0$$

Para encontrar F, en la segunda ecuación debe despejarse N, que después se sustituye en la primera ecuación.

$$N = mg - F\ \text{sen}\ 30°$$

(Note que N no es igual al peso del cajón. ¿Por qué?) Al sustituir en la primera ecuación,

$$F\cos 30° - \mu_k(mg - F\ \text{sen}\ 30°) = 0$$

(*continúa en la siguiente página*)

APRENDER DIBUJANDO

Cómo determinar el signo del trabajo

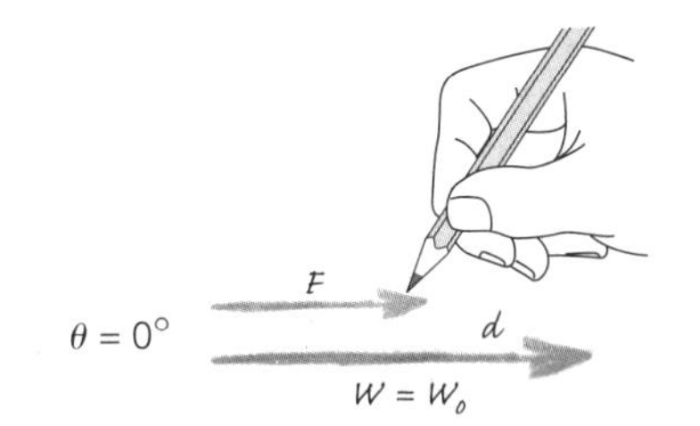

θ < 90° — F, θ, d — W > 0 pero < W₀

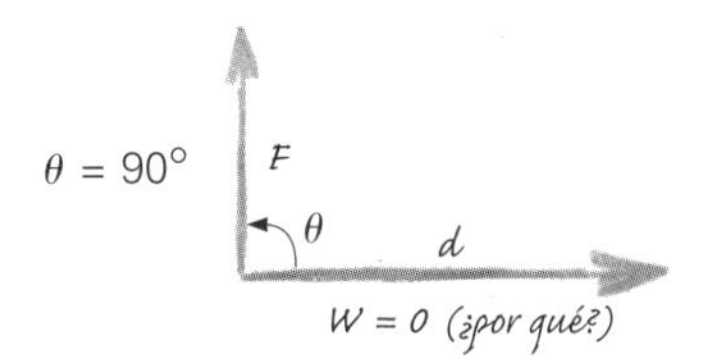

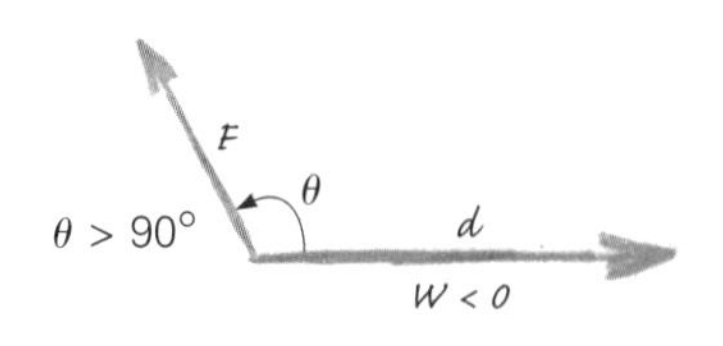

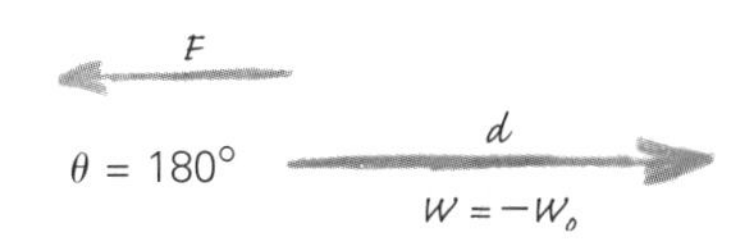

▼ **FIGURA 5.3 Haciendo algo de trabajo.** Véase el ejemplo 5.2.

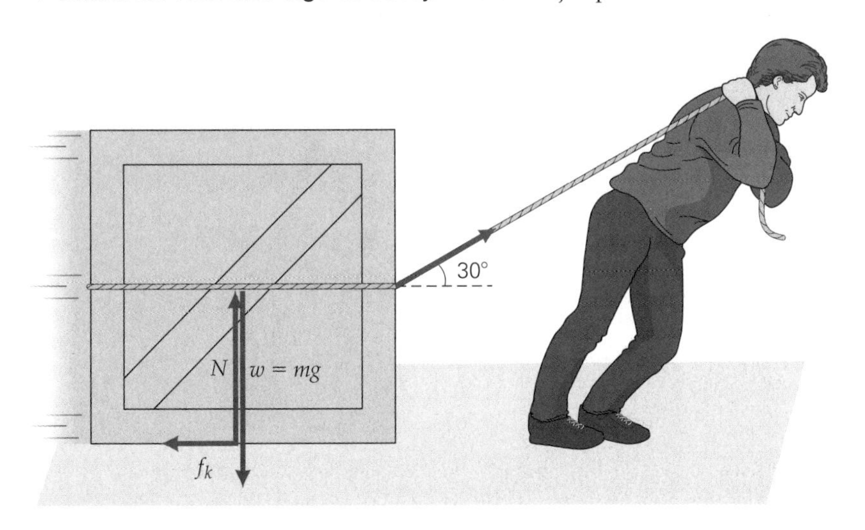

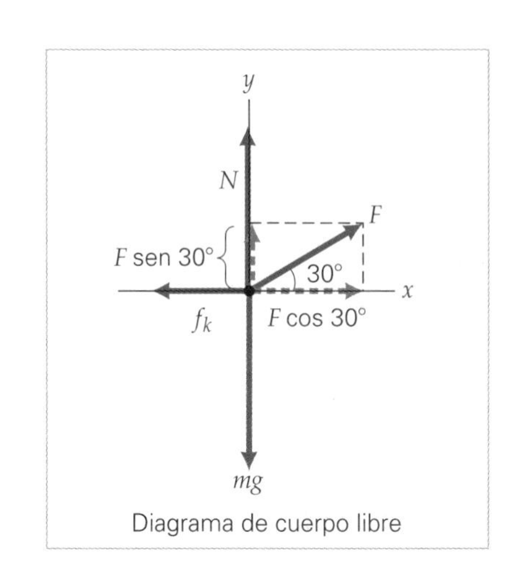

Al despejar F y colocar los valores:

$$F = \frac{\mu_k mg}{(\cos 30° + \mu_k \operatorname{sen} 30°)} = \frac{(0.550)(40.0\text{ kg})(9.80\text{ m/s}^2)}{(0.866) + (0.550)(0.500)]} = 189\text{ N}$$

Entonces, $W = F(\cos 30°)d = (189\text{ N})(0.866)(7.00\text{ m}) = 1.15 \times 10^3\text{ J}$

Ejercicio de refuerzo. Perder 1.00 g de grasa corporal requiere de 3.80×10^4 de trabajo. ¿Qué distancia tendría que jalar el cajón el trabajador para perder 1 g de grasa? (Suponga que todo el trabajo se destina a la reducción de grasa.) Haga una estimación antes de resolver este ejercicio y vea qué tan cerca estuvo de la solución.

Ilustración 6.2 Fuerzas constantes

Por lo común especificamos qué fuerza efectúa trabajo *sobre* qué objeto. Por ejemplo, la fuerza de gravedad efectúa trabajo sobre un objeto que cae, como el libro del ejemplo 5.1. También, cuando levantamos un objeto, *nosotros* realizamos trabajo *sobre* el objeto. A veces describimos esto como efectuar trabajo *contra* la gravedad, porque la fuerza de gravedad actúa en la dirección opuesta a la de la fuerza de levantamiento aplicada, y se opone a ella. Por ejemplo, una manzana ordinaria tiene un peso de aproximadamente 1 N. Entonces, si levantáramos una manzana una distancia de 1 m con una fuerza igual a su peso, habríamos efectuado 1 J de trabajo contra la gravedad [$W = Fd = (1\text{ N})(1\text{ m}) = 1\text{ J}$]. Este ejemplo nos da una idea de cuánto trabajo representa 1 J.

En ambos ejemplos, 5.1 y 5.2, una sola fuerza constante efectuó trabajo. Si dos o más fuerzas actúan sobre un objeto, se puede calcular individualmente el trabajo efectuado por cada una:

> El *trabajo total* o *neto* es el trabajo efectuado por todas las fuerzas que actúan sobre el objeto; es la suma escalar de esas cantidades de trabajo.

Este concepto se ilustra en el ejemplo 5.3.

Ejemplo 5.3 ■ Trabajo total o neto

Un bloque de 0.75 kg se desliza con velocidad uniforme bajando por un plano inclinado de 20° (▼figura 5.4). *a*) ¿Cuánto trabajo efectúa la fuerza de fricción sobre el bloque mientras se desliza la longitud total del plano? *b*) ¿Qué trabajo neto se efectúa sobre el bloque? *c*) Comente el trabajo neto efectuado si el ángulo del plano se ajusta de manera que el bloque acelere al bajar.

Razonamiento. *a*) Usando la trigonometría obtenemos la longitud del plano, así que esta parte se reduce a calcular la fuerza de fricción. *b*) El trabajo neto es la suma de todo el trabajo efectuado por las fuerzas individuales. (*Nota:* puesto que el bloque tiene velocidad uniforme o constante, la fuerza neta que actúa sobre él es cero. Esta observación nos da la respuesta, pero se calculará explícitamente en la solución.) *c*) Si hay aceleración, entra en juego la segunda ley de Newton, que implica una fuerza neta, por lo que habrá trabajo neto.

Solución. Hacemos una lista de la información dada. Además, es igualmente importante plantear explícitamente lo que se busca.

▶ **FIGURA 5.4** Trabajo total o neto
Véase el ejemplo 5.3.

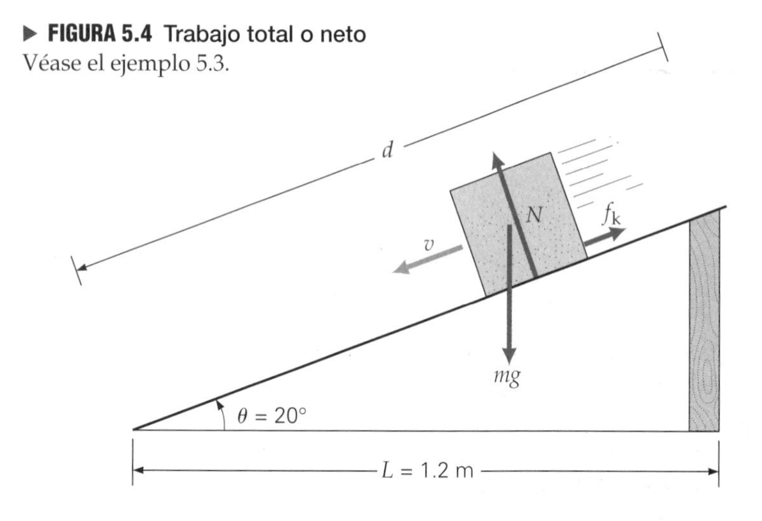

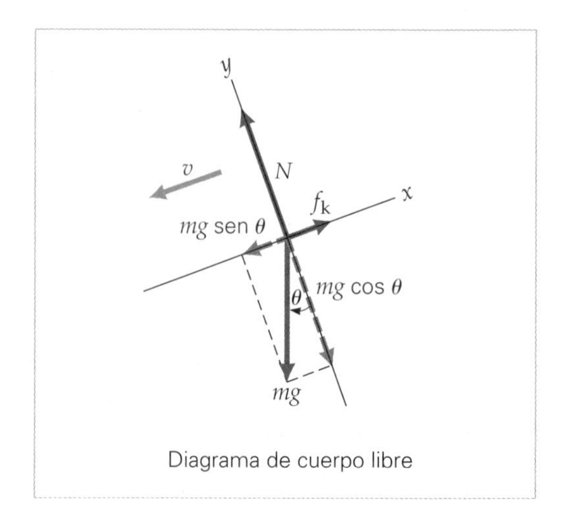

Dado: $m = 0.75$ kg
$\theta = 20°$
$L = 1.2$ m (de la figura 5.4)

Encuentre: *a*) W_f (trabajo realizado sobre el bloque por la fricción)
b) W_{neto} (trabajo neto sobre el bloque)
c) W (comente el trabajo neto con el bloque acelerado)

***a*)** En la figura 5.4 vemos que sólo dos fuerzas efectúan trabajo, porque sólo dos son paralelas al movimiento: f_k la fuerza de fricción cinética, y mg sen θ el componente del peso del bloque que actúa paralelo al plano. La fuerza normal N y $mg \cos\theta$, el componente del peso del bloque que actúa perpendicular al plano, no efectúan trabajo sobre el bloque. (¿Por qué?)

Primero calculamos el trabajo efectuado por la fuerza de fricción:

$$W_f = f_k(\cos 180°)d = -f_k d = -\mu_k N d$$

Nota: recuerde la explicación de la fricción en la sección 4.6.

El ángulo de 180° indica que la fuerza y el desplazamiento tienen direcciones opuestas. (En tales casos es común escribir $W_f = -f_k d$ directamente, pues la fricción cinética por lo regular se opone al movimiento.) La distancia d que el bloque se desliza se obtiene usando trigonometría. Dado que $\cos\theta = L/d$,

$$d = \frac{L}{\cos\theta}$$

Sabemos que $N = mg\cos\theta$, pero ¿cuánto vale μ_k? Parece que nos falta algo de información. Cuando se presenta una situación así, hay que buscar otra forma de resolver el problema. Como ya señalamos, sólo hay dos fuerzas paralelas al movimiento, y son opuestas. Dado que la velocidad es constante, sus magnitudes deben ser iguales, así que $f_k = mg$ sen θ. Por lo tanto,

$$W_f = -f_k d = -(mg \operatorname{sen}\theta)\left(\frac{L}{\cos\theta}\right) = -mgL \tan 20°$$

$$= -(0.75\ \text{kg})(9.8\ \text{m/s}^2)(1.2\ \text{m})(0.364) = -3.2\ \text{J}$$

***b*)** Para obtener el trabajo neto, necesitamos calcular el trabajo efectuado por la gravedad y sumarlo a nuestro resultado del inciso *a*). Puesto que $F_{\parallel}$ para la gravedad no es más que mg sen θ, tenemos

$$W_g = F_{\parallel} d = (mg \operatorname{sen}\theta)\left(\frac{L}{\cos\theta}\right) = mgL \tan 20° = +3.2\ \text{J}$$

donde el cálculo es el mismo que en el inciso *a*, a excepción del signo. Entonces,

$$W_{neto} = W_g + W_f = +3.2\ \text{J} + (-3.2\ \text{J}) = 0$$

Recuerde que el trabajo es una cantidad escalar, así que usamos una suma escalar para calcular el trabajo neto.

***c*)** Si el bloque acelera al bajar el plano, la segunda ley de Newton nos indica que $F_{neta} = mg \operatorname{sen}\theta - f_k = ma$. El componente de la fuerza gravitacional (mg sen θ) es mayor que la fuerza de fricción que se le opone (f_k) y se efectúa un trabajo neto sobre el bloque, porque ahora $|W_g| > |W_f|$. El lector tal vez se esté preguntando qué efecto tiene un trabajo neto distinto de cero. Como veremos a continuación, un trabajo neto distinto de cero provoca un cambio en la cantidad de energía que tiene un objeto.

Ejercicio da refuerzo. En el inciso *c* de este ejemplo, ¿el trabajo por fricción puede tener una magnitud mayor que el trabajo gravitacional? ¿Qué implicaría esta condición en términos de la rapidez del bloque?

Sugerencia para resolver problemas

En el inciso *a* del ejemplo 5.3 simplificamos la ecuación de W_f utilizando las expresiones algebraicas para N y d, en vez de calcular inicialmente tales cantidades. Por regla general es conveniente no sustituir las variables por sus valores en las ecuaciones, en tanto no sea indispensable. Es preferible simplificar una ecuación cancelando símbolos, y ello ahorra tiempo al efectuar los cálculos.

5.2 Trabajo efectuado por una fuerza variable

OBJETIVOS: *a*) Distinguir entre trabajo realizado por fuerzas constantes y variables y *b*) calcular el trabajo efectuado por la fuerza del resorte.

En la sección anterior, nos limitamos a analizar el trabajo efectuado por fuerzas constantes. Sin embargo, las fuerzas generalmente varían; es decir, cambian de magnitud o ángulo, o ambos, con el tiempo o con la posición, o con ambos. Por ejemplo, alguien

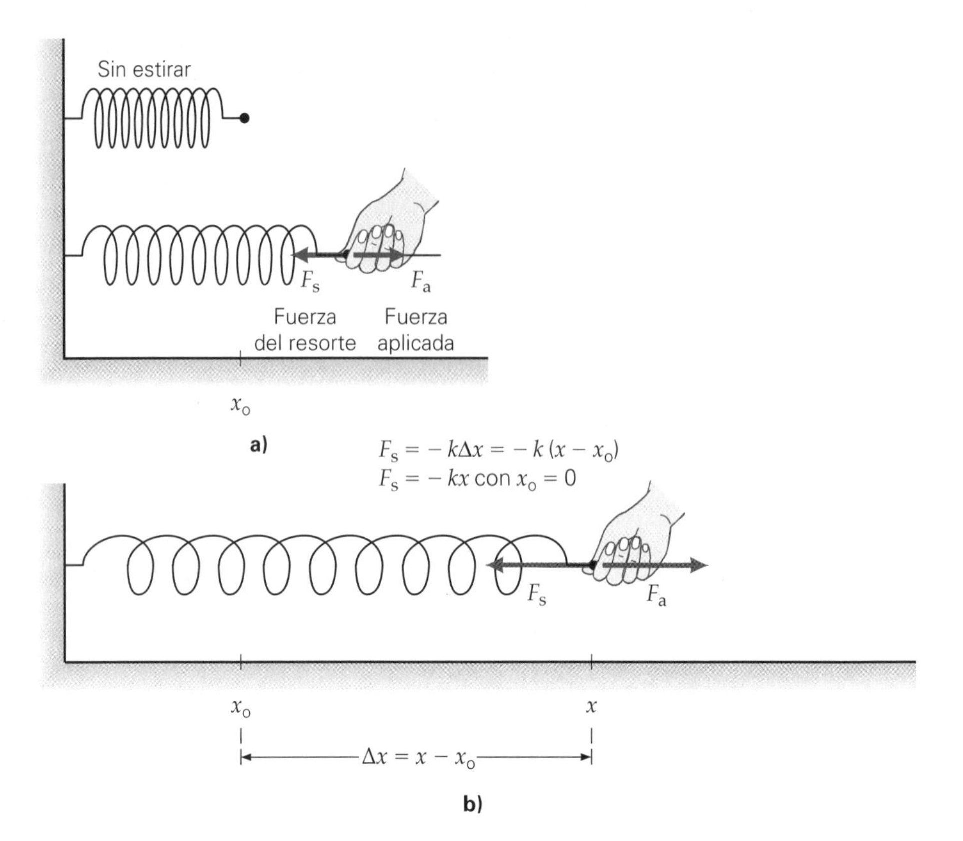

▶ **FIGURA 5.5 Fuerza del resorte** *a)* Una fuerza aplicada F_a estira el resorte, y éste ejerce una fuerza igual y opuesta, F_s, sobre la mano. *b)* La magnitud de la fuerza depende del cambio de longitud del resorte, Δx. Este cambio suele medirse con respecto al extremo del resorte no estirado, x_o.

podría empujar con fuerza cada vez mayor un objeto, para superar la fuerza de fricción estática, hasta que la fuerza aplicada exceda $f_{s_{máx}}$. Sin embargo, la fuerza de fricción estática no efectúa trabajo, pues no hay movimiento ni desplazamiento.

Nota: en la figura 5.5, la mano aplica una fuerza variable F_a al estirar el resorte. Al mismo tiempo, el resorte ejerce una fuerza igual y opuesta F_s sobre la mano.

Un ejemplo de fuerza variable que sí efectúa trabajo se ilustra en la ▲figura 5.5, donde observamos que una fuerza aplicada F_a estira un resorte. Conforme el resorte se estira (o comprime), su fuerza de restauración (que se opone al estiramiento o a la compresión) se vuelve cada vez mayor, y es preciso aplicar una fuerza más grande. Para la mayoría de los resortes, la fuerza del resorte es directamente proporcional al cambio de longitud del resorte respecto a su longitud sin estiramiento. En forma de ecuación, esta relación se expresa así

$$F_s = -k\Delta x = -k(x - x_o)$$

o bien, si $x_o = 0$,

$$F_s = -kx \quad \textit{(fuerza del resorte ideal)} \tag{5.3}$$

donde x representa ahora la distancia que se estiró (o comprimió) el resorte, respecto a su longitud no estirada. Es evidente que la fuerza varía cuando x cambia. Describimos esta relación diciendo que la *fuerza es función de la posición.*

La k de esta ecuación es una constante de proporcionalidad y suele llamarse **constante de resorte** o **constante de fuerza**. Cuanto mayor sea el valor de k, más rígido o más fuerte será el resorte. El lector deberá comprobar por sí solo que la unidad SI de k es newton/metro (N/m). El signo menos indica que la fuerza del resorte actúa en dirección opuesta al desplazamiento cuando el resorte se estira o se comprime. La ecuación 5.3 es una forma de lo que se conoce como *ley de Hooke*, llamada así en honor de Robert Hooke, un contemporáneo de Newton.

La relación expresada por la ecuación de la fuerza del resorte se cumple sólo con resortes ideales, los cuales se acercan a esta relación lineal entre fuerza y desplazamiento dentro de ciertos límites. Si un resorte se estira más allá de cierto punto, su *límite elástico*, se deformará permanentemente y dejará de ser válida la relación lineal.

Ilustración 6.3 Fuerza y desplazamiento

Para calcular el trabajo realizado por las fuerzas variables generalmente se requiere el cálculo. Pero tenemos suerte de que la fuerza del resorte sea un caso especial que puede calcularse utilizando una gráfica. Un diagrama de F (la fuerza aplicada) contra x se muestra en la ▸figura 5.6. La gráfica tiene una pendiente rectilínea de k, con $F = kx$, donde F es la fuerza aplicada al realizar el trabajo de estirar el resorte.

Como vimos, el trabajo es el área bajo la curva F contra x, que tiene la forma de un triángulo como indica el área sombreada de la figura. Y, al calcular esta área,

$$\text{área} = W = \tfrac{1}{2}(\text{altura} \times \text{base})$$

o

$$W = \tfrac{1}{2}Fx = \tfrac{1}{2}(kx)x = \tfrac{1}{2}kx^2$$

donde $F = kx$. Por lo tanto,

$$W = \tfrac{1}{2}kx^2 \quad \textit{trabajo efectuado al estirar (o comprimir) un resorte desde } x_o = 0 \tag{5.4}$$

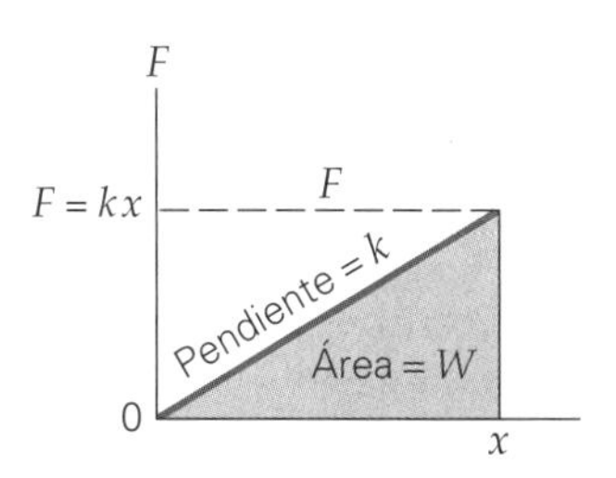

▲ **FIGURA 5.6 Trabajo efectuado por una fuerza de resorte que varía uniformemente** Una gráfica de F contra x, donde F es la fuerza aplicada que hace el trabajo de estirar un resorte, es una línea recta con una pendiente k. El trabajo es igual al área bajo la recta, que es la de un triángulo con

$$\text{área} = \tfrac{1}{2}(\text{altura} \times \text{base}).$$

Entonces

$$W = \tfrac{1}{2}Fx = \tfrac{1}{2}(kx)x = \tfrac{1}{2}kx^2.$$

Ejemplo 5.4 ■ Determinación de la constante de resorte

Una masa de 0.15 kg se une a un resorte vertical y cuelga en reposo hasta una distancia de 4.6 cm respecto a su posición original (▸figura 5.7). Otra masa de 0.50 kg se cuelga de la primera masa y se deja que baje hasta una nueva posición de equilibrio. ¿Qué extensión total tiene el resorte? (Desprecie la masa del resorte.)

Razonamiento. La constante del resorte, k, aparece en la ecuación 5.3. Por lo tanto, para determinar el valor de k en un caso específico, necesitamos conocer la fuerza del resorte y la distancia que éste se estira (o se comprime).

Solución. Los datos son:

Dado: $m_1 = 0.15$ kg
$x_1 = 4.6 \text{ cm} = 0.046$ m
$m_2 = 0.50$ kg

Encuentre: x (la distancia del estiramiento del resorte)

La distancia total de estiramiento está dada por $x = F/k$, donde F es la fuerza aplicada, que en este caso es el peso de la masa suspendida del resorte. Sin embargo, no nos dan la constante del resorte, k. Podemos averiguar su valor a partir de los datos de la suspensión de m_1 y el desplazamiento resultante x_1. (Es común usar este método para determinar constantes de resorte.) Como se observa en la figura 5.7a, la magnitud de la fuerza del peso y de la fuerza restauradora del resorte son iguales, ya que $a = 0$, así que podemos igualarlas:

$$F_s = kx_1 = m_1 g$$

Al despejar k, obtenemos

$$k = \frac{m_1 g}{x_1} = \frac{(0.15\text{ kg})(9.8\text{ m/s}^2)}{0.046\text{ m}} = 32\text{ N/m}$$

Ahora que conocemos k, obtenemos la extensión total del resorte a partir de la situación de fuerzas equilibradas que se muestra en la figura 5.7b:

$$F_s = (m_1 + m_2)g = kx$$

Por lo tanto,

$$x = \frac{(m_1 + m_2)g}{k} = \frac{(0.15\text{ kg} + 0.50\text{ kg})(9.8\text{ m/s}^2)}{32\text{ N/m}} = 0.20\text{ m (o 20 cm)}$$

Ejercicio de refuerzo. ¿Cuánto trabajo efectúa la gravedad al estirar el resorte en ambos desplazamientos del ejemplo 5.4?

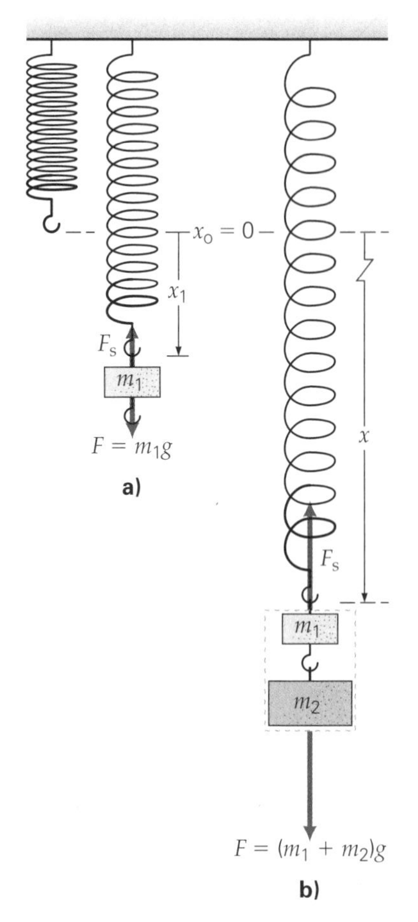

▲ **FIGURA 5.7 Determinación de la constante de resorte y del trabajo efectuado al estirar un resorte** Véase el ejemplo 5.4.

Sugerencia para resolver problemas

La posición de referencia x_o para determinar el cambio de longitud de un resorte es arbitraria y suele elegirse por conveniencia. *La cantidad importante al calcular trabajo es la diferencia de posición, Δx, o el cambio neto de longitud del resorte respecto a su longitud sin estirar.* Como se muestra en la ▾figura 5.8 para una masa suspendida de un resorte, la referencia x_o puede tomarse como la posición sin carga del resorte o la posición cargada, que podría tomarse como posición cero por conveniencia. En el ejemplo 5.4, tomamos x_o como el extremo del resorte sin carga.

Cuando la fuerza neta que actúa sobre la masa suspendida es cero, decimos que la masa está en su *posición de equilibrio* (como en la figura 5.7a, con m_1 suspendida). Esta posición, más que la longitud sin carga, podría tomarse como referencia cero ($x_o = 0$; véase la figura 5.8b). La posición de equilibrio es un punto de referencia conveniente en casos en que la masa oscila hacia arriba y hacia abajo al colgar del resorte. También, dado que el desplazamiento es en dirección vertical, es común usar y en vez de x.

▶ **FIGURA 5.8 Referencia de desplazamiento** La posición de referencia x_o es arbitraria y suele elegirse por conveniencia. Podría ser ***a)*** el extremo del resorte sin carga o ***b)*** la posición de equilibrio cuando se suspende una masa del resorte. Esta última es muy conveniente en casos en que la masa oscila hacia arriba y hacia abajo en el resorte.

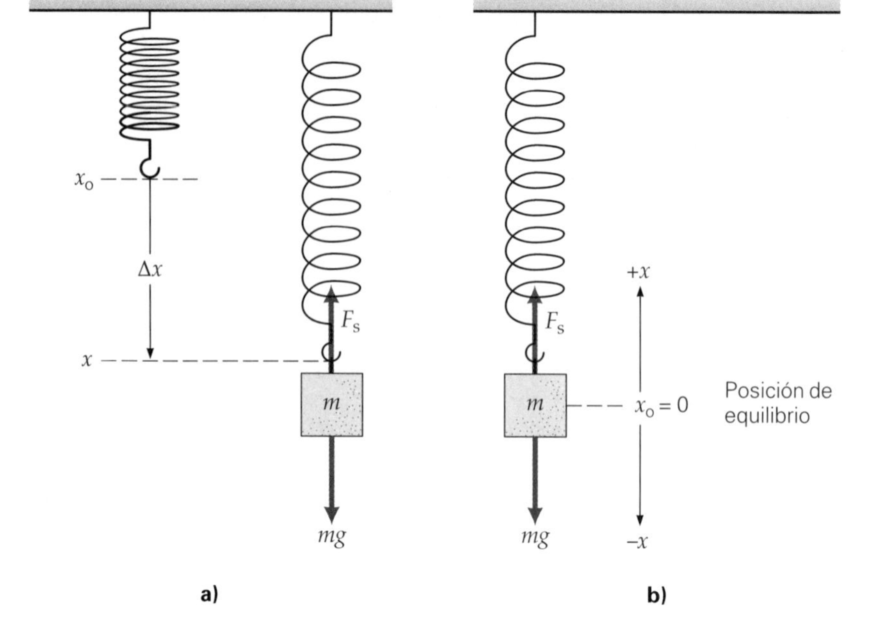

Ilustración 6.4 Resortes

5.3 El teorema trabajo-energía: energía cinética

OBJETIVOS: *a*) Estudiar el teorema trabajo-energía y *b*) aplicarlo para resolver problemas.

Ahora que tenemos una definición operativa de trabajo, examinemos su relación con la energía. La energía es uno de los conceptos científicos más importantes. La describimos como una cantidad que poseen los objetos o sistemas. Básicamente, el trabajo es algo que se hace *sobre* los objetos, en tanto que la energía es algo que los objetos *tienen*: la capacidad para efectuar trabajo.

PHYSLET®

Exploración 6.1 Una definición operativa de trabajo

Una forma de energía que está íntimamente asociada con el trabajo es la *energía cinética.* (Describiremos otra forma de energía, la *energía potencial*, en la sección 5.4.) Considere un objeto en reposo sobre una superficie sin fricción. Una fuerza horizontal actúa sobre el objeto y lo pone en movimiento. Se efectúa trabajo *sobre* el objeto, pero ¿a dónde "se va" el trabajo, por decirlo de alguna manera? Se va al objeto, poniéndolo en movimiento, es decir, modificando sus condiciones *cinéticas*. En virtud de su movimiento, decimos que el objeto ha ganado energía: energía cinética, que lo hace capaz de efectuar trabajo.

Para una fuerza constante que efectúa trabajo sobre un objeto en movimiento, como se ilustra en la ▾figura 5.9, la fuerza efectúa una cantidad de trabajo $W = Fx$. Sin embargo, ¿qué efectos cinemáticos tiene? La fuerza hace que el objeto acelere y, por la ecuación 2.12, $v^2 = v_o^2 + 2ax$ (con $x_o = 0$),

$$a = \frac{v^2 - v_o^2}{2x}$$

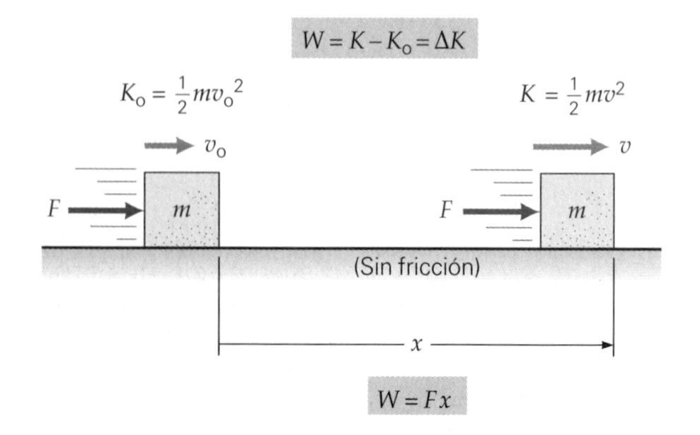

▶ **FIGURA 5.9 Relación entre trabajo y energía cinética** El trabajo efectuado por una fuerza constante sobre un bloque, para moverlo en una superficie horizontal, sin fricción es igual al cambio en la energía cinética del bloque: $W = \Delta K$.

donde v_o podría o no ser cero. Si escribimos la magnitud de la fuerza en la forma de la segunda ley de Newton y sustituimos en ella la expresión para a de la ecuación anterior, tendremos

$$F = ma = m\left(\frac{v^2 - v_o^2}{2x}\right)$$

Si utilizamos esta expresión en la ecuación del trabajo, obtendremos

$$W = Fx = m\left(\frac{v^2 - v_o^2}{2x}\right)x$$
$$= \tfrac{1}{2}mv^2 - \tfrac{1}{2}mv_o^2$$

Es conveniente definir $\frac{1}{2}mv^2$ como la **energía cinética (K)** del objeto en movimiento:

$$K = \tfrac{1}{2}mv^2 \quad \textit{(energía cinética)} \tag{5.5}$$

Unidad SI de energía: joule (J)

Es común referirse a la energía cinética como la *energía de movimiento*. Observe que es directamente proporcional al cuadrado de la rapidez (instantánea) del objeto en movimiento, así que no puede ser negativa.

Entonces, en términos de energía cinética, las expresiones anteriores para el trabajo se escriben como

Teorema trabajo-energía

$$W = \tfrac{1}{2}mv^2 - \tfrac{1}{2}mv_o^2 = K - K_o = \Delta K$$

o

$$W = \Delta K \tag{5.6}$$

donde se sobreentiende que *W es el trabajo neto si dos o más fuerzas actúan sobre el objeto,* como vimos en el ejemplo 5.3. Esta ecuación es el **teorema trabajo-energía**; relaciona el trabajo efectuado sobre un objeto con el cambio en la energía cinética del objeto. Es decir, *el trabajo neto efectuado sobre un cuerpo por todas las fuerzas que actúan sobre él es igual al cambio de energía cinética del cuerpo.* Tanto el trabajo como la energía tienen unidades de joules, y ambas son cantidades escalares. Hay que tener presente que el teorema trabajo-energía es válido en general para fuerzas variables, no sólo para el caso especial que consideramos al deducir la ecuación 5.6.

Para ilustrar que el trabajo neto es igual al cambio de energía cinética, recordemos que, en el ejemplo 5.1, la fuerza de gravedad efectuó +44 J de trabajo sobre un libro, que cayó desde el reposo una distancia de $y = 3.0$ m. En esa posición e instante, el libro en caída tenía 44 J de energía cinética. Dado que $v_o = 0$ en este caso, $\frac{1}{2}mv^2 = mgy$. Si sustituimos esta expresión en la ecuación para el trabajo efectuado por la gravedad sobre el libro en caída, obtenemos

$$W = Fd = mgy = \frac{mv^2}{2} = K = \Delta K$$

donde $K_o = 0$. Así, la energía cinética que el libro gana es igual al trabajo neto efectuado sobre él: 44 J en este caso. (Como ejercicio, el lector puede confirmar este hecho calculando la rapidez del libro y evaluando su energía cinética.)

Lo que nos dice el teorema trabajo-energía es que, cuando se efectúa trabajo, hay un cambio o una transferencia de energía. En general, entonces, decimos que *el trabajo es una medida de la transferencia de energía cinética.* Por ejemplo, una fuerza que efectúa trabajo sobre un objeto para acelerarlo causa un incremento en la energía cinética del objeto. En cambio, el trabajo (negativo) efectuado por la fuerza de fricción cinética podría hacer que un objeto se frene, con lo que su energía cinética disminuye. Así pues, para que un objeto sufra un cambio en su energía cinética, será necesario efectuar un trabajo neto sobre él, como nos indica la ecuación 5.6.

Cuando un objeto está en movimiento, posee energía cinética y tiene la capacidad de efectuar trabajo. Por ejemplo, un automóvil en movimiento tiene energía cinética y puede efectuar trabajo abollando el parachoques de otro auto en un accidente; no es trabajo *útil* en este caso, pero es trabajo al fin y al cabo. En la ▸figura 5.10 se da otro ejemplo de trabajo efectuado por energía cinética.

▲ **FIGURA 5.10 Energía cinética y trabajo** Un objeto en movimiento, como esta bola para demolición de construcciones, procesa energía cinética y, por lo tanto, puede efectuar trabajo.

PHYSLET®

Exploración 6.4 Cambie la dirección de la fuerza aplicada

Ejemplo 5.5 ■ Un juego de tejo: el teorema trabajo-energía

Una jugadora (▼figura 5.11) empuja un disco de 0.25 kg que inicialmente está en reposo, de manera que una fuerza horizontal constante de 6.0 N actúa sobre él durante una distancia de 0.50 m. (Despreciaremos la fricción.) *a*) ¿Qué energía cinética y rapidez tiene el disco cuando se deja de aplicar la fuerza? *b*) ¿Cuánto trabajo se requeriría para detener el disco?

Razonamiento. Aplicamos el teorema trabajo-energía. Si podemos calcular el trabajo efectuado, conoceremos el cambio de energía cinética, y viceversa.

Solución. Hacemos, como siempre, una lista de los datos:

Dado: $m = 0.25\text{ kg}$, $F = 6.0\text{ N}$, $d = 0.50\text{ m}$, $v_o = 0$

Encuentre: *a*) K (energía cinética), v (rapidez); *b*) W (trabajo efectuado para detener el tejo)

a) Puesto que no conocemos la rapidez, no podemos calcular directamente la energía cinética $\left(K = \frac{1}{2}mv^2\right)$. Sin embargo, la energía cinética está relacionada con el trabajo por el teorema trabajo-energía. El trabajo efectuado sobre el disco, por la fuerza F que aplica la jugadora es

$$W = Fd = (6.0\text{ N})(0.50\text{ m}) = +3.0\text{ J}$$

Entonces, por el teorema trabajo-energía, obtenemos

$$W = \Delta K = K - K_o = +3.0\text{ J}$$

Por otro lado, $K_o = \frac{1}{2}mv_o^2 = 0$, porque $v_o = 0$, así que

$$K = 3.0\text{ J}$$

Podemos calcular la rapidez a partir de la energía cinética. Puesto que $K = \frac{1}{2}mv^2$, tenemos

$$v = \sqrt{\frac{2K}{m}} = \sqrt{\frac{2(3.0\text{ J})}{0.25\text{ kg}}} = 4.9\text{ m/s}$$

b) Como seguramente ya dedujo el lector, el trabajo requerido para detener el disco es igual a la energía cinética de éste (es decir, la cantidad de energía que debemos "quitarle" al tejo para detener su movimiento). Para confirmar esta igualdad, básicamente efectuamos el cálculo anterior al revés, con $v_o = 4.9\text{ m/s}$ y $v = 0$:

$$W = K - K_o = 0 - K_o = -\tfrac{1}{2}mv_o^2 = -\tfrac{1}{2}(0.25\text{ kg})(4.9\text{ m/s})^2 = -3.0\text{ J}$$

El signo menos indica que el disco pierde energía al frenarse. El trabajo se efectúa *contra* el movimiento del disco; es decir, la fuerza es opuesta a la dirección del movimiento. (En una situación real, la fuerza opuesta sería la fricción.)

Ejercicio de refuerzo. Suponga que el disco de este ejemplo tiene el doble de rapidez final cuando se suelta. ¿Se requerirá el doble de trabajo para detenerlo? Justifique numéricamente su respuesta.

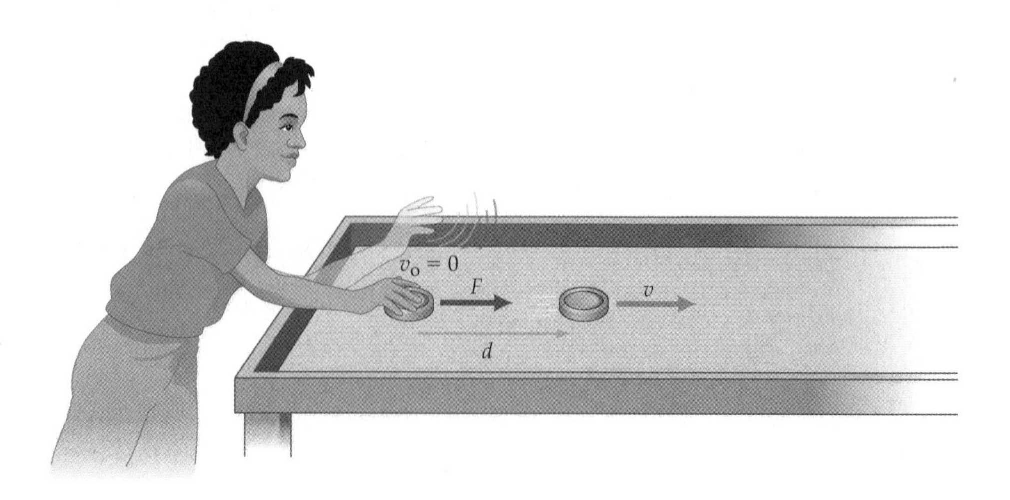

▶ **FIGURA 5.11** Trabajo y energía cinética Véase el ejemplo 5.5.

Sugerencia para resolver problemas

En el ejemplo 5.5 utilizamos consideraciones de trabajo-energía para calcular la rapidez. Podríamos haberlo hecho de otra manera: calculando primero la aceleración con $a = F/m$, y luego usando la ecuación de cinemática $v^2 = v_o^2 + 2ax$ para calcular v (donde $x = d = 0.50$ m). Lo importante es que muchos problemas se resuelven de diferentes maneras, y a menudo la clave del éxito consiste en encontrar la forma más rápida y eficiente para hacerlo. Al seguir estudiando la energía, veremos lo útiles y potentes que son los conceptos de trabajo y energía, como nociones teóricas y también como herramientas prácticas para resolver muchos tipos de problemas.

Ejemplo conceptual 5.6 ■ Energía cinética: masa y rapidez

En un juego de fútbol americano, un guardia de 140 kg corre con una rapidez de 4.0 m/s, y un defensivo profundo libre de 70 kg se mueve a 8.0 m/s. En esta situación, ¿es correcto decir que *a*) ambos jugadores tienen la misma energía cinética? *b*) ¿Que el defensivo profundo tiene el doble de energía cinética que el guardia? *c*) ¿Que el guardia tiene el doble de energía cinética que el defensivo profundo? *d*) ¿Que el defensivo profundo tiene cuatro veces más energía cinética que el guardia?

Exploración 6.2 El impulso de dos bloques

Razonamiento y respuesta. La energía cinética de un cuerpo depende tanto de su masa como de su rapidez. Podríamos pensar que, al tener la mitad de la masa pero el doble de la velocidad, el defensivo profundo tendría la misma energía cinética que el guardia, pero no es así. Como vemos en la relación $K = \frac{1}{2}mv^2$, la energía cinética es directamente proporcional a la masa, pero también es proporcional al *cuadrado* de la rapidez. Por lo tanto, reducir la masa a la mitad disminuiría la energía cinética a la mitad; por lo tanto, si los dos jugadores tuvieran la misma rapidez, el defensivo profundo tendría la mitad de la energía cinética que el guardia.

Sin embargo, un aumento al doble de la rapidez aumenta la energía cinética no al doble, sino en un factor de 2^2, es decir, 4. Por lo tanto, el defensivo profundo, con la mitad de la masa pero el doble de la rapidez, tendría $\frac{1}{2} \times 4 = 2$ veces más energía cinética que el guardia, así que la respuesta es *b*.

Note que para contestar esta pregunta no fue necesario calcular la energía cinética de ningún jugador. No obstante, podemos hacerlo para verificar nuestras conclusiones:

$$K_{\text{def. prof.}} = \tfrac{1}{2}m_s v_s^2 = \tfrac{1}{2}(70\text{ kg})(8.0\text{ m/s})^2 = 2.2 \times 10^3\text{ J}$$

$$K_{\text{guardia}} = \tfrac{1}{2}m_g v_g^2 = \tfrac{1}{2}(140\text{ kg})(4.0\text{ m/s})^2 = 1.1 \times 10^3\text{ J}$$

Ahora vemos explícitamente que nuestra respuesta fue correcta.

Ejercicio de refuerzo. Suponga que la rapidez del defensivo profundo sólo es 50% mayor que la del guardia, es decir, 6.0 m/s. ¿Qué jugador tendría entonces mayor energía cinética, y qué tanta más?

Sugerencia para resolver problemas

El teorema trabajo-energía relaciona el trabajo dado con el cambio en la energía cinética. En muchos casos tenemos $v_o = 0$ y $K_o = 0$, así que $W = \Delta K = K$. Pero, ¡cuidado! *No* podemos usar siempre el cuadrado del cambio de rapidez, $(\Delta v)^2$, para calcular ΔK, como parecería a primera vista. En términos de rapidez, tenemos

$$W = \Delta K = K - K_o = \tfrac{1}{2}mv^2 - \tfrac{1}{2}mv_o^2 = \tfrac{1}{2}m(v^2 - v_o^2)$$

Sin embargo, $v^2 - v_o^2$ no es lo mismo que $(v - v_o)^2 = (\Delta v)^2$, ya que $(v - v_o)^2 = v^2 - 2vv_o + v_o^2$. Por lo tanto, el cambio en energía cinética *no* es igual a $\frac{1}{2}m(v - v_o)^2 = \frac{1}{2}m(\Delta v)^2 \neq \Delta K$.

Lo que implica esta observación es que, para calcular trabajo, o el cambio de energía cinética, es preciso calcular la energía cinética de un objeto en un punto o tiempo dado (utilizando la rapidez instantánea para obtener la energía cinética instantánea) y también en otro punto o tiempo dado. Luego se restarán las cantidades para obtener el cambio de energía cinética, o trabajo. Como alternativa, podríamos calcular primero la diferencia de los *cuadrados* de las rapideces $(v^2 - v_o^2)$ al calcular el cambio, pero no usar el cuadrado de la diferencia de rapideces. En el Ejemplo conceptual 5.7 veremos esta sugerencia en acción.

Ejemplo conceptual 5.7 ■ Automóvil en aceleración: rapidez y energía cinética

Un automóvil que viaja a 5.0 m/s aumenta su rapidez a 10 m/s, con un incremento de energía cinética que requiere un trabajo W_1. Luego, la rapidez del automóvil aumenta de 10 m/s a 15 m/s, para lo cual requiere un trabajo adicional W_2. ¿Cuál de estas relaciones es válida al comparar las dos cantidades de trabajo? *a*) $W_1 > W_2$; *b*) $W_1 = W_2$; *c*) $W_2 > W_1$.

Razonamiento y respuesta. Como ya vimos, el teorema trabajo-energía relaciona el trabajo efectuado sobre el automóvil con el cambio en su energía cinética. Puesto que en ambos casos hay el mismo incremento de rapidez ($\Delta v = 5.0$ m/s), parecería que la respuesta es *b*. Sin embargo, no hay que olvidar que el trabajo es igual al *cambio* en la energía cinética, en lo cual interviene $v_2^2 - v_1^2$, *no* $(\Delta v)^2 = (v_2 - v_1)^2$.

Por lo tanto, cuanto mayor sea la rapidez de un objeto, mayor será su energía cinética, y esperaríamos que la *diferencia* de energía cinética al cambiar de rapidez (o el trabajo requerido para cambiar de rapidez) sea mayor para una rapidez más alta, si Δv es la misma. Por consiguiente, *c* es la respuesta.

Lo importante aquí es que los valores de Δv son iguales, pero se requiere más trabajo para aumentar la energía cinética de un objeto a una rapidez más alta.

Ejercicio de refuerzo. Suponga que el automóvil aumenta su rapidez en una tercera ocasión, de 15 a 20 m/s, cambio que requiere un trabajo W_3. ¿Cómo se compara el trabajo realizado en este incremento con W_2? Justifique numéricamente su respuesta. [*Sugerencia:* use un cociente.]

a)

b)

▲ **FIGURA 5.12 Energía potencial** La energía potencial tiene muchas formas. ***a*)** Es preciso efectuar trabajo para flexionar el arco; esto le confiere energía potencial que se convierte en energía cinética cuando se suelta la flecha. ***b*)** La energía potencial gravitacional se convierte en energía cinética cuando cae un objeto. (¿De dónde provino la energía potencial gravitacional del agua y del clavadista?)

5.4 Energía potencial

OBJETIVOS: *a*) Definir y entender la energía potencial y *b*) estudiar la energía potencial gravitacional.

Un objeto en movimiento tiene energía cinética. Sin embargo, sea que un objeto esté o no en movimiento, podría tener otra forma de energía: energía potencial. Como su nombre sugiere, un objeto con energía potencial tiene *potencial* para efectuar trabajo. Es probable que al lector se le ocurran muchos ejemplos: un resorte comprimido, un arco tensado, agua contenida por una presa, una bola de demolición lista para caer. En todos estos casos, el potencial para efectuar trabajo se deriva de la *posición* o *configuración* del cuerpo. El resorte tiene energía porque está comprimido; el arco, porque está tensado; el agua y la bola, porque se les ha levantado sobre la superficie terrestre (◂figura 5.12). Por ello caracterizamos la **energía potencial, *U*,** como *energía de posición* (o configuración).

En cierto sentido, observamos la energía potencial como trabajo almacenado, igual que la energía cinética. En la sección 5.2 ya vimos un ejemplo de energía potencial, donde se efectuó trabajo para comprimir un resorte desde su posición de equilibrio. Recordemos que el trabajo efectuado en tal caso es $W = \frac{1}{2}kx^2$ (con $x_o = 0$). Cabe señalar que la cantidad de trabajo efectuada depende del grado de compresión (x). Dado que se efectúa trabajo, hay un *cambio* en la energía potencial del resorte (ΔU), igual al trabajo efectuado *por la fuerza aplicada* para comprimir (o estirar) el resorte:

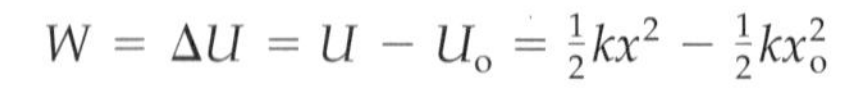

$$W = \Delta U = U - U_o = \tfrac{1}{2}kx^2 - \tfrac{1}{2}kx_o^2$$

Así, con $x_o = 0$ y $U_o = 0$, como suele tomarse por conveniencia, la *energía potencial de un resorte* es

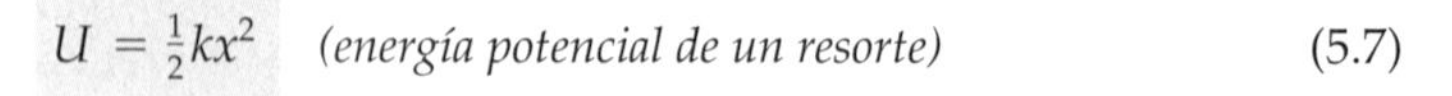

$$U = \tfrac{1}{2}kx^2 \quad (\textit{energía potencial de un resorte}) \qquad (5.7)$$

Unidad SI de energía: joule (J)

[*Nota*: puesto que la energía potencial varía con x^2, aquí también es válida la sugerencia anterior para resolver problemas. Es decir, si $x_o \neq 0$, entonces $x^2 - x_o^2 \neq (x - x_o)^2$.]

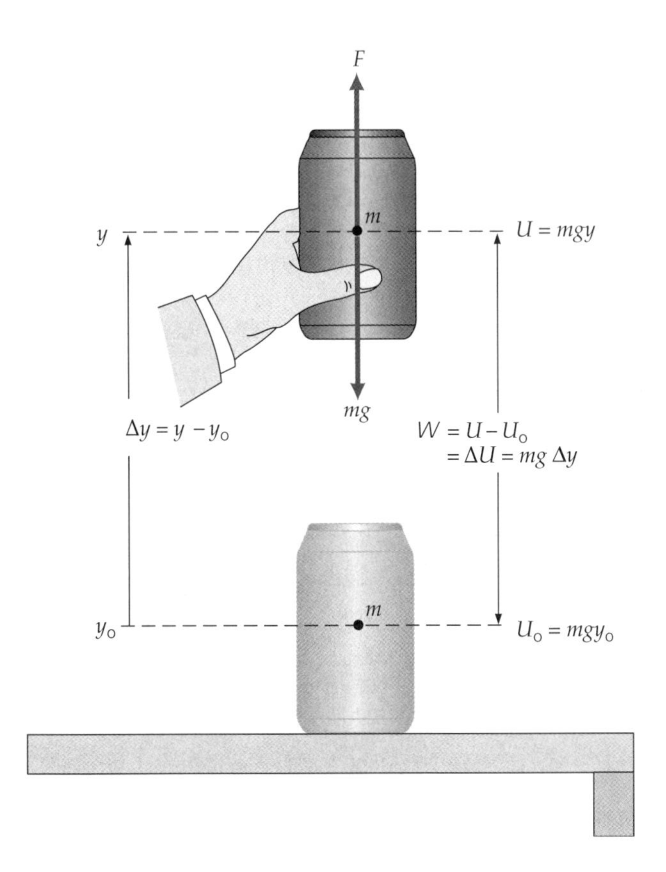

▲ **FIGURA 5.13 Energía potencial gravitacional** El trabajo efectuado al levantar un objeto es igual al cambio de energía potencial gravitacional: $W = F\Delta y = mg(y - y_o)$.

Tal vez el tipo más común de energía potencial sea la energía potencial gravitacional. En este caso, posición se refiere a la altura de un objeto sobre cierto punto de referencia, digamos el piso o el suelo. Suponga que un objeto de masa m se levanta una distancia Δy (▲figura 5.13). Se efectúa trabajo contra la fuerza de gravedad, y se necesita una fuerza aplicada al menos igual al peso del objeto para levantarlo: $F = w = mg$. Entonces, el trabajo efectuado es igual al cambio de energía potencial. Si expresamos esta relación en forma de ecuación, dado que no hay un cambio total de energía cinética, tenemos

trabajo efectuado por la fuerza externa = cambio de energía potencial gravitacional

o

$$W = F\Delta y = mg(y - y_o) = mgy - mgy_o = \Delta U = U - U_o$$

donde usamos y como coordenada vertical y, eligiendo $y_o = 0$ y $U_o = 0$, como suele hacerse, la **energía potencial gravitacional** es

$$U = mgy \qquad (5.8)$$

Unidad SI de energía: joule (J)

(La ecuación 5.8 representa la energía potencial gravitacional cerca de la superficie terrestre, donde g se considera constante. Una forma más general de energía potencial gravitacional se presenta en la sección 7.5.)

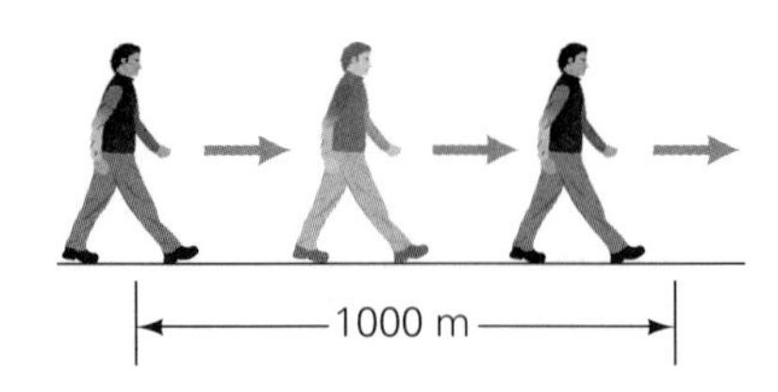

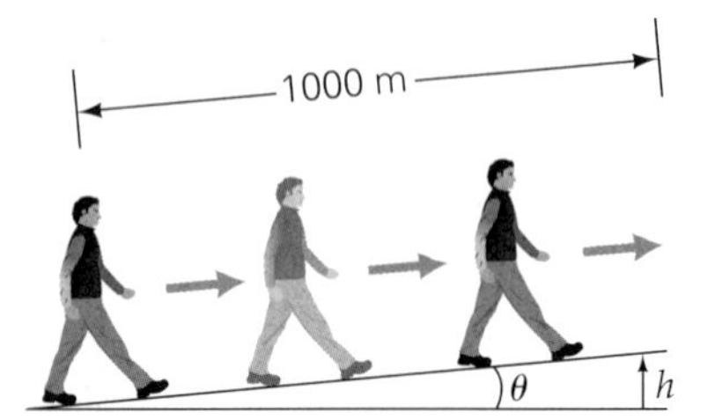

▲ **FIGURA 5.14 Suma de energía potencial** Véase el ejemplo 5.8.

Ejemplo 5.8 ■ Se necesita más energía

Para caminar 1000 m a nivel del suelo, una persona de 60 kg necesita gastar cerca de 1.0×10^5 J de energía. ¿Cuál será la energía total requerida si la caminata se extiende otros 1000 m por un sendero inclinado 5.0°, como se ilustra en la ◂figura 5.14?

Razonamiento. Para caminar 1000 m adicionales se requieren 1.0×10^5 J *más* la energía adicional por realizar trabajo en contra de la gravedad al caminar por la pendiente. En la figura se observa que el incremento en la altura es $h = d$ sen θ.

Solución. Se listan los datos:

Dado: $m = 60$ kg
$E_o = 1.0 \times 10^5$ J (para 1000 m)
$\theta = 5.0°$
$d = 1000$ m (para cada parte del trabajo)

Encuentre: la energía total gastada

La energía adicional gastada al subir por la pendiente es igual a la energía potencial gravitacional ganada. Así,

$$\Delta U = mgh = (60 \text{ kg})(9.8 \text{ m/s}^2)(1000 \text{ m}) \text{ sen } 5.0° = 5.1 \times 10^4 \text{ J}$$

Entonces, la energía total gastada para la caminata de 2000 m es

$$\text{Total } E = 2E_o + \Delta U = 2(1.0 \times 10^5 \text{ J}) + 0.51 \times 10^5 \text{ J} = 2.5 \times 10^5 \text{ J}$$

Note que el valor de ΔU se expresó como un múltiplo de 10^5 en la última ecuación, para que pudiera sumarse al término E_o, y el resultado se redondeó a dos cifras significativas de acuerdo con las reglas del capítulo 1.

Ejercicio de refuerzo. Si el ángulo de inclinación se duplicara y se repitiera *sólo* la caminata hacia arriba de la pendiente, ¿se duplicaría la energía adicional gastada por la persona al realizar el trabajo contra la gravedad? Justifique su respuesta.

Ejemplo 5.9 ■ Pelota lanzada: energía cinética y energía potencial gravitacional

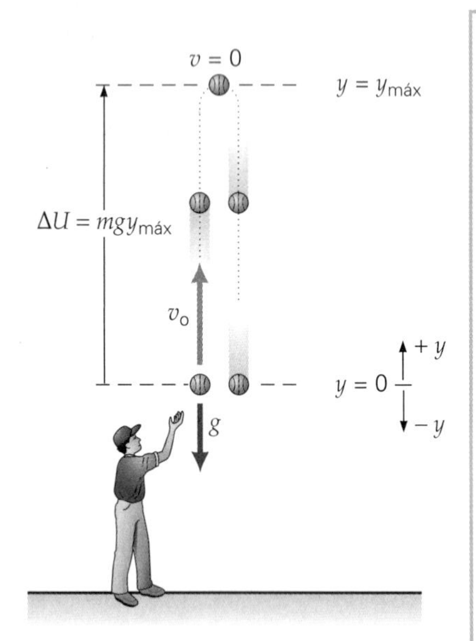

▲ **FIGURA 5.15 Energías cinética y potencial** Véase el ejemplo 5.9. (La pelota se ha desplazado lateralmente por claridad.)

Una pelota de 0.50 kg se lanza verticalmente hacia arriba con una velocidad inicial de 10 m/s (◂figura 5.15). *a*) ¿Cómo cambia la energía cinética de la pelota entre el punto de partida y su altura máxima? *b*) ¿Cómo cambia la energía potencial de la pelota entre el punto de partida y su altura máxima? (Desprecie la resistencia del aire.)

Razonamiento. Se pierde energía cinética y se gana energía potencial gravitacional a medida que la pelota sube.

Solución. Estudiamos la figura 5.15 y hacemos una lista de los datos:

Dado: $m = 0.50$ kg
$v_o = 10$ m/s
$a = g$

Encuentre: *a*) ΔK (cambio de energía cinética)
b) ΔU (cambio de energía potencial entre y_o y $y_{máx}$)

a) Para calcular el *cambio* de energía cinética, primero calculamos la energía cinética en cada punto. Conocemos la velocidad inicial, v_o, y sabemos que, en la altura máxima, $v = 0$ y, por lo tanto, $K = 0$. Entonces,

$$\Delta K = K - K_o = 0 - K_o = -\tfrac{1}{2}mv_o^2 = -\tfrac{1}{2}(0.50 \text{ kg})(10 \text{ m/s})^2 = -25 \text{ J}$$

Es decir, la pelota pierde 25 J de energía cinética cuando la fuerza de gravedad efectúa sobre ella un trabajo negativo. (La fuerza gravitacional y el desplazamiento de la pelota tienen direcciones opuestas.)

b) Para obtener el cambio de energía potencial, necesitamos conocer la altura de la pelota sobre su punto de partida, cuando $v = 0$. Utilizamos la ecuación 2.11′, $v^2 = v_o^2 - 2gy$ (con $y_o = 0$ y $v = 0$) para obtener $y_{máx}$,

$$y_{máx} = \frac{v_o^2}{2g} = \frac{(10 \text{ m/s})^2}{2(9.8 \text{ m/s}^2)} = 5.1 \text{ m}$$

Luego, con $y_o = 0$ y $U_o = 0$,

$$\Delta U = U = mgy_{máx} = (0.50 \text{ kg})(9.8 \text{ m/s}^2)(5.1 \text{ m}) = +25 \text{ J}$$

La energía potencial aumenta en 25 J, como se esperaba.

Ejercicio de refuerzo. En este ejemplo, ¿qué cambios totales sufren las energías cinética y potencial de la pelota cuando ésta regresa al punto de partida?

Exploración 7.2 Elección de cero para la energía potencial

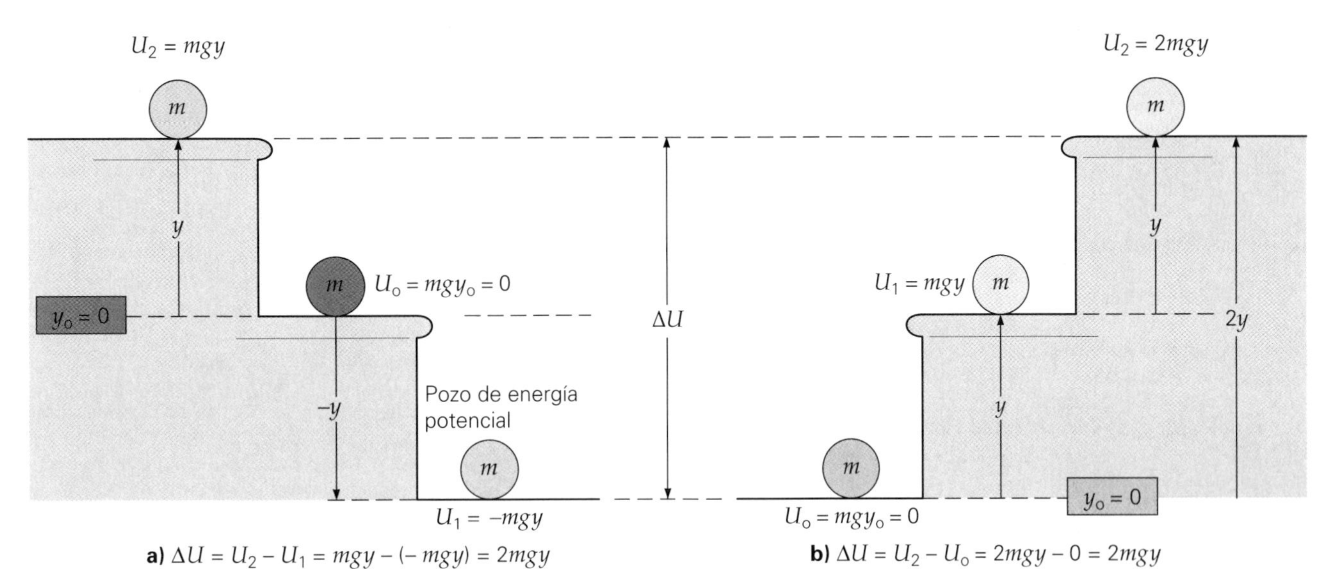

▲ **FIGURA 5.16 Punto de referencia y cambio de energía potencial**
a) La selección del punto de referencia (altura cero) es arbitraria y podría causar una energía potencial negativa. En un caso así, decimos que el objeto está en un pozo de energía potencial. *b)* Podemos evitar el pozo escogiendo una nueva referencia cero. La diferencia o *cambio* de energía potencial (ΔU) asociada con las dos posiciones es la misma, sea cual fuere el punto de referencia. No hay diferencia física, aunque haya dos sistemas de coordenadas y dos puntos de referencia cero distintos.

Punto de referencia cero

El ejemplo 5.9 ilustra un punto importante: la selección del punto de referencia cero. La energía potencial es energía de *posición*, y la energía potencial en una posición dada (U) se refiere a la energía potencial en alguna otra posición (U_o). La posición o punto de referencia es arbitrario, como lo es el origen de los ejes de coordenadas para analizar un sistema. Por lo regular, se eligen los puntos de referencia que más convienen; por ejemplo, $y_o = 0$. El valor de la energía potencial en una posición dada depende del punto de referencia utilizado. Por otro lado, *la diferencia o cambio de energía potencial asociada con dos posiciones es la misma, sea cual fuere la posición de referencia.*

Si, en el ejemplo 5.9, hubiéramos tomado el suelo como punto de referencia cero, Uo en el punto en que se soltó la pelota no habría sido cero. Sin embargo, U en la altura máxima habría sido mayor, y $\Delta U = U - U_o$ habría sido la misma. Este concepto se ilustra en la ▲figura 5.16. Observe que la energía potencial puede ser negativa. Si un objeto tiene energía potencial negativa, decimos que está en un *pozo* de energía potencial, lo cual es como estar en un pozo de verdad: se requiere trabajo para levantar el objeto a una posición más alta en el pozo, o para sacarlo del pozo.

También se dice que la energía potencial gravitacional es *independiente de la trayectoria*. Esto significa que sólo se considera un cambio en la altura Δh (o Δy), no en la trayectoria que sigue el cambio de altura. Un objeto podría recorrer muchas trayectorias que lleven a la misma Δh.

5.5 Conservación de la energía

OBJETIVOS: *a)* Distinguir entre fuerzas conservativas y no conservativas y *b)* explicar sus efectos sobre la conservación de la energía.

Las leyes de conservación son las piedras angulares de la física, tanto en la teoría como en la práctica. La mayoría de los científicos probablemente diría que la conservación de la energía es la ley más importante y la que tiene mayor alcance de las leyes. Cuando decimos que una cantidad física se *conserva*, queremos decir que es constante, o que tiene un valor constante. Dado que tantas cosas cambian continuamente en los procesos físicos, las cantidades que se conservan son extremadamente útiles para entender y describir el universo. No obstante, hay que tener presente que las cantidades generalmente se conservan sólo en condiciones especiales.

Una de las leyes de conservación más importantes es la que se refiere a la conservación de la energía. (Quizá el lector haya previsto este tema en el ejemplo 5.9.) Una afirmación conocida es que la energía total del universo se conserva. Esto es verdad, porque se está tomando todo el universo como un sistema. Definimos un *sistema* como una cantidad dada de materia encerrada por fronteras, sean reales o imaginarias. Efec-

A FONDO 5.1 LA POTENCIA DE LA GENTE: EL USO DE LA ENERGÍA DEL CUERPO

El cuerpo humano es energía ineficiente. Esto es, mucha energía no se destina a realizar trabajo útil y se desperdicia. Sería ventajoso convertir parte de esa energía en trabajo útil. Se han hecho algunos intentos para lograr esto a través de la "recolección de energía" del cuerpo humano. Las actividades normales del cuerpo producen movimiento, flexión y estiramiento, compresión y calor: una energía que bien podría utilizarse. Recolectar la energía es un trabajo difícil, pero, utilizando los avances en nanotecnología (capítulo 1) y en la ciencia de los materiales, el esfuerzo se ha hecho.

Un ejemplo algo antiguo de utilizar la energía del cuerpo es el reloj de pulso, el cual se da cuerda a sí mismo mecánicamente a partir de los movimientos del brazo del usuario. (En la actualidad, las baterías le han ganado el terreno.) Una meta final en la "recolección de energía" es convertir parte de la energía del cuerpo en electricidad; aunque sea una pequeña parte. ¿Cómo podría lograrse esto? Veamos un par de formas:

- Dispositivos piezoeléctricos. Cuando se les somete a tensiones mecánicas, las sustancias piezoeléctricas, como algunas cerámicas, generan energía eléctrica.
- Materiales termoeléctricos, que convierten el calor resultante de la diferencia de temperatura en energía eléctrica.

Estos métodos tienen severas limitaciones y sólo generan pequeñas cantidades de electricidad. Sin embargo, con la miniaturización y la nanotecnología, los resultados podrían ser satisfactorios. Los investigadores ya han desarrollado botas que utilizan la compresión que se ejerce al caminar en un compuesto que produce suficiente energía para recargar un aparato de radio.

Una aplicación más reciente es el "generador mochila". La carga montada de la mochila está suspendida por resortes. El movimiento hacia arriba y abajo de las caderas de una persona que lleva la mochila hace que la carga suspendida rebote verticalmente. Este movimiento hace girar un engranaje conectado a un generador de bobina magnética simple, similar a los que se utilizan en las linternas que se energizan con movimiento rítmico (véase sección A fondo 20.1, p. 664). Con este dispositivo, la energía mecánica del cuerpo puede generar hasta 7 watts de energía eléctrica. Un teléfono celular común opera con cerca de 1 watt. (El watt es una unidad de potencia, J/s, energía/segundo, véase la sección 5.6).

¿Quién sabe lo que el futuro de la ciencia depara? Reflexione acerca de cuántos avances ha presenciado en su vida.

Nota: un sistema es una situación física con fronteras reales o imaginarias. Un salón podría considerarse un sistema, lo mismo que un metro cúbico cualquiera de aire.

tivamente, el universo es el sistema cerrado (o aislado) más grande que podamos imaginar. Dentro de un *sistema cerrado*, las partículas pueden interactuar entre sí, pero no tienen interacción en absoluto con nada del exterior. En general, entonces, la cantidad de energía de un sistema se mantiene constante cuando el sistema no efectúa trabajo mecánico ni se efectúa trabajo mecánico sobre él, y cuando no se transmite energía al sistema ni desde el sistema (incluidas energía térmica y radiación).

Así pues, podemos plantear la **ley de conservación de la energía total** así:

Conservación de la energía total

La energía total de un sistema aislado siempre se conserva.

Ilustración 7.1 Elección de un sistema

Dentro de un sistema así, la energía podría convertirse de una forma a otra, pero la cantidad total de todas las formas de energía es constante: no cambia. La energía total nunca puede crearse ni destruirse. El uso de la energía corporal se examina en la sección A fondo 5.1.

Ejemplo conceptual 5.10 ■ ¿Trasgresión de la conservación de la energía?

Un líquido estático y uniforme se encuentra en un lado de un doble contenedor, como se observa en la ▸figura 5.17a. Si la válvula está abierta, el nivel caerá porque el líquido tiene energía potencial (gravitacional). Esto podría calcularse suponiendo que toda la masa del líquido se concentra en el centro de masa, que se localiza a una altura $h/2$. (Se hablará más del centro de masa en el capítulo 6.) Cuando la válvula está abierta, el líquido fluye hacia el contenedor de la derecha, y cuando se alcanza el equilibrio estático, cada contenedor tendrá líquido a una altura de $h/2$, con centros de masa a $h/4$. Cuando éste es el caso, la energía potencial del líquido antes de abrir la válvula era $U_o = (mg)h/2$ y, después, con la mitad de la masa total en cada contenedor (figura 5.16b), $U = (m/2)g(h/4) + (m/2)g(h/4) = 2(m/2)g(h/4) = (mg)h/4$. ¡Un momento! ¿Se perdió la mitad de la energía?

Razonamiento y respuesta. No; por el principio de la conservación de la energía total, debe estar en algún lugar. ¿A dónde se habrá ido? Cuando el líquido fluye de un contenedor al otro, a causa de la fricción interna y de la fricción contra las paredes, la mitad de la energía potencial se convierte en calor (energía térmica), que se transfiere a los alrededores conforme el líquido alcanza el equilibrio. (Esto significa la misma temperatura y ninguna fluctuación interna.)

Ejercicio de refuerzo. ¿Qué pasaría en este ejemplo en la ausencia de fricción?

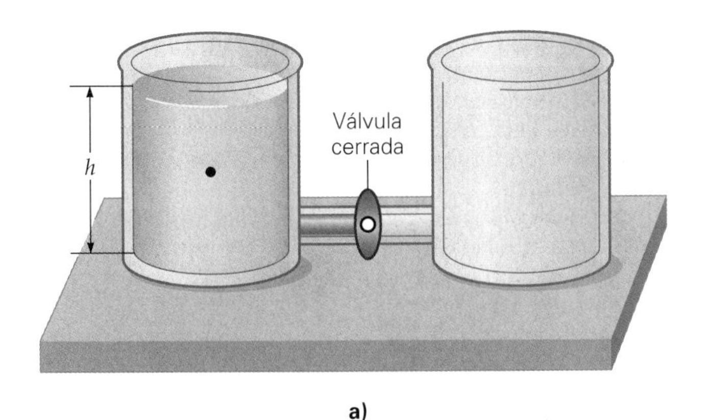

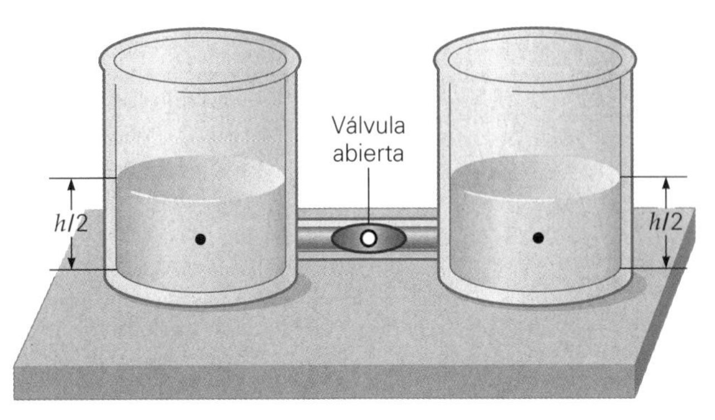

▲ **FIGURA 5.17** **¿Es energía perdida?** Véase el ejemplo conceptual 5.10.

Nota: la fricción se analizó en la sección 4.6.

Fuerzas conservativas y no conservativas

Podemos hacer una distinción general entre los sistemas, considerando dos categorías de fuerzas que podrían actuar en su interior o sobre ellos: las fuerzas conservativas y las no conservativas. Ya hemos visto un par de fuerzas conservativas: la fuerza de gravedad y la fuerza de resorte. También vimos una fuerza no conservativa clásica, la fricción, en el capítulo 4. Definimos una fuerza conservativa así:

> Decimos que una fuerza es conservativa si el trabajo efectuado por ella para mover un objeto es independiente de la trayectoria del objeto.

Fuerza conservativa: el trabajo es independiente de la trayectoria

Lo que implica esta definición es que el trabajo efectuado por una **fuerza conservativa** depende únicamente de las posiciones inicial y final del objeto.

En un principio, puede ser difícil captar el concepto de fuerzas conservativas y no conservativas. En vista de la importancia que este concepto tiene para la conservación de la energía, examinaremos algunos ejemplos ilustrativos que nos ayuden a entenderlo.

En primer lugar, ¿qué significa *independiente de la trayectoria*? Como ejemplo de *independencia de la trayectoria* considere levantar un objeto del piso y colocarlo sobre una mesa. Ahí se efectuó trabajo contra la *fuerza conservativa de la gravedad*. El trabajo efectuado es igual a la energía potencial ganada, $mg\Delta h$, donde Δh es la distancia *vertical* entre la posición del objeto sobre el piso y su posición sobre la mesa. Éste es el punto importante. Quizás usted haya puesto el objeto sobre el lavabo antes de colocarlo en la mesa, o haya caminado al extremo opuesto de la mesa. Sin embargo, sólo el desplazamiento vertical hace una diferencia en el trabajo efectuado porque está en la dirección de la fuerza vertical. Para cualquier desplazamiento horizontal no se efectúa trabajo, ya que el desplazamiento y la fuerza están en ángulos rectos. La magnitud del trabajo efectuado es igual al cambio de energía potencial (en condiciones sin fricción únicamente) y, de hecho, *el concepto de energía potencial está asociado exclusivamente a fuerzas conservativas*. Un cambio de energía potencial puede definirse en términos del trabajo efectuado por una fuerza conservativa.

Por otro lado, una **fuerza no conservativa** *sí* depende de la trayectoria.

> Decimos que una fuerza no es conservativa si el trabajo efectuado por ella para mover un objeto depende de la trayectoria del objeto.

Fuerza no conservativa: el trabajo es dependiente de la trayectoria

La fricción es una fuerza no conservativa. Una trayectoria más larga produciría más trabajo efectuado por la fricción que una más corta, y se perdería más energía en forma de calor con una trayectoria más larga. De manera que el trabajo efectuado contra la fricción ciertamente dependería de la trayectoria. Por lo tanto, en cierto sentido, una fuerza conservativa permite conservar o almacenar toda la energía en forma de energía potencial, mientras que una fuerza no conservativa no lo permite.

Otra forma de explicar la distinción entre fuerzas conservativas y no conservativas es con un planteamiento equivalente de la definición anterior de fuerza conservativa:

> Una fuerza es conservativa si el trabajo efectuado por ella al mover un objeto en un viaje redondo es cero.

Otra forma de describir una fuerza conservativa

Note que en el caso de la fuerza gravitacional *conservativa* durante un viaje redondo, la fuerza y el desplazamiento a veces tienen la misma dirección (y la fuerza efectúa trabajo positivo) y a veces tienen direcciones opuestas (y la fuerza efectúa trabajo negativo). Pensemos en el sencillo caso de la caída del libro al suelo para luego ser recogido y colocado otra vez en la mesa. Con trabajo positivo y negativo, el trabajo total efectuado por la gravedad puede ser cero.

En cambio, en el caso de una fuerza *no conservativa* como la de la fricción cinética, que siempre se opone al movimiento o tiene dirección opuesta al desplazamiento, el trabajo total efectuado en un viaje redondo *nunca* puede ser cero y siempre será negativo (es decir, se pierde energía). Sin embargo, no hay que pensar que las fuerzas no conservativas sólo quitan energía a un sistema. Al contrario, a menudo aplicamos fuerzas de empuje o tracción no conservativas que aumentan la energía de un sistema, como cuando empujamos un automóvil averiado.

Conservación de la energía mecánica total

La idea de fuerza conservativa nos permite extender la conservación de la energía al caso especial de la energía mecánica, lo cual nos es de gran ayuda para analizar muchas situaciones físicas. La suma de las energías cinética y potencial se denomina **energía mecánica total**:

Energía mecánica total: cinética más potencial

$$\underset{\substack{\textit{energía}\\ \textit{mecánica}\\ \textit{total}}}{E} = \underset{\substack{\textit{energía}\\ \textit{cinética}}}{K} + \underset{\substack{\textit{energía}\\ \textit{potencial}}}{U} \tag{5.9}$$

En un **sistema conservativo** (es decir, uno en el que sólo fuerzas conservativas efectúan trabajo), la energía mecánica total es constante (se conserva):

$$E = E_o$$

Ahora sustituimos E y E_o de la ecuación 5.9,

$$K + U = K_o + U_o \tag{5.10a}$$

o

$$\tfrac{1}{2}mv^2 + U = \tfrac{1}{2}mv_o^2 + U_o \tag{5.10b}$$

La ecuación 5.10b es un planteamiento matemático de la **ley de conservación de la energía mecánica**:

Conservación de la energía mecánica

> En un sistema conservativo, la suma de todos los tipos de energía cinética y potencial es constante, y equivale a la energía mecánica total del sistema.

Tome en cuenta que en un sistema conservativo, las energías cinética y potencial podrían cambiar, pero su suma siempre será constante. En un sistema conservativo, si se efectúa trabajo y se transfiere energía dentro del sistema, escribimos la ecuación 5.10a como

PHYSLET®

Ilustración 7.2 Representaciones de energía

$$(K - K_o) + (U - U_o) = 0 \tag{5.11a}$$

o bien,

$$\Delta K + \Delta U = 0 \quad \textit{(para un sistema conservativo)} \tag{5.11b}$$

Esta expresión nos dice que estas cantidades tienen una relación de subibaja: si hay una disminución en la energía potencial, la energía cinética deberá aumentar en la misma cantidad para que la suma de los cambios sea cero. Sin embargo, en un sistema no conservativo, por lo general se pierde energía mecánica (por ejemplo, en forma de calor por la fricción), así que $\Delta K + \Delta U < 0$. Sin embargo, hay que tener en cuenta, como ya señalamos, que una fuerza no conservativa podría añadir energía a un sistema (o no tener efecto alguno).

Ejemplo 5.11 ■ ¡Cuidado allá abajo! Conservación de energía mecánica

Exploración 7.3 Choque elástico

Un pintor en un andamio deja caer una lata de pintura de 1.50 kg desde una altura de 6.00 m. *a*) ¿Qué energía cinética tiene la lata cuando está a una altura de 4.00 m? *b*) ¿Con qué rapidez llegará la lata al suelo? (La resistencia del aire es insignificante.)

Razonamiento. La energía mecánica total se conserva, ya que sólo la fuerza conservativa de la gravedad actúa sobre el sistema (la lata). Podemos calcular la energía mecánica inicial total, y la energía potencial disminuye conforme aumenta(n) la energía cinética (y la rapidez).

Solución. Esto es lo que se nos da y lo que se nos pide:

Dado: $m = 1.50$ kg
$y_o = 6.00$ m
$y = 4.00$ m
$v_o = 0$

Encuentre: *a*) K (energía cinética en $y = 4.00$ m)
b) v (rapidez justo antes de llegar al suelo)

***a*)** Es preferible calcular primero la energía mecánica total de la lata, pues esta cantidad se conserva durante la caída de la lata. En un principio, con $v_o = 0$, la energía mecánica total de la lata es exclusivamente energía potencial. Si tomamos el suelo como el punto de referencia cero, tenemos,

$$E = K_o + U_o = 0 + mgy_o = (1.50 \text{ kg})(9.80 \text{ m/s}^2)(6.00 \text{ m}) = 88.2 \text{ J}$$

La relación $E = K + U$ se sigue cumpliendo durante la caída de la lata, pero ahora ya sabemos el valor de E. Si reacomodamos la ecuación, tendremos $K = E - U$ y podemos calcular U en $y = 4.00$ m:

$$K = E - U = E - mgy = 88.2 \text{ J} - (1.50 \text{ kg})(9.80 \text{ m/s}^2)(4.00 \text{ m}) = 29.4 \text{ J}$$

Como alternativa, podríamos haber calculado el cambio (en este caso, la pérdida) de energía potencial, ΔU. Toda la energía potencial que se haya perdido se habrá ganado como energía cinética (ecuación 5.11). Entonces,

$$\Delta K + \Delta U = 0$$

$$(K - K_o) + (U - U_o) = (K - K_o) + (mgy - mgy_o) = 0$$

Con $K_o = 0$ (porque $v_o = 0$), obtenemos

$$K = mg(y_o - y) = (1.50 \text{ kg})(9.8 \text{ m/s}^2)(6.00 \text{ m} - 4.00 \text{ m}) = 29.4 \text{ J}$$

***b*)** Justo antes de que la lata toque el suelo ($y = 0$, $U = 0$), toda su energía mecánica es energía cinética, es decir,

$$E = K = \tfrac{1}{2}mv^2$$

Por lo tanto,

$$v = \sqrt{\frac{2E}{m}} = \sqrt{\frac{2(88.2 \text{ J})}{1.50 \text{ kg}}} = 10.8 \text{ m/s}$$

Básicamente, toda la energía potencial de un objeto en caída libre que se soltó desde cierta altura y se convierte en energía cinética justo antes de que el objeto choque con el suelo, así que

$$|\Delta K| = |\Delta U|$$

Por consiguiente,

$$\tfrac{1}{2}mv^2 = mgy$$

o bien,

$$v = \sqrt{2gy}$$

Vemos que la masa se cancela y no hay que considerarla. También obtenemos este resultado con la ecuación de cinemática $v^2 = 2gy$ (ecuación 2.11′), con $v_o = 0$ y $y_o = 0$.

Ejercicio de refuerzo. Otro pintor en el suelo quiere lanzar una brocha verticalmente hacia arriba una distancia de 5.0 m, hacia su compañero que está en el andamio. Utilice métodos de conservación de la energía mecánica para determinar la rapidez mínima que debe imprimir a la brocha.

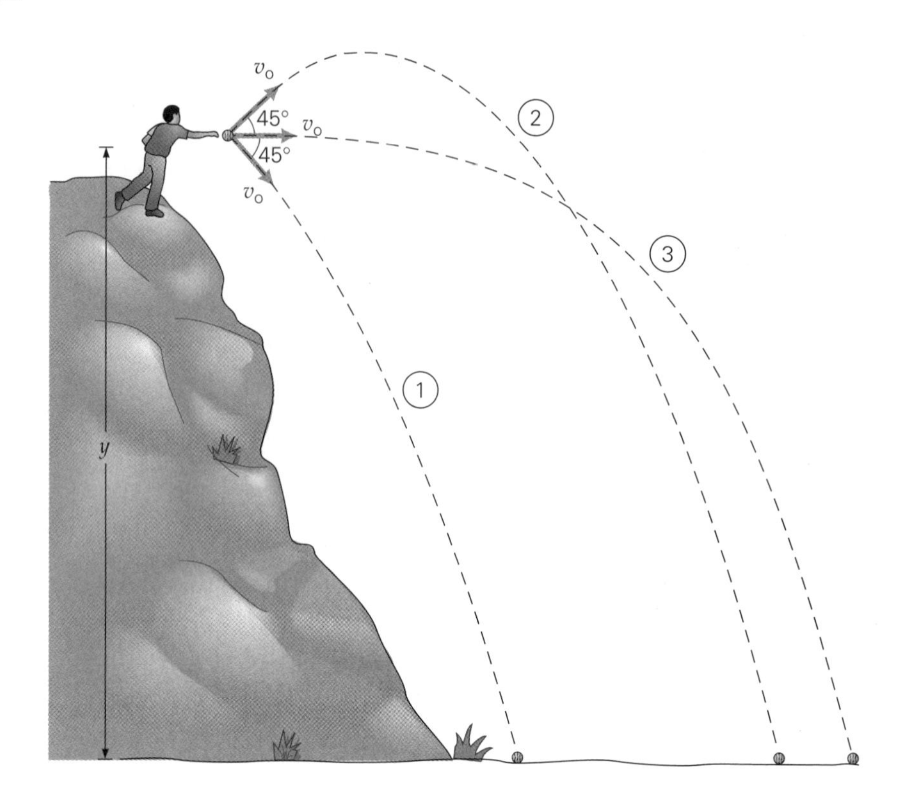

▶ **FIGURA 5.18** Rapidez y energía
Véase el ejemplo conceptual 5.12.

Ejemplo conceptual 5.12 ■ ¿Cuestión de dirección? Rapidez y conservación de energía

Tres pelotas de igual masa m se proyectan con la misma rapidez en diferentes direcciones, como se muestra en la ▲figura 5.18. Si se desprecia la resistencia del aire, ¿qué pelota se esperaría que tuviera mayor rapidez al llegar al suelo: *a*) la pelota 1; *b*) la pelota 2; *c*) la pelota 3; *d*) todas las pelotas tienen la misma rapidez?

Razonamiento y respuesta. Todas las pelotas tienen la misma energía cinética inicial, $K_o = \frac{1}{2}mv_o^2$. (Recordemos que la energía es una cantidad escalar, y la diferencia en la dirección de proyección no causa diferencia en la energía cinética.) Sea cual fuere su trayectoria, en última instancia todas las pelotas descienden una distancia y relativa a su punto de partida común, así que todas pierden la misma cantidad de energía potencial. (Recordemos que U es energía de posición y, por lo tanto, es independiente de la trayectoria.)

Por la ley de conservación de la energía mecánica, la cantidad de energía potencial que cada pelota pierde es igual a la cantidad de energía cinética que gana. Puesto que todas las pelotas inician con la misma cantidad de energía cinética, y todas ganan la misma cantidad de energía cinética, las tres tendrán la misma energía cinética justo antes de golpear el suelo. Esto significa que todas tienen la misma rapidez, así que la respuesta es *d*).

Observe que aunque las pelotas 1 y 2 se proyectan con un ángulo de 45° este factor no importa. El cambio de energía potencial es independiente de la trayectoria, así que es independiente del ángulo de proyección. La distancia vertical entre el punto de partida y el suelo es la misma (y) para proyectiles que se lanzan con cualquier ángulo. (*Nota:* aunque la rapidez con que hacen impacto es la misma, el *tiempo* que las pelotas tardan en llegar al suelo es diferente. En el ejemplo conceptual 3.11 se presenta otro enfoque.)

Ejercicio de refuerzo. ¿Las pelotas tendrían diferente rapidez al llegar al suelo si su masa fuera diferente? (Desprecie la resistencia del aire.)

Ejemplo 5.13 ■ Fuerzas conservativas: energía mecánica de un resorte

Un bloque de 0.30 kg que se desliza sobre una superficie horizontal sin fricción con una rapidez de 2.5 m/s, como se muestra en la ▸figura 5.19, choca con un resorte ligero, cuya constante de resorte es de 3.0×10^3 N/m. *a*) Calcule la energía mecánica total del sistema. *b*) ¿Qué energía cinética K_1 tiene el bloque cuando el resorte se ha comprimido una distancia $x_1 = 1.0$ cm? (Suponga que no se pierde energía en el choque.)

Razonamiento. *a*) En un principio, la energía mecánica total es exclusivamente cinética. *b*) La energía total es la misma que en el inciso *a*, pero ahora se divide en energía cinética y energía potencial del resorte

Solución.

Dado: $m = 0.30$ kg
$v_o = 2.5$ m/s
$k = 3.0 \times 10^3$ N/m
$x_1 = 1.0$ cm $= 0.010$ m

Encuentre: *a)* E (energía mecánica total)
b) K_1 (energía cinética)

a) Antes de que el bloque haga contacto con el resorte, la energía mecánica total del sistema está en forma de energía cinética; por lo tanto,

$$E = K_o = \tfrac{1}{2}mv_o^2 = \tfrac{1}{2}(0.30 \text{ kg})(2.5 \text{ m/s})^2 = 0.94 \text{ J}$$

Puesto que el sistema es conservativo (es decir, no se pierde energía mecánica), dicha cantidad es la energía mecánica total en todo momento.

b) Cuando el resorte se comprime una distancia x_1, gana energía potencial $U_1 = \tfrac{1}{2}kx_1^2$, y

$$E = K_1 + U_1 = K_1 + \tfrac{1}{2}kx_1^2$$

Despejando K_1,

$$K_1 = E - \tfrac{1}{2}kx_1^2$$
$$= 0.94 \text{ J} - \tfrac{1}{2}(3.0 \times 10^3 \text{ N/m})(0.010 \text{ m})^2 = 0.94 \text{ J} - 0.15 \text{ J} = 0.79 \text{ J}$$

Ejercicio de refuerzo. ¿Qué distancia se habrá comprimido el resorte del ejemplo 5.11 cuando el bloque se detenga? (Resuelva utilizando principios de energía.)

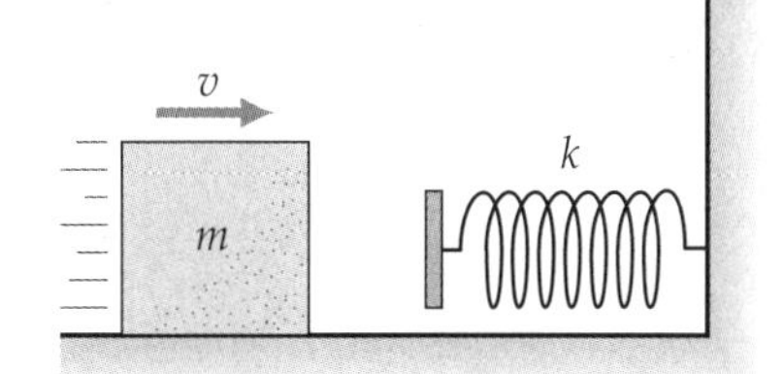

▲ **FIGURA 5.19 Fuerzas conservativas y la energía mecánica de un resorte** Véase el ejemplo 5.13.

Ilustración 7.5 Un bloque sobre un plano inclinado

Exploración 7.4 Una pelota golpea una masa unida a un resorte

En la sección Aprender dibujando se da otro ejemplo de intercambio de energía.

APRENDER DIBUJANDO INTERCAMBIO DE ENERGÍA: UNA PELOTA QUE CAE

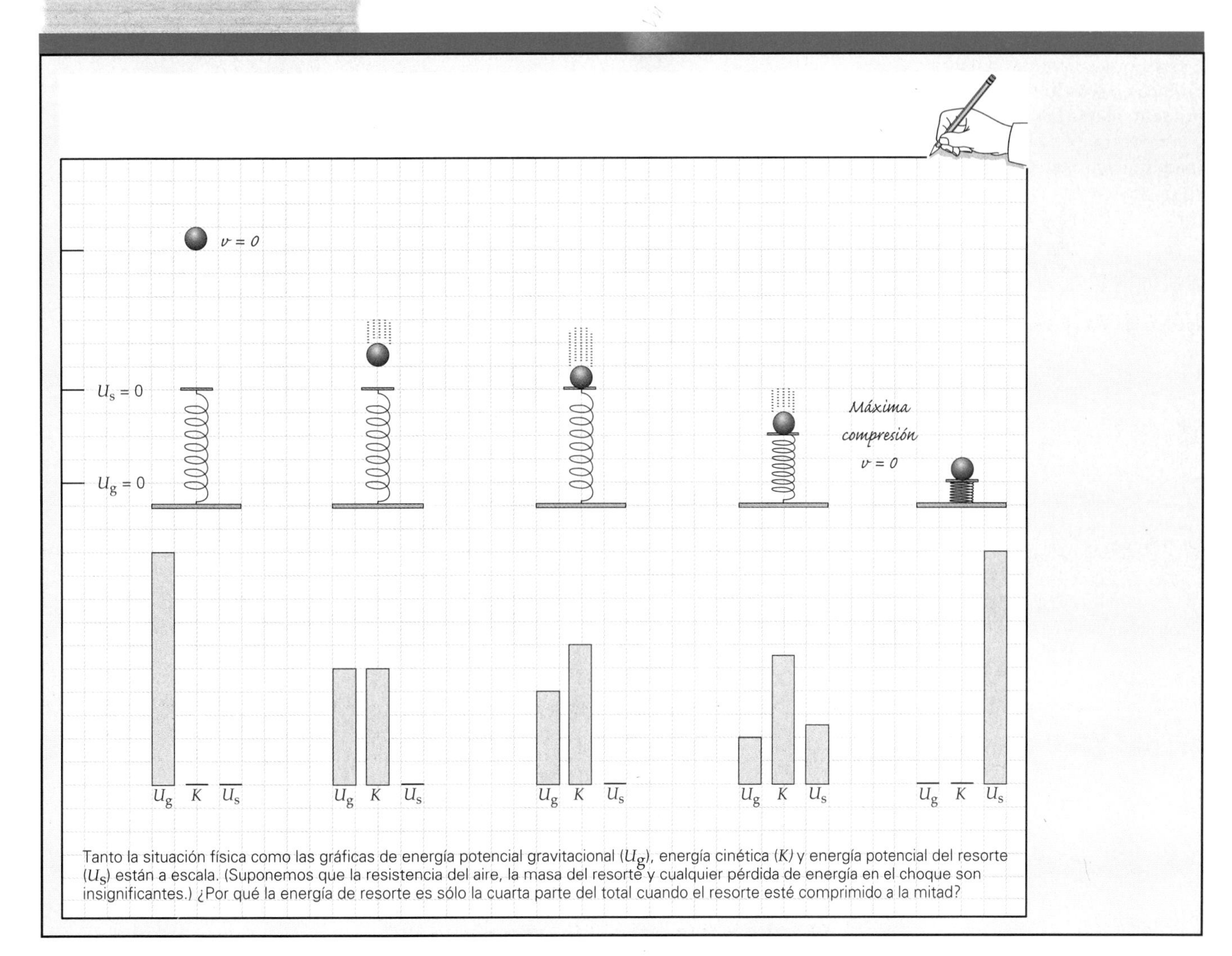

Tanto la situación física como las gráficas de energía potencial gravitacional (U_g), energía cinética (K) y energía potencial del resorte (U_s) están a escala. (Suponemos que la resistencia del aire, la masa del resorte y cualquier pérdida de energía en el choque son insignificantes.) ¿Por qué la energía de resorte es sólo la cuarta parte del total cuando el resorte esté comprimido a la mitad?

▲ **FIGURA 5.20** Fuerza no conservativa y pérdida de energía La fricción es una fuerza no conservativa: cuando hay fricción y efectúa trabajo, no se conserva la energía mecánica. ¿Puede el lector deducir a partir de la imagen qué está sucediendo con el trabajo efectuado por el motor sobre la rueda de esmeril, después de que el trabajo se convierte en energía cinética de rotación? (Observe que prudentemente la persona se colocó una máscara, no tan sólo gafas como muchos sugieren.)

Ilustración 7.4 Fuerzas externas

Energía total y fuerzas no conservativas

En los ejemplos anteriores, ignoramos la fuerza de fricción, que probablemente es la fuerza no conservativa más común. En general, tanto las fuerzas conservativas como las no conservativas pueden efectuar trabajo sobre objetos. Sin embargo, como vimos, cuando algunas fuerzas no conservativas efectúan trabajo, no se conserva la energía mecánica total. Se "pierde" energía mecánica a través del trabajo efectuado por fuerzas no conservativas, como la fricción.

El lector quizá piense que ya no vamos usar un enfoque de energía para analizar problemas en los que intervienen tales fuerzas no conservativas, ya que se perdería o se disiparía energía mecánica (◂figura 5.20). Sin embargo, en algunos casos podemos usar la energía total para averiguar cuánta energía se perdió en el trabajo efectuado por una fuerza no conservativa. Suponga que un objeto tiene inicialmente energía mecánica y que fuerzas no conservativas efectúan un trabajo W_{nc} sobre él. Partiendo del teorema trabajo-energía, tenemos

$$W = \Delta K = K - K_o$$

En general, el trabajo neto (W) podría efectuarse tanto con fuerzas conservativas (W_c) como por fuerzas no conservativas (W_{nc}), así que

$$W_c + W_{nc} = K - K_o \quad (5.12)$$

Recordemos, sin embargo, que el trabajo efectuado por fuerzas conservativas es igual a $-\Delta U$, es decir, $W_{nc} = U_o - U$, y la ecuación 5.12 se convierte entonces en

$$\begin{aligned} W_{nc} &= K - K_o - (U_o - U) \\ &= (K + U) - (K_o + U_o) \end{aligned}$$

Por lo tanto,

$$W_{nc} = E - E_o = \Delta E \quad (5.13)$$

Así pues, el trabajo efectuado por las fuerzas no conservativas que actúan sobre un sistema es igual al cambio de energía mecánica. Cabe señalar que, en el caso de fuerzas disipadoras, $E_o > E$. Así, el cambio es negativo e indica una disminución de la energía mecánica. Esta condición coincide en cuanto al signo con W_{nc} que, en el caso de la fricción, también sería negativo. El ejemplo 5.14 ilustra este concepto.

Ejemplo 5.14 ■ Fuerza no conservativa: descenso en esquí

Un esquiador con una masa de 80 kg parte del reposo en la cima de una pendiente y baja esquiando desde una altura de 110 m (▾figura 5.21). La rapidez del esquiador en la base de la pendiente es de 20 m/s. *a*) Demuestre que el sistema no es conservativo. *b*) ¿Cuánto trabajo efectúa la fuerza no conservativa de la fricción?

Razonamiento. *a*) Si el sistema es no conservativo, entonces $E_o \neq E$, y es posible calcular estas cantidades. *b*) No podemos determinar el trabajo a partir de consideraciones de fuerza-distancia, pero W_{nc} es igual a la diferencia de energías totales (ecuación 5.13).

Solución.

Dado: $m = 80$ kg
$v_o = 0$
$v = 20$ m/s
$y_o = 110$ m

Encuentre: *a*) Demostrar que E no se conserva
b) W_{nc} (trabajo efectuado por la fricción)

▸ **FIGURA 5.21** Trabajo efectuado por una fuerza no conservativa Véase el ejemplo 5.14.

a) Si el sistema es conservativo, la energía mecánica total es constante. Tomando $U_o = 0$ en la base de la cuesta, vemos que la energía inicial en la cima es

$$E_o = U = mgy_o = (80\text{ kg})(9.8\text{ m/s}^2)(110\text{ m}) = 8.6 \times 10^4\text{ J}$$

Luego calculamos que la energía en la base de la cuesta es

$$E = K = \tfrac{1}{2}mv^2 = \tfrac{1}{2}(80\text{ kg})(20\text{ m/s})^2 = 1.6 \times 10^4\text{ J}$$

Por lo tanto, $E_o \neq E$, así que el sistema no es conservativo.

b) El trabajo efectuado por la fuerza de fricción, que no es conservativa, es igual al cambio de energía mecánica, es decir, la cantidad de energía mecánica perdida (ecuación 5.13):

$$W_{nc} = E - E_o = (1.6 \times 10^4\text{ J}) - (8.6 \times 10^4\text{ J}) = -7.0 \times 10^4\text{ J}$$

Esta cantidad es más del 80% de la energía inicial. (¿A dónde se fue esa energía?)

Ejercicio de refuerzo. En caída libre, a veces despreciamos la resistencia del aire, pero para los paracaidistas la resistencia del aire tiene un efecto muy práctico. Por lo regular, un paracaidista desciende unos 450 m antes de alcanzar la velocidad terminal (sección 4.6) de 60 m/s. *a*) ¿Qué porcentaje de la energía se pierde por fuerzas no conservativas durante tal descenso? *b*) Demuestre que, una vez alcanzada la velocidad terminal, la tasa de pérdida de energía en J/s está dada por (60 mg), donde m es la masa del paracaidista.

Ejemplo 5.15 ■ Fuerza no conservativa: una vez más

Un bloque de 0.75 kg se desliza por una superficie sin fricción con una rapidez de 2.0 m/s. Luego se desliza sobre una área áspera de 1.0 m de longitud y continúa por otra superficie sin fricción. El coeficiente de fricción cinética entre el bloque y la superficie áspera es de 0.17. ¿Qué rapidez tiene el bloque después de pasar por la superficie áspera?

Razonamiento. La tarea de calcular la rapidez final implica el uso de ecuaciones en las que interviene la energía cinética. Obtendremos la energía cinética final si usamos la conservación de la energía *total*. Vemos que las energías inicial y final son energía cinética, pues no hay cambio de energía potencial gravitacional. Siempre es recomendable realizar un diagrama de la situación con propósitos de claridad. Véase la ▼ figura 5.22.

Solución. Hacemos nuestra acostumbrada lista de datos:

Dado: $m = 0.75$ kg
$x = 1.0$ m
$\mu_k = 0.17$
$v_o = 2.0$ m/s

Encuentre: v (rapidez final del bloque)

Para este sistema no conservativo tenemos, por la ecuación 5.13,

$$W_{nc} = E - E_o = K - K_o$$

En el área áspera, el bloque pierde energía debido al trabajo efectuado contra la fricción (W_{nc}), así que

$$W_{nc} = -f_k x = -\mu_k N x = -\mu_k mgx$$

[negativo porque f_k y el desplazamiento x tienen direcciones opuestas, es decir, $(f_k \cos 180°)x = -f_k x$].

Entonces, reacomodando la ecuación de energía y desarrollando términos, tenemos,

$$K = K_o + W_{nc}$$

o bien,

$$\tfrac{1}{2}mv^2 = \tfrac{1}{2}mv_o^2 - \mu_k mgx$$

(*continúa en la siguiente página*)

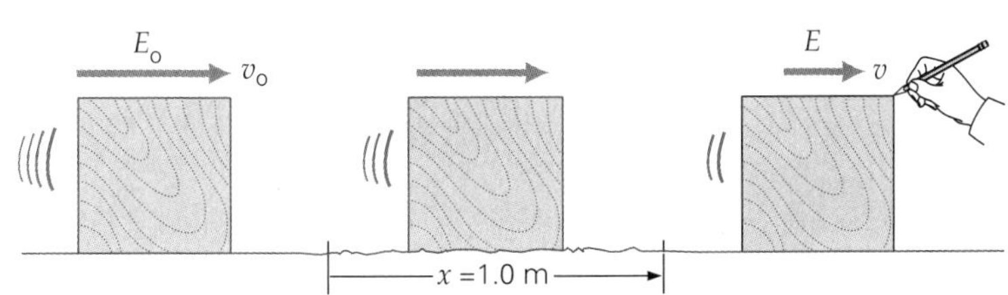

◀ **FIGURA 5.22 Una zona áspera no conservativa** Véase el ejemplo 5.15.

Después de simplificar

$$v = \sqrt{v_o^2 - 2\mu_k g x} = \sqrt{(2.0\ \text{m/s})^2 - 2(0.17)(9.8\ \text{m/s}^2)(1.0\ \text{m})} = 0.82\ \text{m/s}$$

Cabe señalar que no necesitamos la masa del bloque. También, es fácil demostrar que el bloque perdió más del 80% de su energía por la fricción.

Ejercicio de refuerzo. Suponga que el coeficiente de fricción cinética entre el bloque y la superficie áspera es de 0.25. ¿Qué pasará con el bloque en este caso?

Note que en un sistema no conservativo, la *energía total* (*no* la energía mecánica total) se conserva (incluidas las formas no mecánicas de energía, como el calor); pero no toda está disponible para efectuar trabajo mecánico. En un sistema conservativo, se obtiene lo que se aporta, por decirlo de alguna manera. Es decir, si efectuamos trabajo sobre el sistema, la energía transferida estará disponible para efectuar trabajo. Sin embargo, hay que tener presente que los sistemas conservativos son idealizaciones, porque hasta cierto punto todos los sistemas reales son no conservativos. No obstante, trabajar con sistemas conservativos ideales nos ayuda a entender la conservación de la energía.

La energía total siempre se conserva. En su estudio de la física, el lector conocerá otras formas de energía, como las energías térmica, eléctrica, nuclear y química. En general, en los niveles microscópico y submicroscópico, estas formas de energía se pueden describir en términos de energía cinética y energía potencial. Asimismo, aprenderá que la masa es una forma de energía y que la ley de conservación de la energía debe tomar en cuenta esta forma para aplicarse al análisis de las reacciones nucleares.

Se presenta un ejemplo de energía de conversión en la sección A fondo 5.2.

5.6 Potencia

OBJETIVOS: *a*) Definir potencia y *b*) describir la eficiencia mecánica.

Quizás una tarea específica requeriría cierta cantidad de trabajo, pero ese trabajo podría efectuarse en diferentes lapsos de tiempo o con diferentes tasas. Por ejemplo, suponga que tenemos que podar un césped. Esta tarea requiere cierta cantidad de trabajo, pero podríamos hacerlo en media hora o tardar una o dos horas. Aquí hay una distinción práctica. Por lo regular no sólo nos interesa la cantidad de trabajo efectuado, sino también cuánto tiempo tarda en realizarse; es decir, la rapidez con que se efectúa. *La rapidez con que se efectúa trabajo* se llama **potencia**.

La potencia media es el trabajo realizado dividido entre el tiempo que tomó realizarlo, es decir, el trabajo por unidad de tiempo:

$$\overline{P} = \frac{W}{t} \tag{5.14}$$

A FONDO 5.2 CONVERSIÓN DE ENERGÍA HÍBRIDA

Como ya aprendimos, la energía puede transformarse de una forma a otra. Un ejemplo interesante es la conversión que ocurre en los nuevos automóviles híbridos, los cuales tienen tanto un motor de gasolina (de combustión interna) como un motor eléctrico impulsado por una batería, y donde ambos se utilizan para suministrar energía al vehículo.

Un automóvil en movimiento tiene energía cinética y cuando usted oprime el pedal del freno para detener el vehículo, se pierde energía cinética. Por lo común, los frenos de un auto realizan ese frenado mediante fricción, y la energía se disipa en forma de calor (conservación de energía). Sin embargo, con los frenos de un automóvil híbrido, parte de esa energía se convierte en energía eléctrica y se almacena en la batería del motor correspondiente. Este proceso se conoce como *frenado por recuperación*. Es decir, en vez de utilizar frenos de fricción regular para detener el vehículo, se usa el motor eléctrico. Con tal sistema, el motor se desplaza en reversa y funciona como generador, al convertir la energía cinética que se pierde en energía eléctrica. (Véase la sección 20.2 para la operación de generadores.) La energía se almacena en la batería para su uso posterior (figura 1).

Los automóviles híbridos también deben incluir frenos de fricción regular para cuando sea necesario un frenado rápido. (Véase A fondo 20.2 de la página 666, para conocer más acerca de los híbridos.)

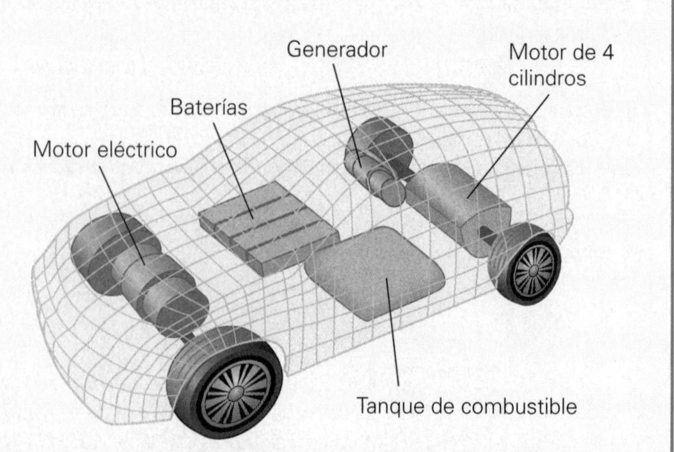

FIGURA 1 Automóvil híbrido Diagrama que muestra los principales componentes. Véase el texto para conocer su descripción.

Si nos interesa el trabajo efectuado por (y la potencia de) una fuerza constante de magnitud F que actúa mientras un objeto tiene un desplazamiento paralelo de magnitud d, entonces

$$\overline{P} = \frac{W}{t} = \frac{Fd}{t} = F\left(\frac{d}{t}\right) = F\overline{v} \qquad (5.15)$$

Unidad SI de potencia: J/s o watt (W)

donde suponemos que la fuerza está en dirección del desplazamiento. Aquí, $\overline{v}$ es la magnitud de la velocidad media. Si la velocidad es constante, entonces $\overline{P} = P = Fv$. Si la fuerza y el desplazamiento no tienen la misma dirección, escribimos

$$\overline{P} = \frac{F(\cos\theta)d}{t} = F\overline{v}\cos\theta \qquad (5.16)$$

donde θ es el ángulo entre la fuerza y el desplazamiento.

Como puede verse por la ecuación 5.15, la unidad SI de potencia es joules por segundo (J/s), pero se da otro nombre a esta unidad: **watt (W)**:

$$1 \text{ J/s} = 1 \text{ watt (W)}$$

La unidad SI de potencia se llama así en honor de James Watt (1736-1819), un ingeniero escocés que desarrolló una de las primeras máquinas de vapor prácticas. Una unidad muy utilizada de potencia eléctrica es el *kilowatt* (kW).

La unidad inglesa de potencia es el pie-libra por segundo (ft · lb/s). Sin embargo, se usa con mayor frecuencia una unidad más grande, el **caballo de fuerza (hp)**:

$$1 \text{ hp} = 550 \text{ ft}\cdot\text{lb/s} = 746 \text{ W}$$

La potencia nos dice con qué rapidez se está efectuando trabajo o con qué rapidez se está transfiriendo energía. Por ejemplo, la potencia de un motor suele especificarse en caballos de fuerza. Un motor de 2 hp puede efectuar cierta cantidad de trabajo en la mitad del tiempo que tardaría en efectuarlo un motor de 1 hp, o puede efectuar el doble del trabajo en el mismo tiempo. Es decir, un motor de 2 hp es dos veces más "potente" que uno de 1 hp.

Nota: en la época de Watt, las máquinas de vapor estaban sustituyendo a los caballos que trabajaban en las minas y molinos. Para caracterizar el desempeño de su nueva máquina, que era más eficiente que las existentes, Watt usó como unidad la tasa media con que un caballo podía efectuar trabajo: un caballo de fuerza.

Ejemplo 5.16 ■ Una grúa: trabajo y potencia

Una grúa como la que se muestra en la ▸figura 5.23 levanta una carga de 1.0 tonelada métrica una distancia vertical de 25 m en 9.0 s con velocidad constante. ¿Cuánto trabajo útil efectúa la grúa cada segundo?

Razonamiento. El trabajo útil efectuado cada segundo (es decir, por segundo) es la potencia generada, y es la cantidad que debemos obtener.

Solución.

Dado: $m = 1.0$ ton métrica $= 1.0 \times 10^3$ kg
$y = 25$ m
$t = 9.0$ s

Encuentre: W por segundo (= potencia, P)

Hay que tener en cuenta que el trabajo por unidad de tiempo (trabajo por segundo) es potencia, así que esto es lo que debemos calcular. Puesto que la carga se mueve con velocidad constante, $\overline{P} = P$. (¿Por qué?) El trabajo se efectúa contra la gravedad, de manera que $F = mg$, y

$$P = \frac{W}{t} = \frac{Fd}{t} = \frac{mgy}{t}$$
$$= \frac{(1.0 \times 10^3 \text{ kg})(9.8 \text{ m/s}^2)(25 \text{ m})}{9.0 \text{ s}} = 2.7 \times 10^4 \text{ W (o 27 kW)}$$

Por lo tanto, dado que un watt (W) es un joule por segundo (J/s), la grúa efectuó 2.7×10^4 J de trabajo cada segundo. Cabe señalar que la magnitud de la velocidad es $v = d/t = 25 \text{ m}/9.0 \text{ s} = 2.8$ m/s, así que podríamos calcular la potencia usando $P = Fv$.

Ejercicio de refuerzo. Si el motor de la grúa de este ejemplo tiene una especificación de 70 hp, ¿qué porcentaje de esta potencia generada realiza trabajo útil?

▲ **FIGURA 5.23** Suministro de potencia Véase el ejemplo 5.16.

Ejemplo 5.17 ■ Hora de hacer la limpieza: trabajo y tiempo

Los motores de dos aspiradoras tienen una potencia generada neta de 1.00 hp y 0.500 hp, respectivamente. *a*) ¿Cuánto trabajo en joules puede efectuar cada motor en 3.00 min? *b*) ¿Cuánto tarda cada motor en efectuar 97.0 kJ de trabajo?

Razonamiento. *a*) Puesto que la potencia es trabajo/tiempo ($P = W/t$), podemos calcular el trabajo. El trabajo se da en caballos de fuerza. *b*) Esta parte del problema es otra aplicación de la ecuación 5.15.

Solución.

Dado: $P_1 = 1.00 \text{ hp} = 746 \text{ W}$
$P_2 = 0.500 \text{ hp} = 373 \text{ W}$
$t = 3.00 \text{ min} = 180 \text{ s}$
$W = 97.0 \text{ kJ} = 97.0 \times 10^3 \text{ J}$

Encuentre: *a*) W (trabajo de cada motor)
b) t (tiempo de cada motor)

***a*)** Puesto que $P = W/t$,

$$W_1 = P_1 t = (746 \text{ W})(180 \text{ s}) = 1.34 \times 10^5 \text{ J}$$

y

$$W_2 = P_2 t = (373 \text{ W})(180 \text{ s}) = 0.67 \times 10^5 \text{ J}$$

Observe que en el mismo lapso de tiempo, el motor más pequeño efectúa la mitad del trabajo que el mayor, como era de esperarse.

***b*)** Los tiempos están dados por $t = W/P$, y, para la misma cantidad de trabajo,

$$t_1 = \frac{W}{P_1} = \frac{97.0 \times 10^3 \text{ J}}{746 \text{ W}} = 130 \text{ s}$$

y

$$t_2 = \frac{W}{P_2} = \frac{97.0 \times 10^3 \text{ J}}{373 \text{ W}} = 260 \text{ s}$$

El motor más pequeño tarda el doble que el mayor, en realizar la misma cantidad de trabajo.

Ejercicio de refuerzo. *a*) Un motor de 10 hp sufre un desperfecto y se le sustituye temporalmente por uno de 5 hp. ¿Qué diría acerca de la tasa de producción de trabajo? *b*) Suponga que la situación se invierte: un motor de 5 hp es sustituido por uno de 10 hp. ¿Qué diría acerca de la tasa de producción de trabajo en este caso?

Eficiencia

Las máquinas y los motores son implementos de uso muy común en la vida cotidiana, y con frecuencia hablamos de su eficiencia. La eficiencia implica trabajo, energía y/o potencia. Todas las máquinas, sean simples o complejas, que efectúan trabajo tienen piezas mecánicas que se mueven, por lo que una parte de la energía aportada siempre se pierde por la fricción o alguna otra causa (quizá en forma de sonido). Por ello, no todo el aporte de energía se invierte en realizar trabajo útil.

En esencia, la eficiencia mecánica es una medida de lo que obtenemos a cambio de lo que aportamos, es decir, el trabajo *útil* producido en comparación con la energía aportada. La **eficiencia, ε,** se da como una fracción (o porcentaje):

$$\varepsilon = \frac{\text{trabajo producido}}{\text{energía aportada}} (\times 100\%) = \frac{W_{\text{sale}}}{E_{\text{entra}}} (\times 100\%) \tag{5.17}$$

La eficiencia es una cantidad adimensional

Por ejemplo, si una máquina recibe 100 J (de energía) y produce 40 J (de trabajo), su eficiencia es

$$\varepsilon = \frac{W_{\text{sale}}}{E_{\text{entra}}} = \frac{40 \text{ J}}{100 \text{ J}} = 0.40 (\times 100\%) = 40\%$$

Una eficiencia de 0.40, o del 40%, significa que el 60% de la energía aportada se pierde debido a la fricción o alguna otra causa y no sirve para lo que se requiere. Si dividimos ambos términos del cociente de la ecuación 5.17 entre el tiempo t, obtendremos $W_{sale}/t = P_{sale}$ y $E_{entra}/t = P_{entra}$. Así, escribimos la eficiencia en términos de potencia, P:

$$\varepsilon = \frac{P_{sale}}{P_{entra}} (\times 100\%) \qquad (5.18)$$

Ejemplo 5.18 ■ Reparaciones caseras: eficiencia mecánica y producción de trabajo

El motor de un taladro eléctrico con una eficiencia del 80% tiene un consumo de potencia de 600 W. ¿Cuánto trabajo útil efectúa el taladro en 30 s?

Razonamiento. Este ejemplo es una aplicación de la ecuación 5.18 y de la definición de potencia.

Solución.

Dado: $\varepsilon = 80\% = 0.80$
$P_{in} = 600$ W
$t = 30$ s

Encuentre: W_{sale} (trabajo producido)

Dada la eficiencia y el aporte de potencia, podemos calcular fácilmente la potencia producida P_{sale} con la ecuación 5.18, y esta cantidad está relacionada con el trabajo producido ($P_{sale} = W_{sale}/t$). Primero, reacomodamos la ecuación 5.18:

$$P_{sale} = \varepsilon P_{entra} = (0.80)(600 \text{ W}) = 4.8 \times 10^2 \text{ W}$$

Luego, sustituimos este valor en la ecuación que relaciona potencia producida y trabajo producido para obtener

$$W_{sale} = P_{sale}t = (4.8 \times 10^2 \text{ W})(30 \text{ s}) = 1.4 \times 10^4 \text{ J}$$

Ejercicio de refuerzo. *a*) ¿Es posible tener una eficiencia mecánica del 100%? *b*) ¿Qué implicaría una eficiencia de más del 100%?

La tabla 5.1 presenta las eficiencias típicas de algunas máquinas. Podría sorprendernos la eficiencia relativamente baja del automóvil. Gran parte del aporte energético (de la combustión de gasolina) se pierde como calor por el escape y por el sistema de enfriamiento (más del 60%), y la fricción da cuenta de otra porción importante. Cerca del 20% de la energía aportada se convierte en trabajo útil que impulsa al vehículo. El aire acondicionado, la dirección hidráulica, la radio y los reproductores de cintas y CD son agradables; pero también consumen energía y contribuyen a disminuir la eficiencia del automóvil.

TABLA 5.1 Eficiencias típicas de algunas máquinas

Máquina	*Eficiencia (% aproximado)*
Compresora	85
Motor eléctrico	70–95
Automóvil (los vehículos híbridos incrementan la eficiencia de combustible en 25%)	20
Músculo humano*	20–25
Locomotora de vapor	5–10

*Técnicamente no es una máquina, pero se usa para realizar trabajo.

Repaso del capítulo

- El **trabajo efectuado por una fuerza constante** es el producto de la magnitud del desplazamiento y el componente de la fuerza paralelo al desplazamiento:

$$W = (F \cos \theta)d \quad (5.2)$$

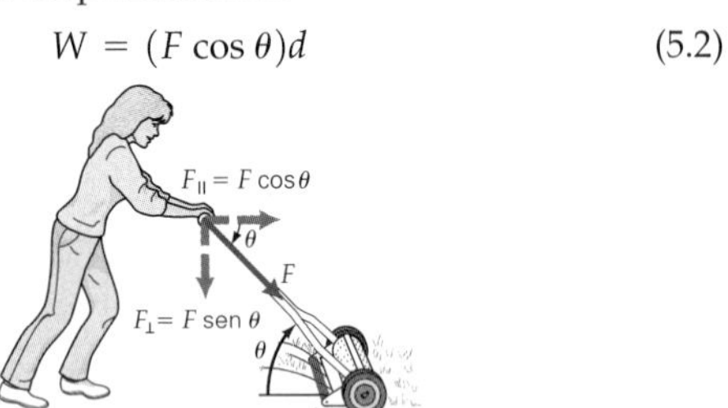

- Para calcular el trabajo efectuado por una fuerza variable se requieren matemáticas avanzadas. Un ejemplo de fuerza variable es la **fuerza de resorte**, dada por la *ley de Hooke*:

$$F_s = -kx \quad (5.3)$$

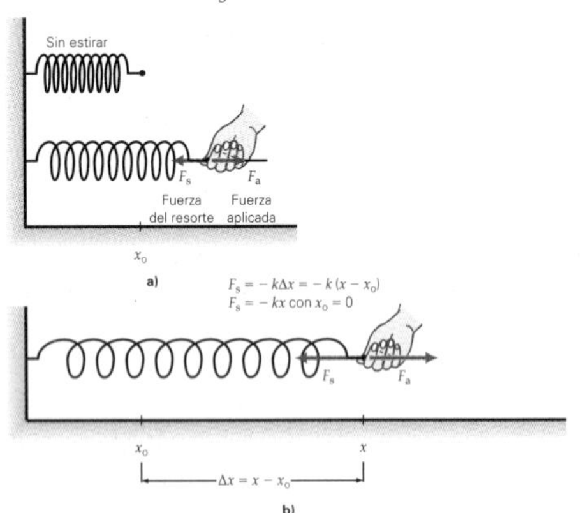

El **trabajo efectuado por una fuerza de resorte** está dado por

$$W = \tfrac{1}{2}kx^2 \quad (5.4)$$

- La **energía cinética** es la energía de movimiento y está dada por

$$K = \tfrac{1}{2}mv^2 \quad (5.5)$$

- El **teorema trabajo-energía** dice que el trabajo neto efectuado sobre un objeto es igual al cambio de energía cinética del objeto:

$$W = K - K_o = \Delta K \quad (5.6)$$

W = K − K$_o$ = ΔK

$K_o = \frac{1}{2}mv_o^2$ $K = \frac{1}{2}mv^2$

v_o v F   m   F   m

(Sin fricción)

x

W = Fx

- La **energía potencial** es la energía de posición y/o configuración. La **energía potencial elástica de un resorte** está dada por

$$U = \tfrac{1}{2}kx^2 \quad (\text{con } x_o = 0) \quad (5.7)$$

El tipo más común de energía potencial es la **energía potencial gravitacional**, asociada a la atracción gravitacional cerca de la superficie de la Tierra.

$$U = mgy \quad (\text{con } y_o = 0) \quad (5.8)$$

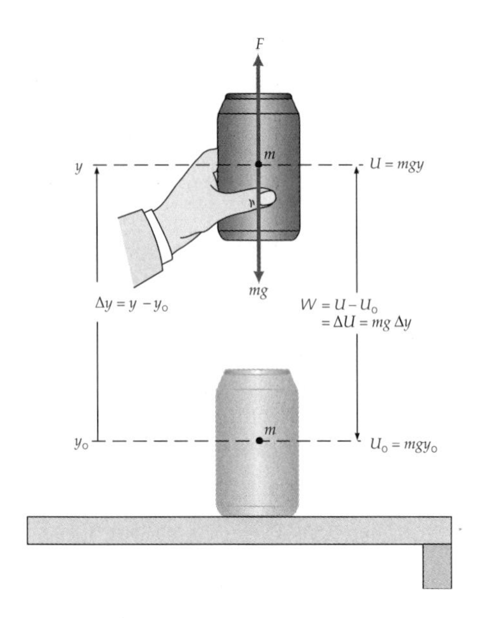

- **Conservación de la energía:** La energía total del universo o de un sistema aislado siempre se conserva.

Conservación de la energía mecánica: La energía mecánica total (cinética más potencial) es constante en un sistema conservativo:

$$\tfrac{1}{2}mv^2 + U = \tfrac{1}{2}mv_o^2 + U_o \quad (5.10b)$$

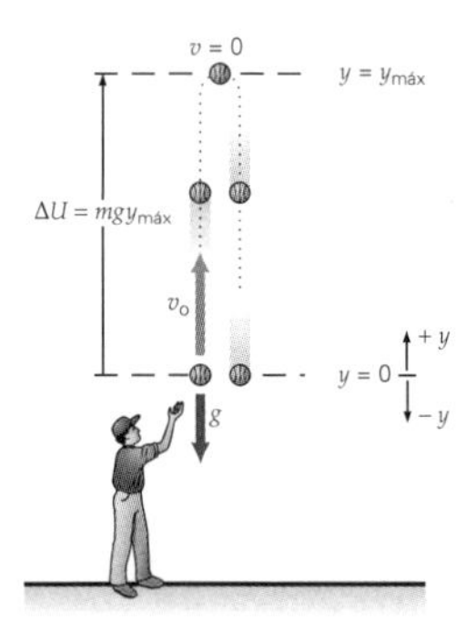

- En sistemas con **fuerzas no conservativas**, donde se pierde energía mecánica, el trabajo efectuado por una fuerza no conservativa está dado por

$$W_{nc} = E - E_o = \Delta E \quad (5.13)$$

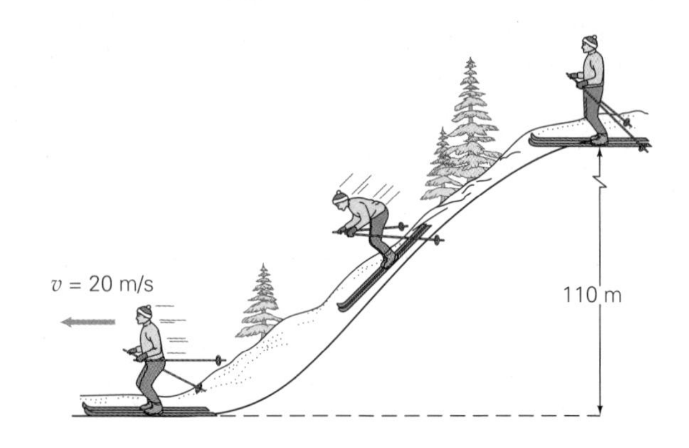

- La **potencia** es la rapidez con que se efectúa trabajo (o se gasta energía). La **potencia media** está dada por

$$\overline{P} = \frac{W}{t} = \frac{Fd}{t} = F\overline{v} \quad (5.15)$$

(fuerza constante en la dirección de d y v)

$$\overline{P} = \frac{F(\cos\theta)d}{t} = F\overline{v}\cos\theta \quad (5.16)$$

(fuerza constante que actúa con un ángulo θ entre d y v)

- La **eficiencia** relaciona el trabajo producido con el aporte de energía (trabajo), en forma de porcentaje:

$$\varepsilon = \frac{W_{\text{sale}}}{E_{\text{entra}}} (\times 100\%) \quad (5.17)$$

$$\varepsilon = \frac{P_{\text{sale}}}{P_{\text{entra}}} (\times 100\%) \quad (5.18)$$

Ejercicios

Los ejercicios designados **OM** *son preguntas de opción múltiple; los* **PC** *son preguntas conceptuales; y los* **EI** *son ejercicios integrados. A lo largo del texto, muchas secciones de ejercicios incluirán ejercicios "apareados". Estos pares de ejercicios, que se identifican con números subrayados, pretenden ayudar al lector a resolver problemas y aprender. El primer ejercicio de cada pareja (el de número par) se resuelve en la Guía de estudio, que puede consultarse si se necesita ayuda para resolverlo. El segundo ejercicio (de número impar) es similar, y su respuesta se da al final del libro.*

5.1 Trabajo efectuado por una fuerza constante

1. **OM** Las unidades del trabajo son *a*) N · m, *b*) kg · m^2/s^2, *c*) J o *d*) todas las anteriores.

2. **OM** Para una fuerza y un desplazamiento específicos, la mayoría del trabajo se realiza cuando el ángulo entre ellos es de *a*) 30°, *b*) 60°, *c*) 90°, *d*) 180°.

3. **OM** Un pitcher lanza una bola rápida. Cuando el catcher la atrapa, *a*) se realiza trabajo positivo, *b*) se realiza trabajo negativo, *c*) el trabajo neto es cero.

4. **OM** El trabajo que se realiza en la caída libre es *a*) sólo positivo, *b*) sólo negativo o *c*) puede ser positivo o negativo.

5. **PC** *a*) Cuando un levantador de pesas se esfuerza por levantar una barra del piso (▼figura 5.24a), ¿está efectuando trabajo? ¿Por qué? *b*) Al levantar la barra sobre su cabeza, ¿está efectuando trabajo? Explique. *c*) Al sostener la barra sobre su cabeza (figura 5.24b), ¿está efectuando más trabajo, menos trabajo o la misma cantidad de trabajo que al levantarla? Explique. *d*) Si el atleta deja caer la barra, ¿se efectúa trabajo sobre la barra? Explique qué sucede en esta situación.

a)

b)

▲ **FIGURA 5.24 ¿Hombre trabajando?** Véase el ejercicio 5.

6. **PC** Un estudiante lleva una mochila por la universidad. ¿Qué trabajo efectúa su fuerza portadora vertical sobre la mochila? Explique.

7. **PC** Un avión a reacción describe un círculo vertical en el aire. ¿En qué regiones del círculo es positivo el trabajo efectuado por el peso del avión y en cuáles es negativo? ¿Es constante el trabajo? Si no lo es, ¿tiene valores instantáneos mínimos y máximos? Explique.

8. ● Si una persona efectúa 50 J de trabajo al mover una caja de 30 kg una distancia de 10 m por una superficie horizontal, ¿qué fuerza mínima requiere?

9. ● Una caja de 5.0 kg se desliza una distancia de 10 m sobre hielo. Si el coeficiente de fricción cinética es de 0.20, ¿qué trabajo efectúa la fuerza de fricción?

10. ● Un pasajero en un aeropuerto tira del asa de una maleta rodante. Si la fuerza empleada es de 10 N y el asa forma un ángulo de 25° con la horizontal, ¿qué trabajo efectúa la fuerza de tracción cuando el pasajero camina 200 m?

11. ● Un estudiante universitario que gana algo de dinero durante el verano empuja una podadera de césped por una superficie horizontal con una fuerza constante de 200 N, que forma un ángulo de 30° hacia abajo con respecto a la horizontal. ¿Qué distancia empuja la podadora al efectuar 1.44×10^3 J de trabajo?

12. ●● Un bloque de 3.00 kg baja deslizándose por un plano inclinado sin fricción que forma 20° con la horizontal. Si la longitud del plano es de 1.50 m, ¿cuánto trabajo se efectúa y qué fuerza lo efectúa?

13. ●● Suponga que el coeficiente de fricción cinética entre el bloque y el plano del ejercicio 12 es de 0.275. ¿Qué trabajo neto se efectuaría en este caso?

14. ●● Un padre tira de su hija sentada en un trineo con velocidad constante sobre una superficie horizontal una distancia de 10 m, como se ilustra en la ▼figura 5.25a. Si la masa total del trineo y la niña es de 35 kg, y el coeficiente de fricción cinética entre los patines del trineo y la nieve es de 0.20, ¿cuánto trabajo efectúa el padre?

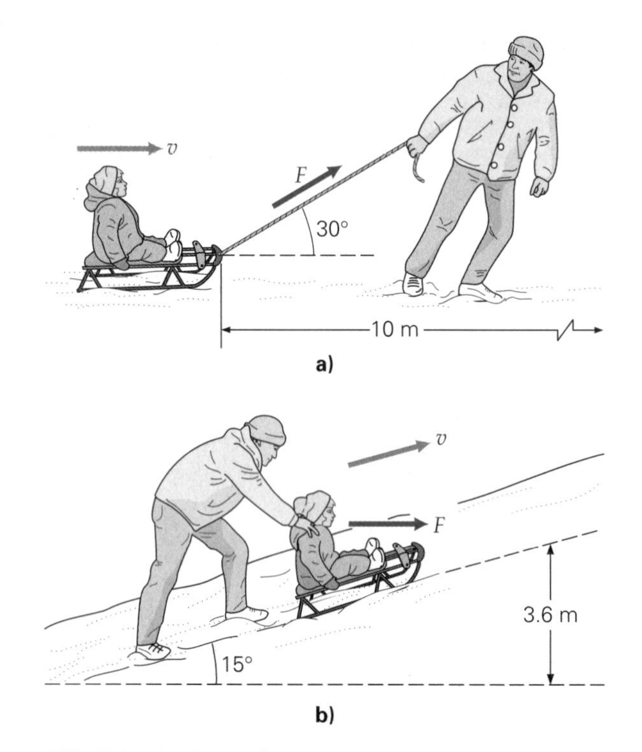

▲ **FIGURA 5.25 Diversión y trabajo** Véanse los ejercicios 14 y 15.

15. ●● Un padre empuja horizontalmente el trineo de su hija para subirlo por una cuesta nevada (figura 5.25b). Si el trineo sube la pendiente con velocidad constante, ¿cuánto trabajo efectúa el padre al empujarlo hasta la cima? (Algunos datos necesarios se dan en el ejercicio 14.)

16. **EI** ●● Un globo aerostático asciende con rapidez constante. *a*) El peso del globo efectúa trabajo 1) positivo, 2) negativo o 3) cero. ¿Por qué? *b*) Un globo aerostático con una masa de 500 kg asciende con rapidez constante de 1.50 m/s durante 20.0 s. ¿Cuánto trabajo efectúa la fuerza de flotación hacia arriba? (Desprecie la resistencia del aire.)

17. **EI** ●● Un disco (*puck*) de hockey con una masa de 200 g y una rapidez inicial de 25.0 m/s se desliza libremente hasta el reposo, en un espacio de 100 m sobre una superficie horizontal de hielo. ¿Cuántas fuerzas realizan algún trabajo diferente de cero sobre él conforme disminuye su rapidez? *a*) 1) ninguna, 2) una, 3) dos, o 4) tres. Explique su respuesta. *b*) Determine el trabajo realizado por todas las fuerzas individuales sobre el disco conforme disminuye su rapidez.

18. **EI** ●● Un borrador con una masa de 100 g se encuentra sobre un libro en reposo. El borrador está inicialmente a 10.0 cm de cualquiera de las orillas del libro. De repente, se tira de este último muy fuerte y se desliza por debajo del borrador. Al hacerlo, arrastra parcialmente al borrador junto con él, aunque no lo suficiente para que éste permanezca sobre el libro. El coeficiente de fricción cinética entre el libro y el borrador es 0.150. *a*) El signo del trabajo realizado por la fuerza de fricción cinética del libro sobre el borrador es 1) positiva, 2) negativa o 3) la fricción cinética no realiza ningún trabajo. Explique su respuesta. *b*) ¿Cuánto trabajo realiza la fuerza de fricción del libro sobre el borrador en el momento que éste cae de la orilla del libro?

19. ●●● Un helicóptero ligero, de 500 kg, asciende desde el suelo con una aceleración de 2.00 m/s^2. Durante un intervalo de 5.00 s, ¿cuál es *a*) el trabajo realizado por la fuerza de ascensión, *b*) el trabajo realizado por la fuerza gravitacional y *c*) el trabajo neto que se realiza sobre el helicóptero?

20. ●●● Un hombre empuja horizontalmente un escritorio que se encuentra en reposo sobre un piso de madera áspero. El coeficiente de fricción estática entre el escritorio y el piso es 0.750 y el coeficiente de fricción cinética es 0.600. La masa del escritorio es de 100 kg. El hombre empuja suficientemente fuerte para hacer que el escritorio se mueva, y continúa empujando con esa fuerza durante 5.00 s. ¿Cuánto trabajo realiza sobre el escritorio?

21. **EI** ●●● Un estudiante podría empujar una caja de 50 kg, o bien tirar de ella, con una fuerza que forma un ángulo de 30° con la horizontal, para moverla 15 m por una superficie horizontal. El coeficiente de fricción cinética entre la caja y la superficie es de 0.20. *a*) Tirar de la caja requiere 1, menos, 2, el mismo o 3, más trabajo que empujarla. *b*) Calcule el trabajo mínimo requerido tanto para tirar de la caja como para empujarla.

5.2 Trabajo efectuado por una fuerza variable

22. **OM** El trabajo efectuado por una fuerza variable de la forma $F = kx$ es *a*) kx^2, *b*) kx, *c*) $\frac{1}{2}kx^2$ o *d*) nada de lo anterior.

23. **PC** Con respecto a su posición de equilibrio ¿se requiere el mismo trabajo para estirar un resorte 2 cm, que estirarlo 1 cm? Explique.

24. **PC** Si un resorte se comprime 2.0 cm con respecto a su posición de equilibrio y luego se comprime otros 2.0 cm, ¿cuánto trabajo más se efectúa en la segunda compresión que en la primera? Explique su respuesta.

25. ● Para medir la constante de cierto resorte, un estudiante aplica una fuerza de 4.0 N, y el resorte se estira 5.0 cm. ¿Qué valor tiene la constante?

26. ● Un resorte tiene una constante de 30 N/m. ¿Cuánto trabajo se requiere para estirarlo 2.0 cm con respecto a su posición de equilibrio?

27. ● Si se requieren 400 J de trabajo para estirar un resorte 8.00 cm, ¿qué valor tiene la constante del resorte?

28. ● Si una fuerza de 10 N se utiliza para comprimir un resorte con una constante de resorte de 4.0×10^2 N/m, ¿cuál es la compresión resultante del resorte?

29. **EI** ● Se requiere cierta cantidad de trabajo para estirar un resorte que está en su posición de equilibrio. *a*) Si se efectúa el doble de trabajo sobre el resorte, ¿el estiramiento aumentará en un factor de 1) $\sqrt{2}$, 2) 2, 3) $1/\sqrt{2}$, 4) $\frac{1}{2}$. ¿Por qué? *b*) Si se efectúan 100 J de trabajo para estirar un resorte 1.0 cm, ¿qué trabajo se requiere para estirarlo 3.0 cm?

30. ●● Calcule el trabajo que realiza la fuerza variable en la gráfica de F contra x en la ▸figura 5.26. [*Sugerencia:* recuerde que el área de un triángulo es $A = \frac{1}{2}$altura × base.]

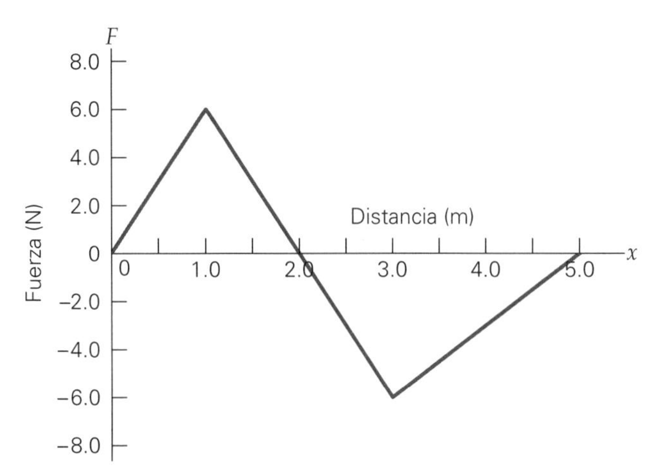

▲ **FIGURA 5.26 ¿Cuánto trabajo se efectúa?** Véase el ejercicio 30.

31. **EI ●●** Un resorte con una constante de fuerza de 50 N/m se estira desde 0 hasta 20 cm. *a*) El trabajo requerido para estirar el resorte desde 10 hasta 20 cm es 1) mayor que, 2) igual que o 3) menor que el que se requiere para estirarlo desde 0 hasta 10 cm. *b*) Compare los dos valores del trabajo para probar su respuesta al inciso *a*.

32. **EI ●●** En el espacio interestelar libre de gravedad, una nave enciende sus motores para acelerar. Los cohetes están programados para incrementar su propulsión desde cero hasta 1.00×10^4 N, con un incremento lineal durante el curso de 18.0 km. Entonces, la propulsión disminuye linealmente para regresar a cero durante los siguientes 18.0 km. Suponiendo que el cohete estaba estacionario al inicio, *a*) ¿durante cuál segmento se realizará más trabajo (en magnitud)? 1) los primeros 60 s, 2) los segundos 60 s o 3) el trabajo realizado es el mismo en ambos segmentos. Explique su razonamiento. *b*) Determine cuantitativamente cuánto trabajo se realiza en cada segmento.

33. **●●** Cierto resorte tiene una constante de fuerza de 2.5×10^3 N/m. *a*) ¿Cuánto trabajo se efectúa para estirar 6.0 cm el resorte relajado? *b*) ¿Cuánto más trabajo se efectúa para estirarlo otros 2.0 cm?

34. **●●** Para el resorte del ejercicio 33, ¿cuánta más masa tendría que colgarse del resorte vertical para estirarlo *a*) los primeros 6.0 cm y *b*) los otros 2.0 cm?

35. **●●●** Al estirar un resorte en un experimento, un estudiante, sin darse cuenta, lo estira más allá de su límite elástico; la gráfica de fuerza contra estiramiento se presenta en la ▼figura 5.27. Básicamente, después de alcanzar su límite, el resorte comienza a comportarse como si fuera considerablemente rígido. ¿Cuánto trabajo se realizó sobre el resorte? Suponga que en el eje de fuerza, las marcas están cada 10 N, y en el eje x están cada 10 cm o 0.10 m.

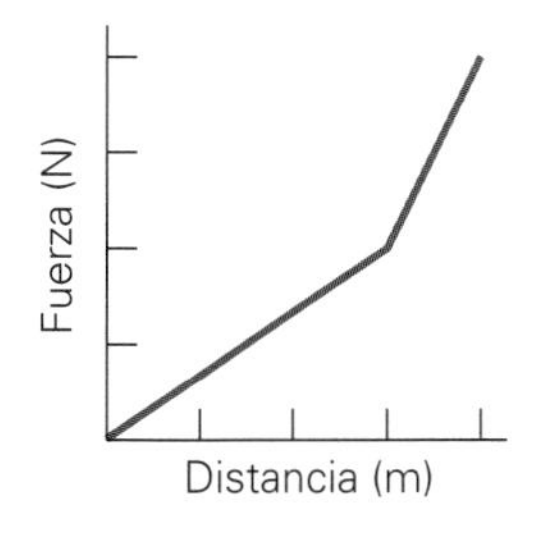

◀ **FIGURA 5.27 Más allá del límite** Véase el ejercicio 35.

36. **●●●** Un resorte (el resorte 1) con una constante de resorte de 500 N/m se fija a una pared y se conecta a un resorte más débil (resorte 2) con una constante de resorte de 250 N/m sobre una superficie horizontal. Entonces una fuerza externa de 100 N se aplica al final del resorte más débil (#2). ¿Cuánta energía potencial se almacena en cada resorte?

5.3 El teorema trabajo-energía: energía cinética

37. **OM** ¿Cuál de las siguientes es una cantidad escalar? *a*) trabajo, *b*) fuerza, *c*) energía cinética o *d*) *a* y *c*.

38. **OM** Si el ángulo entre la fuerza neta y el desplazamiento de un objeto es mayor que 90°, *a*) la energía cinética aumenta, *b*) la energía cinética disminuye, *c*) la energía cinética no cambia o *d*) el objeto se detiene.

39. **OM** Dos automóviles idénticos, A y B, que viajan a 55 mi/h chocan de frente. Un tercer auto idéntico, C, choca contra una pared a 55 mi/h. ¿Qué automóvil sufre más daños: *a*) el auto A, *b*) el auto B, *c*) el auto C, *d*) los tres lo mismo?

40. **OM** ¿Cuál de estos objetos tiene menos energía cinética? *a*) Un objeto de masa $4m$ y rapidez v; *b*) un objeto de masa $3m$ y rapidez $2v$; *c*) un objeto de masa $2m$ y rapidez $3v$; *d*) un objeto de masa m y rapidez $4v$.

41. **PC** Queremos reducir la energía cinética de un objeto lo más posible, y para ello podemos reducir su masa a la mitad o bien su rapidez a la mitad. ¿Qué opción conviene más y por qué?

42. **PC** Se requiere cierto trabajo W para acelerar un automóvil, del reposo a una rapidez v. ¿Cuánto trabajo se requiere para acelerarlo del reposo a una rapidez $v/2$?

43. **PC** Se requiere cierto trabajo W para acelerar un automóvil, del reposo a una rapidez v. Si se efectúa un trabajo de $2W$ sobre el auto, ¿qué rapidez adquiere?

44. **EI ●** Un objeto de 0.20 kg con una rapidez horizontal de 10 m/s choca contra una pared y rebota con la mitad de su rapidez original. *a*) El porcentaje de energía cinética perdida, en comparación con la energía cinética original, es 1) 25%, 2) 50% o 3) 75%. *b*) ¿Cuánta energía cinética pierde el objeto al chocar contra la pared?

45. **●** Una bala de 2.5 g que viaja a 350 m/s choca contra un árbol y se frena uniformemente hasta detenerse, mientras penetra 12 cm en el tronco. ¿Qué fuerza se ejerció sobre la bala para detenerla?

46. **●** Un automóvil de 1200 kg viaja a 90 km/h. *a*) ¿Qué energía cinética tiene? *b*) ¿Qué trabajo neto se requeriría para detenerlo?

47. **●** Una fuerza neta constante de 75 N actúa sobre un objeto en reposo y lo mueve una distancia paralela de 0.60 m. *a*) ¿Qué energía cinética final tiene el objeto? *b*) Si la masa del objeto es de 0.20 kg, ¿qué rapidez final tendrá?

48. **EI ●●** Una masa de 2.00 kg se une a un resorte vertical con una constante de 250 N/m. Un estudiante empuja verticalmente la masa hacia arriba con su mano, mientras desciende lentamente a su posición de equilibrio. *a*) ¿Cuántas fuerzas distintas de cero trabajan sobre el objeto? 1) una, 2) dos, 3) tres. Explique su razonamiento. *b*) Calcule el trabajo efectuado sobre el objeto por cada una de las fuerzas que actúan sobre éste conforme desciende a su posición original.

49. **●●** La distancia en que para un vehículo es un factor de seguridad importante. Suponiendo una fuerza de frenado constante, use el teorema trabajo-energía para demostrar que la distancia en que un vehículo para es proporcional al cuadrado de su rapidez inicial. Si un automóvil que viaja a 45 km/h se detiene en 50 m, ¿en qué distancia parará si su rapidez inicial es de 90 km/h?

50. **EI ●●** Un automóvil grande, con masa $2m$, viaja con rapidez v. Uno más pequeño, con masa m, viaja con rapidez $2v$. Ambos derrapan hasta detenerse, con el mismo coeficiente de fricción, *a*) El auto pequeño parará en una distancia 1) mayor, 2) igual o 3) menor. *b*) Calcule el cociente de la distancia de frenado del auto pequeño entre la del auto grande. (Use el teorema trabajo-energía, no las leyes de Newton.)

51. **●●●** Un camión fuera de control con una masa de 5000 kg viaja a 35.0 m/s (unas 80 mi/h) cuando comienza a descender por una pendiente pronunciada (de 15°). La pendiente está cubierta de hielo, así que el coeficiente de fricción es de apenas de 0.30. Utilice el teorema trabajo-energía para determinar qué distancia se deslizará (suponiendo que se bloquean sus frenos y derrapa todo el camino) antes de llegar al reposo.

52. **●●●** Si el trabajo requerido para aumentar la rapidez de un automóvil de 10 a 20 km/h es de 5.0×10^3 J, ¿qué trabajo se requerirá para aumentar la rapidez de 20 a 30 km/h?

5.4 Energía potencial

53. **OM** Un cambio de energía potencial gravitacional *a*) siempre es positivo, *b*) depende del punto de referencia, *c*) depende de la trayectoria o *d*) depende sólo de las posiciones inicial y final.

54. **OM** El cambio en la energía potencial gravitacional se encuentra calculando $mg\Delta h$ y restando la energía potencial del punto de referencia: *a*) verdadero, *b*) falso.

55. **OM** El punto de referencia para la energía potencial gravitacional puede ser *a*) cero, *b*) negativo, *c*) positivo, *d*) todas las opciones anteriores.

56. **PC** Si un resorte cambia su posición de x_0 a x, ¿a qué es proporcional el cambio de energía potencial? (Exprese el cambio en términos de x_0 y x.)

57. **PC** Dos automóviles van desde la base hasta la cima de una colina por diferentes rutas, una de las cuales tiene más curvas y vueltas. En la cima, ¿cuál de los dos vehículos tiene mayor energía potencial?

58. **●** ¿Cuánta más energía potencial gravitacional tiene un martillo de 1.0 kg cuando está en una repisa a 1.2 m de altura, que cuando está en una a 0.90 m de altura?

59. **EI ●** Le dicen que la energía potencial gravitacional de un objeto de 2.0 kg ha disminuido en 10 J. *a*) Con esta información, es posible determinar 1) la altura inicial del objeto, 2) la altura final del objeto, 3) ambas alturas, inicial y final o 4) sólo la diferencia entre las dos alturas. ¿Por qué? *b*) ¿Qué podemos decir que sucedió físicamente con el objeto?

60. **●●** Una piedra de 0.20 kg se lanza verticalmente hacia arriba con una velocidad inicial de 7.5 m/s desde un punto situado 1.2 m sobre el suelo. *a*) Calcule la energía potencial de la piedra en su altura máxima sobre el suelo. *b*) Calcule el cambio de energía potencial de la piedra entre el punto de lanzamiento y su altura máxima.

61. **EI ●●** El piso del sótano de una casa está 3.0 m por debajo del suelo, y el del desván, 4.5 m sobre el nivel del suelo. *a*) Si un objeto se baja del desván al sótano, ¿respecto a qué piso será mayor el cambio de energía potencial? 1) Desván, 2) planta baja, 3) sótano o 4) igual para todos. ¿Por qué? *b*) Calcule la energía potencial respectiva de dos objetos de 1.5 kg que están en el sótano y en el desván, relativa al nivel del suelo. *c*) ¿Cuánto cambia la energía potencial del objeto del desván si se baja al sótano?

62. **●●** Una masa de 0.50 kg se coloca al final de un resorte vertical, con una constante de resorte de 75 N/m, y se le deja bajar a su posición de equilibrio. *a*) Determine el cambio en la energía potencial (elástica) del resorte del sistema. *b*) Determine el cambio en el sistema en la energía potencial gravitacional.

63. **●●** Un resorte horizontal, que está en reposo sobre la cubierta de una mesa que no ejerce fricción, se estira 15 cm desde su configuración sin estiramiento y una masa de 1.00 kg se fija a él. El sistema se libera desde el reposo. Una fracción de segundo después, el resorte se encuentra comprimido 3.0 cm con respecto a su configuración sin estiramiento. ¿Cómo se compara su energía potencial final con su energía potencial inicial? (Dé su respuesta en forma de razón entre el valor final y el inicial.)

64. **●●●** Un estudiante tiene seis libros de texto, todos con un grosor de 4.0 cm y un peso de 30 N. ¿Qué trabajo mínimo tendría que realizar el estudiante para colocar todos los libros en una sola pila, si los seis libros están en la superficie de una mesa?

65. **●●●** Una masa de 1.50 kg se coloca al final de un resorte que tiene una constante de 175 N/m. El sistema masa-resorte se encuentra en reposo sobre una pendiente que no ejerce fricción y que tiene una inclinación de 30° con respecto a la horizontal (▼figura 5.28). El sistema llega a su posición de equilibrio, donde permanece. *a*) Determine el cambio en la energía potencial elástica del sistema. *b*) Determine el cambio del sistema en la energía potencial gravitacional.

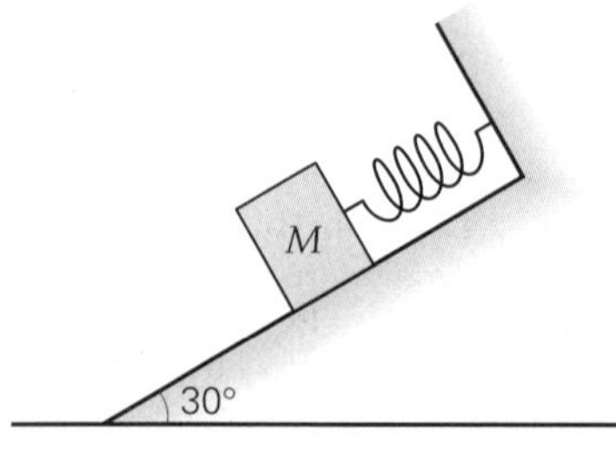

◀ **FIGURA 5.28 Cambios en la energía potencial** Véase el ejercicio 65.

5.5 Conservación de la energía

66. **OM** La energía no puede *a*) transferirse, *b*) conservarse, *c*) crearse, *d*) adoptar diferentes formas.

67. **OM** Si una fuerza no conservativa actúa sobre un objeto, *a*) la energía cinética del objeto se conserva, *b*) la energía potencial del objeto se conserva, *c*) la energía mecánica del objeto se conserva o *d*) la energía mecánica del objeto no se conserva.

68. **OM** La rapidez de un péndulo es máxima *a*) cuando su energía cinética es mínima, *b*) cuando su aceleración es máxima, *c*) cuando su energía potencial es mínima o *d*) nada de lo anterior.

69. **PC** Durante una demostración en clase, una bola de bolos colgada del techo se desplaza respecto a la posición vertical y se suelta desde el reposo justo en frente de la nariz de un estudiante (▼figura 5.29). Si el estudiante no se mueve, ¿por qué la bola no golpeará su nariz?

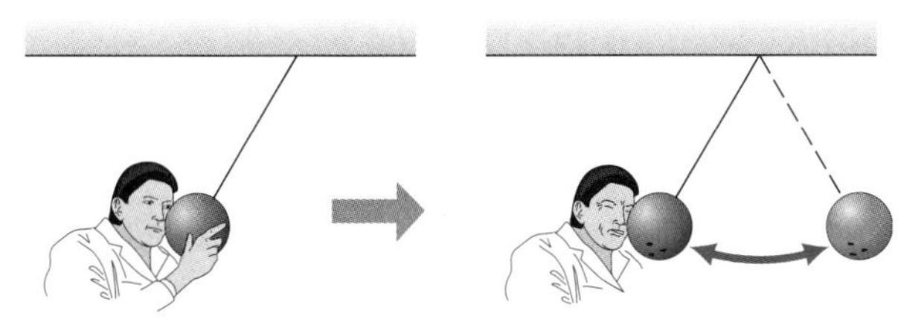

▲ **FIGURA 5.29 ¿En el rostro?** Véase el ejercicio 69.

70. **PC** Cuando usted lanza un objeto al aire, ¿su rapidez inicial es la misma que su rapidez justo antes de que regrese a su mano? Explique el hecho aplicando el concepto de la conservación de la energía mecánica.

71. **PC** Un estudiante lanza una pelota verticalmente hacia arriba hasta alcanzar la altura de una ventana en el segundo piso en el edificio de los dormitorios. Al mismo tiempo que la pelota se lanza hacia arriba, un estudiante asomado por la ventana deja caer una pelota. ¿Las energías mecánicas de las pelotas son iguales a la mitad de la altura de la ventana? Explique su respuesta.

72. ● Una pelota de 0.300 kg se lanza verticalmente hacia arriba con una rapidez inicial de 10.0 m/s. Si la energía potencial inicial se considera como cero, determine las energías cinética, potencial y mecánica *a*) en su posición inicial, *b*) a 2.50 m por arriba de su posición inicial y *c*) a su altura máxima.

73. ● ¿Cuál es la altura máxima que alcanza la pelota del ejercicio 72?

74. ●● Una pelota de 0.50 kg que se lanza verticalmente hacia arriba tiene una energía cinética inicial de 80 J. *a*) Calcule sus energías cinética y potencial una vez que haya recorrido las tres cuartas partes de la distancia hacia su altura máxima. *b*) ¿Cuál es la rapidez de la pelota en este punto? *c*) ¿Qué energía potencial tiene en su altura máxima? (Use como punto de referencia cero el punto de lanzamiento.)

75. **EI** ●● Una niña oscila en un columpio cuyas cuerdas tienen 4.00 m de longitud y alcanza una altura máxima de 2.00 m sobre el suelo. En el punto más bajo de la oscilación, está 0.500 m arriba del suelo. *a*) La niña alcanza su rapidez máxima 1) en el punto más alto, 2) en la parte media o 3) en el punto más bajo de su oscilación. ¿Por qué? *b*) Calcule la rapidez máxima de la niña.

76. ●● Un bloque M (1.00 kg) en un plano inclinado a 5° sin fricción está unido mediante una cuerda delgada que pasa por encima de una polea que no ejerce fricción a un bloque suspendido m (200 g). Los bloques se liberan desde el reposo y la masa suspendida cae 1.00 m antes de golpear el piso. Determine la rapidez de los bloques justo antes de que m golpee el piso.

77. ●● Un bloque (M) de 1.00 kg yace sobre una superficie plana que no ejerce fricción (▼figura 5.30). Este bloque está unido a un resorte inicialmente con una longitud de relajamiento (la constante de resorte es 50.0 N/m). Una cuerda delgada se une al bloque y se hace pasar por encima de una polea que no ejerce fricción; del otro extremo de la cuerda pende una masa de 450 g (m). Si la masa suspendida se libera desde el reposo, ¿qué distancia caerá antes de detenerse?

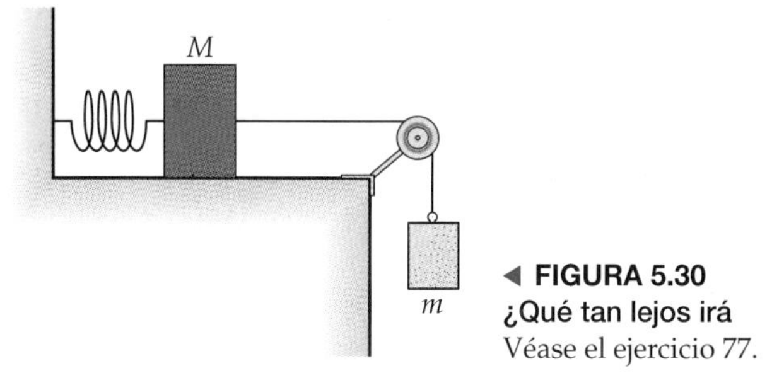

◀ **FIGURA 5.30 ¿Qué tan lejos irá** Véase el ejercicio 77.

78. **EI** ●● Una masa (pequeña) de 500 g unida al final de una cuerda de 1.50 m de largo se jala hacia un lado a 15° de la vertical y se empuja hacia abajo (hacia el final de su movimiento) con una rapidez de 2.00 m/s. *a*) ¿El ángulo en el otro lado es 1) mayor, 2) menor o 3) igual que el ángulo en el lado inicial (15°)? Explique su respuesta en términos de energía. *b*) Calcule el ángulo que se forma en el otro lado, ignorando la resistencia del aire.

79. ●● Cuando cierta pelota de caucho se deja caer desde una altura de 1.25 m sobre una superficie dura, pierde el 18.0% de su energía mecánica en cada rebote. *a*) ¿Qué altura alcanzará la pelota en el primer rebote? *b*) ¿Y en el segundo? *c*) ¿Con qué rapidez tendría que lanzarse la pelota hacia abajo para que alcance su altura original en el primer rebote?

80. ●● Un esquiador baja sin empujarse por una pendiente muy lisa de 10 m de altura, similar a la que se mostró en la figura 5.21. Si su rapidez en la cima es de 5.0 m/s, ¿qué rapidez tendrá en la base de la pendiente?

81. ●● Un convoy de montaña rusa viaja sobre una vía sin fricción como se muestra en la ▼figura 5.31. *a*) Si su rapidez en el punto A es de 5.0 m/s, ¿qué rapidez tendrá en B? *b*) ¿Llegará al punto C? c) ¿Qué rapidez debe tener en el punto A para llegar al punto C?

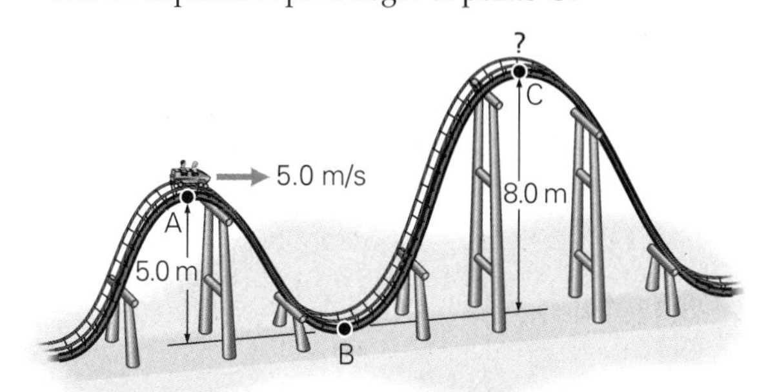

▲ **FIGURA 5.31 Conversión(es) de energía** Véase el ejercicio 81.

82. ●● Un péndulo simple tiene una longitud de 0.75 m y una pesa con una masa de 0.15 kg. La pesa se suelta desde una posición en que el hilo forma un ángulo de 25° con una línea de referencia vertical (▼figura 5.32). *a*) Demuestre que la altura vertical del peso cuando se suelta es $h - L(1 - \cos 25°)$. *b*) ¿Qué energía cinética tiene la pesa cuando el hilo forma un ángulo de 9.0°? *c*) ¿Qué rapidez tiene la pesa en la parte más baja de su oscilación? (Desprecie la fricción y la masa del hilo.)

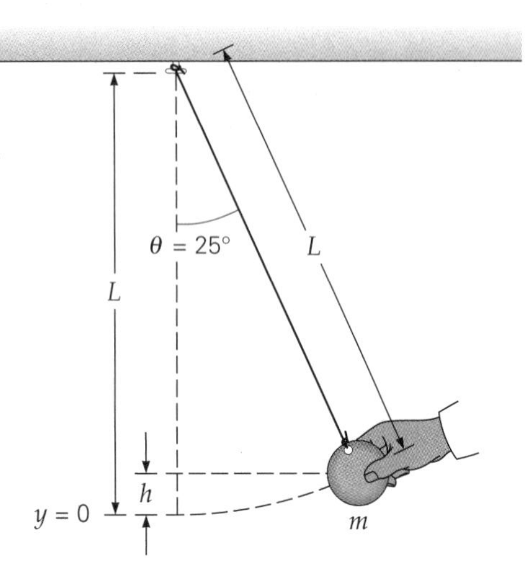

▲ **FIGURA 5.32 Un péndulo que oscila** Véase el ejercicio 82.

83. ●● Suponga que el péndulo simple del ejercicio 74 se soltó desde un ángulo de 60°. *a*) Calcule la rapidez de la pesa en la parte más baja de la oscilación. *b*) ¿Qué altura alcanzará la pesa en el lado opuesto? *c*) ¿Qué ángulo de liberación daría la mitad de la rapidez calculada en el inciso *a*?

84. ●● Una caja de 1.5 que se desliza a 12 m/s por una superficie sin fricción se acerca a un resorte horizontal. (Véase la figura 5.19.) La constante del resorte es de 2000 N/m. *a*) ¿Qué distancia se comprimirá el resorte para detener a la caja? *b*) ¿Qué distancia se habrá comprimido el resorte cuando la rapidez de la caja se haya reducido a la mitad?

85. ●● Un niño de 28 kg baja por una resbaladilla desde una altura de 3.0 m sobre la base de la resbaladilla. Si su rapidez en la base es de 2.5 m/s, ¿qué trabajo efectuaron fuerzas no conservativas?

86. ●●● Una excursionista planea columpiarse en una cuerda para cruzar un barranco en las montañas, como se ilustra en la ▸figura 5.33, y soltarse cuando esté justo sobre la otra orilla. *a*) ¿Con qué rapidez horizontal debería moverse cuando comience a columpiarse? *b*) ¿Por debajo de qué rapidez estaría en peligro de caerse al barranco? Explique su respuesta.

87. ●●● En el ejercicio 80, si el esquiador tiene una masa de 60 kg y la fuerza de fricción retarda su movimiento efectuando 2500 J de trabajo, ¿qué rapidez tendrá en la base de la cuesta?

88. ●●● Un bloque de 1.00 kg (M) está sobre un plano inclinado 20° que no ejerce fricción. El bloque está unido a un resorte ($k = 25$ N/m), que se encuentra fijo a una pared en la parte inferior del plano inclinado. Una cuerda delgada atada al bloque pasa por encima de una polea que no ejerce fricción hacia una masa suspendida de 40.0 g. A la masa suspendida se le da una rapidez inicial de 1.50 m/s hacia abajo. ¿Qué distancia cae antes de llegar al reposo? (Suponga que el resorte no tiene límites en cuanto a la distancia que puede estirarse.)

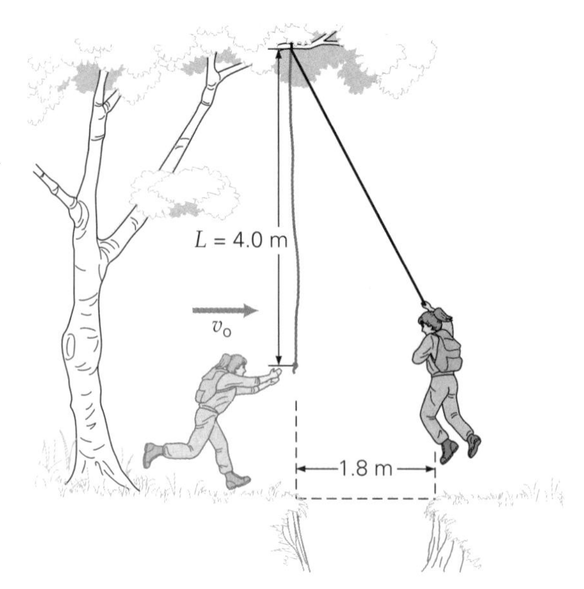

▲ **FIGURA 5.33 ¿Lo logrará?** Véase el ejercicio 86.

5.6 Potencia

89. **OM** ¿Cuál de las siguientes no es una unidad de potencia? *a*) J/s; *b*) W · s; *c*) W; *d*) hp.

90. **OM** Considere un motor de 2.0 hp y otro de 1.0 hp. En comparación con el motor de 2.0, para una cantidad dada de trabajo, el motor de 1.0 hp puede hacer *a*) el doble de trabajo en la mitad del tiempo, *b*) la mitad del trabajo en el mismo tiempo, *c*) un cuarto del trabajo en tres cuartas partes del tiempo, *d*) ninguna de las opciones anteriores es verdadera.

91. **PC** Si usted revisa su cuenta de electricidad, notará que está pagando a la compañía que le presta el servicio por tantos kilowatts-hora (kWh). ¿Realmente está pagando por potencia? Explique su respuesta, Además, convierta 2.5 kWh a J.

92. **PC** *a*) ¿La eficiencia describe qué tan rápido se realiza el trabajo? Explique su respuesta. *b*) ¿Una máquina más potente siempre realiza más trabajo que una menos potente? Explique por qué.

93. **PC** Dos estudiantes que pesan lo mismo parten simultáneamente del mismo punto en la planta baja, para ir al mismo salón en el tercer piso siguiendo rutas distintas. Si llegan en tiempos distintos, ¿cuál estudiante habrá gastado más potencia? Explique su repuesta.

94. ● ¿Qué potencia en watts tiene un motor con especificación de $\frac{1}{2}$ hp?

95. ● Una chica consume 8.4×10^6 J (2000 calorías alimentarias) de energía al día y mantiene constante su peso. ¿Qué potencia media desarrolla en un día?

96. ● Un auto de carreras de 1500 kg puede acelerar de 0 a 90 km/h en 5.0 s. ¿Qué potencia media requiere para hacerlo?

97. ● Las dos pesas de 0.50 kg de un reloj cucú descienden 1.5 m en un periodo de tres días. ¿Con qué rapidez está disminuyendo su energía potencial gravitacional?

98. ● Una mujer de 60 kg sube corriendo por una escalera con una altura (vertical) de 15 m en 20 s. *a*) ¿Cuánta potencia gasta? *b*) ¿Qué especificación tiene en caballos de fuerza?

99. ●● Un motor eléctrico que produce 2.0 hp impulsa una máquina cuya eficiencia es del 40%. ¿Cuánta energía produce la máquina por segundo?

100. ●● Se levanta agua de un pozo de 30.0 m con un motor cuya especificación es de 1.00 hp. Suponiendo una eficiencia del 90%, ¿cuántos kilogramos de agua se pueden levantar en 1 min?

101. ●● En un periodo de 10 s, un estudiante de 70 kg sube corriendo dos tramos de las escaleras cuya altura vertical combinada es de 8.0 m. Calcule la producción de potencia del estudiante al efectuar un trabajo en contra de la gravedad en *a*) watts y *b*) caballos de fuerza.

102. ●● ¿Cuánta potencia debe ejercer una persona para arrastrar horizontalmente una mesa de 25.0 kg 10.0 m a través de un piso de ladrillo en 30.0 s a velocidad constante, suponiendo que el coeficiente de fricción cinética entre la mesa y el piso es 0.550?

103. ●●● Un avión de 3250 kg tarda 12.5 min en alcanzar su altura de crucero de 10.0 km y su velocidad de crucero de 850 km/h. Si los motores del avión suministran, en promedio, una potencia de 1500 hp durante este tiempo, ¿qué eficiencia tienen los motores?

104. ●●● Un caballo tira de un trineo y su conductora, que tienen una masa total de 120 kg, por una cuesta de 15° ▾ figura 5.34. *a*) Si la fuerza de fricción total retardante es de 950 N y el trineo sube la cuesta con una velocidad constante de 5.0 km/h, ¿qué potencia está generando el caballo? (Exprésela en caballos de fuerza, naturalmente. Tome en cuenta la magnitud de su respuesta, y explíquela.) *b*) Suponga que, haciendo acopio de energía, el caballo acelera el trineo uniformemente, de 5.0 a 20 km/h, en 5.0 s. Calcule la potencia instantánea máxima desarrollada por el caballo. Suponga la misma fuerza de fricción.

▲ **FIGURA 5.34 Un trineo abierto de un caballo** Véase el ejercicio 104.

105. ●●● Un montacargas utilizado en la construcción ejerce una fuerza hacia arriba de 500 N sobre un objeto cuya masa es de 50 kg. Si el montacargas parte del reposo, determine la potencia que éste ejerce para subir el objeto verticalmente durante 10 s en tales condiciones.

Ejercicios adicionales

106. Un resorte con una constante de 2000 N/m se comprime 10.0 cm sobre una superficie horizontal (▾ figura 5.35). Después, un objeto de 1.00 kg se une a él y se libera. En la posición de longitud relajada del resorte, la masa deja el resorte y la mesa va de muy suave a áspera, con un coeficiente de fricción de 0.500. Hay una pared a 50.0 cm del punto de liberación. *a*) Determine si la masa regresará al resorte después de un rebote contra la pared, suponiendo que rebota en ésta elásticamente (sin pérdida de rapidez). *b*) Si regresa al resorte, ¿qué distancia lo comprimirá? Si no regresa al resorte, ¿cuál será su ubicación final?

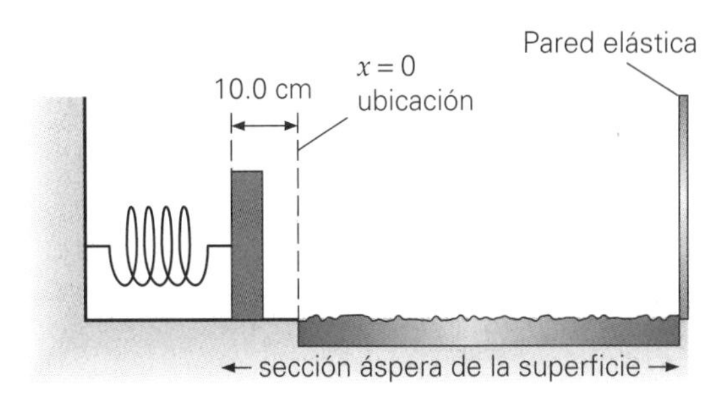

▲ **FIGURA 5.35 Regresa** Véase el ejercicio 106.

107. Un bloque se desliza desde el reposo hacia abajo por un plano inclinado que no ejerce fricción. El plano mide 2.50 m de longitud y su ángulo es de 40°. En la parte inferior hay una sección curveada y suave que se une a una sección áspera del piso horizontal. El bloque se desliza una distancia adicional horizontal de 3.00 m antes de detenerse. Determine el coeficiente de fricción cinética entre el bloque y el piso.

108. Dos resortes idénticos (ignore sus masas) se utilizan para "jugar cachados" con un pequeño bloque, cuya masa es de 100 g (▾ figura 5.36). El resorte A está unido al piso y

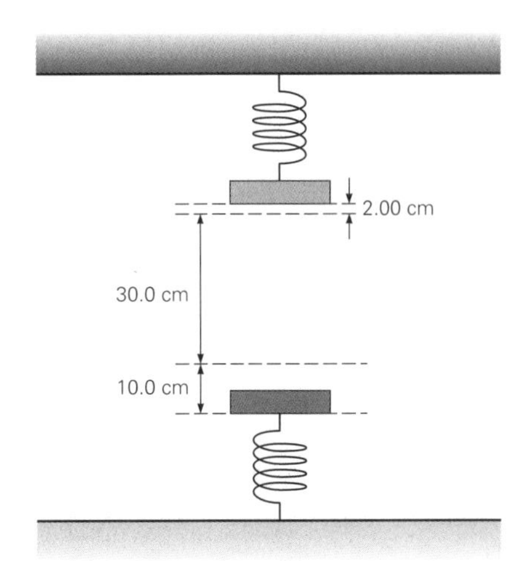

▲ **FIGURA 5.36 Jugando cachados** Véase el ejercicio 108.

se comprime 10.0 cm con la masa al final de él (sin apretar). El resorte A se libera desde el reposo y la masa es acelerada hacia arriba. Esta última impacta el resorte fijado al techo, lo comprime 2.00 cm y se detiene después de recorrer una distancia de 30.0 cm desde la posición relajada del resorte A hasta la posición relajada del resorte B, como se ilustra. Determine la constante de los resortes A y B (la misma, puesto que son idénticos).

109. George de la Selva toma una liana que mide 15.0 m de largo y desciende hacia el suelo. Parte del reposo con la liana a 60°, se deja ir hasta el punto inferior del vaivén y se desliza a nivel de la tierra para detenerse. Si George tiene una masa de 100 kg y el coeficiente de fricción cinética entre él y el suelo de la selva es 0.75, determine qué distancia se desliza antes de llegar al reposo.

110. Un resorte ligero inicialmente estirado 20.0 cm tiene una masa de 300 g en su extremo. El sistema está sobre la cubierta de una mesa horizontal y áspera. El coeficiente de fricción cinética es 0.60. La masa es empujada inicialmente hacia dentro con una rapidez de 1.50 m/s y comprime el resorte 5.00 cm antes de detenerse. Calcule la constante de resorte.

Los siguientes problemas Physlet de física pueden emplearse con este capítulo.
6.3, 6.4, 6.5, 6.6, 6.7, 6.8, 6.9, 6.10, 6.11, 6.12, 6.14, 7.1, 7.2, 7.3, 7.4, 7.5, 7.6, 7.7, 7.8, 7.10

CAPÍTULO

6 CANTIDAD DE MOVIMIENTO LINEAL Y CHOQUES

HECHOS DE FÍSICA

- *Momentum* es la palabra latina para movimiento.
- Newton llamó momentum a la "cantidad de movimiento". En sus *Principia* afirmó: *La cantidad de movimiento es la medida del mismo, resultado de la velocidad y de la cantidad de materia, conjuntamente.*
- Newton llamó impulso a la "fuerza motriz".
- Una colisión es la reunión o interacción de partículas u objetos, que provoca un intercambio de energía y/o cantidad de movimiento.
- Antes del despegue, el transbordador espacial, el tanque externo de combustible (para los motores del trasbordador) y sus dos sólidos cohetes propulsores tienen un peso total de 20 millones de N (4.4 millones de lb). Para lanzar al espacio al transbordador espacial, los dos cohetes generan un promedio de 24 millones de N (5.3 millones de lb) de propulsión durante un proceso de combustión de 2 min, y los tres motores del transbordador agregan 1.7 millones de N (375 000 lb) de propulsión durante 8 min de combustión. Los cohetes y el tanque externo de combustible se desechan tiempo después.
- Es un error común pensar que en el lanzamiento de un cohete, el motor incandescente se agota "empujando" contra la plataforma de lanzamiento para propulsar el cohete hacia arriba. Si éste fuera el caso, ¿cómo podrían utilizarse los motores del cohete en el espacio, donde no hay nada contra lo cual empujar?

Mañana, quizá los cronistas deportivos digan que el ímpetu de todo el partido cambió como resultado de un hit impulsor, como el de la fotografía. Se dice que un equipo adquirió ímpetu y finalmente ganó el partido. Sin embargo, sea cual fuere el efecto sobre el equipo, es evidente que el ímpetu (o cantidad de movimiento) de la *pelota* de la imagen debió cambiar drásticamente. La pelota viajaba hacia la caja de bateo con muy buena velocidad y, por lo tanto, con abundante cantidad de movimiento. Sin embargo, el choque con un bate de madera dura —también provisto de una buena cantidad de movimiento— cambió la dirección de la pelota en una fracción de segundo. Un aficionado podría decir que el bateador dio vuelta a la pelota. Después de estudiar el capítulo 4, usted podría decir que le impartió a la pelota una aceleración negativa considerable, invirtiendo su vector de velocidad. No obstante, si obtuviéramos la suma de la cantidad de movimiento de la pelota y el bate justo antes del choque, y justo después, descubriríamos que, si bien tanto el bate como la pelota cambiaron su cantidad de movimiento, ¡la cantidad de movimiento total no cambió!

Si fuéramos a jugar a los bolos y la bola rebotara de los pinos y regresara hacia nosotros, seguramente nos quedaríamos boquiabiertos. ¿Por qué? ¿Qué nos hace esperar que la bola hará que los pinos salgan volando y seguirá rodando, en vez de rebotar? Podríamos decir que a la bola le permite seguir su camino aun después del choque (y tendríamos razón); pero, ¿qué significa eso en realidad? En este capítulo estudiaremos el concepto de *cantidad de movimiento* y descubriremos que es muy útil para analizar el movimiento y los choques.

6.1 Cantidad de movimiento lineal

OBJETIVO: Definir y calcular la cantidad de movimiento lineal y los componentes de la cantidad de movimiento.

Es posible que el término *ímpetu* nos haga pensar en un jugador de fútbol americano que corre hacia las diagonales, derribando a los jugadores que intentan detenerlo. O tal vez hayamos oído a alguien decir que un equipo perdió ímpetu (y por consiguiente perdió el partido). Ese uso cotidiano del término nos da una idea del concepto correspondiente: cantidad de movimiento (ímpetu), el cual sugiere la idea de una masa en movimiento y, por lo tanto, de inercia. Solemos pensar que los objetos pesados o masivos en movimiento tienen más cantidad de movimiento, aunque se muevan muy lentamente. No obstante, según la definición técnica de cantidad de movimiento, un objeto ligero puede tener tanta cantidad de movimiento como uno más pesado, y a veces más.

Newton fue el primero en referirse a lo que en física moderna se denomina **cantidad de movimiento lineal** como "la cantidad de movimiento [...] que surge de la velocidad y la cantidad de materia conjuntamente". Dicho de otra manera, la cantidad de movimiento de un cuerpo es proporcional tanto a su masa como a su velocidad. Por definición,

Nota: el vector de cantidad de movimiento de un solo objeto tiene la dirección de su velocidad.

La cantidad de movimiento lineal de un objeto es el producto de su masa por su velocidad:

$$\vec{\mathbf{p}} = m\vec{\mathbf{v}} \tag{6.1}$$

Unidad SI de cantidad de movimiento: kilogramo-metro/segundo (kg · m/s)

Comúnmente nos referimos a la cantidad de movimiento lineal simplemente como *cantidad de movimiento*, que es una cantidad vectorial que tiene la misma dirección que la velocidad, y componentes x-y con magnitudes de $p_x = mv_x$ y $p_y = mv_y$, respectivamente.

La ecuación 6.1 expresa la cantidad de movimiento de un solo objeto o partícula. En el caso de un sistema con más de una partícula, la **cantidad de movimiento lineal total** ($\vec{\mathbf{P}}$) del sistema es la suma vectorial de las *cantidades de movimiento* de las partículas individuales:

Nota: la cantidad de movimiento lineal total es una suma vectorial.

$$\vec{\mathbf{P}} = \vec{\mathbf{p}}_1 + \vec{\mathbf{p}}_2 + \vec{\mathbf{p}}_3 + \cdots = \sum \vec{\mathbf{p}}_i \tag{6.2}$$

(*Nota:* $\vec{\mathbf{P}}$ denota cantidad de movimiento *total*; en tanto que $\vec{\mathbf{p}}$ denota una cantidad de movimiento *individual*.)

Ejemplo 6.1 ■ Cantidad de movimiento: masa y velocidad

Un futbolista de 100 kg corre con una velocidad de 4.0 m/s directamente hacia el fondo del campo. Un proyectil de artillería de 1.0 kg sale del cañón con una velocidad inicial de 500 m/s. ¿Qué tiene más cantidad de movimiento (magnitud), el futbolista o el proyectil?

Razonamiento. Dadas la masa y la velocidad de un objeto, la magnitud de su cantidad de movimiento se calcula mediante la ecuación 6.1.

Solución. Como siempre, primero hacemos una lista de los datos y lo que se pide, empleando los subíndices "p" y "s" para referirnos al futbolista (*player*) y al proyectil (*shell*), respectivamente.

Dado: $m_p = 100$ kg
$v_p = 4.0$ m/s
$m_s = 1.0$ kg
$v_s = 500$ m/s

Encuentre: p_p y p_s (magnitudes de las cantidades de movimiento)

La magnitud de la cantidad de movimiento del futbolista es

$$p_p = m_p v_p = (100 \text{ kg})(4.0 \text{ m/s}) = 4.0 \times 10^2 \text{ kg} \cdot \text{m/s}$$

y la del proyectil es

$$p_s = m_s v_s = (1.0 \text{ kg})(500 \text{ m/s}) = 5.0 \times 10^2 \text{ kg} \cdot \text{m/s}$$

Así pues, el proyectil, menos masivo, tiene más cantidad de movimiento. Recordemos que la magnitud de la cantidad de movimiento depende tanto de la masa como de la magnitud de la velocidad.

Ejercicio de refuerzo. ¿Qué rapidez necesitaría el futbolista para que su cantidad de movimiento tuviera la misma magnitud que la del proyectil? (*Las respuestas de todos los Ejercicios de refuerzo se dan al final del libro.*)

Ejemplo integrado 6.2 ■ Cantidad de movimiento lineal: comparaciones de orden de magnitud

Consideremos los tres objetos que se muestran en la ▸figura 6.1: una bala calibre .22, un barco de crucero y un glaciar. Suponiendo que cada uno se mueve con su rapidez normal, *a*) ¿cuál cabría esperar que tenga mayor cantidad de movimiento lineal 1) la bala, 2) el barco o 3) el glaciar? *b*) Estime las masas y rapideces, y calcule valores de orden de magnitud para la cantidad de movimiento lineal de los objetos.

a) Razonamiento conceptual. Es indudable que la bala es la que viaja con mayor rapidez y que el glaciar es el más lento, con el barco en un punto intermedio. Sin embargo, la cantidad de movimiento, $p = mv$, depende igualmente de la masa y de la velocidad. La veloz bala tiene una masa diminuta comparada con el barco y el glaciar. El lento glaciar tiene una masa enorme que supera por mucho a la de la bala, aunque no tanto a la del barco. Éste pesa mucho y, por lo tanto, posee una masa considerable. La cantidad de movimiento relativa también depende de las rapideces. El glaciar apenas "se arrastra" en comparación con el barco, así que su lentitud contrarresta su enorme masa y hace que su cantidad de movimiento sea menor que lo esperado. Si suponemos que la diferencia de velocidad es mayor que la diferencia de masa para el caso del barco y del glaciar, el barco tendría más cantidad de movimiento. Asimismo, a causa de la relativamente diminuta masa de la veloz bala, cabe esperar que tenga la menor cantidad de movimiento. Con este razonamiento, el objeto con más cantidad de movimiento sería el barco, y con menos, la bala, de manera que la respuesta sería 2.

b) Razonamiento cuantitativo y solución. Como no nos dan datos físicos, tendremos que estimar las masas y las velocidades (rapideces) de los objetos para luego calcular sus cantidades de movimiento [y verificar el razonamiento del inciso *a*]. Como suele suceder en problemas de la vida real, quizá resulte difícil estimar los valores, por lo que trataríamos de buscar valores aproximados para las diversas cantidades. En este ejemplo haremos tales estimaciones. (Las unidades dadas en las referencias varían, y es importante convertir correctamente las unidades.)

Dado: Estimaciones (se dan en seguida) de peso (masa) y rapidez para la bala, el barco de crucero y el glaciar.

Encuentre: Las magnitudes aproximadas de las cantidades de movimiento de la bala (p_b), el barco (p_s) y el glaciar (p_g).

Bala: una bala calibre .22 común tiene un peso de unos 30 granos y una velocidad inicial de unos 1300 ft/s. (Un grano, que se abrevia gr, es una vieja unidad inglesa. Los farmacéuticos solían usarla con frecuencia; por ejemplo, comprimidos de aspirina de 5 granos; 1 lb = 7000 gr.)

Barco: un barco como el de la figura 6.1b tendría un peso de unas 70 000 toneladas y una rapidez de aproximadamente 20 nudos. (El nudo es otra unidad antigua, que todavía se usa comúnmente en contextos náuticos; 1 nudo = 1.15 mi/h.)

Glaciar: el glaciar podría tener 1 km de anchura, 10 km de longitud y 250 m de altura, y avanzar a razón de 1 m al día. (Hay gran variación entre glaciares. Por ello, estas cifras implican más supuestos y estimados más burdos que los de la bala y el barco. Por ejemplo, estamos suponiendo un área transversal rectangular uniforme para el glaciar. La altura es lo más difícil de estimar a partir de una fotografía; podemos suponer un valor mínimo por el hecho de que los glaciares deben tener un espesor de por lo menos 50-60 m para poder "fluir". Las velocidades observadas varían desde unos cuantos centímetros hasta 40 m por día en el caso de glaciares de valle como el de la figura 6.1c. El valor que escogimos aquí se considera representativo.)

Ahora convertimos los datos en unidades métricas para obtener estos órdenes de magnitud:

Bala:

$$m_b = 30\text{ gr}\left(\frac{1\text{ lb}}{7000\text{ gr}}\right)\left(\frac{1\text{ kg}}{2.2\text{ lb}}\right) = 0.0019\text{ kg} \approx 10^{-3}\text{ kg}$$

$$v_b = (1.3 \times 10^3\text{ ft/s})\left(\frac{0.305\text{ m/s}}{\text{ft/s}}\right) = 4.0 \times 10^2\text{ m/s} \approx 10^2\text{ m/s}$$

Barco:

$$m_s = 7.0 \times 10^4\text{ ton}\left(\frac{2.0 \times 10^3\text{ lb}}{\text{ton}}\right)\left(\frac{1\text{ kg}}{2.2\text{ lb}}\right) = 6.4 \times 10^7\text{ kg} \approx 10^8\text{ kg}$$

$$v_s = 20\text{ nudos}\left(\frac{1.15\text{ mi/h}}{\text{nudo}}\right)\left(\frac{0.447\text{ m/s}}{\text{mi/h}}\right) = 10\text{ m/s} = 10^1\text{ m/s}$$

a)

b)

c)

▲ **FIGURA 6.1** Tres objetos en movimiento: comparación de cantidades de movimiento y energías cinéticas *a*) Una bala calibre .22 hace añicos un bolígrafo; *b*) un barco de crucero; *c*) un glaciar de Glaciar Bay, Alaska. Véase el ejemplo 6.2.

(continúa en la siguiente página)

Glaciar:

$$\text{anchura} \approx 10^3\ \text{m, longitud} \approx 10^4\ \text{m, altura} \approx 10^2\ \text{m}$$

$$v_g = (1.0\ \text{m/día})\left(\frac{1\ \text{día}}{86\,400\ \text{s}}\right) = 1.2 \times 10^{-5}\ \text{m/s} \approx 10^{-5}\ \text{m/s}$$

Ya tenemos todos los estimados de rapidez y masa, excepto m_g, la masa del glaciar. Para calcular este valor, necesitamos conocer la densidad del hielo, ya que $m = \rho V$ (ecuación 1.1). La densidad del hielo es menor que la del agua (el hielo flota en el agua); pero no es muy diferente, así que usaremos la densidad del agua, $1.0 \times 10^3\ \text{kg/m}^3$ para simplificar los cálculos.

Así, la masa del glaciar es aproximadamente

$$m_g = \rho V = \rho(l \times w \times d)$$
$$\approx (10^3\ \text{kg/m}^3)[(10^4\ \text{m})(10^3\ \text{m})(10^2\ \text{m})] = 10^{12}\ \text{kg}$$

Ahora calculamos la magnitud de las cantidades de movimiento de los objetos:

Bala:

$$p_b = m_b v_b \approx (10^{-3}\ \text{kg})(10^2\ \text{m/s}) = 10^{-1}\ \text{kg}\cdot\text{m/s}$$

Barco:

$$p_s = m_s v_s \approx (10^8\ \text{kg})(10^1\ \text{m/s}) = 10^9\ \text{kg}\cdot\text{m/s}$$

Glaciar:

$$p_g = m_g v_g \approx (10^{12}\ \text{kg})(10^{-5}\ \text{m/s}) = 10^7\ \text{kg}\cdot\text{m/s}$$

Vemos que el barco es el que tiene mayor cantidad de movimiento, y la bala, la que menos.

Ejercicio de refuerzo. ¿Qué objeto de este ejemplo tiene 1) mayor energía cinética y 2) menor energía cinética? Justifique sus respuestas efectuando cálculos de orden de magnitud. (Tenga en cuenta que en este caso la dependencia es del cuadrado de la rapidez, $K = \frac{1}{2}mv^2$.)

Ejemplo 6.3 ■ Cantidad de movimiento total: suma vectorial

¿Qué cantidad de movimiento total tiene cada uno de los sistemas de partículas que se ilustran en la ▸figura 6.2a y b?

Razonamiento. La cantidad de movimiento total es la suma vectorial de las cantidades de movimiento individuales (ecuación 6.2). Esta cantidad se calcula utilizando los componentes de cada vector.

Solución.

Dado: magnitudes y direcciones de las cantidades de movimiento de la figura 6.2

Encuentre: *a*) Cantidad de movimiento total ($\vec{\mathbf{P}}$) para la figura 6.2a
b) Cantidad de movimiento total ($\vec{\mathbf{P}}$) para la figura 6.2b

***a*)** La cantidad de movimiento total de un sistema es la suma vectorial de las cantidades de movimiento de las partículas individuales, así que

$$\vec{\mathbf{P}} = \vec{\mathbf{p}}_1 + \vec{\mathbf{p}}_2 = (2.0\ \text{kg}\cdot\text{m/s})\hat{\mathbf{x}} + (3.0\ \text{kg}\cdot\text{m/s})\hat{\mathbf{x}} = (5.0\ \text{kg}\cdot\text{m/s})\hat{\mathbf{x}}\ \ (\textit{dirección} + x)$$

***b*)** El cálculo de las cantidades de movimiento totales en las direcciones x y y da:

$$\vec{\mathbf{P}}_x = \vec{\mathbf{p}}_1 + \vec{\mathbf{p}}_2 = (5.0\ \text{kg}\cdot\text{m/s})\hat{\mathbf{x}} + (-8.0\ \text{kg}\cdot\text{m/s})\hat{\mathbf{x}}$$
$$= -(3.0\ \text{kg}\cdot\text{m/s})\hat{\mathbf{x}} \qquad (\textit{dirección} -x)$$

$$\vec{\mathbf{P}}_y = \vec{\mathbf{p}}_3 = (4.0\ \text{kg}\cdot\text{m/s})\hat{\mathbf{y}} \quad (\textit{dirección} +y)$$

Entonces,

$$\vec{\mathbf{P}} = \vec{\mathbf{P}}_x + \vec{\mathbf{P}}_y = (-3.0\ \text{kg}\cdot\text{m/s})\hat{\mathbf{x}} + (4.0\ \text{kg}\cdot\text{m/s})\hat{\mathbf{y}}$$

o bien,

$$P = 5.0\ \text{kg}\cdot\text{m/s a } 53^\circ \text{ en relación con el eje } x \text{ negativo.}$$

Ejercicio de refuerzo. En este ejemplo, si $\vec{\mathbf{p}}_1$ y $\vec{\mathbf{p}}_2$ del inciso *a* se sumaran a $\vec{\mathbf{p}}_2$ y $\vec{\mathbf{p}}_3$ del inciso *b*, ¿cuál sería la cantidad de movimiento total?

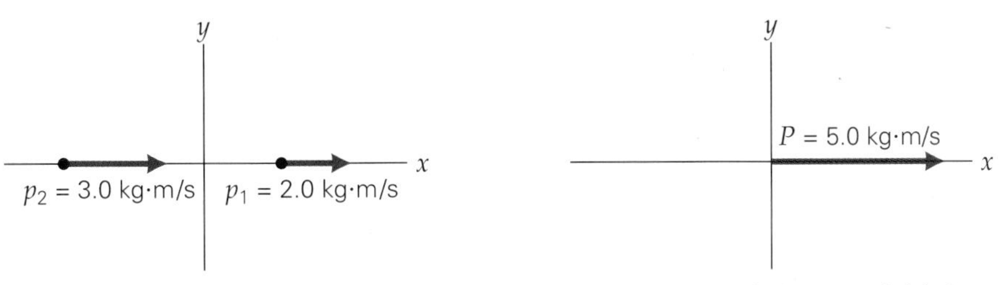

a) $\vec{\mathbf{P}} = \vec{\mathbf{p}}_1 + \vec{\mathbf{p}}_2$

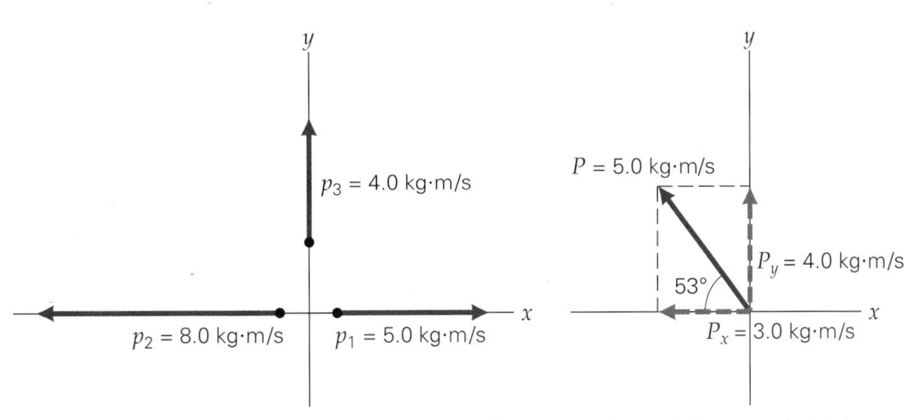

b) $\vec{\mathbf{P}} = \vec{\mathbf{p}}_1 + \vec{\mathbf{p}}_2 + \vec{\mathbf{p}}_3$

◀ **FIGURA 6.2 Cantidad de movimiento total** La cantidad de movimiento total de un sistema de partículas es la suma vectorial de las cantidades de movimiento individuales de las partículas. Véase el ejemplo 6.3.

En el ejemplo 6.3a, las cantidades de movimiento estaban sobre los ejes de coordenadas y, por ello, se sumaron directamente. Si el movimiento de una (o más) de las partículas no sigue un eje, su vector de cantidad de movimiento se puede descomponer en componentes rectangulares; después, pueden sumarse componentes individuales para obtener los componentes de la cantidad de movimiento total, tal como hicimos con componentes de fuerza en el capítulo 4.

Puesto que la cantidad de movimiento es un vector, un cambio de cantidad de movimiento puede ser resultado de un cambio de magnitud, de dirección o de ambas. En la ▾ figura 6.3 se dan ejemplos de cambios en la cantidad de movimiento de partículas debidos a cambios de dirección después de un choque. En esa figura, suponemos que la magnitud de la cantidad de movimiento de la partícula es la misma antes y después del choque (las flechas tienen la misma longitud). La figura 6.3a ilustra un rebote directo: un cambio de dirección de 180°. Observe que el cambio de cantidad de movimiento ($\Delta\vec{\mathbf{p}}$) es la diferencia vectorial, y que los signos de dirección de los vectores son importantes. La figura 6.3b muestra un choque de refilón, donde el cambio de cantidad de movimiento se obtiene analizando los componentes x y y.

▾ **FIGURA 6.3 Cambio de cantidad de movimiento** El cambio de cantidad de movimiento está dado por la diferencia en los vectores de cantidad de movimiento. *a)* Aquí, la suma vectorial es cero, pero la deferencia vectorial, el cambio de cantidad de movimiento, no. (Las partículas se han desplazado por claridad.) *b)* El cambio de cantidad de movimiento se obtiene calculando el cambio en los componentes.

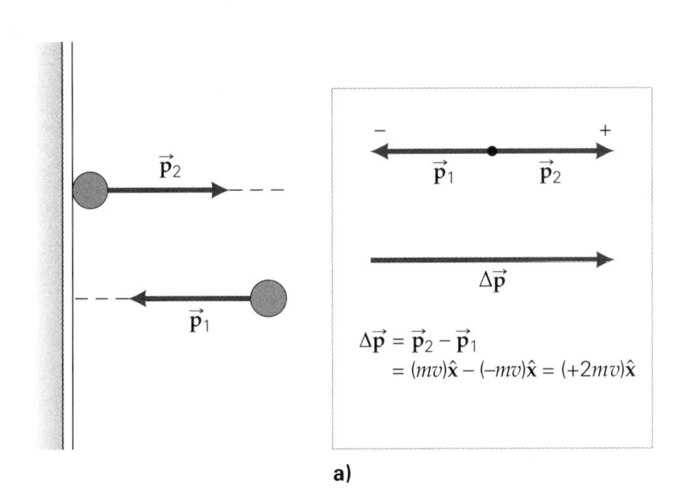

a)

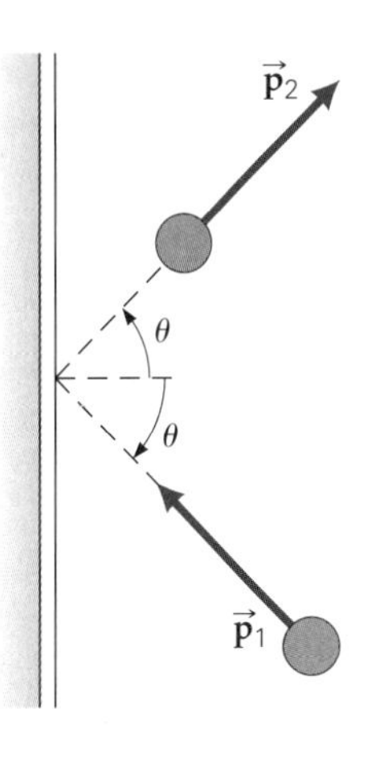

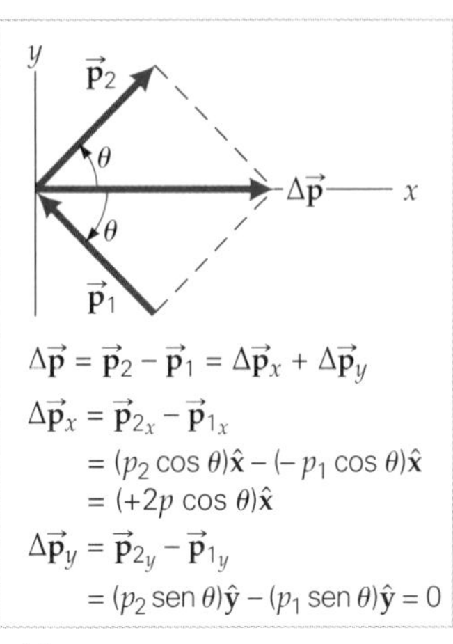

b)

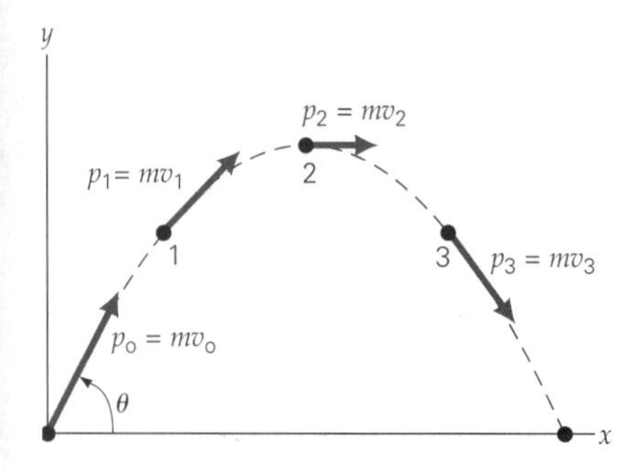

▲ **FIGURA 6.4 Cambio en la cantidad de movimiento de un proyectil** El vector de cantidad de movimiento total de un proyectil es tangente a la trayectoria del proyectil (como lo es su velocidad); este vector cambia de magnitud y dirección debido a la acción de una fuerza externa (la gravedad). El componente x de la cantidad de movimiento es constante. (¿Por qué?)

Fuerza y cantidad de movimiento

Como vimos en el capítulo 4, si un objeto tiene un cambio de velocidad (una aceleración), deberá haber una fuerza neta actuando sobre él. Asimismo, dado que la cantidad de movimiento está directamente relacionada con la velocidad, un cambio de cantidad de movimiento también requiere una fuerza. De hecho, Newton expresó originalmente su segunda ley del movimiento en términos de cantidad de movimiento, en vez de aceleración. Podemos ver la relación fuerza-cantidad de movimiento partiendo de $\vec{\mathbf{F}}_{\text{neta}} = m\vec{\mathbf{a}}$ y usando $\vec{\mathbf{a}} = (\vec{\mathbf{v}} - \vec{\mathbf{v}}_o)/\Delta t$, donde la masa se supone constante. Entonces,

$$\vec{\mathbf{F}}_{\text{neta}} = m\vec{\mathbf{a}} = \frac{m(\vec{\mathbf{v}} - \vec{\mathbf{v}}_o)}{\Delta t} = \frac{m\vec{\mathbf{v}} - m\vec{\mathbf{v}}_o}{\Delta t} = \frac{\vec{\mathbf{p}} - \vec{\mathbf{p}}_o}{\Delta t} = \frac{\Delta\vec{\mathbf{p}}}{\Delta t}$$

o bien,

$$\vec{\mathbf{F}}_{\text{neta}} = \frac{\Delta\vec{\mathbf{p}}}{\Delta t} \qquad \textit{Segunda ley de Newton del movimiento en términos de cantidad de movimiento} \qquad (6.3)$$

donde $\vec{\mathbf{F}}_{\text{neta}}$ es la fuerza neta promedio que actúa sobre el objeto, si la aceleración no es constante (o la fuerza neta instantánea si Δt se aproxima a cero).

Expresada en esta forma, la segunda ley de Newton indica que la fuerza externa neta que actúa sobre un objeto es igual a la tasa de cambio de la cantidad de movimiento del objeto con el tiempo. Es evidente, por el desarrollo de la ecuación 6.3, que las ecuaciones $\vec{\mathbf{F}}_{\text{neta}} = m\vec{\mathbf{a}}$ y $\vec{\mathbf{F}}_{\text{neta}} = \Delta\vec{\mathbf{p}}/\Delta t$ son equivalentes, si la masa es constante. Sin embargo, en algunas situaciones la masa podría variar. No tomaremos en cuenta este factor en nuestro análisis de los choques de partículas, pero veremos un caso especial más adelante en este capítulo. La forma más general de la segunda ley de Newton, la ecuación 6.3, es válida aun cuando la masa varíe.

Así como la ecuación $\vec{\mathbf{F}}_{\text{neta}} = m\vec{\mathbf{a}}$ indica que una aceleración es indicio de una fuerza neta, la ecuación $\vec{\mathbf{F}}_{\text{neta}} = \Delta\vec{\mathbf{p}}/\Delta t$ indica que un *cambio de cantidad de movimiento es indicio de una fuerza neta*. Por ejemplo, como se observa en la ◂figura 6.4, la cantidad de movimiento de un proyectil es tangente a la trayectoria parabólica del proyectil, y cambian tanto su magnitud como su dirección. El cambio de cantidad de movimiento indica que una fuerza neta actúa sobre el proyectil, y sabemos que es la fuerza gravitacional. En la figura 6.3 ilustramos algunos cambios de cantidad de movimiento. ¿Puede usted identificar las fuerzas en esos dos casos? Piense en términos de la tercera ley de Newton.

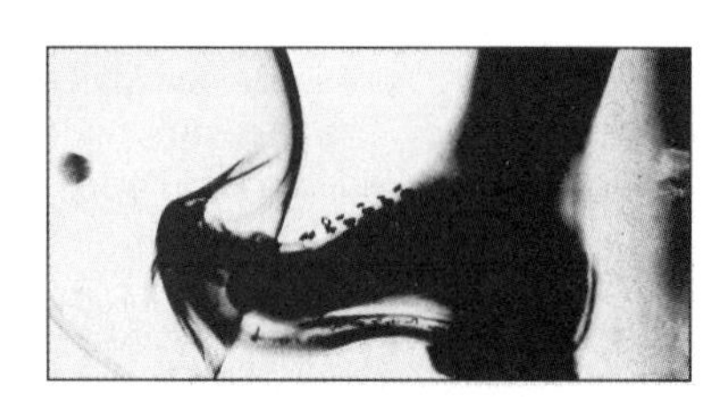

a)

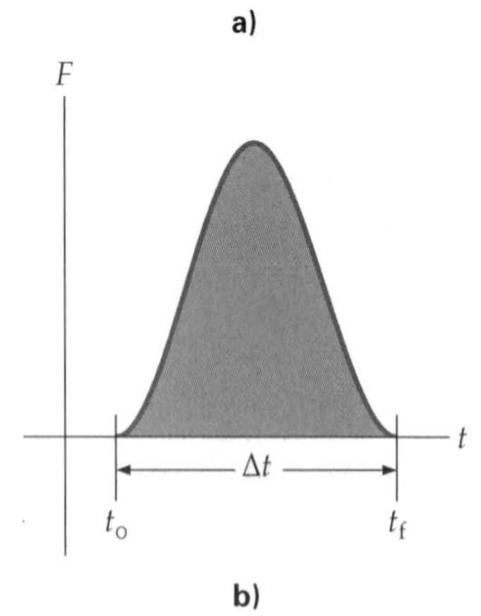

b)

▲ **FIGURA 6.5 Impulso por choque** *a)* El impulso por choque hace que el balón se deforme. *b)* El impulso es el área bajo la curva de una gráfica de F contra t. Tome en cuenta que la fuerza de impulso sobre el balón no es constante: aumenta hasta un máximo.

6.2 Impulso

OBJETIVOS: *a)* Relacionar impulso y cantidad de movimiento, y *b)* energía cinética y cantidad de movimiento.

Cuando dos objetos (como un martillo y un clavo, un palo y una pelota de golf, o incluso dos automóviles) chocan, pueden ejercer grandes fuerzas uno sobre el otro durante un periodo corto (◂figura 6.5a). La fuerza no es constante en este caso; sin embargo, la segunda ley de Newton en forma de cantidad de movimiento nos sirve para analizar tales situaciones si utilizamos valores promedio. Escrita en esta forma, la ley dice que la fuerza neta promedio es igual a la tasa de cambio de la cantidad de movimiento con respecto al tiempo: $\vec{\mathbf{F}}_{\text{prom}} = \Delta\vec{\mathbf{p}}/\Delta t$ (ecuación 6.3). Si rescribimos la ecuación para expresar el cambio de cantidad de movimiento, tendremos (si tan sólo una fuerza actúa sobre el objeto):

$$\vec{\mathbf{F}}_{\text{prom}}\Delta t = \Delta\vec{\mathbf{p}} = \vec{\mathbf{p}} - \vec{\mathbf{p}}_o \qquad (6.4)$$

El término $\vec{\mathbf{F}}_{\text{prom}}\Delta t$ se conoce como **impulso** ($\vec{\mathbf{I}}$) de la fuerza:

$$\vec{\mathbf{I}} = \vec{\mathbf{F}}_{\text{prom}}\Delta t = \Delta\vec{\mathbf{p}} = m\vec{\mathbf{v}} - m\vec{\mathbf{v}}_o \qquad (6.5)$$

Unidad SI de impulso y cantidad de movimiento: newton-segundo (N · s)

Así, el *impulso ejercido sobre un objeto es igual al cambio de cantidad de movimiento del objeto*. Esta afirmación se conoce como **teorema impulso-cantidad de movimiento**. Las unida-

TABLA 6.1 Algunos tiempos de contacto comunes con la pelota

	Δt (milisegundos)
Golf (tiro de inicio)	1.0
Béisbol (batazo)	1.3
Tenis (derechazo)	5.0
Fútbol americano (patada)	8.0
Fútbol sóquer (cabezazo)	23.0

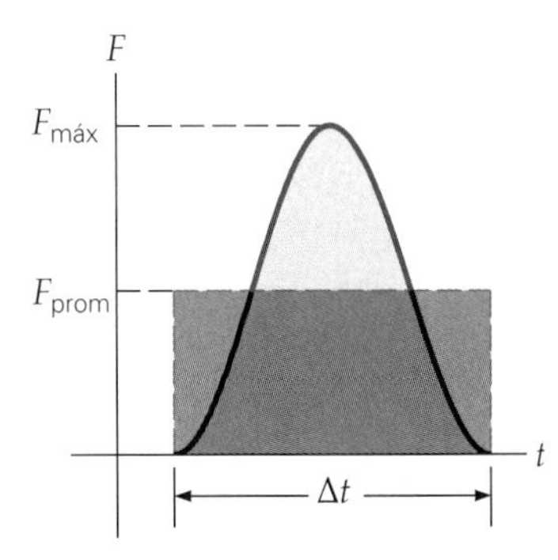

▲ **FIGURA 6.6 Fuerza promedio de impulso** El área bajo la curva de fuerza promedio contra tiempo ($F_{prom}\Delta t$, dentro de las líneas puntedas) es igual al área bajo la curva de F contra t, que suele ser difícil de evaluar.

Ilustración 8.1 Fuerza e impulso

des del impulso son newtons-segundo (N · s), que también son unidades de cantidad de movimiento ($1 \text{ N} \cdot \text{s} = 1 \text{ kg} \cdot \text{m/s}^2 \cdot \text{s} = 1 \text{ kg} \cdot \text{m/s}$.

En el capítulo 5 vimos que, por el teorema trabajo-energía ($W_{neto} = F_{neta}\Delta x = \Delta K$), el área bajo una curva de F_{neta} contra x es igual al trabajo neto, es decir, al cambio de energía cinética. Asimismo, el área bajo una curva de F_{neta} contra t es igual al impulso, o sea, al cambio de cantidad de movimiento (figura 6.5b). Las fuerzas de impulso por lo regular varían con el tiempo y por lo tanto no son constantes. Sin embargo, es recomendable hablar de la fuerza promedio *constante* $\vec{\mathbf{F}}_{prom}$ que actúa durante un intervalo de tiempo Δt para proporcionar el mismo impulso (misma área bajo la curva de fuerza contra tiempo), como se muestra en la ▸figura 6.6. Algunos tiempos de contacto comunes en los deportes se presentan en la tabla 6.1.

Ejemplo 6.4 ■ Golf: el teorema impulso-cantidad de movimiento

Un golfista golpea una pelota de 0.046 kg desde un tee elevado, impartiéndole una rapidez horizontal inicial de 40 m/s (aproximadamente 90 mi/h). ¿Qué fuerza promedio ejerce el palo sobre la pelota durante ese tiempo?

Razonamiento. La fuerza promedio es igual a la tasa de cambio de la cantidad de movimiento con respecto al tiempo (ecuación 6.5).

Solución.

Dado: $m = 0.046 \text{ kg}$
$v = 40 \text{ m/s}$
$v_o = 0$
$\Delta t = 1.0 \text{ ms} = 1.0 \times 10^{-3} \text{ s}$ (tabla 6.1)

Encuentre: F_{prom} (fuerza promedio)

Se nos da la masa, y las velocidades inicial y final, de manera que podemos calcular fácilmente el cambio de cantidad de movimiento. Luego, calculamos la magnitud de la fuerza promedio a partir del teorema impulso-cantidad de movimiento:

$$F_{prom}\Delta t = p - p_o = mv - mv_o$$

Así,

$$F_{prom} = \frac{mv - mv_o}{\Delta t} = \frac{(0.046 \text{ kg})(40 \text{ m/s}) - 0}{1.0 \times 10^{-3} \text{ s}} = 1800 \text{ N (o aprox. 410 lb)}$$

[Es una fuerza muy grande en comparación con el peso de la pelota, $w = mg = (0.046 \text{ kg})(9.80 \text{ m/s}^2) = 0.45 \text{ N}$.] La fuerza tiene la dirección de la aceleración y es la fuerza *promedio*. La fuerza instantánea es aun mayor cerca del punto medio del intervalo de tiempo del choque (Δt en la figura 6.6).

Ejercicio de refuerzo. Suponga que el golfista de este ejemplo golpea la pelota con la misma fuerza promedio, pero "continúa su oscilación" para aumentar el tiempo de contacto a 1.5 ms. ¿Qué efecto tendría este cambio sobre la rapidez horizontal inicial de la pelota?

▲ **FIGURA 6.7** Ajuste del impulso
a) El cambio de cantidad de movimiento al atrapar la pelota es constante, mv_o. Si la pelota se detiene rápidamente (Δt pequeño), la fuerza de impulso es grande (F_{prom} grande) y las manos desnudas arden. *b)* Si aumentamos el tiempo de contacto (Δt grande) moviendo las manos junto con la pelota, la fuerza de impulso se reducirá y no habrá ardor.

El ejemplo 6.4 ilustra las grandes fuerzas que los objetos en colisión pueden ejercer entre sí durante tiempos de contacto cortos. En algunos casos, acortamos el tiempo de contacto para maximizar la fuerza de impulso, por ejemplo en un golpe de karate. Sin embargo, en otros casos es posible manipular Δt con la finalidad de reducir la fuerza. Suponga que el cambio de cantidad de movimiento es fijo en alguna situación. Entonces, dado que $\Delta p = F_{prom}\Delta t$, si es posible alargar Δt se reducirá la fuerza de impulso promedio F_{prom}.

El lector probablemente ya ha tratado algunas veces de reducir al mínimo la fuerza de impulso. Por ejemplo, al atrapar una pelota dura y muy rápida, ha aprendido a no atraparla con los brazos rígidos, sino mover las manos y los brazos junto con la pelota. Este movimiento incrementa el tiempo de contacto y reduce la fuerza de impulso y el "ardor" (◂figura 6.7).

Al saltar desde alguna altura hacia una superficie dura, tratamos de no caer con las piernas rígidas. La detención abrupta (Δt pequeño) aplicaría una fuerza de impulso grande a los huesos y articulaciones de nuestras piernas y quizá nos lesione. Si flexionamos las rodillas al aterrizar, el impulso actuará verticalmente hacia arriba, opuesto a nuestra velocidad ($F_{prom}\Delta t = \Delta p = -mv_o$, siendo cero la velocidad final). De esta manera, el incremento del intervalo de tiempo Δt hace que se reduzca la fuerza de impulso. Otro ejemplo de incremento del tiempo de contacto para reducir la fuerza de impulso se presenta en la sección A fondo 6.1: Las bolsas de aire del automóvil y las bolsas de aire en Marte de la p. 186.

Ejemplo 6.5 ■ Fuerza de impulso y lesión del cuerpo

Un trabajador de 70.0 kg salta con las piernas estiradas desde una altura de 1.00 m hacia el piso de concreto. ¿Cuál es la magnitud del impulso que siente al caer, suponiendo que se detiene súbitamente en 8.00 ms?

Razonamiento. El impulso es $F_{prom}\Delta t$, que no se puede calcular directamente a partir de los datos. No obstante, el impulso es igual al cambio en la cantidad de movimiento, $F_{prom}\Delta t = \Delta p = mv - mv_o$. Así que el impulso se calcula a partir de la diferencia en las cantidades de movimiento.

Solución.

Dado: $m = 70.0$ kg
$h = 1.00$ m
$\Delta t = 8.00 \text{ ms} = 8.00 \times 10^{-3}$ s

Encuentre: impulso (I) sobre el trabajador

Aquí hay dos partes distintas: *a*) el trabajador que desciende después de saltar y *b*) la detención súbita después de golpear el piso. Así que debemos ser cuidadosos con la notación.

a) Aquí, $v_{o_1} = 0$, y la velocidad final se encuentra con $v^2 = v_o^2 - 2gh$ (ecuación 2.12′), cuyo resultado es

$$v_1 = -\sqrt{2gh}$$

b) La v_1 del primer proceso es entonces la velocidad inicial con la que el trabajador con las piernas rígidas golpea el piso, esto es, $v_{o_2} = v_1 = -\sqrt{2gh}$, y la velocidad final en la segunda fase es $v_2 = 0$. Entonces,

$$I = F_{prom}\Delta t = \Delta p = mv_2 - mv_{o_2} = 0 - m(-\sqrt{2gh}) = +m\sqrt{2gh}$$
$$= (70.0\text{ kg})\sqrt{2(9.80\text{ m/s}^2)(1.00\text{ m})} = 310\text{ kg}\cdot\text{m/s}$$

donde el impulso es en la dirección hacia arriba.

Con un Δt de 6.0×10^{-3} s para la detención repentina en el impacto, esto daría una fuerza de

$$F_{prom} = \frac{\Delta p}{\Delta t} = \frac{310\text{ kg}\cdot\text{m/s}}{8.00 \times 10^{-3}\text{ s}} = 3.88 \times 10^4\text{ N} \quad (\text{¡aproximadamente } 8.73 \times 10^3 \text{ lb de fuerza!})$$

y la fuerza es hacia arriba sobre las piernas rígidas.

Ejercicio de refuerzo. Suponga que el trabajador flexionó sus rodillas y prolongó el tiempo de contacto a 0.60 s al caer. ¿Cuál sería la fuerza de impulso sobre él en este caso?

En otros casos, la fuerza de impulso aplicada podría ser relativamente constante, aumentando deliberadamente el tiempo de contacto (Δt) para generar un mayor impulso y, por lo tanto, un mayor cambio en la cantidad de movimiento ($F_{prom}\Delta t = \Delta p$). Éste es el principio del "*follow-through*" en los deportes, como cuando se golpea una

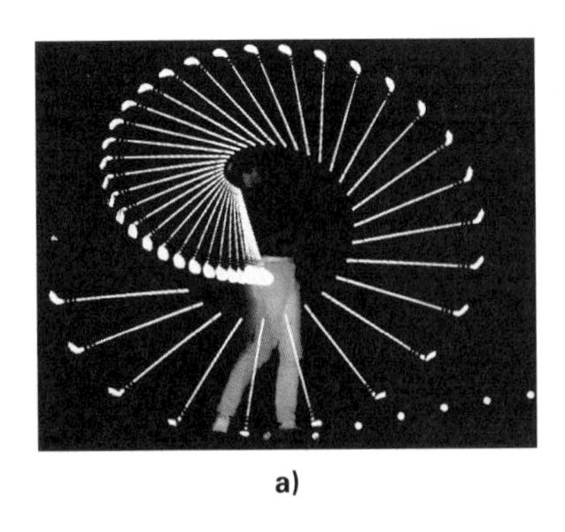

a)

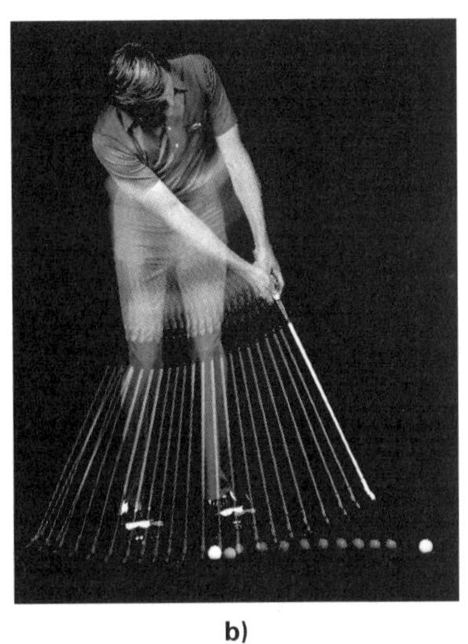

b)

◀ **FIGURA 6.8** Prolongación del tiempo de contacto *a*) Un golfista continúa su *swing* al golpear la pelota. Un motivo para hacerlo es que ello prolonga el tiempo de contacto y la pelota recibe un mayor impulso y mayor cantidad de movimiento. *b*) El *follow-through* con un palo largo aumenta el tiempo de contacto para lograr mayor cantidad de movimiento, pero el objetivo principal es el control direccional.

pelota con un bate, con una raqueta o con un palo de golf. En este último caso (▲figura 6.8a), suponiendo que el golfista aplica la misma fuerza promedio en cada *swing*, cuanto mayor sea el tiempo de contacto, mayor será el impulso o la cantidad de movimiento que la pelota reciba. Es decir, con $F_{prom}\Delta t = mv$ (dado que $v_o = 0$), cuanto mayor sea el valor de Δt, mayor será la rapidez final de la pelota. (Este principio se ilustra en el Ejercicio de refuerzo del ejemplo 6.4.) Como vimos en la sección 3.4, una mayor velocidad de proyección aumenta el alcance de un proyectil. En algunos casos, un *follow-through* largo podría servir básicamente para controlar mejor la dirección de la pelota (figura 6.8b).

Ilustración 8.2 La diferencia entre impulso y trabajo

La palabra *impulso* implica que la fuerza de impulso actúa brevemente (como una persona "impulsiva"), y esto es cierto en muchos casos. No obstante, la definición de *impulso* no limita el intervalo de tiempo durante el cual la fuerza actúa. Técnicamente, un cometa en su punto de máximo acercamiento al Sol interviene en un choque, porque en física las fuerzas de colisión *no* tienen que ser fuerzas de contacto. Fundamentalmente, un **choque** es una interacción entre objetos donde hay un intercambio de cantidad de movimiento y de energía.

Como habría que esperar por el teorema trabajo-energía y el teorema impulso-cantidad de movimiento, la cantidad de movimiento y la energía cinética están relacionadas directamente. Basta una pequeña manipulación algebraica de la ecuación de energía cinética (ecuación 5.5) para expresar la energía cinética (K) en términos de la *magnitud* de la cantidad de movimiento:

$$K = \tfrac{1}{2}mv^2 = \frac{(mv)^2}{2m} = \frac{p^2}{2m} \qquad (6.6)$$

Entonces, la energía cinética y la cantidad de movimiento están íntimamente relacionadas, pero son cantidades diferentes.

6.3 Conservación de la cantidad de movimiento lineal

OBJETIVOS: *a*) Explicar las condiciones que se deben cumplir para que se conserve la cantidad de movimiento lineal y *b*) aplicarla a situaciones físicas.

Al igual que la energía mecánica total, la cantidad de movimiento de un sistema se conserva sólo bajo ciertas condiciones. Este hecho nos permite analizar una amplia gama de situaciones y facilita la resolución de muchos problemas. La conservación de la cantidad de movimiento es uno de los principios más importantes en física. En particular, sirve para analizar el choque de objetos que van desde partículas subatómicas hasta automóviles en accidentes de tránsito.

Para que se conserve (es decir, que no varíe con el tiempo), la cantidad de movimiento lineal de un objeto debe cumplirse una condición que es evidente cuando se plantea la segunda ley de Newton en términos de la cantidad de movimiento (ecuación 6.3). Si la fuerza neta que actúa sobre una partícula es cero, es decir,

$$\vec{\mathbf{F}}_{neta} = \frac{\Delta\vec{\mathbf{p}}}{\Delta t} = 0$$

A FONDO 6.1 LAS BOLSAS DE AIRE DEL AUTOMÓVIL Y LAS BOLSAS DE AIRE EN MARTE

En una noche oscura y lluviosa, ¡un automóvil sale de control y choca de frente contra un gran árbol! El conductor logra salir con sólo lesiones menores, gracias a que llevaba abrochado el cinturón de seguridad y a que se desplegaron las bolsas de aire. Las bolsas de aire, junto con los cinturones de seguridad, son dispositivos diseñados para evitar (o disminuir) las lesiones a los pasajeros en los accidentes automovilísticos.

Cuando un automóvil choca contra algo que, en esencia, está inmóvil —como un árbol o el contrafuerte de un puente—, o cuando choca de frente contra otro vehículo, el auto se detiene casi instantáneamente. Si los pasajeros en el asiento delantero no llevan abrochados sus cinturones de seguridad (y si, además, el automóvil no está equipado con bolsas de aire), continúan moviéndose hasta que una fuerza externa actúa sobre ellos (según la primera ley de Newton). Para el conductor, esta fuerza la ejercen el volante y la columna de dirección; y para el pasajero, el tablero y/o el parabrisas.

Aun cuando todos los ocupantes llevan abrochados los cinturones, es probable que sufran lesiones. Los cinturones absorben energía al estirarse y amplían el área sobre la cual se ejerce la fuerza. Sin embargo, si el automóvil va muy rápido y golpea algo que está inmóvil, podría haber demasiada energía como para que los cinturones la absorban. Aquí es donde entra en acción la bolsa de aire, que se infla automáticamente con un fuerte impacto (figura 1), sirviendo de cojín al conductor (y al pasajero del asiento delantero, si ambos lugares están equipados con ellas). En términos de impulso, la bolsa de aire prolonga el tiempo de contacto para detenerse, pues la fracción de segundo que le toma a la cabeza de alguien hundirse en la bolsa inflada es varias veces mayor que el instante en que esa persona se hubiera detenido al golpear una superficie sólida como el parabrisas. Un tiempo de contacto más prolongado significa una fuerza de impacto promedio reducida y, por lo tanto, menor probabilidad de sufrir una lesión. (Como la bolsa es grande, la fuerza de impacto total también se expande sobre una superficie mayor del cuerpo, de manera que la fuerza en cualquier parte del cuerpo también es menor.)

¿Cómo es que se infla la bolsa de aire durante el breve momento entre un impacto frontal y el instante en que el conductor golpearía contra la columna de dirección? Una bolsa de aire está equipada con sensores que detectan la fuerte desaceleración asociada con un choque de frente en el instante en que éste se inicia. Si la desaceleración excede el umbral establecido de los sensores, una unidad de control envía una corriente eléctrica a un encendedor en la bolsa de aire, que desencadena una explosión química que genera gas para inflar la bolsa con una rapidez muy elevada. Todo el proceso, desde la detección del impacto hasta que la bolsa se infla por completo, lleva unas 25 *milésimas* de segundo (0.025 s).

Las bolsas de aire han salvado muchas vidas. Sin embargo, en algunos casos, el despliegue de las bolsas de aire ha causado problemas. Una bolsa de aire no es un cojín suave y blando. Cuando se activa, sale disparada de su compartimiento con una rapidez de 320 km/h (200 mi/h) y podría golpear a una persona con fuerza suficiente como para causarle severos daños e incluso la muerte. Se aconseja a los adultos sentarse por lo menos a 13 cm (6 in) del compartimiento de la bolsa de aire y siempre abrocharse el cinturón de seguridad. Los niños deben sentarse en el asiento trasero, fuera del alcance de las bolsas de aire.*

Bolsas de aire en Marte

¿Bolsas de aire en Marte? Hubo algunas en 1997, cuando la nave espacial *Pathfinder* dejó un vehículo de exploración en la superficie de Marte. Y en 2004, más bolsas de aire llegaron a

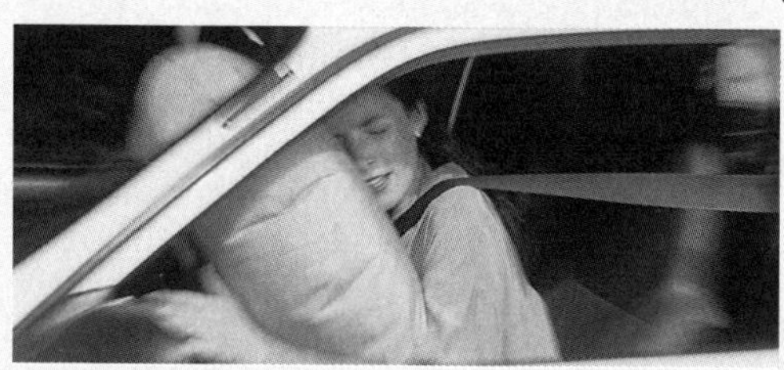

FIGURA 1 Impulso y seguridad La bolsa de aire de un automóvil prolonga el tiempo de contacto para detenerse y evita que el conductor se golpee contra el tablero o con el parabrisas en caso de un choque; al inflarse, la bolsa de aire disminuye la fuerza de impulso que podría causar lesiones.

*Recomendaciones de la National Highway Traffic Safety Administration (www.nhtsa.dot.gov).

entonces

$$\Delta\vec{\mathbf{p}} = 0 = \vec{\mathbf{p}} - \vec{\mathbf{p}}_o$$

donde $\vec{\mathbf{p}}_o$ es la cantidad de movimiento inicial y $\vec{\mathbf{p}}$ es la cantidad de movimiento en algún instante posterior. Dado que estos dos valores son iguales, se conserva la cantidad de movimiento:

$$\vec{\mathbf{p}} = \vec{\mathbf{p}}_o \quad \text{o} \quad m\vec{\mathbf{v}} = m\vec{\mathbf{v}}_o$$

cantidad de movimiento final = cantidad de movimiento inicial

Esta observación es congruente con la primera ley de Newton: un objeto permanece en reposo ($\vec{\mathbf{p}} = 0$), o en movimiento con velocidad *uniforme* $\vec{\mathbf{p}} \neq 0$, a menos que actúe sobre él una fuerza externa neta.

Nota: una $\vec{\mathbf{p}}$ minúscula indica una cantidad de movimiento individual. Una $\vec{\mathbf{P}}$ mayúscula denota la cantidad de movimiento total del sistema. Ambas son vectores. ($\vec{\mathbf{P}} = \Sigma\vec{\mathbf{p}}_i$).

La conservación de la cantidad de movimiento se puede extender a un sistema de partículas, si la segunda ley de Newton se escribe en términos de la fuerza neta que actúa sobre el sistema y de las cantidades de movimiento de las partículas: $\vec{\mathbf{F}}_{\text{neta}} = \Sigma\vec{\mathbf{F}}_i$ y $\vec{\mathbf{P}} = \Sigma\vec{\mathbf{p}}_i = \Sigma m\vec{\mathbf{v}}_i$.

Puesto que $\vec{\mathbf{F}}_{\text{neta}} = \Delta\vec{\mathbf{P}}/\Delta t$, y, si ninguna fuerza externa neta actúa *sobre el sistema*, $\vec{\mathbf{F}}_{\text{neta}} = 0$ y $\Delta\vec{\mathbf{F}} = 0$; entonces $\vec{\mathbf{P}} = \vec{\mathbf{P}}_o$, y se conserva la cantidad de movimiento *total*. Esta condición generalizada es la ley de **conservación de la cantidad de movimiento lineal**:

Conservación de la cantidad de movimiento, sin fuerza externa neta

$$\vec{\mathbf{P}} = \vec{\mathbf{P}}_o \tag{6.7}$$

Así la cantidad de movimiento lineal total de un sistema, $\vec{\mathbf{P}} = \Sigma\vec{\mathbf{p}}_i$, se conserva si la fuerza externa neta que actúa sobre el sistema es cero.

a)

Marte con la Misión Mars Exploration Rover. Por lo general, es posible amortiguar los aterrizajes de las naves espaciales gracias a los retrocohetes encendidos de manera intermitente hacia la superficie del planeta. Sin embargo, encender los retrocohetes muy cerca de la superficie de Marte podría dejar rastros de químicos extraños de combustión sobre ella. Como uno de los objetivos de las misiones a Marte es analizar la composición química de las rocas y del suelo de ese planeta, había que desarrollar otro método para descender.

¿La solución? Probablemente el sistema de bolsas de aire más caro que jamás se haya creado, ya que su desarrollo e instalación tuvieron un costo aproximado de 5 millones de dólares. "Pelotas de playa" de 4.6 m (15 ft) de diámetro rodearon los vehículos de exploración para efectuar una llegada sobre bolsas de aire (figura 2a).

Al entrar a la atmósfera de Marte, la nave viajaba a unos 27 000 km/h (17 000 mi/h). Un sistema de cohetes de altitud elevada y un paracaídas la frenaron hasta una rapidez de entre 80 y 100 km/h (esto es, entre 50 y 60 mi/h). A una altura de 200 m (660 ft), los generadores de gas inflaron las bolsas de aire, que envolvieron los vehículos de exploración permitiéndoles rebotar y rodar un poco durante el aterrizaje (figura 2b). Las bolsas de aire se desinflaron y los vehículos rodaron sobre la superficie de Marte (figura 2c).

b)

c)

FIGURA Más y más rebotes *a*) Bolsas de aire se utilizaron como "pelotas de playa" para proteger al *Pathfinder* y a los vehículos de exploración Mars Rovers. *b*) La concepción de un artista de uno de los vehículos de exploración rebotando en sus bolsas de aire en Marte. *c*) Un vehículo de exploración queda al descubierto de manera segura.

Hay otras formas de lograr esta condición. Por ejemplo, en el capítulo 5 vimos que un sistema cerrado o aislado es aquel donde no actúa ninguna fuerza externa neta, así que se conserva la cantidad de movimiento lineal total de un sistema aislado.

Dentro de un sistema actúan fuerzas internas, como cuando sus partículas chocan. Éstos son pares de fuerzas según la tercera ley de Newton, y hay buenos motivos para no mencionar explícitamente tales fuerzas en la condición para que se conserve la cantidad de movimiento. Según la tercera ley de Newton, estas fuerzas internas son iguales y opuestas, y se anulan entre sí vectorialmente. Por ello, *la fuerza interna neta de un sistema cerrado siempre es cero.*

Nota: los pares de fuerzas de la tercera ley se estudiaron en la sección 4.4.

No obstante, algo que es importante entender es que las cantidades de movimiento de partículas u objetos individuales dentro de un sistema podrían cambiar. Sin embargo, en ausencia de una fuerza externa neta, la *suma vectorial* de todas las cantidades de movimiento (la cantidad de movimiento total del sistema $\vec{\mathbf{P}}$) no cambia. Si los objetos inicialmente están en reposo (es decir, si la cantidad de movimiento total es cero) y luego se ponen en movimiento como resultado de fuerzas internas, la cantidad de movimiento total seguirá siendo cero. Este principio se ilustra en la ▼figura 6.9 y se analiza en el ejemplo 6.6. Los objetos dentro de un sistema aislado podrían transferir cantidad de movimiento entre sí; pero la cantidad de movimiento total después de los cambios deberá ser igual al valor inicial, suponiendo que la fuerza externa neta sobre el sistema es cero.

En muchos casos la conservación de la cantidad de movimiento es de gran utilidad para analizar situaciones movimiento y choques. Ilustraremos su aplicación con los ejemplos siguientes. (Observe que, en muchos casos, la conservación de la cantidad de movimiento hace innecesario conocer las fuerzas que intervienen.)

Ilustración 6.3 Choques fuertes y suaves y la tercera ley

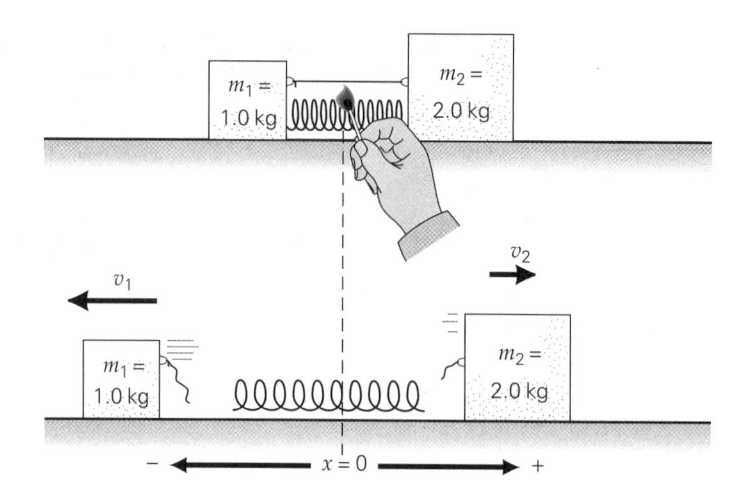

▶ **FIGURA 6.9 Fuerza interna y conservación de la cantidad de movimiento** La fuerza de resorte es una fuerza interna, así que se conserva la cantidad de movimiento del sistema. Véase el ejemplo 6.6.

Exploración 6.6 Un choque explosivo

Ejemplo 6.6 ■ Antes y después: conservación de la cantidad de movimiento

Dos masas, $m_1 = 1.0$ kg y $m_2 = 2.0$ kg, están unidas con un hilo ligero que las mantiene en contacto con los extremos de un resorte ligero comprimido, como se muestra en la figura 6.9. El hilo se quema (fuerza externa insignificante) y las masas se separan en la superficie sin fricción, con m_1 adquiere una velocidad de 1.8 m/s hacia la izquierda. ¿Qué velocidad adquiere m_2?

Razonamiento. Al no haber una fuerza externa neta (los pesos se cancelan con una fuerza normal), se conserva la cantidad de movimiento total del sistema. En un principio es cero, así que, después de quemarse el hilo, la cantidad de movimiento de m_2 deberá ser igual y opuesta a la de m_1. (La suma vectorial da una cantidad de movimiento total de cero. También, como dijimos que el resorte y el hilo son ligeros, podemos despreciar sus masas.)

Solución. Hacemos una lista de las masas y de la rapidez dadas, y tenemos

Dado: $m_1 = 1.0$ kg
$m_2 = 2.0$ kg
$v_1 = -1.8$ m/s (izquierda)

Encuentre: v_2 (velocidad: rapidez y dirección)

Aquí, el sistema consta de las dos masas y el resorte. Puesto que la fuerza del resorte es interna al sistema, se conserva la cantidad de movimiento del sistema. Debería ser evidente que la cantidad de movimiento total inicial del sistem ($\vec{\mathbf{P}}_o$) es cero, así que la cantidad de movimiento final también deberá ser cero. Por lo tanto, escribimos

$$\vec{\mathbf{P}}_o = \vec{\mathbf{P}} = 0 \quad \text{y} \quad \vec{\mathbf{P}} = \vec{\mathbf{p}}_1 + \vec{\mathbf{p}}_2 = 0$$

(La cantidad de movimiento del resorte "ligero" no entra en las ecuaciones porque su masa es insignificante.) Entonces,

$$\vec{\mathbf{p}}_2 = -\vec{\mathbf{p}}_1$$

lo cual significa que las cantidades de movimiento de m_1 y m_2 son iguales y opuestas. Si usamos signos direccionales (donde + indica la dirección a la derecha en la figura), obtenemos

$$m_2 v_2 = -m_1 v_1$$

y

$$v_2 = -\left(\frac{m_1}{m_2}\right) v_1 = -\left(\frac{1.0 \text{ kg}}{2.0 \text{ kg}}\right)(-1.8 \text{ m/s}) = +0.90 \text{ m/s}$$

Por lo tanto, la velocidad de m_2 es 0.90 m/s en la dirección x positiva, o bien, a la derecha en la figura. Este valor es la mitad de v_1, lo cual era de esperarse porque m_2 tiene el doble de masa que m_1.

Ejercicio de refuerzo. *a*) Suponga que el bloque grande de la figura 6.9 está pegado a la superficie terrestre, de manera que no puede moverse cuando se quema el hilo. ¿En este caso se conservaría la cantidad de movimiento? Explique. *b*) Dos chicas, ambas con masa de 50 kg, están paradas sobre patinetas en reposo, y la fricción es insignificante. Una de ellas lanza una pelota de 2.5 kg a la segunda. Si la rapidez de la pelota es 10 m/s, ¿qué rapidez tendrá cada chica una vez atrapada la pelota, y qué cantidad de movimiento tiene la pelota antes de lanzarse, cuando está en el aire y después de ser atrapada?

Ejemplo integrado 6.7 ■ Conservación de la cantidad de movimiento lineal: fragmentos y componentes

Una bala de 30 g con una rapidez de 400 m/s golpea de refilón un ladrillo cuya masa es de 1.0 kg. El tabique se rompe en dos fragmentos. La bala se desvía con un ángulo de 30° por arriba del eje $+x$ y su rapidez se reduce a 100 m/s. Un trozo del ladrillo (con masa de 0.75 kg) sale despedido hacia la derecha, que era la dirección inicial de la bala, con una rapidez de 5.0 m/s. *a*) Considerando el eje x a la derecha, ¿el otro trozo del ladrillo se moverá en 1) el segundo cuadrante, 2) el tercer cuadrante o 3) el cuarto cuadrante. *b*) Determine la rapidez y la dirección del otro trozo del ladrillo inmediatamente después del choque (despreciando la gravedad).

a) Razonamiento conceptual. Podemos aplicar la conservación de la cantidad de movimiento lineal porque no hay una fuerza externa neta que actúe sobre el sistema ladrillo + bala. Inicialmente toda la cantidad de movimiento es hacia adelante en la dirección $+x$ (▾figura 6.10). Después, un trozo del ladrillo sale volando en la dirección $+x$; y la bala en un ángulo de 30° con respecto al eje x. La cantidad de movimiento de la bala tiene un componente y positivo, de manera que el otro trozo del ladrillo debe tener un componente y negativo porque no hay cantidad de movimiento inicial en la dirección y. Por lo tanto, con la cantidad de movimiento total en la dirección $+x$ (antes y después), la respuesta es 3 o el cuarto cuadrante.

b) Razonamiento cuantitativo y solución. Hay un objeto con cantidad de movimiento antes del choque (la bala) y tres con cantidad de movimiento después (la bala y dos fragmentos). Por la conservación de la cantidad de movimiento lineal, la cantidad de movimiento total (vectorial) después del choque es igual a la cantidad de movimiento antes del choque. Con frecuencia, ayuda mucho un diagrama de la situación con los vectores descompuestos en forma de componentes (figura 6.10). Y aplicando la conservación de la cantidad de movimiento lineal obtendríamos la velocidad (rapidez y dirección) del segundo fragmento.

Dado:
$m_b = 30 \text{ g} = 0.030 \text{ kg}$
$v_{b_o} = 400 \text{ m/s}$ (rapidez inicial de la bala)
$v_b = 100 \text{ m/s}$ (rapidez final de la bala)
$\theta_b = 30°$ (ángulo final de la bala)
$M = 1.0 \text{ kg}$ (masa del tabique)
$m_1 = 0.75 \text{ kg}$ y $\theta = 0°$ (masa y ángulo
$v_1 = 5.0 \text{ m/s}$ del fragmento grande)
$m_2 = 0.25 \text{ kg}$ (masa del fragmento pequeño)

Encuentre:
v_2 (rapidez del fragmento más pequeño)
θ_2 (dirección del fragmento relativa a la dirección original de la bala)

Al no haber fuerzas externas (se desprecia la gravedad), se conserva la cantidad de movimiento lineal total. Por lo tanto, escribimos los componentes x y y de la cantidad de movimiento total, antes y después, como sigue (véase la figura 6.10):

$$\begin{array}{lrcl} & \textit{antes} & & \textit{después} \\ x: & m_b v_{b_o} & = & m_b v_b \cos\theta_b + m_1 v_1 + m_2 v_2 \cos\theta_2 \\ y: & 0 & = & m_b v_b \operatorname{sen}\theta_b - m_2 v_2 \operatorname{sen}\theta_2 \end{array}$$

(*continúa en la siguiente página*)

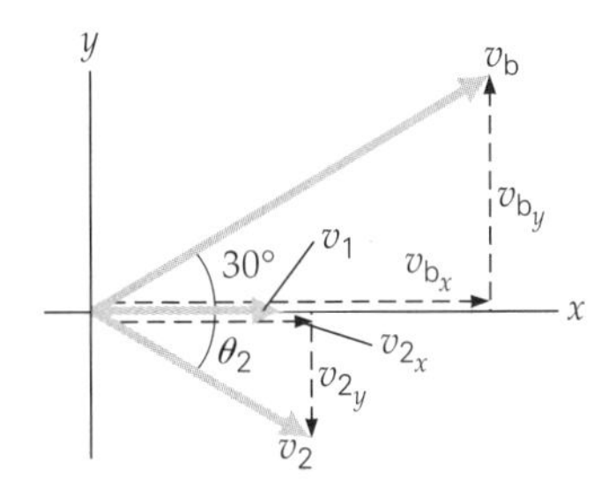

◀ **FIGURA 6.10 Choque de refilón** En un sistema aislado, se conserva la cantidad de movimiento. Podemos analizar el movimiento en dos dimensiones en términos de los componentes de la cantidad de movimiento, que también se conservan. Véase el Ejemplo integrado 6.7.

Reacomodamos la ecuación de x y despejamos la magnitud de la velocidad x del fragmento menor:

$$v_2 \cos\theta_2 = \frac{m_b v_{b_o} - m_b v_b \cos\theta_b - m_1 v_1}{m_2}$$

$$= \frac{(3.0 \times 10^{-2}\,\text{kg})(4.0 \times 10^2\,\text{m/s}) - (3.0 \times 10^{-2}\,\text{kg})(10^2\,\text{m/s})(0.866) - (0.75\,\text{kg})(5.0\,\text{m/s})}{0.25\,\text{kg}}$$

$$= 23\,\text{m/s}$$

Asimismo, de la ecuación para y podemos despejar la magnitud del componente y de la velocidad del fragmento menor:

$$v_2 \operatorname{sen}\theta_2 = \frac{m_b v_b \operatorname{sen}\theta_b}{m_2} = \frac{(3.0 \times 10^{-2}\,\text{kg})(10^2\,\text{m/s})(0.50)}{0.25\,\text{kg}} = 6.0\,\text{m/s}$$

En forma de cociente,

$$\frac{v_2 \operatorname{sen}\theta_2}{v_2 \cos\theta_2} = \frac{6.0\,\text{m/s}}{23\,\text{m/s}} = 0.26 = \tan\theta_2$$

(donde los términos v_2 se cancelan y $\dfrac{\operatorname{sen}\theta_2}{\cos\theta_2} = \tan\theta_2$). Entonces,

$$\theta_2 = \tan^{-1}(0.26) = 15°$$

luego, de la ecuación para x,

$$v_2 = \frac{23\,\text{m/s}}{\cos 15°} = \frac{23\,\text{m/s}}{0.97} = 24\,\text{m/s}$$

Ejercicio de refuerzo. ¿Se conserva la energía cinética en el choque de este ejemplo? Si no, ¿qué pasó con la energía?

Ejemplo 6.8 ■ Física en el hielo

Una física es bajada desde un helicóptero al centro de un lago congelado liso y horizontal, cuya superficie tiene fricción insignificante, con la misión de llegar a la orilla del lago. Es imposible caminar. (¿Por qué?) Al meditar acerca del aprieto en que se encuentra, decide usar la conservación de la cantidad de movimiento y aventar sus guantes, que son pesados e idénticos, y así conseguir la cantidad de movimiento necesaria para llegar a la orilla. Para lograrlo más rápidamente, ¿qué deberá hacer esta astuta científica: aventar ambos guantes a la vez, o aventarlos con la misma rapidez primero uno y luego el otro?

Razonamiento. La cantidad de movimiento inicial del sistema (física y guantes) es cero. Al no haber una fuerza externa neta, por la conservación de la cantidad de movimiento, este valor seguirá siendo cero, así que, si la física lanza los guantes en una dirección, se moverá en la dirección contraria (porque la suma de vectores de cantidad de movimiento en direcciones opuestas puede dar cero). Entonces, ¿qué forma de lanzarlos les daría mayor velocidad? Si ambos guantes se lanzan juntos, la magnitud de su cantidad de movimiento será $2mv$, donde v es relativa al hielo y m es la masa de un guante.

Si se lanzan individualmente, el primer guante tendrá una cantidad de movimiento de mv. Así, la persona y el segundo guante estarían en movimiento, y el lanzamiento del segundo guante daría un poco más de cantidad de movimiento a la persona, incrementando su rapidez; pero, ¿su rapidez ahora sería mayor que si hubiera lanzado ambos guantes simultáneamente? Analicemos las condiciones del segundo lanzamiento. Después de lanzar el primer guante, el "sistema" de la persona tiene menos masa. Al ser menor la masa, el segundo lanzamiento producirá una mayor aceleración. Por otro lado, después del primer lanzamiento, el segundo guante se está moviendo con la persona, y cuando se lance en la dirección opuesta, el guante tendrá una velocidad menor que v relativa al hielo (o a un observador estacionario). Entonces, ¿qué efecto será mayor? ¿Qué piensa el lector? Algunas situaciones son difíciles de analizar intuitivamente y se vuelve necesario aplicar principios científicos para entenderlas.

Solución.

Dado:
m = masa de un guante
M = masa de la persona
$-v$ = velocidad del o los guantes lanzados, en la dirección negativa
V_p = velocidad de la persona en la dirección positiva

Encuentre: qué método de lanzar guantes da mayor rapidez a la persona

Si los guantes se arrojan juntos, por la conservación de la cantidad de movimiento,

$$0 = 2m(-v) + MV_p \quad \text{y} \quad V_p = \frac{2mv}{M} \quad (\textit{lanzados juntos}) \tag{1}$$

Si se avientan individualmente,

Primer lanzamiento: $0 = m(-v) + (M + m)V_{P_1}$ y $V_{P_1} = \dfrac{mv}{M + m}$ *(lanzados separados)* (2)

Segundo lanzamiento: $(M + m)V_{P_1} = m(V_{P_1} - v) + MV_{P_2}$

Observe que, en el término m, las cantidades entre paréntesis representan que la velocidad del guante es relativa al hielo. Con una velocidad inicial de $+V_{P_1}$ después de haberse lanzado el primer guante en la dirección negativa, tenemos $V_{P_1} - v$. (Recordemos lo visto sobre velocidades relativas en el capítulo 3.)

Despejamos V_{P_2}:

$$V_{P_2} = V_{P_1} + \left(\frac{m}{M}\right)v = \frac{mv}{M + m} + \left(\frac{m}{M}\right)v = \left(\frac{m}{M + m} + \frac{m}{M}\right)v \tag{3}$$

donde hemos sustituido V_{P_1} según la ecuación (2) para el primer lanzamiento.

Entonces, si los guantes se lanzan juntos (ecuación 1),

$$V_p = \left(\frac{2m}{M}\right)v$$

así que la cuestión es si el resultado de la ecuación (3) es mayor o menor que el de la ecuación (1). Por tener un denominador mayor, el término $m/(M + m)$ de la ecuación (3) es menor que el término m/M, así que,

$$\left(\frac{m}{M + m} + \frac{m}{M}\right) < \frac{2m}{M}$$

y, por lo tanto, $V_p > V_{p2}$, es decir, (lanzados juntos) > (lanzados por separado).

Ejercicio de refuerzo. Supongamos que el segundo lanzamiento se efectuó en la dirección de la velocidad de la física después del primer lanzamiento. ¿Hará eso que la física se detenga?

Como señalamos, la conservación de la cantidad de movimiento es útil para analizar los choques de objetos que van desde partículas subatómicas hasta automóviles en accidentes de tránsito. No obstante, en muchos casos podrían actuar fuerzas externas sobre los objetos, lo cual significa que no se conserva la cantidad de movimiento.

Sin embargo, como veremos en la siguiente sección, la conservación de la cantidad de movimiento con frecuencia permite obtener una buena aproximación *en el corto lapso de un choque,* ya que las fuerzas internas (para las cuales se conserva la cantidad de movimiento) son mucho mayores que las externas. Por ejemplo, fuerzas externas como la gravedad y la fricción también actúan sobre los objetos que chocan, pero suelen ser relativamente pequeñas en comparación con las fuerzas internas. (Este concepto estaba implícito en el ejemplo 6.7.) Por lo tanto, si los objetos sólo interactúan durante un tiempo breve, los efectos de las fuerzas externas podrían ser insignificantes en comparación con los de las fuerzas internas durante ese lapso y así usaríamos correctamente la conservación de la cantidad de movimiento lineal.

6.4 Choques elásticos e inelásticos

OBJETIVO: Describir las condiciones de la energía cinética y cantidad de movimiento durante choques elásticos e inelásticos.

En general, un choque se define como un encuentro o interacción de partículas u objetos que provoca un intercambio de energía y/o de cantidad de movimiento. Es más fácil examinar de cerca los choques en términos de la cantidad de movimiento si consideramos un sistema aislado, como un sistema de partículas (o pelotas) que intervienen en choques de frente. Por sencillez, sólo consideraremos choques en una dimensión. También podemos analizar esos choques en términos de la conservación de la energía. Con base en lo que sucede a la energía cinética total, definimos dos tipos de choques: *elásticos* e *inelásticos*.

a)

b)

▶ **FIGURA 6.11** Choques
a) Choques aproximadamente elásticos. ***b)*** Choque inelástico.

Choque elástico: la energía cinética total se conserva, lo mismo que la cantidad de movimiento

En un **choque elástico**, se conserva la energía cinética total. Es decir, la energía cinética *total* de todos los objetos del sistema después del choque es igual a su energía cinética *total* antes del choque (▲figura 6.11a). Podría intercambiarse energía cinética entre los objetos del sistema; pero la energía cinética total del sistema permanecerá constante. Por lo tanto,

Exploración 8.4 Choques elásticos e inelásticos y $\Delta\vec{p}$

K total antes = K total después

$$K_f = K_i \quad \text{(condición para un choque elástico)} \tag{6.8}$$

Durante un choque así, parte de la energía cinética inicial, o toda, se convierte temporalmente en energía potencial al deformarse los objetos. Sin embargo, después de efectuarse las deformaciones máximas, los objetos recuperan *elásticamente* sus formas originales y el sistema recupera toda su energía cinética original. Por ejemplo, dos esferas de acero o dos bolas de billar podrían tener un choque casi elástico, recuperando ambas la forma que tenían antes; es decir, no hay deformación permanente.

Choque inelástico: no se conserva la energía cinética total, pero sí la cantidad de movimiento

En un **choque inelástico** (figura 6.11b), *no* se conserva la energía cinética total. Por ejemplo, uno o más de los objetos que chocan podría no recuperar su forma original, o podría generarse calor por la fricción o sonido, y se pierde algo de energía cinética. Entonces,

K total antes = K total después

$$K_f < K_i \quad \text{(condición para un choque elástico)} \tag{6.9}$$

Nota: en realidad, sólo los átomos y las partículas subatómicas pueden tener choques verdaderamente elásticos, pero algunos objetos duros más grandes tienen choques casi elásticos, en los cuales aproximadamente se conserva la energía cinética.

Por ejemplo, una esfera hueca de aluminio que choca contra una esfera sólida de acero podría abollarse. Deformar permanentemente un objeto requiere trabajo, y ese trabajo se efectúa a expensas de la energía cinética original del sistema. Los choques cotidianos son inelásticos.

En sistemas aislados, se conserva la cantidad de movimiento, tanto en los choques elásticos como en los inelásticos. *En un choque inelástico, podría perderse sólo una cantidad de energía cinética congruente con la conservación de la cantidad de movimiento.* Quizá suene contradictorio que se pierda energía cinética y se conserve la cantidad de movimiento; pero es un caso más de la diferencia entre las cantidades escalares y vectoriales.

Cantidad de movimiento y energía en choques inelásticos

Para ver cómo la cantidad de movimiento puede mantenerse constante mientras cambia (disminuye) la energía cinética en los choques inelásticos, consideremos los ejemplos que se ilustran en la ▼figura 6.12. En la figura 6.12a, dos esferas de igual masas ($m_1 = m_2$) se acercan con velocidades iguales y opuestas ($v_{1_o} = v_{2_o}$). Por lo tanto, la cantidad de movimiento total antes del choque es (vectorialmente) cero, pero la energía cinética total (escalar) *no* es cero. Después del choque, las esferas se quedan pegadas y estacionarias, así que la cantidad de movimiento total no ha cambiado: sigue siendo cero. La cantidad de movimiento se conserva porque las fuerzas de choque son internas al sistema de las dos esferas; por lo tanto, no actúa una fuerza externa neta sobre el sistema. La energía cinética total, en cambio, se ha reducido a cero. En este caso, una parte de la energía cinética se invirtió en el trabajo efectuado para deformar permanentemente las esferas. Otra parte podría haberse invertido en efectuar trabajo

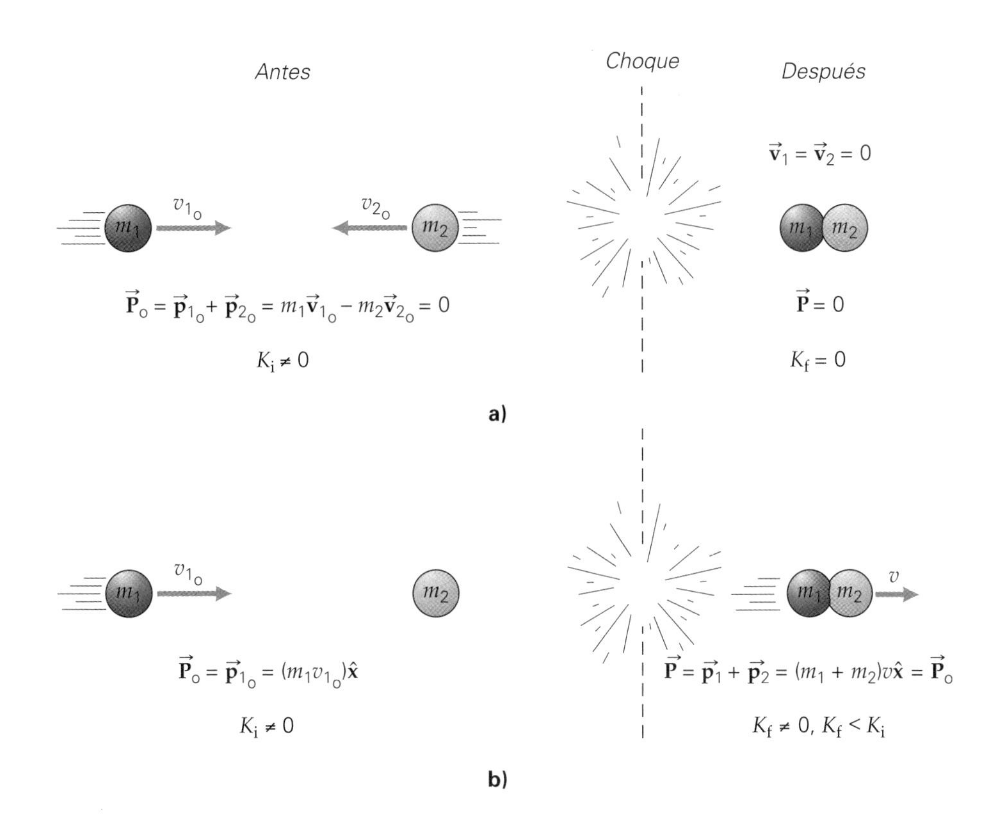

◀ **FIGURA 6.12** Choques inelásticos En los choques inelásticos, se conserva la cantidad de movimiento, pero no la energía cinética. Los choques como éstos, en los que los objetos se quedan pegados, se denominan *choques totalmente* (o *perfectamente*) *inelásticos*. El máximo de energía cinética perdida es congruente con la ley de conservación de la cantidad de movimiento.

contra la fricción (produciendo calor) o quizá se perdió de alguna otra manera (generando sonido, por ejemplo).

Note que las esferas no tienen que quedar pegadas después del choque. En un choque menos inelástico, las esferas podrían rebotar en direcciones opuestas con una merma en su rapidez, pero ambas seguirán teniendo la misma. La cantidad de movimiento se conservaría (seguiría siendo igual a cero; ¿por qué?). Sin embargo, una vez más, no se conservaría la energía cinética. En todas las condiciones, la cantidad de energía cinética perdida debe ser congruente con la conservación de la cantidad de movimiento.

En la figura 6.12b, una esfera está inicialmente en reposo mientras la otra se acerca. Las esferas quedan pegadas después del choque, pero en movimiento. Ambos casos son ejemplos de un **choque totalmente inelástico**, donde los objetos quedan pegados, de manera que ambos tienen la misma velocidad después de chocar. El acoplamiento de vagones de ferrocarril al chocar es un ejemplo práctico de un choque totalmente inelástico.

Supongamos que las esferas de la figura 6.12b tienen diferentes masas. Puesto que la cantidad de movimiento se conserva incluso en choques inelásticos,

$$\overset{\textit{antes}}{m_1 v_{1_o}} = \overset{\textit{después}}{(m_1 + m_2)v}$$

y

$$v = \left(\frac{m_1}{m_1 + m_2}\right)v_{1_o} \quad \textit{(}m_2\textit{ inicialmente en reposo, sólo choque totalmente inelástico)} \qquad (6.10)$$

Entonces, v es menor que v_{1_o}, ya que $m_1/(m_1 + m_2)$ debe ser menor que 1. Consideremos ahora cuánta energía cinética se ha perdido. Inicialmente, $K_i = \frac{1}{2}m_1 v_o^2$, al final, después del choque:

$$K_f = \tfrac{1}{2}(m_1 + m_2)v^2$$

Si sustituimos v de la ecuación 6.10 y simplificamos el resultado, obtenemos

$$K_f = \tfrac{1}{2}(m_1 + m_2)\left(\frac{m_1 v_{1_o}}{m_1 + m_2}\right)^2 = \frac{\frac{1}{2}m_1^2 v_{1_o}^2}{m_1 + m_2}$$

$$= \left(\frac{m_1}{m_1 + m_2}\right)\tfrac{1}{2}m_1 v_{1_o}^2 = \left(\frac{m_1}{m_1 + m_2}\right)K_i$$

y

$$\frac{K_f}{K_i} = \frac{m_1}{m_1 + m_2} \quad \textit{(}m_2 \textit{ inicialmente en reposo, sólo choque totalmente inelástico)} \tag{6.11}$$

La ecuación 6.11 da la fracción de la energía cinética inicial, que queda en el sistema después de un choque totalmente inelástico. Por ejemplo, si las masas de las esferas son iguales ($m_1 = m_2$), entonces $m_1/(m_1 + m_2) = \frac{1}{2}$, y $K_f/K_i = \frac{1}{2}$, o $K_f = K_i/2$. Es decir, sólo se pierde la mitad de la energía cinética inicial.

Observe que, en este caso, no se puede perder toda la energía cinética, sean cuales fueren las masas de las esferas. La cantidad de movimiento total después del choque no puede ser cero, porque inicialmente no era cero. Por lo tanto, después del choque, las masas deberán estar en movimiento y deberán tener cierta energía cinética ($K_f \neq 0$). *En un choque totalmente inelástico, se pierde el máximo de energía cinética que es congruente con la conservación de la cantidad de movimiento.*

Exploración 6.3 Choque inelástico con masas desconocidas

Ejemplo 6.9 ■ Pegadas: choque totalmente inelástico

Una esfera de 1.0 kg con una rapidez de 4.5 m/s golpea una esfera estacionaria de 2.0 kg. Si el choque es totalmente inelástico, *a*) ¿qué rapidez tienen las esferas después del choque? *b*) ¿Qué porcentaje de la energía cinética inicial tienen las esferas después del choque? *c*) Calcule la cantidad de movimiento total después del choque.

Razonamiento. Veamos el choque totalmente inelástico. Las esferas quedan pegadas después del choque; no se conserva la energía cinética, pero la cantidad de movimiento total sí.

Solución. Utilizamos el mismo desarrollo que en la explicación anterior, así que

Dado: $m_1 = 1.0$ kg
$m_2 = 2.0$ kg
$v_o = 4.5$ m/s

Encuentre: *a*) v (rapidez después del choque)
b) $\frac{K_f}{K_i}$ ($\times$ 100%)
c) $\vec{\mathbf{P}}_f$ (cantidad de movimiento total después del choque)

***a*)** Se conserva la cantidad de movimiento, así que

$$\vec{\mathbf{P}}_f = \vec{\mathbf{P}}_o \quad \text{o} \quad (m_1 + m_2)v = m_1 v_o$$

Las esferas quedan pegadas y tienen la misma rapidez después del choque. Esa rapidez es

$$v = \left(\frac{m_1}{m_1 + m_2}\right)v_o = \left(\frac{1.0 \text{ kg}}{1.0 \text{ kg} + 2.0 \text{ kg}}\right)(4.5 \text{ m/s}) = 1.5 \text{ m/s}$$

***b*)** La fracción de la energía cinética inicial que las esferas tienen después del choque totalmente inelástico está dada por la ecuación 6.11. Esa fracción, dada por las masas, es la misma que la de las rapideces (ecuación 6.10). Así escribimos

$$\frac{K_f}{K_i} = \frac{m_1}{m_1 + m_2} = \frac{1.0 \text{ kg}}{1.0 \text{ kg} + 2.0 \text{ kg}} = \frac{1}{3} = 0.33(\times 100\%) = 33\%$$

Mostremos explícitamente esta relación:

$$\frac{K_f}{K_i} = \frac{\frac{1}{2}(m_1 + m_2)v^2}{\frac{1}{2}m_1 v_o^2} = \frac{\frac{1}{2}(1.0 \text{ kg} + 2.0 \text{ kg})(1.5 \text{ m/s})^2}{\frac{1}{2}(1.0 \text{ kg})(4.5 \text{ m/s})^2} = 0.33 \ (= 33\%)$$

Hay que tener en cuenta que la ecuación 6.11 es válida *únicamente* para choques *totalmente* inelásticos, donde m_2 está en reposo al inicio. En otros tipos de choques, los valores inicial y final de la energía cinética se deben calcular explícitamente.

***c*)** La cantidad de movimiento total se conserva en todos los choques (si no hay fuerzas externas), así que la cantidad de movimiento total después del choque es la misma que antes. Ese valor es la cantidad de movimiento de la esfera incidente, cuya magnitud es

$$P_f = p_{1_o} = m_1 v_o = (1.0 \text{ kg})(4.5 \text{ m/s}) = 4.5 \text{ kg} \cdot \text{m/s}$$

y tiene la misma dirección que la velocidad de la esfera incidente. También, como comprobación adicional,

$$P_f = (m_1 + m_2)v = 4.5 \text{ kg} \cdot \text{m/s}.$$

Ejercicio de refuerzo. Una pequeña esfera de metal duro con masa m choca contra una estacionaria mayor, con masa M, hecha de un metal blando. Se requiere una cantidad mínima de trabajo W para abollar la esfera mayor. Si la esfera menor tiene una energía cinética inicial $K = W$, ¿la mayor se abollará en un choque totalmente inelástico entre ambas?

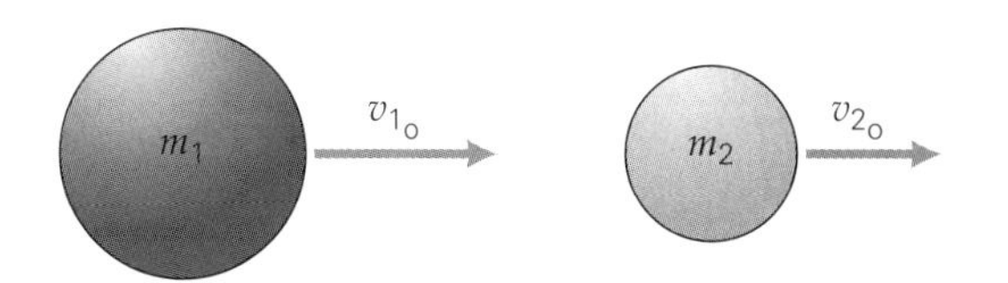

◀ **FIGURA 6.13** Choque elástico
Dos objetos viajan antes de chocar con $v_{1_o} > v_{2_o}$. Véase el texto para la descripción.

Cantidad de movimiento y energía en choques elásticos

En los choques elásticos hay dos criterios de conservación: la conservación de la cantidad de movimiento (que es válida para choques tanto elásticos como inelásticos) y la conservación de la energía cinética (únicamente para choques elásticos). Es decir, en un choque elástico general entre dos objetos,

$$\text{Conservación de la cantidad de movimiento } \vec{\mathbf{P}}: \quad \overbrace{m_1\vec{\mathbf{v}}_{1_o} + m_2\vec{\mathbf{v}}_{2_o}}^{antes} = \overbrace{m_1\vec{\mathbf{v}}_1 + m_2\vec{\mathbf{v}}_2}^{después} \tag{6.12}$$

$$\text{Conservación de la energía cinética } K: \quad \tfrac{1}{2}m_1v_{1_o}^2 + \tfrac{1}{2}m_2v_{2_o}^2 = \tfrac{1}{2}m_1v_1^2 + \tfrac{1}{2}m_2v_2^2 \tag{6.13}$$

La ▲figura 6.13 ilustra dos objetos que viajan antes de un choque de frente, unidimensional, con $v_{1_o} > v_{2_o}$ (ambos en la dirección x positiva). Para esta situación de dos objetos, escribimos

$$\text{Cantidad de movimiento total:} \quad \overbrace{m_1v_{1_o} + m_2v_{2_o}}^{antes} = \overbrace{m_1v_1 + m_2v_2}^{después} \tag{1}$$

(donde los signos se utilizan para indicar las direcciones y las v indican magnitudes).

$$\text{Energía cinética:} \quad \tfrac{1}{2}m_1v_{1_o}^2 + \tfrac{1}{2}m_2v_{2_o}^2 = \tfrac{1}{2}m_1v_1^2 + \tfrac{1}{2}m_2v_2^2 \tag{2}$$

Si conocemos las masas y las velocidades iniciales de los objetos (lo cual por lo general es el caso), entonces hay dos cantidades desconocidas: las velocidades finales después del choque. Para calcularlas se resuelven simultáneamente las ecuaciones (1) y (2). Primero, la ecuación de conservación de la cantidad de movimiento se escribe como sigue:

$$m_1(v_{1_o} - v_1) = -m_2(v_{2_o} - v_2) \tag{3}$$

Luego, cancelando los términos $^1\!/_2$ en (2), reordenando y factorizando $[a^2 - b^2 = (a - b)(a + b)]$:

$$m_1(v_{1_o} - v_1)(v_{1_o} + v_1) = -m_2(v_{2_o} - v_2)(v_{2_o} + v_2) \tag{4}$$

Al dividir la ecuación (4) entre (3), obtenemos:

$$v_{1_o} - v_{2_o} = -(v_1 - v_2) \tag{5}$$

Esta ecuación muestra que las magnitudes de las velocidades relativas antes y después del choque son iguales. Es decir, la rapidez relativa de acercamiento del objeto m_1 al objeto m_2 antes del choque es la misma que su rapidez relativa de alejamiento después del choque. (Véase la sección 3.4.) Tenga en cuenta que esta relación es independiente de los valores de las masas de los objetos, y es válida para cualquier combinación de masas siempre que el choque sea elástico y *unidimensional*.

Ilustración 8.4 Velocidad relativa en los choques

De esta manera, al combinar las ecuaciones (5) y (3) para eliminar v_2 y obtener v_1 en términos de las dos velocidades iniciales,

$$v_1 = \left(\frac{m_1 - m_2}{m_1 + m_2}\right)v_{1_o} + \left(\frac{2m_2}{m_1 + m_2}\right)v_{2_o} \tag{6.14}$$

Asimismo, al eliminar v_1 para calcular v_2,

$$v_2 = \left(\frac{2m_1}{m_1 + m_2}\right)v_{1_o} - \left(\frac{m_1 - m_2}{m_1 + m_2}\right)v_{2_o} \tag{6.15}$$

Un objeto inicialmente en reposo

Para este caso especial y común, digamos con $v_{2_o} = 0$, tenemos sólo los primeros términos de las ecuaciones 6.14 y 6.15. Además, si $m_1 = m_2$, entonces $v_1 = 0$ y $v_2 = v_{1_o}$. Esto es, los objetos intercambian por completo cantidad de movimiento y energía cinética. El objeto que llega se detiene en el choque; mientras que el objeto originalmente estacionario comienza a moverse con la misma velocidad que la pelota que llega, evidentemente, conservando la cantidad de movimiento y la energía cinética del sistema. (Un ejemplo del mundo real que se asemeja a estas condiciones es el choque de frente de las bolas de billar.)

También es posible obtener algunas aproximaciones para casos especiales a partir de las ecuaciones para un objeto inicialmente en reposo (que se considera m_2):

$$\text{Para } m_1 \gg m_2 \text{ (pelota masiva que llega):} \quad v_1 \approx v_{1_o} \quad \text{y} \quad v_2 \approx 2v_{1_o}$$

Esto es, el objeto masivo que llega, frena sólo levemente y el objeto ligero (menos masivo) sale despedido con una velocidad que es casi el doble de la velocidad inicial del objeto masivo. (Piense en una bola de bolos que golpea un pino.)

$$\text{Para } m_1 \ll m_2 \text{ (pelota ligera que llega):} \quad v_1 \approx -v_{1_o} \quad \text{y} \quad v_2 \approx 0$$

Esto es, si un objeto ligero (de masa pequeña) choca elásticamente con un objeto masivo estacionario, este último permanece *casi* estacionario y el objeto ligero retrocede con aproximadamente la misma rapidez que llevaba antes del choque.

Ejemplo 6.10 ■ Choque elástico: conservación de cantidad de movimiento y energía cinética

Una bola de billar de 0.30 kg con una rapidez de 2.0 m/s en la dirección x positiva choca elásticamente de frente con una bola de billar estacionaria de 0.70 kg. ¿Cuáles son las velocidades de las bolas después del choque?

Razonamiento. La bola que llega es menos masiva que la estacionaria, de manera que esperaríamos que los objetos se separaran en direcciones opuestas después del choque, y la menos masiva retrocediera de la más masiva. Las ecuaciones 6.15 y 6.16 nos darán las velocidades, con $v_{2_o} = 0$.

Solución. Utilizamos la notación acostumbrada para escribir

Dado: $m_1 = 0.30$ kg y $v_{1_o} = 2.0$ m/s
$m_2 = 0.70$ kg y $v_{2_o} = 0$

Encuentre: v_1 y v_2

Las ecuaciones 6.13 y 6.14 nos dan directamente las velocidades después del choque:

$$v_1 = \left(\frac{m_1 - m_2}{m_1 + m_2}\right)v_{1_o} = \left(\frac{0.30\text{ kg} - 0.70\text{ kg}}{0.30\text{ kg} + 0.70\text{ kg}}\right)(2.0\text{ m/s}) = -0.80\text{ m/s}$$

$$v_2 = \left(\frac{2m_1}{m_1 + m_2}\right)v_{1_o} = \left[\frac{2(0.30\text{ kg})}{0.30\text{ kg} + 0.70\text{ kg}}\right](2.0\text{ m/s}) = 1.2\text{ m/s}$$

Exploración 8.2 Un choque elástico

Ejercicio de refuerzo. ¿Qué separación tendrían los objetos 2.5 s después del choque?

Dos objetos que chocan, ambos inicialmente en movimiento

Veamos ahora algunos ejemplos donde se apliquen los términos de las ecuaciones 6.14 y 6.15.

Ejemplo 6.11 ■ Choques: alcance y encuentro

Las condiciones anteriores a la colisión para dos choques elásticos se ilustran en la ▸figura 6.14. ¿Cuáles son las velocidades finales en cada caso?

Razonamiento. Estas colisiones son aplicaciones directas de las ecuaciones 6.14 y 6.15. Note que en *a* el objeto de 4.0 kg alcanzará y chocará contra el objeto de 1.0 kg.

Solución. Se listan los datos de la figura considerando la dirección $+x$ hacia la derecha.

Dado:
a) $m_1 = 4.0$ kg, $v_{1_o} = 10$ m/s
$m_2 = 1.0$ kg, $v_{2_o} = 5.0$ m/s
b) $m_1 = 2.0$ kg, $v_{1_o} = 6.0$ m/s
$m_2 = 4.0$ kg, $v_{2_o} = -6.0$ m/s

Encuentre: v_1 y v_2 (velocidades después del choque)

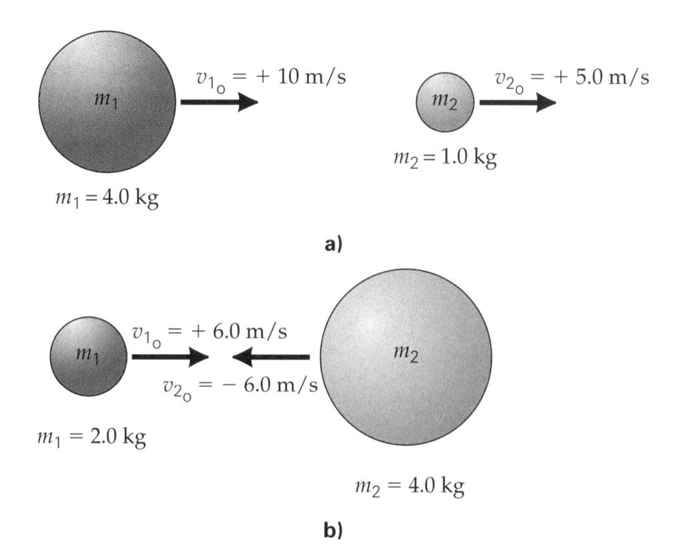

◀ **FIGURA 6.14** Choques: *a*) Alcance y *b*) encuentro Véase el ejemplo 6.11.

Entonces, al sustituir en las ecuaciones del choque,

a) Ecuación 6.14:

$$v_1 = \left(\frac{m_1 - m_2}{m_1 + m_2}\right)v_{1_o} + \left(\frac{2m_2}{m_1 + m_2}\right)v_{2_o}$$

$$= \left(\frac{4.0\text{ kg} - 1.0\text{ kg}}{4.0\text{ kg} + 1.0\text{ kg}}\right)10\text{ m/s} + \left(\frac{2[1.0\text{ kg}]}{4.0\text{ kg} + 1.0\text{ kg}}\right)5.0\text{ m/s}$$

$$= \tfrac{3}{5}(10\text{ m/s}) + \tfrac{2}{5}(5.0\text{ m/s}) = 8.0\text{ m/s}$$

De manera similar, la ecuación 6.15 da:

$$v_2 = 13\text{ m/s}$$

Así, el objeto más masivo alcanza y choca contra el menos masivo, transfiriéndole cantidad de movimiento (incrementando su velocidad).

b) Al aplicar las ecuaciones del choque para esta situación, tenemos (ecuación 6.14):

$$v_1 = \left(\frac{2.0\text{ kg} - 4.0\text{ kg}}{2.0\text{ kg} + 4.0\text{ kg}}\right)6.0\text{ m/s} + \left(\frac{2[4.0\text{ kg}]}{2.0\text{ kg} + 4.0\text{ kg}}\right)(-6.0\text{ kg})$$

$$= -\left(\tfrac{1}{3}\right)6.0\text{ m/s} + \left(\tfrac{4}{3}\right)(-6.0\text{ m/s}) = -10\text{ m/s}$$

De forma similar, la ecuación 6.15 da

$$v_2 = 2.0\text{ m/s}$$

Aquí, el objeto menos masivo va en dirección contraria (negativa) después del choque, con una mayor cantidad de movimiento obtenida a partir del objeto más masivo.

Ejercicio de refuerzo. Demuestre que en los incisos *a* y *b* de este ejercicio, la cantidad de movimiento que gana un objeto es la misma que la que pierde el otro.

Ejemplo integrado 6.12 ■ Igual y opuesto

Dos pelotas de igual masa, con velocidades iguales pero opuestas, se aproximan entre sí para un choque de frente y elástico. *a*) Después del choque, las pelotas: 1) permanecen juntas, 2) estarán en reposo, 3) se moverán en la misma dirección o 4) retrocederán en direcciones opuestas. *b*) Demuestre su respuesta de manera explícita.

a) Razonamiento conceptual. Trace un boceto de la situación. Después, considerando las opciones, la número 1 se elimina porque si las pelotas permanecieran juntas, se trataría de un choque inelástico. Si ambas llegaran al reposo después del choque, se conservaría la cantidad de movimiento (¿por qué?), pero no la energía cinética; de manera que la opción 2 no es aplicable para una colisión elástica. Si ambas pelotas se movieran en la misma dirección después del choque, la cantidad de movimiento no se conservaría (cero antes, diferente de cero después). La respuesta correcta es la número 4. Ésta es la única opción en la cual se conservan la cantidad de movimiento y la energía cinética. Para mantener la cantidad de movimiento cero anterior al choque, los objetos tendrían que retroceder en direcciones opuestas con la misma rapidez que llevaban antes de chocar.

(continúa en la siguiente página)

b) Razonamiento cuantitativo y solución. Para demostrar de manera explícita que la opción 4 es correcta, se utilizarán las ecuaciones 6.13 y 6.14. Como no se dan valores numéricos, trabajaremos con símbolos.

Dado: $m_1 = m_2 = m$ (tomando m_1 como la pelota que viaja inicialmente en la dirección $+x$)
v_{1_o} y $-v_{2_o}$ (con igual rapidez)

Encuentre: v_1 y v_2

Luego, al sustituir en las ecuaciones 6.14 y 6.15, sin copiar éstas [véase el inciso *a* en el ejemplo 6.11],

$$v_1 = \left(\frac{0}{2m}\right)v_{1_o} + \left(\frac{2m}{2m}\right)(-v_{2_o}) = -v_{2_o}$$

y

$$v_2 = \left(\frac{2m}{2m}\right)v_{1_o} + \left(\frac{0}{2m}\right)(-v_{2_o}) = v_{1_o}$$

Exploración 8.5 Choques de dos y tres esferas

A partir de los resultados, se observa que las pelotas retroceden en direcciones opuestas después del choque.

Ejercicio de refuerzo. Demuestre que la cantidad de movimiento y la energía cinética se conservan en este ejemplo.

Ejemplo conceptual 6.13 ■ ¿Llegan dos, sale una?

Un novedoso dispositivo de choque ◂figura 6.15 consiste en cinco esferas metálicas idénticas. Cuando una esfera se balancea, luego de múltiples choques, otra esfera sale despedida por el otro extremo de la hilera de esferas. Si se balancean dos esferas, saldrán dos en el otro extremo; si llegan tres, salen tres, etc.; siempre sale el mismo número que llega.

Suponga que dos esferas, cada una con masa m, llegan columpiándose con una velocidad v y chocan con la siguiente esfera. ¿Por qué no sale una sola esfera por el otro extremo con velocidad $2v$?

Razonamiento y respuesta. Los choques en la fila horizontal de esferas son aproximadamente elásticos. El caso en que llegan dos esferas y sale una sola con el doble de la velocidad no violaría la conservación de la cantidad de movimiento: $(2m)v = m(2v)$. Sin embargo, hay otra condición que debe cumplirse si suponemos choques elásticos: la conservación de la energía cinética. Veamos si tal condición se cumple en este caso:

$$\begin{array}{c} \textit{antes} \quad \textit{después} \\ K_i = K_f \\ \frac{1}{2}(2m)v^2 \stackrel{?}{=} \frac{1}{2}m(2v)^2 \\ mv^2 \neq 2mv^2 \end{array}$$

Por lo tanto, la energía cinética *no* se conservaría si sucediera esto, y la ecuación nos está diciendo que esta situación infringe los principios establecidos de la física y no se da. La trasgresión es importante: sale más energía de la que entra.

Ejercicio de refuerzo. Supongamos que la primera esfera de masa m se sustituye por una esfera con masa $2m$. Si tiramos de esta esfera hacia atrás y luego la soltamos, cuántas esferas saldrán empujadas por el otro lado? [*Sugerencia:* piense en la situación análoga en la figura 6.14a y recuerde que las esferas de la fila están chocando. Podría ser conveniente considerarlas como separadas.]

▲ **FIGURA 6.15** Llega una, sale una Véase el Ejemplo conceptual 6.13.

6.5 Centro de masa

OBJETIVOS: *a*) Explicar el concepto de centro de masa y calcular su posición en sistemas sencillos y *b*) describir la relación entre el centro de masa y el centro de gravedad.

La conservación de la cantidad de movimiento total nos brinda un método para analizar un "sistema de partículas". Tal sistema sería prácticamente cualquier cosa; por ejemplo, un volumen de gas, agua en un recipiente o una pelota de béisbol. Otro concepto importante, el de centro de masa, nos permite analizar el movimiento global de un sistema de partículas. Ello implica representar todo el sistema como una sola partícula o masa puntual. Aquí haremos una introducción al concepto y lo aplicaremos con mayor detalle en los siguientes capítulos.

Ya vimos que si no hay una fuerza externa neta que actúe sobre una partícula, la cantidad de movimiento lineal de la partícula es constante. Asimismo, si no hay una fuerza externa neta que actúe sobre un *sistema* de partículas, la cantidad de movimiento lineal del sistema es constante. Esta similitud implica que un sistema de partículas podría representarse con una partícula individual *equivalente*. Los objetos rígidos en movimiento, como pelotas, automóviles, etc., son en esencia sistemas de partículas y pueden representarse eficazmente con partículas individuales equivalentes en un análisis de movimiento. Tal representación aprovecha el concepto de **centro de masa (CM)**:

> El centro de masa es el punto en que puede considerarse concentrada toda la masa de un objeto o sistema, únicamente en lo que se refiere a movimiento lineal o de traslación.

Incluso si un objeto rígido está girando, un resultado importante (cuya deducción rebasa el alcance de este libro) es que el centro de masa aún se mueve como si fuera una partícula (▾figura 6.16). Es común describir el centro de masa como el *punto de equilibrio* de un objeto sólido. Por ejemplo, si *equilibramos* un metro sobre un dedo, el centro de masa del metro estará situado directamente arriba del dedo, y parecerá como si toda la masa (o el peso) estuviera concentrado ahí.

Si usamos el centro de masa, aplicamos una expresión similar a la segunda ley de Newton para una sola partícula para analizar un *sistema*:

$$\vec{\mathbf{F}}_{\text{neta}} = M\vec{\mathbf{A}}_{\text{CM}} \tag{6.16}$$

Aquí, $\vec{\mathbf{F}}_{\text{neta}}$ es la fuerza *externa* neta que actúa sobre el sistema, M es la masa total del sistema, o la suma de las masas de las partículas del sistema ($M = m_1 + m_2 + m_3 + \cdots + m_n$, donde el sistema tiene n partículas), y $\vec{\mathbf{A}}_{\text{CM}}$ es la aceleración del centro de masa del sistema. En palabras, la ecuación 6.17 indica que el *centro de masa* de un sistema de partículas se mueve como si toda la masa del sistema estuviera concentrada ahí y la resultante de las fuerzas externas actuara sobre ese punto. La ecuación 6.16 *no* predice el movimiento de partes individuales del sistema.

De lo anterior se sigue que, *si la fuerza externa neta que actúa sobre un sistema es cero*, se conserva la cantidad de movimiento lineal total del centro de masa (es decir, se mantiene constante) porque

$$\vec{\mathbf{F}}_{\text{neta}} = M\vec{\mathbf{A}}_{\text{CM}} = M\left(\frac{\Delta\vec{\mathbf{V}}_{\text{CM}}}{\Delta t}\right) = \frac{\Delta(M\vec{\mathbf{V}}_{\text{CM}})}{\Delta t} = \frac{\Delta\vec{\mathbf{P}}}{\Delta t} = 0 \tag{6.17}$$

Entonces, $\Delta\vec{\mathbf{P}}/\Delta t = 0$, lo cual implica que no hay cambio en $\vec{\mathbf{P}}$ durante un tiempo Δt, es decir, que la cantidad de movimiento total del sistema, $\vec{\mathbf{P}} = M\vec{\mathbf{V}}_{\text{CM}}$, es constante (pero no necesariamente cero). Dado que M es constante (¿por qué?), $\vec{\mathbf{V}}_{\text{CM}}$ es constante en este caso. Por lo tanto, el centro de masa se mueve con velocidad constante, o bien, está en reposo.

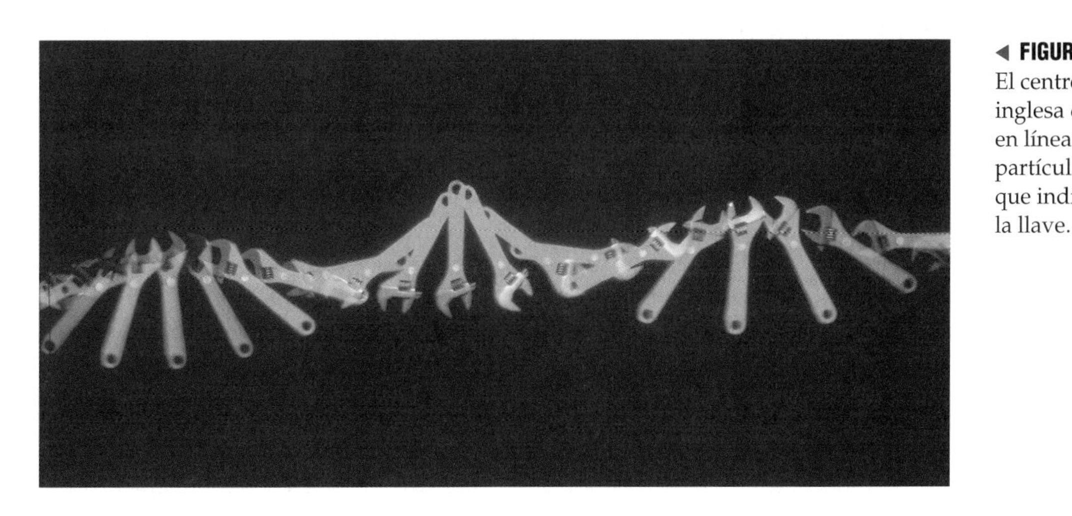

◀ **FIGURA 6.16** Centro de masa El centro de masa de esta llave inglesa que se desliza se mueve en línea recta como si fuera una partícula. Observe el punto blanco que indica el centro de masa de la llave.

Aunque es más fácil visualizar el centro de masa de un objeto sólido, el concepto es válido para cualquier sistema de partículas u objetos, incluso una cantidad de gas. Para un sistema de n partículas dispuestas en una dimensión sobre el eje x (▾figura 6.17), la ubicación del centro de masa está dada por

$$\vec{\mathbf{X}}_{CM} = \frac{m_1\vec{\mathbf{x}}_1 + m_2\vec{\mathbf{x}}_2 + m_3\vec{\mathbf{x}}_3 + \cdots + m_n\vec{\mathbf{x}}_n}{m_1 + m_2 + m_3 + \cdots + m_n} \tag{6.18}$$

PHYSLET®

Ilustración 8.7 Centro de masa y de gravedad

Es decir, X_{CM} es la coordenada x del centro de masa de un sistema de partículas. En notación abreviada (empleando signos para indicar direcciones vectoriales en una dimensión), esta relación se expresa como

$$X_{CM} = \frac{\Sigma m_i x_i}{M} \tag{6.19}$$

donde Σ es la sumatoria de los productos $m_i x_i$ para n partículas ($i = 1, 2, 3, \ldots, n$). Si $\Sigma m_i x_i = 0$, entonces $X_{CM} = 0$, y el centro de masa del sistema unidimensional está situado en el origen.

Otras coordenadas del centro de masa del sistemas de partículas se definen de forma similar. Para una distribución bidimensional de masas, las coordenadas del centro de masa son (X_{CM}, Y_{CM}).

Ejemplo 6.14 ■ Determinación del centro de masa: un proceso de sumatoria

Tres masas, 2.0, 3.0 y 6.0 kg, están en las posiciones (3.0,0), (6.0, 0) y (−4.0,0), respectivamente, en metros respecto al origen (figura 6.17). ¿Dónde está el centro de masa de este sistema?

Razonamiento. Puesto que $y_i = 0$, evidentemente $Y_{CM} = 0$ y el CM está en algún lugar del eje x. Se dan las masas y las posiciones, así que usamos la ecuación 6.19 para calcular directamente X_{CM}. No obstante, hay que tener presente que las posiciones se ubican con desplazamientos vectoriales respecto al origen y se indican en una dimensión con el signo apropiado (+ o −).

Solución. Se listan los datos,

Dado: $m_1 = 2.0$ kg
$m_2 = 3.0$ kg
$m_3 = 6.0$ kg
$x_1 = 3.0$ m
$x_2 = 6.0$ m
$x_3 = -4.0$ m

Encuentre: X_{CM} (coordenada del CM)

Entonces, basta efectuar la sumatoria indicada por la ecuación 6.19:

$$X_{CM} = \frac{\Sigma m_i x_i}{M} = \frac{(2.0\text{ kg})(3.0\text{ m}) + (3.0\text{ kg})(6.0\text{ m}) + (6.0\text{ kg})(-4.0\text{ m})}{2.0\text{ kg} + 3.0\text{ kg} + 6.0\text{ kg}} = 0$$

El centro de masa está en el origen.

Ejercicio de refuerzo. ¿En qué posición debería estar una cuarta masa de 8.0 adicional, de manera que el CM esté en $x = +1.0$ m?

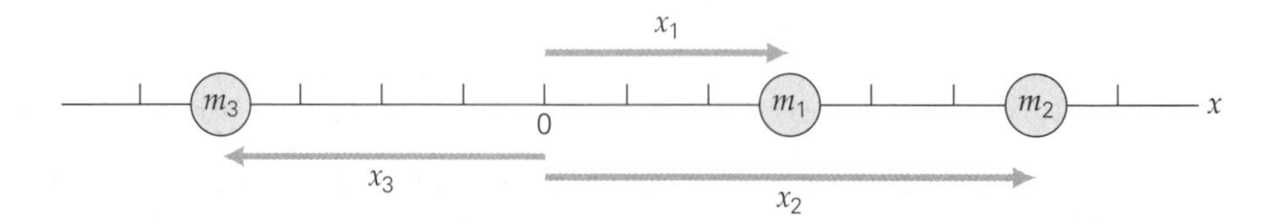

▶ **FIGURA 6.17** Sistema de partículas en una dimensión ¿Dónde está el centro de masa del sistema? Véase el ejemplo 6.14.

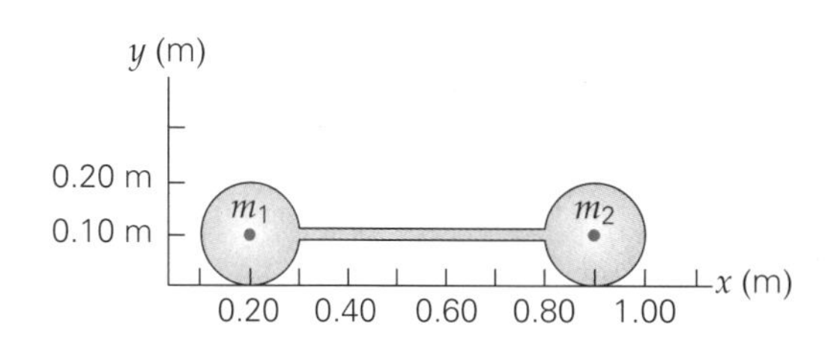

◀ **FIGURA 6.18 Ubicación del centro de masa** Véase el ejemplo 6.15.

Ejemplo 6.15 ■ Una mancuerna: repaso del centro de masa

Una mancuerna (▲figura 6.18) tiene una barra conectada de masa insignificante. Determine la ubicación del centro de masa *a*) si m_1 y m_2 tienen una masa de 5.0 kg cada una, y *b*) si m_1 es de 5.0 kg y m_2 es de 10.0 kg.

Razonamiento. Este ejemplo muestra cómo la ubicación del centro de masa depende de la distribución de la masa. En el inciso *b*, se esperaría que el centro de masa esté más cerca del extremo más masivo de la mancuerna.

Solución. Hacemos una lista de los datos, con las coordenadas de la ecuación 6.19:

Dado: $x_1 = 0.20$ m
$x_2 = 0.90$ m
$y_1 = y_2 = 0.10$ m
a) $m_1 = m_2 = 5.0$ kg
b) $m_1 = 5.0$ kg
$m_2 = 10.0$ kg

Encuentre: *a*) (X_{CM}, Y_{CM}) (coordenadas del CM), con $m_1 = m_2$
b) (X_{CM}, Y_{CM}), con $m_1 \neq m_2$

Considere que cada masa es como una partícula situada en el centro de la esfera (su centro de masa).

***a*)** X_{CM} está dado por una suma de dos términos.

$$X_{CM} = \frac{m_1x_1 + m_2x_2}{m_1 + m_2}$$
$$= \frac{(5.0\text{ kg})(0.20\text{ m}) + (5.0\text{ kg})(0.90\text{ m})}{5.0\text{ kg} + 5.0\text{ kg}} = 0.55\text{ m}$$

Asimismo, vemos que $Y_{CM} = 0.10$ m. (Esto tal vez fue muy evidente, ya que los dos centros de masa están a dicha altura.) El centro de masa de la mancuerna está situado entonces en $(X_{CM}, Y_{CM}) = (0.55\text{ m}, 0.10\text{ m})$, es decir, en el punto medio entre las dos masas.

***b*)** Con $m_2 = 10.0$ kg,

$$X_{CM} = \frac{m_1x_1 + m_2x_2}{m_1 + m_2}$$
$$= \frac{(5.0\text{ kg})(0.20\text{ m}) + (10.0\text{ kg})(0.90\text{ m})}{5.0\text{ kg} + 10.0\text{ kg}} = 0.67\text{ m}$$

que queda a las dos terceras partes de la distancia entre las masas. (Observe que la distancia entre el CM y el centro de m_1 es $\Delta x = 0.67\text{ m} - 0.20\text{ m} = 0.47$ m. Dada la distancia $L = 0.70$ m entre los centros de las masas, $\Delta x/L = 0.47\text{ m}/0.70\text{ m} = 0.67$ o $\frac{2}{3}$.) Cabe esperar que en este caso el punto de equilibrio de la mancuerna esté más cerca de m_2. La coordenada y del centro de masa es, una vez más, $Y_{CM} = 0.10$ m, como puede comprobar el lector.

Ejercicio de refuerzo. En el inciso *b* de este ejemplo, coloque el origen de los ejes de coordenadas en el punto donde m_1 toca el eje x. ¿Qué coordenadas tiene el CM en este caso? Compare su ubicación con la que se obtuvo en este ejemplo

En el ejemplo 6.15, cuando cambió el valor de una de las masas, cambió la coordenada x del centro de masa. Quizás el lector esperaba que la coordenada y también cambiara. Sin embargo, los centros de las masas de los extremos siguieron estando a la misma altura, así que Y_{CM} no cambió. Si se quiere aumentar Y_{CM}, una de las masas de los extremos, o ambas, tendrían que estar en una posición más alta.

Veamos ahora cómo podemos aplicar el concepto de centro de masa a una situación realista.

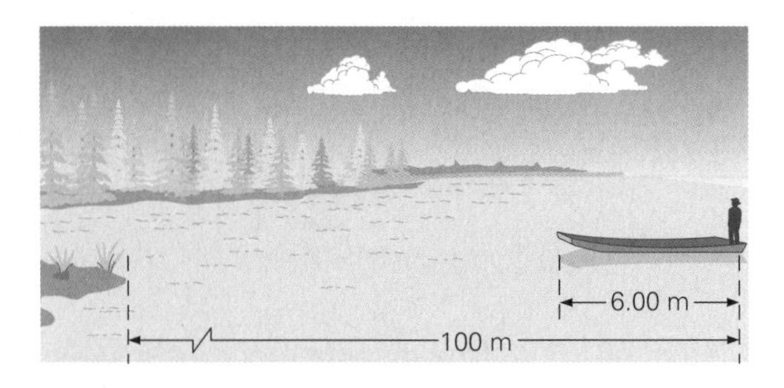

▶ **FIGURA 6.19** Caminar hacia la orilla Véase el ejemplo 6.16.

PHYSLET®

Ilustración 8.8 Objetos en movimiento y centro de masa

Ejemplo integrado 6.16 ■ Movimiento interno: ¿dónde están el centro de masa y el hombre?

Un hombre de 75.0 kg está parado en el extremo lejano de una lancha de 50.0 kg, a 100 m de la orilla, como se muestra en la ▲figura 6.19. Si camina al otro extremo de la lancha, cuya longitud es de 6.00 m, *a*) ¿el CM 1) se mueve a la derecha, 2) se mueve a la izquierda o 3) permanece estacionario? Ignore la fricción y suponga que el CM de la lancha está en su punto medio. *b*) Después de caminar al otro extremo de la lancha, ¿a qué distancia estará de la orilla?

a) Razonamiento conceptual. Sin fuerza externa neta, la aceleración del centro de masa del sistema hombre-lancha es cero (ecuación 6.18), de manera que es la cantidad de movimiento total según la ecuación 6.17 ($\vec{\mathbf{P}} = M\vec{\mathbf{V}}_{CM} = 0$). Por lo tanto, la velocidad del centro de masa del sistema es cero, o el centro de masa es estacionario y permanece así para conservar la cantidad de movimiento del sistema; es decir, X_{CM} (inicial) = X_{CM} (final), de manera que la respuesta es 3.

b) Razonamiento cuantitativo y solución. La respuesta no es 100 m − 6.00 m = 94.0 m, porque la lancha se mueve conforme el hombre camina. ¿Por qué? Las posiciones de las masas del hombre y de la lancha determinan la ubicación del CM del sistema, tanto antes como después de que el hombre camine. Puesto que el CM no se mueve, sabemos que $X_{CM} = X_{CM}$. Usando este hecho y calculando el valor de X_{CM}, este valor se utiliza para encontrar X_{CM}, el cual contendrá la incógnita que estamos buscando.

Tomando la orilla como origen ($x = 0$), tenemos

Dado: $m_m = 75.0$ kg
$x_{m_i} = 100$ m
$m_b = 50.0$ kg
$x_{b_i} = 94.0 \text{ m} + 3.00 \text{ m} = 97.0$ m (posición del CM de la lancha)

Encuentre: x_{m_f} (distancia entre el hombre y la orilla)

Tenga en cuenta que si la posición final del hombre está a una distancia x_{mf} de la orilla, la posición final del centro de masa de la lancha será $x_{bf} = x_{mf} + 3.00$ m, pues el hombre estará al frente de la lancha, a 3.00 m de su CM, aunque del otro lado.

Entonces, en un principio,

$$X_{CM_i} = \frac{m_m x_{m_i} + m_b x_{b_i}}{m_m + m_b}$$

$$= \frac{(75.0 \text{ kg})(100 \text{ m}) + (50.0 \text{ kg})(97.0 \text{ m})}{75.0 \text{ kg} + 50.0 \text{ kg}} = 98.8 \text{ m}$$

Y, al final, el cm debe estar en la misma posición, pues $V_{CM} = 0$. De la ecuación 6.19 tenemos

$$X_{CM_f} = \frac{m_m x_{m_f} + m_b x_{b_f}}{m_m + m_b}$$

$$= \frac{(75.0 \text{ kg})x_{m_f} + (50.0 \text{ kg})(x_{m_f} + 3.00 \text{ m})}{75.0 \text{ kg} + 50.0 \text{ kg}} = 98.8 \text{ m}$$

Aquí, $X_{CM_f} = 98.8 \text{ m} = X_{CM_i}$, ya que el CM no se mueve. Ahora despejamos x_{m_f}, para obtener

$$(125 \text{ kg})(98.8 \text{ m}) = (125 \text{ kg})x_{m_f} + (50.0 \text{ kg})(3.00 \text{ m})$$

y

$$x_{m_f} = 97.6 \text{ m}$$

de la orilla.

Ejercicio de refuerzo. Suponga que el hombre vuelve a su posición original en el extremo opuesto de la lancha. ¿Estaría entonces otra vez a 100 m de la orilla?

Centro de gravedad

Como sabemos, hay una relación entre la masa y el peso. Un concepto íntimamente relacionado con el de centro de masa es el de **centro de gravedad (CG)**, el punto en el que puede considerarse que está concentrado todo el peso de un objeto, cuando éste se representa como partícula. Si la aceleración debida a la gravedad es constante tanto en magnitud como en dirección en toda la extensión del objeto, la ecuación 6.20 se rescribe como (con todas las $g_i = g$):

$$MgX_{CM} = \sum m_i g x_i \tag{6.20}$$

Entonces, el peso Mg del objeto actúa como si su masa estuviera concentrada en X_{CM}, y coinciden el centro de masa y el centro de gravedad. Como quizás usted haya notado, la ubicación del centro de gravedad estaba implícita en algunas figuras anteriores del capítulo 4, donde dibujamos las flechas vectoriales para el peso ($w = mg$) desde el centro del objeto o un punto cercano a tal centro. En la práctica, se considera que el centro de gravedad coincide con el centro de masa. Es decir, la aceleración debida a la gravedad es constante para todas las partes del objeto. (Observe la g constante en la ecuación 6.20.) Habría una diferencia en la ubicación de los dos puntos si un objeto fuera tan grande que la aceleración debida a la gravedad fuera diferente en distintas partes del objeto.

En algunos casos, podemos encontrar el centro de masa o el centro de gravedad de un objeto por simetría. Por ejemplo, si el objeto es esférico y homogéneo (es decir, la masa está distribuida de forma homogénea en todas las partes), el centro de masa está en el centro geométrico (o centro de simetría). En el ejemplo 6.15a, donde las masas en los extremos de la mancuerna eran iguales, tal vez era evidente que el centro de masa estaba en el punto medio entre ambas.

La ubicación del centro de masa o de gravedad de un objeto con forma irregular no es tan notoria y suele ser difícil de calcular (incluso con métodos matemáticos avanzados que están más allá del alcance de este libro). En algunos casos, el centro de masa se puede localizar experimentalmente. Por ejemplo, el centro de masa de un objeto plano con forma irregular se determina experimentalmente suspendiéndolo libremente de diferentes puntos (▼figura 6.20). Casi de inmediato vemos de que el centro de

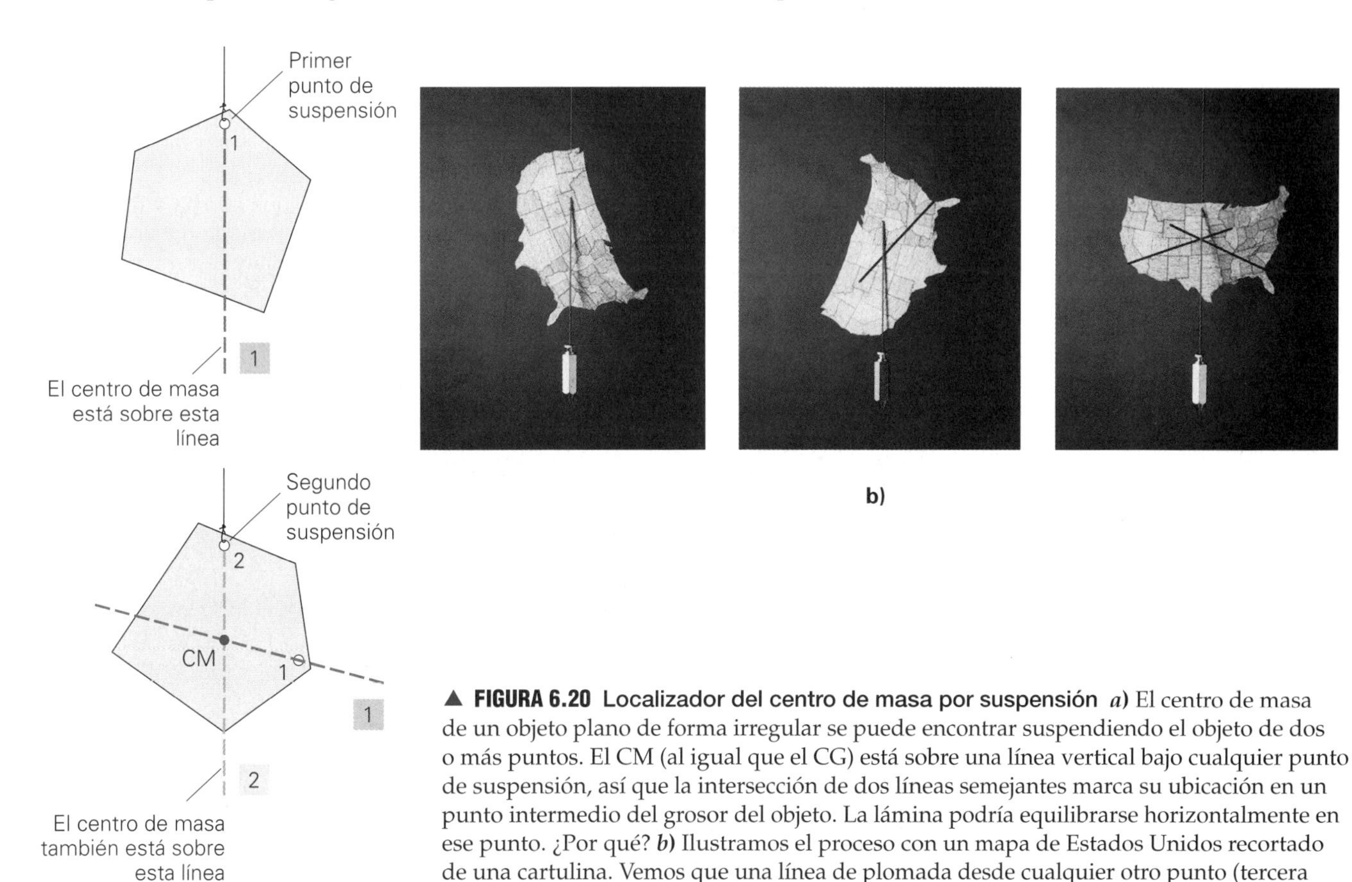

▲ **FIGURA 6.20 Localizador del centro de masa por suspensión** ***a)*** El centro de masa de un objeto plano de forma irregular se puede encontrar suspendiendo el objeto de dos o más puntos. El CM (al igual que el CG) está sobre una línea vertical bajo cualquier punto de suspensión, así que la intersección de dos líneas semejantes marca su ubicación en un punto intermedio del grosor del objeto. La lámina podría equilibrarse horizontalmente en ese punto. ¿Por qué? ***b)*** Ilustramos el proceso con un mapa de Estados Unidos recortado de una cartulina. Vemos que una línea de plomada desde cualquier otro punto (tercera foto) sí pasa por el CM determinado en las primeras dos fotografías.

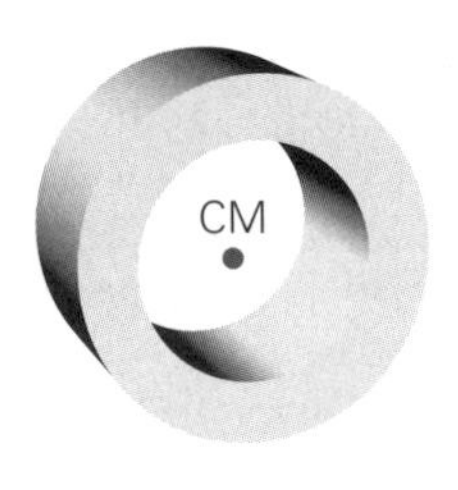

a)

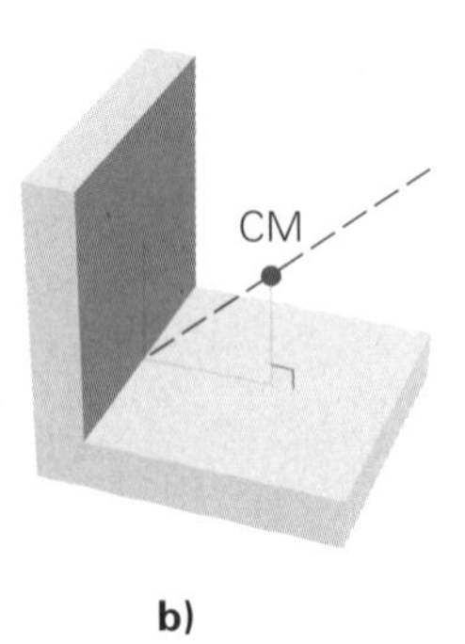

b)

▲ **FIGURA 6.21 El centro de masa podría estar fuera del cuerpo**
El centro de masa (y el de gravedad) puede estar dentro o fuera del cuerpo, dependiendo de la distribución de la masa del objeto. ***a)*** En el caso de un anillo uniforme, el centro de masa está en el centro del anillo. ***b)*** En el caso de un objeto con forma de L, si la distribución de masa es uniforme y los brazos tienen la misma longitud, el centro de masa está en la diagonal entre los brazos.

masa (o el centro de gravedad) siempre queda verticalmente abajo del punto de suspensión. Como el centro de masa se define como el punto donde puede concentrarse toda la masa de un cuerpo, ello es semejante a una partícula de masa suspendida de un hilo. Si suspendemos el objeto de dos o más puntos y marcamos las líneas verticales en las que debe estar el centro de masa, encontraremos el centro de masa en la intersección de las líneas.

El centro de masa (o centro de gravedad) de un objeto puede estar fuera del cuerpo del objeto (◂figura 6.21). Por ejemplo, el centro de masa de un anillo homogéneo está en el centro del anillo. La masa de cualquier sección del anillo se compensa con la masa de una sección equivalente diametralmente opuesta; por simetría, el centro de masa está en el centro del anillo. En el caso de un objeto con forma de L cuyos brazos sean iguales en masa y longitud, el centro de masa está sobre una línea que forma un ángulo de 45° con ambos brazos. Es fácil determinar su ubicación suspendiendo la L desde un punto en uno de los brazos y observando dónde una línea vertical desde ese punto interseca la línea diagonal.

En el salto de altura la ubicación del centro de gravedad es muy importante. El salto eleva el CG, lo cual requiere energía, y cuanto más alto sea el salto se necesitará más energía. Por lo tanto, un participante de salto de altura quiere librar la barra manteniendo bajo su CG. Un saltador intentará mantener su CG tan cerca de la barra como sea posible cuando pasa sobre ella. Con la técnica "Fosbury flop", que se hizo famosa por Dick Fosbury en los Juegos Olímpicos de 1968, el atleta arquea la espalda sobre la barra (◂figura 6.22). Con las piernas, la cabeza y los brazos debajo de la barra, el CG es más bajo que con el estilo "loyout", en que el cuerpo está casi paralelo al suelo cuando pasa por la barra. Con el "flop", un saltador puede lograr que su CG (que está afuera de su cuerpo) quede debajo de la barra.

▼ **FIGURA 6.22 Centro de gravedad**
Al arquear su cuerpo, este atleta pasa sobre la barra, aunque su centro de gravedad pase debajo de ella. Véase el texto para la descripción.

6.6 Propulsión a chorro y cohetes

OBJETIVO: Aplicar la conservación de la cantidad de movimiento para explicar la propulsión a chorro y el funcionamiento de los cohetes.

La palabra *chorro* por lo general se refiere a una corriente de líquido o gas que se emite con alta velocidad, por ejemplo, el chorro de agua de una fuente o un chorro de aire que sale del neumático de un automóvil. La **propulsión a chorro** es la aplicación de tales chorros a la producción de movimiento. Este concepto suele hacernos pensar en aviones y cohetes, pero los calamares y pulpos se impulsan lanzando chorros de agua.

Seguramente el lector habrá probado una aplicación sencilla: inflar un globo y luego soltarlo. Al carecer de un sistema guiador y de un sistema rígido de escape, el globo sigue una trayectoria zigzagueante, impulsado por el aire que escapa. En términos de la tercera ley de Newton, el aire es expulsado por la contracción del globo estirado, es decir, el globo ejerce una fuerza sobre el aire. Por lo tanto, el aire deberá ejercer una fuerza de reacción igual y opuesta sobre el globo. Ésta es la fuerza que impulsa al globo por su irregular trayectoria.

▶ **FIGURA 6.23 Propulsión a chorro**
Los calamares y los pulpos se impulsan lanzando chorros de agua. Aquí vemos impulsándose a un calamar gigante.

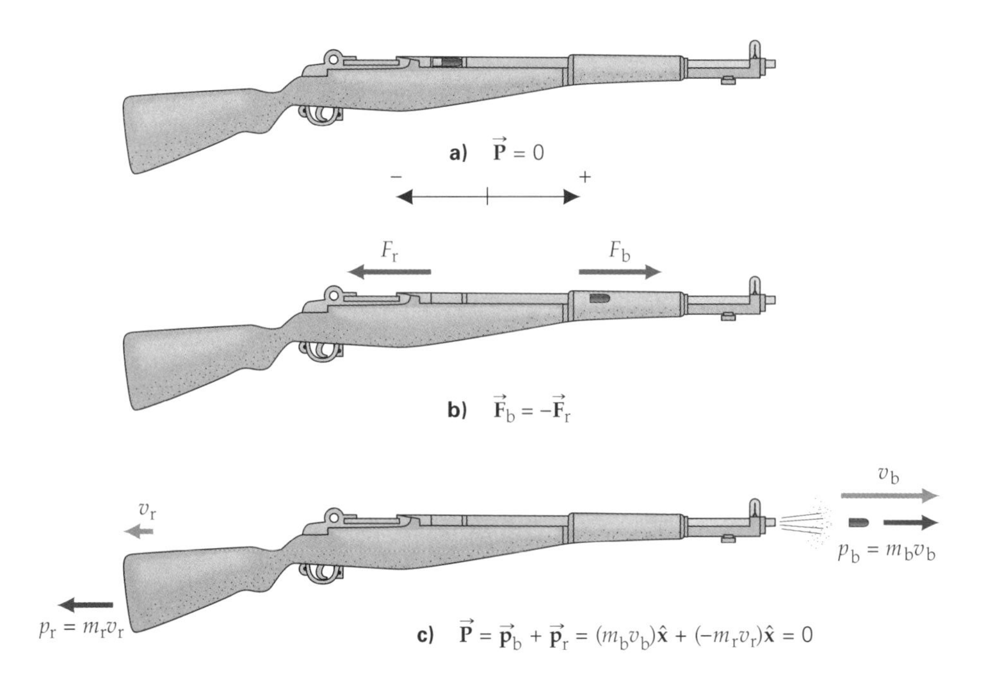

◀ **FIGURA 6.24 Conservación de la cantidad de movimiento** *a)* Antes del disparo, la cantidad de movimiento total del rifle y la bala (como sistema aislado) es cero. *b)* Durante el disparo, surgen fuerzas internas iguales y opuestas, y la cantidad de movimiento instantánea total del sistema rifle-bala sigue siendo cero (si no consideramos las fuerzas externas, como las que surgen cuando alguien sostiene el rifle). *c)* Cuando la bala sale por el cañón, la cantidad de movimiento total del sistema sigue siendo cero. (Hemos escrito la ecuación vectorial primero en notación de negritas y luego en notación de signo-magnitud, para indicar las direcciones.)

La propulsión a chorro se explica por la tercera ley de Newton y, en ausencia de fuerzas externas, también por la conservación de la cantidad de movimiento. Es más fácil entender este concepto si se considera el culatazo de un rifle, tomando el rifle y la bala como un sistema aislado (▲figura 6.24). En un principio, la cantidad de movimiento total de este sistema es cero. Cuando se dispara el rifle (por control remoto, para evitar fuerzas externas), la expansión de los gases —al hacer explosión la carga— acelera la bala por el cañón. Estos gases también empujan al rifle hacia atrás y producen una fuerza de retroceso (el culatazo que experimenta la persona que dispara un arma). Puesto que la cantidad de movimiento inicial del sistema es cero y la fuerza de los gases en expansión es una fuerza interna, las cantidades de movimiento de la bala y el rifle deben ser exactamente iguales y opuestas en todo momento. Una vez que la bala sale del cañón, deja de haber fuerza propulsora, así que la bala y el rifle se mueven con velocidades constantes (a menos que sobre ellos actúe una fuerza externa neta como la gravedad o la resistencia del aire).

Asimismo, el empuje de un cohete surge de la expulsión de los gases producidos por la quema del combustible, en la parte de atrás del cohete. La expansión del gas ejerce una fuerza sobre el cohete que lo empuja hacia adelante (▼figura 6.25). El cohete

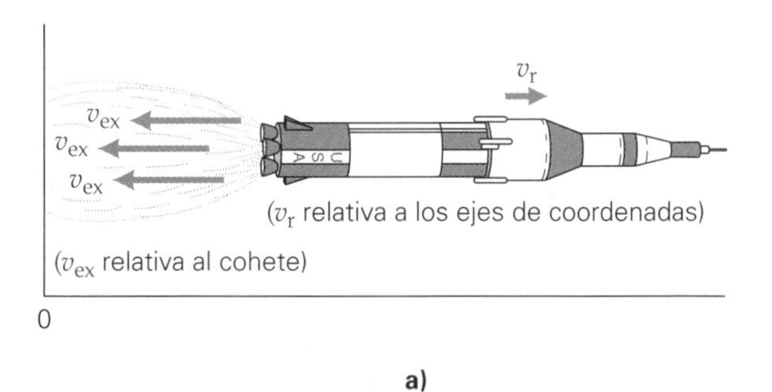

b)

c)

▲ **FIGURA 6.25 Propulsión a chorro y reducción de masa** *a)* Un cohete que quema combustible pierde masa continuamente, por lo que cada vez es más fácil acelerarlo. La fuerza resultante sobre el cohete (el empuje) depende del producto de la razón de cambio de su masa con respecto al tiempo y la velocidad de los gases de escape: $(\Delta m/\Delta t)\vec{v}_{ex}$. Puesto que la masa está disminuyendo, $\Delta m/\Delta t$ es negativa y el empuje $\vec{v}_{ex}$ es opuesto. *b)* El transbordador espacial utiliza un cohete de múltiples etapas. Ambos cohetes impulsores y el enorme tanque de combustible externo se desechan durante el vuelo. *c)* La primera y segunda etapas de un cohete *Saturn V* se separan después de 148 s de tiempo de combustión.

ejerce una fuerza de reacción sobre los gases, que salen por el conducto de escape. Si el cohete está en reposo cuando se encienden los motores y no hay fuerzas externas (como en el espacio exterior, donde la fricción es cero y las fuerzas gravitacionales son insignificantes), la cantidad de movimiento instantánea del gas de escape será igual y opuesta a la del cohete. Las numerosas moléculas de gas de escape tienen masa pequeña y alta velocidad, por lo que el cohete tiene una masa mucho mayor y una velocidad menor.

A diferencia de un rifle que dispara una sola bala, cuya masa es insignificante, un cohete pierde masa continuamente al quemar combustible. (El cohete se parece más a una ametralladora.) Por lo tanto, el cohete es un sistema cuya masa no es constante. Al disminuir la masa del cohete, es más fácil acelerarlo. Los cohetes de varias etapas aprovechan esta situación. El casco de una etapa que se ha quedado sin combustible se desecha para reducir aún más la masa que sigue en vuelo (figura 6.25c). La carga útil con frecuencia es una parte muy pequeña de la masa inicial de los cohetes empleados en vuelos espaciales.

Supongamos que el objetivo de un vuelo espacial es colocar una carga útil en la superficie de la Luna. En algún punto del viaje, la atracción gravitacional de la Luna será mayor que la de la Tierra, y la nave acelerará hacia la Luna. Es conveniente descender suavemente a la superficie, por lo que la nave se deberá frenar lo suficiente como para entrar en órbita alrededor de la Luna o descender en ésta. Tal frenado se logra utilizando los motores del cohete para aplicar un empuje en reversa, o empuje de frenado. La nave efectuará una maniobra de 180° para dar la vuelta, algo que es muy fácil en el espacio. Luego se encienden los motores del cohete, expulsando sus gases hacia la Luna para frenar la nave. Aquí la fuerza de los cohetes es opuesta a su velocidad.

El lector habrá experimentado un efecto de empuje en reversa si ha volado en un avión comercial a reacción. En este caso, sin embargo, no se da vuelta al avión. Después de tocar tierra, los motores se revolucionan, y se puede sentir una acción de frenado. Por lo general, al revolucionarse los motores el avión experimenta una aceleración hacia adelante. Se logra un empuje en reversa activando inversores del empuje en los motores para desviar los gases de escape hacia adelante (▾figura 6.26). Los gases experimentan una fuerza de impulso y un cambio de cantidad de movimiento en la dirección hacia adelante (véase la figura 6.3b); los motores y el avión sufren un cambio de cantidad de movimiento igual y opuesto, bajo la acción del impulso de frenado.

Pregunta: no hay necesidad de ejercicios para el material cubierto en esta sección, pero el lector puede probar sus conocimientos con esta pregunta. Los astronautas usan pequeños cohetes que sostienen con la mano para desplazarse durante sus caminatas espaciales. Describa el uso de estos dispositivos para maniobrar. ¿Es peligrosa una caminata espacial sin correa de sujeción a la nave?

▼ **FIGURA 6.26 Empuje en reversa** Durante el aterrizaje de aviones a reacción, se activan inversores del empuje en los motores que ayudan a frenar el avión. El gas experimenta una fuerza de impulso y un cambio de cantidad de movimiento en la dirección hacia adelante; el avión experimenta un cambio de cantidad de movimiento igual y opuesto, así como una fuerza de impulso de frenado.

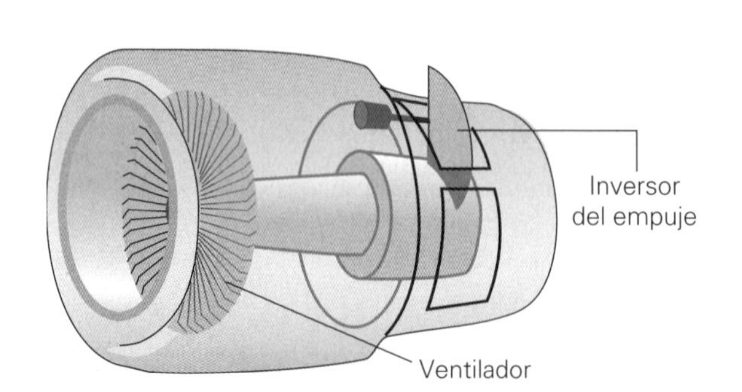

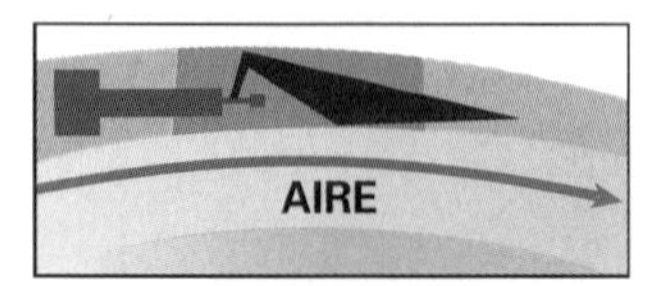

Funcionamiento normal

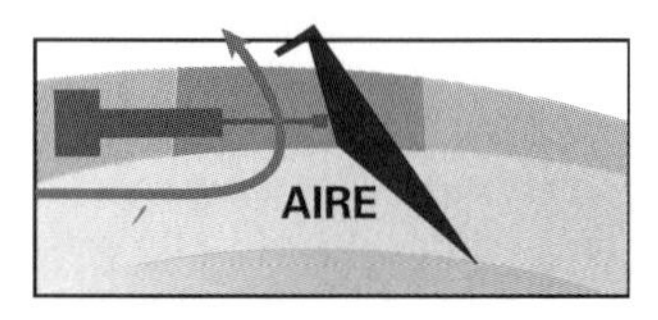

Inversor del impulso activado

Repaso del capítulo

- La **cantidad de movimiento lineal** ($\vec{\mathbf{p}}$) de una partícula es un vector y se define como el producto de la masa y la velocidad.

$$\vec{\mathbf{p}} = m\vec{\mathbf{v}} \qquad (6.1)$$

- La **cantidad de movimiento lineal total** ($\vec{\mathbf{P}}$) de un sistema es la suma vectorial de las cantidades de movimiento de las partículas individuales:

$$\vec{\mathbf{P}} = \vec{\mathbf{p}}_1 + \vec{\mathbf{p}}_2 + \vec{\mathbf{p}}_3 + \cdots = \Sigma\vec{\mathbf{p}}_i \qquad (6.2)$$

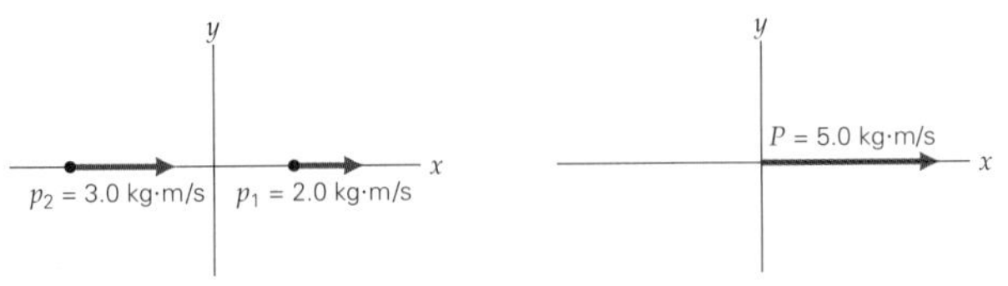

- **Segunda ley de Newton en términos de cantidad de movimiento (para una partícula):**

$$\vec{\mathbf{F}}_{\text{neta}} = \frac{\Delta\vec{\mathbf{p}}}{\Delta t} \qquad (6.3)$$

- El **teorema impulso-cantidad de movimiento** relaciona el impulso que actúa sobre un objeto, con el cambio en su cantidad de movimiento:

$$\text{Impulso} = \vec{\mathbf{F}}_{\text{prom}}\Delta t = \Delta\vec{\mathbf{p}}_{\text{o}} = m\vec{\mathbf{v}} - m\vec{\mathbf{v}}_{\text{o}} \qquad (6.5)$$

- **Conservación de la cantidad de movimiento lineal:** En ausencia de una fuerza externa neta, se conserva la cantidad de movimiento lineal total de un sistema.

$$\vec{\mathbf{P}} = \vec{\mathbf{P}}_{\text{o}} \qquad (6.7)$$

- **En un choque elástico, se conserva la energía cinética total del sistema.**
- **La cantidad de movimiento se conserva tanto en los choques elásticos como en los inelásticos.** En un choque totalmente inelástico, los objetos quedan pegados después del impacto.
- **Condiciones para un choque elástico:**

$$\vec{\mathbf{P}}_{\text{f}} = \vec{\mathbf{P}}_{\text{i}}$$
$$K_{\text{f}} = K_{\text{i}} \qquad (6.8)$$

- **Condiciones para un choque inelástico:**

$$\vec{\mathbf{P}}_{\text{f}} = \vec{\mathbf{P}}_{\text{i}}$$
$$K_{\text{f}} < K_{\text{i}} \qquad (6.9)$$

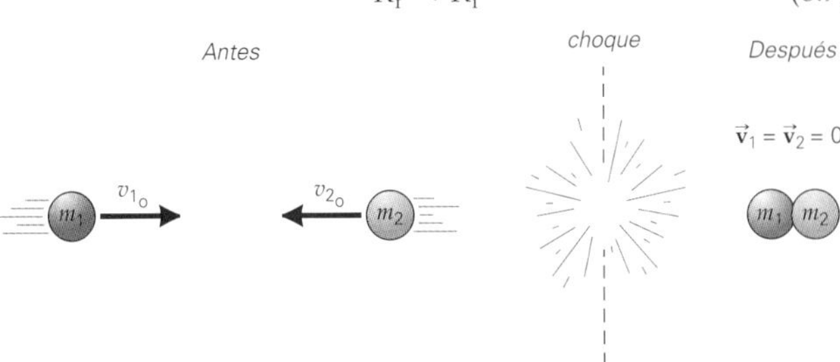

- **Velocidad final en un choque completamente inelástico de frente entre dos cuerpos** ($v_{2_o} = 0$)

$$v = \left(\frac{m_1}{m_1 + m_2}\right)v_{1_o} \qquad (6.10)$$

- **Cociente de energías cinéticas en choques completamente inelásticos de frente de frente entre dos cuerpos** ($v_{2_o} = 0$)

$$\frac{K_{\text{f}}}{K_{\text{i}}} = \frac{m_1}{m_1 + m_2} \qquad (6.11)$$

- **Velocidades finales en choques elásticos de frente entre dos cuerpos**

$$v_1 = \left(\frac{m_1 - m_2}{m_1 + m_2}\right)v_{1_o} + \left(\frac{2m_2}{m_1 + m_2}\right)v_{2_o} \qquad (6.14)$$

$$v_2 = \left(\frac{2m_1}{m_1 + m_2}\right)v_{1_o} - \left(\frac{m_1 - m_2}{m_1 + m_2}\right)v_{2_o} \qquad (6.15)$$

- El **centro de masa** es el punto donde puede concentrarse toda la masa de un objeto o sistema. El centro de masa no necesariamente está dentro de un objeto. (El **centro de gravedad** es el punto en el que puede concentrarse todo el peso.)

- **Coordenadas del centro de masa** (empleando signos para indicar direcciones):

$$X_{\text{CM}} = \frac{\Sigma m_i x_i}{M} \qquad (6.19)$$

Ejercicios

Los ejercicios designados **OM** *son preguntas de opción múltiple; los* PC *son preguntas conceptuales; y los* **EI** *son ejercicios integrados. A lo largo del texto, muchas secciones de ejercicios incluirán ejercicios "apareados". Estos pares de ejercicios, que se identifican con* <u>números subrayados</u>, *pretenden ayudar al lector a resolver problemas y aprender. El primer ejercicio de cada pareja (el de número par) se resuelve en la Guía de estudio, que puede consultarse si se necesita ayuda para resolverlo. El segundo ejercicio (de número impar) es similar, y su respuesta se da al final del libro.*

6.1 Cantidad de movimiento lineal

1. **OM** Las unidades de la cantidad de movimiento lineal son *a*) N/m, *b*) kg · m/s, *c*) N/s o *d*) todas las anteriores.

2. **OM** La cantidad de movimiento lineal *a*) siempre se conserva, *b*) es una cantidad escalar, *c*) es una cantidad vectorial o *d*) no está relacionada con la fuerza.

3. **OM** Una fuerza neta que actúa sobre un objeto provoca *a*) una aceleración, *b*) un cambio en la cantidad de movimiento, *c*) un cambio en la velocidad, *d*) todas las opciones anteriores.

4. PC ¿Un corredor rápido de fútbol americano siempre tiene más cantidad de movimiento lineal que un hombre de línea, más masivo pero más lento? Explique.

5. PC Si dos objetos tienen la misma cantidad de movimiento, ¿necesariamente tendrán la misma energía cinética? Explique.

6. PC Si dos objetos tienen la misma energía cinética, ¿necesariamente tendrán la misma cantidad de movimiento? Explique.

7. ● Si una mujer de 60 kg viaja en un automóvil que se mueve a 90 km/h, ¿qué cantidad de movimiento lineal tiene relativa a *a*) el suelo y *b*) el automóvil?

8. ● La cantidad de movimiento lineal de un corredor en los 100 metros planos es de 7.5×10^2 kg · m/s. Si la rapidez del corredor es de 10 m/s, ¿qué masa tiene?

9. ● Calcule la magnitud de la cantidad de movimiento lineal de *a*) una bola de bolos de 7.1 kg que viaja a 12 m/s y *b*) una automóvil de 1200 kg que viaja a 90 km/h.

10. ● En fútbol americano, un hombre de línea casi siempre tiene más masa que un corredor. *a*) ¿Un hombre de línea siempre tendrá mayor cantidad de movimiento lineal que un corredor? ¿Por qué? *b*) ¿Quién tiene mayor cantidad de movimiento lineal, un corredor de 75 kg que corre a 8.5 m/s o un hombre de línea de 120 kg que corre a 5.0 m/s?

11. ● ¿Con qué rapidez viajará un automóvil de 1200 kg si tiene la misma cantidad de movimiento lineal que una camioneta de 1500 kg que viaja a 90 km/h?

12. ●● Una pelota de béisbol de 0.150 kg que viaja con una rapidez horizontal de 4.50 m/s es golpeada por un bate y luego se mueve con una rapidez de 34.7 m/s en la dirección opuesta. ¿Qué cambio sufrió su cantidad de movimiento?

13. ●● Una bala de caucho de 15.0 g golpea una pared con una rapidez de 150 m/s. Si la bala rebota directamente con una rapidez de 120 m/s, ¿cómo cambió su cantidad de movimiento?

14. EI ●● Dos protones se acercan entre sí con diferente rapidez. *a*) ¿La magnitud de la cantidad de movimiento total del sistema de los dos protones será 1) mayor que la magnitud de la cantidad de movimiento de cualquiera de los protones, 2) igual a la diferencia de las magnitudes de las cantidades de movimiento de los dos protones o 3) igual a la suma de las magnitudes de las cantidades de movimiento de los dos protones? ¿Por qué? *b*) Si las rapideces de los dos protones son 340 y 450 m/s, respectivamente, ¿qué cantidad de movimiento total tiene el sistema de los dos protones? [*Sugerencia:* busque la masa de un protón en una de las tablas de las guardas de este libro.]

15. ●● Tomando como densidad del aire 1.29 kg/m^3, ¿qué magnitud tiene la cantidad de movimiento lineal de un metro cúbico de aire que se mueve con una rapidez de *a*) 36 km/h y *b*) 74 mi/h (la rapidez que alcanza el viento cuando una tormenta tropical se convierte en un huracán)?

16. ●● Dos corredores cuyas masas son 70 y 60 kg, respectivamente, tienen una cantidad de movimiento lineal total de 350 kg · m/s. El corredor más masivo se mueve a 2.0 m/s. Calcule las magnitudes que podría tener la velocidad del corredor más ligero.

17. ●● Una bola de billar de 0.20 kg que viaja con una rapidez de 15 m/s golpea el borde de una mesa de billar con un ángulo de 60° (▸figura 6.27). Si la bola rebota con los mismos rapidez y ángulo, ¿qué cambio sufre su cantidad de movimiento?

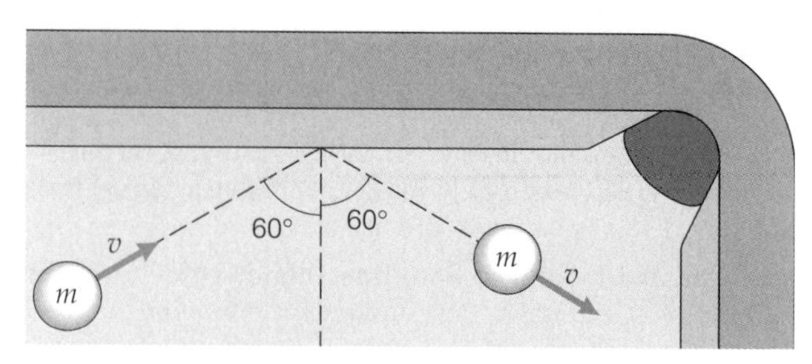

▲ **FIGURA 6.27 Choque angulado** Véanse los ejercicios 17, 18 y 44.

18. ●● Suponga que la bola de billar de la figura 6.27 se aproxima a la orilla de la mesa con una rapidez de 15 m/s y a un ángulo de 60°, como se muestra, pero rebota con una rapidez de 10 m/s y a un ángulo de 50°. ¿Cuál es el cambio en la cantidad de movimiento en este caso? [*Sugerencia:* utilice componentes.]

19. ●● Una persona empuja una caja de 10 kg desde el reposo y la acelera hasta una rapidez de 4.0 m/s con una fuerza constante. Si la persona empuja la caja durante 2.5 s, ¿cuánta fuerza ejerce sobre la caja?

20. ●● Un remolque cargado, con una masa total de 5000 kg y rapidez de 3.0 km/h, choca contra una plataforma de carga y se detiene en 0.64 s. Calcule la magnitud de la fuerza promedio ejercida por la plataforma sobre el remolque.

21. ●● Una bola de lodo de 2.0 kg se deja caer desde una altura de 15 m, donde estaba en reposo. Si el impacto entre la bola y el suelo dura 0.50 s, ¿qué fuerza neta promedio ejerció la bola contra el suelo?

22. EI ●● En una práctica de fútbol americano, dos receptores corren de acuerdo con distintos patrones de recepción de pases. Uno de ellos, con una masa de 80.0 kg, corre a 45° hacia el noreste con una rapidez de 5.00 m/s. El segundo receptor (con masa de 90.0 kg) corre en línea recta por el campo de juego (derecho hacia el este) a 6.00 m/s. *a*) ¿Cuál es la dirección de su cantidad de movimiento total? 1) Exactamente hacia el noreste; 2) hacia el norte del noreste; 3) exactamente hacia el este o 4) hacia el este del noreste. *b*) Justifique su respuesta al inciso *a* calculando cuál fue en realidad su cantidad de movimiento total.

23. ●● Un catcher de grandes ligas atrapa una pelota rápida que viaja a 95.0 mi/h; su mano, junto con el guante, retroceden 10.0 cm al llevar la pelota al reposo. Si le tomara 0.00470 segundos llevar la pelota (con una masa de 250 g) al reposo en el guante, *a*) ¿cuáles serían la magnitud y la dirección del cambio en la cantidad de movimiento de la pelota? *b*) Determine la fuerza promedio que ejerce la pelota sobre la mano y el guante del catcher.

24. ●●● Durante un partido de baloncesto, una porrista de 120 lb es lanzada verticalmente hacia arriba con una rapidez de 4.50 m/s por un porrista. *a*) ¿Cómo cambia la cantidad de movimiento de la joven entre el momento en que su compañero la suelta y el momento en que la recibe en sus brazos, si es atrapada a la misma altura desde la que fue lanzada? *b*) ¿Habría alguna diferencia si la atraparan 0.30 m por debajo del punto de lanzamiento? ¿Cómo cambiaría su cantidad de movimiento en ese caso?

25. ●●● Una pelota, cuya masa es de 200 g, se lanza desde el reposo a una altura de 2.00 m sobre el piso y rebota en línea recta hacia arriba hasta una altura de 0.900 m. *a*) Determine el cambio en la cantidad de movimiento de la pelota que se debe a su contacto con el piso. *b*) Si el tiempo de contacto con el piso fue de 0.0950 segundos, ¿cuál fue la fuerza promedio que el piso ejerció sobre la pelota y en qué dirección?

6.2 Impulso

26. **OM** Las unidades de impulso son *a*) kg · m/s, *b*) N · s, *c*) iguales que las de la cantidad de movimiento, *d*) todas las anteriores.

27. **OM** Impulso es igual a *a*) $F\Delta x$, *b*) el cambio de energía cinética, *c*) el cambio de cantidad de movimiento o *d*) $\Delta p/\Delta t$.

28. **PC** El *follow-through* se usa en muchos deportes, como al realizar un servicio en tenis. Explique cómo el *follow-through* puede aumentar la rapidez de la pelota de tenis en el servicio.

29. **PC** Un estudiante de karate trata de no hacer *follow-through* para romper una tabla, como se muestra en la ▼figura 6.28. ¿Cómo puede la detención abrupta de la mano (sin *follow-through*) generar tanta fuerza?

▲ **FIGURA 6.28 Golpe de karate** Véanse los ejercicios 29 y 35.

30. **PC** Explique la diferencia para cada uno de los siguientes pares de acciones en términos de impulso: *a*) un tiro largo (*long drive*) y un tiro corto (*chip shot*) de un golfista; *b*) un golpe corto (*jab*) y un golpe de *knockout* de un boxeador; *c*) una acción de toque de bola (que hace rodar suavemente la pelota dentro del cuadro) y un batazo de jonrón de un beisbolista.

31. **PC** Explique el principio en que se basa *a*) el uso de espuma de poliestireno como material de empaque para evitar que se rompan los objetos, *b*) el uso de hombreras en fútbol americano para evitar lesiones de los jugadores y *c*) el guante más grueso que usa un catcher de béisbol, en comparación con el que usan los demás jugadores defensivos.

32. ● Cuando un bateador lanza hacia arriba una pelota de sóftbol de 0.20 kg y la batea horizontalmente, la pelota recibe un impulso de 3.0 N · s. ¿Con qué rapidez horizontal se aleja la pelota del bate?

33. ● Un automóvil con una cantidad de movimiento lineal de 3.0×10^4 kg · m/s se detiene en 5.0 s. ¿Qué magnitud tiene la fuerza promedio de frenado?

34. ● Un jugador de billar imparte un impulso de 3.2 N · s a una bola estacionaria de 0.25 kg con su taco. ¿Qué rapidez tiene la bola justo después del impacto?

35. ●● Para el golpe de karate del ejercicio 29, supongamos que la mano tiene una masa de 0.35 kg, que la rapidez de la mano justo antes de golpear la tabla es de 10 m/s y que después del golpe la mano queda en reposo. ¿Qué fuerza promedio ejerce la mano sobre la tabla si *a*) la mano hace *follow-through*, de manera que el tiempo de contacto sea de 3.0 ms y *b*) la mano se detiene abruptamente, de manera que el tiempo de contacto sea de sólo 0.30 ms?

36. **EI** ●● Al efectuar un "toque de pelota", un beisbolista usa el bate para cambiar tanto la rapidez como la dirección de la pelota. *a*) ¿La magnitud del cambio en la cantidad de movimiento de la pelota antes y después del toque será 1) mayor que la magnitud de la cantidad de movimiento de la pelota antes o después del toque, 2) igual a la diferencia entre las magnitudes de las cantidades de movimiento de la pelota antes y después del toque o 3) igual a la suma de las magnitudes de las cantidades de movimiento de la pelota antes y después del toque? ¿Por qué? *b*) La pelota tiene una masa de 0.16 kg; su rapidez antes y después del toque es de 15 y 10 m/s, respectivamente, y el toque dura 0.025 s. Calcule el cambio de cantidad de movimiento de la pelota. *c*) ¿Qué fuerza promedio ejerce el bate sobre la pelota?

37. **EI** ●● Un automóvil con una masa de 1500 kg viaja por una carretera horizontal a 30.0 m/s. Recibe un impulso con una magnitud de 2000 N · m y su rapidez se reduce tanto como es posible por un impulso así. *a*) ¿Qué provocó este impulso? 1) El conductor que apretó el acelerador, 2) el conductor que aplicó el freno o 3) el conductor que dio vuelta al volante. *b*) ¿Cuál fue la rapidez del automóvil después de que se aplicó el impulso?

38. ●● Una astronauta (cuya masa es de 100 kg, con su equipo) regresa a su estación espacial con una rapidez de 0.750 m/s pero en el ángulo incorrecto. Para corregir su dirección, enciende los cohetes del equipo que lleva a la espalda en ángulos rectos a su movimiento durante un breve periodo. Estos cohetes direccionales ejercen una fuerza constante de 100.0 N por apenas 0.200 s. [Ignore la pequeña pérdida de masa que se debe al combustible que se quema y suponga que el impulso se da en ángulos rectos a su cantidad de movimiento inicial.] *a*) ¿Cuál es la magnitud del impulso que se ejerce sobre la astronauta? *b*) ¿Cuál es su nueva dirección (relativa a la dirección inicial)? *c*) ¿Cuál es su nueva rapidez?

39. ●● Un balón de volibol viaja hacia una persona. *a*) ¿Qué acción requerirá aplicar mayor fuerza al balón: atraparlo o golpearlo? ¿Por qué? *b*) Un balón de volibol de 0.45 kg viaja con una velocidad horizontal de 4.0 m/s sobre la red. Un jugador salta y lo golpea impartiéndole una velocidad horizontal de 7.0 m/s en la dirección opuesta. Si el tiempo de contacto es de 0.040 s, ¿qué fuerza promedio se aplicó al balón?

40. ●● Una pelota de 1.0 kg se lanza horizontalmente con una velocidad de 15 m/s contra una pared. Si la pelota rebota horizontalmente con una velocidad de 13 m/s y el tiempo de contacto es de 0.020 s, ¿qué fuerza ejerce la pared sobre la pelota?

41. ●● Un muchacho atrapa —con las manos desnudas y los brazos rígidos y extendidos— una pelota de béisbol de 0.16 kg, que viaja directamente hacia él con una rapidez de 25 m/s. El muchacho se queja porque el golpe le dolió. Pronto aprende a mover sus manos junto con la pelota al atraparla. Si el tiempo de contacto del choque aumenta de 3.5 a 8.5 ms al hacerlo, ¿qué cambio relativo hay en las magnitudes promedio de la fuerza de impulso?

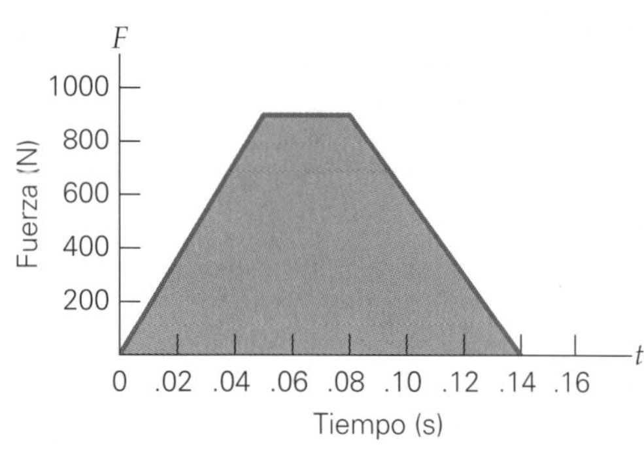

▲ **FIGURA 6.29 Gráfica de fuerza contra tiempo** Véase el ejercicio 42.

42. ●● Una fuerza de impulso unidimensional actúa sobre un objeto de 3.0 kg de acuerdo con el diagrama en la ▲figura 6.29. Encuentre *a*) la magnitud del impulso que se da al objeto, *b*) la magnitud de la fuerza promedio y *c*) la rapidez final si el objeto tuviera una rapidez inicial de 6.0 m/s.

43. ●● Un trozo de masilla de 0.45 kg se deja caer desde una altura de 2.5 m por encima de una superficie plana. Cuando golpea la superficie, la masilla llega al reposo en 0.30 s. ¿Cuál es la fuerza promedio que la superficie ejerce sobre la masilla?

44. ●● Si la bola de billar de la figura 6.27 está en contacto con el borde durante 0.010 s, ¿qué magnitud tiene la fuerza promedio que el borde ejerce sobre la bola? (Véase el ejercicio 17.)

45. ●● Un automóvil de 15 000 N viaja con una rapidez de 45 km/h hacia el norte por una calle, y un auto deportivo de 7500 N viaja con una rapidez de 60 km/h hacia el este por una calle que cruza con la primera. *a*) Si ninguno de los conductores frena y los vehículos chocan en la intersección y sus parachoques (o defensas) se atoran, ¿cuál será la velocidad de los vehículos inmediatamente después del choque? *b*) ¿Qué porcentaje de la energía cinética inicial se perderá en el choque?

46. ●●● En una prueba simulada de choque de frente, un automóvil golpea una pared a 25 mi/h (40 km/h) y se detiene abruptamente. Un maniquí de 120 lb (con una masa de 55 kg), no sujeto con cinturón de seguridad, es detenido por una bolsa de aire, que ejerce sobre él una fuerza de 2400 lb. ¿Cuánto tiempo estuvo en contacto el maniquí con la bolsa para detenerse?

47. ●●● Un jugador de béisbol batea la pelota en línea recta hacia arriba. La pelota (cuya masa es de 200 g) viajaba horizontalmente a 35.0 m/s, justo antes de hacer contacto con el bate y va a 20.0 m/s justo después hacer contacto con éste. Determine la dirección y la magnitud del impulso que el bate aplica a la pelota.

6.3 Conservación de la cantidad de movimiento lineal

48. OM La conservación de la cantidad de movimiento lineal se describe por medio de *a*) el teorema impulso-cantidad de movimiento, *b*) el teorema trabajo-energía, *c*) la primera ley de Newton, *d*) la conservación de la energía.

49. OM La cantidad de movimiento lineal de un objeto se conserva si *a*) la fuerza que actúa sobre el objeto es conservativa; *b*) una sola fuerza interna no equilibrada actúa sobre el objeto; *c*) la energía mecánica se conserva, o *d*) nada de lo anterior.

50. OM Las fuerzas internas no afectan a la conservación de la cantidad de movimiento porque *a*) se cancelan entre sí, *b*) sus efectos se cancelan con fuerzas externas, *c*) nunca pueden ocasionar un cambio de velocidad o *d*) la segunda ley de Newton no se aplica a ellas.

51. PC La ▼figura 6.30 muestra una lancha de aire como las que se usan en zonas pantanosas. Explique su principio de propulsión. Utilizando el concepto de conservación de la cantidad de movimiento lineal, explique qué sucedería con la lancha si se instalara una vela detrás del ventilador.

▲ **FIGURA 6.30 Propulsión por ventilador** Véase el ejercicio 51.

52. PC Imagínese parado en el centro de un lago congelado. El hielo es tan liso que no hay fricción. ¿Cómo llegaría a la orilla? (No podría caminar. ¿Por qué?)

53. PC Un objeto estacionario recibe un golpe directo de otro objeto que se mueve hacia él. ¿Ambos objetos pueden quedar en reposo después del choque? Explique.

54. PC Cuando se golpea una pelota de golf en el tee, su rapidez suele ser mucho mayor que la del palo de golf. Explique cómo puede darse esta situación.

55. ● Un astronauta de 60 kg que flota en reposo en el espacio afuera de una cápsula espacial lanza su martillo de 0.50 kg de manera que se mueva con una rapidez de 10 m/s relativa a la cápsula. ¿Qué sucederá con el astronauta?

56. ● En una competencia de patinaje de figura por parejas, un hombre de 65 kg y su compañera de 45 kg están parados mirándose de frente sobre sus patines. Si se empujan para separarse y la mujer tiene una velocidad de 1.5 m/s hacia el este, ¿qué velocidad tendrá su compañero? (Desprecie la fricción.)

57. ●● Para escapar de un lago congelado sin fricción, una persona de 65.0 kg se quita un zapato de 0.150 kg y lo lanza horizontalmente en dirección opuesta a la orilla, con una rapidez de 2.00 m/s. Si la persona está a 5.00 m de la orilla, ¿cuánto tarda en alcanzarla?

58. EI ●● Un objeto en reposo hace explosión y se divide en tres fragmentos. El primero sale disparado hacia el oeste, y el segundo, hacia el sur. *a*) El tercer fragmento tendrá una dirección general de 1) suroeste, 2) norte del este o 3) directamente al norte o bien directamente al este. ¿Por qué? *b*) Si el objeto tiene una masa de 3.0 kg, el primer fragmento tiene una masa de 0.50 kg y una rapidez de 2.8 m/s, y el segundo fragmento tiene una masa de 1.3 kg y una rapidez de 1.5 m/s, ¿qué rapidez y dirección tendrá el tercer fragmento?

59. ●● Suponga que el objeto de 3.0 kg del ejercicio 58 viajaba inicialmente a 2.5 m/s en la dirección x positiva. ¿Qué rapidez y dirección tendría el tercer fragmento en este caso?

60. ●● Dos pelotas con igual masa (0.50 kg) se aproximan al origen de un plano, respectivamente, por los ejes x y y positivos con la misma rapidez (3.3 m/s). *a*) ¿Cuál es la cantidad de movimiento total del sistema? *b*) ¿Las pelotas necesariamente chocarán en el origen? ¿Cuál es la cantidad de movimiento total del sistema después de que las dos pelotas hayan pasado por el origen?

61. ●● Dos automóviles idénticos chocan y sus defensas quedan enganchadas. En cada uno de los casos siguientes, ¿qué rapidez tienen los automóviles inmediatamente después de engancharse? *a*) Un automóvil que avanza a 90 km/h se acerca a un automóvil estacionario; *b*) dos automóviles se acercan entre sí con rapideces de 90 y 120 km/h, respectivamente; *c*) dos automóviles viajan en la misma dirección con rapidez de 90 y 120 km/h, respectivamente.

62. ●● Un automóvil de 1200 kg que viaja hacia la derecha con rapidez de 25 m/s choca contra una camioneta de 1500 kg, quedando enganchadas sus defensas. Calcule la velocidad de la combinación después del choque si inicialmente la camioneta *a*) está en reposo, *b*) avanza hacia la derecha a 20 m/s y *c*) avanza hacia la izquierda con rapidez de 20 m/s.

63. ●● Una bala de 10 g que se mueve horizontalmente a 400 m/s penetra en un bloque de madera de 3.0 kg que descansa en una superficie horizontal. Si la bala sale por el otro lado del bloque a 300 m/s, ¿qué rapidez tiene el bloque inmediatamente después de que sale la bala (▾figura 6.31)?

64. ●● La explosión de una bomba de 10.0 kg libera sólo dos fragmentos. La bomba estaba inicialmente en reposo y uno de los fragmentos, de 4.00 kg, viaja hacia el oeste a 100 m/s, inmediatamente después de la explosión. *a*) ¿Cuáles son la rapidez y la dirección del otro fragmento inmediatamente después de la explosión? *b*) ¿Cuánta energía cinética se liberó en esa explosión?

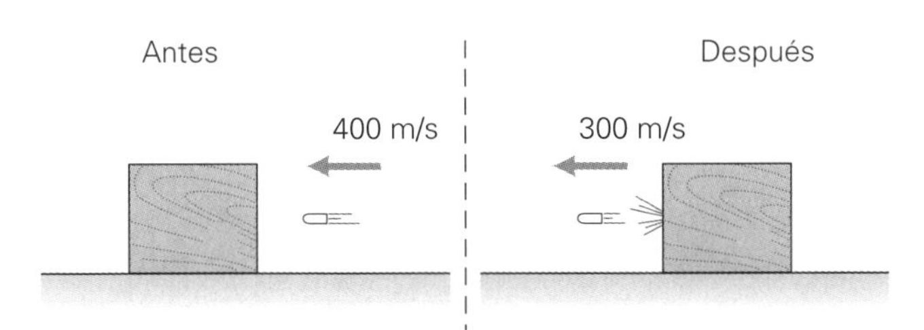

▲ **FIGURA 6.31 ¿Transferencia de cantidad de movimiento?** Véase el ejercicio 63.

65. ●● Una camioneta (vacía) de 1600 kg rueda con rapidez de 2.5 m/s bajo una tolva de carga, la cual deposita una masa de 3500 kg sobre la camioneta. ¿Qué rapidez tiene la camioneta inmediatamente después de recibir la carga?

66. **EI** ●● Un nuevo método de control de disturbios utiliza balas de "goma" en vez de balas verdaderas. Suponga que, en una prueba, una de estas "balas" con una masa de 500 g viaja a 250 m/s hacia la derecha y golpea de frente un blanco estacionario. La masa del blanco es de 25.0 kg y está en reposo sobre una superficie lisa. La bala rebota hacia atrás (es decir, hacia la izquierda) del blanco a 100 m/s. *a*) ¿En qué dirección se moverá el blanco después de la colisión? 1) A la derecha, 2) a la izquierda, 3) podría permanecer estacionario o 4) no es posible saberlo a partir de los datos. *b*) Determine la rapidez del retroceso del blanco después de la colisión.

67. ●● Para filmar una escena cinematográfica, un doble de 75 kg cae desde un árbol sobre un trineo de 50 kg, que se desplaza sobre un lago congelado con una velocidad de 10 m/s hacia la orilla. *a*) ¿Cuál es la rapidez del trineo después de que el doble está a bordo? *b*) Si el trineo golpea contra la orilla del lago y se detiene, pero el doble continúa moviéndose, ¿con qué rapidez deja el trineo? (Ignore la fricción.)

68. ●● Un astronauta de 90 kg se queda detenido en el espacio en un punto localizado a 6.0 m de su nave espacial y necesita regresar en 4.0 min para controlarla. Para regresar, lanza una pieza de equipo de 0.50 kg que se aleja directamente de la nave con una rapidez de 4.0 m/s. *a*) ¿El astronauta regresa a tiempo? *b*) ¿Qué tan rápido debe tirar la pieza de equipo para regresar a tiempo?

69. ●●● Un proyectil se dispara con una velocidad inicial de 90.0 km/h que forma un ángulo de 60.0° con la horizontal. Cuando el proyectil está en la cúspide de su trayectoria, una explosión interna lo divide en dos fragmentos con masas iguales. Uno cae verticalmente como si se le hubiera soltado desde el reposo. ¿A qué distancia del cañón caerá el otro fragmento?

70. ●●● Un disco de hockey en movimiento choca de refilón con otro estacionario de la misma masa, como se muestra en la ▾figura 6.32. Si la fricción es insignificante, ¿qué rapidez tendrán los discos después del choque?

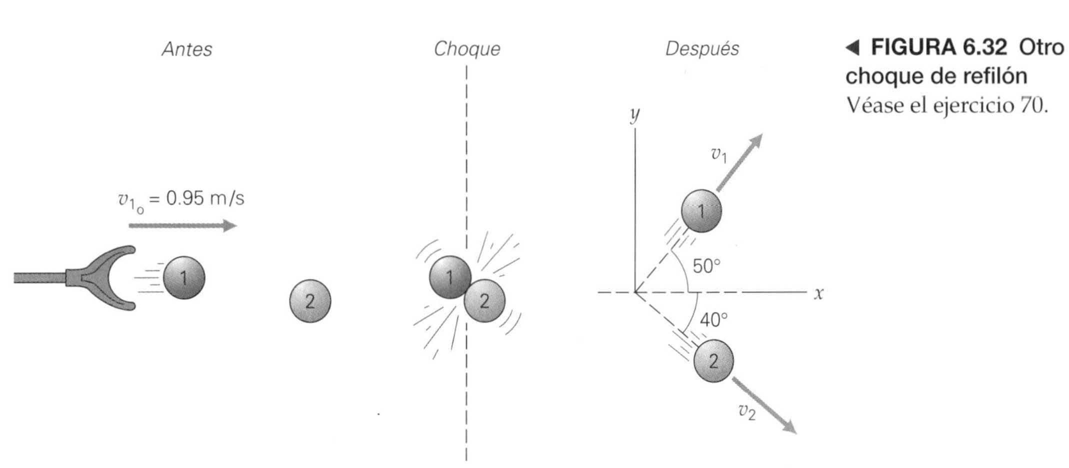

◀ **FIGURA 6.32 Otro choque de refilón** Véase el ejercicio 70.

71. ●●● Un pequeño asteroide (cuya masa es de 10 g) golpea de refilón a un satélite en el espacio vacío. El satélite estaba inicialmente en reposo y el asteroide viajaba a 2000 m/s. La masa del satélite es de 100 kg. El asteroide se desvía 10° de su dirección original y su rapidez disminuye a 1000 m/s, pero ninguno de los objetos pierde masa. Determine *a*) la dirección y *b*) la rapidez del satélite después de la colisión.

72. ●●● Un *péndulo balístico* es un dispositivo para medir la velocidad de un proyectil, por ejemplo, la velocidad inicial de una bala de rifle. El proyectil se dispara horizontalmente contra la pesa de un péndulo en la cual se incrusta, como se muestra en la ▼figura 6.33. El péndulo oscila hasta cierta altura h, la cual se mide. Se conocen las masas del péndulo y la bala. Utilizando los principios de conservación de la cantidad de movimiento y de la energía, demuestre que la velocidad inicial del proyectil está dada por $v_o = [(m + M)/m]\sqrt{2gh}$.

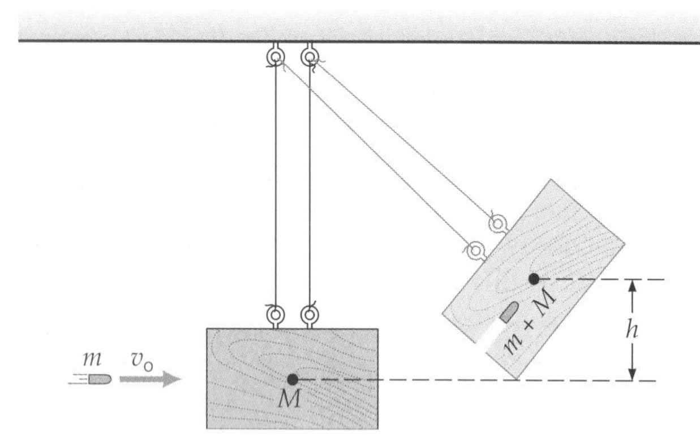

▲ **FIGURA 6.33 Un péndulo balístico** Véanse los ejercicios 72 y 98.

6.4 Choques elásticos e inelásticos

73. **OM** ¿Qué de lo siguiente no se conserva en un choque inelástico? *a*) cantidad de movimiento, *b*) masa, *c*) energía cinética o *d*) energía total.

74. **OM** Una pelota de caucho de masa m, que viaja horizontalmente con una rapidez v, golpea una pared y rebota hacia atrás con la misma rapidez. El cambio en la cantidad de movimiento es *a*) mv, *b*) $-mv$, *c*) $-mv/2$, *d*) $+2mv$.

75. **OM** En un choque elástico de frente, la masa m_1 golpea una masa estacionaria m_2. Hay una transferencia total de energía si *a*) $m_1 = m_2$, *b*) $m_1 > m_2$, *c*) $m_1 > m_2$ o *d*) las masas quedan pegadas.

76. **OM** La condición para una colisión inelástica entre dos objetos es *a*) $K_f < K_i$, *b*) $p_i \neq p_f$, *c*) $m_1 > m_2$, *d*) $v_1 < v_2$.

77. **PC** Puesto que $K = p^2/2m$, ¿cómo puede perderse energía cinética en un choque inelástico mientras que se conserva la cantidad de movimiento total? Explique.

78. **PC** Comente qué tienen en común y en qué difieren un choque elástico y un choque inelástico.

79. **PC** ¿En un choque entre dos objetos puede perderse la totalidad de la energía cinética? Explique.

80. ●● Para el aparato de la figura 6.15, una esfera que llega con rapidez de $2v_o$ no hace que dos esferas salgan con rapidez de v_o cada una. *a*) ¿Qué ley de la física es la que evita que eso suceda, la de conservación de la cantidad de movimiento o la de conservación de la energía mecánica? *b*) Demuestre matemáticamente esa ley.

81. ●● Un protón con masa m que se mueve con rapidez de 3.0×10^6 m/s sufre un choque elástico de frente con una partícula alfa en reposo de masa $4m$. ¿Qué velocidad tendrá cada partícula después del choque?

82. ●● Una esfera de 4.0 kg con una velocidad de 4.0 m/s en la dirección $+x$ choca elásticamente de frente contra una esfera estacionaria de 2.0 kg. ¿Cuáles serán sus velocidades después del choque?

83. ●● Una esfera con una masa de 0.10 kg viaja con una velocidad de 0.50 m/s en la dirección $+x$ y choca de frente contra una esfera de 5.0 kg, que está en reposo. Determine las velocidades de ambas después del choque. Suponga que la colisión es elástica.

84. ●● En una feria del condado, dos niños chocan entre sí de frente mientras van en sus respectivos carritos. Jill y su carro viajan a la izquierda a 3.50 m/s y tienen una masa total de 325 kg. Jack y su carro viajan hacia la derecha a 2.0 m/s y tienen una masa total de 290 kg. Suponiendo que el choque es elástico, determine sus velocidades después de la colisión.

85. ●● En una persecución a alta velocidad, una patrulla golpea el automóvil del criminal directamente por detrás para llamar su atención. La patrulla va a 40.0 m/s hacia la derecha y tiene una masa total de 1800 kg. El vehículo del criminal inicialmente se mueve en la misma dirección a 38.0 m/s. Su automóvil tiene una masa total de 1500 kg. Suponiendo que el choque es elástico, determine sus dos velocidades inmediatamente después de que ésta se registra.

86. **EI** ●● La ▼figura 6.34 muestra a una ave que atrapa un pez. Suponga que inicialmente el pez salta hacia arriba y el ave planea horizontalmente y no toca el agua con las patas ni agita sus alas. *a*) ¿Este tipo de choque es 1) elástico, 2) inelástico o 3) totalmente inelástico? ¿Por qué? *b*) Si la masa del ave es de 5.0 kg, la del pez es de 0.80 kg y el ave planea con una rapidez de 6.5 m/s antes de atrapar al pez, ¿qué rapidez tiene el ave después de sujetarlo?

▶ **FIGURA 6.34 ¿Elástico o inelástico?** Véase el ejercicio 86.

87. ●● Un objeto de 1.0 kg, que se desplaza 10 m/s, choca contra un objeto estacionario de 2.0 kg como se muestra en la ▾figura 6.35. Si la colisión es perfectamente inelástica, ¿qué distancia a lo largo del plano inclinado recorrerá el sistema combinado? Ignore la fricción.

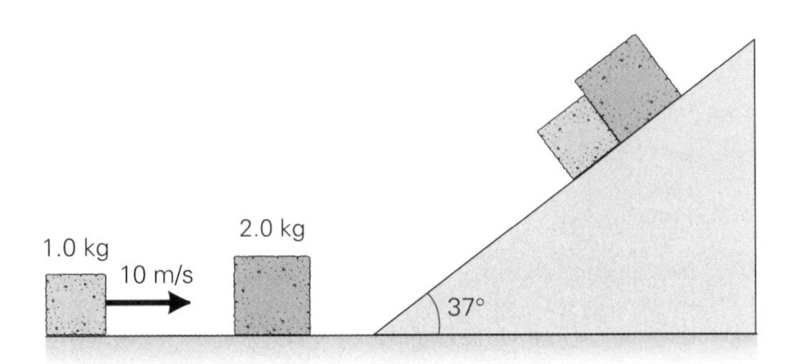

▲ **FIGURA 6.35 ¿Qué tanto suben?** Véanse los ejercicios 87 y 92.

88. ●● En un juego de billar, una bola blanca que viaja a 0.75 m/s golpea a la bola 8 estacionaria. La bola 8 sale despedida con una velocidad de 0.25 m/s con un ángulo de 37° con la dirección original de la bola blanca. Suponiendo que el choque es inelástico, ¿con qué ángulo se desviará la bola blanca, y qué rapidez tendrá?

89. ●● Dos esferas con masas de 2.0 y 6.0 kg viajan una hacia la otra con rapidez de 12 y 4.0 m/s, respectivamente. Si sufren un choque inelástico de frente y la esfera de 2.0 kg rebota con una rapidez de 8.0 m/s, ¿cuánta energía cinética se pierde en el choque?

<u>90.</u> ●● Dos esferas se acercan entre sí como se muestra en la ▾figura 6.36, donde $m = 2.0$ kg, $v = 3.0$ m/s, $M = 4.0$ kg y $V = 5.0$ m/s. Si las esferas chocan en el origen y quedan pegadas, determine *a*) los componentes de la velocidad v de las esferas después del choque y *b*) el ángulo θ.

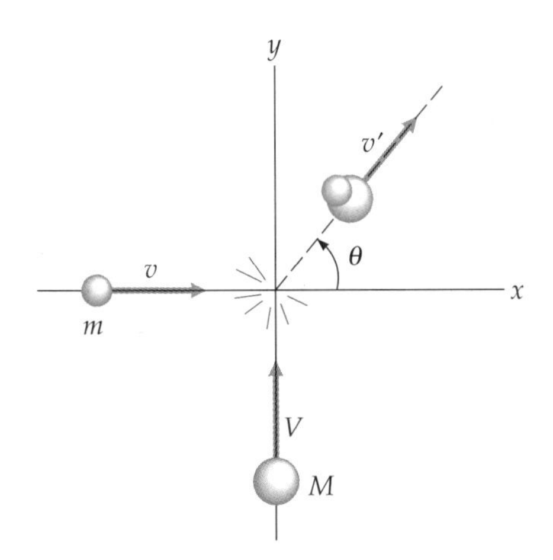

▲ **FIGURA 6.36 Un choque totalmente inelástico** Véase el ejercicio 90.

<u>91.</u> **El** ●● Un auto que viaja al este y una minivagoneta que viaja al sur tienen un choque totalmente inelástico en un cruce perpendicular. *a*) Justo después del choque, ¿los vehículos se moverán en una dirección general 1) al sur del este, 2) al norte del oeste o 3) directamente al sur o bien directamente al este? ¿Por qué? *b*) Si la rapidez inicial del automóvil de 1500 kg era 90.0 km/h, y la de la minivagoneta de 3000 kg era 60.0 km/h, ¿qué velocidad tendrán los vehículos inmediatamente después de chocar?

92. ●● Un objeto de 1.0 kg, que se desplaza 2.0 m/s, choca elásticamente contra un objeto estacionario de 1.0 kg, de manera similar a la situación presentada en la figura 6.35. ¿Qué distancia recorrerá el objeto inicialmente estacionario a lo largo de un plano inclinado a 37°? Ignore la fricción.

93. ●● Un compañero de clase afirma que la cantidad de movimiento total de un sistema de tres partículas ($m_1 = 0.25$ kg, $m_2 = 0.20$ kg y $m_3 = 0.33$ kg) es inicialmente cero; y calcula que, después de un choque inelástico triple, las partículas tendrán velocidades de 4.0 m/s a 0°, 6.0 m/s a 120° y 2.5 m/s a 230°, respectivamente, con ángulos medidos desde el eje $+x$. ¿Está de acuerdo con sus cálculos? Si no, suponiendo que las dos primeras respuestas estén correctas, ¿qué cantidad de movimiento debería tener la tercera partícula para que la cantidad de movimiento total sea cero?

94. ●● Un vagón de carga con una masa de 25 000 kg baja rodando por una distancia vertical de 1.5 m por una vía inclinada. En la base de la pendiente, sobre una vía horizontal, el vagón choca y se acopla con un vagón idéntico que estaba en reposo. ¿Qué porcentaje de la energía cinética inicial se perdió en el choque?

95. ●●● En los reactores nucleares, las partículas subatómicas llamadas neutrones son frenadas al permitirles chocar con los átomos de un material moderador, como los átomos de carbono, que tienen 12 veces la masa de los neutrones. *a*) En un choque de frente y elástico con un átomo de carbono, ¿qué porcentaje de la energía de un neutrón se pierde? *b*) Si el neutrón tiene una rapidez inicial de 1.5×10^7 m/s, ¿cuál será su rapidez después del choque?

96. ●●● En un accidente de "carambola" (de reacción en cadena) en una autopista cubierta de neblina, en el que no hubo lesionados, el automóvil 1 (cuya masa es de 2000 kg) viajaba a 15.0 m/s hacia la derecha y tuvo una colisión elástica con el automóvil 2, inicialmente en reposo. La masa del automóvil 2 es de 1500 kg. A la vez, el automóvil 2 chocó con el automóvil 3 y sus parachoques se quedaron atorados (es decir, fue una colisión completamente inelástica). El automóvil 3 tiene una masa de 2500 kg y también estaba en reposo. Determine la rapidez de todos los automóviles implicados inmediatamente después del desafortunado accidente.

97. ●●● El péndulo 1 tiene una cuerda de 1.50 m con una pequeña bolita amarrada como peso. El péndulo se jala hacia un lado a 30° y se libera. En el punto inferior de su arco, choca contra el peso del péndulo 2, que tiene una bolita con el doble de masa que el primero, pero la misma longitud de cuerda. Determine los ángulos a los que ambos péndulos rebotan (cuando llegan al reposo) después de que chocan y se recuperan.

98. ●●● Demuestre que la fracción de energía cinética que se pierde en una colisión de un péndulo balístico (como en la figura 6.33) es igual a $M/(m + M)$.

6.5 Centro de masa

99. **OM** El centro de masa de un objeto *a*) siempre está en el centro del objeto, *b*) está en la ubicación de la partícula más masiva del objeto, *c*) siempre está dentro del objeto o *d*) nada de lo anterior.

100. **OM** El centro de masa y el centro de gravedad coinciden *a*) si la aceleración de la gravedad es constante, *b*) si se conserva la cantidad de movimiento, *c*) si no se conserva la cantidad de movimiento, *d*) sólo en los objetos con forma irregular.

101. PC La ▾figura 6.37 muestra un flamingo parado en una sola pata, con la otra levantada. ¿Qué puede decir el lector acerca de la ubicación del centro de masa del flamingo?

▶ **FIGURA 6.37 Delicado equilibrio** Véase el ejercicio 101.

102. PC Dos objetos idénticos están separados una distancia *d*. Si uno de ellos permanece en reposo y el otro se aleja con una velocidad constante, ¿cuál es el efecto sobre el CM del sistema?

103. ●● *a*) El centro de masa de un sistema que consta de dos partículas de 0.10 kg se encuentra en el origen. Si una de las partículas está en (0, 0.45 m), ¿dónde está la otra? *b*) Si las masas se mueven de forma que su centro de masa esté en (0.25 m, 0.15 m), ¿es posible saber dónde están las partículas?

104. ● Los centros de dos esferas, de 4.0 y 7.5 kg, están separados una distancia de 1.5 m. ¿Dónde está el centro de masa del sistema de las dos esferas?

105. ● *a*) Localice el centro de masa del sistema Tierra-Luna. [*Sugerencia:* use datos de las tablas en la contraportada del libro, y considere la distancia entre la Tierra y la Luna medida desde sus centros.] *b*) ¿Dónde está ese centro de masa relativo a la superficie de la Tierra?

106. ●● Localice el centro de masa de un sistema formado por tres objetos esféricos con masas de 3.0, 2.0 y 4.0 kg cuyos centros están situados en (−6.0 m, 0), (1.0 m, 0) y (3.0 m, 0), respectivamente.

107. ●● Resuelva de nuevo el ejercicio 69 utilizando el concepto de centro de masa para calcular la distancia a la que cayó el otro fragmento, relativa al cañón.

108. **EI** ●● Una varilla de 3.0 kg y 5.0 m de longitud tiene en sus extremos masas puntuales de 4.0 y 6.0 kg. *a*) ¿El centro de masa de este sistema está 1) más cerca de la masa de 4.0 kg, 2) más cerca de la masa de 6.0 kg o 3) en el centro de la varilla? ¿Por qué? *b*) ¿Dónde está el centro de masa de este sistema?

109. ●● Un trozo de lámina uniforme mide 25 por 25 cm. Si se recorta un círculo de 5.0 cm de radio del centro de esta lámina, ¿dónde estará el centro de masa de la lámina?

110. ●● Localice el centro de masa del sistema que se muestra en la ▾figura 6.38 *a*) si todas las masas son iguales; *b*) si $m_2 = m_4 = 2m_1 = 2m_3$; *c*) si $m_1 = 1.0$ kg, $m_2 = 2.0$ kg, $m_3 = 3.0$ kg y $m_4 = 4.0$ kg.

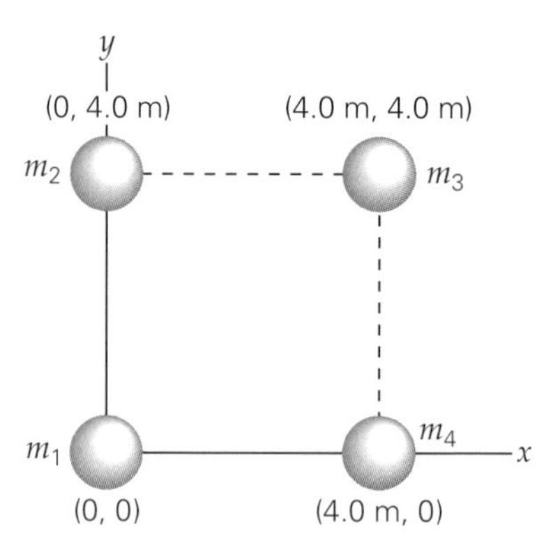

▲ **FIGURA 6.38 ¿Dónde está el centro de masa?** Véase el ejercicio 110.

111. ●● Dos tazas se colocan sobre una tabla uniforme que se equilibra sobre un cilindro (▾figura 6.39). La tabla tiene una masa de 2.00 kg y 2.00 m de longitud. La masa de la taza 1 es de 200 g y está colocada a 1.05 m a la izquierda del punto de equilibrio. La masa de la taza 2 es de 400 g. ¿Dónde debería colocarse la taza 2 para hacer equilibrio (con respecto al extremo de la derecha de la tabla)?

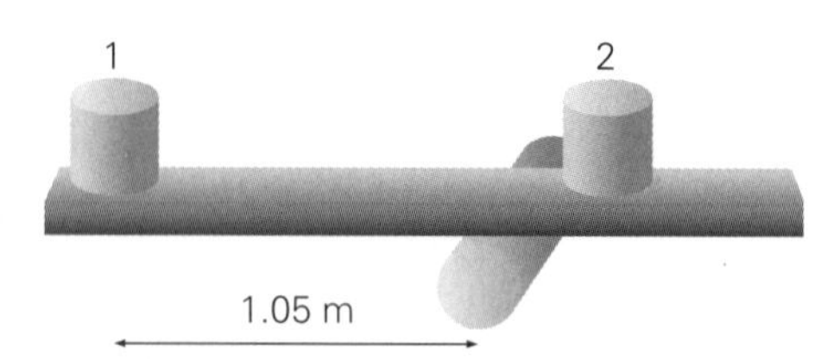

▲ **FIGURA 6.39 No deje que ruede** Véase el ejercicio 111.

112. ●● Una astronauta de 100 kg (su masa incluye el equipo) que realiza una caminata espacial está a 5.0 m de una cápsula espacial de 3000 kg, con su cordón de seguridad totalmente estirado. Para volver a la cápsula, ella tira del cordón. ¿Dónde se juntarán la astronauta y la cápsula?

113. ●● Dos patinadores con masas de 65 y 45 kg, respectivamente, están separados 8.0 m y sujetan cada uno un extremo de una cuerda. *a*) Si tiran de la cuerda hasta juntarse, ¿qué distancia recorrerá cada patinador? (Desprecie la fricción.) *b*) Si sólo la patinadora de 45 kg tira de la cuerda hasta juntarse con su amigo (que se limita a sostener la cuerda), ¿qué distancia recorrerá cada patinador?

114. ●●● Tres partículas, cada una con masa de 0.25 kg, están en (−4.0 m, 0), (2.0 m, 0) y (0, 3.0 m), sometidas a la acción de las fuerzas $\vec{\mathbf{F}}_1 = (-3.0\text{ N})\hat{\mathbf{y}}$, $\vec{\mathbf{F}}_2 = (5.0\text{ N})\hat{\mathbf{y}}$ y $\vec{\mathbf{F}}_3 = (4.0\text{ N})\hat{\mathbf{x}}$, respectivamente. Calcule la aceleración (magnitud y dirección) del centro de masa del sistema. [*Sugerencia:* considere los componentes de la aceleración.]

Ejercicios adicionales

115. Un bastón desequilibrado consiste en una varilla muy ligera de aluminio de 60.0 cm de longitud. La masa en un extremo es tres veces la masa del extremo "ligero". Inicialmente, el bastón se lanza con una rapidez de 15.0 m/s, a un ángulo de 45 grados con respecto al nivel del suelo. Cuando el bastón alcanza el punto más alto de su vuelo, está orientado verticalmente, con el "extremo ligero" por encima del "extremo pesado". Determine la distancia de cada extremo del bastón con respecto al suelo cuando alcanza su altura máxima.

116. Una bala de 20.0 g, que viaja a 300 m/s, traspasa por completo un bloque de madera, inicialmente en reposo sobre una mesa lisa. El bloque tiene una masa de 1000 g. La bala sale en la misma dirección, pero a 50.0 m/s. *a*) ¿Cuál es la rapidez del bloque al final? *b*) ¿Qué fracción (o porcentaje) de la energía cinética total inicial se pierde en este proceso?

117. Un pequeño asteroide (una roca con una masa de 100 g) da un golpe inclinado a una sonda espacial con una masa de 1000 kg. Suponga que todos los planetas están alejados, de manera que las fuerzas gravitacionales pueden ignorarse. A causa de la colisión, el asteroide se desvía 40° con respecto a su dirección original y su rapidez se reduce a 12 000 m/s, luego de que su rapidez inicial era de 20 000 m/s. La sonda se desplazaba originalmente a 200 m/s en la dirección $+x$. *a*) Determine el ángulo en el que la sonda se desvía con respecto a su dirección inicial. *b*) ¿Cuál es la rapidez de la sonda después de la colisión?

118. **El** En el decaimiento radiactivo del núcleo de un átomo llamado americio-241 (símbolo ^{241}Am, masa de 4.03×10^{-25} kg), se emite una partícula alfa (designada como α) con una masa de 6.68×10^{-27} kg hacia la derecha con una energía cinética de 8.64×10^{-13} J. (Esto es característico de las energías nucleares, pequeñas en la escala común.) El núcleo remanente es de neptunio-237 (^{237}Np) y tiene una masa de 3.96×10^{-25} kg. Suponga que el núcleo inicial estaba en reposo. *a*) ¿El núcleo de neptunio tendrá 1) mayor, 2) menor o 3) la misma cantidad de energía cinética en comparación con la partícula alfa? *b*) Determine la energía cinética del núcleo de ^{237}Np al final.

119. Una jugadora de hockey inicialmente se desplaza a 5.00 m/s hacia el este. Su masa es de 50.0 kg. Ella intercepta y atrapa con el palo (stick) un disco que inicialmente se desplaza a 35.0 m/s a un ángulo de 30 grados (figura 6.40). Suponga que la masa del disco es de 0.50 kg y que ambos forman un solo objeto por unos segundos. *a*) Determine el ángulo de dirección y la rapidez del disco y de la jugadora después de la colisión. *b*) ¿La colisión fue elástica o inelástica? Pruebe su respuesta con números.

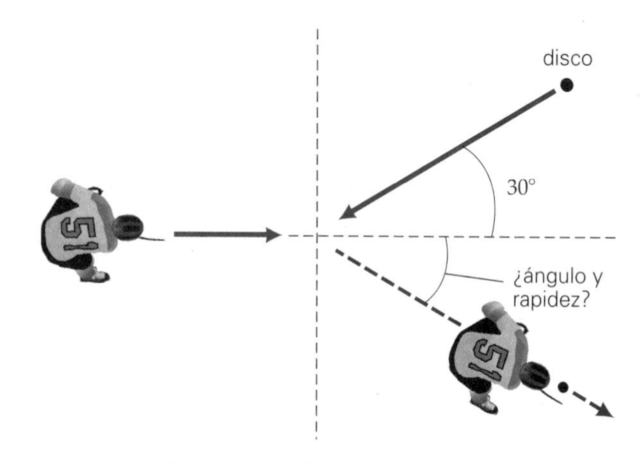

▲ **FIGURA 6.40 Intercepción del disco de hockey** Véase el ejercicio 119.

Los siguientes problemas de física Physlet se pueden usar con este capítulo.
PHYSLET® 8.1, 8.2, 8.3, 8.4, 8.5, 8.6, 8.7, 8.8, 8.9, 8.10, 8.11, 8.12, 8.13, 8.14

CAPÍTULO

7 MOVIMIENTO CIRCULAR Y GRAVITACIONAL

HECHOS DE FÍSICA

- Una ultracentrifugadora puede hacer girar muestras con una fuerza de 15 000*g*. Tal fuerza es necesaria para recolectar precipitados de proteínas, bacterias y otras células.
- Newton acuñó el término *gravedad* a partir de *gravitas*, la palabra latina para "peso" o "pesadez".
- Si usted quiere "perder" peso, vaya al ecuador de la Tierra. Como nuestro planeta está ensanchado levemente en esa zona, la aceleración de la gravedad es levemente menor ahí y usted pesará menos (aunque su masa seguirá siendo la misma).
- La gravedad suministra la fuerza centrípeta que mantiene en órbita a los planetas. La fuerza eléctrica aporta la fuerza centrípeta que mantiene en órbita a los electrones atómicos alrededor del núcleo de protones. La fuerza eléctrica entre un electrón y un protón es aproximadamente 10^{40} veces mayor que la fuerza gravitacional entre ellos (capítulo 15).
- Las leyes de Kepler que describen el movimiento en las órbitas planetarias eran empíricas, es decir, se obtuvieron a partir de observaciones, sin ningún fundamento teórico. Al trabajar principalmente con los datos observados del planeta Marte, Kepler tardó varios años y realizó un gran número de cálculos para formular sus leyes. Actualmente se conserva casi un millar de hojas con sus cálculos. Kepler se refirió a esto como "mi guerra contra Marte". Las leyes de Kepler se obtienen directamente a partir de análisis utilizando el cálculo y la ley de la gravitación de Newton. Las leyes se pueden obtener teóricamente en una hoja o dos de cálculos.

La gente suele decir que juegos mecánicos como el giratorio de la imagen "desafían la gravedad". Claro que nosotros sabemos que, en realidad, la gravedad no puede desafiarse; más bien exige respeto. Nada hay que nos proteja de ella, ni hay un lugar en el Universo donde podamos liberarnos totalmente de su influencia.

Hay movimiento circular por todos lados, desde los átomos hasta las galaxias, desde los flagelos de las bacterias hasta las ruedas de la fortuna. Solemos usar dos términos para describir tales movimientos. En general, decimos que un objeto *gira* cuando el eje de rotación está dentro del cuerpo, y que *da vuelta* cuando el eje está afuera del cuerpo. Así, la Tierra gira sobre su eje y da vuelta en torno al Sol.

El movimiento circular es movimiento en dos dimensiones, de manera que lo describiremos con componentes rectangulares como hicimos en el capítulo 3. Sin embargo, suele ser más conveniente describir un movimiento circular en términos de cantidades angulares que introduciremos en este capítulo. Si nos familiarizamos con la descripción del movimiento circular nos será mucho más fácil estudiar la rotación de cuerpos rígidos, como veremos en el capítulo 8.

La gravedad juega un papel importante para determinar los movimientos de los planetas, ya que brinda la fuerza necesaria para mantener sus órbitas. En este capítulo veremos la ley de la gravitación de Newton, que describe esta fuerza fundamental, y analizaremos el movimiento de los planetas en términos de ésta y otras leyes básicas afines. Las mismas consideraciones nos ayudarán a entender los movimientos de los satélites terrestres, que incluyen uno natural (la Luna) y muchos artificiales.

7.1 Medición angular

OBJETIVOS: *a*) Definir las unidades de medida angulares y *b*) demostrar la relación que hay entre la medida angular y la longitud del arco circular.

Describimos el movimiento como la tasa de cambio de posición con el tiempo (sección 2.1). Entonces, como podría suponerse, la *rapidez angular* y la *velocidad angular* también implican una tasa de cambio de posición con el tiempo, que se expresa con un *cambio angular*. Consideremos una partícula que viaja por una trayectoria circular, como se observa en la ▸figura 7.1. En un instante dado, la posición de la partícula (P) podría indicarse con las coordenadas cartesianas x y y. Sin embargo, también podría indicarse con las coordenadas polares r y θ. La distancia r se extiende desde el origen, y el ángulo θ comúnmente se mide en sentido contrario a las manecillas del reloj, a partir del eje x positivo. Las ecuaciones de transformación que relacionan un conjunto de coordenadas con el otro son

$$x = r\cos\theta \tag{7.1a}$$

$$y = r\,\text{sen}\,\theta \tag{7.1b}$$

como puede verse por las coordenadas x y y del punto P en la figura 7.1.

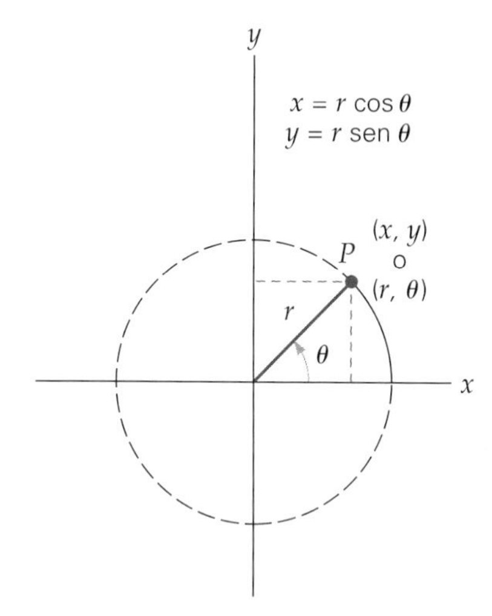

▲ **FIGURA 7.1 Coordenadas polares** Podemos describir un punto con coordenadas polares en vez de coordenadas cartesianas; es decir, con (r, θ) en vez de (x, y). En un círculo, θ es la distancia angular y r es la distancia radial. Los dos tipos de coordenadas se relacionan a través de las ecuaciones de transformación $x = r\cos\theta$ y $y = r\,\text{sen}\,\theta$.

Observe que r es la misma para cualquier punto de un círculo dado. Si una partícula describe un círculo, el valor de r es constante y sólo θ cambia con el tiempo. Por lo tanto, el movimiento circular se puede describir con una sola coordenada polar (θ) que cambia con el tiempo, en vez de dos coordenadas cartesianas (x y y) que cambian con el tiempo.

Algo similar al desplazamiento lineal es el **desplazamiento angular**, cuya magnitud está dada por

$$\Delta\theta = \theta - \theta_0 \tag{7.2}$$

o simplemente $\Delta\theta = \theta$ si elegimos $\theta_0 = 0°$. (La dirección del desplazamiento angular se explicará en la siguiente sección sobre velocidad angular.) Una unidad que se usa comúnmente para expresar desplazamiento angular es el grado (°); hay 360° en un círculo completo, o revolución.*

Es importante relacionar la descripción angular del movimiento circular con la descripción orbital o tangencial, es decir, relacionar el desplazamiento angular con la longitud del arco s. La *longitud de arco* es la distancia recorrida a lo largo de la trayectoria circular, y decimos que el ángulo θ *subtiende* (define) la longitud del arco. Una unidad muy conveniente para relacionar el ángulo con la longitud del arco es el **radián (rad)**. El ángulo en radianes está dado por la razón de la longitud del arco (s) y el radio (r), es decir, θ (en radianes) $= s/r$. Cuando $s = r$, el ángulo es igual a un radián, $\theta = s/r = r/r = 1$ rad (▸figura 7.2).

Ilustración 10.1 *Coordenadas para el movimiento circular*

Así, escribimos (con el ángulo en radianes),

$$s = r\theta \tag{7.3}$$

que es una relación importante entre la longitud del arco circular s, y el radio del círculo r. (Observe que como $\theta = s/r$, el ángulo en radianes es el cociente de dos longitudes. Esto significa que una medida en radianes es un número puro: es adimensional y no tiene unidades.)

Para obtener una relación general entre radianes y grados, consideremos la distancia total en torno a un círculo completo (360°). En este caso, $s = 2\pi r$ (la circunferencia), y hay un total de $\theta = s/r = 2\pi r/r = 2\pi$ rad en 360° o

$$2\pi \text{ rad} = 360°$$

Esta relación nos sirve para convertir fácilmente ángulos comunes (tabla 7.1). Así, al dividir ambos lados de esta relación entre 2π, tenemos

$$1 \text{ rad} = 360°/2\pi = 57.3°$$

En la tabla 7.1 los ángulos en radianes se expresan de manera explícita en términos de π, por conveniencia.

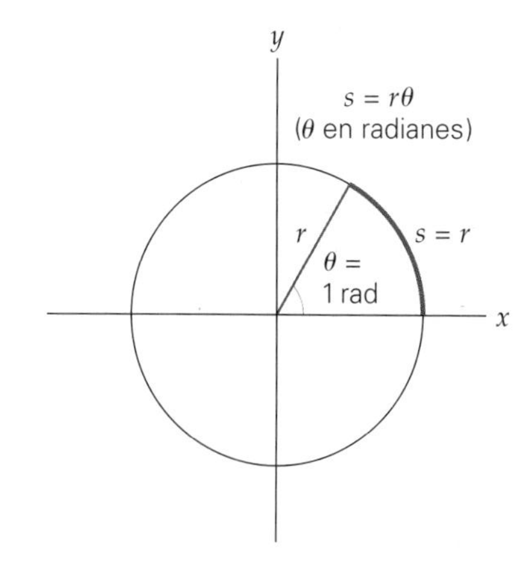

▲ **FIGURA 7.2 Medida en radianes** El desplazamiento angular se puede medir en grados o en radianes (rad). Un ángulo θ subtiende una longitud de arco s. Cuando $s = r$, el ángulo que subtiende a s se define como 1 rad. En términos más generales, $\theta = s/r$, donde θ está en radianes. Un radián es igual a 57.3°.

*Un grado puede dividirse en unidades más pequeñas, los minutos (1 grado = 60 minutos) y los segundos (1 minuto = 60 segundos). Tales divisiones nada tienen que ver con unidades de tiempo.

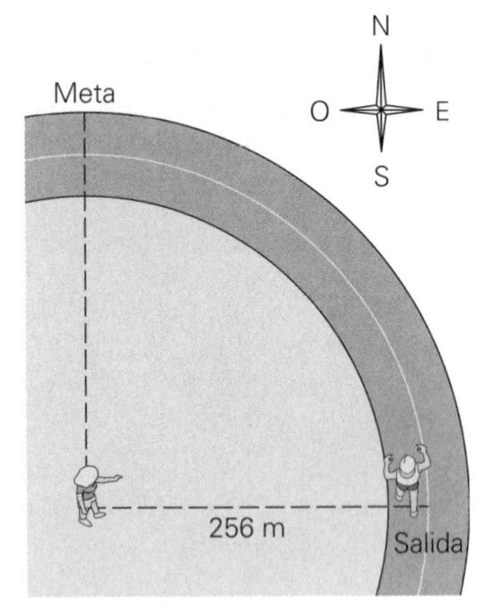

▲ **FIGURA 7.3** Longitud de arco: cálculo empleando radianes
Véase el ejemplo 7.1.

Ejemplo 7.1 ■ Cálculo de la longitud de arco: uso de medidas en radianes

Una espectadora parada en el centro de una pista circular de atletismo observa a un corredor que inicia una carrera de práctica 256 m al este de su propia posición (◂figura 7.3). El atleta corre por el mismo carril hasta la meta, la cual está situada directamente al norte de la posición de la observadora. ¿Qué distancia correrá?

Razonamiento. Vemos que el ángulo que subtiende la sección de pista circular es $\theta = 90°$. Obtenemos la longitud del arco (s) porque conocemos el radio r del círculo.

Solución. Hacemos una lista de los datos y de lo que se pide,

Dado: $r = 256$ m *Encuentre:* s (longitud del arco)
$\theta = 90° = \pi/2$ rad

Simplemente usamos la ecuación 7.3 para obtener la longitud del arco:

$$s = r\theta = (256\text{ m})\left(\frac{\pi}{2}\right) = 402\text{ m}$$

Observe que omitimos la unidad rad, y la ecuación es dimensionalmente correcta. ¿Por qué?

Ejercicio de refuerzo. ¿Qué longitud tendría una vuelta completa alrededor de la pista en este ejemplo? (*Las respuestas de todos los Ejercicios de refuerzo se dan al final del libro.*)

TABLA 7.1

Medidas equivalentes en grados y radianes

Grados	*Radianes*
360°	2π
180°	π
90°	$\pi/2$
60°	$\pi/3$
57.3°	1
45°	$\pi/4$
30°	$\pi/6$

Ejemplo 7.2 ■ ¿Qué tan lejos? Una aproximación útil

Un marinero observa un buque cisterna distante y se da cuenta de que éste subtiende un ángulo de 1.15° como se ilustra en la ▾figura 7.4a. Por las cartas de navegación él sabe que el buque cisterna mide 150 m a lo largo. ¿Aproximadamente a qué distancia está el buque cisterna?

Razonamiento. En la sección Aprender dibujando (p. 219) vemos que, en el caso de ángulos pequeños, la longitud del arco se aproxima a la longitud y del triángulo (el lado opuesto de θ) o $s \approx y$. Por lo tanto, si conocemos la longitud y el ángulo, obtenemos la distancia radial, que es aproximadamente igual a la distancia entre el buque cisterna y el marinero.

Solución. Para aproximar la distancia, tomamos la longitud del buque como casi igual al arco subtendido por el ángulo medido. Esta aproximación es aceptable si el ángulo es pequeño. Los datos son, entonces:

Dado: $\theta = 1.15° (1\text{ rad}/57.3°) = 0.0201$ rad *Encuentre:* r (distancia radial)
$s = 150$ m

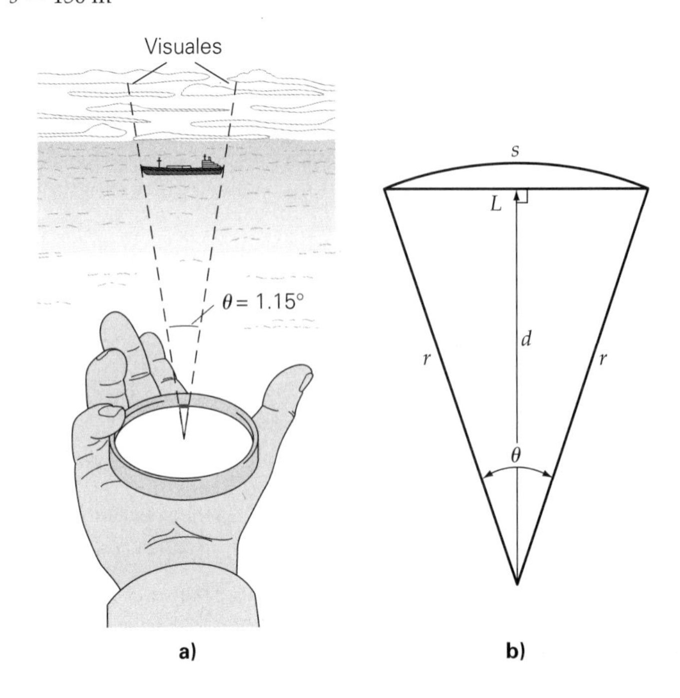

▸ **FIGURA 7.4** Distancia angular
Si el ángulo es pequeño, la longitud del arco se aproxima con una línea recta, la cuerda. Si conocemos la longitud del buque cisterna, podemos averiguar qué tan lejos está midiendo su tamaño angular. Véase el ejemplo 7.2. (El dibujo no está a escala, por claridad.)

Como conocemos la longitud del arco y el ángulo, usamos la ecuación 7.3 para calcular r (note que omitimos "rad"):

$$r = \frac{s}{\theta} = \frac{150 \text{ m}}{0.0201} = 7.46 \times 10^3 \text{ m} = 7.46 \text{ km}$$

Como ya señalamos, la distancia r es una aproximación que obtuvimos al suponer que, en el caso de ángulos pequeños, la longitud del arco s y la longitud de la cuerda L son casi iguales (figura 7.4b). ¿Qué tan buena es esta aproximación? Para verlo, calculemos la distancia real perpendicular d al barco. Por la geometría de la situación, tenemos tan $(\theta/2) = (L/2)/d$, así que

$$d = \frac{L}{2 \tan(\theta/2)} = \frac{150 \text{ m}}{2 \tan(1.15°/2)} = 7.47 \times 10^3 \text{ m} = 7.47 \text{ km}$$

El primer cálculo es una muy buena aproximación: los valores obtenidos por los dos métodos son casi iguales.

Ejercicio de refuerzo. Como ya señalamos, la aproximación empleada en este ejemplo es para ángulos *pequeños*. Quizás el lector se pregunte qué significa "pequeño". Para averiguarlo, ¿qué error porcentual tendría la distancia aproximada al buque cisterna con ángulos de 10° y 20°?

APRENDER DIBUJANDO

La aproximación de ángulo pequeño

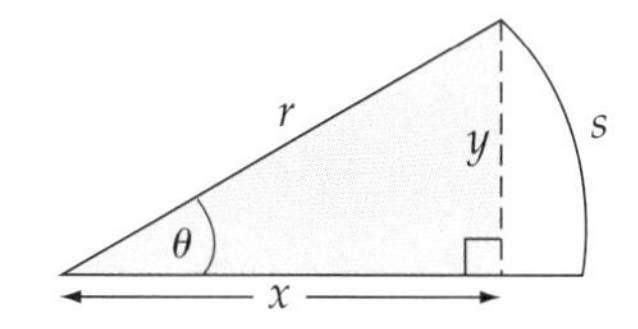

θ *no* es pequeña:

$\theta \text{ (en rad)} = \frac{s}{r}$

$\text{sen } \theta = \frac{y}{r} \quad \tan \theta = \frac{y}{x}$

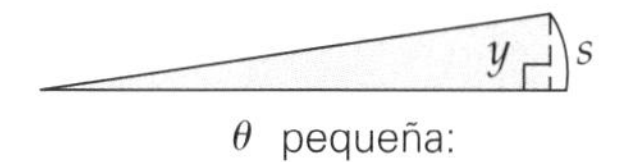

θ pequeña:

$y \approx s$
$x \approx r$

$\theta \text{ (en rad)} = \frac{s}{r} \approx \frac{y}{r} \approx \frac{y}{x}$

$\theta \text{ (en rad)} \approx \text{sen } \theta \approx \tan \theta$

Sugerencia para resolver problemas

Al calcular funciones trigonométricas, como tan θ o sen θ, el ángulo podría expresarse en grados o radianes; por ejemplo, sen 30° = sen $[(\pi/6) \text{ rad}]$ = sen (0.524 rad) = 0.500. Si las funciones trigonométricas se obtienen con una calculadora, por lo general hay una forma de cambiar el formato para introducir ángulos, entre "deg" (en grados) y "rad" (en radianes). El modo por omisión suele ser en grados, así que si se desea obtener el valor de, digamos, sen (1.22 rad), primero hay que cambiar al modo "rad" y luego introducir sen 1.22, y sen (1.22 rad) = 0.939. (O podría convertir radianes a grados primero y utilizar el formato "deg".)

La calculadora podría tener un tercer formato, "grad", que es una unidad angular poco utilizada, que equivale a 1/100 de ángulo recto (90°); es decir, hay 100 grads en un ángulo recto.

7.2 Rapidez y velocidad angulares

OBJETIVOS: *a*) Describir y calcular la rapidez y la velocidad angulares y *b*) explicar su relación con la rapidez tangencial.

La descripción del movimiento circular en forma angular es similar a la descripción del movimiento rectilíneo. De hecho, veremos que las ecuaciones son casi idénticas matemáticamente, y se utilizan diferentes símbolos para indicar que las cantidades tienen diferente significado. Usamos la letra griega minúscula omega con una barra encima ($\bar{\omega}$) para representar la **rapidez angular promedio**, que es la magnitud del desplazamiento angular dividida entre el tiempo total que tomó recorrer esa distancia:

$$\bar{\omega} = \frac{\Delta\theta}{\Delta t} = \frac{\theta - \theta_o}{t - t_o} \quad \textit{rapidez angular promedio} \tag{7.4}$$

Decimos que las unidades de la rapidez angular son radianes por segundo. Técnicamente, esto es $1/s$ o s^{-1}, ya que el radián no es unidad; pero es útil escribir rad para indicar que la cantidad es rapidez angular. La **rapidez angular instantánea** ($\boldsymbol{\omega}$) se obtiene considerando un intervalo de tiempo muy pequeño, es decir, cuando Δt se aproxima a cero.

Como en el caso lineal, la rapidez angular es *constante*, entonces, $\bar{\omega} = \omega$. Si tomamos θ_o y t_o como cero en la ecuación 7.4,

$$\omega = \frac{\theta}{t} \quad \text{o} \quad \theta = \omega t \quad \textit{rapidez angular instantánea} \tag{7.5}$$

Unidad SI de rapidez angular: radianes por segundo (rad/s o s^{-1})

Otra unidad que con frecuencia se utiliza para describir rapidez angular es revoluciones por minuto (rpm); por ejemplo, un disco compacto (CD) gira a una rapidez de 200-500 rpm (según de la ubicación de la pista). Esta unidad no estándar de revoluciones

Exploración 10.1 Ecuación de velocidad angular constante

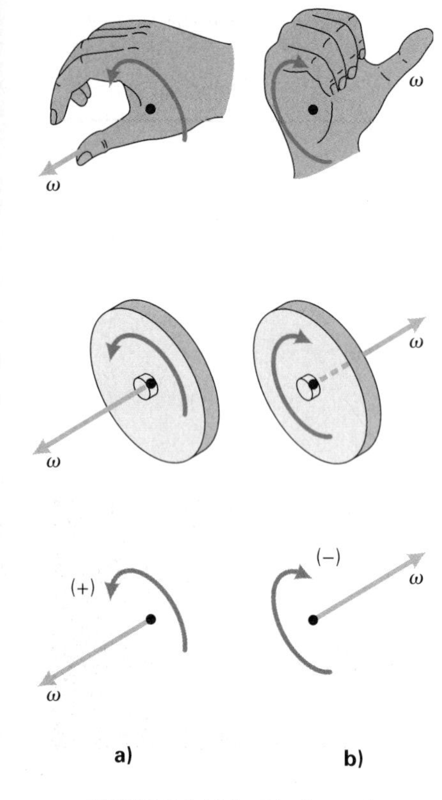

▲ **FIGURA 7.5 Velocidad angular** La dirección del vector de velocidad angular para un objeto en movimiento rotacional está dada por la regla de la mano derecha: si los dedos de la mano derecha se enroscan en la dirección de la rotación, el pulgar extendido apunta en la dirección del vector de velocidad angular. Los sentidos o direcciones circulares suelen indicarse con signos ***a)*** más y ***b)*** menos.

Ilustración 10.2 Movimiento en torno a un eje fijo

por minuto fácilmente se puede convertir en radianes por segundo, pues 1 revolución = 2π rad. Por ejemplo, $(150 \text{ rev/min})(2\pi \text{ rad/rev})(1 \text{ min}/60 \text{ s}) = 50\pi \text{ rad/s}$ (= 16 rad/s).*

Las **velocidades angulares promedio e instantánea** son similares a sus contrapartes lineales. La velocidad angular está asociada con el desplazamiento angular. Ambas son vectoriales y, por lo tanto, tienen dirección; no obstante, esta direccionalidad se especifica, por convención, de forma especial. En el movimiento rectilíneo o unidimensional, una partícula sólo puede ir en una dirección o en la otra (+ o −), así que los vectores de desplazamiento y velocidad sólo pueden tener estas dos direcciones. En el caso angular, la partícula se mueve en un sentido o en el otro, pero el movimiento es por una *trayectoria circular*. Por lo tanto, los vectores de desplazamiento angular y de velocidad angular de una partícula en movimiento circular sólo pueden tener dos direcciones, que corresponden a seguir la trayectoria circular con desplazamiento angular creciente o decreciente respecto a θ_0; es decir, en sentido horario o antihorario. Concentrémonos en el vector de velocidad angular $\vec{\omega}$. (La dirección del desplazamiento angular será la misma que para la velocidad angular. ¿Por qué?)

La *dirección* del vector de velocidad angular está dada por la *regla de la mano derecha*, que se ilustra en la ◂figura 7.5a. Si enroscamos los dedos de la mano derecha en la dirección del movimiento circular, el pulgar extendido apunta en la dirección de $\vec{\omega}$. Cabe señalar que el movimiento circular sólo puede tener uno de dos *sentidos* circulares, horario o antihorario, y podemos usar los signos más y menos para distinguir las direcciones del movimiento circular. Se acostumbra tomar una rotación antihoraria como positiva (+) porque la distancia angular positiva (y el desplazamiento) se mide convencionalmente en sentido antihorario a partir del eje x positivo.

¿Por qué no simplemente designar la dirección del vector de velocidad angular como horaria o antihoraria? No se hace esto porque "horario" y "antihorario" son sentidos o indicaciones direccionales, no direcciones reales. Esos sentidos rotacionales son como izquierda y derecha. Si nos paramos frente a una persona y a las dos se nos pregunta si un objeto está a la derecha o a la izquierda, nuestras respuestas diferirán. Asimismo, si el lector sostiene este libro hacia una persona que está frente a él y lo gira, ¿el libro estará girando en sentido horario o antihorario?

Podemos usar tales términos para indicar "direcciones" rotacionales cuando se especifican con referencia a algo, como el eje x positivo en la explicación anterior. Remitiéndonos a la figura 7.5, imagine el lector que se coloca primero de un lado del disco giratorio y luego del otro. Luego aplique la regla de la mano derecha en ambos lados. Verá que la dirección del vector de velocidad angular es la misma desde las dos perspectivas (porque está referida a la mano derecha). Si especificamos algo relativo a este vector —digamos, mirando hacia su punta— no habría ambigüedad al usar + y − para indicar sentidos o direcciones rotacionales.

Relación entre rapideces tangencial y angular

Una partícula que se mueve en un círculo tiene una velocidad instantánea tangencial a su trayectoria circular. Si la rapidez y la velocidad angulares son constantes, la rapidez orbital o **rapidez tangencial** de la partícula, v (la magnitud de la velocidad tangencial) también será constante. De manera que la relación entre la rapidez angular y la tangencial se determina a partir de la ecuación 7.3 ($s = r\theta$) y la ecuación 7.5 ($\theta = \omega t$):

$$s = r\theta = r(\omega t)$$

La longitud del arco, la distancia, también está dada por

$$s = vt$$

Si combinamos las dos ecuaciones para s obtenemos la relación entre rapidez tangencial (v) y rapidez angular (ω),

$$v = r\omega \qquad (7.6)$$

relación entre rapidez tangencial y rapidez angular para movimiento circular

*A menudo es conveniente dejar π en forma simbólica.

donde ω está en radianes por segundo. La ecuación 7.6 se cumple en general para las rapideces instantánea tangencial y angular de cuerpos sólidos o rígidos que giran en torno a un eje fijo, aunque ω varíe con el tiempo.

Observe que todas las partículas de un objeto sólido que gira con velocidad angular constante tienen la misma rapidez angular, pero la rapidez tangencial es diferente dependiendo de la distancia al eje de rotación (▸figura 7.6a).

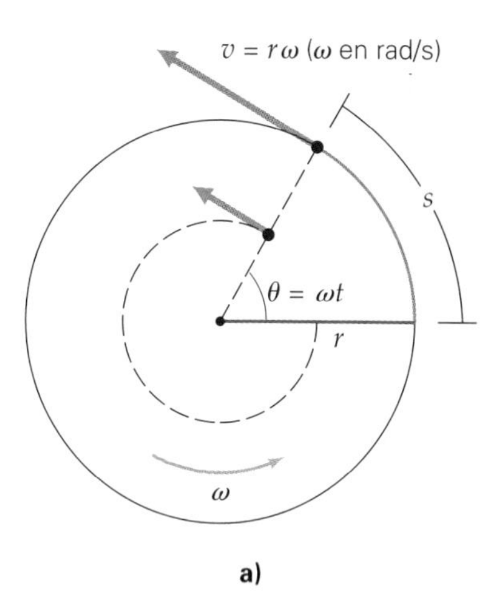

a)

b)

▲ **FIGURA 7.6 Rapideces tangencial y angular**
a) Las rapideces tangencial y angular están relacionadas por $v = r\omega$, donde ω está en radianes por segundo. Observe que todas las partículas de un objeto que gira en torno a un eje fijo se mueven en un círculo. Todas ellas tienen la misma rapidez angular ω, pero dos partículas que están a diferente distancia del eje de rotación tienen distinta rapidez tangencial. *b)* Las chispas de una rueda de esmeril ilustran gráficamente la velocidad tangencial instantánea. (¿Por qué las trayectorias son ligeramente curvas?)

Nota: siempre que se calcula una cantidad tangencial o lineal a partir de una cantidad angular, la unidad angular de radián se omite en la respuesta final. Cuando se pide una cantidad angular, la unidad de radián normalmente se incluye en la respuesta final, por claridad.

Ejemplo 7.3 ■ El carrusel: ¿unos más rápidos que otros?

En el parque de diversiones un carrusel a su velocidad de operación constante efectúa una rotación completa en 45 s. Dos niños están montados en caballos, uno a 3.0 m del centro del carrusel, y el otro, a 6.0 m. Calcule *a*) la rapidez angular y *b*) la rapidez tangencial de cada niño.

Razonamiento. La rapidez angular de cada niño es la misma, porque ambos efectúan una rotación completa en el mismo tiempo. En cambio, su rapidez tangencial será distinta porque los radios son distintos. Es decir, el niño con radio mayor describe un círculo más grande durante el tiempo de rotación y, por lo tanto, debe viajar con mayor rapidez.

Solución.

Dado: $\theta = 2\pi$ rad (una rotación)
$t = 45$ s
$r_1 = 3.0$ m
$r_2 = 6.0$ m

Encuentre: *a*) ω_1 y ω_2 (rapideces angulares)
b) v_1 y v_2 (rapideces tangenciales)

a) Como ya señalamos, $\omega_1 = \omega_2$; es decir, ambos niños giran con la misma rapidez angular. Todos los puntos del carrusel recorren 2π rad en el tiempo que tarda una rotación. De manera que la rapidez angular se calcula con la ecuación 7.5 (ω constante):

$$\omega = \frac{\theta}{t} = \frac{2\pi \text{ rad}}{45 \text{ s}} = 0.14 \text{ rad/s}$$

Por lo tanto, $\omega = \omega_1 = \omega_2 = 0.14$ rad/s.

b) La rapidez tangencial es diferente en diferentes puntos radiales del carrusel. Todas las "partículas" que constituyen el carrusel efectúan una rotación en el mismo tiempo. Por lo tanto, cuanto más lejos esté una partícula del centro, mayor será su trayectoria circular y mayor será su rapidez tangencial, como indica la ecuación 7.6. (Véase también la figura 7.6a.) Entonces,

$$v_1 = r_1\omega = (3.0 \text{ m})(0.14 \text{ rad/s}) = 0.42 \text{ m/s}$$

y

$$v_2 = r_2\omega = (6.0 \text{ m})(0.14 \text{ rad/s}) = 0.84 \text{ m/s}$$

(Observe que en la respuesta se omitió la unidad radián.)

Así, un jinete en la parte exterior del carrusel tiene mayor rapidez tangencial que uno más cercano al centro. Aquí el jinete 2 tiene un radio dos veces mayor que el jinete 1 y, por lo tanto, va dos veces más rápido.

Ejercicio de refuerzo. *a*) En un viejo disco de 45 rpm, la pista inicial está a 8.0 cm del centro, y la final, a 5.0 cm del centro. Calcule la rapidez angular y la rapidez tangencial a estas distancias cuando el disco está girando a 45 rpm. *b*) ¿Por qué, en las pistas de carrera ovaladas, los competidores de adentro y afuera tienen diferentes puntos de inicio (lo cual se conoce como salida "escalonada"), de manera que algunos competidores inician "adelante" de otros?

Periodo y frecuencia

Otras cantidades que suelen usarse para describir movimientos circulares son el periodo y la frecuencia. El tiempo que tarda un objeto en movimiento circular en efectuar una revolución completa (un *ciclo*) se denomina **periodo** (*T*). Por ejemplo, el periodo de revolución de la Tierra alrededor del Sol es un año, y el periodo de la rotación axial de la Tierra es 24 horas. La unidad estándar de periodo es el segundo (s). Descriptivamente, el periodo a veces se da en segundos por revolución (s/rev) o segundos por ciclo (s/ciclo).

Algo estrechamente relacionado con el periodo es la **frecuencia** (f), que es el número de revoluciones o ciclos que se efectúan en un tiempo dado, generalmente un segundo. Por ejemplo, si una partícula que viaja uniformemente en una órbita circular efectúa 5.0 revoluciones en 2.0 s, la frecuencia (de revolución) es $f = 5.0$ rev/2.0 s = 2.5 rev/s o 2.5 ciclos/s (cps o ciclos por segundo).

El hertz (Hz) es una unidad de frecuencia que se llama así en honor al físico alemán Heinrich Hertz (1857-1894), quien fue uno de los pioneros en investigar las ondas electromagnéticas, las cuales también se caracterizan por su frecuencia.

Revolución y *ciclo* son meramente términos descriptivos que se usan por conveniencia; *no* son unidades. Sin estos términos descriptivos, vemos que la unidad de frecuencia es el recíproco de segundos (1/s o s^{-1}), que se llama **hertz** (**Hz**) en el SI.

Las dos cantidades están inversamente relacionadas por

$$f = \frac{1}{T} \quad \textit{frecuencia y periodo} \tag{7.7}$$

Unidad SI de frecuencia: hertz (Hz, 1/s o s^{-1})

Nota: frecuencia (f) y periodo (T) tienen una relación inversa.

donde el periodo está en segundos y la frecuencia está en hertz, o recíproco de segundos.

En el caso del movimiento circular uniforme, la rapidez orbital tangecial se relaciona con el periodo como $v = 2\pi r/T$; es decir, la distancia recorrida en una revolución dividida entre el tiempo de una revolución (un periodo). La frecuencia también puede relacionarse con la rapidez angular.

Puesto que se recorre una distancia angular de 2π rad en un periodo (por definición de periodo), tenemos

$$\omega = \frac{2\pi}{T} = 2\pi f \quad \textit{rapidez angular en terminos de periodo y frecuencia} \tag{7.8}$$

Vemos que ω y f tienen las mismas unidades: ω = rad/s = 1/s y $2\pi f$ = rad/s = 1/s. Esta notación puede causar confusión y, por ello, muchas veces se añade el término "rad", aunque no sea una unidad.

Ejemplo 7.4 ■ Frecuencia y periodo: una relación inversa

Un disco compacto (CD) gira en un reproductor con rapidez constante de 200 rpm. Calcule *a*) la frecuencia y *b*) el periodo de revolución del CD.

Razonamiento. Podemos usar las relaciones entre la frecuencia (f), el periodo (T) y la frecuencia angular ω, expresadas en las ecuaciones 7.7 y 7.8.

Solución. La rapidez angular no está en unidades estándar, así que hay que convertirla. Podemos convertir revoluciones por minuto (rpm) en radianes por segundo (rad/s).

Dado: $\omega = \left(\frac{200 \text{ rev}}{\text{min}}\right)\left(\frac{1 \text{ min}}{60 \text{ s}}\right)\left(\frac{2\pi \text{ rad}}{\text{rev}}\right) = 20.9 \text{ rad/s}$ ***Encuentre:*** *a*) f (frecuencia)
b) T (periodo)

[Observe que un factor de conversión útil sería 1(rev/min) = (π/30) rad/s.]

***a*)** Reacomodamos la ecuación 7.8 y despejamos f:

$$f = \frac{\omega}{2\pi} = \frac{20.9 \text{ rad/s}}{2\pi \text{ rad/ciclo}} = 3.33 \text{ Hz}$$

Las unidades de 2π son rad/ciclo o revolución, así que el resultado está en ciclos/segundo o recíproco de segundos, que son hertz.

***b*)** Podríamos usar la ecuación 7.8 para calcular T, pero la ecuación 7.7 es un poco más sencilla:

$$T = \frac{1}{f} = \frac{1}{3.33 \text{ Hz}} = 0.300 \text{ s}$$

Entonces, el CD tarda 0.300 s en efectuar una revolución. (Observe que, como Hz = 1/s, la ecuación es dimensionalmente correcta.)

Ejercicio de refuerzo. Si el periodo de cierto CD es de 0.500 s, ¿qué rapidez angular tiene el disco en revoluciones por minuto?

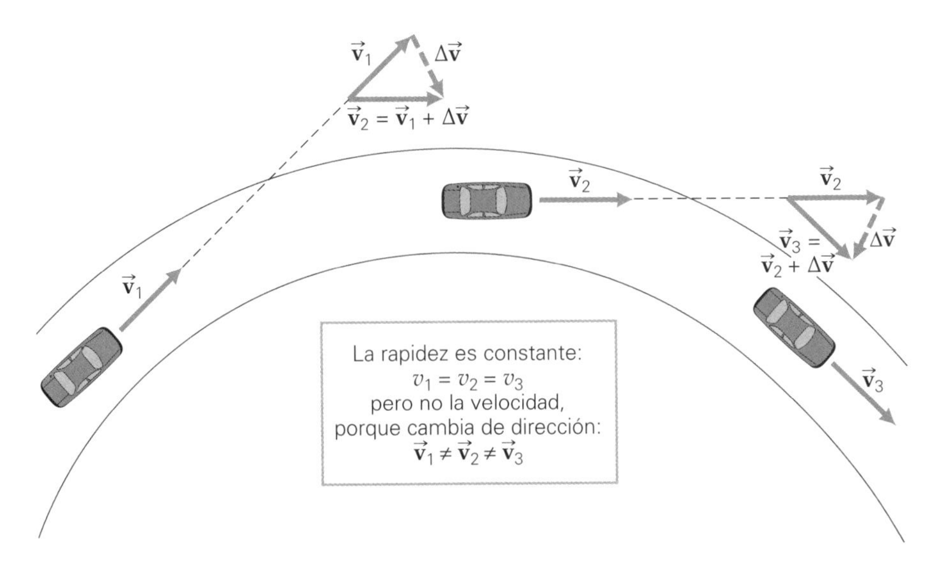

▲ **FIGURA 7.7 Movimiento circular uniforme** La rapidez de un objeto en movimiento circular uniforme es constante, pero la velocidad del objeto cambia en la dirección del movimiento. Por lo tanto, hay una aceleración.

Ilustración 3.5 Aceleración y movimiento circular uniforme

Nota: repase la explicación del movimiento curvilíneo en la sección 3.1.

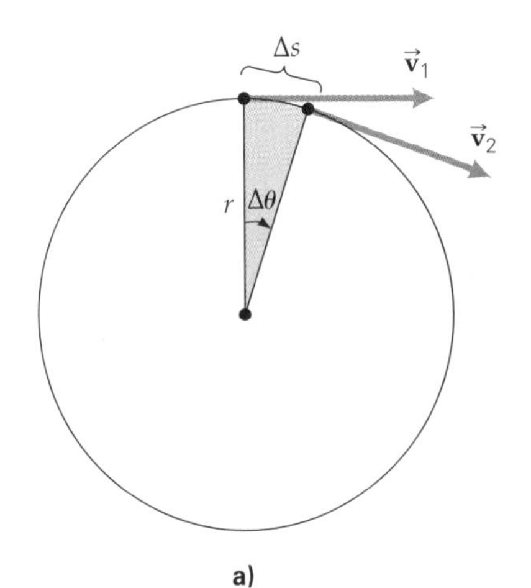

a)

$\vec{v}_2 = \vec{v}_1 + \Delta\vec{v}$ o

$\vec{v}_2 - \vec{v}_1 = \Delta\vec{v}$

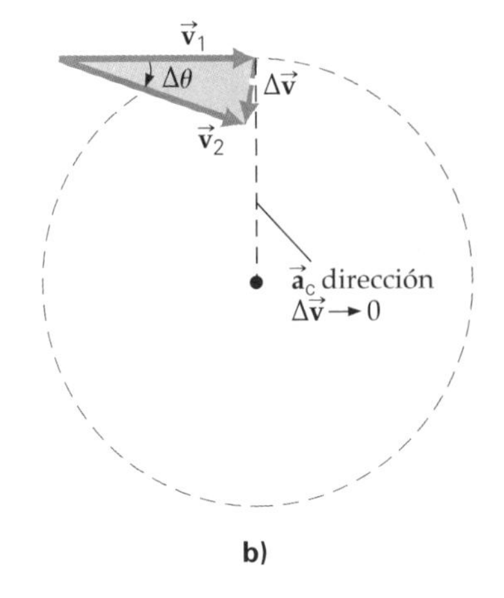

b)

▲ **FIGURA 7.8 Análisis de la aceleración centrípeta** *a*) El vector de velocidad de un objeto en movimiento circular uniforme cambia constantemente de dirección. *b*) Si tomamos Δt, el intervalo de tiempo para $\Delta\theta$, cada vez más pequeño, acercándose a cero, $\Delta\mathbf{v}$ (el cambio en la velocidad y, por lo tanto, una aceleración) se dirige hacia el centro del círculo. El resultado es una aceleración centrípeta (que busca el centro), cuya magnitud es $a_c = v^2/r$.

7.3 Movimiento circular uniforme y aceleración centrípeta

OBJETIVOS: *a*) Explicar por qué hay una aceleración centrípeta en el movimiento circular uniforme o constante y *b*) calcular la aceleración centrípeta.

Un tipo sencillo pero importante de movimiento circular es el **movimiento circular uniforme**, que se da cuando un objeto se mueve con rapidez constante por una trayectoria circular. Un ejemplo de este movimiento es un automóvil que da vueltas por una pista circular (▲figura 7.7). El movimiento de la Luna alrededor de la Tierra se aproxima con un movimiento circular uniforme. Tal movimiento es curvilíneo, así que sabemos, por lo estudiado en el capítulo 3, que debe haber una aceleración. Sin embargo, ¿qué magnitud y dirección tiene?

Aceleración centrípeta

La aceleración del movimiento circular uniforme no tiene la misma dirección que la velocidad instantánea (que es tangente a la trayectoria circular en todo momento). Si lo fuera, el objeto aumentaría su rapidez, y el movimiento circular no sería uniforme. Recordemos que la aceleración es la tasa o razón de cambio de la velocidad con respecto al tiempo y que la velocidad tiene tanto *magnitud* como *dirección*. En el movimiento circular uniforme, la dirección de la velocidad cambia continuamente, lo que nos da una idea de la dirección de la aceleración. (Véase la figura 7.7.)

Los vectores de velocidad al principio y al final de un intervalo de tiempo dan el cambio de velocidad $\Delta\vec{v}$, por resta vectorial. Todos los vectores de velocidad instantánea tienen la misma magnitud o longitud (rapidez constante); pero difieren en cuanto a dirección. Observe que como $\Delta\vec{v}$ no es cero, debe haber una aceleración ($\vec{a} = \Delta\vec{v}/\Delta t$).

Como se aprecia en la ▸figura 7.8, a medida de que Δt (o $\Delta\theta$) se vuelve más pequeño, $\Delta\vec{v}$ apunta más hacia el centro de la trayectoria circular. Cuando Δt se acerca a cero, el cambio instantáneo en la velocidad, y la aceleración, apunta exactamente hacia el centro del círculo. Por ello, la aceleración en el movimiento circular uniforme se llama **aceleración centrípeta**, que significa aceleración "que busca el centro" (del latín *centri*, "centro" y *petere*, "precipitarse" o "buscar").

La aceleración centrípeta debe dirigirse radialmente hacia adentro, es decir, sin componente en la dirección de la velocidad perpendicular (tangencial), pues si no fuera así cambiaría la magnitud de esa velocidad (▾figura 7.9). Cabe señalar que, para un objeto en movimiento circular uniforme, la dirección de la aceleración centrípeta está cambiando continuamente. En términos de componentes x y y, a_x y a_y no son constantes. ¿Puede el lector describir la diferencia entre estas condiciones y las de la aceleración de un proyectil?

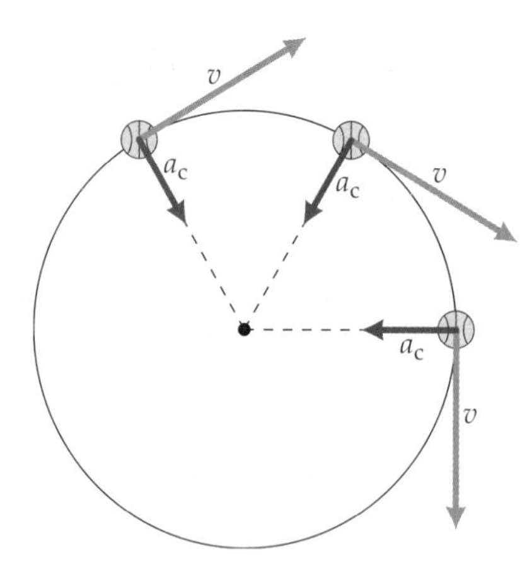

▲ **FIGURA 7.9 Aceleración centrípeta** La aceleración centrípeta de un objeto en movimiento circular uniforme está dirigida radialmente hacia adentro. No hay componente de aceleración en la dirección tangencial; si lo hubiera, cambiaría la magnitud de la velocidad (*rapidez* tangencial).

Nota: la magnitud de la aceleración centrípeta depende de la rapidez tangencial (v) y del radio (r).

Exploración 3.6 Movimiento circular uniforme

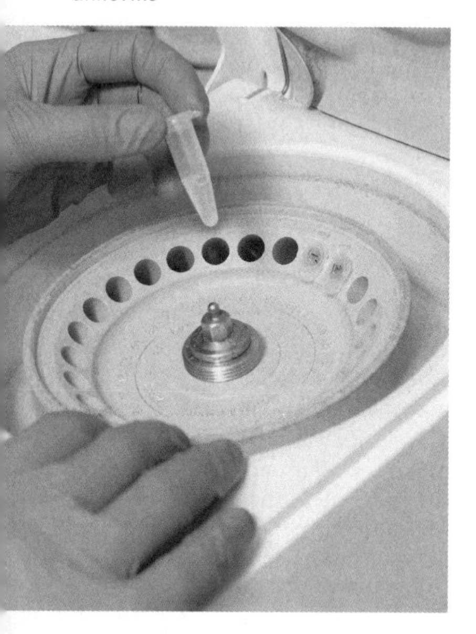

▲ **FIGURA 7.10 Centrífuga** Se usan centrífugas para separar partículas de diferente tamaño y densidad suspendidas en líquidos. Por ejemplo, en un tubo de centrífuga es posible separar los glóbulos rojos de los blancos y del plasma que constituye la porción líquida de la sangre.

La magnitud de la aceleración centrípeta puede deducirse de los pequeños triángulos sombreados de la figura 7.8. (Para intervalos de tiempo muy cortos, la longitud del arco Δs es casi una línea recta: la cuerda.) Estos dos triángulos son similares, porque cada uno tiene un par de lados iguales que rodean el mismo ángulo $\Delta\theta$. (Los vectores de velocidad tienen la misma magnitud.) Por lo tanto, Δv es a v como Δs es a r, que puede escribirse como:

$$\frac{\Delta v}{v} \approx \frac{\Delta s}{r}$$

La longitud del arco Δs es la distancia recorrida en un tiempo Δt; por lo tanto, $\Delta s = v\Delta t$, así que

$$\frac{\Delta v}{v} \approx \frac{\Delta s}{r} = \frac{v\Delta t}{r}$$

y

$$\frac{\Delta v}{\Delta t} \approx \frac{v^2}{r}$$

Entonces, cuando Δt se acerca a cero, esta aproximación se vuelve exacta. La aceleración centrípeta instantánea, $a_c = \Delta v/\Delta t$, tiene entonces una magnitud de

$$a_c = \frac{v^2}{r} \quad \text{magnitud de la aceleración centrípeta en términos de la rapidez tangencial} \tag{7.9}$$

Si usamos la ecuación 7.6 ($v = r\omega$), también podremos escribir la ecuación de la aceleración centrípeta en términos de la rapidez angular:

$$a_c = \frac{v^2}{r} = \frac{(r\omega)^2}{r} = r\omega^2 \quad \text{magnitud de la aceleración centrípeta en términos de la rapidez angular} \tag{7.10}$$

Los satélites en órbita tienen aceleración centrípeta, y en la sección A fondo 7.2 describe una aplicación médica terrenal de la aceleración centrípeta.

Ejemplo 7.5 ■ La centrífuga: aceleración centrípeta

Una centrífuga de laboratorio como la que se muestra en la ◂figura 7.10 opera con una rapidez rotacional de 12 000 rpm. *a*) ¿Qué magnitud tiene la aceleración centrípeta de un glóbulo rojo que está a una distancia radial de 8.00 cm del eje de rotación de la centrífuga? *b*) Compare esa aceleración con g.

Razonamiento. Nos dan la rapidez angular y el radio, así que podemos calcular directamente la aceleración centrípeta con la ecuación 7.10. El resultado se compara con g utilizando $g = 9.80 \text{ m/s}^2$.

Solución. Los datos son:

Dado: $\omega = (1.20 \times 10^4 \text{ rpm})\left[\frac{(\pi/30)\text{rad/s}}{\text{rpm}}\right] = 1.26 \times 10^3 \text{ rad/s}$

$r = 8.00 \text{ cm} = 0.0800 \text{ m}$

Encuentre: *a*) a_c
b) comparación de a_c y g

a) Calculamos la aceleración centrípeta con la ecuación 7.10:

$$a_c = r\omega^2 = (0.0800 \text{ m})(1.26 \times 10^3 \text{ rad/s})^2 = 1.27 \times 10^5 \text{ m/s}^2$$

b) Utilizamos la relación $1\,g = 9.80 \text{ m/s}^2$ para expresar a_c en términos de g y tenemos

$$a_c = (1.27 \times 10^5 \text{ m/s}^2)\left(\frac{1\,g}{9.80 \text{ m/s}^2}\right) = 1.30 \times 10^4\,g \;(= 13\,000\,g!)$$

Ejercicio de refuerzo. *a*) ¿Qué rapidez angular en revoluciones por minuto daría una aceleración centrípeta de 1 g a la distancia radial de este ejemplo y, tomando en cuenta la gravedad, cuál sería la aceleración resultante? *b*) Compare el efecto de la gravedad sobre los tubos que giran con la rapidez rotacional del ejemplo y con la del inciso *a* de este Ejercicio de refuerzo.

A FONDO 7.1 LA CENTRÍFUGA: SEPARACIÓN DE COMPONENTES DE LA SANGRE

La centrífuga es una máquina giratoria que sirve para separar partículas de diferente tamaño y densidad suspendidas en un líquido (o un gas). Por ejemplo, la crema se separa de la leche por centrifugado, y los componentes de la sangre se separan con centrífugas en los laboratorios clínicos (véase la figura 7.10).

Hay un proceso mucho más lento para separar los componentes de la sangre, los cuales al final quedan asentados en capas en el fondo de un tubo vertical —un proceso llamado *sedimentación*—, bajo la sola influencia de la gravedad normal. La resistencia viscosa que el plasma ejerce sobre las partículas es similar (aunque mucho mayor) a la resistencia del aire que determina la velocidad terminal de los objetos que caen (sección 4.6). Los glóbulos rojos se asientan en la capa inferior del tubo, pues alcanzan una mayor velocidad terminal que los glóbulos blancos y las plaquetas, así que llegan al fondo antes. Los glóbulos blancos asentados en la siguiente capa y las plaquetas en la superior. Sin embargo, la sedimentación gravitacional por lo general es un proceso muy lento.

La tasa de sedimentación de eritrocitos (TSE) tiene utilidad en el diagnóstico; sin embargo, el personal clínico no desea esperar mucho tiempo para determinar el volumen fraccionario de glóbulos rojos (eritrocitos) en la sangre o para separarlo del plasma. Los tubos de centrífuga se ponen a girar horizontalmente. La resistencia del fluido medio sobre las partículas suministra la aceleración centrípeta que las mantiene moviéndose lentamente en círculos que se amplían conforme se mueven hacia el fondo del tubo. El fondo mismo debe ejercer una fuerza considerable sobre el contenido en general, y ser lo bastante resistente como para no romperse.

Las centrífugas de laboratorio normalmente operan a rapideces suficientes como para producir aceleraciones centrípetas miles de veces mayores que g. (Véase el ejemplo 7.5.) Puesto que el principio de la centrífuga se basa en la aceleración centrípeta, tal vez "centrípuga" sería un nombre más descriptivo.

Fuerza centrípeta

PHYSLET®
Exploración 5.1 Movimiento circular

Para que haya una aceleración, debe haber una fuerza neta. Por lo tanto, para que haya una aceleración centrípeta (hacia adentro), debe haber una fuerza centrípeta (fuerza neta hacia adentro). Si expresamos la magnitud de esta fuerza en términos de la segunda ley de Newton ($\vec{\mathbf{F}}_{\text{neta}} = m\vec{\mathbf{a}}$) e insertamos la expresión de la aceleración centrípeta de la ecuación 7.9, escribimos

$$F_c = ma_c = \frac{mv^2}{r} \quad \textit{magnitud de la fuerza centrípeta} \qquad (7.11)$$

Ilustración 5.3 La rueda de la fortuna

La fuerza centrípeta, al igual que la aceleración centrípeta, tiene dirección radial hacia el centro de la trayectoria circular.

Ejemplo conceptual 7.6 ■ Ruptura

Una pelota sujeta de un cordel se pone a dar vueltas con movimiento uniforme en un círculo horizontal sobre la cabeza de una persona (▾figura 7.11a). Si el cordel se rompe, ¿cuál de las trayectorias que se muestran en la figura 7.11b (vistas desde arriba) seguirá la pelota?

Razonamiento y respuesta. Cuando el cordel se rompe, la fuerza centrípeta baja a cero. No hay fuerza en la dirección hacia afuera, de manera que la pelota no podría seguir la trayectoria *a*. La primera ley de Newton señala que, si ninguna fuerza actúa sobre un objeto en movimiento, el objeto se seguirá moviendo en línea recta. Este factor elimina las trayectorias *b*, *d* y *e*.

Debe ser evidente, por el análisis anterior, que en cualquier instante (incluido el instante en el que el cordel se rompe), la pelota aislada tiene una velocidad tangencial horizontal. La fuerza de la gravedad actúa sobre ella hacia abajo, pero esa fuerza sólo afecta su movimiento vertical, que no puede verse en la figura 7.11b. Por lo tanto, la pelota sale despedida tangencialmente y en esencia es un proyectil horizontal (con $v_{x_0} = v$, $v_{y_0} = 0$ y $a_y = -g$). Vista desde arriba, la pelota seguiría la trayectoria rotulada con *c*.

Ejercicio de refuerzo. Si damos vuelta a una pelota en un círculo horizontal arriba de nosotros, ¿el cordel puede estar exactamente horizontal? (Véase la figura 7.11a.) Explique su respuesta. [*Sugerencia:* analice las fuerzas que actúan sobre la pelota.]

Hay que tener presente que, en general, una fuerza neta que se aplica con un ángulo respecto a la dirección del movimiento de un objeto produce cambios en la magnitud *y* la dirección de la velocidad. Sin embargo, cuando una fuerza neta de magnitud constante se aplica continuamente con un ángulo de 90° respecto a la dirección del movimiento (como la fuerza centrípeta), sólo cambia la dirección de la velocidad. Esto ocurre

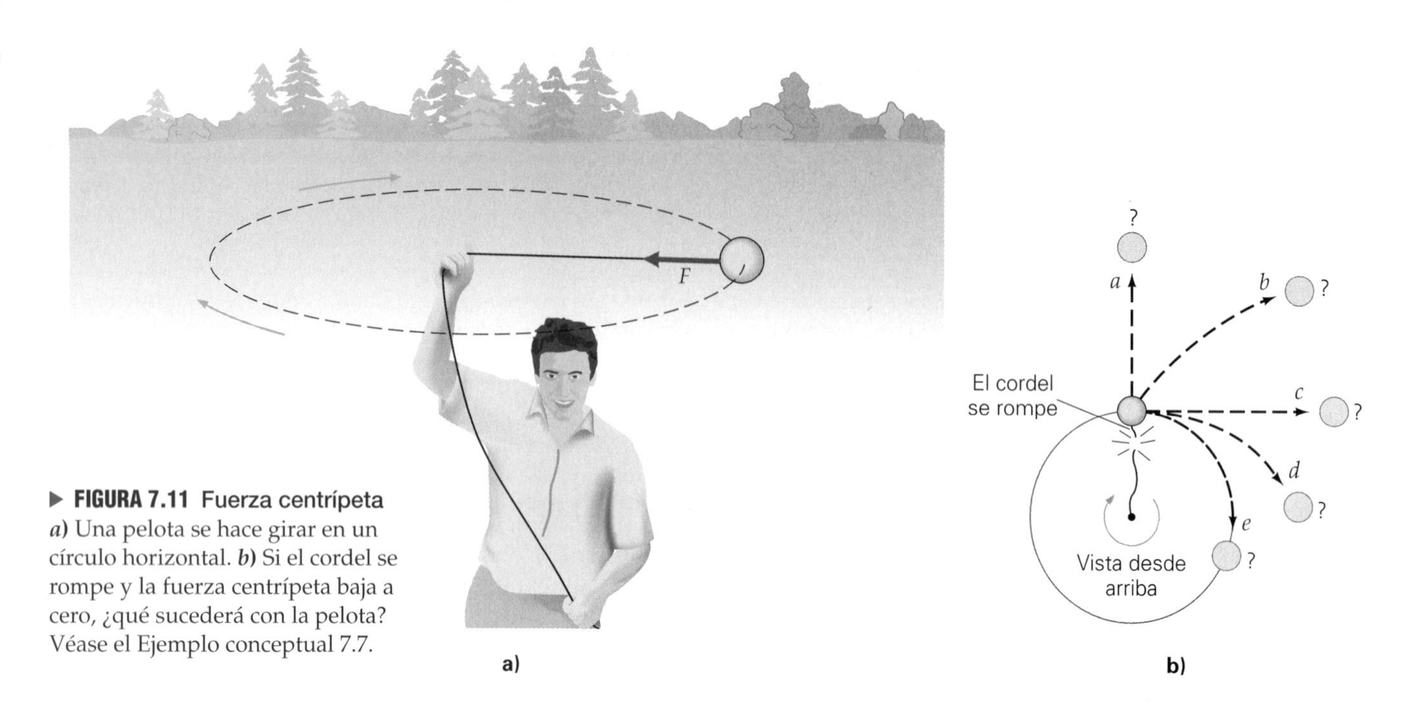

▶ **FIGURA 7.11** Fuerza centrípeta *a)* Una pelota se hace girar en un círculo horizontal. *b)* Si el cordel se rompe y la fuerza centrípeta baja a cero, ¿qué sucederá con la pelota? Véase el Ejemplo conceptual 7.7.

porque no hay componente de fuerza paralelo a la velocidad. Además, dado que la fuerza centrípeta siempre es perpendicular a la dirección del movimiento, esta fuerza no efectúa trabajo. (¿Por qué?) Por lo tanto, por el teorema trabajo-energía (sección 5.3), una fuerza centrípeta no modifica la energía cinética ni la rapidez del objeto.

La fuerza centrípeta en la forma $F_c = mv^2/r$ no es una nueva fuerza individual, sino más bien la causa de la aceleración centrípeta producida por una fuerza real o por la suma vectorial de varias fuerzas.

La fuerza que produce la aceleración centrípeta para los satélites es la gravedad. En el ejemplo conceptual 7.6, era la tensión en el cordel. Otra fuerza que a menudo produce aceleración centrípeta es la fricción. Suponga que un automóvil viaja por una curva circular horizontal. Para dar vuelta, el vehículo debe tener una aceleración centrípeta, la cual es producto de la fuerza de fricción entre los neumáticos y la carretera.

Sin embargo, esta fricción (estática; ¿por qué?) tiene un valor limitante máximo. Si la rapidez del automóvil es lo bastante alta o la curva es muy cerrada, la fricción no bastará para proporcionar la aceleración centrípeta necesaria y el automóvil derrapará hacia afuera desde el centro de la curva. Si el vehículo pasa por un área mojada o cubierta de hielo, podría reducirse la fricción entre los neumáticos y la carretera, y el automóvil derraparía aun si viaja con menor rapidez. (El peralte de las curvas también ayuda a los vehículos a dar vuelta sin derraparse.)

Ejemplo 7.7 ■ Donde el caucho toca el camino: fricción y fuerza centrípeta

Un automóvil se acerca a una curva circular horizontal con radio de 45.0 m. Si el pavimento de concreto está seco, ¿con qué rapidez constante máxima podrá el coche tomar la curva?

Razonamiento. El coche está en movimiento circular uniforme en la curva, por lo que debe haber una fuerza centrípeta. Esta fuerza proviene de la fricción, así que la fuerza de fricción estática máxima genera la fuerza centrípeta cuando el automóvil tiene su rapidez tangencial máxima.

Solución. Escribimos lo que se da y lo que se pide:

Dado: $r = 45.0$ m *Encuentre:* v (rapidez máxima)

Para tomar una curva con una rapidez dada, el automóvil debe tener una aceleración centrípeta, así que una fuerza centrípeta debe actuar sobre él. Esta fuerza hacia adentro se debe a la fricción estática entre los neumáticos y la carretera. (Los neumáticos no están deslizándose ni derrapando sobre al camino.)

En el capítulo 4 vimos que la fuerza de fricción máxima está dada por $f_{s_{máx}} = \mu_s N$ (ecuación 4.7), donde N es la magnitud de la fuerza normal sobre el vehículo y es igual a su peso, mg, sobre el camino horizontal (¿por qué?). Esta magnitud de la fuerza de fricción estática máxima es igual a la magnitud de la fuerza centrípeta ($F_c = mv^2/r$). Para determinar la rapidez máxima. Para calcular $f_{s_{máx}}$, necesitaremos el coeficiente de fricción entre el caucho y el concreto; en la tabla 4.1 vemos que es $\mu_s = 1.20$. Entonces,

$$f_{s_{máx}} = F_c$$

$$\mu_s N = \mu_s mg = \frac{mv^2}{r}$$

Por lo tanto,

$$v = \sqrt{\mu_s rg} = \sqrt{(1.20)(45.0\text{ m})(9.80\text{ m/s}^2)} = 23.0\text{ m/s}$$

(unos 83 km/h, o 52 mi/h).

Ejercicio de refuerzo. ¿La fuerza centrípeta será la misma para todos los tipos de vehículos en este ejemplo?

La velocidad adecuada al tomar una curva en una autopista es una consideración importante. El coeficiente de fricción entre los neumáticos y el pavimento podría variar, dependiendo del tiempo, las condiciones del camino, el diseño de los neumáticos, el grado de desgaste del dibujo, etc. Cuando se diseña una carretera curva, puede hacerse más segura incluyendo peraltes o inclinaciones. Este diseño reduce la probabilidad de derrapar, porque así la fuerza normal ejercida por el camino sobre el vehículo tiene un componente hacia el centro de la curva, el cual reduce la necesidad de fricción. De hecho, para una curva circular con un ángulo de peralte y un radio dados, existe una rapidez para la cual no se requiere ninguna fricción. Esta condición se usa en el diseño de peraltes. (Véase el ejercicio 45.)

Veamos un ejemplo más de fuerza centrípeta, ahora con dos objetos en movimiento circular uniforme. El ejemplo 7.8 nos ayudará a entender los movimientos de los satélites en órbita circular, que analizaremos en una sección posterior.

Ejemplo 7.8 ■ Cuerpos conectados: fuerza centrípeta y segunda ley de Newton

Suponga que dos masas, $m_1 = 2.5$ kg y $m_2 = 3.5$ kg, están conectadas por cordeles ligeros y están en movimiento circular uniforme sobre una superficie horizontal sin fricción, como se ilustra en la ▸figura 7.12, donde $r_1 = 1.0$ m y $r_2 = 1.3$ m. Las fuerzas que actúan sobre las masas son $T_1 = 4.5$ N y $T_2 = 2.9$ N, las tensiones en los cordeles, respectivamente. Calcule *a*) la magnitud de la aceleración centrípeta y *b*) la de la rapidez tangencial de *a*) la masa m_2 y *b*) la masa m_1.

Razonamiento. Las fuerzas centrípetas que actúan sobre las masas provienen de las tensiones (T_1 y T_2) en los cordeles. Si aislamos las masas, podremos calcular a_c para cada una, ya que la fuerza neta sobre una masa es igual a la fuerza centrípeta sobre esa masa ($F_c = ma_c$). Luego se calculan las rapideces tangenciales, pues se conocen los radios ($a_c = v^2/r$).

Solución.

Dado: $r_1 = 1.0$ m y $r_2 = 1.3$ m
$m_1 = 2.5$ kg y $m_2 = 3.5$ kg
$T_1 = 4.5$ N
$T_2 = 2.9$ N

Encuentre: aceleración centrípeta (a_c) y rapidez tangencial (v) de
a) m_2
b) m_1

a) Al aislar m_2 en la figura, vemos que la fuerza centrípeta proviene de la tensión en el cordel. (T_2 es la única fuerza que actúa sobre m_2 hacia el centro de su trayectoria circular.) Por lo tanto,

$$T_2 = m_2 a_{c_2}$$

y

$$a_{c_2} = \frac{T_2}{m_2} = \frac{2.9\text{ N}}{3.5\text{ kg}} = 0.83\text{ m/s}^2$$

donde la aceleración es hacia el centro del círculo.

Calculamos la rapidez tangencial de m_2 utilizando $a_c = v^2/r$:

$$v_2 = \sqrt{a_{c_2} r_2} = \sqrt{(0.83\text{ m/s}^2)(1.3\text{ m})} = 1.0\text{ m/s}$$

b) La situación de m_1 es un poco distinta. En este caso, dos fuerzas radiales actúan sobre la masa m_1: las tensiones T_1 (hacia adentro) y $-T_2$ (hacia afuera) en los cordeles. También, por la segunda ley de Newton, para tener una aceleración centrípeta, debe haber una fuerza neta, dada por la diferencia entre las dos tensiones, por lo que cabe esperar que $T_1 > T_2$, y que

$$F_{neta_1} = +T_1 + (-T_2) = m_1 a_{c_1} = \frac{m_1 v_1^2}{r_1}$$

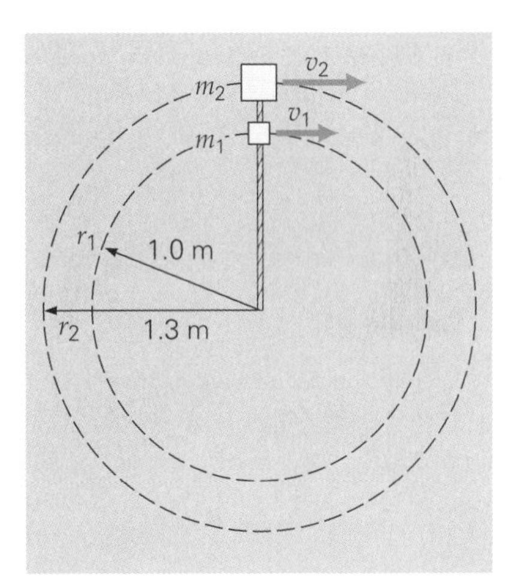

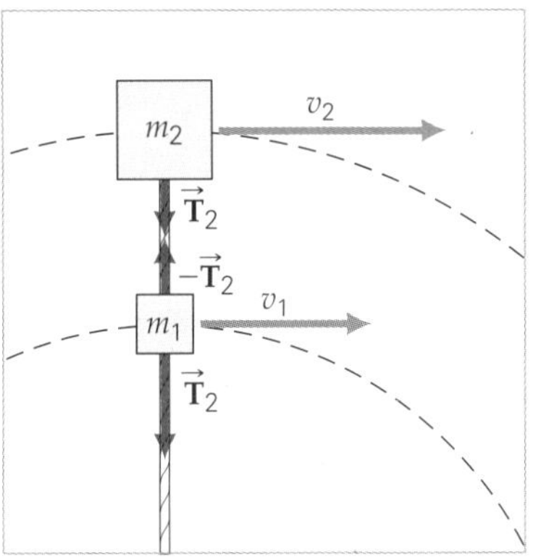

▲ **FIGURA 7.12 Fuerza centrípeta y segunda ley de Newton** Véase el ejemplo 7.8.

(continúa en la siguiente página)

donde tomamos como positiva la dirección radial (hacia el centro de la trayectoria circular). Entonces,

$$a_{c_1} = \frac{T_1 - T_2}{m_1} = \frac{4.5\text{ N} + (-2.9\text{ N})}{2.5\text{ kg}} = 0.64\text{ m/s}^2$$

y

$$v_1 = \sqrt{a_{c_1} r_1} = \sqrt{(0.64\text{ m/s}^2)(1.0\text{ m})} = 0.80\text{ m/s}$$

Ejercicio de refuerzo. En este ejemplo observe que la aceleración centrípeta de m_2 es mayor que la de m_1, pero $r_2 > r_1$ y $a_c \propto 1/r$. ¿Hay alguna equivocación aquí? Explique.

Ejemplo integrado 7.9 ■ Fuerza que busca el centro: una vez más

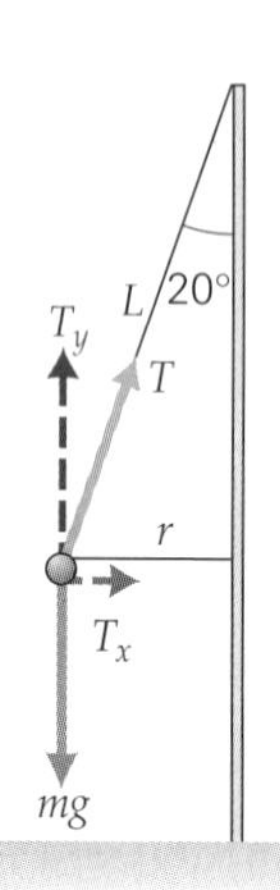

▲ **FIGURA 7.13** Esfera en un cordón Véase el ejemplo integrado 7.9.

Exploración 5.2 Fuerza sobre un objeto alrededor de un círculo

Se utiliza un cordel de 1.0 m para colgar una esfera de 0.50 kg del punto más alto de un poste. Después de golpearla varias veces, la esfera da vueltas al poste en movimiento circular uniforme, con una rapidez tangencial de 1.1 m/s, a un ángulo de 20° con respecto al poste. *a*) La fuerza que produce la aceleración centrípeta es 1) el peso de la esfera, 2) un componente de la fuerza de tensión en el cordel, o 3) la tensión total en el cordel. *b*) Calcule la magnitud de la fuerza centrípeta.

a) Razonamiento conceptual. La fuerza centrípeta es una fuerza que "busca el centro", así que está dirigida perpendicularmente hacia el poste, en torno al cual la esfera está en movimiento circular. Como se sugirió en los procedimientos para resolver problemas presentados en la sección 1.7, casi siempre resulta útil dibujar un diagrama, como el de la ◂figura 7.13. Podemos ver inmediatamente que las opciones 1 y 3 no son correctas, porque esas fuerzas no apuntan directamente hacia el centro del círculo ubicado en el poste. (mg y T_y son iguales y opuestas, y no hay aceleración en la dirección y.) En efecto, la respuesta es 2: un componente de la fuerza de tensión, T_x, proporciona la fuerza centrípeta.

b) Razonamiento cuantitativo y solución. T_x proporciona la fuerza centrípeta, y los datos son para la forma dinámica de la fuerza centrípeta, es decir, $T_x = F_c = mv^2/r$ (ecuación 7.11).

Dado: $L = 1.0$ m
$v = 1.1$ m/s
$m = 0.50$ kg
$\theta = 20°$

Encuentre: F_c (la magnitud de la fuerza centrípeta)

Como ya señalamos, la magnitud de la fuerza centrípeta se calcula con la ecuación 7.11:

$$F_c = T_x = \frac{mv^2}{r}$$

Sin embargo, necesitamos la distancia radial r. En la figura, vemos que esa cantidad es $r = L$ sen 20°, así que

$$F_c = \frac{mv^2}{L\text{ sen } 20°} = \frac{(0.50\text{ kg})(1.1\text{ m/s})^2}{(1.0\text{ m})(0.342)} = 1.8\text{ N}$$

Ejercicio de refuerzo. ¿Qué magnitud tiene la tensión T en el cordel?

7.4 Aceleración angular

OBJETIVOS: *a*) Definir aceleración angular y *b*) analizar la cinemática rotacional.

Seguramente usted ya dedujo que, aparte de la lineal, otro tipo de aceleración es la *angular*. Esta cantidad representa la tasa de cambio de la velocidad angular con respecto al tiempo. En el caso del movimiento circular, si hubiera una aceleración angular, el movimiento no sería uniforme porque la rapidez y/o la dirección estarían cambiando. Por similitud con el caso lineal, la magnitud de la **aceleración angular promedio ($\overline{\alpha}$)** está dada por

$$\overline{\alpha} = \frac{\Delta\omega}{\Delta t}$$

donde la barra sobre alfa indica que es un valor promedio, como siempre. Si tomamos $t_o = 0$ y si la aceleración angular es constante, de manera que $\bar{\alpha} = \alpha$, tenemos

$$\alpha = \frac{\omega - \omega_o}{t} \quad \textit{(aceleración angular constante)}$$

Unidad SI de aceleración angular:
radianes por segundo al cuadrado (rad/s^2)

o bien,

$$\omega = \omega_o + \alpha t \quad \textit{(sólo aceleración constante angular)} \tag{7.12}$$

En la ecuación 7.12 no se emplean símbolos de vector en negritas porque se usan signos de más y menos para indicar direcciones angulares, como ya explicamos. Al igual que en el caso del movimiento rectilíneo, si la aceleración angular aumenta la velocidad angular, ambas cantidades tendrán el mismo signo, lo cual significa que su dirección vectorial es la misma (es decir, α tiene la misma dirección que ω, dada por la regla de la mano derecha). Si la aceleración angular disminuye la velocidad angular, las dos cantidades tendrán signos opuestos, lo que implica que sus vectores sean opuestos (es decir, α tendrá la dirección opuesta a la de ω, dada por la regla de la mano derecha; será una "desaceleración angular").

Ejemplo 7.10 ■ Un CD que gira: aceleración angular

Un CD acelera uniformemente desde el reposo hasta su rapidez operativa de 500 rpm en 3.50 s. Calcule la aceleración angular del CD *a*) durante este lapso y *b*) al término de este lapso. *c*) Si el CD se detiene uniformemente en 4.50 s, ¿qué aceleración angular tendrá entonces?

Razonamiento. *a*) Nos dan las velocidades angulares inicial y final; por lo tanto, calculamos la aceleración angular constante (uniforme) con la ecuación 7.12, ya que conocemos el tiempo durante el cual el CD acelera. *b*) Hay que tener presente que la rapidez operativa es constante. *c*) Nos dan todo para usar la ecuación 7.12; pero habría que esperar un resultado negativo. (¿Por qué?)

Solución.

Dado: $\omega_o = 0$

$$\omega = (500 \text{ rpm})\left[\frac{(\pi/30) \text{ rad/s}}{\text{rpm}}\right] = 52.4 \text{ rad/s}$$

$t = 3.50$ s (para arrancar)
$t = 4.50$ s (para detenerse)

Encuentre: *a*) α (al arrancar)
b) α (en operación)
c) α (al parar)

***a*)** Utilizando la ecuación 7.12,

$$\alpha = \frac{\omega - \omega_o}{t} = \frac{52.4 \text{ rad/s} - 0}{3.50 \text{ s}} = 15.0 \text{ rad/s}^2$$

en la dirección de la velocidad angular.

***b*)** Una vez que el CD alcanza su rapidez operativa, la velocidad angular se mantiene constante, así que $\alpha = 0$.

***c*)** Usamos de nuevo la ecuación 7.12, pero ahora con $\omega_o = 500$ rpm y $\omega = 0$:

$$\alpha = \frac{\omega - \omega_o}{t} = \frac{0 - 52.4 \text{ rad/s}}{4.50 \text{ s}} = -11.6 \text{ rad/s}^2$$

donde el signo menos indica que la aceleración angular tiene la dirección opuesta a la de la velocidad angular (que se toma como +).

Ejercicio de refuerzo. *a*) ¿Qué dirección tendrán los vectores $\vec{\omega}$ y $\vec{\alpha}$ en el inciso *a* de este ejemplo, si el CD gira en sentido horario visto desde arriba? *b*) ¿Las direcciones de estos vectores cambian en el inciso *c*?

Al igual que entre el arco y el ángulo ($s = r\theta$) y entre las rapideces tangencial y angular ($v = r\omega$), hay una relación entre las magnitudes de la aceleración tangencial y de la aceleración angular. La **aceleración tangencial (a_t)** está asociada con cambios en la rapidez tangencial y, por lo tanto, cambia de dirección continuamente. Las magnitudes de

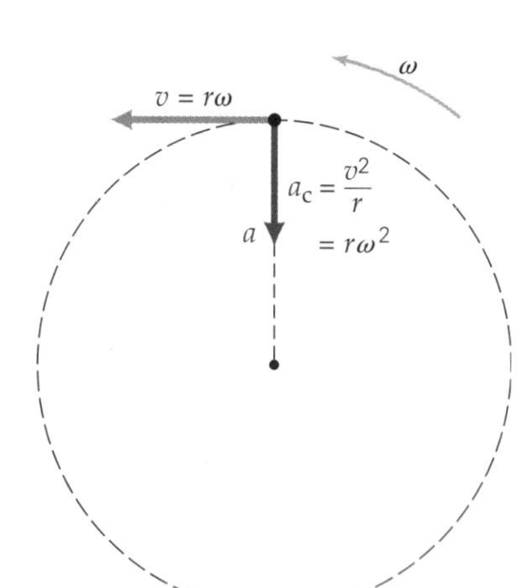

a) Movimiento circular uniforme
($a_t = r\alpha = 0$)

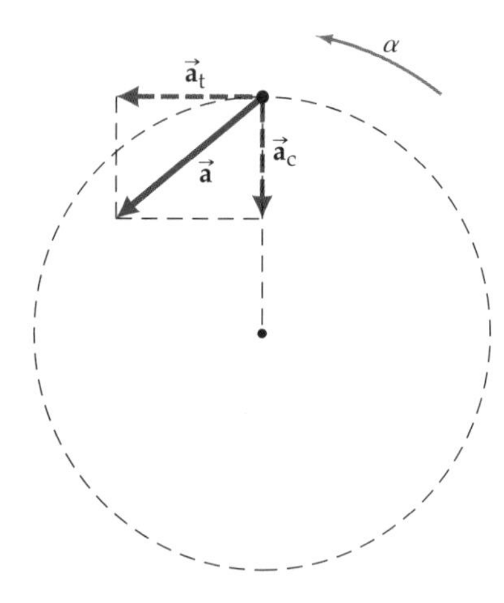

b) Movimiento circular no uniforme
($\vec{a} = \vec{a}_t + \vec{a}_c$)

▲ **FIGURA 7.14** Aceleración y movimiento circular *a)* En el movimiento circular uniforme hay aceleración centrípeta, pero no aceleración angular ($\alpha = 0$) ni aceleración tangencial ($a_t = r\alpha = 0$). *b)* En el movimiento circular no uniforme, hay aceleraciones angular y tangencial, y la aceleración total es la suma vectorial de las aceleraciones tangencial y centrípeta.

las aceleraciones tangencial y angular están relacionadas por un factor de r. En el caso del movimiento circular con radio constante r,

$$a_t = \frac{\Delta v}{\Delta t} = \frac{\Delta(r\omega)}{\Delta t} = \frac{r\Delta\omega}{\Delta t} = r\alpha$$

así que

$$a_t = r\alpha \quad \textit{magnitud de la aceleración tangencial} \qquad (7.13)$$

Escribimos la aceleración tangencial (a_t) con subíndice t para distinguirla de la aceleración centrípeta (a_c) o radial. La aceleración centrípeta es necesaria para el movimiento circular, no así la aceleración tangencial. En un movimiento circular uniforme, no hay aceleración angular ($\alpha = 0$) ni aceleración tangencial, como se observa en la ecuación 7.13; tan sólo hay aceleración centrípeta (◂figura 7.14a).

Sin embargo, cuando hay aceleración angular α (y, por lo tanto, una aceleración tangencial de magnitud $a_t = r\alpha$), hay un cambio en las velocidades *tanto* angular *como* tangencial. Como resultado, la aceleración centrípeta $a_c = v^2/r = r\omega^2$ debe aumentar o disminuir para que el objeto mantenga la misma órbita circular (es decir, para que r no cambie). Si hay aceleración tanto tangencial como centrípeta, la aceleración instantánea total es su suma vectorial (figura 7.14b). Los vectores de aceleración tangencial y de aceleración centrípeta son perpendiculares entre sí en cualquier instante, y la aceleración total es $\vec{\mathbf{a}} = a_t\hat{\mathbf{t}} + a_c\hat{\mathbf{r}}$, donde $\hat{\mathbf{t}}$ y $\hat{\mathbf{r}}$ son vectores unitarios con dirección tangencial y radial hacia adentro, respectivamente. Con trigonometría usted debería ahora calcular la magnitud de $\vec{\mathbf{a}}$ y el ángulo que forma con $\vec{\mathbf{a}}_t$ (figura 7.14b).

Podemos deducir las otras ecuaciones angulares como hicimos con las ecuaciones rectilíneas en el capítulo 2. No mostraremos aquí ese desarrollo; el conjunto de ecuaciones angulares con sus contrapartes rectilíneas para aceleración constante se dan en la tabla 7.2. Un repaso rápido del capítulo 2 (cambiando los símbolos) mostrará cómo se deducen las ecuaciones angulares.

Ejemplo 7.11 ■ Cocción uniforme: cinemática rotacional

Un horno de microondas tiene un plato giratorio de 30 cm de diámetro para que la cocción sea uniforme. El plato acelera uniformemente desde el reposo a razón de 0.87 rad/s^2 durante 0.50 s, antes de llegar a su rapidez operativa constante. *a)* ¿Cuántas revoluciones da el plato antes de alcanzar su rapidez operativa? *b)* Calcule la rapidez angular operativa del plato y la rapidez tangencial operativa en su borde.

Razonamiento. Este ejemplo implica el uso de las ecuaciones de cinemática angular (tabla 7.2). En *a)*, la distancia angular θ dará el número de revoluciones. En *b)*, primero calcule ω y luego $v = r\omega$.

Solución. Hacemos una lista de lo que se nos da y lo que se nos pide:

Dado: $d = 30$ cm, $r = 15$ cm $= 0.15$ m (radio)
$\omega_o = 0$ (en reposo)
$\alpha = 0.87$ rad/s^2
$t = 0.50$ s

Encuentre: *a)* θ (en revoluciones)
b) ω y v (rapideces angular y tangencial, respectivamente)

a) Para obtener la distancia angular θ en radianes, use la ecuación 4 de la tabla 7.2 con $\theta_o = 0$:

$$\theta = \omega_o t + \tfrac{1}{2}\alpha t^2 = 0 + \tfrac{1}{2}(0.87 \text{ rad/s}^2)(0.50 \text{ s})^2 = 0.11 \text{ rad}$$

Puesto que 2π rad = 1 rev,

$$\theta = (0.11 \text{ rad})\left(\frac{1 \text{ rev}}{2\pi \text{ rad}}\right) = 0.018 \text{ rev}$$

así que el plato alcanza su rapidez operativa en tan sólo una pequeña fracción de revolución.

b) En la tabla 7.2 vemos que la ecuación 3 da la rapidez angular, y

$$\omega = \omega_o + \alpha t = 0 + (0.87 \text{ rad/s}^2)(0.50 \text{ s}) = 0.44 \text{ rad/s}$$

Luego, la ecuación 7.6 da la rapidez tangencial en el radio del borde:

$$v = r\omega = (0.15 \text{ m})(0.44 \text{ rad/s}) = 0.066 \text{ m/s}$$

Ejercicio de refuerzo. Cuando se apaga el horno, el plato efectúa media revolución antes de parar. Calcule la aceleración angular del plato durante este lapso.

Exploración 10.2 Ecuación de la aceleración angular constante

TABLA 7.2 Ecuaciones para movimiento rectilíneo y angular con aceleración constante*

Rectilíneo	*Angular*	
$x = \bar{v}t$	$\theta = \bar{\omega}t$	(1)
$\bar{v} = \dfrac{v + v_o}{2}$	$\bar{\omega} = \dfrac{\omega + \omega_o}{2}$	(2)
$v = v_o + at$	$\omega = \omega_o + \alpha t$	(3)
$x = x_o + v_o t + \frac{1}{2}at^2$	$\theta = \theta_o + \omega_o t + \frac{1}{2}\alpha t^2$	(4)
$v^2 = v_o^2 + 2a(x - x_o)$	$\omega^2 = \omega_o^2 + 2\alpha(\theta - \theta_o)$	(5)

*La primera ecuación de cada columna es general, es decir, no está limitada a situaciones donde la aceleración es constante.

7.5 Ley de la gravitación de Newton

OBJETIVOS: *a*) Describir la ley de la gravitación de Newton y su relación con la aceleración debida a la gravedad y *b*) investigar cómo se aplica esta ley en la obtención de la energía potencial gravitacional.

Otro de los múltiples logros de Isaac Newton fue la formulación de lo que se conoce como la **ley de la gravitación universal**. Se trata de una ley poderosa y fundamental. Sin ella, no entenderíamos, por ejemplo, la causa que origina las mareas, ni sabríamos cómo colocar satélites en órbitas específicas alrededor de la Tierra. Esta ley nos permite analizar los movimientos de planetas, cometas, estrellas e incluso galaxias. La palabra *universal* en su nombre indica que, hasta donde sabemos, es válida en todo el universo. (Este término destaca la importancia de la ley, pero, por brevedad, es común hablar simplemente de la *ley de la gravitación de Newton* o la *ley de la gravitación*.)

En su forma matemática, la ley de la gravitación de Newton relaciona de forma sencilla la interacción gravitacional entre dos partículas, o masas puntuales, m_1 y m_2, así como la distancia r que las separa (▸figura 7.15a). Básicamente, toda partícula del universo tiene una interacción gravitacional atractiva con todas las demás partículas, a causa de sus masas. Las fuerzas de interacción mutua son iguales y opuestas, y forman un par de fuerzas según la tercera ley de Newton (capítulo 4), $\vec{\mathbf{F}}_{12} = -\vec{\mathbf{F}}_{21}$ en la figura 7.15a.

La atracción o fuerza gravitacional (F) disminuye proporcionalmente al aumento del cuadrado de la distancia (r^2) entre dos masas puntuales; es decir, la magnitud de la fuerza gravitacional y la distancia entre las dos partículas están relacionadas así:

$$F \propto \frac{1}{r^2}$$

(Esta clase de relación se llama *ley del cuadrado inverso: F* es inversamente proporcional a r^2.)

La ley de Newton también postula correctamente que la fuerza o atracción gravitacional de un cuerpo depende de la masa de éste: cuanto mayor sea la masa, mayor será la atracción. Sin embargo, como la fuerza de gravedad es de atracción mutua entre las masas, debería ser directamente proporcional a ambas masas, es decir, a su producto ($F \propto m_1 m_2$).

Por lo tanto, la **ley de la gravitación de Newton** tiene la forma $F \propto m_1 m_2/r^2$. Expresada como ecuación con una constante de proporcionalidad, la magnitud de la fuerza de atracción gravitacional mutua (F_g) entre dos masas está dada por

Ley de la gravitación universal de Newton

$$F_g = \frac{G m_1 m_2}{r^2} \tag{7.14}$$

donde G es una constante llamada **constante de gravitación universal** y tiene un valor de

$$G = 6.67 \times 10^{-11}\ \mathrm{N \cdot m^2/kg^2}$$

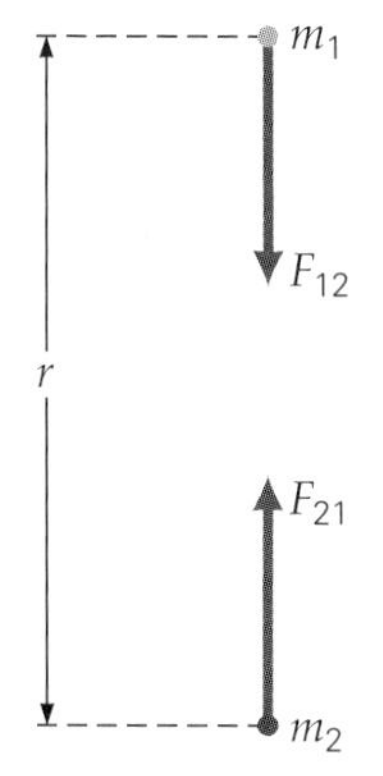

a) Masas puntuales

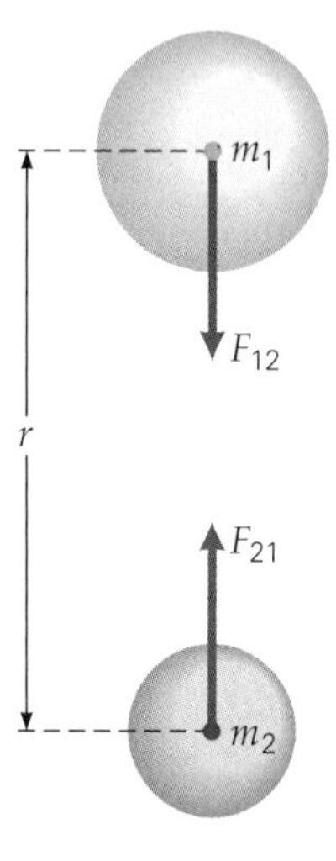

b) Esferas homogéneas

$$F_{12} = F_{21} = \frac{G m_1 m_2}{r^2}$$

▲ **FIGURA 7.15 Ley de la gravitación universal**
a) Dos partículas, o masas puntuales, cualesquiera se atraen gravitacionalmente con una fuerza cuya magnitud está determinada por la ley de la gravitación universal de Newton. *b*) En el caso de esferas homogéneas, las masas pueden considerarse concentradas en su centro.

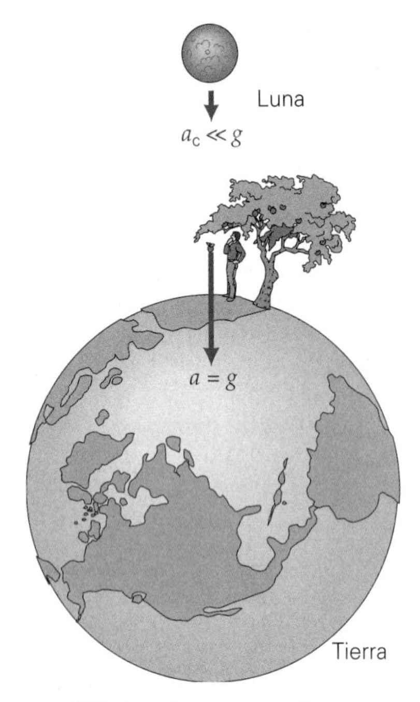

▲ **FIGURA 7.16** ¿Inspiración gravitacional? Newton desarrolló su ley de la gravitación mientras estudiaba el movimiento orbital de la Luna. Según la leyenda, ver a una manzana caer de un árbol estimuló su pensamiento. Supuestamente se preguntó si la fuerza que hacía que la manzana acelerara hacia el suelo podría extenderse hasta la Luna, y hacerla "caer" o acelerar hacia la Tierra; es decir, proporcionarle su aceleración centrípeta orbital.

Ilustración 12.1 Órbitas de proyectiles y satélites

Esta constante también se conoce como "G grande" para distinguirla de la "g pequeña", que es la aceleración debida a la gravedad. La ecuación 7.14 indica que F_g se aproxima a cero sólo cuando r es infinitamente grande. Por lo tanto, la fuerza gravitacional tiene un *alcance infinito*.

¿Cómo llegó Newton a estas conclusiones acerca de la fuerza de la gravedad? Cuenta la leyenda que su inspiración fue una manzana que caía al suelo desde un árbol. Newton se preguntaba de dónde provenía la fuerza centrípeta que mantenía a la Luna en su órbita, y tal vez pensó lo siguiente: "Si la gravedad atrae una manzana hacia la Tierra, quizá también atraiga a la Luna, y la Luna está cayendo o acelerando hacia la Tierra, bajo la influencia de la gravedad" (◂figura 7.16).

Haya sido o no la legendaria manzana la responsable, Newton supuso que la Luna y la Tierra se atraían mutuamente y podían tratarse como masas puntuales, con su masa total concentrada en sus centros (figura 7.15b). Algunos contemporáneos habían especulado acerca de la relación del cuadrado inverso. El logro de Newton fue demostrar que la relación podía deducirse de una de las leyes del movimiento planetario de Johannes Kepler (sección 7.6).

Newton expresó la ecuación 7.14 en forma de proporción ($F \propto m_1 m_2/r^2$), pues desconocía el valor de G. No fue sino hasta 1798 (71 años después del fallecimiento de Newton) que el físico inglés Henry Cavendish determinó experimentalmente el valor de la constante de la gravitación universal. Cavendish usó una balanza muy sensible para medir la fuerza gravitacional entre masas esféricas separadas (como las de la figura 7.15b). Si se conocen F, r y las m, se calcula G a partir de la ecuación 7.14.

Como ya mencionamos, Newton consideró a la Tierra y la Luna, que son casi esféricas, como masas puntuales situadas en sus respectivos centros. Le tomó algunos años, utilizando métodos matemáticos que él mismo desarrolló, demostrar que esta condición sólo es válida en el caso de objetos esféricos *homogéneos*.* El concepto general se ilustra en la ▸figura 7.17.

Ejemplo 7.12 ■ Atracción gravitacional entre la Tierra y la Luna: una fuerza centrípeta

Calcular la magnitud de la fuerza gravitacional mutua entre la Tierra y la Luna. (Suponga que ambas son esferas homogéneas.)

Razonamiento. Este ejemplo es una aplicación de la ecuación 7.14, y tenemos que buscar en tablas las masas y la distancia. (Véanse los apéndices.)

Solución. No se dan datos, así que deben consultarse en obras de referencia.

Dado: (de tablas en los forros del libro)
$M_E = 6.0 \times 10^{24}$ kg (masa de la Tierra)
$m_M = 7.4 \times 10^{22}$ kg (masa de la Luna)
$r_{EM} = 3.8 \times 10^8$ m (distancia entre ambas)

Encuentre: F_g (fuerza gravitacional)

La distancia promedio entre la Tierra y la Luna (r_{EM}) se toma como la distancia del centro de una al centro de la otra. Utilizando la ecuación 7.14, obtenemos

$$F_g = \frac{Gm_1 m_2}{r^2} = \frac{GM_E m_M}{r_{EM}^2}$$

$$= \frac{(6.67 \times 10^{-11}\ \text{N}\cdot\text{m}^2/\text{kg}^2)(6.0 \times 10^{24}\ \text{kg})(7.4 \times 10^{22}\ \text{kg})}{(3.8 \times 10^8\ \text{m})^2}$$

$$= 2.1 \times 10^{20}\ \text{N}$$

Esta cantidad es la magnitud de la fuerza centrípeta que mantiene a la Luna girando en órbita alrededor de la Tierra. Es una fuerza muy grande, pero la Luna es un objeto muy masivo, con mucha inercia que vencer. Debido a la aceleración radial o hacia adentro, a veces se dice que la Luna está "cayendo" hacia la Tierra. Este movimiento, combinado con el movimiento tangencial, produce la órbita casi circular de la Luna en torno a la Tierra.

Ejercicio de refuerzo. ¿Con qué aceleración la Luna está "cayendo" hacia la Tierra?

*En el caso de una esfera homogénea, la masa puntual equivalente está situada en el centro de masa. Sin embargo, éste es un caso especial. En general, no coinciden el centro de la fuerza gravitacional y el centro de masa de una configuración de partículas o de un objeto.

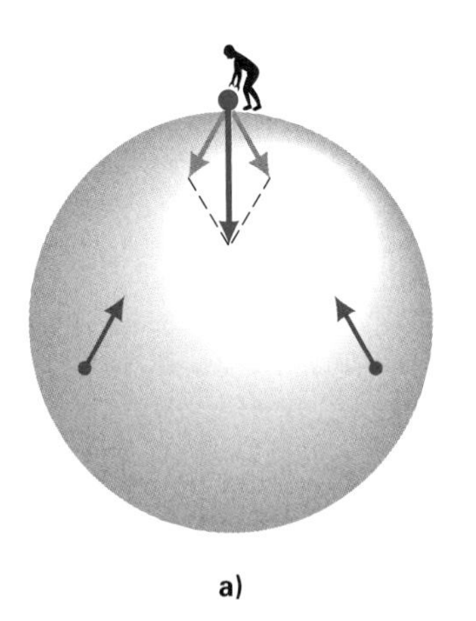
a)

b)

◀ **FIGURA 7.17** Masas esféricas uniformes
a) La gravedad actúa entre dos partículas cualesquiera. La fuerza gravitacional resultante, que dos partículas situadas en puntos simétricos dentro de una esfera homogénea ejercen sobre un objeto externo a la esfera, está dirigida hacia el centro de la esfera. *b)* Debido a la simetría de la esfera y a la distribución uniforme de la masa, el efecto neto es como si toda la masa de la esfera estuviera concentrada en una partícula en su centro. En este caso especial, el centro de fuerza gravitacional y el centro de masa coinciden, pero en general no sucede lo mismo con otros objetos. (Sólo se muestran unas cuantas de las flechas de fuerza azules por falta de espacio.)

La aceleración debida a la gravedad a una distancia dada de un planeta también puede investigarse empleando la segunda ley del movimiento de Newton y su ley de la gravitación. La magnitud de la aceleración debida a la gravedad, que escribiremos de forma general como a_g, a una distancia r del centro de una masa esférica M, se obtiene igualando la fuerza de la atracción gravitacional debida a esa masa esférica a ma_g, que es la fuerza neta sobre un objeto de masa m a una distancia r:

Nota: el símbolo g se reserva para la aceleración debida a la gravedad en la superficie terrestre; a_g es la aceleración más general debida a la gravedad a alguna distancia radial mayor.

$$ma_g = \frac{GmM}{r^2}$$

Entonces, la aceleración debida a la gravedad a cualquier distancia r del centro del planeta es

$$a_g = \frac{GM}{r^2} \tag{7.15}$$

Vemos que a_g es proporcional a $1/r^2$, así que cuanto más lejos del planeta esté un objeto, menor será su aceleración debida a la gravedad y menor será la fuerza de atracción (ma_g) sobre el objeto. La fuerza está dirigida hacia el centro del planeta.

La ecuación 7.15 es válida para la Luna o cualquier planeta. Por ejemplo, si consideramos a la Tierra como una masa puntual M_E situada en su centro, y R_E como su radio, obtendremos la aceleración debida a la gravedad en la superficie terrestre ($a_{g_E} = g$) si hacemos la distancia r igual a R_E.

$$a_{g_E} = g = \frac{GM_E}{R_E^2} \tag{7.16}$$

Esta ecuación tiene varias implicaciones interesantes. La primera es que tomar g como constante en todos los puntos de la superficie terrestre implica suponer que la Tierra tiene una distribución homogénea de masa, y que la distancia del centro de la Tierra a cualquier punto de su superficie es la misma. Estos dos supuestos no son estrictamente ciertos. Por lo tanto, tomar g como constante es sólo una aproximación que funciona muy bien en casi todas las situaciones.

Asimismo, es evidente por qué la aceleración debida a la gravedad es la misma para todos los objetos en caída libre, es decir, es independiente de la masa del objeto. La masa del objeto no aparece en la ecuación 7.16 y, por ello, todos los objetos en caída libre tienen la misma aceleración.

Por último, si usted es observador, notará que la ecuación 7.16 sirve para calcular la masa de la Tierra. Todas las otras cantidades de la ecuación se pueden medir, y se conocen sus valores, así que resulta fácil calcular M_E. Esto es lo que hizo Cavendish después de determinar experimentalmente el valor de G.

La aceleración debida a la gravedad sí varía con la altura. A una distancia h sobre la superficie terrestre, tenemos $r = R_E + h$. La aceleración está dada entonces por

$$a_g = \frac{GM_E}{(R_E + h)^2} \tag{7.17}$$

Sugerencia para resolver problemas

Al comparar aceleraciones debidas a la gravedad o a fuerzas gravitacionales, es conveniente trabajar con cocientes. Por ejemplo, si comparamos a_g con g (ecuaciones 7.15 y 7.16) para la Tierra, tendremos

$$\frac{a_g}{g} = \frac{GM_E/r^2}{GM_E/R_E^2} = \frac{R_E^2}{r^2} = \left(\frac{R_E}{r}\right)^2 \quad \text{o} \quad \frac{a_g}{g} = \left(\frac{R_E}{r}\right)^2$$

Las constantes se cancelan. Si tomamos $r = R_E + h$, es fácil calcular a_g/g, es decir, la aceleración debida a la gravedad a alguna altura h sobre la Tierra, comparada con g en la superficie terrestre (9.80 m/s^2).

Puesto que R_E es muy grande en comparación con las alturas que podemos alcanzar fácilmente sobre la superficie terrestre, la aceleración debida a la gravedad no disminuye con gran rapidez a medida que ascendemos. A una altura de 16 km (10 mi, casi dos veces más alto que el vuelo de un jet comercial moderno), $a_g/g = 0.99$, así que a_g conserva el 99% del valor que tiene g en la superficie de la Tierra. A una altura de 320 km (200 mi), a_g es el 91% de g. Ésta es la altura aproximada de un transbordador espacial en órbita. (Los astronautas en órbita sí tienen peso. Las llamadas condiciones de ingravidez se estudian en la sección 7.6.)

Ejemplo 7.13 ■ Órbita de un satélite geosincrónico

Algunos satélites de comunicaciones y meteorológicos son lanzados en órbitas circulares por encima del ecuador de la Tierra, de manera que sean *sincrónicos* (del griego *syn*, que significa "igual", y *chronos*, que significa "tiempo") con la rotación de nuestro planeta. Esto es, "permanecen fijos" "o se quedan suspendidos en el aire" sobre un mismo punto del ecuador. ¿A qué altura se encuentran estos satélites geosincrónicos?

Razonamiento. Para permanecer sobre un punto del ecuador, el periodo de la revolución del satélite debe ser igual al periodo de rotación de la Tierra, es decir, 24 h. Además, la fuerza centrípeta que mantiene al satélite en órbita es suministrada por la fuerza gravitacional de la Tierra, $F_g = F_c$. La distancia entre el centro de la Tierra y el satélite es $r = R_T + h$. (R_E es el radio de la Tierra y h es la altura o altitud del satélite por encima de la superficie terrestre.)

Solución. Se listan los datos conocidos,

Dado: $T(\text{periodo}) = 24\text{ h} = 8.64 \times 10^4\text{ s}$ *Encuentre:* h (altitud)

$r = R_E + h$

De acuerdo con los datos del sistema solar en los forros de este libro:

$R_E = 6.4 \times 10^3\text{ km} = 6.4 \times 10^6\text{ m}$

$M_E = 6.0 \times 10^{24}\text{ kg}$

Al igualar las magnitudes de la fuerza gravitacional y la fuerza centrípeta de movimiento ($F_g = F_c$), donde m es la masa del satélite, y al poner los valores en términos de rapidez angular,

$$F_g = F_c$$

$$\frac{GmM_E}{r^2} = \frac{mv^2}{r} = \frac{m(r\omega)^2}{r} = mr\omega^2$$

y

$$r^3 = \frac{GM_E}{\omega^2} = GM_E\left(\frac{T}{2\pi}\right)^2 = \left(\frac{GM_E}{4\pi^2}\right)T^2$$

utilizando la relación $\omega = 2\pi/T$. Después se sustituyen los valores:

$$r^3 = \frac{(6.7 \times 10^{-11}\text{ N}\cdot\text{m}^2/\text{kg}^2)(6.4 \times 10^{24}\text{ kg})(8.64 \times 10^4\text{ s})^2}{4\pi^2} = 81 \times 10^{21}\text{ m}^3$$

y

$$r = 4.3 \times 10^7\text{ m}$$

Así,

$$h = r - R_E = 4.3 \times 10^7\text{ m} - 0.64 \times 10^7 = 3.7 \times 10^7\text{ m}$$
$$= 3.7 \times 10^4\text{ km } (= 23\,000\text{ mi})$$

Ejercicio de refuerzo. Demuestre que el periodo de un satélite en órbita cercana ($h \ll R_E$) a la superficie terrestre (ignorando la resistencia del aire) podrá aproximarse mediante $T^2 \approx 4R_E$; y calcule T.

Otro aspecto de la disminución de g con la altura tiene que ver con la energía potencial. En el capítulo 5 vimos que $U = mgh$ para un objeto situado a una altura h sobre algún punto de referencia cero, ya que g es prácticamente constante cerca de la superficie terrestre. Esta energía potencial es igual al trabajo efectuado para levantar el objeto una distancia h sobre la superficie terrestre en un campo gravitacional *uniforme*. Sin embargo, ¿qué ocurre si el cambio de altura es tan grande que g no puede considerarse constante mientras se efectúa trabajo para mover un objeto, como un satélite? En este caso, la ecuación $U = mgh$ no es válida. En general, puede demostrarse (utilizando métodos matemáticos que rebasan el alcance de este libro) que la **energía potencial gravitacional** de dos masas puntuales separadas por una distancia r está dada por

$$U = -\frac{Gm_1m_2}{r} \tag{7.18}$$

El signo menos de la ecuación 7.18 se debe a la elección del punto de referencia cero (el punto donde $U = 0$), que es $r = \infty$.

En términos de la Tierra y una masa m a una altura h sobre la superficie terrestre,

$$U = -\frac{Gm_1m_2}{r} = -\frac{GmM_E}{R_E + h} \tag{7.19}$$

donde r es la distancia entre el centro de la Tierra y la masa. Lo que esta ecuación implica es que aquí en la Tierra estamos en un pozo de energía potencial gravitacional negativa (▼figura 7.18) que se extiende hasta el infinito, porque la fuerza de la gravedad tiene un alcance infinito. Al aumentar h, aumenta U. Es decir, U se vuelve *menos negativa* o se acerca más a cero, y corresponde a una posición más alta en el pozo de energía potencial.

▼ **FIGURA 7.18 Pozo de energía potencial gravitacional** En la Tierra, estamos en un pozo de energía potencial gravitacional negativa. Al igual que en un pozo o un agujero en el suelo reales, es preciso efectuar trabajo contra la gravedad para subir en ella. La energía potencial de un objeto aumenta a medida que el objeto sube por el pozo. Esto implica que el valor de U se vuelva menos negativo. La parte más alta del pozo gravitacional de la Tierra está en el infinito, donde la energía potencial gravitacional es, por definición, cero.

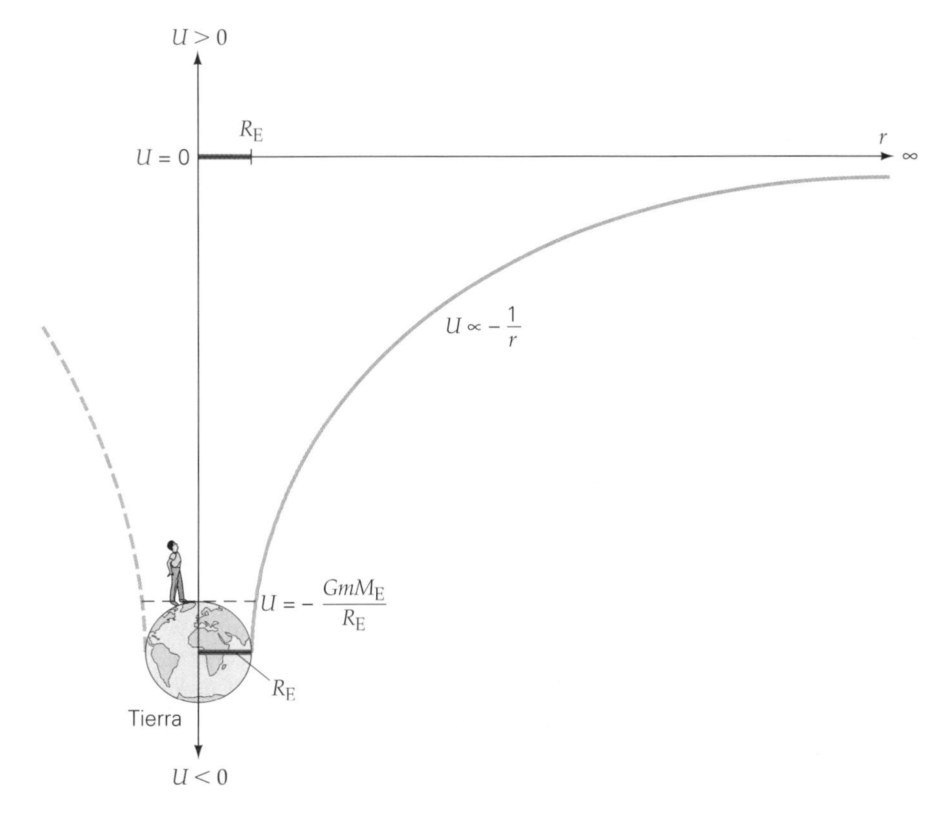

Así, cuando la gravedad efectúa trabajo negativo (un objeto sube en el pozo) o positivo (un objeto cae más abajo en el pozo), hay un *cambio* de energía potencial. Al igual que en los pozos de energía potencial finitos, siempre es este *cambio* de energía lo que importa al analizar situaciones.

Ejemplo 7.14 ■ Órbitas distintas: cambio de energía potencial gravitacional

Dos satélites de 50 kg se mueven en órbitas circulares en torno a la Tierra, a alturas de 1000 (aprox. 620 mi) y 37 000 km (aprox. 23 000 mi), respectivamente. El más bajo estudia las partículas que están a punto de ingresar en la atmósfera; y el más alto, que es geosincrónico, toma fotografías meteorológicas desde su posición estacionaria respecto a la superficie terrestre sobre el ecuador (véase el ejemplo 7.13). Calcule la diferencia en la energía potencial gravitacional entre los dos satélites en sus respectivas órbitas.

Nota: muchos satélites de comunicaciones se colocan en órbita circular sobre el ecuador a una altura aproximada de 37 000 km. Ahí, los satélites están sincronizados con la rotación de la Tierra; es decir, se mantienen "fijos" sobre un punto del ecuador. Un observador en la Tierra siempre los ve en la misma posición en el cielo.

Razonamiento. La energía potencial de los satélites está dada por la ecuación 7.19, donde, cuanto mayor sea la altura (h), menos negativa será U. Por lo tanto, el satélite con mayor h estará más alto en el pozo de energía potencial gravitacional y tendrá más energía potencial gravitacional.

Solución. Hacemos una lista de los datos (con dos cifras significativas):

Dado: $m = 50$ kg
$h_1 = 1000 \text{ km} = 1.0 \times 10^6 \text{ m}$
$h_2 = 37000 \text{ km} = 37 \times 10^6 \text{ m}$
$M_E = 6.0 \times 10^{24}$ kg (de una tabla en los forros del libro)
$R_E = 6.4 \times 10^6$ m

Encuentre: ΔU (diferencia de energía potencial)

Podemos calcular la diferencia de energía potencial gravitacional directamente con la ecuación 7.19. Recordemos que la energía potencial es energía de posición, así que calculamos la energía potencial para cada posición o altura, y las restamos:

$$\begin{aligned}\Delta U = U_2 - U_1 &= -\frac{GmM_E}{R_E + h_2} - \left(-\frac{GmM_E}{R_E + h_1}\right) = GmM_E\left(\frac{1}{R_E + h_1} - \frac{1}{R_E + h_2}\right)\\ &= (6.67 \times 10^{-11} \text{ N}\cdot\text{m}^2/\text{kg}^2)(50 \text{ kg})(6.0 \times 10^{24} \text{ kg})\\ &\quad \times \left[\frac{1}{6.4 \times 10^6 \text{ m} + 1.0 \times 10^6 \text{ m}} - \frac{1}{6.4 \times 10^6 \text{ m} + 37 \times 10^6 \text{ m}}\right]\\ &= +2.2 \times 10^9 \text{ J}\end{aligned}$$

Puesto que ΔU es positivo, m_2 está más alta que m_1 en el pozo de energía potencial gravitacional. Aunque tanto U_1 como U_2 son negativas, U_2 es "más positiva" o "menos negativa", es decir, está más cercana a cero. Por ello, hay que aportar más energía para colocar un satélite más lejos de la Tierra.

Ejercicio de refuerzo. Suponga que se aumenta al doble la altura del satélite más alto en este ejemplo, a 72 000 km. ¿La diferencia de energía potencial gravitacional entre los dos satélites sería entonces dos veces mayor? Justifique su respuesta.

Si sustituimos la energía potencial gravitacional (ecuación 7.18) en la ecuación de energía mecánica total, tendremos esta ecuación en una forma distinta a la que tenía en el capítulo 5. Por ejemplo, la energía mecánica total de una masa m_1 que se mueve cerca de una masa estacionaria m_2 es

$$E = K + U = \tfrac{1}{2}m_1v^2 - \frac{Gm_1m_2}{r} \quad (7.20)$$

Nota: la energía potencial $U = -Gm_1m_2/r$ no se escribe como mgh.

Esta ecuación y el principio de conservación de la energía se pueden aplicar al movimiento de la Tierra en torno al Sol, despreciando las demás fuerzas gravitacionales. La órbita de la Tierra no es circular, sino ligeramente elíptica. En el *perihelio* (el punto en que la Tierra está más cerca del Sol), la energía potencial gravitacional mutua es menor (un número negativo mayor) que en el *afelio* (el punto de mayor alejamiento). Por lo tanto, como se observa de la ecuación 7.20 en la forma $\frac{1}{2}m_1v^2 = E + Gm_1m_2/r$, donde E es constante, la energía cinética y la rapidez orbital de la Tierra son máximas en el perihelio (el valor más pequeño de r) y mínimas en el afelio (el mayor valor de r). En general, la rapidez orbital de la Tierra es mayor cuando está más cerca del Sol que cuando está más lejos.

También hay energía potencial gravitacional mutua entre un grupo, o *configuración*, de tres o más masas. Es decir, existe energía potencial gravitacional por el hecho de que las masas formen una configuración, pues se efectuó trabajo para juntar las masas. Suponga que hay una sola masa fija m_1, y otra masa m_2 se acerca a m_1 desde una distancia infinita (donde $U = 0$). El trabajo efectuado contra la fuerza de atracción de la gravedad es negativo (¿por qué?) e igual al cambio en la energía potencial mutua de las masas, que ahora están separadas por una distancia r_{12}; es decir, $U_{12} = -Gm_1m_2/r_{12}$.

Si una tercera masa m_3 se acerca a las otras dos masas fijas, actuarán dos fuerzas de gravedad sobre m_3, de manera que $U_{13} = -Gm_1m_3/r_{13}$ y $U_{23} = -Gm_2m_3/r_{23}$. Por lo tanto, la energía potencial gravitacional total de la configuración es

$$\begin{aligned} U &= U_{12} + U_{13} + U_{23} \\ &= -\frac{Gm_1m_2}{r_{12}} - \frac{Gm_1m_3}{r_{13}} - \frac{Gm_2m_3}{r_{23}} \end{aligned} \tag{7.21}$$

Podríamos traer una cuarta masa para seguir demostrando este punto, pero el desarrollo anterior deberá bastar para sugerir que la energía potencial gravitacional total de una configuración de partículas es igual a la suma de las energías potenciales individuales entre todos los pares de partículas.

Ejemplo 7.15 ■ Energía potencial gravitacional total: energía de configuración

Tres masas están en la configuración que se muestra en la ▸figura 7.19. Calcule su energía potencial gravitacional total.

Razonamiento. Se usa la ecuación 7.21, pero hay que distinguir bien las masas y sus distancias.

Solución. Por la figura, tenemos

Dado: $m_1 = 1.0$ kg
$m_2 = 2.0$ kg
$m_3 = 2.0$ kg
$r_{12} = 3.0$ m; $r_{13} = 4.0$ m; $r_{23} = 5.0$ m (triángulo rectangulo 3–4–5)

Encuentre: U (energía potencial gravitacional total)

Podemos usar directamente la ecuación 7.21 porque sólo hay tres masas en este ejemplo. (La ecuación 7.21 se puede extender a cualquier número de masas.) Así,

$$\begin{aligned} U &= U_{12} + U_{13} + U_{23} \\ &= -\frac{Gm_1m_2}{r_{12}} - \frac{Gm_1m_3}{r_{13}} - \frac{Gm_2m_3}{r_{23}} \\ &= (6.67 \times 10^{-11}\ \text{N}\cdot\text{m}^2/\text{kg}^2) \\ &\quad \times \left[-\frac{(1.0\ \text{kg})(2.0\ \text{kg})}{3.0\ \text{m}} - \frac{(1.0\ \text{kg})(2.0\ \text{kg})}{4.0\ \text{m}} - \frac{(2.0\ \text{kg})(2.0\ \text{kg})}{5.0\ \text{m}}\right] \\ &= -1.3 \times 10^{-10}\ \text{J} \end{aligned}$$

Ejercicio de refuerzo. Explique qué significa en términos físicos la energía potencial *negativa* de este ejemplo.

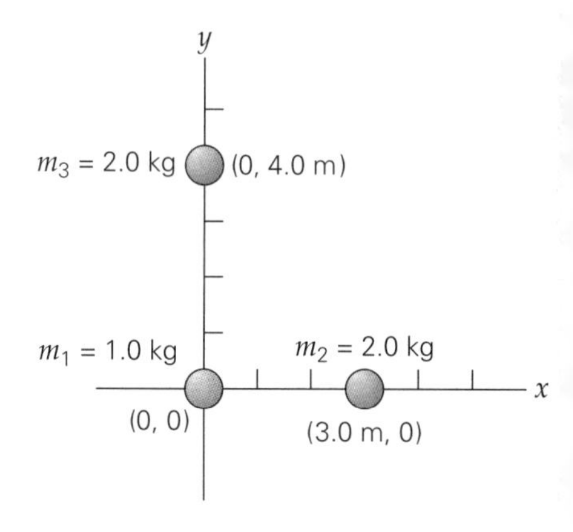

▲ **FIGURA 7.19 Energía potencial gravitacional total** Véase el ejemplo 7.15.

Todos conocemos los efectos de la gravedad. Cuando levantamos un objeto, tal vez nos parezca pesado, pero estamos trabajando contra la gravedad. Ésta causa derrumbes de rocas y aludes de lodo; pero a veces le sacamos provecho. Por ejemplo, los fluidos de las botellas para infusiones intravenosas fluyen gracias a la gravedad. En la sección A fondo 7.2 sobre exploración espacial de la página 238 presentamos una aplicación extraterrestre de la gravedad.

A FONDO 7.2 EXPLORACIÓN ESPACIAL: AYUDA DE LA GRAVEDAD

Después de un viaje de 3500 millones de km (2200 millones de mi) que duró siete años, la nave espacial *Cassini-Huygens* llegó a Saturno, en julio de 2004, después de haber efectuado dos aproximaciones a Venus, una a Júpiter y una a la Tierra (figura 1).* ¿Por qué la nave se lanzó hacia Venus, un planeta interior, para luego ir a Saturno, un planeta exterior?

Aunque la tecnología actual de cohetes hace posible lanzar sondas espaciales desde la Tierra, hay limitaciones relacionadas con el combustible y la carga útil: cuanto más combustible lleve la nave, menor carga útil podrá llevar. Si sólo se usan cohetes, una nave planetaria estaría limitada a únicamente visitar Venus, Marte y Júpiter en un plazo realista. Para llegar a los otros planetas con una nave de tamaño razonable, se requerirían décadas.

Entonces, ¿cómo llegó *Cassini* a Saturno en 2004, casi siete años después de su lanzamiento en 1997? Aprovechando ingeniosamente la *ayuda de la gravedad* es posible llevar a cabo misiones a todos los planetas del Sistema Solar. Se requiere energía de cohetes para que la nave llegue al primer planeta; no obstante, de ahí en adelante la energía es casi "gratuita". Básicamente, durante una aproximación planetaria, hay un intercambio de energía entre la nave espacial y el planeta, la cual permite a la nave aumentar su velocidad respecto al Sol. (Este fenómeno se conoce como *efecto catapulta*.)

Demos un vistazo a la física de este empleo ingenioso de la gravedad. Imagine a la nave *Cassini* en su aproximación a Júpiter. En el capítulo 6 vimos que un choque es una interacción entre objetos donde se intercambian cantidad de movimiento y energía. Técnicamente, en una aproximación, la nave "choca" contra el planeta.

Cuando la nave se acerca por "atrás" del planeta y sale por "enfrente" (relativo a la dirección de movimiento del planeta), la interacción gravitacional produce un cambio de cantidad de movimiento, es decir, una mayor magnitud y una dirección diferente. Entonces, hay un $\Delta\vec{\mathbf{p}}$ en la dirección general "hacia adelante" de la nave espacial. Puesto que $\Delta\vec{\mathbf{p}} \propto \vec{\mathbf{F}}$, una fuerza está actuando sobre la nave y le da una "patada" de energía en esa dirección. Por lo tanto, se efectúa trabajo neto positivo y hay un aumento de energía cinética ($W_{neto} = \Delta K > 0$, por el teorema trabajo-energía). La nave sale con más energía, mayor rapidez y una nueva dirección. (Si la aproximación se efectuara en la dirección opuesta, la nave se detendría.)

En este choque elástico se conservan la cantidad de movimiento y la energía, y el planeta sufre un cambio igual y opuesto en su cantidad de movimiento, que tiene un efecto retardante. Sin embargo, al ser la masa del planeta mucho mayor que la de la nave, el efecto sobre el planeta es insignificante.

Para captar mejor la idea de la ayuda gravitacional, consideremos la "maniobra de catapulta" similar a las competencias en patines que se ilustra en la figura 2. Los patinadores interactúan, y el patinador S sale de la "aproximación" con mayor rapidez. Aquí, el cambio de cantidad de movimiento que tiene el "lanzador" (patinador J) seguramente será perceptible, lo cual que no sucede con Júpiter ni con otro planeta.

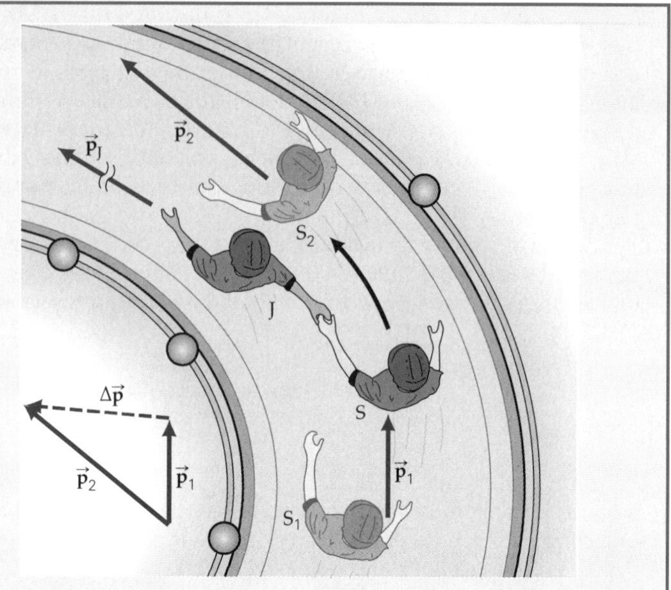

FIGURA 2 Aproximación en patines Similar a la aproximación planetaria consideramos la "maniobra de catapulta" durante una competencia en patines. El patinador J lanza al patinador S, que sale de la "aproximación" con mayor rapidez de la que tenía antes (la secuencia S_1, S y S_2). En este caso, el cambio de cantidad de movimiento del patinador J, el lanzador, seguramente se notará, lo cual no ocurre con los planetas. (¿Por qué?)

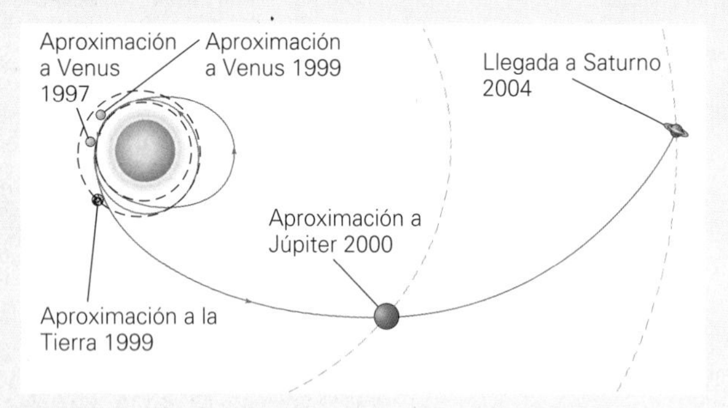

FIGURA 1 Trayectoria de la nave espacial *Cassini-Huygens* Véase texto para descripción.

*Cassini fue el astrónomo franco-italiano que estudió Saturno y descubrió cuatro de sus lunas y el hecho de que sus anillos están divididos en dos partes por un hueco angosto, llamado ahora *división de Cassini*. La nave espacial *Cassini-Huygens* enviará una sonda Huygens a Titán, una de las lunas de Saturno descubierta por el científico holandés Christiaan Huygens

7.6 Leyes de Kepler y satélites terrestres

OBJETIVOS: *a*) Plantear y explicar las leyes de Kepler del movimiento planetario y *b*) describir las órbitas y los movimientos de los satélites.

La fuerza de la gravedad determina los movimientos de los planetas y satélites y mantiene unido al Sistema Solar (y a la galaxia). El astrónomo y matemático alemán Johannes Kepler (1571-1630) había propuesto, poco antes de la época de Newton, una descripción general del movimiento planetario. Kepler formuló tres leyes *empíricas* a partir de datos de observaciones recopilados en un periodo de 20 años por el astrónomo danés Tycho Brahe (1546-1601).

Kepler visitó Praga como asistente de Brahe, quien era el matemático oficial en la corte del sacro emperador romano. Brahe murió el año siguiente y Kepler fue su sucesor, heredando sus datos acerca de la posición de los planetas. Después de analizar esos datos, Kepler anunció las dos primeras de sus tres leyes en 1609 (el año en que Galileo construyó su primer telescopio). Esas leyes se aplicaron en un principio únicamente a Marte. La tercera ley de Kepler llegó 10 años después.

Resulta interesante que las leyes del movimiento planetario que Kepler tardó 15 años en deducir a partir de datos observados, ahora se pueden deducir teóricamente con una o dos páginas de cálculos. Estas tres leyes son válidas no sólo para los planetas, sino también para cualquier sistema compuesto por un cuerpo que gira en torno a otro más masivo, donde es válida la ley de cuadrado inverso de la gravitación (como la Luna, los satélites artificiales de la Tierra y los cometas atrapados por el Sol).

Primera ley de Kepler

La **primera ley de Kepler (ley de órbitas)** señala lo siguiente:

> Los planetas se mueven en órbitas elípticas, con el Sol en uno de los puntos focales.

Las elipses, como puede verse en la ▾ figura 7.20a, tienen, en general, forma ovalada o de círculo aplanado. De hecho, el círculo es un caso especial de elipse donde los puntos focales o focos están en el mismo punto (el centro del círculo). Aunque las órbitas de los planetas son elípticas, la mayoría no se desvían mucho del círculo (Mercurio y Plutón son notables excepciones; véase el apéndice III, "Excentricidad"). Por ejemplo, la diferencia entre el perihelio y el afelio de la Tierra (sus distancias más corta y más largas respecto al Sol, respectivamente) es de unos 5 millones de km. Esta distancia parecería grande; pero no es mucho más del 3% de 150 millones de km, que es la distancia promedio entre la Tierra y el Sol.

Ilustración 12.3 Movimiento circular y no circular

Segunda ley de Kepler

La **segunda ley de Kepler (ley de áreas)** señala lo siguiente:

> Una línea del Sol a un planeta barre áreas iguales en lapsos de tiempo iguales.

Esta ley se ilustra en la figura 7.20b. Puesto que el tiempo necesario para recorrer las diferentes distancias orbitales (s_1 y s_2) es el mismo, de forma que las áreas barridas (A_1 y A_2) sean iguales, esta ley nos indica que la rapidez orbital de un planeta varía en diferentes partes de su órbita. Dado que la órbita del planeta es elíptica, su rapidez orbital es mayor cuando está más cerca del Sol que cuando está más lejos. Ya usamos

Ilustración 12.5 Segunda ley de Kepler

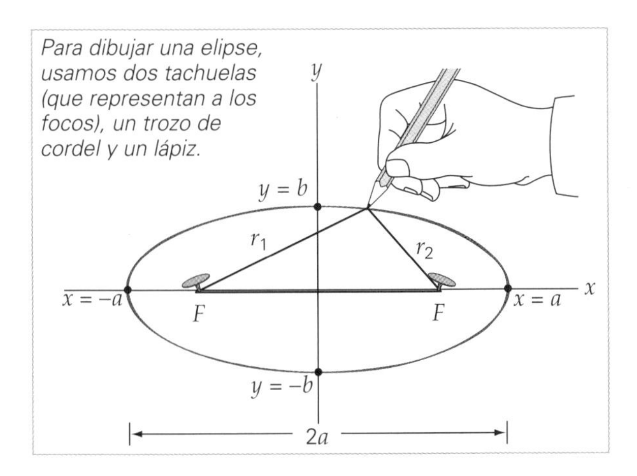

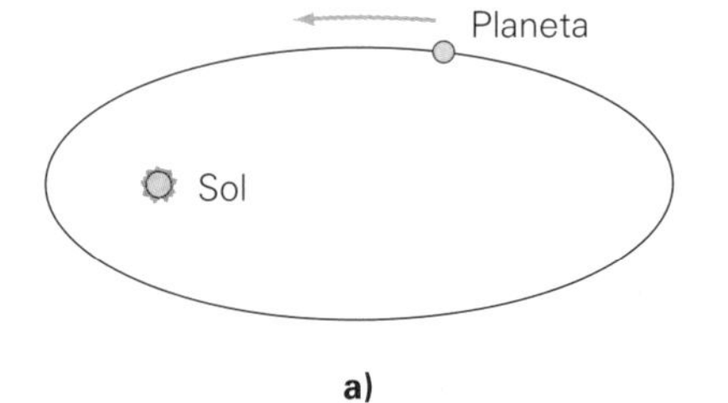

a)

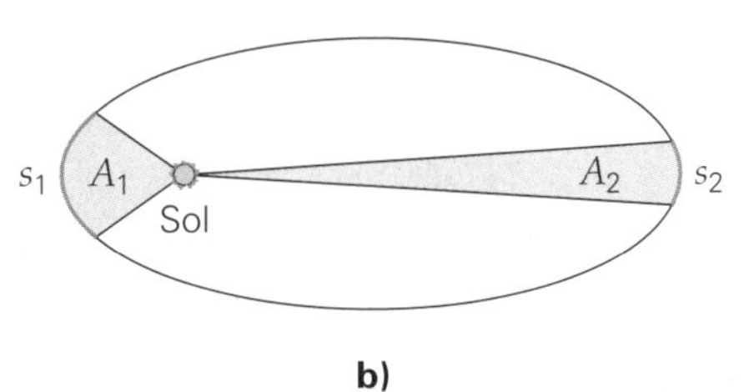

b)

◀ **FIGURA 7.20 Primera y segunda leyes de Kepler del movimiento planetario** *a)* En general, una elipse tiene forma ovalada. La suma de las distancias desde los puntos focales F a cualquier punto de la elipse es constante: $r_1 + r_2 = 2a$. Aquí, $2a$ es la longitud de la línea que une los dos puntos más distantes del centro: el *eje mayor*. (La línea que une los dos puntos más cercanos al centro es b, el *eje menor*.) Los planetas giran en torno al Sol en órbitas elípticas, y el Sol está en uno de los puntos focales; mientras que el otro está vacío. *b)* Una línea que une al Sol y a un planeta barre áreas iguales en tiempos iguales. Puesto que $A_1 = A_2$, el planeta viaja más rápidamente por s_1 que por s_2.

la conservación de la energía en la sección 7.5 (ecuación 7.20) para deducir esta relación en el caso de la Tierra.

Tercera ley de Kepler

Tercera ley de Kepler (ley de periodos):

El cuadrado del periodo orbital de un planeta es directamente proporcional al cubo de la distancia promedio entre el planeta y el Sol; es decir, $T^2 \propto r^3$.

Es fácil deducir la tercera ley de Kepler para el caso especial de un planeta con órbita circular, utilizando la ley de gravitación de Newton. Como la fuerza centrípeta proviene de la fuerza de gravedad, igualamos las expresiones para tales fuerzas:

$$\underset{\textit{fuerza centrípeta}}{\frac{m_p v^2}{r}} = \underset{\textit{fuerza gravitacional}}{\frac{G m_p M_S}{r^2}}$$

o bien,

$$v = \sqrt{\frac{GM_S}{r}}$$

PHYSLET®

Exploración 12.1 Diferentes x_o o v_o para las órbitas planetarias

En estas ecuaciones, m_p y M_S son las masas del planeta y del Sol, respectivamente, y v es la rapidez orbital del planeta. Pero como $v = 2\pi r/T$ (circunferencia/periodo = distancia/tiempo), tenemos

$$\frac{2\pi r}{T} = \sqrt{\frac{GM_S}{r}}$$

Si elevamos al cuadrado ambos miembros y despejamos T^2,

$$T^2 = \left(\frac{4\pi^2}{GM_S}\right) r^3$$

es decir,

$$T^2 = Kr^3 \tag{7.22}$$

Exploración 12.3 Propiedades de las órbitas elípticas

Es fácil evaluar la constante K para las órbitas planetarias del Sistema Solar, a partir de datos orbitales (para T y r) de la Tierra: $K = 2.97 \times 10^{-19}\ \text{s}^2/\text{m}^3$. (Como ejercicio, el lector podría convertir K a las unidades más útiles de año^2/km^3.) *Nota:* este valor de K es válido para todos los planetas de nuestro Sistema Solar, pero no para sus satélites, como veremos en el ejemplo 7.6.

Si usted revisa los forros de este libro y el Apéndice III, encontrará las masas del Sol y de los planetas del Sistema Solar. Pero, ¿cómo se calcularon sus masas? El siguiente ejemplo muestra la manera en que la tercera ley de Kepler se utiliza para hacer tal cálculo.

Ejemplo 7.16 ■ ¡Por Júpiter!

El planeta Júpiter (al que los romanos llamaban Jove) es el más grande en el Sistema Solar, tanto en volumen como en masa. Júpiter tiene 62 lunas conocidas, la más grande de las cuales fue descubierta por Galileo en 1610. Dos de estas lunas, Io y Europa, se observan en la ▾figura 7.21. Puesto que Io se encuentra a una distancia promedio de 4.22×10^5 km de Júpiter y tiene un periodo orbital de 1.77 días, calcule la masa de Júpiter.

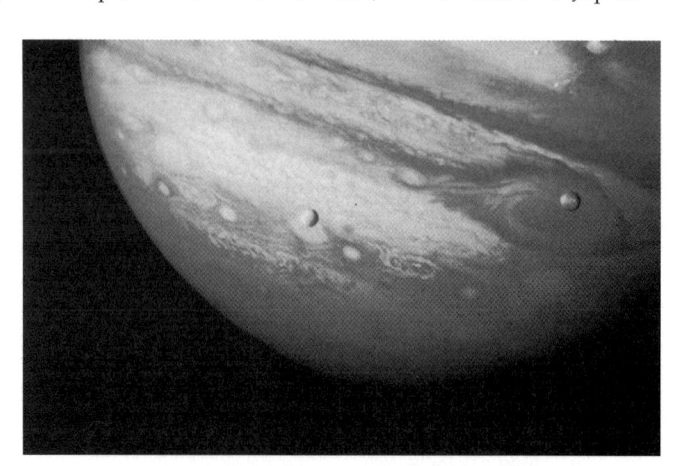

▶ **FIGURA 7.21 Júpiter y sus lunas** Aquí se observan dos de las lunas de Júpiter, Io y Europa, que descubrió Galileo. Europa aparece a la izquierda, e Io a la derecha sobre la gran mancha roja. Io y Europa son comparables en tamaño con nuestra Luna. Se cree que la gran mancha roja, aproximadamente del doble de tamaño de nuestro planeta, es una tormenta enorme, similar a un huracán en la Tierra.

Razonamiento. Dados los valores de la distancia de Io al planeta (r) y el periodo (T), esto parecería una aplicación de la tercera ley de Kepler, y lo es. Sin embargo, tenga en cuenta que M_S en la ecuación 7.22 es la masa del Sol, en torno al cual giran los planetas. La tercera ley es aplicable a cualquier satélite, siempre que M corresponda a la masa del cuerpo en torno al cual gira el satélite. En este caso, será M_J, la masa de Júpiter.

Solución.

Dado: $r = 4.22 \times 10^5$ km $= 4.22 \times 10^8$ m ***Encuentre:*** M_J (masa de Júpiter)

$T = 1.77$ días $(8.64 \times 10^4$ s/día$) = 1.53 \times 10^5$ s

Conociendo r y T, se calcula K mediante la ecuación 7.22 (como K_J, para indicar que se trata de Júpiter)

$$K_J = \frac{T^2}{r^3} = \frac{(1.53 \times 10^5\ \text{s})^2}{(4.22 \times 10^8\ \text{m})^3} = 3.11 \times 10^{-16}\ \text{s}^2/\text{m}^3$$

Entonces, al escribir K_J explícitamente, $K_J = \dfrac{4\pi^2}{GM_J}$, y

$$M_J = \frac{4\pi^2}{GK_J} = \frac{4\pi^2}{(6.67 \times 10^{-11}\ \text{N}\cdot\text{m}^2/\text{kg}^2)(3.11 \times 10^{-16}\ \text{s}^2/\text{m}^3)} = 1.90 \times 10^{27}\ \text{kg}$$

Ejercicio de refuerzo. Calcule la masa del Sol a partir de los datos de la órbita de la Tierra.

Satélite terrestre

La era espacial tiene poco más de medio siglo. Desde la década de 1950, muchos satélites no tripulados se han puesto en órbita en torno a la Tierra, y ahora los astronautas pasan semanas o meses en laboratorios espaciales en órbita.

Poner una nave espacial en órbita alrededor de la Tierra (o cualquier planeta) es una tarea sumamente compleja. No obstante, los principios de la física nos permiten entender el fundamento del método. Supongamos, primero, que pudiéramos impartir a un proyectil la rapidez inicial necesaria para llevarlo a la parte más alta del pozo de energía potencial de la Tierra. En ese punto exacto, que está a una distancia infinita ($r = \infty$), la energía potencial es cero. Por la conservación de la energía y la ecuación 7.18,

$$\overbrace{K_o + U_o}^{\textit{inicial}} = \overbrace{K + U}^{\textit{final}}$$

o bien,

$$\overbrace{\tfrac{1}{2}mv_{esc}^2 - \frac{GmM_E}{R_E}}^{\textit{inicial}} = \overbrace{0 + 0}^{\textit{final}}$$

donde v_{esc} es la **rapidez de escape**, es decir, la rapidez inicial necesaria para escapar de la superficie terrestre. La energía final es cero, porque el proyectil se detiene en la parte más alta del pozo (a distancias muy grandes, y apenas se está moviendo, $K \approx 0$), donde $U = 0$. Al despejar v_{esc} obtenemos

$$v_{esc} = \sqrt{\frac{2GM_E}{R_E}} \qquad (7.23)$$

Puesto que $g = GM_E/R_E^2$ (ecuación 7.17), nos conviene escribir

$$v_{esc} = \sqrt{2gR_E} \qquad (7.24)$$

Aunque aquí dedujimos esta ecuación para la Tierra, puede usarse en general para obtener las rapideces de escape de otros planetas y de la Luna (usando sus aceleraciones debidas a la gravedad). La rapidez de escape de la Tierra es de 11 km/s, aproximadamente 7 mi/s.

Se requiere una rapidez tangencial menor que la rapidez de escape para que un satélite entre en órbita. Considere la fuerza centrípeta de un satélite en órbita circular en torno a la Tierra. Puesto que la fuerza centrípeta que actúa sobre él proviene de la atracción gravitacional entre el satélite y la Tierra, de nueva cuenta escribimos

$$F_c = \frac{mv^2}{r} = \frac{GmM_E}{r^2}$$

Entonces

$$v = \sqrt{\frac{GM_E}{r}} \tag{7.25}$$

donde $r = R_E + h$. Por ejemplo, suponga que un satélite está en órbita circular a una altura de 500 km (aprox. 300 mi); su rapidez tangencial es

$$v = \sqrt{\frac{GM_E}{r}} = \sqrt{\frac{GM_E}{R_E + h}} = \sqrt{\frac{(6.67 \times 10^{-11}\ \text{N} \cdot \text{m}^2/\text{kg}^2)(6.0 \times 10^{24}\ \text{kg})}{(6.4 \times 10^6\ \text{m} + 5.0 \times 10^5\ \text{m})}}$$
$$= 7.6 \times 10^3\ \text{m/s} = 7.6\ \text{km/s (aprox. 4.7 mi/s)}$$

Esta rapidez es aproximadamente 27 000 km/h o 17 000 mi/h. Como puede verse en la ecuación 7.25, la rapidez orbital circular requerida *disminuye* con la altura.

En la práctica, se imparte al satélite una rapidez tangencial con un componente del empuje de una etapa de cohete (▼figura 7.22a). La relación de cuadrado inverso de la ley de la gravitación de Newton implica que las órbitas que pueden tener los satélites en torno a una masa grande de un planeta o una estrella son elipses, de las cuales la órbita circular es un caso especial. Esta condición se ilustra en la figura 7.22b

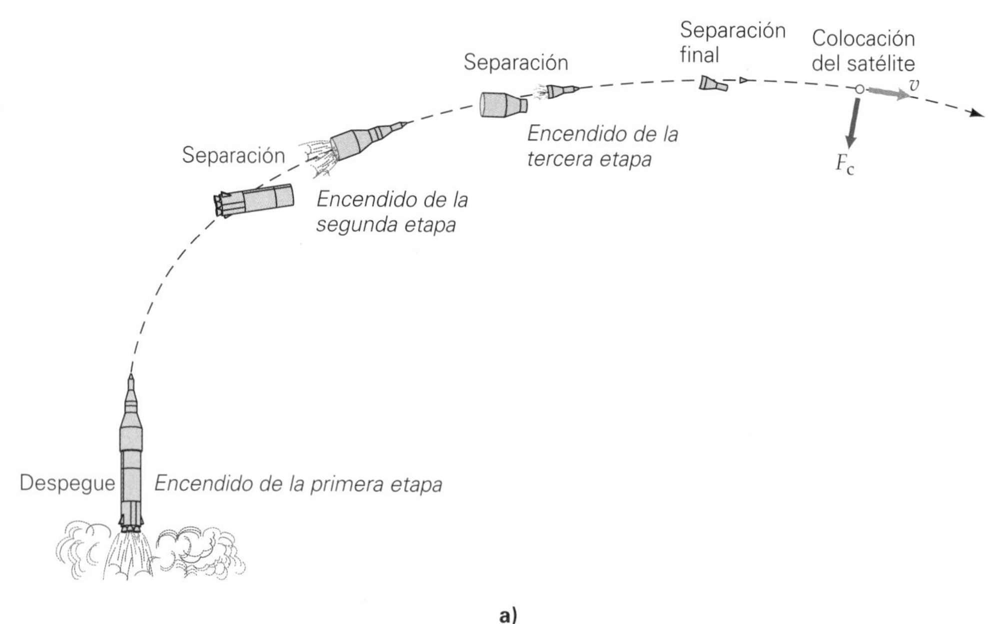

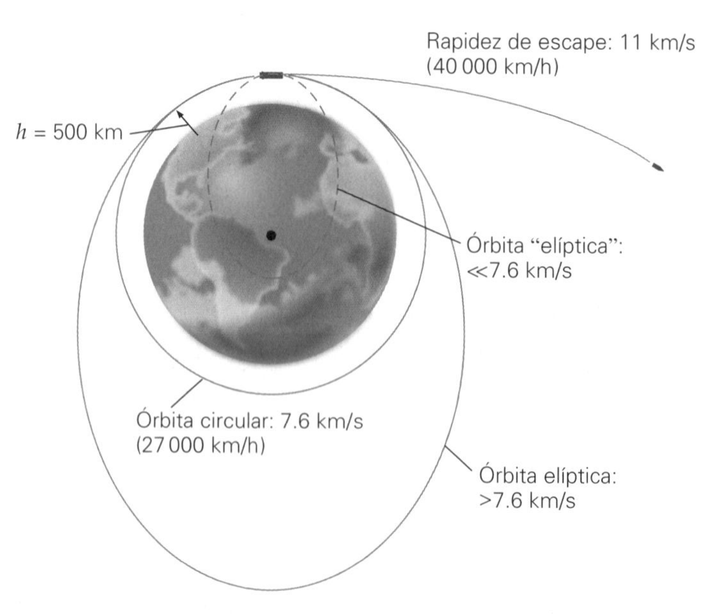

▶ **FIGURA 7.22 Órbitas de satélites** ***a)*** Un satélite se pone en órbita impartiéndole una rapidez tangencial suficiente para mantener una órbita a una altura específica. Cuanto más alta sea la órbita, menor será la rapidez tangencial. ***b)*** A una altura de 500 km, se requiere una rapidez tangencial de 7.6 km/s para mantener una órbita circular. Con una rapidez tangencial entre 7.6 y 11 km/s (la rapidez de escape), el satélite se saldría de la órbita circular. Puesto que no tendría la rapidez de escape, "caería" alrededor de la Tierra en una órbita elíptica, con el centro de la Tierra en un punto focal. Una rapidez tangencial menor que 7.6 km/s también produciría una trayectoria elíptica en torno al centro de la Tierra; pero como la Tierra no es una masa puntual, se requeriría cierta rapidez mínima para evitar que el satélite choque contra la superficie terrestre.

para la Tierra, utilizando los valores previamente calculados. Si no se imparte a un satélite suficiente rapidez tangencial, caerá otra vez a la Tierra (y posiblemente se quemará por fricción al entrar por la atmósfera). Si la rapidez tangencial alcanza la velocidad de escape, el satélite dejará su órbita y se marchará al espacio.

Por último, la energía total de un satélite en órbita circular es

$$E = K + U = \tfrac{1}{2}mv^2 - \frac{GmM_E}{r} \tag{7.26}$$

Si sustituimos la expresión para v de la ecuación 7.25 en el término de energía cinética de la ecuación 7.26, tenemos

$$E = \frac{GmM_E}{2r} - \frac{GmM_E}{r}$$

Por lo tanto,

$$E = -\frac{GmM_E}{2r} \quad \textit{energía total de un satélite en órbita terrestre} \tag{7.27}$$

Vemos que la energía total del satélite es negativa: se requerirá mayor trabajo para colocar un satélite en una órbita más alta, donde tenga más energía potencial y total. La energía total E aumenta al disminuir su *valor numérico* —es decir, al hacerse menos negativo—, conforme el satélite alcanza una órbita más alta, aproximándose al potencial cero en la cúspide del pozo. Es decir, cuanto más lejos esté un satélite de la Tierra, mayor será su energía total. La relación entre rapidez y energía para un radio orbital se resume en la tabla 7.3.

Para entender mejor por qué la energía total aumenta cuando su valor se vuelve menos negativo, pensemos en un cambio de energía de, digamos, 5.0 a 10 J. Este cambio podría considerarse un aumento de energía. Asimismo, un cambio de -10 a -5.0 J sería un aumento de energía, aun cuando haya disminuido el valor *absoluto*:

$$\Delta U = U - U_o = -5.0\,\text{J} - (-10\,\text{J}) = +5.0\,\text{J}$$

El desarrollo de la ecuación 7.27 también sugiere que la energía cinética de un satélite en órbita es igual al valor absoluto de la energía total del satélite:

$$K = \frac{GmM_E}{2r} = |E| \tag{7.28}$$

Se realizaron los ajustes en la altura del satélite (r) al aplicar empuje hacia adelante o en reversa. Por ejemplo, se usó empuje en reversa, producido por los motores de naves de carga atracadas, para colocar la estación espacial rusa *Mir* en órbitas cada vez más bajas hasta su destrucción final en marzo de 2001. Un empuje final colocó la estación en una órbita decreciente hasta ingresar en la atmósfera. Casi todas las 120 toneladas de *Mir* se quemaron en la atmósfera, aunque algunos fragmentos cayeron en el Océano Pacífico.

La llegada de la era espacial y el uso de satélites en órbita han originado los términos *ingravidez* y *cero gravedad*, porque los astronautas parecen "flotar" cerca de las naves en órbita (▼figura 7.23a). No obstante, los términos son incorrectos. Como ya mencionamos, la gravedad es una fuerza de alcance infinito, y la gravedad de la Tierra actúa

TABLA 7.3 Relaciones entre radio, rapidez y energía para el movimiento orbital circular

	r (órbita mayor)	*r (órbita menor)*
ω	disminuye	aumenta
v	disminuye	aumenta
K	disminuye	aumenta
U	aumenta (valor negativo menor)	disminuye (valor negativo mayor)
$E\,(= K + U)$	aumenta (valor negativo menor)	disminuye (valor negativo mayor)

sobre las naves espaciales y los astronautas, proporcionándoles la fuerza centrípeta necesaria para mantenerlos en órbita. La gravedad ahí no es cero, así que debe haber peso.*

Un mejor término para describir el efecto de flotar que experimentan los astronautas en órbita sería *ingravidez aparente*. Los astronautas "flotan" porque tanto ellos como la nave espacial están acelerando centrípetamente (o cayendo) hacia la Tierra con la misma aceleración. Para entender este efecto, considere la situación de un individuo parado sobre una báscula en un elevador (figura 7.23b). La lectura de "peso" de la báscula es en realidad la fuerza normal N que la báscula ejerce sobre la persona. En un elevador sin aceleración ($a = 0$), tenemos $N = mg = \omega$, y N es igual al verdadero peso del individuo. Sin embargo, suponga que el elevador está bajando con una aceleración a, donde $a < g$. Como muestra el diagrama vectorial de la figura,

$$mg - N = ma$$

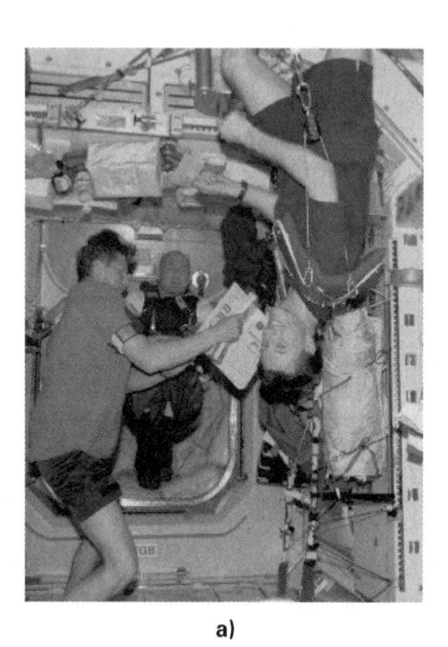

a)

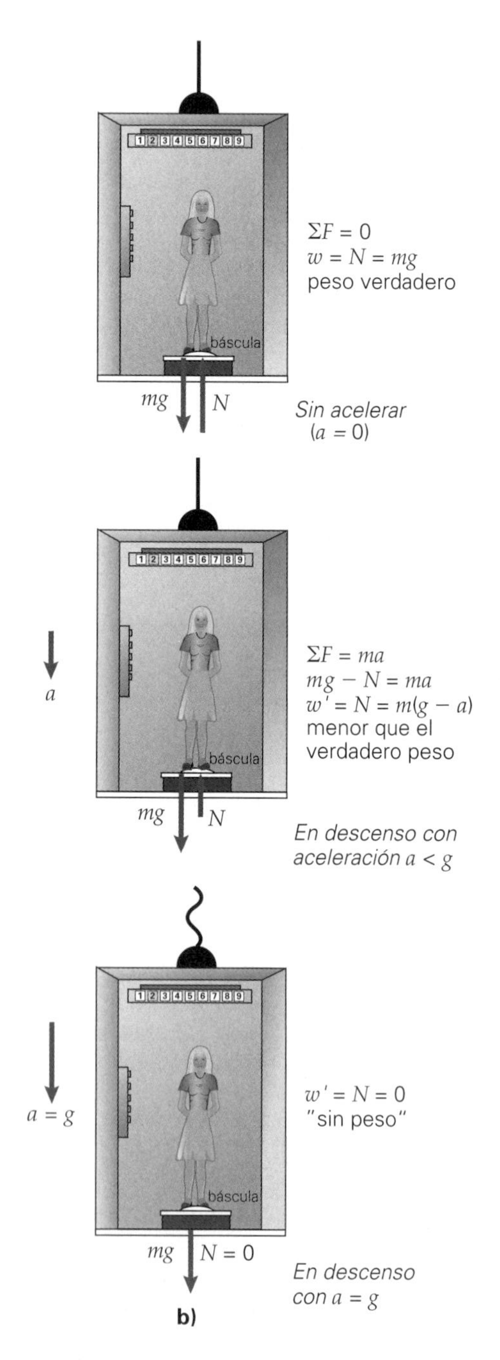

▲ **FIGURA 7.23 Ingravidez aparente** ***a)*** Un astronauta "flota" en una nave, donde aparentemente no tiene peso. ***b)*** En un elevador estacionario (arriba), una báscula indica el verdadero peso de un pasajero. La lectura de peso es la fuerza de reacción N de la báscula sobre la persona. Si el elevador baja con una aceleración $a < g$ (en medio), la fuerza de reacción y el peso aparente son menores que el verdadero peso. Si el elevador estuviera en caída libre ($a = g$; abajo), la fuerza de reacción y el peso indicado serían cero, porque la báscula estaría cayendo tan rápidamente como la persona.

*Otro término que se utiliza para describir la "flotación" del astronauta es microgravedad, lo cual significa que es causada por una reducción aparentemente grande de la gravedad. Esto también es un término equivocado. Con la ecuación 17.17 a una altura común de satélite de 300 km, se puede demostrar que la reducción de la aceleración debida a la gravedad es de aproximadamente 10%.

y el peso *aparente* w' es

$$w' = N = m(g - a) < mg$$

donde la dirección hacia abajo se toma como positiva. Con una aceleración a hacia abajo, vemos que N es menor que mg, así que la báscula indica que el individuo pesa menos que su verdadero peso. Observe que la aceleración aparente debida a la gravedad es $g' = g - a$.

Suponga ahora que el elevador está en caída libre, con $a = g$. Como puede verse, N (y, por lo tanto, el peso aparente w') sería cero. Esencialmente la báscula está acelerando, o cayendo, con la misma tasa que la persona. Aunque la báscula indique una condición de "ingravidez" ($N = 0$), la gravedad sigue actuando, y se hará sentir cuando el elevador se detenga abruptamente en el fondo del cubo. (Véase la sección A fondo sobre los efectos de la "ingravidez" en el cuerpo humano en el espacio.)

Se ha llamado al espacio la *frontera final*. Algún día, en vez de estadías breves en naves en órbita habrá colonias espaciales con gravedad "artificial". Una propuesta

A FONDO 7.3 "INGRAVIDEZ": EFECTOS SOBRE EL CUERPO HUMANO

Los astronautas pasan semanas y meses en naves y estaciones espaciales en órbita. Aunque la gravedad sí actúa sobre ellos, los astronautas experimentan largos periodos de "gravedad cero" (cero g),* debido al movimiento centrípeto. En la Tierra, la gravedad brinda la fuerza que hace que nuestros músculos y huesos desarrollen la resistencia necesaria para funcionar en nuestro entorno. Es decir, nuestros músculos y huesos deben ser lo bastante fuertes como para que seamos capaces de caminar, levantar objetos, etc. Además, hacemos ejercicio y comemos adecuadamente, con la finalidad de mantener nuestra capacidad para funcionar contra la atracción de la gravedad.

No obstante, en un entorno de cero g los músculos pronto se atrofian, ya que el cuerpo no los considera necesarios. Es decir, los músculos pierden masa si no notan necesidad de responder a la gravedad. En cero g, la masa muscular podría reducirse hasta 5% cada semana. También hay pérdida ósea a razón de 1% al mes. Estudios con modelos indican que la pérdida ósea total podría llegar al 40-60%. Tal pérdida ocasionaría un aumento en el nivel de calcio en la sangre, lo cual llevaría a la formación de piedras en los riñones.

El sistema circulatorio también se ve afectado. En la Tierra, la gravedad hace que la sangre se estanque en los pies. Estando parados, la presión sanguínea en nuestros pies (cerca de 200 mm Hg) es mucho mayor que en la cabeza (60-80 mm Hg), debido a la fuerza de gravedad. (En la sección 9.2 se explica la medición de la presión arterial.) En la gravedad cero que experimentan los astronautas, no hay tal fuerza y la presión sanguínea se equilibra en todo el cuerpo alrededor de los 100 mm Hg. Esta condición hace que fluya fluido de las piernas a la cabeza, de manera que el rostro se hincha y las piernas se adelgazan. Las venas del cuello y la cabeza se notan más de lo normal, en tanto que los ojos se enrojecen y se abultan. Las piernas del astronauta se hacen más delgadas porque la sangre que fluye hacia ellas ya no es ayudada por la fuerza de gravedad, lo cual dificulta al corazón bombearles sangre (figura 1).

Lo verdaderamente grave de esta condición es que la presión sanguínea anormalmente alta en la cabeza hace creer al cerebro que hay demasiada sangre en el cuerpo, por lo que se establece una disminución en la producción de sangre. Los astronautas pueden perder hasta el 22% de su sangre como resultado de la presión arterial uniforme en cero g. Además, al reducirse la presión sanguínea, el corazón no trabaja tanto y los músculos cardiacos llegan a atrofiarse.

Todos estos fenómenos explican por qué los astronautas se someten a rigurosos programas de acondicionamiento físico

*Usaremos descriptivamente aquí este término, en el entendido de que es cero g sólo aparentemente.

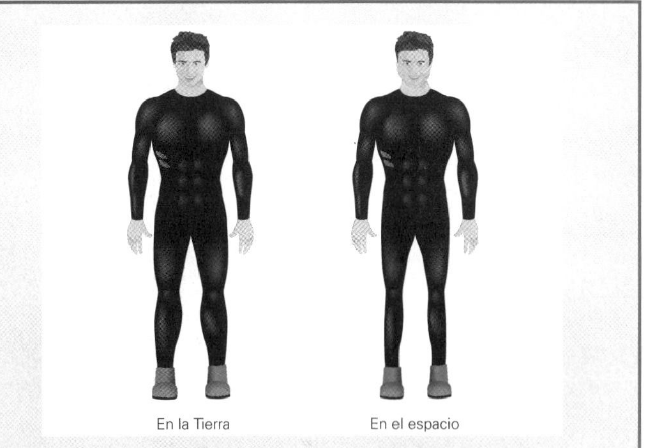

FIGURA 1 Síndrome de la cara hinchada En un entorno con cero g, sin un gradiente de gravedad la presión sanguínea disminuye en todo el cuerpo y los fluidos fluyen de las piernas a la cabeza, originando lo que se conoce como síndrome de la cara hinchada. Las piernas de un astronauta se vuelven más delgadas (síndrome de patas de ave) porque el flujo sanguíneo hacia ellas no recibe la ayuda de la fuerza de gravedad y es difícil que el corazón les bombee sangre.

antes de realizar el viaje y se ejercitan usando "sujetadores" elásticos una vez en el espacio. Al regresar a la Tierra, sus cuerpos tienen que ajustarse otra vez a un entorno normal de "9.8 m/s^2 g". Cada pérdida corporal tiene un tiempo de recuperación distinto. El volumen sanguíneo por lo regular se restaura en unos cuantos días si los astronautas beben muchos líquidos. Casi todos los músculos se regeneran en más o menos un mes, dependiendo de la duración de la estadía con cero g. La recuperación ósea tarda mucho más. Los astronautas que pasan entre tres y seis meses en el espacio podrían requerir de dos a tres años para recuperar el hueso perdido, si es que llegan a recuperarlo. El ejercicio y la nutrición son muy importantes en todos los procesos de recuperación.

Hay mucho que aprender acerca de los efectos de la gravedad cero, o incluso de la gravedad reducida. Naves no tripuladas han visitado Marte con el objetivo de algún día enviar astronautas al Planeta Rojo. Esa tarea implicaría quizá un viaje de unos seis meses en cero g, seguida de una estancia en Marte donde la gravedad en la superficie es sólo el 38% de la terrestre. Nadie conoce aún todos los efectos que un viaje así tendría sobre el cuerpo de un astronauta.

es construir una gigantesca colonia espacial giratoria con forma de rueda; algo parecido a un neumático con los habitantes de él. Como sabemos, se requiere una fuerza centrípeta para mantener a un objeto en movimiento circular rotacional. En la Tierra, que también gira, esa fuerza proviene de la gravedad, y la llamamos peso. Ejercemos una fuerza sobre el suelo, y la fuerza normal hacia arriba sobre nuestros pies (por la tercera ley de Newton) nos da la sensación de "tener los pies en tierra firme".

En una colonia espacial giratoria, la situación sería, en cierto sentido, opuesta. La colonia giratoria aplicaría una fuerza centrípeta a los habitantes, quienes la percibirían con la sensación de una fuerza normal que actúa en las plantas de sus pies: una gravedad artificial. La rapidez de rotación correcta produciría una simulación de gravedad "normal" ($a_c \approx g = 9.80 \text{ m/s}^2$) dentro de la rueda de la colonia. En el mundo de los colonos, "abajo" sería hacia afuera, hacia la periferia de la estación espacial, y "arriba" siempre sería hacia adentro, hacia el eje de rotación (▼figura 7.24).

▼ **FIGURA 7.24 Colonia espacial y gravedad artificial** (arriba) Se ha sugerido que una colonia espacial podría albergarse en una enorme rueda giratoria, como se representa en esta concepción de un artista. El movimiento de rotación brindará la "gravedad artificial" para los habitantes de la colonia. (abajo) ***a)*** En el marco de referencia de alguien que se encuentre en una colonia espacial giratoria, la fuerza centrípeta —proveniente de la fuerza normal N del piso— se percibiría como sensación de peso o de gravedad artificial. Estamos acostumbrados a sentir N hacia arriba sobre nuestros pies para equilibrar la gravedad. La rotación a la rapidez adecuada simularía la gravedad normal. Para un observador en el exterior, una pelota que se dejara caer seguiría una trayectoria rectilínea tangencial, como se muestra en la figura *a*. ***b)*** Un habitante a bordo de la colonia espacial vería que la pelota cae hacia abajo como en una situación de gravedad normal.

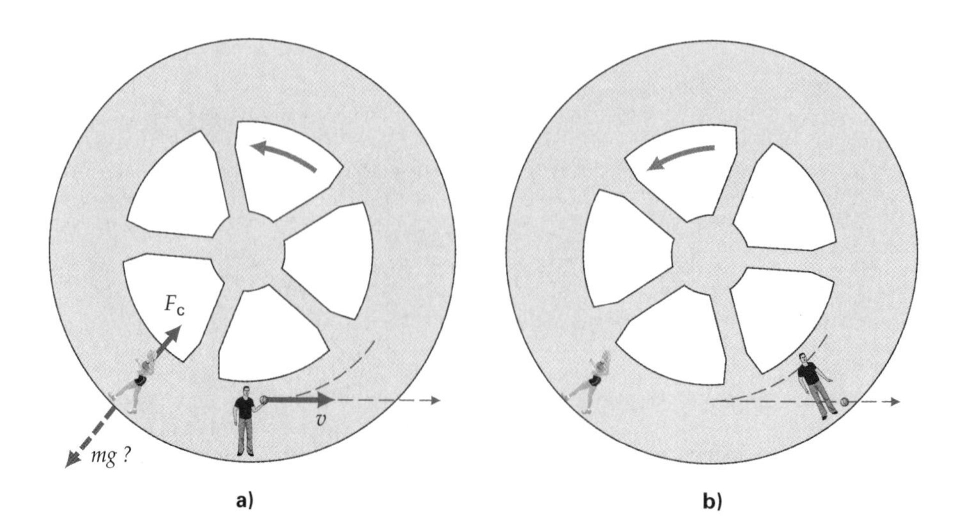

Repaso del capítulo

- El **radián (rad)** es una medida de ángulo; 1 rad es el ángulo de un círculo subtendido por un arco de longitud (s) igual al radio (r):

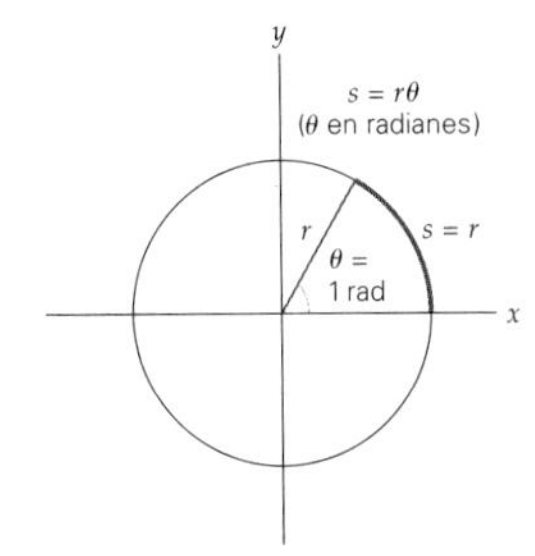

Longitud de arco *(ángulo en radianes):*

$$s = r\theta \qquad (7.3)$$

Ecuaciones de cinemática angular *para $\theta_o = 0$ y $t_o = 0$; (véase la tabla 7.2 para equivalentes lineales):*

$$\theta = \bar{\omega}t \quad \text{(general, no limitada a aceleración constante)} \qquad (7.5)$$

sólo aceleración constante:

$$\bar{\omega} = \frac{\omega + \omega_o}{2} \qquad (2, \text{Tabla 7.2})$$

$$\omega = \omega_o + \alpha t \qquad (7.12)$$

$$\theta = \theta_o + \omega_o t + \tfrac{1}{2}\alpha t^2 \qquad (4, \text{Tabla 7.2})$$

$$\omega = \omega_o^2 + 2\alpha(\theta - \theta_o) \qquad (5, \text{Tabla 7.2})$$

- La **rapidez tangencial (v)** y la **rapidez angular (ω)** de un movimiento circular son directamente proporcionales; el radio r es la constante de proporcionalidad:

$$v = r\omega \qquad (7.6)$$

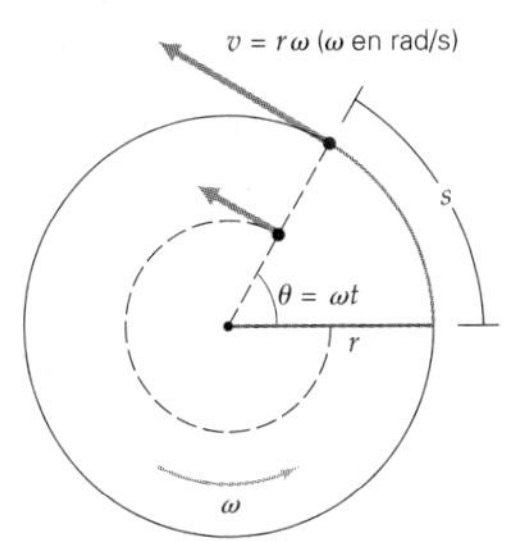

- La frecuencia (f) y el periodo (T) tienen una relación inversa:

$$f = \frac{1}{T} \qquad (7.7)$$

- **Velocidad angular** (*con movimiento circular uniforme*) en términos de periodo (T) y frecuencia (f):

$$\omega = \frac{2\pi}{T} = 2\pi f \qquad (7.8)$$

- En movimiento circular uniforme se requiere una **aceleración centrípeta (a_c)** que siempre está dirigida hacia el centro de la trayectoria circular y cuya magnitud está dada por:

$$a_c = \frac{v^2}{r} = r\omega^2 \qquad (7.10)$$

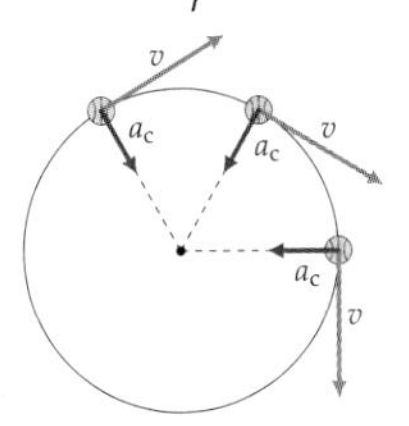

- Para que haya movimiento circular se requiere una **fuerza centrípeta, F_c,** la fuerza neta dirigida hacia el centro del círculo, cuya magnitud es

$$F_c = ma_c = \frac{mv^2}{r} \qquad (7.11)$$

- La **aceleración angular (α)** es la tasa de cambio de la velocidad angular con el tiempo y se relaciona con la **aceleración tangencial (a_t)** por

$$a_t = r\alpha \qquad (7.13)$$

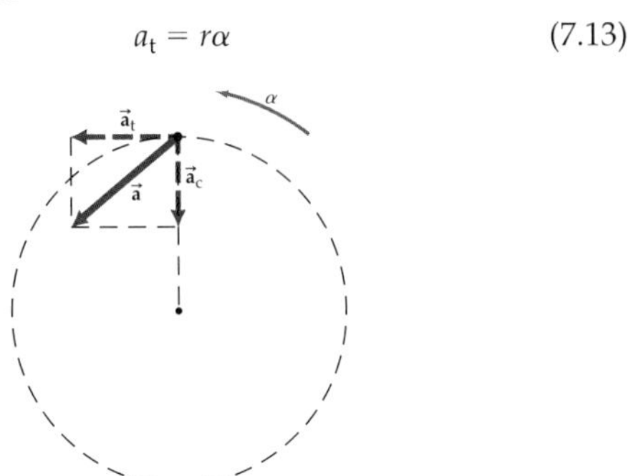

Movimiento circular no uniforme
($\vec{a} = \vec{a}_t + \vec{a}_c$)

- Según la **ley de la gravitación de Newton**, cualquier partícula atrae a todas las demás partículas del universo con una fuerza proporcional a las masas de las dos partículas e inversamente proporcional al cuadrado de la distancia entre ellas:

$$F_g = \frac{Gm_1m_2}{r^2}$$
$$(G = 6.67 \times 10^{-11}\,\text{N}\cdot\text{m}^2/\text{kg}^2) \qquad (7.14)$$

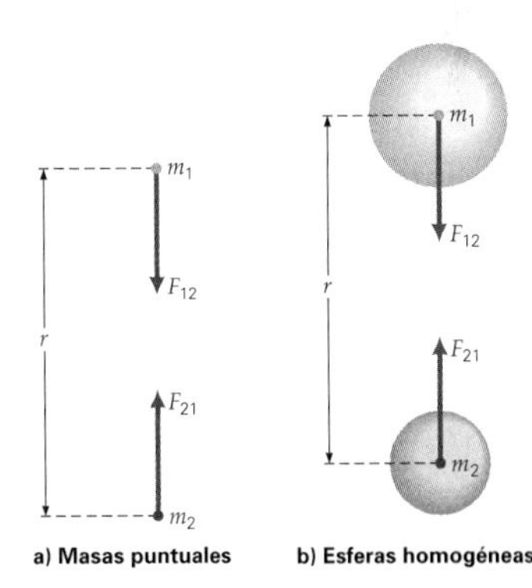

a) Masas puntuales **b) Esferas homogéneas**

- **Aceleración debida a la gravedad a una altura h:**

$$a_g = \frac{GM_E}{(R_E + h)^2} \qquad (7.17)$$

- **Energía potencial gravitacional de dos partículas**:

$$U = -\frac{Gm_1m_2}{r} \quad (7.18)$$

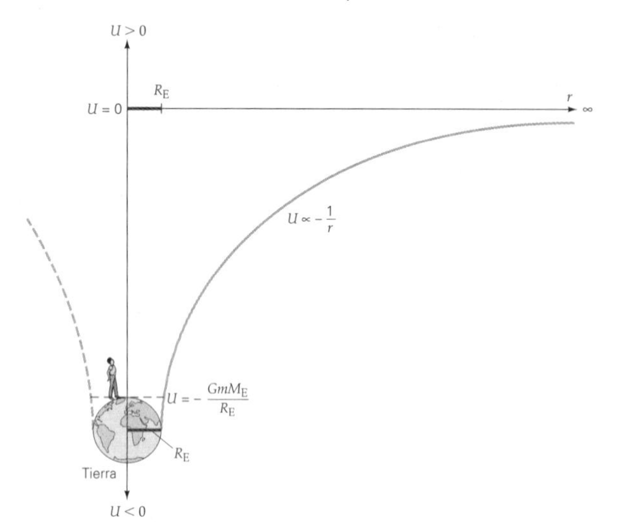

- **Primera ley de Kepler (ley de órbitas):** los planetas se mueven en órbitas elípticas, con el Sol en uno de sus puntos focales.

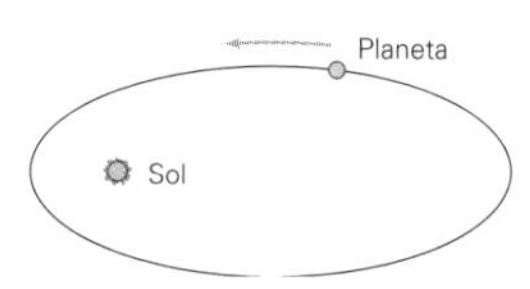

- **Segunda ley de Kepler (ley de áreas):** una línea del Sol a un planeta barre áreas iguales en lapsos de tiempo iguales.

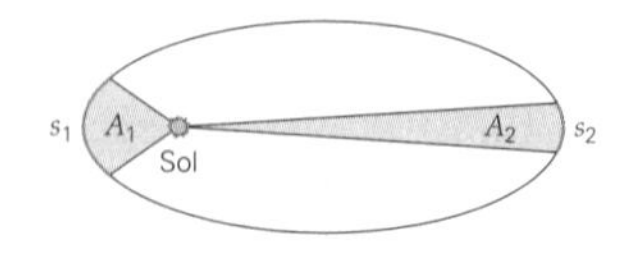

- **Tercera Ley de Kepler (ley de periodos):**

$$T^2 = Kr^3 \quad (7.22)$$

(K depende de la masa del objeto en torno al cual se da vuelta; para un objeto en órbita alrededor del Sol, $K = 2.97 \times 10^{-19}\ \text{s}^2/\text{m}^3$)

- La **rapidez de escape** (*de la Tierra*) es

$$v_{\text{esc}} = \sqrt{\frac{2GM_E}{R_E}} = \sqrt{2gR_E} \quad (7.23, 7.24)$$

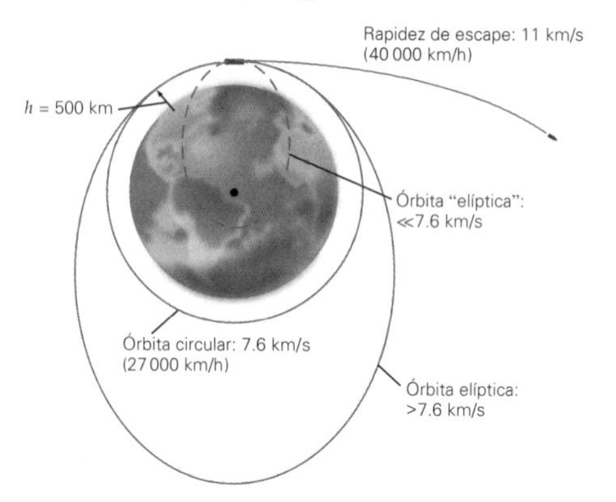

- Los satélites terrestres están en un pozo de energía potencial negativa; cuanto más alto esté el objeto en el pozo, mayor será su energía potencial y menor será su energía cinética.
- **Energía de un satélite en órbita terrestre**:

$$E = -\frac{GmM_E}{2r} \quad (7.27)$$

$$K = |E| \quad (7.28)$$

Ejercicios

Los ejercicios designados **OM** *son preguntas de opción múltiple; los* **PC** *son preguntas conceptuales; y los* **EI** *son ejercicios integrados. A lo largo del texto, muchas secciones de ejercicios incluirán ejercicios "apareados". Estos pares de ejercicios, que se identifican con números subrayados, pretenden ayudar al lector a resolver problemas y aprender. El primer ejercicio de cada pareja (el de número par) se resuelve en la Guía de estudio, que puede consultarse si se necesita ayuda para resolverlo. El segundo ejercicio (de número impar) es similar, y su respuesta se da al final del libro.*

7.1 Medición angular

1. **OM** La unidad radián equivale a un cociente de *a*) grado/tiempo, *b*) longitud, *c*) longitud/longitud o *d*) longitud/tiempo.

2. **OM** Para las coordenadas polares de una partícula que viaja en círculo, las variables son *a*) tanto r como θ, *b*) sólo r, *c*) sólo θ, *d*) ninguna de las anteriores.

3. **PC** ¿Por qué un radián es igual a 57.3°? ¿No sería más conveniente tener un número par de grados?

4. **PC** Una rueda gira sobre un eje rígido que pasa por su centro. ¿Todos los puntos de la rueda recorren la misma distancia? ¿Recorren la misma distancia *angular*?

5. ● Las coordenadas cartesianas de un punto en un círculo son (1.5 m, 2.0 m). ¿Qué coordenadas polares (r, θ) tiene ese punto?

6. ● Las coordenadas polares de un punto son (5.3 m, 32°). ¿Qué coordenadas cartesianas tiene el punto?

7. ● Usted puede determinar el diámetro del Sol midiendo el ángulo que subtiende. Si el ángulo es de 0.535° y la distancia promedio entre la Tierra y el Sol es de 1.5×10^{11} m, ¿qué diámetro tiene el Sol?

8. ● Convierta estos ángulos de grados a radianes, con dos cifras significativas: *a*) 15°, *b*) 45°, *c*) 90° y *d*) 120°.

9. ● Convierta estos ángulos de radianes a grados: *a*) $\pi/6$ rad, *b*) $5\pi/12$ rad, *c*) $3\pi/4$ rad y *d*) π rad.

10. ● Usted mide de un automóvil la longitud distante subtendida por una distancia angular de 1.5°. Si el automóvil en realidad mide 5.0 m de largo, ¿aproximadamente qué tan lejos está?

11. ● Un corredor en una pista circular, cuyo radio mide 0.250 km, corre una distancia de 1.00 km. ¿Qué distancia angular cubre el corredor en *a*) radianes y *b*) grados?

12. ●● La aguja de las horas, el minutero y el segundero de un reloj tienen 0.25 m, 0.30 m y 0.35 m de longitud, respectivamente. ¿Qué distancias recorren las puntas de las agujas en un intervalo de 30 min?

13. ●● En Europa, un paseo circular de 0.900 km de diámetro está marcado con distancias angulares en radianes. Un turista estadounidense que camina 3.00 mi al día visita el paseo. ¿Cuántos radianes deberá caminar cada día para seguir su rutina?

14. ●● Se ordenó una pizza de 12 pulgadas para cinco personas. Si se quiere repartir equitativamente, ¿cómo deberá cortarse en tajadas triangulares (▼figura 7.25)?

▶ **FIGURA 7.25 Pizza difícil de dividir** Véase el ejercicio 14.

15. **EI** ●● Para asistir a los Juegos Olímpicos de verano del 2000, un aficionado voló desde Mosselbaai, Sudáfrica (34°S, 22°E) hacia Sydney, Australia (34°S, 151°E). *a*) ¿Cuál es la menor distancia angular que el aficionado tiene que viajar?: 1) 34°, 2) 12°, 3) 117° o 4) 129°. ¿Por qué? *b*) Determine la menor distancia aproximada de vuelo, en kilómetros.

16. **EI** ●● La rueda de una bicicleta tiene una piedrita atorada en la banda de rodamiento. La bicicleta se pone de cabeza, y el ciclista accidentalmente golpea la rueda de manera que la piedra se mueve a través de una longitud de arco de 25.0 cm antes de llegar al reposo. En ese tiempo, la rueda gira 35°. *a*) El radio de la rueda es, por lo tanto, 1) mayor de 25.0 cm, 2) menor de 25.0 cm o 3) igual a 25.0 cm. *b*) Determine el radio de la rueda.

17. ●● Al final de su rutina, una patinadora da 7.50 revoluciones con los brazos completamente extendidos en ángulos rectos con respecto a su cuerpo. Si sus brazos miden 60.0 cm de largo, ¿qué distancia lineal de longitud de arco hacen las yemas de sus dedos cuando se mueven durante el final de su rutina?

18. ●●● *a*) ¿Podría cortarse un pastel circular de manera que todas las tajadas tengan una longitud de arco en su borde exterior igual al radio del pastel? *b*) Si no, ¿cuántas tajadas así podrían cortarse, y qué dimensión angular tendría la tajada sobrante?

19. ●●● Un cable eléctrico de 0.75 cm de diámetro se enrolla en un carrete con radio de 30 cm y altura de 24 cm. *a*) ¿Cuántos radianes debe girarse el carrete para enrollar una capa uniforme de cable? *b*) ¿Qué longitud tiene el cable enrollado?

20. ●●● Un yo-yo con un diámetro de eje de 1.00 cm tiene un cordel de 90.0 cm de longitud enrollado varias veces, de forma que ese cordel cubre completamente la superficie de su eje, pero sin que haya dobles capas del cordel. La porción más externa del yo-yo está a 5.00 cm del centro del eje. *a*) Si el yo-yo se lanza con el cordel completamente enrollado, ¿a través de qué ángulo gira para el momento en que alcanza el punto inferior de su descenso? *b*) Qué distancia de longitud de arco ha recorrido una parte del yo-yo en su orilla externa para el momento en que toca fondo?

7.2 Rapidez y velocidad angulares

21. **OM** Vista desde arriba, una tornamesa gira en dirección antihoraria. El vector de velocidad angular es entonces *a*) tangencial al borde de la tornamesa, *b*) sale del plano de la tornamesa, *c*) antihorario o *d*) ninguna de las anteriores.

22. **OM** La unidad de frecuencia hertz equivale a *a*) la del periodo, *b*) la del ciclo, *c*) radián/s o *d*) s^{-1}.

23. **OM** Todas las partículas en un objeto que gira uniformemente tienen la misma *a*) aceleración angular, *b*) rapidez angular, *c*) velocidad tangencial, *d*) tanto *a* como *b*.

24. **PC** ¿Todos los puntos de una rueda que gira en torno a un eje fijo que pasa por su centro tienen la misma velocidad angular? ¿Y la misma velocidad tangencial? Explique.

25. **PC** Cuando se usa "horario" o "antihorario" para describir un movimiento rotacional, ¿por qué se añade una frase como "visto desde arriba"?

26. **PC** Imagine que usted está parado en la orilla de un carrusel que gira. ¿Cómo se vería afectado su movimiento tangencial si camina hacia el centro? (¡Cuidado con los caballitos que suben y bajan!)

27. ● La rapidez angular de un DVD-ROM de computadora varía entre 200 y 450 rpm. Exprese este intervalo de rapidez angular en radianes por segundo.

28. ● Un automóvil de carreras da dos y media vueltas a una pista circular en 3.0 min. ¿Qué rapidez angular promedio tiene?

29. ● Si una partícula gira con rapidez angular de 3.5 rad/s, ¿cuánto tarda en efectuar una revolución?

30. ● ¿Qué periodo de revolución tiene *a*) una centrífuga de 9 500 rpm y *b*) una unidad de disco duro de computadora de 9 500 rpm?

31. ●● ¿Qué tiene mayor rapidez angular: la partícula A que recorre 160° en 2.00 s, o la partícula B que recorre 4π rad en 8.00 s?

32. ●● La rapidez tangencial de una partícula en una rueda giratoria es de 3.0 m/s. Si la partícula está a 0.20 m del eje de rotación, ¿cuánto tardará en efectuar una revolución?

33. ●● Un carrusel efectúa 24 revoluciones en 3.0 min. *a*) Calcule su rapidez angular promedio en rad/s. *b*) ¿Qué rapidez tangencial tienen dos personas sentadas a 4.0 y 5.0 m del centro (eje de rotación)?

34. ●● En el ejercicio 16, suponga que la rueda tarda 1.20 s en detenerse después del golpe. Suponga que al estar de frente al plano de la rueda, ésta gira en sentido antihorario. Durante este tiempo, determine *a*) la rapidez angular promedio y la rapidez tangencial de la piedra, *b*) la rapidez angular promedio y la rapidez tangencial de un residuo de grasa en el eje de la rueda (cuyo radio es de 1.50 cm) y *c*) la dirección de sus velocidades angulares respectivas.

35. **EI** ●● La Tierra gira sobre su eje una vez al día, y en torno al Sol una vez al año. *a*) ¿Qué es mayor, la rapidez angular de rotación o la rapidez angular de traslación? *b*) Calcule ambos valores en rad/s.

36. ●● Un niño brinca sobre un pequeño carrusel (cuyo radio es de 2.00 m) en un parque y gira durante 2.30 s por una distancia de longitud de arco de 2.55 m, antes de llegar al reposo. Si el niño cae (y permanece) a una distancia de 1.75 m del eje central de rotación del carrusel, ¿cuáles serán sus rapideces angular y tangencial promedio?

37. ●●● Un conductor ajusta el control de crucero de su automóvil y amarra el volante, de manera que el vehículo viaje con rapidez uniforme de 15 m/s en un círculo con diámetro de 120 m. *a*) ¿Qué distancia angular recorre el coche en 4.00 min? *b*) ¿Qué distancia lineal recorre en ese tiempo?

38. ●●● En un derrape sobre el pavimento cubierto de hielo en un camino vacío en el que no hubo colisión ni lesionados, un automóvil da 1.75 revoluciones mientras se patina hasta detenerse. Inicialmente se desplazaba a 15.0 m/s y, a causa del hielo fue capaz de desacelerar a una tasa de apenas 1.50 m/s^2. Visto desde arriba, el automóvil giró en sentido horario. Determine su velocidad angular promedio conforme giró y derrapó hasta detenerse.

7.3 Movimiento circular uniforme y aceleración centrípeta

39. **OM** El movimiento circular uniforme requiere *a*) aceleración centrípeta, *b*) rapidez angular, *c*) velocidad tangencial, *d*) todas las anteriores.

40. **OM** En un movimiento circular uniforme hay *a*) velocidad constante, *b*) velocidad angular constante, *c*) cero aceleración o *d*) aceleración tangencial distinta de cero.

41. **OM** Si se incrementa la fuerza centrípeta que actúa sobre una partícula en movimiento circular uniforme, *a*) la rapidez tangencial seguirá constante, *b*) la rapidez tangencial disminuirá, *c*) el radio de la trayectoria circular aumentará o *d*) la rapidez tangencial aumentará y/o el radio disminuirá.

42. **PC** El ciclo de centrífuga de una lavadora sirve para extraer agua de la ropa recién lavada. Explique el principio de física que interviene.

43. **PC** El aparato de la ▼figura 7.26 sirve para demostrar las fuerzas en un sistema en rotación. Los flotadores están en frascos con agua. Cuando se gira el brazo, ¿en qué dirección se moverán los flotadores? ¿Tiene alguna influencia el sentido en que se gira el brazo?

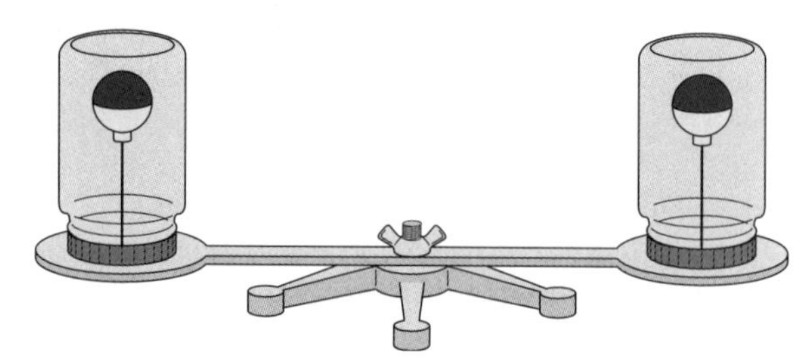

▲ **FIGURA 7.26 Al ponerse en movimiento, es un sistema en rotación** Véase el ejercicio 43.

44. **PC** Al tomar rápidamente una curva en un automóvil, sentimos como si nos lanzaran hacia afuera (▼figura 7.27). A veces se dice que tal efecto se debe a una fuerza centrífuga hacia fuera (que huye del centro). Sin embargo, en términos de las leyes de Newton, esta pseudofuerza no existe realmente. Analice la situación de la figura para demostrar que la fuerza no existe. [*Sugerencia:* inicie con la primera ley de Newton.]

▲ **FIGURA 7.27 ¿Una fuerza que huye del centro?** Véase el ejercicio 44.

45. **PC** Muchas pistas para carreras tienen curvas peraltadas, que permiten a los automóviles tomarlas con mayor rapidez que si fueran planas. De hecho, los vehículos podrían dar vuelta en estas curvas peraltadas aunque no hubiera fricción. Explique esta afirmación con la ayuda del diagrama de cuerpo libre de la ▼figura 7.28.

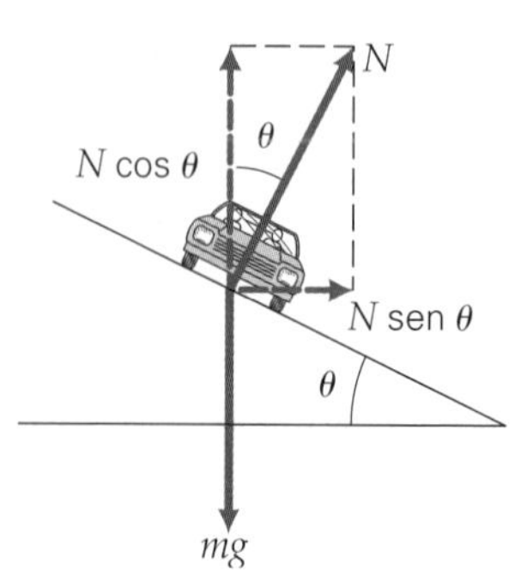

▲ **FIGURA 7.28 Peralte de seguridad** Véase el ejercicio 45.

46. • Un carro Indy corre a 120 km/h por una pista circular horizontal, cuyo radio es de 1.00 km. ¿Qué aceleración centrípeta tiene el vehículo?

47. • Una rueda de 1.5 m de radio gira con rapidez uniforme. Si un punto del borde tiene una aceleración centrípeta de 1.2 m/s^2, ¿qué velocidad tangencial tiene?

48. • Se diseña un cilindro giratorio de unos 16 km de longitud y 7.0 km de diámetro para usarse como colonia espacial. ¿Con qué rapidez angular debe girar para que sus residentes experimenten la misma aceleración debida a la gravedad que en la Tierra?

49. •• La Luna da una vuelta a la Tierra en 27.3 días, en una órbita casi circular con un radio de 3.8×10^5 km. Suponiendo que el movimiento orbital de la Luna es un movimiento circular uniforme, ¿qué aceleración tiene la Luna al "caer" hacia la Tierra?

50. •• Imagine que sobre su cabeza da vueltas a una pelota sujeta al extremo de un cordel. La pelota se mueve con rapidez constante en un círculo horizontal. *a*) ¿El cordón puede estar exactamente horizontal? *b*) Si la masa de la pelota es de 0.250 kg, el radio del círculo es de 1.50 m y la pelota tarda 1.20 s en dar una vuelta, ¿qué rapidez tangencial tiene la pelota? *c*) ¿Qué fuerza centrípeta está aplicando a la pelota a través del cordel?

51. •• En el ejercicio 50, si aplica una fuerza de tensión de 12.5 N al cordel, ¿qué ángulo formará éste relativo a la horizontal?

52. •• Un automóvil con rapidez constante de 83.0 km/h entra en una curva plana circular con radio de curvatura de 0.400 km. Si la fricción entre los neumáticos y el pavimento puede crear una aceleración centrípeta de 1.25 m/s^2, ¿el vehículo dará la vuelta con seguridad? Justifique su respuesta.

53. **EI** •• Un estudiante quiere columpiar una cubeta con agua en un círculo vertical sin derramarla (▼figura 7.29). *a*) Explique cómo es posible esto. *b*) Si la distancia de su hombro al centro de masa de la cubeta es de 1.0 m, ¿qué rapidez mínima se requiere para que el agua no se salga de la cubeta en la cúspide de la oscilación?

▲ **FIGURA 7.29 ¿Agua sin peso?** Véase el ejercicio 53.

54. •• Al trazar una "figura de 8", un patinador desea que la parte superior del 8 sea aproximadamente un círculo con radio de 2.20 m. Necesita deslizarse por esta parte de la figura casi con rapidez constante, lo que le toma 4.50 s. Sus patines que se hunden en el hielo son capaces de suministrar una aceleración centrípeta máxima de 3.25 m/s^2. ¿Logrará realizar esto como lo planeó? Si no, ¿qué ajuste podrá hacer si quiere que esta parte de la figura sea del mismo tamaño? (Suponga que las condiciones del hielo y de los patines no cambian.)

55. •• Una delgada cuerda de 56.0 cm de longitud une dos pequeños bloques cuadrados, cada uno con una masa de 1.50 kg. El sistema está colocado sobre una hoja horizontal resbaladiza de hielo (que no ofrece fricción) y gira del tal manera que los dos bloques dan vuelta uniformemente alrededor de su centro de masa común, que no se mueve por sí solo. Se supone que giran durante 0.750 s. Si la cuerda puede ejercer una fuerza de tan sólo 100 N antes de romperse, determine si la cuerda servirá.

56. **EI** •• El piloto de un avión a reacción efectúa una maniobra de lazo circular vertical con rapidez constante. *a*) ¿Qué es mayor, la fuerza normal que el piloto ejerce sobre el asiento en la parte más baja del lazo o la que ejerce en la parte más alta? ¿Por qué? *b*) Si el avión vuela a 700 km/h y el radio del círculo es de 2.0 km, calcule las fuerzas normales que el piloto ejerce sobre el asiento en las partes más baja y más alta del lazo. Exprese su respuesta en términos del peso del piloto, *mg*.

57. ••• Un bloque de masa *m* se desliza por un plano inclinado y entra en una vuelta vertical circular de radio *r* (▼figura 7.30). *a*) Despreciando la fricción, ¿qué rapidez mínima debe tener el bloque en el punto más alto de la vuelta para no caer? [*Sugerencia:* ¿qué fuerza debe actuar sobre el bloque ahí para mantenerlo en una trayectoria circular?] *b*) ¿Desde qué altura vertical en el plano inclinado (en términos del radio de la vuelta) debe soltarse el bloque, para que tenga la rapidez mínima necesaria en el punto más alto de la vuelta?

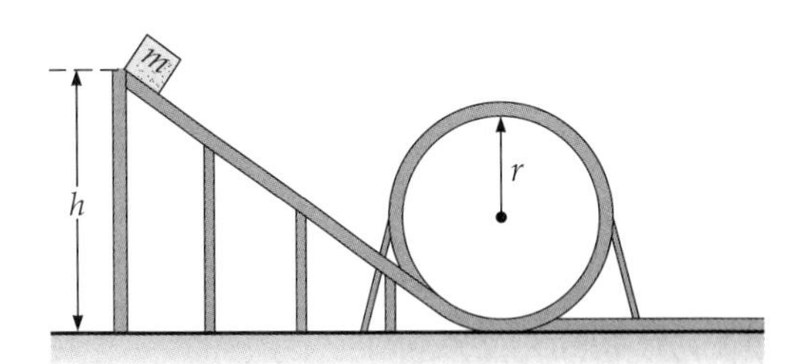

▲ **FIGURA 7.30 Rizar el rizo** Véase el ejercicio 57.

58. ••• Para una escena en una película, un conductor acrobático maneja una camioneta de 1.50×10^3 kg y 4.25 m de longitud describiendo medio círculo con radio de 0.333 km (▼figura 7.31). El vehículo debe salir del camino, saltar una cañada de 10.0 m de anchura, y caer en la otra orilla 2.96 m más abajo. ¿Qué aceleración centrípeta mínima debe tener la camioneta al describir el medio círculo para librar la cañada y caer del otro lado?

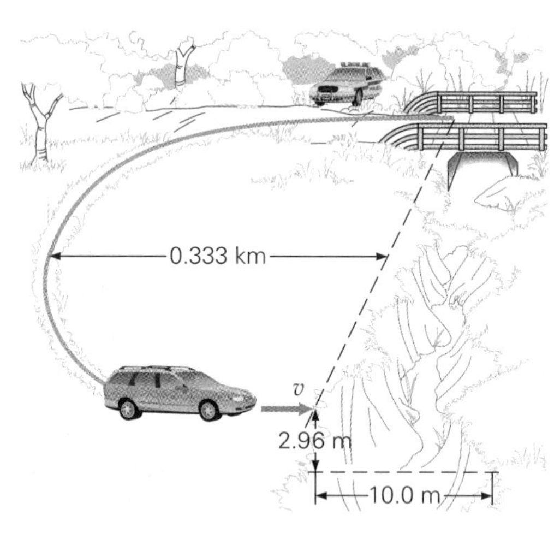

▲ **FIGURA 7.31 Sobre la cañada** Véase el ejercicio 58.

59. ●●● Considere un péndulo simple con longitud L que tiene una pequeña masa m atada al final de la cuerda. Si el péndulo parte de una posición horizontal y se libera desde el reposo, demuestre *a*) que la rapidez en el punto inferior del vaivén es $v_{\text{máx}} = \sqrt{2gL}$ y *b*) que la tensión en la cuerda en ese punto es tres veces el peso de la masa, o $T_{\text{máx}} = 3mg$. [*Sugerencia:* utilice la conservación de la energía para determinar la rapidez en el punto inferior, así como las ideas sobre fuerza centrípeta y un diagrama de cuerpo libre para determinar la tensión en el punto inferior.]

7.4 Aceleración angular

60. **OM** La aceleración angular en movimiento circular *a*) es igual en magnitud a la aceleración tangencial dividida entre el radio, *b*) aumenta la velocidad angular si tanto ésta como la aceleración angular tienen la misma dirección, *c*) tiene unidades de s^{-2} o *d*) todas las anteriores.

61. **OM** En el movimiento circular, la aceleración tangencial *a*) no depende de la aceleración angular, *b*) es constante, *c*) tiene unidades de s^{-2}, *d*) ninguna de las opciones anteriores es verdadera.

62. **OM** Para el movimiento circular uniforme, *a*) $\alpha = 0$, *b*) $\omega = 0$, *c*) $r = 0$, *d*) ninguna de las anteriores.

63. **PC** Un automóvil aumenta su rapidez cuando está en una pista circular. ¿Tiene aceleración centrípeta? ¿Tiene aceleración angular? Explique.

64. **PC** ¿Es posible para un automóvil que se desplaza en una pista circular tener aceleración angular y no tener aceleración centrípeta? Explique su respuesta.

65. **PC** ¿Es posible para un automóvil que se desplaza en una pista circular tener un incremento en su aceleración tangencial y no tener aceleración centrípeta?

66. ● Durante una aceleración, la rapidez angular de un motor aumenta de 600 a 2500 rpm en 3.0 s. ¿Qué aceleración angular promedio tiene?

67. ● Un carrusel que acelera uniformemente desde el reposo alcanza su rapidez operativa de 2.5 rpm en cinco revoluciones. ¿Qué magnitud tiene su aceleración angular?

68. ●● Para mantener su densidad ósea y otros signos vitales del cuerpo, los tripulantes de una nave espacial con forma cilíndrica quieren generar un "ambiente de 1 g" en su trayecto hacia un destino alejado. Suponga que el cilindro tiene un diámetro de 250 m (los tripulantes se encuentran en la superficie interna) y que inicialmente no está girando alrededor de su largo eje. Para una perturbación mínima, la aceleración angular (constante) es una muy moderada de 0.00010 rad/s^2. Determine cuánto tiempo tardan en alcanzar su meta de un "ambiente de 1 g".

69. **EI** ●● Un automóvil en una pista circular acelera desde el reposo. *a*) El coche experimenta 1) sólo aceleración angular, 2) sólo aceleración centrípeta o 3) aceleración tanto angular como centrípeta. ¿Por qué? *b*) Si el radio de la pista es de 0.30 km y la magnitud de la aceleración angular constante es de 4.5×10^{-3} rad/s^2, ¿cuánto tardará el coche en dar una vuelta en la pista? *c*) Calcule la aceleración total (vectorial) del coche cuando ha dado media vuelta.

70. ●● Las aspas de un ventilador que opera a baja rapidez giran a 250 rpm. Cuando el ventilador se cambia a alta velocidad, la tasa de rotación aumenta uniformemente a 350 rpm en 5.75 s. *a*) Calcule la magnitud de la aceleración angular de las aspas. *b*) ¿Cuántas revoluciones efectúan las aspas mientras el ventilador está acelerando?

71. ●● En el ciclo de exprimido de una lavadora moderna, una toalla húmeda con una masa de 1.50 kg se "pega a" la superficie interior del cilindro perforado (para permitir que el agua salga). Para tener una eliminación adecuada del agua, la ropa húmeda/mojada necesita experimentar una aceleración centrípeta de por lo menos 10g. Suponiendo este valor y que el cilindro tiene un radio de 35.0 cm, determine la aceleración angular constante de la toalla que se requiere, si la lavadora tarda 2.50 s en alcanzar su rapidez angular final.

72. ●●● Un péndulo que oscila en un arco circular bajo la influencia de la gravedad, como se observa en la ▼ figura 7.32, tiene componentes centrípeto y tangencial de la aceleración. *a*) Si la masa del péndulo tiene una rapidez de 2.7 m/s cuando la cuerda forma un ángulo de $\theta = 15°$ con respecto a la vertical, ¿cuáles son las magnitudes de los componentes en ese momento? *b*) ¿Dónde alcanza su máximo la aceleración centrípeta? ¿Cuál es el valor de la aceleración tangencial en ese punto?

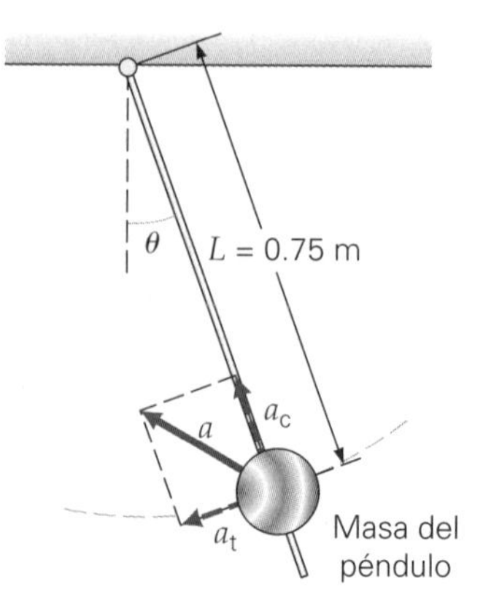

▲ **FIGURA 7.32 Un péndulo en movimiento** Véase el ejercicio 72.

73. ●●● Un péndulo simple con longitud de 2.00 m se libera desde una posición horizontal. Cuando forma un ángulo de 30° con respecto a la vertical, determine *a*) su aceleración angular, *b*) su aceleración centrípeta y *c*) la tensión en la cuerda. Suponga que la masa del péndulo es de 1.50 kg.

7.5 Ley de la gravitación de Newton

74. **OM** La fuerza gravitacional es *a*) una función lineal de la distancia, *b*) una función inversa de la distancia, *c*) una función inversa del cuadrado de la distancia o *d*) repulsiva en ocasiones.

75. **OM** La aceleración debida a la gravedad de un objeto en la superficie terrestre *a*) es una constante universal, como G; *b*) no depende de la masa de la Tierra; *c*) es directamente proporcional al radio de la Tierra, o *d*) no depende de la masa del objeto.

76. **OM** En comparación con su valor en la superficie de la Tierra, el valor de la aceleración debida a la gravedad a una altitud de un radio terrestre es *a*) igual, *b*) dos veces mayor, *c*) igual a la mitad, *d*) una cuarta parte.

77. **PC** Los astronautas en una nave en órbita o en una "caminata espacial" (▾figura 7.33) parecen "flotar". Este fenómeno suele describirse como *ingravidez* o *gravedad cero* (cero *g*). ¿Son correctos estos términos? Explique por qué un astronauta parece flotar en o cerca de una nave en órbita.

▲ **FIGURA 7.33 Saliendo a caminar** ¿Por qué este astronauta parece "flotar"? Véase el ejercicio 77.

78. **PC** Si se dejara caer el vaso de la ▾figura 7.34, no saldría agua por los orificios. Explique.

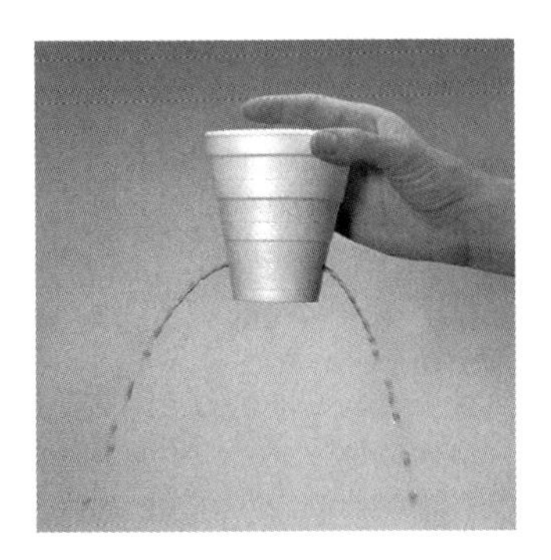

▲ **FIGURA 7.34 Suéltalo** Véase el ejercicio 78.

79. **PC** ¿Podemos determinar la masa de la Tierra con sólo medir la aceleración gravitacional cerca de su superficie? Si es afirmativo, explique los detalles.

80. ● Use la masa y el radio conocidos de la Luna (véase las tablas en los forros de este libro) para calcular el valor de la aceleración debida a la gravedad, g_M, en la superficie de la Luna.

81. ● Calcule la fuerza gravitacional entre la Tierra y la Luna.

82. ●● Para una nave que va directamente de la Tierra a la Luna, ¿más allá de qué punto comenzará a dominar la gravedad lunar? Es decir, ¿dónde tendrá la fuerza gravitacional lunar la misma magnitud que la terrestre? ¿Los astronautas en una nave en este punto carecen verdaderamente de peso?

83. ●● Cuatro masas idénticas de 2.5 kg cada una están en las esquinas de un cuadrado de 1.0 m por lado. ¿Qué fuerza neta actúa sobre cualquiera de las masas?

84. ●● Calcule la aceleración debida a la gravedad en la cima del monte Everest, a 8.80 km sobre el nivel del mar. (Dé su resultado con tres cifras significativas.)

85. ●● Un hombre tiene una masa de 75 kg en la superficie terrestre. ¿A qué altura tendría que subir para "perder" el 10% de su peso corporal?

86. **EI** ●● Dos objetos se atraen mutuamente con cierta fuerza gravitacional. *a*) Si la distancia entre ellos se reduce a la mitad, la nueva fuerza gravitacional 1) aumentará al doble, 2) aumentará 4 veces, 3) disminuirá a la mitad o 4) disminuirá a la cuarta parte. ¿Por qué? *b*) Si la fuerza original entre los dos objetos es 0.90 N y la distancia se triplica, ¿qué nueva fuerza gravitacional habrá entre los objetos?

87. ●● Durante las exploraciones lunares Apollo a finales de la década de 1960 y principios de la siguiente, la principal sección de la nave espacial permanecía en órbita alrededor de la Luna con un astronauta dentro, mientras que los otros dos descendían a la superficie en un módulo de alunizaje. Si la sección principal orbitaba aproximadamente a 50 mi por encima de la superficie lunar, determine la aceleración centrípeta de esa sección.

88. ●● En relación con el ejercicio 87, determine *a*) la energía potencial gravitacional, *b*) la energía total y *c*) la energía necesaria para "escapar" de la Luna para la sección principal de la misión de exploración lunar en órbita. Suponga que la masa de esta sección es de 5 000 kg.

89. ●●● *a*) Calcule la energía potencial gravitacional mutua de la configuración mostrada en la ▾figura 7.35 si todas las masas son de 1.0 kg. *b*) Calcule la fuerza gravitacional por unidad de masa en el centro de la configuración.

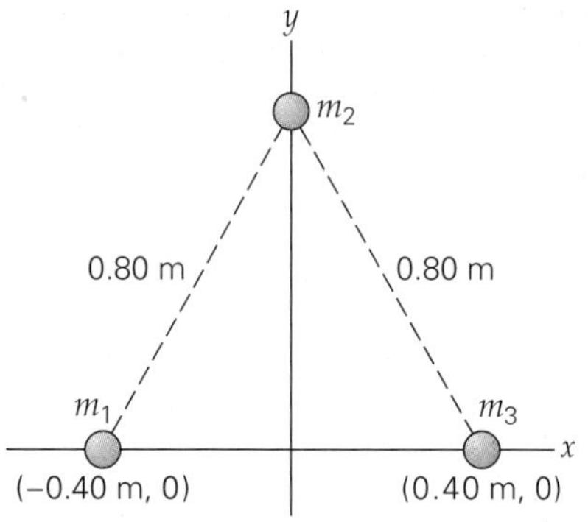

▲ **FIGURA 7.35 Potencial gravitacional, fuerza gravitacional y centro de masa** Véase el ejercicio 89.

90. **EI ●●●** La misión de una sonda espacial está planeada para explorar la composición del espacio interestelar. Suponiendo que los tres objetos más importantes en el sistema solar para este proyecto son el Sol, la Tierra y Júpiter, *a*) ¿cuál sería la distancia de la Tierra relativa a Júpiter que tendría por resultado la menor rapidez de escape necesaria, si la sonda se lanzara desde la Tierra? 1) La Tierra debería estar lo más cerca posible de Júpiter; 2) la Tierra debería estar lo más lejos posible de Júpiter, o 3) la distancia de la Tierra relativa a Júpiter no importa. *b*) Estime la menor rapidez de escape para esta sonda, suponiendo órbitas planetarias circulares y que sólo la Tierra, el Sol y Júpiter son importantes. (Consulte los datos en el apéndice III.) Comente cuál de los tres objetos, si acaso alguno, determina principalmente la rapidez de escape.

7.6 Leyes de Kepler y satélites terrestres

91. **OM** Se descubre un nuevo planeta y se determina su periodo. Entonces, se podrá calcular su distancia del Sol usando *a*) la primera, *b*) la segunda o *c*) la tercera ley de Kepler.

92. **OM** Para un planeta en su órbita elíptica, *a*) la rapidez es constante, *b*) la distancia al Sol es constante, *c*) se mueve más rápidamente cuando está más cerca del Sol o *d*) se mueve más lentamente cuando está más cerca del Sol.

93. **OM** Si un satélite cerca de la superficie terrestre no tiene una rapidez tangencial mínima de 11 km/s, podría *a*) entrar en una órbita elíptica, *b*) entrar en una órbita circular, *c*) chocar contra la tierra, *d*) todas las anteriores.

94. **PC** *a*) En una revolución, ¿cuánto trabajo efectúa la fuerza centrípeta sobre un satélite en órbita circular en torno a la Tierra? *b*) Una persona en un elevador en caída libre piensa que puede evitar lesionarse si salta hacia arriba justo antes de que el elevador choque contra el piso. ¿Funcionaría dicha estrategia?

95. **PC** *a*) Para colocar un satélite en órbita sobre el ecuador, ¿debería lanzarse el cohete hacia el este o hacia el oeste? ¿Por qué? *b*) En Estados Unidos, tales satélites se lanzan desde Florida. ¿Por qué no desde California, que generalmente tiene mejores condiciones climáticas?

96. **PC** Como piloto de una nave espacial en órbita, usted ve un instrumento adelante en la misma órbita. *a*) ¿Puede acelerar su nave encendiendo un solo cohete para recoger el instrumento? Explique. *b*) ¿Qué tendría que hacer para recoger el instrumento?

97. ● Un paquete de instrumentos se proyecta verticalmente hacia arriba para recolectar datos en la parte más alta de la atmósfera terrestre (a una altura de unos 900 km). *a*) ¿Qué rapidez inicial se requiere en la superficie terrestre para que el paquete llegue a esta altura? *b*) ¿Qué porcentaje de la rapidez de escape representa esa rapidez inicial?

98. ●● En el año 2056, la Colonia Marciana I quiere poner en órbita un satélite de comunicación sincrónica alrededor de Marte para facilitar las comunicaciones con las nuevas bases planeadas en el Planeta Rojo. ¿A qué distancia por encima del ecuador de Marte debería colocarse este satélite? (Para hacer una buena aproximación, considere que el día en Marte es de la misma duración que el de la Tierra.)

99. ●● La franja de asteroides entre Marte y Júpiter podrían ser los restos de un planeta que se desintegró o que no pudo formarse por causa de la fuerte gravitación de Júpiter. El periodo aproximado de la franja de asteroides es de 5.0 años. ¿Como a qué distancia del Sol habría estado este "quinto" planeta?

<u>100.</u> ●● Utilizando un desarrollo similar al de la ley de periodos de Kepler para planetas en órbita alrededor del Sol, calcule la altura que debe tener un satélite geosincrónico sobre la Tierra. [*Sugerencia:* el periodo de tales satélites es el mismo que el de la Tierra.]

<u>101.</u> ●● Venus tiene un periodo de rotación de 243 días. ¿Qué altura tendría un satélite sincrónico para ese planeta (similar a uno geosincrónico para la Tierra)?

102. ●●● Una pequeña sonda espacial se pone en órbita circular alrededor de una luna de Saturno recientemente descubierta. El radio de la luna es de 550 km. Si la sonda está en órbita a una altura de 1500 km por encima de la superficie de la luna y tarda 2.00 días terrestres en completar una órbita, determine la masa de la luna.

Ejercicios adicionales

103. Justo un instante antes de alcanzar el punto inferior de una sección semicircular de la montaña rusa, el freno automático de emergencia se activa inadvertidamente. Suponga que el carro tiene una masa total de 750 kg, que el radio de esa sección de la vía es de 55.0 m, y que el carro entró en la parte inferior después de descender 25.0 m verticalmente (a partir del reposo) en una inclinación recta sin fricción. Si la fuerza de frenado es constante y con valor de 1700 N, determine *a*) la aceleración centrípeta del carro (incluyendo la dirección), *b*) la fuerza normal de la vía sobre el carro, *c*) la aceleración tangencial del carro (incluyendo la dirección) y *d*) la aceleración total del carro.

104. Una pasajera de 60.0 kg está a bordo de un automóvil que se desplaza a 25.0 m/s de manera constante. El automóvil da vuelta hacia la izquierda en una curva plana con un radio de 75.0 m a esa rapidez constante. La pasajera no lleva abrochado el cinturón de seguridad, pero hay fricción entre ella y el asiento. El coeficiente de fricción estática es 0.600. *a*) ¿Se deslizará hacia la derecha sobre su asiento durante esta vuelta? *b*) Si acaso se desliza, cuando hace contacto con la puerta del automóvil, ¿cuál es la fuerza normal ejercida sobre sus costados?

105. Un disco horizontal de radio 5.00 cm acelera angularmente a partir del reposo con una aceleración angular de 0.250 rad/s^2. Una pequeña piedra localizada a mitad del camino a partir del centro tiene un coeficiente de fricción estática con el disco de 0.15. *a*) ¿Cuánto tardará la piedra en deslizarse sobre la superficie del disco? *b*) ¿Cuántas revoluciones habrá dado el disco para ese momento?

106. Un péndulo simple consiste en una cuerda ligera de 1.50 m de longitud con una pequeña masa de 0.500 kg atada a ella. El péndulo parte de los 45° por debajo de la horizontal y se le da una rapidez inicial hacia abajo de 1.50 m/s. En el punto inferior del arco, determine *a*) la aceleración centrípeta de la masa del péndulo y *b*) la tensión sobre la cuerda.

107. Para saber cómo es que los astrónomos determinan las masas de las estrellas, considere lo siguiente. A diferencia de nuestro sistema solar, muchos sistemas tienen dos o más estrellas. Si hay dos, se trata de un sistema estelar *binario*. El caso más simple posible es aquel en el que hay dos estrellas idénticas en una órbita circular alrededor de su centro de masa común a la mitad del camino entre ellas (el punto negro en la ▾figura 7.36). Utilizando medidas telescópicas, en ocasiones es posible medir la distancia, D, entre los centros de las estrellas y el tiempo (periodo orbital), T, para una órbita. Suponga que el movimiento es circular uniforme y considere los siguientes datos. Las estrellas tienen masas iguales, la distancia entre ellas es de 1000 millones de km (1.0×10^9 km), y el tiempo que tarda cada una en completar una órbita es de 10.0 años terrestres. Determine la masa de cada estrella.

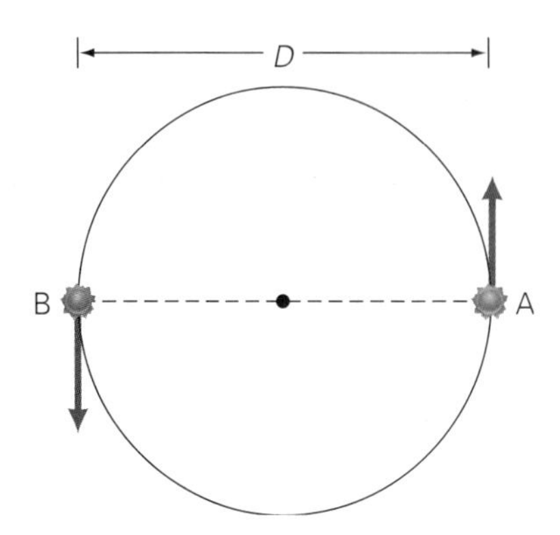

▲ **FIGURA 7.36 Estrellas binarias** Véase el ejercicio 107.

Los siguientes problemas de física Physlet se pueden usar con este capítulo.
3.15, 3.16, 3.17, 5.8, 5.9, 5.10, 5.11, 10.1, 10.2, 10.3, 10.4, 10.5, 10.6, 10.8, 12.1, 12.2, 12.3, 12.4, 12.6, 12.7

CAPÍTULO

8 MOVIMIENTO ROTACIONAL Y EQUILIBRIO

HECHOS DE FÍSICA

- Si no fuera por los momentos de fuerza que suministran nuestros músculos, no tendríamos movilidad en nuestro cuerpo.
- Los frenos antibloqueo se utilizan en los automóviles porque la distancia de rodamiento para detenerse es menor que la distancia para detenerse de los frenos de bloqueo.
- El eje de rotación de la Tierra, que está inclinado $23\frac{1}{2}°$, realiza un movimiento de precesión (rotación) con un periodo de 26 000 años. Como resultado, Polaris, la estrella hacia la que actualmente apunta el eje, no siempre ha sido —ni será siempre— la Estrella del Norte.
- El fuerte terremoto registrado en diciembre de 2004, cuya intensidad fue de 9.0 en la escala de Richter y que provocó un desastroso tsunami, movió la Tierra unos centímetros. Esto causó que el movimiento de rotación de la Tierra acelerara levemente y se calcula que los días se acortaron un par de microsegundos, que no son medibles.
- Algunos patinadores de figura en sus saltos alcanzan una rapidez de rotación de 7 rev/s o 420 rpm (revoluciones por minuto). Algunos motores de automóvil tienen entre 600 y 800 rpm sin acelerar.

Siempre es recomendable mantener el equilibrio, pero es más importante en algunas situaciones que en otras. Cuando vemos una imagen como ésta, quizá nuestra primera reacción sea asombrarnos de que estos acróbatas atraviesen amplias distancias y no se caigan. Se supone que las pértigas ayudan, pero ¿cómo? Encontraremos la respuesta en este capítulo.

Podríamos decir que los acróbatas están en equilibrio. Ya vimos el equilibrio traslacional ($\sum \vec{\mathbf{F}}_i = 0$) en el capítulo 4, pero en este caso hay otra consideración: la rotación. Si los acróbatas comenzaran a desplomarse (que ojalá no suceda), habría inicialmente una rotación hacia un lado en torno al alambre (en la actualidad se suelen usar alambres). Para evitar esta calamidad, se requiere otra condición: equilibrio rotacional, que estudiaremos en este capítulo.

Estos equilibristas intentan evitar un movimiento rotacional. Sin embargo, el movimiento rotacional es muy importante en física, porque hay objetos que giran en todas partes: las ruedas de automóviles, engranes y poleas de maquinaria, planetas del Sistema Solar e incluso muchos huesos del cuerpo humano. (¿Conoce el lector huesos que giren en una fosa de una articulación?)

Por fortuna, las ecuaciones que describen el movimiento rotacional son bastante similares a las que describen el movimiento traslacional (rectilíneo). Ya señalamos esta similitud en el capítulo 7 en lo tocante a las ecuaciones de cinemática rectilínea y angular. Con la adición de ecuaciones que describen la dinámica rotacional, analizaremos los movimientos generales de objetos reales que rotan y se trasladan.

8.1 Cuerpos rígidos, traslaciones y rotaciones

OBJETIVOS: *a*) Distinguir entre los movimientos trasnacionales puros y rotacionales puros de los cuerpos rígidos y *b*) plantear las condiciones para rodar sin resbalar.

En capítulos anteriores, resultaba conveniente considerar los movimientos de objetos suponiendo que éstos podían representarse como una partícula ubicada en su centro de masa. No era necesario considerar la rotación o giro, porque una partícula o masa puntual no tiene dimensiones físicas. El movimiento rotacional entra en juego cuando analizamos el movimiento de objetos sólidos extendidos o *cuerpos rígidos*, que es la parte medular de este capítulo.

Un **cuerpo rígido** es un objeto o sistema de partículas en el que las distancias entre partículas son fijas (y constantes).

Nota: es común usar indistintamente las palabras *rotación* y *revolución*. En este libro, generalmente usaremos *rotación* cuando el eje de rotación pase por el cuerpo (por ejemplo, la rotación de la Tierra sobre su eje en un periodo de 24 h) y *revolución* cuando el eje esté afuera del cuerpo (como la revolución de la Tierra en torno al Sol en un periodo de 365 días).

Un volumen de agua líquida no es un cuerpo rígido, pero el hielo que se formaría si el agua se congelara sí lo es. Por lo tanto, el tema de la rotación de cuerpos rígidos está limitado a los sólidos. Actualmente, el concepto de cuerpo rígido es una idealización. En realidad, las partículas (átomos y moléculas) de un sólido vibran constantemente. Además, los sólidos pueden sufrir deformaciones elásticas (e inelásticas) (capítulo 6). No obstante, la mayoría de los sólidos pueden considerarse cuerpos rígidos para el análisis del movimiento rotacional.

Un cuerpo rígido puede someterse a uno o a ambos tipos de movimiento: traslacional y rotacional. El movimiento traslacional es básicamente el movimiento rectilíneo que estudiamos en capítulos anteriores. Si un objeto únicamente tiene **movimiento traslacional** (puro), todas sus partículas tienen la misma velocidad instantánea, lo cual implica que el objeto no está girando (▾ figura 8.1a).

Un objeto podría tener únicamente **movimiento rotacional** (puro), es decir, movimiento en torno a un eje fijo (figura 8.1b). En este caso, todas las partículas del objeto tienen la misma velocidad *angular* instantánea y viajan en círculos en torno al eje de rotación (figura 8.1b).

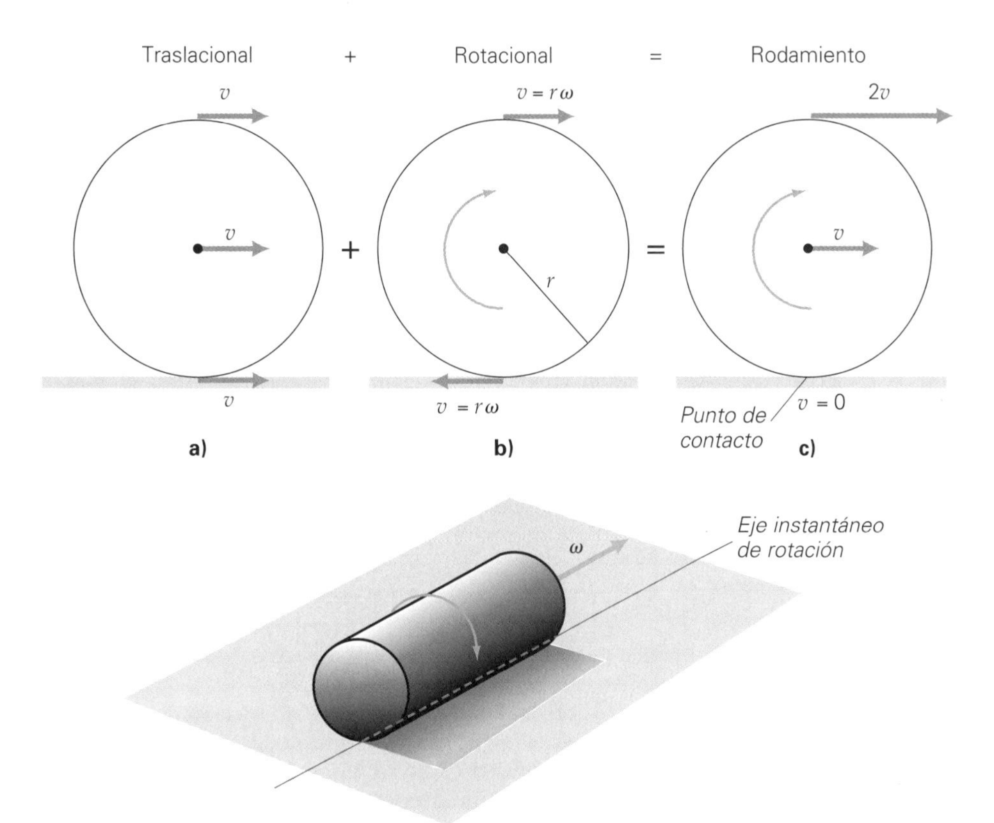

◂ **FIGURA 8.1 Rodamiento: una combinación de movimiento traslacional y rotacional** *a*) En el movimiento traslacional puro, todas las partículas del objeto tienen la misma velocidad instantánea. *b*) En el movimiento rotacional puro, todas las partículas del objeto tienen la misma velocidad angular instantánea. *c*) El rodamiento es una combinación de movimiento traslacional y rotacional. La sumatoria de los vectores de velocidad de ambos movimientos muestra que el punto de contacto (en el caso de una esfera) o la línea de contacto (en el caso de un cilindro) está instantáneamente en reposo. *d*) La línea de contacto para un cilindro (o para una esfera, la línea que pasa por el punto de contacto) se denomina eje instantáneo de rotación. Observe que el centro de masa de un objeto que rueda en una superficie horizontal tiene movimiento rectilíneo, y permanece arriba del punto o línea de contacto.

El movimiento general de los cuerpos rígidos es una combinación de movimiento traslacional y rotacional. Cuando lanzamos una pelota, el movimiento traslacional se describe con el movimiento de su centro de masa (como en el movimiento de proyectiles). Sin embargo, la pelota podría girar, y generalmente lo hace. Un ejemplo común de movimiento de cuerpo rígido en el que intervienen tanto traslación como rotación es el rodamiento, ilustrado en la figura 8.1c. El movimiento combinado de cualquier punto o partícula está dado por la suma vectorial de los vectores de velocidad instantánea de la partícula. (En la figura se muestran tres puntos o partículas: uno en la parte más alta, uno en medio y otro en la parte más baja del objeto.)

Ilustración 11.2 Movimiento de rodamiento

En cada instante, el objeto rodante gira en torno a un **eje instantáneo de rotación**, que pasa por el punto de contacto entre el objeto y la superficie por la que rueda (en el caso de una esfera) o que está a lo largo de la línea de contacto entre el objeto y la superficie (en el caso de un cilindro, figura 8.1d). La ubicación de este eje cambia con el tiempo, pero en la figura 8.1c observamos que el punto o línea de contacto del cuerpo con la superficie está instantáneamente en reposo (y, por lo tanto, tiene velocidad cero), como se percibe al efectuar la suma vectorial de los movimientos combinados en ese punto. También, el punto en la parte más alta tiene una rapidez tangencial dos veces mayor ($2v$) que la del punto medio (en el centro de masa, v), porque el primero está dos veces más lejos del eje instantáneo de rotación que el segundo. (Con un radio r, para el punto medio, $r\omega = v$, y para el punto de arriba, $2r\omega = 2v$.)

Cuando un objeto rueda sin resbalar, sus movimientos traslacional y rotacional tienen una relación simple, como vimos en el capítulo 7. Por ejemplo, cuando una esfera (o cilindro) uniforme rueda en línea recta sobre una superficie plana, gira un ángulo θ, y un punto (o línea) del objeto que inicialmente estaba en contacto con la superficie se mueve una distancia de arco s (▾figura 8.2). En el capítulo 7 vimos que $s = r\theta$ (ecuación 7.3). El centro de masa de la esfera está directamente arriba del punto de contacto y se mueve una distancia lineal s. Entonces,

$$v_{CM} = \frac{s}{t} = \frac{r\theta}{t} = r\omega$$

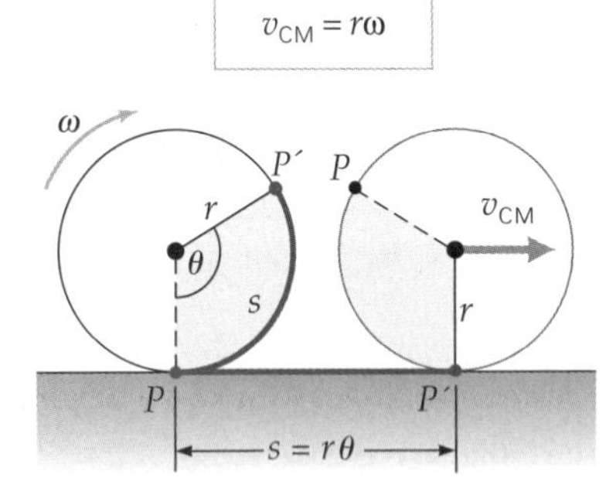

▲ **FIGURA 8.2 Rodar sin resbalar** Si un objeto rueda sin resbalar, la longitud del arco entre dos puntos de contacto en la circunferencia es igual a la distancia lineal recorrida. (Pensemos en pintura aplicada con un rodillo.) Esta distancia es $s = r\theta$. La rapidez del centro de masa es $v_{CM} = r\omega$.

donde $\omega = \theta/t$. En términos de la rapidez del centro de masa y la rapidez angular ω, la **condición para rodar sin resbalar** es

$$v_{CM} = r\omega \quad \textit{(rodar sin resbalar)} \tag{8.1}$$

La condición para rodar sin resbalar también se expresa así:

$$s = r\theta \tag{8.1a}$$

donde s es la distancia que el objeto rueda (la distancia que recorre el centro de masa).

Si llevamos la ecuación 8.1 un poco más lejos, escribiremos una expresión para la tasa de cambio de la velocidad con respecto al tiempo. Suponiendo que se parte del reposo, $\Delta v_{CM} = v_{CM}/t = (r\omega)/t$. Esto da una ecuación para el *rodamiento acelerado sin resbalar*:

$$a_{CM} = \frac{v_{CM}}{t} = \frac{r\omega}{t} = r\alpha \tag{8.1b}$$

donde $\alpha = \omega/t$ (para una α constante, suponiendo que ω_o es cero).

En esencia, un objeto rodará sin resbalar si el coeficiente de fricción estática entre el objeto y la superficie es suficientemente grande como para evitar el deslizamiento. Podría haber una combinación de movimientos de rodamiento y resbalamiento, por ejemplo, el derrapamiento de las ruedas de un automóvil cuando viaja por el lodo o el hielo. Si hay rodamiento y resbalamiento, entonces no hay una relación clara entre los movimientos de traslación y de rotación, y no se cumple $v_{CM} = r\omega$.

Ejemplo integrado 8.1 ■ Rodar sin resbalar

Un cilindro rueda por una superficie horizontal sin deslizarse. *a*) En determinado momento, la rapidez tangencial de la parte superior del cilindro es 1) v, 2) $r\omega$, 3) $v + r\omega$ o 4) cero. *b*) El cilindro tiene un radio de 12 cm y una rapidez de centro de masa de 0.10 m/s, cuando rueda sin resbalar. Si continúa desplazándose a esta rapidez durante 2.0 s, ¿qué ángulo gira el cilindro en ese lapso?

a) Razonamiento conceptual. Como el cilindro rueda sin resbalarse, se aplica la relación $v_{CM} = r\omega$. Como se observa en la figura 8.1, la rapidez en el punto de contacto es cero, v para el centro (de masa), y $2v$ en la parte superior. Con $v = r\omega$, la respuesta es 3, $v + r\omega = v + v = 2v$.

b) Razonamiento cuantitativo y solución. Conociendo el radio y la rapidez traslacional, la rapidez angular se calcula a partir de la condición de ningún resbalamiento, $v_{CM} = r\omega$. Con esto y el tiempo, se determina el ángulo de rotación.

Hacemos una lista de los datos, como siempre:

Dado: $r = 12 \text{ cm} = 0.12 \text{ m}$ — *Encuentre:* θ (ángulo de rotación)
$v_{CM} = 0.10 \text{ m/s}$
$t = 2.0 \text{ s}$

Usando $v_{CM} = r\omega$ para calcular la rapidez angular,

$$\omega = \frac{v_{CM}}{r} = \frac{0.10 \text{ m/s}}{0.12 \text{ m}} = 0.083 \text{ rad/s}$$

Por lo tanto,

$$\theta = \omega t = (0.83 \text{ m/s})(2.0 \text{ s}) = 1.7 \text{ rad}$$

El cilindro gira poco más de un cuarto de rotación. (¿De acuerdo? ¡Compruébelo!)

Ejercicio de refuerzo. ¿Qué distancia recorre en línea recta el CM del cilindro en el inciso *b* de este ejemplo. Calcúlelo con dos métodos distintos: traslacional y rotacional. (*Las respuestas de todos los Ejercicios de refuerzo se dan al final del libro.*)

8.2 Momento de fuerza, equilibrio y estabilidad

OBJETIVOS: *a*) Definir momento de fuerza, *b*) aplicar las condiciones para equilibrio mecánico y *c*) describir la relación entre la ubicación del centro de gravedad y la estabilidad.

Momento de fuerza

Al igual que en el movimiento traslacional, se requiere una fuerza para producir un cambio en el movimiento rotacional. La razón de cambio del movimiento depende no sólo de la magnitud de la fuerza, sino también de la distancia perpendicular entre su línea de acción y el eje de rotación, $r_\perp$ (▸figura 8.3a, b). La línea de acción de una fuerza es una línea imaginaria que pasa por la flecha del vector de fuerza, es decir, la línea a lo largo de la cual actúa la fuerza.

La figura 8.3 muestra que $r_\perp = r \operatorname{sen} \theta$, donde r es la distancia en línea recta entre el eje de rotación y el punto sobre el que actúa la fuerza, y θ es el ángulo entre la línea de r y el vector de fuerza $\vec{\mathbf{F}}$. Esta distancia perpendicular $r_\perp$ se llama **brazo de palanca** o **brazo de momento**.

El producto de la fuerza y el brazo de palanca se llama **momento de fuerza** $\vec{\tau}$ y su magnitud es

$$\tau = r_\perp F = rF \operatorname{sen} \theta \tag{8.2}$$

Unidad SI de momento de fuerza: metro-newton (m · N)

(Suelen usarse los símbolos $r_\perp F$ para denotar momento de fuerza, pero en la figura 8.3 vemos que $r_\perp F = rF_\perp$.) Las unidades de momento de fuerza en el SI son metros × newtons (m · N), que también corresponde con la unidad de trabajo, $W = Fd$ (N · m, o J). Escribiremos las unidades de momento de fuerza en orden inverso, m · N, para evitar confusiones; debemos tener presente que el momento de fuerza es un concepto independiente del de trabajo y su unidad *no* es el joule.

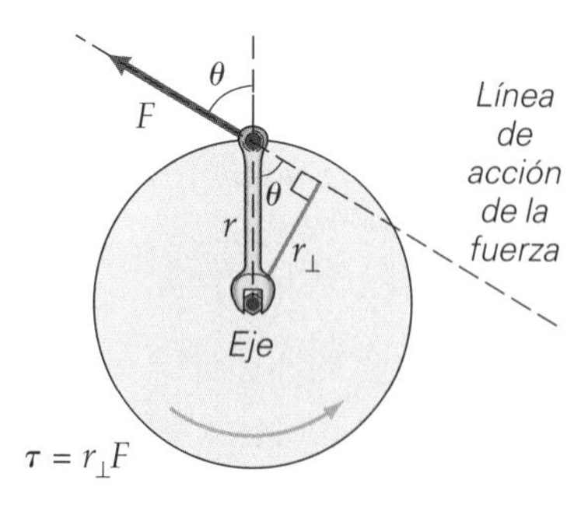

a) Momento de fuerza antihorario

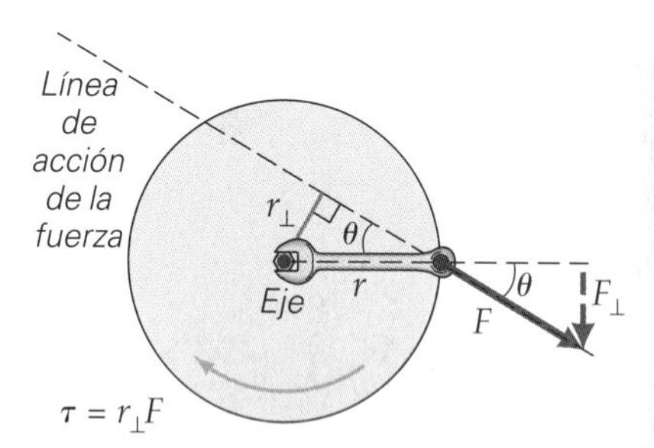

b) Momento de fuerza horario menor

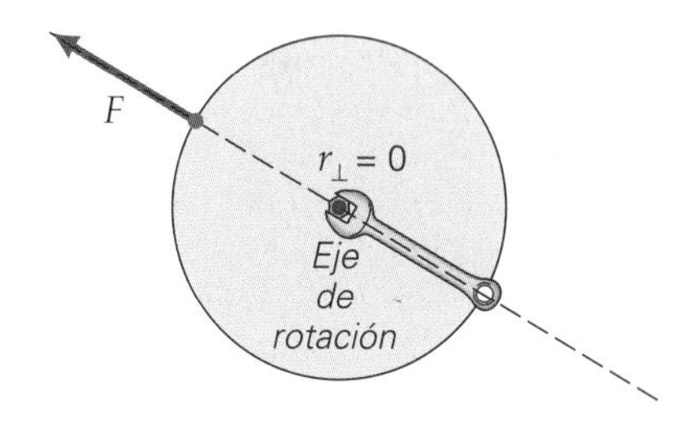

c) Momento de fuerza cero

▲ **FIGURA 8.3 Momento de fuerza y brazo de palanca** *a*) La distancia perpendicular $r_\perp$ entre el eje de rotación y la línea de acción de una fuerza se denomina *brazo de palanca* (o *brazo de momento*) y es igual a $r \operatorname{sen} \theta$. El momento de fuerza (o par de torsión) que produce movimiento rotacional es $\tau = r_\perp F$. *b*) La misma fuerza en la dirección opuesta con un menor brazo de palanca produce un momento de fuerza menor en la dirección opuesta. Observe que $r_\perp F = rF_\perp$, o $(r \operatorname{sen} \theta)F = r(F \operatorname{sen} \theta)$. *c*) Cuando una fuerza actúa a través del eje de rotación, $r_\perp = 0$ y $\tau = 0$.

No *siempre* se produce aceleración rotacional cuando una fuerza actúa sobre un cuerpo rígido estacionario. Por la ecuación 8.2, vemos que, cuando la fuerza actúa a través del eje de rotación tal que $\theta = 0$, entonces $\tau = 0$ (figura 8.3c). También, cuando $\theta = 90°$, el momento de fuerza es máximo y la fuerza actúa perpendicularmente a r. Por lo tanto, la aceleración angular depende de *dónde* se aplique una fuerza perpendicular (y, por ende, de la longitud del brazo de palanca). Como ejemplo práctico, imagine que aplicamos una fuerza a una puerta de vidrio pesada que se abre en ambas direcciones. El punto donde apliquemos la fuerza influirá mucho en la facilidad con que la puerta se abre o gira (sobre las bisagras de su eje). ¿Alguna vez usted ha intentado abrir una puerta así empujando por descuido el lado cercano a las bisagras? La fuerza produce un momento de fuerza pequeño y poca o ninguna aceleración rotacional.

Podemos ver el momento de fuerza en movimiento rotacional como similar a la fuerza en movimiento traslacional. Una fuerza neta, no equilibrada, modifica un movimiento traslacional, y un momento de fuerza neto, no equilibrado, modifica un movimiento rotacional. El momento de fuerza es un vector. Su dirección siempre es perpendicular al plano que forman los vectores de fuerza y de brazo de palanca, y está dada por una *regla de la mano derecha* como la que se emplea con la velocidad angular (sección 7.2). Si los dedos de la mano derecha se enroscan alrededor del eje de rotación en la dirección de la aceleración rotacional (angular) que produciría el momento de fuerza, el pulgar extendido apuntará en la dirección del momento de fuerza. Podemos usar una convención de signo, como en el caso del movimiento rectilíneo, para representar direcciones de momento de fuerza, como veremos más adelante.

Ejemplo 8.2 ■ Levantar y sostener: momento de fuerza muscular en acción

En nuestro cuerpo, momentos de fuerza producidos por la contracción de nuestros músculos hacen que algunos huesos giren sobre sus articulaciones. Por ejemplo, cuando levantamos algo con el antebrazo, el músculo bíceps aplica un momento de fuerza al antebrazo (▼figura 8.4). Si el eje de rotación pasa por la articulación del codo y el músculo está sujeto a 4.0 cm del codo, ¿qué magnitud tendrá el momento de fuerza muscular en los incisos *a* y *b* de la figura 8.4, si el músculo ejerce una fuerza de 600 N?

Razonamiento. Al igual que en muchas situaciones rotacionales, es importante conocer la orientación de los vectores $\vec{\mathbf{r}}$ y $\vec{\mathbf{F}}$ porque el ángulo *entre* ellos determina el brazo de palanca. En el inserto de la figura 8.4a note que si juntamos las colas de los vectores $\vec{\mathbf{r}}$ y $\vec{\mathbf{F}}$ el ángulo entre ellos será mayor que 90°, es decir, $30° + 90° = 120°$. En la figura 8.4b, el ángulo es de 90°.

Solución. Primero hacemos una lista de los datos que nos dan aquí y en la figura. Este ejemplo ilustra un punto importante: que θ es el ángulo *entre* el vector radial $\vec{\mathbf{r}}$ y la fuerza $\vec{\mathbf{F}}$.

Dado: $r = 4.0 \text{ cm} = 0.040 \text{ m}$
$F = 600 \text{ N}$
$\theta_a = 30° + 90° = 120°$
$\theta_b = 90°$

Encuentre *a*) τ (magnitud del momento de fuerza muscular) para figura 8.4a
b) τ (magnitud del momento de fuerza muscular) para figura 8.4b

▼ **FIGURA 8.4 Momento de fuerza humana** Véase el ejemplo 8.2.

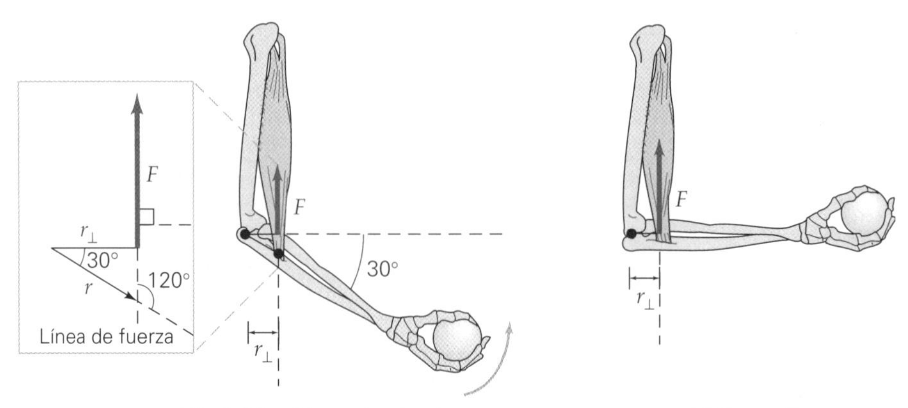

a) Se inicia el levantamiento **b) Se sostiene**

a) En este caso, $\vec{\mathbf{r}}$ está dirigido sobre el antebrazo, así que el ángulo entre los vectores $\vec{\mathbf{r}}$ y $\vec{\mathbf{F}}$ es $\theta_a = 120°$. Con la ecuación 8.2 tenemos

$$\tau = rF\,\text{sen}(120°) = (0.040\text{ m})(600\text{ N})(0.866) = 21\text{ m}\cdot\text{N}$$

en el instante en cuestión.

b) Aquí, la distancia r y la línea de acción de la fuerza son perpendiculares ($\theta_b = 90°$) y $r_\perp = r\,\text{sen}\,90° = r$. Entonces,

$$\tau = r_\perp F = rF = (0.040\text{ m})(600\text{ N}) = 24\text{ m}\cdot\text{N}$$

El momento de fuerza es mayor en b. Esto era de esperar porque el valor máximo del momento de fuerza ($\tau_{\text{máx}}$) se da cuando $\theta = 90°$.

Ejercicio de refuerzo. En el inciso *a* de este ejemplo, debe haber un momento de fuerza neto, porque la rotación del antebrazo aceleró la pelota hacia arriba. En el inciso *b*, la pelota simplemente se está sosteniendo y no hay aceleración rotacional, así que no hay momento de fuerza en el sistema. Identifique los demás momentos de fuerza en cada caso.

Ejemplo conceptual 8.3 ■ Mi dolor de espalda

Una persona se dobla como se ilustra en la ▸figura 8.5a. Para la mayoría de nosotros, el centro de gravedad del cuerpo está en la región del pecho o cerca de éste. Cuando nos inclinamos, esto origina un momento de fuerza que tiende a producir rotación en torno a un eje en la base de la espina dorsal, y podría ocasionar una caída. ¿Por qué no nos caemos cuando nos inclinamos de esta forma? (Considere sólo el torso superior.)

Razonamiento y respuesta. De hecho, si éste fuera el único momento de fuerza que actuara, nos caeríamos al inclinarnos. Pero como no nos caemos, otra fuerza debe estar produciendo un momento de fuerza tal que el momento de fuerza neto sea cero. ¿De dónde viene este momento de fuerza? Evidentemente del interior del cuerpo, a través de una complicada combinación de músculos de la espalda.

Si la suma de vectores de todas las fuerzas musculares de la espalda se representa como la fuerza neta F_b (como se indica en la figura 8.5b), se vería que los músculos de la espalda ejercen una fuerza que compensa el momento de fuerza del centro de gravedad.

Ejercicio de refuerzo. Suponga que un individuo se inclina sosteniendo un pesado objeto que acababa de levantar. ¿Cómo afectaría esto su fuerza muscular de la espalda?

a)

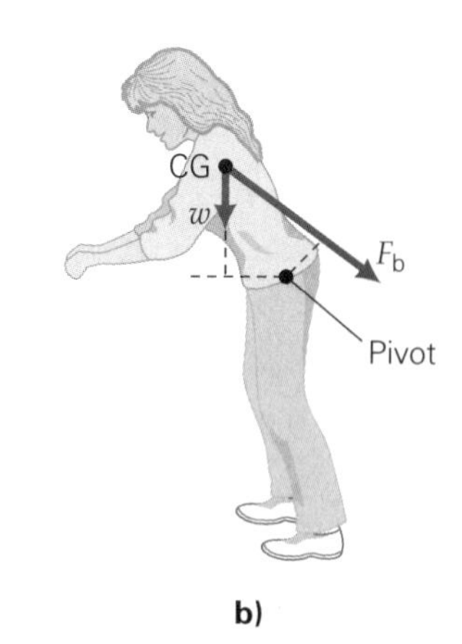

b)

▲ **FIGURA 8.5 Momento de fuerza pero sin rotación** *a)* Cuando un individuo se inclina, su peso —que actúa a través de su centro de gravedad— origina un momento de fuerza antihorario que tiende a producir rotación en torno a un eje en la base de la espina dorsal. *b)* Sin embargo, los músculos de la espalda se combinan para producir una fuerza, F_b, y el momento de fuerza horario resultante compensa la fuerza de gravedad.

Antes de estudiar la dinámica rotacional con momentos de fuerza netos y movimientos rotacionales, examinemos una situación en que se equilibran las fuerzas y los momentos de fuerza que actúan sobre un cuerpo.

Equilibrio

En general, equilibrio significa que las cosas están balanceadas o son estables. Esta definición se aplica en el sentido mecánico a las fuerzas y momentos de fuerza. Las fuerzas no equilibradas producen aceleraciones traslacionales; pero las fuerzas *equilibradas* producen la condición que llamamos *equilibrio traslacional*. Asimismo, momentos de fuerza no equilibrados producen aceleraciones rotacionales; en tanto que momentos de fuerza *equilibrados* producen *equilibrio rotacional*.

Según la primera ley de Newton del movimiento, cuando la suma de las fuerzas que actúan sobre un cuerpo es cero, éste permanece en reposo (estático) o en movimiento con velocidad constante. En ambos casos, decimos que el cuerpo está en **equilibrio traslacional**. Dicho de otra manera, la *condición para que haya equilibrio traslacional* es que la fuerza neta sobre un cuerpo sea cero; es decir, $\vec{\mathbf{F}}_{\text{neta}} = \Sigma\vec{\mathbf{F}}_i = 0$. Debe ser evidente que esta condición se satisface en las condiciones que se ilustran en la ▾figura 8.6a y b. Las fuerzas cuyas líneas de acción pasan por el mismo punto se llaman **fuerzas concurrentes**. Si la suma vectorial de tales fuerzas es cero, como en la figura 8.6a y b, el cuerpo estará en equilibrio traslacional.

Sin embargo, ¿qué pasa con la situación de la figura 8.6c? Ahí, $\Sigma\vec{\mathbf{F}}_i = 0$, pero las fuerzas opuestas harán que el objeto gire, así que evidentemente no estará en un estado de equilibrio estático. (Este par de fuerzas iguales y opuestas que no tienen la misma línea de acción se denomina simplemente *par*.) Así, la condición $\Sigma\vec{\mathbf{F}}_i = 0$ es una condición necesaria, pero *no suficiente* para el equilibrio estático.

Puesto que $\vec{\mathbf{F}}_{\text{neta}} = \Sigma\vec{\mathbf{F}}_i = 0$ es la condición para equilibrio traslacional, predeciríamos (correctamente) que $\vec{\boldsymbol{\tau}}_{\text{neta}} = \Sigma\vec{\boldsymbol{\tau}}_i = 0$ es la *condición para equilibrio rotacional*. Es

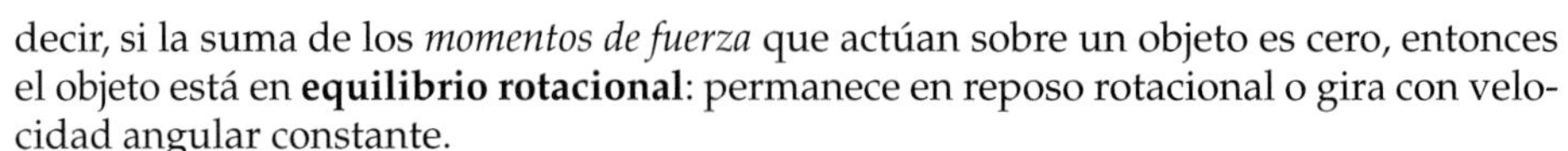

decir, si la suma de los *momentos de fuerza* que actúan sobre un objeto es cero, entonces el objeto está en **equilibrio rotacional**: permanece en reposo rotacional o gira con velocidad angular constante.

Así, vemos que en realidad hay *dos* condiciones de equilibrio; juntas, definen el **equilibrio mecánico**. Se dice que un cuerpo está en equilibrio mecánico si se satisfacen las condiciones tanto para equilibrio traslacional como para el equilibrio rotacional:

$$\vec{\mathbf{F}}_{\text{neta}} = \Sigma\vec{\mathbf{F}}_i = 0 \quad \textit{(para equilibrio traslacional)} \tag{8.3}$$
$$\vec{\boldsymbol{\tau}}_{\text{neto}} = \Sigma\vec{\boldsymbol{\tau}}_i = 0 \quad \textit{(para equilibrio rotacional)}$$

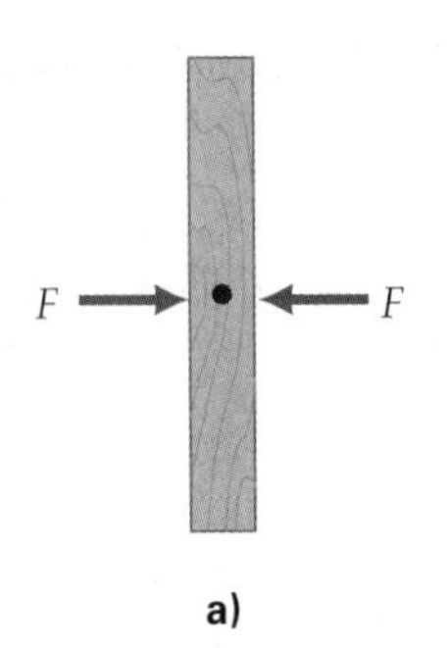

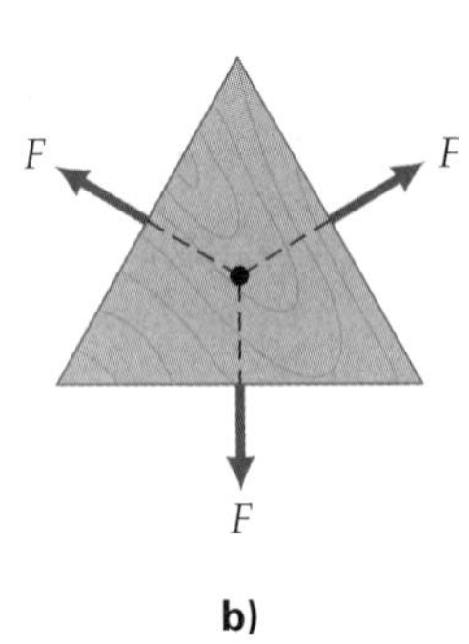

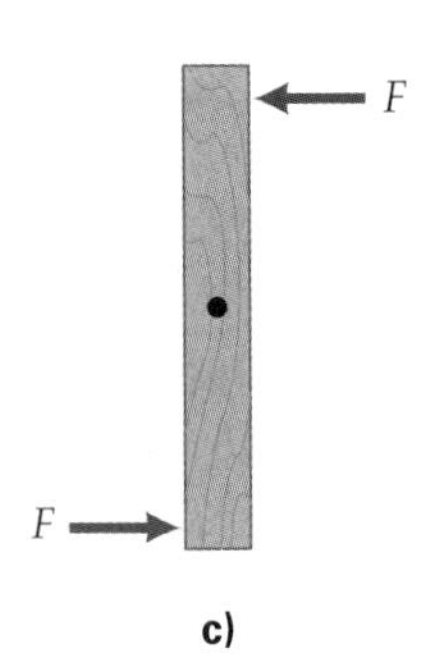

▲ **FIGURA 8.6** Equilibrio y fuerzas
Las fuerzas cuyas líneas de acción pasan por el mismo punto se consideran *concurrentes*. Las resultantes de las fuerzas concurrentes que actúan sobre los objetos en ***a)*** y ***b)*** son cero, y los objetos están en equilibrio, porque el momento de fuerza neto *y* la fuerza neta son cero. En ***c)***, el objeto está en equilibrio *traslacional*, pero sufrirá una aceleración angular; por lo tanto, *no* está en equilibrio rotacional.

Un cuerpo rígido en equilibrio mecánico podría estar en reposo o moviéndose con velocidad rectilínea o angular constante. Un ejemplo de esto último es un objeto que rueda sin resbalar sobre una superficie horizontal, si el centro de masa del objeto tiene velocidad constante. Sin embargo, ésta es una condición ideal. Algo con mayor interés práctico es el **equilibrio estático**, que es la condición que se da cuando un cuerpo rígido permanece en reposo, es decir, un cuerpo para el cual $v = 0$ y $\omega = 0$. Hay muchos casos en los que no queremos que las cosas se muevan, y esta ausencia de movimiento sólo puede darse si se satisfacen las condiciones de equilibrio. Es muy tranquilizante saber, por ejemplo, que el puente que vamos a cruzar está en equilibrio estático, y no sujeto a movimiento traslacional o rotacional.

Consideremos ejemplos de equilibrio estático traslacional y equilibrio estático rotacional por separado, y luego un ejemplo donde haya ambos.

Ejemplo 8.4 ■ Equilibrio estático traslacional: sin aceleración ni movimiento traslacionales

Un cuadro cuelga inmóvil en una pared como se muestra en la ▸figura 8.7a. Si el cuadro tiene una masa de 3.0 kg, ¿cuál será la magnitud de las fuerzas de tensión que hay en los alambres?

Razonamiento. Puesto que el cuadro no se mueve, debe estar en equilibrio estático, de manera que la aplicación de las condiciones de equilibrio mecánico debería dar ecuaciones para las tensiones. Vemos que todas las fuerzas (tensiones y peso) son concurrentes; es decir, sus líneas de acción pasan por un mismo punto, el clavo. Por ello, se satisface automáticamente la condición para equilibrio rotacional ($\Sigma\vec{\boldsymbol{\tau}}_i = 0$) con respecto a un eje de rotación en el clavo, los brazos de palanca ($r_\perp$) de las fuerzas son cero, así que los momentos de fuerza son cero. Por lo tanto, sólo consideraremos el equilibrio traslacional.

Solución.

Dado: $\theta_1 = 45°, \theta_2 = 50°$ $\quad$ *Encuentre:* T_1 y T_2
$m = 3.00$ kg

Resulta útil, en un diagrama de cuerpo libre, aislar las fuerzas que actúan sobre el cuadro, como hicimos en el capítulo 4 para resolver problemas de fuerzas (figura 8.7b). El diagrama indica que las fuerzas concurrentes actúan sobre el punto común. Hemos desplazado todos los vectores de fuerza a ese punto, que se toma como origen de los ejes de coordenadas. La fuerza de peso mg actúa hacia abajo.

Con el sistema en equilibrio estático, la fuerza neta sobre el cuadro es cero; es decir, $\Sigma\vec{\mathbf{F}}_i = 0$. Por lo tanto, las sumas de los componentes rectangulares también son cero: $\Sigma F_x = 0$ y $\Sigma F_y = 0$. Entonces (utilizando $\pm$ para indicar dirección), tenemos

$$\Sigma F_x\!: \quad +T_1 \cos\theta_1 - T_2 \cos\theta_2 = 0 \tag{1}$$

$$\Sigma F_y\!: \quad +T_1 \operatorname{sen}\theta_1 + T_2 \operatorname{sen}\theta_2 - mg = 0 \tag{2}$$

Así, despejando T_2 en la ecuación 1 (o T_1 si lo desea),

$$T_2 = T_1\left(\frac{\cos\theta_1}{\cos\theta_2}\right) \tag{3}$$

Exploración 13.2 Fricción estática en una viga horizontal

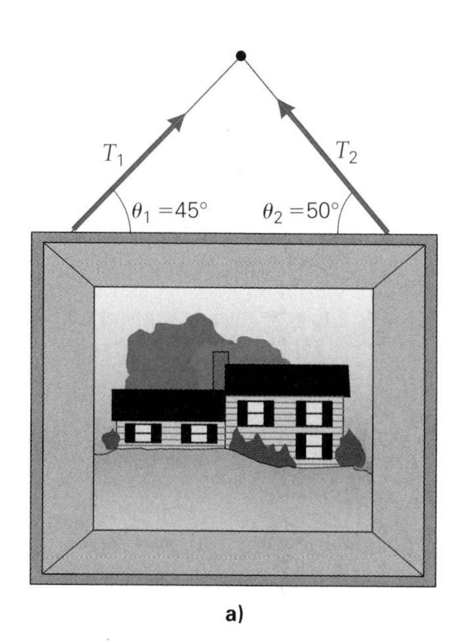

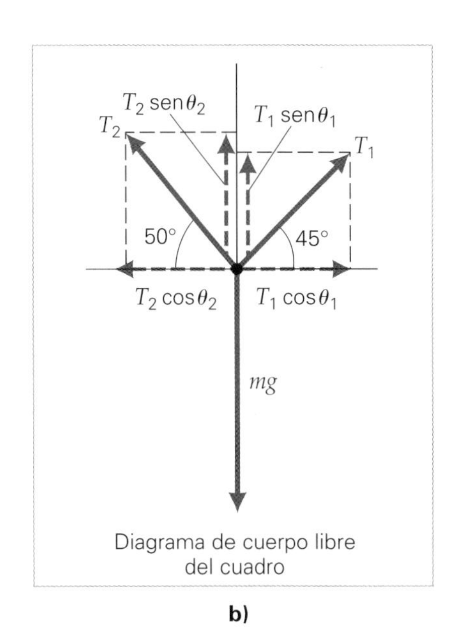

◀ **FIGURA 8.7 Equilibrio estático traslacional** ***a)*** Puesto que el cuadro cuelga inmóvil de la pared, la suma de las fuerzas que actúan sobre él debe ser cero. Las fuerzas son concurrentes, pues sus líneas de acción pasan un mismo punto, el clavo. ***b)*** En el diagrama de cuerpo libre, suponemos que todas las fuerzas actúan sobre un mismo punto (el clavo). Hemos desplazado T_1 y T_2 a este punto por conveniencia; pero debemos recordar que las fuerzas actúan sobre el *cuadro*, no sobre el clavo. Véase el ejemplo 8.4.

al sustituir en la ecuación 2, con un poco de álgebra, tenemos

$$T_1\left[\operatorname{sen} 45° + \left(\frac{\cos 45°}{\cos 50°}\right)\operatorname{sen} 50°\right] - mg$$

$$= T_1\left[0.707 + \left(\frac{0.707}{0.643}\right)(0.766)\right] - (3.00\text{ kg})(9.80\text{ m/s}^2) = 0$$

y

$$T_1 = \frac{29.4\text{ N}}{1.55} = 19.0\text{ N}$$

Por lo tanto, de la ecuación (2),

$$T_2 = T_1\left(\frac{\cos\theta_1}{\cos\theta_2}\right) = 19.0\text{ N}\left(\frac{0.707}{0.643}\right) = 20.9\text{ N}$$

Ejercicio de refuerzo. Analice la situación que se presentaría en la figura 8.7, si los alambres se acortaran a manera de reducir igualmente ambos ángulos. Lleve su análisis al límite en que los ángulos se acerquen a cero. ¿La respuesta es realista?

Como ya señalamos, el momento de fuerza es un vector y por lo tanto tiene dirección. De forma similar a como hicimos en el caso del movimiento rectilíneo (capítulo 2), donde usamos signos más y menos para expresar direcciones opuestas (por ejemplo, $+x$ y $-x$), designamos las direcciones de momento de fuerza como más o menos, dependiendo de la aceleración rotacional que tienden a producir. Tomamos las "direcciones" de rotación como horaria o antihoraria en torno al eje de rotación. Tomaremos como positivo (+) un momento de fuerza que tiende a producir una rotación antihoraria; y como negativo (−), uno que tiende a producir una rotación horaria. (Véase la regla de la mano derecha en la sección 7.2.) Para ilustrar esto, apliquemos nuestra convención a la situación del ejemplo 8.5.

Ilustración 13.4 El problema del trampolín

(Puesto que consideraremos sólo casos de rotación en torno a ejes fijos, alrededor de los cuales sólo hay dos direcciones posibles de momento de fuerza, en los ejemplos se utilizará la notación de signo-magnitud para los vectores de momentos de fuerza, de manera similar a como se hizo con el movimiento en una dimensión que se estudió en el capítulo 2.)

Ejemplo 8.5 ■ Equilibrio estático rotacional: sin movimiento rotacional

Tres masas están suspendidas de una regla de un metro como se muestra en la ▾figura 8.8a. ¿Qué masa debe colgarse a la derecha para que el sistema esté en equilibrio estático? (Ignore la masa de la regla.)

Razonamiento. Como muestra el diagrama de cuerpo libre (figura 8.8b), la condición para equilibrio traslacional se satisfará cuando la fuerza normal hacia arriba $\vec{\mathbf{N}}$ equilibre los pesos hacia abajo, siempre que la regla esté horizontal. Sin embargo, $\vec{\mathbf{N}}$ es incógnita si no conocemos m_3, así que la aplicación de la condición para equilibrio rotacional deberá darnos el valor requerido de m_3. (Note que los brazos de palanca se miden desde el punto pivote en el centro de la regla.)

Solución. Por la figura, tenemos

Dado: $m_1 = 25$ g   *Encuentre:* m_3 (masa desconocida)
$r_1 = 50$ cm
$m_2 = 75$ g
$r_2 = 30$ cm
$r_3 = 35$ cm

Dado que la condición para equilibrio traslacional ($\Sigma\vec{\mathbf{F}}_i = 0$) se satisface (no hay $\vec{\mathbf{F}}_{\text{neta}}$ en la dirección y), $N - Mg = 0$, o bien, $N = Mg$, donde M es la masa total. Esto es cierto sea cual fuere la masa total, es decir, no importa cuánta masa m_3 agreguemos. Sin embargo, a menos que coloquemos la masa correcta m_3 a la derecha, la regla experimentará un momento de fuerza neto y comenzará a girar.

Vemos que las masas de la izquierda producen momentos de fuerza que tenderían a hacer girar la regla en sentido antihorario, y la masa de la derecha produce un momento de fuerza que tendería a girarla en el otro sentido. Aplicamos la condición para equilibrio rotacional obteniendo la suma de los momentos de fuerza en torno a un eje. Tomaremos como eje el centro de la regla en la posición de 50 cm (punto A en la figura 8.8b). Luego, observando que N pasa por el eje de rotación ($r_\perp = 0$) y no produce momento de fuerza, tenemos

Ilustración 13.3 La fuerza y el momento de fuerza para el equilibrio

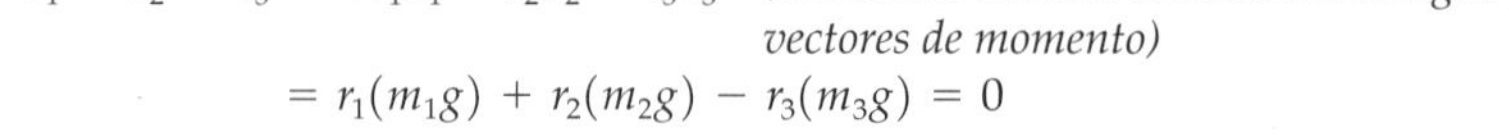

$$\Sigma\tau_i: \quad \tau_1 + \tau_2 + \tau_3 = +r_1F_1 + r_2F_2 - r_3F_3 \quad \textit{(utilizando nuestra convención de signo para vectores de momento)}$$
$$= r_1(m_1g) + r_2(m_2g) - r_3(m_3g) = 0$$

Exploración 13.1 Equilibrio de un objeto móvil

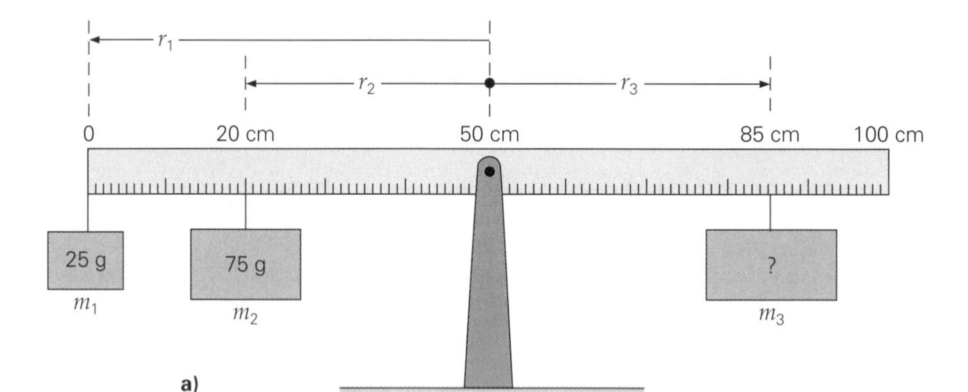

Exploración 13.3 Carga distribuida

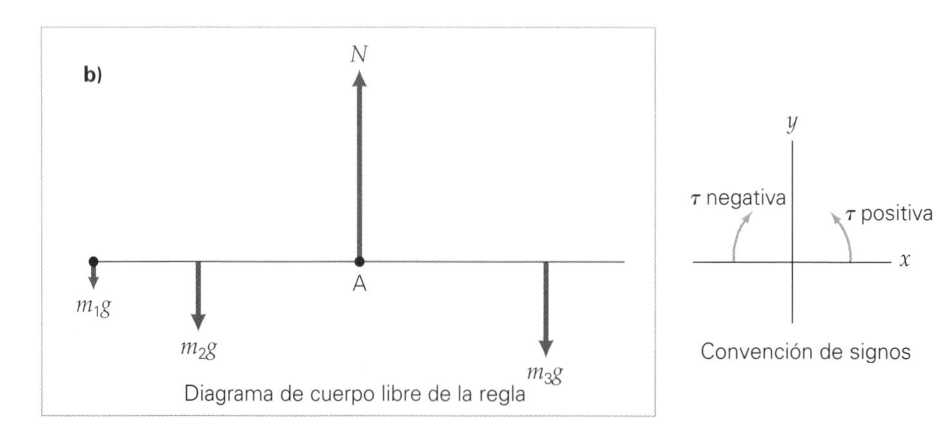

▸ **FIGURA 8.8 Equilibrio estático rotacional** Para que la regla esté en equilibrio rotacional, la suma de los momentos de fuerza que actúan en torno a cualquier eje elegido debe ser cero. (La masa de la regla se considera insignificante.) Véase el ejemplo 8.5.

Como las g se cancelan y despejamos m_3,

$$m_3 = \frac{m_1 r_1 + m_2 r_2}{r_3} = \frac{(25\text{ g})(50\text{ cm}) + (75\text{ g})(30\text{ cm})}{35\text{ cm}} = 100\text{ g}$$

Aquí no tiene caso convertir a unidades estándar. (Despreciamos la masa del metro, pero si la regla es uniforme su masa no afectará el equilibrio, siempre que el punto pivote esté en la marca de 50 cm. ¿Por qué?)

Ejercicio de refuerzo. Podríamos haber tomado cualquier punto de la regla como eje de rotación. Esto es, si un sistema está en equilibrio estático rotacional, se cumple la condición $\Sigma\tau_i = 0$ para *cualquier* eje de rotación. Demuestre que esto es cierto para el sistema del ejemplo tomando como eje de rotación el extremo izquierdo de la regla ($x = 0$).

En general, para resolver un problema de estática, es preciso escribir explícitamente las condiciones para equilibrio tanto traslacional como rotacional. El ejemplo 8.6 ilustra esto.

Ejemplo 8.6 ■ Equilibrio estático: ni traslación ni rotación

Una escalera con una masa de 15 kg descansa contra una pared lisa (▸figura 8.9a). Un hombre con una masa de 78 kg está parado en la escalera como se muestra en la figura. ¿Qué fuerza de fricción debe actuar sobre la base de la escalera para que no resbale?

Razonamiento. Aquí actúan diversas fuerzas y momentos de fuerza. La escalera no resbalará en tanto se satisfagan las condiciones para equilibrio estático. Si igualamos a cero tanto la sumatoria de las fuerzas como la de los momentos de fuerza, despejaremos la fuerza de fricción necesaria. También veremos que, si elegimos un eje de rotación conveniente, tal que uno o más τ sean cero en la sumatoria de momentos de fuerza, se simplifica la ecuación l momento de fuerza.

Solución.

Dado: $m_\ell = 15$ kg
$m_m = 78$ kg
Distancias dadas en la figura

Encuentre: f_s (fuerza de fricción estática)

Como la pared es lisa, la fricción entre ella y la escalera es insignificante, y sólo la fuerza de reacción normal de la pared, N_w, actuará sobre la escalera en este punto (figura 8.9b).

Al aplicar las condiciones para equilibrio estático, elegimos cualquier eje de rotación para la condición rotacional. (Las condiciones deben cumplirse para todas las partes de un sistema en equilibrio estático; es decir, no puede haber movimiento en ninguna parte del sistema.) Vemos que si colocamos el eje de rotación en el extremo de la escalera que toca el suelo, eliminaremos los momentos de fuerza debidos a f_s y N_g, porque los brazos de palanca son cero. Entonces, escribimos tres ecuaciones (utilizando mg en vez de w):

$$\Sigma F_x\text{:}\quad N_w - f_s = 0$$

$$\Sigma F_y\text{:}\quad N_g - m_m g - m_\ell g = 0$$

y

$$\Sigma\tau_i\text{:}\quad (m_\ell g)x_1 + (m_m g)x_2 + (-N_w y) = 0$$

Consideramos que el peso de la escalera está concentrado en su centro de gravedad. Si despejamos N_w de la tercera ecuación y sustituimos los valores dados para las masas y distancias, tendremos

$$N_w = \frac{(m_\ell g)x_1 + (m_m g)x_2}{y}$$

$$= \frac{(15\text{ kg})(9.8\text{ m/s}^2)(1.0\text{ m}) + (78\text{ kg})(9.8\text{ m/s}^2)(1.6\text{ m})}{5.6\text{ m}} = 2.4 \times 10^2\text{ N}$$

Entonces, por la primera ecuación,

$$f_s = N_w = 2.4 \times 10^2\text{ N}$$

Ejercicio de refuerzo. En este ejemplo, ¿la fuerza de fricción entre la escalera y el suelo (llamémosla f_{s_1}) sería la misma si hubiera fricción entre la pared y la escalera (llamémosla f_{s_2})? Justifique su respuesta.

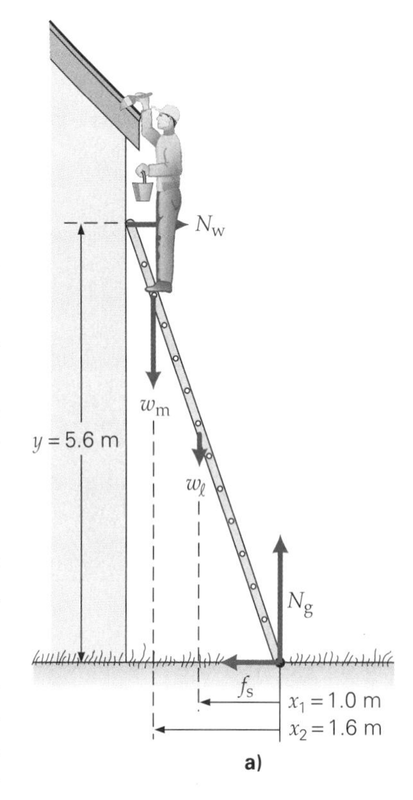

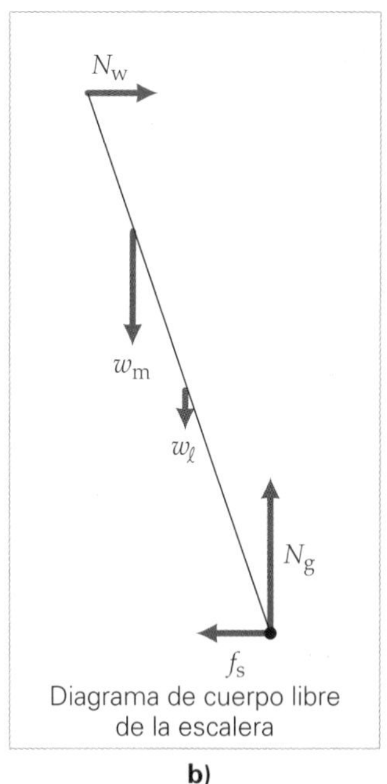

▲ **FIGURA 8.9** Equilibrio estático
El hombre necesita que la escalera esté en equilibrio estático; es decir, tanto la suma de las fuerzas como la de los momentos de fuerza deben ser cero. Véase el ejemplo 8.6.

a)

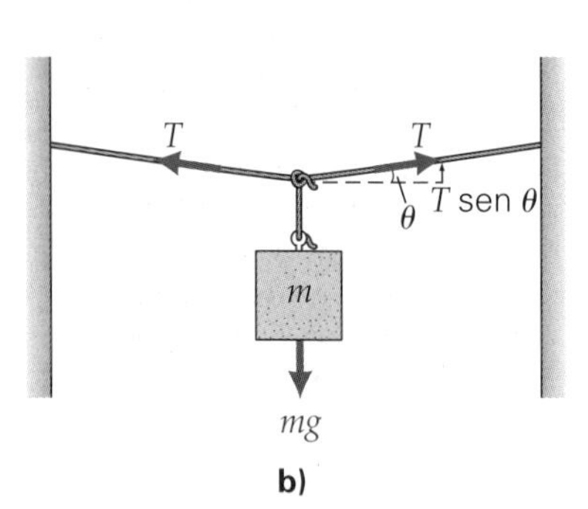

b)

▲ **FIGURA 8.10** La cruz de hierro *a)* La posición gimnástica de la cruz de hierro es una de las más agotadoras y difíciles de lograr. *b)* Una situación análoga de un peso suspendido de una cuerda atada por los dos extremos. Véase el ejemplo conceptual 8.7.

Sugerencia para resolver problemas

Como ilustran los ejemplos anteriores, al resolver problemas de equilibrio estático conviene seguir este procedimiento:

1. Dibuje un diagrama espacial del problema.
2. Dibuje un diagrama de cuerpo libre, mostrando y rotulando todas las fuerzas externas y, si es necesario, descomponiéndolas en componentes x y y.
3. Aplique las condiciones de equilibrio. Sumatoria de fuerzas: $\Sigma\vec{\mathbf{F}}_i = 0$, generalmente en forma de componentes; $\Sigma F_x = 0$ y $\Sigma F_y = 0$. Sumatoria de momentos de fuerza: $\Sigma\vec{\tau}_i = 0$. Conviene seleccionar un eje de rotación que reduzca lo más posible el número de términos. Usar convenciones de signo $\pm$ tanto para $\vec{\mathbf{F}}$ y $\vec{\tau}$.
4. Despeje las cantidades desconocidas.

Ejemplo conceptual 8.7 ■ No hay momento de fuerza neto: la cruz de hierro

La posición estática de gimnasia conocida como "cruz de hierro" es una de las más agotadoras y difíciles de realizar (◂figura 8.10a). ¿Qué la hace tan difícil?

Razonamiento y respuesta. El gimnasta debe ser extremadamente fuerte para lograr y mantener tal posición estática, ya que se requiere de una enorme fuerza muscular para suspender el cuerpo de las argollas. Esto se puede mostrar considerando una situación parecida con un peso suspendido de una cuerda atada por los dos extremos (figura 8.10b). Cuanto más se acerque la cuerda (o los brazos del gimnasta) a la posición horizontal, mayor fuerza se necesitará para mantener el peso suspendido.

A partir de la figura, se observa que los componentes verticales de la fuerza de tensión (T) en la cuerda deben equilibrar la fuerza del peso hacia abajo. (T es análoga a las fuerzas musculares del brazo.) Esto es,

$$2T \text{ sen } \theta = mg$$

Note que para que la cuerda (o los brazos del gimnasta) tome una posición horizontal, el ángulo debe aproximarse a cero ($\theta \rightarrow 0$). Entonces, ¿qué le sucede a la fuerza de tensión T sen θ? Conforme $\theta \rightarrow 0$, entonces $T \rightarrow \infty$, haciendo muy difícil lograr un θ pequeño, y haciendo imposible que la cuerda y los brazos del gimnasta tomen una posición perfectamente horizontal.

Ejercicio de refuerzo. ¿Cuál es la posición que requiere menor tensión para un gimnasta en las argollas?

Estabilidad y centro de gravedad

El equilibrio de una partícula o un cuerpo rígido puede ser estable o inestable en un campo gravitacional. En el caso de los cuerpos rígidos, conviene analizar estas categorías de equilibrios en términos del centro de gravedad del cuerpo. En el capítulo 6 vimos que el **centro de gravedad** es el punto en el cual puede considerarse que actúa todo el peso de un objeto, como si el objeto fuera una partícula. Cuando la aceleración debida a la gravedad es constante, coinciden el centro de gravedad y el centro de masa.

Nota: equilibrio estable: un momento de fuerza restaurador.

Si un objeto está en **equilibrio estable**, cualquier desplazamiento pequeño origina una fuerza o momento de fuerza restaurador, que tiende a regresar el objeto a su posición de equilibrio original. Como se ilustra en la ▸figura 8.11a, una pelota dentro de un tazón está en equilibrio estable. Asimismo, el centro de gravedad de un cuerpo extendido, a la derecha, está en equilibrio estable. Cualquier desplazamiento pequeño eleva el centro de gravedad, y una fuerza gravitacional restauradora tiende a regresarlo a la posición de energía potencial mínima. Dicha fuerza produce realmente un momento de fuerza restaurador que proviene de un componente del peso y tiende a girar el objeto en torno a un punto pivote para regresarlo a su posición original.

Nota: equilibrio inestable: un momento de fuerza que derriba la condición del equilibrio estable.

Si un objeto está en **equilibrio inestable**, cualquier desplazamiento pequeño respecto al equilibrio produce un momento de fuerza que tiende a girar el objeto alejándolo de su posición de equilibrio. Esta situación se ilustra en la figura 8.11b. Observe que el centro de gravedad del objeto está en la cúspide de un tazón de energía potencial invertido, es decir, la energía potencial es máxima en este caso. Los desplazamientos o perturbaciones pequeñas afectan bastante los objetos en equilibrio inestable: no se necesita mucho para lograr que un objeto así cambie de posición.

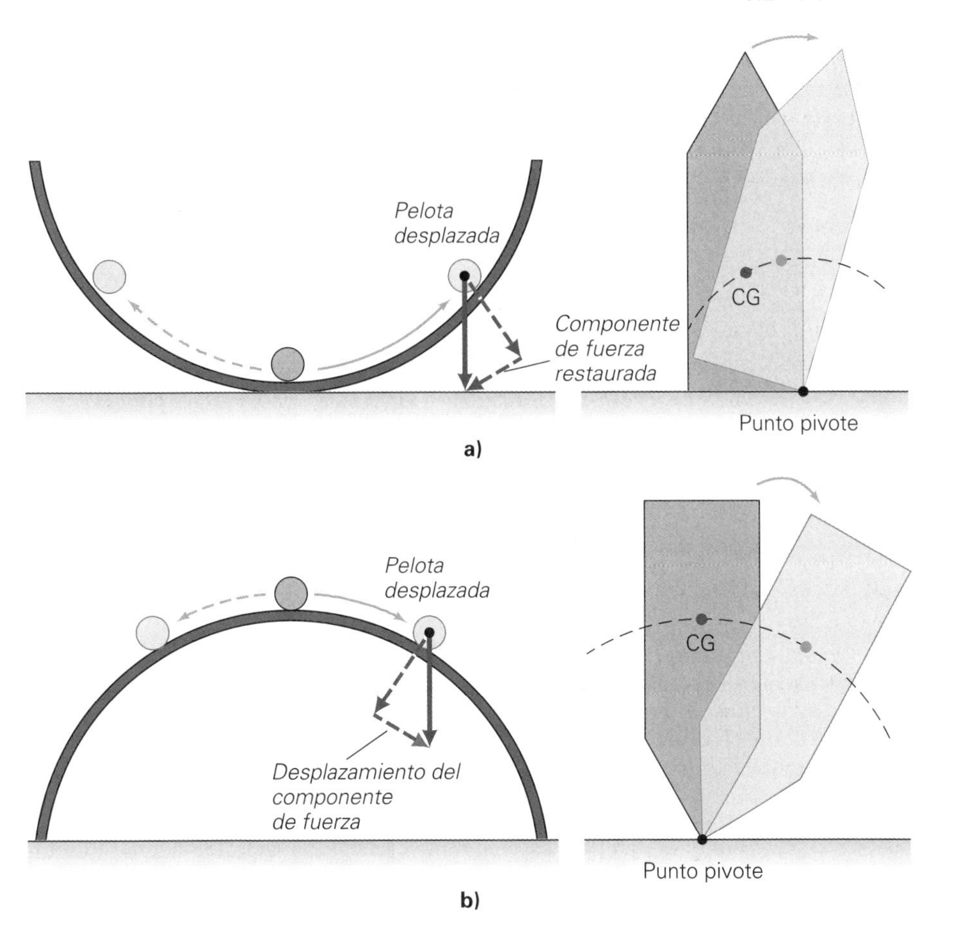

◀ **FIGURA 8.11** Equilibrios estable e inestable *a)* Cuando un objeto está en equilibrio estable, cualquier pequeño desplazamiento respecto a la posición de equilibrio produce una fuerza o momento de fuerza que tiende a regresar al objeto a esa posición. Una pelota en un tazón (izquierda) regresa al fondo si se le desplaza. De forma similar, puede considerarse que el centro de gravedad (CG) de un objeto extendido en equilibrio estable (derecha) está en un "tazón" de energía potencial: un desplazamiento pequeño eleva el CG y aumenta la energía potencial del objeto. *b)* Si un objeto está en equilibrio inestable, cualquier desplazamiento pequeño respecto a su posición de equilibrio produce una fuerza o momento de fuerza que tiende a alejar más al objeto de esa posición. La pelota sobre un tazón volteado (izquierda) está en equilibrio inestable. En el caso de un objeto extendido (derecha), podría pensarse que el CG está en un tazón de energía potencial volteado: un pequeño desplazamiento baja el CG y reduce la energía potencial del objeto.

En cambio, aunque el desplazamiento angular de un objeto en equilibrio estable sea considerable, el objeto regresará a su posición de equilibrio. Ésta es una forma de resumir la **condición de equilibrio estable**:

> Un objeto está en equilibrio estable si, después de un desplazamiento pequeño, su centro de gravedad sigue estando arriba de la base de soporte original del objeto y dentro de ella. Es decir, la línea de acción del peso en el centro de gravedad interseca la base original de soporte.

En un caso así, siempre habrá un momento de fuerza gravitacional restaurador (▼figura 8.12a). Sin embargo, cuando el centro de gravedad o de masa queda fuera de la base de soporte, el objeto se desploma debido a un momento de fuerza gravitacional que lo hace girar alejándolo de su posición de equilibrio (figura 8.12b).

▼ **FIGURA 8.12** Ejemplos de equilibrios estable e inestable *a)* Cuando el centro de gravedad está arriba de la base de soporte de un objeto y dentro de ella, el objeto está en equilibrio estable. (Hay un momento de fuerza restaurador.) Note que la línea de acción del peso del centro de gravedad (CG) interseca la base de soporte original después del desplazamiento. *b)* Si el centro de gravedad queda fuera de la base de soporte, o la línea de acción del peso no interseca la base de soporte original, el objeto es inestable. (Hay un momento de fuerza desplazador.)

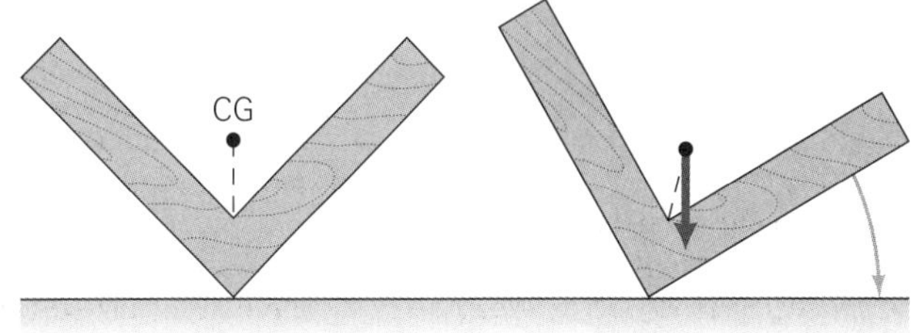

▶ **FIGURA 8.13 Estable e inestable** *a)* Los autos de carreras son muy estables por su base rodante ancha y su centro de gravedad bajo. *b)* La base de soporte del acróbata es muy angosta: el área de contacto entre las cabezas. En tanto su centro de gravedad esté sobre esta área, estará en equilibrio; pero un desplazamiento de apenas unos centímetros bastaría para que se desplomara. (En la sección 8.3 quedará más claro por qué extiende los brazos y piernas.)

a)

b)

▼ **FIGURA 8.14 El desafío** *a)* El estudiante se inclina hacia delante con su cabeza contra la pared. Debe levantar la silla e incorporarse, pero no lo logra. Sin embargo, la joven puede realizar esta sencilla hazaña. *b)* Pero, un momento. Él aplica la física, mueve la silla hacia atrás y logra incorporarse. ¿Por qué?

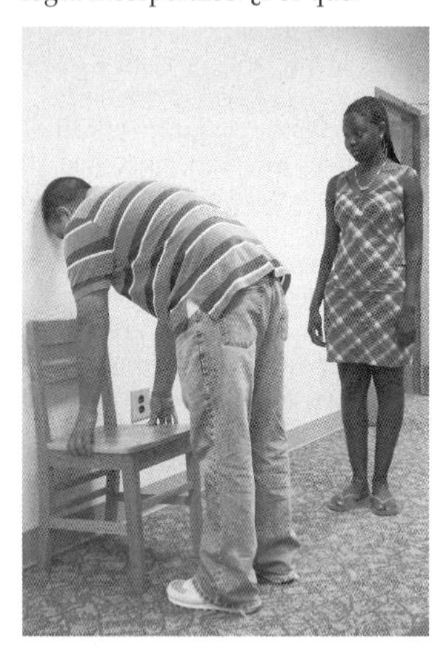

a)

b)

Por lo tanto, los cuerpos rígidos con base ancha y centro de gravedad bajo son los más estables y los menos proclives a volcarse. Esta relación es evidente en el diseño de los autos de carreras, los cuales tienen una base rodante ancha y un centro de gravedad cercano al suelo (▲figura 8.13). Las vagonetas, en cambio, pueden volcarse más fácilmente. ¿Por qué?

La ubicación del centro de gravedad del cuerpo humano afecta ciertas capacidades físicas. Por ejemplo, las mujeres generalmente pueden encorvarse y tocar las puntas de sus pies, o poner las palmas de sus manos en el piso, más fácilmente que los hombres, quienes suelen caerse al intentarlo. En promedio, el centro de gravedad de un hombre (hombros más anchos) está más alto que el de una mujer (pelvis más ancha), de manera que es más probable que el centro de gravedad de un hombre esté fuera de su base de soporte cuando se inclina. En el siguiente ejemplo conceptual se da otro ejemplo real de equilibrio y estabilidad.

Ejemplo conceptual 8.8 ■ El desafío del centro de gravedad

Una estudiante plantea un desafío a un compañero. Ella asegura que es capaz de realizar una simple proeza física que él no puede. Para demostrarlo, coloca una silla de respaldo recto (como la mayoría de las sillas de cocina) con el respaldo contra la pared. Él debe colocarse de cara a la pared junto a la silla, de manera que las puntas de sus pies toquen la pared, y luego debe dar dos pasos hacia atrás. (Esto es, debe llevar la punta de uno de sus pies detrás del talón del otro dos veces y terminar con sus pies juntos, retirado de la pared.) A continuación deberá inclinarse hacia delante y colocar la parte superior de su cabeza o coronilla contra la pared, alcanzar la silla, ponerla directamente frente a él y colocar una mano sobre cada lado de la silla (◀figura 8.14a). Por último, sin mover sus pies, debe incorporarse mientras levanta la silla. La estudiante hace una demostración de esto y fácilmente se incorpora.

La mayoría de los hombres no pueden realizar esta acción, aunque la mayoría de las mujeres sí. ¿Por qué?

Razonamiento y respuesta. Cuando el estudiante se inclina y trata de levantar la silla, está en equilibrio inestable (aunque por fortuna no se cae). Esto es, el centro de gravedad del sistema que constituyen el estudiante y la silla queda fuera (en frente) de la base de apoyo del sistema: sus pies. Los hombres suelen tener un centro de gravedad más alto (a causa de sus hombros más anchos y su pelvis más estrecha) que las mujeres (que tienen una pelvis más ancha). Cuando la joven se inclina y levanta la silla, el centro de gravedad del sistema que constituyen ella y la silla no se localiza fuera de la base de apoyo del sistema (sus pies). Ella se encuentra en equilibrio estable, de manera que es capaz de incorporarse a partir de la posición inclinada mientras levanta la silla.

Pero, ¡un momento! El joven aplica la física y mueve la silla hacia atrás (figura 8.14b). El centro de gravedad combinado ahora se encuentra sobre su base de apoyo, y logra estar de pie mientras sostiene la silla.

Ejercicio de refuerzo. ¿Por qué algunos hombres son capaces de incorporarse mientras levantan la silla y algunas mujeres no lo logran?

La Torre Inclinada de Pisa (▸figura 8.15a) es otro ejemplo clásico de equilibrio, en el cual supuestamente Galileo realizó sus experimentos "de caída libre". (Véase la sección A fondo 2.1 en la página 51 del capítulo 2.) La torre comenzó a inclinarse antes de que terminaran de construirla en 1350, debido a lo blando del subsuelo. En 1990 tenía una inclinación de 5.5° respecto a la vertical (unos 5 m, o 17 pies, en la parte más alta) y un incremento promedio anual de la inclinación de 1.2 mm.

Se han realizado intentos para detener el aumento en la inclinación. Se le inyectó cemento debajo de la base en la década de 1930; pero la inclinación siguió aumentando. En la década de 1990, se tomaron medidas más significativas. Se sujetó con cables por la parte trasera y se le colocó encima un contrapeso (figura 8.15b). Además, se le hicieron perforaciones diagonalmente debajo del suelo sobre la parte elevada, para crear cavidades que permitieran remover el suelo de ahí. La torre corrigió aproximadamente 5° de su inclinación, es decir, tuvo un corrimiento de cerca de 40 cm en la parte superior. La moraleja de la historia: mantenga el centro de gravedad arriba de la base de soporte.

a)

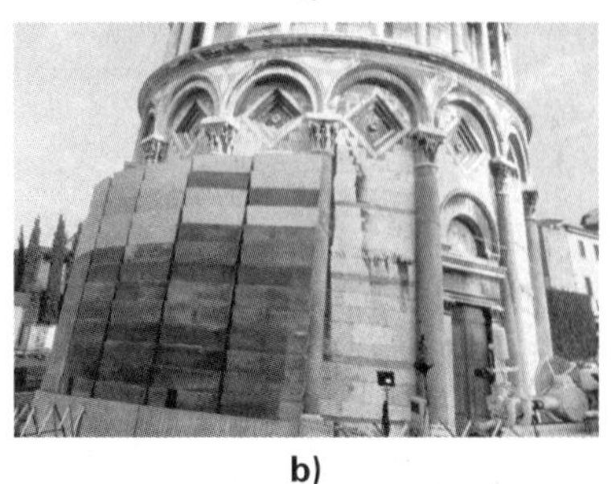

b)

▲ **FIGURA 8.15** ¡Estabilícenla!
a) La Torre Inclinada de Pisa, aunque inclinada, está en equilibrio estable. ¿Por qué? ***b)*** Se usaron toneladas de plomo como contrapeso para ayudar a corregir la inclinación de la torre.

Ejemplo 8.9 ■ Apilar ladrillos: centro de gravedad

Ladrillos uniformes idénticos de 20 cm de longitud se apilan de modo que 4.0 cm de cada ladrillo se extienda más allá del ladrillo que está abajo, como se muestra en la ▸figura 8.16a. ¿Cuántos ladrillos podrán apilarse de esta forma antes de que el montón se derrumbe?

Razonamiento. Al añadirse cada ladrillo, el centro de masa (o de gravedad) del montón se desplaza hacia la derecha. El montón será estable siempre que el centro de masa (CM) combinado esté sobre la base de soporte: el ladrillo inferior. Todos los ladrillos tienen la misma masa, y el centro de masa de cada uno está en su punto medio. Por lo tanto, hay que calcular la posición horizontal del CM del montón a medida que se añaden ladrillos, hasta que el CM quede fuera de la base. En el capítulo 6 se analizó la ubicación del CM (véase la ecuación 6.19).

Solución.

Dado: longitud del ladrillo = 20 cm

Encuentre: número máximo de ladrillos estables desplazamiento de cada ladrillo = 4.0 cm

Si tomamos como el origen el centro del ladrillo base, vemos que la coordenada horizontal del centro de masa (o centro de gravedad) de los dos primeros ladrillos del montón está dada por la ecuación 6.19, donde $m_1 = m_2 = m$ y x_2 es el desplazamiento del segundo ladrillo:

$$X_{\text{CM}_2} = \frac{mx_1 + mx_2}{m + m} = \frac{m(x_1 + x_2)}{2m} = \frac{x_1 + x_2}{2} = \frac{0 + 4.0\text{ cm}}{2} = 2.0\text{ cm}$$

Las masas de los ladrillos se cancelan (porque son iguales). Para tres ladrillos,

$$X_{\text{CM}_3} = \frac{m(x_1 + x_2 + x_3)}{3m} = \frac{0 + 4.0\text{ cm} + 8.0\text{ cm}}{3} = 4.0\text{ cm}$$

Para cuatro ladrillos,

$$X_{\text{CM}_4} = \frac{m(x_1 + x_2 + x_3 + x_4)}{4m} = \frac{0 + 4.0\text{ cm} + 8.0\text{ cm} + 12.0\text{ cm}}{4} = 6.0\text{ cm}$$

y así sucesivamente.

Esta serie de resultados muestra que el centro de masa del montón se mueve horizontalmente 2.0 cm cada vez que se agrega un ladrillo. Para un montón de seis ladrillos, el centro de masa está a 10 cm del origen, o sea, directamente sobre el borde del ladrillo base (2.0 cm × 5 ladrillos *añadidos* = 10 cm, que es la mitad de la longitud del ladrillo base), así que el montón está justo en equilibrio inestable. Es posible que el montón no se derrumbe si el sexto ladrillo se coloca con muchísimo cuidado, pero es dudoso que tal cuestión sea factible en la práctica. Un séptimo ladrillo definitivamente tumbaría el montón. (Como se observa en la figura 8.16b, puede intentarlo usted mismo al apilar libros. ¡No deje que el bibliotecario lo vea!)

Ejercicio de refuerzo. Si los ladrillos de este ejemplo se apilan de modo que, alternadamente, 4.0 cm y 6.0 cm se extiendan más allá del ladrillo anterior, ¿cuántos ladrillos podrán apilarse antes de que el montón se derrumbe?

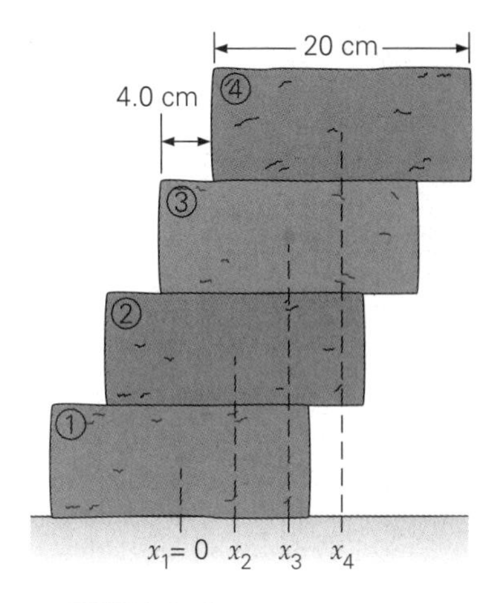

▲ **FIGURA 8.16** ¡A apilar!
¿Cuántos ladrillos se pueden apilar así antes de que se caiga el montón? Véase el ejemplo 8.7.

Se presenta otro caso de estabilidad en la sección A fondo 8.1: Estabilidad en acción, en la página 271.

$\tau_{neto} = r_{\perp}F_{neta} = rF_{\perp} = mr^2\alpha$

Línea de acción

Eje

▲ **FIGURA 8.17 Momento de fuerza sobre una partícula** La magnitud del momento de fuerza sobre una partícula de masa m es $\tau = mr^2a$.

8.3 Dinámica rotacional

OBJETIVOS: *a*) Describir el momento de inercia de un cuerpo rígido y *b*) aplicar la forma rotacional de la segunda ley de Newton a situaciones físicas.

Momento de inercia

El momento de fuerza es el análogo rotacional de la fuerza en un movimiento rectilíneo, y un momento de fuerza neto produce movimiento rotacional. Para analizar esta relación, considere una fuerza neta constante que actúa sobre una partícula de masa m en torno a un eje dado (◂figura 8.17). La magnitud del momento de fuerza sobre la partícula es

$$\tau_{neto} = r_{\perp}F_{neta} = rF_{\perp} = rma_{\perp} = mr^2\alpha \quad \textit{momento de fuerza sobre una partícula} \quad (8.4)$$

donde $a_{\perp} = a_t = r\alpha$ es la aceleración tangencial (a_t, ecuación 7.13). Para analizar la rotación de un cuerpo rígido en torno a un eje fijo, aplicamos esta ecuación a cada partícula y obtener la sumatoria de los resultados en todo el cuerpo (n partículas), para calcular el momento de fuerza total. Puesto que todas las partículas de un cuerpo rígido en rotación tienen la misma aceleración angular, podemos sumar simplemente las magnitudes de todos los momentos de fuerza individuales:

$$\begin{aligned}\tau_{neto} &= \Sigma\tau_i = \tau_1 + \tau_2 + \tau_3 + \cdots + \tau_n \\ &= m_1r_1^2\alpha + m_2^2r_2\alpha + m_3r_3^2\alpha + \cdots + m_nr_n^2\alpha \\ &= (m_1r_1^2 + m_2r_2^2 + m_3r_3^2 + \cdots + m_nr_n^2)\alpha\end{aligned}$$

$$\Sigma\tau_{neto} = \left(\sum m_ir_i^2\right)\alpha \quad (8.5)$$

Sin embargo, en un cuerpo rígido, las masas (m_i) y las distancias al eje de rotación (r_i) no cambian. Por lo tanto, la cantidad entre paréntesis en la ecuación 8.5 es constante, y se denomina **momento de inercia, *I*** (para un eje dado):

$$I = \Sigma m_ir_i^2 \quad \textit{momento de inercia} \quad (8.6)$$

Unidad SI de momento de inercia: kilogramo-metro al cuadrado ($kg \cdot m^2$)

Nos conviene escribir la magnitud del momento de fuerza neto como:

$$\tau_{neto} = I\alpha \quad \textit{momento de fuerza neto sobre un cuerpo rígido} \quad (8.7)$$

Ésta es la *forma rotacional de la segunda ley de Newton* ($\vec{\boldsymbol{\tau}}_{neto} = I\vec{\boldsymbol{\alpha}}$, en forma vectorial). Recordemos que, al igual que las fuerzas netas, se requieren momentos de fuerza netos (τ_{neto}) para producir aceleraciones angulares.

Como podría inferirse al comparar la forma rotacional de la segunda ley de Newton con la forma traslacional ($\vec{\mathbf{F}}_{neta} = m\vec{\mathbf{a}}$), el momento de inercia I es una medida de la *inercia rotacional*: la tendencia de un cuerpo a resistir los cambios en su movimiento rotacional. Aunque I es constante para un cuerpo rígido y es el análogo rotacional de la masa, debemos tener presente que, a diferencia de la masa de una partícula, el momento de inercia de un cuerpo se refiere a un eje específico y puede tener diferente valor para diferentes ejes.

El momento de inercia también depende de la distribución de masa del cuerpo *relativa* a su eje de rotación. Es más fácil (es decir, se requiere un momento de fuerza menor) impartir a un objeto una aceleración angular en torno a ciertos ejes que en torno a otros. El ejemplo que sigue ilustra esto.

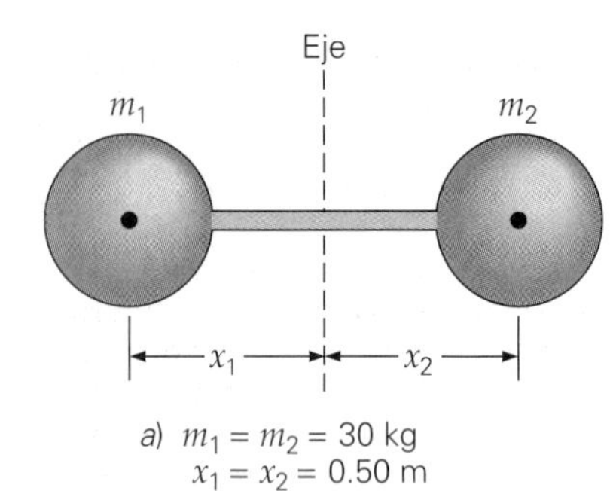

a) $m_1 = m_2 = 30$ kg
$x_1 = x_2 = 0.50$ m

b) $m_1 = 40$ kg, $m_2 = 10$ kg
$x_1 = x_2 = 0.50$ m

c) $m_1 = m_2 = 30$ kg
$x_1 = x_2 = 1.5$ m

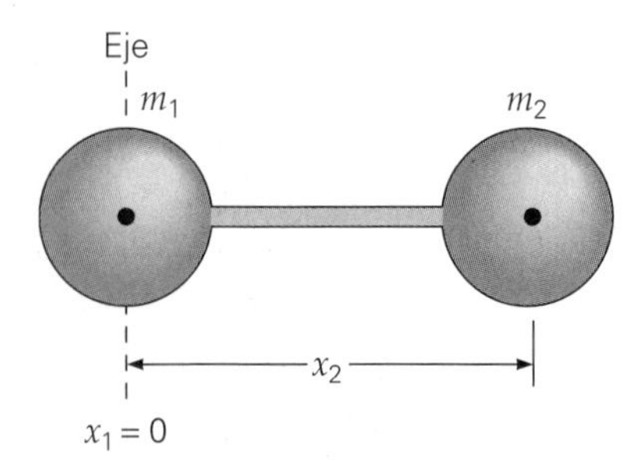

d) $m_1 = m_2 = 30$ kg
$x_1 = 0$, $x_2 = 3.0$ m

e) $m_1 = 40$ kg, $m_2 = 10$ kg
$x_1 = 0$, $x_2 = 3.0$ m

▲ **FIGURA 8.18 Momento de inercia** El momento de inercia depende de la distribución de la masa relativa a un eje de rotación dado y, en general, tiene un valor distinto para cada eje. Esta diferencia refleja el hecho de que los objetos giran más o menos fácilmente en torno a ciertos ejes. Véase el ejemplo 8.10.

Ejemplo 8.10 ■ Inercia rotacional: distribución de masa y eje de rotación

Calcule el momento de inercia en torno al eje indicada para cada una de las configuraciones unidimensionales de mancuerna de la ◂figura 8.18. (Considere insignificante la masa de la barra conectora y exprese su respuesta con tres cifras significativas para efectuar comparaciones.)

Razonamiento. Ésta es una aplicación directa de la ecuación 8.6 a casos con masas y distancias diferentes. Mostrará que el momento de inercia de un objeto depende del eje de rotación y de la distribución de masa relativa al eje de rotación. La suma de I sólo incluirá dos términos (dos masas).

Solución.

Dado: Valores de m y r de la figura **Encuentre:** $I = \Sigma m_ir_i^2$

Con $I = m_1r_1^2 + m_2r_2^2$:

a) $I = (30\text{ kg})(0.50\text{ m})^2 + (30\text{ kg})(0.50\text{ m})^2 = 15.0\text{ kg}\cdot\text{m}^2$

b) $I = (40\text{ kg})(0.50\text{ m})^2 + (10\text{ kg})(0.50\text{ m})^2 = 12.5\text{ kg}\cdot\text{m}^2$

c) $I = (30\text{ kg})(1.5\text{ m})^2 + (30\text{ kg})(1.5\text{ m})^2 = 135\text{ kg}\cdot\text{m}^2$

d) $I = (30\text{ kg})(0\text{ m})^2 + (30\text{ kg})(3.0\text{ m})^2 = 270\text{ kg}\cdot\text{m}^2$

e) $I = (40\text{ kg})(0\text{ m})^2 + (10\text{ kg})(3.0\text{ m})^2 = 90.0\text{ kg}\cdot\text{m}^2$

Este ejemplo muestra claramente que el momento de inercia depende de la masa *y* de su distribución relativa a un eje específico de rotación. En general, el momento de inercia es mayor cuanto más lejos esté la masa del eje de rotación. Este principio es importante en el diseño de volantes, que se usan en los automóviles para que el motor siga operando suavemente entre encendidos de cilindros sucesivos. La masa del volante se concentra cerca del borde, lo que le confiere un momento de inercia grande, el cual resiste cambios en el movimiento.

Ejercicio de refuerzo. En los incisos *d* y *e* del ejemplo, ¿los momentos de inercia serían distintos si el eje de rotación pasara por m_2? Explique.

A FONDO 8.1 ESTABILIDAD EN ACCIÓN

FIGURA 1 Inclinarse contra la curva Al tomar una curva o dar vuelta, el ciclista debe inclinarse hacia el centro de la curva. (Este ciclista podría haber explicado el porqué.)

Cuando paseamos en una bicicleta y damos vuelta en una superficie plana, instintivamente nos inclinamos hacia el centro de la curva (figura 1). ¿Por qué? Parecería que, si nos inclinamos en vez de mantenernos verticales, aumentará la probabilidad de caernos. No obstante, la inclinación en realidad aumenta la estabilidad. Todo es cuestión de momentos de fuerza.

Cuando un vehículo toma una curva circular horizontal, se requiere una fuerza centrípeta para mantener al vehículo en el camino, como vimos en el capítulo 7. Esta fuerza generalmente es la fuerza de fricción estática entre los neumáticos y el pavimento. Como se ilustra en la ▸figura 2a, la fuerza de reacción $\vec{\mathbf{R}}$ del suelo sobre la bicicleta proporciona la fuerza centrípeta requerida ($\vec{\mathbf{R}}_x = \vec{\mathbf{F}}_c = \vec{\mathbf{f}}_s$) para tomar la curva, y la fuerza normal ($\vec{\mathbf{R}}_y = \vec{\mathbf{N}}$).

Suponga que, cuando actúan estas fuerzas, el ciclista intenta tomar la curva manteniéndose vertical, como en la figura 2a. Vemos que la línea de acción de $\vec{\mathbf{R}}$ no pasa por el centro de gravedad del sistema (indicado con un punto). Como el eje de rotación pasa por el centro de gravedad, habrá un momento de fuerza antihorario que tenderá a hacer girar la bicicleta, de tal manera que las ruedas resbalen hacia adentro. En cambio, si el ciclista se inclina hacia adentro con el ángulo adecuado (figura 2b), tanto la línea de acción de $\vec{\mathbf{R}}$ como el peso pasarán por el centro de gravedad, y no habrá inestabilidad rotacional (como bien sabía el caballero de la bicicleta).

No obstante, sigue habiendo un momento de fuerza sobre el ciclista inclinado. Efectivamente, cuando se inclina hacia el centro de la curva, su peso produce un momento de fuerza en torno a un eje que pasa por el punto de contacto con el suelo. Este momento de fuerza, junto con el giro del manubrio, hace que la bicicleta dé vuelta. Si la bicicleta no se estuviera moviendo, habría rotación en torno a este eje, y la bicicleta y el ciclista se caerían.

La necesidad de inclinarse en las curvas es muy evidente en las carreras de ciclismo y de motociclismo en pistas horizontales. Las cosas pueden facilitarse para los competidores si la pista se peralta de manera que ofrezca una inclinación natural (sección 7.3).

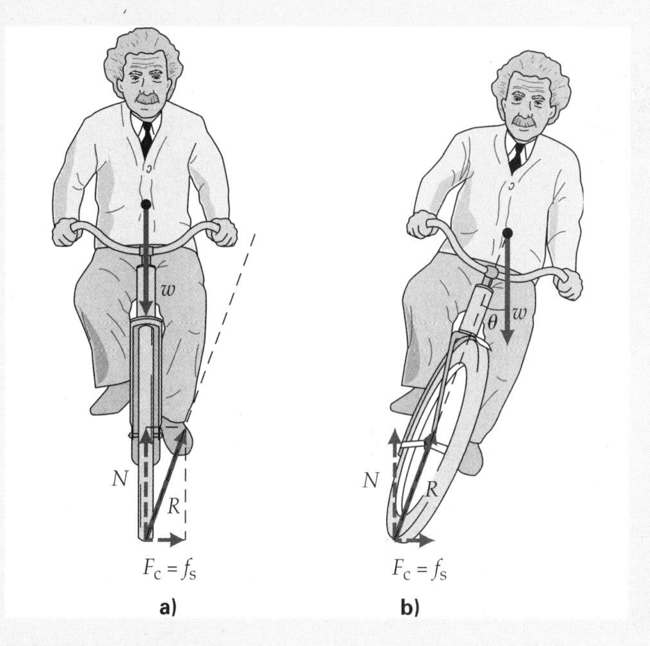

FIGURA 2 Da la vuelta Véase el texto para una descripción.

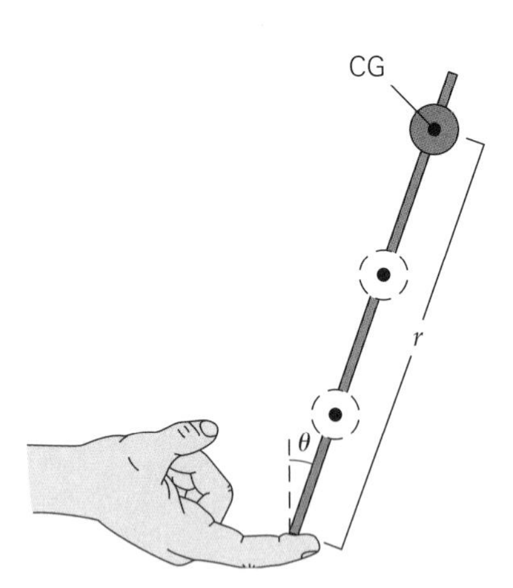

▲ **FIGURA 8.19** **¿Mayor estabilidad con un centro de gravedad más alto?** Véase el ejemplo integrado 8.11.

Ejemplo integrado 8.11 ■ Equilibrismo: ubicación del centro de gravedad

a) Una varilla con una bola móvil, como la de la ◂figura 8.19, se equilibra más fácilmente si la bola está en una posición más alta. ¿Esto se debe a que, cuando la bola está más alta, 1) el sistema tiene un centro de gravedad más alto y es más estable; 2) el centro de gravedad se aparta de la vertical, y el momento de fuerza y la aceleración angular son menores; 3) el centro de gravedad está más cerca del eje de rotación, o 4) el momento de inercia en torno al eje de rotación es mayor? *b*) Suponga que la distancia entre la bola y el dedo, para la posición extrema de la figura 8.19, es de 60 cm; mientras que la distancia de la posición más cercana es de 20 cm. Cuando la varilla gira, ¿cuántas veces mayor es la aceleración angular de la varilla con la bola en la posición más cercana, que con la bola en la posición más lejana? (Desprecie la masa de la varilla.)

a) Razonamiento conceptual. Con la bola en cualquier posición y la varilla vertical, el sistema está en equilibrio inestable. En la sección 8.2 vimos que los cuerpos rígidos con base ancha y centro de gravedad bajo son más estables, así que la respuesta 1) no es correcta. Un leve movimiento hará que la varilla gire en torno a un eje que pasa por el punto de contacto. Al estar el CG en una posición más alta y apartado de la vertical, el brazo de palanca será mayor (y el momento de fuerza también será *mayor*), así que la 2) también es incorrecta. Con la bola en una posición más alta, el centro de gravedad está *más lejos* del eje de rotación, de manera que la 3. también es incorrecta. Esto deja la 4) por proceso de eliminación, pero vamos a comprobar que sea correcta.

Alejar el CG del eje de rotación tiene una consecuencia interesante: un mayor momento de inercia, o resistencia a los cambios de movimiento rotacional y, por ende, una menor aceleración angular. Sin embargo, con la bola en una posición más alta, cuando la varilla comienza a girar el momento de fuerza es mayor. El resultado neto es el aumento en el momento de inercia produce una resistencia aun mayor al movimiento rotacional y, por lo tanto, una menor aceleración angular. [Note que el momento de fuerza ($\tau = rF \text{ sen } \theta$) varía con r, mientras que el momento de inercia ($I = mr^2$) varía con r^2, así que aumenta más al incrementarse r. ¿Qué efecto tiene sen θ?] Entonces, cuanto más pequeña sea la aceleración angular, más tiempo tendremos para ajustar la mano bajo la varilla, para equilibrarla alineando verticalmente el eje de rotación y el centro de gravedad. Entonces, el momento de fuerza será cero y la varilla estará otra vez en equilibrio, aunque inestable. Por tanto, la respuesta correcta es 4.

b) Razonamiento cuantitativo y solución. Cuando se pregunta cuántas veces algo es mayor o menor que otra cosa, por lo regular implica el uso de un cociente donde se cancelan una o más cantidades que no se conocen. No nos dan la masa de la bola, que necesitaríamos para calcular el momento de fuerza gravitacional (τ). Tampoco nos dan el ángulo θ. Por lo tanto, lo mejor es partir de las ecuaciones básicas y ver qué sucede.

Dado: $r_1 = 20$ cm, $r_2 = 60$ cm

Encuentre: cuántas veces es mayor la aceleración angular de la varilla con la bola en r_1, en comparación con r_2

La aceleración angular está dada por la ecuación 8.7, $\alpha = \tau_{\text{neto}}/I$. Por lo tanto, nos fijamos en el momento de fuerza τ_{neto} y en el momento de inercia I. Por las ecuaciones básicas del capítulo, $\tau_{\text{neto}} = r_\perp F = rF \text{ sen } \theta$ (ecuación 8.2) o $\tau_{\text{neto}} = rmg \text{ sen } \theta$, donde $F = mg$ en este caso, siendo m la masa de la bola. Asimismo, $I = mr^2$ (ecuación 8.6). Por lo tanto,

$$\alpha = \frac{\tau_{\text{neto}}}{I} = \frac{rmg \text{ sen } \theta}{mr^2} = \frac{g \text{ sen } \theta}{r}$$

(Note que la aceleración angular α es inversamente proporcional al brazo de palanca r; es decir, cuanto mayor sea el brazo de palanca, menor será la aceleración angular.) Sen θ no ha desaparecido, pero observemos qué sucede cuando se forma el cociente de las aceleraciones angulares:

$$\frac{\alpha_1}{\alpha_2} = \frac{g \text{ sen } \theta / r_1}{g \text{ sen } \theta / r_2} = \frac{r_2}{r_1} = \frac{60 \text{ cm}}{20 \text{ cm}} = 3 \quad \text{o} \quad \alpha_2 = \frac{\alpha_1}{3}$$

Por lo tanto, la aceleración angular de la varilla con la bola en la posición superior es un tercio de la aceleración, cuando la bola está en la posición inferior.

Ejercicio de refuerzo. Al caminar sobre una barra delgada, como un riel de ferrocarril, el lector seguramente habrá notado que es más fácil si estira los brazos a los lados. Por lo mismo, los equilibristas a menudo usan pértigas largas, como en la imagen con que inicia el capítulo. ¿Cómo ayuda esta postura a mantener el equilibrio?

Como muestra el Ejemplo integrado 8.11, el momento de inercia es una consideración importante en el movimiento rotacional. Si modificamos el eje de rotación y la distribución relativa de la masa, podremos cambiar el valor de I y afectar el movimiento. Si el lector alguna vez jugó sóftbol o béisbol, probablemente le hicieron una recomendación en este sentido. Al batear, suele aconsejarse a los niños que sujeten el bate más arriba.

Ahora sabemos por qué. Al hacerlo, el niño acerca el eje de rotación del bate al extremo más masivo del bate (o a su centro de masa). Esto reduce el momento de inercia del bate (menor r en el término mr^2). Entonces, al batear, la aceleración angular será mayor. El bate oscila más rápidamente y aumenta la probabilidad de golpear la pelota antes de que pase. El bateador sólo dispone de una fracción de segundo para hacer el *swing*, y con $\theta = \frac{1}{2}\alpha t^2$, la mayor α permite al bate girar más rápidamente.

Teorema de ejes paralelos

Calcular el momento de inercia de la mayoría de los cuerpos rígidos extendidos requiere matemáticas que están más allá del alcance de este libro. En la ▼figura 8.20 se presentan los resultados para algunas formas comunes. Los ejes de rotación generalmente se hacen coincidir con ejes de simetría (ejes que pasan por el centro de masa),

▼ **FIGURA 8.20** Momento de inercia de algunos objetos de densidad uniforme y formas comunes

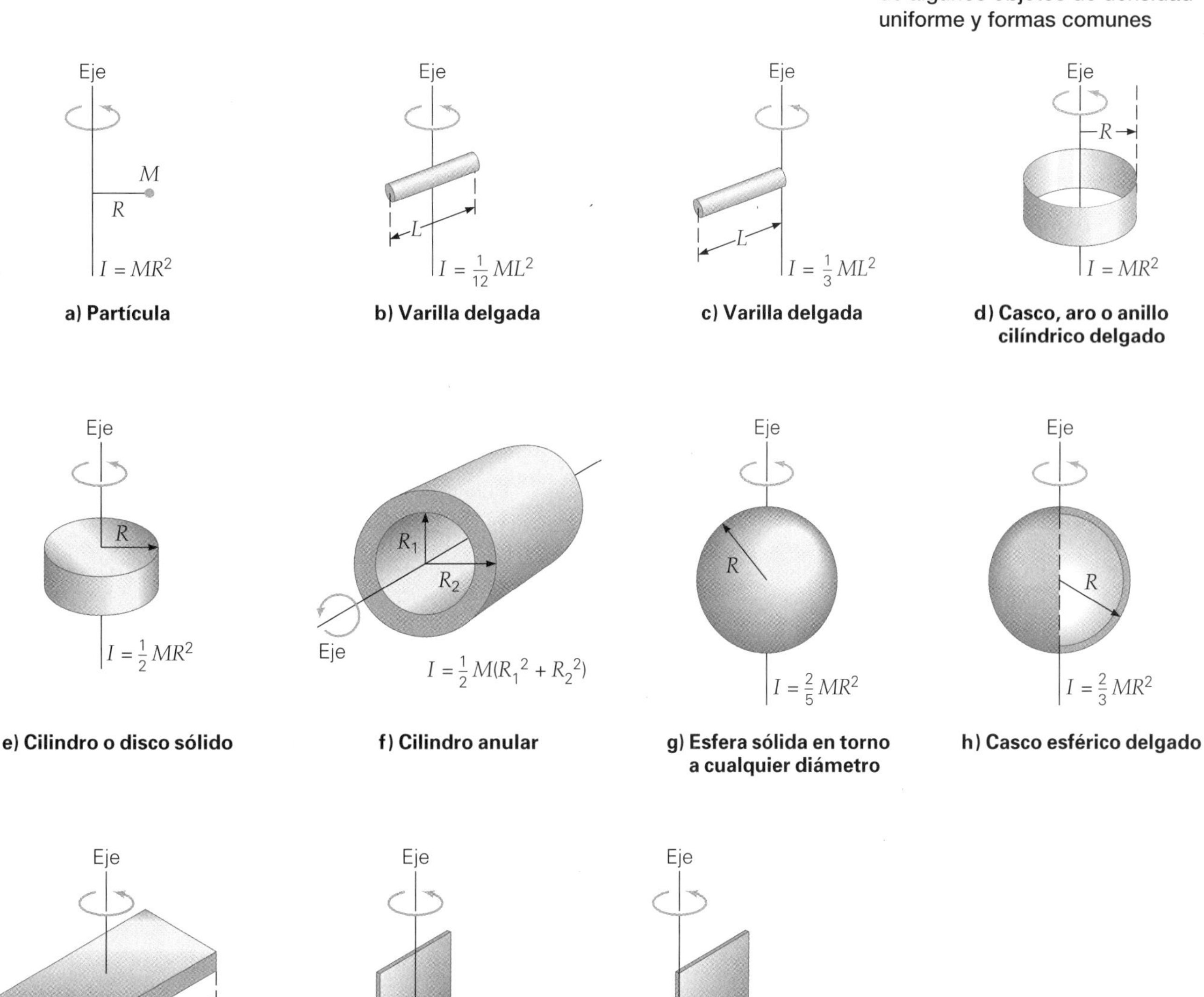

para tener una distribución simétrica de la masa. Una excepción es la varilla con eje de rotación en un extremo (figura 8.20c). Este eje es paralelo a un eje de rotación que pasa por el centro de masa de la varilla (figura 8.20b). El momento de inercia en torno a tal eje paralelo está dado por un útil teorema llamado **teorema de ejes paralelos**; a saber,

Nota: $I = I_{CM}$, el valor mínimo de I, cuando $d = 0$.

$$I = I_{CM} + Md^2 \tag{8.8}$$

donde I es el momento de inercia en torno a un eje paralelo a uno que pasa por el centro de masa y está a una distancia d de él, I_{CM} es el momento de inercia en torno a un eje que pasa por el centro de masa y M es la masa total del cuerpo (◂figura 8.21). Si el eje pasa por el extremo de la varilla (figura 8.20c), el momento de inercia se obtiene aplicando el teorema de ejes paralelos a la varilla delgada de la figura 8.20b:

$$I = I_{CM} + Md^2 = \tfrac{1}{12}ML^2 + M\left(\frac{L}{2}\right)^2 = \tfrac{1}{12}ML^2 + \tfrac{1}{4}ML^2 = \tfrac{1}{3}ML^2$$

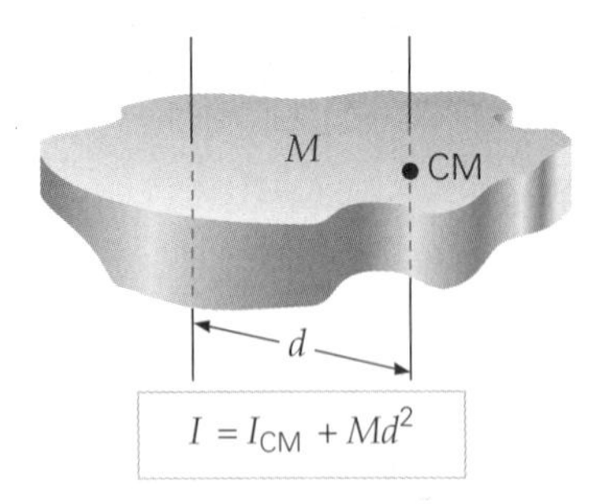

▲ **FIGURA 8.21 Teorema de ejes paralelos** El momento de inercia en torno a un eje paralelo a otro que pasa por el centro de masa de un cuerpo es $I = I_{CM} + Md^2$, donde M es la masa total del cuerpo y d es la distancia entre los dos ejes.

Aplicaciones de dinámica rotacional

La forma rotacional de la segunda ley de Newton nos permite analizar situaciones de dinámica rotacional. Los ejemplos 8.12 y 8.13 ilustran esto. En tales situaciones, es muy importante enumerar debidamente todos los datos, por el gran número de variables.

Ejemplo 8.12 ■ Abrir la puerta: momento de fuerza en acción

Un estudiante abre una puerta uniforme de 12 kg aplicando una fuerza constante de 40 N a una distancia perpendicular de 0.90 m de las bisagras (◂figura 8.22). Si la puerta tiene 2.0 m de altura y 1.0 m de ancho, ¿qué magnitud tendrá su aceleración angular? (Suponga que la puerta gira libremente sobre sus bisagras.)

Razonamiento. Con la información dada, podemos calcular el momento de fuerza neto aplicado. Para calcular la aceleración angular de la puerta, necesitamos conocer su momento de inercia. Podemos calcularlo, porque conocemos la masa y las dimensiones de la puerta.

Solución. Con la información dada en el problema, elaboramos la lista:

Dado: $M = 12$ kg
$F = 40$ N
$r_\perp = r = 0.90$ m
$h = 2.0$ m (altura de la puerta)
$w = 1.0$ m (ancho de la puerta)

Encuentre: α (magnitud de la aceleración angular)

Necesitamos aplicar la forma rotacional de la segunda ley de Newton (ecuación 8.7), $\tau_{neto} = I\alpha$, donde I es en torno al eje de las bisagras. τ_{neto} se calcula a partir de los datos, de manera que el problema se reduce a determinar el momento de inercia de la puerta.

Examinando la figura 8.20, vemos que el caso (k) corresponde a una puerta (tratada como rectángulo uniforme) que gira sobre bisagras, así que $I = \frac{1}{3}ML^2$, donde $L = w$, el ancho de la puerta. Entonces,

$$\tau_{neto} = I\alpha$$

o

$$\alpha = \frac{\tau_{neto}}{I} = \frac{r_\perp F}{\frac{1}{3}ML^2} = \frac{3rF}{Mw^2} = \frac{3(0.90\text{ m})(40\text{ N})}{(12\text{ kg})(1.0\text{ m})^2} = 9.0\text{ rad/s}^2$$

Ejercicio de refuerzo. En este ejemplo, si se aplicara el momento de fuerza constante a lo largo de una distancia angular de 45° y luego se dejara de aplicar, ¿cuánto tardaría la puerta en abrirse totalmente (90°)?

▲ **FIGURA 8.22 Momento de fuerza en acción** Véase el ejemplo 8.12.

En problemas con poleas en el capítulo 4, siempre despreciamos la masa (y la inercia) de la polea para simplificar. Ahora sabemos cómo incluir tales cantidades y podemos tratar las poleas de forma más realista, como en el siguiente ejemplo.

Ejemplo 8.13 ■ Las poleas también tienen masa: consideración de la inercia de una polea

Un bloque de masa m cuelga de una cuerda que pasa por una polea sin fricción, con forma de disco, de masa M y radio R, como se muestra en la ▸figura 8.23. Si el bloque desciende desde el reposo bajo la influencia de la gravedad, ¿qué magnitud tendrá su aceleración lineal? (Desprecie la masa de la cuerda.)

Razonamiento. Las poleas reales tienen masa e inercia rotacional, lo que afecta su movimiento. La masa suspendida (con la cuerda) aplica un momento de fuerza a la polea. Aquí usaremos la forma rotacional de la segunda ley de Newton para obtener la aceleración angular de la polea y, luego, su aceleración tangencial, la cual tiene la misma magnitud que la aceleración lineal del bloque. (¿Por qué?) Como no se dan valores numéricos, la respuesta quedará en forma de símbolos.

Solución. La aceleración lineal del bloque depende de la aceleración angular de la polea, así que examinaremos primero el sistema de la polea. Tratamos a la polea como un disco, así que su momento de inercia es $I = \frac{1}{2}MR^2$ (figura 8.20e). Un momento de fuerza debido a la fuerza de tensión en la cuerda (T) actúa sobre la polea. Con $\tau = I\alpha$ (considerando sólo el recuadro superior de la figura 8.23), obtenemos

$$\tau_{\text{neto}} = r_{\perp}F = RT = I\alpha = \left(\tfrac{1}{2}MR^2\right)\alpha$$

de manera que

$$\alpha = \frac{2T}{MR}$$

La aceleración lineal del bloque y la aceleración angular de la polea están relacionados por $a = R\alpha$, donde a es la aceleración tangencial, y

$$a = R\alpha = \frac{2T}{M} \qquad (1)$$

Sin embargo, no conocemos T. Si examinamos la masa en descenso (el recuadro inferior) y sumamos las fuerzas en la dirección vertical (positivas en la dirección del movimiento), tendremos

$$mg - T = ma$$

es decir,

$$T = mg - ma \qquad (2)$$

Ahora usamos la ecuación 2 para eliminar T de la ecuación 1:

$$a = \frac{2T}{M} = \frac{2(mg - ma)}{M}$$

Despejando a,

$$a = \frac{2mg}{(2m + M)} \qquad (3)$$

Vemos que si $M \to 0$ (como en el caso de las poleas ideales sin masa de capítulos anteriores), $I \to 0$ y $a = g$ (por la ecuación 3). Aquí, sin embargo, $M \neq 0$, así que tenemos $a < g$. (¿Por qué?)

Ejercicio de refuerzo. Es posible caracterizar de forma incluso más realista las poleas. En este ejemplo, despreciamos la fricción, pero en la práctica existe un momento de fuerza de fricción (τ_f) que debe incluirse. ¿Qué forma tendría la aceleración angular (similar a la ecuación 3) en este caso? Demuestre que su resultado es dimensionalmente correcto.

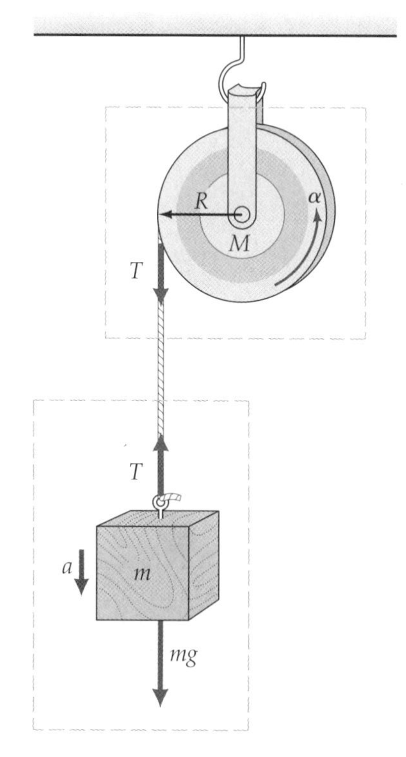

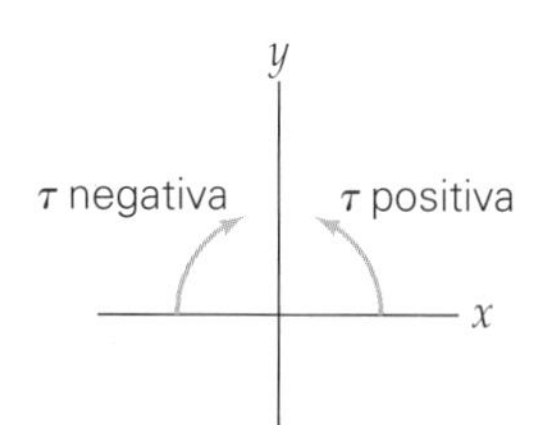

▲ **FIGURA 8.23** Polea con inercia Si tomamos en cuenta la masa (inercia rotacional) de una polea, seremos capaces de describir de manera más realista el movimiento. Véase el ejemplo 8.13.

Exploración 10.3 Momento de fuerza y momento de inercia

Exploración 10.4 Momento de fuerza sobre una polea debido a la tensión de dos cuerdas

En ejercicios de poleas, también despreciamos la masa de la cuerda. Es una estrategia que da una buena aproximación si la cuerda es relativamente ligera. Si tomáramos en cuenta la masa de la cuerda, tendríamos una masa continuamente variable que cuelga de la polea, y el momento de fuerza producido sería variable. Un problema así rebasa el alcance de este libro.

Suponga que tenemos masas suspendidas de ambos lados de una polea. En este caso, habría que calcular el momento de fuerza neto. Si no conocemos los valores de las masas o el sentido en que girará la polea, tan sólo suponemos una dirección. Al igual que en el caso lineal, si el resultado sale con el signo opuesto, indicará que supusimos la dirección equivocada.

Sugerencia para resolver problemas

En problemas como los de los ejemplos 8.13 y 8.14, que se ocupan de movimientos rotacionales y traslacionales acoplados, debemos tener en cuenta que, si la cuerda no resbala, las magnitudes de las aceleraciones generalmente están relacionadas por $a = r\alpha$; mientras que $v = r\omega$ relaciona las magnitudes de las velocidades en cualquier instante. Si aplicamos la segunda ley de Newton (en forma rotacional o lineal) a diferentes partes del sistema, obtendremos ecuaciones que pueden combinarse utilizando tales relaciones. También en el caso de rodamiento sin deslizamiento, $a = r\alpha$ y $v = r\omega$ relacionan las cantidades angulares con el movimiento rectilíneo del centro de masa.

Otra aplicación de la dinámica rotacional es el análisis del movimiento de objetos que pueden rodar.

Ejemplo conceptual 8.14 ■ Aplicación de otro momento de fuerza: ¿en qué sentido rueda el yo-yo?

Se tira de la cuerda de un yo-yo que descansa en una superficie horizontal, como se muestra en la ◂figura 8.24. ¿El yo-yo rodará *a*) hacia la persona o *b*) en la dirección opuesta?

Razonamiento y respuesta. Apliquemos a la situación los principios de física que acabamos de estudiar. Vemos que el eje instantáneo de rotación está en la línea de contacto entre el yo-yo y la superficie. Si tuviéramos una vara parada verticalmente donde está el vector $\vec{\mathbf{r}}$ y tiráramos de una cuerda sujeta a la parte superior de la vara, en la dirección de $\vec{\mathbf{F}}$, ¿en qué sentido giraría la vara? En sentido horario (alrededor de su eje instantáneo de rotación), desde luego. El yo-yo reacciona de forma similar; es decir, rueda en la dirección de la tracción, así que la respuesta es *a*. (Si el lector no está convencido, consiga un yo-yo y pruébelo.)

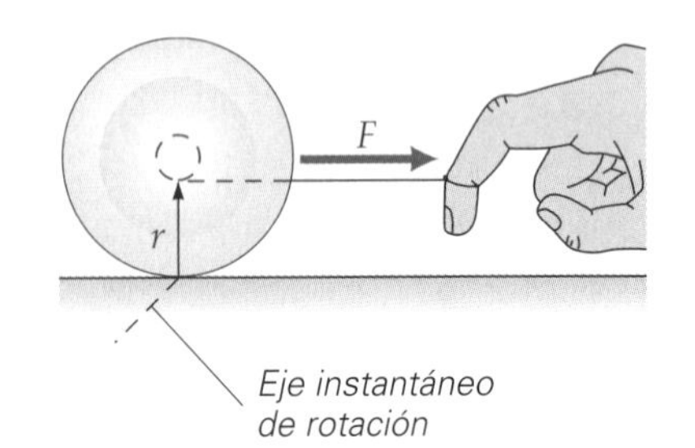

▲ **FIGURA 8.24 Tirar de la cuerda del yo-yo** Véase el ejemplo conceptual 8.14.

Esta situación tiene otros aspectos interesantes en física. La fuerza de tracción no es la única fuerza que actúa sobre el yo-yo; hay otras tres. ¿Aportan momentos de fuerza? Identifiquemos las fuerzas. Tenemos el peso del yo-yo y la fuerza normal de la superficie. También hay una fuerza horizontal de fricción estática entre el yo-yo y la superficie. (Si no la hubiera, el yo-yo resbalaría en lugar de rodar.) Sin embargo, las líneas de acción de estas tres fuerzas pasan por la línea de contacto, que es el eje instantáneo de rotación, así que no hay momentos de fuerza. (¿Por qué?)

¿Qué sucedería si aumentáramos el ángulo de la cuerda, es decir, de la fuerza de tracción (relativo a la horizontal) como se muestra en la ◂figura 8.25a? El yo-yo seguiría rodando hacia la derecha. Como se aprecia en la figura 8.25b, con cierto ángulo crítico θ_c la línea de fuerza pasa por el eje de rotación y el momento de fuerza neto sobre el yo-yo es cero, así que el yo-yo no rueda.

Si rebasamos este ángulo crítico (figura 8.25c), el yo-yo comenzará a rodar en sentido antihorario, es decir, hacia la izquierda. Note que la línea de acción de la fuerza está al otro lado del eje de rotación, en comparación con la figura 8.26a, y el brazo de palanca ($r_\perp$) cambió de dirección, así que se invirtió la dirección del momento de fuerza neto.

Ejercicio de refuerzo. Suponga que la cuerda del yo-yo está en el ángulo crítico y se pasa sobre una barra redonda horizontal que está a una altura adecuada. Se cuelga un peso del extremo de la cuerda, de manera que suministre la fuerza necesaria para la condición de equilibrio. ¿Qué sucederá si ahora tiramos del yo-yo hacia nosotros, alejándolo de su posición de equilibrio, y lo soltamos?

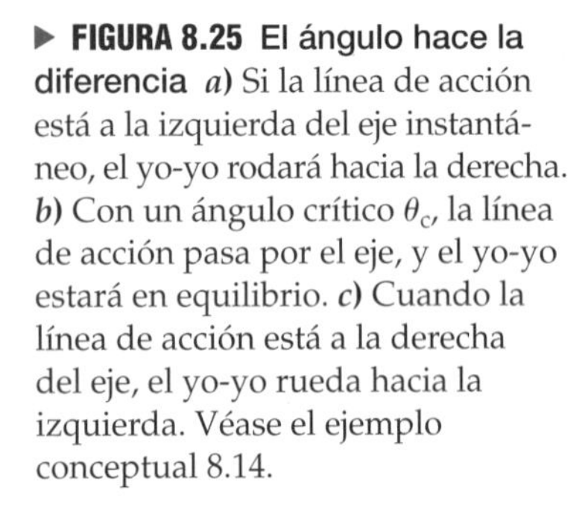

▸ **FIGURA 8.25 El ángulo hace la diferencia** *a*) Si la línea de acción está a la izquierda del eje instantáneo, el yo-yo rodará hacia la derecha. *b*) Con un ángulo crítico θ_c, la línea de acción pasa por el eje, y el yo-yo estará en equilibrio. *c*) Cuando la línea de acción está a la derecha del eje, el yo-yo rueda hacia la izquierda. Véase el ejemplo conceptual 8.14.

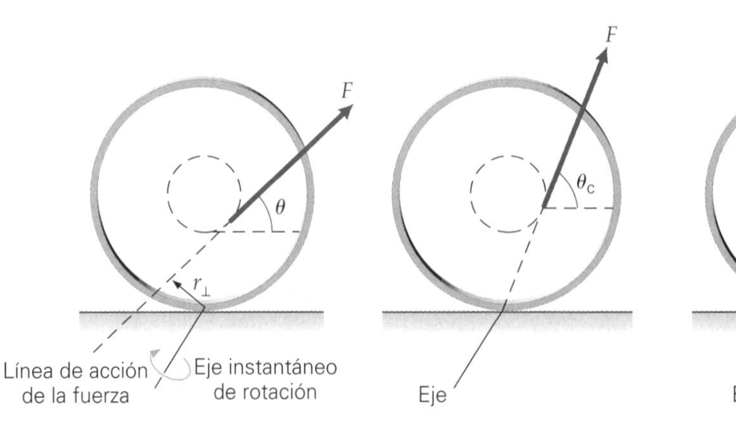

8.4 Trabajo rotacional y energía cinética

OBJETIVOS: Analizar, explicar y usar las formas rotacionales de *a*) el trabajo, *b*) la energía cinética y *c*) la potencia.

En esta sección presentaremos los análogos rotacionales de diversas ecuaciones del movimiento rectilíneo asociadas con el trabajo y la energía cinética, para momentos de fuerza constantes. Como su desarrollo es similar al de sus contrapartes rectilíneas, no lo explicaremos detalladamente. Al igual que en el capítulo 5, W es el trabajo neto si dos o más fuerzas o momentos de fuerza actúan sobre un objeto.

Trabajo rotacional

Trabajo rotacional Podemos pasar directamente del trabajo efectuado por una fuerza al trabajo efectuado por un momento de fuerza, pues los dos están relacionados ($\tau = r_{\perp}F$). En movimiento rotacional, el **trabajo rotacional** $W = Fs$ efectuado por una sola fuerza F que actúa tangencialmente a lo largo de un arco s es

$$W = Fs = F(r_{\perp}\theta) = \tau\theta$$

donde θ está en radianes. Así, para un solo momento de fuerza que actúa durante un ángulo de rotación θ,

$$W = \tau\theta \quad \textit{(una sola fuerza)} \qquad (8.9)$$

En este libro, los vectores tanto del momento de fuerza (τ) como del desplazamiento angular (θ) casi siempre estarán sobre el eje fijo de rotación, de manera que no hay que preocuparse por componentes paralelos, como en el caso del trabajo traslacional. El momento de fuerza y el desplazamiento angular podrían tener direcciones opuestas, en cuyo caso el momento de fuerza efectuará trabajo negativo y frenará la rotación del cuerpo. Esta situación es similar a la del movimiento traslacional cuando F y d tienen direcciones opuestas.

Potencial rotacional

Potencia rotacional De la ecuación 8.9 es fácil deducir una expresión para la **potencia rotacional** instantánea, el análogo rotacional de la potencia (rapidez de realización de trabajo):

$$P = \frac{W}{t} = \tau\left(\frac{\theta}{t}\right) = \tau\omega \qquad (8.10)$$

Teorema trabajo-energía y energía cinética

Podemos deducir la relación entre el trabajo rotacional neto efectuado sobre un cuerpo rígido (actúa más de una fuerza) y el cambio de energía cinética rotacional del cuerpo, partiendo de la ecuación para trabajo rotacional:

$$W_{\text{neto}} = \tau\theta = I\alpha\theta$$

Puesto que suponemos que nuestros momentos de fuerza se deben exclusivamente a fuerzas constantes, α es constante. Sin embargo, por la cinemática rotacional del capítulo 7, sabemos que para una aceleración angular constante, $\omega^2 = \omega_o^2 + 2\alpha\theta$, y

$$W_{\text{neto}} = I\left(\frac{\omega^2 - \omega_o^2}{2}\right) = \tfrac{1}{2}I\omega^2 - \tfrac{1}{2}I\omega_o^2$$

Por la ecuación 5.6 (trabajo-energía), sabemos que $W_{\text{neto}} = \Delta K$. Por lo tanto,

Análogo rotacional del teorema trabajo-energía

$$W_{\text{neto}} = \tfrac{1}{2}I\omega^2 - \tfrac{1}{2}I\omega_o^2 = K - K_o = \Delta K \qquad (8.11)$$

Entonces, la expresión para la **energía cinética rotacional**, K, es

Energía cinética rotacional

$$K = \tfrac{1}{2}I\omega^2 \qquad (8.12)$$

Así, *el trabajo rotacional neto efectuado sobre un objeto es igual al cambio de energía cinética rotacional del objeto* (con cero energía cinética rectilínea). Por lo tanto, si queremos alterar la energía cinética rotacional de un objeto, tendremos que aplicar un momento de fuerza neto.

Es posible deducir directamente la expresión para la energía cinética de un cuerpo rígido en rotación (en torno a un eje fijo). La sumatoria de las energías cinéticas instantáneas de las partículas individuales del cuerpo, relativas al eje fijo, da

$$K = \tfrac{1}{2}\sum m_i v_i^2 = \tfrac{1}{2}\left(\sum m_i r_i^2\right)\omega^2 = \tfrac{1}{2}I\omega^2$$

donde, para cada partícula del cuerpo, $v_i = r_i\omega$. Así, la ecuación 8.12 no representa una nueva forma de energía; más bien es sólo otra expresión para la energía cinética, en una forma más conveniente para estudiar la rotación de cuerpos rígidos.

TABLA 8.1 Cantidades y ecuaciones traslacionales y rotacionales

Traslacional		*Rotacional*	
Fuerza:	$\vec{\mathbf{F}}$	Momento de fuerza (magnitud):	$\tau = rF \operatorname{sen}\theta$
Masa (inercia):	m	Momento de inercia:	$I = \sum m_i r_i^2$
Segunda ley de Newton:	$\vec{\mathbf{F}}_{\text{neta}} = m\vec{\mathbf{a}}$	Segunda ley de Newton:	$\vec{\boldsymbol{\tau}}_{\text{neto}} = I\vec{\boldsymbol{\alpha}}$
Trabajo:	$W = Fd$	Trabajo:	$W = \tau\theta$
Potencia:	$P = Fv$	Potencia:	$P = \tau\omega$
Energía cinética:	$K = \frac{1}{2}mv^2$	Energía cinética:	$K = \frac{1}{2}I\omega^2$
Teorema trabajo-energía:	$W_{\text{neto}} = \frac{1}{2}mv^2 - \frac{1}{2}mv_o^2 = \Delta K$	Teorema trabajo-energía:	$W_{\text{neto}} = \frac{1}{2}I\omega^2 - \frac{1}{2}I\omega_o^2 = \Delta K$
Cantidad de movimiento lineal:	$\vec{\mathbf{p}} = m\vec{\mathbf{v}}$	Cantidad de movimiento angular:	$\vec{\mathbf{L}} = I\vec{\boldsymbol{\omega}}$

En la tabla 8.1 se resumen los análogos traslacionales y rotacionales. (Aparece también la cantidad de movimiento angular, que veremos en la sección 8.5.)

Cuando un objeto tiene movimiento tanto traslacional como rotacional, su energía cinética total podría dividirse en partes que reflejen los dos tipos de movimiento. Por ejemplo, para un cilindro que rueda sin resbalar en una superficie horizontal, el movimiento es puramente rotacional relativo al eje instantáneo de rotación (el punto o línea de contacto), que está instantáneamente en reposo. La energía cinética total del cilindro rodante es

$$K = \tfrac{1}{2}I_i\omega^2$$

donde I_i es el momento de inercia en torno al eje instantáneo. Este momento de inercia alrededor del punto de contacto (nuestro eje) está dado por el teorema de ejes paralelos (ecuación 8.8), $I_i = I_{CM} + MR^2$, donde R es el radio del cilindro. Entonces,

$$K = \tfrac{1}{2}I_i\omega^2 = \tfrac{1}{2}(I_{CM} + MR^2)\omega^2 = \tfrac{1}{2}I_{CM}\omega^2 + \tfrac{1}{2}MR^2\omega^2$$

Sin embargo, como no hay deslizamiento, $v_{CM} = R\omega$, y

$$K = \tfrac{1}{2}I_{CM}\omega^2 + \tfrac{1}{2}Mv_{CM}^2 \quad \textit{(rodamiento sin resbalar)} \tag{8.13}$$

$$\underset{KE}{\textit{total}} = \underset{KE}{\textit{rotacional}} + \underset{KE}{\textit{translacional}}$$

Aunque aquí usamos un cilindro como ejemplo, éste es un resultado general, válido para cualquier objeto que rueda sin resbalar.

Así, *la energía cinética total de un objeto es la suma de dos aportaciones: la energía cinética traslacional del centro de masa del objeto y la energía cinética rotacional del objeto relativa a un eje horizontal que pasa por su centro de masa.*

Nota: un cuerpo rodante tiene energía cinética tanto traslacional como rotacional.

PHYSLET®

Ilustración 11.3 Energía cinética rotacional y traslacional

Ejemplo 8.15 ■ División de energía: rotacional y traslacional

Un cilindro sólido uniforme de 1.0 kg rueda sin resbalar con una rapidez de 1.8 m/s sobre una superficie plana. *a*) Calcule la energía cinética total del cilindro. *b*) ¿Qué porcentaje de este total es energía cinética rotacional?

Razonamiento. El cilindro tiene energía cinética tanto rotacional como traslacional, así que podemos usar la ecuación 8.13, cuyos términos están relacionados por la condición de rodar sin resbalar.

Solución.

Dado: $M = 1.0$ kg, $v_{CM} = 1.8$ m/s, $I_{CM} = \frac{1}{2}MR^2$ (de la figura 8.20e)

Encuentre: *a*) K (energía cinética total) *b*) $\frac{K_r}{K}(\times 100\%)$ (porcentaje de energía rotacional)

a) El cilindro rueda sin resbalar, así que se cumple la condición $v_{CM} = R\omega$. Entonces, la energía cinética total es la suma de la energía cinética rotacional, K_r, y la energía cinética traslacional del centro de masa, K_{CM} (ecuación 8.13):

$$K = \tfrac{1}{2}I_{CM}w^2 + \tfrac{1}{2}Mv_{CM}^2 = \tfrac{1}{2}\left(\tfrac{1}{2}MR^2\right)\left(\frac{v_{CM}}{R}\right)^2 + \tfrac{1}{2}Mv_{CM}^2 = \tfrac{1}{4}Mv_{CM}^2 + \tfrac{1}{2}Mv_{CM}^2$$
$$= \tfrac{3}{4}Mv_{CM}^2 = \tfrac{3}{4}(1.0\text{ kg})(1.8\text{ m/s})^2 = 2.4\text{ J}$$

b) La energía cinética rotacional K_r del cilindro es el primer término de la ecuación anterior, así que formamos un cociente en forma simbólica para obtener

$$\frac{K_r}{K} = \frac{\frac{1}{4}Mv_{CM}^2}{\frac{3}{4}Mv_{CM}^2} = \frac{1}{3}(\times 100\%) = 33\%$$

Así, la energía cinética total del cilindro se compone de una parte rotacional y una traslacional, siendo la rotacional la tercera parte del total.

En el inciso *b* no necesitamos el radio del cilindro ni la masa. Como usamos un cociente, se cancelaron estas cantidades. Sin embargo, *no* hay que pensar que esta división exacta de la energía es un resultado general. Es fácil demostrar que el porcentaje es distinto para objetos con diferente momento de inercia. Por ejemplo, cabe esperar que una esfera rodante tenga un porcentaje menor de energía cinética rotacional que un cilindro, porque su momento de inercia es menor $\left(I = \frac{2}{5}MR^2\right)$.

Ejercicio de refuerzo. Podemos incluir la energía potencial aplicando la conservación de la energía a un objeto que rueda por un plano inclinado. En este ejemplo, suponga que el cilindro sube por un plano inclinado de 20° sin resbalar. *a*) ¿A qué altura vertical (medida por la distancia vertical de su CM) en el plano se detendrá el cilindro? *b*) Para calcular la altura en el inciso a), el lector seguramente igualó la energía cinética inicial con la energía potencial gravitacional final. Es decir, la energía cinética total se redujo por el trabajo efectuado por la gravedad. Sin embargo, también actúa una fuerza de fricción (que evita el deslizamiento). ¿No efectúa trabajo también esa fuerza?

Ejemplo 8.16 ■ Bajar rodando o resbalando: ¿cuál es más rápido?

Un aro cilíndrico uniforme se suelta desde el reposo a una altura de 0.25 m en un plano inclinado, cerca de su parte superior (▸figura 8.26). Si el cilindro baja rodando por el plano sin resbalar y no se pierde energía por la fricción, ¿qué rapidez lineal tiene el centro de masa del cilindro en la base de la pendiente?

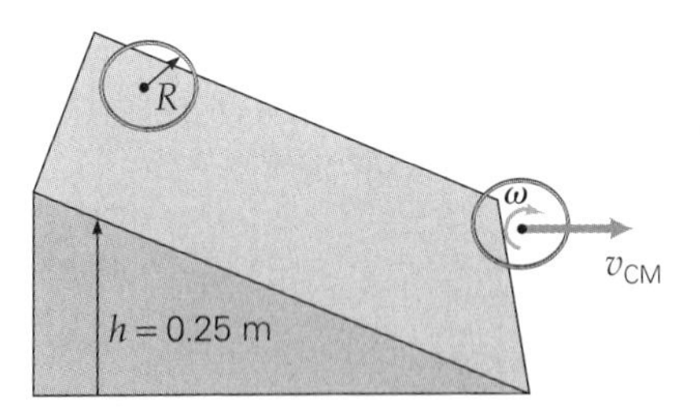

▲ **FIGURA 8.26 Movimiento rodante y energía** Cuando un objeto baja rodando por un plano inclinado, hay conversión de energía potencial en energía cinética traslacional y rotacional. Esto hace al rodamiento más lento que el deslizamiento sin fricción. Véase el ejemplo 8.16.

Exploración 11.3 Deslizamiento sobre un plano inclinado

Razonamiento. Aquí, energía potencial gravitacional se convierte en energía cinética, tanto rotacional como traslacional. La energía (mecánica) se conserva, pues W_f es cero.

Solución.

Dado: $h = 0.25$ m
$I_{CM} = MR^2$ (de la figura 8.20d)

Encuentre: v_{CM} (rapidez del CM)

Puesto que la energía mecánica total del cilindro se conserva, se escribe

$$E_o = E$$

o bien, como $v_o = 0$ en la cima de la pendiente, y suponiendo que $U = 0$ en la base,

$$U_o = K$$

$$\underset{\textit{inicialmente en reposo}}{Mgh} = \underset{\textit{en la base de la pendiente}}{\tfrac{1}{2}I_{CM}\omega^2 + \tfrac{1}{2}Mv_{CM}^2}$$

Si usamos la condición para rodamiento, $v_{CM} = R\omega$, obtendremos

$$Mgh = \frac{1}{2}(MR^2)\left(\frac{v_{CM}}{R}\right)^2 + \frac{1}{2}Mv_{CM}^2 = Mv_{CM}^2$$

Despejamos v_{CM},

$$v_{CM} = \sqrt{gh} = \sqrt{(9.8\text{ m/s}^2)(0.25\text{ m})} = 1.6\text{ m/s}$$

Aquí tampoco necesitamos mucha información numérica. Observe que el aro bajó rodando desde la misma altura hasta la que subió el cilindro del ejercicio de refuerzo del ejemplo 8.15, pero la rapidez del aro es menor que la del cilindro en la base de la rampa. ¿Por qué? Por la diferencia en los momentos de inercia.

Ejercicio de refuerzo. Suponga que el plano inclinado de este ejemplo no tiene fricción y el aro baja deslizándose en vez de rodar. ¿Cómo se compararía su rapidez en la base en este caso? ¿Por qué son distintas las rapideces?

Carrera arreglada

Como muestra el ejemplo 8.16, para un objeto que se rueda hacia abajo sobre un plano inclinado, sin resbalarse, v_{CM} es independiente de M y de R. Las masas y los radios se cancelan, de manera que todos los objetos de una forma específica (con la misma ecuación de momento de inercia) ruedan con la misma rapidez lineal, sean cuales fueren su tamaño y su densidad. Sin embargo, tal rapidez sí varía con el momento de inercia, que varía dependiendo de la forma. Por lo tanto, cuerpos rígidos de diferente forma ruedan con diferente rapidez. Por ejemplo, si soltamos un aro cilíndrico, un cilindro sólido y una esfera uniforme al mismo tiempo desde la cima de un plano inclinado, la esfera ganaría la carrera para llegar a la base, seguida del cilindro, con el aro llegando en último lugar, ¡siempre!

El lector puede ensayar este experimento con unas cuantas latas de alimentos y otros recipientes cilíndricos —uno lleno con algún material sólido (efectivamente, un cuerpo rígido) y otro vacío y con los extremos recortados— y una esfera sólida lisa. Recuerde que ni las masas ni los radios importan. Pensaríamos que un cilindro anular (un cilindro hueco cuyos radios externo e interno difieren considerablemente; figura 8.20f) sería el posible ganador de una carrera así, pero siempre pierde. La carrera rodando cuesta abajo está arreglada, aunque se varíen las masas y los radios.

Otro aspecto del rodamiento se trata en la sección A fondo 8.2: ¿Resbalar o rodar hasta parar?

8.5 Cantidad de movimiento angular

OBJETIVOS: *a*) Definir cantidad de movimiento angular y *b*) aplicar el principio de la conservación de la cantidad de movimiento angular a situaciones físicas.

Ilustración 10.3 Momento de inercia, energía rotacional y cantidad de movimiento angular

Exploración 11.4 Momento de inercia y cantidad de movimiento angular

Otra cantidad importante en el movimiento rotacional es la cantidad de movimiento angular. En la sección 6.1 vimos cómo una fuerza altera la cantidad de movimiento lineal de un objeto. De forma análoga, los cambios en la cantidad de movimiento angular están asociados al momento de fuerza. Como vimos, el momento de fuerza es el producto de un brazo de palanca y una fuerza. Asimismo, la **cantidad de movimiento angular (*L*)** es el producto de un brazo de palanca y una cantidad de movimiento lineal. Para una partícula de masa m, la magnitud de la cantidad de movimiento lineal es $p = mv$, donde $v = r\omega$. La magnitud de la cantidad de movimiento angular es

$$L = r_{\perp}p = mr_{\perp}v = mr_{\perp}^{2}\omega \quad \textit{cantidad de movimiento angular de una partícula} \quad (8.14)$$

Unidad SI de cantidad de movimiento angular: kilogramo-metro al cuadrado sobre segundo ($kg \cdot m^2/s$) donde v es la rapidez de la partícula, $r_{\perp}$ es el brazo de palanca y ω es la rapidez angular.

En un movimiento circular, $r_{\perp} = r$, porque $\vec{\mathbf{v}}$ es perpendicular a $\vec{\mathbf{r}}$. En un sistema de partículas que constituyen un cuerpo rígido, todas las partículas describen círculos, y la magnitud total de la cantidad de movimiento angular es

$$L = (\sum m_i r_i^2)\omega = I\omega \quad \textit{cantidad de movimiento angular de un cuerdo rígido} \quad (8.15)$$

que es, en el caso de rotación en torno a un eje fijo (en notación vectorial),

$$\vec{\mathbf{L}} = I\vec{\boldsymbol{\omega}} \quad (8.16)$$

Así pues, $\vec{\mathbf{L}}$ tiene la dirección del vector de velocidad angular ($\vec{\boldsymbol{\omega}}$). Esa dirección está dada por la regla de la mano derecha.

Nota: repase la ecuación 6.3 de la sección 6.1.

En movimiento rectilíneo, el cambio de la cantidad de movimiento lineal total de un sistema está relacionado con la fuerza externa por $\vec{\mathbf{F}}_{neta} = \Delta\vec{\mathbf{P}}/\Delta t$. La cantidad de movimiento angular está relacionada de manera análoga con el momento de fuerza neto (en magnitud):

$$\tau_{neto} = I\alpha = \frac{I\Delta\omega}{\Delta t} = \frac{\Delta(I\omega)}{\Delta t} = \frac{\Delta L}{\Delta t}$$

Es decir,

$$\tau_{neto} = \frac{\Delta L}{\Delta t} \quad (8.17)$$

Así, el momento de fuerza neto es igual a *la tasa de cambio de la cantidad de movimiento angular con el tiempo*. En otras palabras, un momento de fuerza neto produce un cambio en la cantidad de movimiento angular.

A FONDO 8.2 ¿RESBALAR O RODAR HASTA PARAR? FRENOS ANTIBLOQUEO

Durante una emergencia al conducir un vehículo, el instinto nos haría pisar a fondo el pedal del freno para intentar detener el vehículo rápidamente, es decir, en la distancia más corta. Sin embargo, con las ruedas bloqueadas, el coche derrapa, deslizándose hasta que se detiene, y muchas veces fuera de control. En tal caso, la fuerza de fricción deslizante actúa sobre las ruedas.

Para evitar el derrape, nos enseñan a bombear los frenos para detenernos rodando, no resbalando, sobre todo en un camino mojado o con hielo. Muchos automóviles modernos cuentan con un sistema computarizado de frenos que evita el bloqueo (ABS, *antilock braking system*) haciendo eso automáticamente. Cuando los frenos se aplican firmemente y el automóvil comienza a deslizarse, sensores en las ruedas detectan el deslizamiento y una computadora asume el control del sistema de frenado. Suelta momentáneamente los frenos y luego varía la presión del fluido de los frenos con una acción de bombeo (¡hasta 13 veces por segundo!), de manera que las ruedas sigan rodando sin derrapar.

Si no hay deslizamiento, actúan tanto la fricción rodante como la fricción estática. Sin embargo, en muchos casos la fuerza de fricción rodante es pequeña, y sólo hay que tomar en cuenta la fricción estática. El ABS trata de mantener la fricción estática cerca de su valor máximo, $f_s \approx f_{s_{\text{máx}}}$, lo cual no es fácil hacer con el pedal.

¿El hecho de resbalar en vez de rodar afecta mucho la distancia de frenado de un automóvil? Calculamos la diferencia suponiendo que la fricción de rodamiento es insignificante. Aunque la fuerza externa de la fricción estática no efectúa trabajo al disipar energía para detener un vehículo (esto se hace internamente por fricción con las zapatas), sí determina si las ruedas se deslizan o ruedan.

En el ejemplo 2.8, la distancia de frenado de un vehículo estaba dada por

$$x = \frac{v_o^2}{2a}$$

Por la segunda ley de Newton, la fuerza neta en la dirección horizontal es $F = f = \mu N = \mu mg = ma$, y la desaceleración es $a = \mu g$. Por lo tanto,

$$x = \frac{v_o^2}{2\,\mu g} \tag{1}$$

Sin embargo, como señalamos en el capítulo 4, el coeficiente de fricción deslizante (cinética) generalmente es menor que el de fricción estática; es decir, $\mu_k < \mu_s$. Podemos apreciar la diferencia general entre la detención rodante y la detención deslizante suponiendo la misma velocidad inicial v_o en ambos casos. Luego, utilizamos la ecuación 1 para formar un cociente:

$$\frac{x_{\text{rodante}}}{x_{\text{deslizante}}} = \frac{\mu_k}{\mu_s} \quad \text{o} \quad x_{\text{rodante}} = \left(\frac{\mu_k}{\mu_s}\right) x_{\text{deslizante}}$$

En la tabla 4.1 vemos que $\mu_k = 0.60$ para caucho sobre concreto húmedo, y el valor de μ_s para estas superficies es 0.80. Si usamos estos valores para comparar las distancias de frenado, obtenemos

$$x_{\text{rodante}} = \left(\frac{0.60}{0.80}\right) x_{\text{deslizante}} = (0.75)\,x_{\text{deslizante}}$$

Así, el automóvil se detiene rodando en el 75% de la distancia requerida para parar resbalando; por ejemplo, 15 m en vez de 20 m. Aunque esto podría variar dependiendo de las condiciones, podría ser una diferencia importante, incluso vital.

Conservación de la cantidad de movimiento angular

La ecuación 8.17 se dedujo utilizando $\tau_{\text{neto}} = I\alpha$, que es válido para un sistema rígido de partículas o un cuerpo rígido con momento de inercia constante. No obstante, la ecuación 8.17 es una ecuación general que también es válida para un sistema no rígido de partículas. En un sistema así, podría haber un cambio en la distribución de masa y un cambio en el momento de inercia. Por ello, podría haber aceleración angular incluso en ausencia de un momento de fuerza neto. ¿Cómo es posible esto?

Si el momento de fuerza neto sobre un sistema es cero, entonces, por la ecuación 8.17, $\vec{\boldsymbol{\tau}}_{\text{neto}} = \Delta\vec{\mathbf{L}}/\Delta t = 0$, y

$$\Delta\vec{\mathbf{L}} = \vec{\mathbf{L}} - \vec{\mathbf{L}}_o = I\vec{\boldsymbol{\omega}} - I_o\vec{\boldsymbol{\omega}}_o = 0$$

o bien,

$$I\omega = I_o\omega_o \tag{8.18}$$

Por lo tanto, la condición para la **conservación de la cantidad de movimiento angular** es:

> En ausencia de un momento de fuerza externo, no equilibrado, se conserva (se mantiene constante) la cantidad de movimiento angular total (vectorial) de un sistema.

Conservación de la cantidad de movimiento angular

Al igual que con la cantidad de movimiento lineal total, se cancelan los momentos de fuerza internos que surgen de fuerzas internas.

En un cuerpo rígido con momento de inercia constante (es decir, $I = I_o$), la rapidez angular se mantiene constante ($\omega = \omega_o$) en ausencia de un momento de fuerza neto. No obstante, en algunos sistemas podría cambiar el momento de inercia, lo cual ocasionaría un cambio en la rapidez angular, como ilustra el siguiente ejemplo.

Nota: la cantidad de movimiento angular se conserva cuando el momento de fuerza neto es cero. ($\vec{\mathbf{L}}$ es fija.) Ésta es la tercera ley de conservación en mecánica.

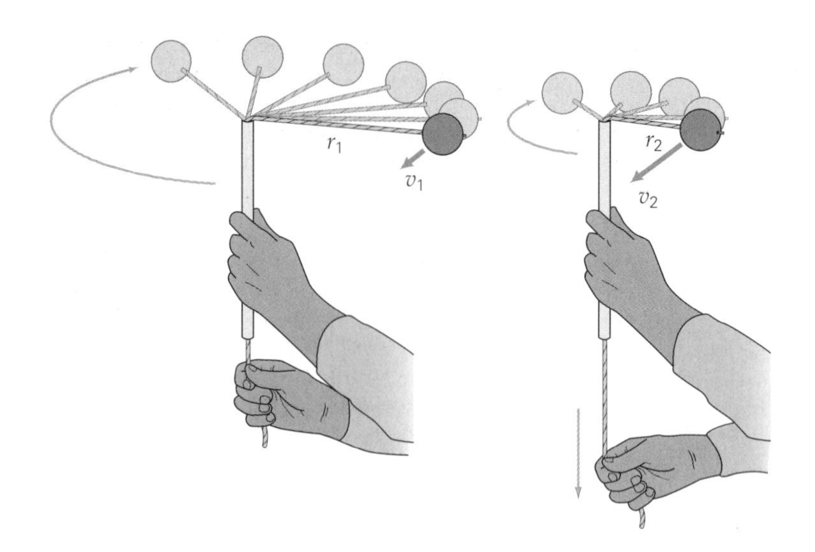

▶ **FIGURA 8.27 Conservación de la cantidad de movimiento angular** Cuando se tira de la cuerda hacia abajo a través del tubo, acelera la pelota que da vueltas. Véase el ejemplo 8.17.

Ejemplo 8.17 ■ Tirón hacia abajo: conservación de la cantidad de movimiento angular

Una pelota pequeña, sujeta a una cuerda que pasa por un tubo, se mueve en un círculo como se ilustra en la ▲ figura 8.27. Cuando se tira de la cuerda hacia abajo a través del tubo, aumenta la rapidez angular de la pelota. *a*) ¿Ese aumento en la rapidez angular se debe a un momento de fuerza causado por la fuerza de tracción? *b*) Si la pelota gira inicialmente con rapidez de 2.8 m/s en un círculo de 0.30 m de radio, ¿qué rapidez tangencial tendrá si el radio se reduce a 0.15 m tirando de la cuerda? (Desprecie la masa de la cuerda.)

Razonamiento. *a*) Se aplica una fuerza a la pelota a través de la cuerda; pero hay que considerar el eje de rotación. *b*) En ausencia de un momento de fuerza neto, se conserva la cantidad de movimiento angular (ecuación 8.18) y la rapidez tangencial está relacionada con la rapidez angular por $v = r\omega$.

Solución.

Dado: $r_1 = 0.30$ m, $r_2 = 0.15$ m, $v_1 = 2.8$ m/s

Encuentre: *a*) Causa del incremento en la rapidez angular *b*) v_2 (rapidez tangencial final)

***a*)** El cambio de velocidad angular, o aceleración angular, no se debe a un momento de fuerza producido por la fuerza de tracción. La fuerza sobre la pelota, transmitida por la cuerda (tensión) actúa pasando por el eje de rotación, así que su momento es cero. Puesto que la porción de la cuerda que gira se acorta, disminuye el momento de inercia de la pelota ($I = mr^2$, por la figura 8.20a). Como en ausencia de un momento de fuerza externo, se conserva la cantidad de movimiento angular ($I\omega$) de la pelota; y si se reduce I se debe incrementar ω.

***b*)** Puesto que se conserva la cantidad de movimiento angular, igualamos las magnitudes de las cantidades de movimiento angulares:

$$I_o\omega_o = I\omega$$

Luego, utilizando $I = mr^2$ y $\omega = v/r$, obtenemos

$$mr_1v_1 = mr_2v_2$$

y

$$v_2 = \left(\frac{r_1}{r_2}\right)v_1 = \left(\frac{0.30\text{ m}}{0.15\text{ m}}\right)2.8\text{ m/s} = 5.6\text{ m/s}$$

Cuando se acorta la distancia radial, la pelota se acelera.

Ejercicio de refuerzo. Examinemos la situación de este ejemplo en términos de trabajo y energía. Si la rapidez inicial es la misma y la fuerza de tracción vertical es 7.8 N, ¿qué rapidez final tendrá la pelota de 0.10 kg?

El ejemplo 8.17 debería ayudarnos a entender la ley de Kepler de áreas iguales (capítulo 7) desde otro punto de vista. La cantidad de movimiento angular de un planeta se conserva aproximadamente, ignorando el débil momento de fuerza gravitacional de otros planetas. (La fuerza gravitacional del Sol sobre un planeta produce poco o ningún momento de fuerza sobre él. ¿Por qué?) Por lo tanto, cuando un planeta está más cerca del Sol en su órbita elíptica, tiene un menor brazo de palanca y su rapidez es mayor, por la conservación de la cantidad de movimiento angular. [Éste es el fundamento de la segunda ley de Kepler (ley de áreas), sección 7.6.] Asimismo, cuando la altura de un satélite en órbita varía durante el curso de una órbita elíptica en torno a un planeta, el satélite se acelera o se frena por el mismo principio.

Cantidad de movimiento angular en la vida real

En la ▾figura 8.28a se muestra una demostración muy utilizada de la conservación de la cantidad de movimiento angular. Un individuo sentado en un banco giratorio sostiene pesas con los brazos extendidos y se le pone a girar lentamente. Alguien más debe proporcionar un momento de fuerza exterior que inicie esta rotación, porque el individuo en el banco no puede iniciar el movimiento por sí mismo. (¿Por qué no?) Una vez que está girando, si acerca sus brazos al cuerpo, aumenta la rapidez angular y gira con mucho mayor rapidez. Si vuelve a extender los brazos, nuevamente desacelerará. ¿Puede el lector explicar este fenómeno?

Si L es constante, ¿qué sucede con ω cuando I se reduce disminuyendo r? La rapidez angular debe aumentar para compensar la reducción de I y mantener L constante. Los patinadores en hielo giran con gran velocidad acercando sus brazos al eje de su cuerpo para reducir su momento de inercia (figura 8.28b). De forma similar, un clavadista gira durante un clavado alto acercando el tronco del cuerpo a sus extremidades, con lo que reduce considerablemente su momento de inercia. Las enormes rapideces del viento en los tornados y huracanes representan otro ejemplo del mismo efecto (figura 8.28c).

Exploración 11.5 *Conservación de la cantidad de movimiento angular*

La cantidad de movimiento angular también es importante en los saltos de patinaje artístico, en los cuales el patinador gira en el aire, como en un triple axel o un triple lutz. Un momento de fuerza que se aplica al saltar imparte al patinador cantidad de movimiento angular, y los brazos y piernas se acercan al eje del cuerpo para reducir el momento de inercia y aumentar la rapidez angular, para así efectuar varios giros durante el salto. Para aterrizar con menor rapidez angular, el patinador extiende los brazos y la pierna que no tocará el hielo. Quizás el lector se haya fijado en que casi todos estos aterrizajes siguen una trayectoria curva, la cual permite al patinador recuperar el control.

a)
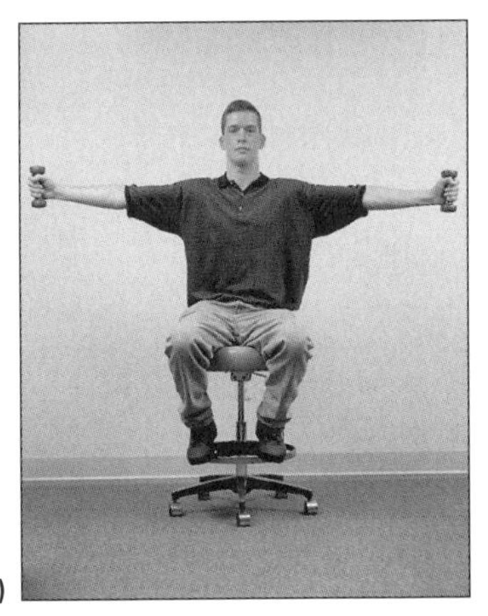

◂ **FIGURA 8.28** Cambio en el momento de inercia *a*) Girando lentamente con masas en los brazos extendidos, el momento de inercia de este individuo es relativamente grande. (Las masas están lejos del eje de rotación.) El hombre está aislado: no actúan sobre él momentos de fuerza externos (si despreciamos la fricción), así que se conserva su cantidad de movimiento angular, $L = I\omega$. Cuando junta los brazos al cuerpo, disminuye su momento de inercia. (¿Por qué?) En consecuencia, ω debe aumentar, y el giro se hace vertiginoso. *b*) Los patinadores en hielo modifican su momento de inercia para incrementar ω al girar. *c*) El mismo principio ayuda a explicar la violencia de los vientos que giran en torno al centro de un huracán. Al precipitarse aire hacia el centro de la tormenta, donde la presión es baja, su velocidad de rotación debe aumentar para que se conserve la cantidad de movimiento angular.

b)

c)

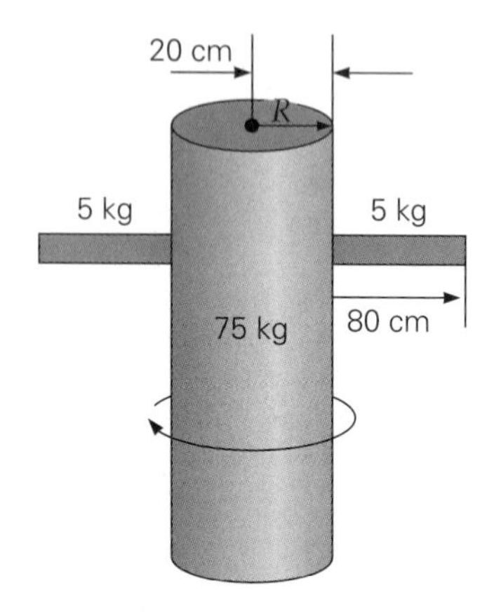

a) Brazos extendidos (no está a escala)

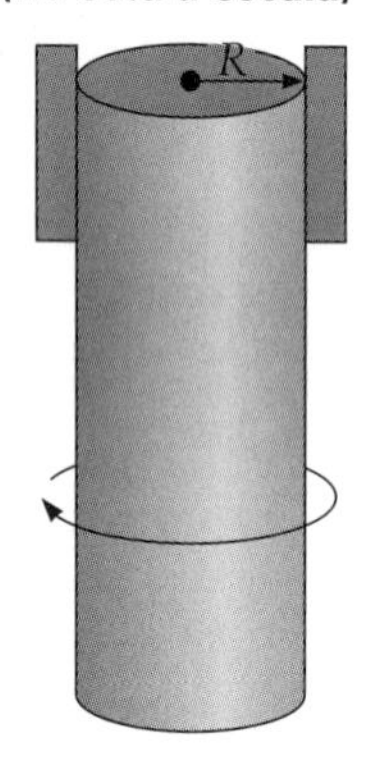

b) Brazos sobre la cabeza

▲ **FIGURA 8.29 Modelo de un patinador** Cambios en el momento de inercia y en el giro. Véase el ejemplo 8.18.

Ejemplo 8.18 ■ Un patinador como modelo

Por lo general, las situaciones de la vida real son complejas, pero algunas se pueden analizar usando modelos simples. En la ◂figura 8.29 se ilustra un modelo para analizar el giro de un patinador, empleando un cilindro y dos varillas para representarlo. En el inciso *a* el patinador inicia el giro con los "brazos" extendidos; mientras que en el inciso *b* los "brazos" están sobre la cabeza para lograr un giro más rápido por la conservación de la cantidad de movimiento angular. Si la rapidez de giro inicial es 1 revolución por 1.5 s, ¿cuál será la rapidez angular cuando los brazos están pegados al cuerpo?

Razonamiento. El cuerpo y los brazos de un patinador se representan con un cilindro y unas varillas, de manera que conozcamos los momentos de inercia (figura 8.20). Hay que dar atención especial al hecho de encontrar el momento de inercia de los brazos alrededor del eje de rotación (a través del cilindro). Esto puede hacerse aplicando el teorema del eje paralelo (ecuación 8.8).

Si se conserva la cantidad de movimiento angular, $L = L_o$ o $I\omega = I_o\omega_o$, conociendo la rapidez angular inicial y dadas las cantidades para evaluar los momentos de inercia (figura 8.29), es posible determinar la rapidez angular final.

Solución. Se listan los datos (véase la figura 8.29):

Dado: $\omega_o = (1 \text{ rev}/1.5 \text{ s})(2\pi \text{ rad/rev}) = 4.2 \text{ rad/s}$ ***Encuentre:*** ω (rapidez angular final)

$M_c = 75$ kg (el cilindro o el cuerpo)

$M_r = 5.0$ kg (una varilla o un brazo)

$R = 20 \text{ cm} = 0.20 \text{ m}$

$L = 80 \text{ cm} = 0.80 \text{ m}$

Momento de inercia (a partir de la figura 8.20).

cilindro: $I_c = \frac{1}{2}M_cR^2$ varilla: $I_r = \frac{1}{12}M_rL^2$

Primero calculemos los momentos de inercia del sistema utilizando el teorema del eje paralelo, $I = I_{cm} + Md^2$ (ecuación 8.8).

Antes: El I_c del cilindro es una recta hacia delante (figura 8.20e):

$$I_c = \tfrac{1}{2}M_cR^2 = \tfrac{1}{2}(75 \text{ kg})(0.20 \text{ m})^2 = 1.5 \text{ kg}\cdot\text{m}^2$$

Refiriendo el momento de inercia de una varilla horizontal (figura 8.29a) al eje de rotación del cilindro mediante el teorema del eje paralelo:

$I_r = I_{cm(\text{varilla})} + Md^2$

$= \frac{1}{12}M_rL^2 + M_r(R + L/2)^2$ donde el eje paralelo a través del CM de la varilla es una distancia de $R + L/2$ a partir del eje de rotación.

$= \frac{1}{12}(5.0 \text{ kg})(0.80 \text{ m})^2 + (5.0 \text{ kg})(0.20 \text{ m} + 0.40 \text{ m})^2 = 2.1 \text{ kg}\cdot\text{m}^2$

Además, $I_o = I_c + 2I_r = 1.5 \text{ kg}\cdot\text{m}^2 + 2(2.1 \text{ kg}\cdot\text{m}^2) = 5.7 \text{ kg}\cdot\text{m}^2$

Después: En la figura 8.29b, al tratar la masa de un brazo como si su centro de masa ahora estuviera a sólo unos 20 cm del eje de rotación, el momento de inercia de cada brazo es $I = M_rR^2$ (figura 8.20b), e

$$I = I_c + 2(M_rR^2) = 1.5 \text{ kg}\cdot\text{m}^2 + 2(5.0 \text{ kg}\cdot\text{m}^2)(0.20 \text{ m})^2 = 1.9 \text{ kg}\cdot\text{m}^2$$

Entonces, con la conservación de la cantidad de movimiento angular, $L = L_o$ o $I\omega = I_o\omega_o$ y

$$\omega = \left(\frac{I_a}{I_b}\right)\omega_o = \left(\frac{5.7 \text{ kg}\cdot\text{m}^2}{1.9 \text{ kg}\cdot\text{m}^2}\right)(4.2 \text{ rad/s}) = 13 \text{ rad/s}$$

De manera que la rapidez angular se incrementa por un factor de 3.

Ejercicio de refuerzo. Suponga que un patinador con el 75% de la masa del patinador del ejercicio realiza un giro. ¿Cuál sería la rapidez de giro ω en este caso? (Considere que todas las masas se reducen al 75%.)

La cantidad de movimiento angular, $\vec{\mathbf{L}}$, es un vector, y cuando se conserva o es constante, no deben cambiar su magnitud ni su dirección. Así, cuando no actúan momentos de fuerza externos, la dirección de $\vec{\mathbf{L}}$ es fija en el espacio. Éste es el principio en que se basa la precisión de los pases en fútbol americano, así como el movimiento de una brújula giroscópica (▸figura 8.30). En fútbol americano, el balón generalmente se lanza con una espiral. Este giro, o acción giroscópica, estabiliza el eje de rotación del balón en la dirección del movimiento. Asimismo, el acanalado del cañón de un rifle imparte un giro a las balas, con la finalidad de aumentar su estabilidad direccional.

En la brújula, el vector $\vec{\mathbf{L}}$ de un giroscopio en rotación se ajusta a una dirección dada (generalmente el norte). En ausencia de momentos de fuerza externos, no cambia la dirección de la brújula, aunque su portador (un avión o barco, por ejemplo) cambie de dirección. Quizás el lector haya jugado con un giroscopio de juguete que se pone a girar y se coloca sobre un pedestal. Cuando está "dormido", el giroscopio se mantiene ergui-

▶ FIGURA 8.30 Dirección constante de la cantidad de movimiento angular Cuando se conserva la cantidad de movimiento angular, su dirección permanece constante en el espacio. *a)* Este principio se observa al lanzar un balón. *b)* También hay acción giroscópica en un giroscopio: una rueda giratoria montada universalmente en anillos de modo que pueda girar libremente en torno a cualquier eje. Cuando la montura se mueve, la rueda mantiene su dirección. Éste es el principio de la brújula giroscópica.

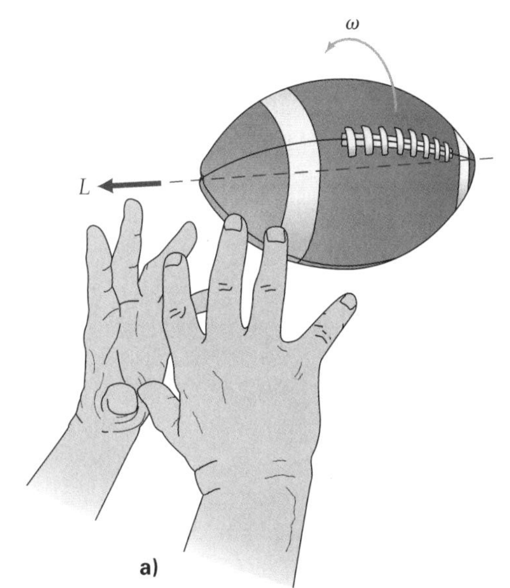

do durante algún tiempo, con su vector de cantidad de movimiento angular fijo en el espacio. El centro de gravedad del giroscopio está en el eje de rotación, así que no hay un momento de fuerza neto debido al peso.

Sin embargo, a final de cuentas el giroscopio pierde aceleración debido a la fricción, y esto hace que $\vec{\mathbf{L}}$ se incline. Al observar este movimiento, es posible que el lector haya notado cómo el eje de rotación da vueltas (en un movimiento llamado *precesión*) en torno al eje vertical. Da vueltas inclinado, por decirlo de alguna manera (figura 8.30b). Por la precesión del giroscopio, el vector de cantidad de movimiento angular $\vec{\mathbf{L}}$ ya no es constante en cuanto a dirección, lo que indica que un momento de fuerza está actuando para producir un cambio $(\Delta\vec{\mathbf{L}})$ con el tiempo. Como se aprecia en la figura, el momento de fuerza surge del componente vertical del peso, porque el centro de gravedad ya no está directamente arriba del punto de apoyo o en el eje vertical de rotación. El momento de fuerza instantáneo es tal que el eje del giroscopio se mueve, o "precesa", en torno al eje vertical.

De forma similar, el eje de rotación de la Tierra experimenta precesión. Dicho eje tiene una inclinación de 23.5° con respecto a una línea perpendicular al plano de su órbita en torno al Sol; el eje "precesa" en torno a esta línea (▼figura 8.31). La precesión se debe a pequeños momentos de fuerza gravitacionales que el Sol y la Luna ejercen sobre la Tierra.

El periodo de precesión del eje terrestre es de aproximadamente 26 000 años, así que la precesión no tiene un efecto cotidiano muy perceptible. No obstante, sí tiene un interesante efecto a largo plazo. Polaris no siempre será (ni siempre ha sido) la Estrella Polar, es decir, la estrella hacia la que apunta el eje de rotación de la Tierra. Hace unos 5000 años, Alfa Draconis era la Estrella Polar, y dentro de 5000 años lo será Alfa Cefeida, que está a una distancia angular de unos 68° de Polaris en el círculo descrito por la precesión del eje terrestre.

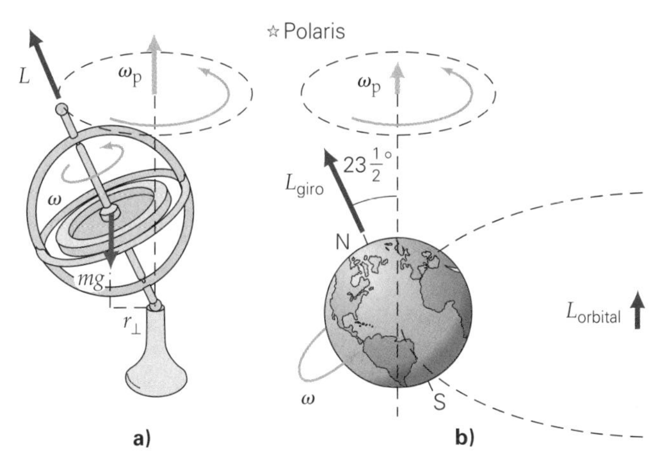

◀ FIGURA 8.31 Precisión Un momento de fuerza externo origina un cambio de cantidad de movimiento angular. *a)* En un giroscopio, el cambio es direccional, y el eje de rotación experimenta precesión con una aceleración angular ω_p en torno a una línea vertical. (El momento de fuerza debido al peso apuntaría hacia afuera de la página en este dibujo, lo mismo que $\Delta\vec{\mathbf{L}}$.) Aunque hay un momento de fuerza que haría que el giroscopio estático se desplomara, un giroscopio en rotación no se cae. *b)* Asimismo, el eje de la Tierra tiene precesión debido a momentos de fuerza gravitacionales producidos por el Sol y la Luna. No notamos este movimiento porque su periodo de precesión es de unos 26 000 años.

Hay otros efectos de momento de fuerza que actúan a largo plazo sobre la Tierra y la Luna. ¿Sabía usted que la rapidez de rotación diaria de la Tierra está disminuyendo, por lo cual los días son cada vez más largos? ¿Sabía que la Luna se está alejando de la Tierra? Esto se debe primordialmente a la fricción de las mareas oceánicas, que produce un momento de fuerza. El resultado es que la cantidad de movimiento angular de giro de la Tierra y, por ende, su rapidez de rotación, está cambiando. Esta desaceleración de la rotación hará que este siglo sea unos 25 segundos más largo que el anterior.

Dicha desaceleración, sin embargo, es un valor promedio. Ocasionalmente, la rotación de la Tierra se acelera durante periodos relativamente corto. Se cree que ello tiene que ver con la inercia rotacional de la capa líquida del núcleo terrestre. (Véase la sección A fondo 13.1 de la página 450.)

El momento de fuerza de las mareas se debe principalmente a la atracción gravitacional de la Luna, que es la causa fundamental de las mareas oceánicas. Este momento de fuerza es *interno* respecto al sistema Tierra-Luna, y se conserva la cantidad de movimiento angular total de ese sistema. Como la Tierra está perdiendo cantidad de movimiento angular, la Luna debe estar ganando cantidad de movimiento angular para que el total del sistema se mantenga constante. La Tierra pierde cantidad de movimiento angular de rotación; en tanto que la Luna gana cantidad de movimiento angular orbital. Por ello, la Luna se aleja poco a poco de la Tierra y disminuye su rapidez orbital. Tal alejamiento es de aproximadamente 4 cm por año. Por lo tanto, la Luna describe una espiral que se ensancha lentamente.

Por último, un ejemplo común donde la cantidad de movimiento angular es una consideración importante es el helicóptero. ¿Qué sucedería si un helicóptero sólo tuviera un rotor? Puesto que el motor que genera el momento de fuerza es interno, la cantidad de movimiento angular se conserva. Inicialmente, $\vec{\mathbf{L}} = 0$; por lo tanto, para conservar la cantidad de movimiento angular total del sistema (rotor más fuselaje), las cantidades de movimiento angulares individuales del rotor y el fuselaje deberían tener direcciones opuestas para cancelarse. Al despegar, el rotor giraría en un sentido y el fuselaje del helicóptero giraría en el otro, lo cual es algo nada deseable.

Para que no se presente esta situación, los helicópteros tienen dos rotores. Los helicópteros grandes tienen dos rotores traslapantes (▼figura 8.32a). Las cantidades de movimiento angulares de los rotores, que giran en direcciones opuestas, se cancelan, así que el fuselaje no tiene que girar para cancelar la cantidad de movimiento angular. Los rotores están a diferente altura para que sus aspas no choquen.

Los helicópteros pequeños con un solo rotor en la parte superior tienen un pequeño rotor en la cola para producir un momento de fuerza opuesto (figura 8.32b). Este rotor genera un empuje como el de una hélice y el momento de fuerza correspondiente compensa el momento de fuerza producido por el rotor principal. Además, el rotor de cola también ayuda a guiar la nave y, al aumentar o reducir su empuje, hace que el helicóptero gire en un sentido o en el otro.

▼ **FIGURA 8.32 Diferentes rotores** Véase la descripción en el texto.

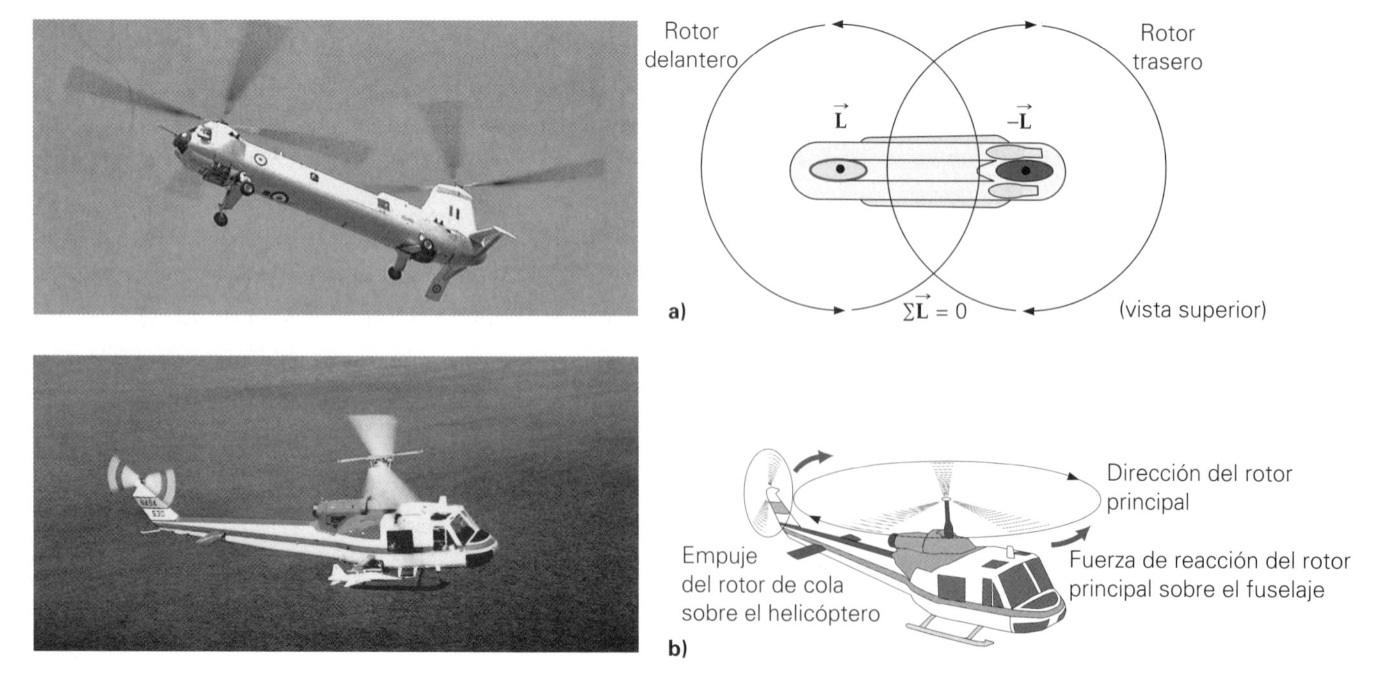

Repaso del capítulo

- En el **movimiento traslacional puro**, todas las partículas de un cuerpo rígido tienen la misma velocidad instantánea.

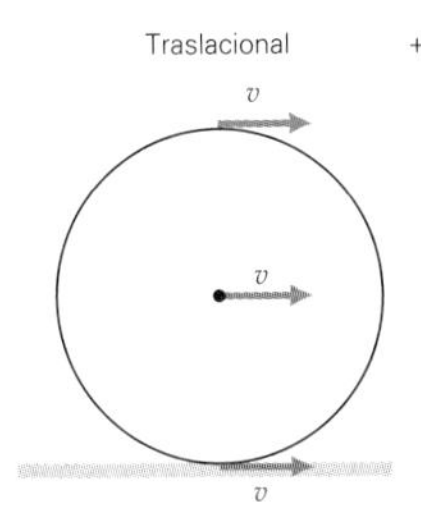

- En el **movimiento rotacional puro (en torno a un eje fijo)**, todas las partículas de un cuerpo rígido tienen la misma velocidad angular instantánea.

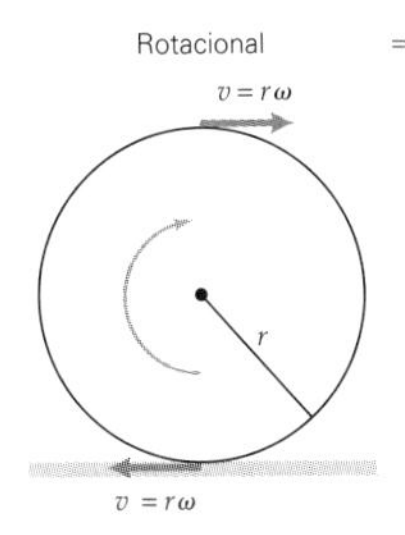

Condición para rodar sin resbalar:

$$v_{CM} = r\omega \tag{8.1}$$

$$(\text{o } s = r\theta \quad \text{o} \quad a_{CM} = r\alpha)$$

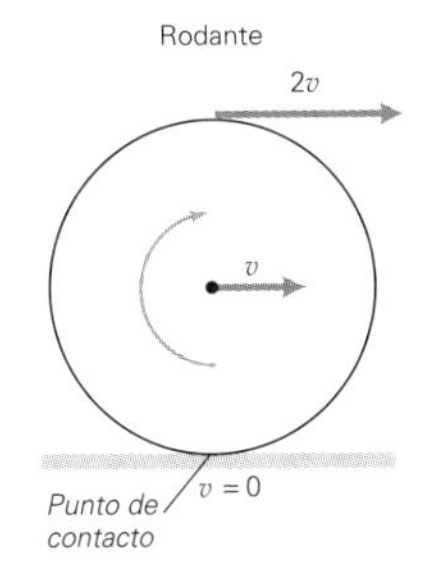

- El **momento de fuerza ($\vec{\tau}$)**, que es el análogo rotacional de la fuerza, es el producto de una fuerza y un brazo de palanca.

Momento de fuerza (magnitud):

$$\tau = r_{\perp}F = rF \operatorname{sen}\theta \tag{8.2}$$

(La dirección está dada por la regla de la mano derecha)

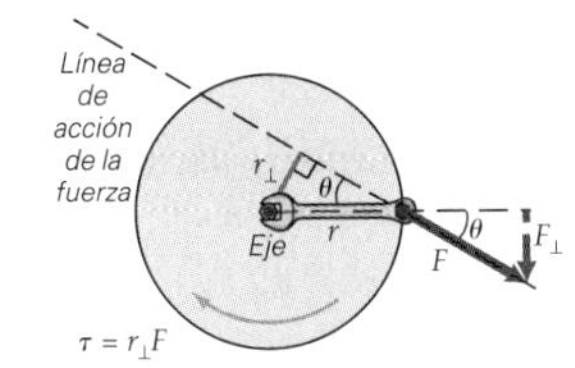

- El **equilibrio mecánico** requiere que la fuerza neta, o la sumatoria de las fuerzas, sea cero (equilibrio traslacional); y que el momento de fuerza neto, o sumatoria de los momentos de fuerza, sea cero (equilibrio rotacional).

Condiciones para equilibrio mecánico traslacional y rotacional, respectivamente:

$$\vec{\mathbf{F}}_{neta} = \Sigma\vec{\mathbf{F}}_i = 0 \quad \text{y} \quad \vec{\boldsymbol{\tau}}_{neto} = \Sigma\vec{\boldsymbol{\tau}}_i = 0 \tag{8.3}$$

- Un objeto está en **equilibrio estable** si su centro de gravedad, después de un pequeño desplazamiento, queda arriba y dentro de la base de soporte original del objeto.

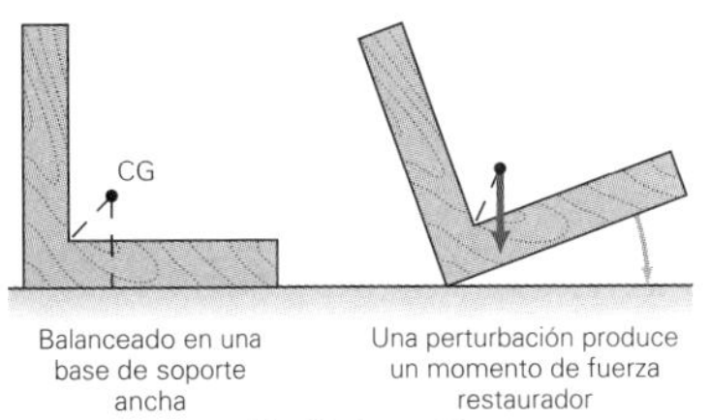

a) Equilibrio estable

- El **momento de inercia (I)** es el análogo rotacional de la masa y está dado por

$$I = \Sigma m_i r_i^2 \tag{8.6}$$

Forma rotacional de la segunda ley de Newton:

$$\vec{\boldsymbol{\tau}}_{neto} = I\vec{\boldsymbol{\alpha}} \tag{8.7}$$

Teorema de ejes paralelos:

$$I = I_{CM} + Md^2 \tag{8.8}$$

M
CM
d
$I = I_{CM} + Md^2$

Trabajo rotacional:

$$W = \tau\theta \tag{8.9}$$

Potencia rotacional:

$$P = \tau\omega \tag{8.10}$$

Teorema trabajo-energía (rotacional):

$$W_{neto} = \tfrac{1}{2}I\omega^2 - \tfrac{1}{2}I\omega_o^2 = \Delta K \tag{8.11}$$

Energía cinética rotacional:

$$K = \tfrac{1}{2}I\omega^2 \tag{8.12}$$

Energía cinética de un objeto rodante (sin deslizamiento):

$$K = \tfrac{1}{2}I_{CM}\omega^2 + \tfrac{1}{2}Mv_{CM}^2 \tag{8.13}$$

- La **cantidad de movimiento angular**: el producto de un brazo de palanca y una cantidad de movimiento lineal, o de un momento de inercia y una velocidad angular.

Cantidad de movimiento angular de una partícula en movimiento circular magnitud):

$$L = r_{\perp}p = mr_{\perp}v = mr_{\perp}^2\omega \tag{8.14}$$

Cantidad de movimiento angular de un cuerpo rígido:

$$\vec{\mathbf{L}} = I\vec{\boldsymbol{\omega}} \tag{8.16}$$

Momento de fuerza como cambio de cantidad de movimiento angular (forma de magnitud:

$$\vec{\boldsymbol{\tau}}_{neto} = \frac{\Delta\vec{\mathbf{L}}}{\Delta t} \tag{8.17}$$

Conservación de la cantidad de movimiento angular (con $\vec{\boldsymbol{\tau}}_{neto} = 0$):

$$L = L_o \quad \text{o} \quad I\omega = I_o\omega_o \tag{8.18}$$

La cantidad de movimiento angular se conserva en la ausencia de un momento de fuerza externo y no equilibrado.

Ejercicios

Los ejercicios designados **OM** *son preguntas de opción múltiple; los* PC *son preguntas conceptuales; y los* **EI** *son ejercicios integrados. A lo largo del texto, muchas secciones de ejercicios incluirán ejercicios "apareados". Estos pares de ejercicios, que se identifican con* números subrayados*, pretenden ayudar al lector a resolver problemas y aprender. El primer ejercicio de cada pareja (el de número par) se resuelve en la Guía de estudio, que puede consultarse si se necesita ayuda para resolverlo. El segundo ejercicio (de número impar) es similar, y su respuesta se da al final del libro.*

8.1 Cuerpos rígidos, traslaciones y rotaciones

1. **OM** En el movimiento rotacional puro de un cuerpo rígido, *a*) todas las partículas del cuerpo tienen la misma velocidad angular, *b*) todas las partículas del cuerpo tienen la misma velocidad tangencial, *c*) la aceleración siempre es cero o *d*) siempre hay dos ejes de rotación simultáneos.

2. **OM** Para un objeto sólo con movimiento de rotación, todas sus partículas tienen la misma *a*) velocidad instantánea, *b*) velocidad promedio, *c*) distancia a partir del eje de rotación, *d*) velocidad angular instantánea.

3. **OM** La condición para rodar sin resbalar es *a*) $a_c = r\omega^2$, *b*) $v_{CM} = r\omega$, *c*) $F = ma$ o *d*) $a_c = v^2/r$.

4. **OM** Un objeto rodante *a*) tiene un eje de rotación a través del eje de simetría, *b*) tiene una velocidad cero en el punto o línea de contacto, *c*) se deslizará si $s = r\theta$, *d*) todas las opciones anteriores son verdaderas.

5. **OM** Para los neumáticos de un automóvil que se derrapa, *a*) $v_{CM} = r\omega$, *b*) $v_{CM} > r\omega$, *c*) $v_{CM} < r\omega$, *d*) ninguna de las anteriores.

6. PC Suponga que un compañero de su clase de física dice que un cuerpo rígido puede tener movimiento traslacional y rotacional al mismo tiempo. ¿Estaría de acuerdo? Si lo está, dé un ejemplo.

7. PC ¿Qué sucedería si la rapidez tangencial v de un cilindro rodante fuera menor que $r\omega$? ¿v puede ser mayor que $r\omega$? Explique.

8. PC Si la parte más alta de un neumático se mueve con rapidez v, ¿qué marcará el velocímetro del automóvil?

9. ● Una rueda va rodando uniformemente en un plano, sin resbalar. Un poco de fango sale despedido de la rueda en la posición correspondiente las 9:00 en un reloj (parte trasera de la rueda). Describa el movimiento subsecuente del fango.

10. ● Una cuerda pasa sobre una polea circular de 6.5 cm de radio. Si la polea da cuatro vueltas sin que la cuerda resbale, ¿qué longitud de cuerda pasará por la polea?

11. ● Una rueda da cinco vueltas sobre una superficie horizontal sin resbalar. Si el centro de la rueda avanza 3.2 m, ¿qué radio tendrá la rueda?

12. ●● Una bola de bolos con un radio de 15.0 cm se desplaza por la pista de manera que su centro de masa se mueve a 3.60 m/s. El jugador estima que realiza 7.50 revoluciones completas en 2.00 segundos. ¿Está rodando sin deslizarse? Pruebe su respuesta suponiendo que la observación rápida del jugador limita las respuestas a dos cifras significativas.

13. ●● Una esfera con 15 cm de radio rueda sobre una superficie horizontal y la rapidez traslacional del centro de masa es 0.25 m/s. Calcule la rapidez angular en torno al centro de masa si la esfera rueda sin resbalar.

14. **EI** ●● *a*) Cuando un disco rueda sin resbalar, ¿el producto $r\omega$ debería ser 1) mayor que, 2) igual a o 3) menor que v_{CM}? *b*) Un disco de 0.15 m de radio gira 270° mientras avanza 0.71 m. ¿El disco rueda sin resbalar? Justifique su respuesta.

15. ●●● Una pelota de bocce (o bochas, un deporte popular en Italia) con un diámetro de 6.00 cm rueda sin deslizarse sobre un césped horizontal. Tiene una rapidez angular inicial de 2.35 rad/s y llega al reposo después de 2.50 m. Suponiendo que la deceleración es constante, *a*) determine la magnitud de su deceleración angular y *b*) la magnitud de la aceleración tangencial máxima de la superficie de la pelota (indique dónde se localiza esa parte).

16. ●●● Un cilindro de 20 cm de diámetro rueda con rapidez angular de 0.50 rad/s sobre una superficie horizontal. Si el cilindro experimenta una aceleración tangencial uniforme de 0.018 m/s^2 sin resbalar hasta que su rapidez angular sea de 1.25 rad/s, ¿cuántas revoluciones completas habrá efectuado el cilindro durante su aceleración?

8.2 Momento de fuerza, equilibrio y estabilidad

17. **OM** Es posible tener un momento de fuerza neto cuando *a*) todas las fuerzas actúan a través del eje de rotación, *b*) $\Sigma \vec{\mathbf{F}}_i = 0$, *c*) un objeto está en equilibrio rotacional o *d*) un objeto permanece en equilibrio inestable.

18. **OM** Si un objeto en equilibrio inestable se desplaza un poco, *a*) su energía potencial disminuirá, *b*) el centro de gravedad estará directamente arriba del eje de rotación, *c*) no se efectuará trabajo gravitacional o *d*) entrará en equilibrio estable.

19. **OM** Un momento de fuerza tiene las mismas unidades que *a*) el trabajo, *b*) la fuerza, *c*) la velocidad angular o *d*) la aceleración angular.

20. PC Si levantamos objetos usando la espalda en vez de las piernas, es común que nos duela la espalda. ¿Por qué?

21. PC Una gimnasta sobre la barra de equilibrio se agacha cuando siente que está perdiendo el equilibrio. ¿Por qué?

22. PC Explique los actos de equilibrismo de la ▸figura 8.33. ¿Dónde está el centro de gravedad?

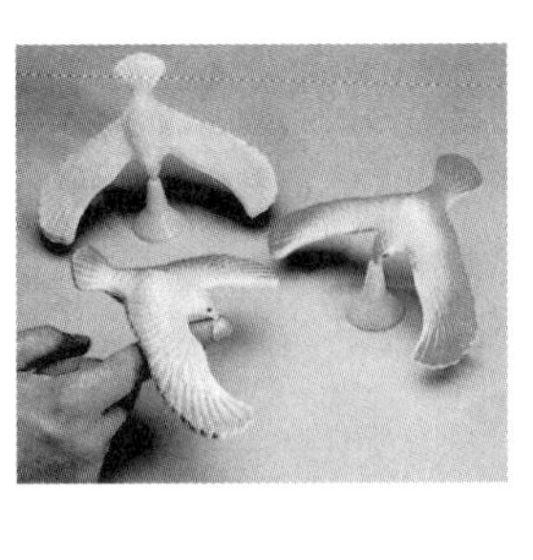

▲ **FIGURA 8.33 Actos de equilibrismo** Véase el ejercicio 22. *Izquierda:* un mondadientes (palillo) en el borde de un vaso sostiene un tenedor y una cuchara. *Derecha:* una ave de juguete se equilibra en su pico.

23. PC "Reventar la rueda" es una acrobacia de motocicleta, en la cual el extremo frontal de la moto se eleva del piso en una salida rápida, y permanece en el aire durante cierta distancia. Explique la física implicada en esta acrobacia.

24. PC En los casos tanto del equilibrio estable como del inestable, un pequeño desplazamiento del centro de gravedad implica tener que realizar trabajo gravitacional. (Véase las pelotas y los recipientes cóncavos en la figura 8.11.) Sin embargo, hay otro tipo de equilibrio donde el desplazamiento del centro de masa no implica trabajo gravitacional. Se le conoce como *equilibrio neutro*, en el que, en esencia, el centro de gravedad desplazado se mueve en línea recta. Dé un ejemplo de un objeto en equilibrio neutro.

25. ● En la figura 8.4a, si el brazo forma un ángulo de 37° con la horizontal y se requiere un momento de fuerza de 18 m · N, ¿qué fuerza debe generar el bíceps?

<u>26.</u> ● El tapón de vaciado del aceite en el motor de un automóvil se apretó con un momento de fuerza de 25 m · N. Si se emplea una llave inglesa para cambiar el aceite, ¿cuál será la fuerza mínima necesaria para aflojar el tapón?

<u>27.</u> ● En el ejercicio 26, a causa del limitado espacio para trabajar, usted debe arrastrarse debajo del automóvil. Por lo tanto, no es posible aplicar la fuerza de forma perpendicular con respecto a la longitud de la llave inglesa. Si la fuerza aplicada forma un ángulo de 30° con respecto al mango de la llave inglesa, ¿cuál será la fuerza que se requiere para aflojar el tapón de vaciado del aceite?

28. ● ¿Cuántas posiciones de equilibrio estable e inestable distintas tiene un cubo? Considere cada superficie, arista y esquina como una posición diferente.

29. **EI** ● Dos niños están en extremos opuestos de un subibaja uniforme de masa insignificante. *a*) ¿Puede equilibrarse el balancín si los niños tienen diferente masa? ¿Cómo? *b*) Si un niño de 35 kg está a 2.0 m del punto pivote (o fulcro), ¿a qué distancia de ese punto, al otro lado, tendrá que sentarse su amiga de 30 kg para equilibrar el subibaja?

30. ● Una regla uniforme de un metro que pivotea sobre su punto medio, como en el ejemplo 8.5, tiene una masa de 100 g colgada de la posición de 25.0 cm. *a*) ¿En qué posición debería colgarse una masa de 75.0 g para que el sistema esté en equilibrio? *b*) ¿Qué masa tendría que colgarse de la posición de 90.0 cm para que el sistema esté en equilibrio?

31. ●● Demuestre que la regla de un metro equilibrada del ejemplo 8.5 está en equilibrio rotacional estático en torno a un eje horizontal que pasa por la marca de 100 cm de la escala.

32. **EI** ●● Se permite que las líneas telefónicas y eléctricas cuelguen entre postes, para que la tensión no sea excesiva cuando algo golpee un cable o se pose en él. *a*) ¿Las líneas podrían ser perfectamente horizontales? ¿Por qué? *b*) Suponga que un cable se estira hasta quedar casi perfectamente horizontal entre dos postes separados 30 m. Si un pájaro de 0.25 kg se posa en el punto medio del cable y éste baja 1.0 cm, ¿qué tensión hay en el cable?

33. ●● En la ▼ figura 8.34, ¿qué fuerza F_m genera el músculo deltoides para sostener el brazo extendido, si la masa del brazo es de 3.0 kg? (F_j es la fuerza de la articulación sobre el hueso del brazo, el húmero.)

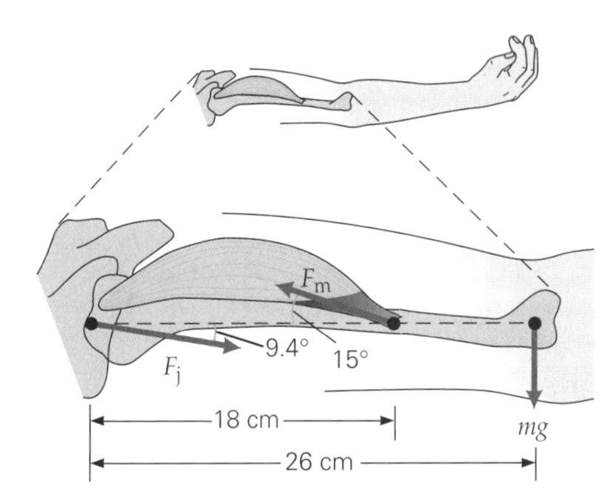

▲ **FIGURA 8.34 Brazo en equilibrio estático** Véase el ejercicio 33.

34. ●● En la figura 8.4b, determine la fuerza que ejerce el bíceps, suponiendo que la mano está sosteniendo una pelota con una masa de 5.00 kg. Suponga que la masa del antebrazo es de 8.50 kg con su centro de masa localizado a 20.0 cm de la articulación del codo (el punto negro en la figura). Suponga también que el centro de masa de la pelota en la mano se localiza a 30.0 cm del codo. (La inserción del músculo está a 4.00 cm del codo, ejemplo 8.2.)

35. ●● Una bola de bolos (con masa de 7.00 kg y radio de 17.0 cm) se avienta tan rápido que derrapa sin rodar por la pista (al menos por un momento). Suponga que la bola derrapa hacia la derecha y que el coeficiente de fricción de deslizamiento entre la bola y la superficie del carril es 0.400. *a*) ¿Cuál será la dirección del momento de fuerza ejercido por la fricción sobre la bola alrededor del centro de masa de ésta? *b*) Determine la magnitud de este momento de fuerza (de nuevo alrededor del centro de masa de la bola).

36. ●● Una variación de la tracción Russell (▼ figura 8.35) sostiene la pantorrilla enyesada. Suponga que la pierna y el yeso tienen una masa combinada de 15.0 kg y que m_1 es 4.50 kg. *a*) ¿Qué fuerza de reacción ejercen los músculos de la pierna contra la tracción? *b*) ¿Qué valor debe tener m_2 para mantener horizontal la pierna?

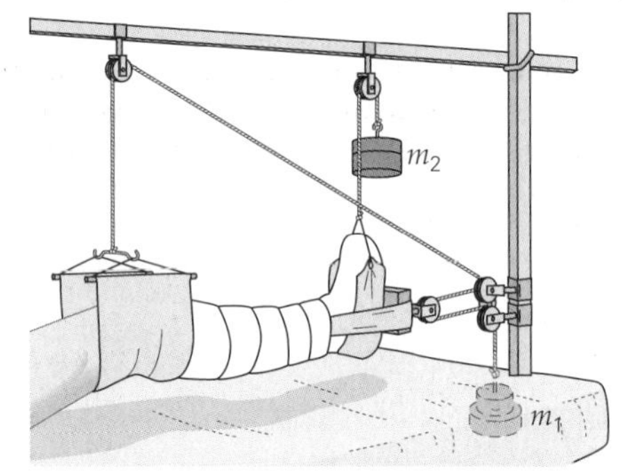

▲ **FIGURA 8.35 Tracción estática** Véase el ejercicio 36.

37. ●● Al realizar su terapia física para una rodilla lesionada, una persona levanta una bota de 5.0 kg como se ilustra en la ▾figura 8.36. Calcule el momento de fuerza que ejerce la bota para cada posición mostrada.

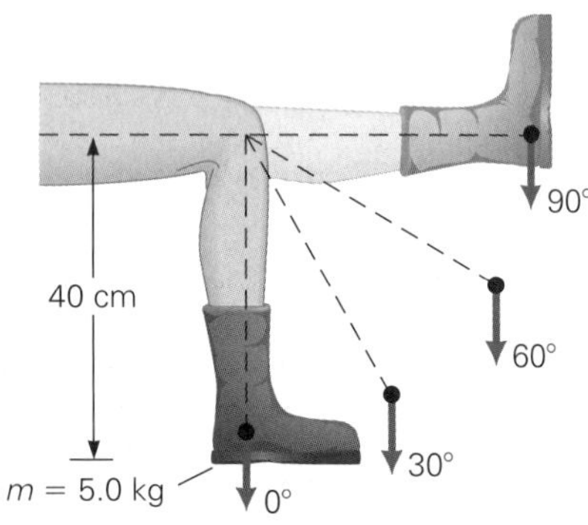

▲ **FIGURA 8.36 Momento de fuerza en una terapia física** Véase el ejercicio 37.

38. ●● Un artista quiere construir el móvil de pájaros y abejas que se muestra en la ▾figura 8.37. Si la masa de la abeja de la izquierda es de 0.10 kg y cada hilo vertical tiene una longitud de 30 cm, ¿qué masa tendrán la otra abeja y los pájaros? (Ignore las masas de las barras y las cuerdas.)

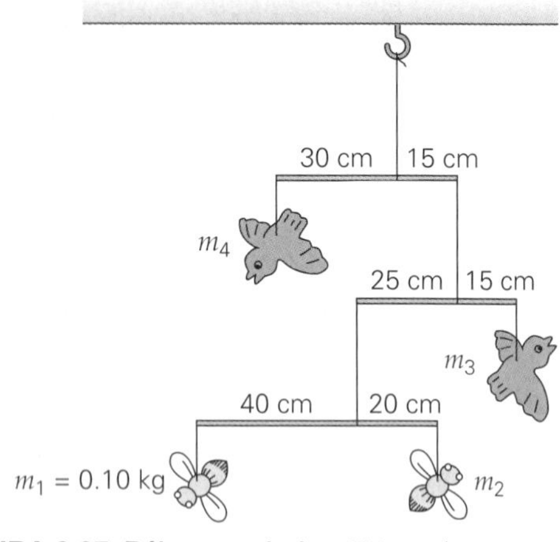

▲ **FIGURA 8.37 Pájaros y abejas** Véase el ejercicio 38.

39. **El** ●● La ubicación del centro de gravedad de una persona en relación con su altura se determina utilizando el modelo de la ▸figura 8.38. Las básculas se ajustaron inicialmente a cero con la tabla sola. *a*) ¿Usted esperaría que la ubicación del centro de masa estuviera 1) a la mitad del camino entre las básculas, 2) hacia la báscula situada debajo de la cabeza de la persona o 3) hacia la báscula situada debajo de los pies de la persona? ¿Por qué? *b*) Localice el centro de gravedad de la persona en relación con la dimensión horizontal.

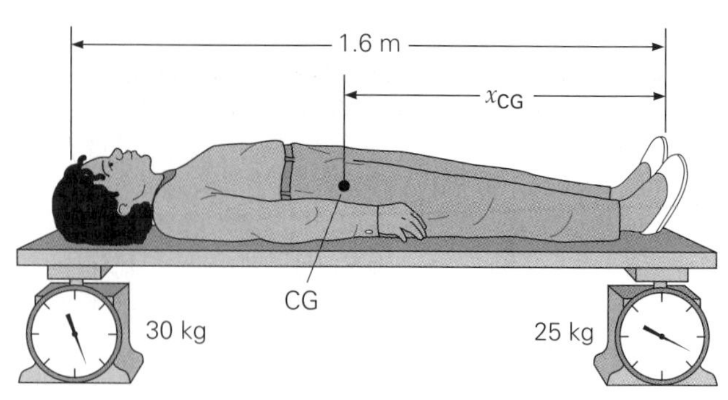

▲ **FIGURA 8.38 Localización del centro de gravedad** Véase el ejercicio 39.

40. ●● *a*) ¿Cuántos libros uniformes idénticos de 25.0 cm de ancho pueden apilarse en una superficie horizontal sin que el montón se desplome, si cada libro sucesivo se desplaza 3.00 cm a lo ancho, en relación con el libro inmediato inferior? *b*) Si los libros tienen 5.00 cm de espesor, ¿a qué altura sobre la superficie horizontal estará el centro de masa del montón?

41. ●● Si cuatro reglas de un metro cada una se apilan en una mesa con 10, 15, 30 y 50 cm, respectivamente, proyectándose más allá del borde de la mesa, como se muestra en la ▾figura 8.39, ¿la regla de la parte superior permanecerá sobre la mesa?

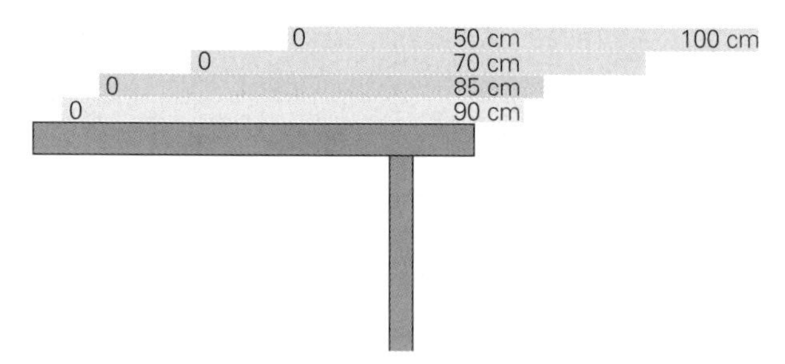

▲ **FIGURA 8.39 ¿Se caerán?** Véase el ejercicio 41.

42. ●● Un cubo sólido y uniforme de 10.0 kg, de 0.500 m por lado, descansa en una superficie horizontal. ¿Qué trabajo mínimo se requiere para colocarlo en una posición de equilibrio inestable?

43. ●● Parado en una tabla larga que descansa sobre un andamio, un hombre de 70 kg pinta un muro, como se observa en la ▾figura 8.40. Si la masa de la tabla es de 15 kg, ¿qué tan cerca de un extremo puede pararse el pintor sin que la tabla se incline?

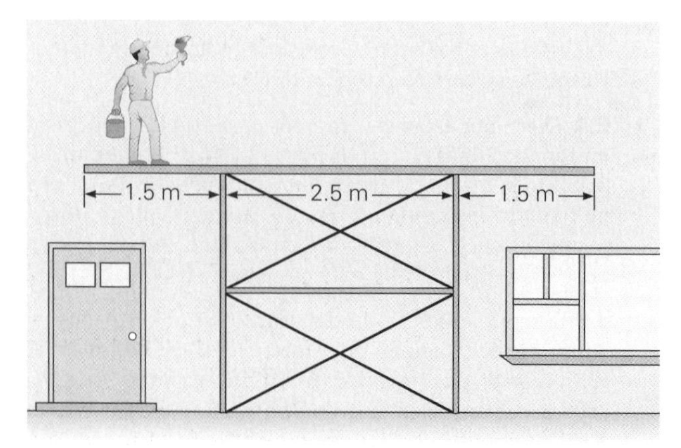

▲ **FIGURA 8.40 ¡No tan lejos!** Véanse los ejercicios 43 y 46.

44. ●● Una masa está suspendida por dos cuerdas, como se ilustra en la ▾ figura 8.41. ¿Cuáles son las tensiones en las cuerdas?

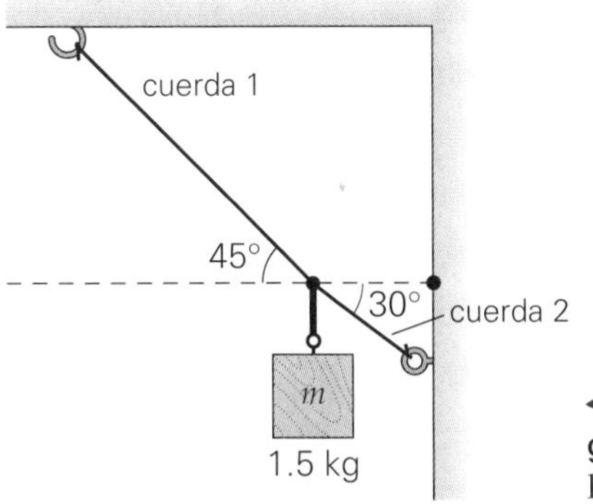

◀ **FIGURA 8.41 Una gran tensión** Véanse los ejercicios 44 y 45.

45. ●● Si la cuerda sostenida de la pared vertical en la figura 8.41 estuviera en posición horizontal (en vez de formar un ángulo de 30°), ¿cuáles serían las tensiones en las cuerdas?

46. ●●● Suponga que la tabla de la figura 8.40 pende de cuerdas verticales sujetas a cada extremo, en vez de descansar sobre un andamio. Si el pintor se para a 1.5 m de un extremo de la tabla, ¿qué tensión habrá en cada cuerda? (Busque datos adicionales en el ejercicio 43.)

47. **EI** ●●● En un acto circense, una tabla uniforme (con longitud de 3.00 m y masa de 35.0 kg) está suspendida de una cuerda por un extremo, mientras que el otro extremo descansa sobre un pilar de concreto. Cuando un payaso (con masa de 75.0 kg) se sube a la tabla en su punto medio, ésta se inclina de manera que el extremo de la cuerda queda a 30° con respecto a la horizontal y la cuerda permanece vertical. *a*) ¿En qué situación será mayor la tensión de la cuerda? 1) la tabla sin el payaso encima, 2) la tabla con el payaso encima o 3) no es posible determinarlo a partir de los datos. *b*) Calcule la fuerza ejercida por la cuerda en ambas situaciones.

48. **EI** ●●● Las fuerzas que actúan sobre Einstein y la bicicleta (figura 2 de la sección A fondo en la p. 271) son el peso total de Einstein y la bicicleta (mg) en el centro de gravedad del sistema, la fuerza normal (N) ejercida por el pavimento y la fuerza de fricción estática (f_s) que actúa sobre los neumáticos debido al pavimento. *a*) Para que Einstein mantenga el equilibrio, ¿la tangente del ángulo de inclinación θ ($\tan\theta$) debería ser 1) mayor que, 2) igual a o 3) menor que f_s/N? *b*) El ángulo θ de la figura es de unos 11°. Calcule el coeficiente mínimo de fricción estática (μ_s) entre las ruedas y el pavimento? *c*) Si el radio del círculo es de 6.5 m, ¿qué rapidez máxima tendría la bicicleta? [*Sugerencia:* el momento de fuerza neto en torno al centro de gravedad debe ser cero para que haya equilibrio rotacional.]

8.3 Dinámica rotacional

49. **OM** El momento de inercia de un cuerpo rígido *a*) depende del eje de rotación, *b*) no puede ser cero, *c*) depende de la distribución de masa o *d*) todo lo anterior.

50. **OM** ¿Qué de lo siguiente describe mejor la cantidad física llamada momento de fuerza? *a*) Análogo rotacional de la fuerza, *b*) energía debida a la rotación, *c*) tasa de cambio con respecto al tiempo de la cantidad de movimiento lineal o *d*) fuerza tangente a un círculo.

51. **OM** En general, el momento de inercia es mayor cuando *a*) más masa está más lejos del eje de rotación, *b*) más masa está más cerca del eje de rotación, *c*) en realidad esto no importa.

52. **OM** El momento de inercia en torno a un eje paralelo al eje que pasa por el centro de masa depende de *a*) la masa del cuerpo rígido, *b*) la distancia entre los ejes, *c*) el momento de inercia en torno al eje que pasa por el centro de masa o *d*) todas las opciones anteriores.

53. **PC** *a*) ¿El momento de inercia de un cuerpo rígido depende en algún sentido del centro de masa del cuerpo? Explique. *b*) ¿El momento de inercia de un cuerpo podría tener un valor negativo? Si su respuesta es afirmativa, explique el significado.

54. **PC** ¿Por qué el momento de inercia de un cuerpo rígido tiene diferentes valores para diferentes ejes de rotación? ¿Qué significa esto físicamente?

55. **PC** Cuando se imparte rápidamente un momento de fuerza (giro) a un huevo duro que está sobre una mesa, el huevo se levanta y gira sobre un extremo como un trompo. Un huevo crudo no lo hace. ¿A qué se debe la diferencia?

56. **PC** ¿Por qué una toalla de papel se desprende mejor de un rollo si se le da un tirón, que si se tira de ella suavemente? ¿La cantidad de papel en el rollo influye en los resultados?

57. **PC** Los equilibristas están en riesgo continuo de caer (equilibrio inestable). Por lo general usan una pértiga o vara larga mientras caminan por la cuerda floja, como se observa en la imagen de inicio del capítulo. ¿Cuál es la finalidad de la pértiga? (Cuando camina por una vía de tren o por una tabla angosta, quizás usted extienda sus brazos por la misma razón.)

58. ● Un momento de fuerza neto de 6.4 m · N actúa sobre una polea fija de 0.15 kg, en forma de disco sólido, con radio de 0.075 m. Calcule la aceleración angular de la polea.

59. ● ¿Qué momento de fuerza neto se requiere para impartir una aceleración angular de 20 rad/s^2 a una esfera sólida uniforme de 0.20 m de radio y 20 kg?

60. ● Para el sistema de masa de la ▾ figura 8.42, calcule el momento de inercia en torno *a*) al eje x, *b*) al eje y y *c*) un eje que pasa por el origen y es perpendicular a la página (eje z). Desprecie las masas de las varillas que conectan.

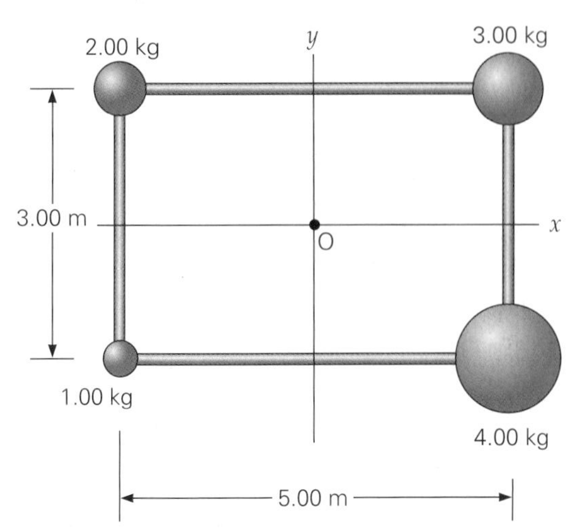

▲ **FIGURA 8.42 Momentos de inercia en torno a diferentes ejes** Véase el ejercicio 60.

61. ● Una regla ligera de un metro se carga con masas de 2.0 y 4.0 kg en las posiciones de 30 y 75 cm, respectivamente. *a*) Calcule el momento de inercia en torno a un eje que pasa por la posición de 0 cm. *b*) Determine el momento de inercia en torno a un eje que pasa por el centro de masa del sistema. *c*) Use el teorema de ejes paralelos para calcular el momento de inercia en torno a un eje que pasa por la posición de 0 cm y compare el resultado con el del inciso *b*.

62. ●● Una rueda de la fortuna de 2000 kg acelera desde el reposo hasta una rapidez angular de 2.0 rad/s en 12 s. Considerando la rueda como un disco circular de 30 m de radio, calcule el momento de fuerza neto sobre ella.

63. ●● Una esfera uniforme de 15 cm de radio y de 15 kg gira a 3.0 rad/s en torno a un eje tangente a su superficie. Entonces, un momento de fuerza constante de 10 m · N aumenta la rapidez de rotación a 7.5 rad/s. ¿Qué ángulo gira la esfera mientras está acelerando?

64. **EI** ●● Dos objetos de diferente masa están unidos por una varilla ligera. *a*) ¿El momento de inercia en torno al centro de masa es el mínimo o el máximo? ¿Por qué? *b*) Si las dos masas son de 3.0 y 5.0 kg, y la longitud de la varilla es de 2.0 m, calcule los momentos de inercia del sistema en torno a un eje perpendicular a la varilla, que pasa por el centro de la varilla y por el centro de masa.

65. ●● Dos masas penden de una polea como se muestra en la ▼figura 8.43 (otra vez la máquina de Atwood; véase el capítulo 4, ejercicio 68). La polea tiene una masa de 0.20 kg, un radio de 0.15 m y un momento de fuerza constante de 0.35 m · N debido a la fricción que hay entre ella y su eje al girar. ¿Qué magnitud tiene la aceleración de las masas suspendidas si $m_1 = 0.40$ kg y $m_2 = 0.80$ kg? (Desprecie la masa de la cuerda.)

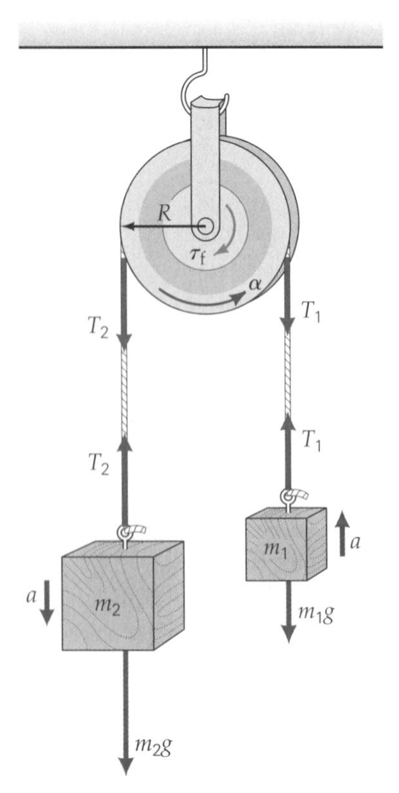

◀ **FIGURA 8.43 Otra vez la máquina de Atwood** Véase el ejercicio 65.

66. ●● La puerta de un submarino se diseña de manera que su placa rectangular gire sobre dos ejes rectangulares, como se muestra en la ▼figura 8.44. Cada eje tiene una masa de 50.0 kg y una longitud de 25.0 cm. La puerta tiene una masa de 200 kg y mide 50 cm por 1.00 m. Calcule el momento de inercia de este sistema puerta-ventanilla entorno a la línea de bisagras (que se representa con una línea vertical punteada en la figura).

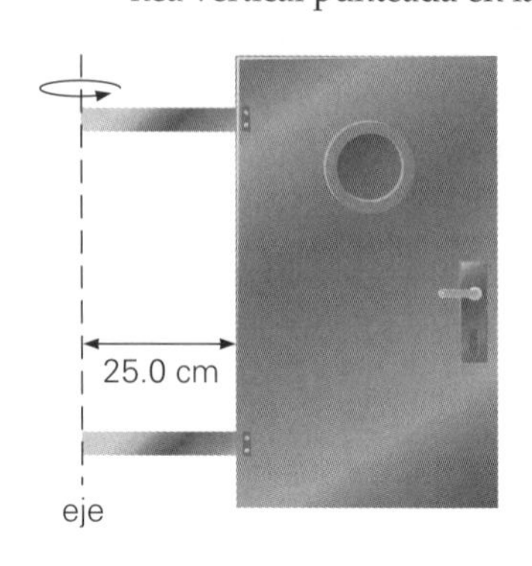

◀ **FIGURA 8.44 Puerta de submarino** (no está a escala) Véase el ejercicio 66.

67. ●● Para encender su podadora de césped, Julie tira de una cuerda enrollada en una polea, la cual tiene un momento de inercia en torno a su eje central de $I = 0.550$ kg · m_2 y un radio de 5.00 cm. Hay un momento de fuerza equivalente debido a la fricción de $\tau_f = 0.430$ m · N, que dificulta el tirón de Julie. Para acelerar la polea a $\alpha = 4.55$ rad/s^2, *a*) ¿qué momento de fuerza necesita aplicar Julie a la polea? *b*) ¿Cuánta tensión debe ejercer la cuerda?

68. ●● Para el sistema de la ▼figura 8.45, $m_1 = 8.0$ kg, $m_2 = 3.0$ kg, $\theta = 30°$ y el radio y la masa de la polea son 0.10 m y 0.10 kg, respectivamente. *a*) ¿Qué aceleración tienen las masas? (Desprecie la fricción y la masa de la cuerda.) *b*) Si la polea tiene un momento de fuerza de fricción constante de 0.050 m · N cuando el sistema está en movimiento ¿qué aceleración tiene las masas? [*Sugerencia:* aísle las fuerzas. Las tensiones en las cuerdas son distintas. ¿Por qué?]

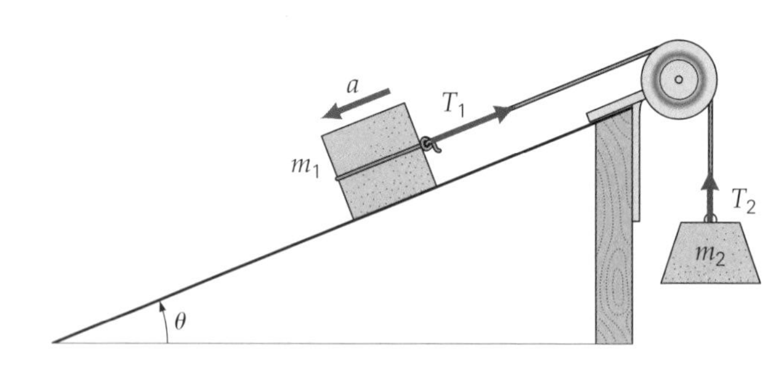

▲ **FIGURA 8.45 Plano inclinado y polea** Véase el ejercicio 68.

69. ●● Una regla de un metro que pivotea en torno a un eje horizontal que pasa por la posición de 0 cm se sostiene en posición horizontal y luego se suelta. *a*) ¿Qué aceleración tangencial tiene la posición de 100 cm? ¿Le sorprende este resultado? *b*) ¿Qué posición tiene una aceleración tangencial igual a la aceleración debida a la gravedad?

70. ●● Se colocan moneditas a cada 10 cm sobre una regla de un metro. Un extremo de la regla se apoya en una mesa y el otro se sostiene con el dedo, de manera que la regla esté horizontal ▶figura 8.46. Si se quita el dedo, ¿qué le sucederá a las monedas?

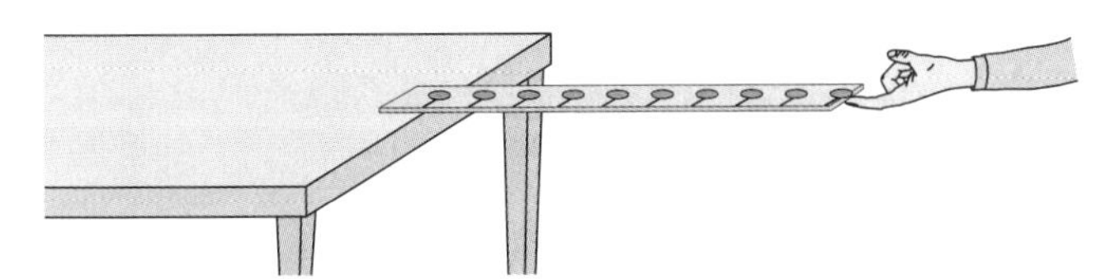

▲ **FIGURA 8.46 ¿Dinero rezagado?** Véase el ejercicio 70.

71. ●●● Un cilindro uniforme de 2.0 kg y 0.15 m de radio pende de dos cuerdas enrolladas en él (▼figura 8.47). Al bajar el cilindro, las cuerdas se desarrollan. ¿Qué aceleración tiene el centro de masa del cilindro? (Desprecie la masa de las cuerdas.)

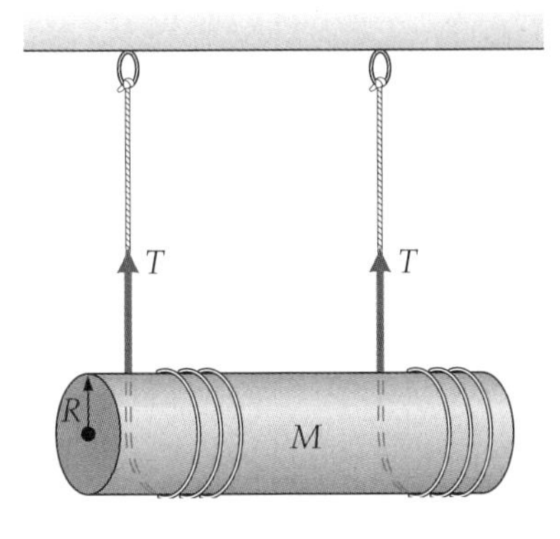

◀ **FIGURA 8.47 Desenrollado con gravedad** Véase el ejercicio 71.

72. ●●● Una sonda espacial planetaria tiene forma cilíndrica. Para protegerla del calor en un lado (de los rayos solares), los operadores en la Tierra la ponen en "forma de asador", es decir, hacen que gire sobre su largo eje. Para lograr esto, colocan cuatro pequeños cohetes montados tangencialmente como se observa en la ▼figura 8.48 (la sonda se ilustra con el frente hacia usted). El objetivo es hacer que la sonda dé un giro completo cada 30 s, partiendo de rotación cero. Los operadores quieren lograr esto encendiendo los cuatro cohetes durante cierto tiempo. Cada cohete ejerce una propulsión de 50.0 N. Suponga que la sonda es un cilindro sólido uniforme con un radio de 2.50 m y una masa de 1000 kg; ignore la masa del motor de los cohetes. Determine el tiempo que los cohetes deben estar encendidos.

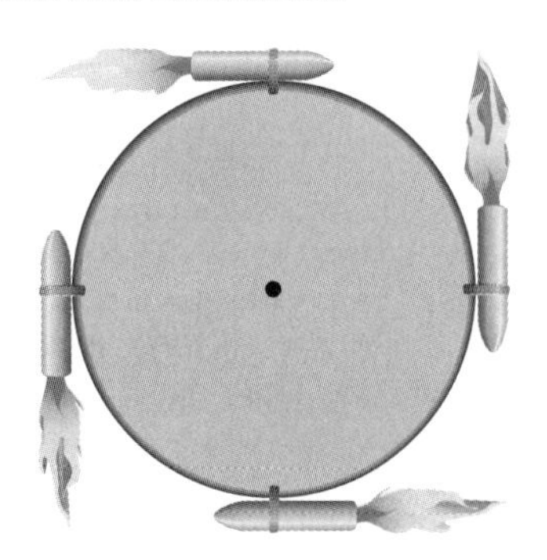

▲ **FIGURA 8.48 Sonda espacial en "forma de asador"** Véase el ejercicio 72.

73. **EI** ●●● Una esfera de radio R y masa M baja rodando por una pendiente de ángulo θ. *a*) Para que la esfera ruede sin resbalar, ¿la tangente del ángulo máximo de la pendiente ($\tan\theta$) debe ser igual a 1) $3\,\mu_s/2$, 2) $5\,\mu_s/2$, 3) $7\,\mu_s/2$ o 4) $9\,\mu_s/2$? (μ_s es el coeficiente de fricción estática.) *b*) Si la esfera es de madera, al igual que la superficie, ¿qué ángulo máximo puede tener la pendiente? [*Sugerencia:* véase la tabla 4.1.]

8.4 Trabajo rotacional y energía cinética

74. **OM** Dado que $W = \tau\theta$, la unidad de trabajo rotacional es *a*) watt, *b*) N · m, *c*) kg · rads/s^2, *d*) N · rad.

75. **OM** Una bola de bolos rueda sin resbalar por una superficie horizontal. La bola tiene *a*) energía cinética rotacional, *b*) energía cinética traslacional, *c*) energía cinética tanto rotacional como traslacional o *d*) ni energía cinética rotacional ni traslacional.

76. **OM** Un cilindro que rueda sobre una superficie horizontal tiene *a*) energía cinética de rotación, *b*) energía cinética de traslación, *c*) energía cinética de rotación y de traslación.

77. **PC** ¿Es posible aumentar la energía cinética rotacional de una rueda sin alterar su energía cinética traslacional? Explique.

78. **PC** Para aumentar la eficiencia con que sus vehículos utilizan el combustible, los fabricantes de automóviles quieren reducir al máximo la energía cinética rotacional y aumentar al máximo la energía cinética traslacional cuando un coche avanza. Si usted tuviera que diseñar ruedas de cierto diámetro, ¿cómo las diseñaría?

79. **PC** ¿Qué se requiere para producir un cambio en la energía cinética rotacional?

80. ● Un momento de fuerza retardante constante de 12 m · N detiene una rueda rodante de 0.80 m de diámetro en una distancia de 15 m. ¿Cuánto trabajo efectúa el momento de fuerza?

81. ● Una persona abre una puerta aplicando una fuerza de 15 N perpendicular a ella, a 0.90 m de las bisagras. La puerta se abre completamente (a 120°) en 2.0 s. *a*) ¿Cuánto trabajo se efectuó? *b*) ¿Qué potencia promedio se generó?

<u>82.</u> ● Un momento de fuerza constante de 10 m · N se aplica a un disco uniforme de 10 kg y 0.20 m de radio. Partiendo del reposo, ¿qué rapidez angular tiene el disco en torno a un eje que pasa por su centro, después de efectuar dos revoluciones?

<u>83.</u> ● Una polea de 2.5 kg y 0.15 m de radio pivotea en torno a un radio que pasa por su centro. ¿Qué momento de fuerza constante se requiere para que la polea alcance una rapidez angular de 25 rad/s, después de efectuar 3.0 revoluciones, si parte del reposo?

84. **EI** ● En la figura 8.23, una masa m desciende una distancia vertical desde el reposo. (Desprecie la fricción y la masa de la cuerda.) *a*) Por la conservación de la energía mecánica, ¿la rapidez lineal de la masa en descenso será 1) mayor, 2) igual o 3) menor que $\sqrt{2gh}$? ¿Por qué? *b*) Si $m = 1.0$ kg, $M = 0.30$ kg y $R = 0.15$ m, ¿qué rapidez lineal tiene la masa después de haber descendido una distancia vertical de 2.0 m desde el reposo?

85. ●● Una esfera con radio de 15 cm rueda sobre una superficie horizontal con rapidez angular constante de 10 rad/s. ¿Hasta qué altura en un plano inclinado de 30° subirá rodando la esfera antes de detenerse? (Desprecie las pérdidas por fricción.)

86. ●● Estime la razón de la energía cinética de traslación de la Tierra en su órbita alrededor del Sol, con respecto a la energía cinética rotacional que realiza en torno a su eje N-S.

87. ●● Usted desea acelerar un pequeño carrusel desde el reposo hasta la rapidez de rotación de un tercio de una revolución por segundo empujándolo tangencialmente. Suponga que el carrusel es un disco con una masa de 250 kg y un radio de 1.50 m. Ignorando la fricción, ¿qué tan fuerte debe empujar tangencialmente para lograr esto en 5.00 s? (Utilice métodos de energía y suponga que usted empuja de manera constante.)

88. ●● Una varilla delgada de 1.0 m de largo apoyada en un extremo cae (gira) desde un posición horizontal, partiendo del reposo y sin fricción. ¿Qué rapidez angular tiene cuando queda vertical? [*Sugerencia:* considere el centro de masa y use la conservación de la energía mecánica.]

89. ●● Una esfera uniforme y un cilindro uniforme con la misma masa y radio ruedan con la misma velocidad juntos por una superficie horizontal sin deslizarse. Si la esfera y el cilindro se acercan a un plano inclinado y suben por él rodando sin deslizarse, ¿alcanzarán la misma altura cuando se detengan? Si no, ¿qué diferencia porcentual habrá entre sus alturas?

90. ●● Un aro parte del reposo a una altura de 1.2 m sobre la base de un plano inclinado y baja rodando bajo la influencia de la gravedad. ¿Qué rapidez lineal tiene el centro de masa del aro, justo en el momento en que el aro llega al pie de la pendiente y comienza a rodar por una superficie horizontal? (Desprecie la fricción.)

91. ●● Un volante industrial con momento de inercia de 4.25×10^2 kg · m^2 gira con una rapidez de 7500 rpm. *a*) ¿Cuánto trabajo se requiere para detenerlo? *b*) Si ese trabajo se efectúa uniformemente en 1.5 min, ¿qué tanta potencia se gastará?

92. ●● Un arco cilíndrico, un cilindro y una esfera con el mismo radio y masa se sueltan simultáneamente desde la cima de un plano inclinado. Utilice la conservación de la energía mecánica para demostrar que la esfera siempre llega primero a la base con la rapidez más alta, y el aro siempre llega último con la rapidez más baja.

93. ●● Para los siguientes objetos, todos los cuales ruedan sin resbalar, determine la energía cinética rotacional en torno al centro de masa, como porcentaje de la energía cinética total: *a*) una esfera sólida, *b*) un casco esférico delgado y *c*) un casco cilíndrico delgado.

94. ●●● En una secadora de ropa, el tambor cilíndrico (con radio de 50.0 cm y masa de 35.0 kg) gira una vez por segundo. *a*) Determine su energía cinética rotacional en torno a su eje central. *b*) Si partió del reposo y alcanzó esa rapidez en 2.50 s, determine el momento de fuerza neto promedio sobre el tambor de la secadora.

95. ●●● Una esfera de acero baja rodando por una pendiente y entra en un rizo de radio R (▸figura 8.49a). *a*) ¿Qué rapidez mínima debe tener la parte más alta del rizo para mantenerse en la pista? *b*) ¿A qué altura vertical (h) en la pendiente, en términos del radio del rizo, debe soltarse la esfera para que tenga esa rapidez mínima necesaria en la parte superior del rizo? (Desprecie las pérdidas por fricción.) *c*) La figura 8.49a muestra el rizo de una montaña rusa. ¿Qué sentirán los pasajeros si el carrito tiene la rapidez mínima en la parte superior del rizo, y si tiene una rapidez mayor? [*Sugerencia:* si la rapidez es menor que la mínima, las correas en la cintura y hombros evitarán que los pasajeros se salgan.]

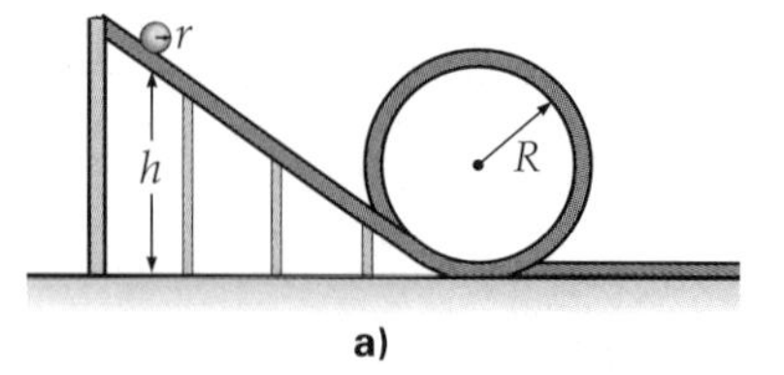

a)

b)

◂ **FIGURA 8.49 Rizar el rizo y rapidez rotacional** Véase el ejercicio 95.

8.5 Cantidad de movimiento angular

96. OM Las unidades de cantidad de movimiento angular son *a*) N · m, *b*) kg · m/s^2, *c*) kg · m^2/s, *d*) J · m.

97. OM La rapidez orbital de la Tierra es la mayor *a*) el 21 de marzo, *b*) el 21 de junio, *c*) el 21 de septiembre, *d*) el 21 de diciembre.

98. OM La cantidad de movimiento angular puede incrementarse mediante *a*) la disminución del momento de inercia, *b*) la disminución de la velocidad angular, *c*) el incremento del producto de la cantidad de movimiento angular y el momento de inercia, *d*) ninguna de las opciones anteriores.

99. PC Un niño se para en el borde de un pequeño carrusel de jardín (de los que se empujan manualmente) que gira. Luego comienza a caminar hacia el centro del carrusel, lo cual origina una situación peligrosa. ¿Por qué?

100. PC La liberación de grandes cantidades de dióxido de carbono podría elevar la temperatura promedio de la Tierra por el llamado efecto invernadero, y hacer que se derritan los casquetes polares. Si ocurriera esto y el nivel del mar ascendiera sustancialmente, ¿qué efecto tendría ello sobre la rotación terrestre y la longitud del día?

101. PC En la demostración de salón de clases que se ilustra en la ▾figura 8.50, una persona en un banquito giratorio sostiene una rueda de bicicleta giratoria con mangos unidos a la rueda. Cuando la rueda se sostiene horizontalmente, la persona gira en un sentido (horario visto desde arriba). Cuando la rueda se voltea, la persona gira en la dirección opuesta. Explique esto. [*Sugerencia:* considere vectores de cantidad de movimiento angular.]

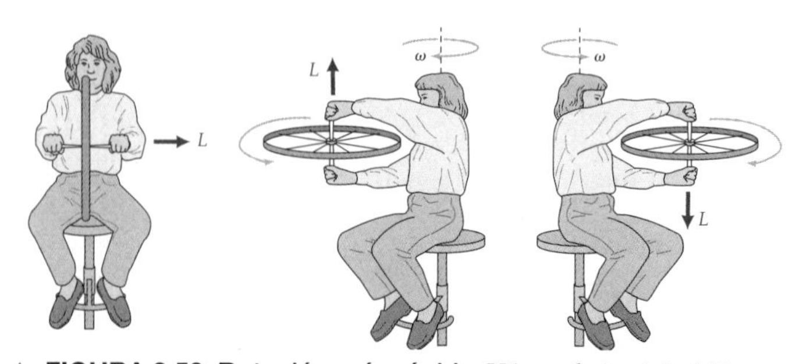

▴ **FIGURA 8.50 Rotación más rápida** Véase el ejercicio 101.

102. PC Los gatos suelen caer parados, incluso si se les coloca boca arriba y luego se les deja caer (▼figura 8.51). Mientras el gato cae, no hay momento de fuerza externo y su centro de masa cae como una partícula. ¿Cómo pueden los gatos darse vuelta mientras caen?

◀ **FIGURA 8.51 Doble rotación** Véase el ejercicio 102.

103. PC Dos patinadores sobre hielo (con pesos iguales) avanzan uno hacia el otro, con igual rapidez en trayectorias paralelas. Al pasar uno junto del otro, unen sus brazos. *a*) ¿Cuál es la velocidad de su centro de masa después de que unen los brazos? *b*) ¿Qué sucede con sus energías cinéticas lineales iniciales?

104. ● ¿Qué cantidad de movimiento angular tiene una partícula de 2.0 g que se mueve en dirección antihoraria (vista desde arriba), con una rapidez angular de 5π rad/s en un círculo horizontal de 15 cm de radio? (Dé la magnitud y dirección.)

105. ● Un disco giratorio de 10 kg y 0.25 m de radio tiene una cantidad de movimiento angular de 0.45 kg · m^2/s. ¿Qué rapidez angular tiene?

106. ●● Calcule la razón de las magnitudes de las cantidades de movimiento angulares orbital y rotacional de la Tierra. ¿Estas cantidades de movimiento tienen la misma dirección?

107. ●● El periodo de rotación de la Luna es igual a su periodo de revolución: 27.3 días (siderales). ¿Qué cantidad de movimiento angular tienen cada rotación y revolución? (Por ser iguales los periodos, sólo vemos un lado de la Luna desde la Tierra.)

108. **EI** ●● En los embragues y las transmisiones de l viles se usan discos circulares. Cuando un disco giratorio se acopla con uno estacionario por fricción, la energía del disco giratorio se puede transferir al estacionario. *a*) ¿La rapidez angular de los discos acoplados es 1) mayor que, 2) menor que o 3) igual a la rapidez angular del disco giratorio original? ¿Por qué? *b*) Si un disco que gira a 800 rpm se acopla a uno estacionario cuyo momento de inercia es del triple, ¿qué rapidez angular tendrá la combinación?

109. ●● Un hombre sube a su pequeño hijo a un carrusel en rotación. En esencia, el carrusel es un disco con una masa de 250 kg y un radio de 2.50 m que inicialmente completa una revolución cada 5.00 segundos. Suponga que el niño tiene una masa de 15.0 kg y que el papá lo coloca (sin que se deslice) cerca de la orilla del carrusel. Determine la rapidez angular final del sistema niño-carrusel.

110. ●● Un patinador tiene un momento de inercia de 100 kg · m^2 con los brazos estirados, y de 75 kg · m^2 con los brazos pegados al pecho. Si comienza a girar con una rapidez angular de 2.0 rps (revoluciones por segundo) con los brazos estirados, ¿qué rapidez angular tendrá cuando los encoja?

111. ●● Una patinadora sobre hielo que gira con los brazos extendidos tiene una rapidez angular de 4.0 rad/s. Cuando encoge los brazos, reduce su momento de inercia en un 7.5%. *a*) Calcule la rapidez angular resultante. *b*) ¿En qué factor cambia la energía cinética de la patinadora? (Desprecie los efectos de fricción.) *c*) ¿De dónde proviene la energía cinética adicional?

112. ●● Una bola de billar en reposo es golpeada (como se indica con la flecha gruesa en la ▼figura 8.52) con un taco que ejerce una fuerza promedio de 5.50 N durante 0.050 s. El taco hace contacto con la superficie de la bola, de manera que el brazo de palanca mide la mitad del radio de la pelota, como se muestra. Si la bola tiene una masa de 200 g y un radio de 2.50 cm, determine la rapidez angular de la bola inmediatamente después del golpe.

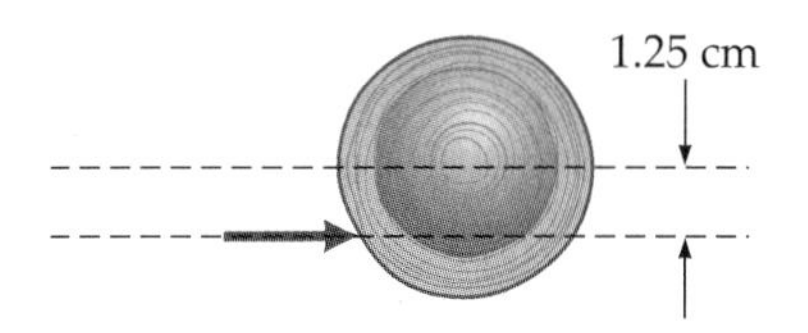

▶ **FIGURA 8.52 Golpe bajo** Véase el ejercicio 112.

113. ●●● Un cometa se acerca al Sol como se ilustra en la ▼figura 8.53 y la atracción gravitacional del Sol lo desvía. Este suceso se considera un choque, y b es el llamado *parámetro de impacto*. Calcule la distancia de máxima aproximación (d) en términos del parámetro de impacto y las velocidades (v_o lejos del Sol y v en la máxima aproximación). Suponga que el radio del Sol es insignificante en comparación con d. (Como muestra la figura, la cola de un cometa siempre "apunta" en dirección opuesta al Sol.)

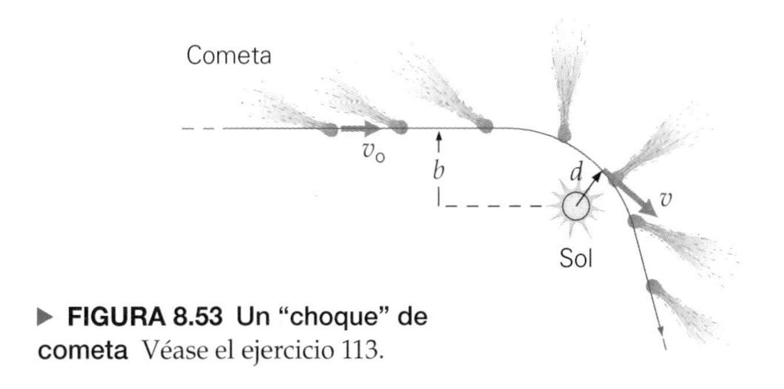

▶ **FIGURA 8.53 Un "choque" de cometa** Véase el ejercicio 113.

114. ●●● Al reparar su bicicleta, un estudiante la pone de cabeza de manera que la rueda frontal gira 2.00 rev/s. Suponga que la rueda tiene una masa de 3.25 kg y que toda la masa está localizada en la montura, que tiene un radio de 41.0 cm. Para frenar la rueda, el estudiante coloca su mano sobre el neumático, ejerciendo entonces una fuerza tangencial de fricción sobre la rueda, que tarda 3.50 s en llegar al reposo. Utilice el cambio en la cantidad de movimiento angular para determinar la fuerza que el estudiante ejerce sobre la rueda. Suponga que la fuerza de fricción del eje es insignificante.

115. **EI** ●●● Un gatito está parado en el borde de una bandeja giratoria (tornamesa). Suponga que la bandeja tiene cojinetes sin fricción y está inicialmente en reposo. *a*) Si el gatito comienza a caminar por la orilla de la bandeja, ésta 1) permanecerá estacionaria, 2) girará en la dirección opuesta a la dirección en que el gatito camina o 3) girará en la dirección en que camina el gatito. Explique. *b*) La masa del gatito es de 0.50 kg; la bandeja tiene una masa de 1.5 kg y un radio de 0.30 m. Si el gatito camina con una rapidez de 0.25 m/s relativo al suelo, ¿qué rapidez angular tendrá la bandeja? *c*) Cuando el gatito haya dado una vuelta completa a la bandeja, ¿estará arriba del mismo punto en el suelo que al principio? Si no es así, ¿dónde está en relación con ese punto? (Especule acerca de qué sucedería si todos los habitantes de la Tierra de repente comenzaran a correr hacia el este. ¿Qué efecto podría tener esto sobre la duración del día?)

Ejercicios adicionales

116. En una exposición de "arte moderno", un carrete de cable industrial vacío y multicolor está suspendido de dos cables delgados como se observa en la ▸figura 8.54. El carrete tiene una masa de 50.0 kg, con un diámetro exterior de 75.0 cm y un diámetro del eje interior de 18.0 cm. Uno de los cables (# 1) está atado tangencialmente al eje y forma un ángulo de 10° con la vertical. El otro cable (#2) está atado tangencialmente a la orilla externa y forma un ángulo desconocido, θ, con la vertical. Determine la tensión sobre cada cable y el ángulo θ.

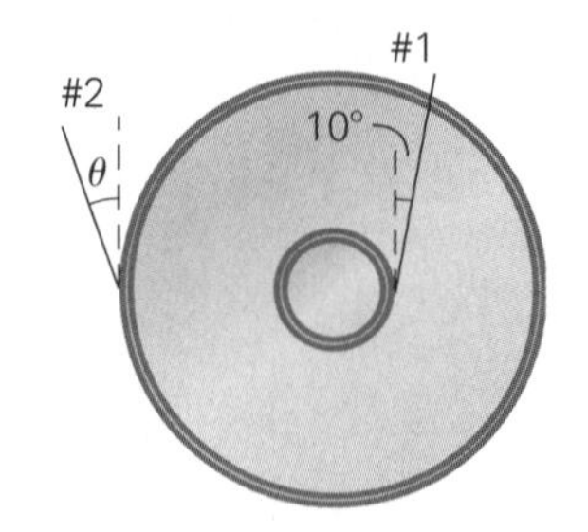

◀ **FIGURA 8.54 Arte moderno** Véase el ejercicio 116.

117. Las pistas de bolos modernas tienen un sistema de retorno automático de las bolas. La bola es alzada a una altura de 2.00 m al final de la pista y, partiendo del reposo, rueda hacia abajo por una rampa. Luego continúa rodando horizontalmente y, al final, sube rodando por una rampa colocada en el otro extremo que está a 0.500 m del piso. Suponiendo que la masa de la bola de bolos es de 7.00 kg y que su radio mide 16.0 cm, *a*) determine la tasa de rotación de la bola durante su trayecto horizontal en medio de la pista, *b*) su rapidez lineal durante ese trayecto horizontal y *c*) la tasa de rotación y la rapidez lineal finales.

118. Un patinador sobre hielo con una masa de 80.0 kg y un momento de inercia (alrededor de su eje vertical central) de 3.00 kg · m^2 atrapa una pelota de béisbol con su brazo extendido. La atrapada se realiza a una distancia de 1.00 m del eje central. La pelota tiene una masa de 300 g y viaja a 20.0 m/s antes de que la atrapen. *a*) ¿Qué rapidez lineal tiene el sistema (patinador + pelota) después de atrapar la pelota? *b*) ¿Cuál es la rapidez angular del sistema (patinador + pelota) después de atraparla? *c*) ¿Qué porcentaje de la energía cinética inicial se pierde durante la atrapada? Ignore la fricción con el hielo.

119. Un resorte (con constante de resorte de 500 N/m) es estirado 10.0 cm tirando de él sobre una cuerda que pasa por una polea (con un momento de inercia alrededor de su eje de 0.550 kg · m^2 y un radio de 5.40 cm). La cuerda está unida a una masa (de 1.50 kg) en su otro extremo. La masa colgante se libera desde el reposo y se eleva. Determine la rapidez de la masa cuando el resorte está en su posición relajada (sin estirar). Ignore la fricción.

Los siguientes problemas de física Physlet pueden utilizarse con este capítulo. 10.7, 10.9, 10.10, 10.11, 10.12, 10.13, 10.14, 11.1, 11.2, 11.3, 11.4, 11.5, 11.6, 11.7, 11.8, 11.9, 11.10, 13.2, 13.3, 13.6, 13.7, 13.8, 13.13

CAPÍTULO 9

SÓLIDOS Y FLUIDOS

HECHOS DE FÍSICA

- La fosa Mariana, ubicada en el Océano Pacífico, es el punto de mayor profundidad en la Tierra. Alcanza los 11 km (6.8 mi) por debajo del nivel del mar. A esta profundidad, el agua del océano ejerce una presión de 108 MPa (15 900 lb/in^2), o más de 1000 atmósferas de presión.
- El dirigible alemán *Hindenburg* tenía un volumen de gas hidrógeno de 20 000 m^3 (7 062 000 ft^3). Se desplomó y se incendió en 1937 en Lakehurst, NJ. (El hidrógeno es altamente inflamable.) La nave se diseñó originalmente para utilizar helio, que no es inflamable. Pero la mayoría del helio se producía en Estados Unidos, y por esa época se decretó una ley que prohibía la venta de helio a la Alemania nazi.
- Aunque el principio de flotabilidad se atribuye a Arquímedes, es cuestionable si esto se le ocurrió en su tina de baño mientras intentaba encontrar una manera de comprobar si la corona del rey era de oro puro y no contenía plata, como cuenta la historia. De acuerdo con una narración romana, la solución se le ocurrió cuando se metió en una tina de baño y el agua se desbordó. Se supone que cantidades de oro puro y plata iguales en peso a la corona del rey se pusieron por separado, en recipientes llenos de agua, y la plata provocó que se derramara una mayor cantidad de agua. Al hacer la prueba con la corona, se desbordó mayor cantidad de agua que la que desalojó el oro puro, lo que implicaba que la corona contenía plata. ¿Una corona de oro puro? El oro puro es suave, maleable (puede cortarse en hojas delgadas) y dúctil (puede alargarse para formar hilos finos).

En la imagen se muestran montañas sólidas y un fluido invisible de aire que hace posible el vuelo sin motor. Caminamos en la superficie sólida de la Tierra y a diario usamos objetos sólidos de todo tipo, desde tijeras hasta computadoras. No obstante, estamos rodeados por fluidos (líquidos y gases), de los cuales dependemos. Sin el agua que bebemos, no sobreviviríamos más de unos cuantos días; sin el oxígeno del aire que respiramos, no viviríamos más de unos pocos minutos. De hecho, ni nosotros mismos somos tan sólidos como creemos. Por mucho, la sustancia más abundante en nuestro cuerpo es el agua, y es en el entorno acuoso de nuestras células donde ocurren todos los procesos químicos de los que depende la vida.

De acuerdo con distinciones físicas generales, por lo general la materia se divide en tres fases: sólida, líquida y gaseosa. Un *sólido* tiene forma y volumen definidos. Un *líquido* tiene un volumen más o menos definido; pero asume la forma del recipiente que lo contiene. Un *gas* adopta la forma y el volumen de su recipiente. Los sólidos y líquidos también se conocen como *materia condensada*. Usaremos un esquema de clasificación distinto y consideraremos la materia en términos de sólidos y fluidos. Llamamos colectivamente fluidos a los gases y líquidos. Un **fluido** es una sustancia que puede fluir; los líquidos y los gases fluyen, pero los sólidos no.

Una descripción sencilla de los sólidos es que se componen de partículas llamadas átomos, los cuales se mantienen unidos rígidamente por fuerzas interatómicas. En el capítulo 8 usamos el concepto de cuerpo rígido ideal para describir el movimiento rotacional. Los cuerpos sólidos reales no son absolutamente rígidos, porque las fuerzas externas pueden deformarlos elásticamente. Cuando pensamos en la elasticidad, por lo regular se nos vienen a la mente bandas de caucho o resortes que recuperan sus dimensiones originales incluso después de sufrir grandes deformaciones. En realidad, todos los materiales, hasta el acero más duro, son elásticos en algún grado. Sin embargo, como veremos, tal deformación tiene un *límite de elasticidad*.

Los fluidos, en cambio, tienen poca o ninguna respuesta elástica a las fuerzas. Una fuerza simplemente hace que un fluido no confinado fluya. En este capítulo daremos especial atención al comportamiento de los fluidos, para aclarar interrogantes, por ejemplo, cómo funcionan los elevadores hidráulicos, por qué flotan los icebergs y los trasatlánticos, y qué significa la leyenda "10W-30" en una lata de aceite para motor. También descubriremos por qué la persona de la imagen no puede flotar como un globo lleno de helio, ni volar como un colibrí, pero con la ayuda de un trozo de plástico con la forma adecuada, es capaz de elevarse como una águila.

Debido a su fluidez, los líquidos y los gases tienen muchas propiedades en común, y resulta conveniente estudiarlos en conjuntos. También hay diferencias importantes. Por ejemplo, los líquidos no son muy compresibles, en tanto que los gases se comprimen con facilidad.

9.1 Sólidos y módulos de elasticidad

OBJETIVOS: *a*) Distinguir entre esfuerzo y esfuerzo de deformación y *b*) usar módulos de elasticidad para calcular cambios dimensionales.

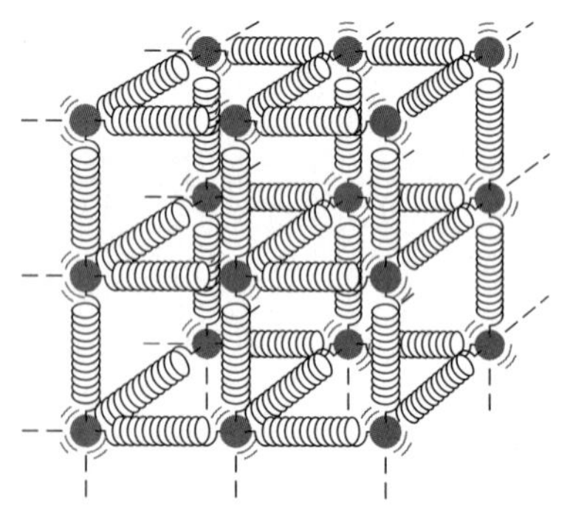

▲ **FIGURA 9.1 Un sólido elástico** La naturaleza elástica de las fuerzas interatómicas se representa de forma simplista como resortes que, al igual que tales fuerzas, se oponen a la deformación.

Como expusimos, todos los materiales sólidos son elásticos en mayor o menor grado; es decir, un cuerpo que se deforma levemente por la aplicación de una fuerza regresa a sus dimensiones o forma original cuando deja de aplicarse la fuerza. En muchos materiales quizá la deformación no sea perceptible, pero existe.

Sería más fácil entender por qué los materiales son elásticos, si pensamos en términos del sencillo modelo de un sólido que se muestra en la ◂figura 9.1. Imaginamos que los átomos de la sustancia sólida se mantienen unidos mediante resortes. La elasticidad de los resortes representa la naturaleza elástica de las fuerzas interatómicas. Los resortes se oponen a una deformación permanente, al igual que las fuerzas entre los átomos. Las propiedades elásticas de los sólidos suelen describirse en términos de esfuerzo y esfuerzo de deformación. El **esfuerzo** es una medida de la fuerza que causa una deformación. La **deformación** es una medida relativa de qué tanto cambia la forma por un esfuerzo. Cuantitativamente, *el esfuerzo es la fuerza aplicada por unidad de área transversal*:

$$\text{esfuerzo} = \frac{F}{A} \tag{9.1}$$

Unidad SI de esfuerzo: newton sobre metro cuadrado (N/m^2)

Aquí, F es la magnitud de la fuerza aplicada normal (perpendicular) al área transversal. La ecuación 9.1 indica que las unidades SI de esfuerzo son newtons sobre metro cuadrado (N/m^2).

Como ilustra la ▾figura 9.2, una fuerza aplicada a los extremos de una varilla produce un *esfuerzo de tensión* (una tensión que alarga, $\Delta L > 0$) o un *esfuerzo de compresión* (una tensión que acorta, $\Delta L < 0$), dependiendo de la dirección de la fuerza. En ambos casos, la *deformación* es la razón del cambio de longitud ($\Delta L = L - L_o$) entre la longitud original (L_o) sin tomar en cuenta el signo, de manera que usamos el valor absoluto, $|\Delta L|$:

$$\text{deformación} = \frac{|\text{cambio de longitud}|}{\text{longitud original}} = \frac{|\Delta L|}{L_o} = \frac{|L - L_o|}{L_o} \tag{9.2}$$

La deformación es una cantidad adimensional positiva

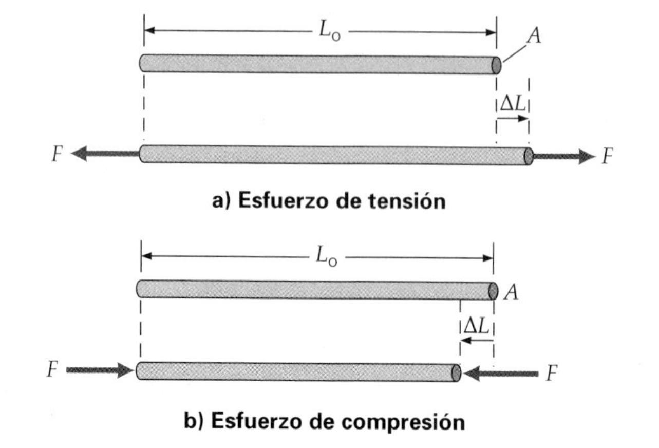

▸ **FIGURA 9.2 Esfuerzos de tensión y de compresión** Los esfuerzos de tensión y de compresión se deben a fuerzas que se aplican normalmente a la superficie de los extremos de los cuerpos. ***a*)** Una tensión, o esfuerzo de tensión, suele incrementar la longitud de un objeto. ***b*)** Un esfuerzo de compresión tiende a acortar la longitud. $\Delta L = L - L_o$ puede ser positivo, como en *a*; o negativo, como en *b*. En la ecuación 9.2 no se requiere el signo, de manera que usamos el valor absoluto $|\Delta L|$.

Así, la deformación es el *cambio fraccionario* de longitud. Por ejemplo, si la deformación es de 0.05, la longitud del material habrá cambiado 5% respecto a su longitud original.

Por lo tanto, la deformación resultante depende del esfuerzo aplicado. Si el esfuerzo es relativamente pequeño, la proporción es directa (o lineal); esto es, deformación $\propto$ esfuerzo. La constante de proporcionalidad, que depende de la naturaleza del material, se denomina **módulo de elasticidad**. Así,

$$\text{esfuerzo} = \text{módulo de elasticidad} \times \text{deformación}$$

o bien,

$$\text{módulo de elasticidad} = \frac{\text{esfuerzo}}{\text{deformación}} \tag{9.3}$$

Unidad SI del módulo de elasticidad: newton sobre metro cuadrado (N/m^2)

El módulo de elasticidad es el esfuerzo dividido entre la deformación, y tiene las mismas unidades que el esfuerzo. (¿Por qué?)

Hay tres tipos generales de módulos de elasticidad asociados a esfuerzos que producen cambios de longitud, forma o volumen. Se les denomina *módulo de Young*, *módulo de corte* y *módulo de volumen*, respectivamente.

Cambio de longitud: módulo de Young

La ▾figura 9.3 es una gráfica de esfuerzo de tensión contra deformación para una varilla metálica común. La curva es una línea recta hasta un punto llamado *límite proporcional*. Más allá de este punto, la deformación aumenta más rápidamente hasta llegar a otro punto crítico llamado **límite de elasticidad**. Si la tensión se elimina en este punto, el material recuperará su longitud original. Si se aumenta la tensión más allá del límite de elasticidad y luego se retira, el material se recuperará hasta cierto punto, aunque habrá cierta deformación permanente.

La parte de línea recta de la gráfica muestra una proporcionalidad directa entre esfuerzo y deformación. En 1678, el físico inglés Robert Hooke fue el primero en formalizar esta relación, que ahora se conoce como *ley de Hooke*. (Es la misma relación general que la dada para un resorte en la sección 5.2; véase la figura 5.5.) El módulo de elasticidad para una tensión o compresión se denomina **módulo de Young (*Y*)**:*

$$\underbrace{\frac{F}{A}}_{\text{esfuerzo}} = Y\underbrace{\left(\frac{\Delta L}{L_o}\right)}_{\text{deformación}} \quad \text{o} \quad Y = \frac{F/A}{\Delta L/L_o} \tag{9.4}$$

Unidad SI del módulo de Young: newton sobre metro cuadrado (N/m^2)

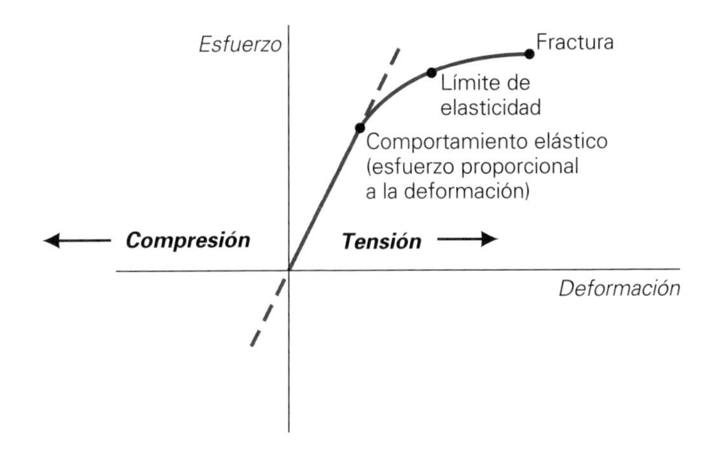

◂ **FIGURA 9.3 Esfuerzo y deformación** Una gráfica de esfuerzo contra deformación para una varilla metálica común es una línea recta hasta el límite proporcional. Luego continúa la deformación elástica hasta que se alcance el límite de elasticidad. Más allá de eso, la varilla sufrirá una deformación permanente y en algún momento se romperá.

*Thomas Young (1773-1829) fue el físico y médico inglés que también demostró la naturaleza ondulatoria de la luz. Véase el experimento de doble rendija de Young en la sección 24.1.

TABLA 9.1 **Módulos de elasticidad para diversos materiales (en N/m^2)**

Sustancia	Módulo de Young (Y)	Módulo de corte (S)	Módulo de volumen (B)
Sólidos			
Aluminio	7.0×10^{10}	2.5×10^{10}	7.0×10^{10}
Hueso (de extrem.)	Tensión: 1.5×10^{10}	1.2×10^{10}	
	Compresión: 9.3×10^{9}		
Latón	9.0×10^{10}	3.5×10^{10}	7.5×10^{10}
Cobre	11×10^{10}	3.8×10^{10}	12×10^{10}
Vidrio	5.7×10^{10}	2.4×10^{10}	4.0×10^{10}
Hierro	15×10^{10}	6.0×10^{10}	12×10^{10}
Nylon	5.0×10^{8}	8.0×10^{8}	
Acero	20×10^{10}	8.2×10^{10}	15×10^{10}
Líquidos			
Alcohol etílico			1.0×10^{9}
Glicerina			4.5×10^{9}
Mercurio			26×10^{9}
Agua			2.2×10^{9}

Las unidades del módulo de Young son las del esfuerzo, newtons sobre metro cuadrado (N/m^2), pues la deformación no tiene unidades. En la tabla 9.1 se dan algunos valores representativos del módulo de Young.

Para entender mejor la idea o el significado físico del módulo de Young, despejemos ΔL de la ecuación 9.4:

$$\Delta L = \left(\frac{FL_o}{A}\right)\frac{1}{Y} \quad \text{o} \quad \Delta L \propto \frac{1}{Y}$$

Por lo tanto, cuanto mayor sea el módulo de Young de un material, menor será su cambio de longitud (si los demás parámetros permanecen iguales).

Ejemplo 9.1 ■ Extensión del fémur: un esfuerzo considerable

El fémur (hueso del muslo) es el hueso más largo y fuerte del cuerpo. Si suponemos que un fémur típico es aproximadamente cilíndrico, con un radio de 2.0 cm, ¿cuánta fuerza se requerirá para extender el fémur de un paciente en 0.010 por ciento?

Razonamiento. Vemos que la ecuación 9.4 es la apropiada, pero, ¿dónde queda el aumento porcentual? Contestaremos esta pregunta si vemos que el término $\Delta L/L_o$ es el incremento *faccionario* de longitud. Por ejemplo, si tuviéramos un resorte de 10 cm de longitud (L_o) y lo estiráramos 1.0 cm (ΔL), entonces $\Delta L/L_o = 1.0\text{ cm}/10\text{ cm} = 0.10$. Este cociente se puede convertir fácilmente en un porcentaje, y diríamos que la longitud del resorte aumentó 10%. Entonces, el incremento porcentual es tan sólo el valor del término $\Delta L/L_o$ (multiplicado por 100 por ciento).

Solución. Hacemos una lista de los datos,

Dado: $r = 2.0\text{ cm} = 0.020\text{ m}$ ***Encuentre:*** F (fuerza de tensión)

$\Delta L/L_o = 0.010\% = 1.0 \times 10^{-4}$

$Y = 1.5 \times 10^{10}\text{ N/m}^2$ (para hueso, de la tabla 9.1)

La ecuación 9.4 nos da

$$F = Y(\Delta L/L_o)A = Y(\Delta L/L_o)\pi r^2$$
$$= (1.5 \times 10^{10}\text{ N/m}^2)(1.0 \times 10^{-4})\pi(0.020\text{ m})^2 = 1.9 \times 10^3\text{ N}$$

¿Qué tanta fuerza es esto? Una fuerza considerable (más de 400 lb). El fémur es un hueso muy fuerte.

Ejercicio de refuerzo. Una masa total de 16 kg se cuelga de un alambre de acero de 0.10 cm de diámetro. *a*) ¿Qué incremento porcentual de longitud tiene el alambre? *b*) La resistencia a la tensión de un material es el esfuerzo máximo que un material aguanta antes de romperse o fracturarse. Si la resistencia a la tensión del alambre usado en *a* es de $4.9 \times 10^8\ \text{N/m}^2$, ¿cuánta masa podría colgarse sin que se rompa el alambre? (*Las respuestas de todos los Ejercicios de refuerzo se dan al final del libro.*)

La mayoría de los tipos de huesos consisten en fibras de colageno que están firmemente unidas y se traslapan. El colageno muestra alta resistencia a la tensión y las sales de calcio en aquél dan a los huesos mucha resistencia a la compresión. El colágeno también forma el cartílago, los tendones y la piel, los cuales tienen buena resistencia a la tensión.

Cambio de forma: módulo de corte

Otra forma de deformar un cuerpo elástico es con un *esfuerzo cortante*. En este caso, la deformación se debe a la aplicación de una fuerza que es *tangencial* a la superficie (▸figura 9.4a). Se produce un cambio de forma sin un cambio de volumen. La *deformación de corte* está dada por x/h, donde x es el desplazamiento relativo de las caras y h es la distancia entre ellas.

La deformación de corte a veces se define en términos del **ángulo de corte** ϕ. Como se observa en la figura 9.4b, $\tan\phi = x/h$. Sin embargo, este ángulo suele ser muy pequeño, por lo que una buena aproximación es $\tan\phi \approx \phi \approx x/h$, donde ϕ está en radianes.* (Si $\phi = 10°$, por ejemplo, la diferencia entre ϕ y $\tan\phi$ es de sólo el 1.0%.) El **módulo de corte (*S*)** (también llamado *módulo de rigidez*) es entonces

$$S = \frac{F/A}{x/h} \approx \frac{F/A}{\phi} \tag{9.5}$$

Unidad SI de módulo de corte: newton sobre metro cuadrado (N/m^2)

En la tabla 9.1 vemos que el módulo de corte suele ser menor que el módulo de Young. De hecho, S es aproximadamente $Y/3$ para muchos materiales, lo que indica que hay una mayor respuesta a un esfuerzo cortante que a un esfuerzo de tensión. Observe también la relación inversa $\phi \approx 1/S$, similar a la que señalamos antes para el módulo de Young.

Un esfuerzo cortante podría ser del tipo torsional, que es resultado de la acción de torsión de un momento de fuerza. Por ejemplo, un esfuerzo cortante torsional podría cortar la cabeza de un tornillo que se esté apretando.

Los líquidos no tienen módulos de corte (ni módulos de Young); de ahí los huecos en la tabla 9.1. No es posible aplicar eficazmente un esfuerzo cortante a un líquido ni a un gas, porque los fluidos se deforman continuamente en respuesta. Suele decirse que *los fluidos no resisten un corte.*

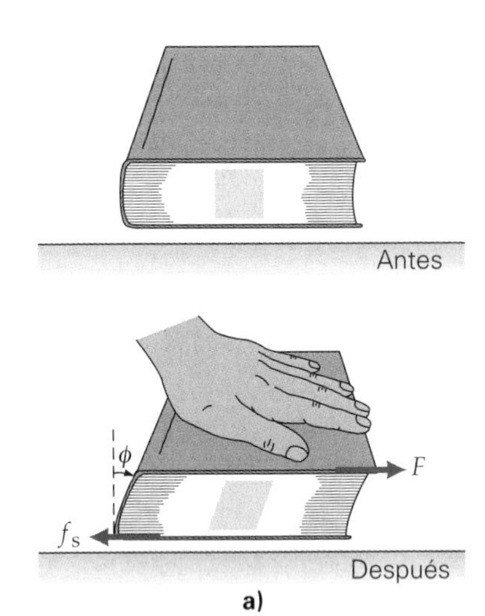

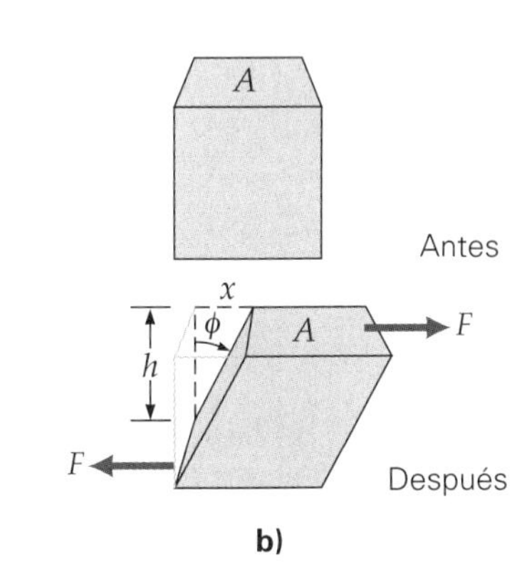

▲ **FIGURA 9.4 Esfuerzo cortante y deformación** ***a*)** Se produce un esfuerzo cortante cuando una fuerza se aplica tangencialmente a una superficie. ***b*)** La deformación se mide en términos del desplazamiento relativo de las caras del objeto, o del ángulo de corte ϕ.

Cambio de volumen: módulo de volumen

Supongamos que una fuerza dirigida hacia adentro actúa sobre toda la superficie de un cuerpo (▾figura 9.5). Semejante *esfuerzo de volumen* a menudo se aplica mediante presión transmitida por un fluido. Un esfuerzo de volumen comprime un material elástico; es decir, el material presenta un cambio de volumen, aunque no de forma general, en respuesta a un cambio de presión Δp. (La presión es fuerza por unidad de área, como veremos en la sección 9.2.) El cambio de presión es igual al esfuerzo de vo-

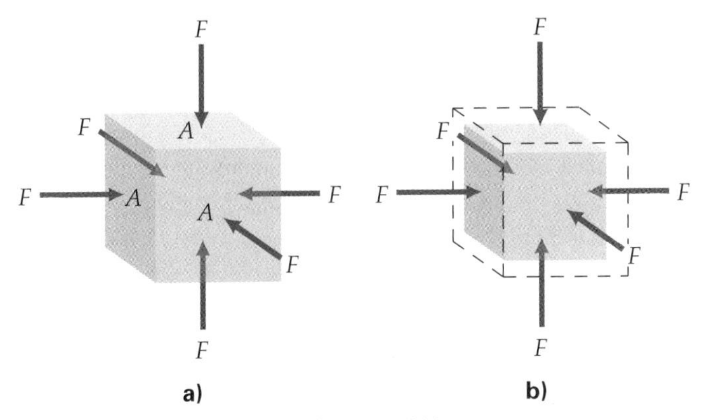

◂ **FIGURA 9.5 Esfuerzo y deformación de volumen** ***a*)** Se aplica un esfuerzo de volumen cuando una fuerza normal actúa sobre toda una área superficial, como se muestra aquí con un cubo. Este tipo de esfuerzo ocurre más comúnmente en gases. ***b*)** La deformación resultante es un cambio

*Véase la sección Aprender dibujando de la página 219.

lumen, o bien, $\Delta p = F/A$. La *deformación de volumen* es la razón del cambio de volumen (ΔV) entre el volumen original (V_o). Entonces, el **módulo de volumen (*B*)** es

$$B = \frac{F/A}{-\Delta V/V_o} = -\frac{\Delta p}{\Delta V/V_o} \tag{9.6}$$

Unidad SI de módulo de volumen: newton sobre metro cuadrado (N/m^2)

Incluimos el signo menos para que B sea una cantidad positiva, ya que $\Delta V = V - V_o$ es negativo cuando aumenta la presión externa (cuando Δp es positivo). Al igual que en las anteriores relaciones de módulos: $\Delta V \propto 1/B$.

En la tabla 9.1 se dan los módulos de volumen de sólidos y líquidos selectos. Los gases también tienen módulos de volumen, ya que pueden comprimirse. En el caso de los gases, es más común hablar del recíproco del módulo de volumen, llamado **compresibilidad (*k*)**:

$$k = \frac{1}{B} \quad \textit{(compresibilidad de gases)} \tag{9.7}$$

Así, el cambio de volumen ΔV es directamente proporcional a la compresibilidad k.

Los sólidos y los líquidos son relativamente incompresibles, por lo que sus valores de compresibilidad son pequeños. En cambio, los gases se comprimen fácilmente y sus valores de compresibilidad, que son altos, varían con la presión y la temperatura.

Ejemplo 9.2 ■ Compresión de un líquido: esfuerzo de volumen y módulo de volumen

¿Qué cambio se requiere en la presión sobre un litro de agua para comprimirlo un 0.10 por ciento?

Razonamiento. Al igual que el cambio fraccionario de longitud, $\Delta L/L_o$, el cambio fraccionario de volumen está dado por $-AV/V_o$, que puede expresarse como porcentaje. Así, obtenemos el cambio de presión con la ecuación 9.6. Una compresión implica ΔV negativo.

Solución.

Dado: $-\Delta V/V_o = 0.0010$ (o 0.10%) — *Encuentre:* Δp

$V_o = 1.0\text{ L} = 1000\text{ cm}^3$

$B_{H_2O} = 2.2 \times 10^9\text{ N/m}^2$ (de la tabla 9.1)

Observe que $-\Delta V/V_o$ es el cambio *fraccionario* de volumen. Dado que $V_o = 1000\text{ cm}^3$, el cambio (la reducción) de volumen es

$$-\Delta V = 0.0010\,V_o = 0.0010(1000\text{ cm}^3) = 1.0\text{ cm}^3$$

Sin embargo, no necesitamos el cambio de volumen. El cambio fraccionario, como se listó en los datos, se usa directamente en la ecuación 9.6 para calcular el aumento de presión:

$$\Delta p = B\left(\frac{-\Delta V}{V_o}\right) = (2.2 \times 10^9\text{ N/m}^2)(0.0010) = 2.2 \times 10^6\text{ N/m}^2$$

(Este incremento es unas 22 veces la presión atmosférica normal. No es muy compresible.)

Ejercicio de refuerzo. Si a medio litro de agua se aplica una presión adicional de 1.0×10^6 N/m^2 a la presión atmosférica, ¿qué cambio de volumen tendrá el agua?

9.2 Fluidos: presión y el principio de Pascal

OBJETIVOS: *a*) Explicar la relación profundidad-presión y *b*) plantear el principio de Pascal y describir su uso en aplicaciones prácticas.

Podemos aplicar una fuerza a un sólido en un punto de contacto, pero esto no funciona con los fluidos, pues éstos no resisten un corte. Con los fluidos, es preciso aplicar una fuerza sobre una área. Tal aplicación de fuerza se expresa en términos de **presión**: la *fuerza por unidad de área*:

$$p = \frac{F}{A} \tag{9.8a}$$

Unidad SI de presión: newton sobre metro cuadrado (N/m^2) o pascal (Pa)

En esta ecuación, se entiende que la fuerza actúa de forma normal (perpendicular) a la superficie. F podría ser el componente perpendicular de una fuerza que actúa inclinada respecto a la superficie (▸figura 9.6).

Como muestra la figura 9.6, en el caso más general deberíamos escribir:

$$p = \frac{F_{\perp}}{A} = \frac{F \cos \theta}{A} \tag{9.8b}$$

La presión es una cantidad escalar (sólo tiene magnitud) aunque la fuerza que la produce sea un vector.

Las unidades SI de presión son newtons sobre metro cuadrado (N/m^2) o **pascal (Pa)** en honor del científico y filósofo francés Blaise Pascal (1623-1662), quien estudió los fluidos y la presión. Por definición,*

$$1 \text{ Pa} = 1 \text{ N/m}^2$$

En el sistema inglés, una unidad común de presión es la libra por pulgada cuadrada (lb/in^2 o psi). En aplicaciones especiales se utilizan otras unidades, que presentaremos más adelante. Antes de continuar, veamos un ejemplo "sólido" de la relación entre fuerza y presión.

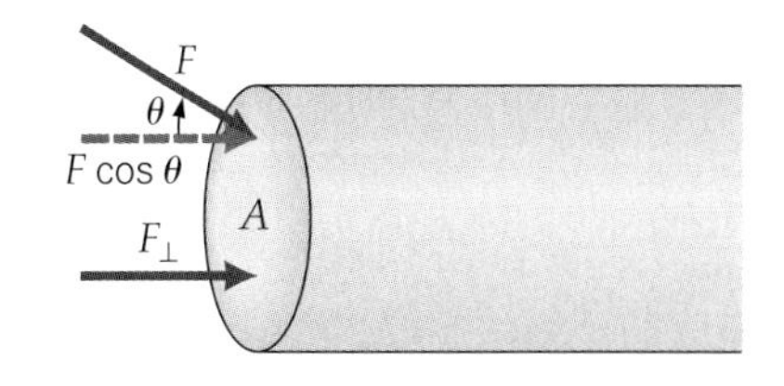

$$p = \frac{F_{\perp}}{A} = \frac{F \cos \theta}{A}$$

▲ **FIGURA 9.6 Presión** La presión suele escribirse como $p = F/A$, y se sobreentiende que F es la fuerza o componente de fuerza normal a la superficie. En general, entonces, $p = (F \cos \theta)/A$.

Ejemplo conceptual 9.3 ■ Fuerza y presión: una siesta en una cama de clavos

Suponga que usted se prepara para dormir la siesta y tiene la opción para elegir entre acostarse de espaldas en *a*) una cama de clavos, *b*) un piso de madera dura o *c*) un sofá. ¿Cuál escogería por comodidad y *por qué*?

Razonamiento y respuesta. La opción cómoda es obvia: el sofá. Sin embargo, la pregunta conceptual aquí es *por qué*.

Examinemos primero la posibilidad de acostarse en un lecho de clavos, un truco antiguo que se originó en la India y que solía presentarse en las ferias y otros espectáculos (véase la figura 9.27). En realidad no hay truco alguno, sólo física; a saber, fuerza y presión. Es la fuerza por unidad de área, la presión ($p = F/A$), lo que determina si un clavo perforará la piel o no. La fuerza depende del peso de la persona que se acuesta en los clavos. El área depende del área *eficaz* de contacto entre los clavos y la piel (sin considerar la ropa de la persona).

Si sólo hubiera un clavo, éste no soportaría el peso de la persona y con tal área pequeña la presión sería muy grande, y en una situación así el clavo perforaría la piel. En cambio, cuando se usa un lecho de clavos, la misma fuerza (peso) se distribuye entre cientos de clavos, así que el área de contacto eficaz es relativamente grande, y la presión se reduce a un nivel en el que los clavos no perforan la piel.

Cuando nos acostamos en un piso de madera, el área en contacto con nuestro cuerpo es considerable y la presión se reduce, pero probablemente no nos sentiremos cómodos. Partes del cuerpo, como el cuello y la parte baja de la espalda, *no* están en contacto con la superficie, como lo estarían en un sofá blando, donde la presión es aún menor: Cuanto más baja sea la presión, mayor será la comodidad (la misma fuerza sobre una área más extensa). Por lo tanto, *c* es la respuesta.

Ejercicio de refuerzo. Mencione dos consideraciones importantes al construir una cama de clavos para acostarse en ella.

Hagamos ahora un breve repaso de la densidad, que es una consideración importante en el estudio de fluidos. En el capítulo 1 dijimos que la densidad (ρ) de una sustancia se define como masa sobre *unidad* de volumen (ecuación 1.1):

$$\text{densidad} = \frac{\text{masa}}{\text{volumen}}$$

$$\rho = \frac{m}{V}$$

Unidad SI de densidad: kilogramo sobre metro cúbico (kg/m^3)
(unidad cgs común: gramo sobre centímetro cúbico, g/cm^3)

En la tabla 9.2 se da la densidad de algunas sustancias comunes.

*Note que la unidad de presión es equivalente a la energía por volumen, $N/m^2 = N \cdot m/m^3 = J/m^3$, una densidad de energía.

A FONDO 9.1 LA OSTEOPOROSIS Y LA DENSIDAD MINERAL ÓSEA (DMO)

El hueso es un tejido vivo y en crecimiento. Nuestro cuerpo continuamente está absorbiendo los antiguos huesos (reabsorción) y fabricando nuevo tejido óseo. Durante los primeros años de vida, el crecimiento de los huesos es mayor que la pérdida. Este proceso continúa hasta que se alcanza el máximo de la masa ósea cuando se es un adulto joven. Después, el crecimiento de los huesos adquiere un ritmo más lento como resultado de la pérdida de masa ósea. Con la edad, los huesos, naturalmente, se vuelven menos densos y más débiles. La osteoporosis (que significa "huesos porosos") ocurre cuando los huesos se deterioran hasta el punto en el que se fracturan con facilidad (figura 1).

La osteoporosis y la escasa masa ósea asociada con ella afectan a unos 24 millones de estadounidenses, la mayoría de los cuales son mujeres. La osteoporosis da por resultado un mayor riesgo de sufrir fracturas, particularmente en la cadera y la columna vertebral. Muchas mujeres toman complementos de calcio con la finalidad de prevenir esta condición.

Para entender cómo se mide la densidad ósea, primero veamos la distinción entre *hueso* y *tejido óseo*. El hueso es un material sólido compuesto de una proteína llamada matriz ósea, la mayor parte de la cual se ha calcificado. El tejido óseo incluye los espacios para la médula dentro de la matriz. (La médula es el tejido suave, adiposo y vascular en el interior de las cavidades óseas y es un sitio fundamental para la producción de células sanguíneas.) El volumen de la médula varía según el tipo de hueso.

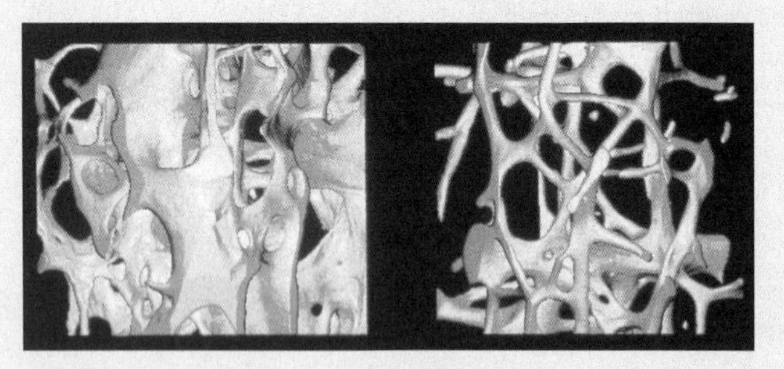

FIGURA 1 Pérdida de masa ósea Una micrografía de rayos X que muestra la estructura ósea de una vértebra de una persona de 50 años (izquierda) y una de 70 años (derecha). La osteoporosis, una condición caracterizada por el debilitamiento de los huesos provocado por la pérdida de masa ósea, es evidente en el caso de la vértebra de la derecha.

Si el volumen de un hueso intacto se mide (por ejemplo, mediante el desplazamiento de agua), entonces, es posible calcular la *densidad del tejido óseo* —comúnmente en gramos por centímetro cúbico—, después de que el hueso se pesa para determinar su masa. Si se quema un hueso, se pesan las cenizas que quedan y se dividen entre el volumen del hueso total (tejido óseo), se obtiene la *densidad mineral del tejido óseo*, que comúnmente se conoce como **densidad mineral ósea (DMO)**.

Para medir la DMO de los huesos *en vivo*, se mide la transmisión de ciertos tipos de radiación a través del hueso, y el resultado se relaciona con la cantidad de mineral óseo presente. Además, se mide un área "proyectada" del hueso. Utilizando tales mediciones, se calcula una DMO proyectada o zonal en unidades de mg/cm^2. La figura 2 ilustra la magnitud del efecto de la pérdida de densidad ósea con la edad.

El diagnóstico de la osteoporosis se basa primordialmente en la medición de la DMO. La masa de un hueso, que se mide con una prueba de DMO (también conocida como *prueba de densitometría ósea*), por lo general se correlaciona con la fortaleza del hueso. Es posible predecir el riesgo de fracturas, de la misma forma como las mediciones de la presión sanguínea ayudan a predecir los riesgos de sufrir un infarto cerebral. La prueba de densidad ósea se recomienda a todas las mujeres de 65 años en adelante y a mujeres de menor edad con un alto riesgo de padecer osteoporosis. Esto también se aplica a los hombres. Con frecuencia se piensa que la osteoporosis es una enfermedad propia de las mujeres, pero el 20% de los casos de osteoporosis se presentan en hombres. Una prueba de DMO no predice con certeza la posibilidad de sufrir una fractura, sino que tan sólo predice el grado de riesgo.

Entonces, ¿cómo se mide la DMO? Aquí es donde la física entra en acción. Se emplean varios instrumentos, que se clasifican en *dispositivos centrales* y *dispositivos periféricos*. Los dispositivos centrales se utilizan principalmente para medir la densidad ósea de la cadera y la columna vertebral. Los dispositivos periféricos son

TABLA 9.2 Densidad de algunas sustancias comunes (en kg/m^3)

Sólidos	*Densidad (ρ)*	*Líquidos*	*Densidad (ρ)*	*Gases**	*Densidad (ρ)*
Aluminio	2.7×10^3	Alcohol etílico	0.79×10^3	Aire	1.29
Latón	8.7×10^3	Alcohol metílico	0.82×10^3	Helio	0.18
Cobre	8.9×10^3	Sangre entera	1.05×10^3	Hidrógeno	0.090
Vidrio	2.6×10^3	Plasma sanguíneo	1.03×10^3	Oxígeno	1.43
Oro	19.3×10^3	Gasolina	0.68×10^3	Vapor (100°C)	0.63
Hielo	0.92×10^3	Queroseno	0.82×10^3		
Hierro (y acero)	7.8×10^3 (valor general)	Mercurio	13.6×10^3		
Plomo	11.4×10^3	Agua de mar (4°C)	1.03×10^3		
Plata	10.5×10^3	Agua dulce (4°C)	1.00×10^3		
Madera, roble	0.81×10^3				

*A 0°C y 1 atm, a menos que se especifique otra cosa.

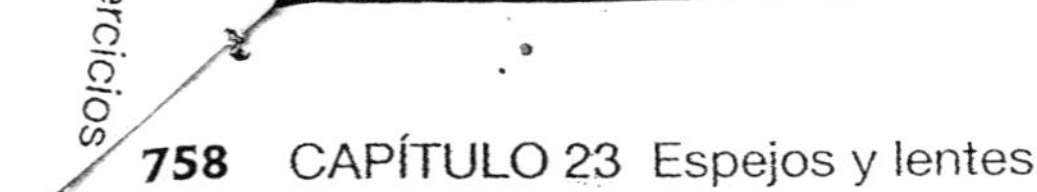

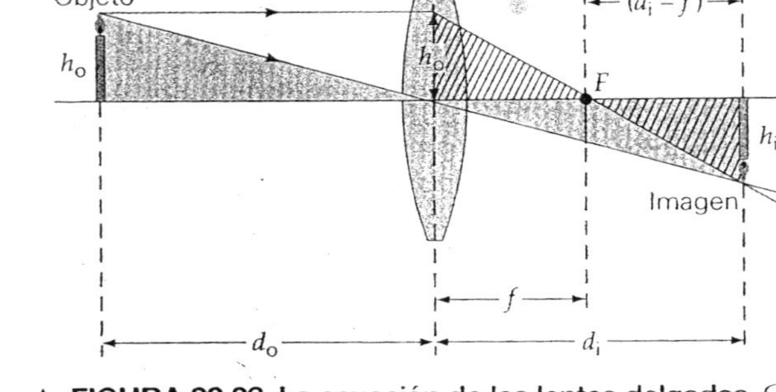

▲ **FIGURA 23.28 La ecuación de las lentes delgadas** Geometría para deducir la ecuación de las lentes delgadas (y su factor de aumento). Observe los dos conjuntos de triángulos semejantes. Véase el ejercicio 76.

82. ●●● Dos lentes convergentes, L_1 y L_2, tienen 30 y 20 cm de distancia focal, respectivamente. Las lentes se colocan a 60 cm de distancia en el mismo eje, y se coloca un objeto a 50 cm de L_1, en el lado contrario a L_2. ¿Dónde se forma la imagen, en relación con L_2, y cuáles son sus características?

83. ●●● Para una combinación de lentes, demuestre que el aumento total es $M_{total} = M_1M_2$. [*Sugerencia:* examine la definición de aumento.]

84. ●●● Demuestre que para lentes delgadas de distancias focales f_1 y f_2, en contacto mutuo, la distancia focal efectiva (f) es

$$\frac{1}{f} = \frac{1}{f_1} + \frac{1}{f_2}$$

23.4 La ecuación del fabricante de lentes y *23.5 Aberraciones de las lentes

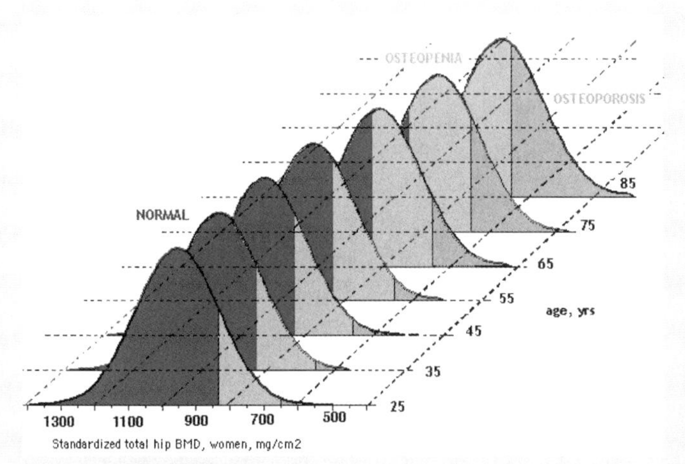

FIGURA 2 Pérdida de densidad ósea con la edad Una ilustración de cómo se incrementa, con la edad, la pérdida normal de densidad ósea en el hueso de la cadera de una mujer (escala de la derecha). La osteopenia se refiere a la calcificación o densidad ósea decreciente. Una persona con osteopenia está en riesgo de desarrollar osteoporosis, una condición que provoca que los huesos se vuelvan quebradizos y proclives a fracturarse.

más pequeños; se trata de máquinas portátiles que se emplean para medir la densidad ósea en lugares tales como los talones o los dedos.

El dispositivo central de uso más difundido se basa en la *absorciometría de energía dual de rayos X* (DXA), que utiliza imágenes de rayos X para medir la densidad ósea. (Véase la sección 20.4 para una explicación de los rayos X.) El escáner DXA produce dos haces de rayos X de diferentes niveles de energía. La cantidad de rayos X que pasan a través de un hueso se mide para cada haz; estas cantidades varían de acuerdo con la densidad del hueso. La densidad ósea calculada se basa en la diferencia entre los dos haces. El procedimiento no es invasivo, tarda entre 10 y 20 minutos, y la exposición a los rayos X por lo general es de una décima parte de la que implica una radiografía del tórax (figura 3).

Un dispositivo periférico común utiliza *ultrasonido cuantitativo* (QUS, por las siglas de *quantative ultrasound*). En vez de rayos X, la proyección de la densidad ósea se realiza mediante ondas sonoras de alta frecuencia (ultrasonido). Las mediciones de QUS generalmente se realizan en el talón. La prueba toma apenas uno o dos minutos, y los dispositivos para realizarla ahora se venden en algunas farmacias. Su objetivo es indicar si una persona está "en riesgo", y si necesita someterse a una prueba DXA.

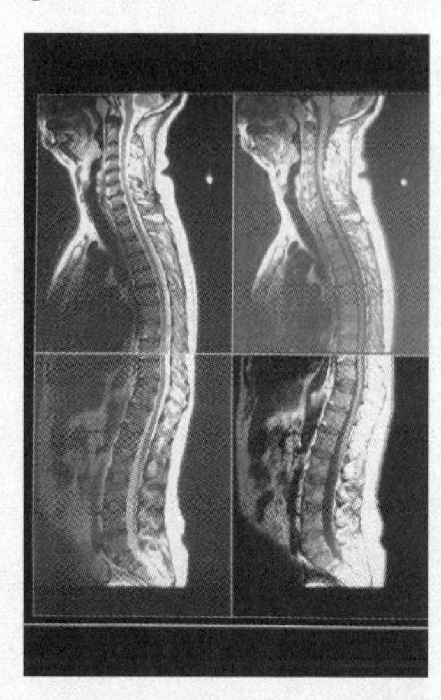

FIGURA 3 Prueba de osteoporosis mediante escáner Una especialista realiza un análisis de los huesos mediante rayos X en una paciente mayor, para determinar si padece osteoporosis. Las imágenes de rayos X se despliegan en el monitor. Las imágenes podrían confirmar la presencia de osteoporosis. Además, tales pruebas de densitometría ósea sirven para diagnosticar raquitismo, una enfermedad infantil caracterizada por el reblandecimiento de los huesos.

El agua tiene una densidad de 1.00×10^3 kg/m^3 (1.00 g/cm^3), por la definición original de kilogramo (capítulo 1). El mercurio tiene una densidad de 13.6×10^3 kg/m^3 (13.6 g/cm^3). Por lo tanto, el mercurio es 13.6 veces más denso que el agua. La gasolina, en cambio, es menos densa que el agua. (Véase la tabla 9.2.) (*Nota:* no confunda el símbolo de densidad, ρ [letra griega rho], con el de presión, p.)

Nota: $p \neq \rho$

Decimos que la densidad es una medida de qué tan compacta es la materia de una sustancia: cuanto más alta sea la densidad, más materia o masa habrá en un volumen dado. Note que la densidad cuantifica la cantidad de masa por unidad de volumen. Para una consideración importante acerca de la densidad, véase la sección A fondo 9.1 sobre la osteoporosis y la densidad mineral ósea (DMO).

Presión y profundidad

Si el lector ha buceado, sabe bien que la presión aumenta con la profundidad, y ha sentido el aumento de presión en los tímpanos. Sentimos un efecto opuesto cuando viajamos en un avión o subimos una montaña en automóvil. Al aumentar la altitud, quizá sintamos que los oídos quieren "reventarse", por la *reducción* en la presión externa del aire.

La forma en que la presión en un fluido varía con la profundidad se demuestra considerando un recipiente de líquido en reposo. Imaginemos que aislamos una co-

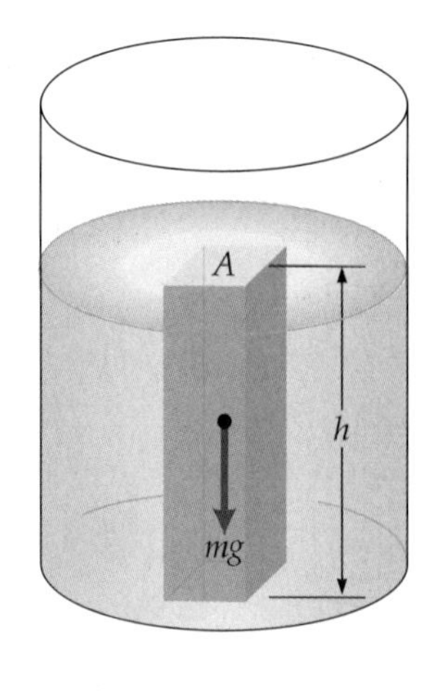

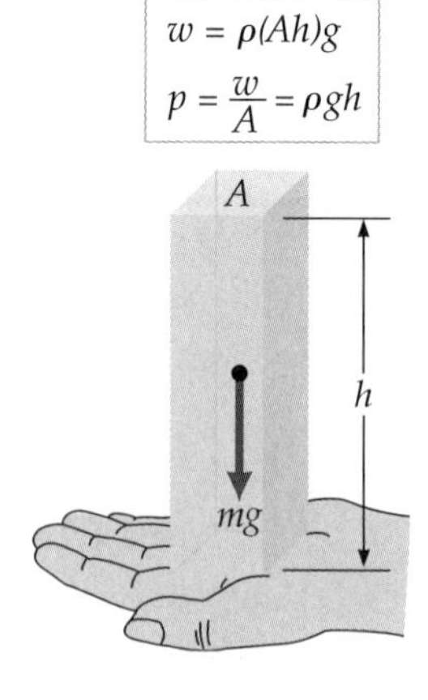

▶ **FIGURA 9.7 Presión y profundidad** La presión adicional a una profundidad h en un líquido se debe al peso del líquido que está arriba: $p = \rho g h$, donde ρ es la densidad del líquido (que suponemos constante). Esto se ilustra para una columna rectangular imaginaria de líquido.

lumna rectangular de agua, como se muestra en la ▲figura 9.7. Entonces, la fuerza sobre el fondo del recipiente bajo la columna (o sobre la mano) es igual al peso del líquido que constituye la columna: $F = w = mg$. Puesto que la densidad es $\rho = m/V$, la masa de la columna es igual a la densidad multiplicada por el volumen; es decir, $m = \rho V$. (Suponemos que el líquido es incompresible, así que ρ es constante.)

El volumen de la columna aislada de líquido es igual a la altura de la columna multiplicada por el área de su base, o bien, $V = hA$. Por lo tanto, escribimos

$$F = w = mg = \rho V g = \rho g h A$$

Como $p = F/A$, la presión a una profundidad h, debida al peso de la columna, es

$$p = \rho g h \tag{9.9}$$

Ilustración 14.1 Presión en un líquido

Éste es un resultado general para líquidos incompresibles. La presión es la misma en todos los puntos de un plano horizontal a una profundidad h (si ρ y g son constantes). Observe que la ecuación 9.9 es independiente del área de la base de la columna rectangular: podríamos tomar toda la columna cilíndrica del líquido en el recipiente de la figura 9.7 y obtendríamos el mismo resultado.

Al deducir la ecuación 9.9 no tomamos en cuenta la aplicación de una presión a la superficie abierta del líquido. Este factor se suma a la presión a una profundidad h para dar una presión *total* de

Relación presión-profundidad

$$p = p_o + \rho g h \quad \textit{(líquido incompresible de densidad constante)} \tag{9.10}$$

donde p_o es la presión aplicada a la superficie del líquido (es decir, la presión en $h = 0$). En el caso de un recipiente abierto, $p_o = p_a$ (la presión atmosférica), es decir, el peso (fuerza) por unidad de área de los gases atmosféricos que están arriba de la superficie del líquido. La presión atmosférica media en el nivel del mar se utiliza también como unidad, llamada **atmósfera (atm)**:

$$1 \text{ atm} = 101.325 \text{ kPa} = 1.01325 \times 10^5 \text{ N/m}^2 \approx 14.7 \text{ lb/in}^2$$

Más adelante describiremos cómo se mide la presión atmosférica.

Ejemplo 9.4 ■ Buzo: presión y fuerza

a) ¿Cuál es la presión total sobre la espalda de un buzo en un lago a una profundidad de 8.00 m? *b*) Determine la fuerza aplicada a la espalda del buzo únicamente por el agua, tomando la superficie de la espalda como un rectángulo de 60.0 × 50.0 cm.

Razonamiento. *a*) Ésta es una aplicación directa de la ecuación 9.10, en la cual p_o se toma como la presión atmosférica p_a. *b*) Si conocemos el área y la presión debida al agua, calculamos la fuerza por la definición de presión, $p = F/A$.

Solución.

Dado:
$h = 8.00$ m
$A = 60.0 \text{ cm} \times 50.0 \text{ cm} = 0.600 \text{ m} \times 0.500 \text{ m} = 0.300 \text{ m}^2$
$\rho_{H_2O} = 1.00 \times 10^3 \text{ kg/m}^3$ (de la tabla 9.2)
$p_a = 1.01 \times 10^5 \text{ N/m}^2$

Encuentre: *a*) p (presión total)
b) F (fuerza debida al agua)

a) La presión total es la suma de la presión debida al agua y a la presión atmosférica (p_a). Por la ecuación 9.10, esto es

$$\begin{aligned} p &= p_a + \rho g h \\ &= (1.01 \times 10^5\ \text{N/m}^2) + (1.00 \times 10^3\ \text{kg/m}^3)(9.80\ \text{m/s}^2)(8.00\ \text{m}) \\ &= (1.01 \times 10^5\ \text{N/m}^2) + (0.784 \times 10^5\ \text{N/m}^2) = 1.79 \times 10^5\ \text{N/m}^2\ (\text{o Pa}) \\ &\qquad (\text{expresada en atmósferas}) \approx 1.8\ \text{atm} \end{aligned}$$

También ésta es la presión en los tímpanos del buzo.

b) La presión p_{H_2O} debida sólo al agua es la porción $\rho g h$ de la ecuación anterior, así que $p_{H_2O} = 0.784 \times 10^5\ \text{N/m}^2$.

Entonces, $p_{H_2O} = F/A$, y

$$\begin{aligned} F &= p_{H_2O}A = (0.784 \times 10^5\ \text{N/m}^2)(0.300\ \text{m}^2) \\ &= 2.35 \times 10^4\ \text{N}\ (\text{o}\ 5.29 \times 10^3\ \text{lb ¡unas 2.6 toneladas!}) \end{aligned}$$

Ejercicio de refuerzo. La respuesta al inciso *b* de este ejemplo quizás haga dudar al lector. ¿Cómo puede el buzo aguantar semejante fuerza? Para entender mejor las fuerzas que el cuerpo puede resistir, calcule la fuerza que actúa sobre la espalda del buzo en la superficie del agua (debida únicamente a la presión atmosférica). ¿Cómo supone que el cuerpo pueda soportar tales fuerzas o presiones?

Principio de Pascal

Cuando se incrementa la presión (digamos, la del aire) sobre toda la superficie abierta de un líquido incompresible en reposo, la presión en cualquier punto del líquido o en las superficies limítrofes aumenta en la misma cantidad. El efecto es el mismo si se aplica presión con un pistón a cualquier superficie de un fluido encerrado (▸figura 9.8). Pascal estudió la transmisión de la presión en fluidos, y el efecto que se observa se denomina **principio de Pascal**:

> La presión aplicada a un fluido encerrado se transmite sin pérdida a todos los puntos del fluido y a las paredes del recipiente.

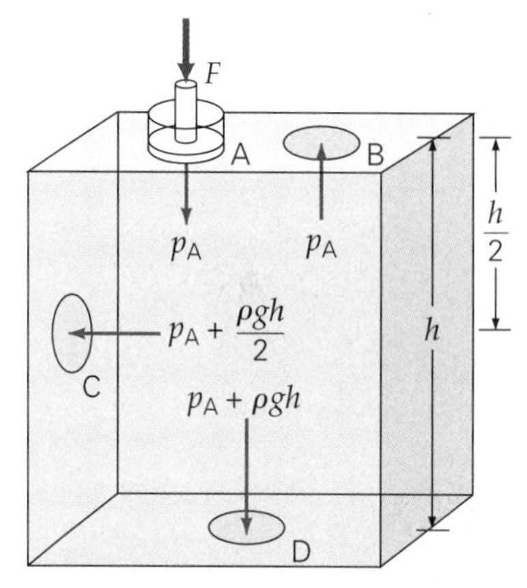

▲ **FIGURA 9.8 Principio de Pascal** La presión aplicada en el punto A se transmite completamente a todas las partes del fluido y a las paredes del recipiente. También hay presión debida al peso del fluido que está arriba de un punto dado a diferentes profundidades (por ejemplo, $\rho g h/2$ en C y $\rho g h$ en D).

En el caso de un líquido incompresible, el cambio de presión se transmite de forma prácticamente instantánea. En el caso de un gas, un cambio de presión por lo general va acompañado de un cambio de volumen o de temperatura (o de ambos); pero, una vez que se ha reestablecido el equilibrio, es válido el principio de Pascal.

Entre las aplicaciones prácticas más comunes del principio de Pascal están los sistemas de frenos hidráulicos de los automóviles. Al pisar el pedal del freno, se transmite una fuerza a través de delgados tubos llenos de líquido hasta los cilindros de frenado de las ruedas. Asimismo, se usan elevadores y gatos hidráulicos para levantar automóviles y otros objetos pesados (▾figura 9.9).

▼ **FIGURA 9.9 Elevador y amortiguador hidráulicos** *a)* Dado que las presiones de entrada y de salida son iguales (principio de Pascal), una fuerza pequeña de entrada origina una fuerza grande de salida, en proporción al cociente de las áreas de los pistones. *b)* Vista expuesta simplificada de un tipo de amortiguador. (Véase la descripción en el ejercicio de refuerzo 9.5.)

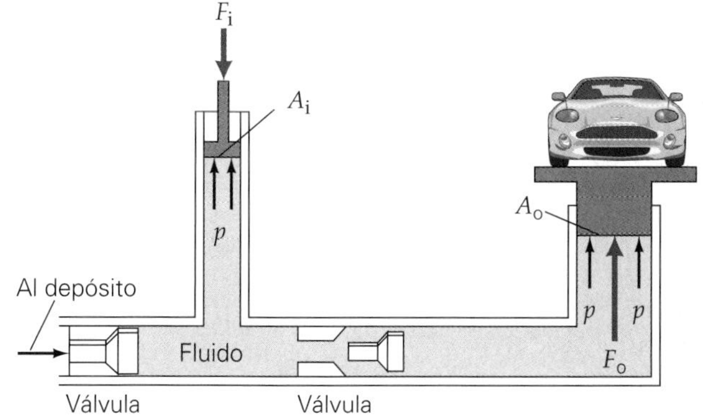

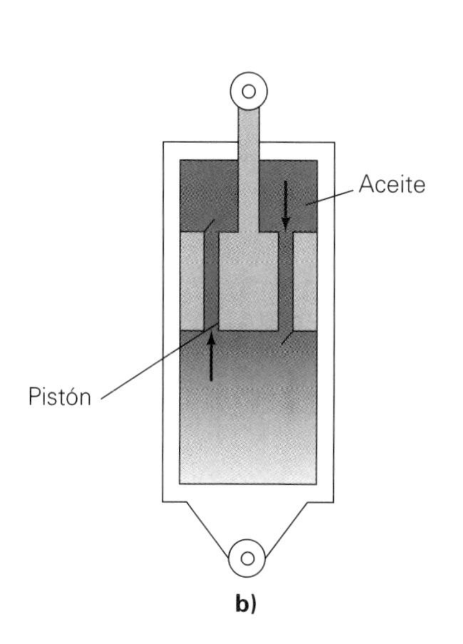

PHYSLET®

Ilustración 14.2 Principio de Pascal

Usando el principio de Pascal, demostramos cómo tales sistema nos permiten no sólo transmitir fuerza de un lugar a otro, sino también multiplicar esa fuerza. La presión de entrada p_i suministrada por aire comprimido a un elevador de taller mecánico, por ejemplo, aplica una fuerza de entrada F_i a un pistón de área pequeña A_i (figura 9.9). La magnitud total de la presión se transmite al pistón de salida, que tiene un área A_o. Puesto que $p_i = p_o$, se sigue que

$$\frac{F_i}{A_i} = \frac{F_o}{A_o}$$

y

$$F_o = \left(\frac{A_o}{A_i}\right) F_i \quad \textit{multiplicación de fuerza hidráulica} \qquad (9.11)$$

Si A_o es mayor que A_i, F_o será mayor que F_i. La fuerza de entrada se multiplica mucho si el pistón de entrada tiene una área relativamente pequeña.

Ejemplo 9.5 ■ El elevador hidráulico: principio de Pascal

Un elevador de taller mecánico tiene pistones de entrada y de levantamiento (salida) con diámetro de 10 y 30 cm, respectivamente. Se usa el elevador para sostener un automóvil levantado que pesa 1.4×10^4 N. *a*) ¿Qué fuerza se aplica al pistón de entrada? *b*) ¿Cuál es la presión que se aplica al pistón de entrada?

Razonamiento. *a*) El principio de Pascal, expresado en la ecuación 9.11 sobre hidráulica, tiene cuatro variables, y nos da tres (obtendremos las áreas correspondientes a los diámetros). *b*) La presión es simplemente $p = F/A$.

Solución.

Dado: $d_i = 10\text{ cm} = 0.10\text{ m}$
$d_o = 30\text{ cm} = 0.30\text{ m}$
$F_o = 1.4 \times 10^4\text{ N}$

Encuentre: *a*) F_i (fuerza de entrada)
b) p_i (presión de entrada)

a) Reacomodamos la ecuación 9.11 y usamos $A = \pi r^2 = \pi d^2/4$ para el pistón circular $(r = d/2)$ para obtener

$$F_i = \left(\frac{A_i}{A_o}\right) F_o = \left(\frac{\pi d_i^2/4}{\pi d_o^2/4}\right) F_o = \left(\frac{d_i}{d_o}\right)^2 F_o$$

o bien,

$$F_i = \left(\frac{0.10\text{ m}}{0.30\text{ m}}\right)^2 F_o = \frac{F_o}{9} = \frac{1.4 \times 10^4\text{ N}}{9} = 1.6 \times 10^3\text{ N}$$

La fuerza de entrada es la novena parte de la fuerza de salida; en otras palabras, la fuerza se multiplicó por 9 (es decir, $F_o = 9F_i$).

(No necesitábamos escribir las expresiones completas para las áreas. Sabemos que el área de un círculo es proporcional al cuadrado del diámetro del círculo. Si la razón de los diámetros de los pistones es de 3 a 1, por consiguiente, la razón de sus áreas debe ser de 9 a 1, y pudimos utilizar esta razón directamente en la ecuación 9.11.)

b) Ahora aplicamos la ecuación 9.8a:

$$p_i = \frac{F_i}{A_i} = \frac{F_i}{\pi r_i^2} = \frac{F_i}{\pi (d_i/2)^2} = \frac{1.6 \times 10^3\text{ N}}{\pi (0.10\text{ m})^2/4}$$
$$= 2.0 \times 10^5\text{ N/m}^2\ (= 200\text{ kPa})$$

Esta presión es de aproximadamente 30 lb/in^2, una presión ordinaria en los neumáticos de los automóviles, y aproximadamente el doble de la presión atmosférica (que es de unos 100 kPa, o 15 lb/in^2).

Ejercicio de refuerzo. El principio de Pascal se usa en los amortiguadores de los automóviles y en el tren de aterrizaje de los aviones. (Las varillas del pistón, de acero pulido, pueden verse arriba de las ruedas de los aviones.) En tales dispositivos, una fuerza grande (la sacudida que se produce cuando los neumáticos ruedan sobre un pavimento irregular a alta velocidad) debe reducirse a un nivel seguro gastando energía. Básicamente, el movimiento de un pistón de diámetro grande obliga a un fluido a pasar a través de canales pequeños en el pistón, en cada ciclo de movimiento (figura 9.9b).

Observe que las válvulas permiten que pase fluido por el canal, lo cual crea resistencia al movimiento del pistón (situación opuesta a la de la figura 9.9a). El pistón sube y baja, disipando la energía de la sacudida. Esto se denomina *amortiguación* (sección 13.2). Suponga que el pistón de entrada de un amortiguador de avión tiene un diámetro de 8.0 cm. ¿Qué diámetro tendría un canal de salida que reduce la fuerza en un factor de 10?

Como muestra el ejemplo 9.5, relacionamos directamente las fuerzas producidas por pistones con los diámetros de los pistones: $F_i = (d_i/d_o)^2F_o$ o $F_o = (d_o/d_i)^2F_i$. Si hacemos $d_o >> d_i$, obtenemos factores de multiplicación de fuerza muy grandes, como ocurre con las prensas hidráulicas, gatos y excavadores de tierra. (Los relucientes pistones de entrada se aprecian fácilmente en esas máquinas.) O bien, podemos lograr una reducción de fuerza haciendo $d_i > d_o$, como en el Ejercicio de refuerzo 9.5.

Sin embargo, no debemos creer que al multiplicar una fuerza estamos obteniendo algo por nada. La energía sigue siendo un factor, y una máquina nunca podría multiplicarla. (¿Por qué no?) Si examinamos el trabajo en cuestión y suponemos que el trabajo generado es igual al trabajo invertido, $W_o = W_i$ (una condición ideal; ¿por qué?, tenemos, por la ecuación 5.1,

$$F_o x_o = F_i x_i$$

o bien,

$$F_o = \left(\frac{x_i}{x_o}\right)F_i$$

donde x_o y x_i son las distancias respectivas que recorren los pistones de salida y de entrada.

Así, la fuerza de salida puede ser mucho mayor que la fuerza de entrada, sólo si la distancia de entrada es mucho mayor que la de salida. Por ejemplo, si $F_o = 10F_i$, entonces $x_i = 10x_o$, y el pistón de entrada deberá recorrer 10 veces la distancia que recorre el pistón de salida. Decimos que *la fuerza se multiplica a expensas de la distancia.*

Medición de la presión

La presión puede medirse con dispositivos mecánicos que a menudo tienen un resorte tensado (como el medidor de presión de los neumáticos). Otro tipo de instrumento, llamado manómetro, utiliza un líquido —generalmente mercurio— para medir la presión. En la ▾figura 9.10a se muestra un *manómetro de tubo abierto.* Un extremo del tubo

▼ **FIGURA 9.10 Medición de presión** ***a)*** En un manómetro de tubo abierto, la presión de gas en el recipiente se equilibra con la presión de la columna de líquido, y con la presión atmosférica que actúa sobre la superficie abierta del líquido. La presión absoluta del gas es igual a la suma de la presión atmosférica (p_a) y ρgh, la presión manométrica. ***b)*** Un medidor de presión de neumáticos mide presión manométrica, la diferencia de la presión dentro del neumático y la presión atmosférica: $p_{man} = p - p_a$. De esta manera, si el medidor indica 200 kPa (30 lb/in^2), la presión real dentro del neumático es 1 atm más alta, es decir, 300 kPa. ***c)*** Un barómetro es un manómetro de tubo cerrado que se expone a la atmósfera y, por lo tanto, sólo marca presión atmosférica.

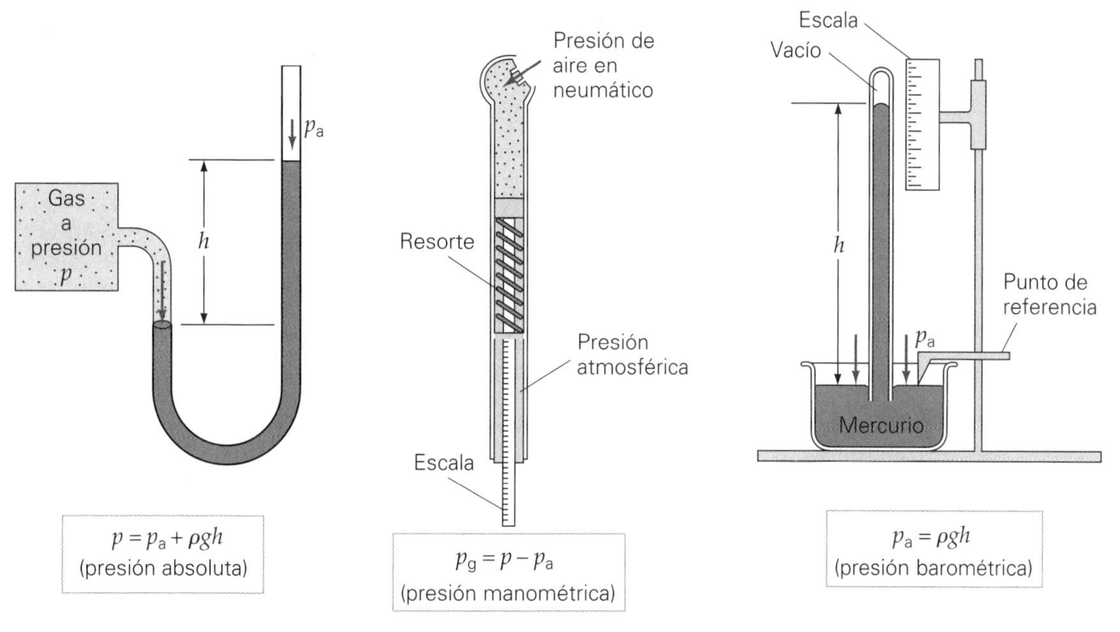

a) Manómetro de tubo abierto **b) Medidor de presión de neumáticos** **c) Barómetro**

con forma de U está abierto a la atmósfera y el otro está conectado al recipiente de gas cuya presión se desea medir. El líquido en el tubo en U actúa como depósito a través del cual la presión se transmite según el principio de Pascal.

La presión del gas (p) se equilibra con el peso de la columna de líquido (de altura h, la diferencia de altura de las columnas) y la presión atmosférica (p_a) en la superficie abierta del líquido:

$$p = p_a + \rho g h \tag{9.12}$$

La presión p se denomina **presión absoluta**.

Quizás usted haya medido presiones con un manómetro, que es el instrumento que se usa para medir la presión del aire en los neumáticos de los automóviles (figura 9.10b). Tales dispositivos miden, de forma muy aceptable, la presión manométrica: el manómetro sólo registra la presión *por arriba* (o *por debajo*) de la presión atmosférica. Por lo tanto, para obtener la presión absoluta (p), es necesario sumar la presión atmosférica (p_a) a la presión manométrica (p_g):

$$p = p_a + p_g$$

Por ejemplo, suponga que el medidor indica una presión de 200 kPa ($\approx$ 30 lb/in^2). La presión absoluta dentro del neumático será entonces $p = p_a + p_g = 101$ kPa + 200 kPa = 301 kPa, donde la presión atmosférica normal es de aproximadamente 101 kPa (14.7 lb/in^2), como veremos más adelante.

La presión manométrica de un neumático lo mantiene rígido y funcional. En términos de la unidad más conocida libras por pulgada cuadrada (psi o lb/in^2), un neumático con presión manométrica de 30 psi tiene una presión absoluta de unos 45 psi (30 + 15, ya que la presión atmosférica $\approx$ 15 psi). Por lo tanto, la presión sobre el interior del neumático es de 45 psi; y sobre el exterior, 15 psi. El Δp de 30 psi mantiene inflado el neumático. Si abrimos la válvula o sufrimos una pinchadura, las presiones interna y externa se igualan ¡y tenemos una ponchadura!

La presión atmosférica puede medirse con un *barómetro*. En la figura 9.10c se ilustra el principio de un barómetro de mercurio. Tal dispositivo fue inventado por Evangelista Torricelli (1608-1647), el sucesor de Galileo como profesor de matemáticas en la academia de Florencia. Un barómetro simple consiste en un tubo lleno de mercurio que se invierte dentro de un depósito. Algo de mercurio sale del tubo hacia el depósito, pero en el tubo queda una columna sostenida por la presión del aire sobre la superficie del depósito. Este dispositivo se considera un *manómetro de tubo cerrado;* la presión que mide es únicamente la presión atmosférica, porque la presión manométrica (la presión *por arriba* de la presión atmosférica) es cero.

Entonces, la presión atmosférica es igual a la presión debida al peso de la columna de mercurio, es decir,

$$p_a = \rho g h \tag{9.13}$$

Una *atmósfera estándar* se define como la presión que sostiene una columna de mercurio de exactamente 76 cm de altura al nivel del mar a 0°C. (En la sección A fondo 9.2 sobre posible dolor de oídos, se explica un efecto atmosférico común sobre los seres vivos a causa de los cambios de presión.)

Los cambios de presión atmosférica pueden observarse como cambios en la altura de una columna de mercurio. Tales cambios se deben primordialmente a masas de aire de alta y baja presión que viajan por la superficie terrestre. La presión atmosférica suele informarse en términos de la altura de la columna del barómetro, y los pronósticos meteorológicos indican que el barómetro está subiendo o está bajando. Es decir,

$$\begin{aligned} 1 \text{ atm (aprox. 101 kPa)} &= 76 \text{ cm Hg} = 760 \text{ mm Hg} \\ &= 29.92 \text{ in. Hg (aprox. 30 in. Hg)} \end{aligned}$$

A FONDO 9.2 UN EFECTO ATMOSFÉRICO: POSIBLE DOLOR DE OÍDO

Las variaciones en la presión atmosférica pueden tener un efecto fisiológico común: cambios de presión en los oídos al cambiar la altitud. Es frecuente sentir que los oídos "se tapan" y "se destapan", al ascender o descender por caminos montañosos o al viajar en avión. El tímpano, tan importante para oír, es una membrana que separa el oído medio del oído externo. [Véase la figura 1 del capítulo 14 (sonido) en la sección A fondo 14.2 sobre el oído (p. 475) para comprender la anatomía del oído.] El oído medio se conecta con la garganta a través de la trompa de Eustaquio, cuyo extremo normalmente está cerrado. La trompa se abre al deglutir o al bostezar para que pueda salir aire y se igualen las presiones interna y externa.

Sin embargo, cuando subimos con relativa rapidez en un avión o en un automóvil por una región montañosa, la presión del aire afuera del oído podría ser menor que en el oído medio. Esta diferencia de presión empuja al tímpano hacia afuera. Si no se alivia la presión exterior, pronto sentiremos un dolor de oído. La presión se alivia "empujando" aire a través de la trompa de Eustaquio hacia la garganta, y es cuando sentimos que los oídos "se destapan". A veces tragamos saliva o bostezamos para ayudar a este proceso. Asimismo, cuando descendemos, la presión exterior aumenta y la presión más baja en el oído medio tendrá que igualarla. En este caso, al tragar saliva se permite que el aire fluya hacia el oído medio.

La naturaleza nos cuida. Sin embargo, es importante entender lo que está sucediendo. Supongamos que tenemos una infección en la garganta. Podría haber una inflamación en la abertura de la trompa de Eustaquio hacia la garganta, que la bloquea parcialmente. Quizá estemos tentados a taparnos la nariz y "soplar" con la boca cerrada para destapar los oídos. ¡No hay que hacerlo! Podríamos introducir mucosidad infectada en el oído interno y causarle una dolorosa infección. En vez de ello, trague saliva con fuerza varias veces y bostece con la boca bien abierta para ayudar a abrir la trompa de Eustaquio e igualar la presión.

En honor a Torricelli, se dio el nombre torr a una presión que sostiene 1 mm de mercurio:

$$1 \text{ mm Hg} \equiv 1 \text{ torr}$$

y

$$1 \text{ atm} = 760 \text{ torr*}$$

Como el mercurio es muy tóxico, se le sella dentro de los barómetros. Un dispositivo más seguro y menos costoso que se usa ampliamente para medir la presión atmosférica es el *barómetro aneroide* ("sin fluido"). En un barómetro aneroide, un diafragma metálico sensible encerrado en un recipiente al vacío (parecido a un tambor) responde a los cambios de presión, los cuales se indican en una carátula. Éste es el tipo de barómetro que vemos en las casas, montado en un marco decorativo.

Puesto que el aire es compresible, la densidad y la presión atmosféricas son mayores en la superficie terrestre y disminuyen con la altitud. Vivimos en el fondo de la atmósfera, pero no notamos mucho su presión en nuestras actividades cotidianas. Recordemos que en gran parte nuestro cuerpo se compone de fluidos, los cuales ejercen una presión igual hacia afuera. De hecho, la presión externa de la atmósfera es tan importante para el funcionamiento normal que la llevamos con nosotros siempre que podemos. Los trajes presurizados que usan los astronautas en el espacio o en la Luna son necesarios no sólo para suministrar oxígeno, sino también para crear una presión externa similar a la que hay en la superficie terrestre.

Una lectura de presión manométrica muy importante se describe en la sección A fondo 9.3: Medición de la presión arterial, que debe leerse antes de continuar con el ejemplo 9.6.

* En el SI una atmósfera tiene una presión de $1.013 \times 10^5 \text{ N/m}^2$, o cerca de 10^5 N/m^2. Los meteorólogos usan incluso otra unidad de presión llamada *milibar* (mb). Un *bar* se define como 10^5 N/m^2, y puesto que un bar = 1000 mb, entonces, 1 atm ≈ 1 bar = 1000 mb. Con 1000 mb, los pequeños cambios en la presión atmosférica se informan con mayor facilidad.

A FONDO 9.3 MEDICIÓN DE LA PRESIÓN ARTERIAL

Básicamente, una bomba es una máquina que transfiere energía mecánica a un fluido, con la finalidad de aumentar su presión y hacerlo que fluya. Una bomba que interesa a todos es el corazón, una bomba muscular que impulsa la sangre a través de la red de arterias, capilares y venas del sistema circulatorio del cuerpo. En cada ciclo de bombeo, las cámaras internas del corazón humano se agrandan y se llenan con sangre recién oxigenada proveniente de los pulmones (figura 1).

El corazón contiene dos pares de cámaras: dos ventrículos y dos aurículas. Cuando los ventrículos se contraen, se expulsa sangre a través de las arterias. Las arterias principales se ramifican para formar arterias cada vez más estrechas, hasta llegar a los diminutos capilares. Ahí, los nutrimentos y el oxígeno que transporta la sangre se intercambian con los tejidos circundantes, y se recogen los desechos (dióxido de carbono). Luego, la sangre fluye por las venas hacia los pulmones para expulsar dióxido de carbono, regresar al corazón y completar el circuito.

Cuando los ventrículos se contraen, empujando sangre hacia el sistema arterial, la presión en las arterias aumenta abruptamente. La presión máxima que se alcanza durante la contracción ventricular se denomina *presión sistólica*. Cuando los ventrículos se relajan, la presión arterial baja hasta su valor mínimo antes de la siguiente contracción. Dicho valor se llama *presión diastólica*. (El nombre de estas presiones proviene de dos partes del ciclo de bombeo, la *sístole* y la *diástole*.)

Las paredes de las arterias tienen considerable elasticidad y se expanden y se contraen con cada ciclo de bombeo. Esta alternancia de expansiones y contracciones se puede detectar co-

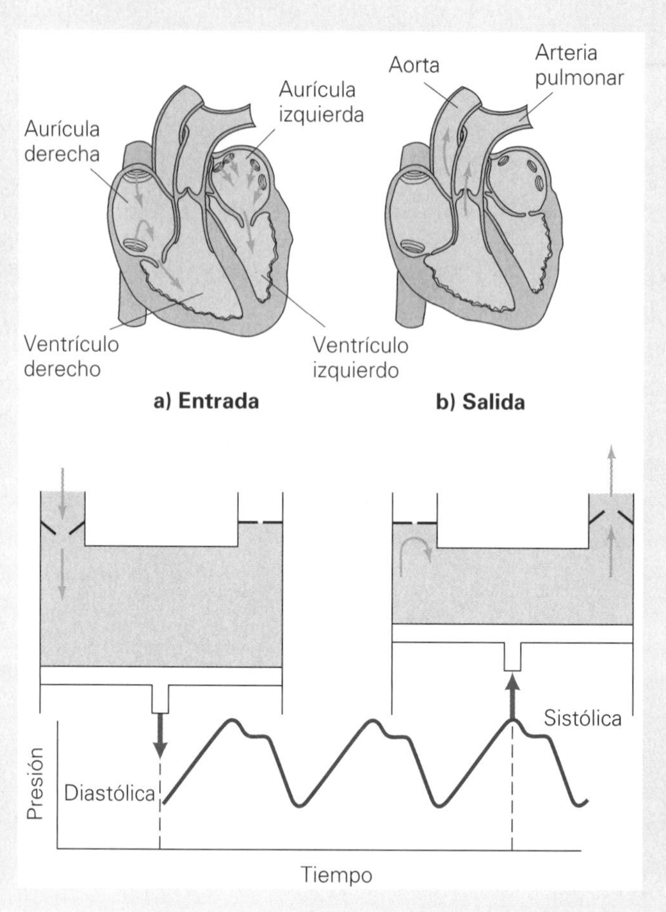

FIGURA 1 El corazón como bomba El corazón humano es similar a una bomba de fuerza mecánica. Su acción de bombeo, que consiste en *a*) entrada y *b*) salida, causa variaciones en la presión arterial.

Ilustración 14.4 Bombeo de agua desde un pozo

Ejemplo 9.6 ■ Infusión intravenosa: ayuda de la gravedad

Una infusión intravenosa (IV) es un tipo de ayuda de la gravedad muy distinto del que estudiamos en el caso de las sondas espaciales del capítulo 7. Considere un paciente que recibe una IV por flujo gravitacional en un hospital, como se muestra en la ◂figura 9.11. Si la presión manométrica sanguínea en la vena es de 20.0 mm Hg, ¿a qué altura deberá colocarse la botella para que la IV funcione adecuadamente?

Razonamiento. La presión manométrica del fluido en la base del tubo de IV debe ser mayor que la presión en la vena, y puede calcularse con la ecuación 9.9. (Suponemos que el líquido es incompresible.)

Solución.

Dado: $p_v = 20.0$ mm Hg (presión manométrica en la vena) *Encuentre:* h (peso de $p_v > 20$ mm Hg)

$\rho = 1.05 \times 10^3$ kg/m^3 (densidad de sangre entera, tabla 9.2)

Primero, necesitamos convertir las unidades médicas comunes de mm Hg (torr) a la unidad SI (Pa o N/m^2):

$$p_v = (20.0 \text{ mm Hg})[133 \text{ Pa/(mm Hg)}] = 2.66 \times 10^3 \text{ Pa}$$

Luego, para $p > p_v$,

$$p = \rho g h > p_v$$

o bien,

$$h > \frac{p_v}{\rho g} = \frac{2.66 \times 10^3 \text{ Pa}}{(1.05 \times 10^3 \text{ kg/m}^3)(9.80 \text{ m/s}^2)} = 0.259 \text{ m } (\approx 26 \text{ cm})$$

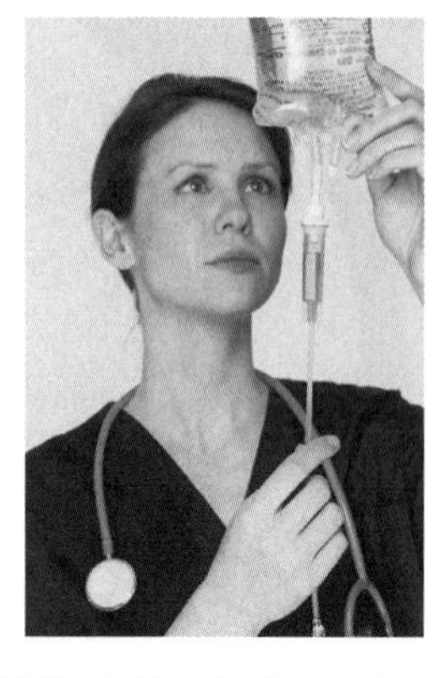

▲ **FIGURA 9.11 ¿Qué tan alto debe estar?** Véase el ejemplo 9.6.

mo un *pulso* en las arterias cercanas a la superficie del cuerpo. Por ejemplo, la arteria radial cercana a la superficie de la muñeca se usa comúnmente para medir el pulso de las personas. La tasa de pulso equivale a la tasa de contracción de los ventrículos, así que refleja el ritmo cardiaco.

La medición de la presión sanguínea de una persona consiste en medir la presión de la sangre sobre las paredes de las arterias. Esto se hace con un *esfigmomanómetro*. (La palabra griega *sphygmo* significa "pulso".) Se usa un manguito inflable para cortar temporalmente el flujo de sangre. La presión del manguito se reduce lentamente mientras la arteria se monitorea con un estetoscopio (figura 2). Se llega a un punto en que apenas comienza a pasar sangre por la arteria constreñida. Este flujo es turbulento y produce un sonido específico con cada latido del corazón. Cuando se escucha inicialmente ese sonido, se toma nota de la presión sistólica en el manómetro. Cuando los latidos turbulentos cesan porque la sangre ya fluye suavemente, se toma la lectura diastólica.

La presión arterial suele informarse dando las presiones sistólica y diastólica, separadas por una diagonal; por ejemplo, 120/80 (mm Hg, que se lee "120 sobre 80"). (El manómetro de la figura 2 es del tipo aneroide; otros esfigmomanómetros más antiguos utilizaban una columna de mercurio para medir la presión arterial.) La presión arterial sistólica normal varía entre 120 y 139; y la diastólica, entre 80 y 89. (La presión arterial es una presión manométrica. ¿Por qué?)

Al alejarse del corazón, disminuye el diámetro de los vasos sanguíneos conforme éstos se ramifican. La presión en los vasos sanguíneos baja al disminuir su diámetro. En las arterias pequeñas, como las del brazo, la presión de la sangre es del orden de 10 a 20 mm Hg, y no hay variación sistólica-diastólica.

Una presión arterial elevada es un problema de salud muy frecuente. Las paredes elásticas de las arterias se expanden bajo la fuerza hidráulica de la sangre bombeada desde el corazón. Sin embargo, su elasticidad podría disminuir con la edad. Depósitos de colesterol pueden estrechar y hacer ásperas las vías arteriales, lo que obstaculizaría el paso de la sangre y produciría una forma de arterioesclerosis, o endurecimiento de las arterias. Debido a tales fallas, es necesario aumentar la presión impulsora para mantener un flujo sanguíneo normal. El corazón debe esforzarse más, lo cual exige más a sus músculos. Una disminución relativamente pequeña en el área transversal eficaz de un vaso sanguíneo tiene un efecto considerable (un incremento) sobre la tasa de flujo, como veremos en la sección 9.4.

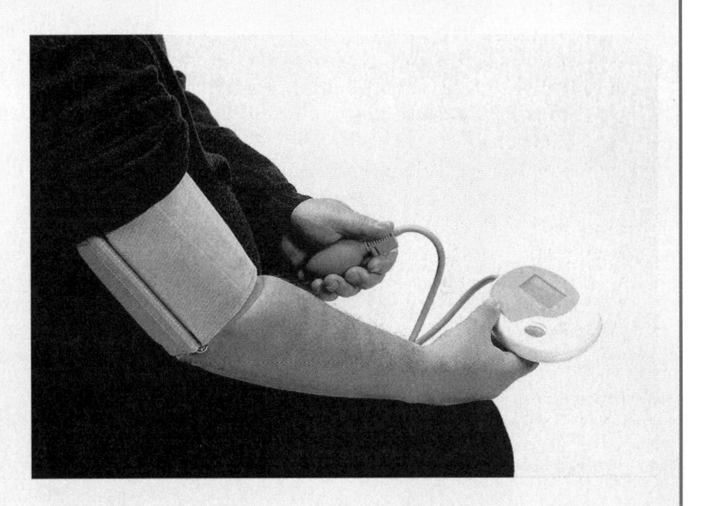

FIGURA 2 Medición de presión arterial El manómetro marca la presión en milímetros de Hg.

La botella de IV necesita estar al menos 26 cm arriba del punto de infusión.

Ejercicio de refuerzo. El intervalo normal de presión arterial (manométrica) suele darse como 120/80 (en mm Hg). ¿Por qué es tan baja la presión sanguínea de 20 mm Hg en este ejemplo?

9.3 Flotabilidad y el principio de Arquímedes

OBJETIVOS: *a*) Relacionar la fuerza de flotabilidad con el principio de Arquímedes y *b*) deducir si un objeto flotará o no en un fluido, con base en las densidades relativas.

Cuando un objeto se coloca en un fluido, o flota o se hunde. Esto se observa más comúnmente en los líquidos; por ejemplo, los objetos flotan o se hunden en agua. Sin embargo, se presenta el mismo efecto en gases: un objeto que cae se hunde en la atmósfera; mientras que otros objetos flotan (▾figura 9.12).

Las cosas flotan porque el fluido las sostiene. Por ejemplo, si sumergimos un corcho en agua y lo soltamos, el corcho subirá a la superficie y flotará ahí. Por nuestros conocimientos de fuerzas, sabemos que tal movimiento requiere una fuerza neta hacia arriba sobre el objeto. Es decir, debe actuar sobre el objeto una fuerza hacia arriba mayor que la fuerza hacia abajo de su peso. Las fuerzas se igualan cuando el objeto flota en equilibrio. La fuerza hacia arriba debida a la inmersión total o parcial de un objeto en un fluido se denomina **fuerza de flotabilidad**.

▲ **FIGURA 9.12 Flotabilidad en fluidos** El aire es un fluido en el que flotan objetos como este dirigible. El helio en su interior es menos denso que el aire circundante. La fuerza de flotabilidad resultante sostiene al dirigible.

Se observa cómo ocurre la fuerza de flotabilidad si consideramos un objeto flotante que se sostiene por debajo de la superficie de un fluido (▸figura 9.13a). Las presiones sobre las caras superior e inferior del objeto son $p_1 = \rho_f g h_1$ y $p_2 = \rho_f g h_2$, respectivamente, donde ρ_f es la densidad del fluido. Por lo tanto, hay una diferencia de presión $\Delta p = p_2 - p_1 = \rho_f g(h_2 - h_1)$ entre las caras superior e inferior del bloque, que produce una fuerza hacia arriba (la fuerza de flotabilidad) F_b. Esta fuerza se equilibra con la fuerza aplicada y con el peso del bloque.

No es difícil deducir una expresión para la magnitud de la fuerza de flotabilidad. Sabemos que la presión es fuerza por unidad de área. Así, si el área de ambas caras del bloque, superior e inferior, es A, la magnitud de la fuerza de flotabilidad neta en términos de la diferencia de presión es

$$F_b = p_2 A - p_1 A = (\Delta p)A = \rho_f g(h_2 - h_1)A$$

Puesto que $(h_2 - h_1)A$ es el volumen del bloque y, por lo tanto, el volumen del fluido desplazado por el bloque, V_f, escribimos la expresión para F_b así:

$$F_b = \rho_f g V_f$$

Sin embargo, $\rho_f V_f$ es simplemente la masa del fluido desplazado por el bloque, m_f. Por consiguiente, escribimos la expresión para la fuerza de flotabilidad como $F_b = m_f g$: la magnitud de la fuerza de flotabilidad es igual al peso del fluido desplazado por el bloque (figura 9.13b). Este resultado general se conoce como **principio de Arquímedes**:

Ilustración 14.3 Fuerza de flotabilidad

Un cuerpo parcial o totalmente sumergido en un fluido experimenta una fuerza de flotabilidad igual en magnitud al peso del *volumen de fluido* desplazado:

$$F_b = m_f g = \rho_f g V_f \qquad (9.14)$$

Se encargó a Arquímedes (287-212 a.C.) la tarea de determinar si una corona hecha para cierto rey era de oro puro o contenía algo de plata. Cuenta la leyenda que la solución del problema se le ocurrió cuando estaba dentro de una tina de baño. (Véase la sección Hechos de física al inicio de este capítulo.) Se dice que tal fue su emoción que salió de la tina y corrió (desnudo) por las calles de la ciudad gritando "¡Eureka! ¡Eureka!" ("Lo encontré", en griego.) Aunque en la solución al problema que halló Arquímedes intervenían densidad y volumen, se supone que ello lo puso a pensar en la flotabilidad.

Ejemplo integrado 9.7 ■ Más ligero que el aire: la fuerza de flotabilidad

Un globo meteorológico esférico y lleno de helio tiene un radio de 1.10 m. *a*) ¿La fuerza de flotabilidad sobre el globo depende de la densidad 1) del helio, 2) del aire o 3) del peso del recubrimiento de goma? [$\rho_{aire} = 1.29\ \text{kg/m}^3$ y $\rho_{He} = 0.18\ \text{kg/m}^3$.] *b*) Calcule la magnitud de la fuerza de flotabilidad sobre el globo. *c*) El recubrimiento de goma del globo tiene una masa de 1.20 kg. Cuando se suelta, ¿cuál es la magnitud de la aceleración inicial del globo si lleva consigo una carga cuya masa es de 3.52 kg?

a) Razonamiento conceptual. La fuerza de flotabilidad no tienen nada que ver con el helio ni con el recubrimiento de goma, y es igual al peso del aire desplazado, que se determina a partir del volumen del globo y la densidad del aire. Así que la respuesta correcta es la 2.

b, c) Razonamiento cuantitativo y solución.

Dado: $\rho_{aire} = 1.29\ \text{kg/m}^3$
$\rho_{He} = 0.18\ \text{kg/m}^3$
$m_s = 1.20\ \text{kg}$
$m_p = 3.52\ \text{kg}$
$r = 1.10\ \text{m}$

Encuentre: *b*) F_b (fuerza de flotabilidad)
c) a (aceleración inicial)

b) El volumen del globo es

$$V = (4/3)\pi r^3 = (4/3)\pi(1.10\text{ m})^3 = 5.58\text{ m}^3$$

Entonces la fuerza de flotabilidad es igual al peso del aire desplazado:

$$F_b = m_{aire}g = (\rho_{aire}V)g = (1.29\text{ kg/m}^3)(5.58\text{ m}^3)(9.80\text{ m/s}^2) = 70.5\text{ N}$$

c) Dibuje un diagrama de cuerpo libre. Hay tres fuerzas de peso hacia abajo (la del helio, la del recubrimiento de goma y la de la carga) y la fuerza de flotabilidad hacia arriba. Se suman estas fuerzas para encontrar la fuerza neta, y luego se utiliza la segunda ley de Newton para determinar la aceleración. Los pesos del helio, el recubrimiento de goma y la carga son los siguientes:

$$w_{He} = m_{He}g = (\rho_{He}V)g = (0.18\text{ kg/m}^3)(5.58\text{ m}^3)(9.80\text{ m/s}^2) = 9.84\text{ N}$$
$$w_s = m_s g = (1.20\text{ kg})(9.80\text{ m/s}^2) = 11.8\text{ N}$$
$$w_p = m_p g = (3.52\text{ kg})(9.80\text{ m/s}^2) = 35.5\text{ N}$$

Se suman las fuerzas (tomando la dirección hacia arriba como positiva),

$$F_{neta} = F_b - w_{He} - w_s - w_p = 70.5\text{ N} - 9.84\text{ N} - 11.8\text{ N} - 35.5\text{ N} = 13.4\text{ N}$$

y

$$a = \frac{F_{neta}}{m_{total}} = \frac{F_{neta}}{m_{He} + m_s + m_p} = \frac{13.4\text{ N}}{0.994\text{ kg} + 1.20\text{ kg} + 3.52\text{ kg}} = 2.35\text{ m/s}^2$$

Ejercicio de refuerzo. Conforme el globo asciende, en algún momento deja de acelerar para elevarse a velocidad constante por un breve periodo; después comienza a precipitarse hacia el suelo. Explique este comportamiento en términos de densidad atmosférica y temperatura. (*Sugerencia:* considere que la temperatura y la densidad del aire disminuyen con la altitud. La presión de una cantidad de gas es directamente proporcional a la temperatura.)

Ejemplo 9.8 ■ Su flotabilidad en el aire

El aire es un fluido y nuestros cuerpos desplazan aire. Así, una fuerza de flotabilidad está actuando sobre cada uno de nosotros. Estime la magnitud de la fuerza de flotabilidad sobre una persona de 75 kg que se debe al aire desplazado.

Razonamiento. La palabra clave aquí es *estime*, porque no se tienen muchos datos. Sabemos que la fuerza de flotabilidad es $F_b = \rho_a g V$, donde ρ_a es la densidad del aire (que se encuentra en la tabla 9.2), y V es el volumen del aire desplazado, que es igual al volumen de la persona. La pregunta es: ¿cómo encontramos el volumen de una persona?

La masa está dada, y si se conociera la densidad de la persona, podría encontrarse el volumen ($\rho = m/V$ o $V = m/\rho$). Aquí es donde entra la estimación. La mayoría de la gente apenas si logra flotar en el agua, así que la densidad del cuerpo humano es aproximadamente la misma que la del agua, $\rho = 1000\text{ kg/m}^3$. A partir de tal estimación, también es posible calcular la fuerza de flotabilidad.

Solución.

Dado: $m = 75$ kg
$\rho_a = 1.29\text{ kg/m}^3$ (tabla 9.2)
$\rho_p = 1000\text{ kg/m}^3$ (densidad estimada de una persona)

Encuentre: F_b (fuerza de flotabilidad)

Primero, encontremos el volumen de la persona,

$$V_p = \frac{m}{\rho_p} = \frac{75\text{ kg}}{1000\text{ kg/m}^3} = 0.075\text{ m}^3$$

Entonces,

$$F_b = \rho_a g V_p = \rho_a g\left(\frac{m}{\rho_p}\right) = (1.29\text{ kg/m}^3)(9.8\text{ m/s}^2)(0.075\text{ m}^3)$$
$$= 0.95\text{ N}\,(\approx 1.0\text{ N o } 0.225\text{ lb})$$

No mucho cuando uno se pesa. Sin embargo, esto significa que su peso sea ≈ 0.2 lb más que lo que indica la lectura de la báscula.

Ejercicio de refuerzo. Estime la fuerza de flotabilidad sobre un globo meteorológico lleno de helio que tiene un diámetro aproximado del largo de la distancia de los brazos extendidos del meteorólogo (colocándolos horizontalmente), y compare con el resultado en el ejemplo.

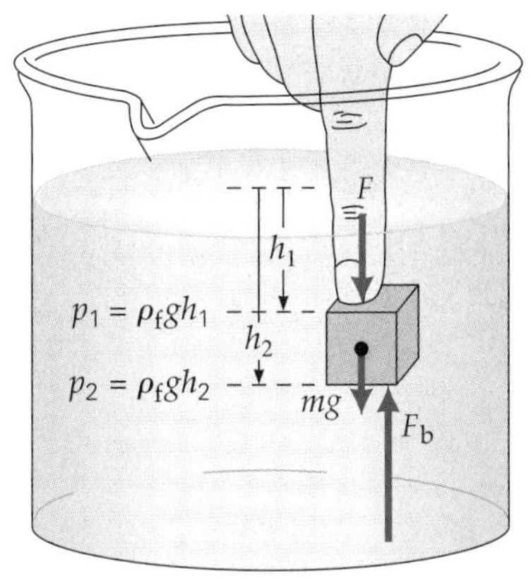

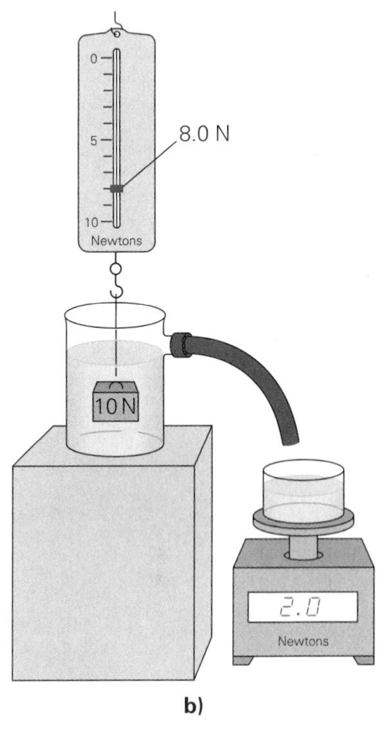

▲ **FIGURA 9.13 Flotabilidad y principio de Arquímedes** *a*) Surge una fuerza de flotabilidad por la diferencia de presión a diferentes profundidades. La presión sobre la base del bloque sumergido (p_2) es mayor que sobre la parte de arriba (p_1), por lo que hay una fuerza (de flotabilidad) dirigida hacia arriba. (Se ha desplazado por claridad.) *b*) Principio de Arquímedes: La fuerza de flotabilidad sobre el objeto es igual al peso del volumen de fluido desplazado. (La báscula se ajustó para que marque cero cuando el recipiente está vacío.)

PHYSLET®

Exploración 14.2 Fuerza de flotabilidad

Ejemplo integrado 9.9 ■ Peso y fuerza de flotabilidad: principio de Arquímedes

Un recipiente de agua con tubo de desagüe, como el de la figura 9.13b, está sobre una báscula que marca 40 N. El nivel del agua está justo abajo del tubo de salida en el costado del recipiente. *a*) Se coloca un cubo de madera de 8.0 N en el recipiente. El agua desplazada por el cubo flotante escurre por el tubo de desagüe hacia otro recipiente que no está en la báscula. ¿La lectura de la báscula será entonces 1) exactamente 48 N, 2) entre 40 y 48 N, 3) exactamente 40 N o 4) menos de 40 N? *b*) Suponga que empuja el cubo hacia abajo con el dedo, de manera que su cara superior quede al nivel de la superficie del agua. ¿Cuánta fuerza tendrá que aplicar si el cubo mide 10 cm por lado?

a) Razonamiento conceptual. Por el principio de Arquímedes, el bloque se sostiene por una fuerza de flotabilidad igual en magnitud al peso del agua desplazada. Puesto que el bloque flota, la fuerza de flotabilidad debe equilibrar el peso del cubo, así que su magnitud es de 8.0 N. Por lo tanto, se desplaza del recipiente un volumen de agua que pesa 8.0 N, a la vez que se agrega un peso de 8.0 N al recipiente. La báscula seguirá marcando 40 N, por lo que la respuesta es 3.

La fuerza de flotabilidad y el peso del bloque actúan *sobre el bloque*. La fuerza de reacción (presión) del bloque *sobre el agua* se transmite al fondo del recipiente (principio de Pascal) y se registra en la báscula. (Elabore un diagrama de que muestre las fuerzas sobre el cubo.)

b) Razonamiento cuantitativo y solución. Hay tres fuerzas que actúan sobre el cubo estacionario: la fuerza de flotabilidad hacia arriba, y el peso y la fuerza aplicada por el dedo hacia abajo. Conocemos el peso del cubo, así que para calcular la fuerza aplicada con el dedo necesitamos determinar la fuerza de flotabilidad sobre el cubo.

Dado: $\ell = 10\text{ cm} = 0.10\text{ m}$ (lado del cubo)
$w = 8.0\text{ N}$ (peso del cubo)

Encuentre: fuerza aplicada hacia abajo para colocar el cubo al nivel del agua

La sumatoria de las fuerzas que actúan sobre el cubo es $\Sigma F_i = +F_b - w - F_f = 0$, donde F_b es la fuerza de flotabilidad hacia arriba y F_f es la fuerza hacia abajo aplicada con el dedo. Por lo tanto, $F_f = F_b - w$. Como sabemos, la magnitud de la fuerza de flotabilidad es igual al peso del agua desplazada por el cubo, y está dada por $F_b = \rho_f g V_f$ (ecuación 9.14). La densidad del fluido es la del agua, que conocemos ($1.0 \times 10^3\text{ kg/m}^3$, tabla 9.2), así que

$$F_b = \rho_f g V_f = (1.0 \times 10^3\text{ kg/m}^3)(9.8\text{ m/s}^2)(0.10\text{ m})^3 = 9.8\text{ N}$$

Entonces,

$$F_f = F_b - w = 9.8\text{ N} - 8.0\text{ N} = 1.8\text{ N}$$

Ejercicio de refuerzo. En el inciso *a*, ¿la báscula seguiría marcando 40 N si el objeto tuviera una densidad mayor que la del agua? En el inciso *b*, ¿qué marcaría la báscula?

Flotabilidad y densidad

Solemos decir que los globos de helio y de aire caliente flotan porque son más ligeros que el aire, aunque lo correcto técnicamente es decir que son menos densos que el aire. La densidad de un objeto nos indica si flota o se hunde en un fluido, si conocemos también la densidad del fluido. Consideremos un objeto sólido uniforme sumergido totalmente en un fluido. El peso del objeto es

$$w_o = m_o g = \rho_o V_o g$$

El peso del volumen de fluido desplazado, que es la magnitud de la fuerza de flotabilidad, es

$$F_b = w_f = m_f g = \rho_f V_f g$$

Si el objeto está *totalmente sumergido*, $V_f = V_0$. Si dividimos la segunda ecuación entre la primera obtendremos

$$\frac{F_b}{w_o} = \frac{\rho_f}{\rho_o} \quad \text{o} \quad F_b = \left(\frac{\rho_f}{\rho_o}\right) w_o \quad \textit{(objeto totalmente sumergido)} \qquad (9.15)$$

Por lo tanto, si ρ_o es menor que ρ_f, F_b será mayor que w_o, y el objeto flotará. Si ρ_o, es mayor que ρ_f, F_b será menor que w_o y el objeto se hundirá. Si $\rho_o = \rho_f$, F_b será igual a w_o, y el objeto permanecerá en equilibrio en cualquier posición sumergida (siempre que la densidad del fluido sea constante). Si el objeto no es uniforme, de manera que su densidad varíe dentro de su volumen, la densidad del objeto en la ecuación 9.15 será la densidad promedio.

Exploración 14.1 Flotabilidad y densidad

Expresadas en palabras, estas tres condiciones son:

Un objeto flota en un fluido, si su densidad promedio es menor que la densidad del fluido ($\rho_o < \rho_f$).
Un objeto se hunde en un fluido, si su densidad promedio es mayor que la densidad del fluido ($\rho_o > \rho_f$).
Un objeto está en equilibrio a cualquier profundidad sumergida en un fluido, si su densidad promedio es igual a la densidad del fluido ($\rho_o = \rho_f$).

En la ▸figura 9.14 se da un ejemplo de la última condición.

Un vistazo a la tabla 9.2 nos dirá si un objeto flotará o no en un fluido, sin importar su forma ni su volumen. Las tres condiciones que acabamos de plantear también son válidas para un fluido en un fluido, si los dos son inmiscibles (no se mezclan). Por ejemplo, pensaríamos que la crema es "más pesada" que la leche descremada, pero no es así: la crema flota en la leche, así que es menos densa.

▲ **FIGURA 9.14 Densidades iguales y flotabilidad** Esta bebida contiene esferas de gelatina que permanecen suspendidas durante meses, prácticamente sin cambio alguno. ¿Qué densidad tienen las esferas en comparación con la densidad de la bebida?

En general, supondremos que los objetos y fluidos tienen densidad uniforme y constante. (La densidad de la atmósfera varía según la altitud, pero es relativamente constante cerca de la superficie terrestre.) En todo caso, en aplicaciones prácticas lo que suele importar en cuanto a flotar o hundirse es la densidad *promedio* del objeto. Por ejemplo, un trasatlántico es, en promedio, menos denso que el agua, aunque esté hecho de acero. Casi todo su volumen está lleno de aire, así que la densidad promedio del barco es menor que la del agua. Asimismo, el cuerpo humano tiene espacios llenos de aire, por lo que casi todos flotamos en el agua. La profundidad superficial a la que una persona flota depende de su densidad. (¿Por qué?)

En algunos casos, se varía adrede la densidad total de un objeto. Por ejemplo, un submarino se sumerge inundando los tanques con agua de mar (decimos que "carga lastre") para aumentar su densidad promedio. Cuando la nave debe emerger, con bombas expulsa el agua de los tanques, para que su densidad media sea menor que la del agua de mar circundante.

Asimismo, muchos peces controlan su profundidad utilizando sus *vejigas natatorias* o *vejigas de gas*. Un pez cambia o mantiene la flotabilidad regulando el volumen de gas en la vejiga natatoria. Mantener la flotabilidad neutral (lo cual significa no subir ni hundirse) es importante porque esto permite al pez permanecer a una profundidad determinada para alimentarse. Algunos peces se mueven hacia arriba o hacia abajo en el agua en busca de alimento. En vez de utilizar la energía para nadar hacia arriba y abajo, el pez altera su flotabilidad para subir o descender.

Esto se logra ajustando las cantidades de gas en la vejiga natatoria. El gas se transfiere de la vejiga a los vasos sanguíneos y de regreso. Desinflar la vejiga disminuye el volumen y aumenta la densidad promedio, de manera que el pez se hunde. El gas es forzado hacia los vasos sanguíneos circundantes y expulsado.

Y a la inversa, al inflar la vejiga, los gases son forzados hacia la vejiga desde los vasos sanguíneos, incrementando así el volumen y disminuyendo la densidad promedio, de manera que el pez sube. Estos procesos son complejos, pero el principio de Arquímedes se aplica de esta forma en un escenario biológico.

Exploración 14.3 Flotabilidad del agua y el aceite

Ejemplo 9.10 ■ ¿Flotar o hundirse? Comparación de densidades

Un cubo sólido uniforme de 10 cm por lado tiene una masa de 700 g. *a*) ¿Flotará el cubo en agua? *b*) Si flota, ¿qué fracción de su volumen estará sumergida?

Razonamiento. *a*) La pregunta es si la densidad del material del que está hecho el cubo es mayor o menor que la del agua, así que calculamos la densidad del cubo. *b*) Si el cubo flota, la fuerza de flotabilidad y el peso del cubo serán iguales. Ambas fuerzas están relacionadas con el volumen del cubo, así que podemos escribirlas en términos de ese volumen e igualarlas.

Solución. A veces conviene trabajar en unidades cgs al comparar cantidades pequeñas. Para tener densidades en g/cm^3, dividimos los valores de la tabla 9.2 entre 10^3, o desechamos el "$\times 10^3$" de los valores dados para sólidos y líquidos, y agregamos "$\times 10^{-3}$" para los gases.

Dado:
$m = 700$ g
$L = 10$ cm
$\rho_{H_2O} = 1.00 \times 10^3 \text{ kg/m}^3$
$= 1.00 \text{ g/cm}^3$ (tabla 9.2)

Encuentre: *a*) Si el cubo flotará o no en agua
b) Porcentaje del volumen sumergido si el cubo flota

a) La densidad del cubo es

$$\rho_c = \frac{m}{V_c} = \frac{m}{L^3} = \frac{700 \text{ g}}{(10 \text{ cm})^3} = 0.70 \text{ g/cm}^3 < \rho_{H_2O} = 1.00 \text{ g/cm}^3$$

Puesto que ρ_c es menor que ρ_{H_2O}, el cubo flotará.

b) El peso del cubo es $w_c = \rho_c g V_c$. Cuando el cubo flota, está en equilibrio, lo cual implica que su peso se equilibra con la fuerza de flotabilidad. Es decir, $F_b = \rho_{H_2O} g V_{H_2O}$, donde V_{H_2O} es el volumen de agua que desplaza la parte sumergida del cubo. Si igualamos las expresiones para el peso y la fuerza de flotabilidad,

$$\rho_{H_2O} g V_{H_2O} = \rho_c g V_c$$

o bien,

$$\frac{V_{H_2O}}{V_c} = \frac{\rho_c}{\rho_{H_2O}} = \frac{0.70 \text{ g/cm}^3}{1.00 \text{ g/cm}^3} = 0.70$$

Por lo tanto, $V_{H_2O} = 0.70\ V_c$, así que el 70% del cubo está sumergido.

Ejercicio de refuerzo. Casi todo el volumen de un iceberg que flota en el mar (◀figura 9.15) está sumergido. Lo que vemos es la proverbial "punta del iceberg". ¿Qué porcentaje del volumen de un iceberg se ve arriba de la superficie? [*Nota:* los iceberg son agua dulce congelada que flota sobre agua salada.]

▲ **FIGURA 9.15 La punta del iceberg** Casi todo el volumen de un iceberg está bajo el agua, como se observa en la imagen.

Una cantidad llamada gravedad específica es afín a la densidad. Suele usársele con líquido, pero también puede describir sólidos. La **gravedad específica** relativo (**sp. gr.**) de una sustancia es la razón de la densidad de la sustancia (ρ_s) entre la densidad del agua (ρ_{H_2O}) a 4°C, la temperatura de densidad máxima:

$$sp.\ gr. = \frac{\rho_s}{\rho_{H_2O}}$$

Dado que es un cociente de densidades, la gravedad específica relativo no tiene unidades. En unidades cgs, $\rho_{H_2O} = 1.00 \text{ g/cm}^3$, así que

$$sp.\ gr. = \frac{\rho_s}{1.00} = \rho_s \quad (\rho_s \text{ en g/cm}^3 \text{ solamente})$$

Es decir, la gravedad específica de una sustancia es igual al valor numérico de su densidad *en unidades cgs*. Por ejemplo, si un líquido tiene una densidad de 1.5 g/cm^3, su peso específico relativo es 1.5, lo cual nos indica que es 1.5 veces más denso que el agua. (Para obtener valores de densidad en gramos por centímetro cúbico, dividimos el valor de la tabla 9.2 entre 10^3.)

9.4 Dinámica de fluidos y ecuación de Bernoulli

OBJETIVOS: *a*) Identificar las simplificaciones usadas para describir el flujo de fluido ideal y *b*) usar la ecuación de continuidad y la ecuación de Bernoulli para explicar los efectos comunes de flujo de fluido ideal.

En general, es difícil analizar el movimiento de fluidos. Por ejemplo, ¿cómo describiríamos el movimiento de una partícula (una molécula, como aproximación) de agua en un arroyo agitado? El movimiento total de la corriente sería claro, pero prácticamente sería imposible deducir una descripción matemática del movimiento de cualquier partícula individual, debido a los remolinos, los borbotones del agua sobre piedras, la fricción con el fondo del arroyo, etc. Obtendremos una descripción básica del flujo de un fluido si descartamos tales complicaciones y consideramos un fluido ideal. Luego, podremos aproximar un flujo real remitiéndonos a este modelo teórico más sencillo.

En este enfoque de dinámica de fluidos simplificado se acostumbra considerar cuatro características de un **fluido ideal**. En un fluido así, el flujo es 1) *constante*, 2) *irrotacional*, 3) *no viscoso* y 4) *incompresible*.

Condición 1: *flujo constante* implica que todas las partículas de un fluido tienen la misma velocidad al pasar por un punto dado.

Un flujo constante también puede describirse como liso o regular. La trayectoria de flujo constante puede representarse con **líneas de corriente** (▸figura 9.16a). Cada partícula que pasa por un punto dado se mueve a lo largo de una línea de corriente. Es decir, cada partícula sigue la misma trayectoria (línea de corriente) que las partículas que pasaron por ahí antes. Las líneas de corriente nunca se cruzan. Si lo hicieran, una partícula tendría trayectorias alternas y cambios abruptos en la velocidad, por lo que el flujo no sería constante.

Para que haya flujo constante, la velocidad debe ser baja. Por ejemplo, el flujo relativo a una canoa que se desliza lentamente a través de aguas tranquilas es aproximadamente constante. Si la velocidad de flujo es alta, tienden a aparecer remolinos, sobre todo cerca de las fronteras, y el flujo se vuelve turbulento, figura 9.16b.

Las líneas de corriente también indican la magnitud relativa de la velocidad de un fluido. La velocidad es mayor donde las líneas de corriente están más juntas. Este efecto se observa en la figura 9.16a. Explicaremos el motivo de esto un poco más adelante.

Condición 2: *flujo irrotacional* significa que un elemento de fluido (un volumen pequeño del fluido) no posee una velocidad angular neta; esto elimina la posibilidad de remolinos. (El flujo no es turbulento.)

Consideremos la pequeña rueda de aspas en la figura 9.16a. El momento de fuerza neto es cero, así que la rueda no gira. Por lo tanto, el flujo es irrotacional.

Condición 3: *flujo no viscoso* implica que la viscosidad es insignificante.

Viscosidad se refiere a la fricción interna, o resistencia al flujo, de un fluido. (Por ejemplo, la miel es mucho más viscosa que el agua.) Un fluido verdaderamente no viscoso fluiría libremente sin pérdida de energía en su interior. Tampoco habría resistencia por fricción entre el fluido y las paredes que lo contienen. En realidad, cuando un líquido fluye por una tubería, la rapidez es menor cerca de las paredes debido a la fricción, y más alta cerca del centro del tubo. (Veremos la viscosidad más detalladamente en la sección 9.5.)

Condición 4: *flujo incompresible* significa que la densidad del fluido es constante.

Por lo regular los líquidos se consideran incompresibles. Los gases, en cambio, son muy compresibles. No obstante, hay ocasiones en que los gases fluyen de forma casi incompresible; por ejemplo el aire que fluye relativo a las alas de un avión que vuela a baja rapidez. El flujo teórico o ideal de fluidos no caracteriza a la generalidad de las situaciones reales; pero el análisis del flujo ideal brinda resultados que aproximan, o describen de manera general, diversas aplicaciones. Por lo común, este análisis se deduce, no de las leyes de Newton, sino de dos principios básicos: la conservación de la masa y la conservación de la energía.

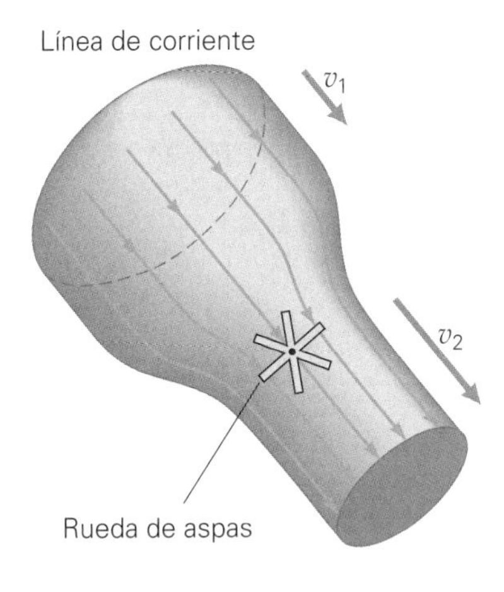

a)

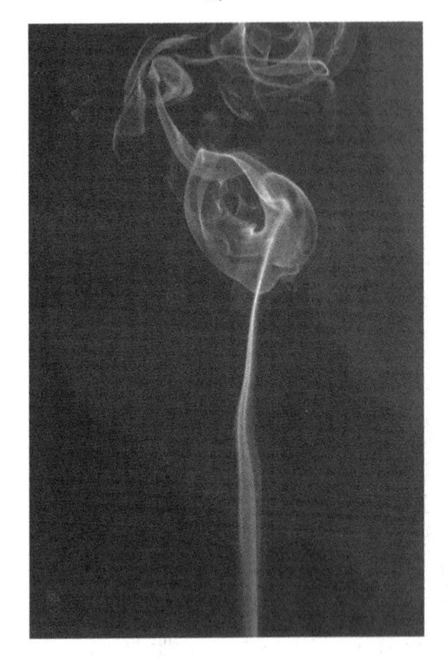

b)

▲ **FIGURA 9.16 Flujo de líneas de corriente** *a*) Las líneas de corriente nunca se cruzan y están más juntas en regiones donde la velocidad del fluido es mayor. La rueda de aspas estacionaria indica que el fluido es irrotacional, es decir, no forma remolinos. *b*) El humo de una vela extinguida comienza a subir con un flujo aproximado de líneas de corriente, pero pronto se vuelve rotacional y turbulento.

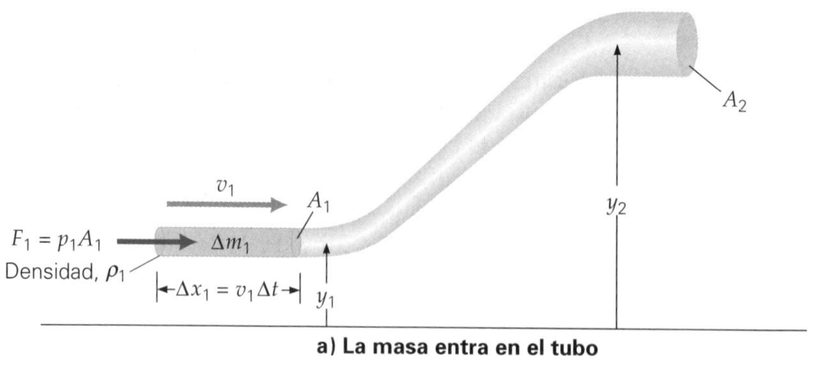

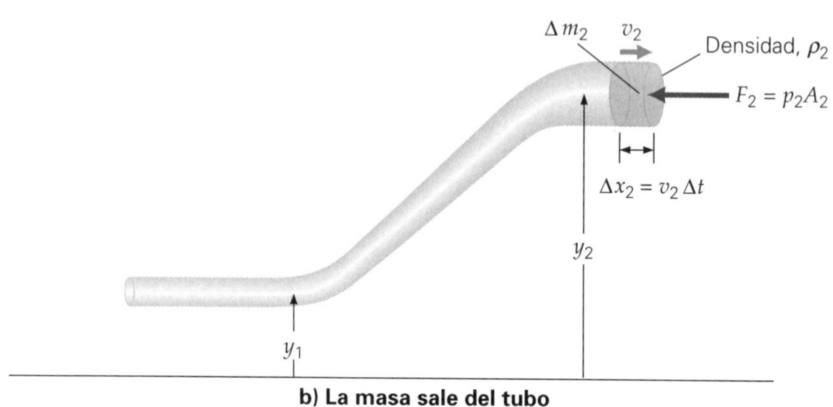

▶ **FIGURA 9.17 Continuidad de flujo** El flujo de fluidos ideales se puede describir en términos de la conservación de la masa con la ecuación de continuidad.

Ecuación de continuidad

Ilustración 15.1 *Ecuación de continuidad*

Si no hay pérdidas de fluido dentro de un tubo uniforme, la masa de fluido que entra en un tubo en un tiempo dado debe ser igual a la masa que sale del tubo en el mismo tiempo (por la conservación de la masa). Por ejemplo, en la ▲figura 9.17a, la masa (Δm_1) que entra en el tubo durante un tiempo corto (Δt) es

$$\Delta m_1 = \rho_1 \Delta V_1 = \rho_1(A_1 \Delta x_1) = \rho_1(A_1 v_1 \Delta t)$$

donde A_1 es el área transversal del tubo en la entrada y, en un tiempo Δt, una partícula de fluido recorre una distancia $v_1\Delta t$. Asimismo, la masa que sale del tubo en el mismo intervalo es (figura 9.17b)

$$\Delta m_2 = \rho_2 \Delta V_2 = \rho_2(A_2 \Delta x_2) = \rho_2(A_2 v_2 \Delta t)$$

Puesto que se conserva la masa, $\Delta m_1 = \Delta m_2$, y se sigue que

$$\rho_1 A_1 v_1 = \rho_2 A_2 v_2 \qquad \text{o} \qquad \rho A v = \text{constante} \tag{9.16}$$

Este resultado se denomina **ecuación de continuidad**.

Si un fluido es incompresible, su densidad ρ es constante, así que

$$A_1 v_1 = A_2 v_2 \qquad \text{o} \qquad Av = \text{constante} \quad \textit{(para un fluido incompresible)} \tag{9.17}$$

Ésta se conoce como **ecuación de tasa de flujo**. Av es el *volumen de la tasa de flujo* y es el volumen del fluido que pasa por un punto en el tubo por unidad de tiempo. (Av: $m^2 \cdot m/s = m^3/s$, o volumen sobre tiempo).

La ecuación de tasa de flujo indica que la velocidad del fluido es mayor donde el área transversal del tubo es menor. Es decir,

$$v_2 = \left(\frac{A_1}{A_2}\right) v_1$$

y v_2 es mayor que v_1 si A_2 es menor que A_1. Este efecto es evidente en la experiencia común de que el agua sale con mayor rapidez de una manguera provista con una boquilla, que de la misma manguera sin boquilla (◂figura 9.18).

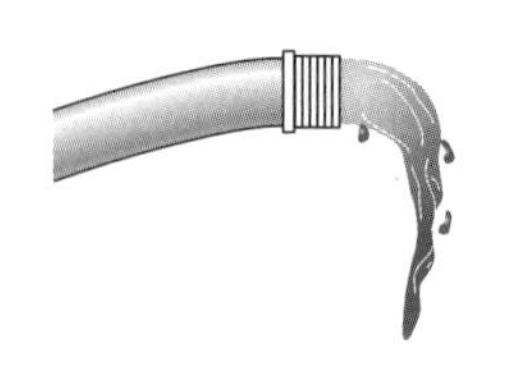

▲ **FIGURA 9.18 Tasa de flujo** Por la ecuación de tasa de flujo, la rapidez de un fluido es mayor cuando se reduce el área transversal del tubo por el que fluye. Pensemos en una manguera equipada con una boquilla para reducir su área transversal.

La ecuación de tasa de flujo puede aplicarse al flujo sanguíneo en el cuerpo. La sangre fluye del corazón a la aorta. Luego da vuelta por el sistema circulatorio, pasando por arterias, arteriolas (arterias pequeñas), capilares y vénulas (venas pequeñas), para regresar al corazón por las venas. La velocidad es más lenta en los capilares. ¿Es ésta una contradicción? No: el área *total* de los capilares es mucho mayor que la de las arterias o venas, así que es válida la ecuación de tasa de flujo.

Ejemplo 9.11 ■ Flujo de sangre: colesterol y placa

Un colesterol alto en la sangre favorece la formación de depósitos grasos, llamados placas, en las paredes de los vasos sanguíneos. Suponga que una placa reduce el radio efectivo de una arteria en 25%. ¿Cómo afectará este bloqueo parcial la rapidez con que la sangre fluye por la arteria?

Razonamiento. Usamos la ecuación de tasa de flujo (ecuación 9.17), pero observando que no nos dan valores para el área ni para la rapidez. Esto indica que debemos usar cocientes.

Solución. Si el radio de la arteria no taponada es r_1, entonces decimos que la placa reduce el radio efectivo a r_2.

Dado: $r_2 = 0.75r_1$ (una reducción del 25%) *Encuentre:* v_2

Escribimos la ecuación de tasa de flujo en términos de los radios:

$$A_1v_1 = A_2v_2$$
$$(\pi r_1^2)v_1 = (\pi r_2^2)v_2$$

Reacomodamos y cancelamos,

$$v_2 = \left(\frac{r_1}{r_2}\right)^2 v_1$$

Por la información dada, $r_1/r_2 = 1/0.75$, así que

$$v_2 = (1/0.75)^2 v_1 = 1.8v_1$$

Por lo tanto, la rapidez en la parte taponada de la arteria aumenta en un 80 por ciento.

Ejercicio de refuerzo. ¿En cuánto tendría que reducirse el radio efectivo de una arteria para tener un aumento de 50% en la rapidez de la sangre que fluye por ella?

Ejemplo 9.12 ■ Rapidez de la sangre en la aorta

La sangre fluye a una tasa de 5.00 L/min por la aorta, que tiene un radio de 1.00 cm. ¿Cuál es la rapidez del flujo sanguíneo en la aorta?

Razonamiento. Hay que hacer notar que la tasa de flujo es una tasa de flujo de volumen, lo que implica el uso de la ecuación de tasa de flujo (ecuación 9.17), Av = constante. Como la constante está en términos de volumen/tiempo, la tasa de flujo dada es la constante.

Solución. Se listan los datos:

Dado: Tasa de flujo = 5.00 L/min *Encuentre:* v (rapidez de la sangre)
$r = 1.00 \text{ cm} = 10^{-2} \text{ m}$

Primero debemos encontrar el área transversal de la aorta, que es circular.

$$A = \pi r^2 = (3.14)(10^{-2} \text{ m})^2 = 3.14 \times 10^{-4} \text{ m}^2$$

A continuación hay que indicar la tasa de flujo (volumen) en unidades estándar.

$$5.00 \text{ L/min} = (5.00 \text{ L/m})(10^{-3} \text{ m}^3/\text{L})(1 \text{ min}/60 \text{ s}) = 8.33 \times 10^{-5} \text{ m}^3/\text{s}$$

Utilizando la ecuación de la tasa de flujo, tenemos

$$v = \frac{\text{constante}}{A} = \frac{8.33 \times 10^{-5} \text{ m}^3/\text{s}}{3.14 \times 10^{-4} \text{ m}^2} = 0.265 \text{ m/s}$$

Ejercicio de refuerzo. Las constricciones de las arterias ocurren cuando éstas se endurecen. Si el radio de la aorta en este ejemplo se redujera a 0.900 cm, ¿cuál sería el cambio porcentual en el flujo sanguíneo?

Exploración 15.1 Flujo sanguíneo y ecuación de continuidad

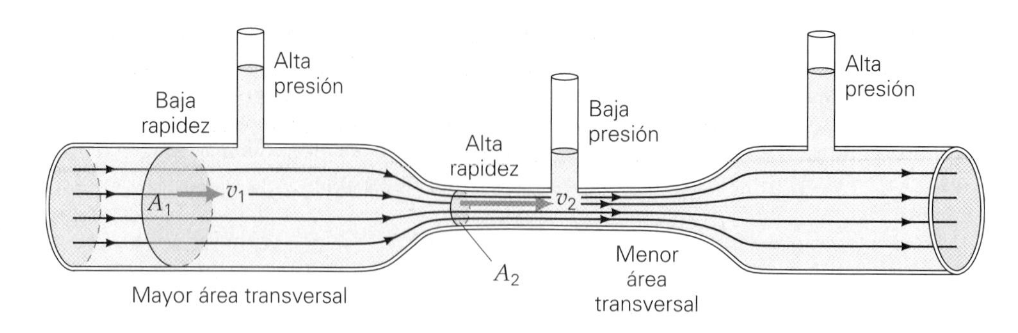

▶ **FIGURA 9.19 Tasa de flujo y presión** Si consideramos insignificante la diferencia horizontal en las alturas de flujo dentro de un tubo constreñido, obtenemos, para la ecuación de Bernoulli, $p + \frac{1}{2}\rho v^2 =$ constante. En una región con menor área transversal, la rapidez de flujo es mayor (véase la ecuación de tasa de flujo); por la ecuación de Bernoulli, la presión en esa región es menor que en otras regiones.

Exploración 15.2 Ecuación de Bernoulli

Ecuación de Bernoulli

La conservación de energía, o el teorema general trabajo-energía, nos lleva a otra relación muy general para el flujo de fluidos. El primero en deducir esta relación fue el matemático suizo Daniel Bernoulli (1700-1782) en 1738 y recibe su nombre. El resultado de Bernoulli fue

$$W_{\text{neto}} = \Delta K + \Delta U$$

$$\frac{\Delta m}{\rho}(p_1 - p_2) = \tfrac{1}{2}\Delta m(v_2^2 - v_1^2) + \Delta mg(y_2 - y_1)$$

donde Δm es un incremento de masa como en la derivación de la ecuación de continuidad.

Al trabajar con un fluido, los términos de la ecuación de Bernoulli son trabajo o energía sobre unidad de volumen (J/m^3). Esto es, $W = F\Delta x = p(A\Delta x) = p\Delta V$ y, por lo tanto, $p = W/\Delta V$ (trabajo/volumen). Asimismo, con $\rho = m/V$, tenemos $\frac{1}{2}\rho v^2 = \frac{1}{2}mv^2/V$ (energía/volumen) y $\rho gy = mgy/V$ (energía/volumen).

Si cancelamos cada Δm y reacomodamos, obtendremos la forma común de la **ecuación de Bernoulli**:

$$p_1 + \tfrac{1}{2}\rho v_1^2 + \rho g y_1 = p_2 + \tfrac{1}{2}\rho v_2^2 + \rho g y_2 \qquad (9.18)$$

o bien,

$$p + \tfrac{1}{2}\rho v^2 + \rho g y = \text{constante}$$

Nota: compare la derivación de la ecuación 5.10 de la sección 5.5.

La ecuación o principio de Bernoulli se puede aplicar a muchas situaciones. Por ejemplo, si hay un fluido en reposo ($v_2 = v_1 = 0$), la ecuación de Bernoulli se vuelve

$$p_2 - p_1 = \rho g(y_1 - y_2)$$

Ésta es la relación presión-profundidad que se derivó en la ecuación 9.10. Si hay flujo horizontal ($y_1 = y_2$), entonces $p + \frac{1}{2}\rho v^2 =$ constante, lo cual indica que la presión disminuye si aumenta la rapidez del fluido (y viceversa). Este efecto se ilustra en la ▴figura 9.19, donde la diferencia de alturas del flujo a través del tubo se considera insignificante (así que desaparece el término ρgy).

Las chimeneas son altas para aprovechar que la rapidez del viento es más constante y elevada a mayores alturas. Cuanto más rápidamente sople el viento sobre la boca de una chimenea, más baja será la presión, y mayor será la diferencia de presión entre la base y la boca de la chimenea. Esto hace que los gases de combustión se extraigan mejor. La ecuación de Bernoulli y la ecuación de continuidad ($Av =$ constante) también nos dicen que si reducimos el área transversal de una tubería, para que aumente la rapidez del fluido que pasa por ella, se reducirá la presión.

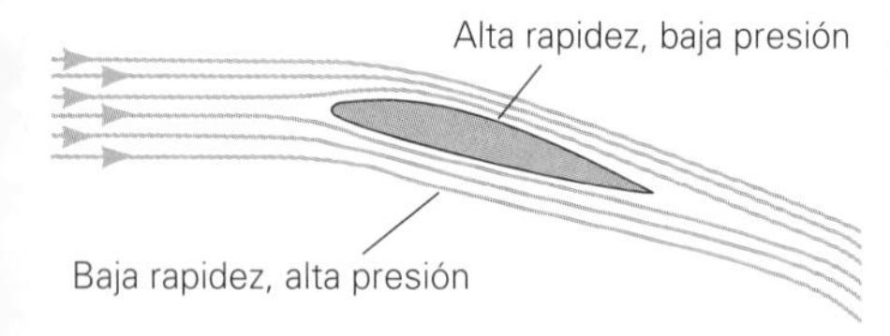

▲ **FIGURA 9.20 Sustentación de aviones: principio de Bernoulli en acción** Gracias a la forma y orientación de los perfiles aerodinámicos o alas de aviones, las líneas de corriente del aire están muy juntas, y la rapidez respecto al aire es mayor arriba del ala que abajo. Por el principio de Bernoulli, la diferencia de presión resultante genera una fuerza hacia arriba, llamada de sustentación.

El efecto Bernoulli (como se le conoce) nos da una explicación *sencilla* de la sustentación de los aviones. En la ◂figura 9.20 se muestra un flujo ideal de aire sobre un perfil aerodinámico o una ala. (Se desprecia la turbulencia.) El ala es curva en su cara superior y está angulada respecto a las líneas de corriente incidentes. Por ello, las líneas de corriente arriba del ala están más juntas que abajo, por lo que la rapidez del aire es mayor y la presión es menor arriba del ala. Al ser mayor la presión abajo del ala, se genera una fuerza neta hacia arriba, llamada *sustentación*.

Esta explicación bastante común de la sustentación se calificó de simplista porque el efecto de Bernoulli no se aplica a esta situación. El principio de Bernoulli requiere el flujo de fluidos ideales y conservación de la energía dentro del sistema, ninguno de los cuales se satisface en las condiciones de vuelo de los aviones. Quizás es mejor confiar en las leyes de Newton, las cuales se deben satisfacer siempre. Básicamente las alas desvían hacia abajo el flujo del aire, ocasionando un cambio hacia abajo en la cantidad de movimiento del flujo del aire y una fuerza ascendente (segunda ley de Newton). Esto resulta en una fuerza de reacción hacia arriba sobre el ala (tercera ley de Newton). Cuando la fuerza ascendente supera el peso del avión, se cuenta con suficiente sustentación para despegar y volar.

Ilustración 15.4 Sustentación de los aviones

Ejemplo 9.13 ■ Tasa de flujo desde un tanque: ecuación de Bernoulli

Se perfora un pequeño agujero en el costado de un tanque cilíndrico que contiene agua, por debajo del nivel de agua, y ésta sale por él (▾figura 9.21). Calcule la tasa inicial aproximada de flujo de agua por el agujero del tanque.

Razonamiento. La ecuación 9.17 ($A_1v_1 = A_2v_2$) es la ecuación de tasa de flujo, donde Av tiene unidades de m^3/s, o volumen/tiempo. Los términos v pueden relacionarse mediante la ecuación de Bernoulli, que también contiene a y, así que es útil para calcular diferencias de altura. No se dan las áreas, así que para relacionar los términos v quizá tengamos que realizar algún tipo de aproximación, como veremos. (Observe que nos piden la tasa de flujo inicial *aproximada*.)

Solución.

Dado: no se dan valores específicos, así que usaremos símbolos

Encuentre: una expresión para la tasa de flujo inicial aproximada por el agujero

Usamos la ecuación de Bernoulli,

$$p_1 + \tfrac{1}{2}\rho v_1^2 + \rho g y_1 = p_2 + \tfrac{1}{2}\rho v_2^2 + \rho g y_2$$

Recuerde que $y_2 - y_1$ es la altura de la superficie del líquido por arriba del agujero. Los valores de presión atmosférica que actúan sobre la superficie abierta y sobre el agujero (p_1 y p_2, respectivamente) son prácticamente idénticos y se cancelan en la ecuación, lo mismo que la densidad. Entonces,

$$v_1^2 - v_2^2 = 2g(y_2 - y_1)$$

Por la ecuación de continuidad (ecuación de tasa de flujo, ecuación 9.17), $A_1v_1 = A_2v_2$, donde A_2 es el área transversal del tanque y A_1 es la del agujero. Puesto que A_2 es mucho mayor que A_1, v_1 es mucho mayor que v_2 (inicialmente, $v_2 \approx 0$). Entonces, con una buena aproximación,

$$v_1^2 = 2g(y_2 - y_1) \qquad \text{o} \qquad v_1 = \sqrt{2g(y_2 - y_1)}$$

La tasa de flujo (volumen/tiempo) es entonces

$$\text{tasa de flujo} = A_1v_1 = A_1\sqrt{2g(y_2 - y_1)}$$

Si nos dan el área del agujero y la altura del líquido sobre él, podremos calcular la rapidez inicial del agua que sale por el agujero y la tasa de flujo. (¿Qué sucede a medida que baja el nivel del agua?)

Ejercicio de refuerzo. ¿Qué cambio porcentual habría en la tasa inicial de flujo del tanque de este ejemplo, si el diámetro del agujero circular aumentara 30.0 por ciento?

Ilustración 15.2 Principio de Bernoulli en acción

Exploración 15.3 Aplicación de la ecuación de Bernoulli

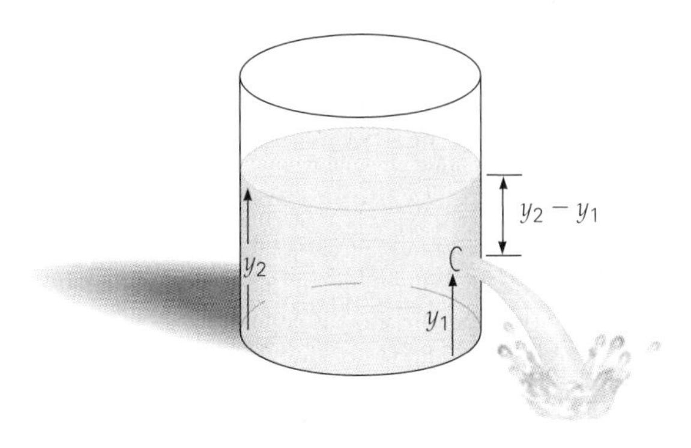

◀ **FIGURA 9.21** Flujo de fluido desde un tanque La tasa de flujo está dada por la ecuación de Bernoulli. Véase el ejemplo 9.13.

Ejemplo conceptual 9.14 ■ Un chorro de agua: cada vez más angosto

Seguramente el lector ha notado que un chorro de agua constante que sale de un grifo se vuelve cada vez más delgado, a medida que se aleja del grifo. ¿Por qué sucede esto?

Razonamiento y respuesta. El principio de Bernoulli explica este fenómeno. A medida que el agua cae, se acelera y aumenta su rapidez. Entonces, por el principio de Bernoulli, la presión interna del líquido en el chorro disminuye. (Véase la figura 9.19.) Así, se crea una diferencia de presión entre la que hay dentro del chorro y la presión atmosférica exterior. El resultado es una fuerza creciente hacia adentro a medida que cae el chorro, por lo que se vuelve más delgado. A la postre, el chorro podría hacerse tan delgado que se rompe para formar gotas individuales.

Ejercicio de refuerzo. La ecuación de continuidad también puede servir para explicar este efecto. Dé la explicación.

*9.5 Tensión superficial, viscosidad y ley de Poiseuille

OBJETIVOS: *a*) Describir el origen de la tensión superficial y *b*) analizar la viscosidad de los fluidos.

Tensión superficial

Las moléculas de un líquido se atraen mutuamente. Aunque en total las moléculas son eléctricamente neutras, suele haber una pequeña asimetría de carga que da origen a fuerzas de atracción entre ellas (llamadas *fuerzas de van der Waals*). Dentro de un líquido, cualquier molécula está rodeada totalmente por otras moléculas, y la fuerza neta es cero (▾figura 9.22a). Sin embargo, no hay fuerza de atracción que actúe desde arriba sobre las moléculas que están en la superficie del líquido. (El efecto de las moléculas del aire se considera insignificante.) El resultado es que sobre las moléculas de la capa superficial actúa una fuerza neta, debida a la atracción de moléculas vecinas que están justo abajo de la superficie. Esta "tracción" hacia adentro sobre las moléculas superficiales hace que la superficie del líquido se contraiga y se resista a estirarse o romperse. Esta propiedad se conoce como **tensión superficial**.

Si colocamos con cuidado una aguja de coser horizontalmente en la superficie de un tazón con agua, la superficie actuará como una membrana elástica sometida a esfuerzo. Habrá una pequeña depresión en la superficie, y las fuerzas moleculares a lo largo de la depresión actuarán con cierto ángulo respecto a la horizontal (figura 9.22b). Los componentes verticales de estas fuerzas equilibrarán el peso (mg) de la aguja, y ésta "flotará" en la superficie. Asimismo, la tensión superficial sostiene el peso de los insectos que caminan sobre el agua (figura 9.22c).

El efecto neto de la tensión superficial es hacer que el área superficial de un líquido sea lo más pequeña posible. Es decir, un volumen dado de líquido tiende a asumir la forma con área superficial mínima. Por ello las gotas de agua y las burbujas de jabón tienen forma esférica, porque la esfera tiene la menor área superficial para un volumen dado (▾figura 9.23). Al formar una gota o una burbuja, la tensión superficial junta las moléculas para reducir al mínimo el área superficial. (Véase la sección A fondo 9.4 sobre los pulmones y el primer aliento del bebé, para una explicación de la tensión superficial en la respiración.)

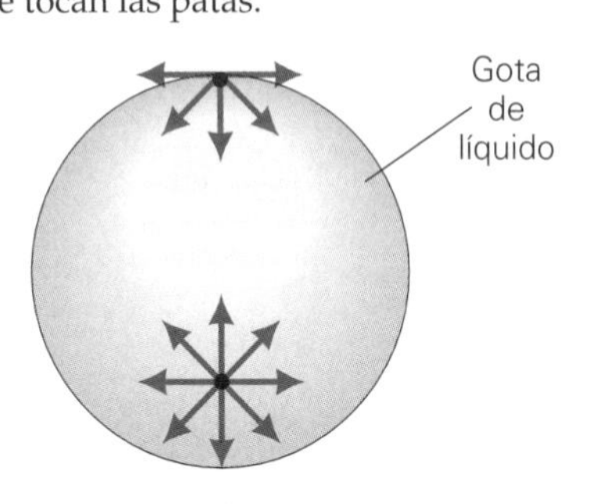

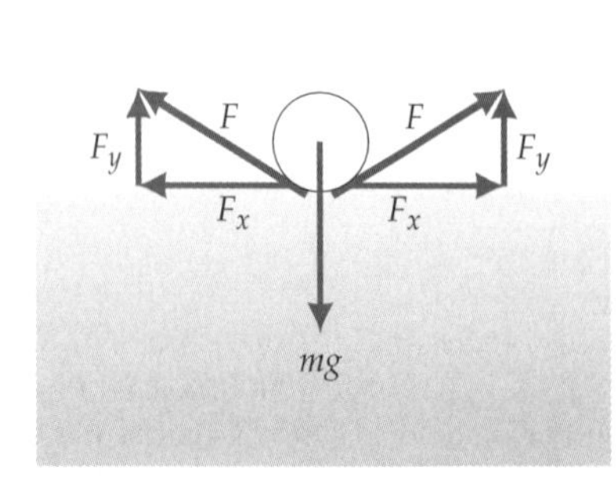

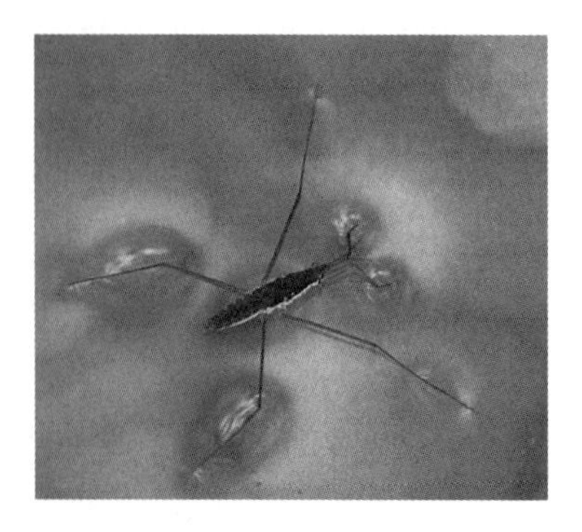

▾ **FIGURA 9.22 Tensión superficial** *a*) La fuerza neta sobre una molécula en el interior de un líquido es cero, porque la molécula está rodeada por otras moléculas. En cambio, sobre las moléculas de la superficie actúa una fuerza neta diferente de cero, debida a las fuerzas de atracción de las moléculas vecinas inmediatamente abajo de la superficie. *b*) Para que un objeto, como una aguja, forme una depresión en la superficie, se debe efectuar trabajo, porque es preciso traer más moléculas interiores a la superficie para aumentar su área. El resultado es que la superficie actúa como una membrana elástica estirada, y los componentes hacia arriba de la tensión superficial sostienen el peso del objeto. *c*) Los insectos como éste pueden caminar sobre el agua gracias a los componentes hacia arriba de la tensión superficial. Es como si nosotros camináramos sobre un trampolín muy grande. Note las depresiones en la superficie del líquido donde tocan las patas.

A FONDO 9.4 LOS PULMONES Y EL PRIMER ALIENTO DEL BEBÉ

La respiración es esencial para la vida. Es un procedimiento fascinante que suministra oxígeno a la sangre y expulsa el dióxido de carbono, y en él interviene la física.

El proceso de respiración implica bajar el diafragma para aumentar el volumen de la cavidad torácica. La figura 1 muestra un modelo de la respiración basado en un frasco con el fondo en forma de campana. Por la ley del gas ideal (sección 10.3), al bajar el diafragma y aumentar el volumen de la cavidad torácica, se reduce la presión ($p \propto 1/V$) y el aire se inhala. El proceso de inhalación infla los alvéolos, unas pequeñas estructuras con forma de globo en los pulmones, como se ilustra en la figura 2a. (La figura 2b muestra una imagen de un pulmón dañado; la causa y los efectos de este fenómeno se analizarán más adelante.)

El intercambio de oxígeno con la sangre se realiza a través de las superficies membranosas de los alvéolos. La superficie total de las membranas en los pulmones alcanza los 100 m^2, con un grosor de menos de una millonésima de metro ($<1\ \mu m$, menos de un micrómetro), haciendo que el intercambio de gases sea muy eficiente. El comportamiento de los alvéolos puede describirse mediante la ley de Laplace y la tensión superficial.*

La ley de Laplace establece que cuanto más grande sea una membrana esférica, mayor será la tensión necesaria en las paredes para resistir la presión de un fluido interno. Esto es, la tensión en la pared es directamente proporcional al radio esférico. Así que cuando se inflan los alvéolos, hay una mayor tensión. Una vez que están inflados, la exhalación se completa cuando el diafragma se relaja y la tensión en las paredes de los alvéolos actúa forzando al aire a salir. Además, hay un fluido que cubre los alvéolos, que actúa como surfactante, es decir, como una sustancia que reduce la tensión superficial. Una reducción en la tensión *superficial* hace que sea más fácil inflar los alvéolos durante la inhalación.

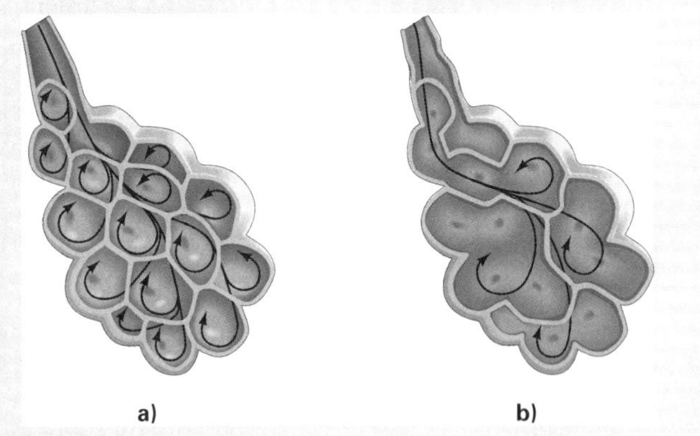

FIGURA 2 Los alvéolos *a*) La inhalación infla los alvéolos, que son estructuras en forma de globo de los pulmones. Hay entre 300 y 400 millones de alvéolos en cada pulmón. *b*) Las enfermedades pulmonares provocan el agrandamiento de los alvéolos conforme algunos se destruyen y otros se extienden o se combinan. Como resultado, hay menos intercambio de oxígeno y falta el aliento.

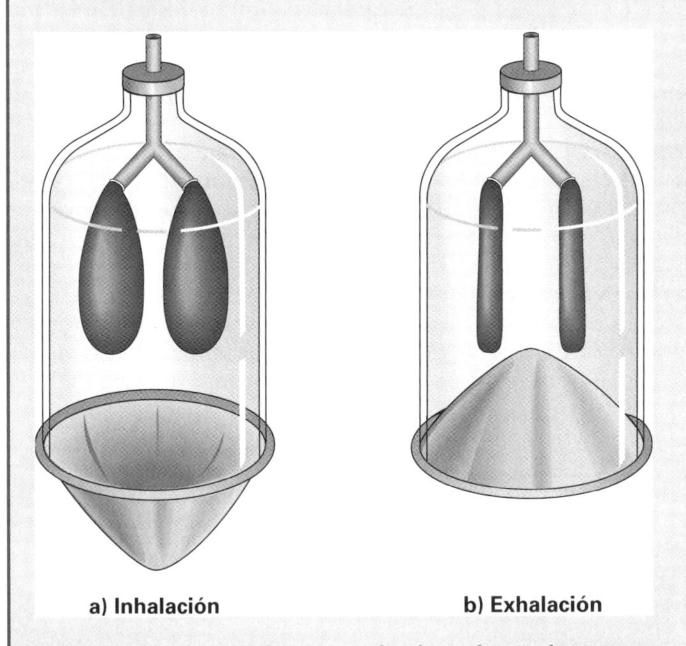

FIGURA 1 Modelo del frasco con fondo en forma de campana para ilustrar la respiración *a*) Al bajar el diafragma (membrana de goma) y aumentar el volumen de la cavidad torácica se reduce la presión y el aire es inhalado hacia el interior de los pulmones (globos). b) Cuando el diafragma se mueve hacia arriba, el proceso se invierte y el aire es exhalado.

La enfermedad pulmonar conocida como *enfisema*, muy común entre los fumadores empedernidos, es el resultado del agrandamiento de los alvéolos conforme algunos se destruyen y otros se extienden o se combinan (figura 2b). Normalmente, se requeriría el doble de la presión para inflar una membrana con el doble del radio. Los alvéolos agrandados permiten menor retroceso durante la exhalación, de manera que una persona con enfisema tiene dificultad para respirar y se reduce su intercambio de oxígeno.

Ahora veamos algo sobre el primer aliento del bebé. Casi todos saben que es más difícil inflar un globo por primera vez, que inflarlo en ocasiones posteriores. Esto se debe a que la presión aplicada no crea mucha tensión en el globo para iniciar el proceso de estiramiento. De acuerdo con la ley de Laplace, se necesitaría un mayor incremento en la tensión para expandir un pequeño globo, que expandir un globo de gran tamaño. Considere las razones de tensión para una expansión de 3 cm en el radio, por ejemplo, de 1 a 4 cm $\left(\frac{4}{1} = 4\right)$ y de 10 a 13 cm $\left(\frac{13}{10} = 1.3\right)$.

En un bebé recién nacido, los alvéolos son pequeños y están aplastados, y deben inflarse con una inhalación inicial. El método tradicional para lograr esto consiste en dar unas nalgadas al bebé y hacer que llore e inhale.

*Pierre-Simon Laplace (1749-1827) fue un astrónomo y matemático francés.

Viscosidad

Todos los fluidos reales tienen una resistencia interna al flujo, o **viscosidad**, que puede verse como fricción entre las moléculas del fluido. En los líquidos, la viscosidad se debe a fuerzas de cohesión de corto alcance; en los gases, se debe a los choques entre las moléculas. (Véase la explicación sobre resistencia del aire en la sección 4.6.) La resistencia a la viscosidad tanto de líquidos como de gases depende de su velocidad y po-

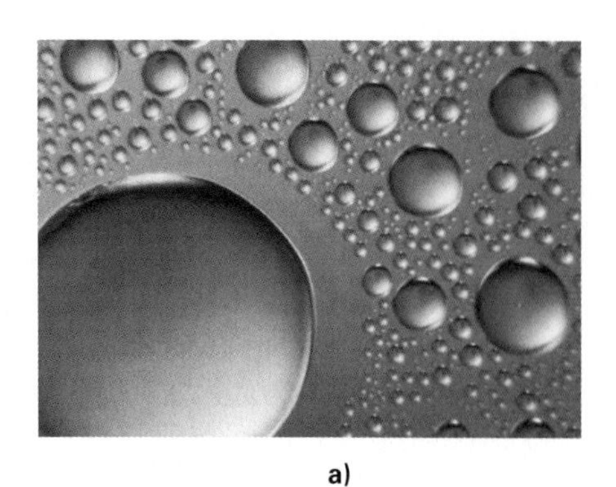

a) b)

▶ **FIGURA 9.23 Tensión superficial en acción** Debido a la tensión superficial, *a)* las gotitas de agua y *b)* las burbujas de jabón tienden a asumir la forma que reduce al mínimo su área superficial: la esfera.

dría ser directamente proporcional a ella en algunos casos. Sin embargo, la relación varía dependiendo de las condiciones; por ejemplo, la resistencia es aproximadamente proporcional a v^2 o a v^3 en flujo turbulento.

La fricción interna hace que las distintas capas de un fluido se muevan con diferente rapidez en respuesta a un esfuerzo cortante. Este movimiento relativo de capas, llamado *flujo laminar*, es característico del flujo estable de líquidos viscosos a baja velocidad (▾figura 9.24a). A velocidades más altas, el flujo se vuelve rotacional, o *turbulento*, y difícil de analizar.

Puesto que en el flujo laminar hay esfuerzos cortantes y deformaciones por corte, la propiedad de viscosidad de un fluido puede describirse con un coeficiente, como los módulos de elasticidad que vimos en la sección 9.1. La viscosidad se caracteriza con un *coeficiente de viscosidad*, η (la letra griega eta), aunque suelen omitirse las palabras "coeficiente de".

El coeficiente de viscosidad es, en efecto, la razón del esfuerzo cortante entre la tasa de cambio de la deformación cortante (porque hay movimiento). Un análisis dimensional revela que la unidad SI de viscosidad es pascal-segundo (Pa · s). Esta unidad combinada se denomina *poiseuille* (Pl) en honor al científico francés Jean Poiseuille (1797-1869), quien estudió el flujo de líquidos y en especial de la sangre. (En breve presentaremos la ley de tasa de flujo de Poiseuille.) La unidad cgs de viscosidad es el *poise* (P). Se usa mucho un submúltiplo, el centipoise (cP), por lo conveniente de su magnitud; 1 P = 10^2 cP.

En la tabla 9.3 se da la viscosidad de algunos fluidos. Cuanto mayor sea la viscosidad de un líquido, la cual es más fácil de visualizar que la de los gases, mayor será el esfuerzo cortante necesario para que se deslicen las capas del líquido. Observe, por ejemplo, la elevada viscosidad de la glicerina en comparación con la del agua.*

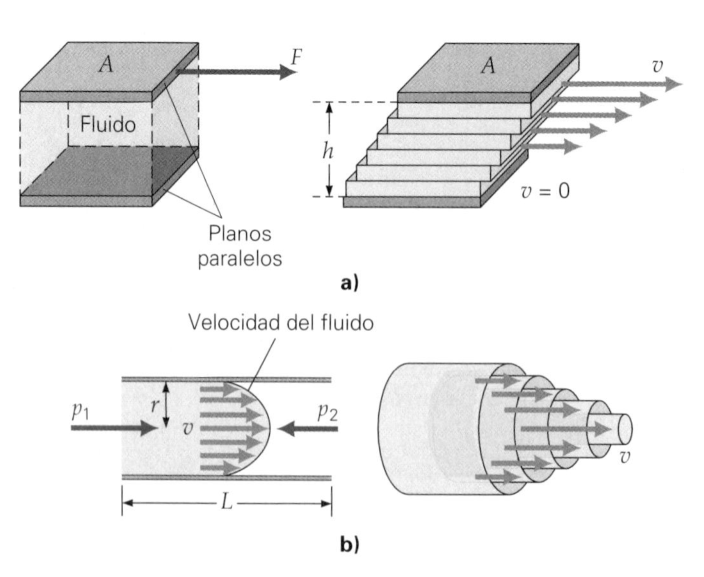

▶ **FIGURA 9.24 Flujo laminar** *a)* Un esfuerzo cortante hace que las capas de un fluido se muevan unas sobre otras en un flujo laminar. La fuerza de corte y la tasa de flujo dependen de la viscosidad del fluido. *b)* En un flujo laminar por un tubo, la rapidez del fluido es menor cerca de las paredes del tubo que cerca del centro, debido a la fricción entre las paredes y el fluido.

* Una viscosidad muy alta podría ser la del vidrio. Se afirma que el vidrio de los vitrales de iglesias medievales ha "fluido" con el tiempo, de modo que el vidrio ahora es más grueso en la base que en la parte superior. Un análisis reciente indica que el vidrio de las ventanas incluso podría fluir durante periodos increíblemente largos, que exceden los límites de la historia humana. En una escala de tiempo humana, tal flujo no sería evidente. [Véase E. D. Zanotto, *American Journal Physics*, 66 (mayo de 1998), 392-395.]

TABLA 9.3 Viscosidad de diversos fluidos*

Fluido	*Viscosidad* (η) *Poiseuille (Pl)*
Líquidos	
Alcohol etílico	1.2×10^{-3}
Sangre entera (37°C)	1.7×10^{-3}
Plasma sanguíneo (37°C)	2.5×10^{-3}
Glicerina	1.5×10^{-3}
Mercurio	1.55×10^{-3}
Aceite ligero para máquinas	1.1
Agua	1.00×10^{-3}
Gases	
Aire	1.9×10^{-5}
Oxígeno	2.2×10^{-5}

*A 20°C a menos que se indique lo contrario.

Como se esperaría, la viscosidad y, por ende, el flujo de los fluidos, varía con la temperatura (como en el viejo dicho: "lento como la melaza en enero"). Una aplicación conocida es la graduación de viscosidad del aceite empleado en los motores de automóvil. En invierno, debe usarse un aceite de baja viscosidad, relativamente delgado (como el grado SAE 10W o 20W), porque fluye más fácilmente, sobre todo cuando el motor está frío antes de arrancarlo. En verano se usa un aceite más viscoso o espeso (SAE 30, 40 o incluso 50). No es necesario cambiar el grado del aceite de motor según la temporada si se usa un aceite "multigrado". Estos aceites contienen aditivos que mejoran la viscosidad, los cuales son polímeros cuyas moléculas son largas cadenas enrolladas. Un aumento en la temperatura hace que estas moléculas se desenrollen y se entrelacen, lo que contrarresta la disminución normal en la viscosidad. La acción se revierte al enfriarse, de manera que el aceite mantiene un intervalo de viscosidad relativamente angosto dentro de un intervalo de temperatura amplio. Tales aceites se clasifican, por ejemplo, como SAE 10W-30 (o sólo 10W-30).

Nota: *SAE* significa *Society of Automotive Engineers*, una organización que clasifica los grados de aceite para motor con base en su viscosidad.

Ley de Poiseuille

La viscosidad dificulta el análisis del flujo de fluidos. Por ejemplo, cuando un fluido fluye por una tubería, hay fricción entre el líquido y las paredes, por lo que la velocidad del fluido es mayor hacia el centro del tubo (figura 9.24b). En la práctica, este efecto influye en la *tasa promedio de flujo* $Q = A\bar{v} = \Delta V/\Delta t$ de un fluido (véase la ecuación 9.17), que describe el volumen (ΔV) de fluido que pasa por un punto dado durante un tiempo Δt. La unidad SI de tasa de flujo es metros cúbicos por segundo (m^3/s). La tasa de flujo depende de las propiedades del fluido y de las dimensiones del tubo, así como de la diferencia de presión (Δp) entre los extremos del tubo.

Ilustración 15.3 Flujo de un fluido viscoso e ideal

Jean Poiseuille estudió el flujo en tubos y tuberías, suponiendo una viscosidad constante y flujo estable o laminar, y dedujo la siguiente relación, conocida como **ley de Poiseuille**, para la tasa de flujo:

$$Q = \frac{\Delta V}{\Delta t} = \frac{\pi r^4 \Delta p}{8\eta L} \qquad (9.19)$$

Aquí, r es el radio del tubo y L es su longitud.

Como se esperaría, la tasa de flujo es inversamente proporcional a la viscosidad (η) y a la longitud del tubo, y directamente proporcional a la diferencia de presión Δp entre los extremos del tubo. No obstante, algo más inesperado es que la tasa de flujo es proporcional a r^4, de manera que depende más del radio del tubo de lo que hubiéramos pensado.

En el ejemplo 9.6 examinamos una aplicación del flujo de fluidos en una infusión intravenosa médica. Sin embargo, como la ley de Poiseuille incluye la tasa de flujo, nos permite hacer un análisis más apegado a la realidad, como en el siguiente ejemplo.

Ejemplo 9.15 ■ Ley de Poiseuille: transfusión de sangre

En un hospital un paciente necesita una transfusión de sangre, que se administrará a través de una vena del brazo por IV gravitacional. El médico quiere suministrar 500 cc de sangre entera durante un periodo de 10 min a través de una aguja calibre 18, de 50 mm de longitud y diámetro interior de 1.0 mm. ¿A qué altura sobre el brazo deberá colgarse la bolsa de sangre? (Suponga una presión venosa de 15 mm Hg.)

Razonamiento. Ésta es una aplicación de la ley de Poiseuille (ecuación 9.19) para calcular la presión necesaria en la entrada de la aguja que produzca la tasa de flujo deseada (Q). Sabemos que $\Delta p = p_{\text{entra}} - p_{\text{sale}}$ (presión en la entrada menos presión en la salida). Si determinamos la presión en la entrada, podremos calcular la altura de la bolsa como en el ejemplo 9.6. (*Cuidado:* hay muchas unidades no estándar aquí, y se supone que algunas cantidades se obtienen de tablas.)

Solución. Primero escribimos las cantidades dadas (y conocidas), convirtiéndolas a unidades SI sobre la marcha:

Dado:

$$\Delta V = 500 \text{ cc} = 500 \text{ cm}^3 (1 \text{ m}^3/10^6 \text{ cm}^3) = 5.00 \times 10^{-4} \text{ m}^3$$
$$\Delta t = 10 \text{ min} = 600 \text{ s} = 6.00 \times 10^2 \text{ s}$$
$$L = 50 \text{ mm} = 5.0 \times 10^{-2} \text{ m}$$
$$d = 1.0 \text{ mm, o } r = 0.50 \text{ mm} = 5.0 \times 10^{-4} \text{ m}$$
$$p_{\text{salida}} = 15 \text{ mm Hg} = 15 \text{ torr } (133 \text{ Pa/torr}) = 2.0 \times 10^3 \text{ Pa}$$
$$\eta = 1.7 \times 10^{-3} \text{ Pl (sangre entera, de la tabla 9.3)}$$

Encuentre: h (altura de la bolsa)

La tasa de flujo es

$$Q = \frac{\Delta V}{\Delta t} = \frac{5.00 \times 10^{-4} \text{ m}^3}{6.00 \times 10^2 \text{ s}} = 8.33 \times 10^{-7} \text{ m}^3/\text{s}$$

Insertamos este valor en la ecuación 9.19 y despejamos Δp:

$$\Delta p = \frac{8\eta L Q}{\pi r^4} = \frac{8(1.7 \times 10^{-3} \text{ Pl})(5.0 \times 10^{-2} \text{ m})(8.33 \times 10^{-7} \text{ m}^3/\text{s})}{\pi (5.0 \times 10^{-4} \text{ m})^4} = 2.9 \times 10^3 \text{ Pa}$$

Dado que $\Delta p = p_{\text{ent}} - p_{\text{sal}}$, tenemos

$$p_{\text{ent}} = \Delta p + p_{\text{sal}} = (2.9 \times 10^3 \text{ Pa}) + (2.0 \times 10^3 \text{ Pa}) = 4.9 \times 10^3 \text{ Pa}$$

Entonces, para calcular la altura de la bolsa que suministrará esta presión, usamos $p_{\text{ent}} = rgh$ (donde $\rho_{\text{sangre entera}} = 1.05 \times 10^3 \text{ kg/m}^3$, de la tabla 9.2). Por lo tanto,

$$h = \frac{p_{\text{ent}}}{\rho g} = \frac{4.9 \times 10^3 \text{ Pa}}{(1.05 \times 10^3 \text{ kg/m}^3)(9.80 \text{ m/s}^2)} = 0.48 \text{ m}$$

Así pues, para la tasa de flujo especificada, la bolsa de sangre deberá colgarse unos 48 cm arriba de la aguja en el brazo.

Ejercicio de refuerzo. Suponga que el médico quiere infundir, después de la transfusión de sangre, 500 cc de solución salina con la misma tasa de flujo. ¿A qué altura deberá colocarse la bolsa de solución salina? (La solución salina *isotónica* administrada por IV es una solución de sal en agua al 0.85%, la misma concentración de sal que en las células del cuerpo. La solución salina tiene una densidad casi igual a la del agua.)

Todavía se usan las IV por flujo gravitacional, pero la tecnología moderna permite controlar y monitorear con máquinas las tasas de flujo de las IV (◂figura 9.25).

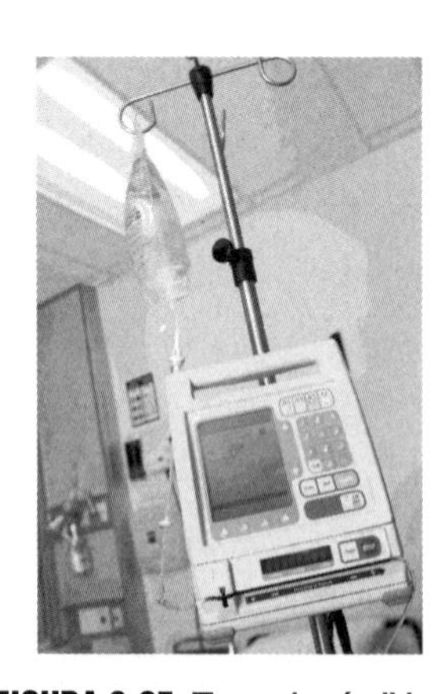

▲ **FIGURA 9.25** Tecnología IV El mecanismo de infusión intravenosa todavía se ayuda con la gravedad; pero ahora es común controlar y vigilar con máquinas las tasas de flujo de IV.

Repaso del capítulo

- En la deformación de sólidos elásticos, **esfuerzo** es una medida de la fuerza que causa la deformación:

$$\text{esfuerzo} = \frac{F}{A} \tag{9.1}$$

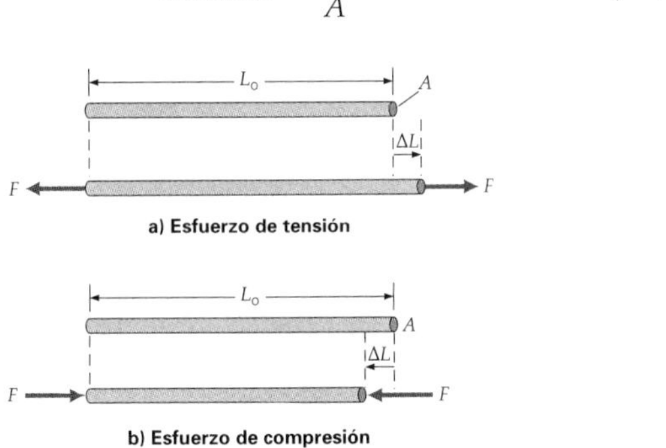

Deformación es una medida relativa del cambio de forma causado por una tensión:

$$\text{deformación} = \frac{\text{cambio de longitud}}{\text{longitud original}} = \frac{|\Delta L|}{L_o} = \frac{|L - L_o|}{L_o} \tag{9.2}$$

- Un **módulo de elasticidad** es la razón esfuerzo/deformación.

Módulo de Young:

$$Y = \frac{F/A}{\Delta L/L_o} \tag{9.4}$$

Módulo de corte:

$$S = \frac{F/A}{x/h} \approx \frac{F/A}{\phi} \tag{9.5}$$

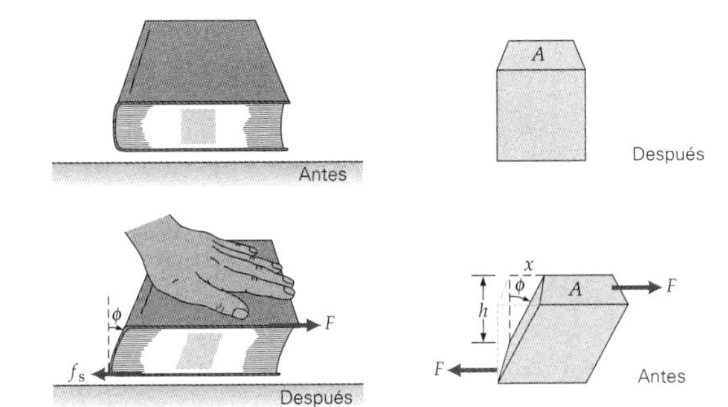

Módulo de volumen:

$$B = \frac{F/A}{-\Delta V/V_o} = -\frac{\Delta p}{\Delta V/V_o} \tag{9.6}$$

- Presión es la fuerza por unidad de área.

$$p = \frac{F}{A} \tag{9.8a}$$

Relación presión-profundidad (para un fluido incompresible a densidad constante:

$$p = p_o + \rho g h \tag{9.10}$$

- **Principio de Pascal**. La presión aplicada a un fluido encerrado se transmite sin merma a todos los puntos del fluido y a las paredes del recipiente.

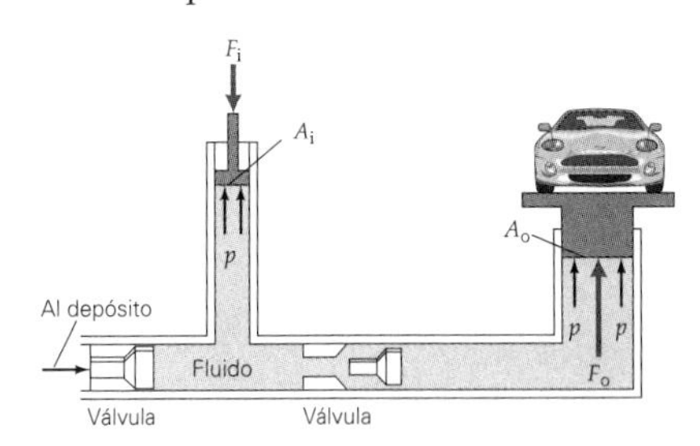

- **Principio de Arquímedes**. Un cuerpo sumergido total o parcialmente en un fluido experimenta una fuerza de flotabilidad igual en magnitud al peso del volumen de fluido desplazado.

Fuerza de flotabilidad:

$$F_b = m_f g = \rho_f g V_f \tag{9.14}$$

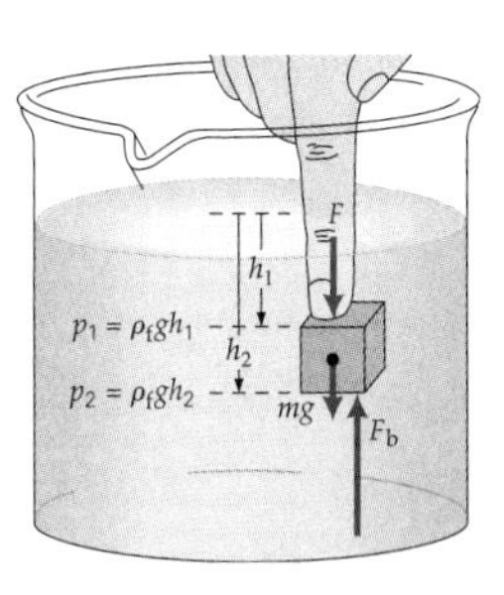

- Un objeto flotará en un fluido si la densidad promedio del objeto es menor que la densidad del fluido. Si la densidad promedio del objeto es mayor que la densidad del fluido, el objeto se hundirá.

- Para un fluido ideal, el flujo es 1) constante, 2) irrotacional, 3) no viscoso y 4) incompresible. Las siguientes ecuaciones describen un flujo así:

Ecuación de continuidad:

$$\rho_1 A_1 v_1 = \rho_2 A_2 v_2 \quad \text{o} \quad \rho A v = \text{constante} \tag{9.16}$$

Ecuación de tasa de flujo (para un fluido incompresible):

$$A_1 v_1 = A_2 v_2 \quad \text{o} \quad Av = \text{constante} \tag{9.17}$$

Ecuación de Bernoulli (para un fluido incompresible):

$$p_1 + \tfrac{1}{2}\rho v_1^2 + \rho g y_1 = p_2 + \tfrac{1}{2}\rho v_2^2 + \rho g y_2$$

es decir,

$$p + \tfrac{1}{2}\rho v^2 + \rho g y = \text{constante} \tag{9.18}$$

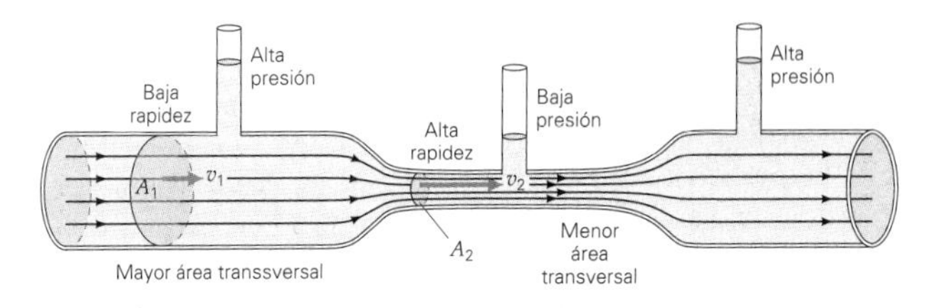

- La ecuación de Bernoulli es una expresión de la conservación de energía para un fluido.

- **Tensión superficial:** la "tracción" hacia adentro sobre las moléculas superficiales hace que la superficie del líquido se contraiga, y se resista a estirarse o romperse.

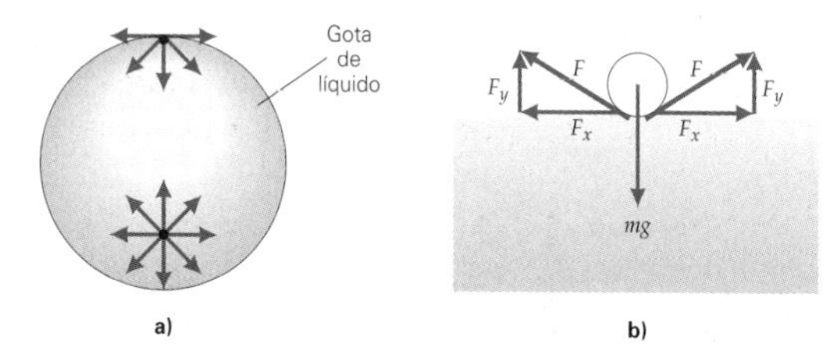

a) b)

- **Viscosidad:** es la resistencia interna de un fluido a fluir. Todos los fluidos reales tienen viscosidad distinta de cero.

Ley de Poiseuille (tasa de flujo en tuberías y tubos para fluidos con viscosidad constante, y flujo estable o laminar):

$$Q = \frac{\Delta V}{\Delta t} = \frac{\pi r^4 \Delta p}{8 \eta L} \quad (9.19)$$

Ejercicios

Los ejercicios designados **OM** *son preguntas de opción múltiple; los* **PC** *son preguntas conceptuales; y los* **EI** *son ejercicios integrados. A lo largo del texto, muchas secciones de ejercicios incluirán ejercicios "apareados". Estos pares de ejercicios, que se identifican con números subrayados, pretenden ayudar al lector a resolver problemas y aprender. El primer ejercicio de cada pareja (el de número par) se resuelve en la Guía de estudio, que puede consultarse si se necesita ayuda para resolverlo. El segundo ejercicio (de número impar) es similar, y su respuesta se da al final del libro.*

9.1 Sólidos y módulos de elasticidad

Use tantas cifras significativas como necesite para mostrar cambios pequeños.

1. **OM** La presión sobre un cuerpo elástico se describe con *a*) un módulo, *b*) trabajo, *c*) esfuerzo o *d*) deformación.

2. **OM** Los módulos de corte son distintos de cero para *a*) sólidos, *b*) líquidos, *c*) gases o *d*) todo lo anterior.

3. **OM** Una medida relativa de deformación es *a*) un módulo, *b*) trabajo, *c*) esfuerzo, *d*) deformación.

4. **OM** El esfuerzo de volumen para el módulo de volumen es *a*) Δp, *b*) ΔV, *c*) V_o, *d*) $\Delta V/V_o$.

5. **PC** ¿Qué tiene un módulo de Young más alto, un alambre de acero o una banda de caucho? Explique.

6. **PC** ¿Por qué las tijeras a veces se llaman cizallas? ¿Es un nombre descriptivo en el sentido físico?

7. **PC** Los antiguos constructores que trabajaban con piedra algunas veces dividían enormes bloques, insertando clavijas de madera en hoyos perforados en la roca y luego vertían agua sobre las clavijas. ¿Podría explicar la física que subyace en esta técnica? [*Sugerencia:* piense en las esponjas y las toallas de papel.]

8. ● Una raqueta de tenis tiene cuerdas de nylon. Si una de las cuerdas con un diámetro de 1.0 mm está bajo una tensión de 15 N, ¿cuánto se alarga con respecto a su longitud original de 40 cm?

9. ● Suponga que usa la punta de un dedo para sostener un objeto de 1.0 kg. Si su dedo tiene un diámetro de 2.0 cm, ¿qué esfuerzo experimentará el dedo?

10. ● Una fuerza estira 0.10 m una varilla de 5.0 m de longitud. ¿Qué deformación sufrió la varilla?

11. ● Se aplica una fuerza de 250 N con un ángulo de 37° a la superficie del extremo de una barra cuadrada. La superficie tiene 4.0 cm por lado. Calcule *a*) el esfuerzo de compresión y *b*) el esfuerzo cortante sobre la barra.

12. ●● Un objeto de 4.0 kg está sostenido por un alambre de aluminio de 2.0 m de longitud y 2.0 mm de diámetro. ¿Cuánto se estirará el alambre?

13. ●● Un alambre de cobre tiene 5.0 m de longitud y 3.0 mm de diámetro. ¿Con qué carga se alargará 0.3 mm?

14. ●● Un alambre metálico de 1.0 mm de diámetro y 2.0 m de longitud cuelga verticalmente con un objeto de 6.0 kg suspendido de él. Si el alambre se estira 1.4 mm por la tensión, ¿qué valor tendrá el módulo de Young del metal?

15. **EI** ●● Cuando se instalan vías de ferrocarril, se dejan espacios entre los rieles. *a*) ¿Debe usarse una mayor separación si los rieles se instalan 1) en un día frío o 2) en un día caluroso? 3) ¿o es lo mismo? ¿Por qué? *b*) Cada riel de acero tiene 8.0 m de longitud y una área transversal de 0.0025 m^2. En un día caluroso, cada riel se expande térmicamente hasta 3.0×10^{-3} m. Si no hubiera separación entre los rieles, ¿qué fuerza se generaría en los extremos de cada riel?

16. ●● Una columna rectangular de acero (20.0 cm × 15.0 cm) sostiene una carga de 12.0 toneladas métricas. Si la columna tiene una longitud de 2.00 m antes de someterse a esfuerzo, ¿qué tanto disminuirá su longitud?

17. **EI** ●● Una varilla bimetálica como la de la ▸figura 9.26 se compone de latón y cobre. *a*) Si la varilla se somete a una fuerza de compresión, ¿se doblará hacia el latón o hacia el cobre? ¿Por qué? *b*) Justifique su respuesta matemáticamente, si la fuerza de compresión es de 5.0×10^4 N.

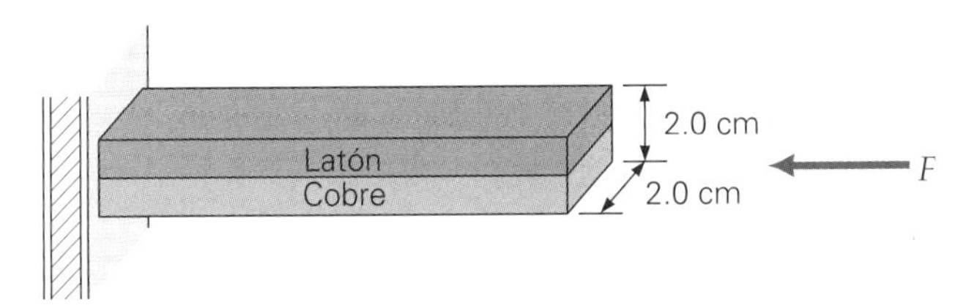

▲ **FIGURA 9.26 Varilla bimetálica y esfuerzo mecánico** Véase el ejercicio 17.

18. **EI ●●** Dos postes metálicos del mismo tamaño, uno de aluminio y otro de cobre, se someten a iguales esfuerzos cortantes. *a*) ¿Qué poste tendrá mayor ángulo de deformación 1) el de cobre, 2) el de aluminio o 3) ambos tendrán el mismo ángulo? ¿Por qué? *b*) ¿En qué factor es mayor el ángulo de deformación de un poste que del otro?

19. ●● Una persona de 85.0 kg se para sobre una pierna y el 90% de su peso es soportado por la parte superior de la pierna que conecta la rodilla con la articulación de la cadera, es decir, el fémur. Suponiendo que el fémur mide 0.650 m de longitud y que tiene un radio de 2.00 cm, ¿por cuánto se comprime el hueso?

20. ●● Dos placas metálicas se mantienen unidas por dos remaches de acero de 0.20 cm de diámetro y 1.0 cm de longitud. ¿Qué tanta fuerza debe aplicarse paralela a las placas para cizallar ambos remaches?

21. **EI ●●** *a*) ¿Cuál de los líquidos de la tabla 9.1 tiene mayor compresibilidad? ¿Por qué? *b*) Para volúmenes iguales de alcohol etílico y agua, ¿cuál requeriría más presión para comprimirse 0.10%, y cuántas veces más?

22. ●●● Un cubo de latón de 6.0 cm por lado se coloca en una cámara de presión y se somete a una presión de 1.2×10^7 N/m^2 en todas sus superficies. ¿Cuánto se comprimirá cada lado bajo esta presión?

23. ●●● Una goma para borrar de forma cilíndrica y masa insignificante se pasa por el papel, desde el lápiz, con una velocidad constante hacia la derecha. El coeficiente de energía cinética entre la goma y el papel es de 0.650. El lápiz empuja hacia abajo con 4.20 N. La altura de la goma es de 1.10 cm y su diámetro de 0.760 cm. Su superficie superior se desplaza horizontalmente 0.910 mm con respecto a la parte inferior. Determine el módulo de corte del material de la goma.

24. ●●● Un semáforo de 45 kg cuelga de dos cables de acero de la misma longitud y de 0.50 cm de radio. Si cada cable forma un ángulo de 15° con la horizontal, ¿qué incremento fraccionario de longitud producirá el peso del semáforo?

9.2 Fluidos: presión y el principio de Pascal

25. **OM** Para un líquido en un contenedor abierto, la presión total en cualquier profundidad depende de *a*) la presión atmosférica, *b*) la densidad del líquido, *c*) la aceleración de la gravedad, *d*) todas las anteriores.

26. **OM** Para la relación presión-profundidad en un fluido ($p = \rho g h$), se supone que *a*) la presión disminuye al aumentar la profundidad, *b*) la diferencia de presión depende del punto de referencia, *c*) la densidad del fluido es constante o *d*) la relación es válida sólo para líquidos.

27. **OM** Cuando se mide la presión de los neumáticos de un automóvil, ¿qué tipo de presión es ésta?: *a*) manométrica, *b*) absoluta, *c*) relativa o *d*) todas las anteriores.

28. **PC** La ▾figura 9.27 muestra el famoso "truco de la cama de clavos". Una mujer se acuesta en una cama de clavos un bloque de concreto sobre su pecho. Una persona golpea el bloque con un mazo. Los clavos no perforan la piel de la mujer. Explique por qué.

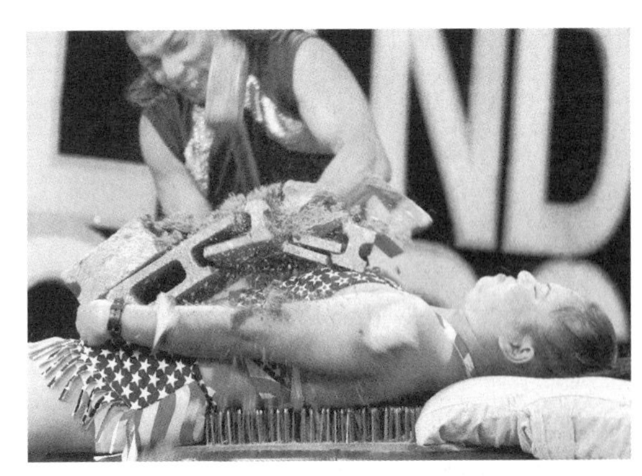

▲ **FIGURA 9.27 Una cama de clavos** Véase el ejercicio 28.

29. **PC** Los neumáticos de automóviles se inflan a aproximadamente a 30 lb/in^2, mientras que los delgados neumáticos de bicicleta se inflan de 90 a 115 lb/in^2, ¡una presión de por lo menos el triple! ¿Por qué?

30. **PC** *a*) ¿Por qué la presión arterial suele medirse en el brazo? *b*) Supongamos que la lectura de presión se tomara en la pantorrilla de una persona de pie. ¿Habría alguna diferencia, en principio? Explique.

31. **PC** *a*) Dos presas forman lagos artificiales de igual profundidad. Sin embargo, uno tiene una longitud de 15 km detrás de la presa; mientras que el otro tiene una longitud de 50 km. ¿Qué efecto tiene la diferencia de longitud sobre la presión aplicada a las presas? *b*) Las presas por lo general son más gruesas en la parte inferior. ¿Por qué?

32. **PC** Las torres de agua (tanques de almacenamiento) generalmente tienen forma de bulbo, como la que se observa en la ▾figura 9.28. ¿No sería mejor tener un tanque de almacenamiento cilíndrico de la misma altura? Explique su respuesta.

▶ **FIGURA 9.28 ¿Por qué las torres de agua tienen forma de bulbo?** Véase el ejercicio 32.

33. PC *a*) Las latas para guardar líquidos, digamos gasolina, por lo general tienen boquillas con tapa. ¿Para qué es la ventila y qué ocurre si olvidamos destaparla antes de verter el líquido? *b*) Explique cómo funciona un cuentagotas. *c*) Explique cómo respiramos (inhalación y exhalación).

34. PC Un bebedero para mascotas tiene una botella de plástico invertida, como se observa en la ▾figura 9.29. (El agua se tiñó de azul para que contraste.) Cuando se bebe cierta cantidad de agua del tazón, más agua fluye automáticamente de la botella al tazón. El tazón nunca se desparrama. Explique el funcionamiento del bebedero. ¿La altura del agua en la botella depende del área superficial de agua en el tazón?

◀ **FIGURA 9.29 Barómetro para mascotas** Véase el ejercicio 34.

35. **EI** ● En su barómetro original, Pascal usó agua en vez de mercurio. *a*) El agua es menos densa que el mercurio, así que el barómetro de agua tendría 1) mayor altura, 2) menor altura o 3) la misma altura que el barómetro de mercurio. ¿Por qué? *b*) ¿Qué altura tendría la columna de agua?

36. ● Si un buzo se sumerge 10 m en un lago, *a*) ¿qué presión experimenta debida únicamente al agua? *b*) Calcule la presión total o absoluta a esa profundidad.

37. **EI** ● En un tubo abierto con forma de U, la presión de una columna de agua en un lado se equilibra con la presión de una columna de gasolina en el otro. *a*) En comparación con la altura de la columna de agua, la columna de gasolina tendrá 1) mayor, 2) menor o 3) la misma altura. ¿Por qué? *b*) Si la altura de la columna de agua es de 15 cm, ¿qué altura tendrá la columna de gasolina?

38. ● Un atleta de 75 kg se para en una sola mano. Si el área de contacto de la mano con el piso es de 125 cm^2, ¿qué presión ejercerá sobre el suelo?

39. ● La presión manométrica en los dos neumáticos de una bicicleta es de 690 kPa. Si la bicicleta y el ciclista tienen una masa combinada de 90.0 kg, calcule el área de contacto de cada neumático con el suelo. (Suponga que cada neumático sostiene la mitad del peso total de la bicicleta.)

40. ●● En una muestra de agua de mar tomada de un derrame de petróleo, una capa de petróleo de 4.0 cm de espesor flota sobre 55 cm de agua. Si la densidad del petróleo es de 0.75×10^3 kg/m^3, calcule la presión absoluta sobre el fondo del recipiente.

41. **EI** ●● En una demostración en clase, se usa una lata vacía para demostrar la fuerza que ejerce la presión del aire (▾figura 9.30). Se vierte una pequeña cantidad de agua en la lata y se pone a hervir. Luego, la lata se sella con un tapón de caucho. Ante la vista de los espectadores, la lata se aplasta lentamente y se escucha cómo se dobla el metal. (¿Por qué se usa un tapón de caucho por precaución?) *a*) Esto se debe a 1) expansión y contracción térmicas, 2) una presión más alta del vapor dentro de la lata o 3) una menor presión dentro de la lata al condensarse el vapor. ¿Por qué? *b*) Suponiendo que las dimensiones de la lata son 0.24 m $\times$ 0.16 m $\times$ 0.10 m y en el interior de la lata hay un vacío perfecto, ¿qué fuerza total ejerce la presión del aire sobre la lata?

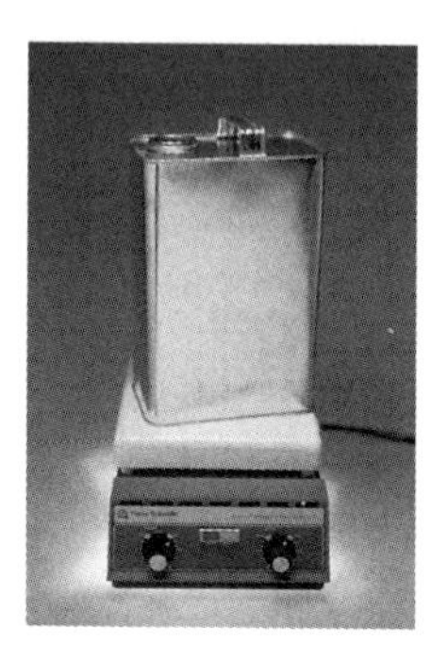

▲ **FIGURA 9.30 Presión de aire** Véase el ejercicio 41.

42. ●● Calcule la disminución fraccionaria en la presión cuando un barómetro se sube 40.0 m, hasta la azotea de un edificio. (Suponga que la densidad del aire es constante en esa distancia.)

43. ●● Un estudiante decide calcular la lectura barométrica estándar en la cima del monte Everest (29 028 ft), suponiendo que la densidad del aire tiene el mismo valor constante que en el nivel del mar. ¿Qué le dice el resultado?

44. ●● Para beber una bebida refrescante (suponga que ésta tiene la misma densidad que el agua) con una pajuela, se requiere que usted reduzca la presión en la parte superior de esta última. ¿Cuál debe ser la presión en la parte superior de una pajuela que está 15.0 cm por arriba de la superficie de la bebida refrescante para que ésta llegue a sus labios?

45. ●● Durante el vuelo de un avión, un pasajero experimenta dolor de oído por un enfriamiento de cabeza que tapó sus trompas de Eustaquio. Suponiendo que la presión en estas últimas permanece a 1.00 atm (como al nivel del mar) y que la presión en la cabina se mantiene a 0.900 atm, determine la fuerza de la presión de aire (incluyendo su dirección) sobre el tímpano, suponiendo que éste tiene un diámetro de 0.800 cm.

46. ●● Veamos una demostración que usó Pascal para demostrar la importancia de la presión de un fluido sobre su profundidad (▸figura 9.31): un barril de roble cuya tapa tiene una área de 0.20 m^2 se llena con agua. Un tubo largo y delgado, con área transversal de 5.0×10^{-5} m^2 se inserta en un agujero en el centro de la tapa y se vierte agua por el tubo. Cuando la altura alcanza los 12 m, el barril estalla *a*) Calcule el peso del agua en el tubo. *b*) Calcule la presión del agua sobre la tapa del barril. *c*) Calcule la fuerza neta sobre la tapa debida a la presión del agua.

◀ **FIGURA 9.31 Pascal y el barril que estalla** Véase el ejercicio 46.

47. ●● Las puertas y los sellos de un avión están sometidos a fuerzas muy grandes durante el vuelo. A una altura de 10 000 m (cerca de 33 000 ft), la presión del aire afuera del avión es de sólo 2.7×10^4 N/m^2; mientras que el interior sigue a la presión atmosférica normal, gracias a la presurización de la cabina. Calcule la fuerza neta debido a la presión del aire sobre una puerta de 3.0 m^2 de área.

48. ●● La presión que ejercen los pulmones de una persona puede medirse pidiendo a la persona que sople con la mayor fuerza posible en un lado de un manómetro. Si la persona produce una diferencia de 80 cm entre las alturas de las columnas de agua en las ramas del manómetro, ¿qué presión manométrica producen sus pulmones?

49. ●● En una colisión de frente, el conductor del automóvil no llevaba activadas las bolsas de aire y su cabeza golpea contra el parabrisas, produciéndole fractura de cráneo. Suponiendo que la cabeza del conductor tiene una masa de 4.0 kg, que el área de la cabeza que golpeó el parabrisas fue de 25 cm^2, y que la duración del impacto fue de 3.0 ms, ¿con qué rapidez la cabeza golpeó el parabrisas? (Considere que la fuerza compresiva de la fractura del cráneo fue de 1.0×10^8 Pa.)

50. ●● Un cilindro tiene un diámetro de 15 cm (▾figura 9.32). El nivel del agua en el cilindro se mantiene a una altura constante de 0.45 m. Si el diámetro de la boquilla del tubo es de 0.50 cm, ¿qué tan alta será h, la corriente vertical de agua? (Suponga que el agua es un fluido ideal.)

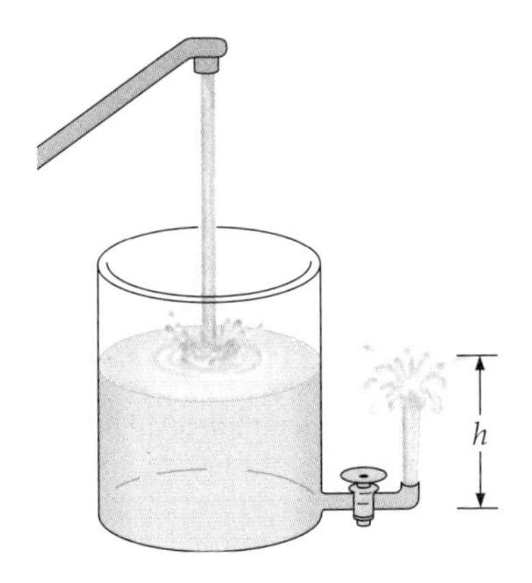

◀ **FIGURA 9.32 ¿Qué tan alta será la fuente?** Véase el ejercicio 50.

51. ●● En 1960, el batiscafo *Trieste* de la armada de Estados Unidos descendió a una profundidad de 10 912 m en la fosa de las Marianas en el océano Pacífico, *a*) Calcule la presión a esa profundidad. (Suponga que el agua de mar es incompresible.) *b*) ¿Qué fuerza actuó sobre una ventana circular de observación de 15 cm de diámetro?

52. ●● El pistón de salida de una prensa hidráulica tiene una área transversal de 0.25 m^2. *a*) ¿Qué presión se requiere en el pistón de entrada para que la prensa genere una fuerza de 1.5×10^6 N? *b*) ¿Qué fuerza se aplica al pistón de entrada si tiene un diámetro de 5.0 cm?

53. ●● Un elevador hidráulico de un taller tiene dos pistones: uno pequeño con área transversal de 4.00 cm^2 y uno grande de 250 cm^2. *a*) Si el elevador se diseñó para levantar un automóvil de 3500 kg, ¿qué fuerza mínima debe aplicarse al pistón pequeño? *b*) Si la fuerza se aplica con aire comprimido, ¿qué presión mínima de aire deberá aplicarse al pistón pequeño?

54. ●●● Una jeringa hipodérmica tiene un émbolo con una área transversal de 2.5 cm^2 y una aguja de 5.0×10^{-3} cm^2. *a*) Si se aplica una fuerza de 1.0 N al émbolo, ¿qué presión manométrica habrá en la cámara de la jeringa? *b*) Si hay una pequeña obstrucción en la punta de la aguja, ¿qué fuerza ejercerá el fluido sobre ella? *c*) Si la presión sanguínea en una vena es de 50 mm Hg, ¿qué fuerza deberá aplicarse al émbolo para inyectar fluido en la vena?

55. ●●● Un embudo tiene un corcho que bloquea su tubo de drenado. El corcho tiene un diámetro de 1.50 cm y se sostiene en su lugar mediante fricción estática con los lados del tubo de drenado. Cuando se vierte agua en el embudo y llega a 10.0 cm arriba del corcho, éste sale volando. Determine la fuerza máxima de fricción estática entre el corcho y el tubo de drenado. Ignore el peso del corcho.

56. ●●● En la ▾figura 9.33 se presenta una báscula hidráulica empleada para detectar pequeños cambios de masa. Si se coloca una masa m de 0.25 g en la plataforma, ¿cuánto habrá cambiado la altura del agua en el cilindro pequeño de 1.0 cm de diámetro, cuando la báscula vuelva al equilibrio?

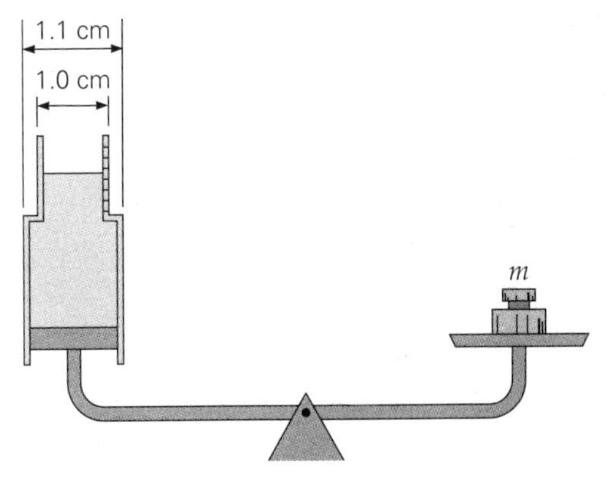

▲ **FIGURA 9.33 Báscula hidráulica** Véase el ejercicio 56.

9.3 Flotabilidad y el principio de Arquímedes

57. OM Un bloque de madera flota en una alberca. La fuerza de flotabilidad que el agua ejerce sobre el bloque depende *a*) del volumen de agua en la alberca, *b*) del volumen del bloque de madera, *c*) del volumen del bloque de madera que está bajo el agua o *d*) de todo lo anterior.

58. **OM** Si un objeto sumergido desplaza una cantidad de líquido que pesa más que él y luego se le suelta, el objeto *a*) subirá a la superficie y flotará, *b*) se hundirá o *c*) permanecerá en equilibrio en la posición donde se sumergió.

59. **OM** Al comparar la densidad de un objeto (ρ_o) con la de un fluido (ρ_f), ¿cuál es la condición para que el objeto flote? *a*) $\rho_o < \rho_f$ o *b*) $\rho_f < \rho_o$.

60. **PC** *a*) ¿Cuál es el factor más importante al construir un chaleco salvavidas que mantenga a una persona a flote? *b*) ¿Por qué es tan fácil flotar en el Gran Lago Salado de Utah?

61. **PC** Un cubo de hielo flota en un vaso de agua. Al derretirse el hielo, ¿cómo cambia el nivel de agua en el vaso? ¿Habría alguna diferencia si el cubo de hielo estuviera hueco? Explique.

62. **PC** Los barcos oceánicos en puerto se cargan hasta la llamada *marca de Plimsoll*, una línea que indica la profundidad máxima de cargado seguro. Sin embargo, en Nueva Orléans, situada en la desembocadura del río Mississippi, donde el agua es salobre (menos salada que el agua de mar y más salada que el agua dulce), los barcos se cargan hasta que la marca de Plimsoll está un poco abajo del nivel del agua. ¿Por qué?

63. **PC** Dos bloques de igual volumen, uno de hierro y otro de aluminio, se dejan caer en un cuerpo de agua. ¿Qué bloque experimentará una mayor fuerza de flotabilidad? ¿Por qué?

64. **PC** Un inventor tiene una idea para crear una máquina de movimiento perpetuo, como la que se ilustra en la ▾figura 9.34. La máquina contiene una cámara sellada con mercurio (Hg) en una mitad y agua (H_2O) en la otra. Un cilindro está montado en el centro y se encuentra libre para girar. El inventor piensa que como el mercurio es mucho más denso que el agua (13.6 g/cm^3 frente a 1.00 g/cm^3), el peso del mercurio desplazado por la mitad del cilindro es mucho mayor que el agua desplazada por la otra mitad. Entonces, la fuerza de flotabilidad en el lado del mercurio es mayor que la que hay en el lado del agua (más de 13 veces mayor). La diferencia en las fuerzas y los momentos de fuerza debería provocar que el cilindro gire de manera perpetua. ¿Usted invertiría dinero en este invento? ¿Por qué?

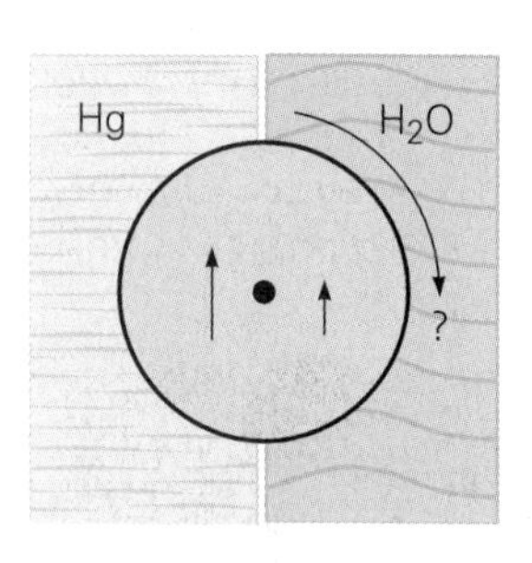

◂ **FIGURA 9.34 ¿Movimiento perpetuo?** Véase el ejercicio 64.

65. **EI** ● *a*) Si la densidad de un objeto es exactamente igual a la de un fluido, el objeto 1) flotará, 2) se hundirá o 3) permanecerá a cualquier altura en el fluido, siempre que esté totalmente sumergido. *b*) Un cubo de 8.5 cm por lado tiene una masa de 0.65 kg. ¿Flotará o se hundirá en agua? Demuestre su respuesta.

66. ● Suponga que Arquímedes descubrió que la corona del rey tenía una masa de 0.750 kg y un volumen de 3.980 × 10^{-5} m^3. *a*) ¿Qué técnica sencilla usó él para determinar el volumen de la corona? *b*) ¿La corona era de oro puro?

67. ● Una lancha rectangular, como la de la ▾figura 9.35, está sobrecargada, al grado que el agua está apenas 1.0 cm bajo la borda. Calcule la masa combinada de las personas y la lancha.

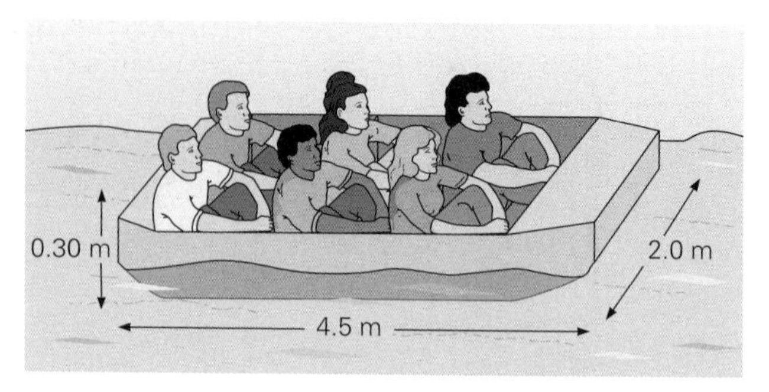

▲ **FIGURA 9.35 Una lancha sobrecargada** Véase el ejercicio 67.

68. ●● Un objeto pesa 8.0 N en el aire. Sin embargo, su peso aparente cuando está totalmente sumergido en agua es de sólo 4.0 N. ¿Qué densidad tiene el objeto?

69. ●● Cuando una corona de 0.80 kg se sumerge en agua, su peso aparente es de 7.3 N. ¿La corona es de oro puro?

70. ●● Un cubo de acero de 0.30 m de lado está suspendido de una báscula y se sumerge en agua. ¿Cuál será la lectura de la báscula?

71. ●● Un cubo de madera de 0.30 m de lado tiene una densidad de 700 kg/m^3 y flota horizontalmente en el agua. *a*) ¿Cuál es la distancia desde la parte superior de la madera a la superficie del agua? *b*) ¿Qué masa hay que colocar sobre la madera para que la parte superior de esta última quede justo al nivel del agua?

72. ●● *a*) Si tiene un trozo de metal unido a un hilo ligero, una báscula y un recipiente con agua donde puede sumergirse el trozo de metal, ¿cómo averiguaría el volumen del metal sin usar la variación en el nivel del agua? *b*) Un objeto pesa 0.882 N. Se le cuelga de una báscula que marca 0.735 N cuando el objeto se sumerge en agua. ¿Qué volumen y densidad tiene el objeto?

73. ●● Un acuario está lleno con un líquido. Un cubo de corcho, de 10.0 cm de lado, es empujado y sostenido en el reposo completamente sumergido en el líquido. Se necesita una fuerza de 7.84 N para mantenerlo bajo el líquido. Si la densidad del corcho es de 200 kg/m^3, determine la densidad del líquido.

74. ●● Un bloque de hierro se hunde rápidamente en el agua, pero los barcos construidos de hierro flotan. Un cubo sólido de hierro de 1.0 m por lado se convierte en láminas. Para formar con las láminas un cubo hueco que no se hunda, ¿qué longitud mínima deberán tener los lados de las láminas?

75. ●● Hay planes para volver a usar dirigibles, naves más ligeras que el aire, como el dirigible Goodyear, para transportar pasajeros y carga, pero inflándolos con helio, no con hidrógeno inflamable, que se usó en el desventurado *Hindenburg* (véase los Hechos de física al inicio de este capítulo). Un diseño requiere que la nave tenga 100 m de largo y una masa total (sin helio) de 30.0 toneladas métricas. Suponiendo que la "envoltura" de la nave es cilíndrica, ¿qué diámetro debería tener para levantar el peso total de la nave y del helio?

76. ●●● Una chica flota en un lago con el 97% de su cuerpo bajo el agua. ¿Qué *a*) densidad de masa y *b*) densidad de peso tiene?

77. ●●● Una boya esférica de navegación está amarrada al fondo de un lago mediante un cable vertical (▾figura 9.36). El diámetro exterior de la boya es de 1.00 m. El interior de la boya está hecho de una estructura de aluminio de 1.0 cm de grosor y el resto es de plástico sólido. La densidad del aluminio es de 2700 kg/m^3 y la densidad del plástico es de 200 kg/m^3. La boya debe flotar de manera que exactamente la mitad de ella quede fuera del agua. Determine la tensión en el cable.

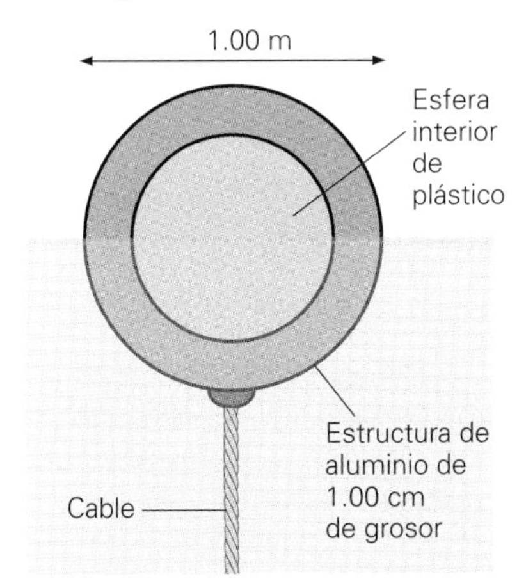

◀ **FIGURA 9.36 Es una boya** (No está a escala.) Véase el ejercicio 77.

78. ●●● La ▾figura 9.37 muestra un experimento simple de laboratorio. Calcule *a*) el volumen y *b*) la densidad de la esfera suspendida. (Suponga que la densidad de la esfera es uniforme y que el líquido en el vaso de precipitados es agua.) *c*) ¿Usted sería capaz de hacer los mismos cálculos si el líquido en el vaso de precipitados fuera mercurio? (Véase la tabla 9.2.) Explique su respuesta.

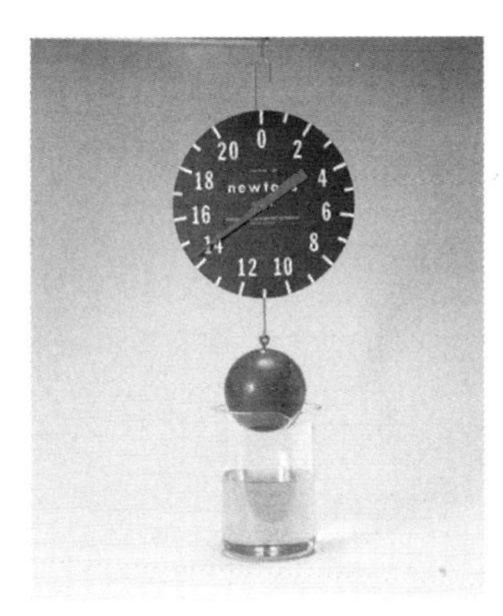

▲ **FIGURA 9.37 Inmersión de una esfera** Véase el ejercicio 78.

9.4 Dinámica de fluidos y ecuación de Bernoulli

79. **OM** Si la rapidez en algún punto de un fluido cambia con el tiempo, el flujo *no* es *a*) constante, *b*) irrotacional, *c*) incompresible, *d*) no viscoso.

80. **OM** Un fluido ideal no es *a*) estable, *b*) compresible, *c*) irrotacional o *d*) no viscoso.

81. **OM** La ecuación de Bernoulli se basa primordialmente en *a*) las leyes de Newton, *b*) la conservación de la cantidad de movimiento, *c*) un fluido no ideal, *d*) la conservación de la energía.

82. **OM** Según la ecuación de Bernoulli, si se incrementa la presión sobre el líquido de la figura 9.19, *a*) la rapidez de flujo siempre aumenta, *b*) la altura del líquido siempre aumenta, *c*) podrían aumentar tanto la rapidez de flujo como la altura del líquido o *d*) nada de lo anterior.

83. **PC** La rapidez de flujo de la sangre es mayor en las arterias que en los capilares. Sin embargo, la ecuación de tasa de flujo (Av = constante) parece predecir que la rapidez debería ser mayor en los capilares que son más pequeños. ¿Puede explicar esta aparente inconsistencia?

84. **PC** *a*) Explique por qué llega más lejos el agua que sale de una manguera si ponemos el dedo en la punta de la manguera. *b*) Señale una analogía del organismo humano en cuanto a flujo restringido y rapidez mayor.

85. **PC** Si un carro Indy tuviera una base plana, sería muy inestable (como el ala de un avión) por la sustentación que experimenta al moverse a gran rapidez. Para aumentar la fricción y la estabilidad del vehículo, la base tiene una sección cóncava llamada *túnel de Venturi* (▾figura 9.38). *a*) En términos de la ecuación de Bernoulli, explique cómo esta concavidad genera una fuerza adicional hacia abajo sobre el auto, que se suma a la de las alas delantera y trasera. *b*) ¿Cuál es el propósito del "spoiler" en la parte trasera del vehículo?

▲ **FIGURA 9.38 Túnel de Venturi y spoiler** Véase el ejercicio 85.

86. **PC** Veamos dos demostraciones comunes de efectos Bernoulli. *a*) Si sostenemos una tira angosta de papel frente a la boca y soplamos sobre la cara superior, la tira se levantará (▾figura 9.39a). (Inténtelo.) ¿Por qué? *b*) Un chorro de aire de un tubo sostiene verticalmente un huevo de plástico (figura 9.39b). El huevo no se aleja de su posición en el centro del chorro. ¿Por qué no?

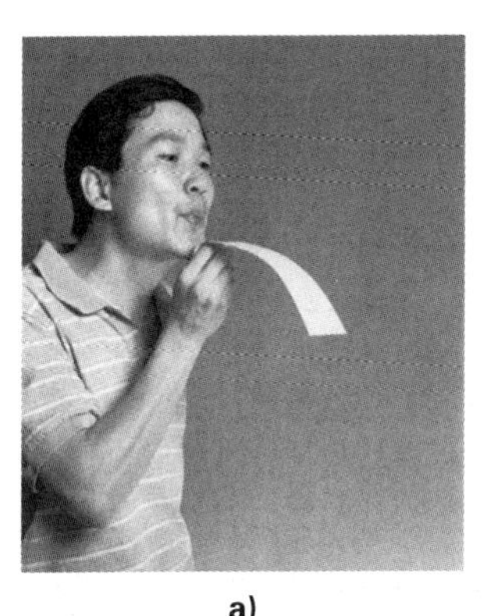

▲ **FIGURA 9.39 Efectos Bernoulli** Véase el ejercicio 86.

87. ● Un fluido ideal se mueve a 3.0 m/s en una sección de tubería de 0.20 m de radio. Si el radio en otra sección es de 0.35 m, ¿qué velocidad tendrá ahí el flujo?

88. **EI** ● *a*) Si el radio de una tubería se estrecha a la mitad de su tamaño original, la rapidez de flujo en la sección angosta 1) aumentará al doble, 2) aumentará cuatro veces, 3) disminuirá a la mitad o 4) disminuirá a la cuarta parte. ¿Por qué? *b*) Si el radio se ensancha al triple de su tamaño original, ¿qué relación habrá entre la rapidez de flujo en la sección más ancha y la rapidez en la sección más angosta?

89. ●● La rapidez de flujo de la sangre en una arteria principal de 1.0 cm de diámetro es de 4.5 cm/s. *a*) ¿Cuál será la tasa de flujo en la arteria? *b*) Si el sistema de capilares tiene una área transversal total de 2500 cm^2, ¿la rapidez promedio de la sangre a través de los capilares qué porcentaje será de la rapidez en la arteria? *c*) ¿Por qué es necesario que la sangre fluya lentamente por los capilares?

90. ●● La rapidez de flujo sanguíneo por la aorta con un radio de 1.00 cm es de 0.265 m/s. Si el endurecimiento de las arterias provoca que la aorta reduzca su radio a 0.800 cm, ¿por cuánto se incrementará la rapidez del flujo sanguíneo?

91. ●● Utilizando los datos y el resultado del ejercicio 90, calcule la diferencia de presión entre las dos áreas de la aorta. (Densidad de la sangre: $\rho = 1.06 \times 10^3$ kg/m^3.)

92. ●● En una sorprendente demostración durante una clase, un profesor de física sopla fuerte por encima de una moneda de cobre de cinco centavos, que está en reposo sobre un escritorio horizontal. Al hacer esto con la rapidez adecuada, logra que la moneda acelere verticalmente hacia la corriente de aire y luego se desvíe hacia una bandeja, como se ilustra en la ▼figura 9.40. Suponiendo que el diámetro de la moneda es de 1.80 cm y que tiene una masa de 3.50 g, ¿cuál es la rapidez mínima de aire necesaria para hacer que la moneda se eleve del escritorio? Suponga que el aire debajo de la moneda permanece en reposo.

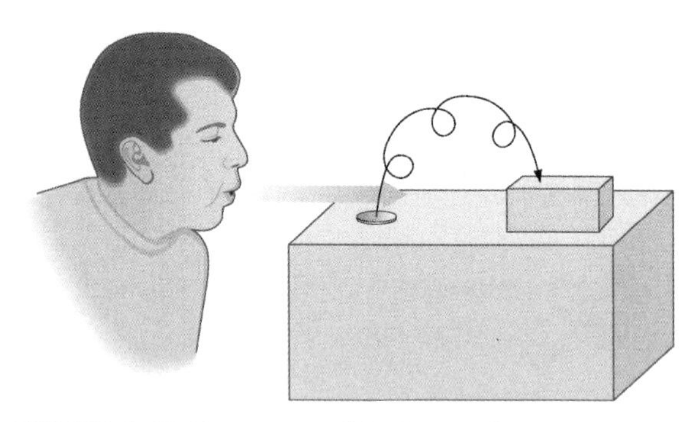

▲ **FIGURA 9.40 Un gran soplido** Véase el ejercicio 92.

93. ●● Una habitación mide 3.0 m por 4.5 m por 6.0 m. Los ductos de calefacción y aire acondicionado que llegan a ella y salen de ella son circulares y tienen un diámetro de 0.30 m, y todo el aire de la habitación se renueva cada 12 minutos, *a*) calcule la tasa media de flujo. *b*) ¿Qué tasa de flujo debe haber en el ducto? (Suponga que la densidad del aire es constante.)

94. ●● Los caños del recipiente de la ▼figura 9.41 están a 10, 20, 30 y 40 cm de altura. El nivel del agua se mantiene a una altura de 45 cm mediante un abasto externo. *a*) ¿Con qué rapidez sale el agua de cada caño? *b*) ¿Qué chorro de agua tiene mayor alcance relativo a la base del recipiente? Justifique su respuesta.

▲ **FIGURA 9.41 Chorros como proyectiles** Véase el ejercicio 94.

95. ●●● Fluye agua a razón de 25 L/min a través de una tubería horizontal de 7.0 cm de diámetro, sometida a una presión de 6.0 Pa. En cierto punto, depósitos calcáreos reducen el área transversal del tubo a 30 cm^2. Calcule la presión en este punto. (Considere que el agua es un fluido ideal.)

96. ●●● Como un método para combatir el fuego, un residente del bosque instala una bomba para traer agua de un lago que está 10.0 m por debajo del nivel de su casa. Si la bomba puede registrar una presión manométrica de 140 kPa, ¿a qué tasa (en *L/s*) puede bombearse el agua a la casa suponiendo que la manguera tiene un radio de 5.00 cm?

97. ●●● Un medidor Venturi puede medir la rapidez de flujo de un líquido. En la ▼figura 9.42 se muestra un dispositivo sencillo. Demuestre que la rapidez de flujo de un fluido ideal está dada por

$$v_1 = \sqrt{\frac{2g\Delta h}{(A_1^2/A_2^2) - 1}}.$$

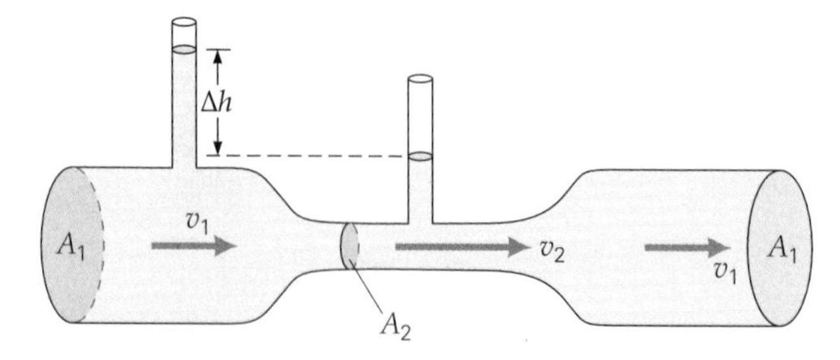

▲ **FIGURA 9.42 Un medidor de rapidez de flujo** Véase el ejercicio 97.

*9.5 Tensión superficial, viscosidad y ley de Poiseuille

98. **OM** Las gotitas de agua y pompas de jabón suelen adquirir una forma esférica. Este efecto se debe *a*) a la viscosidad, *b*) a la tensión superficial, *c*) al flujo laminar o *d*) a nada de lo anterior.

99. **OM** Algunos insectos pueden caminar sobre el agua porque *a*) la densidad del agua es mayor que la del insecto, *b*) el agua es viscosa, *c*) el agua tiene tensión superficial o *d*) nada de lo anterior.

100. **OM** La viscosidad de un fluido se debe *a*) a fuerzas que causan fricción entre las moléculas, *b*) a la tensión superficial, *c*) a la densidad o *d*) a nada de lo anterior.

101. **PC** Un aceite de motor indica 10W-40 en su etiqueta. ¿Qué miden los números 10 y 40? ¿Qué significa la W?

102. **PC** ¿Por qué la ropa se lava en agua caliente y se le agrega detergente.

103. ●● La arteria pulmonar, que conecta al corazón con los pulmones, tiene unos 8.0 cm de longitud y un diámetro interior de 5.0 mm. Si la tasa de flujo en ella debe ser de 25 mL/s, ¿qué diferencia de presión debe haber entre sus extremos?

104. ●● En un hospital un paciente recibe una transfusión rápida de 500 cc de sangre a través de una aguja de 5.0 cm de longitud y diámetro interior de 1.0 mm. Si la bolsa de sangre se cuelga 0.85 m arriba de la aguja, ¿cuánto tarda la transfusión? (Desprecie la viscosidad de la sangre que fluye por el tubo de plástico entre la bolsa y la aguja.)

105. ●● Un enfermero necesita extraer 20.0 cc de sangre de un paciente y depositarla en un pequeño contenedor de plástico cuyo interior está a presión atmosférica. El enfermero inserta la punta de la aguja de un largo tubo en una vena, donde la presión manométrica promedio es de 30.0 mm Hg. Esto permite que la presión interna en la vena empuje la sangre hacia el recipiente de recolección. La aguja mide 0.900 mm de diámetro y 2.54 cm de largo. El largo tubo es lo suficientemente ancho y suave, de manera que suponemos que su resistencia es insignificante, y que toda la resistencia al flujo sanguíneo ocurre en la delgada aguja. ¿Cuánto tiempo tardará el enfermero en recolectar la muestra?

Ejercicios adicionales

106. Demuestre que la gravedad específica es equivalente a una razón de densidades, puesto que su definición estricta es la razón entre el peso de un volumen dado de una sustancia y el peso de un volumen igual de agua.

107. Una piedra está suspendida de una cuerda en el aire. La tensión en la cuerda es de 2.94 N. Cuando la roca se introduce en un líquido y la cuerda se afloja, la roca se hunde y llega al reposo sobre un resorte cuya constante de resorte es de 200 N/m. La compresión final del resorte es de 1.00 cm. Si se sabe que la densidad de la roca es de 2500 kg/m^3, ¿cuál será la densidad del líquido?

108. Un bastón (de forma cilíndrica) con el peso desequilibrado consta de dos secciones: una más densa (la inferior) y otra menos densa (la sección superior). Cuando se le coloca en agua, queda vertical y apenas flota. El bastón tiene un diámetro de 2.00 cm; su parte inferior está hecha de acero con una densidad de 7800 kg/m^3, y la sección superior está hecha de madera con una densidad de 810 kg/m^3. La parte de acero tiene una longitud de 5.00 cm. Determine la longitud de la sección de madera.

109. Un equipo de excursionistas improvisan una regadera rudimentaria, que consiste en un gran contenedor cilíndrico (abierto por la parte superior) colgado de un árbol. Su área inferior está perforada con una gran cantidad de pequeños orificios, cada uno de los cuales tiene 1.00 mm de diámetro; el contenedor mide 30.0 cm de diámetro y 75.0 cm de altura. *a*) Inicialmente, ¿cuál es la rapidez del agua que sale por los agujeros? *b*) ¿Cuántos hoyos se necesitan si se desea que la tasa de flujo total sea de 1.20 L/s?

110. ¿Cuál es la diferencia en volumen (que se debe sólo a los cambios de presión, no a la temperatura ni a otros factores) entre 1000 kg de agua en la superficie del océano (suponga que está a 4°C) y la misma masa a la mayor profundidad conocida de 8.00 km? (La fosa Mariana; suponga que también está a 4°C.)

Los siguientes problemas de física Physlet pueden usarse con este capítulo.
14.1, 14.2, 14.3, 14.4, 14.5, 14.6, 14.7, 14.8, 14.9, 14.10, 15.1, 15.2, 15.3, 15.4, 15.5, 15.6, 15.7, 15.8, 15.9, 15.10

CAPÍTULO

10 TEMPERATURA Y TEORÍA CINÉTICA

HECHOS DE FÍSICA

- Daniel Gabriel Fahrenheit (1686-1736), un fabricante alemán de instrumentos, creó el primer termómetro de alcohol (1709) y el primer termómetro de mercurio (1714). Fahrenheit utilizó temperaturas de 0 y 96° como puntos de referencia. Los puntos de congelación y de ebullición del agua se registraron en 32 y 212°F, respectivamente.
- Anders Celsius (1701-1744), un astrónomo sueco, inventó la escala de temperatura que lleva su nombre con un intervalo de 100 grados entre el punto de congelación y el de ebullición del agua (0 y 100°C). La escala original de Celsius estaba invertida, es decir, marcaba 100°C para el punto de congelación, y 0°C para el de ebullición. Esto se modificó tiempo después.
- Las escalas de temperatura Celsius y Fahrenheit arrojan la misma lectura a los −40°, de manera que −40°C = −40°F.
- La menor temperatura posible es el cero absoluto (−273.15°C). No se conoce un límite superior de la temperatura.
- El Golden Gate sobre la bahía de San Francisco varía casi 1 m de longitud entre el verano y el invierno (a causa de la expansión térmica).
- Casi todas las sustancias tienen coeficientes positivos de expansión térmica (se expanden cuando se calientan). Algunas tienen coeficientes negativos (se contraen cuando se calientan). Así sucede con el agua en un rango específico de temperatura. El volumen de cierta cantidad de agua disminuye (se contrae) al calentarse de 0 a 4°C.

Al igual que los veleros, los globos de aire caliente son inventos de baja tecnología en un mundo de alta tecnología. Podemos equipar un globo con el sistema de navegación computarizado más moderno, vinculado con satélites, para cruzar el Pacífico, pero los principios básicos que nos mantienen en vuelo ya se conocían y entendían desde hace varios siglos. Como se observa en la imagen el aire se calienta y, con un incremento en la temperatura, el aire caliente (menos denso) se eleva. Cuando hay suficiente aire caliente en el globo, éste se eleva y flota.

La temperatura y el calor son temas frecuentes de conversación; pero si tuviéramos que explicar qué significan realmente esas palabras es posible que no hallaramos la forma de hacerlo. Usamos termómetros de todo tipo para registrar temperaturas, que proporcionan un equivalente objetivo de nuestra experiencia sensorial de lo frío y lo caliente. Por lo general, hay un cambio de temperatura cuando se aplica o se extrae calor. Por lo tanto, la temperatura está relacionada con el calor. Sin embargo, ¿qué es el calor? En este capítulo constataremos que las respuestas a tales preguntas nos permiten entender principios de física muy importantes.

Una de las primeras teorías acerca del calor consideraba que era una sustancia fluida llamada *calórico*, la cual podía fluir dentro de un cuerpo y salir de él. Aunque se ha descartado dicha teoría, aún decimos que fluye calor de un cuerpo a otro. Ahora sabemos que el calor es energía en tránsito, y la temperatura y las propiedades térmicas se explican considerando el comportamiento atómico y molecular de las sustancias. En éste y los siguientes dos capítulos examinaremos la naturaleza de la temperatura y el calor en términos de teorías microscópicas (moleculares) y observaciones macroscópicas. Exploraremos la naturaleza del calor y las formas en que medimos la temperatura. También veremos las leyes de los gases, que explican no sólo el comportamiento de los globos de aire caliente, sino también fenómenos más importantes, como la forma en que nuestros pulmones nos abastecen del oxígeno que necesitamos para vivir.

10.1 Temperatura y calor

OBJETIVO: Distinguir entre temperatura y calor.

Una buena forma de comenzar a estudiar física térmica es definiendo temperatura y calor. La **temperatura** es una medida, o indicación, de qué tan caliente o frío está un objeto. Decimos que una estufa caliente tiene una temperatura alta; y que un cubo de hielo, una temperatura baja. Si un objeto tiene una temperatura más alta que otro, decimos que está más caliente, o que el otro objeto está más frío. *Caliente* y *frío* son términos relativos, como *alto* y *bajo*. Percibimos la temperatura por el tacto; sin embargo, este sentido de temperatura no es muy confiable y su alcance es demasiado limitado como para que resulte útil en la ciencia.

El calor está relacionado con la temperatura y describe el proceso de transferencia de energía de un objeto a otro. Es decir, **calor** es *la energía neta transferida de un objeto a otro, debido a una diferencia de temperatura*. Por lo tanto, el calor es energía en tránsito, por decirlo de alguna manera. Una vez transferida, la energía se vuelve parte de la energía total de las moléculas del objeto o sistema, su **energía interna**. Una transferencia de calor (energía) entre objetos produciría cambios de energía interna.*

En el nivel microscópico, la temperatura está asociada con el movimiento molecular. En la teoría cinética (sección 10.5), que trata las moléculas de gas como partículas puntuales, la temperatura es una medida del valor promedio de la energía cinética *de traslación* aleatoria de las moléculas. Sin embargo, las moléculas diatómicas y otras sustancias reales, además de tener esa energía traslacional "de temperatura", pueden tener energía cinética debida a vibración y a rotación, además de energía potencial debida a las fuerzas de atracción entre las moléculas. Estas energías no contribuyen a la temperatura del gas, pero sí forman parte de su energía interna, que es la suma de todas estas energías (▾figura 10.1).

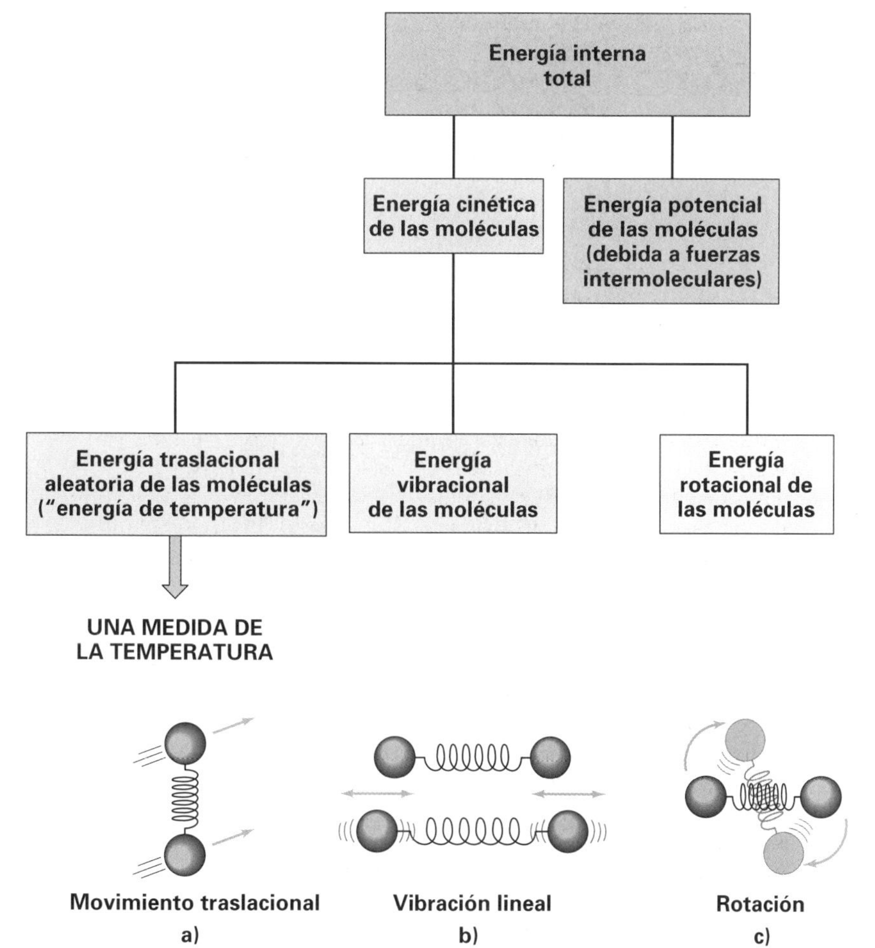

◀ **FIGURA 10.1 Movimientos moleculares** La energía interna total consiste en energías cinética y potencial. La energía cinética tienen las siguientes formas: ***a)*** La temperatura está asociada al movimiento traslacional aleatorio de las moléculas. Ni el ***b)*** movimiento vibracional lineal ni ***c)*** el movimiento rotacional contribuyen con la temperatura, ni tampoco la energía potencial intermoluecular.

**Nota*: algo de la energía podría irse al efectuar trabajo y no en energía interna (sección 12.2).

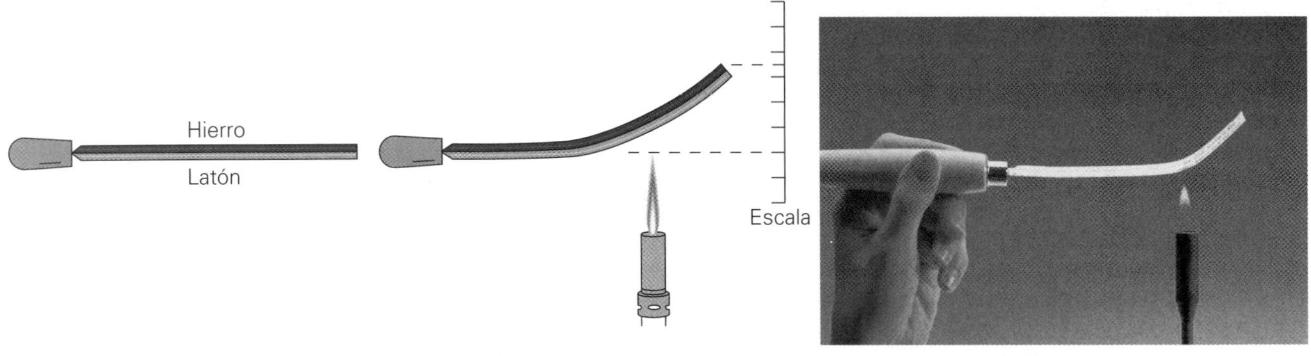

a) Condición inicial

b) Al calentarse

▲ **FIGURA 10.2** Expansión térmica *a*) Una tira bimetálica se hace con dos tiras de diferente metal pegadas. *b*) Cuando se calienta una tira así, se dobla por la expansión desigual de los dos metales. Aquí, el latón se expande más que el hierro, así que la desviación es hacia el hierro. La desviación del extremo de la tira podría utilizarse para medir temperatura.

a)

b)

▲ **FIGURA 10.3** Bobina bimetálica Se usan bobinas bimetálicas en *a*) termómetros de carátula (la bobina está en el centro) y *b*) termostatos caseros (la bobina está a la derecha). Los termostatos sirven para regular los sistemas de calentamiento o enfriamiento, encendiéndolos o apagándolos conforme cambia la temperatura de la habitación. La expansión y la contracción de la bobina hace que se incline una ampolleta de vidrio que contiene mercurio, lo cual abre y cierra un contacto eléctrico.

Note que una temperatura más alta no necesariamente significa que un sistema tiene mayor energía interna que otro. Por ejemplo, en un día frío, la temperatura del aire de un salón de clases es relativamente alta en comparación con la del aire exterior. No obstante, todo ese aire frío del exterior tiene mucho más energía interna que el aire tibio dentro del salón, simplemente porque hay mucho *más* aire allá afuera. Si no fuera así, las bombas de calor (capítulo 12) no serían prácticas. En otras palabras, la energía interna de un sistema también depende de su masa, o del número de moléculas en el sistema.

Cuando se transfiere calor entre dos objetos, se estén tocando o no, decimos que los objetos están en *contacto térmico*. Cuando deja de haber una transferencia neta de calor entre objetos en contacto térmico, tienen la misma temperatura y decimos que están en *equilibrio térmico*.

10.2 Las escalas de temperatura Celsius y Fahrenheit

OBJETIVOS: *a*) Explicar cómo se construye una escala de temperatura y *b*) convertir temperaturas de una escala a otra.

Podemos medir la temperatura con un **termómetro**, que es un dispositivo que aprovecha alguna propiedad de una sustancia que cambia con la temperatura. Por fortuna, muchas propiedades físicas de los materiales cambian lo suficiente con la temperatura como para basar en ellas un termómetro. Por mucho, la propiedad más evidente y más utilizada es la **expansión térmica** (sección 10.4), un cambio en las dimensiones o el volumen de una sustancia que sucede cuando cambia la temperatura.

Casi todas las sustancias se expanden cuando aumenta la temperatura, pero lo hacen en diferente grado. También, casi todas las sustancias se contraen al disminuir su temperatura. (La expansión térmica se refiere tanto a expansión como a contracción; la contracción se considera expansión negativa.) Como algunos metales se expanden más que otros, una tira bimetálica (una tira hecha de dos metales distintos pegados entre sí) sirve para medir cambios de temperatura. Al añadir calor, la tira compuesta se flexiona hacia el lado del metal que menos se expande (▲figura 10.2). Bobinas formadas con este tipo de tiras se usan en termómetros de carátula y en termostatos caseros (◀figura 10.3).

Un termómetro común es el de líquido en vidrio, que se basa en la expansión térmica de un líquido. Un líquido en un bulbo de vidrio se expande hacia un capilar (un tubo delgado) en un tallo de vidrio. El mercurio y el alcohol (que suele teñirse de rojo para hacerlo más visible) son los líquidos más utilizados en termómetros de líquido en vidrio. Se eligen estas sustancias por su expansión térmica relativamente grande y porque permanecen líquidos en los intervalos de temperatura normales.

Los termómetros se calibran de manera que se pueda asignar un valor numérico a una temperatura dada. Para definir cualquier escala o unidad estándar de temperatura, se requieren dos puntos de referencia fijos. Dos puntos fijos convenientes son el punto de vapor y el punto de hielo del agua a presión atmosférica estándar. Estos puntos, mejor conocidos como punto de ebullición y punto de congelación, son las temperaturas a las cuales el agua pura hierve y se congela, respectivamente, bajo una presión de 1 atm (presión estándar).

Las dos escalas de temperatura más conocidas son la **escala de temperatura Fahrenheit** (utilizada en Estados Unidos) y la **escala de temperatura Celsius** (utilizada en el resto del mundo). Como se observa en la ▸figura 10.4, los puntos de hielo y de vapor tienen los valores de 32 y 212°F, respectivamente, en la escala Fahrenheit; y 0 y 100°C, respectivamente, en la escala Celsius. En la escala Fahrenheit hay 180 intervalos iguales, o grados (F°), entre los dos puntos de referencia; en la escala Celsius, hay 100 grados (C°). Por lo tanto, puesto que 180/100 = 9/5 = 1.8, un grado Celsius es casi dos veces mayor que un grado Fahrenheit. (Véase la nota al margen respecto a la diferencia entre °C y C°.)

Podemos obtener una relación para realizar conversiones entre las dos escalas si graficamos la temperatura Fahrenheit (T_F) contra la temperatura Celsius (T_C), como se hace en la ▾figura 10.5. La ecuación de la línea recta (en forma de pendiente-ordenada al origen, $y = mx + b$) es $T_F = (180/100)T_C + 32$, y

$$T_F = \tfrac{9}{5}T_C + 32$$

o bien, *Conversión Celsius a Fahrenheit* (10.1)

$$T_F = 1.8T_C + 32$$

donde $\frac{9}{5}$ o 1.8 es la pendiente de la línea y 32 es la ordenada al origen. Por lo tanto, para convertir una temperatura Celsius (T_C) en la temperatura Fahrenheit equivalente (T_F), tan sólo multiplicamos la Celsius por $\frac{9}{5}$ y le sumamos 32.

Despejamos T_C de la ecuación para convertir de Fahrenheit a Celsius:

$$T_C = \tfrac{5}{9}(T_F - 32) \qquad \textit{Conversión Fahrenheit a Celsius} \qquad (10.2)$$

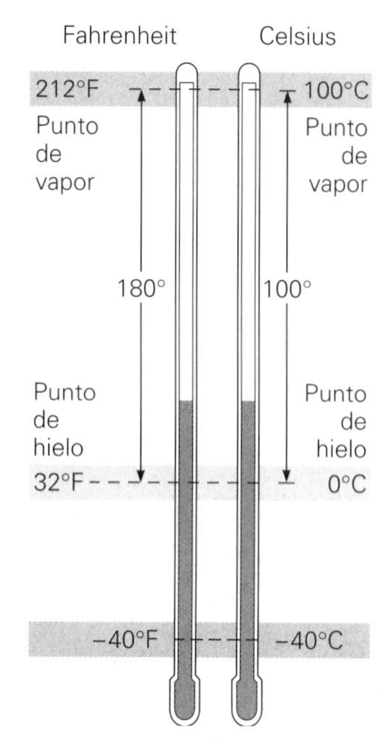

▲ **FIGURA 10.4 Escalas de temperatura Celsius y Fahrenheit** Entre los puntos fijos de vapor y hielo hay 100 grados en la escala Celsius, y 180 grados en la escala Fahrenheit. Por lo tanto, un grado Celsius es 1.8 veces mayor que uno Fahrenheit.

Nota: para distinguir, una medición de temperatura dada, digamos $T = 20°C$, se escribe con °C mientras que un intervalo de temperatura, como $\Delta T = 80°C - 60°C = 20$ C°, se escribe con C°.

▼ **FIGURA 10.5 Fahrenheit y Celsius** Una gráfica de temperaturas Fahrenheit contra temperaturas Celsius da una línea recta de la forma general $y = mx + b$, donde $T_F = \frac{9}{5}T_C + 32$.

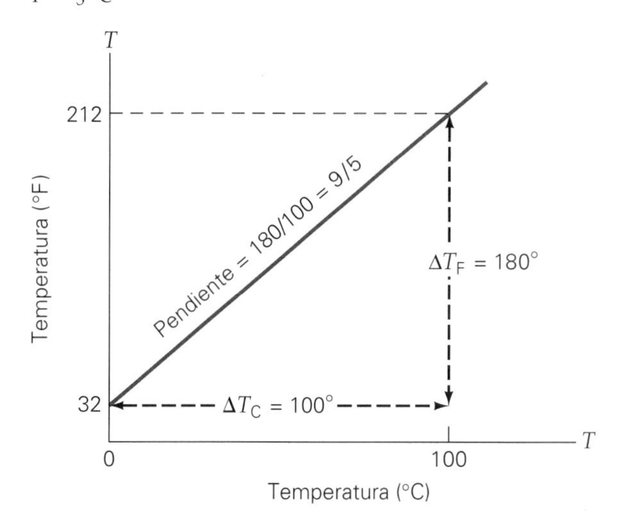

Ejemplo 10.1 ■ Conversión de lecturas de temperatura: Celsius y Fahrenheit

Exprese *a*) la temperatura ambiente típica de 20°C y una temperatura fría de −18°C en la escala Fahrenheit; y *b*) exprese otra temperatura fría de −10°F y la temperatura normal del cuerpo, 98.6°F en la escala Celsius.

Razonamiento. Se trata de la aplicación directa de las ecuaciones 10.1 y 10.2.

Solución.

Dado: *a*) $T_C = 20°C$ y $T_C = -18°C$
b) $T_F = -10°F$ y $T_F = 98.6°F$

Encuentre: para cada temperatura,
a) T_F
b) T_C

***a*)** La ecuación 10.1 es para convertir lecturas Celsius a Fahrenheit:

$$20°C: \quad T_F = \tfrac{9}{5}T_C + 32 = \tfrac{9}{5}(20) + 32 = 68°F$$

$$-18°C: \quad T_F = \tfrac{9}{5}T_C + 32 = \tfrac{9}{5}(-18) + 32 = 0°F$$

(Se sugiere recordar esta temperatura ambiente típica de 20°C.)

***b*)** La ecuación 10.2 convierte Fahrenheit en Celsius:

$$-10°F: \quad T_C = \tfrac{5}{9}(T_F - 32) = \tfrac{5}{9}(-10 - 32) = -23°C$$

$$98.6°F: \quad T_C = \tfrac{5}{9}(T_F - 32) = \tfrac{5}{9}(98.6 - 32) = 37.0°C$$

Por el último cálculo, vemos que la temperatura normal del cuerpo tiene un valor entero en la escala Celsius. Debemos recordar que un grado Celsius es 1.8 veces mayor que un grado Fahrenheit (casi el doble), así que es relevante una elevación de varios grados en la escala Celsius. Por ejemplo, una temperatura de 40.0°C representa una elevación de 3.0 C° respecto a la temperatura normal del cuerpo. En cambio, en la escala Fahrenheit el aumento es de $3.0 \times 1.8 = 5.4$ F°, para dar una temperatura de $98.6 + 5.4 = 104.0$°F.

Ejercicio de refuerzo. Convierta estas temperaturas: *a*) –40°F a Celsius y *b*) –40°C a Fahrenheit. (*Las respuestas de todos los Ejercicios de refuerzo se dan al final del libro.*)

Sugerencia para resolver problemas

Las ecuaciones 10.1 y 10.2 son muy similares, así que es fácil equivocarse al escribirlas. Puesto que son equivalentes, sólo hay que conocer una de ellas, digamos la de Celsius a Fahrenheit (ecuación 10.1, $T_F = \tfrac{9}{5}T_C + 32$). Si despejamos algebraicamente T_C de esta ecuación, obtendremos la ecuación 10.2. Una buena forma de asegurarse de haber escrito la ecuación de conversión correctamente es probarla con una temperatura conocida, como el punto de ebullición del agua. Dado que $T_C = 100°C$,

$$T_F = \tfrac{9}{5}T_C + 32 = \tfrac{9}{5}(100) + 32 = 212°F$$

Así, sabemos que la ecuación es correcta.

Los termómetros de líquido en vidrio son adecuados para muchas mediciones de temperatura, pero surgen problemas cuando se requieren determinaciones muy exactas. Es posible que el material no se expanda uniformemente dentro de un intervalo de temperatura amplio. Cuando se calibran con base en los puntos de congelación y de ebullición, un termómetro de alcohol y uno de mercurio tienen las mismas lecturas en esos puntos; pero como el alcohol y el mercurio tienen diferentes propiedades de expansión, los termómetros no tendrán exactamente la misma lectura a una temperatura intermedia, digamos la temperatura ambiente. Si se quiere medir con gran exactitud la temperatura y definir con precisión temperaturas intermedias, se necesitará algún otro tipo de termómetro: como el *termómetro de gas* que examinaremos más adelante. Primero veamos dos secciones A fondo sobre la temperatura corporal.

A FONDO 10.1 TEMPERATURA DEL CUERPO HUMANO

Normalmente tomamos como temperatura "normal" del cuerpo humano 98.6°F (37.0°C). El origen de este valor es un estudio de lecturas de temperatura humana efectuadas en 1868. ¡Hace más de 135 años! Un estudio más reciente, efectuado en 1992, señala que el estudio de 1868 utilizó termómetros menos exactos que los termómetros electrónicos (digitales) modernos. El nuevo estudio produjo varios resultados interesantes.

La temperatura normal del cuerpo humano, según mediciones de temperatura oral, varía entre individuos dentro de un intervalo aproximado de 96 a 101°F, con una temperatura promedio de 98.2°F. Después de efectuar un ejercicio intenso, la temperatura oral puede alcanzar hasta 103°F. Cuando el cuerpo está expuesto al frío, su temperatura puede bajar a menos de 96°F. Una baja rápida de la temperatura, de 2 o 3 F° produce temblores incontrolables. Hay contracción no sólo de los músculos esqueléticos, sino también de los diminutos músculos unidos a los folículos pilosos, cuyo resultado es la "piel de gallina".

Nuestra temperatura corporal suele ser más baja en la mañana, después de haber dormido y cuando nuestros procesos digestivos están en un punto bajo. Por lo general la temperatura "normal" del cuerpo aumenta durante el día hasta un máximo y luego vuelve a bajar. El estudio de 1992 también indicó que las mujeres tienen una temperatura corporal promedio un poco mayor que los hombres (98.4°F contra 98.1°F).

¿Y qué tal los extremos? Una fiebre por lo común sube la temperatura a entre 102 y 104°F. Una temperatura corporal mayor que 106°F (41°C) es demasiado peligrosa. A tales temperaturas, las enzimas que participan en ciertas reacciones químicas del cuerpo comienzan a desactivarse, y podría haber un fallo total de la química corporal. En el lado frío, una baja en la temperatura corporal causa fallas de memoria, habla confusa, rigidez muscular, latidos irregulares y pérdida de conciencia. Por debajo de 78°F (25°C), sobreviene la muerte por insuficiencia cardiaca. No obstante, una hipotermia (temperatura corporal por debajo de la normal) leve puede ser benéfica. La baja de temperatura hace más lentas las reacciones químicas del cuerpo y las células consumen menos oxígeno de lo normal. Este efecto se aprovecha en algunas cirugías (figura 1). Podría bajarse considerablemente la temperatura corporal del paciente para evitar daños al cerebro y al corazón, el cual debe detenerse durante algunos procedimientos.

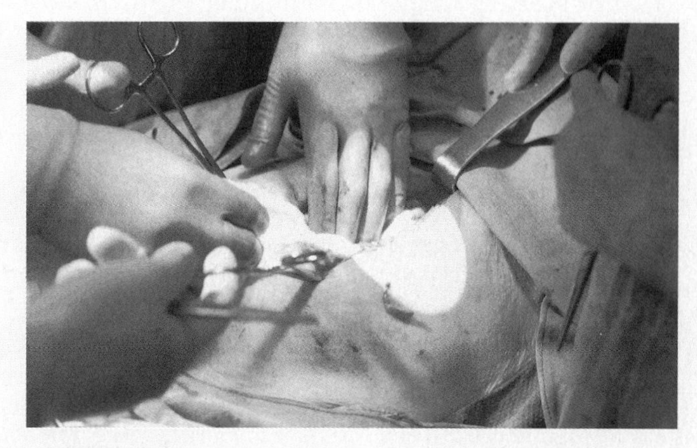

FIGURA 1 Por debajo de la normal Durante algunas cirugías, se baja la temperatura corporal del paciente para desacelerar las reacciones químicas del cuerpo y reducir la necesidad de que la sangre abastezca de oxígeno los tejidos.

10.3 Leyes de los gases, temperatura absoluta y la escala de temperatura Kelvin

OBJETIVOS: *a*) Describir la ley de los gases ideales, *b*) explicar cómo se usa para determinar el cero absoluto y *c*) entender la escala de temperatura Kelvin.

Mientras que los diferentes termómetros de líquido en vidrio dan lecturas un poco distintas de temperaturas distintas de los puntos fijos, debido a la diferencia en las propiedades de expansión de los líquidos, los termómetros que usan un gas dan las mismas lecturas sea cual sea el gas empleado. Ello se debe a que, a densidades muy bajas, todos los gases tienen el mismo comportamiento en cuanto a expansión.

Las variables que describen el comportamiento de una cantidad (masa) dada de gas son presión, volumen y temperatura (p, V y T). Si se mantiene constante la temperatura, la presión y el volumen de una cantidad de gas presentan esta relación:

$$pV = \text{constante} \quad \text{es decir} \quad p_1V_1 = p_2V_2 \quad (\textit{a temperatura constante}) \tag{10.3}$$

O bien, el producto de la presión y el volumen es una constante. Tal relación se conoce como *ley de Boyle*, en honor a Robert Boyle (1627-1691), el químico inglés que la descubrió.

Cuando la presión se mantiene constante, el volumen de una cantidad de gas está relacionado con la temperatura *absoluta* (que definiremos en breve):

$$\frac{V}{T} = \text{constante} \quad \text{o bien} \quad \frac{V_1}{T_1} = \frac{V_2}{T_2} \quad (\textit{a presión constante}) \tag{10.4}$$

A FONDO 10.2 SANGRE CALIENTE CONTRA SANGRE FRÍA

Con pocas excepciones, todos los mamíferos y las aves tienen sangre caliente, mientras que todos los peces, reptiles, anfibios e insectos tienen sangre fría. La diferencia es que los seres vivos de sangre caliente tratan de mantener sus cuerpos a una temperatura relativamente constante, en tanto que los animales de sangre fría adoptan la temperatura de su entorno (figura 1).

Las criaturas de sangre caliente mantienen una temperatura corporal relativamente constante generando su propio calor cuando están en un ambiente frío, y enfriándose a sí mismas cuando están en un ambiente caliente. Para generar calor, los animales de sangre caliente convierten el alimento en energía. Para mantenerse frescos en días calurosos, sudan, se abanican o se mojan para reducir el calor mediante la evaporación del agua. Los primates (humanos y monos) poseen glándulas sudoríparas distribuidas en todo su cuerpo; mientras que los perros y gatos las tienen sólo en sus patas. Los cerdos y las ballenas carecen de glándulas sudoríparas. Los cerdos generalmente recurren a revolcarse en el lodo para refrescarse, y las ballenas modifican su profundidad en el agua para conseguir cambios en la temperatura o emprenden migraciones en las distintas estaciones.

Por otro lado, algunos animales están cubiertos con pieles que les permiten calentarse en el invierno y que mudan en la temporada que necesitan refrescarse. Los animales de sangre caliente tiritan de frío para activar ciertos músculos con el objetivo de incrementar el metabolismo y así generar calor. Las aves (y algunos seres humanos) migran entre regiones frías y cálidas.

La temperatura corporal de los animales de sangre fría cambia con la temperatura de su ambiente. Son muy activos en ambientes cálidos y un tanto perezosos cuando hace frío. Esto se debe a que su actividad muscular depende de las reacciones químicas que varían con la temperatura. Los seres vivos de sangre fría con frecuencia toman el sol para calentarse e incrementar su metabolismo. Los peces pueden modificar su profundidad en el agua o emprender migraciones en las diferentes estaciones. Las ranas, los sapos y los lagartos hibernan durante el invierno. Para mantenerse calientes, las abejas se arremolinan y baten rápidamente sus alas para generar calor.

Algunos animales no caen en las definiciones estrictas de sangre caliente o sangre fría. Los murciélagos, por ejemplo, son mamíferos que no pueden mantener constante una temperatura corporal, y se enfrían cuando no están activos. Algunos animales de sangre caliente, como los osos, las marmotas y las tuzas, hibernan en invierno. Durante el periodo de hibernación, sobreviven de la grasa corporal acumulada; sus temperaturas corporales en ocasiones descienden hasta los 10°C (18°F).

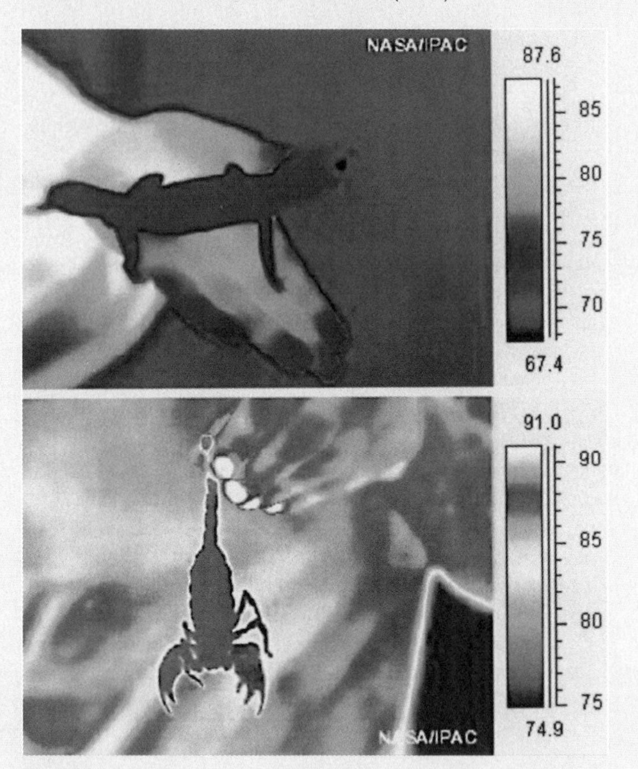

FIGURA 1 Animales de sangre caliente y de sangre fría Las imágenes infrarrojas muestran que las criaturas de sangre fría adoptan la temperatura de su entorno. Tanto la lagartija como el escorpión tienen la misma temperatura (color) que el aire que los rodea. Note la diferencia entre estos animales de sangre fría y los humanos de sangre caliente que los sostienen. (Véase el pliego a color al final del libro.)

Es decir, el cociente del volumen entre la temperatura es una constante. Esta relación se denomina *ley de Charles*, en honor al científico francés Jacques Charles (1746-1823), quien fue de los primeros en efectuar viajes en globos de aire caliente y, por ello, estaba muy interesado en la relación entre el volumen y la temperatura de los gases. En la ▸figura 10.6 se presenta una demostración muy utilizada de la ley de Charles.

Los gases de baja densidad obedecen estas leyes, que pueden combinarse en una sola relación. Puesto que pV = constante y V/T = constante para una cantidad dada de gas, pV/T debe ser también constante. Esta relación es la **ley de los gases ideales**:

$$\frac{pV}{T} = \text{constante} \quad \text{o bien} \quad \frac{p_1V_1}{T_1} = \frac{p_2V_2}{T_2} \quad \textit{ley de los gases ideales (forma de cociente)} \quad (10.5)$$

Es decir, el cociente pV/T en un tiempo (t_1) tiene el mismo valor que en otro tiempo (t_2) o en cualquier otro tiempo, siempre que no cambie la cantidad de gas (número de moléculas o masa).

Exploración 20.3 Ley de los gases ideales

Esta relación se puede escribir en una forma más general que es válida no sólo para una cantidad dada de un solo gas, sino para cualquier cantidad de cualquier gas diluido a baja presión. Puesto que la cantidad de gas depende del número de moléculas (N) del gas (es decir, $pV/T \propto N$), se sigue que

$$\frac{pV}{T} = Nk_B \quad \text{o bien} \quad pV = Nk_BT \quad \textit{ley de los gases ideales} \quad (10.6)$$

donde k_B es una constante de proporcionalidad llamada *constante de Boltzmann*:

$$k_B = 1.38 \times 10^{-23} \text{ J/K}$$

La K indica temperatura en la escala Kelvin, que veremos en breve. (¿Puede el lector demostrar que las unidades son correctas?) Observe que la masa de la muestra no aparece explícitamente en la ecuación 10.6; sin embargo, el número de moléculas N en una muestra de gas es proporcional a la masa total del gas. La ley de los gases ideales, también conocida como *ley de los gases perfectos*, es válida para gases con presión y densidad bajas, y describe con exactitud aceptable el comportamiento de la mayoría de los gases a densidades normales.

Forma macroscópica de la ley de los gases ideales

La ecuación 10.6 es una forma "microscópica" (*micro* significa pequeño) de la ley de los gases ideales, en cuanto a que se refiere específicamente al número de moléculas, N. No obstante, es posible reescribir la ley en una forma "macroscópica" (*macro* significa grande), donde intervengan cantidades que se pueden medir con equipos de laboratorio ordinarios. En esta forma tenemos

$$pV = nRT \qquad \textit{ley de los gases ideales} \qquad (10.7)$$

donde nR se usa en vez de Nk_B por conveniencia, ya que $n \propto N$. Aquí, n es el número de moles del gas, cantidad que definiremos a continuación, y R es la *constante universal de los gases*: $R = 8.31 \text{ J/(mol} \cdot \text{K)}$.

Nota: la temperatura T en la ley de los gases ideales es temperatura absoluta (Kelvin).

Nota: N es el número total de moléculas; N_A es el número de Avogadro; $n = N/N_A$ es el número de moles.

En química, un **mol** de una sustancia se define como la cantidad que contiene el **número de Avogadro** (N_A) de moléculas:

$$N_A = 6.02 \times 10^{23} \text{ moléculas/mol}$$

Así, n y N, que aparecen en las dos formas de la ley de los gases ideales, están relacionadas por $N = nN_A$. Por la ecuación 10.7, puede demostrarse que 1 mol de *cualquier* gas ocupa 22.4 L a 0°C y 1 atm. Estas condiciones se conocen como *temperatura y presión estándar (TPE)*.

Es importante entender qué representan estas ecuaciones de las formas macroscópica (ecuación 10.7) y microscópica (ecuación 10.6) de la ley de los gases ideales. En la forma macroscópica de la ley, la constante $R = pV/(nT)$ tiene unidades de $\text{J/(mol} \cdot \text{K)}$. En la forma microscópica, $k_B = pV/(NT)$ tiene unidades de $\text{J/(molécula} \cdot \text{K)}$. Note que la diferencia entre las formas macroscópica y microscópica de la ley de los gases ideales es moles contra moléculas y, por lo general, medimos las magnitudes de los gases en moles.

La ecuación 10.7 es una forma práctica de la ley de los gases ideales, porque generalmente trabajamos con cantidades medidas (macroscópicas o de laboratorio); en este caso, moles (n) de gas en vez de número de moléculas (N). Para usar la ecuación 10.7, necesitamos saber cuántos moles de gas tenemos. Esto se logra calculando la *masa formular* del compuesto o elemento, que es la suma de las masas atómicas dada en la fórmula (por ejemplo, H_2O) de la sustancia. Como las masas son muy pequeñas en relación con los kilogramos estándar del SI, se emplea otra unidad, la *unidad de masa atómica* (u):

$$1 \text{ unidad de masa atómica (u)} = 1.66054 \times 10^{-27} \text{ kg*}$$

La masa formular se determina a partir de la fórmula química y las masas atómicas. (Estas últimas se dan en el Apéndice IV y suelen redondearse al medio entero más cercano.) Por ejemplo, el agua, H_2O, con dos átomos de hidrógeno y uno de oxígeno, tiene una masa formular de $2m_H + 1m_O = 2(1.0) + 1(16.0 \text{ u}) = 18.0 \text{ u}$, porque la masa de cada átomo de hidrógeno es de 1.0 u, y la de un átomo de oxígeno es de 16.0 u. Por lo tanto, 1 mol de agua tiene una masa formular de 18.0. Asimismo, el oxígeno que respiramos, O_2, tiene una masa formular de $2 \times 16.0 \text{ u} = 32.0 \text{ u}$. Por lo tanto, un mol de oxígeno tiene una masa de 32.0 u. La masa de 1 mol de cualquier sustancia es su masa formular expresada en gramos. Por ejemplo, 32.0 g de oxígeno es un mol y ocupará 22.4 L a TPE.

*La unidad de masa atómica se basa en la asignación de un valor exacto de 12 u a un átomo de carbono.

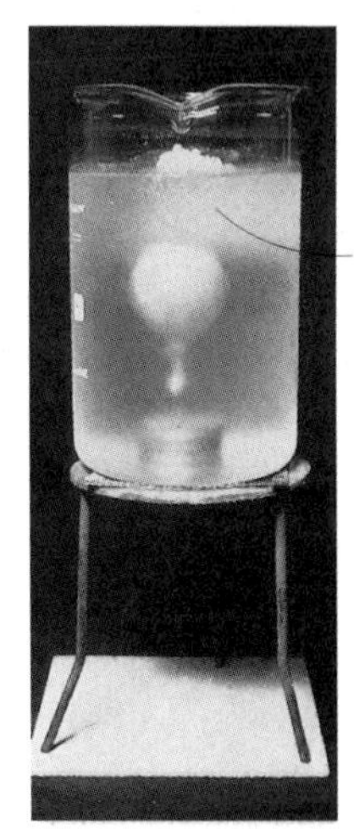

a)

b)

▲ **FIGURA 10.6 La ley de Charles en acción** Demostraciones de la relación entre el volumen y la temperatura de una cantidad de gas. Un globo atado a una pesa, que inicialmente está a temperatura ambiente, se coloca en un vaso de precipitados con agua. ***a)*** Cuando se coloca hielo en el vaso y desciende la temperatura, se reduce el volumen del globo. ***b)*** Cuando se calienta el agua y aumenta la temperatura, se incrementa el volumen del globo.

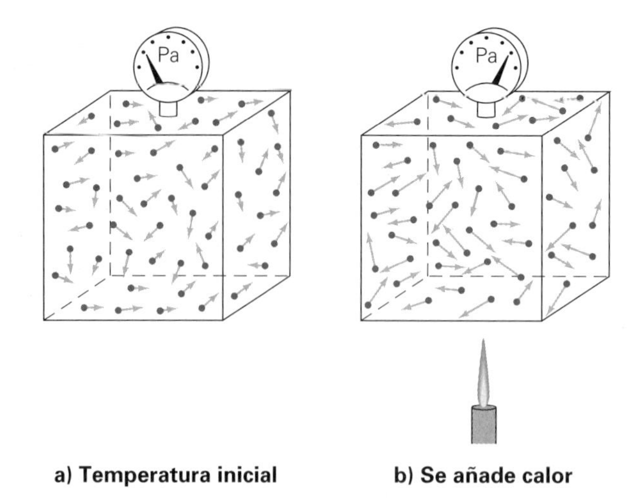

▶ **FIGURA 10.7 Termómetro de gas de volumen constante** Un termómetro de este tipo indica la temperatura en función de la presión ya que, para un gas de baja densidad, $p \propto T$. ***a)*** A alguna temperatura inicial, la lectura de presión tiene cierto valor. ***b)*** Si el termómetro de gas se calienta, la lectura de presión (y temperatura) aumenta porque, en promedio, las moléculas de gas se están moviendo con mayor rapidez.

Resulta interesante que el número de Avogadro nos permite calcular la masa de un tipo dado de moléculas. Por ejemplo, supongamos que nos interesa conocer la masa de una molécula de agua (H_2O). Como acabamos de ver, la masa formular de un mol de agua es 18.0 g, o bien, 18.0 g/mol. La *masa molecular* (m) está dada entonces por

$$m = \frac{\text{masa formular (en kilogramos)}}{N_A}$$

Si ahora convertimos gramos en kilogramos, tenemos

$$m_{H_2O} = \frac{(18.0 \text{ g/mol})(10^{-3} \text{ kg/g})}{6.02 \times 10^{23} \text{ moléculas/mol}} = 2.99 \times 10^{-26} \text{ kg/moléculas}$$

Cero absoluto y la escala de temperatura Kelvin

El producto de la presión y el volumen de una muestra de un gas ideal es directamente proporcional a la temperatura del gas: $pV \propto T$. Esta relación permite usar un gas para medir la temperatura en un *termómetro de gas de volumen constante*. Si mantenemos constante el volumen del gas, lo que es fácil si se usa un recipiente rígido, entonces $p \propto T$ (▲figura 10.7). Así, con un termómetro de gas de volumen constante, medimos la temperatura en términos de la presión. En este caso, una gráfica de presión contra temperatura produce una línea recta (▼figura 10.8a).

▼ **FIGURA 10.8 Presión contra temperatura** ***a)*** Un gas de baja densidad cuyo volumen se mantiene constante da una línea recta en una gráfica de p contra T, es decir, $p = (Nk_B/V)T$. Si la línea se extiende hasta el punto de presión cero, se obtiene una temperatura de −273.15°C, la cual se toma como cero absoluto. ***b)*** La extrapolación de las líneas correspondientes a todos los gases de baja densidad indica la misma temperatura de cero absoluto. El comportamiento real de los gases se desvía de esta relación de línea recta a bajas temperaturas porque los gases comienzan a licuarse.

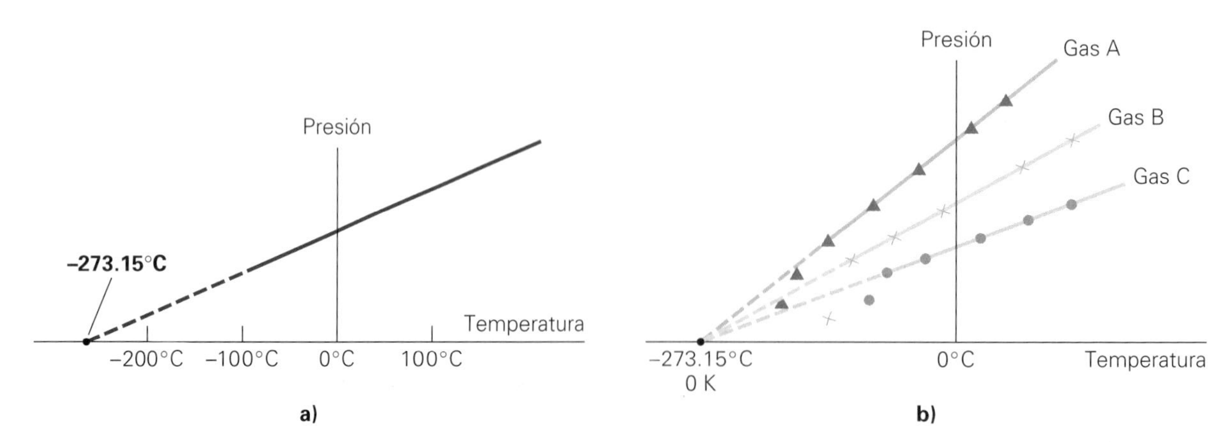

Como se observa en la figura 10.8b, a temperaturas muy bajas, las mediciones con gases reales —puntos de datos en la gráfica— se desvían de los valores predichos por la ley de los gases ideales. Ello se debe a que los gases se licuan a tales temperaturas. Sin embargo, la relación es lineal dentro de un intervalo grande de temperatura, y parece como si la presión pudiera llegar a cero al bajar la temperatura, si el gas continuara siendo gaseoso (ideal o perfecto).

Por lo tanto, la temperatura absolutamente mínima que puede alcanzar un gas ideal se infiere extrapolando, es decir, extendiendo, la línea recta hasta el eje horizontal, como en la figura 10.8b. Se determinó que esa temperatura es −273.15°C, que se designa como **cero absoluto**. Se cree que el cero absoluto es el límite inferior de temperatura, pero nunca se ha alcanzado. De hecho, hay una ley de la termodinámica que indica que es imposible alcanzarlo (sección 12.5).* No se conoce un límite superior para la temperatura. Por ejemplo, se calcula que la temperatura en el centro de algunas estrellas alcanza más de 100 millones de grados (K o °C, los que usted elija).

El cero absoluto es la base de la **escala de temperatura Kelvin**, así llamada en honor al científico británico Lord Kelvin, quien la propuso en 1848.† En esta escala, −273.15°C se toma como punto cero, es decir, 0 K (▾figura 10.9). El tamaño de cada unidad de temperatura Kelvin es el mismo que el del grado Celsius, de manera que las temperaturas en estas escalas están relacionadas por

$$T_K = T_C + 273.15 \quad \textit{conversión Celsius a Kelvin} \qquad (10.8)$$

donde T_K es la temperatura en **kelvin** (*no* grados Kelvin; por ejemplo, 300 kelvins). El kelvin se abrevia K (*no* °K). En cálculos generales, el 273.15 de la ecuación 10.8 suele redondearse a 273, es decir,

$$T_K = T_C + 273 \quad \textit{(para cálculos generales)} \qquad (10.8a)$$

La escala Kelvin absoluta es la escala de temperatura oficial del SI; no obstante, en casi todo el mundo se usa la escala Celsius para mediciones de temperatura cotidianas. La temperatura absoluta en kelvins se usa básicamente en aplicaciones científicas.

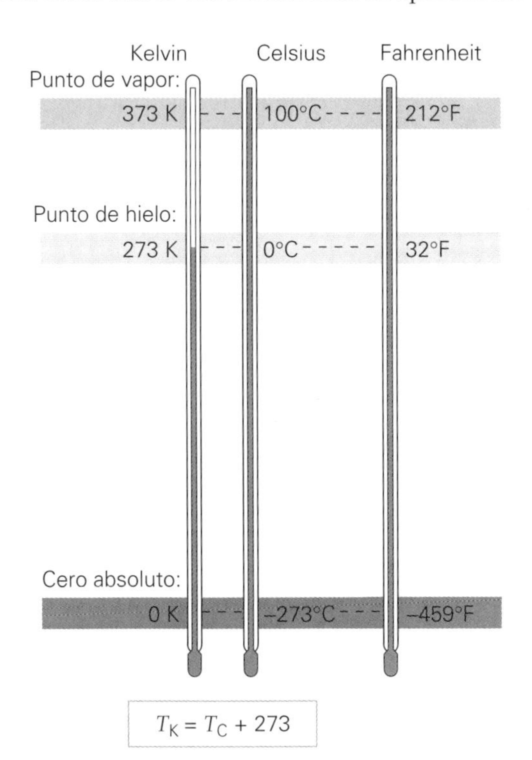

◂ **FIGURA 10.9 Escala de temperatura Kelvin** La temperatura más baja en la escala Kelvin (que corresponde a −273.15°C) es el cero absoluto. Un intervalo unitario en la escala Kelvin, llamado kelvin y abreviado K, equivale a un cambio de temperatura de 1 C°; por lo tanto, $T_K = T_C + 273.15$. (La constante suele redondearse a 273 por conveniencia.) Por ejemplo, una temperatura de 0°C equivale a 273 kelvin.

*Al momento de escribir este texto, la temperatura más baja que los científicos han sido capaces de alcanzar es 250×10^{-12} K, es decir, 250 pK (picokelvins) arriba del cero absoluto.

† Lord Kelvin, cuyo nombre de pila era William Thomson (1824-1907), inventó dispositivos para mejorar el telégrafo y la brújula, y participó en la instalación del primer cable trasatlántico. Se dice que, cuando recibió su título, consideró la posibilidad de escoger llamarse Lord Cable o Lord Compass (brújula), pero se decidió por Lord Kelvin, por un río que pasa cerca de la Universidad de Glasgow en Escocia, donde fue profesor de física durante 50 años.

Sugerencia para resolver problemas

Tenga en cuenta que *se deben* emplear temperaturas Kelvin con la ley de los gases ideales. Es un error común usar temperaturas Celsius o Fahrenheit en esa ecuación. Suponga que usamos una temperatura Celsius de $T = 0°C$ en la ley de los gases. Tendríamos $pV = 0$, lo cual es absurdo, ya que ni p ni V son cero en el punto de congelación del agua.

Observe que en la escala Kelvin no puede haber temperaturas negativas, pues se supone que el cero absoluto es la temperatura más baja posible. Es decir, la escala Kelvin no tiene una temperatura cero arbitraria en algún punto de la escala (como en las escalas Celsuis y Fahrenheit): cero K es cero absoluto, y punto.

Ejemplo 10.2 ■ Congelación total: cero absoluto en la escala Fahrenheit

¿Dónde está el cero absoluto en la escala Fahrenheit?

Razonamiento. Necesitamos convertir 0 K a la escala Fahrenheit. Hagamos primero la conversión a la escala Celsius. (¿Por qué?)

Solución.

Dado: $T_K = 0$ K *Encuentre:* T_F

Las temperaturas en la escala Kelvin tienen una relación directa con las temperaturas Celsius: $T_K = T_C + 273.15$ (ecuación 10.8), así que primero convertimos 0 K a un valor Celsius:

$$T_C = T_K - 273.15 = 0 - 273.15 = -273.15°C$$

(Usamos $-273.15°C$ para obtener un valor más exacto del cero absoluto en la escala Fahrenheit.) Ahora convertimos a Fahrenheit (ecuación 10.1):

$$T_F = \tfrac{9}{5}T_C + 32 = \tfrac{9}{5}(-273.15) + 32 = -459.67°F$$

Así pues, el cero absoluto es aproximadamente $-460°F$.

Ejercicio de refuerzo. Hay una escala de temperatura absoluta asociada con la escala Fahrenheit, llamada escala Rankine. Un grado Rankine tiene el mismo tamaño que un grado Fahrenheit, y el cero absoluto se toma como 0°R (cero grados Rankine). Escriba las ecuaciones para convertir entre las escalas: *a*) Rankine y Fahrenheit; *b*) Rankine y Celsius; y *c*) Rankine y Kelvin.

Inicialmente, los termómetros de gas se calibraban utilizando los puntos de hielo y de vapor. La escala Kelvin usa el cero absoluto y un segundo punto fijo adoptado en 1954 por el Comité Internacional de Pesos y Medidas. Este segundo punto fijo es el **punto triple del agua**, donde el agua coexiste simultáneamente en equilibrio como sólido (hielo), líquido (agua) y gas (vapor de agua). El punto triple se da en un conjunto singular de valores de temperatura y presión (una temperatura de 0.01°C y una presión de 4.58 mm de Hg) y es una temperatura de referencia reproducible para la escala Kelvin. Se asignó a la temperatura del punto triple en la escala Kelvin el valor de 273.16 K. Así, la unidad kelvin del SI se define como 1/273.16 de la temperatura en el punto triple del agua.*

Usemos ahora la ley de los gases ideales, que requiere temperaturas absolutas.

Ejemplo 10.3 ■ La ley de los gases ideales: uso de temperaturas absolutas

Una cantidad de gas de baja densidad en un recipiente rígido inicialmente está a temperatura ambiente (20°C) y cierta presión (p_1). Si el gas se calienta a una temperatura de 60°C, ¿qué tanto cambiará la presión?

Razonamiento. La pregunta "¿qué tanto?" implica un cociente (p_2/p_1), de manera que usaremos la ecuación 10.5. El recipiente es rígido, así que $V_1 = V_2$.

Solución.

Dado: $T_1 = 20°C$ *Encuentre:* p_2/p_1 (cociente o factor de presiones)
$T_2 = 60°C$
$V_1 = V_2$

*El valor de 273.16 dado aquí para la temperatura del punto triple del agua y el valor de −273.15 determinado en la figura 10.8 indican dos cuestiones distintas: −273.15°C se toma como 0 K; 273.16 K (o 0.01°C) es una lectura distinta en una escala de temperatura distinta.

Puesto que queremos el factor de cambio de la presión, escribimos p_2/p_1 como cociente. Por ejemplo, si $p_2/p_1 = 2$, entonces $p_2 = 2p_1$, y la presión cambia (aumenta) al doble (en un factor de 2). El cociente también indica que deberíamos usar la ley de los gases ideales en forma de cociente. Esa ley requiere temperaturas *absolutas*, por lo cual primero convertimos las temperaturas Celsius a kelvin:

Nota: *Siempre* utilice temperaturas Kelvin (absolutas) con la ley de los gases ideales.

$$T_1 = 20°\text{C} + 273 = 293\text{ K}$$
$$T_2 = 60°\text{C} + 273 = 333\text{ K}$$

Por conveniencia, usamos el valor redondeado 273 en la ecuación 10.8. Ahora empleamos la ley de los gases ideales (ecuación 10.5) en la forma $p_2V_2/T_2 = p_1V_1/T_1$, y como $V_1 = V_2$,

$$p_2 = \left(\frac{T_2}{T_1}\right)p_1 = \left(\frac{333\text{ K}}{293\text{ K}}\right)p_1 = 1.14p_1$$

Así, p_2 es 1.14 veces p_1, es decir, la presión aumenta en un factor de 1.14, o 14 por ciento. (¿Qué factor obtendríamos si usáramos, *incorrectamente*, las temperaturas Celsius? Sería mucho mayor: $60°\text{C}/20°\text{C} = 3$, o bien, $p_2 = 3p_1$.)

Ejercicio de refuerzo. Si el gas de este ejemplo se calienta desde una temperatura inicial de 20°C (temperatura ambiente), de modo que la presión aumente en un factor de 1.26, ¿qué temperatura Celsius final se alcanzará?

A causa de su naturaleza absoluta, la escala de temperatura Kelvin tiene una importancia especial. Como veremos en la sección 10.5, la temperatura absoluta es directamente proporcional a la energía interna de un gas ideal y puede servir como indicación de dicha energía. No hay valores negativos en la escala absoluta. Una temperatura absoluta negativa implicaría una energía interna negativa para el gas, un concepto sin sentido. Suponga que nos piden aumentar al doble las temperaturas de, digamos, –10 y 0°C. ¿Qué haríamos? El siguiente ejemplo integrado nos será de utilidad.

Ejemplo integrado 10.4 ■ Algunos prefieren el calor: aumento al doble de la temperatura

El informe meteorológico de la noche cita una temperatura máxima durante el día de 10°C y predice que la del día siguiente será 20°C. *a*) Un padre dice a su hijo que "mañana hará el doble de calor"; pero el hijo le contesta que no es cierto. ¿Quién de los dos cree usted que tenga razón? *b*) Demuestre su resultado usando en la escala de temperatura absoluta (Kelvin). Utilice un cociente o una razón.

a) Razonamiento conceptual. Tenga en cuenta que la temperatura da una *indicación* relativa de lo caliente o lo frío. En efecto, 20°C es más caliente que 10°C; sin embargo, el hecho de que el valor numérico sea dos veces mayor (o mayor en un factor de 2, porque $20°\text{C}/10°\text{C} = 2$) no necesariamente significa que haga dos veces más calor o que haya el doble de energía. Sólo significa que la temperatura del aire es 10 grados más alta y, por lo tanto, es relativamente más caliente. De manera que el hijo gana.

b) Razonamiento cuantitativo y solución. Las temperaturas en kelvin se calculan directamente con la ecuación 10.8a, y el cociente de esas temperaturas dará el factor de incremento con base en la energía interna.

Dado: $T_{C_1} = 10°\text{C}$, $T_{C_2} = 20°\text{C}$ *Encuentre:* T_{K_2}/T_{K_1}

Las temperaturas absolutas equivalentes son

$$T_{K_1} = T_{C_1} + 273 = 10°\text{C} + 273 = 283\text{ K}$$
$$T_{K_2} = T_{C_2} + 273 = 20°\text{C} + 273 = 293\text{ K}$$

y

$$\frac{T_{K_2}}{T_{K_1}} = \frac{293\text{ K}}{283\text{ K}} = 1.04$$

Así que hay un incremento de 0.04, o 4%, en la temperatura.

Ejercicio de refuerzo. El informe meteorológico indica que la temperatura máxima hoy fue de 0°C. Si la temperatura del día siguiente fuera del doble, ¿qué valor tendría en grados Celsius? ¿Sería esto ecológicamente posible?

10.4 Expansión térmica

OBJETIVO: Entender y calcular la expansión térmica de sólidos y líquidos.

Los cambios en las dimensiones y los volúmenes de los materiales son efectos térmicos comunes. Como ya vimos, la expansión térmica ofrece una forma de medir la temperatura. La expansión térmica de los gases generalmente se describe con la ley de los gases ideales y es muy evidente. Algo menos drástico, aunque no por ello menos importante, es la expansión térmica de sólidos y líquidos.

Nota: los sólidos se estudiaron en la sección 9.1.

La expansión térmica es el resultado de un cambio en la distancia promedio que separa los átomos de una sustancia, conforme ésta se calienta. Los átomos se mantienen juntos por fuerzas de unión, que pueden representarse de manera sencilla con resortes en un modelo básico de un sólido. (Véase la figura 9.1.) Los átomos vibran de un lado a otro; al aumentar la temperatura (es decir, con mayor energía interna), se vuelven más activos y vibran más ampliamente. Como las vibraciones son más amplias en todas las dimensiones, el sólido se expande en su totalidad.

El cambio en una dimensión de un sólido (longitud, anchura o espesor) se denomina expansión *lineal*. Si el cambio de temperatura es pequeño, la expansión lineal (o contracción) es aproximadamente proporcional a ΔT, o $T - T_o$ (▼figura 10.10a). El cambio *fraccionario* de longitud es $(L - L_o)/L_o$, o bien $\Delta L/L_o$, donde L_o es la longitud original del sólido a la temperatura inicial.* Esta razón está relacionada con la temperatura así:

$$\frac{\Delta L}{L_o} = \alpha \Delta T \quad \text{o} \quad \Delta L = \alpha L_o \Delta T \tag{10.9}$$

donde α es el **coeficiente térmico de expansión lineal**. Las unidades de α son el recíproco de temperatura: recíproco de grados Celsius ($1/\text{C}°$, o $\text{C}°^{-1}$). En la tabla 10.1 se dan valores de α para algunos materiales.

Exploración 19.2 Expansión de materiales

Un sólido podría tener diferentes coeficientes de expansión lineal en diferentes direcciones. No obstante, por sencillez, en este libro supondremos que el mismo coeficiente es válido para todas las direcciones (en otras palabras, que la expansión de los sólidos es *isotrópica*). Además, el coeficiente de expansión podría variar un poco en diferentes intervalos de temperatura. Puesto que tal variación es insignificante en la mayoría de las aplicaciones comunes, consideraremos que α es constante e independiente de la temperatura.

▼ **FIGURA 10.10 Expansión térmica** ***a)*** La expansión lineal es proporcional al cambio de temperatura; es decir, el cambio de longitud, ΔL, es proporcional a ΔT, y $\Delta L/L_o = \alpha \Delta T$, donde α es el coeficiente térmico de expansión lineal. ***b)*** En la expansión isotrópica, el coeficiente térmico de expansión de área es aproximadamente 2α. ***c)*** El coeficiente térmico de expansión de volumen para los sólidos es aproximadamente 3α.

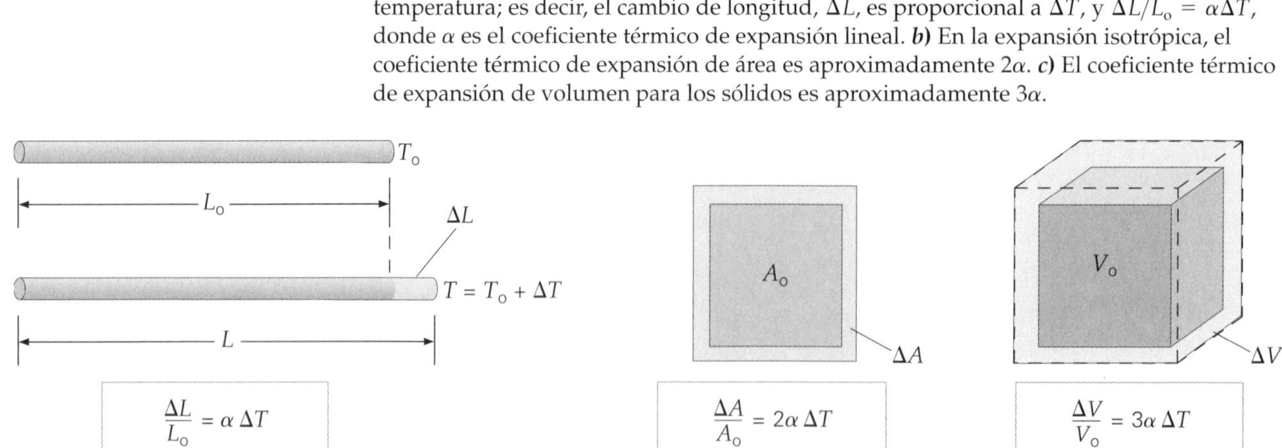

*Los cambios fraccionarios pueden expresarse como cambios porcentuales. Por ejemplo, por analogía, si invertimos \$100 (\$$_o$) y ganamos \$10 (Δ\$), el cambio fraccionario sería $\Delta\$/\$_o = 10/100 = 0.10$, es decir, un incremento del 10 % (cambio porcentual).

TABLA 10.1 Valores de coeficientes de expansión térmica (en $C°^{-1}$) para algunos materiales a 20°C

Material	*Coeficiente de expansión lineal* (α)	*Material*	*Coeficiente de expansión de volumen* (β)
Aluminio	24×10^{-6}	Alcohol, etílico	1.1×10^{-4}
Latón	19×10^{-6}	Gasolina	9.5×10^{-4}
Tabique o concreto	12×10^{-6}	Glicerina	4.9×10^{-4}
Cobre	17×10^{-6}	Mercurio	1.8×10^{-4}
Vidrio de ventana	9.0×10^{-6}	Agua	2.1×10^{-4}
Vidrio Pyrex	3.3×10^{-6}		
Oro	14×10^{-6}	Aire (y la mayoría de los gases a 1 atm)	3.5×10^{-3}
Hielo	52×10^{-6}		
Hierro y acero	12×10^{-6}		

Podemos reescribir la ecuación 10.9 de manera que nos dé la longitud final (L) después de un cambio de temperatura:

$$\Delta L = \alpha L_o \Delta T$$
$$L - L_o = \alpha L_o \Delta T$$
$$L = L_o + \alpha L_o \Delta T$$

o bien

$$L = L_o(1 + \alpha \Delta T) \tag{10.10}$$

Usamos la ecuación 10.10 para calcular la expansión térmica de *áreas* de objetos planos. Puesto que para un cuadrado área (A) es longitud al cuadrado (L^2),

$$A = L^2 = L_o^2(1 + \alpha \Delta T)^2 = A_o(1 + 2\alpha \Delta T + \alpha^2 \Delta T^2)$$

donde A_o es el área original. Puesto que los valores de a para sólidos son mucho menores que 1 ($\sim 10^{-5}$, como vemos en la tabla 10.1), si desechamos el término de segundo orden (que contiene $\alpha^2 \simeq (10^{-5})^2 = 10^{-10} \ll 10^{-5}$), el error será insignificante. Así pues, como aproximación de primer orden, y en el entendido de que el cambio de área, $\Delta A = A - A_o$, tenemos

$$A = A_o(1 + 2\alpha \Delta T) \quad \text{o} \quad \frac{\Delta A}{A_o} = 2\alpha \Delta T \tag{10.11}$$

Así, el **coeficiente térmico de expansión de área** (figura 10.10b) es dos veces mayor que el de expansión lineal. (Es decir, es igual a 2α.) Esta relación es válida para todas las formas planas. (Véase la sección Aprender dibujando al margen.)

Asimismo, una expresión para la expansión térmica de *volumen* es

$$V = V_o(1 + 3\alpha \Delta T) \quad \text{o} \quad \frac{\Delta V}{V_o} = 3\alpha \Delta T \tag{10.12}$$

El **coeficiente térmico de expansión de volumen** (figura 10.10c) es igual a 3α (para sólidos isotrópicos y líquidos).

Las ecuaciones de expansión térmica son aproximaciones. (¿Por qué?) Aunque una ecuación es una descripción de una relación física, hay que tener siempre presente que podría ser sólo una aproximación de la realidad física, o podría ser válida sólo en ciertas situaciones.

La expansión térmica de los materiales es una consideración importante en construcción. En las autopistas y aceras de concreto se dejan huecos para permitir la expansión y evitar que se rompa y se levante el concreto. En los puentes grandes y entre

APRENDER DIBUJANDO

Expansión térmica de área

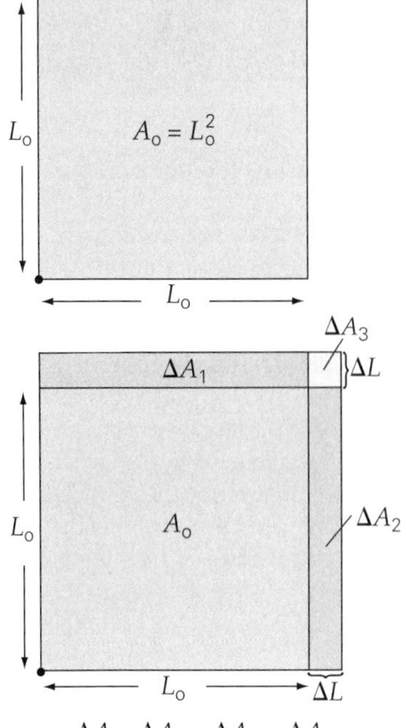

$\Delta A = \Delta A_1 + \Delta A_2 + \Delta A_3$
$\Delta A_1 = \Delta A_2 = L_o\,\Delta L$
$= L_o(\alpha L_o\,\Delta T) = \alpha A_o\,\Delta T$
Puesto que ΔA_3 es muy pequeño en comparación con ΔA_1 y ΔA_2,
$\Delta A \approx 2\alpha A_o\,\Delta T$

rieles en las vías se requieren brechas de expansión para evitar daños (◂figura 10.11a). El puente Golden Gate que atraviesa la Bahía de San Francisco varía su longitud en aproximadamente un metro entre verano e invierno. Asimismo, se utilizan bucles de expansión en los oleoductos (figura 10.11b). La altura de la Torre Eiffel de París varía 0.36 cm por cada cambio de grado Celsius.

La expansión térmica de las vigas y trabes de acero puede generar presiones tremendas, como muestra el siguiente ejemplo.

a)

b)

▲ **FIGURA 10.11 Brechas de expansión** *a*) En los puentes se usan brechas de expansión para evitar esfuerzos de contacto producidos por expansión térmica. *b*) Estos bucles en los oleoductos tienen una finalidad similar. Cuando el petróleo caliente pasa por ellos, los tubos se expanden, y los bucles dan cabida a la longitud extra. Lo mismo sucede cuando hay expansión por las variaciones de temperatura entre el día y la noche.

Ejemplo 10.5 ■ Aumento de temperatura: expansión térmica y esfuerzo

Una viga de acero tiene 5.0 m de longitud a una temperatura de 20°C (68°F). En un día caluroso, la temperatura sube a 40°C (104°F). *a*) ¿Cómo cambia la longitud de la viga por la expansión térmica? *b*) Suponga que los extremos de la viga están inicialmente en contacto con soportes verticales rígidos. ¿Qué fuerza ejercerá la viga expandida sobre los soportes, si el área transversal de la viga es de 60 cm^2?

Razonamiento. *a*) Se trata de una aplicación directa de la ecuación 10.9. *b*) Al expandirse la viga constreñida, aplica un esfuerzo y, por lo tanto, una fuerza, a los soportes. Al haber expansión lineal, deberá entrar en juego el módulo de Young (sección 9.1).

Solución.

Dado:
$L_o = 5.0$ m
$T_o = 20°C$
$T = 40°C$
$\alpha = 12 \times 10^{-6}\ C°^{-1}$ (de la tabla 10.1)
$A = 60\ cm^2\left(\frac{1\ m}{100\ cm}\right)^2 = 6.0 \times 10^{-3}\ m^2$

Encuentre: *a*) ΔL (cambio de longitud)
b) F (fuerza)

a) Con la ecuación 10.9 obtenemos el cambio de longitud con $\Delta T = T - T_o = 40°C - 20°C = 20\ C°$, y obtenemos

$$\Delta L = \alpha L_o \Delta T = (12 \times 10^{-6}\ C°^{-1})(5.0\ m)(20\ C°) = 1.2 \times 10^{-3}\ m = 1.2\ mm$$

Tal vez no parezca una expansión muy grande, pero podría generar una fuerza enorme si la viga está constreñida de modo que no pueda expandirse, como veremos en el inciso *b*.

b) Por la tercera ley de Newton, si se impide que la viga se expanda, la fuerza que la viga ejerce sobre los soportes que la constriñen será igual a la fuerza que los soportes ejercen para evitar que la viga se expanda una longitud ΔL. Esta fuerza es igual a la que se requeriría para comprimir la viga esa longitud. Utilizamos la forma de módulo de Young de la ley de Hooke (sección 9.1) con $Y = 20 \times 10^{10}\ N/m^2$ (tabla 9.1), y calculamos el esfuerzo sobre la viga:

$$\frac{F}{A} = \frac{Y\Delta L}{L_o} = \frac{(20 \times 10^{10}\ N/m^2)(1.2 \times 10^{-3}\ m)}{5.0\ m} = 4.8 \times 10^7\ N/m^2$$

La fuerza es, entonces,

$$F = (4.8 \times 10^7\ N/m^2)A = (4.8 \times 10^7\ N/m^2)(6.0 \times 10^{-3}\ m^2)$$
$$= 2.9 \times 10^5\ N \text{ (unas 65 000 lb, es decir ¡32.5 toneladas!)}$$

Ejercicio de refuerzo. Se especifica que las brechas de expansión, entre vigas de acero idénticas tendidas extremo con extremo, deben ser del 0.060% de la longitud de una viga a la temperatura de instalación. Con esta especificación, ¿cuál será el intervalo de temperatura en el que habría expansión sin contacto.

Ejemplo conceptual 10.6 ■ ¿Mayor o menor? Expansión de área

Se recorta un trozo circular de una lámina plana de metal (▸figura 10.12a). Si después se calienta la lámina en un horno, el tamaño del agujero *a*) aumentará, *b*) disminuirá o *c*) permanecerá igual.

Razonamiento y respuesta. Es un error común pensar que el área del agujero se encogerá porque el metal se expande hacia adentro. Para ver por qué no es así, pensemos en el trozo de metal que se quitó, más que en el agujero mismo. Esta pieza se expandirá al aumentar la temperatura. El metal de la lámina calentada reacciona como si el trozo que se quitó todavía formara parte de ella. (Pensemos en volver a colocar el trozo de metal otra vez en el agujero después de calentar, como en la figura 10.12b, o considere dibujar un círculo en una lámina de metal sin cortarla y luego calentarla.) Así, la respuesta es *a*.

Ejercicio de refuerzo. Un anillo circular de hierro abraza estrechamente una barra de metal que abarca el diámetro. Si el anillo se calienta en un horno a alta temperatura, ¿se distorsionará o seguirá siendo circular?

Los fluidos (líquidos y gases), al igual que los sólidos, normalmente se expanden al aumentar la temperatura. Puesto que los fluidos no tienen forma definida, sólo tiene sentido la expansión de volumen (pero no la lineal ni la de área). La expresión es

$$\frac{\Delta V}{V_o} = \beta \Delta T \quad \textit{expansión de volumen de un fluido} \qquad (10.13)$$

donde β es el coeficiente de expansión de volumen del fluido. En la tabla 10.1 vemos que los valores de β para los fluidos suelen ser mayores que los valores de 3α para los sólidos.

A diferencia de la mayoría de los líquidos, el agua tiene una expansión de volumen anómala cerca de su punto de congelación. El volumen de una cantidad dada de agua disminuye al enfriarse desde la temperatura ambiente hasta que su temperatura llega a 4°C (▼figura 10.13a). Por debajo de 4°C, el volumen aumenta, así que la densidad disminuye (figura 10.13b). Esto significa que el agua tiene su densidad máxima ($\rho = m/V$) a los 4°C (en realidad, 3.98°C).

Al congelarse el agua, sus moléculas forman un entramado hexagonal (de seis lados). (Por ello, los copos de nieve tienen formas hexagonales.) La estructura abierta de esta retícula es lo que confiere al agua su singular propiedad de expandirse al congelarse, y ser menos densa como sólido que como líquido. (Por ello, el hielo flota en el agua, y las tuberías de agua se revientan al congelarse.) La variación en la densidad del agua dentro del intervalo de temperatura de 4 a 0°C indica que la estructura reticular abierta se comienza a formar a los 4°C, no exactamente en el punto de congelación.

Esta propiedad tiene un efecto ecológico importante: los lagos y estanques se congelan primero en la superficie, y el hielo que se forma flota. Al enfriarse un lago hacia los 4°C, el agua cercana a la superficie pierde energía hacia la atmósfera, se vuelve más densa y se hunde. El agua menos fría, y menos densa cercana del fondo, sube. Sin embargo, una vez que el agua de la superficie alcanza temperaturas por debajo de los 4°C, se vuelve menos densa y permanece en la superficie, donde se congela. Si el agua no tuviera esta propiedad, los lagos y los estanques se congelarían de abajo hacia arriba, lo cual destruiría gran parte de su vida animal y vegetal (y haría al patinaje en hielo mucho menos popular). Tampoco habría casquetes de hielo oceánicos en las regiones polares. En cambio, habría una gruesa capa de hielo en el fondo de los océanos, cubierta por una capa de agua.

a) Placa metálica con agujero

b) Placa metálica sin agujero

▲ **FIGURA 10.12 ¿Un agujero mayor o menor?** Véase el ejemplo conceptual 10.6.

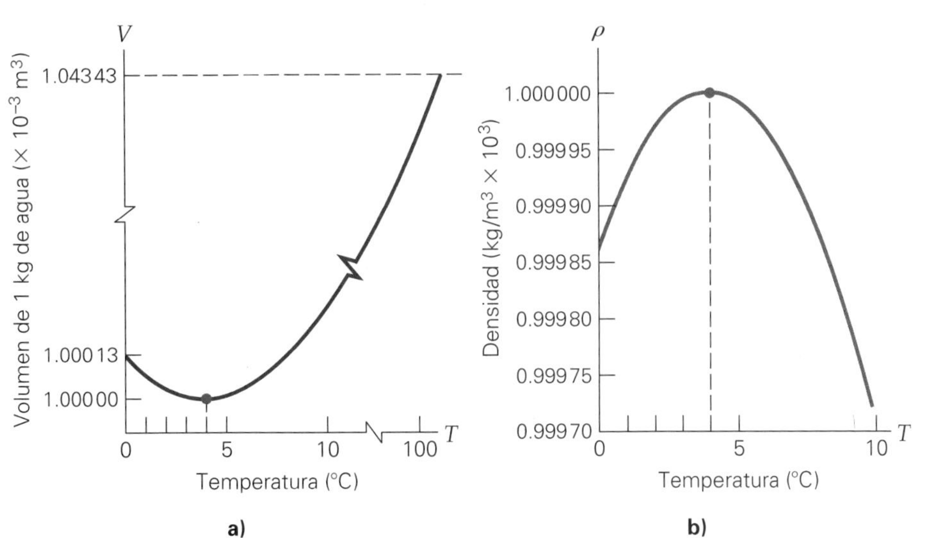

◀ **FIGURA 10.13 Expansión térmica del agua** El agua tiene un comportamiento de expansión no lineal cerca de su punto de congelación. ***a)*** Por arriba de 4°C (en realidad, 3.98°C), el agua se expande al aumentar la temperatura; pero entre 4 y 0°C, se expande al disminuir la temperatura. ***b)*** Como resultado, el agua tiene densidad máxima cerca de 4°C.

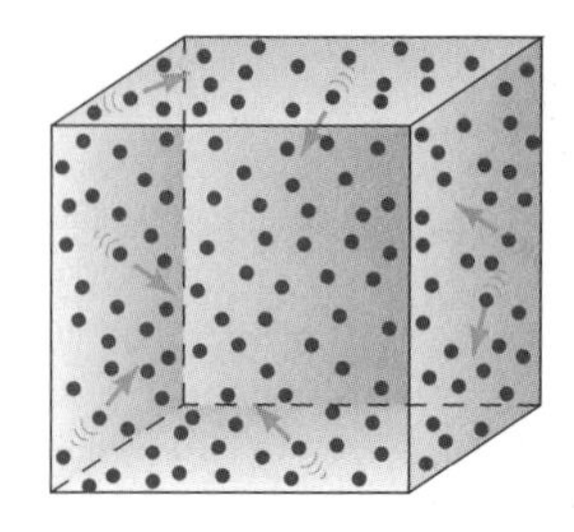

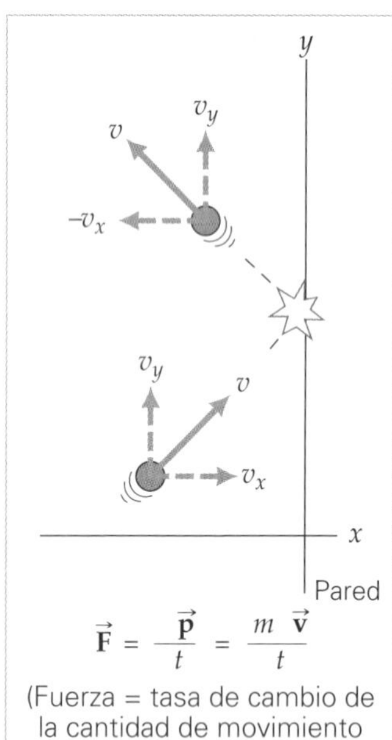

▲ **FIGURA 10.14 Teoría cinética de los gases** La presión que un gas ejerce sobre las paredes de un recipiente se debe a la fuerza que resulta del cambio de cantidad de movimiento de las moléculas de gas que chocan contra la pared. La fuerza ejercida por una molécula individual es igual a la tasa de cambio de la cantidad de movimiento con el tiempo, es decir, decir, $\vec{F} = \Delta\vec{p}/\Delta t = m\Delta\vec{v}/\Delta t$, donde $\vec{p} = m\vec{v}$. La suma de los componentes normales instantáneos de las fuerzas de choque originan la presión promedio sobre la pared.

Nota: los choques elásticos se estudiaron en la sección 6.4.

Ejemplo conceptual 10.7 ■ Enfriamiento rápido: temperatura y densidad

Se coloca hielo en un recipiente que contiene agua a temperatura ambiente. Para que el enfriamiento sea más rápido, *a*) debe dejarse que el hielo flote naturalmente en el agua, o *b*) debe empujarse el hielo al fondo del recipiente y mantenerse ahí con un palo.

Razonamiento y respuesta. Cuando el hielo se derrite, el agua en sus inmediaciones se enfría y, por lo tanto, se vuelve más densa (figura 10.13b). Si se permite que el hielo flote, el agua más densa se hundirá y el agua menos fría del fondo subirá. Este mezclado hace que el agua se enfríe rápidamente. En cambio, si el hielo estuviera en el fondo del recipiente, el agua más fría y densa permanecería ahí, y el enfriamiento de la capa superior del agua sería más lento, de manera que la respuesta es *a*.

Ejercicio de refuerzo. Suponga que la curva de densidad contra temperatura del agua (figura 10.13b) fuera al revés, con la curvatura hacia abajo. ¿Qué implicaciones tendría eso para la situación de este ejemplo y para la congelación de los lagos? Explique.

10.5 La teoría cinética de los gases

OBJETIVOS: *a*) Relacionar la teoría cinética y la temperatura y *b*) explicar el proceso de difusión.

Si vemos las moléculas de una muestra de gas como partículas que chocan, podremos aplicar las leyes de la mecánica a cada molécula del gas. Entonces, deberíamos explicar las características microscópicas de ese gas, como presión, energía interna, etc., en términos del movimiento de las moléculas. Sin embargo, debido al gran número de partículas que intervienen, se utiliza un enfoque estadístico para tal descripción microscópica.

Uno de los mayores logros de la física teórica fue hacer precisamente eso: deducir la ley de los gases ideales a partir de principios de la mecánica. Esta deducción originó una nueva interpretación de la temperatura, en términos de la energía cinética traslacional de las moléculas de gas. Como punto de partida teórico, vemos las moléculas de un gas ideal como masas puntuales en movimiento aleatorio, separadas por distancias relativamente grandes.

En este apartado, básicamente consideraremos la teoría cinética de los gases *mono*atómicos (de un solo átomo), como el helio (He), y estudiaremos la energía interna de un gas de ese tipo. En el siguiente, consideraremos la energía interna de los gases *di*atómicos (moléculas de dos átomos), como O_2. En ambos casos, podemos ignorar los movimientos de vibración y rotación en cuanto a la temperatura y la presión, ya que estas cantidades dependen sólo del movimiento *lineal*.

Según la **teoría cinética de los gases**, las moléculas de un gas ideal tienen choques perfectamente elásticos contra las paredes de su recipiente. (Si suponemos que las moléculas del gas son partículas puntuales, podremos hacer caso omiso de los choques moleculares.) Por las leyes del movimiento de Newton, es posible calcular la fuerza ejercida sobre las paredes del recipiente, a partir del cambio de cantidad de movimiento de las moléculas de gas cuando chocan contra las paredes (◂figura 10.14). Si expresamos esta fuerza en términos de presión (fuerza/área), obtenemos la siguiente ecuación (la deducción se da en el apéndice II):

$$pV = \tfrac{1}{3}Nmv_{\text{rms}}^2 \qquad (10.14)$$

donde V es el volumen del recipiente o gas, N es el número de moléculas de gas en el recipiente cerrado, m es la masa de una molécula de gas y v_{rms} es la rapidez promedio de las moléculas; es un tipo especial de valor medio. Éste se obtiene promediando los cuadrados de las rapideces y obteniendo después la raíz cuadrada del promedio; es decir, $\sqrt{\overline{v^2}} = v_{\text{rms}}$. Por ello, v_{rms} se denomina *rapidez media cuadrática* (*rms*: *root-mean-square*).

Si despejamos pV de la ecuación 10.6 e igualamos la ecuación resultante a la ecuación 10.14, veremos cómo es que la temperatura se interpreta como una medida de la energía cinética traslacional:

$$pV = Nk_BT = \tfrac{1}{3}Nmv_{\text{rms}}^2 \quad \text{o} \quad \tfrac{1}{2}mv_{\text{rms}}^2 = \tfrac{3}{2}k_BT \quad \textit{(para todos los gases ideales)} \qquad (10.15)$$

Así, la temperatura de un gas (y la de las paredes del recipiente o de un bulbo de termómetro en equilibrio térmico con el gas) es directamente proporcional a su energía cinética aleatoria promedio (por molécula), ya que $\overline{K} = \tfrac{1}{2}mv_{\text{rms}}^2 = \tfrac{3}{2}k_BT$. (No hay que olvidar que T es la temperatura absoluta en kelvins.)

Ejemplo 10.8 ■ Rapidez molecular: relación con la temperatura absoluta

Ilustración 20.1 Distribución de Maxwell-Boltzmann

Ilustración 20.2 Teoría cinética, temperatura y presión

¿Cuál es la rapidez cuadrática media (rms) de un átomo de helio (He) en un globo lleno de helio a temperatura ambiente? (La masa del átomo de helio es de 6.65×10^{-27} kg.)

Razonamiento. Conocemos todos los datos que necesitamos para calcular la rapidez promedio despejándola de la ecuación 10.15.

Solución.

Dado: $m = 6.65 \times 10^{-27}$ kg
$T = 20°C$ (temperatura ambiente)
$k_B = 1.38 \times 10^{-23}$ J/K (conocida)

Encuentre: v_{rms} (rapidez media cuadrática)

Usaremos la ecuación 10.15, así que consideramos k_B entre los datos.

Hay que convertir la temperatura Celsius a kelvin, y tomar nota de que las unidades de k_B son J/K. Entonces,

$$T_K = T_C + 273 = 20°C + 273 = 293 \text{ K}$$

Reacomodamos la ecuación 10.15:

$$v_{rms} = \sqrt{\frac{3k_BT}{m}} = \sqrt{\frac{3(1.38 \times 10^{-23} \text{ J/K})(293 \text{ K})}{6.65 \times 10^{-27} \text{ kg}}} = 1.35 \times 10^3 \text{ m/s} = 1.35 \text{ km/s}$$

Esto es más de 3000 mi/h; rápido, ¿verdad?

Ejercicio de refuerzo. En este ejemplo, si la temperatura del gas se aumentara en 10°C, ¿qué aumento porcentual tendrían la rapidez promedio (rms) y la energía cinética promedio?

Resulta interesante que, según la ecuación 10.15, en el cero absoluto ($T = 0$ K), cesaría todo el movimiento traslacional molecular de un gas. Según la teoría clásica, esto correspondería a cero energía absoluta. Sin embargo, la teoría cuántica moderna indica que todavía habría cierto movimiento de punto cero, y una *energía de punto cero* mínima correspondiente. Básicamente, el cero absoluto es la temperatura en la que se ha extraído de un objeto toda la energía que *puede* extraerse de él.

Energía interna de los gases monoatómicos

Puesto que las "partículas" de un gas monoatómico ideal no vibran ni tienen rotación, como ya explicamos, la energía cinética traslacional total de todas las moléculas es igual a la energía interna total del gas. Es decir, la energía interna del gas es en su totalidad energía "de temperatura" (sección 10.1). En un sistema con N moléculas, podemos convertir la ecuación 10.15, que expresa la energía por molécula, en una ecuación para la energía interna total U:

$$U = N\left(\tfrac{1}{2}mv_{rms}^2\right) = \tfrac{3}{2}Nk_BT = \tfrac{3}{2}nRT \quad \textit{(sólo para gases monoatómicos ideales)} \quad (10.16)$$

Así, vemos que la energía interna de un gas monoatómico ideal es directamente proporcional a su temperatura absoluta. (En la sección 10.6 veremos que esto se cumple sea cual fuere la estructura molecular del gas. No obstante, la expresión para U será un poco diferente para los gases que no son monoatómicos.) Esto implica que si se aumenta al doble la temperatura absoluta de un gas (por transferencia de calor), digamos de 200 a 400 K, la energía interna del gas también se duplicará.

Difusión

Dependemos del sentido del olfato para detectar olores, como el olor del humo cuando algo se quema. El hecho de que podamos oler algo a cierta distancia implica que las moléculas viajan por el aire de un lugar a otro: desde su origen hasta nuestra nariz. Este proceso de mezclado molecular aleatorio, en el que moléculas específicas viajan desde una región en la que están presentes en una mayor concentración, a regiones donde tienen una menor concentración, se llama **difusión**, la cual también es rápida en líqui-

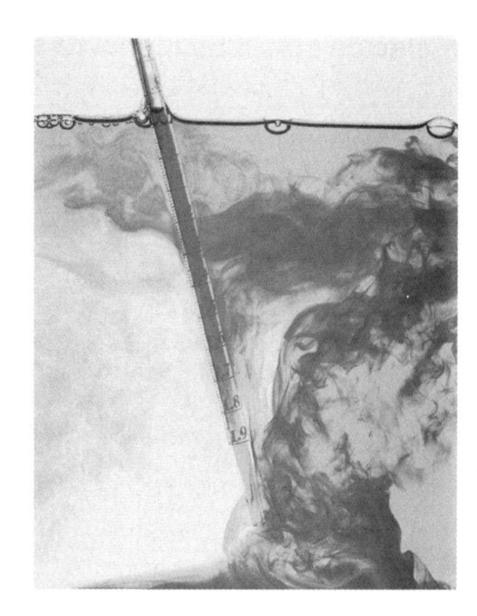

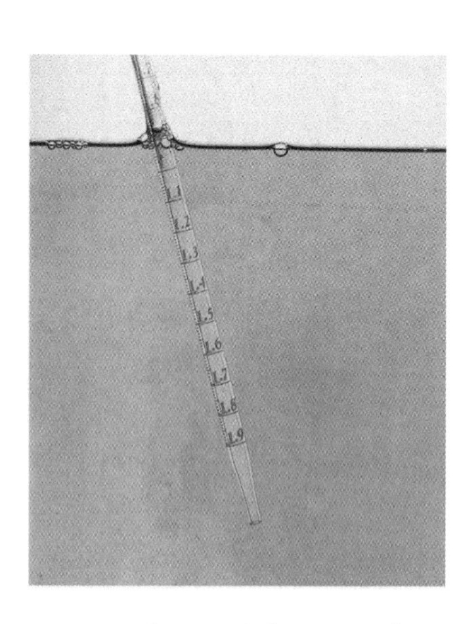

▲ **FIGURA 10.15** **Difusión en líquidos** A final de cuentas el movimiento molecular aleatorio distribuirá todo el colorante en el agua. Aquí hay cierta distribución debida al mezclado, y la tinta colorea el agua después de unos cuantos minutos. Si sólo actuara la difusión, la distribución tardaría más tiempo.

dos; piense en lo que sucede a una gota de tinta en un vaso de agua (▲figura 10.15). Incluso ello ocurre en cierto grado en los sólidos.

La tasa de difusión para un gas específico depende de la rapidez cuadrática media de sus moléculas. Aunque las moléculas de gas tienen en promedio velocidades altas (ejemplo 10.8), sus posiciones promedio cambian lentamente, y las moléculas no vuelan de un lado a otro de una habitación. En cambio, hay choques frecuentes, y esto hace que las moléculas "deriven" con relativa lentitud. Por ejemplo, suponga que alguien abre un frasco de amoniaco en el otro extremo de una habitación cerrada. Pasará algún tiempo antes de que el amoniaco se difunda a través de la habitación y podamos olerla. (Gran parte del movimiento que por lo general la gente suele atribuir a la difusión en realidad se debe a corrientes de aire.)

Los gases también pueden difundirse a través de materiales porosos o membranas permeables. (Este proceso también se conoce como *efusión*.) Las moléculas de alta energía penetran en el material a través de los poros (aberturas) y, chocando contra las paredes del poro, avanzan lentamente por el material. Este tipo de difusión gaseosa puede servir para separar físicamente los diferentes componentes de una mezcla de gases.

La teoría cinética de los gases indica que la energía cinética traslacional promedio (por molécula) de un gas es proporcional a la temperatura absoluta del gas: $\frac{1}{2}mv_{\text{rms}}^2 = \frac{3}{2}k_{\text{B}}T$. De manera que, en promedio, las moléculas de diferentes gases (que tienen diferente masa) se mueven con diferente rapidez a una temperatura dada. Desde luego, las moléculas de un gas más ligero, que se mueven con mayor rapidez, se difunden más rápidamente que las moléculas de un gas más pesado, a través de las diminutas aberturas de un material poroso.

Por ejemplo, a una temperatura dada, las moléculas de oxígeno (O_2) se mueven en promedio más rápidamente que las moléculas más masivas del dióxido de carbono (CO_2). Debido a esta diferencia en la rapidez molecular, el oxígeno puede atravesar por difusión una barrera más rápidamente que el dióxido de carbono. Suponga que una mezcla de volúmenes iguales de oxígeno y dióxido de carbono está de un lado de una barrera porosa (▼figura 10.16). Después de un tiempo, algunas moléculas de O_2 y algunas de CO_2 habrán atravesado por difusión la barrera; pero habrá más oxígeno que dióxido de carbono. Si se repite el proceso con esta mezcla de gases difundidos, la concentración de oxígeno será aún mayor en el otro lado de la barrera. Se puede obtener oxígeno casi puro repitiendo muchas veces el proceso de separación. La separación por difusión gaseosa es

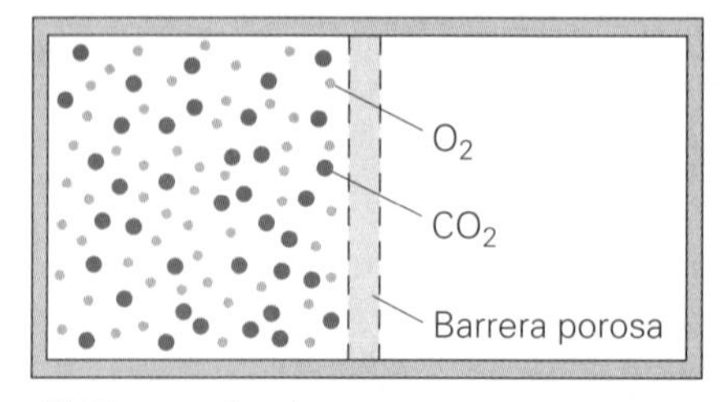

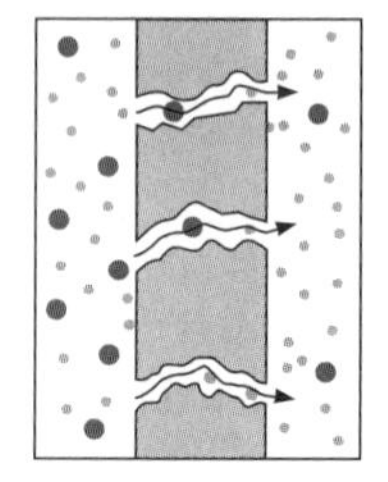

▶ **FIGURA 10.16** **Separación por difusión gaseosa** Las moléculas de ambos gases se difunden (o se efunden) a través de la barrera porosa, pero como las moléculas de oxígeno tienen mayor rapidez promedio, atraviesan la barrera en mayor número. Así, con el paso del tiempo, hay una mayor concentración de moléculas de oxígeno en el otro lado de la barrera.

A FONDO 10.3 DIFUSIÓN FISIOLÓGICA EN PROCESOS VITALES

La difusión juega un papel central en muchos procesos biológicos. Considere, por ejemplo, una membrana celular del pulmón. La membrana es permeable a varias sustancias, cualquiera de las cuales atravesará por difusión la membrana, desde una región donde su concentración es alta, hasta una donde su concentración es baja. Lo más importante es que la membrana pulmonar es permeable al oxígeno (O_2), y la transferencia de O_2 a través de la membrana se debe a un gradiente de concentración.

La sangre que llega a los pulmones es baja en O_2, porque lo cedió durante su circulación por el cuerpo a los tejidos que requieren oxígeno para su metabolismo. En cambio, el aire que está en los pulmones es rico en O_2 porque hay un intercambio continuo de aire fresco durante el proceso de respiración. Como resultado de esta diferencia de concentración, o gradiente, el O_2 se difunde del aire de los pulmones hacia la sangre que fluye por los tejidos pulmonares, y la sangre que sale de los pulmones es rica en oxígeno.

Los intercambios entre la sangre y los tejidos se efectúan a través de las paredes de los capilares, y aquí también la difusión es un factor principal. La composición química de la sangre arterial se regula para mantener las concentraciones adecuadas de solutos (sustancias disueltas en la solución sanguínea) específicos, para que la difusión se efectúe en las direcciones correctas a través de las paredes de los capilares. Por ejemplo, a medida que las células toman O_2 y nutrientes como la glucosa (azúcar de la sangre), la sangre trae continuamente un nuevo abasto de las sustancias, de manera que se mantenga el gradiente de concentración necesario para que haya difusión hacia las células. La producción continua de dióxido de carbono (CO_2) y desechos metabólicos en las células crea gradientes de concentración en la dirección opuesta para estas sustancias, las cuales luego se difunden en las células hacia la sangre, y el sistema circulatorio se las lleva.

Durante los periodos de esfuerzo físico, la actividad celular aumenta. Se consume más O_2 y se produce más CO_2, lo cual aumenta los gradientes de concentración y las tasas de difusión. ¿Cómo responden los pulmones para satisfacer la mayor demanda de O_2 en la sangre? Como es natural, la tasa de difusión depende del área superficial y del espesor de la membrana pulmonar. La respiración más honda durante el ejercicio hace que aumente el volumen de los alvéolos (pequeñas bolsas con aire en los pulmones). Dicho estiramiento hace que aumente el área superficial alveolar y disminuya el espesor de la pared membranosa, así que la difusión es más rápida.

Asimismo, el corazón trabaja más intensamente durante el ejercicio, lo que aumenta la presión arterial. Esta mayor presión hace que se abran capilares que normalmente estarían cerrados durante el reposo o la actividad normal. Esto aumenta el área total de intercambio entre la sangre y las células. Todos estos cambios facilitan el intercambio de gases durante el ejercicio.

un proceso clave en la obtención de uranio enriquecido, que se usó en la primera bomba atómica y en los primeros reactores nucleares que generan electricidad.

La difusión de fluidos es muy importante para los organismos. En la fotosíntesis vegetal, dióxido de carbono del aire entra por difusión en las hojas, y oxígeno y vapor de agua salen de ellas. La difusión de agua líquida a través de una membrana permeable que baja por un gradiente de concentración (una diferencia de concentración) se denomina **ósmosis**, y es un proceso vital en las células vivas. La difusión osmótica también es importante para el funcionamiento de los riñones: los túbulos de los riñones concentran los desechos de la sangre de forma muy parecida a la extracción de oxígeno de las mezclas. (Véase la sección A fondo 10.3 para tener otros ejemplos de difusión.)

Ósmosis es la tendencia del disolvente de una disolución, digamos agua, a atravesar por difusión una membrana semipermeable, del lado donde el disolvente está en una mayor concentración, hacia el lado donde está en una menor concentración. Si se aplica presión al lado de menor concentración, la difusión se revierte en un proceso llamado *ósmosis inversa*, la cual se utiliza en las plantas de desalinización para obtener agua dulce a partir del agua de mar en regiones costeras áridas.

También se usa ósmosis inversa para purificar el agua. Es posible que el lector haya bebido tal agua purificada. Una de las aguas embotelladas de mayor consumo se purifica "utilizando un innovador tratamiento por ósmosis inversa", según la etiqueta.

*10.6 Teoría cinética, gases diatómicos y teorema de equipartición

OBJETIVOS: Entender *a*) la diferencia entre gases monoatómicos y diatómicos, *b*) el significado del teorema de equipartición y *c*) la expresión para la energía interna de un gas diatómico.

En el mundo real, casi ninguno de los gases de los que nos ocupamos son monoatómicos. Recuerde que los gases monoatómicos son elementos conocidos como gases *nobles* o *inertes*, porque no se combinan fácilmente con otros átomos. Estos elementos se encuentran en la extrema izquierda de la tabla periódica: helio, neón, argón, kriptón, xenón y radón.

Sin embargo, la mezcla de gases que respiramos (conocida colectivamente como "aire") consiste principalmente en moléculas diatómicas de nitrógeno (N_2, 78% en volumen) y oxígeno (O_2, 21% en volumen). Cada uno de estos gases tiene dos átomos idénticos unidos químicamente para formar una sola molécula. ¿Cómo manejamos estas moléculas reales, más complicadas, en términos de la teoría cinética de los gases? [Hay moléculas de gases incluso más complicadas formadas por más de dos átomos, como el dióxido de carbono (CO_2). Sin embargo, debido a su complejidad, limitaremos nuestra explicación a las moléculas diatómicas.]

El teorema de equipartición

Como vimos en la sección 10.5, la temperatura de un gas sólo determina su energía cinética traslacional. Por lo tanto, para cualquier tipo de gas, sin importar cuántos átomos tenga en sus moléculas, *siempre se cumple* que la energía cinética *traslacional* promedio por molécula es proporcional a la temperatura del gas (ecuación 10.15): $\frac{1}{2}mv_{\text{rms}}^2 = \frac{3}{2}k_{\text{B}}T$ (para todos los gases).

Recuerde que, para gases monoatómicos, la energía interna total U consiste exclusivamente en energía cinética traslacional. Esto no sucede con las moléculas diatómicas, porque la molécula puede girar y vibrar además de tener movimiento rectilíneo. Por ello, es preciso tomar en cuenta estas formas de energía adicionales. La expresión dada en la ecuación 10.16 $\left(U = \frac{3}{2}Nk_{\text{B}}T\right)$ para los gases monoatómicos, basada en el supuesto de que toda la energía se debe únicamente al movimiento traslacional, *no* es válida para los gases diatómicos.

Los científicos han tratado de explicar la diferencia exacta entre la expresión para la energía interna de un gas diatómico y la de un gas monoatómico. Al examinar la deducción de la ecuación 10.16 a partir de la teoría cinética, se dieron cuenta de que el factor 3 de la ecuación se debía al hecho de que las moléculas de gas tenían tres direcciones rectilíneas (dimensiones) independientes para moverse. Así, para cada molécula, había tres formas independientes de tener energía cinética: con movimiento rectilíneo x, y y z. Cada forma independiente que una molécula tiene de poseer energía se denomina **grado de libertad**.

Según este esquema, un gas monoatómico sólo tiene tres grados de libertad, porque sus moléculas sólo pueden moverse en línea recta y pueden tener energía cinética en tres dimensiones. Los científicos razonaron que, muy posiblemente, un gas diatómico podía vibrar (véase la figura 10.1), con lo cual tendría energías cinética y potencial de vibración (otros dos grados de libertad). Además, una molécula diatómica podría girar.

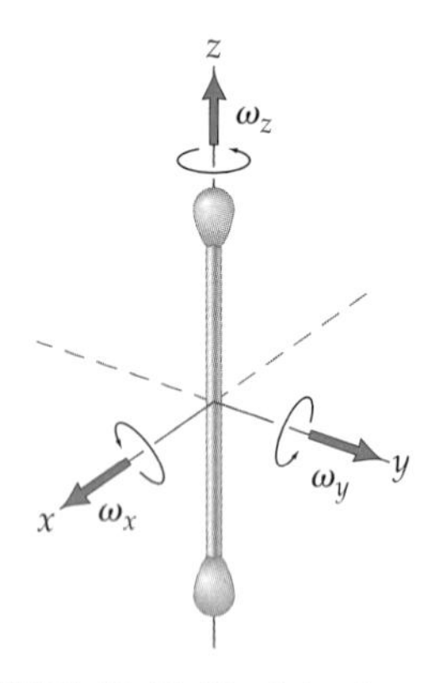

▲ **FIGURA 10.17 Modelo de una molécula de gas diatómico** Una molécula parecida a una mancuerna puede girar en torno a tres ejes. El momento de inercia, I, en torno a los ejes x y y es el mismo. Las masas (moléculas) en los extremos de la varilla son partículas puntuales, de manera que el momento de inercia en torno al eje z es I_z, que es insignificante comparado tanto con I_x como con I_y.

Considere una molécula diatómica simétrica, como O_2. Un modelo clásico describe tal molécula diatómica como si las moléculas fueran partículas conectadas por una varilla rígida (◂figura 10.17). El momento de inercia rotacional, I, tiene el mismo valor en torno a los dos ejes (x y y) perpendiculares a la varilla y que pasan por su centro. El momento de inercia en torno al eje z es prácticamente cero. (¿Por qué?) De manera que sólo hay dos grados de libertad asociados a las energías cinéticas rotacionales de las moléculas diatómicas.

Con base en lo que se sabía de los gases monoatómicos y sus tres grados de libertad, se propuso el **teorema de equipartición**. (Como su nombre indica, la energía total de un gas o molécula "se reparte" o se divide equitativamente entre cada grado de libertad.) Es decir,

> En promedio, la energía interna total U de un gas ideal se divide por partes iguales entre cada grado de libertad que sus moléculas poseen. Además, cada grado de libertad aporta $\frac{1}{2}Nk_{\text{B}}T$ (o $\frac{1}{2}nRT$) a la energía interna total del gas.

El teorema de equipartición se ajusta al caso especial de los gases monoatómicos, ya que predice que $U = \frac{3}{2}Nk_{\text{B}}T$, y ya sabemos que esto se cumple. Con tres grados de libertad, tenemos $U = 3\left(\frac{1}{2}Nk_{\text{B}}T\right)$, que coincide con el resultado monoatómico que presentamos antes (ecuación 10.16).

Exploración 20.4 Teorema de equipartición

Energía interna de un gas diatómico

¿Cómo nos ayuda el teorema de equipartición a calcular la energía interna de un gas diatómico como el oxígeno? Para efectuar ese cálculo, debemos tener presente que ahora U incluye todos los grados de libertad disponibles. Además de los grados de libertad traslacionales, ¿qué otros movimientos tienen las moléculas? El análisis es complicado y está más allá del alcance de este texto, así que sólo presentaremos los resultados generales. *A temperaturas normales (ambiente), por lo general la teoría cuántica predice (y los experimentos comprueban) que sólo los movimientos rotacionales son importantes para los grados de libertad.*

Entonces, la energía interna total de un gas diatómico se compone de la energía interna debida a los tres grados de libertad lineales y a los dos grados de libertad rotacionales, para dar un total de cinco grados de libertad. Por lo tanto, escribimos

$$U = K_{tras} + K_{rot} = 3\left(\tfrac{1}{2}nRT\right) + 2\left(\tfrac{1}{2}nRT\right) = \tfrac{5}{2}nRT = \tfrac{5}{2}Nk_BT \quad \text{(para gases diatómicos a temperaturas cercanas a la del ambiente)} \quad (10.17)$$

Vemos que una muestra de gas monoatómico a temperatura ambiente tiene 40% menos energía interna que una muestra de gas diatómico a la misma temperatura. O bien, que la muestra monoatómica posee sólo el 60% de la energía interna de una muestra diatómica.

Ejemplo 10.9 ■ Monoatómico o diatómico: ¿dos átomos son mejores que uno?

Más del 99% del aire que respiramos consiste en gases diatómicos, principalmente nitrógeno (N_2, 78%) y oxígeno (O_2, 21%). Hay trazas de otros gases, uno de los cuales es el radón (Rn), un gas monoatómico que se produce por desintegración radiactiva del uranio en el suelo. (El radón también es radiactivo, lo cual no viene al caso aquí; pero este hecho podría hacerlo peligroso para la salud si se concentra dentro de una casa.) *a*) Calcule la energía interna total de muestras de 1.00 mol de oxígeno y de radón a temperatura ambiente (20°C). *b*) Para cada muestra, determine la energía interna asociada con la energía cinética *traslacional* de las moléculas.

Razonamiento. *a*) Debemos considerar el número de grados de libertad de un gas monoatómico y un gas diatómico al calcular la energía interna U. *b*) Sólo tres grados de libertad lineales contribuyen a la porción de energía cinética traslacional (U_{tras}) de la energía interna.

Solución. Hacemos una lista con los datos y convertimos a kelvins de inmediato, porque sabemos que la energía interna se expresa en términos de la temperatura absoluta:

Dado: $n = 1.00$ mol
$T = 20°C + 273 = 293$ K temperatura ambiente

Encuentre: *a*) U para muestras de O_2 y Rn a temperatura ambiente
b) U_{tras} para muestras de O_2 y Rn a temperatura ambiente

***a*)** Calculemos primero la energía interna total de la muestra de radón (monoatómico), usando la ecuación 10.16:

$$U_{Rn} = \tfrac{3}{2}nRT = \tfrac{3}{2}(1.00 \text{ mol})[8.31 \text{ J/(mol·K)}](293 \text{ K}) = 3.65 \times 10^3 \text{ J}$$

Puesto que esta muestra está a temperatura ambiente, el oxígeno (diatómico) también incluirá energía interna almacenada en forma de dos grados de libertad adicionales, debidos a la rotación. Por lo tanto, tenemos

$$U_{O_2} = \tfrac{5}{2}nRT = \tfrac{5}{2}(1.00 \text{ mol})[8.31 \text{ J/(mol·K)}](293 \text{ K}) = 6.09 \times 10^3 \text{ J}$$

Como hemos visto, aunque hay el mismo número de moléculas en cada muestra, y la temperatura es la misma, la muestra de oxígeno tiene casi 67% más energía interna total.

***b*)** Para el radón (monoatómico), toda la energía interna es energía cinética traslacional; de manera que la respuesta es la misma que en el inciso *a*:

$$U_{tras} = U_{Rn} = 3.65 \times 10^3 \text{ J}$$

Para el oxígeno (diatómico), sólo $\tfrac{3}{2}nRT$ de la energía interna total $\left(\tfrac{5}{2}nRT\right)$ está en forma de energía cinética traslacional, así que la respuesta es la misma que para el radón; es decir, $U_{tras} = 3.65 \times 10^3$ J para ambas muestras de gas.

Ejercicio de refuerzo. *a*) En este ejemplo, ¿cuánta energía está asociada con el movimiento rotacional de las moléculas de oxígeno? *b*) ¿Qué muestra tiene mayor rapidez cuadrática media? (*Nota*: la masa de un átomo de radón es unas siete veces mayor que la masa de una molécula de oxígeno.) Explique su razonamiento.

Repaso del capítulo

Conversión Celsius-Fahrenheit:

$$T_F = \tfrac{9}{5}T_C + 32 \quad \text{o} \quad T_F = 1.8T_C + 32 \tag{10.1}$$

$$T_C = \tfrac{5}{9}(T_F - 32) \tag{10.2}$$

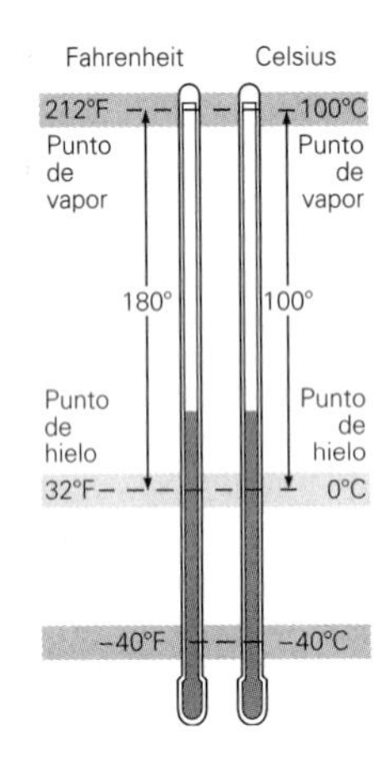

- **Calor** es la energía neta transferida de un objeto a otro debido a una diferencia de temperatura. Una vez transferida, la energía se vuelve parte de la energía interna del objeto (o sistema).

- La **ley de los gases ideales (o perfectos)** relaciona la presión, el volumen y la temperatura absoluta de un gas ideal o diluido.

Ley de los gases ideales (o perfectos) (use siempre temperaturas absolutas):

$$\frac{p_1V_1}{T_1} = \frac{p_2V_2}{T_2} \quad \text{o} \quad pV = Nk_BT \tag{10.5-6}$$

o bien

$$pV = nRT \tag{10.7}$$

donde $k_B = 1.38 \times 10^{-23}$ J/K y $R = 8.31$ J/(mol·K)

- El **cero absoluto (0 K)** corresponde a −273.15°C.

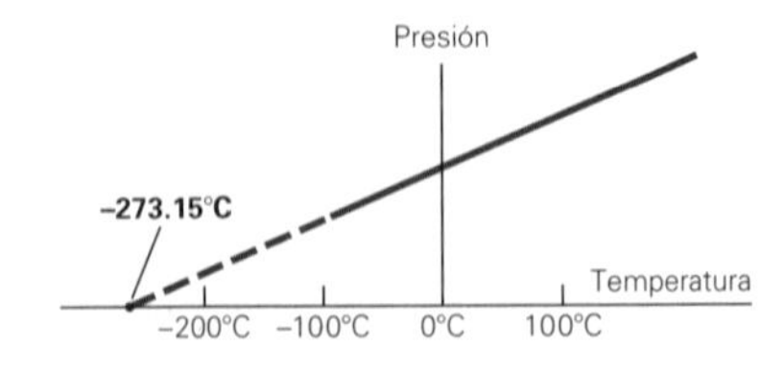

Conversión Celsius-Kelvin:

$$T_K = T_C + 273.15 \tag{10.8}$$

$$T_K = T_C + 273 \quad \textit{(para cálculos generales)} \tag{10.8a}$$

- Los **coeficientes térmicos de expansión** relacionan el cambio fraccionario en las dimensiones con un cambio en la temperatura:

Expansión térmica de sólidos:

lineal: $$\frac{\Delta L}{L_o} = \alpha\Delta T \quad \text{o} \quad L = L_o(1 + \alpha\Delta T) \tag{10.9, 10.10}$$

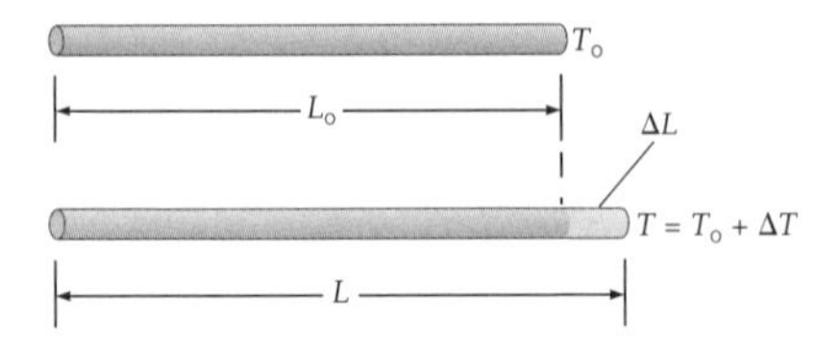

área: $$\frac{\Delta A}{A_o} = 2\alpha\Delta T \quad \text{o bien} \quad A = A_o(1 + 2\alpha\Delta T) \tag{10.11}$$

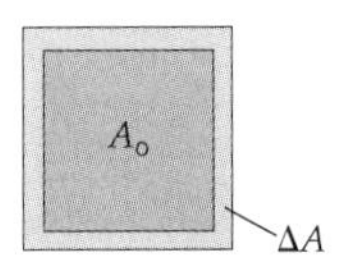

volumen: $$\frac{\Delta V}{V_o} = 3\alpha\Delta T \quad \text{o bien} \quad V = V_o(1 + 3\alpha\Delta T) \tag{10.12}$$

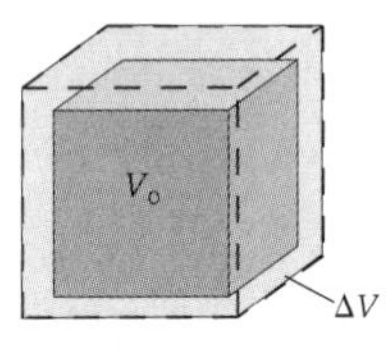

Expansión térmica de volumen de fluidos:

$$\frac{\Delta V}{V_o} = \beta\Delta T \tag{10.13}$$

- Según la **teoría cinética de los gases**, la temperatura absoluta de un gas es directamente proporcional a la energía cinética aleatoria promedio por molécula.

Resultados de la teoría cinética de los gases:

$$pV = \tfrac{1}{3}Nmv_{rms}^2 \tag{10.14}$$

$$\tfrac{1}{2}mv_{rms}^2 = \tfrac{3}{2}k_BT \quad \textit{(todos los gases ideales)} \tag{10.15}$$

$$U = \tfrac{3}{2}Nk_BT = \tfrac{3}{2}nRT \quad \textit{(sólo gases ideales monoatómicos)} \tag{10.16}$$

$$U = \tfrac{5}{2}Nk_BT = \tfrac{5}{2}nRT \quad \textit{(para gases diatómicos a temperatura cercana a la ambiente)} \tag{10.17}$$

Ejercicios*

Los ejercicios designados **OM** *son preguntas de opción múltiple; los* **PC** *son preguntas conceptuales; y los* **EI** *son ejercicios integrados. A lo largo del texto, muchas secciones de ejercicios incluirán ejercicios "apareados". Estos pares de ejercicios, que se identifican con números subrayados, pretenden ayudar al lector a resolver problemas y aprender. El primer ejercicio de cada pareja (el de número par) se resuelve en la Guía de estudio, que puede consultarse si se necesita ayuda para resolverlo. El segundo ejercicio (de número impar) es similar, y su respuesta se da al final del libro.*

10.1 Temperatura y calor *y* 10.2 Las escalas de temperatura Celsius y Fahrenheit

1. **OM** La temperatura está asociada con *a*) la energía de rotación molecular, *b*) la energía aleatoria de traslación molecular, *c*) la energía de vibración molecular, *d*) todas las anteriores.

2. **OM** Una temperatura ambiente común de 68°F equivale en la escala Celsius a *a*) 10°C, *b*) 20°C, *c*) 30°C.

3. **OM** Un intervalo específico de temperatura, como opuesto a un valor de temperatura particular, se escribe *a*) C°, *b*) °C, *c*) C°-C°, *d*) de manera indistinta.

4. **PC** Fluye calor espontáneamente de un cuerpo a más alta temperatura, hacia otro a más baja temperatura que está en contacto térmico con el primero. ¿El calor siempre fluye de un cuerpo con más energía interna a uno que tiene menos energía interna? Explique.

5. **PC** ¿Qué objeto doméstico es el más caliente (de mayor temperatura)? (*Sugerencia:* piénselo bien y quizá se le prenderá el foco.)

6. **PC** Los neumáticos de un jumbo jet comercial se inflan con nitrógeno, no con aire. ¿Por qué?

7. **PC** Al cambiar la temperatura durante el día, ¿qué escala, Celsius o Fahrenheit, registrará el cambio más pequeño? Explique.

8. ● Convierta estas lecturas a Celsius: *a*) 500°F, *b*) 0°F, *c*) –20°F y *d*) –40°F.

9. ● Convierta estas lecturas a Fahrenheit: *a*) 150°C, *b*) 32°C, *c*) –25°C y *d*) –273°C.

10. ● La aldea habitada más fría del mundo es Oymyakon, en el este de Siberia, donde la temperatura llega a bajar a –94°F. ¿Qué temperatura es ésta en la escala Celsius?

11. ● ¿Qué temperatura es menor? *a*) 245°C o 245°F. *b*) 200°C o 375°F.

12. ● Una persona con fiebre tiene una temperatura corporal de 39.4°C. ¿Qué temperatura es ésta en la escala Fahrenheit?

13. ● Las temperaturas del aire más alta y más baja registradas en Estados Unidos son, respectivamente, 134°F (Death Valley, California, 1913) y –80°F (Prospect Creek, Alaska, 1971). ¿Qué temperaturas son éstas en la escala Celsius?

* Suponga que todas las temperaturas son exactas, y deseche cifras significativas cuando los cambios dimensionales sean pequeños.

14. ● Las temperaturas del aire más alta y más baja registradas en el mundo son, respectivamente, 58°C (Libia, 1922) y –89°C (Antártida, 1983). ¿Qué temperaturas son ésas en la escala Fahrenheit?

15. **EI** ●● Hay una temperatura en la que las escalas Celsius y Fahrenheit tienen la misma lectura. *a*) Para hallar esa lectura, ¿haría 1) $5T_F = 9T_C$, 2) $9T_F = 5T_C$ o 3) $T_F = T_C$? ¿Por qué? *b*) Encuentre esa temperatura.

16. ●● Durante una cirugía a corazón abierto es común enfriar el cuerpo del paciente para reducir los procesos corporales y obtener un margen extra de seguridad. Un descenso de 8.5 C° es común en este tipo de operaciones. Si la temperatura corporal normal de una paciente es de 98.2°F, ¿cuál será su temperatura final tanto en la escala Celsius como en la Fahrenheit?

17. ●●● *a*) La mayor baja de temperatura registrada en Estados Unidos en un solo día ocurrió en Browning, Montana, en 1916, cuando la temperatura bajó de 7°C a –49°C. Calcule el cambio correspondiente en la escala Fahrenheit. *b*) En la Luna, la temperatura promedio en la superficie es de 127°C durante el día y de –183°C durante la noche. Calcule el cambio correspondiente en la escala Fahrenheit.

18. ●●● Los astrónomos saben que las temperaturas en el interior de las estrellas son "extremadamente altas". Con esto quieren decir que pueden hacer la conversión entre temperaturas Fahrenheit y Celsius utilizando una regla empírica general:

$$T(\text{en °C}) \approx \tfrac{1}{2}T(\text{en °F}).$$

a) Determine la fracción exacta (no es $\frac{1}{2}$) y *b*) el porcentaje de error que cometen los astrónomos al utilizar $\frac{1}{2}$ con altas temperaturas.

19. **EI** ●●● La figura 10.5 muestra una gráfica de temperatura Fahrenheit contra temperatura Celsius. *a*) ¿El valor de la ordenada al origen se obtiene haciendo 1) $T_F = T_C$, 2) $T_C = 0$ o 3) $T_F = 0$? ¿Por qué? *b*) Calcule el valor de la ordenada al origen. *c*) Determine la pendiente y la ordenada al origen si la gráfica se hace al revés (Celsius contra Fahrenheit).

10.3 Leyes de los gases, temperatura absoluta y la escala de temperatura Kelvin

20. **OM** La temperatura empleada en la ley de los gases ideales se debe expresar en la escala *a*) Celsius, *b*) Fahrenheit, *c*) Kelvin o *d*) cualquiera de las anteriores.

21. **OM** ¿Cuál de las siguientes escalas tiene el menor intervalo en grados: *a*) Fahrenheit, *b*) Celsius o *c*) Kelvin?

22. **OM** Cuando se eleva la temperatura de una cantidad de gas, *a*) la presión debe aumentar, *b*) el volumen debe aumentar, *c*) tanto la presión como el volumen deben aumentar o *d*) nada de lo anterior.

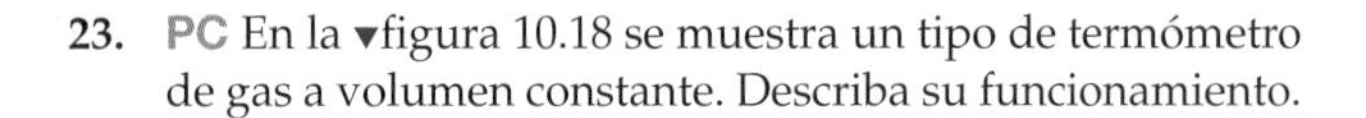

23. **PC** En la ▼figura 10.18 se muestra un tipo de termómetro de gas a volumen constante. Describa su funcionamiento.

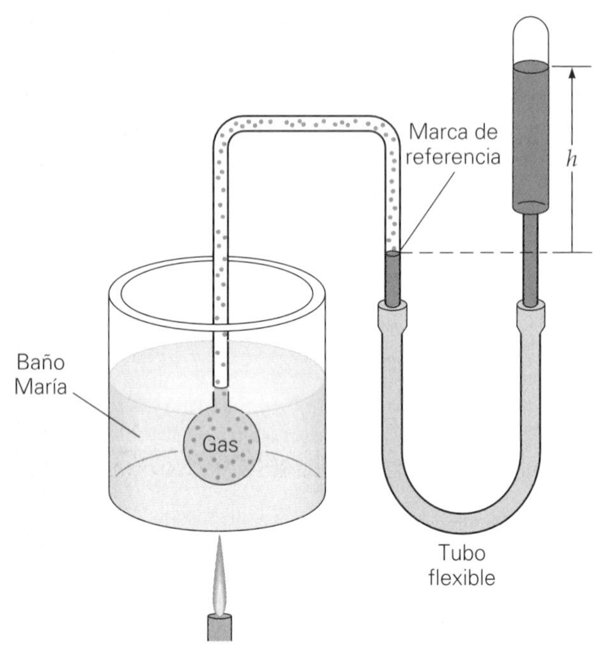

▲ **FIGURA 10.18 Un tipo de termómetro de gas de volumen constante** Véase el ejercicio 23.

24. **PC** Describa cómo podría construirse un termómetro de gas a presión constante.

25. **PC** En términos de la ley de los gases ideales, ¿qué implicaría una temperatura de cero absoluto? ¿Y una temperatura absoluta negativa?

26. **PC** Como preparación para una fiesta de fin de año en Times Square, usted infla 10 globos en su cálido apartamento y luego los lleva a la gélida plaza, donde queda muy decepcionado con sus decoraciones. ¿Por qué?

27. **PC** ¿Qué tiene más moléculas, 1 mol de oxígeno o 1 mol de nitrógeno? Explique.

28. ● Convierta estas temperaturas a temperaturas absolutas en kelvins: *a*) 0°C, *b*) 100°C, *c*) 20°C y *d*) –35°C.

29. ● Convierta estas temperaturas a grados Celsius: *a*) 0 K, *b*) 250 K, *c*) 273 K y *d*) 325 K.

30. ● *a*) Establezca una ecuación para convertir temperaturas Fahrenheit directamente a temperaturas absolutas en kelvins. *b*) ¿Cuál temperatura es menor, 300°F o 300 K?

31. ● Cuando cae un rayo, puede calentar el aire a más de 30 000 K, cinco veces la temperatura de la superficie del Sol. *a*) Exprese esta temperatura en las escalas Fahrenheit y Celsius. *b*) A veces la temperatura se da como 30 000°C. Suponiendo que 30 000 K es lo correcto, ¿qué porcentaje de error tiene ese valor Celsius?

32. ● ¿Cuántos moles hay en *a*) 40 g de agua, *b*) 245 g de H_2SO_4 (ácido sulfúrico), *c*) 138 g de NO_2 (dióxido de nitrógeno) y *d*) 56 L de SO_2 (dióxido de azufre) a TPE (temperatura estándar de exactamente 0°C y presión de exactamente 1 atm)?

33. **EI** ● *a*) En un termómetro de gas de volumen constante, si la presión del gas disminuye, ¿la temperatura del gas 1) aumentará, 2) disminuirá, o 3) no cambiará? ¿Por qué? *b*) La presión absoluta inicial de un gas es de 1000 Pa a temperatura ambiente (20°C). Si la presión aumenta a 1500 Pa, entonces ¿qué temperatura en grados Celsius tendrá el gas?

34. ●● En la troposfera (la parte inferior de la atmósfera), la temperatura disminuye de manera bastante uniforme con la altitud a una tasa llamada "lapso" de 6.5 C°/km. ¿Cuáles son las temperaturas *a*) cerca de la parte superior de la troposfera (que tiene un grosor promedio de 11 km) y *b*) en el exterior de un avión comercial que vuela a una altitud de crucero de 34 000 ft? (Suponga que la temperatura en el suelo es la temperatura ambiente.)

35. ●● Un atleta tiene una gran capacidad pulmonar: 7.0 L. Suponiendo que el aire es un gas ideal, ¿cuántas moléculas de aire hay en los pulmones del atleta, si su temperatura es de 37°C y está a la presión atmosférica normal?

36. ●● Demuestre que 1.00 mol de un gas ideal a TPE ocupa un volumen de $0.0224 \text{ m}^3 = 22.4$ L.

37. ●● ¿Qué volumen ocupan 6.0 g de hidrógeno a una presión de 2.0 atm y una temperatura de 300 K?

38. ●● ¿Hay una temperatura que tenga el mismo valor numérico en las escalas Kelvin y Fahrenheit? Justifique su respuesta.

39. ●● Un hombre compra un globo lleno de helio como regalo de aniversario para su esposa. El globo tiene un volumen de 3.5 L en la cálida tienda que se encuentra a 74°F. Al salir a la calle, donde la temperatura es de 48°F, el hombre se da cuenta de que el globo encogió. ¿En cuánto se redujo el volumen?

40. ●● En un día caluroso (92°F), un globo lleno de aire ocupa un volumen de 0.20 m^3 y la presión en su interior es de 20.0 lb/in^2. Si el globo se enfría a 32°F en un refrigerador y su presión se reduce a 14.7 lb/in^2, ¿qué volumen ocupará? (Suponga que el aire se comporta como gas ideal.)

41. ●● Un neumático radial con refuerzos de acero se infla a una presión manométrica de 30.0 lb/in^2 cuando la temperatura es de 61°F. Más tarde, la temperatura aumenta a 100°F. Suponiendo que el volumen del neumático no cambia, ¿qué presión habrá en su interior a la temperatura alta? (*Sugerencia:* recuerde que la ley de los gases ideales usa presión absoluta.)

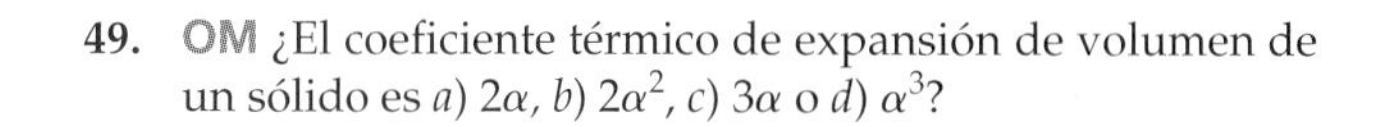

42. **EI ●●** *a*) Si la temperatura de un gas ideal aumenta y su volumen disminuye, ¿la presión del gas 1) aumentará, 2) no cambiará o 3) disminuirá? ¿Por qué? *b*) La temperatura en kelvins de un gas ideal aumenta al doble y su volumen se reduce a la mitad. ¿Cómo afectará esto a la presión?

43. **●●** Un buzo toma un tanque de acero lleno de aire para hacer una inmersión profunda. El volumen del tanque es de 5.35 L y está completamente lleno con aire a una presión total de 2.45 atm al inicio de la inmersión. La temperatura del aire en la superficie es de 94°F y el buzo termina en aguas profundas a 60°F. Suponiendo equilibrio térmico e ignorando la pérdida de aire, determine la presión interna total del aire cuando está en el ambiente frío.

44. **●●** Si 2.4 m^3 de un gas que inicialmente está a TPE se comprime a 1.6 m^3 y su temperatura se aumenta a 30°C, ¿qué presión final tendrá?

45. **EI ●●** La presión de un gas de baja densidad en un cilindro se mantiene constante mientras se incrementa su temperatura. *a*) ¿El volumen del gas 1) aumenta, 2) disminuye o 3) no cambia? ¿Por qué? *b*) Si la temperatura se aumenta de 10 a 40°C, ¿qué cambio porcentual sufrirá el volumen del gas?

46. **●●●** *a*) Demuestre que para el rango de temperatura Kelvin

$$T \gg 273\text{ K}, \quad T \approx T_C \approx \frac{5}{9}T_F.$$

b) Para la temperatura ambiente, ¿qué porcentaje de error resultaría al utilizar esto para determinar la temperatura Kelvin? *c*) Para la temperatura común en el interior de una estrella de 10 millones de °F, ¿cuál es porcentaje del error en la temperatura Kelvin? (Utilice tantas cifras significativas como sea necesario.)

47. **●●●** Un buzo suelta una burbuja de aire con un volumen de 2.0 cm^3 desde una profundidad de 15 m bajo la superficie de un lago, donde la temperatura es de 7.0°C. ¿Qué volumen tendrá la burbuja cuando llegue justo abajo de la superficie del lago, donde la temperatura es de 20°C?

10.4 Expansión térmica

48. **OM** ¿Las unidades del coeficiente térmico de expansión lineal son *a*) m/C°, *b*) m^2/C°, *c*) m • C° o *d*) 1/C°?

49. **OM** ¿El coeficiente térmico de expansión de volumen de un sólido es *a*) 2α, *b*) $2\alpha^2$, *c*) 3α o *d*) α^3?

50. **OM** ¿Cuál de las siguientes frases describe el comportamiento de la densidad del agua en el rango de temperatura de 0 a 4°C? *a*) Aumenta con la temperatura creciente, *b*) permanece constante, *c*) disminuye con la temperatura decreciente o *d*) incisos *a* y *c*.

51. **PC** Un cubo de hielo descansa sobre una tira bimetálica a temperatura ambiente (▾figura 10.19). ¿Qué sucederá si *a*) la tira superior es de aluminio, y la inferior de latón, o *b*) la tira superior es de hierro, y la inferior de cobre? *c*) Si el cubo es de un metal caliente en vez de hielo y las dos tiras son de latón y cobre, ¿cuál de estos metales deberá estar arriba para que el cubo no se caiga?

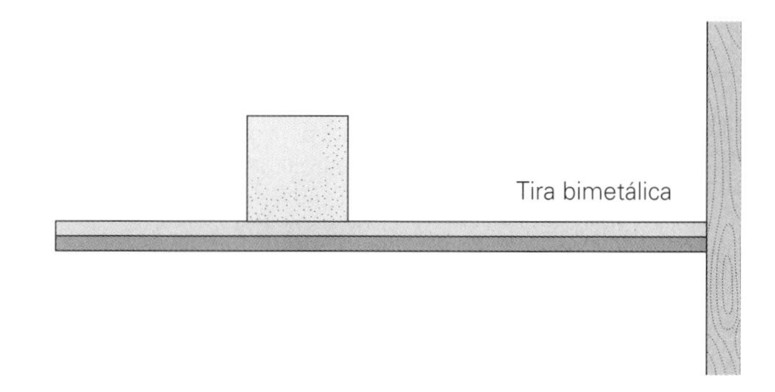

▲ **FIGURA 10.19 ¿Hacia dónde se irá el cubo?** Véase el ejercicio 51.

52. **PC** Un disco de metal sólido gira libremente, de manera que se aplica la conservación de la cantidad de movimiento angular (capítulo 8). Si el disco se calienta mientras gira, ¿habrá algún efecto en la tasa de rotación (la rapidez angular)?

53. **PC** En la ▾figura 10.20 se ilustra una demostración de expansión térmica. *a*) Inicialmente, la esfera pasa por el anillo hecho del mismo metal. Cuando se calienta la esfera *b*), no pasa por el anillo *c*). Si tanto la esfera como el anillo se calientan, la esfera pasa por el anillo. Explique qué se está demostrando.

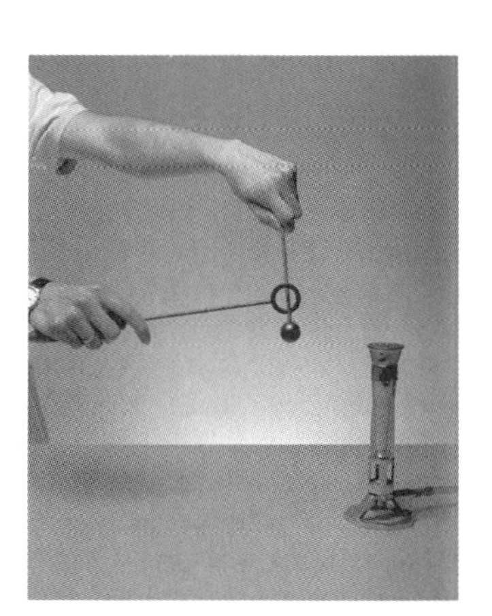

a)

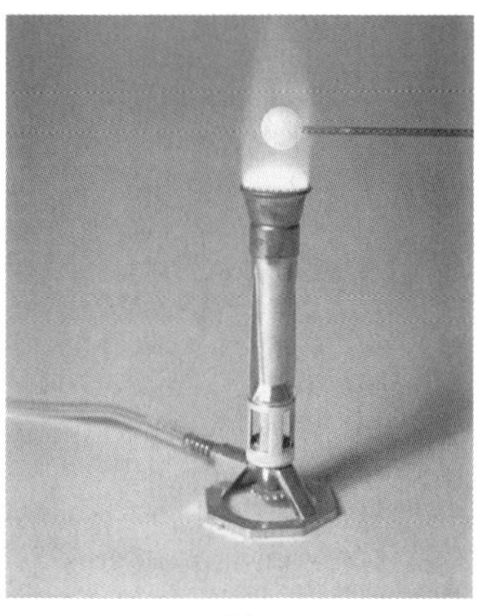

b)

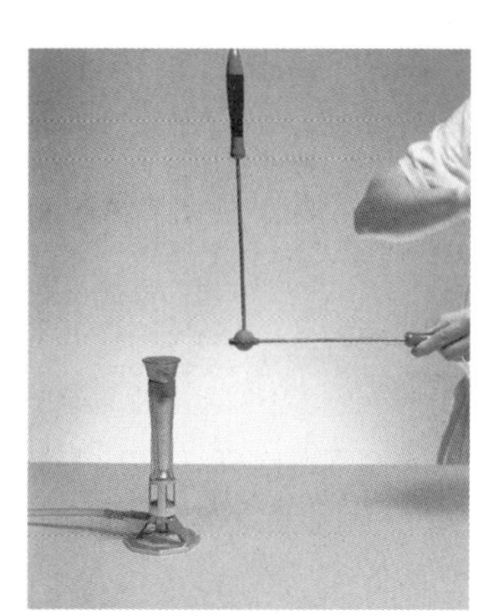

c)

◂ **FIGURA 10.20 Expansión de esfera y anillo** Véase los ejercicios 53 y 63.

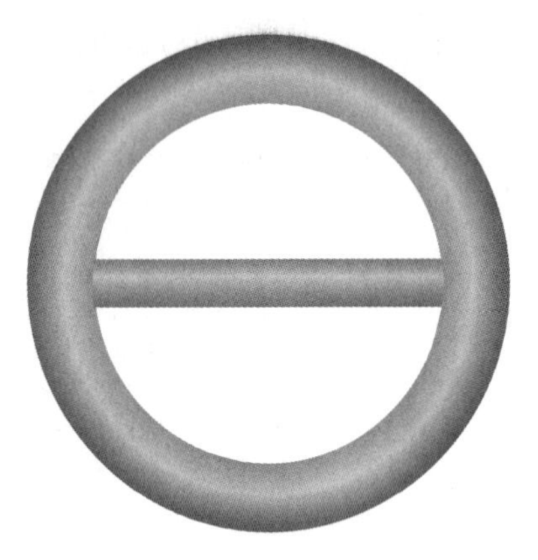

◀ **FIGURA 10.21** **¿Esfuerzo deformador?** Véase el ejercicio 54.

54. PC Un anillo circular de hierro tiene una barra de hierro que entra muy justa en su diámetro, como se observa en la ▲figura 10.21. Si el conjunto se calienta en un horno a alta temperatura, ¿el anillo circular se distorsionará? ¿Y si la barra es de aluminio?

55. PC Solemos usar agua caliente para aflojar la tapa metálica de un frasco de vidrio cuando está bien sellada. Explique por qué funciona esto.

56. ● Una viga de acero de 10 m de longitud se instala en una estructura a 20°C. ¿Cómo cambia esa longitud en los extremos de temperatura de –30 y 45°C?

57. **EI** ● Una cinta métrica de aluminio es exacta a 20°C. *a*) Si se coloca en un congelador, indicará una longitud 1) mayor, 2) menor o 3) igual que la real? *b*) Si la temperatura en el congelador es de –5.0°C, ¿qué porcentaje de error tendrá la cinta debido a la contracción térmica?

58. ● Se vierten planchas de concreto de 5.0 m de longitud en una autopista. ¿Qué anchura deberán tener las ranuras de expansión entre las planchas a una temperatura de 20°C, para garantizar que no habrá contacto entre planchas adyacentes dentro de un intervalo de temperaturas de –25 a 45°C?

59. ● Una argolla matrimonial de hombre tiene un diámetro interior de 2.4 cm a 20°C. Si la argolla se coloca en agua en ebullición, ¿cómo cambiará su diámetro?

60. ●● ¿Qué cambio de temperatura producirá un incremento de 0.10% en el volumen de una cantidad de agua que inicialmente estaba a 20°C?

61. ●● Un tramo de tubo de cobre empleado en plomería tiene 60.0 cm de longitud y un diámetro interior de 1.50 cm a 20°C. Si agua caliente a 85°C fluye por el tubo, ¿cómo cambiarán *a*) su longitud y *b*) su área transversal? ¿Esto último afecta la tasa de flujo?

62. **EI** ●● Se recorta una pieza circular de una lámina de aluminio a temperatura ambiente. *a*) Si la lámina se coloca después en un horno, ¿el agujero 1) se hará más grande, 2) se encogerá o 3) no cambiará de tamaño? ¿Por qué? *b*) Si el diámetro del agujero es de 8.00 cm a 20°C y la temperatura del horno es de 150°C, ¿qué área tendrá el agujero?

63. **EI** ●● En la figura 10.20, el diámetro del anillo de acero, 2.5 cm, es 0.10 mm menor que el de la esfera de acero a 20°C. *a*) Para que la esfera pase por el anillo, ¿deberíamos calentar 1) el anillo, 2) la esfera o 3) ambos? ¿Por qué? *b*) ¿Qué temperatura mínima se requiere?

64. ●● Una placa de acero circular de 15 cm de radio se enfría de 350 a 20°C. ¿En qué porcentaje disminuye el área de la placa?

65. ●● Una tarta de calabaza está rellena hasta el borde. El molde en el que se hornea la tarta está hecho de Pirex y su expansión puede ignorarse. Es un cilindro con una profundidad interior de 2.10 cm y un diámetro interior de 30.0 cm. La tarta se prepara a una temperatura ambiente de 68°F y se introduce en un horno a 400°F. Cuando se saca del horno, se observa que 151 cc del relleno de la tarta se salieron invadiendo el borde. Determine el coeficiente de expansión volumétrica del relleno de la tarta, suponiendo que es un fluido.

66. ●● Cierta mañana, un empleado de una arrendadora de automóviles llena el tanque de gasolina de acero de un auto hasta el tope y luego lo estaciona. *a*) Esa tarde, al aumentar la temperatura, ¿se derramará gasolina o no? ¿Por qué? *b*) Si la temperatura en la mañana es 10°C, y en la tarde es 30°C, y la capacidad del tanque en la mañana es de 25 gal, ¿cuánta gasolina se perderá? (Desprecie la expansión del tanque.)

67. ●● Un bloque de cobre tiene una cavidad esférica interna de 10 cm de diámetro (▼figura 10.22). El bloque se calienta en un horno de 20°C a 500 K. *a*) ¿La cavidad se hace mayor o menor? *b*) ¿Cómo cambia el volumen de la cavidad?

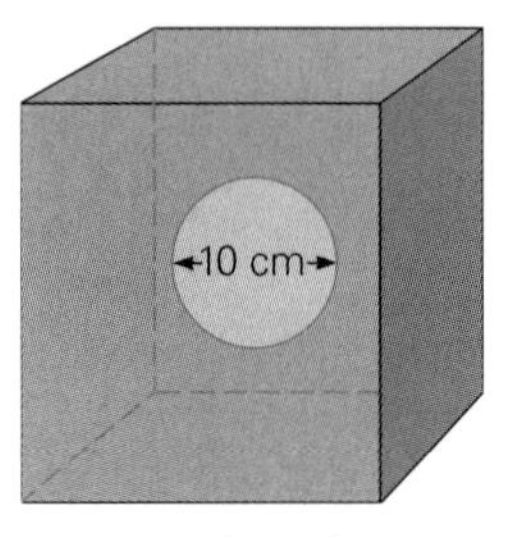

◀ **FIGURA 10.22 Un agujero en un bloque** Véase el ejercicio 67.

68. ●● Cuando se expone a la luz solar, un agujero en una hoja de cobre expande su diámetro en 0.153% en comparación con su diámetro a 68°F. ¿Cuál es la temperatura de la hoja de cobre al sol?

69. ●●● Una varilla de latón tiene una sección transversal circular de 5.00 cm de radio. La varilla entra en un agujero circular de una lámina de cobre con un margen de 0.010 mm en todo su contorno, cuando ambas piezas están a 20°C. *a*) ¿A qué temperatura será cero el margen? *b*) ¿Sería posible este ajuste apretado si la lámina fuera de latón y la varilla fuera de cobre?

70. ●●● La tabla 10.1 establece que el coeficiente (experimental) de expansión volumétrica β para el aire (y para la mayoría de otros gases ideales a 1 atm y 20°C) es de $3.5 \times 10^{-3}/\text{C}°$. Utilice la definición del coeficiente de expansión volumétrica para demostrar que este valor puede predecirse, con una muy buena aproximación, a partir de la ley de los gases ideales, y que el resultado se cumple para todos los gases ideales, no sólo para el aire.

71. ●●● Un vaso Pyrex con capacidad de 1000 cm^3 a 20°C contiene 990 cm^3 de mercurio a esa temperatura. ¿Existe alguna temperatura a la que el mercurio llene totalmente el vaso? Justifique su respuesta. (Suponga que no se pierde masa por evaporación.)

10.5 La teoría cinética de los gases

72. **OM** Si la energía cinética promedio de las moléculas de un gas ideal que inicialmente está a 20°C aumenta al doble, ¿qué temperatura final tendrá el gas? *a*) 10°C, *b*) 40°C, *c*) 313°C o *d*) 586°C.

73. **OM** Si la temperatura de una cantidad de gas ideal se eleva de 100 a 200 K, ¿la energía interna del gas *a*) aumenta al doble, *b*) se reduce a la mitad, *c*) no cambia o *d*) nada de lo anterior?

74. **OM** La percepción de los olores generalmente es resultado de *a*) la efusión, *b*) la difusión, *c*) la ósmosis, *d*) la ósmosis inversa.

75. **PC** Volúmenes iguales de los gases helio (He) y neón (Ne) a la misma temperatura (y presión) están en lados opuestos de una membrana porosa (▼figura 10.23). Describa qué sucede después de algún tiempo, y por qué.

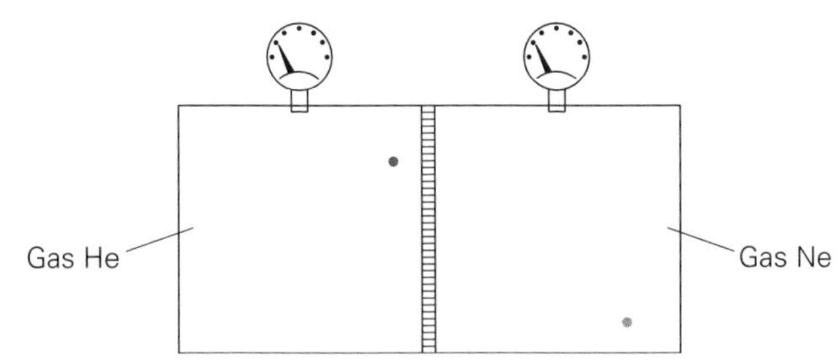

▲ **FIGURA 10.23** ¿Qué sucede al paso del tiempo? Véase el ejercicio 75.

76. **PC** El gas natural es inodoro. Para que la gente pueda detectar fugas de gas, se le añade un aditivo con olor característico. Cuando hay una fuga, el aditivo nos llega a la nariz antes que el gas. ¿Qué podemos concluir acerca de las masas de las moléculas del aditivo y del gas?

77. ● Calcule la energía cinética promedio por molécula de un gas ideal a *a*) 20°C y *b*) 100°C.

78. **EI** ● Si la temperatura Celsius de un gas ideal se aumenta al doble, *a*) ¿la energía interna del gas 1) aumentará al doble, 2) aumentará a menos del doble, 3) disminuirá a la mitad o 4) disminuirá a menos de la mitad? ¿Por qué? *b*) Si la temperatura se eleva de 20 a 40°C, ¿qué tanto cambiará la energía interna de 2.0 moles de un gas ideal?

79. ● *a*) Calcule la energía cinética promedio por molécula de un gas ideal a una temperatura de 25°C. *b*) Calcule la rapidez promedio (rms) de las moléculas si el gas es helio. (Una molécula de helio consiste en un solo átomo de masa 6.65×10^{-27} kg.)

80. ● Calcule la rapidez promedio de las moléculas de oxígeno a baja densidad a 0°C. (La masa de una molécula de oxígeno, O_2, es de 5.31×10^{-26} kg.)

81. ●● Si la temperatura de un gas ideal aumenta de 300 a 600 K, ¿qué pasa con la rapidez rms de sus moléculas?

82. ●● A una temperatura dada, ¿qué sería mayor, la rapidez rms del oxígeno (O_2) o del ozono (O_3), y ¿cuántas veces mayor?

83. ●● *a*) Estime la cantidad total de energía cinética traslacional en un salón de clases a temperatura ambiente normal. Suponga que las medidas del salón son 4.00 m por 10.0 m por 3.00 m. *b*) Si esta energía se aprovechara en un arnés, ¿qué tan alto podría levantar un elefante con una masa de 1200 kg?

84. ●● Si la temperatura de un gas ideal se elevara de 25 a 100°C, ¿cuántas veces mayor sería la nueva rapidez promedio (rms) de sus moléculas?

85. ●● Una cantidad de un gas ideal está a 0°C. Una cantidad igual de otro gas ideal es dos veces más caliente. ¿Qué temperatura tiene?

86. ●● Si 2.0 moles de gas oxígeno se confinan en una botella de 10 L bajo una presión de 6.0 atm, ¿cuál será la energía cinética promedio de una molécula de oxígeno?

87. ●● Si la rapidez rms de las moléculas en un gas ideal a 20°C aumenta por un factor de dos, ¿cuál será la nueva temperatura?

88. ●● Calcule el número de moléculas de gas en un contenedor con volumen de 0.10 m^3 lleno con gas bajo un vacío parcial de presión de 20 Pa a 20°C.

89. **EI** ●●● Durante la carrera por la bomba atómica en la Segunda Guerra Mundial, fue necesario separar un isótopo más ligero de uranio (el U-235 era el isótopo fisionable necesario para el material de la bomba) de una variedad más pesada (U-238). El uranio se convirtió en un gas, hexafluoruro de uranio (UF_6), y las diferencias en sus rapideces promedio se utilizaron para separar los dos isótopos del uranio por *difusión gaseosa*. Como una mezcla molecular de dos componentes a temperatura ambiente, ¿cuál de los dos tipos de moléculas se moverían más rápido, en promedio? 1) $^{235}UF_6$, 2) $^{238}UF_6$ o 3) tendrían la misma rapidez promedio. *b*) Determine la razón de sus rapideces, de la molécula ligera a la molécula pesada. Considere las moléculas como gases ideales e ignore las rotaciones y/o vibraciones de las moléculas. Las masas de los tres átomos en unidades de masa atómica son 238, 235 y 19 para el flúor.

*10.6 Teoría cinética, gases diatómicos y teorema de equipartición

90. **OM** ¿La temperatura de una molécula diatómica como O_2 es una medida de su *a*) energía cinética traslacional, *b*) energía cinética rotacional, *c*) energía cinética vibracional o *d*) todo lo anterior?

91. **OM** En promedio, ¿la energía interna de un gas se divide equitativamente entre *a*) cada átomo, *b*) cada grado de libertad, *c*) movimientos rectilíneo, rotacional y vibracional o *d*) nada de lo anterior?

92. PC ¿Por qué una muestra de gas con moléculas diatómicas tiene más energía interna que una muestra similar con moléculas monoatómicas a la misma temperatura?

93. PC ¿Cuál es la diferencia en las energías internas de las moléculas monoatómica y biatómica?

94. ● Si 1.0 mol de un gas monoatómico ideal tiene una energía interna total de 5.0×10^3 J a cierta temperatura, ¿qué energía interna total tendrá 1.0 mol de un gas diatómico a la misma temperatura?

95. ● Calcule la energía interna total de 1.0 mol de O_2 gaseoso a 20°C.

96. ●● Para una molécula promedio de N_2 gaseoso a 10°C, calcule *a*) su energía cinética traslacional, *b*) energía cinética rotacional y *c*) energía total.

97. ●● *a*) En el salón de clases del ejercicio 83, ¿cuánta de la energía está en la forma de energía cinética de rotación? *b*) ¿Cuánta energía total cinética hay en el aire?

Ejercicios adicionales

98. **EI** *a*) Conforme la mayoría de los objetos se enfrían, sus densidades 1) aumentan, 2) disminuyen, 3) permanecen iguales. *b*) ¿Por qué porcentaje cambia la densidad de una bola de bolos (suponiendo que es una esfera uniforme) cuando se saca de la temperatura ambiente (68°F) para ponerla en contacto con el aire en una fría noche de Nome, Alaska (–40°F)? Suponga que la bola está hecha de un material que tiene un coeficiente de expansión lineal α de 75.2×10^{-6}/C°.

99. Cuando una tetera de cobre llena por completo se coloca verticalmente a temperatura ambiente (68°F), el agua inicialmente sale por la boquilla a 100 cc/s. ¿Por qué porcentaje cambiará esto si la tetera contuviera agua hirviendo a 212°F? Suponga que el único cambio significativo se debe al cambio en el tamaño del chorro.

100. Un gas ideal ocupa un recipiente con volumen de 0.75 L a presión y temperatura estándar. Determine *a*) el número de moles y *b*) el número de moléculas del gas. *c*) Si el gas es monóxido de carbono (CO), ¿cuál es su masa?

101. **EI** La rapidez de escape de la Tierra es aproximadamente de 11 000 m/s. Suponga que para un tipo dado de gas, escapar de la atmósfera terrestre requiere que su rapidez molecular promedio sea del 10% de la rapidez de escape. *a*) ¿Qué gas tendría mayor probabilidad de escapar de la Tierra? 1) el oxígeno, 2) el nitrógeno o 3) el helio. *b*) Suponiendo una temperatura de –40°F en la atmósfera superior, determine la rapidez traslacional promedio de una molécula de oxígeno. ¿Es suficiente para escapar de la Tierra? (Datos: la masa de una molécula de oxígeno es 5.34×10^{-26} kg, la masa de una molécula de nitrógeno es 4.68×10^{-26} kg, y la de una molécula de helio es 6.68×10^{-27} kg.)

PHYSLET®

Los siguientes problemas de física Physlet pueden utilizarse con este capítulo:
19.3, 19.4, 19.5, 20.1, 20.2, 20.4, 20.5, 20.6, 20.7

CAPÍTULO

11 CALOR

HECHOS DE FÍSICA

- Con una temperatura en la piel de 34°C (93.2°F), una persona sentada en una habitación a 23°C (73.4°F) perderá unos 100 J de calor por segundo, una salida de energía equivalente aproximadamente a la de una bombilla de luz de 100 W. Por ello una habitación cerrada llena de gente tiende a calentarse.
- Un par de pulgadas de fibra de vidrio en el ático logra evitar la pérdida de calor hasta en un 90% (véase el ejemplo 11.7).
- Si la Tierra no tuviera atmósfera (ni tampoco efecto invernadero), su temperatura superficial promedio sería de 30°C (86°F) más baja de lo que es actualmente. Eso provocaría que el agua líquida se congelara y que la vida tal como la conocemos ahora se extinguiera.
- La mayoría de los metales son excelentes conductores térmicos. Sin embargo, el hierro y el acero son conductores relativamente deficientes; conducen apenas el 12% de lo que conduce el cobre.
- El poliestireno es uno de los mejores aislantes térmicos. Conduce sólo el 25% en comparación con la lana en condiciones similares.
- Durante una carrera en un día caluroso, un ciclista profesional evapora tanto como siete litros de agua en tres horas al liberarse del calor generado por esta vigorosa actividad.

El calor es fundamental para nuestra existencia. Nuestro cuerpo debe equilibrar con delicadeza las pérdidas y ganancias de calor para mantenerse dentro del estrecho rango de temperaturas que la vida requiere. Estos equilibrios térmicos son delicados, y cualquier perturbación podría originar graves consecuencias. En una persona, una enfermedad puede alterar el equilibrio térmico y producir escalofríos o fiebre.

Para mantener nuestra salud, nos ejercitamos haciendo trabajo mecánico como levantar pesas o practicar el ciclismo, entre otras actividades. Nuestro cuerpo convierte la energía (potencial química) de los alimentos en trabajo mecánico; sin embargo, este proceso no es perfecto. Esto es, el cuerpo no puede convertir toda la energía de los alimentos en trabajo mecánico —de hecho, sería menos del 20%, dependiendo de qué grupos de músculos realicen el trabajo—. El resto se convierte en calor. Los músculos de las piernas son los más grandes y más eficientes al efectuar trabajo mecánico; por ejemplo, montar bicicleta y correr son procesos relativamente eficientes. Los músculos de los brazos y de los hombros son menos eficientes; por eso, remover la nieve con una pala es un ejercicio de baja eficiencia. El cuerpo debe tener mecanismos especiales de enfriamiento para deshacerse del exceso de calor generado durante el ejercicio intenso. El mecanismo más eficiente para ello es la transpiración o la evaporación del agua. Los corredores de maratón tratan de inducir el enfriamiento y la evaporación echándose agua sobre la cabeza.

En una escala mayor, el calor es muy importante para el ecosistema de nuestro planeta. La temperatura promedio de la Tierra, tan vital para nuestro entorno y la supervivencia de los organismos que lo habitan, se mantiene gracias a un equilibrio por intercambio de calor. Diariamente nos calienta la gran cantidad de energía del Sol que llega a la atmósfera y a la superficie terrestres. Los científicos están preocupados porque una acumulación de gases "de invernadero" —un producto de nuestra sociedad industrial— en la atmósfera eleve considerablemente la temperatura promedio del planeta. Un cambio así podría tener un efecto negativo sobre todos los seres vivos.

En un nivel más práctico, la mayoría de nosotros sabe que hay que tener mucho cuidado al tomar un objeto que haya estado recientemente en contacto con una flama o con otra fuente de calor. Aunque el fondo de cobre de una cacerola de acero sobre la estufa quizás esté muy caliente, el asa de acero de la cacerola sólo estará cálida al tacto. En ocasiones, el contacto directo no es necesario para transmitir el calor; pero, ¿cómo se transfirió el calor? ¿Y por qué el asa de acero no está tan caliente como la cacerola? Usted aprenderá que esto tiene que ver con la conducción térmica. Cada día, enormes cantidades de energía solar llegan a la atmósfera y la superficie de nuestro planeta, y después son radiadas hacia el espacio exterior.

En este capítulo, estudiaremos qué es calor y cómo se mide, y examinaremos los diversos mecanismos por los cuales pasa calor de un objeto a otro. Estos conocimientos nos permitirán explicar muchos fenómenos cotidianos y nos ayudarán a entender la conversión de energía térmica en trabajo mecánico útil.

11.1 Definición y unidades de calor

OBJETIVOS: *a*) Definir calor, *b*) distinguir las distintas unidades de calor y *c*) definir el equivalente mecánico del calor.

Al igual que el trabajo, el calor implica una transferencia de energía. En el siglo XIX, se creía que el calor describía la cantidad de energía que un objeto posee; sin embargo, ello no es así. Más bien, **calor** es el término que usamos para describir un tipo de *transferencia* de energía. Cuando hablamos de "calor" o "energía calorífica", nos referimos a la cantidad de energía que se agrega o se quita a la energía interna total de un objeto, por causa de una diferencia de temperatura.

Puesto que el calor es energía *en tránsito*, la medimos en unidades estándar de energía. Como siempre, usaremos unidades SI (el joule), pero también definiremos otras unidades de calor de uso común, como complemento. Una de las principales es la **kilocaloría (kcal)** (▾figura 11.1a):

> Definimos una kilocaloría (kcal) como la cantidad de calor necesaria para elevar la temperatura de 1 kg de agua en 1 C° (de 14.5 a 15.5°C).

(La kilocaloría se conoce técnicamente como "kilocaloría de 15°".) Se especifica el intervalo de temperatura porque la energía requerida varía un poco con la temperatura, aunque dicha variación es tan pequeña que podemos ignorarla.

Para describir las cantidades más pequeñas de calor suele usarse la **caloría (cal)** (1 kcal = 1000 cal). Una caloría es la cantidad de calor necesaria para elevar la temperatura de 1 g de agua en 1 C° (de 14.5 a 15.5°C) (figura 11.1b).

Un uso muy conocido de la unidad mayor, la kilocaloría, es la especificación del contenido energético de los alimentos. En este contexto, la palabra suele abreviarse a *Caloría* (Cal). Quienes siguen una dieta están contando en realidad kilocalorías. Esta cantidad se refiere a la energía que está disponible para convertirse en calor, para realizar movimiento mecánico, para mantener la temperatura del cuerpo o para aumentar la masa corporal. (Véase el ejemplo 11.1.) La C mayúscula distingue a la Caloría-kilogramo, o kilocaloría, de la caloría-gramo, o caloría, más pequeña. A veces se les denomina "Caloría grande" y "caloría pequeña". (En algunos países, se usa el joule para especificar el contenido energético de los alimentos, véase la ▸figura 11.2.)

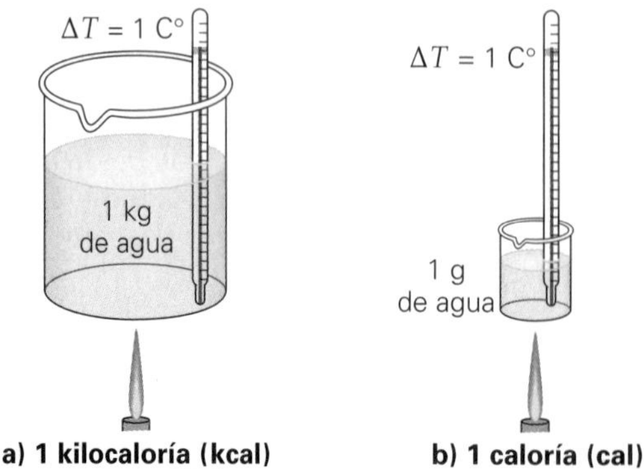

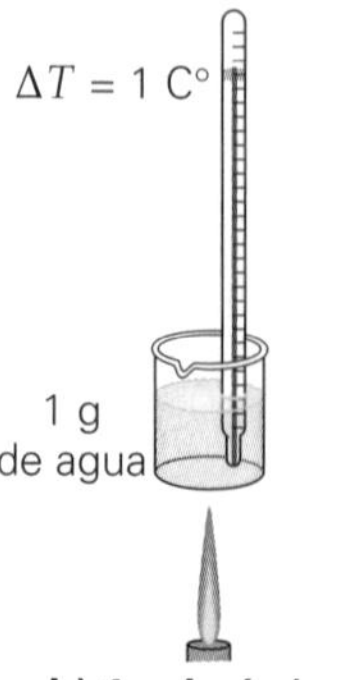

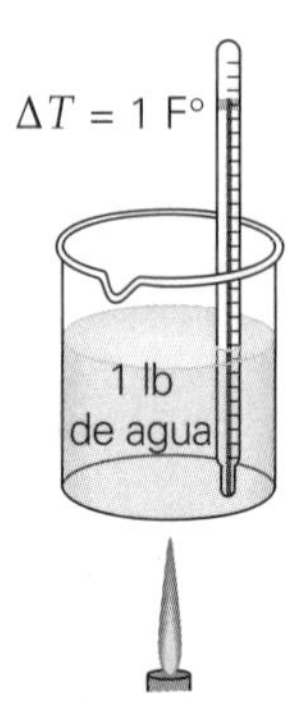

a) 1 kilocaloría (kcal) o Caloría (Cal) **b) 1 caloría (cal)** **c) 1 unidad térmica inglesa (Btu)**

▸ **FIGURA 11.1** Unidades de calor *a*) Una kilocaloría eleva la temperatura de 1 kg de agua en 1 C°. *b*) Una caloría eleva 1 C° la temperatura de 1 g de agua. *c*) Una Btu eleva 1 F° la temperatura de 1 lb de agua. (No está a escala.)

Una unidad de calor que a veces se usa en la industria estadounidense es la **unidad térmica inglesa (Btu)**. Una Btu es la cantidad de calor requerida para elevar la temperatura de 1 lb de agua en 1 F° (de 63 a 64°F; figura 11.1c), y 1 Btu = 252 cal = 0.252 kcal. Las especificaciones de los acondicionadores de aire y los calefactores eléctricos a menudo se expresan en Btu por hora, es decir, en tasa de potencia. Por ejemplo, los acondicionadores de aire que se instalan en las ventanas varían entre 4000 y 25 000 Btu/h. Esto especifica la rapidez con que el aparato puede extraer calor.

▲ **FIGURA 11.2** ¡Es un joule! En Australia, las bebidas dietéticas se anuncian como "bajas en joules". En Alemania, el etiquetado es un poco más específico: "Menos de 4 kilojoules (1 kcal) en 0.3 litros." Compare este etiquetado con el de las bebidas dietéticas en su país.

El equivalente mecánico del calor

La idea de que el calor es en realidad una transferencia de energía es resultado de los trabajos de muchos científicos. Entre las primeras observaciones se cuentan las efectuadas por Benjamin Thompson (conde de Rumford), 1753-1814, mientras supervisaba el barrenado de cañones en Alemania. Rumford notó que el agua que se introducía en el barreno del cañón (para evitar un sobrecalentamiento al perforar) se evaporaba y tenía que reponerse. La teoría del calor en esa época lo consideraba un "fluido calórico" que fluía de los objetos calientes a los fríos. Rumford efectuó varios experimentos para detectar el "fluido calórico" midiendo cambios en el peso de sustancias calentadas. Puesto que jamás detectó cambios de peso, Rumford concluyó que el trabajo mecánico por fricción era lo que calentaba el agua.

Posteriormente, el científico inglés James Joule demostró cuantitativamente tal conclusión. (En honor a él se denomina así a la unidad de energía; véase la sección 5.6.) Utilizando el dispositivo que se muestra en la ▸figura 11.3, Joule demostró que, cuando se efectuaba cierta cantidad de trabajo mecánico, el agua se calentaba, lo cual se notaba en un aumento de su temperatura. Joule descubrió que, por cada 4186 J de trabajo efectuado, la temperatura del agua aumentaba 1 C° por kg, o bien, que 4186 J equivalía a 1 kcal:

$$1 \text{ kcal} = 4186 \text{ J} = 4.186 \text{ kJ} \quad \text{o bien} \quad 1 \text{ cal} = 4.186 \text{ J}$$

Esta relación se denomina **equivalente mecánico del calor**. El ejemplo 11.1 ilustra un uso cotidiano de estos factores de conversión.

Exploración 19.1 Equivalente mecánico de calor

Ejemplo 11.1 ■ A bajar ese pastel de cumpleaños: el equivalente mecánico del calor al rescate

En una fiesta de cumpleaños, una estudiante comió una rebanada de pastel (400 Cal). Para evitar que esa energía se le almacene como grasa, ella asistió a una sesión de ejercicio en bicicleta estacionaria el día siguiente. Este ejercicio requiere que el cuerpo efectúe trabajo con una tasa promedio de 200 watts. ¿Cuánto tiempo deberá pedalear la estudiante para logras su objetivo de "quemar" las Calorías del pastel?

Razonamiento. Potencia es la rapidez con que ella efectúa trabajo, y el watt (W) es la unidad SI (1 W = 1 J/s; sección 5.6). Para calcular el tiempo necesario para efectuar este trabajo, expresamos el contenido energético alimenticio en joules y usamos la definición de potencia promedio, $\overline{P} = W/t$ (trabajo/tiempo).

Solución. El trabajo requerido para "quemar" el contenido energético del pastel es de, al menos, 400 Cal. Hacemos una lista de los datos a la vez que los convertimos a unidades SI. (Recuerde que Cal significa kcal.) Entonces,

Dado: $W = (400 \text{ kcal})\left(\dfrac{4186 \text{ J}}{\text{kcal}}\right) = 1.67 \times 10^6 \text{ J}$ *Encuentre:* tiempo t para "quemar" 400 Cal

$\overline{P} = 200 \text{ W} = 200 \text{ J/s}$

Reacomodamos la ecuación de la potencia promedio,

$$t = \frac{W}{\overline{P}} = \frac{1.67 \times 10^6 \text{ J}}{200 \text{ J/s}} = 8.35 \times 10^3 \text{ s} = 139 \text{ min} = 2.32 \text{ h}$$

Ejercicio de refuerzo. Si las 400 Cal de este ejemplo se usaran para aumentar la energía potencial gravitacional de la estudiante, ¿a qué altura subiría? (Suponga que su masa es de 60 kg.) (*Las respuestas de todos los Ejercicios de refuerzo se dan al final del libro.*)

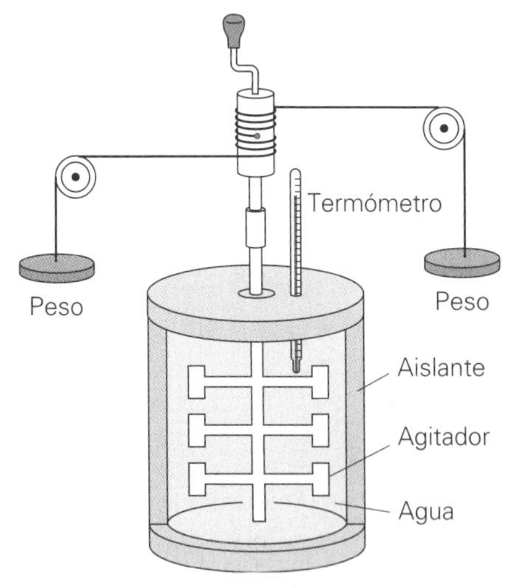

▲ **FIGURA 11.3 Aparato de Joule para determinar el equivalente mecánico del calor** Al descender los pesos, las aspas agitan el agua; y la energía mecánica, o trabajo, se convierte en energía calorífica que eleva la temperatura del agua. Por cada 4186 J de trabajo realizado, la temperatura del agua aumenta 1 C° por kilogramo. Por lo tanto, 4186 J equivalen a 1 kcal.

11.2 Calor específico y calorimetría

OBJETIVOS: *a*) Definir calor específico y *b*) explicar cómo se mide el calor específico de materiales por calorimetría.

PHYSLET®
Ilustración 19.1 Calor específico

Calor específico de sólidos y líquidos

En el capítulo 10 vimos que, cuando se agrega calor a un sólido o a un líquido, la energía podría aumentar la energía cinética molecular promedio (cambio de temperatura), y también la energía potencial asociada con los enlaces moleculares. Las distintas sustancias tienen diferentes configuraciones moleculares y patrones de enlace. Por lo tanto, si se añade la misma cantidad de calor a masas iguales de diferentes sustancias, los cambios de temperatura producidos generalmente *no* serán iguales.

La cantidad de calor (Q) necesaria para cambiar la temperatura de una sustancia es proporcional a la masa (m) de la sustancia y al cambio en su temperatura (ΔT). Es decir, $Q \propto m\Delta T$, en forma de ecuación, con una constante de proporcionalidad c,

$$Q = cm\Delta T \quad \text{o bien} \quad c = \frac{Q}{m\Delta T} \qquad \textit{calor específico} \qquad (11.1)$$

Aquí, $\Delta T = T_f - T_i$ es el cambio de temperatura del objeto y c es la *capacidad calorífica específica* o **calor específico**. Las unidades SI de calor específico son J/(kg · K) o J/(kg · C°). El calor específico es característico del tipo de sustancia. Así, el calor específico nos da una indicación de la configuración molecular interna y de los enlaces de un material.

Observe que físicamente el calor específico es el calor (transferencia) necesario para elevar (o disminuir) la temperatura de 1 kg de una sustancia en 1 C°. En la tabla 11.1 se da el calor específico de algunas sustancias comunes. El calor específico varía ligeramente con la temperatura; pero a temperaturas normales puede considerarse constante.

Cuanto mayor sea el calor específico de una sustancia, más energía será preciso transferir o quitar (por kilogramo de masa) para cambiar su temperatura en una magnitud dada. Es decir, una sustancia con calor específico alto necesita más calor para un cambio de temperatura y masa, que una con menor calor específico. En la tabla 11.1 ve-

TABLA 11.1 Calor específico de diversas sustancias (sólidos y líquidos) a 20°C y 1 atm

	Calor específico (*c*)	
Sustancias	J/(kg · C°)	kcal/(kg · C°) o cal/(g · C°)
Sólidos		
Aluminio	920	0.220
Cobre	390	0.0932
Vidrio	840	0.201
Hielo (−10°C)	2100	0.500
Hierro o acero	460	0.110
Plomo	130	0.0311
Suelo (valor promedio)	1050	0.251
Madera (valor promedio)	1680	0.401
Cuerpo humano (valor promedio)	3500	0.84
Líquidos		
Alcohol etílico	2450	0.585
Glicerina	2410	0.576
Mercurio	139	0.0332
Agua (15°C)	4186	1.000
Gases		
Vapor de agua (H_2O)	2000	0.48

mos que los metales tienen calores específicos considerablemente menores que el del agua. Por ello, se requiere poco calor para producir un aumento de temperatura relativamente grande en los objetos metálicos, en comparación con la misma masa de agua.

En comparación con la mayoría de los materiales comunes, el agua tiene un calor específico grande, de 4186 J/(kg · C°) = 1.00 kcal/(kg · C°). Si el lector alguna vez se ha quemado la lengua con una papa al horno o con el queso de una pizza, ha sido víctima del alto calor específico del agua. Estos alimentos tienen un alto contenido de agua y por ello una gran capacidad calorífica, de manera que no se enfrían tan rápido como otros alimentos más secos. El elevado calor específico del agua también es responsable del clima templado que hay en los lugares cercanos a grandes cuerpos de agua. (Véase la sección 11.4 para más detalles.)

Observe que la ecuación 11.1 indica que, cuando hay un aumento de temperatura, ΔT es positivo ($T_f > T_i$) y Q es positivo. Esta condición corresponde a la *adición* de energía a un sistema u objeto. En cambio, ΔT y Q son negativos cuando *se quita* energía a un sistema u objeto. Usaremos esta convención de signos en todo el libro.

Ejemplo 11.2 ■ Cómo eliminar el delicioso pastel de cumpleaños: ¿el calor específico al rescate?

En la fiesta de cumpleaños del ejemplo 11.1, otra estudiante se comió una rebanada de pastel (400 Cal). Para evitar que esta energía se acumule como grasa, decide tomar agua helada a 0°C. Ella piensa que el agua helada ingerida se calentará hasta llegar a su temperatura corporal normal de 37°C y absorberá la energía. ¿Cuánta agua helada tendría que tomar para absorber la energía generada metabolizando el pastel de cumpleaños?

Razonamiento. El calor para subir la temperatura de cierta masa de agua helada de 0 a 37°C es igual a las 400 Cal de energía calórica, metabolizada del pastel de cumpleaños. Puesto que se conocen el calor, el calor específico y el cambio de temperatura del agua helada, calculamos la masa requerida de agua helada usando la ecuación 11.1.

Solución. El calor requerido para calentar el agua helada es de 400 Cal. Se listan los datos y se hace la conversión de unidades al SI. (Recuerde que Cal significa kcal.)

Dado: $Q = (400 \text{ kcal})\left(\dfrac{4186 \text{ J}}{\text{kcal}}\right) = 1.67 \times 10^6 \text{ J}$ *Encuentre:* Masa m de agua para "deshacerse" de 400 Cal

$T_i = 0°\text{C}$

$T_f = 37°\text{C}$

$c = 4.186 \text{ kJ/(kg·C°)}$ (de la tabla 11.1)

A partir de la ecuación 11.1, $Q = cm\Delta T = cm(T_f - T_i)$. Al despejar m se obtiene

$$m = \frac{Q}{c\Delta T} = \frac{1.67 \times 10^6 \text{ J}}{[4186 \text{ J/(kg·C°)}](37°\text{C} - 0°\text{C})} = 10.8 \text{ kg}$$

Esta masa de agua ocupa casi 3 galones o 12 L, demasiada para beberse. (¿Puede usted demostrar esto?)

Ejercicio de refuerzo. En este ejemplo, ¿cómo cambiará la respuesta si ella tomara agua helada a una temperatura de 5°C, en vez de 0°C?

Ejemplo integrado 11.3 ■ Clase de cocina 101: estudio de calores específicos al hervir agua

Para preparar pasta, llevamos una olla con agua de la temperatura ambiente (20°C) a su punto de ebullición (100°C). La olla tiene una masa de 0.900 kg, está hecha de acero y contiene 3.00 kg de agua. *a*) ¿Qué de lo siguiente es cierto? 1) La olla requiere más calor que el agua, 2) el agua requiere más calor que la olla o 3) ambas requieren la misma cantidad de calor. *b*) Determine el calor que requieren tanto el agua como la olla, así como la razón Q_{agua}/Q_{olla}.

a) Razonamiento conceptual. El aumento de temperatura es el mismo para el agua y la olla, lo único que determina la diferencia en el calor requerido es el producto de la masa y el calor específico. Hay que calentar 3 kg de agua. Esta masa es más de tres veces mayor que la masa de la olla. Por la tabla 11.1, sabemos que el calor específico del agua es unas nueve veces mayor que el del acero. Por lo tanto, ambos factores indican que el agua requerirá mucho más calor que la olla, así que la respuesta es 2.

(continúa en la siguiente página)

b) Razonamiento cuantitativo y solución. Los calores pueden calcularse con la ecuación 11.1, después de buscar en tablas los calores específicos. Es fácil determinar el cambio de temperatura a partir de los valores inicial y final.
Hacemos una lista de los datos:

Dado: $m_{\text{olla}} = 0.900$ kg
$m_{\text{agua}} = 3.00$ kg
$c_{\text{olla}} = 460$ J/kg · C° (de la tabla 11.1)
$c_{\text{agua}} = 4186$ J/kg · C° (de la tabla 11.1)
$\Delta T = T_f - T_i = 100°\text{C} - 20°\text{C} = 80$ C°

Encuentre: el calor para el agua y la olla y la razón $Q_{\text{agua}}/Q_{\text{olla}}$

En general, la cantidad de calor requerida está dada por $Q = cm\Delta T$. El aumento de temperatura (ΔT) para ambos objetos es de 80 C°. Por lo tanto, el calor requerido para el agua es

$$Q_{\text{agua}} = c_{\text{agua}} m_{\text{agua}} \Delta T_{\text{agua}}$$
$$= [4186\ \text{J}/(\text{kg} \cdot \text{C}°)](3.00\ \text{kg})(80\ \text{C}°) = 1.00 \times 10^6\ \text{J}$$

y el calor requerido para la olla es

$$Q_{\text{olla}} = c_{\text{olla}} m_{\text{olla}} \Delta T_{\text{olla}}$$
$$= [460\ \text{J}/(\text{kg} \cdot \text{C}°)](0.900\ \text{kg})(80\ \text{C}°) = 3.31 \times 10^4\ \text{J}$$

Ya que

$$\frac{Q_{\text{agua}}}{Q_{\text{olla}}} = \frac{1.00 \times 10^6\ \text{J}}{3.31 \times 10^4\ \text{J}} = 30.2$$

el agua requiere 30 veces más calor, ya que tiene más masa y mayor calor específico.

Ejercicio de refuerzo. *a*) En este ejemplo, si la olla tuviera la misma masa pero fuera de aluminio, ¿habría una razón de calor (agua/olla) menor o mayor que la respuesta con la olla de acero? Explique. *b*) Verifique su respuesta.

Calorimetría

Calorimetría es la técnica de medición cuantitativa de intercambio de calor. Tales mediciones se efectúan con un instrumento llamado *calorímetro*, que por lo general es un recipiente aislado que permite una pérdida de calor mínima al entorno (idealmente, ninguna). En la ◂figura 11.4 se muestra un calorímetro de laboratorio sencillo.

El calor específico de una sustancia se puede determinar midiendo las masas y los cambios de temperatura de los objetos y usando la ecuación 11.1.* Por lo general la incógnita es el calor específico, *c*. Se coloca una sustancia de masa y temperatura conocidas en una cantidad de agua dentro de un calorímetro. El agua tiene diferente temperatura que la sustancia (generalmente menor). Entonces se aplica el principio de conservación de la energía para determinar *c*, el calor específico de la sustancia. Este procedimiento se conoce como *método de mezclas*. El ejemplo 11.4 ilustra el uso del procedimiento. Este tipo de problemas de intercambio de calor son sólo cuestión de "contabilidad térmica", donde interviene la conservación de la energía. Si algo pierde calor ($Q < 0$), otro objeto deberá ganar una cantidad igual de calor ($Q > 0$). Esto quiere decir que la suma algebraica de todo el calor transferido debe ser igual a cero, $\Sigma Q_i = 0$, despreciando el intercambio de calor con el ambiente.

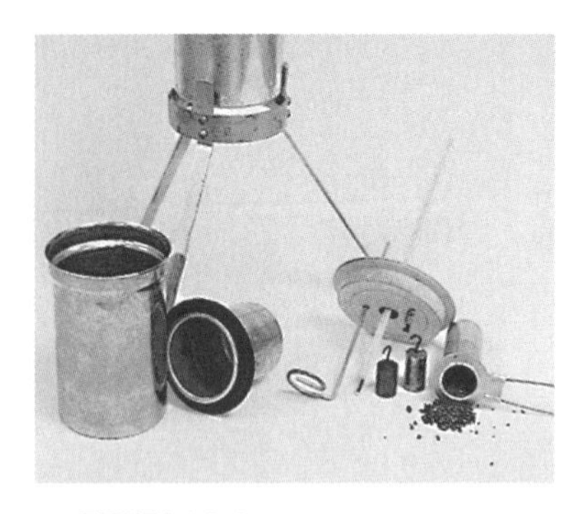

▲ **FIGURA 11.4 Dispositivo de calorimetría** El vaso para calorimetría (centro, con anillo negro aislante) entra en el recipiente grande. La tapa con el termómetro y el agitador aparecen a la derecha. Se calientan municiones o trozos de metal en el vaso pequeño (con mango), el cual se inserta en el agujero en la parte superior del generador de vapor que está en el trípode.

Ejemplo 11.4 ■ Calorimetría: el método de mezclas

En el laboratorio de física ciertos estudiantes deben determinar experimentalmente el calor específico del cobre. Calientan 0.150 kg de granalla de cobre hasta 100°C en agua hirviente, la dejan ahí un momento y luego la vierten con cuidado en el vaso de un calorímetro (figura 11.4) que contiene 0.200 kg de agua a 20.0°C. La temperatura final de la mezcla en el vaso es 25.0°C. Si el vaso de aluminio tiene una masa de 0.045 kg, calcule el calor específico del cobre. (Suponga que no hay intercambio de calor con el entorno.)

* En esta sección, en la calorimetría *no* intervendrán cambios de fase, como hielo que se derrite o agua que hierve. Estos efectos se tratarán en la sección 11.3.

Razonamiento. Interviene la conservación de energía calorífica: $\Sigma Q_i = 0$, tomando en cuenta los signos positivo y negativo correctos. En problemas de calorimetría, es importante identificar y rotular todas las cantidades con los signos adecuados. La identificación de pérdidas y ganancias de calor es fundamental. El lector probablemente usará este método en el laboratorio.

Solución. Usaremos los subíndices Cu, agua y Al para referirnos al cobre, al agua y al vaso de aluminio del calorímetro, respectivamente; y los subíndices *h*, *i* y *f* para denotar las temperaturas de la granalla metálica caliente, del agua (y el vaso) que inicialmente están a temperatura ambiente, y la temperatura final del sistema, respectivamente. Con esta notación, tenemos,

Dado: $m_{\text{Cu}} = 0.150$ kg
$m_{\text{agua}} = 0.200$ kg
$c_{\text{agua}} = 4186$ J/(kg·C°) (de la tabla 11.1)
$m_{\text{Al}} = 0.0450$ kg
$c_{\text{Al}} = 920$ J/(kg·C°) (de la tabla 11.1)
$T_{\text{h}} = 100°\text{C}$, $T_{\text{i}} = 20.0°\text{C}$ y $T_{\text{f}} = 25.0°\text{C}$

Encuentre: c_{Cu} (calor específico)

Exploración 19.3 *Calorimetría*

Si el sistema no pierde calor con el ambiente, su energía total se conservará: $\Sigma Q_i = 0$, y

$$\Sigma Q_i = Q_{\text{agua}} + Q_{\text{Al}} + Q_{\text{Cu}} = 0$$

Sustituimos estos calores en la relación de la ecuación 11.1,

$$c_{\text{agua}} m_{\text{agua}} \Delta T_{\text{agua}} + c_{\text{Al}} m_{\text{Al}} \Delta T_{\text{Al}} + c_{\text{Cu}} m_{\text{Cu}} \Delta T_{\text{Cu}} = 0$$

o bien,

$$c_{\text{agua}} m_{\text{agua}} (T_{\text{f}} - T_{\text{i}}) + c_{\text{Al}} m_{\text{Al}} (T_{\text{f}} - T_{\text{i}}) + c_{\text{Cu}} m_{\text{Cu}} (T_{\text{f}} - T_{\text{h}}) = 0$$

Aquí, el agua y el vaso de aluminio, que inicialmente estaban a T_{i}, se calientan a T_{f}, así que $\Delta T_{\text{agua}} = \Delta T_{\text{Al}} = (T_{\text{f}} - T_{\text{i}})$; y el cobre que inicialmente estaba a T_{h} se enfría a T_{f}, así que $\Delta T_{\text{Cu}} = (T_{\text{f}} - T_{\text{h}})$, que es una cantidad negativa e indica una disminución de temperatura para el cobre. Si despejamos c_{Cu}, obtendremos

$$\begin{aligned} c_{\text{Cu}} &= -\frac{(c_{\text{agua}} m_{\text{agua}} + c_{\text{Al}} m_{\text{Al}})(T_{\text{f}} - T_{\text{i}})}{m_{\text{Cu}}(T_{\text{f}} - T_{\text{h}})} \\ &= -\frac{\{[4186\ \text{J/(kg·C°)}](0.200\ \text{kg}) + [920\ \text{J/(kg·C°)}](0.0450\ \text{kg})\}(25.0°\text{C} - 20.0°\text{C})}{(0.150\ \text{kg})(25.0°\text{C} - 100°\text{C})} \\ &= 390\ \text{J/(kg·C°)} \end{aligned}$$

Observe que el uso correcto de los signos produjo una respuesta positiva para c_{Cu}, como debe ser. Por ejemplo, si el término Q_{Cu} de la segunda ecuación no hubiera tenido el signo correcto, la respuesta habría sido negativa: una señal de que hubo un error inicial en el signo.

Ejercicio de refuerzo. En este ejemplo, ¿a qué temperatura final de equilibrio se llegaría si el calorímetro (agua y vaso) hubieran estado inicialmente a 30°C?

Calor específico de gases

Cuando se les agrega o quita calor, la mayoría de los materiales se expanden o se contraen. Durante la expansión, por ejemplo, los materiales efectúan trabajo sobre la atmósfera. Para casi todos los sólidos y líquidos, tal trabajo es insignificante, ya que los cambios de volumen son muy pequeños (capítulo 10) y, por ello, no lo incluimos al analizar el calor específico de sólidos y líquidos.

En cambio, la expansión y contracción de los gases *puede* ser significativa. Por ello, es importante especificar las *condiciones* en las que se transfiere calor a un gas. Si se agrega calor a un gas a volumen constante (en un recipiente *rígido*), el gas no efectúa trabajo. (¿Por qué?) En este caso, todo el calor se dedica a aumentar la energía interna del gas y, por ende, a aumentar su temperatura. Por otro lado, si se agrega la misma cantidad de calor a presión constante (un recipiente *no rígido* que permita un cambio de volumen), una porción de calor se convertirá en trabajo al expandirse el gas. Por ello, no todo el calor pasará a la energía interna del gas. Este proceso hace que el cambio de temperatura sea *menor* que durante el proceso a volumen constante.

Para denotar estas cantidades físicas que se mantienen constantes mientras se agrega o quita calor a un gas, usamos una notación de subíndices: c_{p} significa "calor específico en condiciones de presión (p) constante" y c_{v} significa "calor específico en

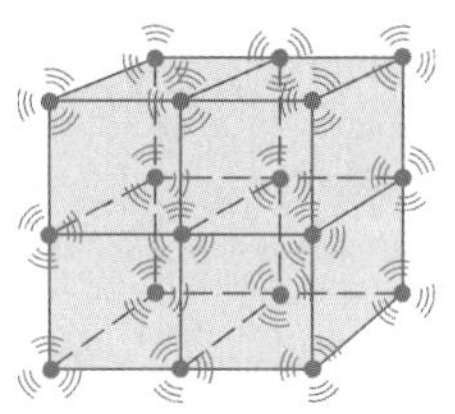

a) Sólida

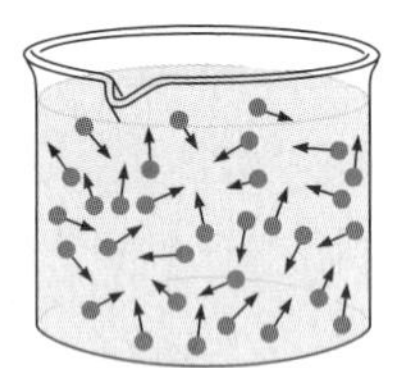

b) Líquida

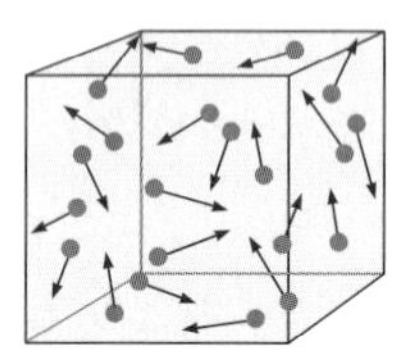

c) Gaseosa

▲ **FIGURA 11.5** Tres fases de la materia *a)* Las moléculas de un sólido se mantienen unidas por enlaces; esto hace que el sólido tenga forma y volumen definidos. *b)* Las moléculas de un líquido se pueden mover más libremente, por lo que los líquidos tiene volumen definido y adquieren la forma de su recipiente. *c)* Las moléculas de un gas interactúan débilmente y están separadas por distancias relativamente grandes; por ello, los gases no tienen forma ni volumen definidos, a menos que estén confinados en un recipiente.

Nota: a veces decimos que sólidos, líquido y gaseoso son los estados de la materia, en vez de las fases; sin embargo, en física el *estado* de un sistema tiene un significado distinto, como veremos en el capítulo 12.

condiciones de volumen (v) constante". El calor específico del vapor de agua (H_2O) dado en la tabla 11.1 es el calor específico bajo presión constante (c_p).

Un importante resultado es que para un gas particular, c_p, siempre es mayor que c_v. Esto es verdad porque para una masa específica de gas, $c \propto Q/\Delta T$. Para un valor dado de Q, ΔT_v será tan grande como sea posible, y c_v será menor que c_p. En otras palabras, $\Delta T_v > \Delta T_p$. Los calores específicos de los gases desempeñan un papel importante en los procesos termodinámicos adiabáticos. (Véase la sección 12.3.)

11.3 Cambios de fase y calor latente

OBJETIVOS: *a)* Comparar y contrastar las tres fases comunes de la materia y *b)* relacionar el calor latente con los cambios de fase.

La materia normalmente existe en una de tres *fases*: sólida, líquida o gaseosa (◂figura 11.5). Sin embargo, esta división en tres fases comunes es tan sólo aproximada porque hay otras fases, como la de plasma y la de superconductores. La fase en que una sustancia está depende de su energía interna (que se manifiesta en su temperatura) y de la presión a la que está sometida. No obstante, lo que seguramente se nos ocurre para cambiar la fase de una sustancia es agregarle o quitarle calor.

En la **fase sólida**, las moléculas se mantienen unidas por fuerzas de atracción, o enlaces (figura 11.5a). La adición de calor incrementa el movimiento en torno a las posiciones de equilibrio de las moléculas. Si se añade bastante calor como para que las moléculas tengan la energía suficiente para romper los enlaces intermoleculares, el sólido sufre un cambio de fase y se convierte en líquido. La temperatura a la que se presenta este cambio de fase se denomina **punto de fusión**. La temperatura a la que un líquido se vuelve sólido se denomina **punto de congelación**. En general, estas temperaturas son la misma para una sustancia dada, pero quizás haya una pequeña diferencia.

En la **fase líquida**, las moléculas de una sustancia tienen relativa libertad de movimiento, por lo cual un líquido adquiere la forma de su recipiente (figura 11.5b). En ciertos líquidos, podría haber una estructura localmente ordenada, lo que da origen a cristales líquidos, como los que se utilizan en las pantallas LCD de las calculadoras y las computadoras (capítulo 24).

La adición de más calor incrementa el movimiento de las moléculas de un líquido. Cuando las moléculas tienen suficiente energía como para separarse, el líquido pasa a la **fase gaseosa (o de vapor)**.* Este cambio podría darse lentamente, por *evaporación* (p. 379), o rápidamente a una temperatura dada llamada **punto de ebullición**. La temperatura a la que un gas se condensa para convertirse en líquido se denomina **punto de condensación**.

Algunos sólidos, como el hielo seco (dióxido de carbono sólido), la naftalina y ciertos aromatizantes, pasan directamente de la fase sólida a la gaseosa a presión estándar. A este proceso se le llama **sublimación**. Al igual que la tasa de evaporación, la tasa de sublimación aumenta con la temperatura. El cambio de fase de gas a sólido se llama *deposición* o *sedimentación*. La escarcha, por ejemplo, es vapor de agua (gas) solidificado que se deposita en el césped, las ventanas de los automóviles y otros objetos. La escarcha *no* es rocío congelado, como algunos considerarían erróneamente.

Calor latente

En general, cuando se transfiere calor a una sustancia, la temperatura de la sustancia aumenta al incrementarse la energía cinética promedio por molécula. Sin embargo, cuando se agrega (o se extrae) calor durante un cambio de fase, la temperatura de la sustancia *no* cambia. Por ejemplo, si se añade calor a cierta cantidad de hielo que está a −10°C, la temperatura del hielo aumenta hasta llegar al punto de fusión (0°C). En este punto, la adición de más calor no elevará la temperatura del hielo, sino que hará que se funda, es decir, que cambie de fase. (El calor debe agregarse lentamente para que el hielo y el agua fundida permanezcan en equilibrio térmico; de otra manera, el agua helada podría calentarse arriba de los 0°C, aun cuando el hielo permaneciera a 0°C.) Sólo hasta que el hielo se ha fundido totalmente, la adición de más calor hará que aumente la temperatu-

* A veces se usan los términos *vapor* y *fase de vapor* como idénticos al término *fase gaseosa*. Estrictamente hablando, *vapor* se refiere a la fase gaseosa de una sustancia en contacto con su fase líquida.

ra del agua. Se presenta una situación similar durante el cambio de fase de líquido a gas en el punto de ebullición. La adición de más calor a agua en ebullición únicamente causa más vaporización. Sólo aumentará la temperatura *después* de que el agua se haya evaporado totalmente, y se producirá *vapor de agua sobrecalentado*.

Nota: tenga en cuenta que el hielo puede estar a temperaturas por debajo de 0°C y el vapor puede estar por arriba de 100°C.

Durante un cambio de fase, el calor se utiliza en romper enlaces y separa moléculas (acrecentando así sus energías potenciales, más que cinéticas), y no en aumentar la temperatura. El calor que interviene en un cambio de fase se denomina **calor latente** (***L***),* y se define como la magnitud del calor requerido por unidad de masa para inducir un cambio de fase:

$$L = \frac{|Q|}{m} \quad \textit{calor latente} \tag{11.2}$$

donde m es la masa de la sustancia. El calor latente tiene unidades de joules sobre kilogramo (J/kg) en el SI, o kilocalorías sobre kilogramo (kcal/kg).

El calor latente para un cambio de fase de sólido a líquido se denomina **calor latente** *de fusión* (L_f); y el de un cambio de fase de líquido a gas se conoce como **calor latente de vaporización** (L_v). Es común llamar a estas cantidades simplemente *calor de fusión* y *calor de vaporización*. En la tabla 11.2 se presentan los calores latentes de algunas sustancias, junto con sus puntos de fusión y de ebullición. (El calor latente para el cambio de fase de sólido a gas, menos común, se denomina *calor latente de sublimación*, L_s.) Como esperaríamos, el calor latente (en joules por kilogramo) es la cantidad de energía por kilogramo *que se cede* cuando el cambio de fase ocurre en la dirección opuesta, de líquido a sólido o de gas a líquido.

Obtenemos una forma más útil de la ecuación 11.3 si despejamos Q e incluimos un signo más/menos para las dos posibles direcciones de flujo del calor:

$$Q = \pm mL \quad \textit{(signos con calor latente)} \tag{11.3}$$

Esta ecuación resulta más práctica para resolver problemas, ya que en los problemas de calorimetría, por lo general nos interesa aplicar la conservación de la energía en la forma $\Sigma Q_i = 0$. Expresamos de manera explícita el signo (±) porque puede fluir calor hacia (+) o desde (−) el objeto o sistema de interés.

Al resolver problemas de calorimetría con cambios de fase, es muy importante usar el signo correcto, de acuerdo con nuestras convenciones de signo (▾figura 11.6). Por ejemplo, si se está condensando agua, de vapor a gotitas, el agua está perdiendo calor, así que el signo empleado debe ser *menos*.

TABLA 11.2 Temperatura de cambios de fase y calores latentes para diversas sustancias (a 1 atm)

		L_f			L_v	
Sustancia	*Punto de fusión*	J/kg	kcal/kg	*Punto de ebullición*	J/kg	kcal/kg
Alcohol etílico	−114°C	1.0×10^5	25	78°C	8.5×10^5	204
Oro	1063°C	0.645×10^5	15.4	2660°C	15.8×10^5	377
Helio†	—	—	—	−269°C	0.21×10^5	5
Plomo	328°C	0.25×10^5	5.9	1744°C	8.67×10^5	207
Mercurio	−39°C	0.12×10^5	2.8	357°C	2.7×10^5	65
Nitrógeno	−210°C	0.26×10^5	6.1	−196°C	2.0×10^5	48
Oxígeno	−219°C	0.14×10^5	3.3	−183°C	2.1×10^5	51
Tungsteno	3410°C	1.8×10^5	44	5900°C	48.2×10^5	1150
Agua	0°C	3.33×10^5	80	100°C	22.6×10^5	540

† No es sólido a 1 atm de presión; el punto de fusión es de −272°C a 26 atm.

* La palabra *latente* viene del vocablo del latín que significa "oculto".

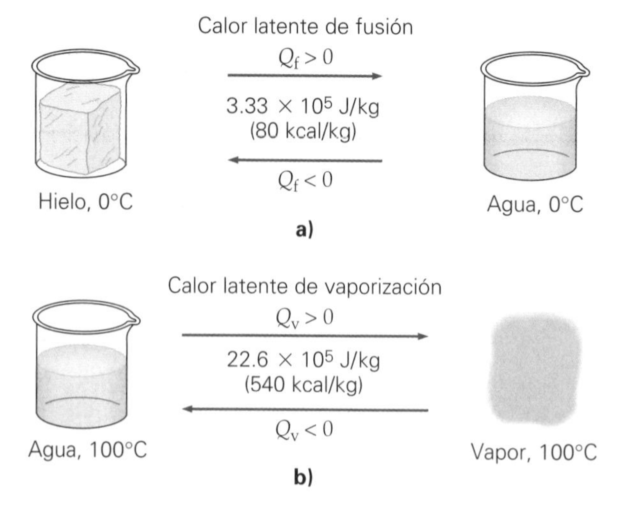

▶ **FIGURA 11.6 Cambios de fase y calores latentes** *a)* A 0°C, deben agregarse 3.33×10^5 J a 1 kg de hielo o eliminarse de 1 kg de agua líquida para cambiar su fase. *b)* A 100°C, deben agregarse 22.6×10^5 J a 1 kg de agua líquida o eliminarse de 1 kg de vapor para cambiar su fase.

Sugerencia para resolver problemas

En la sección 11.2 vimos que, si no hay cambios de fase, la expresión del calor, $Q = mc\Delta T$ da automáticamente el signo correcto de Q, por el signo de ΔT. Sin embargo, durante un cambio de fase no hay ΔT, así que *corresponde a quien resuelve el problema elegir el signo correcto.*

En el caso del agua, los calores latentes de fusión y de vaporización son

$$L_f = 3.33 \times 10^5 \text{ J/kg}$$
$$L_v = 22.6 \times 10^5 \text{ J/kg}$$

La siguiente sección Aprenda dibujando, expresada numéricamente en el ejemplo 11.5, muestra explícitamente los dos tipos de términos de calor (específico y latente) que es preciso calcular en la situación general en que un objeto sufra un cambio de temperatura *y* un cambio de fase.

Ejemplo 11.5 ■ De hielo frío a vapor caliente

Se agrega calor a 1.00 kg de hielo frío a −10°C. ¿Cuánto calor se requiere para cambiar el hielo frío a vapor caliente a 110°C?

Razonamiento. Hay cinco pasos por realizar: 1) calentar el hielo a su punto de fusión (calor específico del hielo), 2) fundir el hielo a agua helada a 0°C (calor latente, un cambio de fase), 3) calentar el agua líquida (calor específico del agua líquida), 4) evaporar el agua a 100°C (calor latente, un cambio de fase) y 5) calentar el vapor (calor específico del vapor de agua). La idea clave aquí es que la temperatura no se modifica durante un cambio de fase. [Consulte la sección Aprender dibujando en la página 377.]

Solución.

Dado:
$m = 1.00$ kg
$T_i = -10°\text{C}$
$T_f = 110°\text{C}$
$L_f = 3.33 \times 10^5$ J/kg (de la tabla 11.2)
$L_v = 22.6 \times 10^5$ J/kg (de la tabla 11.2)
$c_{\text{hielo}} = 2100$ J/(kg·C°) (de la tabla 11.1)
$c_{\text{agua}} = 4186$ J/(kg·C°) (de la tabla 11.1)
$c_{\text{vapor}} = 2000$ J/(kg·C°) (de la tabla 11.1)

Encuentre: Q_{total} (calor total)

(1) $Q_1 = c_{\text{hielo}} m \Delta T_1 = [2100 \text{ J/(kg·C°)}](1.00 \text{ kg})[0°\text{C} - (-10°\text{C})]$ *(calentamiento del hielo)*
$= +2.10 \times 10^4$ J

(2) $Q_2 = +mL_v = (1.00 \text{ kg})(3.33 \times 10^5 \text{ J/kg}) = +3.33 \times 10^5$ J *(fusión del hielo)*

(3) $Q_3 = c_{\text{agua}} m \Delta T_2 = [4186 \text{ J/(kg·C°)}](1.00 \text{ kg})(100°\text{C} - 0°\text{C})$ *(calentamiento del agua)*
$= +4.19 \times 10^5$ J

(4) $Q_4 = +mL_v = (1.00 \text{ kg})(22.6 \times 10^5 \text{ J/kg}) = +2.26 \times 10^6$ J *(evaporación del agua)*

(5) $Q_5 = c_{\text{vapor}} m \Delta T_3 = [2000 \text{ J/(kg·C°)}](1.00 \text{ kg})(110°\text{C} - 100°\text{C})$ *(calentamiento del vapor)*
$= +2.00 \times 10^4$ J

El calor total requerido es

$$Q_{\text{total}} = \Sigma Q_i = 2.1 \times 10^4 \text{ J} + 3.33 \times 10^5 \text{ J} + 4.19 \times 10^5 \text{ J} + 2.26 \times 10^6 \text{ J} + 2.00 \times 10^4 \text{ J}$$
$$= 3.05 \times 10^6 \text{ J}$$

El calor latente de vaporización es, por mucho, el mayor. En realidad es mayor que la suma de los otros cuatro términos.

Ejercicio de refuerzo. ¿Cuánto calor debe eliminar un congelador del agua líquida (inicialmente a 20°C) para formar 0.250 kg de hielo a −10°C?

Sugerencia para resolver problemas

Hay que calcular el calor latente en cada cambio de fase. Un error común es usar la ecuación del calor específico con un intervalo de temperatura *que incluye* un cambio de fase. Tampoco debemos suponer que un cambio de fase fue completo sin verificarlo numéricamente. (Véase el ejemplo 11.6.)

APRENDER DIBUJANDO DE HIELO FRÍO A VAPOR CALIENTE

Resultará útil enfocarse en la fusión y la evaporación del agua de forma gráfica. Para calentar un trozo de hielo frío a −10°C hasta convertirlo en vapor caliente a 110°C, son necesarios cinco cálculos de calor específico y calor latente. (La mayoría de los congeladores están a una temperatura aproximada de −10°C.) En el cambio de fase (0 y 100°C) se agrega calor sin que haya un cambio en la temperatura. Una vez que se completa cada cambio de fase, agregar más calor provoca que la temperatura aumente. No todas las pendientes de las líneas en los dibujos son iguales, lo cual indica que los calores específicos de las diversas fases son diferentes. (¿Por qué diferentes pendientes indican distintos calores específicos?) Los números se tomaron del ejemplo 11.5.

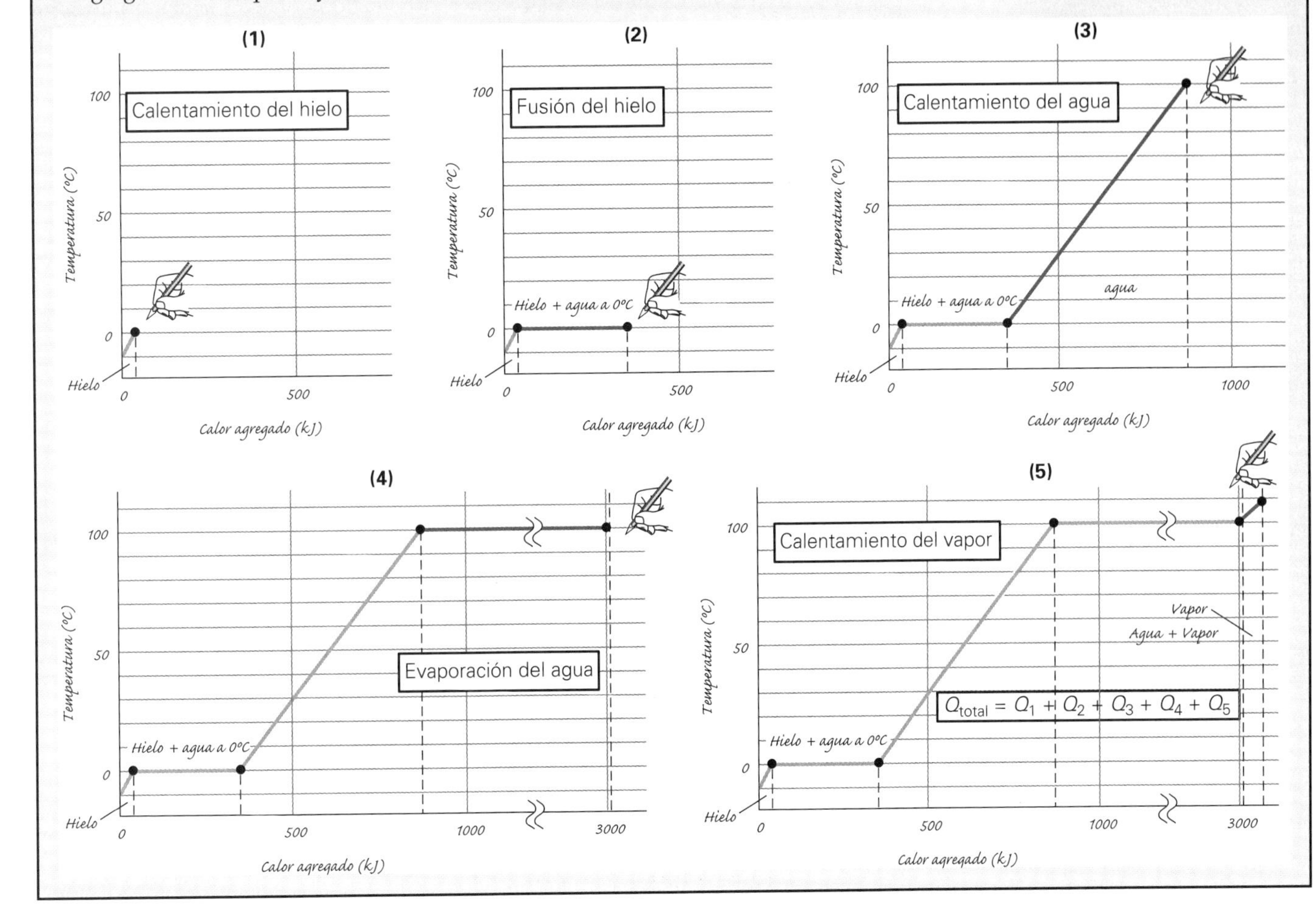

Técnicamente el punto de fusión de 0°C y el punto de ebullición de 100°C del agua ocurren a 1 atm de presión. En general, las temperaturas de cambio de fase varían con la presión. Por ejemplo, el punto de ebullición del agua baja al disminuir la presión. A gran altura, donde la presión atmosférica es menor, el punto de ebullición del agua es más bajo. Por ejemplo, en la cima del pico Pike, en Colorado, que está a una altura de 4300 m, la presión atmosférica es de aproximadamente 0.79 atm y el agua hierve a cerca de 94°C, en vez de a 100°C. Al ser más baja la temperatura, los alimentos tardan más en cocerse. Podemos usar una olla de presión para *reducir* el tiempo de cocción; al aumentar la presión, la olla de presión eleva el punto de ebullición.

El punto de congelación del agua *disminuye* al aumentar la presión. Esta relación inversa sólo es característica de muy pocas sustancias, entre ellas el agua (sección 10.4), que se expanden al congelarse.

Ejemplo 11.6 ■ Calorimetría práctica: uso de cambios de fase para salvar vidas

Los transplantes de órganos se están volviendo algo muy común. En muchos casos, es preciso extirpar un órgano saludable a un donante que falleció y transportarlo en avión a donde está el receptor. Para que el órgano no se deteriore en ese lapso, se le cubre con hielo en un recipiente aislado. Suponga que un hígado tiene una masa de 0.500 kg e inicialmente está a 29°C. El calor específico del hígado humano es de 3500 J/(kg · C°). El hígado está rodeado por 2.00 kg de hielo que inicialmente estaba a −10°C. Calcule la temperatura final de equilibrio.

Razonamiento. Evidentemente, el hígado se enfriará y el hielo se calentará. Sin embargo, no queda claro qué temperatura alcanzará el hielo. Si llega al punto de congelamiento, comenzará a derretirse, y entonces tendremos que considerar un cambio de fase. Si todo el hielo se funde, deberemos considerar además el calor adicional requerido para calentar esa agua a una temperatura superior a 0°C. Por lo tanto, debemos tener cuidado, porque *no podemos* suponer que todo el hielo se funde, ni siquiera que llega a su punto de fusión. Entonces, no podremos escribir la ecuación de calorimetría (conservación de energía) en tanto no hayamos determinado qué términos incluye. Primero necesitamos examinar las *posibles* transferencias de calor. Sólo así podremos determinar la temperatura final.

Solución. Hacemos una lista de los datos y de la información obtenida de tablas,

Dado: $m_l = 0.500$ kg
$m_{\text{hielo}} = 2.00$ kg
$c_l = 3500\ \text{J/(kg}\cdot\text{C°)}$
$c_{\text{hielo}} = 2100\ \text{J/(kg}\cdot\text{C°)}$ (de la tabla 11.1)
$L_f = 3.33 \times 10^5\ \text{J/(kg}\cdot\text{C°)}$ (de la tabla 11.2)

Encuentre: La temperatura final del sistema

La cantidad de calor requerida para calentar el hielo de −10 a 0°C sería

$$Q_{\text{hielo}} = c_{\text{hielo}} m_{\text{hielo}} \Delta T_{\text{hielo}} = [2100\ \text{J/(kg}\cdot\text{C°)}](2.00\ \text{kg})(+10\ \text{C°}) = +4.20 \times 10^4\ \text{J}$$

Puesto que este calor debe provenir del hígado, es preciso calcular cuánto calor puede obtenerse como *máximo* del hígado, enfriándolo desde 29 hasta 0°C:

$$Q_{l,\text{máx}} = c_l m_l \Delta T_{l,\text{máx}} = [3500\ \text{J/(kg}\cdot\text{C°)}](0.500\ \text{kg})(-29\ \text{C°}) = -5.08 \times 10^4\ \text{J}$$

Esto *es* suficiente para elevar la temperatura del hielo hasta 0°C. Si sólo 4.20×10^4 J de este calor fluye hacia el hielo (llevándolo a 0°C), el hígado no estará aún a 0°C. ¿Qué tanto hielo se derrite? Esto depende de qué tanto calor pueda transferirle el hígado.

¿Cuánto calor adicional (Q') se extraería del hígado si su temperatura bajara a 0°C? Este valor es la cantidad máxima menos el calor que calentó el hielo, es decir,

$$\begin{aligned} Q' &= |Q_{l,\text{máx}}| - 4.20 \times 10^4\ \text{J} \\ &= 5.08 \times 10^4\ \text{J} - 4.20 \times 10^4\ \text{J} = 8.8 \times 10^3\ \text{J} \end{aligned}$$

Vamos a comparar esta cantidad con la magnitud del calor que se necesitaría para fundir totalmente el hielo ($|Q_{\text{fundir}}|$) para decidir si alcanza. El calor requerido para fundir *todo* el hielo es

$$|Q_{\text{fundir}}| = +m_{\text{hielo}} L_{\text{hielo}} = +(2.00\ \text{kg})(3.33 \times 10^5\ \text{J/kg}) = +6.66 \times 10^5\ \text{J}$$

Puesto que esta cantidad de calor es mucho mayor que la que el hígado puede aportar, sólo se funde una parte del hielo. En el proceso, la temperatura del hígado baja a 0°C y el resto del hielo está a 0°C. Puesto que todo en el "calorímetro" está a la misma temperatura, deja de fluir calor, y la temperatura final del sistema es 0°C. Por lo tanto, el resultado final es que el hígado está en un recipiente junto al hielo y algo de agua líquida, todo a 0°C. Puesto que el recipiente está bien aislado, evita el flujo de calor hacia su interior, lo cual elevaría la temperatura del hígado. De manera que se espera que el órgano deberá llegar a su destino en buen estado.

Ejercicio de refuerzo. *a*) En este ejemplo, ¿qué tanto hielo se derrite? *b*) Si el hielo hubiera estado originalmente en su punto de fusión (0°C), ¿qué temperatura de equilibrio se habría alcanzado?

Sugerencia para resolver problemas

Observe que en el ejemplo 11.6 *no* sustituirnos números directamente en la ecuación $\Sigma Q_i = 0$ suponiendo que se funde todo el hielo. De hecho, si lo hubiéramos hecho, habríamos seguido un camino equivocado. En problemas de calorimetría donde *intervienen cambios de fase*, se debe seguir un cuidadoso procedimiento "contable" numérico, paso a paso, hasta que todos los componentes del sistema estén a la misma temperatura. En ese punto, el problema se habrá resuelto, ya que no puede haber más intercambios de calor.

Evaporación

Ilustración 20.4 Enfriamiento que evapora

La **evaporación** del agua de un recipiente abierto es relativamente tardada para hacerse evidente. Este fenómeno puede explicarse en términos de la teoría cinética (sección 10.5). Las moléculas de un líquido están en movimiento con diferentes rapideces. Una molécula que se mueve con gran rapidez cerca de la superficie podría abandonar momentáneamente el líquido. Si su velocidad no es muy grande, la molécula volverá al líquido por las fuerzas de atracción que ejercen las otras moléculas. No obstante, habrá ocasiones en que una molécula tenga suficiente rapidez para abandonar definitivamente el líquido. Cuanto más alta sea la temperatura del líquido, más factible será este fenómeno.

Las moléculas que escapan se llevan consigo su energía. Puesto que las moléculas con energía superior al promedio son precisamente las que más posibilidades tienen de escapar, la energía molecular promedio y, por lo tanto, la temperatura del líquido restante, disminuirá. Por ello, *la evaporación es un proceso de enfriamiento* para el objeto del cual escapan las moléculas. Es probable que el lector haya notado este fenómeno al secarse después de tomar un baño o una ducha. En la sección A fondo 11.1, de la página 380, sobre regulación fisiológica de la temperatura corporal se explica más sobre lo anterior.

11.4 Transferencia de calor

OBJETIVOS: *a*) Describir los tres mecanismos de transferencia de calor y *b*) dar ejemplos prácticos de cada uno.

La transferencia de calor es un tema importante y tiene muchas aplicaciones prácticas. El calor puede desplazarse de un lugar a otro por tres mecanismos diferentes: conducción, convección o radiación.

Conducción

Ilustración 19.2 Transferencia de calor por conducción

Una olla de café en una estufa se mantiene caliente porque se conduce calor desde el quemador a través del fondo de la olla. El proceso de **conducción** es el resultado de interacciones moleculares. Las moléculas de una parte de un objeto que está a una temperatura más alta vibran con mayor rapidez. Esas moléculas chocan contra las moléculas menos energéticas situadas hacia la parte más fría del objeto, y les transfieren una parte de su energía. Así, se transfiere energía por conducción desde una región con temperatura más alta hacia una región con temperatura más baja. Se trata de una transferencia como resultado de una diferencia de temperaturas.

Los sólidos se pueden dividir en dos categorías generales: metales y no metales. Por lo general, los metales son buenos conductores del calor, es decir, son **conductores térmicos**. Los metales tienen un gran número de electrones que pueden moverse libremente (no están unidos de forma permanente a una molécula ni a un átomo en particular). Estos electrones libres (más que la interacción de átomos adyacentes) son los principales responsables de la buena conducción térmica de los metales. Los no metales, como la madera y la tela, tienen un número relativamente pequeño de electrones libres. La ausencia de este mecanismo de transferencia los hace malos conductores del calor, en comparación con los metales. Un mal conductor del calor se denomina **aislante térmico**.

A FONDO 11.1 REGULACIÓN FISIOLÓGICA DE LA TEMPERATURA CORPORAL

Al tener sangre caliente, los seres humanos debemos mantener un estrecho rango de temperatura corporal. (Véase la sección A fondo 10.1, p. 343.) El valor generalmente aceptado para la temperatura corporal normal promedio es de 37.0°C (98.6°F). Sin embargo, la temperatura corporal puede ser tan baja como 35.5°C (96°F) en las primeras horas de la mañana en un día frío, y tan alta como 39.5°C (103°F) cuando se realiza intenso ejercicio en un día caluroso. Para las mujeres, la temperatura corporal en reposo se eleva levemente después de la ovulación, como resultado de un aumento en la hormona progesterona. Esto sirve para predecir en qué día ocurrirá la ovulación en el siguiente ciclo.

Cuando la temperatura ambiente es más baja que la temperatura corporal, el cuerpo pierde calor. Si el cuerpo pierde demasiado calor, un mecanismo circulatorio provoca una reducción del flujo sanguíneo hacia la piel para reducir la pérdida de calor. Una respuesta fisiológica a este mecanismo es tiritar para incrementar la generación de calor (y, por lo tanto, calentar el cuerpo) "quemando" las reservas corporales de carbohidratos o grasas. Si la temperatura corporal desciende por debajo de 33°C (91.4°F), se presenta *hipotermia*, que puede causar severos daños térmicos a los órganos e incluso la muerte.

En el otro extremo, si el cuerpo está sometido a temperaturas ambientales más altas que la temperatura corporal, asociadas con ejercicio intenso, el cuerpo se sobrecalienta. La insolación es una elevación prolongada de la temperatura corporal por encima de los 40°C (104°F). Si el cuerpo se sobrecalienta, los vasos sanguíneos que llegan a la piel se dilatan, llevando más sangre caliente a la piel, y haciendo imposible que el interior del cuerpo y los órganos permanezcan frescos. (La cara de la persona se enrojece.)

Por lo general, la radiación, la conducción, la convección natural (que se explican en la sección 11.4) y posiblemente la escasa evaporación de la transpiración en la piel son suficientes para mantener una pérdida de calor a una tasa que conserva nuestra temperatura corporal en un rango de seguridad. Sin embargo, cuando la temperatura ambiental se eleva demasiado, estos mecanismos no pueden hacer el trabajo de manera plena. Para evitar la insolación, como un último recurso (y el más eficiente), el cuerpo suda copiosamente. La evaporación del agua de nuestra piel elimina una gran cantidad de calor, gracias al gran valor del calor latente de la evaporación del agua.

La evaporación baja la temperatura de la transpiración en nuestro cuerpo, que entonces podrá extraer el calor de la piel y, por lo tanto, enfriar el cuerpo. Se requiere la eliminación de un mínimo de 2.26×10^6 J de calor del cuerpo para evaporar un kilogramo (litro) de agua.* Para el cuerpo de una persona de 75 kg, que está constituido primordialmente de agua, la pérdida de calor por la evaporación de 1 kg de agua podría bajar la temperatura corporal tanto como

$$\Delta T = \frac{Q}{cm} = \frac{2.26 \times 10^6 \text{ J}}{[4186 \text{ J}/(\text{kg}\cdot\text{C}°)](75 \text{ kg})} = 7.2 \text{ C}°$$

En una carrera durante un día caluroso, un ciclista profesional podría evaporar hasta 7.0 kg de agua en 3.5 h. Esta pérdida de calor a través del sudor es el mecanismo que hace posible que el cuerpo mantenga su temperatura en un rango de seguridad.

En un día de verano, una persona que se pone de pie frente a un ventilador quizá comente qué "fresco" se siente el aire. Pero el ventilador sólo está soplando el aire caliente de un lugar a otro. El aire se siente fresco porque está relativamente más seco (tiene baja humedad en comparación con el cuerpo sudoroso) y, por lo tanto, su flujo promueve la evaporación, que elimina la energía de calor latente.

* El calor latente real de evaporación de la transpiración es aproximadamente de 2.42×10^6 J (mayor que el valor de 2.26×10^6 J utilizado aquí para una temperatura de 100°C).

En general, la capacidad de una sustancia para conducir calor depende de su fase. Los gases son malos conductores térmicos; sus moléculas están relativamente separadas y por ello los choques son poco frecuentes. Los líquidos y sólidos son mejores conductores térmicos que los gases, ya que sus moléculas están más juntas y pueden interactuar con mayor facilidad.

Por lo general, la conducción de calor se describe cuantitativamente como la *tasa* de flujo de calor *con el tiempo* ($\Delta Q/\Delta t$) en un material para una diferencia de temperatura dada (ΔT), como se ilustra en la ▸figura 11.7. Se ha establecido experimentalmente que la tasa de flujo de calor a través de una sustancia depende de la diferencia de temperatura entre sus fronteras. La conducción de calor también depende del tamaño y la forma del objeto, así como de su composición. En nuestro análisis del flujo de calor, por claridad utilizaremos una plancha uniforme de la sustancia.

Experimentalmente, se ha comprobado que la tasa de flujo de calor ($\Delta Q/\Delta t$ en J/s) a través de una plancha de material es directamente proporcional al área superficial del material (A) y a la diferencia de temperatura en sus extremos, e inversamente proporcional a su espesor (d). Es decir,

$$\frac{\Delta Q}{\Delta t} \propto \frac{A\Delta T}{d}$$

El uso de una constante de proporcionalidad k nos permite escribir la relación en forma de ecuación:

$$\frac{\Delta Q}{\Delta t} = \frac{kA\Delta T}{d} \quad \textit{(sólo conducción)} \tag{11.4}$$

La constante k, llamada **conductividad térmica**, caracteriza la capacidad de un material para conducir calor y sólo depende del tipo de material. Cuanto mayor sea el valor

TABLA 11.3 Conductividades térmicas de algunas sustancias

Sustancias	Conductividad térmica, k J/(m·s·C°) *o* W/(m·C°)	kcal/(m·s·C°)
Metales		
Aluminio	240	5.73×10^{-2}
Cobre	390	9.32×10^{-2}
Hierro y acero	46	1.1×10^{-2}
Plata	420	10×10^{-2}
Líquidos		
Aceite de transformador	0.18	4.3×10^{-5}
Agua	0.57	14×10^{-5}
Gases		
Aire	0.024	0.57×10^{-5}
Hidrógeno	0.17	4.1×10^{-5}
Oxígeno	0.024	0.57×10^{-5}
Otros materiales		
Ladrillo	0.71	17×10^{-5}
Concreto	1.3	31×10^{-5}
Algodón	0.075	1.8×10^{-5}
Aglomerado	0.059	1.4×10^{-5}
Loseta	0.67	16×10^{-5}
Vidrio (típico)	0.84	20×10^{-5}
Lana de vidrio	0.042	1.0×10^{-5}
Plumaje de ganso	0.025	0.59×10^{-5}
Tejidos humanos (promedio)	0.20	4.8×10^{-5}
Hielo	2.2	53×10^{-5}
Espuma de poliestireno	0.042	1.0×10^{-5}
Madera, roble	0.15	3.6×10^{-5}
Madera, pino	0.12	2.9×10^{-5}
Vacío	0	0

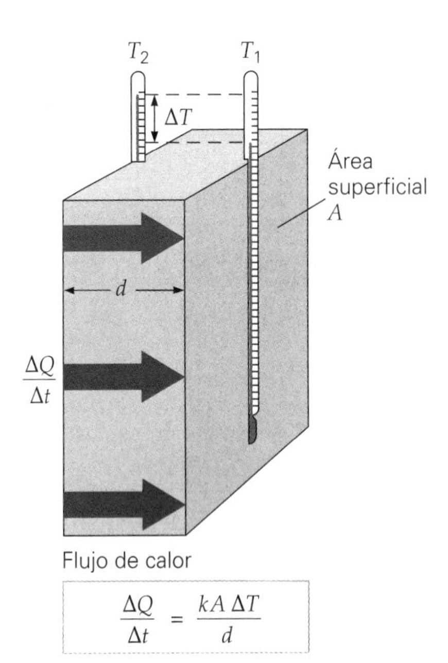

▲ **FIGURA 11.7 Conducción térmica** La conducción de calor se caracteriza por la tasa de flujo de calor con el tiempo ($\Delta Q/\Delta t$) en un material a través del cual hay una diferencia de temperatura de ΔT. En el caso de una plancha de material, $\Delta Q/\Delta t$ es directamente proporcional al área transversal (A) y a la conductividad térmica (k) del material, e inversamente proporcional al espesor de la plancha (d).

de k para un material, más rápidamente conducirá calor, si todos los demás factores permanecen iguales. Las unidades de k son $\text{J}/(\text{m}\cdot\text{s}\cdot\text{C}°) = \text{W}/(m\cdot\text{C}°)$. En la tabla 11.3 se dan las conductividades térmicas de diversas sustancias. Estos valores varían un poco con la temperatura, pero pueden considerarse constantes dentro del intervalo normal de temperaturas.

Comparemos las conductividades térmicas relativamente altas de los buenos conductores térmicos, los metales, con las conductividades térmicas relativamente bajas de algunos buenos aislantes, como la espuma de poliestireno y la madera. Algunas ollas de acero inoxidable tienen un recubrimiento de cobre en su base (▸figura 11.8). Por ser un buen conductor de calor, el cobre promueve la distribución del calor en el fondo del recipiente, y la cocción es más uniforme. En cambio, las espumas de poliestireno son buenos aislantes principalmente porque contienen muchas burbujas de aire, que reducen las pérdidas por conducción y convección (p. 383). Si usted se para descalzo con un pie sobre loseta del piso y con el otro sobre una alfombra, sentirá que la loseta está "más fría" que la alfombra. Sin embargo, tanto la loseta como la alfombra tienen en realidad la misma temperatura. La razón es que la loseta es un mucho mejor conductor térmico, por lo que extrae o conduce calor de su pie mejor que la alfombra, haciendo que usted sienta que la loseta está más fría.

▼ **FIGURA 11.8 Ollas con fondo de cobre** La base de algunas ollas y cazuelas de acero inoxidable lleva una capa de cobre. La elevada conductividad térmica de este metal hace que el calor del quemador se distribuya rápida y uniformemente; la baja conductividad térmica del acero inoxidable mantiene el calor en el recipiente en sí y, de esta manera, las asas no están muy calientes al sujetarlas. (La conductividad térmica del acero inoxidable es sólo el 12% de la del cobre.)

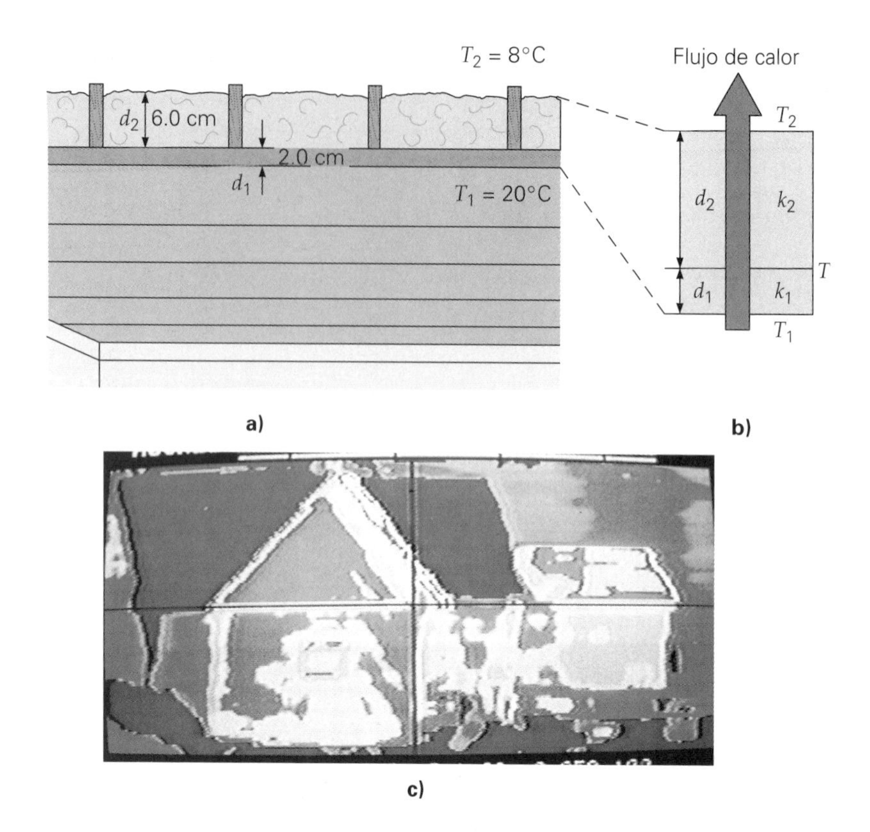

▶ **FIGURA 11.9 Aislantes y conductividad térmica** *a*), *b*) Los desvanes deben aislarse para evitar la pérdida de calor por conducción. Véase el ejemplo 11.7 y la sección A fondo 11.2 (página 384): Física, la industria de la construcción y la conservación de la energía. *c*) Este termograma de una casa nos permite visualizar la pérdida de calor de la casa. El azul representa las áreas donde la tasa de fuga de calor es más baja; el blanco, el rosa y el rojo indican áreas con pérdidas de calor cada vez más alta. (Las áreas rojas tienen la mayor pérdida) ¿Qué recomendaría al dueño de esta casa para ahorrar tanto dinero como energía? Compare esta figura con la figura 11.15. (Véase el pliego a color al final del libro.)

PHYSLET®

Exploración 19.4 Equilibrio térmico

Ejemplo 11.7 ■ Aislamiento térmico: prevención de la pérdida de energía

Una habitación con techo de pino que mide 3.0 m × 5.0 m × 2.0 cm de espesor tiene arriba una capa de lana de vidrio como aislante con un espesor de 6.0 cm (▲ figura 11.9a). En un día frío, la temperatura dentro de la habitación, a la altura del techo, es de 20°C, y la temperatura en el desván arriba de la capa aislante es de 8°C. Suponiendo que las temperaturas se mantienen constantes con un flujo constante de calor, ¿cuánta energía ahorra la capa de aislantes en 1 hora? Suponga que sólo hay pérdidas por conducción.

Razonamiento. Tenemos dos materiales, así que deberemos considerar la ecuación 11.4 para dos conductividades térmicas (k) distintas. Queremos determinar $\Delta Q/\Delta t$ para la combinación, de manera obtengamos ΔQ para $\Delta t = 1.0$ h. La situación es un tanto complicada, porque el calor fluye a través de dos materiales. No obstante, sabemos que, si la tasa es constante, *los flujos de calor deben ser iguales a través de los materiales* (¿por qué?). Para calcular la energía ahorrada en 1 hora, tendremos que calcular cuánto calor se conduce en este tiempo con y sin la capa de aislante.

Solución. Después de calcular algunas de las cantidades de la ecuación 11.4 y efectuar conversiones al anotar los datos, tenemos,

Dado:
$A = 3.0\text{ m} \times 5.0\text{ m} = 15\text{ m}^2$
$d_1 = 2.0\text{ cm} = 0.020\text{ m}$
$d_2 = 6.0\text{ cm} = 0.060\text{ m}$
$\Delta T = T_1 - T_2 = 20°\text{C} - 8.0°\text{C} = 12\text{ C}°$
$\Delta t = 1.0\text{ h} = 3.6 \times 10^3\text{ s}$
$\left.\begin{array}{l} k_1 = 0.12\text{ J/(m}\cdot\text{s}\cdot\text{C}°)\text{(madera, pino)} \\ k_2 = 0.042\text{ J/(m}\cdot\text{s}\cdot\text{C}°)\text{(lana de vidrio)} \end{array}\right\}$ (de la tabla 11.3)

Encuentre: energía ahorrada en una hora

(Al resolver problemas en los que se dan muchas cantidades, como éste, es más importante aún rotular todos los datos correctamente.)

Primero, consideremos cuánto calor se perdería en una 1 por conducción a través del techo de madera sin aislante. Puesto que conocemos Δt, podemos reacomodar la ecuación 11.4*

* La ecuación 11.4 puede extenderse a cualquier número de capas o planchas de materiales: $\Delta Q/\Delta t = A(T_2 - T_1)/\Sigma(d_i/k_i)$. (Véase la sección A fondo 11.2 sobre aislantes en la construcción de edificios, p. 384.)

para obtener ΔQ_c (calor conducido a través del techo sólo de madera, suponiendo la misma ΔT):

$$\Delta Q_c = \left(\frac{k_1 A \Delta T}{d_1}\right)\Delta t = \left\{\frac{[0.12\text{ J/(m}\cdot\text{s}\cdot\text{C}^\circ)](15\text{ m}^2)(12\text{ C}^\circ)}{0.020\text{ m}}\right\}(3.6 \times 10^3\text{ s}) = 3.9 \times 10^6\text{ J}$$

Ahora necesitamos averiguar cuánto calor se pierde por conducción a través del techo *y* la capa de aislante juntos. Sea T la temperatura en la interfaz de los materiales, y T_2 y T_1, las temperaturas alta y baja (figura 11.9b), respectivamente. Entonces

$$\frac{\Delta Q_1}{\Delta t} = \frac{k_1 A(T_1 - T)}{d_1} \quad \text{y} \quad \frac{\Delta Q_2}{\Delta t} = \frac{k_2 A(T - T_2)}{d_2}$$

No conocemos T, pero si la conducción es constante, las tasas de flujo serán iguales en ambos materiales, es decir, $\Delta Q_1/\Delta t = \Delta Q_2/\Delta t$, o bien,

$$\frac{k_1 A(T_1 - T)}{d_1} = \frac{k_2 A(T - T_2)}{d_2}$$

Las A se cancelan. Ahora despejamos T:

$$\begin{aligned} T &= \frac{k_1 d_2 T_1 + k_2 d_1 T_2}{k_1 d_2 + k_2 d_1} \\ &= \frac{[0.12\text{ J/(m}\cdot\text{s}\cdot\text{C}^\circ)](0.060\text{ m})(20.0^\circ\text{C}) + [0.042\text{ J/(m}\cdot\text{s}\cdot\text{C}^\circ)](0.020\text{ m})(8.0^\circ\text{C})}{[0.12\text{ J/(m}\cdot\text{s}\cdot\text{C}^\circ)](0.060\text{ m}) + [0.042\text{ J/(m}\cdot\text{s}\cdot\text{C}^\circ)](0.020\text{ m})} \\ &= 18.7^\circ\text{C} \end{aligned}$$

Puesto que la tasa de flujo es la misma en la madera y el aislante, podemos calcularla con la expresión para cualquiera de los dos materiales. Usemos la del techo de madera. Hay que tener cuidado de usar la ΔT correcta. La temperatura en la interfaz madera-aislante es 18.7°C, así que,

$$\Delta T_{\text{madera}} = |T_1 - T| = |20^\circ\text{C} - 18.7^\circ\text{C}| = 1.3^\circ\text{C}$$

Por lo tanto, la tasa de flujo de calor es

$$\frac{\Delta Q_1}{\Delta t} = \frac{k_1 A|\Delta T_{\text{madera}}|}{d_1} = \frac{[0.12\text{ J/(m}\cdot\text{s}\cdot\text{C}^\circ)](15\text{ m}^2)(1.3\text{ C}^\circ)}{0.020\text{ m}} = 1.2 \times 10^2\text{ J/s (o W)}$$

En 1 hora, la pérdida de calor con aislante instalado es

$$\Delta Q_1 = \frac{\Delta Q_1}{\Delta t} \times \Delta t = (1.2 \times 10^2\text{ J/s})(3600\text{ s}) = 4.3 \times 10^5\text{ J}$$

Este valor representa una merma en la pérdida de calor de

$$\Delta Q_c - \Delta Q_1 = 3.9 \times 10^6\text{ J} - 4.3 \times 10^5\text{ J} = 3.5 \times 10^6\text{ J}$$

Esta cantidad representa un ahorro de $\frac{3.5 \times 10^6\text{ J}}{3.9 \times 10^6\text{ J}} \times (100\%) = 90\%$.

Ejercicio de refuerzo. Verifique que la tasa de flujo de calor sea la misma a través del aislante y a través de la madera (1.2×10^2 J/s) en este ejemplo.

Convección

En general, en comparación con los sólidos, los líquidos y los gases no son buenos conductores térmicos. Sin embargo, la movilidad de las moléculas de los fluidos permite la transferencia de calor por otro proceso: convección. (Tenga en cuenta que un fluido puede ser tanto un líquido como un gas.) La **convección** es transferencia de calor como resultado de una transferencia de masa, que puede ser natural o forzada.

Hay ciclos de *convección natural* en los líquidos y los gases. Por ejemplo, cuando agua fría entra en contacto con un objeto caliente, como el fondo de una olla en una estufa, el objeto transfiere calor por conducción al agua adyacente a la olla. El agua, no obstante, se lleva consigo el calor por convección natural, y se establece un ciclo donde agua de arriba, más fría (y más densa), sustituye al agua tibia (menos densa) que está subiendo. Tales ciclos son importantes en los procesos atmosféricos, como se ilustra en

A FONDO 11.2 FÍSICA, LA INDUSTRIA DE LA CONSTRUCCIÓN Y LA CONSERVACIÓN DE LA ENERGÍA

En las últimas décadas, muchos propietarios de casas en Estados Unidos han descubierto que resulta más económico instalar mejores aislantes. Para cuantificar las propiedades aislantes de diversos materiales, las industrias de los aislantes y de la construcción no usan la conductividad térmica k, sino una magnitud llamada *resistencia térmica*, relacionada con el *recíproco* de k.

Para saber cómo se relacionan estas dos cantidades, considere la ecuación 11.4 reescrita así

$$\frac{\Delta Q}{\Delta t} = \left(\frac{k}{d}\right)A\Delta T = \left(\frac{1}{R_t}\right)A\Delta T$$

donde la *resistencia térmica* es $R_t = d/k$. Observe que R_t no sólo depende de las propiedades del material (expresadas en la conductividad térmica k), sino también de su espesor d. R_t es una medida de qué tan "resistente" al flujo de calor es la plancha de material.

La tasa de flujo de calor es proporcional al área del material y a la diferencia de temperatura. Una mayor área implica más calor conducido y, desde luego, las diferencias de temperatura son la causa fundamental del flujo de calor en el primer lugar. Sin embargo, hay que observar también que la tasa de flujo de calor $\Delta Q/\Delta t$ tiene una relación inversa con la resistencia térmica: una mayor resistencia implica un menor flujo de calor. Mayor resistencia tiene que ver con el uso de material *más grueso* con una conductividad *baja*.

Para el propietario, la lección es evidente. Si quiere reducir el flujo de calor (y, por lo tanto, la pérdida de energía en el invierno y la ganancia de calor en el verano), deberá reducir las áreas de baja resistencia térmica, como las ventanas, o al menos deberá aumentar su resistencia cambiando a vidrios dobles o triples. Esto también es válido para las paredes, cuya resistencia térmica puede aumentarse agregando o mejorando los aislantes. Por último, sería fundamental modificar los requisitos en cuanto a temperatura interior (cambiar $\Delta T = |T_{\text{exterior}} - T_{\text{interior}}|$). En verano, se debe ajustar el termostato del aire acondicionado a una temperatura más alta (disminuyendo ΔT al aumentar T_{interior}); y en invierno, se debe bajar el ajuste del termostato del sistema de calefacción (disminuyendo ΔT al reducir T_{interior}).

Los aislantes y los materiales de construcción se clasifican según su "valor R", es decir, su resistencia térmica. En Estados Unidos, las unidades de R_t son $\text{ft}^2 \cdot \text{h} \cdot \text{F}^\circ/\text{Btu}$. Si bien estas unidades no parecen fáciles de manejar, lo importante es que son proporcionales a la resistencia térmica del material. Así, un aislante para pared con un valor de R-31 (lo cual significa $R_t = 31\ \text{ft}^2 \cdot \text{h} \cdot \text{F}^\circ/\text{Btu}$) es aproximadamente 1.6 veces (o bien, 31/19) menos conductor que un aislante con un valor de R-19. En la imagen de la figura 1 podemos comparar diversos tipos de aislantes.

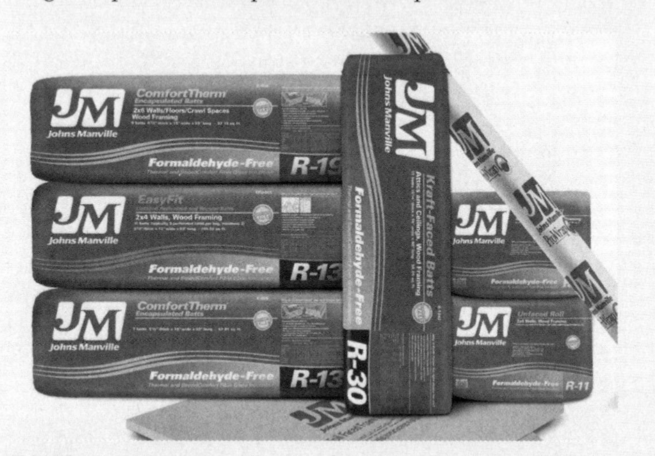

FIGURA 1 Diferencias de valor R Para mantas de aislante hechas con el mismo material, los valores R son proporcionales al espesor del material.

la ▼figura 11.10. Durante el día, el suelo se calienta más rápidamente que los grandes cuerpos de agua, como quizá habrá usted notado cuando fue a la playa. Este fenómeno ocurre porque el agua tiene mayor calor específico que la tierra y también porque las corrientes de convección dispersan el calor absorbido en el gran volumen de agua. El aire en contacto con el suelo cálido se calienta y se expande, lo cual lo hace menos denso. Por ello, el aire caliente se eleva (corrientes de aire), para ocupar el espacio, otras masas de aire (vientos) se mueven horizontalmente y crean la brisa marina que sentimos cerca de los cuerpos grandes de agua. El aire más frío desciende y se establece un ciclo de convección térmica que transfiere calor desde la tierra. Durante la noche, el suelo pierde su calor más rápidamente que el agua, y la superficie del agua está más caliente que la tierra. El resultado es que el ciclo se invierte. Puesto que las corrientes de chorro predominantes sobre el Hemisferio Norte son básicamente de oeste a este, las regiones costeras occidentales por lo general tienen climas más templados que las

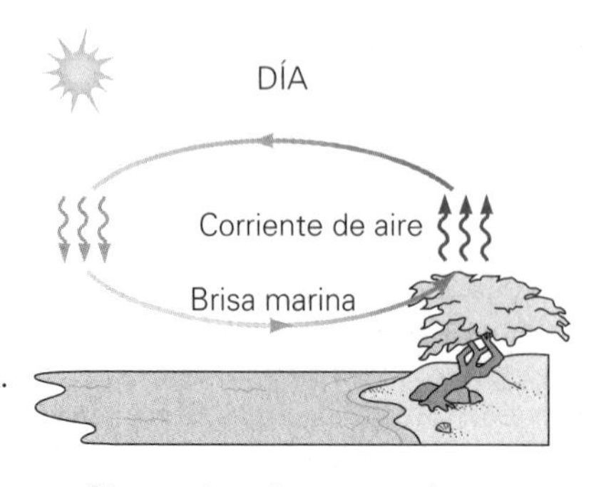

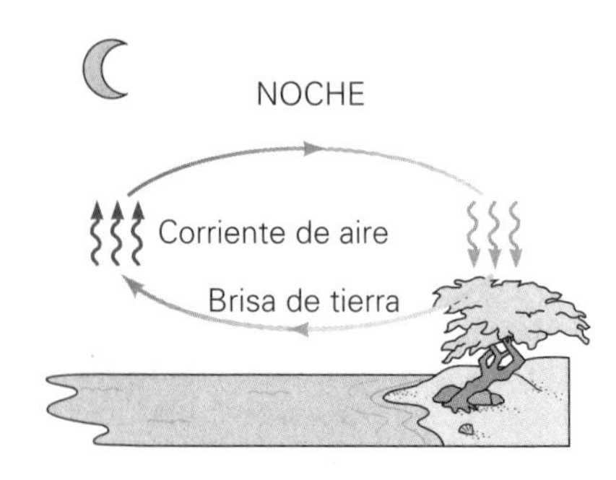

▶ **FIGURA 11.10 Ciclos de convección** Durante el día, los ciclos de convección naturales dan pie a brisas marinas cerca de grandes cuerpos de agua. De noche, se invierte el patrón de circulación, y soplan brisas de tierra. Las diferencias de temperatura entre la tierra y el agua son resultado de la diferencia entre sus calores específicos. El agua tiene un calor específico mucho mayor, por lo que la tierra se calienta con mucha mayor rapidez durante el día. De noche, la tierra se enfría más rápidamente, mientras que el agua conserva más tiempo el calor, gracias a su mayor calor específico.

regiones costeras orientales. Los vientos mueven el aire oceánico con temperatura más constante hacia la costa oriental. En pequeña escala por lo general hay menores fluctuaciones de temperatura en la costa oeste que unas cuantas millas tierra adentro, donde predominan las condiciones desérticas.

En la *convección forzada*, el fluido se mueve mecánicamente. Esta condición produce transferencia sin que haya diferencia de temperatura. De hecho, podemos transferir energía calorífica de una región de baja temperatura a una de alta temperatura, como en un refrigerador, en el que la convección forzada de flujo enfriador saca energía del interior del aparato. (El refrigerante en circulación transporta energía calorífica del interior del refrigerador y lo cede al entorno, como veremos en la sección 12.5.)

Otros ejemplos comunes de convección forzada son los sistemas domésticos de calefacción por aire forzado (▸figura 11.11), el sistema circulatorio humano y el sistema de enfriamiento del motor de un automóvil. El cuerpo humano no usa toda la energía que obtiene de los alimentos; se pierde una buena cantidad en forma de calor. (Por lo regular hay una diferencia de temperatura entre el cuerpo y su entorno.) Para mantener la temperatura del cuerpo en su nivel normal, la energía calorífica generada internamente se transfiere a la piel por circulación sanguínea. De la piel, la energía se conduce al aire o se pierde por radiación (el otro mecanismo de transferencia de calor, que veremos más adelante). Este sistema circulatorio es altamente ajustable; el flujo sanguíneo puede incrementarse o disminuir para áreas específicas de acuerdo con los requerimientos.

Agua o algún otro refrigerante circula (se bombea) por el sistema de enfriamiento de la mayoría de los automóviles. (Algunos motores más pequeños se enfrían con aire.) El refrigerante lleva el calor del motor al radiador (una forma de *intercambiador de calor*), de donde se lo lleva el flujo forzado de aire producido por el ventilador y el movimiento del automóvil. El nombre *radiador* es engañoso: casi todo el calor se disipa por convección forzada, no por radiación.

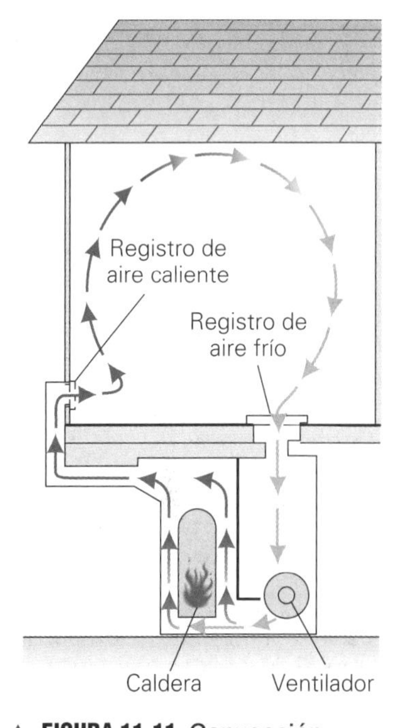

▲ **FIGURA 11.11 Convección forzada** Las casas generalmente se calientan por convección forzada. Registros o rejas en los pisos o paredes permiten que entre aire calentado y que el aire frío vuelva a la fuente de calor. (¿Puede usted explicar por qué los registros están cerca del piso?) En las casas viejas, agua caliente fluye por tuberías instaladas a lo largo de la base de las paredes, y la convección natural distribuye el calor verticalmente hacia arriba.

Ejemplo conceptual 11.8 ■ Aislante de espuma: ¿mejor que el aire?

Es común inyectar aislante de espuma de polímero en el espacio entre las paredes interior y exterior de una casa. Puesto que el aire es mejor aislante térmico que la espuma, ¿por qué se necesita el aislante de espuma? *a*) Para evitar pérdida de calor por conducción, *b*) para evitar pérdida de calor por convección o *c*) para hacer la pared a prueba de fuego.

Razonamiento y respuesta. Las espumas de polímero suelen ser combustibles, así que *c* no será la respuesta. El aire es mal conductor térmico, peor incluso que la espuma de polímero (véase la tabla 11.3), así que la respuesta no puede ser *a*. Sin embargo, al ser un gas, el aire está sujeto a convección en *el espacio entre las paredes*. En invierno, el aire cercano a la pared interior, más caliente, se calienta y sube, estableciendo así dentro del espacio un ciclo de convección que transfiere calor a la fría pared exterior. En verano, con aire acondicionado, se invierte el ciclo de pérdida de calor. La espuma bloquea el movimiento del aire y por ende detiene los ciclos de convección. Por lo tanto, la respuesta es *b*.

Ejercicio de refuerzo. La ropa interior y las frazadas térmicas tienen un tejido abierto con muchos agujeros pequeños. ¿No serían más eficaces si el material fuera más espeso?

Radiación

La conducción y la convección requieren algún material como medio de transporte. El tercer mecanismo de transferencia de calor no requiere un medio; se llama **radiación**, y se refiere a la transferencia de energía por ondas electromagnéticas (capítulo 20). El calor del Sol llega a la Tierra por radiación, cruzando el espacio vacío. La luz visible y otras formas de radiación electromagnética se conocen como *energía radiante*.

Seguramente usted ha experimentado transferencia de calor por radiación si se ha parado frente a una fogata (▾figura 11.12a). Se puede sentir el calor en las manos destapadas y el rostro. Esta transferencia de calor no se debe a convección ni a conducción, porque el aire calentado asciende y es mal conductor. El material ardiente emite radiación visible, pero casi todo el efecto de calentamiento proviene de la **radiación infrarroja** invisible emitida por las brasas. Sentimos esta radiación porque la absorben las moléculas de agua de nuestra piel. (Los tejidos corporales contienen cerca de 85% de agua.) La molécula de agua tiene una vibración interna cuya frecuencia coincide con la de la radiación infrarroja y, por lo tanto, esa radiación se absorbe fácilmente. (Este efecto se denomina *absorción por resonancia*. La onda electromagnética impulsa la

Nota: la resonancia se estudia en la sección 13.5.

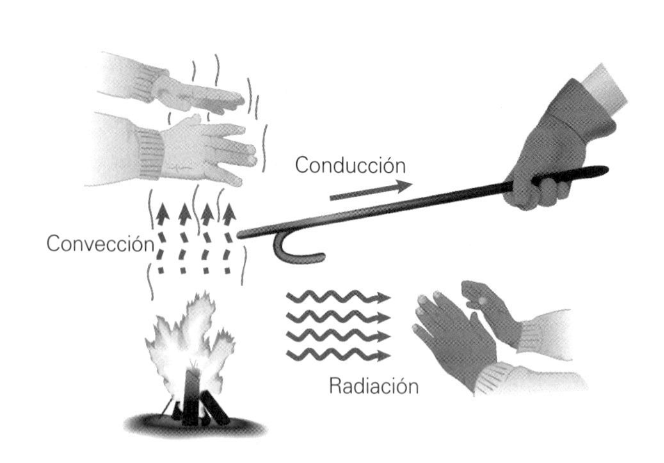

▶ **FIGURA 11.12 Calentamiento por conducción, convección y radiación** Las manos arriba de las llamas se calientan por la convección de aire caliente que sube (y por algo de radiación). La mano con guante se calienta por conducción. Las manos a la derecha de la flama se calientan por radiación.

▲ **FIGURA 11.13 Una aplicación práctica de la transferencia de calor por radiación** Una tetera tibetana se calienta enfocando la luz solar con un reflector metálico.

Ilustración 19.3 Transferencia de calor por radiación

vibración molecular y se transfiere energía a la molécula, de forma parecida a cuando empujamos un columpio.) La transferencia de calor por radiación puede desempeñar un papel práctico en la vida cotidiana (◂figura 11.13).

A veces se describe la radiación infrarroja como "rayos de calor". Quizás usted haya visto las lámparas de infrarrojo que se usan para mantener la comida caliente en algunas cafeterías. La transferencia de calor por radiación infrarroja también es importante para mantener la calidez del planeta, por un mecanismo llamado *efecto invernadero*. Este importante tema ecológico se trata en la sección A fondo 11.3 de la p. 388 sobre el efecto invernadero.

Aunque la radiación infrarroja es invisible para el ojo humano, se le puede detectar usando otros medios. Los detectores infrarrojos miden la temperatura a distancia (▾figura 11.14). También hay cámaras que usan una película especial sensible al infrarrojo. Una imagen captada en esa película consiste en áreas claras y oscuras contrastantes, que corresponden a regiones de alta y baja temperaturas, respectivamente. En la industria y la medicina se usan instrumentos especiales que aplican esta técnica de *termografía*; las imágenes que producen se llaman *termogramas* (▸figura 11.15).

Una nueva aplicación de los termogramas es en el área de la seguridad. El sistema consiste en una cámara de infrarrojo y una computadora que identifica individuos con base en el patrón de calor único que emiten los vasos sanguíneos del rostro. La cámara fotografía la radiación del rostro de una persona y compara la imagen con una previamente almacenada en la memoria de la computadora.

Se ha comprobado que la rapidez con la que un objeto irradia energía es proporcional a la cuarta potencia de la temperatura absoluta del objeto (T^4). Esta relación se expresa en una ecuación llamada **ley de Stefan**:

$$P = \frac{\Delta Q}{\Delta t} = \sigma A e T^4 \quad \textit{(sólo radiación)} \qquad (11.5)$$

▶ **FIGURA 11.14 Detección del SARS** Durante el brote del síndrome respiratorio agudo severo (SARS) registrado en 2003, se utilizaron termómetros de rayos infrarrojos para medir la temperatura corporal.

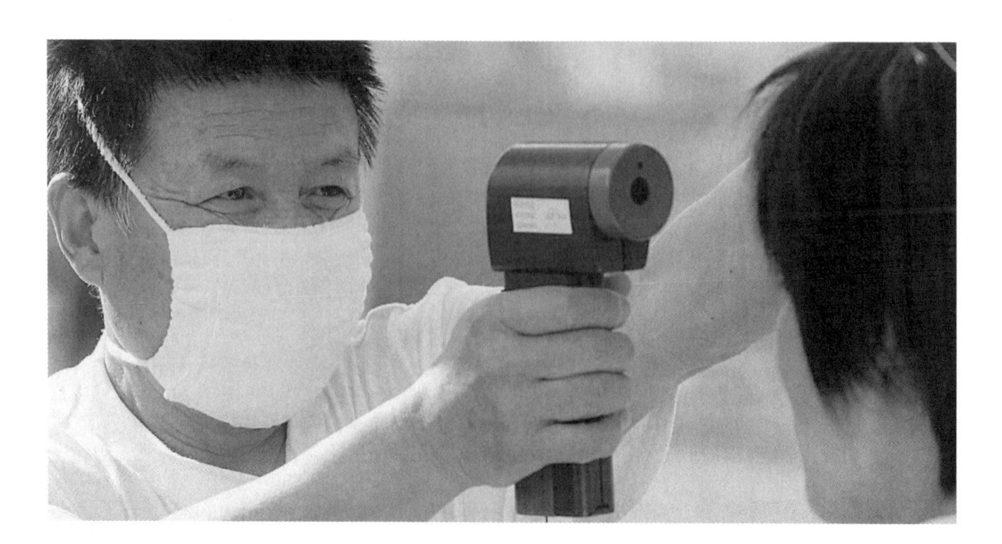

donde P es la potencia radiada en watts (W) o en joules sobre segundo (J/s). A es el área superficial del objeto y T es la temperatura en la escala Kelvin. El símbolo σ (la letra griega sigma) es la *constante de Stefan-Boltzmann:* $\sigma = 5.67 \times 10^{8}\ \text{W}/(\text{m}^2 \cdot \text{K}^4)$. La **emisividad** ($e$) es un número adimensional entre 0 y 1 característico del material. Las superficies oscuras tienen una emisividad cercana a 1; mientras que las brillantes tienen una emisividad cercana a 0. La emisividad de la piel humana es de aproximadamente 0.70.

Las superficies oscuras no sólo son mejores emisoras de radiación; también son buenas absorbedoras. Esto es razonable porque, para mantener una temperatura constante, la energía incidente absorbida debe ser igual a la energía emitida. *Por lo tanto, un buen absorbedor es también un buen emisor.* Un absorbedor (y emisor) ideal, o perfecto, se denomina **cuerpo negro** ($e = 1.0$). Las superficies brillantes son malas absorbedoras, ya que casi toda la radiación incidente se refleja. La ▼figura 11.16 ilustra lo fácil que es demostrar este hecho. (¿Entiende el lector por qué es mejor usar ropa de colores claros en verano y de colores oscuros en invierno?)

Cuando un objeto está en equilibrio térmico con su entorno, su temperatura es constante; por lo tanto, deberá estar emitiendo y absorbiendo radiación con la misma rapidez. Pero si la temperatura del objeto y la de su entorno son distintas, habrá un flujo neto de energía radiante. Si un objeto está a una temperatura T y su entorno está a una temperatura T_s, la tasa neta de ganancia o pérdida de energía por unidad de tiempo (potencia) está dada por

$$P_{\text{neta}} = \sigma A e (T_s^4 - T^4) \qquad (11.6)$$

Note que si T_s es menor que T, entonces P (que es $\Delta Q/\Delta t$) será negativa, lo que indica una pérdida neta de energía, en congruencia con nuestra convención de signo para el flujo de calor. Hay que tener presente que las temperaturas empleadas para calcular potencia radiada son las temperaturas absolutas en kelvins.

En el capítulo 10 definimos el calor como la transferencia neta de energía térmica debida a una diferencia de temperatura. La palabra *neta* aquí es importante. Es posible tener transferencia de energía entre un objeto y su entorno, o entre objetos, a la misma temperatura. Cabe señalar que, si $T_s = T$ (es decir, si no hay diferencia de temperatura), hay un intercambio continuo de energía radiante (se sigue cumpliendo la ecuación 11.6), pero *no* hay un cambio neto de energía interna del objeto.

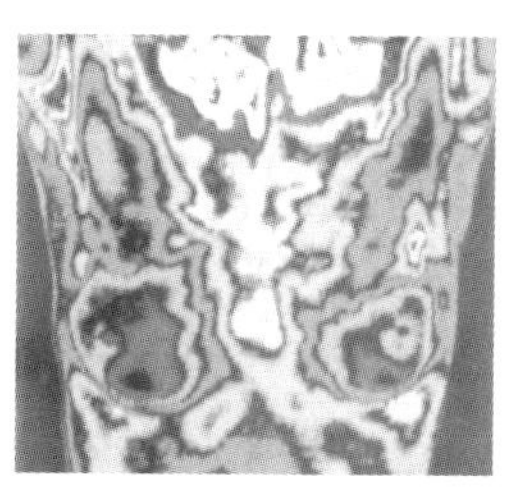

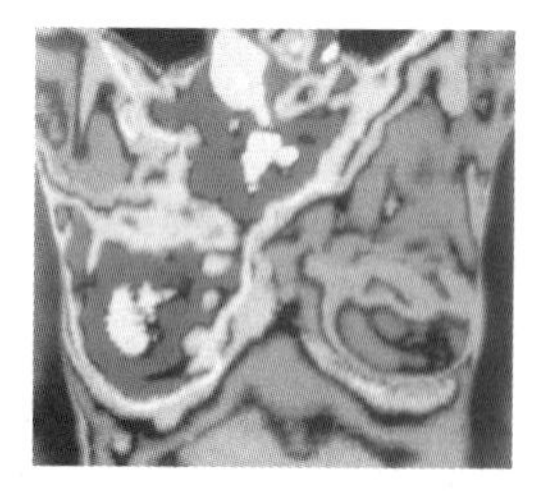

▲ **FIGURA 11.15 Termografía aplicada** Se pueden usar termogramas para detectar cáncer de mama porque las regiones con tumores tienen una temperatura superior a la normal. La fotografía superior muestra un termograma de una mujer sin cáncer de mama. La fotografía inferior corresponde a una mujer con cáncer de mama. Los "puntos calientes" de esta imagen indican al médico dónde está el cáncer. (Véase el pliego a color al final del libro.)

Ejemplo 11.9 ■ Calor corporal: transferencia de energía radiante

Suponga que su piel tiene una emisividad de 0.70, una temperatura de 34°C y una área total de 1.5 m². ¿Cuánta energía neta por segundo radiará esta área de su piel si la temperatura ambiente es de 20°C?

Razonamiento. Nos dan todo para calcular P_{neta} con la ecuación 11.6. La transferencia neta de energía radiante se efectúa entre la piel y el entorno. Recuerde que debe trabajar en kelvins.

Solución.

Dado: $T_s = 20°\text{C} + 273 = 293\ \text{K}$
$T = 34°\text{C} + 273 = 307\ \text{K}$
$e = 0.70$
$A = 1.5\ \text{m}^2$
$\sigma = 5.67 \times 10^{-8}\ \text{W}/(\text{m}^2 \cdot \text{K}^4)$ (conocido)

Encuentre: P_{neta} (potencia neta)

Usamos directamente la ecuación 11.6 y obtenemos

$$\begin{aligned} P_{\text{neta}} &= \sigma A e (T_s^4 - T^4) \\ &= [5.67 \times 10^{-8}\ \text{W}/(\text{m}^2 \cdot \text{K}^4)](1.5\ \text{m}^2)(0.70)[(293\ \text{K})^4 - (307\ \text{K})^4] \\ &= -90\ \text{W}\ (\text{o}\ -90\ \text{J/s}) \end{aligned}$$

Así, cada segundo se irradian o pierden (como indica el valor negativo) 90 J de energía. Esto es, ¡el cuerpo humano pierde calor con una rapidez que es cercana a la de una bombilla de luz de 100 W! De manera que no se sorprenda cuando una habitación llena de gente se empiece a calentar.

Ejercicio de refuerzo. *a*) En este ejemplo, suponga que la piel se expuso a una temperatura ambiente de sólo 10°C. Calcule la tasa de pérdida de calor. *b*) Los elefantes tienen una masa corporal enorme e ingieren a diario grandes cantidades de calorías como alimentos. ¿Puede explicar el lector cómo sus enormes y planas orejas (de gran área superficial) podrían ayudarles a estabilizar su temperatura corporal?

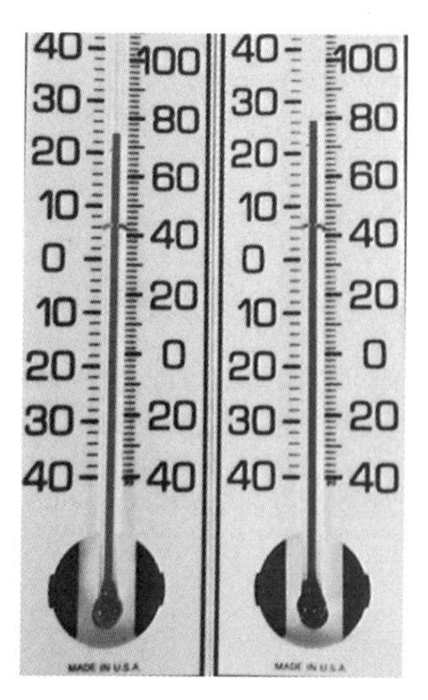

▲ **FIGURA 11.16 Buen absorbedor** Los objetos negros generalmente son buenos absorbedores de radiación. El bulbo del termómetro de la derecha se ha pintado de negro. Observe la diferencia en las lecturas de temperatura.

A FONDO 11.3 EL EFECTO INVERNADERO

El *efecto invernadero* ayuda a regular la temperatura promedio a largo plazo de la Tierra, que ha sido relativamente constante durante algunos siglos. Gracias a este fenómeno, una porción de la radiación solar (visible en su mayoría) que recibimos llega a la superficie del planeta y lo calienta. La Tierra, a la vez, vuelve a radiar energía en forma de radiación infrarroja (IR). El equilibrio entre absorción y radiación es un importante factor en la estabilización de la temperatura terrestre.

Este equilibrio se ve afectado por la concentración de gases de *invernadero* —primordialmente vapor de agua, dióxido de carbono (CO_2) y metano— en la atmósfera. Cuando la radiación infrarroja que la Tierra irradia atraviesa la atmósfera, los gases de invernadero la absorben parcialmente. Estos gases son absorbedores selectivos: absorben radiación de ciertas longitudes de onda (IR) pero no de otras (figura 1a).

Si se absorbe radiación IR, la atmósfera se calienta y por consiguiente se calienta la Tierra. Si la atmósfera no absorbiera la radiación IR, la vida en la Tierra no sería posible, ya que la temperatura superficial promedio sería muy fría: $-18°C$, en vez de los actuales 15°C.

¿Por qué se llama *efecto invernadero* a este fenómeno? El motivo es que la atmósfera funciona como el vidrio de los invernaderos. Es decir, las propiedades de absorción y transmisión del vidrio son similares a las de los gases de invernadero de la atmósfera: en general, la radiación visible se transmite, pero la radiación infrarroja se absorbe selectivamente (figura 1b). Todos hemos observado el efecto calefactor de luz solar que pasa por vidrio, por ejemplo, en un automóvil cerrado en un día soleado pero frío. De forma similar, un invernadero se calienta porque absorbe luz solar y atrapa la radiación infrarroja que se vuelve a radiar. Por ello, el interior es cálido en un día soleado, incluso durante el invierno. (Las paredes y el techo de vidrio también evitan que el aire caliente escape hacia arriba. En la práctica, esta eliminación de la pérdida de calor por convección es el principal factor para el mantenimiento de una temperatura elevada en un invernadero.)

El problema es que, en la Tierra, las actividades humanas desde el inicio de la Revolución Industrial han acentuado el calentamiento de invernadero. Al quemarse combustibles de hidrocarburos (gas, petróleo, carbón, etc.) para calefacción y procesos industriales, se descargan a la atmósfera enormes cantidades de CO_2 y otros gases de invernadero, donde podrían atrapar cada vez más radiación IR. Hay preocupación por el resultado de que esta tendencia vaya a ser —o de hecho ya sea— un *calentamiento global*: un aumento en la temperatura promedio de la Tierra que podría afectar drásticamente el entorno. Por ejemplo, se alteraría el clima en muchas regiones del planeta, y sería muy difícil predecir los efectos sobre la producción agrícola y el abasto mundial de alimentos. Un aumento general de la temperatura podría hacer que se derritan parcialmente los casquetes polares de hielo. De manera que el nivel del mar subiría, inundando las regiones bajas y poniendo en peligro los puertos y centros de población costeros.

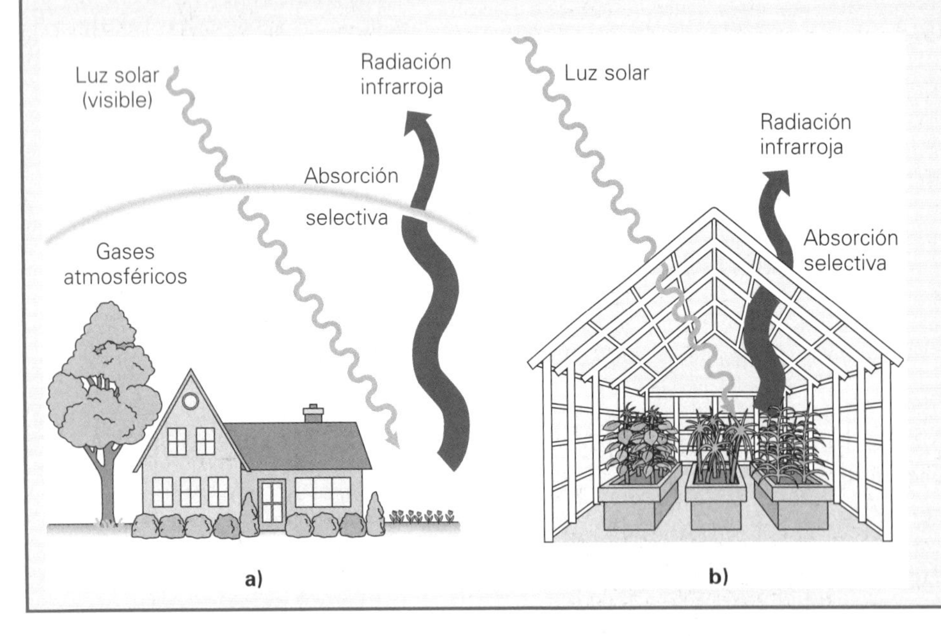

FIGURA 1 El efecto invernadero *a)* Los gases de invernadero de la atmósfera, principalmente vapor de agua, metano y dióxido de carbono, son absorbedores selectivos con propiedades de absorción similares al vidrio que se usa en los invernaderos. La luz visible se transmite y calienta la superficie terrestre; mientras que una parte de la radiación infrarroja que se retransmite se absorbe en la atmósfera y queda atrapada en ella. *b)* Los invernaderos operan de forma similar.

Sugerencia para resolver problemas

Observe que en el ejemplo 11.9 vemos que primero se calcularon las cuartas potencias de las temperaturas y luego se obtuvo su diferencia. No es correcto calcular primero la diferencia de temperaturas y elevarla luego a la cuarta potencia: $T_s^4 - T^4 \neq (T_s - T)^4$.

Consideremos un ejemplo práctico de transferencia de calor que se está volviendo cada vez más común a medida de que se incrementan los costos de la energía: los paneles solares.

Ejemplo conceptual 11.10 ■ Paneles solares: reducción de la transferencia de calor

Se usan paneles solares para recolectar energía solar y calentar agua con ella, la cual es útil para calentar una casa durante la noche. El interior de los paneles es negro (¿por qué?) y por él corren las tuberías que llevan el agua. Los paneles tienen una tapa de vidrio. Sin embargo, el vidrio ordinario absorbe la mayor parte de la radiación ultravioleta del Sol. Esta absorción reduce el efecto de calentamiento. ¿No sería mejor no tapar los paneles con vidrio?

Razonamiento y respuesta. El vidrio absorbe algo de energía, pero tiene un propósito útil y ahorra mucho más energía de la que absorbe. Al calentarse el interior negro y las tuberías del panel, podría haber pérdida de calor por radiación (infrarroja) y por convección. El vidrio impide esta pérdida gracias al efecto invernadero. Absorbe gran parte de la radiación infrarroja y mantiene la convección dentro del panel solar. (Véase la sección A fondo sobre el efecto invernadero.)

Ejercicio de refuerzo. ¿Hay algún motivo práctico para poner cortinas en las ventanas (aparte de cuidar la intimidad)?

Examinemos otros ejemplos de transferencia de calor en la vida real. En primavera, una helada tardía podría matar los capullos de los árboles frutales de un huerto. Para reducir la transferencia de calor, algunos fruticultores rocían los árboles con agua para formar hielo antes de una helada intensa. ¿Cómo pueden salvarse los capullos con hielo? El hielo es un conductor térmico relativamente malo (y barato), así que tiene un efecto aislante. Evita que la temperatura de los capullos baje a menos de 0°C, y así los protege.

Otro método para proteger los huertos contra heladas es con braseros: recipientes donde se quema material para crear una densa nube de humo. Durante la noche, cuando el suelo, calentado por el Sol, se enfría por radiación, la nube absorbe este calor y lo vuelve a radiar al suelo. Así, el suelo tarda más tiempo en enfriarse, y con suerte no alcanzará temperaturas de congelación antes de que el Sol salga otra vez. (Recuerde que la escarcha es la condensación directa de vapor de agua del aire, no rocío congelado.)

Una botella termo (▸figura 11.17) conserva la temperatura de las bebidas frías y calientes. Consiste en un recipiente parcialmente vacío de doble pared plateada (interior de espejo). La botella está fabricada para reducir al mínimo los tres mecanismos de transferencia de calor. El recipiente parcialmente vacío de doble pared contrarresta la conducción y convección, pues ambos procesos dependen de un medio para transferir el calor (las paredes dobles tienen más la función de mantener la región parcialmente vacía que la de reducir la conducción y convección). El interior de espejo reduce al mínimo la pérdida por radiación. Asimismo, el tapón en la parte superior de los termos detiene la convección en la parte superior del líquido.

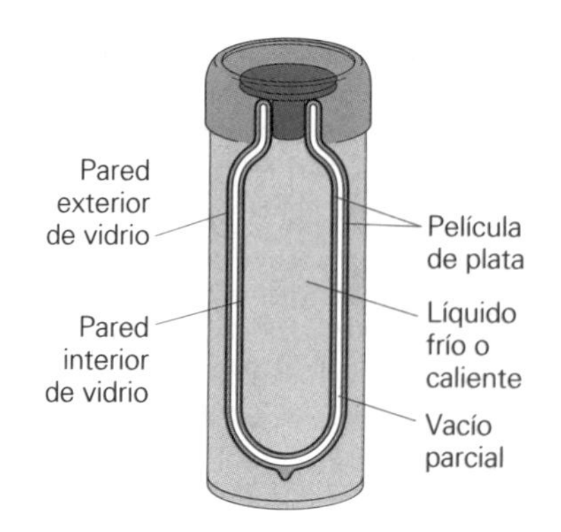

▲ **FIGURA 11.17 Aislamiento térmico** La botella termo reduce al mínimo los tres mecanismos de transferencia de calor.

Examinemos la ▾figura 11.18. ¿Por qué alguien habría de usar ropa oscura en el desierto? Hemos visto que los objetos oscuros absorben radiación (figura 11.16). ¿No sería mejor ropa blanca? La ropa negra sin duda absorbe más energía radiante y calienta el aire interior cercano al cuerpo. Sin embargo, observe que la vestimenta está

◂ **FIGURA 11.18 ¿Vestimenta oscura en el desierto?** Los objetos oscuros absorben más radiación que los claros, y se calientan más. ¿Qué pasa aquí? La explicación se da en el texto.

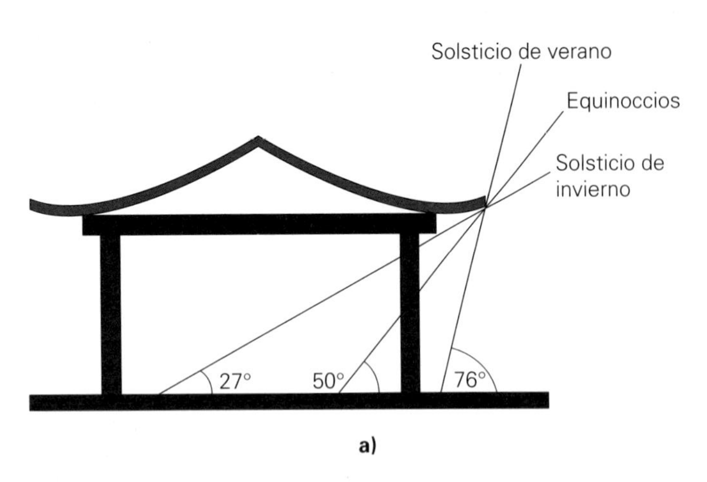

a)

b)

▲ **FIGURA 11.19 Aspectos de diseño solar pasivo en la China antigua** *a*) En verano, cuando el ángulo del Sol es grande, los aleros dan sombra a la construcción. Los ladrillos y las paredes de la casa son gruesos para reducir el flujo de calor por conducción al interior. En invierno, el ángulo del Sol es bajo, por lo que los rayos solares entran a la vivienda, en especial con la ayuda de los aleros curvos y ascendentes. Las hojas de los árboles caducifolios cercanos ofrecen sombra adicional en verano, pero permiten la entrada de luz solar cuando han perdido sus hojas en invierno. *b*) Imagen de una construcción como la descrita, en Beijing, China, en diciembre.

abierta por abajo. El aire caliente se eleva (porque es menos denso) y sale por el área del cuello; en tanto que el aire exterior, más fresco, entra por abajo: circulación de aire por convección natural.

Por último, considere algunos de los factores térmicos implicados en el diseño de una casa solar "pasiva", que se utilizaron hace mucho tiempo en la China antigua (▲figura 11.19). El término *pasiva* significa que los elementos de diseño no requieren el uso activo de energía para conservar esta última. En Beijing, China, por ejemplo, los ángulos de la luz solar son 76°, 50° y 27° por encima del horizonte en el solsticio de verano, los equinoccios de primavera y otoño, y el solsticio de invierno, respectivamente. Con una adecuada combinación de la altura de las columnas y del largo de los aleros del techo, se permite que en el invierno *entre* la máxima cantidad de luz solar a la construcción; pero la mayoría de la luz solar *no* entrará a la vivienda en el verano. Los aleros de los techos también están curveados hacia arriba, no sólo con fines estéticos, sino también para dejar que entre la máxima cantidad de luz en el invierno. Los árboles plantados en el lado sur de la construcción también desempeñan un papel importante, tanto en verano como en invierno. En el verano, las hojas bloquean y filtran la luz solar; en el invierno, las ramas libres de hojas dejan pasar la luz solar.

Repaso del capítulo

- El **calor (Q)** es la energía intercambiada entre los objetos, casi siempre por estar a diferentes temperaturas.

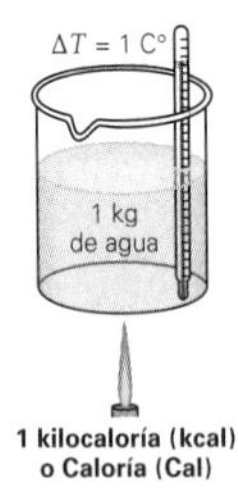

- El **calor específico (c)** de los sólidos y líquidos nos dice cuánto calor se necesita para elevar la temperatura de 1 kg de un material específico en 1 C°. Es característico del tipo de material y su definición es

$$Q = cm\Delta T \qquad \text{o bien,} \qquad c = \frac{Q}{m\Delta T} \qquad (11.1)$$

- **Calorimetría** es una técnica que usa la transferencia de calor entre objetos; su objetivo más común consiste en medir calores específicos de materiales. Se basa en la conservación de la energía, $\Sigma Q_i = 0$, suponiendo que no hay pérdidas ni ganancias de calor con el entorno.

- **Calor latente (L)** es el calor requerido para cambiar la fase de un objeto por kilogramo de masa. Durante el cambio de fase, la temperatura del sistema no cambia. Su definición general es

$$L = \frac{|Q|}{m} \qquad \text{o bien,} \qquad Q = \pm mL \qquad (11.2, 11.3)$$

- La transferencia de calor por contacto directo entre objetos que están a diferente temperatura se denomina conducción. La tasa de flujo de calor por conducción a través de una plancha de material está dada por

$$\frac{\Delta Q}{\Delta t} = \frac{kA\Delta T}{d} \tag{11.4}$$

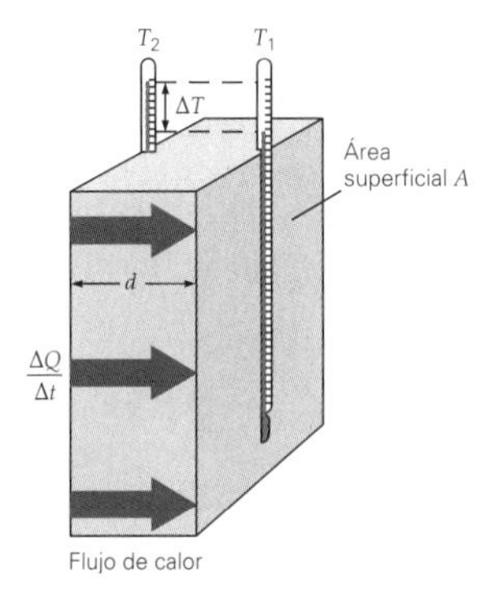

- La **convección** se refiere a transferencia de calor por movimiento masivo de las moléculas de un gas o un líquido. Lo que impulsa la *convección natural* son las diferencias de densidad originadas por diferencias de temperatura. En la *convección forzada*, el movimiento es mecánico.

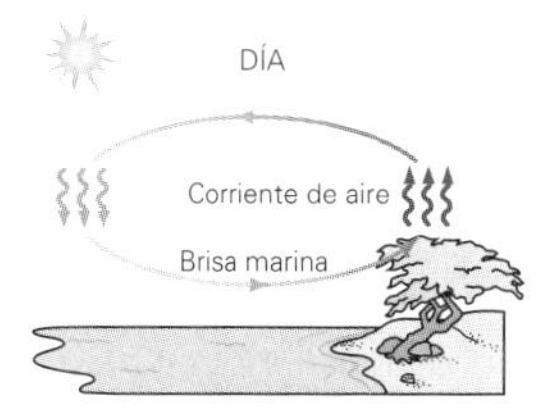

- La **radiación** se refiere a calor transferido por radiación electromagnética entre objetos que tienen temperaturas diferentes, por lo general el objeto y su entorno. La tasa de transferencia está dada por

$$P_{\text{neta}} = \sigma Ae(T_s^4 - T^4) \tag{11.6}$$

donde σ es la constante de Stefan-Boltzmann, cuyo valor es 5.67×10^{-8} W/(m^2 • K^4).

Ejercicios*

Los ejercicios designados **OM** *son preguntas de opción múltiple; los* **PC** *son preguntas conceptuales; y los* **EI** *son ejercicios integrados. A lo largo del texto, muchas secciones de ejercicios incluirán ejercicios "apareados". Estos pares de ejercicios, que se identifican con números subrayados, pretenden ayudar al lector a resolver problemas y aprender. El primer ejercicio de cada pareja (el de número par) se resuelve en la Guía de estudio, que puede consultarse si se necesita ayuda para resolverlo. El segundo ejercicio (de número impar) es similar, y su respuesta se da al final del libro.*

11.1 Definición y unidades de calor

1. **OM** La unidad SI de energía calorífica es *a*) caloría, *b*) kilocaloría, *c*) Btu o *d*) joule.

2. **OM** ¿Cuál de las siguientes es la mayor unidad de energía calorífica? *a*) caloría, *b*) Btu, *c*) joule o *d*) kilojoule.

3. **PC** Explique la diferencia entre una caloría y una Caloría.

4. **PC** Si alguien dice que un objeto caliente contiene más calor que uno frío, ¿estaría usted de acuerdo? ¿Por qué?

5. ● Una persona inicia una dieta de 1500 Cal/día con la finalidad de perder peso. ¿Cuál sería en joules esta ingesta calórica?

6. ● Un acondicionador de aire de ventana consume 20 000 Btu/h. ¿Cuál será su consumo en watts?

7. ●● Una tasa metabólica normal de una persona común (la rapidez a la cual el alimento y la energía almacena-da se convierten en calor, movimiento, etc.) es de aproximadamente 4×10^5 J/h; el contenido energético promedio de una Big Mac es de 600 Calorías. Si una persona viviera sólo a base de Big Macs, ¿cuántas tendría que comer al día para mantener constante su peso corporal?

8. ●● Un estudiante ingirió 2800 Cal durante la cena del día de Acción de Gracias y quiere "quemar" toda esa energía levantando una masa de 20 kg una distancia de 1.0 m. Suponga que él levanta la masa con una velocidad constante y que no se efectúa trabajo al descender tal masa. *a*) ¿Cuántas veces deberá levantar la masa? *b*) Si puede levantar y bajar la masa una vez cada 5.0 s, ¿cuánto tiempo le tomará este ejercicio?

11.2 Calor específico y calorimetría

9. **OM** La cantidad de calor necesaria para cambiar en 1 C° la temperatura de 1 kg de una sustancia es *a*) su calor específico, *b*) su calor latente, *c*) su calor de combustión o *d*) su equivalente mecánico del calor.

10. **OM** Para los gases, ¿cuál de las siguientes opciones es verdadera acerca del calor específico bajo presión constante, c_p, y calor específico bajo volumen constante, c_v? *a*) $c_p > c_v$, *b*) $c_p = c_v$ o *c*) $c_p < c_v$.

11. **OM** Se añaden cantidades iguales de calor Q a dos objetos que tienen la misma masa. Si el objeto 1 experimentó un cambio de temperatura mayor que el objeto 2, $\Delta T_1 > \Delta T_2$, entonces *a*) $c_1 > c_2$, *b*) $c_1 < c_2$, *c*) $c_1 = c_2$.

12. **PC** Si usted vive cerca de un lago, ¿qué se calienta más durante un día de verano: el agua o la ribera del lago? ¿Cuál se enfría más en una noche de invierno? Explique sus respuestas.

* Desprecie las pérdidas de calor al entorno en los ejercicios, a menos que se indique lo contrario, y considere que todas las temperaturas son exactas.

13. **PC** Se añaden iguales cantidades de calor a dos objetos distintos que están a la misma temperatura inicial. ¿Qué factores pueden hacer que la temperatura final de los dos objetos sea diferente?

14. **PC** Miles de personas han practicado la caminata sobre fuego. (Por favor, ¡no lo intente usted en casa!) En la caminata sobre fuego, las personas caminan con los pies descalzos sobre un lecho de carbones al rojo vivo (con temperatura por encima de los 2000°F). ¿Cómo es posible esto? [*Sugerencia:* considere que los tejidos humanos están compuestos en buena parte de agua.]

15. **EI** ● La temperatura de un bloque de plomo y uno de cobre, ambos de 1.0 kg y a 20°C, debe elevarse a 100°C. *a*) ¿El cobre requiere 1) más calor, 2) la misma cantidad de calor o 3) menos calor que el plomo? ¿Por qué? *b*) Calcule la diferencia entre el calor que requieren los dos bloques para comprobar su respuesta en *a*.

16. ● Una bolita de 5.0 g de aluminio a 20°C gana 200 J de calor. ¿Cuál será su temperatura final?

17. ● ¿Cuántos joules de calor deben añadirse a 5.0 kg de agua a 20°C para llevarla a su punto de ebullición?

18. ● La sangre transporta el exceso de calor del interior a la superficie del cuerpo, donde se dispersa el calor. Si 0.250 kg de sangre a una temperatura de 37.0°C fluye hacia la superficie y pierde 1500 J de calor, ¿cuál será la temperatura de la sangre cuando fluye de regreso al interior? Suponga que la sangre tiene el mismo calor específico que el agua.

19. **EI** ●● Cantidades iguales de calor se añaden a un bloque de aluminio y a un bloque de cobre con masas diferentes, para alcanzar el mismo incremento de temperatura. *a*) La masa del bloque de aluminio es 1) mayor, 2) la misma, 3) menor que la masa del bloque de cobre. ¿Por qué? Si la masa del bloque de cobre es de 3.00 kg, ¿cuál será la masa del bloque de aluminio?

20. ●● Un motor moderno construido de aleación contiene 25 kg de aluminio y 80 kg de hierro. ¿Cuánto calor absorbe el motor cuando su temperatura aumenta de 20°C a 120°C al calentarse hasta la temperatura de operación?

21. ●● Una taza de vidrio de 0.200 kg a 20°C se llena con 0.40 kg de agua caliente a 90°C. Despreciando las pérdidas de calor al entorno, calcule la temperatura de equilibrio del agua.

22. ●● Una taza de 0.250 kg a 20°C se llena con 0.250 kg de café hirviente. La taza y el café alcanzan el equilibrio térmico a 80°C. Si no se pierde calor al entorno, ¿qué calor específico tiene el material de la taza? [*Sugerencia:* considere que el café es prácticamente agua hirviente.]

23. ●● Una cuchara de aluminio a 100°C se coloca en un vaso de espuma de poliestireno que contiene 0.200 kg de agua a 20°C. Si la temperatura final de equilibrio es de 30°C y no se pierde calor al vaso mismo ni al entorno, ¿qué masa tiene la cuchara de aluminio?

24. **EI** ●● Cantidades iguales de calor se agregan a diferentes cantidades de cobre y plomo. La temperatura del cobre aumenta en 5.0 C°; y la del plomo, en 10 C°. *a*) El plomo tiene 1) mayor masa que el cobre, 2) la misma masa que el cobre, o 3) menos masa que el cobre. *b*) Calcule la razón de masas plomo/cobre para comprobar su respuesta en *a*.

25. **EI** ●● Inicialmente a 20°C, 0.50 kg de aluminio y 0.50 kg de hierro se calientan a 100°C. *a*) El aluminio gana 1) más calor que el hierro, 2) la misma cantidad de calor que el hierro, 3) menos calor que el hierro. ¿Por qué? *b*) Calcule la diferencia en el calor requerido para comprobar su respuesta en *a*.

26. ●● Para determinar el calor específico de una nueva aleación metálica, 0.150 kg de la sustancia se calientan a 400°C y luego se colocan en un vaso de calorímetro de aluminio de 0.200 kg, que contiene 0.400 kg de agua a 10.0°C. Si la temperatura final de la mezcla es de 30.5°C, ¿qué calor específico tiene la aleación? (Ignore el agitador y el termómetro del calorímetro.)

27. **EI** ●● En un experimento de calorimetría, 0.50 kg de un metal a 100°C se añaden a 0.50 kg de agua a 20°C en un vaso de calorímetro de aluminio, cuya masa es de 0.250 kg. *a*) Si un poco de agua salpica y sale del vaso al agregar el metal, el calor específico medido será 1) mayor, 2) igual o 3) menor que el valor calculado para el caso en que no se salpique agua. ¿Por qué? *b*) Si la temperatura final de la mezcla es de 25°C, y no se salpica agua, ¿qué calor espe-cífico tendrá el metal?

28. ●● Un estudiante que efectúa un experimento vierte 0.150 kg de perdigones de cobre calientes en un vaso de calorímetro de aluminio de 0.375 kg que contiene 0.200 kg de agua a 25°C. La mezcla (y el vaso) alcanzan el equilibrio térmico a los 28°C. ¿A qué temperatura estaban inicialmente los perdigones?

29. ●● ¿A qué tasa promedio tendría que eliminarse el calor de 1.5 L de *a*) agua y *b*) mercurio, para reducir la temperatura del líquido de 20°C a su punto de congelación en 3.0 min?

30. ●● Cuando está en reposo, una persona emite calor a una tasa aproximada de 100 W. Si la persona se sumerge en una tina que contiene 500 kg de agua a 27°C y su calor llega sólo al agua, ¿cuántas horas tardará esta última en aumentar su temperatura a 28°C?

31. ●●● Unas bolitas de plomo cuya masa total es de 0.60 kg se calientan a 100°C y luego se colocan en un envase de aluminio bien aislado, cuya masa es de 0.20 kg, que contiene 0.50 kg de agua inicialmente a 17.3°C. ¿Cuál será la temperatura de equilibrio de la mezcla?

32. ●●● Un estudiante mezcla 1.0 L de agua a 40°C con 1.0 L de alcohol etílico a 20°C. Suponiendo que no se pierde calor hacia el recipiente ni hacia el entorno, ¿qué temperatura final tendrá la mezcla? [*Sugerencia:* véase la tabla 11.1.]

11.3 Cambios de fase y calor latente

33. **OM** Las unidades SI de calor latente son *a*) 1/C°, *b*) J/(kg · C°), *c*)J/C° o *d*)J/kg.

34. **OM** El calor latente siempre *a*) forma parte del calor específico, *b*) está relacionado con el calor específico, *c*) es igual al equivalente mecánico del calor o *d*) interviene en un cambio de fase.

35. **OM** Cuando una sustancia experimenta un cambio de fase, el calor agregado cambia *a*) la temperatura, *b*) la energía cinética, *c*) la energía potencial, *d*) la masa de la sustancia.

36. **PC** Usted vigila la temperatura de unos cubos de hielo fríos (−5.0°C) en un vaso, mientras se calientan el hielo y el vaso. Inicialmente, la temperatura aumenta, pero deja de aumentar a los 0°C. Después de un rato, comienza a aumentar otra vez. ¿Está descompuesto el termómetro? Explique.

37. **PC** En general, una quemada con vapor de agua a 100°C es más severa que con la misma masa de agua caliente a 100°C. ¿Por qué?

38. **PC** Cuando exhalamos en invierno, nuestro aliento se ve como vapor de agua. Explique esto.

39. ● ¿Cuánto calor se requiere para evaporar 0.50 kg de agua que inicialmente está a 100°C?

40. **EI** ● *a*) La conversión de 1.0 kg de agua a 100°C en vapor de agua a 100°C requiere 1) más calor, 2) la misma cantidad de calor o 3) menos calor que convertir 1.0 kg de hielo a 0°C en agua a 0°C. ¿Por qué? *b*) Calcule la diferencia de calores para comprobar su respuesta en *a*.

41. ● Primero calcule el calor que necesita eliminarse para convertir 1.0 kg de vapor a 100°C en agua a 40°C, y luego calcule el calor que debe eliminarse para reducir la temperatura del agua de 100 a 40°C. Compare los dos resultados. ¿Le sorprenden?

42. ● Un artista desea fundir plomo para hacer una estatua. ¿Cuánto calor debe agregarse a 0.75 kg de plomo a 20°C para hacer que se funda por completo?

43. ● Se hierve agua para agregar humedad al aire en el invierno y ayudar a que una persona con congestión nasal respire mejor. Calcule el calor requerido para evaporar 0.50 L de agua que inicialmente está a 50°C.

44. ● ¿Cuánto calor se requiere para evaporar 0.50 L de nitrógeno líquido a −196°C? (La densidad del nitrógeno líquido es de 0.80×10^3 kg/m^3.)

45. **EI** ●● Hay que eliminar calor para condensar vapor de mercurio a una temperatura de 630 K en mercurio líquido. *a*) Este calor implica 1) sólo calor específico, 2) sólo calor latente o 3) tanto calor específico como latente. Explique su respuesta. *b*) Si la masa del vapor de mercurio es de 15 g, ¿cuánto calor debe eliminarse?

46. ●● Cuánto hielo (a 0°C) debe agregarse a 1.0 kg de agua a 100°C para tener únicamente líquido a 20°C?

47. ●● Si 0.050 kg de hielo a 0°C se agregan a 0.300 kg de agua a 25°C en un vaso de calorímetro de aluminio de 0.100 kg, ¿qué temperatura final tendrá el agua?

48. **EI** ●● Una frotada con alcohol puede reducir rápidamente la temperatura corporal (de la piel). *a*) Esto se debe a 1) la temperatura más fría del alcohol, 2) la evaporación del alcohol, 3) el elevado calor específico del cuerpo humano. *b*) Para disminuir la temperatura corporal de una persona de 65 kg en 1.0C°, ¿qué masa de alcohol debe evaporarse de su piel? Ignore el calor implicado en elevar la temperatura del alcohol a su punto de ebullición (¿por qué?), y considere el cuerpo humano como si se tratara de agua.

49. ●● Vapor de agua a 100°C se burbujea en 0.250 kg de agua a 20°C en un vaso de calorímetro, donde se condensa en forma de líquido. ¿Cuánto vapor se habrá agregado cuando el agua del vaso llegue a 60°C? (Ignore el efecto del vaso.)

50. ●● Hielo (inicialmente a 0°C) se agrega a 0.75 L de té a 20°C para hacer el té helado más frío posible. Si se agrega suficiente hielo como para que la mezcla sea exclusivamente líquido, ¿cuánto líquido habrá en la jarra cuando ello ocurra?

51. ●● Un volumen de 0.50 L de agua a 16°C se coloca en una bandeja de aluminio para cubitos de hielo, cuya masa es de 0.250 kg y que está a esa misma temperatura. ¿Cuánta energía tendrá que quitar un refrigerador al sistema para convertir el agua en hielo a −8.0°C?

52. **EI** ●● La evaporación de agua en la piel es un mecanismo importante para controlar la temperatura del cuerpo. *a*) Ello se debe a que 1) el agua tiene un alto calor específico, 2) el agua tiene un alto calor de evaporación, 3) el agua contiene más calor cuando está caliente o 4) el agua es un buen conductor del calor. *b*) En una competencia de ciclismo intensivo de 3.5 h, un atleta puede perder hasta 7.0 kg de agua a través del sudor. Calcule el calor perdido por el atleta en el proceso.

53. **EI** ●●● Un trozo de hielo de 0.50 kg a −10°C se coloca en una masa igual de agua a 10°C. *a*) Cuando se alcanza el equilibrio térmico entre ambos, 1) todo el hielo se derrite, 2) parte del hielo se derrite, 3) el hielo no se derrite. *b*) ¿Cuánto hielo se derrite?

54. ●●● Un kilogramo de una sustancia da la gráfica de T contra Q que se muestra en la ▾figura 11.20. *a*) Determine

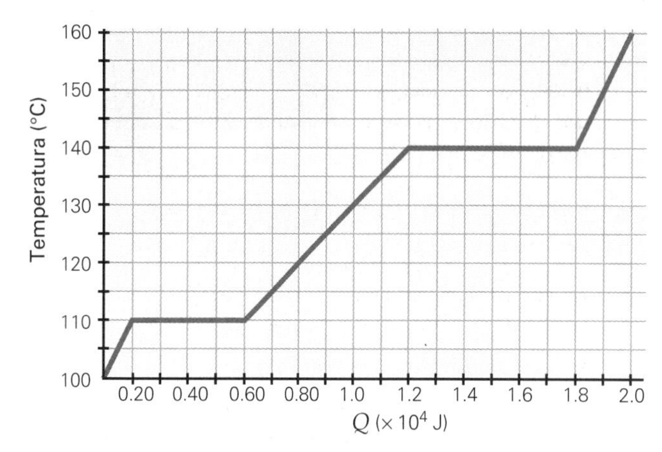

▲ **FIGURA 11.20 Temperatura contra calor**
Véase el ejercicio 54.

los puntos de fusión y de ebullición. En unidades SI exprese *b*) los calores específicos de la sustancia en sus distintas fases y *c*) los calores latentes de la sustancia en los distintos cambios de fase.

55. ●●● Algunos materiales cerámicos se vuelven superconductores si se les sumerge en nitrógeno líquido. En un experimento, un trozo de 0.150 kg de uno de esos materiales a 20°C se enfría colocándolo en nitrógeno líquido, que está en su punto de ebullición, en un recipiente perfectamente aislado, el cual permite al N_2 gaseoso escapar inmediatamente. ¿Cuántos litros de nitrógeno líquido se evaporarán en esta operación? (Suponga que el calor específico del material cerámico es igual al del vidrio, y tome como densidad del nitrógeno líquido 0.80×10^3 kg/m^3.)

11.4 Transferencia de calor

56. **OM** En el calentamiento de la atmósfera terrestre interviene *a*) conducción, *b*) convección, *c*) radiación o *d*) todo lo anterior.

57. **OM** ¿Cuál de los siguientes es el mecanismo de transferencia de calor dominante para que la Tierra reciba energía del Sol?: *a*) conducción, *b*) convección, *c*) radiación, *d*) todos los anteriores.

58. **OM** El agua es muy mal conductor del calor, pero una olla llena de agua puede calentarse más rápidamente de lo que usted supondría a primera vista. Tal disminución en el tiempo se debe principalmente a la transferencia de calor por *a*) conducción, *b*) convección, *c*) radiación, *d*) todos los anteriores.

59. **PC** Dos bandejas para hacer cubitos de hielo, una de plástico y una metálica, se sacan del mismo congelador, a la misma temperatura inicial. Sin embargo, la de metal se siente más fría al tacto. ¿Por qué?

60. **PC** ¿Por qué es necesaria la advertencia que se observa en el letrero de la carretera de la ▼figura 11.21?

▲ **FIGURA 11.21 Una fría advertencia** Véase el ejercicio 60.

61. **PC** Los osos polares tienen un excelente sistema de aislamiento térmico. (A veces, ni siquiera las cámaras de infrarrojo pueden detectarlos.) El pelaje del oso polar está hueco. Explique cómo ayuda esto a los osos a mantener su temperatura corporal en el frío invierno.

62. **EI** ● Suponga que un piso de baldosas y uno de roble tienen la misma temperatura y espesor. *a*) En comparación con el piso de roble, el de baldosas extrae calor de nuestros pies 1) más rápidamente, 2) con la misma rapidez o 3) más lentamente. ¿Por qué? *b*) Calcule la razón de la tasa de flujo de calor del piso de baldosas entre la del piso de roble.

63. ● El vidrio de una ventana mide 2.00 m × 1.50 m, y tiene 4.00 mm de espesor. ¿Cuánto calor fluye a través del vidrio en 1.00 h, si hay una diferencia de temperatura de 2 C° entre las superficies interior y exterior? (Considere únicamente la conducción.)

64. ● Suponga que un ganso tiene una capa de plumas de 2.0 cm de grosor (en promedio) y un área de superficie corporal de 0.15 m^2. ¿Cuál será la tasa de pérdida de calor (sólo por conducción), si el ganso con una temperatura corporal de 41°C está a la intemperie en un día invernal, cuando la temperatura del aire es de 2°C?

65. ● Suponga que su piel tiene una emisividad de 0.70, una temperatura normal de 34°C y una área total expuesta de 0.25 m^2. ¿Cuánta energía térmica pierde cada segundo debido a la radiación, si la temperatura exterior es de 22°C?

66. ● La moneda de cinco centavos de Estados Unidos, el penique, tiene una masa de 5.1 g, un volumen de 0.719 cm^3 y una área de superficie total de 8.54 cm^2. Suponga que un penique es un radiador ideal; ¿cuánta energía radiante por segundo proviene del penique, si tiene una temperatura de 20°C?

67. **EI** ●● Una barra de aluminio y una de cobre tienen la misma área transversal y la misma diferencia de temperatura entre sus extremos, y conducen calor con la misma rapidez. *a*) La barra de cobre es 1) más larga, 2) de la misma longitud o 3) más corta, que la de aluminio. ¿Por qué? *b*) Calcule la razón de longitudes entre la barra de cobre y la de aluminio.

68. ●● Suponiendo que el cuerpo humano tiene una capa de piel de 1.0 cm de espesor y una área superficial de 1.5 m^2, calcule la rapidez con que se conducirá calor del interior del cuerpo a la superficie, si la temperatura de la piel es de 34°C. (Suponga una temperatura corporal normal de 37°C en el interior.)

69. ●● Una tetera de cobre con base circular de 30.0 cm de diámetro tiene un espesor uniforme de 2.50 mm. Descansa sobre un quemador cuya temperatura es de 150°C. *a*) Si la tetera está llena de agua en ebullición, calcule la tasa de conducción de calor a través de su base. *b*) Suponiendo que el calor del quemador es el único aporte de calor, ¿cuánta agua se evaporará en 5.0 min? ¿Es razonable su respuesta? Si no, explique por qué.

70. **EI** ●● La emisividad de un objeto es 0.60. *a*) En comparación con un cuerpo negro perfecto a la misma temperatura, este objeto radiará 1) más, 2) igual o 3) menos potencia. ¿Por qué? *b*) Calcule la razón de la potencia radiada por el cuerpo negro y la radiada por el objeto.

71. ●● El filamento de una lámpara radia 100 W de potencia cuando la temperatura del entorno es de 20°C, y sólo 99.5 W cuando dicha temperatura es de 30°C. Si la temperatura del filamento es la misma en ambos casos, ¿qué temperatura es ésa en la escala Celsius?

72. **EI ●●** El aislante térmico usado en construcción suele especificarse en términos de su *valor R*, definido como d/k, donde d es el espesor del aislante en pulgadas y k es la conductividad térmica. (Véase la sección A fondo 11.2 de la p. 384.) Por ejemplo, 3.0 pulg de espuma plástica tendrían un valor R de $3.0/0.30 = 10$, donde $k = 0.30$ Btu $\cdot$ pulg/(ft$^2 \cdot$ h $\cdot$ F°). Este valor se expresa como R-10. *a*) Un mejor aislante tendrá un valor R: 1) alto, 2.) bajo, 3) cero. Explique. *b*) ¿Qué espesor de 1) espuma de pliestireno y 2) ladrillo daría un valor de R-10?

73. **EI ●●** Un trozo de madera de pino de 14 pulg de espesor tiene un valor R de 19. *a*) Si la lana de vidrio tiene el mismo valor R, su espesor debería ser 1) mayor, 2) igual o 3) menor que 14 pulg. ¿Por qué? *b*) Calcule el espesor necesario para un trozo de lana de vidrio. (Véase el ejercicio 72 y la sección A fondo 11. 2 de la p. 384.)

74. **EI ●●** *a*) Si se duplica la temperatura Kelvin de un objeto, su potencia irradiada se incrementa 1) 2 veces, 2) 4 veces, 3) 8 veces, 4) 16 veces. Explique su respuesta. *b*) Si su temperatura aumenta de 20 a 40°C, ¿por cuánto cambia la potencia irradiada?

75. **●●** Para calentamiento solar se usan colectores como el que se muestra en la ▼figura 11.22. En las horas en que hay luz solar, la intensidad promedio de la radiación solar en la parte superior de la atmósfera es de aproximadamente 1400 W/m^2. Cerca del 50% de tal radiación solar llega la Tierra durante el día. (El resto se refleja, se dispersa, se absorbe, etc.) ¿Cuánta energía térmica captará, en promedio, el colector cilíndrico de la figura durante 10 horas de captación en el día?

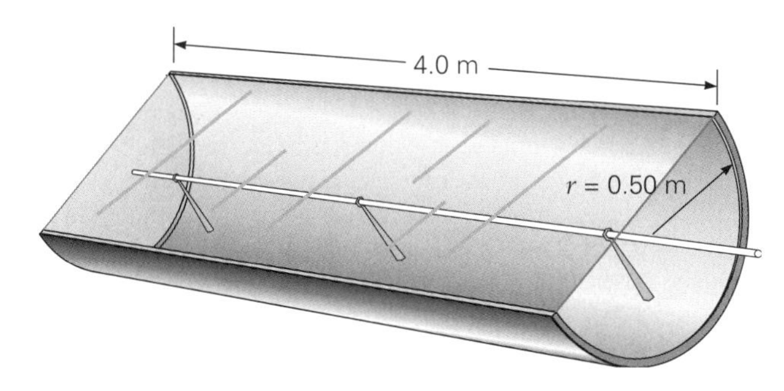

▲ **FIGURA 11.22 Colector solar y calentamiento solar**
Véase el ejercicio 75.

Para los ejercicios 76 a 81 lea el ejemplo 11.7 y la nota al pie de la p. 382.

76. **●●●** Una ventana panorámica mide 2.0 m × 3.0 m. Con qué rapidez se conducirá calor a través de la ventana, si la temperatura de la habitación es de 20°C y la exterior es de 0°C, *a*) si la ventana tiene vidrio sencillo de 4.0 mm de espesor y *b*) si la ventana tiene vidrio térmico (dos vidrios de 2.0 mm de espesor cada uno separados por un espacio de aire de 1.0 mm)? (Suponga que hay una diferencia de temperatura constante y considere únicamente conducción.)

77. **●●●** La temperatura natural más baja registrada en la Tierra fue en Vostok, una estación antártica rusa, donde el termómetro marcó −89.4°C (−129°F) el 21 de julio de 1983. Una persona común tiene una temperatura corporal de 37.0°C, un tejido epitelial de 0.0250 m de grosor y un área superficial total de piel de 1.50 m^2. Suponga que una persona así trae puestos una chamarra y un pantalón de pluma de ganso de 0.100 m de grosor que le cubren todo el cuerpo. *a*) ¿Cuál sería la tasa de pérdida de calor de un ser humano desnudo? *b*) ¿Cuál sería la tasa de pérdida de calor de un ser humano que trae puestos la chamarra y el pantalón de pluma de ganso?

78. **●●●** La pared de una casa consiste en un bloque sólido de concreto con una capa externa de ladrillos y una capa interna de aglomerado, como se muestra en la ▼figura 11.23. Si la temperatura exterior en un día frío es de −10°C y la temperatura interior es de 20°C, ¿cuánta energía se conducirá en 1.0 h a través de una pared con dimensiones de 3.5 m × 5.0 m?

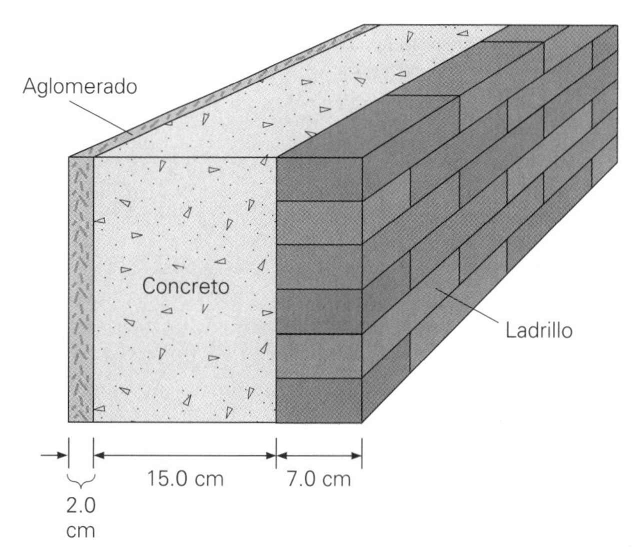

▲ **FIGURA 11.23 Conductividad térmica y pérdida de calor**
Véase el ejercicio 78.

79. **●●●** Suponga que quiere reducir a la mitad la pérdida de calor a través de la pared del ejercicio 78 instalando aislante. ¿Qué espesor de espuma de poliestireno habría que colocar entre el aglomerado y el concreto para cumplir con su objetivo?

80. **●●●** Un cilindro de acero de 5.0 cm de radio y 4.0 cm de longitud se coloca en contacto térmico de extremo a extremo, con un cilindro de cobre de las mismas dimensiones. Si los extremos libres de los dos cilindros se mantienen a temperaturas constantes de 95°C (acero) y 15°C (cobre), ¿cuánto calor fluirá a través de los cilindros en 20 min?

81. **●●●** En el ejercicio 80, ¿qué temperatura hay en la interfaz de los cilindros?

Ejercicios adicionales

82. Un trozo de hielo de 0.60 kg a −10°C se coloca en 0.30 kg de agua a 50°C. ¿Cuánto líquido habrá cuando el sistema alcance el equilibrio térmico?

83. Una gran hielera de poliestireno tiene una área superficial de 1.0 m^2 y un espesor de 2.5 cm. Si dentro se almacenan 5.0 kg de hielo a 0°C y la temperatura exterior es constante a 35°C, ¿cuánto tiempo tardará en derretirse todo el hielo? (Considere sólo la conducción.)

84. Después de participar en el salto del barril, un patinador sobre hielo de 65 kg que viaja a 25 km/h llega al reposo. Si el 40% del calor de fricción generado por las cuchillas de los patines derrite el hielo (suponiendo que está a 0°C), ¿cuánto hielo se derretirá? ¿A dónde va el otro 60% de la energía?

85. Una bala de plomo de 0.030 kg golpea un plato de acero; ambos están inicialmente a 20°C. La bala se funde y salpica en el impacto. (Ya se ha fotografiado esta acción.) Suponiendo que el 80% de la energía cinética de la bala se convierte en calor para fundirla, ¿cuál será la rapidez mínima que debe llevar para fundirse en el impacto?

86. Una cascada tiene 75 m de altura. Si 30% de energía potencial gravitacional del agua se transforma en calor, ¿en cuánto aumentará la temperatura del agua al llegar a la base de la cascada desde la parte superior? [*Sugerencia:* considere 1 kg de agua que cae por la cascada.]

87. Una ciclista cuya piel tiene una área total de 1.5 m^2 está montando una bicicleta en un día en que la temperatura del aire es de 20°C, y la temperatura de su piel es de 34°C. La ciclista realiza un trabajo de unos 100 W (moviendo los pedales), pero su eficiencia es de apenas 20%, en términos de convertir la energía en trabajo mecánico. Estime la cantidad de agua que esta ciclista debe evaporar por hora (a través del sudor), para deshacerse del calor excesivo que su cuerpo produce. Suponga que la emisividad de la piel es de 0.70.

Los siguientes problemas de física Physlet se pueden utilizar con este capítulo.
19.1, 19.2, 19.6, 19.7, 19.8, 19.9, 19.10, 19.11

CAPÍTULO

12 TERMODINÁMICA

HECHOS DE FÍSICA

- Un automóvil con una eficiencia termodinámica típica del 20% perderá aproximadamente un tercio de la energía de la combustión de gasolina a través del escape, otro tercio por medio del refrigerante y lanzará una décima parte a los alrededores.
- En Europa, el 35% de los automóviles de pasajeros que se venden tienen motor diesel. En 2004 el porcentaje se incrementó al 60% para automóviles de pasajeros con tamaños de motor que oscilan entre 2.5 y 3.3 L. Esto se debe principalmente a la mayor eficiencia de los motores diesel y al menor precio del combustible diesel. En Norteamérica, sólo entre el 2 y 3% de los vehículos de pasajeros que se venden anualmente tienen motores diesel.
- La eficiencia del cuerpo humano, medida por la salida de trabajo contra el consumo de energía, llega a ser tan alta como el 20% cuando se utilizan grupos de grandes músculos, como los de las piernas; en cambio, la eficiencia oscila entre el 3 y 5% cuando sólo se utilizan grupos de pequeños músculos, como los de los brazos.
- Los ciclistas profesionales realizan trabajo a una tasa por arriba de 2 hp (aproximadamente 1500 W) en ráfagas de intensa actividad.

En ciertos puntos del planeta, el agua de manantiales termales profundos asciende a la superficie. En el parque nacional Yellowstone, el resultado son estanques en ebullición y géiseres como el Old Faithful, que se muestra en la imagen. En Islandia, el agua caliente entibia el mar y puede crear cálidas lagunas rodeadas por glaciares. Tan extraordinarios lugares son imanes para los vacacionistas.

Sin embargo, los usos de tales fuentes termales van más allá de la recreación. Las casas y las empresas de la capital de Islandia, Reykiavik, usan esas aguas como calefacción. Además, siempre que hay una diferencia de temperatura, existe la posibilidad de obtener trabajo útil. Por ejemplo, las plantas de energía geotérmica aprovechan la energía de los géiseres como recurso renovable, para generar electricidad casi sin contaminar. En este capítulo aprenderemos en qué condiciones, y con qué eficiencia, es posible aprovechar el calor para efectuar trabajo, en el cuerpo humano y en máquinas tan distintas como motores de automóvil y congeladores domésticos. Veremos que las leyes que rigen tales conversiones de energía se cuentan entre las más generales y trascendentales de la física.

Como su nombre indica, la **termodinámica** estudia la transferencia (dinámica) de calor (del vocablo griego *therme* que significa "calor"). El desarrollo de la termodinámica se inició hace unos 200 años y fue resultado de los intentos por crear máquinas de calor. La máquina de vapor fue uno de los primeros dispositivos de este tipo, y fue diseñado para convertir el calor en trabajo mecánico. Las máquinas de vapor de las fábricas y locomotoras impulsaron la Revolución Industrial que transformó el mundo. Aunque aquí nos ocuparemos primordialmente del calor y del trabajo, la termodinámica es una ciencia muy amplia que incluye mucho más que la teoría de las máquinas de calor. En este capítulo, conoceremos las leyes en que se basa la termodinámica, así como el concepto de entropía.

12.1 Sistemas, estados y procesos termodinámicos

OBJETIVOS: *a*) Definir los sistemas termodinámicos y sus estados y *b*) explicar cómo los procesos térmicos afectan dichos sistemas.

La termodinámica es una ciencia que describe sistemas con tal número de partículas —pensemos en el número de moléculas que hay en una muestra de gas— que es imposible usar la dinámica ordinaria (leyes de Newton) para estudiarlos. Por ello, aunque la física subyacente es la misma que para los demás sistemas, generalmente usamos otras variables (macroscópicas), como presión y temperatura, para describir los sistemas termodinámicos en su totalidad. Debido a esta diferencia de lenguaje, es importante familiarizarse desde el principio con sus términos y definiciones.

En termodinámica, el término **sistema** se refiere a una cantidad definida de materia encerrada por fronteras o superficies, ya sean reales o imaginarias. Por ejemplo, una cantidad de gas en el pistón de un motor tiene fronteras reales, mientras que las fronteras que encierran un metro cúbico de aire en un recinto son imaginarias. No es necesario que las fronteras de un sistema tengan forma definida ni que encierren un volumen fijo. Por ejemplo, un cilindro de motor experimenta un cambio de volumen cuando el pistón se mueve.

Hay ocasiones en que es necesario considerar sistemas entre los que se transfiere materia. No obstante, por lo regular consideraremos sistemas de masa constante. Algo más importante será el intercambio de energía entre un sistema y su entorno. Tal intercambio podría efectuarse por transferencia de calor o por la realización de trabajo mecánico, o por ambas. Por ejemplo, si calentamos un globo (le transferimos calor), puede expandirse y efectuar trabajo sobre la superficie que lo limita (su "piel" exterior de látex) y sobre la atmósfera, ejerciendo una fuerza a lo largo de una distancia, como vimos en el capítulo 5.

Si es imposible transferir calor entre un sistema y su entorno, hablamos de un **sistema térmicamente aislado**. No obstante, podría efectuarse trabajo sobre un sistema así, y ello implicaría una transferencia de energía. Por ejemplo, un cilindro térmicamente aislado (quizá rodeado por un grueso aislante) lleno de gas puede comprimirse con una fuerza externa aplicada a su pistón. Así, se efectúa trabajo sobre el sistema, y sabemos que el trabajo es una forma de transferir energía.

Cuando entra o sale calor en un sistema, se absorbe o se cede calor al entorno, o a un **depósito de calor**. Este último es un sistema grande, separado, cuya capacidad de calor se supone ilimitada. Se puede sacar una cantidad ilimitada de calor de un depósito de calor, o añadirse a él, sin alterar significativamente su temperatura. Por ejemplo, si vertimos un vaso de agua caliente en un lago frío, el aumento de temperatura del lago no será perceptible. El lago frío es un depósito de calor a baja temperatura.

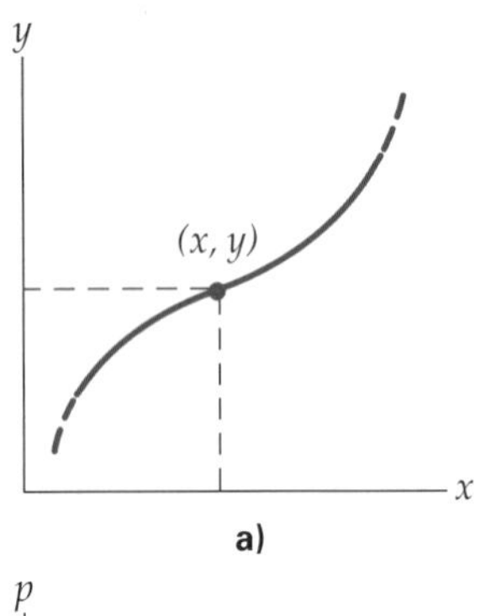

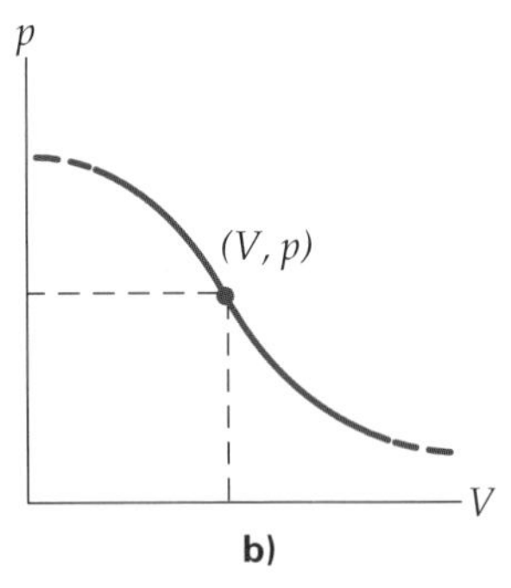

▲ **FIGURA 12.1 Graficación de estados** *a*) En un plano cartesiano, las coordenadas (x, y) representan un punto individual. *b*) Asimismo, en una gráfica o diagrama p-V, las coordenadas (V, p) representan un estado específico de un sistema. [Es común decir diagrama p-V, en vez de V-p, porque se trata de una gráfica de p contra V.]

Estado de un sistema

Así como hay ecuaciones de cinemática para describir el movimiento de un objeto, hay **ecuaciones de estado** para describir las condiciones de los sistemas termodinámicos. Una ecuación así expresa una relación matemática entre las variables termodinámicas de un sistema. La ley de los gases ideales, $pV = nRT$ (sección 10.3) es un ejemplo de ecuación de estado. Esta expresión establece una relación entre la presión (p), el volumen (V), la temperatura absoluta (T) y el número de moles (n, o bien, el número de moléculas, N, pues en la sección 10.3 vimos que $N = nN_A$) de un gas. Estas cantidades de los gases ideales son ejemplos de *variables de estado*. Evidentemente, diferentes estados tienen diferentes valores para estas variables.

En el caso de un gas ideal, un conjunto de estas tres variables (p, V y T) que satisface la ley de los gases ideales especifica totalmente su estado, en tanto el sistema esté en equilibrio térmico y tenga una temperatura uniforme. Se dice que tal sistema está en *estado* definido. Resulta conveniente graficar los estados utilizando las coordenadas termodinámicas (p, V, T), de forma análoga a como graficamos con las coordenadas cartesianas (x, y, z). En la ◂figura 12.1 se muestra una gráfica bidimensional general de ese tipo.

Así como las coordenadas (x, y) especifican puntos individuales en una gráfica cartesiana, las coordenadas (V, p) especifican *estados* individuales en la gráfica o diagrama p-V. Ello se debe a que en la ley de los gases ideales, $pV = nRT$, se despeja la temperatura de un gas si se conocen su presión y volumen, así como el número de moléculas o moles en la muestra. En otras palabras, en un diagrama p-V, cada "coordenada" da directamente la presión y el volumen de un gas, e indirectamente su temperatura. Así, para describir totalmente un gas, sólo necesitamos una gráfica p-V. Sin embargo, en algunos casos se recomienda estudiar otras curvas, como la p-T o la T-V. (La figura 12.lb ilustra un fenómeno que ya conocemos: la expansión que sufre un gas cuando se reduce su presión.)

Nota: dado que p, V y T están relacionadas por la ley de los gases ideales, si se especifica el valor de cualesquiera dos de estas variables, automáticamente se determinará el valor de la tercera.

Procesos

Un **proceso** es cualquier *cambio* en el estado —las coordenadas termodinámicas— de un sistema. Por ejemplo, cuando un gas ideal se somete a un proceso en general, todas sus variables de estado (p, V, T) cambiarán. Suponga que un gas que inicialmente está en el estado 1, descrito por las variables de estado (p_1, V_1, T_1) cambia a un segundo estado, el estado 2. En general, el estado 2 se describirá con un conjunto distinto de variables de estado (p_2, V_2, T_2). Un sistema que ha sufrido un cambio de estado ya se sometió a un *proceso termodinámico*.

Los procesos se clasifican como reversibles e irreversibles. Suponga que se permite que un sistema de gas en equilibrio (con valores p, V y T conocidos) se expanda rápidamente cuando se reduce la presión a la que está sometido. El estado del sistema cambiará de forma rápida e impredecible; pero tarde o temprano el sistema volverá a un estado de equilibrio distinto, con otro conjunto de coordenadas termodinámicas. En un diagrama p-V (▸figura 12.2), podríamos mostrar los estados inicial y final (rotulados 1 y 2, respectivamente), aunque *no* lo que sucedió entre ellos. Este tipo de proceso, cuyos pasos intermedios no son estados de equilibrio, se denomina **proceso irreversible**. El término "irreversible" no implica que el sistema no es capaz de regresar a su estado inicial; tan sólo implica que no es posible volver por el mismo camino exactamente, debido a las condiciones de no equilibrio que existieron. Una explosión es un ejemplo de un proceso irreversible.

En cambio, si el gas cambia de estado muy lentamente, de manera que pase de un estado de equilibrio a otro cercano y, finalmente, llegue al estado final (figura 12.2, estados inicial y final 3 y 4, respectivamente), conoceremos el camino del proceso. En una situación así, el sistema podría llevarse otra vez a sus condiciones iniciales "recorriendo" el camino en la dirección opuesta, volviendo a crear todos los estados intermedios (también en muchos pasos pequeños) en el camino. Decimos que un **proceso** así es **reversible**. En la práctica, no es posible tener un proceso perfectamente reversible. Todos los procesos termodinámicos reales son irreversibles en mayor o menor grado, porque siguen caminos complejos con muchos estados intermedios que no están en equilibrio. No obstante, el concepto de proceso reversible ideal es útil y será nuestra herramienta primordial en el estudio de la termodinámica de los gases ideales.

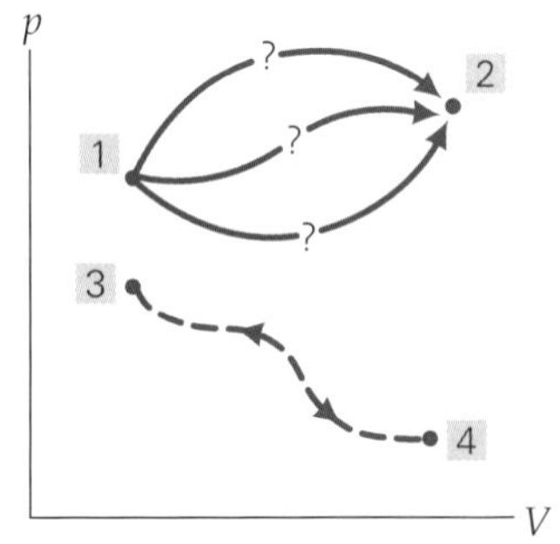

▲ **FIGURA 12.2 Caminos de los procesos reversibles e irreversibles** Si un gas pasa rápidamente del estado 1 al 2, el proceso es irreversible porque no sabemos qué "camino" siguió. En cambio, si llevamos al gas por una serie de estados de equilibrio muy cercanos entre sí (como al ir del estado 3 al estado 4), el proceso es reversible (del estado 4 al estado 3) en principio. Reversible significa "reproducible con exactitud".

12.2 Primera ley de la termodinámica

OBJETIVOS: *a*) Explicar la relación entre energía interna, calor y trabajo expresada por la primera ley de la termodinámica y *b*) aprender la técnica para calcular el trabajo efectuado por gases.

Al estudiar mecánica (capítulo 5) vimos que el trabajo describe la transferencia de energía de un objeto a otro mediante la aplicación de una fuerza. Por ejemplo, cuando empujamos una silla que inicialmente estaba en reposo, parte del trabajo que efectuamos (al ejercer una fuerza a lo largo de una distancia) sobre la silla incrementa su energía cinética. Al mismo tiempo, perdemos una cantidad de energía (química) almacenada en nuestro cuerpo, igual a la cantidad de trabajo que efectuamos. Este tipo de trabajo se efectúa de forma *ordenada*, es decir, se aplican diversas fuerzas, en direcciones bien definidas, sobre un objeto de interés. Por ejemplo, cuando permitimos que se expanda un gas (encerrado en un cilindro provisto de un pistón), efectúa trabajo sobre el pistón a expensas de una parte de su energía interna. En el capítulo 10 vimos que hay una segunda forma de modificar la energía de un sistema: agregándole o quitándole energía térmica. Un objeto caliente pierde energía interna cuando su calor se transfiere a un objeto frío, el cual gana energía interna. Este proceso modifica las energías internas de ambos objetos, aunque de manera opuesta.

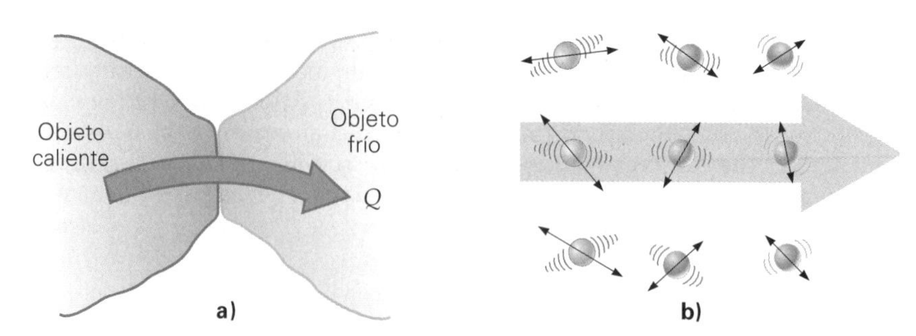

▶ **FIGURA 12.3 Flujo de calor (por conducción) en la escala atómica** *a)* Macroscópicamente, se transfiere calor por conducción del objeto caliente al frío. *b)* En la escala atómica, la conducción de calor se explica como una transferencia de energía, de los átomos más energéticos (en el objeto más caliente) a los menos energéticos (en el objeto más frío). Esta transferencia de energía de un átomo a su vecino origina la transferencia de calor que observamos en el inciso *a*.

Aunque no podemos ver el proceso real, la transferencia de calor en realidad es el mismo concepto de trabajo que conocemos de la mecánica, pero en un nivel microscópico (atómico). Durante un proceso de conducción, por ejemplo, se transfiere energía de un objeto sólido caliente a un objeto sólido más frío, porque los átomos del objeto caliente, que se mueven con mayor rapidez, efectúan trabajo sobre los átomos más lentos del objeto más frío (▲figura 12.3). Luego, esta energía se transfiere a las profundidades del objeto frío, al efectuarse más trabajo sobre los átomos vecinos (que vibran más lentamente). Este proceso continuo es el "flujo" o "transferencia" de energía que observamos macroscópicamente como transferencia de calor.

La **primera ley de la termodinámica** describe la relación entre el trabajo, el calor y la energía interna de un sistema. Esta ley es otro planteamiento de la *conservación de la energía* en términos de variables termodinámicas. Relaciona el cambio de energía interna (ΔU) *de un sistema* con el trabajo (W) efectuado *por ese sistema* y la energía calorífica (Q) transferida *a ese sistema o desde él*. Dependiendo de las condiciones, la transferencia de calor Q puede generar un cambio en la energía interna del sistema, ΔU. Sin embargo, debido a la transferencia de calor, el sistema podría efectuar trabajo sobre el entorno. Así, el calor transferido a un sistema puede ir a dar a dos lugares: a un cambio en la energía interna del sistema o a trabajo efectuado por el sistema, o a ambos. Por ello, la primera ley de la termodinámica suele escribirse como

$$Q = \Delta U + W \tag{12.1}$$

Como siempre, es importante recordar qué significan los símbolos y lo que denotan sus convenciones de signos (véase la ▼figura 12.4). Q es el calor neto *agregado o quitado a un sistema*, ΔU es el cambio de energía interna *del sistema* y W es el trabajo efectuado *por el sistema* (sobre el entorno).* Por ejemplo, un gas puede absorber 1000 J de calor y efectuar 400 J de trabajo sobre el ambiente, dejando 600 J como aumento de la energía interna del gas. Si el gas efectuara más de 400 J de trabajo, llegaría menos energía a la energía interna del gas. La primera ley *no* da los valores de ΔU o de W en los procesos. Estas cantidades dependen, como veremos, de las condiciones del sistema o del proce-

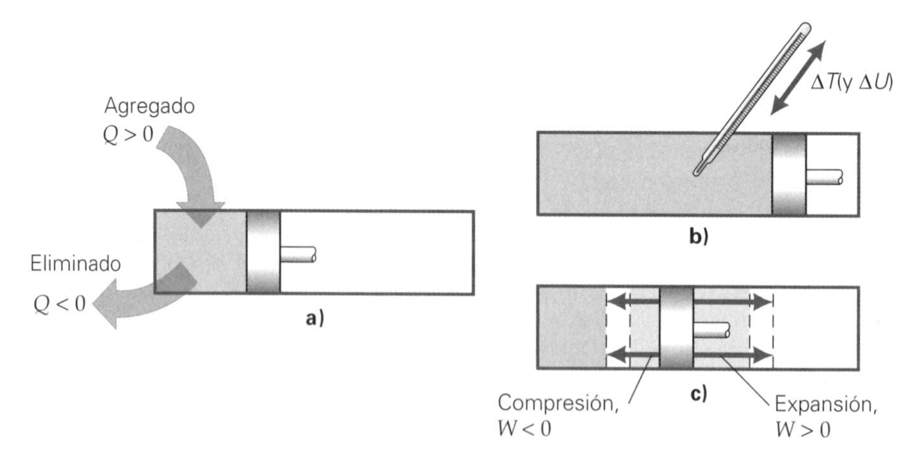

▶ **FIGURA 12.4 Convenciones de signo para Q, W y ΔU** *a)* Si fluye calor hacia un sistema, Q es positiva. El calor que fluye hacia afuera se toma como negativo. *b)* Se puede averiguar experimentalmente si la energía interna de un gas cambia tomando su temperatura, suponiendo que no hay cambio de fase. Puesto que la temperatura determina la energía interna, un aumento o una disminución en una de esas cantidades implica un aumento o disminución similar en la otra. *c)* Si un gas se expande, efectúa trabajo positivo; si se comprime, realiza trabajo negativo.

* En algunos libros de química e ingeniería, la primera ley de la termodinámica se escribe $Q = \Delta U - W'$. Las dos ecuaciones son equivalentes, pero hacen distinto hincapié. En esta expresión, W' se refiere al trabajo efectuado *por el entorno sobre el sistema*, así que es el negativo de nuestro trabajo W (¿por qué?), es decir, $W = -W'$. Quienes descubrieron la primera ley estaban interesados en construir máquinas de calor (secciones 12.5 y 12.6). Lo que querían averiguar era cuánto trabajo W efectuaba el sistema, no W'. Puesto que nosotros también queremos entender cómo funcionan las máquinas de calor, adoptaremos aquí la definición histórica: *W es el trabajo efectuado por el sistema.*

so específico que interviene (presión y volumen constantes, etc.) conforme se transfiere la energía calorífica (sección 12.3).

Es importante destacar que el flujo de calor *no* es necesario para cambiar la temperatura. Cuando se destapa una botella de bebida gaseosa, como se muestra en la ▸figura 12.5, el gas en el interior de la botella se expande porque está a una presión más elevada que la atmósfera. Al hacerlo, realiza trabajo (positivo) en el entrono (los gases atmosféricos), de manera que disminuye su energía interna. Esto se debe a que el flujo neto de calor es cero en este proceso. Como $\Delta U = Q - W$, entonces ΔU es negativo (U disminuye) si $Q = 0$ y W es positivo. Esta reducción en la energía interna provocará que el vapor de agua en el gas embotellado se condense en una nube de diminutas gotas de agua líquida.

Considere la aplicación de la primera ley de la termodinámica al ejercicio y a la pérdida de peso.

▲ **FIGURA 12.5 La temperatura desciende sin eliminar el calor** El gas realiza trabajo positivo sobre el aire exterior al abrirse la botella. Esto da como resultado una disminución tanto de la energía interna como de la temperatura.

Ejemplo 12.1 ■ Equilibrio de energía: ejercitarse usando la física

Un trabajador de 65 kg levanta carbón con una pala durante 3.0 h. En el proceso de remover el carbón, el trabajador realiza trabajo a una tasa promedio de 20 W y emite calor al ambiente a una tasa promedio de 480 W. Ignorando la pérdida de agua por la evaporación de la transpiración de su piel, ¿cuánta grasa perdió el trabajador? El valor energético de la grasa (E_f) es 9.3 kcal/g.

Razonamiento. Puesto que se conocen el tiempo durante el cual el trabajador remueve el carbón con la pala, la tasa de trabajo realizado (potencia) y la tasa de pérdida de calor, podemos calcular el trabajo total realizado y el calor. Luego, podrá determinarse el cambio en la energía interna mediante la primera ley de la termodinámica. Este cambio en la energía interna (un decremento) da por resultado una pérdida de grasa.

Solución. Se listan los valores dados y la potencia se convierte a trabajo y calor.

Dado: $W = Pt = (20\,\text{J/s})(3.0\,\text{h})(3600\,\text{s/h}) = 2.16 \times 10^5\,\text{J}$

$Q = -(480\,\text{J/s})(3.0\,\text{h})(3600\,\text{s/h}) = -5.18 \times 10^6\,\text{J}$

(Q es negativa porque se pierde calor)

$E_f = 9.3\,\text{kcal/g}$

$= 9.3 \times 10^3\,\text{kcal/kg} = (9.3 \times 10^3\,\text{kcal/kg})(4186\,\text{J/kcal})$

$= 3.89 \times 10^7\,\text{J/kg}$

Encuentre: masa de la grasa que se quema

A partir de la primera ley de la termodinámica, $Q = \Delta U + W$, se tiene

$$\Delta U = Q - W = -5.18 \times 10^6\,\text{J} - 2.16 \times 10^5\,\text{J} = -5.40 \times 10^6\,\text{J}$$

Por lo tanto, la masa de la grasa que se pierde es

$$m = \frac{|\Delta U|}{E_f} = \frac{5.40 \times 10^6\,\text{J}}{3.89 \times 10^7\,\text{J/kg}} = 0.14\,\text{kg}$$

Eso es aproximadamente un tercio de libra, o unas 5 onzas.

Ejercicio de refuerzo. ¿Cuánta grasa perdería el trabajador si jugara básquetbol, realizando trabajo a una tasa de 120 W y generando calor a una tasa de 600 W? *(Las respuestas a todos los ejercicios de refuerzo se encuentran al final del libro.)*

Al aplicar la primera ley de la termodinámica, es en extremo importante usar correctamente los signos (véase la figura 12.4). Es fácil recordar los signos del trabajo, si tenemos presente que el trabajo positivo es efectuado por una fuerza que generalmente actúa en la dirección del desplazamiento, como cuando un gas se expande. Asimismo, un trabajo negativo implica que la fuerza actúa generalmente en la dirección opuesta al desplazamiento, como cuando un gas se contrae.

Pero, ¿cómo calculamos el trabajo efectuado por el gas? Para responder, consideremos un pistón cilíndrico cuya área transversal es A, el cual contiene una muestra conocida de gas (▸figura 12.6). Imaginemos que se permite al gas expandirse una distancia muy pequeña Δx. Si el volumen del gas no sufre un cambio apreciable, la presión se mantendrá constante. Al mover el pistón de forma lenta y continua hacia afuera, el gas efectúa trabajo positivo sobre el pistón. Entonces, por la definición de trabajo,

$$W = F\Delta x \cos\theta = F\Delta x \cos 0° = F\Delta x$$

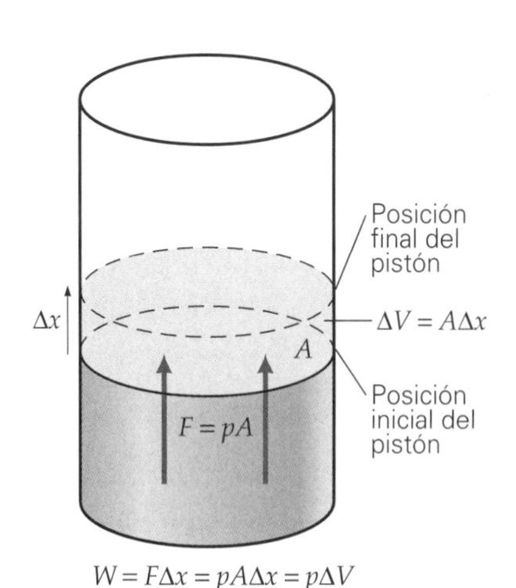

▲ **FIGURA 12.6 Trabajo en términos termodinámicos** Si un gas tiene una expansión muy pequeña y lenta, su presión se mantiene constante. El pequeño trabajo efectuado por el gas es $p\Delta V$.

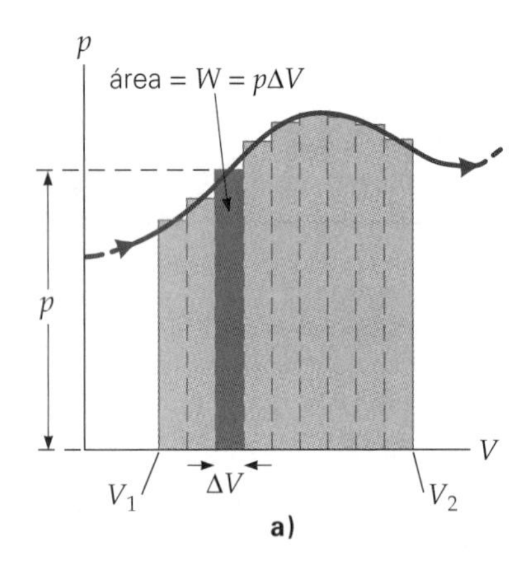

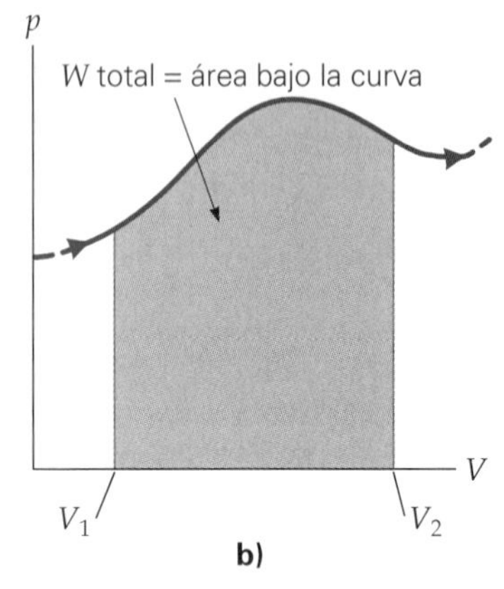

▲ **FIGURA 12.7 Trabajo termodinámico como área bajo la curva del proceso** *a)* Si un gas se expande considerablemente, el trabajo efectuado podrá calcularse considerando la expansión en incrementos pequeños, cada uno de los cuales produce una cantidad de trabajo pequeña. Determinamos el trabajo total (aproximado) sumando todas las franjas rectangulares. *b)* Si el número de franjas rectangulares es muy grande, cada franja será muy delgada, y el cálculo del área será más exacto. El trabajo efectuado es igual al área entre la curva del proceso y el eje V.

En términos de presión, $p = F/A$, o bien, $F = pA$. Sustituimos F para obtener

$$W = pA\Delta x$$

$A\Delta x$ es el volumen de un cilindro recto con área de base A y altura Δx. Aquí, ese volumen representa el cambio de volumen del gas, $\Delta V = A\Delta x$. Por lo tanto,

$$W = p\Delta V$$

El trabajo efectuado en la figura 12.6 es positivo porque ΔV es positivo. Si el gas se contrae, el trabajo es negativo porque el cambio de volumen es negativo ($\Delta V = V_2 - V_1 < 0$).

Desde luego, el cambio de volumen de un gas no siempre es pequeño, y por lo regular la presión a la que está sometido no es constante. De hecho, los cambios de volumen y presión pueden ser considerables. ¿Cómo hacemos los cálculos en tales circunstancias? La respuesta se muestra en la ◀figura 12.7. Ahí, tenemos un camino reversible en un diagrama *p-V*. Vemos que, durante cada pequeño paso, la presión se mantiene aproximadamente constante. Por lo tanto, para cada paso, aproximamos el trabajo efectuado mediante $p\Delta V$. Gráficamente, esta cantidad es el área de un pequeño rectángulo angosto que se extiende desde la curva del proceso hacia el eje V. Sin embargo, a medida que cambia el volumen, también cambia la presión. Por lo tanto, para aproximar el trabajo *total*, sumamos estas pequeñas cantidades de trabajo: $W \approx \Sigma(p\Delta V)$. Para obtener un valor exacto, veamos el área como formada por un gran número de rectángulos muy delgados. Si el número de rectángulos se vuelve infinitamente grande, el espesor de cada rectángulo se aproxima a cero. Este proceso implica cálculo, así que está más allá del alcance de este libro. No obstante, debería ser evidente que:

> El trabajo efectuado por un sistema es igual al área bajo la curva del proceso en un diagrama *p-V*.

Antes de tratar tipos específicos de procesos, cabe señalar que hay una diferencia fundamental entre U y tanto Q como W. Cualquier sistema "contiene" cierta cantidad de energía interna U. Sin embargo, es erróneo decir que un sistema "posee" ciertas "cantidades" de calor o trabajo, pues estas cantidades representan *transferencias* de energía, no energías totales. Otra distinción es que, a diferencia de ΔU, tanto Q como W dependen de la forma en que el gas llega de su estado inicial a su estado final. El calor añadido o quitado a un sistema *depende de las condiciones* en que la transferencia se efectúa (sección 11.2). También es evidente, por la representación del área bajo la curva, que el trabajo *depende del camino* (▼figura 12.8). Por ejemplo, se efectúa más trabajo si el proceso ocurre a presiones más altas. Esta situación se representa con una área mayor, cuando una fuerza más grande efectúa más trabajo con el mismo cambio de volumen.

Por ejemplo, contrastemos estas propiedades con las de ΔU de un gas ideal. Para obtener ΔU, sólo necesitamos conocer la energía interna en cada extremo del camino. Ello se debe a que, para un gas ideal (con un número fijo de moles), la energía interna únicamente depende de la temperatura absoluta del gas. En ese caso (véase el capítulo 10), $U \propto nRT$; por lo tanto, $\Delta U = U_2 - U_1$ sólo depende de ΔT. En síntesis, el cambio de energía interna, ΔU, es *independiente* del camino del proceso, mientras que tanto Q como W *dependen* del camino.

▶ **FIGURA 12.8 El trabajo termodinámico depende de la curva del proceso** Esta gráfica muestra el trabajo efectuado por un gas que sufre la misma expansión mediante tres procesos distintos. El trabajo efectuado en el proceso I es mayor que el efectuado por el proceso II, que a la vez es mayor que el del proceso III. Fundamentalmente, aplicar una fuerza (presión) más grande, a lo largo de la misma distancia (cambio de volumen), requiere más trabajo. El proceso I incluye las áreas superior, intermedia e inferior; el proceso II incluye sólo las áreas intermedia e inferior; y el proceso III incluye sólo el área inferior

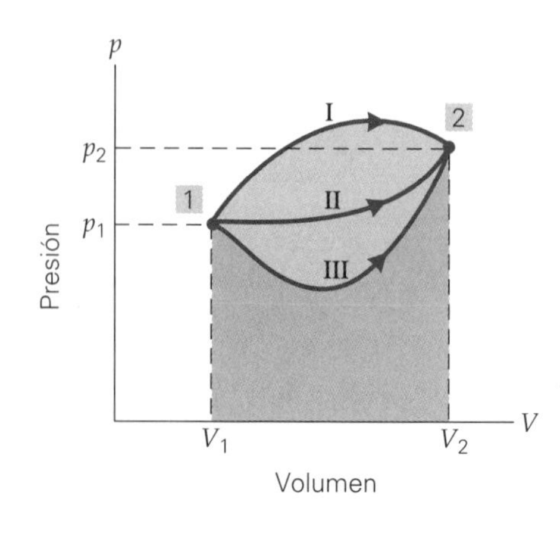

12.3 Procesos termodinámicos para un gas ideal

OBJETIVOS: *a*) Describir y entender los cuatro procesos termodinámicos fundamentales con un gas ideal y *b*) analizar el trabajo efectuado, el flujo de calor y el cambio de energía interna durante cada uno de esos procesos.

La primera ley de la termodinámica puede aplicarse a varios procesos de un sistema formado por un gas ideal. Observe que en tres de los procesos, se mantiene constante una variable termodinámica. El nombre de esos procesos tiene el prefijo *iso-* (del vocablo griego *isos* que significa "igual").

Proceso isotérmico Es un proceso a temperatura constante (*iso* = igual, *térmico* = de temperatura). En este caso, el camino del proceso se denomina *isoterma*, o curva de temperatura constante. (Véase la ▼figura 12.9.) La ley de los gases ideales puede escribirse como $p = nRT/V$. Puesto que el gas permanece a temperatura constante, nRT es una constante. Por lo tanto, p es inversamente proporcional a V; es decir, $p \propto 1/V$, lo cual corresponde a una hipérbola. (Recordemos que la ecuación de la hipérbola es $y = a/x$, es decir, $y \propto 1/x$, y se grafica como una curva descendente en los ejes x-y.)

Nota: *Isotérmico* "a temperatura constante".

Durante la expansión del estado 1 (inicial) al estado 2 (final) en la figura 12.9, se agrega calor al sistema, y tanto la presión como el volumen varían de manera que la temperatura se mantenga constante. El gas en expansión efectúa trabajo positivo. En una isoterma, $\Delta T = 0$, así que $\Delta U = 0$. El calor agregado al gas es exactamente igual al trabajo efectuado por el gas, y nada del calor se invierte en aumentar la energía interna del gas. Véase la sección Aprender dibujando "Apoyarse en isotermas" de la p. 409.

En términos de la primera ley de la termodinámica, escribimos

$$Q = \Delta U + W = 0 + W$$

o bien,

$$Q = W \quad \textit{(proceso isotérmico de gas ideal)} \qquad (12.2)$$

La magnitud del trabajo efectuado sobre el gas es igual al área bajo la curva (cuya determinación requiere de cálculo integral). La expresaremos simplemente así:

$$W_{\text{isotérmico}} = nRT \ln\left(\frac{V_2}{V_1}\right) \quad \textit{(proceso isotérmico de gas ideal)} \qquad (12.3)$$

PHYSLET® Ilustración 20.3 Proceso termodinámico

Puesto que el producto nRT es constante a lo largo de una isoterma dada, el trabajo efectuado depende de la razón de los volúmenes inicial y final.

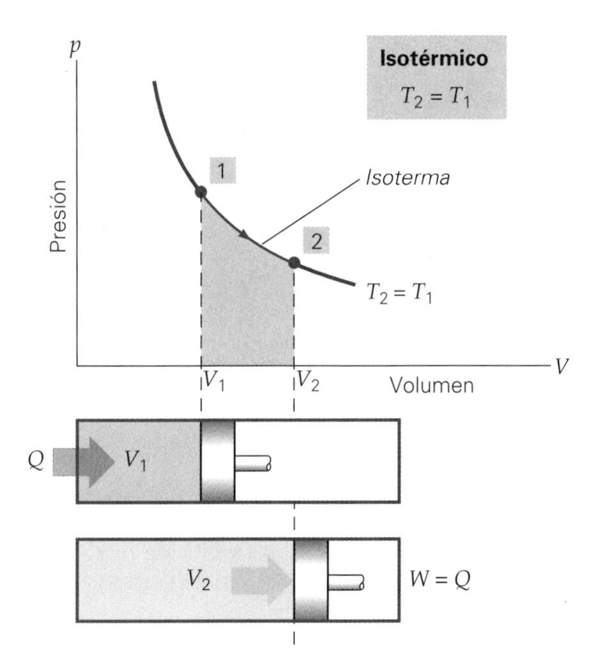

◀ **FIGURA 12.9 Proceso isotérmico (a temperatura constante)** Todo el calor añadido al gas se invierte en efectuar trabajo (el gas en expansión mueve el pistón): puesto que $\Delta T = 0$, entonces $\Delta U = 0$ y, por la primera ley de la termodinámica, $Q = W$. Como siempre, el trabajo es igual al área (sombreada) bajo la isoterma del diagrama p-V.

Sugerencia para resolver problemas

En la ecuación 12.3, la función "ln" significa *logaritmo natural*. Recuerde que los *logaritmos comunes* ("log") usan la base 10 (véase el Apéndice I). En ese caso, el exponente de la base 10 es el logaritmo del número en cuestión. Por ejemplo, puesto que $100 = 10^2$, el logaritmo de 100 es 2, o bien, en forma de ecuación $\log 100 = 2$. En general, si $y = 10^x$, x es el logaritmo de y, o bien, $x = \log y$. El logaritmo natural es similar, excepto que usa una base distinta, e, que es un número irracional ($e \approx 2.7183$). Para verificarlo, encuentre el logaritmo natural de 100 empleando su calculadora. (La respuesta es $\ln 100 = 4.605$).

Nota: *isobárico* significa "a presión constante".

Proceso isobárico. Es un proceso a presión constante (*iso* = igual, *bar* = presión).* En la ▾figura 12.10 se ilustra un proceso isobárico para un gas ideal. En un diagrama *p*-*V*, un proceso isobárico se representa con una línea horizontal llamada *isobara*. Cuando se añade o quita calor a un gas ideal a presión constante, el cociente V/T no cambia (ya que $V/T = nR/p$ = constante). Al expandirse el gas calentado, su temperatura aumenta, y el gas pasa a una isoterma a mayor temperatura. Este aumento de temperatura significa que la energía interna del gas aumenta, porque $\Delta U \propto \Delta T$.

Como se aprecia en la isobara de la figura 12.10, el área que representa el trabajo es rectangular. Por lo tanto, el trabajo es relativamente fácil de calcular (longitud por anchura):

$$W_{\text{isobárico}} = p(V_2 - V_1) = p\Delta V \quad \textit{(proceso isobárico con gas ideal)} \qquad (12.4)$$

Por ejemplo, cuando se agrega o quita calor a un gas en condiciones isobáricas, la energía interna del gas cambia *y* el gas se expande o contrae, efectuando trabajo positivo o negativo, respectivamente. (Véase los signos en el ejemplo integrado 12.2.) Escribimos esta relación empleando la primera ley de la termodinámica, con la expresión de trabajo adecuada para condiciones isobáricas (ecuación 12.4):

$$Q = \Delta U + W = \Delta U + p\Delta V \quad \textit{(proceso isobárico con gas ideal)} \qquad (12.5)$$

Para una comparación detallada del proceso isobárico y el proceso isotérmico, considere el siguiente ejemplo integrado.

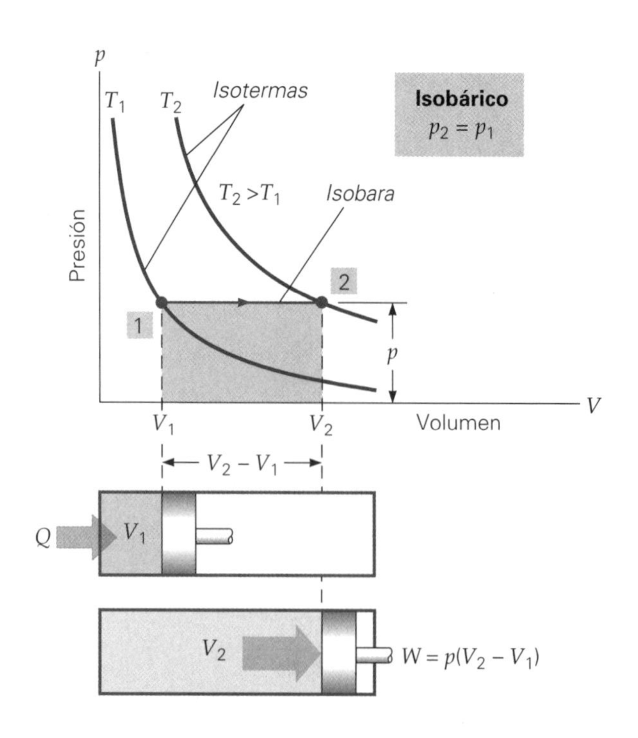

▶ **FIGURA 12.10 Proceso isobárico (a presión constante)** El calor añadido al gas en el pistón sin fricción se convierte en trabajo efectuado por el gas, y también modifica la energía interna del gas: $Q = \Delta U + W$. El trabajo es igual al área bajo la isobara (del estado 1 al estado 2 aquí, que aparece sombreada) en el diagrama *p*-*V*. Observe las dos isotermas. No forman parte del proceso isobárico, sino que nos ayudan a percibir que la temperatura aumenta durante la expansión isobárica.

* La presión se mide en bars o minibars.

Ejemplo integrado 12.2 ■ Isotermas contra isobaras: ¿cuál área?

Dos moles de un gas ideal monoatómico, que inicialmente están a 0°C y 1.00 atm, se expanden al doble de su volumen original, siguiendo dos procesos distintos. Primero se expanden isotérmicamente y, después, partiendo del mismo estado inicial, isobáricamente. *a*) ¿Durante cuál proceso el gas efectúa más trabajo: 1) el isotérmico, 2) el isobárico o 3) efectúa el mismo trabajo durante ambos procesos? Explique. *b*) Para comprobar su respuesta, determine el trabajo efectuado por el gas en cada caso.

a) Razonamiento conceptual. Como se muestra en la ▸figura 12.11, ambos procesos implican una expansión. La isobara es horizontal, en tanto que la isoterma es una hipérbola decreciente. De manera que el gas efectúa más trabajo durante la expansión isobárica (mayor área bajo la curva). Básicamente, esto se debe a que el proceso isobárico se efectúa a una presión más alta (constante) que el proceso isotérmico (donde la presión baja conforme se expande el gas). En ambos casos, el trabajo es positivo. (¿Cómo lo sabemos?) Por lo tanto, la respuesta correcta al inciso *a* es que el proceso isobárico efectúa más trabajo.

b) Razonamiento cuantitativo y solución. Podemos usar las ecuaciones 12.3 y 12.4, si conocemos los volúmenes. Calculamos tales cantidades con base en la ley de los gases ideales. Hacemos una lista de los datos:

Dado: $p_1 = 1.00 \text{ atm} = 1.01 \times 10^5 \text{ N/m}^2$
$T_1 = 0°\text{C} = 273 \text{ K}$
$n = 2.00 \text{ mol}$ (véase la sección 10.3)
$V_2 = 2V_1$

Encuentre: el trabajo efectuado durante los procesos isotérmico e isobárico

Para el proceso isotérmico, usamos la ecuación 12.3 (el logaritmo natural de la razón de volúmenes es ln 2 = 0.693):

$$W_{\text{isotérmico}} = nRT \ln\left(\frac{V_2}{V_1}\right) = (2.00 \text{ mol})[8.31 \text{ J/(mol} \cdot \text{K)}](273 \text{ K})(\ln 2)$$
$$= +3.14 \times 10^3 \text{ J}$$

Para el proceso isobárico, necesitamos conocer los dos volúmenes. Por la ley de los gases ideales,

$$V_1 = \frac{nRT_1}{p_1} = \frac{(2.00 \text{ mol})[8.31 \text{ J/(mol} \cdot \text{K)}](273 \text{ K})}{1.01 \times 10^5 \text{ N/m}^2}$$
$$= 4.49 \times 10^{-2} \text{ m}^3$$

así que

$$V_2 = 2V_1 = 8.98 \times 10^{-2} \text{ m}^3$$

El trabajo se calcula con la ecuación 12.4:

$$W_{\text{isobárico}} = p(V_2 - V_1)$$
$$= (1.01 \times 10^5 \text{ N/m}^2)(8.98 \times 10^{-2} \text{ m}^3 - 4.49 \times 10^{-2} \text{ m}^3) = +4.53 \times 10^3 \text{ J}$$

Este trabajo es mayor que el isotérmico, como se esperaría por el inciso *a*.

Ejercicio de refuerzo. Calcule el flujo de calor en cada proceso de este ejemplo.

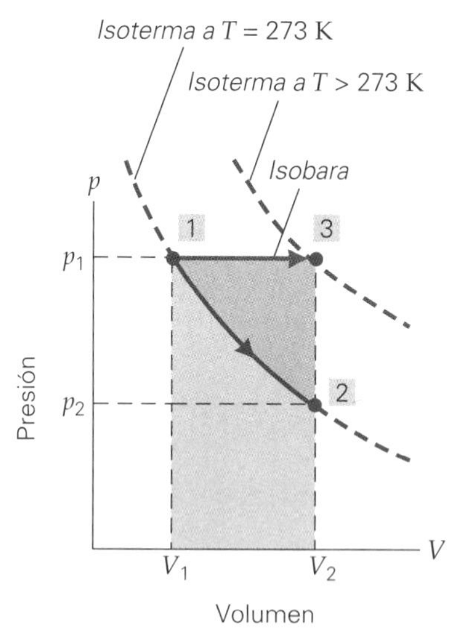

▲ **FIGURA 12.11 Comparación de trabajo** En el Ejemplo integrado 12.2, el gas efectúa trabajo positivo al expandirse. Efectúa más trabajo en condiciones isobáricas (del estado 1 al estado 3) que en condiciones isotérmicas (del estado 1 al estado 2), porque la presión se mantiene constante a lo largo de la isobara, aunque disminuye a lo largo de la isoterma. (Compare las áreas bajo las curvas.)

Nota: *isobárico* significa "a presión constante".

Proceso isométrico. (De *isovolumétrico*), también llamado *proceso isocórico*, es un proceso a volumen constante. Como se muestra en la ▾figura 12.12, el camino del proceso en un diagrama *p-V* es una línea vertical, llamada *isometa*. No se efectúa trabajo, por-

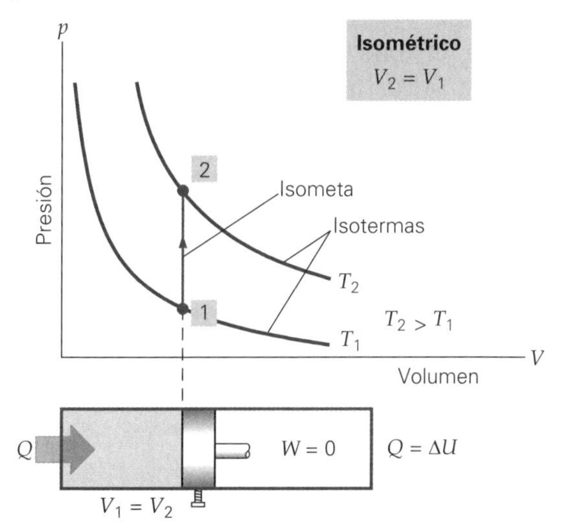

◀ **FIGURA 12.12 Proceso isométrico (con volumen constante)** Todo el calor que se agrega al gas se invierte en aumentar su energía interna, pues no se efectúa trabajo ($W = 0$); por lo tanto, $Q = \Delta U$. (En el pistón observe el tornillo fijador que le impide moverse.) De nuevo, aunque las isotermas no intervienen en el proceso isométrico, visualmente nos indican que la temperatura del gas se incrementa.

que el área bajo una curva así es cero. (No hay desplazamiento, así que no hay cambio de volumen.) Puesto que el gas no puede efectuar trabajo, si se añade calor, éste debe invertirse completamente en aumentar la energía interna del gas y, por ende, su temperatura. En términos de la primera ley de la termodinámica,

$$Q = \Delta U + W = \Delta U + 0 = \Delta U$$

así que

$$Q = \Delta U \quad \textit{(proceso isométrico con gas ideal)} \tag{12.6}$$

Considere el siguiente ejemplo de un proceso isométrico en acción.

Ejemplo 12.3 ■ Ejercicio isométrico práctico: cómo *no* reciclar una lata de aerosol

Muchas latas de aerosol "vacías" contienen restos de gases impulsores a una presión aproximada de 1 atm (supondremos 1.00 atm) a 20°C. La lata lleva la advertencia: "No queme ni perfore esta lata." *a*) Explique por qué es peligroso quemar una lata de éstas. *b*) Calcule el cambio en la energía interna de un gas así, si se le agregan 500 J de calor y eleva su temperatura hasta 2000°F. *c*) ¿Qué presión final tendrá el gas?

Razonamiento. Este proceso es isovolumétrico; por lo cual todo el calor se invierte en aumentar la energía interna del gas. Se espera que aumente la presión, y es ahí donde radica el peligro. Determinamos la presión final con la ley de los gases ideales.

Solución. Hacemos una lista con los datos y convertimos las temperaturas dadas a kelvin. (Para el razonamiento cualitativo, de nuevo se recomienda consultar la sección Aprender dibujando de la p. 409.)

Dado:
$p_1 = 1.00\ \text{atm} = 1.01 \times 10^5\ \text{N/m}^2$
$V_1 = V_2$
$T_1 = 20°\text{C} = 293\ \text{K}$
$T_2 = 2000°\text{F} = 1.09 \times 10^3\ °\text{C} = 1.37 \times 10^3\ \text{K}$
$Q = +500\ \text{J}$

Encuentre:
a) Explique el peligro de calentar la lata
b) ΔU (cambio en la energía interna)
c) p_2 (presión final del gas)

***a*)** Cuando se agrega calor, todo se invierte en aumentar la energía interna del gas. Con volumen constante, la presión es proporcional a la temperatura, así que la presión final será mayor que 1 atm. El peligro es que el recipiente haga explosión, y se desintegre en fragmentos metálicos como una granada, si se excede su presión máxima de diseño.

***b*)** Para calcular el cambio en la energía interna, usamos la primera ley de la termodinámica. Recuerde que el trabajo efectuado en un proceso isométrico es cero. (¿Por qué?)

$$\Delta U = Q - W = Q - 0 = Q = +500\ \text{J}$$

***c*)** La presión final del gas se determina directamente de la ley de los gases ideales:

$$\frac{p_2 V_2}{T_2} = \frac{p_1 V_1}{T_1} \quad \text{o bien} \quad p_2 = p_1\left(\frac{V_1}{V_2}\right)\left(\frac{T_2}{T_1}\right) = (1\ \text{atm})\left(\frac{V_1}{V_1}\right)\left(\frac{1.37 \times 10^3\ \text{K}}{293\ \text{K}}\right) = 4.68\ \text{atm}$$

Ejercicio de refuerzo. Suponga que la lata se diseñó de manera que aguante presiones de hasta 3.5 atm. ¿Qué temperatura máxima resistirá antes de hacer explosión?

Nota: en la práctica, *adiabático* significa *rápido*, es decir, antes de que una cantidad significativa de calor pueda entrar o salir ($Q = 0$).

Proceso adiabático. Aquí no se transfiere calor hacia el interior ni hacia el exterior del sistema. Es decir, $Q = 0$ (▸figura 12.13). (El vocablo griego *adiabatos* significa "impasable".) Esta condición se satisface en un sistema térmicamente aislado, rodeado por completo de un aislante "perfecto". Se trata de una situación ideal, ya que hay algo de transferencia de calor incluso con los mejores materiales, si esperamos el tiempo suficiente. Por lo tanto, en la vida real, sólo podemos aproximar los procesos adiabáticos. Por ejemplo, pueden efectuarse procesos casi adiabáticos si los cambios son lo bastante rápidos y no hay tiempo para que una cantidad significativa de calor entre en el sistema o salga de él. En otras palabras, los procesos *rápidos* pueden aproximar las condiciones adiabáticas.

La curva para este proceso se llama *adiabata*. Durante un proceso adiabático, cambian las tres coordenadas termodinámicas (p, V, T). Por ejemplo, si se reduce la presión a la que está sometido el gas, éste se expande. Sin embargo, no fluye calor hacia el gas. Al no haber un ingreso de calor que compense, se efectúa el trabajo a expensas de la energía interna del gas. Por lo tanto, ΔU debe ser negativo. Como la energía interna y, en consecuencia, la temperatura disminuyen, tal expansión es un proceso de enfriamiento. Asimismo, una compresión adiabática es un proceso de calentamiento (aumento de temperatura).

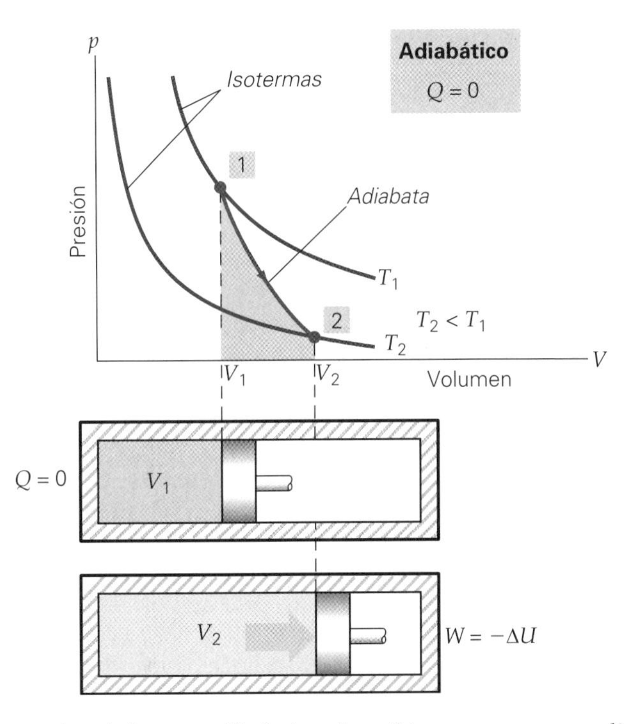

FIGURA 12.13 Proceso adiabático (sin transferencia de calor) En un proceso adiabático (que se representa aquí con un cilindro bien aislado), no se agrega ni quita calor al sistema; por lo tanto, $Q = 0$. Durante la expansión (que se muestra aquí), el gas efectúa trabajo positivo a expensas de su energía interna: $W = -\Delta U$. En el proceso, cambian la presión, el volumen y la temperatura. El trabajo efectuado por el gas es el área sombreada entre la adiabata y el eje V.

Por la primera ley de la termodinámica, describimos un proceso adiabático como

$$Q = 0 = \Delta U + W$$

o bien,

$$\Delta U = -W \quad \textit{(proceso adiabático)} \tag{12.7}$$

Para que nuestra descripción de los procesos adiabáticos sea completa, plantearemos otras relaciones que se dan en tales procesos. En éstos, un factor importante es la razón de los calores específicos molares del gas, definida por una cantidad adimensional $\gamma = c_p/c_v$, donde c_p y c_v son calores específicos a presión y a volumen constantes, respectivamente. Para los dos tipos comunes de moléculas de gas, monoatómica y diatómica, los valores aproximados de g son 1.67 y 1.40, respectivamente. El volumen y la presión en dos puntos cualesquiera de una adiabata están relacionados por

$$p_1V_1^\gamma = p_2V_2^\gamma \quad \textit{(proceso adiabático con gas ideal)} \tag{12.8}$$

El trabajo efectuado por un gas ideal durante un proceso adiabático es

$$W_{\text{adiabático}} = \frac{p_1V_1 - p_2V_2}{\gamma - 1} \quad \textit{(proceso adiabático con gas ideal)} \tag{12.9}$$

Ejemplo conceptual 12.4 ■ Exhalación: ¿soplo frío o caliente?

El aire en nuestros pulmones está tibio. Esto puede comprobarse colocando el antebrazo desnudo cerca de la boca y exhalando con la boca bien abierta. Si soplamos con los labios fruncidos (muy juntos), el aire se sentirá *a*) más caliente, *b*) más frío o *c*) igual.

Razonamiento y respuesta. En este caso iremos de la respuesta al razonamiento, porque es fácil determinar la respuesta correcta experimentalmente. Pruébelo; quizá le sorprenda comprobar que la respuesta es *b*.

Lo interesante es *por qué* sucede así. Cuando exhalamos sobre el brazo con la boca abierta, sentimos una bocanada de aire tibio (aproximadamente a la temperatura corporal). En cambio, cuando soplamos con los labios fruncidos, comprimimos la corriente de aire. Al salir, entonces, el aire se expande y efectúa un trabajo positivo sobre la atmósfera. El proceso es aproximadamente adiabático, porque se efectúa en poco tiempo. Por la primera ley, puesto que $Q = 0$, $\Delta U = -W$; por lo tanto, ΔU es negativo y la temperatura baja. El trabajo se efectúa a expensas de la energía interna del aire.

Ejercicio de refuerzo. Incluso en el invierno, con nieve en las laderas, en las montañas Rocallosas no es extraño sentir ráfagas de aire cálido que bajan por las laderas. (Estas ráfagas se llaman *vientos Chinook*.) Explique cómo estos vientos tendrían un aumento significativo de temperatura cuando todavía hay nieve y hielo en el suelo.

El siguiente ejemplo integrado sirve para aclarar las confusiones que a veces surgen entre isotermas y adiabatas.

Ejemplo integrado 12.5 ■ Adiabatas contra isotermas: dos procesos distintos que a menudo se confunden

Una muestra de helio se expande al triple de su volumen inicial; en un caso lo hace adiabáticamente, y en otro, isotérmicamente. En ambos casos, parte del mismo estado inicial. La muestra contiene 2.00 moles de helio a 20°C y 1.00 atm. *a*) ¿Durante qué proceso el gas efectúa más trabajo? 1) Durante el proceso adiabático, 2) durante el isotérmico o 3) se efectúa el mismo trabajo en ambos procesos. *b*) Calcule el trabajo efectuado en cada proceso para verificar su razonamiento en el inciso *a*. La tasa o razón de calor específico, o valor γ, del helio 1.67.

a) Razonamiento conceptual. Para determinar gráficamente qué proceso implica más trabajo, examinamos las áreas bajo las curvas de proceso (véase la figura 12.13). El área bajo la curva del proceso isotérmico es mayor; por lo tanto, el gas efectúa más trabajo durante su expansión isotérmica y la respuesta correcta es 2). Físicamente, la expansión isotérmica implica más trabajo porque las presiones siempre son mayores durante tal expansión que durante la adiabática.

b) Razonamiento cuantitativo y solución. Para determinar el trabajo isotérmico, necesitamos los volúmenes inicial y final, que pueden determinarse usando la ley de los gases ideales. Para el trabajo adiabático, es importante la razón de calores específicos, así como la presión y el volumen finales. La presión final puede calcularse con la ecuación 12.8, y la ley de los gases ideales nos permite determinar el volumen final.

Hacemos una lista de los valores dados y convertimos la temperatura dada a kelvins:

Dado: $p_1 = 1.00\text{ atm} = 1.01 \times 10^5\text{ N/m}^2$
$n = 2.00\text{ mol}$
$T_1 = 20°\text{C} + 273 = 293\text{ K}$
$V_2 = 3V_1$
$\gamma = 1.67$

Encuentre: trabajo efectuado durante cada proceso

Nos dan los datos necesarios para calcular el trabajo isotérmico a partir de la ecuación 12.3. Puesto que la razón de volúmenes es 3, y $\ln 3 = 1.10$, tenemos

$$W_{\text{isotérmico}} = nRT\ln\left(\frac{V_2}{V_1}\right)$$
$$= (2.00\text{ mol})[8.31\text{ J/(mol}\cdot\text{K)}](293\text{ K})(\ln 3) = +5.35 \times 10^3\text{ J}$$

Para el proceso adiabático, usando la ecuación 12.9 calculamos el trabajo; sin embargo, primero necesitamos la presión y el volumen finales. La presión final puede calcularse escribiendo la ecuación 12.8 en forma de razón:

$$p_2 = p_1\left(\frac{V_1}{V_2}\right)^{\gamma} = p_1\left(\frac{V_1}{3V_1}\right)^{\gamma} = p_1\left(\frac{1}{3}\right)^{1.67} = 0.160p_1$$
$$= (0.160)(1.01 \times 10^5\text{ N/m}^2) = 1.62 \times 10^4\text{ N/m}^2$$

El volumen inicial se determina a partir de la ley de los gases ideales:

$$V_1 = \frac{nRT_1}{p_1} = \frac{(2.00\text{ mol})[8.31\text{ J/(mol}\cdot\text{K)}](293\text{ K})}{1.01 \times 10^5\text{ N/m}^2}$$
$$= 4.82 \times 10^{-2}\text{ m}^3$$

Por lo tanto, $V_2 = 3V_1 = 1.45 \times 10^{-1}\text{ m}^3$. Ahora aplicamos la ecuación 12.9:

$$W_{\text{adiabático}} = \frac{p_1V_1 - p_2V_2}{\gamma - 1}$$
$$= \frac{(1.01 \times 10^5\text{ N/m}^2)(4.82 \times 10^{-2}\text{ m}^3) - (1.62 \times 10^4\text{ N/m}^2)(1.45 \times 10^{-1}\text{ m}^3)}{1.67 - 1}$$
$$= +3.76 \times 10^3\text{ J}$$

Como esperábamos, este resultado es menor que el trabajo isotérmico.

Ejercicio de refuerzo. En este ejemplo, *a*) calcule la temperatura final del gas en la expansión adiabática. *b*) Durante la expansión adiabática, determine el cambio de energía interna del gas, utilizando la expresión para la energía interna de un gas monoatómico. ¿Es igual al negativo del trabajo efectuado (calculado en el ejemplo)? Explique.

TABLA 12.1 Procesos termodinámicos importantes

Proceso	*Característica*	*Resultado*	*La primera ley de la termodinámica*
Isotérmico	T = constante	$\Delta U = 0$	$Q = W$
Isobárico	p = constante	$W = p\Delta V$	$Q = \Delta U + p\Delta V$
Isométrico	V = constante	$W = 0$	$Q = \Delta U$
Adiabático	$Q = 0$		$\Delta U = -W$

Como un resumen final para estos procesos termodinámicos, sus características y consecuencias se listan en la tabla 12.1.

APRENDER DIBUJANDO — APOYARSE EN ISOTERMAS

Al analizar procesos termodinámicos, a veces es difícil no perder de vista los signos del flujo de calor (Q), el trabajo (W) y el cambio de energía interna (ΔU). Un método útil para llevar esta contabilidad es superponer una serie de isotermas a la gráfica p-V con la que se está trabajando (como en las figuras 12.9 a 12.13). Este método es útil, aunque en la situación que se está estudiando no intervengan procesos isotérmicos.

Antes de comenzar, recordemos que en un proceso isotérmico la temperatura se mantiene constante.

1. En un proceso isotérmico con un gas ideal, ΔU es cero. (¿Por qué?)
2. Puesto que T es constante, pV también deberá ser constante, ya que por la ley de los gases ideales (ecuación 10.3), $pV = nRT$ = constante. El álgebra nos dice que $p = k/V$ es la ecuación de una hipérbola. Por lo tanto, en un diagrama p-V, un proceso isotérmico se describe con una hipérbola. Cuanto más lejos de los ejes esté una hipérbola, mayor será la temperatura que representa (figura 1).

   Para aprovechar estas propiedades, seguimos estos pasos:

- Dibujamos un conjunto de isotermas para una serie creciente de temperaturas en la gráfica p-V (figura 1).
- Luego dibujamos el proceso que estamos analizando; por ejemplo, la isobara que se muestra en la figura 2. [Sabemos que isometa = volumen constante (línea vertical), isobara = presión constante (línea horizontal) y adiabata = cero flujo de calor (curva descendente, más empinada que una isoterma).]
- Ahora usamos las gráficas para determinar los signos de W y ΔU. W está representado por el área bajo la curva p-V del proceso en cuestión, en tanto que su signo depende de si el gas se expandió (positivo) o se comprimió (negativo). El signo de ΔT será evidente por las isotermas, pues sirven como escala de temperatura. Por ejemplo, una elevación de T implica un aumento de U.
- Por último, determinamos el signo de Q a partir de la primera ley de la termodinámica, $Q = \Delta U + W$. El signo de Q nos dirá si entró calor al sistema o salió de él.

El ejemplo de la figura 2 muestra lo potente que es este enfoque visual. En él, debemos decidir si durante una expansión isobárica entra calor en un gas o sale de él. Una expansión implica que el gas efectúa trabajo positivo. Sin embargo, ¿qué dirección tiene el flujo de calor (o es cero)? Al dibujar la isobara, vemos que cruza las isotermas yendo de baja temperatura hacia alta temperatura. Por lo tanto, hay un aumento de temperatura, y ΔU es positivo. Por $Q = \Delta U + W$, vemos que Q es la suma de dos cantidades positivas, ΔU y W. Entonces, Q deberá ser positiva, o bien, entra calor en el gas.

Como ejercicio, intente analizar un proceso isométrico utilizando este enfoque gráfico. Véase también los Ejemplos integrados 12.2 y 12.5.

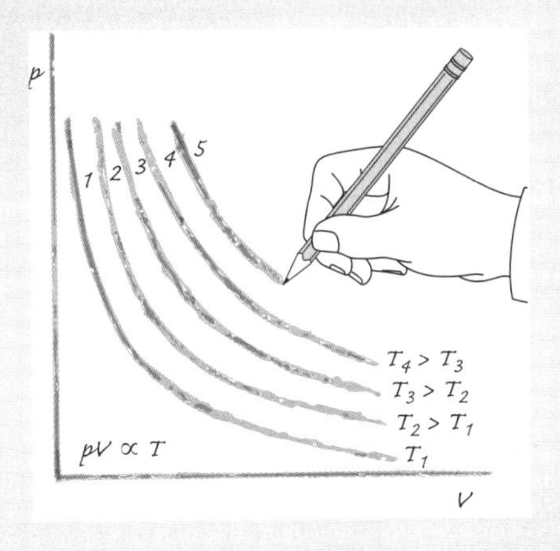

FIGURA 1 Isotermas en una gráfica p-V

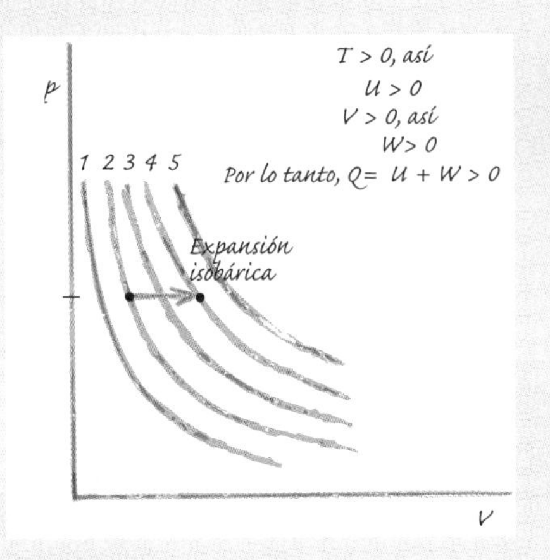

FIGURA 2 Una expansión isobárica

12.4 Segunda ley de la termodinámica y entropía

OBJETIVOS: *a*) Plantear y explicar la segunda ley de la termodinámica en varias formas y *b*) explicar el concepto de entropía.

Suponga que un trozo de metal caliente se coloca en un recipiente aislado que contiene agua fría. Se transferirá calor del metal al agua y al final ambos llegarán a un equilibrio térmico en alguna temperatura intermedia. En un sistema térmicamente aislado, la energía total del sistema es constante. ¿Podría haberse transferido calor del agua fría al metal caliente, en vez de al revés? Semejante proceso no sucedería naturalmente; pero si así fuera, la energía total del sistema se mantendría constante y este proceso inverso "imposible" *no* violaría la conservación de la energía ni la primera ley de la termodinámica.

Es evidente que debe haber otro principio que especifique la *dirección* en que se puede efectuar un proceso. Este principio se encarna en la **segunda ley de la termodinámica**, que indica que ciertos procesos no suceden, o que nunca se ha observado que sucedan, aunque sean congruentes con la primera ley.

Hay muchos planteamientos equivalentes de la segunda ley, redactados según su aplicación. Uno que podría aplicarse a la situación mencionada es el siguiente:

> El calor fluye espontáneamente de un cuerpo más frío a uno más caliente.

Un planteamiento equivalente de la segunda ley tiene que ver con ciclos térmicos. Un *ciclo térmico* típico consiste en varios procesos térmicos distintos, después de los cuales el sistema regresa a las mismas condiciones en que estaba al inicio. Si el sistema es un gas, éste es el mismo estado *p-V-T* del que partió. La segunda ley, planteada en términos de un ciclo térmico (operando como máquina de calor; véase la sección 12.5), es como sigue:

> En un ciclo térmico, la energía calorífica no puede transformarse totalmente en trabajo mecánico.

Nota: es posible construir máquinas reales que prácticamente no tengan fricción; pero de cualquier forma su eficiencia no llega al 100%. El límite de la segunda ley no se refiere a pérdidas por fricción.

En general, la segunda ley de la termodinámica es válida para todas las formas de energía. Se le considera cierta porque nadie ha encontrado jamás una excepción a ella. Si no fuera válida, sería posible construir una máquina de movimiento perpetuo. Una máquina así podría transformar primero totalmente el calor en trabajo y movimiento (energía mecánica), sin pérdida alguna de energía. Luego, la energía mecánica podría transformarse otra vez en calor y utilizarse para calentar el depósito del cual originalmente se obtuvo el calor (también sin pérdidas). Como los procesos se podrían repetir indefinidamente, la máquina operaría perpetuamente, transformando la energía de una forma a otra. No se pierde ni se gana energía neta, así que esta situación *no* viola la primera ley. Sin embargo, es obvio que todas las máquinas reales tienen una eficiencia menor que el 100%, es decir, el trabajo producido siempre es menor que la energía aportada. Por lo tanto, otro planteamiento de la segunda ley es:

> Es imposible construir una máquina funcional de movimiento perpetuo.

Se ha intentado sin éxito construir máquinas así.*

Sería conveniente tener alguna forma de expresar la *dirección* de un proceso en términos de las propiedades termodinámicas de un sistema. Una de esas propiedades es la temperatura. Al analizar un proceso de transferencia de calor por conducción, nece-

* Aunque no pueden existir máquinas de movimiento perpetuo, se sabe que existen movimientos (casi) perpetuos; por ejemplo, los planetas han estado girando en torno al Sol durante cerca de 5 mil millones de años.

sitamos conocer la temperatura del sistema y la de su entorno. Si conocemos la diferencia de temperatura entre los dos procesos, diremos en qué dirección se efectuará espontáneamente la transferencia de calor. Otra cantidad útil, sobre todo al tratar las máquinas de calor, es la entropía.

Entropía

El primero en describir una propiedad que indica la *dirección natural* de un proceso fue el físico alemán Rudolf Clausius (1822-1888). Dicha propiedad es la **entropía**, que es un concepto multifacético, con muchas interpretaciones físicas distintas:

- La entropía es una medida de la capacidad de un sistema para efectuar trabajo útil. Cuando un sistema pierde capacidad para efectuar trabajo, aumenta su entropía.
- La entropía determina la dirección del tiempo. Es la "flecha del tiempo" que indica el flujo hacia adelante de los sucesos y distingue los sucesos pasados de los futuros.
- La entropía es una medida del desorden. Un sistema tiende naturalmente hacia un mayor desorden. Cuanto más orden haya, más baja será la entropía del sistema.
- Está aumentando la entropía del Universo.

Ilustración 21.2 Entropía y procesos reversible/irreversible

Nota: ΔS es positivo si un sistema absorbe calor ($Q > 0$), y negativo si pierde calor ($Q < 0$). El signo de ΔS está determinado por el de Q.

Todos estos planteamientos (y otros) son interpretaciones igualmente válidas de la entropía y son físicamente equivalentes, como veremos en los siguientes análisis. Sin embargo, primero vamos a introducir la definición de cambio en la entropía. El cambio en la entropía de un sistema (ΔS), cuando a un proceso reversible a temperatura constante se le añade o quita una cantidad de calor (Q) es

$$\Delta S = \frac{Q}{T} \quad \textit{(cambio de entropía a temperatura constante)} \tag{12.10}$$

Unidad SI de entropía: joule sobre kelvin (J/K)

Nota: siempre use kelvin al calcular la entropía. ¿Qué sucedería si usara la temperatura Celsius para calcular ΔS durante un cambio de fase de hielo a agua a 0°C?

Si la temperatura cambia durante el proceso, el cálculo del cambio de entropía requiere matemáticas avanzadas. Nuestro análisis se limitará a procesos isotérmicos o aquellos donde intervienen cambios de temperatura pequeños. En este último caso, aproximaremos los cambios de entropía utilizando temperaturas promedio, como en el ejemplo 12.7. No obstante, antes examinaremos un ejemplo de cambio de entropía y cómo se interpreta.

Ejemplo 12.6 ■ Cambio de entropía: un proceso isotérmico

Mientras realiza ejercicio físico a 34°C, un atleta pierde 0.400 kg de agua por hora a través de la evaporación de la transpiración de su piel. Calcule el cambio de entropía en el agua conforme se evapora. El calor latente de la evaporación por transpiración es de aproximadamente 24.2×10^5 J/kg.

Razonamiento. Se da un cambio de fase a temperatura constante; por lo tanto, aplicamos la ecuación 12.10 ($\Delta S = Q/T$) después de convertir a kelvins. La ecuación 11.2 ($Q = mL_v$) nos permite calcular la cantidad de calor agregado.

Solución. Por el enunciado del problema, tenemos

Dado: $m = 0.400$ kg
$T = 34°C + 273 = 307$ K
$L_v = 24.2 \times 10^5$ J/kg

Encuentre: ΔS (cambio de entropía)

Puesto que hay un cambio de fase, el agua absorbe calor latente:

$$Q = mL_v = (0.400 \text{ kg})(24.2 \times 10^5 \text{ J/kg}) = 9.68 \times 10^5 \text{ J}$$

Entonces,

$$\Delta S = \frac{Q}{T} = \frac{+9.68 \times 10^5 \text{ J}}{307 \text{ K}} = +3.15 \times 10^3 \text{ J/K}$$

Q es positivo porque se agrega calor al sistema. Por lo tanto, el cambio de entropía también es positivo: aumenta la entropía del agua. Este resultado es razonable porque un estado gaseoso es más aleatorio (desordenado) que un estado líquido.

Ejercicio de refuerzo. ¿Cuánto cambiará la entropía de una muestra de 1.00 kg de agua cuando se congela a 0°C?

Ejemplo 12.7 ■ Cuchara tibia en agua fría: ¿aumenta o disminuye la entropía del sistema?

Una cuchara metálica a 24°C se sumerge en 1.00 kg de agua a 18°C. El sistema (cuchara y agua) está térmicamente aislado y alcanza el equilibrio a una temperatura de 20°C. *a*) Determine el cambio aproximado en la entropía del sistema. *b*) Repita el cálculo suponiendo, aunque sea imposible, que la temperatura del agua bajó a 16°C y la temperatura de la cuchara subió a 28°C. Comente cómo la entropía nos indica que la situación del inciso *b* no puede darse.

Ilustración 21.3 Entropía e intercambio de calor

Razonamiento. El sistema está térmicamente aislado, así que sólo hay intercambio de calor entre la cuchara y el agua, es decir, $Q_m + Q_w = 0$, donde los subíndices m y w se refieren al metal y al agua, respectivamente. Podemos determinar Q_w porque conocemos la masa de agua, su calor específico y el cambio de temperatura. Por lo tanto, podremos determinar ambos valores de Q (iguales, pero de signo opuesto). Estrictamente hablando, no podríamos usar la ecuación 12.10 porque sólo es válida para procesos a temperatura constante. Sin embargo, los cambios de temperatura aquí son pequeños, de manera que podemos obtener una buena aproximación a ΔS utilizando la temperatura *promedio* de cada objeto $\overline{T}$.

Solución. Denotamos *inicial* con "i" y *final* con "f":

Dado:
$T_{m,i} = 24°C$
$T_{w,i} = 18°C$
$m_w = 1.00$ kg
$c_w = 4186$ J/(kg·C°) (de la tabla 11.1)
a) $T_f = 20°C$
b) $T_{m,f} = 28°C$; $T_{w,f} = 16°C$

Encuentre:
a) ΔS (cambio de entropía del sistema en una situación realista)
b) ΔS (cambio de entropía del sistema en una situación irreal)

***a*)** Necesitamos la cantidad de calor transferida (Q) para despejar ΔS. Con $\Delta T_w = T_f - T_{w,i} = 20°C - 18°C = +2.0$ C°, el calor que el agua gana es

$$Q_w = c_w m_w \Delta T = [4186\ \text{J/(kg}\cdot\text{C°)}](1.00\ \text{kg})(2.0\ \text{C°}) = +8.37 \times 10^3\ \text{J}$$

por la ecuación 11.1. Esta cantidad también es la magnitud del calor *perdido* por el metal. Por lo tanto,

$$Q_m = -8.37 \times 10^3\ \text{J}$$

Las temperaturas promedio son:

$$\overline{T}_w = \frac{T_{w,i} + T_f}{2} = \frac{18°C + 20°C}{2} = 19°C = 292\ \text{K}$$

$$\overline{T}_m = \frac{T_{m,i} + T_f}{2} = \frac{24°C + 20°C}{2} = 22°C = 295\ \text{K}$$

Ahora usamos estas temperaturas medias y la ecuación 12.10 para calcular los cambios de entropía aproximados para el agua y el metal:

$$\Delta S_w \approx \frac{Q_w}{\overline{T}_w} = \frac{+8.37 \times 10^3\ \text{J}}{292\ \text{K}} = +28.7\ \text{J/K}$$

$$\Delta S_m \approx \frac{Q_m}{\overline{T}_m} = \frac{-8.37 \times 10^3\ \text{J}}{295\ \text{K}} = -28.4\ \text{J/K}$$

El cambio de entropía del *sistema* es la suma de estos cambios, o bien,

$$\Delta S = \Delta S_w + \Delta S_m \approx +28.7\ \text{J/K} - 28.4\ \text{J/K} = +0.3\ \text{J/K}$$

La entropía del metal disminuyó porque perdió calor. La entropía del agua aumentó más de lo que la temperatura del metal disminuyó, así que, en total, se incrementó la entropía del sistema.

***b*)** Aunque esta situación conserva la energía, infringe la segunda ley de la termodinámica. Para ver esta trasgresión en términos de entropía, repitamos el cálculo anterior, utilizando el segundo conjunto de valores. Con $\Delta T_w = T_f - T_{w,i} = 16°C - 18°C = -2.0$ C°, el calor que el agua pierde es

$$Q_w = c_w m_w \Delta T = [4186\ \text{J/(kg}\cdot\text{C°)}](1.00\ \text{kg})(-2.0\ \text{C°}) = -8.37 \times 10^3\ \text{J}$$

Una vez más, usamos las temperaturas promedio, $\overline{T}_w = 17°C = 290$ K y $\overline{T}_m = 26°C = 299$ K, para calcular los cambios de entropía aproximados para el agua y la cuchara metálica:

$$\Delta S_w \approx \frac{Q_w}{\overline{T}_w} = \frac{-8.37 \times 10^3\ \text{J}}{290\ \text{K}} = -28.9\ \text{J/K}$$

$$\Delta S_m \approx \frac{Q_m}{\overline{T}_m} = \frac{+8.37 \times 10^3\ \text{J}}{299\ \text{K}} = +28.0\ \text{J/K}$$

El cambio de entropía del *sistema* es:

$$\Delta S = \Delta S_{\text{w}} + \Delta S_{\text{m}} \approx -28.9\ \text{J/K} + 28.0\ \text{J/K} = -0.9\ \text{J/K}$$

En este escenario irreal, la entropía del metal aumentó, pero la del agua disminuyó más de lo que la del metal aumentó, de manera que disminuyó la entropía total del sistema.

Ejercicio de refuerzo. ¿Qué temperaturas iniciales debería haber en este ejemplo para que el cambio total de entropía del sistema fuera cero? Explíquelo en términos de transferencias de calor.

Observe que el cambio de entropía del sistema del ejemplo 12.7a es positivo, ya que el proceso es *natural*. Es decir, es un proceso que siempre se observa. En general, la dirección de cualquier proceso es hacia un aumento de la entropía total del sistema. Es decir, *la entropía de un sistema aislado nunca disminuye*. Otra forma de expresar esta observación es diciendo que *la entropía de un sistema aislado aumenta en todos los procesos naturales* ($\Delta S > 0$). Al llegar a una temperatura intermedia, el agua y la cuchara del ejemplo 12.7a intervienen en un proceso natural. En el inciso *b* del mismo ejemplo, el proceso nunca se observaría, y la disminución en la entropía del sistema lo indica. Asimismo, agua a temperatura ambiente en una bandeja para cubitos de hielo aislada no se convertirá de forma natural (espontánea) en hielo.

Sin embargo, si un sistema *no* está aislado, su entropía podría disminuir. Por ejemplo, si la bandeja llena de agua se coloca en un congelador, el agua se congelará, y su entropía disminuirá. No obstante, habrá *un aumento mayor de entropía en alguna otra parte* del Universo. En este caso, el congelador calentará la cocina al hacer el hielo, y aumentará la entropía total del sistema (hielo + cocina).

Nota: en todo proceso natural, tiende a incrementarse la entropía de un sistema cerrado.

Por lo tanto, la segunda ley de la termodinámica podría plantearse en términos de entropía (para procesos que se dan naturalmente) de la siguiente forma:

En todo proceso *natural*, la entropía total del Universo aumenta.

Hay procesos en que la entropía es constante. Evidentemente, los procesos adiabáticos son de ese tipo, ya que $Q = 0$. En este caso, $\Delta S = Q/T = 0$. Asimismo, cualquier expansión isotérmica reversible que va seguida inmediatamente de una compresión isotérmica siguiendo el mismo camino tiene un cambio neto de entropía igual a cero, pues ambos flujos de calor son iguales pero de signo opuesto, y las temperaturas también son las mismas; por lo tanto, $\Delta S = Q/T + (-Q/T) = 0$. Puesto que, en algunas circunstancias, *sí* es posible tener $\Delta S = 0$, generalizamos el planteamiento anterior de la segunda ley de la termodinámica para incluir todos los procesos posibles:

Nota: la energía total no puede crearse ni destruirse; la entropía total puede crearse, pero no destruirse.

Durante *cualquier* proceso, la entropía del Universo sólo puede aumentar o permanecer constante ($\Delta S \geq 0$).

Para apreciar una de las múltiples interpretaciones alternativas (e equivalentes) de la entropía, considere los planteamientos anteriores rescritos en términos de orden y desorden. Aquí, interpretamos la entropía como una medida del desorden de un sistema. Por lo tanto, un valor mayor de entropía implica más desorden (o, de forma equivalente, menos orden):

Todos los procesos naturales tienden a un estado de mayor desorden.

Podemos deducir una definición práctica de orden y desorden de situaciones cotidianas. Suponga que estamos elaborando una ensalada con pasta y tenemos jitomates picados listos para mezclarlos con la pasta ya cocida. Antes de mezclar la pasta y los jitomates, hay cierta cantidad de orden, es decir, los ingredientes están separados. Al mezclarlos, los ingredientes separados se convierten en un solo platillo, y hay menos orden (o más desorden, si se prefiere). La ensalada de pasta, una vez mezclada, nunca se separará en ingredientes individuales por su cuenta (es decir, por un proceso natural, espontáneo). Desde luego que podríamos extraer los trozos de jitomate, pero ello no sería un proceso natural. Asimismo, unos anteojos rotos no se pegan otra vez por sí mismos. Los gases de una mezcla tampoco se separan repentinamente, quedando cada

A FONDO 12.1 VIDA, ORDEN Y LA SEGUNDA LEY

La segunda ley de la termodinámica es uno de los cimientos de la física y opera universalmente: la entropía total del Universo aumenta en cada proceso natural. Sin embargo, aunque es indudable que la vida es un proceso natural, hay un aumento evidente de orden durante el desarrollo del embrión humano para convertirse en un adulto maduro. Además, en prácticamente todos los procesos vitales, continuamente se sintetizan moléculas y estructuras celulares más grandes y complejas, a partir de componentes más simples. ¿Implica esto que los seres vivos están exentos de la segunda ley?

Para contestar esta pregunta, debemos tener en cuenta que las células *no* son sistemas cerrados. Intervienen en intercambios continuos de materia y energía con su entorno. Las células vivas efectúan constantemente intercambios y conversiones de energía, de una forma a otra, regidas por la primera ley de la termodinámica. Por ejemplo, las células convierten energía potencial química en energía cinética (movimiento) y en energía eléctrica (la base de los impulsos nerviosos). Muchas células vegetales convierten la energía de la luz solar en energía química a través de la fotosíntesis (figura 1a). Hemos tratado de imitar a la naturaleza para aprovechar la energía de la luz solar (figura 1b).

En todos los procesos biológicos, los sistemas vivos mantienen o incluso incrementan su organización al tiempo que causan una disminución aun mayor en el orden de su entorno. Los seres vivos están en un estado de baja entropía, y requieren energía en la forma de alimentos y oxígeno para mantenerse en dicho estado. Una disminución *local* de la entropía no viola la segunda ley, si en el proceso aumenta la entropía *total* del Universo.

a)

b)

FIGURA 1 Colectores solares ***a)*** Todos los días las plantas verdes captan grandes cantidades de energía solar y lo han estado haciendo durante cientos de millones de años. La energía química que almacenan en forma de azúcares y otras moléculas complejas es utilizada por casi todos los organismos del planeta, para mantener e incrementar el estado altamente organizado que llamamos vida. ***b)*** La humanidad ha creado dispositivos (como estos concentradores reflejantes de energía solar) para captar algo de la energía de la luz solar.

especie aparte. A veces describimos el desorden como una medida de la aleatoriedad de un sistema. En la ensalada de pasta, una vez que los ingredientes se mezclaron bien, los trozos están distribuidos al azar en toda la ensalada.

Para entender mejor esta interpretación de la entropía, considere la sección A fondo 12.1: Vida, orden y la segunda ley.

12.5 Máquinas de calor y bombas térmicas

OBJETIVOS: *a*) Explicar el concepto de máquina de calor y calcular la eficiencia térmica y *b*) explicar el concepto de bomba térmica y calcular el coeficiente de desempeño.

Una **máquina de calor** es cualquier dispositivo que convierte energía calorífica en trabajo. Puesto que la segunda ley de la termodinámica prohíbe las máquinas de movimiento perpetuo, necesariamente una parte del calor suministrado a una máquina de calor se perderá y no se convertirá en trabajo. (No nos ocuparemos aquí de los pormenores de los componentes mecánicos de las máquinas, como pistones y cilindros.)

Para nuestros propósitos, una máquina de calor es un dispositivo que toma calor de una fuente de alta temperatura (un depósito caliente), convierte una parte de él en trabajo útil y transfiere el resto a su entorno (un depósito frío o de baja temperatura). Por ejemplo, casi todas las turbinas que generan electricidad (capítulo 20) son máquinas de calor que usan calor de diversas fuentes, como la quema de combustibles químicos ("fósiles"): petróleo, gas o hulla; reacciones nucleares y la energía térmica que ya está presente bajo la superficie de la Tierra (véase la imagen al inicio del capítulo). Esas turbinas podrían enfriarse con agua de un río, por ejemplo, perdiendo así calor a ese depósito de baja temperatura. En la ▸figura 12.14a se muestra una máquina de calor generalizada.

Conviene recordar nuestra convención de signos antes de comenzar a estudiar las máquinas de calor. Aquí, nos interesa primordialmente el trabajo W efectuado *por el*

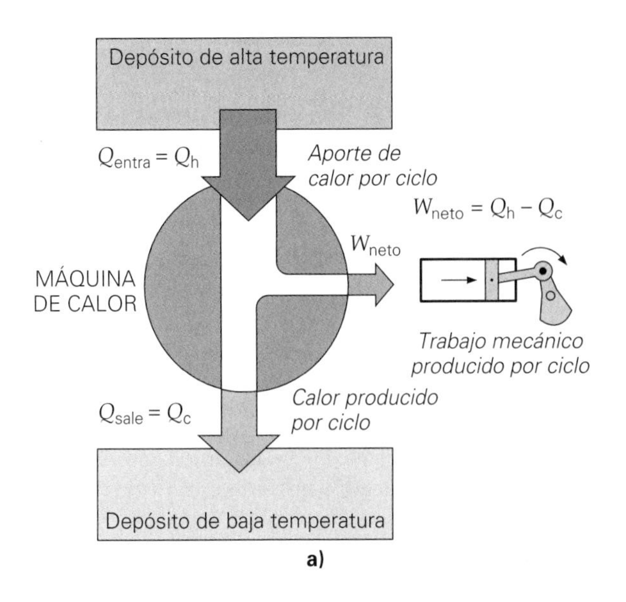

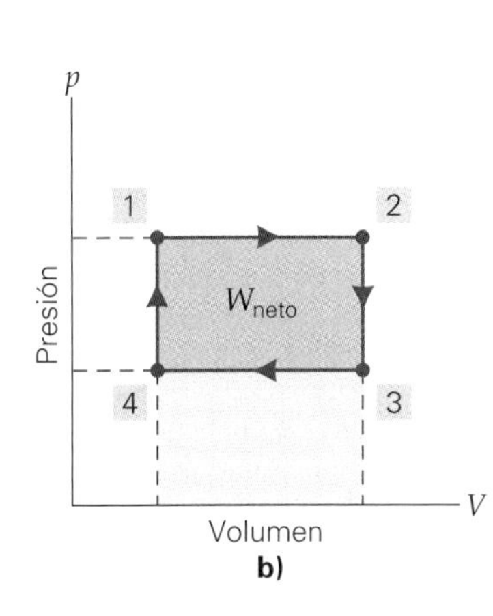

◄ **FIGURA 12.14 Máquina de calor** *a)* Flujo de energía en una máquina de calor cíclica generalizada. Note que la anchura de la flecha que representa Q_h (flujo de calor desde un depósito caliente) es igual a las anchuras combinadas de las flechas que representan W_{neto} y Q_c (flujo de calor hacia un depósito frío), lo que refleja la conservación de la energía: $Q_h = Q_c + W_{neto}$. *b)* Este proceso cíclico específico consiste en dos isóbaras y dos isometas. El trabajo neto producido por ciclo es el área del rectángulo formado por los caminos del proceso. (Véase el ejemplo 12.10 para un análisis de este ciclo específico.)

gas sobre el entorno. Durante una expansión, el gas efectúa trabajo positivo. Asimismo, durante una compresión, el trabajo efectuado *por el gas* es negativo. También, supondremos que la "sustancia de trabajo" (el material que absorbe el calor y efectúa el trabajo) se comporta como un gas ideal. Los principios de la física en que se basan las máquinas de calor son los mismos, sea cual fuere la sustancia de trabajo. Sin embargo, el uso de gases ideales facilita las matemáticas.

La adición de calor a un gas puede producir trabajo. Sin embargo, dado que generalmente se quiere una producción *continua*, las máquinas de calor prácticas funcionan en un **ciclo térmico**, es decir, con una serie de procesos que regresan el sistema a su condición original. Las máquinas de calor cíclicas incluyen las máquinas de vapor y los motores de combustión interna, como los de los automóviles.

En la figura 12.14b se muestra un ciclo termodinámico rectangular idealizado. Consiste en dos isobaras y dos isometas. Cuando se efectúan estos procesos en el orden indicado, el sistema pasa por un ciclo (1-2-3-4-1) y vuelve a su condición original. Cuando el gas se expande (de 1 a 2), realiza un trabajo (positivo) igual al área bajo la isobara. Trabajo positivo es precisamente lo que se desea obtener de una máquina. (Pensemos en una barredora de hojas que empuja aire hacia un lado o un pistón automotriz que mueve el cigüeñal.) Sin embargo, debe haber una compresión (de 3 a 4) del gas para que vuelva a sus condiciones iniciales. Durante esta fase, el trabajo efectuado por el gas es negativo, lo cual *no* es el propósito de un motor. En cierto sentido, una parte del trabajo positivo efectuado por el gas "se cancela" por el trabajo negativo efectuado durante la compresión.

En este análisis, resulta evidente que la cualidad importante en el diseño de una máquina no es la cantidad de trabajo de expansión, sino más bien el *trabajo neto* W_{neto} por ciclo. Esta cantidad se representa gráficamente como el área encerrada por las curvas de proceso que constituyen el ciclo en la siguiente sección Aprender dibujando.

APRENDER DIBUJANDO — REPRESENTACIÓN DEL TRABAJO EN CICLOS TÉRMICOS

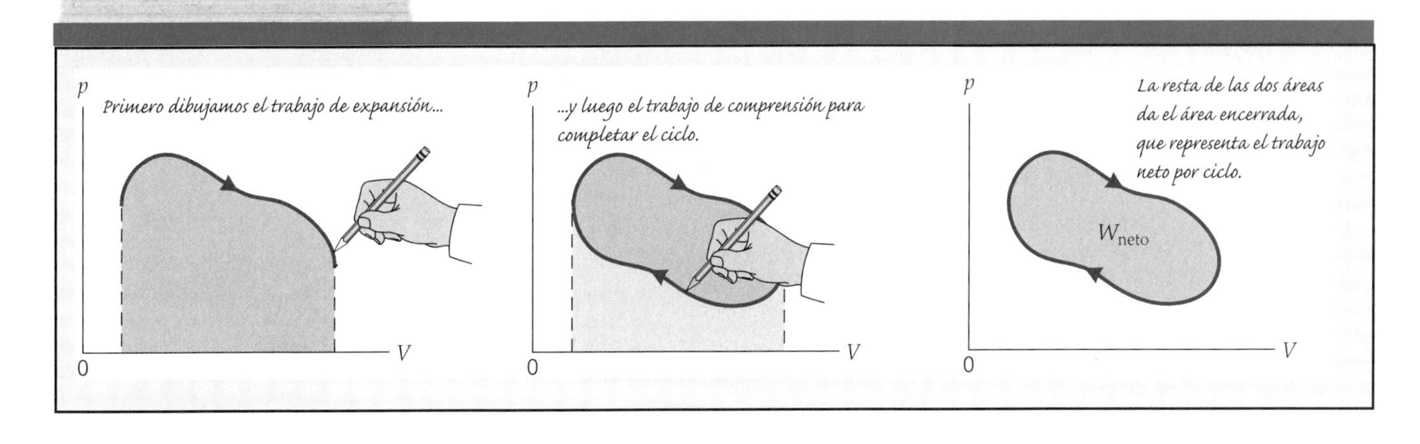

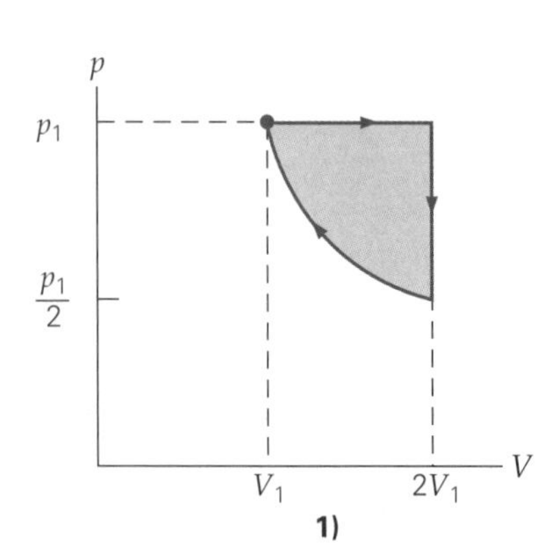

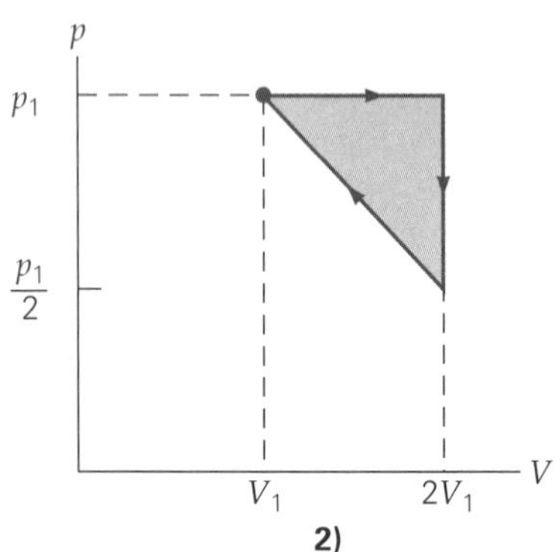

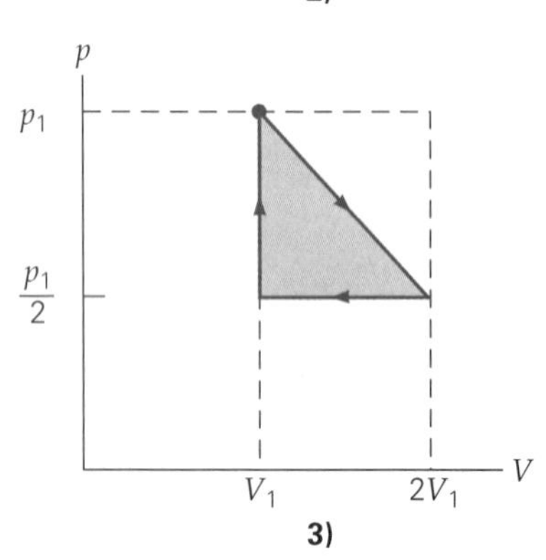

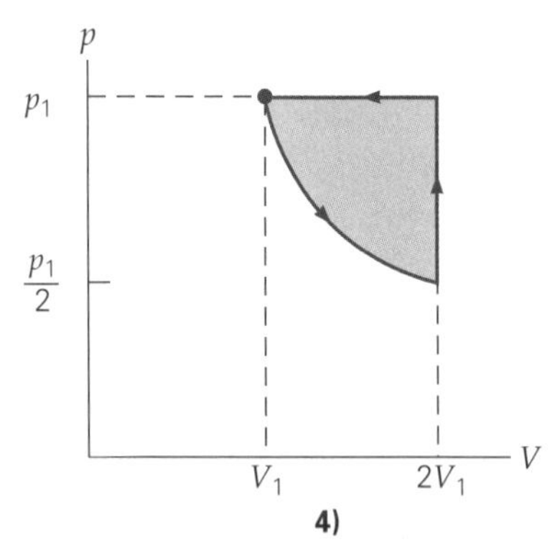

▲ **FIGURA 12.15 Comparación de ciclos de máquina de calor** Comparación del trabajo neto efectuado por ciclo, empleando métodos gráficos (visuales). (Véase la sección Aprender dibujando en la p. 415 y en el Ejemplo conceptual 12.8, para mayores detalles.)

En la figura 12.14, el área es rectangular. Cuando los caminos no son rectas, podría ser difícil calcular numéricamente las áreas, aunque el concepto es el mismo.

Antes de hablar de eficiencia de las máquinas, veamos un ejemplo conceptual que emplee tales técnicas gráficas.

Ejemplo conceptual 12.8 ■ Trabajo neto: cuestión de comparar áreas

Se encarga a un grupo de ingenieros diseñar una máquina de calor. Se han reducido las opciones a cuatro ciclos (◂figura 12.15) y hay que decidir cuál generará mayor trabajo neto. ¿Podría usted ayudarles a decidir? Ordene los ciclos *de menor a mayor*, según el trabajo neto por ciclo. Suponga en todos los casos que el gas parte de la misma condición inicial y que en todas las expansiones hay un aumento del volumen inicial al doble.

Los ciclos a considerar son: 1) El gas se expande isobáricamente y luego su presión se reduce a la mitad isométricamente. Después, se le comprime isotérmicamente hasta su estado original. 2) El gas se expande (de nuevo) isobáricamente y luego su presión se reduce a la mitad isométricamente. Luego, se le comprime siguiendo un camino recto (en un diagrama p-V) hasta su estado original. 3) Se reduce a la mitad la presión del gas (aumentando al doble su volumen), siguiendo un camino recto (en un diagrama p-V). Luego se le comprime isobáricamente hasta su volumen original. Por último, se eleva su presión isométricamente para que vuelva a su estado original. 4) El gas se expande isotérmicamente y entonces su presión aumenta al doble isométricamente. Al final, se le regresa isobáricamente a su estado original.

Razonamiento y respuesta. La clave aquí es traducir las palabras en áreas gráficas y líneas de procesos, como se ilustra en la figura 12.15. Ahí, se dibujaron los ciclos (a escala) y se compararon las áreas encerradas.

1. Una expansión isobárica se dibuja con una línea horizontal a la derecha y representa trabajo positivo efectuado por el gas. La compresión isométrica se dibuja con una línea vertical y no efectúa trabajo. En este punto, la temperatura tiene el valor inicial, ya que la presión se redujo a la mitad y el volumen se duplicó, de manera que $p_f V_f = (p_i/2)(2V_i) = p_i V_i = nRT_i$. Por lo tanto, un proceso isotérmico regresa el gas a su estado inicial.
2. Éste es igual al inciso 1 para los dos primeros procesos, aunque el retorno *no* es isotérmico.
3. Durante el primer proceso, el gas efectúa trabajo positivo. Se expande siguiendo una línea recta que termina a la temperatura inicial. (¿Cómo lo sabemos?) La compresión isobárica se representa con una línea horizontal hacia la izquierda. El proceso final es un aumento isométrico vertical de presión para volver a las condiciones iniciales, durante la cual se efectúa cero trabajo.
4. Primero hay una expansión isotérmica para reducir a la mitad la presión inicial y aumentar al doble el volumen inicial. Aquí, el gas efectúa trabajo positivo. Luego, un aumento de presión vuelve el gas a su presión inicial, pero no requiere trabajo. Por último, la compresión isobárica restaura el gas a sus condiciones iniciales.

En primer lugar, debería quedar claro que el ciclo 4 no es una máquina de calor, pues se requiere más trabajo para comprimir el gas que el trabajo que éste efectúa sobre el entorno, y la persona que sugirió este ciclo debería volver a tomar este curso de física.

El ciclo 1 efectúa más trabajo que el 2. También es evidente que el ciclo 2 y el ciclo 3 efectúan la misma cantidad de trabajo neto, aunque lo hacen de distinta manera. Por lo tanto, el ganador es el ciclo 1, con 2 y 3 empatados en segundo lugar.

Ejercicio de refuerzo. *a*) En este ejemplo, describa qué cambios haría al ciclo 2 para convertirlo en el ganador. (*Sugerencia:* hay muchas formas de lograrlo.)

Eficiencia térmica

La eficiencia térmica es un parámetro importante para evaluar las máquinas de calor. La **eficiencia térmica** (ε) de una máquina de calor se define como

$$\varepsilon = \frac{\text{trabajo útil}}{\text{aporte de calor}} = \frac{W_{\text{neto}}}{Q_{\text{entra}}} \quad \textit{eficiencia térmica de una máquina de calor} \qquad (12.11)$$

La eficiencia nos dice cuánto trabajo útil (W_{neto}) efectúa la máquina en comparación con el aporte de calor que recibe (Q_{entra}). Por ejemplo, los motores de los automóviles modernos tienen una eficiencia del 20 al 25%. Esto significa que sólo cerca de la cuarta parte del calor generado al encender la mezcla aire-gasolina se convierte realmente en trabajo mecánico, que a la vez hace girar las ruedas del coche, etc. O bien, podríamos decir que el motor desperdicia casi tres cuartas partes del calor, que en última instancia va a dar a la atmósfera a través del sistema de escape, del sistema de radiador y del metal del motor.

Para un ciclo de una máquina de calor ideal, W_{neto} se determina aplicando la primera ley de la termodinámica al ciclo completo. Recuerde que, según nuestra convención de signos para el calor, Q_{sale} es negativo. En nuestro análisis de las máquinas y bombas de calor, *todos los símbolos de calor (Q) representarán únicamente magnitud.* Por ello, Q_{sale} se escribe como $-Q_c$ (el negativo de una cantidad positiva Q_c para indicar un flujo *desde* el motor hacia un depósito frío). Q_{entra} es positivo por nuestra convención de signo y aparece como $+Q_h$ (para indicar el flujo *al* motor desde el quemado del gas).

Nota: representación del trabajo en ciclos térmicos. Aquí, todos los Q son positivos; el calor que entra o sale se indicará con un signo + o −, respectivamente.

Al aplicar la primera ley de la termodinámica a la parte de expansión del ciclo y expresar el trabajo efectuado por el gas como $W = +W_{exp}$, tenemos $\Delta U_h = +Q_h - W_{exp}$. Para la parte de compresión del ciclo, el trabajo efectuado por el gas se muestra explícitamente como negativo ($W = -W_{comp}$ y $\Delta U_c = -Q_c + W_{comp}$). Sumamos estas ecuaciones, teniendo presente que, para un gas ideal, $\Delta U_{ciclo} = \Delta U_h + \Delta U_c = 0$ (¿por qué?),

$$0 = (Q_h - Q_c) + (W_{comp} - W_{exp})$$

o bien,

$$W_{exp} - W_{comp} = Q_h - Q_c$$

Sin embargo, $W_{neto} = W_{exp} - W_{comp}$, así que el resultado final es (recuerde que Q representa magnitud aquí)

$$W_{neto} = Q_h - Q_c$$

Así pues, la eficiencia térmica de una máquina de calor se escribe en términos de los flujos de calor como

$$\varepsilon = \frac{W_{neto}}{Q_h} = \frac{Q_h - Q_c}{Q_h} = 1 - \frac{Q_c}{Q_h} \quad \textit{eficiencia de una máquina de calor con gas ideal} \qquad (12.12)$$

Exploración 21.1 Eficiencia de máquina

Al igual que la eficiencia mecánica, la eficiencia térmica es una fracción adimensional y suele expresarse como porcentaje. La ecuación 12.12 indica que una máquina de calor podría tener una eficiencia del 100% si Q_c fuera cero. Esta condición implicaría que no se pierde energía calorífica y que todo el calor aportado (depósito caliente) se convierte en trabajo útil. Sin embargo, esta situación es imposible según la segunda ley de la termodinámica. En 1851, esta observación llevó a Lord Kelvin (quien desarrolló la escala de temperatura que estudiamos en la sección 10.3) a plantear la segunda ley en una forma distinta, pero físicamente equivalente:

> Ninguna máquina de calor cíclica puede convertir su aporte de calor totalmente en trabajo.

La ecuación 12.12 nos indica que, para obtener el máximo de trabajo por ciclo de una máquina de calor, debemos reducir al mínimo Q_c/Q_h, lo cual aumenta la eficiencia.

La mayoría de los automóviles con motor de gasolina utilizan un *ciclo de cuatro tiempos*. Una aproximación a este importante ciclo incluye los pasos que se muestran en la ▾figura 12.16, junto con un diagrama *p-V* del proceso termodinámico que compone el ciclo. Este ciclo teórico se denomina *ciclo de Otto*, en honor al ingeniero alemán, Nikolaus Otto (1832-1891), quien construyó uno de los primeros motores de gasolina exitosos.

Durante la fase de admisión (1-2), una expansión isobárica, la mezcla de aire y combustible entra a presión atmosférica a través de la válvula de admisión abierta, conforme el pistón desciende. Esta mezcla es adiabáticamente (rápidamente) comprimida en la fase de compresión (2-3). A este paso le sigue la quema del combustible (3-4, cuando la bujía se enciende, provocando un aumento en la presión isométrica).

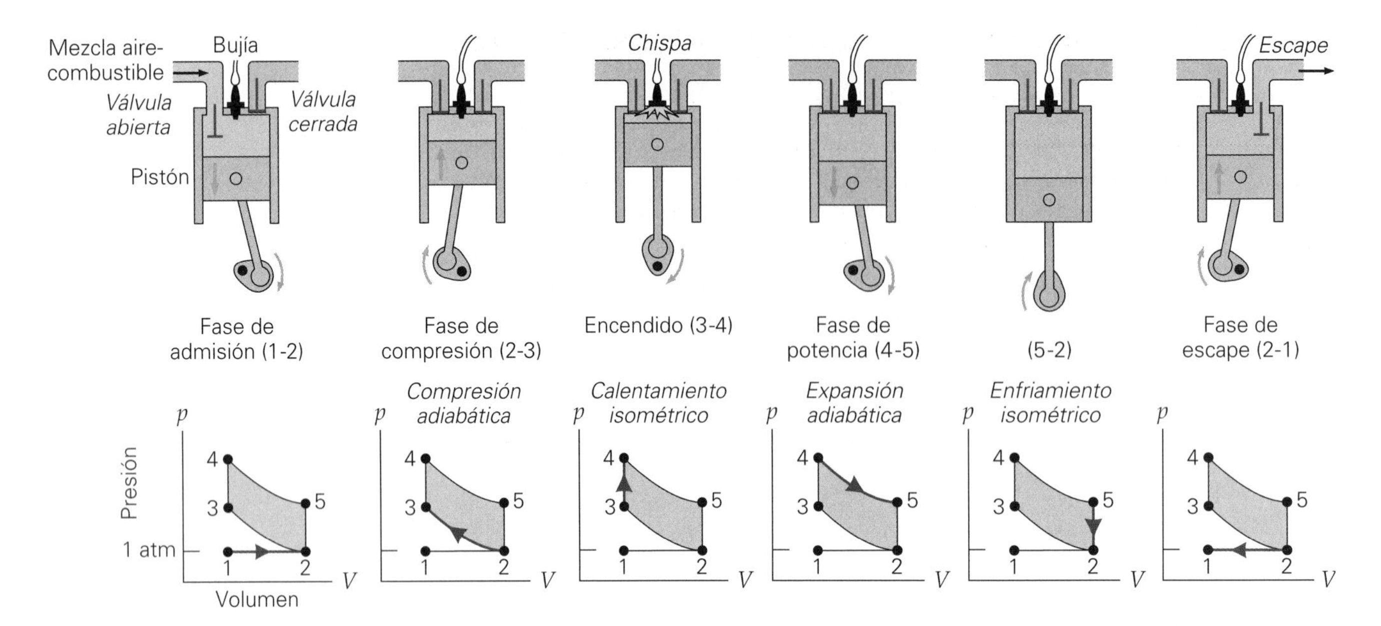

▲ **FIGURA 12.16 El ciclo de cuatro tiempos de una máquina de calor** Pasos de proceso del ciclo Otto de cuatro tiempos. El pistón sube y baja dos veces en cada ciclo, haciendo un total de cuatro tiempos por ciclo.

Exploración 21.2 Motor de combustión interna

A continuación, ocurre una expansión adiabática durante la fase de potencia (4-5). Después de este paso se produce un enfriamiento isométrico del sistema, cuando el pistón se encuentra en su posición más baja (5-2). La fase final, la de escape, se efectúa a lo largo de la etapa isobárica del ciclo de Otto (2-1). Note que se requieren dos movimientos del pistón hacia arriba y hacia abajo para producir una fase de potencia.

Ejemplo 12.9 ■ Eficiencia térmica: lo que obtenemos de lo que aportamos

El pequeño motor de gasolina de una barredora de hojas absorbe 800 J de energía calorífica de un depósito de alta temperatura (la mezcla gasolina-aire encendida) y transfiere 700 J a un depósito de baja temperatura (el aire exterior, a través de las aletas de enfriamiento). ¿Cuál es la eficiencia térmica del motor?

Razonamiento. Usamos la definición de eficiencia térmica de una máquina de calor (ecuación 12.11) si podemos determinar W_{neto}. (Recordemos que las Q son magnitudes de calor.)

Solución.

Dado: $Q_h = 800\text{ J}$
$Q_c = 700\text{ J}$

Encuentre: ε (eficiencia térmica)

El trabajo neto efectuado por la máquina en cada ciclo es

$$W_{neto} = Q_h - Q_c = 800\text{ J} - 700\text{ J} = 100\text{ J}$$

Por lo tanto, la eficiencia térmica es

$$\varepsilon = \frac{W_{neto}}{Q_h} = \frac{100\text{ J}}{800\text{ J}} = 0.125\text{ (o 12.5\%)}$$

Ejercicio de refuerzo. *a*) ¿Qué trabajo neto produciría en cada ciclo la máquina de este ejemplo, si la eficiencia aumentara al 15% y el calor aportado por ciclo se aumentara a 1000? *b*) ¿Cuánto calor escaparía en este caso?

Para saber cómo se calcula la eficiencia de un ciclo con gas ideal usando las leyes de la termodinámica, considere el siguiente ejemplo.

Ejemplo 12.10 ■ Eficiencia térmica: aplicación de la definición básica

Suponga que tenemos 0.100 moles de un gas ideal monoatómico que sigue el ciclo dado en la figura 12.14b, y que la presión y la temperatura en la parte inferior izquierda de esa figura son 1.00 atm y 20°C, respectivamente. Suponga además que la presión aumenta al doble durante el incremento isométrico de presión, y que el volumen aumenta al doble durante la expansión isobárica. ¿Qué eficiencia térmica tendría este ciclo?

Razonamiento. Podemos aplicar la definición de eficiencia térmica de una máquina de calor (ecuación 12.11); sin embargo, hay que tener cuidado, ya que podrían ocurrir intercambios de calor durante dos o más procesos del ciclo. Para determinar el aporte de calor durante la expansión isobárica, necesitamos conocer el cambio de energía interna y, por lo tanto, el cambio de temperatura, así que es probable que vayamos a necesitar las temperaturas en las cuatro esquinas del ciclo.

Solución. Rotulemos las cuatro esquinas con números, como se muestra en la figura 12.14b. Hacemos una lista de los datos y los convertimos a unidades SI:

Dado: $p_4 = p_3 = 1.00 \text{ atm} = 1.01 \times 10^5 \text{ N/m}^2$
$n = 0.100 \text{ mol}$
$T_4 = 20°\text{C} = 293 \text{ K}$
$p_1 = p_2 = 2.00 \text{ atm} = 2.02 \times 10^5 \text{ N/m}^2$
$V_2 = V_3 = 2V_4 = 2V_1$

Encuentre: ε (eficiencia térmica)

Primero, calculamos los volúmenes y las temperaturas en las esquinas, utilizando la ley de los gases ideales:

$$V_4 = V_1 = \frac{nRT_1}{p_1} = \frac{(0.100 \text{ mol})[8.31 \text{ J/(mol·K)}](293 \text{ K})}{1.01 \times 10^5 \text{ N/m}^2} = 2.41 \times 10^{-3} \text{ m}^3$$

Por lo tanto,

$$V_2 = V_3 = 2V_1 = 4.82 \times 10^{-3} \text{ m}^3$$

Durante los procesos isométricos, la temperatura (absoluta en la escala Kelvin) es directamente proporcional a la presión; durante los procesos isobáricos, la temperatura es directamente proporcional al volumen. Entonces,

$$T_1 = 2T_4 = 586 \text{ K}$$
$$T_2 = 2T_1 = 1172 \text{ K}$$
$$T_3 = \tfrac{1}{2}T_2 = 586 \text{ K}$$

Ahora podemos calcular las transferencias de calor. $W = 0$ durante el proceso 4-1 y, para un gas monoatómico, $\Delta U = \frac{3}{2}nR\Delta T$. Por consiguiente:

$$Q_{41} = \Delta U_{41} = \tfrac{3}{2}nR\Delta T_{41} = \tfrac{3}{2}(0.100 \text{ mol})[8.31 \text{ J/(mol·K)}](586 \text{ K} - 293 \text{ K}) = +365 \text{ J}$$

Durante el proceso 1-2, el gas se expande y aumenta su energía interna. El trabajo efectuado por el gas es

$$W_{12} = p_1 \Delta V_{12} = (2.02 \times 10^5 \text{ N/m}^2)(4.82 \times 10^{-3} \text{ m}^3 - 2.41 \times 10^{-3} \text{ m}^3) = +487 \text{ J}$$

Puesto que se efectuó trabajo *y* aumentó la energía interna,

$$\begin{aligned} Q_{12} &= \Delta U_{12} + W_{12} = \tfrac{3}{2}nR\Delta T_{12} + 487 \text{ J} \\ &= \tfrac{3}{2}(0.100 \text{ mol})[8.31 \text{ J/(mol·K)}](1172 \text{ K} - 586 \text{ K}) + 487 \text{ J} \\ &= +730 \text{ J} + 487 \text{ J} = +1.22 \times 10^3 \text{ J} \end{aligned}$$

Así que el aporte total de calor por ciclo Q_h es tan sólo

$$Q_h = Q_{41} + Q_{12} = 1.59 \times 10^3 \text{ J}$$

Para obtener el trabajo neto, necesitamos el área encerrada por el ciclo. Por lo tanto,

$$W_{\text{neto}} = (\Delta p_{23})(\Delta V_{12}) = (1.01 \times 10^5 \text{ N/m}^2)(2.41 \times 10^{-3} \text{ m}^3) = +243 \text{ J}$$

y la eficiencia es

$$\varepsilon = \frac{W_{\text{neto}}}{Q_h} = \frac{243 \text{ J}}{1.59 \times 10^3 \text{ J}} = 0.153 \text{ o } 15.3\%$$

Ejercicio de refuerzo. Determine el calor total producido (Q_c) en este ejemplo calculando los Q que intervienen en los procesos 2-3 y 3-4, y sumándolos. La respuesta deberá coincidir con el valor de Q_c que se obtiene por una simple resta, utilizando los resultados del ejemplo. ¿Coincide?

A FONDO 12.2 LA TERMODINÁMICA Y EL CUERPO HUMANO

Al igual que los cuerpos de todos los demás organismos, el cuerpo humano no es un sistema cerrado. Debemos consumir alimentos y oxígeno para sobrevivir. Tanto la primera como la segunda leyes de la termodinámica tienen interesantes implicaciones para estos procesos.

El cuerpo humano metaboliza la energía química almacenada en los alimentos y/o los tejidos adiposos del cuerpo. Éste es un proceso muy eficiente, porque, normalmente, el 95% del contenido energético de los alimentos se metaboliza. Parte de esta energía metabolizada se convierte en trabajo, W, para hacer circular la sangre, realizar las tareas diarias, etc. El resto se lanza al ambiente en forma de calor, Q. Para un hombre normal de 65 kg, se necesitan alrededor de 80 J de trabajo por segundo sólo para mantener en funcionamiento las diversas partes del cuerpo, como el hígado, el cerebro y los músculos.

La primera ley de la termodinámica, o la ley de la conservación de la energía, puede escribirse como $\Delta U = Q - W$.

Aquí, ΔU es el cambio en la energía interna del cuerpo, que podría venir de dos contribuciones. Una es a partir de los alimentos que se consumen, y la otra proviene de la grasa que almacena el cuerpo en los tejidos adiposos. Así, tenemos que $\Delta U = \Delta U_{\text{alimentos}} + \Delta U_{\text{grasa}}$. De ahí que ΔU sea una cantidad negativa, ya que conforme la energía almacenada en los alimentos y la grasa se convierte en calor y trabajo, nuestro cuerpo tiene menos energía almacenada (hasta que, de nuevo, se consume alimento). Como Q es pérdida de calor hacia el ambiente, también es una cantidad negativa.

El cuerpo humano es un ejemplo de una máquina de calor biológica. La fuente de energía de esta máquina es la energía metabolizada a partir de los alimentos y los tejidos adiposos. Parte de esta energía se convierte en trabajo, y el resto se expulsa hacia el ambiente en forma de calor. Esta situación es directamente análoga a una máquina que toma calor de un depósito caliente, realiza trabajo mecánico y expulsa el exceso de calor hacia el ambiente. Así, la eficiencia del cuerpo humano es

$$\varepsilon = \frac{\text{salida de trabajo}}{\text{entrada de energía}} = \frac{W}{|\Delta U|}$$

Puesto que W, Q y ΔU varían considerablemente de una actividad a otra, la eficiencia a menudo se determina utilizando la tasa de tiempo de estas cantidades, esto es, el trabajo por unidad de tiempo (potencia P), $W/\Delta t$, y la energía consumida por unidad de tiempo (tasa metabólica) $|\Delta U|/\Delta t$:

$$\varepsilon = \frac{W}{|\Delta U|} = \frac{W/\Delta t}{(|\Delta U|/\Delta t)} = \frac{P}{(|\Delta U|/\Delta t)}$$

La potencia utilizada durante una actividad particular, como correr o montar bicicleta, se mide con un dispositivo llamado *dinamómetro*. Se ha descubierto que la tasa metabólica es directamente proporcional a la tasa de consumo de oxígeno, de manera que es factible medir esta tasa ($|\Delta U|/\Delta t$) utilizando dispositivos que registran la respiración, como el que se observa en la figura 1. Así, es posible determinar la eficiencia del cuerpo para desempeñar diferentes actividades midiendo la tasa de consumo de oxígeno asociada con cada actividad por separado.

La mayoría de la eficiencia del cuerpo humano depende de la actividad muscular y de qué músculos se utilicen. Los músculos de mayor tamaño en el cuerpo son los de las piernas, de manera que si en una actividad se utilizan tales músculos, la eficiencia asociada con la actividad es relativamente alta. Por ejemplo, algunos ciclistas profesionales logran alcanzar una eficiencia tan alta como el 20%, generando más de 2 hp de potencia en ráfagas cortas de intensa actividad. Por el contrario, los músculos de los brazos son relativamente pequeños, así que actividades como hacer pesas tienen una eficiencia menor del 5%. Al igual que cualquier otra máquina de calor, el cuerpo humano nunca alcanza el 100% de eficiencia. Cuando la gente hace ejercicio, se genera mucho calor que se desperdicia; por eso debe deshacerse de él a través de procesos como la transpiración, para evitar el sobrecalentamiento. Lea más sobre la regulación fisiológica de la temperatura corporal en la sección A fondo 11.1 (p. 380) del capítulo 11.

FIGURA 1 Medición de la energía consumida y el trabajo realizado Un dispositivo que registra la respiración y un dinamómetro permiten conocer tanto la potencia como la tasa metabólica de esta ciclista.

Bombas térmicas: refrigeradores, acondicionadores de aire y bombas de calor

La función que desempeña una bomba térmica es básicamente opuesta a la de una máquina de calor. El término **bomba térmica** es genérico y se aplica a *cualquier* dispositivo, incluidos refrigeradores, acondicionadores de aire y bombas de calor, que transfiere energía calorífica de un depósito de baja temperatura a uno de alta temperatura (▸figura 12.17a). Para que se efectúe una transferencia así, es preciso aportar trabajo. Puesto que la segunda ley de la termodinámica indica que el calor no fluye *espontáneamente* de un cuerpo frío a uno caliente, es necesario aportar los medios para que se efectúe ese proceso, es decir, obtener trabajo del entorno.

Nota: en la acepción que se le da aquí, el término *bomba térmica* es general y no se refiere específicamente a los dispositivos que suelen usarse para calentar edificios. Esos dispositivos se llaman *bombas de calor*.

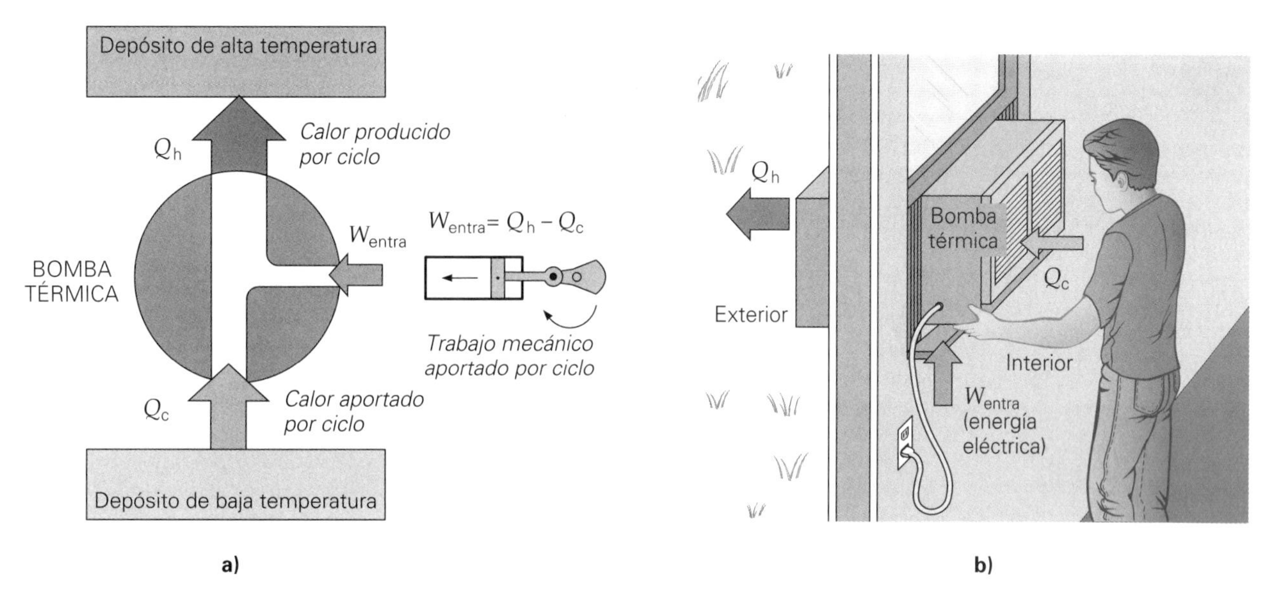

▲ **FIGURA 12.17 Bombas térmicas** *a*) Diagrama de flujo de energía para una bomba térmica cíclica generalizada. La anchura de la flecha que representa Q_h, el calor transferido al depósito de alta temperatura, es igual a las anchuras combinadas de las flechas que representan W_{entra} y Q_c, lo cual refleja la conservación de la energía: $Q_h = W_{entra} + Q_c$. ***b)*** Un acondicionador de aire es un ejemplo de bomba térmica. Utilizando el trabajo aportado, transfiere calor (Q_c) de un depósito de baja temperatura (el interior de la casa) a un depósito de alta temperatura (el exterior).

Un ejemplo conocido de bomba térmica es el acondicionador de aire. Con trabajo aportado por energía eléctrica, se transfiere calor del interior de la casa (depósito de baja temperatura) al exterior de la casa (depósito de alta temperatura), como se ilustra en la figura 12.17b. Un refrigerador (▸figura 12.18) funciona exactamente con los mismos principios y procesos. Con el trabajo efectuado por la compresora (W_{entra}), el calor (Q_c) se transfiere a la bobina del evaporador dentro del refrigerador. Después, la combinación de este calor y trabajo (Q_h) se expulsa al exterior del refrigerador a través del condensador.

En esencia, un refrigerador o un acondicionador de aire bombean calor *contra* un gradiente de temperatura o "cuesta arriba". (Pensemos en bombear agua hacia la cima de una colina contra la fuerza de gravedad.) La eficiencia de enfriamiento de esta operación se basa en la cantidad de calor *extraída* del depósito a baja temperatura (el refrigerador, el congelador o el interior de la casa), Q_c, relativa al trabajo W_{entra} necesario para hacerlo. Puesto que un refrigerador práctico opera en un ciclo para extraer continuamente calor, $\Delta U = 0$ para el ciclo. Entonces, por la conservación de la energía (primera ley de la termodinámica), $Q_c + W_{entra} = Q_h$, donde Q_h es el calor expulsado al depósito de alta temperatura o al exterior.

La medida del desempeño de un refrigerador o acondicionador de aire se define de distinta manera que la de una máquina de calor, por la diferencia en sus funciones. Para los aparatos que enfrían, la eficiencia se expresa con un **coeficiente de desempeño (CDD)**. Puesto que lo que se busca es extraer la mayor cantidad de calor (Q_c, para enfriar cosas o mantenerlas frías) por unidad de trabajo aportado (W_{entra}), el coeficiente de desempeño para un refrigerador o acondicionador de aire (CDD_{ref}) es la razón de esas dos cantidades:

$$CDD_{ref} = \frac{Q_c}{W_{entra}} = \frac{Q_c}{Q_h - Q_c} \quad \textit{(refrigerador o acondicionador de aire)} \qquad (12.13)$$

Así pues, cuanto mayor sea el CDD, mejor será el desempeño; es decir, se extrae más calor por unidad de trabajo efectuado. Durante el funcionamiento normal de un refrigerador, el aporte de trabajo es menor que el calor extraído, así que el CDD es mayor que 1. Los CDD de refrigeradores representativos varían entre 3 y 5, dependiendo de las condiciones de operación y los detalles de diseño mecánico. Este intervalo implica que la cantidad de calor extraída del depósito frío (el refrigerador, congelador o interior de la casa) es de tres a cinco veces la cantidad de trabajo necesaria para extraerlo.

Cualquier máquina que transfiere calor en la dirección opuesta a la del flujo natural se denomina *bomba térmica*. El término **bomba de calor** se aplica específicamente a dispositivos comerciales empleados para enfriar casas y oficinas durante el verano, así como para calentarlas en el invierno. El funcionamiento durante el verano es el de un acondicionador de aire. En este modo, el aparato enfría el interior de la casa y calienta el

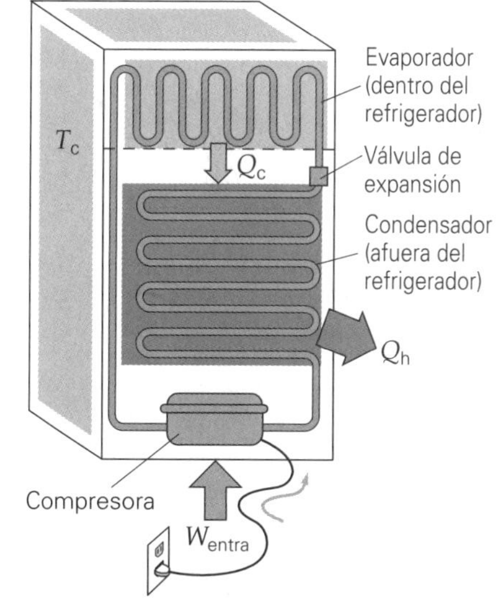

▲ **FIGURA 12.18 Funcionamiento de un refrigerador** El refrigerante se lleva calor (Q_c) del interior como calor latente. Esta energía calorífica y el trabajo aportado (W_{entra}) se descargan desde el condensador hacia el entorno (Q_h). Podemos ver un refrigerador como un extractor de calor (Q_c) de una región que ya está fría (su interior), o bien, como bomba de calor que agrega calor (Q_h) a una área que ya está caliente (la cocina).

exterior. En su modo de calefacción para el invierno, una bomba de calor calienta el interior y enfría el exterior, generalmente tomando energía calorífica del aire frío o del suelo.

Al considerar una bomba de calor en su modo de calefacción, lo que interesa es la *producción* de calor (para calentar algo o mantenerlo caliente), así que el CDD en este caso se define de manera diferente que el de un refrigerador o acondicionador de aire. Como se esperaría, es la razón de Q_h entre W_{entra} (la calefacción que se obtiene a cambio del trabajo aportado), o bien,

$$COP_{hp} = \frac{Q_h}{W_{entra}} = \frac{Q_h}{Q_h - Q_c} \quad \textit{(bomba de calor en modo de calentamiento)} \quad (12.14)$$

donde, una vez más, hemos usado $Q_c + W_{entra} = Q_c$. Los CDD de bombas de calor representativas varían entre 2 y 4, también dependiendo de las condiciones de operación y del diseño.

En comparación con la calefacción eléctrica, las bombas de calor son muy eficientes. Por cada unidad de energía eléctrica consumida, una bomba de calor por lo regular bombea de 1.5 a 3 veces más calor que el proporcionado por los sistemas de calefacción eléctrica directa. Algunas bombas de calor utilizan agua de depósitos subterráneos, pozos o tuberías enterradas como depósito de calor a baja temperatura. Tales bombas de calor son más eficientes que las que usan el aire exterior, porque el calor específico del agua es mayor que el del aire, y la diferencia en la temperatura promedio entre el agua y el aire interior suele ser más pequeña.

Ejemplo 12.11 ■ Acondicionamiento de aire/bomba de calor: un sistema ambidextro

Un acondicionador de aire que opera en verano extrae 100 J de calor del interior de una casa por cada 40 J de energía eléctrica que consume. Determine *a*) el CDD del dispositivo y *b*) su CDD si opera como bomba de calor en invierno. Suponga que puede transferir la misma cantidad de calor con el mismo consumo de electricidad, sin importar en qué dirección opere.

Razonamiento. Conocemos el aporte de trabajo y de calor en el inciso *a*, así que aplicamos la definición de CDD de un refrigerador (ecuación 12.13). Para la operación inversa, lo importante es la producción de calor, cantidad que deberemos obtener de la conservación de la energía.

Solución.

Dado: $Q_c = 100\text{ J}$, $W_{entra} = 40\text{ J}$

Encuentre: *a*) COP_{ref} *b*) COP_{hp}

a) Por la ecuación 12.13, el CDD para esta máquina cuando opera como acondicionador de aire es

$$CDD_{ref} = \frac{Q_c}{W_{entra}} = \frac{100\text{ J}}{40\text{ J}} = 2.5$$

b) Cuando la máquina opera como bomba de calor, el calor pertinente es el producido, que puede calcularse con base en la conservación de la energía:

$$Q_h = Q_c + W_{entra} = 100\text{ J} + 40\text{ J} = 140\text{ J}$$

Por lo tanto, el CDD de esta máquina que opera como bomba de calor en invierno es, por la ecuación 12.14,

$$CDD_{hp} = \frac{Q_h}{W_{entra}} = \frac{140\text{ J}}{40\text{ J}} = 3.5$$

Ejercicio de refuerzo. *a*) Suponga que la máquina de este ejemplo se rediseña de forma que efectúe las mismas operaciones, pero con un consumo de trabajo 25% menor. ¿Qué valores tendría entonces el CDD? *b*) ¿Cuál CDD tendría un incremento porcentual mayor?

12.6 Ciclo de Carnot y máquinas de calor ideales

OBJETIVOS: *a*) Explicar la aplicación del ciclo de Carnot a las máquinas de calor, *b*) calcular la eficiencia ideal de Carnot y *c*) plantear la tercera ley de la termodinámica.

El planteamiento de la segunda ley de la termodinámica hecho por Lord Kelvin indica que cualquier máquina de calor *cíclica*, sin importar su diseño, siempre despide algo

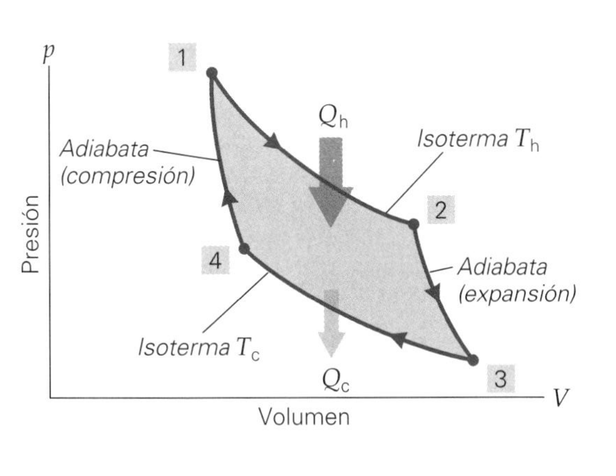

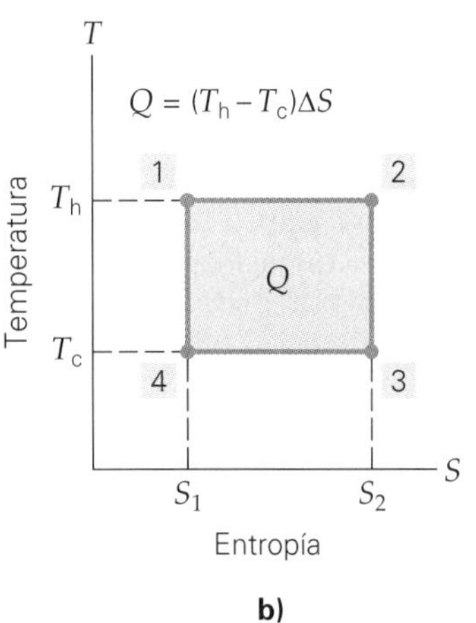

◀ **FIGURA 12.19** El ciclo de Carnot *a)* El ciclo de Carnot consiste en dos isotermas y dos adiabatas. Se absorbe calor durante la expansión isotérmica y se despide calor durante la compresión isotérmica. *b)* En un diagrama *T-S*, el ciclo de Carnot forma un rectángulo, cuya área es igual a *Q*.

de energía calorífica (sección 12.5). Pero, ¿cuánta energía debe perderse en el proceso? En otras palabras, ¿qué eficiencia *máxima* puede tener una máquina de calor? Al diseñar una máquina de calor, los ingenieros se esfuerzan por hacerla lo más eficiente posible; no obstante, debe haber algún límite teórico que, por la segunda ley, será menor que el 100 por ciento.

El ingeniero francés Sadi Carnot (1796-1832) estudió dicho límite. Lo primero que buscó fue el ciclo termodinámico que usaría una máquina de calor *ideal*, es decir, el ciclo más eficiente. Carnot descubrió que la máquina de calor ideal absorbe calor de un depósito de alta temperatura *constante* (T_h) y despide calor hacia un depósito de baja temperatura *constante* (T_c). Idealmente, estos dos procesos son isotérmicos y reversibles, y podrían representarse como dos isotermas en un diagrama *p-V*. Sin embargo, ¿qué procesos completan el ciclo? Carnot demostró que tales procesos tanto adiabáticos como reversibles. De acuerdo con la sección 12.3, las curvas correspondientes en un diagrama *p-V* se llaman adiabatas y son más empinadas que las isotermas (▲figura 12.19a). Una máquina de calor irreversible que opere entre dos depósitos de calor a temperaturas constantes no puede tener una eficiencia mayor, que la de una máquina de calor reversible que opere entre las mismas dos temperaturas.

Ilustración 21.4 Máquinas y entropía

Así pues, el **ciclo de Carnot** ideal consiste en dos isotermas y dos adiabatas y se le puede representar de forma más conveniente en un diagrama *T-S*, donde forma un rectángulo (figura 12.19b). El área bajo la isoterma superior (1-2) es el calor agregado al sistema desde el depósito de alta temperatura: $Q_h = T_h \Delta S$. Asimismo, el área bajo la isoterma inferior (3-4) es el calor despedido: $Q_c = T_c \Delta S$. Aquí, Q_h y Q_c son las transferencias de calor a temperaturas *constantes* (T_h y T_c, respectivamente). No hay transferencia de calor ($Q = 0$) durante las ramas adiabáticas del ciclo. (¿Por qué?)

La diferencia entre estas transferencias de calor es el trabajo producido, que es igual al área encerrada por los caminos del proceso (las áreas sombreadas de los diagramas):

$$W_{neto} = Q_h - Q_c = (T_h - T_c)\Delta S$$

Puesto que ΔS es el mismo para ambas isotermas (véase la figura 12.19b, procesos 1-2 y 3-4), podemos usar las expresiones para relacionar las temperaturas y los calores. Es decir, como

Ilustración 21.1 Máquina de Carnot

$$\Delta S = \frac{Q_h}{T_h} \quad \text{y} \quad \Delta S = \frac{Q_c}{T_c}$$

tenemos

$$\frac{Q_h}{T_h} = \frac{Q_c}{T_c} \quad \text{o} \quad \frac{Q_c}{Q_h} = \frac{T_c}{T_h}$$

Esta ecuación puede servir para expresar la eficiencia de una máquina de calor ideal en términos de temperatura. Por la ecuación 12.12, esta **eficiencia de Carnot** ideal (ε_C) es

$$\varepsilon_C = 1 - \frac{Q_c}{Q_h} = 1 - \frac{T_c}{T_h}$$

o bien,

$$\varepsilon_C = 1 - \frac{T_c}{T_h} \quad \textit{Eficiencia de Carnot (máquina de calor ideal)} \qquad (12.15)$$

donde la eficiencia fraccionaria suele expresarse como porcentaje. Note que T_c y T_h deben expresarse en kelvin.

Nota: las temperaturas en la eficiencia de Carnot son las absolutas, expresadas en kelvin.

La eficiencia de Carnot expresa el límite teórico superior de la eficiencia termodinámica de una máquina de calor cíclica que opera entre dos extremos conocidos de temperatura. En la práctica, tal límite es inasequible, pues ningún proceso de máquina real es reversible. No es posible construir una verdadera máquina de Carnot porque los procesos reversibles necesarios únicamente pueden aproximarse.

Nota: la eficiencia de Carnot, que nunca puede alcanzarse, es un límite superior ideal.

No obstante, la eficiencia de Carnot ilustra muy bien una idea general: cuanto mayor sea la diferencia entre las temperaturas de los depósitos de calor, mayor será tal eficiencia. Por ejemplo, si T_h es el doble de T_c, o bien, $T_c/T_h = 0.5$, la eficiencia de Carnot es

$$\varepsilon_C = 1 - \frac{T_c}{T_h} = 1 - 0.50 = 0.50\ (\times\ 100\%) = 50\%$$

En cambio, si T_h es cuatro veces T_c, de manera que $T_c/T_h = 0.25$,

$$\varepsilon_C = 1 - \frac{T_c}{T_h} = 1 - 0.25 = 0.75\ (\times\ 100\%) = 75\%$$

Puesto que una máquina de calor nunca puede tener una eficiencia térmica del 100%, resulta útil comparar su eficiencia real ε con su eficiencia teórica máxima, la de un ciclo de Carnot, ε_C. Para entender a fondo la importancia de este concepto, conviene estudiar con detenimiento el ejemplo siguiente.

También hay CDD de Carnot para refrigeradores y bombas de calor (véase el ejercicio 98).

Ejemplo 12.12 ■ Eficiencia de Carnot: la verdadera medida de eficiencia para cualquier máquina real

Un ingeniero está diseñando una máquina de calor cíclica que operará entre las temperaturas de 150 y 27°C. *a*) ¿Qué eficiencia teórica máxima puede alcanzar? *b*) Suponga que la máquina, una vez construida, en cada ciclo efectúa 100 J de trabajo con un aporte de 500 J de calor. ¿Qué eficiencia tiene y qué tan cercana está de la eficiencia de Carnot?

Razonamiento. La eficiencia máxima a temperaturas alta y baja específicas está dada por la ecuación 12.15. Recuerde que hay que convertir a temperaturas absolutas. En el inciso *b*, calculamos la eficiencia real y la comparamos con la respuesta del inciso *a*.

Solución.

Dado:
$T_h = 150°C + 273 = 423\ K$
$T_c = 27°C + 273 = 300\ K$
$W_{neto} = 100\ J$
$Q_h = 500\ J$

Encuentre:
a) ε_C (eficiencia de Carnot)
b) ε (eficiencia real) y compárela con ε_C

***a*)** Utilizamos la ecuación 12.15 para calcular la eficiencia teórica máxima:

$$\varepsilon_C = 1 - \frac{T_c}{T_h} = 1 - \frac{300\ K}{423\ K} = 0.291\ (\times\ 100\%) = 29.1\%$$

***b*)** La eficiencia real es, por la ecuación 12.12,

$$\varepsilon = \frac{W_{neto}}{Q_h} = \frac{100\ J}{500\ J} = 0.200\ (o\ 20.0\%)$$

Por lo tanto,

$$\frac{\varepsilon}{\varepsilon_C} = \frac{0.200}{0.291} = 0.687\ (o\ 68.7\%)$$

Dicho de otro modo, la máquina de calor está operando al 68.7% de su máximo teórico. ¡No está mal!

Ejercicio de refuerzo. Si la temperatura operativa alta de la máquina de este ejemplo se aumentara a 200°C, ¿cómo cambiaría la eficiencia teórica?

La tercera ley de la termodinámica

Podemos realizar otra inferencia de la expresión para la eficiencia de Carnot (ecuación 12.15). Parecería posible tener $\varepsilon_C = 100\%$ tan sólo si T_c es cero absoluto. (Véase la sección 10.3.) Sin embargo, nunca se ha llegado al cero absoluto, aunque experimentos a ultra-bajas temperaturas (criogénicos) han llegado a 20 nK (2×10^{-8} K) de esa marca. Al parecer, es imposible reducir la temperatura de un sistema que ya está cercano al cero absoluto en un número finito de pasos. Un planteamiento sencillo de la **tercera ley de la termodinámica** es el siguiente:

Es imposible llegar al cero absoluto en un número finito de procesos térmicos.

En otras palabras, aunque se han hecho intentos, parece imposible alcanzar experimentalmente el cero absoluto. (Véase la nota al pie de la p. 347, capítulo 10.)

Repaso del capítulo

- La **primera ley de la termodinámica** es un planteamiento de la conservación de la energía para un sistema termodinámico. Expresada en forma de ecuación, relaciona el cambio de la energía interna de un sistema con el flujo de calor y el trabajo efectuado sobre él, y está dada por

$$Q = \Delta U + W \qquad (12.1)$$

- Los **procesos termodinámicos** (con gases) son
  isotérmicos: si se efectúan a temperatura constante
  isobáricos: si se efectúan a presión constante
  isométricos: si se efectúan con volumen constante
  adiabáticos: si no interviene flujo de calor

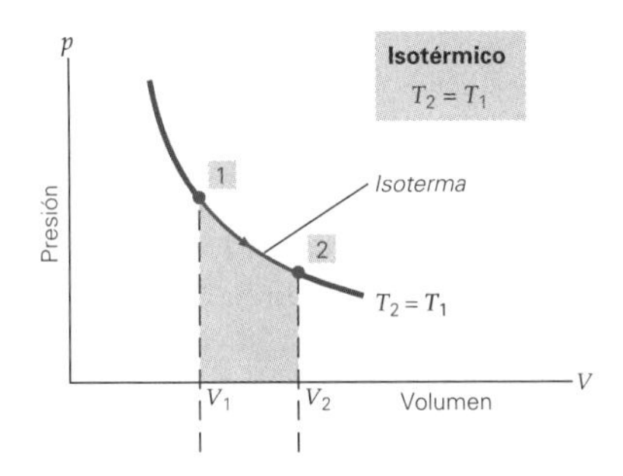

- Las expresiones de **trabajo termodinámico** efectuado por un gas ideal durante varios procesos son:

$$W_{\text{isotérmico}} = nRT \ln\left(\frac{V_2}{V_1}\right) \quad \textit{(proceso isotérmico de gas ideal)} \ (12.3)$$

$$W_{\text{isobárico}} = p(V_2 - V_1) = p\Delta V \quad \textit{(proceso isobárico con gas ideal)} \ (12.4)$$

$$W_{\text{adiabático}} = \frac{p_1V_1 - p_2V_2}{\gamma - 1} \quad \textit{(proceso adiabático con gas ideal)} \ (12.9)$$

(En el proceso adiabático, $\gamma = c_p/c_v$ es la razón de los calores específicos, a temperatura y a volumen constantes, respectivamente.)

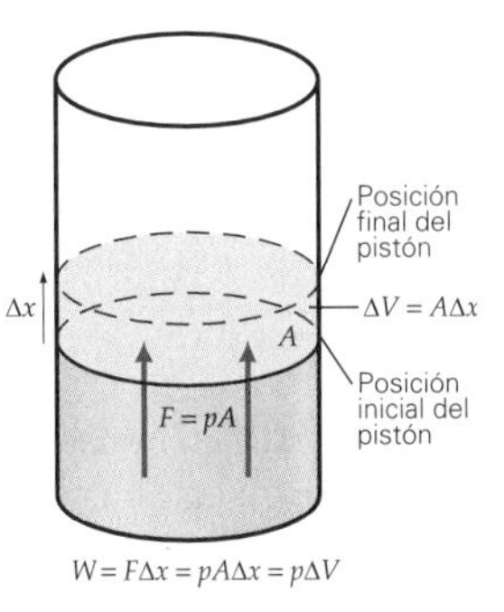

- La **segunda ley de la termodinámica** indica si un proceso se puede realizar naturalmente o no, o bien, indica la dirección que toma un proceso.
- La **entropía** (S) es una medida del desorden de un sistema. El **cambio de entropía** de un objeto a temperatura constante está dado por

$$\Delta S = \frac{Q}{T} \qquad (12.10)$$

La entropía total del Universo aumenta en todo proceso natural.

- Una **máquina de calor** es un dispositivo que convierte calor en trabajo. Su **eficiencia térmica** ε es la razón del trabajo producido entre el calor aportado:

$$\varepsilon = \frac{W_{\text{neto}}}{Q_h} = \frac{Q_h - Q_c}{Q_h} = 1 - \frac{Q_c}{Q_h} \qquad (12.12)$$

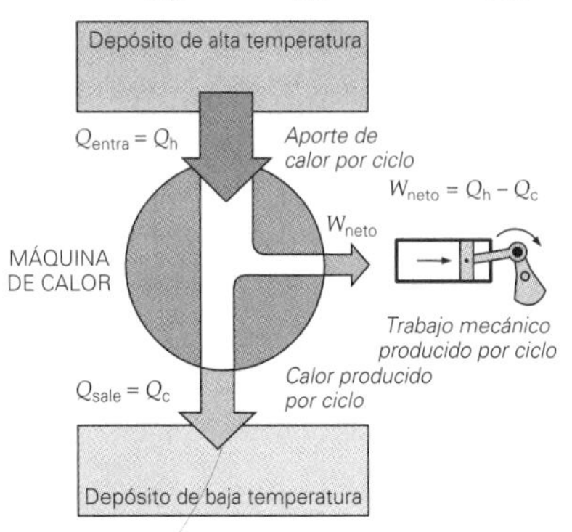

- Una **bomba térmica** es un dispositivo que transfiere energía calorífica de un depósito de baja temperatura a uno de alta temperatura. El coeficiente de desempeño (CDD) es la razón del calor transferido entre el trabajo aportado. El CCD difiere dependiendo de si la bomba térmica se usa como bomba de calor o como acondicionador de aire/refrigerador.

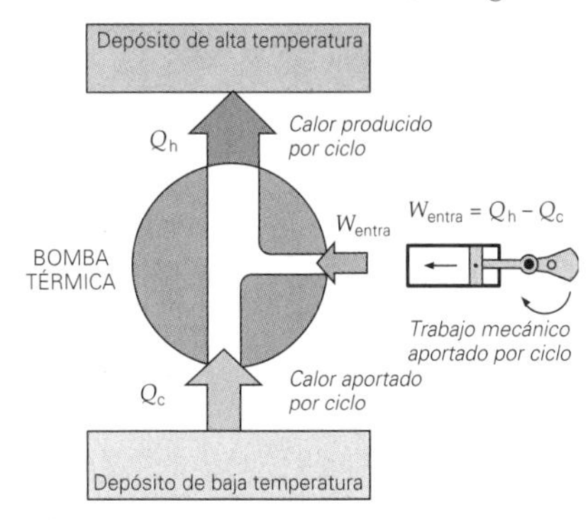

- Un **ciclo de Carnot** es un ciclo teórico de máquina de calor que consiste en dos isotermas y dos adiabatas. Su eficiencia es la más alta que cualquier máquina de calor podría alcanzar, operando entre dos extremos de temperatura. La eficiencia de un ciclo de Carnot es

$$\varepsilon_C = 1 - \frac{T_c}{T_h} \qquad (12.15)$$

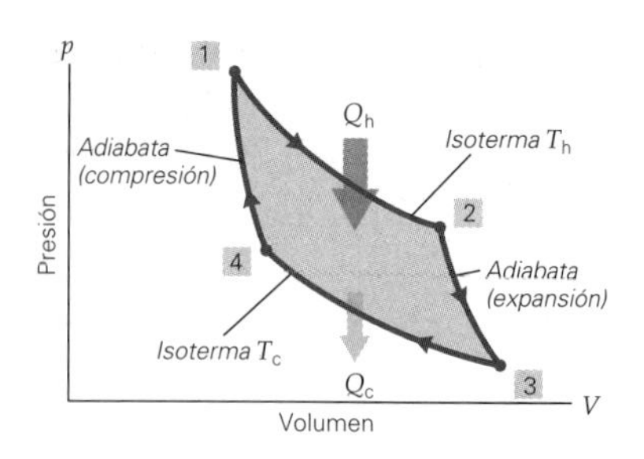

Ejercicios*

Los ejercicios designados **OM** *son preguntas de opción múltiple; los* PC *son preguntas conceptuales; y los* **EI** *son ejercicios integrados. A lo largo del texto, muchas secciones de ejercicios incluirán ejercicios "apareados". Estos pares de ejercicios, que se identifican con números subrayados, pretenden ayudar al lector a resolver problemas y aprender. El primer ejercicio de cada pareja (el de número par) se resuelve en la Guía de estudio, que puede consultarse si se necesita ayuda para resolverlo. El segundo ejercicio (de número impar) es similar, y su respuesta se da al final del libro.*

12.1 Sistemas, estados y procesos termodinámicos

1. **OM** En un diagrama *p-V*, un proceso reversible es un proceso *a*) cuyo camino se conoce, *b*) cuyo camino se desconoce, *c*) para el cual los pasos intermedios son estados no de equilibrio o *d*) nada de lo anterior.

2. **OM** Podría haber un intercambio de calor con el entorno en *a*) un sistema térmicamente aislado, *b*) un sistema totalmente aislado, *c*) un depósito de calor o *d*) nada de lo anterior.

3. **OM** Sólo se conocen los estados inicial y final de los procesos irreversibles en *a*) diagramas *p-V*, *b*) diagramas *p-T*, *c*) diagramas *V-T* o *d*) todos los anteriores.

4. PC Explique por qué el proceso de la figura 12.1b *no* es el de un gas ideal a temperatura constante.

5. PC ¿Un proceso irreversible significa que el sistema no puede regresar a su estado original? Explique por qué.

12.2 Primera ley de la termodinámica y 12.3 Procesos termodinámicos para un gas ideal

6. **OM** No entra ni sale calor del sistema en un proceso *a*) isotérmico, *b*) adiabático, *c*) isobárico o *d*) isométrico.

7. **OM** Según la primera ley de la termodinámica, si se efectúa trabajo sobre un sistema, *a*) la energía interna del sistema debe cambiar, *b*) se debe transferir calor desde el sistema, *c*) la energía interna del sistema debe cambiar o se debe transferir calor desde el sistema o ambas cuestiones o *d*) se debe transferir calor al sistema.

8. **OM** Cuando se añade calor a un sistema de gas ideal durante un proceso de expansión isotérmica, *a*) se efectúa trabajo sobre el sistema, *b*) disminuye la energía interna, *c*) el efecto es el mismo que el de un proceso isométrico o *d*) nada de lo anterior.

9. PC En un diagrama *p-V*, dibuje un proceso cíclico que consista en una expansión isotérmica, seguida de una compresión isobárica y de un proceso isométrico, en ese orden.

10. PC En la ▼ figura 12.20, el émbolo de una jeringa se empuja rápidamente y se queman los trocitos de papel en el interior. Explique este fenómeno utilizando la primera ley de la termodinámica. (Asimismo, no hay bujías en los motores diesel. ¿Cómo puede encenderse la mezcla aire-combustible?)

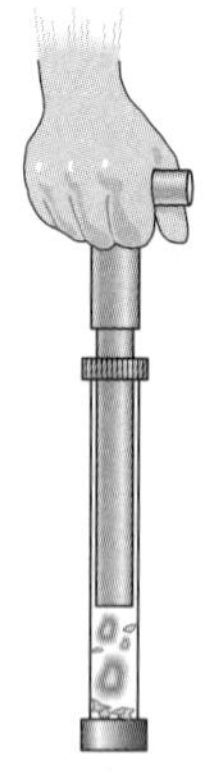

◀ **FIGURA 12.20 Jeringa de fuego** Véase el ejercicio 10.

11. PC Comente el calor, el trabajo y el cambio de energía interna de su cuerpo cuando juega un partido de baloncesto.

12. PC En un proceso adiabático, no hay intercambio de calor entre el sistema y el ambiente; pero cambia la temperatura de un gas ideal. ¿Cómo puede ser eso? Explique.

* Considere las temperaturas como exactas.

13. PC Un gas ideal, que inicialmente está a temperatura T_o, presión p_o y volumen V_o, se comprime a la mitad de su volumen inicial. Como se muestra en la ▼figura 12.21, el proceso 1 es adiabático, el 2 es isotérmico y el 3 es isobárico. Ordene el trabajo efectuado sobre el gas durante los tres proceso, de mayor a menor, y explique cómo hizo el ordenamiento.

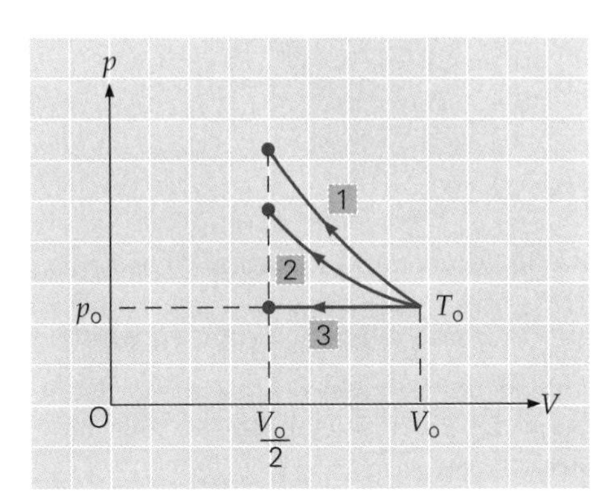

▲ **FIGURA 12.21 Procesos termodinámicos**
Véase el ejercicio 13.

14. **EI** ● Un recipiente rígido contiene 1.0 moles de un gas ideal que recibe lentamente 2.0×10^4 J de calor. *a*) El trabajo efectuado por el gas es 1) positivo, 2) cero o 3) negativo. ¿Por qué? *b*) ¿Cómo cambia la energía interna del gas?

15. **EI** ● Una cantidad de gas ideal pasa por un proceso cíclico y efectúa 400 J de trabajo neto. *a*) La temperatura del gas al término del ciclo es 1) mayor, 2) igual o 3) menor que cuando comenzó. ¿Por qué? *b*) ¿Se añade o quita calor al sistema, y de cuánto calor estamos hablando?

16. ● Durante un partido de tenis, usted perdió 6.5×10^5 J de calor, y su energía interna también disminuyó en 1.2×10^6 J. ¿Cuánto trabajo efectuó durante el partido?

17. **EI** ● Mientras efectúa 500 J de trabajo, un sistema de gas ideal se expande adiabáticamente a 1.5 veces su volumen. *a*) La temperatura del gas 1) aumenta, 2) no cambia o 3) disminuye. ¿Por qué? *b*) ¿Cuánto cambia la energía interna del gas?

18. **EI** ● Un sistema de gas ideal se expande de 1.0 m^3 a 3.0 m^3 a presión atmosférica, al tiempo que absorbe 5.0×10^5 J de calor en el proceso. *a*) la temperatura del sistema 1) aumenta, 2) permanece igual o 3) disminuye. ¿Por qué? *b*) ¿Qué cambio sufre la energía interna del sistema?

19. ●● Un gas a baja densidad (es decir, que se comporta como un gas ideal) tiene una presión inicial de 1.65×10^4 Pa y ocupa un volumen de 0.20 m^3. La lenta adición de 8.4×10^3 J de calor al gas hace que se expanda isobáricamente hasta un volumen de 0.40 m^3. *a*) ¿Cuánto trabajo efectúa el gas durante el proceso? *b*) ¿Cambia la energía interna del gas? Si es así, ¿cuánto cambia?

20. ●● Un competidor olímpico en halterofilia levanta 145 kg una distancia vertical de 2.1 m. Al hacerlo, su energía interna disminuye en 6.0×10^4 J. Para su cuerpo, ¿cuánto calor fluye y en qué dirección?

21. **EI** ●● Un gas ideal se somete a los procesos reversibles que se muestran en la ▼figura 12.22. *a*) ¿El cambio total de energía interna del gas es 1) positivo, 2) cero o 3) negativo? ¿Por qué? *b*) En términos de las variables de estado p y V, ¿cuánto trabajo efectúa el gas o se efectúa sobre él y *c*) cuánto calor neto se transfiere en el proceso total?

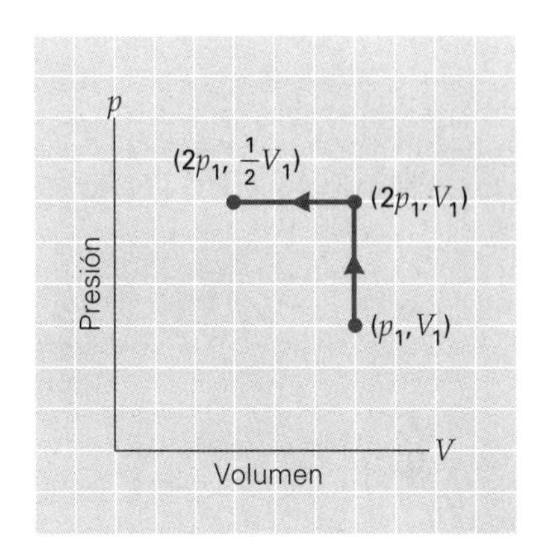

▲ **FIGURA 12.22 Diagrama *p-V* para un gas ideal**
Véase el ejercicio 21.

22. ●● Una cantidad fija de gas experimenta los cambios reversibles ilustrados en el diagrama *p-V* de la ▼figura 12.23. ¿Cuánto trabajo se efectúa en cada proceso?

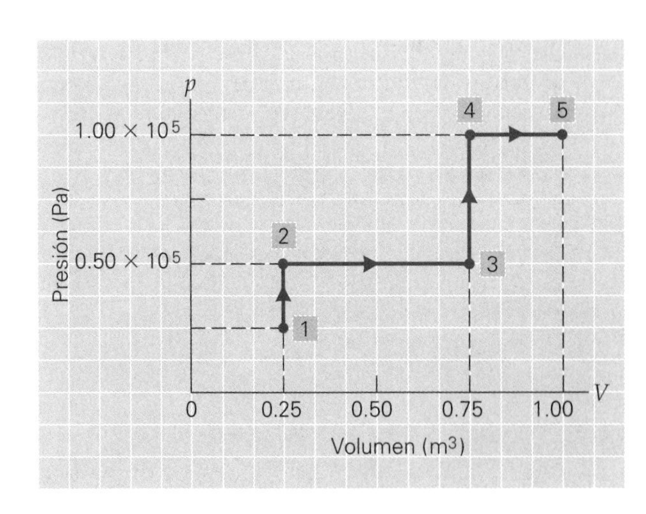

▲ **FIGURA 12.23 Un diagrama *p-V* y trabajo**
Véanse los ejercicios 22 y 23.

23. ●● Suponga que, después del proceso final de la figura 12.23 (véase el ejercicio 22), la presión del gas se reduce isométricamente de 1.0×10^5 Pa a 0.70×10^5 Pa, y luego el gas se comprime isobáricamente de 1.0 m^3 a 0.80 m^3. Calcule el trabajo total efectuado en todos estos procesos, del 1 al 5.

24. **EI ●●** 2.0 moles de un gas ideal se expanden isotérmicamente de un volumen de 20 L a otro de 40 L, mientras su temperatura permanece en 300 K. *a*) El trabajo efectuado por el gas es 1) positivo, 2) negativo, 3) cero. Explique por qué. *b*) ¿Cuál es la magnitud del trabajo?

25. **EI ●●** Un gas está encerrado en un pistón cilíndrico con un radio de 12.0 cm. Lentamente, se agrega calor al gas y la presión se mantiene a 1.00 atm. Durante el proceso, el pistón se mueve 6.00 cm. *a*) Éste es un proceso 1) isotérmico, 2) isobárico, 3) adiabático. Explique su respuesta. *b*) Si el calor que se transfiere al gas durante la expansión es de 420 J, ¿cuál será el cambio en la energía interna del gas?

26. **●●** Un gas ideal monoatómico ($\gamma = 1.67$) se comprime adiabáticamente desde una presión de 1.00×10^5 Pa y un volumen de 240 L a un volumen de 40.0 L. *a*) ¿Cuál es la presión final del gas? *b*) ¿Cuánto trabajo se realiza sobre el gas?

27. **EI ●●●** La temperatura de 2.0 moles de gas ideal se eleva de 150 a 250°C mediante dos procesos distintos. En el proceso I, se agregan 2500 J de calor al gas; en el proceso II, se agregan 3000 J de calor. *a*) ¿En qué caso es mayor el trabajo efectuado: 1) en el proceso I, 2) en el proceso II o 3) es el mismo. Explique por qué. [*Sugerencia:* véase la ecuación 10.16.] *b*) Calcule el cambio en la energía interna y en el trabajo efectuado en cada proceso?

28. **EI ●●●** Un mol de gas ideal se comprime como se muestra en el diagrama *p*-*V* de la ▼figura 12.24. *a*) ¿El trabajo efectuado por el gas es 1) positivo, 2) cero o 3) negativo? ¿Por qué? *b*) ¿Qué magnitud tiene ese trabajo? *c*) ¿Cuál es el cambio en la temperatura del gas?

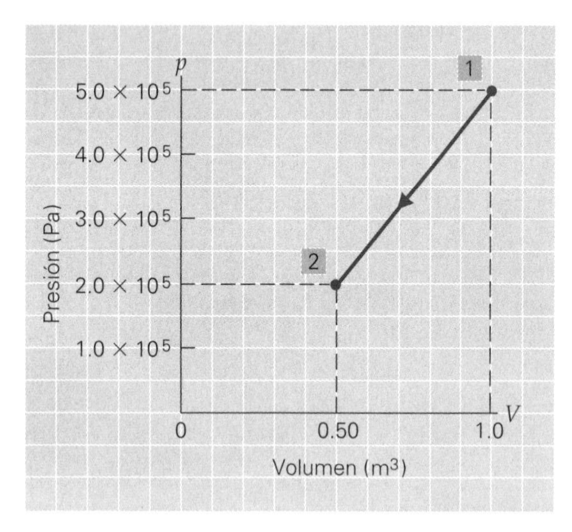

▲ **FIGURA 12.24 Proceso de *p*-*V* variable y trabajo** Véase el ejercicio 28.

29. **●●●** Un mol de gas ideal se somete al proceso cíclico de la ▸figura 12.25. *a*) Calcule el trabajo que interviene en cada uno de los cuatro procesos. *b*) Determine ΔU, W y Q para el ciclo completo. *c*) Calcule T_3.

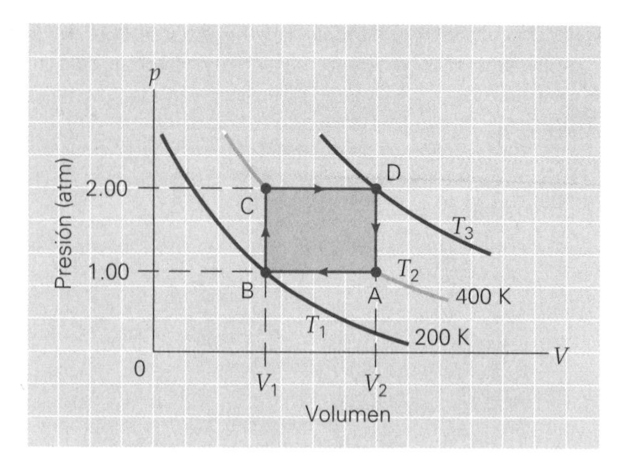

▲ **FIGURA 12.25 Un proceso cíclico** Véase el ejercicio 29.

12.4 Segunda ley de la termodinámica y entropía

30. **OM** En cualquier proceso natural, el cambio total en la entropía del Universo no puede ser *a*) negativo, *b*) cero o *c*) positivo.

31. **OM** La segunda ley de la termodinámica *a*) describe el estado de un sistema, *b*) sólo es válida cuando se satisface la primera ley, *c*) descarta las máquinas de movimiento perpetuo o *d*) no es válida para un sistema aislado.

32. **OM** Un gas ideal se comprime isotérmicamente. El cambio en la entropía para este proceso es *a*) positivo, *b*) negativo, *c*) cero, *d*) ninguno de los anteriores.

33. **PC** ¿La entropía de cada uno de estos objetos aumenta o disminuye? *a*) Se derrite *hielo*; *b*) se condensa *vapor de agua*; *c*) se calienta *agua* en una estufa; *d*) se enfrían *alimentos* en un refrigerador.

34. **PC** Cuando una cantidad de agua caliente se mezcla con una cantidad de agua fría, el sistema combinado alcanza el equilibrio térmico a cierta temperatura intermedia. ¿Cómo cambia la entropía del sistema (ambos líquidos)?

35. **PC** Un estudiante desafía la segunda ley de la termodinámica diciendo que la entropía no tiene que aumentar en todas las situaciones, como cuando el agua se congela. ¿Es válido este desafío? ¿Por qué?

36. **PC** ¿Un organismo vivo es un sistema abierto o un sistema aislado? Explique su respuesta.

37. **EI ●** 1.0 kg de hielo se funde por completo en agua líquida a 0°C. *a*) El cambio en la entropía del hielo (agua) en este proceso es 1) positivo, 2) cero, 3) negativo. Explique su respuesta. *b*) ¿Cuál *es* el cambio en la entropía del hielo (agua)?

38. **EI ●** Un proceso implica la condensación de 0.50 kg de vapor de agua a 100°C. *a*) El cambio de entropía del vapor (agua) es 1) positivo, 2) cero o 3) negativo. ¿Por qué? *b*) ¿Cuál *es* el cambio la entropía del vapor (agua)?

39. **●** ¿Cuánto cambia la entropía de 0.50 kg de vapor de mercurio ($L_v = 2.7 \times 10^5$ J/kg) al condensarse en su punto de ebullición de 357°C?

40. ●● En una expansión isotérmica a 27°C, un gas ideal realiza 30 J de trabajo. ¿Cuál es el cambio en la entropía del gas?

41. ●● Durante un cambio de fase líquida a sólida de una sustancia, el cambio de entropía es de -4.19×10^3 J/K. Si se extrae 1.67×10^6 J de calor en el proceso, ¿qué punto de congelación tiene la sustancia en grados Celsius?

42. **EI** ●● Un mol de un gas ideal experimenta una compresión isotérmica a 20°C, y se realiza un trabajo de 7.5×10^3 J para comprimirlo. *a*) ¿Qué sucede con la entropía del gas: 1) se incrementa, 2) permanece igual o 3) disminuye? ¿Por qué? *b*) ¿Cuál es el cambio en la entropía del gas?

43. **EI** ●● Una cantidad de un gas ideal experimenta una expansión isotérmica reversible a 0°C y realiza 3.0×10^3 J de trabajo sobre su entorno en el proceso. *a*) ¿La entropía del gas 1) se incrementa, 2) permanece igual o 3) disminuye? Explique su respuesta. *b*) ¿Cuál es el cambio en la entropía del gas.

44. **EI** ●● Un sistema aislado consiste en dos depósitos térmicos muy grandes, con temperaturas constantes de 373 y 273 K, respectivamente. Suponga que fluyen espontáneamente 1000 J de calor del depósito frío al caliente. *a*) El cambio total en la entropía del sistema aislado (ambos depósitos) sería 1) positivo, 2) cero, 3) negativo. Explique su respuesta. *b*) ¿Qué cambio total de entropía tendría el sistema aislado?

45. **EI** ●● Dos depósitos de calor, a 200 y 60°C, respectivamente, se ponen en contacto térmico, y fluyen espontáneamente 1.50×10^3 J de calor de uno al otro, sin que la temperatura cambie de manera significativa. *a*) El cambio en la entropía del sistema de los dos depósitos es 1) positivo, 2) cero, 3) negativo. Explique por qué. *b*) ¿Cómo cambia la entropía del sistema de dos depósitos?

46. ●● En invierno, el calor de una casa cuya temperatura interior es de 18°C se fuga a razón de 2.0×10^4 J cada segundo. Si la temperatura exterior es de 0°C. *a*) ¿Cuánto cambia la entropía de la casa cada segundo? *b*) ¿Cuál es el cambio total de entropía por segundo del sistema casa-exterior?

47. **EI** ●●● Un sistema pasa del estado 1 al estado 3 como se muestra en el diagrama *T-S* de la ▼figura 12.26. *a*) El calor que se transfiere en el proceso descrito es 1) positivo, 2) cero, 3) negativo. Explique. *b*) Calcule el calor total transferido cuando el sistema pasa del estado 1 al estado 3.

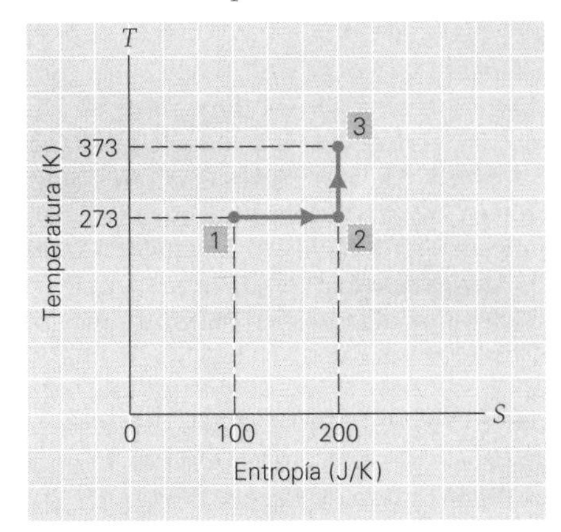

▲ **FIGURA 12.26 Entropía y calor** Véanse los ejercicios 47 y 48.

48. **EI** ●●● Suponga que el sistema descrito por el diagrama *T-S* de la figura 12.26 se devuelve a su estado original, el estado 1, con un proceso reversible indicado por una línea recta del estado 3 al 1. *a*) El cambio de entropía del sistema para este proceso cíclico general es 1) positivo, 2) cero, 3) negativo. Explique por qué. *b)* ¿Cuánto calor se transfiere en el proceso cíclico? [*Sugerencia*: véase el ejemplo 12.7.]

49. ●●● Un cubo de hielo de 50.0 g a 0°C se coloca en 500 mL de agua a 20°C. *Determine* el cambio de entropía (una vez que se haya derretido todo el hielo) *a*) para el hielo, *b*) para el agua y *c*) para el sistema hielo-agua.

12.5 Máquinas de calor y bombas térmicas*

50. **OM** Para una máquina de calor cíclica, *a*) $\varepsilon > 1$, *b*) $Q_h = W_{neto}$, *c*) $\Delta U = W_{neto}$, *d*) $Q_h > Q_c$.

51. **OM** Una bomba térmica *a*) se califica por su eficiencia térmica, *b*) requiere aporte de trabajo, *c*) no es consistente con la segunda ley de la termodinámica o *d*) infringe la primera ley de la termodinámica.

52. **OM** ¿Qué determina la eficiencia térmica de una máquina de calor? *a*) $Q_c \times Q_h$; *b*) Q_c/Q_h; *c*) $Q_h - Q_c$; *d*) $Q_h + Q_c$.

53. **PC** ¿Qué pasa con la energía interna de una máquina de calor cíclica después de un ciclo completo?

54. **PC** ¿Dejar abierta la puerta del refrigerador es una forma práctica de refrescar una habitación? ¿Por qué?

55. **PC** El planteamiento de Lord Kelvin de la segunda ley de la termodinámica aplicada a máquinas de calor ("Ninguna máquina de calor que opera en un ciclo puede convertir totalmente su aporte de calor en trabajo") se refiere a su operación *en un ciclo*. ¿Por qué se incluye la frase "en un ciclo"?

56. **PC** La energía producida por una bomba térmica es mayor que la consumida para operar la bomba. ¿Este dispositivo infringe la primera ley de la termodinámica?

57. **PC** En los ciclos normales de convección atmosférica, aire frío a mayor altura se transfiere a un nivel más bajo y más cálido. ¿Esto infringe la segunda ley de la termodinámica? Explique.

58. ● Un motor de gasolina tiene una eficiencia térmica del 28%. Si absorbe 2000 J de calor en cada ciclo, *a*) ¿cuánto trabajo neto efectúa en cada ciclo? *b*) ¿Cuánto calor se disipa en cada ciclo?

59. ● Si una máquina efectúa 200 J de trabajo neto y disipa 600 J de calor por ciclo, ¿cuál es su eficiencia térmica?

60. ● Una máquina de calor con una eficiencia térmica del 20% efectúa 800 J de trabajo neto en cada ciclo. ¿Cuánto calor se pierde al entorno (el depósito de baja temperatura) en cada ciclo?

61. ● Un motor de combustión interna con eficiencia térmica del 15.0% efectúa 2.60×10^4 J de trabajo neto en cada ciclo. ¿Cuánto calor pierde la máquina en cada ciclo?

*Considere exactas las eficiencias.

62. **EI** ● El calor producido por un motor específico es 7.5×10^3 J por ciclo, y el trabajo neto que resulta es 4.0×10^3 J por ciclo. *a*) El aporte de calor es 1) menor que 4.0×10^3 J, 2) entre 4.0×10^3 J y 7.5×10^3 J, 3) mayor que 7.5×10^3 J. Explique su respuesta. *b*) ¿Cuáles son la entrada de calor y la eficiencia térmica del motor?

63. ●● Un motor de gasolina quema combustible que libera 3.3×10^8 J de calor por hora. *a*) ¿Cuál es la entrada de energía durante un periodo de 2.0 h? *b*) Si el motor genera 25 kW de potencia durante este tiempo, ¿cuál será su eficiencia térmica?

64. **EI** ●● Un ingeniero rediseña una máquina de calor y mejora su eficiencia térmica del 20 al 25%. *a*) ¿La razón del calor producido al calor aportado 1) aumenta, 2) no cambia o 3) disminuye? ¿Por qué? *b*) ¿Cuánto *cambia* Q_c/Q_h?

65. **EI** ●● Un motor de vapor debe mejorar su eficiencia térmica del 8.00 al 10.0%, mientras continúa produciendo 4500 J de trabajo útil cada ciclo. *a*) ¿La razón entre la entrada de calor y la salida de calor 1) aumenta, 2) permanece igual o 3) disminuye? Explique su respuesta. *b*) ¿Cuál es su cambio en Q_h/Q_c?

66. ●● Un refrigerador toma calor de su interior frío a razón de 7.5 kW cuando el trabajo requerido se aporta a razón de 2.5 kW. ¿Con qué rapidez se despide calor hacia la cocina?

67. ●● Un refrigerador con un CDD de 2.2 extrae 4.2×10^5 J de calor de su área de almacenamiento en cada ciclo. *a*) ¿Cuánto calor despide en cada ciclo? *b*) Calcule el aporte total de trabajo en joules para 10 ciclos.

68. ●● Una bomba de calor quita 2.0×10^3 J de calor al exterior y suministra 3.5×10^3 J de calor al interior de una casa en cada ciclo. *a*) ¿Cuánto trabajo se requiere por ciclo? *b*) ¿Qué CDD tiene esta bomba?

69. ●● Un acondicionador de aire tiene un CDD de 2.75. Calcule el consumo de potencia de la unidad si debe extraer 1.00×10^7 J de calor del interior de la casa en 20 min?

70. ●● Una máquina de vapor tiene una eficiencia térmica de 30.0%. Si su aporte de calor por ciclo proviene de la condensación de 8.00 kg de vapor de agua a 100°C, *a*) ¿qué trabajo neto producirá por ciclo y *b*) cuánto calor se perderá al entorno en cada ciclo?

71. ●●● Un motor de gasolina tiene una eficiencia térmica del 25.0%. Si el calor se expulsa del motor a una tasa de 1.50×10^6 J por hora, ¿cuánto tiempo tardará el motor en realizar una tarea que requiere una cantidad de trabajo de 3.0×10^6 J?

72. ●●● Una planta que quema hulla produce 900 MW de electricidad y opera con una eficiencia térmica del 25%. *a*) Calcule la tasa de aporte de calor a la planta. *b*) Calcule la tasa de descarga de calor de la planta. *c*) El agua a 15°C de un río cercano se utiliza para enfriar la descarga de calor. Si el agua enfriadora no supera una temperatura de 40°C, ¿cuántos galones de agua enfriadora se necesitarán por minuto?

73. ●●● Una máquina de cuatro tiempos opera según el ciclo Otto. Su producción es de 150 hp a 3600 rpm. *a*) ¿Cuántos ciclos se efectúan en 1 min? *b*) Si la eficiencia térmica de la máquina es del 20%, ¿cuánto calor se le aporta en cada minuto? *c*) ¿Cuánto calor se desecha (por minuto) al entorno?

12.6 Ciclo de Carnot y máquinas de calor ideales

74. **OM** El ciclo de Carnot consiste en *a*) dos procesos isobáricos y dos isotérmicos, *b*) dos procesos isométricos y dos adiabáticos, *c*) dos procesos adiabáticos y dos isotérmicos o *d*) cuatro procesos arbitrarios que vuelven el sistema a su estado inicial.

75. **OM** ¿Qué relación de temperatura de depósitos producirá la mayor eficiencia en una máquina de Carnot? *a*) $T_c = 0.15T_h$, *b*) $T_c = 0.25T_h$, *c*) $T_c = 0.50T_h$ o *d*) $T_c = 0.90T_h$?

76. **OM** Para una máquina de calor que opera entre dos depósitos con temperaturas T_c y T_h, la eficiencia de Carnot es *a*) el máximo valor posible, *b*) el mínimo valor posible, *c*) el valor promedio o *d*) ninguno de los anteriores.

77. **PC** Los motores de automóvil pueden ser enfriados por aire o por agua. ¿Qué tipo de motor se espera que sea más eficiente y por qué?

78. **PC** Si tiene la opción de operar una máquina de calor entre los siguientes dos pares de temperaturas para los depósitos frío y caliente, ¿qué par elegiría y por qué?: 100 y 300°C; 50 y 250°C.

79. **PC** Los motores diesel son mucho más eficientes que los de gasolina. ¿Qué tipo de motor opera a más alta temperatura? ¿Por qué?

80. ● Una máquina de vapor opera entre 100 y 30°C. ¿Qué eficiencia de Carnot tiene la máquina ideal que opera entre esas temperaturas?

81. ● Una máquina de Carnot tiene una eficiencia del 35% y toma calor de un depósito de alta temperatura a 147°C. Calcule la temperatura Celsius del depósito de baja temperatura de esta máquina.

82. ● ¿Qué temperatura tiene el depósito caliente de una máquina de Carnot que tiene una eficiencia del 30% y un depósito frío a 20°C?

83. ● Se ha propuesto usar las diferencias de temperaturas en el océano para operar una máquina de calor que genere electricidad. En las regiones tropicales, la temperatura del agua en la superficie es de aproximadamente 25°C, y a grandes profundidades es cercana a 5°C. *a*) ¿Qué eficiencia teórica máxima tendría una máquina así? *b*) ¿Sería práctica una máquina de calor con una eficiencia tan baja? Explique por qué.

84. ● Un ingeniero quiere operar una máquina de calor con una eficiencia del 40% entre un depósito de alta temperatura a 350°C y uno de baja temperatura. ¿Qué temperatura máxima puede tener el depósito frío para que la máquina resulte práctica?

85. ●● Una máquina de Carnot toma 2.7×10^4 J de calor de un depósito caliente (320°C) en cada ciclo, y desecha una parte a un depósito frío (120°C). ¿Cuánto trabajo efectúa la máquina en cada ciclo?

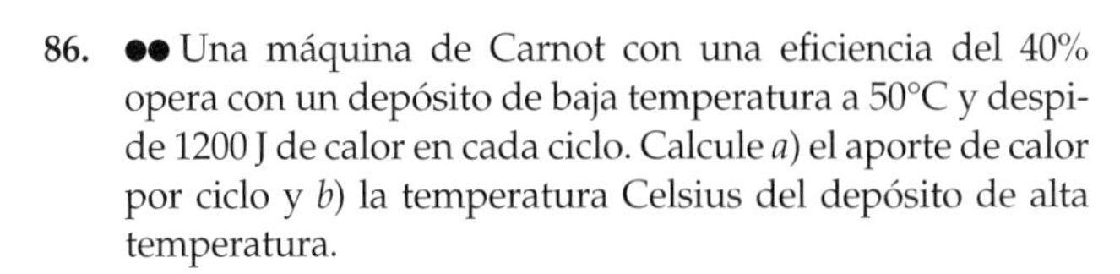

86. ●● Una máquina de Carnot con una eficiencia del 40% opera con un depósito de baja temperatura a 50°C y despide 1200 J de calor en cada ciclo. Calcule *a*) el aporte de calor por ciclo y *b*) la temperatura Celsius del depósito de alta temperatura.

87. **EI** ●● Una máquina de Carnot toma calor de un depósito a 327°C y tiene una eficiencia del 30%. La temperatura del escape no se altera y la eficiencia se aumenta al 40%. *a*) La temperatura del depósito caliente es 1) menor, 2) igual, 3) mayor que 327°C. Explique. *b*) ¿Cuál será la nueva temperatura del depósito caliente?

88. ●● Un inventor afirma haber creado una máquina de calor que, en cada ciclo, toma 5.0×10^5 J de calor de un depósito de alta temperatura a 400°C y despide 2.0×10^5 J al entorno, que está a 125°C. ¿Invertiría usted su dinero en la producción de esta máquina? Explique por qué.

89. ●● Un inventor asegura haber creado una máquina de calor que genera 10.0 kW de potencia con una entrada de calor de 15.0 kW, mientras opera entre depósitos a 27 y 427°C. *a*) ¿Es válida su aseveración? *b*) Para generar 10.0 kW de potencia, ¿cuál será la entrada mínima de calor requerida?

90. ●● Una máquina de calor opera con una eficiencia térmica que es el 45% de la eficiencia de Carnot. Las temperaturas de los depósitos de alta y de baja temperaturas son de 400 y 100°C, respectivamente. Calcule la eficiencia de Carnot y la eficiencia térmica de la máquina.

91. ●● Una máquina de calor tiene una eficiencia térmica que es la mitad de la de una máquina de Carnot, que opera entre las temperaturas de 100 y 375°C. *a*) Calcule la eficiencia de Carnot de esa máquina de calor. *b*) Si la máquina de calor absorbe calor a razón de 50 kW, ¿con qué rapidez despide calor?

92. **EI** ●● La ecuación 12.15 indica que cuanto mayor sea la diferencia de temperatura entre los depósitos de una máquina de calor, mayor será la eficiencia de Carnot de esa máquina. Suponga que puede elegir entre aumentar la temperatura del depósito caliente cierto número de kelvins o reducir la temperatura del depósito frío en ese mismo número de kelvins. *a*) Para tener el máximo incremento en la eficiencia, usted 1) haría más caliente el depósito de alta temperatura o 2) haría más frío el depósito de baja temperatura; o bien, 3) tanto 1 como 2 producen el mismo cambio de eficiencia, así que no importa lo que se elija. ¿Por qué? *b*) Demuestre numéricamente su respuesta al inciso *a*.

93. ●● La sustancia de trabajo de una máquina de calor cíclica es 0.75 kg de un gas ideal. El ciclo consiste en dos procesos isobáricos y dos isométricos ▼figura 12.27. ¿Qué eficiencia tendría una máquina de Carnot que operara con los mismos depósitos de alta y baja temperaturas?

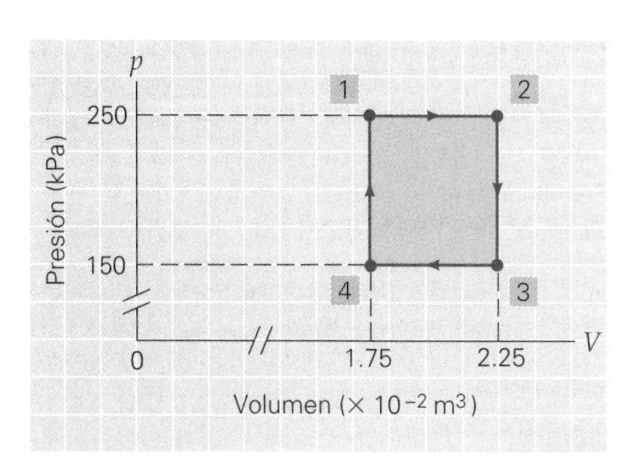

▲ **FIGURA 12.27 Eficiencia térmica** Véase el ejercicio 93.

94. ●● En cada ciclo, una máquina de Carnot toma 800 J de calor de un depósito a alta temperatura y descarga 600 J en uno de baja temperatura. ¿Qué razón de temperaturas tienen los depósitos?

95. **EI**●● Una máquina de Carnot que opera entre depósitos a 27 y 227°C efectúa 1500 J de trabajo en cada ciclo. *a*) El cambio en la entropía de la máquina para cada ciclo es 1) negativo, 2) cero, 3) positivo. ¿Por qué? ¿Cuál es el calor aportado a la máquina?

96. ●● La *temperatura de autoignición* de un combustible se define como la temperatura a la cual la mezcla de combustible y aire podría autoexplotar y quemarse. Por lo tanto, establece un límite superior en la temperatura del depósito caliente en un moderno motor de automóvil. Las temperaturas de autoignición para los combustibles comúnmente disponibles de gasolina y diesel están alrededor de 500 y 600°F, respectivamente. ¿Cuáles son las eficiencias de Carnot máximas de un motor de gasolina y de uno de diesel si la temperatura del depósito frío es de 27°C?

97. ●● A causa de limitaciones de materiales, la temperatura máxima del vapor de agua supercalentado que se usa en una turbina para generar electricidad es de aproximadamente 540°C. *a*) Si el condensador de vapor opera a 20°C, ¿qué eficiencia máxima de Carnot tiene la turbina? *b*) La eficiencia real está entre 35 y 40%. ¿Qué le indica este intervalo?

98. ●●● Hay un coeficiente de desempeño de Carnot (CDD_C) para un refrigerador ideal (Carnot). *a*) Demuestre que esa cantidad está dada por

$$CDD_C = \frac{T_c}{T_h - T_c}$$

b) ¿Qué nos dice esta cantidad en cuanto a ajustar las temperaturas para obtener el máximo de eficiencia de un refrigerador? (¿Puede estimar la ecuación para el CDD_C de una bomba de calor?)

99. ●●● Un vendedor le dice que un nuevo refrigerador con alto CDD extrae, en cada ciclo, 2.6×10^3 J de calor del interior del refrigerador a una temperatura de 5°C y despide 2.8×10^3 J hacia la cocina a 30°C. *a*) Calcule el CDD del refrigerador. *b*) ¿Es posible esta situación? Justifique su respuesta.

100. ●●● Una bomba de calor ideal equivale a una máquina de Carnot que opera en reversa. *a*) Demuestre que el CDD de Carnot de la bomba de calor es

$$\text{CDD}_\text{C} = \frac{1}{\varepsilon_\text{C}},$$

donde ε_C es la eficiencia de Carnot de la máquina de calor. *b*) Si una máquina de Carnot tienen una eficiencia del 40%, ¿cuál sería el CDD_C cuando funciona en reversa como una bomba de calor? (Véase el ejercicio 98.)

Ejercicios adicionales

101. Cuando un automóvil viaja a 75 mi/h por la carretera, su motor desarrolla 45 hp. Si este motor tiene una eficiencia termodinámica del 25% y 1 gal de gasolina tiene un contenido energético de 1.3×10^8 J, ¿cuál será la eficiencia del combustible (en millas por galón) de este automóvil?

102. Un gramo de agua (cuyo volumen es 1.00 cm^3) a 100°C se convierte en un volumen de 1.67×10^3 cm^3 de vapor a presión atmosférica. ¿Cuál es el cambio en la energía interna del agua (vapor)?

103. En un partido muy reñido, un jugador de baloncesto llega a producir 300 W de potencia. Suponiendo que la eficiencia del "motor" del jugador es del 15% y que el calor se disipa principalmente a través de la evaporación del sudor, ¿cuánta masa de sudor se evapora por hora?

104. Una máquina de Carnot produce 400 J de trabajo por ciclo. Si cada ciclo de 600 J de calor se disipan hacia un depósito frío a 27°C, ¿cómo cambia la entropía del depósito caliente cada ciclo?

105. Una cantidad de un gas ideal a una presión inicial de 2.00 atm experimenta una expansión adiabática a la presión atmosférica. ¿Cuál es la razón de la temperatura final con respecto a la temperatura inicial del gas?

106. Una planta generadora de energía de 100 MW tiene una eficiencia del 40%. Si se utiliza agua para expulsar el calor desperdiciado y la temperatura del agua no debe aumentar en más de 12C°, ¿cuál será la masa de agua que debe fluir a través de la planta cada segundo?

Los siguientes problemas de física Physlet se pueden utilizar con este capítulo.
20.8, 20.9, 20.10, 20.11, 21.1, 21.2, 21.3, 21.4, 21.5, 21.6, 21.7, 21.8.

CAPÍTULO

13 VIBRACIONES Y ONDAS

HECHOS DE FÍSICA

- Ondas (de diferentes tipos) viajan a través de sólidos, líquidos y gases, así como del vacío.
- Las perturbaciones provocan ondas. Los soldados que marchan para cruzar viejos puentes de madera saben que deben romper el paso y no marchar a una cadencia periódica. Esto podría corresponder con una frecuencia natural del puente, lo cual generaría resonancia y grandes oscilaciones que dañaría el puente e incluso provocaría su derrumbe.
- Las *ondas cerebrales* son diminutos voltajes eléctricos oscilantes en el cerebro. Estas ondas se miden colocando en el cuero cabelludo electrodos que están conectados a un *e*lectro*e*ncefaló*g*rafo (EEG) para obtener un registro (*gráfica*) de las señales eléctricas (*electro*) del cerebro (*encéfalo*). Las señales eléctricas del cerebro se representan en forma de ondas cerebrales, cuya frecuencia depende de la actividad del cerebro.
- Los *maremotos* no están relacionados con las mareas. Es más apropiado utilizar el término japonés *tsunami*, que significa "gran ola en el puerto". Los efectos de un tsunami se intensifican en espacios confinados de bahías y puertos. Las olas se originan por terremotos subterráneos y se desplazan a través del océano con una rapidez que alcanza los 960 km/h, con poca evidencia en la superficie. Cuando un tsunami alcanza una costa poco profunda, la fricción la frena y, al mismo tiempo, la desplaza hacia arriba hasta formar una masa de agua de 5 a 30 m de alto, que choca contra la orilla.

La fotografía muestra lo que la mayoría de la gente pensaría primero cuando oye hablar de onda. Todos conocemos las olas oceánicas y sus parientes más pequeñas, las ondas que se forman en un estanque cuando algo perturba la superficie. Sin embargo, en muchos sentidos, las ondas más importantes para el ser humano, y las que más interesan a los físicos, o son invisibles o no parecen ondas. El sonido, por ejemplo, es una onda. Quizá lo más sorprendente sea que la luz es una onda. De hecho, todas las radiaciones electromagnéticas son ondas: ondas de radio, microondas, rayos X, etc. Cada vez que nos asomamos a un microscopio, nos ponemos un par de anteojos o miramos un arcoiris, estamos experimentando energía ondulatoria en forma de luz. Primero vamos a examinar una descripción básica de las ondas.

En general las ondas están relacionadas con vibraciones u oscilaciones —un movimiento de ida y vuelta—, como el de una masa colgada de un resorte o un péndulo, y para tales movimientos resultan fundamentales las fuerzas restauradoras o momentos de fuerza. En un medio material, la fuerza restauradora la proporcionan fuerzas intermoleculares. Si una molécula se perturba, las fuerzas restauradoras ejercidas por sus vecinas tienden a devolver la molécula a su posición original, así que comienza a oscilar. Al hacerlo, afecta a las moléculas adyacentes, que a la vez comienzan a oscilar. Esto se denomina *propagación*. Pero, ¿qué es lo que propagan las moléculas de un material? La respuesta es *energía*. Una sola perturbación, como cuando damos una sacudida rápida al extremo de una cuerda estirada, produce una *pulsación ondulatoria*. Una perturbación continua, repetitiva, genera una propagación continua de energía que llamamos *movimiento ondulatorio*. Sin embargo, antes de examinar las ondas en medios materiales, nos conviene analizar las oscilaciones de una sola masa.

a) Equilibrio

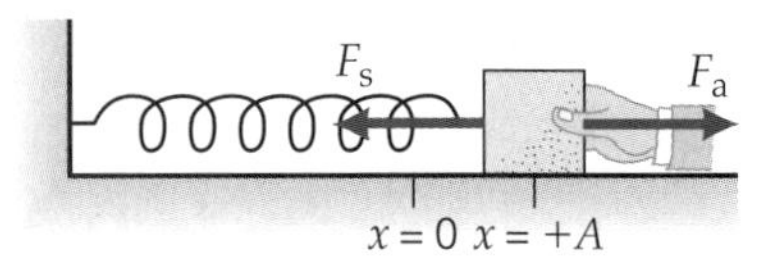

b) $t = 0$ Justo antes de soltarse

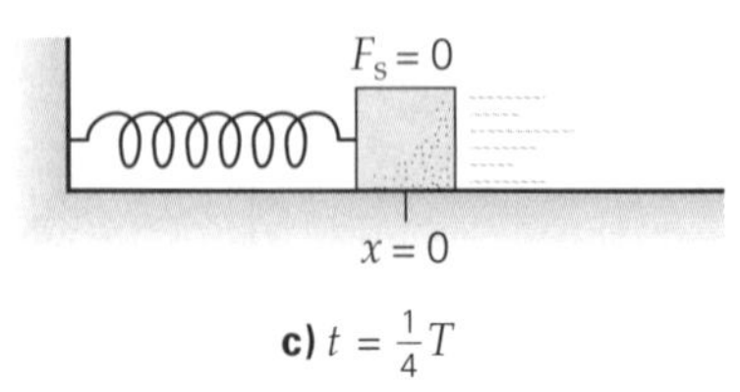

c) $t = \frac{1}{4}T$

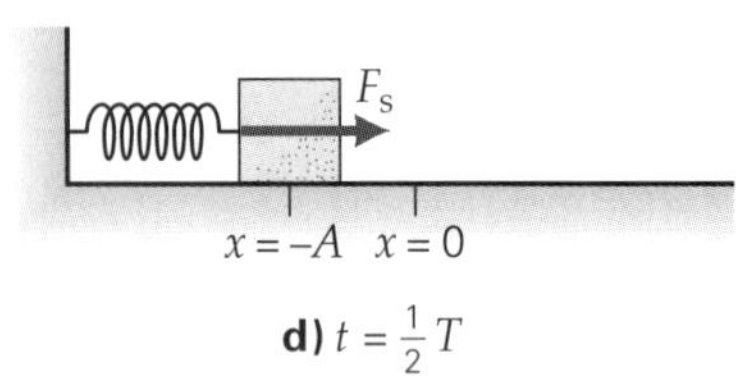

d) $t = \frac{1}{2}T$

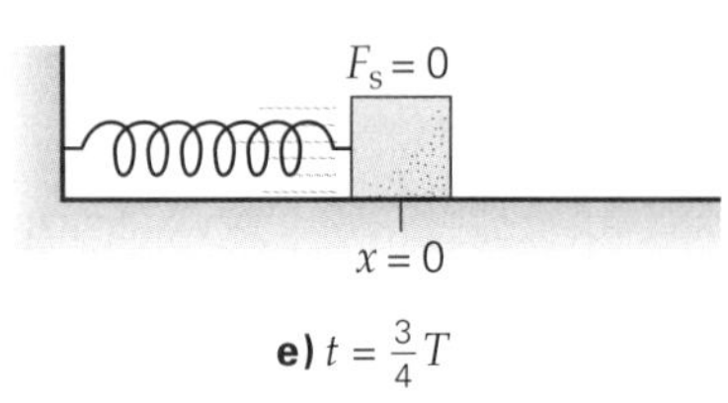

e) $t = \frac{3}{4}T$

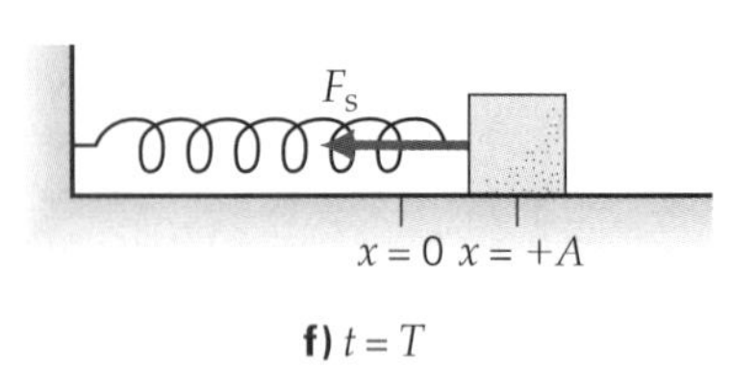

f) $t = T$

▲ **FIGURA 13.1 Movimiento armónico simple (MAS)** Cuando un objeto en un resorte *a)* se desplaza respecto a su posición de equilibrio, $x = 0$, y *b)* se suelta, el objeto adquiere un MAS (suponiendo que no haya pérdidas por fricción). El tiempo que le toma completar un ciclo es el periodo de oscilación (T). (Aquí, F_s es la fuerza del resorte y F_a es la fuerza aplicada.) *c)* En $t = T/4$, el objeto está otra vez en su posición de equilibrio; *d)* en $t = T/2$, está en $x = -A$. *e)* Durante el siguiente medio ciclo, el movimiento es a la derecha; *f)* en $t = T$, el objeto está otra vez en su posición inicial ($t = 0$) como en *b*.

13.1 Movimiento armónico simple

OBJETIVOS: *a)* Describir el movimiento armónico simple y *b)* describir cómo varían la energía y la rapidez en este tipo de movimiento.

El movimiento de un objeto oscilante depende de la fuerza restauradora que hace que el objeto se desplace de ida y vuelta. Conviene iniciar el estudio de este tipo de movimientos considerando el tipo más sencillo de fuerza que actúa a lo largo del eje x: una fuerza directamente proporcional al desplazamiento del objeto respecto al equilibrio. Un ejemplo común es la fuerza de resorte (ideal), descrita por la **ley de Hooke** (sección 5.2),

$$F_s = -kx \tag{13.1}$$

donde k es la constante del resorte. En el capítulo 5 vimos que el signo menos indica que la fuerza siempre tiene la dirección opuesta al desplazamiento; es decir, la fuerza siempre tiende a *restaurar* el resorte a su posición de equilibrio.

Suponga que un objeto descansa sobre una superficie horizontal sin fricción y está conectado a un resorte como se muestra en la ◂figura 13.1. Cuando el objeto se desplaza hacia un lado de su posición de equilibrio y se suelta, se moverá de un lado a otro; es decir, vibrará u oscilará. Aquí, evidentemente la oscilación o vibración es un *movimiento periódico*: un movimiento que se repite una y otra vez siguiendo el mismo camino. En el caso de oscilaciones lineales, como las de un objeto sujeto a un resorte, el camino podría ser hacia un lado y el otro, o hacia arriba y hacia abajo. En el caso de un péndulo oscilante, el camino es un arco circular hacia uno y otro lados.

El movimiento bajo la influencia del tipo de fuerza descrita por la ley de Hooke se denomina **movimiento armónico simple (MAS)**, porque la fuerza es la fuerza restauradora más simple y porque el movimiento se puede describir con funciones armónicas (senos y cosenos), como veremos más adelante en este capítulo. La distancia dirigida de un objeto en MAS, respecto a su posición de equilibrio, es el **desplazamiento** del objeto. En la figura 13.1 vemos que el desplazamiento puede ser positivo o negativo, lo cual indica dirección. Los desplazamientos máximos son $+A$ y $-A$ (figura 13.1b, d). La magnitud del desplazamiento máximo, o la distancia máxima de un objeto respecto a su posición de equilibrio, es la **amplitud (*A*)** de la oscilación, una cantidad escalar que expresa la distancia de ambos desplazamientos extremos respecto a la posición de equilibrio.

Además de la amplitud, dos cantidades importantes que describen una oscilación son su periodo y su frecuencia. El **periodo (*T*)** es el tiempo que el objeto tarda en completar un ciclo de movimiento. Un ciclo es un viaje redondo *completo*, es decir, el movimiento durante una oscilación completa. Por ejemplo, si un objeto parte de $x = A$ (figura 13.1b), entonces cuando vuelva a $x = A$ (como en la figura 13.1f) habrá completado un ciclo durante un tiempo que llamamos periodo. Si un objeto está inicialmente en $x = 0$ cuando se le perturba, su segundo regreso a este punto marcará un ciclo. (¿Por qué un segundo regreso?) En todo caso, el objeto recorrería una distancia de $4A$ durante un ciclo. ¿Puede usted demostrar esto?

La **frecuencia (*f*)** es el número de ciclos por segundo. La relación entre frecuencia y periodo es

$$f = \frac{1}{T} \quad \textit{frecuencia y periodo} \tag{13.2}$$

Unidad SI de frecuencia: hertz (Hz) o ciclo por segundo (ciclo/s)

La relación inversa se refleja en las unidades. El periodo es el número de segundos por ciclo y la frecuencia es el número de ciclos por segundo. Por ejemplo, si $T = \frac{1}{2}$ ciclo, entonces completa 2 ciclos cada segundo o $f = 2$ ciclos/s.

La unidad estándar de frecuencia es el **hertz (Hz)**, que es un ciclo por segundo.* Por la ecuación 13.2, la frecuencia tiene unidades de recíproco de segundos (1/s o s^{-1}),

* La unidad se llama así en honor al físico alemán Heinrich Hertz (1857-1894), quien fue uno de los primeros investigadores de las ondas electromagnéticas.

TABLA 13.1 Términos empleados para describir el movimiento armónico simple

desplazamiento: la distancia dirigida de un objeto ($\pm x$) desde su posición de equilibrio.

amplitud (A): la magnitud del desplazamiento máximo, o la distancia máxima, de un objeto desde su posición de equilibrio.

periodo (T): el tiempo para completar un ciclo de movimiento.

frecuencia (f): el número de ciclos por segundo (en hertz o segundos a la inversa, donde $f = 1/T$).

puesto que el periodo es una medida de tiempo. Aunque el ciclo no es realmente una unidad, en algunos casos sería conveniente expresar la frecuencia en ciclos por segundo, para facilitar el análisis de unidades. Esto es similar al uso del radián (rad) para describir movimiento circular en las secciones 7.1 y 7.2.

Los términos que describen el MAS se resumen en la tabla 13.1.

Energía y rapidez de un sistema masa-resorte en MAS

En el capítulo 5 vimos que la energía potencial almacenada en un resorte que se estira o comprime una distancia $\pm x$ respecto al equilibrio (que elegimos como $x = 0$) es

$$U = \tfrac{1}{2}kx^2 \qquad (13.3)$$

El *cambio* de energía potencial de un objeto que oscila en un resorte está relacionado con el trabajo efectuado por la fuerza del resorte. Un objeto con masa m que oscila en un resorte también tiene energía cinética. Juntas, las energías cinética y potencial dan la energía mecánica total E del sistema:

$$E = K + U = \tfrac{1}{2}mv^2 + \tfrac{1}{2}kx^2 \qquad (13.4)$$

Cuando el objeto está en uno de sus desplazamientos máximos, $+A$ o $-A$, está instantáneamente en reposo, $v = 0$ (▼figura 13.2). Así, toda la energía está en forma de energía potencial ($U_{\text{máx}}$) en este punto; es decir,

$$E = \tfrac{1}{2}m(0)^2 + \tfrac{1}{2}k(\pm A)^2 = \tfrac{1}{2}kA^2$$

o bien,

$$E = \tfrac{1}{2}kA^2 \qquad \textit{energía total de un objeto en MAS en un resorte} \qquad (13.5)$$

Esto es un resultado general para MAS:

La energía total de un objeto en movimiento armónico simple es directamente proporcional al cuadrado de la amplitud.

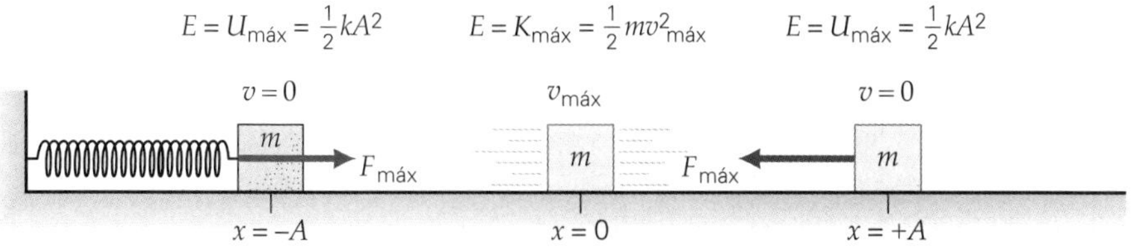

▲ **FIGURA 13.2 Oscilaciones y energía** Para una masa que oscila en MAS en un resorte (sobre una superficie sin fricción), la energía total en las posiciones de amplitud ($\pm A$) es toda energía potencial ($U_{\text{máx}}$) y $E = \frac{1}{2}kx^2 = \frac{1}{2}kA^2$, que es la energía total del sistema. En la posición central ($x = 0$), la energía total es toda energía cinética ($E = \frac{1}{2}mv^2_{\text{máx}}$, donde m es la masa del bloque). ¿Cómo se divide la energía total entre $x = 0$ y $x = \pm A$?

La ecuación 13.5 nos permite expresar la velocidad de un objeto que oscila en un resorte en función de la posición:

$$E = K + U \qquad \text{o bien,} \qquad \tfrac{1}{2}kA^2 = \tfrac{1}{2}mv^2 + \tfrac{1}{2}kx^2$$

Despejando v^2 y considerando la raíz cuadrada, obtenemos:

$$v = \pm\sqrt{\frac{k}{m}(A^2 - x^2)} \quad \textit{velocidad de un objeto en MAS} \qquad (13.6)$$

donde los signos positivo y negativo indican la dirección de la velocidad. Observe que en $x = \pm A$, la velocidad es cero porque el objeto está instantáneamente en reposo en su desplazamiento máximo respecto al equilibrio.

Ilustración 16.3 Energía y movimiento armónico simple

Vemos que cuando el objeto oscilante pasa por su posición de equilibrio ($x = 0$), su energía potencial es cero. En ese instante, toda la energía es cinética, y el objeto viaja con su rapidez máxima $v_{\text{máx}}$. La expresión para la energía en este caso es

$$E = \tfrac{1}{2}kA^2 = \tfrac{1}{2}mv_{\text{máx}}^2$$

así que,

$$v_{\text{máx}} = \sqrt{\frac{k}{m}}A \quad \textit{rapidez maxima de una masa en un resorte} \qquad (13.7)$$

Nota: este análisis se limitará a resortes ligeros, cuya masa puede considerarse insignificante.

En el siguiente ejemplo, y en la sección Aprender dibujando, podremos visualizar el intercambio continuo de energías cinética y potencial.

Ejemplo 13.1 ■ Un bloque y un resorte: movimiento armónico simple

Un bloque con masa de 0.25 kg descansa sobre una superficie sin fricción y está conectado a un resorte ligero cuya constante es de 180 N/m (véase la figura 13.1). Si el bloque se desplaza 15 cm respecto a su posición de equilibrio y se suelta, *a*) ¿qué energía total tendrá el sistema y *b*) qué rapidez tendrá el bloque cuando esté a 10 cm de su posición de equilibrio?

Razonamiento. La energía total depende de la constante del resorte (k) y de la amplitud (A), que se dan. En $x = 10$ cm, la rapidez debería ser menor que la máxima. (¿Por qué?)

Solución. Primero hacemos una lista de los datos y de lo que se pide. El desplazamiento inicial es la amplitud. (¿Por qué?)

Dado: $m = 0.25$ kg
$k = 180$ N/m
$A = 15$ cm $= 0.15$ m
$x = 10$ cm $= 0.10$ m

Encuentre: *a*) E (energía total)
b) v (rapidez)

***a*)** La energía total está dada por la ecuación 13.5:

$$E = \tfrac{1}{2}kA^2 = \tfrac{1}{2}(180 \text{ N/m})(0.15 \text{ m})^2 = 2.0 \text{ J}$$

***b*)** La rapidez instantánea del bloque a una distancia de 10 cm de la posición de equilibrio está dada por la ecuación 13.6, sin signos direccionales:

$$v = \sqrt{\frac{k}{m}(A^2 - x^2)} = \sqrt{\frac{180 \text{ N/m}}{0.25 \text{ kg}}[(0.15 \text{ m})^2 - (0.10 \text{ m})^2]} = \sqrt{9.0 \text{ m}^2/\text{s}^2} = 3.0 \text{ m/s}$$

¿Qué rapidez tendría la masa en $x = -10$ cm?

Ejercicio de refuerzo. En el inciso *b* de este ejemplo, el bloque en $x = 10$ cm está a dos tercios, o 67%, de su desplazamiento máximo. ¿Es entonces su rapidez en ese punto el 67% de su rapidez máxima? Compruebe matemáticamente su respuesta. (*Las respuestas de todos los Ejercicios de refuerzo se dan al final del libro.*)

APRENDER DIBUJANDO OSCILACIÓN EN UN POZO PARABÓLICO DE POTENCIA

En la figura 1 se muestra una forma de visualizar la conservación de la energía en el movimiento armónico simple. La energía potencial de un sistema masa-resorte puede graficarse como una curva de energía (E) contra posición (x). Puesto que $U = \frac{1}{2}kx^2 \propto x^2$, la curva es una *parábola*.

En ausencia de fuerzas no conservativas, la energía total del sistema, E, es constante. Sin embargo, E es la suma de las energías cinética y potencial. Durante las oscilaciones, hay un intercambio continuo entre las dos formas de energía, aunque su suma continúa siendo constante. Matemáticamente, esta relación se escribe como $E = K + U$. En la figura 2, U (indicada con una flecha azul) está representada por la distancia vertical respecto al eje x.

Puesto que E es constante e independiente de x, se grafica como una línea horizontal. La energía cinética es la parte de la energía total que *no* es energía potencial; es decir, $K = E - U$; la podemos interpretar gráficamente (flecha gris) como la distancia vertical entre la parábola de energía potencial y la línea horizontal de la energía total. Durante la oscilación del objeto sobre el eje x, los intercambios de energía pueden visualizarse como los cambios de longitud de las dos flecha.

En la figura 2 se muestra una posición general, x_1. Ni la energía cinética ni la potencial están en su valor máximo de E ahí. En cambio, los valores máximos se dan en $x = 0$ y $x = \pm A$, respectivamente. El movimiento no puede exceder $x = \pm A$ porque ello implicaría una energía cinética negativa, lo cual es físicamente imposible. (¿Por qué?) Las posiciones de amplitud también se denominan *extremos* del movimiento, ya que son los puntos donde la rapidez es instantáneamente cero y se invierte la dirección del objeto.

Intente contestar las siguientes preguntas (y redacte algunas más) empleando este enfoque gráfico: ¿qué hay que hacer a E para aumentar la amplitud de oscilación, y cómo podría hacerse? ¿Qué sucede con la amplitud de un sistema del mundo real en MAS, en presencia de una fuerza como la fricción, que hace que E disminuya con el tiempo?

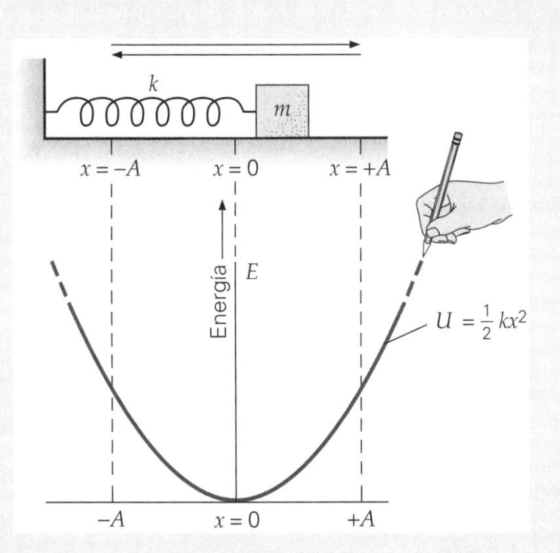

FIGURA 1 "Pozo" de energía potencial de un sistema masa-resorte La energía potencial de un resorte que se estira o comprime respecto a su posición de equilibrio ($x = 0$) es una parábola, porque $U \propto x^2$. En $x = \pm A$, toda la energía del sistema es potencial.

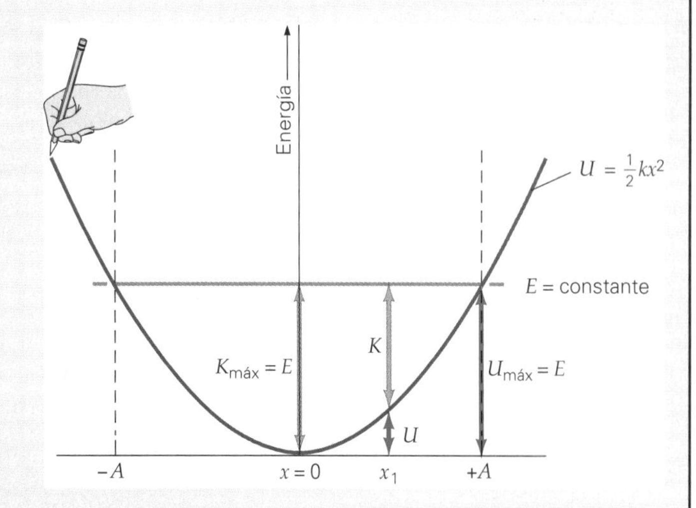

FIGURA 2 Transferencias de energía cuando oscila el sistema masa-resorte La distancia vertical del eje x a la parábola es la energía potencial del sistema. El resto (la distancia vertical entre la parábola y la línea horizontal que representa la energía total constante del sistema E) es la energía cinética del sistema (K).

La constante de un resorte suele determinarse colocando un objeto de masa conocida en el extremo de un resorte y dejando que se estabilice verticalmente en una nueva posición de equilibrio. El siguiente ejemplo muestra algunos resultados representativos.

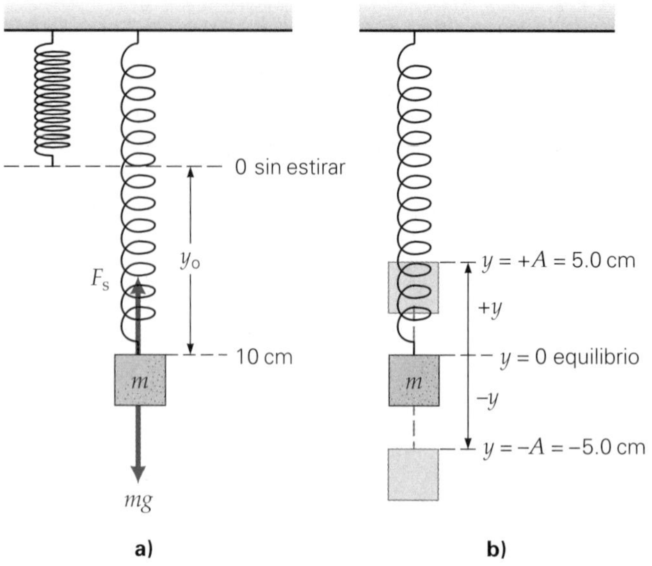

▲ **FIGURA 13.3 Determinación de la constante del resorte** ***a)*** Cuando un objeto colgado de un resorte está en equilibrio, se anulan las dos fuerzas sobre el objeto, de manera que $F_s = w$, o bien, que $ky_o = mg$. Por lo tanto, es posible calcular la constante del resorte: $k = mg/y_o$. ***b)*** Conviene tomar como punto de referencia cero de un objeto en MAS suspendido de un resorte la nueva posición de equilibrio, pues el movimiento es simétrico en torno a ese punto. (Véase el ejemplo 13.2.)

Ejemplo 13.2 ■ La constante de resorte: determinación experimental

Cuando una masa de 0.50 kg se cuelga de un resorte, éste se estira 10 cm hasta una nueva posición de equilibrio (▲ figura 13.3a). *a)* Calcule la constante del resorte. *b)* Luego, se tira de la masa hacia abajo desplazándola 5.0 cm, y se suelta. ¿Qué altura máxima alcanzará la masa oscilante?

Razonamiento. En la posición de equilibrio, la fuerza neta sobre la masa es cero porque $a = 0$. En el inciso *b*, usaremos y negativa para indicar "hacia abajo", como se suele hacer en problemas de movimiento vertical.

Solución.

Dado: $m = 0.50$ kg
$y_o = 10$ cm $= 0.10$ m
$y = -5.0$ cm $= -0.050$ m
(nuevo punto de referencia)

Encuentre: *a)* k (constante de resorte)
b) A (amplitud)

a) Cuando la masa suspendida está en equilibrio (figura 13.3a), la fuerza neta sobre la masa es cero. Por consiguiente, el peso de la masa y la fuerza del resorte son iguales y opuestos. Si igualamos sus magnitudes,

$$F_s = w$$

o bien,

$$ky_o = mg$$

Por lo tanto,

$$k = \frac{mg}{y_o} = \frac{(0.50 \text{ kg})(9.8 \text{ m/s}^2)}{0.10 \text{ m}} = 49 \text{ N/m}$$

b) Una vez puesta en movimiento, la masa oscila verticalmente en torno a la posición de equilibrio. Puesto que el movimiento es simétrico en torno a este punto, lo designamos como punto de referencia cero de la oscilación (figura 13.3b). El desplazamiento inicial es $-A$, así que la posición más alta de la masa será 5.0 cm arriba de la posición de equilibrio ($+A$).

Ejercicio de refuerzo. ¿Cuánta energía potencial más tiene el resorte de este ejemplo en la posición más baja de la oscilación, en comparación con la posición más alta?

13.2 Ecuaciones de movimiento

OBJETIVOS: *a*) Entender la ecuación del MAS y *b*) explicar qué significan fase y diferencias de fase.

La **ecuación de movimiento** de un objeto es la ecuación que da la posición del objeto en función del tiempo. Por ejemplo, la ecuación de movimiento con una aceleración rectilínea constante es $x = x_o + v_o t + \frac{1}{2}at^2$, donde v_o es la velocidad inicial (capítulo 2). Sin embargo, en el movimiento armónico simple la aceleración no es constante, así que las ecuaciones de cinemática del capítulo 2 no son válidas para este caso.

Podemos obtener la ecuación de movimiento para un objeto en MAS, a partir de una relación entre los movimientos armónico simple y circular uniforme. Simulamos el MAS con un componente del movimiento circular uniforme, como se ilustra en la ▼figura 13.4. Mientras el objeto iluminado se mueve con movimiento circular uniforme (con rapidez angular constante ω) en un plano vertical, su sombra se mueve hacia arriba y hacia abajo, siguiendo el mismo camino que el objeto en el resorte, que tiene movimiento armónico simple. Puesto que la sombra y el objeto tienen la misma posición en cualquier momento, se sigue que la ecuación de movimiento de la sombra del objeto en movimiento circular es la ecuación de movimiento del objeto que oscila en el resorte.

Ilustración 16.1 Representaciones del movimiento armónico simple

Del círculo de referencia de la figura 13.4b, la coordenada y (posición) del objeto está dada por

$$y = A \text{ sen } \theta$$

Sin embargo, el objeto se mueve con velocidad angular constante de magnitud ω. En términos de la distancia angular θ, suponiendo que $\theta = 0°$ en $t = 0$, tenemos $\theta = \omega t$, así que

$$y = A \text{ sen } \omega t \quad \textit{(MAS para } y_o = 0\textit{, movimiento inicial hacia arriba)} \tag{13.8}$$

Vemos que, al aumentar t desde cero, y aumenta en la dirección positiva, de manera que la ecuación describe el movimiento inicial hacia arriba.

Con la ecuación 13.8 como ecuación de movimiento, la masa *siempre* debe estar inicialmente en $y_o = 0$. Sin embargo, ¿qué tal si la masa colgada del resorte estuviera inicialmente en la posición de amplitud $+A$? En ese caso, la ecuación del seno no describiría

▼ **FIGURA 13.4 Círculo de referencia para el movimiento vertical** ***a*)** La sombra de un objeto en movimiento circular uniforme tiene el mismo movimiento vertical que un objeto que oscila en movimiento armónico simple en un resorte. ***b*)** Por lo tanto, el movimiento puede describirse con $y = A$ sen $\theta = A$ sen ωt (suponiendo $y = 0$ en $t = 0$).

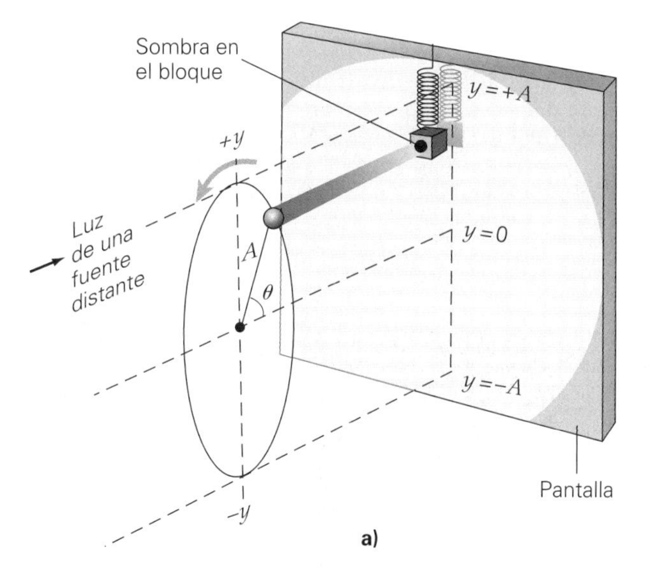

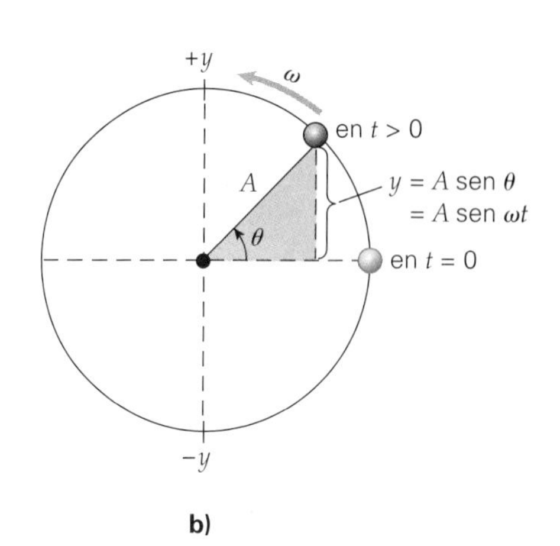

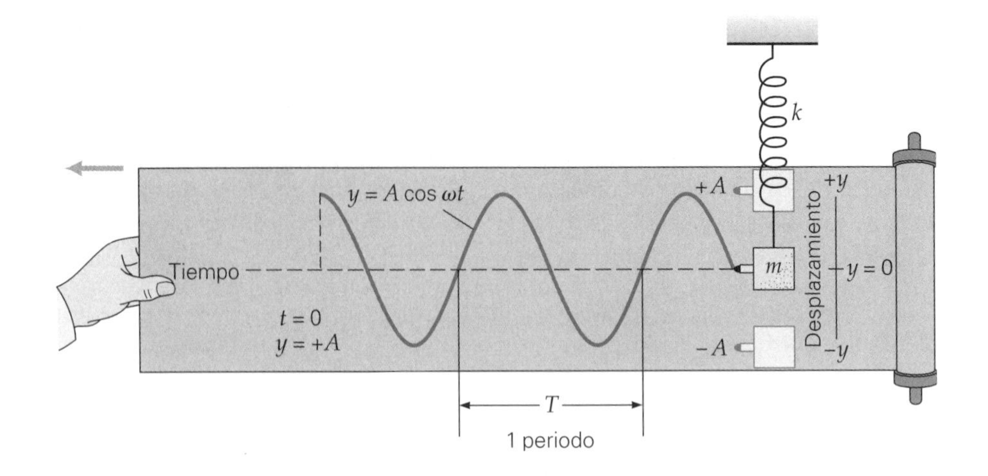

▶ **FIGURA 13.5 Ecuación de movimiento senoidal** Al paso del tiempo, el objeto oscilante traza una curva senoidal sobre el papel móvil. En este caso, $y = A \cos \omega t$, porque el desplazamiento inicial del objeto es $y_o = +A$.

el movimiento, porque *no* describe la *condición inicial*, $y_o = +A$ en $t = 0$. Por lo tanto, necesitamos otra ecuación de movimiento: $y = A \cos \omega t$. Con esta ecuación, en $t_o = 0$, la masa está en $y_o = A \cos \omega t = A \cos \omega(0) = +A$, así que la ecuación del coseno sí describe correctamente las condiciones iniciales (▲figura 13.5):

$$y = A \cos \omega t \quad \textit{(movimiento inicial hacia abajo con } y_o = +A\textit{)} \tag{13.9}$$

Aquí, el movimiento inicial es hacia abajo porque, momentos poco después de $t_o = 0$, el valor de y disminuye. Si la amplitud fuera $-A$, la masa estaría inicialmente en esa posición inferior y el movimiento inicial sería hacia arriba.

Por lo tanto, la ecuación de movimiento de un objeto oscilante puede ser una función seno o coseno. Ambas funciones se describen como *senoidales*. Es decir, el movimiento armónico simple se describe con una función senoidal del tiempo.

La rapidez angular ω (en rad/s) del *objeto en el círculo de referencia* (figura 13.4) es la *frecuencia angular* del objeto oscilante, porque $\omega = 2\pi f$, donde f es la frecuencia de revolución o rotación del objeto (sección 7.2). La figura 13.4 muestra que la frecuencia del objeto "en órbita" es igual a la frecuencia de oscilación del objeto colgado del resorte. De manera que si usamos $f = 1/T$, escribimos la ecuación 13.8 como:

$$y = A \operatorname{sen}(2\pi f t) = A \operatorname{sen}\left(\frac{2\pi t}{T}\right) \quad \textit{(MAS para } y_o = 0\textit{, movimiento inicial hacia arriba)} \tag{13.10}$$

Note que esta ecuación corresponde al movimiento inicial hacia arriba porque, después de $t_o = 0$, el valor de y aumenta en dirección positiva. Si el movimiento inicial es hacia abajo, el término de amplitud sería $-A$.

Las ecuaciones 13.8 y 13.10 dan tres formas equivalentes de la ecuación de movimiento para un objeto en MAS. Podemos usar la más conveniente de ellas, dependiendo de los parámetros que conozcamos. Por ejemplo, si nos dan el tiempo t en términos del periodo T (digamos, $t_o = 0$, $t_1 = T/4$ y $t_2 = 3T/4$) y nos piden calcular la posición de un objeto en MAS en esos instantes. En un caso así, nos conviene usar la ecuación 13.10:

$$t_o = 0 \qquad y_o = A \operatorname{sen}[2\pi(0)/T] = A \operatorname{sen} 0 = 0$$

$$t_1 = \frac{T}{4} \qquad y_1 = A \operatorname{sen}[2\pi(T/4)/T] = A \operatorname{sen} \pi/2 = A$$

$$t_2 = \frac{3T}{4} \qquad y_2 = A \operatorname{sen}[2\pi(3T/4)/T] = A \operatorname{sen} 3\pi/2 = -A$$

Los resultados nos indican que el objeto estaba inicialmente en $y = 0$ (equilibrio), lo cual ya sabíamos. Un cuarto de periodo después, estaba en $y = A$, la amplitud de su oscilación; y después de tres cuartos de periodo ($3T/4$) estaba en la posición $-A$, lo cual se esperaba, pues se trata de un movimiento periódico. (¿Dónde estaría el objeto en $T/2$ y en T?)

Por lo tanto, en general, escribimos,

$$y = \pm A \operatorname{sen} \omega t = \pm A \operatorname{sen}(2\pi f t) = \pm A \operatorname{sen}\left(\frac{2\pi t}{T}\right) \quad \begin{array}{l}(+\ \textit{para movimiento inicial hacia arriba con } y_o = 0;\\ -\ \textit{para movimiento inicial hacia abajo con } y_o = 0)\end{array} \tag{13.8a}$$

Por un desarrollo similar, la ecuación 13.9 tiene la forma general

$$y = \pm A \cos \omega t = \pm A \cos(2\pi f t) = \pm A \cos\left(\frac{2\pi t}{T}\right) \quad \begin{array}{l}(+\ \textit{para movimiento inicial hacia abajo con } y_o = +A;\\ -\ \textit{para movimiento inicial hacia arriba con } y_o = -A)\end{array} \tag{13.9b}$$

Para constatar lo útil que es el círculo de referencia, usémoslo para calcular el periodo del sistema resorte-objeto. Note que el tiempo en que el objeto del círculo de referencia tarda en efectuar una "órbita" completa es exactamente el tiempo que tarda el objeto en oscilación en completar un ciclo. (Véase la figura 13.4.) Por lo tanto, si conocemos el tiempo de una órbita en el círculo de referencia, tendremos el periodo de oscilación. Puesto que el objeto "en órbita" en el círculo de referencia está en movimiento circular uniforme con rapidez constante igual a la rapidez máxima de oscilación $v_{\text{máx}}$, el objeto recorre una distancia de una circunferencia en un periodo. Entonces, $t = d/v$, donde $t = T$, d es la circunferencia y v es $v_{\text{máx}}$, dada por la ecuación 13.7; es decir,

$$T = \frac{d}{v_{\text{máx}}} = \frac{2\pi A}{\sqrt{k/m}\, A}$$

o bien,

$$T = 2\pi\sqrt{\frac{m}{k}} \quad \textit{periodo de un objeto que oscila en un resorte} \tag{13.11}$$

Como las amplitudes se cancelan en la ecuación 13.11, *el periodo y la frecuencia son independientes de la amplitud del movimiento.* Esta afirmación es una característica general de los osciladores armónicos simples, es decir, los osciladores impulsados por una fuerza restauradora lineal, como la de un resorte que se rige por la ley de Hooke.

Nota: el periodo y la frecuencia son Independientes de la amplitud en MAS.

La ecuación 13.11 nos indica que cuanto mayor sea la masa, más largo será el periodo; y que cuanto mayor sea la constante de resorte (resorte más rígido), más corto será el periodo. Es la *razón* masa/rigidez lo que determina el periodo. Por lo tanto, un aumento en la masa se compensa utilizando un resorte más rígido.

Ilustración 16.2 Movimiento de resorte y de péndulo simple

Puesto que $f = 1/T$,

$$f = \frac{1}{2\pi}\sqrt{\frac{k}{m}} \quad \textit{frecuencia de la masa que oscila en un resorte} \tag{13.12}$$

Así, cuanto mayor sea la constante de resorte (resorte más rígido), con mayor frecuencia vibrará el sistema, como era de esperarse.

Exploración 16.1 Movimiento de resorte y de péndulo

También, observe que como $\omega = 2\pi f$, escribimos

$$\omega = \sqrt{\frac{k}{m}} \quad \textit{frecuencia angular de una masa que oscila en un resorte} \tag{13.13}$$

Como ejemplo adicional, un péndulo simple (un objeto pequeño y pesado colgado de un cordel) estará en movimiento armónico simple, si el ángulo de oscilación es pequeño. Una buena aproximación del periodo de un péndulo simple con ángulo de oscilación pequeño $\theta \lesssim 10°$ está dada por

$$T = 2\pi\sqrt{\frac{L}{g}} \quad \textit{periodo de un péndulo simple} \tag{13.14}$$

donde L es la longitud del péndulo y g es la aceleración debida a la gravedad. Un reloj de péndulo al que se le está acabando la cuerda sigue marcando correctamente el tiempo porque el periodo no cambia al disminuir la amplitud. Como muestra la ecuación 13.14, el periodo es independiente de la amplitud.

Una diferencia importante entre el periodo del sistema masa-resorte y el del péndulo es que este último es independiente de la masa de la pesa. (Véase las ecuaciones 13.11 y 13.14.) ¿Puede usted explicar por qué? Piense en lo que proporciona la fuerza restauradora para las oscilaciones del péndulo: la gravedad. Por lo tanto, cabe esperar que la aceleración (junto con la velocidad y el periodo) sea independiente de la masa.

Es decir, la fuerza gravitacional automáticamente imparte la misma aceleración a pesas de diferente masa, en péndulos de la misma longitud. Ya vimos que se observan efectos similares en caída libre (capítulo 2) y con bloques que se deslizan y cilindros que ruedan pendiente abajo (capítulos 4 y 8, respectivamente). El siguiente ejemplo demuestra el uso de la ecuación de movimiento para MAS.

Ejemplo 13.3 ■ Una masa oscilante: aplicación de la ecuación de movimiento

Una masa en un resorte oscila verticalmente con una amplitud de 15 cm, una frecuencia de 0.20 Hz y la ecuación de movimiento está dada por la ecuación 13.8, con $y_o = 0$ en $t_o = 0$ y movimiento inicial hacia arriba. *a*) ¿Cuál es la posición y la dirección de movimiento de la masa en $t = 3.1$ s. *b*) ¿Cuántas oscilaciones (ciclos) efectúa la masa en un tiempo de 12 s?

Razonamiento. El inciso *a* es una aplicación directa de la ecuación 13.8. En el inciso *b*, el número de oscilaciones es el número de ciclos, y recuerde que la frecuencia a veces se expresa como ciclos por segundo. Por lo tanto, si multiplicamos la frecuencia por el tiempo, obtendremos el número de ciclos u oscilaciones.

Solución.

Dado: $A = 15 \text{ cm} = 0.15 \text{ m}$ *Encuentre:* *a*) y (posición y dirección del movimiento)
$f = 0.20 \text{ Hz}$ *b*) n (número de oscilaciones o ciclos)
$y = A \operatorname{sen} \omega t$ (ecuación 13.8)
a) $t = 3.1$ s *b*) $t = 12$ s

a) En primer lugar, como nos dan la frecuencia f, nos conviene usar la ecuación de movimiento en la forma $y = A \operatorname{sen} 2\pi ft$ (ecuación 13.10). Por la ecuación, es evidente que, en $t_o = 0$, $y_o = 0$, así que inicialmente la masa está en la posición cero (de equilibrio). Después, en $t = 3.1$ s,

$$\begin{aligned} y &= A \operatorname{sen} 2\pi ft \\ &= (0.15 \text{ m}) \operatorname{sen}[2\pi(0.20 \text{ s}^{-1})(3.1 \text{ s})] \\ &= (0.15 \text{ m}) \operatorname{sen}(3.9 \text{ rad}) = -0.10 \text{ m} \end{aligned}$$

Por lo tanto, la masa está en $y = -0.10$ m en $t = 3.1$ s. ¿Qué dirección tiene su movimiento? Examinemos el periodo (T) para saber en qué parte del ciclo está la masa. Por la ecuación 13.2,

$$T = \frac{1}{f} = \frac{1}{0.20 \text{ Hz}} = 5.0 \text{ s}$$

En $t = 3.1$ s, la masa ha pasado por 3.1 s/5.0 s = 0.62, o bien, 62% de un periodo o ciclo, así que se está moviendo hacia abajo [subió $\left(\frac{1}{4}\text{ciclo}\right)$ y regresó $\left(\frac{1}{4}\text{ ciclo}\right)$ a $y_o = 0$ en $\frac{1}{2}$, o 50%, y seguirá hacia abajo durante el siguiente $\frac{1}{4}$ de ciclo].

b) El número de oscilaciones (ciclos) es igual al producto de la frecuencia (ciclos/s) y el tiempo transcurrido (s), y nos dan ambos datos:

$$n = ft = (0.20 \text{ ciclos/s})(12 \text{ s}) = 2.4 \text{ ciclos}$$

o con $f = 1/T$,

$$n = \frac{t}{T} = \frac{12 \text{ s}}{5.0 \text{ s}} = 2.4 \text{ ciclo}$$

(Observe que *ciclo* no es una unidad y que sólo se usa por claridad.)

Por lo tanto, la masa ha pasado por dos ciclos completos y 0.4 de un tercero, lo cual significa que está regresando hacia $y_o = 0$ desde su posición de amplitud $+A$. (¿Por qué?)

Ejercicio de refuerzo. Obtenga lo que se pide en este ejemplo con los tiempos 1) $t = 4.5$ s y 2) $t = 7.5$ s.

Sugerencia para resolver problemas

Note que en el cálculo del inciso *a* del ejemplo 13.3, donde tenemos sen 3.9, el ángulo está en radianes, no grados. *No* olvide ajustar su calculadora a radianes (en vez de grados) para obtener el valor de una función trigonométrica en ecuaciones de movimiento armónico simple o circular.

Ejemplo 13.4 ■ Diversión con un péndulo: frecuencia y periodo

Un joven dinámico lleva a su hermanita a jugar en los columpios del parque. La empuja por atrás en cada retorno. Suponiendo que el columpio se comporta como péndulo simple con una longitud de 2.50 m, *a*) ¿qué frecuencia tendrán las oscilaciones y *b*) qué intervalo habrá entre los impulsos impartidos por el joven?

Razonamiento. *a*) El periodo está dado por la ecuación 13.14, y hay una relación inversa entre la frecuencia y el periodo: $f = 1/T$. *b*) Puesto que el hermano empuja desde un lado en cada retorno, deberá empujar una vez por cada ciclo completo, así que el intervalo entre sus impulsos es igual al periodo del columpio.

Solución.

Dado: $L = 2.50$ m

Encuentre: *a*) f (frecuencia)
b) T (periodo)

a) Podemos obtener el recíproco de la ecuación 13.14 para despejar directamente la frecuencia:

$$f = \frac{1}{T} = \frac{1}{2\pi}\sqrt{\frac{g}{L}} = \frac{1}{2\pi}\sqrt{\frac{9.80 \text{ m/s}^2}{2.50 \text{ m}}} = 0.315 \text{ Hz}$$

b) De manera que calculamos el periodo a partir de la frecuencia:

$$T = \frac{1}{f} = \frac{1}{0.315 \text{ Hz}} = 3.17 \text{ s}$$

El hermano debe empujar cada 3.17 s para mantener una oscilación constante (y que su hermanita no le reclame).

Ejercicio de refuerzo. En este ejemplo, el hermano mayor, que es aficionado a la física, mide con cuidado el periodo del columpio y obtiene 3.18 s en vez de 3.17 s. Si la longitud de 2.50 m es exacta, ¿qué valor tendrá la aceleración debida a la gravedad en el lugar donde está el parque? Considerando este valor exacto de g, ¿cree usted que el parque esté en el nivel del mar?

Condiciones iniciales y fase

Tal vez el lector se esté preguntando cómo decidir si usará una función seno o coseno para describir un caso específico de movimiento armónico simple. En general, la forma de la función depende del desplazamiento y la velocidad iniciales del objeto: las *condiciones iniciales* del sistema. Estas condiciones iniciales son los valores del desplazamiento y la velocidad en $t = 0$; juntos, nos indican cómo se puso en movimiento inicialmente el sistema.

Examinemos cuatro casos especiales. Si un objeto en MAS vertical tiene un desplazamiento inicial de $y = 0$ en $t = 0$ y se mueve inicialmente hacia arriba, la ecuación de movimiento será $y = A \text{ sen } \omega t$ (▼figura 13.6a). Observe que $y = A \cos \omega t$ no satisface la condición inicial, porque $y_o = A \cos \omega t = A \cos \omega(0) = A$, ya que $\cos 0 = 1$.

Nota: las condiciones iniciales incluyen tanto el desplazamiento y_o como la velocidad v_o en $t = 0$.

Suponga que el objeto se suelta inicialmente ($t = 0$) desde su posición de amplitud positiva ($+A$), como el caso de un objeto en un resorte que se muestra en la figura 13.5. Aquí, la ecuación de movimiento es $y = A \cos \omega t$ (figura 13.6b). Esta expresión satisface la condición inicial: $y_o = A \cos \omega(0) = A$.

Los otros dos casos son 1) $y = 0$ en $t = 0$, con el movimiento inicialmente hacia abajo (para un objeto en un resorte) o en la dirección negativa (para MAS horizontal); y 2) $y = -A$ en $t = 0$, es decir, el objeto está inicialmente en su posición de amplitud negativa. Estos movimientos se describen con $y = -A \text{ sen } \omega t$ y $y = -A \cos \omega t$, respectivamente, como se ilustra en las figuras 13.6c y 13.6d.

Sólo consideraremos aquí estas cuatro condiciones iniciales. Si yo tiene un valor distinto de 0 o $\pm A$, la ecuación de movimiento es algo complicada. Note que en la figura 13.6 vemos que si las curvas se extienden en la dirección negativa del eje horizontal (líneas punteadas), tienen la misma forma pero se han "desplazado", por decirlo de alguna manera. En *a* y *b*, una curva está 90° $\left(\frac{1}{4}\text{ de ciclo}\right)$ adelante de la otra; es decir, las curvas están desplazadas entre sí un cuarto de ciclo. Decimos que las oscilaciones tienen una *diferencia de fase* de 90°. En *a* y *c*, las curvas están desplazadas (desfasadas) 180°. (En este caso las oscilaciones son opuestas: cuando una masa está subiendo, la otra está bajando.) ¿Y las oscilaciones en *a* y en *d*?

▶ FIGURA 13.6 Condiciones iniciales y ecuaciones de movimiento Las condiciones iniciales (y_o y t_o) determinan la forma de la ecuación de movimiento que, para los casos que se muestran aquí, es un seno o un coseno. Para $t_o = 0$, los desplazamientos iniciales son ***a)*** $y_o = 0$, ***b)*** $y_o = +A$, ***c)*** $y_o = 0$ y ***d)*** $y_o = -A$. Las ecuaciones de movimiento deben ser congruentes con las condiciones iniciales. (Véase la descripción en el texto.)

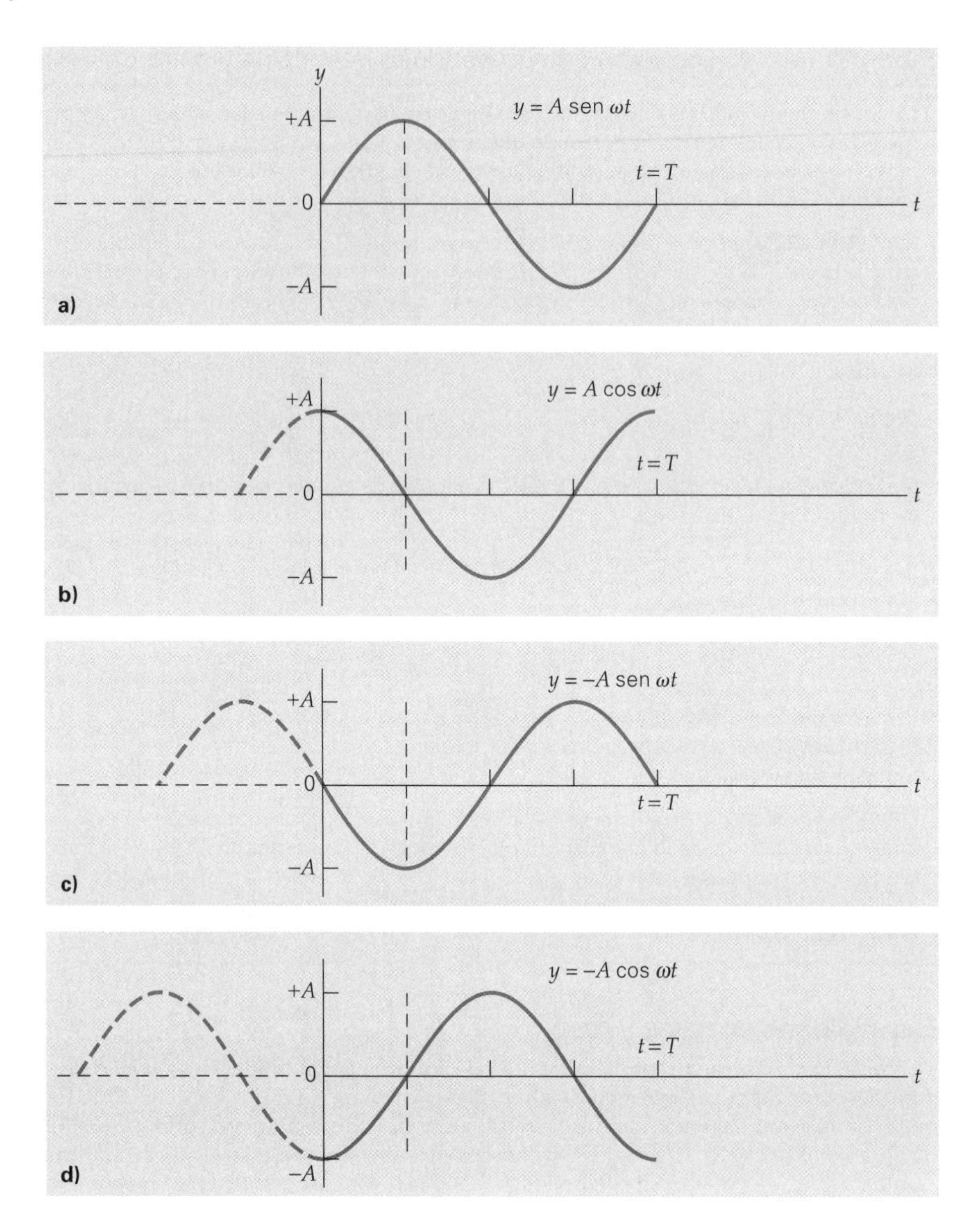

No mostramos una figura con un desfasamiento de 360° (o 0°) porque sería igual a la del inciso *a*. Cuando dos objetos en MAS tienen la misma ecuación de movimiento, decimos que están oscilando *en fase*, lo cual significa que oscilan juntos con movimientos idénticos. Los objetos con un desplazamiento o diferencia de fase de 180° están *totalmente desfasados*, y siempre irán en direcciones opuestas y estarán en amplitudes opuestas al mismo tiempo.

Velocidad y aceleración en MAS

También podemos obtener expresiones para la velocidad y la aceleración de un objeto en MAS. Utilizando cálculo, es posible demostrar que $v = \Delta y/\Delta t = \Delta(A \text{ sen } \omega t)/\Delta t$, en el límite conforme Δt se aproxima a cero, da la siguiente expresión para la velocidad instantánea:

Nota: Rapidez máxima $v = \omega A$.

$$v = \omega A \cos \omega t \quad \left(\textit{velocidad vertical si } v_o \textit{ es hacia arriba } t_o = 0, y_o = 0\right) \tag{13.15}$$

Aquí, los signos que indican dirección están dados por la función coseno.

La aceleración puede obtenerse aplicando la segunda ley de Newton a la fuerza del resorte $F_s = -ky$:

$$a = \frac{F_s}{m} = \frac{-ky}{m} = -\frac{k}{m} A \text{ sen } \omega t$$

Puesto que $\omega = \sqrt{k/m}$,

$$a = -\omega^2 A \text{ sen } \omega t = -\omega^2 y \quad \begin{array}{l}\textit{(aceleración vertical si } v_o \textit{ es} \\ \textit{hacia arriba en } t_o = 0,\, y_o = 0)\end{array} \qquad (13.16)$$

Observe que las funciones de la velocidad y la aceleración están desfasadas respecto a la del desplazamiento. Puesto que la velocidad está desfasada 90° respecto al desplazamiento, la rapidez es máxima cuando $\cos \omega t = \pm 1$ en $y = 0$, es decir, cuando el objeto oscilante está pasando por su posición de equilibrio. La aceleración está desfasada 180° respecto al desplazamiento (como indica el signo menos en el miembro derecho de la ecuación 13.16). Por lo tanto, la magnitud de la aceleración es máxima cuando $\text{sen } \omega t = \pm 1$ en $y = \pm A$, es decir, cuando el desplazamiento es máximo o el objeto está en una posición de amplitud. En cualquier posición, excepto la de equilibrio, el signo de dirección de la aceleración es opuesto al del desplazamiento, como debe ser para una aceleración que es resultado de una fuerza restauradora. En la posición de equilibrio, tanto el desplazamiento como la aceleración son cero. (¿Puede el lector ver por qué?)

Nota: magnitud máxima de la aceleración $a = \omega^2 A$.

Vemos también que la aceleración en MAS no es constante con el tiempo. Por lo tanto, *no podemos* usar las ecuaciones de cinemática para la aceleración (capítulo 2), pues describen una aceleración constante.

Movimiento armónico amortiguado

Un movimiento armónico simple con amplitud constante implica que no hay pérdidas de energía, aunque en las aplicaciones prácticas siempre hay pérdidas por fricción. Entonces, para mantener un movimiento de amplitud constante, es preciso agregar energía al sistema con alguna fuerza impulsora externa, como alguien que empuje el columpio. Sin fuerza impulsora, la amplitud y energía de un oscilador disminuyen con el tiempo y dan pie a un **movimiento armónico amortiguado** (▼figura 13.7a). El

y
Amplitud constante
Se quita la fuerza impulsora
$+A$
0
t
$-A$
Oscilación armónica amortiguada
Oscilación en estado estable con una fuerza impulsora

a)

b)

▼ **FIGURA 13.7 Movimiento armónico amortiguado** ***a)*** Cuando una fuerza impulsora agrega a un sistema una energía igual a la que el sistema pierde, la oscilación tiene amplitud constante. Cuando se quita la fuerza impulsora, las oscilaciones decaen (se amortiguan) y la amplitud disminuye de forma no lineal con el tiempo. ***b)*** En algunas aplicaciones, la amortiguación es deseable e incluso se busca, como en los sistemas de suspensión de los automóviles. De lo contrario, los pasajeros sufrirían constantes sacudidas.

Ilustración 16.4 Movimiento forzado y amortiguado

tiempo que las oscilaciones tardan en parar depende de la magnitud y del tipo de la fuerza amortiguadora (como la resistencia del aire).

En muchas aplicaciones en las que interviene un movimiento periódico continuo, la amortiguación es indeseable y hace necesario un aporte de energía. En cambio, hay otras situaciones en que la amortiguación es deseable. Por ejemplo, la lectura de una báscula de resorte casera oscila brevemente antes de detenerse en un peso dado. Si estas oscilaciones no se amortiguaran debidamente, continuarían durante un tiempo y tendríamos que esperar un rato para conocer nuestro peso. Los amortiguadores de los sistemas de suspensión de los automóviles amortiguan las oscilaciones producidas por sacudidas (figura 13.7b; véase también la figura 9.9b). Sin estos dispositivos para disipar la energía después de rodar sobre una irregularidad del pavimento, los pasajeros rebotarían continuamente. En California, muchos edificios nuevos incluyen mecanismos de amortiguación (amortiguadores gigantes) para frenar los movimientos oscilatorios causados por ondas sísmicas.

PHYSLET®

Ilustración 18.1 Representación de ondas bidimensionales

13.3 Movimiento ondulatorio

OBJETIVOS: *a*) Describir el movimiento ondulatorio en términos de diversos parámetros y *b*) identificar diferentes tipos de ondas.

El mundo está lleno de ondas de diversos tipos, como las olas del mar, las ondas sonoras, las ondas sísmicas e incluso la luz. Todas las ondas son resultado de una perturbación: la fuente de la onda. En este capítulo nos ocuparemos de las ondas mecánicas: aquellas que se propagan en algún medio. (Las ondas luminosas, que no requieren un medio para propagarse, se verán con mayor detalle en capítulos posteriores.)

Cuando se perturba un medio, se le imparte energía. Suponga que se añade mecánicamente energía a un material, digamos por impacto o (en el caso de un gas) por compresión. La adición de esa energía pone a vibrar a algunas partículas del medio. Puesto que las partículas están enlazadas por fuerzas intermoleculares, la oscilación de cada partícula afecta la de sus vecinas. La energía añadida se propaga mediante interacciones de las partículas del medio. En la ◂figura 13.8, se muestra una analogía de este proceso, con fichas de dominó como "partículas". Al caer cada ficha, tumba la que está junto a ella y se transfiere energía de una ficha a otra. La perturbación se propaga por el medio.

▲ **FIGURA 13.8 Transferencia de energía** La propagación de una perturbación, que transfiere energía por el espacio, se observa en una fila de fichas de dominó que caen.

En este caso, no hay fuerza restauradora entre las fichas, por lo que no oscilan, como hacen las partículas de un medio material continuo. Por ello, la perturbación se desplaza en el espacio, pero no se repite con el tiempo en un lugar dado.

Asimismo, si damos una sacudida rápida al extremo de una cuerda estirada, la perturbación transfiere energía de la mano a la cuerda, como se ilustra en la ▾figura 13.9. Las fuerzas que actúan entre las "partículas" de la cuerda hacen que se muevan en res-

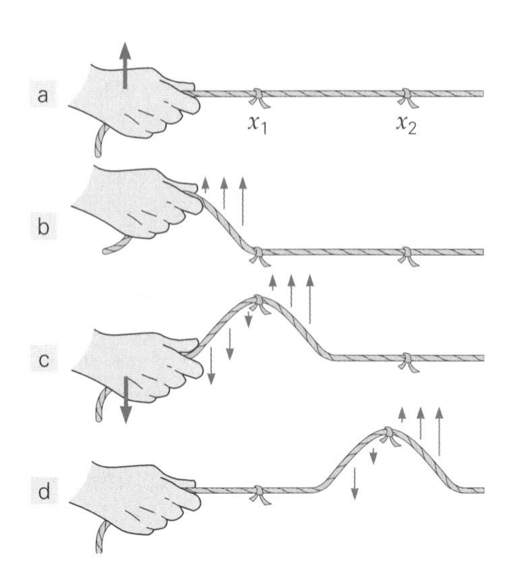

▶ **FIGURA 13.9 Pulsación ondulatoria** La mano perturba la cuerda estirada con un movimiento vertical rápido, en tanto que una pulsación ondulatoria se propaga por la cuerda. (Las flechas representan las velocidades de la mano y de partes de la cuerda en diferentes tiempos y lugares.) Las "partículas" de la cuerda suben y bajan al pasar la pulsación. Por lo tanto, la energía de la pulsación es *tanto* cinética (elástica) *como* potencial (gravitacional).

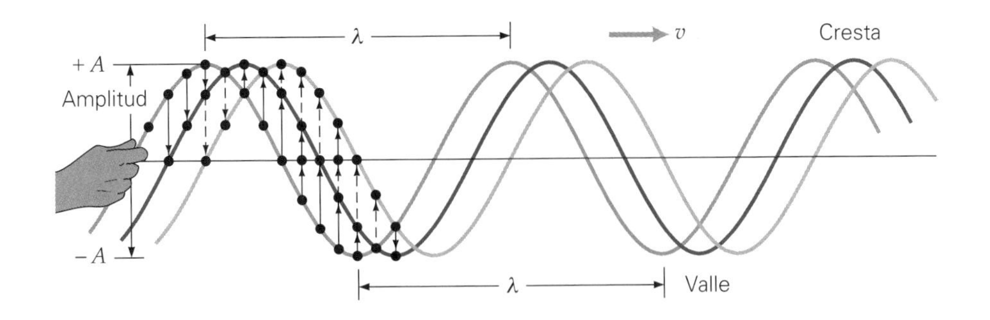

◀ **FIGURA 13.10 Onda periódica** Una perturbación armónica continua puede establecer una onda senoidal en una cuerda estirada, y la onda viajará por la cuerda con una rapidez v. Note que las "partículas" de la cuerda oscilan verticalmente en movimiento armónico simple. La distancia entre dos puntos sucesivos que están en fase (por ejemplo, dos crestas) en la forma de onda es la longitud de onda λ de la onda. ¿Puede el lector determinar el tiempo transcurrido, como fracción del periodo T, entre la primera onda y la última?

puesta al movimiento de la mano, y una *pulsación ondulatoria* viaja por la cuerda. Cada "partícula" sube y baja al pasar el pulso. Este movimiento de partículas individuales y la propagación de la pulsación ondulatoria en su totalidad puede observarse atando trozos de listón a la cuerda (en x_1 y x_2 en la figura). Cuando la perturbación pasa por el punto x_1, el listón sube y luego baja, junto con las "partículas" de la cuerda. Posteriormente, sucede lo mismo con el listón en x_2, el cual indica que la perturbación energética se está propagando (desplazando) a lo largo de la cuerda.

En un medio material continuo, las partículas interactúan con sus vecinas, y fuerzas restauradoras hacen que las partículas oscilen cuando se les perturba. Así, cualquier perturbación no sólo se propaga por el espacio, sino que podría repetirse una y otra vez en el tiempo en cada posición. Semejante perturbación regular y rítmica, tanto en el tiempo como en el espacio, se llama **onda**, y decimos que la transferencia de energía se efectúa por **movimiento ondulatorio**.

Un movimiento ondulatorio continuo, u *onda periódica*, requiere una perturbación producida por una fuente oscilante (▲figura 13.10). En este caso, las partículas se mueven hacia arriba y hacia abajo continuamente. Si la fuerza impulsora es tal que mantiene una amplitud constante (la fuente oscila en movimiento armónico simple), el movimiento resultante de las partículas también es armónico simple.

Nota: una onda es una combinación de oscilaciones en el espacio y el tiempo.

Semejante movimiento ondulatorio periódico tiene formas senoidales (seno o coseno) tanto en el tiempo como en el espacio. Un movimiento *senoidal* en el espacio implica que, si tomamos una fotografía de la onda en cualquier instante (para "congelarla" en el tiempo), veremos una forma de onda senoidal (como una de las curvas de la figura 13.10). En cambio, si observáramos un solo punto en el espacio al paso de una onda, veríamos una partícula del medio oscilando hacia arriba y hacia abajo *senoidalmente con el tiempo*, como la masa en un resorte que vimos en la sección 13.2. (Por ejemplo, imaginemos que vemos a través de una ranura delgada un punto fijo del papel en movimiento de la figura 13.5. Veríamos el rastro de la onda subir y bajar como una partícula.)

Características de las ondas

Usamos cantidades específicas para describir las ondas senoidales. Como en el caso de una partícula en movimiento armónico simple, la **amplitud (*A*)** de una onda es la magnitud del desplazamiento máximo, es decir, la distancia máxima respecto a la posición de equilibrio de la partícula (figura 13.10). Esta cantidad corresponde a la altura de una cresta de la onda o la profundidad de un valle. En la sección 13.2 vimos que, en MAS, la energía total del oscilador es proporcional al cuadrado de la amplitud. Asimismo, la energía *transportada* por una onda es proporcional al cuadrado de su amplitud ($E \propto A^2$). No obstante, hay una diferencia importante: una onda es una forma de *transmitir* energía a través del espacio, mientras que la energía de un oscilador está localizada en el espacio.

En el caso de una onda periódica, la distancia entre dos crestas (o valles) sucesivas se llama **longitud de onda (λ)** (figura 13.10). En realidad, es la distancia entre dos partes sucesivas cualesquiera que estén en fase (es decir, en puntos idénticos de la forma de onda); suelen usarse las posiciones de cresta y valle por conveniencia. Observe que la longitud de onda corresponde espacialmente a un ciclo. Debemos tener presente que lo que viaja es la onda, no el medio ni el material.

La **frecuencia (*f*)** de una onda periódica es el número de ciclos por segundo; esto es, el número de formas de onda completas, o longitudes de onda, que pasan por un punto dado durante cada segundo. La frecuencia de la onda es la misma que la frecuencia de la fuente en MAS que la creó.

Ilustración 17.2 Funciones ondulatorias

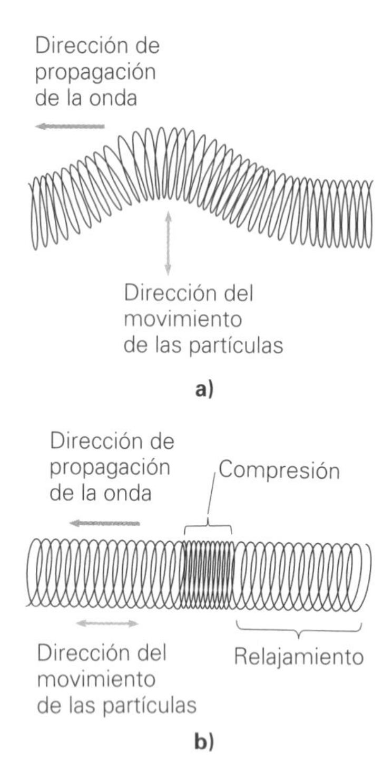

▲ **FIGURA 13.11 Ondas transversales y longitudinales** (Se muestran pulsaciones ondulatorias por sencillez) ***a)*** En una onda transversal, el movimiento de las partículas es perpendicular a la dirección de la velocidad de la onda, como se muestra aquí en un resorte donde una onda viaja hacia la izquierda. Las ondas transversales también se llaman *ondas de corte*, porque suministran una fuerza que tiende a cizallar el medio. Las ondas de corte transversales sólo pueden propagarse en los sólidos. (¿Por qué?) ***b)*** En una onda longitudinal, el movimiento de las partículas es paralelo a (*a lo largo de*) la dirección de la velocidad de la onda. Aquí también una pulsación ondulatoria se mueve hacia la izquierda. Las ondas longitudinales también se denominan *ondas de compresión*, ya que la fuerza tiende a comprimir el medio. Las ondas longitudinales de compresión se pueden propagar en todos los medios: sólidos, líquidos y gases. ¿Puede usted explicar el movimiento de la fuente de ambos tipos de ondas?

Decimos que una onda periódica tiene un **periodo (*T*)**. El periodo $T = 1/f$ es el tiempo que tarda una forma de onda completa (una longitud de onda) en pasar por un punto dado. Como las ondas se mueven, tienen una **rapidez de onda (*v*)** (o velocidad, si se especifica la dirección de la onda). Cualquier punto dado de la onda (digamos, una cresta) recorre una distancia de una longitud de onda l en un tiempo de un periodo T. Entonces, ya que $v = d/t$ y $f = 1/T$, tenemos

$$v = \frac{\lambda}{T} = \lambda f \qquad \textit{rapidez de onda} \qquad (13.17)$$

Vemos que las dimensiones de v son correctas (longitud/tiempo). En general, la rapidez de onda depende de la naturaleza del medio, además de la frecuencia f de la fuente.

Ejemplo 13.5 ■ El muelle de la bahía: cálculo de la rapidez de las olas

Una persona en un muelle observa un conjunto de olas que tienen forma senoidal y una distancia de 1.6 m entre las crestas. Si una ola baña el muelle cada 4.0 s, calcule *a*) la frecuencia y *b*) la rapidez de las olas.

Razonamiento. Conocemos el periodo y la longitud de onda, así que podemos usar la definición de la frecuencia, y la ecuación 13.17 para la rapidez de una onda.

Solución. La distancia entre crestas es la longitud de onda, así que tenemos la siguiente información:

Dado: $\lambda = 1.6$ m
$T = 4.0$ s

Encuentre: *a*) f (frecuencia)
b) v (rapidez de onda)

a) El bañado del muelle indica la llegada de una cresta de onda; por lo tanto, 4.0 s es el periodo de la onda: el tiempo que tarda en recorrer una longitud de onda (la distancia de cresta a cresta). Entonces,

$$f = \frac{1}{T} = \frac{1}{4.0\text{ s}} = 0.25\text{ s}^{-1} = 0.25\text{ Hz}$$

b) Podemos usar la frecuencia o el periodo en la ecuación 13.17 para calcular la rapidez de la onda:

$$v = \lambda f = (1.6\text{ m})(0.25\text{ s}^{-1}) = 0.40\text{ m/s}$$

o bien,

$$v = \frac{\lambda}{T} = \frac{1.6\text{ m}}{4.0\text{ s}} = 0.40\text{ m/s}$$

Ejercicio de refuerzo. Otro día, la misma persona mide la rapidez de las olas senoidales y obtiene 0.25 m/s. *a*) ¿Qué distancia recorre una cresta de onda en 2.0 s? *b*) Si la distancia entre crestas sucesivas es de 2.5 m, ¿qué frecuencia tienen estas ondas?

Tipos de onda

En general, las ondas se pueden dividir en dos tipos, dependiendo de la dirección en que oscilan las partículas relativas a la velocidad de la onda. En una **onda transversal**, el movimiento de las partículas es perpendicular a la dirección de la velocidad de la onda. La onda producida en una cuerda estirada (figura 13.10) es un ejemplo de onda transversal, lo mismo que la onda que se muestra en la ◂figura 13.11a. Las ondas transversales también se conocen como *ondas de corte*, porque la perturbación suministra una fuerza que tiende a cortar o cizallar el medio: separar perpendicularmente capas del medio a la dirección de la velocidad de la onda. Las ondas de corte sólo pueden propagarse en sólidos, pues los líquidos y gases no se cortan. Es decir, los líquidos y gases no tienen fuerzas restauradoras de magnitud suficiente entre sus partículas, como para propagar una onda transversal.

En una **onda longitudinal**, la oscilación de las partículas es paralela a la dirección de la velocidad de la onda. Se produce una onda longitudinal en un resorte estirado moviendo las espirales hacia adelante y hacia atrás, a lo largo del eje del resorte (figura 13.11b). Pulsaciones alternantes de compresión y relajamiento viajan a lo largo del resorte. Las ondas longitudinales también se denominan *ondas de compresión*.

Las ondas sonoras en aire son otro ejemplo de ondas longitudinales. Una perturbación periódica produce compresiones en el aire. Entre las compresiones hay *enrarecimientos*: regiones en que se reduce la densidad del aire. Por ejemplo, un altavoz que oscila hacia adelante y hacia atrás puede crear tales compresiones y enrarecimientos, que viajan por el aire como ondas sonoras. (Estudiaremos el sonido con detalle en el capítulo 14.)

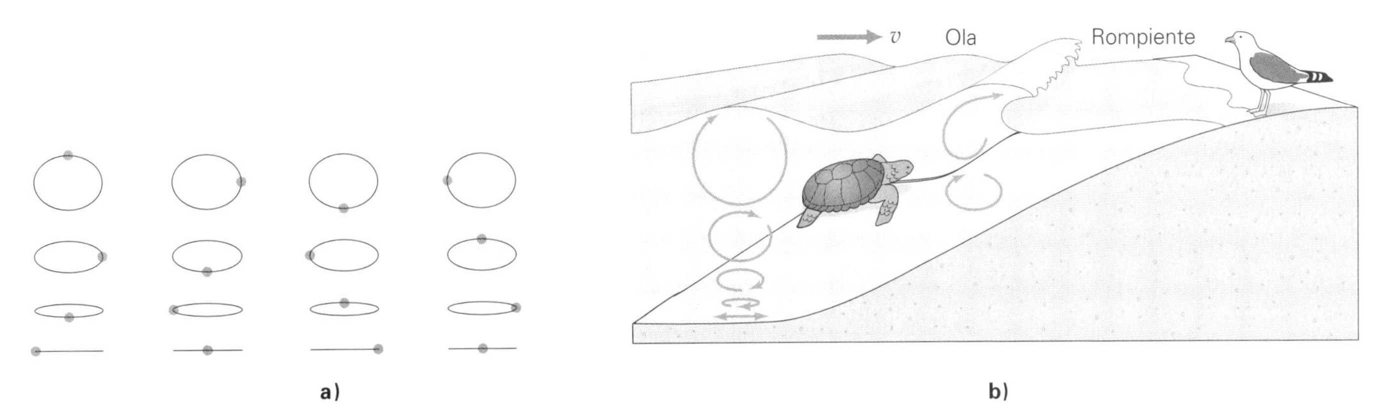

▲ **FIGURA 13.12 Ondas en agua** Las olas son una combinación de movimientos longitudinal y transversal. *a)* En la superficie, las partículas de agua describen círculos; pero su movimiento se vuelve más longitudinal conforme aumenta la profundidad. *b)* Cuando una ola se acerca a la costa, las partículas inferiores deben describir trayectorias cada vez más empinadas, hasta que la ola se desploma para formar una rompiente.

Las ondas longitudinales se pueden propagar en sólidos, líquidos y gases, ya que todas las fases de la materia se pueden comprimir en mayor o menor medida. La propagación de ondas transversales y longitudinales en diferentes medios proporciona información acerca de la estructura interior de la Tierra, como se explica en la sección A fondo 13.1 de la p. 450 sobre terremotos, ondas sísmicas y sismología.

El perfil senoidal de las olas en el agua podría hacernos pensar que son ondas transversales. En realidad, reflejan una combinación de movimientos longitudinal y transversal (▲figura 13.12). El movimiento de las partículas podría ser casi circular en la superficie y hacerse más elíptico a mayores profundidades, hasta volverse longitudinal. A unos 100 m de profundidad en un cuerpo grande de agua, las perturbaciones de las olas casi no tienen efecto. Por ejemplo, un submarino a esas profundidades no siente las olas grandes en la superficie del océano. Cuando una ola se acerca a aguas poco profundas cerca de la costa, las partículas de agua tienen dificultad para completar sus trayectorias elípticas. Cuando el agua se vuelve demasiado superficial, las partículas ya no pueden seguir la parte inferior de su trayectoria, y la ola rompe. Su cresta cae hacia adelante para formar rompientes conforme la energía cinética de las olas se transforma en energía potencial: una "colina" de agua que finalmente se desploma.

Ilustración 17.1 Tipos de ondas

13.4 Propiedades de las ondas

OBJETIVO: Explicar diversas propiedades de las ondas y los fenómenos a los que dan origen.

Entre las propiedades que exhiben las ondas se incluyen superposición, interferencia, reflexión, refracción, dispersión y difracción.

Superposición e interferencia

Cuando dos o más ondas se encuentran o pasan por la misma región de un medio, se atraviesan mutuamente y continúan sin alteración. Mientras están en la misma región, decimos que las ondas se interfieren.

¿Qué sucede durante la interferencia? Es decir, ¿qué aspecto tiene la forma de onda combinada? La relativamente sencilla respuesta nos la da el **principio de superposición**:

> En cualquier momento, la forma de onda combinada de dos o más ondas en interferencia está dada por la suma de los desplazamientos de las ondas individuales en cada punto del medio.

El principio de **interferencia** se ilustra en la ▼figura 13.13. El desplazamiento de la forma de onda combinada en cualquier punto es $y = y_1 + y_2$, donde y_1 y y_2 son los desplazamientos de las pulsaciones individuales en ese punto. (Indicamos direcciones con signos de más y menos.) La interferencia, entonces, es la suma física de las ondas. Al sumar ondas, debemos tomar en cuenta la posibilidad de que estén generando perturbaciones en direcciones opuestas. En otras palabras, debemos tratar las perturbaciones en términos de suma de vectores.

A FONDO 13.1 TERREMOTOS, ONDAS SÍSMICAS Y SISMOLOGÍA

La estructura del interior de la Tierra aún encierra misterios. Los pozos de minas y las perforaciones más profundas sólo se extienden unos cuantos kilómetros hacia el interior, en comparación con el centro de la Tierra que está a unos 6400 km de la superficie. Una forma de investigar más a fondo la estructura del planeta es con ondas. Las ondas generadas por terremotos han resultado especialmente útiles en tales investigaciones. La sismología es el estudio de estas ondas, llamadas *ondas sísmicas*.

La causa de los terremotos es la repentina liberación de esfuerzos acumulados a lo largo de grietas y fallas, como la famosa falla de San Andrés en California (figura 1). Según la teoría geológica de la tectónica de placas, la capa superior del planeta consiste en placas rígidas: enormes planchas de roca que se mueven muy lentamente unas respecto a otras. Continuamente se acumulan tensiones, sobre todo en los límites entre placas.

Cuando por fin las placas resbalan, la energía de este suceso liberador de esfuerzos viaja hacia afuera en forma de ondas (sísmicas), desde un punto bajo la superficie llamado *foco*. El punto en la superficie que está directamente sobre el foco se llama *epicentro* y recibe el mayor impacto del terremoto. Las ondas sísmicas son de dos tipos generales: ondas de superficie y ondas de cuerpo. Las *ondas de superficie*, que viajan por la superficie terrestre, causan la mayor parte de los daños de los terremotos (figura 2). Las *ondas de cuerpo* viajan a través de la Tierra y son tanto longitudinales como transversales. Las ondas de compresión (longitudinales) se llaman *ondas P*; y las de corte (transversales), *ondas S* (figura 3).

Las letras P y S provienen de las palabras *primaria* y *secundaria*, e indican la relativa rapidez de las ondas (en realidad, sus tiempos de llegada a las estaciones de monitoreo). En general, las ondas primarias viajan a través de los materiales con mayor rapidez que las secundarias, y son las que primero se detectan. La intensidad de un terremoto en la escala Richter se relaciona con la energía liberada en forma de ondas sísmicas.

Estaciones sísmicas en todo el mundo monitorean las ondas P y S con instrumentos de detección muy sensibles llamados *sismógrafos*. Con base en los datos recabados, es posible elaborar mapas de las trayectorias de las ondas a través de la Tierra y así conocer mejor el interior de nuestro planeta. Al parecer, el interior de la Tierra se divide en tres regiones generales: la corteza, el manto y el núcleo, que a su vez tiene una región interior sólida y una región exterior líquida.*

*En la mayoría de los lugares, la corteza tiene un espesor de 24-30 km (15-20 mi), el manto tiene un espesor de 2900 km (1800 mi), y el núcleo tiene un radio de 3450 km (2150 mi). El núcleo interior sólido tiene un radio aproximado de 1200 km (750 mi).

FIGURA 1 La falla de San Andrés Aquí vemos una pequeña sección de la falla, que cruza el área de la bahía de San Francisco, así como regiones rurales de California, como la que se presenta aquí.

FIGURA 2 Malas vibraciones Daños causados por el fuerte terremoto que asoló Kobe, Japón, en enero de 1995.

La ubicación de las fronteras de estas regiones se determina en parte con base en *zonas de sombra:* regiones donde no se detectan ondas de un tipo dado. Se dan esas zonas porque, si bien las ondas longitudinales pueden viajar por sólidos *o* líquidos, las transversales sólo pueden viajar a través de sólidos. Cuando ocurre un terremoto, ondas P se detectan en el otro lado del planeta, opuesto al foco, pero no ondas S. (Véase la figura 3.) La ausencia de ondas S en una zona de sombra indica que la Tierra debe tener cerca de su centro una región que está en la fase líquida.

Cuando las ondas P transmitidas entran en la región líquida y salen de ella, se refractan (flexionan). Esta refracción crea una zona de sombra de ondas P, lo cual indica que sólo la parte exterior del núcleo es líquida. Como veremos en el capítulo 19, la combinación de un núcleo exterior líquido y la rotación terrestre podría ser el origen del campo magnético de la Tierra.

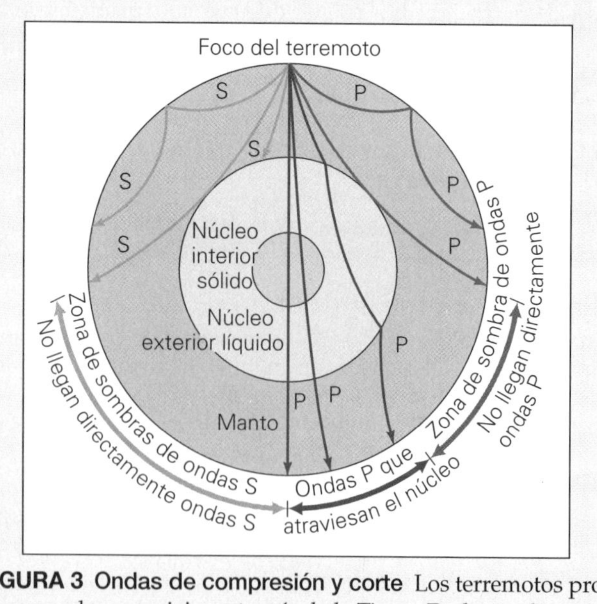

FIGURA 3 Ondas de compresión y corte Los terremotos producen ondas que viajan a través de la Tierra. Dado que las ondas transversales (S) no se detectan en el lado opuesto del planeta, los científicos creen que al menos una parte del núcleo terrestre es un líquido viscoso sometido a elevadas presiones y temperaturas. Las ondas se flexionan (refractan) continuamente, porque su rapidez varía con la profundidad.

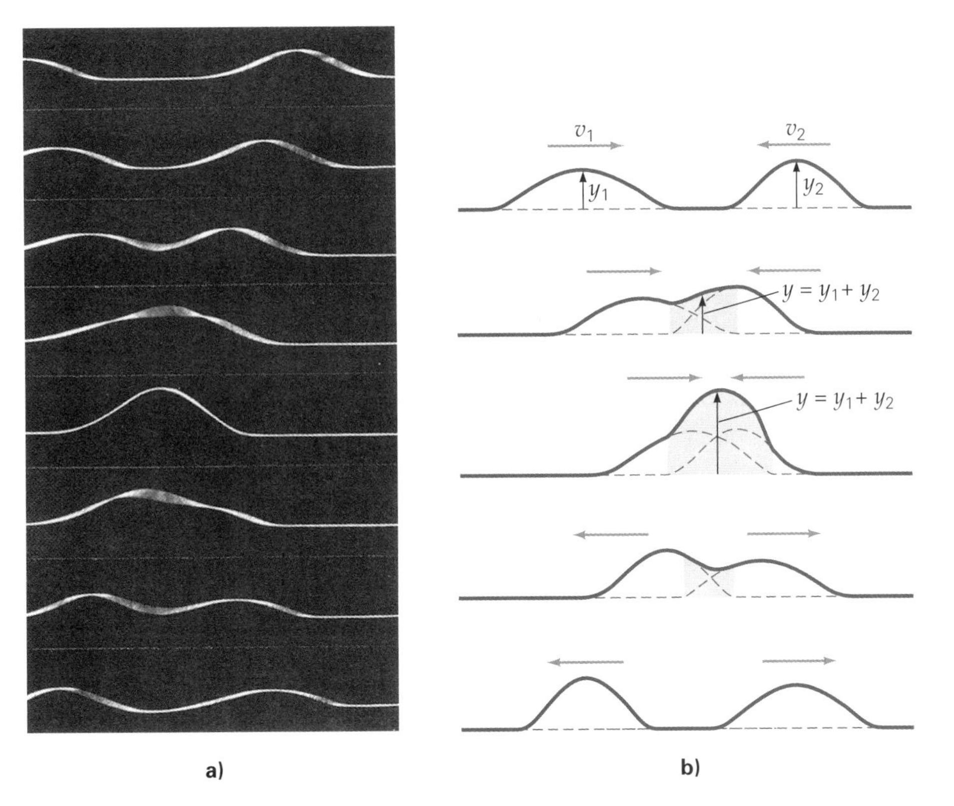

◀ **FIGURA 13.13** Principio de superposición *a)* Cuando dos ondas se encuentran, se interfieren (véase la imagen). *b)* El sombreado marca el área donde ambas ondas, que viajan en direcciones opuestas, se traslapan y combinan. El desplazamiento en cualquier punto de la onda combinada es igual a la suma de los desplazamientos de las ondas individuales: $y = y_1 + y_2$.

Ilustración 17.3 Superposición de pulsaciones

En la figura, los desplazamientos verticales de las dos pulsaciones tienen la misma dirección, y la amplitud de la forma de onda combinada es mayor que la de cualquiera de las pulsaciones. Esta situación se denomina **interferencia constructiva**. En cambio, si una pulsación tiene desplazamiento negativo, las dos pulsaciones tienden a anularse entre sí cuando se traslapan, y la amplitud de la forma de onda combinada es menor que la de cualquiera de las pulsaciones. Esta situación se denomina **interferencia destructiva**.

En la ▾ figura 13.14 se muestran los casos especiales de interferencia constructiva y destructiva totales, para pulsaciones de onda viajera con la misma anchura y amplitud. En el instante en que estas ondas en interferencia se traslapan exactamente (la cresta coincide con la cresta), la amplitud de la forma de onda combinada es el doble de la de cualquier onda individual. Este caso se llama **interferencia constructiva total**. Cuando los pulsos que interfieren tienen desplazamientos opuestos y se superponen exactamente (la cresta coincide con el valle), las formas de onda desaparecen momentáneamente; es decir, la amplitud de la onda combinada es cero. Este caso se llama **interferencia destructiva total**.

PHYSLET® Exploración 17.1 Superposición de dos pulsaciones

Por desgracia, la palabra *destructiva* parece implicar que la energía y la forma de la onda se destruyen. Pero éste no es el caso. En el punto de interferencia destructiva total,

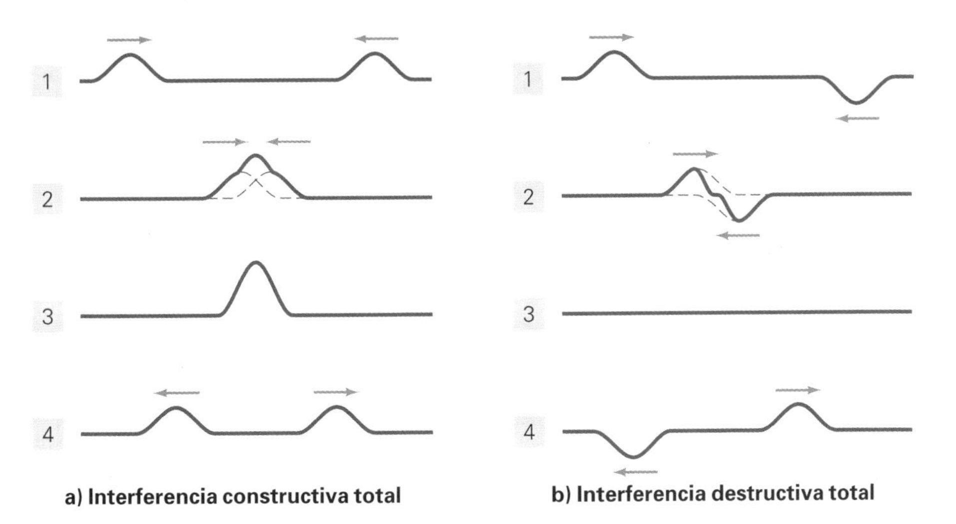

◀ **FIGURA 13.14** Interferencia *a)* Cuando dos pulsaciones de onda de la misma amplitud se encuentran y están en fase, se interfieren constructivamente. Cuando las pulsaciones se superponen exactamente (3), hay interferencia constructiva total. *b)* Cuando las pulsaciones en interferencia tienen amplitudes opuestas y se superponen exactamente (3), hay interferencia destructiva total.

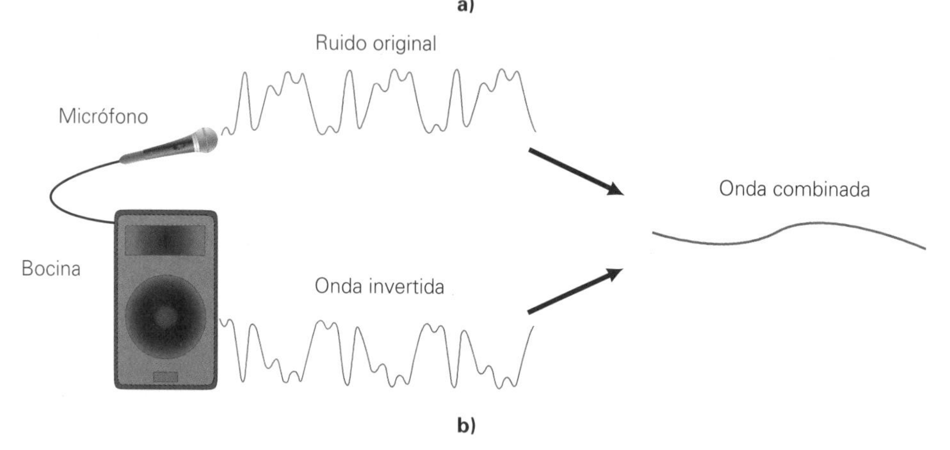

▶ **FIGURA 13.15** Interferencia destructiva en acción *a)* Los pilotos utilizan auriculares conectados a un micrófono que recoge el ruido de baja frecuencia del motor. *b)* Se genera una onda que es inversa a la del ruido del motor. Cuando se reproduce a través de los auriculares, la interferencia destructiva hace que se reduzca el ruido del motor. Este proceso se llama "cancelación activa del ruido".

Exploración 17.3 Pulsaciones que viajan y obstáculos

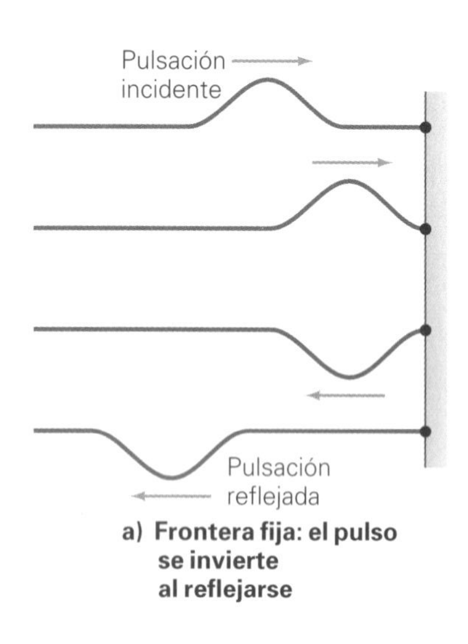

a) Frontera fija: el pulso se invierte al reflejarse

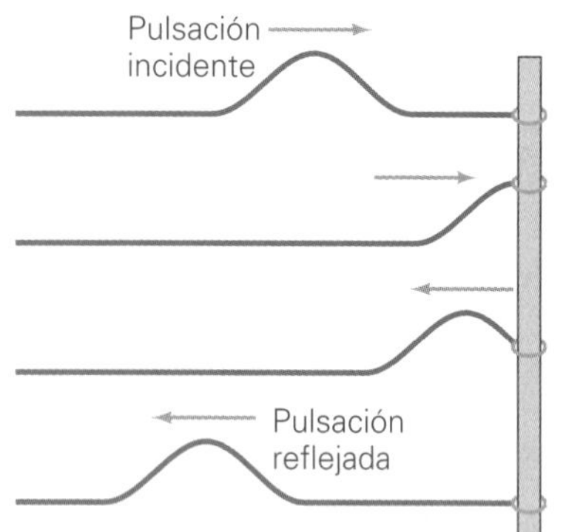

b) Frontera libre (móvil): el pulso no se invierte al reflejarse

▲ **FIGURA 13.16** Reflexión *a)* Cuando una onda (pulsación) en una cuerda se refleja en una frontera fija, se invierte la onda reflejada. *b)* Si la cuerda está en libertad de moverse en la frontera, la fase de la onda reflejada no se desplaza respecto a la de la onda incidente.

donde la forma de onda neta y, por lo tanto, la energía potencial son cero, la energía de la onda se almacena totalmente en el medio en forma de energía cinética; es decir, la cuerda recta tiene una velocidad instantánea.

Hay varias aplicaciones prácticas de la interferencia destructiva. Una de éstas es el silenciador de los automóviles. Los gases de escape del motor que pasan de una alta presión en los cilindros a una presión atmosférica normal producirían fuertes ruidos. Pero los silenciadores los reducen. Normalmente, un silenciador consiste en un dispositivo metálico que contiene tubos y cámaras perforados. Los tubos y las cámaras están dispuestos de tal manera que las ondas de presión de los gases de escape se reflejan hacia atrás y hacia delante, aumentado la interferencia destructiva. Esto reduce considerablemente el ruido que proviene del tubo de escape.

Otras aplicaciones se conocen como "control activo del ruido" o "cancelación activa del ruido". Ello implica la modificación del sonido, particularmente la cancelación del sonido por medios electro-acústicos. Existe una aplicación particularmente útil para los pilotos de aviones o helicópteros, quienes necesitan escuchar lo que sucede a su alrededor por encima del ruido del motor. Los pilotos utilizan auriculares especiales conectados a un micrófono que recoge el ruido de baja frecuencia del motor. Entonces, un componente en los auriculares genera una onda inversa al ruido del motor. Esto se reproduce a través de los auriculares y la interferencia destructiva produce un entorno menos ruidoso. (▲figura 13.15). Así el piloto puede escuchar mejor los sonidos de mediana y alta frecuencia, como las conversaciones y los sonidos de advertencia de los instrumentos.

Reflexión, refracción, dispersión y difracción

Además de encontrarse con otras ondas, las ondas pueden encontrarse con objetos o con fronteras entre medios distintos. En tales casos, podrían ocurrir varias cosas. Una de ellas es la **reflexión**, que se da cuando una onda choca contra un objeto, o llega a una frontera con otro medio y se desvía, al menos en parte, otra vez hacia el medio original. Un eco es la reflexión de ondas sonoras, y los espejos reflejan las ondas de luz.

En la ◀figura 13.16 se ilustran dos casos de reflexión. Si el extremo de la cuerda está fijo, la pulsación reflejada se invierte (figura 13.16a). Ello se debe a que la pulsación hace que la cuerda ejerza una fuerza hacia arriba sobre la pared, y la pared ejerce una fuerza igual y opuesta (hacia abajo) sobre la cuerda (por la tercera ley de Newton). La fuerza hacia abajo crea la pulsación reflejada hacia abajo (o invertida). Si el extremo de la cuerda puede moverse libremente, entonces no se invertirá la pulsación reflejada. (No hay desplazamiento de fase.) Esto se ilustra en la figura 13.16b, donde la cuerda está sujeta a un anillo ligero que puede moverse libremente sobre el poste liso. El frente de la pulsación incidente acelera al anillo hacia arriba y luego el anillo baja, creando así un pulso reflejado no invertido.

En términos más generales, cuando una onda choca con una frontera, la onda no se refleja totalmente. Más bien, una parte de la energía de la onda se refleja y una parte se transmite o absorbe. Cuando una onda cruza una frontera y penetra en otro medio, por lo general su rapidez cambia porque el nuevo material tiene distintas características. Si la onda transmitida ingresa oblicuamente (angulada) en el nuevo medio, se moverá en una dirección distinta de la de la onda incidente. Este fenómeno se denomina **refracción** (▸figura 13.17).

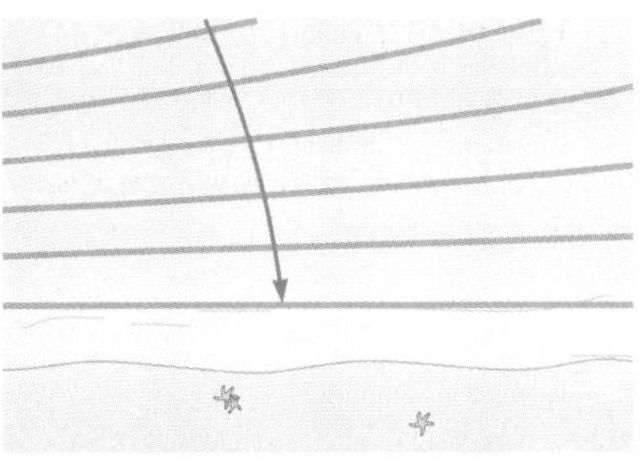

▲ **FIGURA 13.17** Refracción
La refracción de olas acuáticas se muestra desde arriba. Al acercarse las crestas a la playa, su borde izquierdo se frena porque entra primero en aguas poco profundas. Así, toda la cresta gira y llega a la playa casi de frente.

Puesto que la refracción depende de cambios en la rapidez de la onda, podríamos preguntarnos qué parámetros físicos determinan esa rapidez. En general, hay dos tipos de situaciones. El tipo más sencillo de onda es una cuya rapidez *no* depende de su longitud de onda (o su frecuencia). Todas esas ondas viajan con la misma rapidez, la cual depende exclusivamente de las propiedades del medio. Estas ondas se denominan *ondas no dispersivas* porque no se dispersan, es decir, no se separan entre sí. Un ejemplo de onda no dispersiva es una onda en una cuerda, cuya rapidez, como veremos, depende únicamente de la tensión y de la densidad de masa de la cuerda (sección 13.5). El sonido es una onda longitudinal no dispersiva; la rapidez del sonido (en aire) depende únicamente de la compresibilidad y la densidad del aire. De hecho, si la rapidez del sonido dependiera de la frecuencia, al fondo de una sala de conciertos se podrían oír los violines antes que los clarinetes, aunque ambas ondas sonoras estuvieran perfectamente sincronizadas cuando salieron del foso de la orquesta.

Cuando la rapidez *sí* depende de la longitud de onda (o la frecuencia), decimos que las ondas tienen **dispersión**: ondas de distinta frecuencia se separan unas de otras. Aunque la luz no se dispersa en el vacío, cuando entra en algún medio sus ondas sí se separan. Por ello los prismas separan la luz solar para dar un espectro de color, y es la base para la formación de los arcoiris, como veremos en el capítulo 22. La dispersión es muy importante en el estudio de la luz; no obstante debemos recordar que otras ondas también se pueden dispersar en las condiciones adecuadas.

La **difracción** se refiere a la flexión de las ondas en torno al borde de un objeto y no está relacionada con la refracción. Por ejemplo, si nos paramos junto a la pared de un edificio cerca de una esquina, podemos escuchar a gente que habla en la otra calle. Suponiendo que no hay reflexiones y que el aire no se mueve (no hay viento), esto no sería posible si las ondas viajaran en línea recta. Cuando las ondas pasan por la esquina, en vez de cortarse abruptamente, "envuelven" el borde; por ello, escuchamos el sonido.

En general, los efectos de la difracción sólo son evidentes cuando el tamaño del objeto o la abertura que difracta es aproximadamente igual o menor que la longitud de onda. La dependencia de la difracción, de la longitud de onda y el tamaño del objeto o la abertura, se ilustra en la ▾figura 13.18. Para muchas ondas, la difracción es insignificante en circunstancias normales. Por ejemplo, la luz visible tiene longitudes de onda del orden de 10^{-6} m. Tales longitudes de onda son demasiado pequeñas para exhibir difracción cuando pasan por aberturas de tamaño común, como las lentes de unos anteojos.

Estudiaremos más a fondo la reflexión, la refracción, la dispersión y la difracción cuando estudiemos las ondas luminosas en los capítulos 22 y 24.

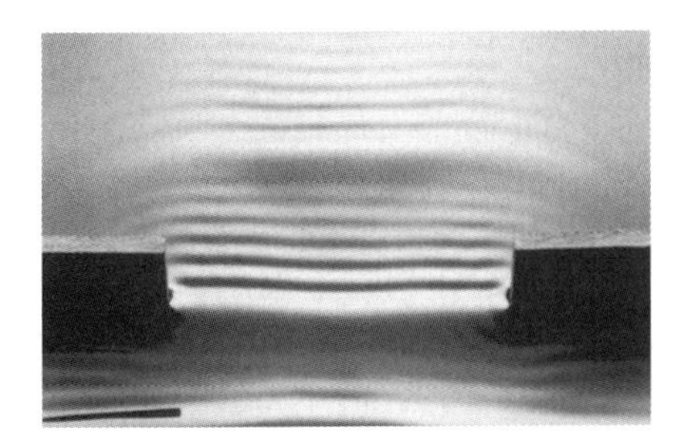

a)

b)

◂ **FIGURA 13.18** Difracción
Los efectos de difracción son máximos cuando la abertura (o el objeto) tiene aproximadamente el mismo tamaño o es más pequeña que la longitud de onda de las ondas. ***a)*** Con una abertura mucho mayor que la longitud de onda de estas ondas planas en agua, la difracción sólo se percibe cerca de los bordes. ***b)*** Si la abertura tiene aproximadamente el tamaño de la longitud de onda, la difracción produce ondas casi semicirculares.

PHYSLET®

Ilustración 17.4 Superposición de ondas que viajan

13.5 Ondas estacionarias y resonancia

OBJETIVOS: *a*) Describir la formación y las características de las ondas estacionarias y *b*) explicar el fenómeno de resonancia.

Si sacudimos un extremo de una cuerda estirada, viajarán ondas a lo largo de la cuerda y se reflejarán en el otro extremo. Las ondas que van y las que vuelven se interfieren. En la mayoría de los casos, las formas de onda combinadas tienen una apariencia cambiante, irregular; pero si la cuerda se sacude con la frecuencia exacta, puede verse una forma de onda constante, o una serie de curvaturas uniformes que no cambian de lugar en la cuerda. Este fenómeno, que tiene el nombre adecuado de **onda estacionaria** (▼figura 13.19), se debe a interferencia con las ondas reflejadas, que tienen las mismas longitud de onda, amplitud y rapidez que las ondas incidentes. Puesto que las dos ondas idénticas viajan en direcciones opuestas, el flujo neto de energía por la cuerda es cero. Efectivamente, la energía se mantiene estacionaria en las curvas.

Algunos puntos de la cuerda permanecen inmóviles en todo momento y se llaman **nodos**. En tales puntos, los desplazamientos de las ondas en interferencia *siempre* son iguales y opuestos. Por el principio de superposición, las ondas en interferencia se cancelan totalmente en esos puntos y la cuerda no se desplaza ahí. En todos los demás puntos, la cuerda oscila hacia arriba y hacia abajo con la misma frecuencia. Los puntos de máxima amplitud, donde se da la mayor interferencia constructiva, se llaman **antinodos**. Como se aprecia en la figura 13.19a, antinodos adyacentes están separados por media longitud de onda ($\lambda/2$) o una curvatura; dos nodos adyacentes también están a una distancia de media longitud de onda.

Se pueden generar ondas estacionarias en una cuerda con más de una frecuencia impulsora; cuanto mayor sea la frecuencia, más curvaturas oscilantes de media longitud de onda habrá en la cuerda. El único requisito es que las medias longitudes de onda "quepan" en la longitud de la cuerda. Las frecuencias con que se producen ondas estacionarias de gran amplitud se denominan **frecuencias naturales** o **frecuencias resonantes**. Los patrones resultantes de ondas estacionarias se llaman *modos de vibración normales* o *resonantes*. En general, todos los sistemas que oscilan tienen una o más frecuencias naturales, que dependen de factores como masa, elasticidad o fuerza restauradora, y geometría (condiciones de frontera). Las frecuencias naturales de un sistema también se describen como sus frecuencias *características*.

Podemos analizar una cuerda estirada para determinar sus frecuencias naturales. La condición de frontera es que los extremos están fijos, así que debe haber un nodo en cada uno. El número de segmentos cerrados o curvaturas de una onda estacionaria que caben entre los nodos de los extremos (en la longitud de la cuerda) es igual a un

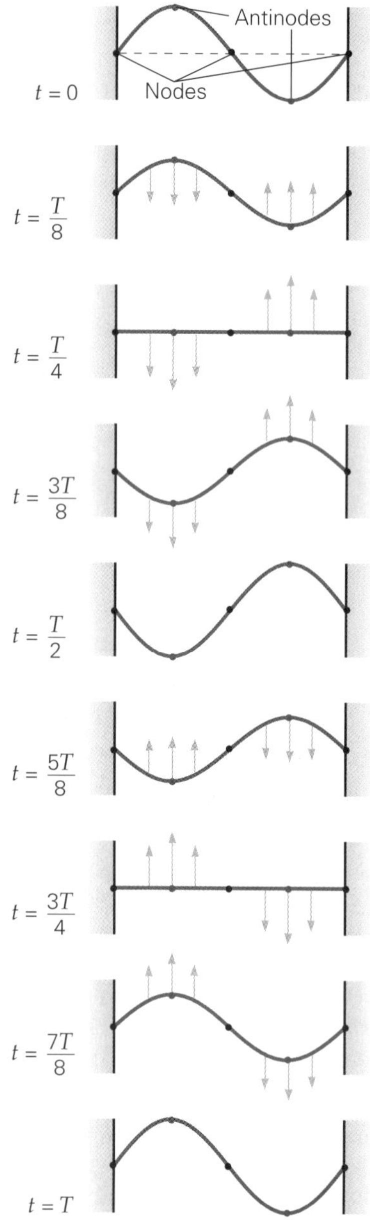

Antinodes
Nodes
$t = 0$
$t = \frac{T}{8}$
$t = \frac{T}{4}$
$t = \frac{3T}{8}$
$t = \frac{T}{2}$
$t = \frac{5T}{8}$
$t = \frac{3T}{4}$
$t = \frac{7T}{8}$
$t = T$
(a)

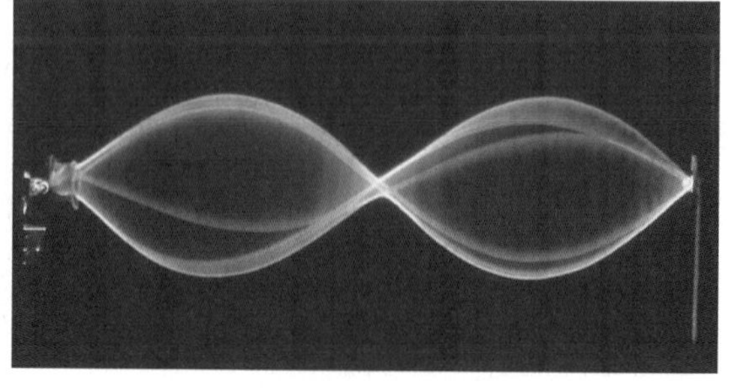
(b)

▼ **FIGURA 13.19** Ondas estacionarias *a*) Se repiten condiciones de interferencias destructiva y constructiva cuando cada onda recorre una distancia de $\lambda/4$ en un tiempo $t = T/4$. Las velocidades de las partículas de la cuerda se indican con las flechas. Este movimiento produce ondas estacionarias con nodos inmóviles y antinodos de amplitud máxima. *b*) Se forman ondas estacionarias por interferencia de ondas que viajan en direcciones opuestas.

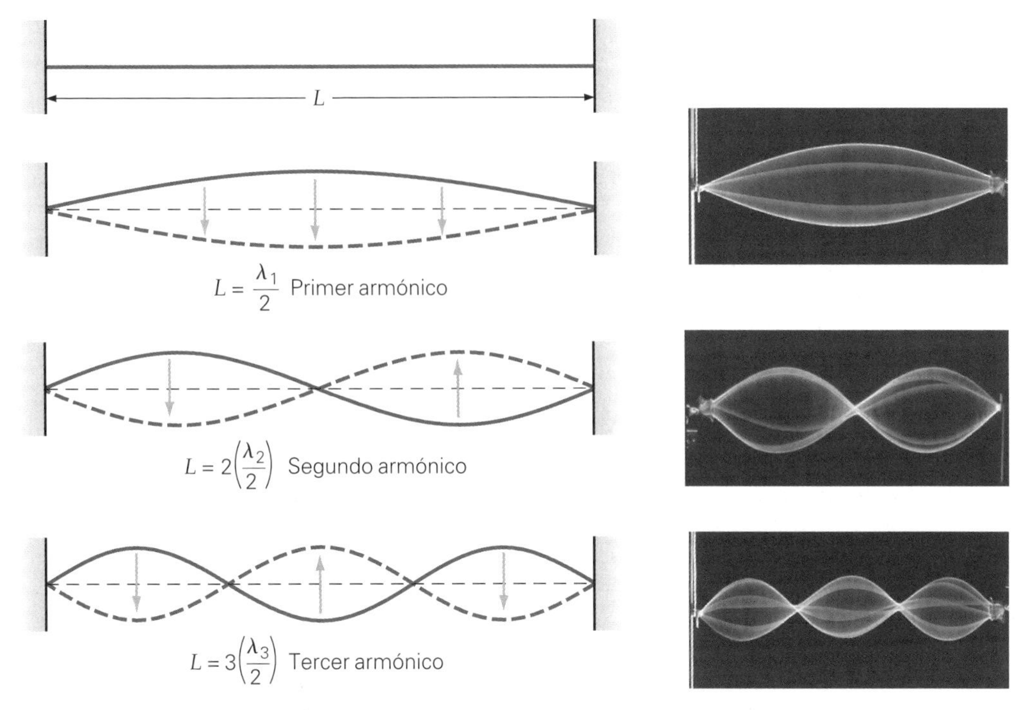

▲ **FIGURA 13.20 Frecuencias naturales** Una cuerda estirada sólo puede tener ondas estacionarias a ciertas frecuencias. Éstas corresponden a los números de medias longitudes de onda que caben en la longitud de la cuerda entre los nodos en lo extremos fijos.

número entero de *medias* longitudes de onda (▲figura 13.20). Vemos que $L = \lambda_1/2$, $L = 2(\lambda_2/2)$, $L = 3(\lambda_3/2)$, $L = 4(\lambda_4/2)$, y así sucesivamente. En general,

$$L = n\left(\frac{\lambda_n}{2}\right) \quad \text{o} \quad \lambda_n = \frac{2L}{n} \quad (\text{para } n = 1, 2, 3, \ldots)$$

De manera que las frecuencias naturales de oscilación son

$$f_n = \frac{v}{\lambda_n} = n\left(\frac{v}{2L}\right) = nf_1 \quad \text{para } n = 1, 2, 3, \ldots \quad \textit{frecuencias naturales de una cuerda estirada} \quad (13.18)$$

donde v es la rapidez de las ondas en la cuerda. La frecuencia natural más baja ($f_1 = v/2L$ para $n = 1$) se llama **frecuencia fundamental**. Todas las demás frecuencias naturales son múltiplos enteros de la frecuencia fundamental: $f_n = nf_1$ (para $n = 1, 2, 3, \ldots$). El conjunto de frecuencias $f_1, f_2 = 2f_1, f_3 = 3f_1, \ldots$ se llama **serie armónica**: f_1 (la frecuencia fundamental) es el *primer armónico*, f_2 es el *segundo armónico*, etcétera.

Encontramos cuerdas fijas en ambos extremos en los instrumentos musicales de cuerda como violines, pianos y guitarras. Cuando excitamos tales cuerdas, la vibración producida generalmente incluye varios armónicos, además de la frecuencia fundamental. El número de armónicos depende de cómo y dónde se excite la cuerda, es decir, de si se puntea, se golpea o se frota con un arco. Es la combinación de frecuencias armónicas lo que confiere a un instrumento dado la calidad característica de su sonido (hablaremos más al respecto en el capítulo 14). Como muestra la ecuación 13.18, la frecuencia fundamental de una cuerda estirada, así como los demás armónicos, dependen de la longitud de la cuerda. ¿Sabe usted cómo se obtienen diferentes notas con una cuerda dada de un violín o una guitarra (▸figura 13.21).

▲ **FIGURA 13.21 Frecuencias fundamentales** Los ejecutantes de instrumentos de cuerda, como violines o guitarras, usan sus dedos para "acortar" las cuerdas. Al oprimir una cuerda contra un traste o el batidor, el ejecutante reduce la longitud de cuerda que puede vibrar. Esta reducción altera la frecuencia resonante de la cuerda y, por lo tanto, el tono del sonido que produce.

Las frecuencias naturales también dependen de otros parámetros, como masa y fuerza, que afectan la rapidez de la onda en la cuerda. En el caso de una cuerda estirada, puede demostrarse que la rapidez de la onda (v) es

$$v = \sqrt{\frac{F_T}{\mu}} \quad \textit{rapidez de una onda en una cuerda estirada} \tag{13.19}$$

donde F_T es la tensión en la cuerda y μ es la densidad lineal de masa (masa por unidad de longitud, $\mu = m/L$). (Usamos F_T, en vez de la T de capítulos anteriores, para no confundir la tensión con el periodo T.) Así, escribimos la ecuación 13.18 como

$$f_n = n\left(\frac{v}{2L}\right) = \frac{n}{2L}\sqrt{\frac{F_T}{\mu}} = nf_1 \qquad (\text{para } n = 1, 2, 3, \ldots) \tag{13.20}$$

Observe que cuanto mayor sea la densidad de masa lineal de una cuerda, menores serán sus frecuencias naturales. Como seguramente sabe el lector, las cuerdas de notas bajas de un violín o una guitarra son más gruesas (más masivas) que las cuerdas de notas altas. Al tensar una cuerda, aumentamos todas sus frecuencias. Al modificar la tensión en sus cuerdas, los violinistas, por ejemplo, afinan sus instrumentos antes de un concierto.

Ejemplo 13.6 ■ Una cuerda de piano: frecuencia fundamental y armónicos

Una cuerda de piano de 1.15 m de longitud y masa de 20.0 g está sometida a una tensión de 6.30×10^3 N. *a*) ¿Qué frecuencia fundamental tendrá la cuerda cuando se golpee? *b*) ¿Qué frecuencia tienen los dos primeros armónicos?

Razonamiento. Tenemos la tensión y podemos calcular la densidad lineal de masa a partir de los datos. Esto nos permitirá calcular la frecuencia fundamental y, con ella, los armónicos.

Solución.

Dado: $L = 1.15$ m
$m = 20.0 \text{ g} = 0.0200$ kg
$F_T = 6.30 \times 10^3$ N

Encuentre: *a*) f_1 (frecuencia fundamental)
b) f_2 y f_3 (frecuencias de los siguientes dos armónicos)

a) La densidad lineal de masa de la cuerda es

$$\mu = \frac{m}{L} = \frac{0.0200 \text{ kg}}{1.15 \text{ m}} = 0.0174 \text{ kg/m}$$

Entonces, aplicando la ecuación 13.20, tenemos

$$f_1 = \frac{1}{2L}\sqrt{\frac{F_T}{\mu}} = \frac{1}{2(1.15 \text{ m})}\sqrt{\frac{6.30 \times 10^3 \text{ N}}{0.0174 \text{ kg/m}}} = 262 \text{ Hz}$$

Ésta es aproximadamente la frecuencia del do medio (C_4) en un piano.

b) Puesto que $f_2 = 2f_1$ y $f_3 = 3f_1$, se sigue que

$$f_2 = 2f_1 = 2(262 \text{ Hz}) = 524 \text{ Hz}$$

y

$$f_3 = 3f_1 = 3(262 \text{ Hz}) = 786 \text{ Hz}$$

El segundo armónico corresponde aproximadamente a C_5 (do de la quinta octava) en un piano ya que, por definición, la frecuencia aumenta al doble con cada octava (cada octava tecla blanca).

Ejercicio de refuerzo. Las notas musicales toman como referencia la frecuencia fundamental de vibración o primer armónico. En música, el segundo armónico es el primer sobretono, el tercer armónico es el segundo sobretono y así sucesivamente. Si un instrumento tiene un tercer sobretono con frecuencia de 880 Hz, ¿qué frecuencia tendrá el primer sobretono?

Nota: no debemos confundirnos con el lenguaje. El *primer* sobretono significa la primera frecuencia arriba de la frecuencia fundamental, es decir, el *segundo* armónico.

Ejemplo integrado 13.7 ■ Afinación: aumentar la frecuencia de una cuerda de guitarra

Suponga que quiere aumentar la frecuencia fundamental de una cuerda de guitarra. *a*) ¿Usted 1) aflojaría la cuerda para reducir su tensión a la mitad, 2) apretaría la cuerda para duplicar su tensión, 3) usaría otra cuerda del mismo material pero con la mitad del diámetro, sometida a la misma tensión o 4) usaría otra cuerda del mismo material pero con el doble del diámetro, sometida a la misma tensión? *b*) Usted quiere ir de la nota la (220 Hz) abajo del do medio, a la nota la (440 Hz) arriba del do medio. Si las cuerdas de la guitarra son de acero ($\rho = 7.8 \times 10^3$ kg/m^3, tabla 9.2), y una cuerda inicial más gruesa tiene un diámetro de 0.30 cm, demuestre que una cuerda cuyo diámetro es de la mitad tiene una frecuencia fundamental del doble.

a) Razonamiento conceptual. La frecuencia fundamental de una cuerda estirada está dada por la ecuación 13.20:

$$f = \frac{1}{2L}\sqrt{\frac{F_T}{\mu}} \qquad (para\ n = 1)$$

Por lo tanto, la frecuencia de la cuerda es proporcional a la *raíz cuadrada* de la fuerza de tensión F_T, así que si aflojamos la cuerda —es decir, si reducimos F_T— no aumentaremos la frecuencia. Un aumento al doble de la tensión tampoco aumenta la frecuencia al doble (porque $\sqrt{2F_T} \neq 2\sqrt{F_T}$). Así, ni 1 ni 2 son la respuesta correcta.

Al usar otra cuerda, la pregunta es entonces ¿cómo varía la frecuencia con la densidad lineal de masa μ de la cuerda? Si las cuerdas son del mismo material (misma densidad ρ), entonces, cuanto mayor sea el diámetro de la cuerda, mayor será su masa por unidad de longitud (mayor μ). Por lo tanto, una cuerda más delgada, con μ más pequeña, vibrará a una mayor frecuencia, y la respuesta es 3.

b) Razonamiento cuantitativo y solución. Lo primero que se nos podría ocurrir es calcular directamente las frecuencias, empleando la ecuación 13.20. Sin embargo, no podemos hacerlo porque no tenemos suficientes datos, y esto generalmente implica el uso de cocientes. Para mostrar la diferencia en las frecuencias con cuerdas de diferente diámetro, necesitamos expresar la ecuación de frecuencia en términos del diámetro de la cuerda. Al examinar la ecuación 13.20, vemos que el diámetro de la cuerda no depende de la longitud L (que suponemos constante entre el puente y el cuello de la guitarra) ni de la fuerza de tensión constante F_T (suponiendo que el estiramiento es insignificante). Esto nos lleva a considerar la densidad lineal de masa $\mu = m/L$.

Recuerde que la masa de una cuerda depende de su densidad y su volumen; es decir, $\rho = m/V$, o bien, $m = \rho V$. Podemos determinar el volumen V de una longitud dada (L) de cuerda, que sería un cilindro largo con sección transversal A, con $V = AL$. El área circular es proporcional al cuadrado del diámetro de la cuerda, así que ésta es la clave de nuestra demostración.

Dado: $f = \dfrac{1}{2L}\sqrt{\dfrac{F_T}{\mu}}$ (para $n = 1$, ec. 13.20)
$\rho = 7.8 \times 10^3$ kg/m^3 (acero)
$d_1 = 0.30$ cm
$d_2 = d_1/2 = 0.15$ cm

Encuentre: Demostrar que una cuerda con diámetro d_2 que es la mitad del de una cuerda más gruesa (diámetro d_1) tiene una frecuencia fundamental que es el doble de la de la cuerda más gruesa.

Como señalamos en la sección Razonamiento cuantitativo y solución, la densidad lineal de masa de la cuerda puede expresarse en términos de su densidad y su volumen, siendo este último proporcional al cuadrado del diámetro de la cuerda:

$$\mu = \frac{m}{L} = \frac{\rho V}{L} = \frac{\rho A L}{L} = \rho\left(\frac{\pi d^2}{4}\right)$$

Sustituimos esto en la ecuación 13.20 para obtener

$$f = \frac{1}{2L}\sqrt{\frac{F_T}{\mu}} = \frac{1}{2L}\sqrt{\frac{4F_T}{\rho\pi d^2}} = \left(\frac{1}{L}\sqrt{\frac{F_T}{\rho\pi}}\right)\frac{1}{d}$$

(continúa en la siguiente página)

Las cantidades encerradas en los paréntesis son constantes, de modo que $f \propto 1/d$, así que, en forma de razón,

$$\frac{f_2}{f_1} = \frac{d_1}{d_2} = \frac{0.30 \text{ cm}}{0.15 \text{ cm}} = 2 \quad \text{y} \quad f_2 = 2f_1$$

Ejercicio de refuerzo. La frecuencia fundamental de una cuerda de violín es la de abajo del do medio (220 Hz). ¿Cómo afinaríamos esta cuerda al do medio (264 Hz) sin cambiar de cuerda, como se hizo en este ejemplo?

Ilustración 17.5 Comportamiento de resonancia de una cuerda

Cuando el sistema oscilante se impulsa con una de sus frecuencias naturales o resonantes, se le transfiere el máximo de energía. Las frecuencias naturales de un sistema son las frecuencias con que el sistema "quiere" vibrar, por decirlo de alguna manera. La condición de impulsar un sistema con una frecuencia natural se denomina **resonancia**.

Un ejemplo común de sistema en resonancia mecánica es el de una persona en un columpio que está siendo empujada. Básicamente, un columpio es un péndulo simple y

A FONDO 13.2 RESONANCIAS DESEABLES E INDESEABLES

Cuando nos colocamos una concha de caracol marino grande al oído, oímos un sonido parecido al del mar. La causa de este sonido es un efecto de resonancia. Los sonidos del entorno entran en la concha, que actúa como cavidad de resonancia.

El aire del interior de la concha resuena con las frecuencias naturales de la concha. Las variaciones del sonido surgen de los diferentes sonidos del entorno y de la aparición y desaparición de diferentes frecuencias resonantes. "El ir y venir de estas frecuencias resonantes produce la ilusión de escuchar el ir y venir de las olas del mar."* Básicamente, el cerebro procesa el sonido y busca en él un patrón que ya haya experimentado antes. Casi todos hemos oído antes las olas del mar, así que esto es lo que asociamos con el sonido que escuchamos en una concha marina. Podemos escuchar un sonido "de mar" similar colocándonos al oído un vaso vacío o la mano curveada.

Cuando un gran número de soldados cruza marchando un puente pequeño, generalmente se les ordena romper el paso. El motivo es que la frecuencia con que marchan podría coincidir con una de las frecuencias naturales del puente y ponerlo a vibrar en resonancia; la vibración podría llegar a derrumbarlo. Esto sucedió realmente en un puente colgante en Inglaterra, en 1831. El puente estaba debilitado y ya le hacían falta reparaciones, pero las vibraciones de resonancia inducida por soldados que lo cruzaron marchando hicieron que se derrumbara. Hubo algunos heridos.

En otro incidente, las vibraciones de un puente se debieron, no a la marcha de soldados, sino a la fuerza impulsora del viento. El 7 de noviembre de 1940, vientos con rapideces entre 65 y 72 km/h (40 a 45 mi/h) pusieron a vibrar el tramo principal del puente Tacoma Narrows (en el estado de Washington). Este puente, de 855 m (2800 ft) de longitud y 12 m (39 ft) de anchura, apenas se había abierto al tránsito hacía sólo cuatro meses.

Durante el primer mes de uso del puente, se habían observado pequeños modos transversales de vibración; pero el 7 de noviembre los efectos especiales del viento empujaron al puente con una frecuencia cercana a la de resonancia y el tramo principal vibró con una frecuencia de 36 vib/min y una amplitud de casi medio metro (1.5 ft). A las 10 A.M., el tramo principal comenzó a vibrar en un modo torsional de dos segmentos, con una frecuencia de 14 vib/min. El viento siguió empujando al puente en resonancia, y la amplitud de vibración aumentó. Poco después de las 11 A.M., el tramo principal se derrumbó (figura 1).†

Se volvió a construir el "Galloping Gertie" ("Gertrudis Galopante", el mote que se dio al puente) sobre los mismos cimientos de las torres; sin embargo, el nuevo diseño hizo más rígida la estructura para aumentar su frecuencia de resonancia, de manera que los vientos no pudieran producir una resonancia indeseable.

The Flying Circus of Physics, por J. Walker. (Nueva York: Wiley, 1977.)

†Y es dudoso que las ráfagas de viento hayan puesto a vibrar el puente. La velocidad del viento era más o menos constante, y las fluctuaciones por ráfagas suelen ser aleatorias. Una explicación en cuanto a la fuente impulsora de las oscilaciones es que se formaron vórtices al pasar el viento sobre el puente. Los vórtices son como los remolinos que se forman en el agua en la punta de los remos al remar una lancha. El viento, al soplar por arriba y por debajo del puente, habría formado vórtices que giraban en direcciones opuestas. La formación y "separación" de vórtices (como los remolinos que se separan de los remos) habría impartido energía al puente, y si la frecuencia de esta acción fuera aproximadamente la de una frecuencia natural, se habría establecido una onda estacionaria.

FIGURA 1 Gertrudis Galopante El colapso del puente Tacoma Narrows el 7 de noviembre de 1940 fue captado con una cámara de cine. Vemos una imagen de cuadro de esa película.

tiene una sola frecuencia resonante para una longitud dada $\left[f = 1/T = 1/(2\pi)\sqrt{g/L}\right]$. Si empujamos el columpio con esta frecuencia y lo hacemos en fase con su movimiento, aumentarán su amplitud y energía (▸figura 13.22). Si empujamos con una frecuencia un poco distinta, la transferencia de energía ya no será máxima. (¿Qué cree el lector que suceda si empuja el columpio con la frecuencia de resonancia, pero desfasada 180° respecto al movimiento del columpio?)

A diferencia de los péndulos simples, las cuerdas estiradas tienen muchas frecuencias naturales. Casi cualquier frecuencia impulsora causa una perturbación en la cuerda. Sin embargo, si la frecuencia de la fuerza impulsora no es igual a una de las frecuencias naturales, la onda resultante será relativamente pequeña e irregular. En cambio, cuando la frecuencia de la fuerza impulsora coincide con una de las frecuencias naturales, se transfiere el máximo de energía a la cuerda. El resultado es un patrón constante de onda estacionaria, y la amplitud en los antinodos se vuelve relativamente grande.

La resonancia mecánica no es el único tipo de resonancia. Cuando sintonizamos una radio, modificamos la frecuencia de resonancia de un circuito eléctrico (capítulo 21) para que sea impulsado por una señal cuya frecuencia es la de la estación transmisora deseada; así, la radio "capta" esa estación. En la sección A fondo 13.2 se describen otros ejemplos de la resonancia deseable y la indeseable.

▲ **FIGURA 13.22 Resonancia en el patio de juegos** El columpio se comporta como un péndulo en MAS. Para transferir energía de forma eficiente, el hombre debe sincronizar sus empujones con la frecuencia natural del columpio.

Repaso del capítulo

- El **movimiento armónico simple (MAS)** requiere una fuerza restauradora directamente proporcional al desplazamiento, como una fuerza de resorte ideal, que está dada por la ley de Hooke

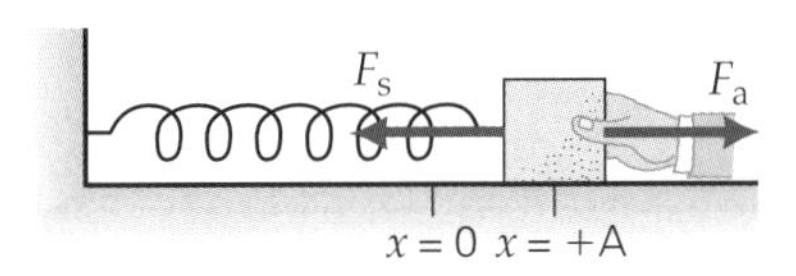

Ley de Hooke:

$$F_s = -kx \tag{13.1}$$

- La **frecuencia (f)** y el **periodo (T)** del MAS son recíprocos.

Frecuencia y periodo para MAS:

$$f = \frac{1}{T} \tag{13.2}$$

- En general, la energía total de un objeto en MAS es directamente proporcional al cuadrado de la amplitud.

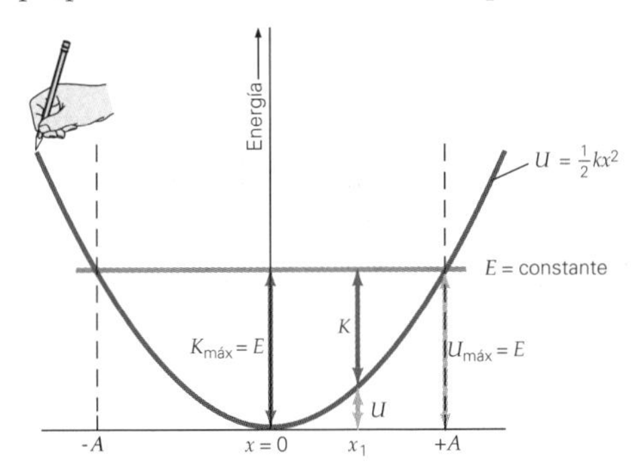

Energía total de un resorte y una masa en MAS:

$$E = \tfrac{1}{2}kA^2 = \tfrac{1}{2}mv^2 + \tfrac{1}{2}kx^2 \tag{13.4–5}$$

- La forma de la ecuación de movimiento para un objeto en MAS depende del desplazamiento inicial (y_o) del objeto.

Ecuaciones de movimiento para MAS:

$$y = \pm A \operatorname{sen} \omega t = \pm A \operatorname{sen}(2\pi f t) = \pm A \operatorname{sen}\left(\frac{2\pi t}{T}\right) \tag{13.8a}$$

+ para movimiento inicial hacia arriba con $y_o = 0$

− para movimiento inicial hacia abajo con $y_o = 0$

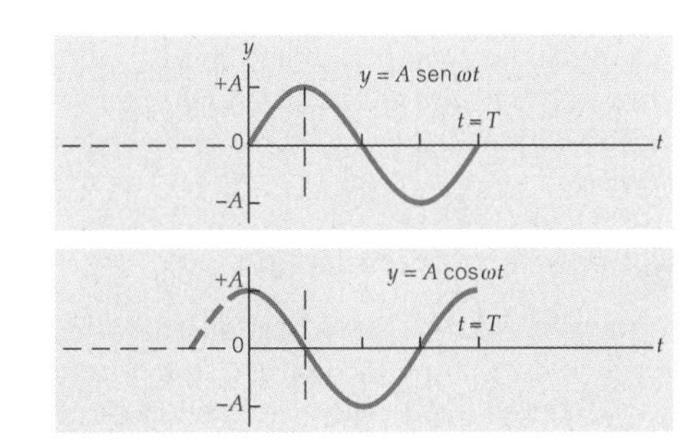

$$y = \pm A \cos \omega t = \pm A \cos(2\pi f t) = \pm A \cos\left(\frac{2\pi t}{T}\right) \tag{13.9a}$$

para movimiento inicial hacia arriba con $y_o = +A$

para movimiento inicial hacia abajo con $y_o = -A$

Velocidad de una masa que oscila en un resorte:

$$v = \pm\sqrt{\frac{k}{m}(A^2 - x^2)} \tag{13.6}$$

Periodo de una masa que oscila en un resorte:

$$T = 2\pi\sqrt{\frac{m}{k}} \tag{13.11}$$

Frecuencia angular de una masa que oscila en un resorte:

$$\omega = 2\pi f = \sqrt{\frac{k}{m}} \qquad (13.13)$$

Periodo de un péndulo simple (aproximación con ángulo pequeño):

$$T = 2\pi\sqrt{\frac{L}{g}} \qquad (13.14)$$

Velocidad de una masa en MAS:

$$v = \omega A \cos \omega t \quad \begin{pmatrix}\textit{velocidad vertical si } v_o \\ \textit{es hacia arriba en } t_o = 0, y_o = 0\end{pmatrix} \qquad (13.15)$$

Aceleración de una masa en MAS:

$$a = -\omega^2 A \operatorname{sen} \omega t = -\omega^2 y \quad \begin{pmatrix}\textit{aceleración vertical si } v_o \\ \textit{es hacia arriba en } t_o = 0, y_o = 0\end{pmatrix} \qquad (13.16)$$

- Una onda es una perturbación en el tiempo y el espacio; un movimiento ondulatorio transfiere o propaga energía.

Rapidez de una onda:

$$v = \frac{\lambda}{T} = \lambda f \qquad (13.17)$$

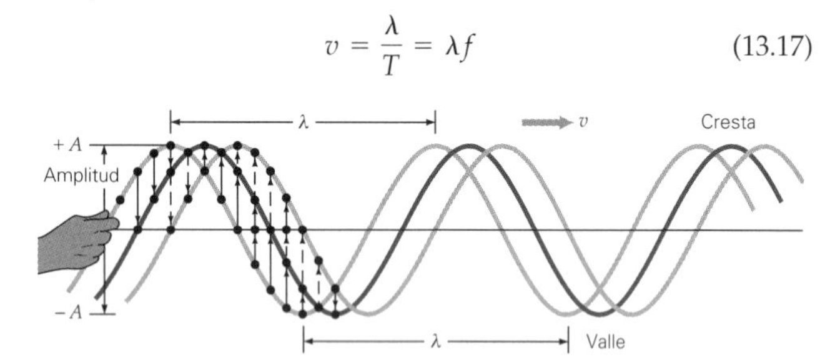

- En cualquier instante, la forma de onda combinada de dos o más ondas que se interfieren es la suma de los desplazamientos de las ondas individuales en cada punto del medio.

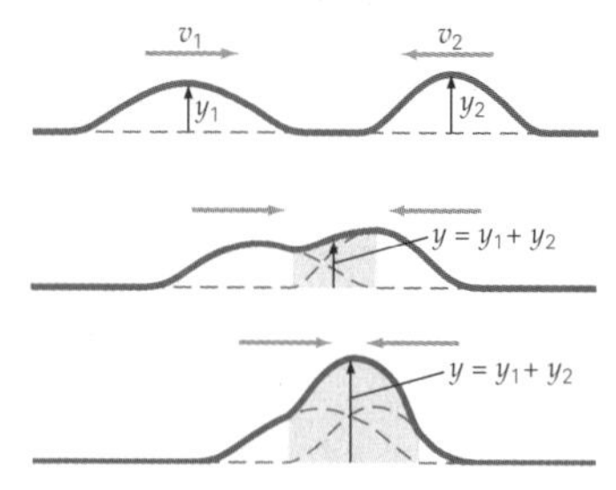

- En las frecuencias naturales, se pueden formar **ondas estacionarias** en una cuerda como resultado de la interferencia de dos ondas con longitud de onda, amplitud y rapidez idénticas, que viajan en direcciones opuestas por una cuerda.

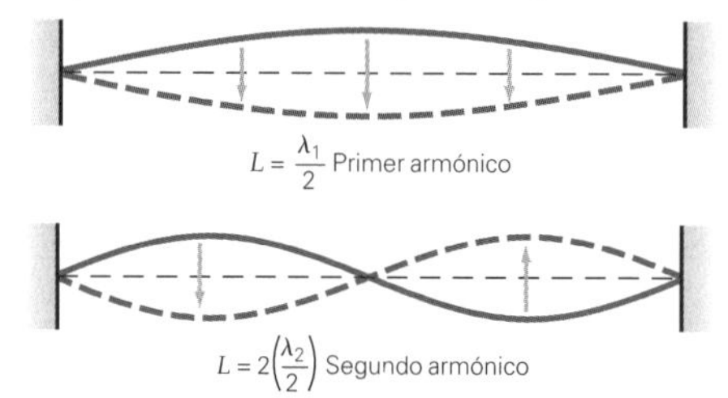

Frecuencias naturales de una cuerda estirada:

$$f_n = n\left(\frac{v}{2L}\right) = \frac{n}{2L}\sqrt{\frac{F_T}{\mu}} = nf_1 \quad (\text{para } n = 1, 2, 3, \ldots) \qquad (13.20)$$

Ejercicios

Los ejercicios designados **OM** *son preguntas de opción múltiple; los* **PC** *son preguntas conceptuales; y los* **EI** *son ejercicios integrados. A lo largo del texto, muchas secciones de ejercicios incluirán ejercicios "apareados". Estos pares de ejercicios, que se identifican con números subrayados, pretenden ayudar al lector a resolver problemas y aprender. El primer ejercicio de cada pareja (el de número par) se resuelve en la Guía de estudio, que puede consultarse si se necesita ayuda para resolverlo. El segundo ejercicio (de número impar) es similar, y su respuesta se da al final del libro.*

13.1 Movimiento armónico simple

1. **OM** Una partícula en MAS tiene *a*) amplitud variable, *b*) una fuerza restauradora que sigue la forma de la ley de Hooke, *c*) una frecuencia directamente proporcional a su periodo o *d*) una posición que se representa gráficamente con $x(t) = at + b$.

2. **OM** La energía cinética máxima de un sistema masa-resorte en MAS es igual a *a*) A, *b*) A^2, *c*) kA, *d*) $kA^2/2$.

3. **OM** Si se aumenta al doble el periodo de un sistema en MAS, la frecuencia del sistema *a*) se duplica, *b*) se reduce a la mitad, *c*) aumenta al cuádruple o *d*) se reduce a la cuarta parte.

4. **OM** Cuando una partícula en MAS horizontal está en la posición de equilibrio, la energía potencial del sistema es *a*) cero, *b*) máxima, *c*) negativa o *d*) nada de lo anterior.

5. **PC** Si se duplica la amplitud de una masa en MAS, ¿cómo afectará eso *a*) la energía y *b*) la rapidez máxima?

6. **PC** ¿Cómo cambia la rapidez de una masa en MAS a medida que la masa se acerca a su posición de equilibrio? Explique.

7. **PC** Un sistema masa-resorte en MAS tiene amplitud A y periodo T. ¿Cuánto tarda la masa en recorrer una distancia A? ¿Y una $2A$?

8. **PC** Un tenista usa una raqueta para botar una pelota con un periodo constante. ¿Se trata de un movimiento armónico simple? Explique por qué.

9. ● Una partícula oscila en MAS con amplitud A. ¿Qué *distancia* total recorre la partícula en un periodo?

10. ● Un juguete de 0.75 kg que oscila en un resorte efectúa un ciclo cada 0.60 s. ¿Qué frecuencia tiene esta oscilación?

11. ● Una partícula en movimiento armónico simple tiene una frecuencia de 40 Hz. ¿Qué periodo tiene su oscilación?

12. ● La frecuencia de un oscilador armónico simple se duplica, de 0.25 a 0.50 Hz. ¿Cómo cambia su periodo?

13. ● ¿Qué constante de resorte tiene una báscula de resorte que se estira 6.0 cm cuando una canasta de verduras cuya masa es de 0.25 kg se cuelga de ella?

14. ● Un objeto con una masa de 0.50 kg se sujeta a un resorte cuya constante es de 10 N/m. Si se tira del objeto para bajarlo 0.050 m respecto a su posición de equilibrio y se le suelta, ¿qué rapidez máxima alcanzará?

15. ●● Los átomos de un sólido están en movimiento vibratorio continuo debido a su energía térmica. A temperatura ambiente, la amplitud típica de estas vibraciones atómicas suele ser de aproximadamente 10^{-9} cm, y su frecuencia es del orden de 10^{12} Hz. *a*) ¿Qué periodo aproximado de oscilación tiene un átomo representativo? *b*) ¿Qué rapidez máxima tiene semejante átomo?

16. **EI** ●● *a*) ¿En qué posición es mínima la magnitud de la fuerza sobre la masa de un sistema masa-resorte? 1) $x = 0$, 2) $x = -A$ o 3) $x = +A$. ¿Por qué? *b*) Con $m = 0.500$ kg, $k = 150$ N/m y $A = 0.150$ m, calcule la magnitud de la fuerza sobre la masa y la aceleración de la masa en $x = 0$, 0.050 m y 0.150 m.

17. **EI** ●● *a*) ¿En qué posición es máxima la rapidez de una masa de un sistema masa-resorte? 1) $x = 0$, 2) $x = -A$ o 3) $x = +A$. ¿Por qué? *b*) Con $m = 0.250$ kg, $k = 100$ N/m y $A = 0.10$ m, ¿cuál es la rapidez máxima?

18. ●● Un sistema masa-resorte está en MAS en la dirección horizontal. La masa es de 0.25 kg, la constante de resorte es de 12 N/m y la amplitud es de 15 cm. *a*) Calcule la rapidez máxima de la masa y *b*) la posición donde ocurre. *c*) ¿Qué rapidez tendrá en la posición de media amplitud?

19. ●● En el ejercicio 18, *a*) ¿qué rapidez tiene la masa en $x = 10$ cm? *b*) ¿Qué magnitud tiene la fuerza ejercida por el resorte sobre la masa?

20. ●● Un resorte horizontal en un riel de aire nivelado que no ejerce fricción tiene atado un objeto de 150 g; el resorte se estira 6.50 cm. Luego se imprime al objeto una velocidad inicial hacia fuera de 2.20 m/s. Si la constante de resorte es de 35.2 N/m, determine qué tanto se estira el resorte.

21. ●● Un bloque de 350 g que se mueve hacia arriba verticalmente choca con un resorte vertical ligero y lo comprime 4.50 cm antes de llegar al reposo. Si la constante de resorte es de 50.0 N/m, ¿cuál fue la rapidez inicial del bloque? (Ignore las pérdidas de energía debidas al sonido y a otros factores durante el choque.)

22. ●● Un objeto de 0.25 kg suspendido de un resorte ligero se suelta desde una posición 15 cm arriba de la posición de equilibrio del resorte estirado. La constante del resorte es de 80 N/m. *a*) Calcule la energía total del sistema. (Desprecie la energía potencial gravitacional.) *b*) ¿Esta energía depende de la masa del objeto? Explique.

23. ●● ¿Qué rapidez tiene el objeto del ejercicio 22 cuando está *a*) 5.0 cm arriba y *b*) 5.0 cm abajo de su posición de equilibrio? *c*) Calcule la rapidez máxima del objeto y la posición donde esta ocurre.

24. ●●● Un cirquero de 75 kg salta desde una altura de 5.0 m a un trampolín y lo estira hacia abajo 0.30 m. Suponiendo que el trampolín obedece la ley de Hooke, *a*) ¿qué tanto se estirará si el cirquero salta desde una altura de 8.0 m? *b*) ¿Qué tanto se estirará el trampolín si el cirquero se para en él mientras agradece los aplausos?

25. ●●● Un resorte vertical está atado a una masa de 200 g. La masa se suelta desde el reposo y cae 22.3 cm antes de detenerse. *a*) Determine la constante de resorte. *b*) Determine la rapidez de la masa cuando ha caído solamente 10.0 cm.

26. ●●● Una esfera de 0.250 kg se deja caer desde una altura de 10.0 cm sobre un resorte, como se ilustra en la ▾figura 13.23. Si la constante del resorte es de 60.0 N/m, *a*) ¿qué distancia se comprimirá el resorte? (Desprecie la pérdida de energía durante el choque.) *b*) Al rebotar hacia arriba, ¿qué altura alcanzará la esfera?

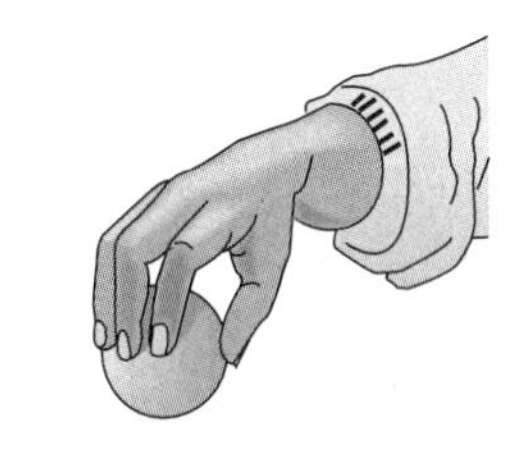

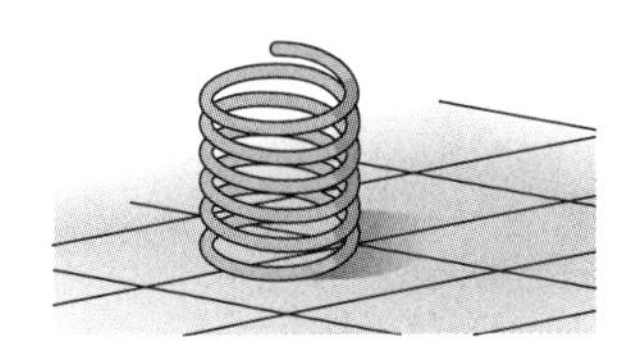

▲ **FIGURA 13.23 ¿Qué tanto baja?** Véase el ejercicio 26.

13.2 Ecuaciones de movimiento

27. **OM** La ecuación de movimiento para una partícula en MAS *a*) siempre es una función coseno, *b*) refleja la acción amortiguadora, *c*) es independiente de las condiciones iniciales o *d*) da la posición de la partícula en función del tiempo.

28. **OM** Para la ecuación de MAS $y = A \text{ sen } \omega t$, la posición inicial y_o es *a*) $+A$, *b*) $-A$, *c*) 0 o *d*) ninguna de las anteriores.

29. **OM** Para la ecuación de MAS $y = A \text{ sen}(2\pi t/T)$, la posición *y* del objeto en tres cuartos del periodo es *a*) $+A$, *b*) $-A$, *c*) $A/2$, *d*) 0.

30. **PC** Si se duplica la longitud de un péndulo, ¿qué relación habrá entre el nuevo periodo y el anterior?

31. PC El aparato de la figura 13.5 demuestra que el movimiento de una masa en un resorte se puede describir con una función senoidal del tiempo. ¿Cómo podría demostrarse esta misma relación para un péndulo?

32. PC ¿El movimiento armónico simple podría describirse con una función tangente? Explique por qué.

33. PC El periodo de un péndulo en un elevador que acelera hacia arriba aumentará o disminuirá, en comparación con su periodo en un elevador que no acelera? Explique por qué.

34. PC Si un sistema masa-resorte se lleva a la Luna, ¿cambiará su periodo? ¿Y el periodo de un péndulo llevado a la Luna? Explique por qué.

35. ● ¿Qué masa en un resorte cuya constante es de 100 N/m oscilará con un periodo de 2.0 s?

36. ● Una masa de 0.50 kg oscila en movimiento armónico simple en un resorte con una constante de 200 N/m. Calcule *a*) el periodo y *b*) la frecuencia de la oscilación.

37. ● El péndulo simple de un reloj tiene 0.75 m de longitud. Calcule *a*) su periodo y *b*) su frecuencia.

38. ● Una brisa pone a oscilar una lámpara suspendida. Si el periodo es de 1.0 s, ¿qué distancia habrá entre el techo y la lámpara en el punto más bajo? Suponga que la lámpara actúa como péndulo simple.

39. ● Escriba la ecuación general de movimiento para una masa que descansa en una superficie horizontal sin fricción y está conectada a un resorte en equilibrio, *a*) si la masa recibe inicialmente un empujón rápido que estira el resorte y *b*) si se tira de la masa para estirar el resorte y luego se suelta.

40. ● La ecuación de movimiento para un oscilador en MAS vertical está dada por $y = (0.10 \text{ m}) \text{ sen}(100)t$. Calcule *a*) la amplitud, *b*) la frecuencia y *c*) el periodo de este movimiento.

41. ● El desplazamiento de un objeto está dado por $y = (5.0 \text{ cm}) \text{ sen}(20\pi)t$. Calcule *a*) la amplitud, *b*) la frecuencia y *c*) el periodo de oscilación del objeto.

42. ● Si el desplazamiento de un oscilador en MAS se describe con la ecuación $y = (0.25 \text{ m}) \cos (314)t$, donde y está en metros y t en segundos, ¿qué posición tendrá el oscilador en *a*) $t = 0$, *b*) $t = 5.0$ s y *c*) $t = 15$ s?

43. **EI** ●● En la ▸figura 13.24 se grafican las oscilaciones de dos sistemas masa-resorte. La masa del sistema A es cuatro veces mayor que la del sistema B. *a*) En comparación con el sistema B, el sistema A tiene 1) más, 2) la misma o 3) menos energía. ¿Por qué? *b*) Calcule la razón de energía entre el sistema B y el sistema A.

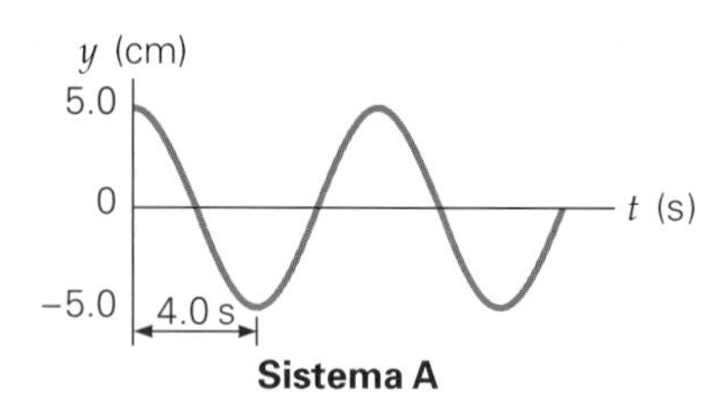

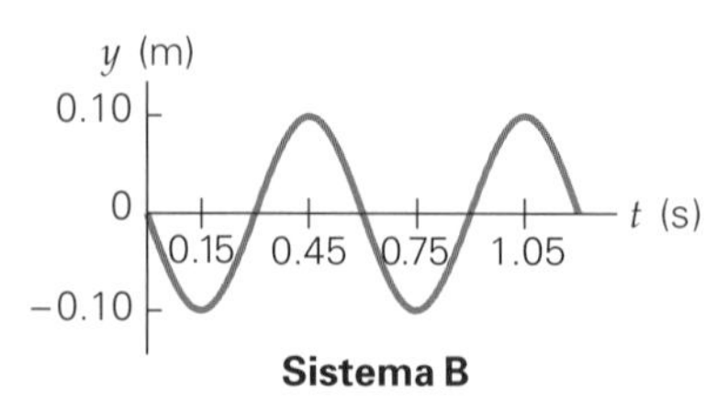

▲ **FIGURA 13.24 Energía de ondas y ecuación de movimiento** Véanse los ejercicios 43, 56 y 57.

44. ●● Demuestre que la energía total de un sistema masa-resorte en movimiento armónico simple está dada por $\frac{1}{2}m\omega^2 A^2$.

45. ●● La velocidad de un sistema masa-resorte que oscila verticalmente está dada por $v = (0.750 \text{ m/s}) \text{ sen}(4t)$. Determine *a*) la amplitud y *b*) la aceleración máxima de este oscilador.

46. **EI** ●● *a*) Si se duplica la masa de un sistema masa-resorte, el nuevo periodo será 1) 2, 2) $\sqrt{2}$, 3) $1/\sqrt{2}$ veces el antiguo periodo. ¿Por qué? *b*) Si el periodo inicial es de 3.0 s y la masa se reduce a 1/3 de su valor inicial, calcule el nuevo periodo.

47. **EI** ●● *a*) Si se triplica la constante de resorte de un sistema masa-resorte, el nuevo periodo será 1) 3, 2.) $\sqrt{3}$, 3) $1/\sqrt{3}$ veces el antiguo periodo. ¿Por qué? *b*) Si el periodo inicial es de 2.0 s y la constante de resorte se reduce a la mitad, calcule el nuevo periodo.

48. ●● Demuestre que, para que un péndulo oscile con la misma frecuencia que una masa en un resorte, la longitud del péndulo debe ser $L = mg/k$.

49. ●● Puesto que la gravedad es débil en el espacio exterior, los astronautas no pueden medir su masa con una báscula de resorte como hacemos en la Tierra. *a*) ¿Puede diseñar un método para medir la masa con una báscula de resorte en el espacio? *b*) Si el periodo de oscilación de un astronauta en un resorte de 3000 N/m es de 1.0 s, ¿qué masa tiene el astronauta?

50. ●● Ciertos estudiantes usan un péndulo simple de 36.90 cm de longitud para medir la aceleración debida a la gravedad en su escuela. Si el periodo del péndulo es de 1.220 s, ¿qué valor experimental tiene g en esa escuela?

51. ●● ¿Cuál es la máxima energía cinética de un oscilador horizontal simple constituido por masa-resorte, cuya ecuación de movimiento está dada por $x = (0.350 \text{ m}) \text{ sen}(7t)$? La masa al final del resorte es de 900 g.

52. ●● La ecuación de movimiento de una partícula en MAS vertical está dada por $y = (10\ \text{cm})\ \text{sen}(0.50)t$. ¿Cuál es *a*) el desplazamiento, *b*) la velocidad y *c*) la aceleración de la partícula cuando $t = 1.0$ s?

53. ●● Por algunos segundos durante un terremoto, el piso de un edificio de apartamentos osciló, según las mediciones, aproximadamente en movimiento armónico simple con un periodo de 1.95 segundos y una amplitud de 8.65 cm. Determine la rapidez y aceleración máximas del piso durante este movimiento. Exprese la aceleración como una fracción de g.

54. ●● Dos masas iguales oscilan en resortes ligeros; la constante de resorte del segundo es el doble de la del primero. ¿Cuál sistema tiene la mayor frecuencia y por cuánto es mayor?

55. **EI**●● *a*) Si un reloj de péndulo se llevara la Luna, donde la aceleración de la gravedad es apenas una sexta parte (suponga que la cifra es exacta) de la que hay en la Tierra, ¿el periodo de vibración 1) aumentaría, 2) permanecería igual o 3) disminuiría? ¿Por qué? *b*) Si el periodo en la Tierra es de 2.0 s, ¿cuál sería el periodo en la Luna?

56. ●● El movimiento de una partícula se describe mediante la curva para el sistema A en la figura 13.24. Escriba la ecuación de movimiento en términos de una función coseno.

57. ●● El movimiento de una masa oscilatoria de 0.25 kg en un resorte ligero se describe mediante la curva para el sistema B en la figura 13.24. *a*) Escriba la ecuación para el desplazamiento de la masa como una función del tiempo. *b*) ¿Cuál es la constante del resorte?

58. ●●● En la ▼figura 13.25 se muestran las fuerzas que actúan sobre un péndulo simple. *a*) Demuestre que, para la aproximación de ángulo pequeño (sen $\theta \approx \theta$), la fuerza que produce el movimiento tiene la misma forma que la ley de Hooke. *b*) Demuestre, por analogía con una masa en un resorte, que el periodo de un péndulo simple está dado por $T = 2\pi\sqrt{L/g}$. [*Sugerencia:* piense en la constante de resorte eficaz.]

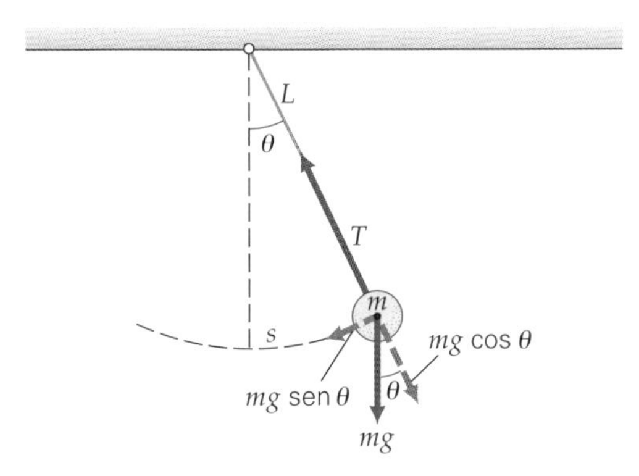

▲ **FIGURA 13.25 MAS de un péndulo** Véase el ejercicio 58.

59. ●●● Un péndulo simple se pone en movimiento angular pequeño, haciendo un ángulo máximo con la vertical de 5°. Su periodo es de 2.21 s. *a*) Determine su longitud. *b*) Determine su rapidez máxima. *c*) ¿Cuál será su rapidez angular máxima?

60. ●●● Un reloj usa un péndulo de 75 cm de longitud. El reloj sufre un accidente y, durante la reparación, la longitud del péndulo se acorta en 2.0 mm. Considerándolo como un péndulo simple, *a*) ¿el reloj reparado se adelantará o se atrasará? *b*) ¿Cuánto diferirá la hora indicada por el reloj reparado, de la hora correcta (que se toma como el tiempo determinado por el péndulo original en 24 h)? *c*) Si el cordel del péndulo fuera metálico, ¿la temperatura ambiente afectará la exactitud del reloj? Explique por qué.

13.3 Movimiento ondulatorio

61. **OM** El movimiento ondulatorio en un medio material implica *a*) la propagación de una perturbación, *b*) interacciones de partículas, *c*) transferencia de energía o *d*) todo lo anterior.

62. **OM** La relación siguiente se cumple para una onda periódica que se propaga con rapidez v: *a*) $\lambda = v/f$, *b*) $v = \lambda/f$, *c*) $v = \lambda f_2$ o *d*) $f = \lambda/v$.

63. **OM** Una onda en agua es *a*) transversal, *b*) longitudinal, *c*) una combinación de transversal y longitudinal o *d*) nada de lo anterior.

64. **PC** ¿Qué tipo(s) de onda(s), transversales o longitudinales, se propagan por *a*) sólidos, *b*) líquidos y *c*) gases?

65. ● La ▼figura 13.26 muestra fotografías de dos ondas mecánicas. Identifique cada una como transversal o longitudinal.

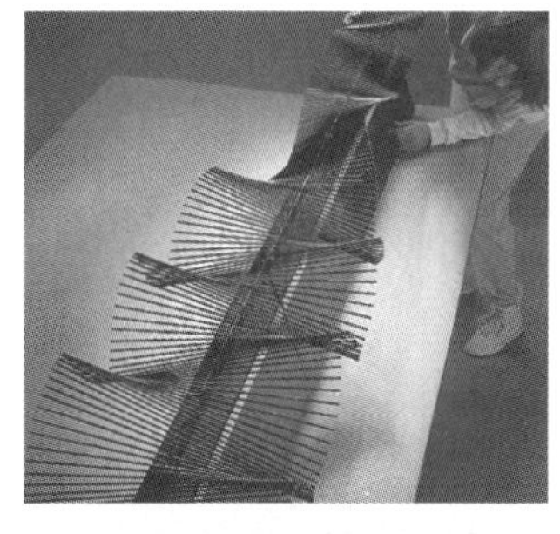

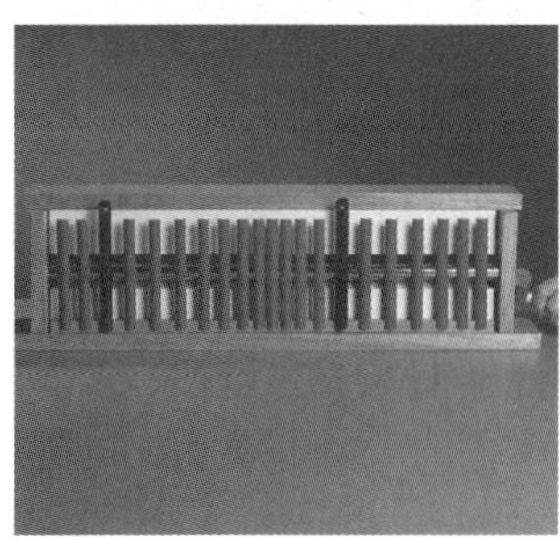

▲ **FIGURA 13.26 ¿Transversales o longitudinales?** Véase el ejercicio 65.

66. Parados en una colina mirando un maizal crecido, vemos una hermosa "ola" que recorre el campo cuando hay una brisa. ¿De qué tipo de onda se trata? Explique por qué.

67. ● Una onda sonora longitudinal tiene una rapidez de 340 m/s en aire. Esta onda produce un tono con una frecuencia de 1000 Hz. ¿Qué longitud de onda tiene?

68. ● Una onda transversal tiene una longitud de onda de 0.50 m y una frecuencia de 20 Hz. ¿Qué rapidez tiene?

69. ● Un estudiante que lee su libro de física en el muelle de un lago nota que la distancia entre dos crestas de olas es de aproximadamente 0.75 m, y luego mide el tiempo entre que llegan dos crestas, obteniendo 1.6 s. ¿Qué rapidez aproximada tienen las olas?

70. ● Las ondas de luz viajan en el vacío con una rapidez de 300 000 km/s. La frecuencia de la luz visible es de aproximadamente 5×10^{14} Hz. ¿Qué longitud de onda aproximada tiene la luz?

71. ●● La gama de frecuencias sonoras que el oído humano puede captar se extiende de cerca de 20 Hz a 20 kHz. La rapidez del sonido en el aire es de 345 m/s. Exprese en longitudes de onda los límites de este intervalo audible.

72. ● Cierto láser emite luz con una longitud de onda de 633×10^{-9} m. ¿Cuál sería la frecuencia de esta luz en el vacío?

73. ●● Un láser emite una onda luminosa con una longitud de onda de 500 nm a una frecuencia de 4.00×10^{14} Hz. ¿Esta luz está viajando en el vacío? Compruebe su respuesta.

74. **EI** ●● Las frecuencias de A.M. de una radio van desde 550 hasta 1600 kHz; y las de F.M., de 88.0 hasta 108 MHz. Todas estas ondas de radio viajan con una rapidez de 3.00×10^8 m/s (rapidez de la luz). *a*) En comparación con las frecuencias de F.M., las de A.M. tienen longitudes de onda 1) más largas, 2) iguales o 3) más cortas. ¿Por qué? *b*) ¿Qué intervalos de longitud de onda tienen la banda de A.M. y la de F.M.?

75. ●● Un generador de sonar de un submarino produce ondas ultrasónicas periódicas con una frecuencia de 2.50 MHz. La longitud de onda de esas ondas en agua de mar es de 4.80×10^{-4} m. Cuando el generador se dirige hacia abajo, un eco reflejado por el suelo marino se recibe 10.0 s después. ¿Qué profundidad tiene el océano en ese punto? (Suponga que la longitud de onda es constante a todas las profundidades.)

76. ●● En la ▸figura 13.27a se muestra una onda que viaja en la dirección $+x$. El desplazamiento de la partícula en cierto punto del medio por el que la onda viaja se muestra en la figura 13.27b. *a*) ¿Qué amplitud tiene la onda viajera? *b*) ¿Qué rapidez tiene la onda?

77. ● Suponga que las ondas P y S (primarias y secundarias) de un terremoto con foco cercano a la superficie terrestre atraviesan la Tierra con rapidez promedio casi constante de 8.0 y 6.0 km/s, respectivamente. Suponga que las ondas no se desvían ni refractan. *a*) ¿Qué retraso hay entre las llegadas de ondas sucesivas a una estación de monitoreo sísmico, situada a una latitud de 90° respecto al epicentro (el punto en la superficie que está directamente sobre el foco) del terremoto? *b*) ¿Las ondas cruzan la frontera del manto? *c*) ¿Cuánto tardan las olas en llegar a una estación de monitoreo en el lado opuesto de la Tierra?

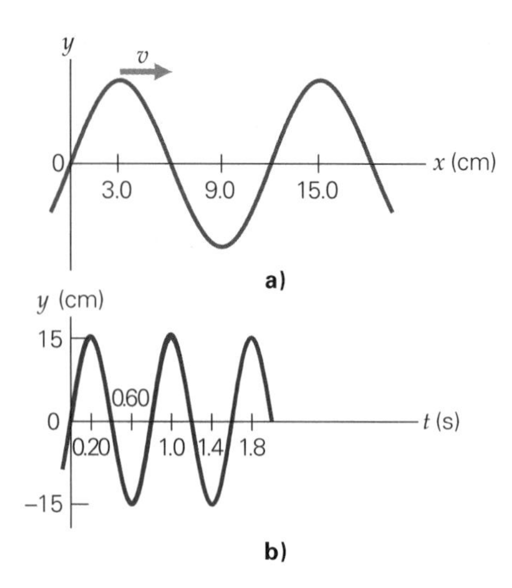

▲ **FIGURA 13.27 ¿Qué altura y qué rapidez?** Véase el ejercicio 76.

78. ●●● La rapidez de ciertas ondas longitudinales que viajan por una varilla sólida larga está dada por $v = \sqrt{Y/\rho}$, donde Y es el módulo de Young y ρ es la densidad del sólido. Si una perturbación tiene una frecuencia de 40 Hz, ¿qué longitud de onda tienen las ondas que produce en *a*) una varilla de aluminio y *b*) una varilla de cobre? [*Sugerencia:* véase las tablas 9.1 y 9.2.]

79. ●●● Fred golpea un riel de acero con un martillo, con una frecuencia de 2.50 Hz, y Vilma pega la oreja al riel a 1.0 km de distancia. *a*) ¿Cuánto tiempo después del primer golpe Vilma escuchará el sonido? *b*) ¿Qué tiempo transcurre entre que escucha dos pulsaciones sonoras sucesivas? [*Sugerencia:* véase las tablas 9.1 y 9.2 y el ejercicio 78.]

80. ●●● Una onda viajera transversal senoidal de una cuerda tiene una frecuencia de 10.0 Hz y viaja a 25.0 m/s a lo largo del eje x. *a*) Localice los puntos en la cuerda que tienen rapidez máxima en un momento dado. *b*) Determine la rapidez máxima y *c*) la distancia entre los puntos altos y bajos sucesivos en la cuerda.

13.4 Propiedades de las ondas

81. **OM** Cuando dos ondas se encuentran y se interfieren, la forma de onda resultante depende *a*) de la reflexión, *b*) de la refracción, *c*) de la difracción o *d*) de la superposición.

82. **OM** La refracción *a*) implica interferencia constructiva, *b*) se refiere a un cambio de dirección en las fronteras entre medios, *c*) es idéntica a la difracción o *d*) sólo se da en medios sólidos u ondas mecánicas.

83. **OM** Podemos escuchar personas que hablan a la vuelta de la esquina, gracias primordialmente *a*) a la reflexión, *b*) a la refracción, *c*) a la interferencia o *d*) a la difracción.

84. PC ¿Qué se destruye cuando hay interferencia destructiva? ¿Qué sucede con la energía? Explique.

85. PC Los delfines y los murciélagos conocen la ubicación de sus presas emitiendo ondas ultrasónicas. ¿Qué fenómeno ondulatorio interviene?

86. PC Si las ondas sonoras fueran dispersivas (es decir, si la rapidez del sonido dependiera de su frecuencia), ¿qué consecuencias percibiríamos al escuchar una orquesta en una sala de conciertos?

13.5 Ondas estacionarias y resonancia

87. OM Para que dos ondas viajeras formen ondas estacionarias, deben tener la misma *a*) frecuencia, *b*) amplitud, *c*) rapidez o *d*) todo lo anterior.

88. OM Los puntos de máxima amplitud en una cuerda con forma de onda estacionaria se llaman *a*) nodos, *b*) antinodos, *c*) fundamentales, *d*) puntos de resonancia.

89. OM Cuando una cuerda de violín estirada oscila en su tercer modo armónico, la onda estacionaria en la cuerda muestra *a*) 3 longitudes de onda, *b*) 1/3 de longitud de onda, *c*) 3/2 de longitud de onda o *d*) 2 longitudes de onda.

90. PC Un columpio infantil (un péndulo) sólo tiene una frecuencia natural f_1, pero se le puede impulsar o empujar sin sacudidas con frecuencias de $f_1/2$, $f_1/3$, $2f_1$ y $3f_1$. ¿Cómo es esto posible?

91. PC Al frotar la boca circular de una copa de cristal delgado con un dedo húmedo, es posible hacer que el cristal "cante". (Inténtelo.) *a*) ¿Qué causa esto? *b*) ¿Qué sucedería con la frecuencia del sonido si se agregara agua a la copa?

92. PC Una onda viaja por una cuerda que tiene tensión fija. ¿Cómo cambia la longitud de onda si se aumenta la frecuencia? ¿Cómo cambia la rapidez de la onda?

93. PC Dada la misma tensión y longitud, ¿qué cuerda de guitarra sonará más aguda (frecuencia más alta), una gruesa o una delgada?

94. ● La frecuencia fundamental de una cuerda estirada es de 150 Hz. Calcule las frecuencias de *a*) el segundo armónico y *b*) el tercer armónico.

95. ● Si la frecuencia del tercer armónico de una cuerda que vibra es de 450 Hz, ¿cuál es la frecuencia fundamental del primer armónico?

96. ● Se forma una onda estacionaria en una cuerda estirada de 3.0 m de longitud. ¿Qué longitud de onda tienen *a*) el primer armónico y *b*) el tercer armónico?

97. EI ●● Una fuerza estira un trozo de tubo de caucho. *a*) Si la fuerza aumenta al doble, la rapidez de una onda transversal 1) se duplica, 2) se reduce a la mitad, 3) aumenta en $\sqrt{2}$ o 4. se reduce en $\sqrt{2}$. ¿Por qué? *b*) Si la densidad de masa lineal de un tubo de 10.0 m de longitud es de 0.125 kg/m y lo estira una fuerza de 9.00 N, ¿qué rapidez tendrá la onda transversal en el tubo? *c*) Determine las frecuencias naturales de sus ondas.

98. ●● ¿Se formará una onda estacionaria en una cuerda estirada de 4.0 m de longitud, que transmite ondas con una rapidez de 12 m/s, si se le impulsa con una frecuencia de *a*) 15 Hz o *b*) 20 Hz?

99. ●● Dos ondas de la misma amplitud y con longitud de onda de 0.80 m viajan en direcciones opuestas con una rapidez de 250 m/s por una cuerda de 2.0 m de longitud. ¿Con qué modo armónico se establecerá la onda estacionaria en la cuerda?

100. ●● En un violín, una cuerda correctamente afinada en la nota musical la tiene una frecuencia de 440 Hz. Si una cuerda correspondiente a la nota la produce un sonido a 450 Hz bajo una tensión de 500 N, ¿cuál debería ser la tensión para producir la frecuencia correcta?

101. ●● El departamento de física de una universidad compra 1000 m de cuerda y calcula que su masa total es de 1.50 kg. Esta cuerda se utiliza para realizar una demostración en el laboratorio de una onda estacionaria entre dos postes colocados a 3.0 m uno de otro. Si la frecuencia del primer sobretono deseado (segundo armónico) es de 35 Hz, ¿cuál será la tensión de la cuerda que se requiere?

102. ●● Dos cuerdas estiradas, A y B, tienen la misma tensión y densidad lineal de masa. ¿Alguno de los seis primeros armónicos son iguales, si las longitudes de las cuerdas son *a*) 1.0 y 3.0 m o *b*) 1.5 y 2.0 m, respectivamente?

103. ●● Usted está generando dos ondas estacionarias en una cuerda. Cuenta con una cuerda uniforme de piano con una longitud de 3.0 m y una masa de 150 g. Usted corta la cuerda en dos (una parte mide 1.0 m de longitud, y la otra 2.0 m) y coloca ambas partes bajo tensión. ¿Cuál debería ser la razón de las tensiones (expresada de la menor con respecto a la mayor), de manera que sus frecuencias fundamentales sean iguales?

104. EI ●● Una cuerda de violín está afinada a cierta frecuencia (la frecuencia fundamental o primer armónico). *a*) Si un violinista quiere una frecuencia más alta, ¿la cuerda deberá 1) alargarse, 2) dejarse de la misma longitud o 3) acortarse? ¿Por qué? *b*) Si la cuerda está afinada a 520 Hz y el violinista pisa la cuerda a un octavo de su longitud midiendo desde el extremo del cuello del violín, ¿qué frecuencia tendrá la cuerda cuando el instrumento se toque así?

105. ●●● Una cuerda uniforme tirante con una longitud de 2.50 m se ata por sus dos extremos y se coloca bajo una tensión de 100 N. Cuando vibra en el modo de su segundo sobretono (trace un boceto), el sonido que emite tiene una frecuencia de 75.0 Hz. ¿Cuál será la masa de la cuerda?

106. ●●● En un experimento de laboratorio común sobre ondas estacionarias, se producen ondas en una cuerda estirada con un vibrador eléctrico que oscila a 60 Hz (▼figura 13.28). La cuerda pasa por una polea y tiene un gancho en su extremo. La tensión de la cuerda se varía colgando pesos del gancho. Si la longitud activa de la cuerda (la parte que vibra) es de 1.5 m, y este tramo de cuerda tiene una masa de 0.10 g, ¿qué masa deberá colgarse para producir los primeros cuatro armónicos en ese tramo?

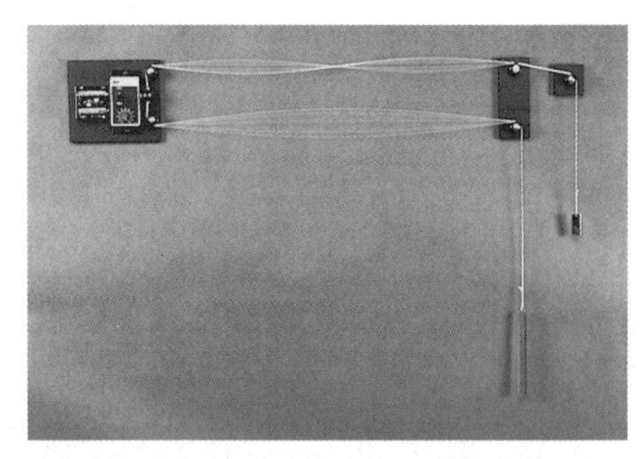

▲ **FIGURA 13.28 Ondas estacionarias en cuerdas**
Cuerdas vibratorias gemelas con ondas estacionaras. Este modelo para demostración permite variar la tensión, la longitud y el tipo (densidad lineal de masa) de la cuerda. También se puede ajustar la frecuencia de vibración. Véase el ejercicio 106.

Ejercicios adicionales

107. La velocidad de un sistema masa-resorte que oscila verticalmente está dada por $v = (-0.600 \text{ m/s}) \text{ sen}(6t)$. *a*) ¿Dónde se inicia el movimiento y en qué dirección se mueve el objeto inicialmente? Describa la fase inicial del movimiento. *b*) Calcule el periodo del movimiento. *c*) Determine la ecuación de movimiento (y). *d*) Calcule la aceleración máxima.

108. Un resorte vertical tiene una masa de 500 g atada a él y a la masa se le imprime una velocidad inicial hacia abajo de 1.50 m/s. La masa se desplaza hacia abajo 25.3 cm antes de detenerse y regresar. *a*) Determine la constante de resorte. *b*) ¿Cuál es su rapidez después de que cae 5.00 cm? *c*) ¿Cuál es la aceleración de la masa en el punto inferior del movimiento?

109. Un estudiante corta 5.00 m de cuerda de un carrete y calcula que su masa es de 10.0 g. Entonces, estira y "pellizca" un tramo de 2.00 m de esta cuerda. El primer sobretono o segundo armónico de la cuerda vibra a 25.0 Hz. *a*) Calcule la tensión a la que está sometida la cuerda. *b*) Calcule la frecuencia fundamental para esta cuerda. *c*) Si usted desea incrementar la frecuencia fundamental en un 25%, ¿dónde tendría que agarrar la cuerda y en qué parte la "pellizcaría"?

110. Durante un terremoto, la esquina de un edificio alto oscila con una amplitud de 20 cm a 0.50 Hz. Calcule las magnitudes de *a*) el desplazamiento máximo, *b*) la velocidad máxima y *c*) la aceleración máxima de la esquina del edificio. (Suponga MAS.)

111. Una masa que descansa en una superficie horizontal sin fricción está conectada a un resorte fijo. La masa se desplaza 16 cm respecto a su posición de equilibrio y luego se suelta. En $t = 0.50$ s, la masa está a 8.0 cm de su posición de equilibrio (y no ha pasado aún por ahí). Calcule el periodo de oscilación de la masa.

Los siguientes problemas de física Physlet se pueden usar con este capítulo.
16.2, 16.3, 16.5, 16.6, 16.7, 16.8, 17.1, 17.2, 17.3, 17.4, 17.5, 17.6, 17.8

CAPÍTULO

14 SONIDO

HECHOS DE FÍSICA

- El sonido es *a*) la propagación física de una perturbación (energía) en un medio, y *b*) la respuesta fisiológica y psicológica que, por lo general, se da a las ondas de presión en el aire. (Por ejemplo, considere el caso de un árbol que se cae en el bosque y al que nos referimos en la introducción de este capítulo.)
- Los seres humanos no escuchamos los sonidos con frecuencias por debajo de 20 Hz, que corresponden al infrasonido. Tanto los elefantes como los rinocerontes se comunican mediante infrasonido. Éste se produce por avalanchas, meteoros, tornados, terremotos y olas oceánicas. Algunas aves migratorias son capaces de escuchar los infrasonidos que se producen cuando se rompen las olas oceánicas, lo cual les permite orientarse con respecto a la costa.
- El rango normal de frecuencias que el ser humano puede oír va de 20 Hz a 20 kHz.
- La parte visible del oído externo es el pabellón auricular. Muchos animales pueden mover el pabellón para enfocar su audición en cierta dirección; los seres humanos no.
- El ultrasonido (frecuencia $>$ 20 kHz) se utiliza para obtener imágenes del feto, es decir, la "primera fotografía de un bebé".
- La exposición al sonido intenso —por ejemplo, de las bandas de rock— es una causa común del tinnitus o zumbido de oídos.

¡Muy buenas vibraciones! Mucho debemos a las ondas sonoras. No sólo nos proporcionan una de nuestras principales fuentes de esparcimiento en la música, sino que además nos ofrecen una gran cantidad de información vital sobre nuestro ambiente, desde el repicar de una campanilla de puerta, la estridente advertencia de una sirena policiaca, hasta el gorjeo de un jilguero. De hecho, las ondas sonoras son la base de nuestra forma principal de comunicación: el lenguaje. Ellas pueden también constituir una distracción sumamente irritante (el ruido). Pero las ondas sonoras se vuelven música, lenguaje, o ruido sólo cuando nuestros oídos las perciben. Físicamente, los sonidos tan sólo son ondas que se propagan en sólidos, líquidos y gases. Sin un medio no habría sonido; en el vacío, como en el espacio exterior, sólo hay silencio.

Esta distinción entre los significados sensoriales y físicos del sonido nos otorga una manera de responder la vieja pregunta filosófica: ¿si un árbol cae en el bosque donde nadie puede oír la caída, habría ahí sonido? La respuesta depende de cómo se define el sonido: sería "no" si pensamos en términos de oído sensorial; pero sería "sí" cuando consideramos sólo las ondas físicas. Como las ondas de sonido están alrededor de nosotros la mayoría del tiempo, estamos expuestos a muchos fenómenos interesantes derivados del sonido. En este capítulo exploraremos algunos de los más importantes.

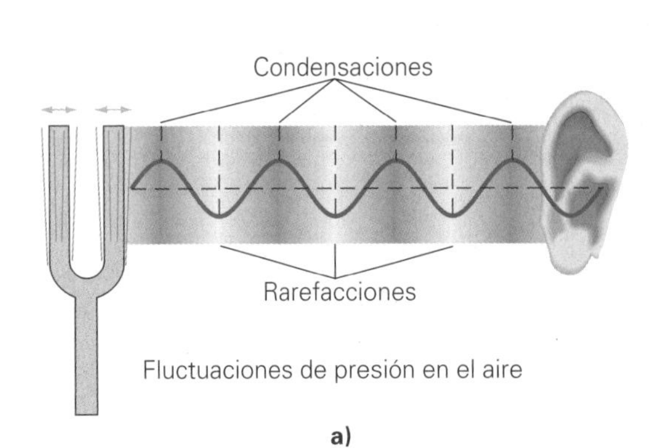

a)

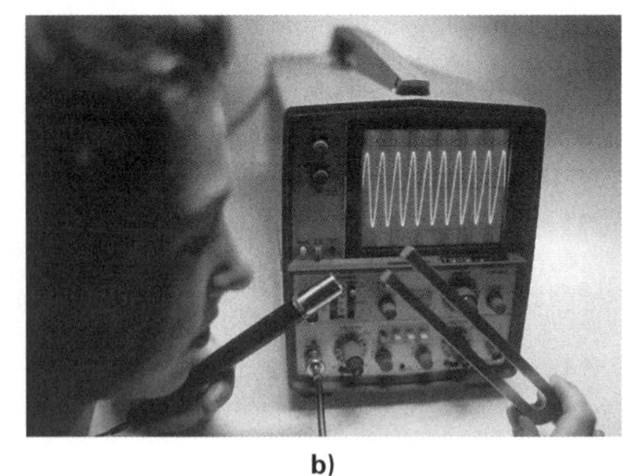

b)

▲ **FIGURA 14.1 Las vibraciones forman ondas** *a)* Un diapasón en vibración perturba el aire, produciendo regiones alternadas de alta presión (condensaciones) y regiones de baja presión (rarefacciones), que forman ondas sonoras. ***b)*** Después de ser recogidas por un micrófono, las variaciones de presión se convierten en señales eléctricas. Cuando esas señales se muestran en un osciloscopio, resulta evidente la forma senoidal de la onda.

Ilustración 18.2 Vista molecular de una onda sonora

14.1 Ondas sonoras

OBJETIVOS: *a)* Definir sonido y *b)* explicar el espectro de frecuencia del sonido.

Para que existan las ondas sonoras debe haber una perturbación o vibraciones en algún medio. Esta perturbación puede ser generada, por ejemplo, al aplaudir o cuando derrapan los neumáticos de un automóvil al detenerse súbitamente. Bajo el agua, usted puede oír el golpeteo de las rocas entre sí. Si pone el oído cerca de una pared delgada, escuchará los sonidos que provienen del otro lado de la pared. Las **ondas sonoras** en gases y líquidos (ambos son fluidos) son principalmente ondas longitudinales. Sin embargo, las perturbaciones sónicas que se mueven a través de sólidos pueden tener componentes tanto longitudinales como transversales. Las acciones intermoleculares en sólidos son mucho más fuertes que en los fluidos y permiten que se propaguen componentes transversales.

Las características de las ondas sonoras pueden visualizarse considerando aquellas producidas por un diapasón, esencialmente una barra metálica doblada en forma de U (▲figura 14.1). Los brazos del diapasón vibran al ser golpeados; éste vibra a su frecuencia fundamental (con un antinodo en el extremo de cada diente), y se oye entonces un tono único. (Un *tono* es un sonido con una frecuencia definida.) Las vibraciones perturban el aire produciendo regiones alternadas de alta presión llamadas *condensaciones* y regiones de baja presión llamadas *rarefacciones*. Si el diapasón vibra de manera constante, esas perturbaciones se propagan hacia el exterior, y una serie de ellas puede describirse mediante una onda senoidal.

Cuando las perturbaciones que viajan a través del aire llegan al oído, el tímpano (una pequeña membrana) se pone a vibrar por las variaciones de presión. Al otro lado del tímpano, pequeños huesos (el martillo, el yunque y el estribo) llevan las vibraciones al oído interno donde son recogidas por el nervio auditivo. (Véase la sección A fondo 14.2 sobre el oído en la p. 475.)

Las características del oído limitan la percepción del sonido. Sólo las ondas de sonido con frecuencias entre aproximadamente 20 Hz y 20 kHz (kilohertz) inician impulsos nerviosos que son interpretados como sonido por el cerebro humano. Este intervalo de frecuencias se conoce como **región audible del espectro de frecuencia del sonido** (figura 14.2). La audición es más precisa en el intervalo de 1000 a 10 000 Hz, con el habla principalmente en el intervalo de 1000 a 4000 Hz.

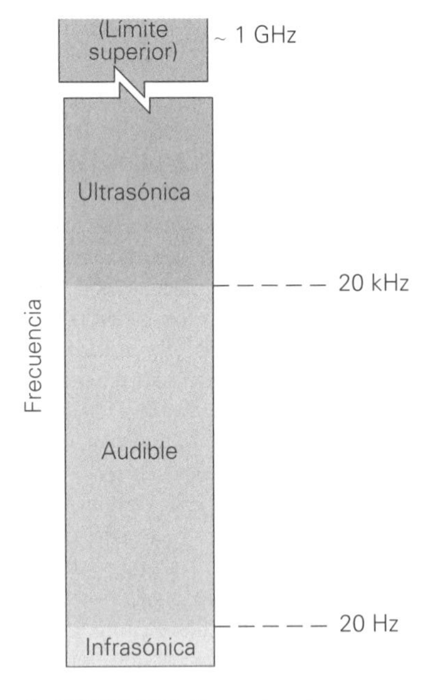

▲ **FIGURA 14.2 Espectro de frecuencia del sonido** La región audible del sonido para los seres humanos se encuentra entre aproximadamente 20 Hz y 20 kHz. Por debajo de este intervalo se tiene la región infrasónica, y arriba de él la región ultrasónica. El límite superior es aproximadamente de 1 GHz, debido a las limitaciones elásticas de los materiales.

Infrasonido

Las frecuencias menores de 20 Hz están en la **región infrasónica**. Las ondas en esta región, que los humanos no pueden oír, se encuentran en la naturaleza. Las ondas longitudinales generadas por sismos tienen frecuencias infrasónicas, y usamos esas ondas para estudiar el interior de la Tierra (véase sección A fondo 13.1, p. 450). Las ondas infrasónicas, o *infrasonido*, son también generadas por el viento y los patrones del clima. Los elefantes y el ganado tienen respuestas auditivas en la región infrasónica y pueden incluso advertir anticipadamente sobre sismos y perturbaciones climáticas, como los tornados.

(Los elefantes pueden detectar sonidos con frecuencias tan bajas como 1 Hz; pero si se trata de dar premios a la captación del infrasonido, las palomas obtienen el primer lugar, ya que son capaces de detectar frecuencias de sonido tan bajas como 0.1 Hz.) Se ha encontrado que el vórtice de un tornado produce infrasonido. Además, la frecuencia cambia, pues se registran bajas frecuencias cuando el vórtice es pequeño, y altas cuando el vórtice es grande. El infrasonido puede detectarse a varias millas de un tornado, de manera que hay formas de advertir cuando uno de estos fenómenos se aproxima.

Existen estaciones para captar el infrasonido. Las explosiones nucleares producen infrasonido, y después de que se firmó el Tratado para la Prohibición de las Pruebas Nucleares en 1963, se establecieron estaciones que captan el infrasonido para detectar posibles violaciones al tratado. Ahora, estas estaciones se utilizan también para detectar otras fuentes de infrasonido, como terremotos y tornados.

Ultrasonido

Por arriba de 20 kHz se tiene la **región ultrasónica**. Las ondas ultrasónicas pueden ser generadas por vibraciones de alta frecuencia en cristales. Las ondas ultrasónicas, o *ultrasonido*, no pueden ser detectadas por los seres humanos, pero pueden serlo por otros animales. La región audible para los perros se extiende a cerca de 45 kHz, por lo que se emplean silbatos ultrasónicos o "silenciosos" para llamarlos sin molestar a la gente. Los gatos y los murciélagos tienen rangos audibles aún mayores, hasta de aproximadamente 70 y 100 kHz, respectivamente.

Hay muchas aplicaciones prácticas del ultrasonido. Como el ultrasonido puede viajar varios kilómetros en el agua, se utiliza en el sonar para detectar objetos sumergidos y saber a que distancia están y, al igual que el radar, emplea ondas de radio. Los pulsos de sonido generados por aparatos de sonar son reflejados por objetos submarinos, y los ecos resultantes son recogidos por un detector. El tiempo requerido por un pulso de sonido para efectuar un viaje redondo, junto con la rapidez del sonido en el agua, da la distancia o alcance del objeto. Los pescadores también utilizan ampliamente el sonar para detectar los bancos de peces y, de manera similar, el ultrasonido se usa en las cámaras de autoenfoque. La medición de una distancia permite efectuar ajustes focales.

En la naturaleza hay buenos ejemplos de la aplicación del sonar ultrasónico. El sonar apareció en el reino animal bastante antes de que fuera desarrollado por los ingenieros. En sus vuelos nocturnos de cacería, los murciélagos usan un tipo de sonar natural para desplazarse hacia adentro y hacia afuera de sus cuevas, así como para localizar y atrapar insectos voladores (▼figura 14.3a). Los murciélagos emiten pulsaciones de ultrasonido y siguen a sus presas por medio de los ecos reflejados. Esta técnica se conoce como *localización por eco*. El sistema auditivo y las habilidades de procesamiento de datos de los murciélagos son en verdad sorprendentes. (Note el tamaño de las orejas del murciélago en la figura 14.3b.)

Con base en la intensidad del eco, un murciélago puede saber qué tan grande es un insecto: cuanto más pequeño sea el insecto, menos intenso será el eco. La dirección del movimiento de un insecto es sentida por la frecuencia del eco. Si un insecto se está alejando del murciélago, el eco tendrá una menor frecuencia. Si el insecto se está acercando hacia el murciélago, el eco tendrá una frecuencia mayor. El cambio de frecuencia se conoce como *efecto Doppler*, que se presenta con más detalle en la sección 14.5. los

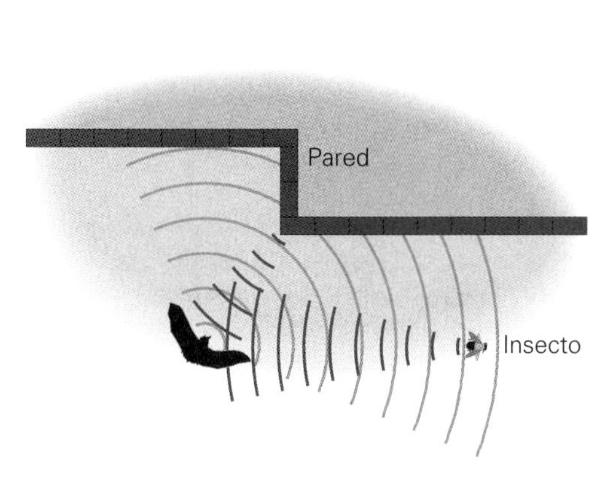

◀ **FIGURA 14.3** Localización por eco *a*) Con ayuda de sus propios sistemas naturales de sonar, los murciélagos cazan insectos voladores. Los murciélagos emiten pulsos de ondas ultrasónicas, que se encuentran dentro de su región audible, y usan los ecos reflejados de sus presas para guiar los ataques. *b*) Observe el tamaño de las orejas: excelentes para la audición ultrasónica. ¿Sabe usted por qué los murciélagos descansan colgándose de cabeza? Lea el texto para conocer la respuesta.

A FONDO 14.1 EL ULTRASONIDO EN LA MEDICINA

Probablemente las aplicaciones mejor conocidas del ultrasonido se den en la medicina. Por ejemplo, el utrasonido se emplea para obtener la imagen de un feto evitando el uso de los rayos X potencialmente peligrosos. Generadores (transductores) ultrasónicos hechos de materiales piezoeléctricos producen pulsaciones de alta frecuencia que se utilizan para explorar la región deseada del cuerpo.* Las pulsaciones se reflejan cuando encuentran un límite entre dos tejidos cuyas densidades son distintas. Tales reflejos son monitoreados por un transductor de recepción, y una computadora construye una imagen a partir de las señales reflejadas. Las imágenes del feto se graban varias veces cada segundo conforme el transductor escanea el vientre de la madre. En la figura 1 se muestra una fotografía estática o "ecograma" de un feto. Un feto bien desarrollado, el cual está rodeado por un saco que contiene el fluido amniótico, puede distinguirse de otros órganos anatómicos, y se pueden detectar su posición, tamaño, sexo, e incluso algunas malformaciones.

El ultrasonido también se utiliza para evaluar el riesgo de sufrir un ataque de apoplejía. Sedimentos de placa podrían acumularse en las paredes internas de los vasos sanguíneos y limitar el flujo de sangre. Una de las principales cusas de la apoplejía es la obstrucción de la arteria carótida en el cuello, que afecta directamente el abasto de sangre al cerebro. La presencia y severidad de tales obstrucciones se puede detectar con el ultrasonido (figura 2). Un generador utrasónico se coloca en el cuello, de manera que los reflejos de las células sanguíneas que se mueven a través de la arteria son monitoreados, y se detecta la rapidez del flujo sanguíneo, lo cual sería indicativo de la gravedad de alguna obstrucción. Este procedimiento implica el cambio de frecuencia de las ondas

*Cuando un campo eléctrico se aplica a un material piezoeléctrico, experimenta distorsión mecánica. Las aplicaciones periódicas permiten la producción de ondas ultrasónicas. En cambio, cuando el material experimenta presión mecánica, desarrolla voltaje eléctrico. Esto permite la detección de ondas ultrasónicas.

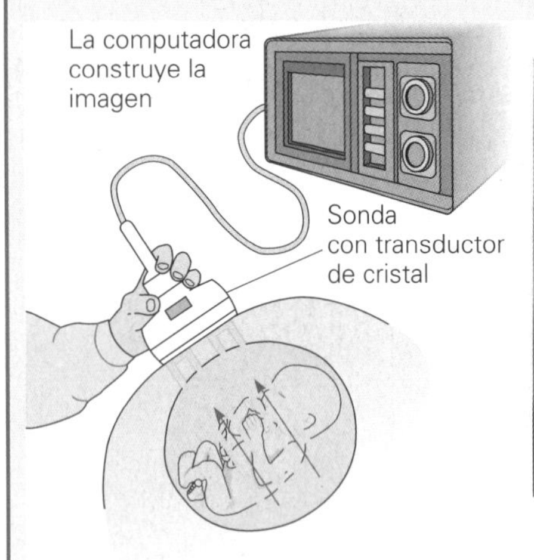

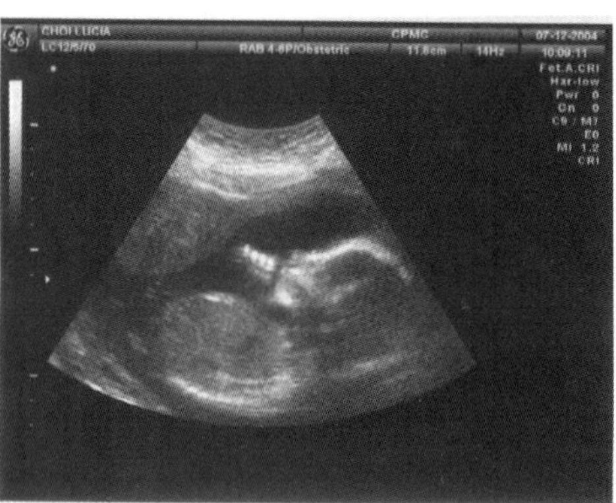

FIGURA 1 Ultrasonido en uso El ultrasonido generado por transductores, que convierten oscilaciones eléctricas en vibraciones mecánicas y viceversa, se transmite a través de los tejidos y se refleja por las estructuras internas. Las ondas reflejadas son detectadas por los transductores, y sus señales se emplean para construir una imagen, o ecograma, como el que se muestra aquí para un feto bien desarrollado.

delfines también usan sonares ultrasónicos para localizar objetos, lo cual es muy eficiente ya que el sonido viaja casi cinco veces más rápido en el agua que en el aire.

El murciélago, único mamífero que ha desarrollado la capacidad de volar, es una criatura muy difamada y temida. Sin embargo, como los murciélagos se alimentan de toneladas de insectos al año, salvan al medio ambiente del uso de grandes cantidades de insecticidas. "Ciego como un murciélago" es una expresión común, aunque en realidad ellos tienen una visión bastante buena, que complementa su uso de la localización por medio del eco. Finalmente, ¿sabe usted por qué los murciélagos descansan colgados de cabeza (figura 14.13b)? Porque es su posición de despegue. A diferencia de las aves, no pueden despegar desde el suelo. Sus alas no producen suficiente fuerza de sustentación que les permita despegar directamente del suelo, y sus patas son tan pequeñas y subdesarrolladas que no podrían correr para generar una rapidez de despegue. Por ello usan sus garras para colgarse de los techos, y luego entran en vuelo cuando están listos para hacerlo.

En medicina, el ultrasonido se usa para limpiar dientes con cepillos dentales ultrasónicos. En aplicaciones industriales y caseras, se usan los baños ultrasónicos para limpiar partes metálicas de máquinas, dentaduras y joyería. Las vibraciones del ultrasonido de alta frecuencia (longitud corta de onda) aflojan las partículas en lugares inaccesibles. Quizá la aplicación médica mejor conocida del ultrasonido sea la revisión del feto sin exponerlo a los potencialmente nocivos rayos X. (Véase la sección A fondo 14.1 sobre el ultrasonido en la medicina.) Además el ultrasonido se utiliza en el diagnóstico de cálculos biliares y piedras en los riñones, así como para disolverlos mediante una técnica llamada *litotripsia* (palabra que se deriva del griego "demoler").

reflejadas, como en el caso del *efecto Doppler*. (Veremos más sobre esto en la sección 14.5, junto con el "flujómetro Dopler".)

Otro dispositivo muy conocido es el bisturí ultrasónico, el cual emplea energía ultrasónica tanto para que el corte sea preciso como para favorecer la coagulación. Con vibraciones de casi 55 kHz. El bisturí corta pequeñas incisiones y, al mismo tiempo, hace que se sellen los vasos sanguíneos: una especie de cirugía "sin sangre", digamos. El bisturí ultrasónico se utiliza en procedimientos ginecológicos, como la eliminación de tumores fibrosos, amigadalectomías y muchos otro tipos de cirugías.†

†Uno de los inventos más destacados y complicados de la naturaleza es la coagulación sanguínea. Puede salvar vidas: cuando se forma y tapa un sitio con hemorragia; o puede hacer peligrar la vida cuando bloquea arterias en el corazón o en el cerebro.

En el caso de pérdida incontrolable de sangre, como las heridas ocasionadas por accidentes automovilísticos o las recibidas en combate, la rápida hemostasis (cese de la hemorragia) es esencial. Las soluciones que se investigan y desarrollan incluyen el diagnóstico ultrasónico para detectar el lugar de la hemorragia y el ultrasonido enfocado de alta intensidad (UEAI) para inducir la hemostasis mediante la cauterización ultrasónica. Durante muchos años, en China el UEAI ha resultado exitoso y se ha vuelto el tratamiento preferido para muchos tipos de cáncer.

Nota: adaptada de la conferencia plenaria dada por el doctor Lawrence A. Crum en el 18° Congreso Internacional sobre Acústica en Kyoto, Japón, en el verano de 2004. El profesor Crums trabaja en el Laboratorio de Física Aplicada en la Universidad de Washington en Seattle.

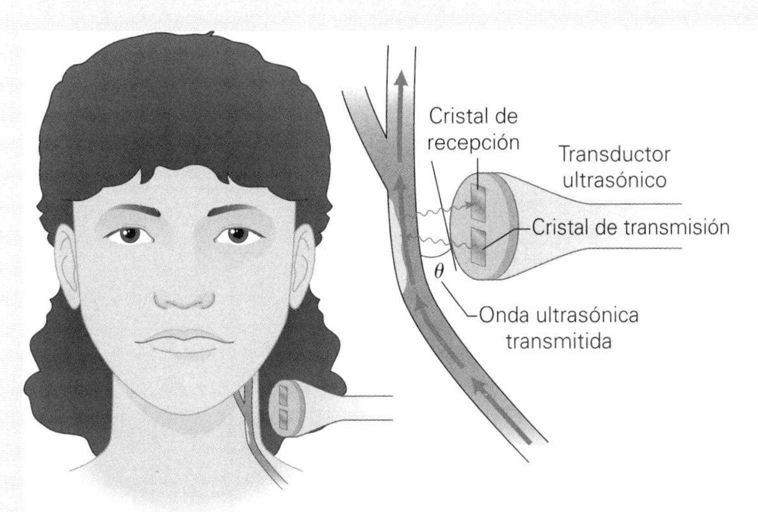

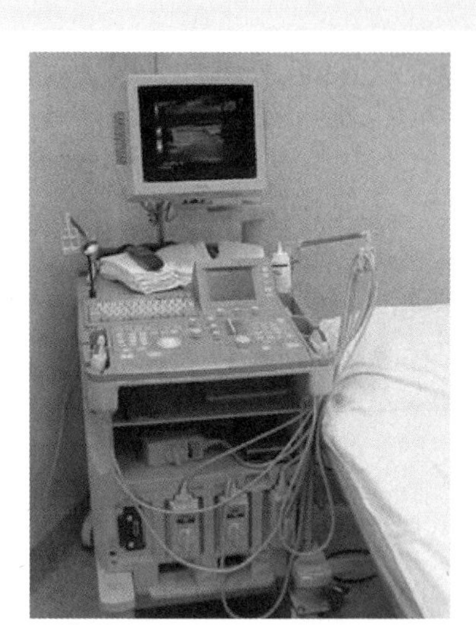

FIGURA 2 ¿Bloqueo de la arteria carótida? El ultrasonido se usa para medir el flujo de la sangre en la arteria carótida del cuello para detectar si hay alguna obstrucción. Véase el texto para la descripción.

Las frecuencias ultrasónicas se extienden hasta el intervalo de los megahertz (MHz); pero el espectro de frecuencias de sonidos no continúa indefinidamente. Hay un límite superior de aproximadamente 10^9 Hz, o 1 GHz (gigahertz), el cual se determina por el límite superior de la elasticidad de los materiales a través de los cuales se propaga el sonido.

14.2 La rapidez del sonido

OBJETIVOS: *a*) Explicar cómo la rapidez del sonido es diferente en medios diferentes y *b*) describir la dependencia de la temperatura de la rapidez del sonido en el aire.

En general, la rapidez con que una perturbación se mueve a través de un medio depende de la elasticidad y la densidad del medio. Por ejemplo, como aprendimos en el capítulo 13, la rapidez de una onda en una cuerda estirada está dada por $v = \sqrt{F_T/\mu}$, donde F_T es la tensión en la cuerda y μ es la densidad de masa lineal de la cuerda.

Expresiones similares describen la rapidez de las ondas en sólidos y líquidos, para los cuales la elasticidad se expresa en términos de módulos (capítulo 9). En general, la rapidez del sonido en un sólido y en un líquido está dada por $v = \sqrt{Y/\rho}$ y $v = \sqrt{B/\rho}$, respectivamente, donde *U* es el módulo de Young, *B* es el módulo volumétrico y *r* es la densidad. La rapidez del sonido en un gas es inversamente proporcional a la raíz cuadrada de la masa molecular; sin embargo, la ecuación correspondiente es más complicada y no se presentará aquí.

TABLA 14.1

Rapidez del sonido en varios medios (valores típicos)

Medio	*Rapidez (m/s)*
Sólidos	
Aluminio	5100
Cobre	3500
Hierro	4500
Vidrio	5200
Poliestireno	1850
Zinc	3200
Líquidos	
Alcohol etílico	1125
Mercurio	1400
Agua	1500
Gases	
Aire (0°C)	331
Aire (100°C)	387
Helio (0°C)	965
Hidrógeno (0°C)	1284
Oxígeno (0°C)	316

Los sólidos son, en general, más elásticos que los líquidos, que a la vez son más elásticos que los gases. En un material altamente elástico, las fuerzas restauradoras entre los átomos o las moléculas ocasionan que una perturbación se propague más rápido. Así, por lo general la rapidez del sonido es entre 2 y 4 veces más rápida en sólidos que en líquidos, y de entre 10 y 15 veces más rápida en sólidos que en gases como el aire (tabla 14.1).

Si bien no se expresa explícitamente en las ecuaciones anteriores, la rapidez del sonido depende generalmente de la temperatura del medio. Por ejemplo, en el aire seco la rapidez del sonido es de 331 m/s (aproximadamente 740 mi/h) a 0°C. Conforme aumenta la temperatura, lo mismo sucede con la rapidez del sonido. Para *temperaturas ambientales normales*, la rapidez del sonido en el aire aumenta en aproximadamente 0.6 m/s por cada grado Celsius arriba de 0°C. Así, una buena aproximación para la rapidez del sonido en el aire para una temperatura específica (ambiental) está dada por

$$v = (331 + 0.6T_C) \text{ m/s} \quad \textit{rapidez del sonido en aire seco} \quad (14.1)$$

donde T_C es la temperatura del aire en grados Celsius.* Las unidades asociadas con el factor 0.6 son metros por segundo por grado Celsius $[\text{m/(s} \cdot \text{C}°)]$.

Comparemos la rapidez del sonido en medios diferentes.

Ejemplo 14.1 ■ Sólido, líquido, gas: rapidez del sonido en medios diferentes

De sus propiedades materiales, encuentre la rapidez del sonido en *a*) una varilla sólida de cobre, *b*) agua líquida y *c*) aire a temperatura normal en interiores (20°C).

Razonamiento. Sabemos que la rapidez del sonido en un sólido o un líquido depende del módulo de elasticidad, así como de la densidad del sólido o líquido. Esos valores están disponibles en las tablas 9.1 y 9.2. La rapidez del sonido en el aire está dada por la ecuación 14.1.

Solución.

Dado: $Y_{Cu} = 11 \times 10^{10}\text{ N/m}^2$
$B_{H_2O} = 2.2 \times 10^9\text{ N/m}^2$
$\rho_{Cu} = 8.9 \times 10^3\text{ kg/m}^3$
$\rho_{H_2O} = 1.0 \times 10^3\text{ kg/m}^3$
(valores tomados de las tablas 9.1 y 9.2)
$T_C = 20°\text{C}$ (para el aire)

Encuentre: *a*) v_{Cu} (rapidez en cobre)
b) v_{H_2O} (rapidez en agua)
c) v_{aire} (rapidez en aire)

a) Para encontrar la rapidez del sonido en una varilla de cobre, usamos la expresión $v = \sqrt{Y/\rho}$:

$$v_{Cu} = \sqrt{\frac{Y}{\rho}} = \sqrt{\frac{11 \times 10^{10}\text{ N/m}^2}{8.9 \times 10^3\text{ kg/m}^3}} = 3.5 \times 10^3\text{ m/s}$$

b) Para agua, $v = \sqrt{B/\rho}$:

$$v_{H_2O} = \sqrt{\frac{B}{\rho}} = \sqrt{\frac{2.2 \times 10^9\text{ N/m}^2}{1.0 \times 10^3\text{ kg/m}^3}} = 1.5 \times 10^3\text{ m/s}$$

c) Para el aire a 20°C, por la ecuación 14.1, tenemos

$$v_{aire} = (331 + 0.6T_C)\text{ m/s} = [331 + 0.6(20)]\text{ m/s} = 343\text{ m/s} = 3.43 \times 10^2\text{ m/s}$$

Ejercicio de refuerzo. En este ejemplo, ¿cuántas veces más rápida es la rapidez del sonido en cobre *a*) que en el agua y *b*) que en el aire (a temperatura ambiente)? Compare sus resultados con los valores dados al inicio de la sección. (*Las respuestas de todos los Ejercicios de refuerzo se dan al final del libro.*)

*Una mejor aproximación de éstas y temperaturas superiores está dada por la expresión

$$v = \left(331\sqrt{1 + \frac{T_C}{273}}\right)\text{ m/s}$$

En la tabla 14.1, véase v para aire a 100°C, que está fuera del rango normal de la temperatura ambiente.

Un valor generalmente útil para la rapidez del sonido en el aire es $\frac{1}{3}$ km/s (o $\frac{1}{5}$ mi/s). Usando este valor, usted puede, por ejemplo, estimar qué tan lejos cae un relámpago, contando el número de segundos entre el tiempo en que se observa el destello y el tiempo en que se oye el estruendo asociado. Como la velocidad de la luz es tan grande, usted ve el destello casi instantáneamente. Las ondas sonoras del trueno viajan relativamente con poca rapidez, aproximadamente a $\frac{1}{3}$ km/s. Por ejemplo, si el intervalo entre los dos eventos se mide igual a 6 s, el relámpago cayó aproximadamente a 2 km $\left(\frac{1}{3}\text{ km/s} \times 6\text{ s} = 2\text{ km o } \frac{1}{5}\text{ mi/s} \times 6\text{ s} = 1.2\text{ mi}\right)$.

Usted habrá notado también la demora en la llegada del sonido en relación con la de la luz en un juego de béisbol. Si está sentado en las gradas de los jardines, usted ve al bateador pegarle a la pelota antes de oír el golpe del bate contra la pelota.

Ejemplo 14.2 ■ ¿Buenas aproximaciones?

a) Demuestre qué tan buenas son las aproximaciones de $\frac{1}{3}$km/s y $\frac{1}{5}$mi/s para referirse a la rapidez del sonido. Considere condiciones de temperatura ambiente y aire seco. *b*) Determine el porcentaje de error de cada una.

Razonamiento. Se toma la rapidez real del sonido de la ecuación 14.1 y se convierten $\frac{1}{3}$km/s y $\frac{1}{5}$mi/s a m/s, para hacer la comparación.

Solución. Se listan los datos, junto con el cálculo de la rapidez del sonido:

Dados:
$T_C = 20°C$ (temperatura ambiente)
$v = (331 + 0.6T_C)$ m/s
$= [331 + 0.6(20)]$ m/s $= 343$ m/s
$v_{km} = \frac{1}{3}$ km/s
$v_{mi} = \frac{1}{5}$ mi/s

Encuentre: *a*) Cómo se comparan las aproximaciones con el valor real
b) Porcentaje de error

***a*)** Entonces, al efectuar las conversiones:

$$v_{km} = \tfrac{1}{3}\text{ km/s }(10^3\text{ m/km}) = 333\text{ m/s}$$

$$v_{mi} = \tfrac{1}{5}\text{ mi/s }(1609\text{ m/mi}) = 322\text{ m/s}$$

Las aproximaciones son razonables, pero v_{km} resulta mejor.

***b*)** El porcentaje de error está dado por la diferencia absoluta de los valores, dividido por el valor aceptado y multiplicado por 100%. Así, (donde las unidades se cancelan)

$$v_{km} = \tfrac{1}{3}\text{ km/s} \qquad 1 = \%\text{ de error} = \frac{|343 - 333|}{343} \times 100\% = \frac{10}{343} \times 100\% = 2.9\%$$

$$v_{mi} = \tfrac{1}{5}\text{ mi/s} \qquad 1 = \%\text{ de error} = \frac{|343 - 322|}{343} \times 100\% = \frac{21}{343} \times 100\% = 6.1\%$$

de manera que la aproximación de kilómetros por segundo es considerablemente mejor.

Ejercicio de refuerzo. Suponga que ocurre una tormenta con relámpagos en un día muy caluroso con una temperatura de 38°C y aire seco. ¿Los porcentajes de error en el ejemplo aumentan o disminuyen? Justifique su respuesta.

La rapidez del sonido en el aire depende de varios factores. La temperatura es el más importante, pero hay otras consideraciones, como la homogeneidad y la composición del aire. Por ejemplo, la composición del aire puede no ser "normal" en una área contaminada. Esos efectos son relativamente pequeños y no se consideran, excepto conceptualmente en el siguiente ejemplo.

Ejemplo conceptual 14.3 ■ Rapidez del sonido: viaje del sonido a lo largo y ancho

Note que la rapidez del sonido en aire *seco* a cierta temperatura está dada con buena aproximación por la ecuación 14.1. Sin embargo, el contenido de humedad del aire varía, y esta variación afecta la rapidez del sonido. A la misma temperatura, ¿el sonido viaja más rápido *a*) en aire seco o *b*) en aire húmedo?

Razonamiento y respuesta. De acuerdo con un viejo refrán, "cuando el sonido viaja lejos y de forma ancha, se aproxima un día tormentoso". Este refrán implica que el sonido viaja más rápido en un día muy húmedo, cuando es probable que ocurra una tormenta o precipitación. Pero, ¿es cierto esto?

Cerca del principio de esta sección, aprendimos que la rapidez del sonido en un gas es inversamente proporcional a la raíz cuadrada de la masa molecular del gas. Entonces, a presión constante, ¿el aire húmedo es más o menos denso que el aire seco?

En un volumen de aire húmedo, un gran número de moléculas de agua (H_2O) ocupan el espacio normalmente ocupado por las moléculas de nitrógeno (N_2) o por las de oxígeno (O_2), que constituyen el 98% del aire. Las moléculas de agua son menos masivas que las moléculas de nitrógeno y de oxígeno. [De la sección 10.3, las masas moleculares (fórmula) son H_2O, 18 g; N_2, 28 g; y O_2, 32 g.] Así, la masa molecular promedio de un volumen de aire húmedo es menor que la de aire seco, en tanto que la rapidez del sonido es mayor en aire húmedo.

Podemos ver esta situación de otra manera: como las moléculas de agua son menos masivas, tienen menos inercia y responden a una onda sonora más rápidamente que como lo hacen las moléculas de nitrógeno o de oxígeno. Por lo tanto, las moléculas de agua propagan más rápidamente la perturbación.

Ejercicio de refuerzo. Considerando sólo masas moleculares, ¿dónde esperaría usted una mayor rapidez del sonido: en nitrógeno, en oxígeno o en helio (a la misma temperatura y presión)? Explíquelo.

Nota: la humedad fue incluida aquí como una interesante consideración para la rapidez del sonido en el aire. Sin embargo, de ahora en adelante, al calcular la rapidez del sonido en el aire a cierta temperatura, consideraremos sólo aire seco (ecuación 14.1), a menos que se indique lo contrario.

Recuerde siempre que nuestro análisis supone generalmente condiciones ideales para la propagación del sonido. En realidad, la rapidez del sonido depende de muchos factores, uno de los cuales es la humedad, como lo muestra el ejemplo conceptual previo. Una variedad de otras propiedades afectan la propagación del sonido. Por ejemplo, preguntemos ¿por qué las sirenas de niebla de los barcos tienen una frecuencia o tono tan bajo? La respuesta es que las ondas sonoras de baja frecuencia viajan más lejos que las de alta frecuencia bajo condiciones idénticas. Este efecto se explica con un par de características de las ondas sonoras. Primero, la ondas sonoras son atenuadas (esto es, pierden energía) por la viscosidad del aire (sección 9.5). Segundo, las ondas sonoras tienden a interactuar con las moléculas de oxígeno y de agua en el aire. El resultado combinado de esas dos propiedades es que la atenuación total del sonido en el aire depende de la frecuencia del sonido: a mayor frecuencia, habrá mayor atenuación y la distancia recorrida será menor. Entonces la atenuación incrementa como el *cuadrado* del múltiplo de la frecuencia. Por ejemplo, un sonido a 200 Hz viajará 16 veces más lejos que un sonido a 800 Hz. Por ello se usan sirenas de niebla de baja frecuencia. Según esta dependencia de la frecuencia, habrá notado que cuando el relámpago de una tormenta se localiza a gran distancia, el trueno asociado es un ruido sordo de baja frecuencia. (Para más sobre nuestro sentido del oído, véase la sección A fondo 14.2.)

14.3 Intensidad del sonido y nivel de intensidad del sonido

OBJETIVOS: *a*) Definir intensidad del sonido y explicar cómo varía con la distancia desde una fuente puntual y *b*) calcular niveles de intensidad del sonido con la escala de decibeles.

El movimiento ondulatorio implica la propagación de energía. La razón de la transferencia de energía se expresa en términos de **intensidad**, que es la energía transportada por tiempo unitario a través de un área unitaria. Como la energía dividida entre tiempo es potencia, la intensidad es potencia dividida entre área:

$$\text{intensidad} = \frac{\text{energía/tiempo}}{\text{área}} = \frac{\text{potencia}}{\text{área}} \qquad \left[I = \frac{E/t}{A} = \frac{P}{A} \right]$$

Las unidades estándar de la intensidad (potencia/área) son watts por metro cuadrado (W/m^2).

A FONDO 14.2 LA FISIOLOGÍA Y LA FÍSICA DEL OÍDO Y DE LA AUDICIÓN

El oído consiste en tres partes básicas: el oído externo, el oído medio y el oído interno (figura 1). La parte visible del oído es el *pabellón auricular* (oreja) y recoge las ondas sonoras y se enfoca en ellas. Muchos animales pueden mover sus orejas para enfocar mejor su audición hacia una dirección específica; en general, los seres humanos no tienen esta habilidad y deben mover su cabeza. Los sonidos entran por el oído y viajan a través del *canal auditivo* hasta el *tímpano* del oído medio.

El tímpano es una membrana que vibra en respuesta a la presión de las ondas sonoras que lo afectan. Las vibraciones se transmiten a través del oído medio por un intrincado conjunto de huesos, llamados comúnmente el *martillo*, el *yunque* y el *estribo*. Estos huesos forman una conexión con la *ventana ovalada*, la abertura hacia el oído interno. El tímpano transmite vibraciones sonoras a los huesos del oído medio, los cuales a la vez transmiten las vibraciones a través de la ventana ovalada hacia el fluido del oído interno.

El oído interno incluye los *canales semicirculares*, la *cóclea* y el *nervio auditivo*. Los canales semicirculares y la cóclea se llenan con un líquido como el agua, el cual, junto con las células nerviosas en el canal semicircular, no juega ningún papel en el proceso de la audición, sino que son importantes para detectar movimientos rápidos y ayuda a controlar el equilibrio.

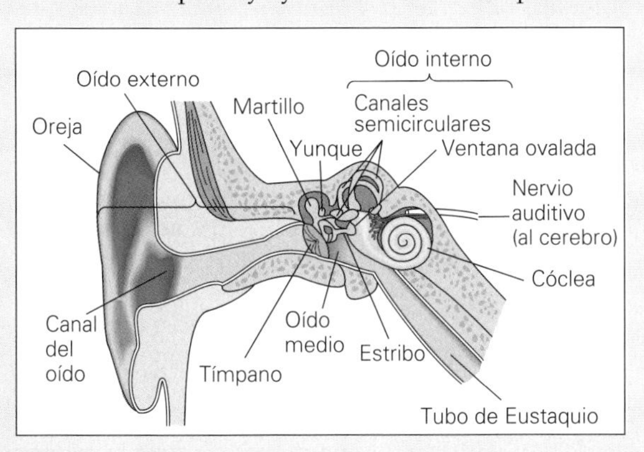

FIGURA 1 Anatomía del oído humano El oído convierte la presión en el aire en impulsos nerviosos eléctricos que el cerebro interpreta como sonidos.

La superficie interna de la cóclea, un órgano con forma de caracol, está conectada con más de 25 000 células nerviosas capilares. Éstas son ligeramente diferentes entre sí y tienen distintos niveles de resiliencia a las ondas de flujo que pasan a través de la cóclea. Diferentes células capilares tienen sensibilidad a frecuencias de onda específicas. Cuando la frecuencia de una onda de compresión coincide con la frecuencia natural de las células capilares, las células resuenan (sección 13.5) con una mayor amplitud de vibración. Esto origina la emisión de impulsos eléctricos desde las células nerviosas, que se transmiten hacia el nervio auditivo, el cual a la vez lleva las señales hacia el cerebro, donde se interpretan como sonido.

Las células capilares de la cóclea son muy importantes para la audición y el daño a tales células podría originar *tinnitus* o "zumbido de oídos". La exposición a ruidos muy fuertes es una causa común del tinnitus y a menudo también origina pérdida auditiva. Después de un concierto de rock estridente en un recinto cerrado, con frecuencia la gente escucha un zumbido temporal y pierde ligeramente su capacidad para escuchar. Las células capilares pueden dañarse temporal o permanentemente por ruidos fuertes. Con el tiempo, los ruidos fuertes pueden ocasionar lesiones permanentes porque se pierden células capilares. Como éstas tienen una frecuencia (resonancia) específica, una persona sería incapaz de escuchar sonidos a frecuencias particulares.

En una habitación silenciosa, coloque ambos pulgares en sus oídos, con una presión constante, y escuche. ¿Oye pulsaciones de sonido bajas? Está escuchando el sonido, a aproximadamente 25 Hz, hecho por las contracciones y el relajamiento de las fibras musculares de sus manos y sus brazos. Aunque en el intervalo audible, tales sonidos se escuchan con normalidad, ya que el oído humano es relativamente insensible a sonidos de baja frecuencia.

El oído medio está conectado con la garganta por el tubo de Eustaquio, cuyo extremo por lo general está cerrado. Se abre durante la deglución y en los bostezos para permitir que el aire entre y salga, de manera que se igualen las presiones interna y externa. Quizás usted haya experimentado la sensación de "tener los oídos tapados", cuando hay un cambio repentino en la presión atmosférica (por ejemplo, durante ascensos o descensos rápidos en un elevador o en un avión). La deglución abre los tubos de Eustaquio y alivia la diferencia de presión en el oído medio. (Véase la sección A fondo 9.2 sobre la presión atmosférica y los dolores de oído.)

Considere una fuente puntual que emite ondas esféricas de sonido, como se muestra en la ▾figura 14.4. Si no hay pérdidas, la intensidad del sonido a una distancia R desde la fuente es

$$I = \frac{P}{A} = \frac{P}{4\pi R^2} \quad \textit{(sólo fuente puntal)} \qquad (14.2)$$

donde P es la potencia de la fuente y $4\pi R^2$ es el área de una esfera de radio R, a través de la cual la energía del sonido pasa perpendicularmente.

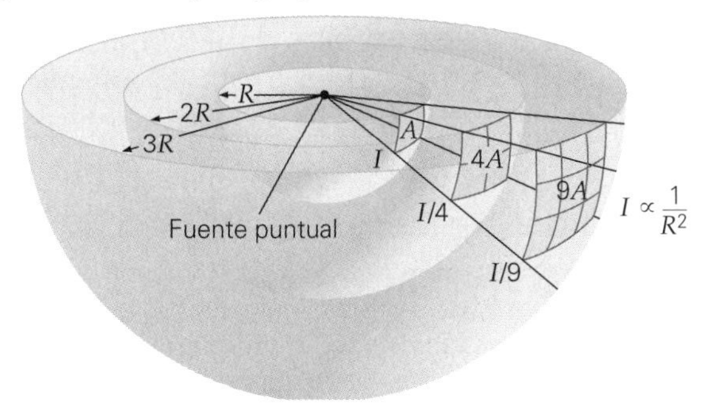

◂ **FIGURA 14.4 Intensidad de una fuente puntual** La energía emitida por una fuente puntual se dispersa igualmente en todas direcciones. Como la intensidad es potencia dividida entre el área, $I = P/A = P/(4\pi R^2)$, donde el área es la de una superficie esférica. Por lo tanto, la intensidad decrece con la distancia desde la fuente según $1/R^2$ (la figura no está a escala).

La intensidad de una fuente puntual de sonido es por lo tanto *inversamente proporcional al cuadrado de la distancia desde la fuente* (relación de cuadrado inverso). Dos intensidades a diferentes distancias desde una fuente de potencia constante pueden compararse como una razón:

$$\frac{I_2}{I_1} = \frac{P/(4\pi R_2^2)}{P/(4\pi R_1^2)} = \frac{R_1^2}{R_2^2}$$

o bien,

$$\frac{I_2}{I_1} = \left(\frac{R_1}{R_2}\right)^2 \quad \textit{(sólo fuente puntual)} \tag{14.3}$$

Suponga que se duplica la distancia desde una fuente puntual; esto es, $R_2 = 2R_1$, o $R_1/R_2 = \frac{1}{2}$. Entonces,

$$\frac{I_2}{I_1} = \left(\frac{R_1}{R_2}\right)^2 = \left(\frac{1}{2}\right)^2 = \frac{1}{4}$$

e

$$I_2 = \frac{I_1}{4}$$

Como la intensidad decrece por un factor de $1/R^2$, al duplicarse la distancia, la intensidad decrece a un cuarto de su valor original.

Una buena forma de entender intuitivamente esta relación de cuadrado inverso consiste en fijarse en la geometría de la situación. Como lo muestra la figura 14.4, cuanto mayor sea la distancia desde la fuente, mayor será el área sobre la cual se dispersa una cantidad dada de energía sónica, y entonces menor será su intensidad. (Imagine que tiene que pintar dos paredes de áreas diferentes. Si tuviese la misma cantidad de pintura para usar en cada una, tendría que aplicarla menos espesamente sobre la pared mayor.) Como esta área aumenta como el cuadrado del radio *R*, la intensidad decrece correspondientemente, esto es, según $1/R^2$.

Umbral de audición: $I_o = 10^{-12}\ \text{W/m}^2$

Umbral de dolor: $I_p = 1.0\ \text{W/m}^2$

La intensidad del sonido es percibida por el oído como **sonoridad** o **intensidad sonora**. En promedio, el oído humano puede detectar ondas sonoras (a 1 kHz) con una intensidad tan baja como $10^{-12}\ \text{W/m}^2$. A la intensidad (I_o) se le refiere como *umbral de audición*. Así, para oír un sonido, éste debe no sólo tener una frecuencia en el intervalo audible, sino también ser de intensidad suficiente. Cuando se incrementa la intensidad, el sonido percibido se vuelve más fuerte. A una intensidad de $1.0\ \text{W/m}^2$, el sonido es desagradablemente alto y podría causar dolor al oído. Esta intensidad (I_p) se llama *umbral de dolor*.

Note que los umbrales de dolor y audición difieren por un factor de 10^{12}:

$$\frac{I_p}{I_o} = \frac{1.0\ \text{W/m}^2}{10^{-12}\ \text{W/m}^2} = 10^{12}$$

Esto es, la intensidad en el umbral de dolor es un *billón* de veces mayor que en el umbral de audición. Dentro de este enorme intervalo, la sonoridad percibida no es directamente proporcional a la intensidad. Así, si se duplica la intensidad, la sonoridad percibida no se duplicará. De hecho, una duplicación de la sonoridad percibida corresponde aproximadamente a un incremento en intensidad por un factor de 10. Por ejemplo, un sonido con una intensidad de $10^{-5}\ \text{W/m}^2$ sería percibido como dos veces tan alto como otro con una intensidad de $10^{-6}\ \text{W/m}^2$. (Cuanto menor sea el exponente negativo, mayor será la intensidad.)

Nivel de intensidad del sonido: el bel y el decibel

Es conveniente comprimir el gran intervalo de intensidades del sonido usando una escala logarítmica (base 10) para expresar *niveles de intensidad*. El nivel de intensidad de un sonido debe ser referido a una intensidad estándar, que se toma como la del umbral de audición, $I_o = 10^{-12}\ \text{W/m}^2$. Entonces, para cualquier intensidad *I*, el nivel de intensidad es el logaritmo (o log) de la razón de I a I_o, esto es, log I/I_o. Por ejemplo, si un sonido tiene una intensidad de $I = 10^{-6}\ \mathrm{W/m^2}$,

$$\log\frac{I}{I_o} = \log\frac{10^{-6}\ \mathrm{W/m^2}}{10^{-12}\ \mathrm{W/m^2}} = \log 10^6 = 6\ \mathrm{B}$$

(Recuerde que $\log_{10} 10^x = x$.)* Se considera que el exponente de la potencia de 10 en el término final del logaritmo tiene una unidad llamada **bel (B)**. Así, un sonido con una intensidad de $10^{-6}\ \mathrm{W/m^2}$ tiene un nivel de intensidad de 6 B en esta escala. De esta manera, el rango de intensidad desde 10^{-12} a $1.0\ \mathrm{W/m^2}$ se comprime en una escala de niveles de intensidad que va desde 0 hasta 12 B.

Nota: el bel fue nombrado así en honor del inventor del teléfono, Alexander Graham Bell.

Una escala más fina de la intensidad se obtiene usando una unidad más pequeña, llamada **decibel (dB)**, que es una décima del bel. El rango de 0 a 12 B corresponde a de 0 a 120 dB. En este caso, la ecuación para el **nivel de intensidad del sonido** relativo, o **nivel decibel** ($\boldsymbol{\beta}$), es

$$\beta = 10\log\frac{I}{I_o} \qquad (\text{donde } I_o = 10^{-12}\ \mathrm{W/m^2}) \tag{14.4}$$

Nivel de intensidad del sonido en decibeles

Note que el nivel de intensidad del sonido (en decibeles, que no tienen dimensiones) *no* es lo mismo que la intensidad del sonido (en watts por metro cuadrado).

En la ▼figura 14.5 se muestran la escala decibel de intensidades y algunos sonidos familiares con sus niveles de intensidad. Las intensidades de sonido pueden tener efectos perjudiciales en la audición y, debido a esto, el gobierno de Estados Unidos ha establecido límites ocupacionales de la exposición al ruido.

▼ **FIGURA 14.5 Niveles de la intensidad del sonido y la escala en decibeles** Niveles de intensidad de algunos sonidos comunes en la escala de decibeles (dB).

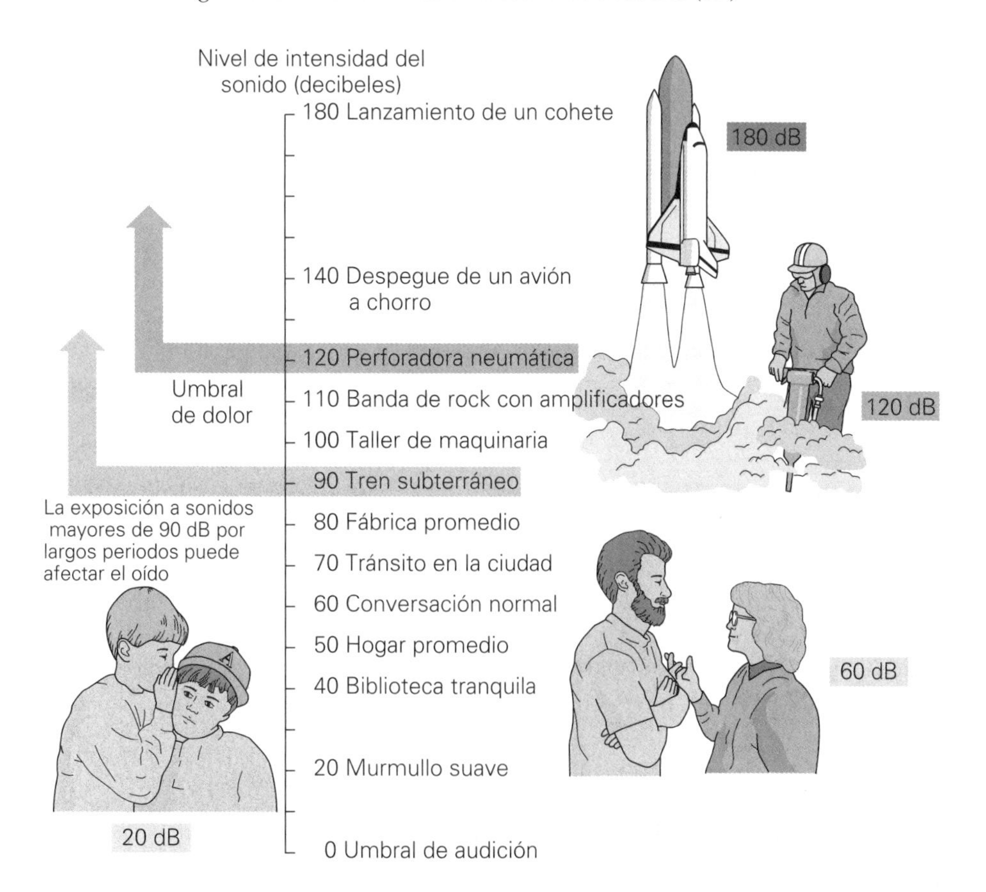

*En el apéndice I se presenta un repaso de los logaritmos.

Ejemplo 14.4 ■ Niveles de la intensidad del sonido: uso de logaritmos

¿Cuáles son los niveles de intensidad de los sonidos con intensidades de *a*) 10^{-12} W/m^2 y *b*) 5.0 × 1Q^{-6} W/m^2?

Razonamiento. Los niveles de intensidad del sonido se pueden encontrar usando la ecuación 14.4.

Solución.

Dado: *a*) $I = 10^{-12}$ W/m^2 *Encuentre:* *a*) β (nivel de intensidad del sonido)
b) $I = 5.0 \times 10^{-6}$ W/m^2 *b*) β

a) Usando la ecuación 14.4, tenemos

$$\beta = 10 \log \frac{I}{I_o} = 10 \log\left(\frac{10^{-12}\ \text{W/m}^2}{10^{-12}\ \text{W/m}^2}\right) = 10 \log 1 = 0 \text{ dB}$$

La intensidad 10^{-12} W/m^2 es la misma que en el umbral de audición. (Recuerde que log 1 = 0, ya que 1 = log 10^0 y log 10^0 = 0.) Observe que un nivel de intensidad de 0 dB no significa que no hay sonido.

b) $$\beta = 10 \log \frac{I}{I_o} = 10 \log\left(\frac{5.0 \times 10^{-6}\ \text{W/m}^2}{10^{-12}\ \text{W/m}^2}\right)$$

$$= 10 \log(5.0 \times 10^6) = 10(\log 5.0 + \log 10^6) = 10(0.70 + 6.0) = 67 \text{ dB}$$

Ejercicio de refuerzo. Note en este ejemplo que la intensidad de 5.0 × 10^{-6} W/m^2 está a la mitad entre 10^{-6} y 10^{-5} (o 60 y 70 dB) y, sin embargo, esta intensidad no corresponde a un valor medio de 65 dB. *a*) ¿Por qué? *b*) ¿Qué intensidad corresponde a 65 dB? (Calcúlelo con tres cifras significativas.)

Ejemplo 14.5 ■ Diferencias de nivel de intensidad: uso de razones

a) ¿Cuál es la diferencia en los niveles de intensidad si se duplica la intensidad de un sonido? *b*) Por qué factores aumenta la intensidad para *diferencias* de niveles de intensidad de 10 y 20 dB?

Razonamiento. *a*) Si se duplica la intensidad, entonces $I_2 = 2I_1$ o $I_2/I_1 = 2$. De manera que usamos la ecuación 14.4 para encontrar la diferencia de intensidades. Recuerde que log a − log b = log a/b. *b*) Aquí es importante notar que esos valores son *diferencias* de nivel de intensidad, $\Delta\beta = \beta_2 - \beta_1$, *no niveles* de intensidad. La ecuación desarrollada en *a* funcionará. (¿Por qué?)

Solución. Haciendo una lista de los datos, tenemos:

Dado: *a*) $I_2 = 2I_1$ *Encuentre:* *a*) $\Delta\beta$ (diferencia de nivel de intensidad)
b) $\Delta\beta = 10$ dB   *b*) I_2/I_1 (factores de aumento)
$\Delta\beta = 20$ dB

a) Usando la ecuación 14.4 y la relación log a − log b = log a/b, tenemos, para la diferencia, $\Delta\beta = \beta_2 - \beta_1 = 10[\log(I_2/I_o) - \log(I_1/I_o)] = 10 \log[(I_2/I_o)/(I_1/I_o)] = 10 \log I_2/I_1$. Entonces,

$$\Delta\beta = 10 \log \frac{I_2}{I_1} = 10 \log 2 = 3 \text{ dB}$$

Así, duplicando la intensidad aumenta el nivel de intensidad en 3 dB (por ejemplo, un incremento de 55 a 58 dB).

b) Para una diferencia de 10 dB,

$$\Delta\beta = 10 \text{ dB} = 10 \log \frac{I_2}{I_1} \quad \text{y} \quad \log \frac{I_2}{I_1} = 1.0$$

Como log 10^1 = 1, la razón de intensidades es 10:1 porque

$$\frac{I_2}{I_1} = 10^1 \quad \text{e} \quad I_2 = 10\, I_1$$

Asimismo, para una diferencia de 20 dB,

$$\Delta\beta = 20 \text{ dB} = 10 \log \frac{I_2}{I_1} \quad \text{y} \quad \log \frac{I_2}{I_1} = 2.0$$

Como $\log 10^2 = 2$,

$$\frac{I_2}{I_1} = 10^2 \quad \text{e} \quad I_2 = 100\, I_1$$

Así, una diferencia de nivel de intensidad de 10 dB corresponde a un cambio (aumento o decremento) de la intensidad por un factor de 10. Una diferencia de nivel de intensidad de 20 dB corresponde a un cambio de la intensidad por un factor de 100.

Usted debería saber estimar el factor que corresponde a una diferencia de nivel de intensidad de 30 dB. En general, el factor del cambio de intensidad es $10^{\Delta\beta}$, donde $\Delta\beta$ es la diferencia en niveles de bels. Como 30 dB = 3 B y $10^3 = 1000$, la intensidad cambia por un factor de 1000 para una diferencia de nivel de intensidad de 30 dB.

Ejercicio de refuerzo. Una $\Delta\beta$ de 20 $\Delta\beta$ y una $\Delta\beta$ de 30 dB corresponden a factores de 100 y 1000, respectivamente, en cambios de intensidad. ¿Una Δb de 25 dB corresponde a un factor de cambio de intensidad de 500? Explíquelo.

Ejemplo 14.6 ■ Niveles combinados de sonido: suma de intensidades

Usted está sentado en una mesa de acera en un restaurante, conversando con un amigo a un volumen normal de 60 dB. Al mismo tiempo, el nivel de intensidad del sonido del tránsito de la calle que le llega es también de 60 dB. ¿Cuál será el nivel total de la intensidad de los sonidos combinados?

Razonamiento. Se vuelve tentador simplemente sumar los dos niveles de intensidad del sonido y decir que el total es 120 dB. Pero los niveles de intensidad en decibeles son logarítmicos, por lo que no se pueden sumar en la manera normal. Sin embargo, las intensidades (I) sí se pueden sumar aritméticamente, ya que la energía y la potencia son cantidades escalares. El nivel de intensidad combinada puede entonces encontrarse con la suma de las intensidades.

Solución. Tenemos la siguiente información:

Dado: $\beta_1 = 60$ dB, $\beta_2 = 60$ dB   *Encuentre:* total β

Encontremos las intensidades asociadas con los niveles de intensidad:

$$\beta_1 = 60 \text{ dB} = 10 \log \frac{I_1}{I_o} = 10 \log\left(\frac{I_1}{10^{-12} \text{ W/m}^2}\right)$$

Por inspección, tenemos

$$I_1 = 10^{-6} \text{ W/m}^2$$

Asimismo, $I_2 = 10^{-6}$ W/m², ya que ambos niveles de intensidad son de 60 dB. Por lo tanto, la intensidad total es

$$I_{\text{total}} = I_1 + I_2 = 1.0 \times 10^{-6} \text{ W/m}^2 + 1.0 \times 10^{-6} \text{ W/m}^2 = 2.0 \times 10^{-6} \text{ W/m}^2$$

Entonces, convirtiendo de nuevo a nivel de intensidad, obtenemos

$$\beta = 10 \log \frac{I_{\text{total}}}{I_o} = 10 \log\left(\frac{2.0 \times 10^{-6} \text{ W/m}^2}{10^{-12} \text{ W/m}^2}\right) = 10 \log(2.0 \times 10^6)$$

$$= 10(\log 2.0 + \log 10^6) = 10(0.30 + 6.0) = 63 \text{ dB}$$

Este valor está lejos de 120 dB. Note que las intensidades combinadas duplicaron el valor de la intensidad, y el nivel de intensidad aumentó 3 dB, de acuerdo con lo que encontramos en el inciso *a* del ejemplo 14.5.

Ejercicio de refuerzo. En este ejemplo, suponga que el ruido agregado dio un total que *triplicó* el nivel de intensidad de la conversación. ¿Cuál sería el nivel de intensidad combinado total en este caso?

▲ **FIGURA 14.6 Proteja su oído** Los sonidos altos continuos pueden dañar sus oídos, por lo que quizá necesite protegerlos como se muestra aquí. En la tabla 14.2 el nivel de intensidad de las podadoras de césped es del orden de 90 dB.

Proteja su oído

El oído puede dañarse por un ruido excesivo, por lo que a veces es necesario protegerlo de ruidos fuertes continuos (▲figura 14.6). El daño al oído depende del nivel de la intensidad del sonido (nivel decibel) y del tiempo de exposición. La combinación exacta varía para diferentes personas, aunque en la tabla 14.2 se muestra una guía general de los niveles de ruido. Estudios han demostrado que niveles de sonido de 90 dB y superiores dañan los nervios receptores del oído, lo cual ocasiona en una pérdida de la capacidad auditiva. A 90 dB, toma 8 horas o menos para que el daño ocurra. En general,

TABLA 14.2 Niveles de intensidad del sonido y tiempos de exposición que dañan el oído

	Decibeles (dB)	*Ejemplos*	*El daño puede ocurrir con exposición continua*
Débil	30	Biblioteca tranquila, murmullos	
Moderado	60	Conversación normal, máquina de coser	
Muy fuerte	80	Tránsito cargado, restaurante ruidoso, llanto de niño	10 horas
	90	Podadora, motocicleta, fiesta ruidosa	Menos de 8 horas
	100	Sierra de cadena, tren subterráneo, trineo motorizado	Menos de 2 horas
Extremadamente fuerte	110	Audífonos, estéreo a todo volumen, concierto de rock	30 minutos
	120	Clubes de baile, autoestéreos, algunos juguetes musicales	15 minutos
	130	Martillo perforador, juegos ruidosos de computadora, eventos deportivos	Menos de 15 minutos
Doloroso	140	Estampido en estéreos, explosión de un disparo, cohetes	Cualquier duración (por ejemplo, la pérdida del oído puede ocurrir por unos cuantos disparos de un cañón de alto calibre, si no se tiene protección adecuada)

Cortesía de la Fundación EAR.

si el nivel de sonido se incrementa en 5 dB, el tiempo seguro de exposición se reduce a la mitad. Por ejemplo, si un nivel de sonido de 95 dB (el de una podadora ruidosa o una motocicleta) toma 4 horas en dañar su oído, entonces un nivel de sonido de 105 dB toma sólo 1 hora causar el daño.

14.4 Fenómenos acústicos

OBJECTIVES: *a*) Explicar la reflexión, la refracción y la difracción del sonido y *b*) distinguir entre las interferencias constructiva y destructiva.

Reflexión, refracción y difracción

Un eco es un ejemplo familiar de la *reflexión* del sonido, esto es, sonido "que rebota" en una superficie. La *refracción* del sonido es menos común que la reflexión; sin embargo, usted tal vez la haya experimentado en una tarde tranquila de verano, cuando es posible oír voces distantes u otros sonidos que ordinariamente no serían audibles. Este efecto se debe a la refracción, o flexión (cambio de dirección), de las ondas sonora al pasar de una región a otra, donde la densidad del aire es diferente. El efecto es similar a lo que ocurre si el sonido pasa a otro medio.

Las condiciones requeridas para que el sonido sea refractado son una capa de aire más frío cerca del suelo o el agua, y una capa de aire más caliente arriba de aquélla. Esas condiciones ocurren frecuentemente sobre cuerpos de agua, que se enfrían después de la puesta del sol (▼figura 14.7). Como resultado del enfriamiento, las ondas son refractadas según un arco que permite a una persona distante recibir una intensidad del sonido incrementada.

Otro fenómeno de flexión es la *difracción*, que se describe en la sección 13.4. El sonido puede ser difractado, o flexionado, alrededor de esquinas o alrededor de un objeto. Usualmente pensamos que las ondas viajan en línea recta. Sin embargo, usted puede oír a quien no puede ver cuando está a la vuelta de una esquina. Esta flexión es diferente de la refracción, en la que ningún obstáculo causa la flexión.

La reflexión, la refracción y la difracción se describen aquí en sentido general para el sonido. Esos fenómenos son consideraciones importantes también para las ondas de luz y los estudiaremos más ampliamente en los capítulos 22 y 24.

▼ **FIGURA 14.7 Refracción del sonido** El sonido viaja más lentamente en el aire frío cerca de la superficie del agua, que en el aire superior más caliente. Como resultado, las ondas se refractan o se flexionan. Esta flexión aumenta la intensidad del sonido a una distancia donde de otra manera no podría escucharse.

Interferencia constructiva total (se encuentran 2 crestas o 2 valles)

A

B

Interferencia destructiva total (se encuentra una cresta y un valle)

a)

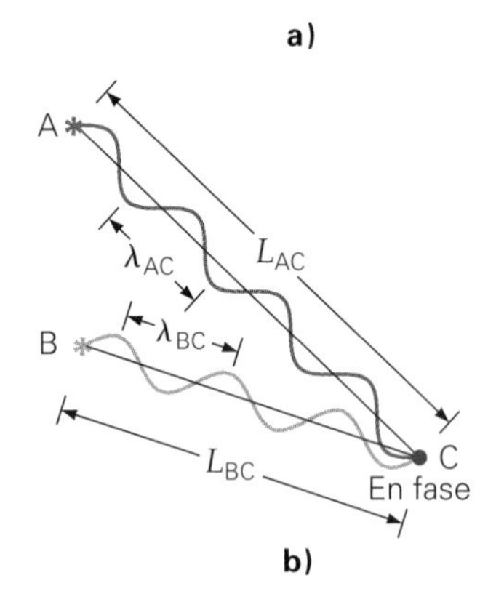

b)

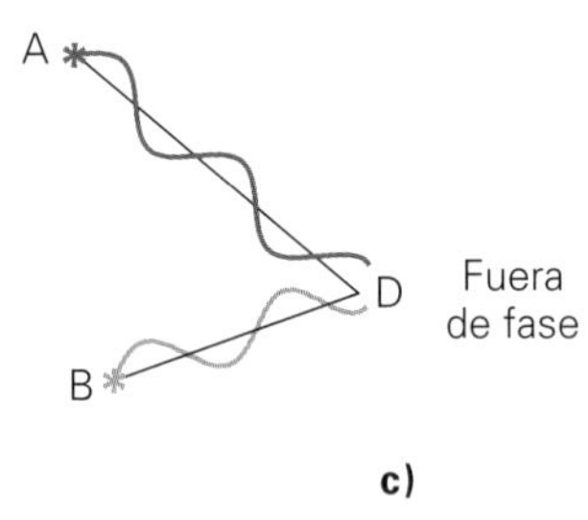

c)

▲ **FIGURA 14.8 Interferencia**
a) Las ondas sonoras de dos fuentes puntuales se dispersan e interfieren. ***b)*** En los puntos donde las ondas llegan en fase (con diferencia de fase cero), como el punto C, ocurre una interferencia constructiva. ***c)*** En puntos donde las ondas llegan completamente fuera de fase (con una diferencia de fase de 180°), como el punto D, ocurre una interferencia destructiva. La diferencia de fase en un punto específico depende de las longitudes de trayectoria que las ondas viajan para llegar a ese punto.

Interferencia

Al igual que las ondas de cualquier tipo, las ondas sonoras *interfieren* cuando se encuentran. Suponga que dos bocinas separadas cierta distancia emiten ondas sonoras en fase a la misma frecuencia. Si consideramos las bocinas como fuentes puntuales, entonces las ondas se dispersarán esféricamente y se interferirán (◂figura 14.8a). Las líneas de una bocina particular representan crestas de onda (o condensaciones), y los valles (o rarefacciones) se encuentran en las áreas blancas intermedias.

En regiones particulares de espacio, habrá interferencia constructiva o destructiva. Por ejemplo, si dos ondas se encuentran en una región donde estén exactamente en fase (si dos crestas o dos valles coinciden), habrá **interferencia constructiva** total (figura 14.8b). Note que las ondas tienen el mismo movimiento en el punto C de la figura. Si, por el contrario, las ondas se encuentran de manera que la cresta de una coincide con el valle de la otra (en el punto D), las dos ondas se cancelarán entre sí (figura 14.8c). El resultado será una **interferencia destructiva** total.

Es conveniente describir las longitudes de las trayectorias viajadas por las ondas en términos de longitud de onda (λ), para determinar si llegan en fase. Considere las ondas que llegan al punto C en la figura 14.8b. Las longitudes de las trayectorias en este caso son $L_{AC} = 4\lambda$ y $L_{BC} = 3\lambda$. La **diferencia de fase** ($\Delta\theta$) está relacionada con la **diferencia de longitud de trayectoria** (ΔL) por la simple relación

$$\Delta\theta = \frac{2\pi}{\lambda}(\Delta L) \quad \textit{diferencia de fase y diferencia de longitud de trayectoria} \tag{14.5}$$

Como 2π rad es equivalente, en términos angulares, a un ciclo completo de onda o longitud de onda, multiplicando la diferencia de longitud de trayectoria por $2\pi/\lambda$ se obtiene la diferencia de fase en radianes. Para el ejemplo ilustrado en la figura 14.8b, tenemos

$$\Delta\theta = \frac{2\pi}{\lambda}(L_{AC} - L_{BC}) = \frac{2\pi}{\lambda}(4\lambda - 3\lambda) = 2\pi \text{ rad}$$

Cuando $\Delta\theta = 2\pi$ rad, las ondas se desplazan una longitud de onda. Esto es lo mismo que $\Delta\theta = 0°$, por lo que las ondas están en fase. Así, las ondas interfieren constructivamente en la región del punto C, aumentando la intensidad, o volumen, del sonido detectado ahí.

De la ecuación 14.5 vemos que las ondas de sonido están en fase en cualquier punto donde la diferencia de longitud de trayectoria sea cero o un múltiplo entero de la longitud de onda. Esto es,

$$\Delta L = n\lambda \quad (n = 0, 1, 2, 3, \ldots) \quad \textit{condición para interferencia constructiva} \tag{14.6}$$

Un análisis similar de la situación en la figura 14.8c, donde $L_{AD} = 2\frac{3}{4}\lambda$ y $L_{BD} = 2\frac{1}{4}\lambda$, da

$$\Delta\theta = \frac{2\pi}{\lambda}\left(2\tfrac{3}{4}\lambda - 2\tfrac{1}{4}\lambda\right) = \pi \text{ rad}$$

o bien, $\Delta\theta = 180°$. En el punto D las ondas están completamente fuera de fase, y en esta región se presenta una interferencia destructiva.

Las ondas sonoras estarán fuera de fase en cualquier punto donde la diferencia de longitud de trayectoria sea un número impar de medias longitudes de onda ($\lambda/2$), o

$$\Delta L = m\left(\frac{\lambda}{2}\right) \quad (m = 1, 3, 5, \ldots) \quad \textit{condición para interferencia destructiva} \tag{14.7}$$

En esos puntos se oirá o se detectará un sonido más suave o menos intenso. Si las amplitudes de las ondas son exactamente iguales, la interferencia destructiva es total y no se oye ningún sonido.

La interferencia destructiva de las ondas sonoras ofrece una manera de reducir los ruidos muy fuertes, que pueden distraer o incluso provocar incomodidad. El procedimiento consiste en tener una onda reflejada o una onda introducida con una diferencia de fase que anule el sonido original tanto como sea posible. Idealmente debería estar desfasada 180° con respecto al ruido indeseable. Algunas de estas aplicaciones, como los escapes de los automóviles y los auriculares de los pilotos, se estudian en la sección 13.4.

Ejemplo 14.7 ■ Subir el volumen: interferencia del sonido

En un concierto al aire libre en un día caluroso (con temperatura del aire de 25°C), usted está sentado a 7.00 y 9.10 m, respectivamente, de un par de bocinas, una a cada lado del escenario. Un músico animado toca un solo tono a 494 Hz. ¿Qué tono escucha en términos de intensidad? (Considere las bocinas como fuentes puntuales.)

Razonamiento. Las ondas sonoras de las bocinas se interfieren. ¿Es una interferencia constructiva, destructiva o algo intermedio? Ello depende de la diferencia en la longitud de las trayectorias, que calculamos a partir de las distancias dadas.

Solución.

Dado: $d_1 = 7.00$ m y $d_2 = 9.10$ m
$f = 494$ Hz
$T = 25°\text{C}$

Encuentre: ΔL (diferencia de longitud de trayectoria en unidades de longitud de onda)

La diferencia de longitud de trayectoria (2.10 m) entre las ondas que llegan a su localidad deben expresarse en términos de la longitud de onda del sonido. Para hacer esto primero necesitamos conocer la longitud de onda. Dada la frecuencia podemos encontrar la longitud de onda a partir de la relación $\lambda = v/f$, siempre que conozcamos la rapidez del sonido, v, a la temperatura dada. La rapidez v puede encontrarse con la ecuación 14.1:

$$v = (331 + 0.6T_C)\text{ m/s} = [331 + 0.6(25)]\text{ m/s} = 346\text{ m/s}$$

La longitud de onda del sonido es entonces

$$\lambda = \frac{v}{f} = \frac{346\text{ m/s}}{494\text{ Hz}} = 0.700\text{ m}$$

Así, las distancias en términos de longitud de onda son

$$d_1 = (7.00\text{ m})\left(\frac{\lambda}{0.700\text{ m}}\right) = 10.0\lambda \quad \text{y} \quad d_2 = (9.10\text{ m})\left(\frac{\lambda}{0.700\text{ m}}\right) = 13.0\lambda$$

La diferencia de longitud de trayectoria, en términos de longitudes de onda, es

$$\Delta L = d_2 - d_1 = 13.0\lambda - 10.0\lambda = 3.0\lambda$$

Éste es un número entero de longitudes de onda ($n = 3$), por lo que se presenta una interferencia constructiva. Los sonidos de las dos bocinas se refuerzan entre sí, y usted oye un tono intenso (fuerte) a 494 Hz.

Ejercicio de refuerzo. Suponga que en este ejemplo el tono viajó a una persona sentada a 7.00 y 8.75 m, respectivamente, desde las dos bocinas. ¿Cuál sería la situación en ese caso?

Otro interesante efecto de interferencia ocurre cuando dos tonos de aproximadamente la misma frecuencia ($f_1 \approx f_2$) se emiten simultáneamente. El oído siente pulsaciones en volumen conocidas como **pulsos**. El oído humano puede detectar hasta 7 pulsos por segundo antes de que suenen "uniformemente" (continuos, sin pulsaciones).

Suponga que dos ondas senoidales interfieren con la misma amplitud, pero ligeramente diferentes frecuencias (▼figura 14.9a). La figura 14.9b representa la onda sonora resultante. La amplitud de la onda combinada varía senoidalmente, como se muestra por las curvas en negro (conocidas como *envolventes*) que delinean la onda.

Ilustración 18.3 Interferencia en el tiempo y pulsaciones

¿Qué significa esta variación en amplitud en términos de lo que el sujeto percibe? Oirá un sonido pulsante (pulsos) determinado por las envolventes. La amplitud máxima es $2A$ (en el punto donde los máximos de las dos ondas originales interfieren cons-

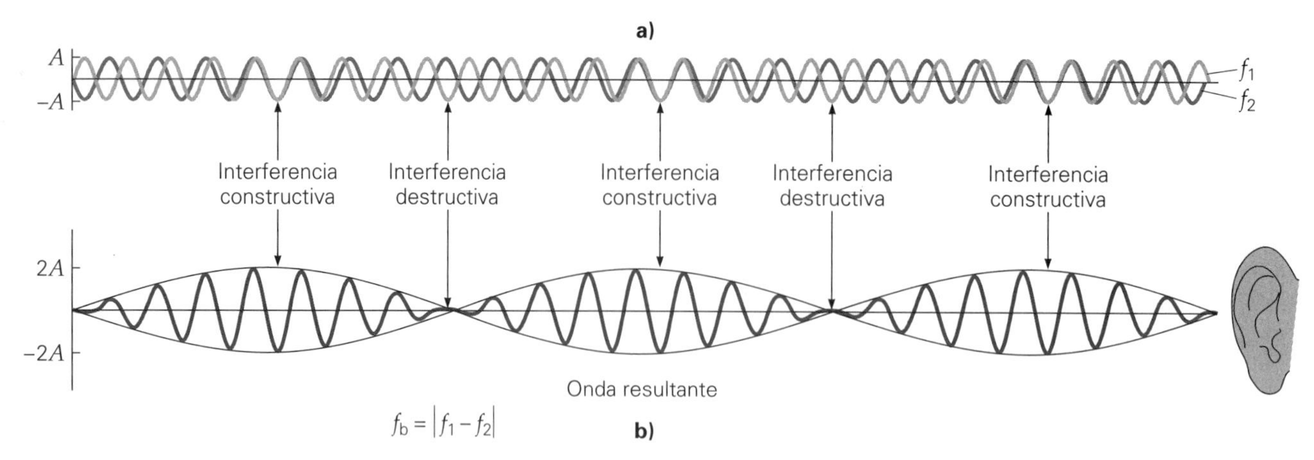

▲ **FIGURA 14.9 Pulsos** Dos ondas viajeras de igual amplitud y frecuencias ligeramente diferentes interfieren y dan lugar a tonos pulsantes llamados pulsos. La frecuencia de pulso está dada por $f_b = |f_1 - f_2|$.

tructivamente). Matemática detallada muestra que un sujeto oirá los pulsos con una frecuencia llamada la **frecuencia de pulso** (f_b), dada por

$$f_b = |f_1 - f_2| \tag{14.8}$$

Se toma el valor absoluto porque la frecuencia f_b no puede ser negativa, aun si $f_2 > f_1$. Una frecuencia de pulso negativa no tendría sentido.

Exploración 18.3 Un micrófono entre dos altavoces

Los pulsos se pueden producir cuando diapasones de aproximadamente la misma frecuencia vibran al mismo tiempo. Por ejemplo, usando diapasones con frecuencias de 516 y 513 Hz, se puede generar una frecuencia de pulso de f_b = 516 Hz − 513 Hz = 3 Hz, y se oirán tres pulsos cada segundo. Los músicos afinan dos instrumentos de cuerdas a la misma nota ajustando las tensiones en las cuerdas, hasta que los pulsos desaparecen ($f_1 = f_2$).

14.5 El efecto Doppler

OBJETIVOS: *a*) Describir y explicar el efecto Doppler y *b*) dar algunos ejemplos de sus manifestaciones y aplicaciones.

Si usted está junto a una autopista y un automóvil o un camión se acerca sonando su bocina, el **tono** (la frecuencia percibida) del sonido será mayor cuando el vehículo se acerca y menor cuando se aleja. Usted también puede oír variaciones en la frecuencia del ruido del motor, cuando observa un auto de carreras que viajando alrededor de una pista. Una variación en la frecuencia del sonido percibido debido al movimiento de la fuente es un ejemplo del **efecto Doppler**. (El físico austriaco Christian Doppler [1803-1853] fue el primero en describir dicho efecto.)

Como lo muestra la ▸figura 14.10 las ondas sonoras emitidas por una fuente móvil tienden a juntarse enfrente de la fuente, y a esparcirse atrás de ella. El corrimiento Doppler en frecuencia puede encontrarse suponiendo que el aire está en reposo en un marco de referencia como el que se muestra en la ▸figura 14.11. La rapidez del sonido en aire es v, y la rapidez de la fuente móvil es v_s. La frecuencia del sonido producido por la fuente es f_s. En un periodo, $T = 1/f_s$, una cresta de onda se mueve una distancia $d = vT = \lambda$. (La onda sonora viajaría esta distancia en aire quieto, independientemente de que la fuente se esté moviendo o no.) Sin embargo, en un periodo la fuente viaja una distancia $d_s = v_sT$ antes de emitir otra cresta de onda. La distancia entre las crestas sucesivas de ondas se acorta entonces a una longitud de onda λ':

$$\lambda' = d - d_s = vT - v_sT = (v - v_s)T = \frac{v - v_s}{f_s}$$

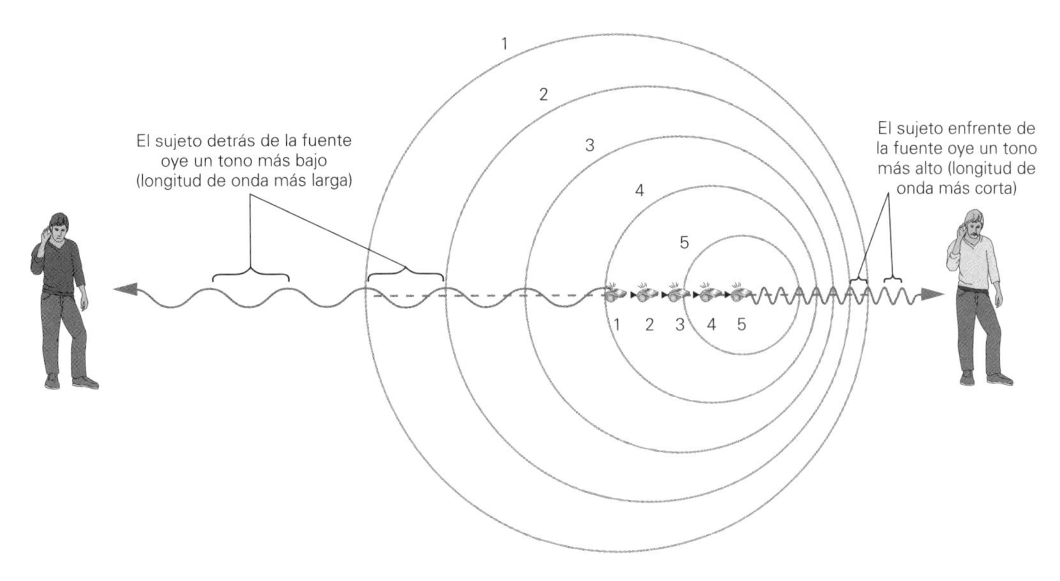

▲ **FIGURA 14.10 El efecto Doppler para una fuente en movimiento** Las ondas sonoras se juntan enfrente de una fuente móvil (el silbato) dando ahí una mayor frecuencia. Las ondas van detrás de la fuente, dando ahí una menor frecuencia. (La figura no está dibujada a escala. ¿Por qué?)

La frecuencia oída por el sujeto (f_o) está relacionada con la longitud de onda acortada por $f_o = v/\lambda'$, y sustituyendo λ' resulta

Ilustración 18.4 El efecto Doppler

$$f_o = \frac{v}{\lambda'} = \left(\frac{v}{v - v_s}\right) f_s$$

o

$$f_o = \left(\frac{1}{1 - \frac{v_s}{v}}\right) f_s \qquad (14.9)$$

(la fuente se acerca a un sujeto estacionario, donde v_s = rapidez de la fuente y v = rapidez del sonido)

Puesto que $1 - (v_s/v)$ es menor que 1, f_o es mayor que f_s en esta situación. Por ejemplo, suponga que la rapidez de la fuente es un décimo de la rapidez del sonido; esto es, $v_s = v/10$ o $v_s/v = \frac{1}{10}$. Entonces, por la ecuación 14.9, $f_o = \frac{10}{9} f_s$.

▼ **FIGURA 14.11 El efecto Doppler y la longitud de onda** El sonido de la bocina de un automóvil en movimiento viaja una distancia d en un tiempo T. En este tiempo, el automóvil (la fuente) viaja una distancia d_s antes de dar salida a un segundo pulso, acortando así la longitud de onda observada del sonido en la dirección de acercamiento.

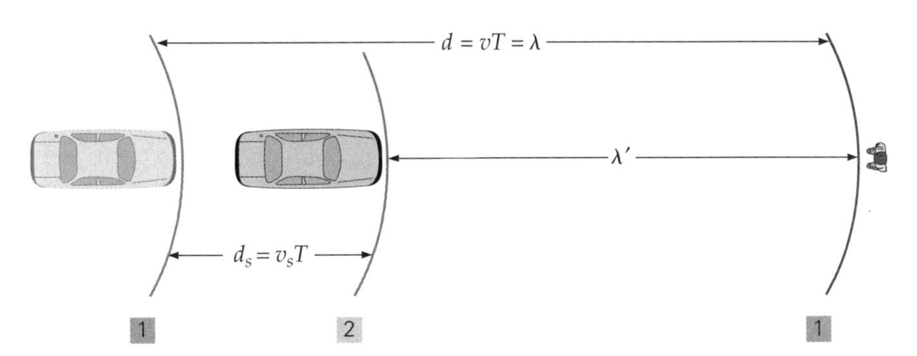

Asimismo, cuando la fuente se aleja del sujeto ($\lambda' = d + d_s$), la frecuencia observada está dada por

$$f_o = \left(\frac{v}{v + v_s}\right) f_s = \left(\frac{1}{1 + \frac{v_s}{v}}\right) f_s \quad \textit{(la fuente se aleja de un sujeto estacionario)} \tag{14.10}$$

Aquí, f_o es menor que f_s. (¿Por qué?)

Combinando las ecuaciones 14.9 y 14.10 se obtiene una ecuación general para la frecuencia observada con una fuente móvil y un sujeto estacionario:

$$f_o = \left(\frac{v}{v \pm v_s}\right) f_s = \left(\frac{1}{1 \pm \frac{v_s}{v}}\right) f_s \quad \begin{cases} - \text{ para una fuente acercándose hacia un sujeto estacionario;} \\ + \text{ para una fuente alejándose de un observador estacionario} \end{cases} \tag{14.11}$$

Como podría usted esperar, el efecto Doppler también ocurre con un sujeto en movimiento y una fuente estacionaria, aunque esta situación es un poco diferente. Conforme el observador se mueve hacia la fuente, la distancia entre crestas sucesivas de ondas es la longitud de onda normal (o $\lambda = v/f_s$), aunque la rapidez de onda medida es diferente. Respecto al sujeto que se acerca, el sonido desde la fuente estacionaria tiene una rapidez de onda de $v' = v + v_o$, donde v_o es la rapidez del observador y v es la rapidez del sonido en aire en reposo. (El sujeto acercándose a la fuente se está moviendo en dirección opuesta a la de las ondas que se propagan y por ello encuentra más crestas de ondas en un tiempo dado.)

Con $\lambda = v/f_s$, la frecuencia observada es entonces

$$f_o = \frac{v'}{\lambda} = \left(\frac{v + v_o}{v}\right) f_s$$

o bien,

$$f_o = \left(1 + \frac{v_o}{v}\right) f_s \quad \textit{(sujeto moviéndose hacia una fuente estacionaria, donde } v_o = \textit{rapidez del sujeto y } v = \textit{rapidez del sonido)} \tag{14.12}$$

Asimismo, para un sujeto que se aleja de una fuente estacionaria, la rapidez de onda percibida es $v' = v - v_o$, y

$$f_o = \frac{v'}{\lambda} = \left(\frac{v - v_o}{v}\right) f_s$$

o bien,

$$f_o = \left(1 - \frac{v_o}{v}\right) f_s \quad \textit{(sujeto alejándose de una fuente estacionaria)} \tag{14.13}$$

Las ecuaciones 14.12 y 14.13 se combinan en una ecuación general para un sujeto móvil y una fuente estacionaria:

$$f_o = \left(\frac{v \pm v_o}{v}\right) f_s = \left(1 \pm \frac{v_o}{v}\right) f_s \quad \begin{cases} + \text{ para el sujeto moviéndose hacia la fuente estacionaria;} \\ - \text{ para el sujeto alejándose de la fuente estacionaria} \end{cases} \tag{14.14}$$

Sugerencia para resolver problemas

Usted podría encontrar difícil recordar si debe usarse un signo más (+) o un signo menos (−) en las ecuaciones generales para el efecto Doppler. Deje que su experiencia lo ayude. Para el caso común de un sujeto estacionario, la frecuencia del sonido aumenta conforme la fuente se acerca, por lo que el denominador en la ecuación 14.11 debe ser menor que el numerador. En este caso, de acuerdo con lo anterior, usted usa el signo menos. Cuando la fuente se aleja, la frecuencia es menor. El denominador en la ecuación 14.11 debe entonces ser mayor que el numerador, y usa el signo más. Un razonamiento similar le ayudará a escoger un signo más o un signo menos para el numerador en la ecuación 14.14. Véase la ecuación 14.14a en la nota al pie de página.

Ejemplo 14.8 ■ De nuevo en el camino: el efecto Doppler

Cuando un camión que viaja a 96 km/h se acerca y pasa a una persona situada a un lado de la autopista, el conductor hace sonar la bocina. Si la bocina tiene una frecuencia de 400 Hz, ¿cuáles serán las frecuencias de las ondas sonoras oídas por la persona: *a*) conforme el camión se acerca y *b*) después de que pasa? (Suponga que la rapidez del sonido es de 346 m/s.)

Exploración 18.5 Una ambulancia pasa con su sirena encendida

Razonamiento. Esta situación es una aplicación del efecto Doppler, ecuación 14.11, con una fuente móvil y un sujeto estacionario. En tales problemas, es importante identificar correctamente los datos.

Solución. En situaciones para el efecto Doppler, es importante hacer claramente la lista de lo que se debe encontrar.

Dado: $v_s = 96\text{ km/h} = 27\text{ m/s}$
$f_s = 400\text{ Hz}$
$v = 346\text{ m/s}$

Encuentre: *a*) f_o (frecuencia observada mientras se acerca el camión)
b) f_o (frecuencia observadas mientras se aleja el camión)

a) De la ecuación 14.11 con un signo menos (fuente acercándose, sujeto estacionario),

$$f_o = \left(\frac{v}{v - v_s}\right)f_s = \left(\frac{346\text{ m/s}}{346\text{ m/s} - 27\text{ m/s}}\right)(400\text{ Hz}) = 434\text{ Hz}$$

b) En la ecuación 14.11 se usa un signo más cuando la fuente se aleja:

$$f_o = \left(\frac{v}{v + v_s}\right)f_s = \left(\frac{346\text{ m/s}}{346\text{ m/s} + 27\text{ m/s}}\right)(400\text{ Hz}) = 371\text{ Hz}$$

Ejercicio de refuerzo. Suponga que el observador en este ejemplo está inicialmente moviéndose hacia una fuente estacionaria de 400 Hz y luego la pasa con una rapidez de 96 km/h. ¿Cuáles serían las frecuencias observadas? (¿Diferirían ellas de las del caso de una fuente móvil?)

Hay también casos en que la fuente y el sujeto están en movimiento, ya sea acercándose o alejándose entre sí. No consideraremos matemáticamente aquí tal caso; pero lo haremos conceptualmente en el siguiente ejemplo.*

Ejemplo conceptual 14.9 ■ Todo es relativo: fuente móvil y sujeto móvil

Suponga que una fuente de sonido y un sujeto se están alejando uno de otro en direcciones opuestas, moviéndose cada uno a la mitad de la rapidez del sonido en el aire. Entonces el observador *a*) recibirá el sonido con una frecuencia mayor que la frecuencia de la fuente, *b*) recibirá el sonido con una frecuencia menor que la frecuencia de la fuente, *c*) recibirá el sonido con la misma frecuencia que la frecuencia de la fuente o *d*) no recibirá sonido de la fuente.

(continúa en la siguiente página)

*En el caso de que tanto el sujeto como la fuente estén en movimiento,

$$f_o = \left(\frac{v \pm v_o}{v \mp v_s}\right)f_s \tag{14.14a}$$

Sabemos por experiencia que habría un aumento de la frecuencia cuando el sujeto y la fuente se acercan mutuamente, y viceversa. Es decir, los signos de la parte superior en el numerador y en el denominado se aplican, si tanto el sujeto como la fuente se aproximan entre sí; y los signos de abajo se aplican cuando se alejan mutuamente. (Véase el ejercicio 71.)

Razonamiento y respuesta. Como sabemos, cuando una fuente se aleja de un sujeto estacionario, la frecuencia observada es menor (ecuación 14.10). Asimismo, cuando un sujeto se aleja de una fuente estacionaria, la frecuencia observada también es menor (ecuación 14.13). Si tanto la fuente como el observador se alejan entre sí en direcciones opuestas, el efecto combinado haría la frecuencia observada aún menor, por lo que ni *a* ni *c* son la respuesta.

Parecería que *b*) es la respuesta correcta; pero lógicamente debemos eliminar a *d* por conveniencia. Recuerde que la rapidez del sonido respecto al aire es constante. Por lo tanto, *d* sería correcta *sólo si el sujeto se moviera más rápido que la rapidez del sonido* respecto al aire. Como el observador se está moviendo a sólo la mitad de la rapidez del sonido, *b* es la respuesta correcta.

Ejercicio de refuerzo. En este ejemplo, ¿cuál sería la situación si tanto la fuente como el observador viajaran en la misma dirección con la misma rapidez subsónica? (*Subsónica*, opuesta a *supersónica*, se refiere a una rapidez que es menor que la rapidez del sonido en el aire.)

El efecto Doppler también se aplica a las ondas de luz, aunque las ecuaciones que describen el efecto son diferentes a las recién dadas. Cuando una fuente de luz distante, como la de una estrella, se aleja de nosotros, disminuye la frecuencia de la luz que recibimos de ella. Esto es, la luz se desplaza hacia el extremo rojo (longitud de onda larga) del espectro. Se trata de un efecto conocido como *corrimiento al rojo Doppler*. Asimismo, la frecuencia de la luz de un objeto que se acerca a nosotros aumenta: la luz se desplaza hacia el extremo azul (longitud de onda corta) del espectro, produciendo un *corrimiento al azul Doppler*. La magnitud del corrimiento está relacionado con la rapidez de la fuente.

El corrimiento Doppler de la luz de objetos astronómicos es muy útil a los astrónomos. La rotación de un planeta, de una estrella o de algún otro cuerpo puede establecerse observando los corrimientos Doppler de la luz en lados opuestos del objeto; debido a la rotación, un lado se aleja (y, por lo tanto, su corrimiento es al rojo), y el otro se acerca (y su corrimiento es al azul). Asimismo, los corrimientos Doppler de la luz de estrellas en diferentes regiones de nuestra galaxia, la Vía Láctea, indican que la galaxia está girando.

Usted ha sido sometido a una aplicación práctica del efecto Doppler, si alguna vez ha sido sorprendido en su automóvil por el radar de la policía, el cual usa ondas de radio reflejadas. (*Radar* significa *ra*dio *d*etecting *a*nd *r*anging y es similar al sonar bajo el agua, que usa ultrasonido.) Si las ondas de radio se reflejan desde un vehículo estacionado, las ondas reflejadas regresan a la fuente con la misma frecuencia. Pero para un automóvil que se mueve hacia una patrulla de policía, las ondas reflejadas tienen una frecuencia superior, o tienen un corrimiento Doppler. En realidad, se tiene un doble corrimiento Doppler. Al recibir la onda, el automóvil en movimiento actúa como un observador en movimiento (el primer corrimiento Doppler), y al reflejar la onda, el automóvil actúa como una fuente en movimiento que emite una onda (el segundo corrimiento Doppler). Las magnitudes de los corrimientos dependen de la rapidez del automóvil. Una computadora calcula rápidamente esta rapidez y la muestra al oficial de policía.

Para conocer otras importantes aplicaciones médicas y climáticas del efecto Doppler, véase la sección A fondo 14.3 sobre células sanguíneas y gotas de lluvia, en la p. 490.

Estampidos sónicos

Exploración 18.4 Efecto Doppler y velocidad de la fuente

Considere un avión a chorro que puede viajar a rapideces supersónicas. Conforme la rapidez de una fuente móvil de sonido se acerca a la rapidez del sonido, las ondas por delante de la fuente se juntan entre sí (figura 14.12a). Cuando un avión viaja a la rapidez del sonido, las ondas no pueden sobrepasarlo y se apilan al frente. A rapideces supersónicas, las ondas se traslapan. Este traslape de un gran número de ondas produce muchos puntos de interferencia constructiva, formando una gran cresta de presión, u *onda de choque*. Este tipo de onda a veces se denomina *onda de proa*, porque es similar a la onda producida por la proa de un buque que se mueve a través del agua con una rapidez mayor que la rapidez de las ondas del agua. La figura 14.12b muestra la onda de choque de una bala que viaja a 500 m/s.

En el caso del avión que viaja con rapidez supersónica, las ondas de choque se desvían hacia los lados y hacia abajo. Cuando esta cresta de presión pasa sobre un observa-

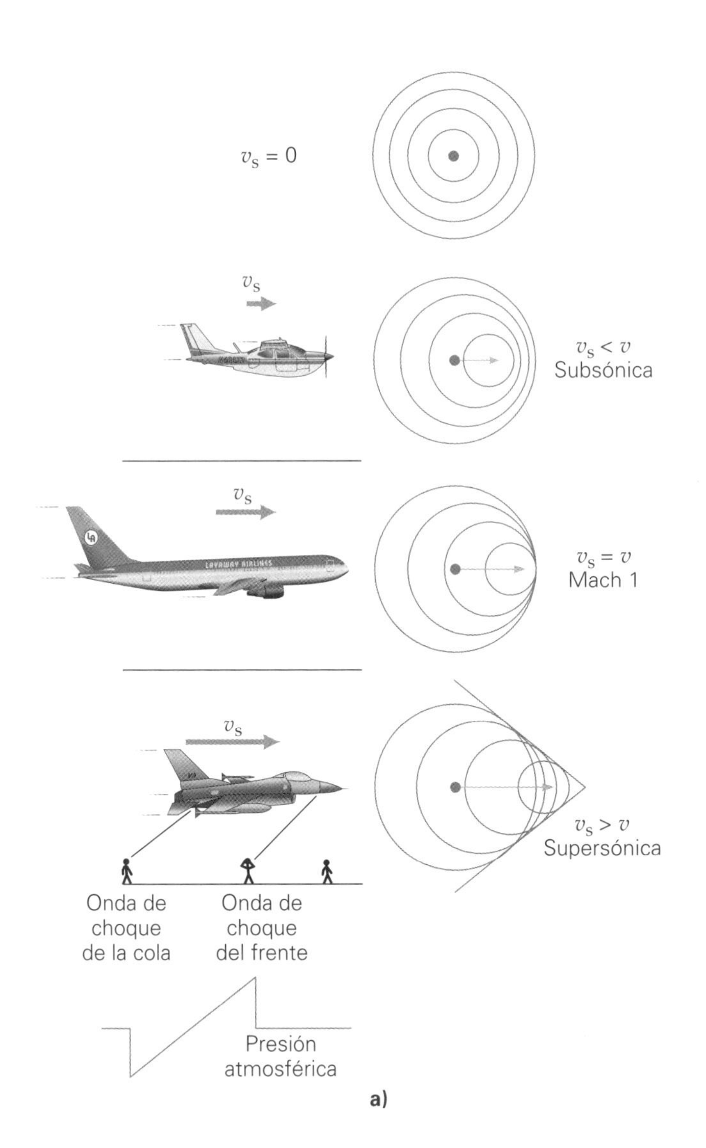

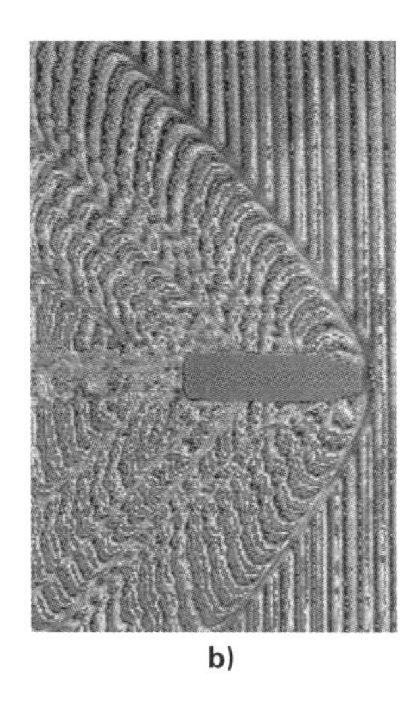

◀ **FIGURA 14.12 Ondas de proa y estampidos sónicos** *a)* Cuando un avión excede la rapidez del sonido en aire, v_s, las ondas sonoras forman una cresta de presión, u onda de choque. Cuando la onda de choque pasa por el suelo, los observadores oyen un estampido sónico (en realidad dos, porque las ondas de choque se forman al frente y en la cola del avión). *b)* Una bala que viaja con una rapidez de 500 m/s. Note las ondas de choque producidas (y la turbulencia detrás de la bala). La imagen fue hecha usando interferometría con luz polarizada y un láser pulsante, con tiempo de exposición de 20 ns.

dor en el suelo, la gran concentración de energía produce lo que se conoce como **estampido sónico**. En realidad hay un doble estampido, porque las ondas de choque se forman en ambos extremos del avión. En ciertas condiciones, las ondas de choque pueden romper ventanas y causar otros daños a estructuras en el terreno. (Los estampidos sónicos ya no se oyen tan frecuentemente como en el pasado. Ahora a los pilotos se les entrena para volar supersónicamente sólo a elevadas altitudes y lejos de áreas pobladas.)

A pequeña escala, tal vez haya oído un "mini" estampido sónico. El chasquido de un látigo en realidad es un estampido sónico creado por la rapidez transónica de la punta del látigo. ¿Cómo sucede esto? Los látigos generalmente disminuyen su grosor desde el mango hasta la punta, que en ocasiones se separa en varias hebras. Cuando la muñeca de quien sujeta el látigo lo chasquea, éste recibe un pulso de onda que lo recorre a todo lo largo. Al considerar el pulso del látigo como un pulso de onda de una cuerda, recuerde que la rapidez del pulso depende inversamente de la densidad de masa lineal que disminuye hacia la punta. Por lo tanto, la rapidez del pulso se incrementa hasta el grado de que, en la punta, es mayor que la rapidez del sonido. El chasquido se produce porque el aire se precipita de regreso hacia la región de presión reducida, que crea la vuelta final de la punta del látigo, de manera similar a como el estampido va detrás de un avión a reacción supersónico.

Un error común es creer que un estampido sónico sólo ocurre cuando un avión rompe la barrera del sonido. Cuando un avión se acerca a la rapidez del sonido, la cresta de presión enfrente de él es esencialmente una barrera que debe ser vencida con potencia adicional. Sin embargo, una vez que se alcanza la rapidez supersónica, la barrera ya no está ahí, y las ondas de choque, creadas continuamente, van detrás del avión, produciendo estampidos a lo largo de su trayectoria en el terreno.

Ilustración 18.5 Ubicación de un avión supersónico

A FONDO 14.3 APLICACIONES DOPPLER: CÉLULAS SANGUÍNEAS Y GOTAS DE LLUVIA

Células sanguíneas

Como vimos en la sección A fondo 14.1 "El ultrasonido en la medicina", en la p. 470, el ultrasonido ofrece una variedad de usos en el campo de la medicina. Como el efecto Doppler se usa para detectar y proporcionar información sobre objetos en movimiento, también es útil para examinar y medir la rapidez del flujo sanguíneo en las principales arterias, así como en las venas de brazos y piernas (figura 1a). En esta aplicación el efecto Doppler se utiliza para medir la rapidez del flujo sanguíneo. El ultrasonido se refleja desde los glóbulos rojos con un cambio en la frecuencia de acuerdo con la rapidez de las células. La rapidez general del flujo ayuda a los médicos a diagnosticar coágulos, oclusiones arteriales e insuficiencia venosa. Los procedimientos con ultrasonido ofrecen una alternativa menos invasiva a otros procedimientos de diagnóstico, como la arteriografía (imágenes con rayos X de una arteria después de la inyección de una tintura).

Otro uso médico del ultrasonido es el electrocardiograma, que es un examen del corazón. En un monitor, este procedimiento ultrasónico puede exhibir los movimientos de las pulsaciones del corazón, y el médico puede ver las cámaras y las válvulas del corazón, así como el flujo sanguíneo conforme entra y sale de este órgano (figura 1b).

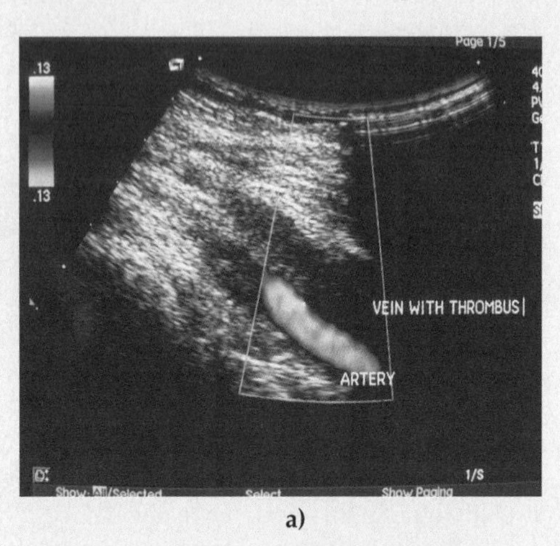

a)

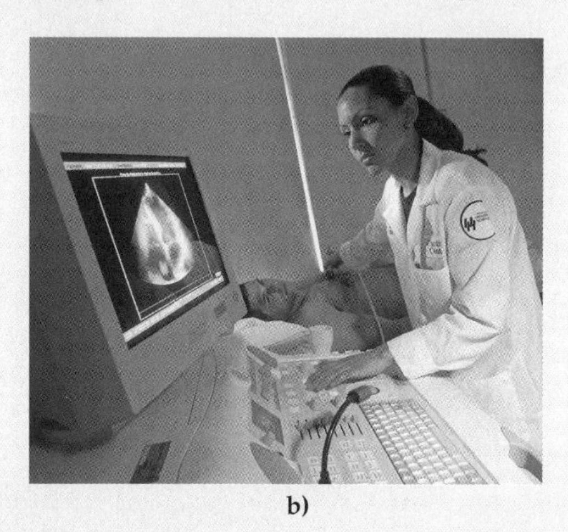

b)

FIGURA 1 *a)* **Flujo sanguíneo y obstrucciones** Este escaneo ultrasónico Doppler muestra trombosis venosa profunda en la pierna de un paciente. El coágulo que bloquea la vena está en el área oscura a la derecha. El flujo sanguíneo en una arteria adyacente es más lento debido al coágulo. En casos extremos el coágulo puede desprenderse y llegar a los pulmones, donde puede bloquear una arteria y provocar una embolia pulmonar potencialmente mortal (obstrucción de los vasos sanguíneos). *b)* **Electrocardiograma** Este procedimiento ultrasónico puede mostrar los latidos del corazón, ventrículos y aurículas, válvulas y el flujo sanguíneo conforme la sangre entra y sale del órgano. (Véase el pliego a color al final del libro.)

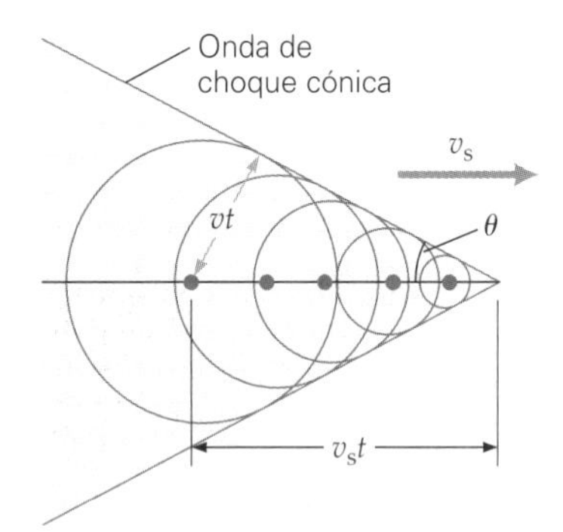

▲ **FIGURA 14.13 Cono de la onda de choque y número de Mach** Cuando la rapidez de la fuente (v_s) es mayor que la rapidez del sonido en aire (v), las ondas sonoras esféricas que interfieren forman una onda de choque cónica, la cual se ve como una cresta de presión en forma de V cuando se observa en dos dimensiones. El ángulo θ está dado por sen $\theta = v/v_s$, y la razón inversa v_s/v se llama número de Mach.

Idealmente, las ondas sonoras producidas por un avión supersónico forman una onda de choque en forma de cono (◂figura 14.13). Las ondas viajan hacia afuera con una rapidez v, y la rapidez de la fuente (el avión) es v_s. Note en la figura que el ángulo entre una línea tangente a las ondas esféricas y la línea a lo largo de la cual el avión se mueve está dado por

$$\text{sen}\,\theta = \frac{vt}{v_s t} = \frac{v}{v_s} = \frac{1}{M} \tag{14.15}$$

La razón inversa de las rapideces se llama **número de Mach** (M), en honor del físico austriaco Ernst Mach (1838-1916), quien lo usó en el estudio de rapideces supersónicas, y está dada por

$$M = \frac{v_s}{v} = \frac{1}{\text{sen}\,\theta} \tag{14.16}$$

Si v es igual a v_s, el avión vuela a la rapidez del sonido, y el número de Mach es 1 (esto es, $v_s/v = 1$). Por lo tanto, un número de Mach menor que 1 indica una rapidez subsó-

Gotas de lluvia

Desde los inicios de la década de 1940 el radar se ha utilizado para suministrar información sobre tormentas y otras formas de precipitación. Esta información se obtiene a partir de la intensidad de la señal reflejada. Además, tales radares convencionales pueden detectar la "firma" rotativa de un tornado, pero sólo después de que la tormenta se desarrolle bien.

Un adelanto considerable en el pronóstico del tiempo se logró con el desarrollo de un sistema de radar que pudo medir el corrimiento de la frecuencia Doppler, además de la magnitud de la señal de eco reflejada por la precipitación (usualmente gotas de lluvia). El corrimiento Doppler se relaciona con la velocidad de la precipitación soplada por el viento.

Un sistema de radar Doppler (figura 2a) puede penetrar una tormenta y monitorear las rapideces de sus vientos. La dirección de una lluvia impulsada por el viento de una tormenta da un mapa de "campo" del viento de la región afectada. Estos mapas brindan fuertes indicios de tornados en desarrollo y los meteorólogos pueden detectarlos con mucha anticipación (figura 2b). Con el radar Doppler es posible predecir tornados hasta 20 minutos antes de que toquen tierra, en comparación con los 2 minutos del radar convencional. El radar Doppler ha logrado salvar muchas vidas gracias al mayor tiempo de advertencia. El Servicio Meteorológico Nacional de Estados Unidos tiene una red de radares Doppler por todo el país y sus escaneos son ahora comunes en la predicción del clima tanto en la televisión como en Internet.

Los radares Doppler instalados en los aeropuertos principales tienen otra aplicación: detectar cizalladuras del viento. Varios accidentes de aviones consumados y potenciales se han atribuido a ráfagas de viento hacia abajo (conocidas también como microrráfagas y ráfagas hacia abajo), las cuales causan vientos cortantes que pueden originar accidentes durante el aterrizaje de los aviones. Las ráfagas de viento generalmente resultan de ráfagas hacia abajo de alta velocidad en la turbulencia de las tormentas, pero también pueden ocurrir en aire tranquilo cuando la lluvia se evapora a gran altura sobre el suelo. Como el radar Doppler puede detectar la rapidez del viento y la dirección de las gotas de lluvia en las nubes, así como el polvo y otros objetos que floten en el aire, ofrece advertencias anticipadas contra las condiciones peligrosas del viento cortante. Dos o tres sitios con radar son necesarios para detectar movimientos en dos o tres direcciones (dimensiones), respectivamente.

a)

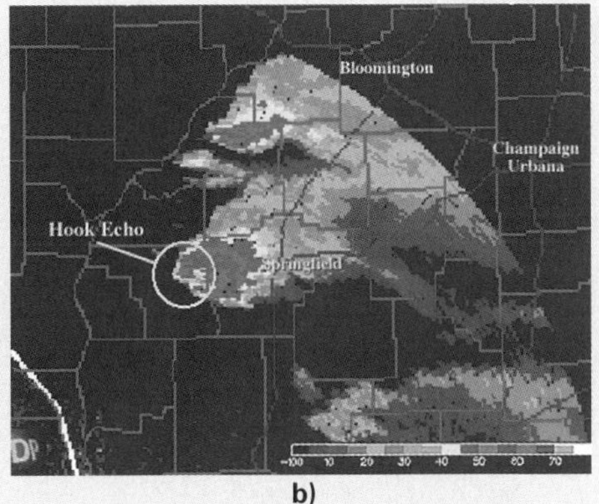

b)

FIGURA 2 Radar Doppler *a*) Instalación de radar Doppler. *b*) Un radar Doppler delinea la precipitación dentro de una tormenta. Un eco es una señal de un posible tornado.

nica, y un número de Match mayor que 1 indica una rapidez supersónica. En el último caso, el número de Mach nos da la rapidez del avión en términos de un múltiplo de la rapidez del sonido. Por ejemplo, un número de Mach igual a 2 indica una rapidez del doble de la rapidez del sonido. Observe que puesto que sen $\theta \leq 1$, ninguna onda de choque puede existir a menos que $M \geq 1$.

14.6 Instrumentos musicales y características del sonido

OBJETIVO: Explicar algunas de las características del sonido de instrumentos musicales en términos de física.

Los instrumentos musicales ofrecen buenos ejemplos de ondas estacionarias y condiciones de frontera. Sobre algunos instrumentos de cuerdas, se producen notas diferentes usando la presión de los dedos para variar las longitudes de las cuerdas (▸ figura 14.14). Como vimos en el capítulo 13, las frecuencias naturales de una cuerda estirada (fija en cada extremo, como en el caso de las cuerdas de un instrumento) son $f_n = n(v/2L)$, de

▲ **FIGURA 14.14 Una cuerda en vibración más corta, da una frecuencia mayor** Notas diferentes se producen en instrumentos de cuerda, como guitarras, violines o violonchelos, colocando un dedo sobre una cuerda para cambiar su longitud efectiva o de vibración.

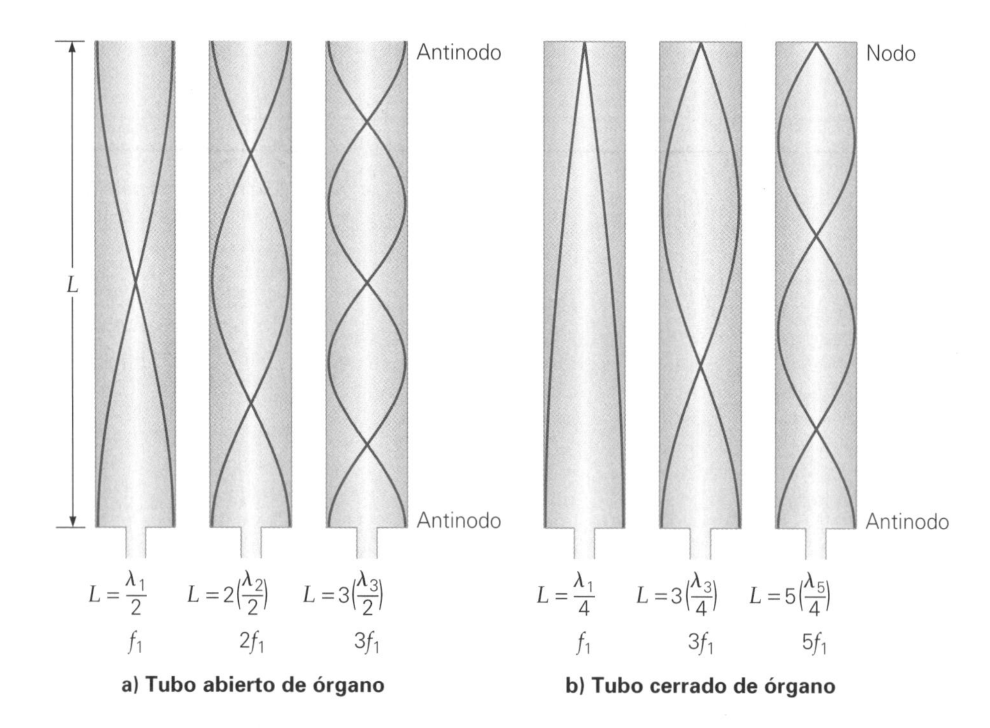

c)

▲ **FIGURA 14.15** **Tubos de órgano** Ondas longitudinales estacionarias (ilustradas aquí como curvas senoidales) se forman en columnas de aire en vibración en tubos. ***a)*** Un tubo abierto tiene antinodos en ambos extremos. ***b)*** Un tubo cerrado tiene un extremo cerrado (nodo) y un extremo abierto (antinodo). ***c)*** Un moderno órgano de tubos. Los tubos pueden ser abiertos o cerrados.

la ecuación 13.20, donde la rapidez de la onda en la cuerda está dada por $v = \sqrt{F_T/\mu}$. Ajustando inicialmente la tensión en una cuerda, ésta queda afinada a una frecuencia específica (fundamental). La longitud efectiva de la cuerda se modifica entonces por la posición y la presión de los dedos.

Las ondas estacionarias también se forman en instrumentos de viento. Por ejemplo, considere un órgano de tubos con longitudes fijas, que pueden ser abiertos o cerrados (▲figura 14.15). Un tubo abierto está abierto en ambos extremos, en tanto que un tubo cerrado está cerrado en un extremo y abierto en el otro (el extremo con un antinodo). Un análisis similar al del capítulo 13, para una cuerda estirada con las condiciones de frontera adecuadas, muestra que las frecuencias naturales de los tubos son

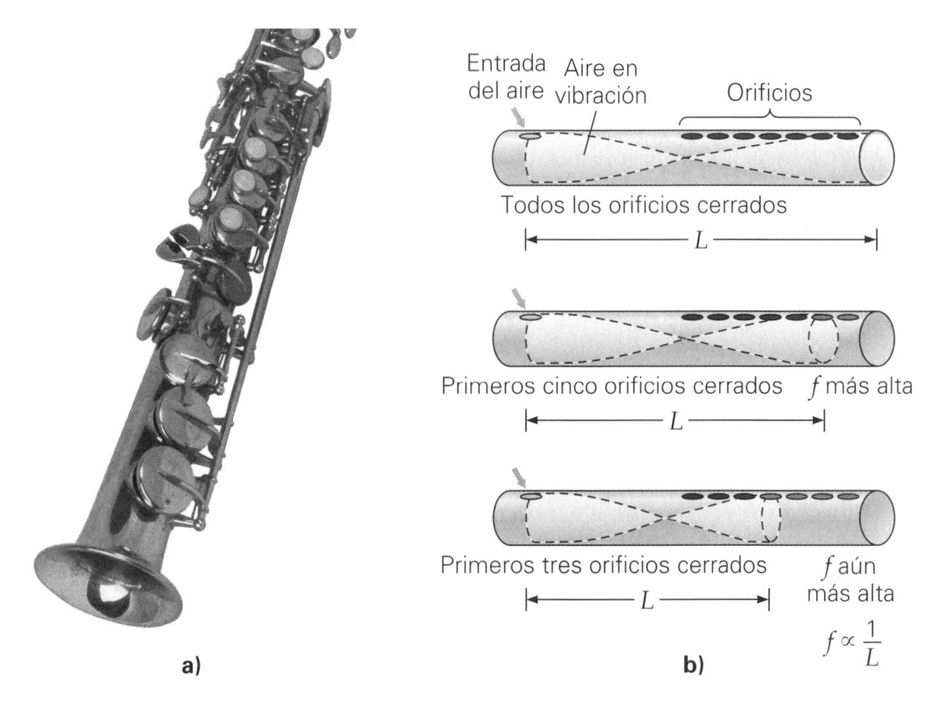

▲ **FIGURA 14.16 Instrumentos de viento** *a*) Los instrumentos de viento son esencialmente tubos abiertos. *b*) La longitud efectiva de la columna de aire y, por lo tanto, el tono del sonido, varía al abrir y cerrar los orificios a lo largo del tubo. La frecuencia *f* es inversamente proporcional a la longitud efectiva *L* de la columna de aire.

$$f_n = \frac{v}{\lambda_n} = n\left(\frac{v}{2L}\right) = nf_1 \quad (n = 1, 2, 3, \ldots) \qquad \textit{(frecuencias naturales para un tubo abierto: abierto en ambos extremos)} \qquad (14.17)$$

y

$$f_m = \frac{v}{\lambda_m} = m\left(\frac{v}{4L}\right) = mf_1 \quad (m = 1, 3, 5, \ldots) \qquad \textit{(frecuencias naturales para un tubo cerrado: cerrado en un extremo)} \qquad (14.18)$$

donde v es la rapidez del sonido en el aire. Note que las frecuencias naturales dependen de la longitud del tubo. Ésta es una consideración importante en un órgano de tubos (figura 14.15c), particularmente al seleccionar la frecuencia dominante o fundamental. (El diámetro del tubo es también un factor, pero no se considera en este análisis sencillo.)

Los mismos principios físicos se aplican a los instrumentos de viento y de metal. En todos ellos, el aliento humano se utiliza para crear ondas estacionarias en un tubo abierto. La mayoría de tales instrumentos permiten al ejecutante variar la longitud efectiva del tubo y por ello el tono producido, ya sea con la ayuda de correderas o válvulas que varíen la longitud real del tubo en la cual puede resonar el aire, como en la mayoría de los metales, o abriendo y cerrando orificios en el tubo, como en los instrumentos de viento de madera (▲figura 14.16).

Recuerde del capítulo 13 que una nota musical o un tono es referido a la frecuencia de vibración fundamental de un instrumento. En términos musicales, el primer sobretono es el segundo armónico, el segundo sobretono es el tercer armónico, y así sucesivamente. Note que para un tubo cerrado de órgano (ecuación 14.18) faltan los armónicos pares.

Ejemplo 14.10 ■ Tubos acústicos: frecuencia fundamental

Un tubo abierto de órgano tiene una longitud de 0.653 m. Tomando la rapidez del sonido en el aire como 345 m/s, ¿cuál será la frecuencia fundamental de este tubo?

Razonamiento. La frecuencia fundamental ($n = 1$) de un tubo abierto está dada directamente por la ecuación 14.17. Físicamente hay media longitud de onda ($\lambda/2$) en la longitud del tubo, de manera que $\lambda = 2L$.

Solución.

Dado: $L = 0.653$ m
$v = 345$ m/s (rapidez del sonido)

Encuentre: f_1 (frecuencia fundamental)

Con $n = 1$,

$$f_1 = \frac{v}{2L} = \frac{345 \text{ m/s}}{2(0.653 \text{ m})} = 264 \text{ Hz}$$

Esta frecuencia es la de un (Cdo) medio (C_4).

Ejercicio de refuerzo. Un tubo cerrado de órgano tiene una frecuencia fundamental de 256 Hz. ¿Cuál será la frecuencia de su primer sobretono? ¿Es audible esta frecuencia?

Los sonidos percibidos se describen en términos cuyos significados son similares a los usados para describir las propiedades físicas de las ondas sonoras. Físicamente, una onda por lo general se caracteriza por su intensidad, frecuencia y forma de la onda (armónicos). Los términos correspondientes utilizados para describir las sensaciones del oído son sonoridad, tono y timbre. Esas correlaciones generales se muestran en la tabla 14.3. Sin embargo, la correspondencia no es perfecta. Las propiedades físicas son objetivas y pueden medirse directamente. Los efectos sensoriales son subjetivos y varían de un individuo a otro. (Considere que la temperatura se mide con un termómetro y con el sentido del tacto.)

La intensidad del sonido y su medición en la escala de decibeles se trataron en la sección 14.3. La sonoridad está relacionada con la intensidad, aunque el oído humano responde de forma diferente a sonidos de frecuencias distintas. Por ejemplo, dos tonos con la misma intensidad (en watts por metro cuadrado), pero con frecuencias diferentes, el oído podría evaluarlos como de sonoridad diferente.

La *frecuencia* y el *tono* suelen utilizarse como sinónimos, pero de nuevo hay una diferencia tanto objetiva como subjetiva: si el mismo tono de baja frecuencia se hace sonar a dos niveles de intensidad distintos, la mayoría de las personas creerá que el sonido más intenso tiene un tono, o una frecuencia percibida, más bajos.

Las curvas de la gráfica de nivel de intensidad contra frecuencia, que se muestran en la ▼figura 14.17 se llaman *contornos de igual sonoridad* (o curvas de Fletcher-Munson, en honor a los investigadores que las generaron). Dichos contornos unen los puntos que representan combinaciones de intensidad-frecuencia que un individuo con audición promedio juzgaría como igual de sonoridad. La curva superior muestra que el nivel de decibeles del umbral de dolor (de 120 dB) no varía mucho, sin importar la frecuencia del sonido. En cambio, el umbral de audición, representado por el contorno más bajo, si varía

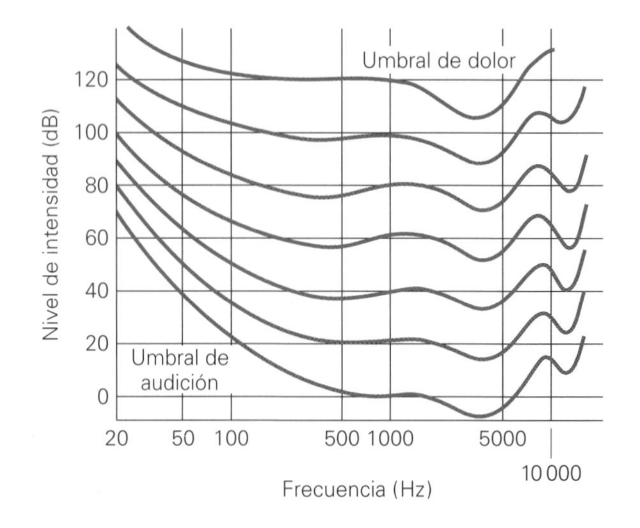

▶ **FIGURA 14.17 Contornos de igual sonoridad** Las curvas indican tonos que se consideran de igual sonoridad, aunque tienen diferentes frecuencias y niveles de intensidad. Por ejemplo, en el contorno más bajo, un tono de 1000 Hz a 0 dB suena tan fuerte como un tono de 50 Hz a 40 dB. Note que la escala de frecuencias es logarítmica para comprimir el rango de frecuencias grandes.

TABLA 14.3 Correlación general entre características preceptuales y físicas del sonido

Efecto sensorial	*Propiedades física de la onda*
Sonoridad	Intensidad
Tono	Frecuencia
Timbre	Forma de onda (armónicos)

ampliamente con la frecuencia. Para un tono con una frecuencia de 2000 Hz, el umbral de audición es 0 dB, pero un tono de 20 Hz debería tener un nivel de intensidad de más de 70 dB (el extrapolado intercepto-y de la curva más baja) para apenas poder ser oído.

Es interesante notar los valles (o mínimos) en las curvas. Las curvas de audición muestran un mínimo significativo en el intervalo de 2000 a 5000 Hz e indican que el oído es más sensitivo a sonidos con frecuencias alrededor de 4000 Hz. Un tono con una frecuencia de 4000 Hz puede escucharse a niveles de intensidad *debajo* de 0 dB. La alta sensibilidad en la región de 2000 a 5000Hz es muy importante para el entendimiento del habla. (¿Por qué?) Otro valle en las curvas, o región de sensibilidad, ocurre a aproximadamente 12 000 Hz.

Los mínimos ocurren como resultado de la resonancia en una cavidad cerrada en el canal auditivo (similar a un tubo cerrado). La longitud de la cavidad es tal que tiene una frecuencia fundamental de resonancia de aproximadamente 4000 Hz, que resulta en una sensitividad adicional. Como en una cavidad cerrada, la próxima frecuencia natural es el tercer armónico (véase la ecuación 14.18), que es tres veces la frecuencia fundamental, o cerca de 12 000 Hz.

Ejemplo 14.11 ■ El canal auditivo humano: ondas estacionarias

Considere que el canal auditivo del ser humano es un tubo cilíndrico de 2.54 cm de largo (1.0 in; véase la figura 1 en la sección A fondo 14.2 de la p. 475). ¿Cuál sería la frecuencia más baja de resonancia del sonido? Considere que la temperatura del aire en el canal auditivo es de 37°C.

Razonamiento. Como se describió, el canal auditivo es, en esencia, un tubo abierto por un lado (el canal auditivo externo) y cerrado por el otro (el tímpano). La onda estacionaria de resonancia de frecuencia más baja que cabe en el tubo es $L = \lambda/4$ (véase la figura 14.15), y $\lambda = 4L$. Entonces, la frecuencia está dada por $f_1 = v/\lambda_1 = v/4L$ (ecuación 14.18), donde v es la rapidez del sonido en el aire.

Solución.

Dado: $L = 2.54\ \text{cm} = 0.0254\ \text{m}$
$T = 37°\text{C}$ (temperatura corporal normal)

Encuentre: la frecuencia de resonancia más baja, f_1

Primero se calcula la rapidez del sonido a 37°C,

$$v = (331 + 0.6T_C)\ \text{m/s} = [331 + 0.6(37.0)]\ \text{m/s} = 353\ \text{m/s}$$

y

$$f_1 = \frac{v}{4L} = \frac{353\ \text{m/s}}{4(0.0254\ \text{m})} = 3.47 \times 10^3\ \text{Hz} = 3.47\ \text{kHz}$$

Compare con las curvas en la figura 14.17 y observe el valle en estas últimas aproximadamente a esa frecuencia. ¿Qué sucede con el otro valle justo por encima de los 10 kHz? Investigue la siguiente frecuencia natural para el canal auditivo, f_3.

Ejercicio de refuerzo. Los niños tienen canales auditivos más pequeños que los adultos, aproximadamente de 1.30 cm de largo. ¿Cuál es la frecuencia fundamental más baja para el canal auditivo de un niño? Utilice la misma temperatura del aire que en el ejemplo. (*Nota*: con el crecimiento, el canal auditivo se alarga, y experimentalmente se ha determinado que alrededor de los siete años alcanza la longitud del canal de un adulto y la frecuencia fundamental más baja.)

La **calidad** de un tono es la característica que permite distinguir entre sonidos básicamente con la misma intensidad y frecuencia. La calidad del tono depende de la forma de la onda, específicamente del número de armónicos (sobretonos) presentes y de

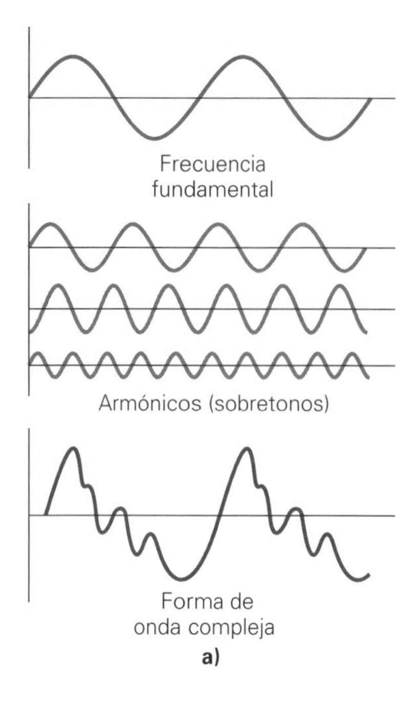

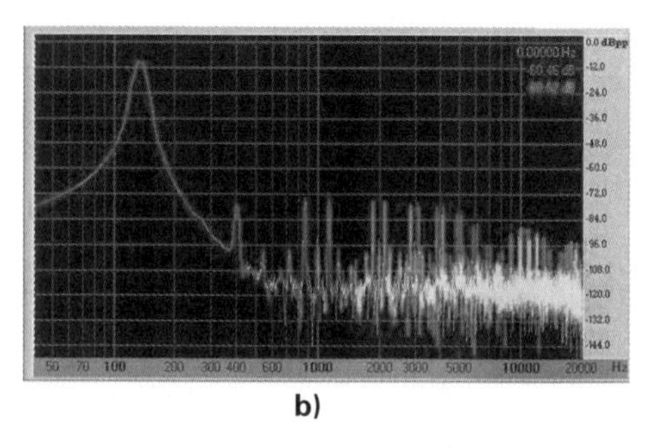

▲ **FIGURA 14.18 Forma de la onda y timbre**
a) La superposición de sonidos de frecuencias y amplitudes diferentes da una forma de onda compleja. Los armónicos, o sobretonos, determinan el timbre del sonido. *b)* La forma de la onda de un tono de violín se muestra en un osciloscopio.

sus intensidades relativas (▲figura 14.18). El tono de una voz depende en gran parte de las cavidades vocales de resonancia. Una persona puede cantar en un tono con la misma frecuencia e intensidad básicas que otra; pero las diferentes combinaciones de sobretonos dan a las dos voces timbres diferentes.

PHYSLET®
Exploración 18.2 Creación de sonidos mediante la adición de armónicos

Las notas de una escala musical corresponden a ciertas frecuencias; como vimos en el ejemplo 14.10, el do medio tiene una frecuencia de 264 Hz. Cuando una nota se toca en un instrumento, su frecuencia asignada es la del primer armónico, que es la frecuencia fundamental. (El segundo armónico es el primer sobretono, el tercer armónico es el segundo sobretono, y así sucesivamente.) La frecuencia fundamental es dominante sobre los sobretonos acompañantes que determinan la calidad del sonido del instrumento. Recuerde del capítulo 13 que los sobretonos producidos dependen de cómo se toque un instrumento. Por ejemplo, si la cuerda de un violín se puntea o se rasga, se pueden discernir del timbre de notas idénticas.

Repaso del capítulo

- El espectro de frecuencia del sonido se divide en regiones de frecuencia infrasónica ($f < 20$ Hz), audible (20 Hz $< f <$ 20 kHz) y ultrasónica ($f >$ 20 kHz).

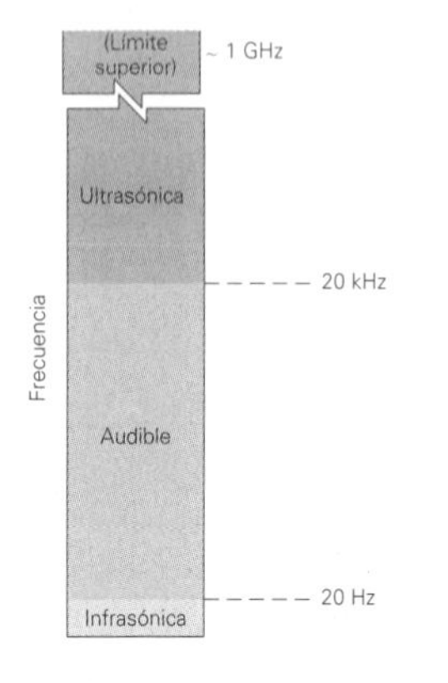

- La rapidez del sonido en un medio depende de la elasticidad y de la densidad del medio. En general, $v_{\text{sólidos}} > v_{\text{líquidos}} > v_{\text{gases}}$.

Rapidez del sonido en aire (metros por segundo):

$$v = (331 + 0.6T_C)\ \text{m/s} \qquad (14.1)$$

- La intensidad de una fuente puntual es inversamente proporcional al cuadrado de la distancia a la fuente.

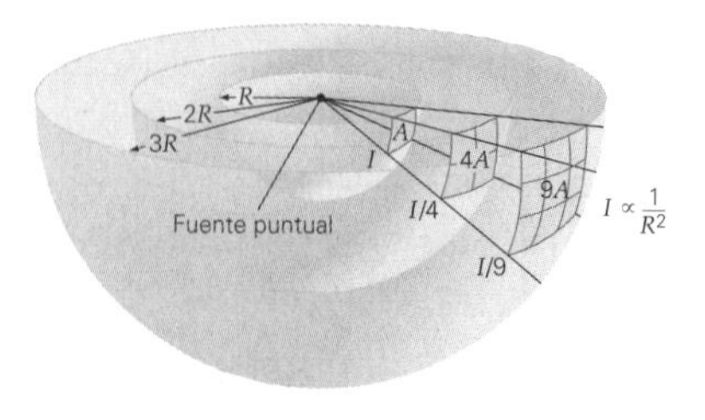

Intensidad de una fuente puntual:

$$I = \frac{P}{4\pi R^2} \quad \text{e} \quad \frac{I_2}{I_1} = \left(\frac{R_1}{R_2}\right)^2 \tag{14.2, 14.3}$$

- El nivel de intensidad del sonido es una función logarítmica de la intensidad del sonido, y se expresa en decibeles (dB).

Nivel de intensidad (en decibeles, dB):

$$\beta = 10 \log \frac{I}{I_o} \quad \text{donde} \quad I_o = 10^{-12}\ \text{W/m}^2 \tag{14.4}$$

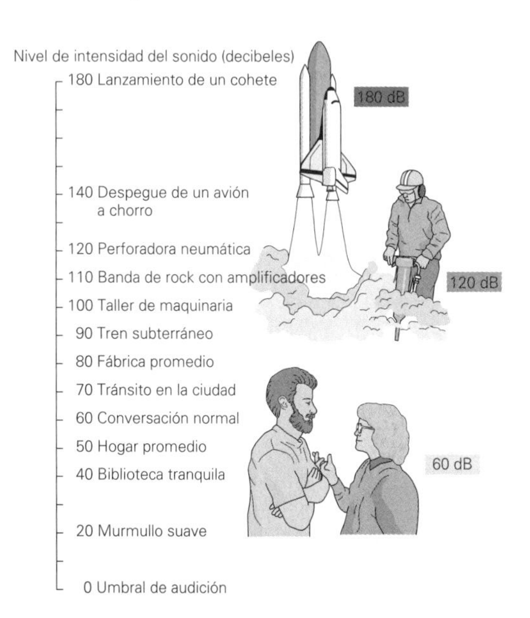

- La interferencia de ondas sonoras de dos fuentes puntuales depende de la diferencia de fase relacionada con la diferencia de la longitud de las trayectorias. Las ondas sonoras que llegan en fase a un punto se refuerzan entre sí (interferencia constructiva); las ondas sonoras que llegan desfasadas a un punto se anulan entre sí (interferencia destructiva).

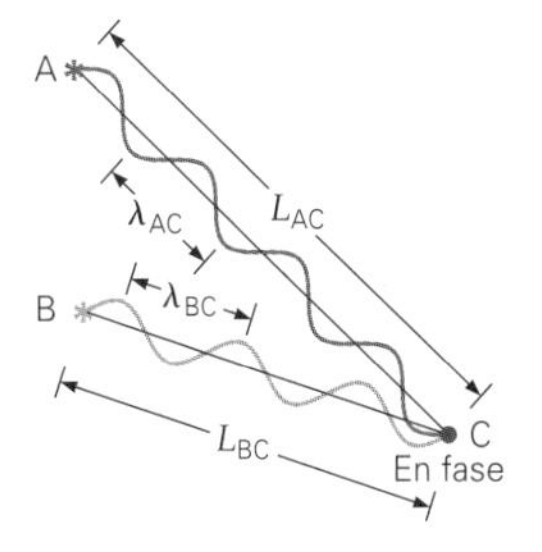

Diferencia de fase (donde ΔL es la diferencia de longitud de las trayectorias):

$$\Delta\theta = \frac{2\pi}{\lambda}(\Delta L) \tag{14.5}$$

Condición para interferencia constructiva:

$$\Delta L = n\lambda \qquad (n = 0, 1, 2, 3, \ldots) \tag{14.6}$$

Condición para interferencia destructiva:

$$\Delta L = m\left(\frac{\lambda}{2}\right) \qquad (m = 1, 3, 5, \ldots) \tag{14.7}$$

Frecuencia de un pulso:

$$f_b = |f_1 - f_2| \tag{14.8}$$

- El efecto Doppler depende de las velocidades de la fuente de sonido y del observador respecto al aire en reposo. Cuando el movimiento relativo de la fuente y el observador es de mutuo acercamiento, se incrementa el tono observado; cuando el movimiento relativo de la fuente y el observador es de mutuo alejamiento, disminuye el tono observado.

Efecto Doppler:

Fuente en movimiento, observador en reposo

$$f_o = \left(\frac{v}{v \pm v_s}\right) f_s = \left(\frac{1}{1 \pm \frac{v_s}{v}}\right) f_s \tag{14.11}$$

$$\begin{cases} - \text{ para fuente acercándose hacia el observador estacionario;} \\ + \text{ para fuente alejándose del observador estacionario} \end{cases}$$

donde v_s = rapidez de la fuente
y v = rapidez del sonido

Observador en movimiento, fuente en reposo

$$f_o = \left(\frac{v \pm v_o}{v}\right) f_s = \left(1 \pm \frac{v_o}{v}\right) f_s \tag{14.14}$$

$$\begin{cases} + \text{ para observador acercándose hacia la fuente estacionaria;} \\ - \text{ para observador alejándose de la fuente estacionaria} \end{cases}$$

donde v_0 = rapidez del observador
y v = rapidez del sonido

Observador en movimiento y fuente en movimiento

$$f_o = \left(\frac{v \pm v_o}{v \mp v_s}\right) f_s \tag{14.14a}$$

Los signos de la parte superior se aplican cuando ambos se acercan entre sí
Los signos de la parte inferior se aplican cuando ambos se alejan entre sí

Ángulo de la onda de choque cónica:

$$\text{sen}\,\theta = \frac{vt}{v_s t} = \frac{v}{v_s} = \frac{1}{M} \tag{14.15}$$

Número de Mach:

$$M = \frac{v_s}{v} = \frac{1}{\text{sen}\,\theta} \tag{14.16}$$

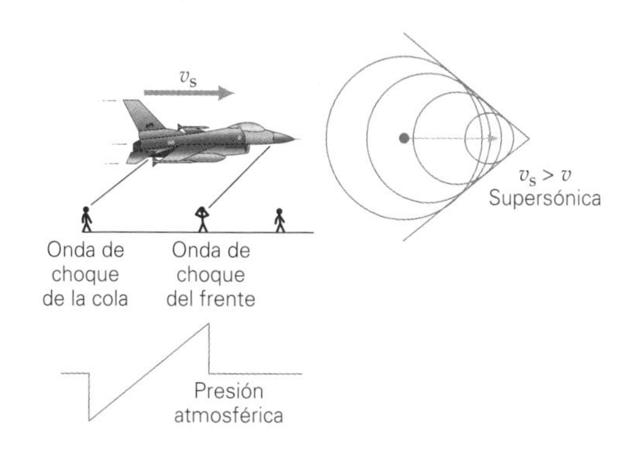

Frecuencias naturales de tubos de órganos abiertos en ambos extremos:

$$f_n = n\left(\frac{v}{2L}\right) = nf_1 \qquad (n = 1, 2, 3, \ldots) \qquad (14.17)$$

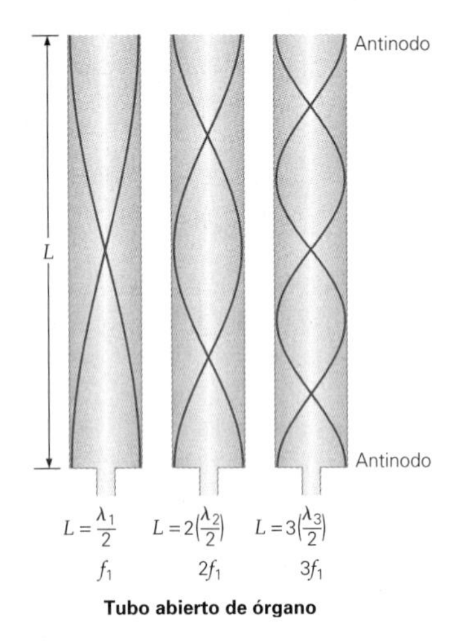

Frecuencias naturales de tubos de órganos cerrados en un extremo:

$$f_m = m\left(\frac{v}{4L}\right) = mf_1 \qquad (m = 1, 3, 5, \ldots) \qquad (14.18)$$

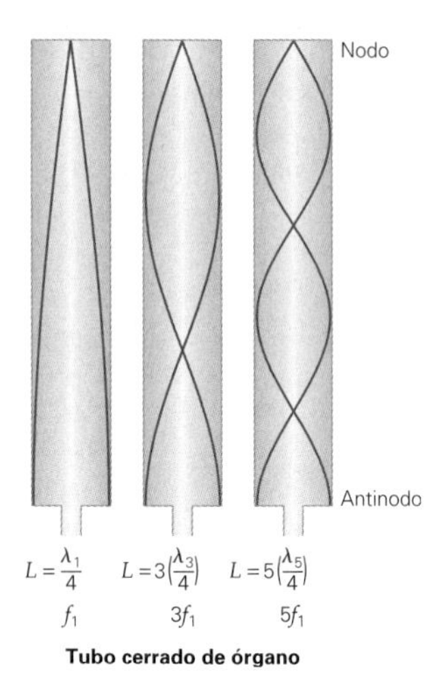

Ejercicios

Los ejercicios designados **OM** *son preguntas de opción múltiple; los* **PC** *son preguntas conceptuales; y los* **EI** *son ejercicios integrados. A lo largo del texto, muchas secciones de ejercicios incluirán ejercicios "apareados". Estos pares de ejercicios, que se identifican con números subrayados, pretenden ayudar al lector a resolver problemas y aprender. El primer ejercicio de cada pareja (el de número par) se resuelve en la Guía de estudio, que puede consultarse si se necesita ayuda para resolverlo. El segundo ejercicio (de número impar) es similar, y su respuesta se da al final del libro.*

14.1 Ondas sonoras *y* 14.2 La rapidez del sonido

1. **OM** ¿En qué región del espectro de sonido está una onda sonora que tiene una frecuencia de 15 Hz: *a*) audible, *b*) infrasónica, *c*) ultrasónica o *d*) supersónica.

2. **OM** Una onda sonora en el aire *a*) es longitudinal, *b*) es transversal, *c*) tiene componentes longitudinales y transversales o *d*) viaja más rápido que una onda sonora a través de un líquido.

3. **OM** La rapidez del sonido es generalmente mayor *a*) en sólidos, *b*) en líquidos, *c*) en gases o *d*) en el vacío.

4. **OM** La rapidez del sonido en el aire *a*) es aproximadamente de 1/3 km/s, *b*) es aproximadamente de 1/5 mi/s, *c*) depende de la temperatura o *d*) todas las anteriores.

5. **PC** Sugiera una posible explicación de por qué algunos insectos voladores producen zumbidos y otros no.

6. **PC** Explique por qué el sonido viaja más rápido en aire caliente que en aire frío.

7. **PC** Dos sonidos que difieren en frecuencia son emitidos por un mismo altoparlante. ¿Qué sonido llegará primero a su oído, el de menor o el de mayor frecuencias?

8. **PC** La rapidez del sonido en el aire depende de la temperatura. ¿Qué efecto, si hubiera alguno, tiene la humedad en ella?

9. ● El sonido de un relámpago es escuchado por un observador 3.0 s después de que ve el destello. ¿Cuál será la distancia aproximada al lugar en que cae el relámpago en *a*) kilómetros y *b*) millas?

10. ● ¿Cuál es la rapidez del sonido en aire *a*) a 10°C y *b*) a 20°C?

11. ● La rapidez del sonido en el aire en un día de verano es de 350 m/s. ¿Cuál será la temperatura del aire?

12. ● El sonar se usa para "mapear" el lecho oceánico. Si una señal ultrasónica se recibe 2.0 s después de su emisión, ¿qué tan profundo es el lecho oceánico en ese lugar?

13. ● La rapidez de una onda en un líquido está dada por $v = \sqrt{B/\rho}$, donde *B* es el módulo volumétrico del líquido y *r* es su densidad. Demuestre que esta ecuación es dimensionalmente correcta. ¿Lo es también la ecuación $v = \sqrt{Y/\rho}$ para un sólido? (*U* es el módulo de Young.)

14. ●● Una cuerda de 1.00 m de longitud y una masa de 15.0 g se somete a una tensión de 35.0 N. Se tira de ella de manera que vibra en el modo fundamental de onda estacionaria. ¿Cuáles serán *a*) la frecuencia y *b*) la longitud de onda del sonido? Suponga temperatura ambiental normal.

15. **EI** ●● Un diapasón vibra con una frecuencia de 256 Hz. *a*) Cuando aumenta la temperatura del aire, la longitud de onda del sonido del diapasón 1) aumenta, 2) permanece igual o 3) decrece. ¿Por qué? *b*) Si la temperatura aumenta de 0 a 20°C, ¿cuál será el cambio en la longitud de onda?

16. ●● Partículas de aproximadamente 3.0×10^{-2} cm de diámetro se deben desprender de partes de una máquina en un baño acuoso de limpieza ultrasónica. ¿Arriba de qué frecuencia debe operarse el baño para producir longitudes de onda de este tamaño y menores?

17. ●● El ultrasonido médico usa una frecuencia de aproximadamente 20 MHz para diagnosticar condiciones y enfermedades humanas. *a*) Si la rapidez del sonido en un tejido es de 1500 m/s, ¿cuál será el objeto detectable más pequeño? *b*) Si la profundidad de penetración es de aproximadamente 200 longitudes de onda, ¿a qué profundidad penetrará este instrumento?

18. ●● El latón es una aleación de cobre y zinc. ¿Agregar zinc al cobre causa un aumento o una disminución de la rapidez del sonido en las varillas de latón, respecto a la rapidez en las varillas de cobre? Explique por qué.

19. ●● La rapidez del sonido en el acero es de aproximadamente 4.50 km/s. Se golpea un riel de acero con un martillo, y un observador a 0.400 km tiene un oído pegado al riel. *a*) ¿Cuánto tiempo pasará desde que el sonido se escucha a través del riel, hasta el momento en que se escucha a través del aire? Suponga que la temperatura del aire es de 20°C y que no sopla el viento. *b*) ¿Cuánto tiempo transcurrirá si el viento sopla hacia el observador a 36.0 km/h desde donde el riel fue golpeado?

20. ●● Una persona sostiene un rifle horizontalmente y lo dispara hacia un blanco. La bala tiene una rapidez inicial de 200 m/s y la persona escucha que la bala golpea el blanco 1.00 s después de que se disparó. La temperatura del aire es de 72°F. ¿Cuál será la distancia al blanco?

21. ●● Un delfín de agua dulce envía sonidos ultrasónicos para localizar una presa. Si el eco emitido por la presa es recibido por el delfín 0.12 s después de ser enviado, ¿qué tan lejos estará la presa del delfín?

22. ●● Un submarino en la superficie oceánica detecta un eco del sonar que indica que hay un objeto bajo el agua. El eco regresa a un ángulo de 20° por encima de la horizontal y tarda 2.32 s en regresar al submarino. ¿Cuál será la profundidad del objeto?

23. ●● La rapidez del sonido en el tejido humano es de aproximadamente 1500 m/s. Se utiliza una sonda de 3.50 MHz para efectuar un procedimiento ultrasónico. *a*) Si la profundidad física efectiva del ultrasonido es de 250 longitudes de onda, ¿cuál será la profundidad física en metros? *b*) ¿Cuál es el lapso de tiempo para que el ultrasonido haga un viaje completo, si se refleja en un objeto a la profundidad efectiva? *c*) El mínimo detalle susceptible de detección está en el orden de una longitud de onda del ultrasonido. ¿Cuál será ésta?

24. ●● El tamaño de su tímpano (véase la figura 1 de A fondo 14.2, p. 475) determina parcialmente el límite superior de la frecuencia de su región audible, usualmente entre 16 000 y 20 000 Hz. Si la longitud de onda es del orden del doble del diámetro del tímpano, y la temperatura del aire es de 20°C, ¿qué ancho tendrá su tímpano? ¿Es razonable su respuesta?

25. **EI** ●●● Al escalar una montaña que tiene varios riscos en voladizo, un alpinista deja caer una piedra desde el primer risco, para determinar su altura midiendo el tiempo tarda en escuchar que la piedra golpee el suelo. *a*) En un segundo risco, que tiene el doble de altura que el primero, el tiempo medido del sonido de la piedra que se deja caer ahí es 1) menos que el doble, 2) el doble o 3) más que el doble del primero. ¿Por qué? *b*) Si el tiempo medido es de 4.8 s para la piedra que se deja caer desde el primer risco, y la temperatura del aire es de 20°C, ¿qué tan alto es el risco? *c*) Si la altura de un tercer risco es tres veces mayor que la del primero, ¿cuál será el tiempo medido para una piedra que se deja caer ahí hasta que toca el suelo?

26. ●●● Un murciélago que se desplaza a 15.0 m/s emite un sonido de alta frecuencia conforme se aproxima hacia una pared que está a 25.0 m. Suponiendo que el murciélago continúa en línea recta hacia la pared, ¿qué tan lejos estará cuando reciba el eco? La fría temperatura en la cueva del murciélago es de 8.0°C.

27. ●●● Un sonido que se propaga a través del aire a 30°C pasa por un frente frío vertical hacia aire que está a 4.0°C. Si el sonido tiene una frecuencia de 2500 Hz, ¿en qué porcentaje cambiará su longitud de onda al cruzar la frontera?

14.3 Intensidad del sonido y nivel de intensidad del sonido

28. **OM** ¿Si aumenta la temperatura del aire, la intensidad del sonido de una fuente puntual de salida constante *a*) aumentará, *b*) disminuirá o *c*) permanecerá sin cambio?

29. **OM** La escala de decibeles está referida a una intensidad estándar de *a*) 1.0 W/m², *b*) 10^{-12} W/m², *c*) una conversación normal o *d*) el umbral de dolor.

30. **OM** Si el nivel de intensidad de un sonido de 20 dB se incrementa a 40 dB, la intensidad aumentará por un factor de *a*) 10, *b*) 20, *c*) 40, *d*) 100.

31. **PC** ¿Dónde es mayor la intensidad y por qué factor? 1) En un punto a la distancia *R* de una fuente de energía *P*, o 2) en un punto a la distancia 2*R* de una fuente de energía de 2*P*. Explique su respuesta.

32. PC La escala Richter, usada para medir el nivel de intensidad de los sismos, es una escala logarítmica, como lo es también la escala en decibeles. ¿Por qué se usan tales escalas?

33. PC ¿Hay niveles negativos de decibeles, por ejemplo, −10 dB? Si es así, ¿qué significan?

34. ● Calcule la intensidad generada por una fuente puntual de sonido de 1.0 W en un punto situado a *a*) 3.0 m y *b*) 6.0 m de ella.

35. EI ● a) Si se triplica la distancia desde una fuente puntual de sonido, la intensidad del sonido será 1) 3, 2) 1/3, 3) 9 o 4) 1/9 veces el valor original. ¿Por qué? *b*) ¿Cuántas veces debe incrementarse la distancia desde una fuente puntual para reducir a la mitad la intensidad del sonido?

36. ● Suponiendo que el diámetro de su tímpano es de 1 cm (véase el ejercicio 24), ¿cuál será la potencia del sonido recibida por el tímpano *a*) en el umbral de audición y *b*) en el umbral de dolor?

37. ● En un piano se toca el do central (262 Hz) para ayudar a afinar una cuerda de violín. Cuando la cuerda se pulsa, se escuchan nueve pulsaciones en 3.0 s. *a*) ¿Qué tanto estará desafinada la cuerda del violín? *b*) Para dar el do central, ¿la cuerda debería apretarse o aflojarse?

38. ● Calcule el nivel de intensidad para *a*) el umbral de audición y *b*) el umbral de dolor.

39. ● Encuentre los niveles de intensidad en decibeles para sonidos con intensidades de *a*) 10^{-2} W/m^2, *b*) 10^{-6} W/m^2 y *c*) 10^{-15} W/m^2.

40. EI ●● *a*) Si la potencia de una fuente de sonido se duplica, el nivel de intensidad a una cierta distancia de la fuente 1) se incrementa, 2) se duplica exactamente o 3) disminuye. ¿Por qué? *b*) ¿Cuáles son los niveles de intensidad a una distancia de 10 m desde fuentes de 5.0 y de 10 W, respectivamente?

41. ●● Los niveles de intensidad de dos personas que conversan son 60 y 70 dB, respectivamente. *a*) ¿Cuál será la intensidad de los sonidos combinados?

42. ●● Un individuo tiene una pérdida auditiva de 30 dB para una frecuencia específica. ¿Cuál será la intensidad del sonido que se escucha en esta frecuencia que tiene una intensidad del umbral del dolor?

43. ●● En la tabla 14.4 se dan los niveles de ruido de algunos aviones comunes. ¿Cuáles son las intensidades mínima y máxima, para *a*) el despegue y *b*) el aterrizaje?

44. EI ●● Si la distancia a una fuente sonora se reduce a la mitad, *a*) ¿el nivel de intensidad del sonido cambiará por un factor de 1) 2, 2) 1/2, 3) 4, 4) 1/4 o 5) ninguno de los factores anteriores? ¿Por qué? *b*) ¿Cuál es el cambio en el nivel de la intensidad del sonido?

45. ●● Una bocina compacta da 100 W de potencia de sonido. *a*) Ignorando las pérdidas provocadas por el aire, ¿a qué distancia estaría la intensidad del sonido en el umbral del dolor? *b*) Ignorando las pérdidas provocadas por el aire, ¿a qué distancia la intensidad del sonido sería la de la conversación normal? ¿Su respuesta parece razonable? Explique por qué.

46. ●● ¿Cuál es el nivel de intensidad de un sonido de 23 dB después de ser amplificado *a*) 10 mil veces, *b*) un millón de veces, *c*) mil millones de veces?

47. ●● En un concurso organizado en el vecindario para ver quién trepa un árbol más rápido, usted está listo para participar. Sus amigos están alrededor de usted formando un círculo como la sección de porristas; cada individuo provocará un nivel de intensidad de sonido de 80 dB en el lugar que usted ocupa. Si el nivel real del sonido en su lugar es de 87 dB, ¿cuántas personas lo están apoyando?

48. EI ●● El sonido del ladrido de un perro tiene un nivel de intensidad de 40 dB. *a*) Si dos de los mismos perros están ladrando, el nivel de intensidad es 1) menor que 40 dB, 2) entre 40 y 80 dB o 3) 80 dB. *b*) ¿Cuál es el nivel de intensidad?

49. ●● En un concierto de rock, el nivel promedio de intensidad del sonido para una persona en un asiento de la fila al frente es de 110 dB para una sola banda. Si cada una de las bandas programadas para tocar producen sonido de esa misma intensidad, ¿cuántas de ellas tienen que tocar simultáneamente para que el nivel del sonido esté en el umbral de dolor o arriba de éste?

TABLA 14.4 Niveles de ruido en despegue y aterrizajes para algunos aviones comerciales comunes* (Véase el ejercicio 43.)

Avión	Ruido de despegue (dB)	Ruido de aterrizaje (dB)
737	85.7–97.7	99.8–105.3
747	89.5–110.0	103.8–107.8
DC-10	98.4–103.0	103.8–106.6
L-1011	95.9–99.3	101.4–102.8

*Las lecturas de los niveles de ruido se toman desde 198 m (650 ft). El rango depende del modelo de avión y del tipo de motor empleado.

50. ●● A una distancia de 12.0 m desde una fuente puntual, el nivel de intensidad es de 70 dB. ¿A qué distancia desde la fuente el nivel de intensidad será de 40 dB?

51. ●● Durante una celebración patria, un cohete explota (▼ figura 14.19). Considerando el cohete como una fuente puntual, ¿cuáles son las intensidades escuchadas por los observadores en los puntos B, C y D, respecto a la escuchada por el observador en A?

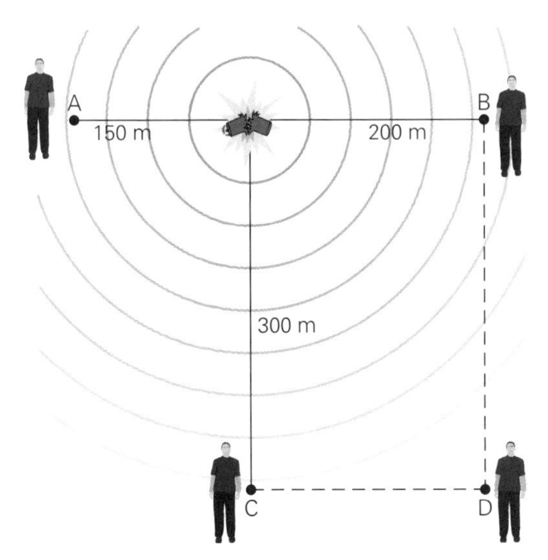

▲ **FIGURA 14.19 Una gran explosión** Véase el ejercicio 51.

52. ●● Una oficina en una compañía de comercio electrónico tiene 50 computadoras, lo que genera un nivel de intensidad de sonido de 40 dB (por el ruido de los teclados). El gerente de la oficina trata de reducir el ruido a la mitad eliminando 25 computadoras. ¿Alcanzará su meta? ¿Cuál es el nivel de intensidad que generan 25 computadoras?

53. ●●● Un tono de 1000 Hz de una bocina tiene un nivel de intensidad de 100 dB a una distancia de 2.5 m. Si se supone que la bocina es una fuente puntual, ¿qué tan lejos de la bocina tendrá el sonido niveles de intensidad *a*) de 60 dB y *b*) apenas suficientemente alto para ser escuchado?

54. ●●● Durante la práctica, en el *huddle* un quarterback grita la jugada en anticipación al ruido de la multitud que habrá durante el juego real. Para un receptor que está a 0.750 m del quarterback en el *huddle*, el sonido parece tan fuerte como el llanto de un niño. Cuando todos se colocan en la formación de jugada, el quarterback grita al doble de la potencia de salida, aunque las instrucciones apenas tienen una intensidad tan fuerte como la de la conversación normal. Utilice los valores típicos de la tabla 14.2 para estimar qué tan lejos del quarterback está el receptor en la formación.

55. ●●● Una abeja produce un zumbido que es apenas audible para un individuo a 3.0 m de distancia. ¿Cuántas abejas tienen que zumbar, y a qué distancia, para producir un sonido con un nivel de intensidad de 50 dB?

14.4 Fenómenos acústicos y 14.5 El efecto Doppler

56. **OM** La interferencia constructiva y destructiva de las ondas sonoras depende de *a*) la rapidez del sonido, *b*) la difracción, *c*) la diferencia de fase, *d*) todas las anteriores.

57. **OM** Las pulsaciones son el resultado directo *a*) de la interferencia, *b*) de la refracción, *c*) de la difracción o *d*) del efecto Doppler.

58. **OM** El radar de la policía utiliza *a*) refracción, *b*) el efecto Doppler, *c*) interferencia o *d*) estampido sónico.

59. **PC** ¿Tienen algo que ver los pulsos de interferencia con el compás de la música? Explique por qué.

60. **PC** *a*) Hay un efecto Doppler si una fuente de sonido y un observador se mueven con la misma velocidad? *b*) ¿Cuál sería el efecto, si una fuente móvil acelerara hacia un observador estacionario?

61. **PC** Cuando una persona camina *entre* un par de altavoces que producen tonos de la misma amplitud y frecuencia, escucha una intensidad variable del sonido. Explique por qué.

62. **PC** ¿Cómo puede un radar Doppler usado en el pronóstico del tiempo atmosférico medir tanto la posición como el movimiento de las nubes?

63. ● Dos fuentes puntuales adyacentes, A y B, están directamente enfrente de un observador y emiten tonos idénticos a 1000 Hz. ¿A qué distancia mínima detrás de la fuente B tendría que moverse la fuente A, para que el observador no oyera ningún sonido? (Suponga que la temperatura del aire es de 20°C e ignore la disminución de la intensidad con la distancia.)

64. ● Un violinista y un pianista suenan simultáneamente notas con frecuencias de 436 y 440 Hz, respectivamente. ¿Qué frecuencia pulsante escucharán los músicos?

65. **EI** ● Una violinista que afina su instrumento con una nota de piano de 264 Hz detecta tres pulsos por segundo. *a*) La frecuencia del violín podría ser 1) menor que 264 Hz, 2) igual a 264 Hz, 3) mayor que 264 Hz o 4) tanto 1 como 3. ¿Por qué? *b*) ¿Cuáles son las frecuencias posibles del tono del violín?

66. ● ¿Cuál es la frecuencia escuchada por una persona que viaja directamente a 60 km/h hacia el silbato de una fábrica (f = 800 Hz), si la temperatura del aire es de 0°C?

67. **EI** ● En un día con temperatura de 20°C y sin viento, una persona en movimiento escucha una frecuencia de 520 Hz proveniente de una sirena estacionaria de 500 Hz. *a*) La persona 1) se acerca, 2) se aleja o 3) está estacionaria respecto a la sirena. ¿Por qué? *b*) ¿Cuál es la rapidez de la persona?

68. ●● Mientras está de pie junto al cruce del ferrocarril, usted escucha el silbato de un tren. La frecuencia emitida es de 400 Hz. Si el tren viaja a 90.0 km/h y la temperatura del aire es de 25°C, ¿cuál será la frecuencia que usted escucha *a*) cuando el tren se aproxima y *b*) después de que pasa?

69. ●● Dos cuerdas idénticas en violonchelos diferentes están afinadas con la nota do (A) de 440 Hz. La clavija que sostiene una de las cuerdas se afloja, por lo que su tensión disminuye 1.5%. ¿Cuál será la frecuencia del pulso escuchado cuando las cuerdas se tocan juntas?

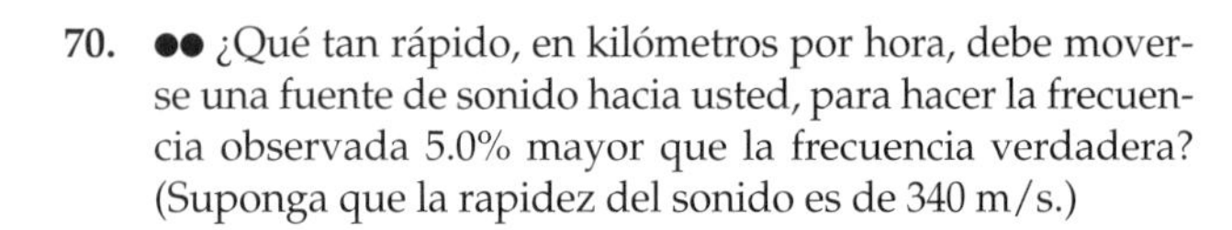

70. ●● ¿Qué tan rápido, en kilómetros por hora, debe moverse una fuente de sonido hacia usted, para hacer la frecuencia observada 5.0% mayor que la frecuencia verdadera? (Suponga que la rapidez del sonido es de 340 m/s.)

71. **EI** ●● Usted va manejando hacia el este a 25.0 m/s, mientras nota que una ambulancia viaja con dirección oeste hacia usted a 35.0 m/s. El sonido de las sirenas que detecta tiene una frecuencia de 300 Hz. *a*) ¿La frecuencia real de las sirenas es 1) mayor que 300 Hz, 2) menor que 300 Hz o 3) exactamente de 300 Hz? *b*) Determine la frecuencia real de las sirenas. Suponga que la temperatura es la ambiental normal.

72. ●● La frecuencia de la sirena de una ambulancia es de 700 Hz. ¿Cuáles serán las frecuencias que escucha un peatón que está en reposo, conforme la ambulancia se aproxima y se aleja de él con una rapidez de 90.0 km/h? (Suponga que la temperatura del aire es de 20°C.)

73. ●● Un avión a reacción vuela con una rapidez de Mach 2.0. ¿Cuál será el ángulo medio de la onda de choque cónica que forma la aeronave? ¿Podría decir cuál es la rapidez de la onda de choque?

74. **EI** ●● Un avión caza vuela con una rapidez Mach 1.5. *a*) Si el avión volara más rápido que Mach 1.5, el semiángulo de la onda de choque cónica 1) aumentaría, 2) permanecería igual o 3) disminuiría. ¿Por qué? *b*) ¿Cuál es semiángulo de la onda de choque cónica formada por el avión que vuela a Mach 1.5?

75. ●● El semiángulo de la onda de choque cónica formada por un avión supersónico es de 30°. ¿Cuáles son *a*) el número de Mach del avión y *b*) la rapidez real del avión si la temperatura del aire es de −20°C?

76. ●●● Dos altavoces de fuente puntual están a una cierta distancia entre sí y una persona está a 12.0 m enfrente de uno de ellos, sobre una línea perpendicular a la línea base de los altavoces. Si las bocinas emiten tonos idénticos de 1000 Hz, ¿cuál será su separación mínima diferente de cero para que el observador escuche poco o ningún sonido? (Considere la rapidez del sonido igual a exactamente 340 m/s.)

77. ●● Un observador viaja entre dos fuentes idénticas de sonido (cuya frecuencia es de 100 Hz). Su rapidez es de 10.0 m/s conforme se aproxima a una fuente y se aleja de la otra. *a*) ¿Qué tono de frecuencia escucha de ambas fuentes combinadas? *b*) ¿Cuántas pulsaciones por segundo escucha? Suponga que la temperatura es la ambiental normal.

78. ●●● Un peatón escucha una sirena variar en frecuencia desde 476 hasta 404 Hz, cuando un camión de bomberos se acerca, pasa y se aleja por una calle recta (figura 14.20). ¿Cuál es la rapidez del camión? (Considere que la rapidez del sonido en el aire es de 343 m/s.)

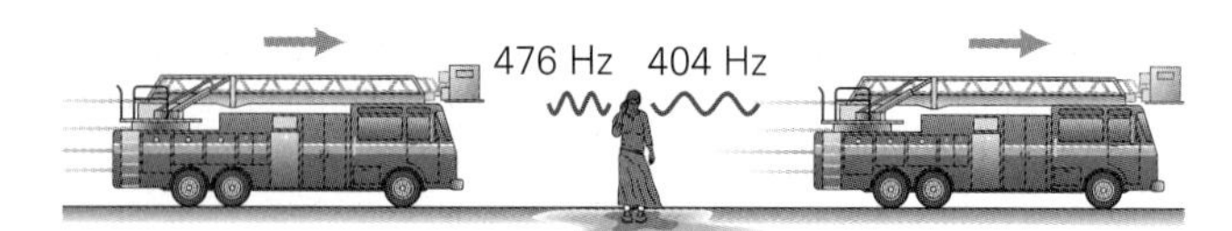

▲ **FIGURA 14.20 El ulular de una sirena** Véase el ejercicio 78.

79. ●●● Los murciélagos emiten sonidos con frecuencias de aproximadamente 35.0 kHz y usan localización por eco para encontrar a sus presas. Si un murciélago se mueve con una rapidez de 12.0 m/s hacia un insecto suspendido en aire, *a*) ¿qué frecuencia escuchará el insecto si la temperatura del aire es de 20.0°C? *b*) ¿Qué frecuencia escucha el murciélago del sonido reflejado? *c*) Si el insecto inicialmente se estuviera alejando del murciélago, ¿afectaría esto las frecuencias?

80. ●●● Un avión a reacción supersónico pasa directamente por encima de un observador, a una altura de 2.0 km (▼figura 14.21). Cuando el sujeto escucha el primer estampido sónico, el avión ha volado una distancia horizontal de 2.5 km a rapidez constante. *a*) ¿Cuál será el ángulo del cono de la onda de choque? *b*) ¿A qué número de Mach vuela el avión? (Suponga que la rapidez del sonido es a una temperatura promedio constante de 15°C.)

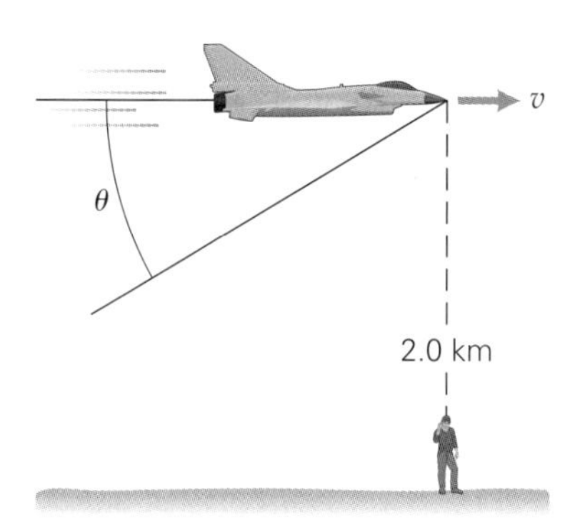

▲ **FIGURA 14.21 Más rápido que una bala** Véase el ejercicio 80.

14.6 Instrumentos musicales y características del sonido

81. **OM** Si se tienen un tubo abierto y otro cerrado con la misma longitud, ¿cuál tendrá la frecuencia natural más baja? *a*) el tubo abierto, *b*) el tubo cerrado o *c*) ambos tienen la misma baja frecuencia.

82. **OM** El oído humano puede escuchar mejor los tonos *a*) a 1000 Hz, *b*) a 4000 Hz, *c*) a 6000 Hz o *d*) a todas las frecuencias.

83. **OM** Curvas de igual sonoridad varían *a*) con la calidad, *b*) con los armónicos, *c*) con la forma de onda, *d*) con el tono del sonido.

84. **OM** La calidad del sonido depende *a*) de su forma de onda, *b*) de su frecuencia, *c*) de su rapidez o *d*) de su intensidad.

85. PC *a*) Después de una nevada, ¿por qué todo se ve particularmente tranquilo? *b*) ¿Por qué los cuartos vacíos suenan huecos? *c*) ¿Por qué las voces de la gente suenan más llenas o más ricas cuando cantan en la ducha?

86. PC ¿Por qué los trastes de una guitarra no están uniformemente espaciados?

87. PC ¿Es posible para un tubo abierto de órgano y un tubo de órgano cerrado en un extremo, cada uno de la misma longitud, producir notas de la misma frecuencia? Justifique su respuesta.

88. PC Cuando usted sopla sobre la boca de una botella vacía, se produce un tono específico. Si la botella se llena hasta un tercio de su altura, ello afectaría el tono?

89. PC ¿Por qué no se tienen armónicos pares en un tubo cerrado en un extremo?

90. ● Las tres primeras frecuencias naturales de un tubo de órgano son 126 Hz, 378 Hz y 630 Hz. *a*) ¿El tubo es abierto o cerrado? *b*) Si la rapidez del sonido en el aire es de 340 m/s, encuentre la longitud del tubo.

91. ● Un tubo de órgano cerrado tiene una frecuencia fundamental de 528 Hz (la nota do) a 20°C. ¿Cuál será la frecuencia fundamental del tubo cuando la temperatura sea de 0°C?

92. ● El canal auditivo humano es de aproximadamente 2.5 cm de largo, y está abierto en un extremo y cerrado en el otro. (Véase la figura 1 de la sección A fondo 14.2 de la p. 495.) *a*) ¿Cuál será la frecuencia fundamental del canal auditivo a 20°C? *b*) ¿A qué frecuencia es más sensible el oído? *c*) Si el canal auditivo de una persona es más largo que 2.5 cm, ¿la frecuencia fundamental es mayor o menor que en el inciso *a*? Explique por qué.

93. ●● Un tubo de órgano que está cerrado en un extremo tiene una longitud de 0.80 m. A 20°C, ¿cuál será la distancia entre un nodo y un antinodo adyacente para *a*) el segundo armónico y *b*) el tercer armónico?

94. ●● Un tubo de órgano abierto y un tubo de órgano cerrado en un extremo tienen ambos longitudes de 0.52 m a 20°C. ¿Cuál será la frecuencia fundamental de cada tubo?

95. ●● *a*) Para tener un tubo abierto de órgano con una frecuencia de primer sobretono de 512 Hz en el exterior cuando hace frío (−10°C), ¿cuál sería la longitud requerida del tubo? *b*) ¿Cuál sería la frecuencia fundamental de este tubo si se llevara dentro de una pista de hockey, donde se registra una temperatura de +10°C? Ignore los cambios en la longitud del tubo que provoca la expansión térmica.

96. ●● Un tubo de órgano cerrado en un extremo mide 1.10 m de longitud. Está orientado verticalmente y se llena con gas de dióxido de carbono (que es más denso que el aire y que, por lo tanto, permanecerá en el tubo). Para generar una onda estacionaria en el modo fundamental, se utiliza un diapasón con una frecuencia de 60.0 Hz. ¿Cuál será la rapidez del sonido en el dióxido de carbono?

97. ●● Un tubo abierto de órgano de 0.750 m de largo tiene su primer sobretono a una frecuencia de 441 Hz. ¿Cuál será la temperatura del aire en el tubo?

98. **EI** ●● Cuando todos sus orificios están cerrados, una flauta es esencialmente un tubo abierto en ambos extremos, con longitud de la embocadura al extremo lejano (como en la figura 14.16b). Si un agujero está abierto, entonces la longitud del tubo es la distancia desde la boquilla al orificio, *a*) ¿La posición de la boquilla es 1) un nodo, 2) un antinodo o 3) ni un nodo ni un antinodo? ¿Por qué? *b*) Si la frecuencia fundamental más baja en una flauta es de 262 Hz, ¿cuál será la longitud mínima de la flauta a 20°C? *c*) Si debe tocarse una nota de frecuencia igual a 440 Hz, ¿qué orificio debería abrirse? Exprese su respuesta como una distancia desde el orificio hasta la boquilla.

99. ●●● En una demostración en clase, el profesor aspira algo de gas helio y, cuando habla, su voz se parece a la del pato Donald. (Esto también ocurre con los buzos que se sumergen a grandes profundidades y que respiran una mezcla de helio, nitrógeno y oxígeno.) Considerando de manera simplista que el tracto vocal es un tubo cerrado de 15.0 cm (con la glotis en uno de sus extremos) y que la rapidez del sonido en el aire es de 331 m/s y en el helio de 965 m/s, explique cómo ocurre el "efecto del pato Donald".

100. ●●● Un tubo de órgano cerrado en un extremo está lleno con helio. El tubo tiene una frecuencia fundamental de 660 Hz en aire a 20°C. ¿Cuál será la frecuencia fundamental del tubo con helio en él?

101. ●●● Un tubo abierto de órgano tiene una longitud de 50.0 cm. Mientras está en su modo fundamental, un segundo tubo, cerrado en uno de sus extremos, también está en su modo fundamental. Se escucha una frecuencia de pulsación de 2.00 Hz. Determine las posibles longitudes del tubo cerrado. Suponga que la temperatura es la ambiental normal.

Ejercicios adicionales

102. En un concierto de rock hay dos bocinas principales, cada una de las cuales da 500 W de potencia de sonido. Usted está a 5.00 m de uno de ellos y a 10.0 m del otro. *a*) ¿Cuáles son las intensidades del sonido provenientes de cada bocina en el lugar donde usted se encuentra y la intensidad total del sonido? *b*) ¿Cuáles son los niveles de intensidad en su lugar que se deben a cada bocina y cuál es el nivel total de intensidad del sonido? *c*) ¿Durante cuánto tiempo puede sentarse ahí sin riesgo de sufrir daño permanente en los oídos?

103. Por lo general, los murciélagos emiten un sonido de ultra alta frecuencia de unos 50 000 Hz. Si el murciélago se aproxima a un objeto estacionario a 18.0 m/s, ¿cuál será la frecuencia reflejada que detecta? (Suponga que el aire en la cueva está a 5°C.) [*Sugerencia:* necesitará aplicar dos veces las ecuaciones Doppler. ¿Por qué?]

104. Usted escucha el sonido proveniente de dos tubos de órgano que están equidistantes hacia usted. El tubo A está abierto por un extremo y cerrado por el otro, mientras que el tubo B está abierto por los dos extremos. Cuando ambos oscilan en su modo de primer sobretono, usted escucha una frecuencia de pulsación de 5.0 Hz. Suponga que la temperatura es la ambiental normal. *a*) Si la longitud del tubo A es de 1.00 m, calcule las posibles longitudes del tubo B. *b*) Suponiendo su menor longitud para el tubo B, ¿cuál sería la frecuencia de pulsación (si ambos están aún en sus modos de primer sobretono), en un desierto durante un caluroso día de verano con una temperatura de 40°C?

105. **El** Un tubo abierto de órgano con una longitud de 50.0 cm oscila en el modo de su segundo sobretono o tercer armónico. Suponga que el aire está a la temperatura ambiental y que el tubo está en reposo en aire quieto. Una persona se mueve hacia el tubo a 2.00 m/s y, al mismo tiempo, se aleja de una pared altamente reflejante. *a*) ¿El observador escuchará pulsaciones? 1) sí, 2) no o 3) no se puede decir a partir de los datos. *b*) Calcule la frecuencia de pulsación que escuchará. [*Sugerencia:* Hay dos frecuencias, una que proviene directamente del tubo y la otra de la pared.]

Los siguientes problemas de física Physlet pueden utilizarse con este capítulo.
18.1, 18.2, 18.3, 18.4, 18.5, 18.7, 18.8, 18.9, 18.10, 18.11, 18.12, 18.13, 18.14, 18.15, 18.16

CAPÍTULO

15 CARGAS, FUERZAS Y CAMPOS ELÉCTRICOS

HECHOS DE FÍSICA

- Charles Augustin de Coulomb (1736-1806), un científico francés y el descubridor de la ley de la fuerza entre objetos cargados, tuvo una carrera muy diversificada: hizo contribuciones significativas a la reforma hospitalaria, la limpieza de la red de suministro de agua de París, el magnetismo terrestre, la ingeniería de suelos y la construcción de fuertes, estas dos últimas mientras sirvió en el ejército.
- La pistola paralizante Taser, que utilizan los cuerpos de seguridad pública, funciona generando una gran separación de carga eléctrica y aplicándola a diferentes partes del cuerpo; el arma interrumpe las señales eléctricas normales y provoca inmovilidad temporal. La pistola paralizante necesita hacer contacto físico con el cuerpo con sus dos electrodos, y el choque actúa incluso a través de ropa gruesa. Una versión de la Taser a larga distancia funciona disparando electrodos punzantes que permanecen unidos a la pistola mediante cables.
- La anguila eléctrica (que puede llegar a medir hasta 1.82 m de largo y que en realidad es un pez) actúa eléctricamente de manera similar a una pistola Taser. Más del 80% del cuerpo de la anguila corresponde a la cola; sus órganos vitales están localizados detrás de su pequeña cabeza. Con el campo eléctrico que crea es capaz de localizar y paralizar a sus presas antes de comérselas.
- Los purificadores de aire domésticos utilizan la fuerza eléctrica para reducir el polvo, bacterias y otras partículas en el aire. La fuerza eléctrica remueve los electrones de los contaminantes, convirtiéndolos en partículas con carga positiva. Estas partículas son atraídas hacia placas con carga negativa, donde permanecen hasta que se retiran manualmente. Cuando funcionan de forma adecuada, estos purificadores logran reducir el nivel de partículas en más del 99 por ciento.

Pocos procesos naturales liberan tanta cantidad de energía en una fracción de segundo como un relámpago. Sin embargo, poca gente ha experimentado su tremenda potencia a corta distancia; sólo unos cuantos cientos de personas son alcanzadas por relámpagos cada año en Estados Unidos.

Quizá le sorprenda saber que casi ha tenido una experiencia similar, por lo menos desde el punto de vista de la física. ¿Alguna vez ha caminado en un cuarto alfombrado y luego ha recibido una pequeña descarga al tratar de tocar la perilla metálica de una puerta? Aunque la escala es diferente, los procesos físicos implicados (una descarga de electricidad estática) son los mismos que se presentan en el hecho de ser alcanzado por un relámpago (digamos que se trata de un mini relámpago).

En ocasiones, la electricidad tiene efectos dramáticos, como cuando se produce un cortocircuito en los tomacorrientes o cuando los relámpagos dejan sentir su fuerza. Sabemos que la electricidad es peligrosa, pero también que puede ser "domesticada". En el hogar o en la oficina, su utilidad se da por sentada. De hecho, nuestra dependencia de la energía eléctrica sólo se hace evidente cuando de pronto "se va la luz", recordándonos de forma dramática el papel que juega en nuestra vida diaria. Sin embargo, hace menos de un siglo no había líneas de transmisión que cruzaran el país, ni alumbrado ni aparatos eléctricos: en resumen, ninguna de las aplicaciones de la electricidad que existen en la actualidad en nuestro entorno.

Sabemos ahora que la electricidad y el magnetismo están relacionados (véase el capítulo 20). En conjunto, se les llama "fuerza electromagnética", la cual constituye una de las cuatro fuerzas fundamentales en la naturaleza. (La gravedad [capítulo 7] y dos tipos de fuerzas nucleares [fuerte y débil] son las otras tres.) Aquí comenzamos por estudiar la fuerza eléctrica y sus propiedades. Más adelante (en el capítulo 20), se vincularán la fuerza eléctrica y la magnética.

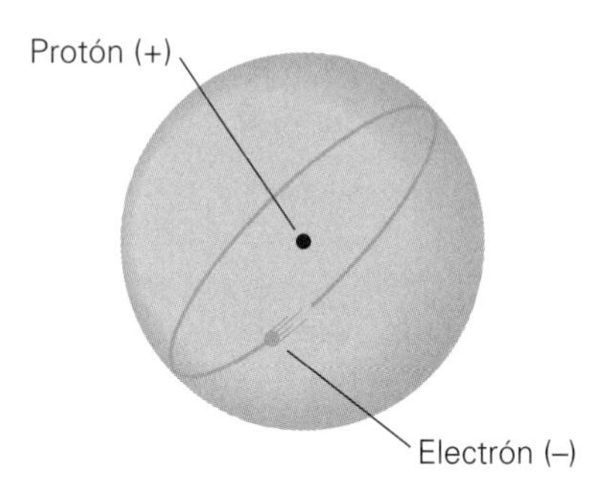

a) **Átomo de hidrógeno**

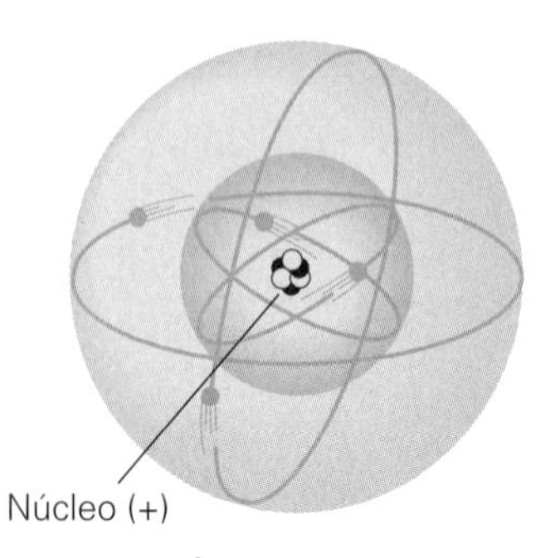

b) **Átomo de berilio**

▲ **FIGURA 15.1 Modelo simplificado de átomos** El llamado modelo de sistema solar de *a*) un átomo de hidrógeno y *b*) un átomo de berilio considera a los electrones (con carga negativa) orbitando el núcleo (con carga positiva), en forma análoga a como los planetas giran alrededor del Sol. La estructura electrónica de los átomos es en realidad mucho más complicada que esto.

Nota: recuerde el análisis de la tercera ley de Newton en la sección 4.4.

15.1 Carga eléctrica

OBJETIVOS: *a*) Distinguir entre los dos tipos de carga eléctrica, *b*) enunciar la ley de carga-fuerza que opera entre objetos cargados y *c*) comprender y usar la ley de conservación de la carga.

¿Qué es la *electricidad*? Tal vez la respuesta más simple es que la electricidad es un término genérico que describe los fenómenos asociados con la electricidad doméstica. Pero, en realidad y sobre todo, implica el estudio de la interacción entre objetos *eléctricamente cargados*. Para demostrar esto, nuestro estudio empezará con la situación más simple, la de la electro*stática*, es decir, cuando los objetos eléctricamente cargados están *en reposo*.

Al igual que la masa, la **carga eléctrica** es una propiedad fundamental de la materia (capítulo 1). La carga eléctrica está asociada con partículas que constituyen el átomo: el electrón y el protón. El simplista modelo del sistema solar del átomo, mostrado en la ◂ figura 15.1, se asemeja en su estructura a los planetas que giran alrededor del Sol. Los *electrones* se consideran como partículas en órbita alrededor de un núcleo, que contiene la mayoría de la masa del átomo en la forma de *protones* y partículas eléctricamente neutras llamadas *neutrones*. Como vimos en la sección 7.5, la fuerza centrípeta que mantiene a los planetas en órbita alrededor del Sol es suministrada por la gravedad. De manera similar, la fuerza que mantiene los electrones en órbita alrededor del núcleo es la fuerza eléctrica. Sin embargo, hay distinciones importantes entre las fuerzas gravitacionales y eléctricas.

Una distinción básica es que sólo hay un tipo de masa en la naturaleza, y se sabe que las fuerzas gravitacionales son sólo atractivas. Sin embargo, la carga eléctrica existe en dos tipos, distinguidas por la nominación de positiva (+) y negativa (−). Los protones llevan una carga positiva, y los electrones llevan una carga negativa. Las diferentes combinaciones de los dos tipos de carga producen fuerzas eléctricas atractivas *o* repulsivas.

Las direcciones de las fuerzas eléctricas cuando las cargas interactúan entre sí están dadas por el siguiente principio, llamado **ley de las cargas** o **ley de carga-fuerza**:

> Cargas iguales se repelen y cargas desiguales se atraen.

Esto es, dos partículas cargadas negativamente o dos partículas cargadas positivamente se repelen entre sí, mientras que partículas con cargas contrarias se atraen entre sí (▾figura 15.2). Las fuerzas repulsiva y atractiva son iguales y opuestas, y actúan sobre objetos diferentes, de acuerdo con la tercera ley de Newton (acción-reacción).

La carga sobre un electrón y aquella sobre un protón son iguales en magnitud, pero contrarias en signo. La magnitud de la carga sobre un electrón se abrevia como e y es la unidad de carga fundamental, ya que es la carga más pequeña observada en la naturaleza.* La unidad SI de carga es el **coulomb (C)**, llamada así en honor del físico francés Charles A. Coulomb (1736-1806), quien descubrió una relación entre fuerza eléctrica y carga (sección 15.3). Las cargas y masas del electrón, protón y neutrón se indican en la

▸ **FIGURA 15.2 La ley de carga-fuerza o ley de cargas** *a*) Cargas iguales se repelen, *b*) Cargas desiguales se atraen.

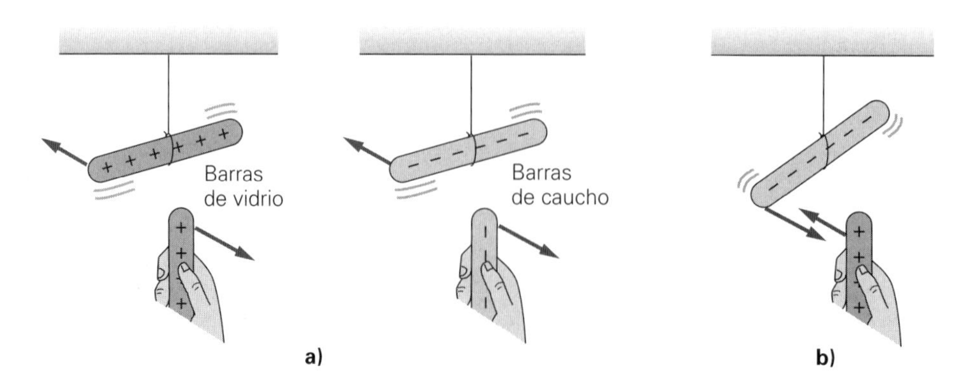

*Los protones, al igual que los neutrones y otras partículas, están constituidos por partículas llamadas *quarks*, que tienen cargas de $\pm\frac{1}{3}$ y $\pm\frac{2}{3}$ de la carga del electrón. Se tiene evidencia experimental de la existencia de quarks dentro del núcleo, pero no se han detectado quarks libres. La teoría actual implica que la detección directa de los quarks es imposible.

TABLA 15.1 Partículas subatómicas y sus cargas eléctricas

Partícula	*Carga eléctrica**	*Masa**
Electrón	-1.602×10^{-19} C	$m_e = 9.109 \times 10^{-31}$ kg
Protón	$+1.602 \times 10^{-19}$ C	$m_p = 1.673 \times 10^{-27}$ kg
Neutrón	0	$m_n = 1.675 \times 10^{-27}$ kg

*Aunque los valores están dados con cuatro cifras significativas, usaremos sólo dos o tres cifras en nuestros cálculos.

tabla 15.1, donde vemos que $e = 1.6 \times 10^{-19}$ C. Nuestro símbolo general para carga será q o Q. Así, la carga sobre un electrón se escribe como $q_e = -e = -1.602 \times 10^{-19}$ C y sobre un protón es $q_p = +e = +1.60 \times 10^{-19}$ C.

Con frecuencia usamos varios términos cuando analizamos objetos cargados. Decir que un objeto tiene una **carga neta** significa que el objeto tiene un exceso de cargas positivas o negativas. (Sin embargo, es común preguntar sobre la "carga" de un objeto, cuando en realidad nos referimos a la carga neta.) Como veremos en la sección 15.2, la carga en exceso comúnmente se produce por una transferencia de electrones, *no* de protones. (Los protones están ligados al núcleo y, en las situaciones más comunes, no salen de él.) Por ejemplo, si un objeto tiene una carga (neta) de $+1.6 \times 10^{-18}$ C, entonces se han removido electrones de él. Específicamente, tiene una deficiencia de *10* electrones, ya que $10 \times 1.6 \times 10^{-19}$ C $= 1.6 \times 10^{-18}$ C. Esto es, el número total de electrones en el objeto ya no cancela por completo la carga positiva de todos los protones, lo que da por resultado una carga neta positiva. En un nivel atómico, algunos de los átomos que constituyen el objeto serían deficientes en electrones. Los átomos cargados positivamente se llaman *iones positivos*. Los átomos con un exceso de electrones se llaman *iones negativos*.

Como la carga sobre el electrón es una minúscula fracción de un coulomb, un objeto que tiene una carga neta de un coulomb de carga neta rara vez se ve en situaciones cotidianas. Por lo tanto, es común expresar las cantidades de carga usando *microcoulombs* (μC o 10^{-6} C), *nanocoulombs* (mC o 10^{-9} C) y *picocoulombs* (pC o 10^{-12} C).

Puesto que la carga eléctrica (neta) sobre un objeto es el resultado de una deficiencia o de un exceso de electrones, siempre debe ser un múltiplo entero de la carga sobre un electrón. Un signo más o un signo menos indicará si el objeto tiene una deficiencia o un exceso de electrones, respectivamente. Así, para la carga (neta) de un objeto, podemos escribir

$$q = \pm ne \tag{15.1}$$

Unidad SI de carga: coulomb (C)

donde $n = 1, 2, 3, \ldots$ Algunas veces decimos que la carga está "cuantizada", lo que significa que ésta se presenta sólo en múltiplos enteros de la carga electrónica fundamental.

Al tratar con cualquier fenómeno eléctrico, otro importante principio es el de la **conservación de la carga**:

> La carga neta de un sistema aislado permanece constante.

Esto es, la carga neta permanece constante, aunque puede ser diferente de cero. Suponga, por ejemplo, que un sistema consiste inicialmente en dos objetos eléctricamente neutros, y que un millón de electrones se transfieren de uno al otro. El objeto con los electrones agregados tendrá entonces una carga negativa neta, y el objeto con el número reducido de electrones tendrá una carga positiva neta de igual magnitud. (Véase el ejemplo 15.1.) Así, la carga neta del *sistema* permanece igual a cero. Si el universo se considera como un todo, la conservación de la carga significa que la carga neta *del universo* es constante.

Advierta que este principio no prohíbe la creación o destrucción de partículas cargadas. De hecho, los físicos han sabido desde hace mucho tiempo que es posible crear o destruir partículas cargadas en los niveles atómico y nuclear. Sin embargo, a causa de la conservación de la carga, las partículas son creadas o destruidas sólo en pares con cargas iguales y de signo contrario.

Ejemplo integrado 15.1 ■ Sobre la alfombra: conservación de la carga cuantizada

Usted arrastra los pies sobre un piso alfombrado en un día seco y la alfombra adquiere una carga positiva neta (para conocer detalles de este mecanismo, véase la sección 15.2). *a*) ¿Usted tendrá 1) una deficiencia o 2) un exceso de electrones? *b*) Si la carga adquirida tiene una magnitud de 2.15 nC, ¿cuántos electrones se transfirieron?

a) Razonamiento conceptual. *a*) Como la alfombra tiene una carga positiva neta, debe haber perdido electrones y usted debe haberlos ganado. Así, su carga es negativa, lo que indica un exceso de electrones, y la respuesta correcta es la 2.

b) Razonamiento cuantitativo y solución. Conociendo la carga en un electrón, es posible cuantificar el exceso de electrones. Exprese la carga en coulombs, y establezca qué debe encontrarse.

Dado: $q_c = +(2.15\text{ nC})\left(\dfrac{10^{-9}\text{ C}}{1\text{ nC}}\right) = +2.15 \times 10^{-9}\text{ C}$

$q_e = -1.60 \times 10^{-19}\text{ C}$ (de la tabla 15.1)

Encuentre: n, número de electrones transferidos

La carga neta en usted es

$$q = -q_c = -2.15 \times 10^{-9}\text{ C}$$

Por lo tanto,

$$n = \frac{q}{q_e} = \frac{-2.15 \times 10^{-9}\text{ C}}{-1.60 \times 10^{-19}\text{ C/electrones}} = 1.34 \times 10^{10}\text{ electrones}$$

Como se observa, las cargas netas, en situaciones cotidianas, por lo general implican números enormes de electrones (aquí, más de 13 mil millones), porque la carga de cada electrón es muy pequeña.

Ejercicio de refuerzo. En este ejemplo, si su masa es de 80 kg, ¿en qué porcentaje ha aumentado su masa a causa de los electrones en exceso? (*Las respuestas de todos los ejercicios de refuerzo se incluyen al final del libro.*)

15.2 Carga electrostática

OBJETIVOS: *a*) Distinguir entre conductores y aislantes, *b*) explicar la operación del electroscopio y *c*) distinguir entre carga por fricción, conducción, inducción y polarización.

La existencia de dos tipos de carga eléctrica (y, por lo tanto, de fuerzas eléctricas atractivas y repulsivas) se demuestra fácilmente. Antes de aprender cómo se hace esto, veamos la distinción entre conductores y aislantes eléctricos. Lo que distingue a esos amplios grupos de sustancias es su capacidad para conducir, o transmitir, cargas eléctricas. Algunos materiales, particularmente los metales, son buenos **conductores** de carga eléctrica. Otros, como el vidrio, el caucho y la mayoría de los plásticos, son **aislantes**, o malos conductores eléctricos. Una comparación de las magnitudes relativas de las conductividades de algunos materiales se presenta en la ▸ figura 15.3.

En los conductores, los electrones de *valencia* de los átomos —o electrones localizados en las órbitas más exteriores—, están débilmente ligados. Como resultado, es fácil removerlos del átomo y que se muevan en el conductor; incluso es posible que abandonen este último por completo. Esto es, los electrones de valencia no están permanentemente ligados a un átomo particular. Sin embargo, en los aislantes, incluso los electrones que están menos ligados, lo están tan fuertemente, que es difícil removerlos de sus átomos. Así, la carga no se mueve con facilidad, ni se puede remover fácilmente de un aislante.

Como muestra la figura 15.3, también existe una clase de materiales "intermedios", llamados **semiconductores**. Su capacidad de conducir carga es intermedia entre la de los aislantes y los conductores. El movimiento de electrones en los semiconductores es mucho más difícil de describir que el simple enfoque para el electrón de valencia usado para aislantes y conductores. De hecho, los detalles de las propiedades de los semiconductores se comprenden sólo con la ayuda de la mecánica cuántica, que va más allá del alcance de este libro.

Sin embargo, es interesante notar que es posible ajustar la conductividad de los semiconductores agregando ciertos tipos de impurezas atómicas en concentraciones variables. Desde la década de los años 40, los científicos emprendieron investigaciones

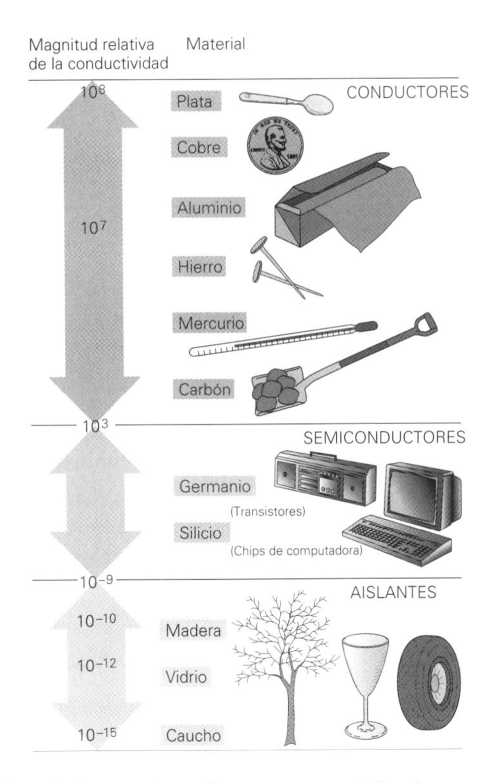

◀ **FIGURA 15.3 Conductores, semiconductores y aislantes** Una comparación de las magnitudes relativas de las conductividades eléctricas de varios materiales (el dibujo no está a escala).

sobre las propiedades de los semiconductores con el fin de crear aplicaciones para tales materiales. Los científicos usaron semiconductores para crear los transistores, luego circuitos de estado sólido y después los microchips para computadoras. El microchip es uno de los principales desarrollos responsables de la tecnología para computadoras de alta velocidad de que disponemos actualmente.

Ahora que ya sabemos un poco sobre conductores y aislantes, aprendamos sobre la manera de determinar el signo de la carga de un objeto. El *electroscopio* es uno de los dispositivos más sencillos usados para demostrar las características de la carga eléctrica (▾figura 15.4). En su forma más simple, consiste en una barra metálica con un bulbo metálico en un extremo. La barra está unida a una pieza metálica sólida, de forma rectangular, que tiene unida una "hoja", generalmente hecha de oro o de aluminio. Este conjunto está aislado de su recipiente protector de vidrio por medio de un marco aislante. Cuando los objetos cargados se acercan al bulbo, los electrones en éste son atraídos o repelidos por tales objetos. Por ejemplo, si una barra negativamente cargada se acerca al bulbo, los electrones en el bulbo son repelidos, y el bulbo se queda con una carga positiva. Los electrones son conducidos al rectángulo metálico y a la hoja unida a él, que se separará, ya que tienen carga del mismo signo (figura 15.4b). De forma similar, si una barra cargada positivamente se acerca al bulbo, la hoja también se alejará. (¿Podría explicar por qué?)

Note que la carga neta sobre el electroscopio permanece igual a cero en estos casos. Puesto que el dispositivo está aislado, sólo se altera la *distribución* de carga. Sin

Nota: un electroscopio no cargado sólo detectará si un objeto está eléctricamente cargado. Si el electroscopio está cargado con un signo conocido, también podrá determinar el signo de la carga en el objeto.

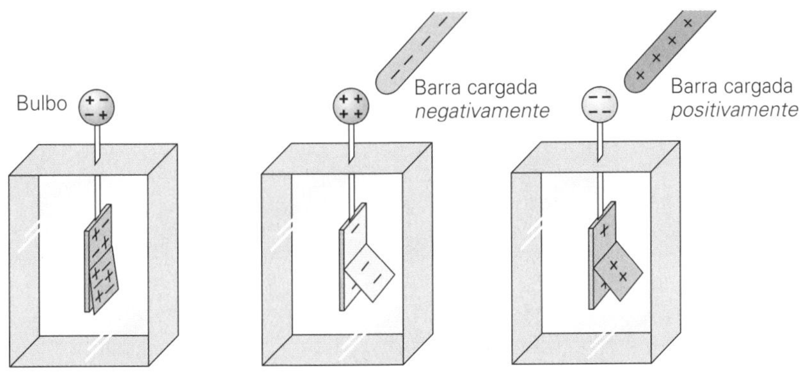

a) El electroscopio neutro tiene cargas uniformemente distribuidas; la hoja está en posición vertical.

b) Las fuerzas electrostáticas hacen que la hoja se separe (sólo se muestra el exceso o carga neta).

◀ **FIGURA 15.4 El electroscopio** Este dispositivo sirve para determinar si un objeto está cargado eléctricamente. Cuando un objeto cargado se acerca al bulbo, la hoja se aleja de la pieza metálica.

embargo, es posible dar a un electroscopio (y a otros objetos) una carga neta por diferentes métodos, aunque todos implican una **carga electrostática**. Considere los siguientes procesos que generan carga electrostática.

Carga por fricción

Nota: desde un punto de vista externo, no es posible decir si la barra de caucho ganó cargas negativas o si la piel ganó cargas positivas. En otras palabras, mover electrones a la barra de caucho da por resultado la misma situación física que mover cargas positivas a la piel. Sin embargo, como el caucho es un aislante y sus electrones están fuertemente ligados, podríamos sospechar que la piel perdió electrones y que el caucho los ganó. En los sólidos, los protones —que están en el núcleo de los átomos— no se mueven; sólo los electrones lo hacen. Solamente es cuestión de saber qué material pierde electrones con mayor facilidad.

En el proceso de carga por fricción, al frotar ciertos materiales aislantes con tela o piel, resultan cargados eléctricamente mediante una transferencia de carga. Por ejemplo, si una barra de caucho duro se frota con piel, adquirirá una carga neta negativa; al frotar una barra de vidrio con seda, la barra adquirirá una carga neta positiva. Este proceso se llama **carga por fricción**. La transferencia de carga se debe al contacto entre los materiales, y la cantidad de carga transferida depende, como podría esperarse, de la naturaleza de los materiales implicados.

El ejemplo 15.1 fue realmente un ejemplo de carga por fricción, en el que usted recogió una carga neta de la alfombra. Si toca un objeto metálico, como la perilla de una puerta, es probable que sienta una chispa. Conforme su mano se aproxima, la perilla se carga positivamente y, por lo tanto, atrae los electrones de su mano. Conforme se desplazan, chocan con los átomos del aire y los excitan, emitiendo luz conforme pierden excitación (es decir, energía). Esta luz se ve como la chispa de un "mini relámpago" entre su mano y la perilla.

Carga por conducción (o contacto)

Al acercar una varilla cargada a un electroscopio, éste revelará que la varilla está cargada, pero no le indicará qué tipo de carga tiene esta última (positiva o negativa). Sin embargo, es posible determinar el signo de la carga si al electroscopio se le da primero un tipo conocido de carga (neta). Por ejemplo, los electrones pueden transferirse al electroscopio desde un objeto negativamente cargado, como se ilustra en la ▾figura 15.5a.

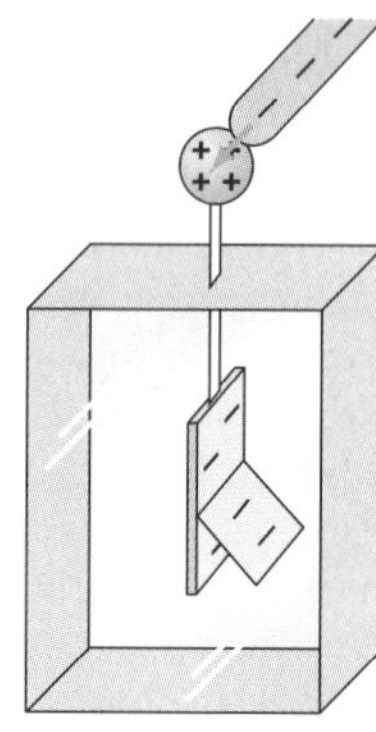

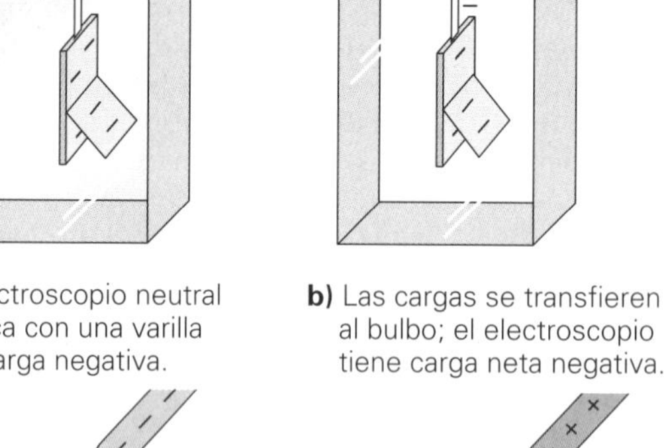

a) El electroscopio neutral se toca con una varilla con carga negativa.

b) Las cargas se transfieren al bulbo; el electroscopio tiene carga neta negativa.

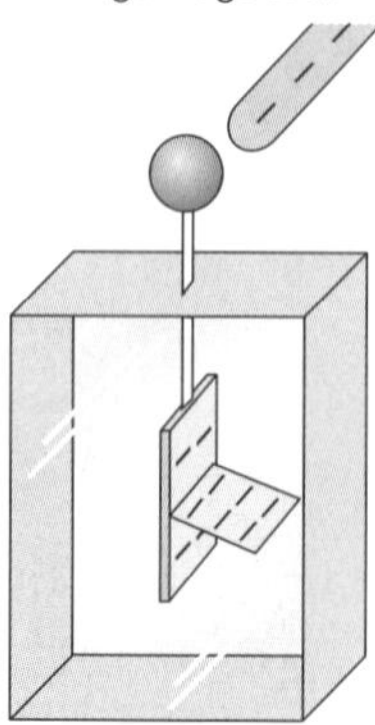

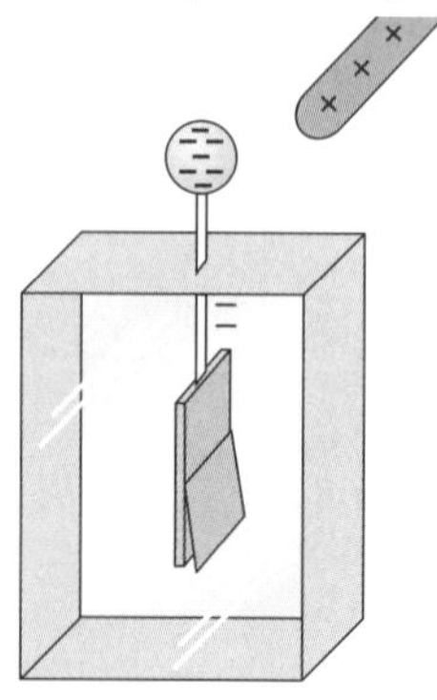

c) La varilla cargada negativamente repele a los electrones; la hoja se separa más aún.

d) La varilla cargada positivamente atrae a los electrones; la hoja se colapsa.

▶ **FIGURA 15.5 Carga por conducción** *a)* El electroscopio es neutro inicialmente (pero las cargas están separadas), cuando una varilla cargada se pone en contacto con el bulbo. *b)* La carga es transferida al electroscopio. *c)* Cuando una varilla de la misma carga se acerca al bulbo, la hoja se separa aún más. *d)* Cuando se acerca una varilla con carga opuesta, la hoja se colapsa.

Los electrones en la varilla se repelen entre sí, y algunos serán transferidos hacia el electroscopio. Advierta que la hoja está ahora permanentemente separada de la pieza de metal. En este caso, decimos que el electroscopio se ha **cargado por contacto** o **por conducción** (figura 15.5b). "Conducción" se refiere al flujo de carga durante el corto periodo en que los electrones son transferidos.

Si una varilla cargada negativamente se acerca al electroscopio, ahora con carga negativa, la hoja se separará aún más conforme más electrones son repelidos por el bulbo (figura 15.5c). Una varilla con carga contraria (positiva) causará que la hoja se colapse al atraer algunos electrones al bulbo y alejarlos del área de la hoja (figura 15.5d).

Carga por inducción

Usando una barra de caucho con carga negativa (cargada por fricción), cabe preguntar si es posible crear un electroscopio que esté positivamente cargado. La respuesta es sí, y hacerlo implica un proceso llamado **carga por inducción**. Comenzando con un electroscopio descargado, usted toca el bulbo con un dedo, lo que pone *a tierra* el electroscopio, esto es, ofrece una trayectoria por la cual los electrones pueden escapar del bulbo (▼figura 15.6). Entonces, cuando una barra cargada negativamente se acerca al bulbo (pero sin tocarlo), la barra repele electrones del bulbo al dedo y hacia abajo a tierra (de ahí el término *tierra*). Retirar su dedo *mientras la barra cargada se mantiene cerca*, deja el electroscopio con una carga neta positiva. Esto se debe a que cuando se retira la barra, los electrones que viajan a la Tierra (es decir, al suelo) no tienen manera de regresar porque ha desaparecido el camino para ello.

Separación de carga por polarización

La carga por contacto y por inducción crean una carga neta mediante la remoción de carga de un objeto. Sin embargo, es posible que la carga se mueva *dentro del objeto* mientras la carga neta se mantiene en cero. En este caso, la inducción genera una **polarización**, o separación de la carga positiva y negativa. Si el objeto no es puesto a tierra, se volverá eléctricamente neutro, pero tendrá cantidades de carga en ambos extremos iguales pero de signo contrario. En esta situación, decimos que el objeto actúa como un *dipolo eléctrico* (véase la sección 15.4). En el nivel molecular, los dipolos eléctricos pueden ser permanentes; es decir, no necesitan tener cerca un objeto cargado para retener su separación de carga. Un buen ejemplo de esto es la molécula de agua. Ejemplos tanto de dipolos permanentes como de no permanentes, así como de las fuerzas que actúan sobre

▼ **FIGURA 15.6 Carga por inducción** *a)* Al tocar el bulbo con un dedo se forma una trayectoria hacia la tierra para la transferencia de carga. El símbolo e^- significa "electrón". *b)* Cuando se retira el dedo, el electroscopio tiene una carga positiva neta, contraria a la de la barra.

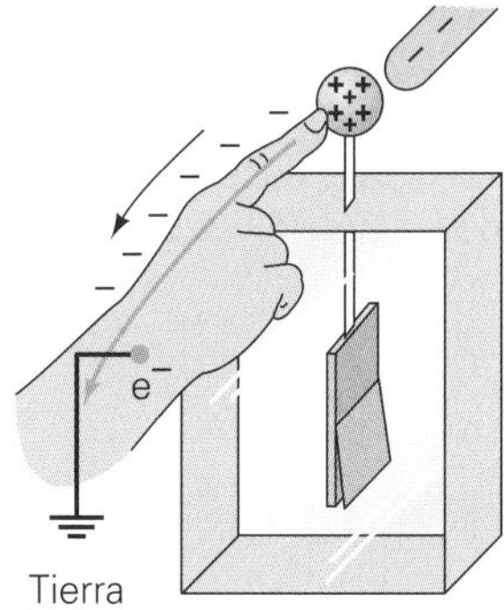

a) Repelidos por la barra negativamente cargada, los electrones son transferidos a tierra a través de la mano.

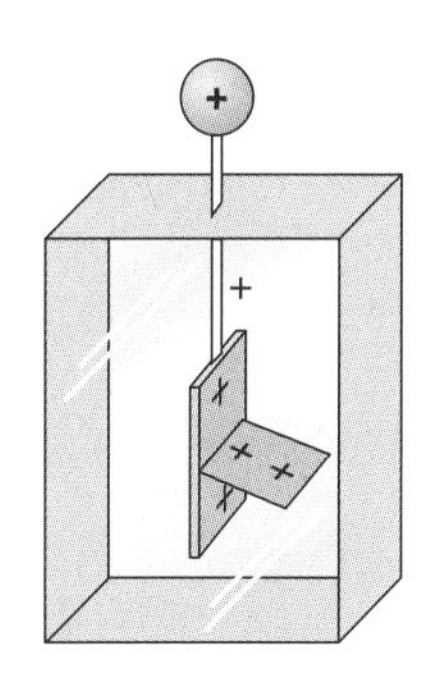

b) Al retirar primero el dedo y luego la barra, el electroscopio queda positivamente cargado.

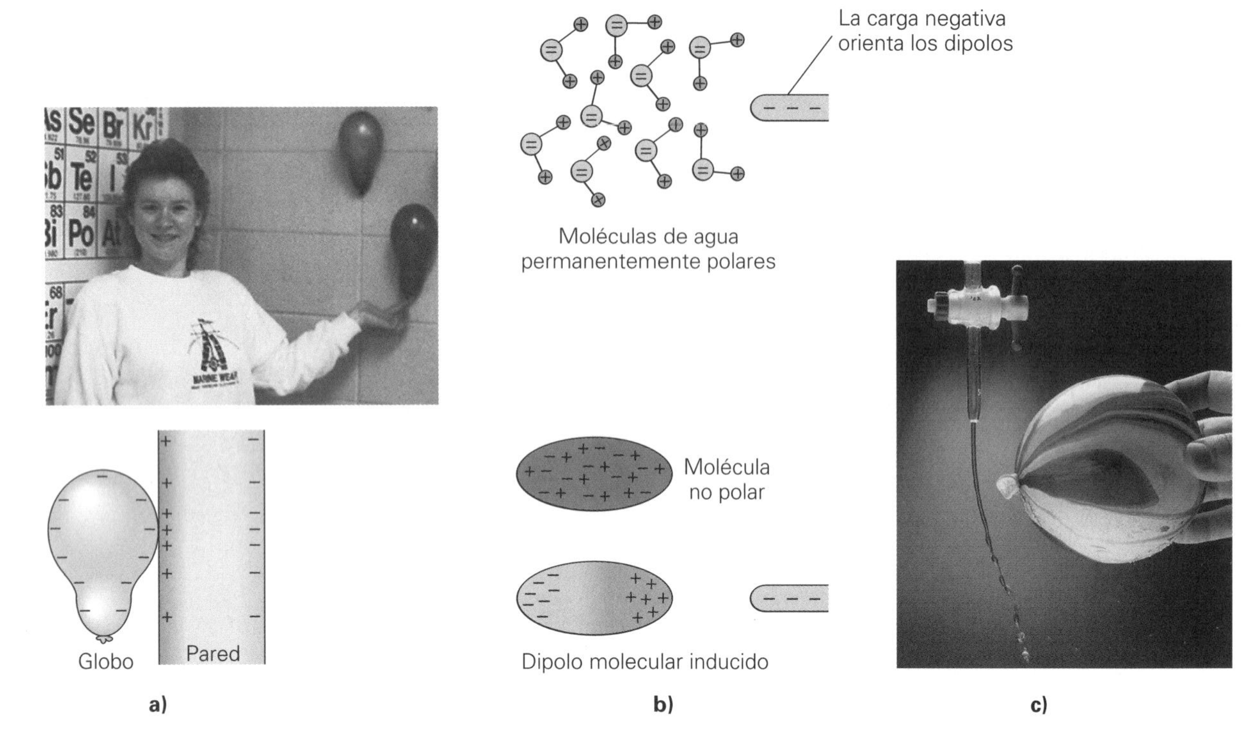

▲ **FIGURA 15.7 Polarización** *a*) Cuando los globos se cargan por fricción y se ponen en contacto con la pared, ésta se polariza. Esto es, se induce una carga de signo contrario sobre la superficie de la pared, a la que los globos se adhieren por la fuerza de la atracción electrostática. Los electrones en el globo no lo abandonan porque su material (el caucho) es un conductor deficiente. ***b*)** Algunas moléculas, como las del agua, son de naturaleza polar; esto es, tienen regiones separadas de carga positiva y negativa. Pero incluso algunas moléculas que no son normalmente de naturaleza dipolar pueden polarizarse temporalmente por la presencia de un objeto cargado cercano. La fuerza eléctrica induce una separación de carga y, en consecuencia, la aparición de dipolos moleculares temporales. ***c*)** Una corriente de agua se dobla hacia un globo cargado. El globo cargado simplemente atrae los extremos de las moléculas de agua, haciendo que la corriente se doble.

ellos se presentan en la ▲figura 15.7. Ahora seguramente comprende por qué cuando frota un globo con un suéter, el globo puede quedar adherido a una pared. El globo se carga por fricción, y el hecho de acercarlo a la pared polariza esta última. La carga de signo contrario en la superficie más cercana de la pared crea una fuerza atractiva neta.

Ilustración 22.4 *Carga de objetos y adherencia estática*

La carga electrostática en ocasiones resulta molesta —como cuando la adherencia estática ocasiona que la ropa y los papeles se adhieran entre sí— o incluso peligrosa —como cuando las descargas de chispas electrostáticas inician un incendio o causan una explosión en presencia de gas inflamable—. Para descargar la carga eléctrica, muchos camiones llevan cadenas de metal que cuelgan del chasis para que entren en contacto con la tierra. En las estaciones de gas hay letreros que advierten que hay que llenar los tanques de gas mientras éstos se encuentran sobre el suelo, no sobre la plataforma del camión ni sobre la superficie del portaequipaje del automóvil (¿por qué?).

Sin embargo, las cargas electrostáticas también resultan benéficas. Por ejemplo, el aire que respiramos es más limpio gracias a los precipitadores electrostáticos usados en las chimeneas. En esos dispositivos, las descargas eléctricas hacen que las partículas (productos secundarios de la quema de combustible) adquieran una carga neta. Entonces es posible retirar las partículas cargadas de los gases atrayéndolas a superficies eléctricamente cargadas. En menor escala, los purificadores de aire electrostático son accesibles para el hogar. (Véase la sección Hechos de física.)

15.3 Fuerza eléctrica

OBJETIVOS: *a*) Comprender la ley de Coulomb y *b*) usarla para calcular la fuerza eléctrica entre partículas cargadas.

Sabemos que las *direcciones* de las fuerzas eléctricas sobre cargas que interactúan están dadas por la ley carga-fuerza. Sin embargo, ¿qué sucede con sus *magnitudes*? Coulomb investigó esto y encontró que la magnitud de la fuerza eléctrica entre dos cargas "puntuales" (muy pequeñas) q_1 y q_2 depende directamente del producto de las cargas

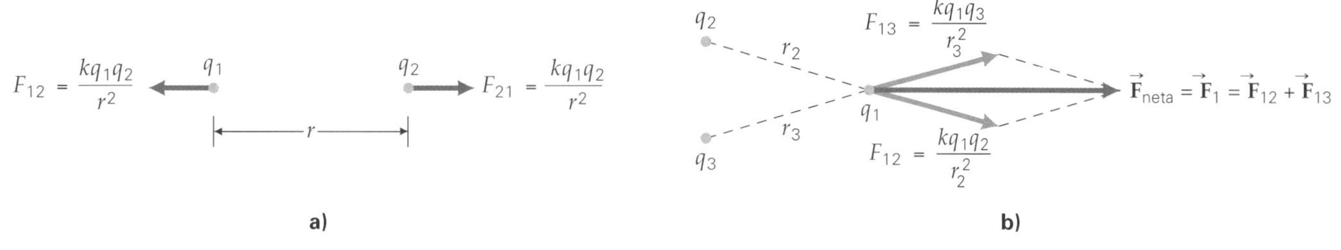

▲ **FIGURA 15.8** La ley de Coulomb *a)* Las fuerzas electrostáticas que ejercen entre sí dos cargas puntuales son iguales y de signo contrario. ***b)*** Para una configuración de dos o más cargas puntuales, la fuerza sobre una carga particular es la suma vectorial de las fuerzas sobre ella que provocan todas las demás cargas. (*Nota:* en cada una de esas situaciones, todas las cargas son del mismo signo. ¿Cómo podemos decir que esto es cierto? ¿Puede decir cuáles son sus *signos*? ¿Cuál es la dirección de la fuerza sobre q_2 que se debe a q_3?)

Ilustración 22.1 Carga y ley de Coulomb

Exploración 22.6 El guante de Coulomb

e inversamente del cuadrado de la distancia entre ellas. Esto es, $F_e \propto q_1q_2/r^2$. (q es la *magnitud* de la carga; por lo tanto, q_1 significa la magnitud de q_1.) Esta relación es matemáticamente similar a la de la fuerza gravitacional entre dos masas puntuales ($F_g \propto m_1m_2/r^2$); véase el capítulo 7.

Igual que las mediciones de Cavendish para determinar la constante de la gravitación universal G (sección 7.5), las mediciones de Coulomb dieron una constante de proporcionalidad, k, de manera que la fuerza eléctrica puede escribirse en forma de ecuación. Así, la magnitud de la fuerza eléctrica entre dos cargas puntuales se describe mediante una ecuación llamada **ley de Coulomb**:

$$F_e = \frac{kq_1q_2}{r^2} \quad \textit{(sólo cargas puntuales, q significa magnitud de la carga)} \qquad (15.2)$$

Aquí, r es la distancia entre las cargas (▲figura 15.8a) y k es una constante con un valor de

$$k = 8.988 \times 10^9 \, \text{N} \cdot \text{m}^2/\text{C}^2 \approx 9.00 \times 10^9 \, \text{N} \cdot \text{m}^2/\text{C}^2$$

La ecuación 15.2 determina la fuerza entre dos partículas cargadas; pero, en muchos casos, tratamos con fuerzas entre más de dos cargas. En tal situación, la fuerza eléctrica neta sobre cualquier carga particular es la suma vectorial de las fuerzas sobre esa carga que provocan todas las otras cargas (figura 15.8b). Para hacer un repaso de la suma de vectores, utilizando fuerzas eléctricas, veremos los dos siguientes ejemplos.

Nota: la ley de Coulomb da la fuerza eléctrica, pero sólo entre cargas puntuales, no entre objetos con áreas cargadas que se extienden.

Nota: en los cálculos, consideraremos que k es exactamente igual a 9.00×10^9 N · m²/C² para fines de control de cifras significativas.

Ejemplo conceptual 15.2 ■ Libre de carga: fuerzas eléctricas

Seguramente usted ha hecho esto. Al peinar el cabello seco con un peine de caucho, el peine adquiere una carga neta negativa. Entonces, el peine cargado podrá usarse para atraer y recoger pequeños trozos de papel *no cargado*. Esto parecería violar la ley de la fuerza de Coulomb. Como el papel no tiene carga neta, cabría esperar que no hubiera fuerza eléctrica sobre él. ¿Qué mecanismo de carga explica este fenómeno, y cómo lo explica? *a*) La conducción, *b*) la fricción o *c*) la polarización.

Razonamiento y respuesta. Como el peine no toca al papel, éste no se carga por conducción ni por fricción, porque estos dos mecanismos requieren del contacto. Entonces, la respuesta correcta es la *c*. Cuando el peine cargado está cerca del papel, éste se polariza (▸figura 15.9). La clave para entender la atracción es notar que los extremos cargados del papel *no* están a la misma distancia del peine. El extremo positivo del papel está más cerca del peine que el extremo negativo. Como la fuerza eléctrica disminuye con la distancia, la atracción ($\vec{F}_1$) entre el peine y el extremo positivo del papel es mayor que la repulsión ($\vec{F}_2$) entre el peine y el extremo negativo del papel. Por lo tanto, después de sumar estas dos fuerzas vectorialmente, encontramos que la fuerza neta sobre el papel apunta hacia el peine, y si el papel es suficientemente ligero, se acelera en esa dirección.

Ejercicio de refuerzo. ¿El fenómeno antes descrito le indica el signo de la carga sobre el peine? Explique por qué.

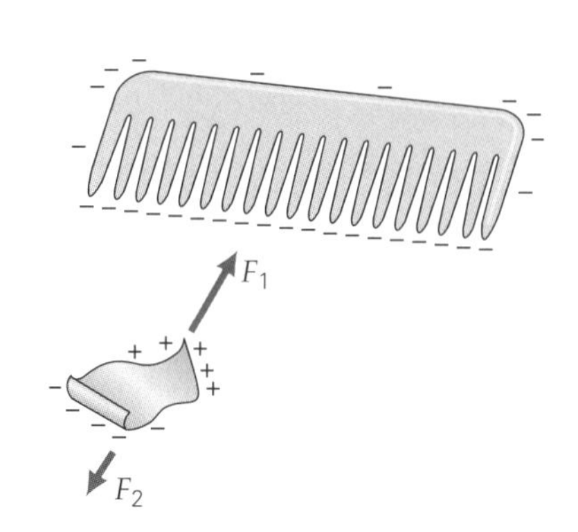

▲ **FIGURA 15.9** Peine y papel
Véase el ejemplo conceptual 15.2.

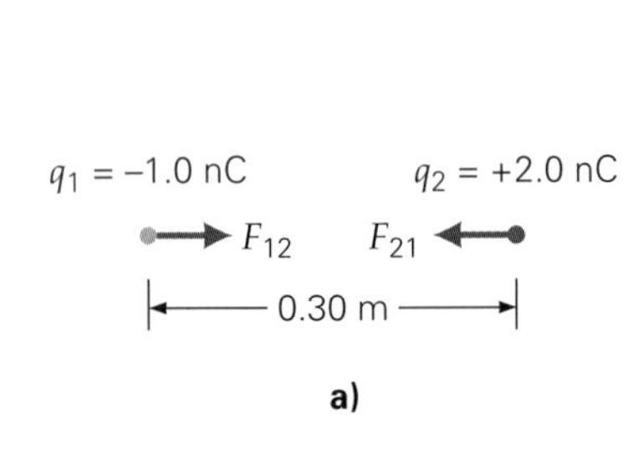

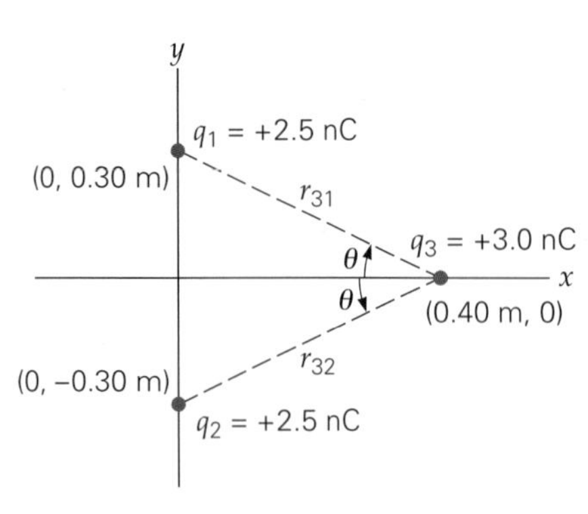

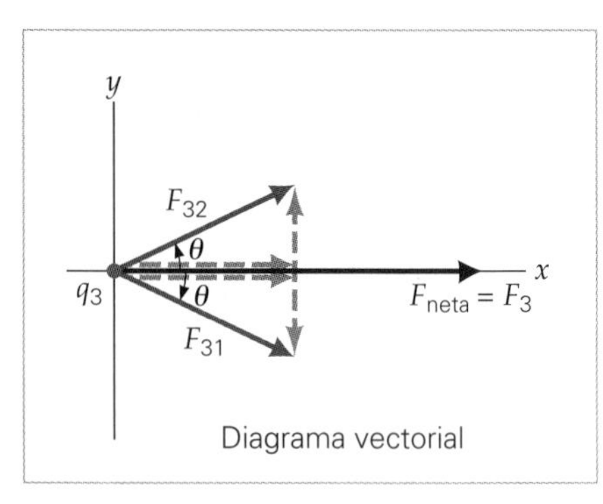

b)

▲ **FIGURA 15.10** **Ley de Coulomb y fuerzas electrostáticas** Véase el ejemplo 15.3.

Exploración 22.4 Simetría de dipolos

Exploración 22.1 Equilibrio

Ejemplo 15.3 ■ Ley de Coulomb: suma vectorial en relación con la trigonometría

a) Dos cargas puntuales de −1.0 nC y +2.0 nC están separadas 0.30 m (▲figura 15.10a). ¿Cuál es la fuerza eléctrica sobre cada partícula? *b*) En la figura 15.10a se ilustra una configuración de tres cargas. ¿Cuál es la fuerza electrostática sobre q_3?

Razonamiento. Sumar fuerzas eléctricas no es diferente que sumar cualquier otro tipo de fuerzas. La única diferencia aquí es que usamos la ley de Coulomb para calcular sus *magnitudes*. Luego, sólo se trata de calcular componentes. *a*) Para las dos cargas puntuales, usamos la ley de Coulomb (ecuación 15.2), notando que las fuerzas son atractivas. (¿Por qué?) *b*) Aquí debemos usar componentes para sumar vectorialmente las dos fuerzas que actúan sobre q_3 que se deben a q_1 y q_2. Podemos encontrar θ a partir de las distancias entre cargas. Este ángulo es necesario para calcular los componentes x y y de fuerza. (Véase la sugerencia para resolver problemas en la p. 515.)

Solución. Se listan los datos y se convierten nanocoulombs a coulombs:

Dado: *a*) $q_1 = -(1.0\text{ nC})\left(\frac{10^{-9}\text{ C}}{1\text{ nC}}\right) = -1.0 \times 10^{-9}\text{ C}$

$q_2 = +(2.0\text{ nC})\left(\frac{10^{-9}\text{ C}}{1\text{ nC}}\right) = +2.0 \times 10^{-9}\text{ C}$

$r = 0.30\text{ m}$

b) Los datos aparecen en la figura 15.10b. Convertimos las cargas a coulombs como en *a*.

Encuentre: *a*) $\vec{\mathbf{F}}_{12}$ y $\vec{\mathbf{F}}_{21}$

b) $\vec{\mathbf{F}}_3$

a) La ecuación 15.2 da la magnitud de la fuerza que actúa sobre cada carga puntual:

$$F_{12} = F_{21} = \frac{kq_1q_2}{r^2} = \frac{(9.00 \times 10^9\text{ N}\cdot\text{m}^2/\text{C}^2)(1.0 \times 10^{-9}\text{ C})(2.0 \times 10^{-9}\text{ C})}{(0.30\text{ m})^2}$$
$$= 0.20 \times 10^{-6}\text{ N} = 0.20\ \mu\text{N}$$

Observe que la ley de Coulomb da sólo la magnitud de la fuerza. Sin embargo, como las cargas son de signo contrario, las fuerzas deben ser atractivas entre sí como es ilustra en la figura 15.10a.

b) Las fuerzas $\vec{\mathbf{F}}_{31}$ y $\vec{\mathbf{F}}_{32}$ deben sumarse vectorialmente, usando trigonometría y los componentes, para encontrar la fuerza neta. Como todas las cargas son positivas, las fuerzas son repulsivas, como se ilustra en el diagrama vectorial de la figura 15.10b. Como $q_1 = q_2$ y las cargas son equidistantes de q_3, se infiere que $\vec{\mathbf{F}}_{31}$ y $\vec{\mathbf{F}}_{32}$ tienen igual magnitud.

Note en la figura que $r_{31} = r_{32} = 0.50$ m. (¿Por qué?) Con datos de la figura, usamos de nuevo la ecuación 15.2:

$$F_{32} = \frac{kq_2q_3}{r_{32}^2} = \frac{(9.00 \times 10^9\text{ N}\cdot\text{m}^2/\text{C}^2)(2.5 \times 10^{-9}\text{ C})(3.0 \times 10^{-9}\text{ C})}{(0.50\text{ m})^2}$$
$$= 0.27 \times 10^{-6}\text{ N} = 0.27\ \mu\text{N}$$

Tomando en cuenta las direcciones de $\vec{\mathbf{F}}_{31}$ y $\vec{\mathbf{F}}_{32}$, vemos por simetría que los componentes y de los vectores se cancelan. Así, $\vec{\mathbf{F}}_3$ (la fuerza neta sobre la carga q_3) actúa a lo largo del eje x positivo y tiene una magnitud de

$$F_3 = F_{31_x} + F_{32_x} = 2\,F_{31_x}$$

ya que $F_{31} = F_{32}$.

El ángulo θ se determina a partir de los triángulos; esto es, $\theta = \tan^{-1}\left(\frac{0.30 \text{ m}}{0.40 \text{ m}}\right) = 37°$. Entonces, $\vec{\mathbf{F}}_3$ tiene una magnitud de

$$\begin{aligned} F_3 &= 2\,F_{31_x} = 2\,F_{32}\cos\theta \\ &= 2(0.27\,\mu\text{N})\cos 37° = 0.43\,\mu\text{N} \end{aligned}$$

y actúa en la dirección x positiva (hacia la derecha).

Ejercicio de refuerzo. En el inciso *b* de este ejemplo, calcule la fuerza $\vec{\mathbf{F}}_1$ sobre q_1.

Las magnitudes de las cargas en el ejemplo 15.3 son típicas de cargas estáticas producidas por frotamiento; esto es, son diminutas. Así, las fuerzas implicadas son muy pequeñas para los estándares diarios, mucho más pequeñas que cualquier fuerza que hayamos estudiado hasta ahora. Sin embargo, en la escala atómica, incluso las fuerzas diminutas son capaces de producir enormes aceleraciones, porque las partículas (como los electrones y protones) tienen masas extremadamente pequeñas. Considere las respuestas en el ejemplo 15.4 en comparación con las respuestas en el ejemplo 15.3.

Sugerencia para resolver problemas

Los signos de las cargas pueden usarse explícitamente en la ecuación 15.2 con un valor positivo para F, para indicar una fuerza repulsiva, y un valor negativo para una fuerza atractiva. *Sin embargo, tal enfoque no se recomienda*, porque esta convención de signo sólo es útil en el caso de fuerzas unidimensionales, es decir, aquellas que tienen un solo componente, como en el ejemplo 15.3a. Cuando las fuerzas son bidimensionales, y tienen más de un componente, la ecuación 15.2 se usa para calcular la *magnitud* de la fuerza, considerando sólo la *magnitud* de las cargas (como en el ejemplo 15.3b). La ley de carga-fuerza se usa entonces para determinar la dirección de la fuerza entre cada par de cargas. (Elabore un bosquejo y marque en él los ángulos.) Finalmente calcule cada componente de fuerza usando trigonometría y combínelos apropiadamente. Este último enfoque será el que usaremos en este libro.

Ejemplo 15.4 ■ Dentro del núcleo: fuerzas electrostáticas repulsivas

a) ¿Cuál es la magnitud de la fuerza electrostática repulsiva entre dos protones en un núcleo? Considere la distancia de centro a centro de los protones nucleares igual a 3.0×10^{-15} m. *b*) Si los protones se liberan del reposo, ¿cuál es la magnitud de su aceleración inicial con respecto a la aceleración de la gravedad sobre la superficie de la Tierra, g?

Razonamiento. *a*) Debemos aplicar la ley de Coulomb para encontrar la fuerza repulsiva. *b*) Para encontrar la aceleración inicial, usamos la segunda ley de Newton ($F_{\text{neta}} = ma$).

Solución. Con las cantidades conocidas, tenemos lo siguiente:

Dado: $r = 3.00 \times 10^{-15}$ m
$q_1 = q_2 = +1.60 \times 10^{-19}$ C (de la tabla 15.1)
$m_p = 1.67 \times 10^{-27}$ kg (de la tabla 15.1)

Encuentre: *a*) F_e F_e (magnitud de la fuerza)
b) $\frac{a}{g}$ (magnitud de la aceleración comparada con g)

***a*)** Usando la ley de Coulomb (ecuación 15.2), tenemos

$$F_e = \frac{kq_1q_2}{r^2} = \frac{(9.00 \times 10^9\,\text{N}\cdot\text{m}^2/\text{C}^2)(1.60 \times 10^{-19}\,\text{C})(1.60 \times 10^{-19}\,\text{C})}{(3.00 \times 10^{-15}\,\text{m})^2} = 25.6\,\text{N}$$

Esta fuerza es mucho mayor que la del ejemplo anterior y es equivalente al peso de un objeto con una masa de aproximadamente 2.5 kg. Entonces, con su pequeña masa, esperamos que el protón experimente una enorme aceleración.

***b*)** Si esta fuerza actuara sola sobre un protón, produciría una aceleración de

$$a = \frac{F_e}{m_p} = \frac{25.6\,\text{N}}{1.67 \times 10^{-27}\,\text{kg}} = 1.53 \times 10^{28}\,\text{m/s}^2$$

Entonces

$$\frac{a}{g} = \frac{1.53 \times 10^{28}\,\text{m/s}^2}{9.8\,\text{m/s}^2} = 1.56 \times 10^{27}$$

(continúa en la siguiente página)

Esto es, $a \approx 10^{27}\,g$. El factor de 10^{27} es enorme. Para tener idea de qué tan grande es, si un átomo de uranio estuviera sujeto a esta aceleración, la fuerza neta requerida sería más o menos la misma que el peso de un oso polar (¡unos 450 kg!).

La mayoría de los átomos contienen más de dos protones en su núcleo. Con esas enormes fuerzas repulsivas, usted podría esperar que los núcleos se separaran. Como esto por lo general no ocurre, debe haber una fuerza atractiva más intensa que mantenga al núcleo unido. Ésta es la fuerza nuclear (o fuerte).

Ejercicio de refuerzo. Suponga que usted puede anclar un protón al suelo y que desea colocar otro directamente arriba del primero de manera que el segundo protón esté en equilibrio (esto es, que la fuerza de repulsión eléctrica que actúa sobre el segundo protón equilibre su peso). ¿Qué tan lejos deben estar uno de otro los protones?

Aunque hay una sorprendente similitud entre la forma matemática de las expresiones para las fuerzas eléctrica y gravitacional, hay una diferencia enorme en las intensidades relativas de las dos fuerzas, como se muestra en el siguiente ejemplo.

Ejemplo 15.5 ■ Dentro del átomo: fuerza eléctrica *versus* fuerza gravitacional

Determine la razón de la fuerza eléctrica y gravitacional entre un protón y un electrón. En otras palabras, ¿cuántas veces es mayor la fuerza eléctrica que la fuerza gravitacional?

Razonamiento. La distancia entre el protón y el electrón no se conoce. Sin embargo, la fuerza eléctrica y la fuerza gravitacional varían como el cuadrado inverso de la distancia, por lo que la distancia se cancela en una razón. Usando la ley de Coulomb y la ley de la gravitación de Newton (capítulo 7), es posible determinar la razón si se conocen las cargas, las masas y las constantes eléctrica y gravitacional apropiadas.

Solución. Se conocen las cargas y masas de las partículas (tabla 15.1), así como la constante eléctrica k y la constante gravitacional universal G.

Dado: $q_e = -1.60 \times 10^{-19}\ \text{C}$
$q_p = +1.60 \times 10^{-19}\ \text{C}$
$m_e = 9.11 \times 10^{-31}\ \text{kg}$
$m_p = 1.67 \times 10^{-27}\ \text{kg}$

Encuentre: $\dfrac{F_e}{F_g}$ (razón de fuerzas)

Las expresiones para las fuerzas son

$$F_e = \frac{kq_eq_p}{r^2} \quad \text{y} \quad F_g = \frac{Gm_em_p}{r^2}$$

Formando una razón de magnitudes para fines de comparación (y para cancelar r) se obtiene

$$\frac{F_e}{F_g} = \frac{kq_eq_p}{Gm_em_p}$$
$$= \frac{(9.00 \times 10^9\ \text{N}\cdot\text{m}^2/\text{C}^2)(1.60 \times 10^{-19}\ \text{C})^2}{(6.67 \times 10^{-11}\ \text{N}\cdot\text{m}^2/\text{kg}^2)(9.11 \times 10^{-31}\ \text{kg})(1.67 \times 10^{-27}\ \text{kg})} = 2.27 \times 10^{39}$$

o

$$F_e = (2.27 \times 10^{39})F_g$$

La magnitud de la fuerza electrostática entre un protón y un electrón es más de 10^{39} veces mayor que la magnitud de la fuerza gravitacional. Mientras que un factor de 10^{39} es incomprensible para la mayoría, debería ser perfectamente claro que por este enorme valor, la fuerza gravitacional entre partículas cargadas generalmente se ignora en nuestro estudio de la electrostática.

Ejercicio de refuerzo. Con respecto a este ejemplo, demuestre que la gravedad es aún más insignificante comparada con la fuerza eléctrica repulsiva entre dos electrones. Explique por qué esto es así.

15.4 Campo eléctrico

OBJETIVOS: *a*) Comprender la definición del campo eléctrico y *b*) trazar líneas de campo eléctrico y calcular campos eléctricos para distribuciones simples de carga.

La fuerza eléctrica, como la fuerza gravitacional, es una fuerza con "acción a distancia". Como el rango de la fuerza eléctrica es infinito ($F_e \propto 1/r^2$ y tiende a cero sólo si r tiende a infinito), una configuración particular de cargas tendrá un efecto sobre una carga adicional colocada en cualquier parte cercana.

La idea de una fuerza que actúa a través del espacio fue difícil de aceptar por los primeros investigadores, y entonces se introdujo el concepto más moderno de *campo de fuerza* o simplemente campo. Un *campo eléctrico* se concibe como rodeando todo conjunto de cargas. Así, el campo eléctrico representa el *efecto físico* de una configuración particular de cargas sobre el espacio cercano. El campo es la manera de representar lo que es diferente acerca del espacio cercano por la presencia de las cargas. El concepto nos permite pensar en cargas que interactúan con el campo eléctrico creado por otras cargas, y no directamente con otras cargas "a cierta distancia". La idea central del concepto del campo eléctrico es la siguiente: una configuración de cargas crea un campo eléctrico en el espacio cercano. Si en este campo eléctrico se coloca otra carga, el *campo* ejercerá una fuerza eléctrica sobre ella. Por lo tanto:

Nota: las cargas generan un campo eléctrico, que actúa sobre otras cargas colocadas en ese campo.

> Las cargas crean campos, y éstos, a su vez, ejercen fuerzas sobre otras cargas.

Un campo eléctrico es un *campo vectorial* (tiene dirección y magnitud), lo que nos permite determinar la fuerza ejercida (incluida la dirección) sobre una carga en una posición particular en el espacio. *Sin embargo, el campo eléctrico no es una fuerza.* La magnitud (o intensidad) del campo eléctrico se define como la fuerza ejercida por carga unitaria. Determinar la fuerza de un campo eléctrico puede imaginarse teóricamente utilizando el siguiente procedimiento. Coloque una pequeña carga (llamada *carga de prueba*) en un punto de interés. Mida la fuerza que actúa sobre la carga de prueba, divida por la cantidad de carga, y encuentre así la fuerza que se ejercería *por coulomb*. Luego imagine que se retira la carga de prueba. La fuerza desaparece (¿por qué?), pero el campo permanece, porque es generado por las cargas cercanas, que permanecen. Cuando el campo eléctrico se determina en muchos puntos, tenemos un "mapa" de la fuerza de campo eléctrico, pero no de su dirección. Así que la descripción es incompleta.

Exploración 23.1 Campos y cargas de prueba

Nota: una *carga de prueba* (q_+) es pequeña y positiva.

Puesto que la dirección del campo eléctrico se especifica mediante la dirección de la fuerza sobre la carga de prueba, depende de si la carga de prueba es positiva o negativa. La convención de signos es que se usa una *carga de prueba positiva* (q_+) para medir la dirección del campo eléctrico (véase la ▶figura 15.11). Esto es,

> La dirección del campo eléctrico es en la dirección de la fuerza que experimenta una carga de prueba positiva.

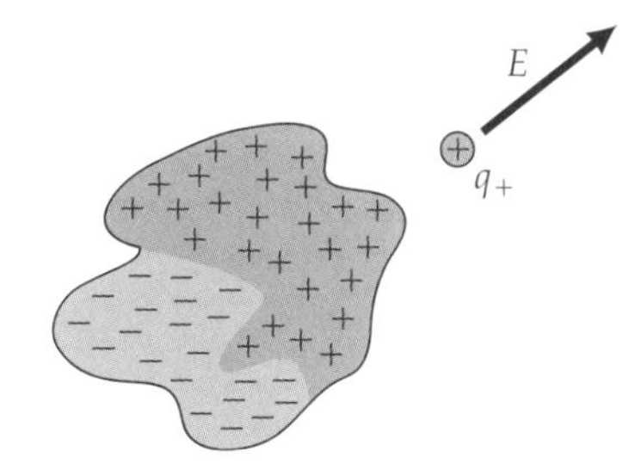

▲ **FIGURA 15.11 Dirección del campo eléctrico** Por convención, la dirección del campo eléctrico $\vec{\mathbf{E}}$ es la misma que la de la fuerza que experimenta por una carga de prueba imaginaria (positiva). Para ver la dirección, hay que preguntarse en qué dirección se acelera la carga de prueba si se libera. Aquí, el "sistema de cargas" produce un campo eléctrico (neto) hacia arriba y hacia la derecha en el lugar de la carga de prueba. En esta configuración particular, ¿podría explicar esta dirección observando los signos y lugares de las cargas en el sistema?

Una vez que se conocen la magnitud y dirección del campo eléctrico que genera una configuración de cargas, es posible ignorar las cargas "fuente" y hablar sólo en términos del campo que éstas han generado. Este procedimiento de visualizar las interacciones eléctricas entre las cargas a menudo facilita los cálculos.

El **campo eléctrico $\vec{\mathbf{E}}$** en cualquier punto se define como sigue

$$\vec{\mathbf{E}} = \frac{\vec{\mathbf{F}}_{\text{en } q_+}}{q_+} \tag{15.3}$$

Unidad SI del campo eléctrico: newton/coulomb (N/C)

La dirección de $\vec{\mathbf{E}}$ es en la dirección de la fuerza sobre una pequeña carga de prueba *positiva* en ese punto.

Para el caso especial de una carga puntual, podemos usar la ley de fuerza de Coulomb. Para determinar la magnitud del campo eléctrico que se debe a una carga puntual a una distancia r de esa carga puntual, se utiliza la ecuación 15.3:

$$E = \frac{F_{\text{en } q_+}}{q_+} = \frac{(kqq_+/r^2)}{q_+} = \frac{kq}{r^2}$$

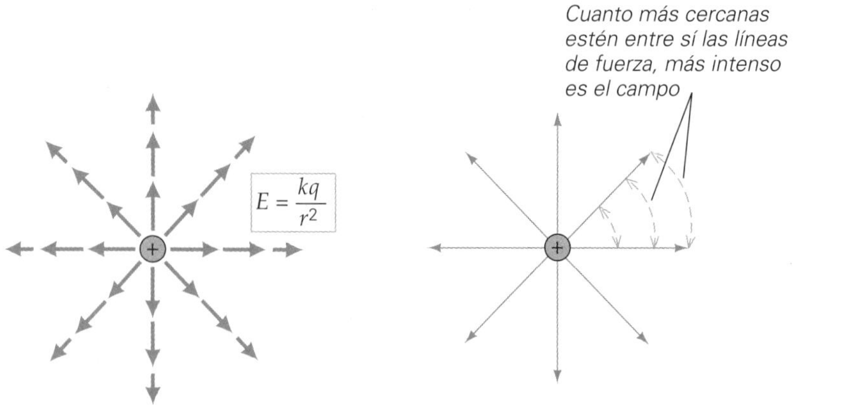

Cuanto más cercanas estén entre sí las líneas de fuerza, más intenso es el campo

$E = \frac{kq}{r^2}$

a) Vectores del campo eléctrico b) Líneas del campo eléctrico (líneas de fuerza)

▲ **FIGURA 15.12** Campo eléctrico *a)* El campo eléctrico se aleja de una carga puntual positiva, en el sentido en que una fuerza sería ejercida sobre una pequeña carga de prueba positiva. La magnitud del campo (la longitud de los vectores) disminuye conforme aumenta la distancia desde la carga, lo que refleja la relación de distancia de cuadrado inverso, característica del campo producido por una carga puntual. *b)* En este caso simple, los vectores se conectan fácilmente para dar un patrón de líneas de campo eléctrico de una carga puntual positiva.

Ilustración 23.2 Campos eléctricos desde cargas puntuales

Esto es,

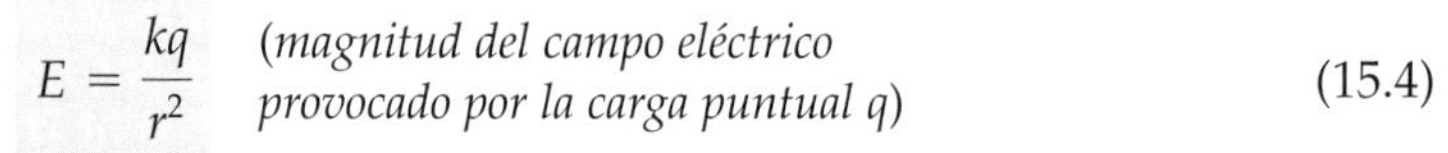

$$E = \frac{kq}{r^2} \quad \text{(magnitud del campo eléctrico provocado por la carga puntual } q\text{)} \tag{15.4}$$

Es importante notar que en la obtención de la ecuación 15.4, q_+ se cancela. *Esto debe suceder siempre*, porque el campo es producido por las otras cargas, *no* por la carga de prueba q_+.

Algunos vectores de campo eléctrico en la vecindad de una carga positiva se ilustran en la ▲figura 15.12a. Note que sus direcciones están *alejándose de la carga positiva*, porque una carga de prueba positiva sentiría una fuerza en esta dirección. Advierta también que la magnitud del campo (la longitud de la fecha) disminuye conforme la distancia r aumenta.

Si hay más de una carga generando un campo eléctrico, entonces el campo eléctrico total o neto en cualquier punto se encuentra usando el **principio de superposición para campos eléctricos**, que se enuncia como sigue.

> Para una configuración de cargas, el campo eléctrico total o neto en cualquier punto es la suma vectorial de los campos eléctricos que se deben a las cargas individuales.

El uso de este principio se ilustra en los siguientes dos ejemplos, y una manera de determinar cualitativamente la dirección del campo eléctrico de un grupo de cargas se muestra en la sección Aprender dibujando referente al uso del principio de superposición para determinar la dirección del campo eléctrico.

Nota: considere que la definición del campo eléctrico es útil de la misma manera en que el precio por libra lo es para los artículos comestibles. Si se sabe cuánto se quiere de un artículo, es posible calcular cuánto costará si se conoce el precio por libra. De forma similar, dada la magnitud de una carga colocada en un campo eléctrico, es posible calcular la fuerza sobre ella si se conoce la intensidad del campo en newtons por coulomb.

APRENDER DIBUJANDO

USO DEL PRINCIPIO DE SUPERPOSICIÓN PARA DETERMINAR LA DIRECCIÓN DEL CAMPO ELÉCTRICO

Para determinar la dirección del campo eléctrico en cualquier punto P, simplemente dibuje los vector de los campos eléctricos individuales y súmelos, tomando en cuenta sus magnitudes relativas, si es posible. En la situación específica mostrada aquí, $\vec{E}_1$ es mucho más pequeño que $\vec{E}_2$ por los factores de distancia y carga. ¿Puede explicar por qué $\vec{E}_2$, si se dibuja con precisión, sería aproximadamente ocho veces más largo que $\vec{E}_1$? El paso final sería completar la suma vectorial.

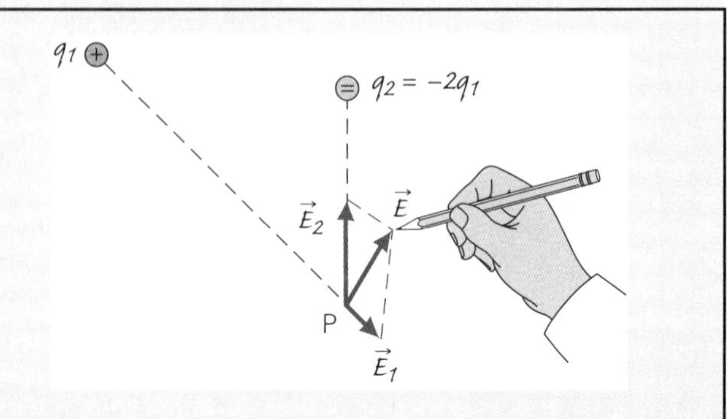

Ejemplo 15.6 ■ Campos eléctricos en una dimensión: campo cero por superposición

Dos cargas puntuales se encuentran sobre el eje x, como se ilustra en la ▸figura 15.13. Identifique todos los lugares en el eje donde el campo eléctrico es cero.

Razonamiento. Cada carga puntual genera su propio campo. Por el principio de superposición, el campo eléctrico es la suma vectorial de los dos campos. Estamos buscando los lugares donde estos campos son iguales pero opuestos, de manera que se cancelen y den un campo eléctrico (*total* o *neto*) de cero.

Solución. Comenzamos por especificar el lugar a localizar como una distancia x a partir de q_1 (que se ubica en $x = 0$) y por convertir las cargas de microcoulombs a coulombs, como es costumbre.

Dado: $d = 0.60$ m (distancia entre las cargas)
$q_1 = +1.5\ \mu\text{C} = +1.5 \times 10^{-6}$ C
$q_2 = +6.0\ \mu\text{C} = +6.0 \times 10^{-6}$ C

Encontrar: x [el lugar o lugares donde E es cero]

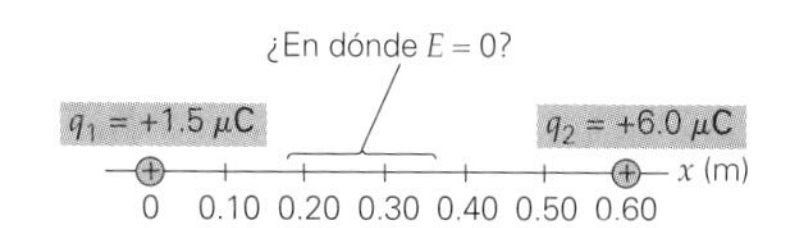

▲ **FIGURA 15.13 Campo eléctrico en una dimensión** Véase el ejemplo 15.6.

Nota: campo eléctrico total: $\vec{\mathbf{E}} = \Sigma \vec{\mathbf{E}}_i$.

Como ambas cargas son positivas, sus campos apuntan hacia la derecha en todos los lugares a la derecha de q_2. Por consiguiente, los campos no se cancelan en esa región. De manera similar, a la izquierda de q_1, ambos campos apuntan hacia la izquierda y no se cancelan. La única posibilidad de cancelación se da *entre* las cargas. En esa región, los dos campos se cancelarán si sus magnitudes son iguales, porque están en direcciones opuestas. Al igualar las magnitudes y despejar x:

$$E_1 = E_2 \quad \text{o} \quad \frac{kq_1}{x^2} = \frac{kq_2}{(d-x)^2}$$

Al reordenar esta expresión y cancelar la constante k, se obtiene

$$\frac{1}{x^2} = \frac{(q_2/q_1)}{(d-x)^2}$$

Con $q_2/q_1 = 4$, se saca la raíz cuadrada de ambos lados:

$$\sqrt{\frac{1}{x^2}} = \sqrt{\frac{q_2/q_1}{(d-x)^2}} = \sqrt{\frac{4}{(d-x)^2}} \quad \text{o} \quad \frac{1}{x} = \frac{2}{d-x}$$

Al resolver, $x = d/3 = 0.60\ \text{m}/3 = 0.20$ m. (¿Por qué no utilizamos la raíz cuadrada negativa? Inténtelo.) El hecho de que el resultado esté más cerca de q_1 tiene sentido desde el punto de vista físico. Como q_2 es la carga más grande, para que los dos campos sean iguales en magnitud, el lugar debe estar más cerca de q_1.

Ejercicio de refuerzo. Repita este ejemplo, cambiando el signo de la carga de la derecha.

Ejemplo integrado 15.7 ■ Campos eléctricos en dos dimensiones: uso de componentes vectoriales y superposición

La ▾figura 15.14a muestra una configuración de tres cargas puntuales. ***a)*** ¿En qué cuadrante está el campo eléctrico? 1) en el primer cuadrante, 2) en el segundo cuadrante o 3) en el tercer cuadrante. Explique su razonamiento, usando el principio de superposición. ***b)*** Calcule la magnitud y dirección del campo eléctrico en el origen que se debe a esta configuración de cargas.

(continúa en la siguiente página)

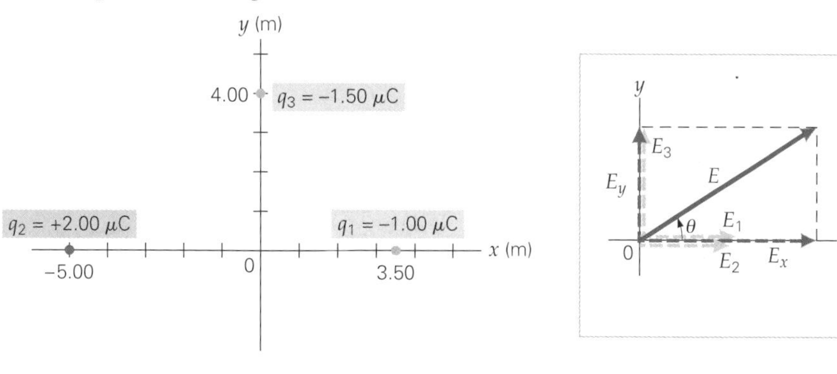

◂ **FIGURA 15.14 Determinación del campo eléctrico** Véase el Ejemplo integrado 15.7.

a) Razonamiento conceptual. En general, el campo eléctrico apunta hacia cargas puntuales negativas y desde cargas puntuales positivas. Por lo tanto, $\vec{\mathbf{E}}_1$ y $\vec{\mathbf{E}}_2$ apuntan en el sentido x positivo y $\vec{\mathbf{E}}_3$ apunta a lo largo del eje y positivo. Como el campo eléctrico es la suma de esos vectores, sus dos componentes son positivos. Por lo tanto, $\vec{\mathbf{E}}$ debe estar en el primer cuadrante (figura 15.14b). Así, la respuesta correcta es la 1.

b) Razonamiento cuantitativo y solución. Las direcciones de los campos eléctricos individuales se muestran en el inciso *a*. De acuerdo con el principio de superposición, se requiere sumar los campos vectorialmente para encontrar el campo eléctrico ($\vec{\mathbf{E}} = \vec{\mathbf{E}}_1 + \vec{\mathbf{E}}_2 + \vec{\mathbf{E}}_3$).

Al listar los datos y convertir las cargas a coulombs, tenemos:

Dado:
$q_1 = -1.00\ \mu C = -1.00 \times 10^{-6}$ C
$q_2 = +2.00\ \mu C = +2.00 \times 10^{-6}$ C
$q_3 = -1.50\ \mu C = -1.50 \times 10^{-6}$ C
$r_1 = 3.50$ m
$r_2 = 5.00$ m
$r_3 = 4.00$ m

Encuentre: $\vec{\mathbf{E}}$ (campo eléctrico total en el origen)

A partir del diagrama, $\mathbf{E}_y$ se debe enteramente a $\vec{\mathbf{E}}_3$ y E_x es la suma de las magnitudes de $\vec{\mathbf{E}}_1$ y $\vec{\mathbf{E}}_2$. Para calcular las magnitudes de los tres campos que forman el campo total, se emplea la ecuación 15.4. Estas magnitudes son

$$E_1 = \frac{kq_1}{r_1^2} = \frac{(9.00 \times 10^9\ \text{N}\cdot\text{m}^2/\text{C}^2)(1.00 \times 10^{-6}\ \text{C})}{(3.50\ \text{m})^2} = 7.35 \times 10^2\ \text{N/C}$$

$$E_2 = \frac{kq_2}{r_2^2} = \frac{(9.00 \times 10^9\ \text{N}\cdot\text{m}^2/\text{C}^2)(2.00 \times 10^{-6}\ \text{C})}{(5.00\ \text{m})^2} = 7.20 \times 10^2\ \text{N/C}$$

$$E_3 = \frac{kq_3}{r_3^2} = \frac{(9.00 \times 10^9\ \text{N}\cdot\text{m}^2/\text{C}^2)(1.50 \times 10^{-6}\ \text{C})}{(4.00\ \text{m})^2} = 8.44 \times 10^2\ \text{N/C}$$

Las magnitudes de los componentes x y y del campo total son

$$E_x = E_1 + E_2 = +7.35 \times 10^2\ \text{N/C} + 7.20 \times 10^2\ \text{N/C} = +1.46 \times 10^3\ \text{N/C}$$

y

$$E_y = E_3 = +8.44 \times 10^2\ \text{N/C}$$

En forma de componentes,

$$\vec{\mathbf{E}} = E_x\hat{\mathbf{x}} + E_y\hat{\mathbf{y}} = (1.46 \times 10^3\ \text{N/C})\hat{\mathbf{x}} + (8.44 \times 10^2\ \text{N/C})\hat{\mathbf{y}}$$

Usted debería demostrar que, en forma magnitud-ángulo, esto es

$E = 1.69 \times 10^3$ N/C en $\theta = 30.0°$ (θ está en el primer cuadrante respecto al eje x positivo)

Ejercicio de refuerzo. En este ejemplo, suponga que q_1 se movió al origen. Encuentre el campo eléctrico en su posición anterior.

Líneas eléctricas de fuerza

PHYSLET®

Ilustración 23.3 Representación de líneas de campo de campos vectoriales

Una manera conveniente de representar *gráficamente* el patrón del campo eléctrico es usando *líneas eléctricas de fuerza* o **líneas de campo eléctrico**. Para comenzar, considere los vectores de campo eléctrico cerca de una carga puntual positiva, como en la figura 15.12a. Los vectores están "conectados" en la figura 15.12b. Esto permite construir el *patrón de las líneas de campo eléctrico* generado por una carga puntual. Observe que el campo eléctrico es más intenso (su separación disminuye) conforme nos acercamos a la carga. También note que en cualquier punto sobre una línea de campo, la *dirección* del campo eléctrico es tangente a la línea. (Las líneas por lo regular tienen flechas unidas a ellas que indican la dirección general del campo.) Debe quedar claro que las líneas de campo eléctrico no pueden cruzarse. Si lo hicieran, esto significaría que en el lugar de cruce habría dos direcciones para la fuerza sobre una carga colocada ahí, lo cual sería un resultado no razonable desde el punto de vista de la física.

Las reglas generales para dibujar e interpretar líneas de campo eléctrico son las siguientes:

1. Cuanto más cerca están las líneas de campo, más intenso es el campo eléctrico.
2. En cualquier punto, la dirección del campo eléctrico es tangente a las líneas de campo.
3. Las líneas de campo eléctrico empiezan en cargas positivas y terminan en cargas negativas.
4. El número de líneas que salen o entran a una carga es proporcional a la magnitud de ésta.
5. Las líneas de campo eléctrico nunca se cruzan.

Estas reglas nos permiten hacer un "mapa" del patrón de líneas eléctricas de fuerza para varias configuraciones de carga. (Véase la sección Aprender dibujando referente al trazado de líneas eléctricas de fuerza en esta página.)

Apliquemos ahora esas reglas y el principio de superposición para hacer un mapa del patrón de líneas de campo eléctrico que genera un *dipolo eléctrico* en el ejemplo 15.8. Un **dipolo eléctrico** consiste en dos cargas eléctricas (o "polos", como se conocían anteriormente), iguales pero de signo contrario. Si bien la carga neta sobre el dipolo es cero, éste genera un campo eléctrico porque las cargas están separadas. Si no estuvieran separadas, sus campos se cancelarían en todos los lugares.

Además de aprender cómo determinar las líneas de campo eléctrico, es importante estudiar los dipolos, porque se presentan en la naturaleza. Por ejemplo, los dipolos eléctricos sirven como un modelo para las moléculas polarizadas importantes, como la molécula de agua. (Véase la figura 15.7.) También consulte la sección A fondo 15.2 sobre los campos eléctricos en las fuerzas policiacas y en la naturaleza: armas paralizantes y peces eléctricos, en la p. 524.

APRENDER DIBUJANDO

Trazado de líneas eléctricas de fuerza

Trazo de líneas eléctricas de fuerza

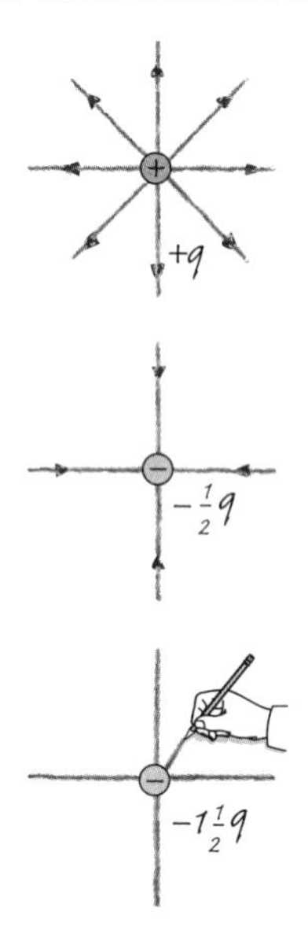

¿Cuántas líneas deberían dibujarse para $-1\frac{1}{2}q$, y cuáles deberían ser sus direcciones?

Ejemplo 15.8 ■ Construcción del patrón del campo eléctrico de un dipolo

Usando el principio de superposición y las reglas de las líneas de campo eléctrico, construya una línea típica de campo eléctrico para un dipolo eléctrico.

Razonamiento. La construcción implica la suma vectorial de los campos eléctricos individuales desde los dos extremos opuestos del dipolo.

Solución.

Dado: un dipolo eléctrico de dos cargas iguales y opuestas separadas una distancia d

Encuentre: una línea típica de campo eléctrico

En la figura ▼15.15a se ilustra un dipolo eléctrico. Para seguirle la pista a los dos campos, llamemos a la carga positiva q_+ y a la carga negativa q_-. Sus campos individuales, $\vec{\mathbf{E}}_+$ y $\vec{\mathbf{E}}_-$, se designarán con los mismos subíndices.

Como los campos eléctricos (y también las líneas de campo) comienzan en cargas positivas, comencemos en el punto A, cerca de la carga q_+. Como este punto está mucho más cerca de q_+, se infiere que $E_+ > E_-$. Sabemos que $\vec{\mathbf{E}}_+$ *siempre* apunta alejándose de q_+ y que $\vec{\mathbf{E}}_-$ *siempre* apunta hacia q_-. Tomando esto en cuenta, estamos en condiciones de dibujar cualitativamente los dos campos en A. El método del paralelogramo determina su suma vectorial: el campo eléctrico en A.

Como tratamos de hacer un mapa de la línea de campo eléctrico, la dirección general del campo eléctrico en A señala aproximadamente a nuestro nuevo punto, B. En B, se tiene una magnitud reducida (¿por qué?) y un ligero cambio direccional tanto en $\vec{\mathbf{E}}_+$ como en $\vec{\mathbf{E}}_-$. Por ahora usted debería ver cómo se determinan los campos en C y en D. El punto D es especial porque está sobre la bisectriz perpendicular del eje dipolar (la línea que conecta las dos cargas). El campo eléctrico apunta hacia abajo en cualquier parte sobre esta línea. Usted debe continuar la construcción en los puntos E, F y G.

Por último, para construir la línea de campo eléctrico, comencemos en el extremo positivo del dipolo, porque las líneas de campo salen de ese extremo. Como los vectores de campo eléctrico son tangentes a las líneas de campo, dibujamos la línea para satisfacer este requisito. [Usted debe poder trazar las otras líneas y comprender el patrón completo del campo dipolar que se ilustra en la figura 15.15b.]

Ejercicio de refuerzo. Usando los procedimientos de este ejemplo, construya las líneas de campo que comienzan *a*) justo arriba de la carga positiva, *b*) justo abajo de la carga negativa y *c*) justo abajo de la carga positiva.

PHYSLET®

Exploración 23.2 Líneas de campo y trayectorias

Nota: recuerde que el nombre "líneas eléctricas de fuerza" es un término equivocado. Estas líneas de campo representan el campo eléctrico, no la fuerza eléctrica.

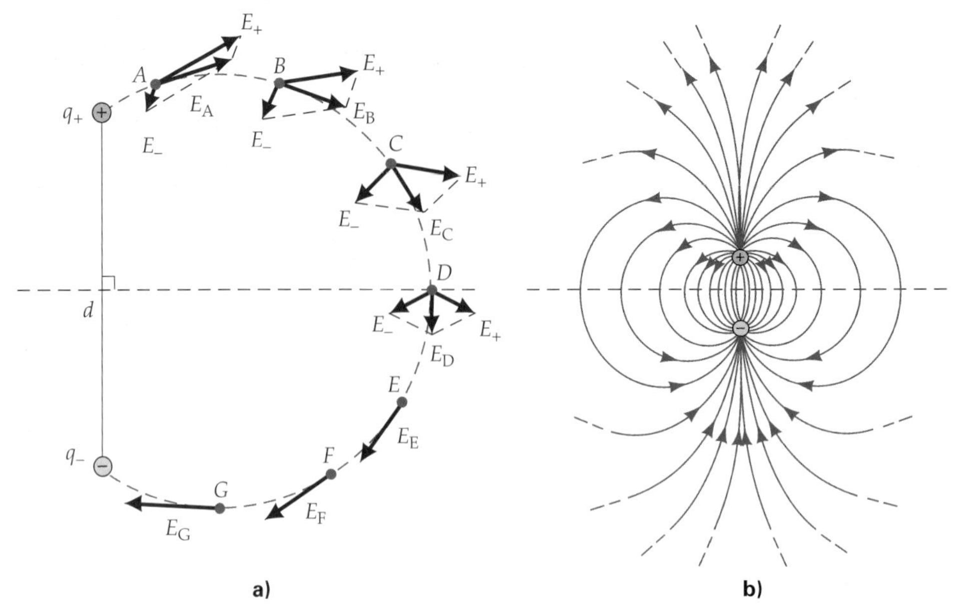

▶ **FIGURA 15.15 Mapa del campo eléctrico provocado por un dipolo** *a*) Se muestra la construcción de una línea de campo eléctrico de un dipolo. El campo eléctrico es la suma vectorial de los dos campos producidos por los dos extremos del dipolo. (Véase el ejemplo 15.8 para más detalles.) *b*) El campo total del dipolo eléctrico se determina siguiendo el procedimiento del inciso *a* en otros puntos cerca del dipolo.

La ▼ figura 15.16a muestra el uso del principio de superposición para construir las líneas de campo eléctrico que genera una sola placa grande cargada. Note que el campo apunta perpendicularmente alejándose de la placa en ambos lados. La figura 15.16b muestra el resultado si la placa tiene carga negativa, la única diferencia es la dirección del campo. Ahora estamos en condiciones de encontrar el campo entre dos placas con cargas espaciadas y contrarias. El resultado es el patrón de la figura 15.16c. A causa de la cancelación de los componentes horizontales del campo (mientras nos mantenemos alejados de las orillas de la placa), el campo eléctrico es uniforme y apunta de la carga positiva a la negativa. (Piense en la dirección de la fuerza que actúa sobre una carga de prueba positiva colocada entre las placas.)

La obtención de la expresión matemática para la magnitud del campo eléctrico entre dos placas está más allá del alcance de este libro. Sin embargo, el resultado es

$$E = \frac{4\pi kQ}{A} \quad \textit{(campo eléctrico entre placas paralelas)} \tag{15.5}$$

donde Q es la magnitud de la carga total sobre *una* de las placas y A es el área de *una* placa. Las placas paralelas son comunes en aplicaciones electrónicas. Por ejemplo, en el capítulo 16 veremos que un importante elemento de los circuitos eléctricos es un dispositivo llamado *condensador* (o *capacitor*), que, en su forma más simple, es precisamente un conjunto de placas paralelas. Los condensadores juegan un papel crucial en dispositivos que salvan vidas, tales como los *desfibriladores del corazón*, como veremos en el capítulo 16.

Los relámpagos que van de una nube a la tierra se consideran aproximadamente co-mo un sistema de placas paralelas muy cercanas entre sí como en el siguiente ejemplo. (Véase la sección A fondo sobre el tema de relámpagos y pararrayos en la siguiente página.)

▶ **FIGURA 15.16 Campo eléctrico provocado por placas paralelas muy grandes** *a*) Sobre una placa cargada positivamente, el campo eléctrico neto apunta hacia arriba. Aquí, los componentes horizontales de los campos eléctricos de varios lugares sobre la placa se cancelan. Debajo de la placa, $\mathbf{E}$ apunta hacia abajo. *b*) Para una placa con carga negativa, el sentido del campo eléctrico (mostrado en ambos lados de la placa) se invierte. *c*) La superposición de los campos de ambas placas da por resultado una cancelación fuera de las placas y en un campo aproximadamente uniforme entre ellas.

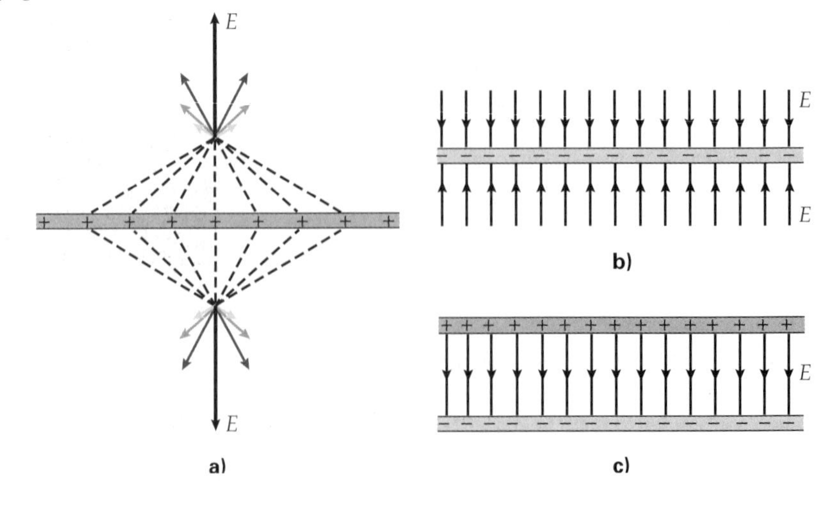

A FONDO 15.1 RELÁMPAGOS Y PARARRAYOS

Aunque la liberación violenta de energía eléctrica en forma de relámpagos es un suceso común, aún tenemos mucho que aprender acerca de cómo se forman. Sabemos que durante la formación de un cumulonimbo, o nube de tormenta, ocurre una separación de carga. No se comprende por completo cómo es que se realiza la separación de carga, pero es un fenómeno que debe estar asociado con el rápido movimiento vertical del aire y la humedad dentro de las nubes de tormenta. Cualquiera que sea el mecanismo, la nube adquiere diferentes cargas en distintas regiones y, por lo general, en la parte inferior hay carga negativa.

Como resultado, se induce una carga contraria en la superficie terrestre (figura 1a). En algún momento, el relámpago reduce esta diferencia de carga ionizando el aire y permitiendo que exista un flujo de carga entre la nube y la tierra. Sin embargo, el aire es un buen aislante, de manera que el campo eléctrico debe ser muy fuerte para que la ionización ocurra. (Véase el ejemplo 15.9 para una estimación cuantitativa de la carga en una nube.)

La mayor parte de los relámpagos ocurren enteramente dentro de la nube (descargas intranube) en donde no pueden verse directamente. Sin embargo, las descargas visibles ocurren entre dos nubes (descargas de nube a nube) y entre la nube y la Tierra (descarga de nube a tierra). Las fotografías de descargas de nube a tierra tomadas con cámaras especiales de alta velocidad revelan una trayectoria de ionización hacia abajo casi invisible. El relámpago descarga en una serie de etapas o saltos, por lo que se le conoce como *líder escalonado*. Conforme el líder se acerca a la tierra, los iones con carga positiva surgen de los árboles, los edificios altos o el suelo en forma de *serpentina* para encontrarse con él.

Cuando una serpentina y un líder hacen contacto, los electrones a lo largo del canal de este último fluyen hacia abajo. El flujo inicial tiene lugar cerca del suelo, y conforme continúa, los electrones que caen cada vez más arriba comienzan a migrar hacia abajo. Luego, la trayectoria del flujo de electrones se extiende hacia arriba en lo que se conoce como *descarga de retorno*. El surgimiento de un flujo de carga en la descarga de retorno provoca que la trayectoria conductiva se ilumine, produciendo el brillante relámpago que vemos y que se registra en las fotografías de exposición prolongada (figura 1b). La mayor parte de los destellos de los relámpagos tienen una duración de menos de 0.50 s. Por lo general, después de la descarga inicial, tiene lugar otra ionización a lo largo del canal original y ocurre otra descarga de retorno. La mayor parte de los relámpagos tienen tres o cuatro descargas de retorno.

Se dice con frecuencia que Benjamin Franklin fue el primero en demostrar la naturaleza eléctrica del relámpago. En 1750 sugirió un experimento en el que se utilizaría una varilla metálica sobre un edificio alto. Sin embargo, un francés llamado Thomas François d'Alibard realizó el experimento utilizando una varilla durante una tormenta (figura 1c). Más tarde, Franklin realizó un experimento similar con una cometa que hizo volar durante una tormenta.

Un resultado práctico del trabajo de Franklin con los relámpagos fue el *pararrayos*, que consiste simplemente en una varilla metálica aguzada, conectada mediante un cable a una varilla de metal dirigida hacia el interior del suelo, es decir, puesta a tierra. La punta de la varilla elevada, con su densa acumulación de carga positiva inducida y gran campo eléctrico (véase la figura 15.19b), intercepta al líder escalonado ionizado de la nube en su trayecto hacia abajo, y lo descarga a tierra sin peligro antes de que llegue a la estructura o haga contacto con una serpentina dirigida hacia arriba. Esto evita la formación de las descargas eléctricas dañinas asociadas con la descarga de retorno.

a)

b)

c)

FIGURA 1 Relámpagos y pararrayos *a)* La polarización de la nube induce una carga en la superficie de la Tierra, *b)* Cuando el campo se vuelve suficientemente grande, suelta una descarga eléctrica, a la que llamamos relámpago, *c)* Un pararrayos, montado en la parte más alta de una estructura, ofrece una trayectoria hacia la tierra para evitar daños.

A FONDO 15.2 CAMPOS ELÉCTRICOS EN LAS FUERZAS POLICIACAS Y EN LA NATURALEZA: ARMAS PARALIZANTES Y PECES ELÉCTRICOS

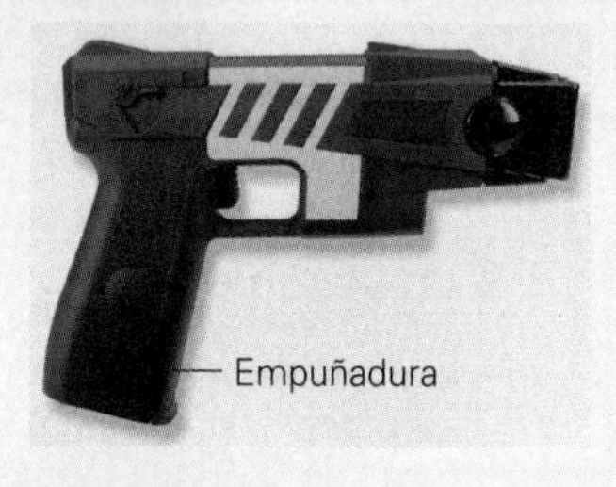

a)

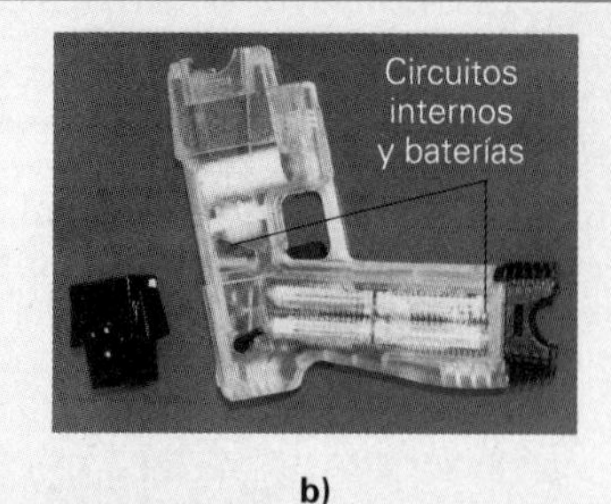

b)

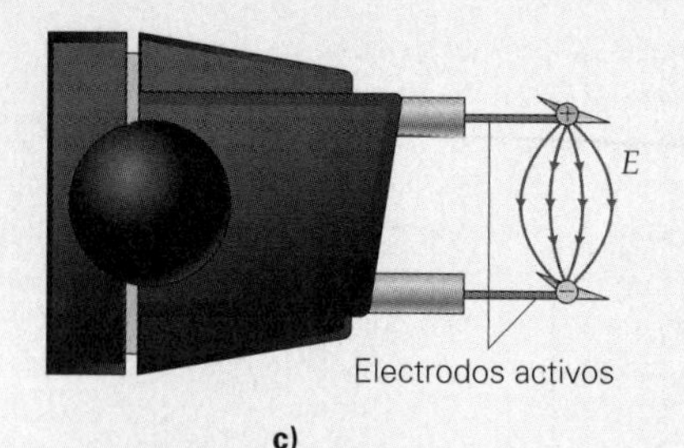

c)

FIGURA 1 La pistola paralizante Taser *a)* El exterior de una pistola paralizante; observe la empuñadura y los dos electrodos. *b)* El interior: los circuitos necesarios para aumentar el campo eléctrico y la separación de carga a la fuerza requerida para interrumpir la comunicación entre los nervios. *c)* Una ilustración del campo eléctrico entre los electrodos. (Las cargas cambian de signo de forma periódica, produciendo un campo eléctrico oscilatorio.)

Las pistolas paralizantes y los peces eléctricos exhiben propiedades similares en sus campos eléctricos. Las pistolas paralizantes (Taser manual) generan una separación de carga utilizando baterías y circuitos internos. Estos circuitos producen una gran polarización de carga, es decir, cargas iguales y opuestas en los electrodos. Las figuras 1a y 1b muestran una Taser común. Las cargas en los electrodos cambian de signo, pero en cualquier instante, el campo está cercano al de un dipolo (figura 1c). Las Taser se utilizan para someter a los delincuentes, teóricamente sin provocar daños permanentes. Un oficial de la policía, al asir la empuñadura, aplica los electrodos al cuerpo, por ejemplo, al muslo. El campo eléctrico interrumpe las señales eléctricas en los nervios que controlan el gran músculo que forma el muslo, paralizándolo, lo que hace más fácil someter al delincuente.

El término *pez eléctrico* evoca una imagen de una anguila eléctrica (que en realidad es un pez con forma de anguila). Sin embargo, hay otros peces que también son "eléctricos". La anguila eléctrica y algunos otros, como el bagre eléctrico, son *peces fuertemente eléctricos*. Son capaces de generar grandes campos eléctricos para inmovilizar a sus presas, pero también utilizan estos campos para funciones de localización y comunicación. Los *peces débilmente eléctricos*, como el nariz de elefante (figura 2a), utilizan sus campos (figura 2b) sólo para localización y comunicación. Los peces que producen activamente campos eléctricos se llaman *peces electrogénicos*.

En un pez electrogénico, la separación de carga se realiza en el *órgano eléctrico* (señalado en el pez nariz de elefante de la figura 2b), que es un conjunto de *electroplacas* especializadas apiladas. Cada electroplaca es una estructura con forma de disco, que normalmente está descargada. Cuando el cerebro envía una señal, los discos se polarizan a través de un proceso químico similar al de la acción de los nervios y crean el campo eléctrico del pez.

Los peces débilmente eléctricos son capaces de generar campos eléctricos como los que producen las baterías. Esto sirve sólo para funciones de *electrocomunicación* y *electrolocalización*. Los peces fuertemente eléctricos producen campos cientos de veces más fuertes y pueden matar a sus presas si las tocan al mismo tiempo con las áreas de cargas contrarias. La anguila eléctrica tiene miles de electroplacas apiladas en el órgano eléctrico, que normalmente se extiende desde la parte posterior de la cabeza hasta la cola y que ocupa más del 50% de la longitud de su cuerpo (figura 2c).

Como un ejemplo de electrolocalización, considere el cambio en el patrón del campo eléctrico normal del pez nariz de elefante (figura 2b) cuando se aproxima a un pequeño objeto conductor (figura 3). Observe que las líneas del campo cambian para curvearse hacia el objeto; como este último es conductor, las líneas del campo deben orientarse en ángulos rectos con respecto a su superficie. Esto da por resultado un campo más fuerte en el área de la piel del pez más cercana al objeto. Los sensores epiteliales detectan este incremento y envían una señal correspondiente al cerebro. Un objeto que no es conductor, como una roca, provocaría el efecto contrario. La electrolocalización y la electrocomunicación están determinadas por una interacción del campo eléctrico y los órganos sensoriales. Las propiedades básicas de los campos electrostáticos nos dan una idea general de cómo funcionan esos peces.

Ejemplo 15.9 ■ Placas paralelas: estimación de la carga en nubes de tormenta

El campo eléctrico E (es decir, la magnitud) que se requiere para ionizar aire es aproximadamente 1.0×10^6 N/C. Cuando el campo alcanza este valor, los átomos más débilmente ligados comienzan a abandonar sus moléculas (ionización de las moléculas), lo que conduce a una descarga de relámpago. Suponga que el valor existente para E entre la superficie inferior negativamente cargada de la nube y el suelo positivamente cargado es el 1.00% del valor de ionización, o 1.0×10^4 N/C. (Véase la figura 1a de la sección A fondo 15.1 en la p. 523.) Considere las nubes como cuadrados de 10 millas por lado. Estime la magnitud de la carga negativa total sobre la superficie interior.

Razonamiento. El campo eléctrico está dado, por lo que la ecuación 15.5 servirá para estimar Q. Primero debemos convertir el área de la nube A (una de las "placas") a metros cuadrados.

Solución.

Dado: $E = 1.0 \times 10^4$ N/C
$d = 10 \text{ mi} \approx 1.6 \times 10^4$ m

Encuentre: Q (la magnitud de la carga sobre la superficie inferior de las nubes)

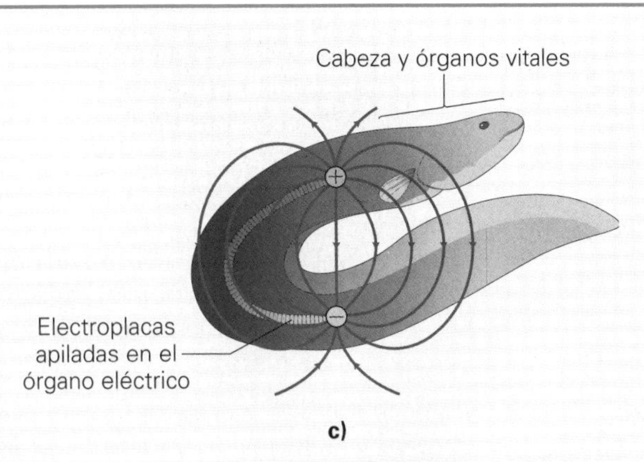

a)

c)

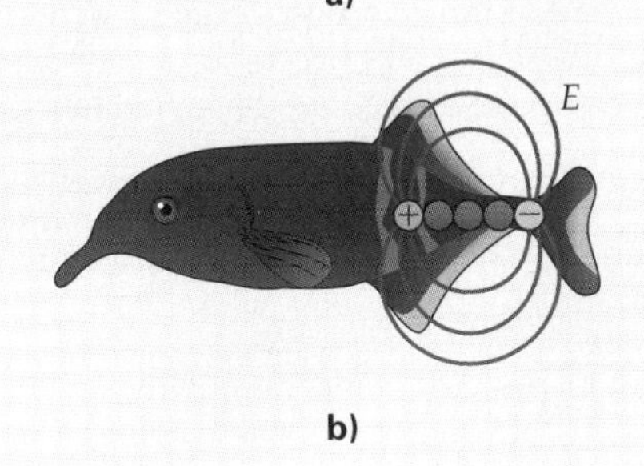

b)

FIGURA 2 Peces eléctricos *a)* El pez nariz de elefante, que es débilmente eléctrico, utiliza su campo eléctrico para funciones de electrolocalización y comunicación. ***b)*** El campo eléctrico aproximado que genera el órgano eléctrico del pez nariz de elefante, localizado cerca de su cola, en un instante determinado. (En realidad, el campo eléctrico oscila.) ***c)*** El campo eléctrico aproximado que genera una anguila eléctrica en un instante determinado. El órgano eléctrico en la anguila es capaz de producir campos que le permiten paralizar y matar, pero también realizar funciones de localización y comunicación.

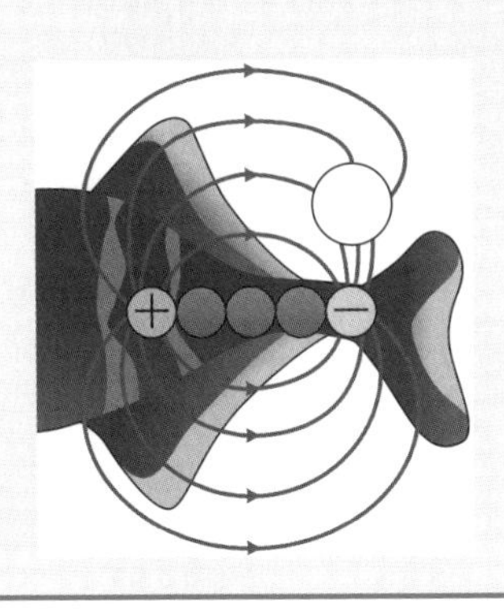

FIGURA 3 Electrolocalización El campo de un pez nariz de elefante con un objeto conductor cercano. Observe la disminución en el espacio entre las líneas del campo conforme entran en la capa superficial de la piel. Este incremento en la fuerza del campo es detectado por los órganos sensoriales en la piel, que envían una señal al cerebro del pez.

Usando la fórmula $A = d^2$ para obtener el área de un cuadrado, resolvemos la ecuación 15.5 para la magnitud de la carga (la superficie de la nube es negativa):

$$Q = \frac{EA}{4\pi k} = \frac{(1.0 \times 10^4\ \mathrm{N/C})(1.6 \times 10^4\ \mathrm{m})^2}{4\pi(9.0 \times 10^9\ \mathrm{N \cdot m^2/C^2})} = 23\ \mathrm{C}$$

Esta expresión se justifica sólo si la distancia entre las nubes y el suelo es mucho menor que su tamaño. (¿Por qué?) Tal hipótesis es equivalente a suponer que las nubes de 10 millas de largo están a menos de varias millas de la superficie de la Tierra.

Esta cantidad de carga es enorme comparada con las cargas estáticas de fricción que provocamos al caminar sobre una alfombra. Sin embargo, como la carga de la nube está dispersa sobre una área muy grande, cualquier área pequeña de la nube no contiene mucha carga.

Ejercicio de refuerzo. En este ejemplo, *a)* ¿cuál es el sentido del campo eléctrico entre la nube y la Tierra? *b)* ¿Cuánta carga se requiere para ionizar el aire húmedo?

Ilustración 23.4 Usos prácticos de cargas y campos eléctricos

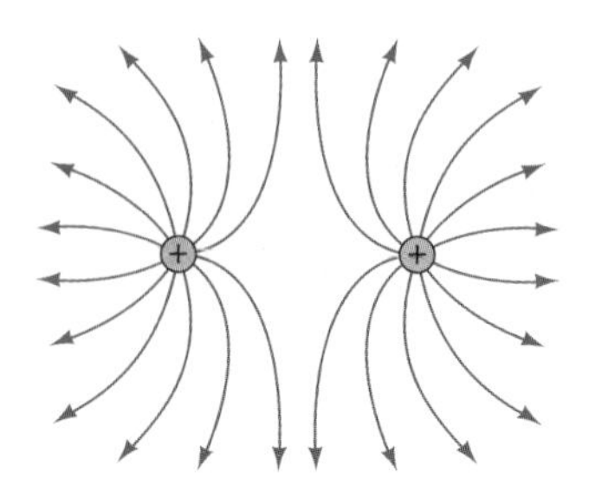

a) Cargas puntuales de mismo signo

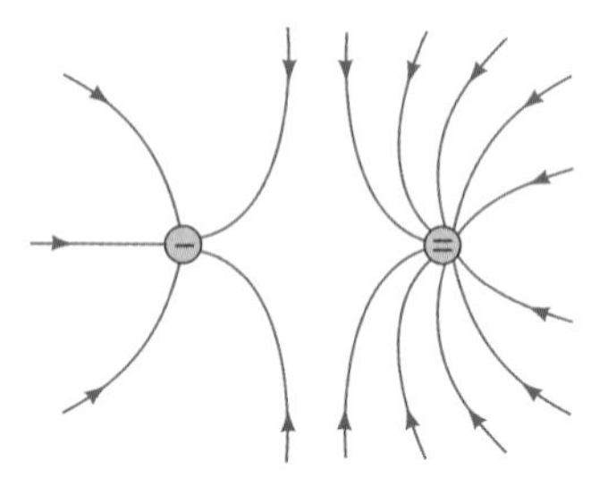

b) Cargas puntuales de signos diferentes

▲ **FIGURA 15.17** Campos eléctricos Campos eléctricos para: *a*) cargas puntuales de mismo signo, *b*) cargas puntuales de signos diferentes.

Los patrones completos de campo eléctrico para otras configuraciones comunes de carga se muestran en la ◂figura 15.17. Hay que poner atención a la forma como se dibujan cualitativamente. Note que las líneas de campo eléctrico comienzan sobre cargas positivas y terminan sobre cargas negativas (o en el infinito cuando no hay carga negativa cercana). Asegúrese de escoger el número de líneas que emanan desde una carga o que terminan en una, en proporción a la magnitud de esa carga. (Véase la sección Aprender dibujando referente al trazado de líneas eléctricas de fuerza, en la p. 521.)

15.5 Conductores y campos eléctricos

OBJETIVOS: *a*) Describir el campo eléctrico cerca de la superficie y en el interior de un conductor, *b*) determinar dónde se acumula la carga en un conductor cargado y *c*) dibujar el patrón de líneas del campo eléctrico fuera de un conductor cargado.

Los campos eléctricos asociados con conductores cargados tienen varias propiedades interesantes. Por definición, en electrostática, las cargas están en reposo. Como los conductores poseen electrones que están libres para moverse, y no lo hacen, los electrones no deben experimentar fuerza eléctrica y tampoco campo eléctrico. De ahí se concluye que

El campo eléctrico es cero en todas partes dentro de un conductor cargado.

Las cargas en exceso sobre un conductor tienden a separarse una de otra tanto como es posible, ya que son sumamente móviles. Así,

Cualquier carga en *exceso* sobre un conductor aislado reside enteramente sobre la superficie del conductor.

Otra propiedad de los campos eléctricos estáticos y conductores es que no puede haber ningún componente tangencial del campo en la superficie del conductor. De otra forma, las cargas se moverían *a lo largo* de la superficie, al contrario de nuestra hipótesis de una situación estática. Así,

El campo eléctrico en la superficie de un conductor cargado es perpendicular a la superficie.

Por último, la carga en exceso sobre un conductor de forma irregular está más concentrada donde la superficie tiene mayor curvatura (esto es, en los puntos más prominentes). Como la carga es más densa ahí, el campo eléctrico será máximo justo en esos lugares. Es decir,

La carga en exceso tiende a acumularse en zonas agudas, o en lugares de curvatura máxima, sobre conductores cargados. Como resultado, el campo eléctrico es máximo en tales lugares.

Esos dos últimos resultados se resumen en la ▸figura 15.18. *Recuerde que son verdaderos sólo para conductores en condiciones estáticas.* Los campos eléctricos *pueden* existir dentro de materiales no conductores y también dentro de conductores cuando las condiciones varían con el tiempo.

Para comprender *por qué* la mayoría de la carga se acumula en las regiones fuertemente curveadas, considere las fuerzas que actúan *entre* cargas sobre la superficie del conductor. (Véase la ▸figura 15.19a.) En los lugares donde la superficie es bastante plana, esas fuerzas estarán dirigidas casi de forma paralela a la superficie. Las cargas se esparcen hasta que se cancelan las fuerzas paralelas de cargas vecinas en sentidos opuestos. En un extremo agudo, las fuerzas entre cargas estarán dirigidas casi perpendicularmente a la superficie y, por consiguiente, habrá poca tendencia de las cargas a moverse de forma paralela a ésta. Así, es de esperarse que las regiones más curveadas de la superficie acumulen la mayor concentración de carga.

Una situación interesante ocurre cuando hay una gran concentración de carga sobre un conductor que termina en punta (figura 15.19b). La intensidad de campo eléctrico en la región situada arriba del punto será suficientemente alta para iniciar la ionización de las moléculas de aire (y jalar o empujar electrones de las moléculas). Los electrones liberados son acelerados aún más por el campo eléctrico y provocan ionizaciones secundarias al golpear otras moléculas. Esto da por resultado una "avalancha" de electrones, visible como una descarga de chispas. Más carga puede colocarse sobre

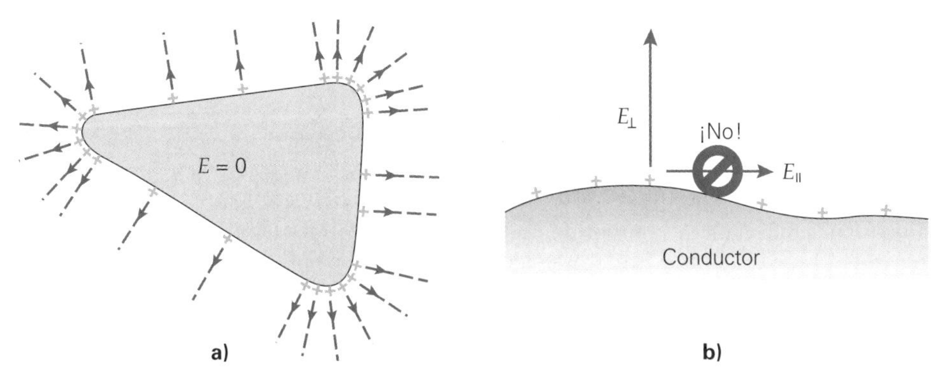

▲ **FIGURA 15.18 Campos eléctricos y conductores** *a*) En condiciones estáticas, el campo eléctrico es cero dentro de un conductor. Cualquier carga en exceso reside sobre la superficie del conductor. Para un conductor de forma irregular, la carga en exceso se acumula en las regiones de máxima curvatura (las puntas), como se muestra. El campo eléctrico cerca de la superficie es perpendicular a esa superficie y más intenso donde la carga es más densa. *b*) En condiciones estáticas, el campo eléctrico *no* debe tener un componente tangencial a la superficie del conductor.

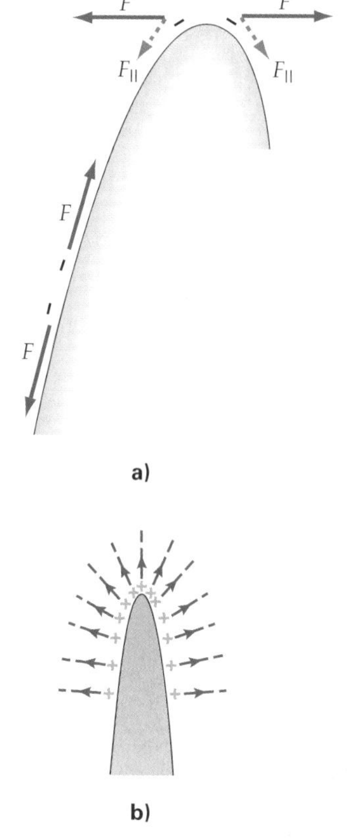

▲ **FIGURA 15.19 Concentración de la carga sobre una superficie curva** *a*) Sobre una superficie plana, las fuerzas repulsivas entre cargas en exceso son paralelas a la superficie y tienden a empujar las cargas separándolas. En contraste, sobre una superficie curva, esas fuerzas están dirigidas formando un ángulo con la superficie. Sus componentes paralelos a la superficie son más pequeños, permitiendo que la carga se concentre en esas áreas. *b*) Llevado el caso al extremo, una aguja metálica puntiaguda tiene una densa concentración de carga en la punta. Esto produce un gran campo eléctrico en la región arriba de la punta, que es el principio del pararrayos.

un conductor suavemente curveado, como en una esfera, antes de que ocurra una descarga de chispas. La concentración de carga en la punta aguda de un conductor es una razón para la efectividad de los pararrayos. (Véase la sección A fondo 15.1 referente a relámpagos y pararrayos en la p. 523.)

Para conocer algunas aplicaciones de los campos eléctricos en los seres vivos y en las instituciones de seguridad pública, consulte la sección A fondo 15.2 sobre armas paralizantes y peces eléctricos en la p. 524.

Como una ilustración de un experimento temprano que se realizó sobre conductores con exceso de carga, considere el siguiente ejemplo.

Ejemplo conceptual 15.10 ■ El experimento clásico de la cubeta de hielo

Una varilla positivamente cargada se coloca dentro de un recipiente metálico aislado que tiene electroscopios descargados unidos conductivamente a sus superficies interior y exterior (▾figura 15.20). ¿Qué sucederá a las hojas de los electroscopios? (Justifique su respuesta.) *a*) Ninguna hoja de los electroscopios mostrará una desviación. *b*) Sólo la hoja del electroscopio conectado al exterior mostrará una desviación. *c*) Sólo la hoja del electroscopio conectado al interior mostrará una desviación. *d*) Las hojas de ambos electroscopios mostrarán desviaciones.

Razonamiento y respuesta. La barra con carga positiva atraerá cargas negativas, provocando que el interior del contenedor metálico quede cargado negativamente. El electroscopio exterior adquirirá así una carga positiva. Por consiguiente, ambos electroscopios estarán cargados (aunque con signos contrarios) y mostrarán desviaciones, por lo que la respuesta correcta es la *d*. El físico inglés Michael Faraday realizó un experimento similar en el siglo XIX usando cubetas de hielo, por lo que a menudo se conoce como el *experimento de la cubeta de hielo de Faraday*.

Ejercicio de refuerzo. Suponga que la barra positivamente cargada *toca* el contenedor de metal. ¿Cuál sería el efecto sobre los electroscopios?

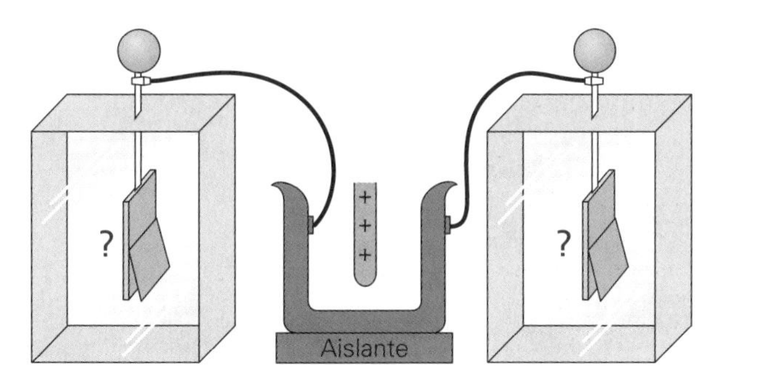

◂ **FIGURA 15.20 Experimento de la cubeta de hielo** Véase el ejemplo conceptual 15.10.

*15.6 Ley de Gauss para campos eléctricos: un enfoque cualitativo

OBJETIVOS: *a*) Establecer la base física de la ley de Gauss y *b*) usar la ley para hacer predicciones cualitativas.

El matemático alemán Karl Friedrich Gauss (1777-1855) descubrió una de las leyes fundamentales que rigen el comportamiento de los campos eléctricos. Utilizarla para hacer cálculos cuantitativos implica técnicas que están más allá de los objetivos de este libro. Sin embargo, una mirada conceptual a esta ley nos enseñará algunas propiedades físicas interesantes.

Considere la carga eléctrica positiva en la ◀figura 15.21a. Ahora visualice una *superficie cerrada imaginaria* que rodea a la carga. Tal superficie se llama **superficie gaussiana**. Ahora, designemos las líneas de campo eléctrico que pasan a través de la superficie y que apuntan hacia fuera como positivas y las que apuntan hacia dentro como negativas. Si contamos las líneas de ambos tipos (esto es, restamos el número de líneas negativas del número de positivas), encontramos que el total es positivo porque, en este caso, *sólo* hay líneas positivas. Este resultado refleja el hecho de que hay un número neto de líneas de campo eléctrico que apuntan hacia fuera a través de la superficie. De manera similar, para una carga negativa (figura 15.21b), la suma daría un total negativo, indicando un número neto de líneas que apuntan hacia dentro a través de la superficie. Note que esos resultados serían ciertos para *cualquier* superficie cerrada que rodeara la carga, sin importar su forma o tamaño. Si duplicamos la magnitud de la carga negativa (figura 15.21c), nuestra suma de líneas de campo negativas se duplicaría también. (¿Por qué?)

La figura 15.21d muestra un dipolo con cuatro diferentes superficies gaussianas imaginarias. La superficie 1 encierra una carga positiva neta y, por lo tanto, tiene una suma de líneas de campo positiva. De manera similar, la superficie 2 tiene una suma de líneas de campo negativa. Los casos más interesantes son las superficies 3 y 4. Observe que ambas incluyen una carga neta cero: la superficie 3 porque no incluye cargas y la superficie 4 porque incluye cargas iguales y opuestas. Advierta que las superficies 3 y 4 tienen una suma de líneas de campo neta de cero, que no se correlaciona con ninguna carga neta encerrada.

Esas situaciones se generalizan (conceptualmente) para obtener el principio físico subyacente de la **ley de Gauss**:*

> El número neto de líneas de campo eléctrico que pasan por una superficie cerrada imaginaria es proporcional a la cantidad de carga neta encerrada dentro de esa superficie.

Una analogía familiar ilustrada en la ▼figura 15.22 le ayudará a comprender este principio. Si rodea un rociador de césped con una superficie imaginaria (superficie 1), encontrará que hay un flujo neto de agua que sale a través de esa superficie, porque dentro hay una "fuente" de agua (sin considerar el agua que conduce la tubería hacia el rociador). De manera análoga, un campo eléctrico neto que apunta hacia fuera indica la presencia de una carga neta positiva dentro de la superficie, ya que cargas positivas son "fuentes" del campo eléctrico. Asimismo, se formaría un charco dentro de nuestra superficie imaginaria 2 porque habría un flujo neto de agua hacia dentro a través de la superficie. El siguiente ejemplo ilustra la fuerza de la ley de Gauss en su forma cualitativa.

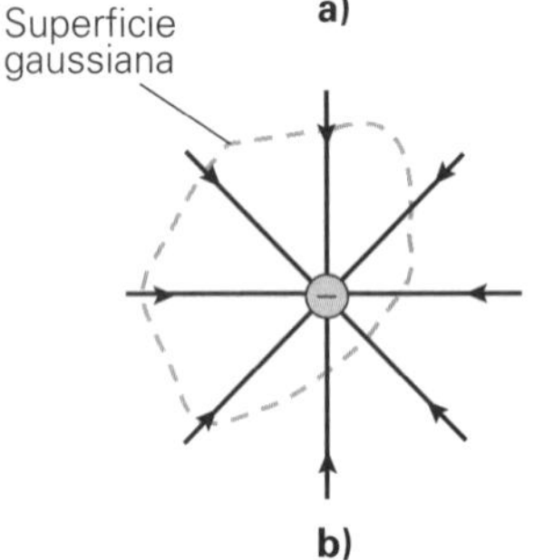

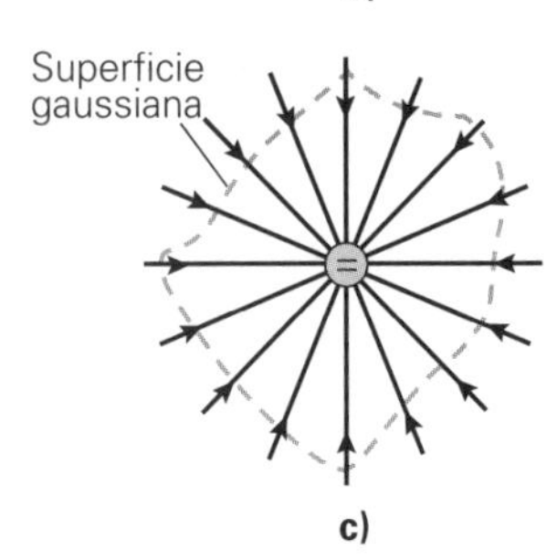

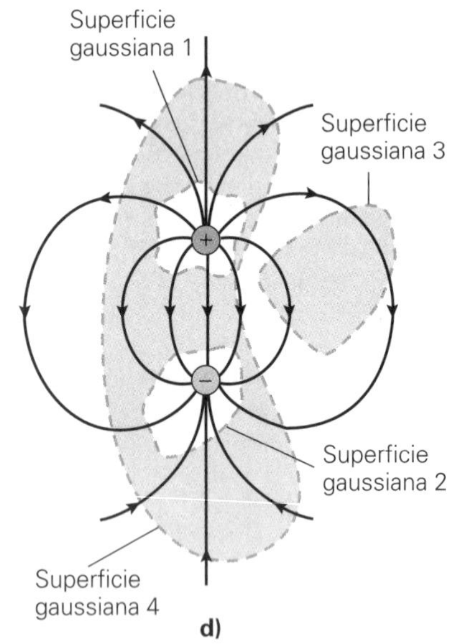

▲ **FIGURA 15.21 Varias superficies gaussianas y líneas de fuerza** *a*) Rodeando una sola carga puntual positiva, *b*) rodeando una sola carga puntual negativa y *c*) rodeando una carga puntual negativa mayor. *d*) Cuatro superficies diferentes que rodean varias partes de un dipolo eléctrico.

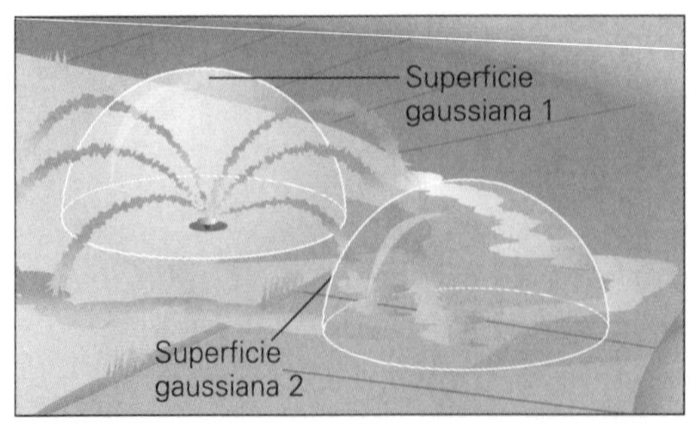

◀ **FIGURA 15.22 Analogía hidráulica de la ley de Gauss** Un flujo neto de agua hacia fuera indica que hay una fuente de agua dentro de la superficie cerrada 1. Un flujo neto de agua hacia dentro indica que hay un canal de agua dentro de la superficie cerrada 2.

*En sentido estricto, ésta es la ley de Gauss para campos eléctricos. También existe una versión de la ley de Gauss para campos magnéticos, que no se estudiará aquí.

Ejemplo conceptual 15.11 ■ Una vez más, conductores cargados: ley de Gauss

Una carga neta Q se coloca en un conductor de forma arbitraria (▸figura 15.23). Utilice la versión cualitativa de la ley de Gauss para demostrar que toda la carga debe residir en la superficie del conductor en condiciones electrostáticas.

Razonamiento y respuesta. Como la situación es de equilibrio estático, no puede haber campo eléctrico dentro del volumen del conductor; de otra forma, los electrones casi libres se moverían alrededor. Consideremos la superficie gaussiana que sigue la forma del conductor, pero que *apenas* está dentro de la superficie real. Puesto que no hay líneas de campo eléctrico dentro del conductor, tampoco hay líneas de campo eléctrico que pasen a través de nuestra superficie imaginaria. Por lo tanto, no hay líneas del campo eléctrico que penetren en la superficie gaussiana. Pero por la ley de Gauss, el número neto de líneas de campo es proporcional a la cantidad de carga en el interior de la superficie. Por consiguiente, no debe haber carga neta dentro de la superficie.

Como nuestra superficie puede estar tan cerca como queramos de la superficie del conductor, se deduce que la carga en exceso, si no está dentro del volumen del conductor, debe estar en la superficie.

Ejercicio de refuerzo. En este ejemplo, si la carga neta en el conductor es negativa, ¿cuál es el signo del número neto de líneas a través de la superficie gaussiana que encierra completamente el conductor? Explique su razonamiento.

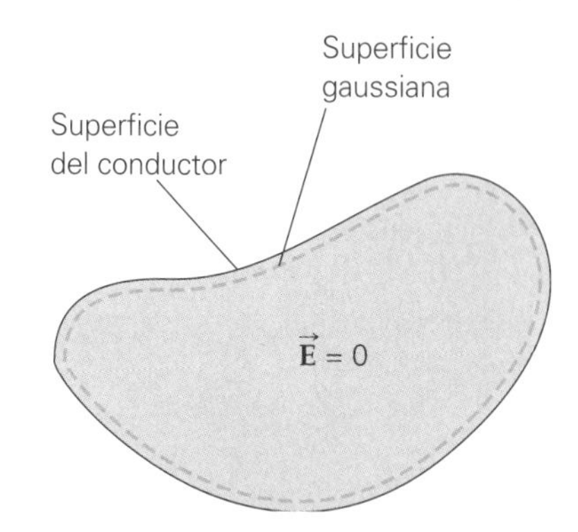

▲ **FIGURA 15.23 Ley de Gauss: carga en exceso en un conductor** Véase el Ejemplo conceptual 15.12.

Repaso del capítulo

- La **ley de cargas** o **ley de carga-fuerza**, establece que las cargas iguales se repelen, y que las cargas contrarias se atraen.

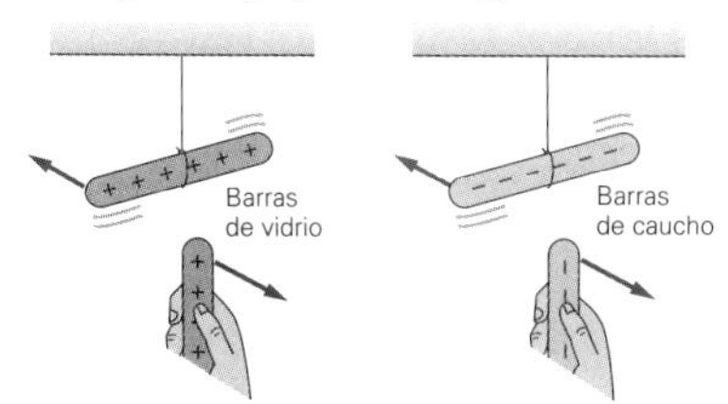

- El principio de la **conservación de la carga** significa que la carga neta de un sistema aislado permanece constante.
- Los **conductores** son materiales que conducen carga eléctrica fácilmente porque sus átomos tienen uno o más electrones débilmente ligados.
- Los **aislantes** son materiales que no ganan, pierden o conducen fácilmente carga eléctrica.
- La **carga electrostática** implica procesos que permiten a un objeto ganar una carga neta. Entre esos procesos están la carga por fricción, por contacto (conducción) e inducción.

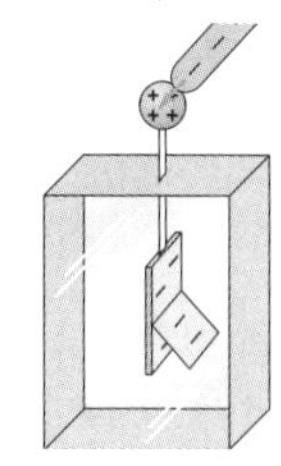

- La **polarización eléctrica** de un objeto implica crear cantidades separadas e iguales de carga positiva y negativa en puntos diferentes sobre ese objeto.

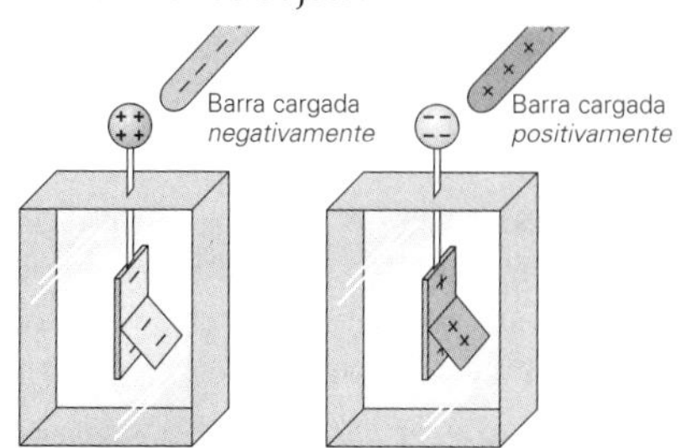

- La **ley de Coulomb** expresa la magnitud de la fuerza entre dos cargas puntuales:

$$F_e = \frac{kq_1q_2}{r^2} \quad (dos\ cargas\ puntuales) \qquad (15.2)$$

donde $k \approx 9.00 \times 10^9\ \text{N}\cdot\text{m}^2/\text{C}^2$.

$F_{12} = \frac{kq_1q_2}{r^2}$ q_1 q_2 $F_{21} = \frac{kq_1q_2}{r^2}$ r

- El **campo eléctrico** es un campo vectorial que describe cómo las cargas modifican el espacio alrededor de ellas. Se define como la fuerza eléctrica por carga positiva unitaria, o

$$\vec{\mathbf{E}} = \frac{\vec{\mathbf{F}}_{\text{en } q_+}}{q_+} \qquad (15.3)$$

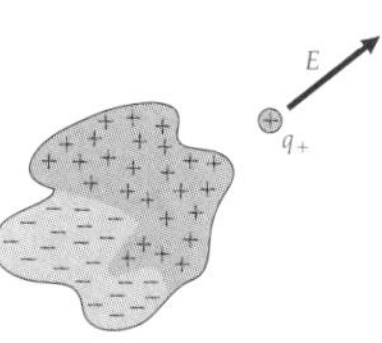

- De acuerdo con el **principio de superposición para campos eléctricos**, el campo eléctrico (neto) en cualquier punto que se debe a una configuración de cargas es la suma vectorial de los campos eléctricos individuales de las cargas individuales que forman esa configuración.

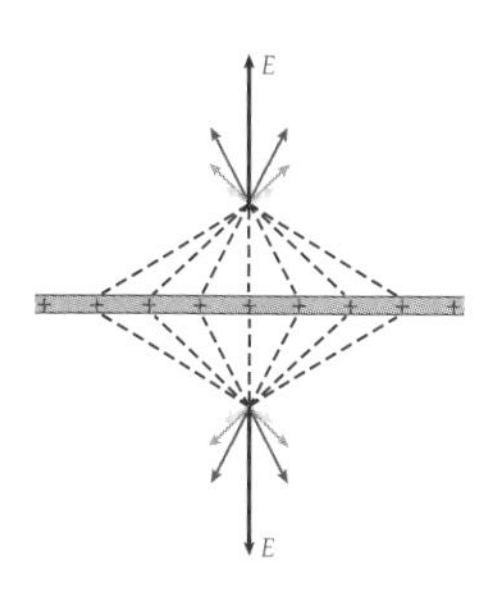

- Las **líneas de campo eléctrico** son una visualización gráfica del campo eléctrico. La separación entre líneas está inversamente relacionada con la intensidad del campo, y las tangentes a las líneas dan la dirección del campo eléctrico.

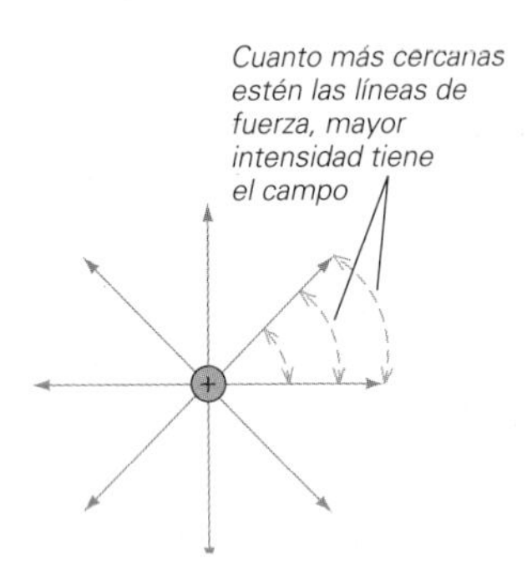

- En condiciones estáticas, los **campos eléctricos asociados con conductores** tienen las siguientes propiedades:

El campo eléctrico es cero dentro de un conductor cargado.

Cualquier carga en exceso en un conductor cargado reside enteramente sobre su superficie.

El campo eléctrico cerca de la superficie de un conductor cargado es perpendicular a ésta.

La carga en exceso en la superficie de un conductor es más densa en los lugares de máxima curvatura de la superficie.

El campo eléctrico cerca de la superficie de un conductor cargado es mayor en los lugares de máxima curvatura de la superficie.

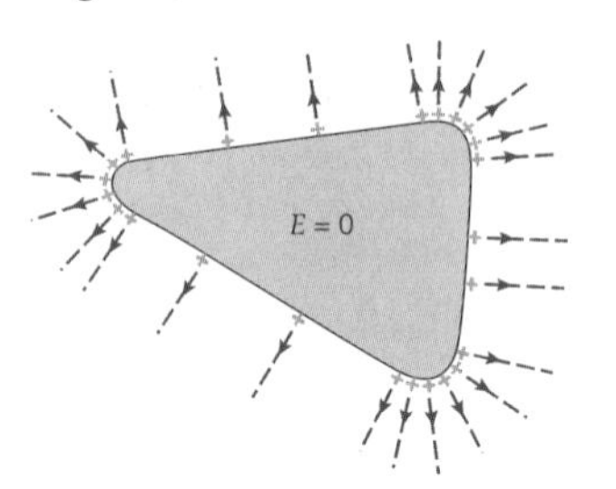

Ejercicios*

Los ejercicios designados **OM** *son preguntas de opción múltiple; los* **PC** *son preguntas conceptuales; y los* **EI** *son ejercicios integrados. A lo largo del texto, muchas secciones de ejercicios incluirán ejercicios "apareados". Estos pares de ejercicios, que se identifican con números subrayados, pretenden ayudar al lector a resolver problemas y aprender. El primer ejercicio de cada pareja (el de número par) se resuelve en la Guía de estudio, que puede consultarse si se necesita ayuda para resolverlo. El segundo ejercicio (de número impar) es similar, y su respuesta se da al final del libro.*

15.1 Carga eléctrica

1. **OM** Una combinación de dos electrones y tres protones tendría una carga neta de *a*) + 1, *b*) −1, *c*) $+1.6 \times 10^{-19}$ C o *d*) -1.6×10^{-19} C.

2. **OM** Un electrón está justo encima de un protón fijo. La dirección de la fuerza en el protón eléctrico es *a*) hacia arriba, *b*) hacia abajo, *c*) cero.

3. **OM** En el ejercicio 2, ¿cuál siente la mayor fuerza? *a*) El electrón, *b*) el protón o *c*) ambos sienten la misma fuerza.

4. **PC** ¿Cómo sabemos que hay dos tipos de carga eléctrica? *b*) ¿Cuál sería el efecto de designar la carga del electrón como positiva y la carga del protón como negativa?

5. **PC** A un objeto eléctricamente neutro se le puede dar una carga neta de varias maneras. ¿Viola esto la conservación de la carga? Explique su respuesta.

6. **PC** Si un objeto sólido neutro resulta positivamente cargado, ¿su masa aumenta o disminuye? ¿Qué sucede si resulta negativamente cargado?

7. **PC** ¿Cómo se determina el tipo de carga sobre un objeto utilizando un electroscopio que tiene una carga neta de un signo conocido? Explique su respuesta.

8. **PC** Si dos objetos se repelen eléctricamente entre sí, ¿están ambos necesariamente cargados? ¿Y si se atraen?

9. ● ¿Cuál sería la carga eléctrica neta de un objeto con 1.0 millón de electrones en exceso?

10. ● Al caminar sobre una alfombra, usted adquiere una carga negativa neta de 50 μC. ¿Cuántos electrones en exceso tiene usted?

11. ●● Una partícula alfa es el núcleo de un átomo de helio sin electrones. ¿Cuál sería la carga en dos partículas alfa?

12. **EI** ●● Una barra de vidrio que se frota con seda adquiere una carga de $+8.0 \times 10^{-10}$ C. *a*) ¿La carga en la seda es 1) positiva, 2) cero o 3) negativa? ¿Por qué? *b*) ¿Cuál es la carga en la seda, y cuántos electrones se transfirieron a la seda? *c*) ¿Cuánta masa perdió la barra de vidrio?

13. **EI** ●● Una barra de caucho que se frota con piel adquiere una carga de -4.8×10^{-9} C. *a*) ¿La carga en la piel es 1) positiva, 2) cero o 3) negativa? ¿Por qué? *b*) ¿Cuál es la carga en la piel, y cuánta masa se transfiere a la barra? *c*) ¿Cuánta masa ganó la barra de caucho?

15.2 Carga electrostática

14. **OM** Una barra de caucho se frota con piel. Entonces, la piel se acerca rápidamente al bulbo de un electroscopio descargado. El signo de la carga sobre las hojas del electroscopio es *a*) positivo, *b*) negativo, *c*) cero.

*Tome k exactamente como 9.00×10^9 N·m²/C² y e como 1.60×10^{-19} C para fines de cifras significativas.

15. **OM** Una corriente de agua se desvía hacia un objeto cargado eléctricamente que se acerca a ella. El signo de la carga del objeto *a*) es positivo, *b*) es negativo, *c*) es cero, *d*) no se puede determinar a partir de los datos.

16. **OM** Un globo se carga por frotamiento y luego se adhiere a una pared. El signo de la carga en el globo *a*) es positivo, *b*) es negativo, *c*) es cero, *d*) no se puede determinar a partir de los datos.

17. **PC** Los camiones de combustible tienen a menudo cadenas metálicas que cuelgan de sus chasis al suelo. ¿Por qué ésta es una medida importante?

18. **PC** ¿Hay una ganancia o pérdida de electrones cuando un objeto se polariza eléctricamente? Explique su respuesta.

19. **PC** Explique con cuidado los pasos para fabricar un electroscopio que esté cargado positivamente mediante inducción. Una vez terminado, ¿cómo podría verificar que el electroscopio está cargado positivamente (y, por lo tanto, que no está cargado negativamente)?

20. **PC** Dos esferas metálicas montadas sobre soportes aislados están en contacto. Acercar un objeto con carga negativa a la esfera de la derecha le permitiría cargar temporalmente ambas esferas por inducción. Explique claramente cómo funcionaría esto y cuál sería el signo de la carga en cada esfera.

15.3 Fuerza eléctrica

21. **OM** ¿Cómo cambia la magnitud de la fuerza eléctrica entre dos cargas puntuales conforme aumenta la distancia entre ellas? La fuerza *a*) disminuye, *b*) aumenta, *c*) permanece constante.

22. **OM** Comparada con la fuerza eléctrica, la fuerza gravitacional entre dos protones es *a*) aproximadamente la misma, *b*) algo mayor, *c*) mucho mayor o *d*) mucho más pequeña.

23. **PC** La Tierra nos atrae con su fuerza gravitacional, pero la fuerza eléctrica es mucho mayor que aquella. ¿Por qué no experimentamos una fuerza eléctrica de la Tierra?

24. **PC** Dos electrones cercanos se alejarán si se liberan. ¿Cómo podría evitarse esto colocando una sola carga en su ambiente? Explique claramente cuál tendría que ser el signo de la carga y su ubicación.

25. **PC** La ley de Coulomb es un ejemplo de una ley de cuadrado inverso. Utilice esta idea del cuadrado inverso para determinar la razón de la fuerza eléctrica (la final dividida entre la inicial) entre dos cargas cuando la distancia entre ellas se reduce a un tercio de su valor inicial.

26. **EI** ● Sobre un electrón que está a cierta distancia de un protón actúa una fuerza eléctrica. *a*) Si el electrón se alejara al doble de esa distancia del protón, ¿la fuerza eléctrica sería 1) 2, 2) $\frac{1}{2}$,, 3) 4 o 4) $\frac{1}{4}$ veces la fuerza original? ¿Por qué? *b*) Si la fuerza eléctrica original es *F*, y el electrón se moviese a un tercio de la distancia original hacia el protón, ¿cuál sería la nueva fuerza eléctrica?

27. ● Dos cargas puntuales idénticas están una de otra a una distancia fija. ¿Por qué factor se vería afectada la magnitud de la fuerza eléctrica entre ellas si *a*) una de las cargas se duplica y la otra se reduce a la mitad, *b*) ambas cargas se reducen a la mitad y *c*) una carga se reduce a la mitad y la otra no cambia?

28. ● En una cierta molécula orgánica, los núcleos de dos átomos de carbono están separados una distancia de 0.25 nm. ¿Cuál es la magnitud de la repulsión eléctrica entre ellos?

29. ● Un electrón y un protón están separados 2.0 nm. *a*) ¿Cuál es la magnitud de la fuerza sobre el electrón? *b*) ¿Cuál es la fuerza neta sobre el sistema?

30. **EI** ● Dos cargas originalmente separadas una cierta distancia se separan aún más, hasta que la fuerza entre ellas disminuye por un factor de 10. *a*) ¿La nueva distancia es 1) menor que 10, 2) igual a 10 o 3) mayor que 10 veces la distancia original? ¿Por qué? *b*) Si la distancia original era de 30 cm, ¿qué distancia separa a las cargas?

31. ● Dos cargas se unen hasta que están a una distancia de 100 cm, de manera que la fuerza eléctrica entre ellas aumente exactamente por un factor de 5. ¿Cuál era su separación inicial?

32. ● La distancia entre iones vecinos de sodio y cloro en cristales de sal de mesa (NaCl), cargados uno por uno, es de 2.82×10^{-10} m. ¿Cuál es la fuerza eléctrica de atracción entre los iones?

33. ●● Dos cargas puntuales de $-2.0\ \mu$C están fijas en los extremos opuestos de una vara graduada de un metro. ¿En qué lugar del metro de madera podría estar en equilibrio electrostático *a*) un electrón libre y *b*) un protón libre?

34. ●● Dos cargas puntuales de $-1.0\ \mu$C y $+1.0\ \mu$C están fijas en los extremos opuestos de una vara graduada de un metro. ¿Dónde podría estar en equilibrio electrostático *a*) un electrón libre y *b*) un protón libre?

35. ●● Dos cargas, q_1 y q_2, están localizadas en el origen y en el punto (0.50 m, 0), respectivamente. ¿En qué lugar del eje x debe colocarse una tercera carga, q_3, de signo arbitrario para estar en equilibrio electrostático si *a*) q_1 y q_2 son cargas de igual magnitud y signo, *b*) q_1 y q_2 son cargas contrarias pero de igual magnitud y *c*) $q_1 = +3.0\ \mu$C y $q_2 = -7.0\ \mu$C?

36. ●● Calcule la fuerza gravitacional y eléctrica entre el electrón y el protón en el átomo de hidrógeno (▼figura 15.24), suponiendo que están a una distancia de 5.3×10^{-11} m. Luego calcule la razón entre las magnitudes de la fuerza eléctrica y la de la fuerza gravitacional.

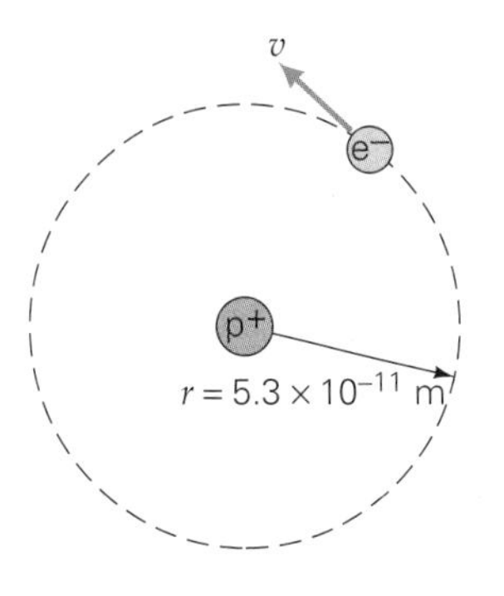

◀ **FIGURA 15.24 Átomo de hidrógeno** Véanse los ejercicios 36 y 37.

37. ●●● En promedio, el electrón y el protón en un átomo de hidrógeno están separados por una distancia de 5.3×10^{-11} m (figura 15.24). Suponiendo que la órbita del electrón es circular, *a*) ¿cuál es la fuerza eléctrica sobre el electrón? *b*) ¿Cuál es la rapidez orbital del electrón? *c*) ¿Cuál es la magnitud de la aceleración centrípeta del electrón en unidades de g?

38. ●●● Tres cargas están situadas en las esquinas de un triángulo equilátero, como se ilustra en la ▼figura 15.25. ¿Cuáles son la magnitud y el sentido de la fuerza sobre q_1?

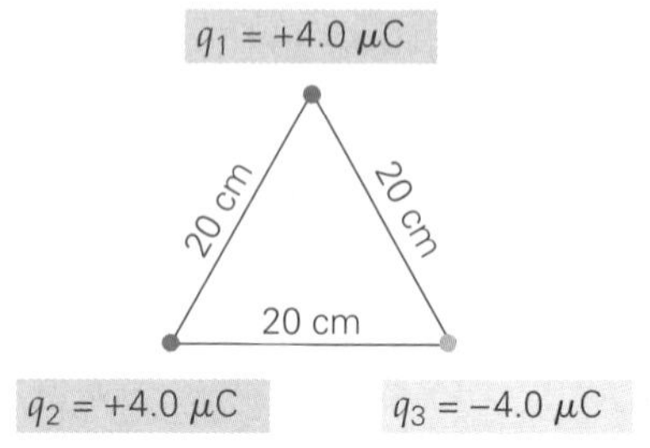

▲ **FIGURA 15.25 Triángulo de cargas** Véase los ejercicios 38, 59 y 60.

39. ●●● Cuatro cargas están situadas en las esquinas de un cuadrado, como se ilustra en la ▼figura 15.26. ¿Cuáles son la magnitud y el sentido de la fuerza *a*) sobre la carga q_2 y *b*) sobre la carga q_4?

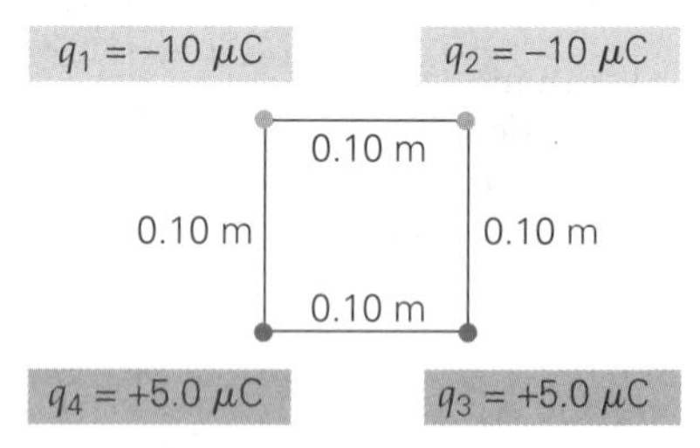

▲ **FIGURA 15.26 Rectángulo de cargas** Véanse los ejercicios 39, 61 y 65.

40. ●●● Dos bolitas de 0.10 g de médula de saúco están suspendidas del mismo punto por cuerdas de 30 cm de largo. (La médula de saúco es un material ligero aislante usado en el pasado para hacer cascos para climas tropicales.) Cuando las bolitas tienen cargas iguales, llegan al reposo cuando están a 18 cm de distancia, como se muestra en la ▼figura 15.27. ¿Cuál es la magnitud de la carga en cada bolita? (Ignore la masa de las cuerdas.)

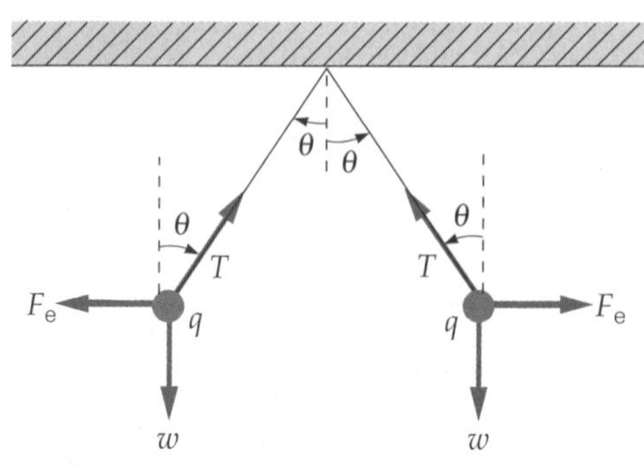

▲ **FIGURA 15.27 Bolitas repelentes** Véase el ejercicio 40.

15.4 Campo eléctrico

41. **OM** ¿Qué sucede con la magnitud del campo eléctrico provocado por una carga puntual cuando la distancia a esa carga se triplica? *a*) Permanece constante, *b*) se reduce a un tercio del valor original de la carga, *c*) se reduce a un noveno del valor original de la carga o *d*) se reduce a 1/27 del valor original de la carga.

42. **OM** Las unidades del campo eléctrico en el SI son *a*) C, *b*) N/C, *c*) N o *d*) J.

43. **OM** En un punto en el espacio, una fuerza eléctrica actúa verticalmente hacia abajo sobre un electrón. El sentido del campo eléctrico en ese punto *a*) es hacia abajo, *b*) es hacia arriba, *c*) es cero o *d*) no se puede determinar a partir de los datos.

44. **PC** ¿Cómo se determina la magnitud relativa del campo eléctrico en diferentes regiones a partir de un diagrama de campo vectorial?

45. **PC** ¿Cómo se determinan las magnitudes relativas del campo en diferentes regiones a partir de un diagrama de líneas de campo eléctrico?

46. **PC** Explique claramente por qué las líneas de campo eléctrico nunca se intersecan.

47. **PC** Una carga positiva está dentro de una esfera metálica aislada, como se muestra en la ▼figura 15.28. Describa el campo eléctrico en las tres regiones: entre la carga y la superficie interior de la esfera, dentro de la esfera y fuera de la superficie de la esfera. ¿Cuál es el signo de la carga en las dos superficies de la esfera? ¿Cómo cambiarían sus respuestas si la carga fuera negativa?

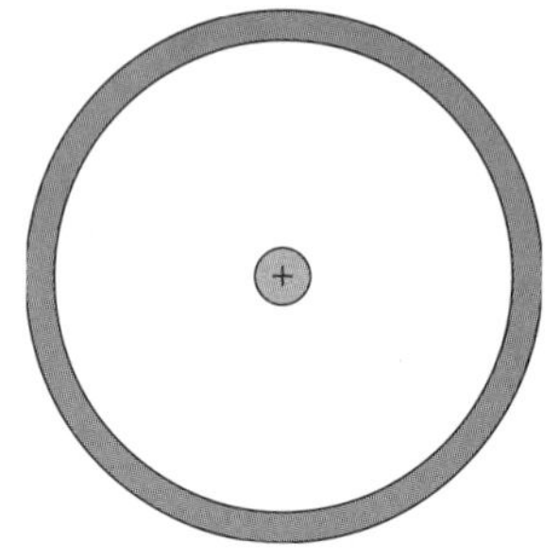

◄ **FIGURA 15.28 Un punto de carga dentro de una gruesa esfera metálica** Véase el ejercicio 47.

48. **PC** En cierto lugar, el campo eléctrico provocado por el exceso de carga sobre la superficie de la Tierra apunta hacia abajo. ¿Cuál es el signo de la carga en la superficie terrestre en ese lugar? ¿Por qué?

49. **PC** *a*) ¿El campo eléctrico generado por dos cargas negativas idénticas podría ser cero en algún lugar (o lugares) cercano(s)? Explique su respuesta. Si ésta es afirmativa, describa la situación y dibújela. *b*) ¿Cómo cambiaría su respuesta si las cargas fueran iguales pero con signos contrarios? Explique su respuesta.

50. **El** ● *a*) Si la distancia desde una carga se duplica, ¿la magnitud del campo eléctrico 1) aumenta, 2) disminuye o 3) es igual en comparación con el valor inicial? *b*) Si el campo eléctrico original es de 1.0×10^{-4} N/C, ¿cuál es la magnitud del nuevo campo eléctrico al doble de la distancia de la carga?

51. ● Sobre un electrón aislado actúa una fuerza eléctrica de 3.2×10^{-14} N. ¿Cuál es la magnitud del campo eléctrico en la posición del electrón?

52. ● ¿Cuál es la magnitud y sentido del campo eléctrico en un punto situado a 0.75 cm de una carga puntual de +2.0 pC?

53. ● ¿A qué distancia de un protón, la magnitud del campo eléctrico es 1.0×10^5 N/C?

54. **EI** ●● Dos cargas fijas, de -4.0 y -5.0 μC, están separadas una cierta distancia. *a*) ¿El campo eléctrico neto a la mitad de la distancia entre las dos cargas 1) se dirige hacia la carga de -4.0 μC, 2) es cero o 3) se dirige hacia la carga de -5.0 μC? ¿Por qué? *b*) Si las cargas están separadas 20 cm, calcule la magnitud del campo eléctrico neto a media distancia entre las cargas.

55. ●● ¿Cuál sería la magnitud y el sentido de un campo eléctrico vertical que soportara justamente el peso de un protón sobre la superficie de la Tierra? ¿Y el peso de un electrón?

56. **EI** ●● Dos cargas, de -3.0 y -4.0 μC, están localizadas en los puntos (-0.50 m, 0) y (0.50 m, 0), respectivamente. Hay un punto sobre el eje x entre las dos cargas donde el campo eléctrico es cero. *a*) ¿Ese punto está 1) a la izquierda del origen, 2) en el origen o 3) a la derecha del origen? *b*) Encuentre la posición del punto donde el campo eléctrico es cero.

57. ●● Tres cargas, de $+2.5$ μC, -4.8 μC y -6.3 μC, están localizadas en (-0.20 m, 0.15 m), (0.50 m, -0.35 m) y (-0.42 m, -0.32 m), respectivamente. ¿Cuál es el campo eléctrico en el origen?

58. ●● Dos cargas, de +4.0 y +9.0 μC, están a 30 cm de distancia una de otra. ¿En qué lugar de la línea que une a las cargas el campo eléctrico es cero?

59. ●●● ¿Cuál es el campo eléctrico en el centro del triángulo en la figura 15.25?

60. ●●● Calcule el campo eléctrico en un punto a la mitad entre las cargas q_1 y q_2 en la figura 15.25.

61. ●●● ¿Cuál es el campo eléctrico en el centro del cuadrado en la figura 15.26?

62. ●●● Una partícula con masa de 2.0×10^{-5} kg y una carga de $+2.0$ μC se libera en un campo eléctrico horizontal uniforme (de placas paralelas) de 12 N/C. *a*) ¿Qué tan lejos viaja horizontalmente la partícula en 0.50 s? *b*) ¿Cuál es el componente horizontal de su velocidad en ese punto? *c*) Si las placas miden 5.0 cm por lado, ¿cuánta carga tiene cada una?

63. ●●● Dos placas paralelas muy grandes tienen cargas uniformes y contrarias. Si el campo entre las placas es de 1.7×10^6 N/C, ¿qué tan densa es la carga sobre cada placa (en μC/m^2)?

64. ●●● Dos placas cuadradas conductoras con cargas contrarias miden 20 cm por lado. Están colocadas paralelamente y cerca una con respecto a la otra. Tienen cargas de $+4.0$ y -4.0 nC, respectivamente. *a*) ¿Cuál es el campo eléctrico entre las placas? *b*) ¿Qué fuerza se ejerce sobre un electrón entre las placas?

65. ●●● Calcule el campo eléctrico en un punto a 4.0 cm de q_2 a lo largo de una línea que se dirige hacia q_3 en la figura 15.26.

66. ●●● Dos cargas iguales y contrarias forman un dipolo, como se ilustra en la ▾figura 15.29. *a*) Sume los campos eléctricos generados por cada una en el punto P, para determinar gráficamente la dirección del campo eléctrico en ese lugar. *b*) Obtenga una expresión simbólica para la magnitud del campo eléctrico en el punto P, en términos de k, q, d y x? *c*) Si el punto P está muy alejado, utilice el resultado exacto para demostrar que $E \approx kqd/x^3$. *d*) ¿Por qué se trata de un *cubo* inverso en lugar de un *cuadrado* inverso? Explique su respuesta.

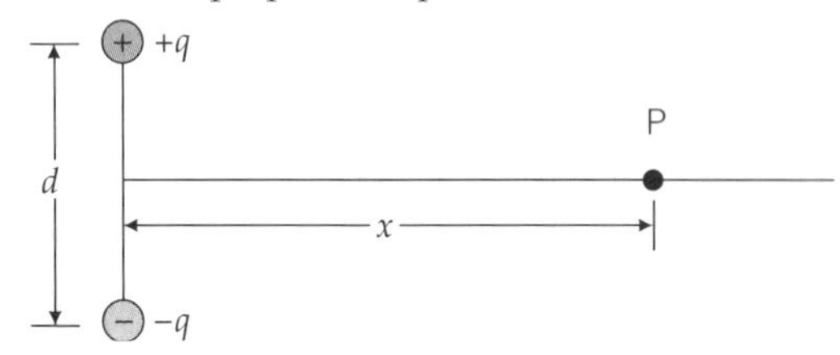

▲ **FIGURA 15.29 Campo eléctrico dipolar**
Véase el ejercicio 66.

15.5 Conductores y campos eléctricos

67. **OM** En equilibrio electrostático, ¿el campo eléctrico justo abajo de la superficie de un conductor cargado *a*) tiene el mismo valor que el campo justo arriba de la superficie, *b*) es cero, *c*) depende de la cantidad de carga en el conductor o *d*) está dado por kq/R^2?

68. **OM** Una plancha metálica delgada descargada se coloca en un campo eléctrico externo que apunta horizontalmente hacia la izquierda. ¿Cuál es el campo eléctrico dentro de la plancha? *a*) Cero, *b*) tiene el mismo valor que el del campo externo original, aunque con sentido contrario, *c*) es menor que el valor del campo externo original, pero es diferente de cero o *d*) depende de la magnitud del campo externo.

69. **OM** La dirección del campo eléctrico en la superficie de un conductor cargado en condiciones electrostáticas *a*) es paralelo a la superficie, *b*) es perpendicular a la superficie, *c*) está a 45° con respecto a la superficie o *d*) depende de la carga en el conductor.

70. **PC** ¿Es seguro permanecer en un automóvil durante una tormenta eléctrica (▾figura 15.30)? Explique su respuesta.

▲ **FIGURA 15.30 ¿Está seguro dentro del automóvil?**
Véase el ejercicio 70.

71. PC En condiciones electrostáticas, la carga en exceso en un conductor está distribuida de manera uniforme sobre su superficie. ¿Cuál es la forma de la superficie?

72. PC Los edificios altos tienen pararrayos para protegerlos del impacto de relámpagos. Explique por qué los pararrayos son puntiagudos y rebasan la altura de los edificios.

73. **EI** ● Una esfera sólida conductora está rodeada por una cubierta esférica gruesa conductora. Suponga que una carga total $+Q$ se coloca inicialmente en el centro de la esfera interior y luego se le libera. *a*) Después de que se alcanza el equilibrio, la superficie interior de la cubierta tendrá carga 1) negativa, 2) cero o 3) positiva. *b*) En términos de Q, ¿cuánta carga hay en el interior de la esfera? *c*) ¿En la superficie de la esfera? *d*) ¿En la superficie interior de la cubierta? *e*) ¿En la superficie exterior de la cubierta?

74. ● En el ejercicio 73, ¿cuál es la dirección del campo *a*) en el interior de la esfera sólida, *b*) entre la esfera y la cubierta, *c*) dentro de la cubierta y *d*) fuera de la cubierta?

75. ●● En el ejercicio 73, escriba expresiones para la magnitud del campo eléctrico *a*) en el interior de la esfera sólida, *b*) entre la esfera y la cubierta, *c*) dentro de la cubierta y *d*) fuera de la cubierta. Su respuesta debe estar en términos de Q, r (la distancia desde el centro de la esfera) y k.

76. ●● Una pieza de metal plana triangular con esquinas redondeadas tiene una carga positiva neta sobre ella. Dibuje la distribución de carga sobre la superficie y las líneas de campo eléctrico cerca de la superficie del metal (incluyendo sus direcciones).

77. ●●● Considere que una aguja metálica es aproximadamente un cilindro largo con un extremo muy puntiagudo pero ligeramente redondeado. Dibuje la distribución de carga y las líneas exteriores de campo eléctrico si la aguja tiene un exceso de electrones sobre ella.

*15.6 Ley de Gauss para campos eléctricos: un enfoque cualitativo

78. **OM** Una superficie gaussiana rodea un objeto que tiene una carga neta de $-5.0\ \mu C$. ¿Cuál de los siguientes enunciados es cierto? *a*) Más líneas de campo eléctrico apuntarán hacia fuera que hacia dentro. *b*) Más líneas de campo eléctrico apuntarán hacia dentro que hacia fuera. *c*) El número neto de líneas de campo a través de la superficie es cero. *d*) Sólo debe haber líneas de campo que apuntan hacia dentro a través de la superficie.

79. **OM** ¿Qué podría decir acerca del número neto de líneas de campo eléctrico que pasan a través de una superficie gaussiana localizada completamente dentro de la región comprendida entre un conjunto de placas paralelas con cargas contrarias? *a*) El número neto apunta hacia fuera. *b*) El número neto apunta hacia dentro. *c*) El número neto es cero. *d*) El número neto depende de la cantidad de carga en cada placa.

80. **OM** Dos superficies esféricas concéntricas encierran una partícula cargada. El radio de la esfera exterior es el doble del radio de la interior. ¿Cuál esfera tendrá más líneas de campo eléctrico que pasan a través de su superficie? *a*) La más grande. *b*) La más pequeña. *c*) Ambas esferas tendrían el mismo número de líneas de campo que pasan a través de ellas. *d*) La respuesta depende de la cantidad de carga de la partícula.

81. PC La misma superficie gaussiana se usa para rodear dos objetos cargados por separado. El número neto de líneas de campo que penetran la superficie es el mismo en ambos casos, pero las líneas tienen sentido contrario. ¿Qué podría decir acerca de las cargas netas sobre los dos objetos?

82. PC Si el número neto de líneas de campo eléctrico apunta hacia fuera desde una superficie gaussiana, ¿esto necesariamente significa que no hay cargas negativas en el interior? Explique con un ejemplo.

83. ● Suponga que una superficie gaussiana encierra tanto una carga puntual positiva (que tiene seis líneas de campo que salen de ella) como una carga puntual negativa (con el doble de magnitud de la carga positiva). ¿Cuál es el número neto de líneas de campo que pasan a través de la superficie gaussiana?

84. **EI** ●● Una superficie gaussiana tiene 16 líneas de campo que salen cuando rodea una carga puntual de $+10.0\ \mu C$ y 75 líneas de campo que entran cuando rodea una carga puntual desconocida. *a*) La magnitud de la carga desconocida es 1) mayor que $10.0\ \mu C$, 2) igual a $10.0\ \mu C$ o 3) menor que $10.0\ \mu C$. ¿Por qué? *b*) ¿Qué magnitud tiene la carga desconocida

85. ●● Si 10 líneas de campo salen de una superficie gaussiana cuando ésta rodea por completo el extremo positivo de un dipolo eléctrico, ¿cuál sería el número de líneas si la superficie rodeara sólo el otro extremo?

Ejercicios adicionales

86. Una bolita de médula de saúco cargada negativamente (con masa de 6.00×10^{-3} g y carga de -1.50 nC) está suspendida verticalmente de una cuerda ligera y no conductora cuya longitud es de 15.5 cm. Este aparato se coloca entonces en un campo eléctrico horizontal y uniforme. Después de ser liberada, la bolita llega a una posición estable a un ángulo de 12.3° a la izquierda de la vertical. *a*) ¿Cuál es la dirección del campo eléctrico externo? *b*) Determine la magnitud del campo eléctrico.

87. Una partícula con una carga positiva de 9.35 pC está suspendida en equilibrio en el campo eléctrico entre dos placas paralelas horizontales y con cargas contrarias. Cada una de las placas cuadradas tiene una carga de 5.50×10^{-5} C; entre ellas hay una separación de 6.25 mm y sus lados tienen una longitud de 11.0 cm. *a*) ¿Cuál placa debe estar cargada positivamente? *b*) Determine la masa de la partícula.

88. PC Utilice los argumentos del principio de superposición y/o de simetría para determinar la dirección del campo eléctrico *a*) en el centro de un cable semicircular con carga positiva uniforme, *b*) en el plano de una placa

lisa con carga negativa, justo fuera de una de las orillas, y *c*) en el eje perpendicular bisector de un largo y delgado aislador con más carga negativa en un extremo que carga positiva en el otro.

89. Un electrón parte de una placa que integra un arreglo de placas paralelas cargadas y con una pequeña separación (vertical). La velocidad del electrón es de 1.63×10^4 m/s hacia la derecha. Su rapidez al alcanzar la otra placa, localizada a 2.10 cm, es de 4.15×10^4 m/s. *a*) ¿Qué tipo de carga hay en cada placa? *b*) ¿Cuál es la dirección del campo eléctrico entre las placas? *c*) Si las placas son cuadradas y sus lados miden 25.4 cm de longitud, determine la carga en cada una.

90. Dos cargas fijas, de −3.0 y −5.0 μC, están separadas 0.40 m. *a*) ¿Dónde debería colocarse una tercera carga de −1.0 μC para que el sistema de tres cargas esté en equilibrio electrostático. *b*) ¿Y si la tercera carga fuera de +1.0 μC?

91. Encuentre el campo eléctrico en el punto O para la configuración de cargas que se ilustra en la ▾figura 15.31.

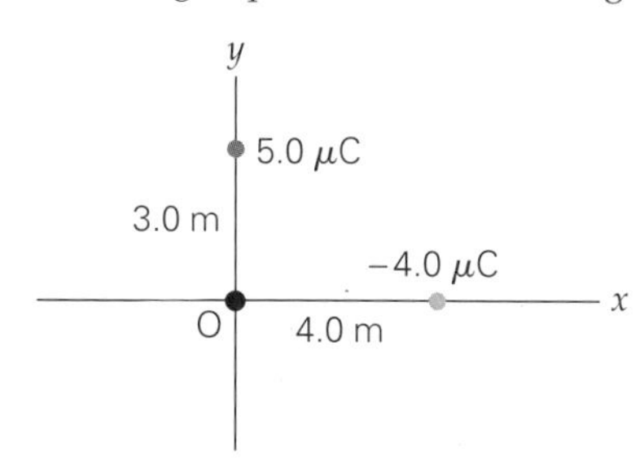

▲ **FIGURA 15.31 Campo eléctrico** Véase el ejercicio 91.

92. PC Un bloque uniforme de metal (menos grueso que la distancia de separación entre las placas) se inserta de forma paralela entre un par de placas paralelas con cargas contrarias. Haga un boceto del campo eléctrico resultante entre las placas incluyendo al bloque.

93. Un electrón en un monitor de computadora entra a medio camino entre dos placas paralelas con cargas opuestas, como se ilustra en la ▾figura 15.32. La rapidez inicial del electrón es de 6.15×10^7 m/s y su desviación vertical (*d*) es de 4.70 mm. *a*) ¿Cuál es la magnitud del campo eléctrico entre las placas? *b*) Determine la magnitud de la densidad de la carga superficial en las placas en C/m^2.

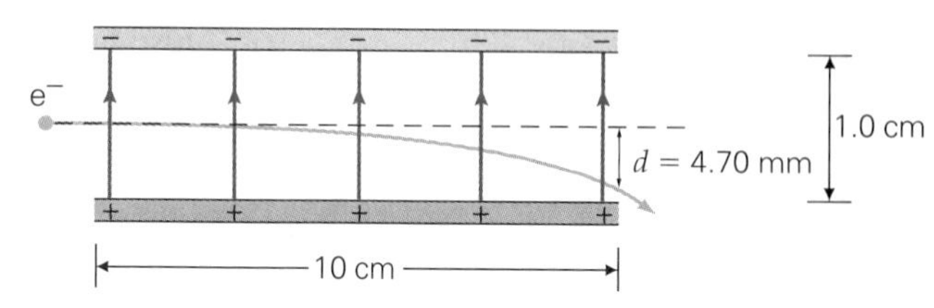

▲ **FIGURA 15.32 Un electrón en un monitor de computadora** Véase el ejercicio 93.

94. PC Para un dipolo eléctrico, el producto *qd* se llama *momento dipolar* y se denota con el símbolo *p*. El momento dipolar es en realidad un vector $\vec{\mathbf{p}}$ que apunta del extremo negativo al positivo. Suponiendo que un dipolo eléctrico está libre para moverse y girar, y que parte del reposo, *a*) haga un boceto para demostrar que si se coloca en un campo uniforme girará conforme trate de "alinearse" con la dirección del campo. *b*) ¿Qué cambia en el movimiento del dipolo si el campo no es uniforme?

Los siguientes problemas de física Physlet pueden utilizarse con este capítulo.
22.1, 22.2, 22.3, 22.4, 22.5, 22.7, 22.8, 22.9, 23.1, 23.2, 23.4, 23.6, 23.7, 23.8

CAPÍTULO

16 POTENCIAL ELÉCTRICO, ENERGÍA Y CAPACITANCIA

HECHOS DE FÍSICA

- La unidad de capacitancia eléctrica, el farad, recibió ese nombre en honor del científico británico Michael Faraday (1791-1867). A los 21 años y con escasa educación formal, Faraday se convirtió en asistente de laboratorio en la Real Institución de Londres. Finalmente, ocupó el cargo de director del laboratorio. Faraday descubrió la inducción electromagnética, que es el principio detrás de las modernas plantas generadoras de electricidad.
- En electroquímica, una importante cantidad de carga, llamada faraday, equivale a 96 485.3415 coulombs. El nombre se eligió en honor de Michael Faraday por sus experimentos electroquímicos, los cuales demostraron que se requiere 1 faraday de carga para depositar 1 mol de plata en el cátodo cargado negativamente de su aparato.
- El conde Alessandro Volta nació en Como, Italia, en 1745. Como no habló sino hasta los 4 años, su familia estaba convencida de que sufría retraso mental. Sin embargo, en 1778 fue el primero en aislar el metano (el principal componente del gas natural). Al igual que muchos químicos de su época, hizo un trabajo significativo sobre la electricidad en relación con las reacciones químicas. Construyó la primera batería eléctrica, y la unidad de fuerza electromotriz, el volt (V), recibió ese nombre en su honor.
- Las anguilas eléctricas pueden matar o paralizar a sus presas produciendo diferencias de potencial (o voltajes) mayores de 650 volts, una cifra que equivale a más de 50 veces el voltaje de un acumulador (batería) de automóvil. Otros peces eléctricos, como el nariz de elefante, generan apenas 1 volt, que resulta útil para localizar a sus presas, pero no para cazarlas.

La chica en la imagen experimenta algunos efectos eléctricos, conforme se carga a un potencial eléctrico de varios miles de volts. Los circuitos domésticos operan a sólo 120 volts y pueden darle a usted un choque molesto y potencialmente peligroso. Sin embargo, la señorita no parece tener ningún problema. ¿Qué es lo que pasa? El lector encontrará la explicación de esto y de muchos otros fenómenos eléctricos en éste y en los siguientes dos capítulos. Ahora estudiaremos el concepto básico de potencial eléctrico, y examinaremos sus propiedades y su utilidad.

Aun cuando este capítulo se concentra en el estudio de conceptos fundamentales de electricidad, como voltaje y capacitancia, se incluye información sobre sus aplicaciones. Por ejemplo, la máquina de rayos X de su dentista trabaja con alto voltaje para acelerar electrones. Los desfibriladores del corazón utilizan condensadores para almacenar temporalmente la energía eléctrica requerida para estimular el corazón a tomar su ritmo correcto. En las cámaras fotográficas se utilizan condensadores para almacenar la energía que acciona la unidad de flash. Nuestro sistema nervioso, al ser una red de comunicación, es capaz de enviar miles de voltajes eléctricos por segundo, que van y vienen por los "cables" que llamamos nervios. Estas señales son generadas por actividad química. El cuerpo las utiliza para permitirnos hacer muchas actividades que damos por sentadas, como el movimiento muscular, los procesos mentales, la visión y la audición. En capítulos posteriores, analizaremos más usos de la electricidad, como los aparatos eléctricos, las computadoras, los instrumentos médicos, el sistemas de distribución de energía eléctrica y el cableado doméstico.

16.1 Energía potencial eléctrica y diferencia de potencial eléctrico

OBJETIVOS: *a*) Entender el concepto de diferencia de potencial eléctrico (voltaje) y su relación con la energía potencial eléctrica y *b*) calcular diferencias de potencial eléctrico.

En el capítulo 15, los efectos eléctricos fueron analizados en términos de vectores de campo eléctrico y líneas de fuerza eléctrica. Recuerde que en los primeros capítulos, al estudiar la mecánica, iniciamos el uso de las leyes de Newton, los diagramas de cuerpo libre y las fuerzas (*vectores*). Entonces, la búsqueda de un enfoque más sencillo nos condujo al estudio de cantidades *escalares* como el trabajo, la energía cinética y la energía potencial. Con esos conceptos, pudieron emplearse métodos de energía para resolver muchos problemas que habrían sido mucho más difíciles de tratar usando el enfoque vectorial (fuerza). Resulta extremadamente útil, tanto conceptualmente como desde un enfoque de resolución de problemas, extender esos métodos de energía al estudio de los campos eléctricos.

Energía potencial eléctrica

Empecemos con uno de los patrones de campo eléctrico más sencillo: el campo entre dos grandes placas paralelas cargadas opuestamente. Como vimos en el capítulo 15, cerca del centro de las placas el campo es uniforme en magnitud y en dirección (▾figura 16.1a). Suponga que una carga pequeña positiva q_+ se mueve con rapidez constante contra el campo eléctrico, $\vec{\mathbf{E}}$, directamente de la placa negativa (A) a la placa positiva (B). Se requiere una fuerza externa ($\vec{\mathbf{F}}_{ext}$) con la misma magnitud que la fuerza eléctrica (¿por qué?), de manera que $F_{ext} = q_+E$. El trabajo efectuado por la fuerza externa es positivo, ya que la fuerza y el desplazamiento van en la misma dirección. Así, la cantidad de trabajo hecho por la fuerza externa es $W_{ext} = F_{ext}(\cos 0°)d = q_+Ed$.

Si la carga de prueba es liberada cuando llega a la placa positiva, ésta acelerará de regreso hacia la placa negativa, ganando energía cinética. Esta energía cinética resulta del trabajo efectuado sobre la carga, y la energía inicial (cuando no hay energía cinética en B) debe ser algún tipo de energía potencial. Al mover la carga de la placa A a la placa B, la fuerza externa incrementa la **energía potencial eléctrica, U_e,** de la carga ($U_B > U_A$) en una cantidad igual al trabajo hecho sobre la carga. Por lo que el *cambio* en la energía potencial eléctrica de la carga es:

Nota: de la ecuación, $\vec{\mathbf{E}} = \vec{\mathbf{F}}/q_+$ y $\vec{\mathbf{F}} = q_+\vec{\mathbf{E}}$.

$$\Delta U_e = U_B - U_A = q_+Ed$$

La analogía gravitacional del campo eléctrico de placas paralelas es el campo gravitacional cerca de la superficie de la Tierra, donde ese campo es uniforme. Cuando un objeto se eleva una distancia vertical h a velocidad constante, el cambio en su energía potencial es positivo ($U_B > U_A$) e igual al trabajo efectuado por la fuerza externa (levantamiento). Suponiendo que no hay aceleración, esta fuerza es igual al peso del objeto: $F_{ext} = w = mg$ (figura 16.1b). Así, el incremento en energía potencial gravitacional es

Ilustración 25.1 Energía y voltaje

$$\Delta U_g = U_B - U_A = F_{ext}h = mgh$$

(*Nota*: para distinguir con claridad entre las dos situaciones, se usan diferentes símbolos h y d.)

▼ **FIGURA 16.1 Cambios en energía potencial en campos eléctricos y gravitacionales uniformes** *a*) Para mover una carga positiva q_+ contra el campo eléctrico se requiere trabajo positivo e incrementa la energía potencial eléctrica. *b*) Para mover una masa m contra el campo gravitacional requiere trabajo positivo e incrementa la energía potencial gravitacional.

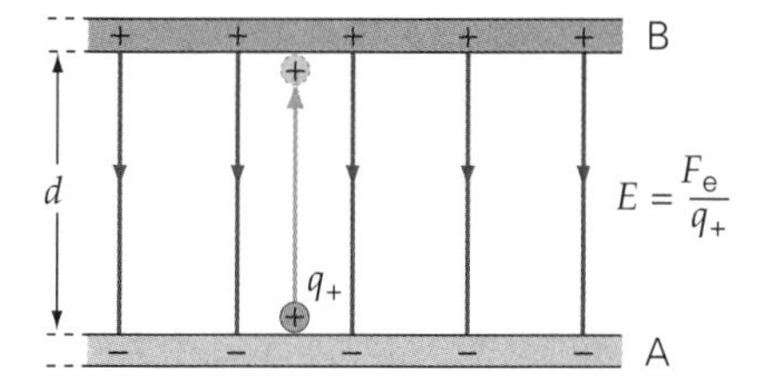

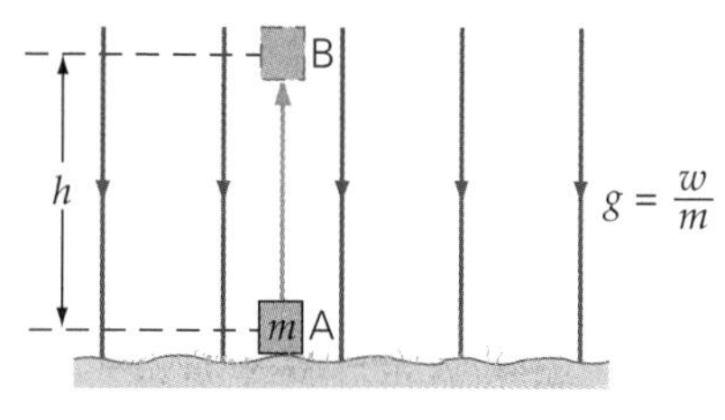

Diferencia de potencial eléctrico

Recuerde que al definir el campo eléctrico como la fuerza eléctrica *por unidad de carga de prueba positiva*, se eliminó la dependencia sobre la carga de prueba. Entonces, conociendo el campo eléctrico, se determina la fuerza en cualquier carga puntual colocada en esa localidad, con $F_e = q_+E$. Asimismo, la **diferencia de potencial eléctrico, ΔV,** entre dos puntos cualesquiera en el espacio se define como el cambio en energía potencial *por carga unitaria de prueba positiva*:

$$\Delta V = \frac{\Delta U_e}{q_+} \quad \textit{(diferencia de potencial eléctrico)} \tag{16.1}$$

Unidad SI de diferencia de potencial eléctrico:
joule/coulomb (J/C) o volt (V)

La unidad SI de la diferencia de potencial eléctrico es el joule por coulomb. Esta unidad se denomina **volt (V)** en honor de Alessandro Volta (1745-1827), el científico italiano que construyó la primera batería (capítulo 17), por lo que 1 V = 1 J/C. La diferencia de potencial comúnmente se llama **voltaje**, y el símbolo para la diferencia de potencial usualmente se cambia de ΔV a sólo V, como lo haremos más adelante en este capítulo.

Tenga en cuenta un punto fundamental: la diferencia de potencial eléctrico, aunque se basa en la diferencia de *energía* potencial eléctrica, *no* es lo mismo. La diferencia de potencial eléctrico se define como la diferencia de energía potencial eléctrica *por carga unitaria* y, por lo tanto, no depende de la cantidad de carga movida. Como el campo eléctrico, la diferencia de potencial es una propiedad útil, ya que a partir de ΔV se calcula ΔU_e para *cualquier* cantidad de carga movida. Para ilustrar este punto, calculemos la diferencia de potencial asociada con el campo uniforme entre dos placas paralelas:

$$\Delta V = \frac{\Delta U_e}{q_+} = \frac{q_+Ed}{q_+} = Ed \quad \begin{array}{l}\textit{diferencia de potencial}\\ \textit{(sólo placas paralelas)}\end{array} \tag{16.2}$$

Observe que la cantidad de carga movida, q_+, se cancela. Así, la diferencia de potencial ΔV depende sólo de las características de las placas cargadas, esto es, del campo que producen (E) y su separación (d). Decimos que:

> Para un par de placas paralelas con cargas opuestas, la placa con carga positiva está en un *potencial eléctrico mayor* que la de carga negativa, por una cantidad ΔV.

Note que se definió la *diferencia* de potencial eléctrico sin definir primero el potencial eléctrico (V). Aunque este enfoque no parece correcto, hay una buena razón para hacerlo así. Las *diferencias* de potencial eléctrico son las cantidades físicamente significativas que realmente se miden. (Las diferencias de potencial eléctrico, los voltajes, se miden usando voltímetros, los cuales se estudian en el capítulo 18.) En cambio, el valor del potencial eléctrico V no es definible en una manera absoluta, ya que depende por completo de la elección de un punto de referencia. Esto significa que una constante arbitraria puede sumarse a todos los potenciales, o restarse de éstos, y no alterar las *diferencias* de potencial.

Encontramos la misma idea durante nuestro estudio de las formas mecánicas de la energía potencial asociada con resortes y gravitación (apartados 5.2 y 5.4). Recuerde que sólo eran importantes los *cambios* en energía potencial. Determinamos los valores definidos de la energía potencial, pero sólo después de que se definió un punto de referencia cero. Así, en el caso de la gravedad, por conveniencia, una energía potencial gravitacional igual a cero a veces se elige en la superficie terrestre. Sin embargo, es igualmente correcto (y a veces más conveniente) definir el valor cero a una distancia infinita de la Tierra (apartado 7.5).

Esta propiedad también es válida para la energía potencial eléctrica y el potencial eléctrico. Este último puede elegirse como cero en la placa negativa de un par de placas paralelas cargadas. Sin embargo, a veces resulta conveniente localizar el valor cero en el infinito, como veremos en el caso de una carga puntual. De cualquier manera, no se afectará la *diferencia* entre dos puntos dados. Esta idea se aclara en la sección Aprender dibujando de esta página. Por lo que suponga que para una cierta selección de la localidad del potencial eléctrico cero, el punto A resulta tener un potencial de +100 V y el punto B un potencial de +300 V. Con un punto cero diferente, el potencial en A podría ser de +1100 V. En tal caso, el valor del potencial eléctrico en B sería de +1300 V. Independientemente del punto cero, B *siempre* estará 200 V más arriba en potencial que A.

APRENDER DIBUJANDO

ΔV es independiente del punto de referencia

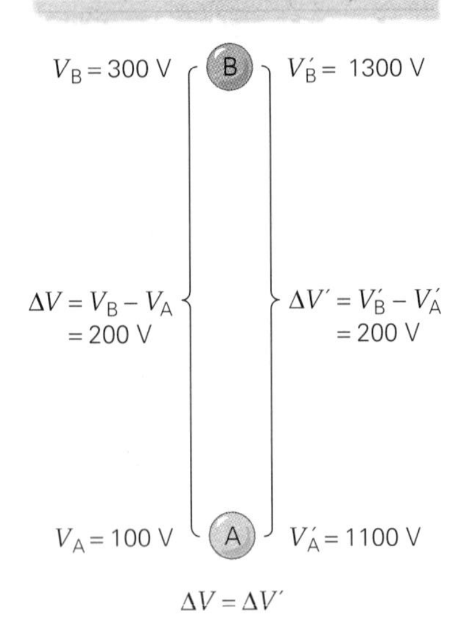

Nota: comúnmente asignamos un valor de cero al potencial eléctrico de la placa negativa, pero esto es arbitrario. Sólo *diferencias* de potencial tienen sentido.

El siguiente ejemplo ilustra la relación entre energía potencial eléctrica y diferencia de potencial eléctrico.

Ejemplo 16.1 ■ Métodos de energía para mover un protón: energía de potencial contra potencial

Imagine que un protón se mueve desde la placa negativa hasta la placa positiva del arreglo de placas paralelas (▸figura 16.2a). Las placas están 1.50 cm separadas, y el campo eléctrico es uniforme con una magnitud de 1500 N/C. *a*) ¿Cuál es el cambio en la energía potencial eléctrica del protón? *b*) ¿Cuál es la diferencia de potencial eléctrico (voltaje) entre las placas? *c*) Si el protón se libera desde el reposo en la placa positiva (figura 16.2b), ¿qué rapidez tendrá justo antes de tocar la placa negativa?

Razonamiento. *a*) El cambio en energía potencial puede calcularse a partir del trabajo requerido para mover la carga. *b*) La diferencia de potencial eléctrico entre las dos placas se determina dividiendo el trabajo efectuado entre la carga movida. *c*) Cuando se libera el protón, su energía potencial eléctrica se convierte en energía cinética. Conociendo la masa del protón, se puede calcular su rapidez.

Solución. La magnitud del campo eléctrico, E, está dada. Como está implicado un protón, se conocen su masa y carga (tabla 15.1).

Dado:		*Encuentre:*	
	$E = 1500$ N/C		*a*) ΔU_e (cambio de energía potencial)
	$q_p = +1.60 \times 10^{-19}$ C		*b*) ΔV (diferencia de potencial entre placas)
	$m_p = 1.67 \times 10^{-27}$ kg		*c*) v (rapidez del protón liberado justo antes de alcanzar la placa negativa)
	$d = 1.50$ cm $= 1.50 \times 10^{-2}$ m		

a) Se incrementa la energía potencial eléctrica, porque debe efectuarse trabajo positivo sobre el protón para moverlo contra el campo eléctrico, hacia la placa positiva:

$$\Delta U_e = q_p E d = (+1.60 \times 10^{-19}\ \text{C})(1500\ \text{N/C})(1.50 \times 10^{-2}\ \text{m}) = +3.60 \times 10^{-18}\ \text{J}$$

b) La diferencia de potencial, o voltaje, es el cambio de energía potencial por carga unitaria (definida en la ecuación 16.1):

$$\Delta V = \frac{\Delta U_e}{q_p} = \frac{+3.60 \times 10^{-18}\ \text{J}}{+1.60 \times 10^{-19}\ \text{C}} = +22.5\ \text{V}$$

Decimos entonces que la placa positiva es 22.5 V superior en potencial eléctrico que la placa negativa.

c) La energía total del protón es constante; por lo tanto, $\Delta K + \Delta U_e = 0$. El protón no tiene energía cinética inicial ($K_o = 0$). Por consiguiente, $\Delta K = K - K_o = K$. De esta relación, se calcula la rapidez del protón:

$$\Delta K = K = -\Delta U_e$$

o bien,

$$\tfrac{1}{2} m_p v^2 = -\Delta U_e$$

Pero al regresar a la placa negativa, el cambio en energía potencial del protón es negativo (¿por qué?), de manera que $\Delta U_e = -3.60 \times 10^{-18}$ J y la rapidez del protón será:

$$v = \sqrt{\frac{2(-\Delta U_e)}{m_p}} = \sqrt{\frac{2[-(-3.60 \times 10^{-18}\ \text{J})]}{1.67 \times 10^{-27}\ \text{kg}}} = 6.57 \times 10^4\ \text{m/s}$$

Si bien la energía cinética ganada es muy pequeña, el protón adquiere una alta rapidez porque su masa es extremadamente pequeña.

Ejercicio de refuerzo. ¿Cómo cambiarían sus respuestas en este ejemplo si se moviese una partícula alfa en vez de un protón? (Una partícula alfa es el núcleo de un átomo de helio y tiene una carga de $+2e$ con una masa de aproximadamente cuatro veces la del protón.) (*Las respuestas de todos los Ejercicios de refuerzo se dan al final del libro.*)

Los principios del ejemplo 16.1 pueden usarse también para demostrar otra propiedad interesante de la energía potencial eléctrica (y del potencial eléctrico): ambos son *independientes de las trayectorias seguidas*. Recuerde que en el apartado 5.5 vimos que esto significa que *la fuerza electrostática es conservativa*. En la figura 16.2c, el trabajo efectuado para mover el protón de A a B es el mismo, independientemente de la ruta tomada. Así, las trayectorias ondulantes alternativas de A a B y de A a B′ requieren el mismo trabajo que sus respectivas trayectorias rectilíneas. Esto se debe a que el movimiento en ángulo recto al campo no requiere trabajo. (¿Por qué?)

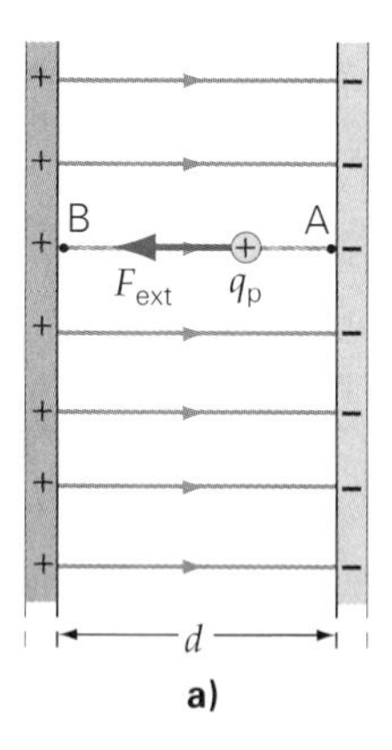

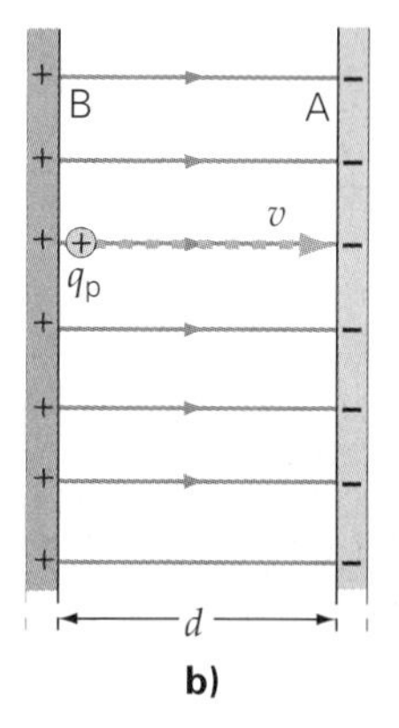

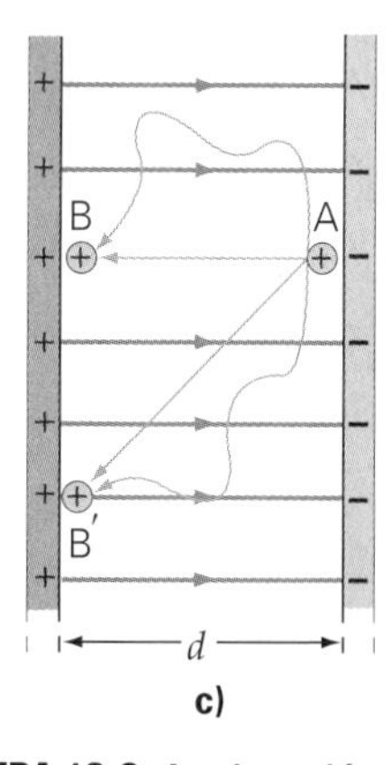

▲ **FIGURA 16.2** Aceleración de una carga *a*) Al mover un protón de la placa negativa a la positiva se incrementa la energía potencial del protón. (Véase el ejemplo 16.1.) *b*) Cuando se libera de la placa positiva, el protón acelera de regreso hacia la placa negativa, ganando energía cinética a costa de la energía potencial eléctrica. *c*) El trabajo efectuado para mover un protón entre dos puntos cualesquiera en un campo eléctrico, como A y B o A y B′, es independiente de la trayectoria.

Nota: las diferencias de potencial, como en campos eléctricos, se definen en términos de cargas positivas. Las cargas negativas se someten a la misma diferencia de potencial, pero la energía potencial opuesta cambia. Para determinar si el potencial aumenta o disminuye, decida si una fuerza externa efectúa trabajo positivo o negativo sobre una carga de prueba *positiva*.

La analogía gravitacional en el ejemplo 16.1 es, por supuesto, elevar un objeto en un campo gravitacional uniforme. Cuando el objeto se eleva, se incrementa su energía potencial gravitacional, porque la fuerza de gravedad actúa hacia abajo. Sin embargo, con la electricidad, sabemos que hay dos tipos de cargas, y la fuerza entre ellas puede ser de repulsión o de atracción. En este punto cesa la simple analogía con la gravedad.

Para entender por qué la analogía falla, considere cómo el análisis del ejemplo 16.1 diferiría si se hubiera usado un electrón en vez de un protón. El electrón, negativamente cargado, sería atraído a la placa B, por lo que la fuerza externa tendría que ser en sentido *opuesto* al desplazamiento del electrón (para evitar que el electrón acelerara). Así, para un electrón, esta fuerza haría trabajo *negativo, disminuyendo* la energía potencial eléctrica. A diferencia del protón, el electrón es atraído hacia la placa positiva (la placa con mayor potencial eléctrico). Si se le permitiera moverse libremente, el electrón "caería" (acelerаría) hacia la región de menor potencial. Entonces tanto el protón como el electrón terminaron perdiendo energía potencial y ganando energía cinética. En resumen, acerca del comportamiento de partículas cargadas en campos eléctricos, diremos que:

Las cargas positivas, al ser liberadas, tienden a moverse hacia regiones de menor potencial eléctrico.

Al liberarse las cargas negativas tienden a moverse hacia regiones de mayor potencial eléctrico.

Considere la siguiente aplicación médica que implica la generación de rayos X a partir de electrones rápidos acelerados por grandes diferencias de potencial eléctrico (voltajes).

Ejemplo 16.2 ■ Creación de rayos X: aceleración de electrones

Los consultorios dentales modernos cuentan con aparatos de rayos X para diagnosticar problemas dentales ocultos (◂figura 16.3a). En general los electrones se aceleran a través de una diferencia de potencial eléctrico (voltajes) de 25 000 V. Cuando los electrones golpean la placa positivamente cargada, su energía cinética se convierte en partículas de luz de alta energía llamadas *fotones de rayos X* (figura 16.3b). (Los fotones son partículas de luz.) Suponga que la energía cinética de un solo electrón está igualmente distribuida entre cinco fotones de rayos X. ¿Cuánta energía tendría un fotón?

Razonamiento. De la conservación de la energía, la energía cinética ganada por cualquier electrón es igual en magnitud a la energía potencial eléctrica que pierde. De esta energía cinética perdida por un electrón, puede calcularse la energía de un fotón de rayo X.

Solución. Se conoce la carga de un electrón (de la tabla 15.1), y se da el voltaje de aceleración.

Dado: $q = -1.60 \times 10^{-19}$ C, $\Delta V = 2.50 \times 10^4$ V *Encuentre:* energía (E) de un fotón de rayo X

El electrón deja la placa negativamente cargada y se mueve hacia la región de máximo potencial eléctrico (esto es, "colina arriba"). Así, el cambio en su energía potencial eléctrica es

$$\Delta U_e = q\Delta V = (-1.60 \times 10^{-19}\text{ C})(+2.50 \times 10^4\text{ V}) = -4.00 \times 10^{-15}\text{ J}$$

La ganancia en energía cinética proviene de esta pérdida en energía potencial eléctrica. Como los electrones no tienen energía cinética apreciable cuando ellos empiezan a moverse,

$$K = |\Delta U_e| = 4.00 \times 10^{-15}\text{ J}$$

Por lo tanto, si se comparte igualmente un fotón tendrá una energía de

$$E = \frac{K}{5} = 8.00 \times 10^{-16}\text{ J}$$

Ejercicio de refuerzo. En este ejemplo, use métodos de energía para determinar la rapidez de uno de los electrones cuando está a un décimo de la distancia a la placa positiva.

a)

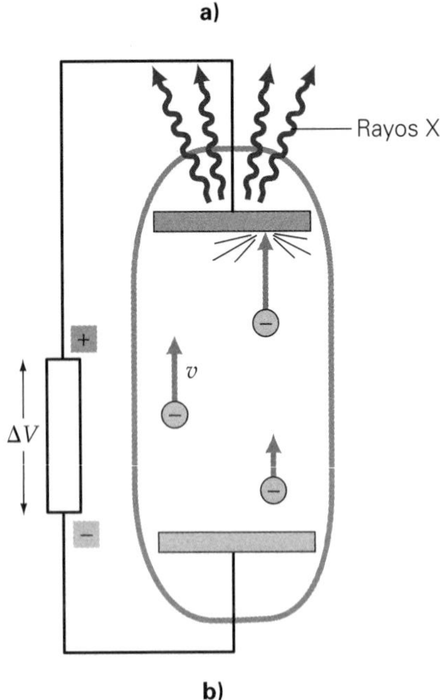

b)

▲ **FIGURA 16.3 Producción de rayos X** *a)* Un aparato dental de rayos X. *b)* Un diagrama esquemático de la producción de rayos X.

Diferencia de potencial eléctrico debido a una carga puntual

En campos eléctricos no uniformes, la diferencia de potencial entre dos puntos se determina aplicando la definición dada en la ecuación 16.1. Sin embargo, cuando varía la intensidad del campo (y por ende el trabajo efectuado), su cálculo se complica. El único campo no uniforme que consideraremos en detalle es el debido a una carga puntual (▸figura 16.4). Para la expresión para la diferencia de potencial (voltaje) entre dos puntos a distancias r_A y r_B desde una carga puntual q, simplemente enunciarnos:

$$\Delta V = \frac{kq}{r_B} - \frac{kq}{r_A} \quad \textit{diferencia de potencial eléctrico (sólo carga puntual)} \qquad (16.3)$$

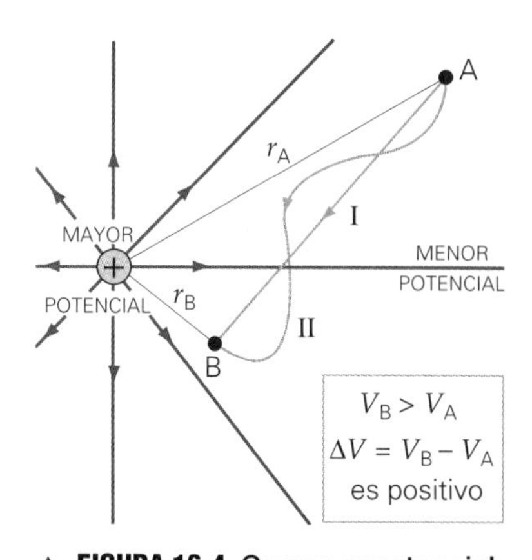

▲ **FIGURA 16.4 Campo y potencial eléctricos debidos a una carga puntual** El potencial eléctrico aumenta conforme usted se acerca a una carga positiva. Así, B está a un potencial mayor que A.

En la figura 16.4, la carga puntual es positiva. Como la localidad B está más cerca de la carga que A, la diferencia de potencial es positiva, es decir, $V_B - V_A > 0$ o $V_B > V_A$. De manera que B está a un mayor potencial que A. Esto fundamentalmente es porque los cambios en el potencial se determinan visualizando el movimiento de una carga de prueba positiva. Aquí se requiere un trabajo *positivo* para mover una carga de prueba de A a B.

De este análisis, vemos que el potencial eléctrico aumenta conforme consideramos localidades más cercanas a una carga positiva. Observe además (figura 16.4) que el trabajo efectuado en la trayectoria II es el mismo que en la trayectoria I. Como la fuerza eléctrica es una fuerza conservativa, la diferencia de potencial es la misma, independientemente de la trayectoria.

Ahora considere lo que pasaría si la carga puntual fuera negativa. En este caso, B estaría a un *menor* potencial que A, ya que el trabajo requerido para mover una carga de prueba positiva más cerca ahora sería *negativo* (¿por qué?)

Entonces, el potencial eléctrico cambia de acuerdo con las siguientes reglas:

> El potencial eléctrico aumenta cuando consideramos localidades más cercanas a cargas positivas o más alejadas de cargas negativas.

y

> El potencial eléctrico disminuye cuando consideramos localidades más alejadas de cargas positivas o más cercanas a cargas negativas.

Por lo general el potencial a una distancia muy grande de una carga puntual se elige igual a cero (como lo hicimos con la energía potencial gravitacional para una masa puntual en el capítulo 7). Para esta selección, el *potencial eléctrico* V a una distancia r de una carga puntual está dado por

$$V = \frac{kq}{r} \quad \textit{potencial eléctrico (sólo carga puntual, cero a infinito)} \qquad (16.4)$$

Aunque esta expresión es para el potencial eléctrico, V, recuerde que sólo son importantes las *diferencias* de potencial eléctrico (ΔV), como lo ilustra el siguiente ejemplo.

Ejemplo integrado 16.3 ■ Descripción del átomo de hidrógeno: diferencias de potencial cerca de un protón

En el modelo de Bohr del átomo de hidrógeno, el electrón en órbita alrededor del protón puede existir sólo en ciertas órbitas circulares. La más pequeña tiene un radio de 0.0529 nm, y la siguiente mayor tiene un radio de 0.212 nm. *a*) ¿Qué puede usted decir acerca del potencial eléctrico asociado con cada órbita? 1) La menor tiene un mayor potencial, 2) la mayor tiene un mayor potencial o 3) ambas tienen el mismo potencial. Explique su razonamiento. *b*) Verifique su respuesta en el inciso a calculando los valores del potencial eléctrico en localidades de las dos órbitas.

a) Razonamiento conceptual. El electrón está en órbita en el campo de un protón, cuya carga es positiva. Como el potencial eléctrico crece con distancia decreciente desde una carga positiva, la respuesta debe ser 1.

b) Razonamiento cuantitativo y solución. Conocemos la carga del protón, por lo que la ecuación 16.4 puede usarse para encontrar los valores del potencial. A continuación damos una lista de los valores,

Dado: $q_p = +1.60 \times 10^{-19}$ C
$r_1 = 0.0529 \text{ nm} = 5.29 \times 10^{-11}$ m
$r_2 = 0.212 \text{ nm} = 2.12 \times 10^{-10}$ m (Nota: 1 nm $= 10^{-9}$ m)

Encuentre el valor del potencial eléctrico (V) de cada órbita

La ecuación 16.4 nos permite determinar el potencial eléctrico en ambas distancias. Así,

$$V_1 = \frac{kq_p}{r_1} = \frac{(9.00 \times 10^9 \text{ N}\cdot\text{m}^2/\text{C}^2)(+1.60 \times 10^{-19}\text{ C})}{5.29 \times 10^{-11}\text{ m}} = +27.2 \text{ V}$$

(continúa en la siguiente página)

y para la órbita mayor, tenemos

$$V_2 = \frac{kq_p}{r_2} = \frac{(9.00 \times 10^9\ \text{N}\cdot\text{m}^2/\text{C}^2)(+1.60 \times 10^{-19}\ \text{C})}{2.12 \times 10^{-10}\ \text{m}} = +6.79\ \text{V}$$

Ejercicio de refuerzo. En este ejemplo, suponga que el electrón se movió de la más pequeña a la siguiente órbita. *a*) ¿Se movió a una región de mayor o menor potencial eléctrico? *b*) ¿Cuál sería el cambio en la energía potencial eléctrica del electrón?

Energía potencial eléctrica de varias configuraciones de carga

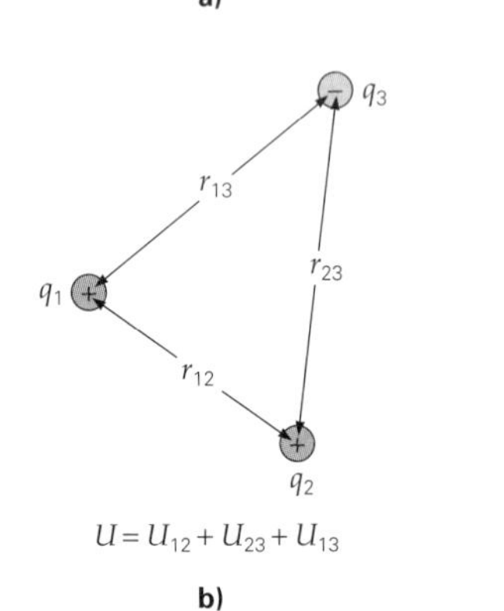

▲ **FIGURA 16.5 Energía potencial eléctrica mutua de cargas puntuales** *a*) Si se mueve una carga positiva desde una gran distancia a una distancia r_{12} desde otra carga positiva, se tiene un incremento en energía potencial, porque debe efectuarse trabajo positivo para acercar las cargas mutuamente repelentes. *b*) Para más de dos cargas, la energía potencial eléctrica del sistema es la suma de las energías potenciales mutuas de cada par.

En el capítulo 7 la energía potencial gravitacional de *sistemas* de masas se analizó con algún detalle. Las expresiones para la fuerza eléctrica y la fuerza gravitacional son matemáticamente similares, así como aquellas para las correspondientes energías potenciales, excepto por el uso de carga en vez de masa (recuerde que la carga se asocia a dos signos). En el caso gravitacional de dos masas, la energía potencial gravitacional mutua es negativa, porque la fuerza siempre es *atractiva*. Para la energía potencial eléctrica, el resultado puede ser positivo o negativo, porque la fuerza eléctrica puede ser de *repulsión* o de *atracción*.

Si una carga puntual positiva q_1 está fija en el espacio y una segunda carga positiva q_2 se lleva hacia ella desde una distancia muy grande (es decir, hacen su localidad inicial $r \to \infty$) a una distancia r_{12} (◂figura 16.5a). En este caso, el trabajo requerido es positivo (¿por qué?). Por lo tanto, este sistema específico gana energía potencial eléctrica. El potencial a una gran distancia (V_∞) se escoge igual a cero, como se acostumbra para cargas puntuales y masas. (Recuerde que el punto de referencia cero es arbitrario.) Así, de la ecuación 16.3, vemos que el cambio en energía potencial es

$$\Delta U_e = q_2\Delta V = q_2(V_1 - V_\infty) = q_2\left(\frac{kq_1}{r_{12}} - 0\right) = \frac{kq_1q_2}{r_{12}}$$

Como el valor a gran distancia de la energía potencial eléctrica se elige igual a cero, se infiere que $\Delta U_e = U_{12} - U_\infty = U_{12}$. Con esta selección del valor de referencia, la energía potencial de *cualquier* sistema de dos cargas es

$$U_{12} = \frac{kq_1q_2}{r_{12}} \quad \textit{energía potencial eléctrica mutua (dos cargas)} \tag{16.5}$$

Para cargas de *signos diferentes*, la energía potencial eléctrica es negativa. Para cargas del *mismo signo*, la energía potencial eléctrica es positiva. Así, si las dos cargas son del mismo signo, al liberarlas, se separarán ganando energía cinética y perdiendo energía potencial. A la inversa, se requiere trabajo positivo para incrementar la separación de dos cargas opuestas, como el protón y el electrón, similar a estirar un resorte. (Véase el Ejercicio de refuerzo del Ejemplo integrado 16.3.)

Como la energía es una cantidad escalar, para una configuración de cualquier número de cargas puntuales, la energía potencial *total* (U) es la suma algebraica de las energías potenciales mutuas de todos los pares de cargas:

$$U = U_{12} + U_{23} + U_{13} + U_{14} \cdots \tag{16.6}$$

Sólo los tres primeros términos de la ecuación 16.6 serían necesarios para la configuración mostrada en la figura 16.5b. Observe que los signos de las cargas mantienen las cosas matemáticamente correctas, como lo muestra la situación molecular del ejemplo 16.4.

Ejemplo 16.4 ■ La molécula de la vida: la energía potencial eléctrica de una molécula de agua

La molécula de agua es la base de la vida como la conocemos. Muchas de sus propiedades importantes (por ejemplo, que sea un líquido sobre la superficie de la Tierra) están relacionadas con el hecho de que es una molécula polar permanente (un dipolo eléctrico; véase la sección 15.4). Una simple figura de la molécula de agua, incluidas las cargas, está dada en la ▸figura 16.6. La distancia de cada átomo de hidrógeno al átomo de oxígeno es de 9.60×10^{-11} m, y el ángulo (θ) entre las dos direcciones de enlace hidrógeno-oxígeno es de 104°. ¿Cuál será la energía electrostática de la molécula de agua?

Razonamiento. El modelo de la molécula de agua implica tres cargas. Se dan las cargas, pero la distancia entre los átomos de hidrógeno deben calcularse mediante trigonometría. La energía potencial electrostática total es la suma algebraica de las energías potenciales de los tres pares de cargas (es decir, la ecuación 16.6 tendrá tres términos).

Solución. Los siguientes datos se tomaron de la figura 16.6.

Dado: $q_1 = q_2 = +5.20 \times 10^{-20}\ \text{C}$
$q_3 = -10.4 \times 10^{-20}\ \text{C}$
$r_{13} = r_{23} = 9.60 \times 10^{-11}\ \text{m}$
$\theta = 104°$

Encuentre: U (potencial electrostático total de la molécula de agua)

Observe que $(r_{12}/2)/r_{13} = \text{sen}(\theta/2)$. Por consiguiente, despejamos r_{12}:

$$r_{12} = 2r_{13}\left(\text{sen}\,\frac{\theta}{2}\right) = 2(9.60 \times 10^{-11}\ \text{m})(\text{sen}\ 52°) = 1.51 \times 10^{-10}\ \text{m}$$

Antes de determinar la energía potencial total de este sistema, calculemos cada contribución de los pares al total por separado. Observe que $U_{13} = U_{23}$. (¿Por qué?) Aplicando la ecuación 16.5,

$$U_{12} = \frac{kq_1q_2}{r_{12}} = \frac{(9.00 \times 10^9\ \text{N}\cdot\text{m}^2/\text{C}^2)(+5.20 \times 10^{-20}\ \text{C})(+5.20 \times 10^{-20}\ \text{C})}{1.51 \times 10^{-10}\ \text{m}}$$
$$= +1.61 \times 10^{-19}\ \text{J}$$

y

$$U_{13} = U_{23} = \frac{kq_2q_3}{r_{23}} = \frac{(9.00 \times 10^9\ \text{N}\cdot\text{m}^2/\text{C}^2)(+5.20 \times 10^{-20}\ \text{C})(-10.4 \times 10^{-20}\ \text{C})}{9.60 \times 10^{-11}\ \text{m}}$$
$$= -5.07 \times 10^{-19}\ \text{J}$$

La energía potencial electrostática total es

$$U = U_{12} + U_{13} + U_{23} = (+1.61 \times 10^{-19}\ \text{J}) + (-5.07 \times 10^{-19}\ \text{J}) + (-5.07 \times 10^{-19}\ \text{J})$$
$$= -8.53 \times 10^{-19}\ \text{J}$$

El resultado negativo indica que la molécula requiere trabajo positivo para romperse. (Esto es, debe separarse.)

Ejercicio de refuerzo. Otra molécula polar común es el monóxido de carbono (CO), un gas tóxico comúnmente producido en automóviles cuando la quema del combustible es incompleta. El átomo de carbono está positivamente cargado y el átomo de oxígeno negativamente cargado. La distancia entre el átomo de carbono y el átomo de oxígeno es de 1.20×10^{-10} m, y la carga (promedio) sobre cada uno es de 6.60×10^{-20} C. Determine la energía electrostática de esta molécula. ¿Es más o menos eléctricamente estable que una molécula de agua en este ejemplo?

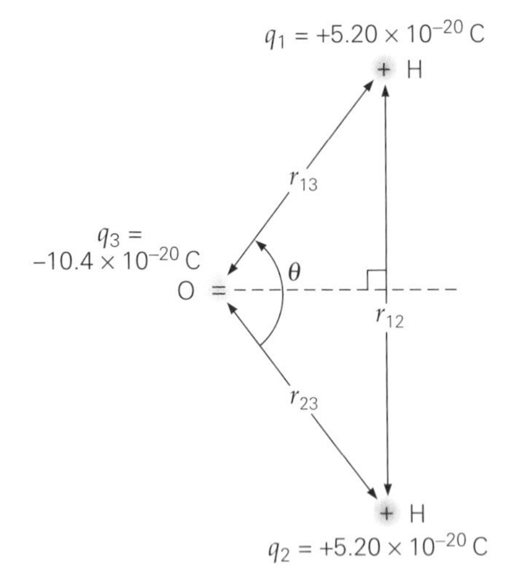

▲ **FIGURA 16.6 Energía potencial electrostática de una molécula de agua** Una configuración de carga tiene energía potencial eléctrica, ya que se requiere trabajo para acercar las cargas desde grandes distancias. Las cargas mostradas sobre la molécula de agua son cargas netas promedio, porque los átomos dentro de la molécula comparten electrones. Así, las cargas sobre los extremos de la molécula de agua pueden ser menores que la carga sobre el electrón o el protón. (Véase los detalles en el ejemplo 16.4.)

16.2 Superficies equipotenciales y el campo eléctrico

OBJETIVOS: *a*) Explicar lo que significa superficie equipotencial, *b*) esbozar superficies equipotenciales para configuraciones de carga simple y *c*) explicar la relación entre superficies equipotenciales y campos eléctricos.

Superficies equipotenciales

Suponga que una carga positiva se mueve perpendicularmente a un campo eléctrico (como la trayectoria I de la ▼figura 16.7a). Cuando la carga se mueve de A a A′, el campo eléctrico no efectúa *ningún trabajo* (¿por qué?). Si no se efectúa trabajo, entonces la energía potencial de la carga no cambia, por lo que $\Delta U_{AA'} = 0$. De este resultado, concluimos que esos dos puntos (A y A′) y *todos* los otros puntos sobre la trayectoria I, están al mismo potencial V; esto es,

$$\Delta V_{AA'} = V_{A'} - V_A = \frac{\Delta U_{AA'}}{q} = 0 \quad \text{o sea} \quad V_A = V_{A'}$$

Esta propiedad también es válida para todos los puntos sobre el *plano* paralelo a las placas y que contienen la trayectoria I. Un plano sobre el cual el potencial eléctrico es constante, es una **superficie equipotencial** (llamado a veces una *equipotencial*). La

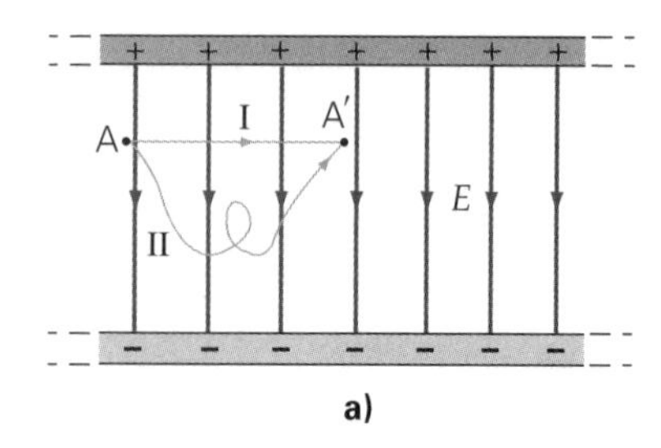

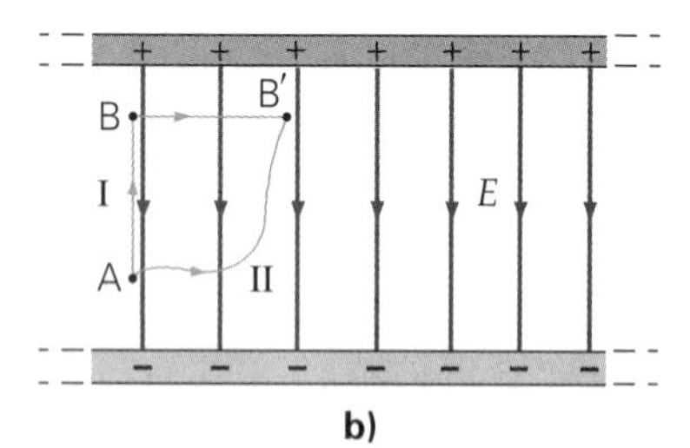

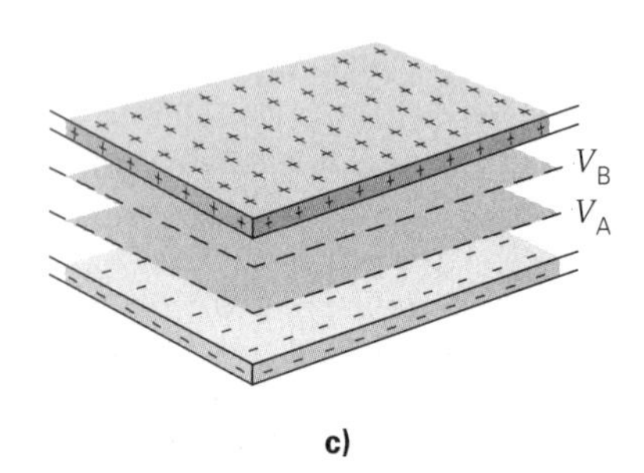

▲ **FIGURA 16.7 Construcción de superficies equipotenciales entre placas paralelas** *a)* El trabajo efectuado al mover una carga es cero, siempre que usted comience y termine sobre la misma superficie equipotencial. (Compare las trayectorias I y II.) *b)* Una vez que la carga se mueve a un potencial mayor (por ejemplo, del punto A al punto B), puede permanecer en esa nueva superficie equipotencial moviéndose perpendicularmente al campo eléctrico (B a B′). El cambio en potencial es independiente de la trayectoria, ya que el mismo cambio ocurre si se usa la trayectoria I o la trayectoria II. (¿Por qué?) *c)* Las superficies reales equipotenciales dentro de las placas paralelas son planos paralelos a esas placas. Dos de tales placas se muestran, con $V_B > V_A$.

palabra *equipotencial* significa "mismo potencial". Note que, a diferencia de este caso especial, una equipotencial no necesita ser una superficie plana.

Como ningún trabajo se requiere para mover una carga a lo largo de una superficie equipotencial, por lo general debe ser cierto que

> Las superficies equipotenciales forman siempre ángulos rectos con el campo eléctrico.

Además, como el campo eléctrico es un campo conservativo, el trabajo será el mismo si tomamos la trayectoria I, la trayectoria II o *cualquier otra* trayectoria de A a A′ (figura 16.7a). Siempre que la carga regrese a la misma superficie equipotencial de la cual partió, el trabajo efectuado es cero y su energía potencial eléctrica permanece igual.

Si la carga positiva se mueve en sentido opuesto al de $\vec{\mathbf{E}}$ (trayectoria I en la figura 16.7b), en ángulos rectos a las equipotenciales, la energía potencia eléctrica y, por lo tanto, el potencial eléctrico, aumentarán. (¿Por qué?) Cuando se alcanza B, la carga está sobre una superficie equipotencial diferente, una con un potencial mayor que la de A. Si la carga se moviera de A a B′, el trabajo requerido sería el mismo que al moverla de A a B. Por consiguiente, B y B′ están también sobre una superficie equipotencial. Así, para placas paralelas cargadas, las superficies equipotenciales son planos paralelos a las placas, como se muestra en la figura 16.7c.

Para ayudar a entender el concepto de una superficie equipotencial eléctrica, consideremos una analogía gravitacional. Si la energía potencial gravitacional se establece como cero al nivel del suelo y se levanta un objeto a una altura $h = h_B - h_A$ (de A a B en la ▾figura 16.8), entonces el trabajo realizado por una fuerza externa es mgh y es positivo. Para el movimiento horizontal, no cambia la energía potencial. Esto significa que el plano rayado a la altura h_B es una superficie equipotencial gravitacional, así como lo es el plano en h_A, pero a un menor potencial. Así, las superficies de energía potencial gravitacional constante son planos paralelos a la superficie terrestre. Los mapas topográficos que presentan contornos terrestres al trazar líneas de elevación constante (usualmente relativos al nivel del mar) en realidad son mapas de potencial gravitacional constante (▸figura 16.9a, b). Observe cómo las equipotenciales cerca de una carga puntual (figura 16.9c, d) son cualitativamente similares a los contornos de una colina.

Es útil aprender a diagramar las superficies equipotenciales, porque están íntimamente relacionadas con el campo eléctrico y aspectos prácticos como el voltaje. La sección Aprender dibujando sobre relación gráfica entre líneas de campo eléctrico y equipotenciales (p. 547) resume un método cualitativo que es útil para diagramar superficies equipotenciales, dado un patrón de líneas de campo eléctrico. Como se verá ahí, el método es también útil para el problema inverso: diagramar las líneas de campo eléctrico si se dan las superficies equipotenciales. ¿Puede ver cómo esas ideas se usaron para construir las equipotenciales de un dipolo eléctrico en la ▸figura 16.10?

Para determinar la relación entre el campo eléctrico (E) y el potencial eléctrico (V), considere el caso especial del campo eléctrico uniforme (▸figura 16.11). La diferencia de potencial (ΔV) entre dos planos equipotenciales cualquiera (por ejemplo, los rotulados V_1 y V_2 en la figura) puede calcularse con el mismo procedimiento usado para obtener la ecuación 16.2. El resultado es

$$\Delta V = V_3 - V_1 = E\,\Delta x \qquad (16.7)$$

Así, si usted comienza sobre la superficie equipotencial 1 y se mueve *perpendicularmente alejándose* de ella y *contra* el campo eléctrico a la superficie equipotencial 3, habrá un *incremento* de potencial (ΔV) que depende de la intensidad del campo eléctrico (E) y de la distancia recorrida (Δx).

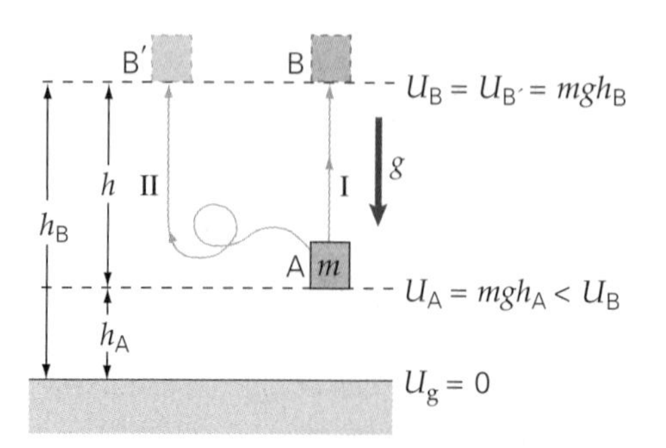

◂ **FIGURA 16.8 Analogía con la energía potencial gravitacional** Elevar un objeto en un campo gravitacional uniforme conduce a un incremento en energía potencial gravitacional, y $U_B > U_A$. A determinada altura, la energía potencial del objeto es constante siempre que permanezca sobre esa superficie equipotencial (gravitacional). Aquí, $\vec{\mathbf{g}}$ señala hacia abajo, como $\vec{\mathbf{E}}$ en la figura 16.7.

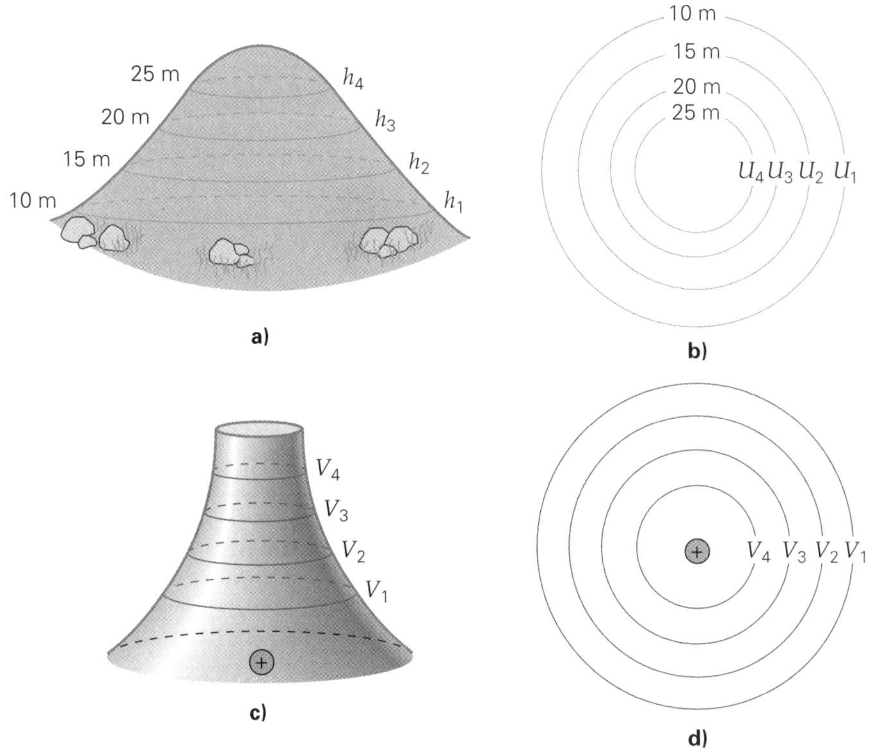

▲ **FIGURA 16.9 Mapas topográficos; una analogía gravitacional con superficies equipotenciales** ***a)*** Una colina simétrica con cortes a diferentes alturas. Cada corte es un plano de potencial gravitacional constante. ***b)*** Un mapa topográfico de los cortes en *a*. Los contornos, donde los planos intersecan a la superficie, representan valores cada vez mayores del potencial gravitacional, al subir por la colina. ***c)*** El potencial eléctrico *V* cerca de una carga puntual *q* forma una colina simétrica similar. *V* es constante a distancias fijas de *q*. ***d)*** Los equipotenciales eléctricos alrededor de una carga puntual son esféricos (en dos dimensiones son círculos) con centro en la carga. Cuanto más cerca esté la equipotencial a la carga positiva, mayor será el potencial eléctrico.

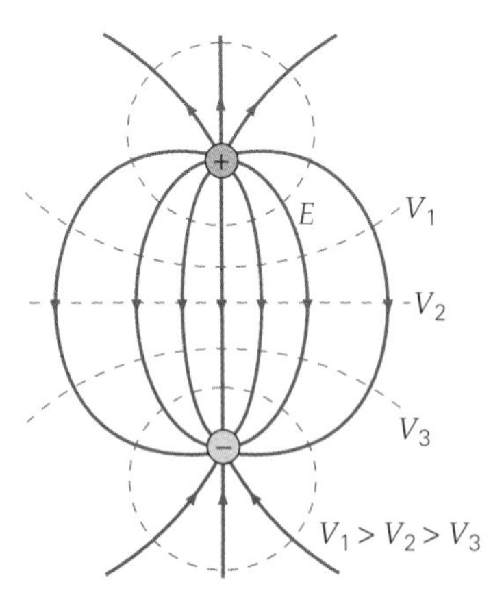

▲ **FIGURA 16.10 Equipotenciales de un dipolo eléctrico** Las equipotenciales son perpendiculares a las líneas de campo eléctrico. $V_1 > V_2$, ya que la superficie equipotencial 1 está más cerca a la carga positiva que la superficie 2. Para entender cómo se construyen las equipotenciales, véase la sección Aprender dibujando de la p. 547.

Para una distancia de recorrido dada Δx, este movimiento perpendicular da la ganancia máxima posible de potencial. Considere que toma un paso de longitud Δx en *cualquier* dirección, partiendo de la superficie 1. La forma de maximizar el incremento sería pisar sobre la superficie 3. Un paso en cualquier dirección no perpendicular a la superficie 1 (por ejemplo, terminar sobre la superficie 2) da un menor incremento de potencial.

Al encontrar la dirección del incremento de potencial máximo, encontramos la dirección opuesta a la de $\vec{\mathbf{E}}$. Por regla general esto significa que:

> La dirección del campo eléctrico $\vec{\mathbf{E}}$ es la dirección en que el potencial eléctrico disminuye más rápidamente.

Así, en cualquier localidad, la magnitud del campo eléctrico es la razón máxima de cambio del potencial con la distancia, o bien,

$$E = \left|\frac{\Delta V}{\Delta x}\right|_{\text{máx}} \tag{16.8}$$

Las unidades de campo eléctrico son volt por metro (V/m). En el capítulo 15, *E* se expresó en newtons por coulomb (N/C; véase la sección 15.4). Usted ya debe saber, del análisis dimensional, que 1 V/m = 1 N/C. Una interpretación gráfica de la relación entre $\vec{\mathbf{E}}$ y *V* se muestra en la sección Aprender dibujando de la p. 547.

En la mayoría de situaciones prácticas, se especifica la diferencia de potencial (*voltaje*) en vez del campo eléctrico. Por ejemplo, una batería de lámpara D tiene un voltaje terminal de 1.5 V, lo cual significa que puede mantener una diferencia de potencial de 1.5 V entre sus terminales. La mayoría de las baterías de automóvil (acumuladores) tienen un voltaje terminal de aproximadamente 12 V. Algunas de las diferencias de potencial comunes, o voltajes, se presentan en la tabla 16.1.

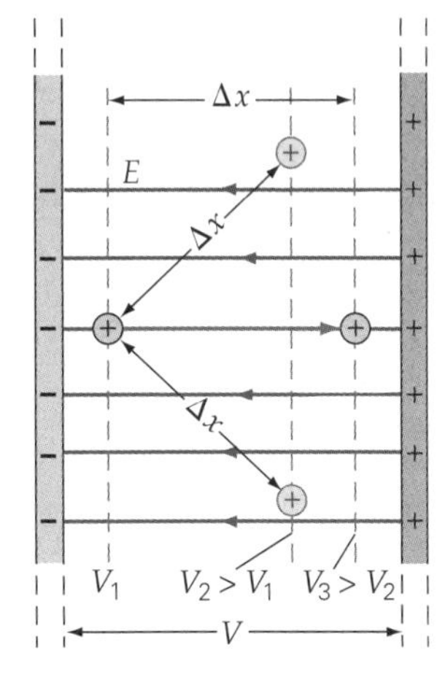

▲ **FIGURA 16.11 Relación entre el cambio de potencial (ΔV) y el campo eléctrico ($\vec{\mathbf{E}}$)** La dirección del campo eléctrico es la del decremento máximo de potencial, o la opuesta a la dirección de máximo incremento en potencial (aquí, este máximo está en la dirección de la flecha sólida, no de la angulada; ¿por qué?). La magnitud del campo eléctrico está dada por la razón a la que cambia el potencial con la distancia (usualmente en volts por metro).

PHYSLET®

Ilustración 25.2 Trabajo y equipotenciales

Ilustración 25.3 Potenciales eléctricos de esferas cargadas

TABLA 16.1 Diferencias de potencial eléctrico comunes (voltajes)

Fuente	*Voltaje aproximado* (ΔV)
A través de membranas nerviosas	100 mV
Baterías de pequeños dispositivos	1.5 a 9.0 V
Baterías de automóvil	12 V
Salida en el hogar (en Estados Unidos)	110 a 120 V
Salidas (en Europa)	220 a 240 V
Encendido de automóvil (bujías)	10 000 V
Generadores en laboratorios	25 000 V
Líneas de suministro de energía eléctrica de alto voltaje	300 kV o más
Nube a superficie de la Tierra durante una tormenta	100 MV o más

Ya sea que usted lo sepa o no, vive en un campo eléctrico cerca de la superficie de la Tierra. Este campo varía según las condiciones climáticas y, en consecuencia, puede ser un indicador de que se avecinan tormentas. El ejemplo 16.5 aplica el concepto de superficie equipotencial para ayudar a entender el campo eléctrico de la Tierra.

Ejemplo 16.5 ■ El campo eléctrico de la Tierra y superficies equipotenciales: ¿barómetros eléctricos?

Bajo condiciones atmosféricas normales, la superficie terrestre está eléctricamente cargada. Esto genera un campo eléctrico constante de aproximadamente 150 V/m que señala hacia *abajo* cerca de la superficie. *a*) En tales condiciones, ¿cuál será la forma de las superficies equipotenciales, y en qué dirección disminuye más rápidamente el potencial eléctrico? *b*) ¿Qué separadas están dos superficies equipotenciales que tienen entre sí una diferencia de 1000 V? ¿Cuál tiene un potencial mayor, la más alejada de la Tierra o la más cercana?

Razonamiento. *a*) Cerca de la superficie de la Tierra, el campo eléctrico es aproximadamente uniforme, por lo que las equipotenciales son similares a las de las placas paralelas cargadas. El análisis de las ecuaciones 16.7 y 16.8 nos permite determinar cómo aumenta el potencial. *b*) La ecuación 16.8 puede entonces usarse para determinar qué tan alejadas están las superficies equipotenciales.

Solución. Tenemos,

Dado: $E = 150$ V/m, hacia abajo
$\Delta V = 1000$ V

Encuentre: *a*) Forma de las superficies equipotenciales y dirección del decremento de potencial
b) Δx (distancia entre equipotenciales)

***a*)** Los campos eléctricos uniformes están asociados con equipotenciales planas. En este caso, los planos son paralelos a la superficie terrestre. El campo eléctrico señala hacia abajo. Ésta es la dirección en que el potencial disminuye más rápidamente.

***b*)** Para determinar la distancia entre los dos equipotenciales, piense en moverse verticalmente de manera que $\Delta V/\Delta x$ tenga su valor máximo. (¿Por qué?) Despejando Δx de la ecuación 16.8 obtenemos

$$\Delta x = \frac{\Delta V}{E} = \frac{1000\text{ V}}{150\text{ V/m}} = 6.67\text{ m}$$

Como el potencial disminuye al movernos hacia abajo (en la dirección de $\vec{\mathbf{E}}$), el mayor potencial está asociado con la superficie que está 6.67 m *más allá* del suelo.

Ejercicio de refuerzo. Reexaminemos el ejemplo anterior, pero bajo condiciones de tormenta. Durante una tormenta con rayos, el campo eléctrico puede adquirir muchas veces el valor normal. *a*) Bajo esas condiciones, si el campo es de 900 V/m y señala hacia arriba, ¿qué tan separadas estarán las dos superficies equipotenciales que difieren en 2000 V? *b*) ¿Qué superficie está a un potencial mayor, la más cercana a la Tierra o la otra más alejada? *c*) ¿Puede decir dónde están localizadas las dos superficies respecto al suelo? Explique por qué.

Exploración 25.1 Líneas equipotenciales

Exploración 25.2 Líneas de campo eléctrico y equipotenciales

APRENDER DIBUJANDO RELACIÓN GRÁFICA ENTRE LÍNEAS DE CAMPO ELÉCTRICO Y EQUIPOTENCIALES

Como no se requiere trabajo para mover una carga a lo largo de una superficie equipotencial, tales superficies deben siempre ser perpendiculares a las líneas de campo eléctrico. Además, el campo eléctrico tiene una magnitud igual a la carga en potencial por distancia unitaria (V/m) y señala en la dirección en que el potencial disminuye más rápidamente. Podemos usar esto para construir equipotenciales si conocemos el patrón de líneas de campo eléctrico. La proposición inversa es también cierta: Dadas las equipotenciales, podemos construir las líneas de campo eléctrico. Además, si conocemos el potencial (en volts) asociado con cada equipotencial, pueden estimarse la intensidad y la dirección del campo a partir de la razón con que el potencial cambia con la distancia (ecuación 16.8).

Un par de ejemplos deberían proporcionar un punto de vista gráfico sobre la conexión entre superficies equipotenciales y sus campos eléctricos asociados. Considere la figura 1, en la cual se dan las líneas de campo eléctrico y se quiere determinar la forma de las equipotenciales. Elija cualquier punto, como el A, y empiece a moverse según ángulos rectos a las líneas de campo eléctrico. Continúe moviéndose pero siempre manteniendo esta misma orientación perpendicular a las líneas de campo. Entre líneas usted tendrá que aproximar, pero vea adelante a la siguiente línea de campo de modo que pueda cruzarla según un ángulo recto. Para encontrar otra equipotencial, empiece en otro punto, como el B, y proceda de la misma manera. Diagrame tantas equipotenciales como necesite usted para mapear el área de interés. La figura muestra el resultado de esbozar cuatro de tales equipotenciales, de A (en el potencial más alto; ¿puede usted decir por qué?) a D (en el potencial más bajo).

Ahora suponga que le dan las equipotenciales en vez de las líneas de campo (figura 2). Las líneas de campo eléctrico señalan en la dirección de V decreciente y son perpendiculares a las superficies equipotenciales. Así, para mapear el campo, comience en cualquier punto, y muévase de tal manera que su trayectoria interseque cada superficie equipotencial según un ángulo recto. La línea de campo resultante se muestra en la figura 2, comenzando en el punto A. Iniciando en los puntos B, C y D se obtienen líneas de campo adicionales que sugieren el patrón completo de campo eléctrico; usted necesita sólo sumar las flechas en la dirección del potencial decreciente.

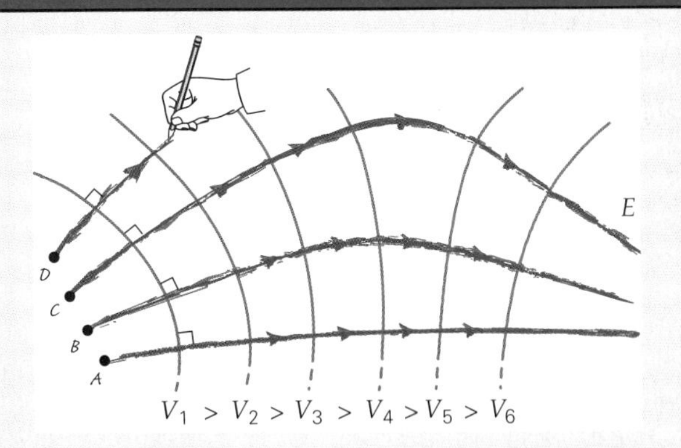

FIGURA 2 Mapeo del campo eléctrico a partir de equipotenciales Comience en un punto conveniente, y trace una línea que cruce cada equipotencial según un ángulo recto. Repita el proceso tan a menudo como sea necesario para revelar el patrón de campo, agregando flechas para indicar el sentido de las líneas de campo de mayor a menor potencial. Al ir de un potencial al próximo, planeé por adelantado de manera que cada equipotencial sucesiva también se cruce según ángulos rectos.

Finalmente, suponga que quiere estimar la magnitud de $\vec{\mathbf{E}}$ en algún punto P (figura 3), conociendo los valores de las equipotenciales a 1.0 cm a cada lado de ella. Con esta información, usted puede decir que el campo señala aproximadamente de A a B. (¿Por qué?) Su magnitud aproximada sería entonces

$$E = \left|\frac{\Delta V}{\Delta x}\right|_{\text{máx}} = \frac{(1000\ \text{V} - 950\ \text{V})}{2.0 \times 10^{-2}\ \text{m}} = 2.5 \times 10^{3}\ \text{V/m}$$

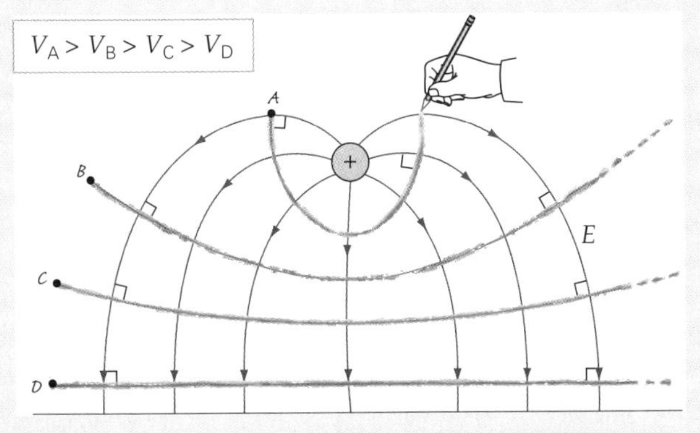

FIGURA 1 Esbozo de equipotenciales de las líneas de un campo eléctrico Si conoce el patrón del campo eléctrico, elija un punto en la región de interés y muévase de forma que su trayectoria siempre sea perpendicular a la siguiente línea de campo. Trace su trayectoria tan suave como le sea posible, planeando adelante de modo que cada línea de campo sucesiva también se cruce según ángulos rectos. Para mapear una superficie con un mayor (o menor) potencial, muévase en la dirección opuesta (o la misma) que el campo eléctrico y repita el proceso. Aquí, $V_A > V_B$, y así sucesivamente.

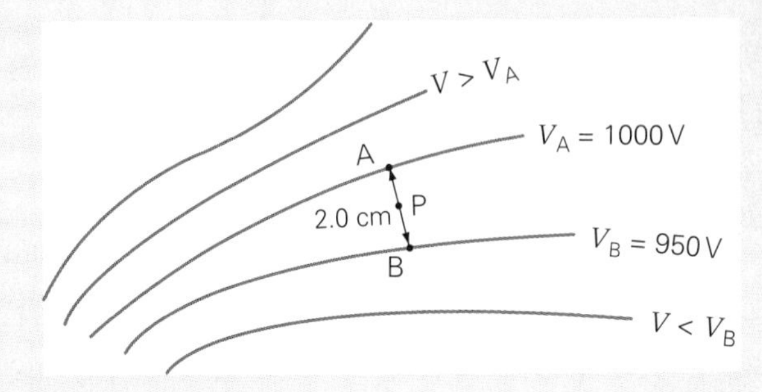

FIGURA 3 Estimación de la magnitud del campo eléctrico La magnitud del cambio de potencial por metro en cualquier punto da la intensidad del campo eléctrico en ese punto.

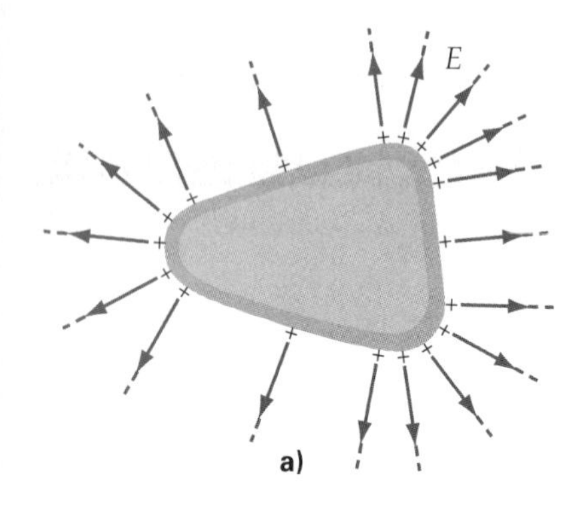

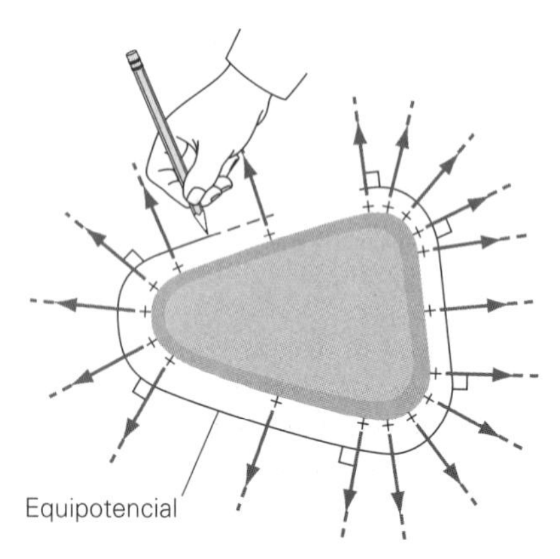

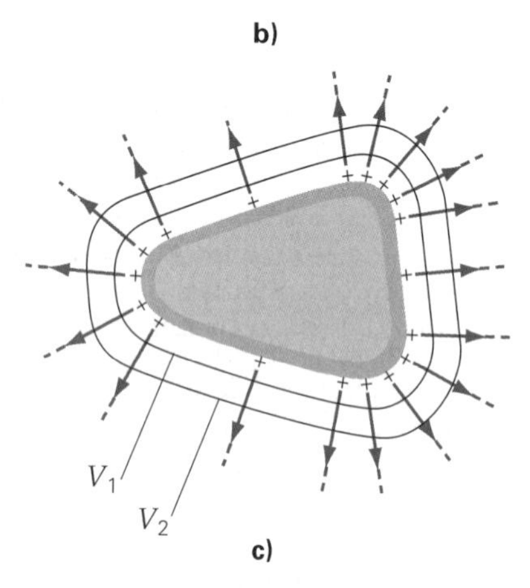

▲ **FIGURA 16.12 Superficies equipotenciales cerca de un conductor cargado** Véase el Ejemplo conceptual 16.6.

Exploración 25.3 Potencial eléctrico alrededor de conductores

Nota: el electrón volt es una unidad de energía. El volt no lo es. ¡No confunda ambos!

Las superficies equipotenciales pueden también ser útiles para describir el campo cerca de un conductor cargado, como lo muestra el siguiente Ejemplo conceptual.

Ejemplo conceptual 16.6 ■ Las superficies equipotenciales fuera de un conductor cargado

Un conductor sólido con exceso de carga positiva sobre él se muestra en la ◂figura 16.12a. ¿Qué describe mejor la forma de las superficies equipotenciales justo fuera de la superficie del conductor *a*) planos, *b*) esferas o *c*) aproximadamente en forma de la superficie del conductor. Explique su razonamiento.

Razonamiento y respuesta. La opción *a* puede eliminarse inmediatamente, porque las superficies equipotenciales planas se asocian con placas planas. Si bien podría ser tentador elegir la respuesta *b* una mirada rápida al patrón de campo eléctrico cerca de la superficie (capítulo 15), en conjunción con la sección Aprender dibujando de la p. 547, muestra que la respuesta correcta es *c*. Para verificar que *c* es la respuesta correcta, recuerde que justo arriba de la superficie, el campo eléctrico debe ser perpendicular a esa superficie. Como las superficies equipotenciales son perpendiculares a las líneas del campo eléctrico, deben seguir el contorno de la superficie del conductor (figura 16.12b).

Ejercicio de refuerzo. En este ejemplo, *a*) ¿cuál de las dos equipotenciales (1 o 2) que se muestran en la figura 16.12c está a un potencial mayor? *b*) ¿Cuál es la forma de las superficies equipotenciales muy lejos del conductor? Explique su razonamiento. (*Sugerencia:* ¿cómo se ve el conductor cargado cuando usted está muy lejos de él?)

El electrón volt

El concepto de potencial eléctrico proporciona una unidad de energía que es especialmente útil en la física molecular, atómica, nuclear y de partículas elementales. El **electrón volt (eV)** se define como la energía cinética adquirida por un electrón (o un protón) acelerado a través de una diferencia de potencial, o voltaje, de exactamente 1 V. La ganancia de energía cinética del electrón es igual (pero de carga opuesta) a su pérdida en energía potencial eléctrica. Usando esta relación, podemos expresar la ganancia de energía cinética en joules:

$$\Delta K = -\Delta U_e = -(e\,\Delta V) = -(-1.60 \times 10^{-19}\,\text{C})(1.00\,\text{V}) = +1.60 \times 10^{-19}\,\text{J}$$

Como esto es lo que significa 1 electrón volt, el factor de conversión entre el electrón volt y el joule (con tres cifras significativas) es

$$1\,\text{eV} = 1.60 \times 10^{-19}\,\text{J}$$

El electrón volt es típico de energías de la escala atómica. Así, es conveniente expresar energías atómicas en términos de electrón volts en vez de joules. La energía de *cualquier* partícula cargada acelerada a través de *cualquier* diferencia de potencial puede expresarse en electrón volts. Por ejemplo, si un electrón se acelera a través de una diferencia de potencial de 1000 V, su ganancia en energía cinética (ΔK) será 1000 veces mayor que 1 eV electrón, o

$$\Delta K = e\,\Delta V = (1\,\text{e})(1000\,\text{V}) = 1000\,\text{eV} = 1\,\text{keV}$$

El *keV* es la abreviatura para el *kiloelectrón volt.*

El electrón volt se define en términos de una partícula con la carga mínima (el electrón o protón). Sin embargo, la energía de una partícula con *cualquier* cantidad de carga también puede expresarse en electrón volts. Así, si una partícula con una carga de $+2e$, tal como una partícula alfa, fuera acelerada a través de una diferencia de potencial de 1000 volts, ganaría una energía cinética de $\Delta K = e\Delta V = (2\,\text{e})(1000\,\text{V}) = 2000\,\text{eV} = 2\,\text{keV}$. Observe lo sencillo que es calcular la energía cinética, si usted trabaja en electrón volts.

A veces son necesarias las unidades más grandes de energía que el electrón volt. Por ejemplo, en la física nuclear y de partículas elementales, es común encontrar partículas con energías de *megaelectrón volts* (MeV) y *gigaelectrón volts* (GeV). (1 MeV = 10^6 eV y 1 GeV = 109 eV.)*

*Antes, mil millones de electrón volts se refería como BeV, pero esta norma se descartó por la confusión que generó. En algunos países, como Inglaterra y Alemania, un billón significa 10^{12}. En Estados Unidos se le llama trillón.

Al resolver problemas de física, es importante estar consciente de que el electrón volt (eV) no es una unidad SI. Por consiguiente, al usar energías para calcular rapideces, usted debe primero convertir los electrón volts a joules. Por ejemplo, para calcular la rapidez de un electrón acelerado desde el reposo a través de 10.0 V, primero convierta la energía cinética (10.0 eV) a joules:

$$K = (10.0\,\text{eV})(1.60 \times 10^{-19}\,\text{J/eV}) = 1.60 \times 10^{-18}\,\text{J}$$

Para continuar en el sistema SI, la masa del electrón debe expresarse en kilogramos. Entonces, la rapidez se calcula como sigue:

$$v = \sqrt{2K/m} = \sqrt{2(1.60 \times 10^{-18}\,\text{J})/(9.11 \times 10^{-31}\,\text{kg})} = 1.87 \times 10^{6}\,\text{m/s}$$

16.3 Capacitancia

OBJETIVOS: *a*) Definir capacitancia y explicar lo que significa físicamente y *b*) calcular la carga, el voltaje, el campo eléctrico y el almacenamiento de energía en condensadores de placas paralelas.

Un par de placas paralelas, si están cargadas, almacenan energía eléctrica (▾figura 16.13). Un arreglo así de conductores es ejemplo de un **condensador**. (En realidad, cualquier par de conductores califica como condensador.) El almacenamiento de energía tiene lugar porque se requiere trabajo para transferir la carga de una placa a la otra. Imagine que un electrón se desplaza entre un par de placas inicialmente descargadas. Una vez hecho esto, transferir un *segundo* electrón sería más difícil, porque no sólo es repelido por el primer electrón sobre la placa negativa, sino también es atraído por una carga positiva doble sobre la placa positiva. Así, para separar las cargas se requiere cada vez más trabajo, conforme se acumula más y más carga sobre las placas. (Esto es como estirar un resorte. Cuanto más se alargue, más difícil será alargarlo más.)

Nota: los condensadores almacenan energía en sus campos eléctricos.

El trabajo necesario para cargar placas paralelas puede hacerse rápidamente (usualmente en unos pocos microsegundos) por una batería. Aunque no estudiaremos el funcionamiento de una batería en detalle sino hasta el próximo capítulo, todo lo que usted necesita saber ahora es que una batería remueve electrones de la placa positiva y los transfiere, o "bombea", a través de un alambre a la placa negativa. En el proceso de efectuar trabajo, la batería pierde algo de su energía potencial química interna. Aquí es de gran interés el resultado: una separación de las cargas y la creación de un campo eléctrico en el condensador. La batería continuará cargando el condensador hasta que la diferencia de potencial entre las placas sea igual al voltaje terminal de la batería, por ejemplo, 12 V si usted usa una batería estándar de automóvil. Cuando el condensador se desconecta de la batería, se vuelve "recipiente" almacenador de energía eléctrica.

Para un condensador, la diferencia de potencial a través de las placas es proporcional a la carga Q sobre ellas, o $Q \propto V$.* (Aquí, Q denota la magnitud de la carga sobre

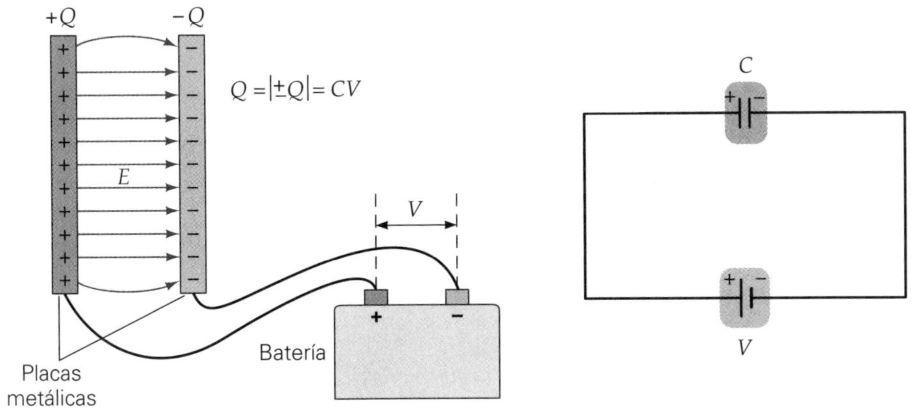

Nota: recuerde que por conveniencia nuestra notación para diferencia de potencial, o voltaje (ΔV), se reemplazará con V.

a) Condensador de placas paralelas **b) Diagrama**

◂ **FIGURA 16.13 Condensador y diagrama del circuito** *a*) Dos placas metálicas paralelas se cargan con una batería que mueve electrones de la placa positiva a la negativa a través del alambre. Se efectúa trabajo mientras se carga el condensador y la energía se almacena en el campo eléctrico. *b*) Este diagrama representa la situación de carga mostrada en el inciso *a*. También muestra los símbolos comúnmente usados para una batería (V) y un condensador (C). La línea más larga del símbolo de batería es la terminal positiva, y la línea más corta representa la terminal negativa. El símbolo para un condensador es similar, pero las líneas son de igual longitud.

*A partir de aquí, usaremos V para denotar diferencias de potencial, en vez de ΔV. Se trata de una práctica común. Siempre recuerde que la cantidad importante es la diferencia de potencial, ΔV.

Nota: las cargas sobre las placas son $+Q$ y $-Q$, pero en general es usual referirse a la magnitud de estas cargas, como Q (que significa $|\pm Q|$), sobre un condensador.

cualquier placa, *no* la carga neta sobre todo el condensador, que es cero.) Esta proporcionalidad puede hacerse una ecuación usando una constante, C, llamada *capacitancia*:

$$Q = CV \quad \text{o} \quad C = \frac{Q}{V} \tag{16.9}$$

Unidad SI de capacitancia: coulomb por volt (C/V), o farad (F)

Nota: el farad se llamó así en honor del científico inglés Michael Faraday (1791-1867), un investigador pionero de los fenómenos eléctricos quien fue el primero en introducir el concepto de campo eléctrico.

El coulomb por volt equivale al **farad**, 1 C/V = 1 F. El farad es una unidad grande (véase al ejemplo 16.7), de manera que por lo común se utilizan el *microfarad* ($1\ \mu F = 10^{-6}$ F), el *nanofarad* ($1\ nF = 10^{-9}$ F) y el *picofarad* ($1\ pF = 10^{-12}$).

Capacitancia significa carga almacenada *por volt*. Cuando un condensador tiene una capacitancia grande, guarda una gran cantidad de carga *por volt*, en comparación con uno de capacitancia pequeña. Si usted conecta la misma batería a dos condensadores diferentes, el que tiene mayor capacitancia almacenará más carga y más energía.

La capacitancia depende *sólo* de la geometría (tamaño, forma y separación) de las placas (y del material entre las placas, sección 16.5), y *no* de la carga en las placas. Considere el condensador de placas paralelas que tiene un campo eléctrico dado por la ecuación 15.5:

$$E = \frac{4\pi k Q}{A}$$

Nota: generalmente, usaremos la letra minúscula q para representar cargas sobre partículas solas, y la letra mayúscula Q para las cantidades mayores de cargas sobre placas de un condensador.

El voltaje a través de las placas se calcula con la ecuación 16.2:

$$V = Ed = \frac{4\pi k Q d}{A}$$

La capacitancia de un arreglo de placas paralelas es entonces

$$C = \frac{Q}{V} = \left(\frac{1}{4\pi k}\right)\frac{A}{d} \quad \textit{(sólo placas paralelas)} \tag{16.10}$$

Es común reemplazar la expresión en el paréntesis de la ecuación 16.10 por una sola cantidad, llamada **permisividad del espacio libre (ε_o)**. El valor de esta constante (con tres cifras significativas) es

$$\varepsilon_o = \frac{1}{4\pi k} = 8.85 \times 10^{-12}\ C^2/(N \cdot m^2) \quad \textit{permisividad del espacio libre} \tag{16.11}$$

Ilustración 26.2 Un condensador conectado a una batería

ε_o describe las propiedades eléctricas del espacio libre (vacío), aunque su valor en aire es sólo 0.05% mayor. En nuestros cálculos, tomaremos ambos valores como iguales.

Es común reescribir la ecuación 16.10 en términos de ε_o.

$$C = \frac{\varepsilon_o A}{d} \quad \textit{(sólo placas paralelas)} \tag{16.12}$$

Usemos la ecuación 16.12 en el siguiente ejemplo para demostrar qué tan irrealísticamente grande sería un condensador lleno de aire con una capacitancia de 1.0 F.

Ejemplo 16.7 ■ Condensadores de placa paralela: ¿qué tan grande es un farad?

¿Cuál sería el área de placa de un condensador de placas paralelas lleno de aire a 1.0 F, si la separación de las placas fuese de 1.0 mm? ¿Sería realista planear la construcción de un condensador como ese?

Razonamiento. El área se puede calcular directamente con la ecuación 16.12. Recuerde usar todas las cantidades en unidades SI, de manera que la respuesta esté en metros cuadrados. Podemos usar el valor en vacío de ε_o para el aire sin generar un error significativo.

Solución.

Dado: $C = 1.0$ F
$d = 1.0\ mm = 1.0 \times 10^{-3}$ m

Encuentre: A (área de una de las placas)

Despejando el área en la ecuación 16.12 obtenemos

$$A = \frac{Cd}{\varepsilon_o} = \frac{(1.0\ F)(1.0 \times 10^{-3}\ m)}{8.85 \times 10^{-12}\ C^2/(N \cdot m^2)} = 1.1 \times 10^8\ m^2$$

PHYSLET®

Exploración 26.1 Energía

Esto es más de 100 km^2 (40 mi^2), es decir, un cuadrado de más de 10 km (6 mi) de lado. No es realista construir un condensador de ese tamaño; 1.0 F es entonces un valor muy grande de capacitancia. Sin embargo, hay maneras de hacer condensadores de alta capacitancia (sección 16.4).

Ejercicio de refuerzo. En este ejemplo, ¿cuál debería ser la separación de las placas, si usted quisiera que el condensador tuviera una área de placa de 1 cm^2? Compare su respuesta con un diámetro atómico típico de 10^{-9} a 10^{-10} m. ¿Es factible construir este condensador?

La expresión para la energía almacenada en un condensador puede obtenerse por análisis gráfico, ya que Q y V varían durante la carga, por ejemplo cuando la carga se separa por medio de una batería. Una gráfica de voltaje contra carga para cargar un condensador es una línea recta con una pendiente de $1/C$, ya que $V = (1/C)Q$ (▸figura 16.14). La gráfica representa la carga de un condensador inicialmente descargado ($V_o = 0$) hasta un voltaje final (V). El trabajo efectuado es equivalente a transferir la carga total, usando un voltaje promedio $\overline{V}$. Como el voltaje varía linealmente con la carga, el voltaje promedio es la mitad del voltaje final V:

$$\overline{V} = \frac{V_{\text{final}} + V_{\text{inicial}}}{2} = \frac{V + 0}{2} = \frac{V}{2}$$

Así, la energía almacenada en el condensador (igual al trabajo efectuado por la batería) es

$$U_C = W = Q\overline{V} = \tfrac{1}{2}QV$$

Como $Q = CV$, esta ecuación se puede escribir en varias formas equivalentes:

$$U_C = \tfrac{1}{2}QV = \frac{Q^2}{2C} = \tfrac{1}{2}CV^2 \quad \textit{energía almacenada en un condensador} \quad (16.13)$$

Por lo común, la forma $U_C = \frac{1}{2}CV^2$ es la más práctica, ya que usualmente la capacitancia y el voltaje son las cantidades conocidas. Una aplicación médica muy importante del condensador es en el *desfibrilador cardiaco*, analizado en el siguiente ejemplo.

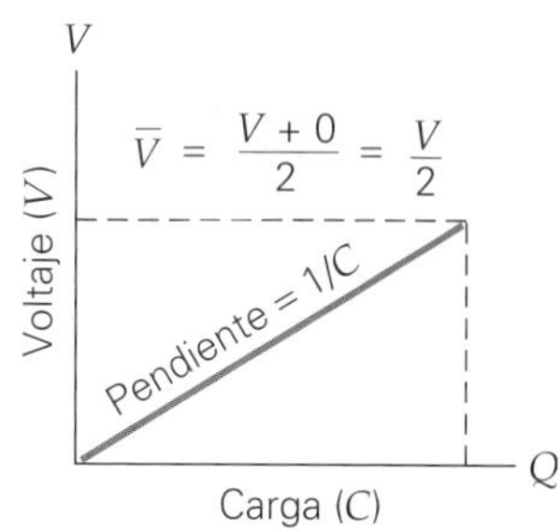

▲ **FIGURA 16.14 Voltaje contra carga en un condensador** Un diagrama de voltaje (V) contra carga (Q) para un condensador es una línea recta con pendiente $1/C$ (ya que $V = (1/C)Q$). El voltaje promedio es $\overline{V} = \frac{1}{2}V$, y el trabajo total efectuado es equivalente a transferir la carga a través de $\overline{V}$. Así, $U_C = W = Q\overline{V} = \frac{1}{2}QV$, el área bajo la curva (un triángulo).

Nota: No confunda U_C, la energía almacenada en un condensador, con ΔU_e, el cambio en energía potencial eléctrica de una partícula cargada. (Véase la sección 16.1.)

Nota: Practique usando las varias formas de la energía de un condensador. En un aprieto, usted necesita recordar sólo una, junto con la definición de capacitancia, $C = Q/V$.

Ejemplo 16.8 ■ Condensadores al rescate: almacenamiento de energía en un desfibrilador cardiaco

Durante de un ataque cardiaco, el corazón late de manera errática llamada *fibrilación*. Una forma de lograr que el corazón vuelva a su ritmo normal es impartirle energía eléctrica suministrada por un instrumento llamado *desfibrilador cardiaco* (▸figura 16.15). Para producir el efecto deseado se requieren aproximadamente 300 J de energía. Típicamente, un desfibrilador almacena esta energía en un condensador cargado por una fuente de potencia de 5000 V. *a*) ¿Qué capacitancia se requiere? *b*) ¿Cuál es la carga en las placas del condensador?

Razonamiento. *a*) Para encontrar la capacitancia, determine C en la ecuación 16.13. *b*) La carga se obtiene entonces a partir de la definición de la capacitancia (ecuación 16.9).

Solución. Los datos son:

Dado: $U_C = 300$ J, $V = 5000$ V

Encuentre: *a*) C (la capacitancia); *b*) Q (carga en el condensador)

a) La forma más conveniente de la ecuación 16.13 es $U_C = \frac{1}{2}CV^2$. Despejando C, obtenemos

$$C = \frac{2U_C}{V^2} = \frac{2(300\text{ J})}{(5000\text{ V})^2} = 2.40 \times 10^{-5}\text{ F} = 24.0\ \mu\text{F}$$

b) La carga (magnitud sobre cualquier placa) es entonces

$$Q = CV = (2.40 \times 10^{-5}\text{ F})(5000\text{ V}) = 0.120\text{ C}$$

Ejercicio de refuerzo. En este ejemplo, si la energía permisible máxima para cualquier intento de desfibrilación es de 750 J, ¿cuál será el voltaje máximo que debería usarse?

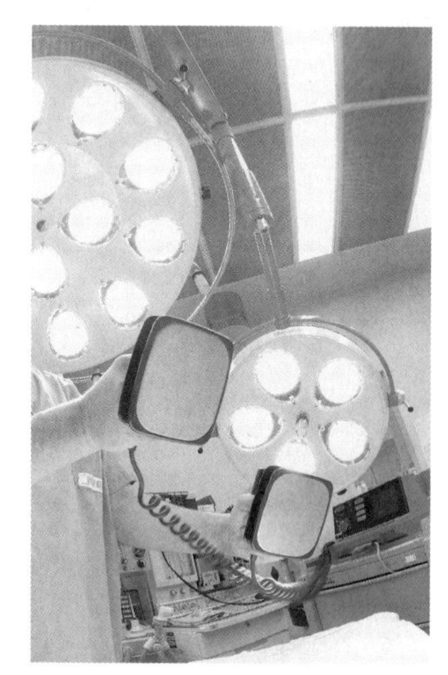

▲ **FIGURA 16.15 Desfibrilador** Una ráfaga de corriente eléctrica (flujo de carga) de un desfibrilador puede restaurar un latido normal en personas que han sufrido un paro cardiaco. Los condensadores almacenan la energía eléctrica de que depende el dispositivo.

Algunas veces los condensadores pueden modelar con éxito fenómenos de la vida real. Por ejemplo, una tormenta puede considerarse como la descarga de una nube cargada negativamente hacia el suelo cargado positivamente, en efecto, un condensador "nube-suelo". Otra aplicación interesante del potencial eléctrico trata las membranas nerviosas como condensadores cilíndricos para ayudar a explicar la transmisión de señales nerviosas. (Véase A fondo 16.1 sobre el potencial eléctrico y la transmisión de señales nerviosas en la p. 552.)

A FONDO 16.1 POTENCIAL ELÉCTRICO Y TRANSMISIÓN DE SEÑALES NERVIOSAS

El sistema nervioso del cuerpo humano es responsable de nuestra recepción de los estímulos externos por medio de los sentidos (por ejemplo, el tacto). Los nervios también proporcionan comunicación entre el cerebro y los órganos y músculos. Si usted toca algo muy caliente, los nervios de la mano detectan el problema y envían una señal al cerebro. Éste a la vez envía la señal de "quítela" a través del sistema nervioso a la mano. Pero, ¿qué son estas señales y cómo funcionan?

Un nervio típico consiste en un haz de celdas nerviosas llamadas *neuronas*, dispuestas de manera parecida a como los alambres telefónicos se agrupan en un solo cable. La estructura de una neurona típica se muestra en la figura 1a. El cuerpo de la celda o *soma*, tiene ramificaciones llamadas *dendritas*, las cuales reciben la señal de entrada. El soma es responsable del procesamiento de la señal y de transmitirla al *axón*. En el otro extremo del axón hay proyecciones con salientes llamadas *terminales sinápticas*. En esas salientes, la señal eléctrica se transmite a otra neurona a través de una brecha llamada *sinapsis*. El cuerpo humano contiene alrededor de 10 mil millones de neuronas y ¡cada neurona puede tener varios cientos de sinapsis! Hacer funcionar el sistema nervioso cuesta al cuerpo humano aproximadamente 25% de su toma de energía cada día.

Para entender la naturaleza eléctrica de la transmisión de señales nerviosas, consideremos el axón. Una componente vital del axón es su membrana celular, la cual normalmente tiene alrededor de 10 nm de espesor y consiste en *fosfolípidos* (moléculas de hidrocarbono polarizadas) y en moléculas de proteínas (figura 1b). La membrana tiene proteínas llamadas *canales iónicos*, que forman poros y donde grandes moléculas de proteínas regulan el flujo de los iones (principalmente de sodio) a través de la membrana. La clave de la transmisión de señales nerviosas es que esos canales iónicos son selectivos: permiten sólo a ciertos tipos de iones cruzar la membrana; a otros no.

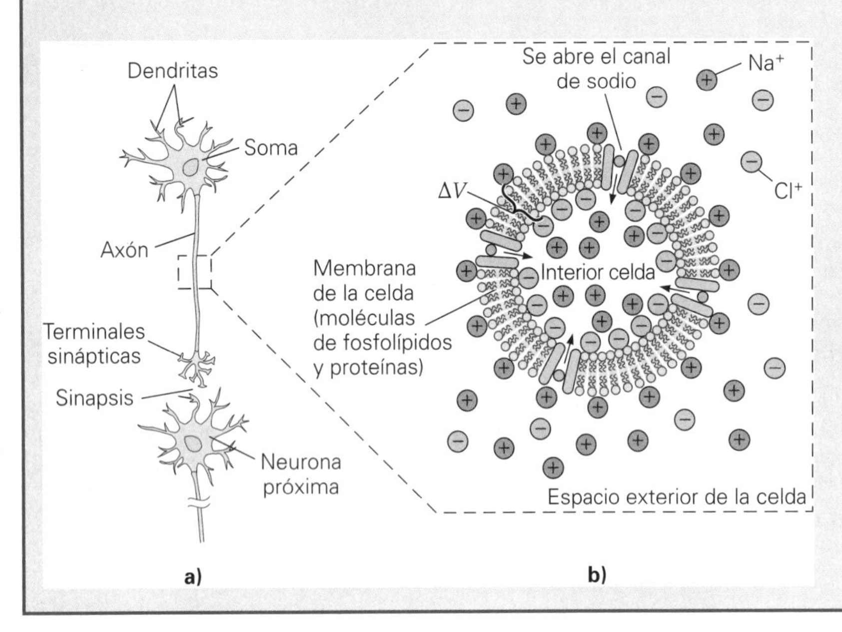

FIGURA 1 *a)* La estructura de una neurona típica. *b)* Una ampliación de la membrana del axón que muestra la membrana (aproximadamente 10 nm de espesor) y la concentración de iones dentro y fuera de la celda. La polarización de la carga a través de la membrana conduce a un voltaje, o potencial de membrana. Cuando un estímulo externo los dispara, los canales de iones de sodio se abren, permitiendo la entrada de iones de sodio en la celda. Esta afluencia cambia el potencial de la membrana.

16.4 Dieléctricos

OBJETIVOS: Entender *a)* qué es un dieléctrico y *b)* cómo afecta las propiedades físicas de un condensador.

Ilustración 26.1 Vista microscópica de un condensador

En la mayoría de los condensadores, una hoja de material aislante, como el papel o el plástico, se coloca entre las placas. Un material aislante, llamado **dieléctrico**, sirve para varios propósitos. Uno de ellos es impedir que las placas entren en contacto y este contacto permitiría a los electrones fluir de regreso hacia la placa positiva, neutralizando así la carga sobre el condensador y la energía almacenada. Un dieléctrico también permite que placas flexibles de hoja metálica se enrollen en un cilindro, dando al condensador un tamaño más compacto (y por ello más práctico). Finalmente, un dieléctrico aumenta la capacidad de almacenamiento de carga del condensador y, por lo tanto, bajo las condiciones correctas, la energía almacenada en el condensador. Tal capacidad depende del tipo de material y está caracterizada por la **constante dieléctrica (κ)**. Los valores de la constante dieléctrica para algunos materiales comunes se presentan en la tabla 16.2.

El fluido fuera del axón, aunque eléctricamente neutro, contiene iones de sodio (Na^+) y iones de cloro (Cl^-) en solución. En cambio, el fluido interno del axón es rico en iones de potasio (K^+) y moléculas de proteínas cargadas negativamente. Si no fuera por la naturaleza selectiva de la membrana de la celda, la concentración de Na^+ sería igual en ambos lados de la membrana. Bajo condiciones normales (o *de reposo*), resulta difícil para los iones Na^+ penetrar el interior de la celda nerviosa. Este proceso da lugar a una polarización de la carga a través de la membrana. El exterior es positivo (con el Na^+ tratando de entrar a la región de menor concentración), que atrae las proteínas negativas a la superficie interior de la membrana (figura 1b). Así, existe un sistema de almacenamiento de carga tipo condensador cilíndrico, a través de una membrana de axón cuando está en reposo. El *potencial de membrana en reposo* (el voltaje a través de la membrana) se define como $\Delta V = V_{\text{dentro}} - V_{\text{fuera}}$. Como el exterior está cargado positivamente, el potencial en reposo es una cantidad negativa y varía de aproximadamente −40 a −90 mV (milivolts), con un valor típico de −70 mV en seres humanos.

La conducción de la señal tiene lugar cuando la membrana de la celda recibe un estímulo de las dendritas. Sólo entonces cambia el potencial de la membrana, y este cambio se propaga por el axón. El estímulo ocasiona que los canales Na^+ en la membrana (cerrados cuando está en reposo, como una compuerta) se abran y permitan temporalmente que los iones de sodio entren a la celda (figura 1b). Esos iones positivos son atraídos a la capa de carga negativa en el interior y son conducidos por la diferencia en la concentración. En aproximadamente 0.001 s, suficientes iones de sodio han pasado por el canal de compuerta para causar una inversión de la polaridad, y entonces se eleva el potencial de la membrana, típicamente a +30 mV en seres humanos. Esta secuencia de tiempo para el cambio en el potencial de la membrana se muestra en la figura 2. Cuando la diferencia en la concentración de Na^+ hace que el voltaje de la membrana se vuelva positivo, y se cierren las compuertas de sodio. Un proceso químico conocido como *bombeo molecular Na/K−ATPase* reestablece después el potencial de reposo a −70 mV por transporte selectivo del exceso de Na^+ al exterior de la celda.

Esta variación en el potencial de la membrana (un total de 100 mV, de −70 mV a +30 mV) se llama *potencial de acción* de la celda. Este potencial de acción es la señal de que se transmite realmente por el axón. La "onda" de voltaje viaja con rapideces de 1 a 100 m/s en su camino a disparar otra pulsación en la neurona adyacente. Esta rapidez, junto con otros factores como las demoras de tiempo en la región sináptica, es responsable de los tiempos normales de reacción humana que suman unas cuantas décimas de segundo.

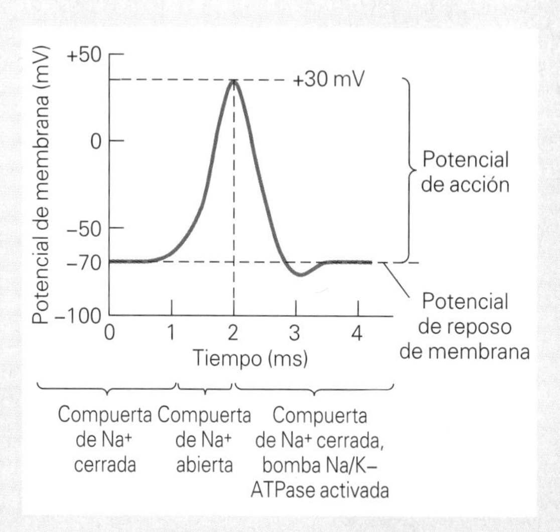

FIGURA 2 Cuando los canales de sodio se abren como compuertas y los iones de sodio se precipitan al interior de la celda, el potencial de membrana cambia rápidamente de su valor de reposo de −70 mV a cerca de +30 mV. El potencial de reposo se restaura (aproximadamente 4 ms después) mediante un proceso de "bombeo" de proteínas, que remueve químicamente el exceso de Na^+ después de que se cierran las compuertas de sodio (en 2 ms).

TABLA 16.2 Constantes dieléctricas para algunos materiales

Material	*Constante dieléctrica* (κ)	*Material*	*Constante dieléctrica* (κ)
Vacío	1.0000	Vidrio (rango)	3–7
Aire	1.00059	Vidrio Pirex	5.6
Papel	3.7	Baquelita	4.9
Polietileno	2.3	Aceite de silicio	2.6
Poliestireno	2.6	Agua	80
Teflón	2.1	Titanato de estroncio	233

La forma en que un dieléctrico afecta las propiedades eléctricas de un condensador se muestra en la ▾figura 16.16. El condensador se carga plenamente (generando un campo $\vec{\mathbf{E}}_o$) y se desconecta de la batería, después de lo cual se inserta un dieléctrico (figura 16.16a). En el material dieléctrico, el trabajo es efectuado sobre dipolos molecu-

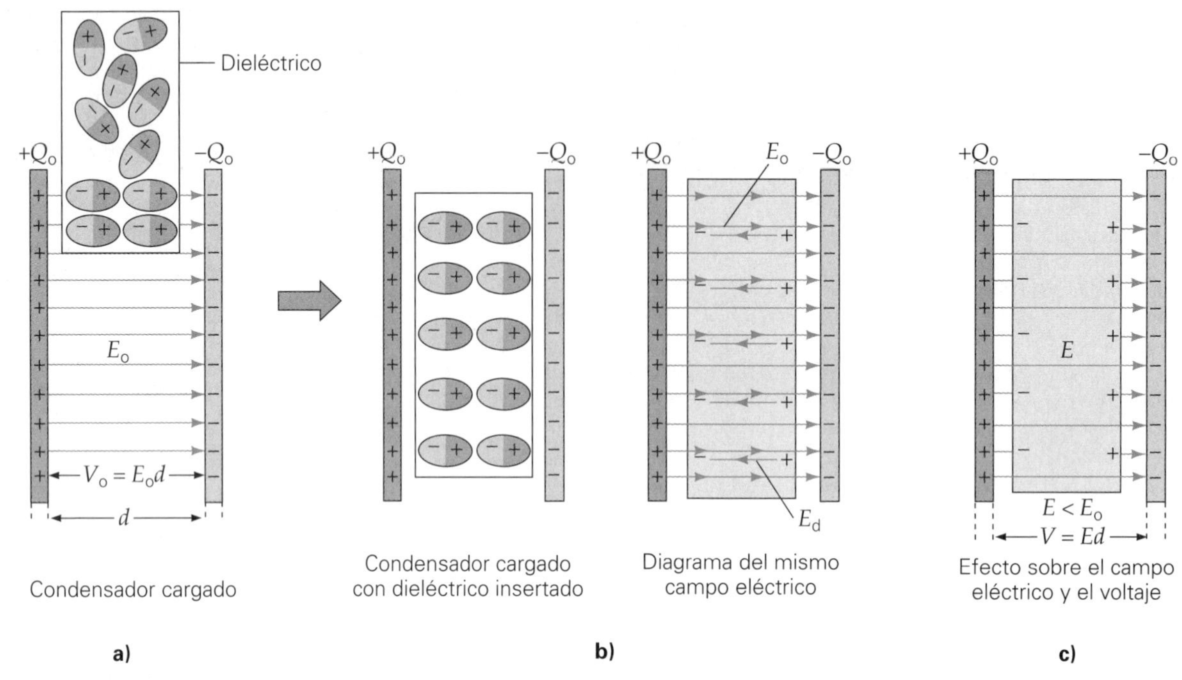

▲ **FIGURA 16.16 Los efectos de un dieléctrico sobre un condensador aislado** ***a)*** Un material dieléctrico con dipolos moleculares permanentes orientados al azar (o dipolos inducidos por el campo eléctrico) se inserta entre las placas de un condensador cargado aislado. Conforme se inserta el dieléctrico, el condensador tiende a jalarlo hacia adentro, efectuando así trabajo sobre él. (Observe las fuerzas de atracción entre las cargas de las placas y aquellas inducidas sobre las superficies dieléctricas.) ***b)*** Cuando el material está en el campo eléctrico del condensador, los dipolos se orientan a sí mismos con el campo, dando lugar a un campo eléctrico opuesto $\vec{\mathbf{E}}_d$. ***c)*** El campo dipolar cancela parcialmente el campo debido a las cargas de las placas. El efecto neto es una disminución tanto en el campo eléctrico como en el voltaje. Puesto que la carga almacenada permanece igual, aumenta la capacitancia.

Ilustración 26.3 Condensador con un dieléctrico

lares por el campo eléctrico existente, alineándolos con ese campo (figura 16.16b). (La polarización molecular puede ser permanente o temporalmente inducida por el campo eléctrico. En cualquier caso, el efecto es el mismo.) El trabajo también se efectúa sobre la placa dieléctrica en su conjunto, ya que las placas cargadas la jalan al espacio entre ellas.

El resultado es que el dieléctrico genera un campo eléctrico "inverso" ($\vec{\mathbf{E}}_d$ en la figura 16.16c) que cancela parcialmente el campo entre las placas. Esto significa que se reduce el campo *neto* ($\vec{\mathbf{E}}$) entre las placas y, por lo tanto, también el voltaje a través de las placas (ya que $V = Ed$). La constante dieléctrica κ del material se define como la razón del voltaje con el material en posición (V) al voltaje en vacío (V_o). Como V es proporcional a E, esta razón es la misma que la razón de campo eléctrico:

Nota: la ecuación 16.14 sólo es válida si la batería está desconectada.

$$\kappa = \frac{V_o}{V} = \frac{E_o}{E} \quad \textit{(sólo cuando es constante la carga del condensador)} \tag{16.14}$$

Observe que κ no tiene dimensiones y es mayor que 1, ya que $V < V_o$. De la ecuación 16.14, sabemos que una manera de determinar la constante dieléctrica es midiendo los dos voltajes. (Los voltímetros se estudian con detalle en el capítulo 18.) Como la batería estaba desconectada, y el condensador aislado, no se afecta la carga sobre las placas, Q_o. Puesto que $V = V_o/\kappa$, el valor de la capacitancia con el dieléctrico insertado es mayor que el valor en vacío por un factor de κ. En efecto, ahora se almacena la misma cantidad de carga a un menor voltaje, y el resultado es un incremento en capacitancia. Para entender este efecto, aplique la definición de capacitancia:

$$C = \frac{Q}{V} = \frac{Q_o}{(V_o/\kappa)} = \kappa\left(\frac{Q_o}{V_o}\right) \quad \text{o} \quad C = \kappa C_o \tag{16.15}$$

De manera que al insertar un dieléctrico en un condensador aislado se obtiene una mayor capacitancia. Pero, ¿qué sucede con el almacenamiento de energía? Como no hay entrada de energía (se desconectó la batería) y el condensador efectúa trabajo so-

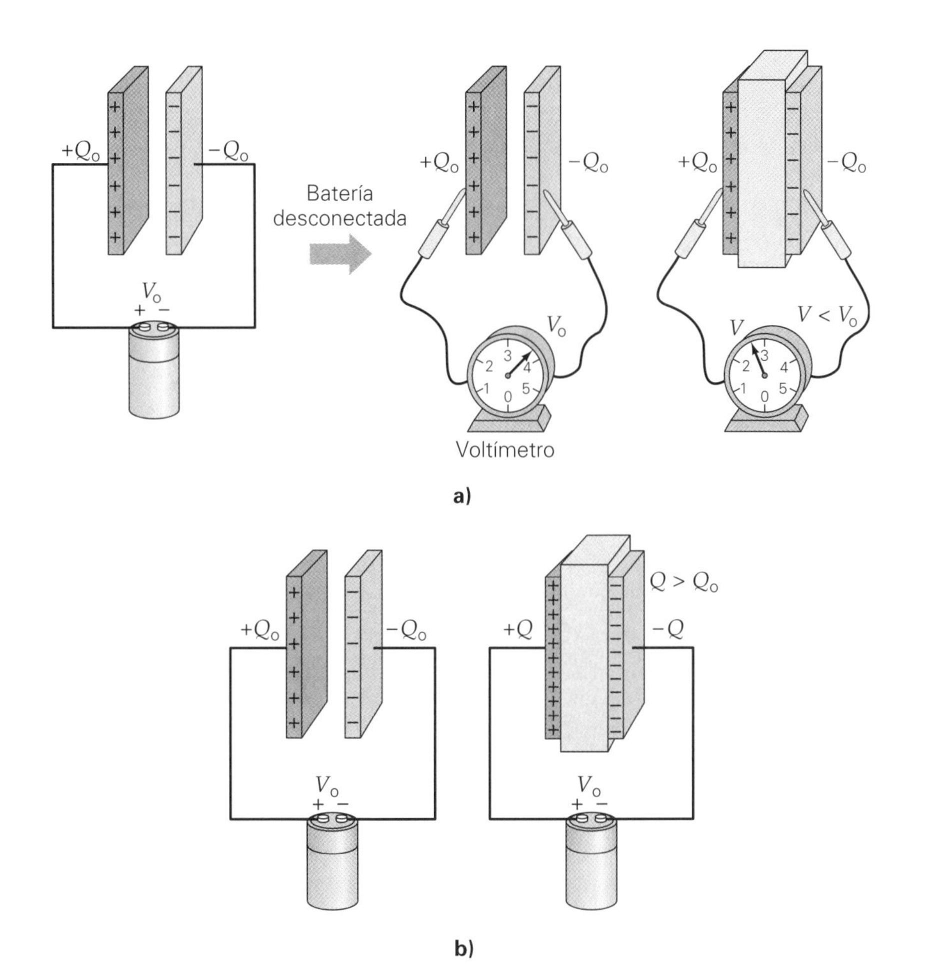

◀ **FIGURA 16.17 Dieléctricos y capacitancia** *a*) Un condensador de placas paralelas en aire (sin dieléctrico) se carga con una batería a una carga Q_o y un voltaje V_o (izquierda). Si se desconecta la batería y el potencial a través del condensador se mide con un voltímetro, se obtiene una lectura de V_o (centro). Pero si ahora se inserta un dieléctrico entre las placas del condensador, el voltaje cae a $V = V_o/\kappa$ (derecha), por lo disminuye que la energía almacenada. (¿Puede estimar la constante dieléctrica de las lecturas del voltaje?) *b*) Se carga un condensador como en el inciso *a*, pero se deja conectada la batería. Cuando se inserta un dieléctrico en el condensador, el voltaje se mantiene en V_o. (¿Por qué?) Sin embargo, la carga sobre las placas aumenta a $Q = \kappa Q_o$. Por lo tanto, ahora se almacena más energía en el condensador. En ambos casos, la capacitancia aumenta por un factor de κ.

bre el dieléctrico jalándolo a la región entre las placas, la energía almacenada *cae* por un factor de κ (▲figura 16.17a), como lo muestra la siguiente ecuación:

$$U_C = \frac{Q^2}{2C} = \frac{Q_o^2}{2\kappa C_o} = \frac{Q_o^2/2C_o}{\kappa} = \frac{U_o}{\kappa} < U_o \quad \textit{(batería desconectada)}$$

Sin embargo, ocurre una situación diferente si se inserta el dieléctrico *y la batería permanece conectada*. En este caso, se mantiene el voltaje original y la batería es capaz de suministrar (bombear) más carga y, por ende, efectuar trabajo (figura 16.17b). Como la batería efectúa trabajo adicional, esperamos que aumente la energía almacenada en el condensador. Con la batería aún conectada, la carga sobre las placas *aumenta* por un factor κ, o bien, $Q = \kappa Q_o$. De nuevo, aumenta la capacitancia, pero ahora debido a que se almacena más carga bajo el mismo voltaje. De la definición de capacitancia, el resultado es el mismo que el dado por la ecuación 16.15, ya que $C = Q/V = \kappa Q_o/V_o = \kappa(Q_o/V_o) = \kappa C_o$. Así,

> el efecto de un dieléctrico es incrementar la capacitancia por un factor κ independientemente de las condiciones bajo las cuales se inserte el dieléctrico.

En el caso de un condensador mantenido a voltaje constante, aumenta el almacenamiento de energía del condensador a expensas de la batería. Para ver esto, calculemos la energía con el dieléctrico en posición bajo tales condiciones:

$$U_C = \tfrac{1}{2}CV^2 = \tfrac{1}{2}\kappa C_o V_o^2 = \kappa\left(\tfrac{1}{2}C_o V_o^2\right) = \kappa U_o > U_o \quad \textit{(batería conectada)}$$

Para un condensador de placas paralelas con un dieléctrico, la capacitancia se incrementa sobre su valor (en aire) en la ecuación 16.12, por un factor de κ:

$$C = \kappa C_o = \frac{\kappa \varepsilon_o A}{d} \quad \textit{(sólo placas paralelas)} \tag{16.16}$$

Esta relación a veces se escribe como $C = \varepsilon A/d$, donde $\varepsilon = \kappa\varepsilon_o$ se llama **permisividad dieléctrica** del material, que siempre mayor es que ε_o. (¿Cómo se sabe esto?)

a)

b)

▲ **FIGURA 16.18 Condensadores en uso** *a)* El material dieléctrico entre las placas del condensador permite que las placas se construyan de manera que queden muy cerca entre sí, aumentando la capacitancia. Además, las placas pueden enrollarse en un condensador compacto más práctico. *b)* Condensadores entre otros elementos de circuitos de una microcomputadora.

Una imagen del interior de un condensador cilíndrico típico y una variedad de condensadores reales se muestran en la ◂figura 16.18. Los cambios en capacitancia sirven para monitorear el movimiento en nuestro mundo tecnológico, como veremos en el siguiente ejemplo.

Ejemplo 16.9 ■ El condensador como un detector de movimiento: teclados de computadora

Considere un condensador (con dieléctrico) bajo la tecla de una computadora (▾figura 16.19). El condensador está conectado a una batería de 12.0 volts y tiene una separación normal de placas (sin oprimir) de 3.00 mm y una área de placa de 0.750 cm^2. *a)* ¿Cuál será la constante del dieléctrico que se requiere si la capacitancia es 1.10 pF? *b)* ¿Cuánta carga se almacena en las placas bajo condiciones normales? *c)* ¿Cuánta carga fluye sobre las placas (es decir, cuál es el cambio en sus cargas), si se comprimen hasta una separación de 2.00 mm?

Razonamiento. *a)* La capacitancia de placas llenas de aire puede encontrarse con la ecuación 16.12, y luego puede determinarse la constante dieléctrica con la ecuación 16.15. *b)* La carga resulta de la ecuación 16.9. *c)* Debe usarse la distancia de separación de placas comprimidas para volver a calcular la capacitancia. Entonces, la nueva carga se encuentra como en el inciso *b*.

Solución. Los datos son los siguientes:

Dado:
$V = 12.0\ \text{V}$
$d = 3.00\ \text{mm} = 3.00 \times 10^{-3}\ \text{m}$
$A = 0.750\ \text{cm}^2 = 7.50 \times 10^{-5}\ \text{m}^2$
$C = 1.10\ \text{pF} = 1.10 \times 10^{-12}\ \text{F}$
$d' = 2.00\ \text{mm} = 2.00 \times 10^{-3}\ \text{m}$

Encuentre:
a) κ (constante dieléctrica)
b) Q (carga inicial del condensador)
c) ΔQ (cambio en la carga del condensador)

a) De la ecuación 16.12, la capacitancia, si las placas estuvieran separadas por aire, sería

$$C_o = \frac{\varepsilon_o A}{d} = \frac{(8.85 \times 10^{-12}\ \text{C}^2/\text{N}\cdot\text{m}^2)(7.50 \times 10^{-5}\ \text{m}^2)}{3.00 \times 10^{-3}\ \text{m}} = 2.21 \times 10^{-13}\ \text{F}$$

Como el dieléctrico aumenta la capacitancia, su valor es

$$\kappa = \frac{C}{C_o} = \frac{1.10 \times 10^{-12}\ \text{F}}{2.21 \times 10^{-13}\ \text{F}} = 4.98$$

b) La carga inicial es entonces

$$Q = CV = (1.10 \times 10^{-12}\ \text{F})(12.0\ \text{V}) = 1.32 \times 10^{-11}\ \text{C}$$

c) Bajo condiciones de compresión, la capacitancia es

$$C' = \frac{\kappa\varepsilon_o A}{d'} = \frac{(4.98)(8.85 \times 10^{-12}\ \text{C}^2/\text{N}\cdot\text{m}^2)(7.50 \times 10^{-5}\ \text{m}^2)}{2.00 \times 10^{-3}\ \text{m}} = 1.65 \times 10^{-12}\ \text{F}$$

El voltaje permanece igual, $Q' = C'V = (1.65 \times 10^{-12}\ \text{F})(12.0\ \text{V}) = 1.98 \times 10^{-11}\ \text{C}$. Como aumentó la capacitancia, la carga se incrementó en

$$\Delta Q = Q' - Q = (1.98 \times 10^{-11}\ \text{C}) - (1.32 \times 10^{-11}\ \text{C}) = +6.60 \times 10^{-12}\ \text{C}$$

Al oprimir la tecla, una carga, cuya magnitud está relacionada con el desplazamiento, fluye al condensador dando una forma de medir eléctricamente el movimiento.

Ejercicio de refuerzo. En este ejemplo, suponga que la separación entre las placas se incrementó 1.00 mm del valor normal de 3.00 mm. ¿La carga fluirá hacia el condensador o desde éste? ¿Cuánta carga será la que fluya?

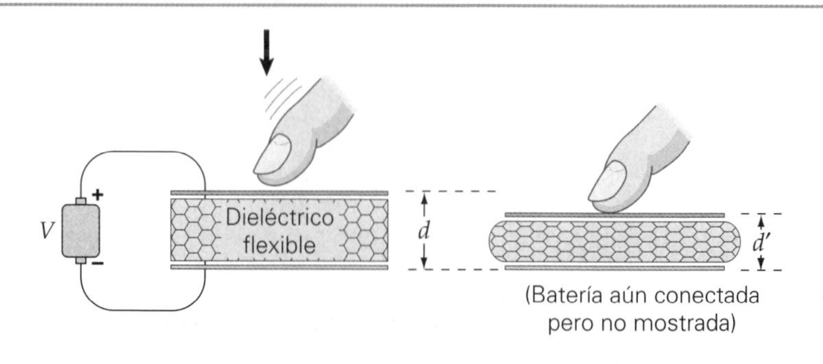

▸ **FIGURA 16.19 Condensadores en uso** Los condensadores se utilizan para convertir movimiento en señales eléctricas que pueden medirse y analizarse usando una computadora. Conforme la distancia entre las placas cambia, también lo hace la capacitancia, lo cual causa un cambio en la carga sobre el condensador. Algunos teclados de computadora operan de esta manera, así como otros instrumentos, por ejemplo, los sismógrafos. (capítulo 13.) Véase el ejemplo 16.9.

16.5 Condensadores en serie y en paralelo

OBJETIVOS: *a*) Encontrar la capacitancia equivalente de condensadores conectados en serie y en paralelo, *b*) calcular las cargas, los voltajes y el almacenamiento de energía de condensadores individuales en configuraciones en serie y en paralelo y *c*) analizar redes de condensadores que incluyan arreglos tanto en serie como en paralelo.

Los condensadores se conectan de dos formas básicas: *en serie* o *en paralelo*. En serie, los condensadores están conectados cabeza a cola (▼figura 16.20a). Cuando están conectados en paralelo, todos los conductores a un lado de los condensadores tienen una conexión común. (Piense que todas las "colas" están conectadas juntas y que todas las "cabezas" están también conectadas juntas; figura 16.20b.)

Nota: Para los llamados condensadores de placas paralelas con dieléctrico intercalado, no hay distinción de cabeza o cola entre los conductores. Algunos tipos de condensadores tienen lados particulares positivos y negativos, y por ende debe hacerse la distinción.

Ilustración 26.4 Vista microscópica de condensadores en serie y en paralelo

▼ **FIGURA 16.20 Condensadores en serie y en paralelo** *a*) Todos los condensadores conectados en serie tienen la misma carga, y la suma de las caídas de voltaje es igual al voltaje de la batería. La capacitancia total en serie es equivalente al valor de C_s. *b*) Cuando los condensadores están conectados en paralelo, las caídas de voltaje a través de los condensadores son las mismas, y la carga total es igual a la suma de las cargas sobre los condensadores individuales. La capacitancia total en paralelo es equivalente al valor de C_p. *c*) En una conexión en paralelo, pensar en las placas facilita ver por qué la carga total es la suma de las cargas individuales. En efecto, este arreglo representa un condensador con dos placas grandes.

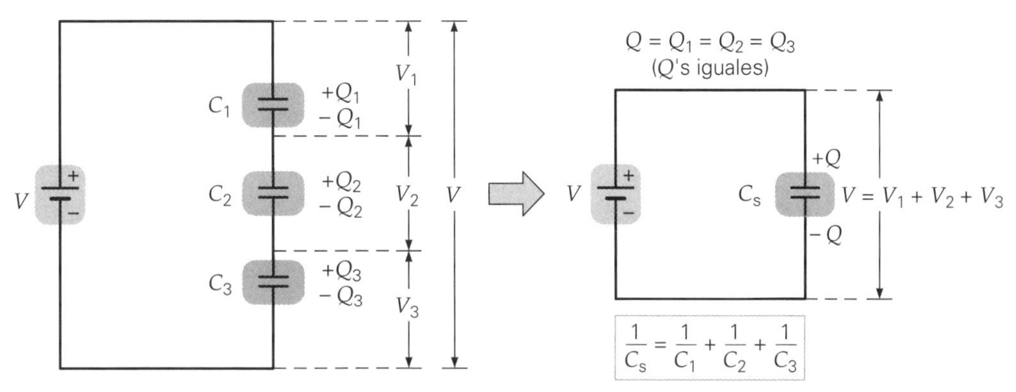

a) Condensadores en serie

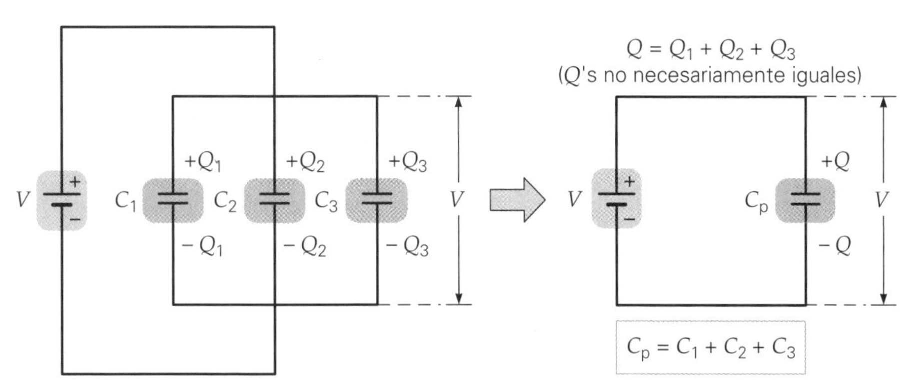

b) Condensadores en paralelo

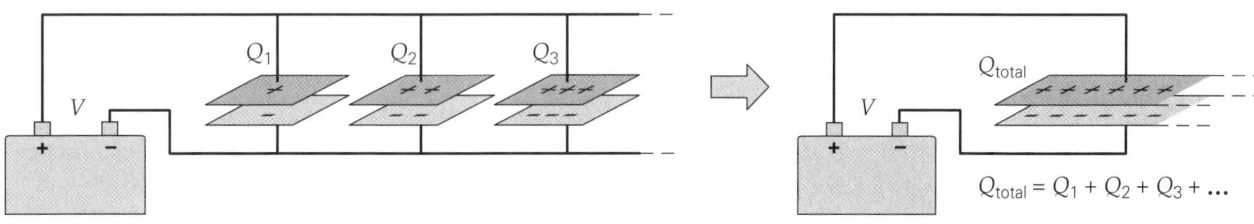

c) Condensadores en paralelo

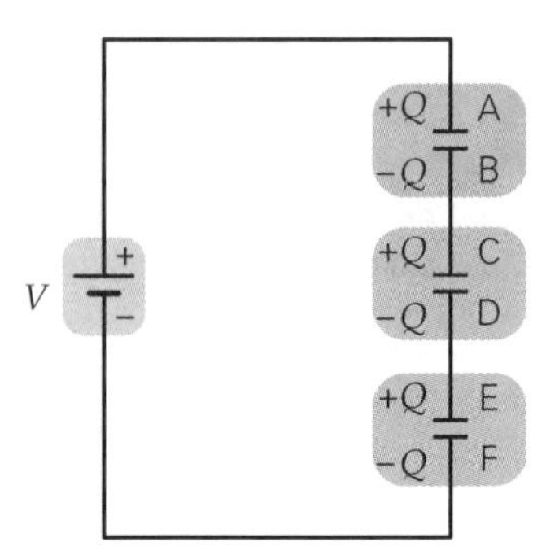

▲ **FIGURA 16.21** Cargas sobre condensadores en serie
Las placas B y C juntas tenían carga neta cero al principio. Cuando la batería colocó $+Q$ en la placa A, se indujo la carga $-Q$ en B; entonces, C debió adquirir $+Q$ para que la combinación BC permaneciera neutral. Continuando de esta manera por el arreglo, vemos que todas las cargas deben de igual magnitud.

Condensadores en serie

Cuando los condensadores están conectados en serie, la carga Q debe ser la misma en todas las placas:

$$Q = Q_1 = Q_2 = Q_3 = \cdots$$

Para saber por qué esto es así, examine la ◂figura 16.21. Observe que sólo las placas A y F están realmente conectadas a la batería. Como las placas B y C están aisladas, la carga total sobre ellas siempre debe ser cero. Así, cuando la batería pone una carga de $+Q$ sobre la placa A, entonces $-Q$ se induce sobre B a expensas de la placa C, que adquiere una carga $+Q$. Esta carga a la vez induce $-Q$ sobre D, y así sucesivamente, hacia abajo por la línea.

Como hemos visto, la "caída de voltaje" es sólo otro nombre para el "cambio en energía potencial eléctrica por carga unitaria". Así, cuando sumamos todas las caídas de voltaje en condensadores en serie (véase la figura 16.20a), debemos obtener el mismo valor que el voltaje a través de las terminales de la batería. Así, la suma de las caídas de voltaje individuales a través de todos los condensadores es igual al voltaje de la fuente:

$$V = V_1 + V_2 + V_3 + \cdots$$

La **capacitancia equivalente en serie, C_s**, se define como el valor de un solo condensador que podría reemplazar la combinación en serie y almacenar la misma carga al mismo voltaje. Como la combinación de condensadores almacena una carga de Q a un voltaje de V, se infiere que $C_s = Q/V$ o $V = Q/C_s$. Sin embargo, los voltajes individuales están relacionados con las cargas individuales por $V_1 = Q/C_1$, $V_2 = Q/C_2$, $V_3 = Q/C_3$, y así sucesivamente.

Sustituyendo estas expresiones en la ecuación del voltaje, tenemos

$$\frac{Q}{C_s} = \frac{Q}{C_1} + \frac{Q}{C_2} + \frac{Q}{C_3} + \cdots$$

Cancelando las Q comunes,

$$\frac{1}{C_s} = \frac{1}{C_1} + \frac{1}{C_2} + \frac{1}{C_3} + \cdots \quad \textit{capacitancia equivalente en serie} \tag{16.17}$$

Esta relación implica que el valor de C_s siempre es menor que la capacitancia más pequeña en la combinación en serie. Por ejemplo, pruebe la ecuación 16.17 con $C_1 = 1.0\ \mu\text{F}$ y $C_2 = 2.0\ \mu\text{F}$. Usted debería demostrar que $C_s = 0.67\ \mu\text{F}$, lo cual es menor que $1.0\ \mu\text{F}$ (la prueba general se le deja como ejercicio). Físicamente, el razonamiento es el siguiente: como todos los condensadores en serie tienen la misma carga, la carga almacenada por este arreglo es $Q = C_iV_i$ (donde el subíndice i se refiere a *cualquiera* de los condensadores individuales en la cadena). Como $V_i < V$, el arreglo en serie almacena menos carga que cualquier condensador individual conectado por sí mismo a la misma batería.

Tiene sentido que en serie la capacitancia más pequeña reciba el voltaje más grande. Un valor pequeño de C significa menos carga almacenada por volt. Para que la carga sobre todos los condensadores sea la misma, cuanto menor sea el valor de la capacitancia, mayor será la fracción del voltaje total requerido ($Q = CV$).

Condensadores en paralelo

Con un arreglo en paralelo (figura 16.20b), los voltajes a través de los condensadores son los mismos (¿por qué?), y cada voltaje individual es igual al de la batería:

$$V = V_1 = V_2 = V_3 = \cdots$$

La carga total es la suma de las cargas sobre cada condensador (figura 16.20c):

$$Q_{\text{total}} = Q_1 + Q_2 + Q_3 + \cdots$$

Esperamos que la capacitancia equivalente en paralelo sea mayor que la capacitancia más grande, porque se puede almacenar más carga por volt de esta manera que si cualquier condensador se conectara a la batería por sí solo. Las cargas individuales están dadas por $Q_1 = C_1V$, $Q_2 = C_2V$, y así sucesivamente. Un condensador con la **capacitancia equivalente en paralelo, C_p**, tendría esta misma carga total que conectado a la batería, por lo que $C_p = Q_{total}/V$ o $Q_{total} = C_pV$. Sustituyendo esas expresiones en la ecuación anterior, tenemos

$$C_pV = C_1V + C_2V + C_3V + \cdots$$

y, cancelando la V común, obtenemos

$$C_p = C_1 + C_2 + C_3 + \cdots \quad \textit{capacitancia equivalente en paralelo} \qquad (16.18)$$

Así, en el caso en paralelo, la capacitancia equivalente C_p es la suma de las capacitancias individuales. En este caso, la capacitancia equivalente es mayor que la capacitancia individual más grande. Como los condensadores en paralelo tienen el mismo voltaje, la capacitancia más grande almacenará la mayor cantidad de carga. Como una comparación de condensadores en serie y en paralelo, considere el siguiente ejemplo.

Ejemplo 16.10 ■ Carga sin tarjeta de crédito: condensadores en serie y en paralelo

Dados dos condensadores, uno con una capacitancia de 2.50 μF y el otro de 5.00 μF, ¿cuáles serán las cargas en cada uno y la carga total almacenada si están conectados a través de una batería de 12.0 volts *a*) en serie y *b*) en paralelo?

Exploración 26.4 Capacitancia equivalente

Razonamiento. *a*) Los condensadores en serie tienen la misma carga. La ecuación 16.17 nos permite encontrar la capacitancia equivalente y, de ahí, la carga sobre cada condensador. *b*) Los condensadores en paralelo tienen el mismo voltaje; entonces, la carga de cada uno se puede determinar fácilmente, pues se conocen sus capacitancias individuales.

Solución. Tenemos lo siguiente:

Dado: $C_1 = 2.50\ \mu\text{F} = 2.50 \times 10^{-6}$ F
$C_2 = 5.00\ \mu\text{F} = 5.00 \times 10^{-6}$ F
$V = 12.0$ V

Encuentre: *a*) Q en cada condensador en serie y Q_{total} (carga total)
b) Q en cada condensador en paralelo y Q_{total} (carga total)

***a*)** En serie, la capacitancia (equivalente) total es:

$$\frac{1}{C_s} = \frac{1}{2.50 \times 10^{-6}\ \text{F}} + \frac{1}{5.00 \times 10^{-6}\ \text{F}} = \frac{3}{5.00 \times 10^{-6}\ \text{F}}$$

por lo que

$$C_s = 1.67 \times 10^{-6}\ \text{F}$$

(Note que C_s es menor que la capacitancia más pequeña en la cadena en serie, como se esperaba.)

Como la carga sobre cada condensador es la misma en serie (y la misma que el total),

$$Q_{total} = Q_1 = Q_2 = C_sV = (1.67 \times 10^{-6}\ \text{F})(12.0\ \text{V}) = 2.00 \times 10^{-5}\ \text{C}$$

***b*)** Aquí, usamos la relación de capacitancia paralela equivalente:

$$C_p = C_1 + C_2 = 2.50 \times 10^{-6}\ \text{F} + 5.00 \times 10^{-6}\ \text{F} = 7.50 \times 10^{-6}\ \text{F}$$

(Este resultado es razonable porque es mayor que el valor individual más grande en el arreglo paralelo.)

Por lo tanto,

$$Q_{total} = C_pV = (7.50 \times 10^{-6}\ \text{F})(12.0\ \text{V}) = 9.00 \times 10^{-5}\ \text{C}$$

En paralelo, cada condensador tiene los 12.0 V completos a través de él; por lo tanto,

$$Q_1 = C_1V = (2.50 \times 10^{-6}\ \text{F})(12.0\ \text{V}) = 3.00 \times 10^{-5}\ \text{C}$$
$$Q_2 = C_2V = (5.00 \times 10^{-6}\ \text{F})(12.0\ \text{V}) = 6.00 \times 10^{-5}\ \text{C}$$

Como una doble revisión final, observe que la carga almacenada total es igual a la suma de las cargas sobre ambos condensadores.

Ejercicio de refuerzo. En este ejemplo, determine qué combinación, en serie o en paralelo, almacena más energía.

Los arreglos de condensadores típicamente implican conexiones tanto en serie como en paralelo (véase el siguiente ejemplo). En esta situación, usted simplifica el circuito, usando las expresiones para la capacitancia equivalente en paralelo y en serie, hasta que termina con una sola capacitancia equivalente total. Para encontrar los resultados para cada condensador individual, usted procede hacia atrás hasta que obtiene el arreglo original.

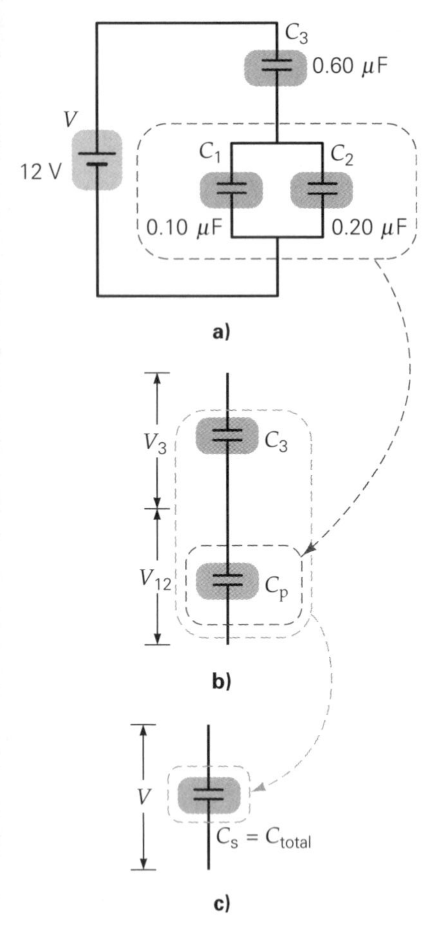

▲ **FIGURA 16.22 Reducción de circuito** Al combinar las capacitancias, la combinación de condensadores se reduce a una sola capacitancia equivalente. Véase el ejemplo 16.11.

Ejemplo 16.11 ■ Un paso a la vez: combinación de condensadores en serie y en paralelo

Tres condensadores están conectados en un circuito como se muestra en la ◂figura 16.22a. ¿Cuál es el voltaje a través de cada condensador?

Razonamiento. El voltaje a través de cada condensador podría encontrarse de $V = Q/C$, *si* se conoce la carga sobre cada condensador. La carga total sobre los condensadores se encuentra reduciendo la combinación serie-paralelo a una sola capacitancia equivalente. Dos de los condensadores están en paralelo. Su sola capacitancia equivalente (C_p) está en serie con el último condensador, un hecho que permite encontrar la capacitancia total. Procediendo hacia atrás podremos encontrar el voltaje a través de cada condensador.

Solución.

Dado: Valores de la capacitancia y el voltaje de la figura

Encuentre: V_1, V_2 y V_3 (voltajes a través de los condensadores)

Comenzando con la combinación en paralelo, tenemos

$$C_p = C_1 + C_2 = 0.10\ \mu\text{F} + 0.20\ \mu\text{F} = 0.30\ \mu\text{F}$$

Ahora el arreglo está parcialmente reducido, como se muestra en la figura 16.22b. A continuación, considerando C_p en serie con C_3, podemos encontrar la capacitancia equivalente total del arreglo original:

$$\frac{1}{C_s} = \frac{1}{C_3} + \frac{1}{C_p} = \frac{1}{0.60\ \mu\text{F}} + \frac{1}{0.30\ \mu\text{F}} = \frac{1}{0.60\ \mu\text{F}} + \frac{2}{0.60\ \mu\text{F}} = \frac{1}{0.20\ \mu\text{F}}$$

Por lo tanto,

$$C_s = 0.20\ \mu\text{F} = 2.0 \times 10^{-7}\ \text{F}$$

Ésta es la capacitancia equivalente total del arreglo (figura 16.22c). Tratando el problema como si fuera para un solo condensador, estimamos la carga sobre esa capacitancia equivalente:

$$Q = C_s V = (2.0 \times 10^{-7}\ \text{F})(12\ \text{V}) = 2.4 \times 10^{-6}\ \text{C}$$

Ésta es la carga sobre C_3 y C_p, ya que están en serie. Podemos usar esto para calcular el voltaje a través de C_3:

$$V_3 = \frac{Q}{C_3} = \frac{2.4 \times 10^{-6}\ \text{C}}{6.0 \times 10^{-7}\ \text{F}} = 4.0\ \text{V}$$

La suma de los voltajes a través de los condensadores es igual al voltaje a través de las terminales de la batería. Los voltajes a través de C_1 y C_2 son los mismos porque están en paralelo. Como el voltaje a través de C_1 (o C_2) más el voltaje a través de C_3 es igual al voltaje total (el voltaje de la batería), escribimos $V = V_{12} + V_3 = 12$ V. (Véase la figura 16.22a.) Aquí, V_{12} representa el voltaje a través de C_1 o de C_2. Despejando V_{12},

$$V_{12} = V - V_3 = 12\ \text{V} - 4.0\ \text{V} = 8.0\ \text{V}$$

Note que C_p es menor que C_3. Como C_p y C_3 están en serie, se infiere que C_p (y por lo tanto C_1 y C_2) tienen la mayoría del voltaje.

Ejercicio de refuerzo. En este ejemplo, encuentre *a*) la carga almacenada en cada condensador y *b*) la energía almacenada en cada uno.

Repaso del capítulo

- Las **diferencia de potencial eléctrico** (o **voltaje**) entre dos puntos es el trabajo hecho por una carga unitaria positiva entre esos dos puntos, o la carga en energía potencial eléctrica por carga unitaria positiva. Expresada en forma de ecuación, esta relación es

$$\Delta V = \frac{\Delta U_e}{q_+} = \frac{W}{q_+} \tag{16.1}$$

- Las **superficies equipotenciales** (superficies de potencial eléctrico constante, también llamadas **equipotenciales**) son superficies sobre las cuales una carga tiene una energía potencial eléctrica constante. En todas partes esas superficies son perpendiculares al campo eléctrico.

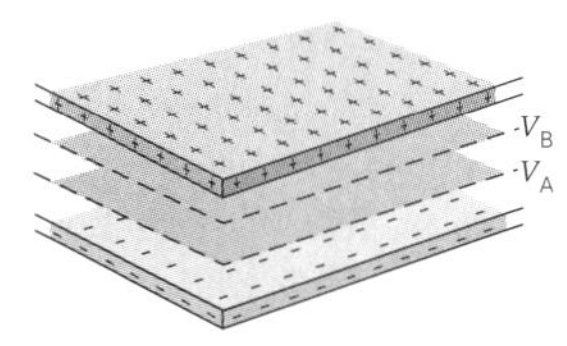

- La expresión para el **potencial eléctrico debido a una carga puntual** (eligiendo $V = 0$ en $r = \infty$) es

$$V = \frac{kq}{r} \tag{16.4}$$

- La **energía potencial eléctrica para un par de cargas puntuales** está dada por (eligiendo $U = 0$ en $r = \infty$)

$$U_{12} = \frac{kq_1q_2}{r_{12}} \tag{16.5}$$

- La **energía potencial eléctrica de una configuración de más de dos cargas puntuales** está dada por una suma de términos de pares de cargas puntuales de la ecuación 16.5:

$$U_{\text{total}} = U_{12} + U_{23} + U_{13} + \cdots \tag{16.6}$$

- El campo eléctrico está relacionado con qué rápidamente cambia el potencial eléctrico con la distancia. El campo eléctrico ($\vec{\mathbf{E}}$) señala en la dirección de la disminución más rápido en potencial eléctrico (V). La magnitud del campo eléctrico (E) es la razón de cambio del potencial con la distancia, o bien,

$$E = \left|\frac{\Delta V}{\Delta x}\right|_{\text{máx}} \tag{16.8}$$

- El **electrón volt (eV)** es la energía cinética ganada por un electrón o un protón acelerado a través de una diferencia de potencial de 1 volt.

- Un **condensador** es cualquier arreglo de dos placas metálicas. Los condensadores almacenan carga sobre sus placas y, por ello, energía eléctrica.

- La **capacitancia** es una medida cuantitativa de qué tan efectivo es un condensador en almacenar carga. Se define como la magnitud de la carga almacenada en cualquier placa por volt, o bien,

$$Q = CV \quad \text{o} \quad C = \frac{Q}{V} \tag{16.9}$$

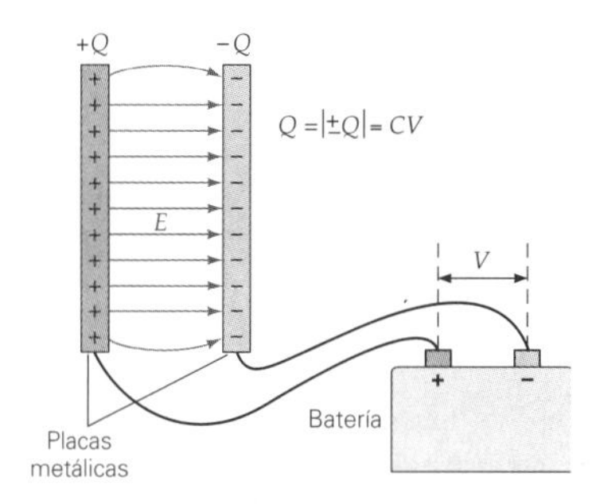

- La **capacitancia de un condensador de placas paralelas** (en aire) es

$$C = \frac{\varepsilon_o A}{d} \tag{16.12}$$

donde $\varepsilon_o = 8.85 \times 10^{-12}\ \text{C}^2/(\text{N} \cdot \text{m}^2)$ se llama **permisividad del espacio libre**.

- La **energía almacenada en un condensador** depende de la capacitancia del condensador y de la cantidad de carga que el condensador almacena (o, de manera equivalente, el voltaje a través de sus placas). Hay tres expresiones equivalentes para esta energía:

$$U_C = \tfrac{1}{2}QV = \frac{Q^2}{2C} = \tfrac{1}{2}CV^2 \tag{16.13}$$

- Un **dieléctrico** es un material no conductor que incrementa el valor de la capacitancia.

- La **constante dieléctrica κ** describe el efecto de un dieléctrico sobre la capacitancia. Un dieléctrico aumenta la capacitancia del condensador sobre su valor con aire entre las placas, por un factor de κ

$$C = \kappa C_o \tag{16.15}$$

- Los condensadores conectados en serie son equivalentes a un condensador, con una capacitancia llamada **capacitancia equivalente en serie C_s**. En serie, todos los condensadores tienen la misma carga. La capacitancia equivalente en serie es

$$\frac{1}{C_s} = \frac{1}{C_1} + \frac{1}{C_2} + \frac{1}{C_3} + \cdots \tag{16.17}$$

- Cuando los condensadores están conectados en paralelo, pueden considerarse equivalentes a un condensador, con una capacitancia llamada **capacitancia equivalente en paralelo C_p**. En paralelo, todos los condensadores tienen el mismo voltaje. La capacitancia equivalente en paralelo está dada por

$$C_p = C_1 + C_2 + C_3 + \cdots \tag{16.18}$$

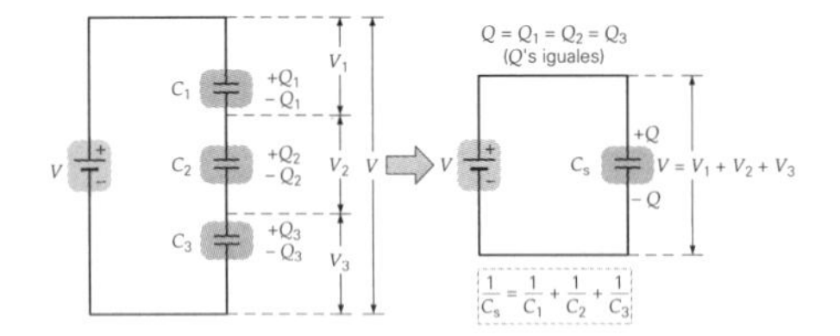

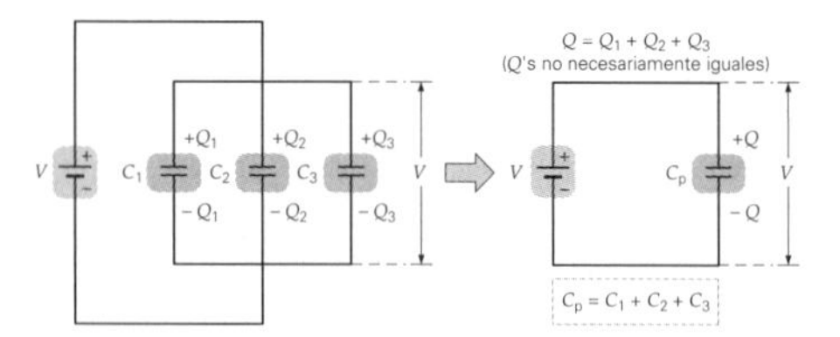

Ejercicios

Los ejercicios designados **OM** *son preguntas de opción múltiple; los* **PC** *son preguntas conceptuales; y los* **EI** *son ejercicios integrados. A lo largo del texto, muchas secciones de ejercicios incluirán ejercicios "apareados". Estos pares de ejercicios, que se identifican con números subrayados, pretenden ayudar al lector a resolver problemas y aprender. El primer ejercicio de cada pareja (el de número par) se resuelve en la Guía de estudio, que puede consultarse si se necesita ayuda para resolverlo. El segundo ejercicio (de número impar) es similar, y su respuesta se da al final del libro.*

16.1 Energía potencial eléctrica y diferencia de potencial eléctrico

1. **OM** La unidad SI de la diferencia de potencial eléctrico es *a*) el joule, *b*) el newton por coulomb, *c*) el newton-metro o *d*) el joule por coulomb.

2. **OM** ¿Cómo cambia la energía potencial electrostática de dos cargas puntuales positivas cuando se triplica la distancia entre ellas? *a*) Se reduce a un tercio de su valor original, *b*) se reduce a un noveno de su valor original, *c*) no cambia o *d*) se triplica su valor original.

3. **OM** Un electrón se mueve de la placa positiva a la negativa de un arreglo de placas paralelas cargadas. ¿Cómo se compara el signo del cambio en *d* de su energía potencial electrostática, con el signo del cambio en el potencial electrostático que experimenta: *a*) ambos son positivos, *b*) el cambio de energía es positivo, el cambio de potencial es negativo, *c*) el cambio de energía es negativo, el cambio de potencial es positivo o *d*) ambos son negativos?

4. **PC** ¿Cuál es la diferencia *a*) entre energía potencial electrostática y potencial eléctrico y *b*) entre diferencia de potencial eléctrico y voltaje?

5. **PC** Cuando un protón se acerca a otro protón fijo, ¿qué sucede *a*) a la energía cinética del protón que se aproxima, *b*) a la energía potencial eléctrica del sistema y *c*) a la energía total del sistema?

6. **PC** Utilizando el lenguaje de potencial y energía eléctricos (no fuerzas), explique por qué las cargas positivas aceleran conforme se aproximan a las cargas negativas.

7. **PC** Se libera un electrón en una región donde el potencial eléctrico disminuye a la izquierda. ¿De qué forma se moverá el electrón? Explique.

8. **PC** Se libera un electrón en una región donde el potencial eléctrico es constante. ¿De qué forma acelerará el electrón?

9. **PC** Si dos localidades están al mismo potencial, ¿cuánto trabajo se requiere para mover una carga de la primera localidad a la segunda? Explique.

10. ● Un par de placas paralelas están cargadas por una batería de 12 V. ¿Cuánto trabajo se requiere para mover una partícula con una carga de $-4.0\ \mu C$ de la placa positiva a la negativa?

11. ● Si se requieren $+1.6 \times 10^{-5}$ J para mover una partícula con carga positiva entre dos placas paralelas cargadas, *a*) ¿cuál será la magnitud de la carga si las placas están conectadas a una batería de 6.0 V? *b*) Se movió ésta de la placa negativa a la positiva, o de la placa positiva a la negativa?

12. ● ¿Cuáles son la magnitud y dirección del campo eléctrico entre las dos placas paralelas cargadas en el ejercicio 11, si las placas están 4.0 mm separadas?

13. ● En una máquina dental de rayos X, un haz de electrones se acelera mediante una diferencia de potencial de 10 kV. Al final de la aceleración, ¿cuánta energía cinética tiene cada electrón si todos partieron del reposo?

14. ● Un electrón es acelerado por un campo eléctrico uniforme (1000 V/m) que señala verticalmente hacia arriba. Use las leyes de Newton para determinar la velocidad del electrón después que éste se mueve 0.10 cm desde el reposo.

15. ● *a*) Repita el ejercicio 14, pero encuentre la rapidez usando métodos de energía. Obtenga la dirección en que se está moviendo el electrón, considerando cambios de energía potencial eléctrica. *b*) ¿El electrón gana o pierde energía potencial?

16. **EI** ● Considere dos puntos a diferentes distancias de una carga puntual positiva. *a*) El punto más cercano a la carga tiene un potencial 1) mayor, 2) igual o 3) menor que el punto más alejado de la carga. ¿Por qué? *b*) ¿Cuál es la diferencia de potencial entre dos puntos a 20 y 40 cm de una carga de 5.5 μC?

17. **EI** ●● *a*) A un tercio de la distancia original desde una carga puntual positiva, ¿por qué factor cambia el potencial eléctrico? 1) 1/3, 2) 3, 3) 1/9 o 4) 9. ¿Por qué? *b*) ¿Qué tan lejos de una carga de +1.0 μC está un punto con un potencial eléctrico de 10 kV? *c*) ¿Qué cambio en potencial ocurriría si el punto se moviera a tres veces esa distancia?

18. **EI** ●● En el modelo de Bohr del átomo de hidrógeno, el electrón puede existir sólo en órbitas circulares de ciertos radios alrededor de un protón. *a*) ¿Una órbita mayor tendrá un potencial eléctrico 1) mayor, 2) igual o 3) menor que una órbita más pequeña? ¿Por qué? *b*) Determine la diferencia de potencial entre dos órbitas de radios 0.21 y 0.48 nm.

19. ●● En el ejercicio 18, ¿cuánto cambia la energía potencial del átomo si el electrón va *a*) de la órbita inferior a la superior, *b*) de la órbita superior a la inferior y *c*) de la órbita mayor a una distancia muy grande?

20. ●● ¿Cuánto trabajo se requiere para separar completamente dos cargas (cada una de −1.4 μC) y dejarlas en reposo, si inicialmente estaban a 8.00 mm de distancia?

21. ●● En el ejercicio 20, si las dos cargas son liberadas en su distancia de separación inicial, ¿cuánta energía cinética tendría cada una cuando ellas estén muy distantes una de otra?

22. ●● Toma +6.0 J de trabajo mover dos cargas desde una distancia grande a 1.0 cm una de otra. Si las cargas tienen la misma magnitud, *a*) ¿qué grande es cada carga y *b*) qué se puede decir acerca de sus signos?

23. ●● Una carga de +2.0 μC está inicialmente a 0.20 m de una carga fija de −5.0 μC y luego se mueve a una posición a 0.50 m de la carga fija. *a*) ¿Qué trabajo se requirió para mover la carga? *b*) ¿Depende el trabajo de la trayectoria sobre la cual se movió la carga?

24. ●● Se traslada un electrón del punto A al punto B y luego al punto C a lo largo de dos lados de un triángulo equilátero, cuyos lados tienen longitud de 0.25 m (▼figura 16.23). Si el campo eléctrico horizontal es de 15 V/m, *a*) ¿cuál es la magnitud del trabajo requerido? *b*) ¿Cuál es la diferencia de potencial entre los puntos A y C? *c*) ¿Qué punto está a un potencial mayor?

◀ **FIGURA 16.23 Trabajo y energía** Véase el ejercicio 24.

25. ●● Calcule la energía necesaria para juntar las cargas (desde una distancia muy grande) en la configuración mostrada en la ▼figura 16.24.

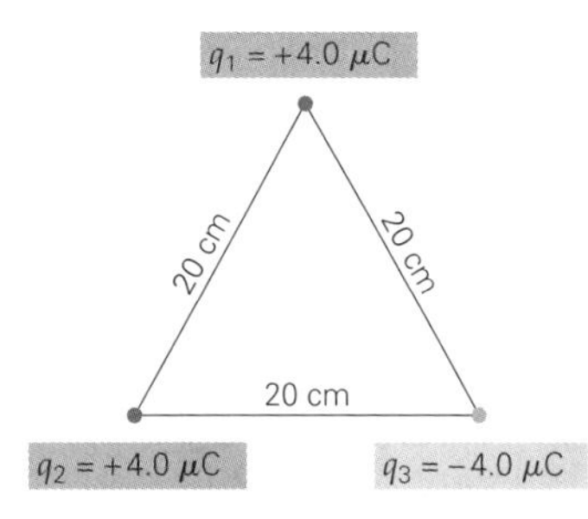

◀ **FIGURA 16.24 Un triángulo de carga** Véanse los ejercicios 25 y 27.

26. ●● Calcule la energía necesaria para juntar las cargas (desde una distancia muy grande) en la configuración mostrada en la ▼figura 16.25.

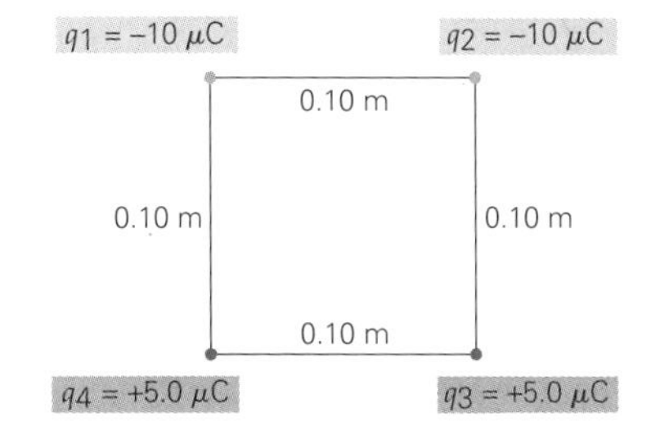

◀ **FIGURA 16.25 Un rectángulo de carga** Véanse los ejercicios 26 y 28.

27. ●●● ¿Cuál es el valor del potencial eléctrico *a*) en el centro del triángulo y *b*) a medio punto entre q_2 y q_3 en la figura 16.24?

28. ●●● ¿Cuál es valor del potencial eléctrico en *a*) el centro del cuadrado y *b*) en un punto a la mitad entre q_2 y q_4 en la figura 16.25?

29. **EI** ●●● En el monitor de una computadora, los electrones se aceleran desde el reposo a través de una diferencia de potencial en un arreglo de "cañón electrónico" (▼figura 16.26). *a*) ¿El lado izquierdo del cañón debería estar a un potencial 1) mayor, 2) igual o 3) menor que el lado derecho? ¿Por qué? *b*) Si la diferencia de potencial en el cañón es de 5.0 kV, ¿cuál será la "velocidad inicial" de los electrones que salen del cañón? *c*) Si el cañón está dirigido a una pantalla a 35 cm, ¿qué tiempo tomará a los electrones llegar a la pantalla?

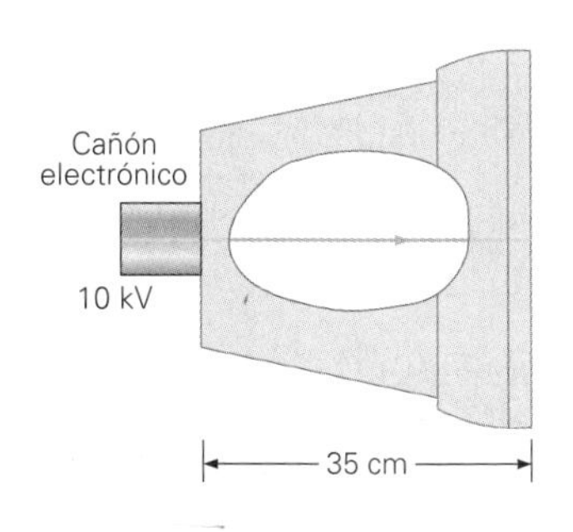

◀ **FIGURA 16.26 Rapidez del electrón** Véase el ejercicio 29.

16.2 Superficies equipotenciales y el campo eléctrico

30. OM En una superficie equipotencial *a*) el potencial eléctrico es constante, *b*) el campo eléctrico es cero, *c*) el potencial eléctrico es cero, *d*) debe haber iguales cantidades de carga negativa y positiva.

31. OM Las superficies equipotenciales son *a*) paralelas al campo eléctrico, *b*) perpendiculares al campo eléctrico o *c*) forman cualquier ángulo con respecto al campo eléctrico.

32. OM Un electrón se mueve de una superficie equipotencial de +5.0 V a una de +10.0 V. En general, se mueve en una dirección *a*) paralela al campo eléctrico, *b*) opuesta al campo eléctrico, *c*) en la misma dirección que el campo eléctrico.

33. PC Esboce el mapa topográfico que esperaría usted al alejarse del mar caminando por una playa uniforme con suave pendiente ascendente. Rotule las equipotenciales gravitacionales respecto a sus alturas relativas y potenciales. Muestre cómo predecir, a partir del mapa, en qué dirección acelerará una pelota si se encuentra inicialmente a cierta distancia del agua.

34. PC Explique por qué dos superficies equipotenciales no pueden intersecarse.

35. PC Suponga que usted comienza con una carga en reposo sobre una superficie equipotencial, la mueve fuera de la superficie, luego la regresa a la superficie y, finalmente, la lleva al reposo. ¿Cuánto trabajo requirió hacer esto? Explíquelo.

36. PC ¿Qué forma geométrica tienen las superficies equipotenciales entre dos placas paralelas cargadas?

37. PC *a*) ¿Cuál es la forma aproximada de las superficies equipotenciales dentro de la membrana de la celda de un axón? (Véase la figura 1, p. 552.) *b*) Bajo condiciones de potencial en reposo, ¿dónde está la región de máximo potencial eléctrico dentro de la membrana? *c*) ¿Qué puede decir respecto a las condiciones durante polaridad inversa?

38. PC Cerca de una carga puntual positiva fija, si usted va de una superficie equipotencial a otra con un menor radio, *a*) ¿qué le pasa al valor del potencial? *b*) ¿Cuál fue su dirección general con respecto al campo eléctrico?

39. PC *a*) Si un protón se acelera a partir del reposo mediante una diferencia de potencial de 1 millón de volts, ¿cuánta energía cinética gana? *b*) ¿Cómo cambiaría su respuesta al inciso *a* si la partícula acelerada tuviera el doble de carga del protón (pero igual signo) y cuatro veces su masa?

40. PC *a*) ¿El campo eléctrico en un punto puede ser cero mientras hay un potencial eléctrico diferente de cero en ese punto? *b*) ¿El potencial eléctrico en un punto puede ser cero mientras hay un campo eléctrico diferente de cero en ese punto? Explique su respuesta. Si la respuesta a cualquiera de los incisos es sí, dé un ejemplo.

41. ● Para una carga puntual de +3.50 μC, ¿cuál será el radio de la superficie equipotencial cuyo potencial es de 2.50 kV?

42. ● Un campo eléctrico uniforme de 10 kV/m señala verticalmente hacia arriba. ¿Qué tan separados están los planos equipotenciales que difieren en 100 V?

43. ● En el ejercicio 42, si el suelo tiene potencial cero, ¿qué tan arriba del suelo estará la superficie equipotencial correspondiente a 7.0 kV?

44. ● Determine el potencial a 2.5 mm de la placa negativa de un par de placas paralelas separadas 10 mm y conectadas a una batería de 24 V.

45. ● Con relación a la placa positiva del ejercicio 44, ¿dónde está el punto con un potencial de 20 V?

46. ● Si el radio de la superficie equipotencial de la carga puntual está a 14.3 m a un potencial de 2.20 kV, ¿cuál será la magnitud de la carga puntual que genera el potencial?

47. EI ● *a*) La forma de una superficie equipotencial a cierta distancia de una carga puntual consiste en 1) esferas concéntricas, 2) cilindros concéntricos o 3) planos. ¿Por qué? *b*) Calcule la cantidad de trabajo (en eV) que tomaría mover un electrón de 12.6 a 14.3 m desde una carga puntual de +3.50 μC.

48. ● La diferencia de potencial implicada en la descarga de un relámpago puede ser hasta de 100 MV (1 millón de volts). ¿Cuál sería la ganancia de energía cinética de un electrón después de moverse a través de esta diferencia de potencial? Dé su respuesta en tanto en eV como en joules. (Suponga que no hay colisiones.)

49. ● En un acelerador lineal Van de Graaff típico, los protones se aceleran a través de una diferencia de potencial de 20 MV. ¿Cuál será su energía cinética si parten desde el reposo? Dé su respuesta en *a*) eV, *b*) keV, *c*) MeV, *d*) GeV y *e*) joules.

50. ● En el ejercicio 49, ¿cómo cambian sus respuestas si es una partícula alfa doblemente cargada (+2e) la que se acelera? (Recuerde que una partícula alfa consiste en dos neutrones y dos protones.)

51. ●● En los ejercicios 49 y 50, calcule la rapidez del protón y la partícula alfa al ser acelerados.

52. ●● Calcule el voltaje requerido para acelerar un haz de protones inicialmente en reposo, y calcule su rapidez si tienen una energía cinética de *a*) 3.5 eV, *b*) 4.1 keV y *c*) 8.0×10^{-16} J.

53. ●● Repita el cálculo en el ejercicio 52 para electrones en vez de protones.

54. ●●● Dos grandes placas paralelas están separadas 3.0 cm y conectadas a una batería de 12 V. Comenzando en la placa negativa y moviéndose 1.0 cm hacia la placa positiva según un ángulo de 45° (▼figura 16.27), *a*) ¿qué valor

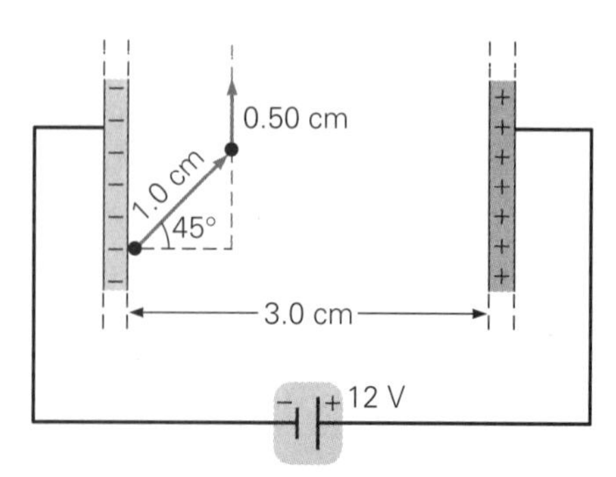

▲ **FIGURA 16.27 Alcanzar nuestro potencial**
Véanse los ejercicios 54 y 55.

de potencial se alcanza, suponiendo que la placa negativa se define con un potencial cero? *b*) ¿Cuál sería el valor del potencial si luego se moviera 0.50 cm paralelo a las placas?

55. ●●● Considere un punto a medio camino entre las dos grandes placas cargadas en la figura 16.27. Calcule el cambio en potencial eléctrico, si desde ahí usted se moviera *a*) 1.0 mm hacia la placa positiva, *b*) 1.0 mm hacia la placa negativa y *c*) 1.0 mm en forma paralela a ambas placas.

56. ●●● Utilizando los resultados del ejercicio 55, determine el campo eléctrico (dirección y magnitud) en un punto a la mitad del camino entre las placas.

16.3 Capacitancia

57. **OM** Un condensador se conecta primero a una batería de 6.0 V y luego se desconecta para conectarse a otra de 12.0 V. ¿Su capacitancia: *a*) aumenta, *b*) disminuye o *c*) permanece constante?

58. **OM** Un condensador se conecta primero a una batería de 6.0 V y luego se desconecta para conectarse a otra de 12.0 V. ¿Cómo cambia la carga en una de sus placas: *a*) aumenta, *b*) disminuye o *c*) permanece constante?

59. **OM** Un condensador se conecta primero a una batería de 6.0 V y luego se desconecta para conectarse a otra de 12.0 V. ¿Por cuánto cambia la intensidad del campo eléctrico entre sus placas: *a*) dos veces, *b*) cuatro veces o *c*) permanece constante?

60. **OM** La distancia entre las placas de un condensador se reduce a la mitad. ¿Por qué factor cambia su capacitancia: *a*) disminuye a la mitad, *b*) se reduce a una cuarta parte de su valor original, *c*) se duplica o *d*) se cuadruplica?

61. **OM** Si el área de las placas de un condensador se reduce, ¿cómo ajustaría la distancia entre esas placas para mantener constante la capacitancia: *a*) aumentándola, *b*) reduciéndola o *c*) cambiar la distancia no compensa el cambio en el área de las placas?

62. **PC** Si las placas de un condensador de placas paralelas aislado se acercan entre sí, ¿la energía almacenada aumenta, disminuye o permanece igual? Explíquelo.

63. **PC** Si la diferencia de potencial a través de un condensador se duplica, ¿qué sucede a *a*) la carga sobre el condensador y *b*) a la energía almacenada en el condensador?

64. **PC** Un condensador está conectado a una batería de 12 V. Si la separación de las placas se triplica y el condensador permanece conectado a la batería, ¿en factor cambia la carga sobre el condensador?

65. ● ¿Cuánta carga fluye por una batería de 12 V cuando se conecta un condensador de 2.0 μF entre sus terminales?

66. ● Un condensador de placas paralelas tiene una área de placa de 0.50 m^2 y una separación de placas de 2.0 mm. ¿Cuál será su capacitancia?

67. ● ¿Qué separación entre placas se requiere para un condensador de placas paralelas que tenga una capacitancia de 5.0×10^{-9} F, si el área de la placa es de 0.40 m^2?

68. **EI** ● *a*) Para un condensador de placas paralelas, una área mayor de placa resulta en una capacitancia 1) mayor, 2) igual o 3) menor. ¿Por qué? *b*) Un condensador de placas paralelas de 2.5×10^{-9} F tiene una área de placa de 0.425 m^2. Si se duplica la capacitancia, ¿cuál será el área requerida de placa?

69. ●● Una batería de 12.0 V se conecta a un condensador de placas paralelas con área de placa de 0.20 m^2 y una separación de placas de 5.0 mm. *a*) ¿Cuál es la carga resultante sobre el condensador? *b*) ¿Cuánta energía se almacena en el condensador?

70. ●● Si la separación de las placas del condensador en el ejercicio 69 cambió a 10 mm después que el condensador se desconectó de la batería, ¿cómo cambian sus respuestas a ese ejercicio?

71. ●●● Los condensadores modernos son capaces de almacenar muchas veces la energía de los antiguos. Un condensador así, con una capacitancia de 1.0 F, es capaz de encender una pequeña bombilla de luz de 0.50 W a plena potencia durante 5.0 s antes de que se apague. ¿Cuál es el voltaje terminal de la batería que cargó el condensador?

72. ●●● Un condensador de 1.50 F se conecta a una batería de 12.0 V durante un tiempo prolongado, y luego se desconecta. El condensador pone en funcionamiento un motor de juguete de 1.00 W durante 2.00 s. Después de este tiempo, *a*) ¿por cuánto disminuyó la energía almacenada en el condensador. *b*) ¿Cuál es el voltaje a través de las placas? *c*) ¿Cuánta carga se almacena en el condensador? *d*) ¿Por cuánto tiempo más podría el condensador hacer funcionar el motor, suponiendo que éste opera a toda potencia hasta el final?

73. ●●● Dos placas paralelas tienen un valor de capacitancia de 0.17 μF cuando están separadas 1.5 mm. Están conectadas de forma permanente a un suministro de potencia de 100 V. Si las placas se separan una distancia de 4.5 mm, *a*) ¿cuál sería el campo eléctrico entre ellas? *b*) ¿Por cuánto cambiaría la carga del condensador? *c*) ¿Por cuánto cambiaría su energía almacenada? *d*) Repita estos cálculos suponiendo que el suministro de potencia se desconecta antes de separar las placas.

16.4 Dieléctricos

74. **OM** Si se pone un dieléctrico en un condensador cargado de placas paralelas que no está conectado a una batería, *a*) disminuye la capacitancia, *b*) disminuye el voltaje, *c*) aumenta la carga o *d*) causa una descarga porque el dieléctrico es un conductor.

75. **OM** Un condensador de placas paralelas se conecta a una batería. Si un dieléctrico se inserta entre las placas, *a*) la capacitancia disminuye, *b*) el voltaje aumenta, *c*) el voltaje decrece o *d*) la carga aumenta.

76. **OM** Un condensador de placas paralelas se conecta a una batería y luego se desconecta. Si entonces se inserta un dieléctrico entre las placas, ¿qué sucede a la carga de éstas? *a*) La carga disminuye, *b*) la carga aumenta o *c*) la carga permanece constante.

77. **PC** Dé varias razones por las que un conductor no sería una buena opción como dieléctrico para un condensador.

78. **PC** Un condensador de placas paralelas está conectado a una batería. Si un dieléctrico se inserta entre las placas, ¿qué sucede *a*) a la capacitancia y *b*) al voltaje?

79. PC Explique claramente por qué el campo eléctrico entre dos placas paralelas de un condensador disminuye cuando un dieléctrico se inserta, si el condensador no está conectado a un suministro de potencia, pero permanece constante cuando está conectado a un suministro de potencia.

80. ● Un condensador tiene una capacitancia de 50 pF, que aumenta a 150 pF cuando un material dieléctrico se inserta entre sus placas. ¿Cuál será la constante dieléctrica del material?

81. ● Un condensador de 50 pF se sumerge en aceite silicónico ($\kappa = 2.6$). Cuando el condensador está conectado a una batería de 24 V, ¿cuál será la carga sobre el condensador y la cantidad de energía almacenada?

82. ●● El dieléctrico de un condensador de placas paralelas se construye de vidrio que llena completamente el volumen entre las placas. El área de cada placa es de 0.50 m^2. *a*) ¿Qué espesor debe tener el vidrio para que la capacitancia sea de 0.10 μF? *b*) ¿Cuál es la carga sobre el condensador si éste se conecta a una batería de 12 V?

83. ●●● Un condensador de placas paralelas tiene una capacitancia de 1.5 μF con aire entre las placas. El condensador está conectado a una batería de 12 V y se carga. Luego se retira la batería. Cuando un dieléctrico se coloca entre las placas, se mide una diferencia de potencial de 5.0 V a través de las placas. *a*) ¿Cuál será la constante dieléctrica del material? *b*) La energía almacenada en el condensador aumentó, disminuyó o permaneció igual? *c*) ¿Cuánto cambió la energía almacenada en este condensador cuando se insertó el dieléctrico?

84. **EI** ●●● Un condensador de placas paralelas lleno de aire tiene placas rectangulares que miden 6.0 × 8.0 cm. Está conectado a una batería de 12 V. Mientras la batería permanece conectada, se inserta una hoja de Teflón de 1.5 mm de grosor ($\kappa = 2.1$), de forma que llene por completo el espacio entre las placas. *a*) Mientras se insertaba el dieléctrico, 1) la carga fluía hacia el condensador, 2) la carga fluía fuera del condensador, 3) no fluía carga. *b*) Determine el cambio en la carga que almacena este condensador como resultado de la inserción del dieléctrico.

16.5 Condensadores en serie y en paralelo

85. **OM** Los condensadores en serie tienen el mismo *a*) voltaje, *b*) carga o *c*) almacenamiento de energía.

86. **OM** Los condensadores en paralelo tienen el mismo *a*) voltaje, *b*) carga o *c*) almacenamiento de energía.

87. **OM** Los condensadores 1, 2 y 3 tienen el mismo valor de capacitancia C. Los condensadores 1 y 2 están en serie y su combinación está en paralelo con el 3. ¿Cuál será su capacitancia efectiva total? *a*) C, *b*) 1.5C, *c*) 3C o *d*) C/3.

88. PC ¿Bajo qué condiciones dos condensadores en serie tendrían el mismo voltaje?

89. PC ¿Bajo qué condiciones dos condensadores en paralelo tendrían la misma carga?

90. PC Si usted tiene dos condensadores, ¿cómo debería conectarlos para obtener *a*) una capacitancia equivalente máxima y *b*) una capacitancia equivalente mínima?

91. PC Usted tiene *N* (un número par ≥ 2) condensadores idénticos, cada uno con una capacitancia de *C*. En términos de *N* y *C*, ¿cuál es su capacitancia efectiva total si *a*) están conectados en serie, *b*) están conectados en paralelo, *c*) dos mitades ($N/2$) están conectadas en serie y estos dos conjuntos están conectados en paralelo?

92. ● ¿Cuál es la capacitancia equivalente de dos condensadores con capacitancias de 0.40 y 0.60 μF cuando están conectados *a*) en serie y *b*) en paralelo?

93. **EI** ● *a*) Dos condensadores pueden conectarse a una batería en combinación en serie o en paralelo. La combinación en paralelo extraerá 1) más, 2) igual o 3) menos energía de una batería que la combinación en serie. ¿Por qué? *b*) Cuando una combinación en serie de dos condensadores descargados se conecta a una batería de 12 V, se extraen 173 μJ de energía de la batería. Si uno de los condensadores tiene una capacitancia de 4.0 μF, ¿cuál será la capacitancia del otro?

94. ●● Para el arreglo de tres condensadores en la ▼figura 16.28, ¿qué valor de C_1 dará una capacitancia equivalente total de 1.7 μF?

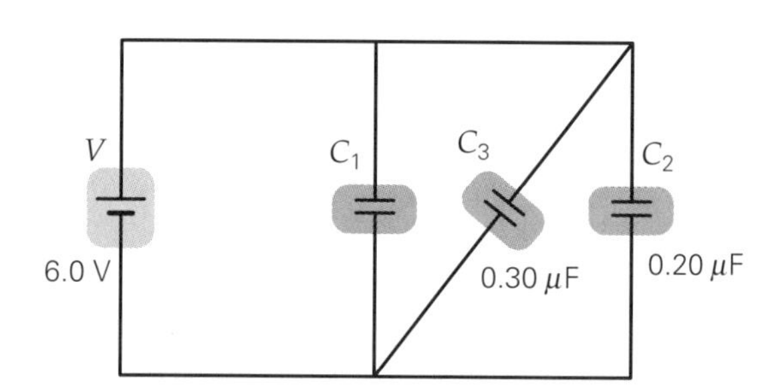

▲ **FIGURA 16.28 Una tríada de condensador** Véanse ejercicios 94 y 98.

95. **EI** ●● *a*) Tres condensadores de igual capacitancia se conectan en paralelo a una batería, y juntos extraen una cierta cantidad de carga *Q* de la batería. ¿La carga en cada condensador será 1) *Q*, 2) 3*Q* o 3) *Q*/3? *b*) Tres condensadores de 0.25 μF cada uno están conectados en paralelo a una batería de 12 V. ¿Cuál será la carga en cada condensador? *c*) ¿Cuánta carga se extrae de la batería?

96. **EI** ●● *a*) Si le dan tres condensadores idénticos, usted puede obtener 1) tres, 2) cinco o 3) siete valores diferentes de capacitancia. *b*) Si los tres condensadores tienen cada uno una capacitancia de 1.0 μF, ¿cuáles son los valores diferentes de capacitancia equivalente?

97. ●● ¿Cuáles son las capacitancias máxima y mínima equivalentes que se pueden obtener combinando tres condensadores de 1.5, 2.0 y 3.0 μF?

98. ●●● Si la capacitancia $C_1 = 0.10 \mu$F, ¿cuál será la carga en cada uno de los condensadores en el circuito de la figura 16.28?

99. ●●● Cuatro condensadores están conectados en un circuito como se ilustra en la ▸figura 16.29. Encuentre la carga sobre cada uno de los condensadores, y la diferencia de voltaje a través de éstos.

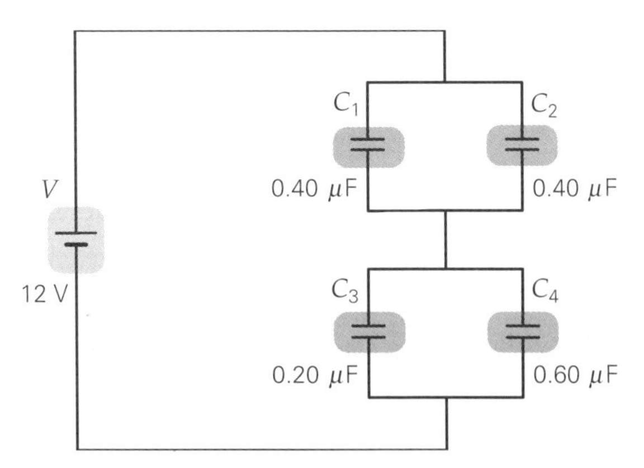

▲ **FIGURA 16.29 Doble paralelo en serie** Véase el ejercicio 99.

Ejercicios adicionales

100. **EI** Una diminuta partícula de polvo en forma de aguja larga y delgada tiene cargas de ± 7.14 pC en su extremo. La longitud de la partícula es de 3.75 μm. *a*) ¿Qué localidad tiene el potencial más alto? 1) 7.65 μm por arriba del extremo positivo, 2) 5.15 μm por encima del extremo positivo o 3) ambos lugares tienen el mismo potencial. *b*) Calcule el potencial en los dos puntos del inciso *a*. *c*) Utilice su respuesta al inciso *b* para determinar el trabajo necesario para mover un electrón del punto cercano al punto lejano.

101. Un tubo de vacío tiene una altura vertical de 50.0 cm. Un electrón sale de la parte superior con una rapidez de 3.2×10^6 m/s hacia abajo y se somete a un campo terrestre "típico" de 150 V/m hacia abajo. *a*) Utilice métodos de energía para determinar si alcanza la superficie inferior del tubo. *b*) Si es así, ¿con qué rapidez la golpea; si no, ¿qué tan cerca llega de la superficie inferior?

102. PC Haga un bosquejo de las superficies equipotenciales y del patrón de líneas del campo eléctrico afuera de un largo cable cargado. Etiquete las superficies con valor potencial relativo e indique la dirección del campo eléctrico.

103. Un átomo de helio con un electrón ya removido (un ion de helio positivo) consiste en un solo electrón en órbita y un núcleo de dos protones. Si el electrón está en su radio orbital mínimo de 0.027 nm, *a*) ¿cuál será la energía potencial del sistema? *b*) ¿Cuál será la aceleración centrípeta del electrón? *c*) ¿Cuál será la energía total del sistema? *d*) ¿Cuál será la energía mínima requerida para ionizar estos átomos de manera que el electrón salga por completo?

104. Suponga que los tres condensadores en la figura 16.22 tienen los siguientes valores: $C_1 = 0.15\ \mu$F, $C_2 = 0.25\ \mu$F y $C_3 = 0.30\ \mu$F. *a*) ¿Cuál será la capacitancia equivalente de este arreglo? *b*) ¿Cuánta carga se extraerá de la batería? *c*) ¿Cuál es el voltaje a través de cada condensador?

105. **EI** Dos placas paralelas horizontales muy grandes están separadas 1.50 cm. Un electrón se suspende en el aire entre ellas. *a*) La placa superior estará a un potencial 1) mayor, 2) igual o 3) menor respecto a la placa inferior. ¿Por qué? *b*) ¿Qué voltaje se requiere a través de las placas? *c*) ¿El electrón se colocó a la mitad entre las placas, o es adecuada cualquier ubicación entre las placas?

106. (Vea la sección A fondo sobre potencial eléctrico y transmisión de señales nerviosas de la p. 552 y el recuadro Aprender dibujando sobre las relaciones gráficas entre $\vec{E}$ y V de la p. 547.) Suponga que la membrana celular de un axón está experimentando el final de un estímulo y que el voltaje instantáneo a través de la membrana celular es de 30 mV. Suponga que la membrana mide 10 nm de grosor. En este punto, la bomba molecular de Na/K-ATPasa comienza a mover el exceso de iones Na^+ de regreso al exterior. *a*) ¿Cuánto trabajo se requiere para que la bomba mueva el primer ion de sodio? *b*) Estime el campo eléctrico (incluida la dirección) de la membrana en estas condiciones. *c*) ¿Cuál será el campo eléctrico (incluida la dirección) en condiciones normales cuando el voltaje a través de la membrana es de -70 mV?

107. En el ejercicio 106, suponga que las superficies interior y exterior de la membrana del axón actúan como un condensador de placas paralelas con una área de 1.1×10^{-9} m^2. *a*) Estime la capacitancia de una membrana de axón, suponiendo que está llena de lípidos con una constante dieléctrica de 3.0. *b*) ¿Cuánta carga habría en cada superficie en condiciones potenciales de reposo?

108. Dos placas paralelas, de 9.25 cm por lado, están separadas 5.12 mm. *a*) Determine su capacitancia si el volumen de una placa hacia la mitad del plano está lleno con un material cuya constante dieléctrica es de 2.55 y el resto está lleno con un material diferente (constante dieléctrica de 4.10). Véase la ▼figura 16.30a. [*Sugerencia:* ¿ve dos condensadores en serie?] *b*) Repita el inciso *a*, excepto que ahora el volumen que va de un borde a la mitad está lleno con los mismos dos materiales. Véase la figura 16.30b. (¿Ve dos condensadores en paralelo?)

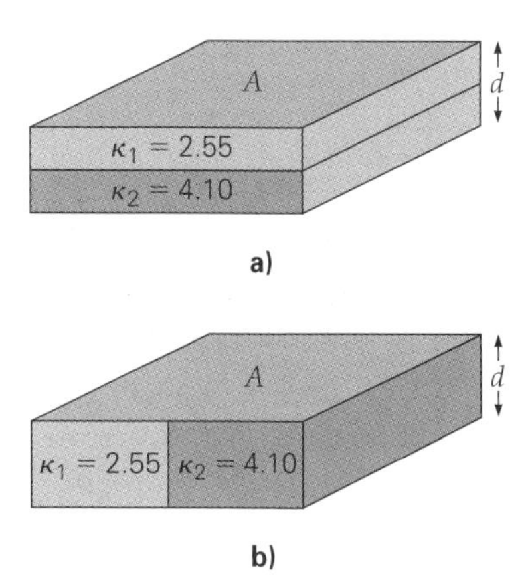

▲ **FIGURA 16.30 Condensador de doble material** Véase el ejercicio 108.

PHYSLET® **Los siguientes problemas de física Physlet pueden usarse con este capítulo.**
25.1, 25.2, 25.3, 25.4, 25.5, 25.6, 25.7, 26.1, 26.2, 26.3, 26.5, 26.9, 26.11

CAPÍTULO

17 CORRIENTE ELÉCTRICA Y RESISTENCIA

HECHOS DE FÍSICA

- André Marie Ampère (1775-1836) fue un físico matemático conocido por su trabajo con las corrientes eléctricas. Su nombre se utiliza para designar la unidad de corriente del SI, el ampere (que con frecuencia se abrevia como *amp*). También realizó investigación en química, pues participó en la clasificación de los elementos y en el descubrimiento del flúor. En física, Ampère es famoso por ser uno de los primeros en intentar una teoría que combinara la electricidad y el magnetismo. La ley de Ampère, que describe el campo *magnético* creado por un flujo de carga *eléctrica*, es una de las cuatro ecuaciones fundamentales del electromagnetismo clásico.
- En un alambre de metal, la *energía* eléctrica viaja a la rapidez de la luz (en el alambre), que es mucho mayor que la rapidez de los portadores de carga por sí solos. La rapidez de estos últimos es apenas de unos cuantos milímetros por segundo.
- La unidad de resistencia eléctrica del SI, el ohm (Ω), recibió ese nombre en honor de Georg Simon Ohm (1789-1854), un matemático y físico alemán. Una cantidad llamada conductividad eléctrica, proporcional al *inverso* de la resistencia, se nombró, apropiadamente, el mho (el apellido Ohm al revés).
- Utilizando un voltaje superior a los 600 volts, las anguilas eléctricas y las rayas, por breves momentos, pueden descargar tanto como 1 ampere de corriente a través de la carne. La energía se transmite a una tasa de 600 J/s, o aproximadamente tres cuartos de un caballo de potencia.

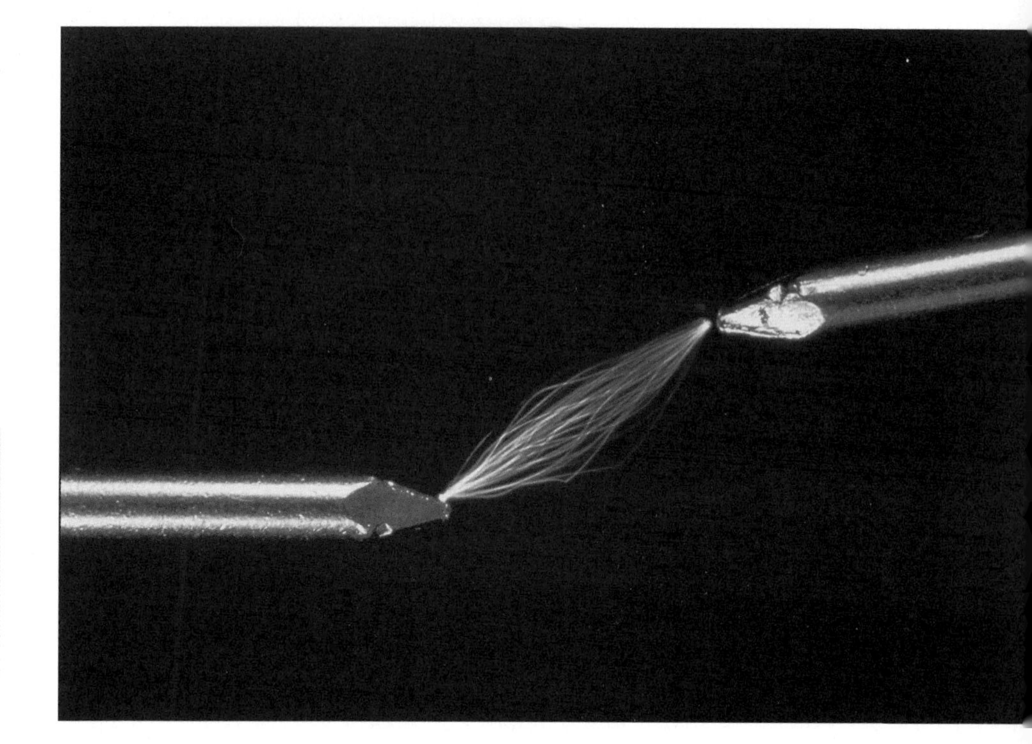

Si le pidieran a usted que pensara acerca de la electricidad y sus usos, vendrían a su mente muchas imágenes favorables, incluidas diversas aplicaciones como lámparas, controles remotos de televisión y sopladores eléctricos de hojas del jardín. Quizá también vengan a su mente imágenes desfavorables como los peligrosos relámpagos, o las chispas que brotan de un tomacorriente sobrecargado.

Común a todas esas imágenes es el concepto de energía eléctrica. Para un dispositivo eléctrico, la energía es suministrada por la corriente eléctrica que viaja por cables; en el caso de los relámpagos o de las chispas, viaja por el aire. En cualquier caso, la luz, el calor o la energía mecánica liberada es simplemente energía eléctrica convertida a una forma diferente. Por ejemplo, en la fotografía de esta página, la luz que emana la chispa es emitida por las moléculas del aire.

En este capítulo nos ocuparemos de los principios fundamentales que rigen los circuitos eléctricos. Esos principios nos permitirán responder preguntas como las siguientes: ¿qué es la corriente eléctrica y cómo viaja? ¿Qué causa que una corriente eléctrica se mueva por un aparato cuando accionamos un interruptor? ¿Por qué la corriente eléctrica hace brillar intensamente el filamento de una bombilla de luz, pero no afecta a los alambres conductores de la misma manera? Podemos aplicar los principios eléctricos para comprender un amplio rango de fenómenos, desde la operación de aparatos domésticos hasta los espectaculares juegos de luces que generan los relámpagos.

17.1 Baterías y corriente directa

OBJETIVOS: *a*) Describir las propiedades de una batería, *b*) explicar cómo una batería produce una corriente directa en un circuito y c) aprender varios símbolos de circuitos para dibujar diagramas de circuito.

Después de estudiar la fuerza y la energía eléctrica en los capítulos 15 y 16, usted probablemente supone lo que se requiere para producir una *corriente eléctrica*, o un flujo de carga. Presentaremos algunas analogías para ayudarle. El agua fluye de manera natural colina abajo, desde áreas de mayor a menor energía potencial gravitacional (a causa de una *diferencia* en la energía potencial gravitacional). El calor fluye de manera natural a causa de las *diferencias* de temperatura. Para la electricidad, un flujo de carga eléctrica es el resultado de una *diferencia* de potencial *eléctrico*, al que llamamos "voltaje".

En los conductores sólidos, particularmente en los metales, los electrones externos de los átomos tienen una libertad relativa para moverse. (En los conductores líquidos y gases cargados llamados *plasmas*, los iones positivos y negativos, al igual que los electrones, se mueven.) Para mover una carga eléctrica se requiere energía. La energía eléctrica se genera por la conversión de otras formas de energía, lo que produce una diferencia de potencial, o voltaje. Cualquier dispositivo capaz de producir y mantener diferencias de potencial se llama, de manera general, *suministro de potencia*.

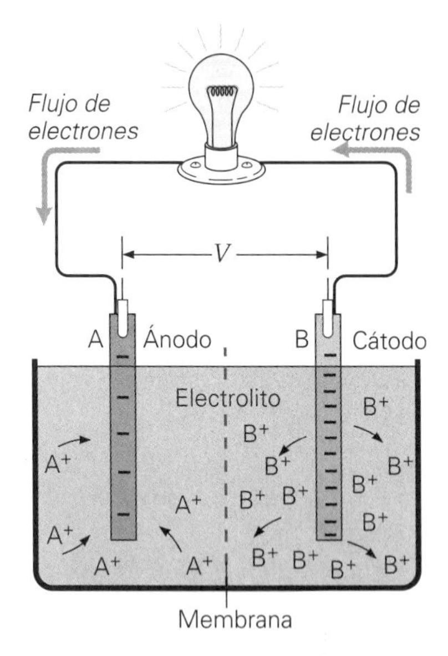

▲ **FIGURA 17.1** Acción de una batería en una batería o celda química Los procesos químicos en los que participan un electrolito y dos electrodos metálicos diferentes ocasionan que los iones de ambos metales se disuelvan en la solución a tasas diferentes. Así, un electrodo (el cátodo) queda con más carga negativa que el otro (el ánodo). El ánodo está a un mayor potencial que el cátodo. Por convención, el ánodo se designa como la terminal positiva y el cátodo como la negativa. Esta diferencia de potencial (V) puede generar una corriente, o un flujo de carga (electrones), en el alambre. Los iones positivos migran, como se observa en la figura. (Es necesaria una membrana para impedir la mezcla de los dos tipos de iones; ¿por qué?)

Funcionamiento de una batería

Un tipo común de suministro de potencia es la batería. Una **batería** convierte la energía potencial *química* almacenada en energía eléctrica. El científico italiano Allesandro Volta construyó una de las primeras baterías prácticas. Una batería simple consiste en dos *electrodos* metálicos diferentes en un *electrolito*, una solución que conduce electricidad. Con los electrodos y electrolito apropiados, se desarrolla una diferencia de potencial entre los electrodos como resultado de una acción química (▸figura 17.1).

Cuando se forma un circuito completo, por ejemplo, conectando una bombilla de luz y unos alambres (figura 17.1), los electrones del electrodo más negativo (B) se moverán por el alambre y la bombilla hacia el electrodo menos negativo (A).* El resultado es un flujo de electrones en el alambre. Conforme los electrones se mueven por el filamento de la bombilla, entrando en colisión y transfiriendo energía a sus átomos (por lo general, de tungsteno), el filamento alcanza una temperatura suficiente para emitir luz visible (brillo). Como los electrones tienden a moverse a regiones de mayor potencial, el electrodo A debe estar a un potencial eléctrico mayor que el electrodo B. Así, la acción de la batería crea una *diferencia* de potencial (V) entre las terminales de la batería. El electrodo A se llama **ánodo** y se denota con un signo (+). El electrodo B se llama **cátodo** y se reconoce por un signo (−). Es fácil recordar esta convención de signos porque los electrones están negativamente cargados y se mueven por el alambre de B (−) a A (+).

Con el fin de estudiar los circuitos eléctricos, podemos representar una batería como una "caja negra" que mantiene una diferencia de potencial constante entre sus terminales. Insertada en un circuito, una batería es capaz de realizar trabajo sobre los electrones en el alambre y transferirles energía (a costa de su propia energía química interna), y el alambre, por su parte, entrega esa energía a elementos del circuito externos a la batería. En esos elementos, la energía se convierte en otras formas, por ejemplo, movimiento mecánico (ventiladores eléctricos), calor (calentadores de inmersión) y luz (bombillas). Otras fuentes de voltaje, como generadores y fotoceldas, se analizarán más adelante.

Para comprender mejor el papel de una batería en un circuito, considere la analogía gravitacional en la ▸figura 17.2. Una bomba de gasolina (de forma análoga a una batería) realiza trabajo sobre el agua y la sube. El aumento en energía potencial gravitacional del agua se realiza en detrimento de la energía potencial química de las moléculas de gasolina. El agua entonces regresa a la bomba, fluyendo hacia abajo por la canaleta (analogía con el alambre) hacia el estanque. Camino abajo, el agua efectúa trabajo sobre la rueda, lo que da por resultado energía cinética de rotación, de forma análoga a como los electrones transfieren energía a las bombillas.

▲ **FIGURA 17.2** Analogía gravitacional entre una batería y una bombilla de luz Una bomba de gasolina sube agua de un estanque, incrementando la energía potencial del agua. Cuando el agua fluye hacia abajo, transfiere energía a una rueda hidráulica (es decir, efectúa trabajo sobre ella), haciendo que la rueda gire. Esta acción es análoga a la entrega de energía por parte de una corriente eléctrica a una bombilla de luz (por ejemplo, como en la figura 17.1).

*Como veremos dentro de poco, un *circuito completo* es cualquier ciclo completo que consiste en cables y dispositivos eléctricos (como baterías y bombillas de luz).

▶ **FIGURA 17.3 Fuerza electromotriz (fem) y voltaje terminal** *a)* La fem ($\mathscr{E}$) de una batería es la máxima diferencia de potencial entre sus terminales. Este máximo ocurre cuando la batería no está conectada a un circuito externo, *b)* A causa de la resistencia interna (r) el voltaje terminal V cuando la batería está en operación es menor que la fem ($\mathscr{E}$). Aquí, R es la resistencia de la bombilla.

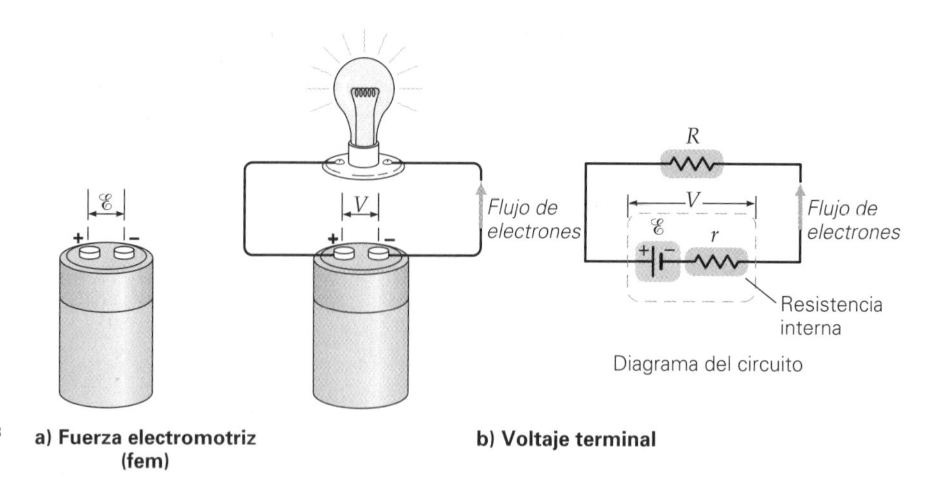

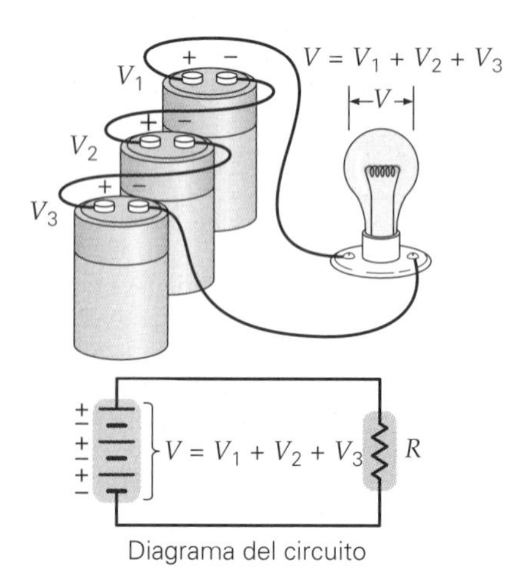

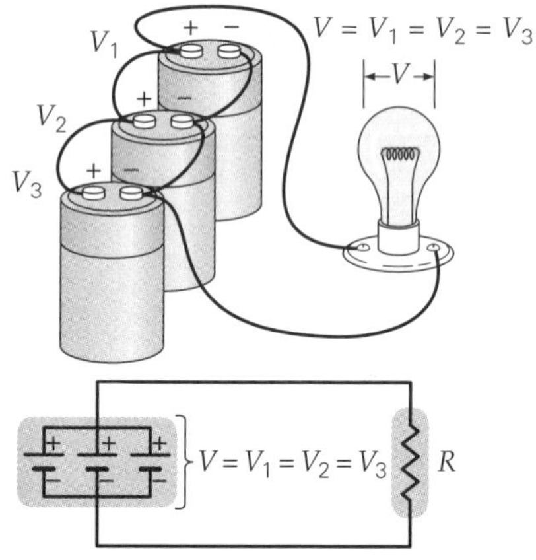

▲ **FIGURA 17.4 Baterías en serie y en paralelo** *a)* Cuando las baterías están conectadas en serie, sus voltajes se suman y el voltaje a través de la resistencia R es la suma de los voltajes. *b)* Cuando baterías del mismo voltaje están conectadas en paralelo, el voltaje a través de la resistencia es la misma, como si sólo una sola batería estuviera presente. En este caso, cada batería suministra parte de la corriente total.

fem y voltaje terminal de una batería

La diferencia de potencial entre las terminales de una batería *cuando no está conectada* a un circuito se llama **fuerza electromotriz (fem)** de la batería y se designa con el símbolo $\mathscr{E}$. El nombre es algo confuso, porque la fuerza electromotriz *no* es una fuerza, sino una diferencia de potencial, o voltaje. Para evitar confusiones con el concepto de fuerza, llamaremos a la fuerza electromotriz meramente "fem". La fem de una batería es el trabajo que ésta efectúa *por coulomb* de carga que pasa por ella. Si una batería realiza 1 joule de trabajo sobre 1 coulomb de carga, entonces su fem es de 1 joule por coulomb (1 J/C) o de 1 volt (1 V).

La fem, en realidad, representa la máxima diferencia de potencial entre las terminales de la batería (▲figura 17.3a). En la práctica, cuando una batería está conectada a un circuito y fluye carga, el voltaje a través de las terminales es siempre ligeramente *menor* que la fem. Este "voltaje de operación" (V) de una batería (el símbolo para una batería es el par de líneas paralelas de longitud desigual en la figura 17.3b) se llama su **voltaje terminal**. Las baterías en operación real son de sumo interés para nosotros y su voltaje terminal es lo que más nos interesa.

En muchas condiciones, la fem y el voltaje terminal, en esencia, son lo mismo. Cualquier diferencia se debe al hecho de que la batería misma ofrece a *resistencia interna* (r), que se muestra de forma explícita en el diagrama del circuito en la figura 17.3b. (La resistencia, que se definirá en la sección 17.3, es una medida cuantitativa de la oposición a un flujo de carga.) Las resistencias internas, en general, son pequeñas, por lo que el voltaje terminal de una batería es esencialmente igual que la fem $V \approx \mathscr{E}$. Sin embargo, cuando una batería suministra una gran corriente o cuando su resistencia interna es alta (baterías viejas), el voltaje terminal puede caer apreciablemente por debajo de la fem. La razón es que se requiere algún voltaje justo para producir una corriente en la resistencia interna. Matemáticamente, el voltaje terminal está relacionado con la fem, la corriente y la resistencia interna mediante $V = \mathscr{E} - Ir$, donde I es la *corriente eléctrica* (sección 17.2) en la batería.

Por ejemplo, la mayoría de los automóviles modernos tienen un "lector de voltaje" de la batería. Al encender el automóvil, el voltaje de una batería de 12 V, por lo común, arroja una lectura de sólo 10 V (este valor es normal). A causa de la enorme corriente que se requiere en el arranque, el término Ir (2 V) reduce la fem unos 2 V al voltaje terminal medido de 10 V. Cuando el motor está encendido y suministra la mayor parte de la energía eléctrica que se necesita para las funciones del automóvil, la corriente requerida de la batería es esencialmente cero y el lector de ésta sube de regreso a los niveles normales de voltaje. Así, el voltaje terminal, y no la fem, es un indicador fidedigno del estado de la batería. A menos que se especifique otra cosa, supondremos que la resistencia interna es insignificante, de forma que $V \approx \mathscr{E}$.

Existe una amplia variedad de baterías. Una de las más comunes es la batería de 12 V para automóvil, que consiste en seis celdas de 2 V conectadas en *serie*.* Esto es, la terminal positiva de cada celda está conectada a la terminal negativa de la siguiente celda (observe las tres celdas en la ◀figura 17.4a). Cuando las baterías o celdas están conectadas de esta manera, sus voltajes se suman. Si las celdas están conectadas en *paralelo*, todas sus terminales positivas están conectadas entre sí, al igual que sus terminales negativas (figura

*La energía química se convierte a energía eléctrica en una *celda* química. El término *batería* generalmente se refiere a un conjunto, o "batería", de celdas.

17.4b). Cuando baterías idénticas están conectadas de esta manera, la diferencia de potencial o el voltaje terminal es igual para todas ellas. Sin embargo, cada una suministra una fracción de la corriente al circuito. Por ejemplo, si tenemos tres baterías con voltajes iguales, cada una suministra un tercio de la corriente. Una conexión en paralelo de dos baterías es el método más utilizado para encender el automóvil pasando corriente de otro vehículo. Para un arranque así, la batería débil (alta r) se conecta en paralelo a una batería normal (baja r), que entrega la mayor parte de la corriente para encender el automóvil.

Nota: Recuerde que el término *voltaje* significa "diferencia en potencial eléctrico".

APRENDER DIBUJANDO

Dibujo de circuitos

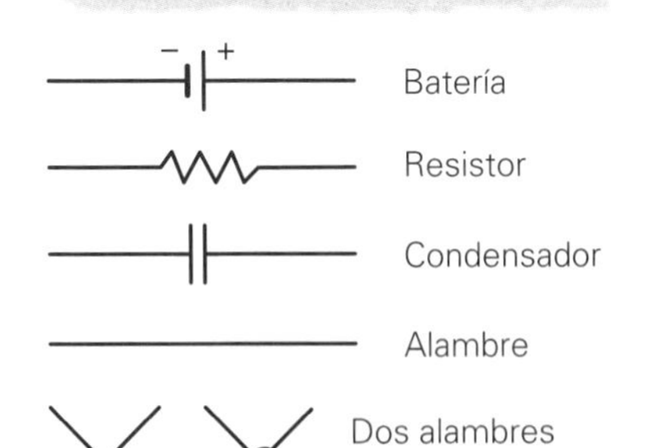

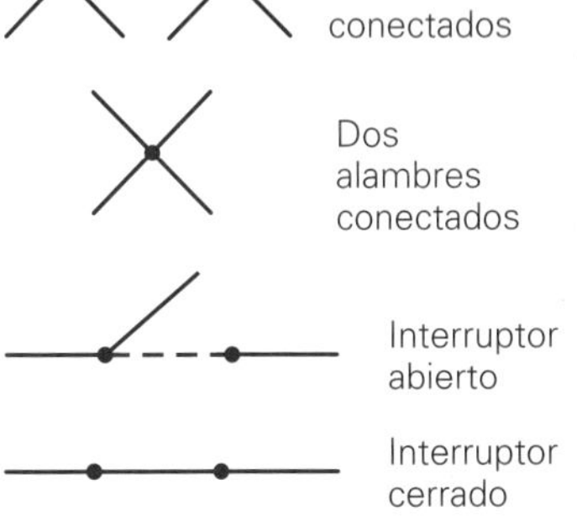

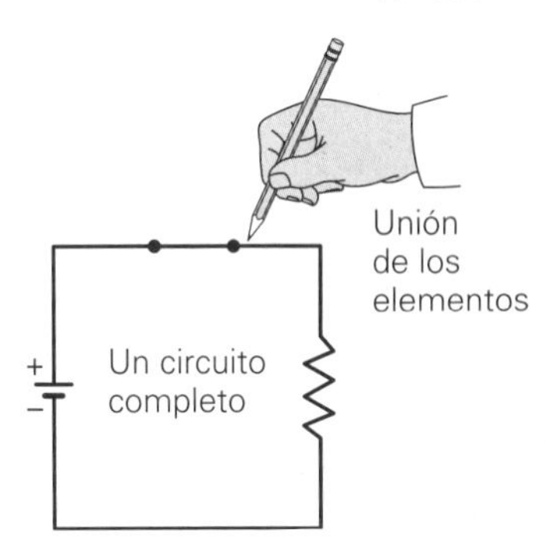

Diagramas de circuitos y símbolos

Para analizar y visualizar circuitos, es común dibujar diagramas de circuitos que son representaciones esquemáticas de los alambres, baterías y aparatos, tal como están conectados. Cada elemento del circuito se representa por su propio símbolo en el diagrama del circuito. Como hemos visto en las figuras 17.3b y 17.4, el símbolo para una batería son dos líneas paralelas, la más larga de las cuales representa la terminal positiva (+) y la más corta la terminal negativa (−). Cualquier elemento de circuito (como una bombilla de luz o un aparato) que se *opone* al flujo de carga se representa mediante el símbolo —/\/\/\—, que significa resistencia R. (La resistencia eléctrica se definirá en la sección 17.3; por el momento sólo presentamos su símbolo.) Los alambres de conexión se dibujan como líneas no interrumpidas y se supone que, a menos que se especifique otra cosa, que tienen resistencia insignificante. Cuando las líneas se cruzan, se supone que *no* están en contacto una con otra, a menos que tengan un punto resaltado en su intersección. Finalmente, los interruptores se representan como "puentes levadizos", capaces de subir (para abrir el circuito y detener la corriente) y bajar (para cerrar el circuito y permitir el paso de la corriente). Estos símbolos, junto con el del condensador o capacitor (capítulo 16), están resumidos en la sección Aprender dibujando en esta página. En el siguiente ejemplo se presenta cómo se utilizan estos símbolos y los diagramas de circuito para comprender mejor el tema.

Ejemplo conceptual 17.1 ■ ¿Dormido en el interruptor?

La ▸figura 17.5 ilustra un circuito que representa dos baterías idénticas (cada una con voltaje terminal V) conectadas en paralelo a una bombilla (representada por un resistor). Como se supone que los alambres no representan resistencia, sabemos que antes de abrir el interruptor S_1, el voltaje a través de la bombilla es igual a V (esto es, $V_{AB} = V$). ¿Qué sucede al voltaje a través de la bombilla cuando se abre S_1? *a*) El voltaje permanece igual (V) que antes de abrir el interruptor. *b*) El voltaje cae a $V/2$, ya que sólo una batería está ahora conectada a la bombilla. *c*) El voltaje cae a cero.

Razonamiento y respuesta. Podríamos sentirnos tentados a elegir la respuesta *b*, porque ahora sólo hay una batería. Pero observe de nuevo. La batería restante aún está conectada a la bombilla. Esto significa que debe haber *algún* voltaje a través de la bombilla, por lo que la respuesta no puede ser la *c*. Pero también significa que la respuesta correcta no es la *b*, porque la batería restante mantendrá por sí sola un voltaje de V a través de la bombilla. Por consiguiente, la respuesta correcta es la *a*.

Ejercicio de refuerzo. En este ejemplo, ¿cuál sería la respuesta correcta si, además de abrir S_1, también se abre el interruptor S_2? Explique su respuesta y razonamiento. *(Las respuestas de todos los Ejercicios de refuerzo se presentan al final del libro.)*

17.2 Corriente y velocidad de deriva

OBJETIVOS: *a*) Definir corriente eléctrica, *b*) distinguir entre flujo de electrones y corriente convencional y *c*) explicar el concepto de velocidad de deriva y transmisión de energía eléctrica

Como acabamos de ver, mantener una corriente eléctrica requiere de una fuente de voltaje y un **circuito completo**, es decir, una trayectoria continua de conducción. La gran mayoría de los circuitos tienen un interruptor que se usa para "abrir" o "cerrar" el circuito. Un circuito abierto elimina la continuidad de la trayectoria, lo que detiene el flujo de carga en los alambres.

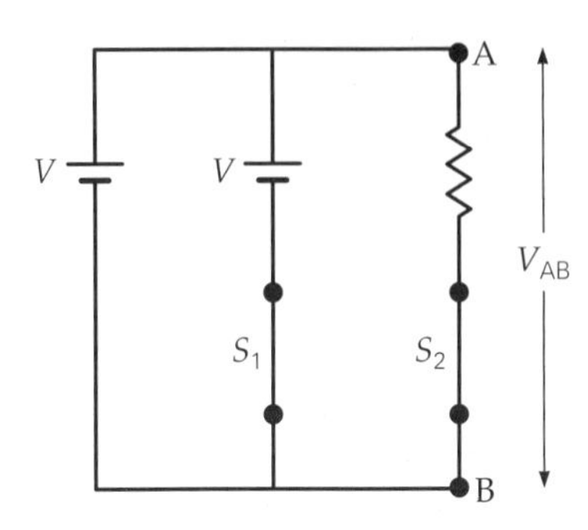

▲ **FIGURA 17.5 ¿Qué le sucede al voltaje?** Véase el ejemplo 17.1.

Corriente eléctrica

Como son electrones los que se mueven en los alambres del circuito, el flujo de carga se aleja de la terminal negativa de la batería. Sin embargo, históricamente, el análisis de los circuitos se ha realizado en términos de **corriente convencional**, que es en el sentido en que fluirán las cargas positivas, es decir, en sentido *contrario* al flujo de electrones (◂figura 17.6). (Existen algunas situaciones en las que un flujo de carga positiva *es* responsable de la corriente, por ejemplo, en los semiconductores.)

Se dice que la batería *entrega* corriente a un circuito o a un componente de éste (un elemento de circuito). De manera alternativa, decimos que el circuito (o sus componentes) *extrae* corriente de la batería. Entonces la corriente regresa a la batería. Una batería sólo puede impulsar una corriente en una dirección. Este tipo de flujo de carga unidireccional se llama **corriente directa (cd)**. (Observe que si la corriente cambia de dirección y/o de magnitud, se convierte en *corriente alterna*. Estudiaremos este tipo de situación en detalle en el capítulo 21.)

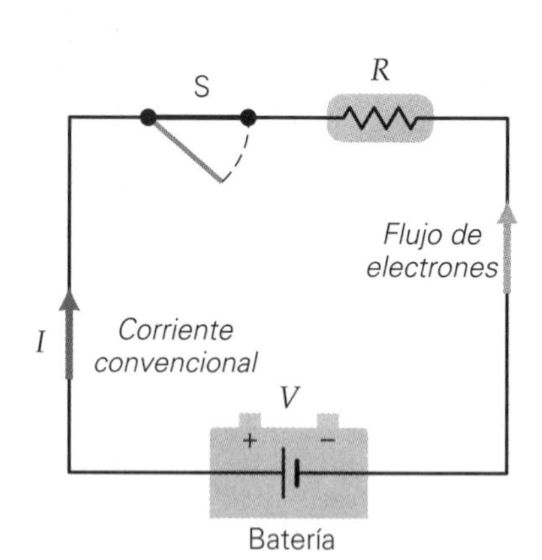

▲ **FIGURA 17.6 Corriente convencional** Por razones históricas, el análisis de un circuito generalmente se realiza con corriente convencional. Esta última es en el sentido en que fluyen las cargas positivas, es decir, en sentido contrario al flujo de los electrones.

Cuantitativamente, la **corriente eléctrica** (I) se define como la tasa de flujo de la carga neta en función del tiempo. En este capítulo, nos ocuparemos principalmente del flujo de carga constante. En ese caso, si una carga neta q pasa a través de una área transversal en un intervalo de tiempo t (◂figura 17.7), la corriente eléctrica se define como

$$I = \frac{q}{t} \quad \textit{corriente eléctrica} \qquad (17.1)$$

Unidad SI de corriente: coulomb por segundo (C/s) o ampere (A)

El coulomb por segundo se designa como **ampere (A)** en honor del físico francés André Ampère (1775-1836), investigador pionero de los fenómenos eléctricos y magnéticos. Comúnmente, el ampere se abrevia como *amp*. Una corriente de 10 A se lee como "diez amperes" o "diez amps". Las corrientes pequeñas se expresan en *miliamperes* (mA o 10^{-3} A), *microamperes* (μA o 10^{-6} A) o *nanoamperes* (nA o 10^{-9} A). Estas unidades a menudo se abrevian como *miliamps*, *microamps* y *nanoamps*, respectivamente. En un típico circuito doméstico, es común que los alambres conduzcan varios amperes de corriente. Para comprender la relación entre carga y corriente, considere el siguiente ejemplo.

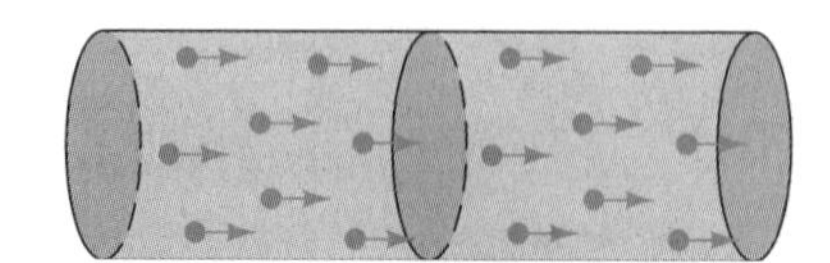

▲ **FIGURA 17.7 Corriente eléctrica** La corriente eléctrica (I) en un alambre se define como la tasa a la que la carga neta (q) pasa por el área de la sección transversal del alambre: $I = q/t$. La unidad de I es el ampere (A), o *amp*, para abreviar.

Ejemplo 17.2 ■ Conteo de electrones: corriente y carga

Se tiene una corriente constante de 0.50 A en la bombilla de una linterna durante 2.0 minutos. ¿Cuánta carga pasa por la bombilla en este tiempo? ¿Cuántos electrones representa esto?

Razonamiento. La corriente y el tiempo transcurrido se conocen. La definición de corriente (ecuación 17.1) nos permite encontrar la carga q. Como cada electrón tiene una carga con una magnitud de 1.6×10^{-19} C, entonces es posible convertir q a un número específico de electrones.

Solución. Se lista los datos y se convierte el intervalo de tiempo a segundos:

Dado: $I = 0.50$ A; $t = 2.0 \text{ min} = 1.2 \times 10^2$ s
Encuentre: q (cantidad de carga); n (número de electrones)

De la ecuación (17.1), $I = q/t$, por lo que la magnitud de la carga está dada por

$$q = It = (0.50\text{ A})(1.2 \times 10^2\text{ s}) = (0.50\text{ C/s})(1.2 \times 10^2\text{ s}) = 60\text{ C}$$

Se resuelve para determinar el número de electrones (n), y se tiene

$$n = \frac{q}{e} = \frac{60\text{ C}}{1.6 \times 10^{-19}\text{ C/electrón}} = 3.8 \times 10^{20}\text{ electrones}$$

(Lo que implica muchísimos electrones.)

Ejercicio de refuerzo. Muchos instrumentos muy sensibles de laboratorio pueden medir fácilmente corrientes en el rango de nanoamperes, o aun menores. ¿Cuánto tiempo, en años, le tomaría a una carga de 1.0 C fluir por un punto dado en un alambre que conduce una corriente de 1.0 nA?

Velocidad de deriva, flujo de electrones y transmisión de energía eléctrica

Aunque a menudo mencionamos el flujo de carga en analogía al flujo de agua, la carga eléctrica que circula por un conductor no fluye de la misma forma en que el agua fluye por un tubo. En ausencia de una diferencia de potencial en un alambre metálico, los electrones libres se mueven al azar a grandes velocidades entrando en colisión muchas veces por segundo con los átomos del metal. En consecuencia, no hay un flujo neto promedio de carga, ya que cantidades iguales de carga pasan por un punto dado en sentidos opuestos durante un intervalo específico de tiempo.

Sin embargo, cuando una diferencia de potencial (voltaje) *se aplica* entre los extremos del alambre (por ejemplo, mediante una batería), en éste aparece un campo eléctrico en una dirección. Entonces se presenta un flujo de electrones que *se opone* a esa dirección (¿por qué?). Esto *no* significa que los electrones se están moviendo directamente de un extremo del alambre al otro, pues se siguen moviendo en todas direcciones al entrar en colisión con los átomos del conductor, pero ahora hay un componente que se *suma* (en una dirección) a sus velocidades (▸figura 17.8). El resultado es que sus movimientos ahora son, en promedio, más hacia la terminal positiva de la batería que en sentido contrario.

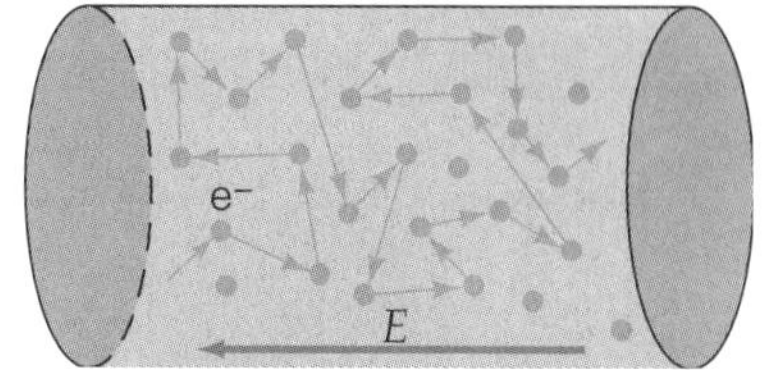

▲ **FIGURA 17.8 Velocidad de deriva** A causa de las colisiones con los átomos del conductor, el movimiento de los electrones es al azar. Sin embargo, cuando el conductor está conectado, por ejemplo, a una batería, para formar un circuito completo, se tiene un pequeño movimiento neto en sentido opuesto al campo eléctrico [hacia la terminal de mayor potencial (positiva) o ánodo]. La rapidez y el sentido de este movimiento neto constituye la velocidad de deriva de los electrones.

Este flujo neto de electrones se caracteriza por una velocidad promedio llamada **velocidad de deriva**, que es mucho menor que las velocidades aleatorias (térmicas) de los electrones mismos. En general, la magnitud de la velocidad de deriva es del orden de 1 mm/s. De acuerdo con esto, un electrón tardaría aproximadamente 17 min en viajar 1 m a lo largo de un alambre. Sin embargo, una lámpara se enciende casi instantáneamente cuando accionamos el interruptor (para cerrar el circuito), y las señales electrónicas que transmiten conversaciones telefónicas viajan casi instantáneamente por millas de cable. ¿Cómo es posible esto?

Es evidente que *algo* debe estar moviéndose más rápidamente que los electrones de deriva. Por supuesto, se trata del campo eléctrico. Cuando se aplica una diferencia de potencial, el campo eléctrico asociado en el conductor viaja con una rapidez cercana a la de la luz (aproximadamente 10^8 m/s). Por tanto, el campo eléctrico influye en el movimiento de los electrones *a lo largo del conductor* casi instantáneamente. Esto significa que la corriente se inicia en todas partes del circuito casi de forma simultánea. No tenemos que esperar que los electrones "lleguen ahí" desde un lugar distante (por ejemplo, cerca del interruptor). Por ejemplo, en una bombilla, los electrones que *ya* están en el filamento comienzan a moverse casi inmediatamente para entregar energía y generar luz sin demora.

Este efecto es análogo a derribar una hilera de fichas de dominó. Cuando se derriba una ficha en un extremo, esa *señal* o energía se transmite rápidamente a lo largo de la hilera. Muy rápidamente, en el otro extremo, la última ficha cae (y entrega la energía). Es evidente que la ficha de dominó que entrega la señal o la energía *no* es la que usted empujó. Así, fue la energía —no las fichas de dominó— la que viajó a lo largo de la hilera.

17.3 Resistencia y ley de Ohm

OBJETIVOS: *a*) Definir resistencia eléctrica y explicar qué significa resistor óhmico, *b*) resumir los factores que determinan la resistencia y *c*) calcular el efecto de esos factores en situaciones simples.

Nota: *resistor* es un término genérico para cualquier objeto que posee una resistencia eléctrica significativa.

Si usted aplica un voltaje (diferencia de potencial) entre los extremos de un material conductor, ¿qué factores determinan la corriente? Como podría esperarse, en general, cuanto mayor es el voltaje, mayor es la corriente. Sin embargo, hay otro factor que influye en la corriente. Así como la fricción interna (viscosidad; véase el capítulo 9) afecta el flujo de los fluidos en los tubos, la resistencia del material del que está hecho el alambre afectará el flujo de carga. Cualquier objeto que ofrece resistencia considerable a la corriente eléctrica se llama *resistor* y se representa en los diagramas mediante el símbolo en zigzag (sección 17.1). Este símbolo se usa para representar todos los tipos existentes de "resistores", desde los cilíndricos codificados en color sobre tableros de circuitos impresos a los dispositivos y aparatos eléctricos como secadoras de cabello y bombillas de luz (▸figura 17.9).

Nota: Recuerde, V significa ΔV.

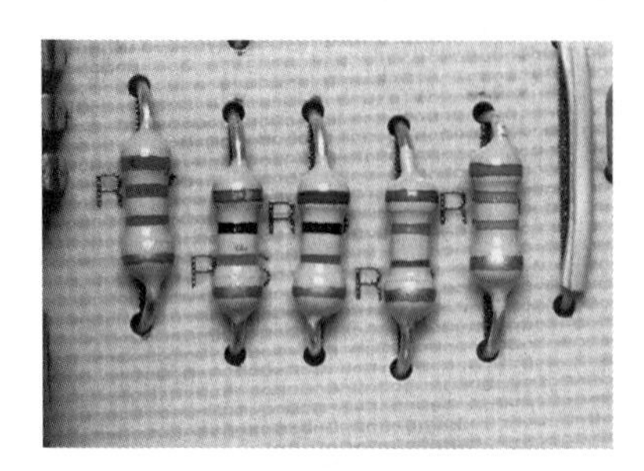

▲ **FIGURA 17.9 Resistores en uso** Un tablero de circuito impreso, típicamente usado en computadoras, incluye resistores de diferentes valores. Los grandes cilindros rayados son resistores; sus códigos de bandas de cuatro colores indican sus resistencias en ohms.

Pero, ¿cómo se cuantifica la resistencia? Sabemos, por ejemplo, que si un gran voltaje se aplica a través de un objeto y produce sólo una pequeña corriente, entonces ese objeto presenta una elevada resistencia. Así, la **resistencia (*R*)** de cualquier objeto se define como la razón entre el voltaje a través del objeto y la corriente resultante a través de ese objeto. Por lo tanto, la resistencia se define como

$$R = \frac{V}{I} \quad \textit{resistencia eléctrica} \qquad (17.2a)$$

Unidad SI de resistencia: volt por ampere (V/A), u ohm (Ω)

Las unidades de resistencia son volts por ampere (V/A), llamado **ohm** (Ω) en honor del físico alemán Georg Ohm (1789-1854), quien investigó la relación entre corriente y voltaje. Los grandes valores de la resistencia se expresan comúnmente en kilohms ($k\Omega$) y megaohms ($M\Omega$). Un diagrama de un circuito que muestra cómo, en princi-

Nota: *ohmico* significa "con resistencia constante".

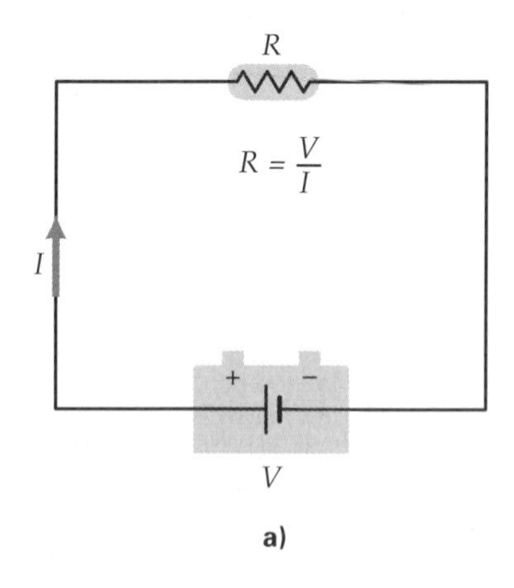

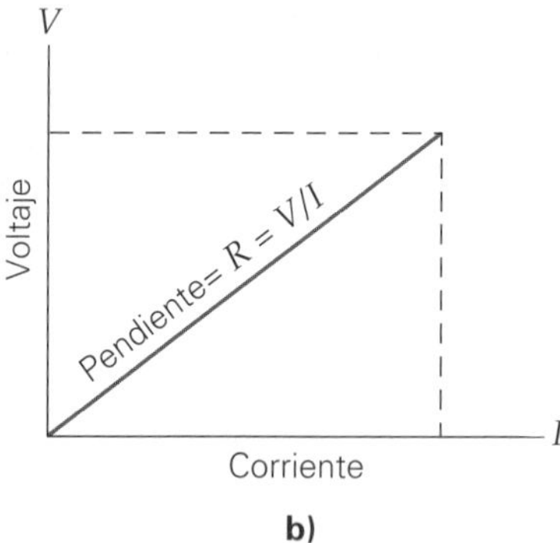

▲ **FIGURA 17.10** Resistencia y ley de Ohm *a)* En principio, cualquier resistencia eléctrica de un objeto se determina dividiendo el voltaje a través de él entre la corriente que fluye. *b)* Si el elemento obedece la ley de Ohm (aplicable sólo a una resistencia constante), entonces una gráfica del voltaje *versus* la corriente es una línea recta con pendiente igual a R, o resistencia del elemento. (Su resistencia no cambia con el voltaje.)

pio, se determina la resistencia, aparece en la ◂figura 17.10a. (En el capítulo 18 estudiaremos los instrumentos que se emplean para medir la corriente y el voltaje eléctricos, llamados *amperímetros* y *voltímetros*, respectivamente.)

Para algunos materiales, la resistencia es constante en un rango de voltajes. Se dice que un resistor que exhibe resistencia constante obedece la **ley de Ohm**, o que es *óhmico*. La ley se llamó así en honor de Ohm, quien encontró materiales que poseen esta propiedad. Una gráfica de voltaje *versus* corriente para un material con una resistencia óhmica es una línea recta con una pendiente igual a su resistencia R (figura 17.10b). Una forma común y práctica de la ley de Ohm es

$$V = IR \quad \text{(ley de Ohm)} \tag{17.2b}$$

(o $I \propto V$, sólo cuando R es constante)

La ley de Ohm no es una ley fundamental en el mismo sentido en que, por ejemplo, la ley de la conservación de la energía. No hay "ley" que establezca que los materiales *deben* tener resistencia constante. De hecho, muchos de nuestros avances en electrónica se basan en materiales como los semiconductores, que tienen relaciones *no lineales* entre voltaje y corriente.

A menos que se especifique otra cosa, supondremos que los resistores son óhmicos. Sin embargo, siempre recuerde que muchos materiales no son óhmicos. Por ejemplo, la resistencia de los filamentos de tungsteno de las bombillas de luz aumenta con la temperatura, y es mayor a la temperatura de operación que a temperatura ambiente. El siguiente ejemplo muestra cómo la resistencia del cuerpo humano puede hacer la diferencia entre la vida y la muerte.

Ejemplo 17.3 ■ Peligro en la casa: resistencia humana

Cualquier habitación en una casa expuesta al voltaje eléctrico y al agua representa peligro. (Véase el análisis de la seguridad eléctrica en la sección 18.5.) Por ejemplo, suponga que una persona sale de la ducha y, sin querer, toca con el dedo un alambre expuesto de 120 V (quizá un cordón deshilachado de una secadora). El cuerpo humano, cuando está mojado, tiene una resistencia eléctrica tan baja como 300 Ω. Con base en este valor, estime la corriente en el cuerpo de esa persona.

Razonamiento. El alambre tiene un potencial eléctrico de 120 V por encima del piso, que es "tierra" y que está a 0 V. Por lo tanto, el voltaje (o diferencia de potencial) a través del cuerpo es de 120 V. Para determinar la corriente, utilizaremos la ecuación 17.2, que define la resistencia.

Solución. Se listan los datos,

Dado: $V = 120\text{ V}$, $R = 300\ \Omega$ *Encuentre:* I (corriente en el cuerpo)

Usando la ecuación 17.2, tenemos

$$I = \frac{V}{R} = \frac{120\text{ V}}{300\ \Omega} = 0.400\text{ A} = 400\text{ mA}$$

Si bien ésta es una pequeña corriente según los estándares diarios, es una corriente fuerte para el cuerpo humano. Una corriente de más de 10 mA provoca severas contracciones musculares, y corrientes del orden de 100 mA pueden detener el corazón. Así que esta corriente es potencialmente mortal. (Véase la sección A fondo sobre electricidad y seguridad personal, y la tabla 1 en el capítulo 18, p. 614.)

Ejercicio de refuerzo. Cuando el cuerpo humano está seco, su resistencia (a todo lo largo) llega a ser tan alta como 100 kΩ. ¿Qué voltaje se requiere para producir una corriente de 1.0 mA (un valor que la gente apenas percibe)?

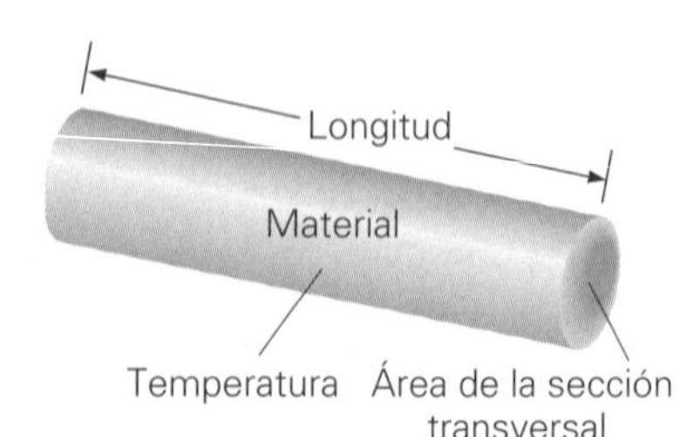

▲ **FIGURA 17.11 Factores de resistencia** Los factores que afectan directamente la resistencia eléctrica de un conductor cilíndrico son el tipo de material del que está hecho, su longitud (L), el área de su sección transversal (A) y su temperatura (T).

Factores que influyen en la resistencia

En el nivel atómico, la resistencia aparece cuando los electrones entran en colisión con los átomos que constituyen el material. Así, la resistencia depende parcialmente del tipo de material del que se compone el objeto. Sin embargo, los factores geométricos también influyen en la resistencia de un objeto. En resumen, la resistencia de un objeto de sección transversal uniforme, como un tramo de alambre, depende de cuatro propiedades: 1) el tipo de material, 2) su longitud, 3) su área transversal y 4) su temperatura (◂figura 17.11).

Como podría esperarse, la resistencia de un objeto (por ejemplo, un trozo de alambre) es *inversamente* proporcional al área de su sección transversal (A) y *directamente* proporcional a la longitud (L); esto es, $R \propto L/A$. Por ejemplo, un alambre metálico uniforme de 4 m de longitud ofrece el doble de resistencia que un alambre similar de 2 m de longitud, pero un alambre con un área transversal de 0.50 mm^2 tiene sólo la mitad de la resistencia de uno con área de 0.25 mm^2. Esas condiciones geométricas de resistencia son análogas a las del flujo de un líquido en un tubo. Cuanto más largo es el tubo, mayor es su resistencia (arrastre), pero cuanto mayor es el área transversal del tubo, mayor es la cantidad de líquido que puede llevar. Para conocer más acerca de la resistencia en relación con la longitud y el área en los organismos vivos, véase en esta página la sección A fondo 17.1 sobre la "biogeneración" de alto voltaje.

Ilustración 30.5 "Ley" de Ohm

A FONDO 17.1 LA "BIOGENERACIÓN" DE ALTO VOLTAJE

Usted sabe que dos metales diferentes inmersos en ácido generan una separación constante de carga (o voltaje) y, por lo tanto, producen corriente eléctrica. Sin embargo, los organismo vivos también crean voltajes mediante un proceso que, en ocasiones, se llama "biogeneración". En particular, las anguilas eléctricas (véase la sección A fondo 15.2 de la p. 527) son capaces de generar 600 V, un voltaje más que suficiente para matar a un ser humano. Como veremos, el proceso tiene similitudes tanto con las "pilas secas" como con la transmisión de señales nerviosas.

Las anguilas tienen tres órganos relacionados con sus actividades eléctricas. El órgano de Sachs genera pulsaciones de bajo voltaje para la navegación. Los otros dos (el órgano de Hunter y el órgano de Main) son fuentes de alto voltaje (figura 1). En estos órganos, las células llamadas *electrocitos* o *electroplacas*, están apiladas. Cada célula tiene forma de disco plano. La columna de electroplacas es una conexión en serie similar a la de una batería de automóvil, en donde hay seis celdas de 2 V cada una, que producen un total de 12 V. Cada electroplaca es capaz de producir un voltaje de apenas 0.15 V, pero cuatro o cinco mil de ellas conectadas en serie generan un voltaje de 600 V. Las electroplacas son similares a las células musculares en que reciben impulsos nerviosos a través de conexiones sinápticas. Sin embargo, estos impulsos nerviosos no generan movimiento. En lugar de ello, desencadenan la generación de voltaje mediante el siguiente mecanismo.

Cada electroplaca tiene la misma estructura. Las membranas superior e inferior se comportan de manera similar a las membranas nerviosas. En condiciones de reposo, los iones de Na^+ no pueden penetrar en la membrana. Para equilibrar sus concentraciones en ambos lados, los iones permanecen cerca de la superficie exterior. Esto, a la vez, atrae (del interior) las proteínas negativamente cargadas hacia la superficie interna. Como resultado, el interior tiene un potencial 0.08 V más bajo que el exterior. Así, en condiciones de reposo, la superficie externa superior (la que da hacia la cabeza o la parte anterior de la anguila) y la superficie externa inferior (que da a la parte posterior) de *todas* las electroplacas son positivas (una de ellas se ilustra en la figura 2a) y no presenta voltaje ($\Delta V_1 = 0$). Por lo tanto, en condiciones de reposo, una columna de electroplacas en serie no tiene voltaje ($\Delta V_{total} = \Sigma\Delta V_i = 0$) de la parte superior a la inferior (figura 2b).

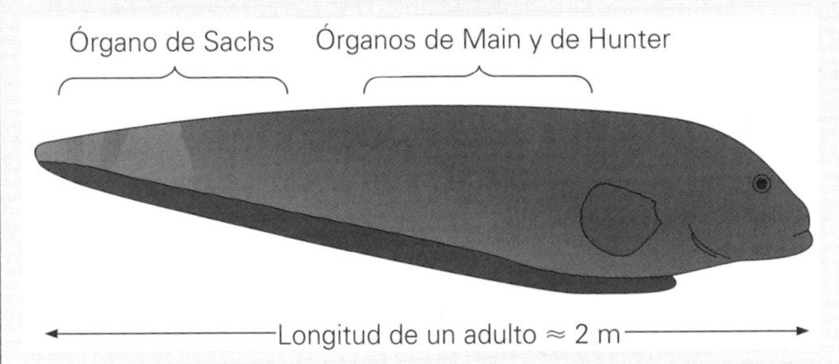

FIGURA 1 Anatomía de una anguila eléctrica El 80% del cuerpo de una anguila eléctrica está dedicado a la generación de voltaje. La mayor parte de esa porción contiene los dos órganos (de Main y de Hunter) responsables del alto voltaje que le permite matar a sus presas. El órgano de Sachs produce un voltaje de baja pulsación, que se utiliza para la navegación.

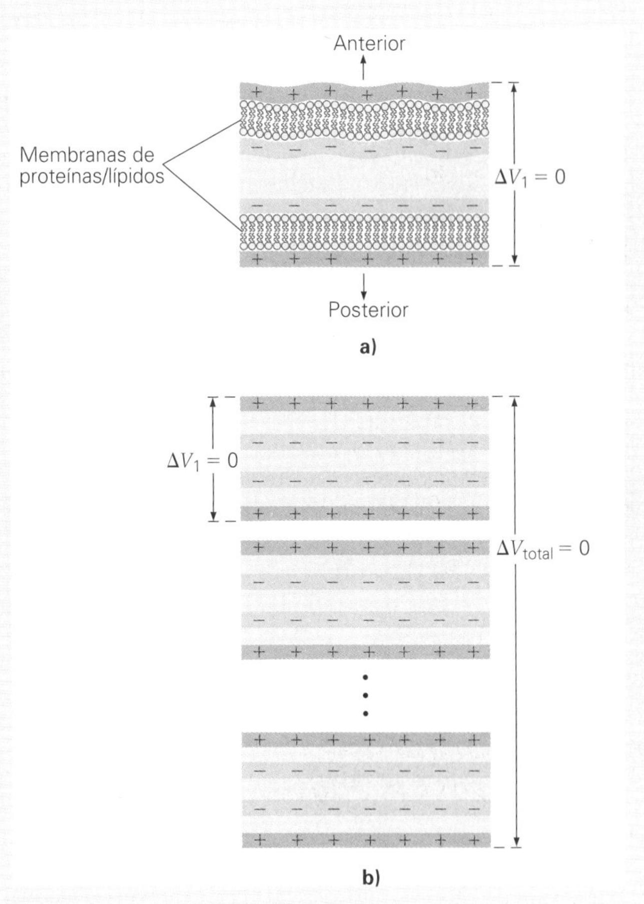

FIGURA 2 ***a*) Una sola electroplaca en reposo** Una de las miles de electroplacas en los órganos de la anguila tiene, en condiciones de reposo, iguales cantidades de carga positiva en la parte superior y en la inferior, lo que da por resultado un voltaje de 0. ***b*) Electroplacas en reposo conectadas en serie** Varios miles de electroplacas en serie, en condiciones de reposo, tienen un voltaje total de 0.

(continúa en la siguiente página)

Sin embargo, cuando una anguila localiza a su presa, su cerebro envía una señal a través de una neurona *sólo a la membrana inferior* de cada electroplaca (en la figura 3a se ilustra una célula). Una sustancia química (*acetilcolina*) se difunde a través de la sinapsis sobre la membrana, abriendo brevemente canales de iones y permitiendo que entre el Na^+. *Por unos cuantos milisegundos, se invierte la polaridad de la membrana inferior*, creando un voltaje a través de la célula de $\Delta V_1 \approx 0.15$ V. La columna entera de electroplacas realiza esto de manera simultánea, generando un gran voltaje entre los extremos de la columna ($\Delta V_{total} \approx 4000\ \Delta V_1 = 600$ V; véase la figura 3b). Cuando la anguila toca a su presa con los extremos de la columna de células, el pulso de corriente resultante que transmite a la presa (aproximadamente de 0.5 A) entrega suficiente energía para matarla o, al menos, para inmovilizarla.

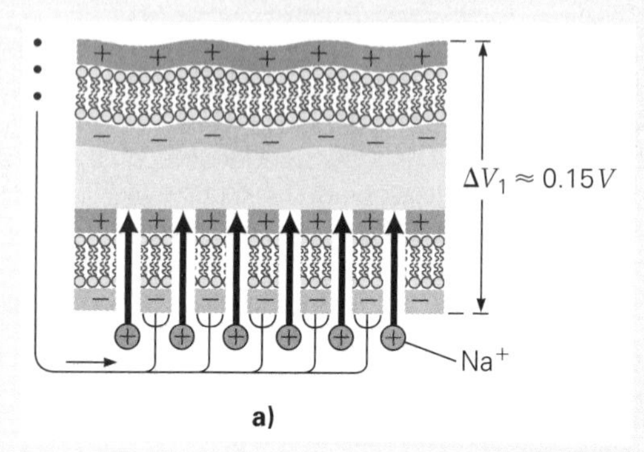

FIGURA 3 ***a)* Una electroplaca en acción** En la localización de la presa, una señal se envía desde el cerebro de la anguila a cada electroplaca a lo largo de una neurona conectada sólo a la parte inferior de la placa. Esto desencadena la breve apertura del canal de iones, permitiendo que los iones de Na^+, entren e invierte temporalmente la polaridad en la membrana inferior. De esta forma, se registra una diferencia de potencial eléctrico (voltaje) temporal entre las membranas superior e inferior. El voltaje de cada electroplaca, generalmente, es de varias décimas de volt. ***b)* Una columna de electroplacas en serie en acción** Cuando cada electroplaca en la columna es activada por la señal de la neurona inferior, esto da por resultado un gran voltaje entre la parte superior e inferior de la columna, por lo general, de unos 600 V. Este gran voltaje permite que la anguila aplique un pulso de corriente equivalente a varias décimas de un ampere al cuerpo de la presa. La energía depositada en la presa es suficiente para inmovilizarla o matarla.

Una configuración biológica interesante de "cableado" permite que todas las electroplacas se activen de manera simultánea, un requisito fundamental para la generación del máximo voltaje. Como cada electroplaca está a diferente distancia del cerebro, el potencial de acción que viaja por las neuronas debe estar perfectamente cronometrado. Para lograrlo, las neuronas conectadas a la parte superior de la columna de electroplacas (más cercana al cerebro) son más largas y más delgadas que aquellas conectadas con la parte inferior. A partir de lo que usted sabe sobre resistencia (véase, por ejemplo, la explicación de la ecuación 17.3 y de $R \propto L/A$, resulta claro que tanto una reducción en el área como un aumento en la longitud de las neuronas sirven para incrementar la resistencia de las neuronas en comparación con la de aquellas conectadas a electroplacas más distantes. El aumento de resistencia significa que el potencial de acción viaja más lentamente a través de las neuronas más cercanas y, por lo tanto, permite que las electroplacas que están más cerca reciban su señal al mismo tiempo que las más distantes, una aplicación muy interesante de la física (por supuesto, desde la perspectiva de la anguila, no de la presa.)

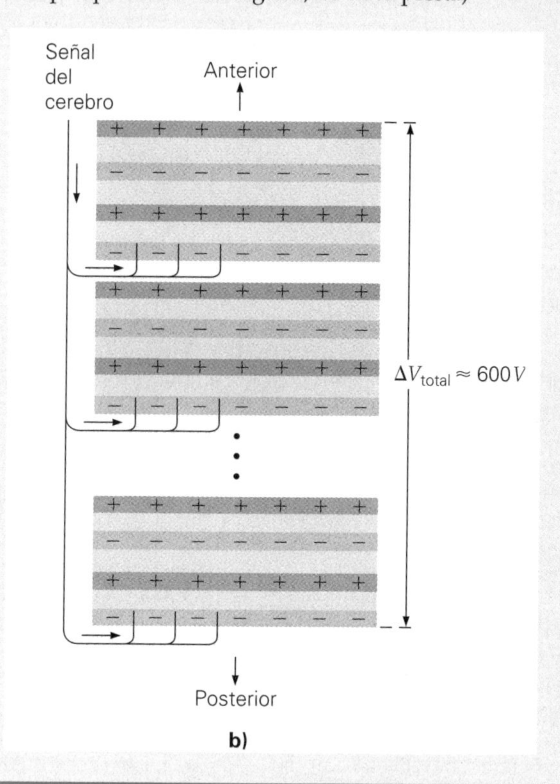

Resistividad

Nota: no confunda resistividad con densidad de masa, que tienen el mismo símbolo (ρ).

La resistencia de un objeto está determinada parcialmente por las propiedades atómicas del material que lo constituye, descritas cuantitativamente por la **resistividad** (ρ) del material. La resistencia de un objeto de sección transversal uniforme está dada por

$$R = \rho\left(\frac{L}{A}\right) \tag{17.3}$$

Unidad SI de resistividad: ohm-metro ($\Omega \cdot$ m)

Las unidades de resistividad (ρ) son ohm-metros ($\Omega \cdot$ m). (Usted debería demostrar esto.) Así, si se conoce la resistividad (del tipo del material) y utilizando la ecuación 17.3, podemos calcular la resistencia de cualquier objeto con área constante, siempre que se conozcan su longitud y área transversal.

TABLA 17.1 Resistividades (a 20°C) y coeficientes de temperatura de la resistividad para varios materiales*

	ρ ($\Omega \cdot m$)	α (1/C°)		ρ ($\Omega \cdot m$)	α (1/C°)
Conductores			*Semiconductores*		
Aluminio	2.82×10^{-8}	4.29×10^{-3}	Carbono	3.6×10^{-5}	-5.0×10^{-4}
Cobre	1.70×10^{-8}	6.80×10^{-3}	Germanio	4.6×10^{-1}	-5.0×10^{-2}
Hierro	10×10^{-8}	6.51×10^{-3}	Silicio	2.5×10^{2}	-7.0×10^{-2}
Mercurio	98.4×10^{-8}	0.89×10^{-3}			
Nicromo (aleación de níquel y cromo)	100×10^{-8}	0.40×10^{-3}	*Aislantes*		
Níquel	7.8×10^{-8}	6.0×10^{-3}	Vidrio	10^{12}	
Platino	10×10^{-8}	3.93×10^{-3}	Caucho	10^{15}	
Plata	1.59×10^{-8}	4.1×10^{-3}	Madera	10^{10}	
Tungsteno	5.6×10^{-8}	4.5×10^{-3}			

*Los valores para los semiconductores son generales, y las resistividades para los aislantes son órdenes de magnitud típicas.

Los valores de resistividad de algunos conductores, semiconductores y aislantes se presentan en la tabla 17.1. Los valores son aplicables a 20°C, porque la resistividad puede depender de la temperatura. Los cables más comunes están hechos de cobre o aluminio con áreas de sección transversal de 10^{-6} m^2 o 1 mm^2. Para una longitud de 1.5 m, usted seguramente podrá demostrar que la resistencia de un cable de cobre con esta área es aproximadamente de 0.025 Ω (= 25 mΩ). Esto explica por qué las resistencias de los cables se ignoran en los circuitos (sus valores son mucho menores que la mayoría de los aparatos domésticos).

Una aplicación médica interesante y potencialmente importante implica la medición de la resistencia del ser humano y su relación con la grasa corporal. (Véase la sección A fondo sobre el análisis de la impedancia bioeléctrica en la p. 578.) Para tener una idea de las magnitudes de estas cantidades en los tejidos vivos, considere el siguiente ejemplo.

Ejemplo 17.4 ■ Anguilas eléctricas: ¿cocinando con bioelectricidad?

Suponga que una anguila eléctrica toca la cabeza y cola de un pez con forma cilíndrica y que le aplica un voltaje de 600 V. (Véase la sección A fondo 17.1 en la p. 575.) Si la corriente resultante es de 0.80 A (que probablemente matará a la presa), estime la resistividad promedio de la carne del pez, suponiendo que éste mide 20 cm de longitud y 4.0 cm de diámetro.

Razonamiento. Si el pez tiene una forma cilíndrica y conocemos su longitud, podemos determinar su área transversal a partir de las dimensiones que nos dan. Por lo que se refiere a su resistencia, podemos determinarla a partir del voltaje y de la corriente. Por último, su resistividad se estimará utilizando la ecuación 17.3.

Solución. Se listan los datos:

Dado: $L = 20 \text{ cm} = 0.20 \text{ m}$
$d = 4.0 \text{ cm} = 4.0 \times 10^{-2} \text{ m}$
$V = 600 \text{ V}$
$I = 0.80 \text{ A}$

Encuentre: f (resistividad)

El área transversal del pez es

$$A = \pi r^2 = \pi\left(\frac{d}{2}\right)^2 = \frac{\pi(2.0 \times 10^{-2} \text{ m})^2}{4} = 3.1 \times 10^{-4} \text{ m}^2$$

También se sabe que la resistencia general del pez es $R = \dfrac{V}{I} = \dfrac{600 \text{ V}}{0.80 \text{ A}} = 7.5 \times 10^2 \ \Omega$. A partir de la ecuación 17.3, se tiene

$$\rho = \frac{RA}{L} = \frac{(7.5 \times 10^2 \ \Omega)(3.1 \times 10^{-4} \text{ m}^2)}{0.20 \text{ m}} = 1.2 \ \Omega \cdot \text{m o bien } 120 \ \Omega \cdot \text{cm}$$

(continúa en la siguiente página)

Al comparar este resultado con los valores en la tabla 17.1, se podrá ver —como se esperaba— que la carne del pez es mucho más resistiva que los metales, pero, por supuesto, no es un gran aislante. El valor está en el rango de las resistividades que se han medido en diferentes tejidos humanos; por ejemplo, el músculo cardiaco tiene una resistividad de 175 $\Omega \cdot$ cm, y el hígado de 200 $\Omega \cdot$ cm. Resulta claro que nuestra respuesta es un promedio de todo el cuerpo del pez y no nos dice nada acerca de las diferentes partes de su organismo.

Ejercicio de refuerzo. Suponga que para su siguiente comida, la anguila de este ejemplo elige una especie diferente de pez, que tiene el doble de la resistividad promedio, la mitad de la longitud y la mitad del diámetro del primer pez. ¿Qué corriente se esperaría en este pez si la anguila le aplica 400 V en el cuerpo?

Para muchos materiales, especialmente los metales, la dependencia de la resistividad con respecto a la temperatura es casi lineal si el cambio de temperatura no es demasiado grande. Esto es, la resistividad a una temperatura T después de un cambio de temperatura $\Delta T = T - T_0$ está dada por

$$\rho = \rho_0(1 + \alpha\Delta T) \qquad (17.4)$$

variación de la resistividad por la temperatura

donde α es una constante (generalmente sólo en un cierto rango de temperatura) llamada **coeficiente de temperatura de la resistividad** y ρ_0 es una resistividad de referencia a T_0 (por lo general a 20°C). La ecuación 17.4 se rescribe como

$$\Delta\rho = \rho_0\alpha\Delta T \qquad (17.5)$$

Nota: compare la forma de la ecuación 17.5 con la ecuación 10.10 para la expansión lineal de un sólido.

donde $\Delta\rho = \rho - \rho_0$ es el cambio en resistividad que ocurre cuando la temperatura cambia en ΔT. La razón $\Delta\rho/\rho_0$ es adimensional, por lo que α tiene unidades de grados Celsius a la inversa, que se escriben como 1/C°. Físicamente, α representa el cambio fraccional en resistividad ($\Delta\rho/\rho_0$) por grado Celsius. Los coeficientes de temperatura de la resistividad para algunos materiales se presentan en la tabla 17.1. Se supone que esos coeficientes son constantes en rangos normales de temperatura. Observe que para los semiconductores y los aislantes, los coeficientes, en general, son órdenes de magnitud y no son constantes.

A FONDO 17.2 ANÁLISIS DE IMPEDANCIA BIOELÉCTRICA (AIB)

Los métodos tradicionales (y poco precisos) para determinar los porcentajes de grasa en el cuerpo humano implican el uso de tanques de flotación (para mediciones de densidad) o de calibres para medir el grosor de la masa corporal. En años recientes, se han diseñado experimentos de resistencia eléctrica para medir la grasa del cuerpo humano.* En teoría, esas mediciones (llamadas *análisis de impedancia bioeléctrica* o AIB) tienen el potencial para determinar, con más precisión que los métodos tradicionales, el contenido total de agua en el cuerpo, la masa de grasa libre y la grasa corporal (*tejido adiposo*).

El principio del AIB se basa en el contenido de agua del cuerpo humano. El agua en el cuerpo humano es relativamente un buen conductor de la corriente eléctrica, gracias a la presencia de iones como el potasio (K^+) y el sodio (Na^+). Como el tejido muscular guarda más agua por kilogramo que la grasa, es un mejor conductor que esta última. Así, para un voltaje dado, la diferencia en corrientes debería ser un buen indicador del porcentaje de grasa y músculo presentes en el cuerpo.

En la práctica, al realizar un AIB, un electrodo con un bajo voltaje se conecta a la muñeca y el otro al tobillo opuesto. Por fines de seguridad, la corriente se mantiene por debajo de 1 mA, siendo comunes las de 800 μA. El paciente no percibe esta pequeña corriente. Los valores típicos de la resistencia son de aproximadamente 250 Ω. A partir de la ley de Ohm, podemos estimar el voltaje requerido: $V = IR = (8 \times 10^{-4}\ \text{A})(250\ \Omega) = 0.200$ V, o aproximadamente 200 mV. En realidad, el voltaje alterna en polaridad a una frecuencia de 50 kHz, porque se sabe que este rango de frecuencia no activa eléctricamente tejidos excitables, como los nervios y el músculo cardiaco.

Seguramente usted comprende algunos de los factores implicados en interpretar los resultados de las mediciones de la resistencia humana. La resistencia que se mide es en realidad la resistencia total. Sin embargo, la corriente viaja no a través de un conductor uniforme, sino más bien por el brazo, tronco y pierna. Cada una de esas partes del cuerpo no sólo tiene una proporción diferente de grasa y músculo, lo que afecta la resistividad (ρ), sino que todas ellas tienen diferente longitud (L) y área transversal (A). Así, el brazo y la pierna, constituidos en su mayor parte por músculo, y con una pequeña área transversal, ofrecen la mayor resistencia. Por el contrario, el tronco, que por lo general contiene un porcentaje relativamente alto de grasa y que tiene una área transversal grande, presenta una resistencia baja.

Al someter el AIB al análisis estadístico, los investigadores esperan entender cómo el amplio rango de parámetros físicos y genéticos presentes en los seres humanos afectan las mediciones de la resistencia. Entre esos parámetros están la altura, el peso, la complexión y el origen étnico. Una vez comprendidas las correlaciones, el AIB se convierte en una valiosa herramienta médica en el diagnóstico de diversas enfermedades.

*Técnicamente, este procedimiento mide la *impedancia* del cuerpo, lo que incluye efectos de capacitancia y efectos magnéticos, así como la resistencia. (Véase el capítulo 21.) Sin embargo, estas contribuciones representan un 10% del total. Así que la palabra que usaremos aquí es la de *resistencia*.

La resistencia es directamente proporcional a la resistividad (ecuación 17.3). Esto significa que la resistencia de un objeto presenta la misma dependencia con respecto a la temperatura que la resistividad (ecuaciones 17.3 y 17.4). La resistencia de un objeto de sección transversal uniforme varía en función de la temperatura:

$$R = R_o(1 + \alpha\Delta T) \quad \text{o} \quad \Delta R = R_o\alpha\Delta T \qquad \textit{variación de la resistencia con la temperatura} \qquad (17.6)$$

Aquí, $\Delta R = R - R_o$ es el cambio en la resistencia relativa con respecto a su valor de referencia R_o, que generalmente se toma a 20°C. La variación de la resistencia con la temperatura ofrece una forma de medir temperaturas por medio de un *termómetro de resistencia eléctrica*, como se ilustra en el siguiente ejemplo:

Ejemplo 17.5 ■ Un termómetro eléctrico: variación de la resistencia con la temperatura

Un alambre de platino tiene una resistencia de 0.50 Ω a 0°C, y es puesto en un baño de agua, donde su resistencia se eleva a un valor final de 0.60 Ω. ¿Cuál es la temperatura del baño?

Razonamiento. A partir del coeficiente de temperatura de la resistividad para el platino que se indica en la tabla 17.1, podemos despejar ΔT de la ecuación 17.6 y sumarla a 0°C, la temperatura inicial, para encontrar la temperatura del baño.

Solución.

Dado: $T_o = 0°\text{C}$
$R_o = 0.50\ \Omega$
$R = 0.60\ \Omega$
$\alpha = 3.93 \times 10^{-3}/\text{C}°$ (tabla 17.1)

Encuentre: T (temperatura del baño)

La razón $\Delta R/R_o$ es el cambio fraccional en la resistencia inicial R_o (a 0°C). Despejamos ΔT de la ecuación 17.6, usando los valores dados:

$$\Delta T = \frac{\Delta R}{\alpha R_o} = \frac{R - R_o}{\alpha R_o} = \frac{0.60\ \Omega - 0.50\ \Omega}{(3.93 \times 10^{-3}/\text{C}°)(0.50\ \Omega)} = 51\ \text{C}°$$

Así, el baño está a $T = T_o + \Delta T = 0°\text{C} + 51\ \text{C}° = 51°\text{C}$.

Ejercicio de refuerzo. En este ejemplo, si el material hubiera sido cobre, para el cual $R_o =$ 0.50 Ω, en vez de platino, ¿cuál sería su resistencia a 51°C? A partir de ello, usted podría explicar qué material constituye el termómetro más "sensible": uno con un alto coeficiente de temperatura de resistividad o uno con un bajo valor.

Superconductividad

El carbono y otros semiconductores tienen coeficientes de temperatura de resistividad negativos. Sin embargo, muchos materiales tienen coeficientes de temperatura de resistividad positivos, por lo que sus resistencias aumentan conforme se incrementa la temperatura. Usted quizá se pregunte cuánto se reduce la resistencia eléctrica al bajar la temperatura. En ciertos casos, la resistencia puede llegar a cero, es decir, no sólo cerca de cero, sino *exactamente* cero. Este fenómeno se llama **superconductividad**, y fue Heike Kamerlingh Onnes, un físico holandés, quien lo descubrió en 1911. Actualmente, las temperaturas requeridas para estos materiales son de 100 K o menores, y su uso está restringido a aparatos de laboratorio de alta tecnología y equipo de investigación.

Sin embargo, la superconductividad tiene potencial para diversas aplicaciones novedosas e importantes, especialmente si se encuentran materiales cuya temperatura de superconducción esté cercana a la temperatura ambiente. Entre las aplicaciones están los imanes superconductores (que se utilizan ya en laboratorios y en unidades de propulsión naval a pequeña escala). Si no hay resistencia, son posibles corrientes elevadas y campos magnéticos de gran intensidad (capítulo 19). Utilizados en motores y máquinas, los electromagnetos superconductores serían más eficientes y entregarían más potencia para la misma entrada de energía. Los superconductores también podrían usarse como cables de transmisión de electricidad sin pérdidas por resistividad. Algunos imaginan memorias de computadoras sumamente rápidas a base superconductores. La ausencia de resistencia eléctrica abre un sinfín de posibilidades. Es probable que usted escuche más acerca de las aplicaciones de los superconductores en el futuro conforme se desarrollen nuevos materiales.

17.4 Potencia eléctrica

OBJETIVOS: *a*) Definir potencia eléctrica, *b*) calcular la entrega de potencia de circuitos eléctricos simples y *c*) explicar el calentamiento de joule y su significado.

Cuando en un circuito existe una corriente sostenida, los electrones reciben energía de la fuente de voltaje, por ejemplo, de una batería. Conforme esos portadores de carga pasan por componentes del circuito, entran en colisión con los átomos del material (es decir, encuentran resistencia) y pierden energía. La energía transferida en las colisiones da por resultado un incremento en la temperatura de los componentes. De esta manera, la energía eléctrica se transforma, por lo menos parcialmente, en energía térmica.

Sin embargo, la energía eléctrica también puede convertirse en otras formas de energía, como luz (en las bombillas eléctricas) y movimiento mecánico (en las perforadoras). De acuerdo con la ley de la conservación de la energía, cualquier forma que ésta tome, la energía *total* que entrega la batería a los portadores de carga debe transferirse *por completo* a los elementos del circuito (ignorando las pérdidas de energía en los cables). Esto es, al regresar a la fuente de voltaje o batería, un portador de carga pierde toda la energía potencial eléctrica que ganó de esa fuente y está listo para repetir el proceso.

La energía ganada por una cantidad de carga q a partir de una fuente de voltaje (voltaje V) es qV [en unidades, C(J/C) = J]. En un intervalo de tiempo t, la *tasa* a la que la energía se entrega quizá no sea constante. La tasa promedio de entrega de energía se llama **potencia eléctrica** promedio, $\overline{P}$, y está dada por

$$\overline{P} = \frac{W}{t} = \frac{qV}{t}$$

En el caso especial en que la corriente y el voltaje son constantes en el tiempo (como sucede con una batería), entonces la potencia promedio es la misma que la potencia en todo momento. Para corrientes constantes (cd), $I = q/t$ (ecuación 17.1). Así, podemos rescribir la ecuación de potencia anterior como:

$$P = IV \quad \textit{potencia eléctrica} \tag{17.7a}$$

Como recordará del capítulo 5, la unidad SI de potencia es el watt (W). El ampere (la unidad de corriente I) multiplicado por el volt (la unidad de voltaje V) da el joule por segundo (J/s), o watt. (Debería verificar esto.)

Una analogía mecánica visual que ayuda a explicar la ecuación 17.7a se presenta en la ▼figura 17.12, que ilustra un simple circuito eléctrico como un sistema para transferir energía, en analogía a un sistema de entrega por medio de una banda transportadora.

Como $R = V/I$, la potencia puede expresarse en tres formas equivalentes:

$$P = IV = \frac{V^2}{R} = I^2R \quad \textit{potencia eléctrica} \tag{17.7b}$$

Calor de joule

A la energía térmica consumida en un resistor portador de corriente se le llama **calor de joule**, o **pérdidas I^2R** (que se lee como "I cuadrada R"). En muchos casos (por ejemplo en líneas de transmisión eléctrica), el calor de joule tiene efectos colaterales indeseables. Sin embargo, en otras situaciones, el objetivo principal es la conversión de energía eléctrica a energía térmica. Las aplicaciones térmicas incluyen los elementos

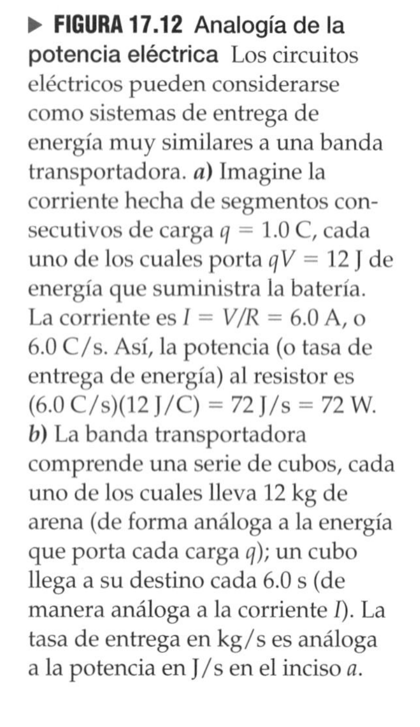

▶ **FIGURA 17.12 Analogía de la potencia eléctrica** Los circuitos eléctricos pueden considerarse como sistemas de entrega de energía muy similares a una banda transportadora. ***a***) Imagine la corriente hecha de segmentos consecutivos de carga $q = 1.0$ C, cada uno de los cuales porta $qV = 12$ J de energía que suministra la batería. La corriente es $I = V/R = 6.0$ A, o 6.0 C/s. Así, la potencia (o tasa de entrega de energía) al resistor es (6.0 C/s)(12 J/C) = 72 J/s = 72 W. ***b***) La banda transportadora comprende una serie de cubos, cada uno de los cuales lleva 12 kg de arena (de forma análoga a la energía que porta cada carga q); un cubo llega a su destino cada 6.0 s (de manera análoga a la corriente I). La tasa de entrega en kg/s es análoga a la potencia en J/s en el inciso a.

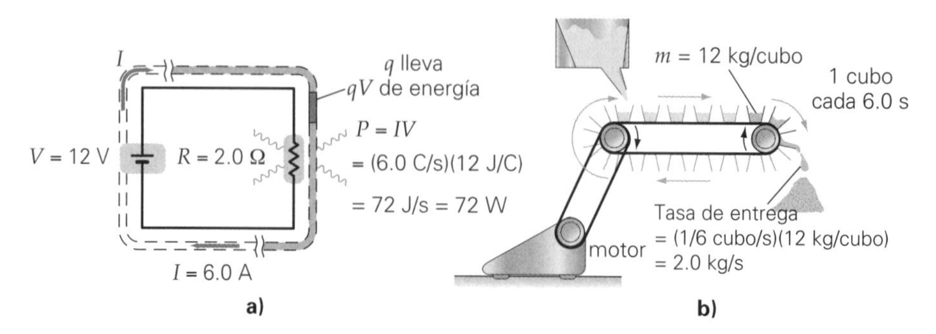

calentadores (quemadores) de las estufas eléctricas, secadores de cabello, calentadores por inmersión y tostadores.

Las bombillas de luz se clasifican de acuerdo con su potencia en watts, por ejemplo, 60 W (▸figura 17.13a). Las lámparas incandescentes son relativamente ineficientes como fuentes de luz. Por lo general, menos del 5% de la energía eléctrica se convierte a luz visible; la mayor parte de la energía producida es radiación infrarroja invisible y calor.

Los aparatos eléctricos llevan indicadas sus clasificaciones de potencia. Se dan los requisitos de voltaje y potencia o los de voltaje y corriente (figura 17.13b). En cualquier caso, es posible calcular la corriente, la potencia y la resistencia efectiva. Los requisitos de potencia de algunos aparatos domésticos se presentan en la tabla 17.2. Aunque los aparatos más comunes especifican un voltaje de operación nominal de 120 V, hay que hacer notar que el voltaje doméstico varía entre 110 y 120 V y aun así se considera en el rango "normal".

a)

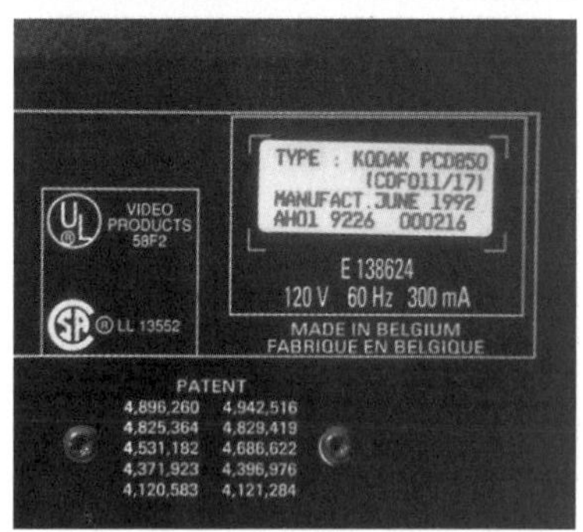

b)

▲ **FIGURA 17.13 Clasificación de potencia** ***a)*** Las bombillas de luz se clasifican según sus watts. Al operar a 120 V, esta bombilla de 60 W consume 60 J de energía cada segundo. ***b)*** Las clasificaciones de los aparatos indican el voltaje y la potencia, o bien, el voltaje y la corriente. A partir de esos datos es posible calcular la corriente, la potencia y la resistencia efectiva. Aquí, un aparato es de 120 V y 18 W, mientras que el otro es de 120 V y 300 mA. ¿Podría calcular la corriente y resistencia del primero y la potencia requerida y la resistencia del segundo?

Ejemplo integrado 17.6 ■ Un dilema moderno: usar la computadora o comer

a) Considere dos aparatos que operan al mismo voltaje. El aparato A tiene una potencia nominal mayor que el aparato B. *a*) ¿Cómo es la resistencia de A con respecto a la de B? 1) Mayor, 2) menor, o 3) es igual. *b*) Un sistema de computadora incluye un monitor a color, con un requerimiento de potencia de 200 W, mientras que un horno tostador y asador tiene un requerimiento de 1500 W. ¿Cuál es la resistencia de cada uno si ambos están diseñados para funcionar a 120 V?

a) Razonamiento conceptual. La potencia depende de la corriente y del voltaje. Como los dos aparatos operan al mismo voltaje, no pueden llevar la misma corriente y, por lo tanto, tienen diferentes requerimientos de potencia. Por consiguiente, la respuesta 3 no es correcta. Como ambos aparatos operan con el mismo voltaje, el que tiene mayor potencia (A) debe llevar la mayor corriente. Para que A lleve más corriente al mismo voltaje que B, debe tener menos resistencia que B. Por lo tanto, la respuesta correcta es la 2; esto es, A tiene menos resistencia que B.

b) Razonamiento cuantitativo y solución. La definición de resistencia es $R = V/I$ (ecuación 17.2). Para usar esta definición, necesitamos la corriente, que se determina con la ecuación 17.7 ($P = IV$). Esta operación se hará dos veces, una para el monitor y luego para el asador/tostador. Se listan los datos, donde usamos el subíndice m para el monitor y b para el asador/tostador:

Dado: $P_m = 200$ W   *Encuentre:* R (resistencia de cada aparato)
$P_b = 1500$ W
$V = 120$ V

La corriente del monitor es (utilizando la ecuación 17.7)

$$I_m = \frac{P_m}{V} = \frac{200\text{ W}}{120\text{ V}} = 1.67\text{ A}$$

y la del asador/tostador es

$$I_b = \frac{P_b}{V} = \frac{1500\text{ W}}{120\text{ V}} = 12.5\text{ A}$$

Las resistencias son

$$R_m = \frac{V}{I_m} = \frac{120\text{ V}}{1.67\text{ A}} = 71.9\ \Omega$$

y

$$R_b = \frac{V}{I_b} = \frac{120\text{ V}}{12.5\text{ A}} = 9.60\ \Omega$$

Como los dos operan al mismo voltaje, la salida de potencia de un aparato está controlada por su resistencia. La resistencia del aparato está *inversamente* relacionada con su requerimiento de potencia.

Ejercicio de refuerzo. Un calentador de inmersión es un "aparato" común en la mayoría de los dormitorios universitarios, y resulta útil para calentar agua para té, café o sopa. Suponiendo que el 100% del calor va al agua, ¿cuál debe ser la resistencia del calentador (que opera a 120 V) para calentar una taza de agua (cuya masa es de 250 g) de la temperatura ambiente (20°C) al punto de ebullición en 3.00 minutos?

TABLA 17.2 Requerimientos típicos de potencia y corriente para varios dispositivos domésticos (120 V)

Aparato	*Potencia*	*Corriente*	*Aparato*	*Potencia*	*Corriente*
Acondicionador de aire de habitación	1500 W	12.5 A	Calentador portátil	1500 W	12.5 A
Acondicionador de aire central	5000 W	41.7 A*	Horno de microondas	900 W	5.2 A
Mezcladora	800 W	6.7 A	Radio, reproductor de casetes	14 W	0.12 A
Secador de ropa	6000 W	50 A*	Refrigerador, no formador de escarcha	500 W	4.2 A
Lavadora de ropa	840 W	7.0 A	Estufa, quemadores superiores	6000 W	50.0 A*
Cafetera	1625 W	13.5 A	Estufa, horno	4500 W	37.5 A*
Lavavajillas	1200 W	10.0 A	Televisión a color	100 W	0.83 A
Cobertor eléctrico	180 W	1.5 A	Tostador	950 W	7.9 A
Secadora de cabello	1200 W	10.0 A	Calentador de agua	4500 W	37.5 A*

*Un aparato de alta potencia como éste se conecta a un suministro casero de 240 V para reducir la corriente a la mitad de esos valores (sección 18.5).

Ejemplo17.7 ■ Una reparación potencialmente peligrosa: ¡nunca lo intente!

Una secadora de cabello está clasificada a 1200 W para un voltaje de operación de 115 V. El filamento del cable uniforme se rompe cerca de un extremo, y el propietario lo repara cortando una sección cerca de la ruptura y simplemente lo reconecta. Entonces, el filamento es 10.0% más corto que su longitud original. ¿Cuál será la salida de potencia del aparato después de esta "reparación"?

Razonamiento. El cable siempre opera a 115 V. Así que al acortar el cable, lo que disminuye su resistencia, dará por resultado una mayor corriente. Con este aumento de corriente, uno esperaría que se incremente la salida de potencia.

Solución. Usaremos el subíndice 1 para indicar la situación "antes de la ruptura" y el subíndice 2 para "después de la reparación". Se listan los datos,

Dado: $P_1 = 1200$ W
$V_1 = V_2 = 115$ V
$L_2 = 0.900L_1$

Encuentre: P_2 (salida de potencia después de la reparación)

Después de la reparación, el cable tiene el 90.0% de su resistencia original, porque (véase la ecuación 17.3) la resistencia de un cable es directamente proporcional a su longitud. Para mostrar la reducción del 90% de forma explícita, vamos a expresar la resistencia después de la reparación ($R_2 = \rho L_2/A$) en términos de la resistencia original ($R_1 = \rho L_1/A$):

$$R_2 = \rho\frac{L_2}{A} = \rho\frac{0.900L_1}{A} = 0.900\left(\rho\frac{L_1}{A}\right) = 0.900R_1$$

como se esperaba.

La corriente aumentará porque el voltaje es el mismo ($V_2 = V_1$). Este requerimiento se expresa como $V_2 = I_2R_2 = V_1 = I_1R_1$. De manera que la nueva corriente en términos de la corriente original es

$$I_2 = \left(\frac{R_1}{R_2}\right)I_1 = \left(\frac{R_1}{0.900R_1}\right)I_1 = (1.11)I_1$$

lo que significa que la corriente después de la reparación es 11% mayor que antes.

La potencia original es $P_1 = I_1V = 1200$ W. La potencia después de la reparación es $P_2 = I_2V$ (observe que los voltajes no tienen subíndices porque permanecieron igual y se anularán). Expresando una razón da

$$\frac{P_2}{P_1} = \frac{I_2V}{I_1V} = \frac{I_2}{I_1} = 1.11$$

de donde se despeja P_2:

$$P_2 = 1.11P_1 = 1.11(1200\text{ W}) = 1.33 \times 10^3\text{ W}$$

La salida de potencia de la secadora aumentó 120 W. *¡Nunca intente hacer ese trabajo de reparación!*

Ejercicio de refuerzo. En este ejemplo, determine *a*) las resistencias inicial y final y *b*) las corrientes inicial y final.

A menudo nos quejamos acerca de lo que tenemos que pagar por consumo de electricidad, pero ¿por qué pagamos en realidad? Lo que pagamos es *energía* eléctrica medida en unidades de **kilowatt-hora (kWh)**. La potencia es la tasa a la que se realiza trabajo ($P = W/t$ o $W = Pt$), por lo que el trabajo tiene unidades de watt-segundo (potencia × tiempo). Al convertir esta unidad a la mayor unidad de kilowatt-horas (kWh), vemos que el kilowatt-hora es una unidad de trabajo (o energía), equivalente a 3.6 millones de joules, porque:

$$1\text{ kWh} = (1000\text{ W})(3600\text{ s}) = (1000\text{ J/s})(3600\text{ s}) = 3.6 \times 10^6\text{ J}$$

Así, pagamos a la compañía de "luz" la energía eléctrica que usamos para efectuar trabajo con nuestros aparatos domésticos.

El costo de la energía eléctrica varía según el lugar. En Estados Unidos, el costo va de unos cuantos centavos de dólar (por kilowatt-hora) a varias veces ese valor. En los últimos años, las tarifas de energía eléctrica se han liberado. Aunada a una creciente demanda (sin un aumento correspondiente en el suministro), la eliminación del control de precios ha provocado un aumento estratosférico en las tarifas en algunas zonas del país. ¿Sabe cuál es el precio de la electricidad en su localidad? Consulte una tabla de tarifas para averiguarlo, especialmente si usted vive en alguna de las áreas afectadas por el alza de tarifas. Veamos cuál es el costo de la electricidad para operar un aparato doméstico en el siguiente ejemplo.

Ejemplo 17.8 ■ Costo de la energía eléctrica: el precio del enfriamiento

Si el motor de un refrigerador que no forma escarcha funciona el 15% del tiempo, ¿cuánto cuesta operarlo por mes (al centavo más cercano) si la compañía de luz cobra 11 centavos por kilowatt-hora? (Suponga que el mes es de 30 días.)

Razonamiento. De la potencia y la cantidad de tiempo que el motor está encendido por día, podemos calcular la energía eléctrica que consume el refrigerador *diariamente* y luego calcularla para un mes de 30 días.

Solución. Al hablar de cantidades de energía eléctrica, se usan kilowatts-horas porque el joule es una unidad relativamente pequeña. Se listan los datos:

Dado: $P = 500\text{ W}$ (tabla 17.2) *Encuentre:* costo de operación por mes
Costo = \$0.11/kWh

Como el motor del refrigerador opera el 15% del tiempo, en un día funciona $t = (0.15)(24\text{ h}) = 3.60\text{ h}$. Como $P = W/t$, la energía eléctrica que se consume *por día*, es

$$W = Pt = (500\text{ W})(3.60\text{ h/día}) = 1.80 \times 10^3\text{ Wh} = 1.80\text{ kWh/día}$$

Entonces, el costo por día es

$$\left(\frac{1.80\text{ kWh}}{\text{día}}\right)\left(\frac{\$0.11}{\text{kWh}}\right) = \frac{\$0.20}{\text{día}}$$

o 20 centavos por día. Así, para un mes de 30 días el costo es

$$\left(\frac{\$0.20}{\text{día}}\right)\left(\frac{30\text{ día}}{\text{mes}}\right) \approx \$6\text{ por mes}$$

Ejercicio de refuerzo. ¿Cuánto tiempo tendría usted que dejar encendida una bombilla de luz de 60 W para usar la misma cantidad de energía eléctrica que el motor del refrigerador en este ejemplo consume cada hora que está encendido?

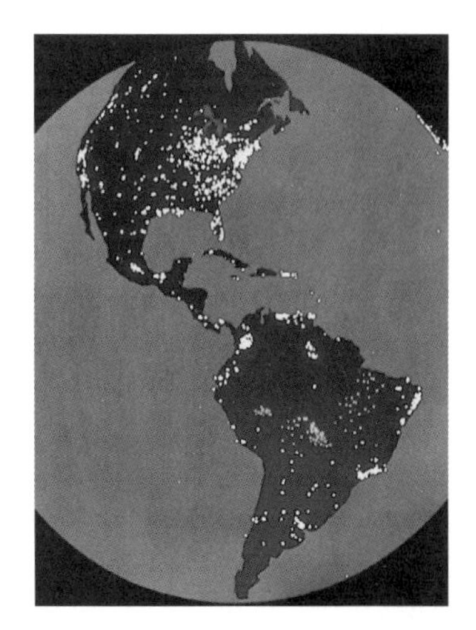

▲ **FIGURA 17.14** Todo iluminado
Una imagen nocturna del Continente Americano tomada desde un satélite. ¿Podría identificar los principales centros de población en Estados Unidos y en otros países? Las manchas en el centro de Sudamérica indican incendios forestales. La pequeña mancha al sur de México representa las llamas del gas ardiendo en los sitios de producción de petróleo. En el extremo superior derecho de la imagen alcanzan a verse las luces de algunas ciudades europeas. La imagen fue registrada por un sistema de infrarrojo visible.

Eficiencia eléctrica y recursos naturales

Aproximadamente el 25% de la electricidad generada en Estados Unidos se usa para el alumbrado (▸figura 17.14). Este porcentaje es casi equivalente a la producción de 100 plantas generadoras de electricidad. Los refrigeradores consumen aproximadamente el 7% de la electricidad generada en Estados Unidos (lo que equivale a la producción de 28 plantas generadoras).

Este enorme (y creciente) consumo de energía eléctrica en Estados Unidos, ha inducido al gobierno federal y a muchos gobiernos estatales a establecer límites mínimos de eficiencia para refrigeradores, congeladores, sistemas acondicionadores de aire y calenta-

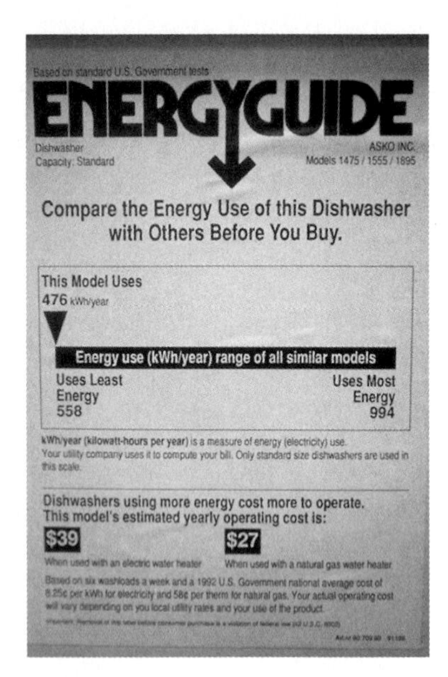

▲ **FIGURA 17.15** Guía de energía Los consumidores pueden conocer las eficiencias de los aparatos domésticos en términos del costo anual promedio de operación. En algunos casos, el costo anual está dado para diferentes tarifas de kilowatt-hora (kWh), que varían en diferentes zonas de Estados Unidos.

dores de agua (◂figura 17.15). Además, se han desarrollado lámparas fluorescentes más eficientes y se ha generalizado su uso. Estas lámparas ahora consumen aproximadamente entre 25 y 30% menos de energía que la lámpara fluorescente promedio y cerca del 75% menos de energía que las lámparas incandescentes con salida de luz equivalente.

El resultado de todas esas medidas ha sido un ahorro considerable de energía conforme los nuevos aparatos más eficientes reemplazan gradualmente a los antiguos modelos menos eficientes. La energía ahorrada se traduce directamente en ahorro de combustible y de otros recursos naturales, así como en una reducción de los daños ambientales, tales como la contaminación química y el calentamiento global. Para ver qué tipo de resultados se logran aplicando un estándar de eficiencia de energía, considere el siguiente ejemplo.

Ejemplo 17.9 ■ Lo que podemos ahorrar: incremento de la eficiencia eléctrica

La mayoría de las plantas modernas generadoras de potencia producen electricidad a razón de 1.0 GW (salida de gigawatt de potencia eléctrica). Estime cuántas menos de esas plantas necesitaría el estado de California, si todas las casas habitación cambiaran sus refrigeradores de 500 W del ejemplo 17.8 a refrigeradores más eficientes de 400 W. (Suponga que hay aproximadamente 10 millones de hogares en California con un promedio de 1.2 refrigeradores operando por hogar.)

Razonamiento. Los resultados del ejemplo 17.8 se utilizarán para calcular el efecto total.

Solución.

Dado: Tasa de la planta $= 1.0\ \text{GW} = 1.0 \times 10^6\ \text{kW}$
Requisito de energía, modelo de 500 watts $= 1.80\ \text{kWh/día}$ (ejemplo 17.8)
Número de hogares $= 10 \times 10^6$
Número de refrigeradores por hogar $= 1.2$

Encuentre: ¿cuántas plantas generadoras menos se requerirán al cambiar a refrigeradores más eficientes?

Para todo el estado, el uso de energía por día con refrigeradores menos eficientes es

$$\left(\frac{1.80\ \text{kWh/día}}{\text{refrigerador}}\right)(10 \times 10^6\ \text{hogares})\left(\frac{1.2\ \text{refrigeradores}}{\text{hogar}}\right) = 2.2 \times 10^7\ \frac{\text{kWh}}{\text{día}}$$

Los refrigeradores más eficientes en su uso de energía, usan sólo el 80% (400 W/500 W = 0.80) de esta cantidad, o aproximadamente 1.7×10^7 kWh/día. La diferencia, 5.0×10^6 kWh/día, es la razón a la que se ahorra energía eléctrica. Una planta generadora de 1.0 GW produce

$$\left(1.0 \times 10^6\ \frac{\text{kW}}{\text{planta}}\right)\left(24\ \frac{\text{h}}{\text{día}}\right) = 2.4 \times 10^7\ \frac{(\text{kWh/planta})}{\text{día}}$$

De manera que los refrigeradores de reemplazo ahorrarían aproximadamente

$$\frac{5.0 \times 10^6\ \text{kWh/día}}{2.4 \times 10^7\ \text{kWh/(planta-día)}} = 0.21\ \text{planta}$$

o cerca del 20% de la producción de una planta típica. Advierta que este ahorro sería resultado del cambio de un *solo* aparato doméstico. Imagine lo que podría hacerse si todos los aparatos domésticos, incluidos los que se encargan de la iluminación, fueran más eficientes. El desarrollo y uso de aparatos eléctricos más eficientes es la manera de evitar tener que construir nuevas plantas generadoras de energía eléctrica.

Ejercicio de refuerzo. Se dice a menudo que los calentadores de agua, eléctricos y de gas son igualmente eficientes, con aproximadamente 95% de eficiencia. En realidad, mientras que los calentadores de gas alcanzan una eficiencia del 95%, sería más preciso decir que los calentadores eléctricos de agua tienen un 33% de eficiencia, aun cuando aproximadamente el 95% de la *energía eléctrica* que consumen se transfiere al agua en forma de calor. Explique esta situación. [*Sugerencia:* ¿cuál es la fuente de energía de un calentador eléctrico de agua? Compare esto con la energía que entrega el gas natural. Recuerde el análisis de generación eléctrica en la sección 12.4 y la eficiencia de Carnot en la sección 12.5.]

Repaso del capítulo

- Una **batería** genera una **fuerza electromotriz (fem)**, o un voltaje, entre sus terminales. La terminal de alto voltaje es el **ánodo**, y la terminal de bajo voltaje es el **cátodo**.

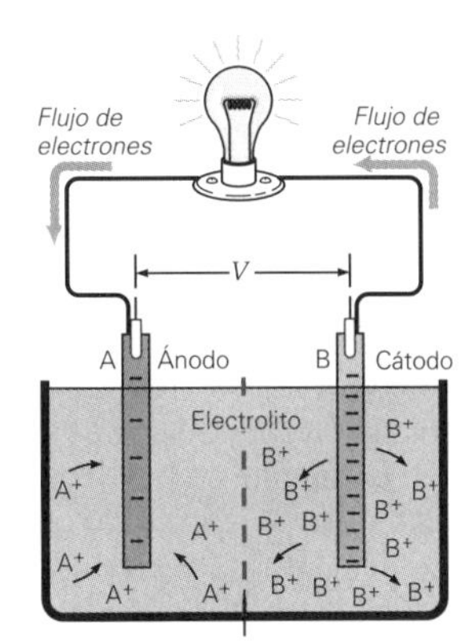

- La **fuerza electromotriz (fem $\mathscr{E}$)** se mide en volts y representa el número de joules de energía que una batería (o cualquier suministro de potencia) entrega a 1 coulomb de carga que pasa a través de ella (1 J/C = 1 V).

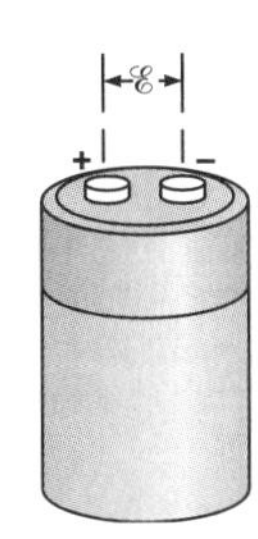

- La **corriente eléctrica (*I*)** es la razón a la que fluye la carga. Su dirección es la de la **corriente convencional**, que es en la dirección en que la carga positiva realmente fluye o parece fluir. En los metales, el flujo de carga se debe a los electrones y, por consiguiente, la dirección de la corriente convencional es contraria a la dirección de flujo de los electrones. La corriente se mide en amperes (1 A = 1 C/s) como

$$I = \frac{q}{t} \tag{17.1}$$

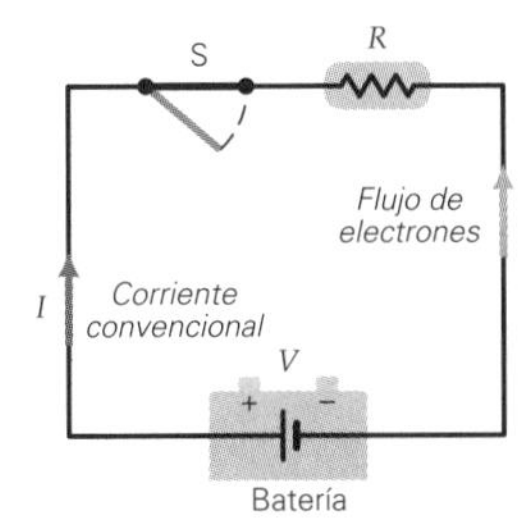

- Para que una corriente eléctrica exista en un circuito, éste debe ser un **circuito completo**, es decir, un circuito (o conjunto de elementos de circuito y cables) que conecte ambas terminales de una batería o suministro de potencia sin interrupción.

- La **resistencia eléctrica (*R*)** de un objeto es el voltaje a través del objeto dividido entre la corriente en ella, o

$$R = \frac{V}{I} \quad \text{o} \quad V = IR \tag{17.2}$$

Las unidades de resistencia son el **ohm** o el volt por ampere.

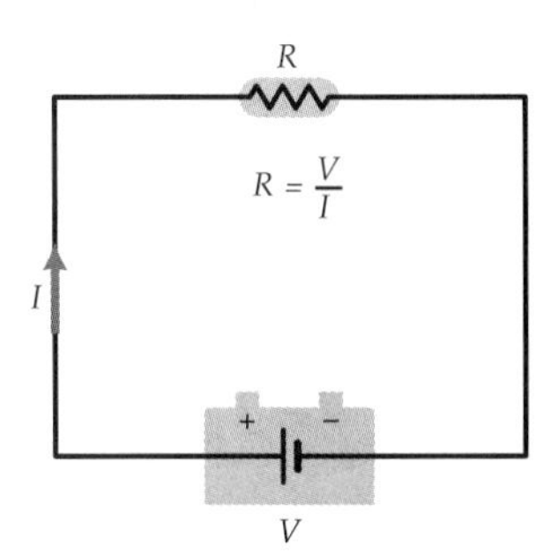

- Un elemento de circuito obedece la **ley de Ohm** si ese elemento presenta una resistencia eléctrica constante. La ley de Ohm se escribe comúnmente como $V = IR$, donde R es constante.

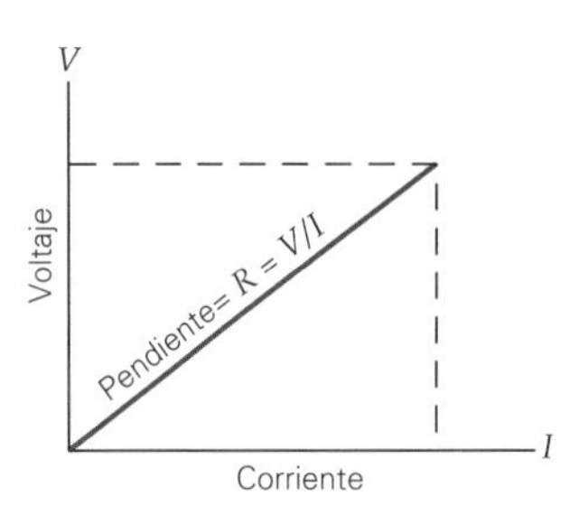

- La resistencia de un objeto depende de la **resistividad** (ρ) del material del que está hecho (propiedades atómicas), del área transversal A, y de la longitud L. Para objetos con sección transversal uniforme,

$$R = \rho\left(\frac{L}{A}\right) \tag{17.3}$$

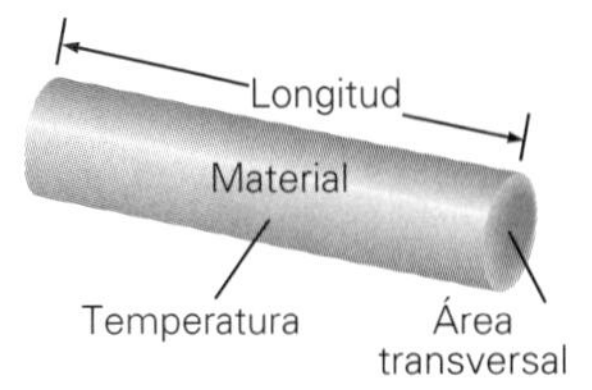

- La **potencia eléctrica** (P) es la tasa a la que una batería (suministro de potencia) efectúa trabajo, o la tasa a la que se transfiere energía a un elemento de un circuito. La entrega de potencia a un elemento de un circuito depende de la resistencia del elemento, de la corriente en él y del voltaje que se le aplica. La potencia eléctrica se expresa de tres maneras equivalentes:

$$P = IV = \frac{V^2}{R} = I^2R \tag{17.7b}$$

Ejercicios

Los ejercicios designados **OM** *son preguntas de opción múltiple; los* **PC** *son preguntas conceptuales; y los* **EI** *son ejercicios integrados. A lo largo del texto, muchas secciones de ejercicios incluirán ejercicios "apareados". Estos pares de ejercicios, que se identifican con* <u>números subrayados</u>, *pretenden ayudar al lector a resolver problemas y aprender. El primer ejercicio de cada pareja (el de número par) se resuelve en la Guía de estudio, que puede consultarse si se necesita ayuda para resolverlo. El segundo ejercicio (de número impar) es similar, y su respuesta se da al final del libro.*

En este capítulo suponga que todas las baterías tienen una resistencia interna insignificante a menos que se indique lo contrario.

17.1 Baterías y corriente directa

1. **OM** Cuando una batería es parte de un circuito completo, el voltaje a través de sus terminales es su *a*) fem, *b*) voltaje terminal, *c*) salida de potencia, *d*) todas las opciones anteriores son válidas.

2. **OM** Conforme una batería envejece, su *a*) fem aumenta, *b*) fem disminuye, *c*) voltaje terminal aumenta, *d*) voltaje terminal disminuye.

3. **OM** Cuando cuatro baterías de 1.5 V se conectan, el voltaje de salida de la combinación es 1.5. Estas baterías están conectadas *a*) en serie, *b*) en paralelo, *c*) un par están conectadas en paralelo y el otro par en serie, *d*) ninguna de las opciones anteriores es verdadera.

4. **OM** Cuando se ayuda a alguien cuyo automóvil tiene una batería "muerta", ¿cómo debería conectarse la batería del automóvil de usted en relación con la batería "muerta"? *a*) En serie, *b*) en paralelo o *c*) tanto en serie como en paralelo funcionaría bien.

5. **OM** Cuando varias baterías de 1.5 V están conectadas en serie, la salida de voltaje total de la combinación se mide en 12 V. ¿Cuántas baterías se necesitan para obtener este voltaje? *a*) Dos, *b*) diez, *c*) ocho o *d*) seis.

6. **PC** ¿Por qué el diseño de la batería que se ilustra en la figura 17.1 requiere una membrana química?

7. **PC** Se mide el voltaje de una batería mientras se encuentra sobre el banco de trabajo y un técnico lee la especificación del fabricante, que es de 12 V. ¿Esto significa que funcionará como se espera cuando se coloque en el circuito completo? Explique su respuesta.

8. **PC** Dibuje los siguientes circuitos *completos*, utilizando los símbolos mostrados en la sección Aprender dibujando de la p. 571. *a*) Dos baterías ideales de 6.0 V en serie conectadas a un condensador seguido de un resistor. *b*) Dos baterías ideales de 12.0 V en paralelo, conectadas como una unidad a dos resistores idénticos en serie uno con otro. *c*) Una batería no ideal (una con resistencia interna) conectada a dos condensadores idénticos que están en paralelo uno con otro, seguidos de dos resistores en serie uno con otro.

9. ● *a*) Tres pilas secas de 1.5 V están conectadas en serie. ¿Cuál es el voltaje total de la combinación? *b*) ¿Cuál sería el voltaje total si las pilas estuvieran conectadas en paralelo?

<u>10.</u> ● ¿Cuál es el voltaje a través de seis baterías de 1.5 V cuando están conectadas *a*) en serie y *b*) en paralelo?

<u>11.</u> ●● Dos baterías de 6.0 V y una de 12 V están conectadas en serie. *a*) ¿Cuál es el voltaje a través de todo el arreglo? *b*) ¿Qué arreglo de esas tres baterías daría un voltaje total de 12 V?

12. ●● Dadas tres baterías con voltajes de 1.0, 3.0 y 12 V, respectivamente, ¿cuántos voltajes diferentes podrían obtenerse conectando una o más de las baterías en serie o en paralelo, y cuáles serían esos voltajes?

13. **EI** ●● Se tienen cuatro pilas AA de 1.5 V cada una. Las pilas están agrupadas en pares. En el arreglo A, las dos pilas en cada par están en serie, y luego los pares están conectados en paralelo. En el arreglo B, las dos pilas en cada par están en paralelo y luego los pares están conectados en serie. *a*) Comparado con el arreglo B, ¿ el arreglo A tendrá un voltaje total 1) mayor, 2) igual o 3) menor? *b*) ¿Cuáles son los voltajes totales de cada arreglo?

17.2 Corriente y velocidad de deriva

14. **OM** ¿En cuál de estas situaciones fluye más carga por un punto dado en un cable: cuando este último tiene *a*) una corriente de 2.0 A durante 1.0 min, *b*) 4.0 A durante 0.5 min, *c*) 1.0 A durante 2.0 min o *d*) todas tienen la misma carga.

15. **OM** ¿Cuál de estas situaciones implica la menor corriente? Un cable que tiene *a*) 1.5 C que pasa por un punto dado en 1.5 min, *b*) 3.0 C que pasan por un punto dado en 1.0 min o *c*) 0.5 C que pasan por un punto dado en 0.10 min.

16. **OM** En una máquina dental de rayos X, el movimiento de electrones acelerados es hacia el este. ¿En qué dirección es la corriente asociada con estos electrones? *a*) Este, *b*) oeste o *c*) cero.

17. **PC** En el circuito que se ilustra en la figura 17.4a, ¿cuál es la dirección de *a*) el flujo de electrones en el resistor, *b*) la corriente en el resistor y *c*) la corriente en la batería.

18. **PC** La velocidad de deriva, o velocidad promedio con que los electrones viajan en un circuito completo, es de varios mm por segundo. Sin embargo, una lámpara que está a 3 m de distancia se enciende instantáneamente cuando usted acciona el interruptor. Explique esta aparente paradoja.

19. ● Una carga neta de 30 C pasa por el área transversal de un cable en 2.0 min. ¿Cuál es la corriente en el cable?

<u>20.</u> ● ¿Cuánto tiempo le tomaría a una carga neta de 2.5 C pasar por un punto de un cable para producir una corriente constante de 5.0 mA?

<u>21.</u> ● Un carrito de juguete extrae una corriente de 0.50 mA de una batería nicad (de níquel-cadmio). En 10 min de operación, *a*) ¿cuánta carga fluye por el carrito de juguete y *b*) cuánta energía pierde la batería?

22. ●● El arrancador del motor de un automóvil extrae 50 A de la batería al echarlo a andar. Si el tiempo de arranque es de 1.5 s, ¿cuántos electrones pasan por un punto dado en el circuito durante ese tiempo?

23. ●● Una carga neta de 20 C pasa por un punto en un cable en 1.25 min. ¿Cuánto tardará una carga neta de 30 C en pasar por ese punto si la corriente en el cable se duplica?

24. ●●● Las baterías de automóvil a menudo están clasificadas en "ampere-horas" o A · h. *a*) Demuestre que A · h tiene unidades de carga y que el valor de 1 A · h es 3600 C. *b*) Una batería completamente cargada, de uso rudo, es de 100 A · h y entrega una corriente de 5.0 A de manera constante hasta que se agota. ¿Cuál es el tiempo máximo que esta batería podrá entregar corriente, suponiendo que no se recarga? *c*) ¿Cuánta carga entregará la batería en este tiempo?

25. **EI** ●●● Imagine que algunos protones se mueven hacia la izquierda al mismo tiempo que algunos electrones se mueven hacia la derecha por el mismo lugar. *a*) La corriente neta será 1) hacia la derecha, 2) hacia la izquierda, 3) cero o 4) ninguna de las opciones anteriores es correcta. *b*) En 4.5 s, 6.7 C de electrones fluyen hacia la derecha al mismo tiempo que 8.3 C de protones fluyen hacia la izquierda. ¿Cuál es la magnitud de la corriente total?

26. ●●● En un acelerador lineal de protones, una corriente de protones de 9.5 mA golpea un blanco. *a*) ¿Cuántos protones golpean el blanco cada segundo? *b*) ¿Cuál es la energía entregada al blanco cada segundo si los protones tienen, cada uno, una energía cinética de 20 MeV y pierden su energía en el blanco?

17.3 Resistencia y ley de Ohm*

27. **OM** El ohm es sólo otro nombre para el *a*) volt por ampere, *b*) ampere por volt, *c*) watt o *d*) volt.

28. **OM** Dos resistores óhmicos se colocan a través de una batería de 12 V, uno a la vez. La corriente resultante en el resistor A, según las mediciones, es el doble de la del resistor B. ¿Qué podría decir acerca de sus valores de resistencia? *a*) $R_A = 2R_B$, *b*) $R_A = R_B$, *c*) $R_A = R_B/2$ o *d*) ninguna de las opciones anteriores es válida.

29. **OM** Un resistor óhmico se coloca a través de dos baterías diferentes. Cuando se conecta a la batería A, la corriente resultante, según las mediciones, es tres veces la corriente que cuando el resistor está conectado a la batería B. ¿Qué podría decir acerca de los voltajes de las baterías? *a*) $V_A = 3V_B$, *b*) $V_A = V_B$, *c*) $V_B = 3V_A$ o *d*) ninguna de las opciones anteriores es válida.

30. **OM** Si se duplica el voltaje a través de un resistor óhmico y al mismo tiempo se reduce su resistencia a un tercio de su valor original, ¿qué sucede a la corriente en el resistor? *a*) Se duplica, *b*) se triplica, *c*) se multiplica seis veces o *d*) no es posible determinarlo a partir de los datos.

31. **PC** Si se traza una gráfica de voltaje (V) *versus* corriente (I) para dos conductores óhmicos con diferentes resistencias, ¿cómo podría usted decir cuál es menos resistivo?

32. **PC** Los filamentos de las bombillas de luz generalmente fallan justo después de que se encienden y no luego de que han estado encendidos un cierto tiempo. ¿Por qué?

*Suponga que los coeficientes de temperatura de la resistividad que aparecen en la tabla 17.1 se aplican a grandes rangos de temperatura.

33. **PC** Un alambre está conectado a través de una fuente permanente de voltaje. *a*) Si ese alambre se reemplaza por otro del mismo material pero con el doble de longitud y el doble de área transversal, ¿cómo se verá afectada la corriente que pasa por él? *b*) ¿Cómo resultará afectada la corriente si, en lugar de lo anterior, el nuevo alambre tiene la misma longitud, pero la mitad del diámetro del primero?

34. **PC** Una batería real siempre tiene alguna resistencia interna r (▼figura 17.16) que aumenta con la edad de la batería. Explique por qué el voltaje terminal cae cuando la resistencia interna aumenta.

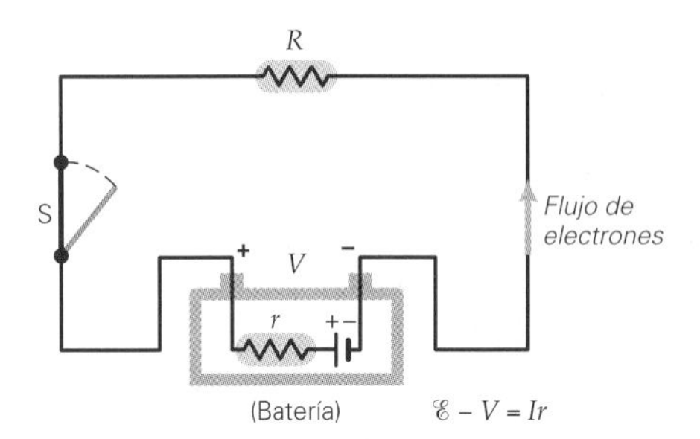

▲ **FIGURA 17.16 Fem y voltaje terminal** Véanse los ejercicios 34 y 35.

35. ● Una batería de 12.0 V suministra 1.90 A a un resistor de 6.00 Ω (figura 17.16). *a*) ¿Cuál es el voltaje terminal de la batería? *b*) ¿Cuál es su resistencia interna?

36. ● ¿Cuál es la fem de una batería con una resistencia interna de 0.15 Ω si la batería entrega 1.5 A a un resistor de 5.0 Ω conectado externamente?

37. **EI** ● Algunos estados permiten el uso de alambre de aluminio en las casas en lugar de los de cobre. *a*) Si usted quiere que la resistencia de sus alambres de aluminio sea igual que con alambres de cobre, el alambre de aluminio debe tener 1) un mayor diámetro, 2) un menor diámetro o 3) el mismo diámetro que el alambre de cobre. *b*) Calcule la razón entre los espesores del alambre de aluminio y el de cobre.

38. ● ¿Cuánta corriente se extrae de una batería de 12 V cuando un resistor de 15 Ω se conecta a través de sus terminales?

39. ● ¿Qué voltaje debe tener una batería para producir una corriente de 0.50 A a través de un resistor de 2.0 Ω?

40. ● Durante un experimento sobre la conducción de corriente en el cuerpo humano, un técnico conecta un electrodo a la muñeca y otro al hombro de una persona. Si se aplican 100 mV a través de los dos electrodos y la corriente resultante es de 12.5 mA, ¿cuál es la resistencia total del brazo de la persona?

41. ●● Un alambre de cobre de 0.60 m de longitud tiene un diámetro de 0.10 cm. ¿Cuál es su resistencia?

42. ●● Un material se utiliza para formar una varilla larga con sección transversal cuadrada de 0.50 cm de lado. Cuando un voltaje de 100 V se aplica a lo largo de 20 m de longitud de la varilla, se presenta una corriente de 5.0 A. *a*) ¿Cuál es la resistividad del material? *b*) ¿El material es un conductor, un aislante o un semiconductor?

43. ●● Dos alambres de cobre tienen áreas transversales iguales y longitudes de 2.0 y 0.50 m, respectivamente. *a*) ¿Cuál es la razón de la corriente en el alambre más corto con respecto a la de la corriente en el más largo si están conectados a la misma fuente de potencia? *b*) Si se desea que los dos alambres conduzcan la misma corriente, ¿cuál tendría que ser la razón de sus áreas transversales? (Dé su respuesta como una razón del alambre más largo al más corto.)

44. **EI** ●● Dos alambres de cobre tienen igual longitud, pero el diámetro de uno es tres veces el del otro. *a*) La resistencia del alambre más delgado es 1) 3, 2) $\frac{1}{3}$, 3) 9 o 4) $\frac{1}{9}$ veces la resistencia del alambre más grueso. ¿Por qué? *b*) Si el alambre más grueso tiene una resistencia de 1.0 Ω, ¿cuál es la resistencia del más delgado?

45. ●● El alambre de un elemento calefactor de un quemador de estufa eléctrica tiene una longitud efectiva de 0.75 m y una área transversal de 2.0×10^{-6} m^2. *a*) Si el alambre se hace de hierro y opera a una temperatura de 380°C, ¿cuál es su resistencia operativa? *b*) ¿Cuál es su resistencia cuando la estufa está apagada?

46. ●● *a*) ¿Cuál es la variación porcentual de la resistividad del cobre sobre el rango de temperaturas que va de la temperatura ambiente (20°C) a 100°C? *b*) Suponga que la resistencia del alambre de cobre cambia sólo a causa de los cambios de resistividad sobre este rango de temperatura. Después suponga que el alambre se conecta al mismo suministro de potencia. ¿Por qué porcentaje cambiaría su corriente? ¿Aumentaría o disminuiría?

47. ●● Un alambre de cobre tiene una resistencia de 25 mΩ a 20°C. Cuando el alambre lleva una corriente, el calor que genera la corriente hace que la temperatura del alambre aumente en 27 C°. *a*) ¿Cuál es el cambio en la resistencia del alambre? *b*) Si su corriente original era de 10.0 mA, ¿cuál es su corriente final?

48. ●● Cuando un resistor está conectado a una fuente de 12 V, extrae una corriente de 185 mA. El mismo resistor conectado a una fuente de 90 V extrae una corriente de 1.25 A. ¿El resistor es óhmico? Justifique su respuesta matemáticamente.

49. ●● Una aplicación particular requiere que un alambre de aluminio de 20 m de longitud tenga una resistencia de 0.25 mΩ a 20°C. ¿Cuál debe ser el diámetro del alambre?

50. ●● Si la resistencia del alambre en el ejercicio 49 no puede variar en más de ±5.0%, ¿cuál es el rango de temperaturas de operación del alambre?

51. **EI** ●●● Cuando un alambre se estira y su longitud aumenta, su área transversal disminuye, en tanto que su volumen total permanece constante. *a*) La resistencia del alambre después de estirarse será 1) mayor, 2) igual o 3) menor que antes de estirarse. *b*) Un alambre de cobre de 1.0 m de longitud y 2.0 mm de diámetro se estira; su longitud aumenta 25% mientras que su área transversal disminuye, pero permanece uniforme. Calcule la razón de su resistencia (la final con respecto a la inicial).

52. ●●● La ▼figura 17.17 muestra los datos de la dependencia de la corriente a través de un resistor sobre el voltaje a través de ese resistor. *a*) ¿El resistor es óhmico? Explique su respuesta. *b*) ¿Cuál es su resistencia? *c*) Utilice los datos para predecir qué voltaje se necesitará para producir una corriente de 4.0 A en el resistor.

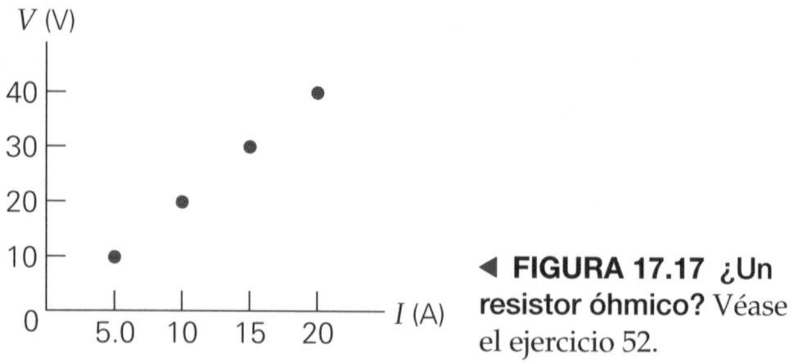

◀ **FIGURA 17.17 ¿Un resistor óhmico?** Véase el ejercicio 52.

53. ●●● A 20°C, una barra de silicio está conectada a una batería con un voltaje terminal de 6.0 V y se produce una corriente de 0.50 A. La temperatura de la barra aumenta entonces a 25°C. Suponga que el coeficiente de temperatura de la resistencia es constante. *a*) ¿Cuál es su nueva resistencia? *b*) ¿Cuánta corriente lleva entonces la barra? *c*) Si se desea reducir la corriente de su valor a temperatura ambiente de 0.50 a 0.40 A, ¿a qué temperatura debería estar la muestra?

54. **EI** ●●● Un alambre de platino está conectado a una batería. *a*) Si la temperatura aumenta, ¿la corriente en el alambre 1) aumentará, 2) permanecerá igual o 3) disminuirá? ¿Por qué? *b*) Un termómetro de resistencia eléctrica está hecho de alambre de platino que tiene una resistencia de 5.0 Ω a 20°C. El alambre está conectado a una batería de 1.5 V. Cuando el termómetro se calienta a 2020°C, ¿por cuánto cambia la corriente?

17.4 Potencia eléctrica

55. **OM** La unidad de potencia eléctrica, el watt, ¿es equivalente a qué combinación de unidades SI? *a*) $A^2 \cdot \Omega$, *b*) J/s, *c*) V^2/Ω o *d*) todas las opciones son válidas.

56. **OM** Si el voltaje a través de un resistor óhmico se duplica, la potencia gastada en el resistor *a*) aumenta por un factor de 2, *b*) aumenta por un factor de 4, *c*) disminuye a la mitad, *d*) ninguna de las opciones anteriores es verdadera.

57. **OM** Si la corriente a través de un resistor óhmico se reduce a la mitad, la potencia gastada en el resistor *a*) aumenta por un factor de 2, *b*) aumenta por un factor de 4, *c*) disminuye a la mitad, *d*) disminuye por un factor de 4.

58. **PC** Suponiendo que la resistencia de su secadora de cabello obedece la ley de Ohm, ¿qué pasaría a su salida de potencia si la enchufara directamente a un tomacorriente de 240 V en Europa, en tanto que está diseñada para conectarse a tomacorrientes de 120 V en Estados Unidos?

59. **PC** La mayor parte de los filamentos de las bombillas de luz están hechos de tungsteno y son aproximadamente de la misma longitud. ¿Qué sería diferente en el filamento de una bombilla de 60 W comparado con el de una bombilla de 40 W?

60. **PC** ¿Quién consume más potencia de una batería de 12 V, un resistor de 5.0 Ω o uno de 10 Ω? ¿Por qué?

61. ● Un reproductor digital de video (DVD) está clasificado como de 100 W a 120 V. ¿Cuál es su resistencia?

62. ● Un congelador con 10 Ω de resistencia está conectado a una fuente de 110 V. ¿Cuál es la potencia entregada cuando este congelador está encendido?

63. ● La corriente a través de un refrigerador con una resistencia de 12 Ω es de 13 A (cuando el refrigerador está encendido). ¿Cuál es la potencia entregada al refrigerador?

64. ● Demuestre que la cantidad de volts al cuadrado por ohm (V^2/Ω) tiene unidades SI de potencia.

65. ● Un calentador eléctrico de agua está diseñado para producir 50 kW de calor cuando está conectado a una fuente de 240 V. ¿Cuál debe ser la resistencia del calentador?

66. ●● Suponiendo que el calentador en el ejercicio 65 tiene 90% de eficiencia, ¿cuánto tiempo le tomará calentar 50 gal de agua de 20 a 80°C?

67. **EI** ●● Un resistor óhmico en un circuito está diseñado para operar a 120 V. *a*) ¿Si usted conecta el resistor a una fuente de potencia de 60 V, el resistor disipará calor a 1) 2, 2) 4, 3) $\frac{1}{2}$ o 4) $\frac{1}{4}$ veces la potencia designada? ¿Por qué? *b*) Si la potencia designada es de 90 W a 120 V, pero el resistor está conectado a 40 V, ¿cuál es la potencia entregada al resistor al menor voltaje?

68. ●● Un juguete eléctrico con una resistencia de 2.50 Ω opera con una batería de 1.50 V. *a*) ¿Qué corriente extrae el juguete? *b*) Suponiendo que la batería entrega una corriente constante durante la vida de 6.00 h del juguete, ¿cuánta carga pasa por éste? *c*) ¿Cuánta energía fue entregada al juguete?

69. ●● Una máquina soldadora extrae 18 A de corriente a 240 V. *a*) ¿Cuál es su tasa de consumo de energía? *b*) ¿Cuál es su resistencia?

70. ●● En promedio, un calentador eléctrico de agua opera 2.0 h cada día. *a*) Si el costo de la electricidad es de \$0.15/kWh, ¿cuál es el costo de operar el calentador durante un mes de 30 días? *b*) ¿Cuál es la resistencia de un calentador de agua típico? [*Sugerencia:* véase la tabla 17.2.]

71. ●● *a*) ¿Cuál es la resistencia de un serpentín de calefacción si genera 15 kJ de calor por minuto cuando está conectado a una fuente de 120 V? *b*) ¿Cómo cambiaría usted la resistencia si quisiera obtener 10 kJ de calor por minuto?

72. ●● Se suministra potencia a una computadora de 200 W durante 10 h por día. Si el costo de la electricidad es de \$0.15 kWh, ¿cuál es el costo (aproximando al dólar más cercano) de usar la computadora durante un año (365 días)?

73. ●● Un sistema acondicionador de aire de 120 V extrae 15 A de corriente. Si opera 20 min, *a*) ¿cuánta energía consume en kilowatts-hora? *b*) Si el costo de la electricidad es de \$0.15/kWh, ¿cuál es el costo (aproximando al centavo más cercano) de operar la unidad durante 20 min?

74. ●● Dos resistores de 100 y 25 Ω están especificados para una salida máxima de potencia de 1.5 y 0.25 W, respectivamente. ¿Cuál es el voltaje máximo que puede aplicarse con seguridad a cada resistor?

75. ●● Un alambre de 5.0 m de longitud y 3.0 mm de diámetro tiene una resistencia de 100 Ω. Se aplica una diferencia de potencial de 15 V a través del alambre. Encuentre *a*) la corriente en el alambre, *b*) la resistividad de su material y *c*) la razón a la que se produce calor en el alambre.

76. **EI** ●● Cuando se conecta a una fuente de voltaje, una bobina de tungsteno disipa inicialmente 500 W de potencia. En un corto tiempo, la temperatura de la bobina aumenta en 150 C° a causa del calentamiento de joule. *a*) ¿La potencia disipada 1) aumenta, 2) permanece igual o 3) disminuye? ¿Por qué? *b*) ¿Cuál es el cambio correspondiente en la potencia?

77. ●● Un resistor de 20 Ω está conectado a cuatro baterías de 1.5 V. ¿Cuál es la pérdida de calor en joules por minuto en el resistor si las baterías están conectadas *a*) en serie y *b*) en paralelo?

78. ●● Un calentador de agua de 5.5 kW opera a 240 V. *a*) ¿El circuito del calentador debería tener un disyuntor de 20 A o uno de 30 A? (Un disyuntor es un dispositivo de seguridad que abre el circuito a su corriente estipulada.) *b*) Suponiendo una eficiencia del 85%, ¿cuánto tardará el calentador en calentar el agua en un tanque de 55 gal de 20 a 80°C?

79. ●● Un estudiante usa un calentador de inmersión para calentar 0.30 kg de agua de 20 a 80°C para preparar té. Si el calentador tiene un 75% de eficiencia y tarda 2.5 min hacerlo, ¿cuál es su resistencia? (Suponga un voltaje doméstico de 120 V.)

80. ●● Un aparato óhmico está clasificado a 100 W cuando está conectado a una fuente de 120 V. Si la compañía de suministro eléctrico corta el voltaje en 5.0% para conservar energía, ¿cuál es *a*) la corriente en el aparato y *b*) la energía que consume después de la caída del voltaje?

81. ●● La salida de una bombilla de luz es de 60 W cuando opera a 120 V. Si el voltaje se reduce a la mitad y la potencia cae a 20 W durante un apagón parcial, ¿cuál es la razón entre la resistencia de la bombilla a toda potencia y su resistencia durante el apagón parcial?

82. ●● Para limpiar un sótano inundado, una bomba de agua debe trabajar (subir el agua) a razón de 2.00 kW. Si la bomba está conectada a una fuente de 240 V y su eficiencia es del 84%, *a*) ¿cuánta corriente extrae y *b*) cuál es su resistencia?

83. ●●● Calcule el costo mensual (30 días) total (aproximando al dólar más cercano) del uso de los siguientes aparatos eléctricos si la tarifa es de \$0.12/kWh: un sistema acondicionador de aire que funciona el 30% del tiempo; una mezcladora que se utiliza 0.50 h/mes; una máquina lavavajillas que se utiliza 8.0 h/mes; un horno de microondas que se ocupa 15 min/día; el motor de un refrigerador libre de escarcha que funciona 15% del tiempo; una estufa (quemadores más horno) que funciona un total de 10 h/mes; y un televisor a color que opera 120 h/mes. (Utilice la información de la tabla 17.2.)

Ejercicios adicionales

84. **EI** Una pieza de carbono y una pieza de cobre tienen la misma resistencia a temperatura ambiente. *a*) Si la temperatura de cada pieza se incrementa 10.0 C°, la pieza de cobre tendrá 1) una mayor resistencia, 2) la misma resistencia o 3) menor resistencia que la pieza de carbono. ¿Por qué? *b*) Calcule la razón entre la resistencia del cobre y la del carbono.

85. Dos piezas de alambre, una de aluminio y la otra de cobre, son idénticas en longitud y diámetro. A cierta temperatura, uno de los alambres tendrá la misma resistencia que tiene el otro a 20°C. ¿Cuál es esa temperatura? (¿Hay más de una temperatura?)

86. Una batería entrega 2.54 A a un resistor óhmico de 4.52 Ω. Cuando se conecta a un resistor de 2.21 Ω, entrega 4.98 A. Determine *a*) la resistencia interna (que se supone constante), *b*) la fem y *c*) el voltaje terminal (en ambos casos) de la batería.

87. Un resistor externo está conectado a una batería con una fem variable, pero resistencia interna constante. A una fem de 3.00 V, el resistor extrae una corriente de 0.500 A, y a 6.00 V, extrae una corriente de 1.00 A. ¿El resistor externo es óhmico? Pruebe su respuesta.

88. Una anguila eléctrica aplica una corriente de 0.75 A a una pequeña presa con forma de lápiz, que mide 15 cm de largo. Si la "biobatería" de la anguila se cargó a 500 V y fue constante durante 20 ms antes de caer a cero, estime *a*) la resistencia del pez, *b*) la energía que recibió el pez y *c*) el campo eléctrico promedio (la magnitud) en la carne del pez.

89. La mayoría de los televisores modernos tienen una función de "calentamiento instantáneo". Aunque el aparato parece estar apagado, sólo está "apagado" en el sentido de que no hay imagen ni audio. Para volver a ofrecer una imagen "instantánea", el televisor tiene una función que le permite tener siempre listo su sistema electrónico. Esto implica consumir unos 10 W de energía eléctrica de forma constante. Suponga que hay un televisor de este tipo por cada dos hogares y estime cuántas plantas de energía eléctrica se necesitan en Estados Unidos para tener activa esta función.

90. La figura 17.18 ilustra unos portadores de carga, cada uno con carga q y una velocidad v_d (velocidad de deriva) en un conductor de área transversal A. Sea n el número de portadores de carga libre por volumen unitario. *a*) Demuestre que la carga total (ΔQ) libre para moverse en el elemento de volumen mostrado está dada por $\Delta Q = (nAx)q$. *b*) Demuestre que la corriente en el conductor está dada por $I = nqv_dA$.

▲ **FIGURA 17.18 Carga y corriente totales** Véanse los ejercicios 90 y 91.

91. Un alambre de cobre con área transversal de 13.3 mm² (AWG Núm. 6) conduce una corriente de 1.2 A. Si el alambre contiene 8.5×10^{22} electrones libres por centímetro cúbico, ¿cuál es la velocidad de deriva de los electrones? [*Sugerencia:* véase el ejercicio 90 y la figura 17.18.]

92. Una unidad de CD-ROM de una computadora que opera con 120 V tiene clasificación de 40 W cuando está funcionando. *a*) ¿Cuánta corriente extrae la unidad? *b*) ¿Cuál es su resistencia?

93. El filamento de tungsteno de una lámpara incandescente tiene una resistencia de 200 Ω a temperatura ambiente. ¿Cuál será su resistencia a una temperatura operativa de 1600°C?

94. Un panorama común en nuestro mundo moderno incluye líneas de transmisión de alto voltaje tendidas a lo largo de enormes distancias desde la planta generadora de energía hasta áreas habitadas. El voltaje que corre por estas líneas es, por lo común, de 500 kV, pero para cuando la energía llega a nuestros hogares el voltaje es de 120 V (véase el capítulo 20 para saber cómo se logra esto). *a*) Explique claramente por qué la energía eléctrica tiene que recorrer grandes distancias a altos voltajes cuando sabemos que éstos son peligrosos. *b*) Calcule la razón de la pérdida por calor en una longitud dada de cable (que se supone óhmico) cuando conduce corriente a 500 kV y cuando opera a 120 V.

95. En el campo es común observar halcones que se posan sobre las líneas eléctricas de alto voltaje mientras tratan de ubicar a sus presas (▼figura 17.19). Para comprender por qué esta ave no se electrocuta, hagamos una estimación del voltaje entre sus patas. Suponga que las condiciones son de cd en el cable, que éste mide 1.0 km de longitud, tiene una resistencia de 30 Ω, y que está a un potencial eléctrico de 250 kV por encima del otro cable (en el que no está el halcón), que está puesto a tierra o a cero volts. *a*) Si los cables conducen energía a una tasa de 100 MV, ¿cuál es la corriente en ellos? *b*) Suponiendo que las patas del halcón están separadas 15 cm, ¿cuál es la resistencia de ese segmento de cable de alta tensión? *c*) ¿Cuál es la *diferencia* de voltaje entre las patas del ave? Comente su respuesta y diga si esto le parece peligroso. *d*) ¿Cuál es la diferencia de voltaje entre las patas del halcón si coloca una sobre el cable a tierra mientras sigue en contacto con el cable de alta tensión? Comente su respuesta y diga si esto le parece peligroso.

◀ **FIGURA 17.19 Aves sobre una línea eléctrica** Véase el ejercicio 95.

Los siguientes problemas de física Physlet pueden utilizarse con este capítulo.
30.5

CAPÍTULO

18 CIRCUITOS ELÉCTRICOS BÁSICOS

HECHOS DE FÍSICA

- Física para los padres de adolescentes: no es recomendable conectar más de una secadora para el cabello en el mismo circuito doméstico sin activar el disyuntor. Se necesitan dos circuitos separados en el baño, o alguien tendrá que irse a otra habitación y utilizar un circuito distinto.
- Un amperímetro conectado *incorrectamente* en paralelo con un elemento de circuito no sólo mide mal la corriente, sino que corre el riesgo de quemarse. Por eso, todos los amperímetros tienen fusibles de protección. Por otra parte, si un voltímetro está conectado *incorrectamente* en serie con un elemento de circuito, la corriente del circuito se desploma a cero, y aunque la medición del voltaje será incorrecta, no hay riesgo de daño.
- Menos de 0.01 de un ampere de corriente a través del cuerpo humano causa parálisis muscular. Si la persona no puede alejarse del cable expuesto, podría morir si la corriente pasa por un órgano vital, como el corazón.
- Las *células marcapaso* (o células P), localizadas en una pequeña región del corazón, provocan el latido cardiaco. Sus señales eléctricas viajan a través del corazón en unos 50 ms. Si estas células fallan, otras partes del sistema eléctrico del corazón asumen su función como respaldo. Las células marcapaso reciben influencia del sistema nervioso del cuerpo, de manera que la tasa a la que le indican al corazón que lata varía drásticamente (por ejemplo, de 60 latidos por minuto cuando se está dormido a más de 100 por minuto cuando se realiza ejercicio físico).

Por lo general, pensamos que los alambres metálicos son los "conectores" entre los resistores en un circuito. Sin embargo, los alambres no son los únicos conductores de electricidad, como se observa en la fotografía. Como la bombilla de luz está encendida, el circuito debe estar completo. Por tanto, podemos concluir que el "plomo" en un lápiz (en realidad, una forma de carbono llamado *grafito*) es un buen conductor de electricidad. Lo mismo debe ser cierto para el líquido en el vaso de precipitados, en este caso, una solución de agua y sal de mesa.

Los circuitos eléctricos son de muchos tipos y se diseñan para diversos fines, como hervir agua e iluminar un árbol de Navidad. Los circuitos que contienen conductores "líquidos" (como el de esta fotografía) tienen aplicaciones prácticas en el laboratorio y en la industria; por ejemplo, pueden servir para sintetizar o purificar sustancias químicas y para *galvanizar* metales. (La galvanización significa aplicar químicamente metales a superficies utilizando técnicas eléctricas, como al hacer chapado en plata.) Con los principios aprendidos en los capítulos 15, 16 y 17, usted está ahora listo para analizar algunos circuitos eléctricos. Con este análisis tendrá una mejor apreciación de cómo trabaja en realidad la electricidad.

El análisis de circuitos trata muy a menudo con voltajes, corrientes y requisitos de potencia. Es posible analizar teóricamente un circuito antes de ensamblarlo. El análisis podría mostrar que el circuito no funcionará apropiadamente tal como se ha diseñado o que podría representar un problema de seguridad (por ejemplo, a causa de sobrecalentamiento por calor de joule). Como ayuda en el análisis, nos apoyaremos considerablemente en los diagramas de circuitos para visualizar y comprender sus funciones. Algunos de esos diagramas se incluyeron en el capítulo 17.

Comenzaremos nuestro análisis de circuitos fijándonos en los arreglos de los elementos resistivos, como bombillas de luz, tostadores y calentadores de inmersión.

18.1 Combinaciones de resistencias en serie, en paralelo y en serie-paralelo

OBJETIVOS: *a*) Determinar la resistencia equivalente de resistores combinados en serie, paralelo y serie-paralelo y *b*) usar resistencias equivalentes para analizar circuitos simples.

El símbolo de resistencia —\/\/\/— puede representar *cualquier* tipo de elemento de circuito, por ejemplo, una bombilla de luz o un tostador. Aquí suponemos que todos los elementos son óhmicos (con resistencia constante), a menos que se indique otra cosa. (Hay que hacer notar que las bombillas de luz, en particular, no son óhmicas porque su resistencia aumenta de forma significativa conforme se calientan.) Además, como es costumbre, la resistencia de los alambres se considerará insignificante.

Resistores en serie

Al analizar un circuito, como el voltaje representa energía por carga unitaria, para conservar la energía, la *suma de los voltajes alrededor de una malla en un circuito es cero*. Recuerde que *voltaje* significa siempre "cambio en el potencial eléctrico", así que las ganancias y pérdidas de voltaje se representan mediante los signos + y −, respectivamente. Por ejemplo, para el circuito en la ▾figura 18.1a, por la conservación de la energía (por coulomb) los voltajes individuales (V_i, donde $i = 1, 2$ o 3) a través de los resistores se suman para igualar el voltaje (V) a través de las terminales de la batería. Cada resistor en serie lleva la misma corriente (I) porque la carga no puede "acumularse" o "fugarse" en ningún punto del circuito. Al sumar las ganancias y pérdidas de voltaje, tenemos $V - \Sigma V_i = 0$. Finalmente, sabemos cómo se relaciona el voltaje con la resistencia para cada resistor, $V_i = IR_i$. Al sustituir esta expresión en la ecuación anterior, obtenemos,

Nota: para resistores, $V = IR$.

$$V - \Sigma(IR_i) = 0 \quad \text{o} \quad V = \Sigma(IR_i) \qquad (18.1)$$

Se dice que los elementos del circuito en la figura 18.1a están conectados en **serie**, o conectados, extremo a extremo. *Cuando los resistores están en serie, la corriente debe ser la misma a través de todos los resistores*, como se requiere por la conservación de carga. Si esto no fuera cierto, entonces la carga aumentaría o desaparecería, lo cual no es posible. La ▸figura 18.2 muestra el análogo flujo de agua a lo largo de una corriente interrumpida por una serie de rápidos (que representan la "resistencia").

Si designamos la corriente común en los resistores como I, entonces la ecuación 18.1 puede escribirse explícitamente para tres resistores (como en la figura 18.1a):

Nota: para comprender mejor las conexiones de resistores, repase el análisis de los condensadores conectados en serie y en paralelo en el capítulo 16.

$$\begin{aligned} V &= V_1 + V_2 + V_3 \\ &= IR_1 + IR_2 + IR_3 = I(R_1 + R_2 + R_3) \end{aligned}$$

Para la **resistencia equivalente en serie (R_s)** es el valor de un solo resistor que podría reemplazar los tres resistores por un resistor R_s y mantener la misma corriente, necesitamos $V = IR_s$ o $R_s = V/I$. Por consiguiente, de la ecuación previa, los tres resistores en serie tienen una resistencia equivalente

$$R_s = \frac{V}{I} = R_1 + R_2 + R_3$$

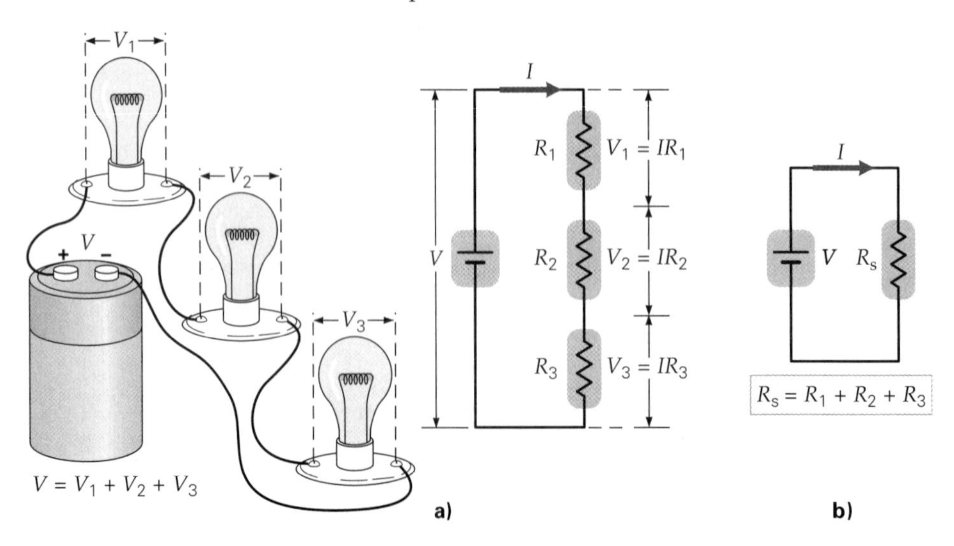

▸ **FIGURA 18.1 Resistores en serie** *a*) Cuando los resistores (que aquí representan las resistencias de las bombillas de luz) están en serie, la corriente a través de cada uno es la misma. ΣV_i, la suma de las caídas de voltaje a través de los resistores, es igual a V, el voltaje de la batería. *b*) La resistencia equivalente R_s de los resistores en serie es la suma de las resistencias.

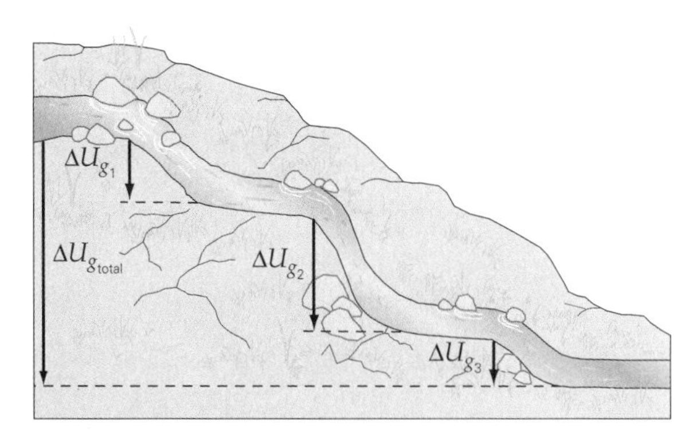

◀ **FIGURA 18.2** Analogía del flujo de agua con resistores en serie Aunque, en general, una diferente cantidad de energía potencial gravitacional (por kilogramo) se pierde conforme el agua fluye por cada rápido, la *corriente* de agua es la misma en todas partes. La pérdida *total* de energía potencial gravitacional (por kilogramo) es la suma de las pérdidas. (Para hacer que este circuito de agua esté "completo", algún agente externo —como una bomba— necesitaría trabajar de manera continua haciendo que el agua regrese a la cumbre de la colina, restaurando así su energía potencial gravitacional.)

Esto es, la resistencia equivalente de resistores en serie es la suma de las resistencias individuales. Esto significa que los tres resistores (bombillas de luz) en la figura 18.1a podrían reemplazarse por un solo resistor de resistencia R_s (figura 18.1b) sin afectar la corriente. Por ejemplo, si cada resistor en la figura 18.1a tuviera un valor de 10 Ω, entonces R_s sería de 30 Ω. *Observe que la resistencia equivalente en serie es mayor que la resistencia del mayor resistor en la serie.*

Este resultado puede extenderse a cualquier número de **resistores en serie**:

$$R_s = R_1 + R_2 + R_3 + \cdots = \Sigma R_i \quad \textit{resistencia equivalente en serie} \tag{18.2}$$

Nota: R_s es mayor que la mayor resistencia en un arreglo en serie.

Las conexiones en serie no son comunes en algunos circuitos, tales como los cableados domésticos, porque presentan dos desventajas principales en comparación con las conexiones en paralelo. La primera es clara si se considera qué sucede cuando uno de las bombillas en la figura 18.1a se funde (o cuando se quiere apagar sólo esa bombilla). En ese caso, *todas* las bombillas se apagarían, porque el circuito ya no sería completo o continuo. En tal situación, se dice que el circuito está *abierto*. Un *circuito abierto* tiene una resistencia equivalente infinita, porque la corriente es cero, a diferencia del voltaje de la batería.

Una segunda desventaja de las conexiones en serie es que cada resistor opera a un voltaje menor que el de la batería (V). Considere qué sucedería si se agregara un cuarto resistor. El resultado sería que el voltaje a través de cada una de las tres primeras bombillas (y sus corrientes) disminuiría, entregando una menor potencia a todas las bombillas. Esto es, las bombillas no darían el mismo brillo o luz. Es claro que esta condición no es aceptable en un arreglo doméstico.

Resistores en paralelo

También podemos conectar resistores a una batería en **paralelo** (▾figura 18.3a). En este caso, todos los resistores tienen conexiones comunes, esto es, todos los conductores a un lado de los resistores están unidos juntos a una terminal de la batería. Todos los conductores al otro lado están unidos a la otra terminal. *Cuando los resistores están conectados en paralelo a una fuente de fem, la caída de voltaje a través de cada resistor es la mis-*

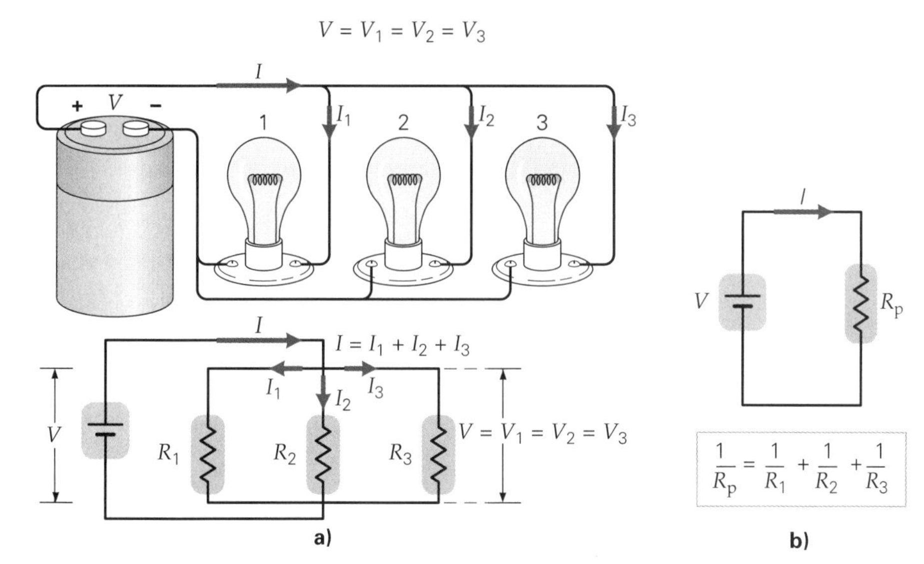

◀ **FIGURA 18.3** Resistores en paralelo *a)* Cuando los resistores están conectados en paralelo, la caída de voltaje a través de cada uno de los resistores es la misma. La corriente de la batería se divide (por lo general, de forma desigual) entre los resistores. *b)* Resistencia equivalente R_p de los resistores en paralelo está dada por una relación recíproca.

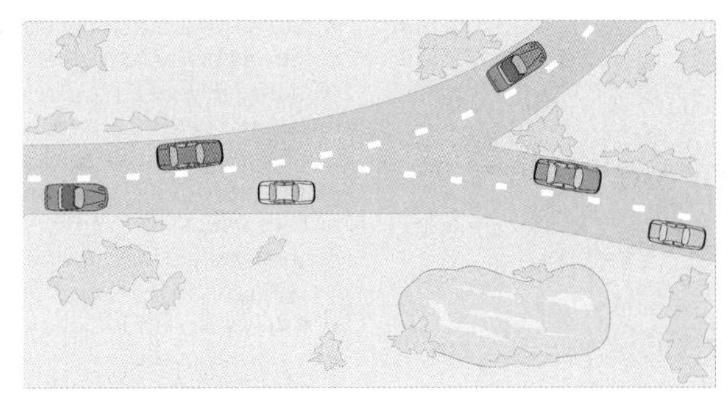

a)

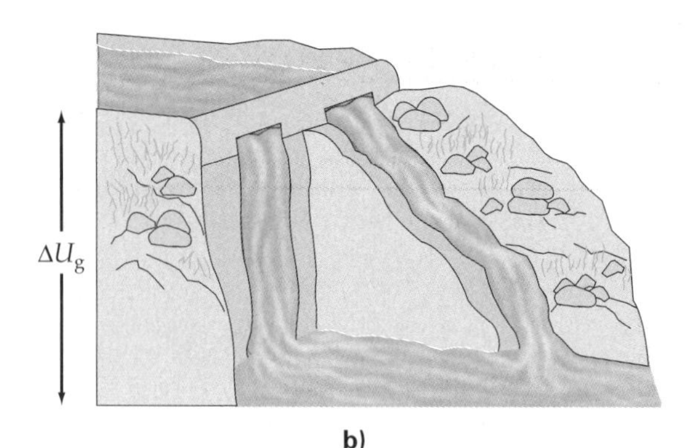

b)

▲ **FIGURA 18.4 Analogías de los resistores en paralelo** *a)* Cuando un camino se bifurca, el número total de automóviles que entran a las dos ramas cada minuto es igual al número de autos que llegan a la bifurcación cada minuto. El movimiento de carga en una unión puede considerarse de la misma forma. ***b)*** Cuando el agua fluye desde una presa, la cantidad de energía potencial gravitacional que pierde (por kilogramo de agua) al caer corriente abajo es la misma independientemente de la trayectoria de descenso. Esta situación es análoga a los voltajes a través de resistores en paralelo.

Nota: en realidad, los cables del circuito no están arreglados en los impecables patrones rectangulares de un diagrama de circuito. La forma rectangular es simplemente una convención que permite una presentación más clara y una fácil visualización del circuito real.

ma. Tal vez no le sorprenda saber que los circuitos domésticos están conectados en paralelo. (Véase la sección 18.5.) Esto se debe a que cuando la conexión está en paralelo, cada aparato doméstico opera a pleno voltaje, y encender o apagar uno de ellos no afecta a los demás.

A diferencia del caso de los resistores en serie, la corriente en un circuito en paralelo se divide en trayectorias diferentes (figura 18.3a). Esto ocurre siempre que se tiene una *unión* (un lugar donde varios cables se juntan), en forma parecida a como lo hace el tránsito en una carretera al llegar a una bifurcación (▲figura 18.4a). La corriente total que sale de la batería es igual a la suma de esas corrientes. Específicamente, para tres resistores en paralelo, $I = I_1 + I_2 + I_3$. Hay que hacer notar que si las resistencias son iguales, la corriente se dividirá de manera que cada resistor tenga la misma corriente. Sin embargo, en general, las resistencias no serán iguales y la corriente se dividirá entre los resistores en proporción inversa a sus resistencias. Esto significa que la mayor corriente tomará la trayectoria de mínima resistencia. Sin embargo, recuerde que un solo resistor no llevará toda la corriente.

La **resistencia equivalente en paralelo (R_p)** es el valor de un solo resistor que podría reemplazar a todos los resistores y mantener la misma corriente. Así, $R_p = V/I$ o $I = V/R_p$. Además, la caída de voltaje (V) es la misma a través de cada resistor. Para visualizar esta situación, imagine una analogía hidráulica. Considere dos trayectorias separadas para el agua; cada una va de la parte superior de una presa al fondo. El agua pierde la misma cantidad de energía potencial gravitacional (de forma análoga a V) independientemente de la trayectoria (figura 18.4b). Para la electricidad, una cantidad dada de carga pierde la misma cantidad de energía potencial eléctrica, independientemente del resistor en paralelo por el que pasa.

La corriente a través de cada resistor es $I_i = V/R_i$. (Aquí, el subíndice i representa cualquiera de los resistores: 1, 2, 3, ...) Al sustituir para cada corriente, obtenemos

$$I = I_1 + I_2 + I_3 = \frac{V}{R_1} + \frac{V}{R_2} + \frac{V}{R_3}$$

Por lo tanto,

$$\frac{V}{R_p} = V\left(\frac{1}{R_p}\right) = V\left(\frac{1}{R_1} + \frac{1}{R_2} + \frac{1}{R_3}\right)$$

Igualando las dos expresiones de resistencias entre paréntesis, vemos que la resistencia equivalente R_p está relacionada con las resistencias individuales mediante la ecuación recíproca

$$\frac{1}{R_p} = \frac{1}{R_1} + \frac{1}{R_2} + \frac{1}{R_3}$$

Este resultado puede generalizarse para incluir cualquier número de **resistores en paralelo**:

$$\frac{1}{R_p} = \frac{1}{R_1} + \frac{1}{R_2} + \frac{1}{R_3} + \cdots = \Sigma\left(\frac{1}{R_i}\right) \quad \textit{resistencia equivalente en paralelo} \qquad (18.3)$$

Para el caso especial en que sólo hay dos resistores, la resistencia equivalente puede expresarse en forma no recíproca (utilizando un común denominador) como,

$$\frac{1}{R_p} = \frac{1}{R_1} + \frac{1}{R_2} = \frac{R_1 + R_2}{R_1 R_2}$$

o

$$R_p = \frac{R_1 R_2}{R_1 + R_2} \quad \textit{(solo para dos resistores en paralelo)} \qquad (18.3a)$$

Nota: R_p es menor que la resistencia más pequeña en un arreglo en paralelo.

Sugerencia para resolver problemas

Observe que la ecuación 18.3 da $1/R_p$, *no* R_p. Al final de cada cálculo, se debe tomar el recíproco para encontrar R_p. El análisis de las unidades mostrará que las unidades no son ohms hasta que se invierten. Como es costumbre, si lleva unidades como control en sus cálculos, será menos probable que cometa errores de este tipo.

La resistencia equivalente de resistores en paralelo siempre es menor que la menor resistencia en el arreglo. Por ejemplo, dos resistores en paralelo —digamos de 6.0 y 12.0 Ω— son equivalentes a uno solo con resistencia de 4.0 Ω (debería demostrar esto). Pero, ¿por qué esperar esta respuesta aparentemente extraña?

PHYSLET®

Ilustración 30.3 Divisores de corriente y voltaje

Físicamente, la razón se encuentra considerando una batería de 12V en un circuito completo con *un solo* resistor de 6.0 Ω. La corriente en el circuito es de 2.0 A ($I = V/R$). Ahora imagine que un resistor de 12.0 Ω se conecta en paralelo al resistor de 6.0 Ω. La corriente a través del resistor de 6.0 Ω no se verá afectada: permanecerá igual a 2.0 A. (¿Por qué?) Sin embargo, el nuevo resistor tendrá una corriente de 1.0 A (utilizando $I = V/R$ una vez más). Así que la corriente *total* en el circuito es 1.0 A + 2.0 A = 3.0 A. Veamos ahora el resultado final. Cuando el segundo resistor se conecta al primero *en paralelo*, la corriente total que entrega la batería aumenta. Como el voltaje no aumentó, la resistencia equivalente del circuito *debe haber disminuido* (por debajo de su valor inicial de 6.0 Ω) cuando se conectó el resistor de 12Ω. En otras palabras, cada vez que se agrega una trayectoria extra en paralelo, el resultado es más corriente total. De manera que el circuito se comporta como si su resistencia equivalente *disminuyera*.

Ilustración 30.4 Baterías e interruptores

Observe que este razonamiento no depende del valor del resistor agregado. Lo que importa es que se ha añadido otra trayectoria con resistencia. (Intente esto utilizando un resistor de 2 Ω o uno de 2 MΩ en lugar del resistor de 12 Ω. De nuevo ocurre una reducción en la resistencia equivalente. Sin embargo, note que el *valor* de la resistencia equivalente será distinto.)

Entonces, en general, las conexiones en serie ofrecen una manera de incrementar la resistencia total, mientras que las conexiones en paralelo brindan una forma de disminuir la resistencia total. Para ver cómo funcionan estas ideas, considere el ejemplo 18.1.

Ejemplo 18.1 ■ Conteo de conexiones: resistores en serie y en paralelo

¿Cuál es la resistencia equivalente de tres resistores (1.0, 2.0 y 3.0 Ω) cuando se conectan *a*) en serie (figura 18.1a) y *b*) en paralelo (figura 18.3a)? *c*) ¿Cuánta corriente entregará una batería de 12V en cada uno de esos arreglos?

Razonamiento. Para encontrar las resistencias equivalentes para *a* y *b*, aplique las ecuaciones 18.2 y 18.3, respectivamente. Para encontrar la corriente en serie del inciso *c*, calcule la corriente a través de la batería tratando ésta como si estuviera conectada a un solo resistor, la resistencia equivalente en serie. Para el arreglo en paralelo, la corriente total se determina usando la resistencia equivalente en paralelo. Como sabemos que cada resistor en paralelo tiene el mismo voltaje, es posible calcular las corrientes individuales.

Solución. Se listan los datos

Dado: $R_1 = 1.0\ \Omega$, $R_2 = 2.0\ \Omega$, $R_3 = 3.0\ \Omega$, $V = 12\ \text{V}$

Encuentre: *a*) R_s (resistencia en serie)
b) R_p (resistencia en paralelo)
c) I (corriente total para cada caso)

***a*)** La resistencia equivalente en serie (ecuación 18.2) es

$$R_s = R_1 + R_2 + R_3 = 1.0\ \Omega + 2.0\ \Omega + 3.0\ \Omega = 6.0\ \Omega$$

Nuestro resultado es mayor que la mayor resistencia, como se esperaba.

***b*)** La resistencia equivalente en paralelo se determina con la ecuación 18.3

$$\frac{1}{R_p} = \frac{1}{R_1} + \frac{1}{R_2} + \frac{1}{R_3} = \frac{1}{1.0\ \Omega} + \frac{1}{2.0\ \Omega} + \frac{1}{3.0\ \Omega}$$
$$= \frac{6.0}{6.0\ \Omega} + \frac{3.0}{6.0\ \Omega} + \frac{2.0}{6.0\ \Omega} = \frac{11}{6.0\ \Omega}$$

o, luego de hacer la inversión,

$$R_p = \frac{6.0\ \Omega}{11} = 0.55\ \Omega$$

que es un valor más bajo que el de la menor resistencia, como también se esperaba.

(continúa en la siguiente página)

c) A partir de la resistencia equivalente en serie y el voltaje de la batería:

$$I = \frac{V}{R_s} = \frac{12\ \text{V}}{6.0\ \Omega} = 2.0\ \text{A}$$

Calculemos la caída de voltaje a través de cada resistor:

$$V_1 = IR_1 = (2.0\ \text{A})(1.0\ \Omega) = 2.0\ \text{V}$$
$$V_2 = IR_2 = (2.0\ \text{A})(2.0\ \Omega) = 4.0\ \text{V}$$
$$V_3 = IR_3 = (2.0\ \text{A})(3.0\ \Omega) = 6.0\ \text{V}$$

Advierta que para garantizar que la corriente a través de cada resistor sea la misma, *los mayores resistores requieren más voltaje, cuando están en serie.* Como verificación, note que la suma de las caídas de voltaje en los resistores ($V_1 + V_2 + V_3$) es igual al voltaje de la batería.

Para el arreglo en paralelo, la corriente total es:

$$I = \frac{V}{R_p} = \frac{12\ \text{V}}{0.55\ \Omega} = 22\ \text{A}$$

Observe que la corriente para la combinación en paralelo es mucho mayor que para la combinación en serie. (¿Por qué?) Ahora es posible determinar la corriente a través de cada uno de los resistores, ya que cada resistor tiene un voltaje de 12 V. Por lo tanto,

$$I_1 = \frac{V}{R_1} = \frac{12\ \text{V}}{1.0\ \Omega} = 12\ \text{A}$$

$$I_2 = \frac{V}{R_2} = \frac{12\ \text{V}}{2.0\ \Omega} = 6.0\ \text{A}$$

$$I_3 = \frac{V}{R_3} = \frac{12\ \text{V}}{3.0\ \Omega} = 4.0\ \text{A}$$

Para verificar, observe que la suma de las tres corrientes sea igual a la corriente a través de la batería.

Como podrá ver, para resistores en paralelo, el resistor con la menor resistencia recibe la mayor parte de la corriente total porque los resistores en paralelo experimentan el mismo voltaje. (Note que para los arreglos en paralelo, la menor resistencia nunca tiene *toda* la corriente, sólo la mayor parte.)

Ejercicio de refuerzo. *a*) Calcule la potencia entregada a cada resistor para ambos arreglos en este ejemplo. *b*) ¿Qué generalizaciones podría hacer a partir de esto? Por ejemplo, ¿qué resistor en serie recibe la mayor potencia? ¿Y en paralelo? *c*) Para cada arreglo, ¿la potencia total entregada a todos los resistores es igual a la salida de potencia de la batería? (*Las respuestas de todos los ejercicios de refuerzo se presentan al final del libro.*)

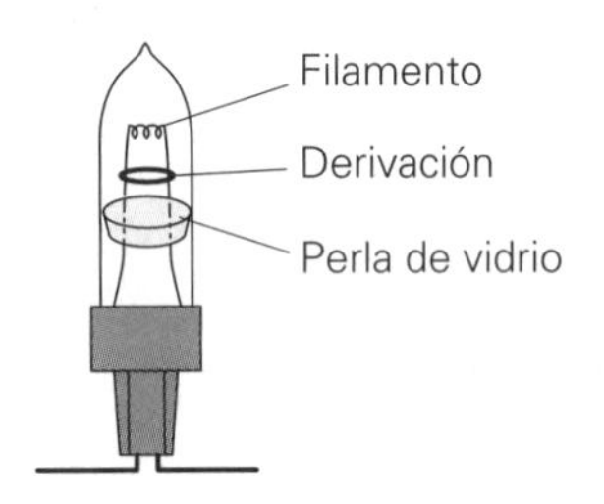

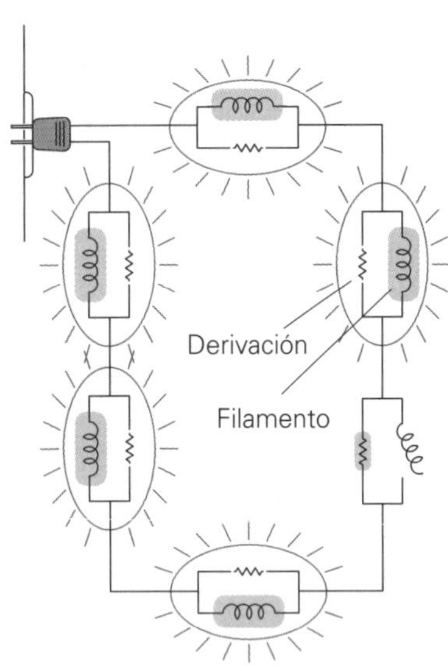

▲ **FIGURA 18.5 Luces de un árbol de Navidad cableadas en derivación** Una derivación (puente o *shunt*) en paralelo con el filamento de la bombilla reestablece un circuito completo cuando uno de los filamentos se quema (abajo a la derecha). Sin la derivación, si una de las bombillas se fundiera, todas las demás se apagarían.

Como una aplicación para el cableado, considere las luces que se utilizan para adornar los árboles de Navidad. En el pasado, esas luces estaban conectadas en serie. Cuando una se fundía, todas las demás luces se apagaban y se tenía que localizar la bombilla defectuosa. Ahora, las nuevas guirnaldas de luces tienen bombillas más pequeñas y, aunque una se funda, las demás permanecen encendidas. ¿Significa esto que las luces están conectadas en paralelo? No, una conexión en paralelo daría una menor resistencia y una mayor corriente, lo que sería peligroso.

En lugar de ello, se utiliza una derivación, también conocida como puente o *shunt*, que se conecta en paralelo con el filamento de cada bombilla (◂figura 18.5). Cuando una bombilla está en operación, la derivación no conduce corriente porque está aislada de los cables del filamento. Cuando el filamento se rompe y la bombilla "se quema", *momentáneamente* el circuito queda abierto y no hay corriente en la guirnalda de luces. La diferencia de voltaje a través del circuito abierto en el filamento roto será entonces el voltaje doméstico de 120 V. Esto causará una chispa que quemará el material de aislamiento de la derivación. Al hacer contacto con los cables del filamento, la derivación completa de nuevo el circuito y el resto de las luces de la guirnalda continúan encendidas. (La derivación, un cable con muy poca resistencia, está señalada con el pequeño símbolo de resistencia en el diagrama del circuito de la figura 18.5. En operación normal, hay una abertura, el aislamiento, entre la derivación y el alambre del filamento.) Para comprender el efecto de una bombilla fundida sobre el resto de las luces, considere el siguiente ejemplo.

Ejemplo conceptual 18.2 ■ Las brillantes luces de un árbol de Navidad

Considere una guirnalda de luces para árbol de Navidad con puentes de derivación. Si el filamento de una bombilla se quema y la derivación completa el circuito, ¿las demás luces *a*) brillarán con más intensidad, *b*) brillarán un poco más débilmente o *c*) no se verán afectadas?

Razonamiento y respuesta. Si el filamento de una bombilla se quema y su derivación completa el circuito, habrá menos resistencia total en este último, porque la resistencia de la derivación es mucho menor que la resistencia del filamento. (Advierta que los filamentos de las bombillas buenas y la derivación de la bombilla quemada están en serie, por lo que las resistencias se suman.)

Con menos resistencia total, habrá más corriente en el circuito, y las bombillas buenas restantes brillarán con un poco más de fuerza porque la salida de luz de una bombilla está directamente relacionada con la potencia que recibe. (Recuerde que la potencia eléctrica está relacionada con la corriente mediante $P = I^2R$). La respuesta correcta es entonces la *a*. Por ejemplo, suponga que la guirnalda de luces tiene originalmente 18 bombillas idénticas. Como el voltaje total a lo largo de la guirnalda es de 120 V, la caída de voltaje en cualquiera de las bombillas es (120 V)/18 = 6.7 V. Si una de ellas se quema (y se hace la derivación), el voltaje a través de cada una de las bombillas en funcionamiento sería de (120 V)/17 = 7.1 V. Este voltaje incrementado hace que la corriente se incremente. Ambos incrementos contribuyen a que cada bombilla reciba más potencia y, por consiguiente, a que las luces sean más brillantes (recuerde la expresión alternativa para la potencia eléctrica, $P = IV$).

Ejercicio de refuerzo. En este ejemplo, si usted retira una de las bombillas, ¿cuál sería el voltaje a través *a*) del enchufe vacío y *b*) cualquiera de las bombillas restantes? Explique su respuesta.

Ilustración 30.1 Circuitos completos

Combinaciones de resistores en serie-paralelo

Los resistores pueden conectarse en un circuito según varias combinaciones en serie-paralelo. Como se muestra en la ▼figura 18.6, los circuitos con una sola fuente de voltaje en ocasiones se reducen a una sola malla equivalente, que contenga justo la fuente de voltaje y una resistencia equivalente, aplicando los resultados en serie y en paralelo.

A continuación se describe un procedimiento para analizar circuitos (determinando el voltaje y la corriente para cada elemento de circuito) para tales combinaciones:

1. Determine qué bloques de resistores están en serie y cuáles están en paralelo, y reduzca todos los bloques a resistencias equivalentes, usando las ecuaciones 18.2 y 18.3.

Ilustración 30.2 Interruptores, voltajes y circuitos completos

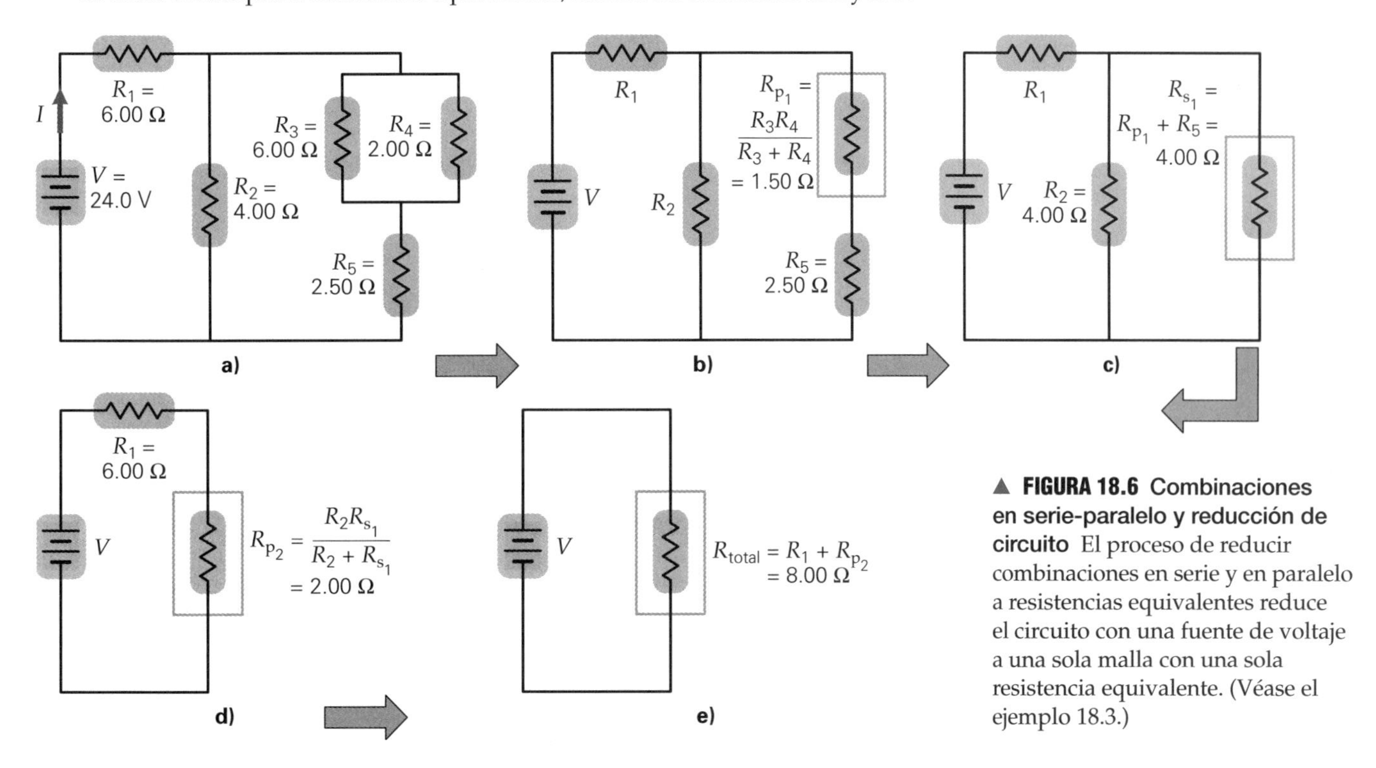

▲ **FIGURA 18.6 Combinaciones en serie-paralelo y reducción de circuito** El proceso de reducir combinaciones en serie y en paralelo a resistencias equivalentes reduce el circuito con una fuente de voltaje a una sola malla con una sola resistencia equivalente. (Véase el ejemplo 18.3.)

2. Reduzca más aún el circuito tratando las resistencias equivalentes separadas (del paso 1) como resistores individuales. Continúe hasta que obtenga una sola malla con un valor de la resistencia total (o equivalente).
3. Encuentre la corriente entregada al circuito reducido usando $I = V/R_{\text{total}}$.
4. Expanda el circuito reducido de regreso al circuito real invirtiendo los pasos de reducción, uno a la vez. Use la corriente del circuito reducido y encuentre las corrientes y voltajes para los resistores en cada paso.

Para ver cómo se utiliza este procedimiento, considere el siguiente ejemplo.

Ejemplo 18.3 ■ Combinación en serie-paralelo de resistores: ¿mismo voltaje o misma corriente?

¿Cuáles son los voltajes y la corriente en cada uno de los resistores R_1 a R_5 en la figura 18.6a?

Razonamiento. Aplicamos los pasos descritos previamente; antes de comenzar, es importante identificar las combinaciones en serie y en paralelo. Es claro que R_3 está en paralelo con R_4 (lo que se expresa como $R_3\|R_4$). Esta combinación en paralelo está en serie con R_5. Además, el tramo $R_3\|R_4 + R_5$ están en paralelo con R_2. Finalmente, esta combinación en paralelo está en serie con R_1. Combinando los resistores paso a paso nos permite determinar la resistencia equivalente total del circuito (paso 2). A partir de ese valor, es posible calcular la corriente total. Luego, procediendo hacia atrás, podemos encontrar la corriente y el voltaje en cada resistor.

Solución. Para evitar errores de redondeo, los resultados se tomarán con tres cifras significativas.

Dado: Valores en la figura 18.6a

Encuentre: Corriente y voltaje en cada resistor (figura 18.6a)

La combinación en paralelo en el lado derecho del diagrama del circuito se reduce a la resistencia equivalente R_{p_1} (véase la figura 18.6b), mediante la ecuación 18.3:

$$\frac{1}{R_{p_1}} = \frac{1}{R_3} + \frac{1}{R_4} = \frac{1}{6.00\ \Omega} + \frac{1}{2.00\ \Omega} = \frac{4}{6.00\ \Omega}$$

Esta expresión es equivalente a

$$R_{p_1} = 1.50\ \Omega$$

Esta operación deja una combinación en serie de R_{p_1} y R_5 de ese lado, que se reduce a R_{s_1} usando la ecuación 18.2 (figura 18.6c):

$$R_{s_1} = R_{p_1} + R_5 = 1.50\ \Omega + 2.50\ \Omega = 4.00\ \Omega$$

Entonces, R_2 y R_{s_1} están en paralelo y se reducen (usando de nuevo la ecuación 18.3) a R_{p_2} (figura 18.6d):

$$\frac{1}{R_{p_2}} = \frac{1}{R_2} + \frac{1}{R_{s_1}} = \frac{1}{4.00\ \Omega} + \frac{1}{4.00\ \Omega} = \frac{2}{4.00\ \Omega}$$

Esta expresión es equivalente a

$$R_{p_2} = 2.00\ \Omega$$

Esta operación deja dos resistencias (R_1 y R_{p_2}) en serie. Estas resistencias se combinan para dar la resistencia equivalente total (R_{total}) del circuito (figura 18.6e):

$$R_{\text{total}} = R_1 + R_{p_2} = 6.00\ \Omega + 2.00\ \Omega = 8.00\ \Omega$$

Así, la batería entrega una corriente de

$$I = \frac{V}{R_{\text{total}}} = \frac{24.0\ \text{V}}{8.00\ \Omega} = 3.00\ \text{A}$$

Ahora procedemos hacia atrás y "reconstruimos" el circuito real. Note que la corriente de la batería es la misma que la corriente por R_1 y R_{p_2}, ya que están en serie. (En la figura 18.6d, $I = I_1 = 3.00$ A e $I = I_{p_2} = 3.00$ A.) Por lo tanto, los voltajes a través de esos resistores son

$$V_1 = I_1 R_1 = (3.00\ \text{A})(6.00\ \Omega) = 18.0\ \text{V}$$

y

$$V_{p_2} = I_{p_2} R_{p_2} = (3.00\ \text{A})(2.00\ \Omega) = 6.00\ \text{V}$$

Como R_{p_2} está formada de R_2 y R_{s_1} (figura 18.6c y d), debe haber una caída de 6.00 V a través de esos dos resistores. Podemos usar esto para calcular la corriente a través de cada uno.

$$I_2 = \frac{V_2}{R_2} = \frac{6.00\ \text{V}}{4.00\ \Omega} = 1.50\ \text{A} \quad \text{e} \quad I_{s_1} = \frac{V_{s_1}}{R_{s_1}} = \frac{6.00\ \text{V}}{4.00\ \Omega} = 1.50\ \text{A}$$

Ahora, advierta que I_{s_1} es también la corriente en R_{p_1} y R_5, porque están en serie. (En la figura 18.6b, $I_{s_1} = I_{p_1} = I_5 = 1.50$ A.)

Por lo tanto, los voltajes individuales de los resistores son

$$V_{P_1} = I_{s_1}R_{P_1} = (1.50\text{ A})(1.50\ \Omega) = 2.25\text{ V}$$

y

$$V_5 = I_{s_1}R_5 = (1.50\text{ A})(2.50\ \Omega) = 3.75\text{ V}$$

respectivamente. (Como verificación, compruebe que los voltajes sumen 6.00 V.)

Finalmente, el voltaje a través de R_3 y R_4 es el mismo que V_{P_1} (¿por qué?), y

$$V_{P_1} = V_3 = V_4 = 2.25\text{ V}$$

Con estos voltajes y resistencias que hemos obtenido, las dos últimas corrientes, I_3 e I_4, son

$$I_3 = \frac{V_3}{R_3} = \frac{2.25\text{ V}}{6.00\ \Omega} = 0.38\text{ A}$$

e

$$I_4 = \frac{V_4}{R_4} = \frac{2.25\text{ V}}{2.00\ \Omega} = 1.13\text{ A}$$

Se espera que la corriente (I_{s_1}) se divida en la unión $R_3 - R_4$. Se dispone entonces de la verificación: $I_3 + I_4$ es igual a I_{s_1}, dentro de los errores de redondeo.

Ejercicio de refuerzo. En este ejemplo, verifique que la potencia total entregada a todos los resistores es la misma que la salida de potencia de la batería.

18.2 Circuitos de múltiples mallas y reglas de Kirchhoff

OBJETIVOS: *a*) Comprender los principios físicos en que se basan las reglas de los circuitos de Kirchhoff y *b*) aplicar esas reglas en el análisis de circuitos reales.

Los circuitos en serie-paralelo con una sola fuente de voltaje siempre pueden reducirse a una sola malla, como vimos en el ejemplo 18.3. Sin embargo, hay circuitos que contienen varias mallas, cada una con varias fuentes de voltaje, resistencias o ambas. En muchos casos, los resistores no están conectados en serie ni en paralelo. Un circuito de múltiples mallas, que no se presta para el método de análisis descrito en la sección 18.1, se ilustra en la ▼figura 18.7a. Aun cuando es posible reemplazar algunas combinaciones de resistores por sus resistencias equivalentes (figura 18.7b), este circuito puede reducirse sólo en tanto que se usen procedimientos en paralelo y en serie.

El análisis de esos tipos de circuitos requiere un enfoque más general, esto es, la aplicación de las **reglas de Kirchhoff**.* Estas reglas comprenden la conservación de la carga y la conservación de la energía. (Aunque no se mencionaron de manera específica, las reglas de Kirchhoff se aplicaron a los circuitos en serie y en paralelo analizados en la sección 18.1.) Ahora, es conveniente introducir la terminología que nos ayudará a describir circuitos complejos:

- Un punto en el que se conectan tres o más alambres se llama **unión** o **nodo**; por ejemplo, el punto A en la figura 18.7b.
- Una trayectoria que conecta dos uniones se llama **rama**. Una rama puede contener uno o más elementos de circuito y puede haber más de dos ramas entre dos uniones.

Nota: las reglas de Kirchhoff fueron desarrolladas por el físico alemán Gustav Kirchhoff (1824-1887).

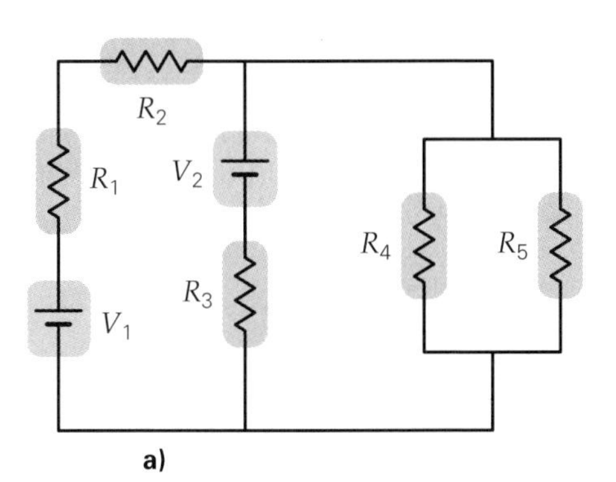

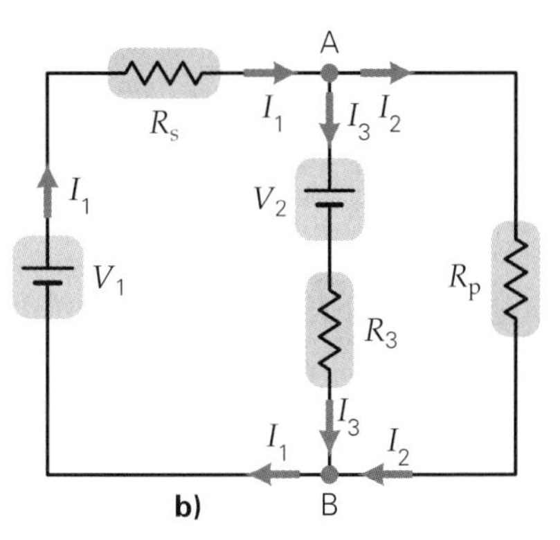

◀ **FIGURA 18.7 Circuito de mallas múltiples** En general, un circuito que contiene fuentes de voltaje en más de una malla no puede reducirse más por métodos en serie y en paralelo. Sin embargo, algunas reducciones dentro de cada malla son posibles, como del inciso ***a*** al ***b***. En una unión de circuito, donde tres o más alambres se conectan, la corriente se divide o se une, como en las uniones A y B en el inciso *b*, respectivamente. La trayectoria entre dos uniones se llama rama. En *b* hay tres ramas, esto es, tres trayectorias diferentes entre las uniones A y B.

* Gustav Robert Kirchhoff (1824-1887) fue un científico alemán que hizo importantes contribuciones a la teoría de los circuitos eléctricos y a la espectroscopia de la luz. Inventó el espectroscopio, un dispositivo que separa la luz en sus colores fundamentales y que permite estudiar la "huella" de varios elementos.

Teorema de la unión de Kirchhoff

La **primera regla de Kirchhoff** o **teorema de la unión** establece que la suma algebraica de las corrientes en cualquier unión es cero:

$$\Sigma I_i = 0 \quad \textit{Suma de corrientes en una unión} \tag{18.4}$$

La suma de las corrientes que entran a una unión (tomadas como positivas) y las que salen (tomadas como negativas) es cero. Esta regla es sólo un enunciado de la conservación de la carga (ninguna carga se acumula en una unión, ¿por qué?). Para la unión en el punto A en la figura 18.7b, la suma algebraica de las corrientes es $I_1 - I_2 - I_3 = 0$; en forma equivalente,

$$I_1 = I_2 + I_3$$

corriente que entra = corriente que sale

(Esta regla se aplicó al analizar resistencias en paralelo en la sección 18.1.)

Ilustración 30.7 La regla de las mallas

Ilustración 30.1 Análisis de circuitos

Sugerencia para resolver problemas

A veces, al observar el diagrama de un circuito no se sabe si una corriente particular entra o sale de una unión. En este caso, *suponga* la dirección. Luego calcule las corrientes. Si una de sus suposiciones resulta opuesta a la dirección real de la corriente, entonces será una respuesta negativa para esa corriente. Este resultado significa que la dirección de la corriente es contraria a la dirección que inicialmente se eligió.

Teorema de las mallas de Kirchhoff

La **segunda regla de Kirchhoff** o **teorema de las mallas** establece que la suma algebraica de las diferencias de potencial (voltajes) a través de todos los elementos de cualquier malla cerrada es cero:

$$\Sigma V_i = 0 \quad \textit{suma de voltajes alrededor de una malla} \tag{18.5}$$

Esta expresión significa que la suma de los aumentos de voltaje (un incremento en el potencial) es igual a la suma de las caídas de voltaje (un decremento en el potencial) alrededor de una malla cerrada, que debe ser así para que la energía se conserve. (Esta regla se empleó al analizar las resistencias en serie en la sección 18.1.)

Observe que al recorrer una malla de circuito en sentidos diferentes se tendrá un aumento o una caída de voltaje a través de cada elemento del circuito. Por eso se establece una convención de signos para los voltajes. Usaremos la convención ilustrada en la ◂figura 18.8. El voltaje a través de una batería se toma como positivo (elevación de voltaje) si la malla se recorre de la terminal negativa a la positiva (figura 18.8a); y es negativo si la malla se recorre en el sentido opuesto, de la terminal positiva a la negativa. (El sentido de la corriente en la batería no tiene *nada* que ver con el signo del voltaje a través de ésta. El signo del voltaje depende sólo del sentido en que elegimos recorrer la batería.)

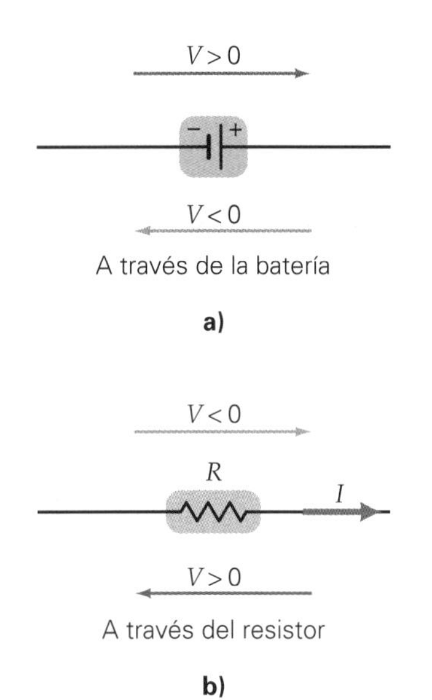

▲ **FIGURA 18.8 Convención de signos para las reglas de Kirchhoff** ***a)*** El voltaje a través de una batería se toma como positivo si ésta se recorre de la terminal negativa a la terminal positiva. Se asigna un valor negativo si la batería se recorre de la terminal positiva a la terminal negativa. ***b)*** El voltaje a través de un resistor se toma como negativo si éste se recorre en el sentido de la corriente asignada ("corriente abajo"). Se considera positivo si la resistencia se recorre en el sentido opuesto al de la corriente asignada a esa rama ("corriente arriba").

El voltaje a través de un resistor se toma como negativo (un decremento) si se recorre en el mismo sentido que la corriente asignada, en esencia, cuando se recorre "hacia abajo" de acuerdo con el potencial (figura 18.8b). Es evidente que el voltaje será positivo si el resistor se recorre en el sentido contrario (en contra del sentido de la corriente, ganando potencial eléctrico). Juntas, estas convenciones de signo permiten sumar los voltajes alrededor de una malla cerrada, independientemente del sentido escogido para efectuar la suma. La ecuación 18.5 es la misma en cualquier caso. Note que el hecho de invertir el sentido elegido equivale simplemente a multiplicar la ecuación 18.5 (para el sentido original) por −1. Esta operación no altera la ecuación.

Sugerencia para resolver problemas

Al aplicar el teorema de la malla de Kirchhoff, el signo de un voltaje a través de un resistor está determinado por el sentido de la corriente en ese resistor. Sin embargo, hay situaciones en donde el sentido no es obvio. ¿Cómo se manejan los signos del voltaje en tales casos? Después de suponer un sentido para la corriente, siga la convención de signos del voltaje *con base en este sentido supuesto*. Esto garantiza que las dos convenciones de signos sean consistentes. Si resulta que el sentido real de la corriente es contrario a su elección, las caídas de voltaje reflejarán esto automáticamente.

Una interpretación gráfica del teorema de la malla de Kirchhoff se presenta en la sección Aprender dibujando de la p. 602. El Ejemplo integrado 18.4 muestra que nuestras consideraciones previas sobre serie-paralelo son congruentes con esas reglas. Al mismo tiempo, hay que reconocer la importancia de dibujar correctamente un diagrama de circuito, ya que sirve como guía.

Ejemplo integrado 18.4 ■ Un circuito simple: uso de las reglas de Kirchhoff

Dos resistores R_1 y R_2 están conectados en paralelo. Esta combinación se conecta en serie con un tercer resistor R_3, que tiene la mayor resistencia de los tres. Una batería completa el circuito, con un electrodo al principio y el otro al final de esta red. *a*) ¿Qué resistor llevará más corriente? 1) R_1, 2) R_2 o 3) R_3. Explique su respuesta. *b*) En este circuito suponga que $R_1 = 6.0\ \Omega$, $R_2 = 3.0\ \Omega$, $R_3 = 10.0\ \Omega$, y que el voltaje terminal de la batería es de 12.0 V. Aplique las reglas de Kirchhoff para determinar la corriente y el voltaje en cada resistor.

a) Razonamiento conceptual. Es mejor ver primero un diagrama del circuito con base en la descripción de la red (◂figura 18.9). Se podría pensar que el resistor con la menor resistencia lleva la mayor corriente. Pero esto es cierto sólo si *todos* los resistores están en paralelo. Los dos resistores en paralelo llevan, cada uno, sólo una fracción de la corriente total. Sin embargo, como el total de sus dos corrientes está en R_3, ese resistor lleva la corriente total y, por lo tanto, también la mayor. Por consiguiente, la respuesta correcta es la 3.

b) Razonamiento cuantitativo y solución.

Dado: $R_1 = 6.0\ \Omega$
$R_2 = 3.0\ \Omega$
$R_3 = 10.0\ \Omega$
$V = 12.0\ \text{V}$

Encuentre: la corriente y el voltaje en cada resistor

Hay tres corrientes incógnitas: la corriente total (I) y las corrientes en cada uno de los resistores en paralelo (I_1 e I_2). Como sólo hay una batería, la corriente debe ser en sentido de las manecillas del reloj (como se muestra en la figura). Aplicando el teorema de la unión de Kirchhoff a la primera unión (J en la figura 18.9a), tenemos

$$\Sigma I_i = 0 \quad \text{o} \quad I - I_1 - I_2 = 0 \qquad (1)$$

Usando el teorema de la malla en sentido de las manecillas del reloj en la figura 18.9b, cruzamos la batería de la terminal negativa a la positiva y luego recorremos R_1 y R_2 para completar el circuito. La ecuación resultante (mostrando los signos de los voltajes explícitamente) es

$$\Sigma V_i = 0 \quad \text{o} \quad +V + (-I_1R_1) + (-IR_3) = 0 \qquad (2)$$

Una tercera ecuación se obtiene aplicando el teorema de la malla, pero esta vez yendo a través de R_2 en vez de R_1 (figura 18.9c). Esto da

$$\Sigma V_i = 0 \quad \text{o} \quad +V + (-I_2R_2) + (-IR_3) = 0 \qquad (3)$$

Poniendo en la batería el voltaje (en volts) y las resistencias (en ohms) y reordenando esas ecuaciones:

$$I = I_1 + I_2 \qquad (1a)$$

$$12 - 6I_1 - 10I = 0 \quad \text{o} \quad 6 - 3I_1 - 5I = 0 \qquad (2a)$$

$$12 - 3I_2 - 10I = 0 \qquad (3a)$$

Sumando las ecuaciones (2a) y (3a) resulta $18 - 3(I_1 + I_2) - 15I = 0$. Sin embargo, de la ecuación (1a), $I = I_1 + I_2$. Por lo tanto,

$$18 - 3I - 15I = 0 \quad \text{o} \quad 18I = 18$$

y, al despejar la corriente total, se obtiene $I = 1.00$ A.

Con las ecuaciones (3a) y (1a) es posible calcular las corrientes restantes:

$$I_2 = \tfrac{2}{3}\text{A} \quad \text{e} \quad I_1 = \tfrac{1}{3}\text{A}$$

Estas respuestas son congruentes con nuestro razonamiento acerca del diagrama de circuito en el inciso *a*.

Como las corrientes y resistencias se conocen, los voltajes se obtienen con la ley de Ohm, $V = IR$. Así,

$$V_1 = I_1R_1 = \left(\tfrac{1}{3}\text{A}\right)(6.0\ \Omega) = 2.0\ \text{V}$$
$$V_2 = I_2R_2 = \left(\tfrac{2}{3}\text{A}\right)(3.0\ \Omega) = 2.0\ \text{V}$$
$$V_3 = I_3R_3 = (1.0\ \text{A})(10.0\ \Omega) = 10.0\ \text{V}$$

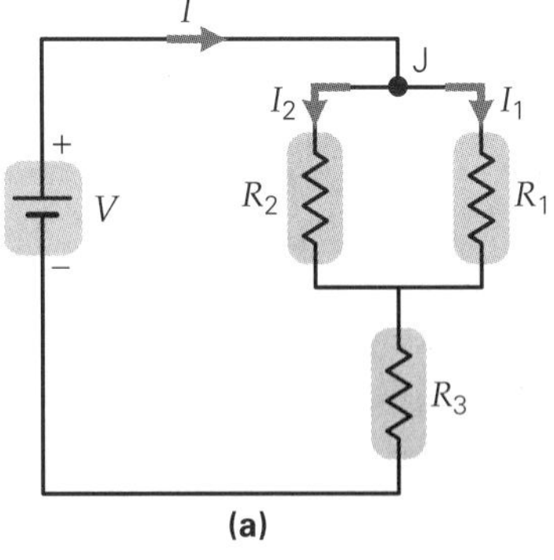

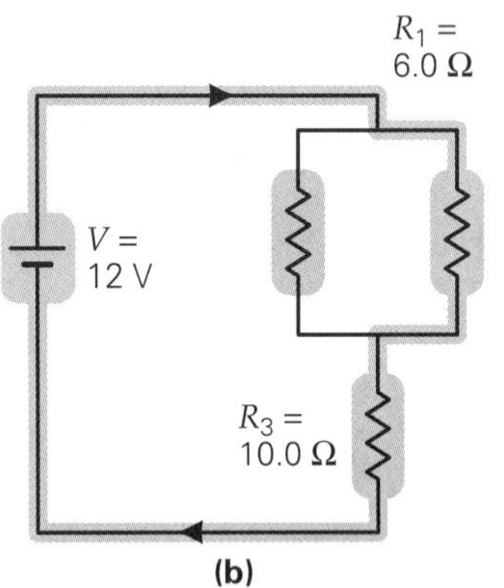

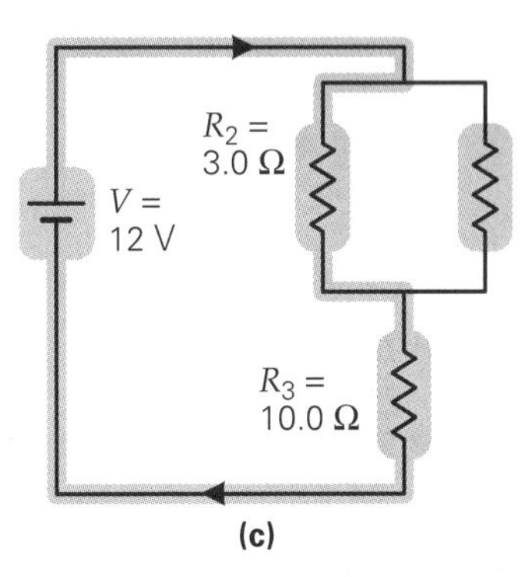

▲ **FIGURA 18.9 Diagramas de circuito usando las reglas de Kirchhoff** *a*) Diagrama del circuito de la descripción en el Ejemplo integrado 18.4. *b*) y *c*) Las dos mallas usadas en el análisis del Ejemplo integrado 18.4.

Exploración 30.2 Bombillas de luz

(continúa en la página 603)

APRENDER DIBUJANDO

DIAGRAMAS DE KIRCHHOFF: UNA INTERPRETACIÓN GRÁFICA DEL TEOREMA DE LA MALLA DE KIRCHHOFF

El teorema de la malla de Kirchhoff tiene una representación geométrica que le ayudará a comprender mejor su significado y visualizar los cambios de potencial en un circuito e incluso anticipar los resultados de un análisis matemático o confirmarlos cualitativamente. (No olvide que para efectuar un análisis completo de los circuitos, debe usarse también el teorema de la unión de Kirchhoff; véase el ejemplo 18.5.)

La idea es hacer un trazo tridimensional a partir del diagrama del circuito. Los alambres y elementos del circuito forman la base para el plano x-y, o el "piso" del diagrama. De forma perpendicular a este plano, a lo largo del eje z, se tiene el valor del potencial eléctrico (V), con una selección apropiada para el cero. Un diagrama como éste se llama *diagrama de Kirchhoff* (figura 1).

Las reglas para construir un diagrama de Kirchhoff son simples: comience en un valor conocido del potencial y recorra una malla completa, terminando donde empezó. Como usted regresa al mismo lugar, la suma de todas las elevaciones de potencial (voltajes positivos) deben equilibrarse con la suma de las caídas (voltajes negativos). Este requisito es la expresión geométrica de la conservación de la energía, implicada matemáticamente en el teorema de la malla de Kirchhoff.

Si el potencial aumenta (digamos al recorrer una batería de la terminal negativa a la positiva), dibuje una elevación en la dirección z. La elevación representa el voltaje terminal de la batería. Si el potencial disminuye (por ejemplo, al recorrer un resistor en el sentido de la corriente), asegúrese de que el potencial cae. Trate de dibujar los aumentos y caídas (los voltajes) a escala. Es decir, si hay un aumento importante en el potencial (como la que se tendría a través de una batería de alto voltaje), dibújelo en proporción a los otros sobre el diagrama.

Para circuitos elaborados, este método gráfico quizá resulte demasiado complicado para uso práctico. Vale la pena tenerlo ya que ilustra la idea fundamental detrás del teorema de la malla.

Como ejemplo del poder de este método, considere el circuito en la figura 1: una batería con resistencia interna r conectada a un solo resistor externo R. El sentido de la corriente es del ánodo al cátodo a través del resistor externo. Escogemos el potencial del cátodo de la batería como cero. Comenzamos ahí y recorremos el circuito en el sentido de la corriente, mostramos un aumento en el potencial yendo del cátodo al ánodo. A continuación, mostramos que el potencial es constante conforme la corriente sigue a través de los alambres hasta el resistor externo. Esto es, no indicamos ninguna caída de voltaje *a lo largo* de los alambres conectores (¿por qué?).

En el resistor debe haber una caída considerable de potencial. Sin embargo, la caída no es hasta cero, porque debe haber algún voltaje restante para generar una corriente a través de la resistencia interna. Así, se observa por qué el voltaje terminal de la batería, V, debe ser menor que su fem (la elevación entre los puntos a y b).

La figura 2 muestra dos resistores en serie, y esa combinación en paralelo con un tercer resistor. Para simplificar, se supone que los tres resistores tienen la misma resistencia R, y que la resistencia interna de la batería es igual a cero. Comenzando en el punto a, se tiene una elevación en el potencial correspondiente al voltaje de la batería. Al trazar una malla a través del solo resistor, debe haber una sola caída en el potencial igual en magnitud a $\mathscr{E}$.

Si seguimos la malla que incluye los dos resistores, vemos que cada uno tiene sólo la mitad de la caída de voltaje total (¿por qué?). Así, cada uno llevará sólo la mitad de la corriente del resistor solo. Recuerde que en los circuitos paralelos, la mayor resistencia lleva la menor corriente. Observe cómo este enfoque geométrico le ayuda a desarrollar su intuición y le permite anticipar los resultados numéricos.

Trate de volver a dibujar la figura 2 tal como se vería si los resistores en serie tuvieran resistencias de R y $2R$. ¿Qué resistor tiene ahora el mayor voltaje? ¿Cómo se comparan las corrientes en los resistores con la situación anterior? Analice matemáticamente el circuito para confirmar sus expectativas.

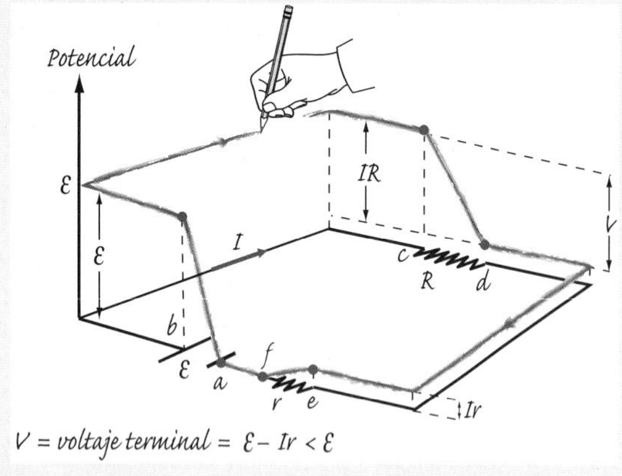

Potencial

V = voltaje terminal = $\mathscr{E} - Ir < \mathscr{E}$

FIGURA 1 Diagramas de Kirchhoff: una estrategia gráfica para la resolución de problemas El esquema del circuito se traza en el plano x-y, y el potencial eléctrico se traza perpendicularmente a lo largo del eje z. El cero del potencial se toma como la terminal negativa de la batería. Se asigna un sentido para la corriente, y el valor del potencial se traza alrededor del circuito, siguiendo las reglas para las ganancias y las pérdidas de potencial. Este diagrama de Kirchhoff, muestra un aumento de potencial cuando la batería se recorre del cátodo al ánodo, una caída de potencial a través del resistor externo, y una menor caída del potencial a través de la resistencia interna de la batería.

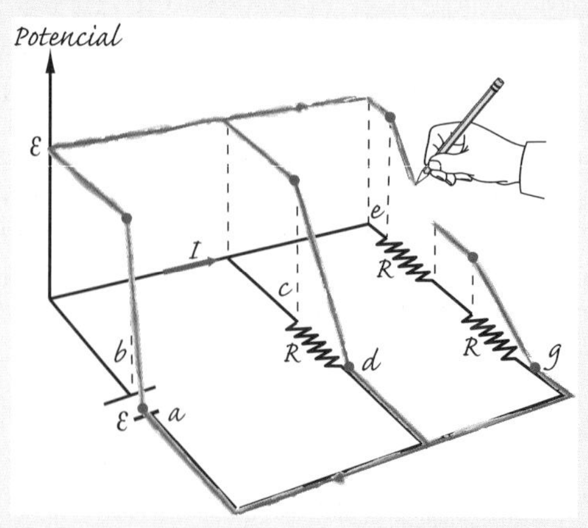

FIGURA 2 Diagrama de Kirchhoff de un circuito más complejo Imagine cómo cambiaría el trazo si variaran los valores de los tres resistores. Luego, analice el circuito matemáticamente para ver si el diagrama le permitirá anticipar los voltajes y las corrientes.

Como era de esperarse, las caídas de voltaje a través de los resistores en paralelo son iguales. A causa de esto, dos tercios de la corriente total está en el resistor con la menor resistencia. Además, el voltaje total a través de la red es de 12.0 V, como debe ser.

Una aclaración especial antes de terminar con este ejemplo: sabemos que las respuestas deben estar en amperes y volts porque se utilizaron amperes, volts y ohms de forma consistente. Si permanecemos dentro del sistema (esto es, si las cantidades se expresan en volts, amperes y ohms), no se necesita convertir las unidades; las respuestas, automáticamente, estarán en estas unidades. (Por supuesto, siempre es una buena idea verificar sus unidades si surge alguna duda.)

Ejercicio de refuerzo. *a*) En este ejemplo, trate de predecir lo que sucederá con cada una de las corrientes si R_2 se incrementa. Explique su razonamiento. *b*) Repita el inciso *b* de este ejemplo, cambiando R_2 a 8.0 Ω, y vea si su razonamiento es correcto.

Aplicación de la reglas de Kirchhoff

El ejemplo integrado 18.4 podría haberse resuelto usando las expresiones para resistencias equivalentes. Sin embargo, los circuitos de múltiples mallas, más complicados, requieren de un método más estructurado. En este libro, usaremos los siguientes pasos generales al aplicar las reglas de Kirchhoff:

1. Asigne una corriente y un sentido de corriente a cada rama en el circuito. Esto se hace más convenientemente en las uniones.
2. Indique las mallas y los sentidos en los que se van a recorrer (▸figura 18.10). Cada rama *debe* estar por lo menos en una malla.
3. Aplique la primera regla de Kirchhoff (regla de la unión) para cada unión que da una ecuación única. (Este paso da un conjunto de ecuaciones que incluye *todas* las corrientes, pero es posible que haya ecuaciones redundantes para dos diferentes uniones.)
4. Recorra el número necesario de mallas para incluir todas las ramas. Al recorrer una malla, aplique la segunda regla de Kirchhoff, el teorema de la malla (utilizando $V = IR$ para cada resistor), y escriba las ecuaciones, considerando las convenciones de signos.

Si este procedimiento se aplica de forma adecuada, los pasos 3 y 4 dan un conjunto de N ecuaciones con N corrientes incógnitas. En esas ecuaciones se despejan las corrientes. Si se recorren más mallas de las necesarias, se tendrán ecuaciones redundantes. Es necesario sólo el número de mallas que incluye *una vez* cada rama.

Tal vez este procedimiento parezca complicado, pero en realidad es sencillo, como muestra el siguiente ejemplo.

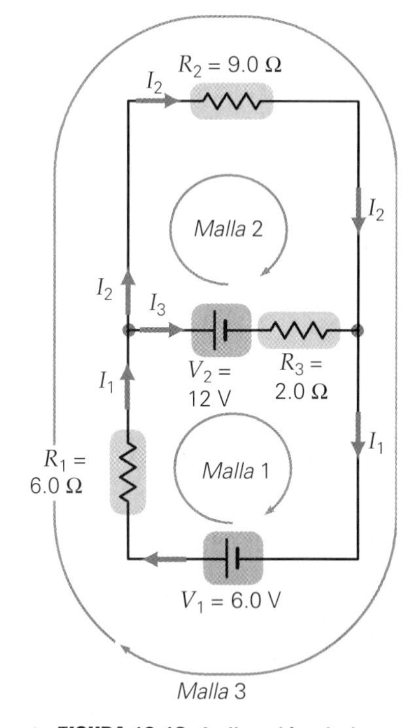

▲ **FIGURA 18.10 Aplicación de las reglas de Kirchhoff** Para analizar un circuito como el del ejemplo 18.5, asigne una corriente y un sentido a cada rama en el circuito (conviene hacerlo en las uniones). Identifique cada malla y el sentido de recorrido. Luego escriba ecuaciones de corriente para cada unión independiente (usando el teorema de la unión de Kirchhoff). Además, escriba las ecuaciones de voltajes para tantas mallas como sea necesario para incluir cada rama (utilizando el teorema de la malla de Kirchhoff). Tenga cuidado de observar las convenciones de signos.

Ejemplo 18.5 ■ Corrientes en ramas: uso de las reglas de Kirchhoff

Para el circuito en la figura 18.10, encuentre la corriente en cada rama.

Razonamiento. Los cálculos en serie o en paralelo no pueden usarse aquí. (¿Por qué?) En lugar de ello, la solución comienza más bien asignando sentidos a la corriente ("mejores conjeturas") en cada malla, y luego se usa el teorema de la unión y de la malla (dos veces, una para cada malla) para generar tres ecuaciones, puesto que existen tres corrientes.

Solución.

Dado: Valores en la figura 18.10 *Encuentre:* La corriente en cada una de las tres ramas

Las corrientes y sus sentidos, así como los sentidos de recorrido elegidos de las mallas, se representan en la figura. (Recuerde, estos sentidos no son únicos; elíjalos, trabaje el problema y verifique los signos de la corriente final para ver si sus elecciones fueron correctas.) Hay una corriente en cada rama, y cada rama está en por lo menos una malla. (Algunas ramas están en más de una malla, lo que es aceptable.)

Aplicando la primera regla de Kirchhoff en la unión izquierda resulta

$$I_1 - I_2 - I_3 = 0$$

o bien, después de reordenar,

$$I_1 = I_2 + I_3 \qquad (1)$$

(Para la otra unión, podríamos escribir $I_2 + I_3 - I_1 = 0$, pero esta ecuación es equivalente a la ecuación 1, como hemos hecho con las uniones.)

Circulando alrededor de la malla 1 como en la figura 18.10 y aplicando el teorema de la malla de Kirchhoff con la convención de signos, resulta

$$\Sigma V_i = +V_1 + (-I_1R_1) + (-V_2) + (-I_3R_3) = 0 \qquad (2)$$

Entonces, sustituyendo los valores numéricos, obtenemos

$$+6 - 6I_1 - 12 - 2I_3 = 0$$

(continúa en la siguiente página)

Al reordenar esta ecuación y dividir ambos lados entre 2, tenemos

$$3I_1 + I_3 = -3$$

Por conveniencia, se omiten las unidades (todas están en amperes y ohms, y, por lo tanto, son consistentes).

Para la malla 2, el teorema de la malla da

$$\Sigma V_i = +V_2 + (-I_2R_2) + (+I_3R_3) = 0 \qquad (3)$$

De nuevo, después de sustituir los valores y de reordenar, tenemos,

$$9I_2 - 2I_3 = 12 \qquad (3a)$$

Las ecuaciones (1), (2a) y (3a) forman un conjunto de tres ecuaciones con tres incógnitas. Las I se pueden despejar de varias maneras. Por ejemplo, sustituya la ecuación (1) en la ecuación (2) para eliminar I_1:

$$3(I_2 + I_3) + I_3 = -3$$

que, después de reordenarse y dividirse entre 3, se simplifica a

$$I_2 = -1 - \tfrac{4}{3}I_3 \qquad (4)$$

Luego, sustituyendo la ecuación (4) en la ecuación (3) se elimina I_2:

$$9\left(-1 - \tfrac{4}{3}I_3\right) - 2I_3 = 12$$

Se resuelve algebraicamente y se despeja I_3, para obtener

$$-14I_3 = 21 \qquad \text{o} \qquad I_3 = -1.5\text{ A}$$

El signo menos en el resultado nos dice que se supuso un sentido equivocado para I_3.

Sustituyendo el valor de I_3 en la ecuación (4), obtenemos el valor de I_2:

$$I_2 = -1 - \tfrac{4}{3}(-1.5\text{ A}) = 1.0\text{ A}$$

Entonces, de la ecuación (1),

$$I_1 = I_2 + I_3 = 1.0\text{ A} - 1.5\text{ A} = -0.5\text{ A}$$

Una vez más, el signo menos indica que el sentido de I_1 fue incorrecto.

Observe que este análisis no usó la malla 3. La ecuación para esta malla sería redundante, pues no contendría nueva información (¿se da cuenta?).

Ejercicio de refuerzo. Repita este ejemplo, usando el teorema de las uniones, así como las mallas 3 y 1 en vez de las 1 y 2.

18.3 Circuitos RC

OBJETIVOS: *a*) Comprender la carga y descarga de un condensador a través de un resistor y *b*) calcular la corriente y el voltaje en tiempos específicos durante esos procesos.

Hasta ahora, sólo se han considerado circuitos de corrientes constantes. En algunos circuitos de corriente directa (cd), la corriente varía *con el tiempo* mientras mantiene un sentido constante (y sigue siendo "cd"). Tal es el caso con los **circuitos RC**, que, en general, constan de varios resistores y condensadores.

Carga de un condensador a través de un resistor

La carga por una batería de un condensador (o capacitor) inicialmente descargado se ilustra en la ◂figura 18.11. Después de que se cierra el interruptor, aun cuando hay una separación entre las placas del condensador, la carga *debe* fluir mientras el condensador se está cargando.

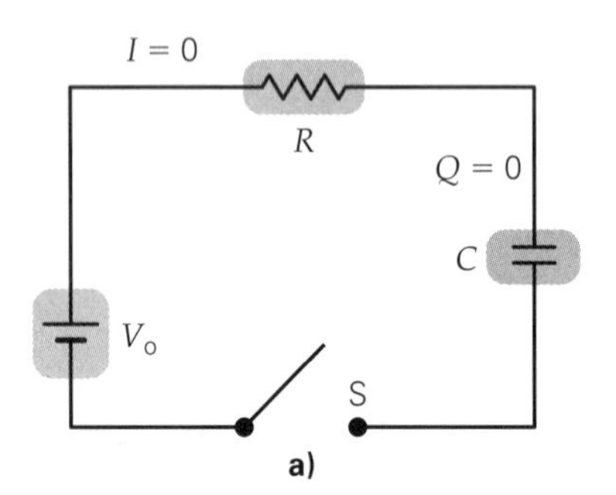

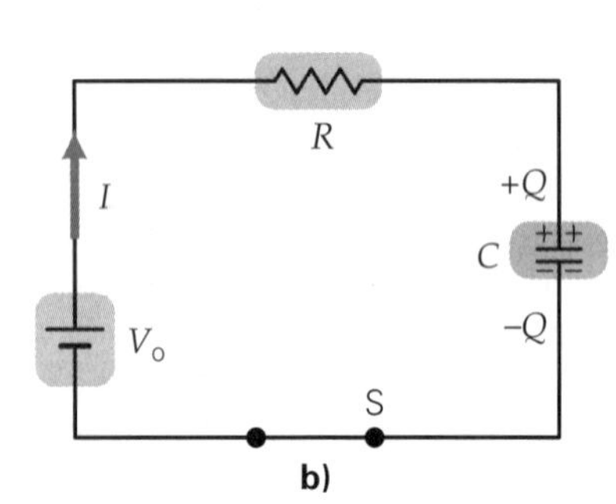

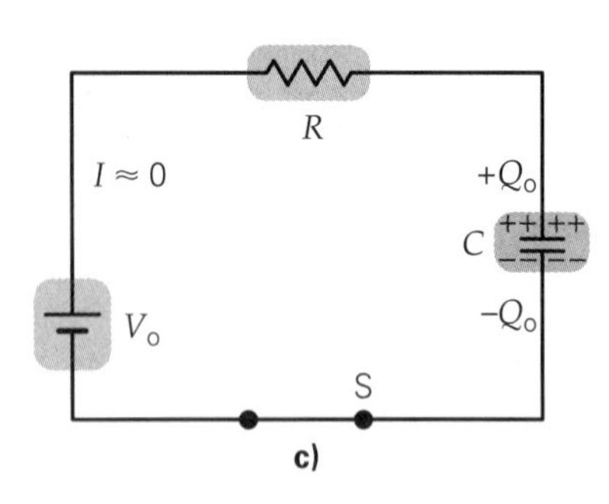

▲ **FIGURA 18.11 Carga de un condensador en un circuito RC en serie** *a*) Inicialmente no hay corriente ni carga en el condensador. *b*) Cuando el interruptor está cerrado, hay una corriente en el circuito hasta que el condensador se carga hasta su máximo valor. La tasa de carga (y descarga) depende de la constante de tiempo, τ (= RC). *c*) Para tiempos mucho más largos que τ, la corriente es muy cercana a cero, y el condensador está plenamente cargado.

La carga máxima (Q_o) que el condensador puede acumular depende de la capacitancia (C) y del voltaje de la batería (V_o). Para determinar el valor de Q_o y comprender cómo es que tanto la corriente como la carga en el condensador varían con el tiempo, considere el siguiente argumento. A $t = 0$, no hay carga en el condensador, y, por lo tanto, tampoco hay voltaje a través de él. Mediante el teorema de la malla de Kirchhoff, esto significa que todo el voltaje de la batería debe aparecer a través del resistor, dando por resultado una corriente inicial (máxima) $I_o = V_o/R$. Conforme la carga aumenta en el condensador, también lo hace el voltaje a través de las placas, reduciendo el voltaje y la corriente del resistor. Finalmente, el condensador queda cargado al máximo, y la corriente disminuye a cero. En ese momento, el voltaje del resistor es cero y el voltaje del condensador debe ser V_o. A causa de la relación entre la carga en un condensador y su voltaje (capítulo 16, ecuación 16.19), la carga máxima del condensador está dada por $Q_o = CV_o$. (Esta secuencia se ilustra en la figura 18.11.)

La resistencia es uno de los dos factores que ayudan a determinar qué tan rápido se carga el condensador, ya que cuanto mayor es su valor, mayor es la resistencia al flujo de carga. La capacitancia es el otro factor que influye en la rapidez de carga, ya que toma más tiempo cargar un condensador más grande. El análisis de este tipo de circuito requiere de matemáticas que están más allá del nivel de este libro. Sin embargo, se puede mostrar que el voltaje a través del condensador aumenta exponencialmente con el tiempo de acuerdo con la ecuación

$$V_C = V_o[1 - e^{-t/(RC)}] \quad \textit{(voltaje del condensador cargándose en un circuito RC)} \tag{18.6}$$

donde e tiene un valor aproximado de 2.718. (Recuerde que el número irracional e es la base del sistema de *logaritmos naturales*.) Una gráfica de V_C *versus* t se muestra en la ▸figura 18.12a. Como es de esperarse, V_C tiende a V_o, el voltaje máximo del condensador, después de "largo" tiempo.

Una gráfica de I *versus* t se presenta en la figura 18.12b. La corriente varía con el tiempo de acuerdo con la ecuación

$$I = I_o e^{-t/(RC)} \tag{18.7}$$

La corriente disminuye exponencialmente con el tiempo y tiene su valor máximo al inicio, como se esperaba.

De acuerdo con la ecuación 18.6, tomaría un tiempo infinito para que el condensador se cargara por completo. Sin embargo, en la práctica, los condensadores quedan cargados en tiempos relativamente cortos. Es común usar un valor especial para expresar el "tiempo de carga". Este valor, llamado **constante de tiempo (τ)**, se expresa como

$$\tau = RC \quad \textit{constante de tiempo para circuitos RC} \tag{18.8}$$

(Sería conveniente que usted demostrara que R_C tiene unidades de segundos.) Después de que ha transcurrido un tiempo igual a una constante de tiempo, $t = \tau = RC$, el voltaje a través del condensador en proceso de carga se ha elevado al 63% del máximo posible. Esto se ve evaluando V_C (ecuación 18.6), al reemplazar t con τ (= RC):

$$V_C = V_o(1 - e^{-\tau/\tau}) = V_o(1 - e^{-1})$$
$$\approx V_o\left(1 - \frac{1}{2.718}\right) = 0.63V_o$$

Como $Q \propto V_C$, esto implica que el condensador está cargado en un 63% de su máximo posible después de que ha transcurrido un tiempo igual a una constante de tiempo. Usted debería demostrar que después de una constante de tiempo, la corriente ha caído al 37% de su (máximo) valor inicial (I_o).

Al final de dos constantes de tiempo, $t = 2\tau = 2RC$, el condensador está cargado a más del 86% de su valor máximo; en $t = 3\tau = 3RC$, el condensador está cargado al 95% de su valor máximo, y así sucesivamente. Como regla general, el condensador se considera "plenamente cargado", después que han transcurrido "varias constantes de tiempo".

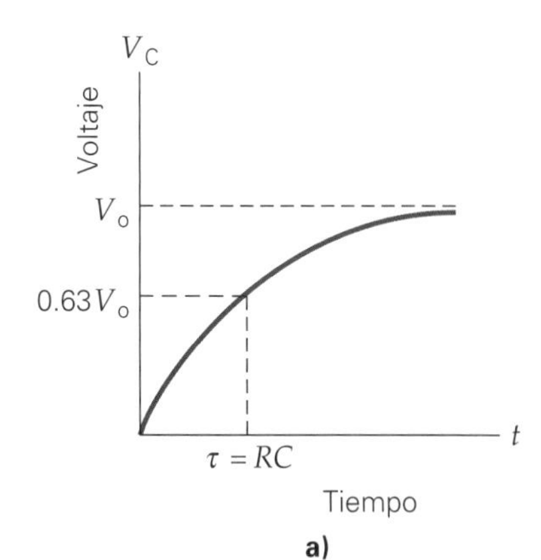

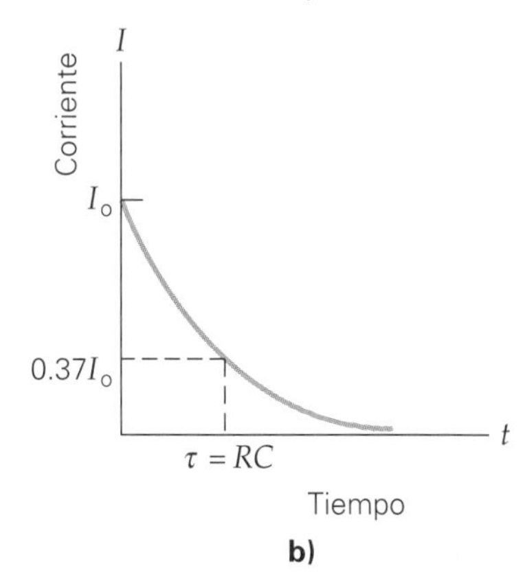

▲ **FIGURA 18.12 Carga de un condensador en un circuito RC en serie** ***a)*** En un circuito RC, conforme el condensador se carga, el voltaje a través de él aumenta no linealmente con el tiempo, alcanzando 63% de su voltaje máximo (V_o) en una constante de tiempo τ. ***b)*** La corriente en este circuito es inicialmente un máximo ($I_o - V_o/R$) y disminuye exponencialmente, cayendo al 37% de su valor inicial en una constante de tiempo, τ.

Descarga de un condensador a través de un resistor

La ▸figura 18.13a muestra un condensador siendo *descargado* a través de un resistor. En este caso, el voltaje a través del condensador *disminuye* exponencialmente con el tiempo, como lo hace también la corriente. La expresión para la caída del voltaje del condensador (desde su voltaje máximo V_o) es

$$V_C = V_o e^{-t/(RC)} = V_o e^{-t/\tau} \quad \textit{(descarga del voltaje del condensador en un circuito RC)} \tag{18.9}$$

Por ejemplo, en una constante de tiempo, el voltaje a través del condensador cae a 37% de su valor original (figura 18.13b). La corriente en el circuito decae exponencialmente, de acuerdo con la ecuación 18.7. Éste también es el comportamiento de un condensador en un desfibrilador cardiaco conforme descarga su energía almacenada (como un flujo de carga o corriente) a través del corazón (resistencia R) en un tiempo de descarga de 0.1 s. Los circuitos RC también son parte integral de los marcapasos cardiacos, que alternativamente cargan un condensador, transfieren la energía al corazón y repiten este proceso a una tasa determinada por la constante de tiempo. Para conocer más detalles sobre estos interesantes e importantes instrumentos, véase la sección A fondo 18.1, sobre las aplicaciones de los circuitos RC a la cardiología, en la p. 608. Otras aplicaciones interesantes de los circuitos RC en el campo médico se mencionan en los ejercicios 107 y 108. Como un ejemplo práctico, considere su uso en las modernas cámaras fotográficas en el ejemplo 18.6.

Ilustración 30.6 Circuito RC

Exploración 30.6 Constante de tiempo RC

Nota: la mayoría de las calculadoras cuentan con un botón e^x. Para cálculos exponenciales, practique utilizándolo. Por ejemplo, asegúrese de que su calculadora le dé $e^{-1} \approx 0.37$.

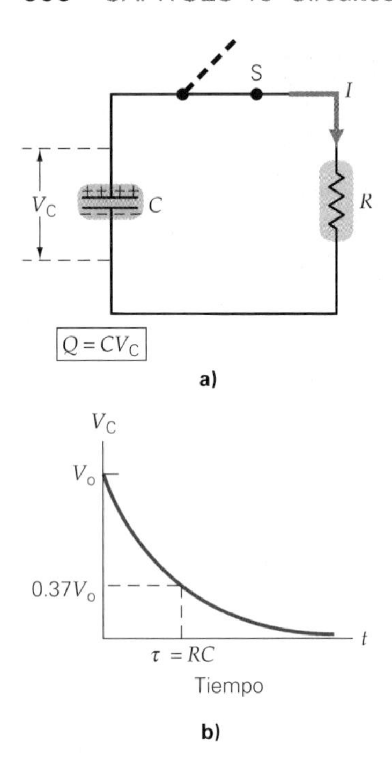

▲ **FIGURA 18.13 Descarga de un condensador en un circuito RC en serie** *a)* El condensador está inicialmente cargado. Cuando el interruptor se cierra, aparece corriente en el circuito conforme el condensador comienza a descargarse. *b)* En este caso, el voltaje a través del condensador (y la corriente en el circuito) decae exponencialmente con el tiempo, cayendo al 37% de su valor inicial en una constante de tiempo, τ.

Ejemplo 18.6 ■ Circuitos RC en cámaras fotográficas: encender el flash es tan fácil como disminuir un logaritmo

En muchas cámaras fotográficas, el flash integrado se enciende con la energía almacenada en un condensador. Este último se mantiene cargado usando baterías de larga vida con voltajes que, por lo regular, son de 9.00 V. Una vez que se enciende el flash, el condensador debe cargarse rápidamente, por medio de un circuito RC interno. Si el condensador tiene un valor de 0.100 F, ¿cuál debe ser la resistencia de forma que el condensador quede cargado al 80% de su carga máxima (la cantidad mínima de carga para encender la luz de nuevo) en 5.00 s?

Razonamiento. Después de una constante de tiempo, el condensador se carga al 63% de su voltaje y carga máximos. Como el condensador necesita el 80%, la constante de tiempo debe ser menor que 5.00 s. Podemos usar la ecuación 18.6 (junto con una calculadora) para determinar la constante de tiempo. A partir de ahí, es posible calcular el valor de resistencia que se requiere.

Solución. Los datos incluyen el voltaje final a través del condensador, V_C, que es el 80% del voltaje de la batería, lo que significa que Q es el 80% de la carga máxima.

Dado: $C = 0.100$ F
$V_B = V_o = 9.00$ V
$V_C = 0.80V_o = 7.20$ V
$t = 5.00$ s

Encuentre: R (la resistencia requerida de forma que el condensador esté cargado al 80% en 5.00 s)

Insertando los datos en la ecuación 18.6, $V_C = V_o(1 - e^{-t/\tau})$, tenemos

$$7.20 = 9.00(1 - e^{-5.00/\tau})$$

Reordenando esta ecuación, se obtiene $e^{-500/\tau} = 0.20$, y el recíproco de esta expresión (para hacer positivo el exponente) es

$$e^{5.00/\tau} = 5.00$$

Para despejar la constante de tiempo, recuerde que si $e^a = b$, entonces a es el *logaritmo natural* (ln) de b. Así, en nuestro caso, $5.00/\tau$ es el logaritmo natural de 5.00. Usando una calculadora, encontramos que ln 5.00 = 1.61. Por lo tanto,

$$\frac{5.00}{\tau} = \ln 5.00 = 1.61$$

o

$$\tau = RC = \frac{5.00}{1.61} = 3.11 \text{ s}$$

Despejando R, obtenemos

$$R = \frac{3.11 \text{ s}}{C} = \frac{3.11 \text{ s}}{0.10 \text{ F}} = 31 \ \Omega$$

Como se esperaba, la constante de tiempo es menor que 5.0 s, porque alcanzar el 80% del voltaje máximo requiere un periodo más prolongado que una constante de tiempo.

Ejercicio de refuerzo. *a)* En este ejemplo, ¿cómo se compara la energía almacenada en el condensador (después de 5.00 s) con el almacenamiento máximo de energía? Explique por qué no es el 80%. *b)* Si usted se esperara 10.00 s para cargar el condensador, ¿cuál sería su voltaje? ¿Por qué no es el doble del voltaje que existe a través del condensador después de 5.00 s?

Una aplicación de un circuito RC se presenta en la ▾figura 18.14a. Este circuito se llama *circuito de destellos* (u *oscilador de relajación de tubo neón*). El resistor y condensador están inicialmente conectados en serie, y entonces un tubo neón en miniatura se conecta en paralelo con el condensador.

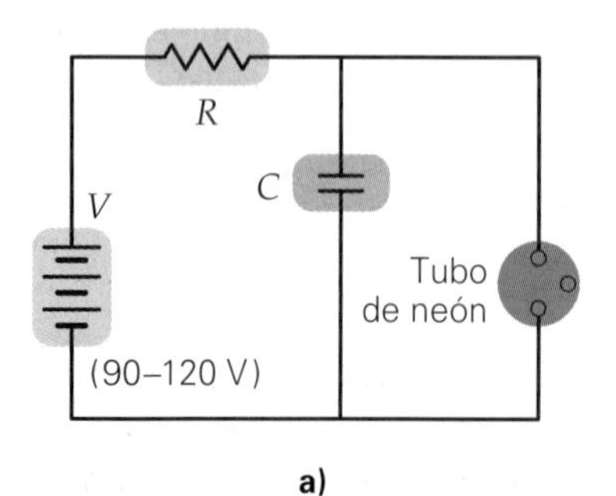

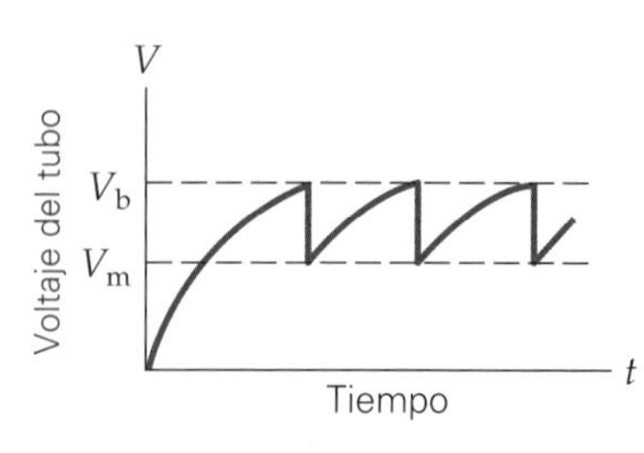

▶ **FIGURA 18.14 Circuito de destellos** *a)* Cuando un tubo de neón se conecta a través del condensador en un circuito RC en serie que tiene la fuente apropiada de voltaje, el voltaje a través del tubo oscilará con el tiempo. Como resultado, el tubo emite periódicamente destellos. *b)* Una gráfica del voltaje *versus* el tiempo muestra el efecto oscilante entre V_b, el voltaje "de ruptura", y V_m, el voltaje "de mantenimiento". Véase el texto para una explicación detallada.

Cuando el circuito está cerrado, el voltaje a través del condensador (y el tubo neón) se eleva de 0 a V_b, que es el *voltaje de ruptura* del gas neón en el tubo (aproximadamente 80 V). A ese voltaje, el gas se ioniza (es decir, los electrones se liberan de los átomos, creando cargas positivas y negativas que tienen libertad de movimiento). Entonces, el gas comienza a conducir electricidad, y el tubo se ilumina. Cuando el tubo está en un estado conductor, el condensador se descarga a través de él, y el voltaje cae rápidamente (figura 18.14b). Cuando el voltaje cae por debajo de V_m, llamado *voltaje de mantenimiento*, la ionización en el tubo ya no puede sostenerse, y el tubo deja de conducir. El condensador empieza a cargarse de nuevo, el voltaje se eleva de V_m a V_b, y el ciclo se repite. La repetición continua de este ciclo ocasiona que el tubo lance destellos.

18.4 Amperímetros y voltímetros

OBJETIVOS: *a*) Comprender cómo los galvanómetros se usan como amperímetros y voltímetros, *b*) cómo se construyen las versiones con diferentes escalas de esos dispositivos y *c*) cómo se conectan para medir corriente y voltaje en circuitos reales.

Como sus nombres implican, un **amperímetro** mide corriente *a través* de elementos de circuito y un **voltímetro** mide voltajes a través de elementos de circuito. Un componente básico de esos dos tipos de medidores es un **galvanómetro** (▸figura 18.15a). El galvanómetro opera con base en principios magnéticos, que se estudiarán en el capítulo 19. En este capítulo, el galvanómetro se considerará simplemente como un elemento de circuito que tiene una resistencia interna r (por lo general, alrededor de 50 Ω); las desviaciones de su aguja son directamente proporcionales a la corriente en él (figura 18.15b).

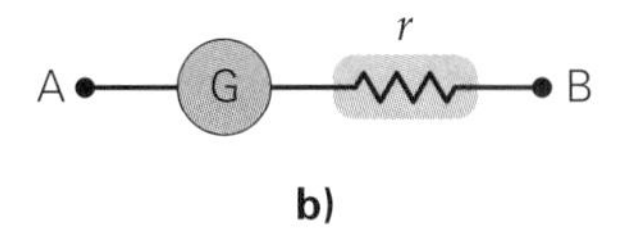

▲ **FIGURA 18.15** El galvanómetro *a*) Un galvanómetro es un dispositivo sensible a la corriente; las desviaciones de su aguja son proporcionales a la corriente a través de su bobina. *b*) El símbolo de circuito para un galvanómetro es un círculo que contiene una G. La resistencia interna (r) del medidor se indica explícitamente como r.

Amperímetros

Un galvanómetro mide corriente, pero por la pequeña resistencia en su bobina, sólo es posible medir las corrientes en el rango de microamperios sin quemar los alambres de la bobina. Sin embargo, hay una manera de construir un amperímetro para medir mayores corrientes con un galvanómetro. Para lograrlo, se conecta un pequeño *resistor en derivación* (con una resistencia R_s) en paralelo con un galvanómetro. El trabajo del resistor en derivación (o simplemente, derivación, para abreviar) consiste en tomar la mayor parte de la corriente (▾figura 18.16). Esto requiere que la derivación tenga mucho menos resistencia que el galvanómetro ($R_s \ll r$). El siguiente ejemplo ilustra cómo se determina la resistencia de la derivación en el diseño de un amperímetro.

Nota: los amperímetros se conectan en serie con el elemento cuya corriente están midiendo (figura 18.16b).

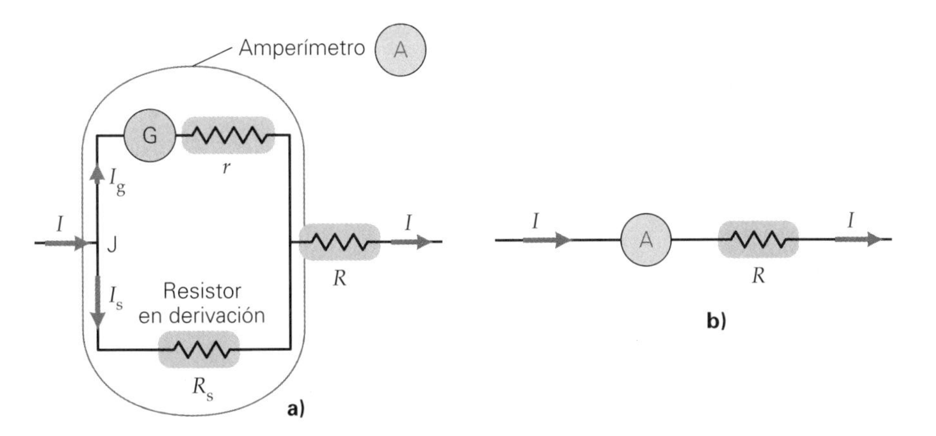

◂ **FIGURA 18.16** Un amperímetro cd Aquí, R es la resistencia del resistor cuya corriente se está midiendo. *a*) Un galvanómetro en paralelo con un resistor en derivación (R_s) es un amperímetro capaz de medir varios rangos de corriente, dependiendo del valor de R_s. *b*) El símbolo en un circuito para un amperímetro es un círculo con una A dentro. (Véase el ejemplo 18.7 para una explicación detallada del diseño de un amperímetro.)

Ejemplo 18.7 ■ Diseño de un amperímetro usando las reglas de Kirchhoff: selección de un resistor en derivación

Suponga que tiene un galvanómetro capaz de conducir con seguridad una corriente máxima en su bobina de 200 μA (esto se llama *su sensibilidad a escala plena*) y que tiene una resistencia en la bobina de 50 Ω. Se va a utilizar en un amperímetro diseñado para leer corrientes de hasta 3.0 A (a escala plena). ¿Cuál es la resistencia en derivación requerida? (Véase la figura 18.16a.)

Razonamiento. El galvanómetro sólo puede llevar una corriente pequeña, por lo que la mayor parte de la corriente tendrá que ser desviada, o "derivada", a través del resistor en derivación. Así, esperamos que la resistencia en derivación sea mucho menor que la resis-

Exploración 30.4 Galvanómetros y amperímetros

(continúa en la siguiente página)

tencia interna del galvanómetro. Como el resistor en derivación y la resistencia de la bobina, en realidad, son dos resistores están en paralelo, tienen el mismo voltaje. Esta información —junto con las leyes de Kirchhoff—, nos permite determinar el valor de R_s.

Solución. Se listan los datos

Dado: $I_g = 200\ \mu A = 2.00 \times 10^{-4}$ A *Encuentre:* R_s (resistencia en derivación)

$r = 50\ \Omega$

$I_{máx} = 3.0$ A

Como los voltajes a través del galvanómetro y el resistor en derivación son iguales, podemos escribir (usando subíndices "g" para galvanómetro y "s" para derivación; véase la figura 18.16a)

$$V_g = V_s \quad \text{o} \quad I_g r = I_s R_s$$

Usando la regla de unión de Kirchhoff en el punto J, la corriente I en el circuito externo es $I = I_g + I_s$ o $I_s = I - I_g$. Sustituyendo esto en la ecuación anterior, tenemos

$$I_g r = (I - I_g)R_s$$

A FONDO

18.1 APLICACIONES DE LOS CIRCUITOS RC A LA CARDIOLOGÍA

El corazón humano, en condiciones normales, late entre 60 y 70 veces por minuto, y cada latido bombea unos 70 mL de sangre (alrededor de un galón por minuto). El corazón es, en esencia, una bomba compuesta por células musculares especializadas. Las células se activan para latir cuando reciben señales eléctricas (figura 1). Estas señales (véase la sección A fondo 16.1 referente a la transmisión nerviosa en el capítulo 16) son enviadas por células especiales, llamadas *células marcapaso*, localizadas en el *nodo sinoauricular* (*nodo SA*, para abreviar) en una de las cámaras superiores o aurículas del corazón.

Durante un ataque cardiaco o después de un choque eléctrico, el corazón adopta un patrón irregular de latidos. Si un individuo no recibe tratamiento, esta condición resulta fatal en pocos minutos. Por fortuna, es posible hacer que el corazón recobre su patrón normal al pasarle una corriente eléctrica. El instrumento que hace posible esto se llama *desfibrilador cardiaco*. El componente principal de un desfibrilador es un condensador cargado a un alto voltaje.*

Se requieren varios cientos de joules de energía eléctrica para restablecer el ritmo cardiaco. Las placas de alto y bajo voltaje del condensador se ponen en contacto con la piel del paciente mediante dos electrodos que se colocan justo por encima de ambos lados del corazón (figura 2a y 2b). Cuando se enciende el interruptor, la corriente fluye a través del corazón y así se transfiere la energía del condensador a este órgano en un intento por restablecer el número correcto de latidos.

*Como las baterías portátiles no son capaces de dar altos voltajes, el proceso de carga se basa en un fenómeno llamado inducción electromagnética, que se estudiará en el capítulo 20.

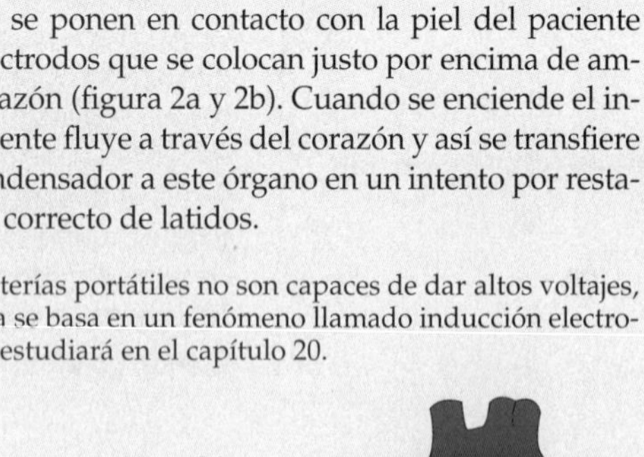

Nodo SA

Localización general de las células marcapaso

FIGURA 1 El corazón Las células marcapaso se localizan primordialmente en el nodo SA. Las señales eléctricas que desencadenan un latido cardiaco alcanzan las áreas más bajas del corazón en unos 50 milisegundos.

Esta descarga es la de un circuito RC. Por lo general, el condensador tiene un valor de 10 μF y está cargado a 1000 V. (Avances recientes en dieléctrica han permitido fabricar condensadores de 1 F o más. Esto reduce la necesidad de alto voltaje porque la energía almacenada es proporcional a la capacitancia, $U_C = CV^2/2$). La resistencia del corazón (R_h) es, por lo regular, de 1000 Ω, lo que da una constante de tiempo (para descarga) de $\tau = R_h C = 10^{-2}$ s $= 10$ ms.

En virtud de esta constante de tiempo de descarga de 10 ms, el condensador se descarga por completo después de 50 ms. El condensador debe recargarse en unos 5 s (figura 2c). De esta forma, la constante de tiempo de *carga* debería ser de 1 s. Esto significa que el resistor de carga debe tener un valor aproximado (R_c) de $R_c = \tau/C \approx 10^5\ \Omega$.

En algunos tipos de ataque al corazón, los latidos cardiacos son irregulares por problemas con las células marcapaso. El corazón puede recobrar su latido normal gracias a un dispositivo (que se implanta), llamado *marcapasos cardiaco*. Estas unidades tienen el tamaño de una caja de cerillos, poseen una batería de larga vida y se insertan quirúrgicamente cerca del nodo SA.

La mayoría de los marcapasos están controlados mediante un complejo circuito de activación que les permite enviar señales al corazón sólo si es necesario (marcapasos "de demanda"; véanse las figuras 3a y 3b). El circuito de activación envía una señal al marcapasos para que se "encienda" si el corazón deja de latir; si late normalmente, el interruptor del condensador se queda en la posición de carga total, en espera de una señal de encendido.

Para nuestros propósitos, el marcapasos es un circuito RC. El condensador (por lo común de 10 μF) se queda cargado gracias a la batería y debe estar listo para liberar su energía tan rápido como 70 veces por minuto (en el caso del peor escenario, cuando las propias células marcapaso del corazón no funcionan en absoluto). La resistencia del músculo cardiaco entre los electrodos del marcapasos es de 100 W, lo que significa que la constante de tiempo de descarga del dispositivo es $\tau \approx 1$ ms. Por lo tanto, se descarga por completo en 5 ms.

Para operar 70 veces por segundo, el condensador tiene que cargarse, encenderse y recargarse en $1/70 \approx 14$ ms. Como tarda aproximadamente 5 ms en descargarse, tiene unos 9 ms para recargarse, lo que da una constante de tiempo de recarga de 2 ms. Esto requiere que el resistor de recarga R_C (el resistor en el circuito a través del cual se carga el condensador) esté, cuando mucho, a 200 Ω (figura 3c).

Por lo tanto, la resistencia en derivación R_s es

$$R_s = \frac{I_g r}{I_{\text{máx}} - I_g} = \frac{(2.00 \times 10^{-4}\ \text{A})(50\ \Omega)}{3.0\ \text{A} - 2.00 \times 10^{-4}\ \text{A}} = 3.3 \times 10^{-3}\ \Omega = 3.3\ \text{m}\Omega$$

La resistencia en derivación es muy pequeña comparada con la resistencia de la bobina, lo que permite el paso de la mayor parte de la corriente (2.9998 A a escala plena) a través del resistor en derivación. El amperímetro leerá corrientes linealmente hasta 3.0 A. Por ejemplo, si una corriente de 1.5 A fluyera en el amperímetro, habría una corriente de 100 μA en la bobina del galvanómetro (la mitad de la máxima permitida), lo que daría una lectura de media escala, o 1.5 A.

Ejercicio de refuerzo. En este ejemplo, si hubiéramos usado una resistencia en derivación de 1.0 mΩ, ¿cuál sería la lectura de escala plena (máxima lectura de corriente) del amperímetro?

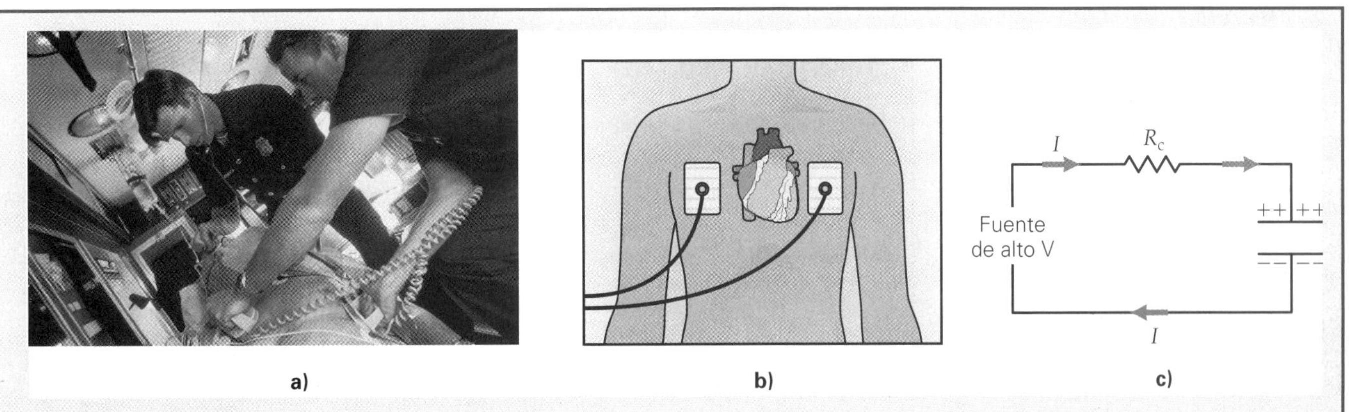

FIGURA 2 ¡Reactiven el corazón! *a)* Los electrodos se colocan externamente a ambos lados del corazón, y la energía de un condensador cargado pasa a través de él para ayudarlo a restablecer su patrón normal de latidos. *b)* Esta figura muestra un diagrama del uso corrector del desfibrilador. La descarga es la de un circuito RC. *c)* Recarga del condensador del desfibrilador para dejarlo listo otra vez, mediante un resistor (de carga) $R_C \approx 10^5\ \Omega$.

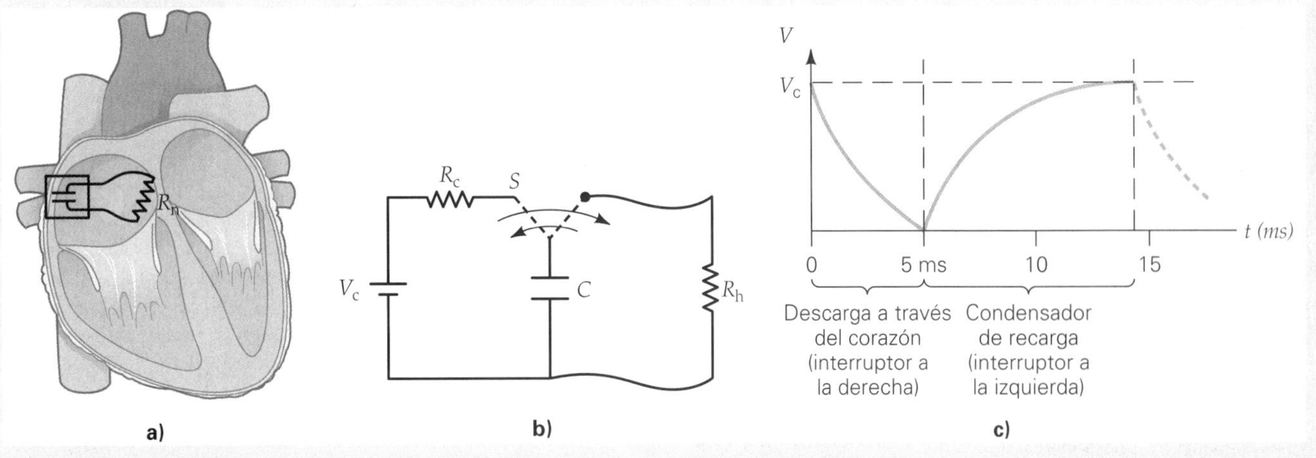

FIGURA 3 Marcapasos cardiaco *a)* Un marcapasos común (mostrado como un condensador en una caja) se implanta quirúrgicamente sobre o cerca de la superficie del corazón, con sus cables conectados al músculo cardiaco (resistencia R_h). (El circuito de carga del condensador no se muestra.) Otros cables (no ilustrados) reciben señales del corazón para determinar si el marcapasos necesita "encenderse". *b)* El circuito sensor determina la posición del "interruptor" del condensador. Si el corazón no late, el circuito sensor da vuelta al interruptor hacia la derecha, iniciando la descarga de energía a través del músculo cardiaco. Si el corazón late adecuadamente, el circuito sensor deja el interruptor a la izquierda, manteniendo el condensador cargado por completo. *c)* Si el marcapasos está en operación, un ciclo completo toma 15 ms. Se necesitan unos 5 ms para la descarga a través del músculo cardiaco y otros 10 ms para recargar el condensador. La recarga se completa gracias a una batería de larga vida, V_c.

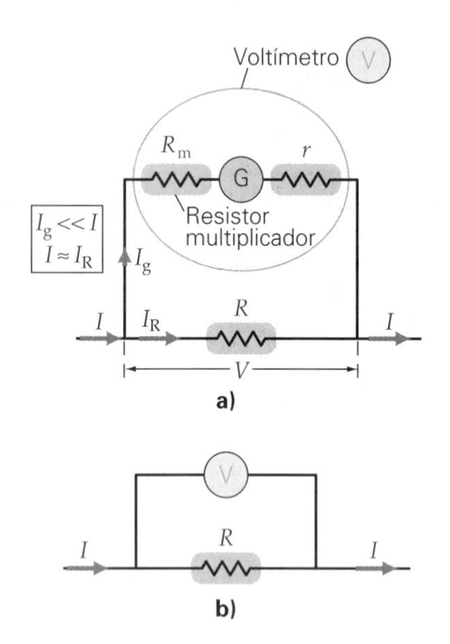

▲ **FIGURA 18.17 Un voltímetro cd** Aquí, R es la resistencia del resistor cuyo voltaje se está midiendo. ***a)*** Un galvanómetro en serie con un resistor multiplicador (R_m) es un voltímetro capaz de medir varios rangos de voltaje, dependiendo del valor de R_m. ***b)*** El símbolo de circuito para un voltímetro es un círculo con una V dentro. (Véase el ejemplo 18.8 para una explicación detallada del diseño de un voltímetro.)

Voltímetros

Un voltímetro que es capaz de leer voltajes superiores al rango de microvolts (cualquier voltaje mayor quemaría el galvanómetro si éste estuviera solo) se construye conectando un gran *resistor multiplicador en serie* con un galvanómetro (◂figura 18.17). Como el voltímetro tiene una gran resistencia, a causa del resistor multiplicador, extrae poca corriente del elemento de circuito cuyo voltaje mide. Sin embargo, la corriente que existe en el voltímetro es proporcional al voltaje a través del elemento del circuito. Así, el voltímetro se calibra en volts. Para comprender mejor esta configuración, considere el ejemplo 18.8.

Ejemplo 18.8 ■ Diseño de un voltímetro: uso de la reglas de Kirchhoff para escoger un resistor multiplicador

Suponga que el galvanómetro del ejemplo 18.7 se usará en un voltímetro con una lectura completa de 3.0 V. ¿Cuál es la resistencia requerida del multiplicador?

Razonamiento. Para convertir un galvanómetro en un voltímetro, necesitamos una reducción de la corriente, lo que se logra añadiendo un "resistor multiplicador" grande en serie. Todos los datos necesarios para calcular la resistencia del multiplicador se dan aquí y en el ejemplo 18.7.

Solución. Primero, se lista los datos:

Dado: $I_g = 200\,\mu\text{A} = 2.00 \times 10^{-4}\,\text{A}$ (a partir del ejemplo 18.7)
$r = 50\,\Omega$ (del ejemplo 18.7)
$V_{\text{máx}} = 3.0\,\text{V}$

Encuentre: R_m (resistencia del multiplicador)

Las resistencias del galvanómetro y del multiplicador están en serie. Esta combinación está en paralelo con el elemento de circuito externo (R). Por lo tanto, el voltaje a través del elemento de circuito externo es la suma de los voltajes a través del galvanómetro y multiplicador (figura 18.17):

$$V = V_g + V_m$$

Los voltajes a través del galvanómetro y los resistores multiplicadores son

$$V_g = I_g r \quad \text{y} \quad V_m = I_g R_m$$

Combinando esas tres ecuaciones, tenemos

$$V = V_g + V_m = I_g r + I_g R_m = I_g(r + R_m)$$

Despejando la resistencia del multiplicador, tenemos

$$R_m = \frac{V - I_g r}{I_g} = \frac{3.0\,\text{V} - (2.00 \times 10^{-4}\,\text{A})(50\,\Omega)}{2.00 \times 10^{-4}\,\text{A}} = 1.5 \times 10^4\,\Omega = 15\,\text{k}\Omega$$

Observe que el segundo término en el numerador ($I_g r$) es insignificante comparado con la lectura plena de 3.0 V. Así, con una buena aproximación, $R_m \approx V/I_g$ o $V \propto I_g$. El voltaje medido es proporcional a la corriente en el galvanómetro.

Ejercicio de refuerzo. El voltímetro en este ejemplo se usa para medir el voltaje de un resistor en un circuito. Una corriente de 3.00 A fluye a través del resistor (1.00 Ω) *antes* de conectar el voltímetro. Suponiendo que la corriente total *que llega* (I en la figura 18.17b) permanece igual después de que se conecta el voltímetro, calcule la corriente en el galvanómetro.

Nota: los voltímetros se conectan en paralelo o a través del elemento cuyo voltaje están midiendo (figura 18.17b).

Exploración 30.5 *Voltímetros*

Por versatilidad, los amperímetros y voltímetros se fabrican con diferentes escalas. Esta tarea se logra dando al usuario varias opciones de resistores en derivación o resistores multiplicadores (▸figura 18.18a y b). También se fabrican combinaciones de estos medidores y se conocen como *multímetros*, que miden voltaje, corriente y, a menudo, resistencia. Los multímetros digitales electrónicos son comunes (figura 18.18c). En lugar de galvanómetros mecánicos, esos dispositivos usan circuitos electrónicos que analizan señales digitales para calcular voltajes, corrientes y resistencias, que se despliegan en la pantalla.

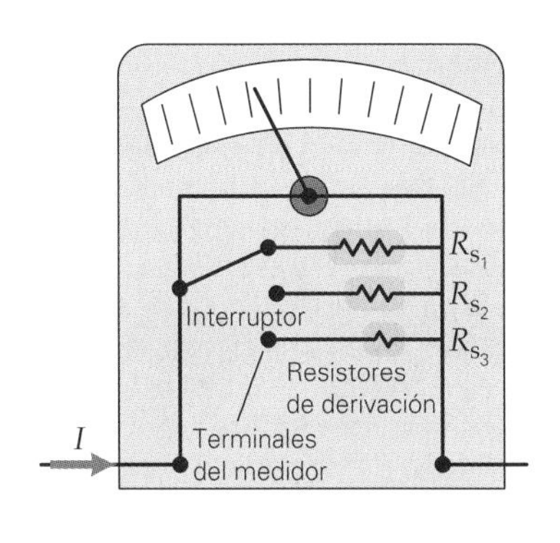

a) **Amperímetro con escalas múltiple**

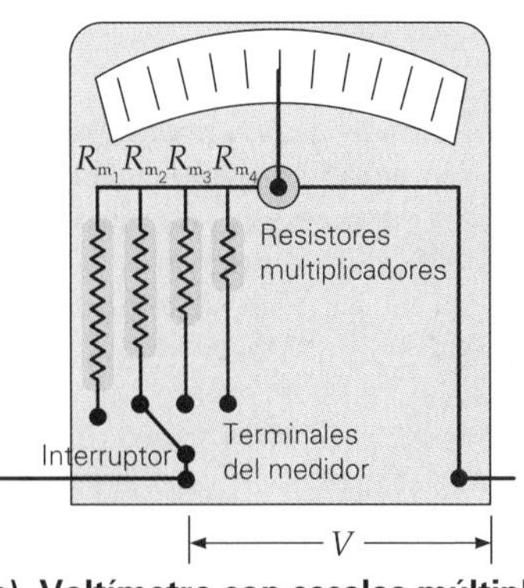

b) **Voltímetro con escalas múltiple**

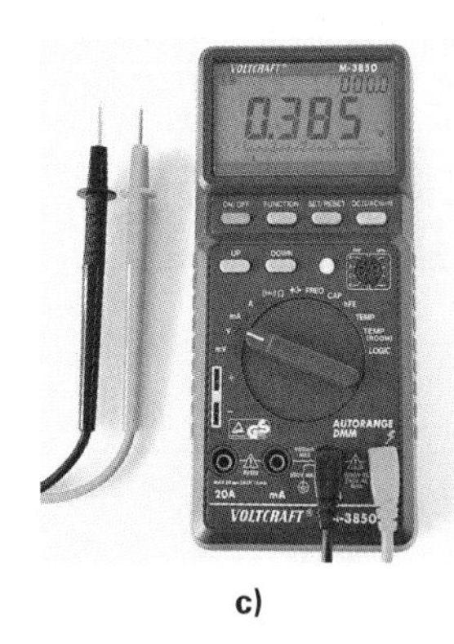

c)

▲ **FIGURA 18.18** Medidores de varias escalas *a)* Un amperímetro o *b)* un voltímetro se utilizan para medir diversos rangos de corriente y de voltaje, si se conectan entre diferentes resistores de derivación o multiplicadores, respectivamente. (En lugar de un interruptor, hay una terminal exterior para cada rango.) *c)* Ambas funciones se combinan en un solo multimedidor, que se muestra aquí a la izquierda midiendo el voltaje a través de una bombilla de luz. (¿Cómo se sabe que no está midiendo la corriente?)

18.5 Circuitos domésticos y seguridad eléctrica

OBJETIVOS: *a*) Comprender cómo los circuitos domésticos están cableados y *b*) conocer los principios que rigen sobre los dispositivos eléctricos de seguridad.

Aunque los circuitos domésticos usan generalmente corriente alterna, que aún no hemos estudiado, usted comprenderá su operación (y muchas de sus aplicaciones prácticas) gracias a los principios de los circuitos que ya hemos visto.

Por ejemplo, ¿esperaría usted que los elementos (lámparas, aparatos, etc.) de un circuito doméstico estén conectados en serie o en paralelo? A partir del análisis de las bombillas de un árbol de Navidad (sección 18.1), debería ser aparente que los elementos domésticos deben conectarse en paralelo. Por ejemplo, cuando la bombilla de una lámpara se funde, otros elementos del circuito continúan trabajando. Además, los dispositivos domésticos y lámparas generalmente están clasificados para funcionar a 120 V. Si esos elementos estuvieran conectados en serie, ninguno de los elementos individuales del circuito tendría un voltaje de 120 V.

La energía eléctrica se suministra a una casa por medio de un sistema de tres cables (▾figura 18.19). Existe una diferencia de potencial de 240 V entre los dos cables "calientes"

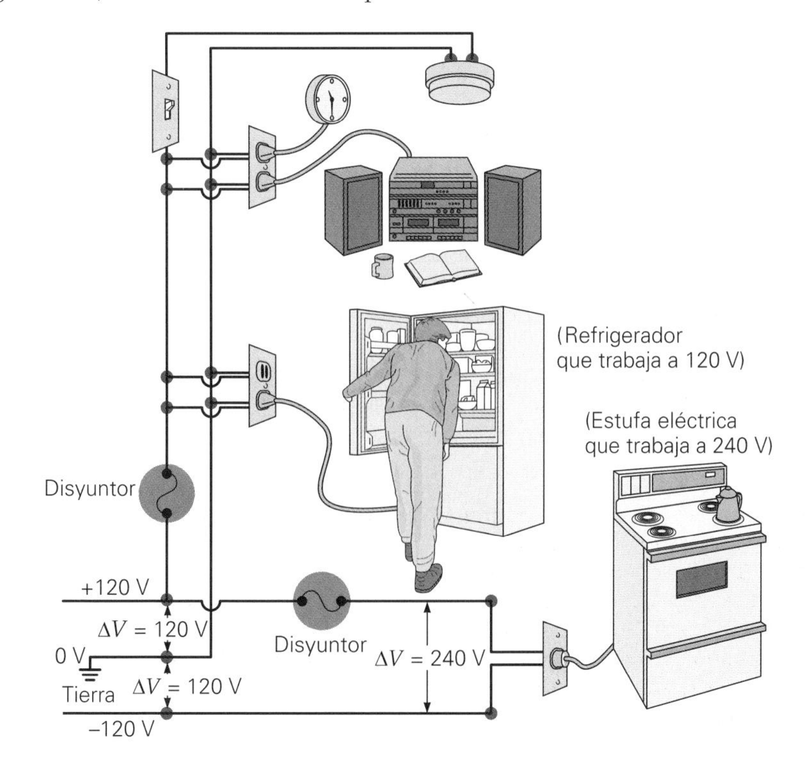

◀ **FIGURA 18.19** Cableado doméstico Un circuito de 120 V se obtiene conectando cualquiera de las líneas "calientes" y la línea de tierra. Un voltaje de 240 V (para grandes aparatos como estufas eléctricas) se obtiene conectando las dos líneas "calientes" de polaridad contraria. (*Nota:* para obtener mayor claridad, la línea de tierra [la tercera línea que tiene las puntas redondeadas], no se muestra.)

Nota: el voltaje doméstico fluctúa, en condiciones normales, entre 110 y 120 V. De manera similar, las conexiones a 240 V pueden estar tan bajas como 220 V y aun así se les considera normales.

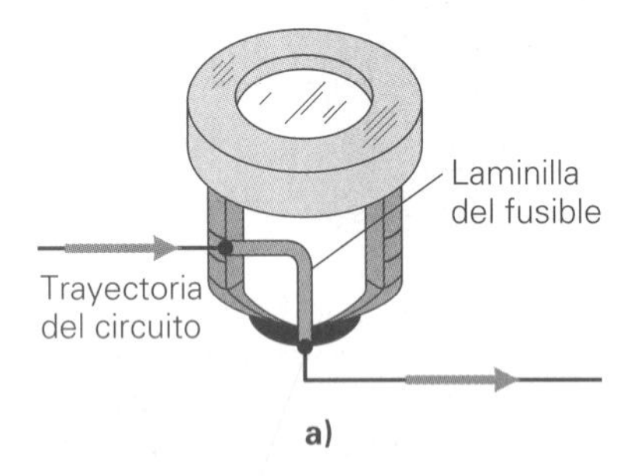

a)

b)

▲ **FIGURA 18.20** Fusibles *a)* Un fusible contiene una tira o una cinta metálica que se funde cuando la corriente excede cierto valor establecido. Esto abre el circuito y evita el sobrecalentamiento. ***b)*** Los fusibles base de Edison (a la izquierda) tienen una rosca similar a la de las bombillas de luz. Las roscas son idénticas en este tipo de fusibles; así, es posible intercambiar fusibles con diferente clasificación de amperaje. Los fusibles tipo S (a la derecha) tienen roscas distintas para clasificaciones diferentes, por lo que no es posible intercambiarlos.

o de alto potencial. Cada uno de esos cables "calientes" tiene una diferencia de potencial de 120 V con respecto a la tierra. El tercer cable se lleva a tierra en el punto donde los cables entran a la casa, generalmente por medio de una barra metálica empotrada en el suelo. Este cable se define como el potencial cero y se le llama *cable a tierra* o *neutro*.

La diferencia en potencial de 120 V necesaria para la mayor parte de los aparatos domésticos se obtiene conectándolos entre el cable a tierra y cualquiera de los cables de alto potencial. El resultado es el mismo en cualquiera de los casos, porque $\Delta V = 120\text{ V} - 0\text{ V} = 120\text{ V}$ o $\Delta V = 0\text{ V} - (-120\text{ V}) = 120\text{ V}$. (Véase la figura 18.19.)

Aun cuando el cable a tierra tiene cero potencial, es portador de corriente por ser parte del circuito completo. Grandes dispositivos como acondicionadores centrales de aire, hornos y calentadores de agua necesitan operar a 240 V. Este voltaje se obtiene conectándolos entre los dos cables calientes: $\Delta V = 120\text{ V} - (-120\text{ V}) = 240\text{ V}$. Aunque la corriente a través de un dispositivo (en condiciones de operación por debajo de 120 V) se indica en una etiqueta de clasificación, también puede determinarse a partir de la clasificación de potencia (usando $I = P/V$). Por ejemplo, un estéreo clasificado a 180 W extraería una corriente promedio de 1.5 A (porque $I = P/V = 180\text{ W}/120\text{ V} = 1.50\text{ A}$).

Hay limitaciones sobre el número de aparatos que pueden ponerse en un circuito y sobre la corriente *total* en ese circuito. Específicamente, el calor de joule (o pérdida I^2R) en los cables debe tomarse en consideración. Cuanto más elementos en paralelo, menor es la resistencia equivalente del circuito. Añadir aparatos (encendidos) incrementa la corriente total. Recuerde que los cables tienen alguna resistencia y quedarán sometidos a un considerable calor de joule si la corriente es suficientemente grande. Por lo tanto, al agregar demasiados aparatos, se corre el riesgo de sobrecargar un circuito doméstico y producir demasiado calor *en los cables*. Este calor podría fundir el aislante e iniciar un incendio.

La sobrecarga se previene limitando la corriente en un circuito por medio de dos tipos de dispositivos: fusibles y disyuntores (o *breakers*). Los **fusibles** (◂figura 18.20) son comunes en las casas antiguas. Un fusible de base Edison tiene cuerdas o roscas como las que existen en la base de una bombilla de luz. (Véase la figura 18.20b.) Dentro del fusible existe una franja metálica que se funde cuando la corriente es mayor que el valor de clasificación (por lo regular de 15 A para un circuito de 120 V). El fundido de la franja rompe (o abre) el circuito, y la corriente cae a cero.

Los **disyuntores** se utilizan exclusivamente en el cableado de casas modernas. Un tipo (▾figura 18.21) usa una franja bimetálica (véase el capítulo 10). Cuando aumenta la corriente en la franja, ésta se calienta y se dobla. Al llegar al valor de clasificación de la corriente, la franja se doblará lo suficiente para abrir el circuito. La franja se enfría entonces rápidamente, y el disyuntor puede reinstalarse. Sin embargo, un fusible quemado o un disyuntor desconectado indica que ¡el circuito está intentando extraer demasiada corriente! *Encuentre y corrija el problema antes de reemplazar el fusible o de reinstalar el disyuntor.* Además, en ninguna circunstancia, debe reemplazarse (ni siquiera temporalmente) un fusible fundido por otro de una clasificación más alta de corriente (¿por qué?). Si no se dispone de un fusible de la correcta clasificación, por seguridad, es mejor dejar el circuito abierto (a menos que controle elementos necesarios en caso de emergencia o que sean cruciales para la vida) hasta que se encuentre el fusible correcto.

Los interruptores, fusibles y disyuntores se colocan en el lado "caliente" (de alto potencial) del circuito. Por supuesto, también pueden trabajar si se les coloca en el lado conectado a tierra. Para ver por qué no es conveniente esto último, considere lo siguiente. Si se les colocara ahí, aun cuando el interruptor estuviera abierto, el fusible fundido o el disyuntor disparado, los aparatos seguirían conectados a un potencial elevado, lo cual resultaría potencialmente peligroso si una persona hace contacto eléctrico (▸figura 18.22a).

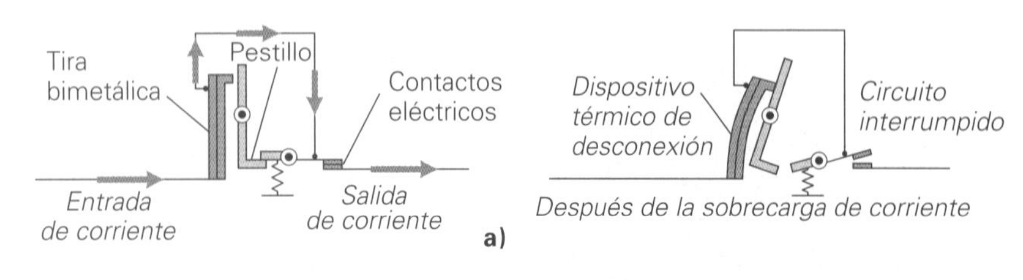

a)

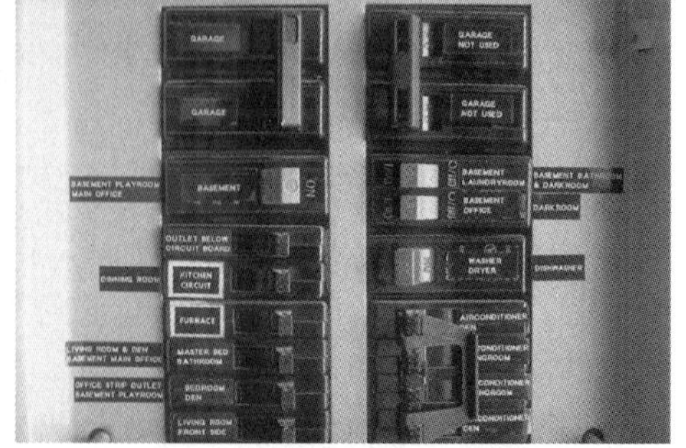

b)

▲ **FIGURA 18.21** Disyuntores de circuito *a)* Diagrama de un dispositivo térmico de desconexión. Al aumentar la corriente y el calor de joule, el elemento se dobla hasta que se abre el circuito para algún valor prefijado de la corriente. También existen dispositivos de desconexión que utilizan principios magnéticos. ***b)*** Un conjunto de disyuntores domésticos comunes.

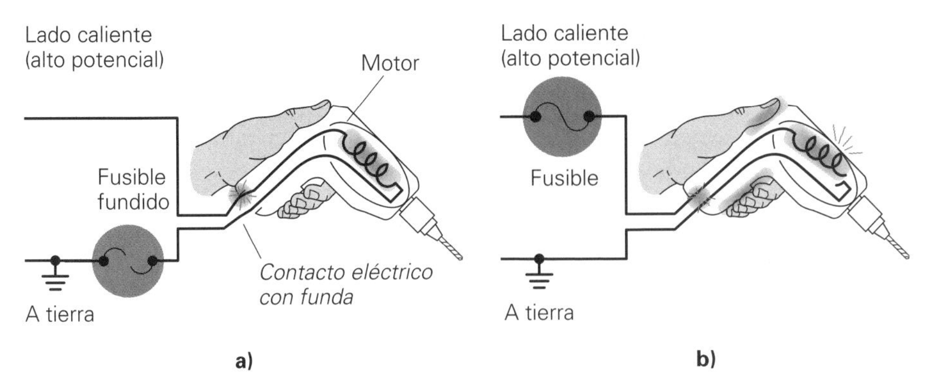

▲ **FIGURA 18.22 Seguridad eléctrica** *a)* Los interruptores y fusibles o disyuntores siempre deben estar conectados en el lado de alto potencial de la línea, no en el lado a tierra como se muestra en la figura. Si esos elementos se colocaran en el lado a tierra, la línea (y la cubierta metálica de un aparato) quedaría a un alto potencial aun cuando el fusible se queme o se abra un interruptor. *b)* Aunque el fusible o el disyuntor esté en el lado "caliente", existe una situación potencialmente peligrosa. Si un cable interno entra en contacto con la cubierta metálica de un aparato o herramienta de potencia, ésta tendrá un alto voltaje y, si una persona la toca, recibirá un choque eléctrico.

▲ **FIGURA 18.23 Dirigido a tierra** Por seguridad, un tercer cable se conecta de un aparato o de una herramienta de potencia al suelo. Este cable destinado a tierra por lo común no lleva corriente (en oposición al cable del circuito conectado a tierra). Si un cable caliente entra en contacto con la cubierta metálica, la corriente seguirá el cable conectado a tierra (trayectoria de menor resistencia) en lugar de atravesar el cuerpo de la persona que sostiene el aparato. El enchufe que se utiliza para esto se observa en la figura 18.24.

Aun con fusibles o disyuntores conectados correctamente en el lado de alto potencial de la línea, existe la posibilidad de provocar un choque eléctrico de un aparato defectuoso que tenga una cubierta metálica, como un taladro de mano. Por ejemplo, si un cable interior se afloja y hace contacto con la cubierta, ésta alcanzaría un potencial elevado (figura 18.22b). El cuerpo de una persona puede formar una trayectoria a tierra y convertirse en parte del circuito sufriendo un choque. Para conocer más acerca de los efectos de los choques eléctricos, véase la sección A fondo 18.2, que trata el tema electricidad y seguridad personal en la p. 614.

Para prevenir un choque, se agrega al circuito un tercer cable que lleva a tierra la cubierta metálica de los aparatos o herramientas de potencia (▸figura 18.23). Este cable ofrece una trayectoria de muy baja resistencia, pasando de lado a la herramienta. Este alambre normalmente no lleva corriente. Si un alambre caliente entra en contacto con la cubierta, el circuito se completa gracias a este cable a tierra. Entonces, el fusible se funde o el disyuntor se dispara, ya que la mayor parte de la corriente estaría en el tercer cable a tierra y no en usted. En tal caso, lo más probable es que usted no resulte dañado. Sin embargo, recuerde que si se reinstala el disyuntor, continuará disparándose a menos que se encuentre el origen del problema y se repare.

En las **clavijas de tres dientes**, el diente redondo grande se conecta con el cable de tierra. Se pueden utilizar adaptadores entre una clavija de tres dientes y una toma de corriente con entrada para dos dientes. Tales adaptadores tienen una agarradera o un cable que hace tierra (▾figura 18.24a) y que debe asegurarse a una caja receptáculo con un tornillo de seguridad. La caja receptáculo está conectada al cable que hace tierra. Si la agarradera o el cable del adaptador no están conectados, el sistema queda desprotegido, lo cual frustra el propósito del dispositivo de seguridad dedicado a hacer tierra.

Tal vez usted ha notado que existe otro tipo de clavija, una de dos dientes que se ajusta en el enchufe sólo en una dirección pues uno de los dientes es más ancho que el otro y una de las ranuras del receptáculo también es mayor (figura 18.24b). Este tipo de

a)

b)

◂ **FIGURA 18.24 Enchufe a tierra** *a)* Para alojar el cable a tierra (figura 18.23), se utiliza una clavija de tres dientes. El adaptador que aquí se observa permite conectar la clavija de tres dientes en un tomacorriente con entrada para dos dientes. La agarradera en el adaptador se debe conectar al tornillo asegurador de la placa en el receptáculo conectado a tierra; de otra forma, se perdería la seguridad del dispositivo. *b)* Una clavija polarizada. Los dientes de diferente tamaño permiten la identificación de los lados alto y de tierra de la línea. Véase el texto para conocer más detalles.

clavija se llama **clavija polarizada**. La *polarización* en el sentido eléctrico es un método de identificar los lados calientes y a tierra de la línea de forma que se puedan hacer conexiones particulares.

Esas clavijas polarizadas y las tomas de corriente son ahora una medida de seguridad común. Los receptáculos de pared están cableados de forma que la ranura pequeña se conecta con el lado caliente, y la ranura grande con el lado neutral o tierra. Si se identifica el lado caliente en esta forma, son posibles dos salvaguardias. Primero, el fabricante de un aparato eléctrico podrá diseñarlo de manera que el interruptor siempre esté del lado caliente de la línea. Así, todo el cableado del aparato, más allá del interruptor, será neutro cuando el interruptor esté abierto y el aparato quede desconectado. Es más, el fabricante conecta la cubierta del aparato al lado de tierra por medio de una clavija polarizada. Si algún cable caliente dentro del aparato se afloja y hace contacto con la cubierta metálica, el efecto será similar al que ocurre en el sistema conectado a tierra. El lado caliente de la línea será acortado hacia la tierra, lo cual fundirá un fusible o disparará un disyuntor.

Otro dispositivo eléctrico de seguridad, el interruptor de tierra falsa, se verá en el capítulo 20.

A FONDO 18.2 ELECTRICIDAD Y SEGURIDAD PERSONAL

Las medidas de seguridad son necesarias para evitar lesiones cuando se trabaja con electricidad. Los conductores de electricidad (como los cables) están recubiertos con materiales aislantes para poderlos manejar sin peligro. Sin embargo, cuando una persona entra en contacto con un conductor cargado, podría existir una diferencia de potencial a través de parte de su cuerpo. Un pájaro se puede posar sobre una línea de alto voltaje sin ningún problema porque sus dos patas están al mismo potencial; por lo tanto, *no hay diferencia de potencial* que genere una corriente en el pájaro. Pero si una persona que lleva una escalera de aluminio (conductor) toca con ella una línea eléctrica, existirá una diferencia de potencial entre la línea y el suelo, y la escalera y la persona se convierten entonces en parte de un circuito portador de corriente.

El grado de lesión que sufre la persona en este caso depende de la cantidad de corriente eléctrica que fluye a través de su cuerpo y de la trayectoria del circuito. Sabemos que la corriente en el cuerpo está dada por $I = V/R_{\text{cuerpo}}$. Es evidente que la corriente depende de la resistencia del cuerpo.

Sin embargo, la resistencia del cuerpo varía. Si la piel está seca, la resistencia puede ser de 0.50 MΩ (0.50×10^6 Ω) o mayor. Para una voltaje de 120 V, se tendría una corriente de un cuarto de miliampere, porque

$$I = \frac{V}{R_{\text{cuerpo}}} = \frac{120\text{ V}}{0.50 \times 10^6\ \Omega} = 0.24 \times 10^{-3}\text{ A} = 0.24\text{ mA}$$

Esta corriente es muy débil para sentirla (tabla 1). Pero si la piel está húmeda, entonces la R_{cuerpo} es de sólo 5.0 kΩ (5.0×10^3 Ω), y la corriente será de 24 mA (demuestre esto), un valor potencialmente peligroso. (Véase de nuevo la tabla 1.)

Una precaución básica que se debe tomar es evitar entrar en contacto con un conductor eléctrico que pudiera causar una diferencia de potencial a través de cualquier parte del cuerpo. El efecto de ese contacto depende de la trayectoria de la corriente a través del cuerpo. Si esta trayectoria va del dedo meñique al pulgar de la misma mano, una corriente grande puede causar una quemadura. Sin embargo, si la trayectoria va de una a otra mano a través del pecho (y, por lo tanto, a través del corazón), el efecto será peor. En la tabla 1 se dan algunos de los efectos posibles de esta trayectoria de circuito.

Las lesiones son el resultado de que la corriente interfiere con las funciones musculares y de que provoca quemaduras. Las funciones musculares están reguladas por impulsos eléctricos que viajan por los nervios (véase el capítulo 16) y éstos reciben influencia de las corrientes externas. Una corriente de unos cuantos miliamperios provocará una reacción muscular y dolor. A 10 mA, la parálisis muscular que sobreviene evitará que una persona se libere del conductor. Cerca de 20 mA se presenta una contracción de los músculos del pecho, que dificulta o impide la respiración. La muerte puede presentarse en pocos minutos. A 100 mA hay movimientos rápidos no coordinados de los músculos del corazón (*fibrilación ventricular*), que evitan un bombeo adecuado, condición que resulta fatal en unos cuantos segundos. Para trabajar con seguridad con la electricidad se requiere un conocimiento de los principios eléctricos fundamentales *y* sentido común. La electricidad debe ser tratada con respeto.

Ejercicios relacionados: 94 y 95

TABLA 1 Efectos de la corriente eléctrica sobre el cuerpo humano*

Corriente (aproximada)	*Efecto*
2.0 mA (0.002 A)	Choque suave o calentamiento
10 mA (0.01 A)	Parálisis de músculos motores
20 mA (0.02 A)	Parálisis de músculos del pecho, causando paro respiratorio; fatal en unos cuantos minutos
100 mA (0.1 A)	Fibrilación ventricular, que impide la coordinación de los latidos del corazón; fatal en unos pocos segundos
1000 mA (1 A)	Quemaduras serias; fatal casi instantáneamente

*El efecto sobre el cuerpo humano de una cantidad dada de corriente depende de varias condiciones. Esta tabla da sólo descripciones generales y relativas, que suponen una trayectoria circular que incluye el pecho superior.

Repaso del capítulo

- Cuando los resistores están conectados en **serie**, la corriente a través de cada uno es la misma. La **resistencia equivalente** de los resistores en serie es

$$R_s = R_1 + R_2 + R_3 + \cdots = \Sigma R_i \quad (18.2)$$

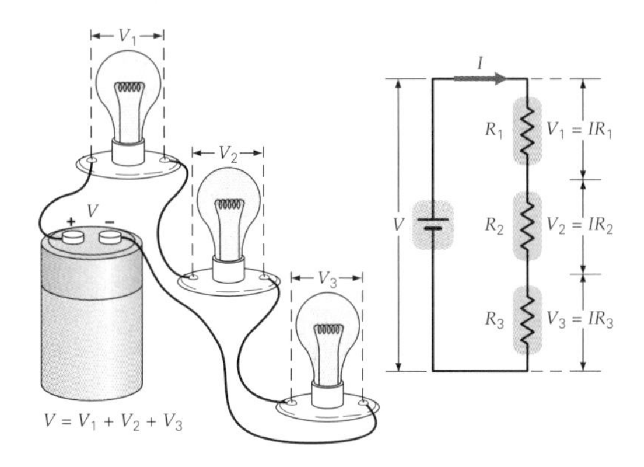

- Cuando los resistores están conectados en **paralelo**, el voltaje a través de cada uno es el mismo. La **resistencia equivalente** es

$$\frac{1}{R_p} = \frac{1}{R_1} + \frac{1}{R_2} + \frac{1}{R_3} + \cdots = \Sigma \frac{1}{R_i} \quad (18.3)$$

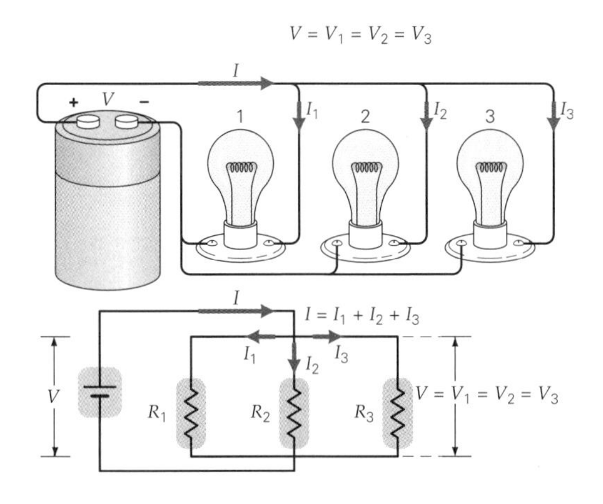

- El **teorema de la unión de Kirchhoff** establece que la corriente total que entra en cualquier **unión** es igual a la corriente total que sale de esa unión (conservación de la carga eléctrica).

$$\Sigma I_i = 0 \quad \textit{suma de corrientes en una unión} \quad (18.4)$$

- El **teorema de las mallas de Kirchhoff** establece que al recorrer una malla de un circuito completo, la suma algebraica de las ganancias y pérdidas de voltaje es cero, o que la suma de las ganancias de voltaje es igual a la suma de las pérdidas de voltaje (conservación de la energía en un circuito eléctrico). En términos de voltajes, esto se escribe como

$$\Sigma V_i = 0 \quad \textit{suma de voltajes alrededor de una malla cerrada} \quad (18.5)$$

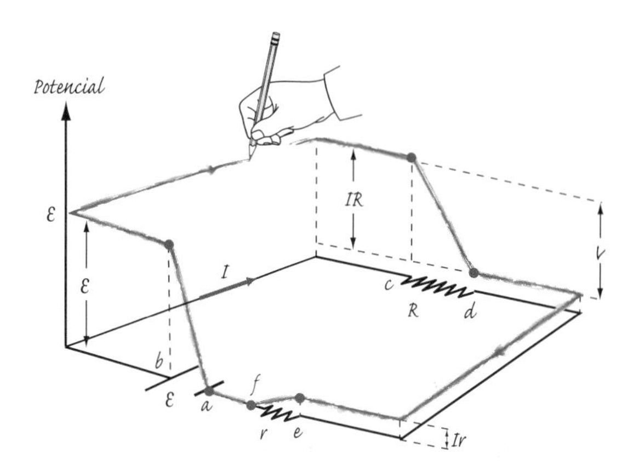

- La **constante de tiempo (τ)** para un circuito RC es un tiempo característico por medio del cual medimos la tasa de carga y descarga de un condensador. τ está dada por

$$\tau = RC \quad (18.8)$$

- Un **amperímetro** es un dispositivo que sirve para medir corriente; consiste en un galvanómetro y un resistor derivador en paralelo. Los amperímetros se conectan en serie, con el elemento del circuito llevando la corriente que se va a medir, y tienen muy poca resistencia.

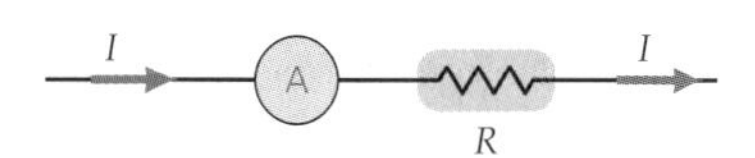

- Un **voltímetro** es un dispositivo para medir voltaje; consiste en un galvanómetro y en un resistor multiplicador conectados en serie. Los voltímetros se conectan en paralelo, con el elemento del circuito experimentando el voltaje que se va a medir, y tienen gran resistencia.

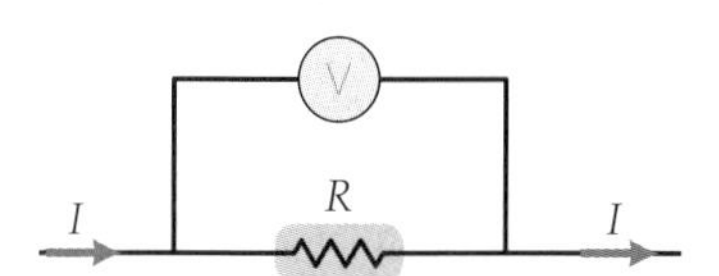

Ejercicios

Los ejercicios designados **OM** *son preguntas de opción múltiple; los* **PC** *son preguntas conceptuales; y los* **EI** *son ejercicios integrados. A lo largo del texto, muchas secciones de ejercicios incluirán ejercicios "apareados". Estos pares de ejercicios, que se identifican con* números subrayados, *pretenden ayudar al lector a resolver problemas y aprender. El primer ejercicio de cada pareja (el de número par) se resuelve en la Guía de estudio, que puede consultarse si se necesita ayuda para resolverlo. El segundo ejercicio (de número impar) es similar, y su respuesta se da al final del libro.*

18.1 Combinaciones de resistencias en serie, en paralelo y en serie-paralelo

1. **OM** ¿Cuál de las siguientes cantidades siempre es la misma para resistores en serie? *a*) voltaje; *b*) corriente; *c*) potencia; *d*) energía.

2. **OM** ¿Cuál de las siguientes cantidades siempre es la misma para resistores en paralelo? *a*) voltaje; *b*) corriente; *c*) potencia; *d*) energía.

3. **OM** Dos resistores (A y B) están conectados en serie a una batería de 12 V. El resistor A es de 9 V. ¿Cuál resistor tiene la menor resistencia? *a*) A, *b*) B, *c*) ambos tienen la misma resistencia, *d*) no es posible determinarlo a partir de los datos.

4. **OM** Dos resistores (A y B) están conectados en paralelo a una batería de 12 V. El resistor A tiene 2.0 A y la corriente total en la batería es de 3.0 A. ¿Cuál resistor tiene la mayor resistencia? *a*) A, *b*) B, *c*) ambos tienen la misma resistencia, *d*) no es posible determinarlo a partir de los datos.

5. **OM** Dos resistores (uno con una resistencia de 2.0 Ω y el otro con una resistencia de 6.0 Ω) están conectados en paralelo a una batería. ¿Cuál de los dos produce el mayor calor de joule? *a*) el de 2.0 Ω, *b*) el de 6.0 Ω, *c*) ambos producen el mismo calor de joule, *d*) no es posible determinarlo a partir de los datos.

6. **OM** Dos bombillas de luz (la bombilla A es de 100 W *a 120 V*, y la B es de 60 W *a 120 V*) están conectadas en serie a un tomacorriente a 120 V. ¿Cuál de ellas produce la mayor luz? *a*) A, *b*) B, *c*) ambas producen la misma, *d*) no es posible determinarlo a partir de los datos.

7. **PC** ¿Las caídas de voltaje a través de resistores en serie generalmente son iguales? Si no es así, ¿en cuál o cuáles circunstancias podrían ser iguales?

8. **PC** ¿Las corrientes en resistores en paralelo generalmente son iguales? Si no es así, ¿en cuál o cuáles circunstancias podrían ser iguales?

9. **PC** Si un resistor grande y uno pequeño están conectados en serie, ¿la resistencia efectiva estará más cercana en valor a la resistencia grande o a la pequeña? ¿Y si están conectados en paralelo?

10. **PC** Los fabricantes de las bombillas de luz marcan en éstas la salida de potencia. Por ejemplo, se supone que una bombilla de 60 W se conectará a una fuente de 120 V. Suponga que usted tiene dos bombillas: una de 60 W va seguida por otra de 40 W en serie con una fuente de 120 V. ¿Cuál de ellas brilla más? ¿Por qué? ¿Qué sucede si usted invierte el orden de las bombillas? ¿Alguna de ellas está a su clasificación máxima de potencia? Explique su respuesta.

11. **PC** Tres resistores idénticos están conectados a una batería. Dos están conectados en paralelo, y esta combinación va seguida en serie por el tercer resistor. ¿Cuál resistor (o resistores) tiene *a*) la mayor corriente, *b*) el mayor voltaje y *c*) la mayor salida de potencia?

12. **PC** Tres resistores tienen valores de 5, 2 y 1 Ω. El primero va seguido en serie por los dos últimos, que están conectados en paralelo. Cuando este arreglo se conecta a una batería, ¿cuál resistor (o resistores) tiene *a*) la mayor corriente, *b*) el mayor voltaje y *c*) la mayor salida de potencia?

13. ● Se van a conectar tres resistores que tienen valores de 10, 20 y 30 Ω. *a*) ¿Cómo deben conectarse para obtener la resistencia equivalente máxima, y cuál es este valor máximo? *b*) ¿Cómo deben conectarse para obtener la resistencia equivalente mínima, y cuál es este valor mínimo?

14. ● Dos resistores (*R*) idénticos están conectados en serie y luego en paralelo a un resistor de 20 Ω. Si la resistencia equivalente total es de 10 Ω, ¿cuál es el valor de *R*?

15. ● Dos resistores (*R*) idénticos están conectados en paralelo y luego en serie a un resistor de 40 Ω. Si la resistencia equivalente total es de 55 Ω, ¿cuál es el valor de *R*?

16. **EI** ● *a*) ¿En cuántas formas diferentes pueden conectarse tres resistores de 4.0 Ω? 1) Tres, 2) cinco o 3) siete. *b*) Dibuje las diferentes formas que usted encontró en el inciso *a* y determine la resistencia equivalente de cada una.

17. ● Tres resistores con valores de 5.0, 10 y 15 Ω, respectivamente, están conectados en serie en un circuito con una batería de 9.0 V. *a*) ¿Cuál es la resistencia equivalente total? *b*) ¿Cuál es la corriente en cada resistor? *c*) ¿A qué tasa se entrega energía al resistor de 15 Ω?

18. ● Encuentre las resistencias equivalentes para todas las posibles combinaciones de dos o más de los tres resistores en el ejercicio 17.

19. ● Tres resistores con valores de 1.0, 2.0 y 4.0 Ω, respectivamente, están conectados en paralelo en un circuito con una batería de 6.0 V. ¿Cuáles son *a*) la resistencia equivalente total, *b*) el voltaje a través de cada resistor y *c*) la potencia entregada al resistor de 4.0 Ω?

20. **EI** ●● *a*) Si usted tiene un número infinito de resistores de 1.0 Ω, ¿cuál es el número mínimo de resistores requeridos para tener una resistencia equivalente de 1.5 Ω?

1) Dos, 2) tres o 3) cuatro *b*) Describa o muestre con un diagrama cómo deben conectarse los resistores.

21. **EI ●●** Un trozo de alambre con resistencia R se corta en dos segmentos iguales. Luego, los segmentos se trenzan entre sí para formar un conductor con la mitad de la longitud del tramo original. *a*) La resistencia del conductor acortado es 1) $R/4$, 2) $R/2$ o 3) R. *b*) Si la resistencia del alambre original es de 27 $\mu\Omega$ y el alambre se corta en tres segmentos iguales, ¿cuál es la resistencia del conductor acortado?

22. **EI ●●** Usted tiene cuatro resistores de 5.00 Ω. *a*) ¿Es posible conectar todos los resistores para producir una resistencia efectiva total de 3.75 Ω? *b*) Describa cómo los conectaría.

23. ●● Tres resistores con valores de 2.0, 4.0 y 6.0 Ω, respectivamente, están conectados en serie en un circuito con una batería de 12 V. *a*) ¿Cuánta corriente entrega la batería al circuito? *b*) ¿Cuál es la corriente en cada resistor? *c*) ¿Cuánta potencia se entrega a cada resistor? *d*) ¿Cómo se compara esta potencia con la potencia entregada a la resistencia equivalente total?

24. ●● Suponga que los resistores en el ejercicio 23 están conectados en paralelo. *a*) ¿Cuánta corriente entrega la batería al circuito? *b*) ¿Cuál es la corriente en cada resistor? *c*) ¿Cuánta potencia se entrega a cada resistor? *d*) ¿Cómo se compara esta potencia con la potencia entregada a la resistencia equivalente total?

25. ●● Dos resistores de 8.0 Ω están conectados en paralelo, al igual que dos resistores de 4.0 Ω. Esas dos combinaciones se conectan entonces en serie en un circuito con una batería de 12 V. ¿Cuál es la corriente en cada resistor y el voltaje a través de cada uno?

26. ●● ¿Cuál es la resistencia equivalente de los resistores en la ▾figura 18.25?

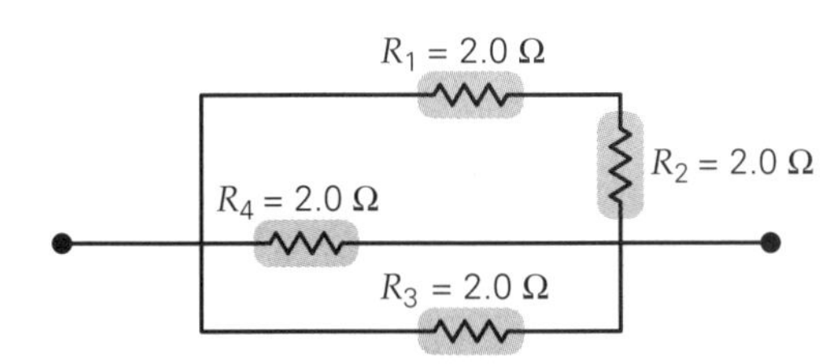

▲ **FIGURA 18.25 Combinación serie-paralelo** Véanse los ejercicios 26 y 34.

27. ●● ¿Cuál es la resistencia equivalente entre los puntos A y B en la ▾figura 18.26?

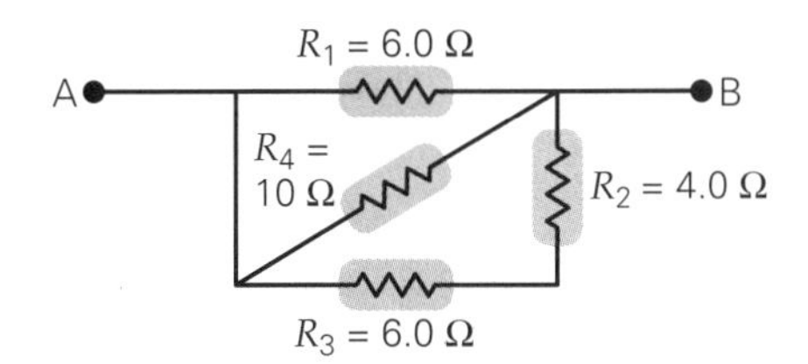

▲ **FIGURA 18.26 Combinación serie-paralelo** Véanse los ejercicios 27 y 36.

28. ●● ¿Cuál es la resistencia equivalente del arreglo de resistores mostrado en la ▾figura 18.27?

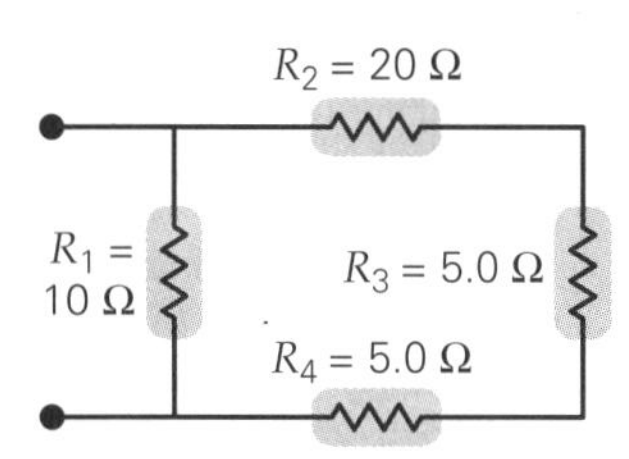

▲ **FIGURA 18.27 Combinación serie-paralelo** Véase el ejercicio 28.

29. ●● Varias bombillas de luz de 60 W están conectadas en paralelo a una fuente de 120 V. La última bombilla funde un fusible de 15 A en el circuito. *a*) Dibuje un diagrama del circuito para mostrar el fusible en relación con las bombillas. *b*) ¿Cuántas bombillas hay en el circuito (incluyendo la última)?

30. ●● Encuentre la corriente y el voltaje del resistor de 10 Ω mostrado en la ▾figura 18.28.

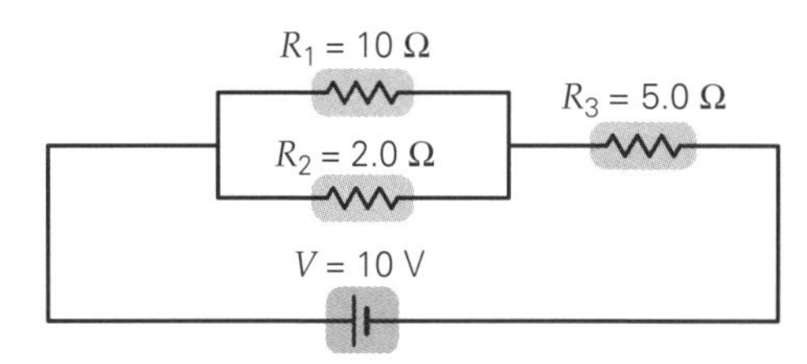

▲ **FIGURA 18.28 Corriente y caída de voltaje en un resistor** Véanse los ejercicios 30 y 52.

31. ●● Para el circuito de la ▾figura 18.29, encuentre *a*) la corriente en cada resistor, *b*) el voltaje a través de cada resistor y *c*) la potencia total entregada.

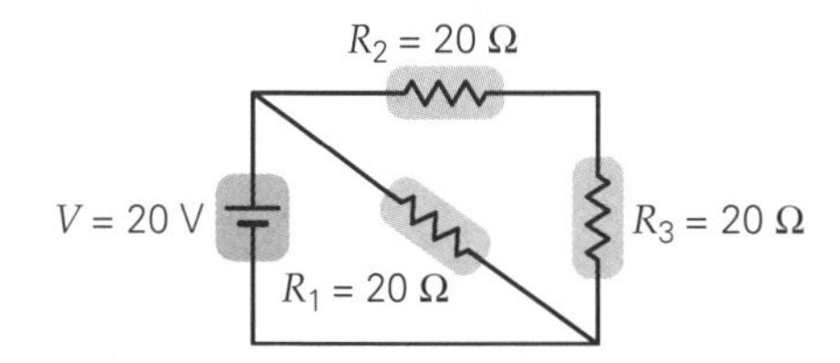

▲ **FIGURA 18.29 Reducción del circuito** Véanse los ejercicios 31 y 53.

32. ●● Un circuito a 120 V tiene un disyuntor clasificado para desconectarse (crear un circuito abierto) a 15 A. ¿Cuántos resistores de 300 Ω pueden conectarse en paralelo sin desconectar el disyuntor?

33. ●● En su dormitorio, usted tiene dos bombillas de 100 W, un televisor a colores de 150 W, un refrigerador de 300 W, un secador de pelo a 900 W y una computadora de 200 W (incluyendo el monitor). Si se tiene un disyuntor de 15 A en la línea de 120 V, ¿el disyuntor abrirá el circuito?

34. ●● Suponga que el arreglo de resistores en la figura 18.25 está conectado a una batería de 12 V. ¿Cuál será *a*) la corriente en cada resistor, *b*) la caída de voltaje a través de cada resistor y *c*) la potencia total entregada?

35. ●● Para preparar té caliente, usted usa un calentador de 500 W conectado a una línea de 120 V para calentar 0.20 kg de agua de 20 a 80°C. Suponiendo que no hay pérdida de calor aparte del que se entrega al agua, ¿cuánto dura este proceso?

36. ●●● Las terminales de una batería de 6.0 V están conectadas a los puntos A y B en la figura 18.26. *a*) ¿Cuánta corriente hay en cada resistor? *b*) ¿Cuánta potencia se entrega a cada uno? *c*) Compare la suma de las potencias individuales con la potencia entregada a la resistencia equivalente del circuito.

37. ●●● Bombillas con las potencias indicadas (en watts) en la ▾figura 18.30 están conectadas en un circuito como se muestra. *a*) ¿Qué corriente entrega la fuente de voltaje al circuito? *b*) Encuentre la potencia entregada a cada bombilla. (Considere que las resistencias de las bombillas son las mismas que cuando operan a su voltaje normal.)

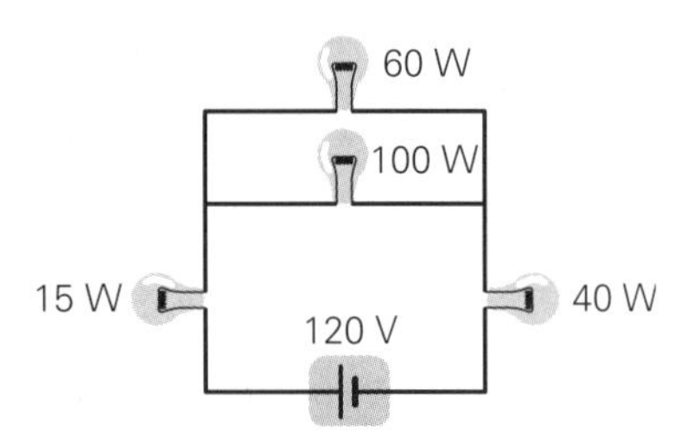

▲ **FIGURA 18.30 ¿Qué sucede?** Véase el ejercicio 37.

38. ●●● Dos resistores R_1 y R_2 están en serie con una batería de 7.0 V. Si R_1 tiene una resistencia de 2.0 Ω y R_2 recibe energía a razón de 6.0 Ω, ¿cuál es la corriente (o corrientes) del circuito? (Es probable que haya más de una respuesta.)

39. ●●● Para el circuito en la ▾figura 18.31, encuentre *a*) la corriente en cada resistor y *b*) el voltaje a través de cada uno.

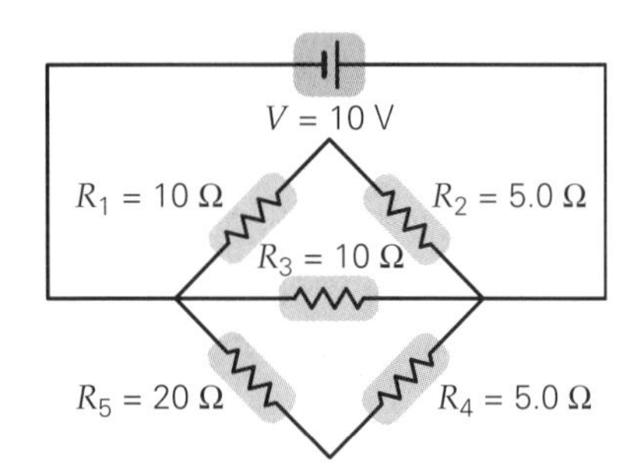

▲ **FIGURA 18.31 Resistores y corriente** Véase el ejercicio 39.

40. ●●● ¿Cuál es la potencia total entregada al circuito que se ilustra en la ▾figura 18.32?

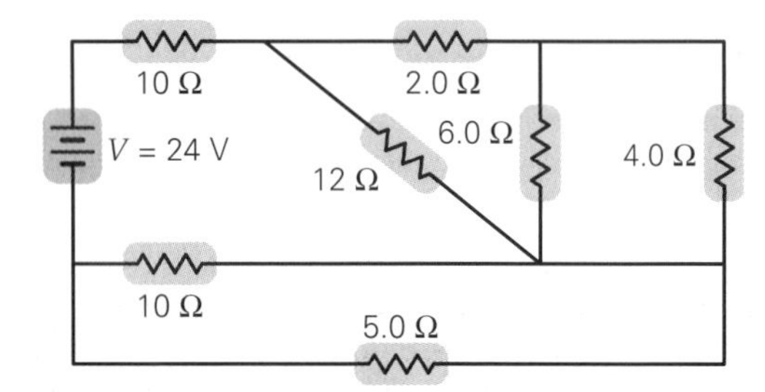

▲ **FIGURA 18.32 Disipación de potencia** Véase el ejercicio 40.

41. ●●● ¿Cuál es la resistencia equivalente del arreglo mostrado en la ▾figura 18.33?

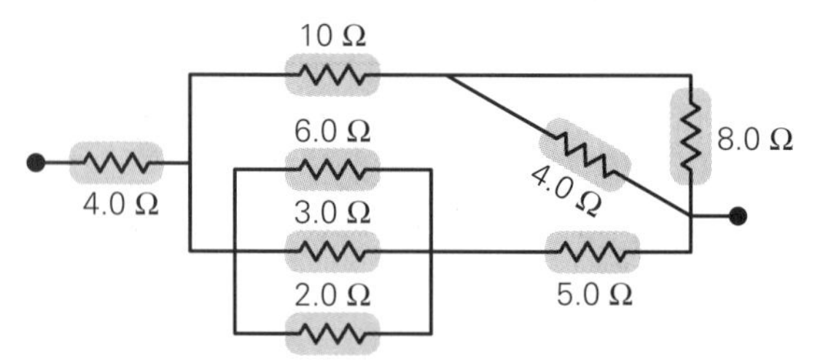

▲ **FIGURA 18.33 Resistencia equivalente** Véase el ejercicio 41.

42. ●●● El circuito de la ▾figura 18.34, llamado *puente de Wheatstone*, en honor de Sir Charles Wheatstone (1802-1875), sirve para medir resistencia sin las correcciones a veces necesarias cuando se emplean mediciones de amperímetros y voltímetros. (Véase, por ejemplo, los ejercicios 88 y 89.) Las resistencias R_1, R_2 y R_s son conocidas, y R_x es la resistencia desconocida. R_s es variable y se ajusta hasta que el circuito puente está equilibrado, esto es, cuando el galvanómetro (G) arroja una lectura de cero (ninguna corriente). Demuestre que cuando el puente está equilibrado, R_x, está dada por la siguiente relación:

$$R_x = \left(\frac{R_2}{R_1}\right)R_s.$$

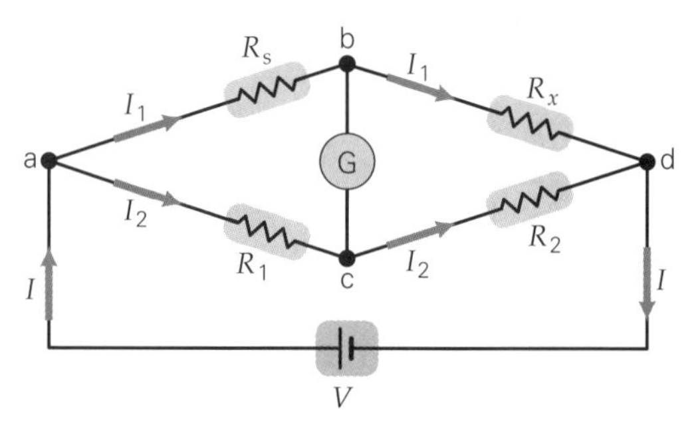

▲ **FIGURA 18.34 Puente de Wheatstone** Véase el ejercicio 42.

18.2 Circuitos con múltiples mallas y reglas de Kirchhoff

43. **OM** Se tiene un circuito de múltiples mallas con una batería. Después de abandonar la batería, la corriente encuentra una unión entre dos alambres. Uno conduce 1.5 A y el otro 1.0 A. ¿Cuál es la corriente en la batería? *a*) 2.5 A, *b*) 1.5 A, *c*) 1.0 A, *d*) 5.0 A, *e*) no es posible determinarlo a partir de los datos?

44. **OM** Con nuestra convención de signos, si un resistor se recorre en la dirección de la corriente, ¿qué puede decirse acerca del signo del cambio en el potencial eléctrico (el voltaje)? *a*) Es negativo, *b*) es positivo, *c*) es cero o *d*) no es posible determinarlo a partir de los datos.

45. **OM** Con nuestra convención de signos, si una batería se recorre en la dirección real de la corriente que hay en ella, ¿qué puede decirse acerca del signo del cambio en el potencial eléctrico (el voltaje terminal de la batería)? *a*) Es negativo, *b*) es positivo, *c*) es cero o *d*) no es posible determinarlo a partir de los datos.

46. **OM** Usted tiene un circuito de malla múltiple con una batería que tiene un voltaje terminal de 12 V. Después de

abandonar la terminal positiva de la batería, un alambre corto lo lleva a una unión donde la corriente se divide en tres alambres. Desde ese punto hasta que usted regresa a la terminal negativa de la batería, ¿qué puede decir acerca de la suma de voltajes en cada alambre? *a*) Da un total de +12 V, *b*) da un total de −12 V, *c*) su magnitud es menor de 12 V o *d*) su magnitud es mayor de 12 V.

47. **PC** ¿La corriente en una batería (en un circuito completo) siempre debe viajar de su terminal negativa a la positiva? Explique su respuesta. Si no es así, dé un ejemplo.

48. **PC** Utilice el teorema de la unión de Kirchhoff para explicar por qué la resistencia equivalente total de un circuito se reduce al conectar un segundo resistor en paralelo con otro.

49. **PC** Utilice el teorema de la malla de Kirchhoff para explicar por qué una bombilla de 60 W produce más luz que una de 100 W cuando están conectadas en serie a una fuente de 120 V. [*Sugerencia:* recuerde que las clasificaciones de potencia son significativas sólo a 120 V.]

50. ● Recorra la malla 3 de la figura 18.10 en sentido contrario al que se indica y demuestre que la ecuación resultante es la misma que si hubiera seguido el sentido de las flechas.

51. ● Para el circuito mostrado en la figura 18.10, invierta las direcciones de las mallas 1 y 2 y demuestre que se obtienen ecuaciones equivalentes a las del ejemplo 18.5.

52. ●● Use el teorema de las mallas de Kirchhoff para encontrar la corriente en cada resistor en la figura 18.28.

53. ●● Aplique las reglas de Kirchhoff al circuito en la figura 18.29 para encontrar la corriente en cada resistor.

54. **EI** ●● Dos baterías, con voltajes terminales de 10 y 4 V, respectivamente, están conectadas con sus terminales positivas juntas. Un resistor de 12 Ω está alambrado entre sus terminales negativas. *a*) La corriente en el resistor es 1) 0 A, 2) entre 0 A y 1.0 A o 3) mayor que 1.0 A. ¿Por qué? *b*) Use el teorema de las mallas de Kirchhoff para encontrar la corriente en el circuito y la potencia entregada al resistor. *c*) Compare este resultado con la salida de potencia de cada batería.

55. ●● Usando las reglas de Kirchhoff, encuentre la corriente en cada resistor en la ▾figura 18.35.

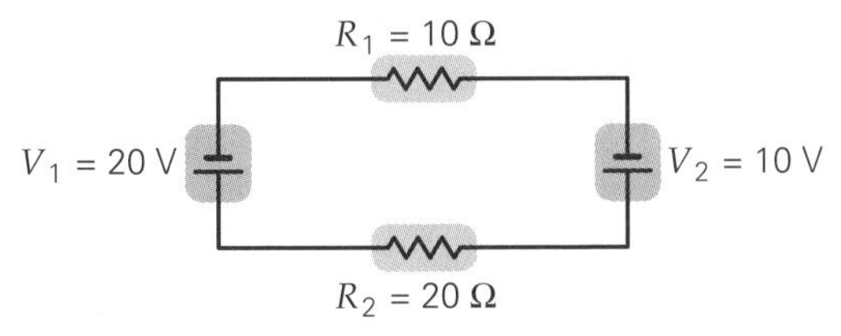

▲ **FIGURA 18.35 Circuito de malla simple** Véase el ejercicio 55.

56. ●● Aplique las reglas de Kirchhoff al circuito en la ▸figura 18.36 y encuentre *a*) la corriente en cada resistor y *b*) la tasa a la que la energía se entrega al resistor de 8.0 Ω.

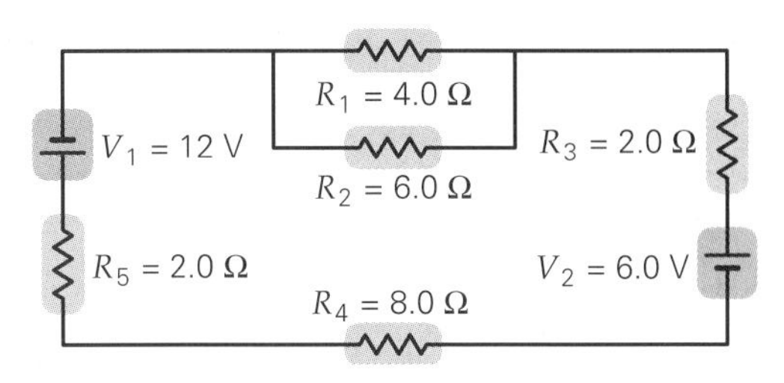

▲ **FIGURA 18.36 Malla dentro de una malla** Véase el ejercicio 56.

57. ●●● Encuentre la corriente en cada resistor en el circuito que se ilustra en la ▾figura 18.37.

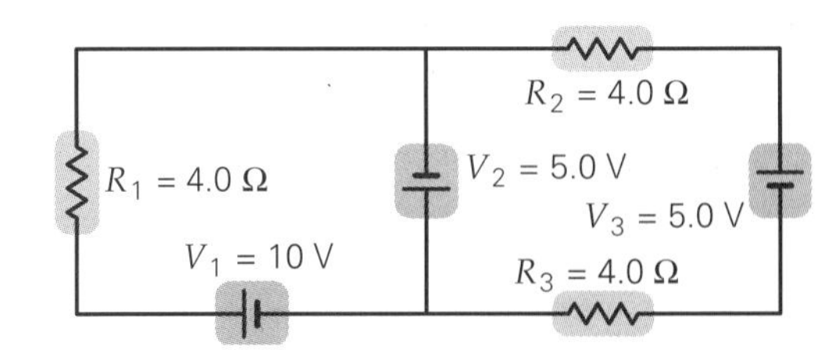

▲ **FIGURA 18.37 Circuito de doble malla** Véase el ejercicio 57.

58. ●●● Encuentre las corrientes en las ramas del circuito en la ▾figura 18.38.

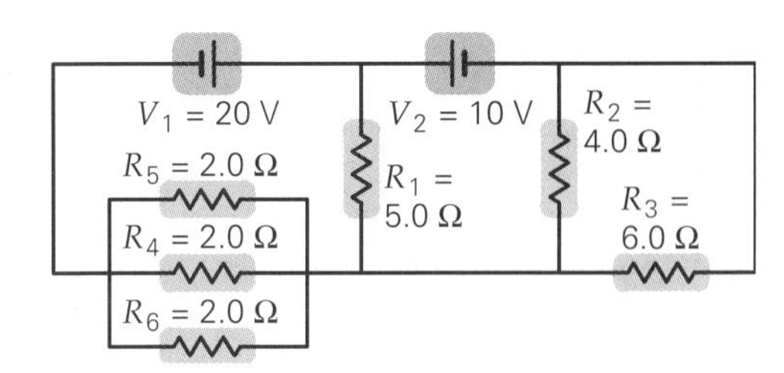

▲ **FIGURA 18.38 ¿Cuántas mallas?** Véase el ejercicio 58.

59. ●●● Para el circuito de mallas múltiples de la ▾figura 18.39, ¿cuál es la corriente en cada rama?

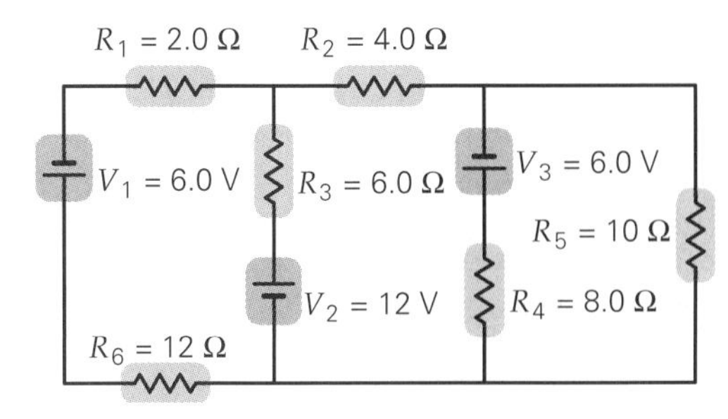

▲ **FIGURA 18.39 Circuito de tres mallas** Véase el ejercicio 59.

18.3 Circuitos RC

60. **OM** Cuando un condensador se descarga a través de un resistor, el voltaje a través del condensador es máximo *a*) al principio del proceso, *b*) cerca de la mitad del proceso, *c*) al final del proceso o *d*) después de una constante de tiempo.

61. **OM** Cuando un condensador se descarga a través de un resistor, la corriente en el circuito es mínima *a*) al principio del proceso, *b*) cerca de la mitad del proceso, *c*) al final del proceso o *d*) después de una constante de tiempo.

62. **OM** Un condensador cargado se descarga a través de un resistor (que llamaremos #1). Si el valor del resistor entonces se duplica y se permite que el condensador idéntico se descargue de nuevo (al que llamaremos #2), ¿cómo se comparan las constantes de tiempo? *a*) $\tau_1 = 2\tau_2$, *b*) $\tau_1 = \tau_2$, *c*) $\tau_1 = \frac{1}{2}\tau_2$, *d*) $\tau_2 = 4\tau_1$.

63. **OM** Un condensador se descarga a través de un resistor (que llamaremos #1). El condensador entonces se recarga al doble de la carga inicial en el #1, y la descarga ocurre a través del mismo resistor (al que llamaremos #2). ¿Cómo se comparan las constantes de tiempo? *a*) $\tau_1 = 2\tau_2$, *b*) $\tau_1 = \tau_2$, *c*) $\tau_1 = \frac{1}{2}\tau_2$, *d*) no es posible determinarlo a partir de los datos.

64. **PC** Otra forma de describir el tiempo de descarga de un circuito RC es utilizar un intervalo de tiempo llamado *vida media*, que se define como el tiempo para que el condensador pierda la mitad de su carga inicial. ¿La constante de tiempo es mayor o menor que la vida media? Explique su razonamiento.

65. **PC** ¿El hecho de cargar un condensador en un circuito RC al 25% de su valor máximo tardará más o menos que una constante de tiempo? Explique su respuesta.

66. **PC** Explique por qué la corriente en un circuito RC en proceso de carga disminuye conforme el condensador se está cargando.

67. ● En la figura 18.11b, el interruptor se cierra en $t = 0$, y el condensador comienza a cargarse. ¿Cuál es el voltaje a través del resistor y a través del condensador, expresados como fracciones de V_0 (con dos cifras significativas), *a*) justo después de que se cierra el interruptor, *b*) después de que han transcurrido dos constantes de tiempo y *c*) después de que han transcurrido muchas constantes de tiempo?

68. ● Un condensador en una malla simple de un circuito RC se carga al 63% de su voltaje final en 1.5 s. Encuentre *a*) la constante del tiempo para el circuito y *b*) el porcentaje del voltaje final del circuito después de 3.5 s.

69. **EI** ● En una lámpara con luz neón destellante, se desea tener una cierta constante de tiempo. *a*) Para incrementar esta constante de tiempo se debe 1) incrementar la capacitancia, 2) disminuir la capacitancia o 3) no usar un condensador. ¿Por qué? *b*) Si se desea una constante de tiempo de 2.0 s y usted tiene un condensador de 1.0 μF, ¿qué resistencia debería usar en el circuito?

70. ●● ¿Cuántas constantes de tiempo tardará un condensador inicialmente cargado en descargarse a la mitad de su voltaje inicial?

71. ●● Un condensador de 1.00 μF, inicialmente cargado a 12 V, está conectado en serie con un resistor. *a*) ¿Qué resistencia es necesaria para que el condensador tenga sólo el 37% de su carga inicial 1.50 s después de iniciar la descarga? *b*) ¿Cuál es el voltaje a través del condensador en $t = 3\tau$ si el condensador se *carga* con la misma batería a través del mismo resistor?

72. ●● Un circuito RC con $C = 40\ \mu$F y $R = 6.0\ \Omega$ tiene una fuente de 24 V. Con el condensador inicialmente descargado, se cierra un interruptor abierto en el circuito. *a*) ¿Cuál es el voltaje a través del resistor inmediatamente después? *b*) ¿Cuál es el voltaje a través del condensador en ese tiempo? *c*) ¿Cuál es la corriente en el resistor en ese tiempo?

73. ●● *a*) Para el circuito en el ejercicio 72, después que el interruptor ha estado cerrado $t = 4\tau$, ¿cuál es la carga sobre el condensador? *b*) Después que ha transcurrido un largo tiempo, ¿cuáles son los voltajes a través del condensador y del resistor?

74. ●●● Un circuito RC con un resistor de 5.0 MΩ y un condensador de 0.40 μF está conectado a una fuente de 12 V. Si el condensador está inicialmente descargado, ¿cuál es el cambio en voltaje a través de éste entre $t = 2\tau$ y $t = 4\tau$?

75. ●●● Un resistor de 3.0 MΩ está conectado en serie con un condensador de 0.28 μF. Este arreglo se conecta entonces a través de cuatro baterías de 1.5 V (también en serie). *a*) ¿Cuál es la máxima corriente en el circuito y cuándo ocurre esto? *b*) ¿Qué porcentaje de la máxima corriente está en el circuito después de 4.0 s? *c*) ¿Cuál es la máxima carga en el condensador y cuándo ocurre esto? *d*) ¿Qué porcentaje de la carga máxima está en el condensador después de 4.0 s?

18.4 Amperímetros y voltímetros

76. **OM** Para medir de manera precisa el voltaje a través de un resistor de 1 kΩ, el voltímetro debería tener una resistencia que es *a*) mucho mayor que 1 kΩ, *b*) mucho menor que 1 kΩ, *c*) aproximadamente igual que 1kΩ, *d*) cero.

77. **OM** Para medir de manera precisa la corriente en un resistor de 1 kΩ, el amperímetro debería tener una resistencia que es *a*) mucho mayor que 1 kΩ, *b*) mucho menor que 1 kΩ, *c*) aproximadamente igual que 1kΩ, *d*) tan grande como sea posible, de hecho, infinita si es posible.

78. **OM** Para medir correctamente el voltaje a través de un elemento de circuito, un voltímetro debe conectarse *a*) en serie con el elemento, *b*) en paralelo con el elemento, *c*) entre el lado de alto potencial del elemento y tierra, *d*) ninguna de las opciones anteriores es correcta.

79. **PC** *a*) ¿Qué pasaría si un amperímetro se conectara en paralelo con un elemento de circuito portador de corriente? *b*) ¿Qué pasaría si un voltímetro se conectara en serie con un elemento de circuito portador de corriente?

80. **PC** Explique claramente, utilizando las leyes de Kirchhoff, por qué la resistencia de un voltímetro ideal es infinita.

81. **PC** Si se diseña adecuadamente, ¿un buen amperímetro debe tener una resistencia muy pequeña? ¿Por qué? Explíquelo claramente empleando las leyes de Kirchhoff.

82. **EI** ● Un galvanómetro con una sensibilidad a escala plena de 2000 μA tiene una resistencia de bobina de 100 Ω. Va a utilizarse en un amperímetro con una lectura a plena escala de 30 A. *a*) ¿Debería usarse 1) un resistor en derivación, 2) un resistor cero o 3) un resistor multiplicador? ¿Por qué? *b*) ¿Cuál es la resistencia necesaria?

83. **EI** ● El galvanómetro en el ejercicio 82 va a utilizarse en un voltímetro con una lectura a escala plena de 15 V. *a*) ¿Debería usarse 1) un resistor en derivación, 2) un resistor cero o 3) un resistor multiplicador? ¿Por qué? *b*) ¿Cuál es la resistencia requerida?

84. ● Un galvanómetro con una sensibilidad a escala plena de 600 μA y una resistencia en su bobina de 50 Ω va a usarse

para construir un amperímetro que debe leer 5.0 A escala plena. ¿Cuál es la resistencia en derivación requerida?

85. ●● Un galvanómetro tiene una resistencia de 20 Ω en su bobina. Una corriente de 200 μA desvía la aguja 10 divisiones a escala plena. ¿Qué resistencia es necesaria para convertir el galvanómetro a un voltímetro de 10 V a escala plena?

86. ●● Un amperímetro tiene una resistencia de 1.0 mΩ. Encuentre la corriente en el amperímetro cuando está adecuadamente conectado a un resistor de 10 Ω y una fuente de 6.0 V. (Exprese su respuesta con cinco cifras significativas para mostrar cómo difiere de 0.60 A.)

87. ●● Un voltímetro tiene una resistencia de 30 kW. ¿Cuál es la corriente en el medidor cuando está adecuadamente conectado a través de un resistor de 10 Ω que está conectado a una fuente de 6.0 V?

88. **EI** ●●● Un amperímetro y un voltímetro pueden medir el valor de un resistor. Suponga que el amperímetro está conectado en serie con el resistor y que el voltímetro está colocado sólo a través del resistor. *a*) Para una medición exacta, la resistencia interna del voltímetro debería ser 1) cero, 2) igual a la resistencia por medirse o 3) infinita. ¿Por qué? *b*) Explique por qué la resistencia correcta no está dada por $R = \frac{V}{I}$. *c*) Demuestre que la resistencia correcta en realidad es mayor que el resultado en el inciso *b* y que está dada por $R = \frac{V}{I - (V/R_V)}$ donde V es el voltaje medido por el voltímetro, I es la corriente medida por el amperímetro y R_V es la resistencia del voltímetro. *d*) Demuestre que el resultado en el inciso *c* se reduce a $R = \frac{V}{I}$ para un voltímetro ideal.

89. **EI** ●●● Un amperímetro y un voltímetro pueden medir el valor de un resistor. Suponga que el amperímetro está conectado en serie con el resistor y que el voltímetro está colocado a través del amperímetro y del resistor. *a*) Para una medición exacta, la resistencia interna del amperímetro debería ser 1) cero, 2) igual a la resistencia por medirse o 3) infinita. ¿Por qué? *b*) Explique por qué la resistencia correcta no está dada por $R = \frac{V}{I}$. *c*) Demuestre que la resistencia correcta en realidad es menor que el resultado en el inciso *b* y que está dada por $R = (V/I) - R_A$ donde V es el voltaje medido por el voltímetro, I es la corriente medida por el amperímetro y R_A es la resistencia del amperímetro. *d*) Demuestre que el resultado en el inciso *c* se reduce a $R = \frac{V}{I}$ para un amperímetro ideal.

18.5 Circuitos domésticos y seguridad eléctrica

90. **OM** El cable a tierra en una instalación doméstica *a*) es un cable que conduce corriente, *b*) está a un voltaje de 240 V respecto a uno de los cables "calientes", *c*) no lleva corriente o *d*) ninguna de las opciones anteriores es correcta.

91. **OM** Un cable conectado a tierra *a*) es la base para la clavija polarizada, *b*) es necesario para un disyuntor, *c*) normalmente no conduce corriente o *d*) ninguna de las opciones anteriores es correcta.

92. **PC** En términos de seguridad eléctrica, explique qué está mal en el circuito en la ▸figura 18.40 y por qué.

▲ **FIGURA 18.40 ¿Un problema de seguridad?** Véase el ejercicio 92.

93. **PC** La severidad de las lesiones por electrocución dependen de la magnitud de la corriente y de su trayectoria. Por otra parte, es común ver letreros preventivos con la leyenda "Peligro: alto voltaje" (▾figura 18.41). ¿Esos letreros no deberían referirse a una "elevada corriente"? Explique su respuesta.

▲ **FIGURA 18.41 Peligro, alto voltaje** ¿No debería decir más bien "elevada corriente" en lugar de "alto voltaje"? Véase el ejercicio 93.

94. **PC** Explique por qué es seguro que los pájaros se posen con ambas patas sobre el mismo cable de alto voltaje, aun cuando el aislante esté totalmente desgastado.

95. **PC** Después de una colisión con un poste de transmisión de energía eléctrica, usted queda atrapado en su automóvil, con una línea de alto voltaje en contacto con el capó del vehículo. ¿Es más seguro salir del automóvil con un pie a la vez o saltar con ambos pies? Explique su razonamiento.

96. **PC** La mayoría de los códigos eléctricos requieren que la cubierta metálica de un secador eléctrico de ropa tenga un cable que vaya de la cubierta a una llave cercana (o cualquier pieza metálica de fontanería). Explique por qué.

Ejercicios adicionales

97. Encuentre la corriente en cada resistor en el circuito de la ▾figura 18.42.

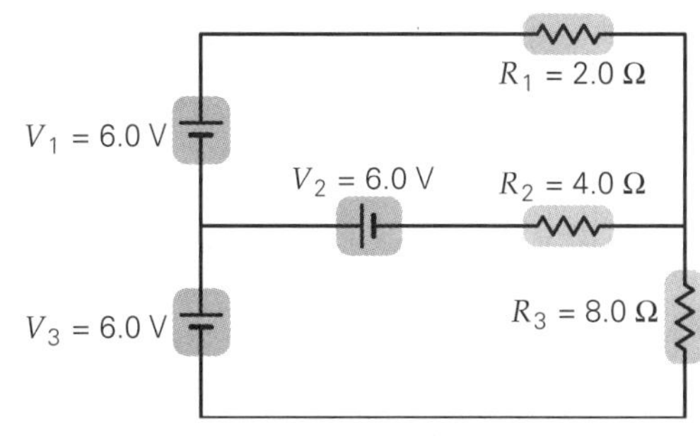

▲ **FIGURA 18.42 Reglas de Kirchhoff** Véase el ejercicio 97.

98. Cuatro resistores están conectados a una fuente de 90 V como se muestra en la ▾figura 18.43. *a*) ¿Cuál resistor (o resistores) recibe la mayor potencia, y cuánto es eso? *b*) ¿Cuál es la potencia total entregada al circuito por la fuente de potencia?

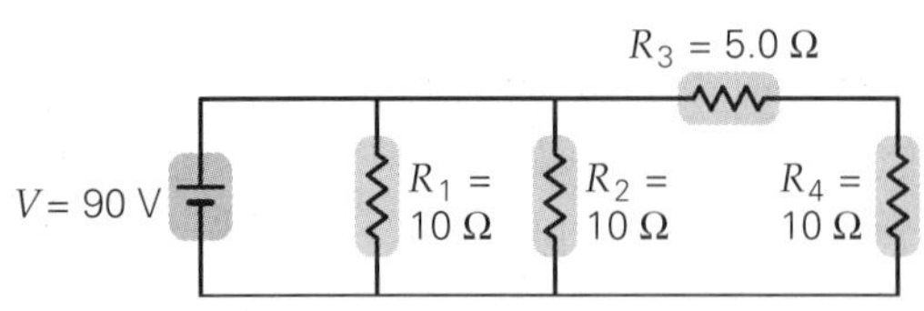

▲ **FIGURA 18.43 ¿Cuánta potencia se entrega?** Véase el ejercicio 98.

99. Cuatro resistores están conectados en un circuito con una fuente de 110 V como se ilustra en la ▾figura 18.44. *a*) ¿Cuál es la corriente en cada resistor? *b*) ¿Cuánta potencia se entrega a cada resistor?

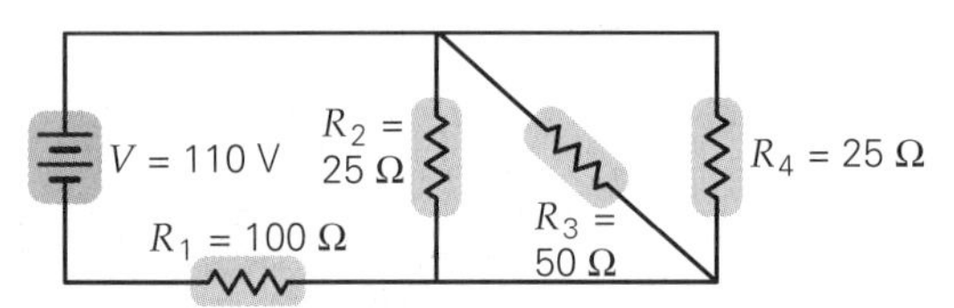

▲ **FIGURA 18.44 Pérdidas de calor de joule** Véase el ejercicio 99.

100. Nueve resistores, cada uno de valor R, están conectados en forma escalonada como se observa en la ▾figura 18.45. *a*) ¿Cuál es la resistencia efectiva de esta red entre los puntos A y B? *b*) Si $R = 10\ \Omega$ y una batería de 12.0 V está conectada del punto A al punto B, ¿cuánta corriente hay en cada resistor?

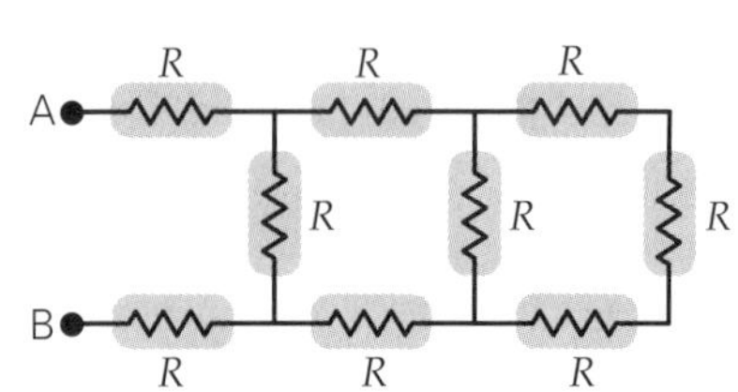

▲ **FIGURA 18.45 Una escalera de resistencias** Véase el ejercicio 100.

101. Un resistor de 4.0 Ω y otro de 6.0 Ω están conectados en serie. Un tercer resistor está conectado en paralelo con el de 6.0 Ω. Toda la configuración da una resistencia equivalente total de 7.0 Ω. ¿Cuál es el valor del tercer resistor?

102. Un galvanómetro con una resistencia interna de 50 Ω y una sensibilidad a escala plena de 200 μA se emplea para construir un voltímetro de escala múltiple. ¿Qué valores de resistores multiplicadores permiten tres lecturas de voltaje a escala plena de 20 V, 100 V y 200 V? (Véase la figura 18.18b.)

103. Un galvanómetro con una resistencia interna de 100 Ω y una sensibilidad a escala plena de 100 μA se utiliza para construir un amperímetro con varias graduaciones. ¿Qué valores de resistores en derivación permiten tres lecturas de corriente a escala plena de 1.0 A, 5.0 A y 10 A? (Véase la figura 18.18a.)

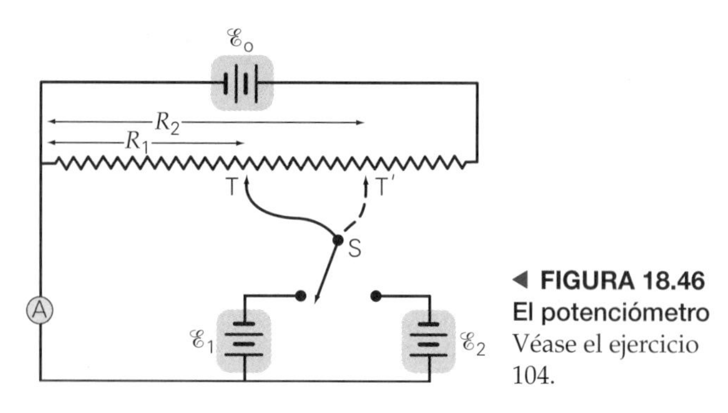

◀ **FIGURA 18.46 El potenciómetro** Véase el ejercicio 104.

104. La ▴figura 18.46 muestra el funcionamiento de un *potenciómetro*, un dispositivo muy exacto para determinar la fem de suministros de potencia. Consta de tres baterías, un amperímetro y varios resistores, incluyendo un alambre largo uniforme cuya longitud puede fijarse para dar una fracción específica de su resistencia total. $\mathscr{E}_o$ es la fem de una batería en funcionamiento, $\mathscr{E}_1$ designa una batería con una fem conocida de forma precisa, y $\mathscr{E}_2$ es una batería cuya fem se desconoce. El interruptor S es accionado hacia la batería 1, y el punto T (que se va a "fijar") se mueve a lo largo del resistor hasta que el amperímetro lee cero. La resistencia de este arreglo es R_1. Este procedimiento se repite con el interruptor accionado hacia la batería 2, y el punto T se mueve a T' hasta que el amperímetro de nuevo lee cero. La resistencia de este arreglo es R_2. Demuestre que la fem desconocida se determina mediante la siguiente relación: $\mathscr{E}_2 = \frac{R_2}{R_1}\mathscr{E}_1$.

105. Si una combinación de tres resistores de 30 Ω recibe energía a razón de 3.2 W cuando está conectada a una batería de 12 V, ¿cómo están conectados en el circuito los resistores?

106. Una batería tiene tres celdas, cada una con una resistencia interna de 0.020 Ω y una fem de 1.50 V. La batería está conectada en paralelo con un resistor de 10.0 Ω. *a*) Determine el voltaje a través del resistor. *b*) ¿Cuánta corriente hay en cada celda? (Las celdas en una batería están en serie.)

107. Un condensador de 10.0 μF en un desfibrilador cardiaco se carga por completo mediante un suministro de potencia de 10 000 V. Cada placa del condensador está conectada al pecho de un paciente mediante cables y dos electrodos, que se colocan uno a cada lado del corazón. La energía almacenada en el condensador se entrega a través de un circuito RC, donde R es la resistencia del cuerpo entre los dos electrodos. Los datos indican que el voltímetro tarda 75.1 ms para caer a 20.0 V. *a*) Encuentre la constante de tiempo. *b*) Determine la resistencia, R. *c*) ¿Cuánto tiempo tarda el condensador en perder el 90% de su energía almacenada?

108. Durante una operación quirúrgica, uno de los instrumentos eléctricos tiene su cubierta metálica en corto con el cable "caliente" de 120 V que lo alimenta. El médico está aislado de tierra por las suelas de sus zapatos, que son de goma, e inadvertidamente toca la cubierta del instrumento con su codo, al tiempo que la mano opuesta hace contacto con el pecho del paciente. Este último, que yace sobre una mesa metálica, está bien conectado a tierra. Si la resistencia de la cabeza a tierra del paciente es de 2200 Ω, ¿cuál es la resistencia mínima para el médico de manera que ambos sientan, a lo sumo, un choque "de

PHYSLET® Los siguientes problemas de física Physlet se pueden usar con este capítulo.
30.1, 30.2, 30.3, 30.4, 30.6, 30.7, 30.8, 30.11, 30.12

CAPÍTULO

19 MAGNETISMO

HECHOS DE FÍSICA

- La unidad de corriente del SI, el ampere o el coulomb por segundo, se define oficialmente en términos del campo magnético que crea y la fuerza magnética que ese campo puede ejercer sobre otra corriente.
- Nikola Tesla (1856-1943) fue un investigador serbio-estadounidense conocido por la bobina de Tesla, que es capaz de producir altos voltajes (véase el capítulo 20) y que se estudia comúnmente en la preparatoria. El nombre de Tesla se convirtió en la unidad del SI para el campo magnético. Cuando Westinghouse obtuvo los derechos de patente para sus diseños de corriente alterna, esto desencadenó una batalla entre el sistema de corriente directa de Edison y el sistema de corriente alterna de Tesla-Westinghouse. Finalmente, este último ganó y se convirtió en el medio primordial de distribuir energía eléctrica por todo el mundo.
- Pierre Curie (1859-1906) fue pionero en diversas áreas que van desde el magnetismo a la radiactividad. Descubrió que las sustancias ferromagnéticas presentan una transición de temperatura por arriba de la cual pierden su comportamiento ferromagnético. Esto se conoce ahora como la temperatura Curie.

Cuando se menciona el magnetismo, tendemos a pensar en una atracción, pues se sabe que es posible levantar algunos objetos con un imán. Usted probablemente ha visto picaportes magnéticos que sujetan puertas de casilleros, o imanes para pegar notas sobre la puerta del refrigerador. Es menos probable que alguien piense en la repulsión. Sin embargo, existen las fuerzas magnéticas de repulsión, y son tan útiles como las de atracción.

A este respecto, la fotografía que abre este capítulo muestra un ejemplo interesante. A primera vista, el vehículo se ve como un tren ordinario; pero ¿dónde están las ruedas? De hecho, dista mucho de ser un tren convencional; es uno de alta velocidad que opera mediante *levitación magnética*. El tren no toca físicamente los "rieles". Más bien "flota" sobre ellos, sostenido por las fuerzas de repulsión que producen poderosos imanes. Las ventajas son obvias: si no hay ruedas, no hay fricción de rodadura y no hay chumaceras que lubricar; de hecho, hay muy pocas partes móviles de cualquier tipo.

Pero, ¿de dónde provienen las fuerzas magnéticas? Durante siglos, las fuerzas de atracción de los imanes se atribuyeron a fenómenos sobrenaturales. Los materiales que presentaban esa cualidad se llamaban piedras imán. Hoy, el magnetismo se asocia con la electricidad, porque los físicos descubrieron que en realidad ambas cosas son en realidad distintos aspectos de una sola fuerza: la fuerza electromagnética. El electromagnetismo se aplica en motores, generadores, radios y muchas otras aplicaciones comunes. En el futuro, el desarrollo de materiales superconductores a altas temperaturas (capítulo 17) abrirá el camino a la aplicación práctica de muchos artefactos más que hoy sólo se encuentran en el laboratorio.

Aunque la electricidad y el magnetismo son manifestaciones de la misma fuerza fundamental, es conveniente desde el punto de vista didáctico considerarlas primero en forma individual, para después unirlas, por así decirlo, en el electromagnetismo. En este capítulo y el siguiente se investigará el magnetismo y su relación íntima con la electricidad.

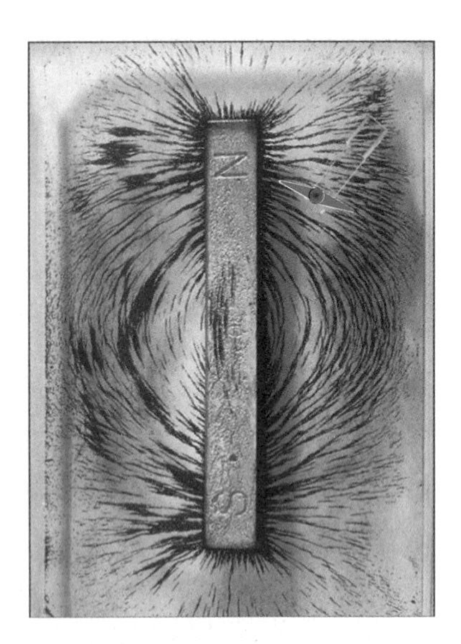

▲ **FIGURA 19.1 Imán recto** Las limaduras de hierro indican los polos, o centros de fuerza, de un imán recto común. La dirección de la brújula identifica a estos polos como norte (N) y sur (S). (Véase la figura 19.3.)

Ilustración 27.2 Campo magnético de la Tierra

19.1 Imanes, polos magnéticos y dirección del campo magnético

OBJETIVOS: *a*) Aprender la regla de fuerza entre polos magnéticos y *b*) explicar cómo se determina la dirección de un campo magnético con una brújula.

Una de las propiedades de una barra de imán común es que tiene dos "centros" de fuerza, llamados *polos* cerca de cada uno de sus extremos (◂figura 19.1). Para evitar confusiones con la notación de la carga eléctrica, positiva y negativa, a esos polos se les llama norte (N) y sur (S). Esta terminología proviene del primer uso que se dio a la brújula magnética, es decir, el de determinar la dirección. El polo norte de un imán de brújula se definió históricamente como el extremo *que da hacia el norte,* que es el que apunta al *norte* de la Tierra. El otro extremo se llamó sur o polo sur.

Al usar dos imanes en forma de barra o rectos, se pueden determinar en forma experimental las fuerzas de atracción y repulsión que actúan entre sus extremos. Cada polo de un imán recto es atraído hacia el polo opuesto del otro, y es repelido por el mismo polo del otro. Tenemos así la **ley de fuerza entre polos**, o **ley de los polos**:

> Los polos magnéticos iguales se repelen, y los polos magnéticos diferentes se atraen (▾figura 19.2).

Un resultado inmediato (y a veces confuso) de la definición histórica de un polo norte tiene que ver con el campo magnético terrestre. Como el polo norte de un imán recto es atraído hacia la región *polar* boreal (es decir, el norte *geográfico*), esa región debe funcionar, desde el punto de vista magnético, como el polo (magnético) sur. (Véase la sección 19.8 para conocer más detalles sobre la geofísica del campo magnético de la Tierra.) Así que el polo magnético sur de la Tierra se encuentra en la cercanía de su polo geográfico norte.

Dos polos magnéticos opuestos, como los de un imán recto, forman un *dipolo magnético.* A primera vista, el campo del imán recto podría parecer el análogo magnético del dipolo eléctrico. Sin embargo, existen diferencias fundamentales entre los dos. Por ejemplo, los imanes permanentes siempre tienen dos polos, nunca uno solo. Tal vez se podría pensar que romper un imán recto a la mitad daría por resultado dos polos aislados. Sin embargo, los trozos resultantes del imán siempre se convierten en dos imanes más cortos, *cada uno con su propio conjunto de polos norte y sur.* Mientras que podría existir un solo polo magnético (un *monopolo magnético*) en teoría, todavía se debe encontrar en forma experimental.

El hecho de que no haya analogía magnética con la carga eléctrica es una clave de las diferencias entre los campos eléctricos y magnéticos. Por ejemplo, la fuente real del magnetismo es la carga eléctrica, al igual que sucede con el campo eléctrico. Sin embargo, como se verá en las secciones 19.6 y 19.7, los campos magnéticos se producen sólo cuando las cargas eléctricas están *en movimiento,* como las corrientes eléctricas en circuitos y los electrones que giran en los átomos. Estos últimos son, en realidad, la fuente del campo del imán recto.

Dirección del campo magnético

El método que se utilizó en el pasado para analizar el campo magnético de un imán recto consistía en expresar la fuerza magnética entre los polos en una forma matemática parecida a la ley de Coulomb de la fuerza eléctrica (capítulo 15). De hecho, Coulomb estableció esa ley usando intensidades de polos magnéticos en lugar de cargas eléctricas. Sin embargo, en la actualidad rara vez se usa esa ley, porque no concuerda con nuestra interpretación moderna, basada en el hecho de que nunca se han encontrado polos magnéticos aislados. En lugar de ello, la descripción moderna usa el concepto del *campo magnético.*

Recuerde que las cargas eléctricas producen un campo eléctrico, que se representa mediante líneas de campo eléctrico. El campo eléctrico (vector) se define como la fuerza por unidad de carga en cualquier punto en el espacio, $\vec{\mathbf{E}} = \vec{\mathbf{F}}_e/q_o$. De manera simi-

▸ **FIGURA 19.2 La ley de la fuerza polar o ley de los polos** Los polos iguales (N y N, o S y S) se repelen, y los polos distintos (N y S) se atraen.

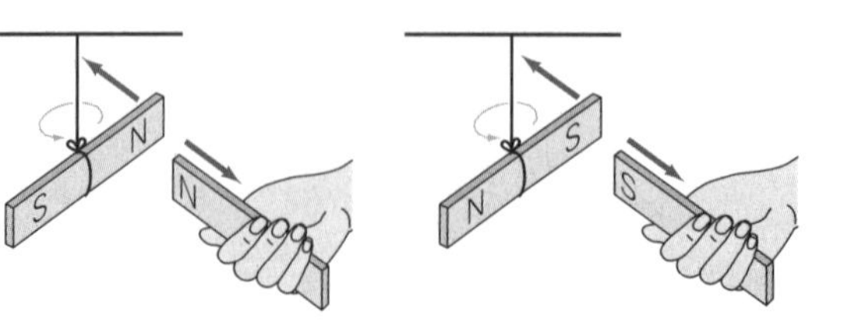

Los polos iguales se repelen

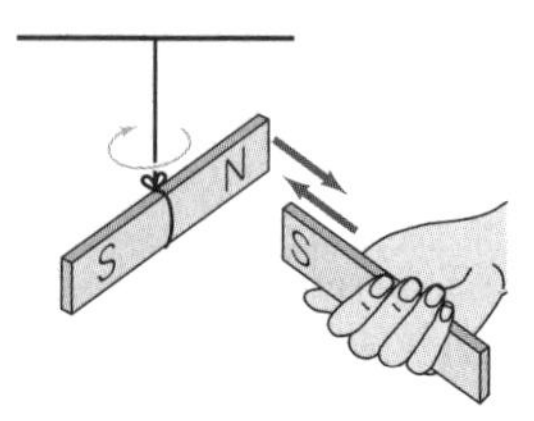

Los polos diferentes se atraen

lar, las interacciones magnéticas se describen en función del **campo magnético**, una cantidad vectorial representada por el símbolo $\vec{\mathbf{B}}$. Así como existen campos eléctricos en la cercanía de cargas eléctricas, los campos magnéticos rodean a los imanes permanentes. Se puede hacer visible el conjunto de líneas magnéticas que rodean a un imán, esparciendo limaduras de hierro sobre un imán recto cubierto por una hoja de papel o una lámina de vidrio (figura 19.1). A causa del campo magnético, las limaduras de hierro se magnetizan convirtiéndose en pequeños imanes (básicamente en agujas de brújula) y se alinean en dirección del campo $\vec{\mathbf{B}}$, comportándose como pequeñas brújulas.

Como el campo magnético es un campo vectorial, se debe especificar tanto la magnitud (que a veces se llama "intensidad" o "fuerza") como la dirección. La dirección de un campo magnético (al que con frecuencia se le llama "campo *B*") se define en términos de una brújula calibrada con la dirección del campo magnético terrestre:

La dirección de un campo magnético ($\vec{\mathbf{B}}$) en cualquier lugar es la dirección hacia donde apuntaría el norte de una brújula si ésta se colocara en ese lugar.

Ilustración 27.1 Imanes y agujas de brújula

Esta definición ofrece un método para trazar un mapa de un campo magnético, moviendo una pequeña brújula en diversos puntos del campo. En cualquier lugar, la brújula se alineará en la dirección del campo *B* que exista allí. Si la brújula se mueve después en la dirección que señala su aguja (el extremo norte), la trayectoria de la aguja describe una *línea de fuerza magnética,* como se ilustra en la ▾ figura 19.3a.

Como el extremo norte de una brújula se aleja del polo norte de un imán recto, las líneas de campo del imán recto se alejan de ese polo y apuntan hacia su polo sur. Las reglas que gobiernan la interpretación de las líneas de campo magnético son iguales que las que se aplican a las líneas de campo eléctrico:

Cuanto más cercanas están entre sí las líneas del campo B, más intenso es éste. En cualquier lugar, la dirección del campo magnético es tangente a la línea de campo, o, de manera equivalente, a la dirección en la que apunta el extremo norte de una brújula.

Observe la concentración de las limaduras de hierro en las regiones polares (figura 19.3b y c). Esto indica que las líneas de campo están muy próximas y, en consecuencia, hay un campo magnético relativamente intenso o fuerte, en comparación con el que existe en otros lugares. En cuanto a la dirección del campo, observe que justo fuera de la mitad del imán, el campo apunta directamente hacia abajo, tangente a la línea de campo en ese punto (figura 19.3a, punto P).

El lector pensará que se podría definir la magnitud de $\vec{\mathbf{B}}$ como la fuerza magnética por unidad de intensidad de polo, en forma análoga a $\vec{\mathbf{E}}$. Sin embargo, como no existen los monopolos magnéticos, la magnitud de $\vec{\mathbf{B}}$ se define en función de la fuerza magnética que se ejerce sobre una carga eléctrica en movimiento, como se describirá a continuación.

▾ **FIGURA 19.3 Campos magnéticos** ***a)*** Es posible visualizar y trazar las líneas del campo magnético con limaduras de hierro o con una brújula, como se ve en el caso del campo magnético provocado por un imán recto. Las limaduras se comportan como diminutas brújulas y se alinean con el campo. Cuanto más próximas estén entre sí las líneas de campo, el campo magnético es más intenso. ***b)*** La figura que forman las limaduras de hierro para el campo magnético entre polos diferentes; las líneas de campo convergen. ***c)*** Figura que forman las limaduras de hierro para el campo magnético entre polos iguales; las líneas de campo divergen.

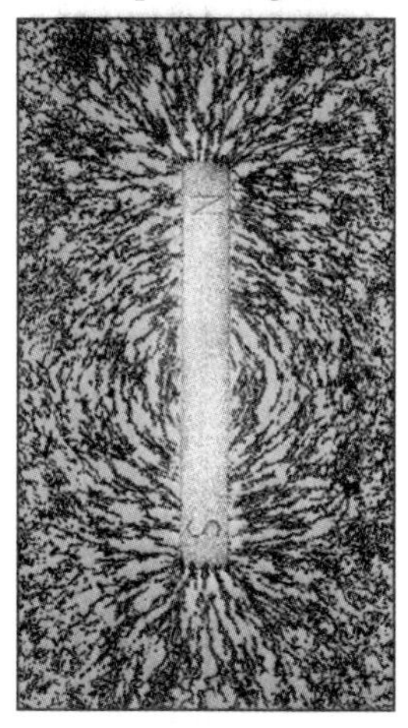

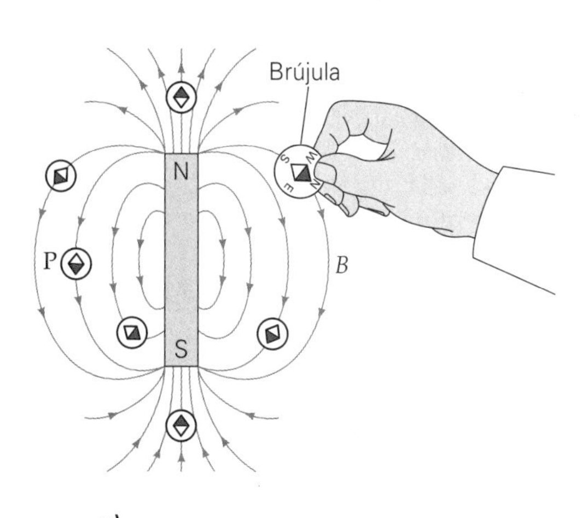

a)

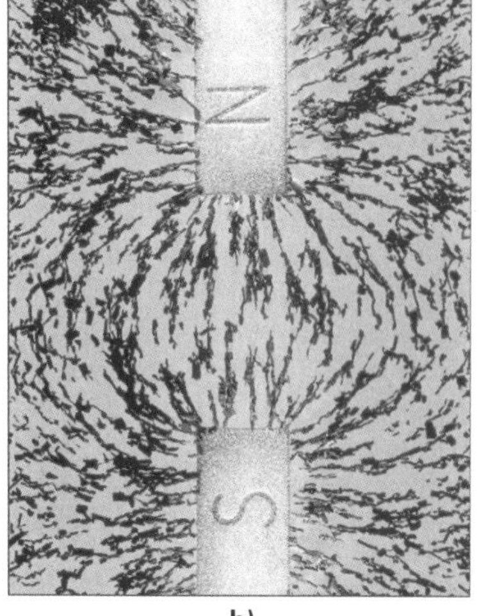

b)

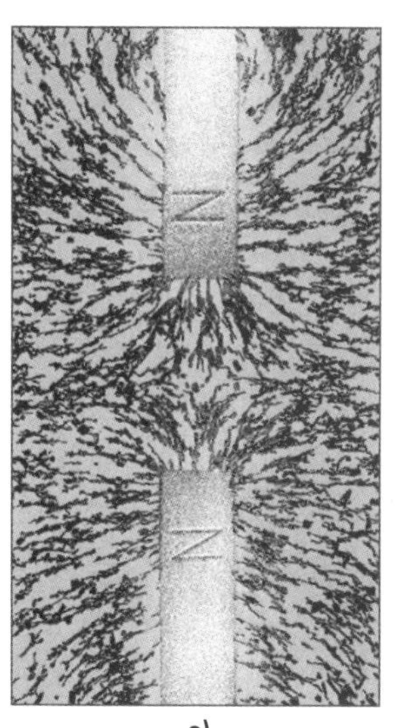

c)

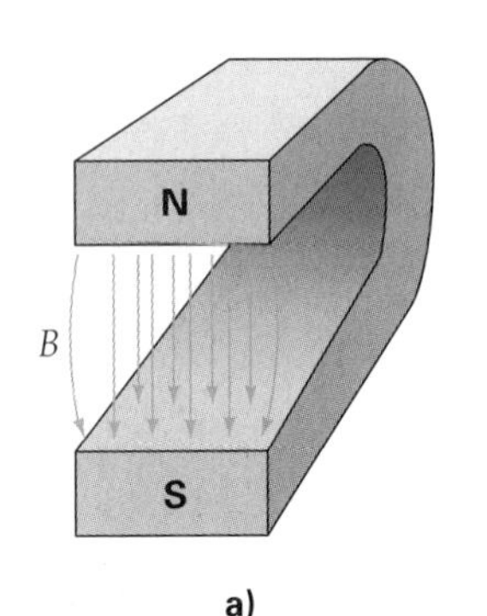

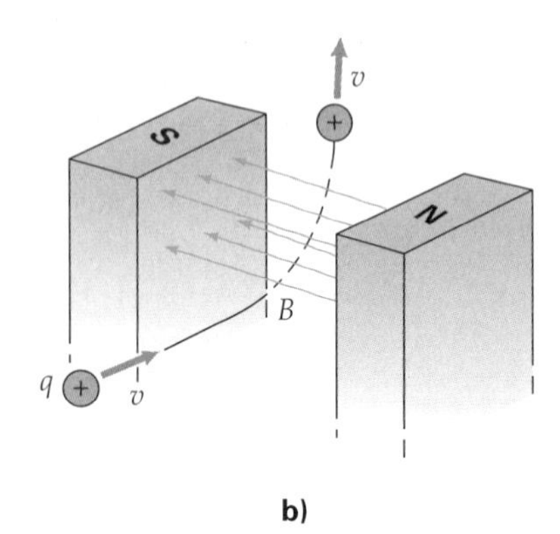

▲ **FIGURA 19.4 Fuerza sobre una partícula en movimiento con carga eléctrica** *a)* Un imán de herradura, formado doblando un imán recto permanente, produce un campo bastante uniforme entre sus polos. *b)* Cuando una partícula con carga eléctrica entra a un campo magnético, actúa sobre ella una fuerza cuya dirección es obvia por la desviación que tiene respecto a su trayectoria original.

19.2 Intensidad del campo magnético y fuerza magnética

OBJETIVOS: *a)* Definir la intensidad del campo magnético y *b)* determinar la fuerza magnética que ejerce un campo magnético sobre una partícula cargada.

Los experimentos indican que una cantidad importantes para determinar la fuerza *magnética* sobre una partícula es su carga *eléctrica*. El estudio de estas interacciones se llama **electromagnetismo**. Examinemos la siguiente interacción electromagnética. Supongamos que una partícula con carga positiva se mueve a velocidad constante al entrar a un campo magnético uniforme. Para simplificar, supongamos también que su velocidad es perpendicular al campo. (Un campo magnético B bastante uniforme existe entre los polos de un imán "de herradura" como el que se observa en ◀la figura 19.4a.) Cuando la partícula cargada entra al campo, es *desviada* adoptando una trayectoria curva hacia arriba, que en realidad es parte de una trayectoria circular (si el campo B es uniforme), como se aprecia en la figura 19.4b.

A partir de nuestro estudio del movimiento circular (sección 7.3), para que una partícula se mueva describiendo un arco circular debe existir una fuerza centrípeta perpendicular a su velocidad. Pero, ¿qué origina esta fuerza? No hay campo eléctrico. La fuerza gravitacional, además de ser demasiado débil para provocar esa desviación, desviaría a la partícula para que siguiera un arco parabólico hacia abajo y no uno circular hacia arriba. Es claro que la fuerza es magnética y que se debe a la interacción entre la carga en movimiento y el campo magnético. Esto indica que *un campo magnético puede ejercer una fuerza sobre una partícula eléctricamente cargada en movimiento.*

Según cuidadosas mediciones, la magnitud de esta fuerza es directamente proporcional a la carga y a su rapidez. Cuando la velocidad de la partícula ($\vec{\mathbf{v}}$) es perpendicular al campo magnético ($\vec{\mathbf{B}}$), la magnitud del campo o la intensidad del *campo B* se define como:

$$B = \frac{F}{qv} \quad \textit{(válida sólo cuando } \vec{\mathbf{v}} \textit{ es perpendicular a } \vec{\mathbf{B}}\textit{)} \tag{19.1}$$

Unidad SI del campo magnético:
newton por ampere-metro [N/(A · m), o tesla (T)]

Físicamente, B representa la fuerza magnética ejercida sobre una partícula cargada, *por unidad de carga* (coulomb) y *por unidad de velocidad* (m/s). A partir de esta relación, las unidades de B son N/(C · m/s) o N/(A · m), ya que 1 A = 1 C/s. A esta combinación de unidades se le llama **tesla (T)**, en honor de Nikola Tesla (1856-1943). Así, 1 T = 1 N/(A · m). La mayor parte de las intensidades de campos magnéticos cotidianos, como las de los imanes permanentes, son mucho menores que 1 T. En esos casos, es común expresar las intensidades de campo magnético en militeslas (1 mT = 10^{-3} T) o en microteslas (1 μT = 10^{-6} T). Una unidad que no pertenece al SI, pero que utilizan los geólogos y geofísicos es el *gauss* (G), que equivale a un diezmilésimo de Tesla (1 G = 10^{-4} T = 0.1 mT). Por ejemplo, el campo magnético terrestre mide varias décimas de gauss o de varias centésimas de un militesla. Por otra parte, los imanes convencionales de laboratorio producen campos hasta de 3 T, y los imanes superconductores generan campos de 25 T o incluso mayores.

Una vez determinada la intensidad del campo magnético (ecuación 19.1), es posible calcular la fuerza sobre una partícula cargada que se mueva a cualquier velocidad.* La fuerza se despeja en la ecuación 19.1:

$$F = qvB \quad \textit{(válida sólo cuando } \vec{\mathbf{v}} \textit{ es perpendicular a } \vec{\mathbf{B}}\textit{)} \tag{19.2}$$

La velocidad de la partícula *no* será perpendicular al campo magnético. Entonces la magnitud de la fuerza depende del seno del ángulo (θ) entre el vector velocidad y el vector campo magnético. En general, la magnitud de la fuerza magnética es

$$F = qvB \operatorname{sen} \theta \quad \textit{fuerza magnética sobre una partícula con carga eléctrica} \tag{19.3}$$

Esto significa que la fuerza magnética es cero cuando $\vec{\mathbf{v}}$ y $\vec{\mathbf{B}}$ son paralelos ($\theta = 0°$), o con dirección contraria ($\theta = 180°$), ya que sen 0° = sen 180° = 0. La fuerza alcanza su valor máximo cuando esos dos vectores son perpendiculares. Si $\theta = 90°$ (sen 90° = 1), este valor máximo es $F = qvB$ sen 90° = qvB.

Nota: el campo magnético desempeña un papel vital en la obtención de imágenes por resonancia magnética (MRI), una técnica muy usada en los diagnósticos médicos.

*En sentido estricto las velocidades deben ser considerablemente menores que la velocidad de la luz para evitar complicaciones de relatividad.

La regla de la mano derecha para fuerzas sobre cargas en movimiento

La *dirección* de la fuerza magnética sobre cualquier partícula cargada en movimiento se determina por la orientación de la velocidad de la partícula en relación con el campo magnético. Los experimentos demuestran que la dirección de la fuerza magnética se determina con la **regla de la mano derecha** (▾figura 19.5a):

> Cuando los dedos de la mano derecha apuntan en la dirección de la velocidad $\vec{\mathbf{v}}$ de una partícula cargada, y se flexionan después (en el ángulo menor) hacia el vector $\vec{\mathbf{B}}$, el pulgar extendido apunta en dirección de la fuerza magnética $\vec{\mathbf{F}}$ que actúa sobre una carga *positiva*. Si la partícula tiene carga negativa, la fuerza magnética tiene dirección opuesta a la del pulgar.

Nota: los campos *B* que se dirigen hacia el plano de la página se representan por ×. Los campos *B* que se dirigen saliendo del plano de la página se representan por •. Visualice estos símbolos, como si indicaran el estabilizador (la cola) y la punta de una flecha, respectivamente.

El lector podría imaginar que los dedos de la mano derecha giran físicamente o hacen girar el vector $\vec{\mathbf{v}}$ hacia $\vec{\mathbf{B}}$ para que $\vec{\mathbf{v}}$ y $\vec{\mathbf{B}}$ queden alineados.

Advierta que la fuerza magnética siempre es *perpendicular al plano formado por* $\vec{\mathbf{v}}$ *y* $\vec{\mathbf{B}}$ (figura 19.5b). Como la fuerza es perpendicular a la dirección del movimiento de la partícula ($\vec{\mathbf{v}}$), no puede realizar trabajo sobre ésta. (Esto se deduce de la definición de trabajo en el capítulo 5, con un ángulo recto entre la fuerza y el desplazamiento, $W = Fd \cos 90° = 0$.) Por consiguiente, un campo magnético no cambia la rapidez (es decir, la energía cinética) de la partícula, sólo su dirección.

En la figura 19.5c se presentan algunas reglas alternativas (y físicamente equivalentes) de la mano derecha. Se sugiere que, para cargas negativas, el lector comience suponiendo que la carga es positiva. A continuación determine la dirección de la fuerza empleando la regla de la mano derecha. Por último, *invierta* esa dirección, para determinar la de la fuerza real sobre la carga negativa. Para ver cómo se aplica esta regla a cargas de uno y otro signo, considere el siguiente ejemplo conceptual.

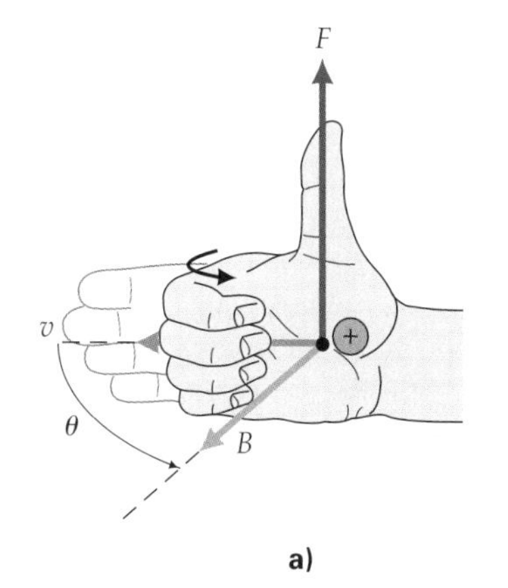

▶ **FIGURA 19.5 Reglas de la mano derecha para la fuerza magnética** ***a)*** Cuando los dedos de la mano derecha tienen la dirección de $\vec{\mathbf{v}}$ y luego se doblan hacia la dirección de $\vec{\mathbf{B}}$, el pulgar extendido apunta en dirección de la fuerza $\vec{\mathbf{F}}$ sobre una carga *positiva.* ***b)*** La fuerza magnética siempre es perpendicular al plano de $\vec{\mathbf{B}}$ y $\vec{\mathbf{v}}$, y, en consecuencia, siempre es perpendicular a la dirección del movimiento de la partícula. ***c)*** Cuando el índice extendido de la mano derecha apunta en la dirección de $\vec{\mathbf{v}}$ y el dedo medio apunta en la dirección de $\vec{\mathbf{B}}$, el pulgar extendido de la misma mano apunta en la dirección de $\vec{\mathbf{F}}$ sobre una carga *positiva.* ***d)*** Cuando los dedos de la mano derecha apuntan en la dirección de $\vec{\mathbf{B}}$ y el pulgar en la dirección de $\vec{\mathbf{v}}$, la palma queda en dirección de la fuerza $\vec{\mathbf{F}}$ sobre una carga *positiva.* (Independientemente de la regla empleada, recuerde siempre utilizar la mano derecha e invertir la dirección cuando la carga es negativa.)

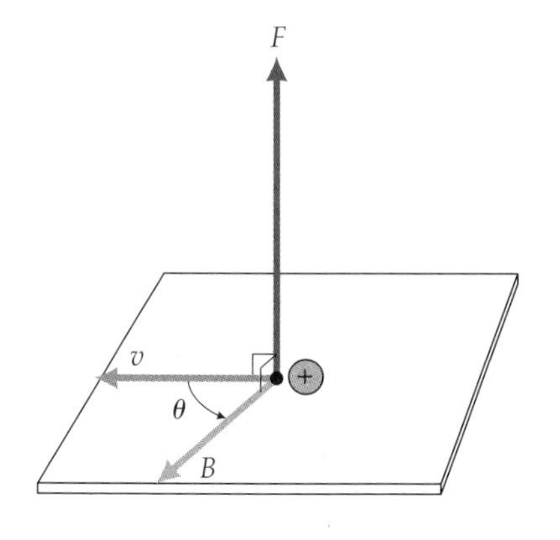

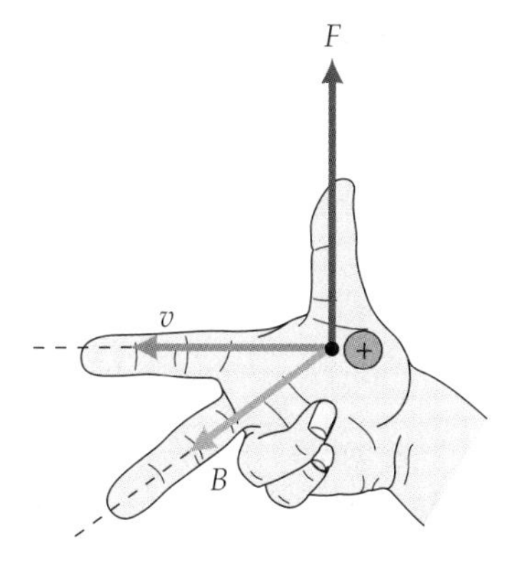

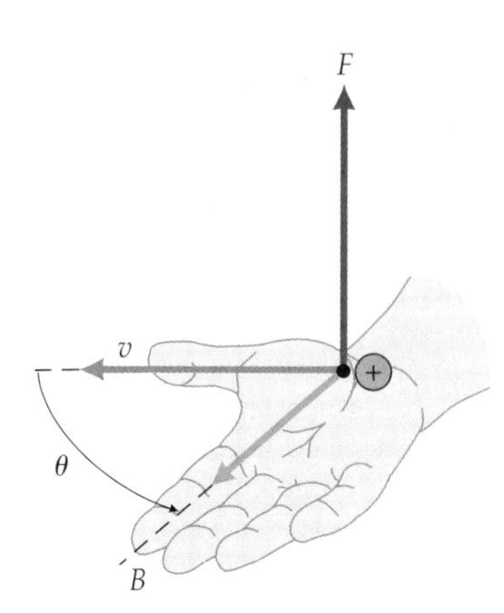

Ejemplo conceptual 19.1 ■ Hasta los "zurdos" utilizan la regla de la mano derecha

En un acelerador lineal de partículas, un haz de protones viaja horizontalmente hacia el norte. Para desviar los protones hacia el este con un campo magnético uniforme, ¿en qué dirección debe apuntar ese campo? *a*) Vertical hacia abajo, *b*) hacia el oeste, *c*) vertical hacia arriba o *d*) hacia el sur.

Razonamiento y respuesta. Como la fuerza es perpendicular al plano de $\vec{\mathbf{v}}$ y $\vec{\mathbf{B}}$, el campo magnético *no* puede ser horizontal. Si así fuera, desviaría a los protones hacia abajo o hacia arriba. A continuación, se aplica la regla de la mano derecha, para ver si $\vec{\mathbf{B}}$ podría estar hacia abajo (respuesta *a*). Es conveniente verificar que, para un campo magnético hacia abajo, la fuerza debe ser hacia el oeste. Por consiguiente, la respuesta debe ser *c*. El campo magnético debe apuntar hacia arriba para desviar los protones hacia el este.

Ejercicio de refuerzo. ¿Hacia qué dirección se desviarían las partículas en este ejemplo si fueran electrones que se mueven hacia el sur?

Ilustración 27.3 Un espectrómetro de masa

Las partículas cargadas en campos magnéticos uniformes describen trayectorias de arcos circulares. Véamos el ejemplo 19-2 para conocer más detalles.

Ejemplo 19.2 ■ Movimiento circular: fuerza sobre una carga en movimiento

Una partícula con carga de -5.0×10^{-4} C y masa de 2.0×10^{-9} kg se mueve con una velocidad de 1.0×10^{3} m/s en dirección de $+x$. Entra en un campo magnético uniforme de 0.20 T, cuya dirección es +y (véase la ◀figura 19.6a). *a*) ¿En qué dirección se desviará la partícula tan pronto como entra en el campo? *b*) ¿Cuál es la magnitud de la fuerza sobre la partícula tan pronto como entra en el campo? *c*) ¿Cuál es el radio del arco circular por el que viajará la partícula mientras está en el campo?

Razonamiento. La desviación inicial de la partícula tiene la dirección de la fuerza magnética inicial. Se espera una trayectoria en arco circular, porque la fuerza magnética es perpendicular a la velocidad de la partícula. La magnitud de la fuerza magnética sobre una sola carga se determina con la ecuación 19.3. Ésta es la única fuerza significativa sobre el electrón; también es la fuerza neta. La segunda ley de Newton nos permitirá determinar el radio de la órbita circular.

Solución. Se listan los datos.

Dado:
$q = -5.0 \times 10^{-4}$ C
$v = 1.0 \times 10^{3}$ m/s (dirección $+x$)
$m = 2.0 \times 10^{-9}$ kg
$B = 0.20$ T (dirección $+y$)

Encuentre:
a) La dirección de la desviación inicial
b) La magnitud de la fuerza magnética inicial F
c) El radio r de la órbita

a) Según la regla de la mano derecha, la fuerza sobre una carga positiva tendría la dirección $+z$ (dirección de la palma). Como la carga es negativa, la fuerza tiene la dirección opuesta, y la partícula se comenzará a desviar hacia la dirección $-z$.

b) La magnitud de la fuerza se determina mediante la ecuación 19.3. Como sólo interesa su magnitud, se ignora el signo de q. Entonces

$$F = qvB \operatorname{sen} \theta$$
$$= (5.0 \times 10^{-4}\ \text{C})(1.0 \times 10^{3}\ \text{m/s})(0.20\ \text{T})(\operatorname{sen} 90°) = 0.10\ \text{N}$$

c) Como la fuerza magnética es la única fuerza que actúa sobre la partícula, también es la fuerza neta (figura 19.6b). Esta fuerza neta apunta hacia el centro del círculo se llama fuerza centrípeta ($\vec{\mathbf{F}}_{\text{neta}} = \vec{\mathbf{F}}_{\text{c}}$; véase el capítulo 7). Por lo tanto, al describir el movimiento circular, la segunda ley de Newton se convierte en

$$\vec{\mathbf{F}}_{\text{c}} = m\vec{\mathbf{a}}_{\text{c}}$$

Ahora se sustituye la fuerza magnética (de la ecuación 19.2, ya que $\theta = 90°$) como fuerza neta, y la ecuación de la aceleración centrípeta ($a_c = v^2/r$; véase la sección 7.3), para obtener:

$$qvB = \frac{mv^2}{r} \quad \text{o} \quad r = \frac{mv}{qB}$$

Por último, se sustituyen los valores numéricos

$$r = \frac{mv}{qB} = \frac{(2.0 \times 10^{-9}\ \text{kg})(1.0 \times 10^{3}\ \text{m/s})}{(5.0 \times 10^{-4}\ \text{C})(0.20\ \text{T})} = 2.0 \times 10^{-2}\ \text{m} = 2.0\ \text{cm}$$

Ejercicio de refuerzo. En este ejemplo, si la partícula fuera un protón que viaja inicialmente en la dirección $+z$, *a*) ¿en qué dirección se desviaría inicialmente? *b*) Si el radio de su trayectoria circular fuera 10 cm y su velocidad fuera 1.0×10^{6} m/s, ¿cuál sería la intensidad del campo magnético?

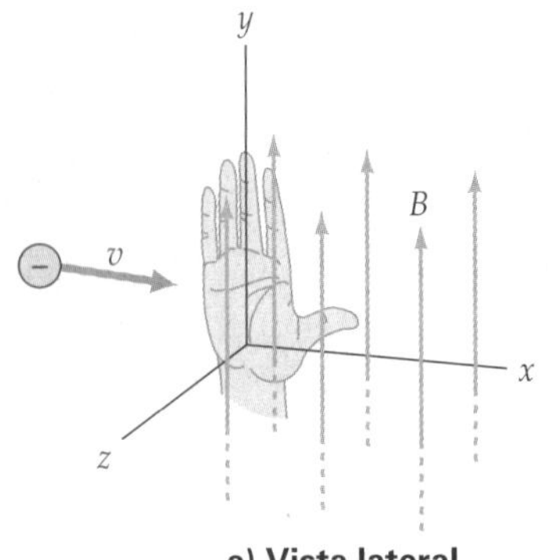

a) Vista lateral

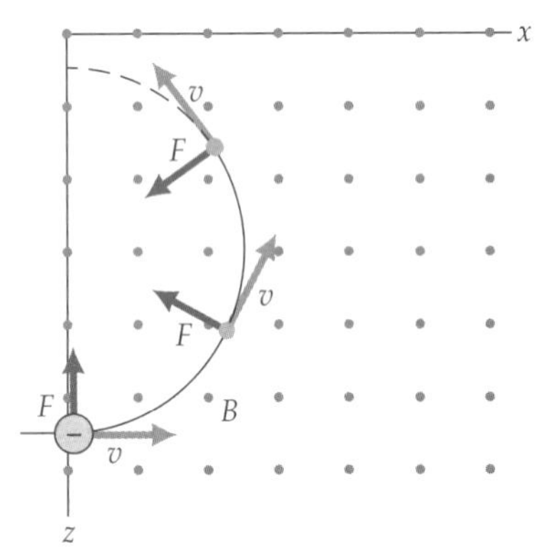

b) Vista superior

▲ **FIGURA 19.6 Trayectoria de una partícula cargada en un campo magnético** *a*) Una partícula cargada que entra en un campo magnético uniforme se desvía, en este caso hacia el plano *xy*, de acuerdo con la regla de la mano derecha, porque la carga es negativa. *b*) En el campo, la fuerza siempre es perpendicular a la velocidad de la partícula. Esta última se mueve en trayectoria circular si el campo es constante, y si entra en dirección perpendicular a la del campo. (Véase el ejemplo 19.2.)

19.3 Aplicaciones: partículas cargadas en campos magnéticos

OBJETIVO: Comprender cómo se usa la fuerza magnética en las partículas cargadas en varias aplicaciones prácticas.

Hemos visto que una partícula cargada en movimiento en un campo magnético, por lo general, experimenta una fuerza magnética. Esta fuerza desvía a la partícula en un grado que depende de su masa, carga y velocidad (rapidez y dirección), así como de la intensidad del campo. Veamos cómo es que esta fuerza desempeña un papel fundamental en algunos aparatos, máquinas e instrumentos comunes.

El tubo de rayos catódicos (CRT): pantallas de osciloscopio, televisores y monitores de computadora*

El **tubo de rayos catódicos** (**CRT,** siglas en inglés para *cathode-ray tube*) es un tubo de vacío que se usa como pantalla de presentación en un instrumento de laboratorio llamado *osciloscopio* (▸figura 19.7). El funcionamiento básico tanto del osciloscopio como del cinescopio de un televisor se muestra en la ▾figura 19.8. Un filamento metálico caliente emite electrones, que son acelerados por un voltaje aplicado entre el cátodo (−) y el ánodo (+) en un "cañón de electrones". En un diseño, esos instrumentos usan bobinas conductoras para producir un campo magnético (sección 19.6), que controla la desviación del haz de electrones. Al variar rápidamente la intensidad del campo, el haz de electrones barre la pantalla fluorescente en una fracción de segundo. Cuando los electrones llegan al material fluorescente hacen que sus átomos emitan luz (sección 27.4). En un televisor blanco y negro, las señales reproducen una imagen en la pantalla, en forma de mosaico de puntos brillantes y oscuros, dependiendo de si el haz está encendido o apagado en determinado instante.

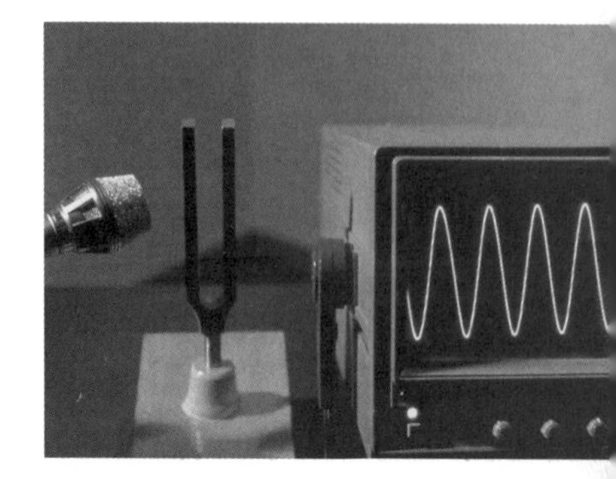

▲ **FIGURA 19.7 Tubo de rayos catódicos** (CRT) El movimiento del haz desviado describe una figura sobre una pantalla fluorescente.

Generar imágenes en un televisor a color o en un monitor a color de computadora es un poco más complicado. Un cinescopio a color común tiene tres haces, uno para cada uno de los colores primarios (rojo, verde y azul; capítulo 25). Puntos fosforescentes en la pantalla se arreglan en grupos de tres (tríadas), con un punto para cada color primario. La excitación de los puntos correspondientes y la emisión resultante (fluorescencia) de una combinación de colores produce una imagen a color.

El selector de velocidad y el espectrómetro de masas

¿Alguna vez ha imaginado cómo se mide la masa de un átomo o una molécula? Los campos eléctricos y magnéticos permiten hacer esto gracias a un **espectrómetro de masas**. Los espectrómetros de masas realizan muchas funciones en los laboratorios modernos. Por ejemplo, se utilizan para seguir moléculas de vida corta en estudios bioquímicos de los organismos vivos. También permiten determinar la estructura de grandes moléculas orgánicas, para analizar la composición de mezclas complejas, por ejemplo, una muestra de aire cargado de esmog. En criminología, los químicos forenses utilizan el espectrómetro de masas para identificar huellas de materiales, por ejemplo, en una marca de pintu-

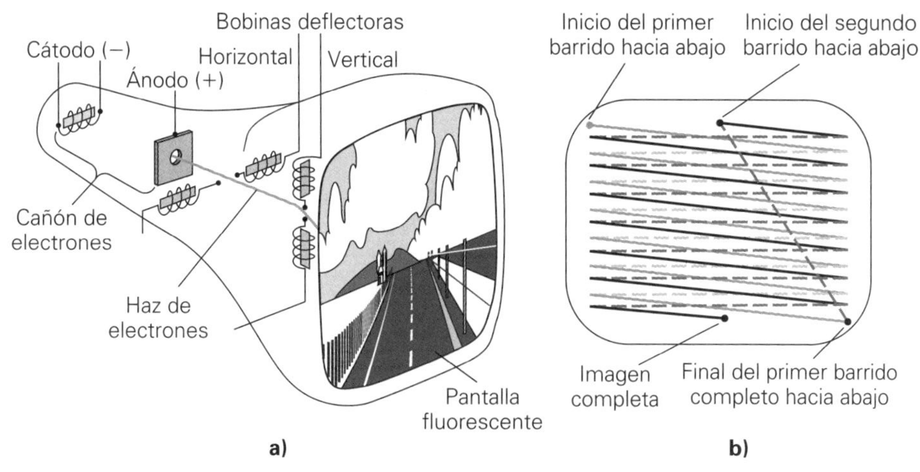

◂ **FIGURA 19.8 Cinescopio de televisión** ***a)*** Un cinescopio de televisión es un tubo de rayos catódicos (de electrones) o CRT. Los electrones son acelerados entre el cátodo y el ánodo, y después son desviados al lugar adecuado de una pantalla fluorescente, mediante los campos magnéticos producidos por las bobinas conductoras de corriente. ***b)*** En este diseño, el haz barre una línea sí y otra no sobre la pantalla, en su paso hacia abajo que dura $\frac{1}{60}$ s, y después barre las líneas intermedias en un segundo paso de $\frac{1}{60}$ s. Con lo anterior se forma una imagen completa de 525 líneas en $\frac{1}{30}$ de segundo.

*Las pantallas planas están sustituyendo a las pantallas basadas en tubos de vacío, gracias al empleo de materiales como los cristales líquidos. En la actualidad, cada vez son más frecuentes los televisores de pantalla LCD y los monitores planos de computadora, que no requieren de fuerzas magnéticas para su operación.

ra que quedó en un accidente automovilístico. En otros campos de conocimiento, como la arqueología y la paleontología, esos instrumentos sirven para separar átomos y determinar la edad de rocas y de artefactos que utilizaron nuestros ancestros. En los hospitales modernos, los espectrómetros de masas son esenciales para medir y mantener la composición adecuada de medicamentos en estado gaseoso, como los gases anestésicos que se administran en una operación quirúrgica.

Nota: la diferencia entre las masas de un átomo o molécula neutros y sus contrapartes con carga (iones) es igual tan sólo a la masa de uno o dos electrones; por consiguiente, es insignificante en la mayor parte de los casos.

En realidad, lo que se mide en el espectrómetro de masas son las masas de los *iones* o moléculas cargadas.* Se producen iones con una carga conocida ($+q$) quitando electrones a átomos y moléculas. En este punto, el haz de iones que resulta tendría una distribución de velocidades, y no una sola velocidad. Si estas partículas entraran a un espectrómetro de masas, entonces los iones de diferente velocidad tomarían distintas trayectorias en el aparato. Así, antes de que entren al espectrómetro de masas, se seleccionan los iones con una velocidad específica mediante un *selector de velocidad*. Este instrumento consiste en un campo eléctrico y un campo magnético en ángulo recto entre sí.

Este arreglo permite que las partículas que se mueven con una velocidad única pasen sin desviarse. Para visualizar lo anterior, considere un ion positivo que se acerca a los campos cruzados, y forma con ambos ángulo recto. El campo eléctrico produce una fuerza hacia abajo ($F_e = qE$), y el campo magnético produce una fuerza hacia arriba ($F_m = qvB_1$). (Verifique la dirección de cada fuerza en la ▾figura 19.9.)

Si el haz no se va a desviar, la fuerza resultante o neta sobre cada partícula debe ser cero. En otras palabras, estas dos fuerzas se anulan, al ser iguales en magnitud y tener direcciones contrarias. Igualando las dos magnitudes de fuerzas,

$$F_e = F_m \quad \text{o} \quad qE = qvB_1$$

de donde se puede despejar una velocidad "seleccionada":

$$v = \frac{E}{B_1}$$

Si las placas son paralelas, el campo eléctrico entre ellas se determina mediante $E = V/d$, donde V es el voltaje a través de las placas y d es la distancia entre ellas. Una versión más práctica de la ecuación anterior

Exploración 27.2 Selector de velocidad

$$v = \frac{V}{B_1 d} \qquad \textit{Velocidad seleccionada en un selector de velocidad} \tag{19.4}$$

La velocidad deseada se puede seleccionar modificando V, en tanto que B_1 y d son difíciles de cambiar.

Adelante del selector de velocidad, el haz pasa por una rendija y llega a otro campo magnético ($\vec{\mathbf{B}}_2$), que es perpendicular a la dirección del haz. En este punto, el haz de partículas se flexiona y forma un arco circular. El análisis es idéntico al del ejemplo 19.2 y, en consecuencia

$$F_c = ma_c \quad \text{o} \quad qvB_2 = m\frac{v^2}{r}$$

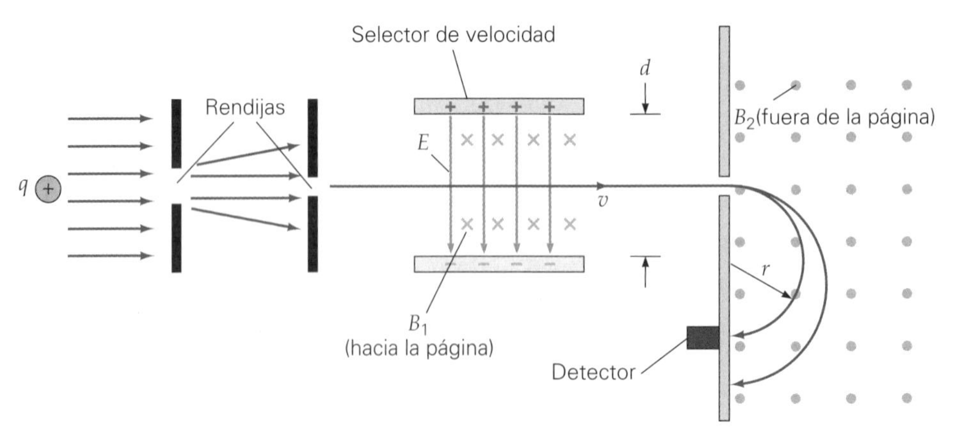

▸ **FIGURA 19.9 Principio del espectrómetro de masas** Los iones pasan por el selector de velocidad; sólo aquellos que tienen determinada velocidad ($v = E/B_1$) entran en un campo magnético (B_2). Esos iones son desviados; el radio de su trayectoria circular depende de la masa y la carga que tengan. Trayectorias con dos radios distintos indican que el haz contiene iones de dos masas distintas (suponiendo que tienen la misma carga).

*Recuerde que al quitar o agregar electrones a un átomo o molécula se produce un ion. Sin embargo, la masa de un ion tiene una diferencia insignificante con respecto a la masa de su átomo neutral, porque la masa del electrón es muy pequeña en comparación con las masas de los protones y neutrones en los núcleos atómicos.

Se utiliza la ecuación 19.4, y la masa de la partícula es

$$m = \left(\frac{qdB_1B_2}{V}\right)r \quad \textit{(masa determinada con un espectrómetro de masas)} \tag{19.5}$$

La cantidad entre paréntesis es una constante (suponiendo que todos los iones tengan la misma carga). Por lo tanto, cuanto mayor sea la masa de un ion, el radio de su trayectoria circular será mayor. En la figura 19.9 se observan dos trayectorias circulares de radios distintos. Esto indica que el haz en realidad contiene iones de dos masas distintas. Si se mide el radio (por ejemplo, registrando la posición donde los iones se encuentran con un detector), es posible calcular la masa del ion mediante la ecuación 19.5.

En un espectrómetro de masas con diseño un poco diferente, el detector está en una posición fija. En este caso, el instrumento funciona variando la magnitud del campo magnético (B_2) en el tiempo, y la computadora registra y almacena la lectura del detector como una función del tiempo. Advierta que en este diseño, m es proporcional a B_2. Para observar esto, rescriba la ecuación 19.5 como $m = (qdB_1r/v)B_2$. Como la cantidad dentro del paréntesis es una constante, entonces $m \propto B_2$. Al variar B_2, los datos del detector en conexión con la computadora de alta velocidad nos permiten determinar las masas y números relativos (esto es, el porcentaje) de iones de cada masa. Independientemente del diseño, el resultado, que se llama *espectro de masas* (la cantidad de iones graficada en función de su masa), se muestra normalmente en una pantalla de osciloscopio o de computadora, y se digitaliza para fines de almacenamiento y análisis (▸figura 19.10). El siguiente ejemplo describe los cálculos en un espectrómetro de masas.

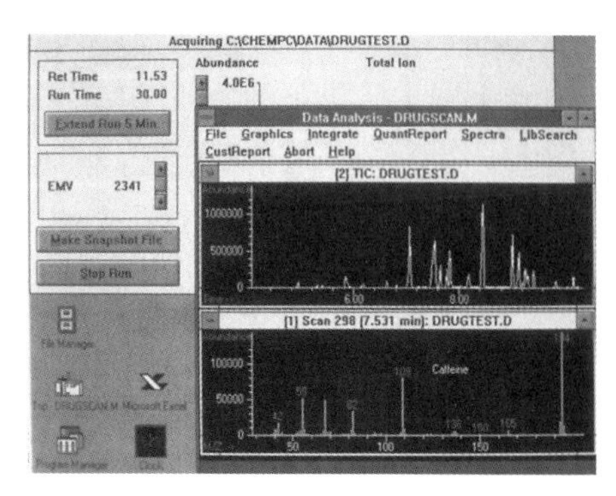

▲ **FIGURA 19.10 Espectrómetro de masas** Pantalla de un espectrómetro de masas, donde el número de moléculas se grafica en el eje vertical, y la masa molecular en el horizontal. La molécula que se analiza es de mioglobina, una proteína que almacena oxígeno en el tejido muscular. Para esa mioglobina, cada pico en la pantalla representa la masa de un fragmento ionizado. Esas gráficas, que son los *espectros de masas*, ayudan a determinar la composición y la estructura de moléculas grandes. El espectrómetro de masas también sirve para identificar cantidades diminutas en una mezcla compleja.

Exploración 27.3 Espectrómetro de masas

Ejemplo 19.3 ■ La masa de una molécula: un espectrómetro de masas

A una molécula de metano se le quita un electrón antes de que entre a un espectrómetro de masas, como el de la figura 19.9. Después de pasar por el selector de velocidad, el ion tiene una velocidad de 1.00×10^3 m/s. A continuación entra en la región del campo magnético principal, cuya intensidad es de 6.70×10^{-3} T. De ahí, describe una trayectoria circular y llega a 5.00 cm de la entrada al campo. Calcule la masa de esta molécula. (Ignore la masa del electrón que se removió.)

Razonamiento. La fuerza magnética que actúa sobre la molécula cargada da la fuerza centrípeta para la trayectoria en arco circular. Como la velocidad y el campo magnético forman ángulo recto, la fuerza magnética se determina con la ecuación 19.2. Si se aplica la segunda ley de Newton al movimiento circular, es posible determinar la masa de la molécula.

Solución. Primero se listan los datos.

Dado: $q = 1.60 \times 10^{-19}$ C (electrón)
$r = d/2 = (5.00 \text{ cm})/2 = 0.0250$ m
$B_2 = 6.70 \times 10^{-3}$ T
$v = 1.00 \times 10^3$ m/s

Encuentre: m (masa de una molécula de metano)

La fuerza centrípeta sobre el ion ($F_c = mv^2/r$) la da la fuerza magnética ($F_m = qvB_2$):

$$\frac{mv^2}{r} = qvB_2$$

Se despeja m en esta ecuación y se sustituyen los valores numéricos:

$$m = \frac{qB_2r}{v} = \frac{(1.60 \times 10^{-19}\,\text{C})(6.70 \times 10^{-3}\,\text{T})(0.0250\,\text{m})}{1.00 \times 10^3\,\text{m/s}} = 2.68 \times 10^{-26}\,\text{kg}$$

Ejercicio de refuerzo. En este ejemplo, si el campo magnético entre las placas paralelas del selector de velocidad, que están a 10.0 mm de distancia, es 5.00×10^{-2} T. ¿Qué voltaje se debe aplicar a las placas?

Propulsión silenciosa: magnetohidrodinámica

Buscando métodos silenciosos y eficientes de propulsión en el mar, los ingenieros inventaron un sistema basado en la *magnetohidrodinámica*, el estudio de las interacciones de fluidos en movimiento con campos magnéticos. Este método se basa en la fuerza magnética y no requiere de partes móviles como motores, chumaceras o ejes. Para evitar la detección, la característica de "funcionamiento silencioso" tiene especial importancia en el diseño de los submarinos modernos.

En esencia, el agua de mar entra por el frente de la unidad y se expulsa a alta velocidad por atrás (▸figura 19.11). Un electroimán superconductor se usa para producir un gran campo magnético y al mismo tiempo, un generador eléctrico produce un alto voltaje de cd y envía una corriente por el agua de mar. [Recuerde que el agua de mar es un

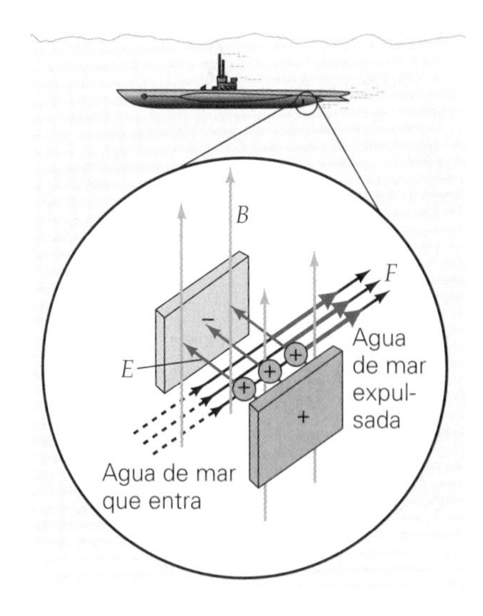

▲ **FIGURA 19.11 Propulsión magnetohidrodinámica** En la propulsión magnetohidrodinámica, se hace pasar una corriente eléctrica por agua de mar, con voltaje de cd. Un campo magnético ejerce una fuerza sobre la corriente, empujando al agua hacia fuera del submarino o bote. La fuerza de reacción empuja al barco en dirección contraria.

buen conductor, porque tiene una elevada concentración de sodio (Na^+) y cloro (Cl^-).] La fuerza magnética sobre la corriente eléctrica impulsa al agua hacia atrás, y se expulsa un chorro de agua. De acuerdo con la tercera ley de Newton, una fuerza de reacción impulsa al submarino hacia delante, permitiéndole acelerar en silencio.

19.4 Fuerzas magnéticas sobre conductores con corriente eléctrica

OBJETIVOS: *a*) Calcular la fuerza magnética sobre un conductor con corriente eléctrica y el momento de torsión sobre un circuito con corriente y *b*) explicar el concepto del momento magnético de una espira o bobina.

Cualquier carga eléctrica que se mueve en un campo magnético experimenta una fuerza magnética. Como una corriente eléctrica se compone de cargas en movimiento, cabe esperar que un conductor con corriente eléctrica, cuando se coloca en un campo magnético, también esté sometido a esa fuerza. La suma de las fuerzas magnéticas individuales sobre las cargas en movimiento debe ser igual a la fuerza magnética total sobre el conductor.

Nota: recuerde que considerar una corriente en términos de cargas positivas sólo es una convención útil. En realidad, los electrones negativos son los portadores de la carga en la corriente eléctrica ordinaria.

La dirección de la "corriente convencional" supone que la corriente eléctrica en un conductor se debe al movimiento de cargas positivas, ▾figura 19.12.* La fuerza magnética está en su máximo porque $\theta = 90°$. En un momento t, una carga q_i se movería, en promedio, una longitud $L = vt$, donde v es la velocidad promedio de deriva. Como todas las cargas en movimiento (carga total $= \Sigma q_i$) que hay en este tramo de conductor están bajo la acción de una fuerza magnética en la misma dirección, la magnitud de la fuerza total sobre este tramo de alambre (ecuación 19.2) es

$$F = (\Sigma q_i)vB$$

Se sustituye v por L/t y se reordena, para obtener

$$F = (\Sigma q_i)\left(\frac{L}{t}\right)B = \left(\frac{\Sigma q_i}{t}\right)LB$$

Ilustración 27.4 Fuerzas magnéticas sobre corrientes

Pero $\Sigma q_i/t$ no es más que la corriente (I). En términos de la corriente del circuito, escribimos

$$F = ILB \quad \textit{(válido sólo cuando la corriente y el campo eléctrico son perpendiculares)} \qquad (19.6)$$

Este resultado da la fuerza máxima en el conductor. Si la corriente forma un ángulo θ con respecto a la dirección del campo, entonces la fuerza magnética sobre el mismo será menor. En general, la fuerza sobre un tramo de conductor con corriente, dentro de un campo magnético uniforme, es

$$F = ILB \operatorname{sen} \theta \quad \textit{fuerza magnética sobre un conductor con corriente} \qquad (19.7)$$

Si la corriente está en paralelo o en dirección opuesta al campo, la fuerza sobre el conductor es cero.

La dirección de la fuerza magnética sobre un conductor con corriente también se determina mediante una regla de la mano derecha. Como en el caso de las partículas cargadas individuales, hay varias versiones equivalentes de la **regla de la mano derecha para la fuerza sobre un conductor con corriente**, y la más común es la siguiente:

Exploración 27.1 Trace el mapa de las líneas de campo y determine fuerzas

> Cuando los dedos de la mano derecha apuntan en la dirección de la corriente convencional I, y después se curvan hacia el vector $\vec{\mathbf{B}}$, el pulgar extendido apunta en dirección de la fuerza magnética sobre el conductor (véase las figuras 19.13a y b).

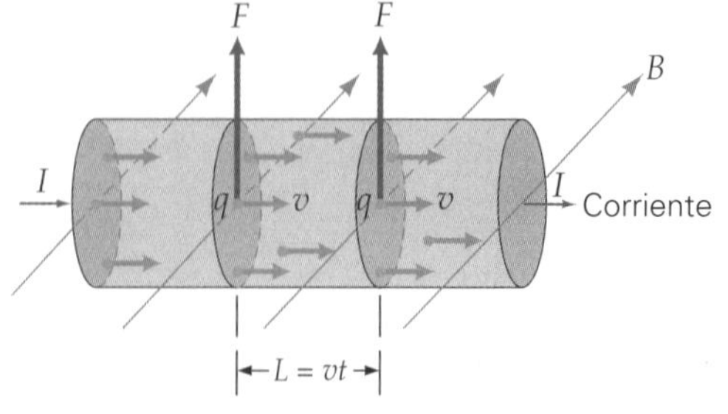

▸ **FIGURA 19.12 Fuerza sobre un segmento de alambre** Los campos magnéticos ejercen fuerzas sobre conductores con corriente, porque la corriente eléctrica está formada por partículas cargadas en movimiento. Se indica la fuerza magnética máxima sobre un tramo de un alambre con corriente porque el ángulo entre la velocidad de la carga y el campo es de 90°.

*Use la regla de la fuerza de la mano derecha para que se convenza de que los electrones que viajan hacia la izquierda tendrán la misma dirección de la fuerza magnética.

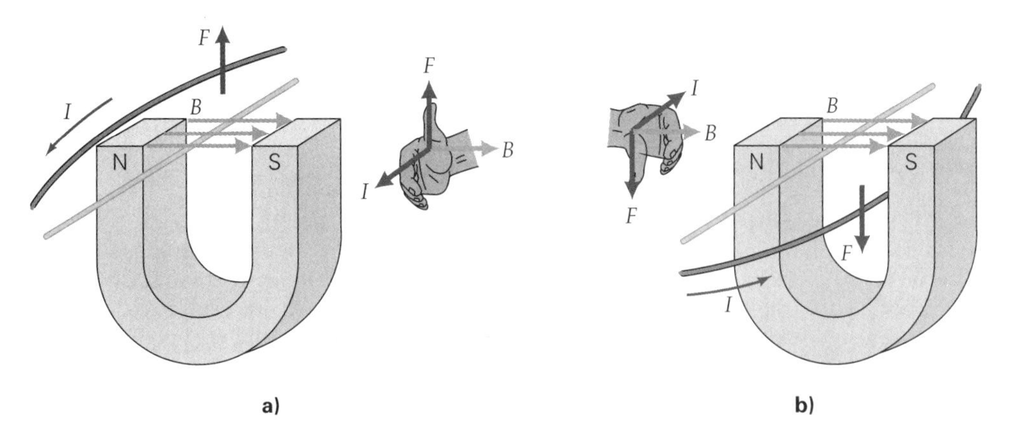

◀ **FIGURA 19.13 Una regla de la mano derecha para conductores con corriente eléctrica** La dirección de la fuerza se obtiene apuntando los dedos de la mano derecha en dirección de la corriente convencional I, y luego doblándolos hacia $\vec{\mathbf{B}}$. El pulgar extendido apunta en dirección de $\vec{\mathbf{F}}$. La fuerza es *a*) hacia arriba y *b*) hacia abajo.

En la ▸figura 19.14 se presenta una alternativa equivalente:

> Cuando los dedos de la mano derecha se estiran en la dirección del campo magnético y el pulgar apunta en dirección de la corriente convencional *I* en el conductor, la palma de la mano derecha queda hacia la dirección de la fuerza magnética sobre el conductor.

Ambas reglas dan como resultado la misma dirección, porque son extensiones de las reglas de la mano derecha sobre cargas individuales. Para visualizar cómo interactúan magnéticamente dos conductores portadores de corriente eléctrica, considere el siguiente ejemplo.

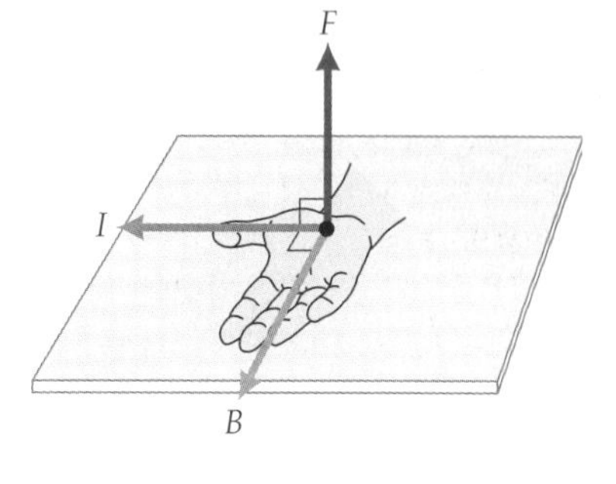

▲ **FIGURA 19.14 Una regla alternativa de la mano derecha** Cuando los dedos de la mano derecha se extienden en dirección del campo magnético $\vec{\mathbf{B}}$ y el pulgar se apunta en la dirección de la corriente convencional I, la palma queda hacia la dirección de $\vec{\mathbf{F}}$. Compruebe que así se obtiene la misma dirección que con la regla equivalente descrita en la figura 19.13.

Ejemplo integrado 19.4 ■ Fuerzas magnéticas sobre conductores suspendidos en el ecuador

Como un conductor con corriente experimenta una fuerza magnética, podría ser factible suspender ese conductor en reposo sobre el suelo, usando el campo magnético terrestre. *a*) Un conductor largo y recto está en el ecuador. ¿En qué dirección debe ir la corriente en el conductor para lograr esto? 1) Hacia arriba, 2) hacia abajo, 3) hacia el este o 4) hacia el oeste. *b*) Calcule la corriente necesaria para suspender el conductor, suponiendo que el campo magnético de la Tierra es de 0.40 G en el ecuador, que el conductor mide 1.0 m de longitud, y que su masa es de 30 g.

a) Razonamiento conceptual. La dirección requerida en la fuerza es hacia arriba, porque la gravedad actúa hacia abajo (▸figura 19.15). El campo magnético terrestre en el ecuador es paralelo al suelo, y apunta al norte. Como la fuerza magnética es perpendicular a la corriente y al campo magnético a la vez, no puede dirigirse hacia arriba ni hacia abajo, lo que elimina las dos primeras opciones. Para decidir entre el este y el oeste, simplemente se elige uno de los casos y se ve si funciona o no. Suponga que la corriente es hacia el oeste. Si se aplica la regla de la mano derecha para la fuerza, se ve que la fuerza actúa hacia abajo. Como eso no es correcto, entonces la única respuesta que queda es la 3: hacia el este. Compruebe que esta opción es correcta aplicando directamente la regla de la mano derecha.

b) Razonamiento cuantitativo y solución. Se conoce la masa del conductor, y, por lo tanto, es posible calcular su peso. Éste debe ser igual y opuesto a la fuerza magnética. La corriente y el campo forman ángulo recto entre sí; así que la fuerza magnética se determina con la ecuación 19.6 y, a partir de esta información, se puede calcular la corriente.

Primero se listan los datos (y se convierten a unidades SI al mismo tiempo):

Dado: $m = 30\text{ g} = 3.0 \times 10^{-2}\text{ kg}$
$B = (0.40\text{ G})(10^{-4}\text{ T/G}) = 4.0 \times 10^{-5}\text{ T}$
$L = 1.0\text{ m}$

Encuentre: I (la corriente requerida para suspender el conductor)

El peso del conductor es $w = mg = (3.0 \times 10^{-2}\text{kg})(9.8\text{ m/s}^2) = 0.29\text{ N}$. Con el conductor suspendido, esto debe ser igual a la fuerza magnética, es decir,

$$w = ILB$$

Por consiguiente,

$$I = \frac{w}{LB} = \frac{0.29\text{ N}}{(1.0\text{ m})(4.0 \times 10^{-5}\text{ T})} = 7.4 \times 10^3\text{ A}$$

Es una corriente enorme, por lo que suspender el conductor de esta forma no es una idea práctica.

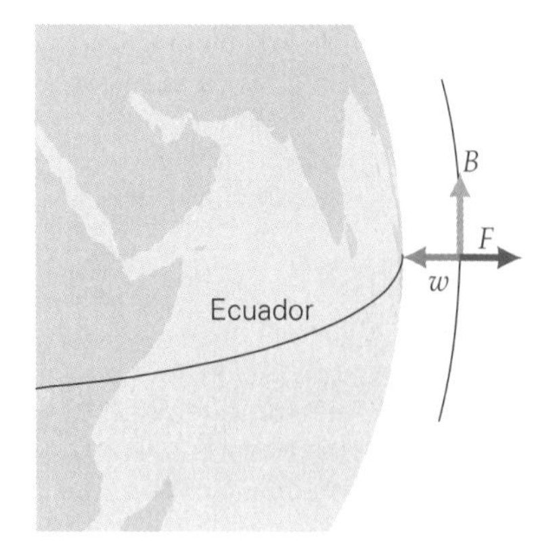

▲ **FIGURA 19.15 ¿Desafío de la gravedad con un campo magnético?** Cerca del ecuador terrestre existe la posibilidad teórica de anular el tirón de la gravedad con una fuerza magnética hacia arriba sobre un conductor. ¿Cuál debe ser la dirección y la magnitud de la corriente? (Véase el Ejemplo integrado 19.4.)

(continúa en la siguiente página)

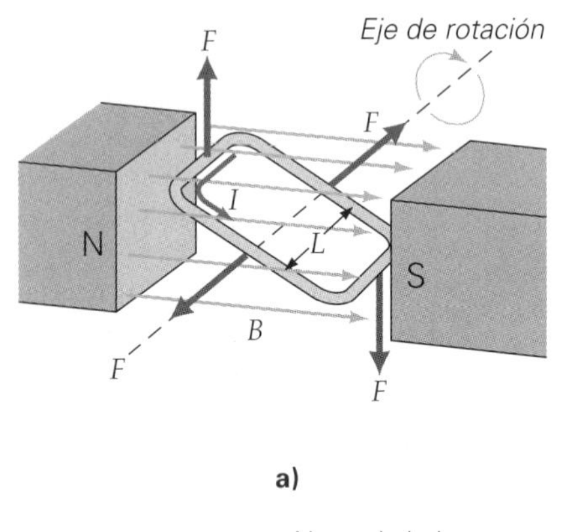

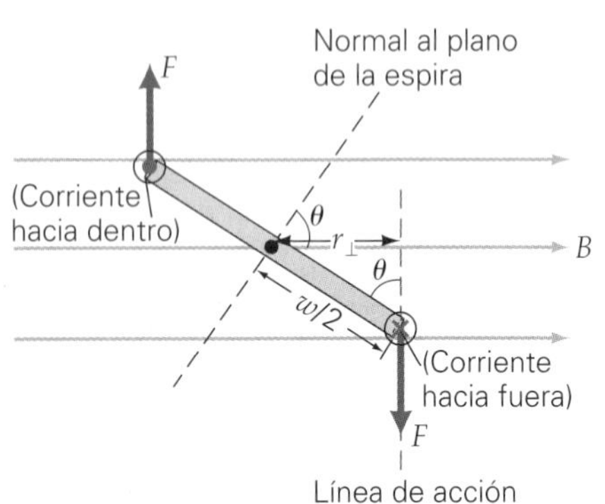

▲ **FIGURA 19.16** Fuerza y momento de torsión sobre una espira giratoria con corriente eléctrica *a)* Una espira rectangular con corriente eléctrica, orientada dentro de un campo magnético como se observa aquí, está bajo la acción de una fuerza en cada uno de sus lados. Sólo las fuerzas sobre los lados paralelos al eje de rotación producen un momento de torsión que hace girar a la espira. *b)* En la vista lateral se presenta la geometría para determinar el momento de torsión. (Para conocer los detalles, véase el texto.)

Nota: una *bobina* consiste en *N* espiras del mismo tamaño y por todas ellas pasa la misma corriente *I* en serie.

Ejercicio de refuerzo. *a)* Con la regla de la mano derecha demuestre que suspender un conductor no funcionaría en el polo sur ni en el polo norte terrestres. *b)* ¿Cuál sería la masa que debería tener el conductor para que quedara suspendido al conducir una corriente más razonable de 10 A? ¿Parece una masa razonable para un tramo de 1 m de longitud?

Momento de torsión sobre una espira con corriente eléctrica

Otro uso importante del magnetismo consiste en ejercer fuerzas y momentos de torsión sobre espiras conductoras de corriente (la espira rectangular de la ◂figura 19.16a). Suponga que la espira tiene rotación libre alrededor de un eje que pasa por dos lados opuestos. No hay fuerza ni momento de torsión netos que se deban a las fuerzas que actúan en los lados pivoteados de la espira. Las fuerzas sobre ellos son iguales y opuestas, y están en el plano de la espira, por lo que no producen momento de torsión ni fuerza netos. Las fuerzas iguales y opuestas sobre los dos lados de la espira que son *paralelos* al eje de rotación, aunque no crean una fuerza neta, sí producen un momento de torsión neto (véase el capítulo 8).

Para visualizar lo anterior, examine la figura 19.16b. La magnitud de la fuerza magnética F sobre cada lado no pivoteado (longitud L) está dada por $F = ILB$. El momento de torsión producido por una fuerza (sección 8.2) es $\tau = r_\perp F$, donde $r_\perp$ es la distancia perpendicular (el brazo de palanca) del eje de rotación a la línea de acción de la fuerza. De acuerdo con la figura 19.16b, $r_\perp \frac{1}{2}w$ sen θ, donde w es el ancho de la espira y θ es el ángulo que forman la normal al plano de la espira y la dirección del campo magnético. El momento de torsión neto τ se debe a los momentos de torsión de ambas fuerzas y es la suma de los dos, o el doble de uno de ellos (¿por qué?)

$$\tau = 2r_\perp F = 2\left(\tfrac{1}{2}w \operatorname{sen}\theta\right)F = wF \operatorname{sen}\theta$$
$$= w(ILB) \operatorname{sen}\theta$$

Entonces, ya que wL es el área (A) de la espira, se puede expresar la magnitud del momento de torsión sobre una espira única pivoteada y con corriente, como sigue:

$$\tau = IAB \operatorname{sen}\theta \quad \textit{momento de torsión sobre una espira con corriente} \tag{19.8}$$

La ecuación 19.8 es válida para una espira plana de *cualquier* forma y área. Una *bobina* está formada por N espiras, o vueltas, conectadas en serie (donde $N = 2, 3, \ldots$). Así, en una bobina, el momento de torsión es N veces el de una espira (ya que, en cada una, la corriente es la misma). Por lo tanto, el momento de torsión en una bobina es

$$\tau = NIAB \operatorname{sen}\theta \quad \textit{momento de torsión sobre una espira con corriente} \tag{19.9}$$

La magnitud del vector **momento magnético** de una bobina, m, se define como

$$m = NIA \quad \textit{momento magnético de una bobina} \tag{19.10}$$

(Las unidades SI del momento magnético son: ampere · metro^2, o A · m^2)

La dirección del vector momento magnético $\vec{\mathbf{m}}$ se determina doblando en círculo los dedos de la mano derecha, en dirección de la corriente (convencional). El pulgar apunta en dirección del vector. Note que $\vec{\mathbf{m}}$ siempre es perpendicular al plano de la bobina (▸figura 19.17a). La ecuación 19.10 se puede replantear en términos del momento magnético:

$$\tau = mB \operatorname{sen}\theta \tag{19.11}$$

El momento de torsión magnético tiende a alinear al vector momento magnético ($\vec{\mathbf{m}}$) con la dirección del campo magnético. Observe que una espira o bobina en un campo magnético está sujeta a un momento de torsión hasta que sen $\theta = 0$ (es decir, $\theta = 0°$), y en ese punto las fuerzas que producen el momento de torsión son paralelas al plano de la espira (véase la figura 19.17b). Esta situación se da cuando el plano de la espira es perpendicular al campo. Si la espira parte del reposo, de tal manera que su momento magnético forma cierto ángulo con el campo magnético, sufrirá una aceleración angular que la hará girar hasta la posición en que el ángulo es cero. La inercia rotacional la hará pasar del punto de equilibrio (ángulo cero, figura 19.17c) hacia el otro lado. Ahí, el momento de torsión desacelerará la espira, la detendrá y luego la volverá a acelerar de regreso hacia el equilibrio. El momento de torsión sobre la espira es de *restitución,* y tiende a hacer que el momento magnético oscile respecto a la dirección del campo, en forma muy parecida a la de una brújula que se va deteniendo hasta que apunta al norte.

Ejemplo 19.5 ■ Momento magnético: ¿causa el giro?

Un técnico de laboratorio forma una bobina circular con 100 vueltas de alambre delgado de cobre, cuya resistencia es de 0.50 Ω. El diámetro de la bobina es de 10 cm, y está conectada con una batería de 6.0 V. *a*) Determine el momento magnético (magnitud) de la bobina. *b*) Determine el momento de torsión (magnitud) máximo en la bobina, si se coloca entre los polos de un imán, donde la intensidad de campo es de 0.40 T.

Razonamiento. El momento magnético incluye la cantidad de vueltas y el área de la bobina, y la corriente en los conductores. Para calcular la corriente se utiliza la ley de Ohm. El momento de torsión máximo es cuando el ángulo entre el vector momento magnético y el campo *B* es de 90°, de acuerdo con la ecuación 19.11.

Solución. Se listan los datos; el radio del círculo se expresa en unidades SI:

Dado: $N = 100$ vueltas
$r = d/2 = 5.0 \text{ cm} = 5.0 \times 10^{-2}\text{ m}$
$R = 0.50\ \Omega$
$V = 6.0\text{ V}$

Encuentre: *a*) m (momento magnético de la bobina)
b) τ (momento de torsión máximo sobre la bobina)

a) El momento magnético se calcula con la ecuación 19.10, el área y la corriente:

$$A = \pi r^2 = (3.14)(5.0 \times 10^{-2}\text{ m})^2 = 7.9 \times 10^{-3}\text{ m}^2$$

e

$$I = \frac{V}{R} = \frac{6.0\text{ V}}{0.50\ \Omega} = 12\text{ A}$$

Por consiguiente, la magnitud del momento magnético es

$$m = NIA = (100)(12\text{ A})(7.9 \times 10^{-3}\text{ m}^2) = 9.5\text{ A}\cdot\text{m}^2$$

b) La magnitud del momento de torsión máximo (utilizando $\theta = 90°$, en la ecuación 19.11) es:

$$\tau = mB \operatorname{sen}\theta = (9.5\text{ A}\cdot\text{m}^2)(0.40\text{ T})(\operatorname{sen} 90°) = 3.8\text{ m}\cdot\text{N}$$

Ejercicio de refuerzo. En este ejemplo, *a*) demuestre que si se gira la bobina de tal manera que su vector momento magnético quede a 45°, el momento de torsión *no* sería la mitad del momento de torsión máximo. *b*) ¿A qué ángulo el momento de torsión sería la mitad del máximo?

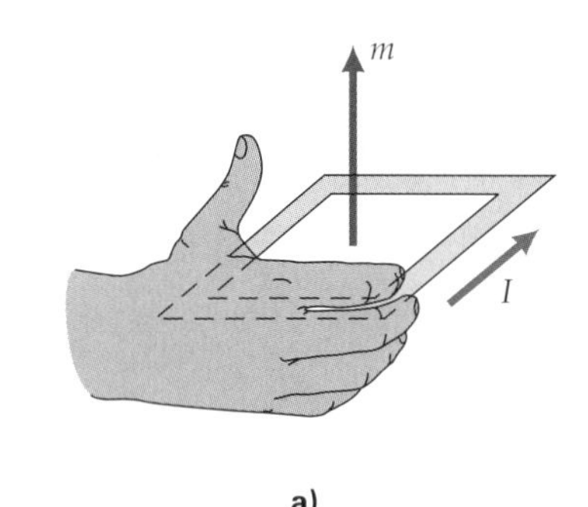

a)

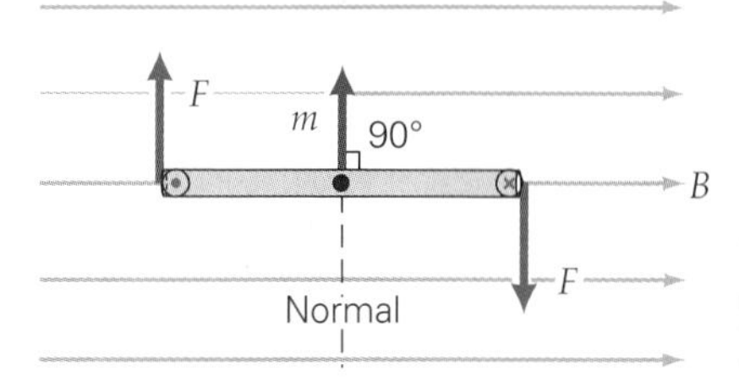

(Momento de torsión máximo)

b)

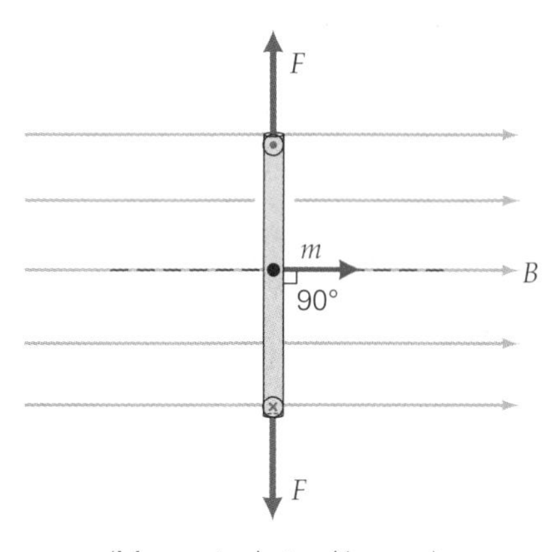

(Momento de torsión cero)

c)

▲ **FIGURA 19.17 Momento magnético de una espira con corriente**
a) Con la regla de la mano derecha se determina la dirección del vector momento magnético de la espira, $\vec{\mathbf{m}}$. Los dedos envuelven la espira en dirección de la corriente, y el pulgar señala la dirección de m. ***b***) Condición para momento de torsión máximo. ***c***) Condición de momento de torsión cero. Si la espira gira libremente, su vector momento magnético tenderá a alinearse con la dirección del campo magnético externo.

19.5 Aplicaciones: conductores con corriente en campos magnéticos

OBJETIVO: Explicar el funcionamiento de diversos instrumentos cuyas funciones dependen de interacciones electromagnéticas entre corrientes y campos magnéticos.

Con los principios de las interacciones electromagnéticas, se comprenderá el funcionamiento de algunos dispositivos que se incluyen en esta sección.

El galvanómetro: base del amperímetro y el voltímetro

Recuerde que los amperímetros y voltímetros utilizan un *galvanómetro* como parte esencial de su diseño.* Ahora explicaremos cómo funciona. En la ▼figura 19.18a, un galvanómetro está formado por una bobina de espiras de alambre sobre un núcleo de hierro, que gira entre los polos de un imán permanente. Cuando pasa una corriente por la bobina, se ejerce un momento de torsión. Un pequeño resorte produce el momento de torsión contrario y, cuando los dos momentos se anulan (al llegar al equilibrio), una aguja indica un ángulo de desviación ϕ que es proporcional a la corriente en la bobina.

Surge un problema cuando el campo magnético del galvanómetro no tiene la forma correcta. Si la bobina girara de su posición de momento de torsión máximo ($\theta = 90°$), el momento de torsión sería menor, y la desviación ϕ de la aguja *no* sería proporcional a la corriente. Para evitarlo, las caras polares deben ser curvas, que abarquen a la bobina devanada sobre un núcleo cilíndrico de hierro. El núcleo concentra las líneas de campo, y $\vec{\mathbf{B}}$ siempre es perpendicular al lado no pivoteado de la bobina (figura 19.18b). Con este diseño, el ángulo de desviación es proporcional a la corriente que pasa por el galvanómetro ($\phi \propto I$), como se requiere.

*Aun cuando muchos voltímetros y amperímetros son digitales, es útil comprender cómo sus versiones mecánicas emplean fuerzas magnéticas para hacer mediciones eléctricas.

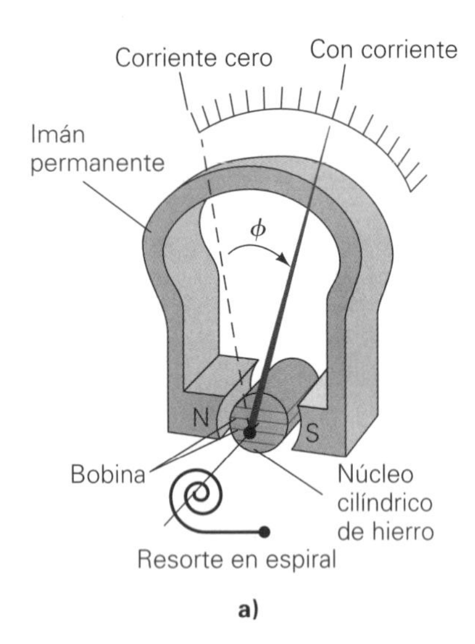

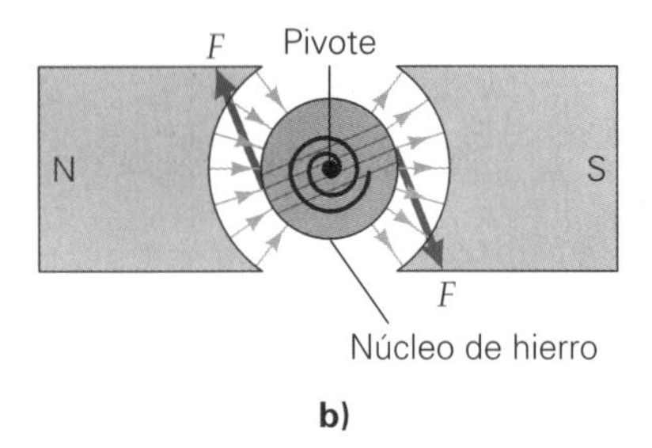

▲ **FIGURA 19.18** El galvanómetro *a)* La desviación (ϕ) de la aguja, respecto a su posición cuando la corriente es cero, es proporcional a la corriente que pasa por la bobina. En consecuencia, un galvanómetro puede detectar y medir corrientes. *b)* Se usa un imán con zapatas polares curvas, para que las líneas de campo siempre sean perpendiculares a la superficie del núcleo, y el momento de torsión no varíe en función de ϕ.

El motor de corriente directa (cd)

Un motor eléctrico es un dispositivo que convierte energía eléctrica en energía mecánica. Esa conversión ocurre durante el movimiento de la aguja de un galvanómetro. Sin embargo, no se considera que un galvanómetro sea un motor, porque un **motor de cd** práctico debe girar continuamente para entregar energía en forma continua.

Una bobina con corriente, pivoteada y dentro de un campo magnético girará, pero sólo media vuelta. Cuando el campo magnético y el momento magnético de la bobina se alinean (sen $\theta = 0$), el momento de torsión sobre la bobina es cero, y esta última se encontrará en equilibrio.

Para obtener una rotación continua, se invierte la corriente cada medio giro, para que se inviertan las fuerzas productoras del momento de torsión. Esto se logra mediante un *conmutador de anillo bipartido,* que consiste en un arreglo de dos medios anillos metálicos, aislados entre sí (▾figura 19.19a). Los extremos del alambre de la bobina están fijos a los medios anillos, y giran juntos. La corriente se suministra a la bobina a través del conmutador, mediante escobillas de contacto. A continuación, con medio anillo eléctricamente positivo y el otro medio anillo negativo, la bobina y los medios anillos giran. Cuando han descrito media vuelta, los medios anillos entran en contacto con las escobillas opuestas. Como su polaridad está invertida, la corriente en la bobina también tiene la dirección opuesta. Esta acción invierte las direcciones de las fuerzas magnéticas y mantiene al momento de torsión en el mismo sentido (figura 19.19b). Aun cuando el momento de torsión sea cero en la posición de equilibrio, la bobina está en equilibrio inestable y tiene suficiente el movimiento de rotación para rebasar el punto de equilibrio, después del cual aparece el momento de torsión y la bobina gira otro medio ciclo. El proceso se repite de forma continua. En un motor real, al eje giratorio se le llama *armadura.*

La báscula electrónica

Las básculas tradicionales de laboratorio miden masas equilibrando el peso de una masa desconocida con el de una masa conocida. Las nuevas básculas electrónicas digitales (▸figura 19.20a) funcionan con un principio diferente. En su diseño sigue habiendo una barra suspendida con un platillo en uno de sus extremos, donde se coloca el objeto por pesar, pero no se necesitan masas conocidas. La fuerza equilibrante hacia abajo es suministrada por bobinas conductoras de corriente, en el campo de un imán permanente (figura 19.20b). Las bobinas se mueven hacia arriba y hacia abajo dentro del espacio libre cilíndrico del imán, y la fuerza hacia abajo es proporcional a la corriente en las bobinas. El peso del objeto se determina a partir de la corriente que pasa por la bobina, que produce una fuerza suficiente para equilibrar la barra. La báscula determina la masa del objeto utilizando el valor local para g, en la fórmula $m = w/g$.

▼ **FIGURA 19.19** Un motor de cd *a)* Un conmutador de anillo bipartido invierte la polaridad y la dirección de la corriente cada medio ciclo, de manera que la bobina gira en forma continua. *b)* Vista desde el extremo, que muestra las fuerzas sobre la bobina y su orientación durante un medio ciclo. [Para simplificar, se muestra una sola espira, pero la bobina tiene muchas (N).] Observe la inversión de la corriente (notación de puntos y cruces) entre las situaciones (3) y (4).

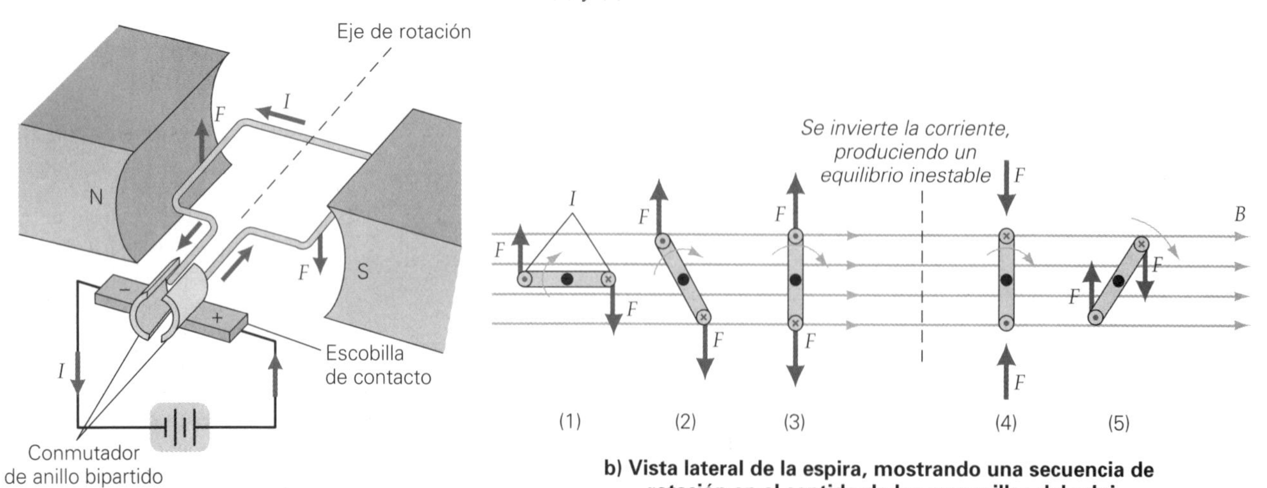

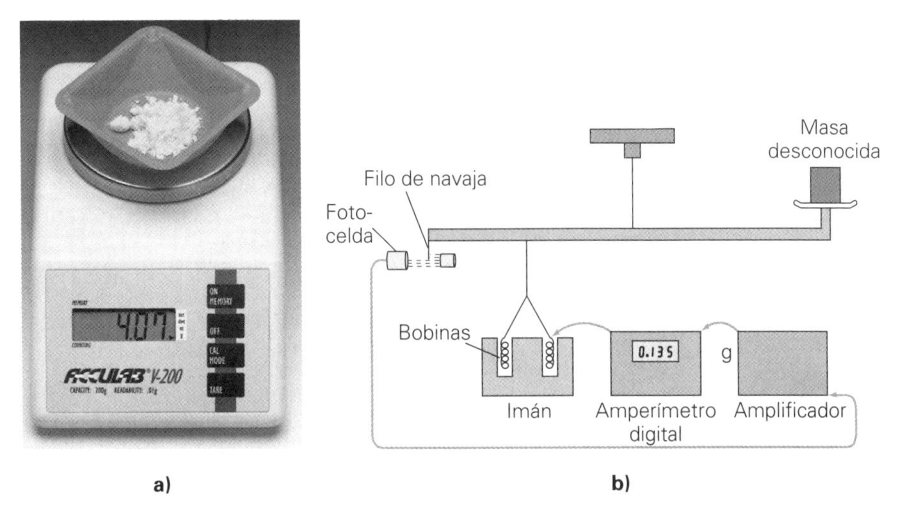

◀ **FIGURA 19.20** Báscula electrónica *a*) Una báscula electrónica digital. *b*) Diagrama del principio de una báscula electrónica. La fuerza de equilibrio es suministrada mediante electromagnetismo.

La corriente necesaria para producir el equilibrio se controla de forma automática mediante fotoceldas y una bobina electrónica de retroalimentación. Cuando la barra está en equilibrio y en posición horizontal, una obstrucción en forma de navaja corta una parte de la luz de una fuente, que incide sobre un "ojo eléctrico" fotosensible, cuya resistencia depende de la cantidad de luz que recibe. Esta resistencia controla la corriente que manda un amplificador por la bobina. Si la barra se inclina de manera que el filo de la navaja sube y a la fotocelda llega más luz, aumenta la corriente contrarrestar la inclinación. Así, la barra se mantiene electrónicamente casi en equilibrio horizontal. La corriente que mantiene la barra en posición horizontal se indica en un amperímetro digital, calibrado en gramos o miligramos, y no en amperes.

19.6 Electromagnetismo: la fuente de los campos magnéticos

OBJETIVOS: *a*) Comprender la producción de un campo magnético por corrientes eléctricas, *b*) calcular la intensidad del campo magnético en casos sencillos y *c*) aplicar la regla de la mano derecha para determinar la dirección del campo magnético a partir de la dirección de la corriente que lo produce.

Los fenómenos eléctricos y magnéticos, se relacionan en forma estrecha y fundamental. La fuerza *magnética* sobre una partícula depende de su carga *eléctrica*. Pero, ¿de dónde proviene el campo magnético? El físico danés Hans Christian Oersted contestó esta pregunta en 1820, cuando encontró que las *corrientes eléctricas producen campos magnéticos*. Sus estudios marcaron el inicio de la disciplina llamada **electromagnetismo**, que estudia la relación entre corrientes eléctricas y campos magnéticos.

Oersted observó primero que una corriente eléctrica es capaz de desviar la aguja de una brújula. Esta propiedad se puede demostrar con un dispositivo como el de la ▸figura 19.21. Cuando el circuito está abierto y no pasa corriente, la brújula apunta, en dirección al norte. Sin embargo, cuando se cierra el interruptor y hay corriente en el circuito, la brújula apunta a otra dirección, indicando que existe otro campo magnético que afecta a la aguja.

El desarrollo de ecuaciones para determinar el campo magnético que generan diversas configuraciones de conductores de corriente requiere de matemáticas más complicadas. Así, en esta sección sólo se presentarán los resultados para los campos magnéticos en varias configuraciones comunes de corriente.

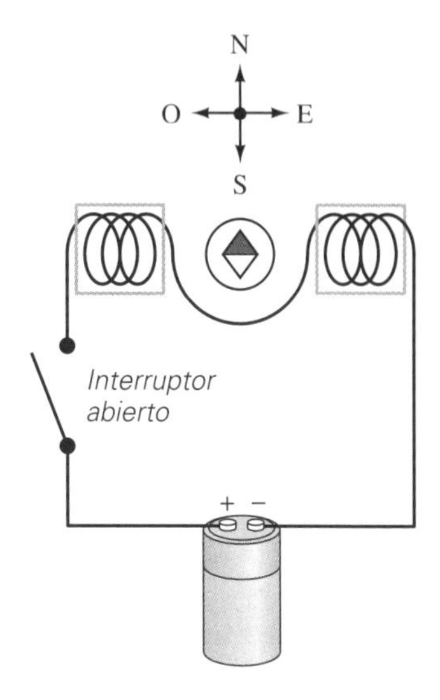

a) Sin corriente

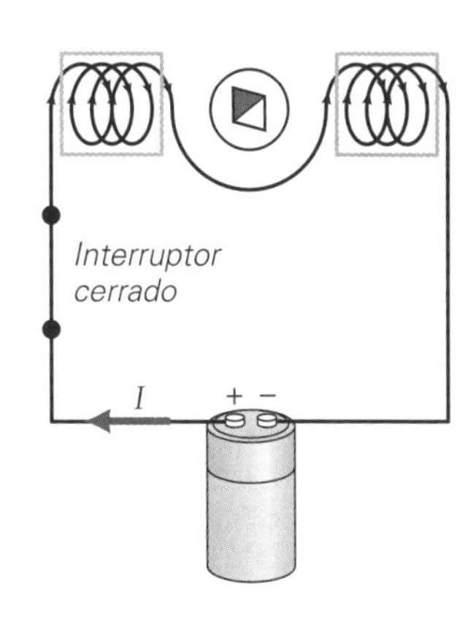

b) Con corriente

▲ **FIGURA 19.21 Corriente eléctrica y campo magnético** *a*) Sin corriente en el alambre, la brújula apunta hacia el norte. *b*) Cuando pasa corriente por el alambre, la brújula se desvía e indica la presencia de un campo magnético adicional, sobrepuesto al de la Tierra. En este caso, la intensidad del campo adicional es aproximadamente igual a la del campo terrestre. ¿Por qué se afirma esto?

Campo magnético cerca de un conductor largo y recto con corriente

A una distancia perpendicular d desde un conductor largo y recto con corriente I (▾figura 19.22), la magnitud de $\vec{\mathbf{B}}$ se determina mediante

$$B = \frac{\mu_o I}{2\pi d} \quad \textit{campo magnético debido a un alambre largo y recto} \tag{19.12}$$

a)

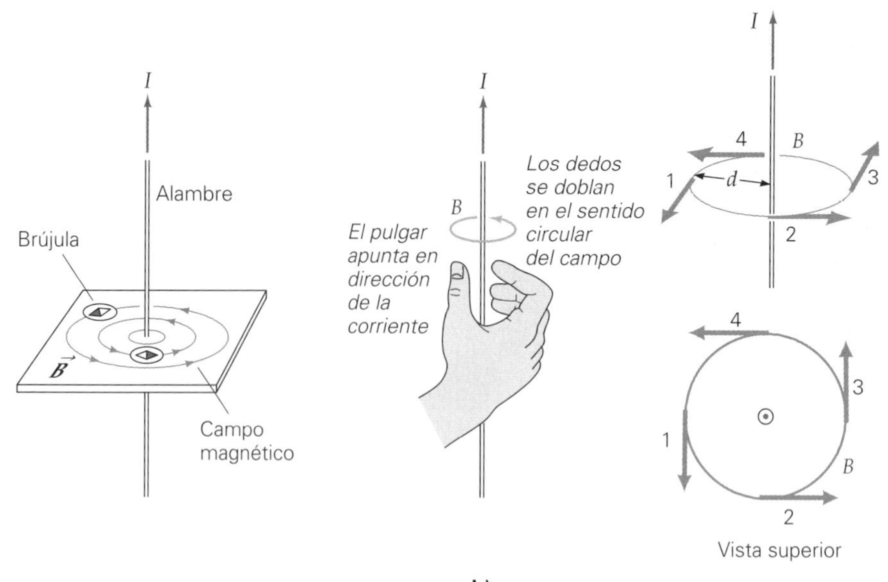

b)

▲ **FIGURA 19.22 Campo magnético en torno a un conductor largo recto con corriente** *a)* Las líneas de campo forman círculos concéntricos en torno al conductor, como revela esta figura que forman las limaduras de hierro. *b)* El sentido circular de las líneas de campo se determina con la regla de la mano derecha, y el vector campo magnético es tangente a la línea circular de campo en cualquier punto.

en donde $\mu_o = 4\pi \times 10^{-7}\,\text{T}\cdot\text{m/A}$ es una constante de proporcionalidad llamada **permeabilidad magnética del espacio libre**. Sólo para conductores largos y rectos, las líneas de campo son círculos cerrados con centro en el conductor (figura 19.22a). Observe en la figura 19.22b que la dirección de $\vec{\mathbf{B}}$, que se debe a una corriente en un conductor largo y recto, está dada por la **regla de la mano derecha**:

Si se empuña un conductor largo y recto con corriente con la mano derecha, con el pulgar extendido apuntando en la dirección de la corriente (*I*), los demás dedos doblados indican el sentido circular de las líneas del campo magnético.

Ejemplo 19.6 ■ Campos comunes: campo magnético de un conductor con corriente

La corriente doméstica máxima en un conductor es, de 15 A. Si esta corriente pasa por un conductor largo y recto, y su dirección es de oeste a este (◂figura 19.23), ¿cuáles son la magnitud y la dirección del campo magnético que produce la corriente a 1.0 cm por debajo del alambre?

Razonamiento. Para calcular la magnitud del campo, se usa la ecuación 19.12. La dirección del campo se establece con la regla de la mano derecha.

Solución. Se listan los datos:

Dado: $I = 15\text{ A}$ *Encuentre:* $\vec{\mathbf{B}}$ (magnitud y dirección)
$d = 1.0\text{ cm} = 0.010\text{ m}$

De acuerdo con la ecuación 19.12, la magnitud del campo en el punto localizado a 1.0 cm directamente por debajo del conductor es

$$B = \frac{\mu_o I}{2\pi d} = \frac{(4\pi \times 10^{-7}\,\text{T}\cdot\text{m/A})(15\text{ A})}{2\pi(0.010\text{ m})} = 3.0 \times 10^{-4}\text{ T}$$

De acuerdo con la regla de la mano derecha (figura 19.23), la dirección del campo en ese punto es hacia el norte.

Ejercicio de refuerzo. *a)* En este ejemplo, ¿cuál es la dirección del campo magnético en un punto localizado 5 cm arriba del conductor? *b)* ¿Qué corriente se necesita para producir en ese punto un campo magnético con la mitad de la intensidad del campo en el ejemplo?

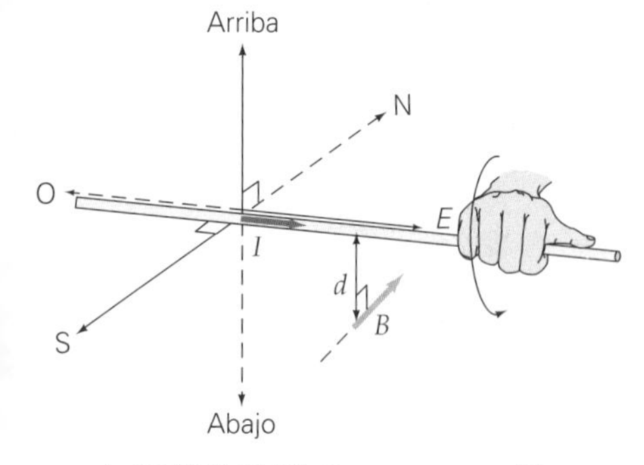

▲ **FIGURA 19.23 Campo magnético** Determinación de la magnitud y dirección del campo magnético producido por un conductor largo y recto que lleva corriente. (Véase el ejemplo 19.6.)

Campo magnético en el centro de una espira circular con corriente eléctrica

En el *centro* de una bobina circular formada por *N* vueltas, cada una con radio *r* y conduciendo la misma corriente *I* (la ▸figura 19.24a muestra sólo una de esas espiras), la magnitud de $\vec{\mathbf{B}}$ es

$$B = \frac{\mu_o N I}{2r} \quad \textit{campo magnético en el centro de una bobina circular de N vueltas} \tag{19.13}$$

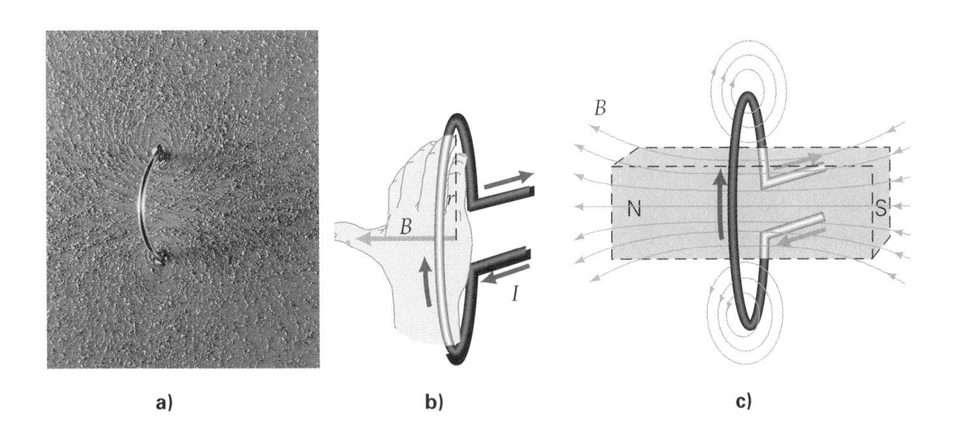

◀ **FIGURA 19.24** Campo magnético provocado por una espira circular con corriente eléctrica *a)* Figura que forman las limaduras de hierro para una espira con corriente. Observe que el campo magnético en el centro de la espira es perpendicular al plano de ésta. *b)* La dirección del campo en el área encerrada por la espira se obtiene mediante la regla de la mano derecha. Con los dedos abarcando la espira en dirección de la corriente convencional, el pulgar indica la dirección de $\vec{\mathbf{B}}$ en el plano de la espira. *c)* El campo magnético general de una espira circular con corriente es similar al de un imán recto.

En este caso (y en todas las configuraciones donde la corriente describe un círculo, como en los solenoides, que se describirán más adelante), es conveniente determinar la dirección del campo magnético aplicando una regla de la mano derecha que es un poco distinta, pero equivalente, a la de los conductores rectos:

> Si se coloca la mano en una espira circular de conductores con corriente, de tal forma que los dedos se doblen en la dirección de la corriente, la dirección del campo magnético dentro del área circular formada por la espira se determina con la dirección en que apunta el pulgar extendido (véase la figura 19.24b).

Ilustración 28.1 *Campo de conductores y espiras*

En todos los casos, las líneas magnéticas forman circuitos cerrados, cuya dirección se determina mediante la regla de la mano derecha. Sin embargo, recuerde que la dirección de $\vec{\mathbf{B}}$ es tangente a la línea de campo y, por lo tanto, depende de su ubicación (figura 19.24c). Observe que el campo general de la espira es similar geométricamente al de un imán recto. Se hablará más de esto posteriormente.

Campo magnético en un solenoide con corriente

Un *solenoide* se forma devanando un alambre largo en forma de una bobina apretada, o hélice, con muchas espiras o vueltas circulares, como se ve en la ▼figura 19.25. Si el radio del solenoide es pequeño en comparación con su longitud (L), el campo magnético en el interior es paralelo al eje longitudinal del solenoide, y su magnitud es constante. Cuanto más largo es el solenoide, más uniforme será el campo interno. Observe cómo el campo del solenoide (figura 19.25) se parece mucho al de un imán recto permanente.

Como es habitual, la dirección del campo en el interior del solenoide se determina con la regla de la mano derecha con geometría circular. Si el solenoide tiene N vueltas y cada una conduce una corriente I, la magnitud del campo eléctrico cerca de su centro es

$$B = \frac{\mu_o NI}{L} \qquad \textit{campo magnético cerca del centro de un solenoide} \qquad (19.14)$$

Hay que advertir que el campo del solenoide depende de qué tan próximas estén las vueltas del conductor; en otras palabras, depende de cuánta densidad tengan (note la relación N/L). Por lo tanto, n se define como $n = N/L$, para hacer una cuantificación. Sus unidades son vueltas por metro, y a esto se le llama *densidad lineal de vueltas*. En estos términos, la ecuación 19.14 se expresa en ocasiones en la forma $B = \mu_o nI$.

Para ver por qué el solenoide resulta más conveniente para aplicaciones magnéticas que requieren de un gran campo magnético, considere el siguiente ejemplo.

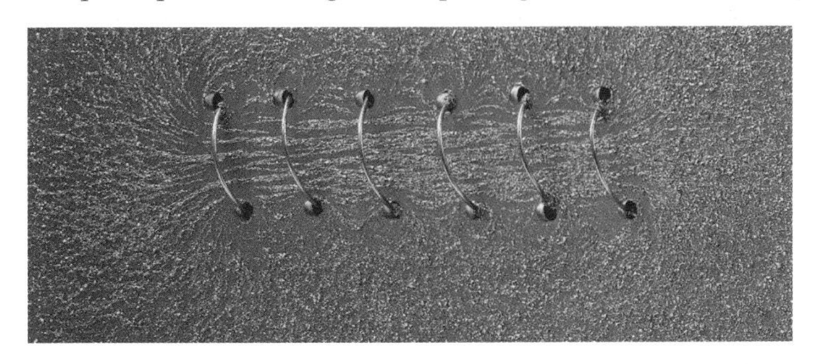

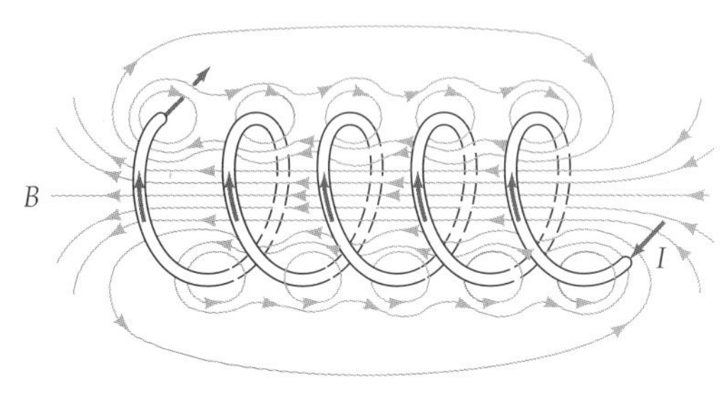

a) b)

▼ **FIGURA 19.25** Campo magnético de un solenoide *a)* El campo magnético de un solenoide con corriente eléctrica es bastante uniforme cerca del eje central, como se ve en esta figura que forman las limaduras de hierro. *b)* La dirección del campo en el interior se determina aplicando la regla de la mano derecha a cualquiera de las espiras. Observe la semejanza con el campo cerca de un imán recto.

Ejemplo 19.7 ■ Comparación entre un alambre y un solenoide: concentración del campo magnético

Un solenoide tiene 0.30 m de longitud, con 300 vueltas, y conduce una corriente de 15.0 A. *a*) ¿Cuál es la magnitud del campo magnético en el centro de este solenoide? *b*) Compare su resultado con el campo cerca del conductor único del ejemplo 19.6.

Razonamiento. El campo B depende de la cantidad de vueltas (N), de la longitud del solenoide (L) y de la corriente (I). Ésta es una aplicación directa de la ecuación 19.14.

Solución.

Dado: $I = 15.0$ A
$N = 300$ vueltas
$L = 0.30$ m

Encuentre: *a*) B (la magnitud del campo magnético cerca del centro del solenoide)
b) Compare la respuesta con el ejemplo 19.6, para un conductor largo y recto

***a*)** Según la ecuación 19.14,

$$B = \frac{\mu_o NI}{L} = \frac{(4\pi \times 10^{-7}\ \text{T}\cdot\text{m/A})(300)(15.0\ \text{A})}{0.30\ \text{m}} = 6\pi \times 10^{-3}\ \text{T} \approx 18.8\ \text{mT}$$

***b*)** Observe que es unas *60 veces mayor* que el campo cercano al alambre del ejemplo 19.6. Enrollar muchas espiras muy juntas en forma de hélice incrementa el campo y permite el paso de la misma corriente. La razón es que el campo del solenoide es igual a la suma vectorial de los campos de 300 vueltas, las direcciones individuales del campo magnético son aproximadamente iguales.

Ejercicio de refuerzo. Si la corriente se redujera a 1.0 A, y el solenoide se acortara a 0.10 m, ¿cuántas vueltas se necesitarían para crear el mismo campo magnético?

Ilustración 28.2 Fuerzas entre conductores

En el siguiente Ejemplo integrado intervienen los aspectos del electromagnetismo: fuerzas sobre corrientes eléctricas y la producción de campos magnéticos por corrientes eléctricas. Estúdielo, en especial el uso de la regla de la mano derecha.

Ejemplo integrado 19.8 ■ Atracción o repulsión: fuerza magnética entre dos conductores paralelos

Dos conductores largos y paralelos tienen corrientes en la misma dirección, como se ilustra en la ◀figura 19.26a. *a*) La fuerza magnética entre esos conductores ¿es de 1) atracción o 2) de repulsión? Realice un esquema que muestre cómo llegó al resultado. *b*) Si por cada conductor pasa una corriente de 5.0 A, si tienen longitudes de 50 cm y la distancia entre ellos es de 3.0 mm, calcule la magnitud de la fuerza sobre cada conductor.

a) Razonamiento conceptual. Se elige un conductor y se determina la dirección del campo magnético que produce en el otro conductor. En la figura 19.26b se eligió el conductor 1. El campo que produce la corriente en el conductor 1 es el campo en el que se coloca el conductor 2. Se aplica la regla de la mano derecha en el conductor 2 y se determina la dirección de la fuerza sobre éste. El resultado (figura 19.26c) es una fuerza de atracción, por lo que la respuesta 1 es la correcta. Demuestre que el conductor 2 ejerce una fuerza de atracción sobre el conductor 1, según la tercera ley de Newton.

b) Razonamiento cuantitativo y solución. Para calcular la intensidad del campo magnético producido por el conductor 1, se usará la ecuación 19.12. Como el campo magnético forma ángulo recto con la corriente en el conductor 2, la magnitud de la fuerza sobre ese conductor es ILB. Los símbolos aparecen en la figura 19.26. Se listan los datos y se hace la conversión a unidades SI.

Dado: $I_1 = I_2 = 5.0$ A
$d = 3.0\ \text{mm} = 3.0 \times 10^{-3}$ m
$L = 50\ \text{cm} = 5.0 \times 10^{-1}$ m

Encuentre: F (la magnitud de la fuerza entre los conductores)

El campo magnético que se debe a I_1 en el conductor 2 es

$$B_1 = \frac{\mu_o I_1}{2\pi d} = \frac{(4\pi \times 10^{-7}\ \text{T}\cdot\text{m/A})(5.0\ \text{A})}{2\pi(3.0 \times 10^{-3}\ \text{m})} = 3.3 \times 10^{-4}\ \text{T}$$

La magnitud de la fuerza magnética sobre el conductor 2 es

$$F_2 = I_2 L B_1 = (5.0\ \text{A})(0.50\ \text{m})(3.3 \times 10^{-4}\ \text{T}) = 8.3 \times 10^{-4}\ \text{N}$$

Ejercicio de refuerzo. *a*) En este ejemplo, determine la dirección de la fuerza, si se invierte la dirección de la corriente en cualquiera de los dos. *b*) Si la magnitud de la fuerza entre los conductores permanece igual que en este ejemplo, pero se triplica la corriente, ¿qué tan separados están los conductores?

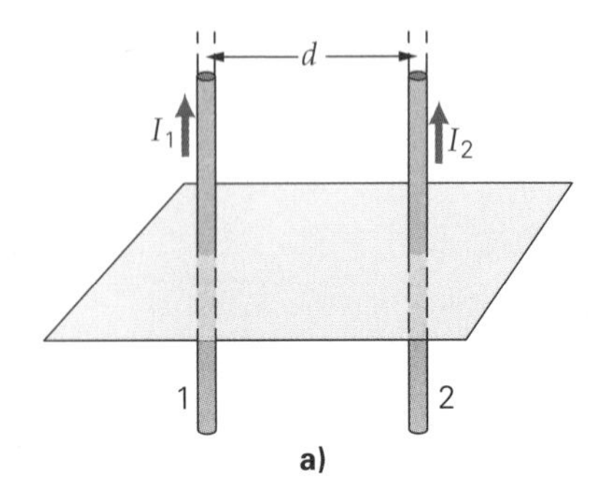

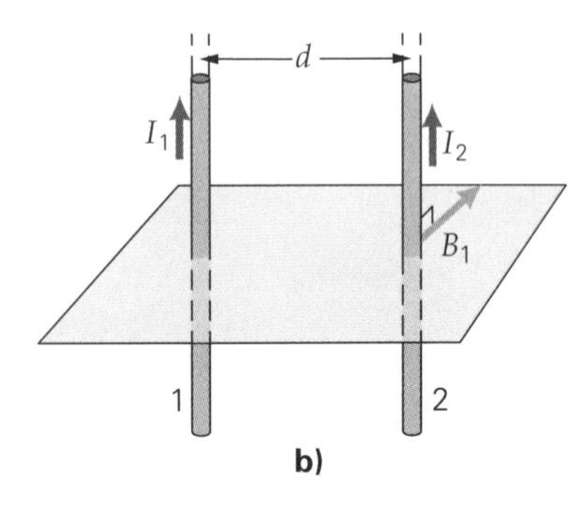

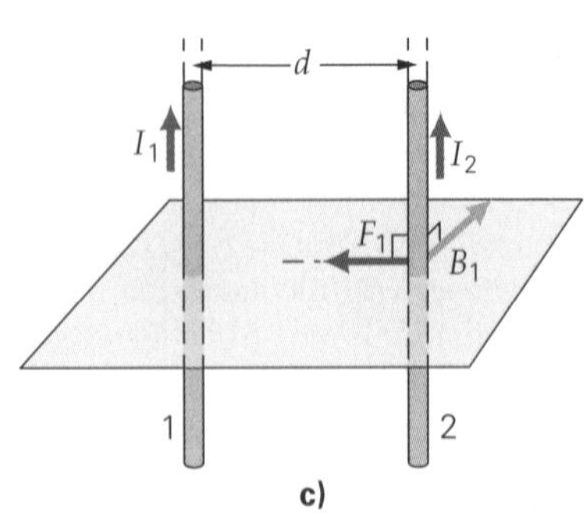

▲ **FIGURA 19.26 Interacción mutua entre conductores paralelos con corriente eléctrica** *a*) Dos conductores paralelos llevan corriente en la misma dirección. *b*) El conductor 1 forma un campo magnético por donde pasa el conductor 2. *c*) El conductor 2 es atraído hacia el alambre 1 por una fuerza. (Para más detalles, véase el Ejemplo integrado 19.8.)

La fuerza magnética entre conductores paralelos dispuestos como en la configuración analizada en el Ejemplo integrado 19.8 constituye la base para definir al ampere. El National Institute of Standards and Technology (NIST) define al ampere como

> la corriente que, si se mantiene en cada uno de dos conductores largos y paralelos separados por una distancia de 1 m en el espacio libre, produce una fuerza magnética entre ellos exactamente igual a 2×10^{-7} N por cada metro de conductor.

19.7 Materiales magnéticos

OBJETIVOS: *a*) Explicar cómo es que los materiales ferromagnéticos aumentan los campos magnéticos externos, *b*) comprender el concepto de permeabilidad magnética de un material, *c*) explicar cómo se producen los imanes "permanentes" y *d*) explicar cómo se puede destruir el magnetismo "permanente".

¿Por qué algunos materiales son magnéticos o se magnetizan con facilidad? ¿Cómo puede un imán recto crear un campo magnético, si no conduce corriente eléctrica en forma obvia? Se sabe que se necesita una corriente para producir un campo magnético. Si se comparan los campos magnéticos de un imán recto y de un solenoide largo (véase las figuras 19.1 y 19.25), parece que el campo magnético del imán recto se debe a corrientes *internas*. Quizá estas corrientes "invisibles" se deban a los electrones en órbita en torno a los núcleos atómicos, o por el espín de los electrones. Sin embargo, un análisis detallado de la estructura atómica demuestra que el campo magnético neto producido por los movimientos orbitales es cero, o muy pequeño.

¿Cuál *es* la fuente del magnetismo producido por los materiales magnéticos? La teoría cuántica moderna dice que el magnetismo del tipo permanente, como el que presenta un imán recto de hierro, se produce por el *espín del electrón*. En la física clásica se compara un electrón con espín, con la Tierra que gira en torno a su eje. Sin embargo, esta analogía mecánica *no* es en realidad ilustrativa. El espín del electrón es un efecto mecánico cuántico, sin una analogía clásica directa. No obstante, la imagen de que los electrones giratorios crean campos magnéticos es útil para la deducción y el razonamiento cualitativos. Cada electrón "giratorio" produce un campo similar al de una espira de corriente (figura 19.24c). Esta figura, que se parece a la de un pequeño imán recto, nos permite considerar a los electrones como agujas de brújulas diminutas.

En los átomos con varios electrones, éstos se arreglan *normalmente* por pares, con sus espines alineados en forma opuesta (un "espín hacia arriba" y un "espín hacia abajo", en lenguaje químico). Sus campos magnéticos se anulan entre sí, y el material no puede ser magnético. Uno de esos materiales es el aluminio.

Sin embargo, en los **materiales ferromagnéticos**, los campos que se deben a los espines de los electrones en los átomos individuales no se anulan. Por consiguiente, cada átomo tiene un momento magnético. Hay una fuerte interacción entre esos momentos contiguos, que conduce a la formación de regiones llamadas **dominios magnéticos**. En un dominio dado, muchos de los espines electrónicos están alineados en la misma dirección, y se produce un campo magnético (neto) relativamente fuerte. No hay muchos materiales ferromagnéticos en la naturaleza. Los más comunes son el hierro, el níquel y el cobalto. El gadolinio y algunas aleaciones manufacturadas —como el neodimio y otras raras aleaciones— también son ferromagnéticos.

En un material ferromagnético no magnetizado, los dominios tienen orientación aleatoria, y no hay magnetización neta (▼figura 19.27a). Pero cuando se pone un mate-

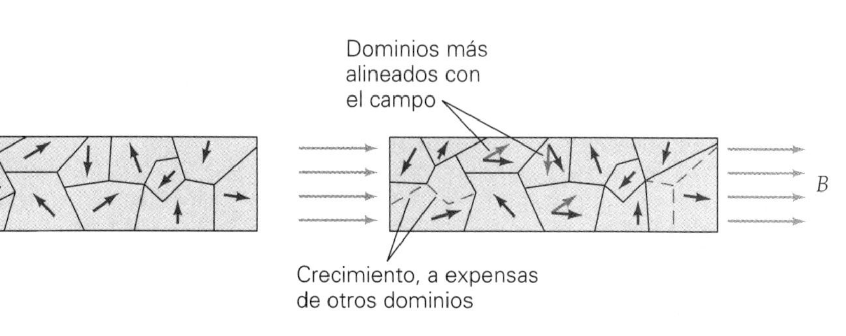

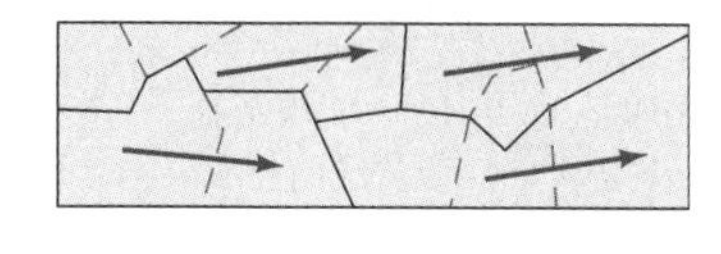

▼ **FIGURA 19.27 Dominios magnéticos** *a*) Cuando no hay campo magnético externo, los dominios magnéticos de un material ferromagnético se orientan al azar, y el material no se magnetiza. *b*) En un campo magnético externo, los dominios con orientación paralela al campo crecen a expensas de otros, y las orientaciones de algunos dominios pueden alinearse más con el campo. *c*) Como resultado, el material se magnetiza, es decir, presenta propiedades magnéticas.

A FONDO 19.1 LA FUERZA MAGNÉTICA EN LA MEDICINA DEL FUTURO

Desde tiempos ancestrales, los humanos han buscado el poder curativo en el magnetismo. Con frecuencia se afirma de que el magnetismo reduce las inflamaciones, elimina problemas en las articulaciones y cura el cáncer, pero ninguna se ha podido sustentar teóricamente. Sin embargo, existen diversas aplicaciones del magnetismo en la medicina moderna, como el sistema de imágenes por resonancia magnética (MRI).

Ciertos tipos de bacterias son capaces de crear minúsculos imanes permanentes en su interior (véase la sección A fondo 19.2, sobre el magnetismo en la naturaleza). Los científicos han propuesto cultivar estos diminutos imanes, que son tan pequeños como para pasar a través de una aguja hipodérmica. Estos imanes podrían unirse a moléculas de medicamentos. Al colocar un campo magnético cerca del sitio de interés, las moléculas serían atraídas y permanecerían ahí. Mantener a las moléculas de un medicamento en el lugar adecuado aumentaría su efectividad y reduciría los efectos colaterales que se presentan cuando los medicamentos circulan por otras partes del cuerpo.

Un problema que entraña esta propuesta es la necesidad de desarrollar técnicas para extraer los diminutos imanes bacteriales y producirlos en grandes cantidades. Algunas propuestas alternativas incluyen crear minúsculas piezas no magnetizadas de hierro por medios químicos, unirlas a las moléculas de los medicamentos y hacer que se muevan alrededor de campos magnéticos en una versión microscópica de limaduras de hierro. Ambas propuestas implican riesgos, como el hecho de que las moléculas de los medicamentos se atraigan entre sí formando grumos, que bloquearían el flujo sanguíneo.

Tal vez, en lugar de ello, microesferas magnéticas podrían llenarse con medicamentos o material radiactivo y dirigirse al lugar preciso manteniéndolas ahí mediante campos magnéticos. Una aplicación sería en el tratamiento de las úlceras que sufren los diabéticos, comúnmente en los pies; se trata de lesiones difíciles de sanar. La herida se cubriría con imanes delgados, pero fuertes, con la ayuda de una venda. Luego, se aplicaría una inyección de microesferas llenas con medicamentos de lenta liberación, como un antibiótico. Los imanes atraerían a las microesferas hacia el lugar preciso de la úlcera y las mantendrían ahí. Conforme las microesferas se rompan en el curso de varias semanas, liberarían los medicamentos lentamente, ayudando al cuerpo a sanar la herida. Microesferas llenas con material radiactivo podrían ayudar en el tratamiento de tumores en el hígado, pulmones, cerebro y en algunos otros órganos.

Otra terapia experimental utiliza calor inducido magnéticamente (técnicas *hipertérmicas*) para tratar el cáncer de seno. Esta terapia sería especialmente importante para destruir los pequeños tumores que ahora se localizan fácilmente con técnicas modernas que generan imágenes del cuerpo. Para estos tumores, se inyectaría magnetita fluida (Fe_3O_4) directamente en el tumor. En los tumores mayores que unos cuantos milímetros cúbicos, las partículas de hierro se distribuirían a través del sistema circulatorio luego de unirse a biomoléculas que se dirigen a las células cancerígenas.

En presencia de un campo magnético externo, las partículas de hierro se calentarían gracias a corrientes inducidas (véase el capítulo 20 sobre inducción electromagnética). Un aumento en la temperatura de unos cuantos grados Celsius por encima de la temperatura normal del cuerpo puede matar células cancerígenas. En teoría, este calentamiento ocurriría sólo en los tumores y sería una técnica poco invasiva. Experimentos iniciales han dado resultados positivos, de manera que el panorama es alentador.

Ilustración 27.5 Imanes permanentes y ferromagnetismo

rial ferromagnético (como un imán recto de hierro) en un campo magnético externo, los dominios cambian su orientación y tamaño (figura 19.27b). Recuerde la imagen del electrón como una pequeña brújula; los electrones comienzan a "alinearse" en un campo magnético externo. Conforme el campo externo y la barra de hierro comienzan a interactuar, el hierro presenta los dos efectos siguientes:

1. Los contornos de los dominios cambian, y los dominios con orientaciones magnéticas en dirección del campo externo crecen a expensas de los demás.
2. La orientación magnética de algunos dominios puede cambiar un poco, para alinearse más con el campo.

Al remover los campos externos, los dominios de hierro permanecen más o menos alineados en la dirección del campo externo original, creando así su propio campo magnético general "permanente".

Ahora también comprenderá por qué una pieza de hierro no imanada es atraída hacia un imán, y por qué las limaduras de hierro se alinean con un campo magnético. En esencia, las piezas de hierro se transforman en imanes inducidos (figura 19.27c). Algunos usos de los imanes permanentes y de las fuerzas magnéticas en la medicina moderna se describen en la sección A fondo 19.1, en esta página.

Electroimanes y permeabilidad magnética

Los materiales ferromagnéticos se usan para fabricar electroimanes, casi siempre devanando un alambre de acero en torno a un núcleo de hierro (▸figura 19.28a). La corriente en la bobina crea un campo magnético en el hierro, que a su vez crea su propio campo, que, por lo general, es muchas veces mayor que el de la bobina. Si se conecta y desconecta la corriente, se puede activar y desactivar el campo magnético a voluntad. Cuando la corriente está conectada, induce magnetismo en los materiales ferromagnéticos (como en el caso de los trozos de hierro de la figura 19.28b) y, si las fuerzas son suficientemente intensas, puede utilizarse para cargar grandes cantidades de chatarra (figura 19.28c).

El hierro que se usa en un electroimán se llama *hierro suave*. Cuando se le elimina un campo externo, los dominios magnéticos se desalinean y el hierro se desmagnetiza. El adjetivo "suave" se refiere a sus propiedades magnéticas. Cuando un electroimán está encendido (dibujo inferior de la figura 19.28a), el núcleo de hierro se magnetiza y contribuye al campo del solenoide. El campo total se expresa como sigue:

$$B = \frac{\mu NI}{L} \quad \textit{campo magnético en el centro de un solenoide con núcleo de hierro} \qquad (19.15)$$

Observe que esta ecuación es idéntica a la del campo magnético de un solenoide con núcleo de aire (ecuación 19.14), excepto porque contiene μ en lugar de μ_o. Aquí, μ representa la **permeabilidad magnética** del *material del núcleo*, y no el espacio libre. El papel que juega la permeabilidad en el magnetismo es similar al de la permisividad ε en electricidad (capítulo 16). Para los materiales magnéticos, la permeabilidad magnética se define en función de su valor en el espacio libre; es decir,

$$\mu = \kappa_m \mu_o \qquad (19.16)$$

donde κ_m es la permeabilidad *relativa* (adimensional), y es el análogo magnético de la constante dieléctrica κ.

El valor de κ_m para el vacío es igual a la unidad. Como para los materiales ferromagnéticos, el campo magnético total es mayor que el de un alambre enrollado, se deduce que $\mu \gg \mu_o$ y que $\kappa_m \gg 1$. Un núcleo de un material ferromagnético con una gran permeabilidad, en un electroimán, aumenta ese campo miles de veces, en comparación con un núcleo de aire. Los materiales ferromagnéticos tienen valores de κ_m del orden de los miles.

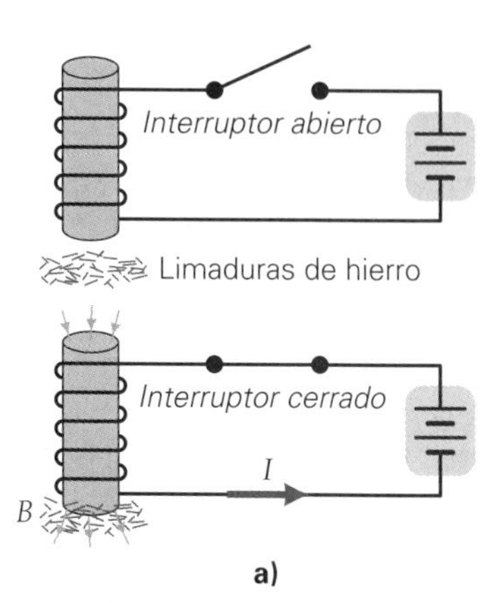

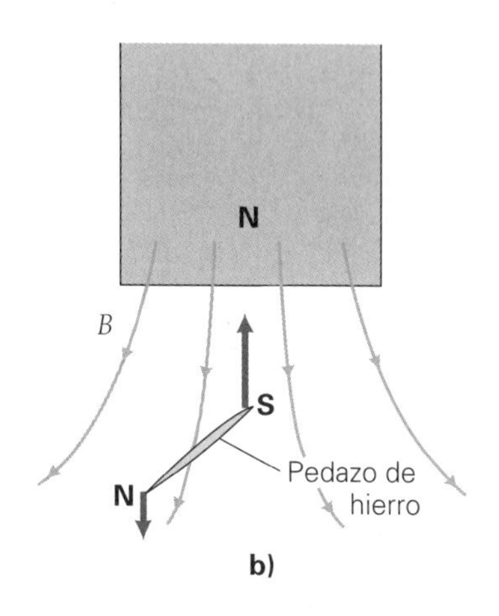

▲ **FIGURA 19.28** Electroimán
a) (arriba) Cuando no hay corriente en el circuito, no hay fuerza magnética. *(abajo)* Sin embargo, cuando pasa corriente por la bobina, hay un campo magnético y el núcleo de hierro se magnetiza. ***b)*** Detalle del extremo inferior del electroimán del inciso *a*. El pedazo de hierro es atraído hacia el extremo del electroimán. ***c)*** Un electroimán levantando chatarra

Ejemplo 19.9 ■ Ventaja magnética: uso de materiales ferromagnéticos

Un solenoide de laboratorio con 200 vueltas en una longitud de 30 cm está limitado a conducir una corriente máxima de 2.0 A. Los científicos necesitan un campo magnético interno cuya intensidad sea, por lo menos, de 2.0 T y están debatiendo acerca de si necesitan emplear un núcleo ferromagnético. *a)* ¿Es posible ese campo si ningún material llena el núcleo? *b)* Si no, determine la permeabilidad magnética mínima del material ferromagnético que podría formar el núcleo.

Razonamiento. El campo B depende del número de vueltas (N), de la longitud del solenoide (L), de la corriente (I) y de la permeabilidad del material del núcleo (μ). Ésta es una aplicación directa de las ecuaciones 19.14 y 19.15.

Solución.

Dado: $I_{máx} = 2.0$ A
$N = 200$ vueltas
$L = 0.30$ m

Encuentre: *a)* ¿Es posible $B = 2.0$ T sin material en el núcleo?
b) La permeabilidad magnética requerida para que $B = 2.0$ T

a) De acuerdo con la ecuación 19.14, sin ningún material en el núcleo, es evidente que el campo interno no sería suficientemente grande.

$$B = \frac{\mu_o NI}{L} = \frac{(4\pi \times 10^{-7}\ \text{T}\cdot\text{m/A})(200)(2.0\ \text{A})}{0.30\ \text{m}} = 1.7 \times 10^{-3}\ \text{T} = 1.7\ \text{mT}$$

b) El campo que se requiere es de $2.0\ \text{T}/1.7 \times 10^{-3}$ T o unas 1200 veces más fuerte que la respuesta al inciso *a*. Por lo tanto, como $B \propto \mu$ si todo lo demás permanece constante, para alcanzar un valor de 2.0 T se requiere una permeabilidad $\mu \geq 1200\,\mu_o$ o $\mu \geq 1.5 \times 10^{-3}\ \text{T}\cdot\text{m/A}$.

Ejercicio de refuerzo. En este ejemplo, si los científicos encontraran una forma para que el solenoide pudiera conducir 5.0 A, ¿cuál sería la nueva permeabilidad requerida?

Según la ecuación 19.15, la intensidad del campo magnético de un electroimán depende de la corriente en los conductores. Las corrientes grandes producen campos grandes, pero esa generación de campos va acompañada de un calentamiento joule (pérdidas I^2R) mayor en los conductores; por eso, se requieren tubos de enfriamiento de agua. El problema se puede reducir usando alambres superconductores, porque tienen resistencia cero y, no tiene calentamiento joule. Para uso comercial, los imanes superconductores todavía no son prácticos, por la gran cantidad de energía que se requiere para enfriar y mantener los conductores en su estado superconductor, a bajas temperaturas. Si algún día se encuentran superconductores que funcionen a temperaturas cercanas a la temperatura ambiente, los campos magnéticos de elevada intensidad serán comunes en muchos aparatos y aplicaciones.

La clase de hierro que retiene algo de su magnetismo después de haber estado en un campo magnético externo se llama *hierro duro*, y se usa para fabricar imanes permanentes. Seguramente habrá notado que un sujetapapeles o la hoja de un destornillador se magnetizan después de estar cerca de un imán. Los imanes permanentes se producen calentando en un horno piezas de un material ferromagnético y dejándolas enfriar dentro de un campo magnético intenso. En los imanes permanentes, los dominios *no* se desalinean cuando se elimina el campo magnético externo.

Un imán *permanente* no siempre es permanente, porque se puede destruir su magnetismo. Si se golpea con un objeto duro, o se deja caer al piso, se puede perder parte o todo el alineamiento de los dominios y así se reduce o elimina el campo magnético general del imán. Con el calentamiento también se pierde el magnetismo, porque provoca un aumento en los movimientos aleatorios (térmicos) de los átomos y tiende a perturbar el alineamiento de los dominios. Al dejar una cinta magnética de audio o de video sobre el tablero de instrumentos de un automóvil en un día caluroso, el movimiento térmico causado por el calor destruye parcialmente la señal magnética de audio o de video. Arriba de cierta temperatura crítica, llamada **temperatura de Curie** (o temperatura de transición magnética), se destruye el acoplamiento entre los dominios a causa de las mayores oscilaciones térmicas, y un material ferromagnético pierde su ferromagnetismo. El físico francés Pierre Curie (1859-1906), esposo de Marie Curie, descubrió este efecto. La temperatura de Curie del hierro es de 770 °C.

El alineamiento de los dominios ferromagnéticos desempeña un papel importante en la geología y la geofísica. Se sabe que, cuando se enfrían, los flujos de lava de los volcanes, que inicialmente contienen hierro arriba de su temperatura de Curie, retienen algo de su magnetismo como cuando la lava se enfriaba por debajo de la temperatura de Curie y se endurecía. Al medir la intensidad y la orientación del campo en estas antiguas corrientes de lava, en diversos lugares del mundo, los geofísicos han podido registrar los cambios en el campo magnético terrestre y en su polaridad, a través del tiempo.

Algunas de las primeras pruebas en que se apoya el estudio del movimiento tectónico se debieron a mediciones de la dirección de la polaridad magnética de muestras del lecho marino que contienen hierro.* Por ejemplo, el lecho marino cercano a la Cordillera Central Atlántica está formado por flujos de lava de volcanes submarinos. Se encontró que esas corrientes solidificadas tienen magnetismo permanente, pero que la polaridad varía con el tiempo conforme ha cambiado la polaridad magnética de la Tierra.

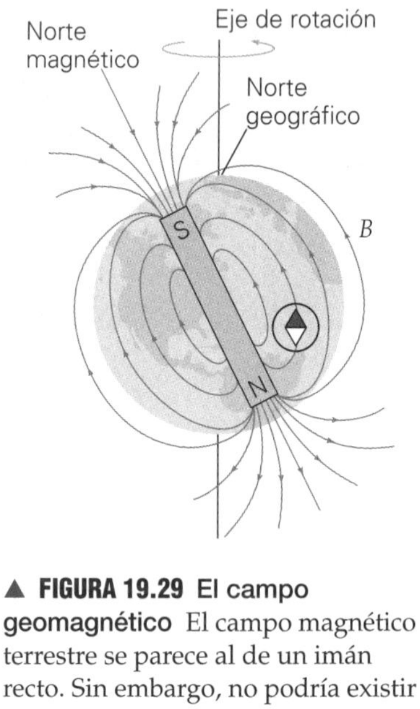

*19.8 Geomagnetismo: el campo magnético terrestre

OBJETIVOS: a) Presentar las características generales del campo magnético terrestre b) explicar algunas teorías acerca de sus posible causas y c) describir las formas en las que el campo magnético terrestre afecta el ambiente local de nuestro planeta.

El campo magnético de la Tierra se usó durante siglos, antes de que las personas tuvieran idea alguna sobre su origen. En la antigüedad, los navegantes usaron piedras imán, o agujas magnetizadas, para ubicar el norte. Algunas otras formas de vida, incluyendo ciertas bacterias y palomas mensajeras, también usan el campo magnético terrestre para navegar. (Véase la sección A fondo 19.2, sobre el magnetismo en la naturaleza.)

Sir William Gilbert, un científico inglés, estudió por primera vez el magnetismo alrededor del año 1600. Al investigar el campo magnético de una *piedra imán* de forma esférica, cortada especialmente para simular a la Tierra, concluyó que la Tierra funciona como un imán. Gilbert pensó que un gran cuerpo de material magnetizado permanentemente, en el interior de la Tierra, producía el campo magnético de ésta.

El campo magnético terrestre externo o *campo geomagnético* como se le llama, sí tiene una configuración parecida a la que produciría un imán recto gigantesco con su polo sur apuntando al norte (◂figura 19.29). La magnitud del componente horizontal del campo magnético terrestre en el ecuador magnético es de 10^{-5} T (0.4 G), y la del com-

▲ **FIGURA 19.29 El campo geomagnético** El campo magnético terrestre se parece al de un imán recto. Sin embargo, no podría existir un imán recto sólido dentro de la Tierra, por las altas temperaturas que se registran allí. Se cree que el campo magnético terrestre está relacionado con movimientos del núcleo externo líquido, a gran profundidad en el planeta.

*La capa sólida más externa de la corteza terrestre está formada por secciones o "placas".que están en movimiento constante: una velocidad normal es de un centímetro por año. En algunas de sus intersecciones, por ejemplo, la zona donde la placa del Pacífico se encuentra con la costa de Alaska, las placas chocan y originan volcanes y sismos. En otras intersecciones, como en la Cordillera Central del Atlántico, las placas se alejan entre sí, y sale material nuevo del interior de la Tierra en forma de lava caliente.

A FONDO 19.2 EL MAGNETISMO EN LA NATURALEZA

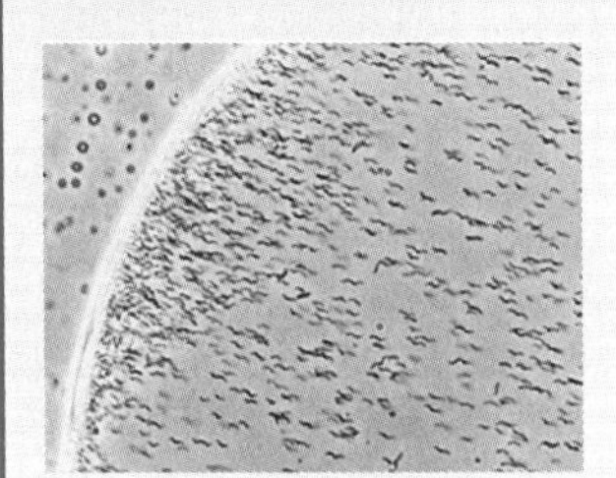

FIGURA 1 Migración de bacterias magnetotácticas Las bacterias en una gota de agua lodosa, vistas al microscopio, se alinean en dirección del campo magnético aplicado (el norte hacia la izquierda) y se acumulan en el borde. Cuando se invierte el campo, también se invierte la dirección de migración.

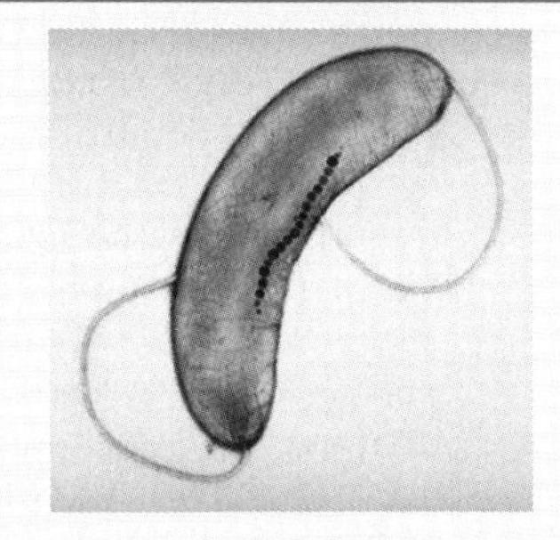

FIGURA 2 Una bacteria magnetotáctica elíptica Micrografía electrónica de una bacteria magnetotáctica de agua dulce. Se observan con claridad dos apéndices como látigos, o flagelos, junto con una cadena de partículas de magnetita.

Durante siglos, los seres humanos confiaron en las brújulas para obtener información sobre el rumbo que querían seguir (figura 19.29). Investigaciones recientes indican que algunos organismos parecen tener sus propios sensores direccionales incorporados. Por ejemplo, se sabe que algunas especies de bacterias son *magnetotácticas*, es decir, sienten la presencia y la dirección del campo magnético terrestre.

En la década de 1980, se hicieron experimentos con bacterias que comúnmente se encuentran en lodazales, pantanos o estanques.* En un campo magnético en el laboratorio, cuando se observaba al microscopio una gota de agua lodosa, había una especie de bacterias que siempre migraban en dirección del campo (figura 1), de la misma forma como lo hacen en su ambiente natural, con el campo de la Tierra. Además, cuando esas bacterias morían y ya no podían migrar, mantenían su alineamiento con el campo magnético, incluso cuando éste cambiaba su dirección. Se concluyó que los miembros de esta especie funcionan como dipolos magnéticos o brújulas biológicas. Una vez alineadas con el campo, emigran a lo largo de líneas de campo magnético, tan sólo moviendo sus *flagelos* (apéndices con forma de látigo), como se observa en la figura 2.

¿Qué es lo que hace que estas bacterias sean brújulas vivientes? Aun entre las especies magnetotácticas conocidas, las "nuevas" bacterias (formadas por división celular) carecen en principio de este sentido magnetotáctico. Sin embargo, si viven en una solución que contenga una mínima concentración de hierro, son capaces de sintetizar una cadena de diminutas partículas magnéticas (figura 2). Es raro, pero esas brújulas internas tienen la misma composición química que los antiguos trozos del mineral que usaban los marinos antiguos, y que se encuentra en la naturaleza: la magnetita (símbolo químico Fe_3O_4). Las partículas individuales en la cadena miden aproximadamente 50 nm transversales, y la cadena de una bacteria madura contiene, por lo general, unas 20 de esas partículas, cada una de las cuales es un dominio magnético independiente.

En esencia, las bacterias se dirigen pasivamente de acuerdo con sus brújulas internas. Pero, ¿por qué tiene importancia biológica que esas bacterias sigan la dirección del campo magnético terrestre? Se encontró una pieza importante de este rompecabezas cuando los investigadores estudiaban la misma especie en aguas del hemisferio sur. Esas bacterias emigran en sentido *contrario* a la dirección del campo terrestre, a diferencia de sus contrapartes en el hemisferio norte. Recuerde que en el hemisferio norte, el campo terrestre se inclina hacia abajo, y que sucede lo contrario en el hemisferio sur. Este descubrimiento condujo a los investigadores a creer que las bacterias usan la dirección del campo para sobrevivir. Como para ellas el oxígeno es tóxico, es más probable que sobrevivan en profundidades lodosas y ricas en nutrientes, y el campo magnético terrestre les indica la dirección (figura 3). Su sentido de orientación también les ayuda cerca del ecuador. Allí, el campo no las dirige hacia abajo, sino que las mantiene a una profundidad constante, con lo que evitan una migración hacia arriba, hacia las mortales aguas superficiales ricas en oxígeno.

No sólo se han encontrado pruebas de navegación con el campo magnético en las bacterias, sino también en organismos tan diversos como abejas, mariposas, palomas mensajeras y delfines.

*Véase, por ejemplo, R. P. Blakemore y R. B. Frankel, "Magnetic Navigation in Bacteria", *Scientific American*, diciembre de 1981. Agradecemos al profesor Frankel varias descripciones interesantes acerca de este tema.

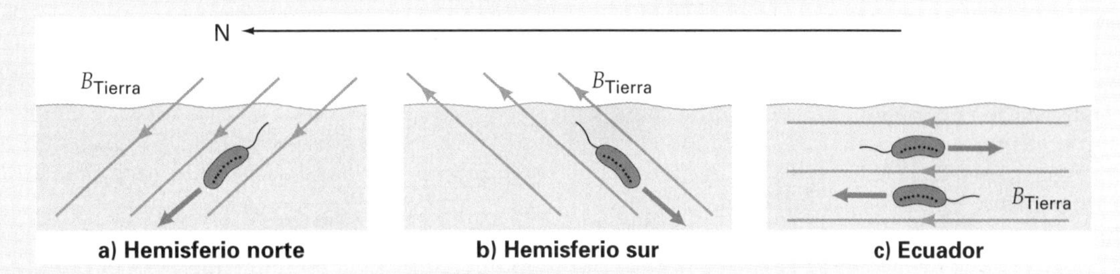

FIGURA 3 ¿Supervivencia del más apto? ***a)*** En el hemisferio norte, donde el campo magnético terrestre se inclina hacia abajo, las bacterias magnetotácticas siguen el campo para llegar a profundidades ricas en oxígeno. ***b)*** En el hemisferio sur, el campo geomagnético está inclinado hacia arriba, pero las bacterias emigran en dirección opuesta al campo, por lo que permanecen en aguas profundas, como sus parientes del hemisferio norte. ***c)*** Cerca del ecuador, las bacterias se mueven en dirección paralela a la superficie del agua, y se mantienen así alejadas de las aguas poco profundas, ricas en oxígeno y, por consiguiente, tóxicas.

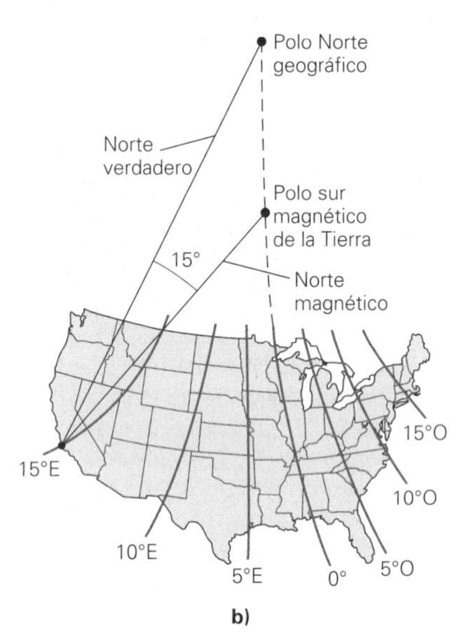

▲ **FIGURA 19.30 Declinación magnética** ***a)*** La diferencia angular entre el norte magnético y el norte "verdadero" o geográfico se llama declinación magnética. ***b)*** La declinación magnética varía según el lugar y el tiempo. El mapa muestra las líneas *isogónicas* (líneas con la misma declinación magnética) para la zona continental de Estados Unidos. Para lugares sobre la línea de 0°, el norte magnético está en la misma dirección que el norte verdadero (o geográfico). A los lados de esa línea, una brújula tiene una inclinación hacia el este o hacia el oeste. Por ejemplo, sobre una línea de 15°E, una brújula tiene una declinación de 15° hacia el este. (El norte magnético se encuentra 15° al este del norte verdadero.)

ponente vertical en los polos geomagnéticos es de 10^{-4} T (aproximadamente 1 G). Se ha calculado que para que un material ferromagnético con magnetización máxima produzca ese campo, tendría que ocupar aproximadamente el 0.01% del volumen de la Tierra.

La idea de un imán ferromagnético de este tamaño dentro de la Tierra quizá no parezca irracional al principio, pero no es un modelo correcto. La temperatura interior de la Tierra está muy por arriba de las temperaturas de Curie del hierro y el níquel, que, al parecer, son los materiales ferromagnéticos más abundantes en el interior de la Tierra. Por ejemplo, para el hierro, la temperatura de Curie se alcanza a una profundidad de tan sólo 100 km con respecto a la superficie terrestre. La temperatura es incluso más elevada a mayores profundidades. Por consiguiente, no es posible la existencia de un imán permanente interno.

El conocimiento de que una corriente eléctrica produce un campo magnético ha hecho que los científicos especulen que el campo magnético terrestre está asociado con movimientos en el núcleo externo líquido, que, a su vez, podrían estar vinculados de alguna forma con la rotación de la Tierra. Se sabe que Júpiter, un planeta que es principalmente gaseoso y gira con mucha rapidez, tiene un campo magnético mucho mayor que el de la Tierra. Mercurio y Venus tienen campos magnéticos muy débiles; esos planetas se parecen más a la Tierra y giran con relativa lentitud.

Se han propuesto varios modelos teóricos para explicar el origen del campo magnético terrestre. Por ejemplo, se ha sugerido que éste se debe a corrientes asociadas con ciclos de convección térmica en el núcleo externo líquido, causados por el núcleo interno caliente. Pero todavía no se aclaran los detalles de este mecanismo.

Se sabe que el eje del campo magnético terrestre *no* coincide con el eje de rotación del planeta, que es el que define los polos geográficos. Por consiguiente, el polo magnético (sur) de la Tierra y el Polo Norte geográfico no coinciden (véase la figura 19.29). El polo magnético queda a miles de kilómetros al sur del Polo Norte geográfico (el norte verdadero). El polo norte magnético de la Tierra está todavía más desplazado con respecto a su polo sur geográfico, lo que significa que el eje magnético ni siquiera pasa por el centro de la Tierra.

Una brújula indica la dirección del *norte magnético,* y no del norte "verdadero" o geográfico. La diferencia angular entre esas dos direcciones se llama *declinación magnética* (◂figura 19.30). La declinación magnética varía para distintos lugares. Como se podrá imaginar, el conocimiento de las variaciones de declinación magnética tiene especial importancia en la navegación precisa de aviones y barcos. Más recientemente, con la aparición de los sistemas de posicionamiento global (GPS), que son muy precisos, los viajeros ya no dependen de las brújulas tanto como antes.

El campo magnético terrestre también presenta una diversidad de fluctuaciones a través del tiempo. Como se explicó antes, el magnetismo permanente creado en rocas ricas en hierro, al enfriarse en el campo magnético terrestre, nos ha dado muchas evidencias de esas fluctuaciones a través de periodos prolongados. Por ejemplo, los polos magnéticos terrestres han intercambiado polaridad en diversas épocas del pasado; la última vez que sucedió esto fue hace unos 700 000 años. Durante un periodo de polaridad invertida, el polo sur magnético queda cerca del polo sur geográfico, lo contrario a la polaridad actual. El mecanismo por el que se realiza esta inversión de polaridad aún no está claro del todo y los científicos están en proceso de investigarlo.

En escala de tiempos más cortos, los polos magnéticos también tienden a "deambular", es decir, a cambiar de lugar. Por ejemplo, el polo sur magnético (cerca del polo norte geográfico) se ha movido en fecha reciente aproximadamente 1° de latitud (unos 110 km o 70 mi) por década. Por alguna razón desconocida se ha movido hacia el norte en forma consistente, a partir de su latitud de 69°N en 1904, y también hacia el oeste, cruzando el meridiano 100°O. Esa deriva polar de largo plazo indica que el mapa de declinación magnética (figura 19.30b) varía a través del tiempo, y se debe actualizar en forma periódica.

En escalas de tiempo todavía más cortas, a veces hay corrimientos diarios hasta de 80 km (50 mi), seguidos por un regreso a la posición inicial. Se cree que esos corrimientos son causados por partículas cargadas que proceden del Sol y que llegan a la atmósfera superior de la Tierra formando corrientes que cambian el campo magnético general del planeta.

Las partículas cargadas que proceden del Sol y entran al campo magnético terrestre dan lugar a otros fenómenos. Una partícula cargada que entra en dirección *no* perpendicular a un campo magnético, describe una espiral en forma de hélice (▸figura 19.31a). Esto se debe a que el componente de la velocidad de la partícula, que es para-

▲ **FIGURA 19.31 Confinamiento magnético** *a)* Una partícula cargada que entra a un campo magnético uniforme, formando un ángulo distinto a 90°, describe una trayectoria en espiral. *b)* En un campo magnético no uniforme y convexo, las partículas van y vienen en espiral, como si estuvieran confinadas en una botella magnética. *c)* Las partículas cargadas quedan atrapadas en el campo magnético terrestre, y las regiones donde se concentran se llaman cinturones de Van Allen.

lelo al campo, no cambia. (Recuerde que un campo magnético sólo actúa a lo largo del componente perpendicular de la velocidad.) Los movimientos de las partículas cargadas en un campo no uniforme son bastante complicados. Sin embargo, para un campo convexo como el que se ve en la figura 19.31b, las partículas van y vienen en espiral, como si estuvieran dentro de una "botella magnética".

Un fenómeno análogo sucede en el campo magnético terrestre, dando lugar a regiones con concentraciones altas de partículas cargadas. Hay dos regiones en forma de dona, a varios miles de kilómetros de altitud, llamadas *cinturones de radiación de Van Allen* (figura 19.31c). En el cinturón de Van Allen inferior se producen emisiones luminosas llamadas *auroras*: la aurora boreal o luces del norte, en el hemisferio norte, y la aurora austral o luces del sur, en el hemisferio sur. Esas luces fantásticas y fluctuantes se observan con más frecuencia en las regiones polares de la Tierra, pero se han visto en zonas de menor latitud (▸figura 19.32).

Una aurora se forma cuando las partículas solares cargadas quedan atrapadas en el campo magnético de la Tierra. Se ha observado que la actividad máxima de la aurora ocurre después de una alteración solar, como las llamaradas solares, que son tormentas magnéticas violentas en el Sol que expelen grandes cantidades de partículas cargadas. Atrapadas en el campo magnético de la Tierra, estas partículas cargadas son guiadas hacia las regiones polares, donde excitan o ionizan los átomos de oxígeno y nitrógeno de la atmósfera. Cuando las moléculas excitadas retornan a su estado normal y los iones vuelven a tener su número normal de electrones, hay emisiones de luz, y la aurora brilla.

▲ **FIGURA 19.32 Aurora boreal: las luces del norte** Esta imagen espectacular se debe a partículas solares energéticas que quedan atrapadas en el campo magnético terrestre. Las partículas excitan, o ionizan, los átomos del aire; cuando estos últimos dejan de estar excitados (o cuando se recombinan), emiten luz. (Véase el pliego a color al final del libro.)

Repaso del capítulo

- La **ley de fuerza polar,** o **ley de los polos**, establece que los polos magnéticos opuestos se atraen y los polos iguales se repelen.

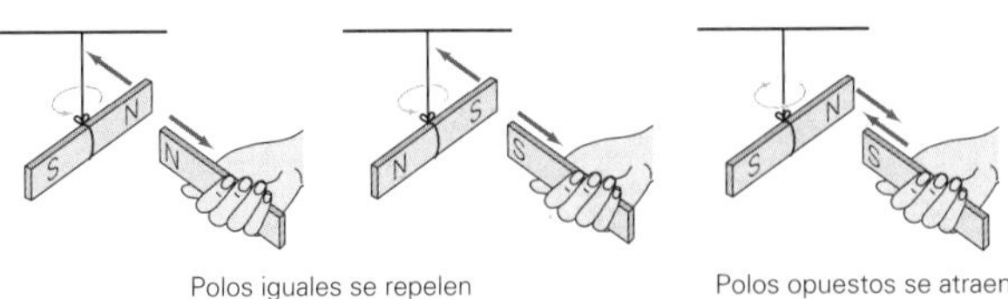

- El **campo magnético ($\vec{\mathbf{B}}$)** se expresa en unidades SI de **tesla (T)**, y $1\text{ T} = 1\text{ N}/(\text{A}\cdot\text{m})$. Los campos magnéticos pueden ejercer fuerzas sobre partículas cargadas en movimiento y sobre corrientes eléctricas. La fuerza magnética sobre una partícula cargada se expresa por

$$F = qvB\,\text{sen}\,\theta \qquad (19.3)$$

La magnitud de la fuerza magnética sobre un conductor con corriente se expresa por

$$F = ILB\,\text{sen}\,\theta \qquad (19.7)$$

- Para determinar la dirección de una *fuerza magnética* sobre una partícula cargada en movimiento, y sobre conductores con corriente, se usan las **reglas de la mano derecha**.

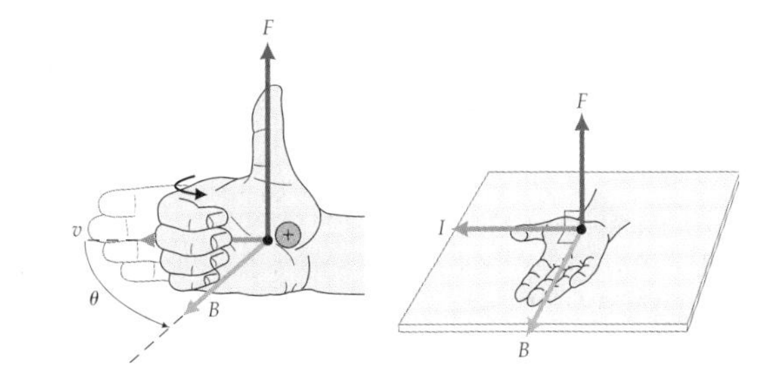

- Una serie de N espiras circulares con corriente, cada una con una área plana A y por la cual pasa una corriente I, experimenta un **momento de torsión magnético** al colocarse en un campo magnético. La ecuación para calcular la magnitud del momento de torsión sobre una configuración de este tipo es

$$\tau = NIAB \operatorname{sen} \theta \qquad (19.9)$$

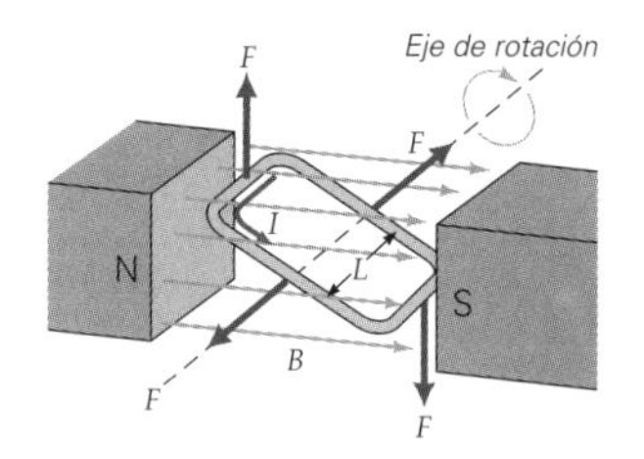

- La magnitud del **campo magnético** producido por un conductor largo y recto se determina con

$$B = \frac{\mu_o I}{2\pi d} \qquad (19.12)$$

en donde $\mu_o = 4\pi \times 10^{-7}$ T·m/A es la **permeabilidad magnética del espacio libre**. Para conductores largos y rectos, las líneas de campo son círculos cerrados con centro en el conductor.

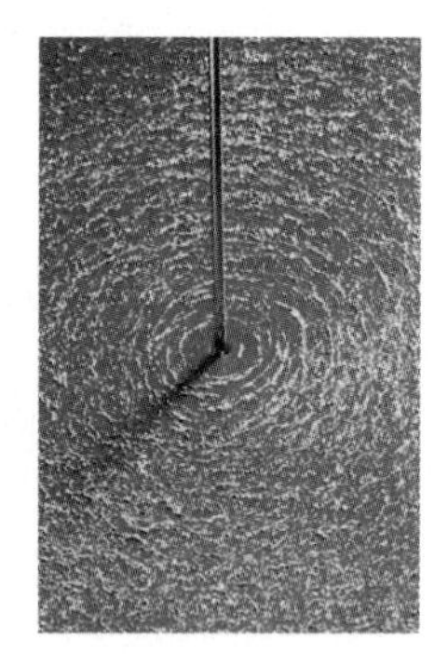

- La magnitud del campo magnético producido en el centro de una serie de N espiras de radio r es

$$B = \frac{\mu_o NI}{2r} \qquad (19.13)$$

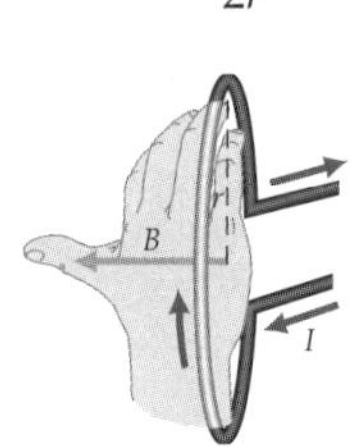

- La magnitud del campo magnético producido cerca del centro en el interior de un *solenoide* con N espiras y longitud L es

$$B = \frac{\mu_o NI}{L} \qquad (19.14)$$

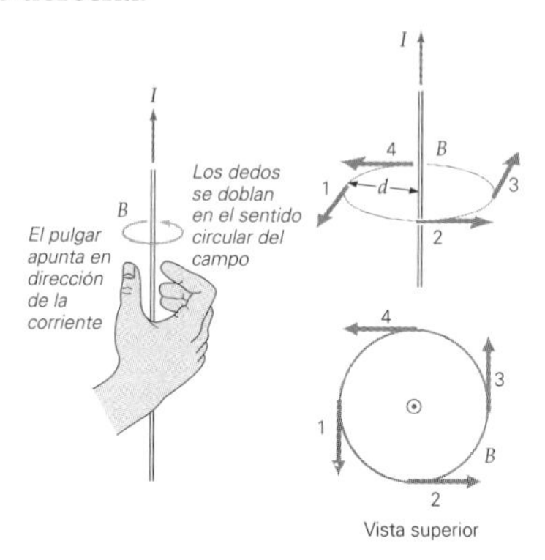

- Para determinar la dirección del campo magnético producido con diversas configuraciones de corriente, se usan las **reglas de la mano derecha**.

- En los **materiales ferromagnéticos** los espines se alinean, creando **dominios**. Cuando se aplica un campo externo, su efecto es aumentar el tamaño de los dominios que ya apuntan en dirección del campo, a expensas de los demás. Cuando se quita el campo magnético externo, queda un **imán permanente**.

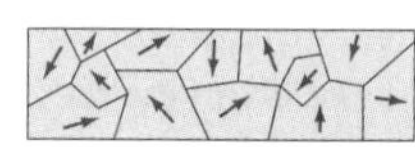

a) Sin campo magnético externo

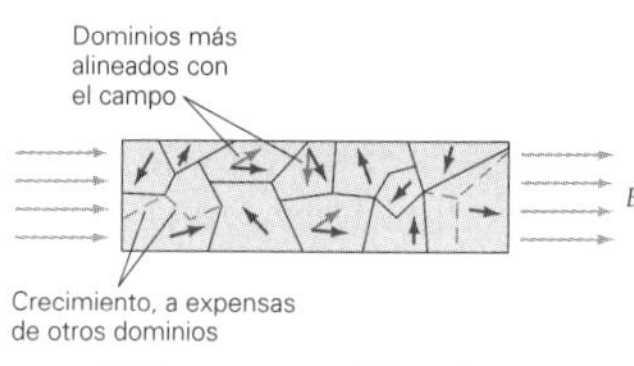

b) Con campo magnético externo

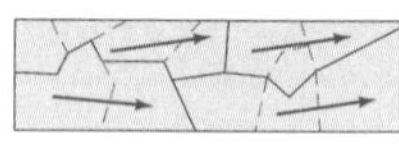

c) Imán recto resultante

Ejercicios

Los ejercicios designados **OM** *son preguntas de opción múltiple; los* **PC** *son preguntas conceptuales; y los* **EI** *son ejercicios integrados. A lo largo del texto, muchas secciones incluirán ejercicios "apareados". Estos pares de ejercicios, que se identifican con* <u>números subrayados</u>, *pretenden ayudar al lector a resolver problemas y aprender. El primer ejercicio de cada pareja (el de número par) se resuelve en la Guía de estudio, que puede consultarse si se necesita ayuda para resolverlo. El segundo ejercicio (de número impar) es similar, y su respuesta se da al final del libro.*

19.1 Imanes, polos magnéticos y dirección del campo magnético

1. **OM** Cuando los extremos de dos imanes rectos están cercanos entre sí, se atraen. Los extremos deben ser *a*) uno norte y el otro sur, *b*) uno sur y el otro norte, *c*) ambos norte, *d*) ambos sur o *e*) cualquiera de los casos *a* o *b*.

2. **OM** Una brújula calibrada en el campo magnético de la Tierra se coloca cerca del extremo de un imán recto permanente y apunta alejándose del extremo del imán. Se concluye que este extremo del imán *a*) actúa como un polo magnético norte, *b*) actúa como un polo magnético sur, *c*) no es posible concluir algo acerca de las propiedades magnéticas del imán permanente.

3. **OM** Si se ve directamente hacia abajo sobre el polo sur de un imán recto, el campo magnético apunta *a*) hacia la derecha, *b*) hacia la izquierda, *c*) alejándose del observador o *d*) hacia el observador.

4. **PC** Se tienen dos imanes rectos idénticos, uno de los cuales es permanente y el otro no está magnetizado. ¿Cómo se podría distinguir uno de otro, usando sólo los dos imanes?

5. **PC** La dirección de cualquier campo magnético se toma en la dirección en que apunta una brújula calibrada con la Tierra. Explique por qué esto significa que las líneas de campo magnético deben partir del polo norte de un imán recto permanente y entrar en su polo sur.

19.2 Intensidad del campo magnético y fuerza magnética

6. **OM** Un protón se mueve verticalmente hacia arriba, en dirección perpendicular a un campo magnético uniforme, y se desvía hacia la derecha mientras usted lo observa. ¿Cuál es la dirección del campo magnético? *a*) Directamente alejándose de usted, *b*) directamente hacia usted, *c*) hacia la derecha o *d*) hacia la izquierda.

7. **OM** Un electrón se mueve horizontalmente hacia el este en un campo magnético uniforme, que es vertical. Se encuentra que se desvía hacia el norte. ¿Cuál es la dirección del campo magnético? *a*) Hacia arriba, *b*) hacia abajo o *c*) no es posible determinar la dirección a partir de los datos.

8. **OM** Si una partícula con carga negativa se moviera hacia abajo, a lo largo del borde derecho de esta página, ¿cómo se debería orientar un campo magnético (perpendicular al plano del papel) para que la partícula se desviara inicialmente hacia la izquierda? *a*) Hacia fuera de la página, *b*) en el plano de la página o *c*) hacia dentro de la página.

9. **OM** Un electrón pasa por un campo magnético sin ser desviado. ¿Qué se concluye acerca del ángulo entre la dirección del campo magnético y la de la velocidad del electrón, suponiendo que no actúan otras fuerzas sobre él? *a*) Podrían estar en la misma dirección, *b*) podrían ser perpendiculares, *c*) podrían ser contrarias o *d*) las opciones *a* y *c* son posibles.

10. **PC** Un protón y un electrón se mueven a la misma velocidad, perpendicularmente a un campo magnético constante. *a*) ¿Cómo se comparan las magnitudes de las fuerzas magnéticas sobre ellos. *b*) ¿Y las magnitudes de sus aceleraciones?

11. **PC** Si una partícula cargada se mueve en línea recta y no hay otras fuerzas, a excepción quizá de un campo magnético, ¿se puede decir con certeza que no hay campo magnético presente? Explique por qué.

12. **PC** Tres partículas entran a un campo magnético uniforme, como se ve en la ▸figura 19.33a. Las partículas 1 y 3 tienen velocidades iguales y cargas de igual magnitud. ¿Qué se concluye decir acerca de *a*) las cargas de las partículas y *b*) sus masas?

13. **PC** Se desea desviar una partícula con carga positiva para que su trayectoria sea una "S", como se ve en la figura 19.33b, usando sólo campos magnéticos. *a*) Explique cómo se podría lograr esto usando campos magnéticos perpendiculares al plano de la página. *b*) ¿Cómo se compara la magnitud de la velocidad de una partícula que sale del campo, comparada con su velocidad inicial?

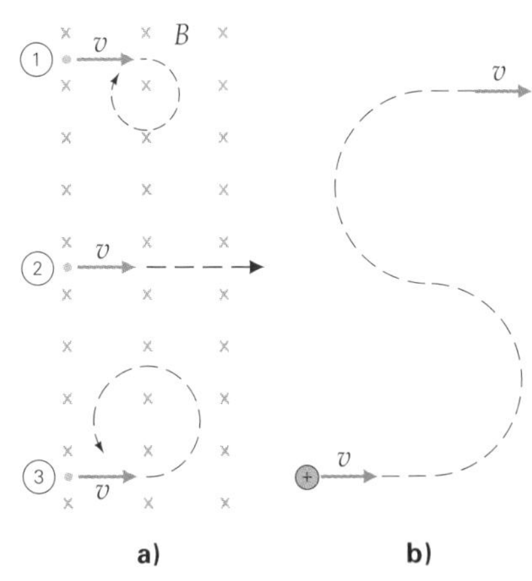

▲ **FIGURA 19.33 Cargas en movimiento** Véanse los ejercicios 12 y 13.

14. **EI** ● Una carga positiva se mueve horizontalmente hacia la derecha, cruzando esta página, y entra en un campo magnético dirigido verticalmente hacia abajo en el plano de la página. *a*) ¿Cuál es la dirección de la fuerza magnética sobre la carga? 1) Hacia la página, 2) hacia fuera de la página, 3) hacia abajo en el plano de la página o 4) hacia arriba en el plano de la página. Explique por qué. *b*) Si la carga es de 0.25 C, su velocidad es 2.0×10^2 m/s, y sobre ella actúa una fuerza de 20 N, ¿cuál es la intensidad del campo magnético?

15. ● Una carga de 0.050 C se mueve verticalmente en un campo de 0.080 T, orientado a 45° con respecto a la vertical. ¿Qué velocidad debe tener la carga para que la fuerza que actúe sobre ella sea de 10 N?

16. ●● Se puede usar un campo magnético para determinar el signo de los portadores de carga en un conductor con corriente. Se tiene una banda conductora ancha dentro de un campo magnético orientado como se ve en la ▾figura 19.34. Los portadores de carga son desviados por la fuerza magnética y se acumulan en un lado de la banda, dando lugar a un voltaje medible a través de ella. (Este fenómeno se conoce como *efecto Hall*.) Si se desconoce el signo de los portadores de carga (que son cargas positivas que se mueven como indican las flechas en la figura, o bien, cargas negativas que se mueven en sentido contrario), ¿cómo se puede determinar el signo de la carga con la polaridad o el signo del voltaje medido? Suponga que sólo un tipo de portador de carga es el causante de la corriente.

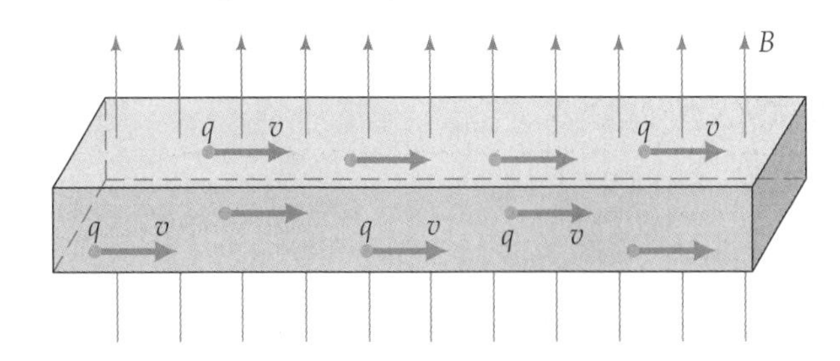

▲ **FIGURA 19.34 El efecto Hall** Véase el ejercicio 16.

17. ●● Un haz de protones se acelera a una velocidad de 5.0 $\times 10^6$ m/s en un acelerador de partículas, y sale de éste en dirección horizontal, entrando a un campo magnético uniforme. ¿Qué campo $\vec{\mathbf{B}}$ perpendicular a la velocidad del protón anularía la fuerza de gravedad y mantendría al haz moviéndose exactamente en dirección horizontal?

18. **EI ●●** Un electrón se mueve en dirección $+x$ dentro de un campo magnético, y sobre él actúa una fuerza magnética en dirección $-y$. *a*) ¿En cuál de las siguientes direcciones podría orientarse el campo magnético? 1) $-x$, 2) $+y$, 3) $+z$ o 4) $-z$. Explique por qué. *b*) Si la velocidad del electrón es 3.0×10^6 m/s y la magnitud de la fuerza es 5.0×10^{-19} N, ¿cuál es la intensidad del campo magnético?

19. **●●** Un electrón se mueve a una velocidad de 2.0×10^4 m/s a través de un campo magnético uniforme, cuya magnitud es 1.2×10^{-3} T. ¿Cuál es la magnitud de la fuerza magnética sobre el electrón, si su velocidad y el campo magnético *a*) son perpendiculares entre sí, *b*) forman un ángulo de 45°, *c*) son paralelos o *d*) son exactamente opuestos?

20. **●●** ¿Qué ángulo(s) debe formar la velocidad de una partícula con la dirección del campo magnético para que la partícula esté sometida a la mitad de la fuerza magnética máxima posible?

21. **●●●** Un haz de protones se acelera primero en línea recta hacia el este a una velocidad de 3.0×10^5 m/s en un acelerador de partículas. A continuación entra en un campo magnético uniforme de 0.50 T, que está orientado en un ángulo de 37° por arriba de la horizontal en relación con la dirección del haz. *a*) ¿Cuál es la aceleración inicial de un protón en el haz acelerado? *b*) ¿Qué sucedería si el campo magnético formara un ángulo de 37° por debajo de la horizontal? *c*) Si el haz fuera de electrones y no de protones, y el campo formara un ángulo de 37° hacia arriba, ¿cuál sería la diferencia de fuerzas sobre las partículas, al entrar el haz en el campo magnético?

19.3 Aplicaciones: partículas cargadas en campos magnéticos

22. **OM** En un espectrómetro de masas, dos iones con carga y rapidez idénticas se aceleran en dos arcos semicirculares diferentes. El arco del ion A tiene un radio de 25.0 cm y el radio del arco de B mide 50.0 cm. ¿Qué podría decirse acerca de sus masas relativas? *a*) $m_A = m_B$, *b*) $m_A = 2m_B$, *c*) $m_A = \frac{1}{2}m_B$ o *d*) no es posible afirmar algo a partir de los datos.

23. **OM** En un espectrómetro de masas, dos iones con masa y rapidez idénticas se aceleran en dos arcos semicirculares diferentes. El arco del ion A tiene un radio de 25.0 cm y el radio del arco de B mide 50.0 cm. ¿Qué podría decirse acerca de sus cargas netas? *a*) $q_A = q_B$, *b*) $q_A = 2q_B$, *c*) $q_A = \frac{1}{2}q_B$ o *d*) no es posible afirmar algo a partir de los datos.

24. **OM** En el selector de velocidad de la figura 19.9, ¿hacia dónde se desviará un ion si su velocidad es mayor que E/B_1? *a*) Hacia arriba, *b*) hacia abajo, *c*) no se desviará.

25. **PC** Explique por qué un imán cercano puede distorsionar la imagen en un monitor de computadora o en el cinescopio de un televisor (▼figura 19.35).

◄ **FIGURA 19.35 Perturbación magnética** Véase el ejercicio 25.

26. **PC** El círculo amplificado de la figura 19.11 muestra cómo los iones positivos (Na^+) en agua de mar son acelerados y expulsados por la parte trasera del submarino para suministrar una fuerza de propulsión. Pero, ¿qué sucede con los iones negativos (Cl^-) en el agua de mar? Como tienen carga de signo contrario, ¿acaso no se aceleran *hacia el frente* dando por resultado una fuerza neta de cero en el submarino? Explique su respuesta.

27. **PC** Explique claramente por qué la velocidad seleccionada en un selector de velocidad (similar al de la figura 19.9) no depende de las cargas en cualquiera de los iones que pasan a través de él.

28. **●** Un deuterón ionizado (una partícula con carga $+e$) pasa por un selector de velocidad cuyos campos magnético y eléctrico perpendiculares tienen magnitudes de 40 mT y 8.0 kV/m, respectivamente. Calcule la rapidez del ion.

29. **●** En un selector de velocidad, un imán grande produce el campo magnético uniforme de 1.5 T. Dos placas paralelas separadas 1.5 cm producen el campo eléctrico perpendicular. ¿Qué voltaje se debe aplicar a las placas para que *a*) un ion con una carga que se mueva a 8.0×10^4 m/s pase sin desviarse o *b*) un ion con doble carga que viaje con la misma velocidad pase sin desviarse?

30. **●** Una partícula cargada se mueve sin desviarse a través de campos eléctricos y magnéticos perpendiculares, cuyas magnitudes son 3000 N/C y 30 mT, respectivamente. Calcule la rapidez de la partícula si es *a*) un protón o *b*) una partícula alfa. (Una partícula alfa es un núcleo de helio, es decir, un ion positivo con carga positiva doble.)

31. **●●** En una técnica experimental de tratamiento de tumores profundos, se bombardean piones (π^+, partículas elementales cuya masa es 2.25×10^{-28} kg) con carga positiva para que penetren en el tejido y desintegren el tumor, liberando energía que mata las células cancerosas. Si se requieren piones con energía cinética de 10 keV y si se usa un selector de velocidad con una intensidad de campo eléctrico de 2.0×10^3 V/m, ¿cuál debe ser la intensidad del campo magnético?

32. **●●** En un espectrómetro de masas, se selecciona un ion con una sola carga y con determinada velocidad usando un campo magnético de 0.10 T, perpendicular a un campo eléctrico de 1.0×10^3 V/m. Este mismo campo magnético se usa a continuación para desviar al ion, que describe una trayectoria circular de 1.2 cm de radio. ¿Cuál es la masa del ion?

33. **●●** En un espectrómetro de masas se selecciona un ion con carga doble y determinada velocidad, usando un campo magnético de 100 mT, perpendicular a un campo eléctrico de 1.0 kV/m. Este mismo campo magnético se usa a continuación para desviar al ion, que describe una trayectoria circular de 15 mm de radio. Calcule *a*) la masa del ion y *b*) su energía cinética. *c*) ¿Aumenta la energía cinética del ion en la trayectoria circular? Explique por qué.

34. **●●●** En un espectrómetro de masas un haz de protones entra en un campo magnético. Algunos protones describen exactamente un arco de un cuarto de círculo, de 0.50 m de radio. Si el campo siempre es perpendicular a la velocidad del protón, ¿cuál es la magnitud del campo, si los protones que salen tienen una energía cinética de 10 keV?

19.4 Fuerzas magnéticas sobre conductores con corriente eléctrica y
19.5 Aplicaciones: conductores con corriente en campos magnéticos

35. **OM** Un conductor largo, recto y horizontal está en el ecuador y lleva una corriente dirigida hacia el este. ¿Cuál es la dirección de la fuerza sobre el conductor que se debe al campo magnético terrestre? *a*) Hacia el este, *b*) hacia el oeste, *c*) hacia el sur o *d*) hacia arriba.

36. **OM** Un conductor largo, recto y horizontal está en el ecuador y conduce una corriente. ¿En qué dirección debería estar la corriente si se pretende que el objeto equilibre el peso del conductor con la fuerza magnética sobre él? *a*) Hacia el este, *b*) hacia el oeste, *c*) hacia el sur o *d*) hacia arriba.

37. **OM** Usted está viendo horizontalmente hacia el oeste, directamente al plano circular de una bobina que conduce corriente. La bobina está en un campo magnético uniforme y vertical hacia arriba. Cuando se libera, la parte superior de la bobina comienza a tirar alejándose de usted conforme la parte inferior gira hacia usted. ¿Cuál es el sentido de la corriente en la bobina? *a*) El de las manecillas del reloj, *b*) contrario a las manecillas del reloj o *c*) no es posible determinarlo a partir de los datos.

38. **PC** Dos conductores rectos son paralelos entre sí y las corrientes en ellos tienen el mismo sentido. ¿Los conductores se atraerán o se repelerán? ¿Cómo se comparan las magnitudes de estas fuerzas sobre cada conductor?

39. **PC** Prediga qué sucede a la longitud de un resorte cuando pasa una gran corriente eléctrica por él. [*Sugerencia:* examine la dirección de la corriente en las espiras vecinas del resorte.]

40. **PC** ¿Es posible orientar una espira de corriente dentro de un campo magnético uniforme de tal manera que no exista un momento de torsión sobre ella? En caso afirmativo, describa la orientación (u orientaciones).

41. **PC** Explique el funcionamiento de un timbre eléctrico y de las campanillas eléctricas que se ilustran en la ▼figura 19.36.

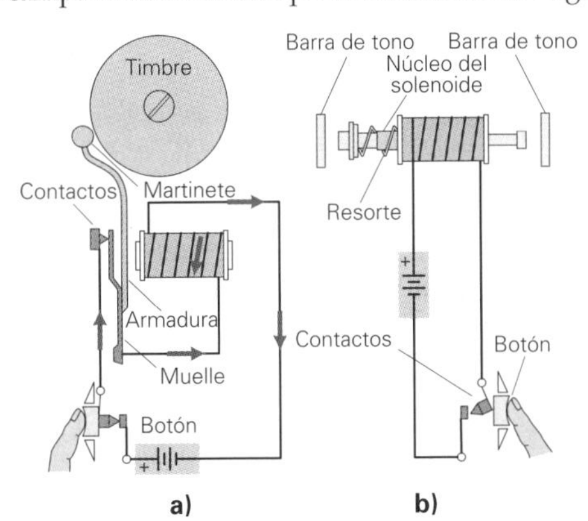

▲ **FIGURA 19.36 Aplicaciones del electromagnetismo** Tanto ***a)*** el timbre eléctrico como ***b)*** la campanilla eléctrica tienen electroimanes. Véase el ejercicio 41.

42. **EI** ● Un segmento de conductor, recto y horizontal, transporta una corriente en dirección $+x$ dentro de un campo magnético con la dirección $-z$. *a*) ¿La fuerza magnética sobre el conductor está dirigida hacia 1) $-x$, 2) $+z$, 3) $+y$ o 4. $-y$? Explique por qué. *b*) Si el conductor tiene 1.0 m de longitud y transporta una corriente de 5.0 A, y la magnitud del campo magnético es 0.30 T, ¿cuál es la magnitud de la fuerza sobre el conductor?

43. ● Un tramo de alambre de 2.0 m de longitud conduce una corriente de 20 A, dentro de un campo magnético uniforme de 50 mT, cuya dirección forma un ángulo de 37° con la dirección de la corriente. Determine la fuerza sobre el alambre.

44. ●● Demuestre cómo se puede aplicar una regla de la mano derecha para determinar la dirección de la corriente en un conductor dentro de un campo magnético uniforme, si se conoce la fuerza sobre el conductor. En la ▼figura 19.37 se muestran las fuerzas sobre algunos conductores específicos.

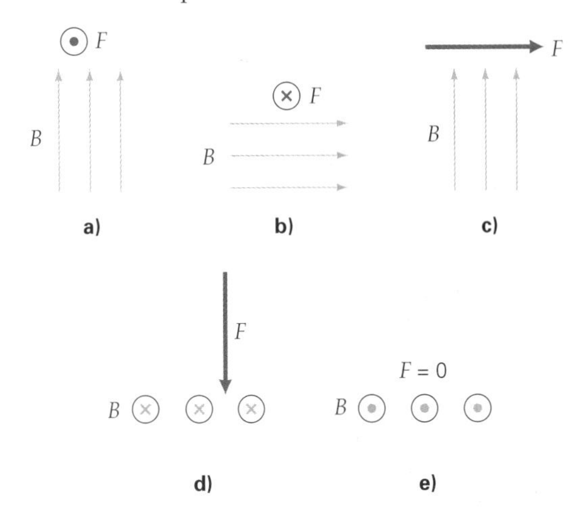

▲ **FIGURA 19.37 La regla de la mano derecha** Véase el ejercicio 44.

45. ●● Un conductor recto de 50 cm de longitud transporta una corriente de 4.0 A, dirigida verticalmente hacia arriba. Si sobre el conductor actúa una fuerza de 1.0×10^{-2} N en dirección al este, que se debe a un campo magnético en ángulo recto con el tramo de alambre, ¿cuáles son la magnitud y la dirección del campo magnético?

46. ●● Un campo magnético horizontal de 1.0×10^{-4} T forma un ángulo de 30° con la dirección de la corriente que pasa por un conductor largo y recto de 75 cm de longitud. Si el conductor lleva una corriente de 15 A, ¿cuál es la magnitud de la fuerza sobre él?

47. ●● Un alambre conduce 10 A de corriente en dirección $+x$, dentro de un campo magnético uniforme de 0.40 T. Calcule la magnitud de la fuerza por unidad de longitud, y la dirección de la misma, si el campo magnético apunta en dirección *a*) $+x$, *b*) $+y$, *c*) $+z$, *d*) $-y$ y *e*) $-z$.

48. ●● Un conductor recto de 25 cm de longitud está orientado verticalmente dentro de un campo magnético uniforme horizontal de 0.30 T, que apunta en dirección $-x$. ¿Qué corriente (incluyendo su dirección) hará que el conductor esté sometido a una fuerza de 0.050 N en la dirección $+y$?

49. ●● Por un conductor pasa una corriente de 10 A en la dirección $+x$. Calcule la fuerza por unidad de longitud del conductor, si se encuentra en un campo magnético cuyos componentes son $B_x = 0.020$ T, $B_y = 0.040$ T y $B_z = 0$ T.

50. ●● Para arrancar un automóvil desde el acumulador de otro se usan unos cables pasacorriente para conectar las terminales de los dos acumuladores. Si por los cables pasan 15 A de corriente durante el arranque, y son paralelos y están a 15 cm de distancia, ¿cuál es la fuerza por unidad de longitud sobre los cables?

51. **EI ●●** Dos conductores largos, rectos y paralelos llevan corriente en la misma dirección. *a*) Aplique las reglas de la mano derecha para fuentes y para fuerzas, y determine si las fuerzas sobre los conductores son 1) de atracción o 2) de repulsión. *b*) Si los conductores están a 24 cm de distancia y las corrientes que conducen son de 2.0 A y 4.0 A, respectivamente, calcule la fuerza por unidad de longitud sobre cada uno.

52. **EI ●●** Dos conductores largos, rectos y paralelos están a 10 cm de distancia y conducen corrientes en sentidos contrarios. *a*) Utilice las reglas de la mano derecha para fuentes y para fuerzas, y determine si las fuerzas sobre los conductores son de 1) atracción o 2) repulsión. *b*) Si los alambres conducen corrientes iguales de 3.0 A, ¿cuál es la fuerza por unidad de longitud sobre ellos?

53. ●● Una línea de transmisión eléctrica cd casi horizontal, sobre las latitudes medias de América del Norte, conduce 1000 A de corriente, directamente hacia el este. Si el campo magnético terrestre en ese lugar es hacia el norte y con una magnitud de 5.0×10^{-5} T a un ángulo de 45° por debajo de la horizontal, ¿cuáles son la magnitud y la dirección de la fuerza magnética sobre un tramo de 15 m de la línea?

54. ●● ¿Cuál es la fuerza (incluyendo dirección) por unidad de longitud sobre el conductor 1 de la ▾figura 19.38?

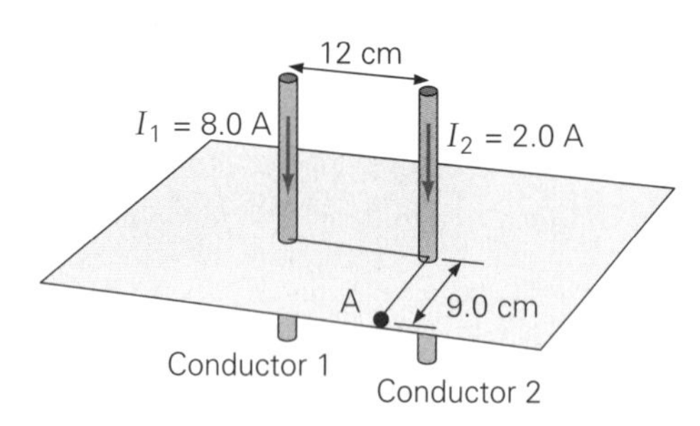

▲ **FIGURA 19.38 Conductores paralelos con corriente** Véanse los ejercicios 54, 55, 67, 73 y 76.

55. ●● ¿Cuál es la fuerza (incluyendo dirección) por unidad de longitud sobre el conductor 2 de la figura 19.38?

56. **EI ●●** Se coloca un alambre largo a 2.0 cm directamente debajo de otro rígidamente montado (▾figura 19.39). *a*) Utilice las reglas de la mano derecha para fuentes y para fuerzas, y determine si las corrientes en los alambres deberían tener 1) el mismo sentido o 2) sentido contrario para que el alambre inferior esté en equilibrio (es decir, para que "flote"). *b*) Si el alambre inferior tiene una densidad lineal de masa de 1.5×10^{-3} kg/m y los alambres conducen la misma corriente, ¿cuál debe ser esa corriente?

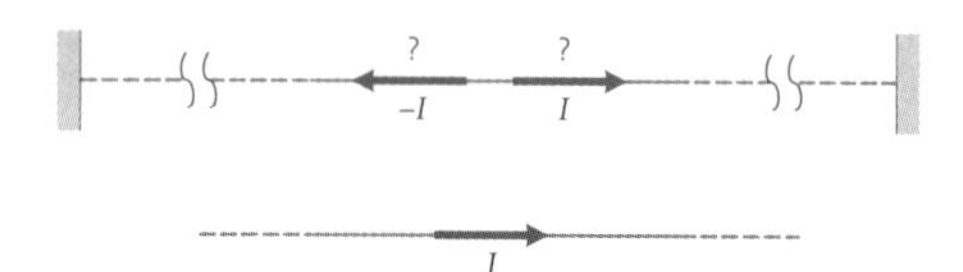

▲ **FIGURA 19.39 Levitación magnética** El alambre de abajo es atraído magnéticamente hacia el alambre de arriba (fijo rígidamente). Véase el ejercicio 56.

57. ●● Un alambre se dobla como en la ▾figura 19.40 y se coloca en un campo magnético de 1.0 T de magnitud, en la dirección indicada. Calcule la magnitud de la fuerza neta sobre cada segmento del conductor, si x = 50 cm, y si por él pasa una corriente de 5.0 A en la dirección que se indica.

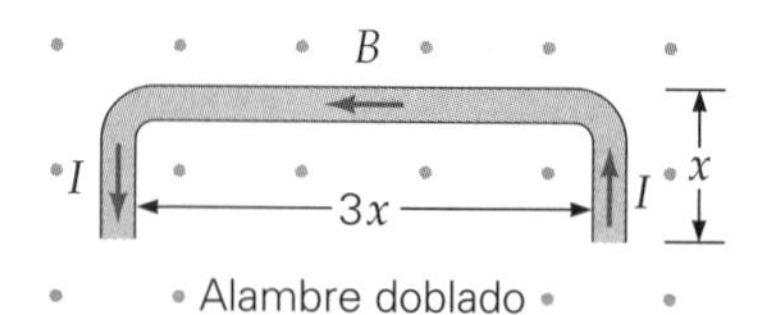

◀ **FIGURA 19.40 Conductor con corriente en un campo magnético** Véase el ejercicio 57.

58. **EI ●●●** Una espira de alambre con corriente está en un campo magnético de 1.6 T. *a*) Para que el momento de torsión magnético sobre la espira sea máximo, el plano de la espira debe ser 1) paralelo, 2) perpendicular o 3) a 45° respecto al campo magnético? Explique por qué. *b*) Si la espira es rectangular, y sus dimensiones son 20 por 30 cm, y por ella pasa una corriente de 1.5 A, ¿cuál es la magnitud del momento magnético de la espira y cuál es el momento de torsión máximo? *c*) ¿Cuál sería el ángulo (o ángulos) entre el vector momento magnético y la dirección del campo magnético si la espira experimentara sólo el 20% de su momento de torsión máximo?

59. ●●● Dos conductores rectos forman ángulo recto entre sí como se ve en la ▾figura 19.41. ¿Cuál es la fuerza neta sobre cada uno? ¿Hay un momento de torsión neto sobre cada uno?

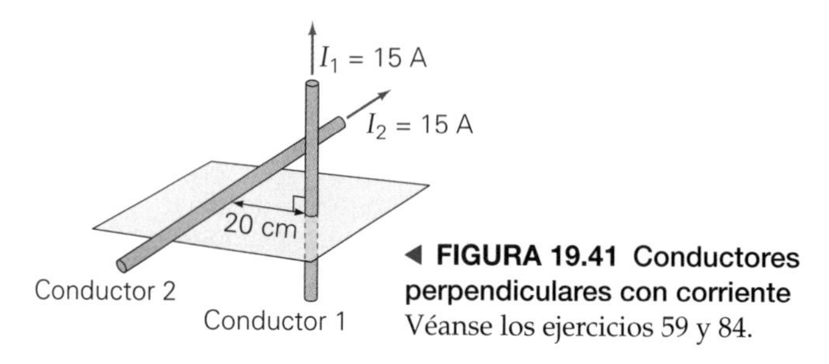

◀ **FIGURA 19.41 Conductores perpendiculares con corriente** Véanse los ejercicios 59 y 84.

60. ●●● Un alambre forma una espira rectangular con 0.20 m^2 de área y conduce 0.25 A de corriente. La espira puede girar libremente en torno a un eje perpendicular a un campo magnético uniforme de 0.30 T de intensidad. El plano de la espira forma un ángulo de 30° con la dirección del campo magnético. *a*) ¿Cuál es la magnitud del momento de torsión sobre la espira? *b*) ¿Cómo cambiaría el campo magnético para duplicar la magnitud del momento de torsión en el inciso *a*? *c*) ¿Podría duplicarse el momento de torsión en el inciso *a* sólo cambiando el ángulo? Explique su respuesta. Si es así, encuentre ese ángulo.

19.6 Electromagnetismo: la fuentes de los campos magnéticos

61. **OM** Un conductor largo y recto es paralelo al suelo y lleva una corriente constante hacia el este. En un punto directamente debajo de él, ¿cuál es la dirección del campo magnético que produce? *a*) Norte, *b*) este, *c*) sur, *d*) oeste.

62. **OM** Usted ve directamente hacia un extremo de un solenoide largo. El campo magnético en su centro apunta hacia usted. ¿Cuál es el sentido de la corriente en el solenoide, tal como usted la ve? *a*) El de las manecillas del reloj, *b*) contrario al de las manecillas del reloj, *c*) directamente hacia usted, *d*) directamente alejándose de usted.

63. **OM** Una espira de alambre que conduce corriente está en el plano de esta página. Fuera de la espira, su campo magnético apunta hacia la página. ¿Cuál es el sentido de la corriente en la espira? *a*) El de las manecillas del reloj, *b*) contrario al de las manecillas del reloj o *c*) no es posible determinarlo a partir de los datos.

64. **PC** Una espira circular con corriente yace plana sobre una mesa y crea un campo en su centro. Una brújula calibrada, cuando se coloca en el centro de la espira, apunta hacia abajo. Viéndola directamente hacia abajo, ¿cuál es la dirección de la corriente? Explique su razonamiento.

65. **PC** Si la distancia que hay entre usted y un conductor largo con corriente se duplica, ¿qué tendría que hacer a la corriente para conservar la intensidad del campo magnético que había en la posición cercana pero invirtiendo la dirección? Explique su respuesta.

66. **PC** Se tienen dos solenoides, uno con 100 vueltas y el otro con 200. Si ambos conducen la misma corriente, ¿el que tiene más vueltas producirá necesariamente un campo magnético más intenso en su centro? Explique por qué.

67. **PC** Para minimizar los efectos del campo magnético, la mayoría de los cables de los aparatos se colocan muy juntos. Explique cómo funciona esto para reducir el campo externo de la corriente en el cable.

68. **PC** Dos espiras de alambre circulares son coplanares (es decir, sus áreas están en el mismo plano) y tienen un centro común. La externa conduce una corriente de 10 A en el sentido de las manecillas del reloj. Para crear un campo magnético cero en su centro, ¿cuál debería ser la dirección de la corriente en la espira interior? ¿Su corriente debería ser de 10 A, mayor que 10 A, o menor que 10 A? Explique su razonamiento.

69. ● El campo magnético en el centro de una bobina de 50 vueltas y 15 cm de radio es de 0.80 mT. Calcule la corriente que pasa por la bobina.

70. ● Un alambre largo y recto conduce 2.5 A. Calcule la magnitud del campo magnético a 25 cm del alambre.

71. ● En un laboratorio de física, un alumno descubre que la magnitud de un campo magnético, a cierta distancia de un alambre largo, es 4.0 μT. Si el alambre conduce una corriente de 5.0 A, ¿cuál es la distancia del campo magnético al alambre?

72. ● Un solenoide tiene 0.20 m de longitud y está formado por 100 vueltas de alambre. En su centro, produce un campo magnético de 1.5 mT de intensidad. Calcule la corriente que pasa por la bobina.

73. ●● Dos conductores largos y paralelos llevan 8.0 A y 2.0 A (figura 19.38). *a*) ¿Cuál es la magnitud del campo magnético a la mitad de la distancia entre los conductores? *b*) ¿Dónde es igual a cero el campo magnético sobre una recta que une a los dos conductores y es perpendicular a ellos?

74. ●● Dos conductores largos y paralelos están a 50 cm de distancia y cada uno lleva una corriente de 4.0 A en dirección horizontal. Calcule el campo magnético a medio camino entre los conductores, si las corrientes tienen *a*) el mismo sentido y *b*) sentido contrario.

75. ●● Dos conductores largos y paralelos están a 0.20 m de distancia y llevan corrientes iguales de 1.5 A en la misma dirección. Calcule la magnitud del campo magnético a 0.15 m de cada conductor, en su lado opuesto al otro conductor (▼figura 19.42).

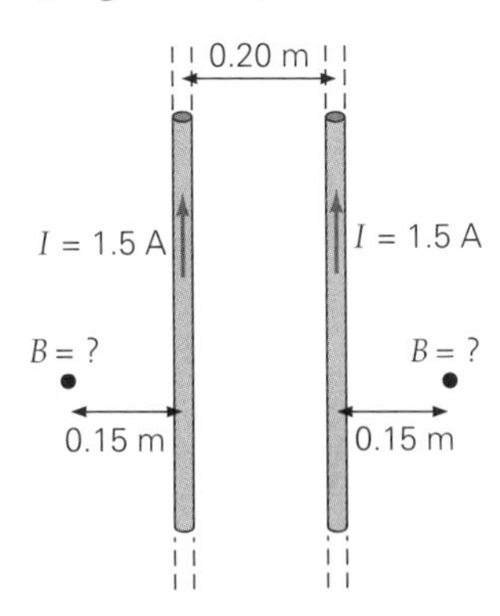

▲ **FIGURA 19.42 Suma de campos magnéticos** Véase el ejercicio 75.

76. ●● En la figura 19.38, determine el campo magnético (magnitud y dirección) en el punto A, que se encuentra a 9.0 cm del conductor 2, sobre una perpendicular a la recta que une los conductores.

77. ●● Supongamos que la corriente en el conductor 1 de la figura 19.38 tuviera sentido contrario. ¿Cuál sería el campo magnético a la mitad de la distancia entre los conductores?

78. ●● ¿Cuánta corriente debe pasar en una espira circular de 10 cm de radio para producir un campo magnético en su centro, de la misma magnitud que el componente horizontal del campo magnético terrestre en el ecuador (aproximadamente de 0.40 G)?

79. ●● Una bobina circular de cuatro vueltas y 5.0 cm de radio conduce una corriente de 2.0 A en el sentido de las manecillas del reloj, vista desde arriba de su plano. ¿Cuál es el campo magnético en su centro?

80. **EI** ●● Una espira circular de alambre en el plano horizontal conduce una corriente en sentido contrario al de las manecillas del reloj, vista desde arriba. *a*) Utilice la regla de la mano derecha para fuentes y determine si la dirección del campo magnético en el centro de la espira 1) es hacia el observador o 2) se aleja del observador. *b*) Si el diámetro de la espira es de 12 cm y la corriente es de 1.8 A, ¿cuál es la magnitud del campo magnético en el centro de la espira?

81. ●● Una espira circular de alambre, de 5.0 cm de radio, conduce una corriente de 1.0 A. Otra espira circular es concéntrica a la primera (esto es, las dos espiras tienen un centro común) y tiene un radio de 10 cm. El campo magnético en el centro de las espiras es el doble de lo que produciría la primera por sí sola, pero con dirección opuesta. ¿Cuál es el radio de la segunda espira?

82. ●●● Se devana un solenoide de 10 cm de longitud con 1000 vueltas de alambre. En el centro del solenoide se produce un campo magnético de 4.0×10^{-4} T. *a*) ¿Qué tan largo debe ser el solenoide para producir un campo de 6.0×10^{-4} T en su centro? *b*) Si sólo se ajustan las vueltas, ¿qué número se necesitará para producir un campo de 8.0×10^{-4} T en el centro? *c*) ¿Qué corriente en el solenoide será necesaria para producir un campo de 9.0×10^{-4} T pero con dirección opuesta?

83. ●●● Se devana un solenoide con 200 vueltas de alambre por centímetro. Sobre este devanado se enrolla una segunda capa de alambre aislado con 180 vueltas por centímetro. Cuando el solenoide funciona, la capa interior conduce una corriente de 10 A y la exterior una de 15 A, en sentido contrario a la de la capa interior (▼figura 19.43). *a*) ¿Cuál es la magnitud del campo magnético en el centro de este solenoide con dos devanados? *b*) ¿Cuál es la dirección del campo magnético en el centro de esta configuración?

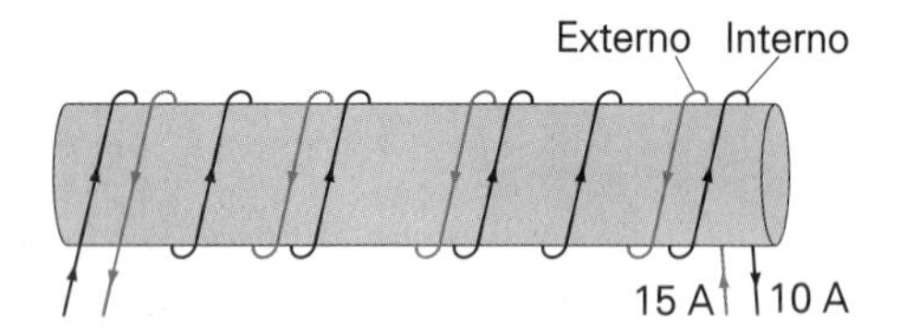

▲ **FIGURA 19.43 ¿Se duplica?** Véase el ejercicio 83.

84. ●●● Dos conductores largos y perpendiculares entre sí conducen corrientes de 15 A, como se muestra en la figura 19.41. ¿Cuál es la magnitud del campo magnético a media distancia de la línea que une a los conductores?

85. ●●● Cuatro alambres ocupan las esquinas de un cuadrado de lado *a*, como se ve en la ▼figura 19.44, y conducen corrientes iguales *I*. Calcule el campo magnético en el centro del cuadrado, en función de estos parámetros.

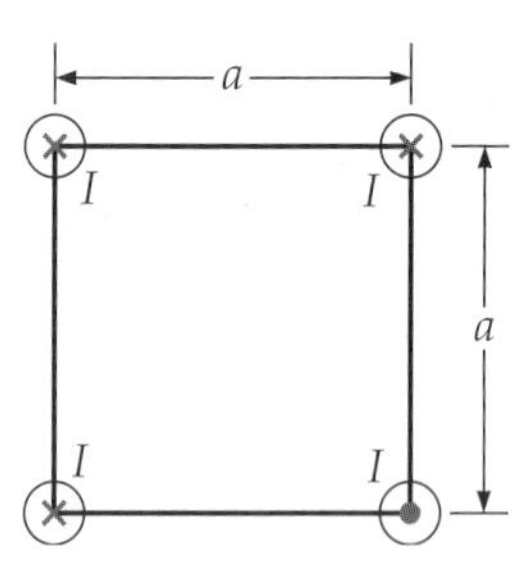

◀ **FIGURA 19.44 Conductores con corriente en un arreglo cuadrado** Véase el ejercicio 85.

86. ●●● Una partícula de carga *q* y masa *m* se mueve en un plano horizontal, en ángulo recto respecto a un plano magnético uniforme vertical *B*. *a*) ¿Cuál es la frecuencia *f* del movimiento circular de la partícula, en función de *a*, *B* y *m*? (Ésta es la llamada *frecuencia ciclotrónica*.) *b*) Demuestre que el tiempo necesario para que cualquier partícula cargada describa una revolución completa es independiente de su velocidad y de su radio. *c*) Calcule el radio de la trayectoria a la frecuencia ciclotrónica, si la partícula es un electrón con velocidad $v = 1.0 \times 10^5$ m/s, y la intensidad del campo es $B = 1.0 \times 10^{-4}$ T.

19.7 Materiales magnéticos

87. **OM** La fuente principal de magnetismo en los materiales magnéticos la constituye(n) *a*) las órbitas de los electrones, *b*) el espín del electrón, *c*) los polos magnéticos o *d*) las propiedades magnéticas.

88. **OM** Cuando se coloca un material ferromagnético en un campo magnético externo, *a*) la orientación de los dominios puede cambiar, *b*) las fronteras de los dominios pueden cambiar, *c*) se crean nuevos dominios o *d*) tanto *a* como *b* son válidas.

89. **PC** Si se ve hacia abajo sobre el plano de la órbita de un electrón en un átomo de hidrógeno, y el electrón la recorre en sentido contrario al de las manecillas del reloj, ¿cuál es la dirección del campo magnético que el electrón produce en el protón?

90. **PC** ¿Cuál es la finalidad del núcleo de hierro que se usa con frecuencia en el centro de un solenoide?

91. **PC** Explique varias formas de destruir o reducir el campo magnético de un imán permanente.

92. ●● Un solenoide con 100 vueltas por centímetro tiene un núcleo de hierro cuya permeabilidad relativa es de 2000. Por el solenoide pasa una corriente de 0.040 A. *a*) ¿Cuál es el campo magnético en el centro del solenoide? *b*) ¿Cuántas veces es mayor el campo magnético con el núcleo de hierro que sin él?

93. ●●● En el centro de la órbita circular del electrón en un átomo de hidrógeno, ¿cuál es el campo magnético (generado sólo por el electrón)? El radio de la órbita es de 0.0529 nm. [*Sugerencia:* calcule el periodo del electrón, teniendo en cuenta la fuerza centrípeta.]

*19.8 Geomagnetismo: el campo magnético terrestre

94. **OM** El campo magnético terrestre *a*) tiene polos que coinciden con los polos geográficos, *b*) sólo existe en los polos, *c*) invierte su polaridad luego de unos cuantos siglos o *d*) ninguna de las opciones anteriores es verdadera.

95. **OM** Las auroras boreales (véase la figura 19.32) *a*) sólo se presentan en el hemisferio norte, *b*) se relacionan con el cinturón inferior de Van Allen, *c*) suceden por las inversiones de los polos magnéticos terrestres o *d*) suceden principalmente cuando no hay perturbaciones solares.

96. **OM** Si la dirección de su brújula calibrada apuntara en línea recta hacia abajo, ¿dónde estaría usted? *a*) Cerca del polo norte geográfico, *b*) cerca del ecuador o *c*) cerca del polo sur geográfico.

97. **OM** Si un protón estuviera en órbita por encima del ecuador de la Tierra en el cinturón de Van Allen, ¿en qué dirección tendría que estar orbitando? *a*) Hacia el oeste, *b*) hacia el este o *c*) en cualquiera de las dos direcciones.

98. **PC** Determine la dirección de la fuerza que ejerce el campo magnético terrestre sobre un electrón cerca del ecuador para cada una de las siguientes situaciones. La velocidad del electrón se dirige *a*) al sur, *b*) al noroeste o *c*) hacia arriba?

99. **PC** Se supone que en un tiempo relativamente corto en términos geológicos, se invertirá la dirección del campo magnético de la Tierra. Después de eso, ¿cuál sería la polaridad del polo magnético cerca del polo norte geográfico de la Tierra?

Ejercicios adicionales

100. Un haz de protones se acelera desde el reposo, mediante una diferencia de potencial de 3.0 kV. Después, entra en una región donde su velocidad es inicialmente perpendicular a un campo eléctrico. El campo se produce con dos placas paralelas a 10 cm de distancia, y con una diferencia de potencial de 250 V entre ellas. Calcule la magnitud del

campo magnético (perpendicular a $\vec{E}$) necesario para que el haz de protones pase sin desviarse entre las placas.

101. Un solenoide de 10 cm de longitud tiene 3000 vueltas de alambre, y por él pasa una corriente de 5.0 A. Lo rodea de forma concéntrica una bobina de 2000 vueltas de alambre, de la misma longitud (concéntrico significa que los dos dispositivos tienen un mismo eje central). Por la bobina externa pasa una corriente de 10 A, en la misma dirección que la corriente en el solenoide interior. Calcule el campo magnético en el centro común.

102. **EI** Un haz horizontal de electrones va de norte a sur en un tubo de descarga localizado en el hemisferio norte. *a*) La dirección de la fuerza magnética sobre el electrón se dirige 1) hacia el oeste, 2) hacia el este, 3) hacia el sur o 4) hacia el norte. Explique por qué. *b*) Si la velocidad del electrón es 1.0×10^3 m/s y se sabe que el componente vertical del campo magnético terrestre es 5.0×10^{-5} T, ¿cuál es la magnitud de la fuerza sobre cada electrón?

103. Un protón entra en un campo magnético uniforme que forma ángulo recto con su velocidad. La intensidad del campo es de 0.80 T, y el protón describe una trayectoria circular de 4.6 cm de radio. ¿Cuál es *a*) la cantidad de movimiento y *b*) la energía cinética del protón?

104. Al salir de un acelerador lineal, un haz horizontal y delgado de protones viaja en línea recta hacia el norte. Si 1.75×10^{13} protones pasan por un punto dado por segundo, determine la dirección del campo magnético y su intensidad a 2.40 m al este del haz. ¿Es probable que éste interfiera con la banda magnética de una tarjeta bancaria de cajero automático en comparación con el campo de la Tierra.

105. Una bobina circular de alambre de 200 vueltas tiene un radio de 10.0 cm y una resistencia total de 0.115 Ω. En su centro, la intensidad del campo magnético es de 7.45 mT. Determine el voltaje del suministro de potencia que genera la genera la corriente en la bobina.

106. Una bobina circular de 100 vueltas tiene un radio de 20.0 cm y conduce una corriente de 0.400 A. La normal al área de la bobina apunta en línea recta hacia el este. Cuando se coloca una brújula en el centro de la bobina, no apunta hacia el este, sino, en lugar de ello, forma un ángulo de 60° al norte del este. Con estos datos, determine *a*) la magnitud del componente horizontal del campo de la Tierra en ese lugar y *b*) la magnitud del campo de la Tierra en ese lugar si forma un ángulo de 55° por debajo de la horizontal.

107. **EI** Dos conductores largos y rectos están orientados de forma perpendicular a esta página. El conductor 1 lleva una corriente de 20.0 A hacia la página y, a 15.0 cm a su izquierda, el conductor 2 lleva una corriente de 5.00 A. En algún lugar de la línea que une a los dos conductores, hay un campo magnético igual a cero. *a*) ¿Cuál es la dirección de la corriente en el conductor 2? 1) Hacia fuera de la página, 2) hacia la página o 3) no es posible determinarla a partir de los datos. *b*) Encuentre el lugar donde el campo magnético es igual a cero.

108. **EI** Una bobina circular de alambre tiene la normal a su área apuntando hacia arriba. Una segunda bobina, más pequeña y concéntrica, conduce una corriente en sentido contrario. *a*) ¿En qué lugar del plano de estas bobinas, el campo magnético podría ser cero? 1) Sólo dentro de la de menor tamaño, 2) sólo entre la interior y la exterior, 3) sólo afuera de la más grande o 4) dentro de la más pequeña y fuera de la más grande. *b*) La de mayor tamaño es una bobina de alambre de 200 vueltas con un radio de 9.50 cm y conduce una corriente de 11.5 A. La segunda es de 100 vueltas y tiene un radio de 2.50 cm. Determine la corriente en la bobina interior de manera que el campo magnético en su centro común sea cero. Ignore el campo de la Tierra.

109. Un solenoide de 50 cm de largo tiene 100 vueltas de alambre y conduce una corriente de 0.95 A. Tiene un núcleo ferromagnético que llena por completo su interior, donde el campo es de 0.71 T. Determine *a*) la permeabilidad magnética y *b*) la permeabilidad relativa del material.

Los siguientes problemas de física Physlet pueden utilizarse con este capítulo.
27.1, 27.2, 27.3, 27.4, 27.5, 27.6, 27.7, 27.8, 27.9, 27.10, 28.1, 28.6

CAPÍTULO

20 INDUCCIÓN Y ONDAS ELECTROMAGNÉTICAS

HECHOS DE FÍSICA

- Nikola Tesla (1856-1943), el científico e inventor serbio-estadounidense cuyo apellido es la unidad SI de intensidad de campo magnético, inventó los dínamos, transformadores y motores de ca. Vendió los derechos de patente de estos aparatos a George Westinghouse. Esto desembocó en una lucha entre los sistemas de cd de Thomas Edison y la versión de ca de Westinghouse de generación y distribución de energía eléctrica. Finalmente, este último ganó e instaló el primer generador eléctrico a gran escala en las cataratas del Niágara.
- Para demostrar la seguridad de la energía eléctrica ante un público escéptico a principios del siglo XX, Tesla organizó exhibiciones de lámparas eléctricas y permitía que la electricidad fluyera por su cuerpo. Westinghouse utilizó su sistema para iluminar la exposición World's Columbian en Chicago, en 1893. Tesla demostró que la Tierra podría servir como conductor y, sin la ayuda de cables, encendió 200 lámparas a una distancia de 25 millas. Con su transformador gigante (una bobina de Tesla), Westinghouse creó iluminación artificial, produciendo rayos que medían unos 100 pies (30 metros) de largo.
- Las ondas de radio, radar, luz visible y rayos X son ondas electromagnéticas. Mejor conocidas como luz, todas ellas obedecen las mismas relaciones matemáticas; sólo difieren en su frecuencia y longitud de onda. En el vacío, todas ellas viajan exactamente con la misma rapidez, c (3.00×10^8 m/s).
- El físico escocés James Clerk Maxwell (1831-1879) desarrolló e integró por completo las ecuaciones de electricidad y magnetismo. En conjunto, se conocen como las ecuaciones de Maxwell, y su interpretación de las mismas fue uno de los mayores logros en la física del siglo XIX.

Como se vio en el capítulo anterior, una corriente eléctrica produce un campo magnético. Pero la relación entre la electricidad y el magnetismo no termina ahí. En este capítulo explicaremos que, en las condiciones adecuadas, un campo magnético produce una corriente eléctrica. ¿Cómo sucede esto? En el capítulo 19 sólo se consideraron campos magnéticos *constantes*. En una espira de alambre estacionaria en un campo magnético constante no se induce ninguna corriente. Sin embargo, si cambia el campo magnético al paso del tiempo, o si la espira de alambre se mueve a través del campo, o si gira en él, *sí* se induce una corriente.

Los usos prácticos de esta interrelación entre electricidad y magnetismo son numerosos. Un ejemplo se presenta durante la reproducción de una cinta de video, que en realidad es una cinta magnética con información codificada de acuerdo con las variaciones en su magnetismo. Con esas variaciones se producen corrientes eléctricas que, a su vez, son amplificadas y la señal se envía al televisor para su reproducción. Cuando se guarda información en un disco de computadora o cuando se recupera información se realizan procesos similares.

En mayor escala está la generación de energía eléctrica, la base de nuestra civilización moderna. En las plantas hidroeléctricas, como la que aparece en la fotografía, se utiliza una de las fuentes de energía más antiguas y sencillas del mundo —la caída del agua— para generar electricidad. La energía potencial gravitacional del agua se convierte en energía cinética, y parte de esta energía cinética se transforma finalmente en energía eléctrica. Pero, ¿cómo sucede este último paso? Independientemente de cuál sea la fuente inicial de la energía —como la combustión de petróleo, carbón o gas, un reactor nuclear o la caída de agua—, la conversión real a energía eléctrica se hace mediante campos magnéticos e inducción electromagnética. En este capítulo no sólo se examinan los principios electromagnéticos básicos que hacen posible esa conversión, sino también se describen varias aplicaciones prácticas. Además, también se verá que la creación y propagación de la radiación electromagnética se relaciona estrechamente con la inducción electromagnética.

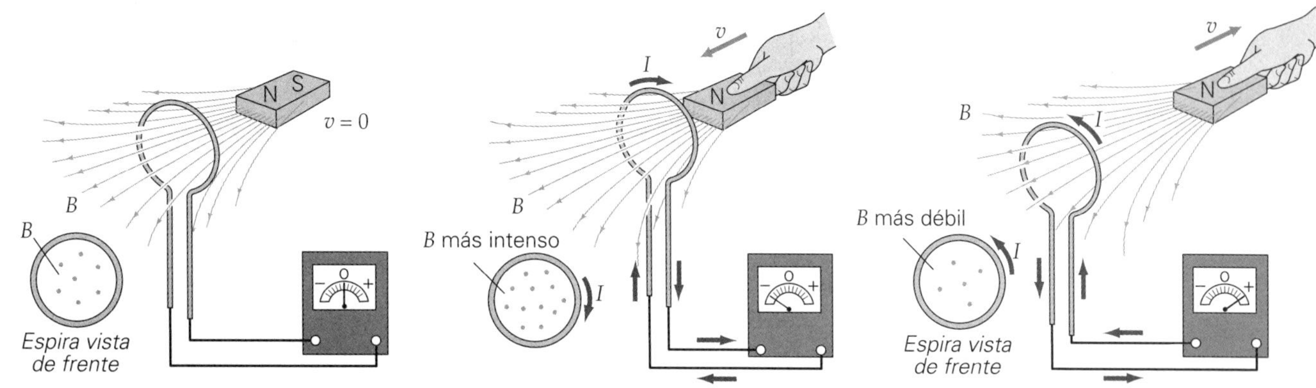

▲ **FIGURA 20.1 Inducción electromagnética** *a*) Cuando no hay movimiento relativo entre el imán y la espira de alambre, la cantidad de líneas de campo que pasan por la espira (7 en este caso) es constante, y el galvanómetro no indica variación. *b*) Al acercar el imán hacia la espira aumenta la cantidad de líneas de campo que la atraviesan (ahora son 12), y se detecta una corriente inducida. *c*) Al alejar el imán de la espira disminuye (a 5) la cantidad de líneas de campo que atraviesan esta última. Ahora la corriente inducida tiene dirección contraria. (Observe la desviación de la aguja.)

20.1 Fem inducida: ley de Faraday y ley de Lenz

OBJETIVOS: *a*) Definir el flujo magnético y explicar cómo se crea una corriente inducida y *b*) determinar las fuerzas electromagnéticas inducidas y las corrientes

Recuerde que en el capítulo 17 vimos que *fem* significa *f*uerza *e*lectro*m*otriz, que es un voltaje o diferencia de potencial eléctrico capaz de crear una corriente eléctrica. Se observa en forma experimental que un imán que se mantiene estacionario cerca de una espira de alambre conductor *no* induce una fem (y, por lo tanto, no produce corriente) en esa espira (▲figura 20.1a). Sin embargo, si el imán se acerca a la espira, como se ve en la figura 20.1b, la desviación de la aguja de un galvanómetro indica que existe corriente en la espira, pero sólo durante el movimiento. Además, si el imán se aleja de la espira, como se ve en la figura 20.1c, la aguja del galvanómetro se desvía en dirección contraria, indicando una inversión de la dirección de la corriente; pero de nuevo, esto sólo sucede durante el movimiento.

Los movimientos de la aguja del galvanómetro, que indican la presencia de *corrientes inducidas*, también se registran si la espira se mueve acercándose o alejándose de un imán estacionario. Por lo tanto, el efecto depende del movimiento *relativo* de la espira y del imán. También se deduce que la corriente inducida depende de la rapidez de ese movimiento. Sin embargo, según los experimentos, hay una excepción notable. Si una espira se mueve (sin girar) dentro de un campo magnético *uniforme*, como se muestra en la ▸figura 20.2, no se induce corriente. Más adelante, en este apartado, veremos por qué esto es así.

Hay otra forma de inducir una corriente en una espira estacionaria de alambre, que consiste en variar la corriente en otra espira cercana. Cuando en el circuito de la ▾figura 20.3a se cierra el interruptor de la batería, la corriente en la espira derecha pasa de cero a algún valor constante, en un breve lapso. Sólo durante ese tiempo el campo magnético provocado por la corriente en esa espira aumenta en la región de la espira izquierda. En ese momento, la aguja del galvanómetro se mueve, indicando que hay corriente en la espira izquierda. Cuando la corriente en la espira derecha llega a su valor estable, el campo magnético que produce se vuelve constante, y la corriente en la espira izquierda baja a cero. De igual manera, cuando se abre el interruptor de la espira derecha (figura 20.3b), su corriente y su campo disminuyen hasta llegar a cero, y el galvanómetro se desvía en dirección contraria, indicando una inversión de la dirección de la corriente inducida en la espira izquierda. El hecho que hay que hacer notar es que *la corriente inducida en una espira sólo se presenta cuando cambia el campo magnético en esa espira.*

En la figura 20.1, al mover el imán, cambia el ambiente magnético en una espira, y provoca una fem inducida, que, a la vez, causa una corriente inducida. Para el caso de *dos* espiras estacionarias (figura 20.3), una corriente variable en la espira derecha produjo un ambiente magnético variable en la espira izquierda, induciendo así una fem y una corriente en ella.* Hay una forma práctica de resumir lo que sucede tanto en la figura 20.1 como en la figura 20.3: para inducir corrientes en una espira o en un circuito completo —proceso que se llama **inducción electromagnética**—, lo que importa es si cambia el campo magnético por la espira o circuito.

*Se usa el término *inducción mutua* para describir el caso en el que se inducen fuerzas electromotrices y corrientes entre dos o más espiras.

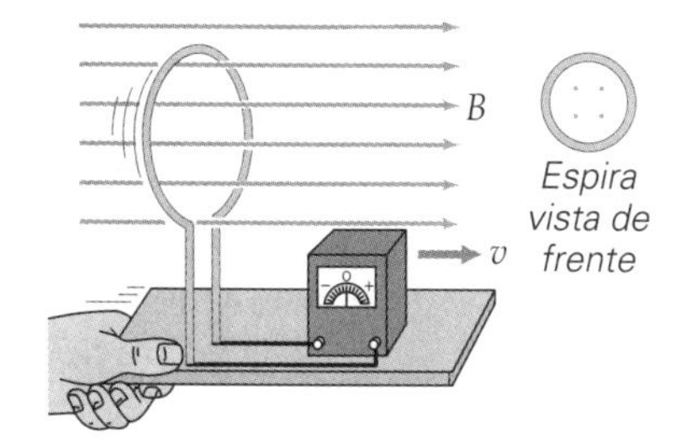

▲ **FIGURA 20.2 Movimiento relativo sin inducción** Cuando una espira se mueve en dirección paralela a la de un campo magnético uniforme, no cambia la cantidad de líneas de campo que pasan por ella y, en consecuencia, no hay corriente inducida.

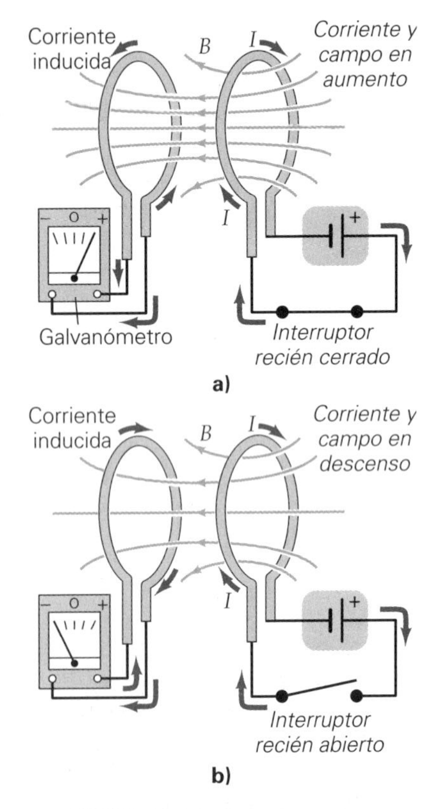

▲ **FIGURA 20.3 Inducción mutua** *a)* Cuando está cerrando el interruptor en el circuito de la espira de la derecha, la acumulación de corriente produce un campo magnético que cambia en la otra espira, e induce una corriente en ella. *b)* Cuando se abre el interruptor, el campo magnético desaparece y el campo magnético en la espira de la izquierda disminuye. La corriente inducida tiene entonces la dirección contraria. Las corrientes inducidas sólo se producen cuando cambia el campo magnético que atraviesa una espira y desaparecen cuando el campo alcanza un valor constante.

Michael Faraday, en Inglaterra, y Joseph Henry, en Estados Unidos, realizaron experimentos detallados con la inducción electromagnética, alrededor de 1830. Faraday determinó que el factor importante en la inducción electromagnética es la rapidez de cambio de la cantidad de líneas magnéticas que pasan por el área de la espira o el circuito. Esto es, descubrió que

> se produce una fem inducida en una espira o en un circuito completo siempre que cambia la cantidad de líneas de campo magnético que pasan por el plano de la espira o del circuito.

Flujo magnético

Puesto que la fem inducida en una espira depende de la rapidez de cambio de la cantidad de líneas de campo magnético que pasan por ella, para determinarla se necesita cuantificar la cantidad de líneas de campo que pasan por ella. Consideremos una espira de alambre dentro de un campo magnético uniforme (▼figura 20.4a). La cantidad de líneas de campo que pasan por ella dependen de su área, de su orientación en relación con el campo, y de la intensidad de ese campo. Para describir la orientación de la espira se emplea el concepto de un *vector área* ($\vec{\mathbf{A}}$). Su dirección es normal al plano de la espira, y su magnitud es igual a esa área. Para medir la orientación relativa, se usa un ángulo θ, formado entre el vector campo magnético ($\vec{\mathbf{B}}$) y el vector área ($\vec{\mathbf{A}}$). Por ejemplo, en la figura 20.4a, $\theta = 0°$, lo que significa que los dos vectores tienen la misma dirección o, de forma alternativa, que el plano del área es perpendicular al campo magnético.

Para el caso de un campo magnético que no varía dentro del área, la cantidad de líneas de campo magnético que pasan por esa área particular (el área dentro de la espira, en nuestro caso) es proporcional al **flujo magnético (Φ)**, que se define como

$$\Phi = BA\cos\theta \qquad \textit{flujo magnético (en un campo magnético constante)} \tag{20.1}$$

La unidad SI de flujo magnético es tesla-metro cuadrado ($\text{T}\cdot\text{m}^2$), o weber (Wb)*

La unidad SI de campo magnético es el tesla y las unidades SI de flujo magnético son $\text{T}\cdot\text{m}^2$. En ocasiones, esta combinación se expresa como weber, que se define como $1\ \text{Wb} = 1\ \text{T}\cdot\text{m}^2$. La orientación de la espira con respecto al campo magnético afecta la cantidad de líneas de campo que pasan por ella, y este factor se explica por el término de coseno en la ecuación 20.1. A continuación se describirán varias orientaciones posibles:

- Si $\vec{\mathbf{B}}$ y $\vec{\mathbf{A}}$ son paralelos ($\theta = 0°$), entonces el flujo magnético es positivo y tiene un valor máximo $\Phi_{\text{máx}} = BA\cos 0° = +BA$. Por la espira pasa la cantidad máxima posible de líneas de campo magnético en esta orientación (figura 20.4b).
- Si $\vec{\mathbf{B}}$ y $\vec{\mathbf{A}}$ tienen dirección contraria ($\theta = 180°$), entonces la magnitud del flujo magnético de nuevo es máxima, pero de signo contrario: $\Phi_{180°} = BA\cos 180° = -BA = -\Phi_{\text{máx}}$ (figura 20.4c).

▼ **FIGURA 20.4 Flujo magnético** *a)* El flujo magnético Φ es una medida de la cantidad de líneas de campo que pasan por una área A. El área se puede representar con un vector $\vec{\mathbf{A}}$ perpendicular al plano del área. *b)* Cuando el plano de una espira es perpendicular al campo y $\theta = 0°$, entonces $\Phi = \Phi_{\text{máx}} = +BA$. *c)* Cuando $\theta = 180°$, el flujo magnético tiene la misma magnitud, pero su dirección es contraria: $\Phi = -\Phi_{\text{máx}} = -BA$. *d)* Cuando $\theta = 90°$, entonces $\Phi = 0$. *e)* Conforme cambia la orientación del plano de la espira desde perpendicular al campo a una más paralela a éste, hay menos área abierta a las líneas de campo y, por lo tanto, disminuye el flujo. En general, $\Phi = BA\cos\theta$.

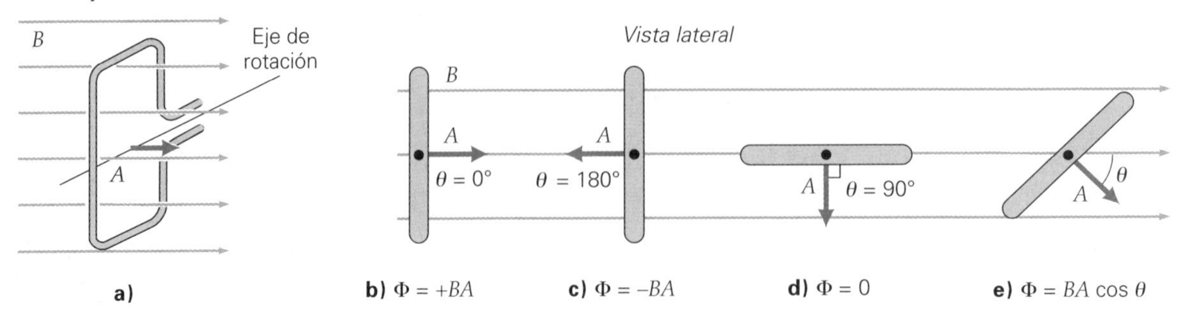

*Wilhelm Eduard Weber (1804-1891), un físico alemán, fue reconocido por sus investigaciones en magnetismo y electricidad, en especial, por sus estudios del magnetismo terrestre. La unidad *weber* se adoptó como la unidad SI de flujo magnético en 1935.

- Si $\vec{\mathbf{B}}$ y $\vec{\mathbf{A}}$ son perpendiculares, no hay líneas de campo que pasen por el plano de la espira, y el flujo es cero: $\Phi_{90°} = BA \cos 90° = 0$ (figura 20.4d).
- Para los casos de orientaciones en ángulos intermedios, el flujo tiene un valor menor que el máximo, pero es distinto de cero (figura 20.4e). Se puede interpretar que $A \cos \theta$ es el área efectiva de la espira, perpendicular a las líneas de campo (▸figura 20.5a). De manera alternativa, se puede considerar que $B \cos \theta$ es el componente perpendicular del campo que pasa por toda el área A de la espira, como se ve en la figura 20.5b. Así, se puede pensar que la ecuación 20.1 es $\Phi = (B \cos \theta)A$, o $\Phi = B(A \cos \theta)$, dependiendo de la interpretación. En cualquiera de estos casos, el resultado es el mismo.

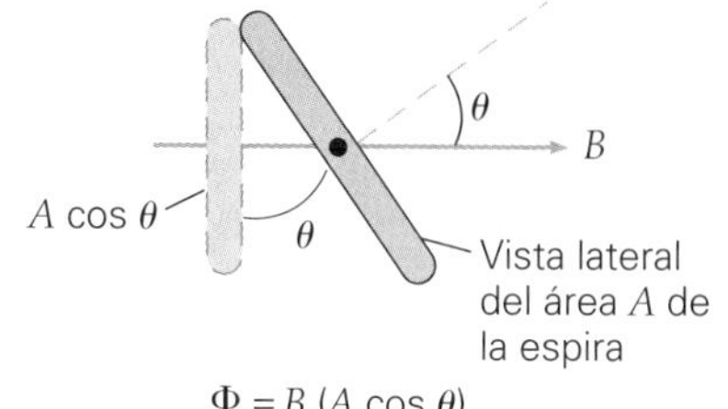

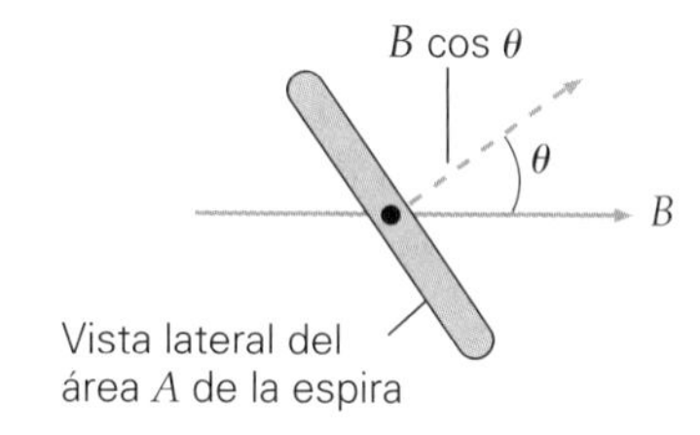

▲ **FIGURA 20.5 Flujo magnético a través de una espira: una interpretación alternativa** En lugar de definir el flujo (Φ) ***a)*** en función del campo magnético (B) que pasa por una área reducida ($A \cos \theta$), se puede definir ***b)*** en función del componente perpendicular ($B \cos \theta$) del campo magnético que atraviesa a A. En cualesquiera de las formas, Φ es una medida de la cantidad de líneas de campo que pasan por A, y se determina mediante $\Phi = BA \cos \theta$ (ecuación 20.1).

Ley de Faraday de inducción y ley de Lenz

Con base en experimentos cuantitativos, Faraday determinó que la fem ($\mathscr{E}$) inducida en una bobina (que, por definición, consiste en una serie de N espiras individuales o vueltas) depende de la rapidez de cambio de la cantidad de líneas de campo magnético que pasan por todas las vueltas, es decir, *la rapidez de cambio del flujo magnético por todas las vueltas (flujo total)*. Esta dependencia se llama **ley de Faraday de la inducción** y se expresa en forma matemática como sigue:

$$\mathscr{E} = -N\frac{\Delta \Phi}{\Delta t} = -\frac{\Delta(N\Phi)}{\Delta t} \quad \textit{ley de Faraday para fem inducida} \qquad (20.2)$$

donde $\Delta\Phi$ es el cambio de flujo que pasa por una espira. En una bobina de N vueltas de alambre, el cambio total de flujo es $N\Delta\Phi$. Observe que la fem inducida en la ecuación 20.2 es un valor promedio para el intervalo de tiempo Δt (¿por qué?).

En la ecuación 20.2 se incluye el signo menos para indicar la *dirección*, de la fem inducida, que no hemos analizado aún. El físico ruso Heinrich Lenz (1804-1865) descubrió la ley que establece la dirección de la fem inducida. La **ley de Lenz** se enuncia como sigue:

> Una fem inducida en una espira o bobina de alambre tiene una dirección tal que la corriente que origina genera su propio campo magnético, que se opone al cambio de flujo magnético que pasa por esa espira o bobina.

Esta ley significa que el campo magnético *generado por la corriente inducida* tiene una dirección que trata de evitar que cambie el flujo que pasa por la espira. Por ejemplo, si el flujo aumenta en la dirección $+x$, el campo magnético generado por la corriente inducida tendrá la dirección $-x$ (▾figura 20.6a). Este efecto tiende a anular el aumento de flujo, es decir, a *oponerse al cambio*. En esencia, el campo magnético generado por la corriente inducida trata de mantener el flujo magnético existente. A veces, este efecto se conoce como "inercia electromagnética" por analogía de la tendencia que tienen los objetos a resistirse a los cambios en su velocidad. A la larga, la corriente inducida no puede evitar que cambie el flujo magnético. Sin embargo, mientras cambia el flujo magnético que pasa por la espira, el campo magnético inducido se opondrá al cambio.

Ilustración 29.2 Espira en un cambio magnético variable

La dirección de la corriente inducida se establece con la **regla de la mano derecha para corriente inducida**:

> Cuando el pulgar de la mano derecha apunta en la dirección del campo inducido, los demás dedos apuntan en dirección de la corriente inducida.

Exploración 29.1 Ley de Lenz

(Véase la figura 20.6b y el Ejemplo integrado 20.1.) Tal vez usted reconozca que esta regla es una versión de las reglas de mano derecha, con las que se determina la dirección de un campo magnético producido por una corriente (capítulo 19). En este caso se usa

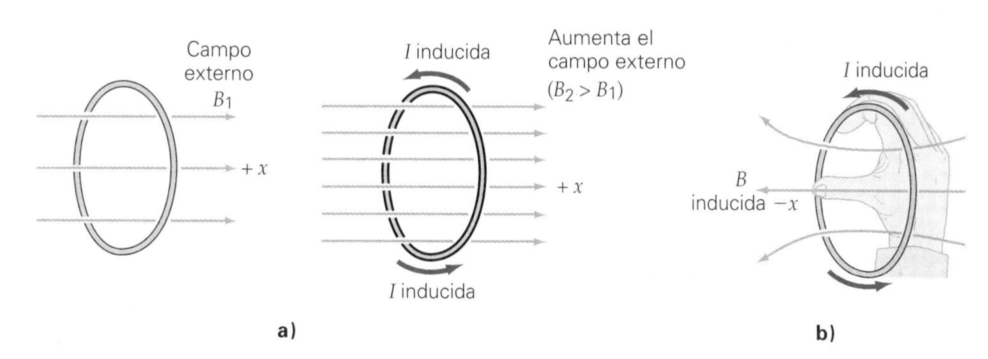

◂ **FIGURA 20.6 Determinación de la dirección de la corriente** ***a)*** Un campo magnético externo que aumenta hacia la derecha. La corriente inducida crea su propio campo magnético para tratar de contrarrestar el cambio de flujo. ***b)*** La regla de la mano derecha (para fuentes) para la corriente (inducida) determina la dirección de esta última. Aquí, la dirección del campo magnético inducido es hacia la izquierda. Cuando el pulgar de la mano derecha apunta en esa dirección, los demás dedos indican la dirección de la corriente.

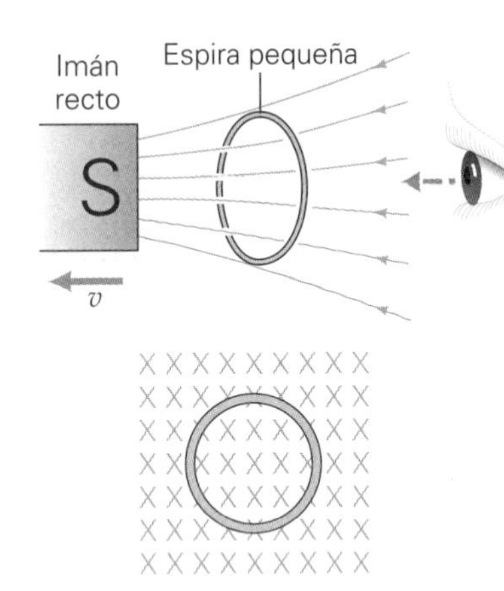

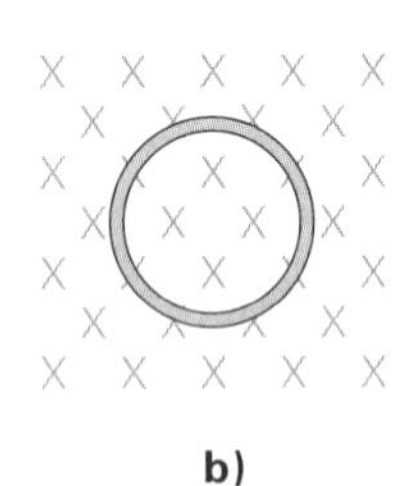

a)

b)

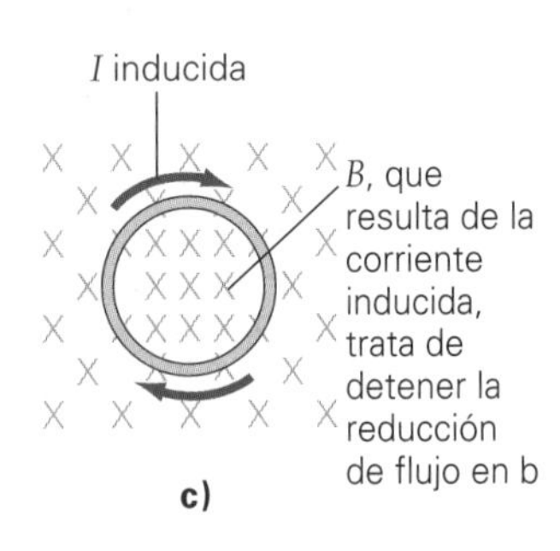

c)

▲ **FIGURA 20.7 Inducción de corrientes mediante un imán recto** *a)* El extremo sur de un imán recto se aleja rápidamente de una pequeña espira de alambre. *b)* Una vista de la espira desde la derecha revela que el campo magnético apunta alejándose del observador (es decir, en dirección hacia la página) y que, además, disminuye. *c)* Para tratar de contrarrestar la pérdida de flujo magnético hacia la página, se induce corriente en el sentido de las manecillas del reloj, para formar su propio campo magnético también hacia la página. Véase el Ejemplo integrado 20.1.

Exploración 29.3 Espira cerca de un cable

a la inversa. Por lo general, se conoce la dirección del campo inducido (por ejemplo, $-x$ en la figura 20.6b), y se desea conocer la dirección de la corriente que lo produce. En el Ejemplo integrado 20.1 se ilustra una aplicación de la ley de Lenz.

Ejemplo integrado 20.1 ■ La ley de Lenz y las corrientes inducidas

a) El extremo sur de un imán recto se aleja de una pequeña bobina de alambre (véase la ◀figura 20.7a.) Viendo desde atrás de la bobina hacia el extremo sur del imán (figura 20.7b), ¿qué dirección tiene la corriente inducida? 1) Sentido contrario al de las manecillas del reloj, 2) sentido de las manecillas del reloj o 3) no hay corriente inducida. *b*) Suponga que inicialmente el campo magnético que cruza el área de la bobina tiene un valor constante de 40 mT; el radio de la bobina mide 2.0 mm, y esta última tiene 100 vueltas de alambre. Calcule la magnitud de la fem promedio inducida en la bobina, si se retira el imán recto en 0.75 s.

a) Razonamiento conceptual. Al principio hay flujo magnético *que entra* en el plano de la bobina (figura 20.7b) y, más adelante, cuando el imán está muy alejado de la bobina, no hay flujo magnético: el flujo cambió. Así, debe haber algo de fem inducida, y se sabe que la respuesta 3 no es correcta. Conforme se aleja el imán recto, el campo se debilita, pero mantiene su dirección. La fem inducida entonces producirá una corriente (inducida) que, a la vez, producirá un campo magnético hacia la página, para tratar de evitar la disminución del flujo. La fem inducida y la corriente siguen el sentido de las manecillas del reloj, según se determina aplicando la regla de la mano derecha para corriente inducida (figura 20.7c). La respuesta correcta es la 2.

b) Razonamiento cuantitativo y solución. Este ejemplo es una aplicación directa de la ecuación 20.2. El flujo inicial es el máximo posible. Se listan los datos y se hace la conversión a unidades SI:

Dado: $B_i = 40\text{ mT} = 0.040\text{ T}$
$r = 2.00\text{ mm} = 2.00 \times 10^{-3}\text{ m}$
$N = 100$ vueltas
$\Delta t = 0.75\text{ s}$

Encuentre: la fem $\mathscr{E}$ inducida (magnitud)

Para determinar el flujo magnético inicial que atraviesa una espira de la bobina, se utiliza la ecuación 20.1, con el ángulo $\theta = 0°$. (¿Por qué?) El área es $A = \pi r^2 = \pi(2.00 \times 10^{-3}\text{ m})^2 = 1.26 \times 10^{-5}\text{ m}^2$. Así, el flujo inicial Φ_1 que atraviesa una espira es positivo (¿por qué?) y está dado por

$$\Phi_i = B_i A \cos\theta = (0.040\text{ T})(1.26 \times 10^{-5}\text{ m}^2)\cos 0° = +5.03 \times 10^{-7}\text{ T}\cdot\text{m}^2$$

Como el flujo final es cero, $\Delta\Phi = \Phi_f - \Phi_i = 0 - \Phi_i = -\Phi_i$. Entonces, el valor absoluto de la fem promedio inducida es

$$|\mathscr{E}| = N\frac{|\Delta\Phi|}{\Delta t} = (100\text{ vueltas})\frac{(5.03 \times 10^{-7}\text{ T}\cdot\text{m}^2\text{ vuelta})}{(0.75\text{ s})} = 6.70 \times 10^{-5}\text{ V}$$

Ejercicio de refuerzo. En este ejemplo, *a*) ¿qué dirección tiene la corriente inducida si un polo norte magnético se acerca a la bobina rápidamente? Explique por qué. *b*) En este ejemplo, ¿cuál sería la corriente promedio inducida si la bobina tuviera una resistencia total de 0.2 Ω? (*Las respuestas de todos los ejercicios de refuerzo aparecen al final del libro.*)

La ley de Lenz incorpora el principio de la conservación de la energía. Imagine un caso en el que por una espira de alambre pasa un flujo magnético creciente. Contraviniendo la ley de Lenz, suponga que el campo magnético producido por la corriente inducida *se sumará* al flujo, en vez de mantenerlo en su valor original. Este aumento de flujo produciría una corriente inducida todavía mayor. Esta mayor corriente inducida produciría un flujo magnético todavía mayor, lo que produciría una mayor corriente inducida, y así sucesivamente. Es un caso en el que se da algo de energía por nada, lo que viola la ley de la conservación de la energía.

Para comprender la dirección de la fem inducida en una espira, en función de fuerzas, considere un imán en movimiento (como, el de la figura 20.1b). Una espira con corriente eléctrica crea su propio campo magnético, semejante al de un imán recto (figuras 19.3 y 19.25). Así, la corriente inducida establece un campo magnético en la espira, y ésta funciona como un imán recto, cuya polaridad se opone al movimiento del imán recto real (▸figura 20.8). Trate de demostrar que si el imán recto se aleja de la espira, ésta ejerce una *atracción* magnética, para evitar que el imán se aleje: es la inercia electromagnética en acción.

Si se sustituye la ecuación 20.1 para el flujo magnético (Φ) en la ecuación 20.2, se obtiene

$$\mathscr{E} = -N\frac{\Delta\Phi}{\Delta t} = -\frac{N\Delta(BA\cos\theta)}{\Delta t} \tag{20.3}$$

Por consiguiente, se produce una fem inducida si

1. cambia la intensidad del campo magnético,
2. cambia el área de la espira, y/o
3. cambia el ángulo entre el área de la espira y la dirección del campo.

En el caso 1, se produce un cambio de flujo a causa de un campo magnético variable en el tiempo, como el que se puede obtener de una corriente variable en el tiempo, en un circuito cercano, o al acercar un imán a una bobina, como en la figura 20.1 (o al acercar la bobina al imán).

En el caso 2, se produce un cambio de flujo a causa de un área de espira variable. Esto ocurre si una espira tiene circunferencia ajustable (como una espira que rodea a un globo al inflarlo; véase el ejercicio 23).

Por último, en el caso 3, se produce un cambio de flujo como resultado de un *cambio en la orientación de la espira*. Este caso se presenta cuando gira una bobina en un campo magnético. Es evidente el cambio en la cantidad de líneas de campo que atraviesan a la espira en las secuencias de la figura 20.4. La rotación de una bobina dentro de un campo magnético es una forma frecuente de inducir una fem, y se explicará por separado en el apartado 20.2. Las fem producidas al cambiar la intensidad del campo y el área de la espira se analizan en los dos ejemplos siguientes. (Véase también la sección A fondo 20.1, en la p. 664, en torno a algunas aplicaciones de la inducción electromagnética en relación con la lucha antiterrorista y con su contribución para hacer nuestra vida más fácil y segura.)

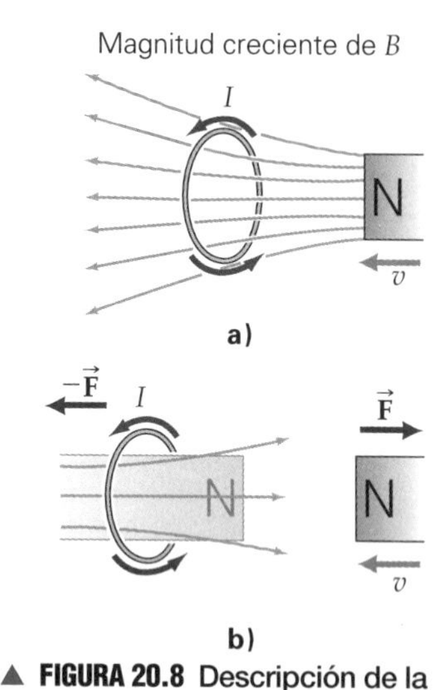

▲ **FIGURA 20.8 Descripción de la ley de Lenz en función de fuerzas** *a)* Si el extremo norte de un imán recto se acerca con rapidez a una espira de alambre, se induce en ella la corriente en la dirección que se indica. *b)* Mientras existe la corriente inducida, la espira funciona como un pequeño imán recto con su "polo norte" cercano al extremo norte del imán real. Por consiguiente, hay una repulsión magnética. Es una forma alternativa de visualizar la ley de Lenz: inducir una corriente para tratar de evitar que cambie el flujo; en este caso, se trata de mantener alejado el imán y de mantener el valor inicial del flujo, es decir, cero.

Ejemplo conceptual 20.2 ■ Campos en los campos: la inducción electromagnética

En las áreas rurales donde las líneas de transmisión eléctrica pasan en camino a las grandes ciudades, es posible generar pequeñas corrientes eléctricas mediante la inducción en una espira conductora. Las líneas aéreas conducen corrientes alternas relativamente grandes, que invierten su dirección 60 veces por segundo. ¿Cómo debería orientarse el plano de la espira para maximizar la corriente inducida, si las líneas eléctricas van de norte a sur? *a*) De forma paralela a la superficie del terreno, *b*) perpendicular a la superficie del terreno, en dirección norte-sur o *c*) perpendicular a la superficie del terreno, en dirección este-oeste. (Véase la ▸figura 20.9a.)

Razonamiento y respuesta. Las líneas de campo magnético que se originan en conductores largos tienen forma circular. (Véase la figura 19.23.) Según la regla de la mano derecha para fuentes, la dirección del campo magnético a nivel del terreno es paralela a la superficie del mismo, pero alterna su dirección. Las opciones de orientación se muestran en la figura 20.9b. Ni la respuesta *a* ni la *c* son correctas, porque en esas orientaciones *nunca* habrá flujo magnético que pase por la espira. En este caso, el flujo sería constante y no habría fem inducida. Por consiguiente, la respuesta correcta es la *b*. Si la espira está orientada perpendicularmente a la superficie terrestre, con su plano en la dirección norte-sur, el flujo que la atraviesa variaría de cero hasta su valor máximo, y de regreso, 60 veces por segundo; esto maximiza la fem inducida y la corriente en la espira.

Ejercicio de refuerzo. Sugiera formas posibles de aumentar la corriente inducida en este ejemplo, cambiando sólo las propiedades de la espira y no de los cables aéreos.

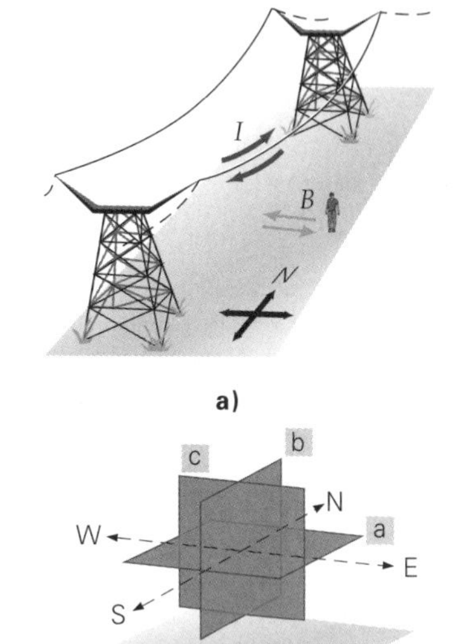

▲ **FIGURA 20.9 Fem inducidas debajo de las líneas de transmisión** *a)* Si las líneas eléctricas tienen la dirección norte-sur, entonces, directamente por debajo de la corriente alterna se produce un campo magnético que oscila entre este y oeste. *b)* Hay tres opciones para orientar la espira en el Ejemplo conceptual 20.2.

Ejemplo 20.3 ■ Corrientes inducidas: ¿riesgo potencial para los equipos?

Los instrumentos eléctricos se pueden dañar si hay un campo magnético que cambie con rapidez. Esto ocurre cuando un instrumento está cerca de un electroimán que funcione con corriente alterna; es posible que el campo externo del electroimán produzca un flujo magnético variable dentro de un instrumento cercano. Si las corrientes inducidas son suficientemente fuertes, podrían dañar el instrumento. Considere una bocina de una computadora que está cerca de ese electroimán (▾figura 20.10, p. 662). Suponga que el electroimán expone a la bocina a un campo magnético máximo de 1.00 mT, que invierte su dirección cada 1/120 s.

Suponga que la bobina del altavoz tiene 100 vueltas circulares de alambre (cada una de 3.00 cm de radio) y que su resistencia total es de 1.00 Ω. De acuerdo con el fabricante de la bocina, la corriente que pase por la bobina no debe exceder 25.0 mA. *a*) Calcule la magnitud de la fem promedio inducida en la bobina durante el intervalo de 1/120 s. *b*)¿es probable que la corriente inducida dañe la bobina de la bocina?

Razonamiento. *a*) El flujo pasa de un valor (máximo) positivo hasta un valor (máximo) negativo, en 1/120 s. El cambio de flujo magnético se determina utilizando la ecuación 20.1, con $\theta = 0°$ y $\theta = 180°$. La fem promedio inducida se calcula entonces con la ecuación 20.2. *b*) Una vez conocida la fem, se calcula la corriente inducida con $I = \mathscr{E}/R$.

(continúa en la siguiente página)

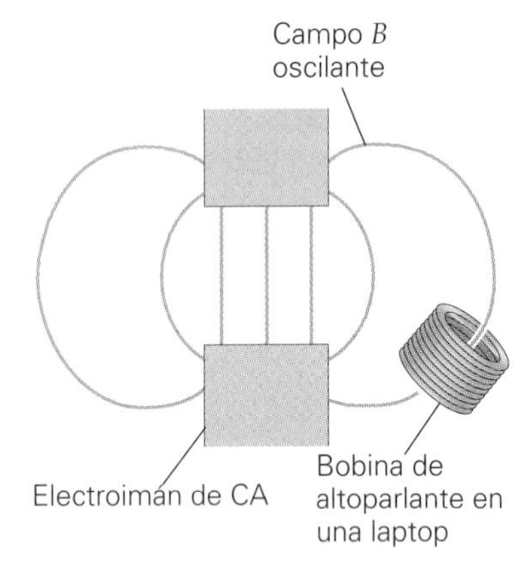

▲ **FIGURA 20.10** ¿Riesgo para los instrumentos? La bobina de un sistema de altoparlante en una computadora se coloca cerca de un electroimán con corriente alterna. El flujo variable en la bobina produce una fem inducida y, en consecuencia, una corriente inducida que depende de la resistencia de la bobina. Véase el ejemplo 20.3.

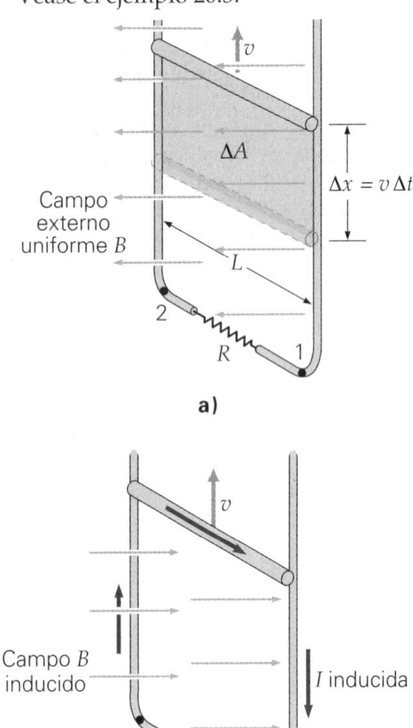

▲ **FIGURA 20.11** Fem de movimiento *a)* Cuando se tira de la varilla metálica en el marco metálico, el área del circuito rectangular varía en el tiempo. Se induce en el circuito una corriente como resultado del flujo que cambia. *b)* Para contrarrestar el aumento de flujo hacia la izquierda, una corriente inducida debe crear un campo magnético hacia la derecha. Véase el Ejemplo integrado 20.4.

Solución. Se listan los datos y se hace la conversión a unidades SI,

Dado
$B_i = +1.00\text{ mT} = +1.00 \times 10^{-3}\text{ T}$ + en una dirección
$B_f = -1.00\text{ mT} = -1.00 \times 10^{-3}\text{ T}$ (en dirección contraria)
$\Delta t = 1/120\text{ s} = 8.33 \times 10^{-3}\text{ s}$
$N = 100$ vueltas
$R = 1.00\ \Omega$
$r = 3.00\text{ cm} = 3.00 \times 10^{-2}\text{ m}$
$I_{máx} = 25.0\text{ mA} = 2.50 \times 10^{-2}\text{ A}$

Encuentre: *a)* $\mathscr{E}$ (magnitud de la fem promedio inducida)
b) I (magnitud de la corrientepromedio inducida)

a) El área de la espira circular es $A = \pi r^2 = \pi(3.00 \times 10^{-2}\text{ m})^2 = 2.83 \times 10^{-3}\text{ m}^2$. Entonces, el flujo inicial que atraviesa *una* espira es (véase la ecuación 20.1):

$$\Phi_i = B_i A \cos\theta = (1.00 \times 10^{-3}\text{ T})(2.83 \times 10^{-3}\text{ m}^2/\text{vuelta})(\cos 0°) = 2.83 \times 10^{-6}\text{ T}\cdot\text{m}^2/\text{vuelta}$$

Como el flujo final es el negativo de esto, el cambio de flujo a través de una espira es

$$\Delta\Phi = \Phi_f - \Phi_i = -\Phi_i - \Phi_i = -2\Phi_i = -5.66 \times 10^{-6}\text{ T}\cdot\text{m}^2/\text{vuelta}$$

Por consiguiente, la fem promedio inducida es (según la ecuación 20.2)

$$\mathscr{E} = N\frac{|\Delta\Phi|}{\Delta t} = (100\text{ vueltas})\left(\frac{5.66 \times 10^{-6}\text{ T}\cdot\text{m}^2/\text{vuelta}}{8.33 \times 10^{-3}\text{ s}}\right) = 6.79 \times 10^{-2}\text{ V}$$

b) Este voltaje es pequeño, en relación con los que se presentan en la vida cotidiana, pero tome en cuenta que también la resistencia de la bobina es pequeña. Para determinar la corriente inducida en la bobina, se utiliza la relación entre voltaje, resistencia y corriente:

$$I = \frac{\mathscr{E}}{R} = \frac{6.79 \times 10^{-2}\text{ V}}{1.00\ \Omega} = 6.79 \times 10^{-2}\text{ A} = 67.9\text{ mA}$$

Este valor excede la corriente permitida de 25.0 mA para la bocina, por lo que es probable que la bobina resulte dañada.

Ejercicio de refuerzo. En este ejemplo, si se alejaran la bobina del altoparlante y el imán, podría llegarse a un punto en el que la corriente promedio estuviera por debajo del nivel "peligroso" de 25.0 mA. Calcule la intensidad del campo magnético $B_{máx}$ en este punto.

Como un caso especial, es posible inducir fem y corrientes en conductores conforme éstos se mueven a través de un campo magnético. En esta situación, la fem inducida se llama *fem de movimiento*. Para ver cómo funciona esto, considere la situación en la ◂figura 20.11a. Conforme la barra se mueve hacia arriba, el área del circuito aumenta por $\Delta A = L\Delta x$ (figura 20.11a.) A rapidez constante, la distancia recorrida por la barra en un tiempo Δt es $\Delta x = v\Delta t$. Por consiguiente, $\Delta A = Lv\Delta t$. El ángulo (θ) entre el campo magnético y la normal al área siempre es 0°. Pero el área cambia, de manera que el flujo varía. Sin embargo, se sabe que $\Phi = BA\cos 0° = BA$; por eso, podemos escribir $\Delta\Phi = B\Delta A$ o $\Delta\Phi = BLv\Delta t$. Por consiguiente, a partir de la ley de Faraday, la magnitud de esta fem "de movimiento" (inducida), $\mathscr{E}$, es $|\mathscr{E}| = |\Delta\Phi|/\Delta t = BLv\Delta t/\Delta t = BLv$. Ésta es la idea fundamental detrás de la generación de energía eléctrica: mover un conductor en un campo magnético y convertir el trabajo realizado en energía eléctrica. Para conocer más detalles al respecto, considere el siguiente Ejemplo integrado.

Ejemplo integrado 20.4 ■ La esencia de la generación de energía eléctrica: conversión de trabajo mecánico en corriente eléctrica

Considere la situación de la figura 20.11a. Una fuerza externa efectúa trabajo cuando la barra móvil se mueve hacia arriba, y este trabajo se convierte en energía eléctrica. Como el "circuito" (conductores, resistor y barra) está dentro de un campo magnético, el flujo que lo atraviesa cambia con el tiempo induciendo una corriente. *a)* ¿Cuál es la dirección de la corriente inducida en el resistor? 1) de 1 a 2 o 2) de 2 a 1. *b)* Si la barra mide 20 cm de longitud y se mueve con una rapidez constante de 10 cm/s, ¿cuál será la corriente inducida si el valor de la resistencia es de 5.0 Ω y el circuito se encuentra en un campo magnético uniforme de 0.25 T?

a) Razonamiento conceptual. Como se observa en la figura 20.11a, el flujo magnético se dirige hacia la izquierda y se incrementa. Según la ley de Lenz, el campo que se origina por la corriente inducida debe dirigirse hacia la derecha. Al aplicar la regla de la mano derecha para la corriente inducida se ve que ésta va de 1 a 2 (figura 20.11b), así que la respuesta correcta es la 1.

b) Razonamiento cuantitativo y solución. El cambio de flujo se debe a un cambio de área conforme la barra se mueve hacia arriba. El análisis para fem de movimiento se expuso en la página anterior. Por último, una vez que se encuentra la fem de movimiento, es posible calcular la corriente utilizando la ley de Ohm.

Se listan los datos y se hace la conversión a unidades SI:

Dado: $B = 0.25$ T
$L = 20$ cm $= 0.20$ m
$v = 10$ cm/s $= 0.10$ m/s
$R = 5.0\ \Omega$

Encuentre: la corriente inducida en el resistor

En la página anterior, se demostró que la magnitud de la fem inducida $\mathscr{E}$ se determina mediante BLv, de forma que numéricamente se tiene:

$$|\mathscr{E}| = BLv = (0.25\ \text{T})(0.20\ \text{m})(0.10\ \text{m/s}) = 5.0 \times 10^{-3}\ \text{V}$$

Por lo tanto, la corriente inducida es

$$I = \frac{\mathscr{E}}{R} = \frac{5.0 \times 10^{-3}\ \text{V}}{5.0\ \Omega} = 1.0 \times 10^{-3}\ \text{A}$$

Es evidente que este arreglo no es una forma práctica de generar grandes cantidades de energía eléctrica. Aquí, la potencia disipada en el resistor es apenas 5.0×10^{-6} W. (Verifique esto.)

Ejercicio de refuerzo. En este ejemplo, si se aumentara tres veces el campo magnético y el ancho de la barra fuera de 45 cm, ¿cuál debería ser la rapidez de esta última para generar una corriente inducida de 0.1 A?

20.2 Generadores eléctricos y contra fem

OBJETIVOS: a) Comprender el funcionamiento de los generadores eléctricos y calcular la fem producida por un generador de ca y b) explicar el origen de la contra fem y su efecto sobre el comportamiento de los motores.

Un método para inducir una fem en una espira es cambiando la orientación de esta última en su campo magnético (figura 20.4). Éste es el principio operativo detrás de los generadores eléctricos.

Generadores eléctricos

Un *generador eléctrico* es un aparato que convierte la energía mecánica en energía eléctrica. En esencia, la función de un generador es contraria a la de un motor.

Una batería suministra corriente directa (cd). Esto es, la polaridad del voltaje (y la dirección de la corriente) no cambia. Sin embargo, la mayoría de los generadores producen *corriente alterna* (ca), que se llama así porque la polaridad del voltaje (y la dirección de la corriente) cambia de forma periódica. Así, la energía eléctrica que se usa en los hogares y en la industria se entrega en forma de voltaje y corriente alternos.

Un **generador de ca** se conoce también como *alternador*. En la ▸figura 20.12 se ilustran los elementos de un generador sencillo de ca. Una espira de alambre, llamada *armadura*, se hace girar mecánicamente dentro de un campo magnético, con propulsión externa, por ejemplo, mediante vapor o una corriente de agua que pasa por los álabes de una turbina. Por su parte, la rotación de los álabes provoca la rotación de la espira. Esto hace que cambie el flujo magnético que atraviesa la espira, y en esta última se induce una fem. Los extremos de la espira se conectan a un circuito externo mediante anillos rozantes y escobillas. En este caso, las corrientes inducidas se incorporarán a ese circuito. En la práctica, los generadores tienen muchas espiras, o devanados, en sus armaduras.

Cuando la espira se hace girar con una rapidez angular (w) constante, el ángulo (θ) que forman los vectores del campo magnético y del área de la espira cambia con el tiempo: $\theta = wt$ (suponiendo que $\theta = 0°$ cuando $t = 0$). Resulta entonces que la cantidad de líneas de campo que pasan por la espira cambia con el tiempo, causando una fem inducida. De acuerdo con la ecuación 20.1, el flujo (para una espira) varía como sigue:

$$\Phi = BA\cos\theta = BA\cos\omega t$$

A partir de esto, se observan que la fem inducida también varía en función del tiempo. Para una bobina giratoria de n espiras, la ley de Faraday es

$$\mathscr{E} = -N\frac{\Delta\Phi}{\Delta t} = -NBA\left(\frac{\Delta(\cos\omega t)}{\Delta t}\right)$$

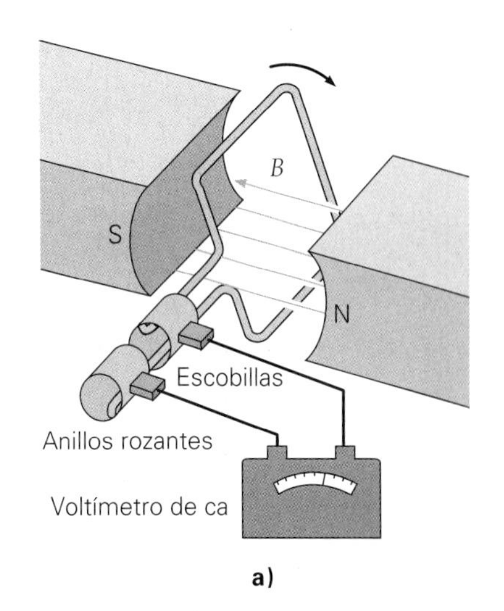

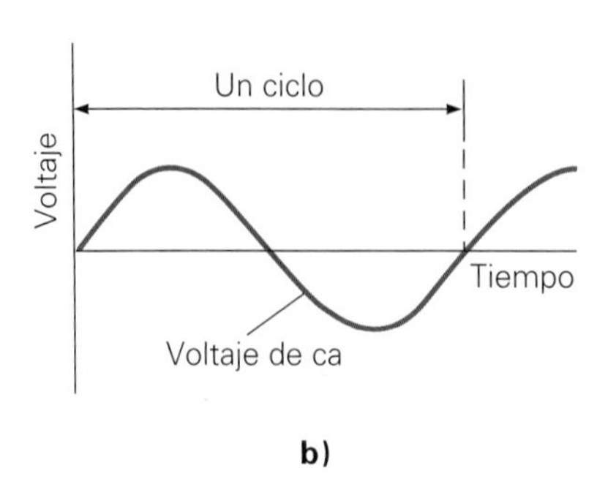

▲ **FIGURA 20.12 Un generador sencillo de ca** *a)* La rotación de una espira de alambre en un campo magnético produce *b)* una salida de voltaje cuya polaridad se invierte cada medio ciclo. Este voltaje alterno se recoge mediante anillos rozantes y escobillas, como se ilustra.

A FONDO 20.1 LA INDUCCIÓN ELECTROMAGNÉTICA EN EL TRABAJO: LINTERNAS Y ANTITERRORISMO

En nuestra vida diaria, utilizamos la inducción electromagnética de muchas formas, sin ser conscientes de ello en la mayor parte de los casos. Un invento reciente es la linterna que funciona sin baterías (figura 1a). Al agitar la linterna, un fuerte imán permanente en su interior oscila a través de las bobinas, induciendo una fem y una corriente oscilatorias. Para cargar el condensador, la corriente alterna debe *rectificarse* en una corriente directa y no cambiar de dirección. Un esquema de este tipo de linternas se presenta en la figura 1b. Aquí, un circuito rectificador de estado sólido (símbolo triangular) actúa como una "válvula de corriente en un sentido". En este diagrama, sólo la corriente directa que tiene el sentido de las manecillas del reloj llega al condensador para cargarlo. Después de aproximadamente un minuto, el condensador se carga por completo. Cuando el interruptor S se enciende, el condensador se descarga a través de un eficiente *diodo emisor de luz* (LED, por sus siglas en inglés). El haz de luz resultante dura varios minutos antes de que la linterna deba volverse a agitar. Este dispositivo podría, por lo menos, desempeñar un papel importante como respaldo de las linternas tradicionales que necesitan baterías.

En los sistemas de seguridad de los aeropuertos, la inducción se utiliza para evitar que alguien introduzca en las aeronaves objetos metálicos peligrosos (como cuchillos y armas). Cuando un pasajero camina por debajo del arco de un detector de metales en un aeropuerto (véase la figura 2), una serie de largas corrientes "punzantes" llega con cierta periodicidad a una bobina (solenoide) en uno de los lados no magnetizados. En el sistema más común, llamado IP (*inducción pulsada*), estas corrientes se registran cientos de veces por segundo. Cuando la corriente se eleva y decae, se crea un campo magnético variable en el pasajero. Si este último no lleva consigo objetos metálicos, no habrá corriente inducida significativa, ni tampoco campo magnético inducido. Sin embargo, si el pasajero porta algún objeto metálico, se inducirá una corriente en ese objeto, lo que, a la vez, producirá su propio campo magnético (inducido) que podrá ser registrado por la bobina de emisión, esto es, se producirá un "eco magnético". Dispositivos electrónicos complejos miden el eco de la fem inducida y activan una luz de advertencia para indicar que es necesaria una inspección más minuciosa del pasajero.

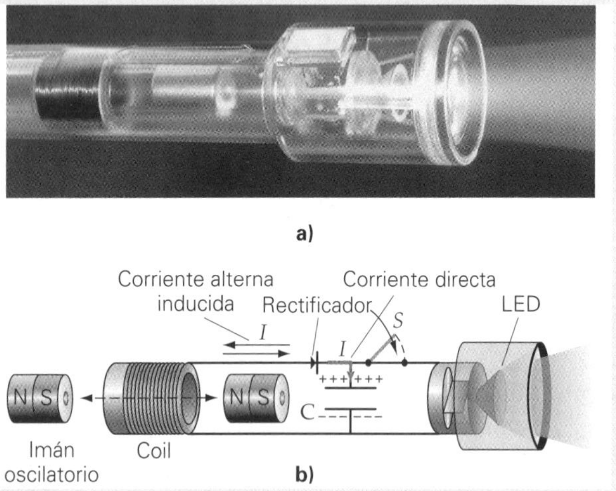

FIGURA 1 Una linterna sin baterías ***a)*** Una fotografía de un tipo relativamente nuevo de linterna, que emite luz utilizando la energía eléctrica que se genera al agitarla (inducción). ***b)*** Un esquema de la linterna mostrada en el inciso *a*). Cuando se agita la linterna, su imán permanente interno pasa a través de una bobina, induciendo una corriente. Esta última cambia su dirección (¿por qué?) y, por lo tanto, necesita convertirse (o "rectificarse") en cd antes de que pueda cargar un condensador. Una vez que el condensador está cargado por completo, es capaz de generar una corriente a través de un diodo emisor de luz (LED), que, a la vez, emite luz durante varios minutos.

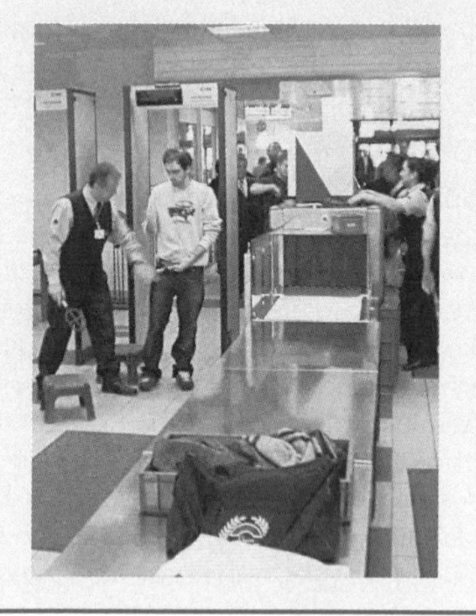

FIGURA 2 Inspección en los aeropuertos Cuando los pasajeros caminan por debajo del arco, se someten a una serie de pulsos de campo magnético. Si llevan consigo algún objeto metálico, las corrientes inducidas en ese objeto crean su propio "eco" de campo magnético que, al ser detectado, da aviso a los inspectores de que es necesaria una revisión más minuciosa del pasajero.

En esta ecuación se han separado B y A de la variación con el tiempo, porque son constantes. Aplicando métodos que están más allá de los objetivos de este libro, es posible demostrar que la fem inducida se expresa como sigue:

$$\mathscr{E} = (NBA\omega) \text{ sen } \omega t$$

Observe que el producto de los términos $NBA\omega$ representa la magnitud de la fem máxima, que se presenta siempre que sen $\omega t = \pm 1$. Si se sustituye $NBA\omega$ por $\mathscr{E}_o$, el valor máximo de la fem, entonces la ecuación anterior se puede replantear de una forma más compacta

$$\mathscr{E} = \mathscr{E}_o \text{ sen } \omega t \qquad (20.4)$$

Como el valor de la función seno varía entre ±1, la polaridad de la fem cambia al paso del tiempo (▸figura 20.13). Observe que la fem tiene su valor máximo $\mathscr{E}_o$ cuando $\theta = 90°$ o cuando $\theta = 270°$. Esto es, en los instantes en que el plano de la espira es paralelo al campo y el flujo magnético es cero, la fem alcanzará su valor máximo (en mag-

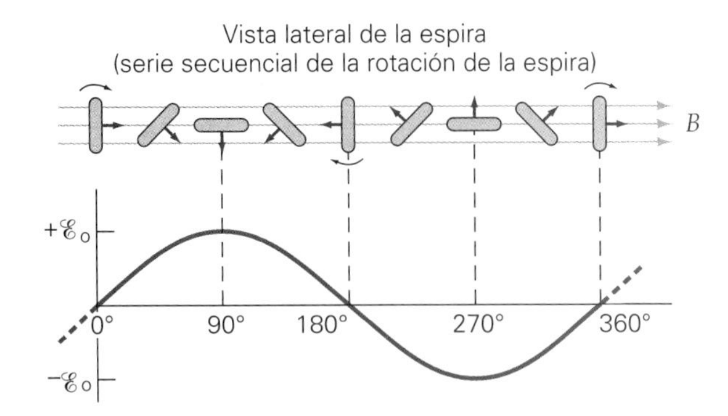

◀ **FIGURA 20.13 La salida de un generador de ca** Gráfica de la salida senoidal de un generador, junto con una vista lateral de las orientaciones correspondientes de la espira durante un ciclo; se ve la variación del flujo en el tiempo. La fem es máxima cuando el flujo cambia con más rapidez, conforme pasa por cero y cambia de signo.

nitud). El *cambio* de flujo es máximo en esos ángulos, porque aunque el flujo sea cero momentáneamente, cambia con rapidez ante un cambio de *signo*. Cerca de los ángulos que producen el valor máximo del flujo ($\theta = 0°$ o $\theta = 180°$), ese flujo permanece aproximadamente constante y, por consiguiente, la fem inducida es cero en esos ángulos.

Ilustración 29.3 *Generador eléctrico*

La dirección de la corriente producida por esta fem alterna inducida también cambia de forma periódica. En las aplicaciones cotidianas es común referirse a la frecuencia (f) de la armadura [en hertz (Hz) o rotaciones por segundo] y no la frecuencia angular (w). Como se relacionan mediante la ecuación $w = 2\pi f$, la ecuación 20.4 se reformula como

$$\mathscr{E} = \mathscr{E}_o \operatorname{sen}(2\pi f t) \quad \textit{fem del alternador} \qquad (20.5)$$

La frecuencia de la ca en Estados Unidos y en la mayor parte del hemisferio occidental es de 60 Hz. En Europa y en otros lugares lo común son 50 Hz.

Tome en cuenta que las ecuaciones 20.4 y 20.5 definen el valor instantáneo de la fem, y que $\mathscr{E}$ varía entre $+\mathscr{E}_o$ y $-\mathscr{E}_o$ durante la mitad de un periodo rotacional de la armadura (en Estados Unidos, 1/120 de segundo). En la práctica, para los circuitos eléctricos, son más importantes los valores promedio de voltaje y corriente de la ca, respecto al tiempo. Este concepto se desarrollará en el capítulo 21. Para ver cómo influyen los diversos factores sobre la salida de un generador, examinaremos con detalle el siguiente ejemplo. Además, véase la sección A fondo 20.2 de la p. 666, para conocer cómo es que la inducción electromagnética participa en un pasatiempo interesante y cómo contribuye a generar la energía eléctrica que necesitan los automóviles híbridos para brindar un sistema de transporte más eficiente desde el punto de vista del consumo de combustible.

Ejemplo 20.5 ■ Un generador de ca: energía eléctrica renovable

Un agricultor decide usar una caída de agua para construir una pequeña planta hidroeléctrica. Fabrica una bobina de alambre con 1500 vueltas, cada una de 20 cm de radio, que giran sobre la armadura del generador, a 60 Hz, dentro de un campo magnético. Para obtener un voltaje efectivo (rms) de 120 V, debe generar una fem máxima de 170 V (aprenderemos más acerca de los voltajes de ca en el capítulo 21). ¿Cuál es la magnitud del campo magnético en el generador que se necesita para que esto ocurra?

Razonamiento. Se puede calcular el campo magnético con la ecuación de $\mathscr{E}_o$.

Solución.

Dado: $\mathscr{E}_o = 170$ V
$N = 1500$ vueltas
$r = 20$ cm $= 0.20$ m
$f = 60$ Hz

Encuentre: la magnitud del campo magnético (B)

La fem máxima (o pico) del generador se determina con $\mathscr{E}_o = NBA\omega$. Como $w = 2\pi f$ y, para un círculo, $A = \pi r^2$, esta ecuación se transforma en

$$\mathscr{E}_o = NB(\pi r^2)(2\pi f) = 2\pi^2 NBr^2 f$$

De aquí se despeja B y se obtiene

$$B = \frac{\mathscr{E}_o}{2\pi^2 N r^2 f} = \frac{170 \text{ V}}{2\pi^2(1500)(0.20 \text{ m})^2(60 \text{ Hz})} = 2.4 \times 10^{-3} \text{ T}$$

Ejercicio de refuerzo. En este ejemplo, suponga que el agricultor desea generar una fem con un valor rms de 240 V, para lo cual se requiere una fem máxima de 340 V. Si lo hiciera cambiando el tamaño de las espiras, ¿cuál tendría que ser el nuevo radio?

A FONDO

20.2 INDUCCIÓN ELECTROMAGNÉTICA EN ACCIÓN: PASATIEMPOS Y TRANSPORTACIÓN

FIGURA 1 Un detector de metales de dos bobinas En esta fotografía se distinguen las dos bobinas: la transmisora (exterior, de mayor tamaño) y la receptora (interna y más pequeña).

La inducción electromagnética desempeña un papel importante en nuestras actividades de ocio y en la transportación. Algunas personas emplean detectores de metales para encontrar "tesoros enterrados" de metal. Un diseño común consiste en dos bobinas de alambre en el extremo de un eje que se utiliza para hacer un barrido justo por encima del suelo (véase la figura 1). En el extremo por el que se sostiene el aparato, existen piezas electrónicas que permiten desplegar la información acerca de los artículos encontrados. La bobina externa, o *transmisora*, contiene una corriente oscilatoria de varios miles de hertz, que crea un campo magnético en constante cambio en el terreno que hay debajo. (Por lo general, es capaz de penetrar una distancia de un pie por debajo de la superficie, dependiendo del tipo de suelo y de sus condiciones.) Si no hay objetos metálicos dentro de su campo oscilatorio, no se inducirán corrientes significativas. Por consiguiente, la bobina interna, o *receptora*, no detectará el "eco" de un campo magnético inducido. Sin embargo, si se encuentra un objeto metálico, la corriente inducida en él generará un eco (campo) magnético que la bobina receptora detectará como una fem y una corriente inducidas. Por medio de un avanzado software de computadora para evaluar la intensidad de la señal inducida, podrá estimarse la profundidad y composición química del objeto.

Por otra parte, el precio a la alza de la gasolina ha hecho que muchos conductores opten por los automóviles híbridos, que funcionan con *gasolina* y *electricidad*, y cuyo motor es mucho más pequeño que el de los auto convencionales. Además, para ayudar al impulso, por lo menos parte del trabajo del motor híbrido consiste en suministrar energía eléctrica (a través de la inducción en un generador) a las baterías y a un motor eléctrico, el cual, por su parte, suministrará potencia a las ruedas. Así, es posible obtener más trabajo a partir de un galón de gasolina.

Un esquema de un automóvil híbrido típico se presenta en la figura 2a. En la actualidad, existen dos tipos de diseño de automóviles híbridos: en paralelo y en serie. En la configuración *híbrida en paralelo* (figura 2b), el motor de gasolina está conectado a las ruedas por medio de una transmisión estándar. Sin embargo, también se convierte en un generador que, a través de la inducción, crea y suministra energía eléctrica para cargar las baterías y/o para operar el motor eléctrico. El motor eléctrico está conectado a las ruedas a través de su propio sistema de transmisión, de ahí el nombre de *híbrido en paralelo*, pues el motor de gasolina y el eléctrico trabajan juntos, es decir, en paralelo. Los modelos *híbridos por completo* son capaces de mover el automóvil ya sea con uno de los dos motores por sí solo (para un ahorro máximo de combustible, por ejemplo, mientras se transita por una autopista con rapidez constante) o con ambos al mismo tiempo (cuando se requiere de mayor potencia, por ejemplo, al acelerar en una autopista).

De manera alternativa, los motores pueden conectarse en serie; se trata entonces de automóviles *híbridos en serie*. En este caso, el motor eléctrico es lo que en realidad da potencia a las ruedas (figura 2c). El trabajo del motor de gasolina consiste en suministrar energía eléctrica (a través de la inducción en su generador) a las baterías y al motor eléctrico. Si las baterías están cargadas por completo y el motor funciona adecuadamente, el motor de gasolina podrá reducir su actividad o incluso apagarse. Con aceleraciones frecuentes, cuando se requiere una salida de elevada potencia por parte del motor eléctrico, las baterías se agotarán rápidamente. En estas condiciones, el sistema electrónico de potencia hace que el motor de gasolina comience a generar energía eléctrica para recargar las baterías.

Los automóviles híbridos, a diferencia de los vehículos eléctricos por completo, nunca tienen que "enchufarse", pues obtienen toda su energía de la combustión de gasolina. Sin embargo, son mucho más eficientes y, por consiguiente, mucho menos contaminantes que los automóviles convencionales. Algunos modelos recientes emplean motores híbridos que son capaces de dar mayor potencia que sus contrapartes que funcionan sólo con gasolina. Por estas razones, es probable que los motores híbridos sean la elección de muchos conductores en el futuro cercano.

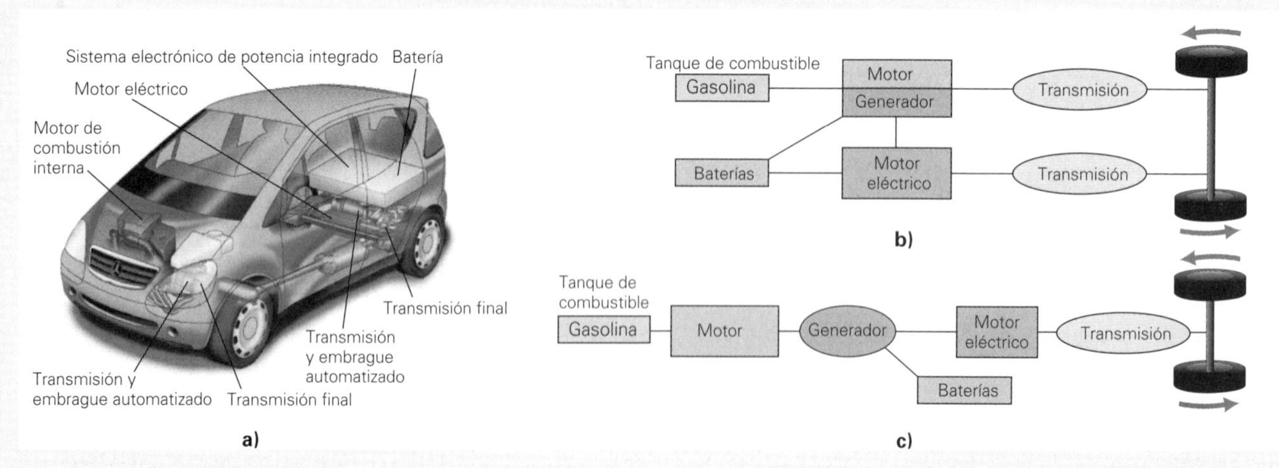

FIGURA 2 Automóviles híbridos *a)* Corte esquemático de un vehículo híbrido moderno. *b)* Diagrama de los sistemas principales de un híbrido en paralelo. *c)* Diagrama de los sistemas principales de un híbrido en serie.

a)

b)

◀ **FIGURA 20.14 Generación eléctrica** *a)* Turbinas como las que se ven aquí generan energía eléctrica en cantidades mucho mayores que la planta hidroeléctrica de la fotografía inicial de este capítulo *b)* La energía potencial gravitacional del agua, almacenada detrás de la cortina de la presa Glen Canyon en el Río Colorado, en Arizona, se convierte en energía eléctrica.

En la mayor parte de los generadores de ca en gran escala (las plantas o centrales eléctricas), en realidad la armadura es estacionaria y los imanes giran en torno a ella. El campo magnético giratorio produce un flujo, variable en el tiempo, a través de las bobinas de la armadura, y por consiguiente producen ca. Una turbina suministra la energía mecánica necesaria para hacer girar los imanes en el generador (▲figura 20.14a). Por lo general, las turbinas se mueven con el vapor que se produce a partir de la combustión de combustibles fósiles, o con el calor generado en procesos de fisión nuclear; aunque existen otras que son impulsadas por caídas de agua (*hidroelectricidad*), como se ve en la figura 20.14b. Así, la diferencia básica entre los diversos tipos de centrales eléctricas es la fuente de la energía que hace girar a las turbinas.

Contra fem

Aunque su tarea principal es convertir la energía eléctrica en energía mecánica, los motores también generan fem de forma simultánea. Al igual que un generador, un motor tiene una armadura giratoria dentro de un campo magnético. En este caso, la fem inducida se llama **fuerza contraelectromotriz** (o *contra fem*) $\mathscr{E}_b$, porque su dirección es opuesta a la del voltaje en la línea, y tiende a reducir la corriente en las bobinas de la armadura.

Si V es el voltaje en la línea, entonces el voltaje neto que impulsa al motor es menor que V (porque el voltaje en la línea y la fuerza contraelectromotriz tienen polaridad opuesta). El voltaje neto es entonces $V_{neto} = V - \mathscr{E}_b$. Si la armadura de un motor tiene una resistencia interna de R, la corriente que extrae el motor mientras está en operación es $I = V_{neto}/R = (V - \mathscr{E}_b)/R$ o, despejando para la contra fem,

$$\mathscr{E}_b = V - IR \quad \textit{(contra fem en un motor)} \qquad (20.6)$$

donde V es el voltaje en la línea.

La contra fem en un motor depende de la rapidez de rotación de su armadura, y se incrementa desde cero hasta algún valor máximo conforme la armadura pasa del reposo hasta su rapidez normal de funcionamiento. En el arranque, la contra fem es cero (¿por qué?), de manera que la corriente de arranque es máxima (ecuación 20.6, donde $\mathscr{E}_b = 0$). Por lo regular, un motor hace mover algo; esto es, tiene una carga mecánica. Sin carga, la rapidez de la armadura aumenta hasta que la contra fem casi es igual al voltaje de la línea. El resultado es que pasa una corriente pequeña en las bobinas, justo la suficiente para vencer la fricción y las pérdidas por calentamiento de joule. En las condiciones normales con carga, la contra fem es menor que el voltaje en la línea. Cuanto mayor sea la carga, más despacio girará el motor y menor será la contra fem. Si un motor está sobrecargado y gira muy despacio, la contra fem se reduce tanto que la corriente se hace muy grande (porque V_{neto} aumenta conforme $\mathscr{E}_b$ disminuye) y puede quemar las bobinas. Así, la contra fem desempeña un papel vital en la regulación del funcionamiento del motor, limitando la corriente que pasa por él.

De forma esquemática, una contra fem en un circuito de motor de cd se representa como una "batería inducida" cuya polaridad es opuesta a la del voltaje impulsor (▶figura 20.15). Para ver cómo es que la contra fem determina la corriente que pasa por un motor, veamos el siguiente ejemplo.

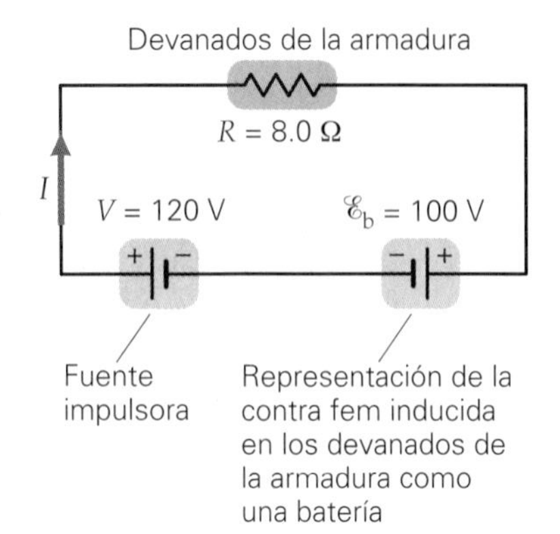

▲ **FIGURA 20.15 Contra fem** La contra fem en la armadura de un motor de cd se puede representar como una batería de polaridad opuesta a la de la fuente impulsora.

Ejemplo 20.6 ■ Aceleración: contra fem en un motor de cd

Se fabrica un motor de cd con devanados de 8.00 Ω de resistencia y que funciona con 120 V de voltaje de línea. Con una carga normal se produce una contra fem de 100 V, cuando el motor alcanza toda su rapidez (véase la figura 20.15). Determine *a*) la corriente que extrae el motor en el arranque y *b*) la corriente que pasa por la armadura a la rapidez de funcionamiento con una carga normal.

Razonamiento. *a*) La única diferencia entre el arranque y la rapidez de funcionamiento es que en el primer caso no hay contra fem. El voltaje neto y la resistencia determinan la corriente que pasa, por lo que se aplica la ecuación 20.6. *b*) A la rapidez de funcionamiento, aumenta la contra fem y tiene polaridad opuesta a la del voltaje de la línea. De nuevo, se utiliza la ecuación 20.6 para calcular la corriente.

Solución. Como siempre, se listan los datos:

Dado: $R = 8.00\ \Omega$
$V = 120\ \text{V}$
$\mathscr{E}_b = 100\ \text{V}$

Encuentre: *a*) I_s (corriente en el arranque)
b) I (corriente de funcionamiento)

a) De acuerdo con la ecuación 20.6, la corriente en los devanados es

$$I_s = \frac{V}{R} = \frac{120\ \text{V}}{8.00\ \Omega} = 15.0\ \text{A}$$

b) Cuando el motor gira a su rapidez de funcionamiento, la contra fem es de 100 V; por lo tanto, la corriente es menor.

$$I = \frac{V - \mathscr{E}_b}{R} = \frac{120\ \text{V} - 100\ \text{V}}{8.00\ \Omega} = 2.50\ \text{A}$$

Cuando hay escasa o ninguna contra fem, la corriente de *arranque* es relativamente grande. Cuando arranca un motor de grandes dimensiones, como el de una unidad central de acondicionamiento de aire en un edificio, las luces en éste disminuyen de forma momentánea, a causa de la gran corriente de arranque que extrae el motor. En algunos diseños, temporalmente se conectan resistores en serie con la bobina de un motor, para proteger los devanados y evitar que se quemen como resultado de las grandes corrientes de arranque.

Ejercicio de refuerzo. En este ejemplo, *a*) ¿cuánta energía se necesita para llevar al motor a su rapidez de funcionamiento, si para ello se tarda 10 s y la contra fem promedio es de 50 V durante ese tiempo? *b*) Compare esta cantidad con la cantidad de energía necesaria para mantener en movimiento al motor durante 10 s, una vez que llega a sus condiciones de funcionamiento.

Como los motores, son lo contrario de los generadores, y en los primeros se desarrolla una contra fem, quizá piense si en un generador también se desarrolla una contra fem. La respuesta es sí. Cuando un generador en funcionamiento no está conectado con un circuito externo, no existe corriente y no hay fuerza magnética sobre las bobinas de la armadura. Sin embargo, cuando el generador entrega energía a un circuito externo y *sí hay* corriente en las bobinas, la fuerza magnética en las bobinas de la armadura produce un *momento de torsión contrario*, que se opone a la rotación de la armadura. Conforme pasa más corriente, aumenta el momento de torsión contrario y se necesita más fuerza impulsora para hacer girar la armadura. Por consiguiente, cuanto mayor sea la corriente que sale del generador, mayor será la energía gastada para vencer el momento de torsión contrario.

20.3 Transformadores y transmisión de energía

OBJETIVOS: a) Explicar el funcionamiento de un transformador en términos de la ley de Faraday, b) calcular la salida de los transformadores de subida y de bajada y c) comprender la importancia de los transformadores en los sistemas de distribución eléctrica.

La energía eléctrica se transmite a grandes distancias por líneas de transmisión. Es preferible reducir al mínimo las pérdidas I^2R (calentamiento de joule) en ellas. Como la resistencia de una línea es fija, la reducción de las pérdidas I^2R equivale a reducir la corriente. Sin embargo, la potencia que sale de un transformador está determinada por las salidas de corriente y voltaje ($P = IV$), y cuando el voltaje es fijo, por ejemplo, de 120 V, una reducción en la corriente equivaldría a menor salida de potencia. Parecería que no hay forma de reducir la corriente y, al mismo tiempo, mantener el valor de la potencia. Con inducción electromagnética es posible reducir las pérdidas aumentando el voltaje y, al mismo tiempo, reduciendo la corriente que pasa por ellas, de tal forma que la *potencia* suministrada no cambie. Esto se logra con un dispositivo llamado **transformador**.

Un transformador sencillo consiste en dos bobinas de alambre aislado devanadas en el mismo núcleo de hierro (▸figura 20.16a). Cuando se aplica un voltaje de ca a la bobina de entrada, o *bobina primaria* (también llamada *devanado primario o* simplemente *primario*), la corriente alterna produce un flujo magnético alterno que se concentra en el núcleo de hierro, sin que haya fugas significativas. Así, en esas condiciones, el mismo flujo cambiante pasa también por la bobina de salida, o *bobina secundaria* (también llamada *devanado secundario* o simplemente *secundario*), induciendo en ésta un voltaje y una corriente alternos. (Note que en el diseño de transformadores se acostumbra llamar "voltajes" a las fem, como se hizo en el capítulo 18. También aquí usaremos este lenguaje.)

La razón entre el voltaje inducido en la bobina secundaria y el voltaje que en la bobina primaria depende de la relación entre las cantidades de vueltas en una y otra. Según la ley de Faraday, el voltaje inducido en la bobina secundaria es

$$V_s = -N_s \frac{\Delta \Phi}{\Delta t},$$

donde N_s es la cantidad de vueltas en la bobina secundaria. El flujo variable en la bobina primaria produce una contra fem de

$$V_p = -N_p \frac{\Delta \Phi}{\Delta t},$$

donde N_p es la cantidad de vueltas en la bobina primaria. Si no se tiene en cuenta la resistencia de esta última, la contra fem tiene una magnitud igual a la del voltaje externo aplicado a la bobina primaria (¿por qué?). Entonces, si se determina la razón entre el voltaje de salida (secundario) y el voltaje de entrada (primario) se obtiene

$$\frac{V_s}{V_p} = \frac{-N_s(\Delta\Phi/\Delta t)}{-N_p(\Delta\Phi/\Delta t)}$$

o

$$\frac{V_s}{V_p} = \frac{N_s}{N_p} \quad \textit{(razón de voltaje en un transformador)} \tag{20.7}$$

Si se supone que el transformador tiene un 100% de eficiencia, es decir, que no se pierde energía en él, entonces la potencia que entra es igual a la potencia que sale. Como $P = IV$, entonces

$$I_p V_p = I_s V_s \tag{20.8}$$

Aunque siempre se pierde algo de energía, esta ecuación es una buena aproximación, ya que un transformador bien diseñado puede tener una eficiencia mayor del 95%. (Más adelante describiremos las causas de las pérdidas de energía.) En este caso ideal y de acuerdo con la ecuación 20.8, las corrientes y los voltajes en el transformador son función de la relación de vueltas, lo que se expresa como

$$\frac{I_p}{I_s} = \frac{V_s}{V_p} = \frac{N_s}{N_p} \tag{20.9}$$

Para resumir la acción del transformador en función de las salidas de voltaje y de corriente, tenemos que

$$V_s = \left(\frac{N_s}{N_p}\right) V_p \tag{20.10a}$$

e *(relación ideal entre voltajes y corrientes en un transformador)*

$$I_s = \left(\frac{N_p}{N_s}\right) I_p \tag{20.10b}$$

Si el devanado secundario tiene más vueltas que el primario (es decir, si $N_s/N_p > 1$), como en la figura 20.16a, el voltaje "sube", ya que $V_s > V_p$. Este diseño se llama *transformador de subida*. Advierta que a causa de esto, hay *menos* corriente en el devanado secundario que en el primario ($N_p/N_s < 1$ e $I_s < I_p$).

Si el devanado secundario tiene menos vueltas que el primario, se tiene un *transformador de bajada* (figura 20.16b). En el lenguaje de los transformadores, esto significa que el voltaje "baja" y, por consiguiente, la corriente aumenta. Dependiendo de los detalles del diseño, se puede usar un transformador de subida como transformador de bajada si se invierten las conexiones de entrada y de salida.

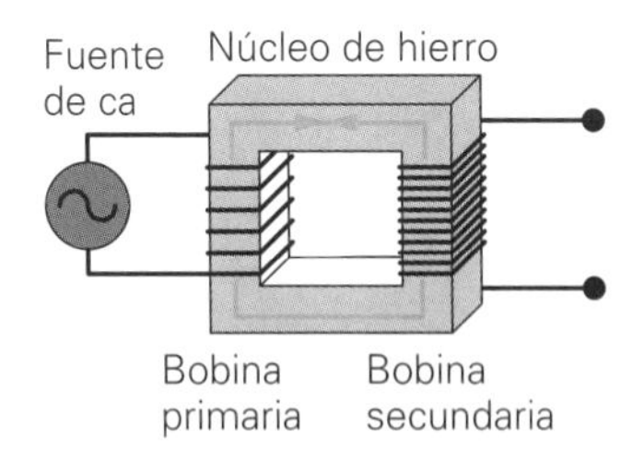

a) Transformador de subida: salida de alto voltaje (baja corriente)

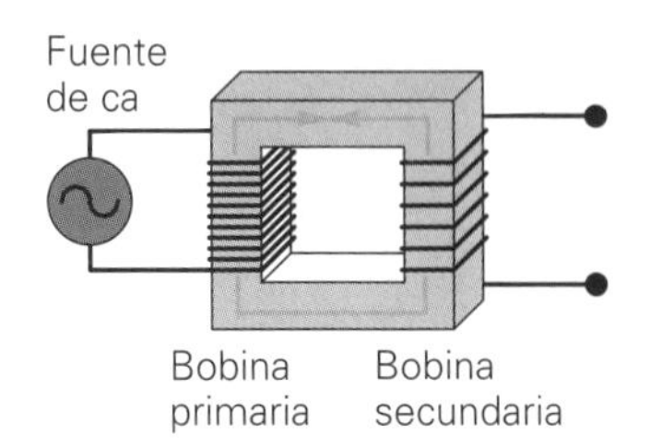

b) Transformador de bajada: salida de bajo voltaje (alta corriente)

▲ **FIGURA 20.16** Transformadores
a) Un transformador de subida tiene más vueltas en la bobina secundaria que en la primaria. ***b)*** Un transformador de bajada tiene más vueltas en la bobina primaria que en la secundaria.

Ejemplo 20.7 ■ Orientación de un transformador: ¿configuración de subida o de bajada?

Un transformador ideal de 600 W tiene 50 vueltas en su devanado primario y 100 vueltas en el secundario. *a*) ¿Este transformador es un arreglo 1) de subida o 2) de bajada? *b*) Si se conecta una fuente de 120 V al devanado primario, ¿cuáles son el voltaje y la corriente de salida de este transformador?

a) Razonamiento conceptual. Los términos de subida o de bajada se refieren a lo que le sucede al voltaje, no a la corriente. Como el voltaje es proporcional al número de vueltas, en este caso, el voltaje secundario es mayor que el voltaje primario. Por lo tanto, la respuesta correcta es la 1, un transformador de subida.

b) Razonamiento cuantitativo y solución. El voltaje de salida se determina con la ecuación 20.10a, una vez que se ha establecido la relación de vueltas. A partir de la potencia, es posible determinar la corriente.

Dado: $N_p = 50$, $N_s = 100$, $V_p = 120$ V

Encuentre: V_s e I_s (voltaje y corriente secundarios)

Para calcular el voltaje secundario, se emplea la ecuación 20.10a con la relación de vueltas igual a 2, ya que $N_s = 2N_p$:

$$V_s = \left(\frac{N_s}{N_p}\right)V_p = (2)(120 \text{ V}) = 240 \text{ V}$$

Si el transformador es ideal, entonces la potencia de entrada es igual a la potencia de salida. En el lado primario, la potencia de entrada es $P_p = I_pV_p = 600$ W, de manera que la corriente de entrada debe ser

$$I_p = \frac{600 \text{ W}}{V_p} = \frac{600 \text{ W}}{120 \text{ V}} = 5.00 \text{ A}$$

Como el voltaje aumenta por un factor de 2, la corriente de salida debería disminuir por un factor de 2. A partir de la ecuación 20.10b,

$$I_s = \left(\frac{N_p}{N_s}\right)I_p = \left(\frac{1}{2}\right)(5.00 \text{ A}) = 2.50 \text{ A}$$

Ejercicio de refuerzo. *a*) Cuando una turista europea visita Estados Unidos (los voltajes promedio de ca son de 240 V en Europa), ¿qué clase de transformador le permitiría usar su secadora de cabello adecuadamente? Explique su respuesta. *b*) Para un secadora de cabello de 1500 W (se supone que es óhmica), ¿cuál debería ser la corriente de entrada del transformador en Estados Unidos, suponiendo que sea ideal?

Las relaciones anteriores se aplican en forma estricta sólo a transformadores ideales (o "sin pérdidas"); en realidad los transformadores tienen pérdidas de energía. Aunque los transformadores bien diseñados suelen tener pérdidas internas de energía menores del 5%, no existe un transformador ideal. Hay muchos factores que determinan qué tanto se acerca el funcionamiento de un transformador real al de uno ideal.

Primero: hay pérdidas de flujo; esto es, no todo el flujo pasa a través de la bobina secundaria. En algunos diseños de transformador, una de las bobinas aisladas se devana directamente sobre la otra, en vez de tener dos bobinas separadas. Esa configuración contribuye a reducir al mínimo la pérdida de flujo reduce el tamaño del transformador.

Segundo: la corriente alterna en la bobina primaria significa que hay un flujo magnético variable que atraviesa las espiras. Esto origina una fem inducida en la bobina primaria. Según la ley de Lenz, la fem autoinducida se opone al cambio de la corriente y limita la corriente primaria (éste es un efecto similar al de una contra fem en un motor).

Tercero: los transformadores distan de ser ideales porque tienen calentamiento de joule (pérdidas I^2R) por la resistencia de los alambres. Esta pérdida es pequeña, pues los alambres tienen poca resistencia.

Por último, considere el efecto de la inducción en el material del núcleo. Para incrementar el flujo magnético, el núcleo se fabrica con un material altamente permeable (como el hierro), pero este tipo de materiales también se caracterizan por ser buenos conductores. El flujo magnético variable en el núcleo induce fuerzas electromotrices, que, a la vez, crean *corrientes parásitas* o *corrientes de Foucault* en el material del núcleo. Después, esas corrientes parásitas podrían causar pérdida de energía entre la bobina primaria y secundaria al calentar al núcleo (de nuevo, pérdidas I^2R).

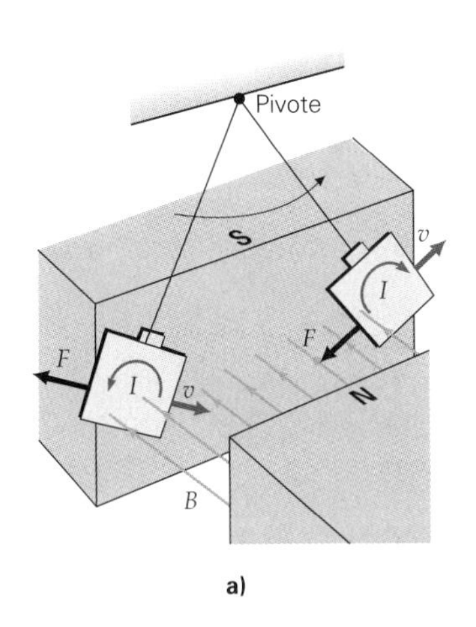

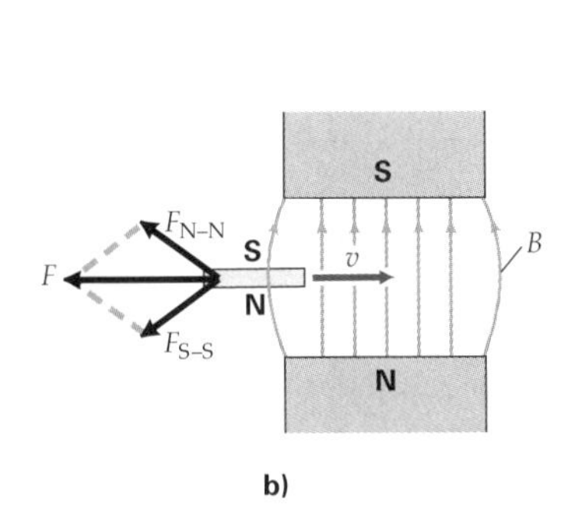

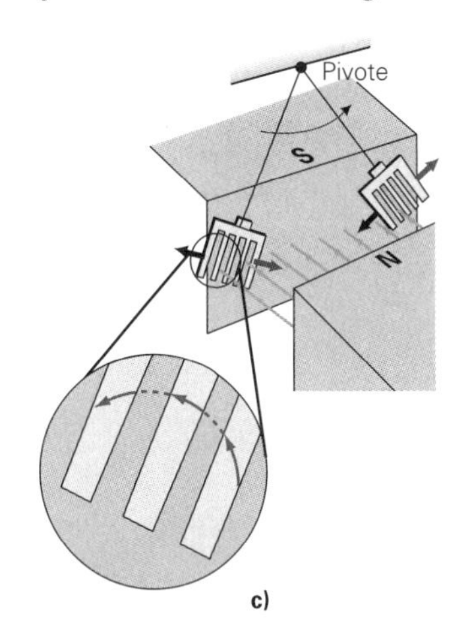

▲ **FIGURA 20.17 Corrientes parásitas** *a)* Las corrientes parásitas se inducen en una placa conductora no magnética que se mueve en un campo magnético. Las corrientes inducidas se oponen al cambio de flujo, y se desarrolla una fuerza de retardo que se opone al movimiento, primero dentro del campo y luego fuera. Para constatar esto, note que las corrientes invierten su dirección conforme la placa sale del campo. *b)* Una vista superior cuando la placa se acerca oscilando al campo desde la izquierda. La fuerza de retardo $\vec{\mathbf{F}}$ (para frenar la entrada al campo) es el resultado de las dos fuerzas de repulsión ($\vec{\mathbf{F}}_{N-N}$ y $\vec{\mathbf{F}}_{S-S}$), que actúan como polos magnéticos. El lado de la placa más cercano al polo norte del imán permanente funciona como polo norte, y el otro lado como polo sur. *c)* Si la placa tiene ranuras, se reducen de forma drástica las corrientes parásitas y, por consiguiente, las fuerzas magnéticas, de manera que la placa oscilará con mayor libertad.

Para reducir la pérdida de energía a causa de las corrientes parásitas, los núcleos de los transformadores se fabrican con láminas delgadas de material (por lo general hierro), con un pegamento aislante entre ellas. Las capas aislantes entre las láminas interrumpen las corrientes parásitas, o las confinan a las láminas, lo que reduce considerablemente la pérdida de energía.

Se pueden demostrar los efectos de las corrientes parásitas dejando oscilar una placa de material conductor, pero no magnético, como el aluminio, dentro de un campo magnético (▲figura 20.17a). Conforme la placa entra o sale del campo, se desarrollan corrientes parásitas inducidas porque el flujo magnético a través de esta área cambia. De acuerdo con la ley de Lenz, las corrientes parásitas se inducen en una dirección tal que se opone al cambio de flujo.

Cuando la placa entra al campo (la posición izquierda de la placa en la figura 20.17a), se induce una corriente en sentido contrario al de las manecillas del reloj. (Aplique la ley de Lenz para corroborar este efecto.) La corriente inducida produce su propio campo magnético, lo que significa que, en efecto, la placa tiene un polo norte magnético cerca del polo norte del imán permanente, y un polo sur magnético cerca del polo sur del imán permanente (figura 20.17b). El efecto de la fuerza neta es desacelerar la placa al entrar al campo. Las corrientes parásitas de la placa invierten su dirección conforme ésta sale del campo, produciendo fuerzas netas magnéticas de atracción, por lo que hay una tendencia a frenar la salida de la placa. En ambos casos, las fuerzas electromotrices inducidas tratan de desacelerar el movimiento de la placa.

La reducción de las corrientes parásitas (parecida a lo que sucede en los transformadores con placas laminadas) se puede demostrar con una placa con rendijas (figura 20.17c). Cuando esa placa oscila entre los polos del imán, lo hace con relativa libertad, porque las corrientes parásitas tienden a reducirse mucho a causa de los huecos (las rendijas). Así, también se reduce la fuerza magnética sobre la placa.

Se ha aplicado el efecto amortiguador de las corrientes parásitas en sistemas de frenado de tranvías rápidos. Cuando un electroimán (que está en el carro) se pone a funcionar, aplica un campo magnético a un riel. La fuerza de repulsión que producen las corrientes parásitas inducidas en el riel actúa como fuerza de frenado (▼figura 20.18). Conforme el carro frena, las corrientes parásitas en el riel disminuyen y permiten que la acción del frenado sea gradual.

Transmisión de electricidad y transformadores

Para transmitir electricidad a grandes distancias, los transformadores ofrecen un medio de aumentar el voltaje y disminuir la corriente de un generador eléctrico, para así reducir las pérdidas por calentamiento de joule (I^2R) en los cables que llevan la corriente. En la ▼figura 20.19 se ve un esquema de un sistema de distribución eléctrica. La energía se transmite a grandes distancias hasta una subestación de área cerca de los consumidores. Ahí se baja el voltaje. Hay más bajadas de voltaje en las subestaciones

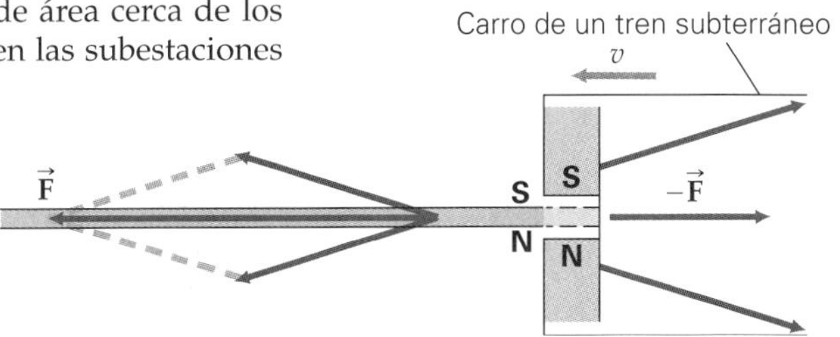

◀ **FIGURA 20.18** Frenado electromagnético y transporte masivo
Para frenar, un tren energiza un electroimán que lleva a bordo. Este electroimán va montado sobre un riel metálico largo. Las corrientes inducidas en el riel producen una fuerza de repulsión mutua entre el riel y el tren, desacelerando así este último.

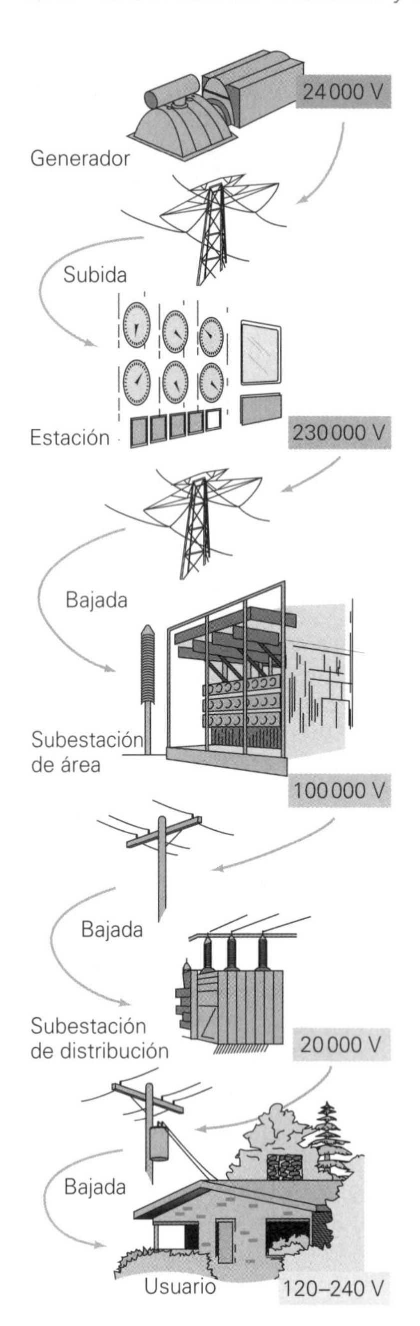

▲ **FIGURA 20.19 Transmisión de electricidad** Diagrama de un sistema típico de distribución eléctrica.

Ilustración 31.3 Transformadores

de distribución y los postes eléctricos antes de que la electricidad llegue a los hogares y las empresas con el voltaje y la corriente adecuados.

En el siguiente ejemplo se ilustran las ventajas de poder aumentar el voltaje (y disminuir la corriente) en la transmisión de energía eléctrica.

Ejemplo 20.8 ■ Disminución de las pérdidas: transmisión de energía eléctrica a alto voltaje

Una pequeña central hidroeléctrica produce energía en forma de una corriente de 10 A y un voltaje de 440 V. El voltaje se sube a 4400 V (con un transformador ideal) para llevar la energía en 40 km de línea eléctrica, cuya resistencia total es 20 Ω. *a*) ¿Qué porcentaje de la energía original se perdería si no se aumentara el voltaje? *b*) ¿Qué porcentaje de la energía original se pierde en realidad al aumentar el voltaje?

Razonamiento. *a*) La salida de potencia se calcula con $P = IV$, y se compara con la que se pierde en el conductor, $P = I^2R$. *b*) Las ecuaciones 20.10a y 20.10b deben usarse para determinar el voltaje aumentado y la corriente disminuida, respectivamente. A continuación se repite el cálculo y se comparan los resultados con los del inciso *a*.

Solución.

Dado: $I_p = 10$ A, $V_p = 440$ V, $V_s = 4400$ V, $R = 20\ \Omega$

Encuentre: *a*) Porcentaje de pérdida de energía sin aumentar el voltaje
b) Porcentaje de pérdida de energía aumentando el voltaje

***a*)** La potencia producida por el generador es

$$P = I_pV_p = (10\text{ A})(440\text{ V}) = 4400\text{ W}$$

La rapidez de pérdida de energía (joules por segundo, o watts) al transmitir una corriente de 10 A es muy alta, porque

$$P_{\text{pérdida}} = I^2R = (10\text{ A})^2(20\ \Omega) = 2000\text{ W}$$

Así, el porcentaje de la energía producida que se pierde en forma de calentamiento de joule en los conductores es cercano al 50%, ya que

$$\%\text{ de pérdida} = \frac{P_{\text{pérdida}}}{P} \times 100\% = \frac{2000\text{ W}}{4400\text{ W}} \times 100\% = 45\%$$

***b*)** Al aumentar el voltaje a 4400 V, esto permite transmitir una corriente que se reduce por un factor de 10 con respecto a su valor en el inciso *a*. Entonces, se tiene

$$I_s = \left(\frac{V_p}{V_s}\right)I_p = \left(\frac{440\text{ V}}{4400\text{ V}}\right)(10\text{ A}) = 1.0\text{ A}$$

La potencia se reduce, entonces, por un factor de 100, ya que varía en forma proporcional al cuadrado de la corriente:

$$P_{\text{pérdida}} = I^2R = (1.0\text{ A})^2(20\ \Omega) = 20\text{ W}$$

Por consiguiente, la potencia perdida también se reduce por un factor de 100, a un nivel mucho más aceptable:

$$\%\text{ de pérdida} = \frac{P_{\text{pérdida}}}{P} \times 100\% = \frac{20\text{ W}}{4400\text{ W}} \times 100\% = 0.45\%$$

Ejercicio de refuerzo. Algunos electrodomésticos de uso rudo, como las bombas de agua, se pueden conectar a 240 o a 120 V. Su potencia nominal es la misma, independientemente del voltaje con que trabajen. *a*) Explique la ventaja que se obtiene en eficiencia cuando esos electrodomésticos funcionan al voltaje mayor. *b*) Para una bomba de 1.00 hp (746 W), estime la razón entre la potencia perdida en los conductores a 240 V y la que se pierde a 120 V (suponiendo que todas las resistencias son óhmicas y que los cables de conexión son los mismos).

20.4 Ondas electromagnéticas

OBJETIVOS: a) Explicar la naturaleza física, el origen y la forma de propagación de las ondas electromagnéticas y b) describir algunas de las propiedades y usos de diversas clases de ondas electromagnéticas.

En la sección 11.4 se consideró que las **ondas electromagnéticas** (o la *radiación electromagnética*) constituyen un medio de transmisión de calor. Ahora ya se está en condiciones de comprender la producción y las características de la radiación electromagnética, pues esas ondas se pueden describir en términos de campos eléctricos y magnéticos.

El físico escocés James Clerk Maxwell (1831-1879) fue el primero en *unificar* los fenómenos eléctricos y magnéticos. Utilizando matemáticas complejas, tomó las ecuaciones que rigen cada uno de estos campos y predijo la existencia de ondas electromagnéticas. De hecho, fue aún más lejos y calculó su rapidez en el vacío, y sus predicciones concordaron con los experimentos. Como un reconocimiento a estas contribuciones, al conjunto de ecuaciones se le llama *ecuaciones de Maxwell*, aunque en su mayor parte esas ecuaciones las dedujeron otros científicos (por ejemplo, la ley de Faraday de la inducción).

En esencia, en las ecuaciones de Maxwell se combinan el campo eléctrico y el campo magnético para formar un solo campo electromagnético. Los campos que aparentemente están separados se relacionan de forma simétrica de tal manera que cualquiera de ellos puede crear al otro, en las condiciones adecuadas. Esta simetría es evidente en las ecuaciones (que no se muestra en este libro). Por ahora, basta con una descripción cualitativa:

> Un campo magnético variable en el tiempo produce un campo eléctrico variable en el tiempo.
> Un campo eléctrico variable en el tiempo produce un campo magnético variable en el tiempo.

Ilustración 32.1 *Creación de ondas electromagnéticas*

El primer enunciado resume nuestras observaciones en la sección 20.1: un flujo magnético que cambia origina una fem inducida, que, a la vez, produce una corriente. La segunda afirmación (que no estudiaremos en detalle) es básica para comprender las características de autopropagación de las ondas electromagnéticas. Juntos, los dos fenómenos permiten que esas ondas se propaguen por el vacío, mientras que todas las demás ondas requieren un medio que las soporte.

Según la teoría de Maxwell, al *acelerar* las cargas eléctricas —como un electrón en oscilación—, se producen ondas electromagnéticas. El electrón en cuestión podría, por ejemplo, ser uno de los muchos electrones de la antena metálica de un radiotransmisor, impulsados por un oscilador (voltaje) eléctrico a una frecuencia de 10^6 Hz (1 MHz). Al oscilar cada electrón, se acelera y desacelera de forma continua, por lo que irradia una onda electromagnética (▼figura 20.20a). Las oscilaciones continuas de muchos electrones producen campos eléctricos y magnéticos variables en el tiempo, en la cercanía inmediata de la antena. El campo eléctrico que se ve en la figura 20.20a está en el plano de la página y cambia continuamente de dirección, al igual que el campo magnético (que se ve en gris claro, y que entra y sale de la página).

Los campos eléctrico y magnético transportan energía y se propagan alejándose con la rapidez de la luz. Esta rapidez se representa con la letra c y, con tres cifras significativas, es $c = 3.00 = 10^8$ m/s. Los resultados de Maxwell demuestran que a grandes distancias de la fuente, esas ondas se vuelven planas. (La figura 20.20b muestra una onda en un momento determinado en el tiempo.) En este caso, el campo eléctrico ($\vec{\mathbf{E}}$) es perpendicular al campo magnético ($\vec{\mathbf{B}}$), y ambos varían en forma senoidal con respecto al tiempo. Tanto $\vec{\mathbf{E}}$ como $\vec{\mathbf{B}}$ son perpendiculares a la dirección de propagación de la onda. Por consiguiente, las ondas electromagnéticas son ondas *transversales*, en las que los *campos* oscilan en dirección perpendicular a la dirección de propagación. De acuerdo con la teoría de Maxwell, cuando cambia un campo crea al otro. Este proceso se repite una y otra vez, y origina la onda electromagnética viajera a la que llamamos luz. Un resultado importante de todo esto es el siguiente:

> En el vacío, todas las ondas electromagnéticas, independientemente de su frecuencia o de su longitud de onda, viajan con la misma rapidez, $c = 3.00 \times 10^8$ m/s.

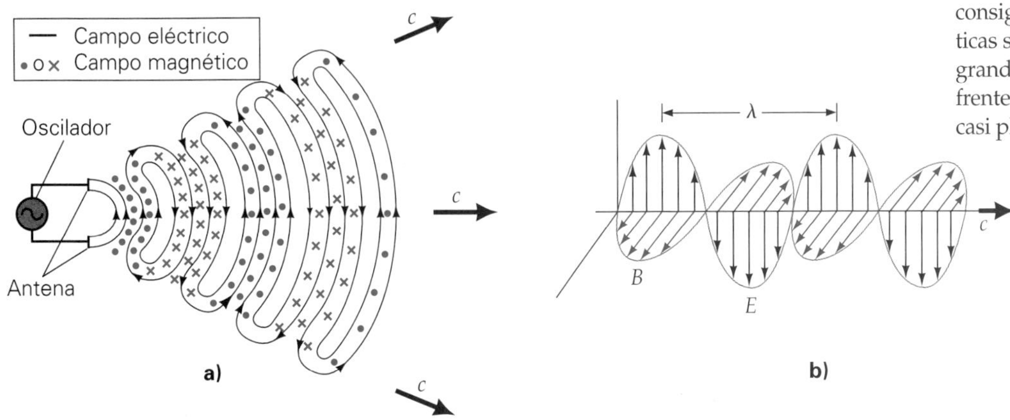

▼ **FIGURA 20.20 Origen de las ondas electromagnéticas** Las ondas electromagnéticas se producen, fundamentalmente, al acelerar cargas eléctricas. ***a)*** Aquí, las cargas (electrones) en una antena metálica se mueven mediante una fuente de voltaje oscilante. Conforme la polaridad de la antena y la dirección de la corriente cambian de forma periódica, los campos eléctrico y magnético alternos se propagan alejándose. Estos campos son perpendiculares a la dirección de la propagación de la onda. Por consiguiente, las ondas electromagnéticas son ondas transversales. ***b)*** A grandes distancias de la fuente, los frentes de onda curvos se vuelven casi planos.

Como las distancias en la vida diaria son muy cortas, normalmente se ignora el retraso del tiempo que se debe al recorrido de la luz. Sin embargo, en los viajes interplanetarios, este retraso ocasiona problemas. Veamos el siguiente ejemplo.

Ejemplo 20.9 ■ Control a larga distancia: la rapidez de las ondas electromagnéticas en el vacío

Las sondas espaciales *Viking* llegaron a Marte en 1976 y enviaron a la Tierra señales de radio y televisión (ambas ondas electromagnéticas). ¿Qué tanto más tardó una señal en llegar a su destino cuando Marte estaba más alejado de la Tierra, que cuando estaba más cerca? Las distancias promedio de Marte y la Tierra con respecto al Sol son de 229 millones de km (d_M) y 150 millones de km (d_E), respectivamente. Suponga que ambos planetas tienen órbitas circulares y considere las distancias promedio como radios de círculos.

Razonamiento. Este caso requiere un cálculo de distancia en función del tiempo. Los planetas están más alejados cuando están en los lados opuestos del Sol y, en consecuencia, están separados por una distancia $d_M + d_E$. (En este caso las señales deberían atravesar el Sol, lo cual naturalmente no es posible. Sin embargo, sirve para determinar el límite superior de los tiempos de transmisión.) Los planetas están más cerca cuando están alineados en el mismo lado del Sol; en este caso, su separación es igual a $d_M - d_E$. (Dibuje un diagrama que lo ayude a visualizar esta configuración.) Como se conoce la rapidez de las ondas electromagnéticas en el vacío, es posible calcular los tiempos con la fórmula $t = d/c$.

Solución. Se listan los datos y se hace la conversión de las distancias a metros,

Dado: $d_M = 229 \times 10^6\ \text{km} = 2.29 \times 10^{11}\ \text{m}$
$d_E = 150 \times 10^6\ \text{km} = 1.50 \times 10^{11}\ \text{m}$

Encuentre: Δt (la diferencia de tiempos que tarda la luz en recorrer las distancias más larga y más corta)

Las ondas de radio y televisión viajan con la rapidez c. Así, el tiempo de recorrido más largo t_L es

$$t_L = \frac{d_M + d_E}{c} = \frac{3.79 \times 10^{11}\ \text{m}}{3.00 \times 10^8\ \text{m/s}} = 1.26 \times 10^3\ \text{s} \quad (\text{o } 21.1\ \text{min})$$

Para la distancia más corta, el tiempo de recorrido t_s es

$$t_S = \frac{d_M - d_E}{c} = \frac{7.90 \times 10^{10}\ \text{m}}{3.00 \times 10^8\ \text{m/s}} = 2.63 \times 10^2\ \text{s} \quad (\text{o } 4.39\ \text{min})$$

Entonces, la diferencia de tiempos es $\Delta t = t_L - t_s = 1.00 \times 10^3$ s (o 16.7 min).

Ejercicio de refuerzo. Suponga que un vehículo explorador en Marte (véase el ejemplo 2.1, p. 34) se dirige hacia una roca a 2.0 m delante de él. Cuando está a esa distancia, envía una foto de la roca a los controladores en la Tierra. Si Marte está en su punto más cercano a la Tierra, ¿cuál es la rapidez máxima que puede tener el vehículo de exploración para evitar el choque contra la roca? Suponga que la señal de video del vehículo explorador llega a la Tierra, y que de inmediato se le manda una señal para que se detenga.

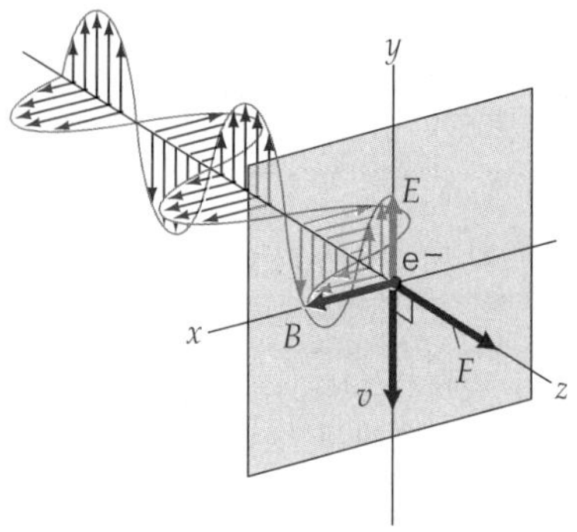

Presión de la radiación

Una onda electromagnética porta energía. En consecuencia, puede efectuar trabajo y ejercer una fuerza sobre algún material con el que choque. Imaginemos la luz que cae sobre un electrón en reposo sobre una superficie (◂figura 20.21). El campo eléctrico de la onda electromagnética ejerce una fuerza sobre el electrón, comunicándole una velocidad ($\vec{\mathbf{v}}$) hacia abajo, como se indica en la figura. Como una partícula cargada que se mueve en un campo magnético está sometida a una fuerza, sobre el electrón hay una fuerza magnética que se debe al componente del campo magnético de la onda luminosa. De acuerdo con la regla de la mano derecha, esta fuerza tiene la dirección de propagación de la onda (figura 20.21a). Como la onda electromagnética produce la misma fuerza sobre muchos electrones, ejerce una fuerza sobre la superficie como un todo, en la dirección en la que se propaga.

La fuerza de radiación que se ejerce sobre una superficie se llama **presión de radiación**. Esta presión es insignificante en la mayor parte de las situaciones cotidianas, pero es importante en los fenómenos atmosféricos y astronómicos, al igual que en la fí-

▲ **FIGURA 20.21 La presión de radiación** El campo eléctrico de una onda electromagnética que choca con una superficie actúa sobre un electrón y le comunica una velocidad. El campo magnético ejerce entonces una fuerza sobre la carga en movimiento, en la dirección de propagación de la luz incidente. (Verifique esta dirección usando la regla de la mano derecha para fuerzas magnéticas.)

sica atómica y nuclear, donde las masas son pequeñas y no hay fricción. Por ejemplo, la presión de radiación desempeña un papel clave en la determinación de la dirección en la que apuntan las colas de los cometas. La luz solar entrega energía a la "cabeza" del cometa, formada por hielo y polvo. Parte de este material se evapora cuando el cometa se acerca al Sol, y la presión de radiación empuja los gases evaporados haciendo que se alejen del Sol. Así, la cola en general apunta alejándose del Sol, sin importar si el cometa se acerca o se aleja de este astro.

Otro uso potencial de la presión de la radiación solar es la propulsión de satélites "veleros" interplanetarios, que se alejan del Sol en una órbita en espiral que se amplía lentamente, hasta llegar a los planetas exteriores (▸figura 20.22a). Para generar la fuerza suficiente y usar la presión extremadamente baja de la luz solar, las velas deberían tener una superficie muy grande, y el satélite debería tener tan poca masa como fuera posible. La recompensa es que no se necesitaría combustible (a excepción de cantidades pequeñas para corregir el curso), una vez lanzado el satélite. Examine el siguiente Ejemplo conceptual, acerca de la presión de radiación y los viajes espaciales.

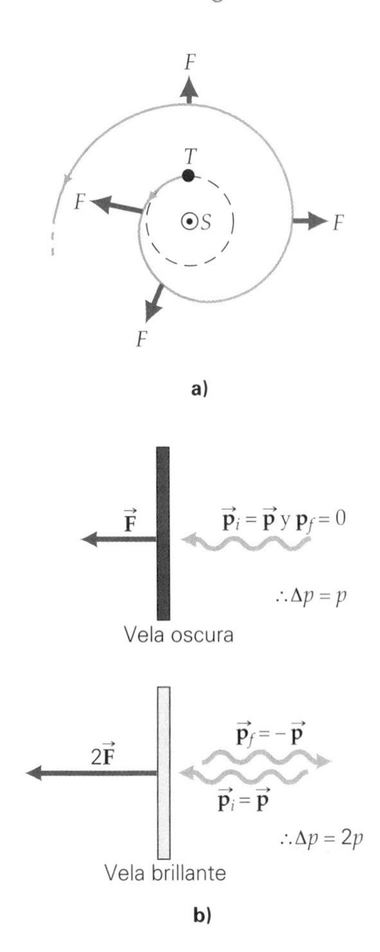

▲ **FIGURA 20.22 "Velero" en el sistema solar** ***a*)** Una sonda espacial lanzada desde la Tierra (T), equipada con una gran vela, actuaría de acuerdo con la presión de la radiación solar (el Sol se denota por S). Esta fuerza gratuita haría que el satélite se alejara describiendo una espiral. Con la planeación adecuada, la nave podría llegar a los planetas exteriores con poco o nada de combustible adicional. Note la reducción en la fuerza con la distancia. ***b*)** ¿Es mejor que la vela sea oscura o brillante? Véase el Ejemplo conceptual 20.10 y la conservación de la cantidad de movimiento.

Ejemplo conceptual 20.10 ■ Velero en el espacio: la presión de radiación en acción

Considere el diseño de un vehículo espacial relativamente ligero, con una "vela" gigantesca, que serviría como sonda interplanetaria. Con poca o nada de energía propia, usaría la presión de la luz solar para impulsarse y llegar a los planetas exteriores. Para obtener la máxima fuerza de propulsión, ¿qué clase de superficie debería tener la vela? *a*) Brillante y reflectora, *b*) oscura y absorbente o *c*) no importarían las características de la superficie.

Razonamiento y respuesta. A primera vista, se podría pensar que la respuesta correcta es *c*. Sin embargo, como hemos visto, la radiación es *capaz* de ejercer fuerzas y transfiere cantidad de movimiento a todo aquel objeto con el que choca. Así, la interacción entre la radiación y la vela se describe en términos de la conservación de la cantidad de movimiento, como se ve en la figura 20.22b. (Véase la sección 6.3.) Si se absorbe la radiación, la situación es análoga a la de un choque totalmente inelástico (como cuando choca una bola de plastilina contra una puerta), y la vela adquiriría toda la cantidad de movimiento ($\vec{p}$) que poseía originalmente la radiación.

Sin embargo, si la radiación se *refleja*, el caso es análogo al de un choque totalmente elástico, como el de una bola que rebota en un muro (véase la sección 6.1). Como la cantidad de movimiento de la radiación después del choque sería igual en magnitud a su cantidad de movimiento inicial, pero con sentido contrario, esa cantidad de movimiento se invertiría (de $\vec{p}$ a $-\vec{p}$). Para conservar la cantidad de movimiento, la cantidad de movimiento transferida a la vela brillante sería el doble ($2\vec{p}$) que con la vela oscura. Como la fuerza es igual a la rapidez de cambio de la cantidad de movimiento, las velas reflectoras tendrían, en promedio, el doble de fuerza que las absorbentes. Así que la respuesta correcta es *a*.

Ejercicio de refuerzo. *a*) En este ejemplo, ¿la vela daría más o menos aceleración conforme la nave se aleja del Sol? *b*) Explique cómo un cambio en el área de la vela podría contrarrestar este cambio.

Clases de ondas electromagnéticas

Las ondas electromagnéticas se clasifican en regiones en un espectro de frecuencias o longitudes de onda. Recuerde que en el capítulo 13 se explicó que la frecuencia y la longitud de onda tienen una relación inversa mediante la relación $\lambda = c/f$, en la que la rapidez general de la onda v se sustituyó por la rapidez de la luz c. Cuanto mayor sea la frecuencia, menor será la longitud de onda, y viceversa. El espectro electromagnético es continuo, por lo que los límites de las diversas regiones son aproximados (▾figura 20.23). La tabla 20.1 (siguiente página) muestra estas regiones de frecuencia y longitud de onda para los tipos generales de ondas electromagnéticas.

Ondas de potencia Las ondas electromagnéticas de 60 Hz de frecuencia se producen por las corrientes alternas en los circuitos eléctricos. Estas ondas de potencia tienen una longitud de onda de $5.0 = 10^6$ m o 5000 km (más de 3000 mi). Las ondas de frecuencias tan bajas tienen pocos usos prácticos. A veces producen el llamado murmullo de 60 Hz en los equipos estereofónicos, o son los causantes de ruidos eléctricos no deseados en los instrumentos delicados. Preocupan más los posibles efectos de estas ondas sobre la salud. Algunos de los primeros estudios parecían indicar que los campos

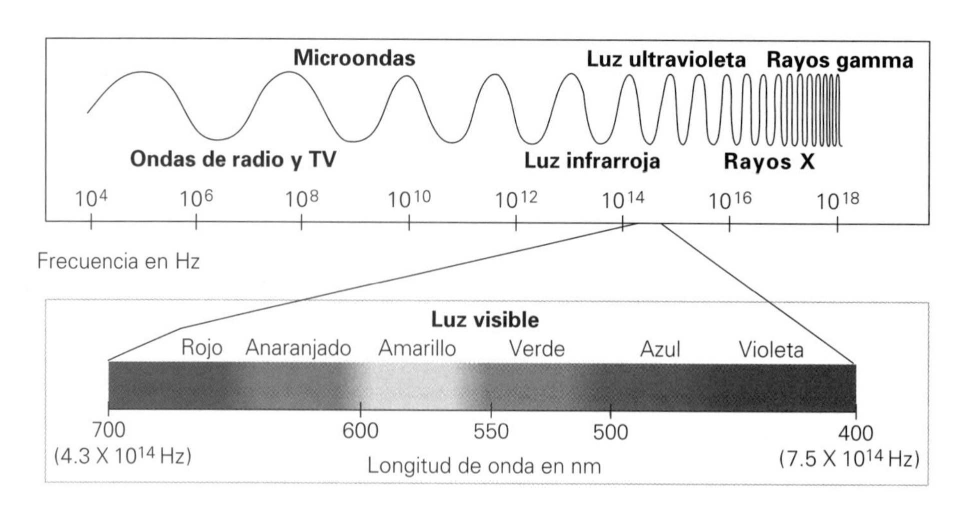

▶ **FIGURA 20.23 El espectro electromagnético** El espectro de frecuencias o longitudes de onda se divide en regiones, o intervalos. Observe que la región de la luz visible es una parte muy pequeña del espectro electromagnético total. Para la luz visible, las longitudes de onda se expresan generalmente en nanómetros (1 nm = 10^{-9} m). (Los tamaños relativos de las longitudes de onda que aparecen en la parte superior de la figura no están a escala.) (Véase el pliego a color al final del libro.)

TABLA 20.1 Clasificación de las ondas electromagnéticas

Tipo de onda	*Intervalo aproximado de frecuencias (Hz)*	*Intervalo aproximado de longitudes de onda (m)*	*Algunas fuentes comunes*
Ondas de potencia	60	5.0×10^6	Corrientes eléctricas
Ondas de radio AM	$(0.53 \times 10^6)-(1.7 \times 10^6)$	570–186	Circuitos eléctricos/antenas
Ondas de radio FM	$(88 \times 10^6)-(108 \times 10^6)$	3.4–2.8	Circuitos eléctricos/antenas
TV	$(54 \times 10^6)-(890 \times 10^6)$	5.6–0.34	Circuitos eléctricos/antenas
Microondas	10^9-10^{11}	$10^{-1}-10^{-3}$	Tubos de vacío especiales
Radiación infrarroja	$10^{11}-10^{14}$	$10^{-3}-10^{-7}$	Cuerpos tibios y calientes, estrellas
Luz visible	$(4.0 \times 10^{14})-(7.0 \times 10^{14})$	10^{-7}	El Sol y otras estrellas; lámparas
Radiación ultravioleta	$10^{14}-10^{17}$	$10^{-7}-10^{-10}$	Cuerpos muy calientes, estrellas y lámparas especiales
Rayos X	$10^{17}-10^{19}$	$10^{-10}-10^{-12}$	Choques de electrones a alta rapidez y procesos atómicos
Rayos gamma	Por arriba de 10^{19}	Por debajo de 10^{-12}	Reacciones nucleares y procesos de decaimiento nuclear

con muy baja frecuencia tienen efectos biológicos potencialmente dañinos sobre células y tejidos. Sin embargo, investigaciones recientes indican que esto no es verdad.

Ondas de radio y televisión Estas ondas están, en general, en el intervalo comprendido entre 500 kHz y 1000 MHz. La banda de amplitud modulada (AM) va de 530 a 1710 kHz (1.71 MHz). Las frecuencias mayores, hasta 54 MHz, se utilizan en las bandas de "onda corta". Las bandas de TV van de 54 a 890 MHz. La banda de radio de frecuencia modulada (FM) va de 88 a 108 MHz, que está en un hueco entre los canales 6 y 7 de la región de las bandas de televisión. Los teléfonos celulares emplean ondas de radio para transmitir comunicación de voz en la banda de frecuencia ultra-alta (UHF), cuyas frecuencias se parecen a las que se usan en los canales 13 o mayores de la televisión.

Las primeras comunicaciones internacionales usaban bandas de "onda corta", igual que los operadores de radio aficionados de hoy. Pero, ¿cómo se transmiten las ondas de radio, que normalmente describen trayectorias rectas, rodeando la curvatura de la Tierra? Esta hazaña se logra con la reflexión en las capas iónicas de la atmósfera superior. Las partículas energéticas que proceden del Sol ionizan las moléculas de gas y originan varias capas de iones. Algunas de esas capas reflejan las ondas de radio. Así, al "hacer rebotar" las ondas de radio en esas capas, es posible transmitir señales más allá del horizonte, a cualquier lugar del mundo.

Esta reflexión de las ondas de radio requiere que las capas de iones tengan densidad uniforme. Cuando una perturbación solar produce un aguacero de partículas energéticas que perturba esta uniformidad, puede presentarse un "oscurecimiento" de las comunicaciones, cuando las ondas de radio se dispersan en muchas direcciones en lugar de reflejarse en líneas rectas. En el pasado, para evitar esas perturbaciones, las comunicaciones internacionales tuvieron que basarse principalmente en cables transoceánicos. Ahora contamos con satélites de comunicaciones, que permiten transmitir señales por la línea de vista a cualquier punto del planeta.

Microondas Las microondas, con frecuencias del orden de los gigahertz (GHz), se generan en tubos especiales de vacío (llamados *klistrones* y *magnetrones*). Se usan con frecuencia en aplicaciones de comunicaciones y de radar. Además de sus funciones como guía en la navegación, el radar es la base de los medidores de rapidez que se usan para cronometrar eventos, como los lanzamientos en el béisbol, y para detectar a los conductores que infringen los límites de velocidad, todo esto gracias al efecto Doppler (véase la sección 14.5). Cuando las ondas de radar se reflejan en un objeto en movimiento, la magnitud y el signo del desplazamiento indican la velocidad del objeto.

Radiación infrarroja (IR) La región infrarroja del espectro electromagnético está al lado del extremo de baja frecuencia, o de larga longitud de onda, del espectro visible. Un cuerpo cálido emite radiación IR, que depende de su temperatura. Un cuerpo a la temperatura ambiente emite radiación en la región lejana del infrarrojo. (En este caso, el término "lejana" se utiliza en relación con la región visible.)

Recuerde que en la sección 11.4 se explicó que la radiación infrarroja se llama a veces "rayos de calor". Esto se debe a que las moléculas de agua, presentes en la mayor parte de los materiales, absorben con facilidad la radiación en la región de longitudes de onda infrarroja. Cuando lo hacen aumentan su movimiento térmico aleatorio; se "calientan" y también calientan su entorno. Las lámparas infrarrojas se usan en aplicaciones terapéuticas, como para aliviar el dolor de músculos tensos, y para mantener calientes los alimentos en los restaurantes. La radiación IR también se asocia con la conservación de la temperatura de la Tierra a través del *efecto invernadero*. En este efecto, la luz visible que llega (que pasa con relativa facilidad por la atmósfera) es absorbida por la superficie terrestre y se vuelve a irradiar en forma de radiación infrarroja, que queda atrapada por los gases de invernadero, como el dióxido de carbono y el vapor de agua, que son opacos a esta radiación. El nombre del efecto proviene de los invernaderos, en donde el vidrio (y no gases atmosféricos) atrapa la energía.

Luz visible La región de la luz visible ocupa sólo una pequeña parte del espectro electromagnético. Su frecuencia va desde aproximadamente 4×10^{14} Hz hasta casi 7×10^{14} Hz. En términos de longitudes de onda, esto equivale al intervalo comprendido entre 700 y 400 nm (figura 20.23). Recuerde que 1 nanómetro (nm) $= 10^{-9}$m. Sólo la radiación en esta región de frecuencias es la que activa los receptores del ojo humano. La luz visible emitida o reflejada de los objetos que nos rodean brinda información visual acerca de nuestro mundo. La luz visible y la óptica se estudiarán en los capítulos 22 al 25.

Es interesante notar que no todos los animales son sensibles al mismo intervalo de longitudes de onda. Por ejemplo, las serpientes pueden detectar la radiación infrarroja, y el espectro visible de muchos insectos se extiende hasta abarcar el intervalo ultravioleta. El intervalo de sensibilidad del ojo humano se apega bastante al espectro de longitudes de onda emitidas por el Sol. La máxima sensibilidad del ojo humano está en la misma región del amarillo-verde, donde las emisiones de energía del Sol son máximas (longitudes de onda de 550 nm).

Radiación ultravioleta (UV) Aunque el espectro del Sol está formado principalmente por luz visible, tiene un componente pequeño de luz ultravioleta (UV), cuyo intervalo de frecuencias está más allá del extremo violeta de la región visible. La radiación ultravioleta también se puede producir con lámparas especiales y con cuerpos muy calientes. Además de causar el bronceado de la piel, la radiación UV puede causar quemaduras y/o cáncer de la piel, si la exposición a ella es demasiado prolongada.

Al llegar a la Tierra, la mayor parte de la emisión ultravioleta solar se absorbe en la capa de ozono (O_3) de la atmósfera, a una altitud comprendida entre 30 y 50 km. Como la capa de ozono desempeña un papel esencial en la protección frente a los rayos ultravioleta, hay preocupación acerca de su agotamiento a causa de los gases de clorofluorocarbonos (como el freón, que alguna vez se usó en los refrigeradores), que se difunden hacia arriba y reaccionan con el ozono.

La mayor parte de la radiación ultravioleta es absorbida por el vidrio ordinario. En consecuencia, no se puede conseguir un buen bronceado a través de vidrieras. En las etiquetas de los anteojos para sol se indica con qué tipo de normas cumplen para proteger a los ojos de esta radiación potencialmente peligrosa. También hay ciertas clases de vidrio de alta tecnología (vidrio "fotogris") que se oscurece al exponerse a la radiación UV. Estos materiales son la base de los anteojos solares "de transición", que se oscurecen al exponerse a la luz solar. Naturalmente, esos anteojos no resultan muy útiles cuando alguien con-

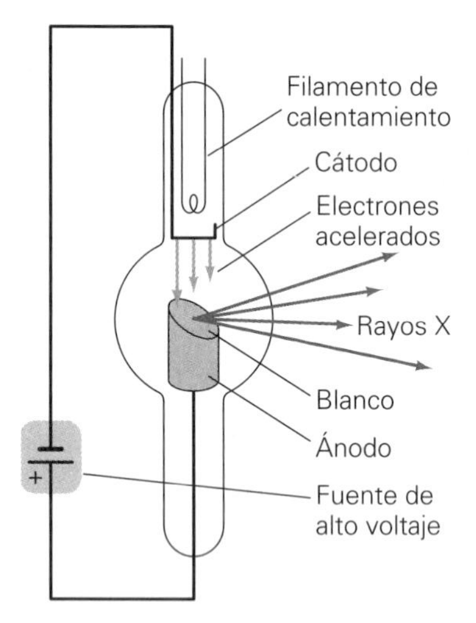

▲ **FIGURA 20.24 El tubo de rayos X** Electrones acelerados por medio de un alto voltaje chocan con un electrodo, que sirve como blanco. Allí se desaceleran e interactúan con los electrones de los átomos del material con el que chocan. Durante el proceso de "frenado" (desaceleración) se emite energía en forma de rayos X.

duce un automóvil (¿por qué?). Los soldadores usan gafas o caretas con vidrio especial para protegerse los ojos de las grandes cantidades de radiación UV producidas en los arcos de soldadura. Asimismo, es importante proteger los ojos de las lámparas solares y de las superficies cubiertas de nieve. El componente ultravioleta de la luz solar reflejada en las superficies nevadas produce ceguera de nieve en los ojos no protegidos.

Rayos X Más allá de la región ultravioleta del espectro electromagnético se encuentra la importante región de rayos X. Estamos familiarizados con los rayos X, principalmente por sus aplicaciones médicas. Fue el físico alemán, Wilhelm Roentgen (1845-1923), quien los descubrió en forma accidental, en 1895, al notar la fosforescencia de un trozo de papel fluorescente, causada por alguna radiación misteriosa proveniente de un tubo de rayos catódicos. Por su naturaleza misteriosa, a esta radiación de se le llamó *radiación x*, o *rayos X*.

En la ◂figura 20.24 se ven los elementos básicos de un tubo de rayos X. Un voltaje acelerador, normalmente de algunos miles de volts, se aplica entre los electrodos en un tubo sellado y al vacío. Los electrones que emite el electrodo negativo caliente (cátodo) se aceleran hacia el electrodo positivo (ánodo). Cuando chocan con el ánodo, parte de su energía térmica perdida se convierte en rayos X.

Un proceso similar se efectúa en los cinescopios de televisión a color, que utilizan altos voltajes y haces de electrones. Cuando los electrones, que llevan una gran rapidez, chocan con la pantalla, pueden emitir rayos X al ambiente. Por fortuna, todos los televisores modernos tienen el blindaje necesario para proteger a los espectadores contra esta radiación. En los primeros años de la televisión a color no siempre sucedía así, de ahí la frecuente recomendación: "No se siente muy cerca de la pantalla".

Como se sabe, la energía que transporta la radiación electromagnética depende de su frecuencia. Los rayos X de alta frecuencia tienen energías muy altas, y pueden causar cáncer, quemaduras de piel y otros efectos dañinos. Sin embargo, a bajas intensidades se pueden usar con relativa seguridad para ver la estructura interna del cuerpo humano y la de otros objetos opacos.* Los rayos X son capaces de atravesar materiales que son opacos a otras clases de radiación. Cuanto más denso es el material, mayor es la absorción de rayos X, y menos intensa es la radiación transmitida. Por ejemplo, cuando los rayos X atraviesan el cuerpo humano, se absorben o se dispersan mucho más en los huesos que en los demás tejidos. Si la radiación transmitida llega a una placa o película fotográfica, las áreas expuestas muestran variaciones de intensidad, lo que da por resultado una imagen de las estructuras internas.

La combinación de las computadoras con las modernas máquinas de rayos X permite formar imágenes tridimensionales mediante una técnica llamada *tomografía computarizada* o TC (▾figura 20.25).

Rayos gamma Las ondas electromagnéticas de la zona de frecuencias superiores del espectro electromagnético conocido se llaman *rayos gamma* (rayos γ). Esta radiación de alta frecuencia se produce en las reacciones nucleares, en los aceleradores de partículas y también como resultado de algunos tipos de decaimiento o desintegración nuclear (radiactividad).

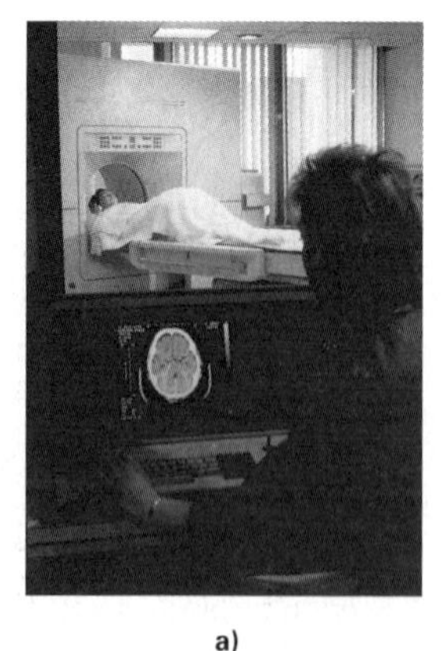
a)

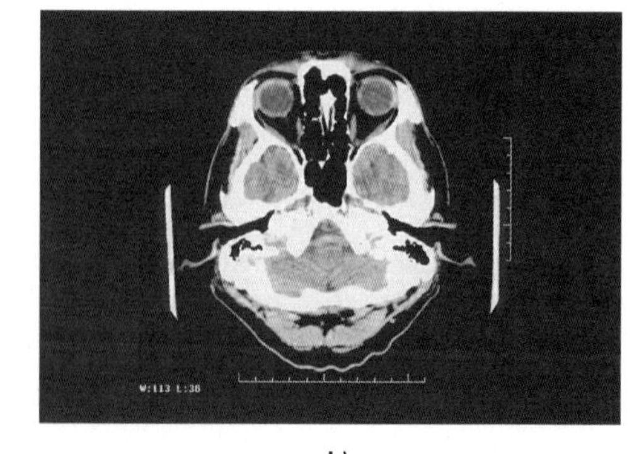
b)

▸ **FIGURA 20.25 Tomografía computarizada (TC)** En una imagen ordinaria de rayos X, todo el espesor del cuerpo se proyecta en una película. Sin embargo, con frecuencia, sus estructuras internas se traslapan y es difícil distinguir los detalles. En la tomografía (del griego *tomo*, que significa "rebanada" y *grafos*, que significa "imagen") computarizada, los haces de rayos X pueden obtener imágenes de una "rebanada" del organismo. ***a)*** La radiación transmitida se registra con una serie de detectores, y se procesa en una computadora. Con la información de varias rebanadas, la computadora forma una imagen tridimensional. También es posible mostrar una imagen única para hacer un estudio más minucioso, como se ve en el monitor. ***b)*** Una imagen de TC de un cerebro con un tumor benigno.

*La mayor parte de los científicos de la salud creen que no hay un "umbral" seguro para los rayos X u otras radiaciones de energía; esto es, no hay nivel de exposición que esté totalmente a salvo de riesgos. Por otra parte, creen que algunos de los efectos dañinos son acumulativos durante toda la vida. En consecuencia, las personas deben evitar radiografías innecesarias u otras exposiciones a la radiación "dura". Sin embargo, cuando se emplean adecuadamente, los rayos X constituyen una herramienta de diagnóstico extremadamente útil, capaz de salvar vidas.

Repaso del capítulo

- El **flujo magnético (Φ)** es una medida de la cantidad de líneas magnéticas que atraviesan una área. Para una sola espira de alambre de área A, se define como

$$\Phi = BA\cos\theta \qquad (20.1)$$

en donde B es la intensidad del campo magnético (se supone constante en el área), A es el área y θ es el ángulo que forma la dirección del campo magnético con la normal al plano del área.

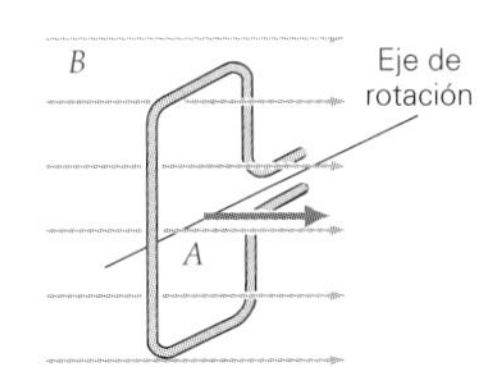

- La **ley de Faraday de la inducción** relaciona la fem inducida en una espira (o bobina compuesta de N espiras en serie) con la rapidez de cambio del flujo magnético a través de esa espira (o bobina).

$$\mathscr{E} = -N\frac{\Delta\Phi}{\Delta t} \qquad (20.2)$$

donde $\Delta\Phi$ el cambio de flujo a través de *una espira* o *vuelta*, en tanto que hay N vueltas.

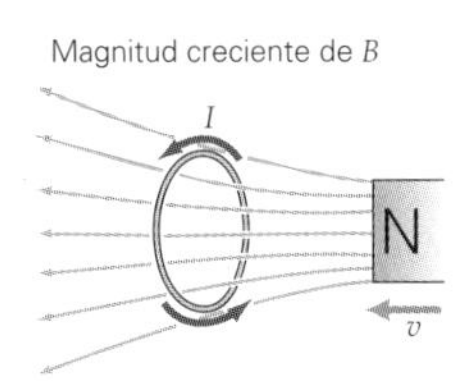

- La **ley de Lenz** establece que cuando un cambio en el flujo magnético induce una fem en una bobina, espira o circuito, la dirección de la corriente resultante, o inducida, es tal que crea su propio campo magnético, que se opone al cambio del flujo.

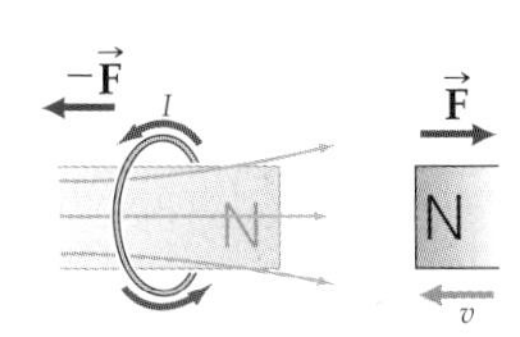

- Un **generador de ca** convierte la energía mecánica en energía eléctrica. La fem del generador en función del tiempo es

$$\mathscr{E} = \mathscr{E}_o \operatorname{sen}\omega t \qquad (20.4)$$

donde $\mathscr{E}_o$ es la fem máxima.

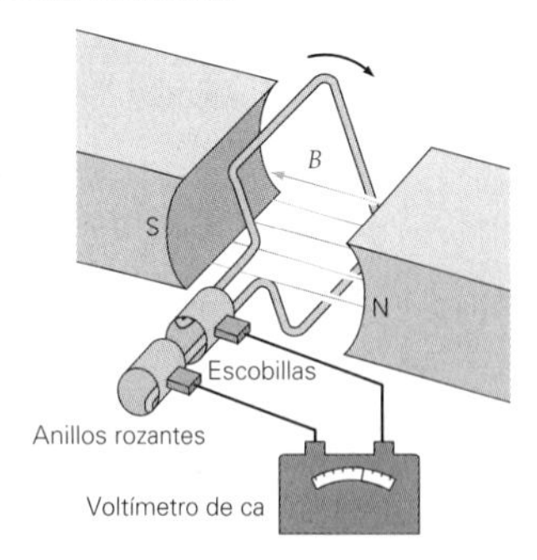

- Un **transformador** es un dispositivo que cambia el voltaje que le llega mediante la inducción. El voltaje aplicado al lado de la entrada o primario (p) del transformador cambia al voltaje de salida o secundario (s), según la ecuación

$$V_s = \left(\frac{N_s}{N_p}\right)V_p \qquad (20.10a)$$

$$I_s = \left(\frac{N_p}{N_s}\right)I_p \qquad (20.10b)$$

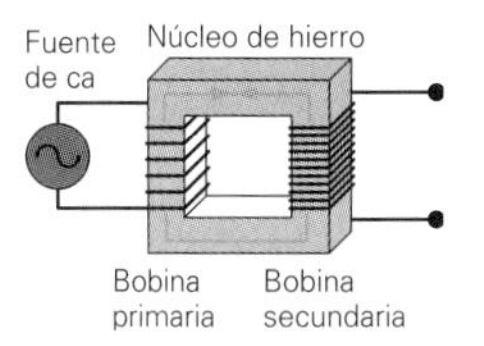

- Una **onda electromagnética** (luz) consiste en campos eléctricos y magnéticos variables en el tiempo, que se propagan con una rapidez constante en el vacío ($c = 3.00 \times 10^8$ m/s). Los diversos tipos de radiación (como los rayos UV, las ondas de radio y la luz visible) difieren en frecuencia y longitud de onda.

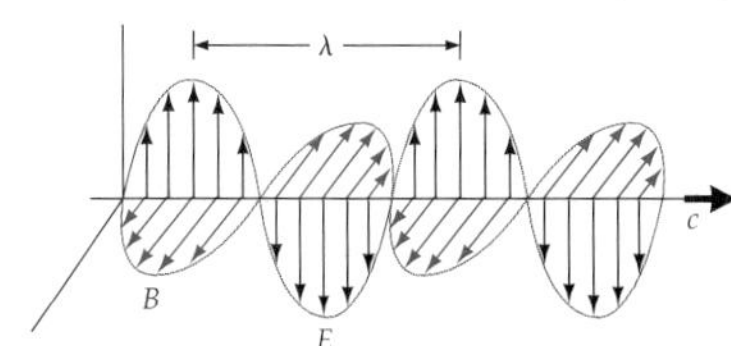

- La radiación electromagnética transporta energía y cantidad de movimiento, y puede ejercer una fuerza llamada **presión de radiación**.

Ejercicios

Los ejercicios designados **OM** *son preguntas de opción múltiple; los* **PC** *son preguntas conceptuales; y los* **EI** *son ejercicios integrados. A lo largo del texto, muchas secciones de ejercicios incluirán ejercicios "apareados". Estos pares de ejercicios, que se identifican con* <u>números subrayados</u>, *pretenden ayudar al lector a resolver problemas y aprender. El primer ejercicio de cada pareja (el de número par) se resuelve en la Guía de estudio, que puede consultarse si se necesita ayuda para resolverlo. El segundo ejercicio (de número impar) es similar, y su respuesta se da al final del libro.*

20.1 Fem inducida: ley de Faraday y ley de Lenz

1. **OM** Una unidad de flujo magnético es *a*) Wb, *b*) T · m^2, *c*) T · m/A o *d*) tanto *a* como *b*.

2. **OM** El flujo magnético que atraviesa una espira puede alterarse como resultado de un cambio de *a*) el área de la bobina, *b*) la intensidad del campo magnético, *c*) la orientación de la espira o *d*) todos los anteriores.

3. **OM** Para que aparezca una corriente inducida en una espira de alambre, *a*) debe haber un flujo magnético en ella, *b*) el plano de la espira debe ser paralelo al campo magnético, *c*) el plano de la espira debe ser perpendicular al campo magnético o *d*) el flujo magnético que pasa por ella debe variar en el tiempo.

4. **OM** Espiras individuales e idénticas A y B están orientadas de manera que inicialmente tienen la cantidad máxima de flujo en un campo magnético. Entonces, la espira A se hace girar rápidamente de forma que su normal sea perpendicular al campo magnético, y, al mismo tiempo, la espira B se hace girar de forma que su normal forme un ángulo de 45° con el campo. ¿Cómo se comparan sus fuerzas electromotrices inducidas? *a*) Son iguales, *b*) la de A es mayor que la de B, *c*) la de B es mayor que la de A o *d*) no es posible conocer las magnitudes relativas de las fuerzas electromotrices a partir de los datos.

5. **OM** Espiras individuales idénticas A y B están orientadas de manera que tienen la cantidad máxima de flujo cuando se colocan en un campo magnético. Ambas espiras mantienen su orientación relativa al campo, pero, en la misma cantidad de tiempo, A se mueve a una región donde el campo es más intenso, mientras que B se mueve a una región donde el campo es más débil. ¿Cómo se comparan sus fuerzas electromotrices inducidas? *a*) Son iguales, *b*) la de A es mayor que la de B, *c*) la de B es mayor que la de A o *d*) no es posible conocer las magnitudes relativas de las fuerzas electromotrices a partir de los datos.

6. **PC** Un imán recto se deja caer a través de una bobina de alambre como se ve en la ▾figura 20.26. *a*) Describa lo que se observa en el galvanómetro, trazando una gráfica de fem inducida en función de *t*. *b*) ¿El imán cae libremente? Explique por qué.

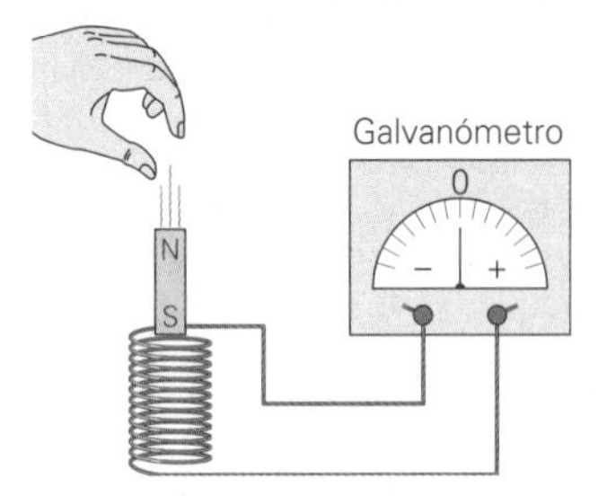

◀ **FIGURA 20.26 Campo magnético variable en el tiempo** ¿Qué medirá el galvanómetro? Véase el ejercicio 6.

7. **PC** En la figura 20.1b, ¿cuál sería la dirección de la corriente inducida en la espira si, en lugar del polo norte, se acercara el polo sur del imán?

8. **PC** En la figura 20.7a, ¿cómo movería usted la bobina para evitar la inducción de cualquier corriente en ella? Explique su respuesta.

9. **PC** La fem inducida en una espira cerrada ¿depende del valor del campo magnético en la espira? Explique su respuesta.

10. **PC** Dos alumnos dejan caer dos poderosos imanes idénticos, al mismo tiempo, al interior de dos tubos verticales de iguales dimensiones (▾figura 20.27). Un tubo es de cobre y el otro es de plástico. ¿De cuál tubo saldrá primero uno de los imanes? ¿Por qué?

◀ **FIGURA 20.27 ¿Caída libre?** Véase el ejercicio 10.

11. **PC** Un teléfono básico consiste en una bocina transmisora y un receptor (▾figura 20.28). Hasta la llegada de los teléfonos digitales en la década de 1990, el transmisor tenía un diafragma acoplado a una cámara de carbón (llamada *botón*), con granos de carbón sueltos en su interior. Al vibrar el diafragma por las ondas sonoras que le llegaban, variaba la presión en los granos haciendo que se colocaran más o menos estrechamente. El resultado era que cambiaba la resistencia del botón. El receptor convertía estos impulsos eléctricos en sonido. Aplique los principios de electricidad y magnetismo que ha aprendido para explicar el funcionamiento básico de esta clase de teléfono.

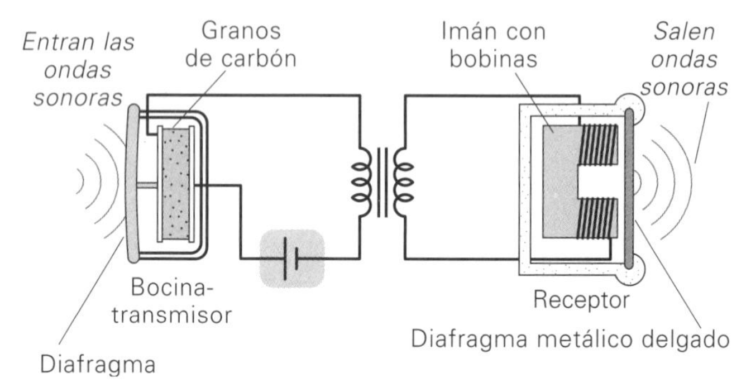

▲ **FIGURA 20.28 Funcionamiento del teléfono** Véase el ejercicio 11.

12. ● Una espira circular con 0.015 m^2 de área está en un campo magnético uniforme de 0.30 T. ¿Cuál es el flujo a través del plano de la espira, si se encuentra *a*) paralela al campo, *b*) formando un ángulo de 37° con el campo y *c*) perpendicular al campo?

13. ● Una espira circular (de 20 cm de radio) se coloca dentro de un campo magnético uniforme de 0.15 T. ¿Qué ángulo (o ángulos) entre la normal al plano de la espira y el campo dará por resultado un flujo con magnitud de $1.4 \times 10^{-2}\ T \cdot m^2$?

14. ● El plano de una espira conductora de 0.020 m^2 de área es perpendicular a un campo magnético uniforme de 0.30 T. Si el campo baja a cero en 0.0045 s, ¿cuál es la magnitud de la fem promedio inducida en la espira?

15. ● Una espira en forma de triángulo rectángulo, con un cateto de 40.0 cm e hipotenusa de 50.0 cm, está en un plano perpendicular a un campo magnético uniforme de 550 mT. ¿Cuál es el flujo que la atraviesa?

16. ● Una bobina cuadrada de alambre con 10 vueltas está en un campo magnético de 0.25 T. El flujo total que pasa por ella es de $0.50\ T \cdot m^2$. Calcule el área de una vuelta si el campo *a*) es perpendicular al plano de la bobina y *b*) forma un ángulo de 60° con el plano de la bobina.

17. ●● Un solenoide ideal con una corriente de 1.5 A tiene 3.0 cm de radio, y su densidad de devanado es de 250 vueltas/m. ¿Cuál es el flujo magnético (que se debe a su propio campo) que pasa sólo por el centro de una de sus espiras?

18. ●● Un campo magnético forma ángulos rectos con el plano de una espira de alambre. Si el campo disminuye 0.20 T en 1.0×10^{-3} s, y la magnitud de la fem promedio inducida en la espira es de 80 V, ¿cuál es el área de la espira?

19. ●● Una espira cuadrada de alambre tiene lados de 40 cm, y está en un campo magnético uniforme perpendicular a su área. Si la intensidad inicial del campo es de 100 mT y baja a cero en 0.010 s, ¿cuál es la magnitud de la fem promedio inducida en la espira?

20. ●● El flujo magnético que atraviesa una espira de alambre se reduce de 0.35 a 0.15 Wb en 0.20 s. La corriente inducida promedio en la bobina es de 10 A. Calcule la resistencia del alambre.

21. ●● Cuando el flujo magnético que atraviesa una sola espira de alambre aumenta en 30 $\mathrm{T \cdot m^2}$, se produce una corriente promedio de 40 A en el conductor. Suponiendo que la resistencia del alambre es de 2.5 Ω, ¿en cuánto tiempo aumentó el flujo?

22. ●● En 0.20 s, una bobina de alambre con 50 vueltas desarrolla una fem inducida promedio de 9.0 V, que se debe a un campo magnético variable perpendicular al plano de la bobina. El radio de la bobina mide 10 cm, y la intensidad inicial del campo magnético es de 1.5 T. Suponiendo que la intensidad del campo disminuye con el tiempo, ¿cuál es su intensidad final?

23. **EI** ●● Un hilo de alambre de longitud ajustable se enreda alrededor de la circunferencia de un globo esférico. Hay un campo magnético uniforme perpendicular al plano de la espira (▾figura 20.29). *a*) Si el globo se infla, ¿qué dirección tiene la corriente inducida, viendo de arriba hacia abajo? 1) Sentido contrario a las manecillas del reloj, 2) el sentido de las manecillas del reloj o 3) no hay corriente inducida. *b*) Si la magnitud del campo magnético es de 0.15 T y el diámetro de la espira aumenta de 20 a 40 cm en 0.040 s, ¿cuál es la magnitud del valor promedio de la fem inducida en la espira?

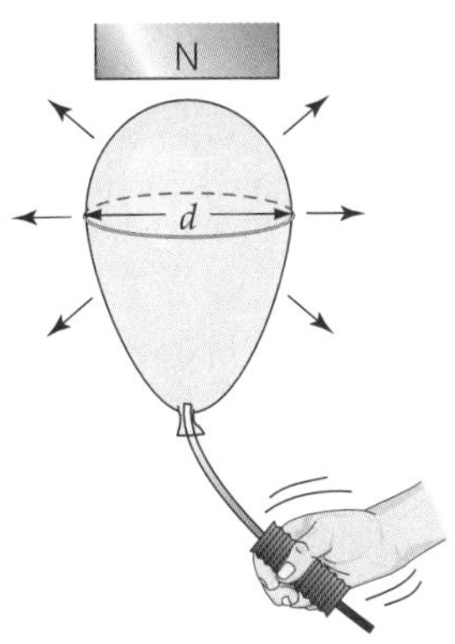

◂ **FIGURA 20.29 Energía de bombeo** Véase el ejercicio 23.

24. ●● El campo magnético perpendicular al plano de una espira de alambre de 0.10 $\mathrm{m^2}$ de área cambia al paso del tiempo en la forma que se ve en la ▸figura 20.30. ¿Cuál es la magnitud de la fem promedio inducida en la espira para cada segmento de la gráfica (por ejemplo, de 0 a 2.0 ms)?

25. **EI** ●● Un niño va en línea recta hacia el norte con rapidez constante, cargando una varilla metálica. La varilla está orientada en dirección este-oeste, y es paralela al piso. *a*) No habrá fem inducida cuando la varilla está 1) en el ecuador terrestre, 2) cerca de los polos magnéticos de la Tierra o 3) entre el ecuador y los polos. ¿Por qué? *b*) Suponga que el campo magnético de la Tierra es 1.0×10^{-4} T cerca del Polo Norte y 1.0×10^{-5} T cerca del ecuador. Si el niño corre con una rapidez de 5.0 m/s en ese lugar, y la varilla mide 1.0 m de longitud, calcule la fem inducida en la varilla.

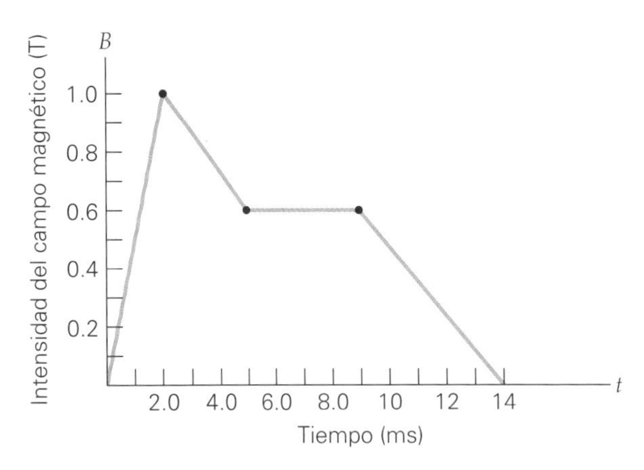

▲ **FIGURA 20.30 Campo magnético en función del tiempo** Véase el ejercicio 24.

26. ●● Un avión metálico de 30 m de envergadura vuela en dirección horizontal con una rapidez constante de 320 km/h, en una región donde el componente vertical del campo magnético terrestre es 5.0×10^{-5} T. ¿Cuál es la fem inducida por el movimiento, entre las puntas de las alas del avión?

27. ●● Suponga que la varilla metálica de la figura 20.11 mide 20 cm de longitud y que se mueve a 10 m/s en un campo magnético de 0.30 T, y que el marco metálico está cubierto por un material aislante. Calcule *a*) la magnitud de la fem inducida a través de la varilla y *b*) la corriente en la varilla.

28. ●●● El flujo que atraviesa una espira de alambre cambia de manera uniforme de +40 Wb a −20 Wb en 1.5 ms. *a*) ¿Cuál es el significado del flujo negativo? *b*) ¿Cuál es la fem promedio inducida en la espira? *c*) Si se quisiera duplicar la fem promedio inducida cambiando sólo el tiempo, ¿cuál sería el nuevo intervalo de tiempo? *d*) Si se quisiera duplicar la fem promedio inducida cambiando sólo el valor del flujo final, ¿cuál sería éste?

29. ●●● Una bobina de alambre de 10 vueltas y 0.055 $\mathrm{m^2}$ de área se coloca en un campo magnético de 1.8 T, y se orienta de tal forma que su área es perpendicular al campo. A continuación, la bobina se gira 90° en 0.25 s, y termina con su área paralela al campo (▾figura 20.31). ¿Cuál es la magnitud de la fem promedio inducida en la bobina?

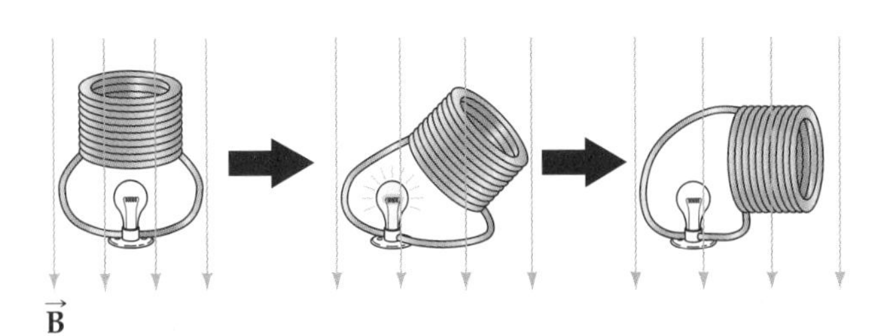

▲ **FIGURA 20.31 Inclinación de la bobina** Véanse los ejercicios 27 y 28.

30. **EI** ●●● En la figura 20.31, la bobina se gira 180° en el mismo intervalo de tiempo que el del ejercicio 29. *a*) ¿Cómo se compara la magnitud de la fem promedio con la del ejercicio 29, donde la bobina se inclinó sólo 90°? 1) Es mayor, 2) es igual o 3) es menor. ¿Por qué? *b*) ¿Cuál es la magnitud de la fem promedio en este caso?

31. ●●● Un campo magnético uniforme de 0.50 T penetra en un bloque con doble pendiente, como el que se ilustra en la ▾figura 20.32. *a*) Determine el flujo magnético que atraviesa cada superficie inclinada del bloque. *b*) Determine el flujo a través de la superficie trasera vertical del bloque. *c*) Determine el flujo a través de la superficie plana horizontal del bloque. *d*) ¿Cuál es el flujo total a través de todas las superficies exteriores? Explique el significado de su respuesta.

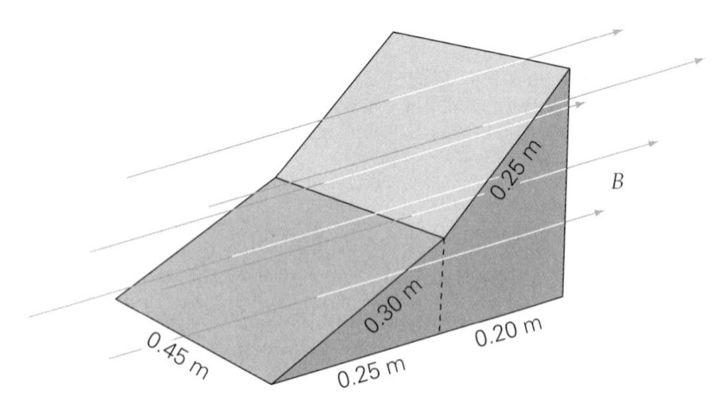

▲ **FIGURA 20.32 Flujo magnético** Véase el ejercicio 31. (El dibujo no está a escala.)

20.2 Generadores eléctricos y contra fem

32. **OM** Si no se hace nada más que aumentar el área de la bobina en un generador de ca, como resultado *a*) aumentará en la frecuencia de rotación, *b*) disminuirá la fem máxima inducida o *c*) aumentará la fem máxima inducida.

33. **OM** La contra fem de un motor depende de *a*) el voltaje de alimentación, *b*) la corriente de alimentación, *c*) la rapidez de giro de la armadura o *d*) ninguna de las opciones anteriores es verdadera.

34. **PC** ¿Cuál es la orientación de la espira de armadura en un generador simple de ca cuando el valor de *a*) la fem es máximo y *b*) el flujo magnético es máximo? Explique por qué la fem máxima no ocurre cuando el flujo es máximo.

35. **PC** Un alumno tiene una brillante idea para fabricar un generador. Para la configuración que se ve en la ▾figura 20.33, el imán se jala hacia abajo y se suelta. Con un resorte muy elástico, el alumno cree que debe haber una producción de electricidad relativamente continua. ¿Cuál es el error de esta idea?

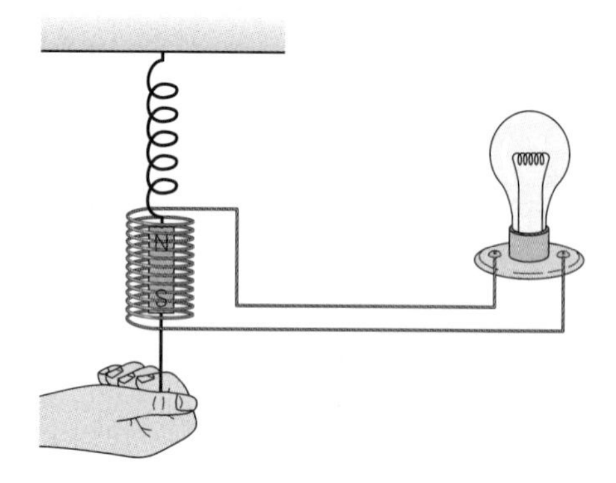

▲ **FIGURA 20.33 ¿Genio inventor?** Véase el ejercicio 35.

36. **PC** En un motor de cd, si la armadura se traba, o si gira con mucha lentitud cuando la carga es muy grande, las bobinas se quemarán con mucha facilidad. ¿Por qué?

37. **PC** Si se desea fabricar un generador de ca más compacto reduciendo el área de las bobinas, ¿cómo tendrían que compensarse los demás factores para mantener la misma salida que antes?

38. ● Un generador de ca, que se utiliza en una sala de emergencia de un hospital, funciona a una frecuencia de giro de 60 Hz. Si el voltaje de salida es máximo (en magnitud) cuando $t = 0$, ¿cuándo estará en su siguiente *a*) valor máximo (en magnitud), *b*) valor cero y *c*) valor inicial?

39. ● Un alumno fabrica un generador sencillo con una sola espira cuadrada de 10 cm por lado. A continuación la hace girar a 60 Hz de frecuencia, en un campo magnético de 0.015 T. *a*) ¿Cuál es la fem máxima producida? *b*) ¿Cuál sería la fem máxima producida si utilizara 10 de esas espiras?

40. ●● Un generador sencillo de ca consiste en una bobina de 10 vueltas (cada vuelta tiene 50 cm^2 de área). La bobina gira en un campo magnético uniforme de 350 mT, con 60 Hz de frecuencia. *a*) Escriba una expresión, con la forma de la ecuación 20.5, para determinar la variación de la fem del generador en función del tiempo. *b*) Calcule la fem máxima.

41. **EI** ●● Una fuente de ca de 60 Hz tiene 120 V de voltaje máximo. Un alumno quiere determinar el voltaje a 1/180 de segundo después de que su valor es cero. *a*) ¿Cuántos voltajes posibles son así? 1) Uno, 2) dos o 3) tres. ¿Por qué? *b*) Calcule todos los voltajes posibles.

42. ●● Se debe construir un generador de ca con fem máxima de 400 V con espiras de alambre de 0.15 m de radio. Funcionará a una frecuencia de 60 Hz, y usará un campo magnético de 200 mT. ¿Cuántas espiras se necesitan?

43. ●● Un generador de ca funciona a una frecuencia de giro de 60 Hz, y su fem máxima es de 100 V. Suponga que tiene cero fem al arranque. ¿Cuál es la fem instantánea *a*) 1/240 s después del arranque y *b*) 1/120 s después de pasar por cero, cuando comienza a invertir su polaridad?

<u>44.</u> ●● La armadura de un generador simple de ca tiene 20 espiras circulares de alambre, cada una de 10 cm de radio. Gira con 60 Hz de frecuencia, en un campo magnético uniforme de 800 mT. ¿Cuál es la fem máxima inducida en las espiras, y con qué frecuencia se llega a este valor?

45. ●● La armadura de un generador de ca tiene 100 vueltas, cada una de las cuales es una espira rectangular de 8.0 por 12 cm. El generador tiene una salida senoidal con 24 V de amplitud. Si el campo magnético del generador es de 250 mT, ¿con qué frecuencia gira la armadura?

46. **EI** ●● *a*) Para aumentar la salida de un generador de ca, un alumno tiene la opción de duplicar el campo magnético del generador, *o bien*, su frecuencia. Para maximizar el aumento de la fem de salida, 1) debería duplicar el campo magnético, 2) debería duplicar la frecuencia o 3) no importa cuál de ellos se duplique. Explique por qué. *b*) Dos alumnos muestran sus generadores de ca en una feria científica. El generador que fabricó el alumno A tiene 100 cm^2 de área de espiras, y gira en un campo magnético de 20 mT a 60 Hz. El que fabricó el alumno B tiene 75 cm^2 de área de espira, y gira en un campo magnético de 200 mT a 120 Hz. ¿Cuál de los dos genera la mayor fem máxima? Justifique matemáticamente la respuesta.

47. **EI ●●** Un motor tiene 2.50 Ω de resistencia y se conecta a una línea de 110 V. *a*) La corriente de funcionamiento del motor es 1) mayor que 44 A, 2) 44 A o 3) menor que 44 A. ¿Por qué? *b*) Si la contra fem del motor es de 100 V a su rapidez de operación, ¿cuál es su corriente de funcionamiento?

48. ●●● El motor de arranque de un automóvil tiene 0.40 Ω de resistencia en los devanados de la armadura. Trabaja con 12 V y tiene 10 V de contra fem, a su rapidez normal de funcionamiento. ¿Cuánta corriente extrae el motor *a*) cuando gira a su rapidez de funcionamiento, *b*) cuando gira a la mitad de su rapidez final de rotación y *c*) cuando arranca?

49. ●●● Un motor de cd de 240 V tiene una armadura con 1.50 Ω de resistencia. Al trabajar a su rapidez de funcionamiento toma 16.0 A de corriente. *a*) ¿Cuál es la contra fem del motor cuando funciona en condiciones normales? *b*) ¿Cuál es la corriente en el arranque? (Suponga que no hay resistencias adicionales en el circuito.) *c*) ¿Qué resistencia en serie se necesitaría para limitar a 25 A la corriente de arranque?

20.3 Transformadores y transmisión de energía

50. **OM** Un transformador en el sistema de distribución de energía eléctrica localizado justo antes de la casa de usted tiene *a*) más devanados en la bobina primaria, *b*) más devanados en la bobina secundaria o *c*) la misma cantidad de devanados en la bobina primaria que en la secundaria.

51. **OM** La potencia que entrega un transformador real de bajada es *a*) mayor que la potencia de entrada, *b*) menor que la potencia de entrada o *c*) igual que la potencia de entrada.

52. **PC** Explique por qué los sistemas de distribución de energía eléctrica operan a tan altos voltajes si éstos son peligrosos.

53. **PC** En su taller de reparaciones automotrices de emergencia, usted necesita un transformador de bajada, pero sólo hay transformadores de subida. ¿Es posible utilizar un transformador de subida como transformador de bajada? Si es así, explique cómo tendría que conectarse.

54. **EI ●** La bobina secundaria de un transformador ideal tiene 450 vueltas, y la primaria tiene 75 vueltas. *a*) Este transformador es 1) de subida o 2) de bajada. ¿Por qué? *b*) ¿Cuál es la razón entre la corriente en la bobina primaria y la corriente en la bobina secundaria? *c*) ¿Cuál es la razón entre el voltaje a través de la bobina primaria y el voltaje en la bobina secundaria?

55. ● Un transformador ideal aumenta de 8.0 a 2000 V, y la bobina secundaria de 4000 vueltas conduce 2.0 A. *a*) Calcule el número de vueltas en la bobina primaria. *b*) Calcule la corriente en la bobina primaria.

56. ● La bobina primaria de un transformador ideal tiene 720 vueltas, mientras que la secundaria, 180 vueltas. Si la bobina primaria conduce 15 A a un voltaje de 120 V, ¿cuáles son *a*) el voltaje y *b*) la corriente de salida de la bobina secundaria?

57. ● El transformador de la fuente de poder para una unidad Zip de 250 MB de computadora cambia una entrada de 120 V a una salida de 5.0 V. Calcule la razón entre el número de vueltas en la bobina primaria y el número de vueltas en la bobina secundaria.

58. ● La bobina primaria de un transformador ideal se conecta con una fuente de 120 V y toma 10 A. La bobina secundaria tiene 800 vueltas, y por ella pasa una corriente de 4.0 A. *a*) ¿Cuál es el voltaje a través de la bobina secundaria? *b*) ¿Cuántas vueltas hay en la bobina primaria?

59. ● Un transformador ideal tiene 840 vueltas en el devanado primario y 120 vueltas en el secundario. Si el primario toma 2.50 A a 110 V, ¿cuáles son *a*) la corriente y *b*) el voltaje de salida de la bobina secundaria?

60. ●● La eficiencia *e* de un transformador se define como la relación de la potencia que sale entre la potencia que entra:

$$e = \frac{P_s}{P_p} = \frac{I_s V_s}{I_p V_p}.$$

a) Demuestre que, en función de las relaciones entre corrientes y voltajes de la ecuación 20.10 para un transformador ideal, se obtiene una eficiencia del 100%. *b*) Suponga que un transformador de subida aumenta el voltaje de línea de 120A a 240 V, mientras que la corriente de salida se reduce de 12.0A a 5.0 A. ¿Cuál es la eficiencia del transformador? ¿Éste es ideal?

61. **EI ●●** Las especificaciones de un transformador en un electrodoméstico pequeño dicen lo siguiente: Alimentación 120 V, 6.0 W; Salida 9.0 V, 300 mA. *a*) Este transformador es 1) ideal o 2) no ideal. ¿Por qué? *b*) ¿Cuál es su eficiencia? (Véase el ejercicio 60.)

62. ●● Un componente de un circuito trabaja a 20 V y 0.50 A. Para convertir el voltaje doméstico normal de 120 V al voltaje adecuado, se utiliza un transformador con 300 vueltas en su devanado primario. *a*) ¿Cuántas vueltas debe tener en su devanado secundario? *b*) ¿Cuánta corriente pasa por el devanado primario?

63. ●● Un transformador del timbre de una puerta baja el voltaje de 120 a 6.0 V, y suministra una corriente de 0.5 A al mecanismo de la campanilla. *a*) ¿Cuál es la relación de vueltas de ese transformador? *b*) ¿Cuál es la corriente que entra al transformador?

64. ●● Un generador de ca suministra 20 A a 440 V, a una línea eléctrica de 10 000 V. Si el transformador de subida tiene 150 vueltas en su devanado primario, ¿cuántas vueltas tiene el secundario?

65. ●● La electricidad generada en el ejercicio 64 se transmite por una línea de 80.0 km de longitud, cuya resistencia es de 0.80 Ω/km. *a*) ¿Cuántos kilowatts-hora se ahorran en 5.00 h al elevar el voltaje? *b*) A $0.10/kWh, ¿cuánto ahorra (con aproximación de $10) el consumidor en un mes de 30 días, suponiendo que se le suministra la energía de forma continua?

66. ●● En una subestación de área, el voltaje baja de 100 000 a 20 000 V. Si el circuito de 20 000 V maneja 10 MW de potencia, ¿cuáles son las corrientes en el devanado primario y en el secundario del transformador?

67. ●● Un voltaje de 200 000 V en una línea de transmisión se reduce en una subestación de área a 100 000 V, después a 7200 V en una subestación de distribución y, por último, a 240 V en un poste de servicio doméstico. *a*) ¿Qué relación de vueltas N_s/N_p se requiere en cada paso de reducción? *b*) ¿Por qué factor aumenta la corriente en cada bajada de voltaje? *c*) ¿Cuál es el factor general de subida de la corriente, desde la línea de transmisión hasta el poste de servicio?

68. ●● Una central produce 50 A y 20 kV de energía eléctrica. Esta energía se transmite a 25 km de distancia por cables cuya resistencia es de 1.2 Ω/km. *a*) ¿Cuál es la pérdida de potencia en las líneas, si se transmitiera la energía a 20 kV? *b*) ¿Cuál debería ser el voltaje de salida del generador, para disminuir la pérdida de potencia por un factor de 15?

69. ●● Se transmite electricidad por una línea de transmisión de 175 km de longitud, con 1.2 Ω/km de resistencia. La salida del generador es de 50 A, y su voltaje de operación es de 440 V. Este voltaje tiene una sola subida y se transmite a 44 kV. *a*) ¿Cuánta potencia se pierde en forma de calor de joule en la transmisión? *b*) ¿Cuál debe ser la relación de vueltas de un transformador en el punto de entrega para que el voltaje de salida sea de 220 V? (Ignore la caída de voltaje en la línea.)

20.4 Ondas electromagnéticas

70. **OM** En relación con el extremo azul del espectro visible, las regiones del amarillo y del verde tienen *a*) mayores frecuencias, *b*) mayores longitudes de onda, *c*) menores longitudes de onda o *d*) tanto *a* como *c*.

71. **OM** ¿Cuál de las siguientes ondas electromagnéticas tiene menor la frecuencia? *a*) las UV, *b*) las IR, *c*) los rayos X o *d*) las microondas.

72. **OM** ¿Cuál de las siguientes ondas electromagnéticas viaja más rápido en el vacío? *a*) La luz verde, *b*) la luz infrarroja, *c*) los rayos gamma, *d*) las ondas de radio o *e*) todas viajan con la misma rapidez.

73. **OM** Si se duplica la frecuencia de una fuente de luz azul, ¿qué tipo de luz emitiría? *a*) Roja, *b*) azul, *c*) violeta, *d*) UV o *e*) rayos X.

74. **PC** Una antena se conecta a una batería de automóvil. ¿La antena emitirá ondas electromagnéticas? ¿Por qué? Explique su respuesta.

75. **PC** En un día nublado de verano, usted trabaja a la intemperie y siente frío. Sin embargo, por la noche se da cuenta de que tiene quemaduras de sol. Explique cómo es posible esto.

76. **PC** La radiación ejerce presión sobre las superficies (*presión de radiación*) en las que incide. ¿La presión será mayor sobre una superficie brillante que sobre una superficie oscura? ¿Será mayor si se utiliza una fuente brillante o una del mismo color pero con tono más pálido? Explique sus dos respuestas.

77. **PC** El radar funciona a longitudes de onda de algunos centímetros, mientras que el radio de FM funciona con longitudes de onda del orden de varios metros. ¿Cómo son las frecuencias del radar en comparación con las de la banda de FM de un radio? ¿Cómo se compara la rapidez de unas y otras en el vacío?

78. ● Calcule las frecuencias de las ondas electromagnéticas cuyas longitudes de onda son *a*) 3.0 cm, *b*) 650 nm y *c*) 1.2 fm. *d*) Clasifique el tipo de luz en cada caso.

79. ● En un pequeño poblado sólo hay dos estaciones AM de radio, una de 920 kHz y la otra de 1280 kHz. ¿Cuáles son las longitudes de onda de las ondas de radio que transmite cada estación?

80. ● Un meteorólogo de una estación de TV usa el radar para determinar la distancia a una nube. Observa que transcurren 0.24 ms de tiempo entre el envío y el regreso de un impulso de radar. ¿A qué distancia está la nube?

81. ● ¿Cuánto tiempo tarda un rayo láser en ir de la Tierra a un espejo en la Luna, y regresar? Suponga que la distancia entre la Tierra y la Luna es de 2.4×10^5 millas. (Este experimento se realizó cuando, en las expediciones de las naves *Apollo* a principios de los 70, se dejaron reflectores de láser en la superficie lunar.)

82. ●● La luz anaranjada tiene 600 nm de longitud de onda, y la verde, 510 nm. *a*) ¿Cuál es la diferencia de frecuencias entre las dos clases de luz? *b*) Si se duplica la longitud de onda en ambos casos, ¿qué tipo de luz se tendría entonces?

83. ●● Cierta clase de antena de radio se llama *antena de cuarto de onda*, porque su longitud es igual a un cuarto de la onda que se va a recibir. Si usted fuera a fabricar esas antenas para las bandas de radio de AM y de FM, usando en cada banda sus frecuencias medias, ¿qué longitudes de cable utilizaría?

84. **EI** ●●● Los hornos de microondas tienen puntos fríos y calientes, a causa de las ondas electromagnéticas estacionarias, de forma similar a los nodos y antinodos que existen en las ondas estacionarias en las cuerdas (▼figura 20.34). *a*) Cuanto mayor sea la distancia entre los puntos fríos, 1) la frecuencia es mayor, 2) la frecuencia es menor o 3) la frecuencia es independiente de esa distancia. ¿Por qué? *b*) Su horno de microondas tiene puntos fríos (nodos) aproximadamente cada 5.0 cm, y el de su vecino los tiene cada 6.0 cm. ¿Cuál de los dos hornos opera a mayor frecuencia y por cuánto?

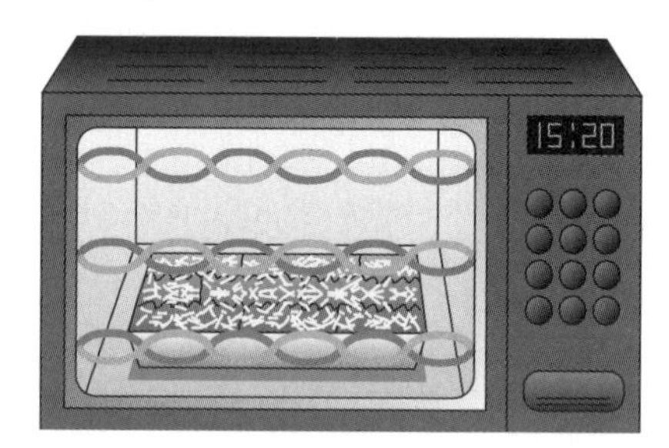

▲ **FIGURA 20.34 ¿Lugares fríos?** Véase el ejercicio 84.

Ejercicios adicionales

85. **EI** En la ▸figura 20.35, una barra metálica de longitud L se mueve en una región de campo magnético constante. Ese campo se dirige hacia la página. *a*) La dirección de la corriente inducida y que pasa por el resistor es 1) hacia arriba, 2) hacia abajo o 3) no hay corriente. ¿Por qué? *b*) Si la magnitud del campo magnético es de 250 mT, ¿cuál es la corriente?

86. Suponga que una moderna planta eléctrica tiene un salida de potencia de 1.00 GW a 500 V. El voltaje de transmisión se sube a 750 kV en una serie de cinco transformadores idénticos. *a*) ¿Cuál es la corriente de salida de la planta? *b*) ¿Cuál es la relación de vueltas en cada uno de los transformadores? *c*) ¿Cuál es la corriente en las líneas de distribución de alto voltaje?

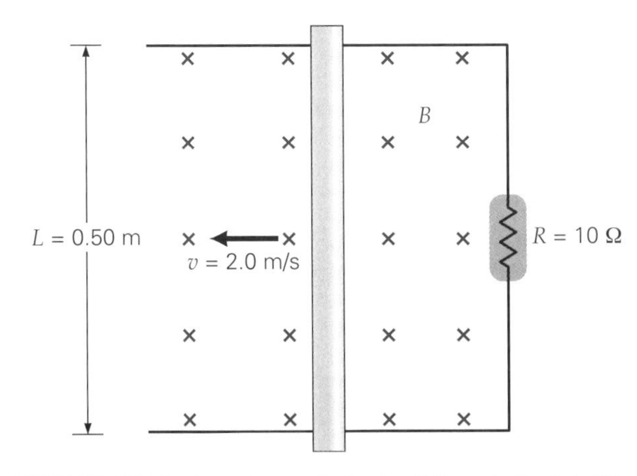

▲ **FIGURA 20.35 Fem de movimiento** Véase el ejercicio 85.

87. Una turista europea utiliza un transformador durante su estancia en Estados Unidos, principalmente para hacer funcionar su secadora de cabello de 1200 watts que llevó consigo. Entonces, cuando la conecta al tomacorriente de su cuarto de hotel en Los Ángeles, nota que funciona *exactamente* como lo hace en su casa. El voltaje y la corriente de entrada son 120 V y 11.0 A, respectivamente. *a*) ¿Se trata de un transformador ideal? Explique cómo llegó a su conclusión. *b*) Si no es un transformador ideal, ¿cuál es su eficiencia?

88. Un solenoide de 20.0 cm de longitud tiene 5000 espiras circulares. Por él pasa una corriente de 10.0 A. Cerca de su centro se coloca una bobina plana y pequeña de 100 espiras circulares, cada una con un radio de 3.00 mm. Esta pequeña bobina está orientada de forma que su área recibe el flujo magnético máximo. Un interruptor se abre en el circuito del solenoide y su corriente cae a cero en 15.0 ms. *a*) ¿Cuál era el flujo magnético inicial a través de la bobina interior? *b*) Determine la fem promedio inducida en la pequeña bobina durante los 15.0 ms. *c*) Si usted observa a lo largo del eje de mayor longitud del solenoide de forma que la corriente inicial de 10.0 A tenga el sentido de las manecillas del reloj, determine la dirección de la corriente inducida en la pequeña bobina interior durante el tiempo en que la corriente disminuye a cero.

89. **El** Una bobina plana de alambre de cobre consta de 100 espiras y tiene una resistencia total de 0.500 Ω. La bobina tiene un diámetro de 4.00 cm y se encuentra en un campo magnético uniforme que apunta alejándose de usted (es decir, hacia la página). Además, está orientada en el plano de la página. Luego se tira de ella hacia la derecha y se saca por completo del campo. *a*) ¿Cuál es la dirección de la corriente inducida en la bobina? 1) En el sentido de las manecillas del reloj, 2) en sentido contrario al de las manecillas del reloj o 3) no hay corriente inducida. *b*) Durante el tiempo en que la bobina abandona el campo, se mide una corriente promedio inducida de 10.0 mA. ¿Cuál es la fem promedio inducida en la bobina? *c*) Si la intensidad del campo es de 3.50 mT, ¿cuánto tiempo se requirió para sacar de éste la bobina?

90. El transformador de un poste de cables de servicio baja el voltaje de 20 000 a 220 V, y abastece a un departamento de ciencias de una universidad. Durante el día, el transformador entrega energía eléctrica a una tasa de 6.6 kW. *a*) Suponiendo que el transformador es ideal, durante ese tiempo, ¿cuáles son las corrientes primaria y secundaria en el transformador? *b*) Si el transformador tiene sólo un 95% de eficiencia (pero aún así entrega energía a una tasa de 6.60 kW a 220 V), ¿cómo se compara esta corriente de entrada con el caso ideal? *c*) ¿Cuál es la tasa de pérdida de calor en el transformador no ideal?

91. Supongamos que usted desea fabricar un generador eléctrico utilizando el campo magnético de la Tierra, que tiene una intensidad de 0.040 mT en su localidad. Su diseño de generador requiere de una bobina de 1000 devanados, que giran exactamente a 60 Hz. La bobina está orientada de forma que la normal al área se alinea con el campo de la Tierra al final de cada ciclo. ¿Cuál debe ser el diámetro de la bobina para generar un voltaje máximo de 170 V (que se requiere para obtener un promedio de 120 V)? ¿Es ésta una forma práctica de generar energía eléctrica?

92. Se envía una señal de radio a una sonda espacial que viaja en el plano del Sistema Solar. Después de 3.5 días, se recibe la respuesta en la Tierra. Suponiendo que las computadoras de la sonda tardaron 4.5 h en procesar las instrucciones de la señal y en enviar el mensaje de retorno, ¿la sonda está dentro del Sistema Solar? (Suponga que el radio del Sistema Solar es 40 veces la distancia entre la Tierra y el Sol.)

93. Una bobina de 100 espiras de alambre tiene un diámetro de 2.50 cm y está orientada en un campo magnético constante de 0.250 T, de manera que inicialmente no tiene flujo magnético. En 0.115 s, la bobina se voltea de forma que su normal forma un ángulo de 45° con la dirección del campo. Si en la bobina se induce una corriente promedio de 4.75 mA durante su rotación, ¿cuál es la resistencia de la bobina?

PHYSLET® **Los siguientes problemas de física Physlet pueden utilizarse con estos capítulos.**
29.1, 29.2, 29.5, 29.6, 29.7, 29.8

CAPÍTULO

21 CIRCUITOS DE CORRIENTE ALTERNA

HECHOS DE FÍSICA

- En condiciones de ca (dirección de voltaje alterno), un condensador, incluso con la separación que existe entre las placas, permite que haya corriente en el circuito durante las etapas de carga y descarga. En condiciones de cd (voltaje constante a través de las placas), no hay corriente.
- Con voltajes cd, un inductor no ofrece impedancia al flujo de carga y, por lo tanto, conduce corriente con facilidad. Sin embargo, en condiciones de ca, un inductor impide el cambio en la corriente produciendo una fem inversa en concordancia con la ley de inducción de Faraday.
- Un condensador, un inductor y un resistor conectados en serie a una fuente de potencia de ca son análogos a un sistema de amortiguamiento resorte-masa. Llevado a su frecuencia natural, el circuito "resuena", esto es, exhibe una corriente máxima, justo como el sistema mecánico tiene su máxima amplitud en las mismas condiciones. El condensador almacena energía eléctrica potencial en analogía con la energía elástica potencial del resorte. El inductor almacena energía magnética (asociada con cargas en movimiento), en analogía con la masa en el resorte que tiene energía cinética (de movimiento). El resistor disipará la energía del sistema, como lo haría la resistencia del aire en el sistema mecánico.

Los circuitos de corriente directa tienen muchos usos, pero el tablero de control del reactor nuclear que se ve en la fotografía opera muchos dispositivos que usan la corriente alterna (ca). La energía eléctrica que recibimos en nuestros hogares y oficinas también es ca, y la mayor parte de los dispositivos y electrodomésticos que utilizamos en la vida diaria requieren corriente alterna.

Hay varias razones para esta gran dependencia de la corriente alterna. Por una parte, casi toda la energía eléctrica se produce en generadores que emplean la inducción electromagnética y, por consiguiente, su resultado es corriente alterna (capítulo 20). Además, la energía eléctrica producida como ca se puede transmitir en forma económica a grandes distancias, usando transformadores. Pero quizá la razón más importante por la que se utiliza la ca en forma tan universal es que la alternancia de la corriente produce efectos electromagnéticos que se aprovechan en una gran variedad de dispositivos. Por ejemplo, cada vez que usted sintoniza su estación de radio favorita, aprovecha una propiedad especial de *resonancia* de los circuitos de ca (que se estudiará en este capítulo).

Para determinar las corrientes en los circuitos de cd, es necesario prestar atención a los valores de resistencia. Naturalmente, también en los circuitos de ca hay resistencia, pero hay otros factores adicionales que afectan el flujo de carga. Por ejemplo, un condensador en un circuito de cd presenta una resistencia infinita (es un circuito abierto). Sin embargo, en un circuito de ca, el voltaje alterno carga y descarga de forma continua un condensador. Además, las bobinas de alambre se oponen a la corriente alterna, de acuerdo con los principios de la inducción electromagnética (ley de Lenz, sección 20.1).

En este capítulo se describirán los principios básicos de los circuitos de ca. Se desarrollarán formas más generalizadas de la ley de Ohm aplicables a los circuitos de ca. Por último, se explorará el fenómeno de la *resonancia en un circuito* de ca, así como algunas de sus aplicaciones.

21.1 Resistencia en un circuito de ca

OBJETIVOS: a) Especificar cómo varían el voltaje, la corriente y la potencia en función del tiempo, en un circuito de ca, *b*) comprender los conceptos de valores rms y máximo y *c*) explicar cómo responden los resistores en condiciones de ca.

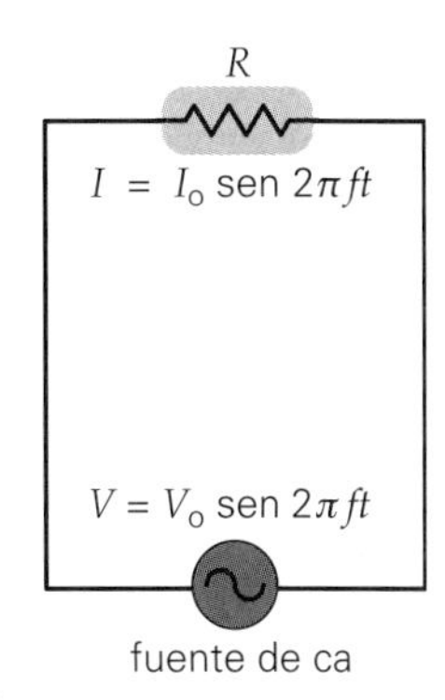

▲ **FIGURA 21.1 Un circuito puramente resistivo** La fuente de ca entrega un voltaje senoidal a un circuito formado por un solo resistor. El voltaje a través del resistor, y la corriente que pasa por él, varían de forma senoidal con la frecuencia del voltaje alterno aplicado.

Un circuito de ca contiene una fuente de voltaje alterno (como un generador pequeño, o simplemente un tomacorriente doméstico) y uno o más elementos. En la ▸figura 21.1 se presenta un diagrama de un circuito de ca con un solo elemento resistivo. Si el voltaje de salida de la fuente varía en forma senoidal, como en el caso de un generador (véase la sección 20.2), el voltaje a través del resistor varía con el paso del tiempo de acuerdo con la ecuación

$$V = V_o \operatorname{sen} \omega t = V_o \operatorname{sen} 2\pi f t \qquad (21.1)$$

donde ω es la frecuencia angular del voltaje (en rad/s) y se relaciona con la frecuencia f (en Hz), mediante la ecuación $\omega = 2\pi f$. El voltaje oscila entre $+V_o$ y $-V_o$, a medida que $2\pi ft$ oscila entre ± 1. El voltaje V_o se llama **voltaje pico** (o *máximo*) y representa la amplitud de las oscilaciones de voltaje.

Corriente alterna y potencia

En condiciones de corriente alterna, la corriente que pasa por el resistor oscila en dirección y magnitud. De acuerdo con la ley de Ohm, la corriente en el resistor es, en función del tiempo:

$$I = \frac{V}{R} = \left(\frac{V_o}{R}\right) \operatorname{sen} 2\pi f t$$

Como V_o representa el voltaje pico o máximo a través del resistor, la fracción entre paréntesis representa la corriente máxima en él. Así, esa ecuación se reformula como sigue:

$$I = I_o \operatorname{sen} 2\pi f t \qquad (21.2)$$

en donde la amplitud de la corriente es $I_o = V_o/R$, y se llama **corriente pico** (o *máxima*).

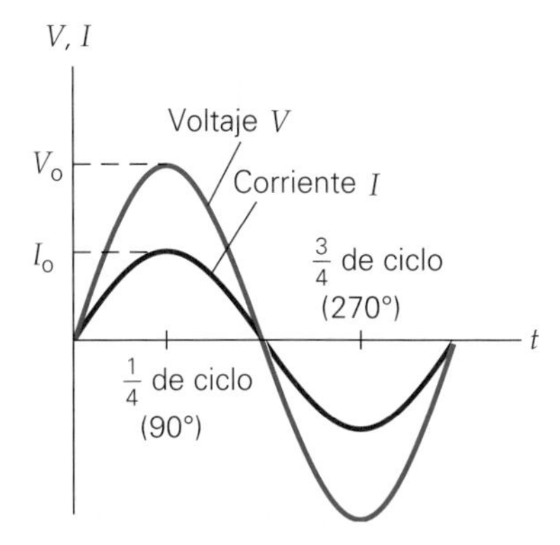

▲ **FIGURA 21.2 El voltaje y la corriente en fase** En un circuito de ca puramente resistivo, el voltaje y la frecuencia varían al unísono, es decir, están en fase.

La ▸figura 21.2 muestra el voltaje y la corriente en un resistor en función del tiempo. Observe que están al unísono, es decir, *en fase*. Esto significa que ambos llegan a sus valores cero, mínimos y máximos al mismo tiempo. La corriente oscila y tiene valores positivos y negativos, que indican cambios en su dirección durante cada ciclo. Como la corriente consume la misma cantidad de tiempo en ambas dirección, *la corriente promedio es cero*. En términos matemáticos, esto refleja que el valor de la función seno promediado durante el tiempo de uno o más ciclos *completos* (de 360°) es cero. Recurriendo a la notación con barras superiores para indicar un valor promediado en el tiempo, se tiene que $\overline{\operatorname{sen} \theta} = \overline{\operatorname{sen} 2\pi f t} = 0$. Asimismo, $\overline{\cos \theta} = 0$.

Sin embargo, el hecho de que la corriente *promedio* sea cero, no quiere decir que no haya calentamiento de joule (pérdidas I^2R), ya que la disipación de la energía eléctrica en un resistor no depende de la dirección de la corriente. La potencia instantánea en función del tiempo se obtiene a partir de la corriente instantánea (ecuación 21.2). Así,

$$P = I^2 R = (I_o^2 R) \operatorname{sen}^2 2\pi f t \qquad (21.3)$$

Aun cuando la corriente cambia de signo, el *cuadrado* de la corriente, I^2, siempre es positivo. Así, el valor promedio de I^2R no es cero. El valor promedio, o media, de I^2 es

$$\overline{I^2} = \overline{I_o^2 \operatorname{sen}^2 2\pi f t} = I_o^2\, \overline{\operatorname{sen}^2 2\pi f t}$$

Se usa la identidad trigonométrica $\operatorname{sen}^2 \theta = \frac{1}{2}(1 - \cos 2\theta)$, para obtener $\overline{\operatorname{sen}^2 \theta} = \frac{1}{2}(1 - \overline{\cos 2\theta})$. En vista de que $\overline{\cos 2\theta} = 0$ (igual que $\overline{\cos \theta} = 0$), se deduce que $\overline{\operatorname{sen}^2 \theta} = \frac{1}{2}$. Por todo esto, la ecuación anterior de $\overline{I^2}$ se replantea como sigue:

$$\overline{I^2} = I_o^2\, \overline{\operatorname{sen}^2 2\pi f t} = \tfrac{1}{2} I_o^2 \qquad (21.4)$$

Por lo que la potencia promedio es

$$\overline{P} = \overline{I^2} R = \tfrac{1}{2} I_o^2 R \qquad (21.5)$$

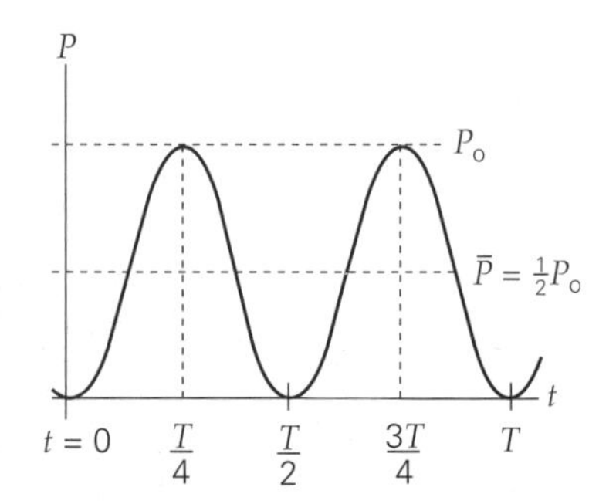

▲ **FIGURA 21.3 Variación de la potencia en un resistor, con respecto al tiempo** Aunque tanto la dirección (signo) de la corriente como la del voltaje oscilan, su producto (la potencia) siempre es una cantidad oscilatoria positiva. La potencia promedio es la mitad de la potencia máxima o pico.

Cabe hacer notar que la potencia de ca tiene la misma forma que la de cd ($P = I^2R$) y es *válida siempre*. Sin embargo, por costumbre, se trabaja con la potencia promedio y con un tipo especial de corriente "promedio", que se define como:

$$I_{rms} = \sqrt{\overline{I^2}} = \sqrt{\tfrac{1}{2}I_o^2} = \frac{I_o}{\sqrt{2}} = \frac{\sqrt{2}}{2}I_o = 0.707I_o \qquad (21.6)$$

I_{rms} es la **corriente rms** o **corriente efectiva**. (*rms* proviene de "root-*m*ean-square", raíz cuadrática media, que indica que se trata de la *raíz* cuadrada del valor *promedio* del *cuadrado* de la corriente.) La corriente rms representa el valor de una corriente (cd) constante que se requiere para producir la misma potencia que su contraparte de corriente alterna; de ahí el nombre de corriente *efectiva*.

Si se usa $I_{rms}^2 = (I_o/\sqrt{2})^2 = \frac{1}{2}I_o^2$, se puede escribir la potencia promedio (ecuación 21.5) como sigue:

$$\overline{P} = \tfrac{1}{2}I_o^2R = I_{rms}^2R \quad \textit{(potencia promediada en el tiempo)} \qquad (21.7)$$

La potencia promedio equivale a una potencia (oscilatoria) variable en el tiempo y promediada también respecto al tiempo (◂figura 21.3).

Voltaje alterno (ca)

Los valores máximos de voltaje y corriente en un resistor se relacionan con la ecuación $V_o = I_oR$. Con una deducción parecida a la de la corriente rms, se define el **voltaje rms** o **voltaje efectivo** mediante

$$V_{rms} = \frac{V_o}{\sqrt{2}} = \frac{\sqrt{2}}{2}V_o = 0.707V_o \qquad (21.8)$$

Para resistores en condiciones de ca, por consiguiente, se pueden aplicar las relaciones de la cd, siempre y cuando se tenga en cuenta que las cantidades representan valores rms. Así, para los casos de ca donde sólo haya un resistor, la relación entre los valores rms de la corriente y el voltaje es:

$$V_{rms} = I_{rms}R \quad \textit{voltaje a través de un resistor} \qquad (21.9)$$

Al combinar las ecuaciones 21.9 y 21.7 se obtienen varias expresiones físicamente equivalentes para la potencia de ca:

$$\overline{P} = I_{rms}^2R = I_{rms}V_{rms} = \frac{V_{rms}^2}{R} \quad \textit{potencia de ca} \qquad (21.10)$$

Se acostumbra medir y especificar valores rms cuando se trabaja con cantidades de ca. Por ejemplo, el voltaje de línea doméstica es 120 V y, como seguramente imaginará, en realidad es el valor rms del voltaje. En realidad, tiene un valor máximo, o pico, igual a

$$V_o = \sqrt{2}\,V_{rms} = 1.414(120\text{ V}) = 170\text{ V}$$

En la ◂figura 21.4 se ven las interpretaciones gráficas de los valores máximo y rms de la corriente y el voltaje.

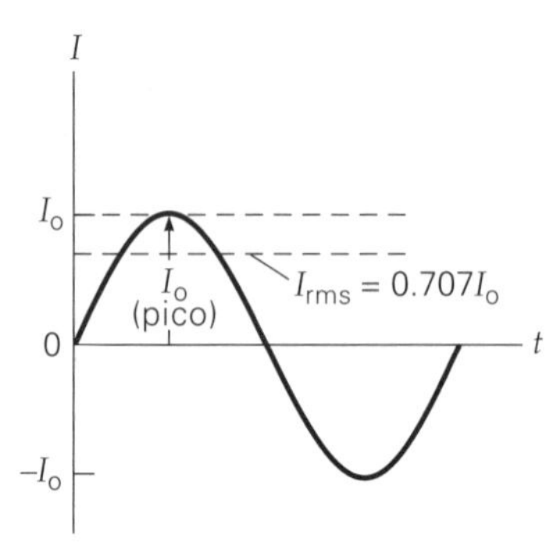

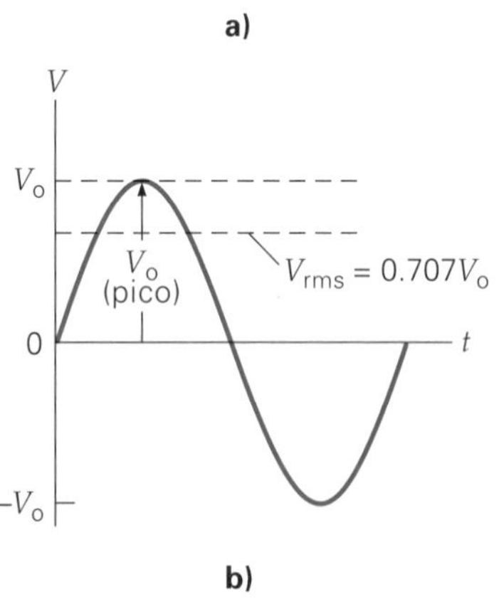

▲ **FIGURA 21.4 Voltaje y corriente raíz cuadrática media (rms)** Los valores rms de ***a)*** la corriente y ***b)*** el voltaje son iguales a sus valores pico (máximos) multiplicados por 0.707 o $1/\sqrt{2}$.

Ejemplo 21.1 ■ Una bombilla de luz: comparación de sus valores rms y máximo

Una lámpara tiene una bombilla de 60 W, y se conecta a un contacto de 120 V. *a*) ¿Cuáles son las corrientes rms y pico que pasan por la lámpara? *b*) ¿Cuál es la resistencia de la bombilla en estas condiciones?

Razonamiento. *a*) Como se conocen la potencia promedio y el voltaje rms, se puede calcular la corriente efectiva con la ecuación 21.10. Conociendo la corriente efectiva, se utiliza la ecuación 21.6 para calcular la corriente máxima. *b*) La resistencia se determina con la ecuación 21.9.

Solución. Se tienen los datos de la potencia promedio y del voltaje rms de la fuente.

Dado: $\overline{P} = 60$ W, $V_{rms} = 120$ V

Encuentre: *a*) I_{rms} e I_o (corrientes efectiva y máxima)
b) R (la resistencia de la bombilla)

a) La corriente rms es

$$I_{rms} = \frac{\bar{P}}{V_{rms}} = \frac{60 \text{ W}}{120 \text{ V}} = 0.50 \text{ A}$$

y la corriente máxima se calcula reordenando la ecuación 21.6:

$$I_o = \sqrt{2}I_{rms} = \sqrt{2}(0.50 \text{ A}) = 0.71 \text{ A}$$

b) La resistencia de la bombilla es

$$R = \frac{V_{rms}}{I_{rms}} = \frac{120 \text{ V}}{0.50 \text{ A}} = 240 \ \Omega$$

Ejercicio de refuerzo. ¿Cuál sería *a*) la corriente efectiva y *b*) la corriente máxima en una bombilla de 60 W en Gran Bretaña, donde el voltaje rms es de 240 V a 50 Hz? *c*) ¿Cuál sería la resistencia de una bombilla de 60 W en Gran Bretaña, en comparación con la diseñada para funcionar a 120 V? ¿Por qué son distintas las dos resistencias? (*Las respuestas a todos los ejercicios de refuerzo aparecen al final del libro.*)

Ejemplo conceptual 21.2 ■ Un océano de por medio: el sistema eléctrico inglés comparado con el estadounidense

En muchos países el voltaje de línea es de 240 V. Si un turista británico visita Estados Unidos y conecta una secadora de cabello que compró en su país (donde el voltaje es de 240 V), cabe esperar que *a*) no funcione, *b*) que funcione con normalidad, *c*) que funcione con deficiencias o *d*) que se queme.

Razonamiento y respuesta. Los electrodomésticos funcionan con 240 V en Gran Bretaña. A menor voltaje (por ejemplo, 120 V), la corriente sería menor (porque $I = V/R$) y el calentamiento de joule sería menor (porque $P = IV$). Si la resistencia del electrodoméstico fuera constante, entonces a la mitad del voltaje sólo se produciría la cuarta parte de la potencia. Entonces, el elemento calefactor de la secadora podría entibiarse, pero no trabajaría como debe, de manera que la respuesta correcta es la *c*. Además, la menor corriente haría que el motor de la secadora girara más despacio de lo normal.

Por fortuna, la mayoría de las personas no cometen este error, porque las clavijas y los tomacorrientes varían de un país a otro. Si usted viaja al extranjero y lleva consigo electrodomésticos, es recomendable llevar también un juego de convertidor y adaptador (▸figura 21.5). Este juego contiene un surtido de clavijas para adaptarse a los contactos disponibles en el extranjero, así como un convertidor de voltaje. El convertidor es un dispositivo de estado sólido que convierte 240 a 120 V para los viajeros estadounidenses, y a la inversa para los turistas que visitan Estados Unidos y que en su país usan 240 V. (Se trata de dispositivos que pueden conectarse entre 120 y 240 V.)

Ejercicio de refuerzo. ¿Qué sucede si un turista estadounidense conecta, sin fijarse, un electrodoméstico de 120 V en un contacto de 240 V en Gran Bretaña, sin utilizar un convertidor? Explique por qué.

Ilustración 31.2 Voltaje y corriente alternos

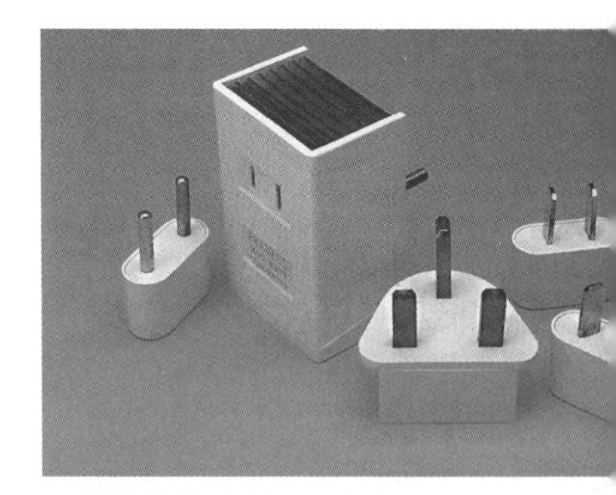

▲ **FIGURA 21.5 Convertidor y adaptadores** En los países que tienen voltajes de línea de 240 V, los turistas estadounidenses necesitan convertirlos a 120 V, para que los electrodomésticos fabricados en Estados Unidos funcionen bien. Observe los distintos tipos de clavijas, para los diversos países. Las clavijas pequeñas entran en contactos del extranjero, y las patas del convertidor entran en la parte trasera de la clavija. En el convertidor entra una clavija normal para Estados Unidos, de dos patas, que tiene salida de 120 V. (Véase el Ejemplo conceptual 21.2.)

21.2 Reactancia capacitiva

OBJETIVOS: a) Explicar el comportamiento de los condensadores en los circuitos de ca y b) calcular el efecto de un condensador sobre la corriente alterna (reactancia capacitiva).

Cuando se conecta un condensador a una fuente de voltaje de cd, sólo pasa corriente durante el breve tiempo necesario para cargar el condensador. Conforme la carga se acumula en las placas del condensador, aumenta el voltaje a través de ellas y se opone al paso de la corriente. Cuando el condensador está totalmente cargado, la corriente baja a cero. La situación es distinta cuando se excita un condensador con una fuente de voltaje alterno (▸figura 21.6a). En esas condiciones, el condensador limita la corriente, pero no impide por completo el flujo de la carga. Esto se debe a que el condensador se carga y descarga alternativamente, conforme la corriente y el voltaje se invierten cada medio ciclo.

En la figura 21.6b se presentan gráficas de la corriente y el voltaje alternos en función del tiempo, para un circuito con un condensador. Examinemos las condiciones de carga del condensador en función del tiempo (▾figura 21.7).

- En la figura 21.7a, se define a $t = 0$, en forma arbitraria, como el momento del voltaje máximo ($V = V_o$).* Al principio, el condensador está totalmente cargado ($Q_o = CV_o$) con la polaridad indicada. Como las placas no tienen lugar para más carga, en el circuito no pasa corriente.

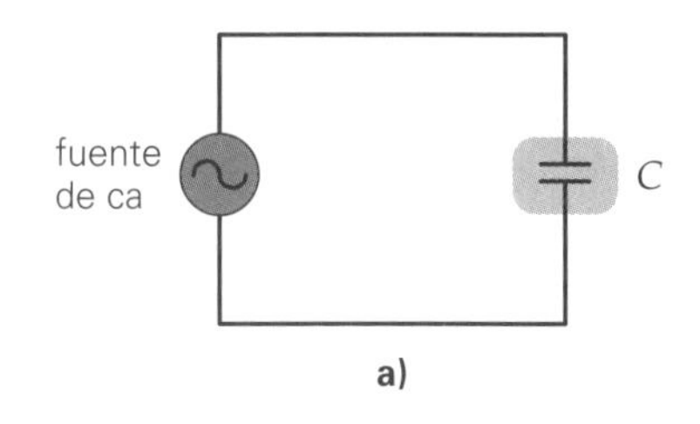

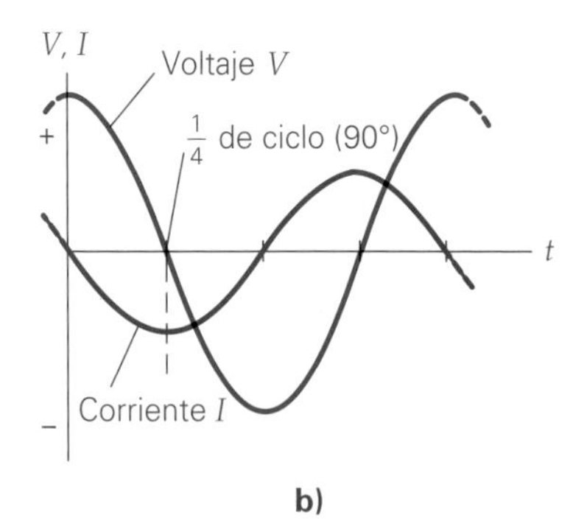

▲ **FIGURA 21.6 Un circuito puramente capacitivo** *a*) En un circuito que sólo tiene una capacitancia, *b*) la corriente se adelanta 90° al voltaje, esto es, un cuarto de ciclo. Se muestra la mitad de un ciclo de voltaje y corriente, que corresponde a la figura 21.7.

*Hemos elegido la polaridad inicial del condensador como positiva (figura 21.6b y figura 21.7a), en forma arbitraria.

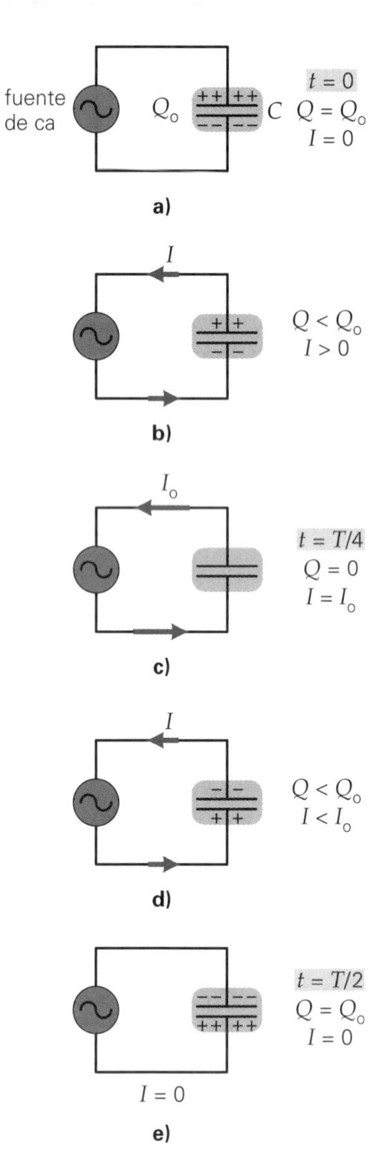

▲ **FIGURA 21.7 Un condensador en condiciones de ca** En esta secuencia se ve el voltaje, la carga y la corriente en un circuito que sólo tiene un condensador y una fuente de voltaje alterno. Los cinco diagramas de circuito, en conjunto, representan físicamente lo que se grafica en el primer medio ciclo (de $t = 0$ a $t = T/2$) en la figura 21.6b.

- Conforme disminuye el voltaje de tal forma que $0 < V < V_o$, el condensador comienza a descargarse y origina una corriente en sentido contrario al de las manecillas del reloj (negativa; compare las figuras 21.6b a 21.7b).
- La corriente llega a su valor máximo cuando el voltaje llega a cero, y las placas del condensador están totalmente descargadas (figura 21.7c). Esto sucede exactamente a la cuarta parte del recorrido del ciclo ($t = T/4$).
- Ahora, la fuente de voltaje de ca invierte su polaridad y comienza a aumentar de magnitud, de forma que $-V_o < V < 0$. El condensador comienza a cargarse, esta vez con la polaridad opuesta (figura 21.7d). Al estar descargadas las placas no hay oposición a la corriente, por lo que alcanza su valor máximo. Sin embargo, conforme las placas acumulan carga, comienzan a inhibir la corriente y ésta disminuye en magnitud.
- A la mitad del ciclo ($t = T/2$), el condensador está totalmente cargado, pero con polaridad opuesta a su estado inicial (figura 21.7e). La corriente es cero y el voltaje tiene magnitud máxima, pero su polaridad es contraria respecto a la polaridad inicial ($V = -V_o$).

Durante el siguiente medio ciclo (que no se ilustra en la figura 21.7), se invierte el proceso y el circuito regresa a sus condiciones iniciales.

Advierta que la corriente y el voltaje *no* están al unísono (es decir, *no* están en fase). La corriente llega a su máximo un cuarto de ciclo *antes* que el voltaje. La relación entre la corriente y el voltaje se establece en la siguiente forma:

> En un circuito puramente capacitivo de ca, la *corriente* se adelanta 90° al *voltaje*, es decir, se adelanta un cuarto $\left(\frac{1}{4}\right)$ de ciclo.

Así que en el caso de una situación de ca, un condensador se opone al proceso de carga, pero no lo limita por completo. (Recuerde que en condiciones de cd, se comporta como circuito abierto.) La medida cuantitativa de la "oposición capacitiva" al paso de la corriente se llama **reactancia capacitiva** del condensador **(X_C)**. En un circuito de ca, la reactancia capacitiva se determina con

$$X_C = \frac{1}{\omega C} = \frac{1}{2\pi f C} \qquad \textit{reactancia capacitiva} \qquad (21.11)$$

Unidad SI de reactancia capacitiva:
ohm (Ω), o segundos por farad (s/F)

donde $\omega = 2\pi f$, C es la capacitancia (en farads) y f es la frecuencia (en Hz). Al igual que la resistencia, la reactancia se mide en ohms (Ω). Mediante el análisis de las unidades, demuestre que el ohm equivale al segundo por farad.

La ecuación 21.11 indica que la reactancia es inversamente proporcional tanto a la capacitancia (C) como a la frecuencia del voltaje (f). Estas dos dependencias se comprenderán mejor de la siguiente manera.

Recuerde que la *capacitancia* equivale a "carga almacenada por volt" ($C = Q/V$). En consecuencia, para determinado voltaje, cuanto mayor sea la capacitancia, habrá más carga en el condensador. Para ello se requiere mayor flujo de carga, es decir, mayor corriente. Incrementar la capacitancia representa menor oposición al flujo de carga (esto es, una reactancia capacitiva reducida) a una frecuencia dada.

Para visualizar la dependencia de la frecuencia, considere el hecho de que cuanto mayor sea la frecuencia del voltaje, *menos* tiempo se requerirá para el proceso de carga en cada ciclo. Un tiempo de carga menor equivale a que menos carga se acumula en las placas y, en consecuencia, habrá menor oposición a la corriente. Incrementar la frecuencia da por resultado una disminución en la reactancia capacitiva. Por lo anterior, la reactancia capacitiva es inversamente proporcional *tanto* a la frecuencia *como* a la capacitancia.

Siempre es bueno verificar una relación general para ver si se obtiene el resultado que se considera como verdadero en un caso especial (o varios). Como caso especial, observe que si $f = 0$ (condiciones de cd, no oscilantes), la reactancia capacitiva es infinita. Como se esperaba, en tales condiciones no hay corriente.

La reactancia capacitiva se relaciona con el voltaje y la corriente a través del condensador, mediante una ecuación que tiene la misma forma que $V = IR$, para resistencias puras:

$$V_{rms} = I_{rms} X_C \qquad \textit{voltaje a través de un condensador} \qquad (21.12)$$

A continuación se presenta un ejemplo: un condensador conectado a una fuente de voltaje de ca.

Ejemplo 21.3 ■ Corriente en condiciones de ca: reactancia capacitiva

Un condensador de 15.0 μF se conecta a una fuente de 120 V y 60 Hz. ¿Cuáles son la *a*) reactancia capacitiva y *b*) la corriente (rms y máxima) en el circuito?

Razonamiento. *a*) La reactancia capacitiva se calcula con la capacitancia y la frecuencia, por medio de la ecuación 21.11. *b*) Entonces se podrá calcular la corriente rms, a partir de la reactancia y del voltaje efectivo, con la ecuación 21.12. Por último, con la ecuación 21.6 se obtiene la corriente máxima.

Solución. Suponiendo que sea exacta la frecuencia de 60 Hz, las respuestas tendrán tres cifras significativas. Se listan los datos:

Dado: $C = 15.0\ \mu\text{F} = 15.0 \times 10^{-6}\ \text{F}$
$V_{\text{rms}} = 120\ \text{V}$
$f = 60\ \text{Hz}$

Encuentre: *a*) X_C (reactancia capacitiva)
b) I_o (corriente pico),
I_{rms} (corriente efectiva)

a) La reactancia capacitiva es

$$X_C = \frac{1}{2\pi f C} = \frac{1}{2\pi(60\ \text{Hz})(15.0 \times 10^{-6}\ \text{F})} = 177\ \Omega$$

b) Entonces, la corriente rms es

$$I_{\text{rms}} = \frac{V_{\text{rms}}}{X_C} = \frac{120\ \text{V}}{177\ \Omega} = 0.678\ \text{A}$$

por lo que la corriente máxima es

$$I_o = \sqrt{2} I_{\text{rms}} = \sqrt{2}(0.678\ \text{A}) = 0.959\ \text{A}$$

La corriente oscila a 60 ciclos por segundo, con una magnitud de 0.959 A.

Ejercicio de refuerzo. En este ejemplo, *a*) ¿cuál es el voltaje máximo y *b*) qué frecuencia produciría la misma corriente si el valor de la capacitancia se redujera a la mitad?

21.3 Reactancia inductiva

OBJETIVOS: *a*) Explicar qué es un inductor, *b*) explicar el comportamiento de un inductor en los circuitos de ca y *c*) calcular el efecto de los inductores sobre la corriente alterna (reactancia inductiva).

La inductancia es una medida de la oposición que presenta un elemento de circuito al paso de una corriente variable en el tiempo (de acuerdo con la ley de Lenz). En principio, todos los elementos de circuito (incluidos los resistores) tienen cierta inductancia. Sin embargo, una bobina de alambre, cuya resistencia es insignificante, sólo tiene inductancia. Cuando se coloca en un circuito de corriente variable en el tiempo, esa bobina, que se llama **inductor**, desarrolla un voltaje inverso, o contra fem, que se opone a la corriente que cambia. La corriente variable y que pasa por la bobina produce un campo y un flujo magnético cambiantes. Como la contra fem se produce en el inductor como consecuencia de su propio campo magnético cambiante, a este fenómeno se le llama *autoinducción*.

Nota: la ley de Lenz se presenta en la sección 20.1.

La fem autoinducida (para una bobina consistente en N vueltas) se determina por la ley de Faraday (ecuación 20.2): $\mathscr{E} = -N\Delta\Phi/\Delta t$. La tasa de cambio del flujo, $N\Delta\Phi/\Delta t$, es proporcional a la tasa de cambio de la corriente en la bobina, $\Delta I/\Delta t$, porque la corriente produce el campo magnético responsable del flujo cambiante. Así, la contra fem es proporcional al cambio de la corriente, y su sentido es contrario al de la rapidez de cambio de la corriente. Esta relación se expresa en forma de ecuación, con una constante de proporcionalidad

$$\mathscr{E} = -L\left(\frac{\Delta I}{\Delta t}\right) \tag{21.13}$$

donde L es la *inductancia* de la bobina (con más propiedad, la *auto*inductancia). Utilizando el análisis de unidades, demuestre que las unidades de inductancia son volt-segundos por ampere (V · s/A). A esta combinación se le llama **henry** (1 H = 1 V · s/A), en honor de Joseph Henry (1797-1878), físico estadounidense y uno de los primeros investigadores de la inducción electromagnética. A menudo se emplean unidades más pequeñas, como el milihenry (mH), cuya equivalencia es 1 mH = 10^{-3} H.

La oposición que presenta un inductor a la corriente en condiciones de ca depende del valor de la inductancia y de la frecuencia del voltaje. Esta relación se expresa de forma cuantitativa mediante la **reactancia inductiva (X_L)**, que es

$$X_L = \omega L = 2\pi f L \quad \textit{reactancia inductiva} \qquad (21.14)$$

Unidad si para reactancia inductiva:
ohm (Ω), o henry por segundo (H/s)

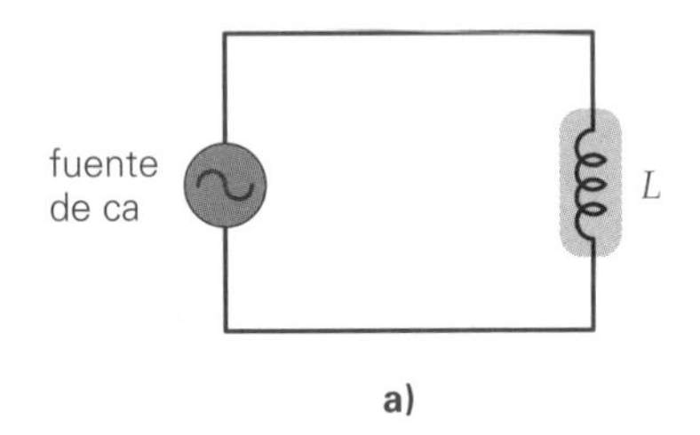

a)

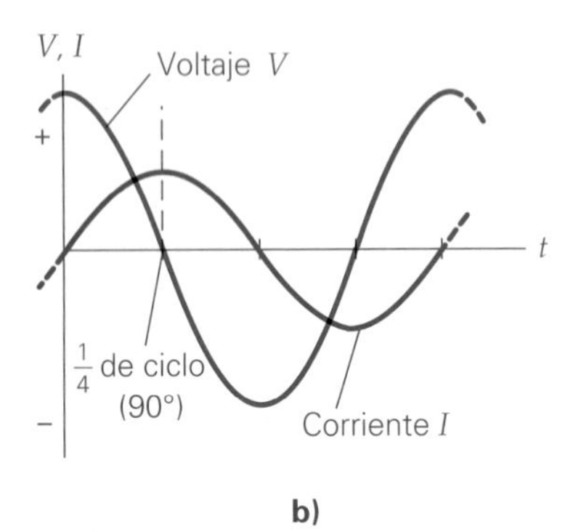

b)

▲ **FIGURA 21.8 Un circuito puramente inductivo** *a)* En un circuito que sólo tiene una inductancia, *b)* el voltaje se adelanta 90°, o un cuarto de ciclo, a la corriente.

Ilustración 31.4 Cambio de fase

Exploración 31.2 Reactancia

donde f es la frecuencia del voltaje impulsor, $\omega = 2\pi f$, y L es la inductancia. Al igual que la reactancia capacitiva, la reactancia inductiva se mide en ohms (Ω); usted seguramente podrá demostrar que éstos equivalen a henrys por segundo.

Observe que la reactancia inductiva es proporcional tanto a la inductancia (L) de la bobina, como a la frecuencia (f) de la fuente de voltaje. La inductancia de una bobina es una propiedad que depende de la cantidad de vueltas, del diámetro y la longitud de la misma, y del material de su núcleo (si acaso lo tiene). La frecuencia de la fuente de voltaje desempeña un papel importante, porque cuanto más rápidamente cambie la corriente en la bobina, mayor será la rapidez de cambio de su flujo magnético. Eso implica una fem (contra fem o fem inversa) autoinducida mayor, que se opone a los cambios en la corriente.

En términos de X_L, el voltaje a través de un inductor se relaciona con la corriente y con la reactancia inductiva mediante

$$V_{rms} = I_{rms} X_L \quad \textit{voltaje a través de un inductor} \qquad (21.15)$$

En la ◂figura 21.8 se muestran el símbolo de circuito para un inductor, y las gráficas del voltaje a través del mismo, y de la corriente en el circuito. Cuando se conecta un inductor a una fuente de voltaje de ca, el voltaje máximo corresponde a la corriente cero. Cuando el voltaje baja a cero, la corriente es máxima. Esto se debe a que cuando cambia de polaridad el voltaje (haciendo que el flujo magnético a través del inductor baje a cero), el inductor trata de evitar el cambio, de acuerdo con la ley de Lenz, por lo que la fem inducida crea una corriente. Por lo anterior, la corriente *se retrasa* un cuarto de ciclo respecto al voltaje, una relación que se expresa como sigue:

> En un circuito de ca puramente inductivo, el *voltaje* se adelanta 90°, o un cuarto $\left(\frac{1}{4}\right)$ de ciclo, a la *corriente*.

Puesto que las relaciones entre corriente y voltaje en circuitos puramente inductivos y puramente capacitivos son opuestas, hay una frase que le ayudará a recordar esto: *E<u>L</u>I* y el *I<u>C</u>E* berg. Aquí, *E* representa el voltaje (la fem) e *I* representa la corriente. *ELI* indica que con una inductancia (*L*), el voltaje se adelanta a la corriente (*I*) [lea el acrónimo de izquierda a derecha]. De forma similar, *ICE* indica que con una capacitancia (*C*), la corriente se adelanta al voltaje.

Ejemplo 21.4 ■ Oposición a la corriente sin resistencia: la reactancia inductiva

Se conecta un inductor de 125 mH a una fuente de 120 V y 60 Hz. ¿Cuáles son *a*) la reactancia inductiva y *b*) la corriente efectiva en el circuito?

Razonamiento. Como se conocen la inductancia y la frecuencia, es posible calcular la reactancia inductiva con la ecuación 21.14 y la corriente con la ecuación 21.15.

Solución. Se listan los datos:

Dado: $L = 125\text{ mH} = 0.125\text{ H}$, $V_{rms} = 120\text{ V}$, $f = 60\text{ Hz}$

Encuentre: *a*) X_L (reactancia inductiva) *b*) I_{rms}

a) La reactancia inductiva es

$$X_L = 2\pi f L = 2\pi(60\text{ Hz})(0.125\text{ H}) = 47.1\ \Omega$$

b) Entonces, la corriente efectiva es

$$I_{rms} = \frac{V_{rms}}{X_L} = \frac{120\text{ V}}{47.1\ \Omega} = 2.55\text{ A}$$

Ejercicio de refuerzo. En este ejemplo, *a*) ¿cuál es la corriente máxima? *b*) ¿Qué frecuencia de voltaje produciría la misma corriente si la inductancia se redujera a un tercio de su valor en este ejemplo?

21.4 Impedancia: circuito RLC

OBJETIVOS: *a*) Calcular corrientes y voltajes cuando están presentes varios elementos reactivos y resistivos en circuitos de ca, *b*) usar diagramas de fase para calcular la impedancia general y las corrientes rms y *c*) comprender y usar el concepto del factor de potencia en los circuitos de ca.

En apartados anteriores se examinaron por separado los circuitos puramente capacitivos o puramente inductivos, sin que hubiera ninguna resistencia. Sin embargo, en el mundo real es imposible tener circuitos puramente reactivos, ya que siempre hay alguna resistencia, aunque sea mínima, por ejemplo, la de los cables de conexión. Por consiguiente, se *combinan* las resistencias, las reactancias capacitivas y las reactancias inductivas para impedir el paso de la corriente en los circuitos de ca. Estos efectos se ilustran con un análisis de algunas combinaciones en circuitos.

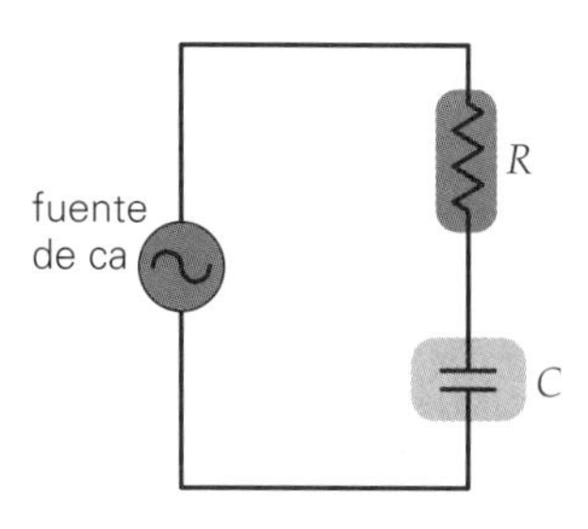

a) Diagrama del circuito RC

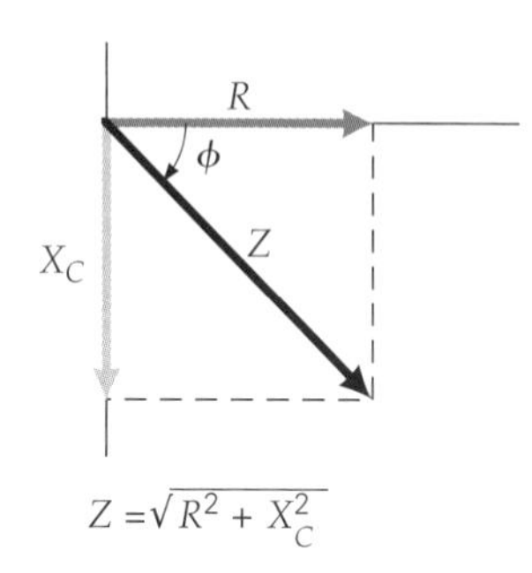

$Z = \sqrt{R^2 + X_C^2}$

b) Diagrama de fase

▲ **FIGURA 21.9** Un circuito RC en serie *a*) En un circuito RC en serie, *b*) la impedancia Z es la suma fasorial de la resistencia R y de la reactancia capacitiva X_C.

Nota: la palabra *impedancia* (representada por Z) indica la oposición general del circuito al paso de la corriente. Las palabras *reactancia* y *resistencia* se reservarán para la oposición en los elementos individuales.

Nota: $V_{rms} = I_{rms}Z$ se puede aplicar a cualquier circuito, siempre y cuando la impedancia Z se calcule en forma correcta, usando fasores.

Circuito de RC en serie

Supongamos que un circuito de ca está formado por una fuente de voltaje, un resistor y un condensador conectados en serie (▸figura 21.9a). La relación de fases entre la corriente y el voltaje es distinta para cada elemento de circuito. En consecuencia, se necesita un método gráfico especial para determinar la oposición general a la corriente en el circuito. Este método emplea un *diagrama de fase*.

En un diagrama de fase como el de la figura 21.9b, de un circuito RC, a la resistencia y la reactancia se les atribuyen propiedades semejantes a las de los vectores, y sus magnitudes se representan mediante flechas llamadas *fasores*. En un conjunto de ejes coordenados x-y, la resistencia se grafica en el eje x positivo (esto es, a 0°), ya que la diferencia de fases entre voltaje y corriente para un resistor es cero. La reactancia capacitiva se grafica a lo largo del eje y negativo, y refleja una diferencia de $-90°$ (ϕ) en las fases, ya que, para un condensador, el voltaje se retrasa respecto a la corriente por un cuarto de ciclo.

La suma fasorial es la oposición efectiva, o neta, a la corriente; a eso se le llama **impedancia (Z)**. Los fasores se suman de la misma forma que los vectores, porque los efectos del resistor y el condensador no están en fase. Para el circuito RC en serie,

$$Z = \sqrt{R^2 + X_C^2} \quad \textit{impedancia de un circuito RC en serie} \tag{21.16}$$

La unidad de impedancia es el ohm.

La generalización de la ley de Ohm a los circuitos con condensadores, inductores y resistores es

$$V_{rms} = I_{rms}Z \quad \textit{ley de Ohm para circuitos de ca} \tag{21.17}$$

Para ver cómo se usan los fasores en el análisis de un circuito RC, se presenta el siguiente ejemplo. Preste atención especial al inciso *b*, en el que hay una violación *aparente* al teorema de la malla de Kirchhoff, que se explica por las diferencias de fase entre los voltajes a través de los dos elementos del circuito.

Ejemplo 21.5 ■ Impedancia RC y el teorema de la malla de Kirchhoff

Un circuito RC en serie tiene una resistencia de 100 Ω y una capacitancia de 15.0 μF. *a*) ¿Cuál es la corriente (rms) en el circuito cuando se conecta con una fuente de 120 V y 60 Hz? *b*) Calcule el voltaje (rms) a través de cada elemento de circuito y de los dos elementos combinados. Compárelo con el de la fuente de voltaje. ¿Se satisface el teorema de la malla de Kirchhoff? Comente y explique su razonamiento.

Razonamiento. *a*) Advierta que los valores del voltaje y del condensador son los mismos que aquellos en el ejemplo 21.3, y que se ha agregado un resistor en serie. Esto ayudará a simplificar los cálculos. Entonces, la reactancia capacitiva y la resistencia se combinan, usando fasores, para determinar la impedancia general (ecuación 21.16). De acuerdo con la ecuación 21.17, se pueden usar la impedancia y el voltaje para calcular la corriente. *b*) Como la corriente es igual en cualquier momento dado en un circuito en serie, el resultado del inciso *a* servirá para calcular los voltajes. El voltaje efectivo a través de los dos elementos juntos se calcula recordando que los voltajes individuales están desfasados 90°. Eso significa, en términos físicos, que *no* llegan a sus valores máximos al mismo tiempo, sino más bien separados por un cuarto de periodo. Por consiguiente, *no es posible* tan sólo sumar los voltajes.

(continúa en la siguiente página)

Solución.

Dado: $R = 100\ \Omega$
$C = 15.0\ \mu F = 15.0 \times 10^{-6}$ F
$V_{rms} = 120$ V
$f = 60$ Hz

Encuentre: *a)* I (corriente efectiva)
b) V_C (voltaje rms a través del condensador)
V_R (voltaje efectivo a través del resistor)
$V_{(R+C)}$ (voltaje rms comb.)

a) En el ejemplo 21.3 se determinó que la reactancia para el condensador a esta frecuencia f era $X_C = 177\ \Omega$. Ahora se aplicará la ecuación 21.16 para obtener la impedancia del circuito:

$$Z = \sqrt{R^2 + X_C^2} = \sqrt{(100\ \Omega)^2 + (177\ \Omega)^2} = 203\ \Omega$$

Como $V_{rms} = I_{rms}Z$, la corriente rms es

$$I_{rms} = \frac{V_{rms}}{Z} = \frac{120\ V}{203\ \Omega} = 0.591\ A$$

b) Se usa primero la ecuación 21.17 para el voltaje efectivo a través del resistor solo ($Z = R$),

$$V_R = I_{rms}R = (0.591\ A)(100\ \Omega) = 59.1\ V$$

Para el condensador solo ($Z = X_C$), y el voltaje efectivo a través de éste es

$$V_C = I_{rms}X_C = (0.591\ A)(177\ \Omega) = 105\ V$$

Ilustración 31.6 Fasores de voltaje y corriente

Ilustración 31.7 Circuitos RC y fasores

La suma algebraica de estos dos voltajes efectivos es 164 V, que *no* es igual que el valor rms del voltaje de la fuente (120 V). Esto *no* significa que se haya violado el teorema de la malla de Kirchhoff. De hecho, el voltaje de la fuente sí es igual a los voltajes combinados a través del condensador y del resistor, *si se tienen en cuenta las diferencias de fase.* Hay que calcular el voltaje combinado de forma adecuada, teniendo en cuenta la diferencia de 90° entre las fases de los dos voltajes. Al aplicar el teorema de Pitágoras para obtener el vol-taje total, se tiene que

$$V_{(R+C)} = \sqrt{V_R^2 + V_C^2} = \sqrt{(59.1\ V)^2 + (105\ V)^2} = 120\ V$$

Cuando se combinan adecuadamente las diferencias individuales de voltaje (teniendo en cuenta que los voltajes no alcanzan su punto máximo al mismo tiempo), se ve que la ley de Kirchhoff sigue siendo válida. Aquí se ha demostrado que el voltaje rms total a través de ambos elementos es igual al voltaje rms de la fuente. Hay que ser cuidadosos al sumar los voltajes de esta forma porque están fuera de fase en general. *Por lo tanto, las leyes de Kirchhoff son válidas en cualquier instante del tiempo, no sólo para los valores rms, pero hay que tener cuidado al tomar en cuenta las diferencias de fase.*

Ejercicio de refuerzo. *a)* ¿Cómo cambiaría el resultado del inciso *a* de este ejemplo si el circuito estuviera excitado por una fuente con el mismo voltaje efectivo, pero que oscilara a 120 Hz? *b)* La causa de este cambio ¿es el resistor o el condensador?

Circuito RL en serie

El análisis de un circuito RL en serie (◂figura 21.10) es similar al de un circuito RC en serie. Sin embargo, la reactancia inductiva se grafica a lo largo del eje *y positivo*, en el diagrama de fases, para reflejar que la diferencia de fases con respecto a la resistencia es de +90°. Recuerde que un ángulo de fase positivo quiere decir que el voltaje *se adelanta* a la corriente, como es el caso de un inductor.

Por lo tanto, la impedancia en un circuito RL en serie es

$$Z = \sqrt{R^2 + X_L^2} \quad \textit{impedancia en un circuito RL en serie} \tag{21.18}$$

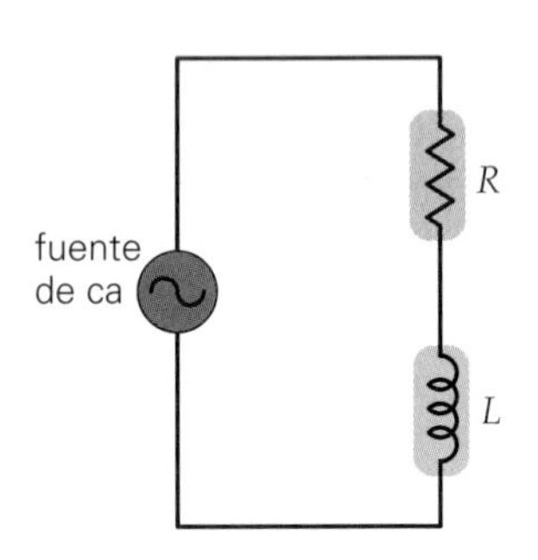

a) Diagrama del circuito RL

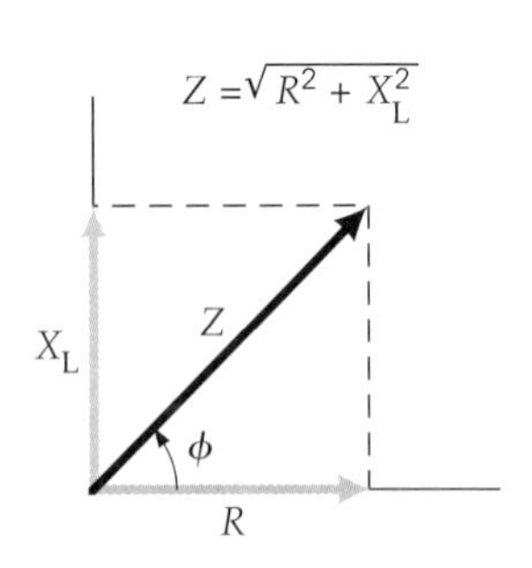

b) Diagrama de fase

▲ **FIGURA 21.10** Un circuito RL en serie *a)* En un circuito RL en serie, *b)* la impedancia Z es igual a la suma fasorial de la resistencia R y de la reactancia inductiva X_L.

Circuito RLC en serie

En el caso más general, un circuito de ca puede contener los tres componentes: un resistor, un inductor y un condensador en serie como se ve en la ▸figura 21.11. De nuevo, con una suma fasorial se determina la impedancia general del circuito. Si se combinan los componentes verticales (esto es, las reactancias inductiva y capacitiva) se obtiene la *reactancia total,* $X_L - X_C$. Se emplea la resta porque la diferencia de fases entre X_L y X_C es 180°. La impedancia general del circuito es la suma fasorial de la resistencia y la reactancia total. Una vez más, se utiliza el teorema de Pitágoras en el diagrama de fase, y se tiene

$$Z = \sqrt{R^2 + (X_L - X_C)^2} \quad \textit{impedancia de un circuito RLC en serie} \tag{21.19}$$

El **ángulo de fase (ϕ)** entre el voltaje de la fuente y la corriente en el circuito es el que forman el fasor impedancia general (Z) y el eje $+x$ (figura 21.11b), o bien,

$$\tan\phi = \frac{X_L - X_C}{R} \quad \textit{ángulo de fase en un circuito RLC en serie} \tag{21.20}$$

TABLA 21.1 Impedancias y ángulos de fase para circuitos en serie

Elemento(s) de circuito	*Impedancia Z (en W)*	*Ángulo de fase ϕ*
R	R	0°
C	X_C	−90°
L	X_L	+90°
RC	$\sqrt{R^2 + X_C^2}$	negativo (significa que ϕ está entre 0° y −90°)
RL	$\sqrt{R^2 + X_L^2}$	positivo (significa que ϕ está entre 0° y +90°)
RLC	$\sqrt{R^2 + (X_L - X_C)^2}$	positivo si $X_L > X_C$ negativo si $X_C > X_L$

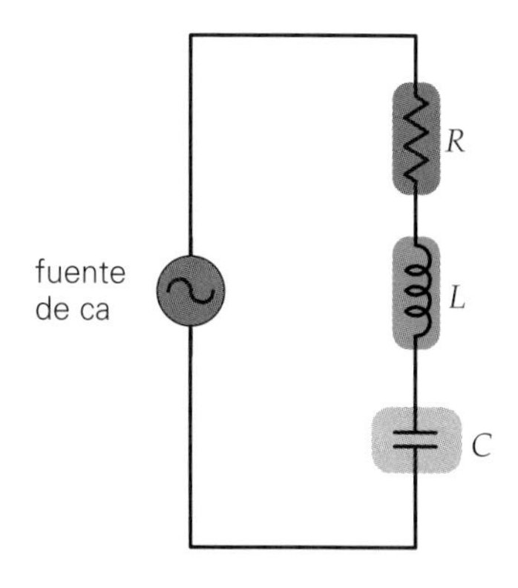

a) Diagrama del circuito RLC

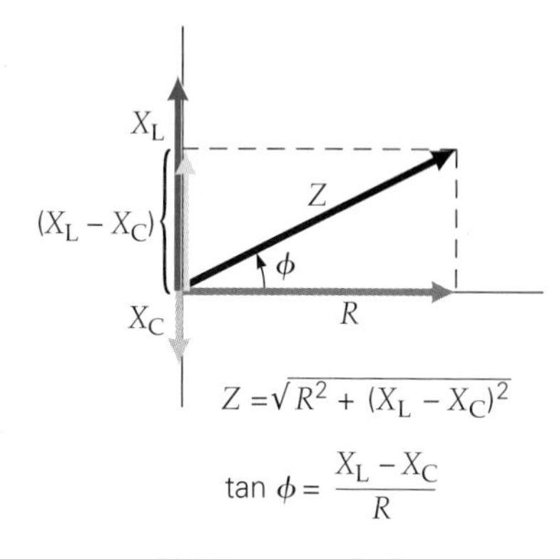

b) Diagrama de fase

▲ **FIGURA 21.11 Un circuito RLC en serie** ***a)*** En un circuito RLC en serie, ***b)*** la impedancia Z es igual a la suma fasorial de la resistencia R y la reactancia total (o neta) $(X_L - X_C)$. Note que el diagrama de fase está hecho para el caso de $X_L > X_C$.

Advierta que si X_L es mayor que X_C (como en la figura 21.11b), el ángulo de fase es positivo ($+\phi$), y se dice que el circuito es *inductivo*, ya que la parte no resistiva de la impedancia (es decir, la reactancia) está dominada por el inductor. Si X_C es mayor que X_L, el ángulo de fase es negativo ($-\phi$), y se dice que el circuito es *capacitivo*, porque la reactancia capacitiva domina sobre la reactancia inductiva.

En la tabla 21.1 se presenta un resumen de las impedancias y los ángulos de fase para los tres elementos de circuito, así como varias de sus combinaciones. En el ejemplo 21.6 se analiza un circuito RLC.

Ejemplo 21.6 ■ Ahora todo junto: impedancia en un circuito RLC

Un circuito RLC en serie tiene una resistencia de 25.0 Ω, una capacitancia de 50.0 μF, y una inductancia de 0.300 H. Si el circuito se activa con una fuente de voltaje de 120 V y 60 Hz, ¿cuáles son *a*) la impedancia total del circuito, *b*) la corriente efectiva en el circuito y *c*) el ángulo de fase entre la corriente y el voltaje?

Razonamiento. *a*) Para calcular la impedancia general con la ecuación 21.19, hay que determinar las reactancias individuales. *b*) La corriente calculada con la generalización de la ley de Ohm es $V_{rms} = I_{rms}Z$ (ecuación 21.17). *c*) El ángulo de fase se calcula con la ecuación 21.20.

Solución. Se listan los datos:

Dado:
$R = 25.0\ \Omega$
$C = 50.0\ \mu F = 5.00 \times 10^{-5}\ F$
$L = 0.300\ H$
$V_{rms} = 120\ V$
$f = 60\ Hz$

Encuentre: *a*) Z (impedancia general del circuito)
b) I_{rms}
c) ϕ (ángulo de fase)

a) Las reactancias individuales son

$$X_C = \frac{1}{2\pi f C} = \frac{1}{2\pi(60\ Hz)(5.00 \times 10^{-5}\ F)} = 53.1\ \Omega$$

y

$$X_L = 2\pi f L = 2\pi(60\ Hz)(0.300\ H) = 113\ \Omega$$

Entonces,

$$Z = \sqrt{R^2 + (X_L - X_C)^2} = \sqrt{(25.0\ \Omega)^2 + (113\ \Omega - 53.1\ \Omega)^2} = 64.9\ \Omega$$

b) Como $V_{rms} = I_{rms}Z$, entonces

$$I_{rms} = \frac{V_{rms}}{Z} = \frac{120\ V}{64.9\ \Omega} = 1.85\ A$$

c) Se obtiene el ángulo de fase a partir de $\tan \phi = (X_L - X_C)/R$ y resulta

$$\phi = \tan^{-1}\left(\frac{X_L - X_C}{R}\right) = \tan^{-1}\left(\frac{113\ \Omega - 53.1\ \Omega}{25.0\ \Omega}\right) = +67.3°$$

Era de esperarse un ángulo de fase positivo, porque la reactancia inductiva es mayor que la capacitiva (véase el inciso *a*). Por consiguiente, este circuito es *inductivo* por naturaleza.

(continúa en la siguiente página)

Ejercicio de refuerzo. *a*) Considere el circuito RLC de este ejemplo, sólo que ahora se aumenta al doble la frecuencia de excitación. Realice un razonamiento conceptual e indique si el ángulo de fase ϕ debe ser mayor o menor que los $+67.3°$ después del incremento. *b*) Calcule el nuevo ángulo de fase para demostrar que su razonamiento fue correcto.

Ahora, usted seguramente apreciará la importancia de los diagramas fasoriales para calcular impedancias, voltajes y corrientes en los circuitos de ca. Sin embargo, quizá todavía se pregunte qué utilidad y significado tiene el ángulo de fase ϕ. Para ilustrar su importancia, se examinará la pérdida de potencia en un circuito RLC. Hay que hacer notar que el análisis de pérdidas de potencia también depende mucho del buen uso de los diagramas fasoriales.

Factor de potencia para un circuito RLC en serie

Al examinar un circuito RLC, es crucial estar conscientes de que cualquier pérdida de potencia en el circuito (calentamiento de joule) tiene lugar sólo en el resistor. *No hay pérdidas de potencia asociadas con condensadores ni con inductores.* Los condensadores y los inductores tan sólo almacenan la energía y la devuelven, sin pérdidas. En el caso ideal, ninguno de estos dos elementos presenta resistencia, por lo que su calentamiento de joule es cero.

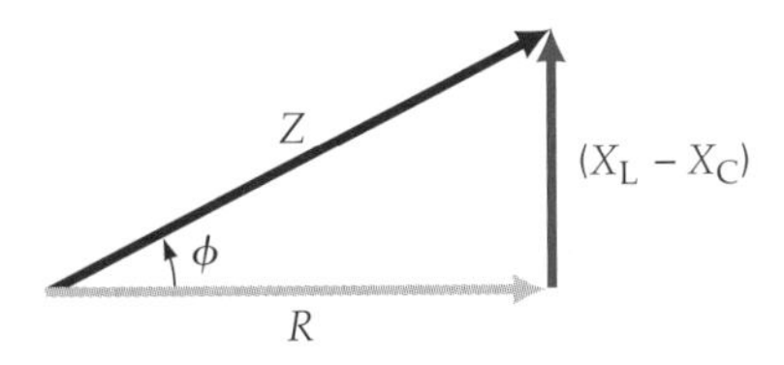

a) Triángulo de fasores

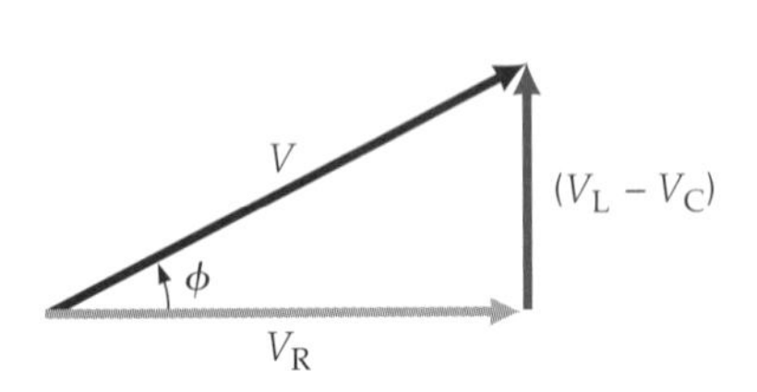

b) Triángulo equivalente de voltajes

▲ **FIGURA 21.12 Triángulos fasorial y de voltajes** Los voltajes rms a través de los componentes de un circuito RLC en serie se expresan por $V_R = I_{rms}R$, $V_L = I_{rms}X_L$ y $V_C = I_{rms}X_C$. Como la corriente es igual a través de cada uno, ***a***) el triángulo fasorial es susceptible de convertirse en ***b***) un triángulo de voltajes. Note que $V_R = V \cos \phi$. Ambos diagramas fasoriales se dibujaron para el caso en que $X_L > X_C$.

Ilustración 31.5 Potencia y reactancia

Exploración 31.4 Ángulo de fase y potencia

Como ya se explicó, la potencia promedio (rms) disipada por un resistor es $P_{rms} = I^2_{rms}R$. Esta potencia rms también se expresa en función de la corriente y el voltaje rms, sólo que, en este caso, el voltaje *debe ser el que hay a través del resistor* (V_R), ya que es el único elemento disipador. La potencia disipada promedio en un circuito RLC en serie se expresa de forma alternativa como

$$\overline{P} = P_R = I_{rms}V_R$$

El voltaje a través del resistor se calcula con un triángulo de voltajes que corresponde al triángulo fasorial (◂figura 21.12). Los voltajes rms a través de los componentes individuales en un circuito RLC son $V_R = I_{rms}R$, $V_L = I_{rms}X_L$ y $V_c = I_{rms}X_C$. Al combinar los dos últimos voltajes se tiene $(V_L - V_C) = I_{rms}(X_L - X_C)$. Si se multiplica cada cateto del triángulo fasorial (figura 21.12a) por la corriente efectiva, resulta un triángulo equivalente de voltajes (figura 21.12b). Como se ve en esta figura, el voltaje a través del resistor es

$$V_R = V_{rms} \cos \phi \qquad (21.21)$$

El término cos ϕ se llama **factor de potencia**. Según la figura 21.11,

$$\cos \phi = \frac{R}{Z} \quad \textit{factor de potencia para RLC en serie} \qquad (21.22)$$

La potencia promedio, expresada en términos del factor de potencia, es

$$\overline{P} = I_{rms}V_{rms} \cos \phi \quad \textit{potencia para RLC en serie} \qquad (21.23)$$

Como sólo se disipa potencia en la resistencia ($\overline{P} = I^2_{rms}R$), la ecuación 21.22 permite expresar la potencia promedio como

$$\overline{P} = I^2_{rms}Z \cos \phi \quad \textit{potencia para RLC en serie} \qquad (21.24)$$

Cabe destacar que cos ϕ varía desde un máximo de +1 (cuando $\phi = 0°$), hasta un mínimo de 0 (cuando $\phi = \pm 90°$). Cuando $\phi = 0°$, se dice que el circuito es *totalmente resistivo*, esto es, hay una disipación máxima de potencia (como si el circuito sólo tuviera un resistor). El factor de potencia disminuye conforme aumenta el ángulo de fase en cualquier dirección [porque $\cos(-\phi) = \cos \phi$], es decir, conforme el circuito se vuelve inductivo o capacitivo. Cuando $\phi = +90°$, se dice que el circuito es *completamente inductivo*; a $\phi = -90°$ es *completamente capacitivo*. En estos casos, el circuito sólo contiene un inductor o un condensador, respectivamente, por lo que no se disipa potencia. En la práctica, como siempre hay algo de resistencia, un circuito nunca es completamente inductivo o capacitivo. Sin embargo, sí es posible que un circuito RLC *parezca* ser completamente resistivo, aunque contenga tanto un condensador como un inductor, como se explicará en la sección 21.5. Regresaremos al ejemplo anterior con circuito RLC, poniendo especial atención en la potencia.

Ejemplo 21.7 ■ De nuevo, el factor de potencia

¿Cuánta potencia promedio que se disipa en el circuito del ejemplo 21.6?

Razonamiento. Es posible calcular el factor de potencia, porque se conocen la resistencia (R) y la impedancia (Z). Una vez conocido ese factor, se calcula la potencia real.

Solución.

Dado: Véase el ejemplo 21.6 *Encuentre:* $\overline{P}$ (potencia promedio)

En el ejemplo 21.6 se determinó que el circuito tiene una impedancia $Z = 64.9\ \Omega$, y que su resistencia era $R = 25.0\ \Omega$. Por consiguiente, el factor de potencia es

$$\cos\phi = \frac{R}{Z} = \frac{25.0\ \Omega}{64.9\ \Omega} = 0.385$$

Se usan otros datos del ejemplo 21.6 y, con la ecuación 21.23, se obtiene

$$\overline{P} = I_{\text{rms}} V_{\text{rms}} \cos\phi = (1.85\ \text{A})(120\ \text{V})(0.385) = 85.5\ \text{W}$$

Esto es menor que la potencia que se disiparía si no existieran el condensador y el inductor. (¿Podría demostrar que esto es verdad? ¿Por qué es verdad?)

Ejercicio de refuerzo. Si la frecuencia se duplicara y el condensador se retirara de este ejemplo, ¿cuál sería la potencia efectiva?

21.5 Resonancia en circuitos

OBJETIVOS: *a*) Comprender el concepto de la resonancia en los circuitos de ca y *b*) calcular la frecuencia de resonancia de un circuito RLC.

A partir de la explicación anterior, se podrá ver que cuando el factor de potencia ($\cos\phi$) de un circuito RLC en serie es igual a la unidad, al circuito se transfiere la frecuencia máxima. En tal situación, la corriente en el circuito debe estar en su máximo, ya que la impedancia está en su mínimo. Esto sucede porque a esta única frecuencia, las reactancias inductiva y capacitiva *se anulan efectivamente*; esto es, son iguales en magnitud y están desfasadas 180°, o lo contrario. Esto sucede en cualquier circuito RLC, eligiendo la frecuencia adecuada de la fuente.

Ilustración 31.8 Impedancia y resonancia, circuito RLC

La clave para determinar la frecuencia correcta es darse cuenta de que las reactancias inductivas y capacitivas dependen de la frecuencia, al igual que la impedancia general. De acuerdo con la ecuación de la impedancia de un circuito RLC en serie, $Z = \sqrt{R^2 + (X_L - X_C)^2}$, se observa que la impedancia es mínima cuando $X_L - X_C = 0$. Esto sucede a la frecuencia f_o, que se calcula igualando $X_L = X_C$. Utilizando las ecuaciones para las reactancias, esto significa que $2\pi f_o L = 1/2\pi f_o C$. Al despejar f_o se obtiene

Exploración 31.7 Circuito RLC

$$f_o = \frac{1}{2\pi\sqrt{LC}} \quad \text{frecuencia de resonancia RLC} \qquad (21.25)$$

Esta frecuencia satisface la condición de impedancia mínima y, por consiguiente, maximiza la corriente en el circuito. En analogía con el hecho de impulsar un columpio exactamente a la frecuencia correcta o con el de tener una cuerda de violín en uno de sus modos normales, f_o se llama la **frecuencia de resonancia** del circuito. En la ▾figura 21.13a se presenta una gráfica de las reactancias capacitiva e inductiva en función de la frecuencia. Las curvas de X_C y X_L se intersecan en f_o, donde sus valores son iguales.

Explicación física de la resonancia

Vale la pena investigar la explicación física de la resonancia en un circuito RLC en serie. Ya se explicó que los voltajes del condensador y del inductor *siempre* están 180° fuera de fase, o tienen polaridad opuesta. En otras palabras, tienden a anularse, pero, generalmente, no por completo porque sus valores no son iguales. Si éste es el caso, entonces, el voltaje a través del resistor es menor que el voltaje de la fuente porque hay un voltaje neto a través de la combinación del condensador y el inductor. Esto significa que la

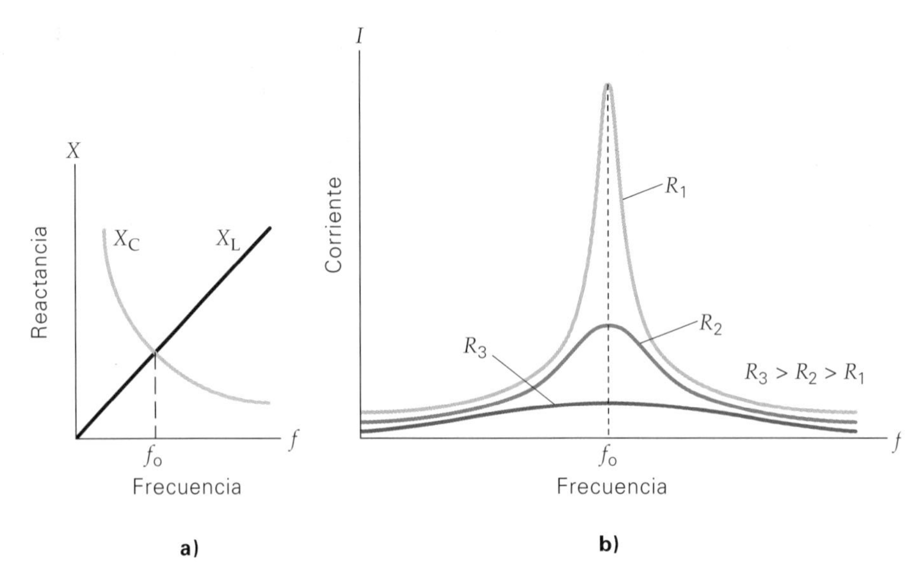

▲ **FIGURA 21.13 Frecuencia de resonancia de un circuito RLC en serie** ***a)*** A la frecuencia de resonancia (f_o), las reactancias capacitiva e inductiva son iguales ($X_L = X_C$). En una gráfica de X en función de f, ésta es la frecuencia a la cual se intersecan las curvas de X_C y X_L. ***b)*** En una gráfica de I en función de f, la corriente es máxima en f_o. La curva se vuelve más aguda conforme disminuye la resistencia en el circuito.

potencia disipada en el resistor es menor que su valor máximo. Sin embargo, en el caso especial que se presenta cuando los voltajes capacitivo e inductivo se anulan, todo el voltaje de la fuente aparece a través del resistor, el factor de potencia se vuelve 1, y el resistor disipa la potencia máxima posible. Esto es lo que se entiende al decir que el circuito está "en resonancia".

Aplicaciones de la resonancia

Como hemos visto, cuando un circuito RLC en serie se excita a su frecuencia de resonancia, tanto la corriente en el circuito como la transferencia de potencia a este último están en su valor máximo. En la figura 21.13b se presenta una gráfica de la corriente rms en función de la frecuencia de excitación, para diversos valores de la resistencia. Como se esperaba, la corriente máxima ocurre a la frecuencia de resonancia f_o. Observe que la curva se vuelve más aguda y angosta conforme disminuye la resistencia.

Los circuitos resonantes tienen una gran variedad de aplicaciones. Una de las más comunes es la del mecanismo de sintonización de un aparato receptor de radio. Cada estación de radio tiene asignada una frecuencia de emisión, a la cual transmite ondas de radio (véase la sección A fondo 21.1 sobre la radiodifusión y la radiación electromagnética). Cuando las ondas se reciben en la antena, sus campos magnético y eléctrico oscilatorios ponen a los electrones de la antena receptora en movimiento de vaivén regular. En otras palabras, producen una corriente alterna en el circuito receptor, como lo haría una fuente de voltaje ac.

En determinada área, cada estación de radio tiene asignada su propia frecuencia de transmisión. Por lo general, diferentes señales de radio llegan juntas a la antena, pero el circuito receptor escoge, de forma selectiva, sólo aquella con el valor exacto o cercano de la frecuencia de resonancia. La mayoría de los aparatos de radio permiten variar esa frecuencia de resonancia para "sintonizar" diferentes estaciones. En los primeros días de la radio se usaban condensadores variables de aire para este fin (▸figura 21.14). En la actualidad, existen condensadores variables más compactos en los radios más pequeños, que tienen un dieléctrico de polímero entre placas delgadas. Las láminas de polímero ayudan a mantener la distancia entre las placas y aumentan la capacitancia, permitiendo a los fabricantes usar una superficie más pequeña. (Recuerde que, en el capítulo 16 $C = \kappa\varepsilon_o A/d$.) En la mayoría de los radios más modernos hay dispositivos de estado sólido que reemplazan a los condensadores variables.

▲ **FIGURA 21.14 Condensador variable de aire** Al girar las placas móviles entre las placas fijas, se modifica el área de traslape y, por consiguiente, la capacitancia. Esos condensadores eran comunes en los circuitos de sintonización de los radios antiguos.

A FONDO 21.1 CIRCUITOS OSCILADORES: EMISORES DE RADIACIÓN ELECTROMAGNÉTICA

Para generar las ondas electromagnéticas de alta frecuencia que se usan en las comunicaciones de radio y televisión (figura 1), se deben hacer oscilar corrientes eléctricas a altas frecuencias en circuitos electrónicos. Esto se logra con circuitos RLC, que se llaman *circuitos osciladores*, porque en ellos la corriente oscila a una frecuencia determinada por sus elementos inductivo y capacitivo.

Cuando la resistencia en un circuito RLC es muy pequeña, ese circuito es, en esencia, un LC. En él, la energía oscila a una frecuencia f, que es la frecuencia "natural" del circuito, y que también es su frecuencia de resonancia (ecuación 21.25). Cualquier leve resistencia en el circuito disiparía energía. Sin embargo, en un circuito LC ideal (como el que aquí consideramos), sin resistencia, la oscilación continuaría de forma indefinida

Para comprender mejor esta situación, consideremos las oscilaciones de energía en un circuito ideal LC en paralelo, como el de la figura 2a. Supongamos que, inicialmente, el condensador está cargado, y que a continuación se cierra el interruptor ($t = 0$). Entonces, se presentará la siguiente sucesión de eventos:

1. El condensador se descargaría de forma instantánea (ya que $RC = 0$), si no fuera porque la corriente debe pasar por la bobina. Cuando $t = 0$, la corriente que pasa por la bobina es cero (figura 2a). Al aumentar la corriente, también aumenta el campo magnético en la bobina. De acuerdo con la ley de Lenz, el campo magnético en aumento y el cambio de flujo en la bobina inducen una contra fem que se opone al aumento de la corriente. A causa de esta oposición, el condensador tarda cierto tiempo en descargarse.
2. Cuando el condensador está totalmente descargado (figura 2b), toda su energía (en su campo eléctrico) ha pasado al inductor, en forma de un campo magnético. (Como, en este circuito, se supone que $R = 0$, no se pierde energía por el calentamiento de joule.) En este momento (un cuarto de ciclo o periodo; $T/4$), el campo magnético y la corriente en la bobina tienen su valor máximo, y entonces toda la energía está almacenada en el inductor. (Consulte los "histogramas" de energía que acompañan los diagramas de circuito en las figuras 2a, 2b y 2c para visualizar las transferencias de energía conforme se desarrolla el ciclo.)

FIGURA 1 Una antena de transmisión

3. Al bajar el campo magnético respecto de su valor máximo, en la bobina se induce una fem que se opone a esa bajada. Esta fem actúa en la dirección que tiende a continuar la corriente en la bobina, aunque ésta baje (de nuevo, por la ley de Lenz). Ahora la polaridad de la fem es contraria a la que había en el paso 1. De esta forma, la corriente continúa pasando carga al condensador, pero el resultado es una polaridad inversa a la de su estado inicial.
4. Cuando el condensador está cargado por completo (pero con la polaridad inversa), tiene la misma energía que tenía al principio (véase la figura 2c). Esto ocurre a la mitad del ciclo, o a la mitad de un periodo a partir del inicio ($T/2$). El campo magnético en la bobina es cero, al igual que la corriente en el circuito.
5. A continuación el condensador se comienza a descargar, y se repiten los cuatro pasos anteriores una y otra vez. De esta manera, tenemos una oscilación de corriente y energía en el circuito. En un caso ideal de un circuito que no opone resistencia, las oscilaciones continuarían de forma indefinida.

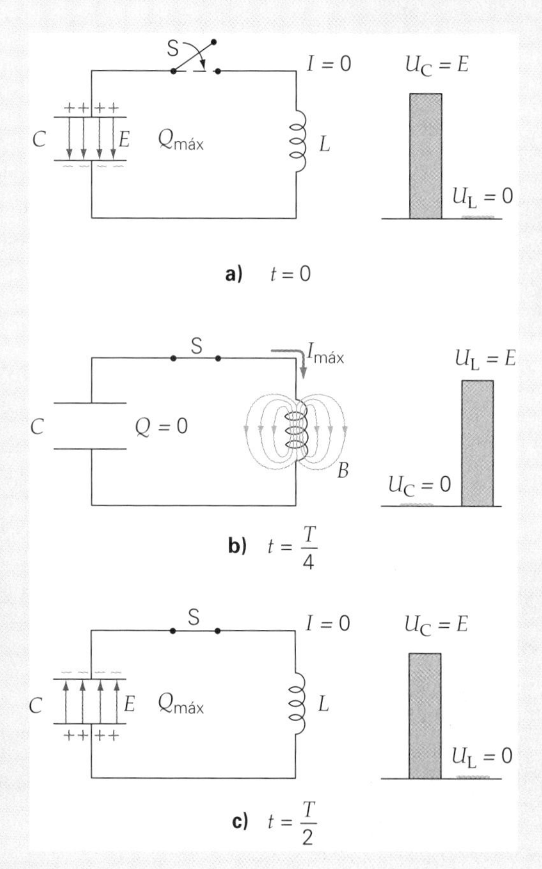

FIGURA 2 Un circuito oscilador LC Si la resistencia es insignificante, este circuito oscilará indefinidamente. Se muestra medio ciclo entre $t = 0$ y $t = T/2$. La energía se convierte de magnética a eléctrica y viceversa (como se observa en los histogramas de energía a la derecha). Los electrones que oscilan en el conductor emiten radiación electromagnética a la frecuencia de oscilación del circuito.

Ejemplo integrado 21.8 ■ Comparación de AM y FM: la resonancia en la recepción de radio

a) Cuando usted cambia de una estación de AM (en la "banda de AM"; el término *banda* se refiere a un intervalo específico de frecuencias) a una de FM, de hecho cambia la capacitancia del circuito receptor, suponiendo que la inductancia es constante. ¿La capacitancia 1) aumenta o 2) disminuye al hacer este cambio? *b*) Suponga que estaba escuchando las noticias en una estación de AM a 920 kHz y que cambió a una estación de música en la banda de FM, en los 99.7 MHz. ¿Por qué factor cambió la capacitancia del circuito receptor en el radio, suponiendo que la inductancia es constante?

a) Razonamiento conceptual. Como las estaciones de FM emiten a frecuencias mucho mayores que las de AM (véase la tabla 20.1, p. 676), la frecuencia de resonancia del receptor debe aumentarse para recibir señales en la banda de FM. Un aumento de la frecuencia de resonancia requiere disminuir la capacitancia, porque la inductancia es fija. Así, la respuesta correcta es la 2.

b) Razonamiento cuantitativo y solución. La frecuencia de resonancia (ecuación 21.25) depende de la inductancia y de la capacitancia. Como la pregunta pide un "factor", es claro que solicita una razón o relación entre la capacitancia nueva y la original. Las frecuencias se deben expresar en las mismas unidades, por lo que se hará la conversión de MHz a kHz, y se utilizarán literales con apóstrofe para FM y literales sin apóstrofe para AM.

Dado: $f_o = 920$ kHz
$f'_o = 99.7$ MHz $= 99.7 \times 10^3$ kHz

Encuentre: C'/C (la razón entre la capacitancia nueva y la original)

De la ecuación 21.25, las dos frecuencias de resonancia se definen por

$$f_o = \frac{1}{2\pi\sqrt{LC}} \quad \text{y} \quad f'_o = \frac{1}{2\pi\sqrt{LC'}}$$

Dividiendo la primera ecuación entre la segunda, se obtiene

$$\frac{f_o}{f'_o} = \frac{2\pi\sqrt{LC'}}{2\pi\sqrt{LC}} = \sqrt{\frac{C'}{C}}$$

Se eleva al cuadrado para despejar la razón de capacitancias, y se sustituyen los números, lo que nos da

$$\frac{C'}{C} = \left(\frac{f_o}{f'_o}\right)^2 = \left(\frac{920 \text{ kHz}}{99.7 \times 10^3 \text{ kHz}}\right)^2 = 8.51 \times 10^{-5}$$

Por consiguiente, $C' = 8.51 \times 10^{-5}\, C$, y se ve que la capacitancia disminuyó por un factor de casi un diezmilésimo ($8.51 \times 10^{-5} \approx 10^{-4}$).

Ejercicio de refuerzo. *a*) Con base en las curvas de resonancia de la figura 21.13b, ¿podría explicar cómo es posible captar dos estaciones de radio de *forma simultánea* en su aparato receptor? (Se habrá encontrado con este fenómeno, en especial entre dos ciudades lejanas entre sí. En ocasiones, hay dos estaciones con licencia para transmitir a frecuencias muy próximas, bajo el supuesto de que no se recibirán ambas en el mismo aparato. Sin embargo, en ciertas condiciones atmosféricas, esto no es válido.) *b*) En el inciso *b* de este ejemplo, si a continuación se aumentara la capacitancia por un factor de dos (partiendo del noticiario en 920 kHz) para escuchar un juego de hockey, ¿a qué frecuencia de la banda de AM se estaría sintonizando?

Repaso del capítulo

- Un **voltaje** alterno (ca) se describe con la ecuación

$$V = V_o \operatorname{sen} \omega t = V_o \operatorname{sen} 2\pi f t \qquad (21.1)$$

- Para una corriente con variación senoidal, llamada **corriente ca**, la **corriente pico I_o** y la **corriente rms** (raíz cuadrática media o efectiva) I_{rms} se relacionan mediante

$$I_{rms} = \frac{I_o}{\sqrt{2}} = 0.707 I_o \qquad (21.6)$$

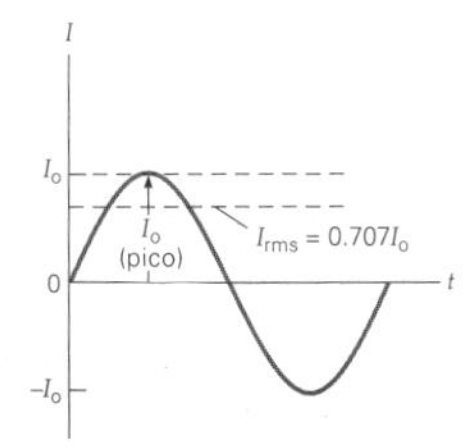

- Para un voltaje de ca, el **voltaje pico V_o** se relaciona con su voltaje rms (raíz cuadrática medio o efectivo) mediante

$$V_{rms} = \frac{V_o}{\sqrt{2}} = 0.707 V_o \qquad (21.8)$$

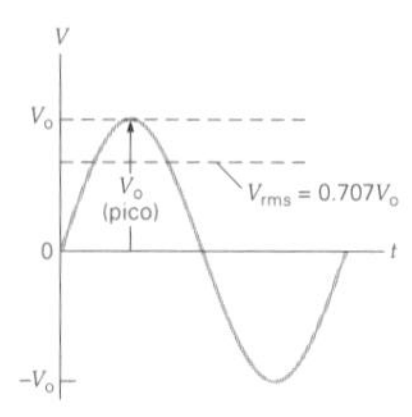

- La corriente en un resistor está en fase con el voltaje a través de él. Para un condensador, la corriente se adelanta 90° (un cuarto de ciclo) al voltaje. Para un inductor, la corriente se retrasa 90° con respecto al voltaje.

- En los circuitos de ca, el calentamiento de joule se debe por completo a los elementos resistivos, y la **disipación de potencia**, promediada en el tiempo, es

$$\bar{P} = I_{rms}^2 R \qquad (21.10)$$

- En un circuito de ca, los condensadores y los inductores permiten el paso de la corriente y crean oposición a ella. Esta oposición se caracteriza por la **reactancia capacitiva (X_C)** y la **reactancia inductiva (X_L)**, respectivamente. La reactancia capacitiva se determina mediante la ecuación

$$X_C = \frac{1}{\omega C} = \frac{1}{2\pi f C} \qquad (21.11)$$

La reactancia inductiva se determina con

$$X_L = \omega L = 2\pi f L \qquad (21.14)$$

- La ley de Ohm, aplicada a cada tipo de elemento de circuito, es una generalización de su versión en los circuitos de cd. La relación entre la corriente y el voltaje efectivos para un resistor es

$$V_{rms} = I_{rms} R \qquad (21.9)$$

La relación entre la corriente y el voltaje rms para un condensador es

$$V_{rms} = I_{rms} X_C \qquad (21.12)$$

La relación entre la corriente y el voltaje rms para un inductor es

$$V_{rms} = I_{rms} X_L \qquad (21.15)$$

- Los **fasores** son cantidades parecidas a los vectores que tienen en cuenta las resistencias y reactancias para representarlas de forma gráfica

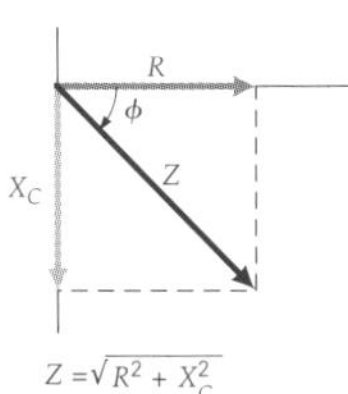

- La **impedancia (Z)** es la oposición total (o efectiva) a la corriente, que tiene en cuenta tanto resistencias como reactancias. La impedancia se relaciona con la corriente y el voltaje del circuito mediante una generalización de la ley de Ohm:

$$V_{rms} = I_{rms} Z \qquad (21.17)$$

- La **impedancia para un circuito RLC en serie es**

$$Z = \sqrt{R^2 + (X_L - X_C)^2} \qquad (21.19)$$

$Z = \sqrt{R^2 + (X_L - X_C)^2}$

$\tan\phi = \frac{X_L - X_C}{R}$

- El **ángulo de fase (ϕ)** entre el voltaje y la corriente efectivos en un circuito RLC en serie es

$$\tan\phi = \frac{X_L - X_C}{R} \qquad (21.20)$$

- El **factor de potencia ($\cos\phi$)** para un circuito RLC en serie es una medida de qué tan cercano está un circuito a la disipación máxima de potencia. El factor de potencia es

$$\cos\phi = \frac{R}{Z} \qquad (21.22)$$

La potencia promedio disipada (calentamiento de joule en el resistor) es

$$\bar{P} = I_{rms} V_{rms} \cos\phi \qquad (21.23)$$

o bien,

$$\bar{P} = I_{rms}^2 Z \cos\phi \qquad (21.24)$$

- La **frecuencia de resonancia (f_o)** de un circuito RLC es la frecuencia a la cual disipa la potencia máxima. Esta frecuencia es

$$f_o = \frac{1}{2\pi\sqrt{LC}} \qquad (21.25)$$

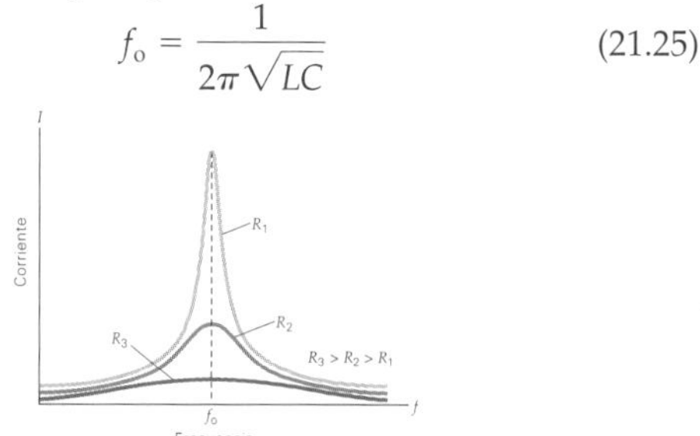

Ejercicios

Los ejercicios designados **OM** *son preguntas de opción múltiple; los* **PC** *son preguntas conceptuales; y los* **EI** *son ejercicios integrados. A lo largo del texto, muchas secciones de ejercicios incluirán ejercicios "apareados". Estos pares de ejercicios, que se identifican con números subrayados, pretenden ayudar al lector a resolver problemas y aprender. El primer ejercicio de cada pareja (el de número par) se resuelve en la Guía de estudio, que puede consultarse si se necesita ayuda para resolverlo. El segundo ejercicio (de número impar) es similar, y su respuesta se da al final del libro.*

21.1 Resistencia en un circuito de ca

1. **OM** ¿Cuál de los siguientes voltajes es mayor para un voltaje alterno de variación senoidal? *a*) V_o, *b*) V_{rms} o *c*) ambos tienen el mismo valor.

2. **OM** Durante el curso de un ciclo de voltaje alterno (en Estados Unidos), ¿durante cuánto tiempo la dirección de la corriente permanece constante en un resistor? *a*) 1/60 s, *b*) 1/120 s o *c*) 1/30 s.

3. **OM** Durante siete ciclos completos de voltaje alterno (en Estados Unidos), ¿cuál es el voltaje promedio? *a*) 0 V, *b*) 60 V, *c*) 120 V o *d*) 170 V.

4. **PC** Si la corriente promedio en un circuito de ca es cero, explique por qué la potencia promedio entregada a un resistor no es cero.

5. **PC** El voltaje y la corriente asociados con un resistor de un circuito de ca están *en fase*. ¿Qué significa esto?

6. **PC** Una bombilla de luz de 60 W, diseñada para trabajar a 240 V en Gran Bretaña, se conecta a una fuente de 120 V. Describa los cambios en la corriente y la potencia efectivas en la bombilla cuando está en 120 V, en comparación con 240 V. Suponga que la bombilla es óhmica.

7. **PC** Si el voltaje y la corriente alternos en un elemento de circuito se definen respectivamente por $V = 120 \text{ sen}(120\pi t)$ e $I = 30 \text{ sen}(120\pi t + \pi/2)$, ¿ese elemento de circuito podría ser un resistor? Explique por qué.

8. ● ¿Cuáles son los voltajes máximos de una línea de ca de 120 V y de una de 240 V?

9. ● La corriente rms de un circuito de ca es de 5.0 A. ¿Cuál es la corriente máxima?

10. ● El voltaje máximo a través de un resistor en un circuito de ca es de 156 V. Calcule el voltaje rms correspondiente.

11. ● ¿Cuánta corriente alterna rms debe pasar por un resistor de 10 Ω para producir una potencia promedio de 15 Ω?

12. ● Un circuito de ca contiene un resistor con 5.0 Ω de resistencia. Por él pasa una corriente rms de 0.75 A. *a*) Calcule el voltaje rms y el voltaje máximo. *b*) Calcule la potencia promedio entregada al resistor.

13. ● Una secadora de cabello tiene una potencia de 1200 W cuando se conecta a un tomacorriente de 120 V. Calcule *a*) su corriente efectiva, *b*) su corriente máxima y *c*) su resistencia.

14. **EI** ●● El voltaje a través de un resistor de 10 W varía de acuerdo con $V = (170\text{ V})\,\text{sen}(120\pi t)$. *a*) La corriente a través del resistor estará 1) en fase con el voltaje, 2) adelantada 90° al voltaje o 3) retrasada 90° con respecto al voltaje. *b*) Escriba la ecuación de la corriente en el resistor en función del tiempo y determine la frecuencia del voltaje.

15. ●● Se aplica un voltaje alterno a un resistor de 25 Ω que disipa 500 W de potencia. Calcule *a*) las corrientes efectiva y máxima, y *b*) los voltajes efectivo y máximo para el resistor.

16. **EI** ●● Una fuente de voltaje alterno tiene un voltaje máximo de 85 V y una frecuencia de 60 Hz. En el momento $t = 0$, el voltaje es cero. *a*) Un alumno desea calcular el voltaje cuando $t = 1/240$ s. ¿Cuántas respuestas posibles hay? 1) Una, 2) dos o 3) tres. ¿Por qué? *b*) Determine todas las respuestas posibles.

17. ●● Una fuente de voltaje alterno tiene un voltaje rms de 120 V. El voltaje pasa de cero a su valor máximo en 4.20 ms. Escriba una ecuación para el voltaje en función del tiempo.

18. ●● ¿Cuáles son la resistencia y la corriente rms de un monitor de computadora de 100 W y 120 V?

19. ●● Calcule las corrientes rms y máxima que pasan por una bombilla de luz de 40 W y 120 V.

20. ●● Un calentador de 50 kW está diseñado para funcionar con ca de 240 V. Calcule *a*) su corriente máxima y *b*) su voltaje máximo.

21. ●● La corriente en un circuito está determinada por $I = (8.0\text{ A})\,\text{sen}(40\pi t)$ con un voltaje aplicado $V = (60\text{ V})\,\text{sen}(40\pi t)$. *a*) ¿Cuáles son la frecuencia y el periodo de la fuente de voltaje? *b*) ¿Cuál es la potencia promedio entregada al resistor?

22. ●● Las salidas de corriente y voltaje de un generador de ca tienen valores máximos de 2.5 A y 16 V, respectivamente. *a*) ¿Cuál es la salida promedio de potencia del generador? *b*) ¿Cuál es la resistencia efectiva del circuito?

23. ●●● En un resistor de 60 Ω, la corriente que pasa por él se determina como $I = (2.0\text{ A})\,\text{sen}(380t)$. *a*) ¿Cuál es la frecuencia de la corriente? *b*) ¿Cuál es la corriente rms? *c*) ¿Cuánta potencia media se entrega al resistor? *d*) Escriba una ecuación para el voltaje a través del resistor en función del tiempo. *e*) Escriba una ecuación para la potencia entregada al resistor en función del tiempo. *f*) Demuestre que la potencia efectiva obtenida en el inciso *e* es igual a la respuesta en *c*.

21.2 Reactancia capacitiva y 21.3 Reactancia inductiva

24. **OM** En un circuito de ca puramente capacitivo, *a*) la corriente y el voltaje están en fase, *b*) la corriente se adelanta al voltaje, *c*) la corriente se retrasa con respecto al voltaje o *d*) ninguna de las opciones anteriores es verdadera.

25. **OM** Un solo condensador está conectado a una fuente de voltaje alterno. Cuando el voltaje a través del condensador está en su valor máximo, entonces la carga en él *a*) es cero, *b*) es máxima o *c*) ninguna de las respuestas anteriores, sino una opción intermedia.

26. **OM** Un solo inductor está conectado a una fuente de voltaje alterno. Cuando el voltaje a través del inductor está en su valor máximo, entonces la corriente en él no cambia. *a*) Verdadero, *b*) falso o *c*) no es posible determinarlo a partir de la información.

27. **PC** Explique por qué, a bajas frecuencias de ca, un condensador funciona casi como un circuito abierto mientras que un inductor funciona casi como un circuito cerrado.

28. **PC** ¿Es posible que un inductor se oponga a la corriente directa? ¿Y un condensador? Explique cada caso y por qué son diferentes.

29. **PC** Si la corriente que pasa por un condensador de 10 μF se describe con la ecuación $I = (120\text{ A})\,\text{sen}(120\pi t + \pi/2)$, explique por qué el voltaje instantáneo a través de él cuando $t = 0$ es cero mientras que la corriente no lo es en ese momento.

30. ● Calcule la frecuencia a la cual un condensador de 25 μF tiene una reactancia de 25 Ω.

31. ● Un solo condensador de 2.0 μF se conecta con las terminales de una fuente de voltaje de 60 Hz y, con un amperímetro de ca, se mide una corriente de 2.0 mA. ¿Cuál es la reactancia capacitiva del condensador?

32. ● ¿Qué capacitancia tendría 100 Ω de reactancia en un circuito de ca de 60 Hz?

33. ● Con un solo inductor de 50 mH se forma un circuito completo conectándolo a una fuente de voltaje alterno de 120 V y 60 Hz. *a*) ¿Cuál es la reactancia inductiva del circuito? *b*) ¿Cuánta corriente pasa por el circuito? *c*) ¿Cuál es el ángulo de fase entre la corriente y el voltaje aplicado? (Suponga que la resistencia es insignificante.)

34. ● ¿Cuánta corriente pasa por un circuito que sólo contiene un condensador de 50 μF conectado con un generador de ca, con salida de 120 V y 60 Hz?

35. ●● Un condensador variable está en un circuito con una fuente de 120 V y 60 Hz, y al principio tiene 0.25 μF de capacitancia. A continuación se aumenta la capacitancia a 0.40 μF. ¿Cuál es el cambio porcentual en la corriente que pasa por el circuito?

36. ●● Un inductor tiene 90 Ω de reactancia en un circuito de ca de 60 Hz. ¿Cuál es su inductancia?

37. ●● Calcule la frecuencia a la cual un inductor de 250 mH tiene 400 Ω de reactancia.

38. **EI ●●** Se conecta un condensador con una fuente de voltaje alterno, de frecuencia variable. *a*) Si aumenta la frecuencia por un factor de 3, la reactancia capacitiva será 1) 3, 2) $\frac{1}{3}$, 3) 9 o 4) $\frac{1}{9}$ veces la reactancia original. ¿Por qué? *b*) Si la reactancia capacitiva de un condensador a 120 Hz es de 100 W, ¿cuál es su reactancia si cambia la frecuencia a 60 Hz?

39. **●●** Se tiene un solo inductor de 150 mH en un circuito con una fuente de voltaje de 60 Hz. Con un amperímetro para ca se mide una corriente de 1.6 A. *a*) ¿Cuál es el voltaje rms de la fuente? *b*) ¿Cuál es el ángulo de fase entre la corriente y ese voltaje?

40. **●●** ¿Qué inductancia tiene la misma reactancia que una capacitancia de 10 μF en un circuito de 120 V y 60 Hz?

41. **●●** Se conecta un circuito con un solo condensador a una fuente de 120 V y 60 Hz. ¿Cuál es su capacitancia si por el circuito pasa una corriente de 0.20 A?

42. **EI ●●** Se conecta un inductor con una fuente de voltaje alterno de frecuencia variable. *a*) Si la frecuencia disminuye por un factor de 2, la corriente rms será 1) 2, 2) 1/2, 3) 4 o 4) 1/4 veces la corriente efectiva original. ¿Por qué? *b*) Si la corriente efectiva en un inductor, a 40 Hz, es de 9.0 A, ¿qué valor tendrá si la frecuencia cambia a 120 Hz?

21.4 Impedancia: circuitos RLC y 21.5 Resonancia en circuitos

43. **OM** La impedancia de un circuito RLC depende de *a*) la frecuencia, *b*) la inductancia, *c*) la capacitancia o *d*) todo lo anterior.

44. **OM** Si disminuye la capacitancia en un circuito RLC en serie, *a*) aumenta la reactancia capacitiva, *b*) aumenta la reactancia inductiva, *c*) la corriente permanece constante o *d*) el factor de potencia permanece constante.

45. **OM** Cuando un circuito RLC en serie se activa a su frecuencia de resonancia, *a*) sólo se disipa energía en el elemento resistivo, *b*) el factor de potencia tiene un valor de uno, *c*) la potencia que se entrega al circuito es máxima o *d*) todas las opciones anteriores son válidas.

46. **PC** ¿Cuál es la impedancia de un circuito RLC en resonancia, y por qué?

47. **PC** ¿Se entrega potencia a los condensadores o a los inductores de un circuito de ca? ¿Por qué?

48. **PC** ¿Cuáles son los factores que determinan la frecuencia de resonancia de un circuito RLC? ¿La resistencia es un factor? Explique por qué.

49. **●** La resistencia de una bobina en un circuito de 60 Hz es de 100 Ω, y su inductancia es de 0.45 H. Calcule *a*) la reactancia de la bobina y *b*) la impedancia del circuito.

50. **●** Un circuito RC en serie tiene una resistencia de 200 Ω y una capacitancia de 25 μF, y se conecta a una fuente de 120 V y 60 Hz. *a*) Calcule la reactancia capacitiva y la impedancia del circuito. *b*) ¿Cuánta corriente suministra la fuente?

51. **●** Un circuito RL en serie tiene una resistencia de 100 Ω y una inductancia de 100 mH, y se conecta con una fuente de 120 V y 60 Hz. *a*) Calcule la reactancia inductiva y la impedancia del circuito. *b*) ¿Cuánta corriente suministra la fuente?

52. **●** Un circuito RC tiene una resistencia de 250 Ω y una capacitancia de 6.0 μF. Si el circuito está activado por una fuente de 60 Hz, calcule *a*) la reactancia capacitiva y *b*) la impedancia del circuito.

53. **EI ●** Un circuito RC tiene una resistencia de 100 Ω y una reactancia capacitiva de 50 Ω. *a*) El ángulo de fase será 1) positivo, 2) cero o 3) negativo. *b*) ¿Cuál es el ángulo de fase de este circuito?

54. **●●** Un circuito RLC en serie tiene una resistencia de 25 Ω, una inductancia de 0.30 H y una capacitancia de 8.0 μF. *a*) ¿A qué frecuencia debería funcionar el circuito para transferir la máxima potencia desde la fuente? *b*) ¿Cuál es la impedancia a esa frecuencia?

55. **EI ●●** En un circuito RLC en serie, $R = X_C = X_L = 40\ \Omega$ para determinada frecuencia de la fuente. *a*) Este circuito 1) es inductivo, 2) es capacitivo o 3) está en resonancia. ¿Por qué? *b*) Si se duplica la frecuencia de funcionamiento, ¿cuál será la impedancia del circuito?

56. **EI ●●** *a*) Un circuito RLC en serie está en resonancia. ¿Cuál de los siguientes elementos se puede cambiar sin alterar la resonancia? 1) La resistencia, 2) la capacitancia, 3) la inductancia o 4) la frecuencia. ¿Por qué? *b*) Un resistor, un inductor y un condensador tienen valores de 500 Ω, 500 mH y 3.5 μF, respectivamente. Se conectan a una fuente de potencia de 240 V y 60 Hz. ¿Qué valores de resistencia e inductancia se necesitan para que este circuito esté en resonancia (sin cambiar el condensador)?

57. **●●** ¿Cuánta potencia se disipa en el circuito descrito en el ejercicio 56b utilizando los valores iniciales de resistencia, inductancia y capacitancia?

58. **●●** ¿Cuál es la frecuencia de resonancia de un circuito RLC con una resistencia de 100 Ω, una inductancia de 100 mH y una capacitancia de 5.00 μF?

59. **●●** El circuito de sintonización de un antiguo receptor de radio tiene una inductancia fija de 0.50 mH y un condensador variable. Si el circuito se sintoniza a una estación de radio que transmite a 980 kHz, en la banda de AM, ¿cuál es la capacitancia del condensador?

60. **●●** ¿Cuál debe ser el intervalo del condensador variable del ejercicio 59 para sintonizar toda la banda de AM? [*Sugerencia:* véase la tabla 20.1.]

61. **●●** Calcule las corrientes que suministra la fuente de ca para todas las conexiones posibles en la ▾ figura 21.15.

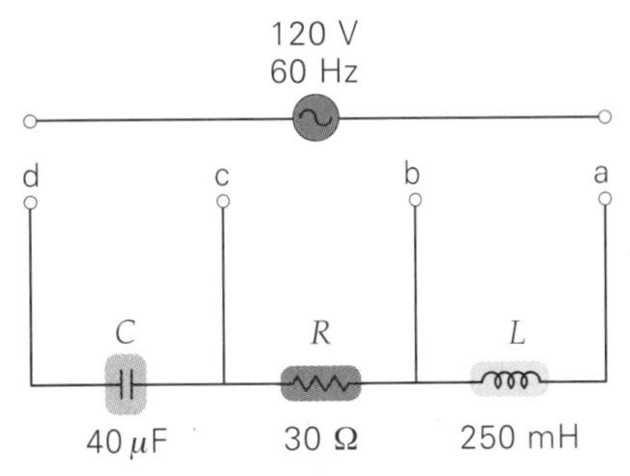

◀ **FIGURA 21.15 Un circuito RLC en serie** Véase el ejercicio 61.

62. **El** ●● Una bobina con una resistencia de 30 Ω y una inductancia de 0.15 H se conecta con una fuente de 120 V y 60 Hz. *a*) El ángulo de fase de este circuito es 1) positivo, 2) cero o 3) negativo. ¿Por qué? *b*) ¿Cuál es el ángulo de fase del circuito? *c*) ¿Cuánta corriente rms pasa por el circuito? ¿Cuál es la potencia promedio entregada al circuito?

63. ●● Una soldadora pequeña usa una fuente de voltaje de 120 V a 60 Hz. Cuando está en operación, requiere 1200 W de potencia, y el factor de potencia es de 0.75. *a*) Calcule la corriente rms en la soldadora.

64. ●● Se conecta un circuito en serie con una fuente de poder de 220 V y 60 Hz. El circuito tiene los siguientes componentes: un resistor de 10 Ω, una bobina de 120 Ω de reactancia inductiva y un condensador con 120 Ω de reactancia. Calcule el voltaje efectivo a través del *a*) resistor, *b*) inductor y *c*) condensador.

65. ●● Un circuito RLC en serie tiene una resistencia de 25 Ω, una capacitancia de 0.80 μF y una inductancia de 250 mH. El circuito se conecta con una fuente de frecuencia variable, con un voltaje efectivo de salida fijo de 12 V. Si la frecuencia suministrada se ajusta a la frecuencia de resonancia del circuito, ¿cuál es el voltaje efectivo a través de cada uno de los elementos del circuito?

66. ●● *a*) En los ejercicios 64 y 65, determine la suma numérica (escalar) de los voltajes rms a través de los tres elementos del circuito y explique por qué es mucho mayor que la fuente del voltaje. *b*) Determine la suma de estos voltajes utilizando las técnicas fasoriales adecuadas y demuestre que su resultado es igual al voltaje de la fuente.

67. **El** ●● *a*) Si el circuito de la ▼figura 21.16 está en resonancia, su impedancia es 1) mayor de 25 Ω, 2) igual a 25 Ω o 3) menor que 25 Ω. ¿Por qué? *b*) Si la frecuencia de la fuente es de 60 Hz, ¿cuál es la impedancia del circuito?

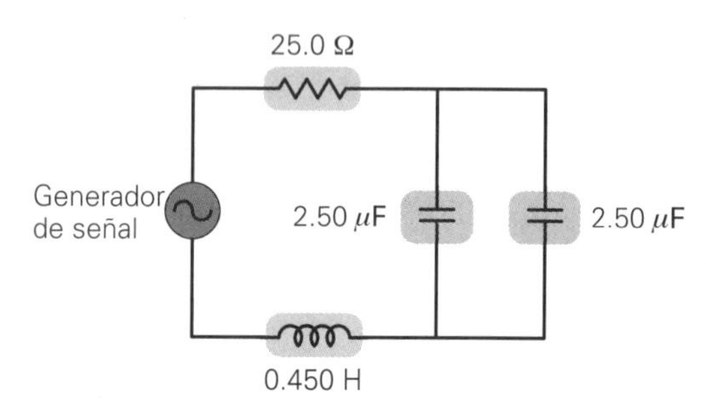

▲ **FIGURA 21.16 Sintonización de la resonancia**
Véase el ejercicio 67.

68. ●●● Un circuito RLC en serie, con una resistencia de 400 Ω, tiene reactancias capacitiva e inductiva de 300 y 500 Ω, respectivamente. *a*) ¿Cuál es el factor de potencia del circuito? *b*) Si el circuito trabaja a 60 Hz, ¿qué capacitancia adicional se debe conectar a la capacitancia original para obtener un factor de potencia igual a la unidad, y cómo deben conectarse los condensadores?

69. ●●● Un circuito RLC en serie tiene sus componentes con $R = 50\ \Omega$, $L = 0.15$ H y $C = 20\ \mu$F. El circuito está conectado a una fuente de 120 V y 60 Hz. ¿Cuál es la potencia entregada al circuito, expresada como porcentaje de la potencia entregada cuando el circuito está en resonancia?

Ejercicios adicionales

70. El circuito de un receptor de radio tiene una inductancia de 1.50 μH, y se sintoniza a una estación de FM, de 98.9 MHz, ajustando un condensador variable. Cuando el circuito está sintonizado con esa estación, *a*) ¿cuál es su reactancia inductiva? *b*) ¿Cuál es su reactancia capacitiva? *c*) ¿Cuál es su capacitancia?

71. Un circuito conectado a una fuente de 110 V y 60 Hz contiene un resistor de 50 Ω, y una bobina de 100 mH de inductancia. Calcule *a*) la reactancia de la bobina, *b*) la impedancia del circuito, *c*) la corriente que pasa por el circuito y *d*) la potencia que disipa la bobina. *e*) Calcule el ángulo de fase entre la corriente y el voltaje aplicado.

72. Se conecta un condensador de 1.0 μF con una fuente de 120 V y 60 Hz. *a*) ¿Cuál es la reactancia capacitiva del circuito? *b*) ¿Cuánta corriente pasa por el circuito? *c*) ¿Cuál es el ángulo de fase entre la corriente y el voltaje aplicado?

73. **El** *a*) Si un circuito RLC está en resonancia, su ángulo de fase es 1) positivo, 2) cero o 3) negativo. ¿Por qué? *b*) Un circuito tiene una reactancia inductiva de 280 Ω a 60 Hz. ¿Qué valor de capacitancia llevaría a ese circuito a la resonancia?

74. El circuito de la ▼figura 21.17a se llama *filtro pasabajas*, o filtro de paso bajo, porque una gran corriente y un gran voltaje (y, por lo tanto, mucha potencia) se entregan al resistor de carga (R_L) sólo cuando la frecuencia de la fuente es baja. El circuito de la figura 21.17b se llama *filtro pasaaltas* o filtro de paso alto, porque una gran corriente y un gran voltaje (y, por lo tanto, mucha potencia) se entregan a la carga sólo cuando la frecuencia de la fuente es alta. Describa conceptualmente por qué estos circuitos tienen tales características.

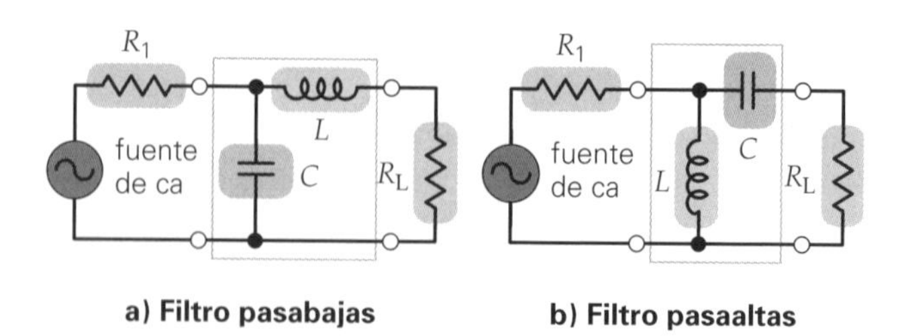

▲ **FIGURA 21.17 Filtros pasabajas y pasaaltas**
Véase el ejercicio 74.

Los siguientes problemas de física Physlet se pueden usar con este capítulo.
31.1, 31.3, 31.4, 31.5, 31.8, 31.9, 31.11, 31.12, 31.14

CAPÍTULO

22 REFLEXIÓN Y REFRACCIÓN DE LA LUZ

HECHOS DE FÍSICA

- A causa de la reflexión total interna, las fibras ópticas permiten que las señales viajen por largas distancias sin necesidad de repetidores (amplificadores), para compensar las reducciones en la intensidad de la señal. Los repetidores de fibras ópticas, por lo general, están separados unos 100 km (62 mi), en comparación con una distancia de 1.5 km (aproximadamente 1 mi) que separa a los repetidores en los sistemas eléctricos (basados en cables).
- Cada día se instalan nuevos cables de fibras ópticas para redes de computadoras que equivalen a darle tres vueltas a la Tierra. Las fibras ópticas tienen diámetros mucho menores que los cables de cobre. Las fibras son tan pequeñas que miden 10 micrones de diámetro. En comparación, el cabello humano, en promedio, mide 25 micrones de diámetro.
- La mayoría de las lentes de cámara están cubiertas con una fina película para reducir la pérdida de luz a causa de la reflexión. Para una lente común de cámara constituida por siete elementos, alrededor del 50% de la luz se perdería por la reflexión si las lentes no estuvieran cubiertas con estas finas películas.
- En 1998, científicos del MIT fabricaron un espejo perfecto, es decir, con 100% de reflexión. Un tubo alineado con este tipo de espejo transmitiría luz a grandes distancias mejor que las fibras ópticas.

Vivimos en un mundo visual, rodeados por atractivas imágenes, como la que se ve en la foto. La manera como se forman esas imágenes es algo que consideramos obvio, hasta que vemos algo que no resulta fácil de explicar. La *óptica* es el estudio de la luz y la visión. La visión humana requiere de la *luz visible*, cuya longitud de onda va de 400 a 700 nm (véase la figura 20.23). Todas las ondas electromagnéticas comparten propiedades ópticas, como la reflexión y la refracción. La luz se comporta como una onda en su propagación (capítulo 24) y como una partícula (fotón) cuando interactúa con la materia.

En este capítulo investigaremos los fenómenos ópticos básicos de reflexión, refracción, reflexión total interna y dispersión. Los principios que rigen la reflexión explican el comportamiento de los espejos, mientras que los que rigen la refracción explican las propiedades de las lentes. Estos y otros principios nos permiten comprender muchos fenómenos ópticos de la vida diaria: por qué un prisma de vidrio descompone la luz en un espectro de colores, qué provoca los espejismos, cómo se forman los arco iris y por qué parecen acortarse las piernas de una persona que está de pie dentro de un lago o una piscina. También explicaremos algunos asuntos menos familiares, como el campo fascinante de las fibras ópticas.

Para investigar muchos aspectos de las propiedades de la luz, en especial la forma en que se propaga, se puede utilizar un método geométrico sencillo a base de líneas rectas y ángulos. Para estos fines no es necesario ocuparse de la naturaleza física (ondulatoria) de las ondas electromagnéticas, que se describió en el capítulo 20. Los principios de la óptica geométrica se presentarán aquí y se aplicarán con más detalle en el capítulo 23, al estudiar los espejos y las lentes.

22.1 Frentes de onda y rayos

OBJETIVO: Definir y explicar los conceptos de frente de onda y rayo.

Las ondas, ya sean electromagnéticas o de otro tipo, se describen en términos de los frentes de onda. Un **frente de onda** es la línea o superficie definida por las partes adyacentes de una onda que están en fase. Si se traza un arco que pase por una de las crestas de una onda circular en el agua, que se aleja de una fuente puntual, todas las partículas del arco estarán en fase (◀figura 22.1a). Lo mismo sucedería con un arco a lo largo de una onda. Para una onda esférica tridimensional, como una de sonido o de luz, emitida de una fuente puntual, el frente de onda es una superficie esférica, no un círculo.

Muy lejos de la fuente, la curvatura de un segmento corto de una onda circular o esférica es extremadamente pequeña. Se puede considerar que ese segmento es un *frente de onda lineal* (en dos dimensiones) o un **frente de onda plano** (en tres dimensiones), de la misma forma que se supone que en un lugar determinado la superficie de la Tierra es plana (figura 22.1b). También es posible generar un frente de onda plano de forma directa, mediante una superficie luminosa plana. En un medio uniforme, los frentes de onda se propagan alejándose de la fuente, con una rapidez que es característica del medio. Esto se vio con las ondas sonoras, en el capítulo 14, y lo mismo sucede con la luz, aunque su rapidez es mucho mayor. La rapidez de la luz es máxima en el vacío: $c = 3.00 \times 10^8$ m/s. Para fines prácticos, se considera que la rapidez de la luz en el aire es igual que en el vacío.

La descripción geométrica de una onda en términos de frentes de onda tiende a ignorar el hecho de que en realidad la onda está oscilando, al igual que las que se estudiaron en el capítulo 13. Esta simplificación va todavía más allá con el concepto de un rayo. Como se observa en la figura 22.1, una línea perpendicular a una serie de frentes de onda, y que apunta en la dirección de propagación, se llama **rayo**. Note que el rayo apunta en dirección del flujo de energía de la onda. Se supone que una onda plana viaja en línea recta en un medio, en la dirección de sus rayos, y perpendicular a sus frentes de onda. Un haz de luz se puede representar con un grupo de rayos, o con un solo rayo (◀figura 22.2). La representación de la luz mediante rayos es adecuada para describir muchos fenómenos ópticos.

¿Cómo es que vemos los objetos que están a nuestro alrededor? Los vemos porque los rayos de esos objetos, o los rayos que parecen provenir de ellos, entran en nuestros ojos (▼figura 22.3). Ahí, los rayos forman las imágenes correspondientes en la retina. En ocasiones, los rayos provienen directamente de los objetos —como en el caso de las fuentes de luz—, o bien, se reflejan o se refractan en ellos o en otros sistemas ópticos. En este proceso, nuestros ojos y cerebro trabajan juntos; sin embargo, no pueden decirnos si los rayos en realidad provienen de los objetos o sólo *aparentan* provenir de éstos. Por eso es que los magos consiguen engañar nuestra vista con ilusiones aparentemente imposibles.

El empleo de representaciones geométricas de frentes de onda y rayos para explicar fenómenos como la reflexión y la refracción de la luz se llama **óptica geométrica**. Sin embargo, hay algunos otros fenómenos, como la interferencia de la luz, que no se pueden analizar de esta forma, pues sólo se explican en términos de las características ondulatorias reales. Estos fenómenos se describirán en el capítulo 24.

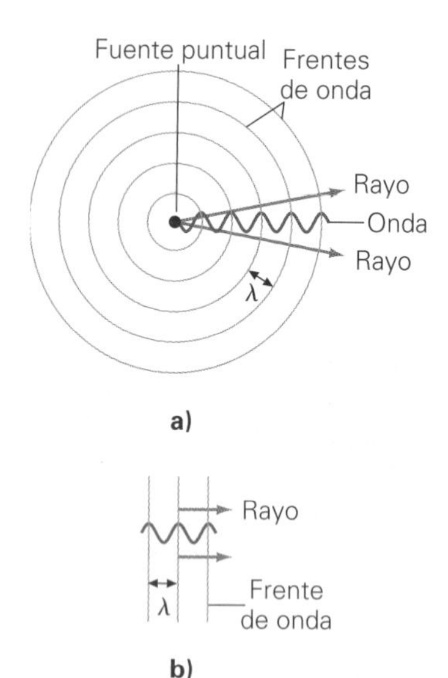

▲ **FIGURA 22.1 Frentes de onda y rayos** Un frente de onda se define por los puntos adyacentes de una onda que están en fase, como las crestas o los valles. Una línea perpendicular al frente de onda en la dirección de la propagación de esta última se llama rayo. ***a)*** Cerca de una fuente puntual, los frentes de onda son circulares en dos dimensiones y esféricos en tres dimensiones. ***b)*** Muy lejos de una fuente puntual, los frentes de onda son aproximadamente lineales o planos, mientras que los rayos son casi paralelos.

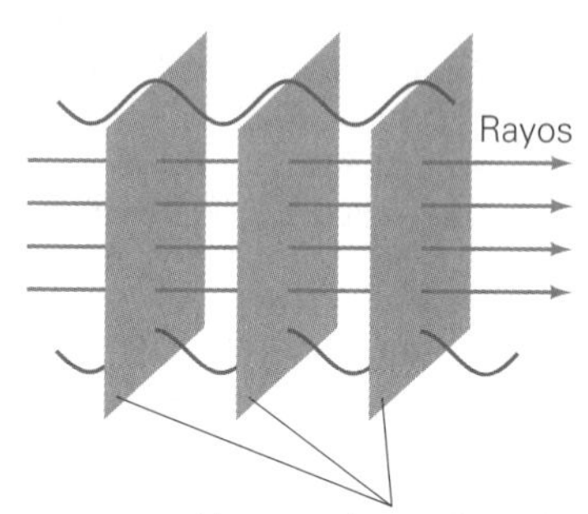

▲ **FIGURA 22.2 Rayos de luz** Una onda plana viaja en una dirección perpendicular a sus frentes de onda. Un haz luminoso se puede representar con un grupo de rayos paralelos (o con un solo rayo).

▶ **FIGURA 22.3 ¿Cómo es que vemos los objetos?** Los vemos porque ***a)*** los rayos provenientes de ellos o ***b)*** los rayos que aparentan provenir de ellos entran en nuestros ojos.

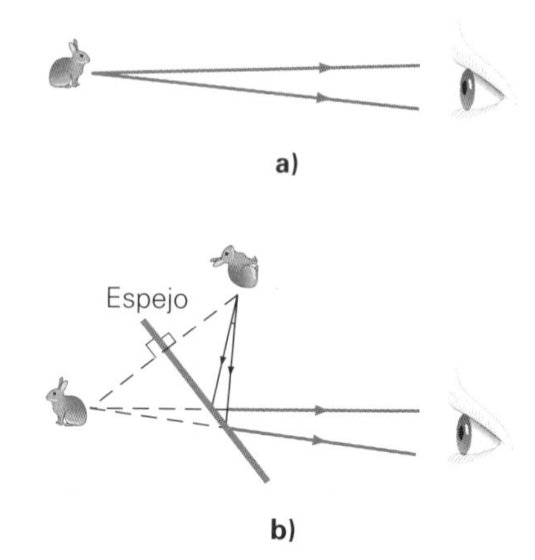

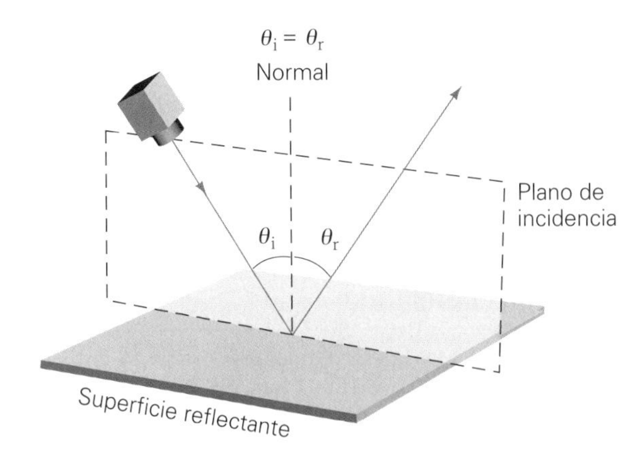

◀ **FIGURA 22.4 La ley de la reflexión** Según la ley de la reflexión, el ángulo de incidencia (θ_i) es igual al ángulo de reflexión (θ_r). Note que los ángulos se miden a partir de una normal (una línea perpendicular a la superficie reflectante). La normal y los rayos incidente y reflejado siempre están en el mismo plano.

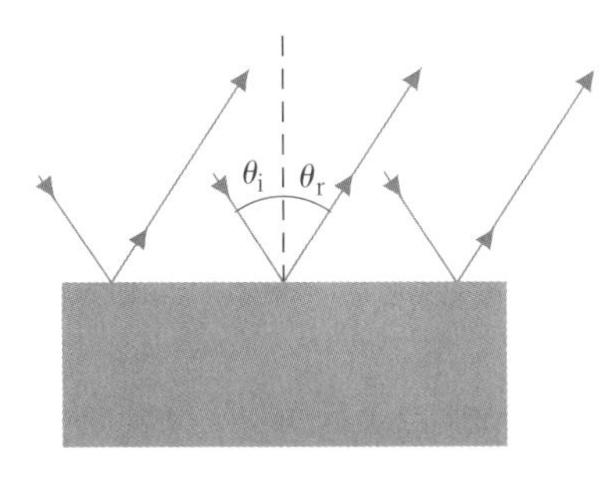

a) Diagrama de la reflexión regular o especular

b) Fotografía de la reflexión regular o especular

▲ **FIGURA 22.5 Reflexión especular (regular)** *a)* Cuando un haz de luz se refleja en una superficie lisa y los rayos reflejados son paralelos, se dice que la reflexión es regular o especular. *b)* Reflexión regular o especular en una superficie de agua tranquila produce una imagen de espejo, casi perfecta, de las montañas de sal en esta salina australiana. (Véase el pliego a color al final del libro.)

22.2 Reflexión

OBJETIVOS: *a)* Explicar la ley de la reflexión y *b)* diferenciar entre reflexión regular (especular) e irregular (difusa).

La reflexión de la luz es un fenómeno óptico de enorme importancia: si la luz no se reflejara en los objetos que nos rodean hacia nuestros ojos, simplemente no los veríamos. La **reflexión** implica la absorción y la reemisión de la luz por medio de vibraciones electromagnéticas complejas en los átomos del medio reflectante. Sin embargo, este fenómeno se explica con facilidad mediante los rayos.

Un rayo de luz que incide sobre una superficie se describe con el **ángulo de incidencia (θ_1)**. Se mide a partir de una *normal*: una línea perpendicular a la superficie reflectante o reflectora (▲ figura 22.4). Asimismo, el rayo reflejado se describe por su **ángulo de reflexión (θ_r)**, que también se mide con respecto a la normal. La relación entre estos ángulos se expresa con la **ley de la reflexión**: el ángulo de incidencia es igual al ángulo de reflexión, es decir

$$\theta_i = \theta_r \quad \textit{ley de la reflexión} \tag{22.1}$$

Otros dos atributos de la reflexión son: 1) el rayo incidente, el rayo reflejado y la normal están en un mismo plano, que a veces se llama plano de incidencia, y 2) los rayos incidente y reflejado están en lados opuestos de la normal.

Cuando la superficie reflectante es lisa, los rayos reflejados originados por rayos incidentes paralelos, también son paralelos (▸figura 22.5a). Esta clase de reflexión se llama **reflexión regular** o **especular**. La reflexión en un espejo plano y bien pulido es especular o regular (figura 22.5b). Sin embargo, si la superficie reflectante es áspera, los rayos reflejados no son paralelos, por la naturaleza irregular de la superficie (▸figura 22.6). A esta clase de reflexión se le llama **reflexión irregular** o **difusa**. La reflexión de la luz en esta página es un ejemplo de reflexión difusa porque el papel es áspero en el nivel microscópico. Las sección A fondo 22.1, en la p. 709, referente a una noche oscura y lluviosa, describe con mayor precisión la diferencia entre la reflexión especular y la difusa en un caso de la vida real.

Note que en las figuras 22.5a y 22.6 la ley de la reflexión se sigue aplicando de forma local, en las reflexiones especular y difusa. Sin embargo, la clase de reflexión de que se trate determina si se ven imágenes en una superficie reflectante. En la reflexión especular, los rayos reflejados, que son paralelos, producen una imagen al examinarlos con un sistema óptico, como el ojo o una cámara. La reflexión difusa no produce una imagen, porque la luz se refleja en varias direcciones.

Tanto la experiencia con la fricción como las investigaciones directas demuestran que todas las superficies son ásperas a escala microscópica. Entonces, ¿qué determina si la reflexión es especular o difusa? En general, si las dimensiones de las irregularidades superficiales son mayores que la longitud de onda de la luz, la reflexión es difusa. Así, para fabricar un buen espejo, se debe pulir vidrio (con un recubrimiento metálico) o algún metal cuando menos hasta que las irregularidades superficiales tengan más o menos el mismo tamaño que la longitud de onda de la luz. Recuerde que, en el capítu-

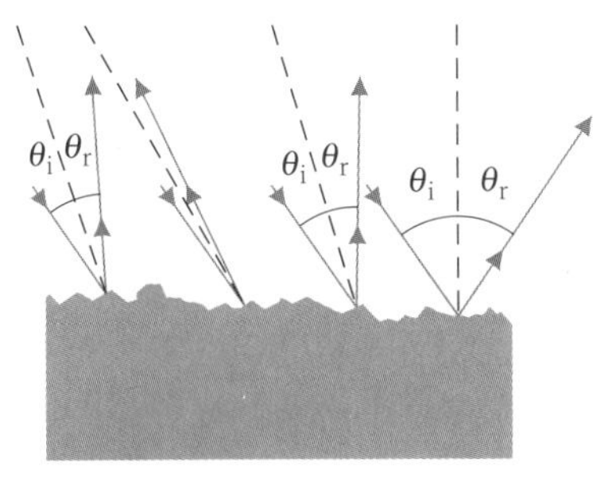

▲ **FIGURA 22.6 Reflexión difusa (irregular)** Los rayos reflejados en una superficie relativamente áspera, como esta página, no son paralelos; se dice que la reflexión es irregular o difusa. (Note que se sigue aplicando la ley de la reflexión localmente en cada rayo individual.)

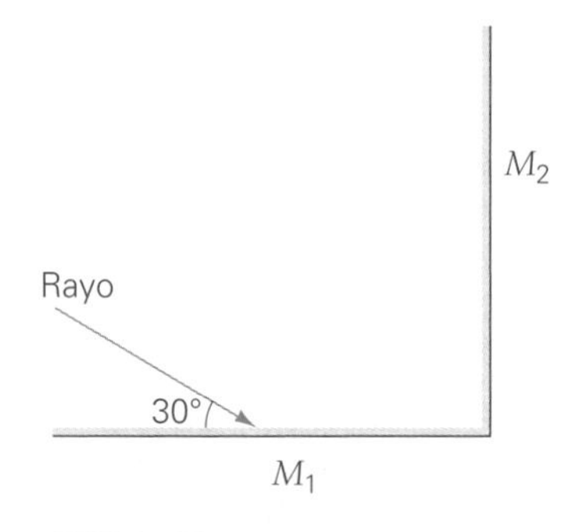

▲ **FIGURA 22.7** Trazo de un rayo
Véase el ejemplo 22.1.

Nota: es extremadamente importante trazar diagramas como éstos en el estudio de la óptica geométrica.

APRENDER DIBUJANDO

Trazado de los rayos reflejados

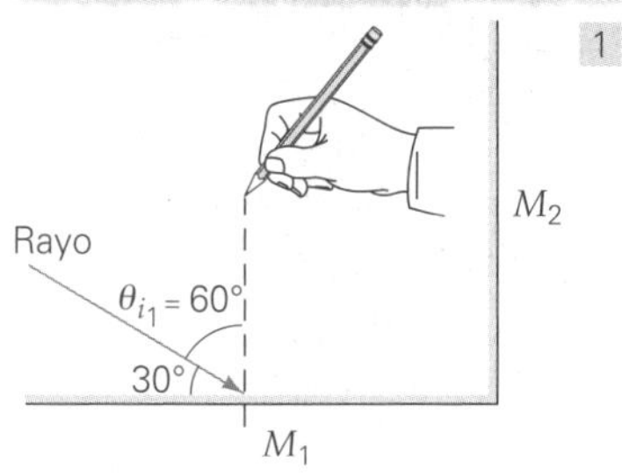

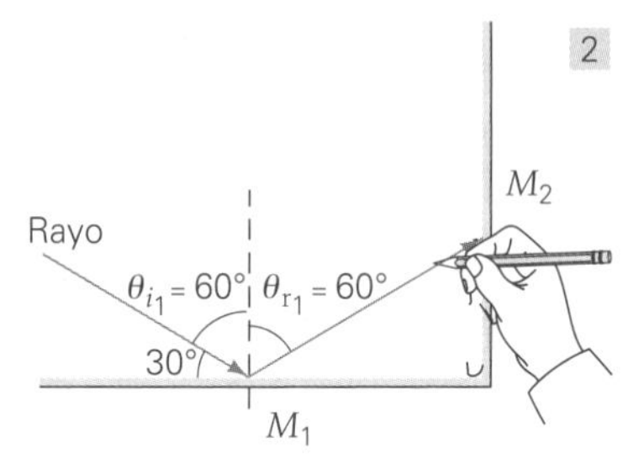

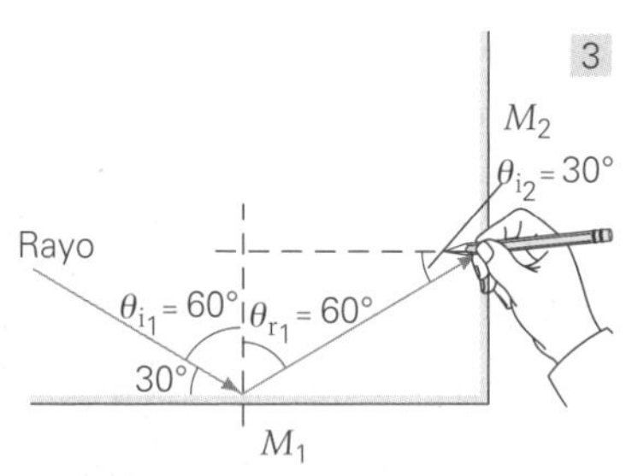

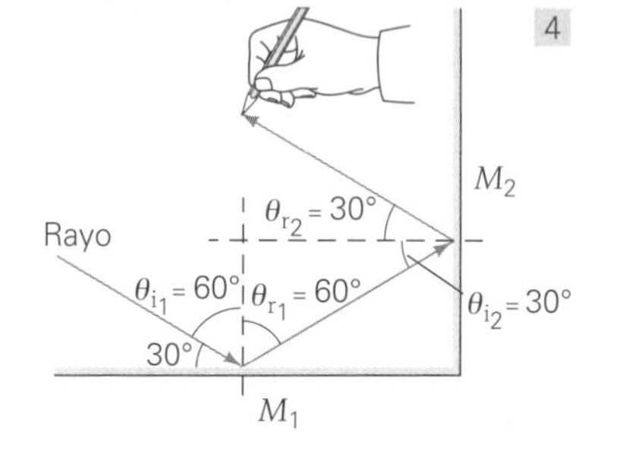

lo 20, se dijo que la longitud de onda de la luz visible es del orden de 10^{-7} m. (Aprenderemos más acerca de la reflexión en un espejo en el ejemplo 22.1.)

La reflexión difusa nos permite ver objetos iluminados, como la Luna. Si la superficie esférica de la Luna fuera lisa, a los ojos de un observador en la Tierra sólo llegaría la luz solar procedente de una pequeña región, y sólo se vería esa pequeña área iluminada. También es posible ver el haz luminoso de *un flash* fotográfico o de una bombilla de luz gracias a la reflexión difusa en el polvo y las partículas en el aire.

Ejemplo 22.1 ■ Trazado de los rayos reflejados

Hay dos espejos, M_1 y M_2, perpendiculares entre sí, y un rayo luminoso incide en uno de ellos, como se ve en la ◂figura 22.7. *a*) Trace un diagrama de la trayectoria del rayo de luz. *b*) Determine la dirección del rayo después de reflejarse en M_2.

Razonamiento. La ley de la reflexión nos permitirá determinar la dirección del rayo después de llegar a los dos espejos.

Solución.

Dado: $\theta = 30°$ (ángulo en relación con M_1)

Encuentre: *a*) Un diagrama con el rayo de luz
b) θ_{r_2} (ángulo de reflexión de M_2)

Se siguen los pasos 1 a 4 de la sección Aprender dibujando:

a) 1. Como los rayos incidentes y reflejados se miden desde la normal (una línea perpendicular a la superficie reflectante), se traza la normal al espejo M_1 en el punto donde el rayo incidente llega a él. Por la geometría, se observa que el ángulo de incidencia en M_1 es $\theta_{i_1} = 60°$.

2. De acuerdo con la ley de reflexión, el ángulo de reflexión de M_1 también es $\theta_{r_1} = 60°$. A continuación se traza este rayo reflejado, con 60° de ángulo de reflexión, y se prolonga hasta llegar a M_2.

3. Se traza otra normal a M_2, en el punto donde el rayo llega a él. Según la geometría (examine el triángulo del diagrama), el ángulo de incidencia en M_2 es $\theta_{i_2} = 30°$. (¿Por qué?)

b) 4. El ángulo de reflexión de M_2 es $\theta_{r_2} = \theta_{i_2} = 30°$. Éste es el rayo final reflejado después de llegar a los dos espejos.

¿Y si se invierten las direcciones de los rayos? En otras palabras, si primero incide un rayo en M_2, en dirección contraria a la que se trazó en *b*, ¿se invertirán las direcciones de todos los rayos? Dibuje otro diagrama para demostrar que, en efecto, ése es el caso. Los rayos de luz son reversibles.

Ejercicio de refuerzo. En la parte trasera de algunos camiones de 18 ruedas se lee un letrero que dice: "Si no puede ver mi espejo, no lo puedo ver a usted". ¿Qué significa esto? (*Las respuestas de todos los ejercicios de refuerzo aparecen al final del libro.*)

22.3 Refracción

OBJETIVOS: *a*) Explicar la refracción en términos de la ley de Snell y del índice de refracción y b) presentar ejemplos de los fenómenos de refracción.

Refracción es el cambio de dirección de una onda en la interfase donde pasa de un medio transparente a otro. En general, cuando una onda incide en la frontera interfase entre dos medios, parte de la energía de la onda se refleja y otra parte se transmite. Por ejemplo, cuando la luz que viaja por el aire incide sobre un material transparente, como el vidrio, se refleja parcialmente y se transmite también de forma parcial (▸figura 22.8). Pero la dirección de la luz transmitida es distinta de la de la luz incidente. Se dice entonces que la luz se ha refractado; en otras palabras, ha cambiado de dirección.

Este cambio de dirección se debe al hecho de que la luz viaja con distinta rapidez en medios diferentes. De forma intuitiva, cabe esperar que el paso de la luz sea más lento a través de un medio con más átomos por unidad de volumen y, de hecho, la rapidez de la

A FONDO 22.1 UNA NOCHE OSCURA Y LLUVIOSA

Cuando uno conduce en una noche sin lluvia, el asfalto y los letreros en las calles se distinguen con claridad. Sin embargo, en una noche oscura y lluviosa, aun cuando se lleven encendidos los faros, apenas se puede ver el camino por delante. Cuando se acerca un automóvil, la situación empeora. Se ven las luces reflejadas de los faros del coche que se acerca, en la superficie del asfalto, y parecen más brillantes de lo normal. Es común que uno quede deslumbrado, sin poder ver nada, excepto el reflejo de los faros que se acercan.

¿Cuál es la causa de estas condiciones? Cuando la superficie del asfalto está seca, la reflexión de la luz en la carretera es irregular o difusa, porque la superficie es áspera. La luz de los faros que llega al asfalto se refleja en todas direcciones, y parte de ella se regresa hacia el conductor, lo que le permite ver con claridad el asfalto (de la misma forma en que la página de este libro se puede leer porque el papel es áspero a nivel microscópico). Sin embargo, cuando la superficie del asfalto está mojada, el agua llena las grietas y convierte al camino en una superficie reflectante relativamente lisa (figura 1a). La luz de los faros se refleja entonces hacia delante. La reflexión que normalmente es difusa ha desaparecido y, en su lugar, se genera una reflexión especular. Entonces se forman imágenes de los edificios iluminados y de las luces de las calles, volviendo borrosa la superficie del camino ante los ojos de los conductores; la reflexión especular de los faros de un vehículo que se acerca dificultará aún más que pueda distinguirse el asfalto (figura 1b).

Además de las superficies mojadas y resbalosas, la reflexión especular es una de las causas principales de accidentes en las noches con lluvia; así, en estas condiciones se aconseja tener más precaución.

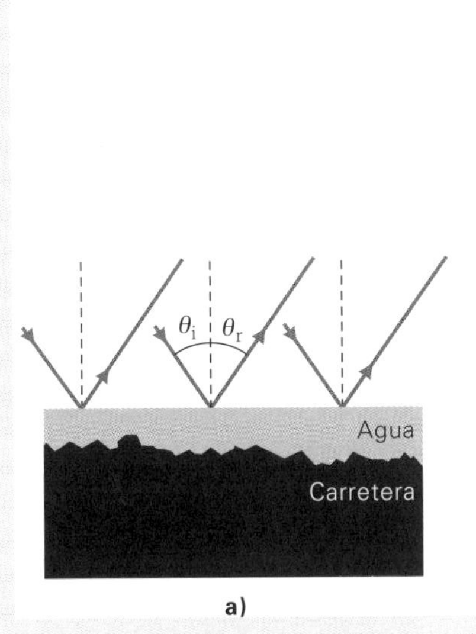

a)

b)

FIGURA 1 De difusa a especular *a)* El agua sobre la superficie del camino convierte la reflexión difusa, que había antes de la lluvia, en reflexión especular. *b)* Así, en lugar de ver el camino, el conductor sólo percibe las imágenes reflejadas de luces y edificios. (Véase el pliego a color al final del libro.)

luz por lo general es menor en los medios más densos. Por ejemplo, la rapidez de la luz en el agua es aproximadamente el 75% de la que tiene en el aire o en el vacío. La figura 22.9a muestra la refracción de la luz en una interfase aire-agua.

El cambio en la dirección de la propagación de la onda se describe con el **ángulo de refracción**. En la figura 22.9b, θ_1 es el ángulo de incidencia, y θ_2 es el ángulo de refracción. Utilizamos las notaciones de θ_1 y θ_2 para los ángulos de incidencia y refracción para evitar confusiones con θ_i y θ_r, que corresponden a los ángulos de incidencia y reflexión. El físico holandés Willebrord Snell (1580-1626) descubrió una relación entre los ángulos (θ) y la rapidez (v) de la luz en dos medios (figura 22.9b):

$$\frac{\text{sen}\,\theta_1}{\text{sen}\,\theta_2} = \frac{v_1}{v_2} \quad \textit{ley de Snell} \qquad (22.2)$$

Esta ecuación se llama **ley de Snell**. Note que θ_1 y θ_2 siempre se miden con respecto a la normal.

Así, la luz se refracta cuando pasa de un medio a otro, porque su rapidez es distinta en los dos medios. La rapidez de la luz es máxima en el vacío; por eso, es convenien-

▲ **FIGURA 22.8 Reflexión y refracción** Un rayo de luz incide en un prisma trapezoidal desde la izquierda. Una parte del haz se refleja y otra se refracta. El rayo refractado se refleja y se refracta parcialmente en la superficie inferior entre vidrio y aire. (Véase el pliego a color al final del libro.)

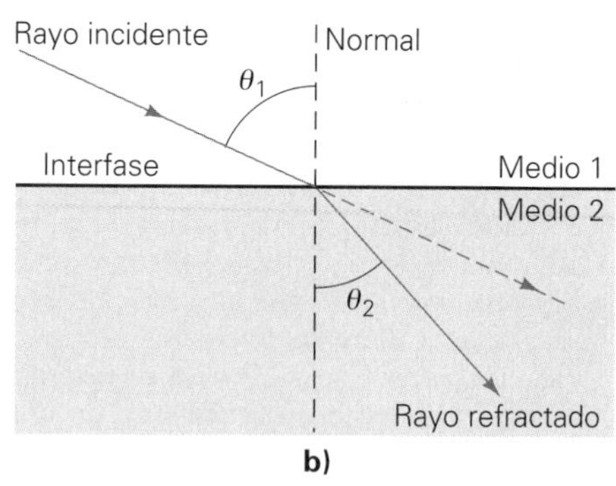

a) b)

▶ **FIGURA 22.9 La refracción** *a)* La luz cambia de dirección al entrar en un medio diferente. (Véase el pliego a color al final del libro.) ***b)*** El rayo reflejado se describe con el ángulo de refracción, θ_2, medido a partir de la normal.

Ilustración 34.1 Principio de Huygens y refracción.

Nota: cuando la luz se refracta:

- su rapidez y su longitud de onda cambian;
- su frecuencia permanece constante.

te comparar su rapidez en otros medios con este valor constante (c). Eso se hace definiendo un cociente llamado **índice de refracción (n)**:

$$n = \frac{c}{v}\left(\frac{\text{rapidez de la luz en el vacío}}{\text{rapidez de la luz en el medio}}\right) \tag{22.3}$$

Como se trata de una razón entre valores de rapidez, el índice de refracción es una cantidad adimensional. En la tabla 22.1 se presentan los índices de refracción de varias sustancias. Hay que subrayar que esos valores son válidos para una longitud de onda específica de la luz. Se especifica la longitud de onda porque v y, en consecuencia n, difieren ligeramente para distintas longitudes de onda. (Ésta es la causa de la dispersión, que describiremos más adelante en este capítulo.) Los valores de n que presenta la tabla se usarán en ejemplos y ejercicios de este capítulo para todas las longitudes de onda de la luz en la región visible, a menos que se indique otra cosa. Observe que n siempre es mayor que 1, porque la rapidez de la luz en el vacío es mayor que la que tiene en cualquier material ($c > v$).

La frecuencia (f) de la luz no cambia cuando entra en otro medio, pero su longitud de onda en un material (λ_m) difiere de la que presenta en el vacío, como se demuestra con facilidad:

$$n = \frac{c}{v} = \frac{\lambda f}{\lambda_m f}$$

o

$$n = \frac{\lambda}{\lambda_m} \tag{22.4}$$

Entonces, la longitud de onda de la luz en el medio es $\lambda_m = \lambda/n$. Como $n > 1$, entonces $\lambda_m < \lambda$.

TABLA 22.1

Índices de refracción (a λ = 590 nm)*

Sustancia	*n*
Aire	1.000 29
Agua	1.33
Hielo	1.31
Alcohol etílico	1.36
Cuarzo fundido	1.46
Ojo humano	1.336–1.406
Poliestireno	1.49
Aceite (valor típico)	1.50
Vidrio (según el tipo)†	1.45–1.70
Crown	1.52
Flint	1.66
Circón	1.92
Diamante	2.42

*Un nanómetro (nm) equivale a 10^{-9} m.

†El vidrio crown es un vidrio de silicato de sosa y cal; el vidrio flint es de silicato de plomo y álcali. El vidrio flint es más dispersor que el vidrio crown (sección 22.5).

Ejemplo 22.2 ■ La rapidez de la luz en el agua: índice de refracción

La luz de un láser, con longitud de onda de 632.8 nm, pasa del aire al agua. ¿Cuáles son la rapidez y la longitud de onda de esta luz de láser en el agua?

Razonamiento. Si se conoce el índice de refracción (n) de un medio, la rapidez y la longitud de onda de la luz en ese medio se calculan con las ecuaciones 22.3 y 22.4.

Solución.

Dado: $n = 1.33$ (de la tabla 22.1)
$\lambda = 632.8$ nm
$c = 3.00 \times 10^8$ m/s (rapidez de la luz en el aire)

Encuentre: v y λ_m (la rapidez y la longitud de onda de la luz en el agua)

Como $n = c/v$,

$$v = \frac{c}{n} = \frac{3.00 \times 10^8 \text{ m/s}}{1.33} = 2.26 \times 10^8 \text{ m/s}$$

Note que $1/n = v/c = 1/1.33 = 0.75$. Por consiguiente, v es el 75% de la rapidez de la luz en el vacío. Además, $n = \lambda/\lambda_m$, de manera que

$$\lambda_m = \frac{\lambda}{n} = \frac{632.8 \text{ nm}}{1.33} = 475.8 \text{ nm}$$

Ejercicio de refuerzo. La rapidez de la luz con longitud de onda de 500 nm (en el aire) en un líquido determinado es 2.40×10^8 m/s. ¿Cuál es el índice de refracción de ese líquido y la longitud de onda de la luz en él?

El índice de refracción, n, es una medida de la rapidez de la luz en un material transparente; técnicamente es una medida de la *densidad óptica* del material. Por ejemplo, la rapidez de la luz en el agua es menor que en el aire, por lo que se dice que el agua es ópticamente más densa que el aire. (En general, la densidad óptica se correlaciona con la densidad de masa. Sin embargo, en algunos casos, un material con mayor densidad óptica que otro tiene una menor densidad de masa.) Así, cuanto mayor es el índice de refracción de un material, mayor es su densidad óptica y menor es la rapidez de la luz en él.

Para fines prácticos, el índice de refracción se mide con respecto al aire, y no con respecto al vacío, ya que la rapidez de la luz en el aire es muy cercana a c, y

$$n_{\text{aire}} = \frac{c}{v_{\text{aire}}} \approx \frac{c}{c} = 1$$

Exploración 34.4 Principio de Fermat y ley de Snell

(De acuerdo con la tabla 22.1, $n_{\text{aire}} = 1.00029$, por lo que supondremos que $n_{\text{aire}} = 1$.)

Una forma más práctica de la ley de Snell es la siguiente:

$$\frac{\operatorname{sen}\theta_1}{\operatorname{sen}\theta_2} = \frac{v_1}{v_2} = \frac{c/n_1}{c/n_2} = \frac{n_2}{n_1}$$

Nota: durante la refracción, el producto de n sen θ permanece constante de un medio a otro.

o sea

$$n_1 \operatorname{sen}\theta_1 = n_2 \operatorname{sen}\theta_2 \qquad \textit{ley de Snell (otra forma)} \qquad (22.5)$$

donde n_1 y n_2 son los índices de refracción del primero y el segundo medios, respectivamente.

Es posible utilizar la ecuación 22.5 para medir el índice de refracción. Si el primer medio es el aire, entonces $n_1 \approx 1$ y $n_2 \approx \operatorname{sen}\theta_1/\operatorname{sen}\theta_2$. Así, sólo se necesita medir los ángulos de incidencia y de refracción para determinar de forma experimental el índice de refracción de un material. Por otra parte, si se conoce el índice de refracción de un material, se aplica la ley de Snell para determinar el ángulo de refracción, para cualquier ángulo de incidencia.

También hay que hacer notar que el seno del ángulo de refracción es inversamente proporcional al índice de refracción: $\operatorname{sen}\theta_2 \approx \operatorname{sen}\theta_1/n_2$. Por consiguiente, para determinado ángulo de incidencia, cuanto mayor es el índice de refracción, menor es sen θ_2, y menor el ángulo de refracción θ_2.

De forma más general, son válidas las siguientes relaciones:

- Si el segundo medio es ópticamente más denso que el primero ($n_2 > n_1$), el rayo se refracta *hacia* la normal ($\theta_2 < \theta_1$), como se ve en la ▼figura 22.10a.
- Si el segundo medio es ópticamente menos denso que el primero ($n_2 < n_1$), el rayo se refracta *alejándose* de la normal ($\theta_2 > \theta_1$), como se observa en la figura 22.10b.

▼ **FIGURA 22.10 Índice de refracción y desviación de los rayos** ***a)*** Cuando el segundo medio es ópticamente más denso que el primero ($n_2 > n_1$), el rayo se refracta hacia la normal, como en el caso de la luz que pasa del aire al agua. ***b)*** Cuando el segundo medio es ópticamente menos denso que el primero ($n_2 < n_1$), el rayo se refracta alejándose de la normal. [Tal sería el caso del rayo del inciso *a* si se trazara en reversa, yendo del medio 2 al medio 1.]

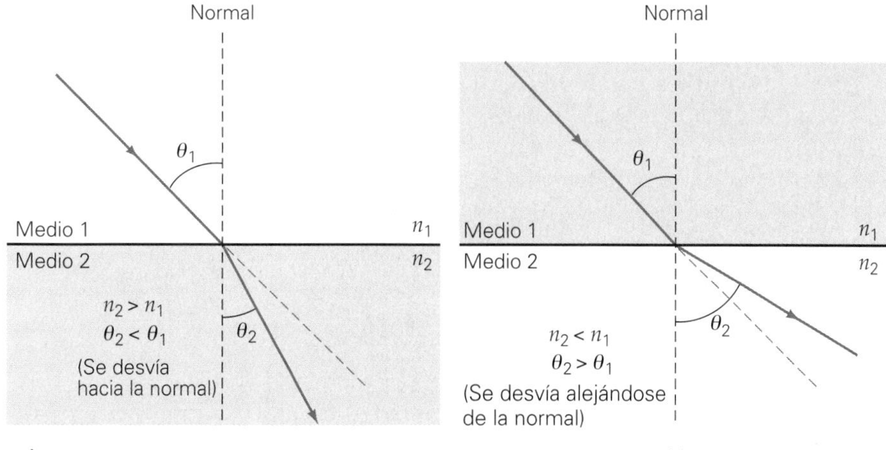

Ejemplo integrado 22.3 ■ Ángulo de refracción: la ley de Snell

La luz en agua incide sobre una pieza de vidrio crown, a un ángulo de 37° (con respecto a la normal). *a*) El rayo resultante 1) se desviará hacia la normal, 2) se desviará alejándose de la normal o 3) no se desviará en lo absoluto. Elabore un diagrama para ilustrar la respuesta. *b*) ¿Cuál es el ángulo de refracción?

a) Razonamiento conceptual. Se dispone de la tabla 22.1 para consultar los índices de refracción del agua y del vidrio crown. Según la forma alternativa de la ley de Snell (ecuación 22.5), n_1 sen $\theta_1 = n_2$ sen θ_2, de manera que la respuesta correcta es la 1. Como $n_2 > n_1$, el ángulo de refracción debe ser menor que el ángulo de incidencia ($\theta_2 < \theta_1$). Ya que tanto θ_1 como θ_2 se miden con respecto a la normal, el rayo refractado se desviará hacia la normal. En este caso el diagrama de rayos es idéntico al de la figura 22.10a.

b) Razonamiento cuantitativo y solución. De nuevo, lo más práctico en este caso es la forma alternativa de la ley de Snell (ecuación 22.5). (¿Por qué?) Se listan los datos:

Dado: $\theta_1 = 37°$
$n_1 = 1.33$ (agua, a partir de la tabla 22.1)
$n_2 = 1.52$ (vidrio crown, de la tabla 22.1)

Encuentre: *b*) θ_2 (ángulo de refracción)

Para calcular el ángulo de refracción se emplea la ecuación 22.5,

$$\text{sen}\,\theta_2 = \frac{n_1\,\text{sen}\,\theta_1}{n_2} = \frac{(1.33)(\text{sen}\,37°)}{1.52} = 0.53$$

y

$$\theta_2 = \text{sen}^{-1}(0.53) = 32°$$

Ejercicio de refuerzo. De forma experimental, se determinó que un rayo de luz que llega desde el aire y entra en un líquido con un ángulo de incidencia de 37° tiene un ángulo de refracción de 29°. ¿Cuál es la rapidez de la luz en ese líquido?

Ejemplo 22.4 ■ Una cubierta de vidrio para mesa: más acerca de la refracción

Un rayo de luz va por el aire y llega a la cubierta de vidrio de una mesa de café, formando un ángulo de incidencia de 45° (▼figura 22.11). El vidrio tiene un índice de refracción de 1.5. *a*) ¿Cuál es el ángulo de refracción de la luz que pasa al vidrio? *b*) Demuestre que el rayo que sale del vidrio es paralelo al rayo incidente, esto es, que $\theta_4 = \theta_1$. *c*) Si el vidrio tiene 2.0 cm de espesor, ¿cuál es el desplazamiento lateral entre el rayo que entra al vidrio y el que sale de él? (El desplazamiento lateral es la distancia perpendicular entre los dos rayos: *d* en la figura 22.10.)

Razonamiento. Como hay dos refracciones que intervienen en este ejemplo, se aplicará la ley de Snell en *a* y de nuevo en *b*; en *c* utilizaremos algo de geometría y trigonometría.

Solución. Se listan los datos:

Dado: $\theta_1 = 45°$
$n_1 = 1.0$ (aire)
$n_2 = 1.5$
$y = 2.0$ cm

Encuentre: *a*) θ_2 (el ángulo de refracción)
b) Demuestre que $\theta_4 = \theta_1$
c) *d* (desplazamiento lateral)

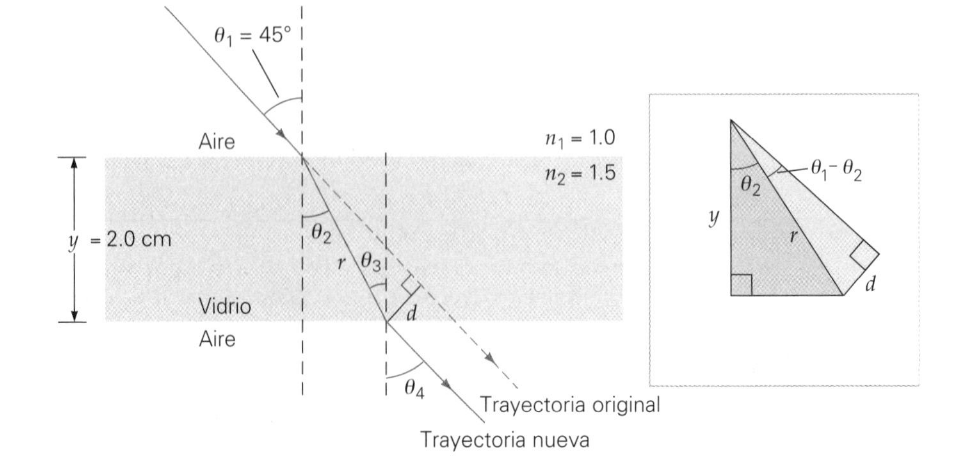

▶ **FIGURA 22.11** Dos refracciones En el vidrio, el rayo refractado se desplaza lateralmente una distancia *d* con respecto al rayo incidente, y el rayo que emerge es paralelo al rayo original. (Véase el ejemplo 22.4.)

a) Se usa la forma práctica de la ley de Snell, ecuación 22.5, con $n_1 = 1.0$ para el aire, y se obtiene

$$\text{sen}\,\theta_2 = \frac{n_1\,\text{sen}\,\theta_1}{n_2} = \frac{(1.0)\,\text{sen}\,45°}{1.5} = \frac{0.707}{1.5} = 0.47$$

Por consiguiente,

$$\theta_2 = \text{sen}^{-1}(0.47) = 28°$$

Note que el rayo se refracta hacia la normal.

b) Si $\theta_1 = \theta_4$, el rayo emergente es paralelo al rayo incidente. Se aplica la ley de Snell al rayo en ambas superficies,

$$n_1\,\text{sen}\,\theta_1 = n_2\,\text{sen}\,\theta_2$$

y

$$n_2\,\text{sen}\,\theta_3 = n_1\,\text{sen}\,\theta_4$$

En la figura se observa que $\theta_2 = \theta_3$. Por consiguiente,

$$n_1\,\text{sen}\,\theta_1 = n_1\,\text{sen}\,\theta_4$$

o

$$\theta_1 = \theta_4$$

Así, el rayo emergente es paralelo al rayo incidente, pero está desplazado lateral o perpendicularmente a la dirección incidente una distancia d.

c) En la figura 22.11 se observa que, para determinar d, primero se necesita calcular r a partir de la información conocida en el triángulo rectángulo más oscuro. Entonces,

$$\frac{y}{r} = \cos\theta_2 \qquad \text{o} \qquad r = \frac{y}{\cos\theta_2}$$

En el triángulo rectángulo claro se ve que $d = r\,\text{sen}\,(\theta_1 - \theta_2)$. Sustituyendo la r obtenida en el paso anterior se obtiene

$$d = \frac{y\,\text{sen}(\theta_1 - \theta_2)}{\cos\theta_2} = \frac{(2.0\text{ cm})\,\text{sen}(45° - 28°)}{\cos 28°} = 0.66\text{ cm}$$

Ejercicio de refuerzo. Si el vidrio de este ejemplo hubiera tenido $n = 1.6$, ¿el desplazamiento lateral hubiera sido igual, mayor o menor? Explique su respuesta de forma conceptual y después calcule el valor real para verificar su razonamiento.

Ejemplo 22.5 ■ El ojo humano: refracción y longitud de onda

Una representación simplificada del cristalino en un ojo humano lo muestra con una corteza (una capa externa) de $n_{\text{corteza}} = 1.386$, y un núcleo de $n_{\text{núcleo}} = 1.406$. (Véase la figura 25.1b.) Note que ambos índices de refracción están dentro del intervalo mencionado para el ojo humano, en la tabla 22.1. Si un rayo de luz monocromática (de una sola frecuencia o longitud de onda) de 590 nm de longitud de onda va por el aire y entra al cristalino pasando por la parte anterior del ojo, realice una comparación cualitativa y elabore una lista de la frecuencia, la rapidez y la longitud de onda de la luz en el aire, en la corteza y en el núcleo. Primero haga la comparación sin números, y luego calcule los valores reales para comprobar su razonamiento.

Razonamiento y respuesta. Primero se necesitan las magnitudes relativas de los índices de refracción, siendo $n_{\text{aire}} < n_{\text{corteza}} < n_{\text{núcleo}}$.

Como se vio antes en este apartado, la frecuencia (f) de la luz es igual en los tres medios: aire, corteza y núcleo. Así, la frecuencia se puede calcular a partir de la rapidez y la longitud de onda de la luz en cualquiera de esos materiales, pero es más fácil en el aire. (¿Por qué?) De la ecuación de onda $c = \lambda f$ (ecuación 13.17),

$$f = f_{\text{aire}} = f_{\text{corteza}} = f_{\text{núcleo}} = \frac{c}{\lambda} = \frac{3.00 \times 10^8\text{ m/s}}{590 \times 10^{-9}\text{ m}} = 5.08 \times 10^{14}\text{ Hz}$$

La rapidez de la luz en un medio depende de su índice de refracción, porque $v = c/n$. Cuanto menor es el índice de refracción, mayor es la rapidez. En consecuencia, la rapidez de la luz es máxima en el aire ($n = 1.00$) y mínima en el núcleo ($n = 1.406$).

La rapidez de la luz en la corteza es

$$v_{\text{corteza}} = \frac{c}{n_{\text{corteza}}} = \frac{3.00 \times 10^8\text{ m/s}}{1.386} = 2.16 \times 10^8\text{ m/s}$$

(continúa en la siguiente página)

y la rapidez de la luz en el núcleo es

$$v_{\text{núcleo}} = \frac{3.00 \times 10^8 \text{ m/s}}{1.406} = 2.13 \times 10^8 \text{ m/s}$$

También se sabe que la longitud de onda de la luz en un medio depende del índice de refracción de éste ($\lambda_m = \lambda/n$). Cuanto menor es el índice de refracción, mayor es la longitud de onda. Por consiguiente, la longitud de onda de la luz es máxima en el aire ($n = 1.00$ y $\lambda = 590$ nm), y mínima en el núcleo ($n = 1.406$).

La longitud de onda en la corteza se calcula con la ecuación 22.4:

$$\lambda_{\text{corteza}} = \frac{\lambda}{n_{\text{corteza}}} = \frac{590 \text{ nm}}{1.386} = 426 \text{ nm}$$

y la longitud de onda en el núcleo es

$$\lambda_{\text{núcleo}} = \frac{590 \text{ nm}}{1.406} = 420 \text{ nm}$$

Por último, se puede formar una tabla para comparar con más facilidad los valores de frecuencia, rapidez y longitud de onda en los tres medios:

	Índice de refracción	*Frecuencia (Hz)*	*Rapidez (m/s)*	*Longitud de onda (nm)*
Aire	1.00	5.08×10^{14}	3.00×10^8	590
Corteza	1.386	5.08×10^{14}	2.16×10^8	426
Núcleo	1.406	5.08×10^{14}	2.13×10^8	420

Ejercicio de refuerzo. Una fuente de luz de una sola frecuencia está sumergida en agua en una pecera especial. La luz viaja por el agua, atraviesa placas de vidrio doble al lado de la pecera (cada placa de vidrio tiene n distinta) y sale al aire. En general, ¿qué sucede con *a*) la frecuencia y *b*) la longitud de onda de la luz cuando sale al aire que hay en el exterior?

La refracción es común en la vida diaria y explica muchas de los fenómenos que se observan. Veamos la refracción en acción.

Espejismo: es común presenciar este fenómeno en la carretera, en días calurosos de verano. Las capas de aire que están a distintas temperaturas provocan la refracción de la luz (la capa más cercana a la carretera está a mayor temperatura, tiene menor densidad y su índice de refracción es menor). La variación en los índices de refracción origina el punto "mojado" y una imagen invertida de un objeto, que bien podría ser un automóvil (▼figura 22.12a). Comúnmente, el término *espejismo* trae a la imaginación a una per-

a)

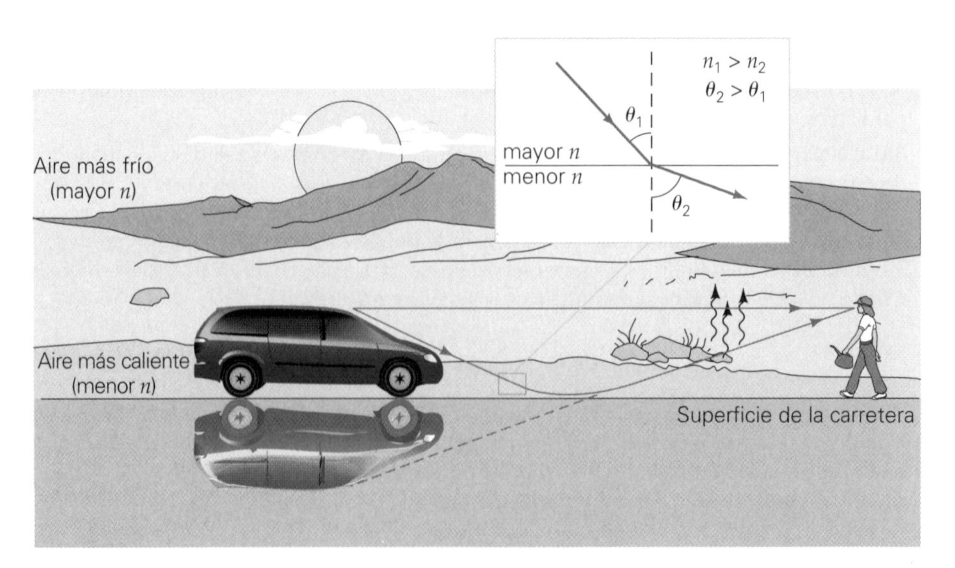

b)

▼ **FIGURA 22.12** La refracción en acción *a*) Imagen invertida de un automóvil sobre una carretera "mojada"; es un espejismo. (Véase el pliego a color al final del libro.) *b*) El espejismo se forma cuando la luz que procede del objeto se refracta en las capas de aire a distintas temperaturas, cerca de la superficie de la carretera.

A FONDO 22.2 LAS LENTES "PERFECTAS" Y EL ÍNDICE NEGATIVO DE REFRACCIÓN

En 1968, los físicos predijeron la existencia de un material con un índice negativo de refracción. Esperaban que, en presencia de tales materiales con índice negativo, casi todos los fenómenos ópticos y de propagación de ondas se alteraran de forma sustancial. Para entonces, no se sabía de la existencia de alguno de estos materiales con índice negativo.

A principios del siglo XXI, se creó una nueva clase de materiales estructurados artificialmente, que presentaban índices negativos de refracción. Además, un material ferroelástico natural, que contenía itrio, vanadio y oxígeno, también demostró ser un metamaterial al presentar un índice negativo de refracción (figura 1).

La figura 2 ilustra la diferencia entre materiales con índices positivos y negativos. En la figura 2a, la luz que incide sobre un material con índice positivo se refracta al otro lado de la normal de la interfase. Sin embargo, si el material tiene un índice negativo de refracción, la misma luz incidente se refracta al mismo lado de la normal de la interfase (figura 2b). A causa de esta refracción "anormal", placas de materiales con índice negativo y superficies planas pueden incluso enfocar la luz como se muestra en la figura 2c, para dar por resultado una nueva clase de lentes (éstas se estudiarán en el capítulo 23). Si se coloca una fuente de luz en un lado de la placa con un índice de refracción $n = -1$, los rayos de luz se refractan de tal forma que producen un punto focal dentro del material y luego otro justo fuera de él. La "longitud focal" de una lente así dependerá tanto de la distancia al objeto como del grosor de la placa.

Las características indeseables de las lentes hechas de materiales con un índice positivo de refracción son la pérdida de energía que se debe a la reflexión, las aberraciones y la baja resolución provocada por el límite de difracción (se verá más acerca de esto en el capítulo 24). Los experimentos más recientes ofrecen fuerte evidencia de que los materiales con índice negativo tienen un futuro promisorio en el campo de la óptica, ya que las lentes de índice negativo ofrecen un nuevo grado de flexibilidad que podría llevar a fabricar lentes más compactas con menor aberración. El límite de difracción —que es la principal limitante para la resolución de imagen— podría sortearse con los materiales de índice negativo. Más aún, se ha observado la refracción negativa total —esto es, la ausencia de reflexión— en materiales con un índice negativo de refracción. Lentes así podrían ser verdaderamente las "lentes perfectas".

FIGURA 1 Material con un índice negativo de refracción Este material artificial hecho a base de un enrejado de anillos y alambres tiene un índice negativo de refracción.

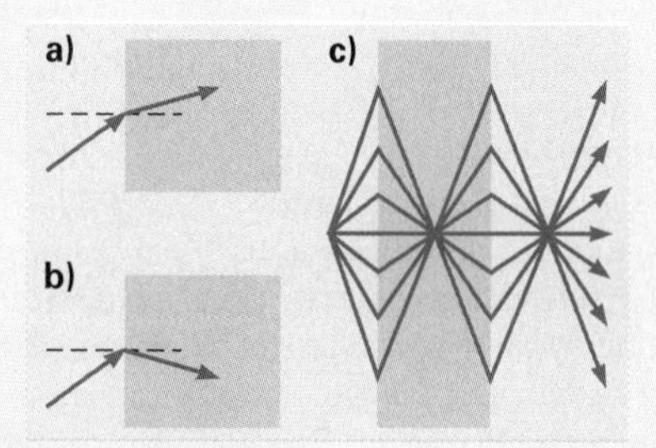

FIGURA 2 Reflexión en materiales con índice positivo en comparación con la que producen materiales con índice negativo ***a)*** La luz incidente en la interfase entre el aire y un material con índice positivo se inclina hacia el otro lado de la normal, ***b)*** mientras que en un material con índice negativo, la luz se inclina hacia el mismo lado de la normal. ***c)*** Si la fuente de luz se coloca en un lado de una placa con un índice de refracción de $n = -1$, las ondas se refractan de tal forma que producen un foco dentro del material y luego otro justo fuera de éste.

sona sedienta en el desierto, que "ve" un estanque de agua que en realidad no existe. Esta ilusión óptica juega con la mente, porque la imagen se ve como si el objeto estuviera en un charco de agua y, de forma inconsciente, nuestra experiencia pasada nos induce a concluir que hay agua en la carretera.

En la figura 22.12b hay dos formas de ver el automóvil. En la primera, los rayos horizontales provienen directamente del vehículo y llegan a los ojos, de manera que vemos el automóvil sobre el piso. También, los rayos que salen del carro viajan hacia la superficie de la carretera y se refractan gradualmente en las capas de aire. Después de llegar a la superficie se refractan de nuevo y viajan hacia nuestros ojos. El aire más frío tiene mayor densidad y, por consiguiente, mayor índice de refracción. Un rayo que va hacia la superficie de la carretera se refracta de forma gradual, con mayor ángulo de refracción, hasta que llega a la superficie. Entonces se refractará de nuevo con menor ángulo de refracción y va hacia los ojos. La consecuencia es que también se ve una imagen invertida del automóvil debajo de la superficie de la carretera. En otras palabras, esta superficie actúa casi como un espejo. El "estanque de agua" en realidad es la luz del cielo que se refracta, es decir, se trata de una imagen del cielo. Esta serie de capas de aire a

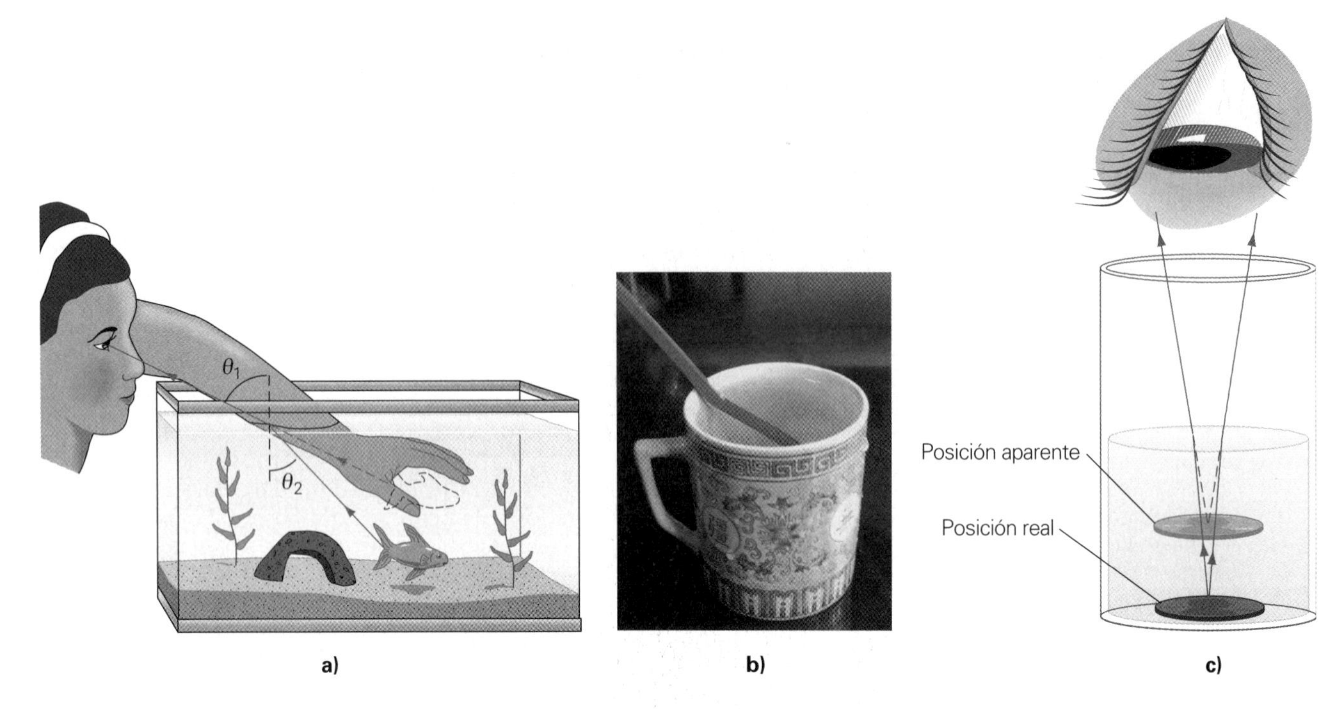

▲ **FIGURA 22.13 Efectos de la refracción** *a)* La luz se refracta, y como tendemos a imaginar que la luz viaja en línea recta, el pez en realidad está más abajo de lo que creemos. *b)* La pajilla parece doblada en la frontera entre el aire y el agua. Si la taza fuera transparente se vería otro tipo de refracción. (Véase el ejercicio 21.) *c)* A causa de la refracción, la moneda parece estar más cerca que lo que en realidad está.

diferentes temperaturas, y con distintos índices de refracción, hace que "veamos" el aire caliente que se eleva, como resultado de la refracción que cambia continuamente.

El fenómeno contrario a esto es el espejismo en el mar. El aire que se encuentra por encima del mar está más caliente que el que hay abajo. Esto provoca que la luz se refracte de manera contraria que en la figura 22.12b, haciendo que los objetos se vean en el aire por encima de la superficie marina.

No está donde debería: seguramente usted habrá experimentado un efecto de refracción al tratar de alcanzar un objeto bajo el agua, como el pez de la ▲figura 22.13a. Estamos acostumbrados a que la luz se propague en línea recta, de los objetos hacia los ojos, pero la que llega a nosotros procedente de un objeto experimenta un cambio de dirección en la interfase aire-agua. (Observe en la figura que el rayo se refracta alejándose de la normal.) En consecuencia, el objeto parece estar más cerca de la superficie de lo que en realidad está, y por eso se falla al tratar de alcanzarlo. Por la misma razón, una pajilla dentro de una taza parece doblada (figura 22.13b), una moneda en un vaso de agua parecerá más cercana de lo que está en realidad (figura 22.13c), y las piernas de una persona que está de pie en el agua parecen más cortas que su longitud real. Es factible calcular la relación entre la profundidad real y la aparente. (Véase el ejercicio 37.)

Efectos atmosféricos: a veces, el Sol sobre el horizonte parece aplanado, con su dimensión horizontal mayor que su dimensión vertical (▼figura 22.14a). Este efecto es el resultado de las variaciones de temperatura y densidad en el aire; este último se vuelve más denso a lo largo del horizonte. Estas variaciones se presentan sobre todo en la dirección vertical, por lo que la luz de la parte superior y la de la parte inferior del Sol se refractan de forma distinta, conforme los dos grupos de rayos pasan a través de densidades atmosféricas diferentes, con distintos índices de refracción.

La refracción atmosférica alarga el día, por así decirlo, al permitirnos ver el Sol (o la Luna en el caso de la noche) justo antes de que en realidad suba sobre el horizonte y

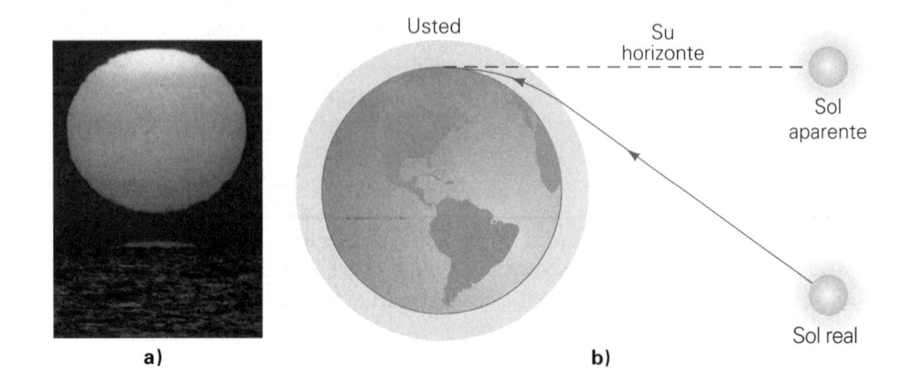

► **FIGURA 22.14 Efectos atmosféricos** *a)* El Sol aparece con una forma un tanto aplanada cerca del horizonte, a causa de la refracción atmosférica. *b)* Antes de salir y después de ocultarse, es posible ver el Sol por breve tiempo, gracias una vez más a la refracción atmosférica.

justo después de que en realidad se oculte bajo el horizonte (hasta con 20 minutos de diferencia en ambos casos). El aire más denso cerca de la Tierra refracta la luz que está sobre el horizonte hacia nosotros (figura 22.14b).

El centelleo de las estrellas se debe a la turbulencia atmosférica, que distorsiona la luz proveniente de ellas. Las turbulencias refractan la luz en direcciones aleatorias y hacen que las estrellas aparenten "centellear". Las estrellas en el horizonte parecen titilar más que las que están directamente sobre nuestra cabeza, porque la luz tiene que pasar a través de un mayor espacio atmosférico de la Tierra. Sin embargo, los planetas no "centellean" tanto. Esto es porque las estrellas están mucho más lejos que los planetas, de manera que aparecen como fuentes puntuales. Fuera de la atmósfera terrestre, las estrellas no titilan.

22.4 Reflexión interna total y fibras ópticas

OBJETIVOS: *a*) Describir la refracción interna total y *b*) comprender las aplicaciones de las fibras ópticas.

Un fenómeno interesante se presenta cuando la luz pasa de un medio ópticamente más denso a otro menos denso, como cuando la luz pasa *desde* el agua *hacia* el aire. Como sabemos, en ese caso un rayo se refractará alejándose de la normal. (El ángulo de refracción es mayor que el ángulo de incidencia.) Además, la ley de Snell establece que cuanto mayor sea el ángulo de incidencia, mayor será el ángulo de refracción. Esto es, conforme aumenta el ángulo de incidencia, el rayo refractado se aparta cada vez más de la normal.

Exploración 34.2 Ley de Snell y reflexión interna total

Sin embargo, existe un límite. Para cierto ángulo de incidencia, llamado **ángulo crítico** (θ_c), el ángulo de refracción es 90° y el rayo refractado se dirige a lo largo de la interfase entre los medios. Pero, ¿qué pasa si el ángulo de incidencia es todavía mayor? Si el ángulo de incidencia es mayor que el ángulo crítico ($\theta_1 > \theta_c$), la luz ya no se refracta, sino se refleja internamente (▼figura 22.15). A esta condición se le llama **reflexión interna total**. Este proceso de reflexión tiene una eficiencia muy cercana al 100%. (Sigue habiendo cierta absorción de la luz *en* los materiales.) Gracias a la reflexión interna total, es posible usar prismas como espejos (▶figura 22.16). En resumen, donde $n_1 > n_2$, la reflexión y la refracción suceden en todos los ángulos en que $\theta_1 \leq \theta_c$, pero el rayo refractado o transmitido desaparece cuando $\theta_1 > \theta_c$.

A partir de la ley de Snell se puede deducir una ecuación para el ángulo crítico. Si $\theta_1 = \theta_c$ en el medio ópticamente más denso, $\theta_2 = 90°$, y, en consecuencia,

$$n_1 \operatorname{sen} \theta_1 = n_2 \operatorname{sen} \theta_2 \qquad \text{o} \qquad n_1 \operatorname{sen} \theta_c = n_2 \operatorname{sen} 90°$$

Como sen 90° = 1,

$$\operatorname{sen} \theta_c = \frac{n_2}{n_1} \quad \textit{donde } n_1 > n_2 \tag{22.6}$$

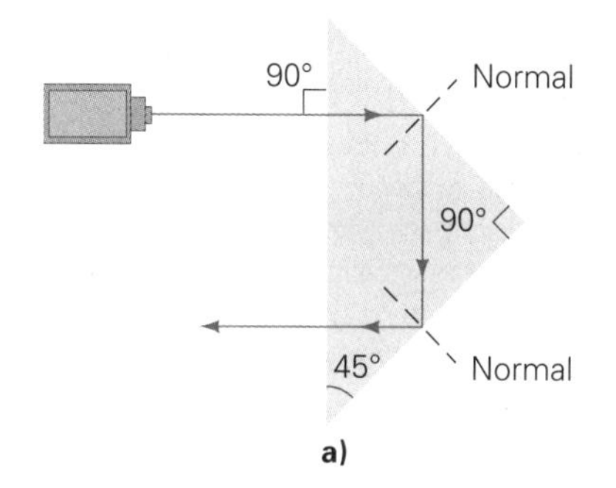

a)

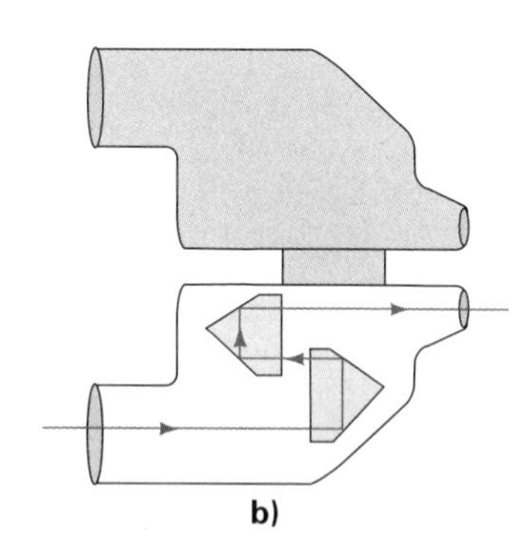

b)

▲ **FIGURA 22.16 Reflexión interna en un prisma** ***a)*** Como el ángulo crítico del vidrio es menor de 45°, es factible utilizar prismas con ángulos de 45° y 90° para reflejar la luz 180°. ***b)*** La reflexión interna de la luz en los prismas de los binoculares hace que este instrumento sea mucho más corto que un telescopio porque los prismas se encargan de "doblar" los rayos.

▼ **FIGURA 22.15 Reflexión interna** ***a)*** Cuando la luz entra a un medio ópticamente menos denso, se refracta alejándose de la normal. En cierto ángulo crítico (θ_c), la luz se refracta siguiendo la interfase (la frontera común) de los dos medios. En un ángulo mayor que el crítico ($\theta_1 > \theta_c$), se presenta la refracción interna total. ***b)*** ¿Podría estimar el ángulo crítico en la fotografía?

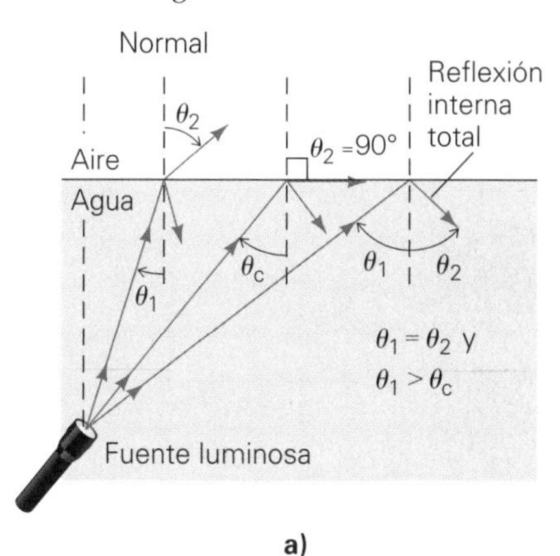

a)

b)

Si el segundo medio es aire, $n_2 \approx 1$, y el ángulo crítico en la frontera entre un medio y el aire se calcula con sen $\theta_c = 1/n$, donde n es el índice de refracción del medio. Éste es otro método que se tiene disponible para medir el índice de refracción en los laboratorios.

Ejemplo 22.6 ■ Una vista desde la alberca: el ángulo crítico

a) ¿Cuál es el ángulo crítico cuando la luz que va por el agua incide en la frontera interfase agua-aire? *b*) Si un clavadista sumergido en una alberca viera hacia arriba a la superficie del agua en un ángulo $\theta < \theta_c$, ¿qué vería? (Ignore los efectos térmicos o de movimiento.)

Razonamiento. *a*) El ángulo crítico se obtiene con la ecuación 22.6. *b*) Como se observa en la figura 22.15a, θ_c forma un cono de visión, cuando se ve desde abajo del agua.

Solución.

Dado: $n_1 = 1.33$ (para el agua, tabla 22.1)
$n_2 \approx 1$ (¿por qué?)

Encuentre: *a*) θ_c (el ángulo crítico)
b) vista para $\theta < \theta_c$

a) El ángulo crítico es

$$\theta_c = \text{sen}^{-1}\left(\frac{n_2}{n_1}\right) = \text{sen}^{-1}\left(\frac{1}{1.33}\right) = 48.8°$$

b) A partir de la figura 22.15a se trazan los rayos al revés, con la luz que llega de todos los ángulos fuera de la alberca. La luz que proviene del paisaje de 180° sobre el agua sólo se puede ver por un cono con medio ángulo de vértice de 48.8°. Como resultado, los objetos sobre la superficie también aparecen distorsionados. Una panorámica desde abajo del agua se ve en la ◂figura 22.17. Ahora, ¿podría explicar por qué las aves zancudas, como las garzas, mantienen su cuerpo agachado cuando tratan de atrapar un pez?

Ejercicio de refuerzo. ¿Qué vería el clavadista hacia arriba, hacia la superficie del agua, a un ángulo $\theta > \theta_c$?

▲ **FIGURA 22.17 Vista panorámica distorsionada** Vista subacuática de la superficie de una alberca en Hawai. (Véase el ejemplo 22.6 y el pliego a color al final del libro.)

Las reflexiones internas aumentan la brillantez de los diamantes tallados. (La brillantez o brillo es una medida de la cantidad de luz que regresa al observador. La brillantez se reduce si la luz sale por la parte trasera de un diamante, es decir, si la reflexión *no* es total.) El ángulo crítico para una superficie de diamante-aire es

$$\theta_c = \text{sen}^{-1}\left(\frac{1}{n}\right) = \text{sen}^{-1}\left(\frac{1}{2.42}\right) = 24.4°$$

El llamado diamante de corte brillante (o simplemente brillante) tiene muchas facetas o caras (58 en total: 33 en la cara superior y 25 en la inferior). La luz que llega a las facetas inferiores desde las superiores, formando un ángulo mayor que el crítico, se refleja internamente en el diamante. A continuación la luz sale por las facetas superiores, dando lugar al brillo del diamante (▾figura 22.18).

Fibras ópticas

Cuando se ilumina una fuente desde abajo, la luz se transmite a lo largo de sus corrientes curvas. El científico inglés John Tyndall (1820-1893) demostró este fenómeno por

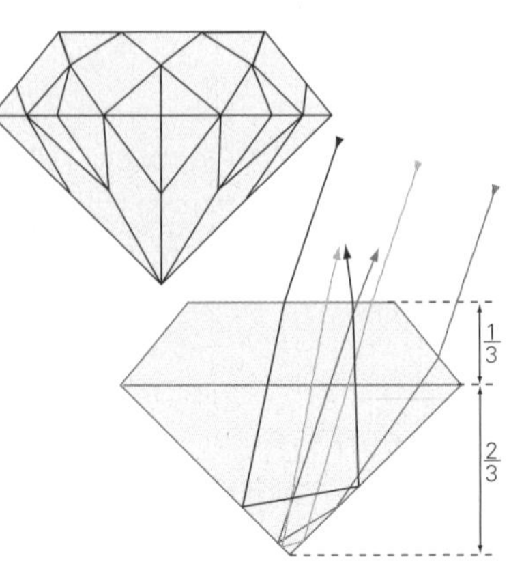

a) b)

▸ **FIGURA 22.18 Brillantez del diamante** ***a***) La reflexión interna causa el brillo de un diamante. (Véase el pliego a color al final del libro.) ***b***) El "corte" (o las proporciones de altura de las facetas) es esencial. Si una piedra es demasiado plana o demasiado aguda, se perderá la luz, es decir, esta última se refractará y saldrá por las facetas inferiores.

primera vez en 1870, y demostró que la luz era "conducida" a lo largo de la trayectoria curva de una corriente de agua que sale de un agujero en un lado de un recipiente. Este fenómeno se observa porque la luz experimenta reflexión interna total a lo largo del chorro.

La reflexión total interna es la base de las **fibras ópticas**, una moderna tecnología fascinante que se centra en el uso de fibras transparentes para la transmisión de la luz. Las múltiples reflexiones internas totales hacen posible "entubar" la luz por una varilla transparente (igual que corrientes de agua) aun cuando la varilla sea curva (▸figura 22.19). Observe en la figura que cuanto menor es el diámetro del tubo de luz, más reflexiones internas tiene. En una fibra pequeña puede haber hasta varios cientos de reflexiones internas totales por centímetro.

La reflexión interna total es un proceso excepcionalmente eficiente. Las fibras ópticas sirven para transmitir luz a distancias muy grandes, con pérdidas aproximadas de sólo 25% por kilómetro. Esas pérdidas se deben principalmente a impurezas en la fibra, que dispersan la luz. Los materiales transparentes tienen diversos grados de transmisión. Las fibras se fabrican con plásticos y vidrios especiales para alcanzar la eficiencia máxima de transmisión. Esta última se obtiene con radiación infrarroja, porque causa menos dispersión, como se explicará en la sección 24.5.

La mayor eficiencia de las reflexiones internas múltiples en comparación con las reflexiones múltiples en espejos se demuestra con un buen espejo plano, cuya reflectividad alcanza el 95%, en el mejor de los casos. Después de cada reflexión, la intensidad del haz es el 95% de la del rayo incidente que procede de la reflexión anterior ($I_1 = 0.95I_o$; $I_2 = 0.95\,I_1 = 0.95^2\,I_o$; ...). Por consiguiente, la intensidad I del rayo reflejado después de n reflexiones es

$$I = 0.95^n\,I_o$$

donde I_o es la intensidad inicial del haz antes de la primera reflexión. Así, después de 14 reflexiones,

$$I = 0.95^{14}\,I_o = 0.49\,I_o$$

En otras palabras, después de 14 reflexiones, la intensidad se reduce al 49%, esto es, poco menos de la mitad. Para 100 reflexiones, $I = 0.006\,I_o$, ¡y la intensidad sólo es el 0.6% de la intensidad inicial! Comparemos esto con un 75% de la intensidad inicial, en fibras ópticas, en un kilómetro de longitud, con *miles* de reflexiones, para apreciar la ventaja de la reflexión interna total.

Las fibras cuyos diámetros aproximados son de unos 10 μm (10^{-5} m) se agrupan en haces flexibles de 4 a 10 mm de diámetro, y de varios metros de longitud, dependiendo de la aplicación (▾figura 22.20). Un haz de fibras con 1 cm^2 de área transversal pue-

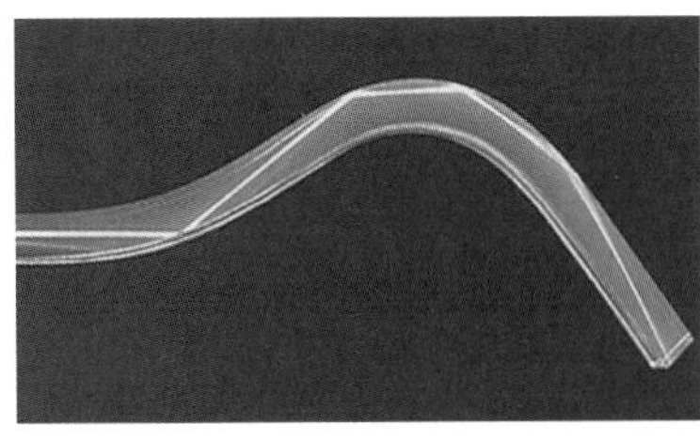

a)

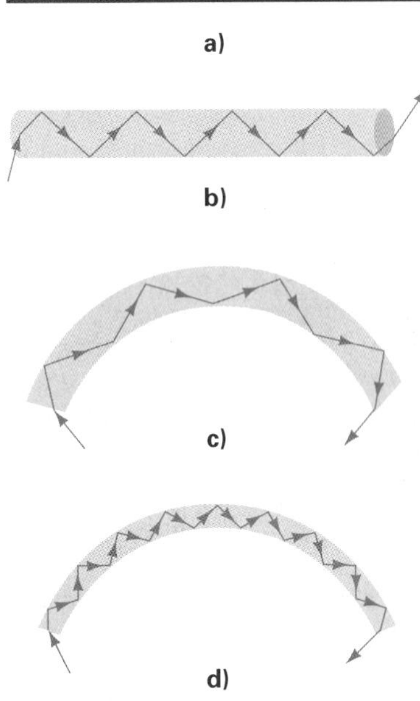

b) c) d)

▲ **FIGURA 22.19** Tubos de luz *a)* Reflexión interna total en una fibra óptica. (Véase el pliego a color al final del libro.) *b)* Cuando incide la luz en el extremo de un cilindro de material transparente de tal forma que el ángulo interno de incidencia es mayor que el ángulo crítico del material, la luz experimenta la reflexión interna total a todo lo largo del tubo de luz. *c)* La luz también se transmite a lo largo de tubos de luz curvos, por reflexión interna total. *d)* Al disminuir el diámetro de la varilla o fibra, aumenta la cantidad de reflexiones por unidad de longitud.

Ilustración 34.2 Fibras ópticas

a)

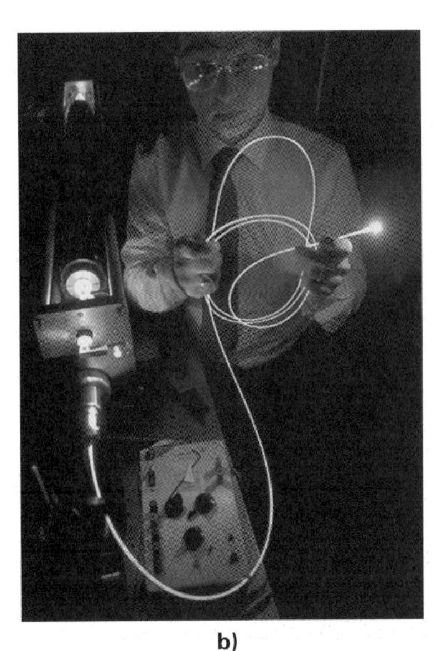

b)

◂ **FIGURA 22.20** Haz de fibras ópticas *a)* Cientos o hasta miles de fibras extremadamente delgadas se agrupan *b)* para formar un cable de fibra óptica, que aquí se ve con el color azul de un láser. (Véase el pliego a color al final del libro.)

A FONDO 22.3 APLICACIONES MÉDICAS DE LAS FIBRAS ÓPTICAS

Antes de que existieran las fibras ópticas, se utilizaban los *endoscopios* para ver el interior del cuerpo humano. Esos instrumentos estaban formados por sistemas de lentes acomodadas en tubos largos y estrechos. Algunos contenían una docena o más de lentes, y formaban imágenes relativamente deficientes. Además, como las lentes debían alinearse de ciertas formas, los tubos debían tener tramos rígidos, lo cual limitaba la maniobrabilidad del endoscopio. Uno de esos endoscopios podía insertarse por la garganta del paciente hasta el estómago, para observar el interior de este órgano. Sin embargo, quedaban puntos ciegos, a causa de la curvatura del estómago y de la inflexibilidad del instrumento.

Con los haces de fibras ópticas se han eliminado esos problemas. Para enfocar la luz, se colocan lentes en el extremo del haz de fibras, y para cambiar la dirección de la luz y hacer que regrese, se utiliza un prisma. La luz incidente se transmite por una capa externa del haz y la imagen regresa por el núcleo central de fibras. Con uniones mecánicas se permite la maniobrabilidad. El extremo de algunos endoscopios de fibra óptica tiene dispositivos para obtener muestras de los tejidos examinados y así hacer una biopsia (examen para diagnóstico), o incluso para realizar procedimientos quirúrgicos. Por ejemplo, la cirugía artroscópica se practica en articulaciones lesionadas (figura 1). El *artroscopio* que se usa actualmente de forma rutinaria para inspeccionar *y* también para reparar articulaciones dañadas no es más que un endoscopio de fibra óptica equipado con los instrumentos quirúrgicos adecuados.

Un *cardioscopio* de fibra óptica, que se utiliza para la observación directa de las válvulas del corazón, es un haz de fibras de unos 4 mm de diámetro y 30 cm de longitud. El cardioscopio pasa con facilidad hasta el corazón, por la vena yugular del cuello, cuyo diámetro es de 15 mm. Con el fin de desplazar la sangre y de tener un campo de visión claro para observar y fotografiar, se infla un globo transparente en la punta del cardioscopio con solución salina (es decir, sal diluida en agua).

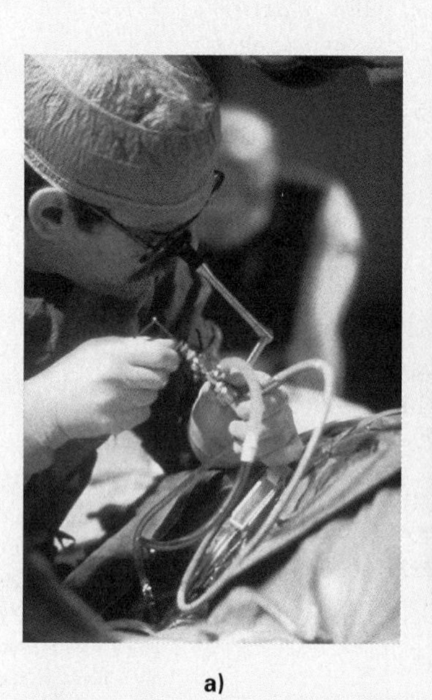

a)

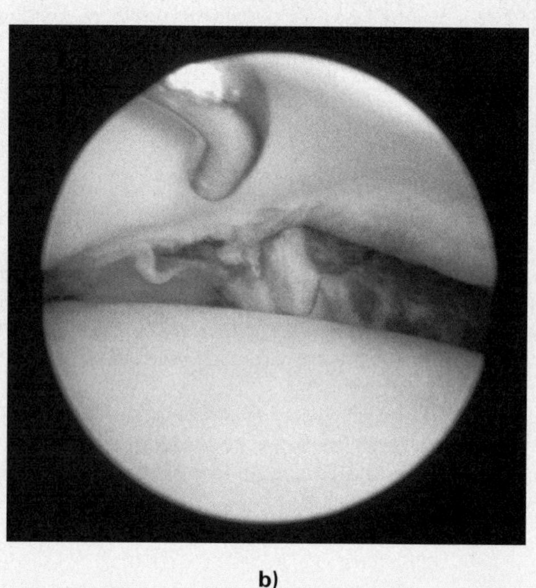

b)

FIGURA 1 Artroscopia *a)* Los cirujanos utilizan un artroscopio de fibra óptica para practicar una cirugía. *b)* Vista artroscópica de los meniscos de una rodilla.

de contener hasta 50 000 fibras individuales. (Se necesita un recubrimiento en cada fibra para evitar que se toquen).

Hay muchas aplicaciones importantes e interesantes de las fibras ópticas, que van desde las comunicaciones y conexiones de computadoras en red hasta la medicina. (Véase la sección A fondo, en esta página, sobre las aplicaciones médicas de las fibras ópticas.) Las señales luminosas, que proceden de señales eléctricas, se transmiten a través de líneas telefónicas ópticas y redes de computadora. En el otro extremo se vuelven a convertir en señales eléctricas. Las fibras ópticas tienen menos pérdidas de energía que los conductores eléctricos, en especial a frecuencias altas, y conducen mucho mayor cantidad de datos. Además, las fibras ópticas son más ligeras que los conductores metálicos, tienen mayor flexibilidad y no son afectadas por perturbaciones electromagnéticas (campos eléctricos y magnéticos), ya que están hechas de materiales aislantes eléctricos.

a)

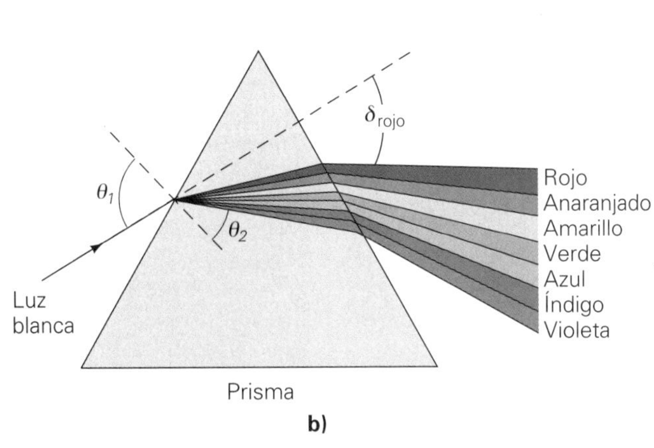

b)

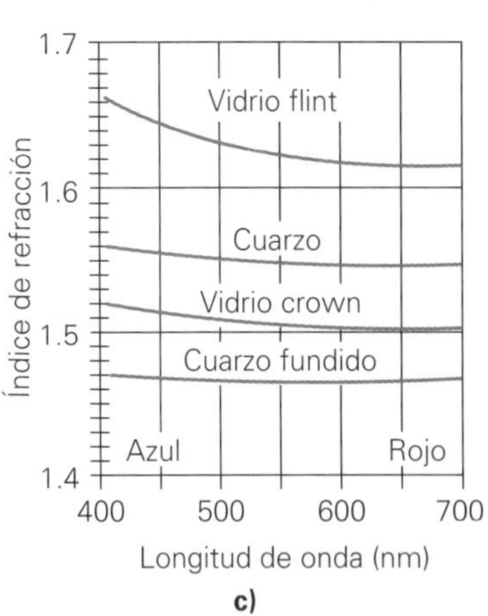

c)

▲ **FIGURA 22.21** La dispersión *a)* La luz blanca se dispersa en los prismas de vidrio y forma un espectro de colores. *b)* En un medio dispersor, el índice de refracción varía un poco en función de la longitud de onda. La luz roja, cuya longitud de onda es la mayor, tiene el menor índice de refracción, y por eso se refracta menos. El ángulo entre el haz incidente y el haz emergente es el ángulo de desviación (δ) del rayo. (Aquí se exageran los ángulos, para obtener mayor claridad.) *c)* Variación del índice de refracción con la longitud de onda, para algunos de los medios transparentes más comunes. (Véase el pliego a color al final del libro.)

22.5 Dispersión

OBJETIVO: Explicar la dispersión y algunos de sus efectos.

Ilustración 34.3 Prismas y dispersión

La luz de una sola frecuencia y, por consiguiente, de una sola longitud de onda, se llama *luz monocromática* (del griego *mono*, "uno" y *chroma*, "color"). La luz visible que contiene todas las frecuencias que la componen, o colores, más o menos con las mismas intensidades (por ejemplo, la luz solar) se llama *luz blanca*. Cuando un rayo de luz blanca atraviesa un prisma de vidrio, como se ve en la ▲figura 22.21a, se extiende, o dispersa, y forma un espectro de colores. Este fenómeno condujo a Newton a creer que la luz solar es una mezcla de colores. Cuando el haz entra al prisma, los colores que la forman —correspondientes a distintas longitudes de onda— se refractan en ángulos ligeramente diferentes y se reparten formando un espectro (figura 22.21b).

La salida de un espectro indica que el índice de refracción del vidrio es ligeramente diferente para las diversas longitudes de onda, y eso es válido para muchos medios transparentes (figura 22.21c). La razón tiene que ver con el hecho de que, en un medio dispersivo, la rapidez de la luz es ligeramente diferente para las distintas longitudes de onda. Como el índice de refracción n de un medio es una función de la rapidez de la luz en él ($n = c/v$), su valor será diferente para diversas longitudes de onda. De acuerdo con la ley de Snell, la luz de diferentes longitudes de onda se refracta en ángulos distintos.

Nota: una forma fácil de recordar el orden de los colores del espectro visible (de mayor a menor longitud de onda) es con la palabra RAAVAIV, acrónimo de rojo, anaranjado, amarillo, verde, azul, índigo y violeta.

Podemos resumir la explicación anterior diciendo que, en un material transparente con distintos índices de refracción para diversas longitudes de onda de la luz, la refracción causa una separación del haz lumínico de acuerdo con las longitudes de onda, y se dice que el material es *dispersor* o que presenta **dispersión**. La dispersión varía en los medios distintos (figura 22.21c). Además, como la diferencia en los índices de refracción para diversas longitudes de onda es mínima, es conveniente utilizar un valor representativo a cierta longitud de onda específica para fines generales (véase la tabla 22.1).

Un buen ejemplo de un material dispersor es el diamante, que tiene una capacidad de dispersión aproximadamente cinco veces mayor que la del vidrio. Además de producir brillo como resultado de las reflexiones internas en muchas facetas, un diamante cortado hace un despliegue de colores, o "fuego", que no es más que la dispersión de la luz refractada.

La dispersión es una causa de la aberración cromática de las lentes, que se describirá en detalle en el capítulo 23. Los sistemas ópticos de las cámaras están formados, con frecuencia, por varias lentes para reducir este problema al mínimo (véase la sección 23.4).

Otro ejemplo representativo de la dispersión es la formación del arco iris, que se describe en la sección A fondo de la p. 722.

A FONDO 22.4 EL ARCO IRIS

Todos alguna vez nos hemos sentido fascinados con el bello conjunto de colores del arco iris. Con los principios de la óptica que hemos aprendido en este capítulo, estamos en condiciones de comprender la formación de esta espectacular demostración de la naturaleza.

Un arco iris se forma por refracción, dispersión y reflexión interna de la luz en el interior de gotas de agua. Cuando la luz solar llega a millones de gotitas de agua que están en el aire durante y después de una lluvia, se ve un arco multicolor, cuyos colores van del violeta, en la región inferior del espectro (en orden de longitudes de onda) hasta el rojo, en la superior. A veces se ve más de un arco iris: el principal o primario va acompañado de uno más débil y más alto, que se llama secundario (figura 1), o hasta por un tercero. Estos arco iris de orden superior se deben a más de una reflexión interna total en las gotas de agua.

La luz que forma el arco iris primario se refracta primero y se dispersa en cada gota de agua; después se refleja por completo una vez en la superficie posterior de ésta. Por último, se refracta y se dispersa de nuevo al salir de la gota. El resultado es que la luz se dispersa en diferentes direcciones formando un espectro de colores (figura 2a). Sin embargo, por las condiciones de refracción y de reflexión interna total en el agua, los ángulos que forman los rayos que entran y salen —desde la luz violeta hasta la roja— quedan dentro de un intervalo estrecho de 40 a 42°. Esto quiere decir que sólo es posible ver un arco iris cuando el Sol se encuentra detrás del observador, de tal forma que la luz dispersada llegue a él formando esos ángulos.

El rojo aparece en la parte exterior del arco iris porque la luz de longitud de onda más corta que procede de esas gotas pasa sobre nuestros ojos (figura 2b). De forma similar, el violeta está en el interior del arco iris, porque la luz de mayor longitud de onda pasa por debajo de nuestros ojos.

El arco iris secundario invierte el orden de los colores porque realiza una reflexión adicional.

En general, los arco iris sólo se ven precisamente como arcos porque su formación se interrumpe cuando las gotas de agua llegan al suelo. Si uno estuviera en la cima de una montaña o en un avión, podría ver un arco iris circular completo (figura 2b). Además, cuanto más alto está el Sol en el horizonte, menor será la parte del arco iris que se ve desde el suelo. De hecho, es imposible ver un arco iris primario si el ángulo del Sol sobre el horizonte es mayor de 42°. Sin embargo, sí se puede ver desde una montaña. Conforme aumenta la elevación de un observador, mayor es la parte del arco iris que ve. También se puede ver un arco iris circular al esparcir agua para regar el jardín con la ayuda de un atomizador.

FIGURA 1 Arco iris Los colores del arco iris primario van verticalmente del rojo (exterior) al azul (interior). (Véase el pliego a color al final del libro.)

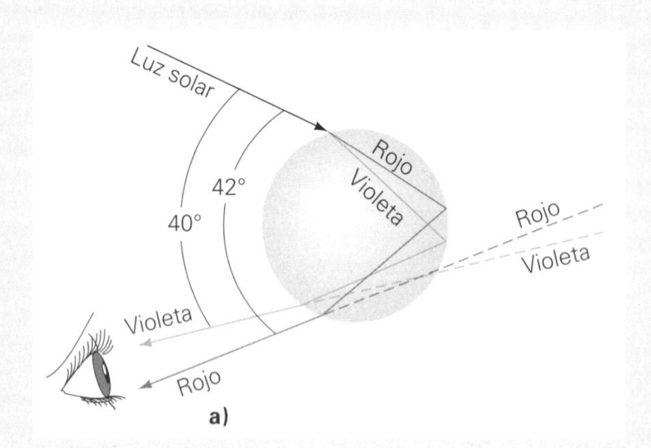

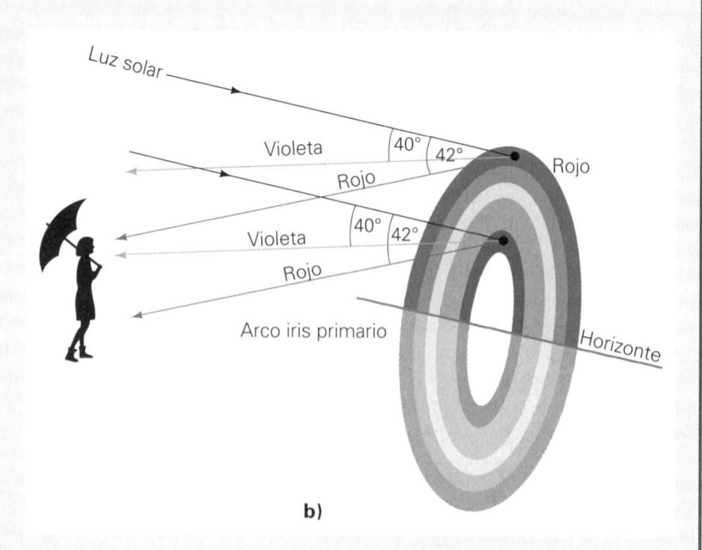

FIGURA 2 El arco iris Los arco iris se forman por refracción, dispersión y reflexión interna de la luz solar en las gotas de agua. ***a)*** La luz de distintos colores sale de la gota de agua en distintas direcciones. ***b)*** Un observador ve la luz roja en el exterior del arco y la violeta en el interior. (Véase el pliego a color al final del libro.)

Ejemplo 22.7 ■ Formación de un espectro: dispersión

El índice de refracción de determinado material transparente es 1.4503 para el extremo rojo ($\lambda_r = 700$ nm) del espectro visible, y 1.4698 para el extremo azul ($\lambda_b = 400$ nm). Sobre un prisma de este material incide luz blanca, como en la figura 22.21b, a un ángulo θ_i de 45°. *a*) Dentro del prisma, el ángulo de refracción de la luz roja es 1) mayor que, 2) menor que o 3) igual que el ángulo de refracción de la luz azul. Explique por qué. *b*) ¿Cuál es la separación angular del espectro visible dentro del prisma?

a) Razonamiento conceptual. El ángulo de refracción se obtiene con la ley de Snell, n_1 sen $\theta_1 = n_2$ sen θ_2. Como la luz roja tiene un menor índice de refracción que la luz azul, el ángulo de refracción de la luz roja es mayor que el de la azul para el mismo ángulo de incidencia. En ocasiones, también se dice que la luz roja "se refracta menos" que la azul porque el mayor ángulo de refracción de la primera significa que se aproxima más a la dirección del haz incidente original. Así que la respuesta correcta es la *a*.

b) Razonamiento cuantitativo y solución. Una vez más se utiliza la ley de Snell para calcular el ángulo de refracción para los extremos rojo y azul del espectro visible. La separación angular de los dos colores dentro del prisma es la diferencia entre esos ángulos de refracción.

Dado: (rojo) $n_r = 1.4503$, para $\lambda_r = 700$ nm
(azul) $n_b = 1.4698$, para $\lambda_b = 400$ nm
$\theta_1 = 45°$

Encuentre: $\Delta\theta_2$ (separación angular)

Al aplicar la ecuación 22.5 con $n_1 = 1.00$ (aire), se obtiene

$$\text{sen}\,\theta_{2_r} = \frac{\text{sen}\,\theta_1}{n_{2_r}} = \frac{\text{sen}\,45°}{1.4503} = 0.48756 \quad \text{y} \quad \theta_{2_r} = 29.180°$$

Asimismo,

$$\text{sen}\,\theta_{2_b} = \frac{\text{sen}\,\theta_1}{n_{2_b}} = \frac{\text{sen}\,45°}{1.4698} = 0.48109 \quad \text{y} \quad \theta_{2_b} = 28.757°$$

Entonces,

$$\Delta\theta_2 = \theta_{2_r} - \theta_{2_b} = 29.180° - 28.757° = 0.423°$$

No es mucha la desviación, pero conforme la luz sigue su trayecto hacia el otro lado del prisma, se refracta y se dispersa de nuevo por la segunda frontera, por lo que los colores se dispersan aún más. Cuando la luz sale del prisma, la dispersión es evidente (figura 22.21a).

Ejercicio de refuerzo. Si en el prisma de este ejemplo, la luz verde tiene una separación angular de 0.156° con respecto a la luz roja, ¿cuál es el índice de refracción de la luz verde en el material? ¿La luz verde se refractará más o menos que la roja? Explique por qué.

Repaso del capítulo

- **Ley de la reflexión:** el ángulo de incidencia es igual al ángulo de reflexión (medidos desde la normal a la superficie reflectante):

$$\theta_i = \theta_r \tag{22.1}$$

- El **índice de refracción (*n*)** de cualquier medio es la razón entre la rapidez de la luz en el vacío y su rapidez en ese medio:

$$n = \frac{c}{v} = \frac{\lambda}{\lambda_m} \tag{22.3, 22.4}$$

- La refracción, para un rayo que pasa de un medio a otro, se define con la **ley de Snell**. Si el segundo medio es ópticamente más denso, el rayo se refracta acercándose a la normal; si el medio de refracción es menos denso, el rayo se refracta alejándose de la normal. La ley de Snell es

$$\frac{\text{sen}\,\theta_1}{\text{sen}\,\theta_2} = \frac{v_1}{v_2} \tag{22.2}$$

$$n_1\,\text{sen}\,\theta_1 = n_2\,\text{sen}\,\theta_2 \tag{22.5}$$

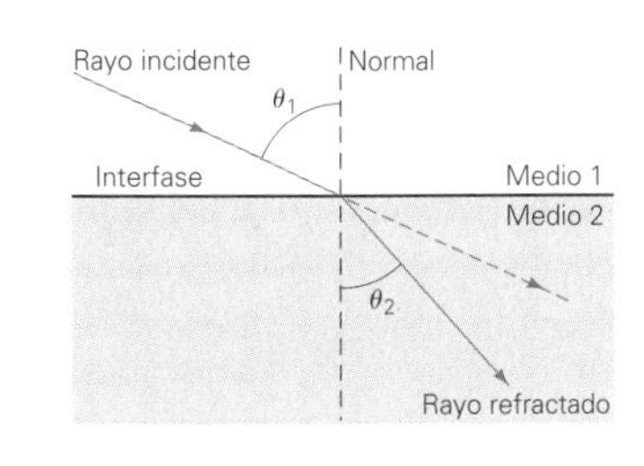

- La **reflexión total interna** sucede cuando el segundo medio es menos denso que el primero, y el ángulo de incidencia es mayor que el ángulo crítico:

$$\text{sen}\,\theta_c = \frac{n_2}{n_1} \qquad (n_1 > n_2) \tag{22.6}$$

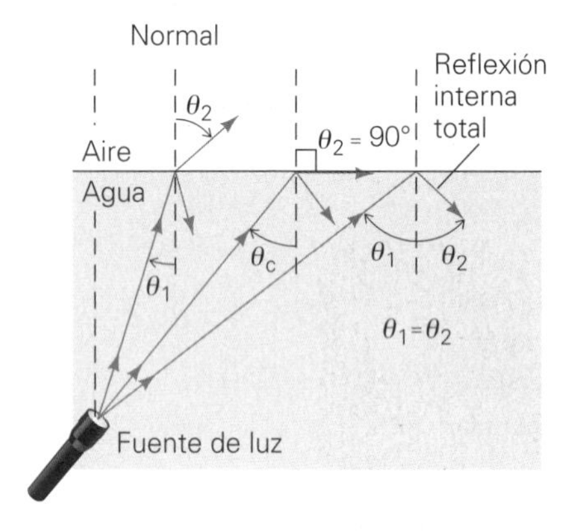

- La **dispersión** de la luz se presenta en algunos medios porque las diversas longitudes de onda tienen índices de refracción ligeramente distintos y, por consiguiente, diferente rapidez.

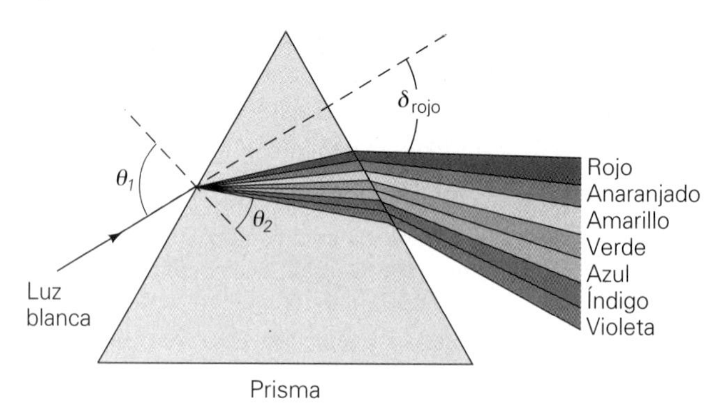

Ejercicios*

Los ejercicios designados **OM** *son preguntas de opción múltiple; los* **PC** *son preguntas conceptuales; y los* **EI** *son ejercicios integrados. A lo largo del texto, muchas secciones de ejercicios incluirán ejercicios "apareados". Estos pares de ejercicios, que se identifican con* <u>números subrayados</u>, *pretenden ayudar al lector a resolver problemas y aprender. El primer ejercicio de cada pareja (el de número par) se resuelve en la Guía de estudio, que puede consultarse si se necesita ayuda para resolverlo. El segundo ejercicio (de número impar) es similar, y su respuesta se da al final del libro.*

22.1 Frentes de onda y rayos *y* 22.2 Reflexión

1. **OM** Un rayo *a*) es perpendicular a la dirección del flujo de energía, *b*) siempre es paralelo a otros rayos, *c*) es perpendicular a una serie de frentes de onda o *d*) ilustra la naturaleza ondulatoria de la luz.

2. **OM** El ángulo de incidencia es el ángulo entre *a*) el rayo incidente y la superficie reflectante, *b*) el rayo incidente y la normal a la superficie, *c*) el rayo incidente y el rayo reflejado, *d*) el rayo reflejado y la normal a la superficie.

3. **OM** Tanto para la reflexión especular (regular) como para la difusa (irregular), *a*) el ángulo de incidencia es igual al ángulo de reflexión, *b*) los rayos incidente y reflejado están uno a cada lado de la normal, *c*) el rayo incidente, el rayo reflejado y la normal local están en el mismo plano o *d*) todo lo anterior.

4. **PC** ¿En qué circunstancias el ángulo de reflexión será menor que el ángulo de incidencia?

5. **PC** El libro que usted está leyendo no tiene fuente luminosa, por lo que debe estar reflejando la luz de otras fuentes. ¿Qué tipo de reflexión es ésta?

6. **PC** Al ver al Sol sobre un lago o sobre el océano, con frecuencia se observa una larga banda luminosa (▾figura 22.22). ¿Qué provoca este efecto, que a veces se llama "camino radiante"?

◂ **FIGURA 22.22 Una senda luminosa** Véase el ejercicio 6.

7. ● El ángulo de incidencia de un rayo de luz en una superficie de espejo es de 35°. ¿Cuál es el ángulo que forman los rayos incidente y reflejado?

8. ● Un haz luminoso incide en un espejo plano, formando un ángulo de 32° con respecto a la normal. ¿Cuál es el ángulo entre los rayos reflejados y la superficie del espejo?

9. **EI** ● Un haz de luz incide en un espejo plano, formando un ángulo α con la superficie del espejo. *a*) El ángulo que forman el rayo reflejado y la normal será 1) α, 2) $90° - \alpha$ o 3) 2α. *b*) Si $\alpha = 43°$, ¿cuál es el ángulo entre el rayo reflejado y la normal?

*Suponga que los ángulos son exactos.

10. **EI** ●● Dos espejos planos verticales se tocan a lo largo de una orilla, donde sus planos forman un ángulo α. Se dirige un haz de luz a uno de ellos, con un ángulo de incidencia $\beta < \alpha$, y se refleja en el segundo espejo. *a*) El ángulo de reflexión del haz que sale del segundo espejo será 1) α, 2) β, 3) $\alpha + \beta$ o 4) $\alpha - \beta$? *b*) Si $\alpha = 60°$ y β? = 40°, ¿cuál será el ángulo de reflexión del haz que sale del segundo espejo?

11. **EI** ●● Dos espejos planos idénticos, de ancho w, se colocan a una distancia de separación d, con sus superficies especulares paralelas y viéndose entre sí. *a*) Un rayo de luz incide en un extremo del espejo, de tal forma que la luz choca justo con el extremo alejado del segundo espejo, después de reflejarse. El ángulo de incidencia será 1) $\text{sen}^{-1}(w/d)$, 2) $\cos^{-1}(w/d)$ o 3) $\tan^{-1}(w/d)$? *b*) Si $d = 50$ cm y $w = 25$ cm, ¿cuál es el ángulo de incidencia?

12. ●● Dos personas están de pie a 3 m de un espejo plano grande, y separadas entre sí por una distancia de 5.0 m, en un cuarto oscuro. ¿A qué ángulo de incidencia debe encender uno de ellos una linterna, dirigiéndola al espejo, para que el haz reflejado llegue directamente a la otra persona?

13. ●● Un rayo de luz incide sobre un espejo plano a un ángulo de 35°. Si el espejo se hace girar en un pequeño ángulo θ, ¿a través de qué ángulo girará el rayo reflejado?

14. ●●● Dos espejos planos, M_1 y M_2, se colocan juntos, como se ve en la ▾figura 22.23. *a*) Si el ángulo α que forman los espejos es de 70°, y el ángulo de incidencia θ_{i_1}, de un rayo de luz incidente en M_1 es de 35°, ¿cuál es el ángulo de reflexión θ_{r_2}, para M_2? *b*) Si $\alpha = 115°$ y $\theta_{i_1} = 60°$, ¿cuál es θ_{r_2}?

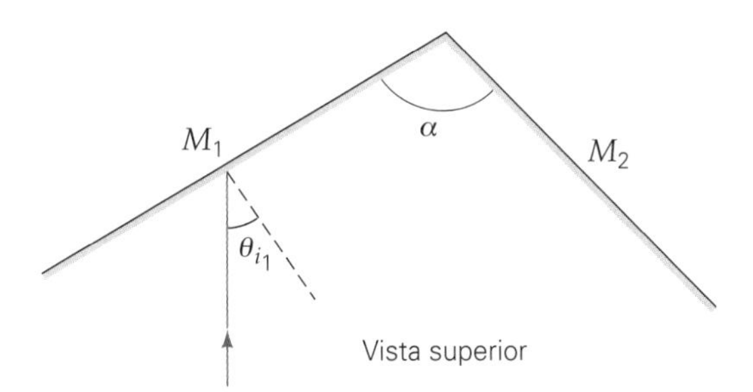

▲ **FIGURA 22.23 Juego de espejos planos** Véanse los ejercicios 14 y 15.

15. ●●● Para los espejos planos de la figura 22.23, ¿qué ángulos α y θ_{i_1} permitirían al rayo reflejarse en la dirección de donde provino, es decir, en dirección paralela al rayo incidente?

22.3 Refracción y 22.4 Reflexión interna total y fibras ópticas

16. **OM** La luz refractada en la interfase entre dos medios distintos *a*) se desvía hacia la normal cuando $n_1 > n_2$, *b*) se desvía alejándose de la normal cuando $n_1 > n_2$, *c*) se desvía alejándose de la normal cuando $n_1 < n_2$ o *d*) tiene el mismo ángulo de refracción que su ángulo de incidencia.

17. **OM** El índice de refracción *a*) siempre es mayor o igual que 1, *b*) es inversamente proporcional a la rapidez de la luz en un medio, *c*) es inversamente proporcional a la longitud de onda de la luz en el medio o *d*) todas las opciones anteriores son verdaderas.

18. **OM** ¿Cuál de las siguientes condiciones debe satisfacerse para que ocurra una reflexión interna total? *a*) $n_1 > n_2$, *b*) $n_2 > n_1$, *c*) $\theta_1 > \theta_c$ o *d*) $\theta_1 < \theta_c$.

19. **PC** Explique cuál es la causa física fundamental de la refracción.

20. **PC** Cuando la luz pasa de un medio a otro, ¿cambia su longitud de onda? ¿Su frecuencia? ¿Su rapidez?

21. **PC** Explique por qué el popote de la ▾figura 22.24 casi parece que estuviera roto. Compare esta figura con la 22.13b y explique la diferencia.

◄ **FIGURA 22.24 Efecto de refracción** Véase el ejercicio 21.

22. **PC** Las fotos de la ▾figura 22.25 se tomaron con una cámara montada en un tripié, con ángulo fijo. En el interior del recipiente hay una moneda, pero al principio sólo se le ve una punta. Sin embargo, al agregar agua se ve una mayor porción de la moneda. ¿Por qué? Explique lo anterior con un diagrama.

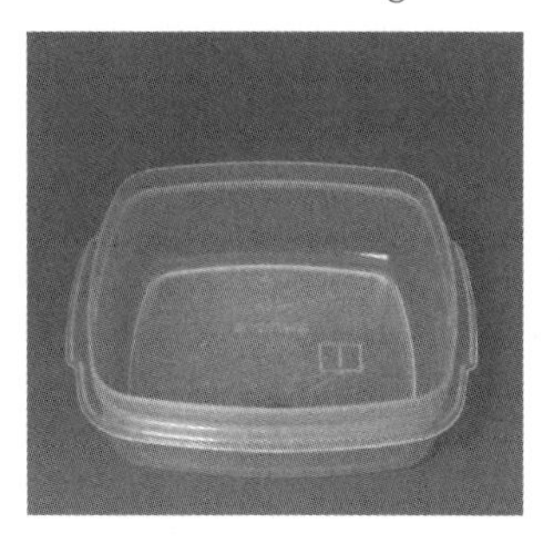

▲ **FIGURA 22.25 Primero, apenas si se ve, pero después se ve bien** Véanse los ejercicios 22 y 52.

23. **PC** Dos cazadores, uno con arco y flecha y el otro con una escopeta láser, ven un pez bajo el agua. Ambos apuntan directamente hacia donde lo ven. ¿Cuál de ellos, el de la flecha o el del rayo láser, tiene mejor oportunidad de dar en el blanco? Explique por qué.

24. ● La rapidez de la luz en el núcleo del cristalino en un ojo humano es 2.13×10^8 m/s. ¿Cuál es el índice de refracción del núcleo?

25. **EI** ● Los índices de refracción para el diamante y el circón se encuentran en la tabla 22.1. *a*) La rapidez de la luz en el circón es 1) mayor, 2) menor o 3) igual que la rapidez de la luz en el diamante. Explique por qué. *b*) Calcule la relación de la rapidez de la luz en el circón entre la del diamante.

26. **EI** ● Un haz de luz entra al agua procedente del aire. *a*) El ángulo de refracción será 1) mayor, 2) igual o 3) menor que el ángulo de incidencia. Explique por qué. *b*) Si el haz entra al agua formando un ángulo de 60° en relación con la normal a la superficie, determine el ángulo de refracción.

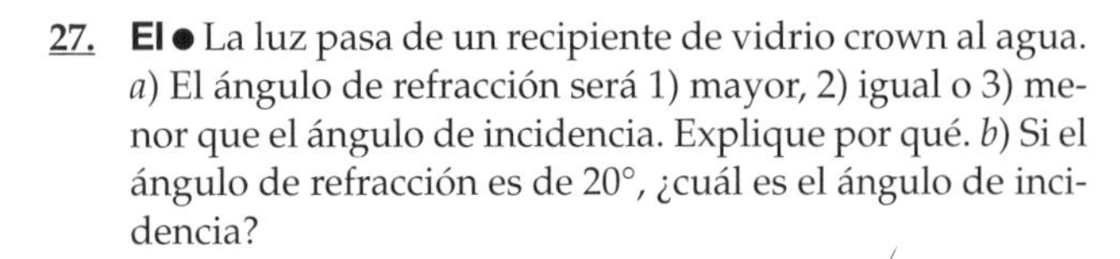

27. **EI** ● La luz pasa de un recipiente de vidrio crown al agua. *a*) El ángulo de refracción será 1) mayor, 2) igual o 3) menor que el ángulo de incidencia. Explique por qué. *b*) Si el ángulo de refracción es de 20°, ¿cuál es el ángulo de incidencia?

28. ● Un haz de luz que viaja por el aire incide sobre un material plástico transparente a un ángulo de 50°. El ángulo de refracción es de 35°. ¿Cuál es el índice de refracción del plástico?

29. **EI** ● *a*) Para que haya reflexión interna total, la luz debe ir 1) del aire a un diamante o 2) de un diamante al aire. Explique por qué. *b*) ¿Cuál es el ángulo crítico del diamante en el aire?

30. ● El ángulo crítico de cierto tipo de vidrio en el aire es de 41.8°. ¿Cuál es el índice de refracción de ese vidrio?

31. ●● Un haz de luz en el aire incide sobre la superficie de una placa de cuarzo fundido. Parte del haz entra al cuarzo, con un ángulo de refracción de 30° con la normal a la superficie, y otra parte se refleja. ¿Cuál es el ángulo de reflexión?

32. ●● Un haz de luz incide sobre una pieza plana de poliestireno, en un ángulo de 55° con la normal a la superficie. ¿Qué ángulo forma el rayo refractado con el plano de la superficie?

33. ●● Una luz monocromática azul, con frecuencia de 6.5×10^{14} Hz, entra a una pieza de vidrio flint. ¿Cuáles son la frecuencia y la longitud de onda de la luz dentro del vidrio?

34. **EI** ●● Una luz pasa del material A, cuyo índice de refracción es $\frac{4}{3}$, al material B, cuyo índice de refracción es $\frac{5}{4}$. *a*) La rapidez de la luz en el material A es 1) mayor, 2) igual, 3) menor que la rapidez de la luz en el material B. Explique por qué. *b*) Calcule la relación de la rapidez de la luz en el material A entre la rapidez de la luz en el material B.

35. **EI** ●● En el ejercicio 34, *a*) la longitud de onda de la luz en el material A es 1) mayor, 2) igual o 3) menor que la longitud de onda de la luz en el material B. Explique por qué. *b*) ¿Cuál es la relación de la longitud de onda de la luz en el material A respecto al material B?

36. ●● El láser que se usa en la cirugía para tratar algunas enfermedades de la córnea es de excímero y emite luz ultravioleta con 193 nm de longitud de onda en el aire. El índice de refracción de la córnea es 1.376. ¿Cuáles son la longitud de onda y la frecuencia de la luz en la córnea?

37. ●● *a*) Un objeto sumergido en el agua parece más cercano a la superficie de lo que en realidad está. ¿Cuál es la causa de esta ilusión? *b*) Con base en la ▼figura 22.26, demuestre que la profundidad aparente, para ángulos de refracción pequeños, es d/n, donde n es el índice de refracción del agua. [*Sugerencia:* recuerde que para ángulos pequeños, $\tan\theta \approx \operatorname{sen}\theta$.]

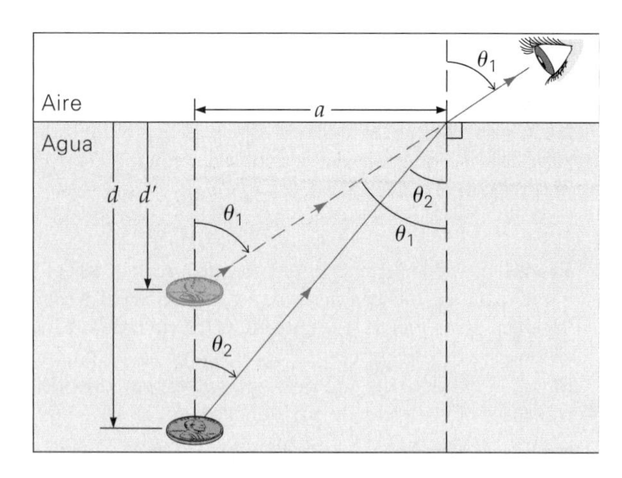

▲ **FIGURA 22.26 ¿Profundidad aparente?** Véase el ejercicio 37. (Sólo para ángulos pequeños; aquí los ángulos están amplificados para tener mayor claridad.)

38. ●● Una persona yace a la orilla de una alberca, y desde allí ve directamente abajo la tapa de una botella; la profundidad en ese lugar es de 3.2 m. ¿A qué distancia bajo el agua parece estar esa tapa de botella? (Véase el ejercicio 37b.)

39. ●● ¿Qué porcentaje de la profundidad real es la profundidad aparente de un objeto sumergido en el agua, si el observador lo ve casi directamente abajo? (Véase el ejercicio 37b.)

40. ●● Un rayo de luz en el aire llega a una placa de vidrio de 10.0 cm de espesor, con un ángulo de incidencia de 40°. El índice de refracción del vidrio es 1.65. El rayo que sale por la otra cara de la placa es paralelo al rayo incidente, pero tiene un desplazamiento lateral. ¿Cuál es la distancia perpendicular entre la dirección del rayo original y la del rayo emergente? [*Sugerencia:* véase el ejemplo 22.4.]

41. **EI** ●● Para una persona que está sumergida y que ve hacia arriba a través del agua, la altura del Sol (que es el ángulo entre el Sol y el horizonte) parece de 45°. *a*) La altura real del Sol es 1) mayor, 2) igual o 3) menor que 45°. Explique por qué. *b*) ¿Cuál es en realidad la altura del Sol?

42. ●● ¿A qué ángulo respecto a la superficie debe ver un buzo dentro de un lago hacia arriba para observar la puesta del Sol

43. ●● Un buzo sumergido dirige una luz hacia la superficie de un cuerpo de agua, con ángulos de incidencia de 40 y 50°. En ambos casos, ¿una persona en la orilla podrá ver el rayo de luz que sale? Justifique su respuesta desde el punto de vista matemático.

44. **EI** ●● *a*) Un rayo de luz va a experimentar una reflexión interna total al pasar por un prisma cuyos ángulos son de 45°, −90° y −45° (▸figura 22.27). Este arreglo dependerá 1) del índice de refracción del prisma, 2) del índice de refracción del medio que rodea al prisma o 3) de ambos índices de refracción? Explique por qué. *b*) Calcule el índice mínimo de refracción del prisma, si el medio que lo rodea es aire. Realice el cálculo también para el agua.

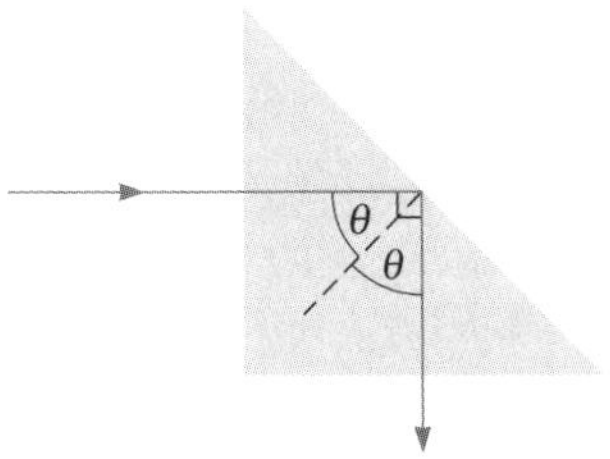

◀ **FIGURA 22.27 Reflexión interna total en un prisma** Véanse los ejercicios 44 y 45.

45. ●● Un prisma de 45°–90°–45° (figura 22.27) está fabricado con un material cuyo índice de refracción es 1.85. ¿Ese prisma se podría usar para desviar 90° un rayo de luz *a*) en aire o *b*) en agua?

46. ●● Una moneda está en el fondo de una alberca, bajo 1.5 m de agua y a 0.90 m de la pared (▾figura 22.28). Si incide un rayo de luz sobre la superficie del agua en la pared, ¿qué ángulo θ debe formar el rayo con el muro para iluminar la moneda?

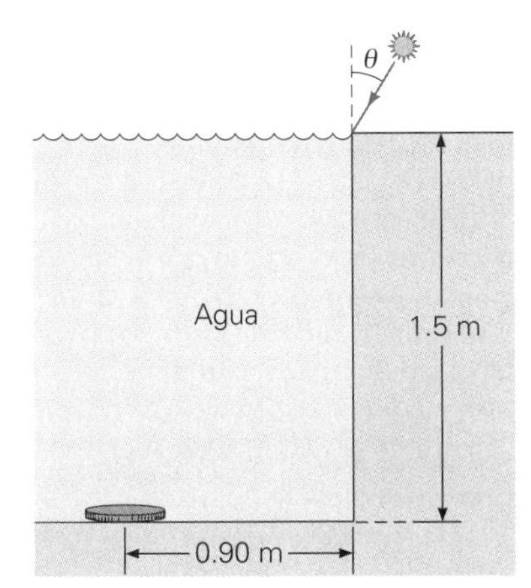

▲ **FIGURA 22.28 Localice la moneda** Véase el ejercicio 46. La figura no está a escala.

47. ●● ¿Podría determinar el índice de refracción del fluido en aire de la figura 22.9a? Si es así, ¿cuál es su valor?

48. ●● Una placa de vidrio crown de 2.5 cm de espesor se coloca sobre un periódico. Si uno ve el periódico casi verticalmente desde arriba, ¿a qué distancia de la superficie del vidrio parecen estar las letras? (Véase el ejercicio 37b.)

49. ●● Un rayo de luz va por el agua y llega a una superficie de un material transparente, con ángulo de incidencia de 45°. Si el ángulo de refracción en el material es de 35°, ¿cuál es su índice de refracción?

50. ●● Luz amarillo verdosa, con una longitud de onda de 550 nm, incide en la superficie de una pieza plana de vidrio crown, con un ángulo de 40°. ¿Cuáles son *a*) el ángulo de refracción de la luz, *b*) la rapidez de la luz en el vidrio y *c*) la longitud de onda de la luz en el vidrio?

51. **EI** ●●● Un haz de luz dirigido hacia arriba, dentro de un material plástico con índice de refracción de 1.60, incide en una interfase superior horizontal. *a*) A ciertos ángulos de incidencia, la luz no se transmite al aire. La causa de esto es 1) la reflexión, 2) la refracción o 3) la reflexión interna total. Explique su respuesta. *b*) Si el ángulo de incidencia es de 45°, ¿parte del haz se transmitiría al aire? *c*) Suponga que la superficie superior del material plástico se cubre con una capa de líquido, con índice de refracción igual a 1.20. ¿Qué sucede en este caso?

52. ●●● Un depósito opaco, que estaría completamente vacío si no fuera porque en el fondo hay una moneda, tiene 15 cm de profundidad. Al ver al contenedor desde un ángulo de 50° con respecto a su lado vertical, no se ve nada en el fondo. Cuando se llena con agua, se ve la moneda (desde el mismo ángulo) en el fondo y justo saliendo del lado del depósito. (Véase la figura 22.25.) ¿A qué distancia del lado del depósito está la moneda?

53. ●●● Una pecera circular, que se encuentra a la intemperie, tiene 4.00 m de diámetro y una profundidad uniforme de 1.50 m. Un pez localizado a media profundidad y a 0.50 m de la orilla más cercana justo alcanza a ver por completo a una persona de 1.80 m de alto. ¿A qué distancia de la orilla de la pecera se encuentra la persona?

54. ●●● Un cubo de vidrio flint descansa sobre un periódico en una mesa. La mitad inferior de los lados verticales del cubo está pintada, de manera que es opaca, pero la mitad superior es transparente. Al mirar por uno de los lados *verticales* del cubo ¿es posible ver la parte del periódico cubierta por la parte central del vidrio? Pruebe su respuesta. [*Sugerencia:* dibuje la luz al abandonar el punto de interés.]

55. ●●● Se colocan juntos dos prismas de vidrio (▾figura 22.29). *a*) Si un haz de luz llega a la cara de uno de ellos en dirección normal, ¿a qué ángulo θ sale el haz por el otro prisma? *b*) ¿A qué ángulo de incidencia se refractaría el haz a lo largo de la interfase entre los prismas?

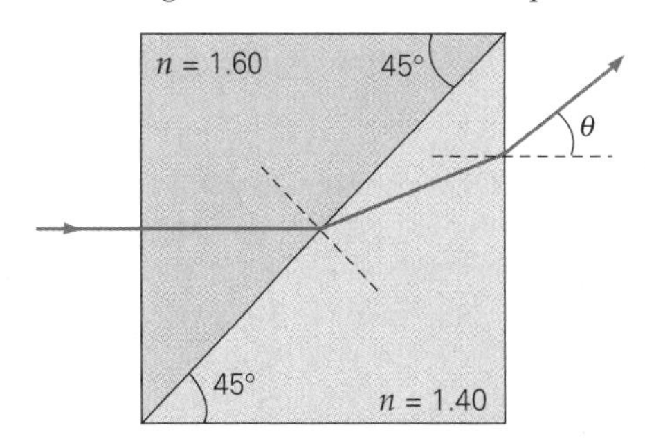

▲ **FIGURA 22.29 Prismas unidos** Véase el ejercicio 55.

22.5 Dispersión

56. **OM** La dispersión sólo se presenta si la luz es *a*) monocromática, *b*) policromática, *c*) blanca o *d*) tanto *b* como *c*.

57. **OM** La dispersión sólo se presenta durante *a*) la reflexión, *b*) la refracción, *c*) la reflexión interna total o *d*) todos los casos anteriores.

58. **OM** La dispersión se produce por *a*) la diferencia en la rapidez de la luz en distintos medios, *b*) la diferencia en la rapidez de la luz para distintas longitudes de onda de la luz en un medio determinado, *c*) la diferencia en el ángulo de incidencia para distintas longitudes de onda de luz en un medio determinado o *d*) la diferencia en los índices de refracción de la luz en distintos medios.

59. PC ¿Por qué la dispersión es más notable en un prisma de forma triangular que en un bloque cuadrado?

60. PC Un prisma de vidrio dispersa la luz blanca y forma un espectro. ¿Podría usarse un segundo prisma de vidrio para recombinar los componentes del espectro? Explique su respuesta.

61. PC Es imposible caminar bajo un arco iris. Explique por qué.

62. PC Un rayo de luz está formado por dos colores, A y B, y pasa por un prisma. El color A se refracta más que el color B. ¿Cuál color tiene la mayor longitud de onda? Explique su respuesta.

63. PC *a*) Si el vidrio es dispersor, ¿por qué no se ven los colores del arco iris cuando la luz del Sol pasa por el vidrio de una ventana? *b*) Hay dispersión cuando una luz policromática incide en un medio dispersor con un ángulo de 0°? Explique su respuesta. (¿Todos los colores de la luz tienen la misma rapidez en ese medio?)

64. **EI ●●** El índice de refracción del vidrio crown es 1.515, para la luz roja, y 1.523 para la luz azul. *a*) Si la luz incide en el vidrio crown, llegando desde el aire, ¿cuál de los dos colores, rojo o azul, se refractará más? ¿Por qué? *b*) Calcule el ángulo que separa a los rayos de los dos colores, en una pieza de vidrio crown, si su ángulo de incidencia es de 37°.

65. ●● Un haz de luz, con componentes rojo y azul, de longitudes de onda de 670 y 425 nm, respectivamente, llega a una placa de cuarzo fundido, con un ángulo de incidencia de 30°. Al refractarse, los componentes se separan y forman un ángulo de 0.00131 rad. Si el índice de refracción para la luz roja es 1.4925, ¿cuál es el índice de refracción para la luz azul?

66. ●● Una luz blanca pasa por un prisma de vidrio crown y llega a una interfase con aire en un ángulo de 41.15°. Suponga que los índices de refracción son los mismos del ejercicio 64. ¿Qué color (o colores) de luz se refractará hacia fuera, en el aire?

67. ●●● Un haz de luz roja incide en un prisma equilátero, como se ve en la ▼figura 22.30. *a*) Si el índice de refracción del prisma es 1.400 para la luz roja, ¿a qué ángulo θ sale el rayo por la otra cara del prisma? *b*) Supongamos que el haz incidente fuera de luz blanca. ¿Cuál sería la separación angular de los componentes rojo y azul en el rayo que sale, si el índice de refracción de la luz azul fuera 1.403? *c*) ¿Y si el índice de refracción para la luz azul fuera 1.405?

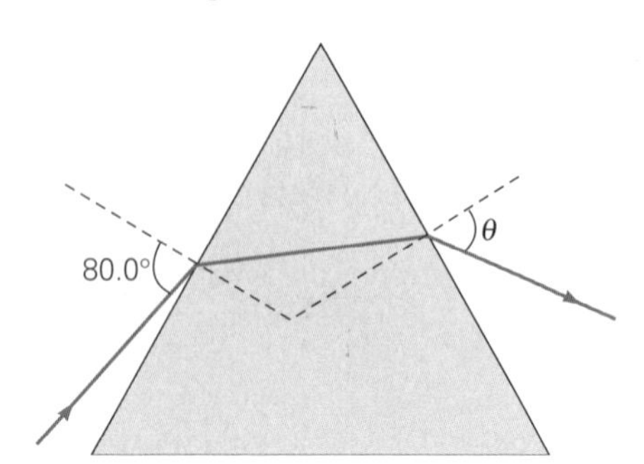

▲ **FIGURA 22.30 De nuevo el prisma** Véase el ejercicio 67.

Ejercicios adicionales

68. En la figura 22.21b, si el índice de refracción del prisma de vidrio es 1.5, y el experimento se hace en el agua y no en el aire, ¿qué sucedería con el espectro que sale del prisma? ¿Y si se hace en un líquido que también tenga un índice de refracción de 1.5? Explique su respuesta.

69. Una luz pasa del medio A al medio B con un ángulo de incidencia de 30°. El índice de refracción de A es 1.5 veces el de B. *a*) ¿Cuál es el ángulo de refracción? *b*) ¿Cuál es la relación de la rapidez de la luz en B entre la rapidez de la luz en A? *c*) ¿Cuál es la relación de la frecuencia de la luz en B entre la frecuencia de la luz en A? *d*) ¿A qué ángulo de incidencia se reflejaría internamente la luz?

70. Para que la reflexión interna total ocurra dentro de una fibra óptica como la que se observa en la ▼figura 22.31, el ángulo θ debe ser mayor que el ángulo crítico para la interfase fibra-aire. En el extremo de la fibra, la luz incidente experimenta una refracción para entrar en ella. Si la reflexión interna total debe ocurrir para *cualquier* ángulo de incidencia, θ_i, fuera del extremo de la fibra, ¿cuál es el índice mínimo de refracción de la fibra?

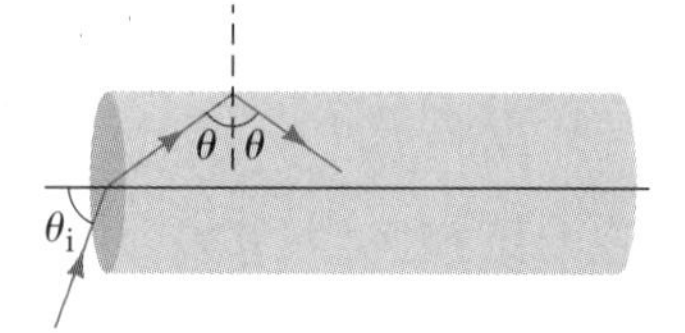

◀ **FIGURA 22.31 Fibra óptica** Véase el ejercicio 70.

71. **EI** El ángulo crítico para la interfase vidrio-aire es de 41.11° para la luz roja y de 41.04° para la luz azul. *a*) Durante el tiempo que la luz azul recorre 1.000 m, la luz roja recorrerá 1) una mayor distancia, 2) una menor distancia o 3) exactamente 1.000 m. Explique por qué. *b*) Calcule la diferencia en la distancia recorrida por los dos colores.

72. En el ejercicio 67, si el ángulo de incidencia es demasiado pequeño, la luz no saldrá por la otra cara del prisma. ¿Cómo podría suceder esto? Calcule el ángulo mínimo de incidencia para la luz roja de manera que no salga por la otra cara del prisma.

73. Una luz que viaja por el aire incide sobre un material transparente. Se sabe que el ángulo de reflexión es el doble del ángulo de refracción. ¿Cuál es el *intervalo* del índice de refracción del material?

PHYSLET® Los siguientes problemas de física Physlet pueden utilizarse con estos capítulos. 34.1, 34.2, 34.3, 34.5, 34.6, 34.7, 34.8, 34.10

CAPÍTULO

23 ESPEJOS Y LENTES

HECHOS DE FÍSICA

- La lente óptica de refracción más grande del mundo mide 1.827 m (5.99 ft) de diámetro. La construyó un equipo del Optics Shop of the Optical Sciences Center de la Universidad de Arizona, en Tucson, Arizona, y se terminó en enero de 2000.
- El espejo más grande en proceso de desarrollo para el Observatorio Espacial Herschel de la Agencia Espacial Europea mide 3.5 m (11.5 ft) de diámetro. Está hecho de carburo de silicio, que reduce su masa por un factor de 5 en comparación con los materiales tradicionales.
- El sistema óptico de una cámara fotográfica en realidad tiene más de un elemento (es decir, más de una lente). Muchas lentes de cámaras tienen siete o más elementos compensatorios que permiten reducir o eliminar diversos tipos de aberraciones de las lentes. Una sola lente produciría imágenes distorsionadas.

¿Cómo sería la vida si no hubiera espejos en los baños ni en los automóviles, o si no existieran los anteojos? Imagine un mundo sin imágenes ópticas de cualquier clase: sin fotografías, sin cine, sin televisión. Imagine lo poco que sabríamos del universo si no hubiera telescopios para observar planetas y estrellas lejanos, o lo poco que sabríamos de biología y medicina si no hubiera microscopios para observar las bacterias y las células. A veces olvidamos la gran dependencia que tenemos de los espejos y de las lentes.

Quizás el primer espejo fue la superficie de un charco de agua. Después, se descubrió que los metales pulidos y el vidrio tenían propiedades reflectoras. Nuestros antepasados también deben haberse dado cuenta de que al mirar los objetos a través del vidrio, éstos parecían distintos en comparación a cuando los veían de manera directa, dependiendo de la forma del vidrio. En algunos casos, los objetos parecían aumentados o invertidos, como en la foto de esta página. (Véase el pliego a color al final del libro.) Con el tiempo, las personas aprendieron a tallar el vidrio para fabricar lentes, preparando el camino hacia los numerosos dispositivos ópticos que en la actualidad son tan comunes.

Las propiedades ópticas de los espejos y de las lentes se basan en los principios de reflexión y refracción de la luz, que estudiamos en el capítulo 22. Ahora aprenderemos la forma en que funcionan los espejos y las lentes. Entre otras cosas, descubriremos por qué la imagen en la foto de esta página está de cabeza y reducida, mientras que las imágenes en un espejo plano ordinario están derechas, ¡aunque tal parece que su imagen no se peina con la misma mano que usted utiliza!

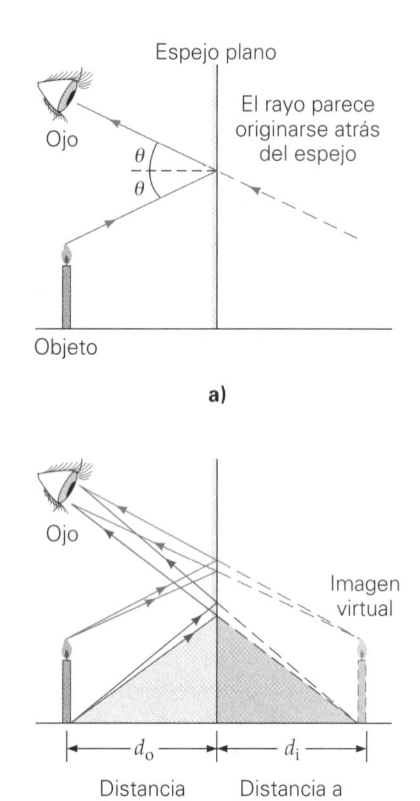

▲ **FIGURA 23.1 Imagen formada por un espejo plano** ***a)*** Un rayo procedente de un punto en el objeto se refleja en el espejo siguiendo la ley de la reflexión. ***b)*** Los rayos de varios puntos del objeto producen una imagen. Como los dos triángulos sombreados son idénticos, la distancia a la imagen d_i (la distancia de la imagen al espejo) es igual a la distancia al objeto d_o. Esto es, la distancia que parece haber entre la imagen y el espejo es la misma que hay entre el objeto y el espejo. Los rayos parecen emanar de la posición de la imagen. En este caso se dice que la imagen es virtual.

Ilustración 33.2 Espejos planos

23.1 Espejos planos

OBJETIVOS: *a)* Comprender cómo se forman las imágenes y *b)* describir las características de las imágenes formadas por los espejos planos.

Los espejos son superficies reflectoras o reflectantes lisas, hechos de metal pulido o de vidrio con un recubrimiento metálico. Como ya sabemos, hasta una pieza de vidrio sin recubrimiento, como el vidrio de una ventana, puede funcionar como un espejo. Sin embargo, cuando se recubre una cara del vidrio con un compuesto de estaño, mercurio, aluminio o plata, aumenta la reflectividad del vidrio, porque la luz no atraviesa el recubrimiento. Un espejo puede tener recubrimiento frontal o trasero, pero la mayoría tiene un recubrimiento por detrás.

Al ver un espejo de forma directa, lo que se ve son las imágenes reflejadas de uno y de los objetos que le rodean (que parecen estar al otro lado de la superficie del espejo). La geometría de la superficie del espejo influye sobre el tamaño, la orientación y el tipo de imagen. En general, una *imagen* es la contraparte visual de un objeto, producida por la reflexión (en los espejos) o la refracción (en el caso de las lentes).

Un espejo con superficie plana se llama **espejo plano**. El diagrama de rayos de la ◂figura 23.1 muestra el modo en que se forman las imágenes en un espejo plano. Parece que una imagen está atrás o "dentro" del espejo. Esto se debe a que cuando el espejo refleja un rayo de luz del objeto hacia el ojo (figura 23.1a), parece que el rayo se origina detrás del espejo. Los rayos reflejados de las partes superior e inferior de un objeto se ilustran en la figura 23.1b. En realidad, los rayos de luz que provienen de todos los puntos de la parte del objeto que da hacia el espejo se reflejan, y entonces se observa una imagen del objeto completo.

La imagen formada así *parece* que está detrás del espejo. Se le llama **imagen virtual**. Los rayos luminosos parecen proceder de las imágenes virtuales y apartarse unos de otros, aunque eso no es cierto. En realidad, ninguna energía lumínica procede de la imagen o pasa a través de ella. Sin embargo, los espejos esféricos (que se describen en la sección 23.2) pueden proyectar imágenes frente a ellos, donde la luz efectivamente pasa a través de la imagen. Esta clase de imágenes se llaman **imágenes reales**. Un ejemplo de imagen real es la que produce un proyector de filminas en un salón de clase.

Observe las posiciones y distancias del objeto y la imagen producida por el espejo en la figura 23.1b. Es obvio que la distancia de un objeto a un espejo se llama *distancia del objeto* (d_o), y la distancia que parece haber entre su imagen y la parte posterior del espejo se llama *distancia de la imagen* (d_i). Se puede ver, por consideraciones geométricas de triángulos idénticos y la ley de la reflexión ($\theta_i = \theta_r$) que $d_o = d_i$, lo que significa que *la imagen formada por un espejo plano parece estar detrás del espejo a una distancia igual a la que hay entre el objeto y el espejo.* (Véase el ejercicio 17.)

Son interesantes diversas características de las imágenes. Dos de ellas son su tamaño y orientación con respecto a las del objeto. Ambas se expresan en términos del **factor de amplificación lateral (*M*)**, que se define como la relación entre la altura de la imagen (h_i) y la del objeto (h_o):

$$M = \frac{\text{altura de la imagen}}{\text{altura del objeto}} = \frac{h_i}{h_o} \tag{23.1}$$

Usaremos una vela encendida como objeto, para describir otra característica importante de la imagen: la orientación, es decir, si la imagen está derecha o invertida con respecto a la orientación del objeto. (Al trazar diagramas de rayos, una flecha representa adecuadamente al objeto para estos fines.) Para un espejo plano, la imagen siempre está derecha (o erguida). Eso significa que la imagen está orientada en la misma dirección que el objeto. Se dice entonces que h_i y h_o tienen *el mismo signo* (ambos signos son positivos o ambos negativos), así que M es de signo positivo. Note que M es una cantidad adimensional, por ser una relación de alturas

En la ▸figura 23.2 también se observa que la imagen y el objeto tienen el mismo tamaño (altura), por lo que $h_i = h_o$. Por consiguiente, $M = +1$ para un espejo plano, pues la imagen está derecha y no hay aumento. Esto es, en un espejo plano una persona y su imagen tienen el mismo tamaño.

Con otro tipo de espejos, como los esféricos (que estudiaremos dentro de poco), es posible tener imágenes invertidas donde M es negativo. En resumen, el signo de M nos indica la orientación de la imagen con respecto al objeto, mientras que su valor absoluto nos permite conocer el aumento.

TABLA 23.1 Características de las imágenes formadas por los espejos planos

$d_i = d_o$	La distancia a la imagen es igual a la distancia al objeto. Esto es, la distancia que parece haber entre la imagen y la parte posterior del espejo es igual a la que hay entre el espejo y el objeto.
$M = +1$	La imagen es virtual, derecha y sin aumento.

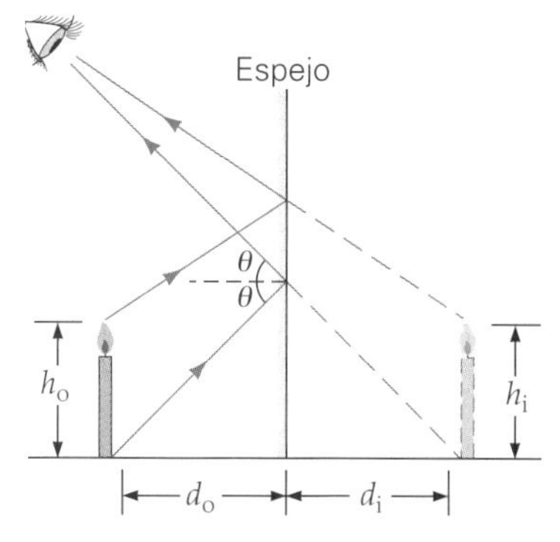

▲ **FIGURA 23.2** Aumento El factor de amplificación lateral, o de altura, se define como $M = h_i/h_o$. Para un espejo plano, $M = +1$, lo que significa que $h_i = h_o$, es decir, la imagen tiene la misma altura que el objeto, además de que está derecha.

Otra característica de las imágenes reflejadas es la llamada *inversión derecha-izquierda*. Cuando se mira uno al espejo y levanta la mano derecha, parece que la imagen está levantando su mano izquierda. Sin embargo, esta inversión derecha-izquierda es aparente, causada en realidad por la inversión frente-atrás. Por ejemplo, si su cara está de frente al sur, entonces su espalda está hacia el norte. Por otra parte, su imagen estará de cara hacia el norte y dará la espalda al sur, es decir, se trata de una inversión de la parte anterior y la posterior. Usted podrá demostrar esta inversión pidiendo a uno de sus amigos que se ponga de pie dando la cara hacia usted (sin un espejo). Si su amigo sube su mano derecha, usted podrá ver que esa mano en realidad está al lado izquierdo de usted.

Las características principales de la imagen formada por un espejo plano se resumen en la tabla 23.1. Véase también la sección A fondo 23.1, en la p. 733, que describe todo lo que es posible hacer con los espejos.

Ejemplo 23.1 ■ De cuerpo completo: longitud mínima del espejo

¿Cuál es la longitud vertical mínima que debe tener un espejo plano para que una persona pueda ver su imagen completa (de la cabeza hasta la punta de los pies)? (Véase la ▼figura 23.3.)

Razonamiento. Al aplicar la ley de la reflexión, vemos en la figura que los rayos necesarios para que la imagen sea completa forman dos triángulos. Esos triángulos relacionan la altura de la persona con la longitud mínima del espejo.

Solución. Para calcular esta longitud se examina el caso ilustrado en la figura 23.3. Con un espejo de longitud mínima, un rayo procedente de la parte superior de la persona se refleja en la parte superior del espejo, y un rayo que proviene de los pies de la persona se refleja en la parte inferior del espejo. La longitud L del espejo es, entonces, la distancia entre las líneas horizontales punteadas perpendiculares al espejo, en sus lados superior e inferior.

Sin embargo, esas líneas también son las normales en las reflexiones de los rayos. De acuerdo con la ley de la reflexión, las normales bisecan a los ángulos que forman los rayos incidentes y reflejados; esto es, $\theta_i = \theta_r$. Entonces, como los triángulos respectivos a cada lado de la normal punteada son semejantes, la longitud del espejo, desde su lado inferior hasta un punto al nivel de los ojos de la persona es $h_1/2$, donde h_1 es la altura de la persona desde sus pies hasta sus ojos. De igual forma, la pequeña longitud superior del espejo es $h_2/2$ (la distancia vertical entre los ojos de la persona y la orilla superior del espejo). Entonces,

$$L = \frac{h_1}{2} + \frac{h_2}{2} = \frac{h_1 + h_2}{2} = \frac{h}{2}$$

donde h es la altura total de la persona.

(continúa en la siguiente página)

Exploración 33.1 Imagen en un espejo plano

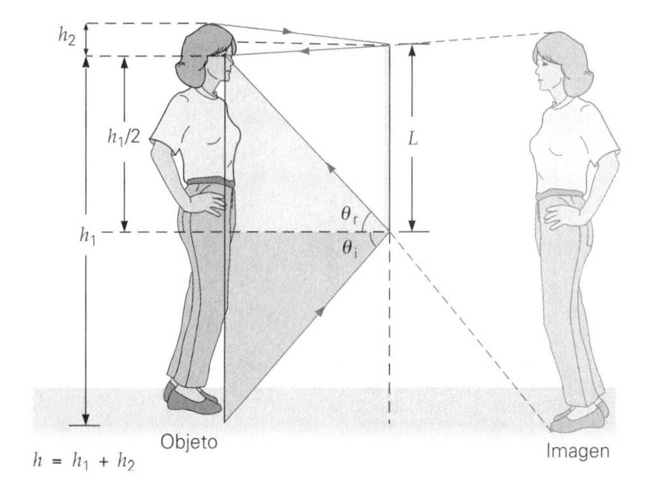

◀ **FIGURA 23.3** De cuerpo entero La altura mínima, o longitud vertical, de un espejo plano, necesaria para que una persona vea su imagen completa (de la cabeza a los pies) es la mitad de la altura de la persona. Véase el ejemplo 23.1.

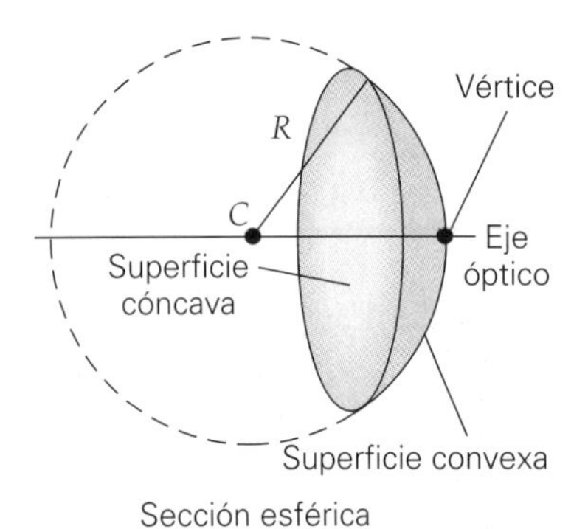

▲ **FIGURA 23.4** Espejos esféricos Un espejo esférico es un casquete de una esfera. La superficie reflectora puede ser la exterior (convexa) o la interior (cóncava) del casquete esférico.

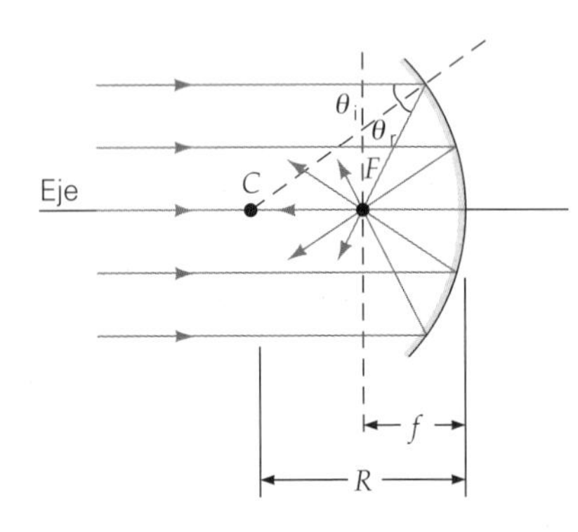

a) Espejo cóncavo o convergente

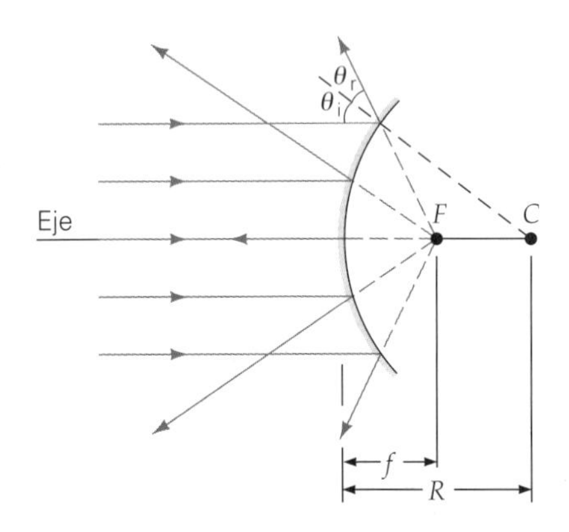

b) Espejo convexo o divergente

▲ **FIGURA 23.5** Punto focal *a)* Los rayos paralelos y cercanos al eje óptico de un espejo esférico cóncavo convergen en el punto focal o foco *F*. *b)* Los rayos paralelos y cercanos al eje óptico de un espejo esférico convexo se reflejan en trayectorias que parecen provenir de un foco detrás del espejo. Observe que cada rayo en el diagrama satisface la ley de la reflexión, $\theta_i = \theta_r$.

Por lo anterior, para que una persona vea su imagen completa en un espejo plano, la altura mínima, o longitud vertical, del espejo debe ser igual a la mitad de la altura de la persona.

El lector puede hacer un experimento sencillo para demostrar esta conclusión. Consiga algo de papel periódico y una cinta adhesiva, así como un espejo de cuerpo entero. Cubra gradualmente partes del espejo con el periódico hasta que no pueda ver su imagen completa. Verá que sólo necesitará un espejo que tenga la mitad de su altura.

Ejercicio de refuerzo. ¿Qué efecto tiene la distancia de una persona al espejo sobre la longitud mínima necesaria para producir su imagen completa? *(Las respuestas a todos los ejercicios de refuerzo aparecen al final del libro.)*

23.2 Espejos esféricos

OBJETIVOS: *a)* Diferenciar entre espejos esféricos convergentes y divergentes, *b)* describir sus imágenes y características y *c)* determinar las características de la imagen con diagramas de rayos y con la ecuación del espejo esférico.

Como su nombre lo indica, un **espejo** esférico es una superficie reflectora con geometría esférica. La ◂figura 23.4 muestra que si se rebana una parte de una esfera hueca de radio *R* a lo largo de un plano, la parte cortada tiene la forma de un espejo esférico. Tanto el interior como el exterior de ese casquete pueden ser reflectores. Si la reflexión se efectúa en la superficie interna, la sección se comporta como un **espejo cóncavo**. Si la reflexión se realiza en la superficie externa, entonces la sección se comporta como un **espejo convexo**.

La línea radial que pasa por el centro del espejo esférico se llama *eje óptico* e interseca a la superficie del espejo en el *vértice* de la parte esférica (figura 23.4). El punto del eje óptico que corresponde al centro de la esfera de donde se cortó la sección se llama **centro de curvatura (*C*)**. La distancia entre el vértice y el centro de curvatura es igual al radio de la esfera, y se llama **radio de curvatura (*R*)**.

Cuando unos rayos paralelos y cercanos al eje óptico inciden sobre un espejo cóncavo y se reflejan, convergen en un punto común llamado **foco (*F*)**. En consecuencia, un espejo cóncavo se llama **espejo convergente** (◂figura 23.5a). Advierta que cada rayo satisface la ley de la reflexión, $\theta_i = \theta_r$.

De igual forma, los rayos paralelos y cercanos al eje óptico de un espejo convexo divergen al reflejarse, como si provinieran de un foco atrás de la superficie del espejo (figura 23.5b). Por lo anterior, se dice que un espejo convexo es un **espejo divergente** (▾figura 23.6). Cuando uno ve rayos divergentes, el cerebro interpreta, o supone, que hay un objeto desde donde los rayos *parecen* divergir, aunque en realidad no exista tal objeto.

◂ **FIGURA 23.6** Espejo divergente Si trazamos los rayos al revés en la figura 23.5b, veremos que un espejo esférico divergente (convexo) produce un mayor campo de visión; esto se aprecia con este espejo en una tienda. (Véase el pliego a color al final del libro.)

A FONDO 23.1 TODO SE HACE CON ESPEJOS

FIGURA 1 La Esfinge, una ilustración del sensacional acto de ilusionismo de Tobin El cuerpo se ocultaba con dos espejos planos.

FIGURA 2 Houdini y Jennie, el elefante que desaparece El elefante desaparecía ante la vista de los espectadores cuando Houdini disparaba una pistola.

La mayoría de nosotros nos hemos sentido fascinados por los sensacionales trucos de los magos, que hacen aparecer y desaparecer objetos y animales súbitamente en el escenario. Por supuesto, éstos no aparecen ni desaparecen de verdad. El mago requiere de habilidades especiales para realizar el truco rápidamente y con suavidad para "engañar" al auditorio. Todo se hace con espejos, afirman.

En 1876, Thomas William Tobin inventó el primer truco de ilusionismo a base de espejos, "La Esfinge", para los magos. Su invención se basaba en el uso de espejos para ocultar personas u objetos, como se observa en la figura 1; esta imagen su utilizó como portada del libro *Modern Magic* en 1876. El truco consiste en colocar dos espejos planos entre las tres patas de una mesa, para así esconder el cuerpo de una persona.

Harry Houdini, el mundialmente famoso maestro del ilusionismo, pensaba que era muy fácil sacar una paloma de un sombrero o hacer desaparecer un conejo en el aire. En 1918, Houdini hizo "desaparecer" un elefante de 4500 kg, llamado Jennie, en medio del escenario en el Teatro Hipódromo de Nueva York (figura 2). El acto se llamaba "El elefante que se desvanece".

Cuando llegaba el momento de hacer desaparecer al elefante, dos enormes espejos planos en ángulo recto uno con el otro se deslizaban rápidamente hacia el lugar preciso. Al alinearlos de la manera correcta, los espejos reflejaban la luz de las paredes interiores del escenario para formar imágenes virtuales que igualaban el telón de fondo del escenario. Así que el auditorio sólo veía el escenario sin el elefante (figura 3). Una luz estroboscópica se utilizaba para disimular el breve desplazamiento de los espejos. El elefante parecía desaparecer rápidamente del escenario.

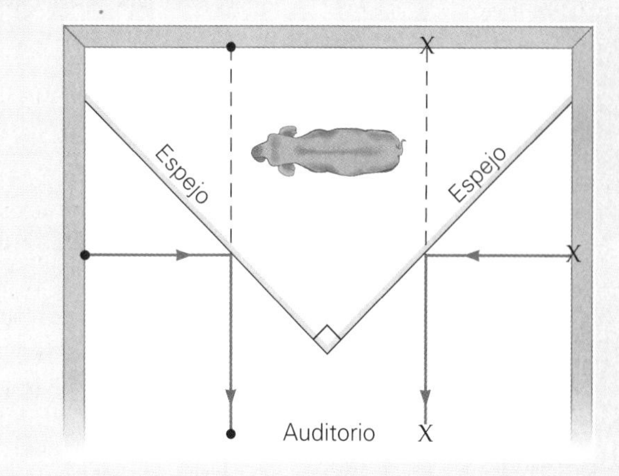

FIGURA 3 El elefante que desparece Dos enormes espejos en ángulo recto uno con el otro se utilizaban para ocultar al elefante.

La distancia del vértice al foco de los rayos paralelos cercanos al eje de un espejo esférico se llama **distancia focal** f. (Véase la figura 23.5.) La distancia focal se relaciona con el radio de curvatura mediante esta sencilla ecuación:

$$f = \frac{R}{2} \quad \textit{distancia focal, espejo esférico} \tag{23.2}$$

El resultado anterior es válido sólo cuando los rayos están cerca del eje óptico, esto es, para una aproximación de un ángulo pequeño. Los rayos alejados del eje óptico se enfocarán en diferentes focos, lo que dará por resultado cierta distorsión de la imagen. En óptica, esta distorsión es un ejemplo de *aberración*. Algunos espejos telescópicos son de forma parabólica y no esférica, de manera que *todos* los rayos paralelos al eje óptico se enfocan en el punto focal, eliminando así la *aberración esférica*.

Nota:
espejo cóncavo = espejo convergente

espejo convexo = espejo divergente

APRENDER DIBUJANDO

Diagramas de rayos para un espejo (véase el ejemplo 23.2)

Espejo convergente (cóncavo)

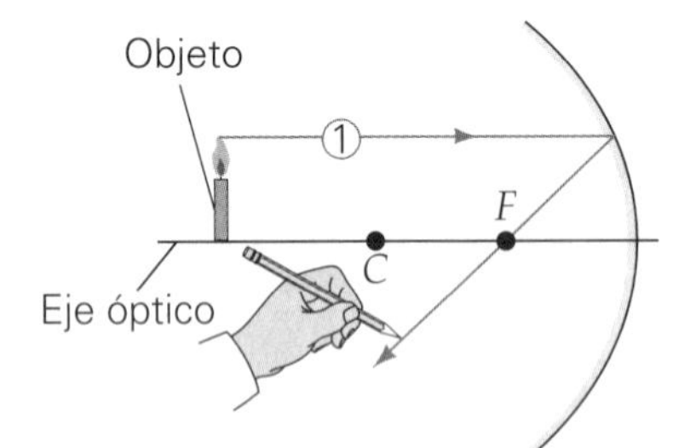

1 Rayo paralelo

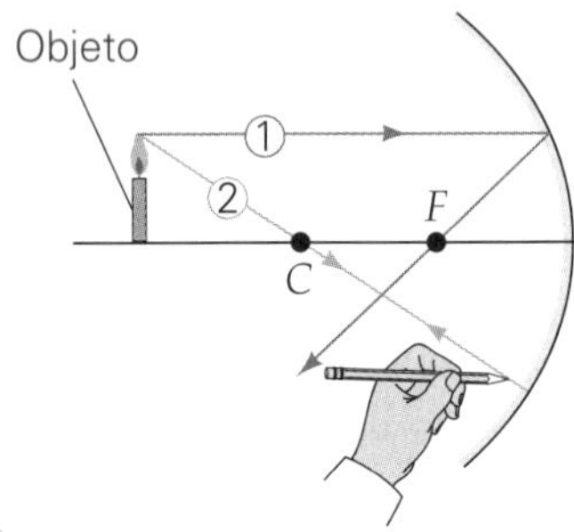

2 Rayo principal (radial)

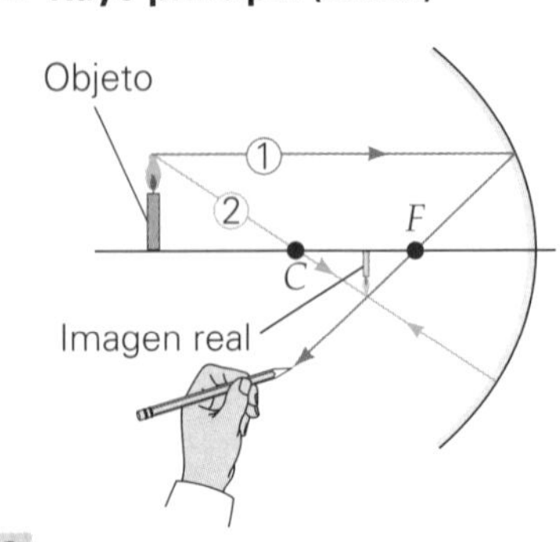

3 Ubicación de la imagen

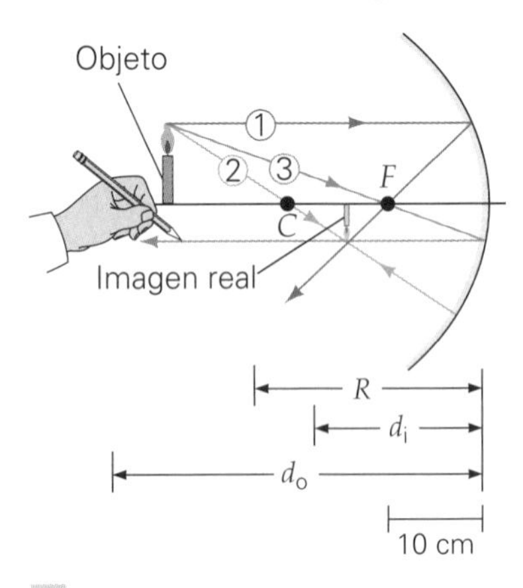

4 También se puede usar el rayo focal

Diagramas de rayos

Las características de las imágenes formadas por espejos esféricos se determinan con la ayuda de la óptica geométrica (que se presentó en el capítulo 22). Este método consiste en trazar rayos que emanan de uno o más puntos de un objeto. Se aplica la ley de la reflexión ($\theta_i = \theta_r$), y se definen tres rayos con respecto a la geometría del espejo:

1. Un **rayo paralelo**, que incide a lo largo de una trayectoria paralela al eje óptico, y que se refleja y pasa (o parece pasar) por el foco (al igual que todos los rayos paralelos y cercanos al eje).
2. Un **rayo radial**, que incide pasando por el centro de curvatura (*C*) del espejo esférico. Como incide en dirección normal a la superficie del espejo, se refleja a lo largo de su trayectoria de llegada y pasan por el punto C.
3. Un **rayo focal**, que pasa (o parece pasar) por el foco y se refleja en dirección paralela al eje óptico. Es, por así decirlo, un rayo paralelo que viaja en sentido contrario.

Si utilizamos dos rayos cualesquiera de los tres anteriores podremos ubicar la imagen (distancia a la imagen) y determinar su tamaño (aumentado o reducido), su orientación (derecha o invertida) y su tipo (real o virtual). Se acostumbra usar la punta del objeto asimétrico (por ejemplo, la punta de una flecha o la llama de una vela) como el punto de partida de los rayos. El punto correspondiente de la imagen estará en el punto de intersección de los rayos. Con este método se facilita ver si la imagen está derecha o invertida.

Sin embargo, hay que tener presente que *es factible utilizar rayos bien trazados de cualquier punto del objeto para localizar la imagen.* Todo punto de un objeto visible funciona como emisor de luz. Por ejemplo, en una vela, la llama emite su propia luz, pero cualquier punto de la vela refleja la luz.

Ejemplo 23.2 ■ Aprenda dibujando: diagrama de rayos para un espejo

Se coloca un objeto a 39.0 cm frente a un espejo esférico cóncavo de 24.0 cm de radio. *a*) Con un diagrama de rayos ubique la imagen formada por este espejo. *b*) Describa las características de la imagen.

Razonamiento. Un diagrama de rayos, trazado con precisión, dará por sí solo información "cuantitativa" acerca de la ubicación y las características de la imagen, que también podrían determinarse matemáticamente.

Solución.

Dado: $R = 24.0$ cm
$d_o = 39.0$ cm

Encuentre: *a*) La ubicación de la imagen
b) Las características de la imagen

***a*)** Como se pide elaborar un diagrama de rayos para ubicar la imagen, lo primero que se debe hacer es elegir la escala del dibujo. Si se usa una escala en la que 1 cm en el dibujo representa 10 cm en la realidad, habría que trazar el objeto a 3.90 cm frente al espejo.

Primero se traza el eje óptico, el espejo, el objeto (una vela encendida) y el centro de curvatura (C). De acuerdo con la ecuación 23.2, $f = 24.0\ \text{cm}/2 = 12.0$ cm. Entonces se ubica el foco (*F*) a la mitad de la distancia del vértice al centro de curvatura.

Para ubicar la imagen, se siguen los pasos 1 a 4 de la figura de Aprender dibujando:

1. El primer rayo que se trazó en este caso es el rayo paralelo (el ① en la figura). Desde la punta de la llama se traza un rayo paralelo al eje óptico. Al reflejarse, ese rayo pasa por el foco, *F.*
2. A continuación se traza el rayo radial (② en la figura). Desde la punta de la llama se traza un rayo que pase por el centro de curvatura, *C*. Ese rayo se reflejará por su trayectoria original (¿por qué?).
3. Se puede ver con claridad que los dos rayos se intersecan. El punto de intersección es la punta de la *imagen* de la vela. A partir de este punto se traza la imagen extendiendo la punta de la flama hacia el eje óptico. La distancia de imagen $d_i = 17$ cm, como se mide en el diagrama.
4. Sólo se necesitan dos rayos para ubicar la imagen. Sin embargo, si para verificar se traza el tercero, que en este caso es el rayo focal (③ en la figura), éste deberá pasar por el mismo punto de la imagen donde se intersecan los otros dos rayos (si se traza el diagrama con cuidado). El rayo focal de la punta de la llama que pasa por el foco, *F,* al reflejarse, será paralelo al eje óptico.

b) En el diagrama de rayos que se dibujó en el inciso *a* se observa con claridad que la imagen es real, porque los rayos se intersecan *frente* al espejo. Los rayos reflejados convergen y pasan por la imagen. Resulta entonces una imagen real, que se podría ver en una pantalla (por ejemplo, un trozo de papel blanco) colocada a la distancia d_i del espejo cóncavo. Además, la imagen está invertida (porque la llama apunta hacia abajo) y es más pequeña que el objeto.

Ejercicio de refuerzo. En este ejemplo, ¿cuáles serían las características de la imagen si el objeto estuviera a 15.0 cm del espejo? Ubique la imagen y describa sus características.

Exploración 33.3 Diagramas de rayos

En el Ejemplo integrado 23.4 se presentará un diagrama de rayos en el que se usan los tres mismos rayos con un espejo convexo (divergente).

Un espejo convergente *no* siempre forma una imagen real. Para un espejo esférico convergente, las características de la imagen cambian con la distancia del objeto al espejo. Hay dos puntos donde esos cambios son drásticos: *C*, el centro de curvatura, y *F*, el foco. Estos puntos dividen al eje óptico en tres regiones (▾figura 23.7a): $d_o > R$, $R > d_o > f$ y $d_o < f$.

▼ **FIGURA 23.7 Espejos cóncavos** *a*) Para un espejo cóncavo o convergente, el objeto se puede ubicar dentro de una de las tres regiones definidas por el centro de curvatura (*C*) y el foco (*F*), o en uno de esos dos puntos. Para $d_o > R$, la imagen es real, invertida y más pequeña que el objeto, como se ve en los diagramas de rayos del ejemplo 23.2. ***b*)** Cuando $R > d_o > f$, la imagen también es real e invertida, pero agrandada. ***c*)** Cuando el objeto está en el foco *F*, es decir, que $d_o = f$, se dice que la imagen se forma en el infinito. ***d*)** Cuando $d_o < f$, la imagen es virtual, derecha y aumentada.

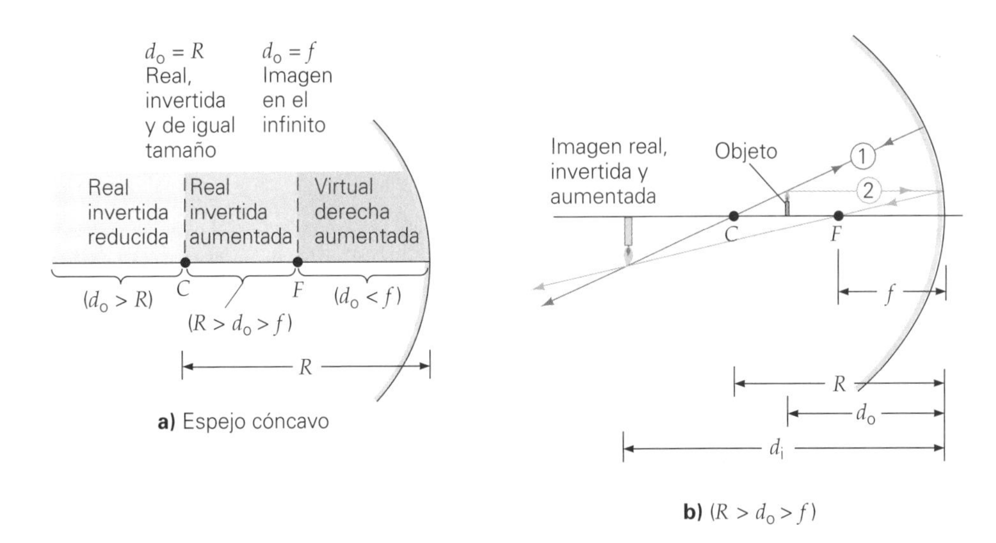

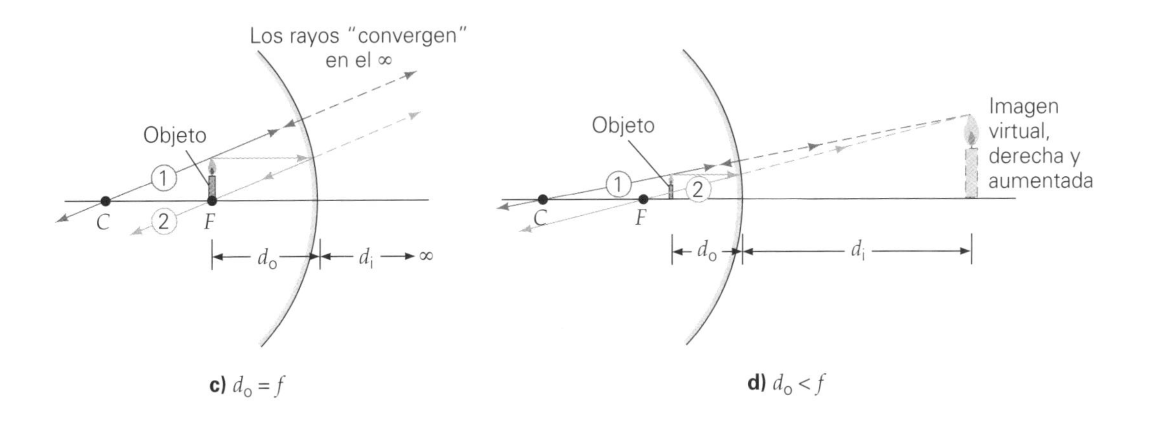

Exploración 33.2 Mirando en los espejos curvos

Se comenzará la descripción con el objeto en la región más alejada del espejo ($d_o > R$), viendo lo que sucede al acercarse a él:

- El caso en que $d_o > R$ ya se describió en el ejemplo 23.2.
- Cuando $d_o = R = 2f$, la imagen es real, invertida y del mismo tamaño que el objeto.
- Cuando $R > d_o > f$, se forma una imagen aumentada, invertida y real (figura 23.7b). La imagen es aumentada cuando el objeto está más cerca que el centro de curvatura, C.
- Cuando $d_o = f$, el objeto está en el foco (figura 23.7c). Los rayos reflejados son paralelos, y se dice que la imagen "se forma en el infinito". El foco F es un punto especial de "paso" de los rayos, porque divide al espacio frente al espejo en dos regiones.
- Cuando $d_o < f$, el objeto está entre el foco y la superficie del espejo. Se forma entonces una imagen virtual, aumentada y derecha (figura 23.7d).

Cuando $d_o > f$, la imagen es real; cuando $d_o < f$, la imagen es virtual. Cuando $d_o = f$, la imagen está "en el infinito" (figura 23.7c). Esto es, el objeto está tan alejado que los rayos que emanan de él y llegan al espejo son paralelos en esencia, y su imagen se forma en el plano focal. Este hecho es la base de un método sencillo para determinar la distancia focal de un espejo cóncavo.

Como hemos visto, la posición, la orientación y el tamaño de la imagen se pueden determinar en forma gráfica, con diagramas de rayos trazados a escala. Sin embargo, estas características se determinan con más rapidez y precisión con métodos analíticos. Es posible demostrar, por medio de la geometría, que la distancia al objeto (d_o), la distancia a la imagen (d_i) y la distancia focal (f) están relacionadas. Esta relación se conoce como **ecuación del espejo esférico**:

$$\frac{1}{d_o} + \frac{1}{d_i} = \frac{1}{f} = \frac{2}{R} \quad \text{ecuación del espejo esférico} \qquad (23.3)$$

Note que esta ecuación se puede escribir en función del radio de curvatura, R, o de la distancia focal, f, ya que de acuerdo con la ecuación 23.2, $f = R/2$. Tanto R como f pueden ser positivos o negativos, como explicaremos dentro de poco.

Si d_i es la cantidad que se busca para un espejo esférico, sería conveniente emplear una forma alternativa de la ecuación del espejo esférico:

$$d_i = \frac{d_o f}{d_o - f} \qquad (23.3a)$$

Pero siempre es posible utilizar la forma recíproca de la ecuación 23.3.

Los signos de las diversas cantidades son muy importantes en la aplicación de las ecuaciones 23.3. Utilizaremos las convenciones de signos resumidas en la tabla 23.2.

Exploración 33.4 Foco y punto de la imagen

TABLA 23.2 Convenciones de signos para los espejos esféricos

Distancia focal (f)	
Espejo cóncavo (convergente)	f(o R) es positiva
Espejo convexo (divergente)	f(o R) es negativa
Distancia al objeto (d_o)	
El objeto está frente al espejo (objeto real)	d_o es positiva
El objeto está atrás del espejo (objeto virtual)*	d_o es negativa
Distancia a la imagen (d_i) y tipo de imagen	
La imagen se forma frente al espejo (imagen real)	d_i es positiva
La imagen se forma atrás del espejo (imagen virtual)	d_i es negativa
Orientación de la imagen (M)	
La imagen está derecha en relación con el objeto	M es positiva
La imagen está invertida en relación con el objeto	M es negativa

*En una combinación de dos (o más) espejos, la imagen que forma el primero es el objeto del segundo (y así sucesivamente). Si esta imagen-objeto está atrás del segundo espejo, se llama objeto *virtual*, y la distancia al objeto se considera negativa. Este concepto es más importante para las combinaciones de lentes, como se verá en la sección 23.3, y sólo se menciona aquí para completar el tema.

Por ejemplo, para un objeto real, una d_i positiva indica una imagen real, mientras que una d_i negativa corresponde a una imagen virtual.

El **factor de amplificación lateral** M, definido en la ecuación 23.1, también se puede calcular de forma analítica para un espejo esférico. De nuevo, por consideraciones geométricas, se expresa en función de las distancias a la imagen y al objeto:

$$M = -\frac{d_i}{d_o} \quad \textit{factor de aumento} \tag{23.4}$$

Nota: un recurso que le ayudará a recordar que el aumento es d_i sobre d_o es que la relación guarda orden alfabético ("i" antes que la "o").

Se agrega el signo menos por convención, para indicar la orientación de la imagen: un valor positivo de M indica que se trata de una imagen derecha, mientras que una M negativa implica una imagen invertida. Además, si $|M| > 1$, la imagen es aumentada, o mayor que el objeto. Si $|M| < 1$, la imagen es reducida, o menor que el objeto. Note que para los espejos, la amplificación lateral M, llamada también *factor de aumento* o simplemente *aumento*, se expresa convenientemente en función de la distancia a la imagen d_i y la distancia al objeto d_o, y no en función de las alturas de la imagen y del objeto que se usaron en la ecuación 23.1. (Más adelante se presenta una descripción del origen de las ecuaciones 23.3 y 23.4, como tema opcional.)

En el ejemplo 23.3 y en el Ejemplo integrado 23.4 se indica cómo se usan esas ecuaciones y convenciones de signos con los espejos esféricos. En general, este método consiste en determinar la imagen de un objeto; se le preguntará dónde se forma la imagen (d_i) y cuáles son las características de la imagen (M). Esas características indican si la imagen es real o virtual, derecha o invertida, y mayor o menor (aumentada o reducida) que el objeto.

Nota: $|M|$ es el valor absoluto de M: es su magnitud sin tener en cuenta su signo. Por ejemplo, $|+2| = |-2| = 2$.

***Deducción de la ecuación del espejo esférico (opcional)** Seguramente usted se preguntará de dónde vienen las ecuaciones 23.3 y 23.4. La ecuación del espejo esférico se deduce con un poco de geometría. Véase el diagrama de rayos de la ▼figura 23.8. Se indican las distancias al objeto y a la imagen (d_o y d_i) y las alturas del objeto y la imagen (h_o y h_i). Note que estas longitudes constituyen las bases y las alturas de triángulos formados por el rayo reflejado en el vértice (V). Esos triángulos ($O'VO$ e $I'VI$) son semejantes, porque según la ley de la reflexión, sus ángulos en V son iguales. Por consiguiente, se escribe

$$\frac{h_i}{h_o} = -\frac{d_i}{d_o} \tag{1}$$

Esta ecuación es la ecuación 23.4, de la definición de la ecuación 23.1. El signo negativo que se agregó aquí indica que la imagen es invertida, por lo que h_i es negativa.

El rayo focal que pasa por F también forma triángulos semejantes, el $O'FO$ y el VFA, suponiendo, aproximadamente, que el espejo es pequeño en comparación con su radio. (¿Por qué son semejantes esos triángulos?) Las bases de esos triángulos son $VF = f$ y $OF = d_o - f$. Entonces, si $VA = h_i$,

$$\frac{h_i}{h_o} = -\frac{VF}{OF} = -\frac{f}{d_o - f} \tag{2}$$

De nuevo, el signo negativo agregado aquí indica que la imagen es invertida, por lo que h_i es negativa.

Igualando las ecuaciones 1 y 2 se obtiene

$$\frac{d_i}{d_o} = \frac{f}{d_o - f} \tag{3}$$

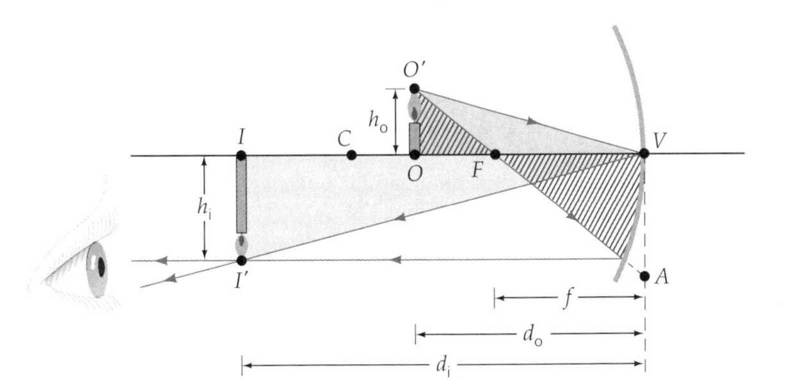

◀ **FIGURA 23.8 Ecuación del espejo esférico** Los rayos definen la geometría de triángulos semejantes, para la deducción de la ecuación del espejo esférico.

La manipulación algebraica da

$$\frac{1}{d_o} + \frac{1}{d_i} = \frac{1}{f}$$

que es la ecuación del espejo esférico (ecuación 23.3).

Ejemplo 23.3 ■ ¿Qué clase de imagen? Características de un espejo cóncavo

Un espejo cóncavo tiene 30 cm de radio de curvatura. Si un objeto se coloca a *a*) 45 cm, *b*) 20 cm y *c*) 10 cm del espejo, ¿dónde se forma la imagen y cuáles son sus características? (Especifique si la imagen es real o virtual, derecha o invertida y aumentada o reducida.)

Razonamiento. En este caso el dato es R, de donde se puede calcular $f = R/2$. También se dan tres distancias distintas al objeto, que se pueden sustituir en las ecuaciones 23.3 y 23.4 para calcular la ubicación y determinar las características de la imagen.

Solución.

Dado: $R = 30$ cm, entonces $f = R/2 = 15$ cm
a) $d_o = 45$ cm
b) $d_o = 20$ cm
c) $d_o = 10$ cm

Encuentre: d_i, M y determine las características de la imagen para las distancias dadas al objeto

Observe que los datos de distancia al objeto corresponden a las regiones que se ven en la figura 23.7a. No hay necesidad de convertirlas a metros, siempre y cuando todas las distancias se manejen con la misma unidad (centímetros, en este caso). Es recomendable trazar los diagramas de rayos respectivos de cada uno de esos casos para determinar las características de cada imagen.

a) En este caso, la distancia al objeto es mayor que el radio de curvatura ($d_o > R$) y

$$\frac{1}{d_o} + \frac{1}{d_i} = \frac{1}{f} \quad \text{o} \quad \frac{1}{d_i} = \frac{1}{f} - \frac{1}{d_o} = \frac{1}{15 \text{ cm}} - \frac{1}{45 \text{ cm}} = \frac{2}{45 \text{ cm}}$$

Entonces

$$d_i = \frac{45 \text{ cm}}{2} = +22.5 \text{ cm} \quad \text{y} \quad M = -\frac{d_i}{d_o} = -\frac{22.5 \text{ cm}}{45 \text{ cm}} = -\frac{1}{2}$$

Por lo anterior, la imagen es real (d_i es positiva), invertida (M es negativo) y tiene la mitad del tamaño que el objeto $\left(|M| = \frac{1}{2}\right)$.

b) Aquí, $R > d_o > f$ y el objeto está entre el foco y el centro de curvatura:

$$\frac{1}{d_i} = \frac{1}{15 \text{ cm}} - \frac{1}{20 \text{ cm}} = \frac{1}{60 \text{ cm}}$$

Entonces

$$d_i = +60 \text{ cm} \quad \text{y} \quad M = -\frac{60 \text{ cm}}{20 \text{ cm}} = -3.0$$

En este caso, la imagen es real (d_i es positiva), invertida (M es negativo) y tiene un tamaño triple en relación con el del objeto ($|M| = 3$).

c) Para este caso, $d_o < f$ y el objeto está más cerca del espejo que el foco.
Se usa la forma alternativa de la ecuación 23.3:

$$d_i = \frac{d_o f}{d_o - f} = \frac{(10 \text{ cm})(15 \text{ cm})}{10 \text{ cm} - 15 \text{ cm}} = -30 \text{ cm}$$

Entonces

$$M = -\frac{d_i}{d_o} = -\frac{(-30 \text{ cm})}{10 \text{ cm}} = +3.0$$

En este caso, la imagen es virtual (d_i es negativa), derecha (M es positivo) y tiene un tamaño triple en relación con el del objeto ($|M| = 3$).

Se puede ver, en el denominador de la ecuación de d_i, que d_i siempre será negativa cuando d_o sea menor que f. En consecuencia, siempre se forma imagen virtual de un objeto que está entre el foco y un espejo convergente.

Ejercicio de refuerzo. Para el espejo convergente de este ejemplo, ¿dónde se forma la imagen y cuáles son sus características si el objeto está a 30 cm del espejo, es decir, si $d_o = R$?

Sugerencia para resolver problemas

Al aplicar las ecuaciones del espejo esférico para determinar las características de la imagen, es útil hacer primero un esquema rápido (aproximado, no necesariamente a escala) del diagrama de rayos para el caso que se examina. Ese esquema indicará las características de la imagen y ayudará a evitar errores cuando se apliquen las convenciones de signos. *El diagrama de rayos y la solución matemática deben concordar.*

Ejemplo integrado 23.4 ■ Semejanzas y diferencias: comportamiento de un espejo convexo

Un objeto (en este caso una vela) está a 20 cm frente a un espejo divergente cuya distancia focal es de −15 cm (véase las convenciones de signos en la tabla 23.2). *a*) Con un diagrama de rayos, determine si la imagen que se forma es 1) real, derecha y aumentada, 2) virtual, derecha y aumentada, 3) real, derecha y reducida, 4) virtual, derecha y reducida, 5) real, invertida y aumentada o 6) virtual, invertida y reducida. ***b*)** Determine la ubicación y las características de la imagen aplicando las ecuaciones del espejo.

Exploración 35.5 Espejos convexos, foco y radio de curvatura

a) Razonamiento conceptual. Como se conocen la distancia al objeto y la distancia focal del espejo convexo, se traza un diagrama de rayos para determinar las características de la imagen. Lo primero que se necesita es elegir una escala para el diagrama de rayos. En este ejemplo se podría usar la escala de 1 cm (en el dibujo) para representar a 10 cm en la realidad. De esta forma, el objeto estaría a 2.0 cm frente al espejo en el dibujo. Se trazan el eje óptico, el espejo, el objeto (una vela encendida) y el foco (*F*). Como este espejo es convexo, el foco (*F*) y el centro de curvatura (*C*) están detrás del espejo. De acuerdo con la ecuación 23.2, $R = 2f = 2(-15\text{ cm}) = -30\text{ cm}$. Entonces, *C* se traza al doble de la distancia de *F* con respecto al vértice.

Sólo son necesarios dos de los tres rayos para ubicar la imagen (▾figura 23.9). El rayo paralelo 1 comienza en la punta de la llama, va paralelo al eje óptico y después diverge del espejo, después de la reflexión, como si viniera de *F*. El rayo radial 2 comienza en la punta de la llama, parece pasar por *C* y a continuación se refleja directo hacia atrás, pero parece provenir de *C*. Se ve con claridad que esos dos rayos, después de reflejarse, divergen entre sí, y no hay posibilidad de que se crucen. Sin embargo, ambos parecen salir de un punto común detrás del espejo: el punto de la imagen de la punta de la llama. También se traza el rayo focal 3, para comprobar que los tres parecen emanar del mismo punto de la imagen.

Así, la imagen es virtual, ya que los rayos reflejados en realidad no vienen de un punto tras el espejo; es derecha y es menor que el objeto. Por lo tanto, la respuesta correcta es la 4 (virtual, derecha y reducida). Si se mide en el diagrama (teniendo en cuenta la escala que se está usando), se encuentra que $d_i \approx -9.0$ cm, y que el aumento es $M = \dfrac{h_i}{h_o} \approx \dfrac{0.5\text{ cm}}{1.2\text{ cm}} = +0.4$.

(*continúa en la siguiente página*)

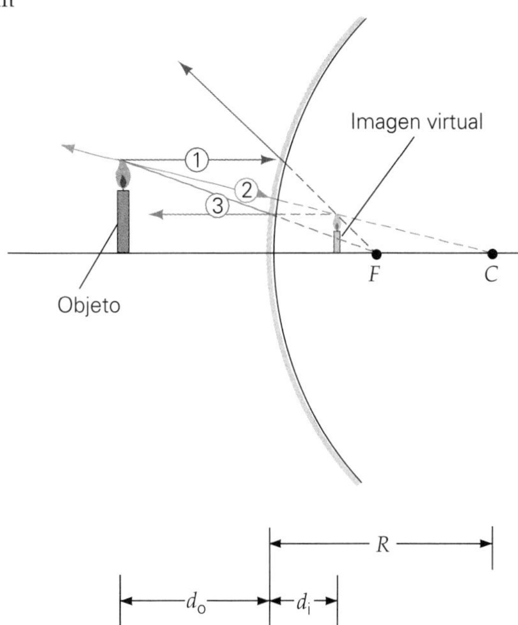

◀ **FIGURA 23.9** Espejo divergente Diagrama de rayos de un espejo divergente. Véase el Ejemplo integrado 23.4.

b) Razonamiento cuantitativo y solución. Los datos son la distancia al objeto y la distancia focal. La posición y las características de la imagen se determinan con las ecuaciones del espejo.

Dado: $d_o = 20$ cm $f = -15$ cm *Encuentre:* d_i, M y las características de la imagen

Note que la distancia focal es negativa en un espejo convexo (véase la tabla 23.2). Con la ecuación 23.3, se tiene

$$\frac{1}{20\text{ cm}} + \frac{1}{d_i} = \frac{1}{-15\text{ cm}}$$

de manera que

$$d_i = -\frac{60\text{ cm}}{7} = -8.6\text{ cm}$$

Entonces

$$M = -\frac{d_i}{d_o} = -\frac{(-8.6\text{ cm})}{20\text{ cm}} = +0.43$$

Así, la imagen es virtual (d_i es negativa), derecha (M es positivo) y su tamaño (altura) es 0.43 veces el del objeto. Como f es negativa, la imagen de un objeto real siempre es virtual si el espejo es divergente (o convexo). (¿Podría probar esto utilizando ya sea un diagrama de rayos o la ecuación del espejo?)

Ejercicio de refuerzo. Como se hizo notar, un espejo divergente siempre forma una imagen virtual de un objeto real. ¿Qué hay de las demás características de la imagen: su orientación y su aumento? ¿Es posible establecer conclusiones generales acerca de ellas?

PHYSLET®
Ilustración 33.1 Espejos y la aproximación del ángulo pequeño

Aberraciones en los espejos esféricos

Desde el punto de vista técnico, las descripciones que se han dado de las características de la imagen en los espejos esféricos sólo son ciertas para objetos que estén cerca del eje óptico, esto es, sólo para ángulos pequeños de incidencia y de reflexión. Si no se cumplen estas condiciones, las imágenes serán borrosas, es decir, estarán desenfocadas (o fuera de foco), o distorsionadas, porque no todos los rayos van a converger en el mismo plano. Como se observa en la ◂figura 23.10, los rayos paralelos incidentes lejos del eje óptico no convergen en el foco. Cuanto más lejano está el rayo incidente del eje, más lejos del foco estará el rayo reflejado. Este efecto se conoce como **aberración esférica**.

La aberración esférica no sucede en un espejo parabólico. (Como indica su nombre, el *espejo parabólico* tiene la forma de una parábola.) *Todos* los rayos incidentes paralelos al eje óptico de ese espejo tienen un foco común. Por esta razón se usan espejos parabólicos en la mayoría de los telescopios astronómicos, como se verá en el capítulo 24. Sin embargo, es más difícil fabricar esos espejos que los esféricos, por lo que son más costosos.

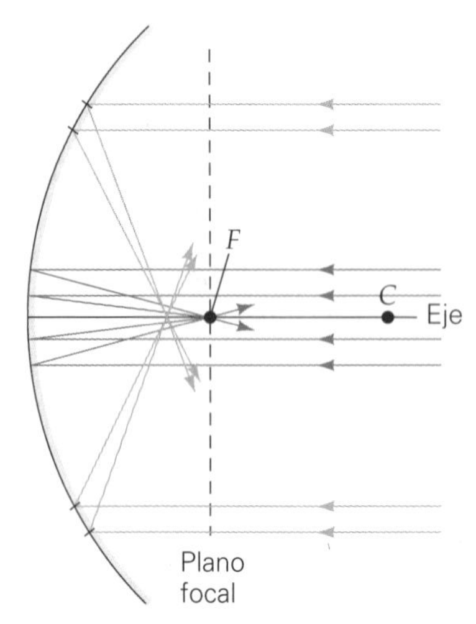

▲ **FIGURA 23.10** Aberración esférica de un espejo De acuerdo con la aproximación para ángulos pequeños, los rayos paralelos al eje del espejo, y cercanos a él, convergen en el foco. Sin embargo, cuando los rayos paralelos no están cerca del eje, se reflejan y convergen frente al foco. Este efecto se llama *aberración esférica* y produce imágenes borrosas.

23.3 Lentes

OBJETIVOS: a) Diferenciar entre lentes convergentes y divergentes, *b*) describir las imágenes que producen y sus características y c) determinar las ubicaciones y las características de las imágenes mediante diagramas de rayos y ecuaciones para lentes delgadas.

La palabra *lente* proviene de la palabra latina *lentil*, que significa lenteja; la forma de esta leguminosa es similar a la de una lente común. Una lente óptica se fabrica con un material transparente (el más común es el vidrio, aunque a veces se utiliza plástico o cristal). Una o ambas superficies tienen contorno esférico. Las lentes esféricas *biconvexas* (con ambas superficies convexas) y las *bicóncavas* (ambas superficies cóncavas) se ven en la ▾figura 23.11. Las lentes forman imágenes al refractar la luz que pasa por ellas.

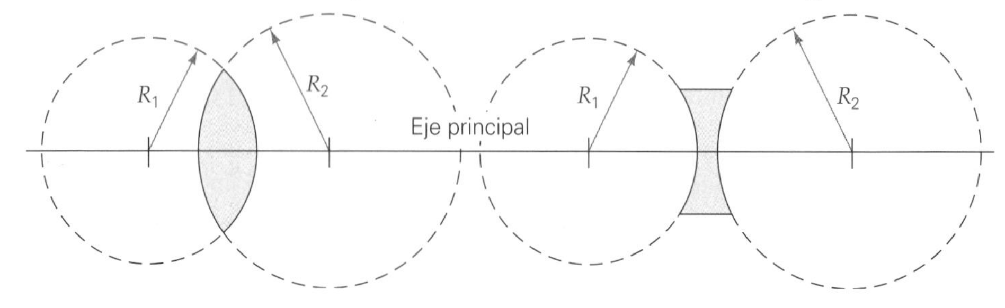

▸ **FIGURA 23.11** Lentes esféricas Las lentes esféricas tienen sus superficies definidas por dos esferas; las superficies pueden ser convexas o cóncavas. Lentes *a*) biconvexas y *b*) bicóncavas. Si $R_1 = R_2$, una lente tiene simetría esférica.

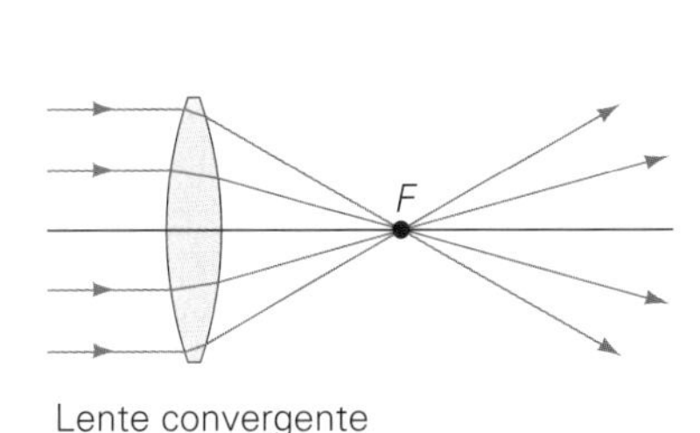

a) Lente biconvexa (convergente)

b)

◀ **FIGURA 23.12 Lentes convergentes** ***a)*** En una lente biconvexa delgada, los rayos paralelos al eje convergen en el foco *F*. ***b)*** Una lente de aumento (lente convergente) puede enfocar los rayos de Sol en un punto, y los resultados son incendiarios. ¡Nunca intente esto en el hogar!

Ilustración 35.1 Lentes y la aproximación de las lentes delgadas

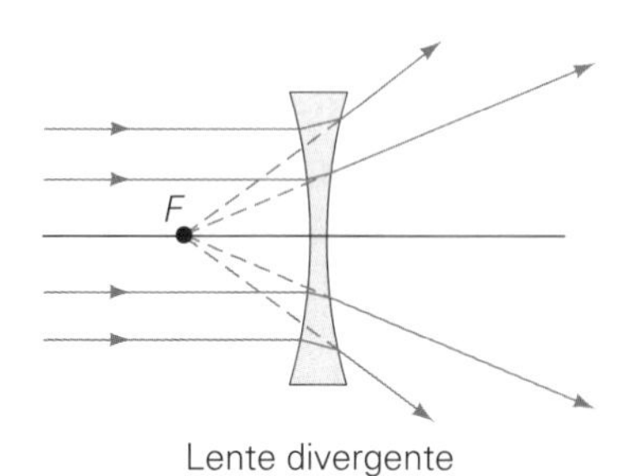

Lente bicóncava (divergente)

▲ **FIGURA 23.13 Lente divergente** Los rayos paralelos al eje de una lente bicóncava o divergente parecen emanar de un foco en el lado de incidencia de la lente.

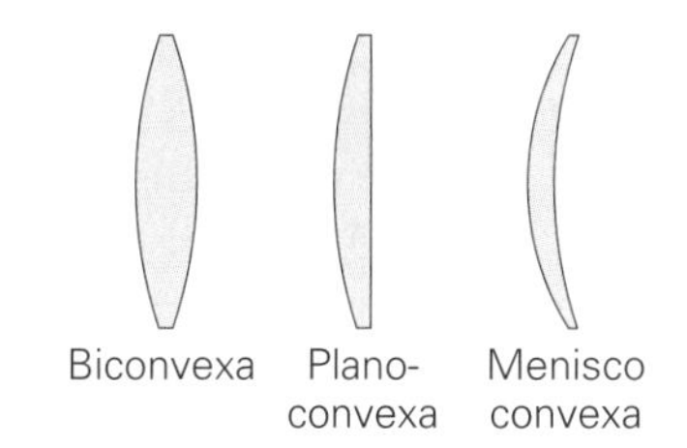

Lentes convergentes

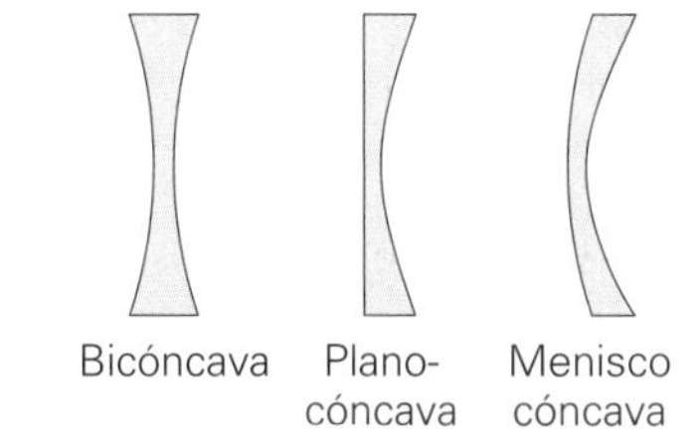

Lentes divergentes

▲ **FIGURA 23.14 Formas de lentes** Las formas de las lentes varían mucho, y normalmente se clasifican como convergentes y divergentes. En general, una lente convergente es más gruesa en su centro que en la periferia, mientras que una lente divergente es más delgada en el centro que en la periferia.

Una lente biconvexa es una **lente convergente**: los rayos de luz incidentes paralelos al eje de la lente convergen en un foco (*F*) en el lado opuesto de la lente (▲ figura 23.12a). Este hecho constituye una forma de determinar experimentalmente la distancia focal de una lente convergente. Quizá usted haya enfocado los rayos del Sol con una lupa (una lente biconvexa o convergente) y habrá atestiguado la concentración de la energía radiante que se obtiene (figura 23.12b).

Por otra parte, una lente bicóncava es una **lente divergente**: los rayos de luz incidentes y paralelos salen de ésta como si emanaran de un foco que estuviera en el lado de incidencia de la lente (▶figura 23.13).

Hay varios tipos de lentes convergentes y divergentes (▶figura 23.14). Las lentes menisco son las que más se usan en los anteojos. En general, una lente convergente es más gruesa en su centro que en su periferia, y una divergente es más delgada en su centro que en su periferia. Esta explicación se limitará a las lentes biconvexas y bicóncavas, de simetría esférica, en las que ambas superficies tienen el mismo radio de curvatura.

Cuando la luz pasa por el interior de una lente, se refracta y se desplaza en sentido lateral (ejemplo 22.4, figura 22.11). Si una lente es gruesa, este desplazamiento podría ser bastante considerable, lo que complicaría el análisis de las características de la lente. Este problema no se presenta con lentes delgadas, para las que el desplazamiento refringente (es decir, causado por la refracción) de la luz transmitida es insignificante. Nuestra descripción se limitará a las lentes delgadas. Una lente delgada es aquella cuyo grosor se supone insignificante en comparación con la distancia focal.

Al igual que un espejo esférico, una lente de caras esféricas tiene, *para cada superficie*, un centro de curvatura (*C*), un radio de curvatura (*R*), un foco (*F*) y una distancia focal (f). Los focos están a distancias iguales a ambos lados de una lente delgada. Sin embargo, para una lente esférica, la distancia focal *no* está relacionada simplemente con *R* mediante $f = R/2$, como sucede con los espejos esféricos. Como la distancia focal también depende del índice de refracción de la lente, por lo general sólo se especifica la distancia focal y no su radio de curvatura. Esto se analizará en el apartado 23.4.

Las reglas generales para trazar diagramas de rayos con lentes son similares a las que se utilizan para los espejos esféricos, pero se necesitan algunas modificaciones, porque la luz pasa a través de la lente. Las caras opuestas de una lente, en general, se distinguen con los nombres de *lado del objeto* y *lado de la imagen*. El lado del objeto es la cara frente a la cual está el objeto, y el lado de la imagen es el lado *contrario* de la lente (donde se formaría una imagen real). Los tres rayos de un punto de un objeto se trazan como sigue (véase la sección Aprender dibujando para el ejemplo 23.5 en la p. 743):

1. Un **rayo paralelo** es, como su nombre lo indica, paralelo al eje óptico de la lente en la incidencia y, después de la refracción, *a*) pasa por el foco del lado de la imagen en una lente convergente, *o bien*, *b*) parece emanar del foco en el lado del objeto de una lente divergente.

Exploración 35.2 Diagramas de rayos

2. Un **rayo central** o **principal** es el que pasa por el centro de la lente, y no se desvía porque ésta es "delgada".
3. Un **rayo focal** es el que *a*) pasa por el foco del lado del objeto en una lente convergente, *o bien*, *b*) parece pasar a través del foco en el lado de la imagen de una lente divergente y, después de la refracción, es paralelo al eje óptico de la lente.

Como en el caso de los espejos esféricos, sólo se necesitan dos rayos para determinar la imagen; aquí se usarán el paralelo y el central. (También, como en el caso de los espejos, se aconseja incluir el tercer rayo, el rayo focal, como comprobación en los diagramas.)

Ejemplo 23.5 ■ Aprender dibujando: diagrama de rayos para lentes

Un objeto se coloca a 30 cm frente a una lente biconvexa delgada de 20 cm de distancia focal. *a*) Utilice un diagrama de rayos para ubicar la imagen. *b*) Describa las características de la imagen.

Razonamiento. Recuerde los pasos que se siguieron en el diagrama de rayos anterior.

Solución.

Dado: $d_o = 30$ cm
$f = 20$ cm

Encuentre: *a*) la ubicación de la imagen (con un diagrama de rayos)
b) las características de la imagen

***a*)** Como se pide hacer un diagrama de rayos (véase la sección Aprender dibujando, que acompaña a este ejemplo) para ubicar la imagen, lo primero que hay que hacer es definir una escala para el dibujo. En este ejemplo se utiliza una escala de 1 cm en el dibujo para representar 10 cm en la realidad. De esa forma, el objeto estaría a 3.00 cm frente a la lente en nuestro dibujo.

Primero se trazarán el eje óptico, la lente, el objeto (una vela encendida) y los focos (*F*). Se traza una línea vertical punteada en el centro de la lente porque, para simplificar, la refracción de los rayos se ilustra como si sucediera en el centro de cada lente. En realidad, sucede en las superficies aire-vidrio y vidrio-aire de cada lente.

Se siguen los pasos 1 a 4 de la sección Aprender dibujando:

1. El primer rayo que se traza es el paralelo (① en la figura). Desde la punta de la llama se traza un rayo horizontal (paralelo al eje óptico). Después de pasar por la lente, pasa por el foco *F* en el lado de la imagen.

2. A continuación se traza el rayo central (② en la figura). Desde la punta de la llama se traza un rayo que pase por el centro de la lente. Ese rayo pasará sin desviarse por la lente delgada en el lado de la imagen.

3. Se observa con claridad que estos dos rayos se cruzan en el lado de la imagen. El punto de intersección es el punto de la imagen de la punta de la llama. A partir de ahí, se traza el resto de la imagen avanzando hacia el eje óptico.

4. Sólo se necesitan dos rayos para ubicar la imagen. Sin embargo, si se quiere trazar el tercer rayo, en este caso el rayo focal (③ en la figura), éste debe pasar por el mismo punto de la imagen en el que se intersecan los otros dos rayos (si el diagrama se traza con cuidado). El rayo de la punta de la llama, que pasa por el foco *F* en el lado del objeto, saldrá paralelo al eje óptico en el lado de la imagen.

***b*)** De acuerdo con el diagrama de rayos que se trazó en el inciso *a* se observa con claridad que la imagen es real (porque los rayos se cruzan en el lado de la imagen). En consecuencia, se podría captar la imagen real en una pantalla (por ejemplo, en un trozo de papel) colocada a la distancia d_i de la lente convergente. Además, la imagen es invertida (la imagen de la vela apunta hacia abajo) y es mayor que el objeto.

En este caso, $d_o = 30$ cm y $f = 20$ cm, por lo que $2f > d_o > f$. Si se usan los diagramas de rayos correspondientes, se podrá demostrar que para d_o entre estos límites, la imagen siempre es real, aumentada e invertida. Por cierto, el proyector de filminas del salón de clase usa este arreglo en particular.

Ejercicio de refuerzo. En este ejemplo, ¿cómo se vería la imagen si el objeto estuviera a 10 cm frente a la lente? Ubique la imagen de forma gráfica y describa sus características.

APRENDER DIBUJANDO

DIAGRAMA DE RAYOS PARA LENTES (VÉASE EL EJEMPLO 23.5)

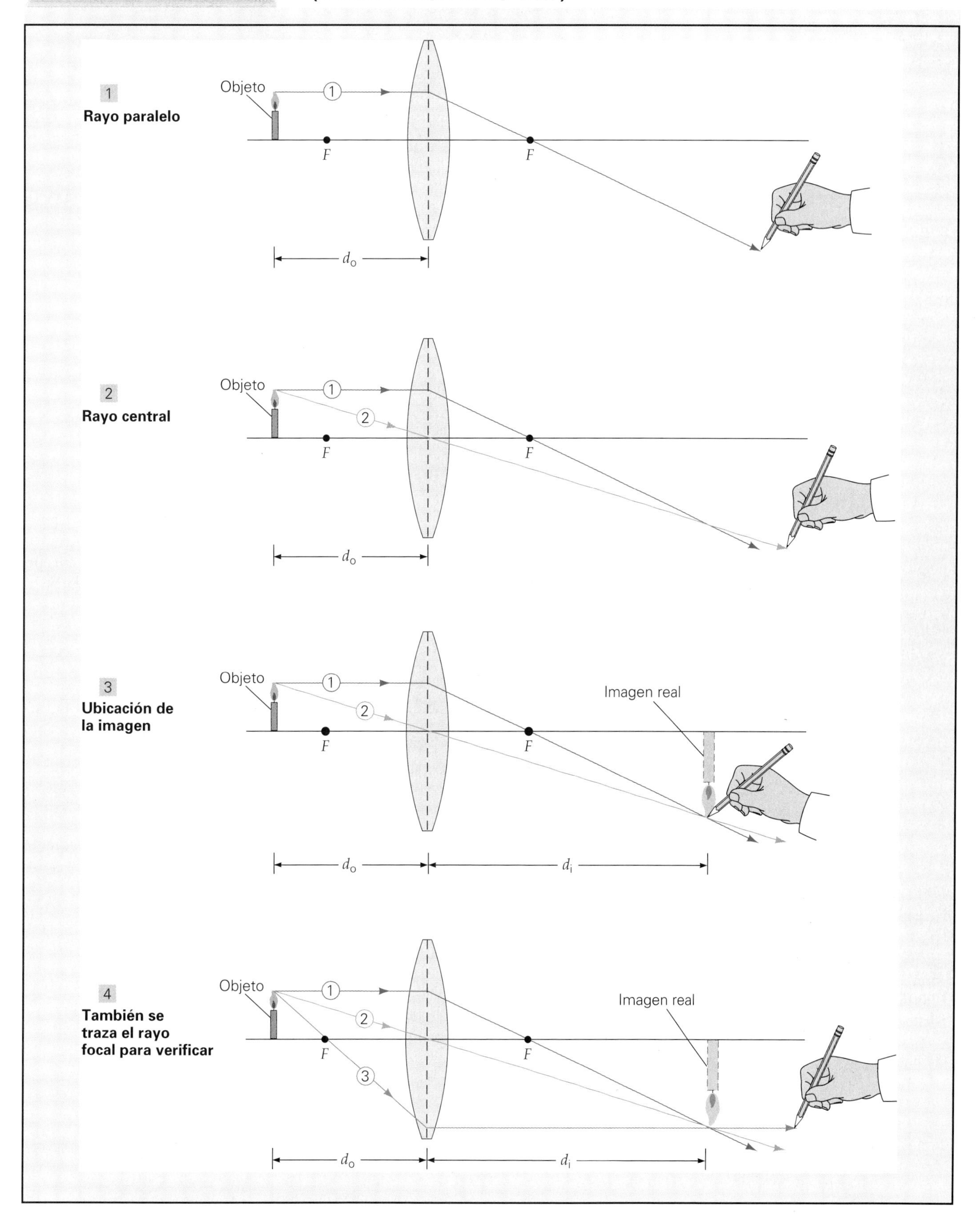

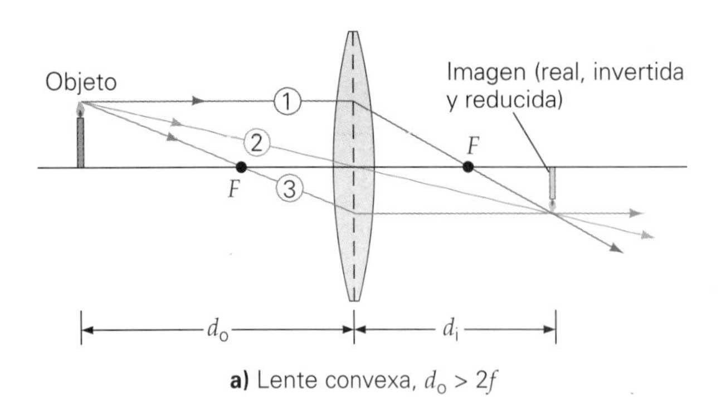

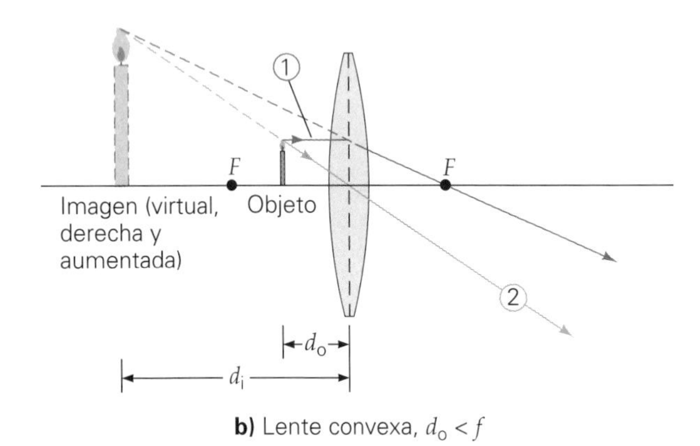

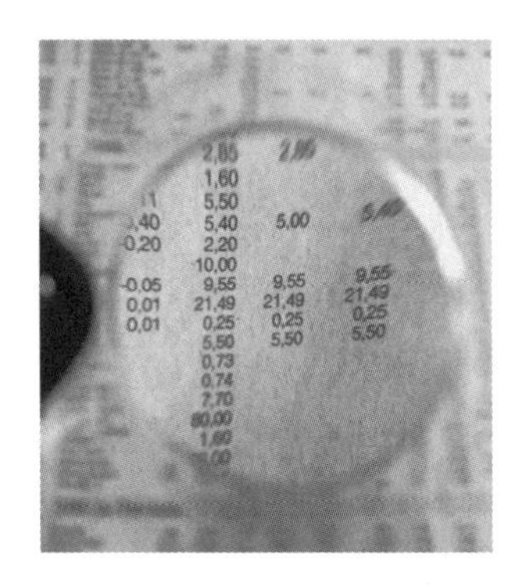

▲ **FIGURA 23.15 Diagramas de rayos para lentes** ***a)*** Una lente convergente biconvexa forma un objeto real cuando $d_o > 2f$. La imagen es real, invertida y reducida. ***b)*** Diagrama de rayos para una lente divergente con $d_o < f$. La imagen es virtual, derecha y aumentada. Se muestran los ejemplos prácticos de ambos casos. (Véase el pliego a color al final del libro.)

La ▲figura 23.15 muestra otros diagramas de rayos, con distintas distancias al objeto, para una lente convergente; también se ven sus aplicaciones en la vida real. La imagen de un objeto es real cuando se forma o se proyecta en el lado *opuesto* de la lente al que está el objeto (véase la figura 23.15a) y es virtual cuando se forma del mismo lado de la lente en el que está el objeto (véase la figura 23.15b).

Se podrían definir regiones de distancia del objeto para una lente convergente de forma semejante a como se hizo con un espejo convergente en la figura 23.7a. En este caso, una distancia al objeto $d_o = 2f$ para una lente convergente tiene importancia similar a la de $d_o = R = 2f$ para un espejo convergente (▼figura 23.16).

El diagrama de rayos para una lente divergente se describirá dentro de poco. Al igual que los espejos divergentes, las lentes divergentes sólo pueden formar imágenes virtuales.

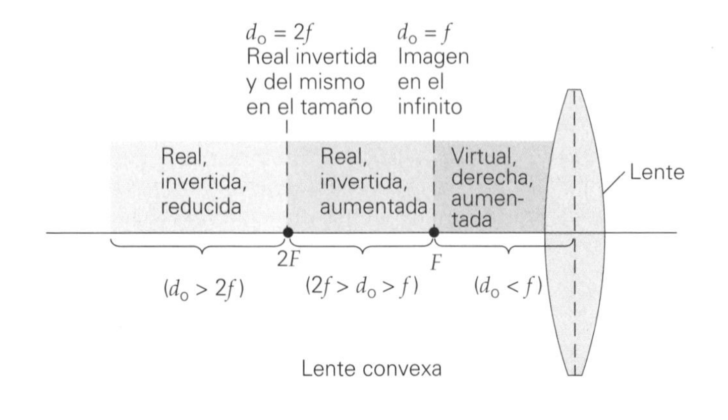

▶ **FIGURA 23.16 Lente convergente** Para una lente convexa o convergente, el objeto se puede ubicar en una de las tres regiones definidas por el foco (F) y el doble de la distancia focal ($2f$), o en uno de esos dos puntos. Cuando $d_o > 2f$, la imagen es real, invertida y reducida (figura 23.15a). Cuando $2f > d_o > f$, la imagen también es real e invertida, pero aumentada, como se ve en los diagramas de rayos del ejemplo 23.5. Cuando $d_o < f$, la imagen es virtual, derecha y aumentada (figura 23.15b).

TABLA 23.3 Convención de signos para lentes delgadas

Distancia focal (f)	
Lentes convergentes (también llamadas lentes *positivas*)	f es positiva
Lentes divergentes (también llamadas lentes *negativas*)	f es negativa
Distancia al objeto (d_o)	
El objeto está frente a la lente (objeto real)	d_o es positiva
El objeto está atrás de la lente (objeto virtual)*	d_o es negativa
Distancia a la imagen (d_i) y *tipo de imagen*	
La imagen se forma en el lado de la imagen de la lente: el lado opuesto al del objeto (imagen real)	d_i es positiva
La imagen se forma en el lado del objeto de la lente el mismo lado donde está el objeto (imagen virtual)	d_i es negativa
Orientación de la imagen (M)	
La imagen está derecha con respecto al objeto	M es positivo
La imagen está invertida con respecto al objeto	M es negativo

*En una combinación de dos (o más) lentes, la imagen que forma la primera lente se considera como el objeto de la segunda lente (y así sucesivamente). Si esta imagen-objeto está atrás de la segunda lente, se llama objeto virtual, y se considera que la distancia al objeto es negativa (−).

PHYSLET®
Exploración 35.3 Movimiento de una lente

Las distancias a la imagen y las características de una lente también se pueden determinar de forma analítica. Las ecuaciones para lentes delgadas son idénticas a las de los espejos esféricos. La **ecuación de lentes delgadas** es

$$\frac{1}{d_o} + \frac{1}{d_i} = \frac{1}{f} \quad \textit{ecuación de lentes delgadas} \tag{23.5}$$

Al igual que en el caso de los espejos esféricos, existe una forma alternativa a la ecuación de lentes delgadas

$$d_i = \frac{d_o f}{d_o - f} \tag{23.5a}$$

que es una forma fácil y rápida de encontrar d_i.

El **factor de amplificación**, al igual que en el caso de los espejos esféricos, se determina mediante

$$M = -\frac{d_i}{d_o} \tag{23.6}$$

Las convenciones de signos para estas ecuaciones de lentes delgadas se presentan en la tabla 23.3.

Igual que cuando se trabaja con espejos, resulta útil trazar un diagrama de rayos antes de resolver un problema de lentes de forma analítica.

Ejemplo 23.6 ■ Tres imágenes: comportamiento de una lente convergente

Una lente biconvexa tiene 12 cm de distancia focal. Para un objeto que esté a *a*) 60 cm, *b*) 15 cm y *c*) 8.0 cm de la lente, ¿dónde se forma la imagen y cuáles son sus características?

Razonamiento. Con la distancia focal (f) y las distancias al objeto (d_o) se aplica la ecuación 23.5 para determinar las distancias a la imagen (d_i), y la ecuación 23.6 para definir las características de esta última. Se trazan los rayos para todos esos casos, con el fin de tener una idea de las características de la imagen. Los diagramas deberían concordar con los cálculos.

Solución.

Dado: $f = 12$ cm
a) $d_o = 60$ cm
b) $d_o = 15$ cm
c) $d_o = 8.0$ cm

Encuentre: d_i y las características de la imagen para los tres casos

(continúa en la siguiente página)

a) La distancia al objeto es mayor que el doble de la distancia focal ($d_o > 2f$). Con la ecuación 23.5,

$$\frac{1}{d_o} + \frac{1}{d_i} = \frac{1}{f}$$

o

$$\frac{1}{d_i} = \frac{1}{f} - \frac{1}{d_o} = \frac{1}{12 \text{ cm}} - \frac{1}{60 \text{ cm}} = \frac{5}{60 \text{ cm}} - \frac{1}{60 \text{ cm}} = \frac{4}{60 \text{ cm}} = \frac{1}{15 \text{ cm}}$$

Entonces

$$d_i = 15 \text{ cm} \quad \text{y} \quad M = -\frac{d_i}{d_o} = -\frac{15 \text{ cm}}{60 \text{ cm}} = -0.25$$

La imagen es real (d_i es positiva), invertida (M es negativo) y de la cuarta parte del tamaño del objeto ($|M| = 0.25$). Este arreglo se usa en las cámaras, cuando la distancia al objeto es mayor que $2f$ ($d_o > 2f$).

b) Aquí, $2f > d_o > f$. Se aplica la ecuación 23.5,

$$\frac{1}{d_i} = \frac{1}{12 \text{ cm}} - \frac{1}{15 \text{ cm}} = \frac{5}{60 \text{ cm}} - \frac{4}{60 \text{ cm}} = \frac{1}{60 \text{ cm}}$$

Entonces

$$d_i = 60 \text{ cm} \quad \text{y} \quad M = -\frac{d_i}{d_o} = -\frac{60 \text{ cm}}{15 \text{ cm}} = -4.0$$

La imagen es real (d_i es positiva), invertida (M es negativo) y tiene cuatro veces el tamaño del objeto ($|M| = 4.0$). Éste es el caso del proyector de filminas y del proyector de diapositivas ($2f > d_o > f$).

c) Para este caso, $d_o < f$. Se usa la forma alternativa (ecuación 23.5a),

$$d_i = \frac{d_o f}{d_o - f} = \frac{(8.0 \text{ cm})(12 \text{ cm})}{8.0 \text{ cm} - 12 \text{ cm}} = -24 \text{ cm}$$

Entonces

$$M = -\frac{d_i}{d_o} = -\frac{(-24 \text{ cm})}{8.0 \text{ cm}} = +3.0$$

La imagen es virtual (d_i es negativa), es derecha (M es positivo) y tiene tres veces el tamaño del objeto ($|M| = 3.0$). Es el caso de un microscopio simple y el de una lupa ($d_o < f$).

Como podrá darse cuenta, las lentes convergentes son versátiles. Dependiendo de la distancia al objeto (relativa a la longitud focal), la lente puede utilizarse como una cámara, un proyector o una lente de aumento.

Ejercicio de refuerzo. Si la distancia de una lente convexa a un objeto se hace variar, ¿a qué distancia deja la imagen real de reducirse para comenzar a aumentar?

Ejemplo conceptual 23.7 ■ ¿Media imagen?

Exploración 35.1 Formación de imágenes

Una lente convergente forma una imagen en una pantalla, como se ilustra en la ▸figura 23.17a. Después, se cubre la mitad inferior de la lente, como se ve en la figura 23.17b. El resultado será que *a*) sólo la mitad superior de la imagen original se verá en la pantalla; *b*) sólo la mitad inferior de la imagen original se verá en la pantalla o *c*) se verá la imagen completa.

Razonamiento y respuesta. En principio, tal vez usted imagine que al cubrir la mitad de la lente se elimina la mitad de la imagen. Sin embargo, los rayos de *cada* punto del objeto pasan por *todas las partes* de la lente. Por consiguiente, la mitad superior de la lente puede formar una imagen total (al igual que la mitad inferior), de manera que la respuesta correcta es *c*.

Esta conclusión se confirma trazando un rayo central en la figura 23.17b. Usted también podría aplicar el método científico y realizar la prueba, sobre todo si usa anteojos. Cubra la mitad inferior de los anteojos, y verá que todavía puede leer a través de la parte superior (a menos que use bifocales).

Ejercicio de refuerzo. ¿Qué propiedad de la imagen *podría* afectarse al bloquear la mitad de una lente? Explique por qué.

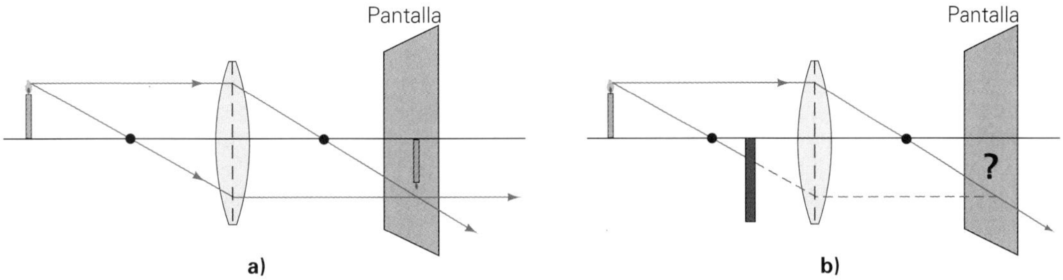

▲ **FIGURA 23.17** ¿Media lente, media imagen? *a*) Una lente convergente forma una imagen en una pantalla. *b*) Se cubre la mitad inferior de la lente. ¿Qué le pasa a la imagen? Véase el Ejemplo conceptual 23.7.

Ejemplo integrado 23.8 ■ Tiempo de cambio: comportamiento de una lente divergente

Un objeto está a 24 cm frente a una lente divergente cuya distancia focal es de −15 cm. *a*) Utilice un diagrama de rayos para determinar si la imagen es 1) real y aumentada, 2) virtual y reducida 3) real y derecha o 4) derecha y aumentada. *b*) Determine la ubicación y características de la imagen con las ecuaciones para lentes delgadas.

a) Razonamiento conceptual. (Véase las convenciones de signos en la tabla 23.3.) De nuevo se adoptará una escala en que 1 cm (en el dibujo de la ▸figura 23.18) represente 10 cm. De esta forma, el objeto estará a 2.4 cm frente a la lente en el dibujo. Se traza el eje óptico, la lente, el objeto (en este caso, una vela encendida), el foco (F) y una línea vertical punteada que pase por el centro de la lente.

El rayo paralelo ① comienza en la punta de la llama, viaja paralelo al eje óptico, diverge después de refractarse en la lente y parece proceder de F en el lado del objeto. El rayo central ② se origina en la punta de la llama y pasa por el centro de la lente, sin cambiar de dirección. Se ve con claridad que esos dos rayos, después de refractarse, divergen y no se intersecan. Sin embargo, parece que provienen del frente de la lente (lado del objeto), y esa intersección aparente es el punto de imagen de la punta de la llama. También se traza el rayo focal ③, para comprobar que esos rayos parecen provenir del mismo punto de imagen. Parece que el rayo focal pasa por el foco del lado de la imagen y va paralelo al eje óptico, después de refractarse en la lente.

Esta imagen es virtual (¿por qué?), derecha y menor que el objeto, de manera que la respuesta correcta es la 2: virtual y reducida. Midiendo en el diagrama (y teniendo en cuenta la escala que se usa) se ve que $d_i \approx -9$ cm (imagen virtual), y que $M = \frac{h_i}{h_o} \approx \frac{0.5 \text{ cm}}{1.4 \text{ cm}} = +0.4$.

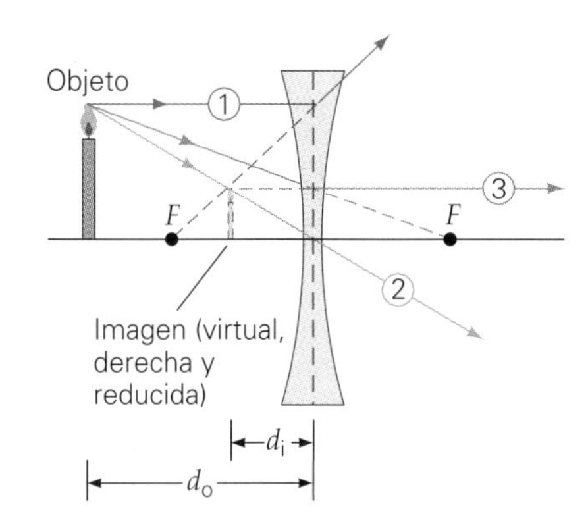

▲ **FIGURA 23.18** Lente divergente
Diagrama de rayos de una lente divergente. En este caso la imagen es virtual, derecha y menor que el objeto y se encuentra frente a la lente. Véase el Ejemplo integrado 23.8.

b) Razonamiento cuantitativo y solución.

Dado: $d_o = 24$ cm
$f = -15$ cm (lente divergente)

Encuentre: *a*) d_i, M y las características de la imagen

Note que la distancia focal es negativa para una lente divergente (véase la tabla 23.3). De acuerdo con la ecuación 23.5,

$$\frac{1}{24 \text{ cm}} + \frac{1}{d_i} = \frac{1}{-15 \text{ cm}} \quad \text{o} \quad \frac{1}{d_i} = \frac{1}{-15 \text{ cm}} - \frac{1}{24 \text{ cm}} = -\frac{13}{120 \text{ cm}}$$

y así

$$d_i = -\frac{120 \text{ cm}}{13} = -9.2 \text{ cm}$$

Entonces

$$M = -\frac{d_i}{d_o} = -\frac{(-9.2 \text{ cm})}{24 \text{ cm}} = +0.38$$

Así, la imagen es virtual (d_i es negativa), derecha (M es positivo) y tiene 0.38 veces el tamaño (la altura) del objeto. Como f es negativa para una lente divergente, d_i siempre es negativa para cualquier valor positivo de d_o, así que la imagen de un objeto real siempre es virtual.

Ejercicio de refuerzo. Una lente divergente forma siempre una imagen virtual de un objeto real. ¿Qué afirmaciones generales se pueden formular acerca de la orientación y del aumento de la imagen?

Ilustración 35.2 Imagen de una lente divergente

Una clase especial de lente que tal vez usted conoce se describe la sección A fondo 23.2 (lentes de Fresnel) en la p. 748.

A FONDO 23.2 LENTES DE FRESNEL

Para enfocar luz de rayos paralelos, o para producir un gran haz de rayos paralelos, se necesita una lente convergente de gran tamaño. La gran masa de vidrio necesaria para formar esa lente es voluminosa y pesada. Además, una lente gruesa absorbe algo de la luz y es probable que genere distorsiones. El físico francés Augustin Fresnel (1788-1827) desarrolló una solución para este problema, que se aplica en las lentes de los faros. Fresnel se dio cuenta de que la refracción de la luz sucede en las superficies de las lentes. Por consiguiente, es posible hacer que una lente sea más delgada —y casi plana— si se elimina vidrio del interior hasta el punto en que no se alteren las propiedades refringentes de las superficies.

Esto se logra cortando una serie de surcos concéntricos en la superficie de la lente (figura 1a). Observe que la superficie de cada segmento curvo que queda es casi paralela a la superficie correspondiente de la lente original. Juntos, los segmentos concéntricos refractan la luz de la misma forma que la lente biconvexa original (figura 1b). De hecho, la lente sólo se ha adelgazado eliminando vidrio innecesario entre las superficies refringentes.

Una lente con esa serie de superficies curvas concéntricas se llama *lente de Fresnel*. Esta clase de lentes se usa mucho en los proyectores de filminas y en los faros (figura 1c). Una lente de Fresnel es muy delgada y, por ende, mucho más ligera que una lente biconvexa convencional con las mismas propiedades ópticas. Además, las lentes de Fresnel se moldean con facilidad en plástico, con frecuencia con un lado plano (planoconvexas) para que se pueda fijar a una superficie de vidrio.

Una desventaja de las lentes de Fresnel es que se ven los círculos concéntricos, cuando el observador las usa y cuando se proyecta la imagen que producen en una pantalla, como sucede con un proyector de filminas.

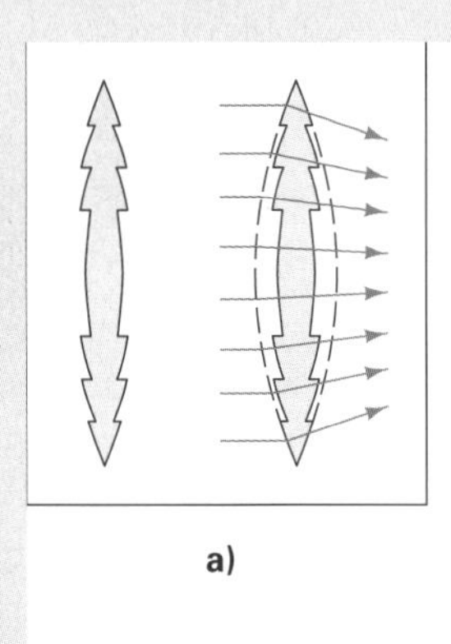

a)

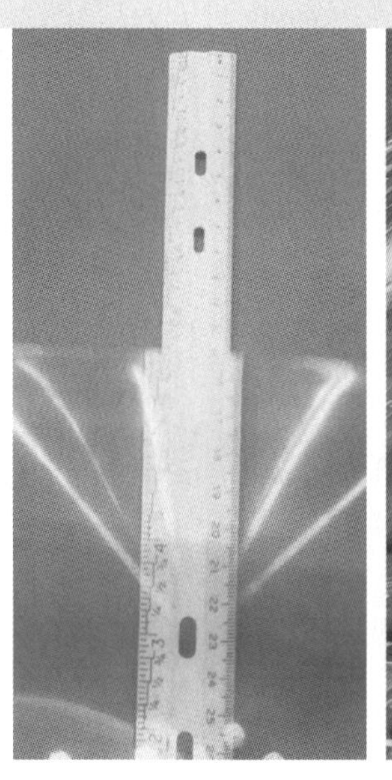

b)

c)

FIGURA 1 Lentes de Fresnel ***a)*** El efecto concentrador de estas lentes se debe a la refracción en sus superficies. Por consiguiente, es posible reducir el espesor de una lente cortando ranuras concéntricas en un vidrio, para formar un conjunto de superficies curvas con las mismas propiedades refringentes que las de la lente de la que se derivan. ***b)*** Una lente de Fresnel plana, con superficies curvas concéntricas, amplifica como si fuera una lente convergente biconvexa. ***c)*** Una serie de lentes de Fresnel produce haces luminosos enfocados en este faro del puerto de Boston. (De hecho, las lentes de Fresnel se desarrollaron para usarse en los faros.) (Véase el pliego a color al final del libro.)

Exploración 35.4 ¿Qué hay detrás de la cortina?

Combinaciones de lentes

Muchos instrumentos ópticos, como los microscopios y los telescopios (capítulo 25) usan una combinación de lentes, es decir, son un sistema compuesto de lentes. Cuando en una combinación se usan dos o más lentes, es factible determinar la imagen general que se produce, examinando las lentes de forma individual. Esto es, la imagen que forma la primera lente se vuelve el objeto para la segunda, y así sucesivamente. Por este motivo presentaremos aquí los principios de combinación de lentes, antes de explicar los detalles de sus aplicaciones en la vida real.

Si la primera lente produce una imagen frente a la segunda, esa imagen se considera como objeto real (d_o es positiva) para la segunda (▸figura 23.19a). Sin embargo, si las lentes están lo suficientemente cerca de manera que la imagen de la primera *no* se forme antes que los rayos pasen por la segunda (figura 23.19b), se debe hacer una modificación a la convención de signos. En este caso, la imagen de la primera lente se considera como objeto *virtual* para la segunda, y su distancia al objeto se considera de signo *negativo* en la ecuación de la lente (tabla 23.3).

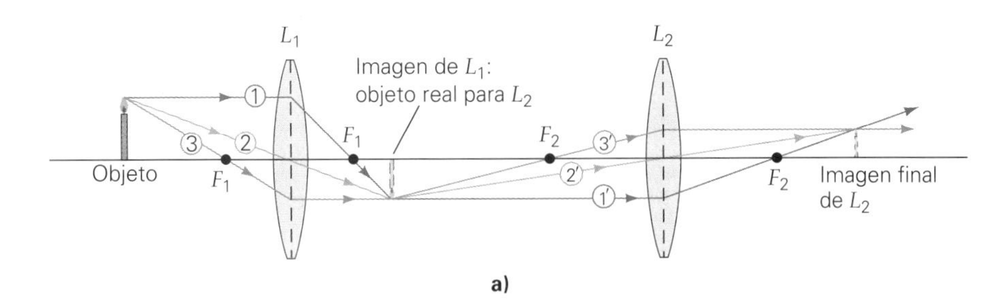

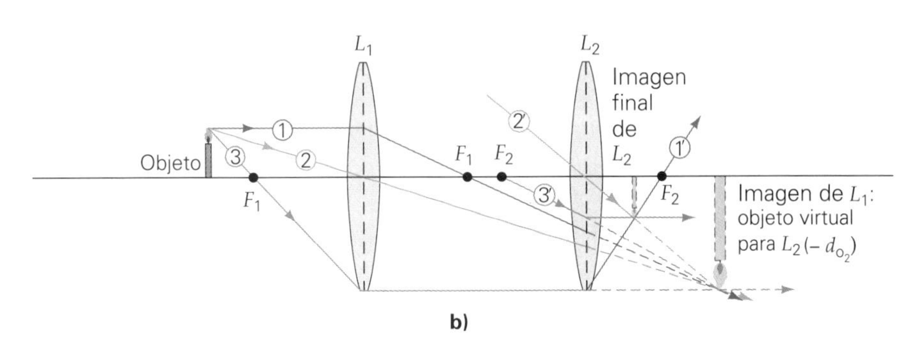

◀ **FIGURA 23.19 Combinaciones de lentes** La imagen final que produce un sistema compuesto de lentes se determina considerando que la imagen de una lente es el objeto de la lente adyacente. ***a)*** Si la imagen de la primera lente (L_1) se forma frente a la segunda lente (L_2), se dice que el objeto es real para la segunda lente. (Note que los rayos 1′, 2′ y 3′ son los rayos paralelo, central y focal, respectivamente, para L_2. *No* son continuaciones de los rayos 1, 2, 3, que son los rayos paralelo, central y focal, respectivamente, para L_1.) ***b)*** Si los rayos pasan por la segunda lente antes de formar la imagen, se dice que el objeto para la segunda lente es virtual, y la distancia a la segunda lente se toma como negativa.

El aumento total (M_{total}) de un sistema compuesto es el producto de los factores individuales de amplificación de las lentes que lo forman. Por ejemplo, para un sistema de dos lentes, como el de la figura 23.19,

$$M_{\text{total}} = M_1 M_2 \qquad (23.7)$$

Los signos convencionales de M_1 y M_2 se tienen en cuenta en el producto para indicar, con el signo de M_{total}, si la imagen final es derecha o invertida. (Véase el ejercicio 83.)

Ejemplo 23.9 ■ Una oferta especial: una combinación de lentes y un objeto virtual

Se tienen dos lentes parecidos a los que se ven en la figura 23.19b. Supongamos que el objeto está a 20 cm frente a la lente L_1, cuya distancia focal es de 15 cm. La lente L_2, con distancia focal de 12 cm, está a 26 cm de L_1. ¿Cuál es el lugar de la imagen final y cuáles son sus características?

Razonamiento. Se trata de una doble aplicación de la ecuación para lentes delgadas. Las lentes se examinan de forma sucesiva. La imagen de la lente L_1 se vuelve el objeto de la lente L_2. Se deben identificar muy bien las cantidades e indicar de forma adecuada las distancias (¡con signos!).

Solución. Se tiene

Dado: $d_{o_1} = +20$ cm
$f_1 = +15$ cm
$f_2 = +12$ cm
$D = 26$ cm (distancia entre las lentes)

Encuentre: d_{i_2} y las características de la imagen

El primer paso es aplicar la ecuación de las lentes delgadas (ecuación 23.5) y el factor de amplificación para lentes delgadas (ecuación 23.6) a L_1:

$$\frac{1}{d_{i_1}} = \frac{1}{f_1} - \frac{1}{d_{o_1}} = \frac{1}{15\text{ cm}} - \frac{1}{20\text{ cm}} = \frac{4}{60\text{ cm}} - \frac{3}{60\text{ cm}} = \frac{1}{60\text{ cm}}$$

o

$$d_{i_1} = 60\text{ cm (imagen real } L_1)$$

y

$$M_1 = -\frac{d_{i_1}}{d_{o_1}} = -\frac{60\text{ cm}}{20\text{ cm}} = -3.0\text{ (invertida y aumentada)}$$

La imagen de la lente L_1 viene a ser el objeto para la lente L_2. Esta imagen se encontrará entonces a $d_{i_1} - D = 60\text{ cm} - 26\text{ cm} = 34$ cm a la derecha de L_2, es decir, en el lado de la imagen. Por consiguiente, es un objeto *virtual* (véase la tabla 23.3), y $d_{o_2} = -34$ cm. (Recuerde que la d_o se toma como negativa para objetos virtuales.)

(continúa en la siguiente página)

A continuación se aplican las ecuaciones a la segunda lente, L_2:

$$\frac{1}{d_{i_1}} = \frac{1}{f_2} - \frac{1}{d_{o_1}} = \frac{1}{12\text{ cm}} - \frac{1}{(-34\text{ cm})} = \frac{23}{204\text{ cm}}$$

o

$$d_{i_2} = 8.9\text{ cm (imagen real)}$$

y

$$M_2 = -\frac{d_{i_1}}{d_{o_2}} = -\frac{8.9\text{ cm}}{(-34\text{ cm})} = 0.26\text{ (derecha y reducida)}$$

(*Nota:* el objeto virtual para L_2 era invertido, por lo que el término *derecha* quiere decir que también la imagen *final* es invertida.) El aumento total M_{total} es entonces

$$M_{\text{total}} = M_1 M_2 = (-3.0)(0.26) = -0.78$$

El signo se incluye en los aumentos. Se determina entonces que la imagen final real está a 8.9 cm al lado derecho (el lado de la imagen) de L_2, y que es invertida (signo negativo) con respecto al objeto inicial; además, es reducida.

Ejercicio de refuerzo. Supongamos que el objeto en la figura 23.19b estuviera a 30 cm frente a L_1. ¿Dónde se formaría la imagen en este caso, y cuáles serían sus características?

23.4 La ecuación del fabricante de lentes

OBJETIVOS: *a*) Describir la ecuación del fabricante de lentes, *b*) explicar cómo difiere de la ecuación de lentes delgadas y c) comprender la potencia de las lentes en dioptrías.

Exploración 35.5 Ecuación del fabricante de lentes

El análisis de las lentes delgadas biconvexas y bicóncavas que se ha hecho hasta ahora en este capítulo ha sido relativamente fácil. Sin embargo, hay una diversidad de formas de lentes, como se ilustra en la figura 23.14. Para éstas, el análisis se complica, pero es importante tomar en cuenta las distancias focales en las consideraciones ópticas, porque las lentes se tallan para fines y aplicaciones específicos.

La refracción de una lente depende de las formas de sus superficies y del índice de refracción de su material. Esas propiedades, en conjunto, determinan la distancia focal de una lente delgada. La distancia focal de una lente delgada se determina con la **ecuación del fabricante de lentes**, que expresa la distancia focal de una lente delgada *en el aire* ($n_{\text{aire}} = 1$), como sigue:

$$\frac{1}{f} = (n-1)\left(\frac{1}{R_1} + \frac{1}{R_2}\right) \quad \text{(para una lente delgada en el aire)} \qquad (23.8)$$

donde n es el índice de refracción del material de la lente y R_1 y R_2 son los radios de curvatura de las superficies primera (cara frontal) y segunda (cara posterior) de la lente, respectivamente. (La primera superficie es aquella a la que llega por primera vez la luz que emite un objeto.)

En la ecuación del fabricante de lentes se requiere tener una convención de signos (tabla 23.4). Los signos dependen sólo de la forma de la superficie, esto es, cóncava o convexa (▸figura 23.20). Para la lente biconvexa de la figura 23.20a, tanto R_1 como R_2 son positivos (ambas superficies son convexas) y para la lente bicóncava de la figura 23.20b, tanto R_1 como R_2 son negativos (ambas superficies son cóncavas).

Exploración 34.1 Lentes e índices de refracción variables

Si la lente está rodeada de otro medio que no sea aire, el primer término de la ecuación 23.8 se convierte en $(n/n_m) - 1$, donde n y n_m los índices de refracción del material de la lente y del medio que la rodea, respectivamente. Ahora se puede ver por qué algunas lentes convergentes en el aire se vuelven divergentes en el agua: si $n_m > n$, entonces f es negativa y la lente es divergente.

TABLA 23.4 Convenciones de signos en la ecuación del fabricante de lentes

Superficie convexa	R es positivo
Superficie cóncava	R es negativa
Superficie plana	$R = \infty$
Lente convergente (positiva)	f es positivo
Lente divergente (negativa)	f es negativa

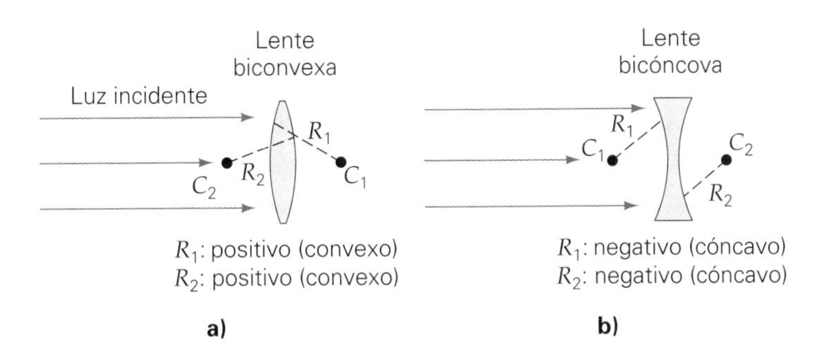

◀ **FIGURA 23.20 Centros de curvatura** Las lentes *a*) biconvexas y *b*) bicóncavas tienen dos centros de curvatura, como en esta lente biconvexa, que definen los signos de los radios de curvatura. Véase la tabla 23.4.

Potencia de la lente: dioptrías

Note que la ecuación del fabricante de lentes (23.8) maneja la inversa de la distancia focal, $1/f$. Los optometristas usan esta relación inversa para expresar la *potencia* (P) de una lente en unidades llamadas **dioptrías** (su símbolo es D). La potencia de la lente es el recíproco de su distancia focal expresada en *metros*:

$$P(\text{expresada en dioptrías}) = \frac{1}{f(\text{expresada en metros})} \tag{23.9}$$

Así, 1 D = 1 m^{-1}. La ecuación del fabricante de lentes expresa la potencia de una lente ($1/f$) en dioptrías, si los rayos de curvatura se expresan en metros.

Si usted usa lentes habrá notado que la prescripción del optometrista mencionaba dioptrías. Las lentes convergentes y divergentes se consideran como lentes positivas (+) y negativas (−), respectivamente. Así, si un optometrista prescribe anteojos de corrección con +2 dioptrías de potencia, se trata de lentes convergentes con distancia focal de

$$f = \frac{1}{P} = \frac{1}{+2\text{ D}} = \frac{1}{2\text{ m}^{-1}} = 0.50\text{ m} = +50\text{ cm}$$

Cuanto mayor sea la potencia de la lente en dioptrías, menor es su distancia focal, y es más fuertemente convergente o divergente. Así, para corregir un problema de la vista más severo, se requieren lentes de mayor potencia y menor f que en el caso de un problema que se considera leve.

Ejemplo integrado 23.10 ■ Una lente menisco convexa: convergente o divergente

La lente menisco convexa mostrada en la figura 23.14 tiene un radio de 15 cm para la superficie convexa y 20 cm para la superficie cóncava. La lente está hecha de vidrio crown y está rodeada de aire. *a*) La lente es 1) convergente o 2) divergente. Explique por qué. *b*) ¿Cuál es la distancia focal y la potencia de la lente?

a) Razonamiento conceptual. El índice de refracción del vidrio crown se indica en la tabla 22.1: $n = 1.52$. Para un menisco convexo, la primera superficie es convexa, así que R_1 es positivo; la segunda superficie es cóncava, así que R_2 es negativo. Como $R_1 = 15\text{ cm} < |R_2| = 20\text{ cm}$, $1/R_1 + 1/R_2$ será positivo. Por consiguiente, la lente es convergente (positiva), de acuerdo con la ecuación 23.8. Así que la respuesta correcta es la 1 (convergente).

b) Razonamiento cuantitativo y solución.

Dado: $R_1 = 15\text{ cm} = 0.15\text{ m}$
$R_2 = -20\text{ cm} = -0.20\text{ m}$
$n = 1.52$ (de la tabla 22.1 para vidrio crown)

Encuentre: f y P

De acuerdo con la ecuación 23.8, tenemos

$$\frac{1}{f} = (n-1)\left(\frac{1}{R_1} + \frac{1}{R_2}\right) = (1.52 - 1)\left(\frac{1}{0.15\text{ m}} + \frac{1}{-0.20\text{ m}}\right) - 0.867\text{ m}^{-1}$$

Así que $f = \dfrac{1}{0.867\text{ m}^{-1}} = +1.15\text{ m}$.

La potencia de la lente es $P = \dfrac{1}{f} = +0.867\text{ D}$.

Ejercicio de refuerzo. En este ejemplo, si la lente estuviera inmersa en agua, ¿cuáles serían sus respuestas?

*23.5 Aberraciones de las lentes

OBJETIVOS: *a*) Describir algunas de las aberraciones comunes de las lentes y *b*) explicar cómo se pueden reducir o corregir.

Las lentes, al igual que los espejos, también pueden generar aberraciones. A continuación se describirán algunas de las más frecuentes.

Aberración esférica

La explicación de las lentes, hasta ahora, se ha concentrado en rayos que están cerca del eje óptico. Sin embargo, al igual que los espejos esféricos, las lentes convergentes pueden presentar **aberración esférica**, que consiste en que los rayos paralelos que pasan por regiones distintas de una lente no se reúnen en un plano focal común. En general, los rayos cercanos al eje de una lente convergente se refractan menos, y se reúnen en un punto más alejado de la lente con respecto a los rayos que pasan por la periferia (▾figura 23.21a).

La aberración esférica se minimiza empleando un diafragma para reducir el área efectiva de la lente, de manera que sólo se transmitan rayos luminosos próximos al eje. También es conveniente utilizar combinaciones de lentes convergentes y divergentes, porque la aberración de una lente se compensa con las propiedades ópticas de otra.

Aberración cromática

Exploración 34.5 Índice de refracción y longitud de onda

La **aberración cromática** es un efecto que se debe a que el índice de refracción del material de una lente *no* es igual para todas las longitudes de onda de la luz (esto es, a que el material es dispersivo). Cuando incide luz blanca en una lente, los rayos transmitidos de diferentes longitudes de onda (colores) no tienen un foco común, y se producen imágenes de diversos colores en distintos lugares (figura 23.21b).

Esta aberración dispersiva se puede reducir al mínimo, aunque no eliminar, si se usa un sistema compuesto de lentes de distintos materiales, por ejemplo, de vidrio crown y vidrio flint. Se escogen las lentes de tal forma que la dispersión que genera una quede compensada con la dispersión contraria que produce la otra. Con un sistema de lentes de dos componentes, bien fabricado y que se llama *doblete acromático* (*acromático* significa "sin color"), es posible hacer que coincidan las imágenes en dos longitudes de onda seleccionadas.

▼ **FIGURA 23.21 Aberraciones de las lentes** ***a*)** Aberración esférica. En general, los rayos más cercanos al eje de una lente se refractan menos y se unen en un punto más alejado de la lente que los rayos que pasan por la periferia de ésta. ***b*)** Aberración cromática. A causa de la dispersión, las diversas longitudes de onda (colores) de la luz se enfocan en planos distintos, lo que ocasiona la distorsión de la imagen general.

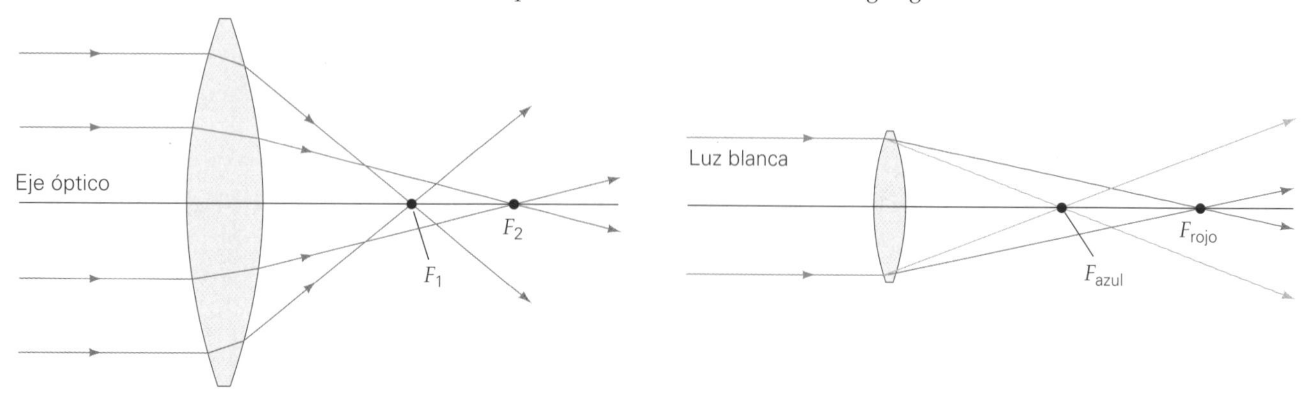

Astigmatismo

Un haz luminoso circular que va por el eje de una lente forma una área iluminada circular en ésta. Cuando incide en una lente convergente, el haz paralelo converge en el foco. Sin embargo, cuando a la superficie esférica convexa de una lente llega a un cono circular de luz procedente de una fuente fuera del eje, la luz forma una zona *elíptica* iluminada en la lente. Los rayos que entran siguiendo los ejes mayor y menor de la elipse se enfocan en puntos distintos, después de pasar por la lente. A esta condición se le llama **astigmatismo**.

Como hay distintos focos en diferentes planos, las imágenes en ambos planos son borrosas. Por ejemplo, la imagen de un punto deja de ser tal y se convierte en dos imágenes lineales cortas (puntos borrosos). Para reducir el astigmatismo hay que disminuir el área efectiva de la lente con un diafragma o agregando una lente cilíndrica para compensar.

Repaso del capítulo

- Los **espejos planos** forman imágenes virtuales, derechas y sin aumento. La distancia al objeto es igual a la distancia a la imagen ($d_o = d_i$).
- El **factor de amplificación** o **aumento lateral** para todos los espejos y las lentes es

$$M = -\frac{d_i}{d_o} \qquad (23.4, 23.6)$$

- Los **espejos esféricos** pueden ser cóncavos (convergentes) o convexos (divergentes). Los espejos esféricos divergentes siempre forman imágenes derechas, reducidas y virtuales.

La distancia focal de un espejo esférico es:

$$f = \frac{R}{2} \qquad (23.2)$$

Ecuación del espejo esférico:

$$\frac{1}{d_o} + \frac{1}{d_i} = \frac{1}{f} = \frac{2}{R} \qquad (23.3)$$

Forma alternativa:

$$d_i = \frac{d_o f}{d_o - f} \qquad (23.3a)$$

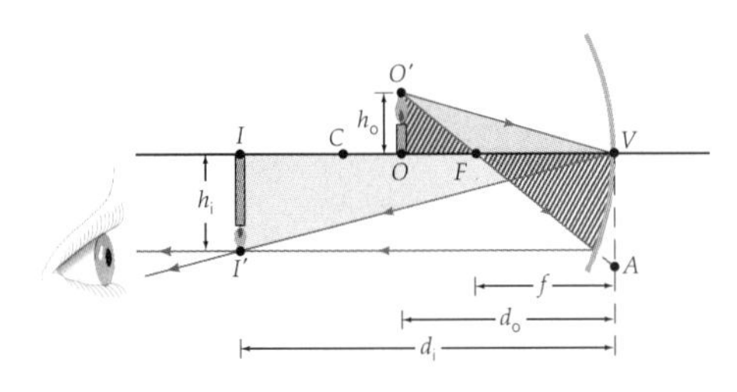

- Las lentes biesféricas pueden ser convexas (convergentes) o cóncavas (divergentes). Las lentes esféricas divergentes siempre forman imágenes derechas, reducidas y virtuales.

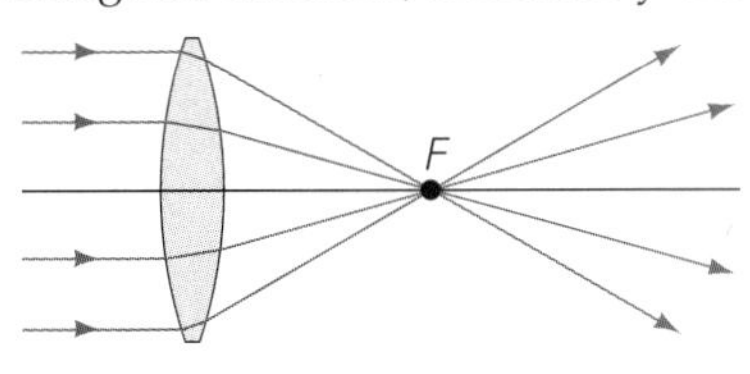

Lente convergente

- La **ecuación de la lente delgada** relaciona la distancia focal, la distancia al objeto y la distancia a la imagen:

$$\frac{1}{d_o} + \frac{1}{d_i} = \frac{1}{f} \qquad (23.5)$$

Forma alternativa:

$$d_i = \frac{d_o f}{d_o - f} \qquad (23.5a)$$

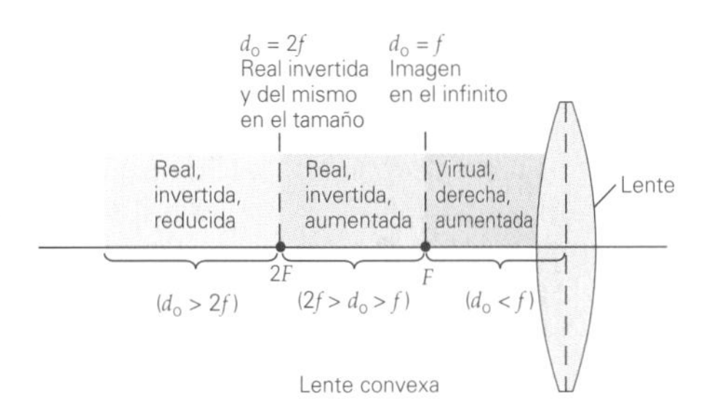

- La **ecuación del fabricante de lentes** se usa para calcular los radios de tallado y así obtener una lente de distancia focal determinada:

$$\frac{1}{f} = (n - 1)\left(\frac{1}{R_1} + \frac{1}{R_2}\right) \quad \text{(sólo para lente delgada en aire)} \quad (23.8)$$

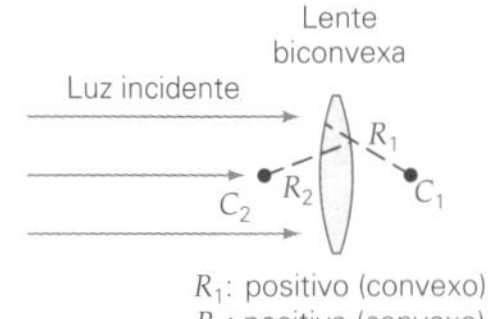

- La **potencia de la lente en dioptrías** (estando f en metros) se determina con

$$P = \frac{1}{f} \qquad (23.9)$$

Ejercicios

Los ejercicios designados **OM** *son preguntas de opción múltiple; los* **PC** *son preguntas conceptuales; y los* **EI** *son ejercicios integrados. A lo largo del texto, muchas secciones de ejercicios incluirán ejercicios "apareados". Estos pares de ejercicios, que se identifican con números subrayados, pretenden ayudar al lector a resolver problemas y aprender. El primer ejercicio de cada pareja (el de número par) se resuelve en la Guía de estudio, que puede consultarse si se necesita ayuda para resolverlo. El segundo ejercicio (de número impar) es similar, y su respuesta se da al final del libro.*

23.1 Espejos planos

1. **OM** Un espejo plano *a*) tiene mayor distancia a la imagen que distancia al objeto; *b*) produce una imagen virtual, derecha y sin aumento; *c*) cambia la orientación vertical de un objeto, o *d*) invierte las partes superior e inferior del objeto.

2. **OM** Un espejo plano *a*) produce imágenes tanto reales como virtuales, *b*) siempre produce una imagen virtual, *c*) siempre produce una imagen real o *d*) forma imágenes por reflexión difusa.

3. **OM** El aumento lateral de un espejo plano es *a*) mayor que 1, *b*) menor que 1, *c*) igual a +1, *d*) igual a –1.

4. **PC** ¿Qué es la distancia focal de un espejo plano? ¿Por qué?

5. **PC** Los espejos retrovisores para día y noche se usan con frecuencia en los automóviles. Por la noche se inclina el espejo hacia atrás, y se reduce la intensidad y el reflejo de los faros de los automóviles que van detrás (▾figura 23.22). El espejo tiene forma de cuña y está plateado en la cara trasera. Este efecto tiene que ver con las reflexiones de la superficie frontal y trasera. La superficie frontal, no plateada, refleja el 5% de la luz que le llega, y la superficie trasera, plateada, refleja el 90% de la luz incidente. Explique cómo funciona el retrovisor para día y noche.

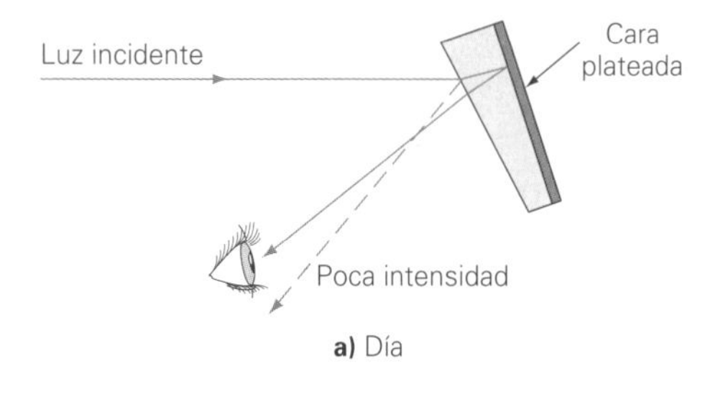

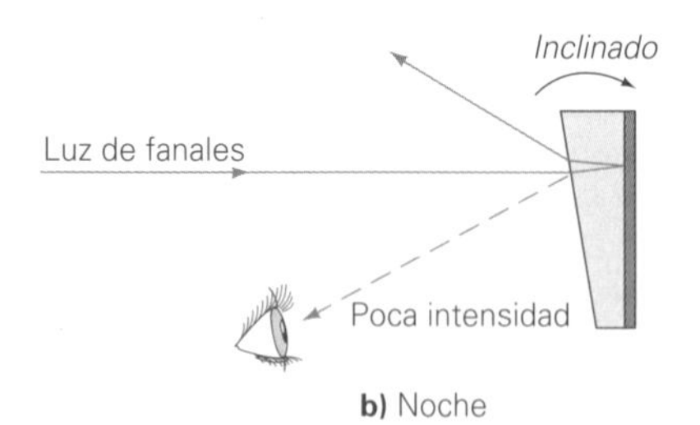

▲ **FIGURA 23.22 Espejo retrovisor de un automóvil** Véase el ejercicio 5.

6. **PC** Al estar de pie frente a un espejo plano, es evidente la inversión derecha-izquierda. *a*) ¿Por qué no hay inversión arriba-abajo? *b*) Podría usted lograr una inversión arriba-abajo aparente colocando su cuerpo de forma distinta?

7. **PC** ¿Por qué algunas ambulancias tienen el letrero AIƆИA⅃UBMA (▾figura 23.23) impreso al frente?

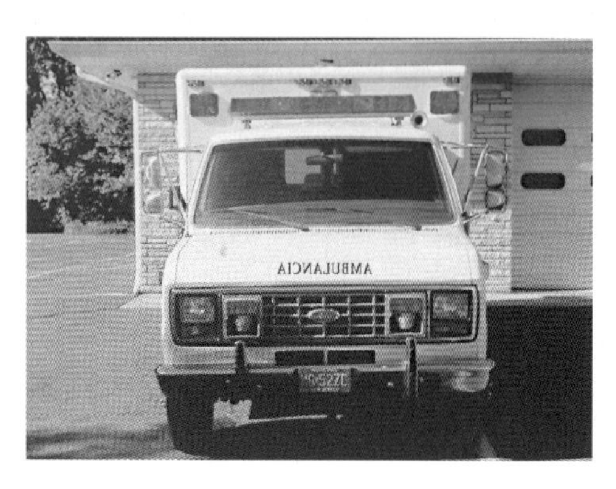

▲ **FIGURA 23.23 Hacia atrás y al revés** Véase el ejercicio 7.

8. **PC** ¿Se puede proyectar una imagen virtual en una pantalla? ¿Por qué?

9. ● Una persona se pone de pie a 2.0 m de un espejo plano. *a*) ¿Cuál es la distancia aparente entre la persona y su imagen? *b*) ¿Cuáles son las características de la imagen?

10. ● Un objeto de 5.0 cm de altura se coloca a 40 cm de un espejo plano. Calcule *a*) la distancia del objeto a la imagen, *b*) la altura de la imagen y *c*) el aumento de la imagen.

11. ● Usted se coloca de pie frente a un espejo plano de 2.5 m, con cámara en mano para tomarse una foto. ¿A qué distancia debe enfocar manualmente la cámara para obtener una buena imagen?

12. ●● Si usted sostiene un espejo plano y cuadrado, de 900 cm^2, a 45 cm de sus ojos y justo alcanza a ver el asta de la bandera que hay detrás de usted y que mide 8.5 de longitud, ¿qué tan lejos está usted del asta? [*Sugerencia:* elaborar un diagrama le será útil.]

13. ●● Un perro pequeño está a 1.5 m frente a un espejo plano. *a*) ¿Dónde está la imagen del perro en relación con el espejo? *b*) Si el animal salta hacia el espejo con una velocidad de 0.50 m/s, ¿con qué velocidad se acerca a su imagen?

14. **EI** ●● Una señora se arregla el cabello de la parte posterior de su cabeza y sostiene un espejo plano a 30 cm frente a su cara para verse en un espejo plano de su baño, que está atrás de ella. Ella está a 90 cm del espejo del baño. *a*) La imagen de la parte posterior de su cabeza estará 1) sólo en el espejo que tiene enfrente, 2) sólo en el espejo de la pared o 3) en ambos espejos. *b*) ¿Aproximadamente a qué distancia parece estar frente a ella la imagen de su nuca?

15. **EI** ●● *a*) Cuando usted está de pie entre dos espejos planos, en las paredes opuestas de un estudio de baile, observa 1) una, 2) dos o 3) varias imágenes. Explique por qué. *b*) Ahora está a 3.0 m del espejo de la pared norte, y a 5.0 m del de la pared sur; ¿cuáles son las distancias a las dos primeras imágenes en ambos espejos?

16. ●● Una mujer de 1.7 m de estatura se coloca de pie a 3.0 m frente a un espejo plano. *a*) ¿Cuál es la altura mínima que debe tener el espejo para que ella vea su imagen completa, desde la coronilla hasta la punta de los pies? Suponga que sus ojos están 10 cm debajo de la coronilla. *b*) ¿Cuál sería la altura mínima necesaria del espejo, si se colocara a 5.0 m de distancia?

17. ●● Demuestre que para un espejo plano, $d_o = d_i$ (igual magnitud). [*Sugerencia:* véase la figura 23.2 y utilice triángulos semejantes e idénticos.]

18. ●●● Dibuje diagramas de rayos que indiquen cómo se forman tres imágenes de un objeto en dos espejos planos en ángulo recto, como se ve en la figura ▼23.24a. [*Sugerencia:* examine rayos que procedan de ambos extremos del objeto en el dibujo de cada imagen.] La figura 23.24b presenta un caso similar, desde un punto de vista distinto, que produce cuatro imágenes. Explique la imagen adicional que se ve en este caso.

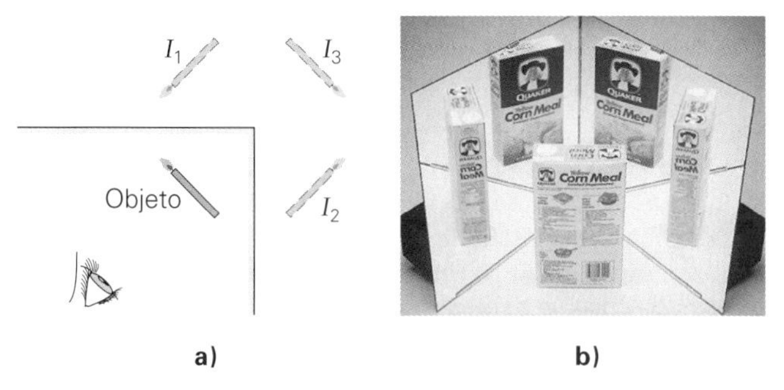

▲ **FIGURA 23.24 Dos espejos, varias imágenes** Véase el ejercicio 18.

23.2 Espejos esféricos

19. **OM** ¿Cuál de las siguientes afirmaciones acerca de los espejos esféricos es correcta? *a*) Un solo espejo convergente puede producir una imagen virtual invertida. *b*) Un solo espejo divergente puede producir una imagen virtual invertida. *c*) Un espejo divergente puede producir una imagen real e invertida. *d*) Un espejo convergente puede producir una imagen real invertida.

20. **OM** La imagen que produce un espejo convexo siempre es *a*) virtual y derecha, *b*) real y derecha, *c*) virtual e invertida o *d*) real e invertida.

21. **OM** Un espejo para afeitarse o maquillarse se utiliza para formar una imagen que es más grande que el objeto. El espejo es *a*) cóncavo, *b*) convexo, *c*) plano.

22. **PC** *a*) ¿Qué utilidad tiene un espejo dual en un automóvil o camión, como el de la ▸figura 23.25? *b*) Algunos espejos retrovisores del lado del pasajero, en los automóviles, tienen una advertencia: "LOS OBJETOS EN EL ESPEJO ESTÁN MÁS CERCA DE LO QUE PARECEN". Explique por qué. *c*) ¿Se podría considerar que una antena parabólica de TV para satélite es un espejo convergente? Explique por qué.

▲ **FIGURA 23.25 Aplicaciones de los espejos** Véase el ejercicio 22.

23. **PC** *a*) Al mirar una cuchara brillante se ve una imagen invertida por una de sus caras, y una imagen derecha en la otra (▼figura 23.26). (Haga la prueba.) ¿Por qué se ven así? *b*) ¿Se podrían ver imágenes derechas en ambas caras? Explique su respuesta.

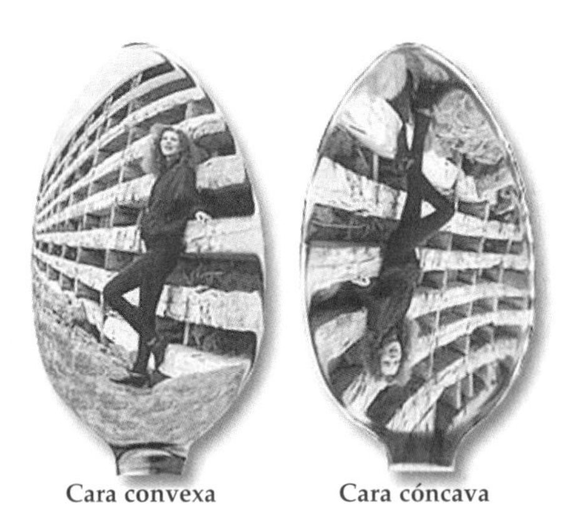

▲ **FIGURA 23.26 Reflexiones en superficies cóncavas y convexas** Véase el ejercicio 23.

24. **PC** *a*) Un espejo de 10 cm de altura tiene la siguiente leyenda: "Mini espejo de cuerpo completo. Vea todo su cuerpo en 10 cm". ¿Cómo es posible esto? *b*) Una novedad muy común consiste en un espejo cóncavo con una bolita suspendida en el centro de curvatura, o ligeramente dentro (▼figura 23.27). Cuando la bolita oscila hacia el espejo, su imagen crece y de repente llena todo el espejo. La imagen parece saltar fuera del espejo. Explique lo que sucede.

▲ **FIGURA 23.27 Juguete con espejo esférico.** Véase el ejercicio 24.

25. **PC** ¿Cómo se determina de forma experimental la distancia focal de un espejo cóncavo? ¿Se puede hacer lo mismo para un espejo convexo?

26. **PC** ¿Es posible que un espejo convexo produzca una imagen que sea más alta que el objeto? ¿Por qué?

27. **EI** ● Un objeto está a 30 cm frente a un espejo convexo, cuya distancia focal es de 60 cm. *a*) Con un diagrama de rayos, determine si la imagen es 1) real o virtual, 2) derecha o invertida y 3) mayor o menor que el objeto. *b*) Calcule la distancia a la imagen y la altura de ésta.

28. ● Un objeto de 3.0 cm de altura se coloca a 20 cm frente a un espejo cóncavo, cuyo radio de curvatura es de 30 cm. ¿Dónde se forma la imagen y qué altura tiene?

29. ● Si el objeto del ejercicio 28 se mueve a un lugar a 10 cm frente al espejo, ¿cuáles serán las características de su imagen?

30. ● Una vela cuya flama mide 1.5 cm de altura se coloca a 5.0 cm al frente de un espejo cóncavo. Se produce una imagen virtual a 10 cm del vértice del espejo. *a*) Calcule la distancia focal y el radio de curvatura del espejo. *b*) ¿Qué altura tiene la imagen de la llama?

31. ●● Use la ecuación del espejo y el factor de aumento para demostrar que cuando en un espejo cóncavo $d_o = R = 2f$, la imagen es real, invertida y del mismo tamaño que el objeto.

32. ●● Un objeto de 3.0 cm de altura se coloca en distintos lugares frente a un espejo cóncavo, cuyo radio de curvatura es de 30 cm. Calcule la ubicación de la imagen y sus características, cuando la distancia al objeto es de 40, 30, 15 y 5.0 cm, mediante *a*) un diagrama de rayos y *b*) la ecuación del espejo.

33. **EI** ●● Se produce una imagen virtual con +0.50 de aumento cuando se coloca un objeto frente a un espejo esférico. *a*) El espejo es 1) convexo, 2) cóncavo o 3) plano. Explique por qué. *b*) Calcule el radio de curvatura del espejo, si el objeto está a 7.0 cm frente a él.

34. ●● Una botella de 6.0 cm de largo se localiza a 75 cm de la superficie cóncava de un espejo cuyo radio de curvatura es de 50 cm. ¿Dónde se localiza la imagen y cuáles son sus características?

35. **EI** ●● Un espejo para afeitar tiene +4.00 de aumento. *a*) Ese espejo es 1) convexo, 2) cóncavo o 3) plano. ¿Por qué? *b*) ¿Cuál es la distancia focal del espejo, si la cara se coloca a 10 cm frente al espejo?

36. ●● Con la ecuación del espejo esférico y el factor de aumento, demuestre que para un espejo cóncavo en el que $d_o < f$, la imagen de un objeto siempre es virtual, derecha y aumentada.

37. ●● Con la ecuación del espejo esférico y el factor de aumento, demuestre que en un espejo convexo la imagen de un objeto siempre es virtual, derecha y reducida.

38. ●● Un espejo cóncavo para maquillaje produce una imagen virtual que es 1.5 veces el tamaño de una persona cuya cara está a 20 cm del mismo. *a*) Dibuje un diagrama de rayos de esta situación. *b*) ¿Cuál es la distancia focal del espejo?

39. **EI** ●● La imagen de un objeto colocado a 30 cm de un espejo se forma en una pantalla localizada a 20 del espejo. *a*) El espejo es 1) convexo, 2) cóncavo o 3) plano. ¿Por qué? *b*) ¿Cuál es el radio de curvatura del espejo?

40. **EI** ●● La imagen derecha de un objeto a 18 cm frente a un espejo tiene la mitad del tamaño del objeto. *a*) El espejo es 1) convexo, 2) cóncavo o 3) plano. ¿Por qué? *b*) ¿Cuál es la distancia focal del espejo?

41. **EI** ●● Un espejo cóncavo tiene +3.0 de aumento cuando un objeto se coloca a 50 cm frente él. *a*) El tipo de imagen que se produce es 1) virtual y derecha, 2) real y derecha, 3) virtual e invertida, 4) real e invertida. Explique por qué. *b*) Determine el radio de curvatura del espejo.

42. ●● Un espejo cóncavo de afeitar se fabrica de tal forma que un hombre a una distancia de 20 cm de éste ve su imagen aumentada 1.5 veces. ¿Cuál es el radio de curvatura del espejo?

43. ●● Un niño observa en una esfera de Navidad, de 9.0 cm de diámetro, y ve una imagen de su cara que mide la mitad del tamaño real. ¿A qué distancia está el niño de la esfera?

44. **EI** ●● Un dentista utiliza un espejo esférico que produce una imagen derecha de un diente, aumentado cuatro veces. *a*) El espejo es 1) convergente, 2) divergente o 3) plano. ¿Por qué? *b*) ¿Cuál es la distancia focal del espejo en función de la distancia al objeto?

45. ●● Se coloca un lápiz de 15 cm de longitud, con su goma en el eje óptico de un espejo cóncavo y su punta hacia arriba, 20 cm enfrente del espejo. El radio de curvatura del espejo es de 30 cm. Utilice *a*) un diagrama de rayos y *b*) la ecuación del espejo para ubicar la imagen y determinar sus características.

46. **EI** ●● Un frasco de píldoras de 3.0 cm de altura se coloca a 12 cm frente a un espejo. Se forma una imagen derecha de 9.0 cm de altura. *a*) El espejo es 1) convexo, 2) cóncavo o 3) plano. ¿Por qué? *b*) ¿Cuál es su radio de curvatura?

47. ●● Un espejo esférico, en un parque de diversiones, muestra a quienquiera que se pare a 2.5 m frente a él, su imagen aumentada al doble. ¿Cuál es el radio de curvatura del espejo?

48. ●●● Para valores de d_o desde 0 hasta ∞, *a*) trace gráficas de 1) d_i en función de d_o y 2) M en función de d_o para un espejo convergente. *b*) Trace los mismos diagramas, pero para un espejo divergente.

49. ●●● La superficie anterior de un cubo de vidrio de 5.0 cm por lado se coloca a una distancia de 30.0 cm de un espejo convergente, cuya distancia focal es de 20 cm. *a*) ¿Dónde se ubican las imágenes de las caras anterior y posterior del cubo, y cuáles son las características de esas imágenes? *b*) ¿La imagen sigue siendo la de un cubo?

50. ●●● Un casquete esférico está plateado por ambas caras. Si el aumento que produce en un objeto es de +1.8 cuando el casquete se usa como espejo cóncavo, ¿cuál es el aumento de un objeto a la misma distancia del lado convexo?

51. **EI ●●●** Un espejo cóncavo, cuyo radio de curvatura mide 20 cm, forma una imagen que tiene el doble de altura del objeto. *a*) Podría haber 1) una, 2) dos 3) tres distancias al objeto que satisfacen las características de la imagen. Explique por qué. *b*) ¿Cuáles son las distancias al objeto?

52. **●●●** En el exterior de muchos camiones, del lado del pasajero, hay un espejo convexo (ejercicio 22a). Si la distancia focal de uno de esos espejos es de −40.0 cm, ¿cuál será la ubicación y la altura de la imagen de un automóvil de 2.0 m de altura y *a*) a 100 m detrás del camión y *b*) a 10.0 m frente al espejo?

53. **●●●** Dos alumnos en un laboratorio de física tienen, cada uno, un espejo cóncavo del mismo radio de curvatura: 40 cm. Cada estudiante coloca un objeto frente a su espejo. En ambos espejos, la imagen tiene tres veces el tamaño del objeto. Sin embargo, cuando los alumnos comparan sus notas, ven que las distancias al objeto no son iguales. ¿Es posible esto? En caso afirmativo, ¿cuáles son las distancias al objeto?

23.3 Lentes

54. **OM** La imagen producida por una lente divergente siempre es *a*) virtual y aumentada, *b*) real y aumentada, *c*) virtual y reducida o *d*) real y reducida.

55. **OM** Una lente convergente *a*) debe tener al menos una superficie convexa; *b*) no puede producir una imagen virtual y reducida, *c*) es más gruesa en su centro que en su periferia o *d*) todo lo anterior.

56. **OM** Si un objeto se coloca en el foco de una lente convergente, la imagen está *a*) en cero, *b*) también en el foco, *c*) a una distancia igual al doble de la distancia focal, *d*) en el infinito.

57. **PC** Explique por qué un pez dentro de una pecera esférica se ve, desde el exterior, más grande de lo que realmente es.

58. **PC** ¿Una lente convergente puede formar una imagen virtual de un objeto real? Si es así, ¿en qué condiciones?

59. **PC** ¿Cómo se podría determinar con rapidez la distancia focal de una lente convergente? ¿Funcionará ese método con lentes divergentes?

60. **PC** Si se quiere usar una lente convergente para diseñar un proyector sencillo de filminas y proyectar la imagen amplificada de un texto pequeño en una pantalla colocada en la pared, ¿a qué distancia se debe colocar el objeto frente a la lente?

61. **●** Un objeto se coloca a 50.0 cm frente a una lente convergente de 10.0 cm de distancia focal. ¿Cuáles son la distancia a la imagen y el aumento lateral?

62. **●** Un objeto se coloca a 30 cm frente a una lente convergente, y forma una imagen a 15 cm detrás de la lente. ¿Cuál es la distancia focal de la lente?

63. **●** Con una lente convergente de 20 cm de longitud focal se produce una imagen en una pantalla que está a 2.0 m de la lente. ¿Cuál es la distancia al objeto?

64. **EI ●●** Un objeto de 4.0 cm de altura está frente a una lente convergente, cuya distancia focal es de 22 cm. El objeto está a 15 cm de la lente. *a*) Con un diagrama de rayos, determine si la imagen es 1) real o virtual, 2) derecha o invertida y 3) mayor o menor que el objeto. *b*) Calcule la distancia a la imagen y el aumento lateral.

65. **●●** *a*) Diseñe la lente de un proyector de transparencias que forme una imagen nítida en una pantalla a 4.0 m de distancia, con las transparencias a 6.0 cm de la lente. *b*) Si el objeto en una transparencia tiene 1.0 cm de altura, ¿qué altura tendrá la imagen en la pantalla, y cómo se debe colocar la diapositiva en el proyector?

66. **●●** Utilice la ecuación de lentes delgadas y el factor de aumento para demostrar que en el caso de una lente divergente esférica, la imagen de un objeto real siempre es virtual, derecha y reducida.

67. **●●** Una lente biconvexa tiene 0.12 m de distancia focal. ¿Dónde se debe colocar un objeto en el eje de la lente para obtener *a*) una imagen real, con aumento de 2.0 y *b*) una imagen virtual con un aumento de 2.0?

68. **●●** Un objeto se coloca frente a una lente bicóncava, cuya distancia focal es de −18 cm. ¿Dónde se ubica la imagen, y cuáles son sus características si la distancia al objeto es *a*) 10 cm y *b*) 25 cm? Trace diagramas de rayos para cada caso.

69. **●●** Una lente biconvexa produce una imagen real e invertida de un objeto, aumentada 2.5 veces cuando ese objeto está a 20 cm de la lente. ¿Cuál es la distancia focal de la lente?

70. **●●** Una cámara sencilla tiene una sola lente (biconvexa) y con ella se fotografía a un hombre de 1.7 m de altura, que está de pie a 4.0 m de la cámara. Si la imagen del hombre llena la longitud (35 mm) de un negativo, ¿cuál es la distancia focal de la lente?

71. **●●** Para fotografiar la Luna llena, una persona usa una cámara de 60 mm de distancia focal. ¿Cuál será el diámetro de la imagen de la Luna en la película? [*Nota:* en la tercera de forros de este libro se encuentran datos importantes de la Luna.]

72. **●●** *a*) Para valores de d_o desde 0 hasta ∞, dibuje gráficas para 1) d_i en función de d_o y 2) M en función de d_o para una lente convergente. *b*) Trace gráficas similares para una lente divergente. (Compare con el ejercicio 48.)

73. **●●** Un objeto se coloca a 40 cm de una pantalla. *a*) ¿En qué punto entre el objeto y la pantalla debe colocarse una lente convergente de 10 cm de distancia focal, para producir una imagen nítida en la pantalla? *b*) ¿Cuál es el aumento de esa lente?

74. **●●** Un objeto de 5.0 cm de alto está a 10 cm de una lente cóncava. La imagen producida tiene la quinta parte del tamaño del objeto. ¿Cuál es la distancia focal de la lente?

75. **●●** *a*) Para una lente biconvexa, ¿cuál es la distancia *mínima* entre un objeto y su imagen, si esta última es real? *b*) ¿Cuál es la distancia si la imagen es virtual?

76. **●●** Use la ▾ figura 23.28 para deducir *a*) la ecuación de la lente delgada y *b*) la ecuación del aumento para una lente delgada. [*Sugerencia:* utilice triángulos semejantes.]

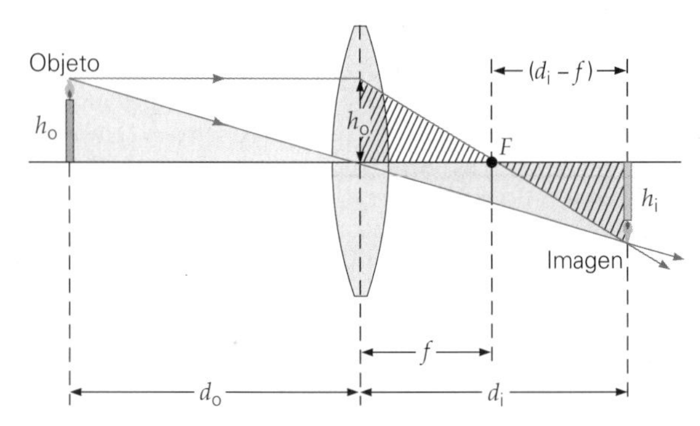

▲ **FIGURA 23.28 La ecuación de las lentes delgadas** Geometría para deducir la ecuación de las lentes delgadas (y su factor de aumento). Observe los dos conjuntos de triángulos semejantes. Véase el ejercicio 76.

77. ●● *a*) Si se sujeta un libro a 30 cm de una lente de anteojos con −45 cm de distancia focal, ¿dónde se forma la imagen de sus páginas? *b*) Si se usa una lupa de +57 cm de distancia focal, ¿dónde se forma la imagen?

78. **EI** ●● Un alumno de biología quiere examinar un pequeño insecto con una amplificación de +5.00. *a*) Debería utilizar una lente 1) convexa, 2) cóncava o 3) plana. Explique por qué. *b*) Si el insecto está a 5.00 cm de la lente, ¿cuál es la distancia focal de ésta?

79. ●● En una práctica de campo, un alumno de biología examina un pequeño insecto con una lupa. Si ve al insecto aumentado por un factor de 3.5 cuando sostiene la lupa a 3.0 cm de él, ¿cuál es la distancia focal de la lupa?

80. ●● El ojo humano es un complejo sistema de lentes múltiples. Sin embargo, cuando el ojo está relajado, se aproxima a una sola lente convergente equivalente con una distancia focal promedio de 1.7 cm. Si un ojo está viendo un árbol de 2.0 m de alto localizado enfrente a 15 m, ¿cuáles son la altura y la orientación de la imagen del árbol en la retina?

81. ●●● En la ▾figura 23.29 se ilustra la geometría de un microscopio compuesto, formado por dos lentes convergentes. (En el capítulo 25 veremos más detalles de los microscopios.) Las distancias focales del objetivo y el ocular son 2.8 mm y 3.3 cm, respectivamente. Si un objeto se coloca a 3.0 mm del objetivo, ¿dónde se ubica la imagen final y qué tipo de imagen es?

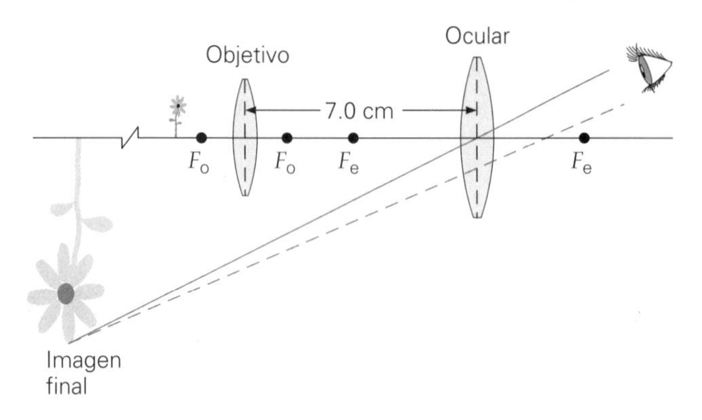

▲ **FIGURA 23.29 Microscopio compuesto**
Véase el ejercicio 81.

82. ●●● Dos lentes convergentes, L_1 y L_2, tienen 30 y 20 cm de distancia focal, respectivamente. Las lentes se colocan a 60 cm de distancia en el mismo eje, y se coloca un objeto a 50 cm de L_1, en el lado contrario a L_2. ¿Dónde se forma la imagen, en relación con L_2, y cuáles son sus características?

83. ●●● Para una combinación de lentes, demuestre que el aumento total es $M_{total} = M_1 M_2$. [*Sugerencia:* examine la definición de aumento.]

84. ●●● Demuestre que para lentes delgadas de distancias focales f_1 y f_2, en contacto mutuo, la distancia focal efectiva (f) es

$$\frac{1}{f} = \frac{1}{f_1} + \frac{1}{f_2}$$

23.4 La ecuación del fabricante de lentes y *23.5 Aberraciones de las lentes

85. **OM** La potencia de una lente se expresa en unidades de *a*) watts, *b*) dioptrías, *c*) metros, *d*) tanto *b* como *c*.

86. **OM** Una aberración de lente causada por la dispersión se llama *a*) aberración esférica, *b*) aberración cromática, *c*) aberración refringente, *d*) ninguna de las opciones anteriores es válida.

87. **OM** La distancia focal de un bloque rectangular de vidrio es *a*) cero, *b*) infinita, *c*) no está definida.

88. **PC** Determine los signos de R_1 y R_2 para cada lente de la figura 23.14.

89. **PC** Cuando usted abre sus ojos bajo el agua, ve todo borroso. Sin embargo, si usa *goggles*, podrá ver con claridad. Explique por qué.

90. **PC** Una lente que es convergente en el aire, se sumerge en un fluido cuyo índice de refracción es mayor que el de la lente. ¿Sigue siendo convergente esa lente?

91. **PC** *a*) Cuando se sumerge en agua una lente con $n = 1.60$, ¿cambia su distancia focal? Si es así, ¿en qué forma? *b*) ¿Cuál sería el caso de una lente sumergida cuyo índice de refracción fuera menor que el del fluido?

92. ● Un optometrista prescribió a un alumno miope unos anteojos con −2.0 D de potencia. ¿Cuál es la distancia focal de los anteojos?

93. ● Un adulto mayor con hipermetropía necesita anteojos con una distancia focal de 25 cm. ¿Cuál es la potencia de los anteojos?

94. ●● Un optometrista prescribe anteojos de corrección con +1.5 D de potencia. El fabricante de lentes toma un vidrio materia prima, cuyo índice de refracción es 1.6, y que tiene una superficie delantera convexa con 20 cm de radio de curvatura. ¿A qué radio de curvatura debe tallar la otra superficie?

95. ●● Una lente plano-cóncava de plástico tiene 50 cm de radio de curvatura en su superficie cóncava. Si el índice de refracción del plástico es 1.35, ¿cuál es la potencia de la lente?

96. **EI ●●** Una lente de contacto menisco convexa (figura 23.14) está hecha de un plástico cuyo índice de refracción es 1.55. La lente tiene un radio frontal de 2.50 cm y un radio posterior de 3.00 cm. *a*) Los signos de R_1 y R_2 son 1)+, +, 2) +, −, 3) −, +, 4) −, −. Explique por qué. *b*) ¿Cuál es la distancia focal de la lente?

97. **●●** Una lente convergente de vidrio, con índice de refracción de 1.62, tiene una distancia focal de 30 cm en el aire. ¿Cuál es su distancia focal cuando esa lente se sumerge en agua?

98. **EI ●●●** Una lente biconvexa es de vidrio con índice de refracción 1.6. Tiene un radio de curvatura de 30 cm en una superficie y 40 cm en la otra. *a*) Si la lente pasa del aire al agua, su distancia focal 1) aumentará, 2) permanecerá igual o 3) disminuirá? ¿Por qué? *b*) Calcule la distancia focal de esta lente en el aire y bajo el agua.

Ejercicios adicionales

99. Un método para determinar la distancia focal de una lente divergente se llama *autocolimación*. Como se ve en la ▾figura 23.30, primero se proyecta una imagen nítida de una fuente luminosa en una pantalla, mediante una lente convergente. Después se sustituye la pantalla por un espejo plano. En el tercer paso se coloca una lente divergente entre la lente convergente y el espejo. La luz se refleja en el espejo y regresa por el sistema de lente compuesto, formando una imagen en una pantalla cercana a la fuente luminosa. Esta imagen se enfoca ajustando la distancia entre la lente divergente y el espejo. La distancia a la cual la imagen es más nítida es igual a la distancia focal de la lente. Explique por qué es efectivo este método.

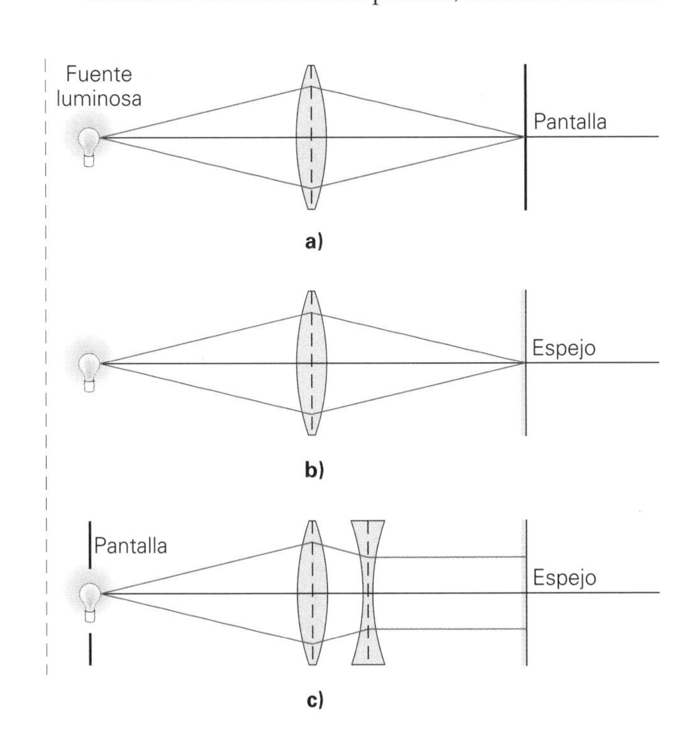

▲ **FIGURA 23.30 Autocolimación** Véase el ejercicio 99.

100. Para la configuración de la ▾figura 23.31, se coloca un objeto a 0.40 m frente a la lente convergente, cuya distancia focal es de 0.15 m. Si el espejo cóncavo tiene 0.13 m de distancia focal, ¿dónde se forma la imagen final y cuáles son sus características?

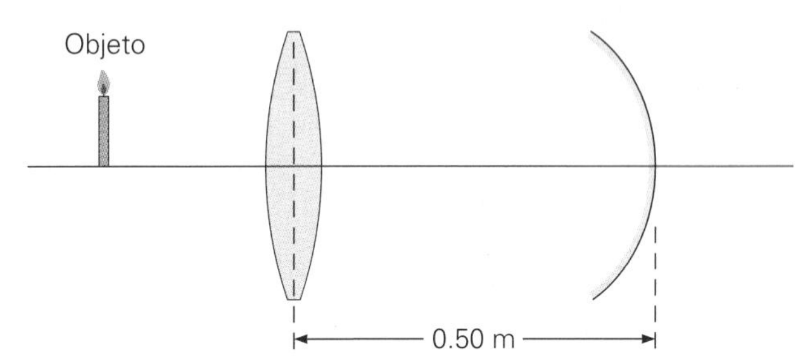

▲ **FIGURA 23.31 Combinación de lente y espejo** Véase el ejercicio 100.

101. Dos lentes, cada una con +10 D de potencia, se colocan a 20 cm de distancia a lo largo del mismo eje. Si un objeto está a 60 cm de la primera, en el lado opuesto de la segunda, ¿dónde se forma la imagen final, en relación con la primera lente, y cuáles son sus características?

102. Demuestre que el aumento, para los objetos cercanos al eje óptico de un espejo convexo, es $|M| = d_i/d_o$. [*Sugerencia:* utilice un diagrama de rayos, con los rayos reflejados en el vértice del espejo.]

103. Un objeto está a 15 cm de una lente convergente de 10 cm de distancia focal. En el lado opuesto de esa lente, a 60 cm de distancia, hay una lente convergente de 20 cm de distancia focal. ¿Dónde se forma la imagen final y cuáles son sus características?

104. *a*) Con diagramas de rayos, demuestre que un rayo paralelo al eje óptico de una lente biconvexa se refracta hacia el eje, en la superficie de incidencia, y de nuevo hacia el centro en la superficie de salida. *b*) Demuestre que esto también es válido para una lente bicóncava, pero con ambas refracciones alejándose del eje.

Los siguientes problemas de física Physlet se pueden utilizar con este capítulo.
33.1, 33.2, 33.3, 33.4, 33.5, 33.6, 33.7, 33.8, 34.4, 35.1, 35.2, 35.3, 35.4, 35.5, 35.6, 35.7, 35.8, 35.9, 35.10

CAPÍTULO

24

ÓPTICA FÍSICA: LA NATURALEZA ONDULATORIA DE LA LUZ

HECHOS DE FÍSICA

- Algunas fuentes afirman que Thomas Young, quien fue el primero en demostrar la naturaleza ondulatoria de la luz, podía leer a la edad de dos años y que leyó la Biblia en dos ocasiones cuando era niño.
- En un DVD-ROM, la distancia entre pistas es de 0.74 μm, mientras que en un CD-ROM es de 1.6 μm. En comparación, el diámetro de un cabello humano mide entre 50 y 150 μm. Las pistas tanto de los DVD-ROM como de los CD-ROM, en realidad, dividen los cabellos.
- Las señales AM de radio se escuchan mejor en algunas áreas que las de FM. Esto se debe a que las ondas AM, que son más largas, se difractan más fácilmente alrededor de los edificios y de otros obstáculos.
- La luz del cielo es parcialmente polarizada. Se cree que algunos insectos, como las abejas, utilizan la luz del cielo polarizada para determinar sus direcciones de navegación con respecto al Sol.
- Para un observador en Tierra, Marte, el "planeta rojo", aparece rojizo porque el material de su superficie contiene óxido de hierro. La oxidación del hierro en la Tierra produce óxido de hierro.

Siempre es intrigante ver los colores brillantes que producen los objetos que, como sabemos, no tienen colores propios. Por ejemplo, el vidrio de un prisma, que es incoloro y transparente, produce todo un conjunto de colores cuando lo atraviesa la luz blanca. Los prismas, al igual que las gotitas de agua que producen el arco iris, no crean colores. Tan sólo separan las distintas longitudes de onda que forman la luz blanca.

Los fenómenos de reflexión y refracción se analizan en forma adecuada recurriendo a la óptica geométrica (capítulo 22). Los diagramas de rayos (capítulo 23) indican lo que sucede cuando la luz se refleja en un espejo o cuando pasa por una lente. Sin embargo, hay otros fenómenos donde interviene la luz, por ejemplo las figuras de interferencia de la foto de esta página (véase el pliego a color al final del libro), que no se pueden explicar ni describir con el concepto de rayo, porque ese concepto no tiene en cuenta la naturaleza ondulatoria de la luz. Otros fenómenos ondulatorios son la difracción y la polarización.

La **óptica física**, u **óptica ondulatoria**, tiene en cuenta las propiedades ondulatorias que en la óptica geométrica se ignoran. La teoría ondulatoria de la luz conduce a explicaciones satisfactorias de los fenómenos que no se pueden analizar mediante rayos. Así, en este capítulo, se usará la naturaleza ondulatoria de la luz para analizar fenómenos como la interferencia y la difracción.

Se debe usar la óptica ondulatoria para explicar cómo se propaga la luz alrededor de objetos pequeños o a través de diminutas aberturas. Vemos esto en la vida cotidiana con los delgados surcos en los CD, DVD y en otros artículos. Se considera que un objeto o una abertura son pequeños si sus dimensiones son del orden de magnitud de la longitud de onda de la luz.

24.1 El experimento de Young de la doble rendija

OBJECTIVOS: *a*) Explicar cómo el experimento de Young demuestra la naturaleza ondulatoria de la luz y *b*) calcular la longitud de onda de la luz a partir de los resultados experimentales.

Se ha afirmado que la luz se comporta como una onda, pero hasta el momento no se ha analizado ninguna prueba de esta aseveración. ¿Cómo demostraría usted la naturaleza ondulatoria de la luz? El científico inglés Thomas Young (1773-1829) ideó un método para ello, que implica el uso de la interferencia. El **experimento de Young de la doble rendija** no sólo demuestra la naturaleza ondulatoria de la luz, sino que también permite medir su longitud de onda. En esencia, se demuestra que la luz es una onda si presenta propiedades ondulatorias, como la interferencia y la difracción.

Recuerde que —como vimos en la descripción de la interferencia de ondas en las secciones 13.4 y 14.4—, las ondas superpuestas pueden interferir en forma constructiva o destructiva. La interferencia constructiva se presenta cuando se sobreponen dos crestas, y la interferencia destructiva se presenta cuando se sobreponen una cresta y un valle. Este fenómeno se puede observar en las ondas en el agua, en donde las interferencias constructivas y destructivas producen obvias figuras de interferencia (▸figura 24.1).

▲ **FIGURA 24.1 Interferencia de ondas en agua** La interferencia constructiva y destructiva de las ondas procedentes de dos fuentes coherentes en el agua de un estanque produce figuras de interferencia.

Nota: compare la figura 24.1 con la 14.8a.

La interferencia de las ondas luminosas (visibles) no se observa con tanta facilidad porque sus longitudes de onda son relativamente cortas ($\approx 10^{-7}$ m) y porque no son monocromáticas (de una sola frecuencia). Además, sólo se producen figuras estacionarias de interferencia cuando las fuentes son *coherentes*, es decir, cuando las fuentes que producen ondas luminosas tienen entre sí una relación constante de fases. Por ejemplo, para que se presente interferencia constructiva en cierto punto, las ondas que lleguen a él deben estar en fase. Al encontrarse las ondas, una cresta *siempre* debe traslaparse con una cresta, y un valle *siempre* debe traslaparse con un valle. Si a través del tiempo se desarrolla una diferencia de fases, cambia la figura de interferencia y no se establece una figura estable o estacionaria.

En una fuente luminosa ordinaria, los átomos se excitan al azar, y las ondas luminosas emitidas fluctúan en amplitud y frecuencia. Por eso, la luz que producen dos de tales fuentes es *incoherente* y no produce una figura estacionaria de interferencia. Sí hay interferencia, pero la diferencia entre las fases de las ondas que se interfieren cambia con tal rapidez, que no se distinguen los efectos de la interferencia. Para obtener dos fuentes coherentes se coloca una barrera con una rendija angosta frente a una fuente luminosa, y una barrera con dos rendijas muy angostas colocadas frente a la primera barrera (▾figura 24.2a).

Ilustración 37.1 *Ondas en el estanque*

Las ondas que se propagan saliendo de la primera rendija están en fase, y entonces la rendija doble actúa como dos fuentes coherentes, porque cada onda se separa en dos partes. Todo cambio aleatorio en la luz de la fuente original afectará entonces a la luz que pase por ambas rendijas, y la diferencia de fases será constante. El moderno rayo láser, que es una fuente luminosa coherente, facilita mucho la observación de una figu-

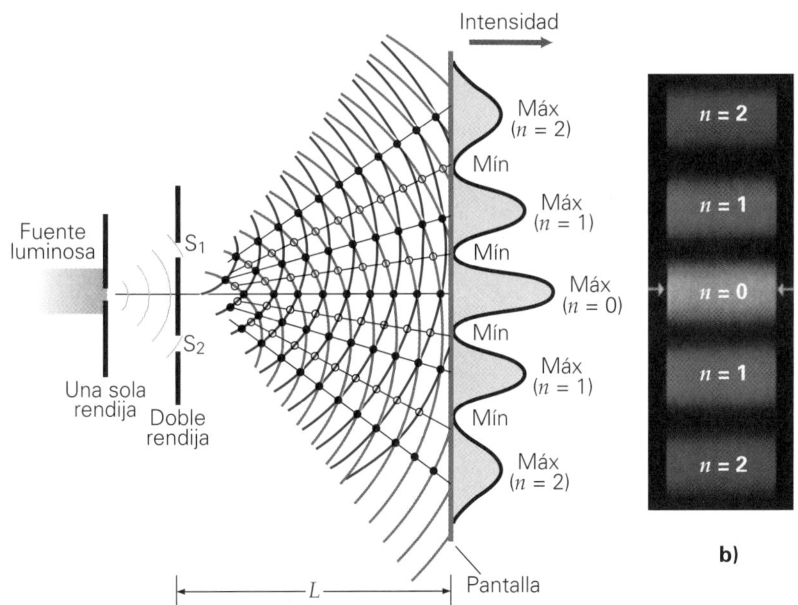

◂ **FIGURA 24.2 Interferencia de doble rendija** *a*) Las ondas coherentes de dos rendijas se indican en azul (rendija superior) y en gris (rendija inferior). Las ondas se difunden a causa de la difracción en rendijas angostas. Esas ondas interfieren y producen máximos y mínimos que se alternan, es decir, franjas brillantes y oscuras, en la pantalla. *b*) Una figura de interferencia. Note la simetría de la figura respecto al máximo central (n = 0).

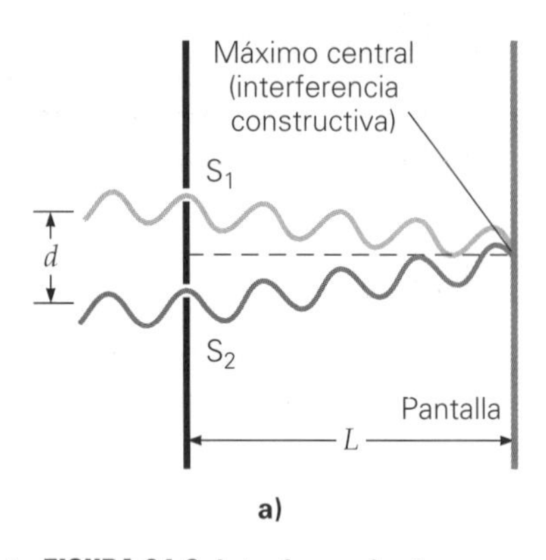

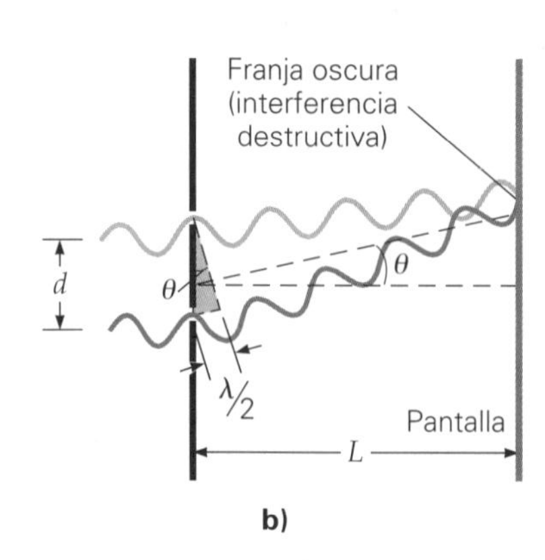

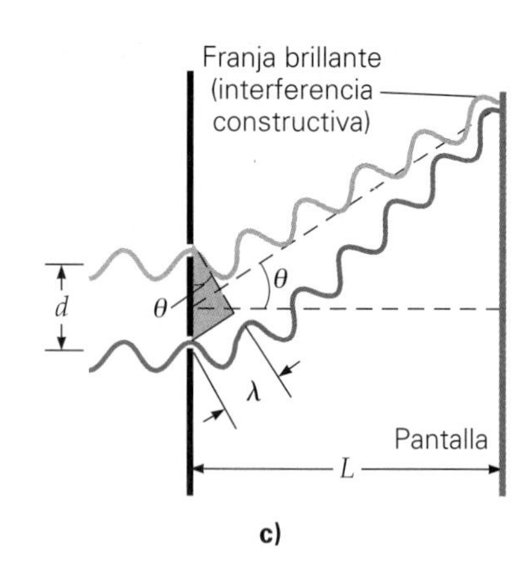

▲ **FIGURA 24.3 Interferencia** La interferencia que produce franjas brillantes u oscuras depende de la diferencia en longitudes de trayectoria de la luz que procede de las dos rendijas. ***a)*** La diferencia de longitudes de trayectoria en el lugar del máximo central es cero, por lo que las ondas llegan en fase e interfieren en forma constructiva. ***b)*** En la posición de la primera franja oscura, la diferencia en longitudes de trayectoria es $\lambda/2$, y las ondas se interfieren en forma destructiva. ***c)*** En la posición de la primera banda brillante, la diferencia de longitudes de trayectoria es λ, y la interferencia es constructiva.

ra estable de interferencia. Se observa entonces una serie de líneas luminosas en una pantalla, relativamente alejada de las rendijas (figura 24.2b).

Para ayudarnos a analizar el experimento de Young, imaginemos que se usa luz con una sola longitud de onda (luz monocromática). Como resultado de la difracción (véase las secciones 13.4 y 14.4 y la sección 24.3 de este capítulo), que es la propagación de la luz al pasar por una rendija, las ondas se extienden e interfieren como se ve en la figura 24.2a. Al venir de dos "fuentes" coherentes, las ondas que interfieren producen una figura estable de interferencia en la pantalla. Esta figura consiste en un máximo central brillante (▲figura 24.3a) y una serie de franjas laterales simétricas, oscuras (figura 24.3b) y claras (figura 24.3c), que indican las posiciones donde se presenta la interferencia destructiva y constructiva. La existencia de esta figura de interferencia demuestra con claridad la naturaleza ondulatoria de la luz. La intensidad de las franjas brillantes a cada lado disminuye en función de la distancia al máximo central.

Para medir la longitud de onda de la luz se necesita examinar la geometría del experimento de Young, como se ve en la ▼figura 24.4. Tenemos una pantalla colocada a la distancia L de las rendijas, y un punto P arbitrario en la pantalla. P está a una distancia y del centro del máximo central, y determina un ángulo q en relación con la línea normal entre las rendijas. Las rendijas S_1 y S_2 están separadas por una distancia d. Note que el trayecto de la luz de la rendija S_2 a P es más largo que de S_1 a P. Como se observe en la figura, la diferencia entre longitudes de trayectoria (ΔL) es aproximadamente

$$\Delta L = d \operatorname{sen} \theta$$

El hecho de que el ángulo en el triángulo pequeño sombreado sea casi igual a θ se demuestra con un argumento geométrico sencillo, que implica triángulos semejantes cuando $d \ll L$, como se describe en el pie de la figura 24.4.

La relación entre la diferencia de fases de dos ondas y la diferencia de las longitudes de sus trayectorias se describió en el capítulo 14, al estudiar las ondas sonoras. Las condiciones para interferencia son válidas para cualquier tipo de onda, incluyendo las ondas luminosas. La interferencia constructiva se presenta en cualquier punto en el que la diferencia de longitudes de trayectoria entre las dos ondas es un número entero de longitudes de onda:

$$\Delta L = n\lambda \qquad \text{para } n = 0, 1, 2, 3, \ldots \qquad \textit{condición para interferencia constructiva} \tag{24.1}$$

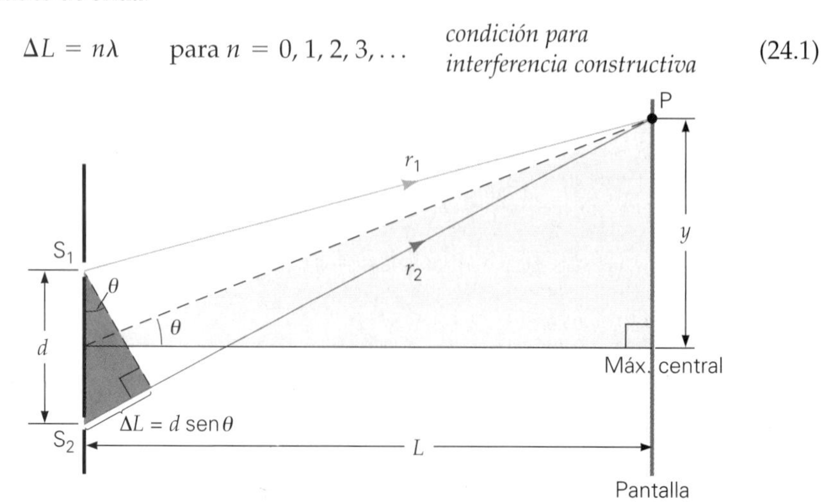

▶ **FIGURA 24.4 Geometría del experimento de Young de la doble rendija** La diferencia de longitudes de trayectoria de la luz que sale de las dos rendijas y llega a un punto P es $r_2 - r_1 = \Delta L$, que forma un cateto del pequeño triángulo sombreado. Como la barrera con las rendijas es paralela a la pantalla, el ángulo entre r_2 y la barrera (en S_2, en el pequeño triángulo sombreado) es igual al ángulo que forman r_2 y la pantalla. Cuando L es mucho mayor que y, ese ángulo es casi idéntico al que forman la pantalla y la línea punteada, que es un ángulo en el triángulo grande sombreado. Los dos triángulos sombreados son entonces casi exactamente semejantes, y el ángulo en S_1 del triángulo pequeño es casi exactamente igual a θ. Así, $\Delta L = d \operatorname{sen} \theta$. (El dibujo no está a escala. Se supone que $d \ll L$.)

De manera similar, en el caso de la interferencia destructiva, la diferencia de longitudes de trayectoria es un número impar de medias longitudes de onda:

$$\Delta L = \frac{m\lambda}{2} \qquad \text{para } m = 1, 3, 5, \ldots \qquad \textit{condición para interferencia destructiva} \qquad (24.2)$$

Exploración 37.1 Números variables y orientaciones de las fuentes

Así, en la figura 24.4, la posición de una franja brillante (interferencia constructiva) satisface

$$d \operatorname{sen} \theta = n\lambda \qquad \text{para } n = 0, 1, 2, 3, \ldots \qquad \textit{condición para franjas brillantes} \qquad (24.3)$$

Exploración 37.2 Cambio en la separación entre fuentes

en la que n se llama *número de orden*. La franja de orden cero ($n = 0$) corresponde al máximo central; la franja de primer orden ($n = 1$) es la primera franja brillante en ambos lados del máximo central, y así sucesivamente. Conforme varía la diferencia de longitudes de trayectoria de un punto a otro, también varía la diferencia de fases, y el tipo resultante de interferencia (constructiva o destructiva).

Por lo anterior, la longitud de onda se determina midiendo d y θ en una franja brillante de determinado orden (que no sea el máximo central), porque la ecuación 24.3 se resuelve como $\lambda = (d \operatorname{sen} \theta)/n$.

El ángulo θ localiza una franja en relación con el máximo central y que se puede medir en una fotografía de la figura de interferencia, como la 24.2b. Si θ es pequeño ($y \ll L$), entonces $\operatorname{sen} \theta \approx \tan \theta = y/L$. Se sustituye y/L en lugar de $\operatorname{sen} \theta$ en la ecuación 24.3, y a continuación se despeja y; así se obtiene una buena aproximación de la distancia de la n-ésima franja brillante (y_n) al máximo central en cada lado:

$$y_n \approx \frac{nL\lambda}{d} \qquad \text{para } n = 0, 1, 2, 3, \ldots \qquad \textit{distancia lateral a la franja brillante, sólo para } \theta \textit{ pequeño} \qquad (24.4)$$

Con un análisis similar se obtiene la ubicación de las franjas oscuras. (Véase el ejercicio 12a.)

En la ecuación 24.3 se ve que, excepto en la franja de orden cero, $n = 0$ (el máximo central), las posiciones de las franjas dependen de la longitud de onda: diferentes longitudes de onda (λ) producen valores distintos de $\operatorname{sen} \theta$ y, en consecuencia, de θ y y. Por consiguiente, si utilizamos luz blanca, la banda central es blanca porque todas las longitudes de onda tienen la misma ubicación, pero los demás órdenes se convierten en un espectro "extendido" de colores. Como y es proporcional a λ ($y \propto \lambda$), cabe esperar que el rojo esté más alejado que el azul, o que el rojo tenga una mayor longitud de onda que el azul.

Al medir las posiciones de las franjas de color dentro de determinado orden, Young pudo determinar las longitudes de onda de los colores de la luz visible. Hay que advertir también que el tamaño o la "extensión" de la figura de interferencia, y_n, depende inversamente de la distancia d entre las rendijas. Cuanto menor es d, más se extiende la figura de interferencia. Cuando d es grande, esa figura está tan comprimida que parece una sola franja blanca (en el centro).

En este análisis, el término *destructiva no* implica que la energía se destruya. La interferencia destructiva es tan sólo una descripción de un hecho físico; significa que si la energía luminosa no está presente en un determinado lugar, por conservación de energía, debe estar en algún otro sitio. La descripción matemática del experimento de la doble rendija de Young nos indica que no hay energía luminosa en las franjas oscuras. La energía luminosa se distribuye y se ubica en las franjas brillantes. Esto también se observa en el caso de las ondas sonoras.

Ejemplo integrado24.1 ■ Medición de la longitud de onda de la luz: experimento de la doble rendija de Young

En un experimento de laboratorio parecido al que se ilustra en la figura 24.4, una luz monocromática (luz que sólo tiene una longitud de onda o frecuencia) pasa por dos rendijas delgadas que están a 0.050 mm de distancia. En una pared blanca se observa la figura de interferencia, a 1.0 m de las rendijas, y se ve que la franja brillante de segundo orden forma un ángulo $\theta_2 = 1.5°$. *a*) Si la distancia de separación entre las rendijas disminuye, la franja brillante de segundo orden formará un ángulo 1) mayor que 1.5°, 2)1.5°, 3) menor que 1.5°. Explique su respuesta. *b*) ¿Cuál es la longitud de onda de la luz y cuál es la distancia entre las franjas brillantes de segundo y tercer orden? *c*) Si $d = 0.040$ mm, ¿cuál es θ_2?

a) Razonamiento conceptual. De acuerdo con la condición para la interferencia constructiva, $d \operatorname{sen} \theta = n\lambda$, el producto de d y $\operatorname{sen} \theta$ es una constante, para una longitud de onda λ y un número de orden n. Por consiguiente, si d disminuye, $\operatorname{sen} \theta$ aumentará, al igual que θ. Así que la respuesta correcta es la 1.

(continúa en la siguiente página)

b) y c) Razonamiento cuantitativo y solución. La ecuación 24.3 servirá para calcular la longitud de onda. Como $L \gg d$, esto es, 1.0 m $\gg$ 0.050 mm, el ángulo θ es pequeño. Se podrían calcular y_2 y y_3 con la ecuación 24.4, para así determinar la distancia entre las franjas de segundo y de tercer orden $(y_3 - y_2)$. Sin embargo, las franjas brillantes para determinada longitud de onda tienen separaciones uniformes (para θ pequeño). En general, la distancia entre las franjas brillantes adyacentes es constante.

Dado: $L = 1.0$ m
$n = 2$
b) $\theta_2 = 1.5°$
$d = 0.050 \text{ mm} = 5.0 \times 10^{-5}$ m
c) $d = 4.0 \times 10^{-5}$ m

Encuentre: *b)* λ longitud de onda) y $y_3 - y_2$ (distancia entre $n = 2$ y $n = 3$)
c) θ_2 si $d = 0.040$ mm

b) Se aplica la ecuación 24.3:

$$\lambda = \frac{d \text{ sen } \theta}{n} = \frac{(5.0 \times 10^{-5} \text{ m}) \text{ sen } 1.5°}{2} = 6.5 \times 10^{-7} \text{ m} = 650 \text{ nm}$$

Este valor es 650 nm, que es la longitud de onda de una luz rojo anaranjada (véase la figura 20.23). Con el método general para n y $n + 1$, se obtiene

$$y_{n+1} - y_n = \frac{(n+1)L\lambda}{d} - \frac{nL\lambda}{d} = \frac{L\lambda}{d}$$

En este caso, la distancia entre las franjas sucesivas es

$$y_3 - y_2 = \frac{L\lambda}{d} = \frac{(1.0 \text{ m})(6.5 \times 10^{-7} \text{ m})}{5.0 \times 10^{-5} \text{ m}} = 1.3 \times 10^{-2} \text{ m} = 1.3 \text{ cm}$$

c) $\text{sen } \theta_2 = \frac{n\lambda}{d} = \frac{(2)(650 \times 10^{-9} \text{ m})}{(4.0 \times 10^{-5} \text{ m})} = 0.0325$ de manera que $\theta_2 = \text{sen}^{-1}(0.0325) = 1.9° > 1.5°$.

Ejercicio de refuerzo. Supongamos que se emplea luz blanca, en lugar de la luz monocromática en este ejemplo. ¿Cuál sería la separación entre los componentes rojo ($\lambda = 700$ nm) y azul ($\lambda = 400$ nm) en la franja de segundo orden? (*Las respuestas de todos los ejercicios de refuerzo aparecen al final del libro.*)

24.2 Interferencia en películas delgadas

OBJETIVOS: *a)* Describir cómo las películas delgadas producen figuras coloridas y *b)* dar algunos ejemplos de las aplicaciones prácticas de la interferencia en películas delgadas.

¿Alguna vez se ha preguntado qué es lo que causa los colores de arco iris, que se ven cuando se refleja luz blanca en una película delgada de aceite o en una burbuja de jabón? Este efecto se llama *interferencia en película delgada* y es un resultado de la interferencia de la luz que se refleja en las superficies opuestas de la película, y se comprende con facilidad en términos de interferencia de ondas.

Sin embargo, primero se necesita ver cómo se afecta la fase de una onda luminosa en la reflexión. Recuerde que, como vimos en el capítulo 13, un impulso ondulatorio en una cuerda sufre un cambio de fase de 180° [es decir, *de media onda*, $\lambda/2$] cuando se refleja en un soporte rígido, en tanto que no tiene desplazamiento de fase cuando se refleja en un soporte libre (▼figura 24.5). De igual manera, como se ve en la figura, el cambio de fase para la reflexión de las ondas luminosas en una frontera depende de los índices de refracción (n) de los dos materiales:

- Una onda luminosa sufre un cambio de fase de 180° al reflejarse si $n_1 < n_2$.
- No hay cambio de fase en la reflexión si $n_1 > n_2$.

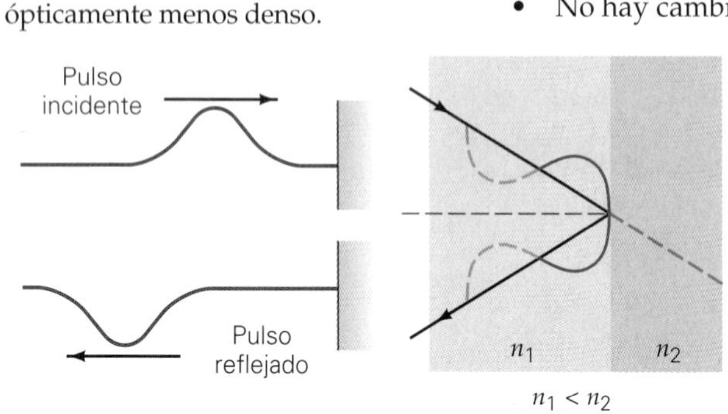

a) Extremo fijo: cambio de fase de 180°

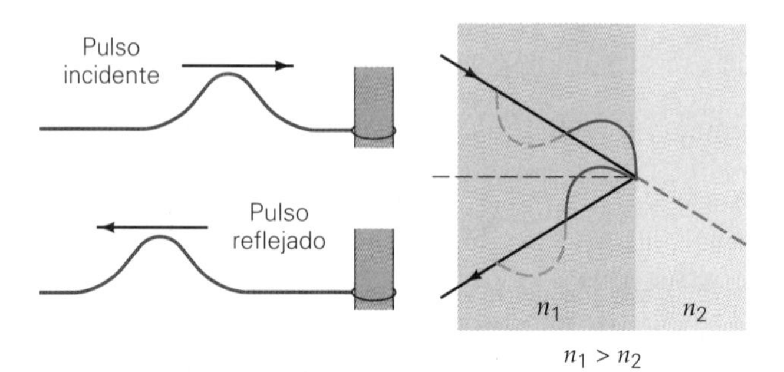

b) Extremo libre: cambio de fase igual a cero

▼ **FIGURA 24.5 Reflexión y cambios de fase** Los cambios de fase que sufren las ondas luminosas al reflejarse son análogos a los de los pulsos en cuerdas. ***a)*** La fase de un pulso en una cuerda se desplaza 180° al reflejarse en un extremo fijo, al igual que la fase de una onda luminosa cuando se refleja en un medio ópticamente más denso. ***b)*** Un pulso en una cuerda tiene un corrimiento de fase igual a cero (no se desplaza) cuando se refleja en un extremo libre. De forma análoga, una onda luminosa no varía en su fase cuando se refleja en un medio ópticamente menos denso.

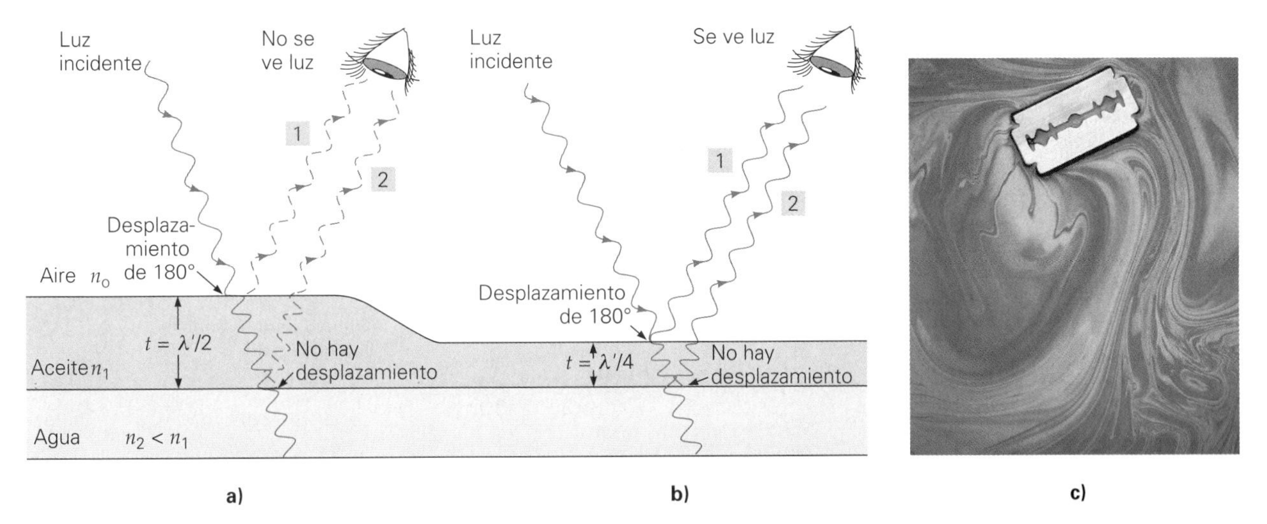

▲ **FIGURA 24.6 Interferencia en una película delgada** Para una película de aceite hay un desplazamiento de fase de 180° en la luz que se refleja en la interfase aire-aceite, y cambio de fase cero en la interfase aceite-agua. λ' es la longitud de onda en el aceite. ***a)*** La interferencia destructiva se presenta si la película de aceite tiene un espesor mínimo de $\lambda'/2$ para la incidencia normal. (Para tener mayor claridad, las ondas están desplazadas y en ángulo.) ***b)*** La interferencia constructiva se presenta con un espesor mínimo de película igual a $\lambda'/4$. ***c)*** Interferencia en la película delgada de una mancha de aceite. Los distintos espesores de la película originan reflexiones de distintos colores. (Véase el pliego a color al final del libro.)

Para comprender por qué se ven los colores en una película de aceite (por ejemplo, cuando flota sobre el agua en el asfalto mojado), examinemos la reflexión de la luz monocromática en una película delgada, que se ilustra en la ▲figura 24.6. La longitud de la trayectoria de la onda en la película depende del ángulo de incidencia (¿por qué?), pero, para simplificar, supondremos que la luz incide de forma normal (perpendicular), aun cuando los rayos se tracen formando un ángulo en la figura para tener mayor claridad.

La película de aceite tiene mayor índice de refracción que el aire, y la luz que se refleja en la interfase aire-aceite (en la figura, la onda 1) sufre un desplazamiento de 180° en su fase. Las ondas transmitidas pasan por la película de aceite, y se reflejan en la interfase aceite-agua. En general, el índice de refracción del aceite es mayor que el del agua (véase la tabla 22.1); esto es, $n_1 > n_2$, por lo que en este caso, una onda reflejada (onda 2) *no* sufre cambio de fase.

Quizá usted piense que si la longitud de trayectoria de la onda en la película de aceite ($2t$, el doble del espesor: hacia abajo y de regreso) fuera una cantidad entera de longitudes de onda [por ejemplo, $2t = 2(\lambda'/2)$ en la figura 24.6a, donde $\lambda' = \lambda/n$ es la longitud de onda en el aceite], entonces las ondas reflejadas en las dos superficies interferirían en forma constructiva. Pero tome en cuenta que la onda reflejada en la superficie superior (onda 1) experimenta un corrimiento de fase de 180°. Las ondas reflejadas en las dos superficies están, por consiguiente, *fuera de fase* para este espesor de película, e interfieren en forma destructiva. Esto quiere decir que con esta longitud de onda, no se ve la luz reflejada. (La luz no se transmite.)

De igual manera, si la longitud de la trayectoria de la onda en la película fuera un número impar de medias longitudes de onda [$2t = 2(\lambda'/4) = \lambda'/2$] en la figura 24.6b, de nuevo donde λ' es la longitud de onda en el aceite, entonces las ondas reflejadas en realidad estarían *en fase* (como resultado del corrimiento de 180° de la onda 1) e interferirían en forma constructiva. La luz de esta longitud de onda se vería al reflejarse en la película de aceite.

Como, en general, las películas de aceite y de jabón tienen distintos espesores en sus diferentes regiones, ciertas longitudes de onda (colores) de la luz blanca interfieren en forma constructiva en diversas regiones después de la reflexión. El resultado es que se produce una vívida demostración de varios colores (figura 24.6c), que puede cambiar si el espesor de la película varía al paso del tiempo. La interferencia en películas se aprecia cuando las caras de dos portaobjetos se pegan una con otra (▼figura 24.7a). Los brillantes colores de las plumas de un pavo real constituyen un ejemplo de la interferencia en la naturaleza, y son el resultado de distintas capas de fibras. La luz que se refleja en las capas sucesivas interfiere en forma constructiva, produciendo colores brillantes, aunque las plumas no tienen pigmento propio. Puesto que la condición de interferencia constructiva depende del ángulo de incidencia, las pautas de color cambian al variar el ángulo de visión y el movimiento del ave (figura 24.7b).

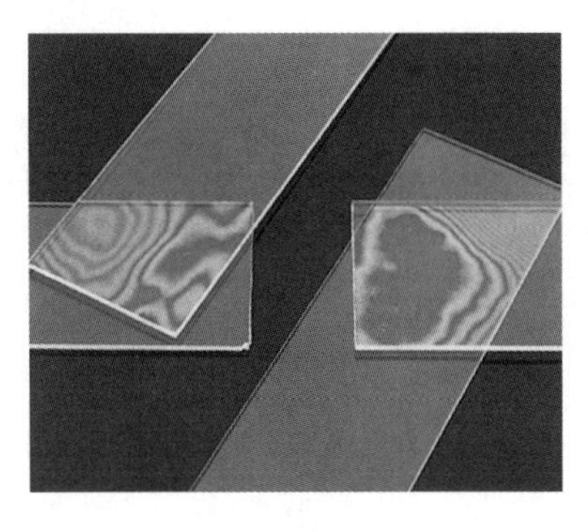

a)

b)

▲ **FIGURA 24.7** Interferencia en una película delgada *a)* Una película delgada de aire entre los portaobjetos produce figuras de colores. *b)* La interferencia en varias capas de las plumas del pavo real origina brillantes colores. Los llamativos colores en el pecho de los colibríes también se producen así. (Véase el pliego a color al final del libro.)

Una aplicación práctica de la interferencia en una película delgada son los recubrimientos antirreflectantes para las lentes (véase la sección A fondo, p. 768, sobre el tema). En este caso, se usa una cubierta de película para crear interferencia destructiva entre las ondas reflejadas, con la finalidad de *aumentar la transmisión de la luz* al vidrio (▾figura 24.8). El índice de refracción de la película es intermedio entre el del aire y el del vidrio ($n_0 < n_1 < n_2$). En consecuencia, en las superficies de la película y el vidrio se producen desplazamientos de fase de la luz incidente.

En este caso, la condición para que haya interferencia constructiva de la luz reflejada es

$$\Delta L = 2t = m\lambda' \text{ o } t = \frac{m\lambda'}{2} = \frac{m\lambda}{2n_1} \quad m = 1, 2, \ldots \quad \textit{condición para interferencia constructiva cuando } n_0 < n_1 < n_2 \tag{24.5}$$

y la condición para la interferencia destructiva es

$$\Delta L = 2t = \frac{m\lambda'}{2} \text{ o } t = \frac{m\lambda'}{4} = \frac{m\lambda}{4n_1} \quad m = 1, 3, 5, \ldots \quad \textit{condición para interferencia destructiva cuando } n_0 < n_1 < n_2 \tag{24.6}$$

Así, el espesor *mínimo* de película para que haya interferencia destructiva es cuando $m = 1$, y entonces

$$t_{\text{mín}} = \frac{\lambda}{4n_1} \quad \textit{espesor mínimo de película (para } n_0 < n_1 < n_2) \tag{24.7}$$

Si el índice de refracción de la película es mayor que el del aire y el del vidrio, entonces sólo la reflexión en la interfase aire-película tiene el desplazamiento de fase de 180°. En consecuencia, $2t = m\lambda'$ en realidad será para interferencia destructiva, y $2t = m\lambda'/2$ para interferencia constructiva. (¿Por qué?)

Ejemplo 24.2 ■ Recubrimientos antirreflectantes: interferencia en una película delgada

Una lente de vidrio ($n = 1.60$) se recubre con una película delgada y transparente de fluoruro de magnesio ($n = 1.38$) para que el vidrio no sea reflectante. *a)* ¿Cuál es el espesor mínimo de la película para que la lente no refleje la luz incidente de 550 nm de longitud de onda? *b)* Una película de 996 nm ¿hará no reflectante la lente?

Razonamiento. *a)* Se aplicar directamente la ecuación 24.7 para tener una idea del espesor mínimo de película para que el recubrimiento sea no reflectante. *b)* Se necesita determinar si 996 nm satisface la condición de la ecuación 24.6.

Solución.

Dado: $n_o = 1$ (aire)
$n_1 = 1.38$ (película)
$n_2 = 1.60$ (lente)
$\lambda = 550$ nm

Encuentre: *a)* $t_{\text{mín}}$ (espesor mínimo de película)
b) determine *si* $t = 996$ nm da por resultado una lente no reflectante

a) Como $n_2 > n_1 > n_o$,

$$t_{\text{mín}} = \frac{\lambda}{4n_1} = \frac{550 \text{ nm}}{4(1.38)} = 99.6 \text{ nm}$$

que es bastante delgada ($\approx 10^{-5}$ cm). En términos de átomos, cuyos diámetros son del orden de 10^{-10} m, o 10^{-1} nm, la película tiene 10^3 átomos de espesor.

Ilustración 37.2 Espejos dieléctricos

▶ **FIGURA 24.8** Interferencia en una película delgada Para una película delgada sobre una lente de vidrio, hay una corrimiento de fase de 180° en cada interfase cuando el índice de refracción de la película es menor que el del vidrio. Las ondas reflejadas en las superficies superior e inferior de la película interfieren entre sí. Para mayor claridad se ha trazado un ángulo de incidencia grande, pero en realidad debe ser casi cero.

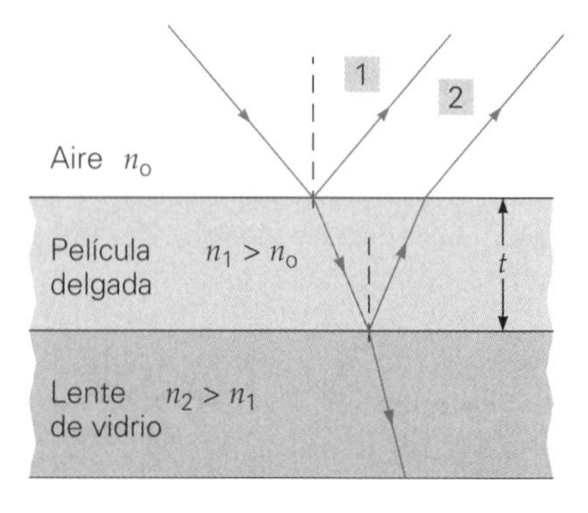

b)

$$t = 996 \text{ nm} = 10(99.6 \text{ nm}) = 10t_{\text{mín}} = 10\left(\frac{\lambda}{4n_1}\right) = 5\left(\frac{\lambda}{2n_1}\right)$$

Esto significa que el espesor de la película *no* satisface la condición necesaria para que la lente sea no reflectante (interferencia destructiva). En realidad, satisface el requisito para interferencia constructiva (ecuación 24.5) con $m = 5$. Ese recubrimiento, específico para radiación infrarroja en ventanas de automóviles y de casas, podría ser útil en climas cálidos porque maximiza la reflexión y minimiza la transmisión.

Ejercicio de refuerzo. Para que la lente de vidrio de este ejemplo refleje y no transmita la luz incidente, ¿cuál sería el espesor de película mínimo?

Planos ópticos y anillos de Newton

Se puede aprovechar el fenómeno de la interferencia en una película delgada para comprobar la lisura y la uniformidad de componentes ópticos, como espejos y lentes. Los *planos ópticos* se fabrican tallando y puliendo placas de vidrio hasta que queden tan planas y lisas como sea posible. (La rugosidad de la superficie, por lo regular, es del orden de $\lambda/20$.) Para comprobar qué tan planas son esas placas, se colocando juntas dos de ellas formando un ángulo pequeño, de manera que entre ambas quede una cuña de aire muy delgada (▸figura 24.9a). Las ondas reflejadas de las placas superior (onda 1) e inferior (onda 2) interfieren entre sí. Note que la onda 2 tiene un desplazamiento de fase de 180° al reflejarse en una interfase aire-placa. En consecuencia, en cierto punto a alguna distancia de donde se tocan las dos placas (el punto O), la condición para interferencia constructiva es $2t = m\lambda/2$ ($m = 1, 3, 5, ...$), y la condición para interferencia destructiva es $2t = m\lambda$ ($m = 0, 1, 2, ...$). El espesor t determina la clase de interferencia (constructiva o destructiva). Si las placas son lisas y planas, aparece una figura regular de interferencia, de franjas o bandas brillantes y oscuras (figura 24.9b). Esta figura es el resultado de las diferencias de longitud de trayectoria entre las placas, que varía de manera uniforme. Toda irregularidad en la figura indica que hay una irregularidad al menos en una placa. Una vez que se ha comprobado que una superficie es ópticamente plana, se podrá utilizar para comprobar qué tan plana es una superficie reflectora, como la de un espejo de precisión.

En la figura 24.9 se aprecia una prueba directa del desplazamiento de fase en 180°, que se describió antes. En el punto donde se tocan las dos placas ($t = 0$), se ve una banda *oscura*. Si no hubiera desplazamiento de fase, $t = 0$ correspondería a $\Delta L = 0$, y aparecería una banda brillante. El hecho de que se vea una banda oscura en este punto demuestra que hay un desplazamiento de fase en la reflexión en un material ópticamente más denso.

Para comprobar la lisura y la simetría de las lentes se emplea una técnica similar. Cuando se coloca una lente curva sobre un plano óptico, se forma una cuña de aire de simetría radial entre ésta y el plano óptico (▾figura 24.10a). Como el espesor de esa cuña determina la condición para que haya interferencia constructiva y destructiva, en este caso la figura regular de interferencia es un conjunto de franjas concéntricas brillantes y oscuras (figura 24.10b). Se llaman *anillos de Newton*, en honor de Isaac Newton,

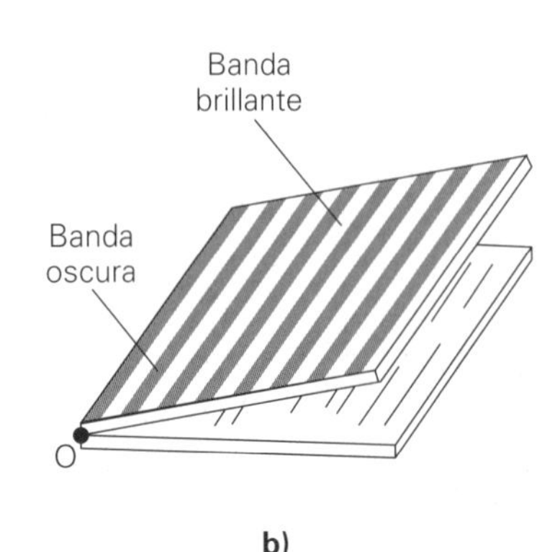

▲ **FIGURA 24.9 Planos ópticos** *a)* Un plano óptico se usa para comprobar la lisura de una superficie reflectante. El plano se coloca de forma que quede una cuña de aire entre él y la superficie. Las ondas reflejadas en las dos placas interfieren entre sí, y el espesor de la cuña de aire en ciertos puntos determina si se ven bandas brillantes u oscuras. *b)* Si la superficie es lisa, se ve una figura regular o simétrica de interferencia. Observe que hay una banda oscura en el punto O donde $t = 0$.

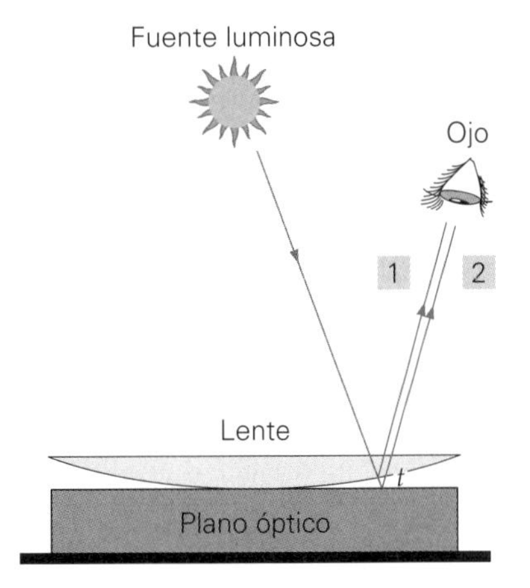

◀ **FIGURA 24.10 Anillos de Newton** *a)* Una lente colocada sobre un plano óptico forma una cuña de aire anular, que origina interferencia de las ondas reflejadas en la parte superior (onda 1) y la parte inferior (onda 2) de esa cuña. *b)* La figura de interferencia que resulta es un conjunto de anillos concéntricos, llamados *anillos de Newton*. Observe que en el centro de la figura hay una mancha oscura. Las irregularidades de la lente producen una figura distorsionada. (Véase el pliego a color al final del libro.)

A FONDO 24.1 LENTES NO REFLECTANTES

Tal vez haya notado la tonalidad azul-púrpura de las lentes recubiertas que se usan en cámaras y binoculares. El recubrimiento hace que las lentes sean "antirreflectantes". Si una lente es del tipo antirreflectante, la luz que le llega se transmite en su mayor parte a través de ella. Es preferible que la transmisión de la luz sea máxima para reducir la exposición de la película fotográfica, y para ver con detalle los objetos a través de los binoculares.

En una interfase aire-vidrio, por lo regular se refleja el 4% de la luz y se transmite el 96%. Por ejemplo, una lente fotográfica moderna se fabrica con un grupo de lentes (elementos) para reducir al mínimo las aberraciones y mejorar la calidad de la imagen. Por ejemplo, una lente zoom de 35-70 mm consta de 13 elementos, es decir, tiene 26 superficies reflectoras.

Después de una reflexión se transmite el $0.96 = 96\%$ de la luz. Después de dos reflexiones, esto es, al atravesar un elemento, se transmite el $0.96 \times 0.96 = 0.96^2 = 0.92$ o 92% de la luz incidente. Después de 26 reflexiones, la luz transmitida sólo es el $0.96^{26} = 0.35$ o 35% de la luz incidente, si las lentes tienen recubrimiento. Por consiguiente, casi todas las lentes modernas están recubiertas con películas no reflectantes.

Una lente se hace no reflectante recubriéndola con una película delgada de un material cuyo índice de refracción sea intermedio entre los del aire y del vidrio (figura 24.8). Si el recubrimiento tiene un cuarto de longitud de onda de espesor ($\lambda'/4$), la diferencia en longitudes de trayectoria de los rayos reflejados es $\lambda'/2$, donde λ' es la longitud de onda de la luz en el recubrimiento. Ambas ondas reflejadas experimentan un desplazamiento de fase y están fuera de fase cuando la diferencia de longitudes de trayectoria es $\lambda'/2$; entonces, interfieren destructivamente. Esto es, se transmite la luz incidente y la lente recubierta es no reflectante.

Note que el espesor real de una película de un cuarto de onda es específico de determinada longitud de onda. Por lo general, se escoge el espesor como un cuarto de longitud de onda de la luz verde amarillenta ($\lambda \approx 550$ nm), a la cual el ojo humano es más sensible. Las longitudes de onda en los extremos rojo y azul de la región visible siguen reflejándose parcialmente, lo que da a la lente recubierta una tonalidad azul-púrpura (figura 1). A veces se escogen otros espesores de cuarto de onda, que originan otros matices, como ámbar o púrpura rojizo, dependiendo de la aplicación de las lentes.

También se aplican recubrimientos antirreflectantes a las superficies de las celdas solares. Como el espesor de ese recubrimiento depende de la longitud de onda, las pérdidas por reflexión se pueden reducir desde un 30 hasta un 10%. De esta forma, el proceso mejora la eficiencia de la celda.

FIGURA 1 Lentes recubiertas El recubrimiento no reflectante de las lentes de binoculares y cámaras produce, en general, una tonalidad azul-púrpura. (¿Por qué?) (Véase el pliego a color al final del libro.)

quien fue el primero en describir este efecto de la interferencia. Note que en el punto donde se tocan la lente y el plano óptico ($t = 0$), de nuevo hay una mancha oscura. (¿Por qué?) Las irregularidades de las lentes dan lugar a una figura distorsionada de bandas, y con los radios de esos anillos se calcula el radio de curvatura de la lente.

24.3 Difracción

OBJETIVOS: *a*) Definir la difracción y *b*) describir ejemplos de efectos de difracción.

En la óptica geométrica, la luz se representa con rayos y se describe como si se propagara en líneas rectas. Sin embargo, si este modelo representara la naturaleza real de la luz, no habría efectos de interferencia en el experimento de Young de la doble rendija. En lugar de ello, sólo habría dos imágenes brillantes de ranuras en la pantalla, con una zona bien definida de sombra, donde no entraría la luz. Pero el hecho es que *sí* se ven figuras de interferencia, lo que significa que la luz se desvía de una trayectoria en línea recta para entrar en regiones que, de otra forma, estarían en la penumbra. En realidad, las ondas "se despliegan" al pasar por las rendijas; a este despliegue de la onda luminosa se le llama **difracción**. En general, la difracción ocurre cuando las ondas pasan a través de aberturas pequeñas, o cuando rodean aristas agudas. En la ◂figura 24.11 se observa la difracción de las olas del mar. (Véase también la figura 13.18.)

▼ **FIGURA 24.11 Refracción de las olas del mar** Esta fotografía de una playa muestra con claridad la difracción de las olas del mar en una sola rendija, como la que hay en las aberturas de la barrera. Note que los frentes de onda circulares han moldeado la playa. (Véase el pliego a color al final del libro.)

Como se ve en la figura 13.18, la cantidad de difracción depende de la longitud de la onda, en relación con el tamaño de la abertura o del objeto. En general, *cuanto mayor sea la longitud de onda en comparación con la abertura u objeto, mayor será la difracción*. Este principio se ve también en la ▸figura 24.12. Por ejemplo, en la figura 24.12a, el ancho de la abertura w es mucho mayor que la longitud de onda ($w \gg \lambda$), y hay poca difracción: la onda sigue avanzando sin extenderse mucho. (También existe *algún* grado de difracción en torno a las orillas de la abertura.) En la figura 24.12b, donde la longitud de onda y el ancho de la abertura son del mismo orden de magnitud ($w \approx \lambda$), hay una

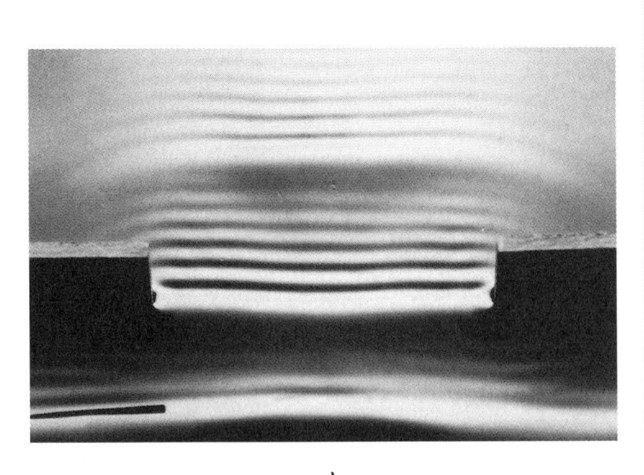

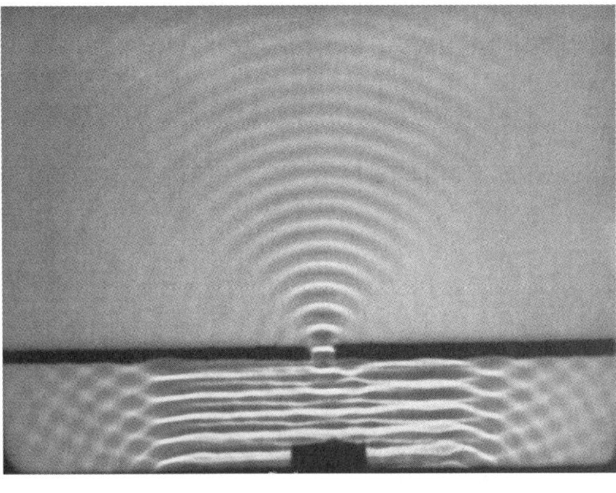

a) b)

▲ **FIGURA 24.12 Dimensiones de la longitud de onda y de la abertura** En general, cuanto más angosta es la abertura en comparación con la longitud de onda, mayor es la difracción. ***a)*** Sin mucha difracción ($w \gg \lambda$), la onda sigue propagándose en su dirección original. ***b)*** Con difracción apreciable ($w \approx \lambda$), la onda se desvía en torno a la abertura y se difunde.

difracción apreciable: la onda se extiende hacia fuera y se desvía de su dirección original de propagación. Parte de ella sigue propagándose en su dirección original, pero el resto *da vuelta* a la abertura y se extiende claramente en muchas direcciones.

Ilustración 38.1 Rejilla de difracción

La difracción del sonido (capítulo 14) es muy evidente. Cuando alguien le habla a uno desde otra habitación, o a la vuelta de la esquina de una construcción, aun en ausencia de reflexiones se le puede oír con claridad. Las ondas sonoras tienen longitudes del orden de centímetros a metros. Por ello, el ancho de los diversos objetos y aberturas son más o menos iguales, o más angostos, que las longitudes de las ondas sonoras y por ello la difracción se presenta con facilidad en el sonido.

Sin embargo, las ondas de la luz visible tienen longitudes del orden de 10^{-7} m. Por eso, los fenómenos de difracción en ellas a menudo pasan desapercibidos, en especial cuando se realizan a través de grandes aberturas, como las puertas, donde el sonido fácilmente se difracta. Sin embargo, al examinar con cuidado el área en torno de una hoja de afeitar afilada, se verá una figura de franjas brillantes y oscuras (▸figura 24.13). La difracción puede conducir a la interferencia, y estas figuras de interferencia son la evidencia de la difracción de la luz en torno a la orilla del objeto.

Como ejemplo de la difracción en "una rendija", considere una rendija en una barrera (▾figura 24.14). Supongamos que la rendija (de ancho w) se ilumina con luz monocromática. En una pantalla que está a la distancia L de la rendija (se supone que $L \gg w$), aparece una figura de difracción, formada por un máximo central brillante y un conjunto simétrico de franjas brillantes (regiones de interferencia constructiva) en ambos lados.

Así, una figura de difracción es el resultado del hecho de que varios puntos en el frente de onda que pasan a través de la rendija se consideran como pequeñas fuentes luminosas puntuales. La interferencia de esas ondas origina la *difracción* máxima y mínima.

Sin embargo, no se presentará aquí todo ese análisis complejo. A partir de consideraciones geométricas se pueden ver los mínimos (regiones de interferencia destructiva) satisfacen la relación

$$w \operatorname{sen} \theta = m\lambda \qquad \text{para } m = 1, 2, 3, \ldots \qquad \textit{condición para los mínimos} \tag{24.8}$$

donde θ es el ángulo de determinados mínimos, que se designa como $m = 1, 2, 3, \ldots$, en cualquier lado del máximo central, y m se llama número de orden. (No hay $m = 0$. ¿Por qué?)

Aunque el resultado anterior tiene una forma muy parecida a la del experimento de Young de doble rendija (ecuación 24.3), es muy importante hacer notar que para el experimento de una sola rendija se analizan las franjas oscuras, y no las franjas brillantes. Note también que el ancho de la rendija (w) aparece en la difracción. Físicamente, ésta es una difracción a partir de una sola rendija, y *no* una interferencia a partir de dos rendijas.

La aproximación $\operatorname{sen} \theta \approx y/L$, para ángulos pequeños, se utiliza cuando $y \ll L$. En este caso, las distancias de los mínimos relativos en ambos lados del centro del máximo central se determinan:

$$y_m = m\left(\frac{L\lambda}{w}\right) \qquad \text{para } m = 1, 2, 3, \ldots \qquad \textit{ubicación de los mínimos} \tag{24.9}$$

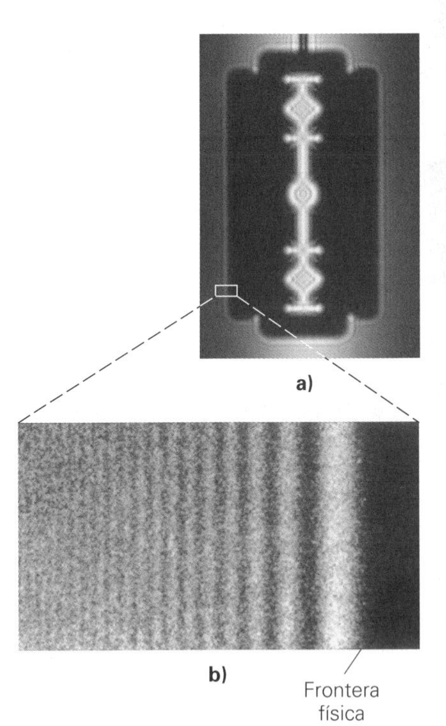

▲ **FIGURA 24.13 La difracción en acción** ***a)*** Figuras de difracción producidas por una hoja de afeitar. ***b)*** Acercamiento de las franjas que se forman en el filo de la navaja.

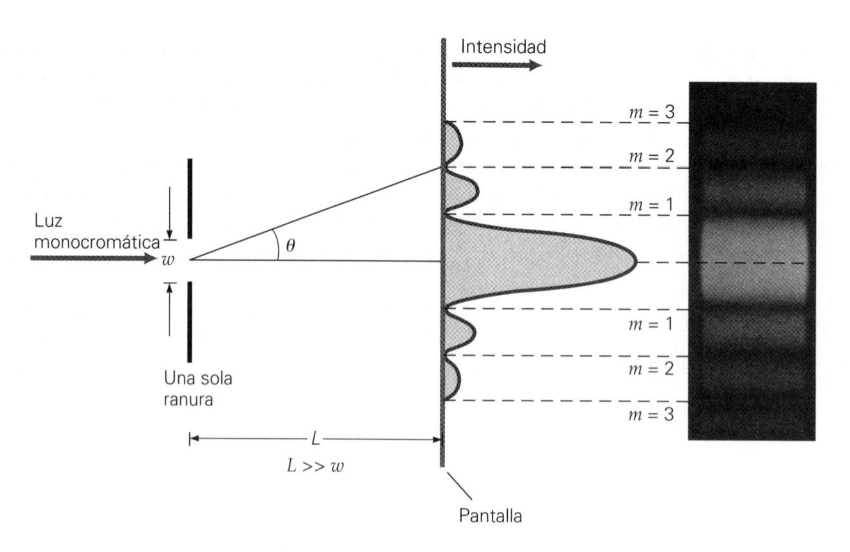

▶ **FIGURA 24.14 Difracción en una sola rendija** La difracción de la luz por una sola rendija origina una figura de difracción formada por un máximo central grande y brillante, y un conjunto simétrico de franjas brillantes laterales. El número de orden m corresponde a los mínimos, es decir, a las franjas oscuras. (Véase la descripción en el texto.)

Las predicciones cualitativas de la ecuación 24.9 son bastante interesantes e instructivas:

- Para determinado ancho de rendija (w), cuanto mayor sea la longitud de onda (λ), más ancha (o más extendida) será la figura de difracción.
- Para determinada longitud de onda (λ), cuanto menor sea el ancho de la rendija (w), más ancha será la figura de difracción.
- El ancho del máximo central es el doble del ancho de los máximos laterales.

Examinemos con detenimiento cada una de estas predicciones. Conforme la rendija se hace más angosta, el máximo central y las franjas laterales se distribuyen y se agrandan. La ecuación 24.9 no es aplicable a rendijas muy angostas (por la aproximación para ángulos pequeños). Si el ancho de la rendija disminuye hasta que tiene el mismo orden de magnitud que la longitud de onda de la luz, el máximo central se reparte en toda la pantalla. Esto es, la difracción se hace evidente de forma drástica, cuando el ancho de la rendija es aproximadamente igual que la longitud de onda de la luz que se usa. Los efectos de la difracción se observan con más facilidad cuando $\lambda/w \approx 1$ o $w \approx \lambda$.

A la inversa, si la rendija se hace más ancha para determinada longitud de onda de la luz, la figura de difracción se hace más angosta. Las franjas brillantes se acercan entre sí, y al final es difícil distinguirlas cuando w es mucho mayor que λ ($w \gg \lambda$). Entonces la figura parece como una sombra difusa en torno al máximo central, que es la imagen iluminada de la rendija. Este tipo de figura se observa cuando la imagen de la luz solar entra a un cuarto oscuro por un agujero en una cortina. Esa observación fue la que condujo a los primeros experimentadores a investigar la naturaleza ondulatoria de la luz. La aceptación de este concepto se debió, en gran parte, a la explicación de la difracción que ofrecía la óptica física.

El máximo central tiene el doble del ancho que las franjas brillantes laterales. Si se supone que el ancho del máximo central es la distancia entre los mínimos o franjas oscuras que lo rodean a cada lado ($m = 1$), es decir, si tiene un valor de $2y_1$, a partir de la ecuación 24.9, con $y_1 = L\lambda/w$, se obtiene

$$2y_1 = \frac{2L\lambda}{w} \quad \textit{ancho del máximo central} \tag{24.10}$$

De forma similar, el ancho de las franjas brillantes laterales se determina con

$$y_{m+1} - y_m = (m+1)\left(\frac{L\lambda}{w}\right) - m\left(\frac{L\lambda}{w}\right) = \frac{L\lambda}{w} = y_1 \tag{24.11}$$

Por lo anterior, el ancho del máximo central es el doble del de las franjas laterales.

Ejemplo conceptual 24.3 ■ La difracción y la radiorrecepción

Tal vez usted haya notado que al conducir con la radio encendida, en la ciudad o en zonas montañosas, que en ciertas bandas la calidad de la recepción del radio varía mucho de un lugar a otro; la señal de algunas estaciones se pierde de repente y luego reaparece. ¿La difracción podría ser la causa de esto? ¿Cuál de las siguientes bandas será probablemente la menos afectada? *a*) Meteorológica (162 MHz), *b*) FM (88-108 MHz); *c*) AM (525-1610 kHz).

Razonamiento y respuesta. Las ondas de radio, al igual que las de luz, son ondas electromagnéticas, por lo que tienden a propagarse en líneas rectas, a grandes distancias de sus fuentes. En su trayectoria es probable que se encuentren con objetos que las bloqueen, en especial si éstos son masivos (como montañas y edificios).

Sin embargo, a causa de la difracción, las ondas de radio también pueden "rodear" obstáculos, o "difundirse" al pasar por obstáculos y aberturas, *siempre y cuando* su longitud de onda sea por lo menos del tamaño aproximado del obstáculo o abertura. Cuanto mayor sea la longitud de onda, mayor será la difracción, y habrá *menos probabilidad* de que las ondas de radio resulten obstruidas.

Para determinar qué banda aprovecha más esa difracción es necesario calcular las longitudes de onda correspondientes a las frecuencias dadas, con la relación $c = \lambda f$. Al hacerlo, se ve que las ondas de AM, con $\lambda = 186$ a 571 m son las más largas de las tres bandas (por un factor aproximado de 100). En consecuencia, la conclusión es que las transmisiones de AM son las que tienen más probabilidad de difractarse en torno a objetos como edificios o montañas, o a través de las aberturas entre ellos. Así que la respuesta correcta es la *c*.

Ejercicio de refuerzo. Los instrumentos de viento, como el clarinete y la flauta, tienen aberturas de menor tamaño que los metales, como la trompeta y el trombón. Durante el medio tiempo de un partido de fútbol, cuando la banda musical está frente a uno, el sonido de los instrumentos de viento y los metales se escucha con facilidad. Sin embargo, cuando la banda se aleja, se opacan los metales, pero los instrumentos de viento se escuchan bastante bien. ¿Por qué?

Ejemplo integrado 24.4 ■ Ancho de un máximo central: difracción en una sola rendija

Una luz monocromática pasa por una rendija de 0.050 mm de ancho. *a*) La figura de difracción, en general, es 1) más grande para mayores longitudes de onda, 2) más grande para menores longitudes de onda, 3) igual para todas las longitudes de onda. Explique por qué. *b*) ¿A qué ángulo se verá el tercer mínimo y cuál es el ancho del máximo central, en una pantalla que está a 1.0 m de la rendija, para $\lambda = 400$ y 550 nm, respectivamente?

a) Razonamiento conceptual. El tamaño general de la figura de difracción se caracteriza por la posición de una franja brillante u oscura en particular. De acuerdo con la ecuación 24.8, se ve que para un ancho w y un número de orden m dados, la posición de un mínimo sen θ es directamente proporcional a la longitud de onda λ. Por lo tanto, una mayor longitud de onda corresponderá a un mayor sen θ o a un mayor θ, y la respuesta correcta es la 1.

b) Razonamiento cuantitativo y solución. Esta parte es una aplicación directa de la ecuación 24.8 y 24.10.

Dado: $\lambda_1 = 400 \text{ nm} = 4.00 \times 10^{-7}\text{ m}$ *Encuentre:* θ_3 y $2y_1$ (ancho del máximo central)
$\lambda_2 = 550 \text{ nm} = 5.50 \times 10^{-7}\text{ m}$
$w = 0.050 \text{ mm} = 5.0 \times 10^{-5}\text{ m}$
$m = 3$
$L = 1.0\text{ m}$

Para $\lambda = 400$ nm:

De acuerdo con la ecuación 24.8, tenemos

$$\text{sen }\theta_3 = \frac{m\lambda}{w} = \frac{3(4.00 \times 10^{-7}\text{ m})}{5.0 \times 10^{-5}\text{ m}} = 0.024 \quad \text{así que} \quad \theta_3 = \text{sen}^{-1}\, 0.024 = 1.4^\circ$$

La ecuación 24.10 nos da

$$2y_1 = \frac{2L\lambda}{w} = \frac{2(1.0\text{ m})(4.00 \times 10^{-7}\text{ m})}{5.0 \times 10^{-5}\text{ m}} = 1.6 \times 10^{-2}\text{ m} = 1.6\text{ cm}$$

Para $\lambda = 700$ nm:

$$\text{sen }\theta_3 = \frac{m\lambda}{w} = \frac{3(5.50 \times 10^{-7}\text{ m})}{5.0 \times 10^{-5}\text{ m}} = 0.033 \quad \text{de manera que} \quad \theta_3 = \text{sen}^{-1}\, 0.033 = 1.9^\circ$$

$$2y_1 = \frac{2L\lambda}{w} = \frac{2(1.0\text{ m})(5.50 \times 10^{-7}\text{ m})}{5.0 \times 10^{-5}\text{ m}} = 2.2 \times 10^{-2}\text{ m} = 2.2\text{ cm}$$

Ejercicio de refuerzo. ¿Por qué factor cambiaría el ancho del máximo central si en este ejemplo se usara luz roja ($\lambda = 700$ nm) en lugar de 550 nm?

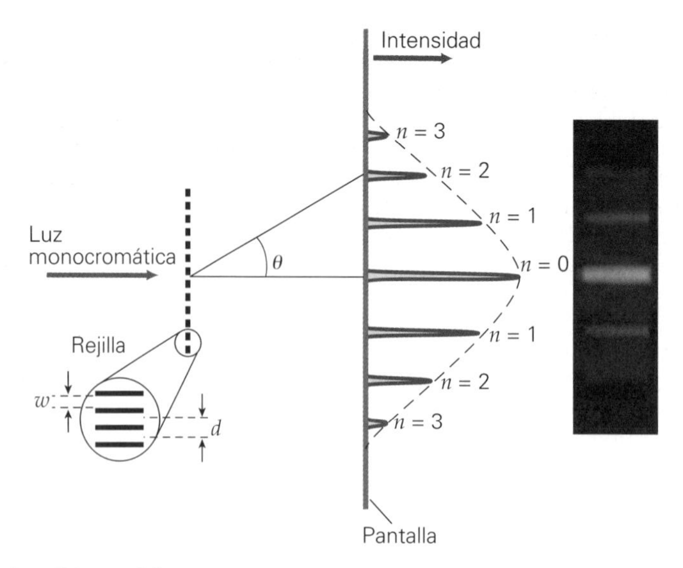

▶ **FIGURA 24.15 Rejilla de difracción** Una rejilla de difracción produce una figura de interferencia y difracción con mucha definición. Son dos los parámetros que definen una rejilla: la distancia d entre rendijas y el ancho w de una rendija. La combinación de interferencia por múltiples rendijas y la difracción por una sola rendija determinan la distribución de intensidades de los distintos órdenes de máximos.

Ilustración 38.2 Aplicación de las rejillas de difracción

Rejillas de difracción

Las franjas brillantes y oscuras son el resultado de la difracción, acompañada por la interferencia cuando la luz monocromática atraviesa un conjunto de rendijas dobles. Al aumentar la cantidad de rendijas, las franjas brillantes se vuelven más agudas (más angostas) y las franjas oscuras se hacen más anchas. Las franjas brillantes son muy útiles en el análisis óptico de fuentes luminosas, así como en otras aplicaciones. En la ▴figura 24.15 se ve un experimento típico con luz monocromática que incide en una **rejilla de difracción**, formada por grandes cantidades de rendijas paralelas, muy cercanas entre sí. Hay dos parámetros que definen una rejilla de difracción: la separación d entre dos rendijas sucesivas y el ancho w de cada rendija. La figura resultante de la interferencia y la difracción se presenta en la ▾figura 24.16.

Las primeras rejillas de difracción se fabricaban con hilos de alambre. Sus efectos eran similares a lo que se aprecia cuando se ve la llama de una vela a través de una pluma cercana al ojo. Las mejores rejillas tienen una gran cantidad de líneas o ranuras finas, sobre superficies de vidrio o de metal. Si se transmite la luz a través de la rejilla, se tiene una *rejilla de transmisión*. Sin embargo, también son frecuentes las *rejillas de reflexión*. Los surcos cercanos de un disco compacto o de un DVD actúan como rejilla de reflexión, lo que le da su característico brillo iridiscente (▸figura 24.17). Para fabricar las rejillas maestras comerciales se deposita una capa delgada de aluminio sobre una superficie ópticamente plana y luego se elimina parte del metal reflector cortando lí-

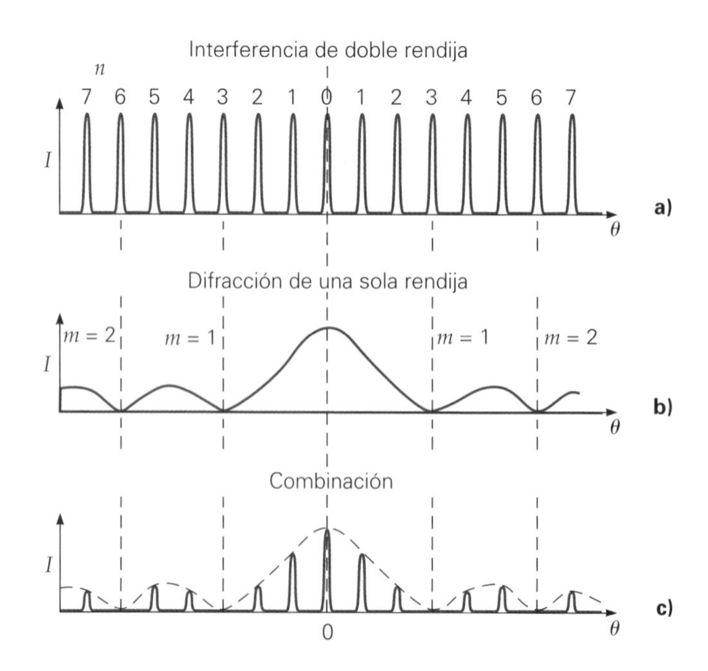

▶ **FIGURA 24.16 Distribución de intensidades en la interferencia y la difracción** *a)* La interferencia determina las posiciones de los máximos de interferencia: d sen $\theta = n\lambda$, $n = 0, 1, 2, 3, \ldots$ *b)* La difracción localiza las posiciones de los mínimos de difracción: w sen $\lambda = m\lambda$, $m = 1, 2, 3, \ldots$, y la intensidad relativa de los máximos. *c)* La combinación (el producto) de la interferencia y la difracción determina la distribución de la intensidad de las franjas.

neas paralelas a distancias regulares. Las rejillas de difracción de precisión se fabrican con dos rayos láser coherentes que se cruzan formando un ángulo. Los rayos dejan expuesto un material fotosensible, que después se graba. La distancia entre las líneas de la rejilla queda determinada por el ángulo de intersección de los rayos. Las rejillas de precisión tienen 30 000 líneas por centímetro o más, por lo que son costosas y difíciles de fabricar. La mayor parte de las rejillas que se usan en los instrumentos de laboratorio son *réplicas*, coladas en plástico en rejillas maestras de alta precisión.

Se puede demostrar que la condición para los máximos de interferencia de una rejilla iluminada con luz monocromática es idéntica a la de las dobles rendijas. La ecuación es

$$d \operatorname{sen} \theta = n\lambda \qquad \text{para } n = 0, 1, 2, 3, \ldots \qquad \textit{máximos de interferencia} \quad (24.12)$$

donde n es el llamado *máximo de orden de interferencia* y θ es el ángulo en el que se presenta ese máximo para determinada longitud de onda. El máximo de orden cero coincide con el máximo central de la figura de difracción. La distancia d entre ranuras adyacentes se obtiene a partir de la cantidad de líneas o ranuras por unidad de longitud de la rejilla: $d = 1/N$. Por ejemplo, si N = 5000 líneas/cm, entonces

$$d = \frac{1}{N} = \frac{1}{5000/\text{cm}} = 2.0 \times 10^{-4} \text{ cm}$$

Si la luz que incide en una rejilla es blanca (policromática), las franjas son de varios colores (▾figura 24.18a). No hay desviación de los componentes de la luz para el orden cero ($\operatorname{sen} \theta = 0$ para todas las longitudes de onda), por lo que el máximo central es blanco. Sin embargo, los colores se separan en los órdenes superiores, porque la posición del máximo depende de la longitud de onda (ecuación 24.12). La mayor longitud de onda tiene un θ mayor y esto produce un espectro. Note que es posible que se traslapen los órdenes superiores que se producen en una rejilla de difracción. En otras palabras, es posible que los ángulos de distintos órdenes sean iguales para dos longitudes de onda diferentes.

Sólo se puede ver una cantidad limitada de órdenes espectrales cuando se usa una rejilla de difracción. Esa cantidad depende de la longitud de onda de la luz y del espaciamiento d de la rejilla. De acuerdo con la ecuación 24.12, como $\operatorname{sen} \theta$ no puede exceder los 90° (esto es, $\operatorname{sen} \theta \leq 1$), tenemos

$$\operatorname{sen} \theta = \frac{n\lambda}{d} \leq 1 \qquad \text{o} \qquad n_{\text{máx}} \leq \frac{d}{\lambda}$$

Las rejillas de difracción han reemplazado casi por completo a los prismas en espectroscopia. La creación de un espectro y la medición de longitudes de onda mediante una rejilla sólo dependen de medidas geométricas, como longitudes y/o ángulos. En contraste, la determinación de la longitud de onda con un prisma depende de las características dispersoras del material con que esté hecho el prisma. Así, es fundamental conocer con precisión la dependencia entre el índice de refracción y la longitud de onda de la luz. A diferencia de un prisma, que desvía menos la luz roja y más la violeta, una rejilla de difracción produce el ángulo mínimo con la luz violeta (λ corta) y el máximo con la roja (λ larga). Hay que advertir que un prisma dispersa la luz blanca y

▲ **FIGURA 24.17 Efectos de la difracción** Las ranuras angostas de los discos compactos (CD) actúan como rejillas de difracción y producen un despliegue de colores. (Véase el pliego a color al final del libro.)

Nota: d es la distancia entre rendijas adyacentes.

Exploración 38.2 Rejilla de difracción

▼ **FIGURA 24.18 Espectroscopia** *a*) En cada franja brillante lateral se separan los componentes de distintas longitudes de onda (R = rojo y V = violeta), porque la desviación depende de la longitud de onda: $\theta = \operatorname{sen}^{-1}(n\lambda/d)$. *b*) Por esta razón, se usan rejillas en los espectrómetros para determinar las longitudes de onda presentes en un rayo de luz, midiendo sus ángulos de difracción y separando las diversas longitudes de onda para su análisis posterior. (Véase el pliego a color al final del libro.)

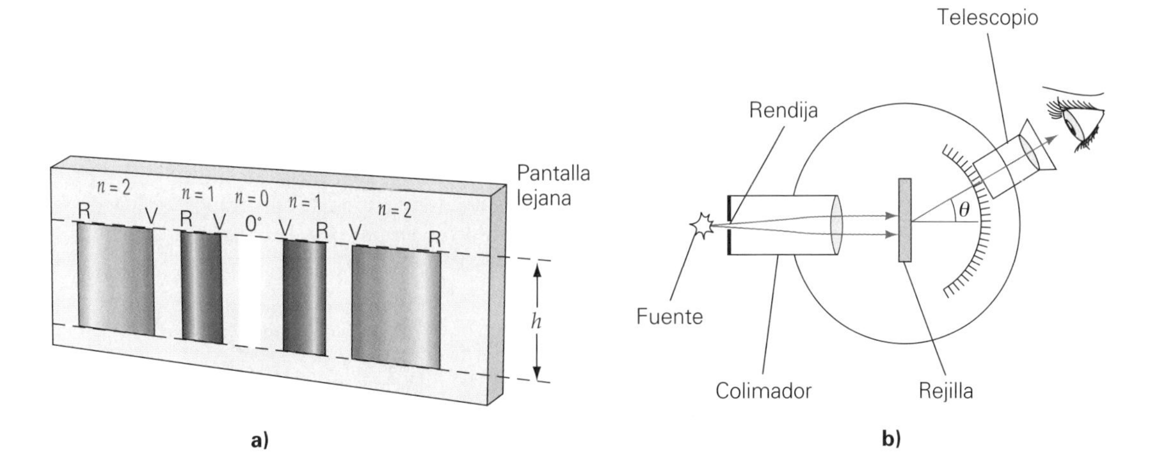

forma un solo espectro. Sin embargo, una rejilla de difracción produce varios espectros, uno para cada orden distinto de $n = 0$, y cuanto más alto sea el orden, mayor será la dispersión.

Los espectros nítidos que producen las rejillas de difracción se usan en los instrumentos llamados *espectrómetros* (figura 24.18b). En un espectrómetro se iluminan materiales con luz de diversas longitudes de onda, para determinar cuáles de ellas se transmiten o se reflejan con intensidad. Entonces se mide su absorción para determinar las características del material.

Ejemplo 24.5 ■ Una rejilla de difracción: distancia entre líneas y órdenes espectrales

Determinada rejilla de difracción produce un orden espectral $n = 2$ a un ángulo de 30°, con luz de 500 nm de longitud de onda. *a*) ¿Cuántas líneas por centímetro tiene la rejilla? *b*) ¿A qué ángulo se debe ver el orden espectral $n = 3$?

Razonamiento. *a*) Para calcular la cantidad de líneas por centímetro (N) que tiene la rejilla, se necesita conocer la distancia entre líneas d, ya que $N = 1/d$. Con los datos del problema se puede calcular d mediante la ecuación 24.12. *b*) Aplicando de nuevo la ecuación 24.12, se calcula θ para $n = 3$.

Solución.

Dado: $\lambda = 500 \text{ nm} = 5.00 \times 10^{-7} \text{ m}$; $n = 2$; $\theta = 30°$ para $n = 2$

Encuentre: *a*) N (líneas/cm); *b*) θ para $n = 3$

a) Se sustituyen datos en la ecuación 24.12 para calcular la distancia entre líneas:

$$d = \frac{n\lambda}{\text{sen}\,\theta} = \frac{2(5.00 \times 10^{-7} \text{ m})}{\text{sen } 30°} = 2.00 \times 10^{-6} \text{ m} = 2.00 \times 10^{-4} \text{ cm}$$

Entonces

$$N = \frac{1}{d} = \frac{1}{2.00 \times 10^{-4} \text{ cm}} = 5000 \text{ líneas/cm}$$

b)

$$\text{sen}\,\theta = \frac{n\lambda}{d} = \frac{3(5.00 \times 10^{-7} \text{ m})}{2.00 \times 10^{-6} \text{ m}} = 0.75$$

de manera que

$$\theta = \text{sen}^{-1}\, 0.75 = 48.6°$$

Ejercicio de refuerzo. Si se utilizara luz blanca con longitud de onda entre 400 y 700 nm, ¿cuál sería el ancho angular del espectro para el segundo orden?

Difracción de rayos X

En principio, es posible calcular la longitud de cualquier onda electromagnética con una rejilla de difracción que tenga la separación adecuada entre ranuras. A principios del siglo XX se usó la difracción para determinar las longitudes de onda de los rayos X. Las pruebas experimentales indicaban que era probable que esas longitudes de onda fueran aproximadamente de 10^{-10} m o 0.1 nm, pero sería imposible construir una rejilla de difracción con este espaciamiento. El físico alemán Max von Laue (1879-1960) sugirió que las distancias regulares entre los átomos de un sólido cristalino podrían hacer que el cristal funcionara como rejilla de difracción para los rayos X, ya que el espaciamiento atómico en los cristales es del orden de 0.1 nm (▸figura 24.19). Cuando se dirigieron rayos X hacia cristales, se observaron figuras de difracción (véase la figura 24.19b).

La figura 24.19a ilustra la difracción que causan los planos de átomos en un cristal como el del cloruro de sodio. La diferencia entre longitudes de trayectoria es $2d$ sen θ, donde d es la distancia entre los planos internos del cristal. Así, la condición para la interferencia constructiva es

$$2d\,\text{sen}\,\theta = n\lambda \qquad \text{para } n = 1, 2, 3, \ldots \qquad \begin{array}{l}\textit{interferencia constructiva}\\ \textit{difracción de rayos X}\end{array} \qquad (24.13)$$

A esta relación se le llama **ley de Bragg**, en honor a W. L. Bragg (1890-1971), el físico inglés que la dedujo. Note que θ *no* se mide a partir de la normal, como es la convención en óptica.

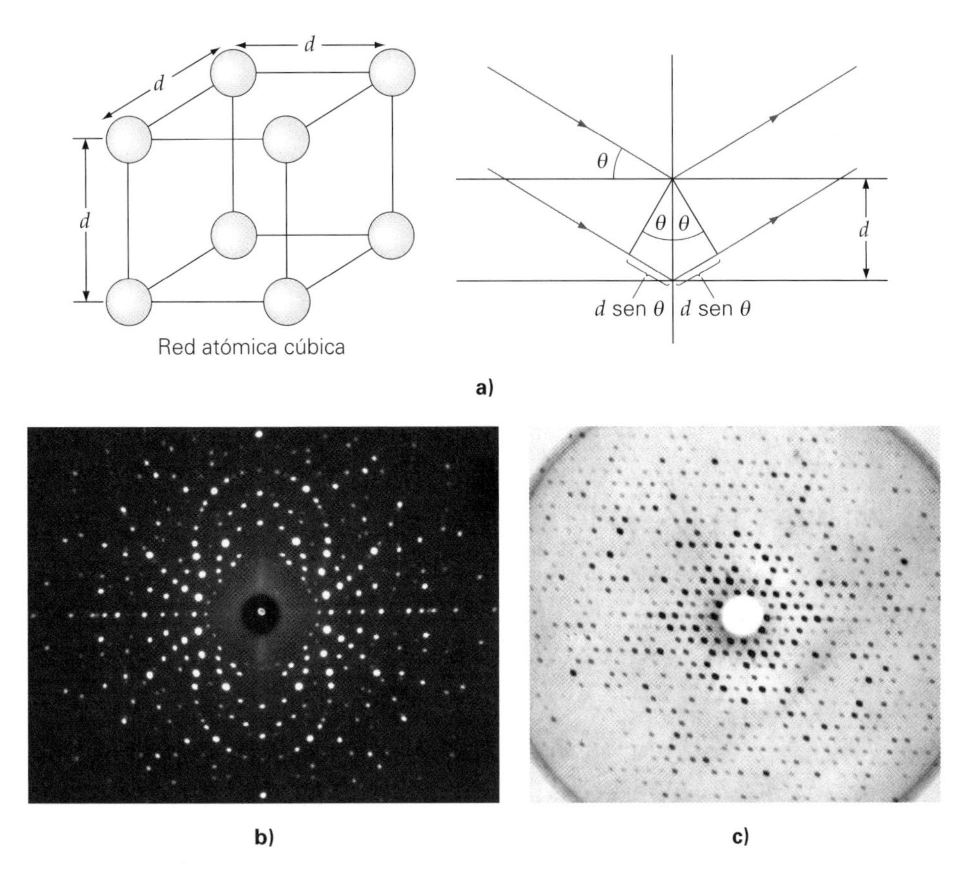

◀ **FIGURA 24.19** Difracción en cristales *a*) El conjunto de átomos en una estructura de red cristalina funciona como rejilla de difracción, y los rayos X se difractan en los planos de los átomos. Cuando el espaciamiento en la red es d, la diferencia de longitudes de trayectoria de los rayos X difractados en planos adyacentes es $2d$ sen θ. *b*) Figura de difracción de rayos X en un cristal de sulfato de potasio. Si se analizan las características geométricas de esas figuras, es posible deducir la estructura del cristal y la posición de sus diversos átomos. *c*) Figura de difracción de la proteína hemoglobina, que se encarga de transportar el oxígeno en la sangre.

En la actualidad, la difracción de rayos X sirve para investigar la estructura interna no sólo de los cristales sencillos, sino también de las moléculas biológicas grandes y complejas, como las proteínas y el ADN (figura 24.19c). Gracias a sus cortas longitudes de onda, que son comparables con los espacios atómicos *dentro* de las moléculas, los rayos X ofrecen un método para investigar la estructura atómica de las moléculas.

24.4 Polarización

OBJETIVOS: *a*) Explicar la polarización de la luz y *b*) describir ejemplos de la polarización, tanto en el ambiente como en sus aplicaciones comerciales.

Cuando pensamos en luz polarizada, quizá visualizamos los anteojos polarizados (o Polaroid) para sol, porque ésta es una de las aplicaciones más comunes de la polarización. Cuando algo se polariza, tiene una dirección u orientación preferente. En términos de ondas luminosas, la **polarización** se refiere a la orientación de las oscilaciones transversales de sus ondas (campo eléctrico).

Recuerde que en el capítulo 20 se explicó que la luz es una onda electromagnética, con vectores de campo eléctrico y magnético ($\vec{\mathbf{E}}$ y $\vec{\mathbf{B}}$, respectivamente) oscilatorios, perpendiculares (transversales) a la dirección de propagación. La luz de la mayor parte de las fuentes consiste en una gran cantidad de ondas electromagnéticas que emiten los átomos de esa fuente. Cada átomo produce una onda con determinada orientación, que corresponde a la dirección de su vibración atómica. Sin embargo, como son muchos los átomos que producen las ondas electromagnéticas de una fuente típica, son posibles muchas orientaciones aleatorias de los campos ($\vec{\mathbf{E}}$ y $\vec{\mathbf{B}}$ en la luz compuesta que se emite. Cuando los vectores de campo tienen orientación aleatoria, se dice que la luz es *no polarizada*. Por lo regular, esta situación se representa de forma esquemática en función del vector campo eléctrico, como se ve en la ▾figura 24.20a. Visto a lo largo de la dirección de propagación, el campo eléctrico está distribuido al azar, es decir, igualmente en todas las direcciones. Sin embargo, visto paralelamente a la dirección de propagación, esta distribución aleatoria o igual se puede representar por dos direcciones (como las direcciones x y y en un sistema de coordenadas bidimensional). En este caso, las flechas verticales representan los componentes del campo eléctrico en esa direc-

Nota: en muchas figuras, los puntos representan una dirección del campo eléctrico perpendicular al papel y las flechas denotan una dirección a lo largo de la del campo eléctrico.

Ilustración 39.2 *Ondas electromagnéticas polarizadas*

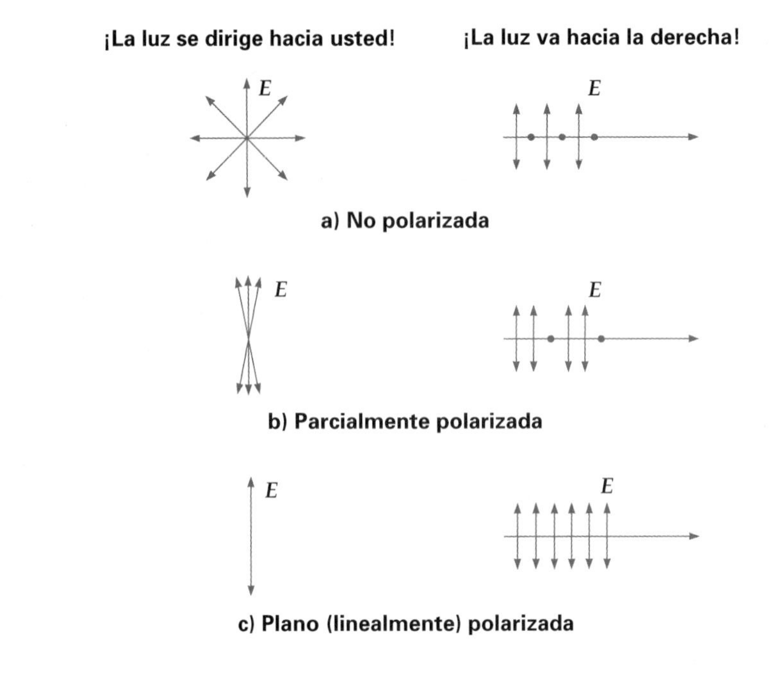

▶ **FIGURA 24.20** **Polarización** La polarización se representa con la orientación del plano de vibración de los vectores de campo eléctrico. *a*) Cuando los vectores tienen orientación aleatoria, la luz no es polarizada. Los puntos representan una dirección del campo eléctrico perpendicular al papel, y las flechas verticales indican una dirección del campo eléctrico hacia arriba y hacia abajo. La luz no polarizada se representa con cantidades iguales de flechas y puntos. *b*) Cuando la orientación de los vectores de campo es preferente, la luz está parcialmente polarizada. En este caso hay menos puntos que flechas. *c*) Cuando los vectores están en un plano, la luz es plano polarizada, o linealmente polarizada. En este caso no se ven puntos.

ción, y los puntos representan componentes que entran al papel o que salen de él. En este apartado se usará esta notación.

Si hay una orientación preferente de los vectores de campo, se dice que la luz está *parcialmente polarizada*. Ambas representaciones de la figura 24.20b muestran que hay más vectores de campo eléctrico en dirección vertical que en dirección horizontal. Si los vectores de campo sólo oscilan en *una* dirección, la luz es *plano polarizada, o linealmente polarizada* (figura 24.20c). Note que la polarización es una prueba de que la luz es una onda transversal. Las ondas longitudinales verdaderas, como las ondas sonoras en el aire, no se pueden polarizar porque las moléculas del medio no vibran de forma perpendicular a la dirección de propagación.

La luz se polariza de varias maneras. Aquí se describirá la polarización por absorción selectiva, por reflexión y por doble refracción. En el apartado 24.5 se describirá la polarización por dispersión.

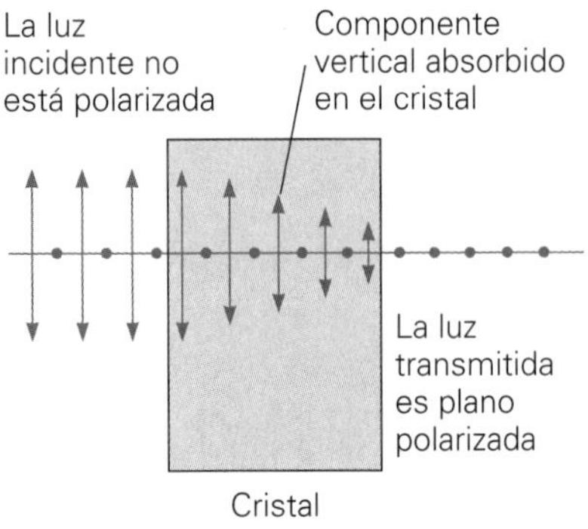

La luz incidente no está polarizada

Componente vertical absorbido en el cristal

La luz transmitida es plano polarizada

Cristal

▲ **FIGURA 24.21** **Absorción selectiva (dicroísmo)** Los cristales dicroicos absorben de forma selectiva un componente polarizado (aquí, el componente vertical) más que el otro. Si el cristal tiene el suficiente espesor, el rayo que emerge está linealmente polarizado.

Polarización por absorción selectiva (dicroísmo)

Algunos cristales, como los del mineral turmalina, presentan la interesante propiedad de absorber uno de los componentes de campo eléctrico más que el otro. A esta propiedad se le llama **dicroísmo**. Si un cristal dicroico tiene espesor suficiente, se absorberá por completo uno de los componentes y, en ese caso, el haz que emerge es plano polarizado (◂figura 24.21).

Otro cristal dicroico es el del sulfato de iodoquinina (llamado *herapatita*, en honor de W. Herapath, médico inglés que descubrió en 1852 sus propiedades polarizantes). Este cristal tuvo gran importancia práctica en el desarrollo de los polarizadores modernos. Alrededor de 1930, Edwin H. Land (1909-1991), científico estadounidense, encontró una forma de alinear diminutos cristales dicroicos aciculares (en forma de aguja) para formar láminas de celuloide transparente. El resultado fue una película delgada de material polarizante, que recibió el nombre comercial de *Polaroid*.

Se han desarrollado mejores películas polarizantes que, en lugar de celuloide, utilizan polímeros sintéticos. Durante el proceso de manufactura esta clase de películas se estira para alinear las largas cadenas moleculares del polímero. Con un tratamiento adecuado, los electrones externos (de valencia) de las moléculas pueden moverse a lo largo de las cadenas orientadas. El resultado es que se absorbe con facilidad la luz cuyos vectores $\vec{\mathbf{E}}$ son paralelos a las cadenas orientadas, pero se transmite la luz con vectores $\vec{\mathbf{E}}$ perpendiculares a las cadenas. La dirección *perpendicular* a la orientación de las cadenas moleculares se llama **eje de transmisión**, o **dirección de polarización**. Así, cuando la luz no polarizada llega a una lámina polarizadora, ésta funciona como polarizador y transmite luz polarizada (▸figura 24.22). Como se absorbe uno de los dos componentes del

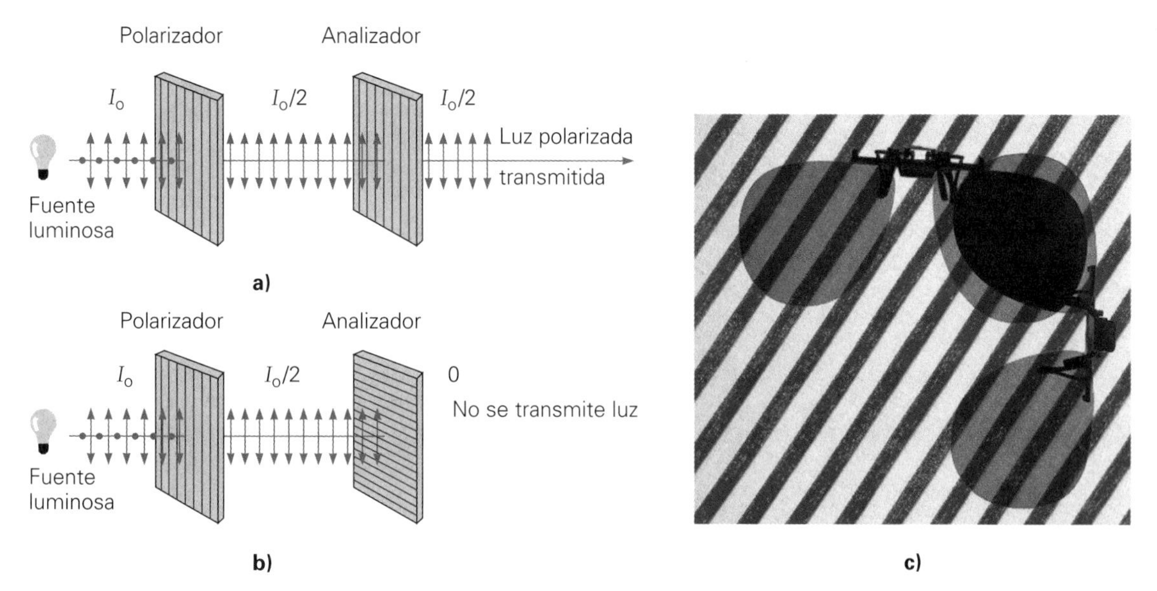

▲ **FIGURA 24.22 Películas polarizantes** *a*) Cuando las películas polarizantes se orientan de tal forma que sus ejes de transmisión tienen la misma dirección, la luz que sale es polarizada. La primera lámina funciona como polarizador y la segunda como analizador. *b*) Cuando una de las láminas gira 90° y los ejes de transmisión son perpendiculares (polarizadores cruzados), se transmite poca luz (en el caso ideal, nada). *c*) Polarizadores cruzados hechos con anteojos polarizantes para el sol.

campo eléctrico, la intensidad de la luz después del polarizador es la mitad de la intensidad de la luz incidente ($I_o/2$). El ojo humano no es capaz de distinguir entre luz polarizada y no polarizada. Para saber si la luz está polarizada, se necesita un *analizador*, que puede ser simplemente otra hoja de película polarizante. Como se ve en la figura 24.22a, si el eje de transmisión de un analizador es paralelo al plano de polarización de la luz, la transmisión es máxima. Si el eje de transmisión del analizador es perpendicular al plano de polarización, se transmitirá poca luz (en el caso ideal, ninguna).

En general, la intensidad de la luz transmitida se determina con

$$I = I_o \cos^2 \theta \quad \textit{Ley de Malus} \qquad (24.14)$$

donde θ es el ángulo que forman los ejes de transmisión del polarizador y el analizador. Esta expresión se conoce como *ley de Malus*, en honor de su descubridor, el físico francés E. L. Malus (1775-1812).

Los anteojos polarizantes cuyos vidrios tienen distintos ejes de transmisión se usan para ver algunas películas en tercera dimensión. Dos proyectores que transmiten imágenes un poco distintas, tomadas con cámaras a corta distancia entre sí, proyectan las películas en una pantalla. La luz de cada proyector está linealmente polarizada, pero en dirección perpendicular a la de la otra cámara. Las lentes de los anteojos "3D" también tienen ejes de transmisión perpendiculares entre sí. De esta forma, un ojo ve la imagen de un proyector y el otro ve la del otro proyector. El cerebro interpreta como profundidad, o tercera dimensión, la ligera diferencia en la perspectiva (o "ángulo de visión) de las dos imágenes, exactamente igual que en la visión normal.

Ejemplo integrado 24.6 ■ Hacer algo de la nada: tres polarizadores

En las figuras 24.22b y c no hay luz transmitida después del analizador, porque los ejes de transmisión del polarizador y el analizador son perpendiculares. Supongamos que la luz no polarizada que incide en el primer polarizador tiene una intensidad I_o. Entre el primer polarizador y el analizador se inserta un segundo polarizador, cuyo eje de transmisión forma un ángulo θ con el del primer polarizador. *a*) ¿Es posible que algo de luz atraviese todo esta configuración? En caso afirmativo, ¿ese paso será cuando 1) $\theta = 0°$, 2) $\theta = 30°$, 3) $\theta = 45°$ o 4) $\theta = 90°$. Explique por qué. ¿Qué sucede si se gira el segundo polarizador? *b*) Cuando $\theta = 30°$, ¿cuál es la intensidad de la luz que se transmite en términos de la intensidad de la luz que incide?

Exploración 39.2 Polarizadores

(continúa en la siguiente página)

a) Razonamiento conceptual. Sí, es posible que algo de luz atraviese esta configuración a cualquier otro ángulo que no sea 0° o 90°. La sección Aprender dibujando que aparece en esta página le ayudará a comprender esta situación.

Sólo con el primer polarizador y el analizador, no se transmite luz, de acuerdo con la ley de Malus (ecuación 24.14), porque el ángulo entre los ejes de transmisión es de 90°. Sin embargo, cuando se inserta un segundo polarizador entre el primero y el analizador, en realidad pasa algo de luz por el sistema. Por ejemplo, si el eje de transmisión del segundo polarizador forma un ángulo θ con el del primer polarizador, entonces el ángulo entre los ejes de transmisión del segundo polarizador y el analizador será $90° - \theta$. (¿Por qué?)

Cuando la luz no polarizada de intensidad I_o incide en el primer polarizador, la intensidad transmitida por éste es $I_o/2$, porque sólo se transmite uno de los dos componentes del campo eléctrico. Después del segundo polarizador, la intensidad disminuye por un factor de $\cos^2 \theta$. Después del analizador, la intensidad se reduce más por un factor de $\cos^2(90° - \theta) = \text{sen}^2 \theta$. Por lo anterior, la intensidad transmitida es $I = (I_o/2)(\cos^2\theta)(\text{sen}^2\theta)$. Así, mientras θ no sea 0° ni 90°, habrá algo de luz que atraviese el sistema.

Puesto que la luz transmitida depende del ángulo θ, si se gira el segundo polarizador cambia la intensidad transmitida.

b) Razonamiento cuantitativo y solución. Una vez comprendida la situación, el inciso *b* se resuelve con un cálculo directo.

Dado: $\theta = 30°$ *Encuentre:* *b*) I después de tres polarizadores en términos de I_o

Cuando $\theta = 30°$, $$I = \frac{I_o}{2}(\cos^2 30°)(\text{sen}^2 30°) = \frac{I_o}{2} \cdot \left(\frac{\sqrt{3}}{2}\right)^2 \cdot \left(\frac{1}{2}\right)^2 = \frac{3I_o}{32}$$

Ejercicio de refuerzo. ¿Para qué valor de θ será máxima la intensidad transmitida en este ejemplo?

Polarización por reflexión

Cuando un haz de luz no polarizada llega a un medio transparente y liso, como el vidrio, por ejemplo, se refleja en forma parcial y se transmite también en forma parcial. La luz reflejada puede estar total o parcialmente polarizada, o no polarizada, dependiendo del ángulo de incidencia. El caso no polarizado se presenta para 0°, es decir, la incidencia normal. Al variar el ángulo de incidencia a partir de 0°, se polarizan parcialmente tanto la luz reflejada como la refractada. Por ejemplo, los componentes del campo eléctrico normales a la superficie se reflejan con más intensidad y producen polarización parcial (▸figura 24.23a). Sin embargo, en determinado ángulo de incidencia, el haz re-

APRENDER DIBUJANDO **TRES POLARIZADORES (VÉASE EL EJEMPLO INTEGRADO 24.6)**

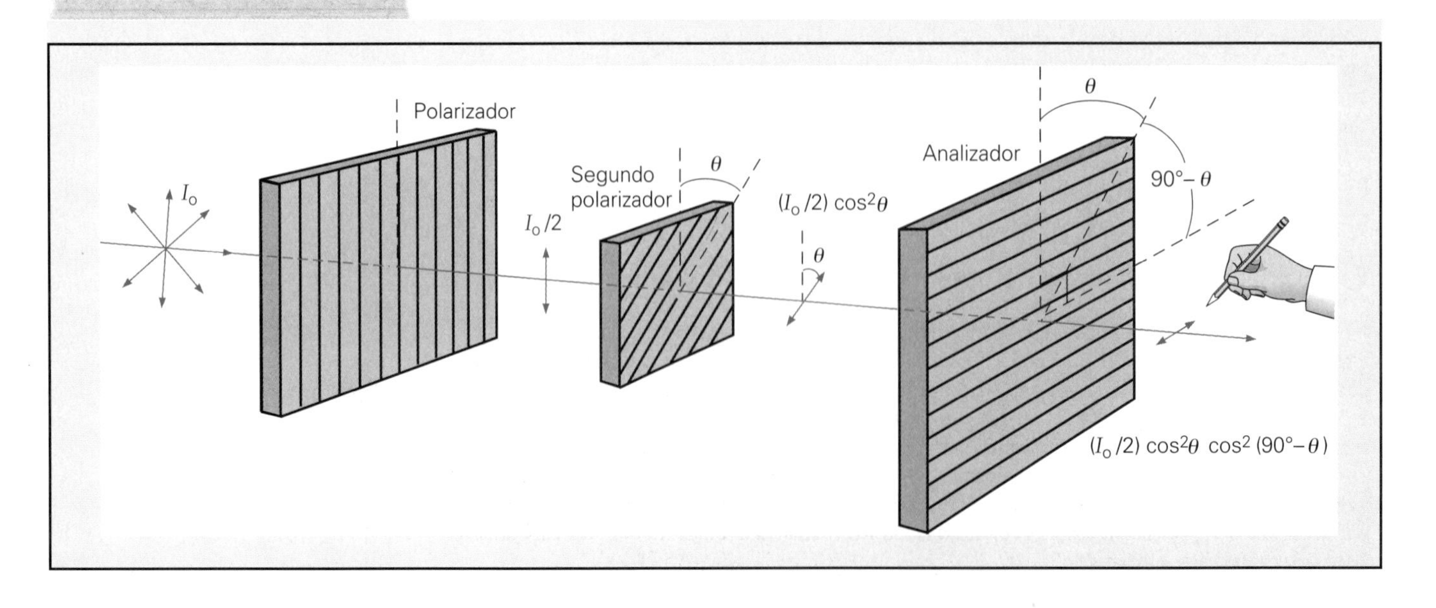

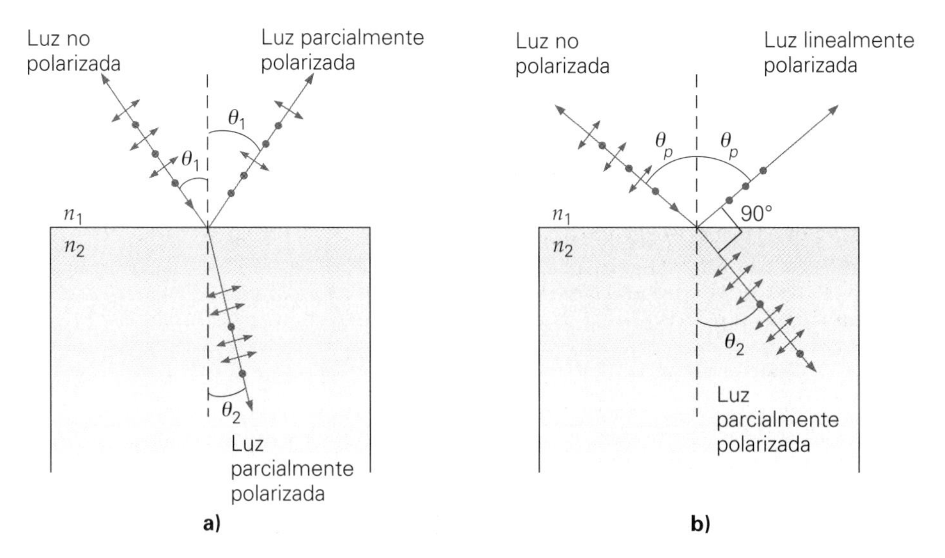

▲ **FIGURA 24.23 Polarización por reflexión** *a)* Cuando un haz de luz incide en una interfase, la luz reflejada y la refractada normalmente están parcialmente polarizadas. *b)* Cuando los rayos reflejado y refractado forman 90°, la luz reflejada es linealmente polarizada y la refractada es parcialmente polarizada. Esta situación ocurre cuando $\theta_1 = \theta_p = \tan^{-1}\left(\frac{n_2}{n_1}\right)$.

flejado está totalmente polarizado (figura 24.23b). (En este ángulo, sin embargo, el haz refractado sólo está parcialmente polarizado.)

David Brewster (1781-1868), un físico escocés, descubrió que la polarización total del rayo reflejado se presenta cuando los rayos reflejado y refractado son perpendiculares entre sí. El ángulo de incidencia al que ocurre esta polarización se llama **ángulo de polarización (θ_p)** o **ángulo de Brewster**, y depende de los índices de refracción de los dos medios. En la figura 24.23b, los rayos reflejado y refractado forman 90°, y el ángulo de incidencia θ_1 es el ángulo de polarización θ_p; por consiguiente, $\theta_1 = \theta_p$, y

$$\theta_1 + 90° + \theta_2 = 180° \qquad \text{o} \qquad \theta_2 = 90° - \theta_1$$

Según la ley de Snell (capítulo 22),

$$n_1 \operatorname{sen} \theta_1 = n_2 \operatorname{sen} \theta_2$$

En este caso, $\operatorname{sen} \theta_2 = \operatorname{sen}(90° - \theta_1) = \cos \theta_1$. Por consiguiente,

$$\frac{\operatorname{sen} \theta_1}{\operatorname{sen} \theta_2} = \frac{\operatorname{sen} \theta_1}{\cos \theta_1} = \tan \theta_1 = \frac{n_2}{n_1}$$

Cuando $\theta_1 = \theta_p$, el resultado es

$$\tan \theta_p = \frac{n_2}{n_1} \qquad \text{o bien} \qquad \theta_p = \tan^{-1}\left(\frac{n_2}{n_1}\right) \tag{24.15}$$

Si el primer medio es aire ($n_1 = 1$), entonces $\tan \theta_p = \frac{n_2}{1} = n_2 = n$, donde n es el índice de refracción del segundo medio.

Ahora con seguridad usted comprende el principio en que se basan los anteojos polarizadores. La luz que se refleja en una superficie lisa está parcialmente polarizada. La dirección de polarización es, en su mayor parte, paralela a la superficie. (Véase la figura 24.23b.) La luz que se refleja en la superficie del asfalto o del agua puede tener tal intensidad que produce resplandores (▼figura 24.24a). Para reducir este efecto, las lentes polarizantes de los anteojos tienen la orientación vertical de su eje de transmisión, para que se absorba algo de la luz parcialmente polarizada que proviene de las superficies reflectoras. Por otra parte, los filtros polarizantes permiten a las cámaras tomar fotos "limpias", es decir, sin la interferencia del resplandor (figura 24.24b).

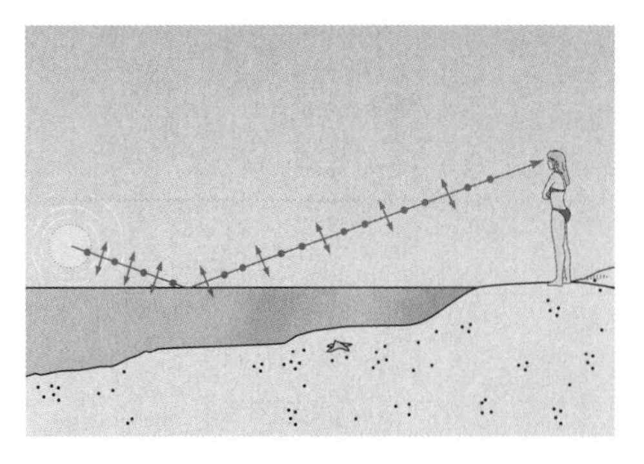

a)

b)

▲ **FIGURA 24.24 Reducción del resplandor** *a)* La luz reflejada en una superficie horizontal está parcialmente polarizada en el plano horizontal. Cuando los anteojos solares se orientan de tal forma que su eje de transmisión es vertical, el componente polarizado horizontalmente de esa luz no se transmite, y se reduce el resplandor. ***b)*** En los filtros polarizantes de las cámaras se usa el mismo principio. La foto de la derecha se tomó con uno de esos filtros. Note la reducción de los reflejos en el escaparate de una tienda. (Véase el pliego a color al final del libro.)

Ejemplo 24.7 ■ Luz solar en un estanque: polarización por reflexión

La luz solar se refleja en la superficie lisa de un estanque. ¿Cuál es la altitud del Sol (el ángulo entre el Sol y el horizonte) cuando es máxima la polarización de la luz reflejada?

Razonamiento. Como el ángulo de incidencia se mide con respecto a la normal y el ángulo de altitud se mide con respecto al horizonte, el ángulo de incidencia y el ángulo de altitud son complementarios (trace un diagrama para visualizar la situación). La luz que incide en el ángulo de Brewster tiene la máxima polarización al reflejarse, por lo que la altitud del Sol debe estar a $90° - \theta_p$ con el horizonte.

Solución. El índice de refracción del agua está en la tabla 22.1.

Dado: $n_1 = 1$
$n_2 = 1.33$ (tabla 22.1)

Encuentre: θ (ángulo de altitud para que la polarización sea máxima)

El Sol debe estar a un ángulo $\theta = 90° - \theta_p$, donde θ_p es el ángulo de Brewster. Se usa la ecuación 24.15:

$$\theta_p = \tan^{-1}\left(\frac{n_2}{n_1}\right) = \tan^{-1}\left(\frac{1.33}{1}\right) = 53.1°$$

Así,

$$\theta = 90° - \theta_p = 90° - 53.1° = 36.9°$$

Ejercicio de refuerzo. La luz incide en un material plano y transparente cuyo índice de refracción es 1.52. ¿En qué ángulo de refracción la luz transmitida tendrá la máxima polarización si el material transparente está en agua?

Polarización por doble refracción (birrefringencia)

Cuando la luz monocromática se propaga en el vidrio, su velocidad es igual en todas direcciones, y el vidrio se caracteriza por tener un solo índice de refracción. Todo material que tiene esta propiedad se llama *isotrópico*, lo que significa que tiene las mismas

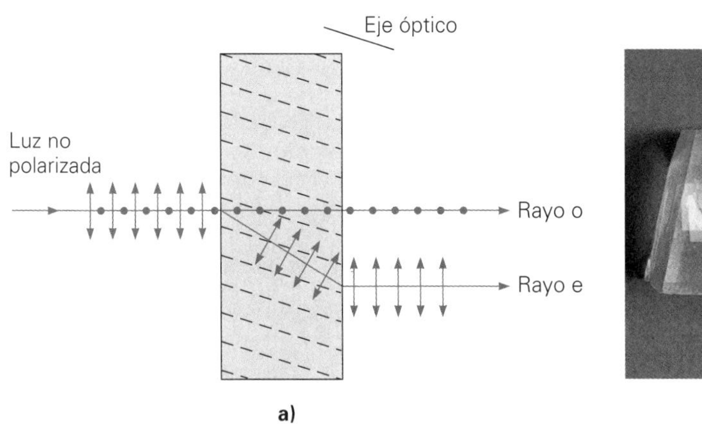

a) b)

▲ **FIGURA 24.25 Doble refracción o birrefringencia** ***a)*** La luz no polarizada que incide normal a la superficie de un cristal birrefringente, formando cierto ángulo con determinada dirección en el cristal (líneas punteadas), se separa en dos componentes: el rayo ordinario (o) y el rayo extraordinario (e), que están plano polarizados en direcciones perpendiculares entre sí. ***b)*** Doble refracción en un cristal de calcita.

características ópticas en todas las direcciones. Algunos materiales cristalinos, como el cuarzo, la calcita y el hielo, son *anisotrópicos*; esto es, la rapidez de la luz —y por consiguiente el índice de refracción— es diferente en direcciones distintas dentro del material. La anisotropía origina algunas propiedades ópticas interesantes. Se dice que esos materiales son doblemente refringentes, o que poseen **birrefringencia**, y en este fenómeno interviene la polarización.

Por ejemplo, un haz de luz no polarizada que incide en un cristal birrefringente de calcita ($CaCO_3$, carbonato de calcio) se ilustra en la ▲figura 24.25. Cuando el haz se propaga formando un ángulo respecto a determinado eje cristalino, el haz se refracta doblemente y se separa en dos componentes o rayos. Esos dos rayos están linealmente polarizados en direcciones perpendiculares entre sí. Uno, llamado *rayo ordinario* (o), pasa en línea recta por el cristal y se caracteriza por un índice de refracción n_o. El segundo rayo, llamado *rayo extraordinario* (e), se refracta y se caracteriza por un índice de refracción n_e. La dirección particular del eje, indicada por las líneas punteadas de la figura 24.25a, se llama *eje óptico*. A lo largo de esta dirección, $n_o = n_e$, y no se nota nada extraordinario en la luz transmitida.

Algunos materiales transparentes tienen la capacidad de *hacer girar* el plano de polarización de la luz plano polarizada. Esta propiedad se llama **actividad óptica**, y se debe a la estructura molecular del material (▼figura 24.26a). La rotación puede ser en

▼ **FIGURA 24.26 Actividad óptica y detección de tensión** ***a)*** Algunas sustancias tienen la propiedad de hacer girar el plano de polarización de la luz linealmente polarizada. Esta propiedad, que depende de la estructura molecular de la sustancia, se llama *actividad óptica*. ***b)*** Los vidrios y los plásticos se tornan ópticamente activos cuando se someten a tensión, y los puntos de máxima tensión se aprecian cuando el material se ve a través de polarizadores cruzados. Los ingenieros pueden entonces probar modelos de elementos estructurales en plástico, para ver dónde se presentarán las tensiones máximas cuando se "carguen" los modelos. En el caso que se ilustra se está analizando un modelo de la armadura de suspensión de un puente

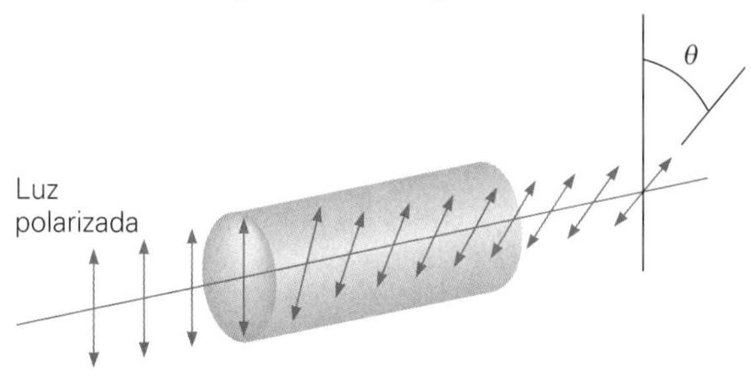

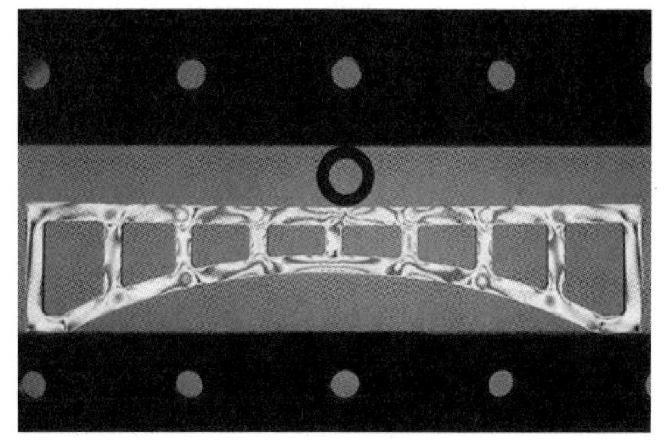

a) b)

el sentido de las manecillas del reloj o en sentido contrario, dependiendo de la orientación molecular. Entre las moléculas ópticamente activas están algunas proteínas, aminoácidos y azúcares.

Los vidrios y los plásticos se vuelven ópticamente activos cuando están sometidos a tensión. La máxima rotación de la dirección de polarización de la luz transmitida se realiza en las regiones donde la tensión es máxima. Al ver un trozo de material sometido a tensión, a través de polarizadores cruzados, es posible identificar los puntos de tensión máxima. A esta determinación se le llama *análisis óptico de tensión* (figura 24.26b). Otra aplicación de las películas polarizantes es la pantalla de cristal líquido (LCD), que se describe en la sección A fondo 24.2.

*24.5 Dispersión atmosférica de la luz

OBJETIVOS: *a*) Describir la dispersión y *b*) explicar por qué el cielo es azul y los crepúsculos son rojos.

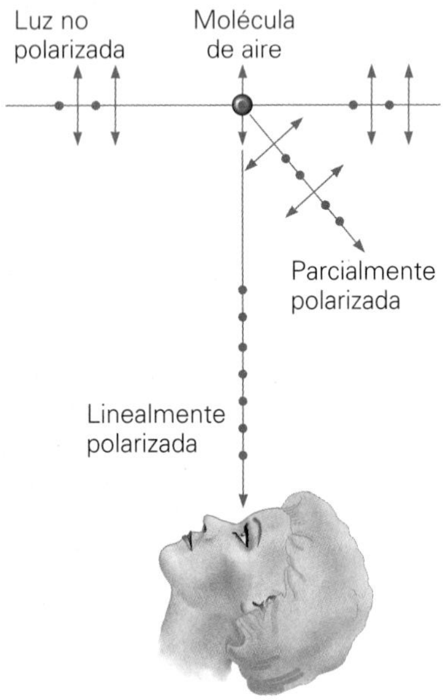

Luz no polarizada
Molécula de aire
Parcialmente polarizada
Linealmente polarizada

▲ **FIGURA 24.27 Polarización por dispersión** Cuando una molécula de gas en el aire dispersa la luz solar no polarizada que incide en la atmósfera, la luz perpendicular a la dirección del rayo incidente está linealmente polarizada. La luz que se dispersa en cierto ángulo arbitrario está parcialmente polarizada. Un observador que vea en ángulo recto (90°) con respecto a la dirección de la luz solar incidente recibe luz linealmente polarizada.

Cuando la luz incide en una suspensión de partículas, como las moléculas del aire, parte de ella se absorbe y se vuelve a irradiar. A este proceso se le llama *dispersión*. La dispersión de la atmósfera produce algunos efectos interesantes, que incluyen la polarización de la luz celeste (la luz que ha dispersado la atmósfera), el color azul del cielo y el color rojo de los crepúsculos y los amaneceres.

La dispersión atmosférica hace que la luz del cielo esté polarizada. Cuando llega la luz solar no polarizada a las moléculas de aire, el campo eléctrico de la onda luminosa pone a vibrar los electrones de las moléculas. Las vibraciones son complejas, pero esas cargas aceleradas emiten radiación, de igual forma que los electrones en vibración de una antena de radiodifusión (véase la sección 20.4). La intensidad de esta radiación emitida es más intensa a lo largo de una perpendicular a la oscilación y, como se ve en la ◂figura 24.27, un observador cuya visual forme 90° con la dirección de la luz solar recibirá luz linealmente polarizada, porque las oscilaciones de la carga son normales a la superficie. En otros ángulos de la visual, están presentes ambos componentes, y la luz del cielo, vista a través de un filtro polarizante, parece parcialmente polarizada, a causa del componente más intenso.

Como la dispersión de la luz con el máximo grado de polarización forma un ángulo recto con la dirección del Sol, en el amanecer y en el ocaso la luz dispersa, directamente sobre uno, tiene el grado máximo de polarización. La polarización del cielo se aprecia cuando éste se ve a través de un filtro polarizador (o unos anteojos polarizantes), que se hace girar. La luz que procede de distintas regiones del cielo se transmitirá en diversos grados que dependen de su grado de polarización. Se cree que algunos insectos, como las abejas, usan la luz polarizada del cielo para determinar sus direcciones de navegación en relación con el Sol.

Por qué el cielo es azul

La dispersión de la luz solar por las moléculas de aire también hace que el cielo se vea azul. Este efecto no se debe a la polarización, sino a la absorción selectiva de la luz. Como los osciladores, las moléculas de aire tienen frecuencias de resonancia (a las cuales dispersan con máxima eficiencia) en la región ultravioleta. En consecuencia, cuando se dispersa la luz del Sol, la luz del extremo azul de la región visible se dispersa más que la del extremo rojo.

Para partículas como las moléculas de aire, que son mucho menores que la longitud de onda de la luz, la intensidad de la luz que se dispersa es inversamente proporcional a la cuarta potencia de la longitud de onda (I/λ^4). Esta relación entre longitud de onda e intensidad de dispersión se llama **dispersión de Rayleigh**, en honor de Lord Rayleigh (1842-1919), el físico inglés que la dedujo. Esta relación inversa predice que la luz de menor longitud de onda del espectro, es decir, la luz azul, se dispersa más que la de mayor longitud de onda, la roja. La luz azul dispersada se vuelve a dispersar en la atmósfera y al final se dirige hacia el suelo. Ésta es la causa de que el cielo se vea azul.

A FONDO

24.2 LAS PANTALLAS DE CRISTAL LÍQUIDO Y LA LUZ POLARIZADA

Las *pantallas de cristal líquido* (o pantallas LCD, por *liquid crystal displays*) son comunes en relojes, calculadoras, televisores y computadoras. El nombre "cristal líquido" parece ser contradictorio. Por lo regular, cuando se funde un sólido cristalino, el líquido que resulta ya no tiene una configuración atómica o molecular ordenada. Sin embargo, hay ciertos compuestos orgánicos que pasan por un estado intermedio en el que las moléculas se reordenan en cierto grado, pero manteniendo el orden general característico de un cristal.

Una clase común de LCD, llamada *pantalla de cristal nemático torcido*, emplea el efecto de un cristal líquido sobre la luz polarizada (figura 1). Estos cristales líquidos especiales son activos desde el punto de vista óptico y girarán en la dirección de la polarización de la luz 90° si no se aplica voltaje a través de ellos. Sin embargo, si se aplica voltaje, los cristales perderán esta actividad óptica.

A continuación los cristales líquidos se colocan entre hojas polarizantes cruzadas, y se respaldan con una superficie de espejo. Cuando no hay voltaje, la luz que entra y pasa por la LCD se polariza, gira 90°, se refleja y de nuevo gira 90°. Después del viaje de regreso a través del cristal líquido, la dirección de polarización de la luz es la misma que la del polarizador inicial. Así, la luz se transmite y sale de la pantalla. A causa de la reflexión y la transmisión, la pantalla parece tener color claro (por lo general, gris claro) cuando se ilumina con luz blanca no polarizada.

Cuando se aplica un voltaje, la luz polarizada que pasa a través del cristal líquido es absorbida por el segundo polarizador. Por eso, el cristal líquido es opaco y oscuro. Al cristal líquido se le aplican recubrimientos de una película transparente y conductora de la electricidad, arreglados en bloques de siete capas. Cada bloque, o segmento de la pantalla, tiene una conexión eléctrica por separado. Los números o letras oscuros en una pantalla LCD se forman al aplicar un voltaje eléctrico a ciertos segmentos del cristal líquido. Observe que todos los números, del 0 al 9, se forman con piezas de la pantalla segmentada.

Si se usa un analizador se demuestra con facilidad que la luz procedente de las regiones claras de una LCD está polarizada (figura 2). La pantalla se ve o se deja de ver si se hace girar el analizador sobre el reloj. Usted seguramente habrá notado este efecto, si alguna vez ha tratado de ver la hora en un reloj de pulso con LCD usando lentes polarizantes para el sol.

Una de las ventajas principales de las LCD es su bajo consumo de energía. Otras pantallas equivalentes, como las que usan diodos emisores de luz (LED), producen luz y usan cantidades relativamente grandes de energía. Las LCD no producen luz, pero utilizan la luz reflejada.

Los monitores de computadora y televisión planos y a color, que se basan en la tecnología LCD, son cada vez más comunes. Ocupan una cuarta parte del espacio, consumen menos de la mitad de la energía y son más benignos para la vista que los monitores que dependen de un tubo de rayos catódicos (CRT) y las pantallas de televisión tradicionales del mismo tamaño. Las pantallas de las computadoras y de los televisores se miden en *pixeles*, que se parecen mucho a un cuadro pequeño de papel milimétrico. Para producir color, los tres segmentos de LCD (rojo, verde y azul) de un monitor plano se agrupan en cada pixel. Al controlar las intensidades de los tres colores, cada pixel puede generar cualquier color del espectro visible.

FIGURA 1 Pantalla de cristal líquido (LCD) Una pantalla nemática torcida es una aplicación donde intervienen la actividad óptica de un cristal líquido y los polarizadores cruzados. Cuando un campo eléctrico de un voltaje aplicado desorienta el orden cristalino, el cristal líquido pierde su actividad óptica en esa región, y la luz no se transmite ni se refleja. Los números y las letras se forman aplicando voltajes a segmentos de una pantalla.

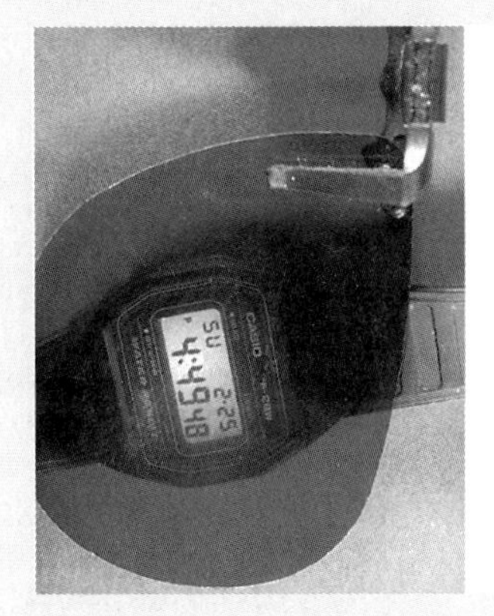

FIGURA 2 Luz polarizada La luz de una pantalla de cristal líquido está polarizada, lo que se puede ver usando anteojos polarizantes a modo de analizador.

Ejemplo 24.8 ■ El rojo y el azul: dispersión de Rayleigh

¿Cuánta más luz dispersan las moléculas de aire en el extremo azul del espectro visible que en el extremo rojo?

Razonamiento. Se sabe que la dispersión de Rayleigh es proporcional a I/λ^4, y que la luz del extremo azul del espectro (con menor longitud de onda) se dispersa más que la del extremo rojo. La expresión "cuánta más", que abre la pregunta, implica un factor o una relación.

Solución. La relación de dispersión de Rayleigh es $I \propto 1/\lambda^4$, donde I es la cantidad o intensidad de dispersión para determinada longitud de onda. Así, se puede establecer la relación

$$\frac{I_{\text{azul}}}{I_{\text{rojo}}} = \left(\frac{\lambda_{\text{rojo}}}{\lambda_{\text{azul}}}\right)^4$$

El extremo azul del espectro (luz violeta) tiene una longitud de onda aproximadas de $l_{\text{azul}} = 400$ nm, y la luz roja tiene una longitud de onda aproximada de $l_{\text{rojo}} = 700$ nm. Al sustituir estos valores se obtiene

$$\frac{I_{\text{azul}}}{I_{\text{rojo}}} = \left(\frac{\lambda_{\text{rojo}}}{\lambda_{\text{azul}}}\right)^4 = \left(\frac{700\text{ nm}}{400\text{ nm}}\right)^4 = 9.4 \quad \text{o} \quad I_{\text{azul}} = 9.4 I_{\text{rojo}}$$

Se ve que la luz azul se dispersa casi 10 veces más que la luz roja.

Ejercicio de refuerzo. ¿Qué longitud de onda de la luz se dispersa el doble que la luz roja? ¿De qué color es?

Por qué los amaneceres y los crepúsculos son rojos

▲ **FIGURA 24.28 Cielo rojo al atardecer** Una espectacular puesta de sol, de tonalidades rojizas, en un observatorio ubicado en la cima de una montaña en Chile. El cielo rojo es el resultado de la dispersión de la luz solar por los gases atmosféricos y las pequeñas partículas sólidas. El enrojecimiento del Sol, cuando se observa en forma directa, se debe a la dispersión de las longitudes de onda hacia el extremo azul del espectro, en línea directa hacia el Sol. (Véase el pliego a color al final del libro.)

Con frecuencia se observan hermosos amaneceres y crepúsculos. Cuando el Sol está cerca del horizonte, la luz solar recorre mayor distancia atravesando el aire más denso cerca de la superficie de la Tierra. Como en ese proceso la luz sufre mucha dispersión, quizá usted piense que sólo la luz que se dispersa menos, la roja, llega a los observadores en la superficie terrestre. Así se explicarían los crepúsculos rojos. Sin embargo, se ha demostrado que el color dominante de la luz blanca después de la dispersión molecular es el anaranjado. En consecuencia, debe haber otras clases de dispersión que cambian la luz del Sol poniente (o naciente) hacia el extremo rojo del espectro (◂figura 24.28).

Se sabe que la dispersión de la luz solar por los gases atmosféricos *y* por las pequeñas partículas son la causa de los crepúsculos rojos. Esas partículas no son necesarias para el azul celeste, pero son indispensables para los crepúsculos y los amaneceres rojos. (Por eso es que se observan amaneceres y crepúsculos espectacularmente rojos en los meses posteriores a una gran erupción volcánica, que emite muchas toneladas de materia en forma de partículas a la atmósfera.) Los crepúsculos rojos suceden con más frecuencia cuando hay una masa de aire de alta presión hacia el oeste, porque la concentración de las partículas es mayor en las masas de aire con alta presión, que cuando la presión es baja. De forma similar, los amaneceres rojos suceden con más frecuencia cuando hay una masa de aire de alta presión hacia el este.

Ahora se comprende el antiguo adagio "Cielo rojo por la noche, deleite de los marineros. Cielo rojo por la mañana, advertencia a los marineros". En general, el buen tiempo acompaña a las masas de alta presión, porque se asocian con menos formación de nubes. La mayor parte del territorio de Estados Unidos está en la zona de los vientos alisios, donde en general las masas de aire se mueven del oeste al este. Un cielo rojo al anochecer probablemente indica que hay una masa de aire de alta presión al oeste, que se acerca. Un cielo rojo por la mañana quiere decir que la masa de aire de alta presión ha pasado, y que podría haber mal tiempo.

Como nota final, ¿a usted le gustaría que el cielo fuera *rojo*? Si su respuesta es sí, entonces debería ir a Marte, el "planeta rojo". La delgada atmósfera marciana tiene un 95% de dióxido de carbono (CO_2). La molécula de CO_2 es más masiva que la de oxígeno (O_2) o la de nitrógeno (N_2). En consecuencia, las moléculas de CO_2 tienen menor frecuencia de resonancia (mayor longitud de onda) y tienden a dispersar el extremo rojo del espectro visible. Por consiguiente, el cielo marciano es rojo durante el día. ¿Y cómo son entonces los amaneceres y los ocasos en Marte? Piense en ello...

Y, por último, veamos cómo se utiliza la luz en una aplicación biomédica, la biopsia óptica, que se describe en la sección A fondo 24.3.

A FONDO 24.3 BIOPSIA ÓPTICA

Una de las formas más confiables de detectar enfermedades es practicar una biopsia, que consiste en extraer muestras de tejido, y luego buscar si hay *cambios* anormales en esas muestras. La "biopsia óptica", o dispersión biomédica, es una herramienta prometedora para diagnosticar y tener control en el caso de enfermedades como el cáncer, *sin* necesidad de practicar ese procedimiento quirúrgico.

Las biopsias ópticas se basan en el siguiente principio físico. Las partículas en los tejidos absorben y reemiten luz; por esa razón, la luz dispersada contiene información acerca de la constitución del tejido. Lograr una dispersión a partir de un tejido depende de las estructuras internas, como la presencia de fibras de colágeno y el estado de hidratación en el tejido. La medición de la luz dispersada como una función de la longitud de onda, polarización o ángulo se convierte entonces en una importante herramienta de diagnóstico.

Un ejemplo de una biopsia óptica es el diagnóstico y medición de las fibras de colágeno. Un componente principal de la piel y de los huesos es el colágeno, una proteína fibrosa que se encuentra en las células animales. Las fibras de la forma inactiva del colágeno (que miden entre 2 y 3 μm de diámetro) se componen de haces de pequeñas fibrillas de colágeno, que miden aproximadamente 0.3 μm de diámetro, como se observa en la figura 1. Las fibrillas están hechas de moléculas entrelazadas de tropocolágeno y forman figuras en forma de bandas de estrías con una periodicidad de 70 nm, que se deben a la alineación escalonada de las moléculas de tropocolágeno. Cada una de estas moléculas tiene un "grupo frontal" denso en electrones, que aparece oscuro en la micrografía de electrones. Esta variación periódica en el índice de refracción a este nivel dispersa la luz fuertemente en las regiones visible y ultravioleta. La información contenida en la luz dispersada revelará si existen condiciones anormales en las fibras de colágeno

FIGURA 2 Una micrografía de electrones de las fibras de colágeno Los detalles de las fibras de colágeno muestran la presencia de fibrillas de colágeno y de moléculas de tropocolágeno.

Repaso del capítulo

- El **experimento de Young de la doble rendija** es una prueba de la naturaleza ondulatoria de la luz, y una forma de medir su longitud de onda ($\approx 10^{-7}$ m).

La posición angular (θ) de las **franjas brillantes (máxima)** satisface la condición

$$d \operatorname{sen} \theta = n\lambda \qquad \text{para } n = 0, 1, 2, 3, \ldots \qquad (24.3)$$

donde d es la distancia entre las rendijas.

Cuando θ es pequeño, la distancia entre la n-ésima franja brillante (máxima) y el máximo central es

$$y_n \approx \frac{nL\lambda}{d} \qquad \text{para } n = 0, 1, 2, 3, \ldots \qquad (24.4)$$

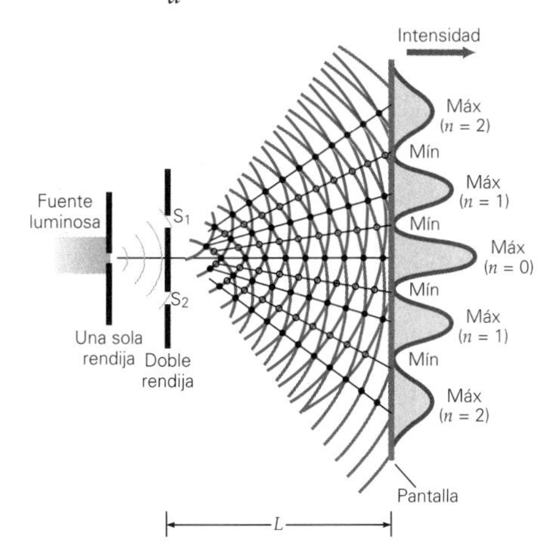

- La luz reflejada en la interfase entre medios, cuando $n_2 > n_1$ experimenta un **cambio de fase** de 180°. Si $n_2 < n_1$ no hay cambio de fase en la reflexión. Los cambios de fase afectan la interferencia en películas delgadas, que también depende del espesor de la película y del índice de refracción.

El **espesor mínimo de una película antirreflectante** es

$$t_{\text{mín}} = \frac{\lambda}{4n_1} \text{ (para } n_2 > n_1 > n_o) \qquad (24.7)$$

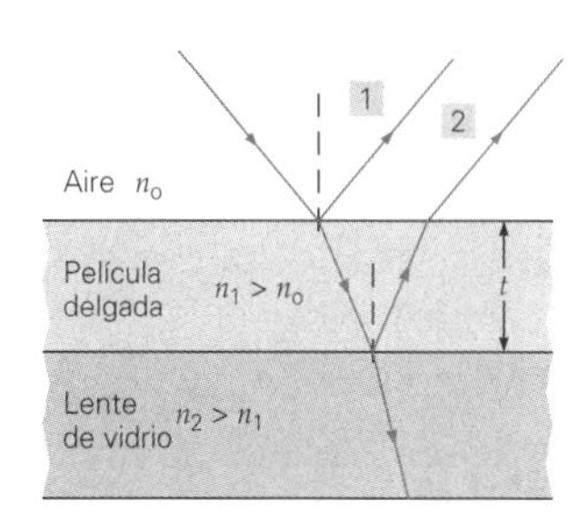

- En un experimento de **difracción en una sola rendija**, los **mínimos** que están en el lugar θ satisfacen

$$w \operatorname{sen} \theta = m\lambda \quad \text{para } m = 1, 2, 3, \ldots \qquad (24.8)$$

donde w es el ancho de la rendija. En general, cuanto mayor es la longitud de onda en comparación con el ancho w de una abertura o de un objeto, mayor será la difracción.

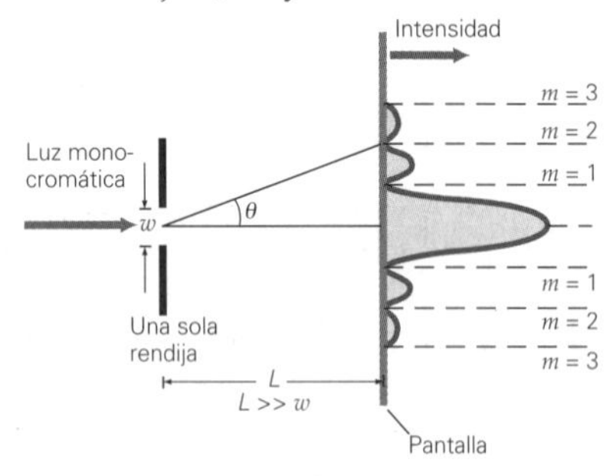

- Con una **rejilla de difracción**, los máximos (franjas brillantes) satisfacen

$$d \operatorname{sen} \theta = n\lambda \qquad \text{para } n = 0, 1, 2, \ldots \qquad (24.12)$$

donde $d = 1/N$, y N es la cantidad de líneas por unidad de longitud.

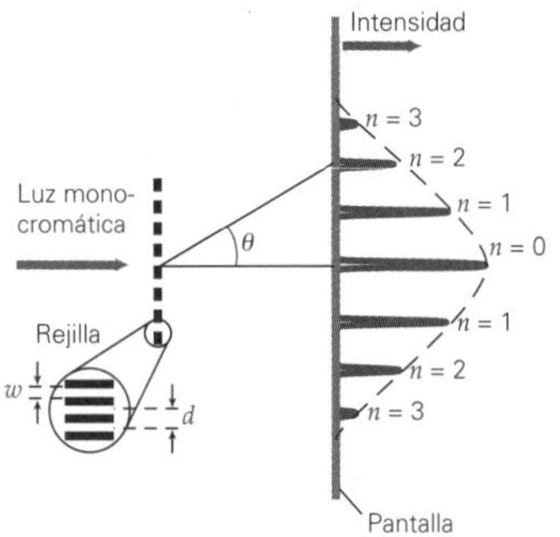

- La **polarización** es la orientación preferente de los vectores de campo eléctrico que constituyen una onda luminosa, y hay pruebas de que la luz es una onda transversal. La luz puede polarizarse mediante absorción selectiva, reflexión, doble refracción (**birrefringencia**) y dispersión.

Cuando los ejes de transmisión de un polarizador y un analizador forman un ángulo θ, la intensidad de la luz transmitida se determina con la **ley de Malus**:

$$I = I_o \cos^2 \theta \qquad (24.14)$$

En la reflexión, si el ángulo de incidencia es igual al **ángulo de Brewster (de polarización)** θ_p, la luz reflejada es plano polarizada:

$$\tan \theta_p = \frac{n_2}{n_1} \quad \text{o} \quad \theta_p = \tan^{-1}\left(\frac{n_2}{n_1}\right) \qquad (24.15)$$

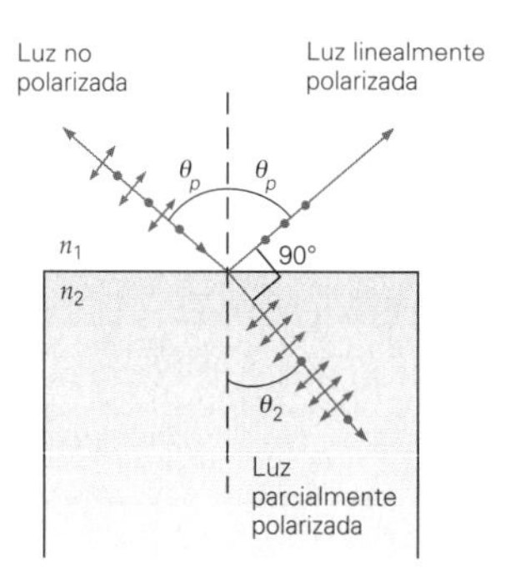

- La intensidad de la **dispersión de Rayleigh** es inversamente proporcional a la cuarta potencia de la longitud de la onda de la luz. El azul del cielo terrestre es el resultado de la dispersión preferencial de la luz solar por las moléculas de aire.

Ejercicios

Los ejercicios designados **OM** *son preguntas de opción múltiple; los* **PC** *son preguntas conceptuales; y los* **EI** *son ejercicios integrados. A lo largo del texto, muchas secciones de ejercicios incluirán ejercicios "apareados". Estos pares de ejercicios, que se identifican con números subrayados, pretenden ayudar al lector a resolver problemas y aprender. El primer ejercicio de cada pareja (el de número par) se resuelve en la Guía de estudio, que puede consultarse si se necesita ayuda para resolverlo. El segundo ejercicio (de número impar) es similar, y su respuesta se da al final del libro.*

24.1 El experimento de Young de la doble rendija

1. **OM** En un experimento de Young con luz monocromática, si disminuye la distancia d entre rendijas, la distancia entre franjas de interferencia *a*) disminuye, *b*) aumenta, *c*) permanece constante o *d*) desaparece.

2. **OM** Si la diferencia de longitudes de trayectorias de dos rayos idénticos y coherentes es 2.5λ cuando llegan a un punto de una pantalla, el punto será *a*) brillante, *b*) oscuro, *c*) multicolor o *d*) gris.

3. **PC** Cuando se usa luz blanca en el experimento de Young de doble rendija, se ven muchas bandas brillantes con un espectro de colores. En determinada franja, el color más cercano al máximo central es *a*) rojo, *b*) azul, *c*) todos los colores.

4. **PC** Con frecuencia, las imágenes de televisión aérea vibran cuando pasa cerca un avión (▸figura 24.29). Explique una causa probable de esta vibración, con base en efectos de interferencia.

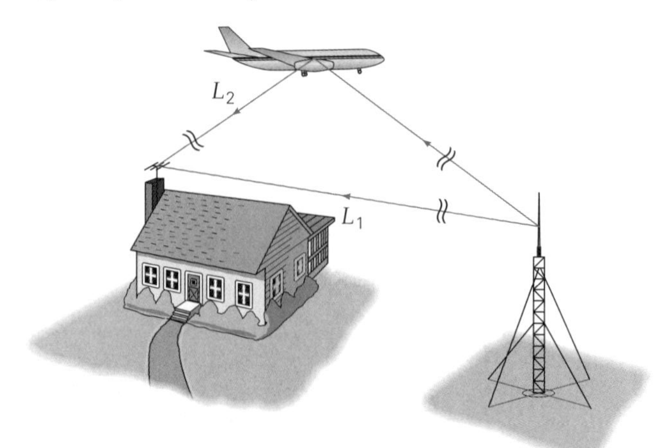

▲ **FIGURA 24.29 Interferencia** Véase el ejercicio 4.

5. **PC** Describa lo que sucedería a la figura de interferencia en el experimento de Young de doble rendija si aumentara la longitud de onda de la luz monocromática.

6. PC La intensidad del máximo (o franja brillante) central en la figura de interferencia de un experimento de Young de doble rendija es unas cuatro veces mayor que la de cualquier onda luminosa. ¿Viola esto la conservación de la energía? Explique por qué.

7. ● En el desarrollo del experimento de Young se usó una aproximación para ángulo pequeño ($\tan \theta \approx \operatorname{sen} \theta$) para determinar los desplazamientos laterales de las franjas brillantes y oscuras. ¿Qué tan buena es esta aproximación? Por ejemplo, ¿cuál es el porcentaje de error cuando $\theta = 15°$?

8. ● Para estudiar la interferencia entre ondas, un alumno usa dos altavoces o bocinas activadas por la misma onda sonora de 0.50 m de longitud. Si las distancias de un punto a las bocinas difieren en 0.75 m, las ondas interferirán ¿en forma constructiva o destructiva en ese punto? ¿Y si las distancias difieren en 1.0 m?

9. ● Dos rendijas paralelas a 0.075 mm de distancia están iluminadas con luz monocromática de 480 nm de longitud de onda. Determine el ángulo entre el centro del máximo central y el centro de la primera franja brillante lateral.

10. ●● *a*) Deduzca una relación que defina los lugares de las franjas oscuras en un experimento de Young de doble rendija. ¿Cuál es la distancia entre las franjas oscuras? *b*) Para que haya una franja oscura de tercer orden (la tercera a partir del máximo central), ¿cuál es la diferencia de longitudes de onda entre ese lugar y las dos rendijas?

11. ●● En un experimento de doble rendija donde se usa luz monocromática, la separación angular entre el máximo central y la franja brillante de segundo orden es 0.160°. ¿Cuál es la longitud de onda de la luz, si la distancia entre las rendijas es 0.350 mm?

12. **EI** ●● Una luz monocromática pasa a través de dos rendijas angostas y forma una figura de interferencia en una pantalla. *a*) Si aumenta la longitud de onda de la luz que se use, la distancia entre las franjas brillantes 1) aumentará, 2) permanecerá constante, 3) disminuirá. Explique por qué. *b*) Si la separación entre rendijas es 0.25 mm, la pantalla está a 1.5 m de éstas, y si se usa luz de 550 nm, ¿cuál es la distancia del centro del máximo central al centro de la franja brillante de tercer orden? c) ¿Y si la longitud de onda es de 680 nm?

13. ●● En un experimento con doble rendija y luz monocromática, una pantalla se coloca a 1.25 m de las rendijas, cuya separación es 0.0250 mm. La franja brillante de tercer orden está a 6.60 cm del centro del máximo central. Calcule *a*) la longitud de onda de la luz y *b*) la posición de la franja brillante de segundo orden.

14. **EI** ●● *a*) Si la longitud de onda utilizada en un experimento de doble rendija disminuye, la distancia entre franjas brillantes adyacentes 1) aumentará, 2) también disminuirá, 3) permanecerá constante. Explique por qué. *b*) La separación entre las dos rendijas es de 0.20 mm. Las franjas brillantes adyacentes de la figura de interferencia en una pantalla (colocada a 1.5 m de las rendijas) están separadas 0.45 cm. ¿Cuál es la longitud de onda y el color de la luz? *c*) Si la longitud de onda es de 550 nm, ¿cuál será la distancia entre franjas brillantes adyacentes?

15. **EI** ●● Se iluminan con luz monocromática dos rendijas paralelas, y se observa una figura de interferencia en una pantalla. *a*) Si la distancia entre las rendijas disminuye, la distancia entre las franjas brillantes 1) aumenta, 2) permanece constante o 3) disminuye. Explique por qué. *b*) Si la separación de las rendijas es de 1.0 mm, la longitud de onda es 640 nm y la distancia de las rendijas a la pantalla es de 3.00 m, ¿cuál es la distancia entre los máximos de interferencia adyacentes? *c*) ¿Y si la separación entre las rendijas es de 0.80 mm?

16. **EI** ●● *a*) En un experimento de doble rendija, si la distancia de las rendijas a la pantalla aumenta, la separación entre franjas brillantes adyacentes 1) aumenta, 2) disminuye, o 3) permanece constante. Explique por qué. *b*) La luz verde amarillenta ($\lambda = 550$ nm) se usa en un experimento de doble rendija, en el que la separación de las rendijas es 1.75×10^{-4} m. Si la pantalla está a 2.00 m de las rendijas, determine la separación entre franjas brillantes adyacentes. *c*) ¿Y si la pantalla está a 3.00 m de las rendijas?

17. ●● En un experimento de doble rendija con luz monocromática y una pantalla a 1.50 m de las rendijas, el ángulo entre la franja brillante de segundo orden y el máximo central es de 0.0230 rad. Si la distancia entre las rendijas es de 0.0350 mm, ¿cuáles son *a*) la longitud de onda y el color de la luz y *b*) el desplazamiento lateral de la franja?

18. **EI** ●●● *a*) Si el aparato de un experimento de Young de doble rendija se sumerge por completo en agua, la distancia entre las franjas de interferencia 1) aumenta, 2) permanece constante o 3) disminuye. Explique por qué. *b*) ¿Cuál sería el desplazamiento lateral en el ejercicio 12, si todo el sistema se sumergiera en agua tranquila?

19. ●●● En un experimento de doble rendija se usa luz de dos longitudes de onda distintas. El lugar de la franja brillante de tercer orden, para la primera luz, que es amarillo naranja ($\lambda = 600$ nm), coincide con el lugar de la franja brillante de cuarto orden de la otra luz. ¿Cuál es la longitud de onda de la otra luz?

24.2 Interferencia en películas delgadas

20. **OM** Para una película delgada con $n_1 > n_o$ y $n_1 > n_2$, donde n_1 es el índice de refracción de la película, el espesor adecuado para que haya interferencia constructiva de la luz reflejada es *a*) $\lambda'/4$, *b*) $\lambda'/2$, *c*) λ' o *d*) *a* y *b*.

21. **OM** Para una película delgada con $n_o < n_1 < n_2$, donde n_1 es el índice de refracción de la película, el espesor mínimo para que haya interferencia destructiva de la luz reflejada es *a*) $\lambda'/4$, *b*) $\lambda'/2$ o *c*) λ'.

22. **OM** Cuando se extiende una película delgada de queroseno en agua, la parte más delgada se ve brillante. El índice de refracción del queroseno es *a*) mayor, *b*) menor o *c*) igual que el del agua.

23. PC La mayor parte de las lentes de las cámaras están recubiertas con películas delgadas que les dan una tonalidad azul púrpura con la luz reflejada. ¿Cuáles longitudes de onda no se ven en la luz reflejada?

24. PC Cuando se presenta interferencia destructiva de dos ondas en cierto lugar, ahí no hay energía. ¿Viola eso la conservación de la energía? Explique por qué.

25. PC Al centro de una figura de anillos de Newton (figura 24.10a), el espesor de la cuña de aire es cero. ¿Por qué siempre es oscura esta zona?

26. **EI** ● Un recubrimiento de una lente con un índice de refracción de 1.5 mide 1.0×10^{-7} m de espesor, y se ilumina con luz blanca. El índice de refracción de la capa es 1.4. *a*) El número de ondas que experimentan el cambio de fase de 180° es 1) cero, 2) uno o 3) dos. Explique por qué. *b*) ¿Para qué longitud de onda de la luz visible la lente será no reflectante?

27. ● Una luz de 550 nm en aire incide normalmente en una placa de vidrio ($n = 1.5$), cuyo espesor es 1.1×10^{-5} m. *a*) ¿Cuál es el grosor del vidrio en función de la longitud de onda de la luz en el vidrio? *b*) La luz ¿interferirá en forma constructiva o destructiva?

28. ● Se va a recubrir una lente con índice de refracción de 1.60 con un material ($n = 1.40$) que la haga no reflectora para la luz roja ($\lambda = 700$ nm), que incide normalmente. ¿Cuál es el espesor mínimo requerido para el recubrimiento?

29. ●● El fluoruro de magnesio ($n = 1.38$) se utiliza con frecuencia como recubrimiento de lentes, para hacerlos antirreflectantes. ¿Cuál es la diferencia en el espesor mínimo de la película necesario para la transmisión máxima de la luz azul ($\lambda = 400$ nm) y de la luz roja ($\lambda = 700$ nm)?

30. ●● Una celda solar debe tener un recubrimiento no reflectante de un material transparente. *a*) El espesor del recubrimiento ¿dependerá del índice de refracción del sustrato en la celda solar? Describa los posibles escenarios. *b*) Si $n_{solar} > n_{película}$ y $n_{película} = 1.22$, ¿cuál es el espesor mínimo de la película cuando se usa luz con una longitud de onda de 550 nm?

31. **EI** ●● Sobre el agua flota una película delgada de aceite ($n = 1.50$). Se observa interferencia destructiva con luz de 480 nm y de 600 nm, cada una en distinto lugar. *a*) Si el número de orden es el mismo para ambas longitudes de onda, ¿cuál longitud de onda está en el mayor espesor? 1) 480 nm, 2) 600 nm o 3) ambas. Explique por qué. *b*) Calcule los dos espesores mínimos de la película de aceite, suponiendo que la incidencia es normal.

32. ●● Una lente de cámara ($n = 1.50$) está recubierta con una capa delgada de un material cuyo índice de refracción es 1.35. Ese recubrimiento hace que la lente no refleje luz de 450 nm de longitud de onda (en aire) que incide normalmente sobre ella. ¿Cuál es el espesor de la capa más delgada que hará no reflectante a la lente?

33. ●● Dos placas paralelas de vidrio están separadas por una distancia pequeña, como se ve en la ▸figura 24.30. Si se ilumina la placa superior con luz de un láser de He-Ne ($\lambda = 632.8$ nm), ¿para qué distancias mínimas de separación la luz *a*) se reflejará constructivamente y *b*) se reflejará destructivamente? [*Nota:* $t = 0$ *no es* una respuesta en el inciso *b*.]

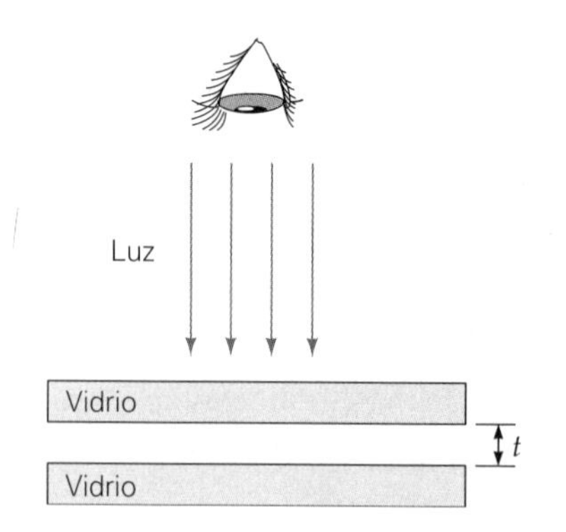

◀ **FIGURA 24.30 ¿Reflexión o transmisión?** Véase el ejercicio 33.

34. **EI** ●●● En la ▾figura 24.31 se ve una cuña de aire, que se podría usar para medir dimensiones pequeñas, como el diámetro de un alambre delgado. *a*) Si el vidrio superior se ilumina con luz monocromática, la figura de interferencia que se observará es 1) brillante, 2) oscura o 3) líneas brillantes y oscuras de acuerdo con el espesor de la película de aire. Explique por qué. *b*) Exprese los lugares de las franjas brillantes de interferencia en términos del espesor de la cuña, medido desde el vértice de ésta.

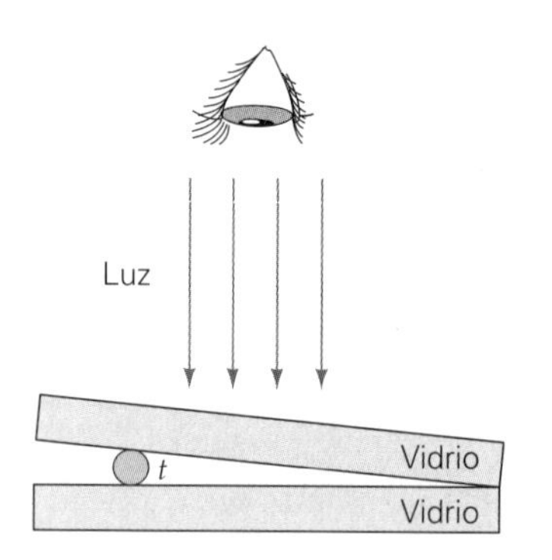

◀ **FIGURA 24.31 Cuña de aire** Véanse los ejercicios 34 y 35.

35. ●●● Las placas de vidrio de la figura 24.31 están separadas por un filamento delgado y redondo. Cuando la placa superior se ilumina en dirección normal con luz cuya longitud de onda es de 550 nm, el filamento queda directamente debajo de la sexta franja brillante. ¿Cuál es el diámetro del filamento?

24.3 Difracción

36. OM En una figura de difracción con una sola rendija, *a*) todos los máximos tienen el mismo ancho, *b*) el máximo central tiene ancho doble con respecto a los máximos laterales, *c*) los máximos laterales tienen ancho doble con respecto al máximo central o *d*) ninguna de las opciones anteriores es válida.

37. OM Al aumentar la cantidad de líneas de una rejilla de difracción por unidad de longitud, el espacio entre las franjas brillantes *a*) aumenta, *b*) disminuye o *c*) permanece constante.

38. OM En una figura de difracción de una sola rendija, si la longitud de onda de la luz aumenta, el ancho del máximo central, *a*) aumenta, *b*) disminuye o *c*) permanece constante.

39. PC De acuerdo con la ecuación 24.8, ¿se pueden ver los mínimos $m = 2$ si $w = \lambda$? ¿Y la franja oscura $m = 1$?

40. PC Al explicar la difracción en una sola rendija, se supuso que la longitud de la rendija es mucho mayor que su ancho. ¿Qué cambiaría en la figura de difracción si la longitud fuera aproximadamente igual al ancho de la rendija?

41. PC En una rejilla de difracción, las rendijas están muy próximas entre sí. ¿Qué ventaja tiene este diseño?

42. ● Se ilumina una rendija de 0.20 mm de ancho con luz monocromática de 480 nm de longitud de onda, y se forma una figura de difracción en una pantalla a 1.0 m de la rendija. *a*) ¿Cuál es el ancho del máximo central? *b*) ¿Cuáles son los anchos de las franjas brillantes (máximos) de segundo y tercer orden?

43. ● Se ilumina una rendija de 0.025 mm de ancho con luz roja ($\lambda = 680$ nm). ¿Cuál es el ancho de *a*) el máximo central y *b*) los máximos laterales de la figura de difracción que se forma en una pantalla a 1.0 m de la rendija?

44. ● ¿A qué ángulo se verá el máximo de difracción de segundo orden, usando una rejilla de difracción con espaciamiento de 1.25 μm, cuando se ilumina con luz de 550 nm de longitud de onda?

45. ● Una persiana veneciana es, en esencia, una rejilla de difracción, no para la luz visible sino para ondas de mayores longitudes. Si la distancia entre las hojas de una persiana veneciana es de 2.5 cm, *a*) ¿para qué longitud de onda habrá un máximo de primer orden en un ángulo de 10° y *b*) ¿qué clase de radiación es ésa?

46. **EI** ●● Se ilumina una sola rendija con luz monocromática, y se coloca detrás de ella una pantalla, para observar la figura de difracción. *a*) Si el ancho de la rendija aumenta, el ancho del máximo central 1) aumentará, 2) no cambiará o 3) disminuirá. ¿Por qué? *b*) Si el ancho de la rendija es de 0.50 mm, la longitud de onda es de 680 nm y la pantalla está a 1.80 m de la rendija, ¿cuál es el ancho del máximo central? *c*) ¿Y si el ancho de la rendija fuera de 0.60 mm?

47. ●● Una rejilla de difracción debe tener los máximos de segundo orden a 10° del máximo central para el extremo rojo (λ= 700 nm) del espectro visible. ¿Cuántas líneas por centímetro tiene la rejilla?

48. ●● Cierto cristal produce un ángulo de desviación de 25° para el máximo de primer orden de rayos X monocromáticos, cuya frecuencia es de 5.0×10^{17} Hz. ¿Cuál es el espaciamiento de la red cristalina?

49. ●● Calcule los ángulos de difracción que produce una rejilla con 7500 líneas/cm con los componentes azul (λ = 420 nm) y rojo (λ = 680 nm) de los espectros de primer y segundo orden.

50. **EI** ●● *a*) Sólo es posible observar un número limitado de franjas brillantes con una rejilla de difracción. El factor (o factores) que limita el número de franjas brillantes que se observan es 1) la longitud de onda, 2) el espaciamiento de la rejilla o 3) ambos. Explique por qué. *b*) ¿Cuántas franjas brillantes se ven cuando una luz monocromática de 560 nm de longitud de onda ilumina una rejilla de difracción que tiene 10 000 líneas/cm, y cuáles son sus números de orden?

51. ●● En determinada figura de difracción, el componente rojo (700 nm) del espectro de segundo orden se desvía formando un ángulo de 20°. *a*) ¿Cuántas líneas por centímetro tiene la rejilla? *b*) Si la rejilla se ilumina con luz blanca, ¿cuántas franjas brillantes del espectro visible completo se producen?

52. ●● Una luz blanca cuyos componentes tienen longitudes de onda de 400 a 700 nm ilumina una rejilla de difracción, con 4000 líneas/cm. ¿Se traslapan los espectros de primer y segundo orden? Justifique la respuesta.

53. **EI** ●● Una luz blanca cuyas longitudes de onda van del azul (400 nm) al rojo (700 nm) ilumina una rejilla de difracción con 8000 líneas/cm. *a*) Para el primer orden espectral, ¿cuál color, el azul o el rojo, estará más cerca del máximo central? ¿Por qué? *b*) ¿Cuáles son los ángulos del primer orden para el azul y el rojo?

54. ●● Una rejilla de difracción con 8000 líneas/cm se ilumina con un haz de luz roja monocromática de un láser de He-Ne (λ = 632.8 nm). ¿Cuántos máximos laterales se forman en la figura de difracción, y en qué ángulos se observan?

55. ●●● Demuestre que para una rejilla de difracción, la parte violeta (λ = 400 nm) del espectro de tercer orden se traslapa con la parte amarillo-anaranjada (λ = 600 nm) del espectro de segundo orden, independientemente de la distancia entre líneas.

56. **EI** ●●● Una maestra de pie en el umbral de una puerta de 1.0 m de ancho sopla un silbato con una frecuencia de 1000 Hz para que se reúnan los niños que están jugando en el patio (▼figura 24.32). Dos niños juegan en los columpios a 100 m del edificio de la escuela. Uno de ellos está a un ángulo de 0° y el otro a un ángulo de 19.6° en relación con la normal de la puerta. *a*) No escuchará el silbato 1) sólo el niño a 0°, 2) sólo el niño a 19.6° o 3) ninguno de los dos niños. Explique por qué. *b*) Si la rapidez del sonido en el aire es de 335 m/s, ¿el niño ubicado a 19.6° escuchará el silbato?

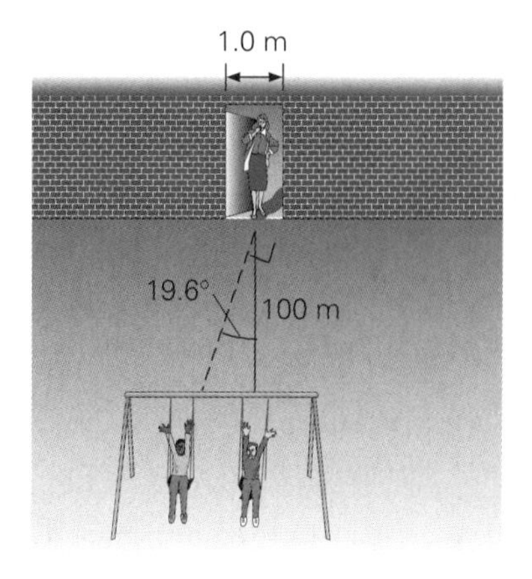

▲ **FIGURA 24.32 El momento de la verdad** Véase el ejercicio 56. (El dibujo no se trazó a escala.)

24.4 Polarización

57. **OM** Se puede polarizar la luz por *a*) reflexión, *b*) refracción, *c*) absorción o *d*) todo lo anterior.

58. **OM** El ángulo de Brewster depende de *a*) el índice de refracción del material, *b*) la ley de Bragg, *c*) la reflexión interna, o *d*) la interferencia.

59. **OM** Una onda sonora no puede polarizarse. Esto es porque el sonido *a*) no es una onda de luz, *b*) es una onda transversal, *c*) es una onda longitudinal, *d*) ninguna de las opciones anteriores es válida.

60. **PC** Dados dos pares de anteojos para el sol, ¿podría usted decir si uno o los dos son polarizantes?

61. **PC** Supongamos que sostiene dos láminas polarizantes frente a usted, y que mira a través de ellas. ¿Cuántas veces se vería que las láminas se aclaran y oscurecen, si *a*) una de ellas girara una revolución completa, *b*) si las dos giraran una revolución completa, con la misma rapidez pero en sentidos contrarios, *c*) si ambas se giraran una vuelta completa con la misma rapidez y con el mismo sentido y *d*) si una girara el doble de rápido que la otra, y la más lenta girara una revolución completa?

62. **PC** ¿Cómo produce luz polarizada la absorción selectiva?

63. **PC** Si se pone un par de anteojos polarizantes frente a la pantalla de cristal líquido de una calculadora, y se hacen girar, ¿qué se observa?

64. ● Algunas clases de vidrio tienen un intervalo de índices de refracción entre 1.4 y 1.7, aproximadamente. ¿Cuál es el intervalo del ángulo de polarización (de Brewster) para esos vidrios cuando la luz incide en ellos procedente del aire?

65. **EI** ● Una luz incide en un cierto material en aire. *a*) Si el índice de refracción del material aumenta, el ángulo de polarización (de Brewster) 1) aumentará también, 2) disminuirá o 3) permanecerá constante. Explique por qué. *b*) ¿Cuáles son los ángulos de polarización si el índice de refracción es 1.6 y 1.8?

66. ● Un par de polarizador-analizador puede tener los ejes de transmisión formando ángulos de 30 o 45°. ¿Cuál ángulo permite la mayor transmisión de luz?

67. **EI** ●● Una luz no polarizada de intensidad I_0 incide en un par polarizador-analizador. *a*) Si el ángulo entre el polarizador y el analizador aumenta en el intervalo que va de 0 a 90°, la intensidad de la luz transmitida 1) también aumentará, 2) disminuirá o 3) permanecerá constante. Explique por qué. *b*) Si el ángulo entre el polarizador y el analizador es de 30°, ¿qué intensidad de luz se transmite a través del polarizador y del analizador, respectivamente? *c*) ¿Y si el ángulo es de 60°?

68. ●● Un rayo de luz incide en una placa de vidrio (n = 1.62) en aire, y el rayo reflejado se polariza por completo. ¿Cuál es el ángulo de refracción del rayo?

69. ●● El ángulo crítico para reflexión interna en cierto medio es de 45°. ¿Cuál es el ángulo de polarización (de Brewster) para la luz que incide externamente en ese medio?

70. **EI** ●● El ángulo de incidencia se ajusta de tal forma que haya polarización lineal máxima en la reflexión de la luz en una pieza de plástico transparente en aire. *a*) ¿Habrá luz transmitida? 1) No, 2) habrá transmisión máxima o 3) se transmitirá algo de luz a través del plástico. Explique por qué. *b*) Si el índice de refracción del plástico es 1.22, ¿cuál es el ángulo de refracción en él?

71. ●● La luz solar se refleja en los vidrios verticales de una ventana (n = 1.55). ¿Cuál será la altitud (el ángulo sobre el horizonte) del Sol para que la luz reflejada esté totalmente polarizada?

72. **EI** ●● Una pieza de vidrio (n = 1.60) podría estar en el aire o sumergida en agua. *a*) El ángulo de polarización (de Brewster) en el agua 1) es mayor, 2) menor o 3) igual que en el aire. Explique por qué. *b*) ¿Cuál es el ángulo de polarización cuando la pieza está en el aire y cuando está sumergida en el agua?

73. ●●● Se cubre una placa de vidrio crown con una capa de agua. Un rayo de luz viene del aire e incide en el agua, donde se transmite en forma parcial. ¿Hay algún ángulo de incidencia para el que la luz que se refleja en la interfase agua-vidrio tenga polarización lineal máxima? Justifique matemáticamente la respuesta.

*24.5 Dispersión atmosférica de la luz

74. **OM** ¿Cuál de los siguientes colores de dispersa más en la atmósfera? *a*) azul, *b*) amarillo, *c*) rojo, *d*) no hay diferencia entre los colores.

75. **OM** La dispersión implica *a*) la reflexión de la luz en las partículas, *b*) la refracción de la luz en las partículas, *c*) la absorción e irradiación de la luz por las partículas o *d*) ninguna de las opciones anteriores es válida.

76. **PC** Explique por qué el cielo es rojo al amanecer y al atardecer, y azul durante el día.

77. **PC** *a*) ¿Por qué no es uniforme el azul del cielo en un día claro y sin nubes? *b*) ¿De qué color sería el cielo o el espacio para un astronauta en la Luna?

Ejercicios adicionales

78. Una cuña delgada de aire entre dos placas planas de vidrio forma bandas de interferencia claras y oscuras cuando se ilumina con una luz monocromática en incidencia normal. (Véase la figura 24.9.) *a*) Demuestre que el espesor de la cuña de aire varía $\lambda/2$ de una banda brillante a la siguiente; λ es la longitud de onda de la luz. *b*) ¿Cuál sería el cambio de espesor de la cuña entre las franjas claras, si el espacio estuviera lleno con un líquido con índice de refracción n?

79. Un vendedor está tratando de venderle una fibra óptica y le dice que ésta da luz linealmente polarizada cuando la luz se refleja internamente por completo en la interfase fibra-aire. *a*) ¿La compraría? Explique por qué. *b*) Si la reflexión total interna ocurre a un ángulo de 35°, ¿cuál es el ángulo de polarización (de Brewster)?

80. Tres rendijas paralelas de ancho w tienen una separación d entre ellas, donde $d = 3w$. *a*) ¿Sería posible ver todos los máximos de interferencia? Explique por qué. *b*) Si no es así, ¿cuáles máximos de interferencia faltarían? [*Sugerencia:* véase la figura 24.16.]

81. Si se aumentara al doble el ancho de la rendija en un experimento con una sola rendija, la distancia a la placa se redujera una tercera parte y la longitud de onda de la luz cambiara de 600 a 450 nm, ¿cómo resultaría afectado el ancho de las franjas brillantes?

82. Demuestre que cuando la luz reflejada está completamente polarizada, la suma del ángulo de incidencia y del ángulo de refracción es igual a 90°.

83. ¿Cuál es el máximo orden espectral que se puede ver en una rejilla de difracción con 9000 líneas/cm cuando se ilumina con luz blanca?

Los siguientes problemas de física Physlet pueden utilizarse con este capítulo.
37.2, 37.4, 37.7, 37.9, 37.10, 38.1, 38.2, 38.4, 38.5, 38.6, 39.9, 39.10

CAPÍTULO

25 LA VISIÓN Y LOS INSTRUMENTOS ÓPTICOS

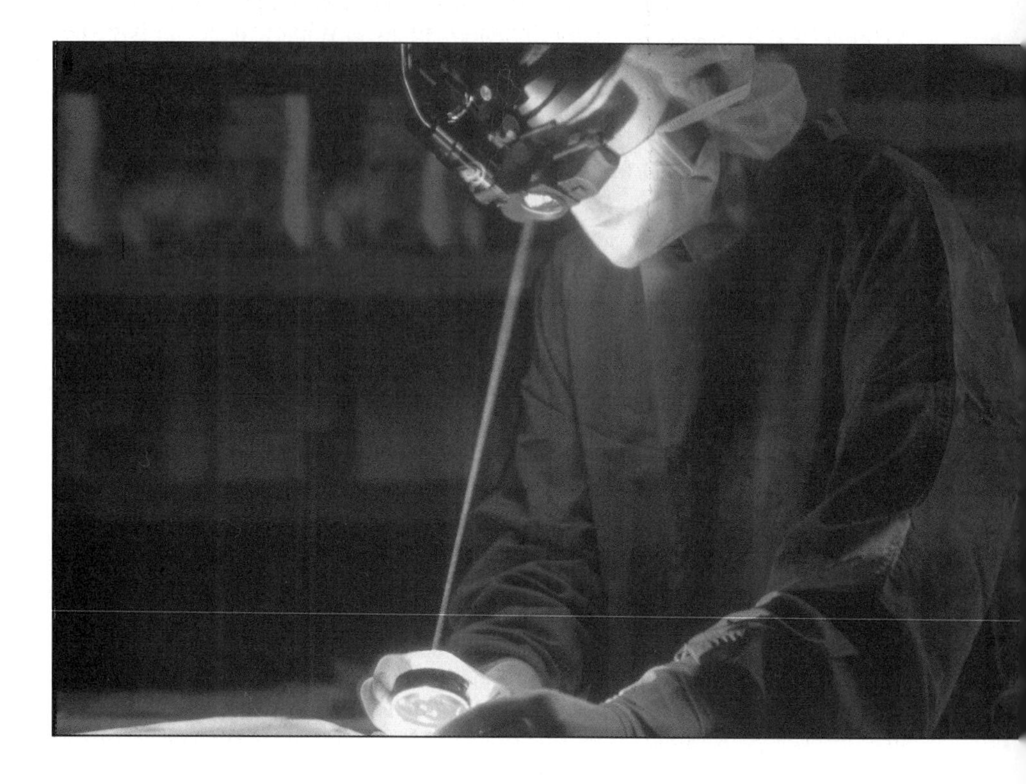

La visión es uno de los medios principales de que disponemos para adquirir información sobre el mundo que nos rodea. Sin embargo, las imágenes que muchos ojos ven no son claras ni están enfocadas, y son necesarios los anteojos o algún otro remedio. En la última década se han conseguido grandes avances en la terapia a base de lentes de contacto y en la corrección quirúrgica de defectos de la visión. Un procedimiento muy difundido es la cirugía con láser, que se ilustra en la fotografía de esta página. (Véase el pliego a color al final del libro.) Esa cirugía es recomendable en procedimientos tales como la reparación de retinas desprendidas, destrucción de tumores oculares y la detención de crecimiento anormal de los vasos sanguíneos, que pueden poner en riesgo la visión.

Los instrumentos ópticos tienen la función básica de mejorar y ampliar el poder de la observación con el ojo humano, y aumentan nuestra visión. En una variedad de instrumentos ópticos, que incluyen los microscopios y los telescopios, se usan espejos y lentes.

Las primeras lentes de aumento fueron gotas de agua en un agujero pequeño. Para el siglo XVII, los artesanos podían tallar lentes de regular calidad para microscopios simples o para vidrios de aumento, que se utilizaban sobre todo en estudios botánicos. (Estas primeras lentes también se usaban en las gafas.) Pronto se desarrolló el microscopio compuesto básico, que requiere de dos lentes. Los microscopios compuestos modernos, capaces de aumentar un objeto hasta 200 veces, permitieron a nuestra visión penetrar en el mundo de los microbios.

Alrededor de 1609 Galileo usó lentes para construir un telescopio astronómico que le permitió observar los valles y las montañas de la Luna, las manchas solares y los cuatro satélites mayores de Júpiter. Actualmente existen telescopios gigantescos que usan lentes y espejos, que nos permiten remontarnos en el pasado conforme vemos las galaxias más alejadas tal y como eran tiempo atrás.

HECHOS DE FÍSICA

- Alrededor del 80% de la capacidad de refracción de un ojo humano proviene de la córnea, mientras que el otro 20% proviene del cristalino. Este último modifica su forma para enfocar objetos más cercanos o más alejados, gracias a los músculos ciliares.
- El ojo humano capta una gran cantidad de información. Si se le compara con una cámara digital, el ojo humano es equivalente a una de 500 megapixeles. Una cámara digital común ofrece una resolución de entre 2 y 10 megapixeles.
- Un glóbulo rojo tiene un diámetro aproximado de 7 μm (7×10^{-6} m). Cuando se observa con un microscopio compuesto de 1000×, parece medir 7 mm (7×10^{-3} m).
- Algunas cámaras instaladas en satélites artificiales tienen una excelente resolución. Desde el espacio son capaces de leer las placas de los automóviles.

¿Qué conoceríamos del universo y de nuestro mundo si esos instrumentos no se hubieran inventado? No conoceríamos las bacterias, y los planetas, estrellas y galaxias seguirían siendo para nosotros sólo puntos misteriosos de luz.

Los espejos y las lentes se describieron en el capítulo 23, y otros fenómenos ópticos en el capítulo 24. Las bases establecidas en esos capítulos se aplicarán ahora en el estudio de la visión y de los instrumentos ópticos. En este capítulo conoceremos el instrumento óptico fundamental: el ojo humano, sin el cual los demás casi hubieran sido inútiles. También aprenderemos más acerca del diseño de microscopios y telescopios, y acerca de los factores que limitan la visión con esos dispositivos.

25.1 El ojo humano

OBJETIVOS: *a*) Describir el funcionamiento óptico del ojo y *b*) explicar algunos defectos frecuentes de la visión, y la forma en que se corrigen.

El ojo humano es el instrumento óptico más fundamental, porque sin él no existiría el campo de la óptica. El ojo humano se asemeja en muchos aspectos a una cámara sencilla (▾figura 25.1). Una cámara sencilla está formada por una lente convergente, que se utiliza para enfocar las imágenes en una película sensible a la luz (en el caso de las cámaras tradicionales), o en un *dispositivo de cargas interconectadas* o CCD (en las cámaras digitales), en la parte posterior del interior de la cámara. (Recuerde que en el capítulo 23 se dijo que para objetos relativamente lejanos, una lente convergente produce una imagen real, invertida y más pequeña.) La cámara tiene un diafragma para ajustar la abertura, y un obturador para controlar la cantidad de luz que entra a la cámara.

Nota: en la sección 23.3 se describió la formación de imágenes por una lente convergente; véase la figura 23.15a.

También el ojo tiene una lente convergente que enfoca las imágenes en el recubrimiento sensible a la luz (la retina) en la superficie posterior del globo ocular. El párpado se puede considerar como un obturador; sin embargo, el obturador de una cámara, que controla el tiempo de exposición de la película, se abre en general sólo durante una fracción de segundo, mientras que el párpado está normalmente abierto y la exposición es continua. El sistema nervioso humano hace una función análoga a la de un obturador: analiza las señales de la imagen que produce el ojo, con una frecuencia de 20 a 30 veces por segundo. El ojo más bien debería compararse con una cámara de cine o de video, que exponen una cantidad similar de cuadros (o imágenes) por segundo.

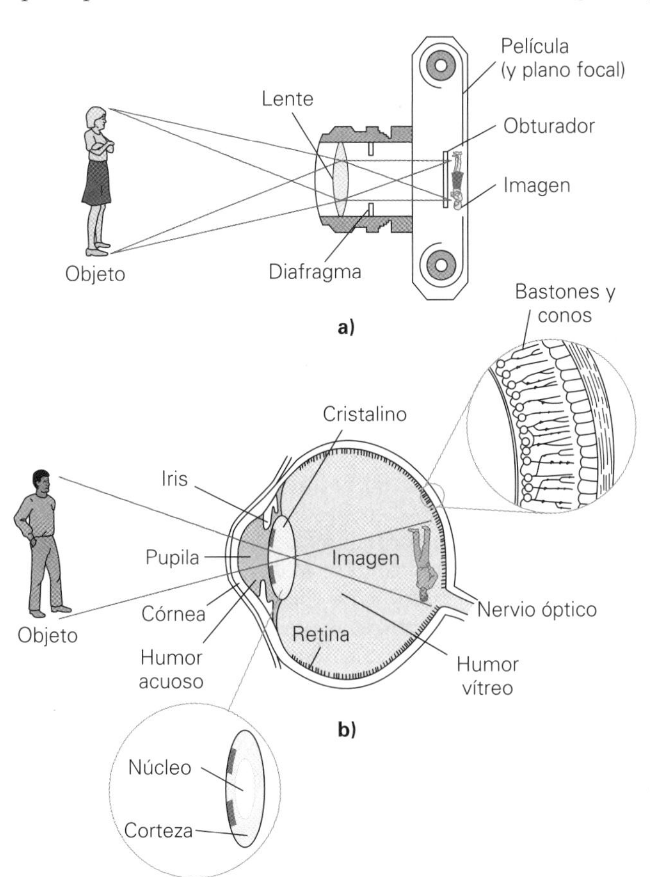

◀ **FIGURA 25.1 Analogía de una cámara con el ojo** En algunos aspectos, ***a*)** una cámara se parece al ***b*)** ojo humano. Se forma una imagen en la película, en una cámara y en la retina en el ojo. (Las propiedades refringentes complejas del ojo no se muestran aquí, porque intervienen varios medios con refracción.) Para una descripción comparativa, véase el texto.

Ilustración 36.2 *Cámara*

Exploración 36.1 *Cámara*

Aunque las funciones ópticas del ojo son relativamente sencillas, sus funciones fisiológicas son bastante complejas. Como se ve en la figura 25.1b, el globo ocular es una cámara casi esférica. Tiene un diámetro interior aproximado de 1.5 cm, y está lleno de una sustancia parecida a la jalea, llamada *humor vítreo*. Tiene una cubierta externa blanca, llamada *esclerótica*, parte de la cual es visible y forma el "blanco" del ojo. La luz entra en el ojo a través de un tejido curvo y transparente llamado córnea, y pasa a un fluido transparente llamado *humor acuoso*. Detrás de la córnea hay un diafragma circular, el *iris*, cuya abertura central se llama *pupila*. El iris contiene el pigmento que determina el color del ojo. Mediante acción muscular, el iris puede cambiar el área de la pupila (de 2 a 8 mm de diámetro) controlando así la cantidad de luz que entra al ojo.

Detrás del iris está el *cristalino*, que es una lente convergente formada por fibras vítreas microscópicas. (Véase el ejemplo conceptual 22.5 en la p. 713 acerca de los elementos internos, el núcleo y la corteza, dentro del cristalino.) Cuando los músculos fijos al cristalino ejercen tensión sobre éste, las fibras vítreas se deslizan una sobre la otra, modificando la forma de la lente y, por consiguiente, su distancia focal; de esta forma, ayudan a enfocar la imagen sobre la retina adecuadamente. Note que la imagen está *invertida* (figura 25.1b). Sin embargo, no vemos una imagen invertida porque el cerebro reinterpreta esta imagen como si estuviera derecha.

En la pared interna trasera del globo ocular hay una superficie sensible a la luz, llamada **retina**, desde donde el nervio óptico transmite señales al cerebro. La retina está formada por nervios y por dos tipos de receptores de luz, o células fotosensibles, llamadas **bastones** y **conos**, por sus formas. Los bastones son más sensibles a la luz que los conos, y distinguen la luz de la oscuridad con bajas intensidades luminosas (visión crepuscular). Los conos pueden distinguir intervalos de frecuencia de luz con suficiente intensidad, que el ojo interpreta como colores (visión de color). La mayoría de los conos están agrupados en torno a una región central de la retina llamada *mácula*. Los bastones, más numerosos que los conos, están fuera de esa región, y se distribuyen en la retina de manera no uniforme.

El ajuste del foco del ojo difiere del de una cámara. Una lente de cámara tiene distancia focal constante, y se varía la distancia a la imagen moviendo la lente con respecto a la película, para producir imágenes nítidas cuando las distancias al objeto son distintas. En el ojo, la distancia a la imagen es constante y se varía la distancia focal del cristalino (porque actúan los músculos adyacentes para variar la forma del ojo) para producir imágenes nítidas, independientemente de las distancias al objeto. Cuando el ojo está enfocado en objetos distantes, los músculos están relajados y el cristalino es más delgado; tiene una potencia aproximada de 20 D (dioptrías). Recuerde que, como vimos en el capítulo 23, la potencia (P) de una lente, en dioptrías (D), es igual al recíproco de su distancia focal *en metros*. Entonces 20 D corresponde a una distancia focal de $f = 1/(20\text{ D}) = 0.050\text{ m} = 5.0\text{ cm}$. Cuando el ojo está enfocado en objetos más cercanos, el cristalino es más grueso y disminuyen el radio de curvatura y la distancia focal. Para un acercamiento, el poder de la lente puede aumentar hasta 30 D ($f = 0.033$ m) o más en los niños pequeños. El ajuste de la distancia focal del cristalino se llama *acomodamiento*. (Vea un objeto cercano y después uno en la lejanía, y note lo rápido que es el acomodamiento. Prácticamente es instantáneo.)

Los extremos del intervalo en el que es posible tener una visión clara (enfoque agudo) se llaman *punto lejano* y *punto cercano*. El *punto lejano* es la máxima distancia a la que puede ver el ojo los objetos con claridad, y se supone que es el infinito para el ojo normal. El *punto cercano* es el lugar más cercano al ojo en el que los objetos se pueden ver con claridad. Esta posición depende del grado con el que se puede deformar (engrosar) el cristalino por acomodamiento. El intervalo de acomodamiento disminuye en forma gradual al aumentar la edad, porque el cristalino pierde su elasticidad. En general, el punto cercano se aleja en forma gradual con la edad. En la tabla 25.1 se ven las posiciones aproximadas del punto cercano a diversas edades.

Los niños pueden ver imágenes nítidas de objetos que están a menos de 10 cm de sus ojos, y el cristalino de un adulto joven normal es capaz de hacer lo mismo con objetos ubicados a una distancia de entre 12 y 15 cm. Sin embargo, los adultos a la edad aproximada de 40 años sufren un corrimiento en el punto cercano, hasta más allá de los 25 cm. Es probable que usted haya notado que las personas de más de 40 años apartan de sus ojos el material de lectura, para ponerlo dentro de su intervalo de acomodamiento. Cuando las letras son demasiado pequeñas o los brazos demasiado cortos, la solución son las lentes especiales para leer. La recesión del punto cercano con la edad no se considera defecto o visión anormal, porque avanza más o menos al mismo ritmo en la mayor parte de los ojos normales; en cambio, se considera una parte normal del proceso de envejecimiento.

TABLA 25.1

Puntos cercanos aproximados del ojo normal a distintas edades

Edad (años)	*Punto cercano (centímetros)*
10	10
20	12
30	15
40	25
50	40
60	100

Nota: la relación entre potencia de una lente en dioptrías y distancia focal se presenta en la ecuación 23.9, en la sección 23.4.

Nota: el ojo ve con claridad entre su punto cercano y su punto lejano.

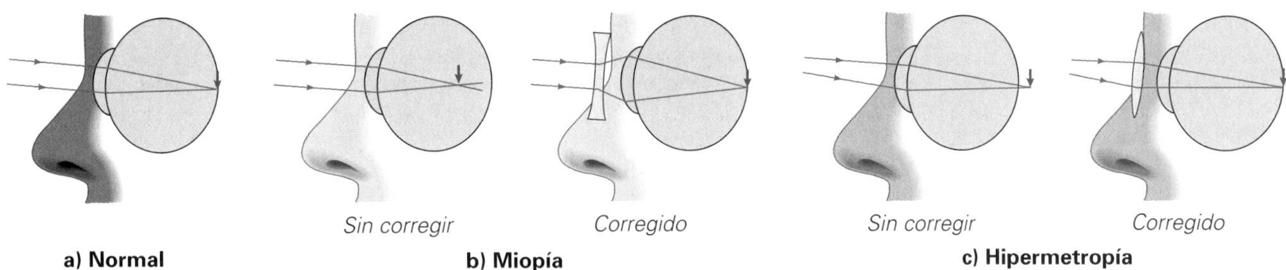

▲ **FIGURA 25.2 Miopía e hipermetropía** *a)* El ojo normal produce imágenes nítidas en la retina de objetos ubicados entre su punto cercano y su punto lejano. La imagen es real, invertida y siempre es menor que el objeto. (¿Por qué?) Aquí el objeto es una flecha lejana, que apunta hacia arriba (y que no se muestra); y los rayos de luz provienen de su punta. *b)* En un ojo miope, la imagen de un objeto *lejano* se enfoca *frente* a la retina. Este defecto se corrige con una lente divergente. *c)* En un ojo hipermétrope, la imagen de un objeto *cercano* se enfocaría *atrás* de la retina. Este defecto se corrige con una lente convergente. (El dibujo no está a escala.)

Defectos de la visión

Hablar del ojo "normal" (▲figura 25.2a) implica que algunos ojos producen visión defectuosa. Ése es precisamente el caso, y se manifiesta en la cantidad aparente de personas que usan anteojos o lentes de contacto. Los ojos de muchas personas no se pueden acomodar dentro del intervalo normal (de 25 cm al infinito). Esas personas tienen uno de los dos defectos de la visión más comunes: miopía o visión cercana, o hipermetropía o visión lejana. Los dos defectos se pueden corregir con anteojos, lentes de contacto o cirugía.

La **miopía** o visión cercana es la capacidad de ver con claridad objetos cercanos, pero no objetos lejanos. Esto es, el punto lejano no es el infinito, sino uno más cercano. Cuando un miope ve un objeto más allá de su punto lejano, los rayos se enfocan *frente* a la retina (figura 25.2b). En consecuencia, la imagen sobre la retina es borrosa, o fuera de foco. Al acercar el objeto hacia el ojo, la imagen retrocede hacia la retina. Cuando el objeto alcanza el punto lejano para ese ojo, se forma una imagen nítida sobre la retina.

La miopía se origina cuando el globo ocular es demasiado largo, o porque la curvatura de la córnea es demasiado pronunciada. Sea cual fuere la razón, las imágenes de objetos lejanos se enfocan frente a la retina. Esta condición se corrige con lentes divergentes adecuadas, que hacen que los rayos diverjan antes de alcanzar la córnea. Entonces el ojo enfoca la imagen más atrás, para que caiga en la retina.

La **hipermetropía** o visión lejana es la capacidad de ver con claridad objetos lejanos, pero no objetos cercanos. Esto es, el punto cercano está más alejado del ojo de lo normal. La imagen de un objeto que está más cercano al ojo que el punto cercano se formaría detrás de la retina (figura 25.2c). La hipermetropía se produce porque el globo ocular es demasiado corto, porque la córnea tiene una curvatura insuficiente, o porque el cristalino ha perdido elasticidad. Si esto ocurre como parte del proceso de envejecimiento, como se explicó antes, se le llama *presbiopía* o vista cansada.

La visión lejana se corrige con anteojos de lentes convergentes. De esta forma, los rayos convergen y el ojo puede enfocar la imagen en la retina. También se prescriben lentes convergentes a personas de mediana edad que padecen presbiopía, una condición de la visión en la cual el cristalino pierde su flexibilidad, lo que dificulta enfocar los objetos cercanos.

Ilustración 36.1 El ojo humano

Ejemplo integrado 25.1 ■ Corrección de la miopía: uso de lentes divergentes

a) Un optometrista tiene la opción de prescribir anteojos convencionales o lentes de contacto a un paciente, para corregir su miopía (▼figura 25.3). Normalmente, los anteojos convencionales se ponen a algunos centímetros frente al ojo, y los lentes de contacto sobre el mismo ojo. La potencia de los lentes de contacto que prescriba debe ser 1) igual, 2) mayor o 3) menor que la de los anteojos convencionales. ¿Por qué? *b)* Cierta persona miope no puede ver con claridad los objetos que están a más de 78.0 cm de sus ojos. ¿Qué potencia deben tener los anteojos convencionales o los lentes de contacto para que esta persona vea con claridad los objetos lejanos? Supongamos que los anteojos están a 3.0 cm del ojo.

a) Razonamiento conceptual. Para la miopía, los lentes de corrección son divergentes (figura 25.3). El lente debe poner la imagen de un objeto lejano ($d_o = \infty$) en el punto lejano del ojo, esto es, a d_f. La imagen, que actúa como objeto para el ojo, queda entonces dentro del intervalo de acomodamiento. Como la distancia a la imagen se *mide a partir del lente*, un lente de contacto debe tener una *mayor* distancia a la imagen. Para un lente de contacto $d_i = -(d_f)$, y para los anteojos convencionales $d_i = -|d_f - d|$, donde d es la distancia entre los lentes normales y el ojo. Para especificar la distancia a la imagen se usa signo menos y valores absolutos, porque la imagen es virtual y está en el lado del objeto del lente. (Como recordará, en el capítulo 23 se explicó que las lentes divergentes sólo pueden formar imágenes virtuales.)

Nota: repase los ejemplos 23.6 y 23.8.

Nota: la formación de imágenes mediante lentes convergentes se explicó en la sección 23.3; véase la figura 23.18.

(continúa en la siguiente página)

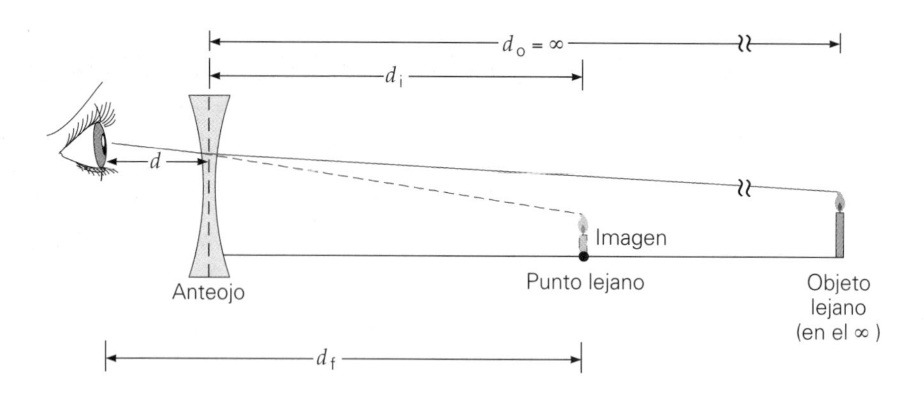

FIGURA 25.3 Corrección de la miopía Se usan lentes divergente. Véase el Ejemplo integrado 25.1. Sólo se muestran anteojos normales. Si los lentes son de contacto, están directamente frente al ojo ($d = 0$).

Advierta que d_i es negativa. Recuerde que la potencia de una lente es $P = 1/f$ (ecuación 23.9). Si se pueden determinar las distancias al objeto y a la imagen, d_o y d_i, se aplica la ecuación de la lente delgada (ecuación 23.5) para calcular P:

$$P = \frac{1}{f} = \frac{1}{d_o} + \frac{1}{d_i} = \frac{1}{\infty} + \frac{1}{d_i} = \frac{1}{d_i} = -\frac{1}{|d_i|}$$

Esto es, una mayor $|d_i|$ causará una menor P, por lo que los lentes de contacto deben tener menor potencia que los anteojos convencionales. Por consiguiente, la respuesta es 3.

b) Razonamiento cuantitativo y solución. Una vez comprendido el funcionamiento de los lentes correctivos, el cálculo de la parte *b* es directo.

Dado: $d_f = 78\text{ cm} = 0.780\text{ m}$ (punto lejano)
$d = 3.0\text{ cm} = 0.0300\text{ m}$

Encuentre: P (en dioptrías) para anteojos normales
P (en dioptrías) para lentes de contacto

Para anteojos normales,

$$|d_i| = |d_f - d| = 0.780\text{ m} - 0.0300\text{ m} = 0.750\text{ m}$$

(Véase la figura 25.3, considerando que no está a escala.) Por consiguiente, $d_i = -0.750$ m.

Entonces, aplicando la ecuación de la lente delgada, se obtiene

$$P = \frac{1}{f} = \frac{1}{d_o} + \frac{1}{d_i} = \frac{1}{\infty} + \frac{1}{-0.750\text{ m}} = -\frac{1}{0.750\text{ m}} = -1.33\text{ D}$$

Se necesita una lente negativa, o divergente, con una potencia de 1.33 D.

Para lentes de contacto:

$$|d_i| = |d_f| = 0.780\text{ m}$$

(ya que $d = 0$). Entonces, $d_i = -0.78$ m.

Entonces se aplica la ecuación de la lente delgada para obtener

$$P = \frac{1}{\infty} + \frac{1}{-0.780\text{ m}} = -\frac{1}{0.780\text{ m}} = -1.28\text{ D}$$

Ejercicio de refuerzo. Supongamos que se cometió un error en los anteojos normales de este ejemplo de manera que se usarán lentes "de corrección" de +1.33 D. ¿Qué sucederá con la imagen de objetos en el infinito? (*Las respuestas a todos los ejercicios de refuerzo aparecen al final del libro.*)

Si el punto lejano cambia utilizando anteojos o lentes de contacto de corrección (véase el ejemplo 25.1), también se afectará el punto cercano. Esto hace que la visión cercana empeore, pero en tal caso se pueden usar *lentes bifocales* para resolver el problema. Benjamin Franklin inventó los bifocales al pegar dos lentes. En la actualidad se fabrican tallando o moldeando lentes con diferentes curvaturas en dos regiones distintas. Con los bifocales se corrige tanto la miopía como la hipermetropía. También existen trifocales, que tienen lentes con tres curvaturas distintas. El lente superior es para la visión lejana y el inferior para la visión cercana. El lente de en medio es para la visión intermedia.

Técnicas más modernas implican la terapia con lentes de contacto o el uso del láser para corregir la miopía. Esto se explica en detalle en la sección A fondo 25.1 de la siguiente página, sobre cirugía y corrección de la córnea. La finalidad de cualquiera de las dos técnicas es cambiar la forma de la superficie expuesta de la córnea, que entonces modifica sus características refringentes. El resultado, en el caso de la miopía, es que la imagen de un objeto lejano cae en la retina.

A FONDO 25.1 CORRECCIÓN DE LA CÓRNEA Y CIRUGÍA

Las formas o superficies imperfectas de la córnea son causa frecuente de errores de refringencia que, a su vez, provocan defectos de visión. Por ejemplo, una córnea con demasiada curvatura causa miopía, mientras que una más aplanada de lo normal causa hipermetropía; y una superficie irregular de la córnea provoca astigmatismo (sección 23.4).

En fecha reciente se ha desarrollado un tratamiento no quirúrgico, a base de lentes de contacto, para mejorar la visión en cuestión de horas. Este procedimiento, llamado *ortoqueratología*, u *Ortho-K*, se realiza en una forma única, pues supone usar lentes de contacto especialmente diseñadas para el paciente. Estas lentes de contacto modifican lentamente la forma de la córnea por medio de una suave presión que mejora la visión de manera rápida y segura. Una buena analogía para describir el procedimiento Ortho-K es el de "ortodoncia para el ojo".

También se utiliza la cirugía con láser para modificar la forma de la córnea. El procedimiento quirúrgico corrige la forma defectuosa o la superficie irregular de la córnea para que ésta pueda enfocar mejor la luz en la retina, lo que reduce o incluso elimina los defectos de visión (figura 1).

En la cirugía con láser primero se emplea un instrumento muy preciso, llamado *microqueratomo* para producir una capa delgada de la córnea, que queda unida a ésta por un lado (figura 2a). Una vez hecha la capa y doblada hacia atrás, se usa un láser ultravioleta pulsado y enfocado con precisión para dar la forma deseada a la córnea. Cada impulso de láser quita una capa microscópica de la córnea interna del área que se va a modificar para corregir los defectos de la visión (figura 2b). Luego se reinstala la capa de la córnea en su posición original sin necesidad de dar puntadas (figura 2c). El procedimiento suele ser indoloro y los pacientes sólo padecen incomodidades mínimas. Algunos pacientes han reportado que su problema de visión se corrigió al día siguiente de que se realizó el procedimiento.

Todavía se prevén más avances en el tratamiento de la visión. Por ejemplo, se han desarrollado técnicas para reemplazar una córnea dañada con tejidos que se producen gracias a la bioingeniería. Si el paciente tiene un ojo saludable, se cosechan células primarias de él para cultivarlas. Las células crecerán y formarán una capa robusta de tejido, que servirá para reemplazar los tejidos de la córnea dañada. Si el paciente tiene ambos ojos dañados, es posible obtener tejidos donados por los parientes más cercanos.

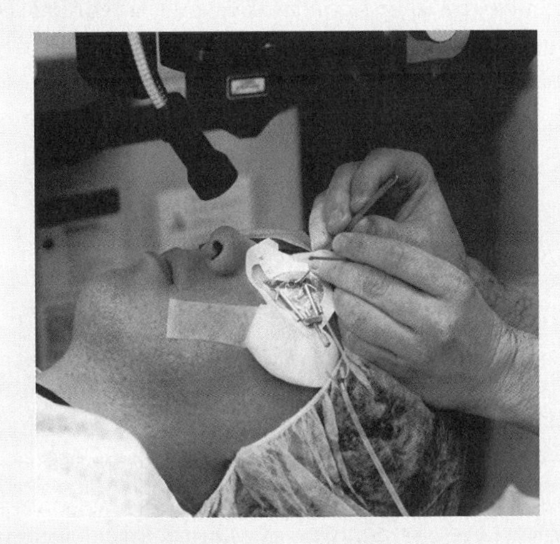

FIGURA 1 Cirugía del ojo La cirugía con láser se practica para corregir la forma de la córnea. Cabe destacar que el cirujano no usa guantes de látex. El talco fino que se utiliza en ellos como lubricante podría contaminar el ojo.

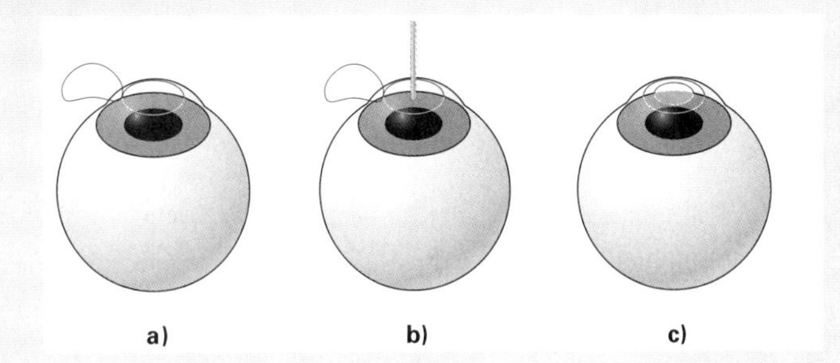

FIGURA 2 Moldeado de la córnea ***a)*** Se levanta una capa en la superficie de la córnea. ***b)*** Se usa un rayo láser para moldear la córnea. ***c)*** Se vuelve a colocar la capa.

Ejemplo integrado 25.2 ■ Corrección de hipermetropía: uso de una lente convergente

Una persona hipermétrope tiene un punto cercano de 75 cm en el ojo izquierdo, y de 100 cm en el derecho. *a)* Si usa lentes de contacto, la potencia del lente para el ojo izquierdo debe ser 1) mayor, 2) igual o 3) menor que la potencia del lente para el ojo derecho. Explique por qué. *b)* ¿Qué potencias deben tener los lentes de contacto para que le permitan ver con claridad un objeto a 25 cm de distancia?

a) Razonamiento conceptual. El punto cercano de un ojo normal es de 25 cm. Para la hipermetropía, el lente de corrección debe ser convergente, y debe formar la imagen en el punto cercano del ojo que coincida con el punto cercano normal. Como el punto cercano del ojo izquierdo (75 cm) está más cercano a la posición normal de 25 cm que el ojo derecho, el lente izquierdo debería tener menor potencia, así que la respuesta correcta es la 3.

b) Razonamiento cuantitativo y solución. Se identificarán los ojos como L (izquierdo) y R (derecho). Las distancias a la imagen son negativas. (¿Por qué?)

Dado: $d_{i_L} = -75\text{ cm} = -0.75\text{ m}$
$d_{i_R} = -100\text{ cm} = -1.0\text{ m}$
$d_o = 25\text{ cm} = 0.25\text{ m}$

Encuentre: P_1 y P_2 (la potencia del lente para cada ojo)

(continúa en la siguiente página)

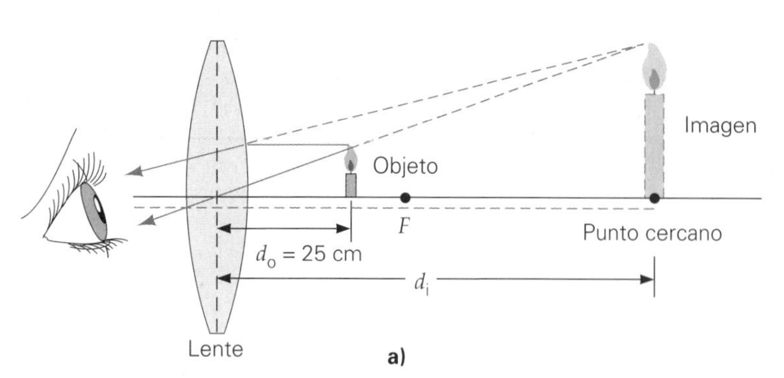

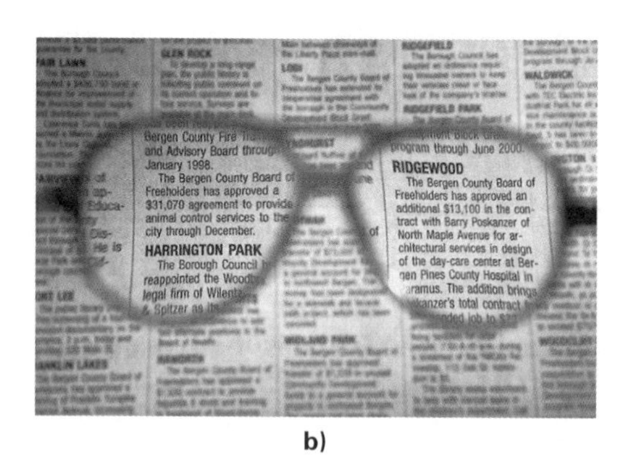

▲ **FIGURA 25.4 Anteojos para lectura y corrección de la hipermetropía** *a)* Cuando se ve un objeto en el punto cercano normal (25 cm) con anteojos para lectura que tengan lentes convergentes, la imagen se forma más lejos, pero dentro del intervalo de acomodamiento del ojo (más allá del punto cercano, que ya está atrasado). Véase el Ejemplo integrado 25.2. *b)* Letras pequeñas vistas con anteojos para lectura. La cámara que se usó para tomar esta foto está enfocada atrás de la página, donde se ubica la imagen virtual.

Las ópticas de los ojos de una persona suelen ser distintas, como en este problema, y normalmente se requiere una receta distinta para cada uno. En este caso, cada lente debe formar una imagen en el punto cercano del ojo para un objeto que esté a la distancia (d_o) de 0.25 m. Entonces la imagen actuará como objeto dentro del intervalo de acomodamiento del ojo. Este caso es el de una persona que usa anteojos para leer (▲figura 25.4). (Para tener mayor claridad, el lente de la figura 25.4a no está en contacto con el ojo.)

Las distancias a la imagen son negativas, porque las imágenes son virtuales (es decir, la imagen está en el mismo lado que el objeto). Con los lentes de contacto, la distancia del ojo al objeto y la del lente al objeto se suponen iguales. Entonces

$$P_L = \frac{1}{f_L} = \frac{1}{d_o} + \frac{1}{d_{i_L}} = \frac{1}{0.25\text{ m}} - \frac{1}{0.75\text{ m}} = \frac{2}{0.75\text{ m}} = +2.7\text{ D}$$

y

$$P_R = \frac{1}{f_R} = \frac{1}{d_o} + \frac{1}{d_{i_R}} = \frac{1}{0.25\text{ m}} - \frac{1}{1.0\text{ m}} = \frac{3}{1.0\text{ m}} = +3.0\text{ D}$$

Note que el lente izquierdo tiene menor potencia que el derecho, como se esperaba.

Ejercicio de refuerzo. Se cometió un error al tallar o moldear los lentes de corrección de este ejemplo: el lente para el ojo derecho se talló con la receta para el ojo izquierdo, y viceversa. Analice qué sucede a las imágenes de un objeto a una distancia de 25 cm.

Otro defecto común de la visión es el **astigmatismo**, que se presenta cuando una superficie refringente, como la córnea o el cristalino, no es esférica. En consecuencia, el ojo tiene distancias focales diferentes en distintos planos (▼figura 25.5a). Los puntos pueden aparecer como rayas, y la imagen de una raya puede estar bien definida en una dirección y borrosa en otra, o borrosa en ambas direcciones. En la figura 25.5b se muestra una prueba para el astigmatismo.

El astigmatismo se corrige con lentes que tengan mayor curvatura en el plano en el que la curvatura del cristalino o la córnea sean deficientes (figura 25.5c). El astigmatismo se reduce con la luz brillante, porque la pupila del ojo se hace más pequeña y al ojo sólo entran rayos cercanos al eje, evitando las orillas de la córnea.

Es probable que usted haya oído hablar de la *visión 20/20*. Pero, ¿qué es? La *agudeza visual* es una medida de cómo se afecta la visión en función de la distancia al objeto. Esta cantidad se determina con una tabla de letras, que se coloca a cierta distancia de los ojos. El resultado se expresa como una fracción: el *numerador* es la distancia a la cual el ojo que se somete a prueba ve con claridad un símbolo común, como la letra "E"; el *denominador* es la distancia a la cual un ojo *normal* ve con claridad la letra. Una califica-

▼ **FIGURA 25.5 Astigmatismo** Cuando una de las partes refringentes del ojo no es esférica, el ojo tiene diferentes distancias focales en distintos planos. *a)* El efecto se debe a que los rayos en el plano vertical (rojo) y en el plano horizontal (azul) se enfocan en puntos distintos: F_v y F_h, respectivamente. *b)* Para alguien que tenga ojos astigmáticos, algunas o todas las líneas de este diagrama le parecerán borrosas. *c)* Los lentes no esféricos, como los cilíndricos planoconvexos, se usan para corregir el astigmatismo. (Véase el pliego a color al final del libro.)

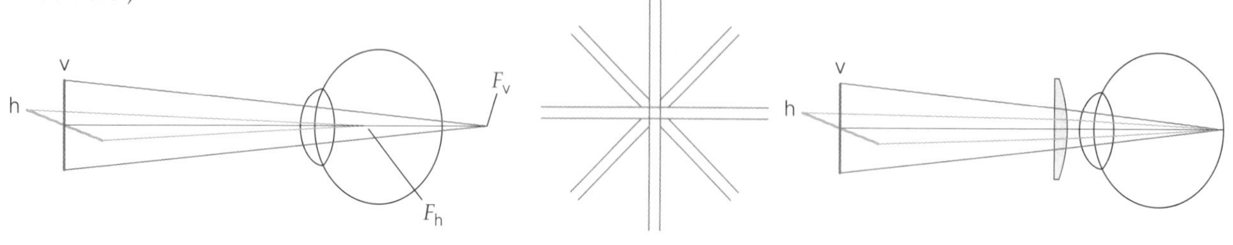

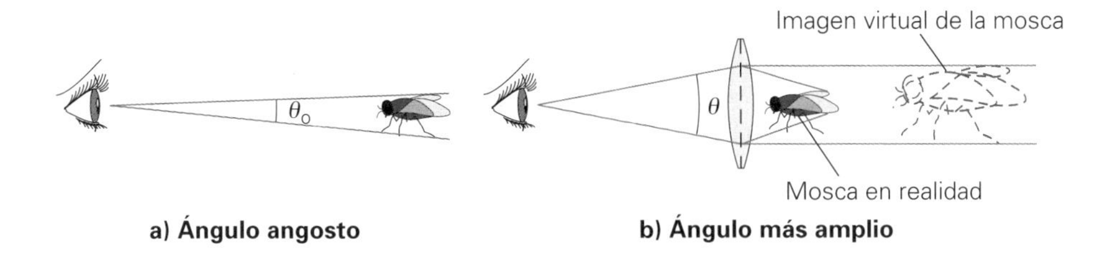

◄ **FIGURA 25.6** Aumento y ángulo **a)** Lo grande que parece un objeto se relaciona con el ángulo que subtiende o abarca. **b)** El ángulo y el tamaño de la imagen virtual de un objeto aumentan con un lente convergente.

ción de 20/20 (prueba/normal), que a veces se llama visión "perfecta", quiere decir que a 20 pies de distancia el ojo que se prueba distingue letras de tamaño estándar con tanta claridad como un ojo normal.

25.2 Microscopios

OBJETIVOS: *a*) Diferenciar entre aumento lateral y aumento angular y *b*) describir los microscopios simples y compuestos, así como sus aumentos.

Los microscopios se usan para amplificar los objetos y así poder verlos con más detalle y observar características que, de otra forma, no se podrían estudiar. A continuación se describirán dos tipos básicos de microscopio.

La lente de aumento (microscopio simple)

Cuando vemos un objeto lejano, parece muy pequeño. Conforme nuestros ojos se acercan, el objeto parece mayor. Esa dimensión depende del tamaño de la imagen en la retina, que se relaciona con el ángulo que subtiende el objeto (▲figura 25.6): cuanto mayor es el ángulo, más grande resulta la imagen.

Cuando se desea examinar los detalles de un objeto u observar algo con detenimiento, acercamos nuestros ojos para que el objeto subtienda un ángulo mayor. Por ejemplo, usted podrá examinar el detalle de una figura en este libro, acercándola a sus ojos. Verá la máxima cantidad de detalle cuando el libro esté en su punto cercano. Si sus ojos se pueden acomodar a menores distancias, un objeto muy cercano a ellos aparecería aún mayor. Sin embargo, como se demuestra con facilidad si acerca este libro a sus ojos, cuando los objetos están más próximos que el punto cercano, las imágenes son borrosas.

Una **lupa** o **lente de aumento**, que no es más que una simple lente convergente (a veces se le llama *microscopio simple*), forma una imagen clara de un objeto cuando está más próximo que el punto cercano (figura 23.15b). En esa posición, la imagen de un objeto subtiende un ángulo mayor y, en consecuencia, parece mayor o aumentada (▼figura 25.7). La lente produce una imagen virtual más allá del punto cercano que enfoca el ojo. Si se usa una lupa manual, es posible ajustar su posición hasta que la imagen se vea con claridad.

Como se ilustra en la figura 25.7, el ángulo subtendido por la imagen virtual de un objeto es mucho mayor cuando se usa una lupa. El aumento de un objeto *visto a través de una lupa* se expresa en función de este ángulo. Este **aumento angular** o poder de aumento, se representa con el símbolo m. El aumento angular se define como la relación

▼ **FIGURA 25.7** Aumento angular El aumento angular (m) de una lente se define como la relación entre el tamaño angular de un objeto, visto a través de la lente, y el tamaño angular sin la lente: $m = \theta/\theta_o$.

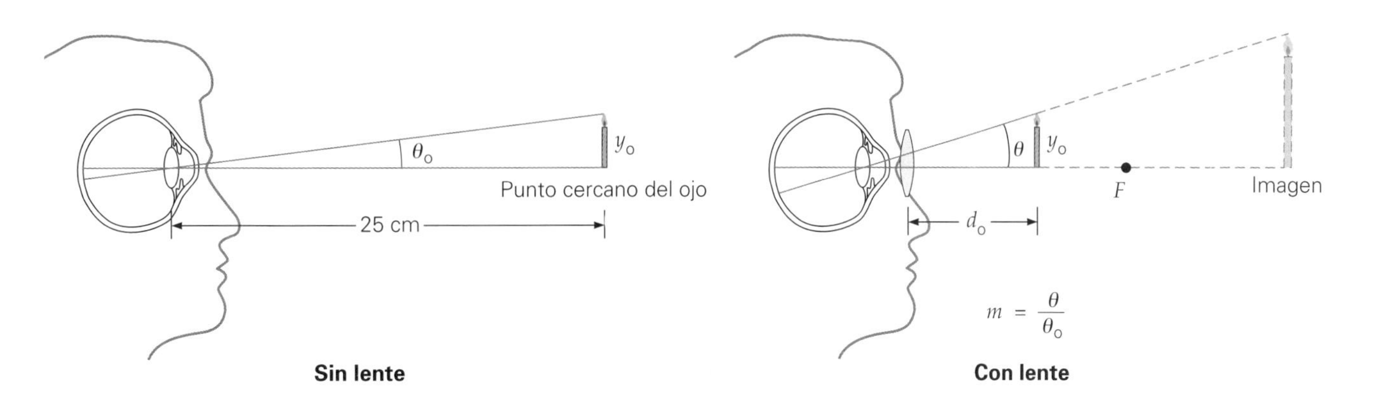

Nota: el aumento angular no es igual al aumento lateral, que se describió en la sección 23.1 (véase la ecuación 23.1).

entre el tamaño angular del objeto visto a través de la lupa (θ) y el tamaño angular del objeto visto sin la lupa (θ_o):

$$m = \frac{\theta}{\theta_o} \quad \textit{aumento angular} \tag{25.1}$$

(Esta m no es igual a la M que representa el aumento lateral y es una relación entre alturas: $M = h_i/h_o$.)

El aumento angular máximo se presenta cuando la imagen vista con la lupa está en el punto cercano del ojo, $d_i = -25$ cm, porque esa posición es la más cercana a la que se puede ver con claridad. (Se supondrá un valor de 25 cm como el normal del punto cercano en esta descripción. El signo menos se usa porque la imagen es virtual; véase el capítulo 23.) La distancia correspondiente al objeto se calcula con la ecuación de la lente delgada (ecuación 23.5) corno sigue:

$$d_o = \frac{d_i f}{d_i - f} = \frac{(-25\text{ cm})f}{-25\text{ cm} - f}$$

esto es,

$$d_o = \frac{(25\text{ cm})f}{25\text{ cm} + f} \tag{25.2}$$

donde f se debe expresar en centímetros.

Los tamaños angulares del objeto se relacionan con su altura como sigue:

$$\tan\theta_o = \frac{y_o}{25} \quad \text{y} \quad \tan\theta = \frac{y_o}{d_o}$$

(Véase la figura 25.7.) Suponiendo válida una aproximación para ángulo pequeño ($\tan\theta \approx \theta$), se obtiene

$$\theta_o \approx \frac{y_o}{25} \quad \text{y} \quad \theta \approx \frac{y_o}{d_o}$$

Entonces, el aumento angular máximo se expresa como sigue:

$$m = \frac{\theta}{\theta_o} = \frac{y_o/d_o}{y_o/25} = \frac{25}{d_o}$$

Al sustituir d_o de la ecuación 25.2, se obtiene

$$m = \frac{25}{25f/(25 + f)}$$

que se simplifica a

$$m = 1 + \frac{25\text{ cm}}{f} \quad \textit{aumento angular con la imagen en el punto cercano (25 cm)} \tag{25.3}$$

donde f está en centímetros. Las lentes con menores distancias focales producen mayores aumentos angulares.

Para deducir la ecuación 25.3 se supuso que el objeto visto por el ojo sin ayuda está en el punto cercano, al igual que la imagen que se ve en la lente. En realidad, el ojo normal puede enfocar una imagen ubicada en cualquier lugar entre el punto cercano y el infinito. En el extremo, cuando la imagen está en el infinito, el ojo está más relajado; los músculos fijos al cristalino están relajados y el cristalino es delgado. Para que la imagen esté en el infinito, el objeto debe estar en el punto focal de la lente. En este caso,

$$\theta \approx \frac{y_o}{f}$$

y el aumento angular es

$$m = \frac{25\text{ cm}}{f} \quad \textit{aumento angular con la imagen en el infinito} \tag{25.4}$$

Desde el punto de vista matemático, parece que el poder de aumento se puede incrementar hasta cualquier valor que se desee, usando lentes que tengan distancias focales suficientemente cortas. Sin embargo, desde el punto de vista físico, las aberraciones de las lentes limitan el intervalo práctico de empleo de las lupas, hasta 3 o 4×, es decir, una imagen aumentada a 3 o 4 veces el tamaño del objeto, cuando se usan normalmente.

Ejemplo 25.3 ■ Elemental: aumento angular de una lupa

Sherlock Holmes usa una lupa con 12 cm de distancia focal, para examinar el detalle fino de unas fibras textiles en la escena de un crimen. *a*) ¿Cuál es el aumento máximo que da la lupa? *b*) ¿Cuál es el aumento para ver con ojo relajado?

Razonamiento. En este caso se aplican las ecuaciones 25.3 y 25.4. El inciso *a* pide el aumento máximo, que se describió al deducir la ecuación 25.3, y se presenta cuando la imagen formada por la lente está en el punto cercano del ojo. Para contestar la parte *b*, note que el ojo está más relajado cuando ve objetos lejanos.

Solución.

Dado: $f = 12$ cm

Encuentre: *a*) m (d_i = punto cercano)
b) m ($d_i = \infty$)

a) Se supuso que el punto cercano está a 25 cm en la ecuación 25.3:

$$m = 1 + \frac{25 \text{ cm}}{f} = 1 + \frac{25 \text{ cm}}{12 \text{ cm}} = 3.1\times$$

b) La ecuación 25.4 determina el aumento de la imagen que forma la lente en el infinito:

$$m = \frac{25 \text{ cm}}{f} = \frac{25 \text{ cm}}{12 \text{ cm}} = 2.1\times$$

Ejercicio de refuerzo. Suponiendo que el aumento práctico máximo de una lupa es 4×, ¿qué tendría más distancia focal, una lupa para ver el punto cercano, o una para punto lejano? ¿Cuánta distancia más?

El microscopio compuesto

Un microscopio compuesto da más aumento que el que se consigue con una sola lente, o microscopio simple. Un **microscopio compuesto** básico consiste en un par de lentes convergentes, cada una de las cuales contribuye al aumento (▼figura 25.8a). La lente convergente con distancia focal relativamente corta ($f_o < 1$ cm) se llama **objetivo**. Produce una imagen real, invertida y agrandada de un objeto colocado un poco más allá de su foco. La otra lente, llamada **ocular**, tiene mayor distancia focal (f_e de algunos centímetros) y se coloca de manera que la imagen que forma el objetivo cae justo *dentro* de su foco, es decir, un poco más cerca que su foco. Esta lente forma una imagen virtual, aumentada e invertida, que ve el observador. En esencia, el objetivo produce una imagen real, y el ocular no es más que una lupa.

El **aumento total** (**m_{total}**) de una combinación de lentes es igual al *producto* de los aumentos que produce cada una. La imagen formada por el objetivo es mayor que su objeto por un factor M_o igual al aumento lateral ($M_o = -d_i/d_o$). Note que en la figura 25.8a la distancia a la imagen, para la lente objetivo, es aproximadamente igual a L, la distancia entre las lentes; esto es, $d_i \approx L$. (El objetivo forma la imagen I_o justo dentro

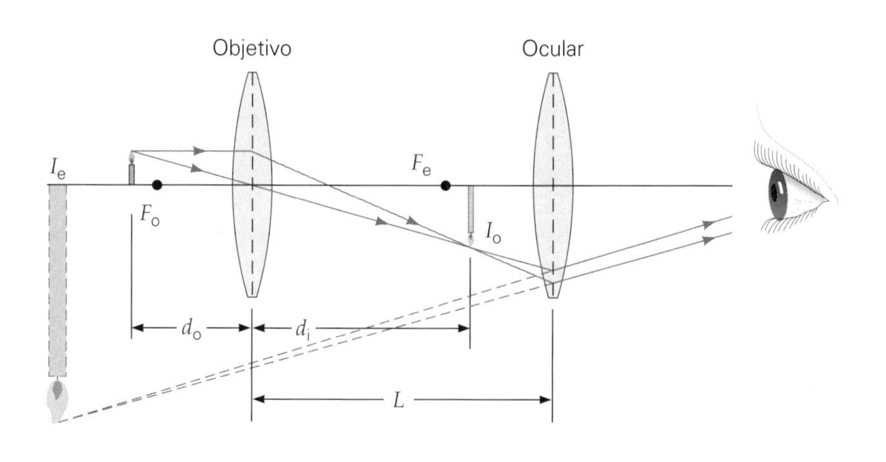

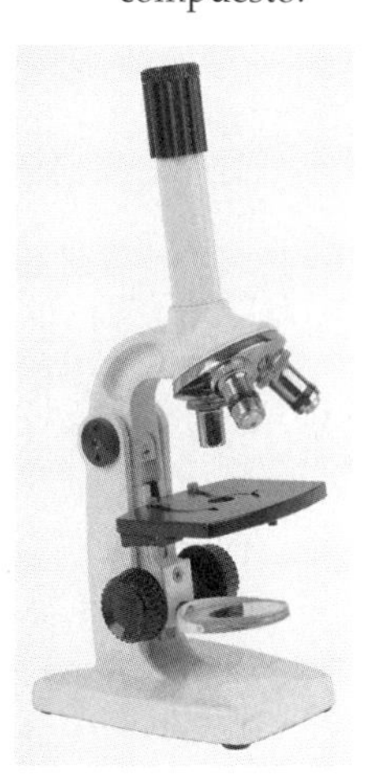

▼ **FIGURA 25.8 El microscopio compuesto** ***a*)** En el sistema óptico de un microscopio compuesto, la imagen real formada por el objetivo está justo atrás del foco del ocular (F_e) y funciona como objeto para esta lente. Un observador que vea por el ocular verá una imagen ampliada. ***b*)** Un microscopio compuesto.

Nota: sería de ayuda repasar la sección 23.3 y la figura 23.15.

del foco del ocular.) Además, como el objeto está muy cercano al foco del objetivo, $d_o \approx f_o$. Con estas aproximaciones

$$M_o \approx -\frac{L}{f_o}$$

La ecuación 25.4 define el aumento angular de un ocular para una imagen en el infinito:

$$m_e = \frac{25\text{ cm}}{f_e}$$

Como el objeto para el ocular (que es la imagen formada por el objetivo) está muy cerca de su foco, una buena aproximación es

$$m_{total} = M_o m_e = -\left(\frac{L}{f_o}\right)\left(\frac{25\text{ cm}}{f_e}\right)$$

o bien

$$m_{total} = -\frac{(25\text{ cm})L}{f_o f_e} \quad \textit{aumento angular del microscopio compuesto} \qquad (25.5)$$

donde f_o, f_e y L se expresan en centímetros.

El aumento angular de un microscopio compuesto es negativo, lo que indica que la imagen final está invertida, en comparación con la orientación inicial del objeto. Sin embargo, con frecuencia sólo se menciona el aumento (un microscopio de 100×, y no de −100×).

Ejemplo 25.4 ■ Microscopio compuesto: cálculo del aumento

Un microscopio tiene un objetivo, cuya distancia focal es de 10 mm, y un ocular con 4.0 cm de distancia focal. Las lentes se colocan a 20 cm de distancia entre sí, en el tubo. Calcule el aumento total aproximado del microscopio.

Razonamiento. Se trata de una aplicación directa de la ecuación 25.5.

Solución.

Dado: $f_o = 10\text{ mm} = 1.0\text{ cm}$
$f_e = 4.0\text{ cm}$
$L = 20\text{ cm}$

Encuentre: m_{total} (aumento total)

Al usar la ecuación 25.5, se obtiene

$$m_{total} = -\frac{(25\text{ cm})L}{f_o f_e} = -\frac{(25\text{ cm})(20\text{ cm})}{(1.0\text{ cm})(4.0\text{ cm})} = -125\times$$

Note la distancia focal relativamente corta del objetivo. El signo negativo indica que la imagen está invertida.

Ejercicio de refuerzo. Si la distancia focal del ocular en este ejemplo aumentara al doble, ¿cómo tendría que modificarse la longitud del microscopio para obtener el mismo aumento? (Exprese el cambio como un porcentaje.)

En la figura 25.8b se observa un microscopio compuesto moderno. Existen objetivos intercambiables con aumentos desde 5× hasta más de 100×. Para el trabajo normal en biología o los laboratorios médicos se utilizan objetivos de 5 y 10×. Con frecuencia, los microscopios tienen revólveres para tres objetivos que ofrecen distintos aumentos, por ejemplo, 10, 43 y 97×. Estos objetivos se pueden usar con oculares de 5 y 10× en diversas combinaciones para obtener aumentos de 50 hasta 970×. El aumento máximo que se obtiene con un microscopio compuesto es, aproximadamente, 2000×.

Por lo regular, los objetos opacos se iluminan con una fuente de luz que se coloca sobre ellos. Los especímenes que son transparentes, como las células o los cortes delgados de tejidos que se colocan en el portaobjetos, se iluminan con la fuente de luz bajo la platina del microscopio para que la luz atraviese al espécimen. Un microscopio moderno tiene un condensador de luz (lente convergente) y un diafragma bajo la platina, con los que se concentra la luz y se controla su intensidad. Algunos microscopios tienen una fuente luminosa interna. La luz se refleja de un espejo al condensador. Los microscopios antiguos tenían dos espejos: uno era plano, para reflejar la luz de una fuente externa de gran intensidad, y el otro cóncavo para la luz convergente de baja intensidad, como la de la luz del cielo.

25.3 Telescopios

OBJETIVOS: *a*) Diferenciar entre telescopios refractores y reflectores y *b*) describir las ventajas de cada uno.

En los telescopios se aplican los principios ópticos de los espejos y las lentes para mejorar nuestra capacidad de ver objetos lejanos. Se utilizan para hacer observaciones terrestres y astronómicas, para ver algunos objetos con mayor detalle, o simplemente para distinguir otros objetos más distantes. En esencia, hay dos clases de telescopios: los refractores y los reflectores, que se caracterizan por usar lentes o espejos, respectivamente, para reunir la luz y hacerla converger.

Telescopio refractor

El principio en el que se basa un tipo de **telescopio refractor** es similar al de un microscopio compuesto. Los componentes principales de un telescopio refractor son las lentes objetivo y ocular, como se ve en la ▾ figura 25.9. El objetivo es una lente convergente grande, con gran distancia focal, y el ocular móvil tiene una distancia focal relativamente corta. Los rayos procedentes de un objeto lejano son paralelos en esencia, y forman una imagen (I_o) en el foco (F_o) del objetivo. Esta imagen funciona como objeto para el ocular, que se mueve hasta que la imagen está justo dentro de su foco (F_e). El observador ve una imagen grande, invertida y virtual (I_e).

Para tener una visión relajada, el ocular se ajusta de tal forma que su imagen (I_e) esté en el infinito, lo que significa que la imagen del objetivo (I_o) está en el foco del ocular (f_e). Como se ilustra en la figura 25.9, la distancia entre las lentes es entonces la suma de las distancias focales ($f_o + f_e$), que es la longitud del tubo del telescopio. El **poder de aumento de un telescopio refractor** enfocado para que la imagen final esté en el infinito es

Exploración 36.2 *Telescopio*

$$m = -\frac{f_o}{f_e} \quad \textit{aumento angular del telescopio refractor} \tag{25.6}$$

donde se intercala el signo menos para indicar que la imagen es invertida, de acuerdo con la convención de signos para lentes, en la sección 23.3. Así, para alcanzar el aumento máximo, la distancia focal del objetivo debe ser la mayor posible, y la distancia focal del ocular la menor posible.

El telescopio de la figura 25.9 se llama **telescopio astronómico**. La imagen final que produce un telescopio astronómico es invertida, pero esta condición no significa un problema para los astrónomos. (¿Por qué?) Sin embargo, para quien vea en la Tie-

Nota: los telescopios astronómicos producen una imagen invertida.

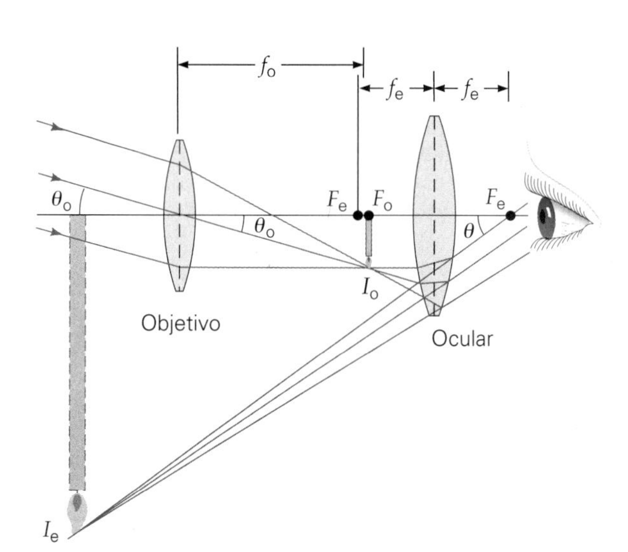

◂ **FIGURA 25.9 El telescopio astronómico refractor** En un telescopio astronómico, los rayos de un objeto lejano forman una imagen intermedia (I_o) en el foco del objetivo (F_o). El ocular se mueve de tal forma que la imagen quede en su punto focal (F_e), o un poco más cerca. Un observador ve una imagen ampliada en el infinito (I_e, que aquí se muestra a una distancia finita con fines ilustrativos).

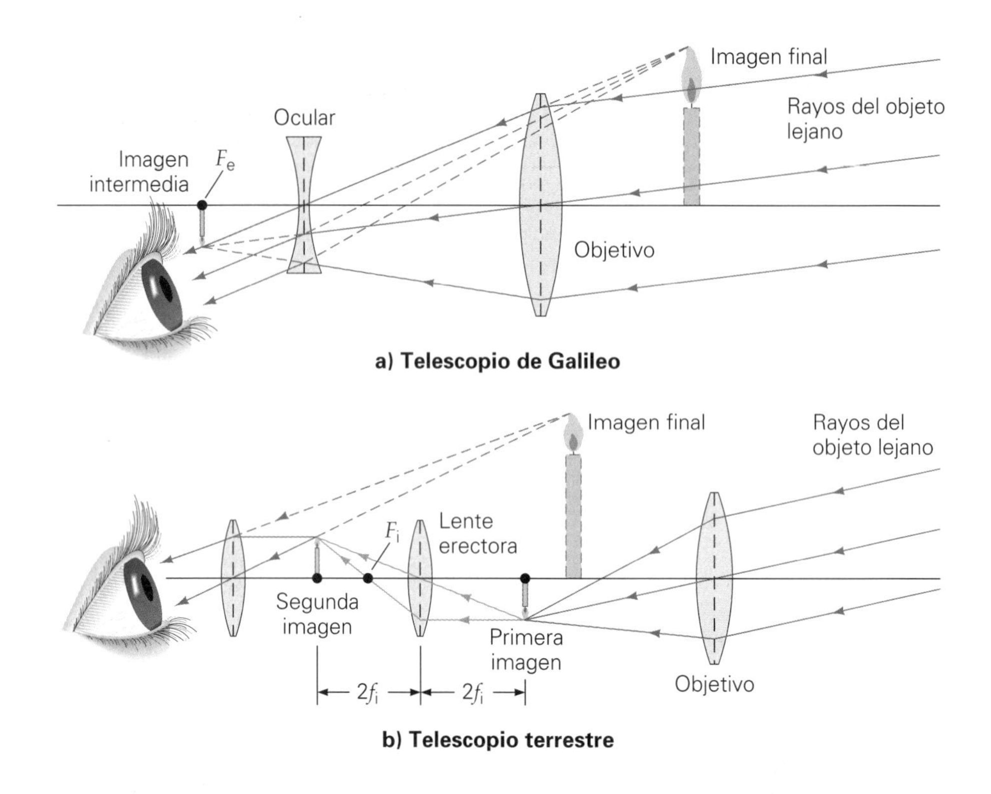

▶ **FIGURA 25.10 Telescopios terrestres** *a)* En un telescopio de Galileo se usa una lente divergente como ocular, y se producen imágenes virtuales derechas. *b)* Otra forma de producir imágenes derechas es usar una lente "erectora" convergente (con distancia focal f_i) entre el objetivo y el ocular, en un telescopio astronómico. Esta adición alarga el telescopio, pero la longitud se puede acortar usando prismas de reflexión interna.

rra un objeto con un telescopio lo más conveniente es que la imagen esté derecha. Un telescopio en el que la imagen final es derecha se llama **telescopio terrestre**. Una imagen final derecha se puede obtener de varias formas; dos de ellas se ilustran en la ▲figura 25.10.

En el telescopio de la figura 25.10a hay una lente divergente que se usa como ocular. Esta clase de telescopio terrestre se llama *telescopio de Galileo*, porque Galileo construyó uno así en 1609. El objetivo forma una imagen real a la izquierda del ocular, y esta imagen funciona como objeto "virtual" para el ocular (véase la sección 23.3). Un observador ve una imagen aumentada, derecha y virtual. (Note que con una lente divergente y distancia focal negativa, la ecuación 25.6 da como resultado una m positiva, lo que indica que la imagen es derecha.)

Los telescopios de Galileo tienen varias desventajas; una es que sus campos de visión son muy estrechos, y la otra, que su aumento es limitado. En la figura 25.10b se muestra un tipo mejor de telescopio terrestre, que usa una tercera lente, llamada *lente erectora* o *lente inversora*, entre las lentes convergentes objetivo y ocular. Si el objetivo forma la imagen a una distancia que sea el doble de la distancia focal de la lente erectora intermedia ($2f_i$), la lente sólo invierte la imagen sin aumentarla y el aumento del telescopio se sigue calculando con la ecuación 25.6.

Sin embargo, para obtener la imagen derecha con este método, se requiere una mayor longitud del telescopio. Al usar la lente erectora intermedia para invertir la imagen, la longitud del telescopio aumenta cuatro veces la distancia focal de la lente erectora ($2f_i$ a cada lado). Esta longitud inconveniente se puede evitar utilizando prismas de reflexión interna. Éste es el principio de los binoculares prismáticos, que en realidad son telescopios dobles, uno para cada ojo (◀figura 25.11).

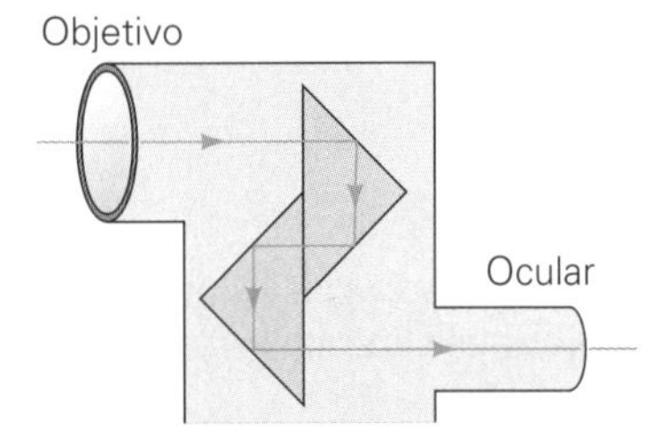

▲ **FIGURA 25.11 Prismáticos** Corte esquemático de un ocular (la mitad de un par de binoculares prismáticos) donde se indican las reflexiones internas en los prismas, que reducen la longitud física general.

Ejemplo 25.5 ■ Telescopio astronómico (y un telescopio terrestre más largo)

Un telescopio astronómico tiene un objetivo con 30 cm de distancia focal, y un ocular con 9.0 cm de distancia focal. *a)* ¿Cuál es el aumento del telescopio? *b)* Si se emplea una lente erectora con una distancia focal de 7.5 cm para convertir al telescopio en uno terrestre, ¿cuál será la longitud general del tubo del telescopio?

Razonamiento. La ecuación 25.6 se aplica directamente en el inciso *a*. En la parte *b*, la lente inversora alarga el telescopio en cuatro veces su distancia focal ($4f_i$) (figura 25.10b).

Solución. La lista de datos es la siguiente:

Dado: $f_o = 30$ cm
$f_e = 9.0$ cm
$f_i = 7.5$ cm (lente erectora intermedia)

Encuentre: *a*) m (aumento)
b) L (longitud del tubo del telescopio)

a) El aumento se calcula con la ecuación 25.6:

$$m = -\frac{f_o}{f_e} = -\frac{30 \text{ cm}}{9.0 \text{ cm}} = -3.3\times$$

donde el signo menos indica que la imagen es invertida.

b) Suponiendo que la longitud del tubo del telescopio sea la distancia entre las lentes, se ve que esa longitud no es más que la suma de las distancias focales de éstas:

$$L_1 = f_o + f_e = 30 \text{ cm} + 9.0 \text{ cm} = 39 \text{ cm}$$

Entonces, la longitud total será

$$L = L_1 + L_2 = 39 \text{ cm} + 4f_i = 39 \text{ cm} + 4(7.5 \text{ cm}) = 69 \text{ cm}$$

Por consiguiente, el telescopio mide más de dos terceras partes de un metro y produce imágenes derechas, pero con el mismo aumento de 3.3×. (¿Por qué?)

Ejercicio de refuerzo. Un telescopio terrestre mide 66 cm de longitud, con una lente erectora intermedia con una distancia focal de 12 cm. ¿Cuál es la distancia focal de una lente erectora que podría reducir la longitud del telescopio a 50 cm, una longitud más cómoda?

Ejemplo conceptual 25.6 ■ Construcción de un telescopio

A un alumno se le dan dos lentes convergentes, una con distancia focal de 5.0 cm y la otra con 20 cm de distancia focal. Con este material tiene que construir un telescopio, que le permita ver mejor objetos lejanos; el alumno debe montar las lentes *a*) a más de 25 cm de distancia, *b*) a una distancia comprendida entre 20 y 25 cm, *c*) a una distancia comprendida entre 5.0 y 20 cm o *d*) a menos de 5.0 cm de distancia. Especifique cuál lente se debe usar como ocular.

Razonamiento y respuesta. Primero veamos cuál lente se debe usar como ocular. El único tipo de telescopio que se puede construir con dos lentes convergentes es un telescopio astronómico. En esta clase de telescopios, la lente con mayor distancia focal se usa como objetivo, para formar una imagen real de un objeto lejano. A continuación esta imagen se examina con la lente de menor distancia focal, que es el ocular y que se utiliza como si fuera una lupa simple.

Si el objeto está a gran distancia, el objetivo forma una imagen real en su plano focal (figura 25.9). Esta imagen constituye el objeto para el ocular, que se coloca en tal forma que la imagen-objeto esté justo dentro de su foco, para producir una segunda imagen invertida.

Sin embargo, las dos lentes deben estar a *poco menos* de 25 cm de distancia, por lo que la respuesta *a* es incorrecta. Tampoco las respuestas *c* y *d* son correctas, porque el ocular estaría demasiado cerca del objetivo para producir la gran imagen secundaria necesaria para ver un objeto distante en forma óptima. En esos casos, los rayos pasarían por la segunda lente antes de formar la imagen y producirían una imagen *reducida* (véase la sección 23.3). Por todo lo anterior, la respuesta correcta es la *b*, con la imagen del objetivo justamente dentro del foco del ocular.

Ejercicio de refuerzo. Para obtener un telescopio terrestre se usa una tercera lente convergente, con una distancia focal de 4.0 cm, en combinación con las dos lentes antes mencionadas; la función de la tercera lente es la de invertir la imagen. ¿Cómo se deben montar las lentes y a qué distancia deben estar entre sí para que se forme una imagen final derecha y de tamaño máximo?

Telescopio reflector

Para ver el Sol, la Luna y los planetas cercanos es importante tener muchos aumentos para apreciar los detalles. Sin embargo, aun con el aumento máximo posible, las estrellas aparecen en el cielo sólo como débiles puntos de luz. Para observar las estrellas y las galaxias distantes, es más importante reunir la luz suficiente que tener un mayor aumento; de esta forma, se podrá no sólo ver el objeto, sino también analizar su espectro más rápidamente. La intensidad de la luz procedente de una fuente lejana es muy baja. En muchos casos, esa fuente sólo se detecta cuando su luz se reúne y enfoca en una placa fotográfica durante largo tiempo.

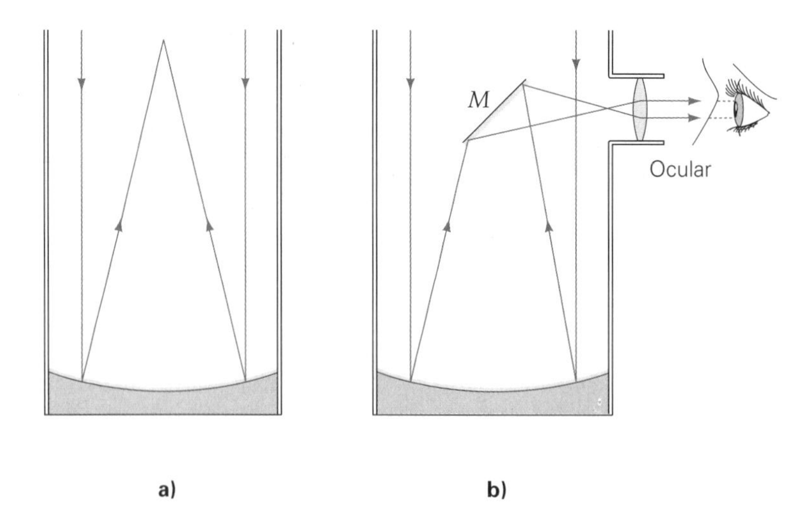

▶ **FIGURA 25.12 Telescopios reflectores** En un telescopio se puede usar un espejo cóncavo para reunir la luz y formar una imagen de un objeto lejano. ***a)*** La imagen puede estar en el foco primario, o bien, ***b)*** se utilizan un espejo y una lente pequeños para enfocar la imagen fuera del telescopio; a esta configuración se le llama *foco newtoniano*.

Recuerde que en la sección 14.3 se explicó que la intensidad es la energía por unidad de tiempo y por unidad de *área*. Por lo tanto, será posible reunir más luz si se aumenta el tamaño del objetivo. Eso aumenta la distancia a la cual el telescopio puede detectar objetos con luz débil, como las galaxias lejanas. (Recuerde que la intensidad luminosa de una fuente puntual es inversamente proporcional al *cuadrado* de la distancia entre la fuente y el observador.) Sin embargo, la producción de una lente grande implica dificultades relacionadas con la calidad, el tallado y el pulido del vidrio. Se requieren sistemas de lentes compuestas, para reducir aberraciones; además, una lente muy grande podría "colgarse" bajo el influjo de su propio peso, produciendo más aberraciones. La lente objetivo de mayor tamaño que está en uso tiene 40 pulgadas (102 cm) de diámetro, y es parte del telescopio refractor del Observatorio Yerkes en Williams Bay, Wisconsin.

Los problemas anteriores se reducen con un **telescopio reflector** que usa un espejo parabólico grande y cóncavo (▲figura 25.12). Un espejo parabólico no tiene aberración esférica; y, en general, un espejo no tiene aberración cromática inherente. (¿Por qué?) No se necesita un vidrio de alta calidad, porque la luz se refleja en una superficie frontal de tipo especular. Sólo hay que tallar, pulir y platear una superficie.

El mayor telescopio de un solo espejo, que mide 8.2 m (323 in.) de diámetro, es el del Observatorio Europeo Meridional en Chile (▼figura 25.13a). El mayor telescopio reflector en Estados Unidos tiene un espejo de 5.1 m (200 in.) de diámetro y es el del Observatorio Hale, en Monte Palomar, California.

Aun cuando los telescopios reflectores tienen ventajas en comparación con los refractores, también presentan desventajas. Al igual que una lente grande, un espejo grande se puede colgar bajo su propio peso, y este último aumenta, necesariamente, con el tamaño del espejo. El factor peso también eleva los costos de construcción, porque los elementos de soporte para un espejo más pesado son enormes.

Estos problemas se están solucionando con las nuevas tecnologías. Un método consiste en usar un conjunto de espejos pequeños, configurados para que funcionen como un solo espejo enorme. Como ejemplos están los telescopios Keck gemelos en

a)

b)

▶ **FIGURA 25.13 Observatorio Europeo Meridional, cerca de Paranal, Chile** ***a)*** Un espejo de 8.2 m de diámetro en la fase final del pulido. ***b)*** Cuatro telescopios de 8.2 m formarán un telescopio VLT (*very large telescope*) con diámetro equivalente de 16 m.

Mauna Kea, Hawai. Cada uno tiene un espejo formado por 36 segmentos hexagonales, que se posicionan por medio de una computadora para obtener el equivalente a un espejo de 10 m de diámetro. El Observatorio Europeo Meridional tiene planes para construir cuatro espejos de 8.2 m de diámetro y formar un telescopio VLT (siglas para *very large telescope*) con un diámetro equivalente de 16 m (figura 25.13b).

Otra forma de ampliar nuestra visión en el espacio es enviar telescopios en órbita en torno a la Tierra. Sobre la atmósfera, la visión no se afecta por el efecto de centelleo que provocan la turbulencia y refracción atmosféricas, ni tampoco se presentan los problemas que suponen las luces de las ciudades. En 1990 se puso en órbita el Telescopio Espacial Hubble (▸figura 25.14). Aun cuando su espejo tiene un diámetro de sólo 2.4 m, su posición privilegiada le ha permitido obtener imágenes siete veces más nítidas que las que forman los telescopios en Tierra.

Por último, hay que hacer notar que no todos los telescopios funcionan en la región visible. Para ver más sobre esto, véase la sección A fondo 25.2 acerca de los telescopios que utilizan radiación no visible, en la p. 808.

▲ **FIGURA 25.14 Telescopio espacial Hubble (HST)** A fines de 1993, los astronautas del trasbordador espacial *Endeavor* visitaron el HST en órbita. Instalaron equipo corrector que compensó muchos de los errores ópticos del telescopio y reemplazaron otros sistemas que presentaban fallas. Actualmente, el HST de nuevo necesita reparaciones.

25.4 Difracción y resolución

OBJETIVOS: *a*) Describir la relación entre difracción y resolución y *b*) enunciar y explicar el criterio de Rayleigh.

La difracción de la luz establece un límite a nuestra capacidad de distinguir objetos cercanos entre sí, cuando usamos microscopios o telescopios. Este efecto se comprende mejor si imaginamos dos fuentes puntuales situadas lejos de una rendija angosta de ancho w (▾figura 25.15). Las fuentes podrían ser, por ejemplo, estrellas lejanas. En ausencia de la difracción se observarían dos manchas brillantes, o imágenes, en una pantalla. Sin embargo, como se explicó en la sección 24.3, la rendija difracta la luz y cada imagen consiste en un máximo central con una distribución de franjas brillantes y oscuras a cada lado. Si las fuentes están cercanas entre sí, es probable que los dos máximos centrales se traslapen. En tal caso, no se distinguen las imágenes; en otras palabras, las imágenes *no están resueltas*. Para *resolver* las imágenes, los máximos centrales no se deben traslapar en forma apreciable.

En general, es factible resolver imágenes de dos fuentes si el máximo central de una está en la primera franja oscura (o mínimo) de la otra o más allá. Fue Lord Rayleigh (1842-1919), un físico inglés, quien propuso por primera vez esta condición limitante para la **resolución** de dos imágenes —esto es, la capacidad de distinguirlas por separado—. Por eso, la condición se llama **criterio de Rayleigh**:

> Se dice que dos imágenes apenas se resuelven cuando el máximo central de una cae en el primer mínimo de la figura de difracción de la otra.

El criterio de Rayleigh se puede expresar en función de la separación angular (θ) de las fuentes (véase la figura 25.15). El primer mínimo ($m = 1$) de una figura de difracción formada por una sola rendija satisface la relación:

$$w \operatorname{sen} \theta = m\lambda = \lambda \qquad \text{o bien} \qquad \operatorname{sen} \theta = \frac{\lambda}{w}$$

De acuerdo con la figura 25.15, ésta es la separación angular mínima para que dos imágenes apenas se resuelvan, según el criterio de Rayleigh. En general, para la luz vi-

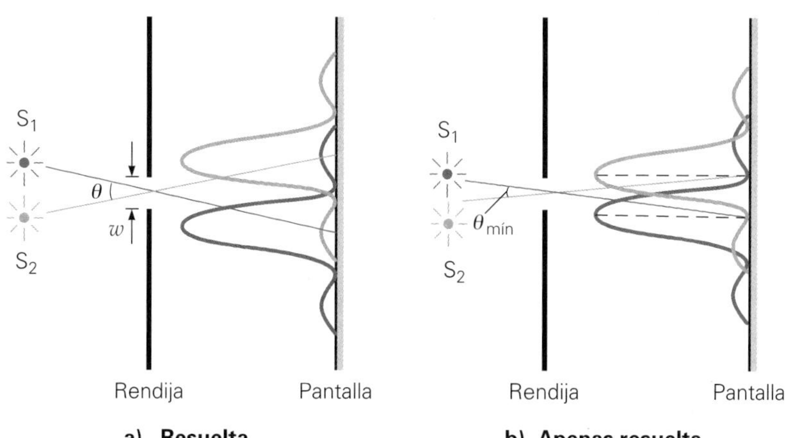

◂ **FIGURA 25.15 La resolución** Dos fuentes luminosas frente a una rendija producen figuras de difracción. ***a***) Cuando el ángulo que subtienden las fuentes en la rendija es suficientemente grande para distinguir las figuras de difracción, se dice que las imágenes están resueltas. ***b***) Cuando los ángulos son menores, los máximos centrales están próximos entre sí. En $\theta_{mín}$, el máximo central de la figura de difracción de una imagen cae en la primera franja oscura de la figura de la otra imagen, y se dice que las imágenes están apenas resueltas. Cuando los ángulos son menores, se dice que las figuras no están resueltas.

A FONDO 25.2 TELESCOPIOS PARA RADIACIÓN NO VISIBLE

La palabra *telescopio* se relaciona casi siempre con el acto de observar. Sin embargo, la región visible es una parte muy pequeña del espectro electromagnético, y los objetos celestes emiten radiaciones de muchas otras clases, incluyendo las ondas de radio. Fue el ingeniero Carl Jansky quien descubrió este hecho de manera fortuita en 1931, mientras trabajaba en el problema de la estática de interferencia en las radiocomunicaciones intercontinentales. Jansky encontró un ruido molesto de estática que provenía de una dirección fija en el espacio, aparentemente de una fuente celeste. Pronto se vio que las ondas de radio son otra fuente de información astronómica, y se construyeron radiotelescopios para investigar esa fuente.

Un radiotelescopio funciona en forma parecida a un telescopio óptico reflector. Un reflector de área grande reúne y enfoca las ondas de radio en un punto, donde un detector capta la señal (figura 1). El colector parabólico, llamado *plato*, está recubierto con malla de alambre metálico, o de placas metálicas. Como las longitudes de onda de radio van desde algunos milímetros hasta varios metros, la malla metálica es suficientemente "lisa" como para formar una buena superficie reflectora para las ondas de radio.

FIGURA 1 Radiotelescopios Algunas de las antenas de plato que forman el radiotelescopio VLA (*Very Large Array*) cerca de Socorro, Nuevo México. Hay 27 platos móviles, cada uno de 25 m de diámetro, que forman el conjunto dispuesto en una red en forma de Y. Los datos de todas las antenas se combinan para producir una sola imagen de radio. De esta forma, se logra una resolución equivalente a la de una antena gigante de radio (de unos 200 pies o 60 metros de diámetro).

Los radiotelescopios complementan la labor de los telescopios ópticos, y tienen algunas ventajas definitivas sobre ellos. Por ejemplo, las ondas de radio atraviesan libremente las gigantescas nubes de polvo que esconden una gran parte de nuestra galaxia. Además, las ondas de radio penetran con facilidad a la atmósfera terrestre, que refleja y dispersa un gran porcentaje de la luz visible que le llega.

La luz infrarroja también resulta afectada por la atmósfera terrestre. Por ejemplo, el vapor de agua absorbe la radiación infrarroja. Así, las observaciones con telescopios infrarrojos se hacen a veces desde aviones que vuelan a gran altura, o en naves espaciales en órbita, que están más allá de la influencia del vapor de agua de la atmósfera. El primer observatorio infrarrojo *en órbita* fue lanzado en 1983. No sólo se eliminan las interferencias atmosféricas, sino que un telescopio puede enfriarse a temperaturas muy bajas sin cubrirse de vapor de agua condensado de la atmósfera. El enfriamiento del telescopio ayuda a eliminar la interferencia por radiación infrarroja generada por el telescopio mismo. El telescopio infrarrojo en órbita, lanzado en 1983, se enfriaba con helio líquido hasta unos 10 K; hizo un reconocimiento infrarrojo de todo el firmamento.

La atmósfera es virtualmente opaca a la radiación ultravioleta, los rayos X y los rayos gamma procedentes de fuentes lejanas, así que los telescopios que detectan estos tipos de radiaciones no tienen su base en la Tierra. Los satélites en órbita, con telescopios sensibles a esas radiaciones, han cartografiado partes del cielo, y se planea realizar más estudios. Los observatorios que funcionan dentro de satélites en órbita en la región visible no se ven afectados por la turbulencia del aire o la refracción. Quizá en un futuro no muy lejano, un observatorio tripulado en órbita, con varios telescopios, reemplace al Hubble y contribuya a aumentar nuestro conocimiento del universo.

sible, la longitud de onda es mucho menor que el ancho de la rendija ($\lambda < w$), por lo que θ es pequeño y sen $\theta \approx \theta$. En este caso, el **ángulo limitante** o **mínimo de resolución ($\theta_{\text{mín}}$)** para una rendija de ancho w es

$$\theta_{\text{mín}} = \frac{\lambda}{w} \quad \textit{ángulo mínimo de resolución (para una rendija)} \tag{25.7}$$

(Note que $\theta_{\text{mín}}$ es un número puro, por lo que debe expresarse en radianes.) Entonces, las imágenes de dos fuentes se resuelven *en forma distinta* si la separación angular de las fuentes es mayor que λ/w.

En general, las aberturas de las cámaras, los microscopios y los telescopios son circulares. Por esa razón, hay una figura de difracción *circular* en torno al máximo central, que tiene la forma de un disco circular brillante (▸figura 25.16). El análisis detallado para una abertura circular indica que el **ángulo mínimo de resolución para una abertura circular** para que apenas se resuelvan las imágenes de dos objetos es similar, aunque ligeramente diferente, al de la ecuación 25.7. Esto es

$$\theta_{\text{mín}} = \frac{1.22\lambda}{D} \quad \textit{ángulo mínimo de resolución (para una abertura circular)} \tag{25.8}$$

en donde D es el diámetro de la abertura y $\theta_{\text{mín}}$ está en radianes.

La ecuación 25.8 se aplica al objetivo de un microscopio o un telescopio, o al iris del ojo, que se consideran aberturas circulares para la luz. De acuerdo con las ecuaciones 25.7 y 25.8, cuanto menor es $\theta_{\text{mín}}$, mejor es la resolución. El ángulo mínimo de resolución, $\theta_{\text{mín}}$, debe ser pequeño para resolver los objetos cercanos entre sí; por consiguiente, la abertura debe ser tan *grande* como sea posible. Ésta es otra de las razones por las que se utilizan lentes (y espejos) grandes en los telescopios.

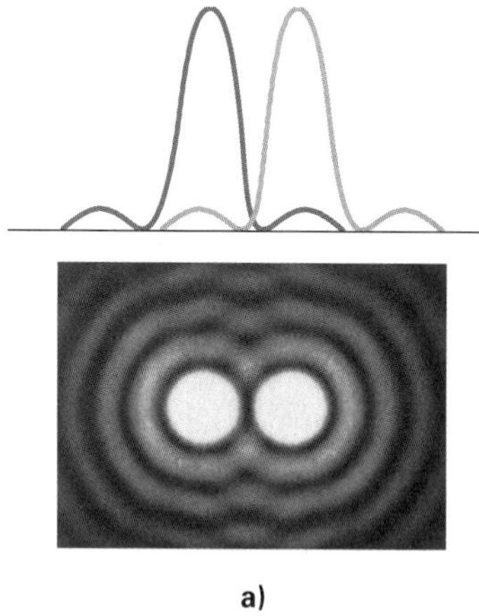

a)

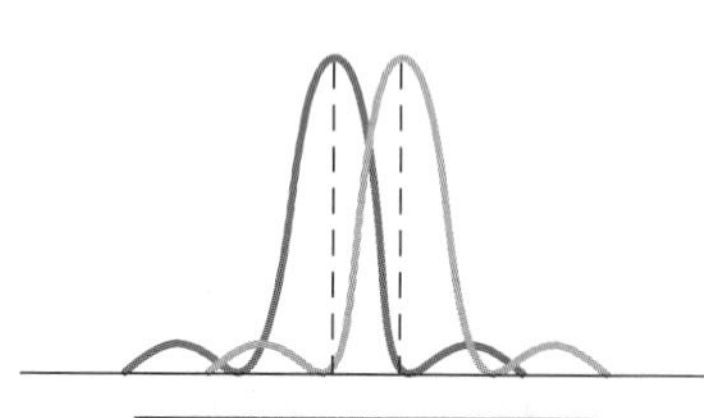

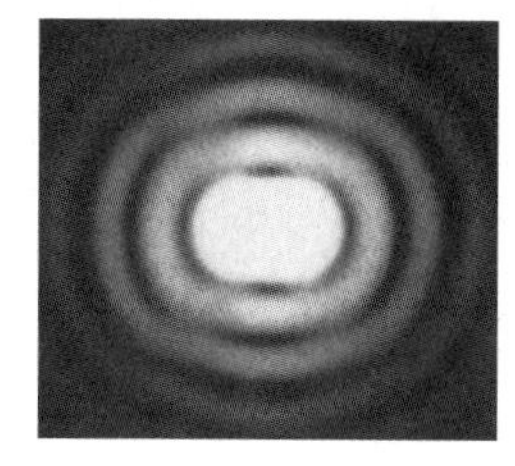

b)

▲ **FIGURA 25.16 Resolución con abertura circular** ***a)*** Cuando la separación angular de dos objetos es suficientemente grande, las imágenes están bien resueltas. (Compare con la figura 25.15a.) ***b)*** Criterio de Rayleigh: el máximo central de la figura de difracción de una imagen cae en la primera franja oscura de la figura de difracción de la otra imagen. (Compare con la figura 25.15b.) Las imágenes de los objetos con menores separaciones angulares no se distinguen con claridad como imágenes individuales.

Ejemplo 25.7 ■ El ojo y el telescopio: evaluación de la resolución con el criterio de Rayleigh

Calcule el ángulo mínimo de resolución, con el criterio de Rayleigh, para *a*) la pupila del ojo (su diámetro en luz diurna es de unos 4.0 mm) con luz visible de 660 nm de longitud de onda; *b*) el telescopio reflector del Observatorio Europeo Meridional (de 8.2 m de diámetro), para la luz visible de la misma longitud de onda que la del inciso *a*, y *c*) un radiotelescopio de 25 m de diámetro, para radiación con 21 cm de longitud de onda.

Razonamiento. Ésta es una comparación de $\theta_{\text{mín}}$ para aberturas de distintos diámetros: una aplicación directa de la ecuación 25.8.

Solución.

Dado:
a) $D = 4.0\text{ mm} = 4.0 \times 10^{-3}\text{ m}$
$\lambda = 660\text{ nm} = 6.60 \times 10^{-7}\text{ m}$
b) $D = 8.2\text{ m}$
$\lambda = 660\text{ nm} = 6.60 \times 10^{-7}\text{ m}$
c) $D = 25\text{ m}$
$\lambda = 21\text{ cm} = 0.21\text{ m}$

Encuentre:
a) $\theta_{\text{mín}}$ (ángulos mínimos de resolución)
b) $\theta_{\text{mín}}$
c) $\theta_{\text{mín}}$

a) Para el ojo,

$$\theta_{\text{mín}} = \frac{1.22\lambda}{D} = \frac{1.22(6.60 \times 10^{-7}\text{ m})}{4.0 \times 10^{-3}\text{ m}} = 2.0 \times 10^{-4}\text{ rad}$$

b) Para el telescopio óptico,

$$\theta_{\text{mín}} = \frac{1.22(6.60 \times 10^{-7}\text{ m})}{8.2\text{ m}} = 9.8 \times 10^{-8}\text{ rad}$$

(*Nota:* la resolución de los telescopios terrestres con objetivos de gran diámetro no suele limitarse por la difracción, sino por otros efectos como la turbulencia atmosférica. Por eso, en la actualidad, estos telescopios tienen un $\theta_{\text{mín}}$ del orden de 10^{-6} rad, o una resolución tan buena como un décimo de la que se obtendría sin la atmósfera.)

c) Para el radiotelescopio

$$\theta_{\text{mín}} = \frac{1.22(0.21\text{ m})}{25\text{ m}} = 0.010\text{ rad}$$

Cuanto menor es la separación angular, mejor es la resolución. ¿Qué indican estos resultados?

Ejercicio de refuerzo. Como se dijo en la sección 25.3, el Telescopio Espacial Hubble tiene un diámetro de espejo de 2.4 m. ¿Cómo se compara su resolución con la de los mayores telescopios terrestres? (Véase la nota en la parte *b* de este ejemplo.)

En el caso de un microscopio, es más conveniente especificar la separación real (s) entre dos fuentes puntuales. Como los objetos por lo regular están cerca del plano focal del objetivo, entonces, con buena aproximación

$$\theta_{\text{mín}} = \frac{s}{f} \quad \text{o} \quad s = f\theta_{\text{mín}}$$

donde f es la distancia focal de la lente y $\theta_{\text{mín}}$ se expresa en radianes. (Aquí, s se considera la longitud del arco subtendido por $\theta_{\text{mín}}$ y $s = r\theta_{\text{mín}} = f\theta_{\text{mín}}$.) Entonces, usando la ecuación 25.8, se obtiene

$$s = f\theta_{\text{mín}} = \frac{1.22\lambda f}{D} \quad \textit{poder de resolución de un microscopio} \quad (25.9)$$

Esta distancia mínima entre dos puntos cuyas imágenes apenas pueden resolverse se llama **poder de resolución** del microscopio. Observe que s es directamente proporcional a λ, así que una menor longitud de onda produce una mejor resolución. En la práctica, el poder de resolución de un microscopio indica la capacidad que tiene el objetivo para distinguir las estructuras de detalle fino en los especímenes. Véase en la ▼figura 25.17 otro ejemplo de la resolución en la vida real.

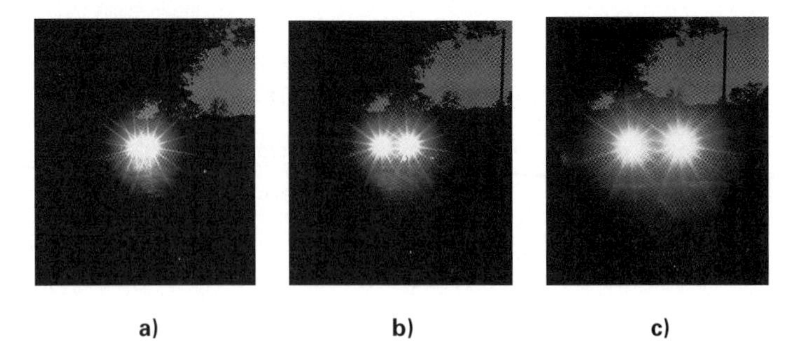

▶ **FIGURA 25.17** La resolución en la vida real *a*), *b*), *c*) Una secuencia de los faros de un automóvil que se acerca. En *a*, los faros casi no están resueltos por la abertura circular de la cámara (o de los ojos). Conforme el automóvil se acerca, la imagen de los faros se resuelve.

Ejemplo conceptual 25.8 ■ Paisaje desde el espacio: la Gran Muralla China

La Gran Muralla China medía originalmente 2400 km (1500 mi) de longitud, y su ancho aproximado en la base era de 6.0 m y de 3.7 m en la parte superior. En la actualidad, varios cientos de kilómetros de la muralla permanecen intactos (◂figura 25.18). Se dice que la muralla es la única construcción que un astronauta en órbita terrestre puede ver a ojo desnudo. Con el resultado de la parte *a* del ejemplo 25.7, compruebe si eso es cierto. (Ignore los efectos atmosféricos.)

▲ **FIGURA 25.18** La Gran Muralla El corredor de la Gran Muralla China, que fue construida como fortificación a lo largo de la frontera norte de China.

Razonamiento y respuesta. A pesar de la longitud de la muralla, no sería visible desde el espacio a menos que su *ancho* ocupara el ángulo mínimo de resolución del ojo de un astronauta ($\theta_{\text{mín}} = 2.0 \times 10^{-4}$ rad, según el ejemplo 25.7). Las torres de vigilancia con techos mayores de 7.0 m de ancho estaban a cada 180 m a lo largo de la muralla, por lo que supondremos que la dimensión del ancho máximo observable debe ser de 7.0 m. (En realidad, es la longitud del arco circular que subtiende el ángulo, pero a ese radio, la longitud de la cuerda es casi igual a la longitud del arco circular. Véase el ejemplo 7.2 y elabore un esquema.)

Supongamos que el astronauta apenas puede distinguir la torre de vigilancia. Recuerde que $s = r\theta$ (ecuación 7.3), donde s es una aproximación del ancho máximo observable de la muralla, y r es la distancia radial (la altura, en este caso). Entonces, el astronauta tendría que estar, a lo sumo, a una distancia de

$$r = \frac{s}{\theta} = \frac{7.0 \text{ m}}{2.0 \times 10^{-4} \text{ (rad)}} = 3.5 \times 10^4 \text{ m} = 35 \text{ km } (= 22 \text{ mi})$$

Así que a más de 35 km, *no* sería posible ver la muralla a ojo desnudo. Los satélites están en órbita a unos 300 km (190 mi) o más sobre la Tierra. Así que la afirmación de la posibilidad de ver la muralla desde el espacio es falsa.

Ejercicio de refuerzo. ¿Cuál sería el diámetro mínimo del objetivo de un telescopio que permitiera ver la Gran Muralla a un astronauta en órbita a 300 km sobre la Tierra? (Supongamos que todas las condiciones son iguales a las que se describen en este ejemplo, y que la longitud de onda de la luz es 550 nm.)

Nota: la relación entre la longitud de onda y el índice de refracción se explicó en la sección 22.3; véase la ecuación 22.4.

A partir de la ecuación 25.8, se sabe que es posible alcanzar la mayor resolución usando radiación de longitud de onda más corta. Así, un telescopio con un objetivo de determinado diámetro tendrá más resolución con la luz violeta que con la roja. En los microscopios es posible aumentar el poder de resolución acortando las longitudes de onda de la luz que se usa para crear la imagen. Eso se logra con un objetivo especial, llamado *lente de inmersión en aceite*. Cuando se utiliza esa lente, se pone una gota de aceite transparente que llena el espacio entre el objetivo y el espécimen. Recuerde que la longitud de onda de la luz en el aceite es $\lambda' = \lambda/n$, donde n es el índice de refracción del aceite, y λ es la longitud de onda de la luz en el aire. Con valores de n de aproximadamente 1.50 o mayores, la longitud de onda se reduce en forma significativa, y el poder de resolución aumenta de manera proporcional.

*25.5 Color

OBJETIVO: Relacionar el color con la luz.

En general, las propiedades físicas son fijas o absolutas. Por ejemplo, determinada clase de radiación absoluta tiene cierta frecuencia o longitud de onda. Sin embargo, la *percepción* visual de esa radiación varía de una persona a otra. La manera en que "vemos" (o nuestro cerebro "interpreta") la radiación origina lo que se llama *visión en colores*.

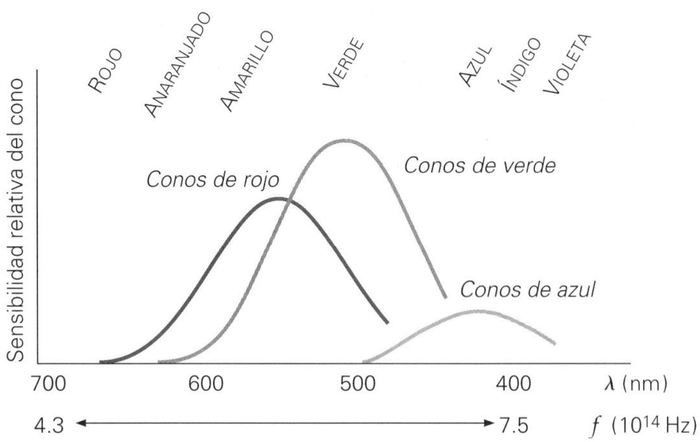

◀ **FIGURA 25.19 Sensibilidad de los conos** Diversos tipos de conos en la retina del ojo humano responden a distintas frecuencias de la luz, para dar tres respuestas generales al color: rojo, verde y azul. (Véase el pliego a color al final del libro.)

Visión en colores

El color se percibe gracias a la respuesta fisiológica a la excitación luminosa por parte de los conos receptores en la retina del ojo humano. (Muchos animales no tienen conos, por lo que viven en un mundo en blanco y negro.) Los conos son sensibles a la luz de frecuencias aproximadas entre 7.5×10^{14} y 4.3×10^{14} Hz (longitudes de onda de 400 a 700 nm). Las distintas frecuencias de la luz se perciben como colores diferentes en el cerebro. La asociación de un color con determinada frecuencia es subjetiva, y puede variar de una persona a otra. La altura es al sonido y la audición lo que el color es a la luz y a la visión.

Los detalles sobre el proceso de la visión en colores aún no se comprenden del todo. Se sabe que hay tres clases de conos en la retina, que responden a distintas partes del espectro visible, en especial en las regiones del rojo, verde y azul (▲figura 25.19). Es posible que cada tipo de conos absorban luz de intervalos específicos de frecuencias y que los tres se traslapen funcionalmente entre sí para formar combinaciones que el cerebro interpreta como los diversos colores del espectro. Por ejemplo, cuando los conos rojo y verde se estimulan por igual con luz de determinada frecuencia, el cerebro interpreta las dos señales traslapadas como amarillo. Pero cuando se estimulan con más intensidad los conos rojos que los verdes, el cerebro percibe el anaranjado (es decir, "amarillo" pero dominado por rojo). La *ceguera al color* se presenta cuando falta una o más clases de conos, o cuando éstos son disfuncionales.

Como se ve en la figura 25.19, el ojo humano no percibe por igual todos los colores. Algunos evocan una mayor respuesta que otros y, en consecuencia, aparecen más brillantes con la misma intensidad. La longitud de onda de la sensibilidad visual máxima es de unos 550 nm, en la región del amarillo-verde.

Esta teoría de la visión en colores (que postula la mezcla o combinación de ellos) se basa en el hecho experimental que la mayor parte de los colores se produce con haces de luz roja, verde y azul de intensidad variable. El rojo, azul y verde, de donde interpretamos un espectro completo de colores, se llaman **colores primarios aditivos**. Cuando se proyectan rayos luminosos de los primarios aditivos en una pantalla blanca de forma que se traslapen, se producirán otros colores, como se ve en la ▸figura 25.20. A esta técnica se le llama **método aditivo de producción de color**. En los tubos de cinescopio de televisión se usan tríadas de puntos formados por tres fósforos, que emiten los colores primarios aditivos cuando se excitan, para producir imágenes en color.

Observe que en la figura 25.20, determinada combinación de los colores primarios parece blanca. Además, muchos *pares* de colores le parecen blancos al ojo cuando se combinan. Los colores de esos pares se llaman **colores complementarios**. El complemento del azul es el amarillo, el del rojo es el cian y el del verde es el magenta. Como se ve en la figura, el color complementario de determinado primario es la combinación o suma de los otros dos primarios. Por consiguiente, el primario junto con su complemento forman el blanco.

Edwin H. Land (el inventor de la película Polaroid) demostró que cuando las mezclas adecuadas de dos longitudes de onda (colores) se pasan a través de transparencias en blanco y negro (sin color), las longitudes de onda producen imágenes de diversos colores. Land escribió: "En este experimento llegamos a la sorprendente conclusión que los rayos, en sí mismos, no forman colores. Más bien son portadores de información que el ojo utiliza para asignar colores adecuados a diversos objetos en una imagen".*

*Tomado de Edwin H. Land, "Experiments in Color Vision", *Scientific American*, mayo de 1959, pp. 84-89.

a)

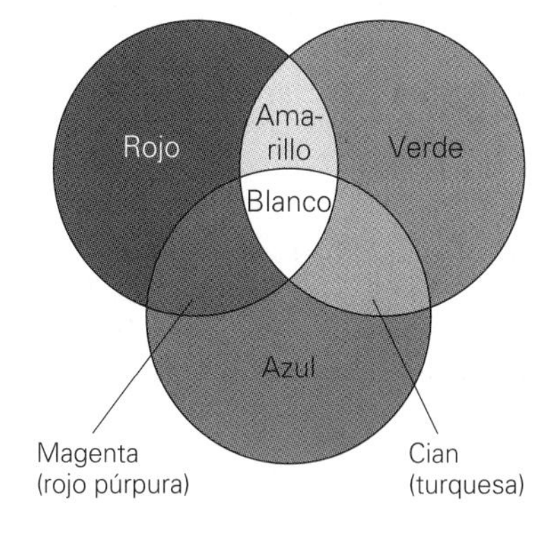

b)

▲ **FIGURA 25.20 Método aditivo de producción de color** Cuando se proyectan haces luminosos de los colores primarios (rojo, azul y verde) en una pantalla blanca, sus mezclas producen diversos colores. Si se varían las intensidades de los haces es posible generar la mayor parte de los colores. (Véase el pliego a color al final del libro.)

Los objetos tienen un color cuando se iluminan con luz blanca, porque reflejan (dispersan) o transmiten, en forma predominante, luz de la frecuencia de ese color. Las demás frecuencias de la luz blanca se absorben en su mayor parte. Por ejemplo, cuando la luz blanca llega a una manzana roja, se reflejan principalmente las ondas de la parte roja del espectro; todas las demás (y, por consiguiente, todos los demás colores) se absorben casi por completo. De igual manera, cuando la luz blanca pasa por un trozo de vidrio o *filtro* rojo transparente, se transmiten principalmente los rayos rojos. Esto sucede porque los pigmentos coloreados (aditivos) del vidrio son absorbentes selectivos.

Para producir diversos colores se mezclan pigmentos, como en la producción de pinturas y colorantes. Tal vez usted sepa que para obtener un color verde, se mezclan pinturas amarilla y azul. Esto se debe a que el pigmento amarillo absorbe la mayor parte de las longitudes de onda, excepto las de la región del amarillo y las que se encuentran cerca (verde más anaranjado) del espectro visible, y el pigmento azul absorbe la mayor parte de las longitudes de onda excepto las de la región azul y adyacentes (violeta más verde). Las longitudes de onda en la región verde intermedia (traslapada), entre el amarillo y el azul, *no* se absorben intensamente en alguno de los pigmentos, y en consecuencia, la mezcla parece verde. El mismo efecto se obtiene cuando se hace pasar luz blanca a través de filtros amarillo y azul apilados. La luz que sale después de atravesarlos parece verde.

La mezcla de pigmentos causa la *sustracción* de colores. El color resultante se forma por lo que *no* absorbió el pigmento; esto es, lo que *no* se sustrajo del haz original. Éste es el principio de lo que se llama **método sustractivo de producción de color**. A tres pigmentos determinados, cian, magenta y amarillo, se les llama **pigmentos primarios sustractivos**. Diversas combinaciones de dos de los tres primarios sustractivos producen los tres colores primarios aditivos (rojo, azul y verde), como se ilustra en la ▼figura 25.21. Cuando se mezclan los primarios sustractivos en las proporciones adecuadas, la mezcla parece negra (porque se absorben todas las longitudes de onda). Con frecuencia, los pintores dicen que los primarios sustractivos son rojo, amarillo y azul. En realidad se refieren al magenta (rojo púrpura), amarillo y cian (azul "verdadero").

▼ **FIGURA 25.21 Método sustractivo de producción de color** ***a*)** Cuando los pigmentos primarios (cian, magenta y amarillo) se mezclan, se producen distintos colores por absorción sustractiva; por ejemplo, la mezcla de amarillo y magenta produce rojo. Cuando se mezclan los tres pigmentos y se absorben todas las longitudes de onda de la luz visible, la mezcla parece negra. ***b*)** Mezcla sustractiva de colores, usando filtros. El principio es igual que el del inciso *a*. Cada pigmento absorbe selectivamente ciertos colores, eliminándolos de la luz blanca. Los colores que quedan son los que vemos. (Véase el pliego a color al final del libro.)

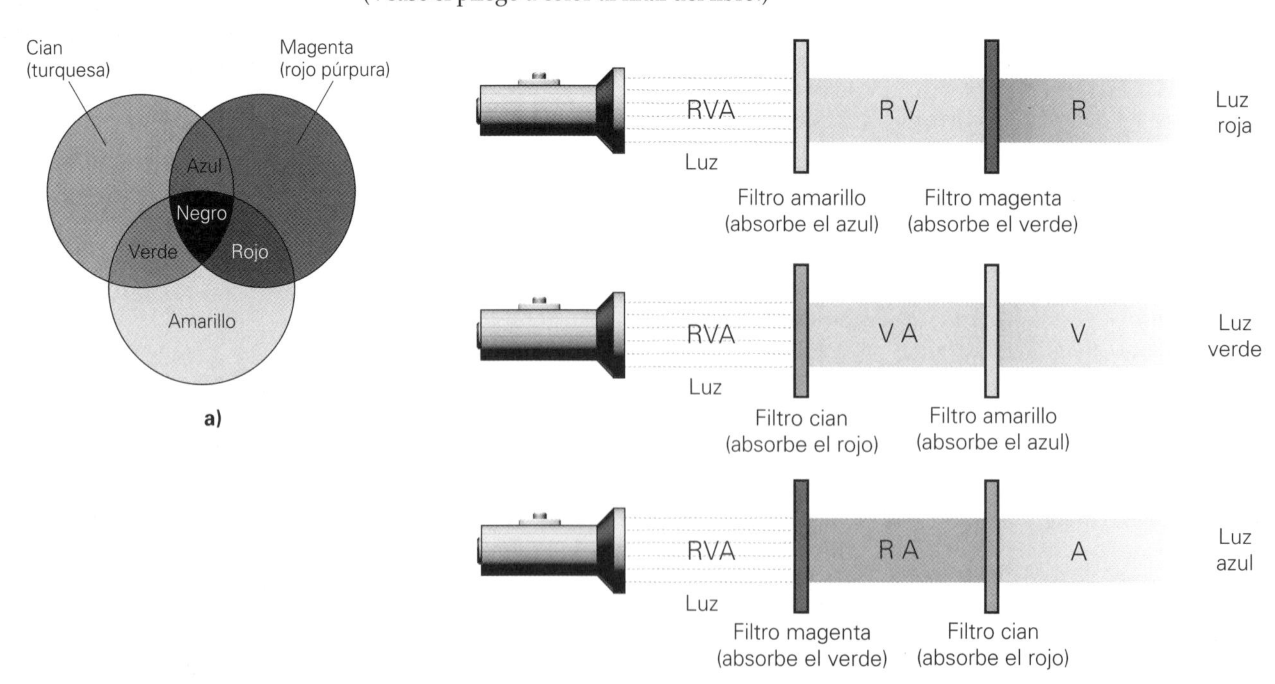

Al mezclar esas pinturas en las proporciones correctas se produce un amplio espectro de colores.

Note en la figura 25.21 que el pigmento magenta sustrae en esencia el color verde cuando se traslapa con el cian y el amarillo. En consecuencia, al magenta se le llama a veces "menos verde". Si se colocara un filtro magenta frente a una luz verde, no se transmitiría luz. De igual manera, al cian se le llama "menos rojo" y al amarillo "menos azul". Un ejemplo de mezcla sustractiva de colores es cuando los fotógrafos utilizan un filtro amarillo, para hacer destacar las nubes blancas en la película de blanco y negro. Este filtro absorbe el azul del cielo, oscureciéndolo en relación con las nubes, que reflejan luz blanca. De esta forma, aumenta el contraste entre el cielo y las nubes. ¿Qué clase de filtro usaría usted para oscurecer la vegetación verde en una película en blanco y negro? ¿Y para aclararla?

Repaso del capítulo

- Las personas miopes no pueden ver con claridad los objetos lejanos. Las personas hipermétropes no distinguen con claridad los objetos cercanos. Estas condiciones se corrigen utilizando lentes divergentes y convergentes, respectivamente.

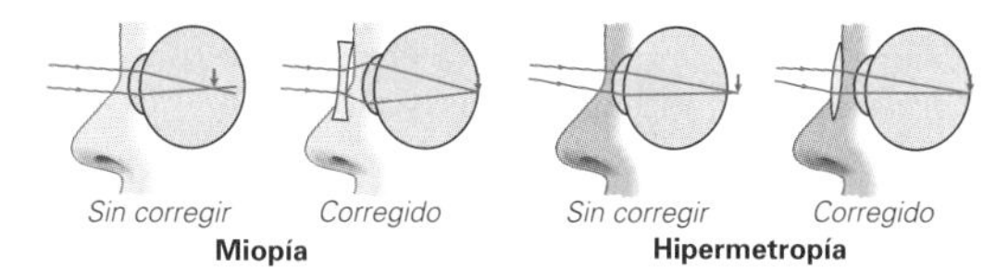

- El aumento de una lupa (o microscopio simple) se expresa en términos de **aumento angular** (m), distinto del aumento lateral (M; véase el capítulo 23):

$$m = \frac{\theta}{\theta_o} \quad (25.1)$$

El aumento de una lupa, con la imagen en el punto cercano (25 cm) se expresa como

$$m = 1 + \frac{25 \text{ cm}}{f} \quad (25.3)$$

El aumento de una lupa con la imagen en el infinito se expresa como

$$m = \frac{25 \text{ cm}}{f} \quad (25.4)$$

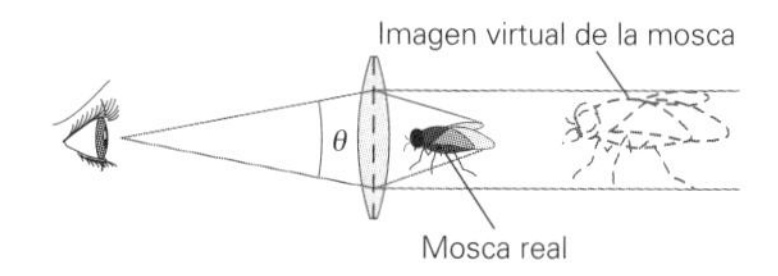

- El objetivo de un microscopio compuesto tiene distancia focal relativamente corta, y el ocular tiene mayor distancia focal. Ambos contribuyen al **aumento total**, m_{total}, de acuerdo con

$$m_{total} = M_o m_e = -\frac{(25 \text{ cm})L}{f_o f_e} \quad (25.5)$$

donde L, f_o y f_e se expresan en centímetros.

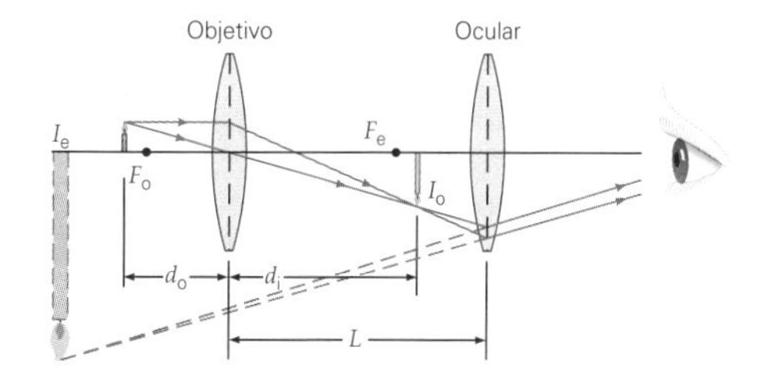

- Un telescopio refractor usa una lente convergente para reunir la luz, y un telescopio reflector utiliza un espejo convergente. El ocular aumenta la imagen creada por cualquiera de ellos. El **aumento de un telescopio refractor** es

$$m = -\frac{f_o}{f_e} \quad (25.6)$$

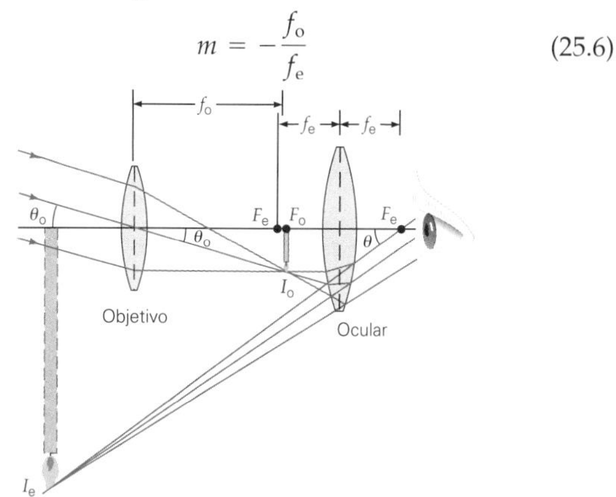

- La difracción establece un límite para la **resolución**, la capacidad de resolver o distinguir objetos cercanos entre sí. Se dice que dos imágenes están apenas resueltas cuando el máximo central de una cae en el primer mínimo de la figura de difracción de la otra (**criterio de Rayleigh**).

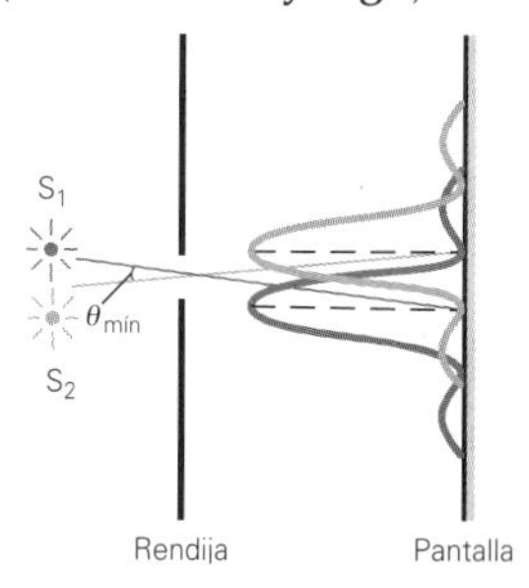

- Para una rendija rectangular, el **ángulo mínimo de resolución es**

$$\theta_{mín} = \frac{\lambda}{w} \quad (25.7)$$

El **ángulo mínimo de resolución para una abertura circular** de diámetro D es

$$\theta_{mín} = \frac{1.22\lambda}{D} \quad (25.8)$$

El **poder de resolución** de un microscopio es

$$s = f\theta_{mín} = \frac{1.22\lambda f}{D} \quad (25.9)$$

Ejercicios

Los ejercicios designados **OM** *son preguntas de opción múltiple; los* **PC** *son preguntas conceptuales; y los* **EI** *son ejercicios integrados. A lo largo del texto, muchas secciones de ejercicios incluirán ejercicios "apareados". Estos pares de ejercicios, que se identifican con* <u>números subrayados</u>, *pretenden ayudar al lector a resolver problemas y aprender. El primer ejercicio de cada pareja (el de número par) se resuelve en la Guía de estudio, que puede consultarse si se necesita ayuda para resolverlo. El segundo ejercicio (de número impar) es similar, y su respuesta se da al final del libro.*

25.1 El ojo humano

1. **OM** Los bastones de la retina *a*) son responsables de la visión 20/20, *b*) son responsables de la visión blanco y negro crepuscular, *c*) son responsables de la visión en colores o *d*) enfocan la luz.

2. **OM** Una córnea imperfecta puede causar *a*) astigmatismo, *b*) miopía, *c*) hipermetropía o *d*) todo lo anterior.

3. **OM** La imagen de un objeto formado en la retina es *a*) invertida, *b*) derecha, *c*) del mismo tamaño que el objeto, *d*) todo lo anterior.

4. **OM** La distancia focal del cristalino en el ojo humano varía de acuerdo con la acción de sus músculos. Cuando se ve un objeto lejano, el radio del cristalino *a*) se agranda, *b*) se reduce, *c*) se adelgaza, *d*) ninguna de las opciones anteriores es válida.

5. **PC** Las personas y los animales salen con "ojos rojos" en fotografías tomadas con *flash*. La luz reflejada en la retina es roja por los vasos sanguíneos cerca de su superficie. Algunas cámaras tienen una opción contra ojos rojos, que cuando se activa, produce un destello rápido antes del destello de más duración con el que se toma la fotografía. Explique cómo es que esta función de la cámara reduce los ojos rojos.

6. **PC** ¿Qué partes de la cámara corresponden al iris, cristalino y retina del ojo?

7. **PC** *a*) Si un ojo tiene punto lejano a 15 m y punto cercano a 25 cm, ¿es miope o hipermétrope? *b*) ¿Y un ojo que tenga punto lejano en el infinito, y punto cercano a 50 cm? *c*) ¿Qué clase de lentes de corrección (convergentes o divergentes) recomendaría para corregir los defectos de visión en los incisos *a* y *b*?

8. **PC**¿El uso de lentes de corrección para la miopía y la hipermetropía afectarán, respectivamente, el tamaño de la imagen en la retina? Explique por qué.

9. ● ¿Cuáles son las potencias de *a*) una lente convergente de 20 cm de distancia focal y *b*) una lente divergente de −50 cm de distancia focal?

10. **EI** ● El punto lejano de cierta persona miope está a 90 cm. *a*) ¿Qué clase de lentes de contacto debe recetarle un optometrista para permitirle ver los objetos lejanos con claridad? 1) Convergentes, 2) divergentes o 3) bifocales. ¿Por qué? *b*) ¿Cuál sería la potencia de los lentes, en dioptrías?

11. **EI** ● Cierta persona hipermétrope tiene su punto cercano a 50 cm. *a*) ¿Qué clase de lentes de contacto debe recetarle un optometrista para permitirle ver con claridad objetos a 25 cm de distancia? 1) Convergentes, 2) divergentes o 3) bifocales. ¿Por qué? *b*) ¿Cuál es la potencia de los lentes, en dioptrías?

12. ●● Una mujer no puede ver con claridad objetos cuando están a más de 12.5 m de distancia. *a*) Ella tiene 1) miopía, 2) hipermetropía o 3) astigmatismo. Explique por qué. *b*) ¿Qué clase de lentes le permitirán ver con claridad objetos lejanos, y de qué potencia deben ser?

13. ●● Una mujer miope tiene punto lejano no corregido de 200 cm. ¿Qué clase de lentes de contacto corregirían esta condición, y de qué potencia deben ser?

<u>14.</u> ●● Una persona *apenas* distingue con claridad las letras en un libro cuando lo sujeta con su brazo extendido (a 0.80 m de sus ojos). *a*) Ella tiene 1) miopía, 2) hipermetropía o 3) astigmatismo. Explique por qué. *b*) ¿Qué clase de lentes le permitirán leer el texto en el punto cercano normal, y cuál es la distancia focal de esos lentes?

<u>15.</u> ●● Para corregir un caso de hipermetropía, un optometrista receta lentes de contacto positivos que acercan el punto cercano del paciente de 100 a 25 cm. *a*) ¿Podrá ver el paciente objetos lejanos con claridad con los lentes de contacto puestos, o se los tendrá que quitar? ¿Por qué? *b*)¿Cuál es la potencia de los lentes?

16. ●● Una persona hipermétrope con un punto cercano de 0.95 m compra unos lentes de contacto con los que puede leer un periódico a 25 cm de distancia. ¿Cuál es la potencia de los lentes? (Suponga que los lentes son iguales para ambos ojos.)

17. **EI** ●● Una persona hipermétrope no logra enfocar objetos que estén más cercanos de 1.5 m. *a*) Los lentes de contacto que le permitirían enfocar las letras en un libro a 25 cm de sus ojos son 1) convergentes, 2) divergentes o 3) planos. Explique por qué. *b*) ¿De qué potencia deben ser?

<u>18.</u> ●● Un alumno miope usa lentes de contacto que le corrigen su punto lejano que está a 4.00 m de sus ojos. Cuando no usa sus lentes de contacto, su punto cercano está a 20 cm. ¿Cuál es su punto cercano cuando usa sus lentes de contacto?

<u>19.</u> ●● Una mujer miope tiene punto lejano a 2.0 m de uno de sus ojos. *a*) Si usa un lente de corrección a 2.0 cm de su ojo, ¿cuál debe ser la potencia necesaria para que vea objetos lejanos? *b*) ¿Cuál sería la potencia necesaria de un lente de contacto?

20. ●● Un profesor de preparatoria ve con claridad objetos que estén sólo entre 70 y 500 cm de sus ojos. Su optometrista le receta bifocales (▾figura 25.22) que le permiten ver objetos lejanos utilizando la mitad superior, y leer los trabajos de los alumnos a 25 cm de distancia, utilizando la parte inferior. ¿Cuáles son las potencias respectivas de los lentes superior e inferior? [Suponga que ambos lentes (derecho e izquierdo) son iguales.]

*Suponga que los lentes de corrección están en contacto con el ojo (lentes de contacto) a menos que se indique otra cosa.

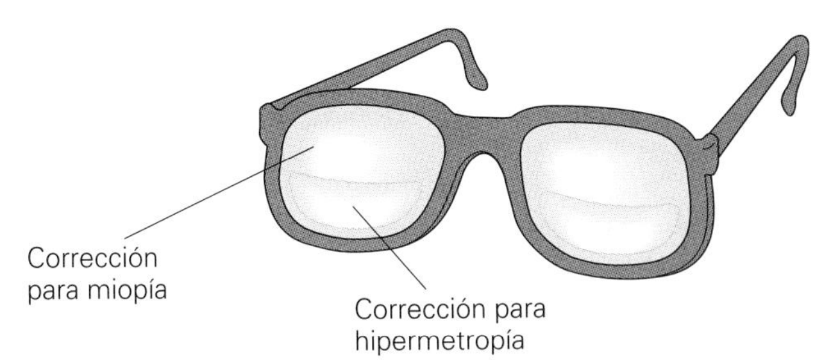

▲ **FIGURA 25.22 Anteojos bifocales** Véanse los ejercicios 20 y 25.

21. ●● Un hombre miope usa anteojos con −0.15 D de potencia. ¿A qué distancia tiene su punto lejano?

22. ●● Unos anteojos de +2.8 D de potencia permiten que un individuo hipermétrope lea un libro a 25 cm de sus ojos. ¿A qué distancia debe tener el libro para leerlo sin lentes?

23. ●●● Cierto individuo miope tiene un punto lejano de 150 cm. *a*) ¿Qué potencia deben tener unos lentes de contacto que le permitan ver con claridad objetos lejanos? *b*) Si puede leer a 25 cm usando sus lentes de contacto, su punto cercano ¿está a menos de 25 cm? Si es así, ¿dónde está ese punto? *c*) Estime la edad aproximada del sujeto con base en la tasa normal de recesión del punto cercano.

24. ●●● Un hombre de edad madura comienza a usar anteojos con lentes de +2.0 D, que le permiten leer un libro a 25 cm. Después de algunos años, se da cuenta de que necesita tener un libro a no menos de 33 cm para leerlo con claridad, con los mismos anteojos, así que compra unos nuevos. ¿Cuál es la potencia de los nuevos lentes? (Suponga que ambos lentes son iguales.)

25. ●●● Los anteojos bifocales se usan para corregir al mismo tiempo la miopía y la hipermetropía (figura 25.22). Si los puntos cercanos de los ojos derecho e izquierdo están a 35.0 y 45.0 cm, respectivamente, y el punto lejano está a 220 cm de ambos ojos, ¿cuáles son las potencias de los lentes que se prescriben? Suponga que los lentes se usan a 3.00 cm de los ojos.

25.2 Microscopios

26. **OM** Una lupa *a*) es una lente cóncava, *b*) forma imágenes virtuales, *c*) amplifica porque aumenta el ángulo que subtiende el objeto o *d*) tanto *b* como *c*.

27. **OM** Un microscopio compuesto tiene *a*) aumento ilimitado, *b*) dos lentes de la misma distancia focal, *c*) una lente divergente como objetivo o *d*) un objetivo de distancia focal relativamente corta.

28. **PC** Con un objeto en el punto focal de una lupa, el aumento es $m = (25 \text{ cm})/f$ (ecuación 25.4). De acuerdo con esta ecuación, el aumento podría incrementarse en forma indefinida usando lentes de distancia focal cada vez más corta. ¿Entonces por qué necesitamos microscopios compuestos?

29. **PC** Cuando se usa una lente convexa simple como lente de aumento, ¿dónde se debe poner el objeto: más alejado que la distancia focal, o dentro de la distancia focal? Explique por qué.

*Se considera que el punto cercano normal está a 25 cm, a menos que se especifique otra cosa.

30. ● Utilice la aproximación para ángulos pequeños y compare los tamaños angulares de un automóvil de 1.0 m de altura cuando está a las distancias de *a*) 500 m, *b*) 1025 m.

31. ● Se coloca un objeto a 10 cm de una lente convergente de 18 cm de distancia focal. ¿Cuáles son *a*) el aumento lateral y *b*) el aumento angular?

32. ● Un estudiante de biología usa una lente convergente para examinar los detalles de un insecto pequeño. Si la distancia focal de la lente es de 12 cm, ¿cuál es el aumento angular máximo?

33. ● Al ver un objeto con una lente de aumento, cuya distancia focal es de 10 cm, un estudiante coloca la lente de forma que no tenga que forzar la vista. ¿Cuál es el aumento que observa?

<u>34.</u> **EI** ● Un alumno de física usa una lente convergente con 15 cm de distancia focal para leer una escala de medición pequeña. *a*) El aumento máximo se alcanza cuando la imagen está 1) en el punto cercano, 2) en el infinito, 3) en cualquier lugar. Explique por qué. *b*) ¿Cuál es el aumento cuando la imagen está en el punto cercano y cuando se hace la observación con el ojo relajado?

<u>35.</u> **EI** ●● Un detective quiere obtener el aumento máximo al examinar una huella digital con una lupa. *a*) Debería usar una lente 1) de alta potencia, 2) de baja potencia o 3) convergente pequeña. Explique por qué. *b*) Si usa lentes con potencia de +3.5 D y +2.5 D, ¿cuáles son los máximos aumentos de la huella digital?

36. ●● ¿Cuál es el aumento máximo de una lupa de +3.0 D de potencia para *a*) una persona con punto cercano de 25 cm, y *b*) una persona con punto cercano de 10 cm?

37. ●● Un microscopio compuesto tiene un objetivo de 4.00 mm de distancia focal, y un ocular con 10.0× de aumento. Si el objetivo y el ocular están a 15.0 cm de distancia, ¿cuál es el aumento total del microscopio?

38. ●● La distancia entre las lentes de un microscopio compuesto es de 15 cm; el ocular tiene 8.0 mm de distancia focal. ¿De qué potencia debe ser el objetivo para obtener un aumento total de −360×?

39. **EI** ●● Dos lentes con distancias focales de 0.45 y 0.35 cm están disponibles para un microscopio compuesto que tiene un ocular con distancia focal de 3.0 cm; la distancia entre las lentes debe ser de 15 cm. *a*) ¿Cuál de las dos lentes debe utilizarse como objetivo? 1) La de mayor distancia focal, 2) la de menor distancia focal o 3) cualquiera de las dos. *b*) ¿Cuáles son los dos posibles aumentos del microscopio?

<u>40.</u> ●● La distancia focal del objetivo de un microscopio compuesto es de 4.5 mm. El ocular tiene 3.0 cm de distancia focal. Si la distancia entre las lentes es de 18 cm, ¿cuál es el aumento de la imagen que se ve?

<u>41.</u> ●● Un microscopio compuesto tiene un objetivo con 0.50 cm de distancia focal, y un ocular con 3.25 cm de distancia focal. La separación entre las lentes es de 22 cm. Un alumno con punto cercano normal usa ese microscopio. *a*) ¿Cuál es el aumento total? *b*) Compare el aumento total (como porcentaje) con el aumento del ocular solamente, cuando se usa como lupa simple.

42. ●● Un microscopio con −150× tiene un objetivo con 0.75 cm de distancia focal. Si la distancia entre las lentes es de 20 cm, calcule la distancia focal del ocular.

43. ●● Un espécimen está a 5.0 mm del objetivo de un microscopio compuesto, cuya potencia es de +250 D. ¿Cuál debe ser el aumento del ocular, si el aumento total del espécimen es −100×?

44. ●●● Se usa una lente con +10 D de potencia como microscopio simple. *a*) Para ver con claridad la imagen de un objeto, ¿se puede poner el objeto infinitamente cerca de la lente, o hay algún límite de la cercanía a la que debe estar? ¿Por qué? *b*) Calcule qué tanto se puede acercar un objeto a la lente. *c*) ¿Cuál es el aumento angular en ese punto?

45. **EI** ●●● Un microscopio moderno tiene un revólver con tres objetivos, cuyas distancias focales son 16, 4.0 y 1.6 mm; tiene oculares intercambiables de 5.0 y 10×. Se coloca un espécimen de tal forma que cada objetivo produce una imagen a 150 mm de distancia de él. *a*) ¿Cuál combinación de objetivo y ocular emplearía si quisiera obtener el máximo aumento? ¿Y el aumento mínimo? ¿Por qué? *b*) ¿Cuáles son el aumento máximo y el mínimo posible?

25.3 Telescopios

46. **OM** Un telescopio astronómico tiene *a*) aumento ilimitado, *b*) dos lentes de la misma distancia focal, *c*) un objetivo de distancia focal relativamente grande, *d*) un objetivo de distancia focal relativamente corta.

47. **OM** Una imagen invertida se produce con *a*) un telescopio terrestre, *b*) un telescopio astronómico, *c*) un telescopio de Galileo o *d*) todos los anteriores.

48. **OM** En comparación con los grandes telescopios refractores, los grandes telescopios reflectores tienen la ventaja de *a*) mayor capacidad de captación de luz, *b*) que no tienen aberración cromática, *c*) que son menos costosos o *d*) todo lo anterior.

49. **PC** En la figura 25.12b, parte de la luz que entra al espejo cóncavo es obstruida por un espejo plano pequeño, que se usa para redirigir los rayos hacia el observador. ¿Eso significa que sólo se puede ver una parte de una estrella? ¿Cómo afecta a la imagen el tamaño de la obstrucción?

50. **PC** ¿Por qué la aberración cromática es un factor importante en los telescopios refractores, pero no en los reflectores?

51. **PC** Si le dan a usted dos lentes con distintas distancias focales, ¿cuál debe usar como objetivo en un telescopio? ¿Por qué?

52. ● Calcule el aumento y longitud de un telescopio si su objetivo tiene una distancia focal de 50 cm, y su ocular una de 2.0 cm.

53. ● Un telescopio astronómico tiene un objetivo y un ocular, cuyas distancias focales son de 60 y 15 cm, respectivamente. ¿Cuáles son *a*) el aumento y *b*) la longitud del telescopio?

54. ●● Un telescopio tiene un ocular cuya distancia focal es de 10.0 mm. Si la longitud del tubo es de 1.50 m, ¿cuál es el aumento angular del telescopio, cuando enfoca un objeto en el infinito?

55. El aumento angular de un telescopio es −50×, y su tubo tiene 1.02 m de longitud. ¿Cuáles son las distancias focales del objetivo y del ocular?

56. **EI** ●● Un telescopio terrestre tiene tres lentes: un objetivo, una lente inversora y un ocular. *a*) La lente inversora 1) incrementa el aumento, 2) aumenta la longitud física del telescopio, 3) reduce el aumento o 4) disminuye la longitud física del telescopio. ¿Por qué? *b*) Las tres lentes de este telescopio terrestre tienen 40, 20 y 15 cm de distancia focal, respectivamente para el objetivo, la lente erectora y el ocular. ¿Cuál es el aumento del telescopio cuando el objeto está en el infinito? *c*) ¿Cuál es la longitud del tubo del telescopio?

57. ●● Un telescopio terrestre o catalejo usa un objetivo y un ocular con distancias focales de 45 y 15 cm, respectivamente. ¿Cuál debe ser la distancia focal de la lente erectora si la longitud total del telescopio debe ser de 0.80 m?

58. ●● Un telescopio astronómico tiene un objetivo con una potencia de +2.0 D. Si la longitud del telescopio es de 52 cm, ¿cuál es su aumento angular?

59. **EI** ●● Se le dan a usted dos objetivos y dos oculares, y se le pide fabricar con ellos un telescopio. Las distancias focales de los objetivos son 60.0 y 40.0 cm, y las de los oculares son 0.90 y 0.80 cm, respectivamente. *a*) ¿Con qué combinación de lentes se obtendría el aumento máximo? ¿Y el aumento mínimo? ¿Por qué? *b*) Calcule los aumentos máximo y mínimo.

25.4 Difracción y resolución

60. **OM** Se dice que las imágenes de dos fuentes están resueltas cuando *a*) los máximos centrales de las figuras de difracción caen uno sobre otro, *b*) las primeras bandas brillantes de las figuras de difracción caen una sobre otra, *c*) el máximo central de una figura de difracción cae en la primera franja oscura de la otra o *d*) ninguna de las opciones anteriores es válida.

61. **OM** Para un telescopio con abertura circular, el ángulo mínimo de resolución es *a*) mayor para la luz roja que para la azul, *b*) independiente de la frecuencia de la luz, *c*) directamente proporcional al radio de la abertura o *d*) independiente del área de la abertura.

62. **OM** La finalidad de usar lentes de inmersión en aceite en los microscopios es *a*) reducir el tamaño del microscopio *b*) incrementar el aumento, *c*) aumentar la longitud de onda de la luz para aumentar el poder de resolución o *d*) reducir la longitud de onda de la luz, y con ello aumentar el poder de resolución.

*Ignore la obstrucción de la atmósfera, a menos que se indique otra cosa.

63. PC Cuando se diseña un instrumento óptico se desea tener una gran resolución, para poder ver con él detalles finos. Esta mayor resolución, ¿implica un ángulo de resolución mayor o menor? Explique por qué.

64. PC Un telescopio reflector con un espejo objetivo grande es capaz de reunir más luz estelar que un telescopio reflector con un espejo objetivo de menor tamaño. ¿Qué otra ventaja se gana con un espejo grande? Explique por qué.

65. PC Las modernas cámaras digitales cada vez son más pequeñas. Analice la resolución de imagen de estas pequeñas cámaras.

66. **EI** ● *a*) Para una determinada longitud de onda, una sola rendija ancha dará 1) mayor, 2) menor o 3) el mismo ángulo mínimo de resolución que una rendija delgada, de acuerdo con el criterio de Rayleigh. *b*) ¿Cuál es el ángulo mínimo de resolución para dos fuentes puntuales de luz roja ($\lambda = 680$ nm) en la figura de difracción producida por rendijas individuales de 0.55 y 0.45 mm de ancho?

67. ● La separación angular mínima de las imágenes de dos fuentes puntuales monocromáticas idénticas en una figura de difracción con una sola rendija es de 0.0055 rad. Si se usa un ancho de rendija de 0.10 mm, ¿cuál es la longitud de onda de las fuentes?

68. ● ¿Cuál es el límite de resolución, que se debe a la difracción, del telescopio reflector del Observatorio Europeo Meridional (de 8.20 m o 323 pulgadas de diámetro) para luz con 550 nm de longitud de onda?

69. ● ¿Cuál es la resolución, que se debe a la difracción, del telescopio Hale en Monte Palomar, con su espejo de 200 pulgadas de diámetro, para luz de 550 nm? Compare este valor con el límite de resolución para el telescopio del Observatorio Europeo Meridional, en el ejercicio 68.

70. ●● Desde una nave espacial en órbita a 150 km de la superficie terrestre, una astronauta desea ver su pueblo natal al pasar sobre él. ¿Qué tamaño de detalles podrá identificar, a ojo desnudo, sin tener en cuenta los efectos de la atmósfera? [*Sugerencia:* estime el diámetro del iris humano.]

71. **EI** ●● Un ojo humano ve objetos pequeños de distintos colores, y con ello se mide su resolución. *a*) El ojo tiene la máxima resolución y ve los detalles más finos con el color 1) rojo, 2) amarillo, 3) azul o 4) no importa cuál. ¿Por qué? *b*) El diámetro máximo de la pupila del ojo, por la noche, es de unos 7.0 mm. ¿Cuáles son los ángulos mínimos de separación para dos fuentes con longitudes de onda de 550 y 650 nm?

72. ●● Algunos miembros de tribus africanas afirman que pueden ver las lunas de Júpiter sin la ayuda de instrumentos ópticos. Si dos lunas de Júpiter están a una distancia mínima de 3.1×10^8 km de la Tierra, y tienen una separación máxima de 3.0×10^6 km, ¿será posible que las vean? Explique por qué. Suponga que las lunas reflejan la luz suficiente, y que Júpiter no estorba la observación de ellas. [*Sugerencia:* véase el ejercicio 71b.]

73. ●● Suponiendo que los faros de un automóvil sean fuentes puntuales a 1.7 m de distancia entre sí, ¿cuál es la distancia máxima de un observador al automóvil, a la cual puede distinguir los faros uno de otro? [*Sugerencia:* véase el ejercicio 71b.]

74. ●● Con un telescopio refractor, cuya lente mide 30.0 cm de diámetro, se contempla un sistema de estrellas binarias, que emite luz en la región visible. *a*) ¿Cuál es la separación angular mínima de las dos estrellas para que apenas queden resueltas? *b*) Si la estrella binaria está a 6.00×10^{20} km de la Tierra, ¿cuál es la distancia entre las dos estrellas? (Suponga que la línea que une a las estrellas es perpendicular a la visual.)

75. ●● Un radiotelescopio tiene 300 m de diámetro y utiliza una longitud de onda de 4.0 para observar un sistema de estrellas binarias que está a 2.5×10^{18} km de la Tierra. ¿Cuál es la mínima distancia entre las dos estrellas que se distingue con el telescopio?

76. ●● El objetivo de un microscopio tiene 2.50 cm de diámetro y 30.0 mm de distancia focal. *a*) Si para iluminar un espécimen se usa luz amarilla de 570 nm de longitud de onda, ¿cuál es la separación angular mínima de dos detalles finos de la muestra para que apenas se resuelvan? *b*) ¿Cuál es el poder de resolución de la lente?

77. ●●● Para ver un espécimen con una luz de mercurio, con longitud de onda de 546.1 nm, se usa un microscopio con un objetivo de 1.20 cm de diámetro. *a*) ¿Cuál es el ángulo límite de resolución? *b*) Si se deben observar detalles más finos que los observables en la parte *a*), ¿qué color de luz del espectro visible hay que usar? *c*) Si se usara una lente de inmersión en aceite ($n_{\text{aceite}} = 1.50$), ¿cuál sería el cambio (expresado en porcentaje) del poder de resolución?

*25.5 Color

78. OM Un color primario aditivo es *a*) azul, *b*) verde, *c*) rojo o *d*) todos los anteriores.

79. OM Un color primario sustractivo es *a*) cian, *b*) amarillo, *c*) magenta o *d*) todos los anteriores.

80. OM Sobre dos filtros incide una luz blanca, como se ve en la ▾ figura 25.23. El color de la luz que sale del filtro amarillo es *a*) azul, *b*) amarillo, *c*) rojo o *d*) verde.

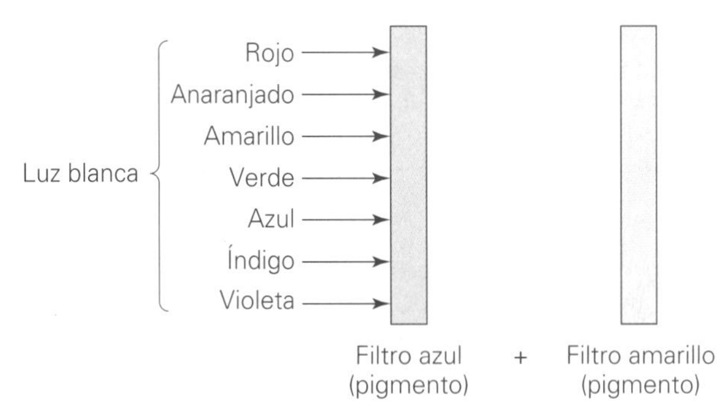

▲ **FIGURA 25.23 Absorción de los colores**
Véase el ejercicio 80.

81. PC Describa cómo se vería la bandera estadounidense si se iluminara con luz de cada uno de los colores primarios.

82. PC ¿Puede obtenerse el blanco con el método sustractivo de producción de colores? Explique por qué. A veces se dice que el negro es la ausencia de todos los colores, o que un objeto negro absorbe toda la luz incidente. Si es así, ¿por qué vemos objetos negros?

83. PC Algunas bebidas, como la cerveza oscura, producen una capa de espuma cuando se vierten en el vaso. ¿Por qué la espuma tiene un color blanco o claro, mientras que el líquido es oscuro?

Ejercicios adicionales

84. Un estudiante utiliza una lupa para examinar con detalle un microcircuito en el laboratorio. Si la lente tiene una potencia de 12.5 D y se forma una imagen virtual en el punto cercano (25 cm) del estudiante, *a*) ¿a qué distancia del circuito sostiene la lupa y *b*) ¿cuál es el aumento angular?

85. Con respecto a la ▾figura 25.24, demuestre que la potencia de aumento de una lupa que se sostiene a una distancia d del ojo está determinada por

$$m = \left(\frac{25}{f}\right)\left(1 - \frac{d}{D}\right) + \frac{25}{D}$$

cuando el objeto real se ubica en el punto cercano (25 cm). [*Sugerencia:* utilice un aproximación para ángulos pequeños y tome en cuenta que $y_i/y_o = -d_i/d_o$, para triángulos similares.]

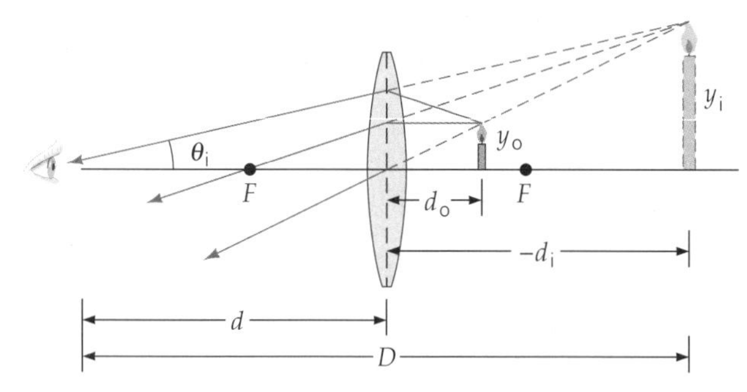

▲ **FIGURA 25.24 Potencia de una lente de aumento** Véase el ejercicio 85.

86. En relación con la ▸figura 25.25, demuestre que el aumento angular de un telescopio refractor enfocado para que la imagen final esté en el infinito es $m = -f_o/f_e$. (Como los telescopios están diseñados para observar objetos lejanos, el tamaño angular de un objeto visto con el ojo desnudo es el tamaño angular del objeto en su ubicación real y no en el punto cercano, como sucede con un microscopio.)

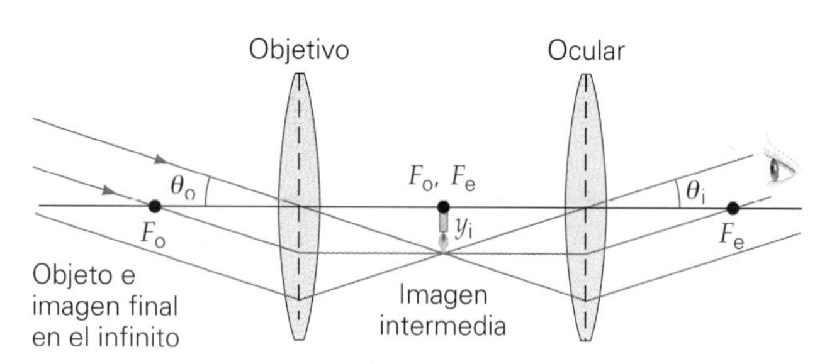

▲ **FIGURA 25.25 Modificación angular de un telescopio refractor** Véase el ejercicio 86.

87. Dos telescopios astronómicos tienen las características que muestra la siguiente tabla.

Telescopio	Distancia focal del objetivo (cm)	Distancia focal del ocular (cm)	Diámetro del objetivo (cm)
A	90.0	0.840	75.0
B	85.0	0.770	60.0

a) ¿Cuál telescopio escogería 1) para el mayor aumento y 2) para la mayor resolución? ¿Por qué? *b*) Calcule el aumento máximo y el ángulo mínimo de resolución para una longitud de onda de 550 nm.

88. Un telescopio refractor tiene un objetivo con 50 cm de distancia focal, y un ocular con 15 mm de distancia focal. Se usa para ver un objeto de 10 cm de altura a 50 m de distancia. ¿Cuál es la altura angular aparente del objeto, visto con el telescopio?

89. La cantidad de luz que llega a la película de una cámara depende de la abertura de la lente (el área efectiva), que se controla con el diafragma. La abertura f es la relación entre la distancia focal de la lente y su diámetro efectivo. Por ejemplo, un ajuste de f/8 significa que el diámetro de la abertura es la octava parte de la distancia focal de la lente. Esta distancia se llama *abertura f* o simplemente *abertura*. *a*) Determine cuánta luz admite cada una de las siguientes aberturas de la cámara, en comparación con la f/8: 1) f/3.2 y 2.) f/16. *b*) El tiempo de exposición de una cámara se controla con la velocidad del obturador. Si un fotógrafo usa en forma correcta una abertura de f/8 con un tiempo de exposición de 1/60 s, ¿qué tiempo de exposición debe usar para tener la misma cantidad de exposición a la luz si ajusta la abertura a f/5.6?

PHYSLET® Los siguientes problemas de física Physlet pueden utilizarse con este capítulo. 36.1, 36.2, 36.3, 36.4, 36.5

APÉNDICES

APÉNDICE I* Repaso de matemáticas (con ejemplos) para *Física*

A Símbolos, operaciones aritméticas, exponentes y notación científica

Símbolos utilizados comúnmente en fórmulas

$=$ significa que dos cantidades son iguales, como $2x = y$

$\equiv$ significa "definido como", por ejemplo, en la definición de pi:

$$\pi \equiv \frac{\text{circunferencia de un círculo}}{\text{el diámetro de ese círculo}}.$$

$\approx$ significa aproximadamente igual, como en $30\frac{\text{m}}{\text{s}} \approx 60\frac{\text{mi}}{\text{h}}$.

$\neq$ significa desigualdad, como en $\pi \neq \frac{22}{7}$.

$\geq$ significa que una cantidad es mayor o igual que otra. Por ejemplo, la edad del universo $\geq$ 5 mil millones de años.

$\leq$ significa que una cantidad es menor o igual que otra. Por ejemplo, si en una sala de conferencias caben $\leq$ 45 estudiantes, el máximo es 45 estudiantes.

$>$ significa que una cantidad es mayor que otra, como 14 huevos $>$ 1 docena de huevos.

$\gg$ significa que una cantidad es *mucho* mayor que otra. Por ejemplo, número de habitantes en la Tierra $\gg$ 1 millón.

$<$ significa que una cantidad es menor que otra, como $3 \times 10^{22} <$ número de Avogadro.

$\ll$ una cantidad es mucho *menor* que otra, como 10 $\ll$ número de Avogadro.

$\propto$ significa linealmente proporcional a. Esto es, si $y = 2x$, entonces $y \propto x$. Esto significa que si x se incrementa por un determinado factor de multiplicación, y también se incrementa de la misma forma. Por ejemplo, si $y = 3x$, y x cambia por un factor de n (esto es, si x se convierte en nx), lo mismo sucede con y, porque $y' = 3x' = 3(nx) = n(3x) = ny$.

ΔQ significa "cambio en la cantidad Q". En otras palabras, "final menos inicial". Por ejemplo, si por la mañana el valor del portafolio de acciones de un inversionista es $V_i = \$10\,100$ y al cierre de la jornada es $V_f = \$10\,050$, entonces $\Delta V = \$10\,050 - \$10\,100 = -\$50$.

La letra griega mayúscula sigma (Σ) indica la suma de una serie de valores para la cantidad Q_i donde $i = 1, 2, 3, ..., N$, esto es,

$$\sum_{i=1}^{N} Q_i = Q_1 + Q_2 + Q_3 + \cdots Q_N.$$

$|Q|$ denota el valor absoluto de una cantidad Q sin signo. Si Q es positivo, entonces $|Q| = Q$; si Q es negativo, entonces $|Q| = -Q$. Por lo tanto, $|-3| = 3$.

Ejercicios del apéndice I-A

1. ¿Qué valores de x satisfacen $3 \leq |x| \leq 8$?
2. ¿Cuál entero y se acerca más a $y \approx |\sqrt{10}|$?
3. Si al final de la semana usted cuenta sus utensilios y encuentra $\Delta w = -10$ y el número de utensilios el viernes era de 500, ¿cuántos tendrá el lunes por la mañana?
4. Dé un número razonable z que satisfaga $1 < z \ll 100$.
5. Si $y \propto x^2$ y el valor de x se duplica, ¿qué sucede con el valor de y?
6. ¿Cuánto es $\frac{\sum_{i=1}^{3} 3^i}{10}$?

Operaciones aritméticas y su orden de uso

Las operaciones aritméticas básicas son suma o adición (+), resta o sustracción (−), multiplicación (× o ·) y división (/ o ÷). Otra operación común, la potenciación o exponenciación (x^n), implica elevar una cantidad (x) a una determinada potencia (n). Si en una ecuación se incluyen varias de estas operaciones, se realizan en el siguiente orden: *a*) paréntesis, *b*) potenciación, *c*) división, *d*) multiplicación, *e*) suma y resta.

Un recurso mnemotécnico que le ayudará a recordar este orden es la frase: "**P**or favor, **e**xplícame con **m**ás **d**etalle la **s**uma y la **r**esta", donde las letras iniciales marcadas en negritas se refieren a las operaciones: **p**aréntesis, **e**xponentes, **m**ultiplicación, **d**ivisión, **s**uma y **r**esta. Observe que las operaciones dentro de un paréntesis siempre se realizan primero, de manera que es in-

*Este apéndice no incluye una explicación acerca de cifras significativas, ya que se presentó una explicación completa en el apartado 1.6 del capítulo 1.

dispensable utilizar adecuadamente los paréntesis. Por ejemplo $24^2/8 \cdot 4 + 12$ puede evaluarse de varias maneras. Sin embargo, de acuerdo con el orden establecido, tiene un valor único: $24^2/8 \cdot 4 + 12 = 576/8 \cdot 4 + 12 = 576/32 + 12 = 18 + 12 = 30$. Para evitar posibles confusiones, la cantidad podría escribirse con dos conjuntos de paréntesis, como sigue: $(24^2/(8 \cdot 4)) + 12 = (576/(32)) + 12 = 18 + 12 = 30$.

Ejercicio del apéndice I-B

1. Coloque los paréntesis de tal forma que $3^2 + 4^2 \cdot 1^3 - \sqrt{4} + 7$ dé 30 sin lugar a dudas.
2. Evalúe $2 \cdot 3/4 + 5/2 \times 4 - 1$.
3. Evalúe $2 \times 4 + 7 - 6/3 \times 2$.
4. ¿Cómo utilizaría los paréntesis para escribir $3^2 + 4^2 \cdot 1^3 - \sqrt{4} + 7$ de manera que todos aquellos que evalúen la expresión lleguen al resultado de 0, incluso si no conocen las reglas de orden?

Exponentes y notación exponencial

Los exponentes y la notación exponencial son muy importantes cuando se emplea la notación científica (véase el siguiente apartado). Por eso es importante familiarizarse con las potencias y con la notación exponencial (tanto con números positivos y negativos, como con enteros y fraccionarios), como en las siguientes expresiones:

$$x^0 = 1$$
$$x^1 = x \qquad x^{-1} = \frac{1}{x}$$
$$x^2 = x \cdot x \qquad x^{-2} = \frac{1}{x^2} \qquad x^{\frac{1}{2}} = \sqrt{x}$$
$$x^3 = x \cdot x \cdot x \qquad x^{-3} = \frac{1}{x^3} \qquad x^{\frac{1}{3}} = \sqrt[3]{x} \qquad \text{etc.}$$

Los exponentes se combinan de acuerdo con las siguientes reglas:

$$x^a \cdot x^b = x^{(a+b)} \qquad x^a/x^b = x^{(a-b)} \qquad (x^a)^b = x^{ab}$$

Ejercicios del apéndice I-C

1. ¿Cuál es el valor de $\frac{2^3}{2^4}$?
2. Evalúe $3^3 \times |9^{-1/2}|$.
3. Encuentre el valor (o valores) de $3^4 \times \sqrt{4^6}$.
4. ¿Cuánto es $(\sqrt{10})^4$?

Notación científica (también conocida como notación de potencias de 10)

En física, muchas cantidades tienen valores muy grandes o muy pequeños. Para expresarlos, a menudo se emplea la **notación científica**. Esta notación también se conoce como notación de potencias de 10, por obvias razones. (Véase el apartado anterior para una explicación de los exponentes.) Cuando el número 10 se eleva al cuadrado o al cubo, se tiene $10^2 = 10 \times 10 = 100$ o $10^3 = 10 \times 10 \times 10 = 1000$. Como se observa, el número de ceros es igual a la potencia de 10. Así, 10^{23} es una forma compacta de expresar el número 1 seguido de 23 ceros.

Un número puede representarse de muchas maneras, todas las cuales son correctas. Por ejemplo, la distancia de la Tierra al Sol es de 93 millones de millas. Este valor se escribe como 93 000 000 millas. En notación científica, que es una forma más compacta, existen muchas maneras correctas de expresarlo, como 93×10^6 millas, 9.3×10^7 millas o 0.93×10^8 millas. Cualquiera de estas formas es correcta, aunque 9.3×10^7 es la que se prefiere, porque al utilizar potencias de 10 se acostumbra dejar sólo un dígito a la izquierda del punto decimal, en este caso, el 9. (Esto se llama la forma estándar.) Así que el exponente, o potencia de 10, cambia cuando el punto decimal del número que le precede se mueve.

También se emplean potencias negativas de 10. Por ejemplo, $10^{-2} = \frac{1}{10^2} = \frac{1}{100} = 0.01$. Entonces, si una potencia de 10 tiene un exponente negativo, el punto decimal se moverá a la izquierda una vez por cada potencia de 10. Por ejemplo, 5.0×10^{-2} es igual a 0.050 (dos movimientos hacia la izquierda).

El punto decimal de una cantidad expresada en notación de potencias de 10 se moverá hacia la derecha o hacia la izquierda independientemente de si la potencia de 10 es positiva o negativa. Las reglas generales para mover el punto decimal son las siguientes:

1. El exponente, o potencia de 10, *aumenta* por 1 por cada lugar que el punto decimal se mueva hacia la *izquierda*.
2. El exponente, o potencia de 10, *disminuye* por 1 por cada lugar que el punto decimal se mueva hacia la *derecha*.

Esto es simplemente una forma de decir que conforme el coeficiente (es decir, el número precedente) disminuye, el exponente aumenta de manera correspondiente, o viceversa. Al final, el número es el mismo.

Ejercicios del apéndice I-D

1. Exprese su peso (en libras) en notación científica.
2. La circunferencia de la Tierra mide aproximadamente 40 000 km. Exprese este valor en notación científica.
3. Evalúe y exprese la respuesta en notación científica: $\frac{12.1}{1.10 \times 10^{-1}}$.
4. Encuentre el valor de $(1.44 \times 10^2)^{1/2}$ en notación científica.
5. ¿Cómo se expresa $(3.0 \times 10^8)^2$ en notación científica?

B Álgebra y relaciones algebraicas comunes

Generalidades

La regla básica de álgebra que se utiliza para resolver ecuaciones es que si usted realiza cualquier operación legítima en ambos lados de la ecuación, ésta permanece como tal, es decir, como una igualdad. (Un ejemplo de una operación no permitida es dividir por cero; ¿por qué?) De acuerdo con esto, al sumar un número en ambos lados, al sacar la raíz cuadrada de ambos lados, al elevar al cubo ambos lados o al dividir ambos lados por el mismo número, la igualdad se mantiene.

Por ejemplo, supongamos que quiere resolver $\frac{x^2 + 6}{2} = 11$ para x. Para hacer esto, primero multiplique ambos lados por 2, lo que da $\left(\frac{x^2 + 6}{\cancel{2}}\right) \times \cancel{2} = 11 \times 2 = 22$ o $x^2 + 6 = 22$. Después, reste 6 a ambos lados para obtener $x^2 + 6 - 6 = 22 - 6 = 16$ o $x^2 = 16$. Por último, saque la raíz cuadrada de ambos lados; la solucion es $x = \pm 4$ (se esperaban dos raíces; ¿por qué?).

Algunos resultados útiles

Muchas veces se solicita *el cuadrado de la suma y/o diferencia de dos números*. Para cualesquiera números a y b:

$$(a \pm b)^2 = a^2 \pm 2ab + b^2$$

De manera similar, *la diferencia de dos cuadrados* se factoriza como:

$$(a^2 - b^2) = (a + b)(a - b)$$

Una ecuación cuadrática es aquella que puede expresarse en la forma $ax^2 + bx + c = 0$. En esta forma, siempre es posible resolverla (generalmente para dos diferentes raíces) utilizando la *fórmula cuadrática*: $x = \dfrac{-b \pm \sqrt{b^2 - 4ac}}{2a}$. En cinemática, este resultado es especialmente útil, ya que es común tener que resolver ecuaciones de la forma: $4.9t^2 - 10t - 20 = 0$. Sólo hay que insertar los coeficientes (asegurándose de incluir el signo) y despejar t (aquí, t representa el tiempo que tarda una pelota en llegar al suelo luego de que se le arrojó desde un risco; véase el capítulo 2). El resultado es

$$x = \frac{10 \pm \sqrt{10^2 - 4(4.9)(-20)}}{2(4.9)} = \frac{10 \pm 22.2}{9.8}$$
$$= +3.3\ \text{s} \quad \text{o} \quad -1.2\ \text{s}$$

En todos los problemas de este tipo, el tiempo es el tiempo "de cronómetro" y comienza desde cero; así, la respuesta negativa se ignora, pues no es razonable desde el punto de vista de la física, aun cuando sea una solución válida para la ecuación.

Resolución de ecuaciones simultáneas

En ocasiones, resolver un problema requiere resolver dos o más ecuaciones de forma simultánea. En general, si se tienen N incógnitas en un problema, necesitaremos exactamente N ecuaciones independientes. Si se tienen menos de N ecuaciones, no son suficientes para obtener soluciones completas. Si se tienen más de N ecuaciones, entonces algunas son redundantes, y aún así es posible obtener una solución, aunque más complicada. En general, en este libro, nos enfrentaremos a dos ecuaciones simultáneas, y ambas serán lineales. Las ecuaciones lineales tienen la forma $y = mx + b$. Recuerde que cuando se grafica en un sistema de coordenadas cartesianas x-y, el resultado es una línea recta con una pendiente m $(\Delta y/\Delta x)$ y una intersección de b en y, como muestra la línea azul.

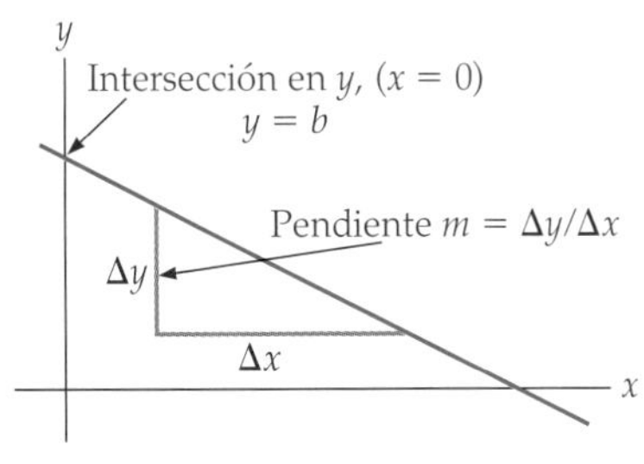

Para resolver dos ecuaciones lineales de manera simultánea *gráficamente*, sólo hay que trazarlas en los ejes y evaluar las coordenadas en su punto de intersección. Mientras que esto es posible en principio, sólo se obtiene una respuesta aproximada y, por lo general, requiere un poco más de tiempo.

El método más común (y exacto) de resolver ecuaciones simultáneas implica el uso del álgebra. En esencia, se resuelve una ecuación para una incógnita y se sustituye el resultado en la otra ecuación, para terminar con una ecuación y una incógnita. Supongamos que tenemos dos ecuaciones y dos incógnitas (x y y), pero, en general, cualesquiera dos cantidades desconocidas:

$$3y + 4x = 4 \qquad \text{y} \qquad 2x - y = 2$$

Al resolver la segunda ecuación para y, se tiene $y = 2x - 2$. Al sustituir este valor para y en la primera ecuación, tenemos $3(2x - 2) + 4x = 4$. Por lo tanto, $10x = 10$ y $x = 1$. Se coloca este valor en la segunda de las dos ecuaciones originales y se obtiene $2(1) - y = 2$ y, por consiguiente, $y = 0$. (Desde luego, en este momento es conveniente sustituir las respuestas para hacer una doble verificación y ver si resuelven ambas ecuaciones.)

Ejercicios del apéndice I-E

1. Desarrolle $(y - 2x)^2$.
2. Exprese $x^2 - 4x + 4$ como un producto de dos factores.
3. Resuelva la siguiente ecuación para t: $4.9t^2 - 30t + 10 = 0$. ¿Cuántas raíces razonables desde el punto de vista de la física hay aquí?
4. Demuestre que una ecuación cuadrática tiene raíces reales sólo si $b^2 \geq 4ac$. ¿En qué condiciones (para a, b y c) son idénticas las dos raíces?
5. Resuelva estas ecuaciones de manera simultánea empleando el álgebra: $2x - 3y = 2$ y $3y + 5x = 7$.
6. Resuelva las dos ecuaciones del ejercicio 5 de manera aproximada utilizando métodos gráficos.

C Relaciones geométricas

En física y en muchas otras áreas de la ciencia, es importante saber cómo encontrar circunferencias, áreas y volúmenes de algunas formas comunes. He aquí algunas ecuaciones para tales formas.

Circunferencia (c), Área (A), y Volumen (V)

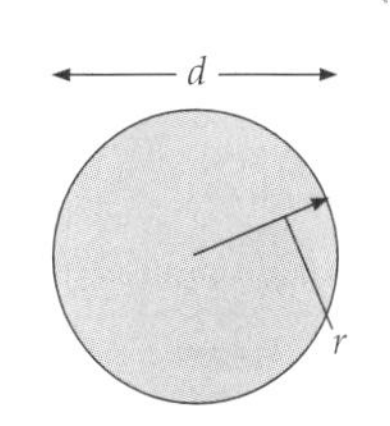

Círculo: $c = 2\pi r = \pi d$

$A = \pi r^2 = \dfrac{\pi d^2}{4}$

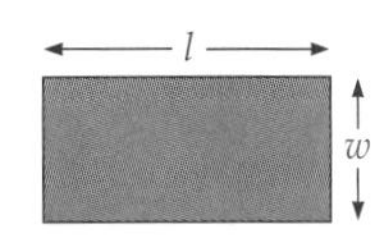

Rectángulo: $c = 2l + 2w$

$A = l \times w$

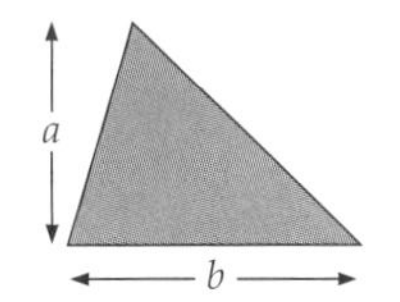

Triángulo: $A = \dfrac{1}{2}ab$

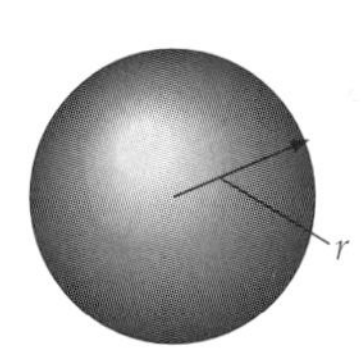

Esfera: $A = 4\pi r^2$

$V = \dfrac{4}{3}\pi r^3$

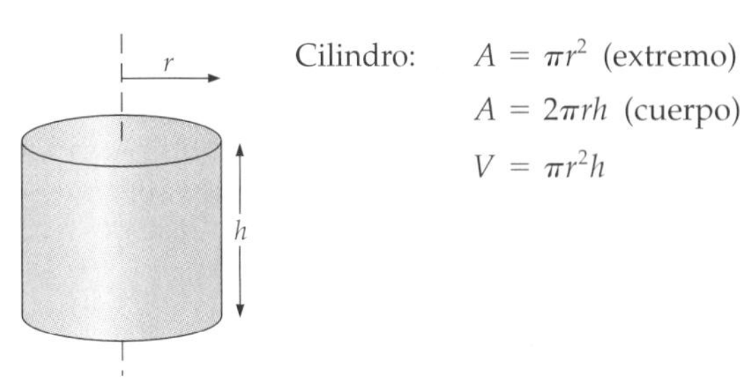

Cilindro: $A = \pi r^2$ (extremo)

$A = 2\pi rh$ (cuerpo)

$V = \pi r^2 h$

Para practicar, realice los siguientes ejercicios.

Ejercicios del apéndice I-F

1. Estime el volumen de una bola para jugar a los bolos en centímetros cúbicos y en pulgadas cúbicas.

2. Un agujero de forma cuadrada mide 5.0 cm de lado. ¿Cuál es el área del extremo de una varilla cilíndrica que apenas cabe en el agujero?
3. Un vaso de agua tiene un diámetro interior de 4.5 cm y contiene una columna de agua de 4.0 in de alto. ¿Qué volumen de agua contiene en litros?
4. ¿Cuál es el área de la superficie total de un panqué que mide 16 cm de diámetro y 8.0 mm de grosor?
5. Calcule el volumen del panqué del ejercicio 4 en centímetros cúbicos.

D Relaciones trigonométricas

Comprender la trigonometría elemental es esencial en física, ya que muchas de las cantidades que se manejan son vectores. Aquí presentamos un breve resumen de las definiciones comunes, las primeras de las cuales usted debe conocer de memoria.

Definiciones de las funciones trigonométricas

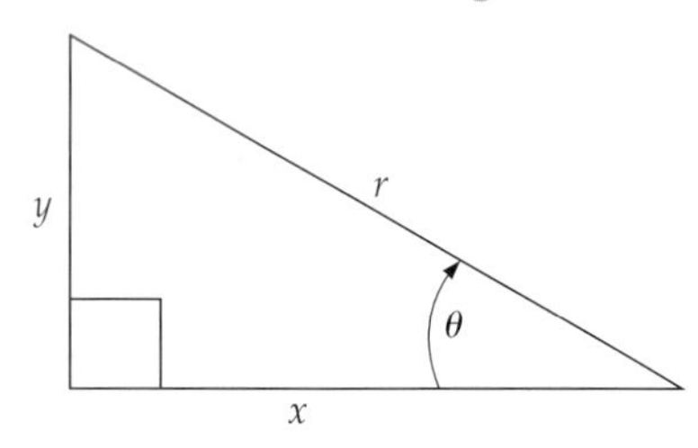

$$\operatorname{sen}\theta = \frac{y}{r} \qquad \cos\theta = \frac{x}{r} \qquad \tan\theta = \frac{\operatorname{sen}\theta}{\cos\theta} = \frac{y}{x}$$

$\theta°$ (rad)	sen θ	cos θ	tan θ
$0°(0)$	0	1	0
$30°\ (\pi/6)$	0.500	0.866	0.577
$45°\ (\pi/4)$	0.707	0.707	1.00
$60°\ (\pi/3)$	0.866	0.500	1.73
$90°\ (\pi/2)$	1	0	$\to\infty$

Para ángulos muy pequeños,

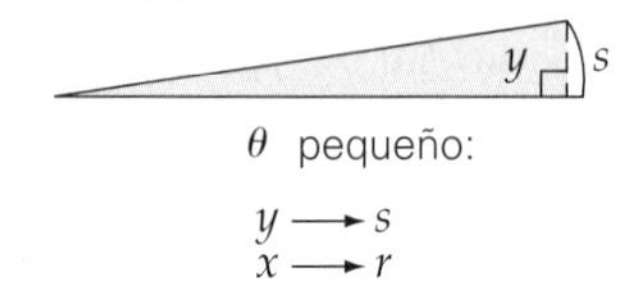

$$\theta\ (\text{en rad}) = \frac{s}{r} \approx \frac{y}{r} \approx \frac{y}{x}$$

$$\theta\ (\text{en rad}) \approx \operatorname{sen}\theta \approx \tan\theta$$

$$\cos\theta \approx 1 \qquad \operatorname{sen}\theta \approx \theta\ (\text{radianes})$$

$$\tan\theta = \frac{\operatorname{sen}\theta}{\cos\theta} \approx \theta\ (\text{radianes})$$

El signo de una función trigonométrica depende del cuadrante o de los signos de x y y. Por ejemplo, en el segundo cuadrante, x es negativa y y positiva, por lo tanto, $\cos q = x/r$ es negativo y $\operatorname{sen} q = x/r$ es positivo. (Observe que r siempre se toma como positiva.) En esta figura, las líneas grises son positivas y las azules negativas.

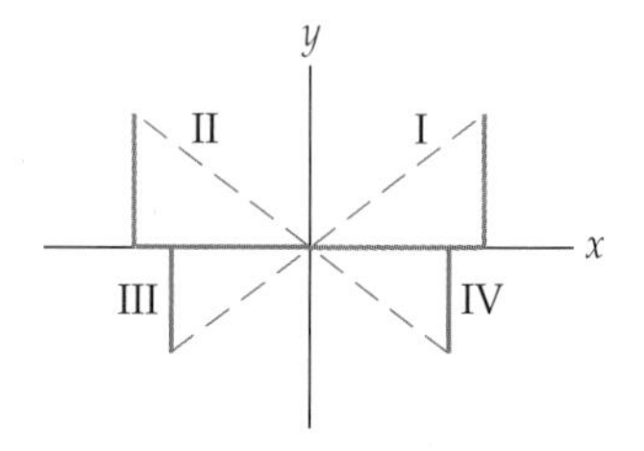

Algunas identidades trigonométricas útiles

$$\operatorname{sen}^2\theta + \cos^2\theta = 1$$
$$\operatorname{sen} 2\theta = 2\operatorname{sen}\theta\cos\theta$$
$$\cos 2\theta = \cos^2\theta - \operatorname{sen}^2\theta = 2\cos^2\theta - 1 = 1 - 2\operatorname{sen}^2\theta$$
$$\operatorname{sen}^2\theta = \frac{1}{2}(1 - \cos 2\theta)$$
$$\cos^2\theta = \frac{1}{2}(1 + \cos 2\theta)$$

Para identidades de ángulo medio $(\theta/2)$, simplemente reemplace θ con $\theta/2$; por ejemplo,

$$\operatorname{sen}^2\theta/2 = \frac{1}{2}(1 - \cos\theta)$$
$$\cos^2\theta/2 = \frac{1}{2}(1 + \cos\theta)$$

En ocasiones, resultan de interés valores trigonométricos de sumas y diferencias de ángulos. He aquí varias relaciones básicas.

$$\operatorname{sen}(\alpha \pm \beta) = \operatorname{sen}\alpha\cos\beta \pm \cos\alpha\operatorname{sen}\beta$$
$$\cos(\alpha \pm \beta) = \cos\alpha\cos\beta \mp \operatorname{sen}\alpha\operatorname{sen}\beta$$
$$\tan(\alpha \pm \beta) = \frac{\tan\alpha \pm \tan\beta}{1 \mp \tan\alpha\tan\beta}$$

Ley de los cosenos

Para un triángulo con ángulos A, B y C, y lados opuestos a, b y c, respectivamente:

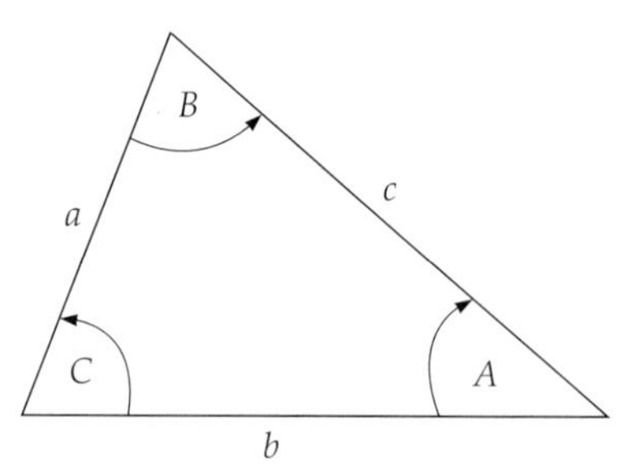

$$a^2 = b^2 + c^2 - 2bc\cos A \quad \textit{(con resultados similares para } b^2 = \cdots \textit{ y } c^2 = \cdots\textit{).}$$

Si $A = 90°$, esta ecuación se reduce al teorema de Pitágoras, tal como debería:

$$a^2 = b^2 + c^2 \quad (\textit{de la forma } r^2 = x^2 + y^2)$$

Ley de los senos

Para un triángulo con ángulos A, B y C, y lados opuestos a, b y c, respectivamente:

$$\frac{a}{\operatorname{sen} A} = \frac{b}{\operatorname{sen} B} = \frac{c}{\operatorname{sen} C}$$

Ejercicios del apéndice I-G

1. Si usted está de pie a nivel del piso, tiene que mirar hacia arriba a un ángulo de 60 grados para ver la parte superior de un edificio que está a 50 m de usted. ¿Qué tan alto es el edificio? ¿Qué tan lejos está la parte superior del edificio de usted?
2. En un conjunto de ejes cartesianos x-y, un punto se encuentra en $x = -2.5$ y $y = -4.2$. ¿En qué cuadrante se localiza? ¿Cuál es el ángulo de la línea dibujada entre el punto y el origen? (Exprese la respuesta en grados y en radianes.)

3. Utilice la ecuación del seno para la suma de dos ángulos, uno de 30° y el otro de 60°, para demostrar que el seno de un ángulo de 90° es 1.00.
4. Suponga que la órbita de la Tierra alrededor del Sol es un círculo con un radio de 150 millones de km. Calcule la distancia de la longitud de arco que recorre la Tierra alrededor del Sol en cuatro meses. Utilizando las leyes de los senos y los cosenos, determine la distancia de la línea recta entre los puntos inicial y final de este arco.
5. Un triángulo recto tiene una hipotenusa que mide 11 cm y un ángulo de 25°. Determine los dos catetos, el área y el perímetro del triángulo.

E Logaritmos

Las siguientes son definiciones y relaciones fundamentales de los logaritmos. En física, los logaritmos se utilizan a menudo; usted debe saber qué son y cómo se utilizan. Los logaritmos son muy útiles porque permiten multiplicar y dividir números muy grandes y muy pequeños sumando y restando exponentes (a los que llamamos logaritmos de los números).

Definición general de logaritmos

Si un número x se escribe como otro número a a una potencia n, como $x = a^n$, entonces n se define como *el logaritmo del número x a la base a*. Esto se escribe de forma resumida como

$$n \equiv \log_a x.$$

Logaritmos comunes

Si la base a es 10, los logaritmos se llaman *logaritmos comunes*. Cuando se utiliza la abreviación *log* sin especificar una base, se supone que ésta es 10. Si se utiliza otra base, debe especificarse claramente. Por ejemplo, $1000 = 10^3$; por consiguiente, $3 = \log_{10} 1000$, o simplemente $3 = \log 1000$. Esto se lee "3 es el logaritmo de 1000".

Identidades para logaritmos comunes

Para cualesquiera dos números x y y:

$$\log(10^x) = x$$
$$\log(xy) = \log x + \log y$$
$$\log\left(\frac{x}{y}\right) = \log x - \log y$$
$$\log(x^y) = y \log x$$

Logaritmos naturales

El logaritmo natural tiene como base el número irracional e. Para seis cifras significativas, su valor es $e \approx 2.71828\ldots$ Por fortuna, la mayoría de las calculadoras tienen este número (al igual que otros números irracionales, como pi) en la memoria. (Localice tanto e como π en su calculadora.) El logaritmo natural recibió ese nombre porque ocurre naturalmente cuando se describe una cantidad que aumenta o disminuye a un porcentaje o tasa constante. El logaritmo natural se abrevia *ln* para distinguirlo del logaritmo común, *log*. Esto es, $\log_e x \equiv \ln x$, y si $n = \ln x$, entonces, $x = e^n$. De manera similar al logaritmo común, tenemos las siguientes relaciones para cualesquiera dos números x y y:

$$\ln(e^x) = x$$
$$\ln(xy) = \ln x + \ln y$$
$$\ln\left(\frac{x}{y}\right) = \ln x - \ln y$$
$$\ln(x^y) = y \ln x$$

En ocasiones, usted tendrá que hacer conversiones entre los dos tipos de logaritmos. En tal caso, las siguientes relaciones le ayudarán:

$$\log x = 0.43429 \ln x$$
$$\ln x = 2.3026 \log x$$

Para practicar con logaritmos de los dos tipos, realice los siguientes ejercicios:

Ejercicios del apéndice I-H:

1. Utilice su calculadora para encontrar lo siguiente: log 20, log 50, log 2500 y log 3.
2. Explique por qué los números menores de 10 tienen un logaritmo negativo. ¿Tiene sentido hablar de $\log(-100)$? Explique por qué.
3. Utilice su calculadora para encontrar lo siguiente: ln 20, log 2, ln 100 y log 3.
4. Verifique dos veces sus respuestas para ln 2 y log 2 en los ejercicios 1 y 3 utilizando las relaciones $\log x = 0.43429 \ln x$ y $\ln x = 2.3026 \log x$.
5. Demuestre que las reglas para combinar logaritmos funcionan en el siguiente caso evaluando cada lado y mostrando una equivalencia: $\log 1500 = \log(15 \times 100)$, $\log 6400 = \log\left(\frac{64}{0.01}\right)$ y $\log 8 = \log(2^3)$.
6. Demuestre que las reglas para combinar logaritmos funcionan en el siguiente caso evaluando cada lado y mostrando una equivalencia: $\ln 4 = \ln(2 \times 2)$, 1n 20 5 2.3026 log (2×10) y $\log 49 = 0.43429 \ln(7^2)$.
7. Al describir el crecimiento de una colonia bacteriana, el número N de bacterias en un tiempo dado t (a partir del inicio de la observación) se escribe en términos de un número al comienzo, N_o, como sigue: $N = N_o e^{0.020t}$, donde t está en minutos. ¿Cuántos minutos tarda la colonia en duplicar su tamaño?
8. Al describir la desintegración de una muestra radiactiva de núcleos atómicos, el número N de núcleos sin desintegrar en cualquier tiempo dado t (a partir del inicio de la observación) se escribe en términos del número al comienzo, N_o, como sigue: $N = N_o e^{-0.050t}$, donde t está en años. ¿Al cabo de cuántos años aún permanece una décima parte del número original de núcleos?

APÉNDICE II Teoría cinética de los gases

Los supuestos básicos son:

1. Todas las moléculas de un gas puro tienen la misma masa (m) y están en movimiento continuo y totalmente aleatorio. (La masa de cada molécula es tan pequeña que el efecto de la gravedad sobre ella es insignificante.)
2. Las moléculas de gas están separadas por grandes distancias y ocupan un volumen insignificante en comparación con éstas.
3. Las moléculas no ejercen fuerzas unas sobre otras, excepto cuando chocan.

4. Los choques entre las moléculas y con las paredes del recipiente son perfectamente elásticos.

La magnitud de la fuerza que ejerce una molécula de gas sobre la pared del recipiente con la que choca es $F = \Delta p/\Delta t$. Suponiendo que la dirección de la velocidad (v_x) es normal a la pared, la magnitud de la fuerza promedio es

$$F = \frac{\Delta(mv)}{\Delta t} = \frac{mv_x - (-mv_x)}{\Delta t} = \frac{2mv_x}{\Delta t} \qquad (1)$$

Después de chocar contra una pared del recipiente, que por simplicidad supondremos que es un cubo con lados de longitud L, la molécula rebota en línea recta. Supongamos que la molécula llega a la pared opuesta sin chocar con ninguna otra molécula en el camino. Entonces, la molécula recorre la distancia L en un tiempo igual a L/v_x. Después del choque contra esa pared, suponiendo de nuevo que no hay choques en el camino de regreso, el trayecto de ida y vuelta tardará $\Delta t = 2L/v_x$. Por lo tanto, el número de choques por unidad de tiempo de una molécula contra una pared dada es $v_x/2L$, y la fuerza promedio sobre la pared por choques sucesivos es

$$F = \frac{2mv_x}{\Delta t} = \frac{2mv_x}{2L/v_x} = \frac{mv_x^2}{L} \qquad (2)$$

Los movimientos aleatorios de la gran cantidad de moléculas producen una fuerza relativamente constante sobre las paredes; la presión (p) es la fuerza total sobre una pared dividida por el área de la pared:

$$p = \frac{\Sigma F_i}{L^2} = \frac{m(v_{x_1}^2 + v_{x_2}^2 + v_{x_3}^2 + \cdots)}{L^3} \qquad (3)$$

Los subíndices se refieren a moléculas individuales.

El promedio de los cuadrados de las rapideces se determina así:

$$\overline{v_x^2} = \frac{v_{x_1}^2 + v_{x_2}^2 + v_{x_3}^2 + \cdots}{N}$$

donde N es el número de moléculas en el recipiente. En términos de este promedio, podemos escribir la ecuación 3 como

$$p = \frac{Nm\overline{v_x^2}}{L^3} \qquad (4)$$

Sin embargo, los movimientos de las moléculas se dan con igual frecuencia a lo largo de los tres ejes, así que $\overline{v_x^2} = \overline{v_y^2} = \overline{v_z^2}$ y $\overline{v^2} = \overline{v_x^2} + \overline{v_y^2} + \overline{v_z^2} = 3\overline{v_x^2}$. Entonces

$$\sqrt{\overline{v^2}} = v_{\text{rms}}$$

donde v_{rms} es la rapidez efectiva o cuadrática media. Si sustituimos este resultado en la ecuación 4 y reemplazamos L^3 por V (dado que L^3 es el volumen del recipiente cúbico), obtenemos

$$pV = \tfrac{1}{3}Nmv_{\text{rms}}^2 \qquad (5)$$

Este resultado es correcto aunque se ignoraron los choques entre moléculas. Estadísticamente, estos choques se cancelan en promedio, de manera que el número de choques con cada pared es el descrito. Este resultado también es independiente de la forma del recipiente, pero, en este caso, el uso de un cubo simplifica la deducción.

Ahora combinamos este resultado con la ley empírica de los gases perfectos:

$$pV = Nk_BT = \tfrac{1}{3}Nmv_{\text{rms}}^2$$

Entonces, la energía cinética promedio por molécula de gas es proporcional a la temperatura absoluta del gas:

$$\overline{K} = \tfrac{1}{2}mv_{\text{rms}}^2 = \tfrac{3}{2}k_BT \qquad (6)$$

El tiempo de choque es insignificante en comparación con el tiempo entre choques. Algo de la energía cinética se convertirá momentáneamente en energía potencial durante un choque; sin embargo, podemos ignorar esta energía potencial, porque cada molécula pasa un tiempo insignificante chocando. Por lo tanto, con esta aproximación, la energía cinética total es la energía interna del gas, y la energía interna de un gas perfecto es directamente proporcional a su temperatura absoluta.

APÉNDICE III Datos planetarios

Nombre	Radio ecuatorial (km)	Masa (en comparación con la de la Tierra)*	Densidad promedio ($\times 10^3$ kg/m^3)	Gravedad en la superficie (en comparación con la de la Tierra)	Eje semimayor		Periodo orbital		Excentricidad	Inclinación respecto a la elíptica
					$\times 10^6$ km	UA†	Años	Días		
Mercurio	2439	0.0553	5.43	0.378	57.9	0.3871	0.240 84	87.96	0.2056	7°00′26″
Venus	6052	0.8150	5.24	0.894	108.2	0.7233	0.615 15	224.68	0.0068	3°23′40″
Tierra	6378.140	1	5.515	1	149.6	1	1.000 04	365.25	0.0167	0°00′14″
Marte	3397.2	0.1074	3.93	0.379	227.9	1.5237	1.8808	686.95	0.0934	1°51′09″
Júpiter	71 398	317.89	1.36	2.54	778.3	5.2028	11.862	4337	0.0483	1°18′29″
Saturno	60 000	95.17	0.71	1.07	1427.0	9.5388	29.456	10 760	0.0560	2°29′17″
Urano	26 145	14.56	1.30	0.8	2871.0	19.1914	84.07	30 700	0.0461	0°48′26″
Neptuno	24 300	17.24	1.8	1.2	4497.1	30.0611	164.81	60 200	0.0100	1°46′27″
Plutón	1500–1800	0.02	0.5–0.8	~0.03	5913.5	39.5294	248.53	90 780	0.2484	17°09′03″

*Masa del planeta/masa de la Tierra, donde $M_E = 6.0 \times 10^{24}$ kg.

†Unidad astronómica: 1 AU = 1.5×10^8 km, la distancia promedio entre la Tierra y el Sol.

APÉNDICE IV Lista alfabética de elementos químicos (la tabla periódica aparece al final del libro).

Elemento	Símbolo	Número atómico (núm. de protones)	Masa atómica	Elemento	Símbolo	Número atómico (núm. de protones)	Masa atómica	Elemento	Símbolo	Número atómico (núm. de protones)	Masa atómica
Actinio	Ac	89	227.0278	Francio	Fr	87	(223)	Plata	Ag	47	107.8682
Aluminio	Al	13	26.98154	Gadolinio	Gd	64	157.25	Platino	Pt	78	195.08
Americio	Am	95	(243)	Galio	Ga	31	69.72	Plomo	Pb	82	207.2
Antimonio	Sb	51	121.757	Germanio	Ge	32	72.561	Plutonio	Pu	94	(244)
Argón	Ar	18	39.948	Hafnio	Hf	72	178.49	Polonio	Po	84	(209)
Arsénico	As	33	74.9216	Hahnio	Ha	105	(262)	Potasio	K	19	39.0983
Astato	At	85	(210)	Hassio	Hs	108	(265)	Praseodimio	Pr	59	140.9077
Azufre	S	16	32.066	Helio	He	2	4.00260	Prometio	Pm	61	(145)
Bario	Ba	56	137.33	Hidrógeno	H	1	1.00794	Protactinio	Pa	91	231.0359
Berilio	Be	4	9.01218	Hierro	Fe	26	55.847	Radio	Ra	88	226.0254
Berkelio	Bk	97	(247)	Holmio	Ho	67	164.9304	Radón	Rn	86	(222)
Bismuto	Bi	83	208.9804	Indio	In	49	114.82	Renio	Re	75	186.207
Bohrio	Bh	107	(264)	Iridio	Ir	77	192.22	Rodio	Rh	45	102.9055
Boro	B	5	10.81	Iterbio	Yb	70	173.04	Rubidio	Rb	37	85.4678
Bromo	Br	35	79.904	Itrio	Y	39	88.9059	Rutenio	Ru	44	101.07
Cadmio	Cd	48	112.41	Kriptón	Kr	36	83.80	Rutherfordio	Rf	104	(261)
Calcio	Ca	20	40.078	Lantano	La	57	138.9055	Samario	Sm	62	150.36
Californio	Cf	98	(251)	Lawrencio	Lr	103	(260)	Seaborgio	Sg	106	(263)
Carbono	C	6	12.011	Litio	Li	3	6.941	Selenio	Se	34	78.96
Cerio	Ce	58	140.12	Lutecio	Lu	71	174.967	Silicio	Si	14	28.0855
Cesio	Cs	55	132.9054	Magnesio	Mg	12	24.305	Sodio	Na	11	22.989 77
Cloro	Cl	17	35.453	Manganeso	Mn	25	54.9380	Talio	TI	81	204.383
Cobalto	Co	27	58.9332	Meitnerio	Mt	109	(268)	Tantalio	Ta	73	180.9479
Cobre	Cu	29	63.546	Mendelevio	Md	101	(258)	Tecnecio	Tc	43	(98)
Cromo	Cr	24	51.996	Mercurio	Hg	80	200.59	Telurio	Te	52	127.60
Curio	Cm	96	(247)	Molibdeno	Mo	42	95.94	Terbio	Tb	65	158.9254
Disprosio	Dy	66	162.50	Neodimio	Nd	60	144.24	Titanio	Ti	22	47.88
Dubnio	Db	105	(262)	Neón	Ne	10	20.1797	Torio	Th	90	232.0381
Einstenio	Es	99	(252)	Neptunio	Np	93	237.048	Tulio	Tm	69	168.9342
Erbio	Er	68	167.26	Niobio	Nb	41	92.9064	Tungsteno	W	74	183.85
Escandio	Sc	21	44.9559	Níquel	Ni	28	58.69	Uranio	U	92	238.0289
Estaño	Sn	50	118.710	Nitrógeno	N	7	14.0067	Vanadio	V	23	50.9415
Estroncio	Sr	38	87.62	Nobelio	No	102	(259)	Xenón	Xe	54	131.29
Europio	Eu	63	151.96	Oro	Au	79	196.9665	Yodo	1	53	126.9045
Fermio	Fm	100	(257)	Osmio	Os	76	190.2	Zinc	Zn	30	65.39
Flúor	F	9	18.998403	Oxígeno	O	8	15.9994	Zirconio	Zr	40	91.22
Fósforo	P	15	30.973 76	Paladio	Pd	46	106.42				

APÉNDICE V Propiedades de isótopos seleccionados

Número atómico (Z)	Elemento	Símbolo	Número de masa (A)	Masa atómica*	Abundancia (%) o modo de desintegración† (si es radiactivo)	Semivida (si es radiactivo)
0	(Neutrón)	n	1	1.008 665	β^-	10.6 min
1	Hidrógeno	H	1	1.007 825	99.985	
	Deuterio	D	2	2.014 102	0.015	
	Tritio	T	3	3.016 049	β^-	12.33 años
2	Helio	He	3	3.016 029	0.00014	
			4	4.002 603	$\approx$100	
3	Litio	Li	6	6.015 123	7.5	
			7	7.016 005	92.5	

Número atómico (Z)	Elemento	Símbolo	Número de masa (A)	Masa atómica*	Abundancia (%) o modo de desintegración† (si es radiactivo)	Semivida (si es radiactivo)
4	Berilio	Be	7	7.016930	CE, γ	53.3 d
			8	8.005305	2α	6.7×10^{-17} s
			9	9.012183	100	
5	Boro	B	10	10.012938	19.8	
			11	11.009305	80.2	
			12	12.014353	β^-	20.4 ms
6	Carbono	C	11	11.011433	β^+, CE	20.4 ms
			12	12.000000	98.89	
			13	13.003355	1.11	
			14	14.003242	β^-	5730 años
7	Nitrógeno	N	13	13.005739	β^-	9.96 min
			14	14.003074	99.63	
			15	15.000109	0.37	
8	Oxígeno	O	15	15.003065	β^+, CE	122 s
			16	15.994915	99.76	
			18	17.999159	0.204	
9	Flúor	F	19	18.998403	100	
10	Neón	Ne	20	19.992439	90.51	
			22	21.991384	9.22	
11	Sodio	Na	22	21.994435	β^+, CE, γ	2.602 años
			23	22.989770	100	
			24	23.990964	β^-, γ	15.0 h
12	Magnesio	Mg	24	23.985045	78.99	
13	Aluminio	Al	27	26.981541	100	
14	Silicio	Si	28	27.976928	92.23	
			31	30.975364	β^-, γ	2.62 h
15	Fósforo	P	31	30.973763	100	
			32	31.973908	β^-	14.28 d
16	Azufre	S	32	31.972072	95.0	
			35	34.969033	β^-	87.4 d
17	Cloro	Cl	35	34.968853	75.77	
			37	36.965903	24.23	
18	Argón	Ar	40	39.962383	99.60	
19	Potasio	K	39	38.963708	93.26	
			40	39.964000	β^-, CE, γ, β^+	1.28×10^9 años
20	Calcio	Ca	30	39.962591	96.94	
24	Cromo	Cr	52	51.940510	83.79	
25	Manganeso	Mn	55	54.938046	100	
26	Hierro	Fe	56	55.934939	91.8	
27	Cobalto	Co	59	58.933198	100	
			60	59.933820	β^-, γ	5.271 años
28	Níquel	Ni	58	57.935347	68.3	
			60	59.930789	26.1	
			64	63.927968	0.91	
29	Cobre	Cu	63	62.929599	69.2	
			64	63.929766	β^-, β^+	12.7 h
			65	64.927792	30.8	
30	Zinc	Zn	64	63.929145	48.6	
			66	65.926035	27.9	
33	Arsénico	As	75	74.921596	100	
35	Bromo	Br	79	78.918336	50.69	
36	Kriptón	Kr	84	83.911506	57.0	
			89	88.917563	β^-	3.2 min
38	Estroncio	Sr	86	85.909273	9.8	
			88	87.905625	82.6	
			90	89.907746	β^-	28.8 años
39	Itrio	Y	89	89.905856	100	
43	Tecnecio	Tc	98	97.907210	β^-, γ	4.2×10^6 años

Número atómico (Z)	Elemento	Símbolo	Número de masa (A)	Masa atómica*	Abundancia (%) o modo de desintegración† (si es radiactivo)	Semivida (si es radiactivo)
47	Plata	Ag	107	106.905095	51.83	
			109	108.904754	48.17	
48	Cadmio	Cd	114	113.903361	28.7	
49	Indio	In	115	114.90388	95.7; β^-	5.1×10^{14} años
50	Estaño	Sn	120	119.902199	32.4	
53	Yodo	I	127	126.904477	100	
			131	130.906118	β^-, γ	8.04 d
54	Xenón	Xe	132	131.90415	26.9	
			136	135.90722	8.9	
55	Cesio	Cs	133	132.90543	100	
56	Bario	Ba	137	136.90582	11.2	
			138	137.90524	71.7	
			144	143.92273	β^-	11.9 s
61	Prometio	Pm	145	144.91275	CE, α, γ	17.7 años
74	Tungsteno	W	184	183.95095	30.7	
76	Osmio	Os	191	190.96094	β^-, γ	15.4 d
			192	191.96149	41.0	
78	Platino	Pt	195	194.96479	33.8	
79	Oro	Au	197	196.96656	100	
80	Mercurio	Hg	202	201.97063	29.8	
81	Talio	Tl	205	204.97441	70.5	
			210	209.990069	β^-	1.3 min
82	Plomo	Pb	204	203.973044	β^-, 1.48	1.4×10^{17} años
			206	205.97446	24.1	
			207	206.97589	22.1	
			208	207.97664	52.3	
			210	209.98418	α, β^-, γ	22.3 años
			211	210.98874	β^-, γ	36.1 min
			212	211.99188	β^-, γ	10.64 h
			214	213.99980	β^-, γ	26.8 min
83	Bismuto	Bi	209	208.98039	100	
			211	210.98726	α, β^-, γ	2.15 min
84	Polonio	Po	210	209.98286	α, γ	138.38 d
			214	213.99519	α, γ	164 μs
86	Radón	Rn	222	222.017574	α, β	3.8235 d
87	Francio	Fr	223	223.019734	α, β^-, γ	21.8 min
88	Radio	Ra	226	226.025406	α, γ	1.60×10^{3} años
			228	228.031069	β^-	5.76 años
89	Actinio	Ac	227	227.027751	α, β^-, γ	21.773 años
90	Torio	Th	228	228.02873	α, γ	1.9131 años
			232	232.038054	100; α, γ	1.41×10^{10} años
92	Uranio	U	232	232.03714	α, γ	72 años
			233	233.039629	α, γ	1.592×10^{5} años
			235	235.043925	0.72; α, γ	7.038×10^{8} años
			236	236.045563	α, γ	2.342×10^{7} años
			238	238.050786	99.275; α, γ	4.468×10^{9} años
			239	239.054291	β^-, γ	23.5 min
93	Neptunio	Np	239	239.052932	β^-, γ	2.35 d
94	Plutonio	Pu	239	239.052158	α, γ	2.41×10^{4} años
95	Americio	Am	243	243.061374	α, γ	7.37×10^{3} años
96	Curio	Cm	245	245.065487	α, γ	8.5×10^{3} años
97	Berkelio	Bk	247	247.07003	α, γ	1.4×10^{3} años
98	Californio	Cf	249	249.074849	α, γ	351 años
99	Einstenio	Es	254	254.08802	α, γ, β^-	276 d
100	Fermio	Fm	253	253.08518	CE, α, γ	3.0 d

*Las masas en esta tabla corresponden al átomo neutral, incluyendo los electrones Z.

†"CE" significa captura de electrones.

RESPUESTAS A LOS EJERCICIOS DE REFUERZO

Capítulo 1

1.1 L = 10 m.
1.2 Sí, [L] = [L], o sea, m = m.
1.3 *a*) 50 mi/h [(0.447 m/s)/(mi/h)] = 22 m/s.
b) (1 mi/h)(1609 km/mi)(1 h/3600 s) = 0.477 m/s.
1.4 13.3 veces.
1.5 $1\ \text{m}^3 = 10^6\ \text{cm}^3$.
1.6 El europeo. 10 mi/gal ≈ 16 km/4 L = 4 km/L, en comparación con 10 km/L.
1.7 *a*) $7.0 \times 10^5\ \text{kg}^2$ *b*) 3.02×10^2 (sin unidades).
1.8 *a*) 23.70. *b*) 22.09.
1.9 $V = \pi r^2 h = \pi(0.490\ \text{m})^2(1.28\ \text{m}) = 0.965\ \text{m}^3$
1.10 11.6 m.
1.11 Un poco más pronunciado, $\theta = 31.3°$.
1.12 $750\ \text{cm}^3 = 7.50 \times 10^{-4}\ \text{m}^3 \approx 10^{-3}\ \text{m}^3$,
$m = \rho V \approx (10^3\ \text{kg/m}^3)(10^{-3}\ \text{m}^3) = 1\ \text{kg}$.
(Por cálculo directo, $m = 0.79$ kg.)
1.13 $V \approx 10^{-2}\ \text{m}^3$, células/volumen = 10^4 células/mm^3 $(10^9\ \text{mm}^3/\text{m}^3) = 10^{13}$ células/m^3 y (células/volumen) (volumen) ≈ 10^{11} glóbulos blancos.

Capítulo 2

2.1 $\Delta t = (8 \times 5.0\ \text{s}) + (7 \times 10\ \text{s}) = 110\ \text{s}$.
2.2 $s_1 = 2.00$ m/s; $s_2 = 1.52$ m/s; $s_3 = 1.72\ \text{m/s} \neq 0$, aunque la velocidad es cero.
2.3 No. Si la velocidad también es en la dirección negativa, el objeto se acelerará.
2.4 9.0 m/s en la dirección del movimiento original.
2.5 Sí, 96 m. (Mucho más rápido, ¿no?)
2.6 No, siempre más que una variable incógnita.
2.7 No, cambia la posición x_o, pero la distancia de separación es la misma.
2.8 $x = v^2/2a$, $x_B = 48.6$ m y $x_c = 39.6$ m; el Blazer no deberá acercarse a menos de 9.0 m.
2.9 1.16 s más.
2.10 Tiempo para que el billete caiga su longitud = 0.179 s. Esto es menor que el tiempo de reacción medio (0.192 s) calculado en el ejemplo, así que la mayoría de la gente no atrapa el billete.
2.11 $y_u = y_d = 5.12$ m, medido desde la referencia $y = 0$ en el punto donde se soltó.
2.12 Ecuación 2.8′, $t = 4.6$ s; ecuación 2.10′, $t = 4.6$ s.

Capítulo 3

3.1 $v_x = -0.40$ m/s, $v_y = +0.30$ m/s; la distancia no cambia.
3.2 $x = 9.00$ m, $y = 12.6$ m.
3.3 $\vec{\mathbf{v}} = (0)\,\hat{\mathbf{x}} + (3.7\ \text{m/s})\,\hat{\mathbf{y}}$.
3.4 $\vec{\mathbf{C}} = (-7.7\ \text{m})\,\hat{\mathbf{x}} + (-4.3\ \text{m})\,\hat{\mathbf{y}}$.
3.5 *a*) $y_o = +25$ m y $y = 0$; la ecuación es la misma. *b*) $\vec{\mathbf{v}} = (8.25\ \text{m/s})\,\hat{\mathbf{x}} + (-22.1\ \text{m/s})\,\hat{\mathbf{y}}$.
3.6 Ambos aumentan seis veces.
3.7 *a*) Si no, la piedra caería a un lado de la tabla. *b*) No puede aplicarse la ecuación 3.11; las alturas inicial y final no son iguales. $R = 15$ m, muy distinta de la respuesta de 27 m.
3.8 La pelota lanzada a 45°, pues tendría mayor velocidad inicial.
3.9 En la cúspide del arco parabólico, el movimiento vertical del jugador es cero y es muy pequeño a ambos lados de esta altura máxima. Aquí, el componente horizontal de velocidad del jugador domina, y él se mueve horizontalmente, con muy poco movimiento en la dirección vertical. Esto produce la ilusión de estar "suspendido" en el aire.
3.10 a 4.15 m de la red.
3.11 $v_{bs}t = (2.33\ \text{m/s})(225\ \text{m}) = 524\ \text{m}$
3.12 a 14.5° al oeste del norte.

Capítulo 4

4.1 6.0 m/s en la dirección de la fuerza neta.
4.2 *a*) 11 lb. *b*) Peso en libras ≈ 2.2 lb/kg.
4.3 8.3 N
4.4 *a*) 50° por arriba del eje $+x$. *b*) componentes x y y invertidos: $\vec{\mathbf{v}} = (9.8\ \text{m/s})\,\hat{\mathbf{x}} + (4.5\ \text{m/s})\,\hat{\mathbf{y}}$.
4.5 Sí, la atracción gravitacional mutua entre el portafolios y la Tierra.
4.6 *a*) $m_2 > 1.7$ kg. *b*) $\theta < 17.5°$.
4.7 *a*) 7.35 N. *b*) Despreciando la resistencia del aire, 7.35 N, hacia abajo.
4.8 Aumenta. $\tan\theta = \dfrac{T}{mg} = \dfrac{55\ \text{N}}{(5.0\ \text{kg})(9.8\ \text{m/s}^2)} = 1.1$, $\theta = 48°$
4.9 *a*) $F_1 = 3.5w$. Incluso mayor que F_2. *b*) $\Sigma F_y = ma$ y tanto F_1 como F_2 aumentarían.
4.10 $\mu_s = 1.41\mu_k$ (para tres casos de la tabla 4.1).
4.11 No. F varía con el ángulo, siendo el ángulo para la fuerza mínima aplicada aproximadamente de 33° en este caso. (Se requieren fuerzas mayores con 20 y 50°.) En general, el ángulo óptimo depende del coeficiente de fricción.
4.12 La fricción es cinética, y f_k es en la dirección $+x$. La aceleración, en la dirección $-x$.
4.13 La resistencia del aire no sólo depende de la rapidez, sino también del tamaño y la forma. Si la pelota más pesada fuera más grande, tendría una mayor área expuesta para chocar con las moléculas del aire y la fuerza retardadora aumentaría más rápidamente. Dependiendo de la diferencia de tamaño, la pelota más pesada podría alcanzar primero la velocidad terminal, y la más ligera llegaría al suelo antes. O bien, las pelotas podrían alcanzar juntas la velocidad terminal.

Capítulo 5

5.1 −2.0 J
5.2 $d = \dfrac{W}{F\cos\theta} = \dfrac{3.80 \times 10^4\ \text{J}}{(189\ \text{N})(0.866)} = 232\ \text{m}$
5.3 No, la rapidez disminuiría; dejaría de moverse.
5.4 $W_{x_1} = 0.034$ J, $W_x = 0.64$ J (medido desde x_o)
5.5 No, $W_2/W_1 = 4$, o sea, el cuádruple.
5.6 Aquí tenemos $m_s = m_g/2$, igual que antes. Sin embargo, $v_s/\vec{v}_g = (6.0\ \text{m/s})/(4.0\ \text{m/s}) = \frac{3}{2}$. Si usamos una razón, $K_s/K_g = \frac{9}{8}$, así que el defensivo profundo sigue teniendo más energía cinética que el guardia. (También podría obtenerse la respuesta calculando directamente las energías cinéticas, pero cuando se desea una comparación relativa, es más rápido utilizar razones.)
5.7 $W_3/W_2 = 1.4$, o sea, un 40% mayor. Más trabajo, pero un menor incremento porcentual.
5.8 $\Delta U = mgh = (60\ \text{kg})(9.8\ \text{m/s}^2)(1000\ \text{m})\ \text{sen}\ 10° = 10.2 \times 10^4$ J, sí, se duplica.
5.9 $\Delta K_{total} = 0$, $\Delta U_{total} = 0$
5.10 Sin fricción, el líquido se movería de atrás para adelante entre los contenedores.

5.11 9.9 m/s
5.12 No. $E_o = E$, o sea, $\frac{1}{2}mv_o^2 + mgh = \frac{1}{2}mv^2$. La masa se cancela, y la rapidez es independiente de la masa. (Recordemos que, en caída libre, todos los objetos o proyectiles caen con la misma aceleración vertical g; véase la sección 2.5.)
5.13 0.025 m
5.14 *a*) 59% *b*) $E_{\text{perdida}}/t = mg(y/t) = mgv = (60\ mg)$ J/s.
5.15 El bloque se detendrá en el área áspera.
5.16 52%
5.17 *a*) El mismo trabajo en el doble del tiempo. *b*) El mismo trabajo en la mitad del tiempo.
5.18 *a*) No. *b*) Creación de energía.

Capítulo 6

6.1 5.0 m/s. Esto equivale a 18 km/h u 11 mi/h, y un ser humano puede correr con esa rapidez.
6.2 1) El barco tiene la mayor EC 2) La bala tiene la menor EC.
6.3 $(-3.0\ \text{kg}\cdot\text{m/s})\ \hat{\mathbf{x}} + (4.0\ \text{kg}\cdot\text{m/s})\ \hat{\mathbf{y}}$
6.4 Aumentaría a 60 m/s; mayor rapidez, impulso más largo, idealmente. (También hay una consideración direccional.)
6.5 $F_{\text{prom}} = \dfrac{\Delta p}{\Delta t} = \dfrac{-310\ \text{kg}\cdot\text{m/s}}{0.600\ \text{s}} = -517\ \text{N}$
6.6 *a*) Para el sistema m_1/m_2, no, porque una fuerza externa actúa sobre el bloque. Si el sistema m_1/m_2 incluye a la Tierra, sí. Sin embargo, con m_2 pegada a la Tierra, la masa de esta parte del sistema sería mucho mayor que la de m_2, así que su cambio de velocidad sería insignificante. *b*) Suponiendo que la pelota se lanza en la dirección +: para quien la lanza, $v_1 = -0.50$ m/s; para quien la atrapa, $v_a = 0.48$ m/s. Para la pelota: $p = 0$, $+\ 25$ kg · m/s, $+1.2$ kg · m/s.
6.7 No. Se invirtió energía en trabajo para romper el tabique, y una parte se perdió como calor y sonido.
6.8 No.
6.9 No; no puede perderse toda la energía cinética para hacer la abolladura. La cantidad de movimiento después del choque no puede ser cero, porque no era cero inicialmente. Por lo tanto, las esferas deben estar en movimiento y tener energía cinética. Esto también se ve con la ecuación 6.11; $K_f/K_i = m_1/(m_1 + m_2)$, y K_f no puede ser cero (a menos que m_1 sea cero, lo cual no es posible).
6.10 $x_1 = v_1t = (-0.80\ \text{m/s})(2.5\ \text{s}) = -2.0$ m, $x_2 = v_2t = (1.2\ \text{m/s})(2.5\ \text{s}) = 3.0$ m
$\Delta x = x_2 - x_1 = 3.0\ \text{m} - (-2.0\ \text{m}) = 5.0$ m. Los objetos están separados 5.0 m.
6.11 *a*) $\Delta p_1 = p_{1_f} - p_{1_o} = 32\ \text{kg}\cdot\text{m/s} - 40\ \text{kg}\cdot\text{m/s} = -8.0\ \text{kg}\cdot\text{m/s}$
$\Delta p_2 = p_{2_f} - p_{2_o} = 13\ \text{kg}\cdot\text{m/s} - 5.0\ \text{kg}\cdot\text{m/s} = +8.0\ \text{kg}\cdot\text{m/s}$
b) $\Delta p_1 = p_{1_f} - p_{1_o} = (-20\ \text{kg}\cdot\text{m/s}) - (12\ \text{kg}\cdot\text{m/s}) = -32\ \text{kg}\cdot\text{m/s}$
$\Delta p_2 = p_{2_f} - p_{2_o} = (8.0\ \text{kg}\cdot\text{m/s}) - (-24\ \text{kg}\cdot\text{m/s}) = +32\ \text{kg}\cdot\text{m/s}$
6.12 $p_{1_o} = mv_{1_o}$, $p_{2_o} = -mv_{2_o}$ y $p_1 = mv_1 = -mv_{2_o}$,
$p_2 = mv_2 = mv_{1_o}$, así que se conserva $K_i = \dfrac{m}{2}\left(v_{1_o}^2 + v_{2_o}^2\right)$ y
$K_f = \dfrac{m}{2}(v_1^2 + v_2^2) = \dfrac{m}{2}\left[(-v_{2_o})^2 + (v_{1_o})^2\right]$, así que se conserva
6.13 Todas las esferas saldrán empujadas, pero en diferente grado. Con $m_1 > m_2$, la esfera estacionaria (m_2) sale con mayor rapidez después del choque que la de la esfera más pesada (m_1) que llega, y la rapidez de la esfera más pesada se reduce después del choque, según la ecuación 6.16 (véase la figura 6.14b). Por lo tanto, se transfiere un "disparo" de cantidad de movimiento a lo largo de la hilera de esferas de igual masa (véase la figura 6.14a) y la esfera del extremo sale columpiándose con la misma rapidez que se impartió a m_2. Entonces, el proceso se repite: m_1, *que ahora se mueve más lentamente,* choca otra vez con la primera esfera de la fila (m_2) y se transfiere otro disparo de cantidad de movimiento (aunque menor) por la hilera. La nueva esfera final de la hilera recibe menos energía cinética que la que salió columpiándose un instante antes, así que no se columpia a tanta altura. Este proceso se repite instantáneamente para cada esfera, y el resultado observado es que todas las esferas salen columpiándose en distinto grado.
6.14 $X_{\text{CM}} = \dfrac{(\text{igual que en el ejemplo}) + (8.0\ \text{kg})x_4}{(\text{igual que en el ejemplo}) + (8.0\ \text{kg})} =$

$$= \frac{0 + (8.0\ \text{kg})x_4}{19\ \text{kg}} = +1.0\ \text{m}$$

$$x_4 = \left(\frac{19}{8}\right)\text{m} = 2.4\ \text{m}$$

6.15 $(X_{\text{CM}}, Y_{\text{CM}}) = (0.47\ \text{m}, 0.10\ \text{m})$; misma ubicación que en el ejemplo, a dos tercios de la longitud de la barra de m_1. *Nota*: la ubicación del CM no depende del marco de referencia.
6.16 Sí, el CM no se mueve.

Capítulo 7

7.1 1.61×10^3 m = 1.61 km (aproximadamente una milla).
7.2 *a*) 0.35% con 10° *b*) 1.2% con 20°
7.3 *a*) 4.7 rad/s, 0.38 m/s; 4.7 rad/s, 0.24 m/s *b*) Para igualar las distancias recorridas, porque las secciones curvas de la pista tienen diferente radio y, por lo tanto, diferente longitud.
7.4 120 rpm
7.5 *a*) 106 rpm *b*) $a = \sqrt{2}g = 13.9\ \text{m/s}^2$, a 45° bajo el plano de la centrífuga.
7.6 El cordel no puede estar exactamente horizontal; debe formar algún ángulo pequeño con la horizontal, así que habrá un componente hacia arriba de la fuerza de tensión, que equilibre el peso de la pelota.
7.7 No; depende de la masa: $F_c = \mu_s mg$.
7.8 No. Ambas masas tienen la misma frecuencia o rapidez angular ω, y $a_c = r\omega^2$, así que en realidad $a_c \propto r$. Recordemos que, $v = 2\pi r/T$, y que $v_2 > v_1$, con $a_c = v^2/r$.
7.9 $T = 5.2$ N
7.10 *a*) Las direcciones de ω y α serían hacia abajo, perpendiculares al plano del CD. *b*) α negativa, lo que implica que tiene la dirección opuesta a ω.
7.11 $-0.031\ \text{rad/s}^2$
7.12 $2.8 \times 10^{-3}\ \text{m/s}^2$ una fuerza grande, pero una aceleración pequeña).
7.13 $T^2 = \left(\dfrac{4\pi^2}{GM_E}\right)r^3 = \left(\dfrac{4\pi^2}{GM_E}\right)(R_E + h)^3 \approx \left(\dfrac{4\pi^2}{g}\right)R_E \approx 4R_E$
$T = 2\sqrt{R_E} = 2(6.4 \times 10^6\ \text{m})^{\frac{1}{2}} = 5.1 \times 10^3$ s (¿Por qué las unidades no son consistentes?)
7.14 No, no varían linealmente; $\Delta U = 2.4 \times 10^9$ J, un aumento de sólo el 9.1%.
7.15 Ésta es la cantidad de trabajo *negativo* efectuado por una fuerza o agente externo cuando las masas se juntan. Para separar las masas por distancias infinitas, se tendría que efectuar una cantidad igual de trabajo positivo (contra la gravedad).
7.16 $T^2 = \left(\dfrac{4\pi^2}{GM_S}\right)r^3$ y $M_S = \dfrac{4\pi^2 r^3}{GT^2} =$

$$\frac{4\pi^2(1.50 \times 10^{11}\ \text{m})^3}{(6.67 \times 10^{-11}\ \text{N}\cdot\text{m}^2/\text{kg}^2)(3.16 \times 10^7\ \text{s})^2} = 2.00 \times 10^{30}\ \text{kg}$$

Capítulo 8

8.1 $s = r\omega = 5(0.12\text{ m})(1.7) = 0.20\text{ m}$;
$s = v_{CM}t = (0.10\text{ m/s})(2.00\text{ s}) = 0.20\text{ m}$
8.2 El peso de la pelota y el del antebrazo producen momentos de torsión que tienden a producir rotación en la dirección opuesta a la del momento de torsión aplicado.
8.3 Más deformación.
8.4 $T \propto 1/\text{sen}\,\theta$, conforme θ se hace más pequeño, sen θ también, mientras que T aumenta. En el límite, sen sen $\theta \to 0$ y $T \to$ infinito (no es realista).
8.5 $\Sigma\tau$: $Nx - m_1gx_1 - m_2gx_2 - m_3gx_3 = (200\text{ g})g(50\text{ cm}) - (25\text{ g})g(0\text{ cm}) - (75\text{ g})g(20\text{ cm}) - (100\text{ g})g(85\text{ cm}) = 0$, donde $N = Mg$.
8.6 No. Con f_{s_1}, la fuerza de reacción N generalmente no será la misma (f_{s_2} y N son componentes perpendiculares de la fuerza ejercida por la pared sobre la escalera). En este caso, seguimos teniendo $N = f_{s_1}$, pero $Ny - (m_1g)x_1 - (m_mg)x_m - f_{s_2}$, y $x_3 = 0$.
8.7 Estar colgado verticalmente.
8.8 Hombre: torso superior más ligero. Mujer: torso inferior más pesado.
8.9 5 tabiques.
8.10 *d*) No (masas iguales) *e*) Sí; como la masa más grande está más lejos del eje de rotación, $I = 360\text{ kg}\cdot\text{m}^2$.
8.11 La pértiga (o los brazos extendidos) aumenta el momento de inercia porque coloca más masa más lejos del eje de rotación (la cuerda o el riel). Cuando la persona se inclina hacia un lado, un momento de fuerza gravitacional tiende a producir una rotación en torno al eje de rotación, que causa una caída. Sin embargo, con una mayor inercia rotacional (mayor I), la persona tiene tiempo de desplazar su cuerpo de forma que el centro de gravedad esté otra vez sobre la cuerda o el riel y así esté de nuevo en equilibrio (inestable). Con pértigas muy flexibles, el CG podría estar abajo de la cuerda, lo que garantizaría la estabilidad.
8.12 $t = 0.63\text{ s}$
8.13 $\alpha = \dfrac{2\,mg - (2\tau_f R)}{(2m + M)R}$; $\dfrac{\text{N}}{\text{kg}\cdot\text{m}}$; y $\dfrac{\text{N}}{\text{kg}\cdot\text{m}} = \dfrac{\text{kg}\cdot\text{m/s}^2}{\text{kg}\cdot\text{m}} = \dfrac{1}{\text{s}^2}$
8.14 El yoyo rodaría hacia delante y hacia atrás, oscilando en torno al ángulo crítico.
8.15 *a*) 0.24 m *b*) La fuerza de fricción *estática*, f_s, actúa en el punto de contacto, que siempre está instantáneamente en reposo y, por lo tanto, no efectúa trabajo. Podría realizarse un poco de trabajo de fricción gracias a la fricción rodante, pero éste se considera insignificante en el caso de objetos y superficies duros.
8.16 $v_{CM} = 2.2\text{ m/s}$; utilizando una razón, 1.4 veces mayor; no hay energía rotacional.
8.17 Usted ya sabe la respuesta: 5.6 m/s. (No depende de la masa de la pelota.)
8.18 $M_a = 75\text{ kg}\,(0.75) = 56\text{ kg}$. Entonces, $L_1 = 13\text{ kg}\cdot\text{m}^2/\text{s}$ y $L_2 = (1.3\text{ kg}\cdot\text{m}^2)\omega$ [matemáticas no mostradas]. $L_2 = L_1$ o $(1.3\text{ kg}\cdot\text{m}^2)\omega = 13\text{ kg}\cdot\text{m}^2/\text{s}$ y $\omega = 10\text{ rad/s}$

Capítulo 9

9.1 *a*) +0.10% *b*) 39 kg
9.2 2.3×10^{-4} L, o sea, $2.3 \times 10^{-7}\text{ m}^3$
9.3 1) Tener suficientes clavos y 2) que todos tengan la misma altura y no estén muy afilados. Esto podría lograrse limando las puntas de los clavos para tener una superficie "uniforme". Además, esto aumentaría el área eficaz.
9.4 3.03×10^4 N (o 6.82×10^3 lb, ¡unas 3.4 toneladas!) Ésta es aproximadamente la fuerza que actúa en este momento sobre su espalda. Nuestro cuerpo no se aplasta bajo la presión atmosférica porque las células están llenas de fluidos incompresibles (principalmente agua), huesos y músculos, que reaccionan con una presión igual hacia fuera (fuerzas iguales y opuestas). Al igual que lo que sucede con las fuerzas, es una *diferencia* de presión lo que produce efectos dinámicos.
9.5 $d_o = \sqrt{\dfrac{F_o}{F_i}}d_i = \sqrt{\dfrac{1}{10}}(8.0\text{ cm}) = 2.5\text{ cm}$
9.6 La presión en las venas es menor que en las arterias (120/80).
9.7 Conforme el globo se eleva, la fuerza de flotabilidad disminuye como resultado de la disminución de temperatura (menor presión de helio, menos volumen) y el aire menos denso ($F_b = m_fg = \rho_f gV_f$). Cuando la fuerza neta es cero, la velocidad es constante. El efecto de enfriamiento continúa con la altitud, y el globo comenzará a hundirse cuando la fuerza neta sea negativa.
9.8 $r \approx 1.0\text{ m}$. $F_b = \rho gV = \rho g\left(\dfrac{4}{3}\pi r^3\right) =$

$$(0.18\text{ kg/m}^3)\left(\frac{4g\pi}{3}\right)(1.0\text{ m})^3 = 7.4\text{ N, mucho más.}$$

9.9 *a*) El objeto se hundiría, así que la fuerza de flotabilidad es menor que el peso del objeto. Por lo tanto, la báscula daría una lectura mayor que 40 N. Con una densidad mayor, el objeto no sería tan grande y se desplazaría menos agua. *b*) 41.8 N.
9.10 11%
9.11 −18%
9.12 $r = 9.00 \times 10^{-3}\text{ m}, v = \dfrac{\text{constante}}{A} = \dfrac{8.33 \times 10^{-5}\text{ m}^3/\text{s}}{\pi(9.00 \times 10^{-3}\text{ m})^2} =$
0.327 m/s; 23%
9.13 69%
9.14 Al caer el agua, la rapidez (v) aumenta y el área (A) debe disminuir para que Av = constante.
9.15 0.38 m

Capítulo 10

10.1 *a*) 40°C *b*) Seguramente usted sabe la respuesta: es la temperatura a la que las temperaturas Fahrenheit y Celsius son numéricamente iguales.
10.2 *a*) $T_R = T_F + 460$ *b*) $T_R = \frac{9}{5}T_C + 492$ *c*) $T_R = \frac{9}{5}T_K$
10.3 96°C
10.4 273° C; no, no en la Tierra.
10.5 50 C°
10.6 Depende del metal de la barra. Si el coeficiente de expansión térmica (α) de la barra es menor que el del hierro, no se expandirá tanto y no será tan larga como el diámetro del anillo circular después de calentarse. En cambio, si α de la barra es mayor que la del hierro, la barra se expandirá más que el anillo y éste se distorsionará.
10.7 Básicamente, las situaciones se invertirían. Se lograría un enfriamiento más rápido sumergiendo el hielo en el ejemplo 10.7: el agua más fría sería menos densa y subiría, lo que promovería el mezclado. En el caso de un lago con enfriamiento en la superficie, agua más fría y menos densa permanecería en la superficie hasta alcanzarse la densidad mínima. Con un enfriamiento posterior, el agua más densa se hundiría y el congelamiento sería del fondo hacia arriba.
10.8 $v_{efectiva}$, 1.69%; K, 3.41%.
10.9 La energía cinética rotacional del oxígeno es la diferencia entre las energías totales, 2.44×10^3 J. El oxígeno es menos masivo y, por lo tanto, su $v_{efectiva}$ es mayor.

Capítulo 11

11.1 2.84×10^3 m
11.2 12.5 kg
11.3 *a*) La razón será menor porque el calor específico del aluminio es mayor que el del cobre. *b*) $Q_w/Q_{olla} = 15.2$.
11.4 Cabe esperar que la temperatura final (T_f) sea más alta porque el agua estaba a una temperatura inicial más alta. $T_f = 34.4°C$
11.5 -1.09×10^5 J (negativo porque se pierde calor)
11.6 *a*) 2.64×10^{-2} kg = 26.4 g de hielo se derrite. *b*) La temperatura final sigue siendo 0°C porque el hígado no logra perder suficiente calor para derretir todo el hielo, aunque este último estuviera inicialmente a 0°C. El resultado final es un sistema hielo/agua/hígado a 0°C, pero con más agua que en el ejemplo.
11.7 1.1×10^5 J/s (diferencia que se debe al redondeo)
11.8 No, porque los espacios de aire aíslan mejor, ya que el aire es mal conductor. Las numerosas "bolsas" de aire entre el cuerpo y la prenda exterior forman una capa aislante que reduce la conducción y así se retarda la pérdida de calor corporal. (Hay poca convección porque los espacios son pequeños.)
11.9 *a*) -1.5×10^2 J/s o -1.5×10^2 W *b*) Las enormes orejas tienen una gran área de superficie, así que es posible irradiar más calor.
11.10 Las cortinas reducen la pérdida de calor porque limitan la radiación a través de la ventana y evitan que las corrientes de convección lleguen al vidrio.

Capítulo 12

12.1 0.20 kg
12.2 En ambos casos, el flujo de calor es hacia el gas. Durante la expansión isotérmica, $Q = W = +3.14 \times 10^3$ J. Durante la expansión isobárica, $W = +4.53 \times 10^3$ J y $\Delta U = +6.80 \times 10^3$ J, así que $Q = \Delta U + W = +1.13 \times 10^4$ J.
12.3 753° C
12.4 Cuando el aire llega a menores alturas y mayores presiones, se comprime rápidamente. Este proceso es aproximadamente adiabático, lo que hace que la temperatura del aire aumente.
12.5 *a*) 142 K o $-131°C$ *b*) Para un gas monoatómico, $\Delta U = (3/2)\, nR\Delta T = -3.76 \times 10^3$ J. Esto deberá ser igual a $-W$ porque, para un proceso adiabático, $Q = 0 = \Delta U + W$; por tanto, $\Delta U = -W$. La ligera diferencia se debe al redondeo.
12.6 -1.22×10^3 J/K
12.7 Un cambio total de entropía de cero requiere $|\Delta S_w| = |\Delta S_m|$ o $|Q_w/T_w| = |Q_m/T_m|$. Puesto que el sistema está aislado, las magnitudes de los dos flujos de calor *deben* ser iguales, $|Q_w| = |Q_m|$. Por lo tanto, para que la entropía total no cambie, el agua y el metal deben tener la misma temperatura media, $\overline{T}_w = \overline{T}_m$. Esto no es posible, a menos que inicialmente estén a la *misma* temperatura. Por esa razón, sólo puede suceder si no hay flujo de calor neto.
12.8 Si se conservan las características básicas del ciclo (forma triangular, aumento de volumen al doble), una forma de aumentar el trabajo neto (el área dentro del ciclo) sería bajar la presión aún más al final del segmento isométrico. Si se permite que el volumen aumente a más del doble durante la expansión isobárica, se obtendría el mismo resultado. Cualquier cosa que aumente el área neta (trabajo) funcionaría.
12.9 *a*) 150 J/ciclo *b*) 850 J/ciclo.
12.10 $Q_{34} = 610$ J y $Q_{23} = 730$ J, por lo tanto, $Q_c = Q_{23} + Q_{34} = 1.34 \times 10^3$ J. Esto concuerda con $Q_c = Q_h - W_{neto} = 59 \times 10^3\ \text{J} - 245\ \text{J} = 1.35 \times 10^3$ J (dentro del margen de error de redondeo).
12.11 *a*) Los nuevos valores son $CDD_{ref} = 3.3$ y $CDD_{hp} = 4.3$. *b*) El CDD del acondicionador de aire tiene el mayor aumento porcentual.
12.12 Tendría un aumento del 7.5%.

Capítulo 13

13.1 No, su rapidez máxima es $(\sqrt{k/m})A = 4.0$ m/s. Por lo tanto, viaja al 75% de su rapidez máxima.
13.2 0.49 J
13.3 1) $y = -0.0881$ m, hacia arriba. $n = 0.90$. 2) $y = 0$, subiendo. $n = 1.5$.
13.4 9.76 m/s^2; no. Puesto que es menor que el valor aceptado al nivel del mar, el parque probablemente está situado a una altitud por encima del nivel del mar.
13.5 *a*) 0.50 m *b*) 0.10 Hz
13.6 440 Hz
13.7 Aumentar la tensión (en 44%, como puede calcularse).

Capítulo 14

14.1 *a*) 2.3 *b*) 10.2
14.2 $v = (331 + 0.6T_C)$ m/s $= [331 + 0.6(38°)] = 354$ m/s Aumenta.
14.3 Sería máxima en He, porque tiene la mínima masa molecular. (Sería mínima en oxígeno, que tiene la mayor masa molecular.)
14.4 *a*) La escala de dB es logarítmica, no lineal.
b) 3.16×10^{-6} W/m^2
14.5 No, $I_2 = (316)I_1$
14.6 65 dB
14.7 Interferencia destructiva: $\Delta L = 2.5\lambda = 5(\lambda/2)$ y $m = 5$. No se oiría sonido si las ondas procedentes de las bocinas tuvieran igual amplitud. Por supuesto, durante un concierto el sonido no sería de tonos de frecuencia única, sino que tendría una diversidad de frecuencias y amplitudes. Los asistentes ubicados en determinados lugares podrían no oír ciertas partes del espectro audible, pero posiblemente no lo notarían.
14.8 Hacia, 431 Hz; alejándose, 369 Hz.
14.9 Con la fuente y el observador viajando en la misma dirección y con la misma velocidad, su velocidad relativa sería cero. Esto es, el observador consideraría que la fuente es estacionaria. Como la rapidez de la fuente y el observador es subsónica, el sonido de la fuente pasaría al observador sin desplazar su frecuencia. En general, para movimientos que intervienen en un corrimiento de Doppler, la palabra *hacia* se asocia con un *aumento* en la frecuencia, y *alejándose* se asocia con una *disminución* en la frecuencia. En este caso, la fuente y el observador permanecen alejados una distancia constante. (¿Qué sucedería si las velocidades fueran supersónicas?)
14.10 768 Hz; sí.
14.11 $f_1 = \dfrac{v}{4L} = \dfrac{353\ \text{m/s}}{4(0.0130\ \text{m})} = 6790\ \text{Hz}$

Capítulo 15

15.1 1.52×10^{-20} %
15.2 No; si el peine fuera positivo, polarizaría al papel a la inversa y lo seguiría atrayendo.
15.3 $\vec{\mathbf{F}}_1$ tiene una magnitud de 3.8×10^{-7} N a un ángulo de 57° sobre el eje x positivo. El notación vectorial unitaria: $\vec{\mathbf{F}}_1 = (-0.22\ \mu\text{N})\,\hat{\mathbf{x}} + (0.32\ \mu\text{N})\,\hat{\mathbf{y}}$.
15.4 0.12 m o 12 cm.

15.5 $\frac{F_e}{F_g} = \frac{ke^2}{Gm_e^2} = 4.2 \times 10^{42}$ o $F_e = 4.2 \times 10^{42} F_g$. La magnitud de la fuerza eléctrica es la misma que la que hay entre un protón y un electrón (en el ejemplo) porque tienen la misma (magnitud) carga en ellos. Sin embargo, la fuerza gravitacional se reduce porque las masas que se atraen son dos electrones más que un electrón y un protón mucho más masivo.
15.6 El campo es cero hacia la izquierda de q_1 en $x = -0.60$ m.
15.7 $\vec{E} = (-797 \text{ N/C})\,\hat{x} + (359 \text{ N/C})\,\hat{y}$ o $E = 874$ N/C a un ángulo de 24.2° por encima del eje x negativo.
15.8 En los tres lugares hay dos campos a considerar que se suman vectorialmente: uno que sale del extremo positivo y el otro del extremo negativo del dipolo. *a*) Aquí, el mayor de los dos campos es el del extremo positivo más cercano y apunta hacia arriba. El campo más pequeño, que se debe al extremo negativo, apunta hacia abajo, así que la dirección del campo es hacia arriba alejándose del extremo positivo. *b*) Aquí el mayor de los dos campos es el del extremo negativo más cercano y apunta hacia arriba. El campo más pequeño, que se debe al extremo positivo, apunta hacia abajo, por lo que la dirección del campo es hacia arriba y hacia el extremo negativo. *c*) Aquí ambos campos apuntan hacia abajo, así que el campo neto es hacia abajo, alejándose del extremo positivo y hacia el extremo negativo.
15.9 *a*) El campo eléctrico apunta hacia arriba, del suelo a la nube. *b*) 2.3×10^3 C.
15.10 La carga positiva estaría por completo en la superficie externa, así que sólo el electroscopio conectado con la superficie exterior mostraría desviación.
15.11 Su signo es negativo, porque las líneas del campo eléctrico apuntan hacia las cargas negativas, y todas están dentro en relación con la superficie gaussiana.

Capítulo 16

16.1 *a*) ΔU_e se duplicaría a $+7.20 \times 10^{-18}$ J porque la carga de la partícula se duplica. *b*) ΔV no cambia porque no está en relación con la partícula. *c*) $v = 4.65 \times 10^4$ m/s.
16.2 6.63×10^7 m/s
16.3 *a*) Se movió más desde una carga positiva (el protón) y, por consiguiente, se movió a una región de menor potencial eléctrico. *b*) $\Delta U_e = +3.27 \times 10^{-18}$ J.
16.4 $U_{CO} = -3.27 \times 10^{-19}$ J. Es menos estable, porque se necesitaría menos trabajo para romperla, que para la molécula de agua.
16.5 *a*) 2.22 m. *b*) La más cercana a la superficie terrestre tiene mayor potencial. *c*) No, sólo es posible conocer la distancia de separación entre las dos superficies, no su ubicación absoluta.
16.6 *a*) La superficie 1 está a mayor potencial que la superficie 2 porque está más cerca de la superficie con carga positiva. *b*) Cuando está muy lejos, el objeto cargado "parece" una carga puntual, por lo que las superficies equipotenciales se vuelven esféricas en forma gradual, conforme aumenta la distancia al objeto.
16.7 $d = 8.9 \times 10^{-16}$ m, que es mucho menor que el diámetro de un átomo (o un núcleo para esa materia). Por consiguiente, este diseño es completamente impráctico.
16.8 7.90×10^3 V
16.9 La capacitancia disminuye conforme la separación d aumenta. Como el voltaje a través del condensador permanece constante, esto significa que la carga en él tendría que disminuir; por lo tanto, la carga fluiría alejándose del condensador. $\Delta Q = -3.30 \times 10^{-12}$ C.
16.10 $U_{\text{paralelo}} = 1.20 \times 10^{-4}$ J y $U_{\text{serie}} = 5.40 \times 10^{-4}$ J, así que el arreglo en paralelo almacena más energía.
16.11 *a*) $Q_1 = 8.0 \times 10^{-7}$ C; $Q_2 = 1.6 \times 10^{-6}$ C; $Q_3 = 2.4 \times 10^{-6}$ C. *b*) $U_1 = 3.2 \times 10^{-6}$ J; $U_2 = 6.4 \times 10^{-6}$ J; $U_3 = 4.8 \times 10^{-6}$ J

Capítulo 17

17.1 El resultado es el mismo; esto es, $V_{AB} = V$.
17.2 Aproximadamente 32 años.
17.3 100 V.
17.4 Nuestra suposición es que $R = \frac{\rho L}{A}$. Por lo tanto, si la resistividad se duplicara y la longitud se redujera a la mitad, el numerador permanecería igual. Si el diámetro se redujera a la mitad, el área disminuiría por un factor de 4. El resultado neto de estos cambios es que la resistencia aumenta por un factor de 4, hasta $3.0 \times 10^3\ \Omega$. De esta forma, $I = \frac{V}{R} = \frac{400 \text{ V}}{3.0 \times 10^3\ \Omega} = 0.133$ A.
17.5 $R = 0.67\ \Omega$. El material con el mayor coeficiente térmico de resistividad permite hacer un termómetro más sensible porque produce un mayor cambio (y, por consiguiente, más preciso de medir) en la resistencia para un cambio de temperatura dado.
17.6 El calor necesario es $Q = mc\Delta T = 1.67 \times 10^5$ J. Así que la salida de potencia del calentador necesita ser

$P = \frac{Q}{t} = \frac{1.67 \times 10^5 \text{ J}}{180 \text{ s}} = 930$ W. Como esto lo suministra el calentamiento de joule, tenemos $R = \frac{V^2}{P} = \frac{(120 \text{ V})^2}{1.67 \times 10^5 \text{ J}} = 15.5\ \Omega$.
17.7 *a*) $R_1 = \frac{V^2}{P_1} = \frac{(115 \text{ V})^2}{1200 \text{ W}} = 11.0\ \Omega$ y

$R_2 = 0.900R_1 = 9.92\ \Omega$. *b*) $I_1 = \frac{V}{R_1} = \frac{115 \text{ V}}{11.0\ \Omega} = 10.5$ A

e $I_2 = 1.11 I_1 = 11.6$ A.
17.8 8.3 horas.
17.9 En el mejor de los casos, las centrales producen energía eléctrica con eficiencias de 35% (sin tener en cuenta pérdidas por transmisión). Así, en términos de combustibles primarios, la eficiencia máxima de cualquier electrodoméstico es del 35%. Sin embargo, el gas natural se entrega esencialmente sin pérdidas de energía. En el punto de entrega, se quema y puede entregar, por lo menos teóricamente, hasta el 100% de su contenido calorífico para la tarea en cuestión. Por ejemplo, un calentador de agua bien aislado será capaz de absorber aproximadamente el 95% de la energía calorífica que se le entrega. Por lo tanto, la eficiencia eléctrica global sería de 0.95 (35%) o aproximadamente el 34%. Para la versión de gas, la eficiencia sería del 95%.

Capítulo 18

18.1 *a*) En serie: $P_1 = 4.0$ W, $P_2 = 8.0$ W, $P_3 = 12.0$ W. En paralelo: $P_1 = 14 \times 10^2$ W, $P_2 = 72$ W, $P_3 = 48$ W. *b*) En serie, la mayor parte de la potencia se disipa en la resistencia mayor. En paralelo, la mayor parte de la potencia se disipa en la resistencia menor. *c*) En serie: la potencia total del resistor es 24 W, y $P_b = I_b V_b = (2.0 \text{ A})(12 \text{ V}) = 24$ W, de manera que sí, como se requiere de acuerdo con la conservación de energía. En paralelo: la potencia total del resistor es $P_{\text{tot}} = 2.6 \times 10^2$ W, y $P_b = I_b V_b = (22 \text{ A})(12 \text{ V}) = 2.6 \times 10^2$ W (con dos cifras significativas), de manera que sí, como se requiere de acuerdo con la conservación de energía.

18.2 *a*) El voltaje a través del receptáculo abierto será 120 V. *b*) El voltaje a través de las demás bombillas será cero.

18.3 $P_1 = I_1^2R_1 = 54.0$ W, $P_2 = I_2^2R_2 = 9.0$ W, $P_3 = I_3^2R_3 = 0.87$ W, $P_4 = I_4^2R_4 = 2.55$ W y $P_5 = I_5^2R_5 = 5.63$ W. Su suma es 72.1 W redondeada a tres cifras significativas. Existe acuerdo sobre la potencia de salida de la batería (diferencia que se debe al redondeo), esto es, $P_b = I_bV_b = (3.00\text{ A})(24.0\text{ V}) = 72.0$ W.

18.4 *a*) Si aumenta R_2, entonces aumenta la resistencia equivalente de R_2 en paralelo y aumenta R_1. Por consiguiente, la resistencia total del circuito aumenta y produce una reducción de la corriente total por el circuito. Como la corriente en R_3 es igual que la corriente total, I_3 debe disminuir. Entonces V_3 debería disminuir. Por consiguiente, V_1 y V_2 deberían aumentar porque son iguales, y $V = V_2 + V_3 =$ constante. Como R_1 no ha cambiado, I_1 debe aumentar a causa del aumento de voltaje. Como I_3 disminuye e I_1 aumenta, se debe cumplir (a partir de $I_3 = I_1 + I_2$) que I_2 disminuye. *b*) Al recalcular se confirman estas predicciones: $I_1 = 0.51$ A (aumenta), $I_2 = 0.38$ A (disminuye) e $I_3 = 0.89$ A (disminuye).

18.5 En el de la unión se sigue cumpliendo $I_1 = I_2 + I_3$ (ecuación 1). Se aplica el teorema de la malla en torno al circuito 3, en sentido de las manecillas del reloj (todos los números son volts, que se eliminaron por conveniencia): $6 - 6I_1 - 9I_2 = 0$ (ecuación 2). Para la malla 1, el resultado es $6 - 6I_1 - 12 - 2I_3 = 0$ (ecuación 3). Se despeja I_2 de la ecuación 1 y se sustituye en la ecuación 2. A continuación se resuelven simultáneamente las ecuaciones 2 y 3, para obtener I_1 e I_3. Todas las respuestas son las mismas del ejemplo, como debe ser.

18.6 *a*) El almacenamiento máximo de energía a 9.00 V es 4.05 J. A 7.20 V, el condensador sólo almacena 2.59 J, el 64% del máximo. Esto se debe a que el almacenamiento de energía varía como el *cuadrado* del voltaje a través del condensador, y $0.8^2 = 0.64$. *b*) 8.64 V, porque el voltaje no aumenta linealmente, sino en forma exponencial.

18.7 10 A.

18.8 0.20 mA.

Capítulo 19

19.1 Al este, porque al cambiar tanto la dirección de la velocidad como el signo de la carga, la dirección permanece igual.

19.2 *a*) Aplicando la regla de fuerza de la mano derecha, el protón se desviaría inicialmente en dirección de x negativa. *b*) 0.10 T.

19.3 0.500 V

19.4 *a*) En los polos, el campo magnético es perpendicular al suelo. Como la corriente es paralela al suelo, de acuerdo con la regla de la mano derecha para la fuerza, la fuerza sobre el alambre estaría en un plano paralelo al suelo. Por esa razón, no podría anular la fuerza de la gravedad, que es hacia abajo. *b*) La masa del alambre es 0.041 g, demasiado baja para ser realista.

19.5 *a*) A 45°, el momento de torsión es 0.269 m· N, o 70.7% del momento de torsión máximo. *b*) 30°.

19.6 *a*) Sur *b*) 75 A.

19.7 1500 vueltas.

19.8 *a*) La fuerza se vuelve repulsiva. Demuestre esto aplicando las reglas de la mano derecha para fuentes y para fuerzas. *b*) 0.027 m o 27 mm.

19.9 La permeabilidad sólo tendría que ser el 40% del valor en el ejemplo, o $\mu \geq 480\mu_o = 6.0 \times 10^{-4}\text{ T}\cdot\text{m/A}$.

Capítulo 20

20.1 *a*) En sentido de las manecillas del reloj. *b*) 0.335 mA.

20.2 En cualquier forma que aumente el flujo por ejemplo aumentando el área de la espira o la cantidad de vueltas. También ayudaría cambiar a una resistencia menor.

20.3 7.36×10^{-4} T

20.4 1.5 m/s

20.5 0.28 m

20.6 *a*) 6.1×10^3 J *b*) 5.0×10^3 J de manera que se emplea energía unas 12 veces mayor durante el arranque.

20.7 *a*) Se usaría como transformador de subida, porque los electrodomésticos en Europa se diseñan para funcionar a 240 V, que es el doble del voltaje que se usa en Estados Unidos (120 V). *b*) La corriente de salida sería 1500 W/240 V o 6.25 A. Por lo tanto, la corriente de entrada sería de 12.5 A. (El voltaje subiría por un factor de dos, así que la corriente de entrada es el doble de la corriente de salida.)

20.8 *a*) Los mayores voltajes permiten utilizar menores corrientes. Esto, a la vez, reduce las pérdidas en calor de joule en las líneas de transmisión y en los devanados de los motores, y hace que sea mayor la energía disponible para hacer trabajo mecánico, con lo cual aumenta la eficiencia. *b*) Como el voltaje se duplica, la corriente se reduce a la mitad. La pérdida de calor en el conductor es proporcional al *cuadrado* de la corriente. Entonces, las pérdidas se reducen por un factor de 4, al 25% de su valor a 120 V.

20.9 0.38 cm/s.

20.10 *a*) Al aumentar la distancia, la intensidad luminosa del Sol (energía por segundo por unidad de área) baja. Así lo hace la fuerza que se debe a la presión lumínica sobre la vela. A la vez, se reduciría la aceleración de la embarcación. *b*) Se necesitaría aumentar de alguna manera el área de la vela, para captar más luz.

Capítulo 21

21.1 *a*) 0.25 A *b*) 0.35 A *c*) $9.6 \times 10^2\ \Omega$, mayor que los 240 Ω que requiere una bombilla de la misma potencia en Estados Unidos. El voltaje en Gran Bretaña es mayor que en Estados Unidos. Así que para mantener constante la corriente, se debe reducir la corriente empleando una resistencia mayor.

21.2 Si la resistencia del electrodoméstico es constante, la potencia aumentará cuatro veces, porque $P \propto V^2$. Aun cuando se aumente la resistencia, es probable que la potencia sea mucho mayor que aquella para la cual se diseñó el electrodoméstico, por eso es posible que este último se queme o, al menos, queme un fusible.

21.3 *a*) $\sqrt{2}(120\text{ V}) = 170$ V *b*) 120 Hz

21.4 *a*) $\sqrt{2}(2.55\text{ A}) = 3.61$ A *b*) 180 Hz

21.5 *a*) La corriente aumentaría a 0.896 A. *b*) El condensador es responsable; con un aumento en la frecuencia, disminuye X_c. Como la resistencia es independiente de la frecuencia, permanece constante y baja la Z general.

21.6 *a*) En un circuito RLC, el ángulo de fase ϕ depende de la diferencia $X_L - X_c$. Si se aumenta la frecuencia, X_L aumenta y X_c disminuye, por lo que aumenta su diferencia, al igual que ϕ. *b*) $\phi = 84.0°$, el aumento que se esperaba.

21.7 6.98 W

21.8 *a*) Si un receptor está sintonizado a una frecuencia comprendida *entre* las frecuencias de las dos estaciones, no se recibe la señal de intensidad máxima de ninguna de las estaciones, pero podría haber la potencia suficiente como para oír las dos en forma simultánea. *b*) 651 kHz.

Capítulo 22

22.1 La luz viaja en línea recta y es reversible. Si uno puede ver a alguien en un espejo, esa persona lo puede ver a uno. A la inversa, si no se puede ver en el espejo del camión, el conductor no puede ver la imagen de uno en el espejo, y no sabe que su automóvil está detrás del camión.
22.2 $n = 1.25$ y $\lambda_m = 400$ nm
22.3 De acuerdo con la ley de Snell, $n_2 = 1.24$, así que $v = c/n_2 = 2.42 \times 10^8$ m/s.
22.4 Con una n mayor, θ_2 es menor, por lo que la luz refractada dentro del vidrio se acerca a la parte izquierda inferior. Entonces, el desplazamiento lateral es mayor. 0.72 cm.
22.5 *a*) La frecuencia de la luz no cambia en los distintos medios, por lo que la luz que sale tiene la misma frecuencia que la de la fuente. *b*) La longitud de onda en el aire es independiente de los medios agua y vidrio, como se puede demostrar agregando otra etapa (oro medio) a la solución del ejemplo. Según el análisis inverso, $\lambda_{aire} = n_{agua}\lambda_{agua} = (c/v_{agua})\lambda_{agua} = c/f$. Por consiguiente, la longitud de onda en el aire es c/f.
22.6 A causa de las reflexiones totales internas, el clavadista no puede ver lo que esté por encima del agua. En lugar de ello vería la reflexión de algo en los lados y/o el fondo de la piscina. (Haga el seguimiento inverso de los rayos.)
22.7 $n = 1.4574$. La luz verde se refracta más que la roja, porque el verde tiene menor longitud de onda, por lo que su n es mayor que el de la luz roja. De acuerdo con la ley de Snell, el verde tiene menor ángulo de refracción, por lo que se refracta más.

Capítulo 23

23.1 No tiene efecto. Observe que la solución del ejemplo no incluye la distancia. La geometría de esta situación es igual, independientemente de la distancia al espejo.
23.2 $d_i \approx 60$ cm; real, invertida y aumentada.
23.3 $d_i = d_o$ y $M = -1$; real, invertida y del mismo tamaño
23.4 La imagen siempre es derecha y de menor tamaño que el objeto.
23.5 $d_i = -20$ cm (frente a la lente); virtual, derecha y aumentada.
23.6 $d_o = 2f = 24$ cm
23.7 Al bloquear la mitad de la lente, llega la mitad de la *cantidad* de luz al plano de la imagen, así que la imagen resultante será menos brillante, pero será completa.
23.8 La imagen siempre es derecha y de menor tamaño que el objeto.
23.9 A 3 cm detrás de L_2; real, invertida y de menor tamaño que el objeto ($M_{total} = -0.75$)
23.10 Si la lente se sumergiera en agua, la ecuación 23.8 debería modificarse a $\frac{1}{f} = (n/n_m - 1)\left(\frac{1}{R_1} + \frac{1}{R_2}\right)$, donde $n_m = 1.33$ (agua). Como $n = 1.52 > n_m = 1.33$, la lente sigue siendo convergente. $P = \frac{1}{f} = (1.52/1.33 - 1)\left(\frac{1}{0.15\text{ m}} + \frac{1}{-0.20\text{ m}}\right)$

$$= 0.238\ 1/\text{m} = 0.238\text{ D. } f = \frac{1}{0.238\ 1/\text{m}} = 4.20\text{ m.}$$

Capítulo 24

24.1 $\Delta y = y_r - y_b = 1.2 \times 10^{-2} = 1.2$ cm
24.2 doble espesor, $t = 199$ nm
24.3 En los instrumentos de metal, el sonido sale de una abertura relativamente grande y abocinada. Por consiguiente, hay poca difracción y entonces la mayor parte de la energía se irradia hacia delante. En los de viento, gran parte del sonido sale de agujeros de tono a lo largo de la columna del instrumento. Esos agujeros son pequeños en comparación con la longitud de onda del sonido, por lo que la difracción es apreciable. El resultado es que el sonido se irradia casi en todas direcciones, incluso hacia atrás.
24.4 Aumentaría el ancho por un factor de $700/550 = 1.27$.
24.5 $\Delta\theta_2 = \theta_2(700\text{ nm}) - \theta_2(400\text{ nm}) = 44.4° - 23.6° = 20.8°$.
24.6 45°
24.7 $\theta_2 = 41.2°$
24.8 589 nm; amarillo.

Capítulo 25

25.1 No funcionaría; se formaría una imagen real en el lado de la lente que da hacia la persona ($d_i = +0.75$ m).
25.2 Para un objeto a $d_o = 25$ cm, la imagen se formaría a 1.0 m para el ojo 1, más allá del punto cercano de ese ojo, por lo que el objeto se podría ver con claridad. La imagen para el ojo 2 se formaría a 0.77 m, es decir, dentro del punto cercano para ese ojo, por lo que el objeto no se vería con claridad.
25.3 La lupa para ver en el punto cercano, 2.0 cm mayor.
25.4 La longitud aumenta al doble.
25.5 $f_i = 8.0$ cm
25.6 La lente erectora (de distancia focal f_e) debería estar entre el objetivo y el ocular, a una distancia $2f_e$ de la imagen que forma el objetivo, la cual a su vez hace las veces de objeto. La lente erectora produce entonces una imagen invertida del mismo tamaño a la distancia $2f_e$ del lado opuesto de ella, y esa imagen constituye el objeto para el ocular. El uso de la lente erectora alarga el telescopio la longitud $4f_e$.
25.7 3.4×10^{-7} rad, un orden de magnitud mejor que los 10^{-6} rad característicos.
25.8 2.9 cm

RESPUESTAS A LOS EJERCICIOS CON NÚMERO IMPAR

Capítulo 1

1. *c)*
3. *b)*
5. Porque no hay cantidades fundamentales y todas las demás cantidades se obtienen a partir de las fundamentales.
7. El día solar medio reemplazó la definición original de segundo. No, ahora se utilizan los relojes atómicos.
9. *b)*
11. *a)*
13. no, sí
15. La tonelada métrica se define como la masa de 1 m^3 de agua. 1 m^3 = 1000 L y 1 L de agua tiene una masa de 1 kg. Así que una tonelada métrica equivale a 1000 kg.
17. ***a)*** Se utilizan diferentes onzas para hacer mediciones de volumen y de peso. 16 oz = 1 pt es una medida de volumen y 16 oz = 1 lb es una medida de peso. ***b)*** Se emplean dos diferentes unidades de libra. Libra avoirdupois = 16 oz, lb troy = 12 oz.
19. *d)*
21. *a)*
23. No, el análisis unitario sólo indica si las dimensiones son correctas.
25. (Longitud) = (Longitud) + (Longitud)/(Tiempo)×(Tiempo) = (Longitud) + (Longitud)
27. $m^2 = (m)^2 = m^2$
29. no, $V = \pi d^3/6$
31. a: 1/m; b: adimensional; c: m
33. kg/m^3
35. El primer estudiante, porque $m/s = \sqrt{(m/s^2)(m)} = \sqrt{m^2/s^2} = m/s$.
37. ***a)*** $kg \cdot m^2/s$ ***b)*** La unidad de $L^2/(2mr^2)$ es $(kg \cdot m^2/s)^2/(kg \cdot m^2) = kg \cdot m^2/s^2$, que es la unidad de energía cinética, K. ***c)*** $kg \cdot m^2$
39. *c)*
41. *c)*
43. Sí, al multiplicar o dividir debe haber consistencia con las unidades.
45. 39.6 m
47. 37 000 000 de veces
49. ***a)*** 91.5 m por 48.8 m ***b)*** 27.9 cm a 28.6 cm
51. 0.78 mi
53. ***a)*** (1) 1 m/s ***b)*** 33.6 mi/h
55. ***a)*** 77.3 kg ***b)*** 0.0773 m^3 o aproximadamente 77.3 L
57. 6.5×10^3 L/día
59. ***a)*** 59.1 mL ***b)*** 3.53 oz
61. 6.1 cm
63. ***a)*** 1.5×10^5 m^3 ***b)*** 1.5×10^8 kg ***c)*** 3.3×10^8 lb
65. *a)*
67. *b)*
69. No, siempre hay un dígito dudoso, el último.
71. 5.05 cm; 5.05×10^{-1} dm; 5.05×10^{-2} m.
73. ***a)*** 4 ***b)*** 3 ***c)*** 5 ***d)*** 2
75. ***b)*** y ***d)***. ***a)*** tiene cuatro y ***c)*** tiene seis.
77. 32 ft^3
79. ***a)*** (2) tres, puesto que la altura sólo tiene tres cifras significativas. ***b)*** 469 cm^2
81. ***a)*** (1) cero, porque 38 m carece de lugares decimales. ***b)*** 15 m
83. *a)*
85. *d)*
87. todos los seis pasos, como están listados en el capítulo.
89. Se espera que la precisión de la respuesta esté dentro de un orden de 10.
91. 100 kg
93. ***a)*** 8.72×10^{-3} cm ***b)*** aproximadamente 10^{-2} cm
95. 0.87 m
97. la misma área para ambos, 1.3 cm^2
99. 3.5×10^{10} glóbulos blancos, 1.3×10^{12} plaquetas
101. 4.7×10^2 lb
103. aproximadamente 10^{12} m^3
105. 17 m
107. ***a)*** 283 mi ***b)*** 45° al norte del este
109. 3.0×10^8 km
111. ***a)*** (3) menor que 190 mi/h por el mayor tiempo invertido a menores velocidades, así que se afecta la velocidad promedio, que queda por debajo del promedio de todas las velocidades. ***b)*** 187 mi/h

Capítulo 2

1. *a)*
3. *c)*
5. Sí, para un viaje de ida y vuelta. No; la distancia siempre es mayor o igual que la magnitud del desplazamiento.
7. La distancia recorrida es mayor que o igual a 300 m. El objeto podría recorrer una variedad de caminos siempre que termine a 300 m al norte. Si el objeto viaja en línea recta hacia el norte, entonces la distancia mínima es de 300 m.
9. Sí, es posible. El corredor puede desplazarse en la dirección opuesta durante su recorrido (velocidad instantánea negativa) siempre que la carrera total sea en la dirección hacia delante (velocidad promedio positiva).
11. 1.65 m hacia abajo
13. ***a)*** 0.50 m/s ***b)*** 8.3 min
15. 0.17 m/s
17. ***a)*** (2) mayor que R pero menor que $2R$ ***b)*** 71 m
19. ***a)*** (3) entre 40 y 60 m ***b)*** 45 m a 27° al oeste del norte
21. ***a)*** 2.7 cm/s ***b)*** 1.9 cm/s
23. ***a)*** 90.6 ft a 6.3° por encima de la horizontal ***b)*** 36.2 ft/s a 6.3°. ***c)*** La rapidez promedio depende de la longitud de la trayectoria total, que no se da. La pelota tomará una trayectoria curva.
25. ***a)*** $\bar{s}_{0-2.0\,s} = 1.0$ m/s; $\bar{s}_{2.0\,s-3.0\,s} = 0$; $\bar{s}_{3.0\,s-4.5\,s} = 1.3$ m/s; $\bar{s}_{4.5\,s-6.5\,s} = 2.8$ m/s; $\bar{s}_{6.5\,s-7.5\,s} = 0$; $\bar{s}_{7.5\,s-9.0\,s} = 1.0$ m/s ***b)*** $\bar{v}_{0-2.0\,s} = 1.0$ m/s; $\bar{v}_{2.0\,s-3.0\,s} = 0$; $\bar{v}_{3.0\,s-4.5\,s} = 1.3$ m/s; $\bar{v}_{4.5\,s-6.5\,s} = -2.8$ m/s; $\bar{v}_{6.5\,s-7.5\,s} = 0$; $\bar{v}_{7.5\,s-9.0\,s} = 1.0$ m/s ***c)*** $v_{1.0\,s} = \bar{s}_{0-2.0\,s} = 1.0$ m/s; $v_{2.5\,s} = \bar{s}_{2.0\,s-3.0\,s} = 0$; $v_{4.5\,s} = 0$; $v_{6.0\,s} = \bar{s}_{4.5\,s-6.5\,s} = -2.8$ m/s ***d)*** $v_{4.5\,s-9.0\,s} = -0.89$ m/s
27. 1 mes
29. ***a)*** 500 km a 37° al este del norte ***b)*** 400 km/h a 37° al este del norte ***c)*** 560 km/h ***d)*** Como la rapidez implica la distancia total, que es mayor que la magnitud del desplazamiento, la rapidez promedio no iguala la magnitud de la velocidad promedio.
31. *d)*
33. *c)*
35. Sí, aunque la rapidez del automóvil es constante, su velocidad no lo es por el cambio en la dirección. Un cambio en la velocidad significa una aceleración.
37. No necesariamente. Una aceleración negativa puede acelerar objetos si la velocidad también es negativa (esto es, en la misma dirección que la aceleración).
39. v_o. Puesto que una cantidad igual de tiempo se invierte en la aceleración y desaceleración de la misma magnitud.
41. 6.9 m/s^2
43. ***a)*** (2) en dirección opuesta a la velocidad conforme el objeto frena ***b)*** −2.2 m/s cada segundo, en dirección contraria a la velocidad
45. −2.0 m/s^2
47. −70.0 km/h o −19.4 m/s, +2.78 m/s^2 (desaceleración porque la velocidad es negativa)
49. 4.8×10^2 m/s^2, ésta es una gran aceleración que se debe al cambio en la dirección de la velocidad y al breve tiempo de contacto.
51. ***a)*** $\bar{a}_{0-1.0\,s} = 0$; $\bar{a}_{1.0-s-3.0\,s} = 4.0$ m/s^2; $\bar{a}_{3.0\,s-8.0\,s} = -4.0$ m/s^2; $\bar{a}_{8.0\,s-9.0\,s} = 8.0$ m/s^2; $\bar{a}_{9.0\,s-13.0\,s} = 0$ ***b)*** Velocidad constante de −4.0 m/s
53. 150 s
55. *d)*
57. Es cero porque la velocidad es una constante.
59. El desplazamiento $(x - x_o)$ se considera como una cantidad; hay cuatro cantidades implicadas en cada ecuación cinemática (ecuaciones 2.8, 2.10, 2.11 y 2.12). Así que tres deben conocerse antes de poder despejar cualquier incógnita. O, de manera equivalente, todas a excepción de una deben conocerse.
61. no, la aceleración debe ser 9.9 m/s^2
63. ***a)*** 1.8 m/s^2 ***b)*** 6.3 s
65. ***a)*** 81.4 km/h ***b)*** 0.794 s
67. 3.09 s y 13.7 s. La respuesta de 13.7 s es físicamente posible, pero no es probable en la realidad. Después de 3.09 s, está a 175 m de donde se aplicó el empuje en reversa, pero el carro cohete se mantiene viajando hacia delante mientras frena. Finalmente, se detiene. Sin embargo, si el empuje en reversa se aplica continuamente (lo que es posible, pero no probable), invertirá su dirección y regresará a 175 m del punto donde se aplicó el empuje en reversa inicial; un proceso que tardaría 13.7 s.
69. no, $a = 3.33$ $m/s^2 < 4.90$ m/s^2

71. 2.2×10^5 m/s^2
73. no, 13.3 m > 13 m
75. *b*) 96 m
77. *a*) (3) $v_1 > \frac{1}{2}v_2$ *b*) 9.22 m/s, 13.0 m/s
79. *a*) −12 m/s; −4.0 m/s *b*) −18 m *c*) 50 m
81. *a*) 12.2 m/s, 16.4 m/s *b*) 24.8 m *c*) 4.07 s
83. *d*)
85. *c*)
87. *c*)
89. La pelota se mueve con velocidad constante porque no hay aceleración gravitacional en el espacio profundo. Si la aceleración gravitacional es cero, $g = 0$, entonces v = constante.
91. Primero que nada, la aceleración gravitacional en la Luna es apenas 1/6 de la que existe en la Tierra. O $g_M = g_E/6$. En segundo término, no hay resistencia del aire en la Luna.
93. *a*) (3) cuatro veces, la altura es proporcional al tiempo al cuadrado. *b*) 15.9 m, 3.97 m
95. no, no es un buen negocio (0.18 < 0.20 s)
97. 67 m
99. $\Delta t = 0.096$ s
101. *a*) (1) menos del 95%, en tanto que la altura depende de la velocidad inicial al cuadrado
103. *a*) 1.64 m/s^2 *b*) 2.07 m/s
105. *a*) 5.00 s *b*) 36.5 m/s
107. 1.49 m por encima del borde superior de la ventana.
109. *a*) 155 m/s *b*) 2.22×10^3 m *c*) 28.7 s
111. *a*) 8.45 s *b*) $x_M = 157$ m; $x_C = 132$ m *c*) 13 m
113. *a*) 38.7 m/s *b*) 15.5 s *c*) 19.2 m/s
115. *a*) 119 m *b*) 4.92 s *c*) Lois: 48.2 m/s; Superman: 73.8 m/s
117. *a*) −297 m/s *b*) 3.66 m/s^2 *c*) 108 s

Capítulo 3

1. *a*)
3. *c*)
5. Sí, es posible. Por ejemplo, si un objeto registra movimiento circular, la velocidad (a lo largo de la tangente) es perpendicular a la aceleración (hacia el centro del círculo).
7. *a*) (1) mayor porque para $\theta < 45°$, $\cos\theta > \operatorname{sen}\theta$ y $v_x = v\cos\theta$ y $v_y = v \operatorname{sen}\theta$. *b*) 28 m/s, 21 m/s
9. ±6.3 m/s, hay dos posibles respuestas porque el vector podría estar en el primero o en el cuarto cuadrante.
11. *a*) (2) al norte del este *b*) 1.1×10^2 m, 27° al norte del este
13. $x = 1.75$ m, $y = -1.75$ m
15. *a*) 75.2 m *b*) 99.8 m
17. *a*) $\theta = 56.3°$ por debajo de la horizontal *b*) 18.0 m/s
19. *a*) 1.2 m/s *b*) 49 m
21. *c*)
23. *d*)
25. Sí cuando el vector está en la dirección y, tiene un componente x.
27. Sí, si son iguales y opuestos
29.

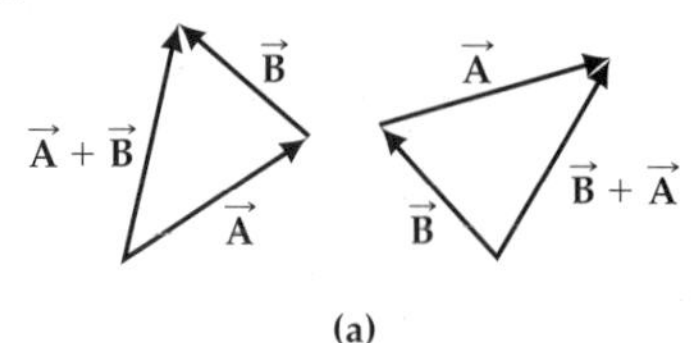

(a)

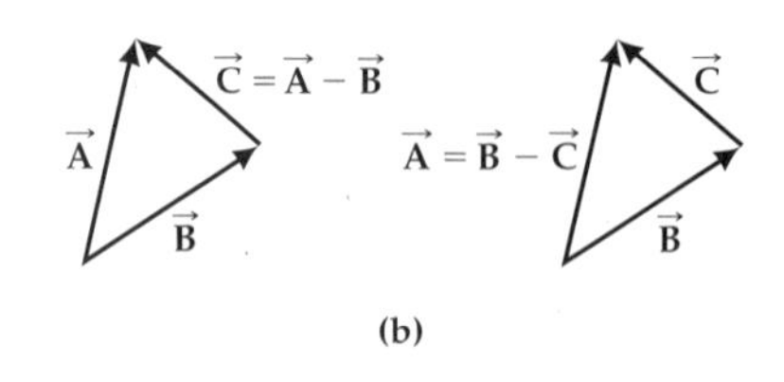

(b)

31. 4.9 m, 59° por encima del eje x
33. 113 mi/h
35. *a*) $(-3.4 \text{ cm})\,\hat{\mathbf{x}} + (-2.9 \text{ cm})\,\hat{\mathbf{y}}$ *b*) 4.5 cm, 63° por encima del eje x *c*) $(4.0 \text{ cm})\,\hat{\mathbf{x}} + (-6.9 \text{ cm})\,\hat{\mathbf{y}}$
37. *a*) $(14.4 \text{ N})\,\hat{\mathbf{y}}$ *b*) 12.7 N a 85.0° por encima del eje $+x$
39. *a*) $\vec{\mathbf{v}}_2 = (-4.0 \text{ m/s})\,\hat{\mathbf{x}} + (8.0 \text{ m/s})\,\hat{\mathbf{y}}$ *b*) 8.9 m/s
41. 21 m/s a 51° por debajo del eje $+x$
43. *a*) $(-9.0 \text{ cm})\,\hat{\mathbf{x}} + (6.0 \text{ cm})\,\hat{\mathbf{y}}$ *b*) 33.7°, con respecto al eje $-x$
45. 8.5 N a 21° por debajo del eje $-x$
47. paralelo, 30 N; perpendicular, 40 N
49. Las fuerzas actúan sobre diferentes objetos (una sobre el caballo y la otra sobre el carro), por lo tanto, no se anulan.
51. *a*) (2) al norte del oeste *b*) 102 mi/h a 61.1° al norte del oeste
53. *a*) 42.8° al sur del oeste *b*) 0.91 m *c*) La razón se debe al hecho de que la pelota sigue una trayectoria curva.
55. *b*)
57. *b*)
59. El movimiento horizontal no afecta el movimiento vertical. El movimiento vertical de la pelota proyectada horizontalmente es idéntico al de la pelota arrojada.
61. *a*) 0.64 s *b*) 0.64 m
63. 6.4 m
65. 40 m
67. *a*) (2) La pelota B choca con la pelota A porque tienen la misma velocidad horizontal. *b*) 0.11 m, 0.11 m
69. *a*) a 0.77 m *b*) la esfera no caería de regreso.
71. 35° o 55°
73. 3.65 m/s^2
75. *a*) 26 m *b*) 23 m/s a 68° por debajo de la horizontal
77. 1.4°
79. sí, a $x = 15$ m, $y = 0.87$ m < 1.2 m
81. 8.7 m/s
83. El pase es corto.
85. *a*)

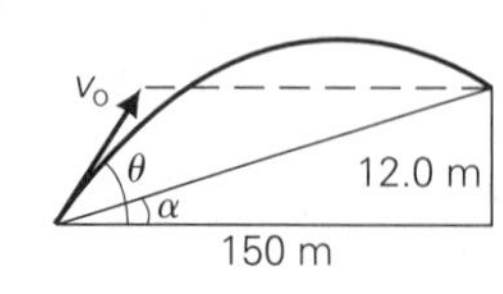

b) 66.0 m/s *c*) El tiro es demasiado largo para el hoyo.
87. *d*)
89. No, la Tierra experimenta varios movimientos como el de traslación alrededor del Sol y el de rotación sobre sí misma.
91. Como la lluvia cae a un ángulo con respecto a usted, debería sostener el paraguas de manera que quede inclinado hacia delante.
93. Debe arrojar la pelota en línea recta hacia arriba. De esta forma, tanto usted como la pelota tendrán la misma velocidad horizontal con respecto al piso o tendrán velocidad horizontal cero entre sí, de manera que el objeto regresará a su mano.
95. 6.7 s
97. *a*) +85 km/h *b*) −5 km/h
99. 146 s = 2.43 min
101. *a*) Igual en ambos trayectos, 4.25° corriente arriba *b*) 44.6 s
103.

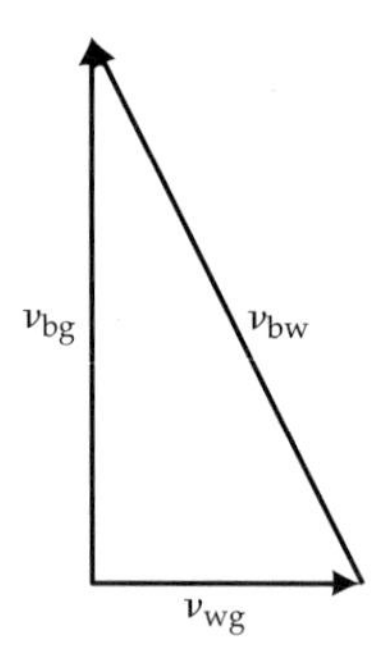

Utilice los siguientes subíndices b = bote, w = agua y g = suelo. Para que la lancha realice su trayecto directamente a través del río, v_{bw} debe ser la hipotenusa del triángulo rectángulo. Así que debe ser mayor en magnitud que v_{wg}. Si lo contrario es cierto, esto es, si $v_{wg} > v_{bw}$, la lancha no podrá viajar directamente a través del río.
105. 1.21 m/s
107. *a*) 24° al este del sur *b*) 1.5 h
111. *a*) 47.8 s *b*) 5.32×10^3 m *c*) 310 m/s

Capítulo 4

1. *d*)
3. *c*)
5. *d*)
7. De acuerdo con la primera ley de Newton, su tendencia es a permanecer en reposo o en movimiento con velocidad constante. Sin embargo, el avión está acelerando más rápidamente que usted por lo que usted se queda "atrás" y se siente "empujado" contra el asiento. El asiento en realidad suministra una fuerza hacia delante para acelerarlo a la misma velocidad que el avión.
9. *a*) La burbuja se mueve hacia delante en la dirección de la velocidad o de la aceleración, porque la inercia del líquido resistirá la aceleración hacia delante. De manera que la burbuja de masa o inercia insignificante se mueve hacia delante con respecto al líquido. Luego se mueve hacia atrás al contrario de la

velocidad (o en la dirección de la aceleración) por la misma razón. ***b)*** El principio se basa en la inercia del líquido.

11. De acuerdo con la primera ley de Newton, o la ley de la inercia, la vajilla en reposo tiende a permanecer en reposo. El rápido jalón del mantel requiere una fuerza que excede la fricción estática máxima (como se explicó en la sección 4.6), de manera que el mantel pueda moverse con respecto a la vajilla.

13. 0.40 kg

15. 0.64 m/s^2

17. ***a)*** (3) La fuerza hacia arriba es la misma en las dos situaciones. En ambas situaciones no hay aceleración en la dirección vertical, de manera que la fuerza neta en la dirección vertical es cero o la fuerza normal es igual al peso. ***b)*** 0.50 lb

19. ***a)*** (3) tanto (1) como (2) son posibles porque el estado "en reposo" y la "velocidad constante" tienen aceleración cero. ***b)*** sí, 2.5 N a 36° por encima del eje $+x$

21. ***a)*** no ***b)*** $F_5 = 4.1$ N a 13° por encima del eje $-x$

23. ***b)***

25. ***d)***

27. Habrá aceleración extra. Una camioneta pickup en la nieve (con masa incrementada) tendrá menos aceleración a causa de la masa adicional y el cohete lanzado (con masa disminuida) tendrá mayor aceleración.

29. Las "manos suaves" aquí dan por resultado un tiempo de contacto más prolongado entre la pelota y las manos. El aumento en el tiempo de contacto disminuye la magnitud de la aceleración. De acuerdo con la segunda ley de Newton, esto, a la vez, disminuye la fuerza requerida para detener la pelota y su fuerza de reacción, la fuerza sobre las manos.

31. 1.7 kg

33. ***a)*** (3) 6.0 kg, porque la masa es una medida de la inercia, y no cambia. ***b)*** 9.8 N

35. ***a)*** (1) en la Tierra. 1 lb es equivalente a 454 g, o 454 g tienen un peso de 1 lb. ***b)*** 5.4 kg (2.0 lb)

37. ***a)*** (4) una cuarta parte. ***b)*** 4.0 m/s^2

39. 2.40 m/s^2

41. ***a)*** 30 N ***b)*** -4.60 m/s^2

43. 8.9×10^4 N

45. Louise está a salvo.

47. ***c)***

49. Las fuerzas actúan sobre diferentes objetos (una sobre el caballo y la otra sobre el carro) y, por lo tanto, no se anulan.

51. ***a)*** (2) dos fuerzas actúan sobre el libro: la fuerza gravitacional (peso, w) y la fuerza normal ejercida sobre la superficie, N. ***b)*** La reacción de w es una fuerza hacia arriba que ejerce el libro sobre la Tierra, y la fuerza de reacción de N es una fuerza hacia abajo que ejerce el libro sobre la superficie horizontal.

53. ***a)*** la fuerza que ejercieron los tacos sobre él. ***b)*** 3.08 m/s^2

55. ***a)*** (4) el tirón de la cuerda sobre la niña. El tirón de la cuerda sobre ella es la reacción del tirón de la niña sobre la cuerda. ***b)*** 264 N

57. ***d)***

59.

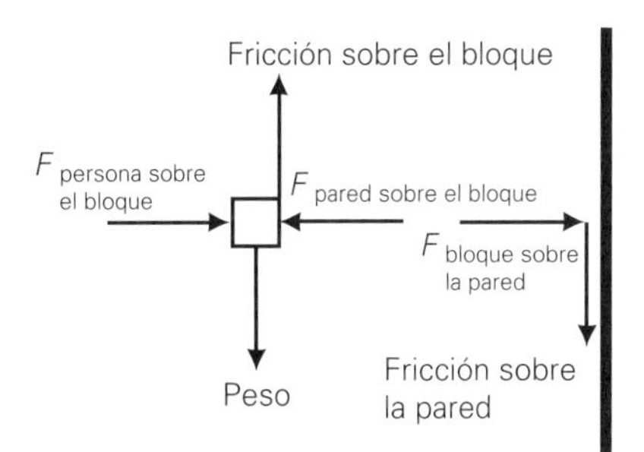

La fuerza que ejerce la pared sobre el bloque $F_{\text{pared sobre el bloque}}$ y la fuerza que ejerce el bloque sobre la pared $F_{\text{bloque sobre la pared}}$ constituyen un par acción-reacción.

61. ***a)*** (1) menor que el peso del objeto, $N = w \cos\theta < w$ (para cualquier $\theta \neq 0$). ***b)*** 98 N y 85 N

63. 585 N

65. ***a)*** 1.7 m/s^2 a 19° al norte del este ***b)*** 1.2 m/s^2 a 30° al sur del este

67. ***a)*** 0.96 m/s^2 ***b)*** 2.6×10^2 N

69. 123 N hacia arriba de la superficie inclinada

71. 64 m

73. ***a)*** (3) tanto la separación de los árboles como del combado. ***b)*** 6.1×10^2 N

75. 2.63 m/s^2

77. 6.25×10^5 N

79. 2.0 m/s^2

81. 1.1 m/s^2 hacia arriba

83. ***a)*** (1) $T > w_2$ y $T < F$ ***b)*** 1.70×10^3 N ***c)*** 1.13×10^3 N

85. ***a)*** 1.2 m/s^2, m_1 hacia arriba m_2 hacia abajo ***b)*** 21 N

87. ***c)***

89. ***b)***

91. Esto es porque la fricción cinética (de deslizamiento) es menor que la fricción estática (de rodamiento). Una mayor fuerza de fricción podría disminuir la distancia para detenerse.

93. ***a)*** No, no hay inconsistencia. Aquí la fuerza de fricción SE OPONE al deslizamiento. ***b)*** El viento puede aumentar o disminuir la fricción del aire dependiendo de las direcciones del viento. Si este último lleva la dirección del movimiento, la fricción disminuye y viceversa.

95. ***a)*** (3) aumenta, pero más del doble. Hay fricción constante implicada en este ejercicio, de manera que la fuerza neta es mayor del doble. Así que la aceleración es mayor del doble, ***b)*** 7.0 m/s^2

97. 2.7×10^2 N

99. ***a)*** $\theta_{\text{mín}} = \tan^{-1} 0.65 = 33° > 20°$, de manera que no se moverá.

101. 0.064

103. ***a)*** (2) jalando al mismo ángulo. ***b)*** 296 N; 748 N ***b)*** 296 N; 748 N

105. ***a)*** 30° ***b)*** 22°

107. ***a)*** 6.0 kg ***b)*** 1.2 m/s^2

109. ***a)***

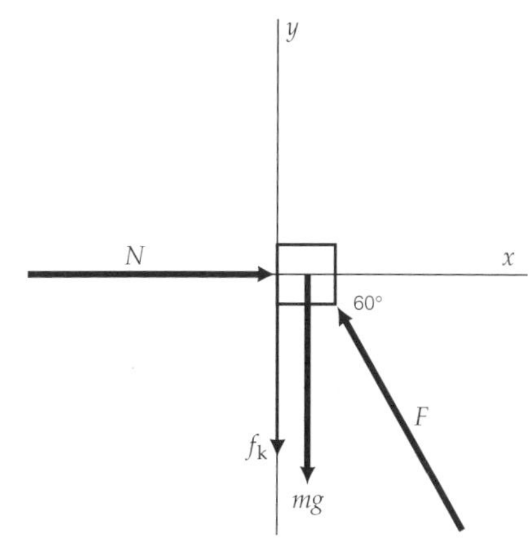

b) 30 N ***c)*** 23 N

111. ***a)*** 0.179 kg ***b)*** 0.862 m/s^2

113. ***a)*** (4) la fuerza de fricción estática sobre A que se debe a la superficie superior de B. ***b)*** 5.00 N, 17.5N

115. ***a)*** 5.5 m/s^2 ***b)*** 173 N

117. ***a)*** 10.3 N ***b)*** 0.954 kg

Capítulo 5

1. ***d)***

3. ***b)***

5. ***a)*** No, el peso no se mueve, así que no hay desplazamiento y, por lo tanto, no hay trabajo. ***b)*** Sí, se realiza trabajo positivo mediante la fuerza ejercida por el montacargas. ***c)*** Sí, pero el trabajo positivo lo realiza la gravedad, no el montacargas.

7. Positivo hacia abajo y negativo hacia arriba. No, no es constante.

9. -98 J

11. 8.31 m

13. 3.7 J

15. 2.3×10^3 J

17. ***a)*** (2) una, la única fuerza que realiza trabajo no cero es la fuerza de fricción cinética. ***b)*** -62.5 J

19. ***a)*** 1.48×10^5 J ***b)*** -1.23×10^5 J ***c)*** 2.50×10^4 J.

21. ***a)*** El hecho de jalar requiere que el estudiante realice (1) menos trabajo. En comparación con el acto de empujar, jalar disminuye la fuerza normal sobre el cajón. Esto, a la vez, disminuye la fuerza de fricción cinética. ***b)*** jalar: 1.3×10^3 J; empujar: 1.7×10^3 J

23. No, implica más trabajo. Esto se debe a que la fuerza aumenta conforme el resorte se estira, de acuerdo con la ley de Hooke. Además, el desplazamiento es mayor.

25. 80 N/m

27. 1.25×10^5 N/m

29. ***a)*** (1) $\sqrt{2}$, porque cuando W se duplica, x se convierte en $\sqrt{2}$. Por lo tanto, se estirará por un factor de $\sqrt{2}$. ***b)*** 900 J

31. ***a)*** (1) más que, porque la fuerza requerida es mayor (mientras que el desplazamiento es igual) para estirarlo de 10 a 20 cm, de acuerdo con la ley de Hooke. ***b)*** 0–10 cm: 0.25 J; 10–20 cm: 0.75 J

33. *a*) 4.5 J *b*) 3.5 J
35. 6.0 J
37. *d*)
39. *c*)
41. Reducir la rapidez a la mitad reducirá la energía cinética por $\frac{3}{4}$, mientras que reducir la masa a la mitad sólo reducirá la energía cinética a la mitad.
43. $\sqrt{2}\,v$
45. -1.3×10^3 N
47. *a*) 45 J *b*) 21 m/s
49. 200 m
51. 2.0×10^3 m
53. *d*)
55. *d*)
57. Tendrán la misma energía potencial en la parte superior porque tienen la misma altura.
59. *a*) (4) sólo la diferencia entre las dos alturas, porque el cambio en la energía potencial depende sólo de la diferencia de altura, no de las posiciones. *b*) la posición baja 0.51 m
61. *a*) (4) igual para todos, porque el cambio en la energía potencia es independiente del nivel de referencia.
b) $U_b = -44$ J, $U_a = 66$ J *c*) -1.1×10^2 J
63. 1/25
65. *a*) 0.154 J *b*) -0.309 J
67. *d*)
69. La energía potencial inicial es igual a la energía potencial final, de manera que la altura final es igual a la altura inicial.
71. Sí. Cuando la pelota lanzada hacia arriba está a su máxima altura, su velocidad es cero, así que tiene la misma energía que la pelota que se deja caer. Como la energía total de cada pelota se conserva, ambas pelotas tendrán la misma energía mecánica a la mitad de la altura de la ventana. De hecho, ambas pelotas tendrán la misma energía cinética y potencial cuando estén a la mitad de la altura.
73. 5.10 m
75. *a*) (3) en el punto más bajo de la oscilación del columpio, porque cuanto menor es la energía potencial (en la parte inferior es mínima), más alta es la energía cinética y, por lo tanto, la rapidez. *b*) 5.42 m/s
77. 0.176 m
79. *a*) 1.03 m *b*) 0.841 m *c*) 2.32 m/s
81. *a*) 11 m/s *b*) no *c*) 7.7 m/s
83. *a*) 2.7 m/s *b*) 0.38 m *c*) 29°
85. -7.4×10^2 J
87. 12 m/s
89. *b*)
91. No, se paga por la energía porque kWh es la unidad de potencia × tiempo = energía. 9.0×10^6 J
93. Efectúan la misma cantidad de trabajo (igual masa, igual altura). Así que el que llega primero habrá gastado más potencia a causa del intervalo de tiempo más corto.
95. 97 W
97. 5.7×10^{-5} W
99. 6.0×10^2 J
101. *a*) 5.5×10^2 W *b*) 0.74 hp
103. 48.7%
105. 5.0×10^2 W
107. 0.536
109. 10 m

Capítulo 6

1. *b*)
3. *d*)
5. No necesariamente. Incluso si la cantidad de movimiento es la misma, masas diferentes podrán tener energías cinéticas distintas.
7. *a*) 1.5×10^3 kg · m/s *b*) cero
9. *a*) 85 kg · m/s *b*) 3.0×10^4 kg · m/s
11. 31 m/s
13. 4.05 kg·m/s en la dirección contraria a v_o
15. *a*) 13 kg · m/s *b*) 43 kg · m/s
17. $\Delta\vec{p} = (-3.0 \text{ kg}\cdot\text{m/s})\,\hat{y}$
19. 16 N
21. 68 N
23. *a*) 10.6 kg · m/s en dirección contraria a v_o *b*) 2.26×10^3 N
25. *a*) 2.09 kg · m/s *b*) 24.0 N hacia arriba
27. *c*)
29. Deteniéndose, el tiempo de contacto es menor. De acuerdo con el teorema de la cantidad de movimiento del impulso ($F_{prom}\Delta t = \Delta p = mv - mv_o$), un menor tiempo de contacto dará por resultado una mayor fuerza si todos los demás factores (m, v_o, v) permanecen constantes.
31. En *a*), *b*) y *c*), al haber mayor tiempo de contacto, hay menor fuerza promedio. Esto se debe a que ($F_{prom}\Delta t = \Delta p = mv - mv_o$) de manera que cuanto mayor es Δt, menor es F. También disminuye la presión sobre el cuerpo porque la fuerza se distribuye sobre una mayor área.
33. 6.0×10^3 N
35. *a*) 1.2×10^3 N *b*) 1.2×10^4 N
37. *a*) (2) el conductor aplicando los frenos, porque reduce la rapidez. *b*) 28.7 m/s
39. *a*) Golpearlo requiere una mayor fuerza. La fuerza es proporcional al cambio en la cantidad de movimiento. Cuando una pelota cambia su dirección, el cambio en la cantidad de movimiento es mayor. *b*) 1.2×10^2 N en la dirección contraria a v_o
41. 1.1×10^3 N, 4.7×10^2 N
43. 15 N hacia arriba
45. *a*) 36 km/h, a 56° al norte del este *b*) se pierde el 49%
47. 8.06 kg · m/s, 29.7° por arriba del eje $-x$
49. *d*)
51. El aire se mueve hacia atrás y la lancha se mueve hacia delante de acuerdo con la conservación de la cantidad de movimiento. Si la vela se colocara detrás del ventilador en la lancha, ésta no iría hacia delante porque las fuerzas entre el ventilador y la vela son fuerzas internas del sistema.
53. No, es imposible. Antes del golpe, hay algo de cantidad de movimiento inicial del sistema de dos objetos que se debe al que está en movimiento. De acuerdo con la conservación de la cantidad de movimiento, el sistema también debería tener cantidad de movimiento después del golpe. Por lo tanto, no es posible que ambos estén en reposo (cantidad de movimiento total del sistema igual a cero).
55. se mueve 0.083 m/s en dirección contraria
57. 1.08×10^3 s = 18.1 min
59. 7.6 m/s, 12° por encima del eje $+x$
61. *a*) 45 km/h *b*) 15 km/h *c*) 105 km/h
63. 0.33 m/s
65. 0.78 m/s
67. *a*) 4.0 m/s *b*) 4.0 m/s
69. 82.8 m
71. *a*) 9.7° *b*) 0.10 m/s
73. *c*)
75. *a*)
77. Esto se debe al hecho de que la cantidad de movimiento es un vector y la energía cinética un escalar. Por ejemplo, dos objetos de igual masa que viajan con la misma rapidez, pero en direcciones opuestas tienen la energía cinética total positiva, pero cero cantidad de movimiento total. Después de su choque inelástico, ambos se detienen, lo que da por resultado energía cinética total igual a cero y cantidad de movimiento total igual a cero. Por lo tanto, la energía cinética se pierde y la cantidad de movimiento se conserva.
79. Sí, es posible. Por ejemplo, cuando dos objetos de igual masa se aproximan uno al otro con igual rapidez, la cantidad de movimiento inicial total es cero. Después de que chocan, si ambos permanecen estacionarios, la cantidad de movimiento total sigue siendo cero. Sin embargo, después del choque, el sistema de dos objetos se queda sin energía cinética.
81. $v_p = -1.8 \times 10^6$ m/s; $v_a = 1.2 \times 10^6$ m/s
83. $v_1 = -0.48$ m/s; $v_2 = +0.020$ m/s
85. $v_p = 38.2$ m/s, $v_c = 40.2$ m/s
87. 0.94 m
89. 1.1×10^2 J
91. *a*) (1) Al sur del este de acuerdo con la conservación de la cantidad de movimiento. La cantidad de movimiento inicial de la minivagoneta es hacia el sur, y la del automóvil es hacia el este, de manera que el sistema de los dos vehículos tienen una cantidad de movimiento hacia el sureste después del choque. *b*) 13.9 m/s, 53.1° al sureste
93. no, 1.1 kg · m/s, 249°
95. *a*) 28% *b*) 1.3×10^7 m/s
97. $\theta_1 = 9.94°$, $\theta_2 = 19.8°$
99. *d*)
101. El centro de masa del flamingo se ubica directamente por encima de la extremidad sobre el suelo para que esté en equilibrio.
103. *a*) (0, −045 m) *b*) no, sólo que están equidistantes del CM, por las masas iguales de las partículas.
105. *a*) a 4.6×10^6 m del centro de la Tierra *b*) 1.8×10^6 m por debajo de la superficie de la Tierra
107. 82.8 m
109. El CM tanto de la lámina como del círculo están en el centro del cuadrado. Así que a partir de la simetría, el CM de la porción restante sigue estando en el centro de la lámina.
111. 0.175 m
113. *a*) el de 65 kg recorre 3.3 m y el de 45 kg recorre 4.7 m *b*) iguales distancias como en el inciso *a*)
115. extremo pesado : 5.59 m; extremo ligero: 6.19 m
117. *a*) 0.222° *b*) 199 m/s
119. *a*) 4.65 m/s, $\theta = 2.13°$ *b*) $K < K_o$, inelástico

Capítulo 7

1. *c)*
3. 2π rad = 360°, así que 1 rad = 57.3°
5. (2.5 m, 53°)
7. 1.4×10^9 m
9. *a)* 30° *b)* 75° *c)* 135° *d)* 180°
11. *a)* 4.00 rad *b)* 229°
13. 10.7 rad
15. *a)* 129°
b) aproximadamente 1.4×10^4 km
17. 28.3 m
19. *a)* 3.0×10^2 rad *b)* 91 m
21. *b)*
23. *d)*
25. Observar desde lados opuestos daría sentidos circulares diferentes, esto es, el sentido en el movimiento de las manecillas del reloj sería al contrario y viceversa.
27. 21 a 47 rad/s
29. 1.8 s
31. la partícula B
33. *a)* 0.84 rad/s *b)* 3.4 m/s, 4.2 m/s
35. *a)* La rapidez angular de rotación es mayor porque el tiempo es menor (el desplazamiento angular es igual).
b) 7.27×10^{-5} rad/s para rotación, 1.99×10^{-7} rad/s para revolución
37. *a)* 60 rad *b)* 3.6×10^3 m
39. *d)*
41. *d)*
43. Los flotadores de la pequeña masa se moverán en la dirección de la aceleración, hacia dentro. Funciona de la misma forma que el acelerómetro de la figura 4.24. No, no hay diferencia, puesto que la aceleración centrípeta siempre es hacia dentro.
45. Se requiere la fuerza centrípeta para que un automóvil conserve su trayectoria circular. Cuando un vehículo va por una curva peraltada, el componente horizontal de la fuerza normal sobre el automóvil apunta hacia el centro de la trayectoria circular. Este componente permitirá al automóvil que tome la curva incluso cuando no hay fricción.
47. 1.3 m/s
49. 2.69×10^{-3} m/s^2
51. 11.3°
53. *a)* el peso suministra la fuerza centrípeta *b)* 3.1 m/s
55. 29.5 N, la cuerda servirá
57. *a)* $v = \sqrt{rg}$ *b)* $h = (5/2)r$
61. *d)*
63. Sí, un automóvil en movimiento circular siempre tiene aceleración centrípeta. Sí, también tiene aceleración angular conforme aumenta su rapidez.
65. La respuesta es no. Cuando la aceleración angular aumenta, la rapidez tangencial se incrementa, lo que da por resultado un aumento en la aceleración centrípeta.
67. 1.1×10^{-3} rad/s^2
69. *a)* (3) la aceleración angular y la centrípeta. Siempre hay aceleración centrípeta para cualquier vehículo en movimiento circular. Cuando el automóvil aumenta su rapidez en una pista circular, también hay aceleración angular. *b)* 53 s
c) $\vec{\mathbf{a}} = -(8.5\ \text{m/s}^2)\,\hat{\mathbf{r}} + (1.4\ \text{m/s}^2)\,\hat{\mathbf{t}}$
71. 6.69 rad/s^2
73. *a)* 2.45 rad/s^2 *b)* 17.0 m/s^2 *c)* 38.2 N
75. *d)*
77. No, estos términos no son correctos. La gravedad actúa sobre los astronautas y sobre la nave espacial, suministrando la fuerza centrípeta necesaria para estar en órbita, así que g no es cero y, por definición, hay peso ($w = mg$). La "flotación" ocurre porque la nave espacial y los astronautas están "cayendo" ("acelerando" hacia la Tierra a la misma tasa).
79. Sí, si también se conoce el radio de la Tierra. La aceleración de la gravedad cerca de la superficie de la Tierra se escribe como $a_g = GM_E/R_E^2$. Con tan sólo medir a_g, es posible determinar $M_E = a_g R_E^2/G$.
81. 2.0×10^{20} N
83. 8.0×10^{-10} N, hacia la esquina opuesta
85. 3.4×10^5 m
87. 1.5 m/s^2
89. *a)* -2.5×10^{-10} J *b)* 0
91. *c)*
93. *d)*
95. *a)* Los cohetes se lanzan hacia el este para adquirir más velocidad en relación con el espacio porque la Tierra gira hacia el este.
b) La rapidez tangencial de la Tierra es mayor en Florida porque ahí se está más cerca del ecuador que en California y, por lo tanto, hay una mayor distancia con respecto al eje de rotación. Además, el lanzamiento se hace cerca del océano por seguridad.
97. *a)* 3.7×10^3 m/s *b)* 34%
99. 4.4×10^{11} m
101. 1.53×10^9 m
103. *a)* 8.91 m/s^2, hacia el centro
b) 1.40×10^4 N, hacia el automóvil
c) 2.27 m/s^2, velocidad contraria
d) 9.19 m/s^2, $\theta = 75.7°$
105. 31 s *b)* 19 rev
107. 2.97×10^{30} kg

Capítulo 8

1. *a)*
3. *b)*
5. *b)*
7. Si v es menor que $R\omega$, el objeto se está deslizando. Si, es posible que v sea mayor que $R\omega$ cuando el objeto se desliza.
9. En la posición de las nueve en punto, la velocidad es en línea recta hacia arriba. Así que se trata de una "caída libre" con una velocidad inicial hacia arriba. Se elevará, alcanzará una altura máxima y luego caerá.
11. 0.10 m
13. 1.7 rad/s
15. *a)* 0.0331 rad/s^2 *b)* 1.99×10^{-3} m/s^2
17. *b)*
19. *a)*
21. Esto es para bajar el centro de gravedad de manera que el peso tenga un brazo de palanca más corto y, por lo tanto, un menor momento de torsión.
23. El momento de torsión de la fricción provoca que la motocicleta gire hacia arriba hasta equilibrarse con el momento de torsión del peso.
25. 5.6×10^2 N
27. 3.3×10^2 N
29. *a)* Sí, el sube y baja se equilibra si los brazos de palanca son adecuados para los pesos de los niños porque el momento de torsión es igual a la fuerza multiplicada por el brazo de palanca. *b)* 2.3 m
33. 1.6×10^2 N
35. *a)* en sentido de las manecillas del reloj.
b) 466 m · N
37. 0, 9.80 m · N, 17.0 m · N, 19.6 m · N
39. *a)* (2) hacia la báscula situada debajo de la cabeza de la persona, porque la distribución de la masa del cuerpo humano tiende más hacia la parte superior que hacia la parte inferior. **(b)** a 0.87 m de los pies
41. Sí, el centro de gravedad de cada regla está sobre o a la izquierda del borde de la mesa.
43. a 1.2 m del extremo izquierdo de la tabla
45. $T_1 = 21$ N, $T_2 = 15$ N
47. *a)* (2) la tabla con el payaso encima. A primera vista, parece haber dos factores que dan por resultado una mayor tensión en la cuerda. Uno es el peso extra del payaso. El otro es el brazo de palanca acortado de la tensión en la cuerda cuando está en ángulo. Sin embargo, el peso de la tabla y el payaso también habrá acortado sus brazos de palanca por el mismo factor, así que los efectos se anulan.
b) 172 N, 539 N
49. *d)*
51. *a)*
53. *a)* Sí. El momento de inercia tiene un valor mínimo que se calcula alrededor del centro de masa. *b)* No, la masa tendría que ser negativa.
55. El huevo duro es un cuerpo rígido, mientras que el huevo crudo no lo es.
57. Esto es para aumentar el momento de inercia. Si el equilibrista comienza a girar (caerse), la aceleración angular será menor y, por lo tanto, habrá mayor tiempo para recuperarse.
59. 0.64 m · N
61. *a)* 2.4 kg · m^2 *b)* 0.27 kg · m^2
c) 2.4 kg · m^2 (igual)
63. 1.1 rad
65. 1.2 m/s^2
67. *a)* 2.93 m · N *b)* 58.7 N
69. *a)* $1.5g$ *b)* posición de 67 cm
71. 6.5 m/s^2
73. *a)* (3) $7\mu_s/2$ *b)* 63.8°
75. *c)*
77. Sí. La energía cinética de rotación depende del momento de inercia, que depende tanto de la masa como la de distribución de ésta. La energía cinética de traslación depende sólo de la masa.
79. De acuerdo con el teorema de trabajo-energía, se requiere trabajo de rotación para producir un cambio en la energía cinética de rotación. El trabajo de rotación (W) se realiza mediante un momento de torsión (τ) que actúa a través de un desplazamiento angular (θ).
81. *a)* 28 J *b)* 14 W
83. 0.47 m · N
85. 0.16 m
87. 78.5 N
89. el cilindro llega más alto por 7.1%

91. ***a)*** 1.31×10^8 J ***b)*** 1.46×10^6 W
93. ***a)*** 29% ***b)*** 40% ***c)*** 50%
95. ***a)*** $v = \sqrt{gR}$ ***b)*** $h = 2.7R$ ***c)*** ingravidez
97. ***d)***
99. Caminar hacia el centro disminuye el momento de inercia y aumenta la rapidez de rotación.
101. En cada caso, el cambio en el vector de cantidad de movimiento angular de la rueda se compensa mediante la rotación de la persona para conservar la cantidad de movimiento total, así que la cantidad de movimiento angular vertical permanece constante.
103. ***a)*** cero ***b)*** La energía cinética lineal se convierte en energía cinética de rotación.
105. 1.4 rad/s
107. $L_{rot} = 2.4 \times 10^{29}$ kg·m²/s; $L_{rev} = 2.8 \times 10^{34}$ kg·m²/s
109. 1.18 rad/s
111. ***a)*** 4.3 rad/s ***b)*** $K = 1.1K_o$ ***c)*** el trabajo que efectúa el patinador
113. $d = b(v_o/v)$
115. ***a)*** (2) gira en dirección opuesta a la que el gato camina, porque de acuerdo con la conservación de la cantidad de movimiento angular, la perezosa Susan girará en dirección opuesta. ***b)*** 0.56 rad/s ***c)*** no, 2.1 rad
117. ***a)*** 33.1 rad/s ***b)*** 5.29 m/s ***c)*** 28.6 rad/s, 4.58 m/s
119. 0.104 m/s

Capítulo 9

1. ***c)***
3. ***d)***
5. El alambre de acero tiene un mayor módulo de Young. El módulo de Young es una medida de la relación entre el esfuerzo y la deformación. Para un esfuerzo dado, un mayor módulo de Young tendrá una menor deformación. El acero sufrirá una menor deformación aquí.
7. A través de la acción capilar, la clavija de madera absorbe el agua y hace que la roca se hinche y se divida.
9. 3.1×10^4 N/m²
11. ***a)*** 9.4×10^4 N/m² ***b)*** 1.2×10^5 N/m²
13. 47 N
15. ***a)*** (1) un día frío, porque las vías se expanden cuando la temperatura aumenta. ***b)*** 1.9×10^5 N
17. ***a)*** se dobla hacia el latón, porque las tensiones son las mismas para ambos, y el latón tiene un menor módulo de Young. El latón tendrá una mayor deformación $\Delta L/L_o$, así que se comprimirá más. Por consiguiente, el latón será más corto que el cobre. ***b)*** latón: $\Delta L / L_o = 2.8 \times 10^{-3}$, cobre: $\Delta L / L_o = 2.3 \times 10^{-3}$
19. 4.2×10^{-7} m
21. ***a)*** El alcohol etílico tiene la mayor compresibilidad, porque tiene el menor módulo de volumen B. Cuanto menor es B, mayor es la compresibilidad. ***b)*** $\Delta p_w/\Delta p_{ea} = 2.2$
23. 7.28×10^5 N/m²
25. ***d)***
27. ***a)***
29. Las llantas de la bicicleta tienen una área de contacto mucho menor con el piso, así que necesitan una presión más alta para equilibrar el peso de la bicicleta y del ciclista.
31. ***a)*** La presión se determina sólo por la profundidad, así que no hay efecto (igual profundidad, igual presión). ***b)*** Por lo general, las presas son más anchas en el fondo porque la presión aumenta a mayor profundidad.
33. ***a)*** La presión dentro de la lata es igual a la presión atmosférica que hay afuera. Cuando el líquido se vierte de una lata sin ventila, se forma un vacío parcial adentro, y la diferencia de presión hace que sea difícil verter el líquido. ***b)*** Cuando se presiona un cuentagotas antes de insertarlo en un líquido, se está forzando al aire a salir y se reduce la presión dentro del gotero. Cuando se retira la tapa y el gotero se introduce en un líquido, éste sube en el gotero por la presión atmosférica. ***c)*** Al inhalar, los pulmones se expanden físicamente, la presión interna disminuye, y el aire fluye hacia los pulmones. Al exhalar, los pulmones se contraen, la presión interna aumenta y el aire se ve forzado a salir.
35. ***a)*** (1) una mayor altura que el barómetro de mercurio, a causa de su menor densidad. ***b)*** 10 m
37. ***a)*** (1) una columna más alta porque tiene menor densidad. ***b)*** 22 cm
39. 6.39×10^{-4} m²
41. ***a)*** (3) Una menor presión dentro de la lata conforme el vapor se condensa. Como hay un vacío parcial dentro de la lata, la fuerza neta que ejerce la presión atmosférica sobre el exterior aplasta la lata. ***b)*** 1.6×10^4 N = 3600 lb
43. $p = -1.1 \times 10^4$ Pa. Obviamente, la presión no puede ser negativa, así que este cálculo demuestra que la densidad del aire no es una constante, pero la densidad del aire disminuye rápidamente con la altitud.
45. 0.51 N
47. 2.2×10^5 N (aproximadamente 50000 lb)
49. 1.9×10^2 m/s
51. ***a)*** 1.1×10^8 Pa ***b)*** 1.9×10^6 N
53. 549 N, 1.37×10^6 Pa
55. 0.173 N
57. ***c)***
59. ***a)***
61. El hielo tiene un mayor volumen que el agua con igual masa. El nivel no cambia. Conforme el hielo se derrite, el volumen del agua recién convertida disminuye; sin embargo, el hielo, que inicialmente estaba arriba de la superficie del agua, ahora está bajo el agua. Esto compensa la disminución en el volumen. No importa si el hielo está hueco o no.
63. La misma fuerza de flotabilidad, porque ésta depende sólo del volumen de los fluidos desplazados y es independiente de la masa del objeto.
65. ***a)*** (3) permanece a cualquier altura en el fluido, porque el peso se equilibra exactamente por la fuerza de flotación. Donde quiera que se coloque el objeto, permanecerá ahí. ***b)*** se hunde, $W > F_b$
67. 2.6×10^3 kg
69. no, $14.5 \times 10^3\,\text{kg/m}^3 < \rho_g = 19.3 \times 10^3\,\text{kg/m}^3$
71. ***a)*** 0.09 m ***b)*** 8.1 kg
73. 1.00×10^3 kg/m³ (probablemente H_2O)
75. 17.7 m
77. 8.1×10^2 N
79. ***a)***
81. ***d)***
83. Hay muchos vasos capilares y sólo unas cuantas arterias. El área total de los capilares es mayor que la de las arterias. Así que si A aumenta, v disminuye.
85. ***a)*** La concavidad hace que el aire viaje más rápidamente debajo del automóvil. Este aumento en la rapidez reducirá la presión bajo el vehículo. La diferencia de presión fuerza al automóvil hacia el suelo para suministrar una mayor fuerza normal y fricción para la tracción. ***b)*** El deflector produce una fuerza hacia abajo para una mejor tracción y una mayor fricción.
87. 0.98 m/s
89. ***a)*** 3.5 cm³/s ***b)*** 0.031% ***c)*** Es una necesidad fisiológica. La menor rapidez se necesita para dar tiempo al intercambio de sustancias, como el oxígeno, entre la sangre y los tejidos.
91. 53.6 Pa
93. ***a)*** 0.13 m³/s ***b)*** 1.8 m/s
95. 2.2 Pa
99. ***c)***
101. El 10 y el 40 son mediciones de la viscosidad y la "W" significa invierno (*winter*).
103. 3.5×10^2 Pa
105. 13.5 s
107. 8.0×10^2 kg/m³
109. ***a)*** 3.83 m/s ***b)*** 399

Capítulo 10

1. ***b)***
3. ***a)***
5. el filamento de la lámpara incandescente, hasta 3000°C
7. Celsius
9. ***a)*** 302°F ***b)*** 90°F ***c)*** −13°F ***d)*** −459°F
11. ***a)*** 245°F ***b)*** 375°F
13. 56.7°C y −62°C
15. ***a)*** (3) $T_F = T_C$, porque se desea encontrar la temperatura a la que las escalas Celsius y Fahrenheit arrojan la misma lectura. ***b)*** −40°C = −40°F
17. ***a)*** −101 F° ***b)*** 558 F°
19. ***a)*** (2) $T_C = 0$, porque $T_F = 9/5\,T_C + 32$, en comparación con $y = ax + b$. Para encontrar la intersección en y, hacemos que $x(T_C) = 0$. ***c)*** 5/9; −18°C
21. ***a)***
23. El volumen del gas se mantiene constante. Así que si la temperatura aumenta, también lo hace la presión, y viceversa, de acuerdo con la ley del gas ideal. Por consiguiente, la temperatura se determina midiendo la presión.
25. El cero absoluto implica presión o volumen cero. La temperatura absoluta negativa implica presión o volumen negativo.
27. Igual, porque un mol se define en función del número de moléculas.
29. ***a)*** −273°C ***b)*** −23°C ***c)*** 0°C ***d)*** 52°C
31. ***a)*** 53541°F; 29727°C ***b)*** 0.910%

33. ***a)*** (2) disminuye, porque $p_1V_1/T_1 = p_2V_2/T_2$. Con $V_1 = V_2$, $T_2/T_1 = p_2/p_1$ o la temperatura es proporcional a la presión. ***b)*** 167°C
35. 1.7×10^{23}
37. 0.0370 m^3
39. 0.16 L
41. 33.4 lb/in^2
43. 2.31 atm
45. ***a)*** (1) aumenta, porque con $p = p_o$, $p_oV_o/T_o = pV/T$ se vuelve $V/V_o = Tp_o/(T_op) = T/T_o$ o el volumen es proporcional a la temperatura. ***b)*** 10.6%
47. 5.1 cm^3
49. ***c)***
51. ***a)*** el hielo se mueve hacia arriba ***b)*** el hielo se mueve hacia abajo ***c)*** el cobre
53. Cuando sólo la pelota se calienta, se expande y no pasa por el anillo. Cuando este último se calienta, se expande y el hoyo es más grande, así que la pelota pasa por él de nuevo.
55. El metal tiene un coeficiente de expansión térmica más alto que el vidrio. La tapa se expande más que el vidrio, así que es más fácil aflojarla.
57. ***a)*** (1) mayor, porque la cinta se encoge. Una división en la cinta (ahora es menos de una división por el encogimiento) todavía lee una división. ***b)*** 0.060%
59. 0.0027 cm
61. ***a)*** 60.1 cm ***b)*** 3.91×10^{-3} cm^2, sí
63. ***a)*** (1) el anillo, así que se expande, entonces la pelota pasa a través de él. ***b)*** 353°C
65. 5.52×10^{-4}/C°
67. ***a)*** más grande, porque se expande ***b)*** 5.5×10^{-6} m^3
69. ***a)*** 116°C ***b)*** no
71. sí, 79°C
73. ***a)***
75. Los gases se difunden a través de la membrana porosa, pero el gas helio se difunde más rápidamente porque sus átomos tienen menor masa. Al final, habrá iguales concentraciones de gases en ambos lados del contenedor.
77. ***a)*** 6.07×10^{-21} J ***b)*** 7.72×10^{-21} J
79. ***a)*** 6.21×10^{-21} J ***b)*** 1.37×10^3 m/s
81. aumenta por un factor de $\sqrt{2}$
83. ***a)*** 1.82×10^7 J ***b)*** 1.55×10^3 m
85. 273°C
87. 899°C
89. ***a)*** (1) $^{235}UF_6$, porque a la misma temperatura, cuanto menor es la masa, mayor es la rapidez rms promedio. ***b)*** 1.00429
91. ***b)***
93. nRT
95. 6.1×10^3 J
97. ***a)*** 1.21×10^7 J ***b)*** 3.03×10^7 J
99. 0.272%
101. ***a)*** (3) el helio, porque a la misma temperatura, el helio tiene la menor masa y la rapidez rms más alta. ***b)*** 425 m/s < 1100 m/s

Capítulo 11

1. ***d)***
3. 1 Cal = 1000 cal
5. 6.279×10^6 J
7. 4
9. ***a)***
11. ***b)***
13. Como $Q = cm\Delta T = cm(T_f - T_i)$, el calor y la masa específicos provocan que la temperatura final de los dos objetos sea diferente, si Q y T_i son iguales.
15. ***a)*** (1) más calor, porque el cobre tiene un calor específico más elevado. **(b)** el cobre requiere 2.1×10^4 J más
17. 1.7×10^6 J
19. ***a)*** (3) menor que, porque el aluminio tiene un calor específico más elevado que el cobre. De acuerdo con $Q = mc\Delta T$, si Q y ΔT son iguales, un calor específico más elevado da por resultado una menor masa. ***b)*** 1.27 kg
21. 84°C
23. 0.13 kg
25. ***a)*** (1) más calor que el hierro, porque el aluminio tiene un calor específico más elevado, cuando todos los demás factores (m y ΔT) son iguales. ***b)*** El Al por 1.8×10^4 J más
27. ***a)*** mayor, porque si hay agua salpicada, habrá menos agua para absorber el calor. La temperatura final será más elevada y el valor del calor específico medido será erróneo y aparecerá como más elevado que el valor calculado para el caso en el que el agua no se salpique. ***b)*** 3.1×10^2 J/(kg·C°)
29. ***a)*** 7.0×10^2 W ***b)*** 9.4×10^2 W
31. 20.0°C
33. ***d)***
35. ***c)***
37. Esto se debe al valor más alto del calor latente de vaporización. Cuando el vapor se condensa, libera 2.26×10^6 J de calor. Cuando el agua a 100°C baja su temperatura por 1°C, libera sólo 4186 J/kg.
39. 1.13×10^6 J
41. 2.5×10^6 J y 2.5×10^5 J; sí
43. 1.2×10^6 J
45. ***a)*** (2) sólo el calor latente, porque el punto de ebullición del mercurio es 357°C = 630 K, así que ya está en la temperatura de ebullición. ***b)*** 4.1×10^3 J
47. 11°C
49. 1.8×10^{-2} kg
51. 2.1×10^5 J
53. ***a)*** (2) parte del hielo se derretirá. La respuesta (3) se elimina porque el agua a 10°C emitirá suficiente calor para elevar la temperatura del hielo y derretir parte de él porque el hielo tiene un calor específico menor que el agua. La respuesta (1) también se elimina por el valor alto del calor latente de fusión para el hielo (3.3×10^5 J/kg).
La disminución de 10 C° en la temperatura del agua no libera suficiente calor para derretir el hielo por completo. **(b)** 0.5032 kg
55. 0.17 L
57. ***c)***
59. El metal presenta una conductividad de calor más alta, así que el metal conduce el calor lejos de su mano más rápidamente.
61. El aire es un deficiente conductor de calor, así que el pelaje hueco reduce al mínimo la pérdida de calor.
63. 4.54×10^6 J
65. 13 J
67. ***a)*** (1) más larga, porque el cobre tiene una conductividad térmica más alta ***b)*** 1.63
69. ***a)*** 5.5×10^5 J/s ***b)*** 73 kg; sí, véase ISM
71. 411°C
73. ***a)*** (3) menor, porque la lana de vidrio tiene una conductividad térmica más baja. ***b)*** 4.9 in
75. 1.0×10^8 J
77. ***a)*** 1.5×10^3 J/s ***b)*** 46 J/s
79. 2.3 cm
81. 23°C
83. 7.8 h
85. 4.0×10^2 m/s
87. 0.49 kg

Capítulo 12

1. ***a)***
3. ***d)***
5. No. Todo lo que significa es que los pasos intermedios no son estados de equilibrio, así que no es posible repasar el proceso exactamente.
7. ***c)***
9. 1: expansión isotérmica; 2: compresión isobárica; 3: la presión isométrica aumenta

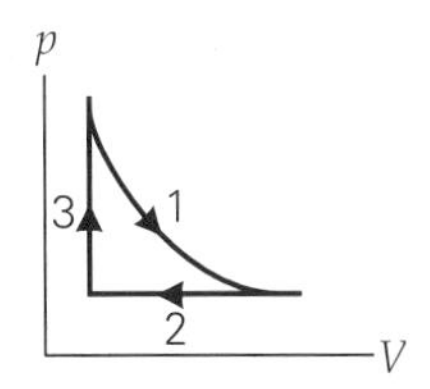

11. Al jugar básquetbol, usted perdió calor, realizó trabajo y su energía interna disminuyó.
13. Trabajo: 1, 2, 3. El trabajo es igual al área bajo la curva en el diagrama p-V. El área bajo 1 es la mayor y el área bajo 3 es la menor. Temperatura final: 1, 2, 3. De acuerdo con al ley del gas ideal, la temperatura de un gas es proporcional al producto de la presión y el volumen, $pV = nRT$. Como el volumen final es igual para los tres procesos, cuanto mayor es la presión, más elevada es la temperatura final.
15. ***a)*** (2) igual, porque $\Delta U = 0$ para un proceso cíclico. ***b)*** se añade, 400 J
17. ***a)*** (3) disminuye, conforme $Q = 0$ y W es positivo ***b)*** –500 J
19. ***a)*** 3.3×10^3 J ***b)*** sí, 5.1×10^3 J
21. ***a)*** (2) cero, porque $\Delta T = 0$. ***b)*** $-p_1V_1$ (en el gas) ***c)*** $-p_1V_1$ (fuera del gas)
23. 3.6×10^4 J
25. ***a)*** (2) isobárico, porque la presión se mantiene a 1.00 atm. ***b)*** 146 J
27. ***a)*** (2) el proceso 2, porque se agrega más calor y el cambio en la energía interna es el mismo (las temperaturas inicial y final son iguales). ***b)*** $\Delta U = 2.5 \times 10^3$ J para ambos; ***b)*** $\Delta U = 2.5 \times 10^3$ J para ambos; $W_1 = 0$, $W_2 = 5.0 \times 10^2$ J
29. ***a)*** Proceso AB, -1.66×10^3 J; proceso BC, 0; proceso CD, 3.31×10^3 J; proceso DA, 0 ***b)*** $\Delta U = 0$, $Q = W = 1.65 \times 10^3$ J ***c)*** 800 K
31. ***c)***
33. ***a)*** aumenta porque se añade calor. ***b)*** disminuye porque se elimina calor. ***c)*** au-

menta porque se agrega calor. *d)* disminuye porque se elimina calor.

35. No, éste no es un desafío válido porque el hielo o el agua, por sí solos, no constituyen un sistema aislado. Cuando el agua se congela para convertirse en hielo, emite calor y eso provoca que la entropía de los alrededores aumente. Este aumento en realidad es más que la disminución que ocurrió en el cambio de fase de agua a hielo. Así que el cambio neto en la entropía del sistema (hielo más agua) aún aumenta.

37. *a)* (1) positivo, porque se agrega calor en el proceso (calor positivo). *b)* $+1.2 \times 10^3$ J/K

39. -2.1×10^2 J/K

41. 126°C

43. *a)* (1) se incrementa, porque $Q > 0$. *b)* +11 J/K

45. *a)* (1) positivo, de acuerdo con la segunda ley de la termodinámica. *b)* +1.33 J/K

47. *a)* (2) cero, $\Delta S = 0$ *b)* 2.73×10^4 J

49. *a)* 61.0 J/K *b)* −57.8 J/K *c)* 3.2 J/K

51. *b)*

53. Permanece sin cambios, porque vuelve a su valor original para un proceso cíclico. Esto es verdad para muchas cantidades como la temperatura, la presión y el volumen.

55. Esto es importante porque el calor puede convertirse por completo en trabajo para un proceso individual (no un ciclo), como un proceso de expansión isotérmica de un gas ideal.

57. No, conforme el aire caliente se eleva a la mayor altitud, tanto la gravedad como las fuerzas de flotabilidad actúan. Como es un proceso natural con entrada de trabajo, la entropía aumenta y la segunda ley no se viola.

59. 25%

61. 1.47×10^5 J

63. *a)* 6.6×10^8 J *b)* 27%

65. *a)* (1) aumenta, porque $\varepsilon = 1 - Q_c/Q_h$. Cuando ε aumenta, la relación de Q_c/Q_h disminuye o la relación Q_h/Q_c aumenta. *b)* +0.024

67. *a)* 6.1×10^5 J *b)* 1.9×10^6 J

69. 3.0 kW

71. 6.0 h

73. *a)* 1800 *b)* 3.4×10^7 J *c)* 2.7×10^7 J

75. *a)*

77. El más eficiente es el agua enfriada, porque la eficiencia del enfriamiento depende de ΔT, y el agua puede mantener un gran ΔT. Además, el agua tiene un calor específico más elevado, así que es capaz de absorber más calor.

79. Los motores de diesel se calientan más porque el combustible diesel tiene una temperatura de combustión espontánea más elevada. De acuerdo con la eficiencia de Carnot, cuanto más alta es la temperatura del reservorio, mayor es la eficiencia, para un reservorio de temperatura baja fija.

81. 0°C

83. *a)* 6.7% *b)* Probablemente no en el momento, a causa de la baja eficiencia y porque aún existen combustibles fósiles relativamente baratos.

85. 9.1×10^3 J

87. *a)* (3) más alta que 327°C. De acuerdo con $\varepsilon_C = 1 - T_c/T_h$, podemos ver que T_h debe ser más alta para que ε_C aumente mientras que T_c se mantiene constante. *b)* 427°C

89. *a)* no, $\varepsilon_C = 57\%$ mientras $\varepsilon = 67\%$ *b)* 17.5 kW

91. *a)* 42% *b)* 39 kW

93. 53%

95. *a)* (2) cero, porque muchas cantidades como la temperatura, la presión, el volumen, la energía interna y la entropía vuelven a su valor original después de cada ciclo. *b)* 3750 J

97. *a)* 64% *b)* ε_C es el límite superior de la eficiencia. En realidad, se pierde mucha más energía que en la situación ideal.

99. *a)* 13 *b)* no, $COP_C = 11$

101. 20 mi/gal

103. 2.7 kg

105. 0.157

Capítulo 13

1. *b)*

3. *b)*

5. *a)* cuatro veces más grande *b)* el doble de grande

7. $T/4, T/2$

9. $4A$

11. 0.025 s

13. 41 N/m

15. *a)* 10^{-12} s *b)* 63 m/s

17. *a)* (1) $x = 0$, porque a $x = 0$ no hay energía potencial elástica, así que toda la energía del sistema es cinética, por lo tanto, la rapidez es máxima. *b)* 2.0 m/s

19. *a)* 0.77 m/s *b)* 1.2 N

21. 1.08 m/s

23. *a)* 2.5 m/s *b)* 2.5 m/s *c)* 2.7 m/s, posición de equilibrio

25. *a)* 17.6 N/m *b)* 1.04 m/s

27. *d)*

29. *b)*

31. Esto se podría hacer dibujando la trayectoria del objeto en un papel horizontal que se desenrolle.

33. En un elevador que acelere hacia arriba, la aceleración gravitacional efectiva aumenta. De acuerdo con $T = 2\pi\sqrt{L/g}$, el periodo disminuiría.

35. 10 kg

37. *a)* 1.7 s *b)* 0.57 Hz

39. *a)* $x = A \operatorname{sen} \omega t$ *b)* $x = A \cos \omega t$

41. *a)* 5.0 cm *b)* 10 Hz *c)* 0.10 s

43. *a)* (3) menos, porque $E \propto 1/T^2$ y el sistema A tiene un periodo más prolongado. *b)* 1.8×10^2

45. *a)* 0.188 m *b)* 3.00 m/s²

47. *a)* (3) $1/\sqrt{3}$, porque $T = 2\pi\sqrt{m/k}$ así que $T_2/T_1 = \sqrt{k_1/k_2} = \sqrt{1/3}$ *b)* 2.8 s

49. *a)* utilizando el periodo de vibración *b)* 76 kg

51. 2.70 J

53. 0.279 m/s, 0.897 m/s² = $(0.0915)g$

55. *a)* (1) aumentaría, porque $T = 2\pi\sqrt{L/g}$, una menor g dará un T más prolongado. *b)* 4.9 s

57. *a)* $y = (-0.10\text{ m})\operatorname{sen}(10\pi/3)t$ *b)* $k = 27$ N/m

59. *a)* 1.21 m *b)* 0.301 m/s *c)* 0.248 rad/s

61. *d)*

63. *c)*

65. La de la parte superior es transversal y la de la parte inferior es longitudinal.

67. 0.340 m

69. 0.47 m/s

71. 1.7 cm a 17 m

73. No, no está en vacío.
$v = \lambda f = (500 \times 10^{-9}\text{ m})(4.00 \times 10^{14}\text{ Hz})$
$= 2.00 \times 10^8\text{ m/s} < 3.00 \times 10^8\text{ m/s}$.

75. 6.00 km

77. *a)* 3.8×10^2 s *b)* sí, 1.9×10^3 km $>$ 30 km *c)* 1.6×10^3 s

79. *a)* 0.20 s *b)* 0.40 s

81. *d)*

83. *d)*

85. La reflexión (esto se llama ecolocalización), porque el sonido se refleja en la presa.

87. *d)*

89. *c)*

91. *a)* Esto se debe a que el vidrio vibra en modo de resonancia. *b)* La frecuencia aumentará porque la longitud de onda disminuirá a causa de la columna de aire que se acorta. Esto da por resultado un aumento en la frecuencia como $v = \lambda f$ y v es una constante.

93. Una cuerda más delgada tendrá una frecuencia más alta. Como $v = \sqrt{F_T/\mu}$, y una cuerda más delgada tiene menor μ, la rapidez es mayor, al igual que la frecuencia ($v = \lambda f$).

95. 150 Hz

97. *a)* (1) aumenta por $\sqrt{2}$, porque $v = \sqrt{F_T/\mu}$, así $v_2/v_1 = \sqrt{F_{T2}/F_{T1}} = \sqrt{2/1} = \sqrt{2}$. *b)* 8.49 m/s *c)* $f_n = (0.425)n$ Hz; $n = 1, 2, 3, \ldots$

99. $n = 5$

101. 16.5 N

103. 1/4

105. 0.016 kg

107. *a)* al liberarse desde el reposo, hacia abajo *b)* 1.05 s *c)* $y = (0.100\text{ m})\cos(6t)$ *d)* 3.6 m/s²

109. *a)* 5.00 N *b)* 12.5 Hz *c)* a 0.40 m de un extremo

111. 3.0 s

Capítulo 14

1. *b)*

3. *a)*

5. Algunos insectos producen sonidos con frecuencias que no están en nuestro intervalo de audición.

7. Llegan al mismo tiempo porque el sonido no es dispersivo, esto es, la rapidez no depende de la frecuencia.

9. *a)* 1.0 km *b)* 0.60 mi

11. 32°C

13. La unidad de v en un líquido es

$$\sqrt{\frac{\text{N/m}^2}{\text{kg/m}^3}} = \sqrt{\frac{\text{N}\cdot\text{m}}{\text{kg}}} = \sqrt{\frac{\text{kg}\cdot\text{m}^2/\text{s}^2}{\text{kg}}} = \sqrt{\frac{\text{m}^2}{\text{s}^2}} = \text{m/s}.$$

Y tiene la misma unidad que B, así que la unidad de v en un sólido también es m/s.

15. *a)* (1) aumenta, porque la rapidez del sonido se incrementa con la temperatura y $v = \lambda f$.

Así que si v se incrementa y f permanece igual, λ aumenta. ***b)*** $+0.047$ m

17. ***a)*** 7.5×10^{-5} m ***b)*** 1.5×10^{-2} m

19. ***a)*** 1.08 s ***b)*** 1.04 s

21. 90 m

23. ***a)*** 0.107 m ***b)*** 1.43×10^{-4} s ***c)*** 4.29×10^{-4} m

25. ***a)*** (1) menor que el doble, porque el tiempo total es la suma del tiempo que tarda la piedra en golpear el piso (movimiento de caída libre) y el tiempo que tarda el sonido en recorrer de regreso esa distancia. Mientras que el tiempo para el sonido es directamente proporcional a la distancia, el tiempo para la caída libre no lo es. Como $d = \frac{1}{2}gt^2$ o $t = \sqrt{2d/g}$ (véase el capítulo 2), duplicar la distancia d sólo aumentará el tiempo de caída por un factor de $\sqrt{2}$. ***b)*** 1.0×10^2 m ***c)*** 8.7 s

27. 4.5%

29. ***b)***

31. (1) por un factor de 2

33. Sí. Puesto que $\beta = 10 \log I/I_o$ y $\log x < 0$ para $x < 1$, si $I < I_o$. Así que para una intensidad por debajo de la intensidad del umbral de audición, β es negativa.

35. ***a)*** (4) 1/9, porque I es inversamente proporcional al cuadrado de R. Al triplicar R se reduce I a $1/3^2 = 1/9$. ***b)*** 1.4 veces

37. ***a)*** 3.0 Hz ***b)*** no se da suficiente información

39. ***a)*** 100 dB ***b)*** 60 dB ***c)*** -30 dB

41. ***a)*** 1.1×10^{-5} W/m^2

43. ***a)*** 3.72×10^{-4} W/m^2; 1.00×10^{-1} W/m^2 ***b)*** 9.55×10^{-3} W/m^2; 6.03×10^{-2} W/m^2

45. ***a)*** 2.82 m ***b)*** 2.82×10^3 m, no razonable

47. cinco

49. 10 bandas

51. $I_B = 0.563 I_A$, $I_C = 0.250 I_A$, $I_D = 0.173 I_A$

53. ***a)*** 2.5×10^2 m ***b)*** a 2.5×10^5 m de la carga

55. 10^5 abejas

57. ***a)***

59. No. El compás de la música tiene que ver con el tiempo. Los pulsos son fenómenos físicos relacionados con la diferencia de frecuencia entre dos tonos.

61. La intensidad variable del sonido es resultado del efecto de interferencia. En ciertos lugares hay interferencia constructiva y en otros, interferencia destructiva.

63. 0.172 m

65. ***a)*** (4) tanto (1) como (3), porque la frecuencia del pulso mide sólo la diferencia de frecuencia entre los dos, y no especifica cuál frecuencia es más alta. Así que la frecuencia del violín puede ser más alta o más baja que la del instrumento. ***b)*** 267 o 261 Hz

67. ***a)*** (1) moviéndose hacia la sirena, porque la frecuencia escuchada es más alta que la de la sirena. ***b)*** 14 m/s

69. 3.3 Hz

71. ***a)*** (2) menor que 300 Hz, porque el observador y la fuente se están acercando entre sí y la frecuencia escuchada es mayor que la frecuencia de la fuente. ***b)*** 251 Hz

73. 30°, sí

75. ***a)*** 2.0 ***b)*** 638 m/s

77. ***a)*** 103 Hz aproximándose, 97.0 Hz retirándose ***b)*** 6 Hz

79. ***a)*** 36.3 kHz ***b)*** 37.6 kHz ***c)*** yes

81. ***b)***

83. ***d)***

85. ***a)*** La nieve absorbe el sonido, así que hay poca reflexión. ***b)*** En una habitación vacía, hay menos absorción. Así que los reflejos se extinguen más lentamente; por eso, el sonido parece hueco y con eco. ***c)*** El sonido se refleja en las paredes de la regadera, y se forman ondas estacionarias, dando origen a más armónicos y, por consiguiente, a una calidad del sonido más rica.

87. Para un tubo abierto, $f_n = nv/(2L)$ para $n = 1, 2, 3, \ldots$ Para un tubo cerrado, $f_m = mv/(4L)$ para $m = 1, 3, 5, \ldots$ Así que $f_n/f_m = (n/2)/(m/4) = 2n/m$. Para $f_n = f_m$, $2n = m$. No, no es posible porque $2n$ es un entero par y m, un entero impar.

89. Para un tubo cerrado en un extremo, el extremo cerrado debe ser un nodo. Así que sólo los armónicos impares son posibles.

91. 510 Hz

93. ***a)*** f_2 no existe, sólo los armónicos impares ***b)*** 0.30 m

95. ***a)*** 0.635 m ***b)*** 265 Hz

97. 0°C

99. 99. $f_{aire} = 552$ Hz, $f_{He} = 1600$ Hz

101. 0.249 m y 0.251 m

103. 5.55×10^4 Hz

105. ***a)*** (1) sí, porque el observador escuchará las pulsaciones entre la fuente y el reflejo. **(b)** 1.03×10^3 Hz **(c)** 12 Hz

Capítulo 15

1. ***c)***

3. ***c)***

5. No. Las cargas simplemente se mueven de un objeto a otro.

7. Acercar el objeto cargado al electroscopio y observar cómo se mueven las hojas. Si la repulsión entre las hojas aumenta, la carga en el objeto tiene el mismo signo que la del electroscopio; si la repulsión entre las hojas disminuye, entonces la carga en el objeto tiene signo contrario que la del electroscopio.

9. -1.6×10^{-13} C

11. $+6.40 \times 10^{-19}$ C

13. ***a)*** (1) positiva, a causa de la conservación de la carga. Cuando un objeto adquiere carga negativa, gana electrones. Otro objeto pierde esos mismos electrones y adquiere carga positiva. ***b)*** $+4.8 \times 10^{-9}$ C, 2.7×10^{-20} kg ***c)*** 2.7×10^{-20} kg

15. ***d)***

17. Es para eliminar el exceso de carga que se debe a la fricción del caucho en la carretera. Si no se elimina la carga en exceso, esto podría generar un chispazo, que provocaría una explosión de la gasolina.

19. Si usted acerca un objeto con carga negativa al electroscopio, el proceso de inducción cargará el electroscopio positivamente. Es posible probar que las cargas son positivas acercando el objeto con carga negativa a las hojas y viendo si éstas son atraídas por el objeto.

21. ***a)***

23. Aunque la fuerza eléctrica es fundamentalmente mucho más intensa que la fuerza gravitacional, tanto la Tierra, como nuestros cuerpos y otros objetos son eléctricamente neutros, así que no hay fuerzas eléctricas notorias.

25. 9

27. ***a)*** 1 ***b)*** 1/4 ***c)*** 1/2

29. ***a)*** 5.8×10^{-11} N ***b)*** cero

31. 2.24 m

33. ***a)*** 50 cm ***b)*** 50 cm

35. ***a)*** $x = 0.25$ m ***b)*** en ningún lado ***c)*** $x = -0.94$ m para $\pm q_3$

37. ***a)*** 8.2×10^{-8} N ***b)*** 2.2×10^6 m/s ***c)*** 9.2×10^{21} g

39. ***a)*** 96 N, 39° por debajo del eje x positivo ***b)*** 61 N, 84° por encima del eje x negativo

41. ***c)***

43. ***a)***

45. Se determina mediante la densidad relativa o la separación de las líneas de campo. Cuanto más cercanas estén las líneas, mayor es la magnitud.

47. Si una carga positiva está en el centro de una estructura esférica, el campo eléctrico adentro *no* es cero. Las líneas de campo corren en forma radial hacia fuera a la superficie interior de la estructura, donde se detienen en las cargas negativas inducidas en la superficie. Las líneas de campo reaparecen en la superficie externa de la estructura (con carga positiva) y continúan en forma radial hacia fuera como si emanaran de la carga puntual en el centro. Si la carga fuera negativa, las líneas de campo invertirían sus direcciones.

49. ***a)*** Sí, es posible. Por ejemplo, cuando los campos eléctricos que generan dos cargas son iguales en magnitud y contrarias en dirección en algunos lugares. En el punto medio a lo largo de la línea que une dos cargas del mismo tipo y magnitud, el campo eléctrico es cero. ***b)*** No, no es posible.

51. 2.0×10^5 N/C

53. a 1.2×10^{-7} m de la carga

55. 1.0×10^{-7} N/C hacia arriba 5.6×10^{-11} N/C hacia abajo

57. $\vec{E} = (2.2 \times 10^5 \text{ N/C})\hat{x} + (-4.1 \times 10^5 \text{ N/C})\hat{y}$

59. 5.4×10^6 N/C hacia la carga de -4.0 μC

61. 3.8×10^7 N/C en la dirección $+y$

63. 15 μC/m^2

65. $\vec{E} = (-4.4 \times 10^6 \text{ N/C})\hat{x} + (7.3 \times 10^7 \text{ N/C})\hat{y}$

67. ***b)***

69. ***b)***

71. La superficie debe ser esférica.

73. ***a)*** (1) negativa a causa de la inducción ***b)*** cero ***c)*** $+Q$ ***d)*** $-Q$ ***e)*** $+Q$

75. ***a)*** cero ***b)*** kQ/r^2 ***c)*** cero ***d)*** kQ/r^2

77.

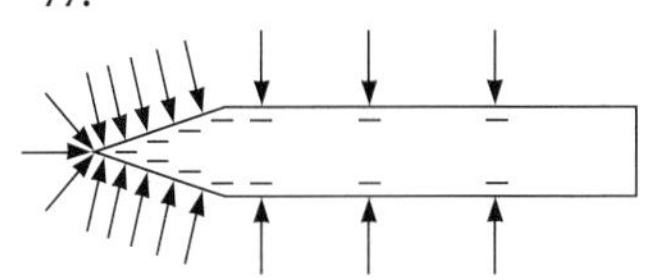

79. ***c)***

81. Como el número de líneas es proporcional a la carga, las cargas netas son iguales pero con signo contrario.

83. –6 líneas, o un número neto de 6 líneas que pasan a través de ella

85. 10 líneas de campo entrando (negativo)

87. ***a)*** la inferior ***b)*** 4.90×10^{-4} kg

89. *a*) positiva en la placa derecha y negativa en la placa izquierda *b*) de derecha a izquierda *c*) 1.13×10^{-13} C
91. 5.5×10^{3} N/C a 66° por debajo del eje positivo x
93. *a*) 2.02×10^{4} N/C *b*) 1.79×10^{-7} C/m^2

Capítulo 16

1. *d*)
3. *b*)
5. *a*) La energía cinética del protón que se acerca disminuye conforme su energía potencial eléctrica aumenta, puesto que su energía total es constante. *b*) La energía potencial eléctrica del sistema aumenta porque la distancia entre las cargas disminuye. *c*) La energía total del sistema permanece igual a causa de la conservación de la energía.
7. Se moverá hacia la derecha o hacia la región de mayor potencial porque el electrón tiene carga negativa. Cuanto más elevado es el potencial de la región, para el electrón, menor es la energía potencial.
9. Requiere de cero trabajo. Puesto que $W = q_0\Delta V$, si $\Delta V = 0$, $W = 0$.
11. *a*) 2.7 μC *b*) de la negativa a la positiva
13. 1.6×10^{-15} J
15. *a*) 5.9×10^{5} m/s, hacia abajo *b*) pierde energía potencial
17. *a*) (2) 3, porque el potencial eléctrico es inversamente proporcional a la distancia. *b*) 0.90 m *c*) −6.7 kV
19. *a*) gana 6.2×10^{-19} J *b*) pierde 6.2×10^{-19} J *c*) gana 4.8×10^{-19} J
21. 1.1 J
23. *a*) +0.27 J *b*) no
25. −0.72 J
27. *a*) 3.1×10^{5} V *b*) 2.1×10^{5} V
29. *a*) (3) menor, porque los electrones tienen carga negativa. Se mueven hacia las regiones de potencial más alto, donde tienen energía potencial más baja. *b*) 4.2×10^{7} m/s *c*) 6.0×10^{-9} s
31. *b*)
33. La pelota aceleraría en la dirección que va de la playa al océano (de energía potencial más alta a energía potencial más baja).

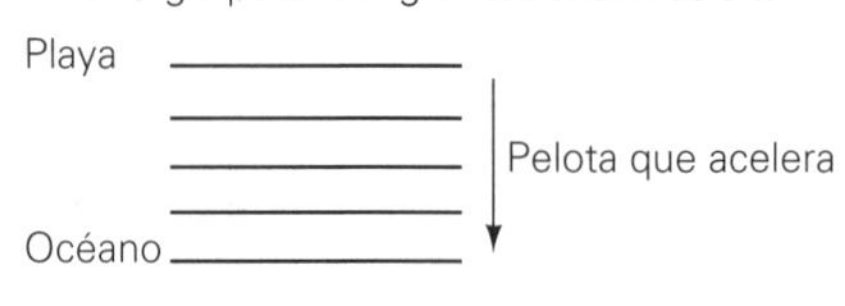

35. Requiere de cero trabajo, porque no hay cambio en la energía cinética o potencial. El trabajo neto es cero.
37. *a*) cilíndrica *b*) cerca de la superficie externa *c*) cerca de la superficie interna
39. *a*) 1.60×10^{-13} J *b*) se duplicaría
41. 12.6 m
43. 70 cm
45. a 1.7 mm de la placa positiva, hacia la placa negativa
47. *a*) (1) esferas concéntricas, porque el potencial eléctrico depende sólo de la distancia con respecto a la carga. *b*) +298 eV
49. *a*) 2.0×10^{7} eV *b*) 2.0×10^{4} keV *c*) 20 MeV *d*) 2.0×10^{-2} GeV *e*) 3.2×10^{-12} J
51. 6.2×10^{7} m/s (protón) 4.4×10^{7} m/s (alfa)
53. *a*) 3.5 V, 1.1×10^{6} m/s *b*) 4.1 kV, 3.8×10^{7} m/s *c*) 5.0 kV, 4.2×10^{7} m/s
55. *a*) +0.40 V *b*) −0.40 V *c*) cero
57. *c*)
59. *a*)
61. *b*)
63. *a*) Como $Q = CV$, se duplica. *b*) Como $U_C = \frac{1}{2}CV^2$, se cuadruplica.
65. 2.4×10^{-5} C
67. 0.71 mm
69. *a*) 4.2×10^{-9} C *b*) 2.5×10^{-8} J
71. 2.2 V
73. *a*) 2.2×10^{4} V/m *b*) 1.1×10^{-5} C *c*) 5.7×10^{-4} J *d*) $E = 6.7 \times 10^{4}$ V/m, $\Delta Q = 0$, $\Delta U_C = -1.7 \times 10^{-3}$ J
75. *d*)
77. No es posible mantener un voltaje no cero en un conductor; las cargas se moverán del positivo al negativo inmediatamente, de manera que no se podrían almacenar.
79. Cuando el suministro de potencia no está conectado, la carga permanece igual, pero la capacitancia aumenta una vez que se inserta el material dieléctrico. Por lo tanto, la diferencia de potencial disminuye ($V = Q/C$), al igual que el campo eléctrico ($E = V/d$). Cuando el suministro de potencia permanece conectado, la diferencia de potencial se conserva constante, al igual que el campo eléctrico
81. 3.1×10^{-9} C; 3.7×10^{-8} J
83. *a*) $\kappa = 2.4$ *b*) disminuyó *c*) -6.3×10^{-5} J
85. *b*)
87. *b*)
89. Tienen la misma carga cuando tienen igual capacitancia.
91. *a*) C/N *b*) NC *c*) $4C/N$
93. *a*) (1) más, porque la capacitancia equivalente es más alta y la energía almacenada (extraída) es proporcional a la capacitancia. *b*) 6.0 μF
95. *a*) (3) $Q/3$, porque $Q_{total} = Q_1 + Q_2 + Q_3$. Además, $Q_1 = Q_2 = Q_3$ porque los condensadores tienen la misma capacitancia. Por consiguiente, cada condensador tiene sólo 1/3 de la carga total. *b*) 3.0 μC *c*) 9.0 μC
97. máx. 6.5 μF; mín. 0.67 μF
99. C_1: 2.4 μC, 6.0 V; C_2: 2.4 μC, 6.0 V; C_3: 1.2 μC, 6.0 V; C_4: 3.6 μC, 6.0 V
101. *a*) $K_o = 29.2$ eV, ΔU total = 75 eV, así que no puede *b*) a 30.6 cm de la superficie inferior
103. *a*) -1.7×10^{-17} J *b*) 6.9×10^{23} m/s^2 *c*) -8.5×10^{-18} J *d*) 8.5×10^{-18} J
105. *a*) (1) estará a un potencial más alto, porque el electrón tiene carga negativa. Experimentará una fuerza hacia arriba si el potencial es mayor en la placa superior. *b*) 8.37×10^{-13} V *c*) cualquier lugar
107. *a*) 2.9 pF *b*) 0.20 pC

Capítulo 17

1. *b*)
3. *b*)
5. *c*)
7. No. Cualquier batería tiene resistencia interna, y habrá un voltaje a través de la resistencia interna cuando la batería se utilice. El voltaje terminal es más bajo que la fem de la batería cuando está en uso.
9. *a*) 4.5 V *b*) 1.5 V
11. *a*) 24 V *b*) dos de 6.0 V en serie, juntas en paralelo con la de 12 V.
13. *a*) (2) igual, porque el voltaje total de baterías idénticas en paralelo es igual al voltaje de cada batería individual, y el voltaje total de las baterías en serie es la suma de los voltajes de cada batería individual. Cada configuración tiene un paralelo y una serie, así que tienen el mismo voltaje total. *b*) 3.0 V, 3.0 V
15. *a*)
17. *a*) hacia arriba *b*) hacia abajo *c*) hacia arriba
19. 0.25 A
21. *a*) 0.30 C *b*) 0.90 J
23. 56 s
25. *a*) (2) a la izquierda, porque la corriente que se debe a los protones estará a la izquierda, y la corriente que se debe a los electrones también estará a la izquierda porque éstos tienen carga negativa. *b*) 3.3 A
27. *a*)
29. *a*)
31. A partir de $V = (R)I$ ($y = mx$ es la ecuación para una línea recta donde m es la pendiente), concluimos que el que tiene la pendiente menos pronunciada es menos resistivo.
33. *a*) igual *b*) un cuarto de la corriente
35. *a*) 11.4 V *b*) 0.32 Ω
37. *a*) (1) un mayor diámetro, porque el aluminio tiene una mayor resistividad. Su área (diámetro) debe ser mayor, si la longitud del alambre es la misma, para tener igual resistencia que el cobre de acuerdo con $R = pL/A$. *b*) 1.29
39. 1.0 V
41. 1.3×10^{-2} Ω
43. *a*) 4 *b*) 4
45. *a*) 0.13 Ω *b*) 0.038 Ω
47. *a*) 4.6 mΩ *b*) 8.5 mA
49. 5.4×10^{-2} m
51. *a*) (1) mayor, porque después del estiramiento, la longitud L aumenta y el área transversal A disminuye, así que R aumenta de acuerdo con $R = pL/A$. *b*) 1.6
53. *a*) 7.8 Ω *b*) 0.77 A *c*) 16.4°C
55. *d*)
57. *d*)
59. Como $P = V^2/R$, la bombilla de mayor potencia tiene menor resistencia o filamento más grueso. Así que el filamento en la bombilla de 60 W sería más grueso.
61. 144 Ω
63. 2.0×10^{3} W
65. 1.2 Ω
67. *a*) (4) 1/4, porque si el voltaje se reduce a la mitad, la corriente también. La potencia es igual al voltaje por la corriente, así que la potencia se vuelve 1/4 de su valor original.

69. *a)* 4.3×10^3 W *b)* 13 Ω
71. *a)* 58 Ω *b)* 86 Ω
73. *a)* 0.60 kWh *b)* $0.09
75. *a)* 0.15 A *b)* 1.4×10^{-4} Ω · m *c)* 2.3 W
77. *a)* 1.1×10^2 J *b)* 6.8 J
79. 21 Ω
81. $R_{120}/R_{60} = 4/3$
83. $152
85. 117°C para el cobre o −72.6°C para el aluminio
87. sí, R es una constante ($R + r = 6.00$ Ω)
89. aproximadamente la mitad (una planta de potencia entrega unos 1000 MW)
91. 6.6×10^{-6} m/s
93. 1.6×10^3 Ω
95. *a)* 400 A *b)* 4.5×10^{-3} Ω *c)* 1.8 V *d)* 250 kV

Capítulo 18

1. *b)*
3. *b)*
5. *a)*
7. No, no generalmente. Si embargo, si todos los resistores son iguales, los voltajes a través de ellos son iguales.
9. Si están en serie, la resistencia efectiva estará más cercana en valor al de la resistencia grande porque $R_s = R_1 + R_2$. Si $R_1 \gg R_2$, entonces $R_s \approx R_1$. Si están en paralelo, la resistencia efectiva estará más cercana en valor al de la resistencia pequeña porque $R_p = R_1R_2/(R_1 + R_2)$. Si $R_1 \gg R_2$, entonces $R_p \approx R_1R_2/R_1 = R_2$.
11. *a)* El tercer resistor tiene la mayor corriente, porque la corriente total a través de los otros dos resistores es igual a la corriente a través del tercer resistor. *b)* El tercer resistor también tiene el mayor voltaje, porque la corriente a través de él es la mayor y todos los resistores tienen el mismo valor de resistencia ($V = IR$). *c)* El tercer resistor también tiene la mayor salida de potencia, porque tiene el voltaje y la corriente mayores, y la potencia es igual al producto de la corriente y el voltaje.
13. *a)* en serie, 60 Ω *b)* en paralelo, 5.5 Ω
15. 30 Ω
17. *a)* 30 Ω *b)* 0.30 A *c)* 1.4 W
19. *a)* 0.57 Ω *b)* 6.0 V *c)* 9.0 W
21. *a)* (1) $R/4$. Cada segmento acortado tiene una resistencia de $R/2$ porque la resistencia es proporcional a la longitud (capítulo 17). Entonces, dos resistores $R/2$ en paralelo dan $R/4$. *b)* 3.0 μΩ
23. *a)* 1.0 A *b)* 1.0 A *c)* 2.0 W, 4.0 W, 6.0 W *d)* $P_{suma} = P_{total} = 12$ W
25. 1.0 A (para todos); $V_{8.0} = 8.0$ V; $V_{4.0} = 4.0$ V
27. 2.7 Ω
29. *a)*

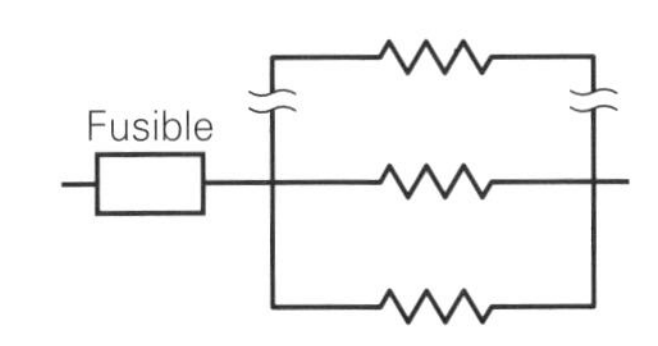

b) 31
31. *a)* 1.0 A; 0.50 A; 0.50 A *b)* 20 V; 10 V; 10 V *c)* 30 W
33. no, puesto que $I = 14.6$ A < 15 A
35. 100 s = 1.7 min
37. *a)* 0.085 A *b)* 7.0 W, 2.6 W, 0.24 W, 0.41 W
39. *a)* 0.67 A, 0.67 A, 1.0 A, 0.40 A, 0.40 A *b)* 6.7 V, 3.3 V, 10 V, 2.0 V, 8.0 V
41. 8.1 Ω
43. *a)*
45. *d)*
47. No, no tiene que ser. Un ejemplo es el hecho de cargar una batería. Cuando una batería está conectada a un cargador (con una fuerza electromotriz más alta), la corriente es forzada a través de la batería.
49. La bombilla de 60 W tiene una resistencia mayor que la bombilla de 100 W. Cuando éstas están en serie, tienen la misma corriente. Por consiguiente, la bombilla de 60 W tendrá un mayor voltaje. Así que la bombilla de 60 W tiene más potencia porque $P = IV$.
51. Alrededor de la malla 1 (reversa), $-V_1 + I_3R_3 + V_2 + I_1R_1 = 0$. Si multiplicamos por −1 ambos lados, es lo mismo que la ecuación para la malla 1 (hacia delante). Alrededor de la malla 2 (reversa), $I_2R_2 - V_2 - I_3R_3 = 0$. De nuevo, si multiplicamos por −1 ambos lados, es lo mismo que la ecuación para la malla 2 (hacia delante).
53. $I_1 = 1.0$ A; $I_2 = I_3 = 0.50$ A
55. $I_1 = 0.33$ A (izquierda); $I_2 = 0.33$ A (derecha)
57. $I_1 = 3.75$ A (arriba); $I_2 = 1.25$ A (izquierda); $I_3 = 1.25$ A (derecha)
59. $I_1 = 0.664$ A (izquierda); $I_2 = 0.786$ A (derecha); $I_3 = 1.450$ A (arriba); $I_4 = 0.770$ A (abajo); $I_5 = 0.016$ A (abajo); $I_6 = 0.664$ A (derecha)
61. *c)*
63. *b)*
65. Tardará menos que una constante de tiempo porque esta última se define como el tiempo que se necesita para cargar el condensador al 63% de su carga máxima.
67. *a)* $V_C = 0$; $V_R = V_o$ *b)* $V_C = 0.86V_o$; $V_R = 0.14V_o$ *c)* $V_C = V_o$; $V_R = 0$
69. *a)* (1) aumenta la capacitancia, porque $\tau = RC$ *b)* 2.0 MΩ
71. *a)* 1.50 MΩ *b)* 11.4 V
73. *a)* 9.4×10^{-4} C *b)* $V_C = 24$ V; $V_R = 0$
75. *a)* 2.0×10^{-3} A a $t = 0$ *b)* 0.080% *c)* 1.7×10^{-6} C un tiempo muy largo después de la conexión
77. *b)*
79. *a)* Un amperímetro tiene muy baja resistencia, así que si se conectara en paralelo en un circuito, la corriente del circuito sería muy alta y el galvanómetro podría quemarse. *b)* Un voltímetro tiene muy alta resistencia, así que si se conectara en serie en un circuito, leería el voltaje de la fuente porque tiene la resistencia más alta (muy probablemente) y, por lo tanto, la mayor parte del voltaje se caería entre los elementos del circuito.
81. Un amperímetro se utiliza para medir la corriente cuando se conecta en serie a un elemento de circuito. Si tiene muy poca resistencia, habrá escaso voltaje a través de él, así que no afectará el voltaje a través del elemento de circuito, ni su corriente.
83. *a)* (3) un resistor multiplicador, porque un galvanómetro no puede tener un gran voltaje a través de él, el gran voltaje tiene que estar a través de un resistor en serie (multiplicador). *b)* 7.4 kΩ
85. 50 kΩ
87. 0.20 mA
89. *a)* (1) cero, porque un amperímetro está conectado en serie con un elemento de circuito. Si su resistencia es cero, no afectará la corriente a través del elemento de circuito. *b)* La medición de corriente I es la corriente a través de R, y la medición del voltaje es el voltaje total a través de R y R_a, así que V/I da la resistencia de la combinación en serie. *c)* La medición de voltaje es $V = I(R + R_a)$, así que $R = V/I - R_a$. *d)* Un amperímetro ideal tiene R_a cercana a 0, entonces $R = V/I$, esto es, la medición es "perfecta".
91. *c)*
93. No, un alto voltaje puede producir una elevada corriente dañina, incluso si la resistencia es alta, porque la corriente es provocada por el voltaje (diferencia de potencial).
95. Es más seguro saltar. Si usted sale del automóvil con un pie, habrá un alto voltaje entre sus pies. Si usted salta, el voltaje entre sus pies será cero porque éstos tendrán el mismo potencial todo el tiempo.
97. $I_1 = 2.6$ A (derecha); $I_2 = 1.7$ A (izquierda); $I_3 = 0.86$ A (abajo)
99. *a)* $I_1 = 1.0$ A; $I_2 = 0.40$ A; $I_3 = 0.20$ A; $I_4 = 0.40$ A *b)* $P_1 = 100$ W; $P_2 = 4.0$ W; $P_3 = 2.0$ W; $P_4 = 4.0$ W
101. 6.0 Ω
103. 10 mΩ, 2.0 mΩ y 1.0 mΩ
105. dos en paralelo entre sí y uno en serie con el otro resistor
107. *a)* 12.1 ms *b)* 1.21 kΩ *c)* 13.0 ms

Capítulo 19

1. *a)*
3. *c)*
5. Cerca del polo norte de un imán recto permanente, el polo norte de una brújula apuntará alejándose del imán de manera que las líneas de campo abandonen el polo norte. Cerca del polo sur de un imán recto permanente, el polo sur de una brújula apuntará hacia el imán de manera que la líneas de campo entren al polo sur.
7. *a)*
9. *d)*
11. No necesariamente, porque aún podría haber un campo magnético. Si el campo magnético y la velocidad de la partícula cargada forman un ángulo de 0 o de 180°, no habrá fuerza magnética porque $F = qvB$ sen θ.
13. *a)* La mitad inferior tendría un campo magnético dirigido hacia la página y la mitad superior tendría un campo magnético dirigido hacia fuera de la página. *b)* Son iguales, puesto que la fuerza centrípeta no cambia la rapidez de la partícula.

15. 3.5×10^3 m/s
17. 2.0×10^{-14} T, a la izquierda, en dirección de la velocidad
19. *a)* 3.8×10^{-18} N *b)* 2.7×10^{-18} N *c)* cero *d)* cero
21. *a)* 8.6×10^{12} m/s^2, horizontal y sur *b)* 8.6×10^{12} m/s^2, horizontal y norte *c)* igual magnitud pero la dirección es horizontal y norte
23. *b)*
25. La fuerza magnética en el haz de electrones, que "imprime" imágenes, provoca la desviación de los electrones.
27. La fuerza eléctrica es $F_e = qE$ y la fuerza magnética es $F_B = qvB$. El propósito del selector de velocidad es para que la fuerza eléctrica iguale la fuerza magnética. Como $qE = qvB$, $v = E/B$, independiente de la carga.
29. *a)* 1.8×10^3 V *b)* igual voltaje, independiente de la carga
31. 5.3×10^{-4} T
33. *a)* 4.8×10^{-26} kg *b)* 2.4×10^{-18} J *c)* el trabajo es igual a cero
35. *d)*
37. *b)*
39. Se acorta porque las bobinas del resorte se atraen entre sí a causa de los campos magnéticos que se generan en ellas. (Conductores paralelos con corriente en la misma dirección se atraerán entre sí.)
41. Apretar el botón en ambos casos completa el circuito. La corriente en los alambres activa el electroimán, provocando que el badajo sea atraído y suene el timbre. Sin embargo, esto rompe el contacto de la armadura y abre el circuito. Sostener el botón provoca que esto se repita, y entonces el timbre suena continuamente. Para las campanillas, cuando se completa el circuito, el electroimán atrae el núcleo y comprime el resorte. La inercia hace que toque una barra de tono y la fuerza del resorte entonces envía el núcleo en la dirección opuesta para golpear la otra barra.
43. 1.2 N perpendicular al plano de $\vec{\mathbf{B}}$ e I.
45. 5.0×10^{-3} T de norte a sur
47. *a)* cero *b)* 4.0 N/m en $+z$ *c)* 4.0 N/m en $-y$ *d)* 4.0 N/m en $-z$ *e)* 4.0 N/m en $+y$
49. 0.40 N/m; $+z$
51. *a)* (1) de atracción *b)* 6.7×10^{-6} N/m
53. 0.53 N hacia el norte a un ángulo de 45° por encima de la horizontal
55. 2.7×10^{-5} N/m hacia el conductor 1
57. 7.5 N hacia arriba en el plano del papel
59. cero, sí
61. *a)*
63. *b)*
65. Porque $B = \mu_o I/(2\pi d)$, se necesita duplicar la corriente e invertir la dirección.
67. Hay dos alambres que portan la corriente hacia dentro y hacia fuera de los aparatos. Estas dos corrientes tienen direcciones opuestas. Cuando los dos alambres están muy cerca entre sí, los campos magnéticos creados por las dos corrientes opuestas, en esencia, se anulan.
69. 3.8 A
71. 0.25 m
73. *a)* 2.0×10^{-5} T *b)* a 9.6 cm del conductor 1
75. ambos 2.9×10^{-6} T
77. 3.3×10^{-5} T
79. a 1.0×10^{-4} T, del observador
81. 4.0 A
83. *a)* 8.8×10^{-2} T *b)* a la derecha
85. $\sqrt{2}\,\mu_o I/(\pi a)$ a 45° hacia el conductor izquierdo inferior
87. *b)*
89. La dirección del campo magnético se aleja de usted, de acuerdo con la regla de la mano derecha para fuentes (el electrón tiene carga negativa).
91. Es posible destruir o reducir el campo magnético de un imán permanente golpeándolo o calentándolo.
93. 12 T
95. *b)*
97. *a)*
99. Será el polo magnético norte. Ahora mismo, el polo cerca del polo norte geográfico de la Tierra es el polo magnético sur.
101. 0.44 T
103. *a)* 5.9×10^{-21} kg·m/s *b)* 1.0×10^{-14} J
105. 0.682 V
107. *a)* (2) hacia la página *b)* a 0.030 m del conductor izquierdo
109. *a)* 3.74×10^{-3} T·m/A *b)* 3.0×10^3

Capítulo 20

1. *d)*
3. *d)*
5. *d)*
7. El sentido sería contrario al movimiento de las manecillas del reloj (en una vista de frente).
9. No, no depende del flujo magnético. Depende de la tasa del cambio de flujo con el tiempo.
11. Las ondas sonoras provocan que la resistencia del botón cambie como se describe. Esto da por resultado un cambio en la corriente, así que las ondas sonoras producen pulsos eléctricos. Estos pulsos viajan a través de las líneas telefónicas y al receptor. El receptor tiene una bobina que envuelve un imán, y los pulsos crean un campo magnético variable conforme pasan a través de la bobina, provocando que el diafragma vibre y, así, se producen ondas sonoras cuando el diafragma vibra en el aire.
13. 42° o 138°
15. 3.3×10^{-2} T·m^2
17. 1.3×10^{-6} T·m^2
19. 1.6 V
21. 0.30 s
23. *a)* (1) en sentido contrario al de las manecillas del reloj *b)* 0.35 V
25. *a)* (1) en el ecuador, porque la velocidad de la varilla metálica es paralela al campo magnético en el ecuador. *b)* 0.50 mV en el polo, cero en el ecuador.
27. *a)* 0.60 V *b)* 0 A
29. 4.0 V
31. *a)* 0.037 T · m^2 (superficie inclinada inferior); 0.034 T · m^2 (superficie inclinada superior) *b)* -0.071 T · m^2 *c)* cero *d)* cero; esto significa que el flujo neto es igual a cero o que hay tanto flujo abandonando el bloque como entrando.
33. *c)*
35. El imán que se mueve a través de la bobina produce una corriente. Conforme el imán sube y baja en la bobina, inducirá una corriente en ésta para encender la bombilla. Sin embargo, el imán produce la corriente (ley de Faraday de la inducción) a expensas de su energía cinética y potencial. El movimiento del imán, por consiguiente, cesará.
37. $\mathscr{E} = \mathscr{E}_o =$ sen ωt, donde $\mathscr{E}_o = NBA\omega$. ($N$ es el número de vueltas, B es la intensidad del campo magnético y ω es la rapidez angular). Podría incrementarse N, B o ω.
39. *a)* 0.057 V *b)* 0.57 V
41. *a)* (2) dos, porque la dirección del voltaje inicial no se especificó, por lo tanto, hay dos posibles direcciones. *b)* ± 104 V
43. *a)* 100 V *b)* 0 V
45. 16 Hz
47. *a)* menor que 44 A (110 V/2.50 Ω = 44 A), por la contra fem inducida cuando el motor enciende. La contra fem disminuye el voltaje efectivo del motor, por lo tanto, la corriente es menor que 44 A. *b)* 4.00 A
49. *a)* 216 V *b)* 160 A *c)* 8.1 Ω
51. *b)*
53. Sí, un transformador de subida puede utilizarse como un transformador de bajada. Sólo se necesita invertir las funciones de las bobinas primaria y secundaria, así que hay más vueltas en el lado de alto voltaje.
55. *a)* 16 *b)* 5.0×10^2 A
57. 24 : 1
59. *a)* 17.5 A *b)* 15.7 V
61. *a)* (2) no ideal, porque $P_s < P_p$ (la potencia en la secundaria es menor que la de la primaria). *b)* 45%
63. *a)* N_s/N_p es 1 : 20 *b)* 2.5×10^{-2} A
65. *a)* 128 kWh *b)* $1840
67. *a)* 1 : 2, 1 : 14, 1 : 30 *b)* 2.0, 14, 30 *c)* 833
69. *a)* 53 W *b)* $N_p/N_s = 200$
71. *d)*
73. *d)*
75. La radiación UV provoca quemaduras y puede traspasar las nubes. Se siente frío porque la radiación infrarroja (calor) es absorbida por las nubes (moléculas de agua).
77. De acuerdo con $c = \lambda f$, la longitud de onda y la frecuencia son inversamente proporcionales entre sí. Por lo tanto, las frecuencias de radar son mucho más altas, porque las longitudes de onda son mucho más cortas, las rapideces son iguales.
79. 326 m y 234 m
81. 2.6 s
83. AM: 67 m; FM: 0.77 m
85. *a)* (1) arriba, de acuerdo con la ley de Lenz. *b)* 25 mA
87. *a)* no, la potencia de entrada es mayor que la potencia de salida *b)* 90.9%
89. *a)* (1) en sentido de las manecillas del reloj *b)* 5.00×10^{-3} V *c)* 0.0879 s
91. 3.79 m, no
93. 0.159 Ω

Capítulo 21

1. ***a)***
3. ***a)***
5. Eso significa que el voltaje y la corriente alcanzan su máximo o mínimo al mismo tiempo.
7. No, el elemento de circuito no puede ser un resistor. El voltaje y la corriente deberían estar en fase para un resistor. Sí, la frecuencia es 60 Hz, porque $\omega = 2\pi f = 120\pi$.
9. 7.1 A
11. 1.2 A
13. ***a)*** 10.0 A ***b)*** 14.1 A ***c)*** 12.0 Ω
15. ***a)*** 4.47 A, 6.32 A ***b)*** 112 V, 158 V
17. $V = (170 \text{ V}) \text{ sen}(119\pi t)$
19. 0.33 A; 0.47 A
21. ***a)*** 20 Hz, 0.050 s ***b)*** 2.4×10^2 W
23. ***a)*** 60 Hz ***b)*** 1.4 A ***c)*** 1.2×10^2 W ***d)*** $V = (120 \text{ V}) \text{ sen } 380t$ ***e)*** $P = (240 \text{ W}) \text{ sen}^2 \, 380t$ ***f)*** $P = (240 \text{ W})[1 - \cos 2(380t)]/2 = 120 \text{ W} - (120 \text{ W}) \cos 2(380t)$. El promedio de una función seno o coseno es cero. Así que $\overline{P} = 120$ W, al igual que en ***c)***.
25. ***b)***
27. Para un condensador, cuanto *menor es la frecuencia*, más prolongado es el tiempo de carga en cada ciclo. Si la frecuencia es muy baja (cd), entonces el tiempo de carga es muy largo, así que actúa como un circuito abierto de ca. Para un inductor, cuanto *menor es la frecuencia*, más lentamente cambia la corriente en el inductor. Cuanto más lentamente cambia la corriente, menor contra fem se induce en el inductor, lo que da por resultado una menor impedancia.
29. A $t = 0$, $I = 120$ A, o al máximo. Entonces, el voltaje es cero, porque la corriente se adelanta al voltaje por 90° en un condensador. Cuando la corriente es máxima, el voltaje está 1/4 de periodo detrás, o en cero. Están fuera de fase.
31. 1.3×10^3 Ω
33. ***a)*** 19 Ω ***b)*** 6.4 A ***c)*** El voltaje se adelanta a la corriente por 90°
35. un incremento del 60%
37. 255 Hz
39. ***a)*** 90 V ***b)*** el voltaje se adelanta a la corriente por 90°
41. 4.4 μF
43. ***d)***
45. ***d)***
47. No, no hay potencia entregada a condensadores o inductores en un circuito ca. Ya sea para un circuito puramente capacitivo o inductivo, el ángulo de fase $\phi = 90°$, así que el factor de potencia es $\cos \phi = 0$.
49. ***a)*** 1.7×10^2 Ω ***b)*** 2.0×10^2 Ω
51. ***a)*** 38 Ω; 1.1×10^2 Ω ***b)*** 1.1 A
53. ***a)*** (3) negativo, porque éste es un circuito capacitivo. ***b)*** −27°
55. ***a)*** (3) en resonancia, porque $X_L = X_C$, por lo que $Z = R$. ***b)*** 72 Ω
57. 50 W
59. 5.3×10^{-11} F
61. ab: 1.3 A; ac: 1.2 A; bc: 4.0 A; cd: 1.8 A; bd: 1.6 A; ad: 2.9 A
63. 13 A
65. $(V_{rms})_R = 12$ V; $(V_{rms})_L = 2.7 \times 10^2$ V; $(V_{rms})_C = 2.7 \times 10^2$ V
67. ***a)*** (2) igual a 25 Ω. En resonancia, $X_L = X_C$, por lo que $Z = R$. ***b)*** 362 Ω
69. 30%
71. ***a)*** 38 Ω ***b)*** 63 Ω ***c)*** 1.8 A ***d)*** cero ***e)*** 37°
73. ***a)*** (2) cero, en tanto que $X_L = X_C$, de acuerdo con $\phi = \tan^{-1}[(X_L - X_C)/R]$. ***b)*** 9.4 μF

Capítulo 22

1. ***c)***
3. ***d)***
5. Esto es reflexión irregular o difusa, porque el papel es microscópicamente rugoso.
7. 70°
9. ***a)*** (2) $90° - \alpha$, porque $\theta_i = \theta_r$ y $\alpha + \theta_i = 90°$, $\theta_r = \theta_i = 90° - \alpha$ ***b)*** 47°
11. ***a)*** (3) $\tan^{-1}(w/d)$ ***b)*** 27°
13. Cuando el espejo gira a través de un ángulo de θ, la normal girará a través de un ángulo de θ y el ángulo de incidencia será $35° + \theta$. El ángulo de reflexión también es $35° + \theta$. Como el ángulo de reflexión original es de 35°, el rayo reflejado girará a través de un ángulo de 2θ. Si el espejo gira en dirección opuesta, el ángulo de reflexión será $35° - \theta$. Si embargo, la normal girará de nuevo a través de un ángulo θ, pero también en dirección contraria. Por lo tanto, el rayo reflejado aún gira a través de un ángulo de 2θ.
15. 90°, cualquier θ_{i_1}
17. ***d)***
19. Es porque la rapidez de la luz depende del medio. Por ejemplo, la rapidez de la luz es diferente en el aire que en el agua. A causa de la diferencia de rapidez, la luz cambia de dirección cuando entra en un medio diferente a un ángulo de incidencia diferente de cero.
21. Esta imagen cortada se debe a que el ángulo de refracción es diferente para la interfase aire-vidrio que para la interfase agua-vidrio. La porción superior refracta del aire al vidrio, y la porción inferior refracta del agua al vidrio. Esto es distinto de lo que sucede en la figura 22.13b, en la que se observa la parte superior en aire directamente y la porción inferior en agua a través de la refracción del agua al aire. El ángulo de refracción provoca que el lápiz parezca doblado.
23. El rayo láser tiene una mejor oportunidad de tocar al pez. Este último aparece al pescador en un lugar diferente de su verdadera ubicación a causa de la refracción. El rayo láser obedece la misma ley de refracción y vuelve sobre la luz que el pescador ve del pez. La flecha se dirige al agua en una trayectoria casi recta y, por ende, pasa por encima del pez.
25. ***a)*** (1) mayor, porque su índice de refracción es menor. ***b)*** 1.26
27. ***a)*** (1) mayor, porque el agua tiene un menor índice de refracción. ***b)*** 17°
29. ***a)*** (2) de un diamante al aire, porque el diamante tiene un índice de refracción más elevado. ***b)*** 24.4°
31. 47°
33. 6.5×10^{14} Hz, 2.8×10^{-7} m
35. ***a)*** (3) menor, porque su índice de refracción es más alto. ***b)*** 15/16
37. ***a)*** Esto se debe a la refracción de la luz en la interfase agua-aire. El ángulo de refracción en el aire es mayor que el ángulo de incidencia en el agua, así que el objeto inmerso en agua aparece más cercano a la superficie.
39. 75.2%
41. ***a)*** (3) menor, porque es igual a $90° - \theta_1$. $\theta_1 > 45° = \theta_2$ y $n_1 < n_2$. ***b)*** 20°
43. podrá ver el de 40°, pero no el de 50°, $\theta_c = 49°$
45. ***a)*** sí, $\theta_c = 32° < 45°$ ***b)*** no, $\theta_c = 46° > 45°$
47. Podemos medir los ángulos de incidencia y refracción a partir de la fotografía y calcular el índice de refracción del fluido de acuerdo con la ley de refracción. Es aproximadamente 1.3.
49. 1.64
51. ***a)*** (3) reflexión interna total ***b)*** $\theta_c = 39° < 45°$, no ***c)*** $\theta_c = 56° < 71°$, aún no se trasmite
53. 2.0 m
55. ***a)*** 12.5° ***b)*** 26.2°
57. ***b)***
59. En un prisma, hay dos refracciones y dos dispersiones porque ambas refracciones provocan que la luz refractada se doble hacia abajo, por consiguiente, se duplica el efecto o dispersión.
61. Para ver un arco iris, la luz tiene que estar detrás de usted. En realidad, no verá un arco iris primario si el ángulo del Sol por encima del horizonte es mayor de 42°. Por consiguiente, no podrá ver hacia arriba para encontrar un arco iris, así que no podrá caminar por debajo de uno.
63. ***a)*** Por lo general, $\theta \approx 0°$, de manera que no hay dispersión porque el ángulo de refracción para todos los colores también es cero. ***b)*** Se explicó en ***a)***. Con $\theta \approx 0°$, la luz de cualquier longitud de onda no experimentará refracción. (No, en realidad, las rapideces son diferentes.)
65. 1.498
67. ***a)*** 21.7° ***b)*** 0.22° ***c)*** 0.37°
69. ***a)*** 49° ***b)*** 1.5 ***c)*** 1 ***d)*** 42°
71. ***a)*** (1) más, porque la luz roja tendrá un menor índice de refracción y, por lo tanto, una mayor rapidez que la luz azul. ***b)*** 1.3 mm
73. 1.41 a 2.00

Capítulo 23

1. ***b)***
3. ***c)***
5. Durante el día, la reflexión se realiza principalmente en la superficie posterior plateada. Durante la noche, cuando el espejo está en la posición correspondiente, la reflexión proviene del lado frontal. Así que hay una reducción de intensidad y resplandor porque el lado frontal refleja sólo el 5% de la luz, que es más que suficiente para ver en el fondo oscuro.
7. Cuando un conductor lo ve a través del espejo retrovisor, la propiedad de inversión derecha-izquierda de la imagen que forma

un espejo plano le permitirá leer "AMBULANCIA".

9. *a)* 4.0 m *b)* derecha, virtual y del mismo tamaño

11. 5.0 m

13. *a)* 1.5 m detrás del espejo *b)* 1.0 m/s

15. *a)* Usted ve múltiples imágenes por las reflexiones de los dos espejos. *b)* 3.0 m detrás del espejo *norte*, 11 m detrás del espejo *sur*, 5.0 m detrás del espejo *sur*, 13 m detrás del espejo *norte*

17. Los dos triángulos (con d_o y d_i como base, respectivamente) son similares entre sí porque los tres ángulos de cada uno son iguales que los del otro por la ley de la reflexión. Además, los dos triángulos comparten la misma altura, el lado vertical común. Por consiguiente, los dos triángulos son idénticos. Por eso, $d_o = d_i$.

19. *d)*

21. *a)*

23. *a)* Una cuchara puede comportarse como un espejo cóncavo o convexo dependiendo de qué lado se utilice para reflejar. Si se utiliza el lado cóncavo, normalmente se observa una imagen invertida. Si se utiliza el lado convexo, siempre se ve una imagen derecha. *b)* En teoría, la respuesta es sí. Si usted está muy cerca (dentro del foco), la cuchara en el lado cóncavo producirá una imagen derecha. Sin embargo, sería difícil para usted ver la imagen en la práctica, porque sus ojos tendrían que estar muy cerca de la imagen. Los ojos no pueden ver objetos que están más cerca que el punto cercano (capítulo 25).

25. La imagen de un objeto lejano (en el infinito) se forma en una pantalla en el plano focal. La distancia del vértice del espejo al plano es la distancia focal. No sucede lo mismo con un espejo convexo porque la imagen es virtual y no puede formarse en una pantalla.

27. *a)* A partir del diagrama de rayos se ve que la imagen es virtual, derecha y reducida.

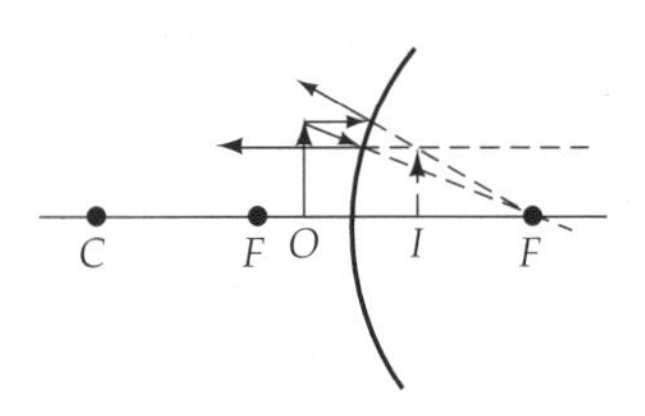

b) $d_i = -20$ cm; $h_i = +0.67h_o$

29. $d_i = -30$ cm; $h_i = 9.0$ cm; la imagen es virtual, derecha y amplificada

31. De acuerdo con la ecuación del espejo, $1/(2f) + 1/d_i = 1/f$. Entonces, $1/d_i = 1/f - 1/(2f) = 1/(2f)$, o $d_i = 2f$. $M = -d_i/d_o = -(2f)/(2f) = -1$. Por consiguiente, la imagen es invertida ($M < 0$), y del mismo tamaño que el objeto ($|M| = 1$).

33. *a)* convexo, porque un espejo cóncavo sólo forma imágenes virtuales amplificadas. *b)* 14 cm

35. *a)* cóncavo, porque sólo un espejo cóncavo forma imágenes amplificadas. *b)* 13.3 cm

37. f es negativa para un espejo convexo. Así que $d_i = d_o f/(d_o - f) = d_o(-|f|)/(d_o + |f|) < 0$. Además $M = -d_i/d_o = -d_o(-|f|)/[d_o(d_o + |f|)] = |f|/(d_o + |f|) < +1$. Por lo tanto, la imagen es virtual (negativa d_i), derecha (M positiva) y reducida ($|M| < 1$)

39. *a)* cóncavo, porque sólo un espejo cóncavo forma imágenes reales (en una pantalla). *b)* 24 cm

41. *a)* virtual y derecha *b)* 1.5 m

43. 2.3 cm

45. *a)*

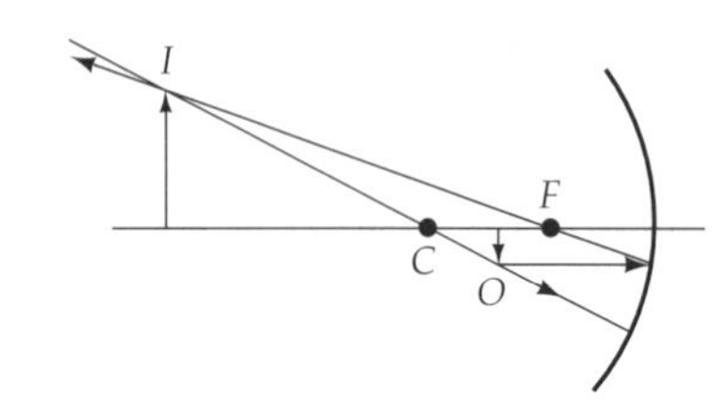

b) $d_i = 60$ cm, $M = -3.0$, real e invertida

47. 10 m

49. *a)* Superficie frontal: 60 cm, real , invertida y amplificada; superficie posterior: 46.7 cm, real, invertida y amplificada *b)* no, la imagen del cubo ya no es más la de un cubo porque diferentes partes de la figura tienen distintas amplificaciones.

51. *a)* dos, uno para la imagen real y otro para la imagen virtual. *b)* 5.0 cm, 15 cm

53. Sí, es posible. Una es una imagen real y la otra virtual. 13 cm; 27 cm

55. *d)*

57. Cuando el pez está dentro del foco, la imagen es derecha, virtual y amplificada.

59. Es posible ubicar la imagen de un objeto lejano. La distancia de la lente convergente a la imagen es la distancia focal. No, el mismo método no funciona para lentes divergentes porque una lente divergente no forma imágenes reales de objetos reales.

61. $d_i = 12.5$ cm; $M = -0.250$

63. 22 cm

65. *a)* $f = 5.9$ cm *b)* 67 cm, invertida

67. *a)* 18 cm *b)* 6.0 cm

69. 14 cm

71. 0.55 mm

73. *a)* 20 cm *b)* $M = -1.0$

75. *a)* $d = 4f$ *b)* se aproxima a 0

77. *a)* −18 cm *b)* −63 cm

79. 4.2 cm

81. 18 cm a la izquierda del ocular; imagen virtual

83. $M_1 = -h_{i1}/h_{o1}$, $M_2 = -h_{i2}/h_{o2}$, y $M = h_{i2}/h_{o1}$. Como $h_{o2} = h_{i1}$ (la imagen formada por la primera lente es el objeto para la segunda), $M_1M_2 = (h_{i1}/h_{o1})(h_{i2}/h_{o2}) = h_{i2}/h_{o1} = M_{total}$.

85. *b)*

87. *b)*

89. Nuestros ojos están "diseñados" o se utilizan para ver objetos claramente cuando nuestro entorno está constituido por aire. Cuando se está bajo el agua, el índice de refracción del entorno (agua) cambia. De acuerdo con el ejercicio 23.80(a), la distancia focal de los ojos cambia, así que todo aparece borroso. Cuando se utilizan *goggles*, el entorno de los ojos de nuevo es aire, de manera que es posible ver los objetos con claridad.

91. *a)* sí, aumenta *b)* la lente divergente se vuelve convergente y viceversa

93. +4.0 D

95. −0.70 D

97. 85 cm

99. La imagen que forma la lente convergente está en el espejo. Esta imagen es el objeto para la lente divergente. Si el espejo está en el foco de la lente divergente, los rayos refractados después de la lente divergente serán paralelos al eje. Estos rayos se reflejarán en el espejo paralelos al eje y formarán otra imagen en el espejo. Esta segunda imagen ahora es el objeto para la lente convergente. Al invertir los rayos, una imagen definida se forma en la pantalla localizada donde está el objeto original. Por consiguiente, la distancia de la lente divergente al espejo es la distancia focal de la lente divergente.

101. 20 cm en el lado del objeto de la primera lente, invertida, $M_{total} = -1.0$

103. 60 cm a la derecha de la segunda lente; real y derecha, $M_{total} = 4.0$

Capítulo 24

1. *b)*

3. *b)*

5. Como $\Delta y = L\lambda/d \propto \lambda$, la separación entre las franjas brillantes aumentaría si la longitud de onda se incrementa.

7. 3.4%

9. 0.37°

11. 489 nm

13. *a)* 440 nm *b)* 4.40 cm

15. *a)* (1) aumenta, porque $\Delta y = L\lambda/d \propto 1/d$, la distancia entre las franjas brillantes disminuiría si la distancia entre las rendijas aumentara. *b)* 1.9 mm *c)* 2.4 mm

17. *a)* $\lambda = 402$ nm, violeta *b)* 3.45 cm

19. 450 nm

21. *a)*

23. Las longitudes de onda que no son visibles en la luz reflejada son todas las longitudes de onda excepto el púrpura azulado.

25. Siempre es oscura por la interferencia destructiva que se debe al cambio de fase de 180°. Si no hubiera cambio de fase de 180°, el grosor cero correspondería a la interferencia constructiva.

27. *a)* 30λ *b)* destructivamente

29. 54.3 nm

31. *a)* (2) 600 nm, porque $t_{mín} = \lambda/(4n_1)$ o $t \propto \lambda$. *b)* 160 nm; 200 nm

33. *a)* 158.2 nm *b)* 316.4 nm

35. 1.51×10^{-6} m

37. *a)*

39. no, sí (apenas, a $\theta = 90°$)

41. De acuerdo con d sen $\theta = n\lambda$, la ventaja es una figura de difracción más ancha, conforme d es menor.

43. *a)* 5.4 cm *b)* 2.7 cm

45. *a)* 4.3 mm *b)* microonda

47. 1.24×10^3 líneas/cm

49. azul: 18.4°, 39.2°; rojo, 30.7°, no es posible
51. ***a)*** 2.44×10^3 líneas/cm ***b)*** 11 (n de franjas brillantes es 5)
53. ***a)*** (1) azul, porque tiene una longitud de onda más corta. De acuerdo con d sen $\theta = n\lambda$, podemos ver que cuanto menor es la longitud de onda, menor es sen θ o θ. ***b)*** azul: 18.7°, rojo: 34.1°
55. De acuerdo con d sen $\theta = n\lambda$, $\theta = \text{sen}^{-1}\, n\lambda/d$. Para el violeta, $\theta_{3v} = \text{sen}^{-1}(3)(400\text{ nm})/d = \text{sen}^{-1}(1200\text{ nm})/d$. Para el amarillo-naranja, $\theta_{2y} = \text{sen}^{-1}(2)(600\text{ nm})/d = \text{sen}^{-1}(1200\text{ nm})/d$. Así que $\theta_{3v} = \theta_{2y}$, esto es, se traslapan.
57. ***d)***
59. ***c)***
61. ***a)*** dos veces ***b)*** cuatro veces ***c)*** ninguna ***d)*** seis veces
63. Los números aparecen y desaparecen conforme los lentes para sol giran porque la luz de los números en la calculadora es polarizada.
65. ***a)*** (1) también aumenta, porque $\tan\theta_p = n_2/n_1 = n_2(n_1 = 1)$. Si n_2 aumenta, también θ_p. ***b)*** 58°, 61°
67. ***a)*** (2) disminuye, porque la intensidad de la luz transmitida depende de $\cos^2\theta$. Conforme θ aumenta de 0 a 90°, cos θ disminuye. ***b)*** $0.500I_o$, $0.375I_o$ ***c)*** $0.500I_o$, $0.125I_o$
69. 55°
71. 57.2°
73. En el agua, $\theta_p = \tan^{-1}(n_2/n_1)$. El ángulo de incidencia en la interfase agua-vidrio debe ser $\theta_p = \tan^{-1}(1.52/1.33) = 48.8°$. Para la interfase aire-agua, n_1 sen $\theta_1 = n_2$ sen θ_2, así sen $\theta_1 = n_2$ sen $\theta_2/n_1 = (1.33)$ sen $48.8° > 1$. Como el máximo de sen θ_1 la respuesta es no.
75. ***c)***
77. ***a)*** Esto se debe a la densidad variable de moléculas de aire. ***b)*** No hay aire en la superficie de la Luna, así que un astronauta vería el cielo negro.
79. no, porque $n_2 = 1$ (aire), $\tan\theta_p = n_2/n_1 = 1/n_1$. Para la reflexión total interna, sen $\theta_c = n_2/n_1 = 1/n_1$. Esto significa que tan θ = sen θ. Eso no es posible para cualquier ángulo que no sea igual a cero. ***b)*** 29.8°
81. $\Delta y = 0.25\Delta y_o$
83. $n = 1$ para el rojo; $n = 2$ para el violeta

Capítulo 25

1. ***b)***
3. ***a)***
5. El destello rápido ocurre antes de que el obturador se abra y la película se exponga. La luz brillante hace que el iris se reduzca (lo que da una pupila pequeña), de manera que cuando el segundo destello se produce momentáneamente, no hay una abertura grande a través de la cual se produzca la reflexión del ojo rojo desde la retina.
7. ***a)*** El ojo es miope porque el punto lejano no está en el infinito. ***b)*** El ojo es hipermétrope porque el punto cercano no está a 25 cm. ***c)*** ***a***, divergente; para ***b***, convergente
9. ***a)*** +5.0 D ***b)*** −2.0 D
11. ***a)*** (1) convergente, porque la persona es hipermétrope. ***b)*** +2.0 D
13. divergente, −0.500 D
15. ***a)*** se los tendrá que quitar ***b)*** +3.0 D
17. ***a)*** (1) convergentes, porque es hipermétrope. ***b)*** +3.3 D
19. ***a)*** –0.505 D ***b)*** –0.500 D
21. 6.7 m
23. ***a)*** –0.67 D ***b)*** sí, 21, cm ***c)*** entre 30 y 40 años
25. derecho: +1.42 D, −0.46 D; izquierdo: +2.16 D, −0.46 D
27. ***d)***
29. El objeto debería estar dentro de la distancia focal. Cuando se encuentra dentro de esta última, la imagen es virtual, derecha y amplificada.
31. ***a)*** 2.3× ***b)*** 2.5×
33. 2.5×
35. ***a)*** (1) de alta potencia, porque una lente de alta potencia tiene distancia focal corta y la amplificación es $1 + (25\text{ cm})/f$. ***b)*** 1.9× y 1.6×
37. −375×
39. ***a)*** (2) La de menor distancia focal, porque el aumento total es inversamente proporcional a la distancia focal del objetivo. ***b)*** −280× y −360×
41. ***a)*** −340× ***b)*** 3900%
43. 25×
45. ***a)*** máximo: 1.6 mm/10×; mínimo: 16 mm/5× ***b)*** $M_{\text{máx}} = -930\times$; $M_{\text{mín}} = -42\times$;
47. ***b)***
49. No, se seguiría viendo la estrella completa. La obstrucción reduciría la intensidad o brillantez de la imagen.
51. La que tiene menor distancia focal debería usarse como el ocular para un telescopio. El aumento del telescopio es inversamente proporcional a la distancia focal del ocular ($m = -f_o/f_e$).
53. ***a)*** −4.0× ***b)*** 75 cm
55. 1.00 m y 2.0 cm
57. 5.0 cm
59. ***a)*** 60.0 cm y 80.0 cm; 40.0 cm y 90.0 cm ***b)*** −75×; −44×
61. ***a)***
63. El ángulo mínimo de resolución más pequeño corresponde a la mayor resolución porque un ángulo de resolución más pequeño significa que es posible resolver más detalles.
65. Desde el punto de vista de la resolución, la cámara (lente) más pequeña tiene resolución más baja. Cuanto más pequeña es la lente, mayor es el ángulo mínimo de resolución, y menor el poder de resolución.
67. 550 nm
69. 1.32×10^{-7} rad; $\theta_{\text{mín}}$ de Hale es 1.6 veces más grande
71. ***a)*** (3) azul, porque el ángulo mínimo de resolución es proporcional a la longitud de onda y el azul tiene la longitud de onda más corta. ***b)*** 9.6×10^{-5} rad y 1.1×10^{-4} rad
73. 17 km
75. 4.1×10^{16} km
77. ***a)*** 5.55×10^{-5} rad ***b)*** azul ***c)*** 33.3%
79. ***d)***
81. Con luz roja, el rojo y el blanco aparecen como rojo; el azul parece negro. Con luz verde, sólo el blanco aparece como verde; tanto el rojo como el azul parecen negro. Con luz azul, el rojo aparece como negro; el blanco y el azul aparecen como azul.
83. El líquido es oscuro o coloreado porque absorbe toda la luz, excepto ese color. La cantidad de luz que absorbe un objeto siempre depende de cuánto material absorbe la luz. La espuma tiene una densidad de material muy baja y sólo absorbe muy poca luz, o casi toda la luz se refleja; por eso, la espuma generalmente es blanca.
85. De acuerdo con la ecuación de lentes delgadas: $d_o = d_i f/(d_i - f)$, se tiene $d_i/d_o = (d_i - f)/f = [-(D - d) - f]/f$. Por medio de la aproximación de ángulo pequeño: $m = \theta_i/\theta_o = (y_i/D)/[y_o/(25\text{ cm})] = (y_i/y_o) \times [(25\text{ cm})/D]$. Mediante triángulos similares: $y_i/y_o = -d_i/d_o$, el signo negativo se introduce porque d_i es negativa (imagen virtual). Así que $m = \{[(D - d) + f]/f\} \times [(25\text{ cm})/D] = (25/f) \times (1 - d/D) + 25/D$.
87. ***a)*** (1) B, (2) A ***b)*** −110×, 8.95×10^{-7} rad
89. ***a)*** 6.3 y 0.25 ***b)*** 1/120 s

ÍNDICE

Nota: Las entradas que tienen números de página con n, f o t se refieren a material contenido en una nota al pie de página, una figura o una tabla, respectivamente.

A

D

N

O

S

T

U

NOTAS

NOTAS

Wolfgang Christian y Mario Belloni
Physlet Physics: Interactive Illustrations, Explorations, and Problems for Introductory Physics
CD-ROM
0-13-140334-6

Pearson Prentice Hall
Pearson Education, Inc.
Upper Saddle River, NJ 07458

ES INDISPENSABLE QUE USTED LEA DETENIDAMENTE LOS SIGUIENTES TÉRMINOS Y CONDICIONES ANTES DE UTILIZAR EL PAQUETE DE CD-ROM. UTILIZAR ESTE PAQUETE DE CD-ROM IMPLICA SU ACEPTACIÓN DE LOS PRESENTES TÉRMINOS Y CONDICIONES.

Pearson Education, Inc. provee este programa y otorga la licencia para su uso. Usted asume la responsabilidad por la selección del programa para alcanzar los resultados que pretende, y por la instalación, uso y resultados obtenidos a partir de él. Esta licencia se aplica sólo al uso del programa en Estados Unidos o en los países en los que el programa se vende por medio de distribuidores autorizados.

ACUERDO DE LICENCIA

Por medio del presente documento, usted acepta una licencia no exclusiva, intransferible y permanente para instalar y utilizar el programa EN UNA SOLA COMPUTADORA en cualquier momento dado. Usted puede copiar el programa solamente con propósitos de respaldo o archivo, como apoyo al uso del programa en una sola computadora. Usted no podrá modificar, traducir, desensamblar, descompilar o revertir la ingeniería del programa, ni en su totalidad ni en parte.

TERMINACIÓN

La licencia es efectiva hasta su terminación. Pearson Education, Inc. se reserva el derecho de dar por terminada esta licencia automáticamente si se viola cualquier disposición de la misma. Usted podrá dar por terminada la licencia en cualquier momento. Para dar por terminada esta licencia, usted deberá devolver el programa, incluyendo la documentación, junto con una garantía por escrito que indique que todas las copias en su posesión han sido devueltas o destruidas.

GARANTÍA LIMITADA

ESTE PROGRAMA SE PROVEE "COMO ESTÁ", SIN GARANTÍA DE NINGÚN TIPO, NI EXPRESO NI IMPLÍCITO, INCLUYENDO LAS GARANTÍAS IMPLÍCITAS —AUNQUE SIN LIMITARSE A ELLAS— DE COMERCIALIZACIÓN Y PERTINENCIA PARA UNA FINALIDAD PARTICULAR. TODO RIESGO REFERENTE A LA CALIDAD Y USO DEL PROGRAMA RECAE EN USTED. SI SE DEMUESTRA QUE EL PROGRAMA RESUTA DEFECTUOSO, USTED (Y NO PEARSON EDUCATION, INC. O CUALQUIER VENDEDOR AUTORIZADO) ASUME EL COSTO TOTAL DE TODOS LOS SERVICIOS, REPARACIONES O CORRECCIONES NECESARIOS. NINGUNA INFORMACIÓN NI RECOMENDACIÓN EXPRESADA EN FORMA ORAL O ESCRITA, QUE PROPORCIONE PEARSON EDUCATION, INC., SUS VENDEDORES, DISTRIBUIDORES O AGENTES, CREA UNA GARANTÍA O AUMENTA EL ALCANCE DE LA PRESENTE GARANTÍA.

ALGUNAS JURISDICCIONES NO PERMITEN LA EXCLUSIÓN DE GARANTÍAS IMPLICADAS, ASÍ QUE LA EXCLUSIÓN ANTERIOR PODRÍA NO APLICARSE A USTED. ESTA GARANTÍA LE OTORGA DERECHOS LEGALES ESPECÍFICOS Y USTED PODRÍA TENER OTROS DERECHOS LEGALES QUE VARÍAN DE UNA JURISDICCIÓN A OTRA.

Pearson Education, Inc. no garantiza que las funciones contenidas en el programa satisfagan sus requerimientos, o que la operación del programa no se interrumpa, o que esté libre de errores. Sin embargo, Pearson Education, Inc. garantiza que los CD-ROM en los cuales se suministra el programa están libres de defectos tanto en material como en fabricación, en condiciones normales de uso, por un periodo de noventa (90) días a partir de la fecha de entrega al cliente, que se indica en la copia de su recibo. El programa no puede ser la única base para resolver un problema cuya solución incorrecta pudiera resultar en perjuicio de una persona o propiedad. Si el programa se emplea de tal forma, es a riesgo del usuario, y Pearson Education, Inc. explícitamente se deslinda de toda responsabilidad por el mal uso del programa.

LIMITACIÓN DE RECURSOS

La entera responsabilidad de Pearson Education, Inc. y el único remedio para usted será:

1. el reemplazo de cualquier CD-ROM que no satisfaga la "GARANTÍA LIMITADA" de Pearson Education, Inc. y que sea devuelto a Pearson Education, o
2. si Pearson Education no está en condiciones de reemplazar un CD-ROM que esté libre de defectos en materiales o fabricación, usted podrá dar por terminado este acuerdo devolviendo el programa.

EN NINGÚN CASO PEARSON EDUCATION, INC. SERÁ RESPONSABLE ANTE USTED POR CUALQUIER DAÑO, INCLUIDO CUALQUIER BENEFICIO PERDIDO, AHORRO PERDIDO O CUALQUIER OTRO INCIDENTE O DAÑO CONSECUENTE QUE SURJA DEL USO O DE LA INHABILIDAD PARA USAR TAL PROGRAMA, INCLUSO SI PEARSON EDUCATION, INC. O UN DISTRIBUIDOR AUTORIZADO HA ADVERTIDO SOBRE LA POSIBILIDAD DE TALES DAÑOS, O POR CUALQUIER RECLAMACIÓN DE CUALQUIER OTRA PARTE.

ALGUNAS JURISDICCIONES NO PERMITEN LA LIMITACIÓN O EXCLUSIÓN DE RESPONSABILIDAD POR DAÑOS INCIDENTALES O CONSECUENTES, ASÍ QUE, EN TAL CASO, LA LIMITACIÓN O EXCLUSIÓN ANTERIOR NO SE APLICARÁ A USTED.

GENERAL

Usted no podrá subarrendar, asignar o transferir la licencia del programa.

Cualquier intento por subarrendar, asignar o transferir cualquiera de los derechos u obligaciones aquí establecidos será inválido.

Este acuerdo se regirá por la legislación del estado de Nueva York.

Si usted tiene alguna pregunta en relación con este acuerdo, póngase en contacto con Pearson Education, Inc., escribiendo a:
ESM Media Development
Higher Education Division
Pearson Education, Inc.
1 Lake Street
Upper Saddle River, NJ 07458

Si usted tiene alguna pregunta en relación con apoyo técnico, escriba a:
New Media Production
Higher Education Division
Pearson Education, Inc.
1 Lake Street
Upper Saddle River, NJ 07458

USTED RECONOCE QUE HA LEÍDO Y COMPRENDIDO ESTE ACUERDO, Y ACEPTA REGIRSE POR ESTOS TÉRMINOS Y CONDICIONES. USTED TAMBIÉN DEBE ESTAR DE ACUERDO EN QUE EL ENUNCIADO COMPLETO Y EXCLUSIVO DEL ACUERDO ENTRE NOSOTROS SUSTITUYE CUALQUIER PROPUESTA DE ACUERDO PREVIO, ORAL O ESCRITO, Y CUALQUIER OTRA COMUNICACIÓN ENTRE NOSOTROS EN RELACIÓN CON LA MATERIA DE ESTE ACUERDO.

Instrucciones del programa
–Windows.
Para tener acceso al contenido curricular del Physlet Physics, siga estos pasos:
–Inserte el CD "Physlet Physics" en su unidad de CD-ROM.
–Haga la búsqueda en el CD-ROM "Physlet Physics" utilizando su explorador de Windows.
–Haga doble clic en el archivo "start.html".

Para tener acceso a las hojas de trabajo de Physlet Physics, haga doble clic en el fólder "exploration_worksheets", elija un fólder de capítulo para ver la selección de las hojas de trabajo PDF relacionadas, y haga doble clic en un archivo PDF para ver el contenido.

Requisitos mínimos del sistema
–Windows:
Procesador Intel Pentium de 400 Mhz
Windows 2000/XP
32 MB o más de RAM disponible
Resolución de monitor de 800×600 con color de 16 bits
Mouse u otro dispositivo que sirva como puntero
Unidad de CD-ROM de 4×
Conexión activa a Internet (opcional)
Se requiere un navegador para Java 1.4 Virtual Machine y JavaScript. Se recomienda el Explorador de Internet 5.5 o superior con conector (plugin) Sun Java 1.4 o superior, o Mozilla 1.3 o superior con conector Sun Java 1.4 o superior.
–Macintosh
Procesador PowerPC G3, G4 o G5
Mac OS X.3/X.4
Safari 1.2
Conector Macintosh Java 1.4.2 o superior
Se requiere Adobe Acrobat Reader 5.0 © 2002 o superior para visualizar e imprimir los pdf de las hojas de trabajo Exploration.

APOYO TÉCNICO

Si usted tiene problemas con este software, llame al número (800)677-6337 entre las 8:00 a.m. y 8:00 p.m., de lunes a viernes, y de 5:00 p.m. a 12:00 a.m. en domingo (horario del este de Estados Unidos). También puede obtener apoyo llenando el formato web disponible en:
http://247.prenhall.com/mediaform

Nuestro equipo técnico necesitará conocer ciertos datos acerca de su sistema para ayudarle a resolver sus problemas de manera rápida y eficiente. Si es posible, por favor, esté junto a su computadora cuando llame para solicitar apoyo técnico. Es recomendable que tenga la siguiente información a la mano:

- ISBN del libro de texto
- ISBN del CD-ROM
- Producto y título correspondientes
- Nombre del fabricante y modelo de la computadora
- Sistema operativo (Windows o Macintosh) y versión
- RAM disponible
- Espacio de disco duro disponible
- ¿Tiene tarjeta de sonido? Sí o no
- Nombre del fabricante y modelo de la impresora
- Conexión en red
- Descripción detallada del problema, incluyendo las palabras exactas de cualquier mensaje que indique error

NOTA: Pearson no brindará apoyo ni asistencia en los siguientes casos:

- Cuando el software esté en tres partes (por ejemplo, Microsoft que incluya Microsoft Office suite, Apple, Borland, etcétera.)
- Asistencia en tareas escolares
- Los libros de texto y CD-ROM que se compren usados no recibirán apoyo técnico y no serán reemplazados. Para comprar un CD-ROM nuevo, comuníquese con Pearson al 1-800-282-0693.

Tabla periódica de los elementos

Elementos del grupo principal (grupos 1A–2A y 3A–8A) · Elementos de transición (grupos 3B–2B)

Metales · No metales · Gases nobles

Periodo	1 1A	2 2A	3 3B	4 4B	5 5B	6 6B	7 7B	8 8B	9 8B	10 8B	11 1B	12 2B	13 3A	14 4A	15 5A	16 6A	17 7A	18 8A
1	1 **H** 1.00794																	2 **He** 4.00260
2	3 **Li** 6.941	4 **Be** 9.01218											5 **B** 10.811	6 **C** 12.011	7 **N** 14.0067	8 **O** 15.9994	9 **F** 18.9984	10 **Ne** 20.1797
3	11 **Na** 22.9898	12 **Mg** 24.3050											13 **Al** 26.9815	14 **Si** 28.0855	15 **P** 30.9738	16 **S** 32.066	17 **Cl** 35.4527	18 **Ar** 39.948
4	19 **K** 39.0983	20 **Ca** 40.078	21 **Sc** 44.9559	22 **Ti** 47.88	23 **V** 50.9415	24 **Cr** 51.9961	25 **Mn** 54.9381	26 **Fe** 55.847	27 **Co** 58.9332	28 **Ni** 58.693	29 **Cu** 63.546	30 **Zn** 65.39	31 **Ga** 69.723	32 **Ge** 72.61	33 **As** 74.9216	34 **Se** 78.96	35 **Br** 79.904	36 **Kr** 83.80
5	37 **Rb** 85.4678	38 **Sr** 87.62	39 **Y** 88.9059	40 **Zr** 91.224	41 **Nb** 92.9064	42 **Mo** 95.94	43 **Tc** (98)	44 **Ru** 101.07	45 **Rh** 102.906	46 **Pd** 106.42	47 **Ag** 107.868	48 **Cd** 112.411	49 **In** 114.818	50 **Sn** 118.710	51 **Sb** 121.76	52 **Te** 127.60	53 **I** 126.904	54 **Xe** 131.29
6	55 **Cs** 132.905	56 **Ba** 137.327	57 ***La** 138.906	72 **Hf** 178.49	73 **Ta** 180.948	74 **W** 183.84	75 **Re** 186.207	76 **Os** 190.23	77 **Ir** 192.22	78 **Pt** 195.08	79 **Au** 196.967	80 **Hg** 200.59	81 **Tl** 204.383	82 **Pb** 207.2	83 **Bi** 208.980	84 **Po** (209)	85 **At** (210)	86 **Rn** (222)
7	87 **Fr** (223)	88 **Ra** 226.025	89 **†Ac** 227.028	104 **Rf** (261)	105 **Db** (262)	106 **Sg** (263)	107 **Bh** (262)	108 **Hs** (265)	109 **Mt** (266)	110 **Ds** (281)	111 ** (272)	112 ** (285)		114 ** (289)		116 ** (292)		

*Serie de los lantánidos	58 **Ce** 140.115	59 **Pr** 140.908	60 **Nd** 144.24	61 **Pm** (145)	62 **Sm** 150.36	63 **Eu** 151.965	64 **Gd** 157.25	65 **Tb** 158.925	66 **Dy** 162.50	67 **Ho** 164.930	68 **Er** 167.26	69 **Tm** 168.934	70 **Yb** 173.04	71 **Lu** 174.967
†Serie de los actínidos	90 **Th** 232.038	91 **Pa** 231.036	92 **U** 238.029	93 **Np** 237.048	94 **Pu** (244)	95 **Am** (243)	96 **Cm** (247)	97 **Bk** (247)	98 **Cf** (251)	99 **Es** (252)	100 **Fm** (257)	101 **Md** (258)	102 **No** (259)	103 **Lr** (260)

**Aún sin nombre

Notas: (1) Los valores entre paréntesis son los números de masa de los isótopos más comunes o más estables de los elementos radiactivos. (2) Algunos elementos adyacentes a la línea escalonada entre los metales y los no metales tienen apariencia metálica, pero algunas propiedades no metálicas. Estos elementos a menudo se llaman metaloides o semimetales. No hay consenso sobre cuáles elementos tienen tal designación. Casi todas las listas incluyen al Si, Ge, As, Sb y Te. Algunas también incluyen al B, At y/o Po.

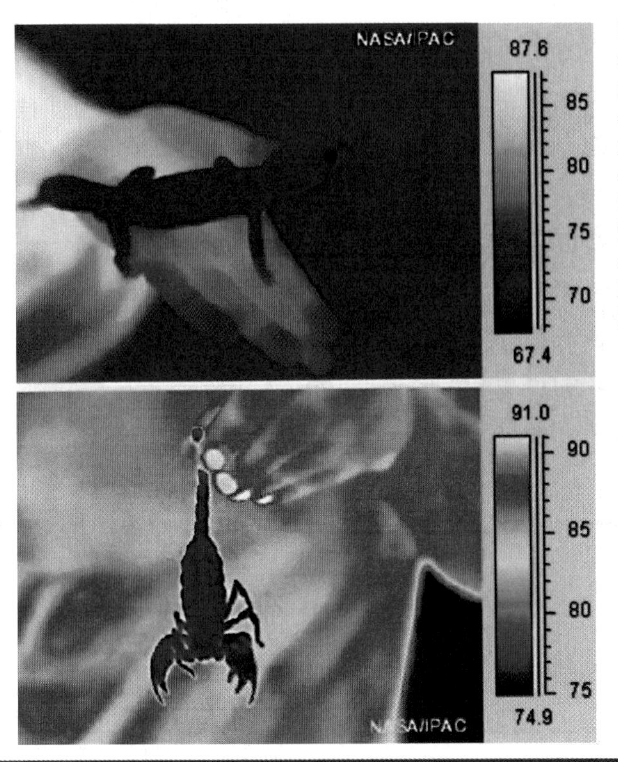

FIGURA 1 Animales de sangre caliente y de sangre fría Las imágenes infrarrojas muestran que las criaturas de sangre fría adoptan la temperatura de su entorno. Tanto la lagartija como el escorpión tienen la misma temperatura (color) que el aire que los rodea. Note la diferencia entre estos animales de sangre fría y los humanos de sangre caliente que los sostienen.

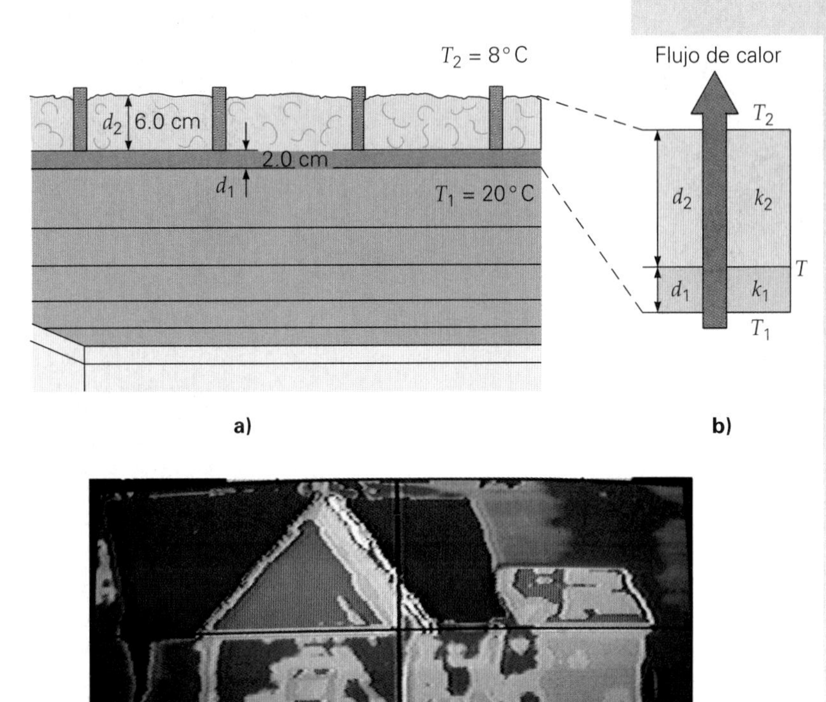

FIGURA 11.9 Aislantes y conductividad térmica *a*), *b*) Los desvanes deben aislarse para evitar la pérdida de calor por conducción. Véase el ejemplo 11.7 y la sección A fondo 11.2 (página 384): Física, la industria de la construcción y la conservación de la energía. *c*) Este termograma de una casa nos permite visualizar la pérdida de calor de la casa. El azul representa las áreas donde la tasa de fuga de calor es más baja; el blanco, el rosa y el rojo indican áreas con pérdidas de calor cada vez más alta. (Las áreas rojas tienen la mayor pérdida.) ¿Qué recomendaría al dueño de esta casa para ahorrar tanto dinero como energía? Compare esta figura con la figura 11.15.

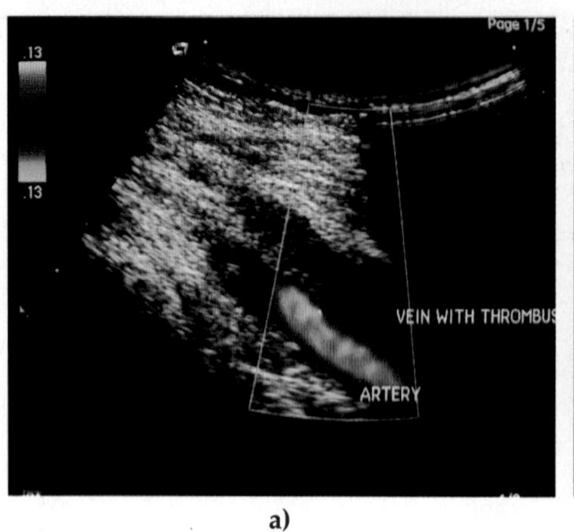

a)

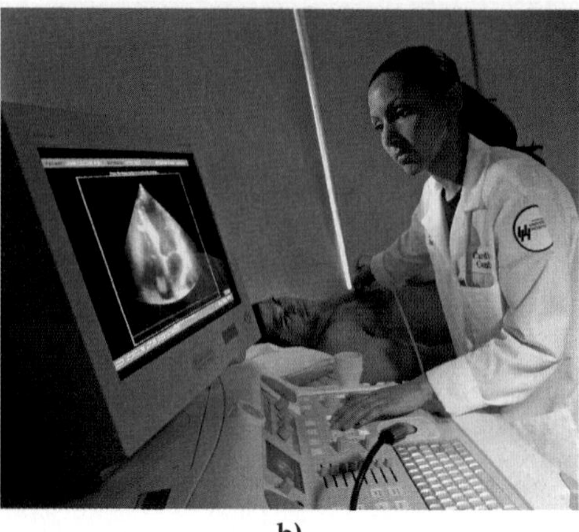

b)

FIGURA 1 *a)* **Flujo sanguíneo y obstrucciones** Este escaneo ultrasónico Doppler muestra trombosis venosa profunda en la pierna de un paciente. El coágulo que bloquea la vena está en el área oscura a la derecha. El flujo sanguíneo en una arteria adyacente es más lento debido al coágulo. En casos extremos el coágulo puede desprenderse y llegar a los pulmones, donde puede bloquear una arteria y provocar una embolia pulmonar potencialmente mortal (obstrucción de los vasos sanguíneos). *b)* **Electrocardiograma** Este procedimiento ultrasónico puede mostrar los latidos del corazón, ventrículos y aurículas, válvulas y el flujo sanguíneo conforme la sangre entra y sale del órgano.

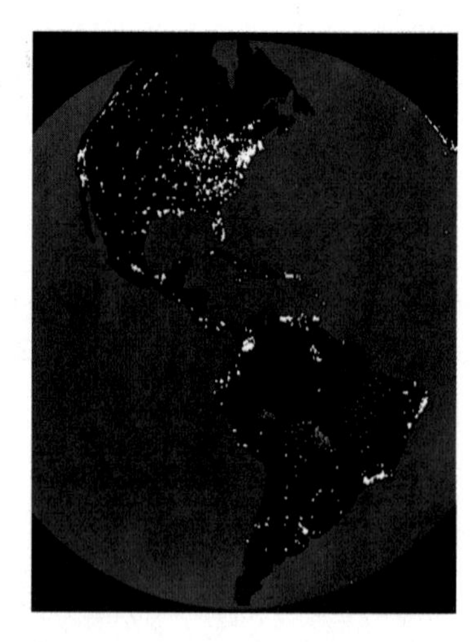

FIGURA 17.14 Todo iluminado Una imagen nocturna del Continente Americano tomada desde un satélite. ¿Podría identificar los principales centros de población en Estados Unidos y en otros países? Las manchas en el centro de Sudamérica indican incendios forestales. La pequeña mancha al sur de México representa las llamas del gas ardiendo en los sitios de producción de petróleo. En el extremo superior derecho de la imagen alcanzan a verse las luces de algunas ciudades europeas. La imagen fue registrada por un sistema de infrarrojo visible.

FIGURA 19.32 Aurora boreal: las luces del norte Esta imagen espectacular se debe a partículas solares energéticas que quedan atrapadas en el campo magnético terrestre. Las partículas excitan, o ionizan, los átomos del aire; cuando estos últimos dejan de estar excitados (o cuando se recombinan), emiten luz.

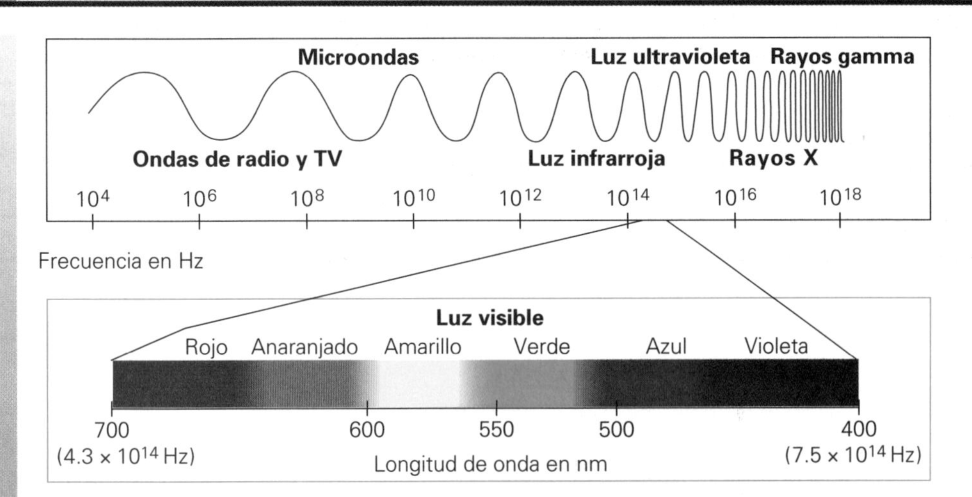

FIGURA 20.23 El espectro electromagnético El espectro de frecuencias o longitudes de onda se divide en regiones, o intervalos. Observe que la región de la luz visible es una parte muy pequeña del espectro electromagnético total. Para la luz visible, las longitudes de onda se expresan generalmente en nanómetros (1 nm = 10^{-9} m). (Los tamaños relativos de las longitudes de onda que aparecen en la parte superior de la figura no están a escala.)

b) Fotografía de la reflexión regular o especular

FIGURA 22.5 Reflexión especular (regular) *a)* Cuando un haz de luz se refleja en una superficie lisa y los rayos reflejados son paralelos, se dice que la reflexión es regular o especular. ***b)*** Reflexión regular o especular en una superficie de agua tranquila produce una imagen de espejo, casi perfecta, de las montañas de sal en esta salina australiana.

b)

FIGURA 1 De difusa a especular ***a)*** El agua sobre la superficie del camino convierte la reflexión difusa, que había antes de la lluvia, en reflexión especular. ***b)*** Así, en lugar de ver el camino, el conductor sólo percibe las imágenes reflejadas de luces y edificios.

FIGURA 22.8 Reflexión y refracción Un rayo de luz incide en un prisma trapezoidal desde la izquierda. Una parte del haz se refleja y otra se refracta. El rayo refractado se refleja y se refracta parcialmente en la superficie inferior entre vidrio y aire.

FIGURA 22.9 La refracción ***a)*** La luz cambia de dirección al entrar en un medio diferente. ***b)*** El rayo reflejado se describe con el ángulo de refracción, θ_2, medido a partir de la normal.

a)

a)

FIGURA 22.12 La refracción en acción *a)* Imagen invertida de un automóvil sobre una carretera "mojada"; es un espejismo. *b)* El espejismo se forma cuando la luz que procede del objeto se refracta en las capas de aire a distintas temperaturas, cerca de la superficie de la carretera.

FIGURA 22.17 Vista panorámica distorsionada Vista subacuática de la superficie de una alberca en Hawai.

a)

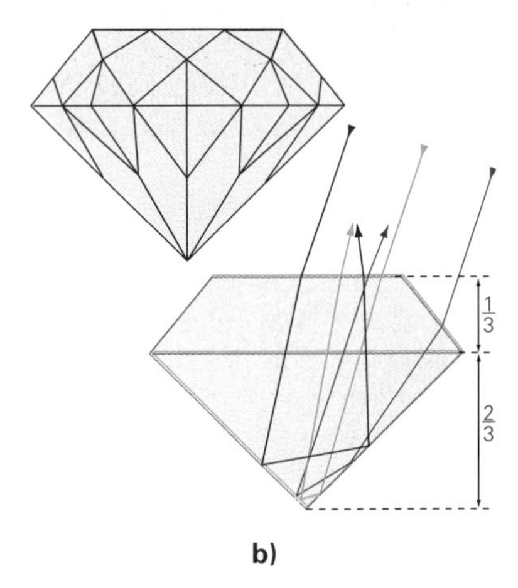

b)

FIGURA 22.18 Brillantez del diamante *a)* La reflexión interna causa el brillo de un diamante. *b)* El "corte" (o las proporciones de altura de las facetas) es esencial. Si una piedra es demasiado plana o demasiado aguda, se perderá la luz, es decir, esta última se refractará y saldrá por las facetas inferiores.

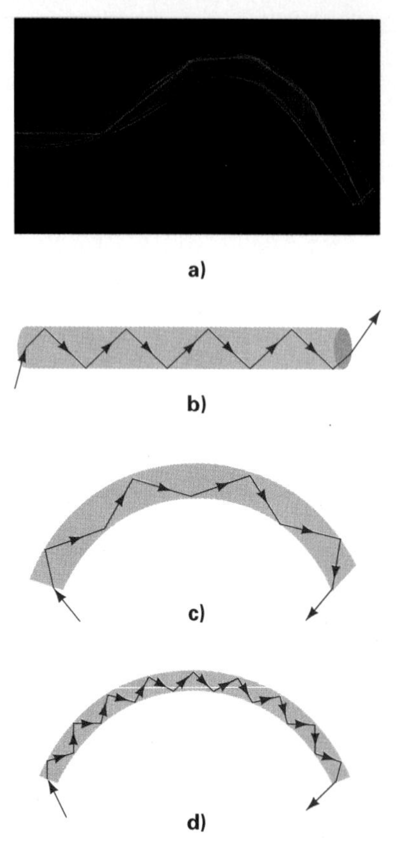

FIGURA 22.19 Tubos de luz *a)* Reflexión interna total en una fibra óptica. *b)* Cuando incide la luz en el extremo de un cilindro de material transparente de tal forma que el ángulo interno de incidencia es mayor que el ángulo crítico del material, la luz experimenta la reflexión interna total a todo lo largo del tubo de luz. *c)* La luz también se transmite a lo largo de tubos de luz curvos, por reflexión interna total. *d)* Al disminuir el diámetro de la varilla o fibra, aumenta la cantidad de reflexiones por unidad de longitud.

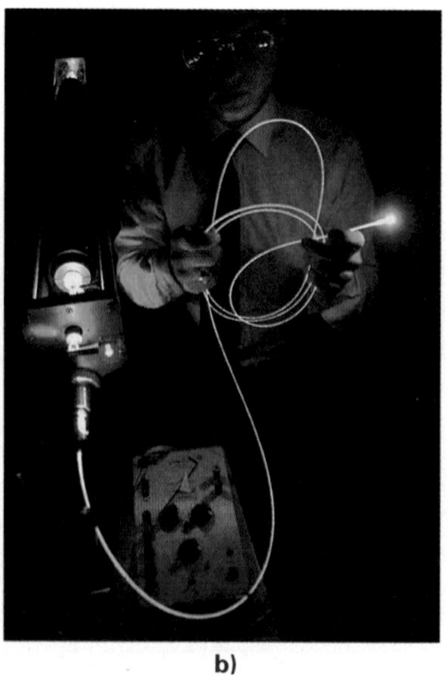

FIGURA 22.20 Haz de fibras ópticas *a)* Cientos o hasta miles de fibras extremadamente delgadas se agrupan *b)* para formar un cable de fibra óptica, que aquí se ve con el color azul de un láser.

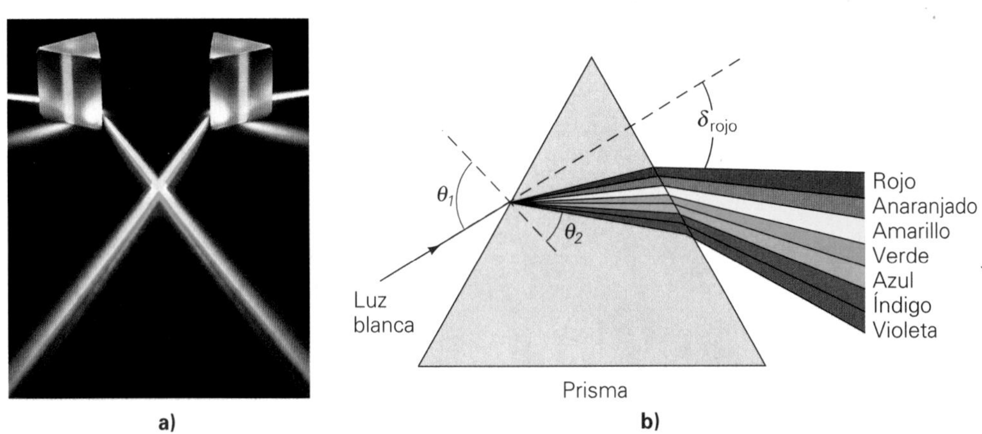

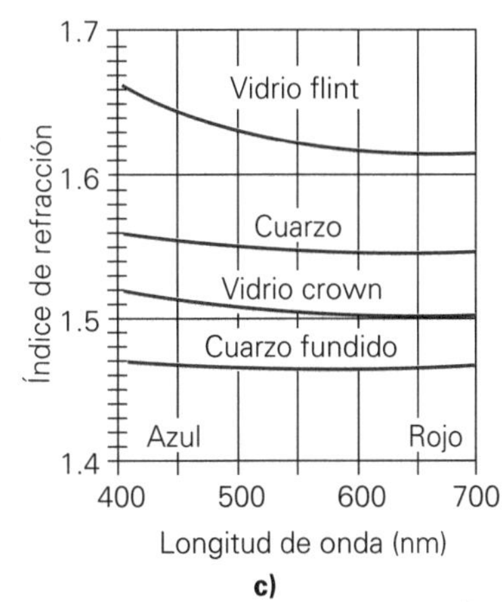

FIGURA 22.21 La dispersión *a)* La luz blanca se dispersa en los prismas de vidrio y forma un espectro de colores. *b)* En un medio dispersor, el índice de refracción varía un poco en función de la longitud de onda. La luz roja, cuya longitud de onda es la mayor, tiene el menor índice de refracción, y por eso se refracta menos. El ángulo entre el haz incidente y el haz emergente es el ángulo de desviación (δ) del rayo. (Aquí se exageran los ángulos, para obtener mayor claridad.) *c)* Variación del índice de refracción con la longitud de onda, para algunos de los medios transparentes más comunes.

FIGURA 1 Arco iris Los colores del arco iris primario van verticalmente del rojo (exterior) al azul (interior).

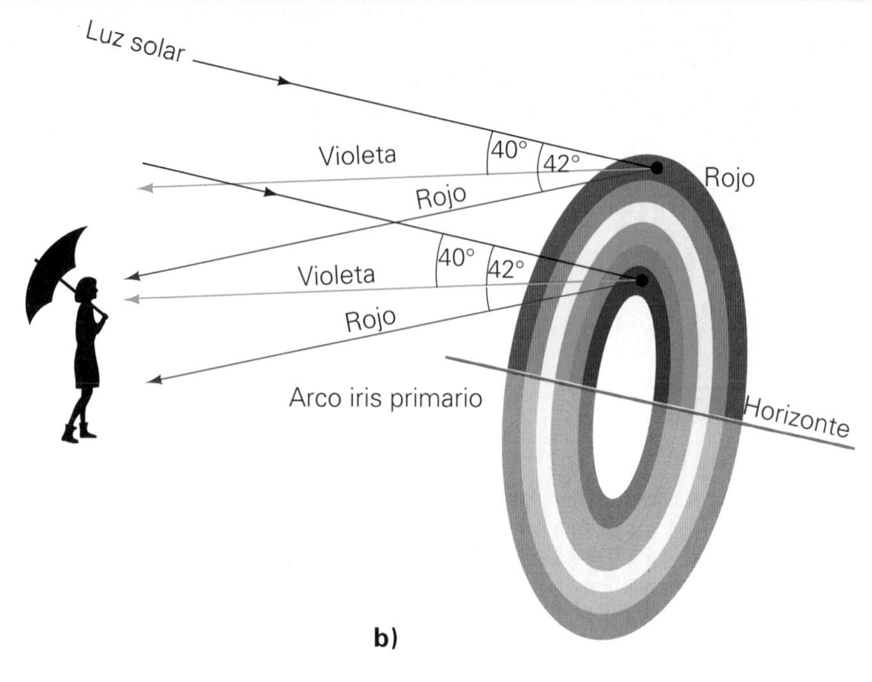

FIGURA 2 El arco iris Los arco iris se forman por refracción, dispersión y reflexión interna de la luz solar en las gotas de agua. ***a)*** La luz de distintos colores sale de la gota de agua en distintas direcciones. ***b)*** Un observador ve la luz roja en el exterior del arco y la violeta en el interior.

FIGURA 23.6 Espejo divergente Si trazamos los rayos al revés en la figura 23.5b, veremos que un espejo esférico divergente (convexo) produce un mayor campo de visión; esto se aprecia con este espejo en una tienda.

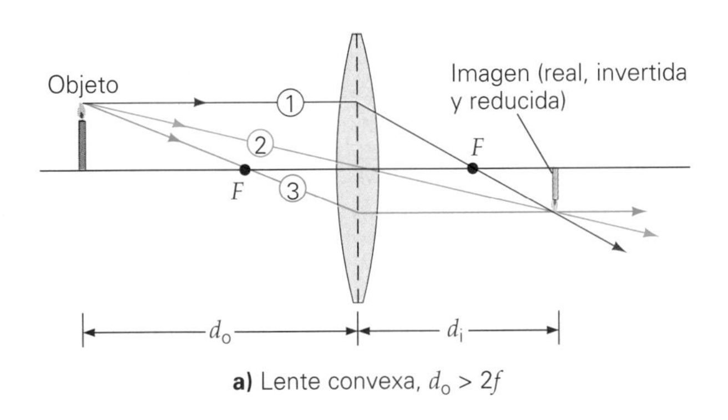

a) Lente convexa, $d_o > 2f$

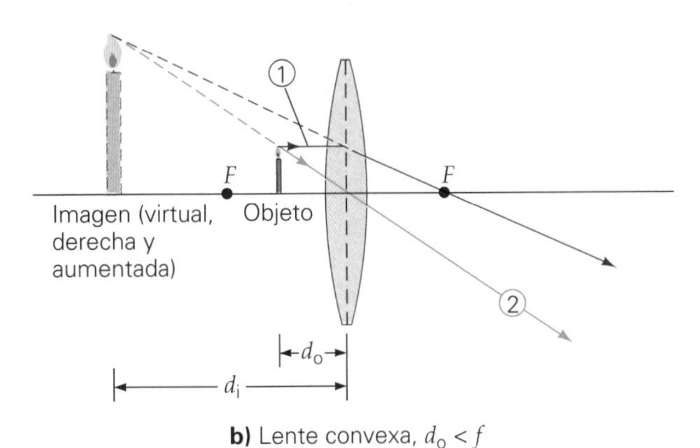

b) Lente convexa, $d_o < f$

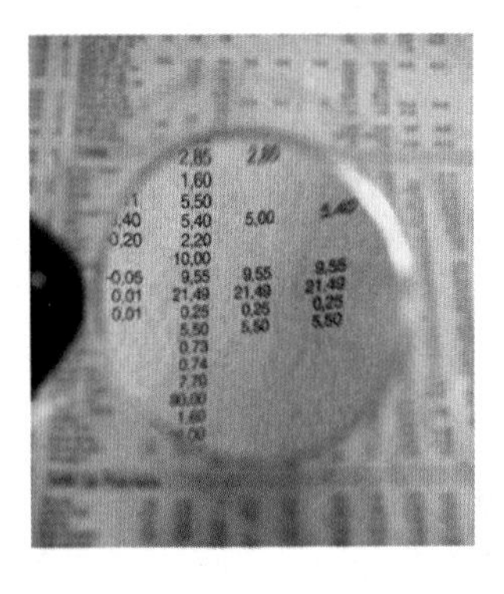

FIGURA 23.15 Diagramas de rayos para lentes ***a)*** Una lente convergente biconvexa forma un objeto real cuando $d_o > 2f$. La imagen es real, invertida y reducida. ***b)*** Diagrama de rayos para una lente divergente con $d_o < f$. La imagen es virtual, derecha y aumentada. Se muestran los ejemplos prácticos de ambos casos.

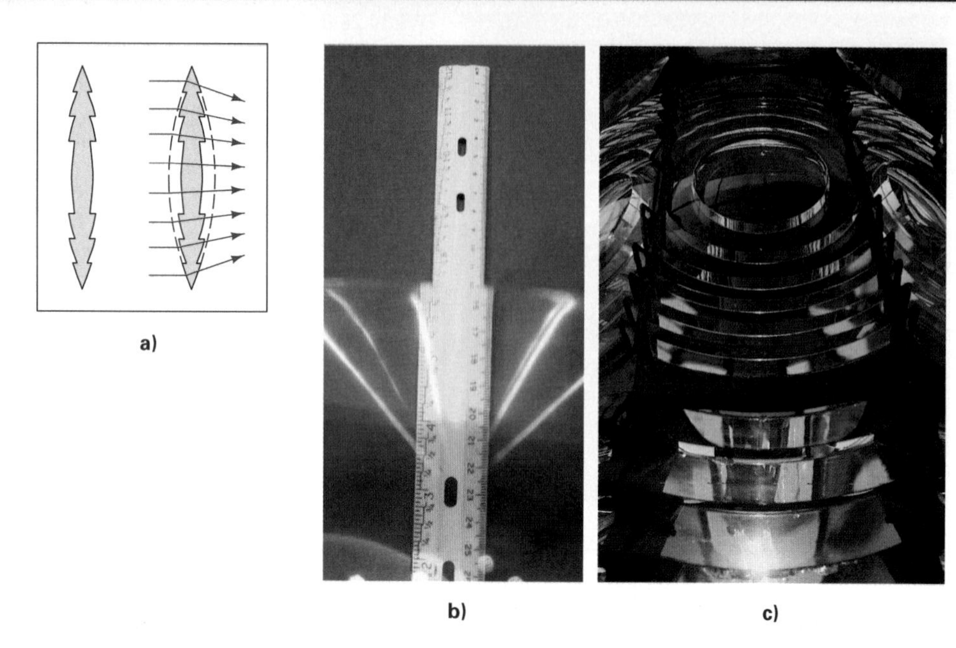

FIGURA 1 Lentes de Fresnel *a)* El efecto concentrador de estas lentes se debe a la refracción en sus superficies. Por consiguiente, es posible reducir el espesor de una lente cortando ranuras concéntricas en un vidrio, para formar un conjunto de superficies curvas con las mismas propiedades refringentes que las de la lente de la que se derivan. ***b)*** Una lente de Fresnel plana, con superficies curvas concéntricas, amplifica como si fuera una lente convergente biconvexa. ***c)*** Una serie de lentes de Fresnel produce haces luminosos enfocados en este faro del puerto de Boston. (De hecho, las lentes de Fresnel se desarrollaron para usarse en los faros.)

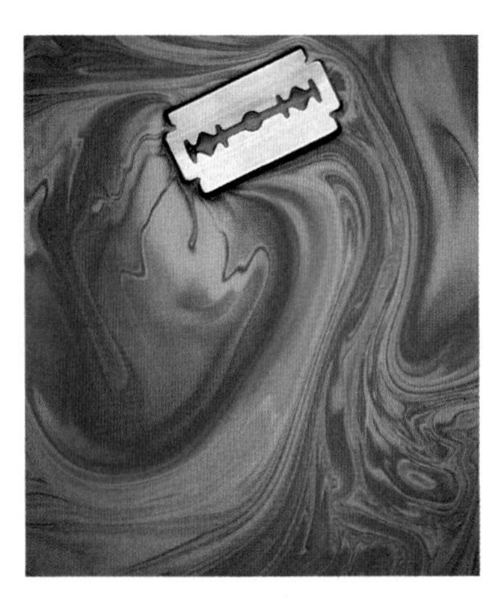

c)

FIGURA 24.6 Interferencia en una película delgada Para una película de aceite hay un desplazamiento de fase de 180° en la luz que se refleja en la interfase aire-aceite, y cambio de fase cero en la interfase aceite-agua. λ' es la longitud de onda en el aceite. ***a)*** La interferencia destructiva se presenta si la película de aceite tiene un espesor mínimo de $\lambda'/2$ para la incidencia normal. (Para tener mayor claridad, las ondas están desplazadas y en ángulo.) ***b)*** La interferencia constructiva se presenta con un espesor mínimo de película igual a $\lambda'/4$. ***c)*** Interferencia en la película delgada de una mancha de aceite. Los distintos espesores de la película originan reflexiones de distintos colores.

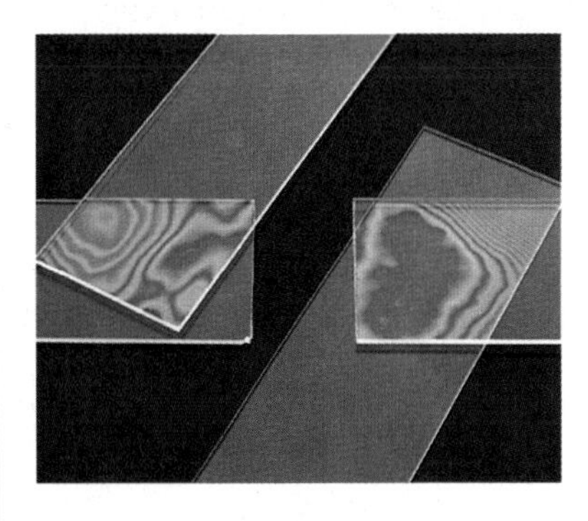

a)

b)

FIGURA 24.7 Interferencia en una película delgada ***a)*** Una película delgada de aire entre los portaobjetos produce figuras de colores. ***b)*** La interferencia en varias capas de las plumas del pavo real origina brillantes colores. Los llamativos colores en el pecho de los colibríes también se producen así.

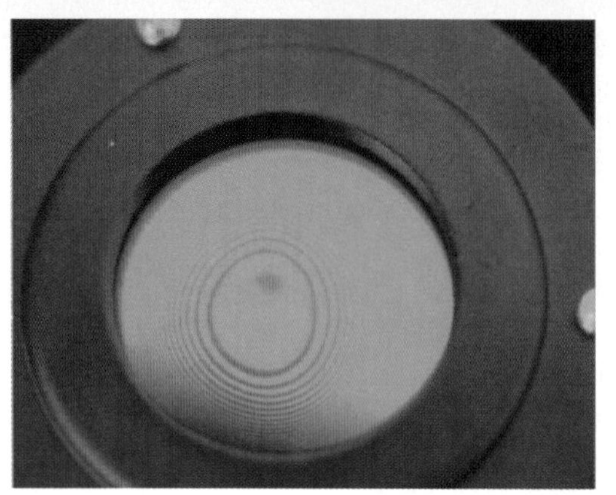

b)

FIGURA 24.10 Anillos de Newton *a)* Una lente colocada sobre un plano óptico forma una cuña de aire anular, que origina interferencia de las ondas reflejadas en la parte superior (onda 1) y la parte inferior (onda 2) de esa cuña. *b)* La figura de interferencia que resulta es un conjunto de anillos concéntricos, llamados *anillos de Newton*. Observe que en el centro de la figura hay una mancha oscura. Las irregularidades de la lente producen una figura distorsionada.

FIGURA 1 Lentes recubiertas El recubrimiento no reflectante de las lentes de binoculares y cámaras produce, en general, una tonalidad azul-púrpura. (¿Por qué?)

FIGURA 24.11 Refracción de las olas del mar Esta fotografía de una playa muestra con claridad la difracción de las olas del mar en una sola rendija, como la que hay en las aberturas de la barrera. Note que los frentes de onda circulares han moldeado la playa.

FIGURA 24.17 Efectos de la difracción Las ranuras angostas de los discos compactos (CD) actúan como rejillas de difracción y producen un despliegue de colores.

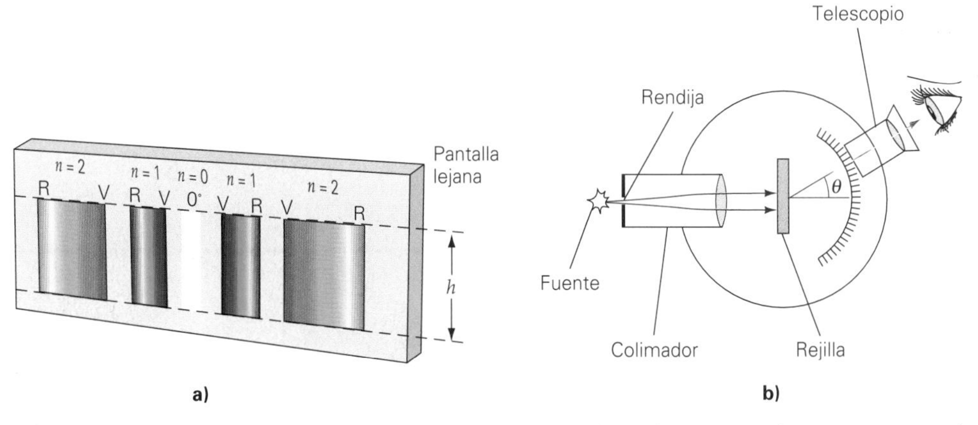

FIGURA 24.18 Espectroscopia ***a)*** En cada franja brillante lateral se separan los componentes de distintas longitudes de onda (R = rojo y V = violeta), porque la desviación depende de la longitud de onda: $\theta = \text{sen}^{-1}(n\lambda/d)$. ***b)*** Por esta razón, se usan rejillas en los espectrómetros para determinar las longitudes de onda presentes en un rayo de luz, midiendo sus ángulos de difracción y separando las diversas longitudes de onda para su análisis posterior.

b)

FIGURA 24.24 Reducción del resplandor ***a)*** La luz reflejada en una superficie horizontal está parcialmente polarizada en el plano horizontal. Cuando los anteojos solares se orientan de tal forma que su eje de transmisión es vertical, el componente polarizado horizontalmente de esa luz no se transmite, y se reduce el resplandor. ***b)*** En los filtros polarizantes de las cámaras se usa el mismo principio. La fotografía de la derecha se tomó con uno de esos filtros. Note la reducción de los reflejos en el escaparate de una tienda.

FIGURA 24.28 Cielo rojo al atardecer Una espectacular puesta de sol, de tonalidades rojizas, en un observatorio ubicado en la cima de una montaña en Chile. El cielo rojo es el resultado de la dispersión de la luz solar por los gases atmosféricos y las pequeñas partículas sólidas. El enrojecimiento del Sol, cuando se observa en forma directa, se debe a la dispersión de las longitudes de onda hacia el extremo azul del espectro, en línea directa hacia el Sol.

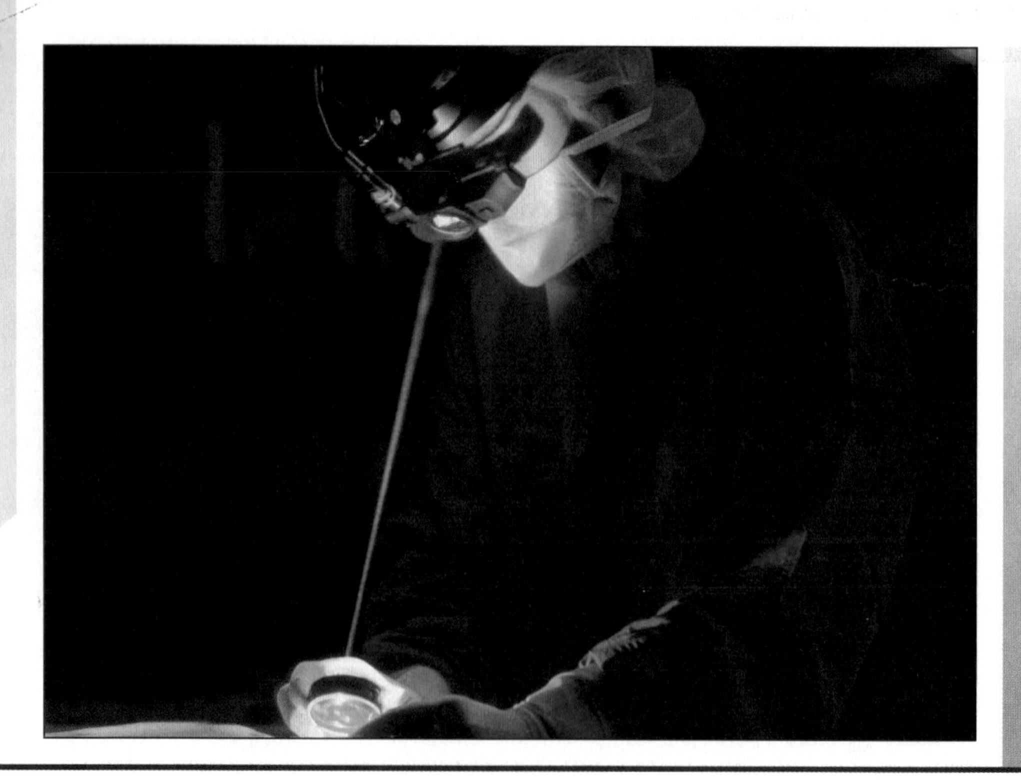

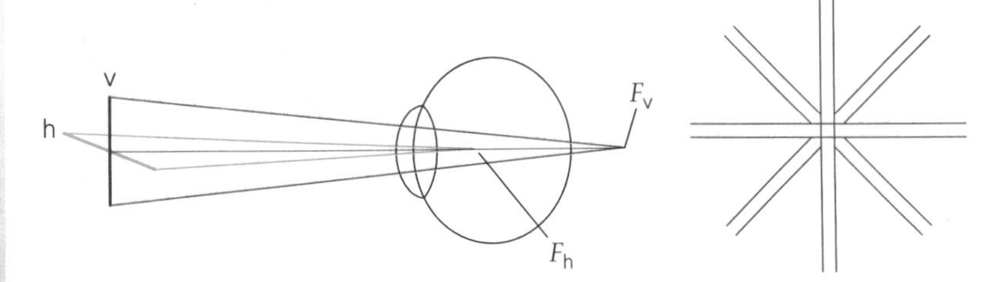

a) Astigmatismo sin corregir **b) Prueba del astigmatismo**

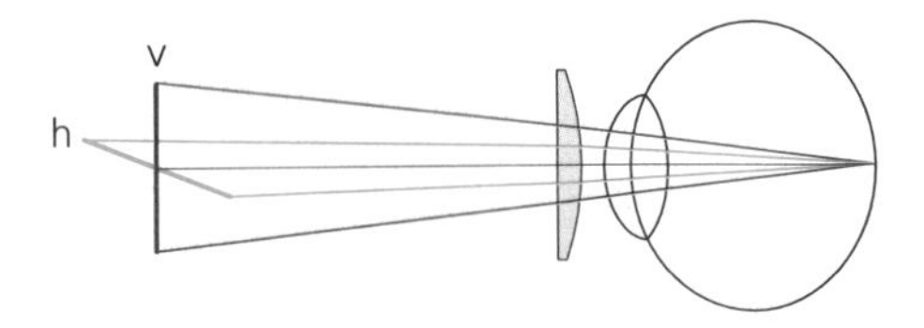

c) Corrección con lentes

FIGURA 25.5 Astigmatismo Cuando una de las partes refringentes del ojo no es esférica, el ojo tiene diferentes distancias focales en distintos planos. ***a)*** El efecto se debe a que los rayos en el plano vertical (rojo) y en el plano horizontal (azul) se enfocan en puntos distintos: F_v y F_h, respectivamente. ***b)*** Para alguien que tenga ojos astigmáticos, algunas o todas las líneas de este diagrama le parecerán borrosas. ***c)*** Los lentes no esféricos, como los cilíndricos planoconvexos, se usan para corregir el astigmatismo.

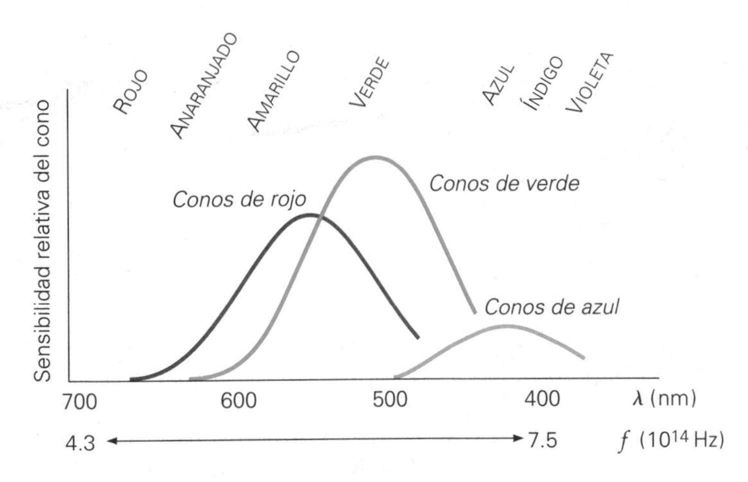

FIGURA 25.19 Sensibilidad de los conos Diversos tipos de conos en la retina del ojo humano responden a distintas frecuencias de la luz, para dar tres respuestas generales al color: rojo, verde y azul.

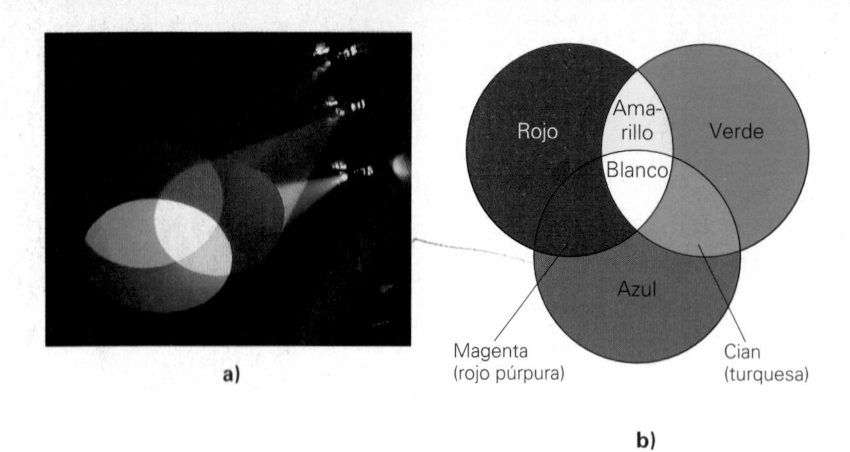

FIGURA 25.20 Método aditivo de producción de color Cuando se proyectan haces luminosos de los colores primarios (rojo, azul y verde) en una pantalla blanca, sus mezclas producen diversos colores. Si se varían las intensidades de los haces es posible generar la mayor parte de los colores.

FIGURA 25.21 Método sustractivo de producción de color *a)* Cuando los pigmentos primarios (cian, magenta y amarillo) se mezclan, se producen distintos colores por absorción sustractiva; por ejemplo, la mezcla de amarillo y magenta produce rojo. Cuando se mezclan los tres pigmentos y se absorben todas las longitudes de onda de la luz visible, la mezcla parece negra. *b)* Mezcla sustractiva de colores, usando filtros. El principio es igual que el del inciso *a*. Cada pigmento absorbe selectivamente ciertos colores, eliminándolos de la luz blanca. Los colores que quedan son los que vemos.

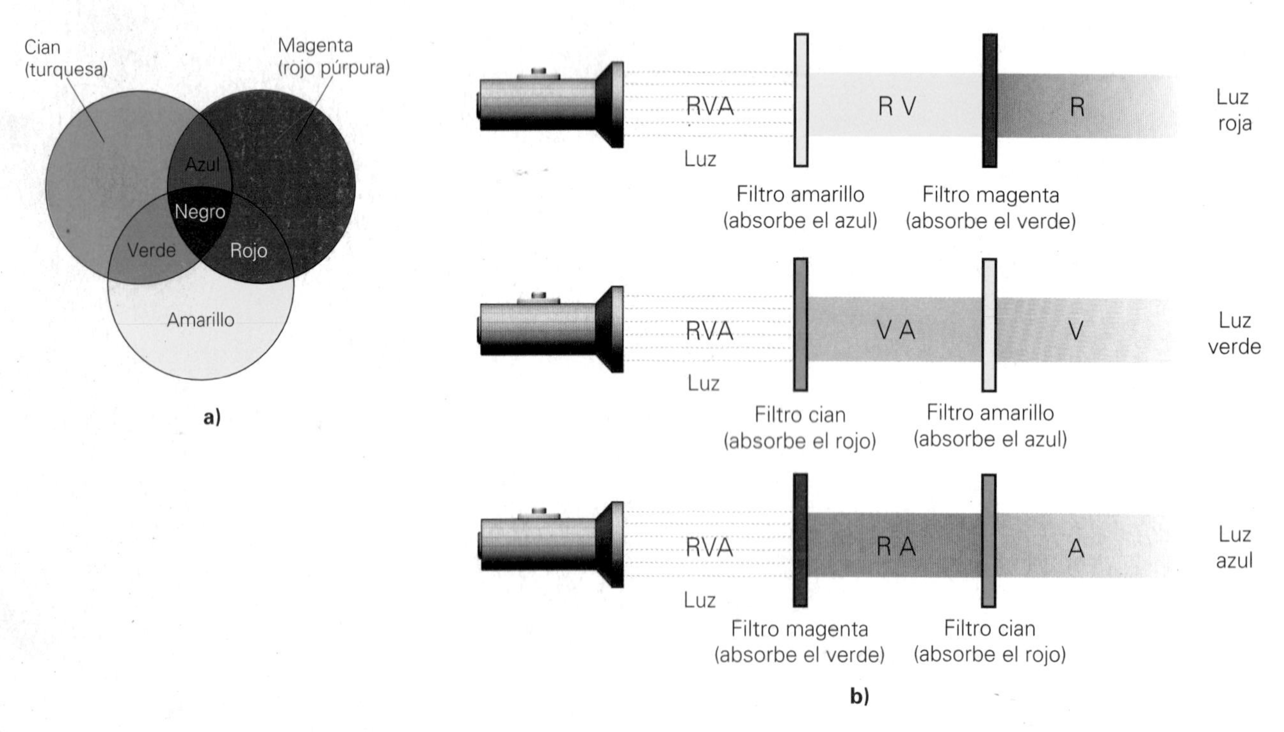